11/4/90

Sediment-Petrologie **II**
Teil

Sedimente und Sedimentgesteine

herausgegeben von
HANS FÜCHTBAUER
(Bochum)

Autoren:
HANS FÜCHTBAUER (Bochum)
DIETRICH HELING (Heidelberg)
GERMAN MÜLLER (Heidelberg)
DETLEV K. RICHTER (Bochum)
HANS-ULRICH SCHMINCKE (Bochum)
HANS-J. SCHNEIDER (Berlin)
IDA VALETON (Hamburg)
HANSJUST W. WALTHER (Hannover)
MONIKA WOLF (Aachen)

Vierte, gänzlich neubearbeitete Auflage

mit 660 Abbildungen und 113 Tabellen im Text

E. Schweizerbart'sche Verlagsbuchhandlung
(Nägele u. Obermiller) Stuttgart 1988

Einbandfotos
Vorderseite: Links oben: Buntsandstein (Nordd.) mit Albitzement auf Kalifeldspat (Mitte) und Anhydrit als 2. Zement; + Nic., Quarz 1. Ordnung. Bildhöhe 0,37 mm.
Rechts oben: zonierter meteorisch-phreatischer Calcitzement in einer ehemaligen Anhydritknolle aus dem mittleren Keuper NE-Bayerns; Kathodolumineszenzaufnahme. Bildhöhe 1,3 mm.
Links unten: punctate Brachiopodenschale im Korallenoolith (Malm) des Süntel; Kathodolumineszenzaufnahme. Die punctate Struktur ist im Durchlicht nicht erkennbar. Bildhöhe 1,3 mm.
Rechts unten: holozäne Aragonitooide von Tolon (Griechenland); c-Achsen tangential, + Nic., Quarz 1. Ordnung; zwischen den Ooiden calcitischer Meniskuszement. Bildhöhe 0,62 mm.
Rückseite: Exkursion im Wilden Kaiser (Ostalpen); Triaskalke

ISBN 3-510-65138-3
Alle Rechte, auch das der Übersetzung, des auszugsweisen Nachdrucks, der Herstellung von Mikrofilmen und der photomechanischen Wiedergabe, vorbehalten. Auch die Herstellung von Photokopien des Werkes für den eigenen Gebrauch ist gesetzlich ausdrücklich untersagt.
© 1988 by E. Schweizerbart'sche Verlagsbuchhandlung (Nägele u. Obermiller), D-7000 Stuttgart 1
Einbandentwurf von Kurt Strecker
Printed in Germany by Tutte Druckerei GmbH, D-8391 Salzweg-Passau
Schrift Garamond

Für Wolf von Engelhardt

Vorwort

Die vorliegende 4. Auflage von „Sedimente und Sedimentgesteine" ist eine vollständige Neubearbeitung, wie sich schon aus der geänderten Autorenschaft ergibt. Zwar war schon die 2. (englische) Auflage nicht unbeträchtlich erweitert und die 3. (deutsche) durch einen umfangreichen Nachtrag ergänzt worden; ein ähnliches Verfahren war jedoch nun, 18 Jahre nach dem Erscheinen der ersten Auflage, nicht mehr vertretbar.

Bei der Neuaufteilung des Stoffes wurde die in früheren Auflagen gegenüber der Sediment**petrographie** etwas in den Hintergrund getretene Sediment**geologie** stärker einbezogen. Dies geschah durch zwei umfangreiche, zusätzliche Kapitel, welche die Sedimentstrukturen und ihre Entstehung (Kap. 13) sowie die sedimentären Environments (Kap. 14) behandeln und sich dabei bewußt etwas überschneiden. Zugleich wurden in vielen Kapiteln verstärkt geochemische und isotopengeochemische Gesichtspunkte berücksichtigt, entsprechend der schnellen Weiterentwicklung gerade auf diesem Gebiet. Neu sind auch Kapitel über Wasser und über Verwitterung. Die Konglomerate und (neu) die Breccien wurden von den Sandsteinen abgetrennt, und ein umfangreiches Kapitel über Erzlagerstätten in Sedimenten konnte hinzugefügt werden. Dafür mußten andererseits manche Details, z. B. bei den Schwermineralen und Korngrößenanalysen, sowie manche Fallstudien gegenüber der Erstauflage (unter Verweis auf diese) etwas gekürzt werden.

Es mag befremden, daß dem Wasser, den Salzen, den Phosphaten, den Erzen und den Kohlen eigene Kapitel gewidmet sind, nicht aber dem Erdöl und Erdgas. Die Exploration auf diese beiden Rohstoffe bezieht jedoch in besonderem Maße das Gesamtgebiet der Sedimentologie ein; umgekehrt ist die letztere fast als ein Kind der Erdölexploration zu bezeichnen. So ist vieles in den Kapiteln 1, 4, 5, 6, 13 und 14 mit dem Hintergedanken der Anwendung in der Erdölgeologie geschrieben.

Die Sedimentologie ist inzwischen so sehr in die Breite und Tiefe gewachsen, daß es für einen einzelnen oder auch für zwei Autoren nicht mehr möglich ist, sie mit dem in einem solchen Lehrbuch gebotenen Detail darzustellen. Ich bin deshalb froh, daß es gelungen ist, für die von mir weniger vertretenen Teilgebiete so kompetente Autorinnen und Autoren zu gewinnen, und es freut mich besonders, daß auch mein Mitstreiter von der ersten Auflage wieder dabei ist. Ihnen allen gebührt für die sehr harmonische Zusammenarbeit mein herzlicher Dank.

Das Buch wendet sich, wie seine Vorgänger, an fortgeschrittene Studenten sowie an Geowissenschaftler in Praxis und Universität. Es wurde deshalb reichlich mit Literaturzitaten ausgestattet, die bei umfangreichen Arbeiten oder Büchern häufig auch Seitenhinweise enthalten. Dabei konnte wegen der gebotenen Kürze die ältere Literatur nicht in dem ihr gebührenden Umfang zitiert werden. Wichtiger erschien es uns, die jüngere Literatur zu erfassen, welche ja in vielen Fällen den Zugang zu älteren Arbeiten erschließt. Darum wurde nur ein Drittel der Zitate, nämlich 1656 von insgesamt 4977 Titeln, aus der 1. Auflage übernommen, beziehungsweise betrifft Arbeiten vor 1970.

Es ist heute schon fast ein Luxus, ein Lehrbuch in deutscher Sprache herauszubringen. Wir haben jedoch stärker als in deutschen Lehrbüchern üblich die weithin benutzten englischen Fachausdrücke in Klammern angefügt oder ganz übernommen, so daß ein nahtloser Anschluß an die englischsprachige Literatur gewährleistet ist. Aus diesem Grunde wurde auch in vielen aus anderen Arbeiten übernommenen Abbildungen die englische Beschriftung beibehalten.

Die Gliederung des Inhaltsverzeichnisses wurde gegenüber der ersten Auflage drastisch vereinfacht; es wurden (mit einer einzigen Ausnahme) nur noch drei – gegenüber früher sieben – Dezimalen zugelassen. Dies machte es notwendig, längere Kapitel im Text weiter durch Groß- und Kleinbuchstaben zu untergliedern. Solche Kapitel erscheinen daher im Inhaltsverzeichnis oft gleichgroß oder gar kleiner als kürzere Kapitel mit umfangreicher Gliederung. Dies wurde im Interesse der Übersichtlichkeit längerer Kapitel in Kauf genommen. Größere Abschnitte wurden – in Anlehnung an das weitverbreitete Lehrbuch von Tissot und Welte – durch Zusammenfassungen abgeschlossen, welche die wichtigsten Fakten in knapper Form enthalten; sie sind durch eine Rasterung hervorgehoben.

Abgesehen von solchen notwendigerweise einheitlichen Absprachen wurde die Individualität der Autoren respektiert, und zwar nicht nur in der Gestaltung ihrer Kapitel, sondern auch in der Schreibweise (Breccien oder Brekzien, Calcit oder Kalzit, Minerale oder Mineralien, Muskowit oder Muskovit u. s. w.) oder bei der Abkürzung der Zeitschriften (J. Sediment. Petrol. oder Jour. Sed. Petrology, u. s. w.).

Im Literaturverzeichnis wurde der (mühevolle) Nachweis der Seitenzahl des Zitates im Text beibehalten. Im Sachverzeichnis wurde durch starke Spezifizierung der Akkumulierung von Seitenzahlen bei einzelnen Sachworten entgegengewirkt; auch wurden im allgemeinen nur wichtigere Zitate des betreffenden Begriffes aufgenommen.

Am Schluß danken wir allen Kollegen, die uns mit Hinweisen oder mit der Durchsicht von Manuskriptteilen geholfen haben, sowie den Damen und Herren, die die Schreib-, Zeichen- und Fotoarbeiten besorgt haben. Dank gebührt auch Herrn Dr. E. Nägele für die bewährte freundschaftliche Zusammenarbeit und seine verständnisvolle Geduld.

Bochum, August 1988   HANS FÜCHTBAUER

Inhaltsverzeichnis

	Seite

1. Wasser 1
   (FÜCHTBAUER)
1.1 Oberflächenwasser und Grundwasser.. 1
1.2 Submarines Porenwasser.. 4
1.3 Formationswasser.. 7
   – Zusammenfassung.. 9

2. Verwitterung und Verwitterungslagerstätten 11
   (VALETON)
2.1 Übersicht und Definitionen... 11
2.2 Mechanische (physikalische) Verwitterung................................... 13
2.3 Chemische und biochemische Verwitterung.................................... 16
   2.3.1 Prozesse der Phasenumwandlung... 16
   2.3.2 Verwitterung von SiO_2-Mineralen.................................... 21
   2.3.3 Verwitterung von Feldspäten und Feldspatvertretern.................... 22
   2.3.4 Verwitterung mafischer Minerale....................................... 24
   2.3.5 Verwitterung von Schichtsilikaten und deren Neubildungen.............. 25
   2.3.6 Neubildung von oxidischen Al-Verbindungen und Al-Sulfaten............. 29
   2.3.7 Neubildung von oxidischen Fe-Verbindungen, Fe-Sulfaten und -Sulfiden.. 33
   2.3.8 Neubildung oxidischer Ti- und Mn-Verbindungen......................... 38
   2.3.9 Neubildung von Sulfiden, Sulfaten, Phosphaten und Karbonaten.......... 38
      – Zusammenfassung.. 39
2.4 Gefüge in Böden und Verwitterungsprofilen.................................. 40
2.5 Verwitterung und Bodenbildung in Raum und Zeit............................. 45
2.6 Verwitterungslagerstätten (Supergene Lagerstätten)......................... 47
   2.6.1 Lagerstättentypen und Erhaltungsfähigkeit............................. 47
   2.6.2 Ferrallite (Bauxite).. 48
   2.6.3 Fersiallite, Kaolinitgesteine... 55
   2.6.4 Fe- und Mn-Laterite... 57
   2.6.5 Nickel-Laterite... 61
   2.6.6 Lateritische Lagerstätten von U, Nb, Zr und Seltenen Erden............ 63
   2.6.7 Phosphatlaterite und Silcretes.. 63
   2.6.8 Uranführende Calcretes.. 63
   2.6.9 Verwitterungslagerstätten auf Sulfiden (Cu u.a.)...................... 63
      – Zusammenfassung.. 65
2.7 Entstehung supergener geochemischer Provinzen.............................. 66

3. Konglomerate und Breccien 69
   (FÜCHTBAUER)
3.1 Konglomerate... 69
   3.1.1 Benennung und Vorkommen... 69

3.1.2 Zusammensetzung 73
3.1.3 Größe 73
3.1.4 Transportsortierung und Abnutzung 75
3.1.5 Gestalt 78
3.1.6 Rundung 79
3.1.7 Orientierung 81
3.1.8 Schichtung 82
– Zusammenfassung 83
3.2 Breccien 84
3.2.1 Merkmale 84
3.2.2 Ablagerungsbreccien 85
3.2.3 Lösungs- und Schrumpfungsbreccien 88
3.2.4 Intern- und Spaltenbreccien 90
3.2.5 Scherungsbreccien 92
3.2.6 Impaktbreccien 95
3.2.7 Pseudobreccien 95
– Zusammenfassung 96

4. Sandsteine 97
(FÜCHTBAUER)
4.1 Die Minerale 97
4.1.1 Zusammensetzung und Benennung der Sandsteine 97
4.1.2 Quarz 104
4.1.3 Gesteinsbruchstücke 107
4.1.4 Feldspäte 113
4.1.5 Phyllosilikate 115
4.1.6 Schwerminerale 116
– Zusammenfassung 128
4.2 Korneigenschaften 129
4.2.1 Korngröße 129
4.2.2 Kornform 141
4.2.3 Kornorientierung 145
– Zusammenfassung 146
4.3 Diagenese 147
4.3.1 Aspekte und Einflußfaktoren 147
4.3.2 Der Porenraum und seine Veränderungen 150
4.3.3 Kriterien der Ausscheidungsfolge von Zementen 158
4.3.4 Quarzdiagenese; „Drucklösung" 161
4.3.5 Andere diagenetische Mineralbildungen 167
4.3.6 Einflüsse auf die Zementation 174
4.3.7 Diagenese-Abfolgen 177
4.3.8 Grenzbereich Diagenese-Metamorphose 182
– Zusammenfassung 183

5. Ton- und Siltsteine 185
(HELING)
5.1 Benennungen und Minerale 185
5.1.1 Benennungen und Abgrenzungen 185
5.1.2 Mineralische Zusammensetzung 186
5.1.3 Kandite 188

5.1.4 Glimmer-Gruppe	188
5.1.5 Chlorite	189
5.1.6 Wechsellagerungsminerale	190
5.1.7 Nichtphyllosilikatische Tonminerale	192
5.1.8 Sonstige Bestandteile	192
– Zusammenfassung	193
5.2 Tonmineralverteilung	198
5.2.1 Ozeanböden	198
5.2.2 Küstennahe Sedimente	199
5.2.3 Rezente Ton-/Siltsedimente auf dem Festland	202
– Zusammenfassung	202
5.3 Diagenese	203
5.3.1 Kompaktion	204
5.3.2 Mineralische Veränderungen	209
– Zusammenfassung	216
5.4 Tonminerale und Environment	217
5.4.1 Stabilität	217
5.4.2 Spurenelemente	218
5.4.3 Glaukonit	218
5.4.4 Palygorskit	221
– Zusammenfassung	221
5.5 Petrologie verschiedener Ton-/Siltgesteine	222
5.5.1 Tone in Rotsedimenten	222
5.5.2 Schwarzschiefer	224
5.5.3 Bentonite	225
5.5.4 Quicktone, Blähtone	226
– Zusammenfassung	228
5.6 Silte und Siltsteine	228
5.6.1 Entstehung	228
5.6.2 Löß	229
– Zusammenfassung	231
6. Karbonatgesteine	**233**
(FÜCHTBAUER; RICHTER)	
6.1 Primäre Minerale	233
6.1.1 Das Karbonatsystem	233
6.1.2 Calcit, Mg-Calcit und Aragonit	235
6.1.3 Fe-Calcit und Siderit	237
6.1.4 Hinweise zur Methodik	240
– Zusammenfassung	249
6.2 Biogene	249
6.2.1 Mineralogische Zusammensetzung der Kalkgerüste	249
6.2.2 Kalkalgen	258
6.2.2.1 Blaugrünalgen	258
6.2.2.2 Grünalgen	269
6.2.2.3 Rotalgen	274
6.2.3 Nannoplankton	278
6.2.4 Foraminiferen	282
6.2.5 Tintinniden	287
6.2.6 Spongien	288

Inhaltsverzeichnis

6.2.7 Coelenteraten	291
6.2.8 Bryozoen	294
6.2.9 Brachiopoden	297
6.2.10 Serpuliden	298
6.2.11 Mollusken	301
6.2.12 Arthropoden	311
6.2.13 Echinodermen	314
6.2.14 Tunicaten/Vertebraten	320
– Zusammenfassung: Bestimmungsschlüssel für Kalkpartikel in Dünnschliffen	320
6.3 Rundkörper	324
6.3.1 Pillen und Peloide	324
6.3.2 Intra- und Extraklasten	325
6.3.3 Ooide	327
– Zusammenfassung	336
6.4 Kalke	337
6.4.1 Nomenklatur	337
6.4.2 Strukturlose und granulierte Kalke	339
6.4.3 Fossilkalke	342
6.4.4 Bioherme und Biostrome	347
6.4.5 Krustenkalke, Travertin	357
– Zusammenfassung	363
6.5 Isochemische Diagenese	364
6.5.1 Allgemeines und Definitionen	364
6.5.2 Kompaktion; Stylolithen	366
6.5.3 Aragonit-Calcit-Umwandlung	372
6.5.4 Zementation und Lithifizierung	376
6.5.5 Mikritisierung	388
6.5.6 Sammelkristallisation	389
6.5.7 Konkretionen, Nagelkalke	392
– Zusammenfassung	395
6.6 Allochemische Diagenese	397
6.6.1 Mg-Calcit – (Fe-)Calcit-Umwandlung	397
6.6.2 Dolomit, Dedolomit, Magnesit	402
6.6.3 Nichtkarbonatische Neubildungen und Verdrängungen	419
– Zusammenfassung	426
6.7 Porenraum	427
6.7.1 Porentypen	427
6.7.2 Bedeutung und Verbreitung poröser Karbonatgesteine	432
– Zusammenfassung	434
7. Salzgesteine (Evaporite)	**435**
(MÜLLER)	
7.1 Bildungsbereiche, Laugentypen und Salzmineralien	435
7.1.1 Bildungsbereiche von Evaporiten	435
7.1.2 Zusammensetzung und Herkunft wichtiger Laugentypen	436
7.1.3 Evaporitische Mineralien der verschiedenen Bildungsbereiche	438
– Zusammenfassung	440
7.2 Marine Evaporite	440
7.2.1 Chemische Zusammensetzung des Meerwassers	440
7.2.2 Primäre Salzabscheidungen aus Meerwasser	441

7.2.3 Thermo- und Lösungsdiagenese ... 445
7.2.4 Rezente marine Evaporite ... 446
7.2.5 Fossile marine Evaporite: Modellvorstellungen ... 449
7.2.6 Fossile marine Evaporite: Beispiele ... 455
7.2.7 Petrographie der Evaporite ... 461
7.2.8 Geochemie der Evaporite (Br, Sr, B, F) ... 467
7.2.9 Isotopen-Geochemie ... 473
– Zusammenfassung ... 474
7.3 Nicht-marine Evaporite ... 475
7.3.1 Chemische Zusammensetzung kontinentaler Wässer ... 475
7.3.2 Salzsee-Modelle ... 476
7.3.3 Evaporite in Seen von Polargebieten ... 479
7.3.4 Evporite in Salzseen des subtropischen Bereiches ... 479
7.3.5 Beispiele rezenter Salzseen ... 483
7.3.6 Beispiele fossiler Salzseen ... 489
7.3.7 Evaporite aus Grundwasser ... 491
– Zusammenfassung ... 493
7.4 Sebkha-Evaporite ... 493
7.4.1 Definitionen, Historisches ... 493
7.4.2 Rezente Sebkha-Evaporite ... 493
7.4.3 Fossile Sebkha-Evaporite ... 497
– Zusammenfassung ... 500

8. Kieselgesteine ... 501
(FÜCHTBAUER; VALETON Kap. 8.3.2)
8.1 Mineralogische und chemische Grundlagen ... 501
8.1.1 Opal-A ... 501
8.1.2 Opal-CT ... 501
8.1.3 Chalcedon, Quarzin, Krypto-/Mikroquarz ... 502
8.1.4 Faserquarz, Mikro-/Kryptoquarz ... 502
8.1.5 Löslichkeit ... 503
– Zusammenfassung ... 504
8.2 Kieselorganismen und ihre Verbreitung ... 505
8.2.1 Überblick ... 505
8.2.2 Diatomeen und Flagellaten ... 505
8.2.3 Radiolarien ... 507
8.2.4 Schwämme ... 507
8.2.5 Verbreitung in den Meeren; SiO_2-Bilanz ... 509
8.2.6 Verbreitung auf dem Festland ... 513
– Zusammenfassung
8.3 Kieselgesteine und ihre Entstehung ... 513
8.3.1 Klassifikation ... 513
8.3.2 Silcretes und terrestrische Verkieselungen ... 514
8.3.3 Limnische Kieselgesteine und BIF's ... 523
8.3.4 Marine Diatomite ... 526
8.3.5 Radiolarite ... 528
8.3.6 Spiculite ... 530
– Zusammenfassung ... 530
8.4 Diagenese der Kieselsedimente ... 532
8.4.1 Allgemeine Gesetzmäßigkeiten ... 532

8.4.2 Die Diagenesestufen ... 533
8.4.3 Porositätsabnahme und Kompaktion ... 537
8.4.4 Zeolithbildung in Tiefseesedimenten ... 539
8.4.5 Hornsteinknollen und Verkieselungen ... 539
– Zusammenfassung ... 542

9. Sedimentäre Phosphatgesteine ... 543
(VALETON)
9.1 Allgemeines, P-Minerale, Nomenklatur ... 543
9.2 Mechanismus der Phosphatbildung und -anreicherung ... 547
9.3 Faziesassoziation und Zeiten der Phosphatanreicherung ... 554
9.4 Lagerstättentypen ... 559
    9.4.1 Marine Lagerstätten ... 559
    9.4.2 Terrestrische Phosphatgesteine ... 561
    9.4.3 Verwitterungs- oder Residualgesteine ... 561
    9.4.4 Guano ... 563
9.5 Nutzung und Umweltschädigung von Phosphaten ... 566
– Zusammenfassung ... 567

10. Erzlagerstätten in Sedimenten ... 569
(SCHNEIDER; WALTHER)
10.1 Einführung ... 569
    10.1.1 Genetische Vorbemerkungen ... 569
    10.1.2 Definitionen ... 571
10.2 Rezente Beispiele ... 573
    10.2.1 Mineralisationen an divergenten Plattengrenzen ... 573
    10.2.2 Mineralisationen über Subduktionszonen (Typus „Taupo") ... 580
    10.2.3 Mangan-Knollen auf Tiefseeböden und in Süßwasserseen ... 581
    10.2.4 Seifenlagerstätten ... 584
    10.2.5 Terrestrische Verwitterungsbildungen ... 588
10.3 Eisen ... 588
    10.3.1 Allgemeiner Überblick ... 588
    10.3.2 Eisenformationen („BIF') ... 590
    10.3.3 Die Eisenerze des Lahn-Dill-Typs ... 596
    10.3.4 Eisensteine (Typ Lothringen) ... 598
    10.3.5 Trümmererze (Typ Peine-Ilsede) ... 601
    10.3.6 Sedimentäre Eisenerze auf dem Festland ... 603
    10.3.7 Metasomatische Sideriterze ... 603
    – Zusammenfassung ... 604
10.4 Mangan ... 604
– Zusammenfassung ... 609
10.5 Uran ... 609
    10.5.1 Archaisch-altproterozoische Konglomerat-Lagerstätten ... 610
    10.5.2 Lagerstätten an prä-mittelproterozoischen Landoberflächen (Diskordanz-Typ) ... 612
    10.5.3 Lagerstätten in post-mittelproterozoischen Sedimentgesteinen ... 613
    – Zusammenfassung ... 615
10.6 Goldlagerstätten ... 616
    10.6.1 Gold in den gebänderten Eisenerzen (BIF) ... 617
    10.6.2 Gold in den schichtigen Buntmetall-Lagerstätten ... 618
    10.6.3 Gold und Uran in präkambrischen Konglomeraten ... 619

	10.6.4 Gold in Lateriten	625
	10.6.5 Die Mobilität von Gold im exogenen Kreislauf	627
	– Zusammenfassung	629
10.7	Kupfer	629
	10.7.1 Allgemeiner Überblick	629
	10.7.2 Kupfererze in marinen Silt- und Tonsteinen	630
	10.7.3 Kupfererze in mittel- und grobklastischen Gesteinen mit Rotlagen	635
	10.7.4 Aride Kupferkonzentrationen auf dem Festland	636
	– Zusammenfassung	636
10.8	Kieserzlager	637
	10.8.1 Lagerstätten des Zypern-Typs	642
	10.8.2 Lagerstätten des Besshi-Typs	642
	10.8.3 Lagerstätten des Kuroko-Typs	644
	10.8.4 Lagerstätten des Rammelsberg-Typs	646
	– Zusammenfassung	647
10.9	Blei-Zink-Erze	648
	10.9.1 Bleierze in Sandsteinen	650
	10.9.2 Blei-Zink-Erze in Karbonatgesteinen	657
	– Zusammenfassung	672
10.10	Schichtgebundene Baryterze	672
	– Zusammenfassung	675
10.11	Schichtgebundene Fluoriterze in Karbonatgesteinen	676
	– Zusammenfassung	681

11. Torf und Kohle 683
(WOLF)

11.1	Die kohlenpetrographische Nomenklatur	683
	11.1.1 Unterteilung von Torf und Kohle	683
	11.1.2 Das kohlenpetrographische Gliederungssystem STOPES-Heerlen	684
	– Zusammenfassung	687
11.2	Torf	687
	11.2.1 Allgemeines zur Entstehung	687
	11.2.2 Moore als Torflieferanten	688
	11.2.3 Torfmikroskopie	688
	– Zusammenfassung	690
11.3	Braunkohle	690
	11.3.1 Kriterien zur Grenzziehung Torf/Braunkohle	690
	11.3.2 Mikropetrographie der Weichbraunkohlen und Mattbraunkohlen	690
	11.3.3 Makropetrographie der Weichbraunkohlen und Mattbraunkohlen	694
	– Zusammenfassung	695
11.4	Steinkohle, einschließlich Glanzbraunkohle und Anthrazit	696
	11.4.1 Abgrenzung Braunkohle/Steinkohle	696
	11.4.2 Mikropetrographie der Humuskohlen	696
	11.4.3 Mikropetrographie der Sapropelkohlen	707
	11.4.4 Makropetrographie von Humus- und Sapropelkohlen	707
	– Zusammenfassung	708
11.5	Petrographischer Aufbau der Kohlenflöze in Abhängigkeit vom Bildungsraum	709
	11.5.1 Allgemeines zur Flözbildung	709
	11.5.2 Bildungsmilieu der einzelnen Macerale und Microlithotypen	709

11.5.3 Rekonstruktion verschiedener fossiler Moortypen	710
– Zusammenfassung	711
11.6 Inkohlung	712
11.6.1 Definition	712
11.6.2 Chemische Veränderungen während der Inkohlung	712
11.6.3 Petrographische Veränderungen während der Inkohlung	716
11.6.4 Ursachen der Inkohlung	717
11.6.5 Beziehungen zwischen Inkohlung und Mineralumwandlung	721
– Zusammenfassung	722
11.7 Angewandte Kohlenpetrographie	723
11.7.1 Untersuchungsmethoden	723
11.7.2 Anwendungsbereiche kohlenpetrographischer Untersuchungen	724
– Zusammenfassung	730
12. Pyroklastische Gesteine	**731**
(SCHMINCKE)	
12.1 Klassifikation und Nomenklatur	731
12.1.1 Einteilungsprinzipien	731
12.1.2 Tephra und Pyroklasten	732
12.1.3 Korngröße	733
12.1.4 Zusammensetzung	735
– Zusammenfassung	736
12.2 Pyroklastische und hydroklastische Prozesse	736
12.2.1 Magmatische Gase	736
12.2.2 Bildung und Platzen von Blasen	737
12.2.3 Eruptionssäulen	738
12.2.4 Magma-Wasser Interaktion	739
– Zusammenfassung	740
12.3 Fallablagerungen	740
12.3.1 Strombolianische Ablagerungen	741
12.3.2 Plinianische Ablagerungen	744
12.3.3 Tephrochronologie	748
12.3.4 Neogene marine Aschenlagen	749
– Zusammenfassung	751
12.4 Subaerische Fließablagerungen	751
12.4.1 Nomenklatur	751
12.4.2 Verbreitung, Aufbau, Gefüge; Eruptionsmechanismen	752
12.4.3 Transportmechanismen; Faziesbereiche	756
12.4.4 Surgeablagerungen	757
12.4.5 Lahars	758
– Zusammenfassung	759
12.5 Hydroklastische Ablagerungen	759
12.5.1 Nomenklatur	760
12.5.2 Gefüge und Partikel	761
12.5.3 Maare und Tuffringe	762
– Zusammenfassung	764
12.6 Submarine Tephraablagerungen	764
12.6.1 Pillow- und Schichtlavabreccien	765
12.6.2 Hyaloklastite	767
12.6.3 Primäre und sekundäre vulkaniklastische Stromablagerungen	769

12.6.4 Umgelagerte und epiklastische submarine Tuffe 771
– Zusammenfassung... 772
12.7 Alteration von vulkanischem Glas 773
  12.7.1 Palagonitisierung 773
  12.7.2 Felsische Gläser 775
  12.7.3 Bentonite und „Tonsteine" 777
  – Zusammenfassung... 778

13. Transportvorgänge und Sedimentstrukturen 779
(FÜCHTBAUER)
13.1 Korntransporte – Transportkörper und Sedimentstrukturen...................... 779
  13.1.1 Einige Grundlagen 779
  13.1.2 Strömendes Wasser 783
  13.1.3 Oszillierende Wasserbewegung 796
  13.1.4 Wind 802
  13.1.5 Andere Transportvorgänge 807
  – Zusammenfassung... 808
13.2 Massentransporte – Transportkörper und Sedimentstrukturen 809
  13.2.1 Bergstürze, Gleitungen, Rutschungen 809
  13.2.2 Debris flows, grain flows, liquefied flows 812
  13.2.3 Suspensionsströme 818
  – Zusammenfassung... 827
13.3 Sedimentär-diagenetische Strukturen und Bioturbation 828
  13.3.1 Entwässerungsstrukturen 828
  13.3.2 Belastungs-, Einengungs- und andere Strukturen 833
  13.3.3 Bioturbation, Lebensspuren 834
  – Zusammenfassung... 840
13.4 Schichtung... 841
  13.4.1 Materialwechsel, Rhythmen, Zyklen 841
  13.4.2 Seismische Stratigraphie, Transgressionen, Regressionen 855
  13.4.3 Akkumulationsraten 859
  – Zusammenfassung... 862

14. Sedimentäre Ablagerungsräume 865
(FÜCHTBAUER)
14.1 Flüsse 865
  14.1.1 Schwemmfächer (Alluvial fans).. 865
  14.1.2 Verflochtene Flüsse (braided oder low sinuosity rivers) 866
  14.1.3 Mäanderflüsse (high sinuosity rivers).................................. 871
  14.1.4 Anastomosierende Flüsse 874
  14.1.5 Red Beds... 874
  – Zusammenfassung... 875
14.2 Seen... 876
  14.2.1 Eigenschaften und Klassifizierung 876
  14.2.2 Faziesgürtel und Schichtungstypen 879
  14.2.3 Entwicklungsstadien 880
  – Zusammenfassung... 881
14.3 Wüsten... 882
14.4 Glaziale Ablagerungsräume 885
  14.4.1 Der Bereich des Eises 885

14.4.2 Der Periglazialbereich.. 888
14.4.3 Der glaziomarine Bereich.. 889
   − Zusammenfassung... 890
14.5 Deltas und Ästuare... 890
   14.5.1 Definitionen und Bedeutung.. 890
   14.5.2 Delta-Subenvironments... 891
   14.5.3 Einflußfaktoren.. 893
   14.5.4 Deltasequenzen.. 896
   14.5.5 Ästuare... 898
   − Zusammenfassung... 899
14.6 Klastische Küsten und Flachsee... 900
   14.6.1 Watten.. 900
   14.6.2 Küstenprofil.. 906
   14.6.3 Nehrungen, Düneninseln und Lagunen.................................... 910
   14.6.4 Flachsee.. 912
   14.6.5 Küsten- und Flachseesequenzen... 914
   − Zusammenfassung... 916
14.7 Karbonatische Küsten und Flachsee.. 917
   14.7.1 Verbreitung, Material... 917
   14.7.2 Watten.. 917
   14.7.3 Karbonatschelfe, rezent... 924
   14.7.4 Karbonatschelfe, fossil... 929
   − Zusammenfassung... 931
14.8 Kontinentalhang und Tiefsee.. 931
   14.8.1 Kontinentalhänge.. 931
   14.8.2 Klastische submarine Fächer... 935
   14.8.3 Karbonatsedimente tieferen Wassers.................................... 939
   14.8.4 Tiefsee unterhalb der CCD... 942
   − Zusammenfassung... 945
14.9 Tektofazies.. 945
   − Zusammenfassung .... 948/9 und 957
14.10 Beckenstudien und Stoffbilanzen... 959
   14.10.1 Beckenstudien.. 959
   14.10.2 Stoffbilanzen und -kreisläufe.. 960
Literatur- und Autorenverzeichnis... 961
Sachverzeichnis... 1119

1. Wasser

(Hans Füchtbauer, Bochum)

1.1 Oberflächenwasser und Grundwasser

Das Wasser spielt nicht nur beim Transport und bei der Ablagerung von Sedimenten eine wichtige Rolle; seine physikalischen Eigenschaften und die in ihm gelösten Stoffe bestimmen auch die Veränderungen der Sedimente während der ineinander übergehenden Prozesse der Verwitterung und Diagenese. Eine kurze Übersicht über die Hydrosphäre, sowie einige Angaben über die Porenwässer und ihre Veränderungen sollen deshalb dieses Buch einleiten. Ausführlicher informiert Teil III des Gesamtwerkes (v. Engelhardt: Die Bildung von Sedimenten und Sedimentgesteinen).

Die Hydrosphäre läßt sich unterteilen in
1. Flüsse
2. Seen
3. Ozeane
4. kontinentales Grundwasser
5. submarines Porenwasser
6. Formationswasser (= tieferes Porenwasser)

In den Unterkapiteln 1.2 und 1.3 werden uns die Gruppen 5 und 6 beschäftigen.

In Abb. 1-1 sind Wasseranalysen verschiedener Flüsse miteinander verglichen. Die Konzentratio-

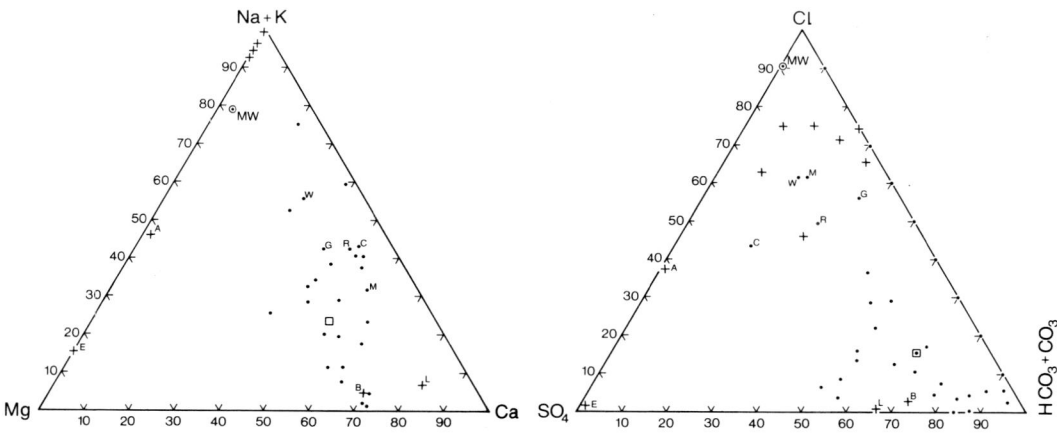

Abb. 1-1. Wasseranalysen von Flüssen (Punkte) und Seen (Kreuze); mval%. MW = Meerwasser. Flüsse nach Matthess (1973, Tab. 56); C = Colorado (Austin), G = Rio Grande, M = Mosel, R = Rhein, W = Weser. Quadrat = Durchschnitts-Flußwasser (Livingstone 1963; 41). Kreuze ohne Buchstaben: Endseen in USA (Truesdell & Jones 1969). A = Little Manitou Lake, Saskatchewan, E = Basque Lake, Brit. Columbia, L = Genfer See (Livingstone l.c.: 17, 18, 23), B = Bodensee (gemittelte Analyse aus Müller 1965).

nen sind gering; Ca^{2+} und HCO_3^- überwiegen. Einige stark verschmutzte Flüsse heben sich durch höhere NaCl-Gehalte heraus (mit Buchstaben bezeichnet). Viele Flußwässer (z. B. Don, Donau, Mississippi, Nil, Rhein) sind beim CO_2-Druck der Atmosphäre, der allerdings in Flußwässern oft überschritten wird, an $CaCO_3$ übersättigt (d. h. > 62 ppm HCO_3^-, > 21 ppm Ca^{2+}; HOLLAND 1981).

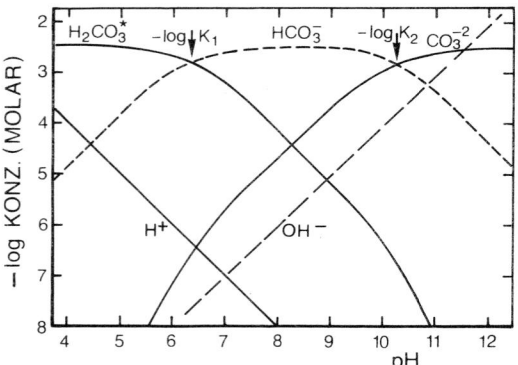

Abb. 1-2. pH-Abhängigkeit der Verteilung der C-Ionenarten in Süßwasser von 25 °C (für eine Gesamtkonzentration von $10^{-2,5}$ mol, logarithmisch). — $\log K_1 = pH - \log HCO_3^- + \log H_2CO_3^* = 6{,}35$ (Meerwasser: 6,00); — $\log K_2 = pH - \log CO_3^{2-} + \log HCO_3^- = 10{,}33$ (Meerwasser: 9,10). (Zahlen = Aktivitäten; $H_2CO_3^* = CO_2$ [gelöst] + H_2CO_3 [vernachlässigbar]). Der Ozean enthält $2{,}6 \cdot 10^{18}$ Mol HCO_3^-, $0{,}33 \cdot 10^{18}$ Mol CO_3^{-2} und $0{,}018 \cdot 10^{18}$ Mol $H_2CO_3^*$ (STUMM & MORGAN 1970: 119, 122, 149, 150), s. auch Kap. 6.1.1.

In die gleiche Abbildung sind einige amerikanische Salzseen eingetragen, in denen Na^+ und K^+ die Hauptkationen und Cl^- (und $HCO_3^- + CO_3^{2-}$) die Hauptanionen sind. Da die pH-Werte zwischen 8,9 und 10,1 liegen, ist nach Abb. 1-2 der CO_3^{2-}-Anteil beträchtlich. Außer diesen abgeschlossenen Seen sind die Wasseranalysen des Bodensees (B) und Genfer Sees (L) eingetragen. Im allgemeinen gilt die Regel, daß sich Durchlaufseen nicht stark von Flüssen unterscheiden (B, L), daß aber abgeschlossene Seen (Endseen), welche an den erhöhten Konzentrationen erkennbar sind, häufig vor allem Na^+ und Cl^- anreichern (Kreuze ohne Buchstaben in Abb. 1-1). Bei entsprechenden Liefergebieten können jedoch in solchen Endseen auch andere Ionen vorherrschen (Kreuze mit A und E). Die Entwicklung solcher Laugen untersuchten HARDIE & EUGSTER (1970), s. Abb. S. 437.

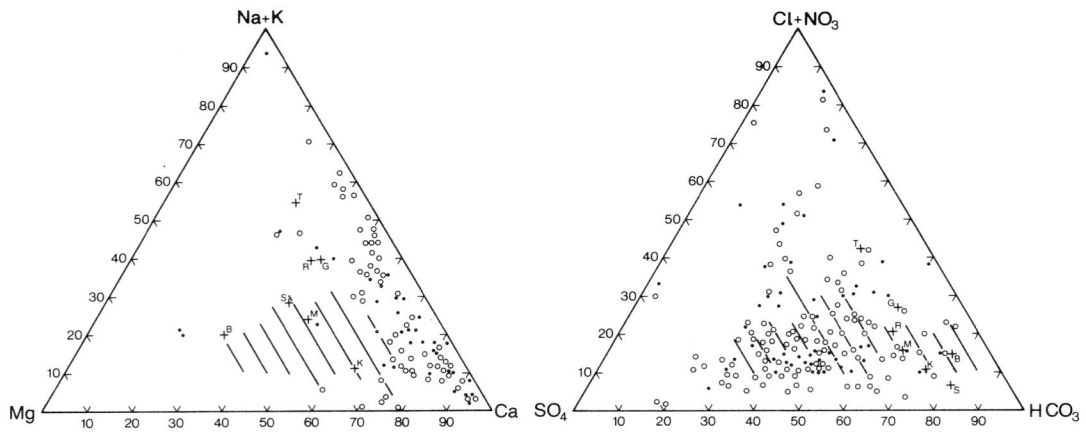

Abb. 1-3. Grundwässer (mval%). Kreuze: B aus Basalten, G aus Graniten, K aus Kalken, M aus Metamorphiten, R aus Sanden und Kiesen, S aus Sandsteinen, T aus Ton- und Siltsteinen (aus GARRELS & MACKENZIE 1972). Punkte = Holozäne Ablagerungen der Emscher und Niederterrassensande; Kreise = Recklinghäuser Sandmergel (Senon) und Emschermergel (COLDEWEY 1976). Schraffiert = Pleistozän und tertiäre Kalke und Mergel des westlichen Mainzer Beckens (aus MATTHESS 1973: 250).

Organische Substanzen bilden in Flüssen nach CLARKE (1924; 110) 3–60% der gelösten Substanz, meist zwischen 10 und 30 ppm (BLATT et al. 1980: 221).

Die in Abb. 1-3 zusammengetragenen, kontinentalen Grundwässer ähneln im Prinzip den Flußwässern, zeigen aber eine größere Variationsbreite, auf die hier nicht eingegangen wird. SO_4^{2-} ist oft erhöht, was in den dargestellten Beispielen auf die Verwitterung von Pyrit zurückzuführen ist. Die Grundwasserzusammensetzung spiegelt z.T. die Petrographie des Aquifers wider, wie die mit Buchstaben gekennzeichneten Analysen (jeweils 14–20 Proben) zeigen. Die SiO_2-Gehalte des Grundwassers in Magmatiten und Metamorphiten liegen zwischen 25 und 55 ppm, in Sedimentgesteinen unter 30 ppm (MATTHESS, 1973). In der Bodenfeuchtigkeit ist CO_2 die aktivste Komponente. Sein Partialdruck liegt zwischen 10^{-1} und $10^{-3,5}$ bar, sein Gehalt (in feucht-gemäßigten Gebieten) meist zwischen 0,5 und 5% (BLATT et al. 1980: 223). Zur Thermodynamik von Stoffumsetzungen im Grundwasser s. VAN BERK (1987).

In Tab. 1-1 sind die Zusammensetzung des Meerwassers und ein Durchschnittswert für Flüsse miteinander verglichen (s. auch Abb. 1-1)

Tabelle 1-1. Zusammensetzung des Meerwassers nach MANHEIM (1976a) und durchschnittliche Lösungsfracht der Flüsse der Erde nach LIVINGSTONE (1963), s. auch S. 441, 476.

	Meerwasser			Flußwasser		
	mg/kg	Mol-%	Äquiv.-%	mg/kg	Mol-%	Äquiv.-%
Na	10760	41,86	77,4	6,3	12,6	19,3
K	387	0,89	1,7	2,3	2,7	4,1
Ca	413	0,92	3,4	15	17,3	52,8
Mg	1290	4,75	17,5	4,1	7,8	23,8
Cl	19350	48,85	90,3	7,8	10,1	15,5
SO_4	2710	2,52	9,3	11,2	5,4	16,6
HCO_3	140	0,21	0,4	58,4	44,1	67,9
NO_3	0,042			1,0		
SiO_2	3,5			13,1 (in den Tropen 17,0, in gemäßigten Zonen 9,0)		
Sr	7,6			0,09		
Br	67			0,019		
BO_3	4,6			0,065		
Fe	0,0034			0,67		
$Al(OH)_4$	0,0035*			0,24		
Gesamt, ca.	35000	100		120	100	

* SACKETT & ARRHENIUS (1962)

Auf einzelne Eigenschaften des Meerwassers, z.B. seine Untersättigung an SiO_2 und seine Übersättigung an $CaCO_3$, wird in jeweiligen Kapiteln eingegangen. Wir gehen mit BLATT et al. (1980: 229) davon aus, daß die Zusammensetzung des Meerwassers sich seit Beginn des Phanerozoikums kaum verändert hat und sich in einem stationären Zustand (steady state) befindet (s. auch RICHTER 1983b). Die dünnbankigen Cherts des späteren Archaikums aber und die gleichalten, durch Chert gebänderten Eisenerze machen für diese frühe Periode ohne kieseliges Plankton einen höheren SiO_2-Gehalt des Meerwassers wahrscheinlich (HOLLAND 1972). Gesichert aber ist eine langsame Zunahme des $^{87}Sr/^{86}Sr$-Verhältnisses in der Erdgeschichte (DEPAOLO 1986).

An der Meeresoberfläche beträgt der Sauerstoffgehalt $10^{-3,3}$ Mol/l; bei $10^{-4,3}$ Mol/l schlägt das oxische in ein anoxisches Milieu mit negativem Eh um (BLATT et al. 1980: 239/240). Der pH-Wert liegt im Meerwasser zwischen 7,8 und 8,3.

Das System Verwitterungslösungen-Meerwasser-Meeressedimente muß nach der Entdeckung und Erforschung der Wasseraustritte an den mittelozeanischen Rücken bei den Galapagosinseln und südlich des Golfs von Kalifornien um die Komponente eines Austauschs des Meerwassers mit den erkaltenden tholeiitischen Basalten der Ozeanböden erweitert werden (EDMOND et al. 1982). Dieser Austausch, welcher bei 350 °C stattfindet und mit einem Eindringen von Ozeanwasser bis in Tiefen von 5 km verbunden ist, entspricht einem Durchsatz des gesamten Wasservolumens der Ozeane alle 8–10 Millionen Jahre. Dabei verliert das Ozeanwasser Mg^{2+} und SO_4^{2-} und erhält dafür SiO_2, Li^+, K^+, Ca^{2+}, Rb^{2+}, Mn^{2+} und Fe^{2+}.

In Lösungen erhöhter Ionenstärke wird die Aktivität der einzelnen Ionen durch Paarbildung verringert. Im Meerwasser sind besonders Mg^{2+} und CO_3^{2-} betroffen; der Anteil freier Ionen beträgt für Mg^{2+} 86,9 %, für CO_3^{2-} 8,9 %, für HCO_3^- 70,8 %; für SO_4^{2-} 55,3 % und für Cl^- 100 % (BLATT et al. 1980: 228).

1.2 Submarines Porenwasser

Durch die Ablagerung von neuem Sediment wächst in den unterlagernden, älteren Sedimenten der Belastungsdruck. Die Porosität stellt sich auf den erhöhten Belastungsdruck ein; es kommt zur Kompaktion. Dabei wandert Porenwasser relativ zum Sediment nach oben. Zu einem Austritt von Porenwasser am Meeresboden kommt es jedoch im allgemeinen nicht, weil während der Sedimentation die Dicke der porösen Sedimentsäule und damit auch das gesamte Porenvolumen entweder zunimmt oder gleich bleibt. Eine Zunahme des Porenvolumens und damit der Menge des Porenwassers in einem Sedimentstapel erfolgt, wenn ein poröses Sediment auf eine praktisch porenfreie (z. B. kristalline) Unterlage abgelagert wird, deren Abstand vom Meeresboden während der Einsenkung und Füllung des Sedimentbeckens zunimmt. Erst wenn diese Grenzfläche so tief versenkt ist, daß schon die untersten Sedimente praktisch porenfrei sind, ist ein stationärer Zustand erreicht, und das gesamte Porenvolumen bleibt gleich (FÜCHTBAUER & MÜLLER, 1970: 4 und EINSELE, 1977: 643).

Zu einem Austritt von Porenwasser am Meeresboden kann es kommen, wenn die Sedimentation so schnell erfolgt, daß in den darunterliegenden Schichten die Kompaktion nicht damit schritthalten kann und „überhydrostatische" Drücke entstehen, und wenn dann aus irgendeinem Grund eine Sedimentationspause eintritt. Auch eine Drainierung des Kompaktionswassers z. B. auf feinen Rissen kann zu Wasseraustritten führen. In größerem Umfang wird das eingeschlossene Meerwasser an das Weltmeer nur zurückgegeben, wenn die Sedimente aus dem Meer herausgehoben werden und entweder mitsamt ihrem Porenwasser erodiert oder mit meteorischem Wasser gefüllt werden, wobei das eingeschlossene Meerwasser herausgedrückt bzw. -gewaschen und schließlich dem Meer wieder zugeführt wird.

Allgemein überwiegt demnach am Meeresboden ein Wasserstrom in das Sediment hinein. Dementsprechend stimmt der Chemismus des Porenwassers in den obersten Sedimentschichten mit dem des Meerwassers fast überein. Dies gilt weitgehend auch noch für die mittleren Kationen- und Anionenkonzentrationen in den obersten 100 m, wie Abb. 1-4 zeigt. Diese Übereinstimmung ist besser für die landfernen, langsam sedimentierten Ablagerungen als für die landnäheren, schneller sedimentierten terrigenen Schlämme (T). Besonders auffallend ist hier die Abnahme des SO_4, welches in Extremfällen schon nach 50 cm verschwindet (BERNER, 1981a). Dabei findet eine Reduktion zu H_2S statt. Sie wird durch anaerobe Bakterien (*Desulfovibrio desulfuricans*) bewirkt, welche für ihren Betriebsstoffwechsel dem SO_4^{2-} Sauerstoff entziehen und für ihren Baustoffwechsel organischen Kohlenstoff brauchen. Da organische Substanz und ein reduzierendes Milieu sich nur bei hohen Sedimentationsraten halten können, findet man nur in solchen, meist landnäheren Sedimenten eine SO_4-Abnahme mit der Tiefe, und zwar nach einer Zusammenstellung von SUESS (1976: Abb. 43)

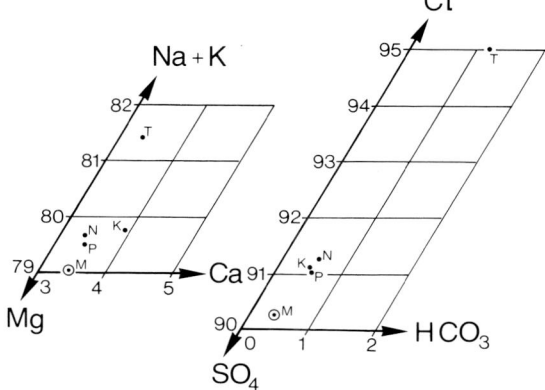

Abb. 1-4. Mittlere Kationen- und Anionenkonzentrationen in den obersten 100 m von Ozeansedimenten der Tiefseebohrprojekte Leg 1 bis 19 (T = Terrigene Schlämme, K = Karbonate, P = Pelagische Tone, N = Nannofossilschlämme). Zum Vergleich: M = Meerwasser. Auf Äquivalentprozente umgerechnet aus MANHEIM (1976b).

bei   40 mm/1000a Sedimentationsrate: 0,004 Mol SO_4-Abnahme/cm Tiefe
bei   400 mm/1000a Sedimentationsrate: 0,05 Mol SO_4-Abnahme/cm Tiefe
bei   4000 mm/1000a Sedimentationsrate: 0,5 Mol SO_4-Abnahme/cm Tiefe

In landfernen pelagischen Gebieten hingegen herrscht meist langsame Sedimentation (wenige mm in 1000 Jahren), so daß einerseits die organische Substanz oxidiert oder von Lebewesen konsumiert werden kann, andererseits durch Diffusion ein Ionenausgleich zwischen Meerwasser und tieferem Porenwasser möglich ist (GIESKES 1975; McDUFF & GIESKES 1976; WEDEPOHL 1979). Hieraus erklären sich die geringen vertikalen Änderungen der Zusammensetzung des Porenwassers landferner Sedimente, während in landnäheren Bereichen mit zunehmender Sedimenttiefe Mg^{2+}, K^+ und SO_4^{2-} abnehmen und Ca^{2+}, Mn^{2+}, Sr^{2+}, SiO_2 und NH_4^+ meist zunehmen (s. auch HESSE & HARRISON 1981; MANHEIM & SAYLES 1974; SAYLES & MANHEIM 1975; DIETRICH 1981; HESSE 1986: Eine umfassende Übersicht), s. Abb. 1-5. In landfernen Gebieten nahe an mittelozeanischen Rücken wird das Porenwasser auch dadurch chemisch homogenisiert, daß Meerwasser durch die noch geringmächtige und daher permeable Sedimentschicht hindurch in die basaltische Kruste eingesaugt und an anderen Stellen wieder ausgestoßen wird (Konvektionszellen).

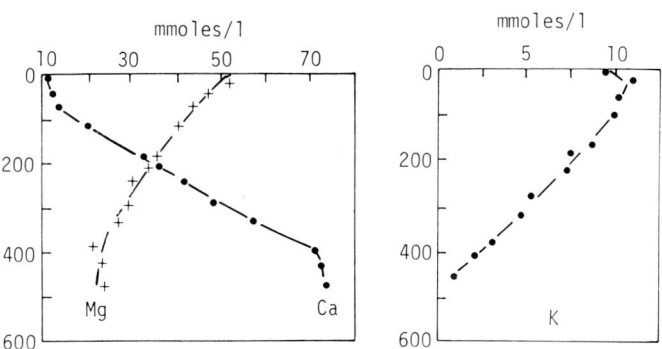

Abb. 1-5. Submarines Porenwasser der Tiefseebohrung 336 (Leg 38), Island-Färöer-Rücken (811 m Wassertiefe); nichtkarbonatisch-tonige Sedimente (GIESKES et al. 1978: fig. 2). Ordinate: Meter.

Abb. 1-5 zeigt das Verhalten von Mg^{2+}, Ca^{2+} und K^+ für ein praktisch karbonatfreies, vorwiegend toniges Profil mit vulkanischen Einlagerungen. Diese Veränderungen lassen sich durch Dolomitbildung (GIESKES et al. 1981), durch kontinuierliche Ca-Abgabe der unterlagernden ozeanischen Kruste (layer 2; GIESKES 1981: 152; MELSON & THOMPSON 1973), sowie durch Mg-Aufnahme derselben im Rahmen der nicht auf die mittelozeanischen Rücken (EDMOND et al. 1982) beschränkten Austauschprozesse (HSÜ 1983), durch Anlösung der Plagioklase und Pyroxene des vulkanischen Detritus und der Coccolithen, sowie durch Neubildung von Mg-Smektit, Zeolithen und Kalifeldspat erklären (KASTNER & GIESKES 1976; GIESKES et al. 1978; PERRY et al. 1976). Eine Mg^{2+}-Abnahme könnte auch durch eine geringe, röntgenographisch gar nicht nachweisbare Chloritbildung bedingt sein. Etwas Chlorit wurde in der in Abb. 1-5 dargestellten Bohrung gefunden. Die K^+-Abnahme könnte zum Teil durch den Übergang von Montmorillonit in Mixed Layer Montmorillonit-Illit erklärt werden, welcher in dieser Bohrung von TIMOFEEV et al. (1978) bei etwa 250 m Sedimenttiefe festgestellt wurde. In karbonatreichen Tiefsee-Sedimentprofilen findet man die gleichen Veränderungen; dabei ist allerdings nach COUTURE et al. (1977: 910) die K-Abnahme und nach NEUGEBAUER (1974b: 159) die Mg-Abnahme geringer als in Tonschlämmen.

In Tiefseebohrungen am Kontinentalhang, z. B. SW Guatemala, ist nach HARRISON et al. (1982) der Abbau der organischen Substanz mit einer Methan- und Ammoniumbildung verbunden. Letzteres tauscht dort aus den Tonmineralen Mg^{2+} aus, welches dadurch in den obersten 100 m erhöht ist und unter Ausnutzung des basischen Porenmilieus und des organischen Kohlenstoffs zur Dolomitbildung führen kann (KELTS & MCKENZIE 1982, für den Golf von Kalifornien; s. auch PISCIOTTO & MAHONEY 1981 und, hinsichtlich anderer Mg^{2+}-Quellen, HELM 1985a). Eine bakterielle Methanbildung unterhalb der Zone der Sulfatreduktion ist nach CLAYPOOL & KAPLAN (1974) auf C_{org}-führende ($\geq 0,5\%$) und deshalb schnell gebildete Sedimente (> 50 m/Mill. J.) beschränkt. Sie kann nach diesen Autoren bei niedrigen Temperaturen (5 °C) und mindestens 500 m Wassersäule zur Gashydratbildung (Clathrat, z. B. $CH_4 \cdot 6 H_2O$) im Sediment führen (HARRISON et al. 1982). Organische Kohlenstoffverbindungen liegen im Porenwaser oxidierter mariner Sedimente nach KROM & SHOLKOVITZ (1978) zwischen 8,3 und 15,8 mg/l; in reduzierten Sedimenten steigen sie von 13,6 nahe der Oberfläche auf 55,9–70,5 mg/l in 80 cm Tiefe an, wobei der Zuwachs vor allem auf die höhermolekularen Fraktionen entfällt.

Der SiO_2-Gehalt beträgt im Meerwasser 0,1–4 ppm an der Oberfläche, 5–10 ppm am Meeresboden (v. ENGELHARDT 1973: 239, s. auch CALVERT 1974) und im Porenwasser von Sedimenten ohne kieselige Partikel. In Sedimenten mit Kieselskeletten (z. B. Diatomeen, Radiolarien, Schwammnadeln und frühe Diageneseprodukte derselben) kann der SiO_2-Gehalt des Porenwasssers über 60 ppm (= 1 mmol) steigen (GIESKES et al. 1978), liegt aber normalerweise in oxidierten Sedimenten zwischen 22 und 35, in reduzierten zwischen 10 und 19 ppm (HEATH & DYMOND 1973). Zum Vergleich: Die Löslichkeit amorpher Kieselsäure bei 25 °C beträgt bei den infrage kommenden pH-Werten (s. u.) 120 ppm, die Löslichkeit von Quarz 10 ppm (KRAUSKOPF 1967; s. Abb. 8-3).

Der Al-Gehalt steigt vom Meerwasser ($\leq 1,5$ µg/l) in der obersten Sedimentschicht etwas an (2–10 µg/l im NW-Atlantik) und ist dort mit dem SiO_2-Gehalt korreliert. Tiefer im Sediment nimmt er wieder ab (STOFFYN-EGLI 1982).

Die pH-Werte im Sediment sind etwas niedriger (7,2–7,7) als im Meerwasser (8,0–8,2), steigen jedoch im allgemeinen mit der Sedimenttiefe (DIETRICH, 1981: 83). Die Porenlösungen sind deshalb meist untersättigt bis gesättigt an $CaCO_3$, während das Meerwasser zumindest oben übersättigt ist (v. ENGELHARDT, 1973).

In den Randgebieten der Ozeane, z. B. unter vielen Schelfgebieten, nimmt nicht selten die Salinität der Porenwässer mit der Tiefe ab. Hier wirkt sich der hydraulische Überdruck süßwassergefüllter, über dem Meeresspiegel gelegener Sedimentgesteine und die pleistozäne Absenkung des Meeresspiegels aus (MANHEIM 1976a).

In der Flachsee beeinflußt die starke Bodenbesiedlung und -durchwühlung die Porenwasserchemie der obersten 10 cm deutlich (ALER 1978)

Zwischen der obersten Sedimentschicht und dem Bodenwasser findet ein lebhafter Stoffaustausch statt. Nach WALGER (1982: 138) wird die Hauptmenge der im Bodenwasser gelösten Stoffe aus dem Sediment entweder durch Organismen-vermittelten Porenwasseraustausch oder durch die unmittelbar an der Oberfläche stattfindenden Abbau- und Lösungsvorgänge freigesetzt.

Die Spurenelemente im marinen Porenwasser stammen großenteils aus dem Abbau organischer Substanz, wie deren Korrelation mit den Gehalten an Cu, Ni, Mo, Zn, Pb und U in rezenten marinen Sedimenten zeigt (DIETRICH 1981: 92).

1.3 Formationswasser

Als Formationswasser wird das tiefe Grundwasser oder Porenwaser bezeichnet, welches wegen seines Salzgehaltes nicht mehr als Trinkwasser geeignet ist. Es steht im allgemeinen unter „hydrostatischem" Druck (1 at/10 m). Ausnahmen sind die Vorkommen artesisch gespannten Wassers und tonreiche, schnell abgelagerte Sedimentpakete, deren vertikale Durchlässigkeit so gering ist, daß das Kompaktionswasser nicht schnell genug entweichen kann, um sich auf „hydrostatisches" Gleichgewicht einzustellen. Der Porenwasserdruck kann hier bis zum 2½fachen des „hydrostatischen" Drucks steigen („lithostatischer Druck"). Ein solcher kann auch tektonisch bedingt sein, wie Beispiele aus dem Alpenvorland und Kalifornien zeigen (LEMCKE 1972; BERRY & KHARAKA 1981). Weitere Mechanismen, wie z. B. die Entwässerung von Gips oder Smektit, werden von NARASIMHAN et al. (1980) und MAGARA (1975) diskutiert (s. auch unter „Sekundäre Porosität", S. 156).

Drei Porenwasser-Bereiche lassen sich mit zunehmender Tiefe unterscheiden (GALLOWAY 1984):
1. Das meteorische, von oben eingedrungene Wasser, welches unterirdisch der Morphologie folgt, dabei aber z. B. an der Golfküste bis in 1,5 km Tiefe eindringen kann und häufig in der Küstenzone wieder austritt.
2. Das Kompaktionswasser, welches aus dem Sediment durch den Überlagerungsdruck nach oben ausgepreßt wird, gleich ob es mit dem Sediment abgelagertes („connate") Wasser oder meteorisches Wasser ist, welches unter den Bereich der aktiven meteorischen Zirkulation versenkt wurde.
3. Das „thermobarische" Wasser, welches unter überhydrostatischem Druck steht. Es entsteht entweder bei der thermischen Entwässerung von Montmorillonit (Süßwasser!), oder wenn Kompaktionswasser infolge zu schneller Überlagerung und zu geringer Durchlässigkeit in das überhydrostatische Druckregime gerät.

Daß auch das meteorische Wasser bei diagenetischen Neubildungen z. B. von Kaolinit und Calcit eine wichtige Rolle spielen kann, zeigte LONGSTAFFE (1984) an den stabilen C- und O-Isotopen. Der Salzgehalt nimmt meistens mit der Tiefe zu (Abb. 1-6, s. ANGINO & BILLINGS 1969). Es gibt zwei sehr unterschiedliche Erklärungsversuche für diese wichtige Beobachtung.

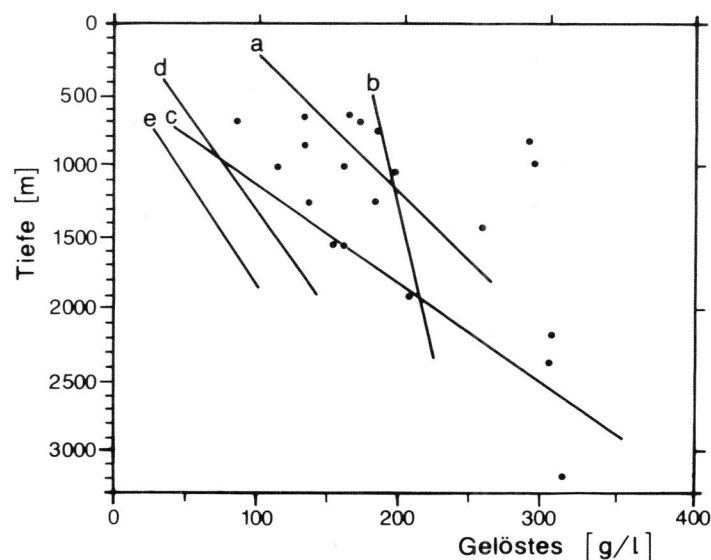

Abb. 1-6. Trends der Gesamt-Salinität im Formationswasser verschiedener Sedimentbecken der USA, nach DICKEY (1969) aus BLATT (1979):
a) Pennsylvanian,
b) Ordovizium,
c) Jura/Kreide,   d) Eozän,
e) Kreide. – Punkte: Wässer aus Zechstein bis Unterkreide deutscher Bohrungen, nach v. ENGELHARDT (1960: 153). Die Punkte rechts oben stammen von salznahen Proben.

A. Der eine geht davon aus, daß es sich bei dem Formationswasser im Prinzip um eingeschlossenes Oberflächenwasser – Grundwasser oder Meerwasser – handelt. Aufgrund von Laborversuchen wird angenommen, daß sich durch Ionenfiltration dessen Konzentration erhöht. Die gelösten Salze werden durch die niedrig durchlässigen Sedimente zurückgehalten, so daß ihre Konzentration dort steigt. Nach GRAF (1982) übersteigt dieser Effekt die entgegengesetzte Wirkung der Osmose beträchtlich, jedoch nach MANHEIM & HORN (1968) nur dann, wenn überhydrostatische Porenwasserdrücke das Abpressen verstärken (s. hierzu auch S. 208).

Ein solcher Fall, der nach KHARAKA & BERRY (1976) nicht allein steht, wurde aus dem westlichen San Joaquin Valley in Kalifornien berichtet. Dort führen in etwa 3000 m Tiefe die Sandsteine der McAdams Formation (Eozän) Formationswasser mit nur 10 g/l Gelöstem, während in dem 1000 m darüber liegenden Ölhorizont der Temblor Formation (Miozän) 20–40 g/l Gelöstes im Wasser enthalten sind. Diese ungewöhnliche Salinitätsabnahme mit zunehmender Tiefe wird damit erklärt, daß die McAdams Formation von einer bis 12 km mächtigen Folge mesozoischer Tonsteine unterlagert ist. Darin kann Ionenfiltration stattfinden, da nur in dieser Tonfolge, nicht aber in der McAdams Formation überhydrostatischer Druck, d. h. ein hoher Kompaktionsdruckgradient (s. o.), herrscht. Alle diese Serien sind marin; ein Meerwasser-Ursprung des Porenwassers ist auch durch die stabilen O-Isotope belegt. Eine unveränderte Konservierung des marinen Porenwassers ist aufgrund des Salzgehaltes aber nur für die Temblor Formation anzunehmen, während in der McAdams Formation der Salzgehalt nur 1/3 des Meerwasser-Wertes erreicht, vermutlich infolge des Zuflusses ausgepreßten Wassers von unten. Solches unter einem anormal hohen Druckgradienten ausgepreßtes und vermutlich dadurch entsalzenes Wasser nennen die Autoren „effluent water". Es unterscheidet sich, wie zu erwarten ist, auch chemisch vom Meerwasser in charakteristischer Weise: Ca/Na ist erniedrigt, während Li/Na, NH_3/Na, B/Cl, HCO_3/Cl, J/Cl, J/Br und F/Cl erhöht sind. Die gleichen Abweichungen wurden bei Filtrationsexperimenten beobachtet.

B. Der andere Erklärungsversuch der Salzgehaltszunahme mit der Tiefe geht von der Beobachtung aus, daß die Formationswässer derjenigen Sedimentbecken am konzentriertesten sind, in denen Evaporite, und zwar vor allem Steinsalz, eine große Rolle spielen. Dies gilt beispielsweise für die norddeutsche Tiefebene, unter der Salinare des Zechsteins, Muschelkalks und Weißjuras lagern (Abb. 1-6). In den Zechsteindolomiten des Emslandes, aber auch im überlagernden Buntsandstein, findet sich eine nahezu gesättigte NaCl-Lösung; auch in den anderen Formationswässern Nordwestdeutschlands ist die Konzentration drei- bis fünfmal so hoch wie im Meerwasser (v. ENGELHARDT 1960: 153). Die Zechsteinsalze durchstießen in Form unzähliger Salzstöcke die jüngere Schichtenfolge und kommunizieren seit ihrem im Meso- bzw. Känozoikum erfolgten Aufstieg mit den Porenwässern dieser Schichten. Wie groß die dabei ins Formationswasser diffundierten Salzmengen sind, läßt sich schwer abschätzen. Sicher muß berücksichtigt werden, daß auch von den riesigen Volumina, welche die Salzstöcke durch Ablaugung an der Oberfläche verloren (JARITZ 1980), ein kleiner Teil ins Porenwasser überging. Dabei ist vor allem an das durch „Subrosion" durch terrestrisches Grundwasser erodierte Salz zu denken. Daß aber auch die Diffusion, unterstützt durch den nach oben gerichteten Kompaktionsstrom, über tief im Sediment steckenden Salzstöcken einen „Salzhalo" bis zu 4 km Höhe erzeugen kann, leitet MANHEIM (1976a) aus Beobachtungen in Bohrungen im Golf von Mexiko ab. Ähnliche Beobachtungen liegen von der Atlantikküste Amerikas vor (MANHEIM & HORN 1968). Als Diffusionsgeschwindigkeit geben die letztgenannten Autoren für solche unverfestigten Sedimente 1 km in 10 Mio. Jahren an (l.c.: 228).

Wie Abb. 1-7 zeigt, unterscheiden sich die Formationswässer vom Meerwasser durch das relative Zurücktreten von Mg^{2+} zugunsten von Ca^{2+} und vor allem von Na^+, sowie durch das starke Überwiegen von Cl^-. Dies paßt zur Herleitung aus Salzstöcken und beruht auch darauf, daß Na^+ und Cl^- während der Diagenese nicht in neugebildete Minerale eingebaut werden. Lediglich in den Austauschpositionen der Tonminerale tritt bei zunehmender Porenwasserkonzentration K^+ und Na^+ an die Stelle der zweiwertigen Kationen Mg^{2+} und Ca^{2+} (v. ENGELHARDT 1973). So mag der gegenüber dem Meerwasser erhöhte relative Ca^{2+}-Gehalt mancher Porenwässer zu erklären sein

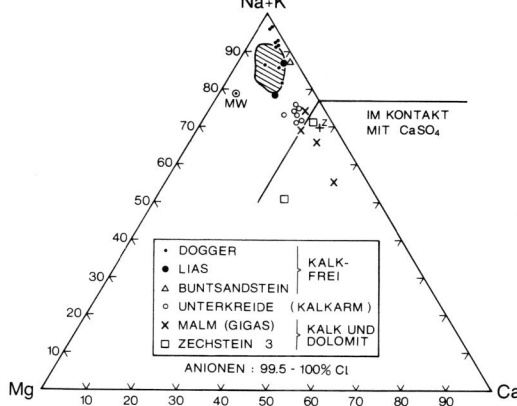

Abb. 1-7. Formationswässer aus Tiefbohrungen Nordwestdeutschlands (mval%, aus v. ENGELHARDT 1960: Tab. 24). Schraffiert: Grubenwässer des Ruhrkarbons (aus COLDEWEY 1976; 85% Cl). Z = Zechstein-Formationswasser (HÄRTEL et al. 1980). MW = Meerwasser.

(Abb. 1-7). Der SO_4^{2-}- Gehalt ist besonders niedrig in Ölfeldwässern. Dies ist auf die Tätigkeit von desulfurizierenden Bakterien zurückzuführen, welche nach einer eigenen, unpublizierten Beobachtung (im Valendis Norddeutschlands) in der Verwässerungszone von Ölfeldern angereichert sein können, weil ihnen dort SO_4^{2-} und organische Substanz in optimaler Menge zur Verfügung stehen (s. Kap. 1.2). Natürlich hat auch die Zusammensetzung des Wirtsgesteins einen Einfluß auf das Formationswasser. Dies zeigt Abb. 1-7 am Beispiel des Ca^{2+}-Gehaltes.

Die pH-Werte der Formationswässer liegen zwischen 6 und 11 (WHITE 1965; BLATT et al. 1980, 231). Niedrigere Werte (pH 2,6 bei 20°C und P_{CO_2} = 20 bar) wurden an Zechsteinlaugen („Z" in Abb. 1-5) mit ihren relativ hohen Ca^{2+}- und CO_2-Gehalten von HÄRTEL et al. (1980) gemessen und auf die Hydrolyse vor allem des $CaCl_2$ und auf das CO_2 zurückgeführt. Mit dem WATEQ-Computerprogramm läßt sich für jede Wasser-Zusammensetzung der Grad der Über- bzw. Untersättigung für ein bestimmtes Mineral errechnen (TRUESDELL & JONES 1973; PLUMMER et al. 1978).

Wechsellagerungen mariner und nichtmariner Schichtfolgen enthalten manchmal noch Hinweise auf das ursprüngliche Porenwasser. So fanden LEMCKE & TUNN (1956) im süddeutschen Molassebecken einen „marinen" Wasserkörper, der sich ursprünglich in der Oberen Meeresmolasse befand, nun aber in die darunterliegende, nichtmarine Molasse gewandert ist, weil infolge der Donau-Erosion eine Abflußmöglichkeit nach unten geschaffen wurde. Solches „vertical flushing" ist für die Erhaltung von Kohlenwasserstofflagerstätten möglicherweise verhängnisvoll (LEMCKE 1977).

Lokale langsame (0,4–2,5 cm/a) Aufstiegsbewegungen von Wasser an Störungen führten bei Landau im Rheingraben zu erhöhten Temperaturen (80°C in 1000 m Tiefe; WERNER 1975; R. HÄNEL mdl.). Die Temperatur in tiefen, geothermischen Reservoiren läßt sich aus den Konzentrationen von Si, Na, K und Ca ermitteln. KHARAKA & BARNES (1973) entwickelten auf dieser Basis zwölf verschiedene „chemische Geothermometer". FOURNIER et al. (1974) diskutieren die Annahmen, auf denen diese Methode beruht.

Zusammenfassung

Während sich Durchlaufseen von Flüssen nicht stark unterscheiden und wie diese im allgemeinen Ca^{2+} und HCO_3^- - betont sind, bewegen sich die (abflußlosen) Endseen durch Erhöhung vor allem der Na^+-, K^+-, (Mg^{2+}-), Cl^-- und z. T. SO_4^{2-}-Gehalte aufs Meerwasser zu. Der Ozean erhält vom Festland Verwitterungslösungen; außerdem ist er einem Krusten-Zirkulationssystem angeschlossen, welches ihm vor allem auf den Mittelozeanischen Rücken Wasser entzieht und dieses nach Entnahme des gesamten Mg^{2+} und SO_4^{2-}-Gehaltes, jedoch angereichert an SiO_2, Li^+, K^+, Ca^{2+}, Rb^{2+}, Ba^{2+}, Mn^{2+} und Fe^{2+} zurückgibt.

Submarines Porenwasser tritt bei der Kompaktion der Sedimente normalerweise nicht aus dem Meeresboden aus. Sein Chemismus ändert sich in Gebieten langsamer Sedimentation mit der Tiefe kaum, da ein Diffusionsausgleich stattfindet. In Bereichen schneller Sedimentation, z. B. am Kontinentalhang, aber nehmen SiO_2, Ca^{2+}, Sr^{2+}, Mn^{2+} und NH_4^+ mit der Tiefe häufig zu und Mg^{2+}, K^+ und SO_4^{2-} deutlich ab. Letzteres beruht auf der Tätigkeit desulfurizierender Bakterien in diesen meist anoxischen Sedimenten, während die Mg^{2+}-Abnahme im Porenwasser durch die Bildung von Dolomit, Mg-Smektit und Chlorit erklärbar ist.

Als Formationswasser wird das tiefe, im allgemeinen salzige Grundwasser bezeichnet. Für die Zunahme des Salzgehaltes nach unten wird einerseits eine Ionenfiltration aus dem Kompaktionsstrom verantwortlich gemacht, welche allerdings bei hydrostatischen Porenwasserdrücken durch einen osmotischen, nach unten gerichteten Druckgradienten etwa aufgehoben wird. Deshalb ist als allgemeinere Erklärung eine Herkunft von eingelagerten Salzschichten oder Salzstöcken vorzuziehen, wozu auch das starke Überwiegen von Na^+ und Cl^- im Porenwasser paßt. Gelegentlich finden sich in jüngeren Schichtenfolgen noch marine und nichtmarine Porenwasser-Stockwerke konserviert.

2. Verwitterung und Verwitterungslagerstätten
(IDA VALETON, Hamburg)

2.1 Übersicht und Definitionen

„Verwitterung" wird definiert als die Summe der Prozesse, die zu Veränderungen der Gesteine und Minerale im Bereich der Erdoberfläche im Kontakt mit Atmosphäre, Hydrosphäre und Biosphäre führen (v. ENGELHARDT 1973; SCHWERTMANN in SCHEFFER-SCHACHTSCHABEL (1984). Sie umfaßt physikalische, chemische und biochemische Prozesse. Im allgemeinen wird eine obere Zone der „Bodenbildung" von der tieferreichenden Zone der Verwitterung abgetrennt. Diese geht ihrerseits nach unten in die Diagenese über, ebenfalls an einer nicht scharf definierten Grenze, die zudem in verschiedenen Environments (Land/Meer) und verschiedenen Sedimenten unterschiedlich gehandhabt wird. So wird die submarine Verwitterung, die „Halmyrolyse", nur auf Vorgänge an der unmittelbaren Sedimentoberfläche beschränkt und auch hier der Terminus nicht rigoros benutzt, weil ein wesentliches Attribut der Verwitterung, die starke zeitliche Variabilität einer großen Zahl von Einflußgrößen, am Meeresboden fehlt. Bei Karbonatsedimenten hat es sich eingebürgert, praktisch nur die Verkarstung und die Krustenkalke (calcrete) zur Verwitterung zu rechnen, jedoch alle mineralogisch-chemischen Veränderungen nahe der Sedimentoberfläche zur Frühdiagenese zu stellen. Dies hängt damit zusammen, daß hier im Gegensatz zu den klastischen Sedimenten die Vorgänge nahe der Sedimentoberfläche meist unmittelbar in die diagenetischen Veränderungen weiter unten übergehen. Die Verkarstung aber wird wegen ihrer Bedeutung für die Oberflächenformen auch in der Physischen Geographie behandelt, so wie das große und wichtige Gebiet der Bodenbildung einem eigenen Fach, der Bodenkunde, vorbehalten bleibt.

Böden werden vertikal in Bodenprofile mit Bodenhorizonten und lateral in Catenenabfolgen gegliedert. Über Rohböden – AC-Böden – ABC-Böden wird das Endstadium der möglichen Entwicklung (Klimax) erreicht. In der Bodenklassifikation wird sich neben der deutschen und französischen die US-Soil Taxonomie durchsetzen. Hier kann auf die Böden im einzelnen nicht eingegangen werden. Paläopedologie und Pedostratigraphie erlangten wegen ihrer Aussagen zum Paläoenvironment und seinen zeitlichen Veränderungen auf den Kontinenten in letzter Zeit wachsende Bedeutung.

Die wichtigsten Verwitterungsprozesse sind:
- mechanische Verwitterung durch Lockerung, mechanische Auflösung des Gesteinsverbandes und Kornzerkleinerung,
- chemische und biochemische Verwitterung durch chemische Auflösung der primären Gerüst-, Ketten- und Schichtsilikate durch Hydrolyse, Azidolyse, Oxidation – Reduktion, Organo-Komplexierung, Neubildung von Schichtsilikaten, Oxiden und Hydroxiden, Karbonaten, Sulfaten und von Organokomplexen.

In ariden und nivalen Klimaten herrschen die physikalischen, in humiden Klimaten die chemischen und biochemischen Prozesse vor.

Chemisch ist die Verwitterung vor allem durch die im Vergleich zur Diagenese hohe Beweglichkeit des Wassers und die Beteiligung von Ionen und organischen Substanzen sowie durch Redox-

und pH-Änderungen charakterisiert. Mehrfache Auflösung und Neuausscheidung im Verwitterungsablauf führen zu Verlagerung oder Abtransport von kolloiden, gelösten oder komplex gebundenen „beweglichen" Elementen, die dem System dabei verlorengehen. Andererseits werden im Verwitterungsmilieu spezifische, „stabile" Elemente relativ und auch absolut angereichert.

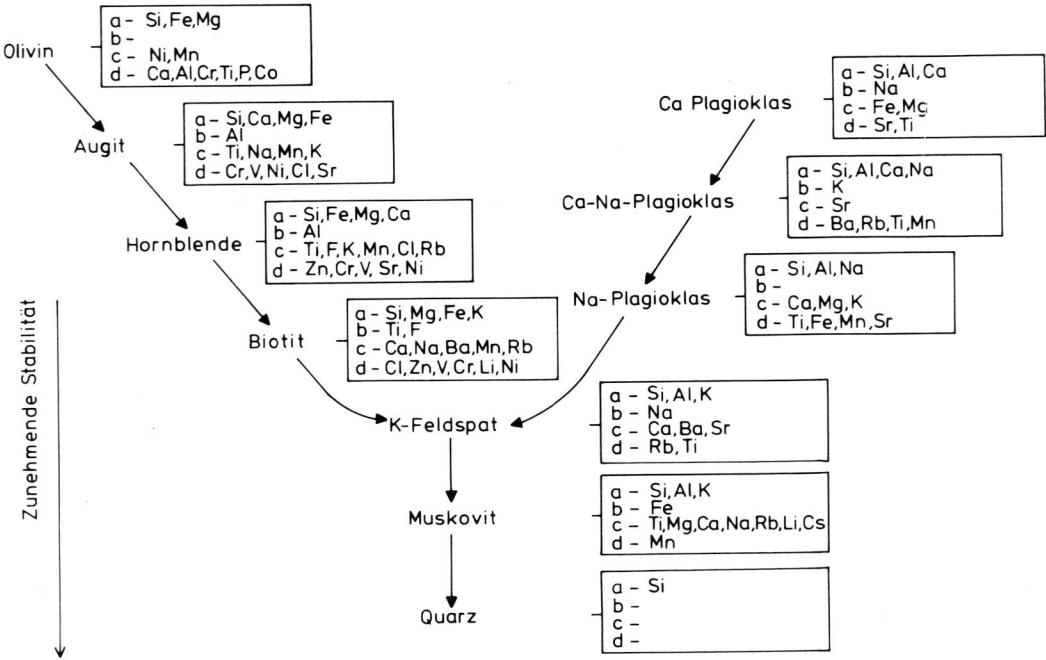

Abb. 2-1. Stabilitätsabfolge gesteinsbildender Minerale während der Verwitterung (GOLDICH 1938). Die Elementgehalte jedes Minerals sind in der Folge ihrer relativen Häufigkeit angegeben: a = 10x%; b = x%; c = 0,x%; d = 0,0x%. (WEDEPOHL 1969, DEER et al. 1963)

Reliktminerale, Neubildungen und wässrige Lösungen bilden milieuabhängige, daher milieuspezifische Gleichgewichte. Das Environment bestimmt daher die Stabilität der beteiligten Mineralphasen und die Mobilität der Elemente und Organokomplexe. Kein Mineral in der Natur ist absolut unlöslich. Die relative Stabilität der „Reliktminerale" veranschaulicht Abb. 2-1.

Die unterschiedliche Verwitterungsstabilität der Minerale und damit auch der Gesteine wirkt sich auch morphologisch sowohl im Handstück wie im großen in Geländeformen aus (Abb. 2-2). Im exogenen Kreislauf erfolgt bei der Verwitterung und Bodenbildung, in Abhängigkeit von Klimazonen, Morphologie und Vegetation die effektivste Trennung der chemischen Elemente. Die Vielfalt der Sedimente wird wesentlich mitbestimmt von der mechanischen, chemischen und biochemischen Vorarbeit der Pedogenese und der Verwitterung.

Weiterführende Literatur: DIXON & WEED (eds.) 1977; SCHEFFER-SCHACHTSCHABEL 1984; YARIV & CROSS 1979; THENG 1979; BRINDLEY & BROWN 1984; ROSE, HAWKES & WEBB 1979; BLATT, MIDDLETON & MURRAY 1980; DREVER 1985; NAHON & NOACK 1983.

2.2 Mechanische (physikalische) Verwitterung

Die mechanische (physikalische) Verwitterung (v. ENGELHARDT 1973: 9ff; KUNTZE et al. 1981) trägt wesentlich zur Gesteinslockerung und Kornzerkleinerung bei.
Folgende Prozesse können dabei ineinandergreifen:
– Entlastung des Gebirgsdruckes durch Aufspringen und Aufweiten eines Absonderungsgefüges schafft die Voraussetzung für weiteren mechanischen Angriff. Solche Prozesse sind:
  Erhöhung der Porosität,
  Kontraktion durch Schrumpfung,
  Expansion durch Schwellvorgänge,
  mechanische Entlastung des ursprünglichen Gebirgsdruckes durch Erosion und Eintiefen von Tälern.
  Trocknung und Schrumpfung erzeugen mit abnehmender relativer Luftfeuchte so hohe Saugspannung und damit verbundene Kapillardrücke, daß diagenetische Partikelkontakte zerstört werden („Spreitungsdruck"). Häufigkeit und Intensität der Trocknungs- Befeuchtungszyklen bestimmen Zeit und Grad der mechanischen Auflösung in Verwitterungsprofilen (Abb. 2-3). Wassernachschub aus dem Grundwasserbereich läßt nur eine „dünne" Schicht an der Oberfläche teilaustrocknen und zerfallen. Der Tiefgang der mechanischen Verwitterung durch Austrocknung und Schrumpfung hängt von der Periodizität der Grund- und Kluft-Wasserspiegelschwankungen ab (Abb. 2-4).
– Klimatisch bedingte starke Temperaturschwankung (Insolation) von Gesteinsoberflächen erzeugt durch wechselnde Ausdehnungskoeffizienten von Gesteinen und Mineralen (unterschiedlich in verschiedenen kristallographischen Richtungen) thermisch bedingt Spannung. Diese führt von Grundsprüngen bis zur völligen mechanischen Zerkleinerung der Gesteine.

Abb. 2-2. Makrogefüge
a: „Wollsackverwitterung", morphologischer Rest der frischen Gesteine durch den Abtrag während der tiefgründigen chemischen Verwitterung in Kreide und Alttertiär; in europäischen Mittelgebirgen während des Quartärs zu Blockströmen umgelagert. Form der Blöcke an Interngefüge der Edukte angelehnt, Fichtelgebirge.
b: frischer Basalt-Block mit „schaliger Verwitterung" aus dem Saprolith unter Bauxiten, Mainpat, Eastgates/Indien.
c: unterschiedlich rasche Verwitterung, die zu Rippen aus feinkörnigem pyroxenreichen Gestein und zu Rinnen aus grobkörnigem Anorthosit führte; Ultramafit-Körper SW Askona, Ivrea-Zone/Alpen (Photo FÜCHTBAUER).

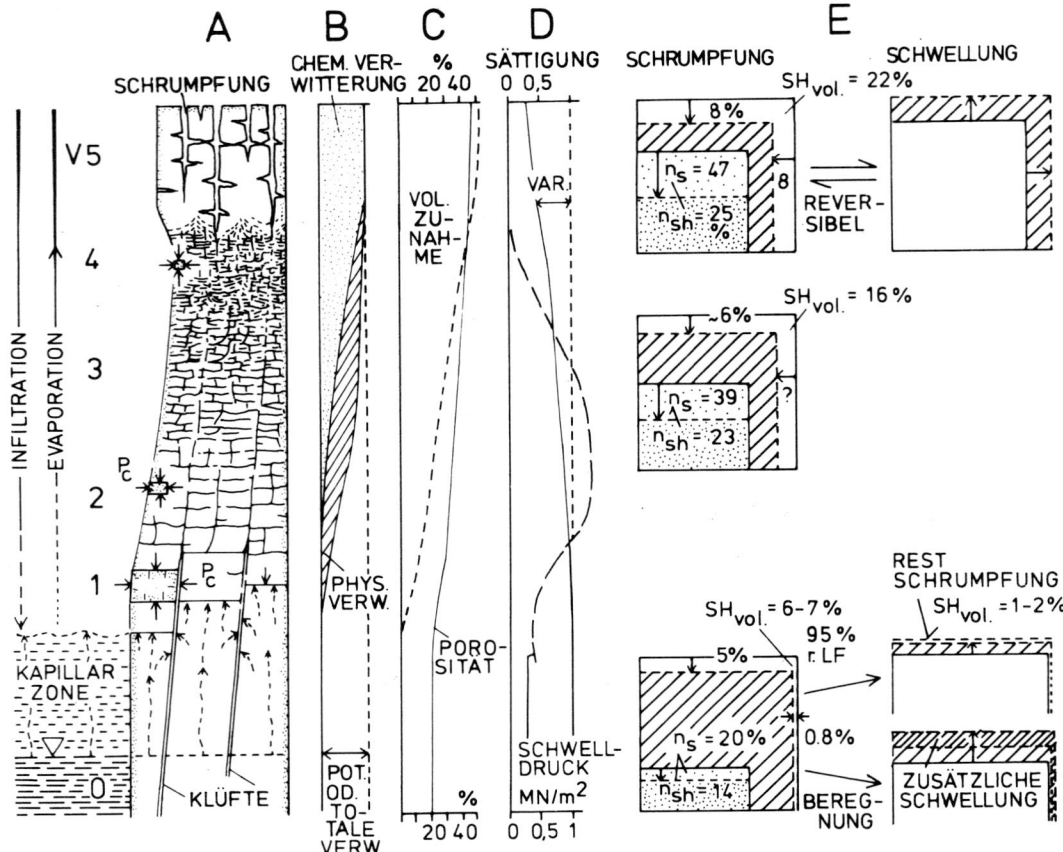

Abb. 2-3. A: Verwitterungsprofil über der Kapillarzone des Grundwassers mit verschiedenen Verwitterungsgraden V 1–5 gemäß der zunehmenden Disintegration des bergfrischen, massigen Tonsteins (V 0);
B: durch sowohl physikalische wie chemische Prozesse (POT. = potentielle).
C und D: Änderung der Gesamtporosität, der Wassersättigung (Variationsbreite = VAR) und des Schwelldrucks innerhalb des Verwitterungsprofils sowie Volumenzuwachs durch Wasseraufnahme bezogen auf bergfrisches Ausgangsmaterial.
E: Lineare (Pfeile mit Zahlenangaben) und räumliche Schrumpfung (SH_{vol}) und Schwellung von Würfelproben mit verschiedenem Verwitterungsgrad (V 0, V 3 und V 5); n_s und n_{sh} bedeuten Porenanteil bei Wassersättigung bzw. nach abgeschlossener Schrumpfung ($n_s - n_{sh} = SH$). Bei der getrockneten, bergfrischen Probe (V 0) wurde Wasser für den Schwellvorgang durch Beregnung (wetting) oder über den Wasserdampfgehalt der Luft (95% relativer Luftfeuchte) zugeführt (aus EINSELE 1983).

- Frostsprengung beruht auf periodischen Gefrier-Auftau-Prozessen von Wasser in Spalten- und Porenräumen von Gesteinen. Die durch Volumenwechsel der flüssigen und festen H_2O-Phasen bedingten großen Druckunterschiede bewirken rasche mechanische Gesteinszerkleinerung.
- Salzsprengung wird durch hohen Kristallisationsdruck der in Spalten, Rissen und Hohlräumen aus Porenlösung auskristallisierenden Minerale hervorgerufen. Meist handelt es sich dabei um Kristallisation von Chloriden (NaCl) und Sulfaten (Gips) in Böden arider Klimate. Mechanischer Zerfall durch Salzausblühungen an Bausteinen (Silikate, Karbonate, Sulfate, Nitrate etc.) wird durch Umweltbelastung in Industrieballungszentren gefördert. Ein besonderer Typ der

Mechanische (physikalische) Verwitterung

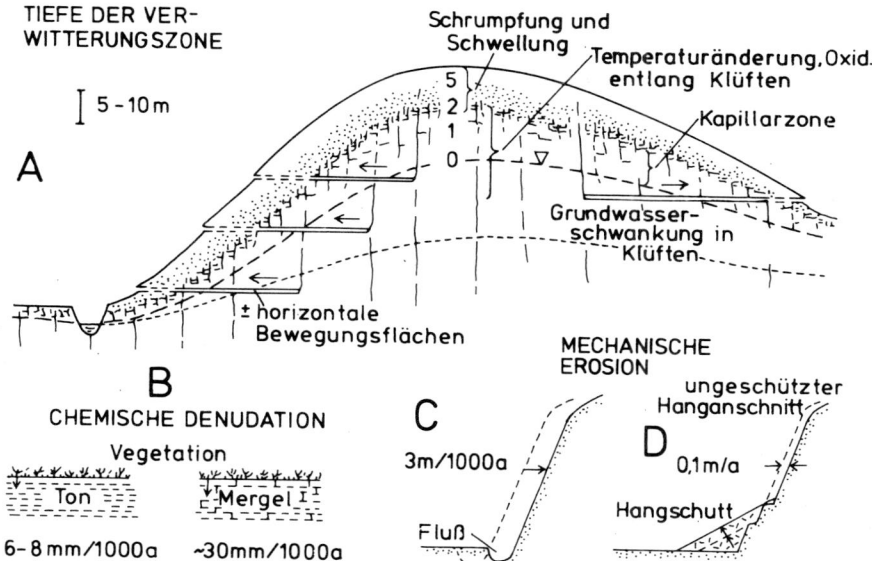

Abb. 2-4. A: Tiefgang der Verwitterung in Abhängigkeit von Schrumpf- und Schwellvorgängen und der Obergrenze der Kapillarzone über dem Grundwasserspiegel. Nur die durch Entlastung ausgelösten „horizontalen Gleitflächen" können tiefer reichen.
B: Lösungsabtrag bei karbonatfreien und kalkhaltigen Ton- und Mergelsteinen im gemäßigt-humiden Klima (ca. 800 mm/a Niederschlag).
C: Laterale Erosion an Prallhängen von Bächen im Opalinuston
D: Fortschreiten des Bröckchen-Zerfalls an Einschnittsböschungen in bergfrischem Tonstein, solange das Verwitterungsmaterial beseitigt wird (EINSELE 1983)

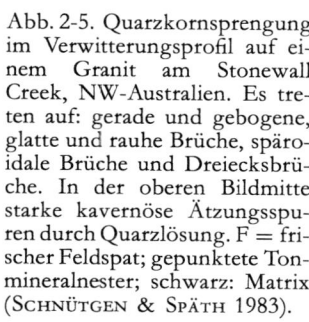
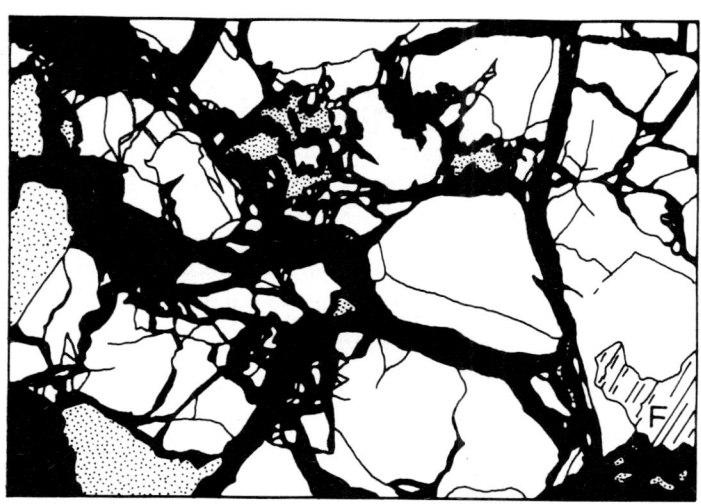

Abb. 2-5. Quarzkornsprengung im Verwitterungsprofil auf einem Granit am Stonewall Creek, NW-Australien. Es treten auf: gerade und gebogene, glatte und rauhe Brüche, späroidale Brüche und Dreiecksbrüche. In der oberen Bildmitte starke kavernöse Ätzungsspuren durch Quarzlösung. F = frischer Feldspat; gepunktete Tonmineralnester; schwarz: Matrix (SCHNÜTGEN & SPÄTH 1983).

Salzverwitterung in Böden der humiden Klimate mit starkem chemischen Lösungsumsatz ist die Kristallisation von Fe- und Al-Oxiden, -Hydroxiden oder -Silikaten auf Rissen und Spaltflächen in einzelnen Mineralen die eine sehr effektive mechanische Kornzerkleinerung bewirkt (VALETON 1957, 1967; SCHNÜTGEN & SPÄTH 1983). Die Vergrößerung der Kornoberflächen

durch Zersprengen der Körner und Bildung extrem eckiger Komponenten beschleunigt die synchrone chemische Verwitterung enorm (Abb. 2-5).
— Gesteinslockerung durch biogene Prozesse wie Durchwurzelung, Bioturbation von Wühl- und Grabtieren (Termiten, Würmern) leistet besonders in den humiden Klimazonen der chemischen Verwitterung Vorschub.

2.3 Chemische und biochemische Verwitterung

2.3.1 Prozesse der Phasenumwandlung

A. Übersicht

Die Anfangsstudien waren Laborversuche der „experimentellen Verwitterung" (CORRENS & v. ENGELHARDT 1938), die sich vor allem mit der Thermodynamik der Hydrolyse beschäftigen. Experimentelle Arbeiten und Berechnung von Phasensystemen (GARRELS & CHRIST 1965; TARDY 1969; TARDY & NAHON 1985; FRITZ 1985; SPOSITO 1985; OHSE et al. 1985; PHREEQE, WATEQ-F., s. PLUMMER et al. 1978; TRUESDELL & BLAIR 1974) haben einen wichtigen unterstützenden Wert für das Verständnis natürlicher Verwitterungsprozesse.

Forschungen der letzten Jahrzehnte über biochemische Verwitterung zeigten, daß diese gegenüber der rein anorganischen Hydrolyse um ein Vielfaches wirksamer ist.

Mineralabbau und -neubildung werden in der Natur gesteuert durch
1. Lithologie der Ausgangsgesteine (Chemismus, Korngröße, Gefüge, Porosität und Permeabilität)
2. Pedoklimatische Bedingungen (Temperatur, Niederschlagsmenge, Haft-, Poren-, Grundwasser, Gasphase in Böden (CO_2, etc.) Drainageart und -intensität, wechselnde pH- und Redox-Bedingungen)
3. Menge und Art der organischen Substanzen
4. Chemismus der angreifenden wässrigen Lösungen
5. Zeitdauer gleichsinnig anhaltender Verwitterungsprozesse (Entwicklung zu stabilen Endformen von Böden = Klimaxformen)

In Stabilitätsdiagrammen werden die theoretischen Gleichgewichte zwischen sich auflösender, gelöster und sich ausscheidender Phase dargestellt. Die Verwitterungsneubildungen bestehen aus amorphen und/oder kristallisierten Phasen (Mineralen). Da sich die bei der Verwitterung beteiligten Größen ändern, führen vorübergehende labile Gleichgewichte zwischen den beteiligten Phasen zu wiederholter Auflösung und Neubildung.

Die Prozesse der Phasenumwandlung werden im wesentlichen bestimmt durch:
— Hydration und Hydrolyse, Organo-Komplexierung, Oxidation und Reduktion, Kolloidchemische Reaktionen.

B. Hydration und Hydrolyse

Einfache Salze wie z.B. NaCl unterliegen der einfachen Lösung durch Herauslösung randlicher Kationen (Oberflächen, Spaltflächen) aus dem Gitterverband und deren Umhüllung mit H_2O-Molekülen (Hydration). Die Größe der Wasserhüllen hängt von Ladung und Ionenradius der umhüllten Kationen ab. Ionenradius und Hydrathülle spielen eine wichtige Rolle beim Wiedereinbau in die neugebildeten Mineralphasen.

Nach GOLDSCHMIDT (1937) besteht eine enge Beziehung zwischen dem Ionenpotential (= Ionenladung z/Ionenradius r) und der Bildung von hydratisierten Kationen, „unlöslichen" Hydroxiden und löslichen Anionenkomplexen (Abb. 2-6).

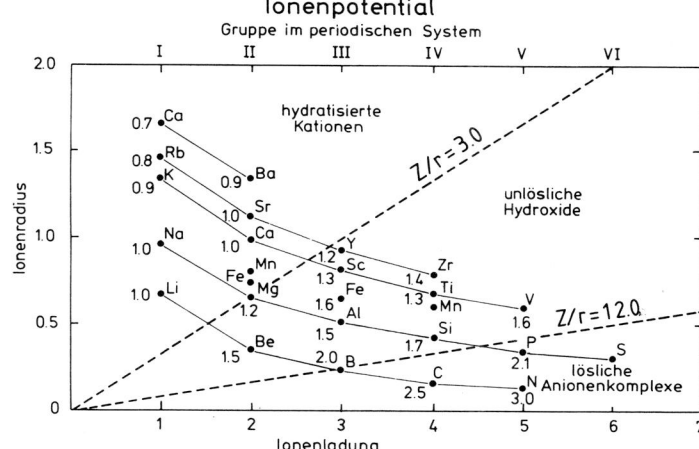

Abb. 2-6. Beziehung zwischen Ionenpotential (Z) und Ionenradius (r) bei der Bildung von hydratisierten Kationen, Hydroxiden und löslichen Anionenkomplexen (aus BLATT, MIDDLETON & MURRAY 1980, modifiziert nach GOLDSCHMIDT 1937).

Die Hydrolyse, d. h. die Reaktion mit Wasser unter Bildung von H_3O^+ oder OH^--Ionen, ist der erste wichtige Abbauschritt der silikatischen Minerale (Feldspäte, Augit, Hornblende, Olivin, Glimmer, Tonminerale). Es gehen Kationen, z. B. Kalium und Natrium, nach der Gleichung auf S. 22 in Lösung. Die Hydrolyse wird von der Bindungsenergie der Kationen, von Ionenradius, Ladung und O-Koordination im Kristallgitter (M_1-, M_2-, M_3-Positionen) gesteuert. Die R^{4+}-Ionen sitzen dabei fester als die R^{3+}-Ionen in den Tetraederpositionen, und die R^{3+}-Ionen in Oktaederpositionen fester als die R^{2+}-Ionen. Die Si-O-Bindung ist am stärksten. Bei den Plagioklasen nimmt daher mit abnehmendem Si/Al-Verhältnis (Substitution von Si durch Al) die Stabilität von den Albiten zu den Anorthiten ab.

C. Organo-Komplexierung

Organismen – u. a. Mikroorganismen wie Bakterien, Pilze, Algen – und organische Substanzen aktivieren den Gesteinszersatz (ECKHARDT 1985).

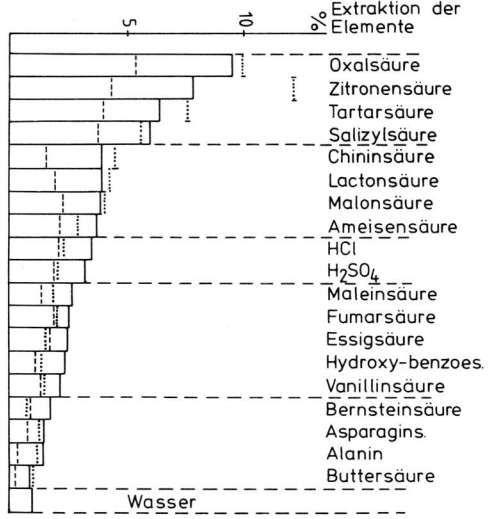

Abb. 2-7. Gesamtmenge der aus 100 mg Glimmer (Phlogopit) durch verschiedene Mineral- und Organische Säuren (100 ml N/1000) gelösten SiO_2 und Al_2O_3, punktiert: (gelöste Al_2O_3/Al_2O_3 im Mineral · 100), gestrichelt: (gelöste SiO_2/SiO_2 im Mineral · 100), ausgezogen: gelöste Gesamt-Elemente nach Behandlung von 100 mg Phlogopit mit verschiedenen mineralischen und organischen Säuren (100 ml N/1000). (ROBERT et al. 1979).

Wichtige organische Substanzen wie Huminsäuren, Fulvosäuren, Humine, Lignin, Cellulose, Pektin und Hemizellulose, Eiweiß, Fette, Wachse, Harze greifen auf verschiedene Weise in die Mineral- und Gesteinsverwitterung ein (ROBERT et al. 1979). Die Laubdecke und der Humushorizont enthalten durch mikrobielle „Biodegradation" entstandene aliphatische Säuren.

Die wasserlöslichen organischen Verbindungen entstammen direkten Pflanzensekreten oder den Abbauprodukten pflanzlicher und tierischer Reste. Sie werden durch einfache Hydrolyse, Humifikation oder Polymerisation gebildet.

Einfache Säuren der aliphatischen und aromatischen Reihe sind Fulvosäuren und Huminsäuren. Der biochemische Zersatz bewirkt:
- Azidolyse = Erniedrigung des pH in der Bodenlösung und damit aggressiven Mineralzersatz,
  Änderung des Redoxpotentials durch biochemischen Abbau,
- Bildung von Chelaten, also Komplexierung zwischen organischen Säuren (z. B. Humussäuren) und Kationen (z. B. Fe, Mn, Al).

Bei der Azidolyse sind Reaktionsgeschwindigkeit und -intensität um ein Vielfaches größer als bei der Hydrolyse ohne Mitwirkung organischer Säuren (Abb. 2-7). Einfache Säuren, Fulvo- und Huminsäuren führen zu stabilen gelösten Organokomplexen vor allem mit Al^{3+}, Fe^{3+}, Ti^{4+}, Mn^{4+}, aber auch mit anderen Schwermetallen. Die Komplexierung der Metallionen mit organischen Säuren erfolgt über funktionelle Gruppen wie Carboxyl (-COOH), Carbonyl (=C=O), phenolische Hydroxyl- (-OH), Methoxyl- ($-OCH_3$), Amino- ($-NH_2$), Imino- (=NH) sowie Sulfhydryl- (-SH)-Gruppen (SCHNITZER & KHAN 1978; STEVENSON & ARDAKANJ 1973). Der Lösungseffekt komplexierender Liganden wird bei STUMM et al. (1985) diskutiert.

D. Oxidation und Reduktion

Bei der Oxidation werden polyvalente Elemente in Gegenwart von Sauerstoff oder von leichter reduzierbaren Elementen in eine höhere Wertigkeitsstufe überführt. Die MÖSSBAUER-Studien von GOODMAN & WILSON (1976) an frischen und verwitterten Hornblenden zeigen, daß eine Oxidation von Fe^{2+} zu Fe^{3+} nicht innerhalb der Struktur erfolgt, daß aber Fe^{2+} sehr viel rascher aus den M_3-Positionen des Kristallgitters als aus den M_1-, M_2- und M_4-Positionen abgegeben wird.

Bei der Oxidation wird das gelöste Fe^{2+} in Fe^{3+} überführt und als verschiedene Fe-Oxide auf Spaltflächen, Haarrissen und Kristalloberflächen gefällt. Bei den Sulfiden werden nicht nur die Kationen sondern auch das S^{2-} oxidiert, was extrem saure Verwitterungsbedingungen durch Bildung von Schwefelsäure erzeugt. Anschließend können sich Sulfate bilden. Die Oxidation ist wegen der Allgegenwart des Eisens mit einem für verschiedene Environments ganz spezifischen Farbumschlag nach gelb, braun oder rot verbunden.

Der Oxidation unterliegen:
Fe^{2+}- oder Mn^{2+}-haltige mafische Silikatminerale (Olivin, Amphibole, Pyroxene, Biotite), Fe-Karbonate oder die vielfältigen Sulfide der hydrothermalen Gänge.

Umgekehrt kann in Gegenwart organischer Substanzen erneut Reduktion, also Übergang $Fe^{3+} \rightarrow Fe^{2+}$ stattfinden. Nach SIEVER & WOODFORD (1979) läuft die Verwitterung in O_2-freier Atmosphäre (ohne Oxidation), in der Fe^{2+} eine größere Löslichkeit als Fe^{3+} besitzt, sehr viel schneller als in Gegenwart von O_2 ab. Daraus schließen sie u. a., daß im frühen Präkambrium mit fehlender O_2-Atmosphäre raschere Verwitterung stattfand.

E. Kolloidchemische Reaktionen

Hierunter versteht man 1. die Anlagerung von Ionen, Partikeln und organischen Molekülen an die extrem großen und geladenen Oberflächen kolloider Teilchen, 2. Ionenaustausch auf Zwischenschichten von Tonmineralen, 3. das Mitfällen von Elementen in Gelen, das zu Mikroeinschlüssen als Gase oder Kristallite oder zur Isomorphie führt.

Bezüglich der Kristallitkorngrößen dominieren im Verwitterungsbereich i. a. die sehr kleinen Korngrößen des Kolloidbereiches. Kolloide besitzen sehr große Oberflächen, die durch ihre elektrische Ladung besonders reaktionsfähig sind (Abb. 2-8). Dieses Ladungspotential führt zu Anlagerungen von Kationen und Anionen an Oberflächen, zum Ionenaustausch, gemessen als Kationenaustauschkapazität (KAK), und zu Partikel-Interaktion.

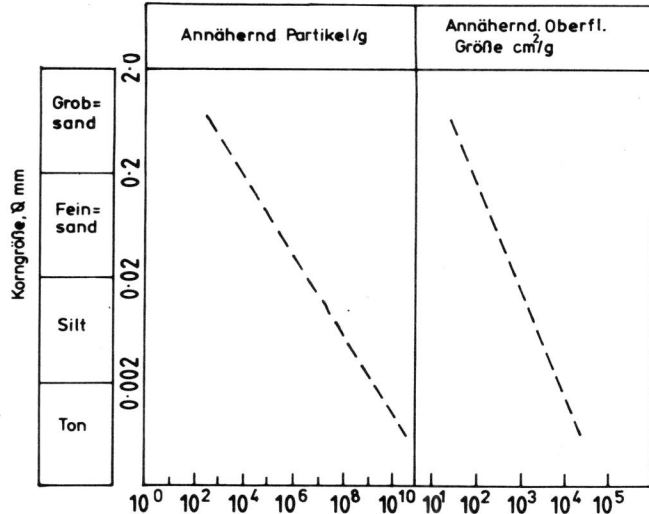

Abb. 2-8. Beziehungen zwischen Korngröße, Partikelzahl und Größe der Oberfläche (BIRKELAND 1974).

Den im sauren Bereich negativ geladenen Kolloid-Teilchen (Schichtsilikate, Oxide, Hydroxide, „short range" Bereiche) steht eine äquivalente Menge an Kationen als positiv geladene Schicht gegenüber, die zusammen eine sogenannte elektrische Doppelschicht bilden (Abb. 2-9). Die Kationen stehen dabei gleichzeitig im Gleichgewicht mit der Bodenlösung. Die Kationen der Doppelschicht sind daher bestrebt, in die Gleichgewichtslösung zu diffundieren, um den Konzentrationsunterschied auszugleichen. So entsteht abnehmende Ionendichte mit der Entfernung vom negativ

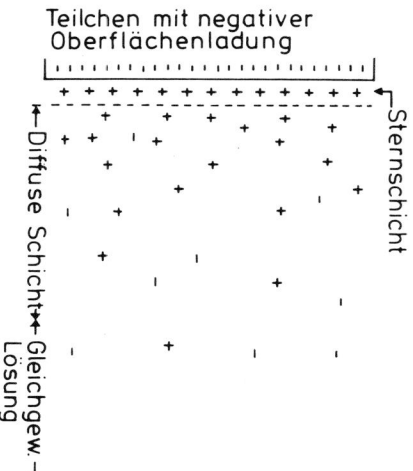
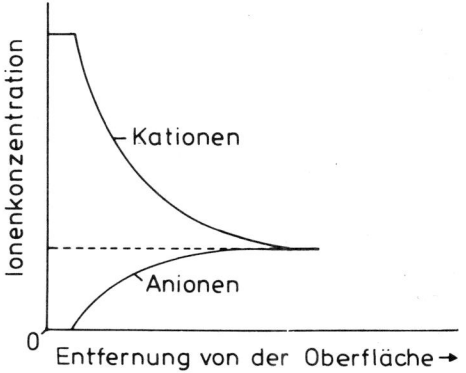

Abb. 2-9. Ionenverteilung (links) und Konzentrationsverlauf (oben) in der elektrischen Doppelschicht eines Kationenaustauschers nach dem Modell von GOUY (1917) und STERN (1924).

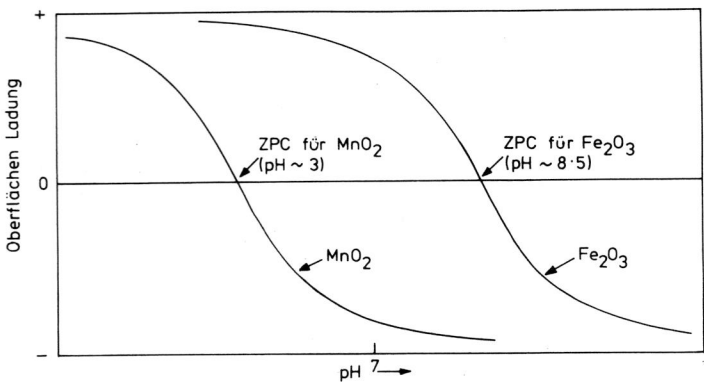

Abb. 2-10. Schema der Abhängigkeit der Oberflächenladung der Mn- und Fe-Oxide vom pH (ZPC = Nullpunkt der Ladung) (ROSE et al. 1979).

geladenen Teilchen. Nach dem Modell von GOUY (1917) und STERN (1924) besteht die Kationenschicht daher aus zwei Teilen, einem unmittelbar an der Oberfläche des Austauschers mit hoher Kationenkonzentration („Stern'sche Schicht") und einem lockeren, diffuseren Teil im Anschluß nach außen („diffuse Schicht"). Die Anionen sind durch ihre negative Ladung von der Anlagerung an die Oberfläche der negativ geladenen Teilchen ausgeschlossen; ihr Anteil steigt daher mit der Entfernung von diesen Oberflächen an.

Tabelle 2-1. Relative Adsorptionskapazität einiger Kationen an:

	Mn-oxide	Amorphe Fe-oxide	Goethit	Amorphe Al-oxide	Humussubstanzen (1)	(2)
am größten	Cu^{2+}	Pb^{2+}	Cu^{2+}	Cu^{2+}	Ni^{2+}	Cu^{2+}
	Cu^{2+}	Cu^{2+}	Pb^{2+}	Pb^{2+}	Co^{2+}	Ni^{2+}
	Mn^{2+}	Zn^{2+}	Zn^{2+}	Zn^{2+}	Pb^{2+}	Co^{2+}
	Zn^{2+}	Ni^{2+}	Co^{2+}	Ni^{2+}	Cu^{2+}	Pb^{2+}
	Ni^{2+}	Cd^{2+}	Cd^{2+}	Co^{2+}	Zn^{2+}	Ca^{2+}
	Ba^{2+}	Co^{2+}		Cd^{2+}	Mn^{2+}	Zn^{2+}
	Sr^{2+}	Sr^{2+}		Mg^{2+}	Ca^{2+}	Mn^{2+}
	Ca^{2+}	Mg^{2+}		Sr^{2+}	Mg^{2+}	Mg^{2+}
am kleinsten	Mg^{2+}					

Quelle: Mn-oxide, MURRAY (1975a); amorphe Fe- und Al-oxide, KINNIBURGH et al. (1976); Goethit, FORBES et al. (1976); Humussubstanzen, (1) SCHNITZER & HANSON (1970), (2) GAMBLE & SCHNITZER (1973). (Aus ROSE et al. 1979).

Tabelle 2-2. Konzentration einiger Spurenelemente in sedimentären Eisen- und Manganoxiden.

Elemente	Gehalt in der Erdkruste (ppm)	Gehalt in Fe-oxidsedimenten (ppm)	Gehalt in Mn-oxidsedimenten (ppm)
As	2	10–700	70
Ba	580	90–370	1 000–7 000
Cu	50	180	2 000–20 000
Mo	1,5	–	300–3 000
Ni	75	20–2 000	1 600–2 000
Se	0,1	0,5–5,0	–

Quelle: KRAUSKOPF (1955) (Aus ROSE et al. 1979)

Das Beispiel der Mn- und Fe-Oxide zeigt, daß die Oberflächenladung der Kolloide sich mit zunehmendem pH von einer positiven in eine negative Ladung ändert (Abb. 2-10). Dadurch nimmt die Anlagerungsaktivität positiv geladener Ionen zu.

Die relative Absorptionskapazität von Ionen an Kolloide, die für die Bildung von Verwitterungslagerstätten wichtiger sind, ist in Tab. 2-1 wiedergegeben.

Besonders Spurenelemente werden mit Eisen- und Manganoxiden gefällt (Tab. 2-2). Das Wachstum von Kristallen kann durch Belegung der Gitterplätze mit Fremdionen (z. B. Si) blockiert werden. Andererseits kann es durch deren Einbau in das Gitter zu Isomorphie oder zur Ausscheidung von Einschlüssen kommen.

2.3.2 Verwitterung von SiO_2-Mineralen

Als feste Phasen im Verwitterungsbereich treten Opal, Cristobalit, Tridymit und Quarz (Chalcedon = C quer-orientiert) auf. Quarz wird gelegentlich als stabiles Indexmineral bei Verwitterungsprozessen verwendet, doch ist in der Verwitterung kein Mineral absolut stabil.

Die SiO_2-Löslichkeit erhöht sich mit steigender Temperatur und zunehmendem pH (pH > 8); in der festen SiO_2-Phase nimmt sie vom Quarz über Cristobalit zur amorphen Kieselsäure zu (Abb. 2-11). Begleitionen wie Al setzen die Löslichkeit der Kieselsäure stark herab. (HERBILLON et al. 1968; McKYES et al. 1974; RENGASAMI et al. 1975; MARSHALL 1980). In Lösung bilden sich sehr komplizierte, meist negativ geladene, monomere und polymere Si-OH-Komplexe, an die sich positiv geladene Ionen des Fe und Al nach folgendem Modell anlagern können (Abb. 2-12):

Quarzauflösung führt über die Ausbildung von Korrosionsbuchten zu Reliktskeletten. ESWARAN & STOOPS (1979) beschreiben Lösungsformen wie Striemung, Korrosionsbuchten und Ätzfiguren (Abbildung der kristal-

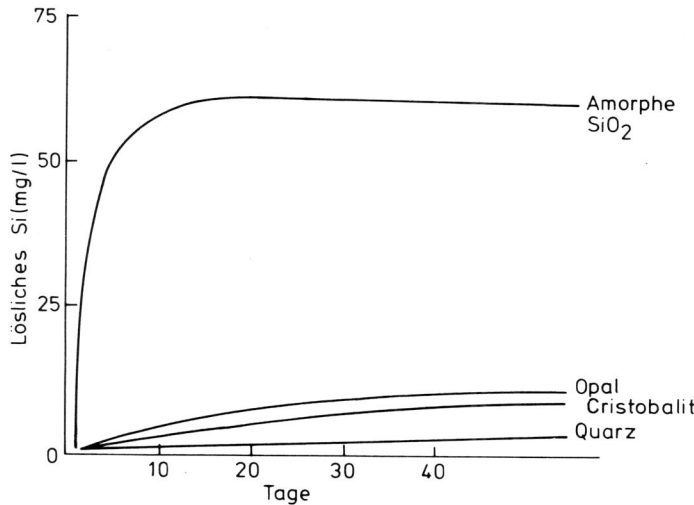

Abb. 2-11. Löslichkeit von Kieselsäure, Opal, Cristobalit und Quarz in Abhängigkeit von der Zeit (nach SIFFERT 1962), s. auch S. 503.

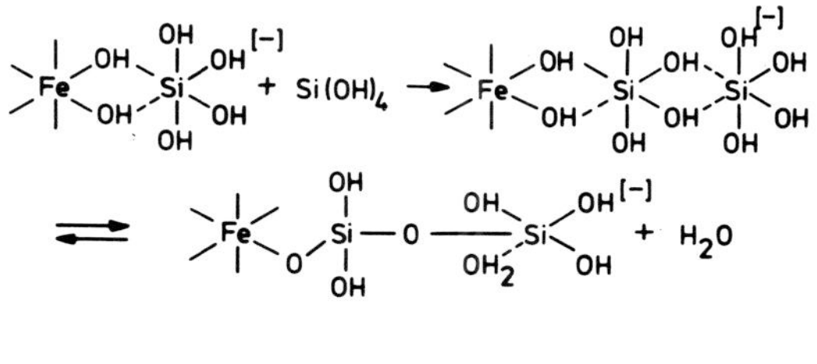

Abb. 2-12. Anlagerung positiv geladener Ionen an polymere Si-OH-Komplexe (HERBILLON et al. 1968).

lographischen Symmetrie) auf Quarzen in tropischen Böden. In Bauxiten auf indischen Charnockiten treten Korrosionsrelikte von Quarzen im unmittelbaren Kontakt mit Gibbsit ohne silikatische Zwischenstufen auf (VALETON 1968). In Bauxiten auf Sandsteinen in Surinam sind die Quarze vollkommen verschwunden. Die ehemaligen Sandkörner sind nur noch an dem Kornverteilungsmuster des Gibbsits zu erkennen, der in einer 1. Generation in den Hohlräumen zwischen den Quarzen, und in einer 2. Generation in den Hohlräumen, die nach der Quarzherauslösung entstanden, auskristallisierte (VALETON 1967, 1971).

2.3.3 Verwitterung von Feldspäten und Feldspatvertretern

Die von GARRELS & CHRIST (1965) berechneten Lösungsgleichgewichte zeigen, daß die Neubildungsphasen neben der Konzentration von Al, Si auch von der Konzentration der Erdalkali- und der Alkali-Ionen in Lösung abhängen (Abb. 2-13). Die Verwitterung primärer Silikatminerale ist nach HOLDREN (1983) ein sehr komplexer Prozeß, bei dem mehrere Reaktionen gleichzeitig ablaufen. Die Isolierung und Charakterisierung jeder einzelnen Reaktion in einem heterogenen System mit mehreren Phasen ist sehr schwierig. Unter ± neutralen Bedingungen und unter der Voraussetzung, daß die Feldspäte chemisch und mineralogisch einheitliche Spezies bilden (BUSENBERG & CLEMENCY 1976) berechnete GARDNER (1983) ein Modell für die inkongruente Lösung der Feldspäte. Unter Berücksichtigung ihrer K_2O-, Na_2O- und CaO-Gehalte und der Konzentration von K^+, Na^+, Ca^{2+} in der Lösung kann in jedem Versuchsstadium der Molekularanteil der gelösten K-Na-Ca-Feldspäte berechnet werden.

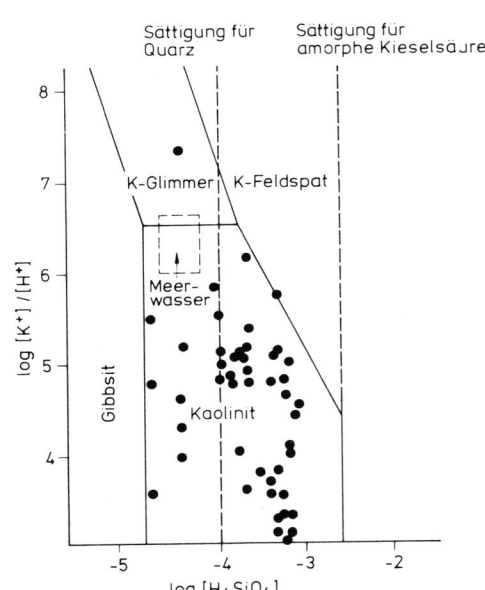

Abb. 2-13. Phasendiagramm des Systems $K_2O-Al_2O_3-SiO_2-H_2O$ bei 25 °C und 1 at als Funktion von $[K^+]/[H^+]$ und $[H_4SiO_4]$. Die schwarzen Punkte entsprechen Wasseranalysen in Arkosen (GARRELS & CHRIST 1965).

Für die inkongruente Lösung der Feldspäte gibt es zwei Gründe:
1. „inkongruente" Alkaliabgabe durch Inhomogenitäten (Entmischungslamellen, Verwachsungen), also gleichzeitige Auflösung mehrerer Mineral-Phasen (K-Feldspat und Na-Feldspat).
2. inkongruente Si + Al-Abgabe im Verhältnis zu der Alkali-Abgabe aufgrund einer Feldspatlösung in zwei Schritten (strukturbedingte Inkongruenz).

Durch initialen Ionenaustausch entsteht ein intermediärer H^+-Feldspat, ohne daß sich ein Gleichgewicht mit der Lösung während der Versuchsdauer einstellt, nach der Formel:

$$K\,Al\,Si_3O_8 + H_3O^+ \rightarrow H_3O\,Al\,Si_3O_8 + K^+ \tag{1}$$

Die weitere Auflösung kann in zwei Formeln geschrieben werden:

$$H_3O\,Al\,Si_3O_8 \rightarrow Al^{3+} + 3SiO_2(aq) + 3OH^- \qquad (2a)$$
$$H_3O\,Al\,Si_3O_8 + 3H_3O^+ \rightarrow Al^{3+} + 3H_4SiO_4(aq) \qquad (2b)$$

Trägt man die gelöste Kieselsäure gegen die Quadratwurzel der Lösungszeit für Mikrolin auf, so erhält man zwei lineare Abschnitte des Kurvenverlaufes: 1. steiler Anstieg zwischen 12 Min.−25 Std., 2. Verflachung zwischen 25 Std. und Versuchsende (Abb. 2-14).

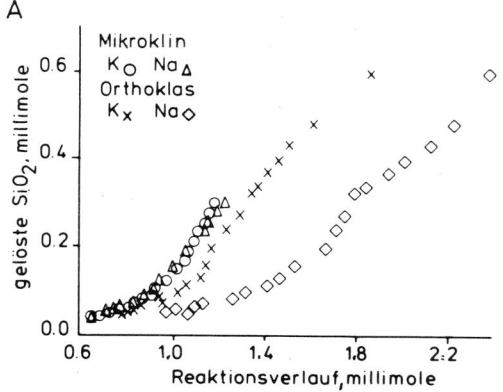

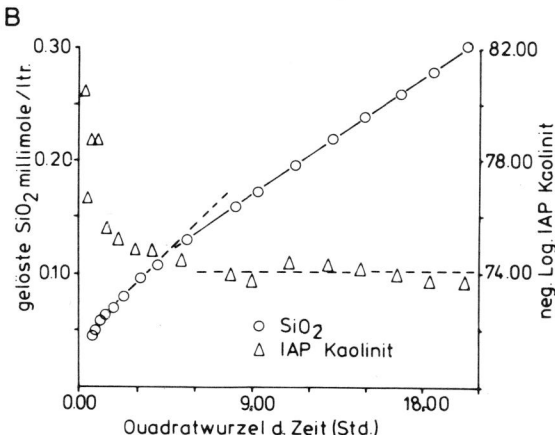

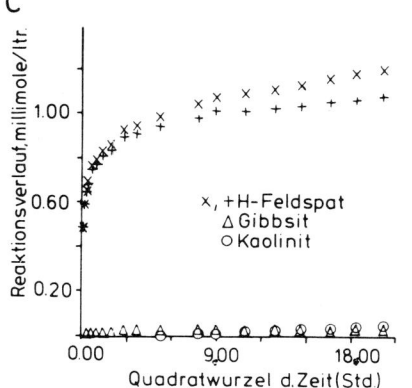

Abb. 2-14. A: Unterschiedliche Abgabe von K und Na bei der Auflösung von Mikroklin und Orthoklas. Mikroklin zeigt kongruente, gleichzeitige Abgabe von K und Na während Orthoklas (Entmischungslamellen einer Na und einer K-Spezies) „inkongruente" Lösung zeigt.

B: Lösungsverlauf von Kieselsäure und von Kaolinit in Abhängigkeit von der Lösungszeit (Quadratwurzel). Die Kurven zerfallen in zwei Abschnitte. Mit Verflachung der Löslichkeitskurve der Kieselsäure stabilisiert sich die Kaolinitbildung (siehe C).

C: Beziehung zwischen Lösung des Mikroklin und Neubildung von Gibbsit (zu Beginn: ausschließlich) und Kaolinit (setzt erst mit Beginn der Kurvenverflachung der Feldspäte ein; GARDNER 1983); x = Feldspat.

Die Veränderung im Kurvenverlauf der Feldspatauflösung entsteht im Augenblick, in dem das Ionenaktivitätsprodukt Kaolinit das Gleichgewicht erreicht und damit den Beginn der Kaolinitausscheidung anzeigt. Der Knick in der SiO_2-Kurve hängt daher auch mit der Reaktion des Al, das anfänglich nur Gibbsit bildet und von diesem Zeitpunkt an mit Si als Kaolinit ausfällt, zusammen. Die anfänglich Al-reichen Fällungsprodukte werden daher unter diesen Modellbedingungen mit fortschreitender Feldspatlösung Si-reicher.

Die Zusammensetzung der Präzipitate im Experiment wird auch nach HOLDREN (1983) im wesentlichen durch das Si/(Si + Al)-Verhältnis in der Lösung bestimmt. Niedrige Werte führen zur Ausscheidung von Al-reichen Sekundärphasen, hohe Si-Konzentrationen zu Si-reichen Phasen. Die pH-Werte sind von untergeordnetem Einfluß auf die Zusammensetzung der Sekundärphasen.

Außerdem wird der Auflösungsprozeß der Ausgangssilikate durch das Si/Al-Verhältnis der zu Reaktionsbeginn gebildeten komplexen Alumosilikat-Phasen bestimmt.
WOLLAST & CHOU (1985) beschreiben die Auflösung von Albit in einem 3-Schritt-Modell:
1. Austausch Na^+ gegen H^+,
2. Bildung einer „Restschicht", die im sauren Milieu an Na und Al verarmt ist.
3. Vollständige Auflösung.
Die Dicke der Restschicht und ihre Verarmung an Al nehmen unterhalb pH 5 zu, ähnlich wie von CORRENS & v. ENGELHARDT (1938) für K-Feldspat beschrieben.

BERNER & HOLDREN (1977) fanden nur lösungsbedingte Ätzfiguren und Schrumpfungsrisse auf Feldspatoberflächen. Ca wird vor allem in Karbonate und K-(nicht aber Na-) in Schichtminerale eingebaut. Beim Zersatz des K-Feldspates bilden sich in Abhängigkeit von der Si-Konzentration in der Lösung entweder Serizit/Illit (K, Al, Si-Einbau) oder Kaolinit und Gibbsit.

WOLLAST (1967), HELGESON (1971), LAGACHE (1976), ESWARAN (1972) und TAZAKI (1979) beobachteten auf Feldspatoberflächen Neuausscheidungen von Amorphsubstanzen, verschiedenen Schichtsilikaten und Hydroxiden. Besondere Formen sind die kugeligen Gelstrukturen der Allophane und die gebogenen, netzförmig verästelten „Imogolith"-Fasern, die unterschiedlichen Chemismus (Al-Hydroxide, Al-Silikate) und unterschiedlichen Ordnungszustand − amorph oder kristallisiert − besitzen.

Analog zur Feldspatverwitterung vollzieht sich die Alteration anderer eisenfreier Silikate, z. B. der Foide.

2.3.4 Verwitterung mafischer Minerale

Mafische Minerale wie Olivine, Augite und Amphibole enthalten monovalente Ionen (Ca^{2+}, Mg^{2+}) und polyvalente, d. h. oxidierbare Ionen (Fe^{2+}, Mn^{2+}).

Der Zersatz von Fe-freien Pyroxenen (Enstatit, Diopsid) und Amphibolen (Tremolith) erfolgt nach SCHOTT et al. (1981) wie bei den Feldspäten in zwei Schritten. Die Reihenfolge der Ca- und Mg-Abgabe hängt u. a. von deren Bindung im Kristallgitter ab. Relativ zum Si verliert der Diopsid im 1. Schritt Ca aus den M_2-Positionen, nicht aber das Mg der M_1-Positionen. Im Enstatit dagegen, wo Mg auf M_2-Positionen sitzt, findet inkongruente Mg-Abgabe statt. Die im 1. Schritt abgegebenen Kationen werden durch H_3O^+ ersetzt. Auf den ersten Schritt der raschen inkongruenten Kationenabgabe erfolgt wie bei den Feldspäten die weitere Auflösung unter kongruenten Bedingungen.

Im reduzierenden Milieu verläuft auch der Zersatz von Fe^{2+}- oder Mn^{2+}-haltigen Mineralen nach diesem Schema ab (SCHOTT & BERNER 1985). Im oxidierenden Milieu ist der 1. Schritt der Verwitterung von Herauslösung und Oxidation des Fe^{2+} (Mn^{2+}) bestimmt.

Im Gegensatz zum Abbau der Feldspäte, in welchen die Al^{3+}-Ionen in Tetraederpositionen sitzen, in den daraus neugebildeten Schichtsilikaten aber in Oktaederpositionen, können nach EGGLETON & KELLER (1982) und EGGLETON (1984) beim Zersatz von Olivin, Pyroxen und Biotit im reduzierenden Milieu deren R^{2+}-Oktaeder direkt als Bauelemente für ein orientiertes Weiterwachsen der trioktaedrischen Schichten der Schichtsilikate oder des Goethits übernommen werden (Abb. 2-15).

NAHON et al. (1982) stellen die mit Hilfe von Dünnschliffen, REM und Mikrosonde untersuchte Abfolge von Abbau- und Neubildungs-Stadien während der Verwitterung von Olivin (Forsterit) und Enstatit in Ultramafiten dar.

Im initialen Stadium entstehen unregelmäßige Korrosionsrisse, die die Kristalle fragmentieren. Im folgen-

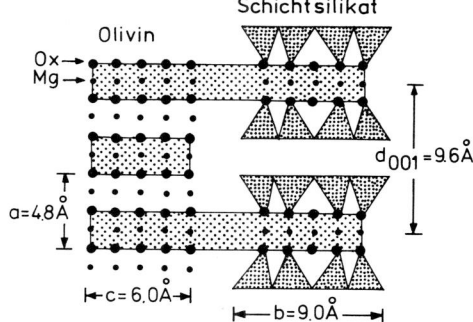

Abb. 2-15. Zersatz von Olivin in 2:1-Schichtsilikate: (Mg, Fe)-Atome = kleine Punkte, Oktaeder-Anionen = große Punkte; Oktaederschichten = Weiterführung von der Olivinstruktur in die Silikatstruktur, welche die Strukturkontinuität anzeigt (EGGLETON 1984).

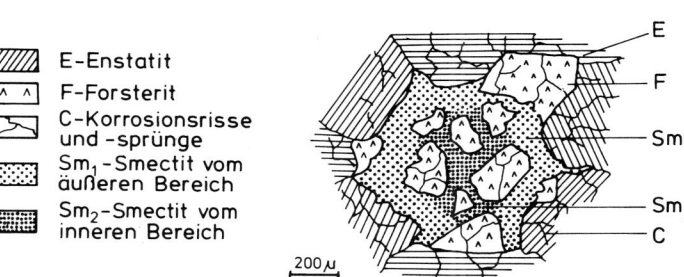

Abb. 2-16. Verwitterung von Forsterit im Kontakt mit Enstatit und Neubildung von Smektit. Sm_2 mit R^{2+} in den Oktaedern und Sm_1 mit R^{3+} in den Oktaedern (NAHON et al. 1982).

E – Enstatit
F – Forsterit
C – Korrosionsrisse und -sprünge
Sm_1 – Smectit vom äußeren Bereich
Sm_2 – Smectit vom inneren Bereich

den Smektit-Stadium bildet sich in unmittelbarer Nachbarschaft des Forsterits eine trioktaedrische Smektit-Spezies (Fe^{2+}, Mg^{2+}), die in etwas größerer Entfernung durch eine dioktaedrische Smektit-Spezies (Fe^{3+}, Al^{3+}) ersetzt wird. Die dazu erforderliche Al-Zufuhr erfolgt aus dem benachbarten Pyroxen (Sm 2 bzw. Sm 1 in Abb. 2-16). Das heißt, in Abhängigkeit von der Verfügbarkeit der R^{2+} oder R^{3+}-Ionen in der Porenlösung ändert sich mit der Entfernung vom frischen Forsterit die Besetzung der Oktaederschicht der Smektite vom trioktaedrischen Mg^{2+}- Saponit (mit niedrigen R^{3+}-Gehalten) zum stabileren dioktaedrischen Smektit entweder mit Fe^{3+} (Nontronit) oder mit Al^{3+} (Beidellit). Der trioktaedrische Smektit gibt unter Volumenverlust und Hohlraumbildung Fe^{2+} ab, das zu Fe^{3+} oxidiert und als nadelförmiger Goethit auskristallisiert. Die Übergangsphase zwischen trioktaedrischem Smektit und Goethit besteht aus einer schlecht kristallisierten röntgenamorphen Fe-Phase, die noch hohe Si-Gehalte besitzt. Ein Teil des Fe^{3+} im Goethitgitter ist isomorph durch Al^{3+} ersetzt, das beim Abbau des Enstatit freigesetzt wird. Zu ähnlichen Vorstellungen kommen auch DELVIGNE et al. (1979), GRANDSTAFF (1978), SINGER (1978), SINGER & NAVROT (1970), ILDEFONSE (1980, 1983).

Unter optimaler Drainage mit rascher Si-Abfuhr werden an Stelle der Smektite Al- oder Mg-haltige Zweischichtminerale der Kaolinit- und Serpentingruppe oder Hydroxide (Gibbsit oder Brucit) gebildet.

Die Verwitterung von Ultramafiten und die Bildung wirtschaftlich interessanter Ni-, Co- und Mn-Minerale wurden von TRESCASES (1979), MAKSIMOVIĆ et al. (1976, 1983), PELLETIER (1983), MANCEAU & CALAS (1983) studiert. Der Abbau Mn-haltiger Primärminerale wie Spessartin, Mn-Pyroxen und Mn-Olivin (Tephroit) und die Neubildung von Mn-haltigen Oxiden und Schichtsilikaten (NAHON et al. 1982), DELVIGNE (1983), PERSEIL & GRANDIN (1983), GIOVANOLI & PERSEIL (1983) erfolgt in ähnlicher Weise.

2.3.5 Verwitterung von Schichtsilikaten und deren Neubildungen

Aus magmatischen oder metamorphen Gesteinen werden v. a. Schichtsilikate der Glimmer- und Chloritgruppe übernommen. Seltener sind Minerale der Talk- oder der Serpentingruppe.
Die komplexen Phasen-Beziehungen zwischen verschiedenen Schichtsilikaten, Mixed layer, In-

terlayer von Brucit und Gibbsitschichten, Al-Hydroxiden und Organo-Tonmineralkomplexen hängen in der Natur vom chemischen Environment ab. Tonminerale wie Illite, Smektite und Chlorite sind zudem nicht stöchiometrische Phasen, die thermodynamisch als Phasen „fester Flüssigkeiten" interpretiert werden müssen (FRITZ 1985). Tonminerale sind daher außerordentlich sensible Milieuindikatoren. Sie können aus Lösungen, Gelen oder durch Umbau vorhandener Gittereinheiten entstehen.

Die Stabilitätsfelder von Endgliedern der Dreischicht- und Zweischichtsilikate sowie Hydroxide wurden in Phasen-Diagrammen von GARRELS & CHRIST (1965), HUANG & KELLER (1973) und FRITZ (1981) dargestellt.

Experimentell wie in der Natur wurden Degradation und Aggradation von Schichtsilikaten in Abhängigkeit von den Milieubedingungen der Verwitterung von MILLOT (1963), WHITE (1950), FÖLSTER et al. (1962), JACKSON (1965), v. REICHENBACH et al. (1968), TARDY et al. (1970), TRIBUTH (1971, 1976), ROBERT et al. (1979), STORCH & SIKORA (1976), SCHWERTMANN (1976), BERTHELIN et al. (1983) und SINGER (1978) untersucht.

Die Stabilität der verschiedenen Gittereinheiten wechselt in Abhängigkeit vom Environment. Bei Si-Sättigung sind die Tetraeder (SiO_4) am stabilsten; sie werden mit wachsender Si-Untersättigung in der Porenlösung zunehmend instabiler. Entsprechendes gilt für die Oktaederschichten. Da die Mobilität der R^{2+}- und der polyvalenten Ionen unter guten Drainagebedingungen größer als die der R^{3+}-Ionen (Al^{3+}) ist, sind in solchen Milieus trioktaedrische Oktaederschichten weniger stabil als dioktaedrische (NAHON et al. 1982; PROUST 1982).

Die Verwitterung der Oktaederschichten ist daher sehr komplex und kann mehrere milieuabhängige Phasen durchlaufen, z. B. im sauren Bereich beginnend mit dem Abbau der instabilen trioktaedrischen Spezies mit Fe^{2+} und Mg^{2+} und endend mit den stabilen dioktaedrischen Spezies mit Al^{3+} in den Oktaederzentren (Gibbsite). Auch unter den Zweischichtsilikaten sind die Al-reichen Spezies die stabileren.

Mit zunehmendem pH und Si-Angebot aus der Lösung ergeben sich die folgenden Mineralpaare:
– Gibbsit, Goethit
– Goethit, Kaolinit
– Kaolinit, Smektit
– Smektit, Calcit

Nach Abgabe des Eisens bilden sich meist eigene Fe^{3+}-Oxidphasen (siehe 2.3.7).

Die Substitution von Al^{3+} durch Fe^{3+} im Kaolinit in Oxisolen wurde von TARDY & NAHON (1985), HERBILLON et al. (1976), ANGEL et al. (1977), MENDELOVICI et al. (1979) beschrieben. Die Verwitterung von Zweischichtmineralen der Kaolinitgruppe kann schrittweise via Halloysit – „disordered" Kaolinit – amorphe Phase – Gibbsit verlaufen, was sowohl röntgenographisch wie morphologisch sichtbar wird (HINKLEY 1963; TARDY et al. 1973; KELLER 1978a, b; HUGHES & BROWN 1979; HUGHES 1980). Die Kristallinität der Dreischichtsilikate in Abhängigkeit vom Milieu wurde bisher wenig studiert.

Spezifische Oberflächen- und Zwischenschichteigenschaften der Tonminerale (s. Kap. 5) erzeugen je nach Mineralspezies und Milieubedingungen auf den Oberflächen oder in den Zwischenschichten:
– Anlagerung meist positiv geladener Ionen (s. 2.3. A).

Die Austauschfähigkeit auf den Zwischenschichten wird als Ionenaustauschkapazität (IAK, KAK, AK) bestimmt. Sie ist stark pH-abhängig. Bei Dreischichtmineralen im sauren Milieu führt

Abb. 2-17. Kationenaustausch in den Tonmineralen von:
A = Parabraunerde-Pseudogley auf Niendorfer Moräne, Beckedorf, pH des Bodens: 0 – 3,0 m ~ 3,5 – 4,5; 3,0 – 8,0 m ~ 7,5 – 8,5;
B = leicht podsolisiertes Profil (trocken) auf Schmelzwassersanden zwischen älterer und jüngerer Saale-Moräne, Volkspark; pH des Bodens: 0,0 – 0,2 m ~ 5,5; 0,2 – 1,1 m ~ 6,0 – 6,5; 1,1 – 1,3 m ~ 5,5. Beachte die viel stärkere Al-Belegung der Zwischenschichten im 2. Profil. In der Karbonat-haltigen Moräne erfolgt Belegung der Zwischenschichten mit Ca (SZTUKA 1985). K = Kaolinit, I = Illit, S = Smektit, BS = Basensättigung.

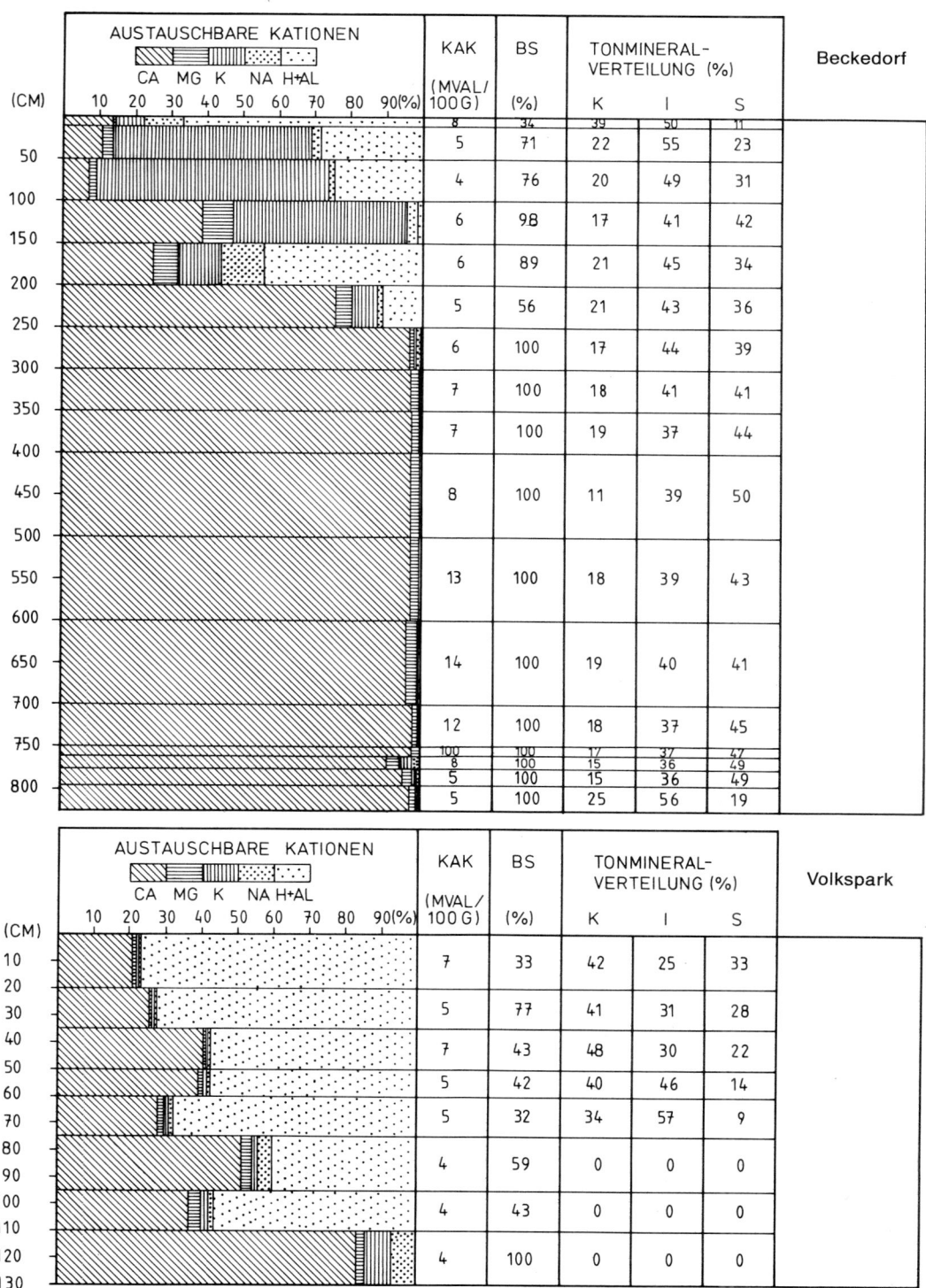

der Austausch der K-Ionen gegen H^+ oder H_3O^+ über ein randliches Aufquellen und ein Aufbrechen frischer (001)-Flächen zur Smektitbildung (GILKES & SUDDHIPRAKARN 1979a, b). In sauren Böden mit Feldspat- und Schichtsilikatzersatz findet Austausch von K^+ gegen Al^{3+} („Aluminisation") statt (Abb. 2-17). Im alkalischen Milieu mit Ca-Angebot erfolgt Ca-Belegung der Zwischenschichten. K-Angebot kann umgekehrt wieder zur Illitbildung führen (K-Düngung).

— orientiertes Aufwachsen (Epitaxie) ist allen Kristallen möglich, deren angelagerte Netzebenen ähnliche Konfiguration und Gitterabstände der Ionen besitzen wie die (001)-Fläche der Tonminerale. Dies gilt z.B. für Hydroxide oder Oxide von Al, Fe und Si (FISCHER & SCHWERTMANN 1975; WILSON et al. 1981; BRINKMANN et al. 1973).

Al^{3+} und Mg^{2+} haben die Eigenschaft zu hydratisieren und so Gibbsit – $Al(OH)_3$ – oder Brucit – $Mg(OH)_2$ – zunächst als Inseln, dann als komplette oktaedrische Zwischenschichten aufzubauen. Da Gibbsit und Brucit eigene Mineralphasen darstellen, entstehen so (quellfähige oder nichtquellfähige) reguläre Wechsellagerungsstrukturen – die sekundären Chlorite –. Die Bildung von Al-reichen Bodenchloriten im sauren Milieu wurde zuerst von SCHWERTMANN (1976), sekundäre Mg-Chlorite im alkalischen Milieu wurden von PAPENFUSS (1976) beschrieben. Irreguläre Mixed layer-Minerale als Verwitterungsabbauprodukte werden von WILSON & NADEAU (1985) diskutiert.

Eine Einlagerung von organischen Molekülen auf der Zwischenschicht führt zur Bildung von Ton-Organokomplexen. Diese Organo-Komplexbildung kann vor allem bei 6er Koordination des Al in den Komplexen die Neubildung von Kaolinit und eventuell Gibbsit begünstigen. Dagegen wird die Bildung dioktaedrischer 2:1-Minerale verhindert.

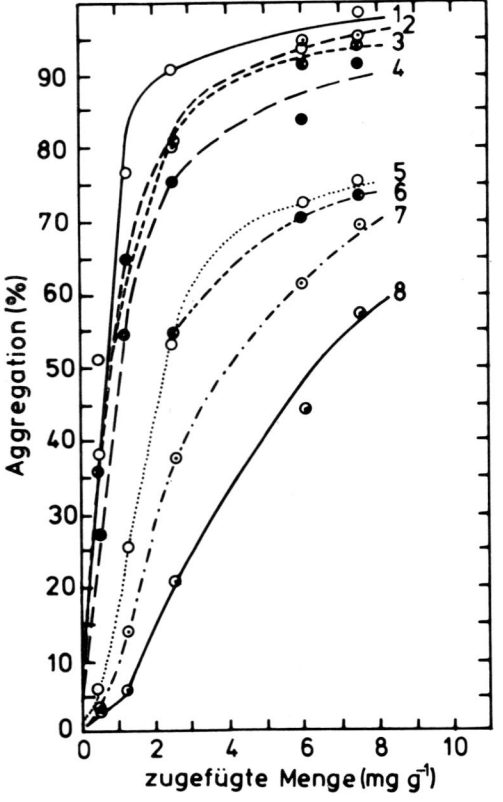

Abb. 2-18. Wirkung der Menge verschiedener Polymere der D-Fruktose (durch Mikroorganismen gebildete Polysaccharide) auf die Aggregation von Bodenpartikeln. Molekulargewicht der Polysaccharide von 8 (= 6400) bis 1 (= 26800) zunehmend (GEOGHEGAN & BRIAN 1948).

Der Einfluß organischer Moleküle wirkt sich daher auf Aufbau und Neubildung dioktaedrischer Zweischicht- und Dreischicht-Tonminerale unterschiedlich aus. Die Einlagerung organischer Moleküle in Zwischenschichten der Schichtsilikate im sauren Milieu führt zu deren Aufweitung und damit zur Vergrößerung der (001)-Werte. Ton-Organokomplexe erzeugen bei Tonmineralen Aggregatbildung (THENG 1979). Durch den Flockungseffekt werden die mechanischen Eigenschaften der Böden, wie mechanische Festigkeit, Permeabilität und Erodierbarkeit, verändert (Abb. 2-18). Die beschleunigte Auflösung von Schichtsilikaten bei Bildung löslicher Ton-Organokomplexe wurde in 2.3.1 C besprochen.

2.3.6 Neubildung von oxidischen Al-Verbindungen und Al-Sulfaten

Bei der ferrallitischen oder allitischen Verwitterung werden Si, Al und Fe voneinander partiell oder ganz getrennt. Neben den Al-Silikaten bilden sich Al-Hydroxide oder Al-Oxide und oxidische Fe-Minerale.

Al-Minerale sind:
amorphe Phasen wechselnder H_2O-Gehalte

Bayerit	α-Al(OH)$_3$	Na-Alunit	Na Al$_3$(SO$_4$)$_2$ (OH)$_6$
Nordstrandit	β-Al(OH)$_3$	K-Alunit	K Al$_3$(SO$_4$)$_2$ (OH)$_6$
Gibbsit	γ-Al(OH)$_3$	Alunogen	Al$_2$(SO$_4$)$_3 \cdot$ 17 H$_2$O
(= Hydrargillit)			
Diaspor	α-Al OOH	Jurbanit	Al(SO$_4$) (OH) $\cdot$ 5H$_2$O
Böhmit	γ-Al OOH	Aluminit	Al$_2$SO$_4$(OH)$_4 \cdot$ 7H$_2$O
Korund	α-Al$_2$O$_3$	Al-Phosphate (Kap. 9)	

Kristallstrukturen der Al-Hydroxide und Al-Oxide, ihre Bildungsbedingungen im Experiment sowie ihre Identifikation mit Röntgenbeugung, DTA und IR wurden von Hsü (1977) ausführlich dargestellt.

Abb. 2-19 zeigt die Löslichkeit verschiedener Al-Mono- und Polymere, die unter Versuchsbedingungen bei 25 °C bei pH $\sim$ 6,1 am kleinsten ist.

Im sauren Bereich bilden sich nach Hsü (1964, 1977) positiv geladene Monomere nach folgenden Gleichungen, die zur Ausscheidung von Al-Hydroxiden führen.

$$Al^{3+} + H_2O = Al(OH)^{2+} + H^+$$
$$Al(OH)^{2+} + H_2O = Al(OH)_2^+ + H^+$$
$$Al(OH)_2^+ + H_2O = Al(OH)_3 + H^+$$
$$mAl(OH)_3 = Al_m(OH)_{3m}$$
$$Al_m(OH)_{3m} + nH^+ = [Al_m(OH)_{3m-n}]^{n+}$$

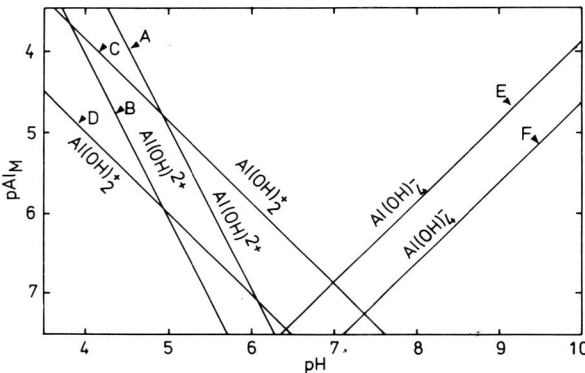

Abb. 2-19. pH-abhängige Löslichkeit des Aluminiums (pAl$_M$ = negativer Logarithmus der Zahl der g-Atome des löslichen Al pro Liter Lösung) für verschiedene AlOH-Gleichgewichte in der Lösung. Die verschiedenen Ionen-Spezies sind angegeben in den Kurven A und C für amorphe Hydroxide-, B und D für Korund-, E für Bayerit- und F für Gibbsit-Oberflächen (nach RAUPACH 1963).

SO_4^{2-}, PO_4^{3-} und Si^{4-} setzt die Al-Löslichkeit stark herab (OKAMOTO et al. 1957, HSÜ & BATES 1964), auch beeinflussen Art und Kristallisationsgrad vorhandener Mineralphasen z. B. von Kaolinit deren Löslichkeit (NORDSTROM 1982). Lösliche Al-Organokomplexe ermöglichen dagegen größere Mobilität und Transport von Al.

Wegen der Vielzahl ionar, monomer und polymer gelöster Phasen im System $Fe_2O_3 - Al_2O_3 - SiO_2 - H_2O$ gibt es für die Neubildung der Mineralphasen Gibbsit, Böhmit und Diaspor noch keine befriedigende experimentelle Darstellung des Systems (Abb. 2-20). RAUPACH 1963; MAY et al. 1979; JOHNSON et al. 1981; KENNEDY 1959; NORDSTROM 1982; TORKAR & KRISCHNER 1963; NEUHAUS & HEIDE 1965 und TARDY & NAHON (1985) berechnen mögliche Stabilitätsbereiche dieser Minerale.

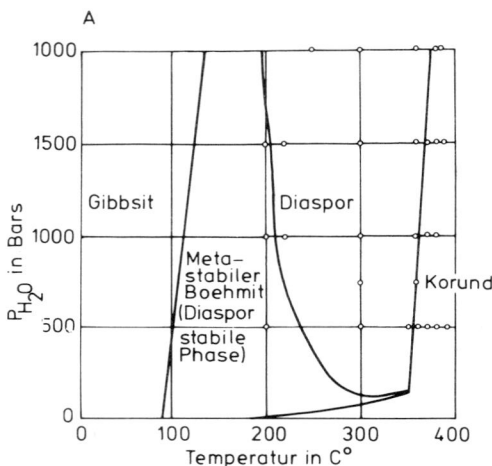
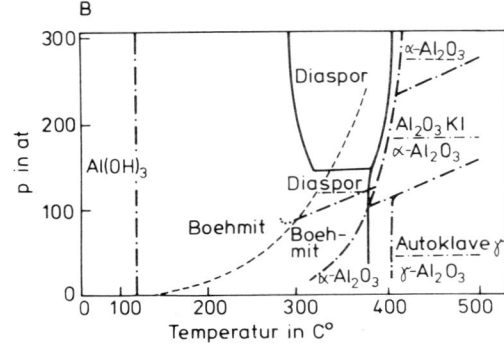

Abb. 2-20. Phasendiagramme $Al_2O_3-H_2O$; A = ohne Stabilitätsfeld für Böhmit (nach KENNEDY 1959); B = mit metastabilen Übergangstonerden (nach TORKAR & KRISCHNER 1963).

In der Natur ist Al in sauren Böden wie Podsolen, Gley-, Sumpf-, Moorböden, Mangroven und Oxisolen, aber auch in Gebieten mit saurem Regen sehr mobil und kann in verschiedener monomerer oder polymerer Al^{3+} Form oder als Al-Organo-Komplex über große Strecken wandern (VALETON 1966; GARDNER 1980; JOHNSON et al. 1981; SARAZIN et al. 1982; BOULANGÉ 1983).

Gibbsit scheidet sich nach HSÜ (1977) im schwach sauren Milieu aus, während die Bildungsbedingungen von Bayerit und Nordstrandit im vermutlich mehr neutralen oder alkalischen Milieu nicht restlos geklärt zu sein scheinen. Gibbsit ist das häufigste Al-Mineral in rezenten, warm-humiden Böden, das dort bis zu 35 % ausmachen kann und vorwiegend als Ausscheidungen in Porenräumen auftritt. In bauwürdigen Bauxiten muß mindestens 45 % freies Al_2O_3 (nicht an Silikate gebunden) vorhanden sein (MILLOT 1963; VALETON 1972). Gibbsit entsteht dort in Abhängigkeit von der Drainageintensität entweder
1. „in-situ" pseudomorph nach Gerüstsilikaten der Muttergesteine über die Lösung einphasig oder zweiphasig verdrängend:
   Feldspat – Amorphphase – Gibbsit
   Feldspat – Amorphphase – Kaolinit – Amorphphase – Gibbsit
   Das Si/Al Verhältnis in der Amorphsubstanz kann stark variieren.
2. Über die Lösung durch epitaktisches Aufwachsen größerer Gibbsitanteile (bis 40 %) auf ähnlichen Strukturen oder in Hohlräumen als große Kristalle (Abb. 2-21 c) (VALETON 1966; ESWARAN et al. 1977).
3. Al-Hydroxide als Zementbildner.

Da Böhmit, Diaspor und Korund bei tiefen Temperaturen experimentell nicht herstellbar sind, können ihre Stabilitätsgrenzen nur aus dem Environment abgeleitet werden. Pedogener Korund tritt selten und nur in kleinen Mengen auf. Böhmit und Diaspor sind in Bauxiten, in Bereichen

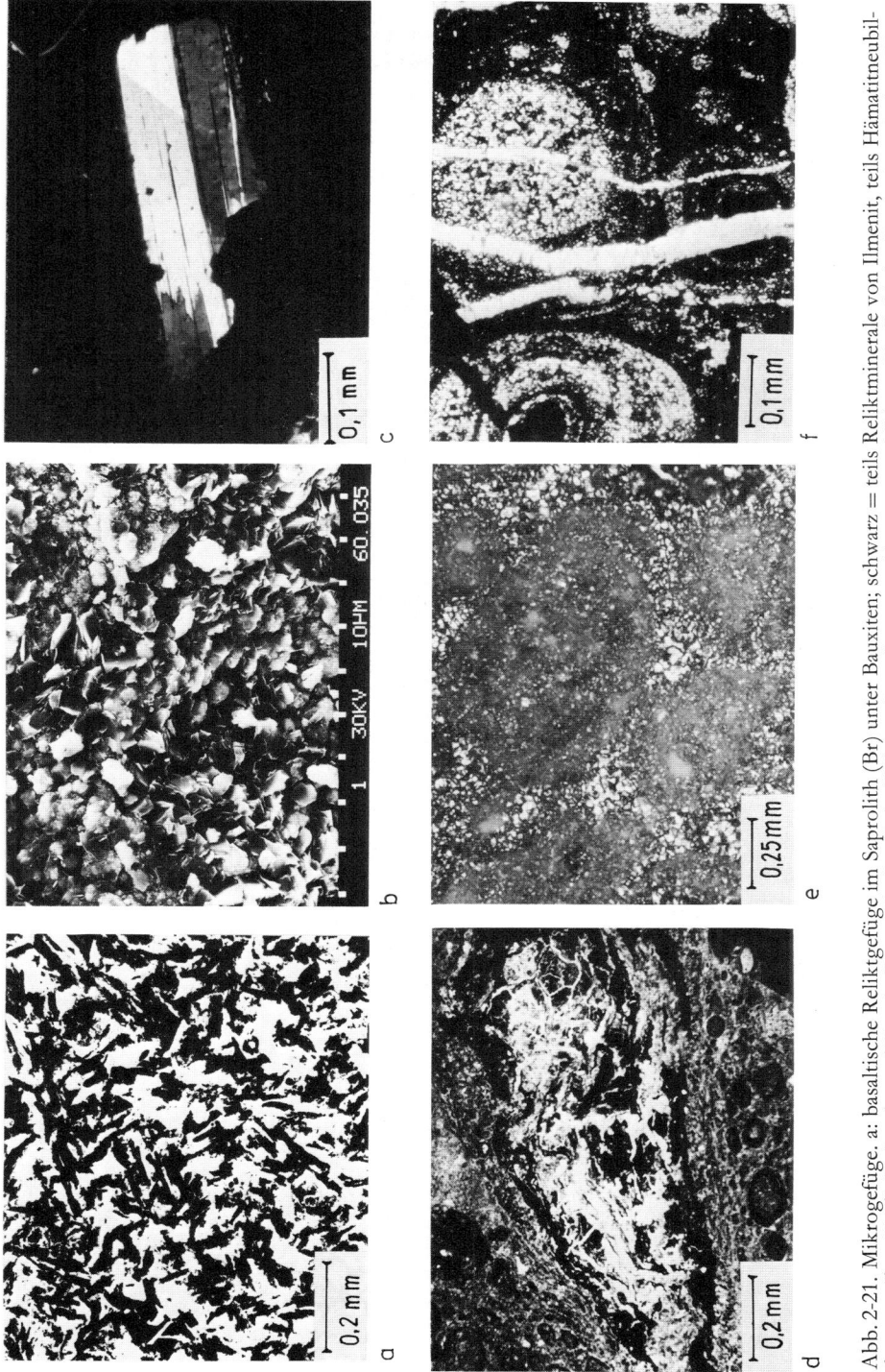

Abb. 2-21. Mikrogefüge. a: basaltische Reliktgefüge im Saprolith (Br) unter Bauxiten; schwarz = teils Reliktminerale von Ilmenit, teils Hämatitneubildung; weiß = Kaolinit. Josplateau/Nigeria (Photo BEIßNER). b: Wabengefüge (honeycomb) von neugebildeten Kaolinitkristallen im jurassischen Flintclay, Makhtesh Ramon/Israel. c: Idiomorpher Gibbsitkristall mit Mehrfachverzwillingung, in Porenräumen und Klüften gebildet. Bauxit, Josplateau/Nigeria (Photo BEIßNER). d: In Auflösung begriffenes Reliktpisoid aus Kaolinit und Hämatit, der dabei eine starke Kompaktion erfahren hat. LDF, Makhtesh Ramon/Israel. e: Neugebildete kaolinitische Pisoide in einer grobkörnigen Matrix; flintclay, Makhtesh Ramon/Israel. f: Pisoide in primär böhmitischem B_3-Bauxit, die bei Umkristallisation zu grobkörnigem Diaspor das Interngefüge verloren haben. Klüfte ebenfalls mit grobkörnigem Diaspor gefüllt. Kreide, Parnass-Khiona Zone/Griechenland.

intensiver Drainage, sowohl an Plasma (Matrix) als auch an Pisoide gebunden. Dabei ist der unter experimentellen Bedingungen instabile Böhmit in der Natur oft sehr lange beständig. Böhmit, der stets submikroskopisch feinkörnig ist, entsteht entweder aus Plasma oder bildet die äußeren durch Fällung entstandenen Rinden (Cortex) der Pisoide. Sprossung meist grobkörniger Diasporkristalle findet durch Umkristallisation von kaolinitischem oder böhmitischem Plasma oder von anderen Gefügeelementen wie Pisoiden statt. Optimale Diasporkristallisation herrscht offensichtlich in Environments mit Deferrifikation und Desilifikation unter leicht reduzierenden Bedingungen.

Dichte- und Porositätszunahme der Gesteine sind die Folge der Diasporitisierung (NIA 1968; VALETON 1965, 1983a). Auch als Porenraumauskleidung (Abb. 2-21 f) bildet Diaspor große Kristalle.

Die Ansicht, daß eine Beziehung zwischen dem Alter und der Al-Mineralspezies bestehe, ist weitverbreitet. Neuere Untersuchungen weisen aber in zunehmendem Maße auch in tertiären Bauxiten neben Faziesbereichen mit Gibbsit-Vormacht solche mit stärkerer Böhmit- oder Diasporbildung aus. Auch in mesozoischen Schichtabfolgen mit mehreren Bauxithorizonten übereinander, können sehr unterschiedliche Mengen der drei Al-Minerale – Gibbsit, Böhmit und Diaspor – auftreten, was auch dort offensichtlich eine Milieufrage während der Bauxitgenese ist. Von dieser milieugebundenen Diasporgenese unter niedrigen p-T-Bedingungen muß die bei der Metamorphose auftretende Diaspor- und Korundbildung getrennt werden (FEENSTRA 1985).

Al-Mg-Hydroxide mit Brucitstruktur (2 Mg : 1 Al) wurden von GASTUCHE et al. (1967) beschrieben. Mischkristallbildung durch isomorphen Fe-Einbau ist beim Diaspor und Böhmit bekannt (CAILLIÈRE 1962; WEFERS 1967; FITZPATRICK & SCHWERTMANN 1982).

In sauren Böden – Gley, Mangroven und in manchen Oxisolen – können durch Sulfidzersatz S^{2-}, SO_3^{2-}, SO_4^{2-}-Ionen vorhanden sein, die in Gegenwart von $Al(OH)_3$ über die Adsorption zur Bildung von Al-Sulfaten führen (RODRIGUEZ-CLEMENTE & HIDALGO-LOPEZ 1985). Die Phasendiagramme von NORDSTROM (1982) zeigen, daß mit abnehmendem pH und zunehmender Sulfataktivi-

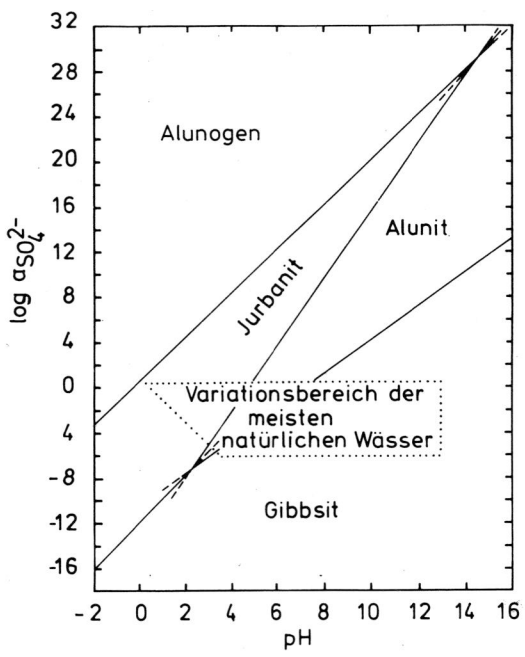

Abb. 2-22. Mineralphasen-Diagramm: $Al_2O_3 - SO_4 - H_2O$ bei 25 °C; Feld mit gepunkteter Umrandung: Variation der häufigsten natürlichen Wässer (NORDSTROM 1982).

tät die Felder für Gibbsit, Alunit, Jurbanit und Alunogen im Schwankungsbereich natürlicher Wässer aufeinanderfolgen (Abb. 2-22).

Ähnliche Bedingungen gelten auch für die Bildung von Fe-Sulfaten wie Jarosit etc. Stärker als die Bindung der Sulfate an Al ist die des Phosphates (s. Kap. 9).

2.3.7 Neubildung von oxidischen Fe-Verbindungen, Fe-Sulfaten und -Sulfiden

A. Übersicht

Aus Fe^{2+}-haltigen Mineralen wie Olivin, Pyroxen, Amphibolen und Schichtsilikaten wird Eisen durch Hydrolyse und Oxidation zu Fe^{3+} freigesetzt (stark schematisiert):

$Fe_2SiO_4 + 1/2\,O_2 + 3H_2O \rightarrow 2\alpha\text{-FeOOH} + H_4SiO_4$
(Forsterit)   (Goethit)

Wegen der geringen Löslichkeit von Fe^{3+} kommt es i. a. zur Trennung von Fe^{3+} und Si und zur Bildung von Oxiden und Hydroxiden des Eisens in amorpher und kristallisierter Form; daneben treten wie beim Al auch Phosphate, Sulfate, Sulfide und Karbonate auf. In begrenztem Umfang wird Fe in Schichtsilikate – häufiger in Dreischichtsilikate als in Zweischichtsilikate – eingebaut (siehe 2.3.5 und 2.3.6).

Folgende Eisenminerale treten auf:
Ferrihydrit	$Fe_5HO_8 \cdot 4H_2O$	(Towe & Bradley 1967)
Ferrihydrit	$Fe_5(O_4H_3)_3$	(Chukhrov et al. 1972)
Goethit	α- Fe OOH, gelbbraun	
Lepidokrokit	γ- Fe OOH, orange	
Hämatit	α- Fe_2O_3, dunkelrot	
Maghemit	γ- Fe_2O_3, rotbraun	
Magnetit	α- Fe_3O_4	
Magnetit mit Ti:	in Ulvit-Hercynit	
K-Jarosit	$KFe_3(SO_4)_2(OH)_6$	
Na-Jarosit	$NaFe_3(SO_4)_2(OH)_6$	
Pyrit, Markasit	Fe S_2	
Siderit	Fe CO_3	
Fe-Phosphate	(siehe Phosphatkap.)	
Fe-Chelate		
Fe-Mn-Verbindungen		

„Limonit" ist kein Mineral, sondern eine Geländebezeichnung für Fe-Oxide oft variabler Zusammensetzung; man sollte den Ausdruck nicht mehr verwenden.

Die Mineralphasen, ihre Identifikation und ihre Bildungsbedingungen werden bei Schwertmann & Taylor (1977) und Stucki, Goodman & Schwertmann (1985) beschrieben. Techniken der quantitativen Analyse von Fe-Mineralphasen wurden von Schulze (1981) entwickelt.

B. Fe-Minerale als Milieu-Indikatoren

Die Art der Fe-Minerale, ihre unterschiedlichen Farben, ihre Löslichkeit in Oxalsäure – Fe_o – oder in Dithionit – Fe_d –, ihr thermisches Verhalten, sowie auch Mössbauerspektren, Kristallitgröße, Kristallinität und schließlich der isomorphe Ersatz von Fe^{3+} durch andere Ionen sind sehr sensible Milieu-Indikatoren. Sie sind daher für die Interpretation ihres Bildungsenvironments sehr gut geeignet. Wegen der verschiedenen monomeren und polymeren Formen, in denen Fe^{2+} und Fe^{3+} in Lösung auftreten können und der Auswirkung von Begleitionen und löslichen organischen Verbindungen, kann nur ein stark vereinfachtes Löslichkeitsdiagramm (Abb. 2-23) wiedergegeben werden. Danach besteht die geringste Löslichkeit von Fe^{3+} im Neutralbereich und die größte im

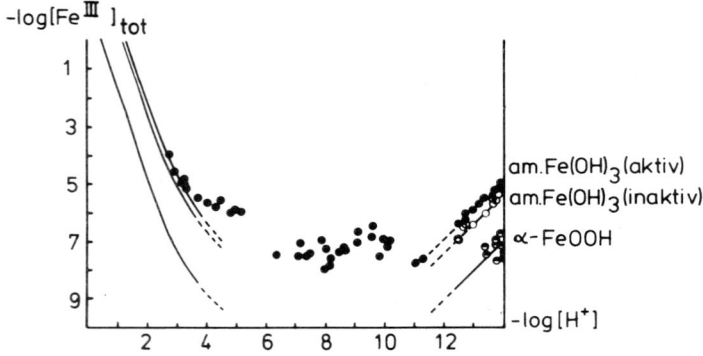

Abb. 2-23. pH-abhängige Löslichkeit des dreiwertigen Eisen. Punkte: = Fällung des amorphen, aktiven $Fe(OH)_3$ Kreise: = Fällung des amorphen inaktiven $Fe(OH)_3$ (LENGWEILER et al. 1961) halboffene Kreise: = α-FeOOH (SCHINDLER et al. 1963).

stark sauren Bereich. Die Löslichkeit von Fe^{2+} ist generell größer und hängt neben dem pH- vom Eh-Wert ab. VLEK et al. (1974) berechneten die Stabilität der Fe^{2+}/Fe^{3+} Minerale in Abhängigkeit von Eh und pH (Abb. 2-24). Die Reversibilität von Reduktion ⇌ Oxidation spielt für die Bildung der Fe-Minerale eine wichtige Rolle. Phasenänderungen erfolgen über die Lösung oder den Gelzustand. In Böden und Verwitterungsprofilen bilden sich zusätzlich Fe^{3+}-Organokomplexe, deren lösliche Verbindungen große Beweglichkeit besitzen und Fe-Verlagerungen oft über lange Strecken bewirken. Ihr Abbau ermöglicht die Bildung von Fe-Oxiden. SCHWERTMANN (1985) beschreibt die Fe-Minerale als sensible Indikatoren des Pedo-Environments (Abb. 2-25).

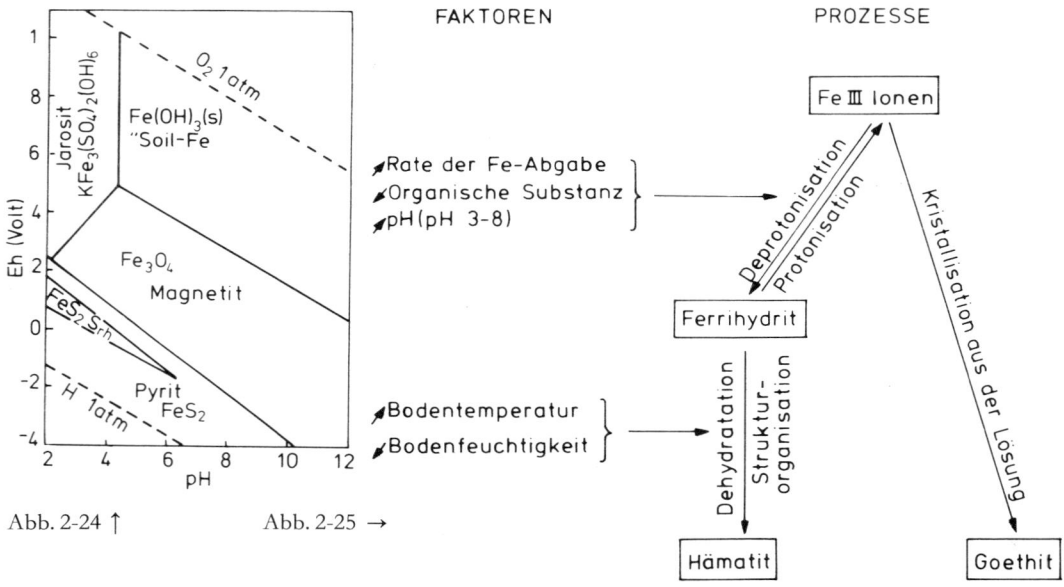

Abb. 2-24 ↑   Abb. 2-25 →

Abb. 2-24. Eh-pH-Diagramm für Pyrit, rhombischen Schwefel, amorphes (Boden-) Eisen, Magnetit und Jarosit bei $pSO_4^{2-} = 2{,}3$; $pk^+ = 3{,}3$; 25 °C und 1 at Gesamtdruck (VLEK et al. 1974)

Abb. 2-25. Schematische Darstellung der Bildungsreihen für Hämatit und Goethit und der beeinflussenden Faktoren. Die kurzen Pfeile zeigen wachsende (↗) oder abnehmende (↙) Tendenz der bevorzugten Hämatitbildung, welche jeweils umgekehrt proportional zu der des Goethits ist. Ein Faktor kann unterschiedliche Prozesse bewirken. Höhere Bodentemperatur wird nicht nur Dehydration des Ferrihydrits und damit Hämatitbildung direkt begünstigen, sondern kann ebenso die Fe-Abgabe und den Zersatz der organischen Substanz beschleunigen und dadurch indirekt Hämatitbildung begünstigen (SCHWERTMANN 1985).

— das Goethit/Hämatit-Paar:
α-FeOOH und α-Fe$_2$O$_3$ treten in vielen tropischen und subtropischen Böden gemeinsam auf und sind damit die am weitesten verbreiteten Fe-Oxide. Diese Tatsache steht im Gegensatz zu LANGMUIR's (1971, 1972) thermodynamischen Daten, wonach Goethit neben Hämatit im Korngrößenbereich < 76 µm instabil sein sollte. SCHWERTMANN (1985) zeigt, daß bei Bildung über Ferrihydrit das Verhältnis Hämatit zu Goethit neben dem pH-Einfluß im Bereich zwischen 4–25 °C stark temperaturabhängig ist (Abb. 2-26B). TORRENT et al. (1982) fanden bei

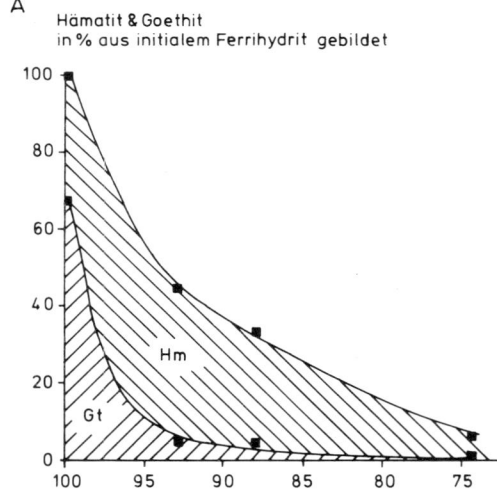

Abb. 2-26. A: Wirkung der relativen Boden-Feuchtigkeit auf die Bildung von Hämatit ud Goethit aus synthetischem Ferrihydrit bei 45 °C nach 180 Tagen. Mit abnehmender Feuchtigkeit nimmt Hämatit (Hm) gegenüber Goethit (Gt) zu. Der Rest bis 100% sind andere Produkte (TORRENT et al. 1982).

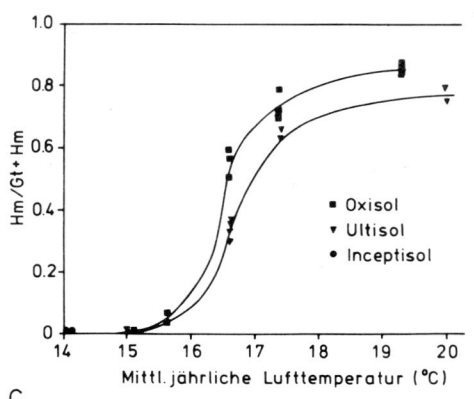

B: Das Verhältnis Hämatit zu Goethit + Hämatit steigt in südbrasilianischen Böden mit der mittleren Lufttemperatur an (KÄMPF & SCHWERTMANN 1982).

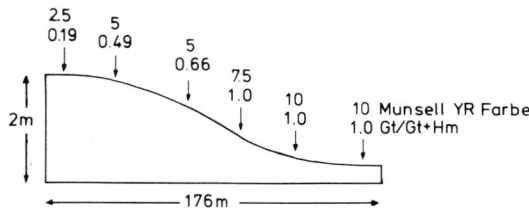

C: Farbe (nach MUNSELL) und Verhältnis von Goethit zu Hämatit in einer kurzen Toposequenz auf Basalt in Zentralbrasilien. Hämatitgehalt nimmt hangabwärts ab und die Farbe wird gelber (2,5 = rot, 10 = gelb) (CURI 1983).

Hämatit- und Goethitbildung aus Ferrihydrit relative Hämatitzunahme mit abnehmender relativer Feuchtigkeit (Abb. 2-26A). Nördlich von 40° Nord und südlich von 40° Süd tritt in rezenten Böden kein Hämatit mehr auf. In Toposequenzen sind höhere Goethitgehalte in Depressionen zu verzeichnen (Curi 1983) (Abb. 2-26c). Gut drainierte Böden besitzen höhere Hämatitgehalte als schlecht drainierte (Pena & Torrent 1984).

Mit zunehmendem C_{org} wird das Hm/(Hm + Gt)-Verhältnis zugunsten des Goethits verschoben. Höhere C_{org}-Gehalte in kälterem und feuchterem Klima oder in Toposequenzen von tieferen Hangbereichen und Depressionen begünstigen jeweils die Goethitbildung. Auch entlang von Wurzelkanälen bildet sich bevorzugt Goethit. Mit abnehmendem pH in Böden aber verschiebt sich das Hm : Gt-Verhältnis zugunsten des Hämatits. Al in der Lösung beeinflußt nach Schwertmann (1985) das Hm : Gt-Verhältnis durch isomorphen Al-Einbau ins Gitter beider Minerale und zwar wird mit zunehmendem [OH] und abnehmendem [Al] die Bildung von Goethit bevorzugt (Abb. 2-27). Auf fossilen Lateritprofilen, welche primären Hämatit enthalten, wird dieser von der heutigen Landoberfläche ausgehend durch Goethitneubildung verdrängt (in humiden Gebieten sehr stark, in ariden Gebieten schwächer).

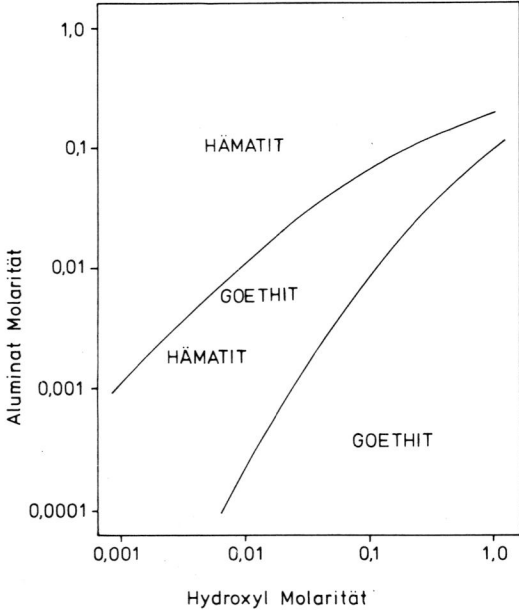

Abb. 2-27. Begünstigte Kristallisation von Goethit gegenüber Hämatit bei der Bildung aus Ferrihydrit mit abnehmendem [Al] und zunehmendem [OH] (Lewis & Schwertmann 1979).

- Lepidokrokit:
γ-FeOOH bildet das Äquivalent zum Böhmit (γ-AlOOH) und ist wie dieser im Verhältnis zur α-Modifikation (Goethit bzw. Diaspor) metastabil. Er tritt als relativ gut kristallisierte Phase ausschließlich in hydromorphen Böden mit temporärem O_2-Defizit auf, wo er sich aus Fe^{2+}-Phasen bildet. Im Experiment kann Lepidokrokit aus Fe^{2+}/Fe^{3+} Hydroxi-Salzen („grüner Rost" im pH-Bereich zwischen 5–7 entstehen. In Verwitterungsprofilen tritt Lepidokrokit mit Goethit, aber niemals mit Hämatit zusammen auf.

Im Verhältnis zu Goethit ist Lepidokrokit metastabil; er kommt nur in hydromorphen Böden vor. Die Umwandlung Lepidokrokit → Goethit verläuft sehr langsam. Beide Minerale können sich nebeneinander bilden, besonders im Bereich von Wurzelröhren, wobei die Goethitbildung durch zunehmende CO_2-Gehalte in diesem spezifischen Milieu begünstigt wird. Dort favorisiert Al in Lösung zusätzlich Goethit-Wachstum (Tay-

LOR & SCHWERTMANN 1978). Dies erklärt, warum selbst im reduzierenden Milieu bei niedrigeren pH-Werten Lepidokrokit selten auftritt.

- Ferrihydrit:
Dieses ist ein in Böden neu entdecktes Fe^{3+}-Oxid, mit der Zusammensetzung: $5Fe_2O_3 \cdot 9H_2O$ mit einer stark „disordered" hämatitähnlichen Struktur (CARLSON & SCHWERTMANN 1981). In Böden bildet er oft die einzige Mineralphase oder tritt mit Goethit oder Lepidokrokit zusammen auf. Er könnte eine Vorphase des Hämatits darstellen. Laborversuche von CAMPBELL & SCHWERTMANN (1984) zeigen, daß C_{org} und Anionen mit starker Affinität zu Fe wie Si oder Phosphat die Ferrihydritbildung fördern (Abb. 2-28). Das Ferrihydrit/Goethit-Paar kommt in Raseneisenerzen und See-Erzen vor. Das Verhältnis der beiden Oxide kann in etwa aus dem Fe_o/Fe_d-Verhältnis geschätzt werden. In Böden des kalten oder temperierten Klimas mit nur langsam sich zersetzender organischer Substanz, mit Si oder P, stellt das Ferrihydrit gegenüber Goethit und Lepidokrokit eine sehr junge Fe-Oxidbildung dar.

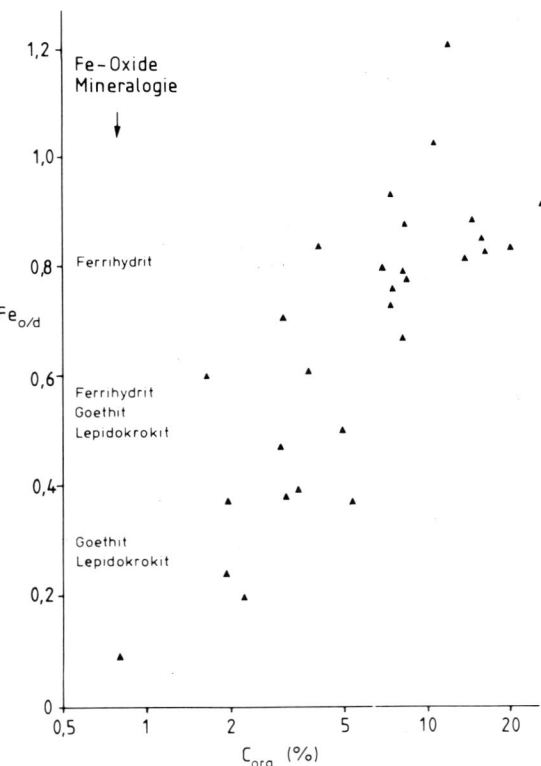

Abb. 2-28. Das Verhältnis Fe_o/Fe_d (o = oxalsäure- und d = dithionitlösliches Fe) nimmt in plastischen Böden mit dem Gehalt an C_{org} zu. Folglich herrschen Goethit und Lepidokrokit bei niedrigen Fe_o/Fe_d-Werten vor, während Ferrihydrit bei hohen Fe_o/Fe_d-Werten dominiert (CAMPBELL & SCHWERTMANN 1984).

- Maghemit:
γ-Fe_2O_3 tritt häufig in tropischen und subtropischen, dagegen seltener in humid-temperierten Böden auf (FITZPATRICK 1978; TAYLOR & SCHWERTMANN 1974).

C. Isomorpher Ersatz von Fe durch Al, Ti, Ni etc.

Substitution von Fe durch Al im Goethitgitter wurde zuerst von CORRENS & v. ENGELHARDT (1941) und THIEL (1963), später vielfach an Goethiten in Böden beschrieben. FITZPATRICK & SCHWERTMANN (1982) studierten den Al-Ersatz der Goethite im hydromorphen und nicht hydromorphen Milieu, d.h. unter bzw. ohne Grundwassereinfluß. In der Mischkristallreihe Goethit-Diaspor besteht am Fe-reichen Endglied eine Al-Substitution bis zu 33%. Die Al-Substitution kann aus Mössbauer-Spektren (GOLDEN et al. 1979) oder röntgenographisch aus der Linienverschiebung der d(111)- und (110)-Werte bestimmt werden. Die Al-Goethite aus hydromorphen mittelsauren Böden oder aus kalkigem Milieu zeigen mit 0-15 mol% niedrige Al-Substitution; dagegen nehmen die Al-Gehalte in nicht hydromorphen, intensiv verwitterten Gesteinen, von Saprolithen und stark sauren Böden zu gut drainierten, eisenreichen Bauxiten zu (15–32 mol%). Auch Ti kann isomorph in Goethit und Hämatit eingebaut werden (FITZPATRICK, LE ROUX & SCHWERTMANN 1978). SCHELLMANN (1983) beschreibt isomorphen Ni-Einbau im Goethit von Ni-Lateriten.

D. Kristallinität der Fe-Minerale

Die Kristallinität der Goethite nimmt mit wachsender Al-Substitution ab. In Abhängigkeit vom pH steigt sie von extrem sauren (pH < 4) roten und braunen Böden über Fe-reiche Bauxite zu Saprolithen an. Kristallinität und Al-Substitution im Goethit sind daher geeignete Größen zur Rekonstruktion des Bildungsmilieus.

2.3.8 Neubildung oxidischer Ti- und Mn-Verbindungen

Ti ist wie Al und Fe^{3+} ein verwitterungsstabiles Element. In allitischen und ferrallitischen Böden können TiO_2-Gehalte um 2–10 % auftreten, die durch absolute Anreicherung (Migration) noch höhere Werte erreichen können. Wichtigste Neubildungsphase ist Anatas, der submikroskopisch feinkörnige idiomorphe Kristalle mit bevorzugter Ausbildung der (001)-Flächen bildet. Daneben treten Pseudo-Rutil, Brookit und Pseudobrookit auf.

Mn ist bei negativem Redoxpotential beweglicher als Eisen, was zur Trennung beider Elemente führt. Mn-Krusten als Coatings entlang Kluftflächen, in Hohlräumen oder als Überzüge von Konkretionen, Pisoiden und Pellets, sind vorwiegend amorph und werden über lösliche Organokomplexe ausgeschieden.

Auf Mn-reichen Muttergesteinen können sich unter warm-humiden Klimabedingungen wichtige Verwitterungs-Mn-Erze mit hydroxidischen und oxidischen Mn-Mineralen bilden, die vorwiegend Mn^{4+} enthalten.

Häufige supergene Mn-Minerale sind:
amorphe, wasserhaltige Mn-Oxide
Birnessit $Mn_7O_{13} \cdot 5H_2O$
Todorokit $(H_2O)_{\leq 2}(Mn...)_{<8}(O,OH)_{16})$
Manganit $MnO(OH)$
Pyrolusit $\beta\text{-}MnO_2$
Ramsdellit $\gamma\text{-}MnO_2$
Kryptomelan $K_{\leq 2}Mn_8O_{16}$
Nsutit $(Mn^{4+}, Mn^{2+})(O,OH)_2$
Lithiophorit $(Al, Ba, Li, K)_2 MnO_2$

2.3.9 Neubildung von Sulfiden, Sulfaten, Phosphaten und Karbonaten

Schwefel, Phosphor und Kohlenstoff sind häufige Elemente organogener Herkunft in Verwitterungsgesteinen. Diese Anionen bilden Säuren, die pH-erniedrigend wirken und Salze, die stark Eh/pH abhängig sind:
Wichtige Anionen und Säuren sind:

SO_4^{2-}, HSO_4^-, H_2S, HS^-, S
PO_4^{3-}, HPO_4^{2-}, $H_2PO_4^-$, P
CO_3^{2-}, HCO_3^-, H_2CO_3, CO_2, CH_4,

Schwefel-Eisen-Verbindungen spielen v. a. in sauren und hydromorphen Böden (Marschen, Mangroven) mit wechselndem Redoxpotential eine wichtige Rolle.

Im reduzierenden Milieu entstehen Fe^{2+}-Sulfide (Melnikovit, Markasit, Pyrit) und elementarer Schwefel, und in Gegenwart von CO_2 scheidet sich Fe^{2+}-Karbonat aus, sofern kein S^{2-} mehr in der Lösung ist. Bei Oxidation und in Gegenwart von Schwefelsäure (extrem niedrige pH-Werte) und Alkalien bildet sich nach VLEK et al. (1974) Jarosit (Abb. 2-22)

$$K^+ + 3Fe^{3+} + 2SO_4^{2-} + 6OH^- \rightleftharpoons KFe_3(SO_4)_2(OH)_6.$$

Durch Abbau organischer Substanz im oxidierenden Milieu reichert sich CO_2 in Böden an. Der P_{CO_2} im Boden ist viel höher als in der Atmosphäre und liegt bei $10^{-1} - 10^{-2,5}$. Unter reduzierenden Bedingungen entstehen C und CH_4 (Methan). Bakterien und andere Organismen wirken als Katalysatoren bei Redoxprozessen. Pedogene Karbonate, Sulfate und Phosphate werden in den Kapiteln 6, 7 und 9 behandelt.

Zusammenfassung

Chemische und biochemische Verwitterung werden gesteuert vom Ausgangsgestein, von den „pedoklimatischen" Bedingungen, der organischen Substanz, den angreifenden Lösungen und der Dauer gleichsinnig ablaufender Prozesse. Hydration und Hydrolyse sowie Redoxprozesse sind dabei ebenso wichtig wie die Einwirkungen organischer Verbindungen und kolloidchemische Prozesse, z. B. der Ionenaustausch an Tonmineralen und die Anlagerung oder Mitfällung von Elementen in Gelen. Schichtsilikate, Oxide und Hydroxide bilden im sauren Bereich negativ geladene Kolloide, die von Kationen umgeben sind.

Wie stabile Schwerminerale bleiben die Quarze oft als häufigste Reliktminerale erhalten. Bei intensiver chemischer Verwitterung erkennt man ehemalige Quarze oft nur daran, daß sie als letzte durch Gibbsit verdrängt wurden. Feldspäte lösen sich inkongruent; die K-, Na- und Ca-Abgabe setzt früher ein als der Si- und Al-Abbau. Die Verwitterung mafischer Minerale hängt wesentlich vom Gehalt an oxidierbaren Ionen (Fe^{2+}, Mn^{2+}) ab. Die Oktaederlagen von Olivin, Pyroxen und Biotit können als Bauelemente von trioktaedrischen Schichtsilikaten oder vom Goethit direkt übernommen werden. Die dioktaedrischen Schichtsilikate (mit Al^{3+}) sind im oxidierenden Milieu stabiler als die trioktaedrischen mit Fe^{2+} in den Oktaederpositionen. Einbau von Gibbsit-$Al(OH)_3$- und Brucitlagen-$Mg(OH)_2$- in Schichtsilikate führt zur Bildung von Boden-Chloriten, die im sauren Milieu Al, im alkalischen Mg bevorzugen. Organo-Komplexbildung begünstigt Kaolinit- (evtl. auch Gibbsit-)Bildung gegenüber dioktaedrischen Dreischicht-Tonmineralen.

Kaolinit ist das Al-Mineral, welches sich in rezenten, warm-humiden Böden am häufigsten bildet; daneben entsteht Gibbsit, und zwar entweder direkt aus Feldspat oder über den Kaolinit. In tertiären Bauxiten ist Gibbsit meist das Haupt-Al-Mineral, während in mesozoischen und paläozoischen Bauxiten die Al-Oxide Boehmit + Diaspor bzw. Diaspor häufiger sind; jedoch wird diese Regel durch Environment-Einflüsse oft durchbrochen. Gegenüber Boehmit, der als „metastabile" Phase noch in paläozoischen Schichten erhalten sein kann, ist Diaspor die stabile Endphase; er bildet grobkristalline Verdrängungen anderer Al-Minerale.

Die H_2O-Löslichkeit von Fe^{3+} zeigt einen ähnlichen Verlauf in Abhängigkeit vom pH wie die Al^{3+}-Löslichkeit (Abb. 2-19 und 23). Hämatit wird mit abnehmender relativer Feuchtigkeit, abnehmendem C_{org} und zunehmender mittlerer Temperatur gegenüber Goethit begünstigt. Lepidokrokit (γ-FeOOH) ist gegenüber Goethit (γ-FeOOH) metastabil, wie Boehmit (γ-AlOOH) gegenüber Diaspor (α-AlOOH). Goethit enthält vor allem in nicht hydromorphen Böden und Bauxiten isomorph eingebautes Al. Dieses wird damit zum Environmentmerkmal ebenso wie die mit wachsender Al-Substitution abnehmende Kristallinität. Verwitterungsstabil ist neben Al und Fe^{3+} auch Ti. Allitische und ferrallitische Böden können 2–10 % TiO_2 enthalten, hauptsächlich in der Form von Anatas-Neubildungen. Mn ist bei negativem Redoxpotential beweglicher als Fe^{2+}, was zur Trennung dieser Elemente führt; Organokomplexbildung kann bei der Metallverlagerung eine große Rolle spielen.

2.4 Gefüge in Böden und Verwitterungsprofilen

KUBIENA (1967) hat mit der Klassifikation von Bodengefügen begonnen, BREWER (1964), JONGERIUS & RUTHERFORD (1979) und ALEVA (1983) haben darauf aufgebaut.

- Mechanische Prozesse führen zur Eluvation (Auswaschung im oberen Profilteil) und zur Illuvation (Verlagerung in untere Profilteile).
- Chemische Lösungs- und Fällungsprozesse in vertikaler und in lateraler Richtung erzeugen Reliktgefüge (z. B. im Saprolith) und Neubildungsgefüge, wie Plasma, Konkretionen, Porenräume, Kutane.

Die meisten Böden und Verwitterungsprofile haben lockeres, erdiges Gefüge. Bestimmte Regolithe, Plintithe oder pedogene Duricrusts zeichnen sich entweder durch ein zusammenhängendes Reliktgefüge oder durch verhärtete Neubildungsgefüge aus, die zur Bildung harter Residualgesteine führen. Ihre Beschreibung steht hier im Vordergrund.

Abb. 2-29. Makrogefüge:
a: Chromitlagerstätte in einem über hundert Meter tief zu Serpentin und Goethit verwitterten Ultramafitkörper mit guter Erhaltung der Reliktgefüge. Die in dunklen Lagen angereicherten, relativ verwitterungsstabilen Chromite werden durch „Waschen" gewonnen. Orissa/Indien.
b: Residualbrekzie im oberen Teil eines mächtigen alttertiären Bauxitprofils auf präkambrischem Charnockit; durch starke postbauxitische, oberflächennahe Lösungsprozesse entstanden. Galikondaplateau, East Gates/Indien.
c: Serpentinisierter Ultrabasitkörper, dessen ehemalige Lateritkappe erodiert wurde, mit oberflächengebundener Durchaderung von Kalzit-Magnesit-Brucit („Stockwerkverwitterung"). Diese Kluftfüllungen können von der Oberfläche her von Quarz und grünen Ni-Silikaten begleitet werden, Euböa/Griechenland.
d: Umgelagerte, geschichtete Pisoide und Konkretionen (Kaolinit, Hämatit, Goethit) in kaolinitischer Matrix, eine typische „laterite derived facies" (LDF) bildend. Makhtesh Ramon/Israel.

Gefüge können demnach in A. Reliktgefüge, B. Porenräume und C. Neubildungsgefüge gegliedert werden.

A. Die Reliktgefüge werden unterteilt in solche
1. mit weitgehender Erhaltung der primären Minerale aus den frischen Ausgangsgesteinen (Quarze, stabile Schwerminerale)
2. in denen die primären Minerale unter Umrißerhaltung metasomatisch durch Neubildungsphasen ersetzt sind (z. B. häufig in Oxisols, Ultisols, Andosols) (Abb. 2-21 a)

B. Porenräume – primäre wie sekundäre – sind für die Drainage und damit für mechanische und chemische Verlagerung von großer Bedeutung. Durch periodisches Austrocknen entstehen Absonderungsgefüge, wie Polygone, Prismen etc. Durch Bioaktivität, mechanische Verlagerung und chemische Lösungs- und Ausscheidungsprozesse wird der Porenraum ständig verändert; er wird in Zonen mit mechanischer Auswaschung (Eluvation) und chemischer Lösung vergrößert, in Einwaschungshorizonten (Illuvation) und solchen mit chemischer Fällung dagegen verdichtet. Mit zunehmender Eluvation können schwammartige Gefüge mit großen Hohlraumsystemen entstehen, die schließlich kollabieren und Residualbreccien bilden. Am Top fossiler Laterite sind Residualbreccien häufig (Abb. 2-29 b).

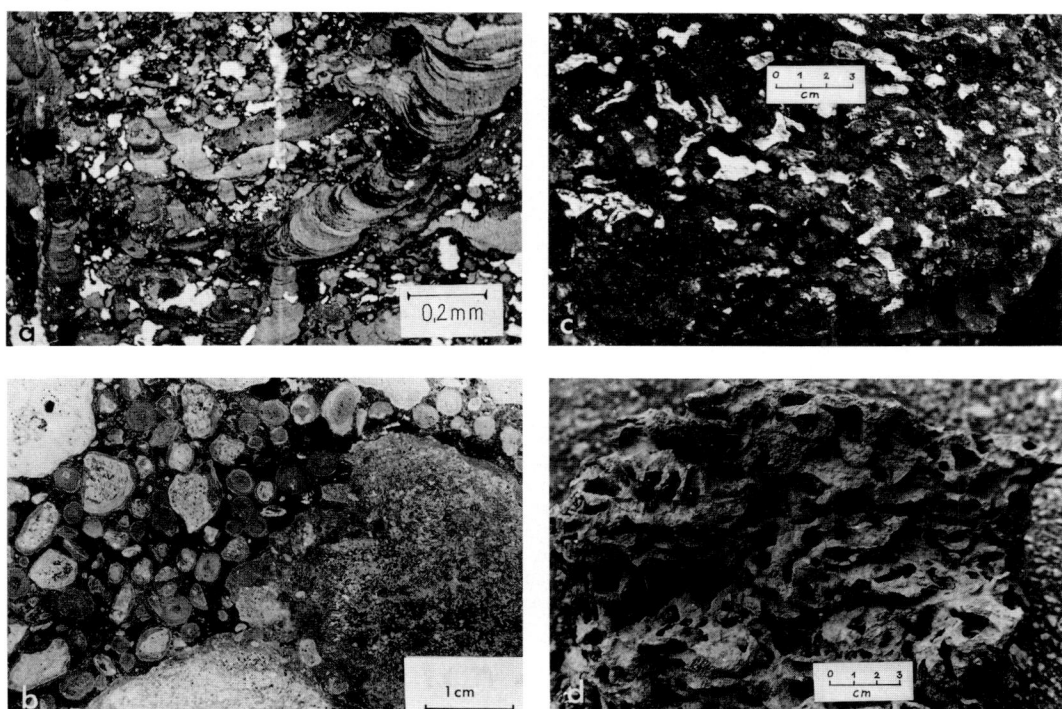

Abb. 2-30. Handstückgefüge:
a: In-situ Bauxit auf Basalt: Plasma aus feinkörnigen Nodules bestehend, durchzogen von Grabgängen mit Stopfgefüge. Udagiri-Plateau, Western Gates/Indien.
b: In-situ Bauxit auf Basalt: Bereiche von porösem Schwamm-Bauxit (Plasma), die sich in Plasmanodules, von Cortex umkrustete Nodules und Pisoide auflösen; durch sehr poröses Transfer-Plasma verkittet. Bagru Hill, Bihargeb./Indien.
c: In-situ Eisenkruste mit typischem Vesikulargefüge (B_{ox-fe}-Horizont); dunkel = harter Hämatit und Goethit; weiß = weicher Kaolinit oder Gibbsit; auf präkambrischen Klastiten, Orissa/Indien.
d: In-situ Eisenkruste mit Vesikulargefüge, deren weiche, weiße Komponente ausgespült ist. Diese Gefüge haben gelegentliche Mißinterpretation als Termitenbauten erfahren; Orissa/Indien.

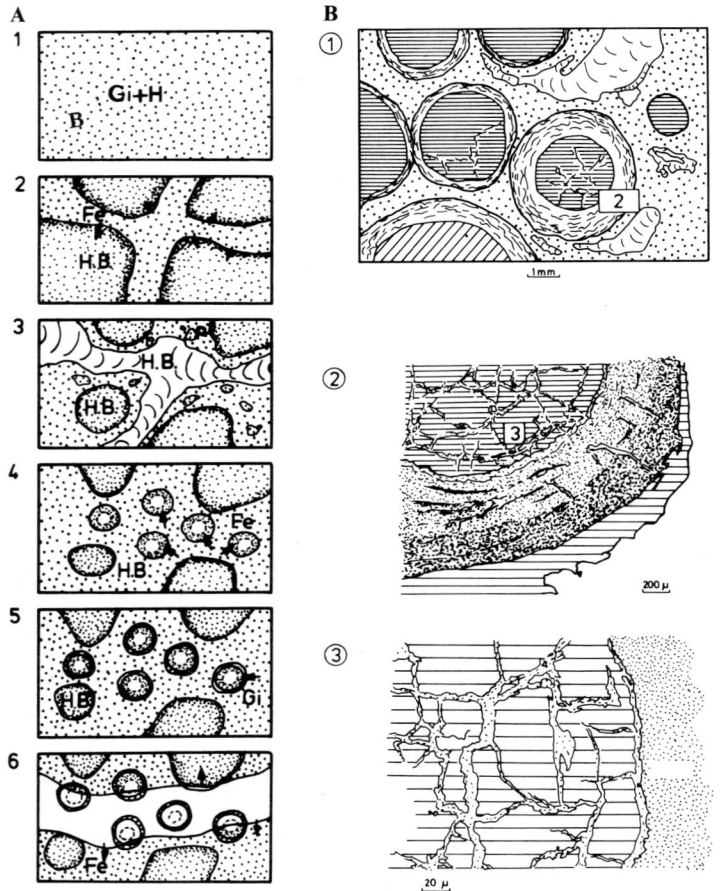

Abb. 2-31. **A** (Links): Die aufeinanderfolgenden Stadien der Bildung einfacher Pisoide im ± wassergesättigten, plastischen Zustand des Gesteins (Bildbreite etwa 25 mm) Kurze Pfeile = Richtung der Fe-Wanderung.
1. Ursprüngliches Al-Fe-Plasma aus Gibbsit (Gi) und Hämatit (H) (BOULANGÉ 1983).
2. Individualisation in Relikt-Nodules, welche aus dem initialen Al-Fe-Plasma bestehen (Bild 1) und Bildung eines internodularen Plasmas. Dabei findet Fe-Wanderung aus dem internodularen Plasma in die Relikt-Nodules und Umwandlung von Gibbsit in Böhmit (B) statt.
3. Zentripetaler Abbau der Relikt-Nodules durch Lösung und dadurch Bildung von neuem internodularen Plasma. In die Zwischenräume wandert Transfer-Plasma aus benachbarten Räumen mit vorwiegender chemischer Lösung ein.
4. Intranodulare Deferrifikation, Herausbildung von Plasma-Nodules auf Kosten des internodularen Plasmas und Anreicherung des Eisens in den äußeren Zonen der Plasma-Nodules; dort Umwandlung von Böhmit in Gibbsit.
5. Bildung Fe-armer Hüllzonen um die Plasma-Nodules durch Deferrifikation entlang von Grenzen guter Wasserwegsamkeit und dort Umwandlung von Böhmit in Gibbsit.
6. Deferrifikation diskordant über die Nodul-Grenzen hinweg unter relativer Al-Anreicherung in diesen Zonen.
B (Rechts): Bildung von Al-Fe-Konkretionen durch externe Cortexbildung um die Plasma-Nodules und damit echte Pisolithbildung:
1. Verschiedene Stadien der Nodule, Pisolith- und Glaebule-Bildung im interglaebularen Plasma (BOULANGÉ 1983)
2. Ausschnitt aus 1.: Cortexaufbau aus einer internen und einer externen Zone mit je nach Fe-Angebot in der Lösung unterschiedlichen Fe-Gehalten und einer sehr Fe-armen periglaebularen Zone (außen herum).
3. Ausschnitt aus 2.: Dehyddration des Plasma-Nodul und Gibbsitbildung in den Rissen.

C. Neubildungsgefüge überprägen die Reliktgefüge, die schrittweise ganz verdrängt werden können. Neben mechanischer Verlagerung von feinen Tonpartikeln, Durchwurzelung, Grabgängen und Entgasung werden sie vor allem durch chemische Lösungs- und Fällungsprozesse erzeugt (Abb. 2-21, 2-30).

Formen der Neubildungsgefüge sind: 1. Plasma, 2. Cutane, 3. Tuben sowie 4. Konkretionen, Nodules, Ooide und Pisoide.

1. Plasma kann verschiedene chemische Zusammensetzung besitzen und kolloid-amorph oder kristallisiert (Kristallplasma) sein. In bezug auf seine Lokalisation kann es primäre Minerale metasomatisch ersetzen (plasma of alteration) oder Kolloide und Lösungen können vom Ort des Mineralzersatzes abwandern und sich als „plasma of transfer" in neu entstandenen intergranularen Räumen ausscheiden (siehe auch S. 31 und Abb. 2-31, 2-32).

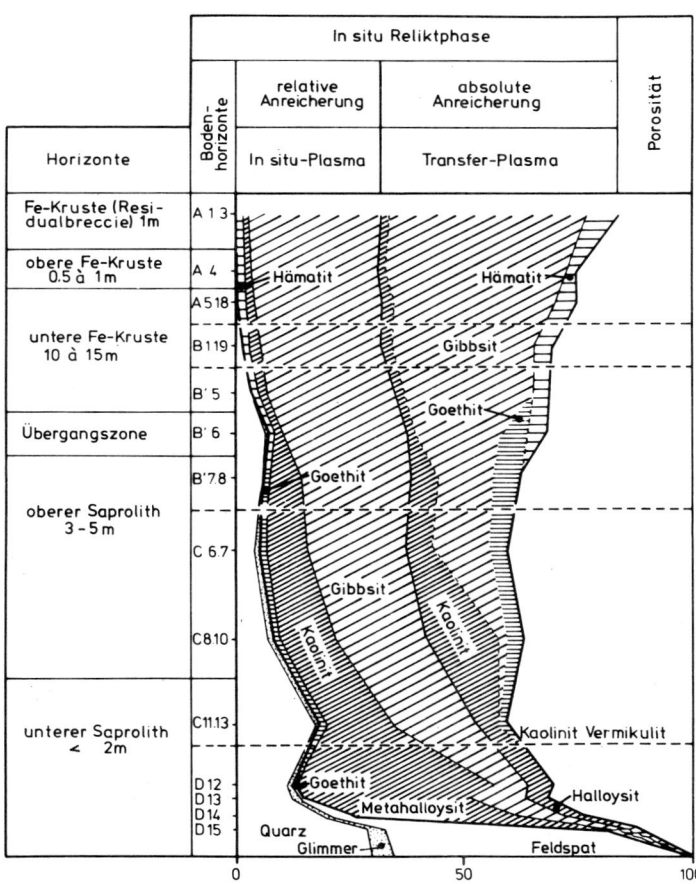

Abb. 2-32. Geschätzte quantitative Verteilung von in-situ-Verwitterungsplasma und Transferplasma und deren Mineralzusammensetzung in einem Bauxitprofil auf Granit der Elfenbeinküste (BOULANGÉ 1983).

2. Cutane sind Hohlraumauskleidungen, die durch mechanische Tonverlagerung als amorphes Si-, Al-, Fe-Plasma, oder durch Kristallisation von Mineralen aus der Lösung entstehen.
3. Tuben können mit vertikaler Orientierung viele Meter tief reichen und gehen vorwiegend auf Durchwurzelung zurück, doch kann der innere Aufbau von Grabgängen demjenigen von Wurzelröhren ähnlich sein.
4. Konkretionen, Nodules, Pisoide. In Verwitterungs- und Bodenprofilen, in denen größere

Mengen gelöst, bewegt und wiederausgeschieden werden, bilden sich Konkretionen (Glaebules) die je nach Größe und innerem Aufbau verschieden benannt werden: Nodules entstehen durch einfaches Zerlegen der festen Gefüge in isolierte Partikel mit Reliktgefüge (Relikt-Nodules). Durch Plasmatransfer können sie in Plasma eingebettet sein.

Einfache Pisoide (Ooide) sind umhüllt von internodularem Plasma (coated grains). Bei der Pisoid- oder Ooidbildung werden Metasomatose-Plasma und Transfer-Plasma durch partielle Auflösung zerlegt und die Relikte als Kerne für die nachfolgende Cortexbildung verwendet (Abb. 2-31).

Komplexe Pisoide besitzen zonierte Cortexbildung um mehrere Körner (Pisoide) durch mehrfach wiederholte rhythmische Lösungs- und Ausscheidungsprozesse.

Sehr intensive chemische Lösungsprozesse erzeugen Residualbreccien, deren Partikel zonar umkrustet werden können, so daß bis zu kopfgroße, zonar aufgebaute Konkretionen entstehen können. „Isovolumetrische Umwandlung" unter Erhaltung von Gefüge und Volumen der Muttergesteine erlaubt nach Millot & Bonifas (1955) die Aufstellung einer geochemischen und einer Gefügebilanz. Die extremste chemische Mobilisation findet in Ferralliten und Alliten z. B. der Oberkreide und des Alt-Tertiärs statt. An Bauxiten auf Graniten der Elfenbeinküste hat Boulangé (1983) die Gefügeentwicklung vom Residualanteil über in-situ-metasomatisches Plasma (plasma of alteration) zu verlagertem Plasma (plasma of transfer) und Porenraum zu quantifizieren versucht (Abb. 2-32).

Im unteren Profilteil werden Reliktminerale zunehmend durch Metasomatose-Plasma und Porenräume ersetzt, während im obersten Profilteil Transferplasma vorherrscht.

In den Bauxiten der Elfenbeinküste können Neubildungen unter Erhaltung der Makro-Reliktgefüge und des Volumens des Ausgangsgesteins über 90 % ausmachen.

Duricrusts (-Cretes)

Eine Reihe fossiler „Böden" sind als harte geländeformende Duricrusts entwickelt, deren Profilaufbau, Mineralbestand und Chemismus sehr verschieden sein können. Sie bilden chemische Anreicherungshorizonte mit vorwiegendem oder ausschließlichem Neubildungsgefüge, die je nach Klima und Milieu zu Salzkrusten, Calcretes, Silcretes, Alucretes und Ferricretes führen (siehe Kapitel 2.7).

Man kann 1. in-situ-Cretes mit nur lokalem Transfer und 2. Cretes, die durch weiterreichenden meist lateralen Transport in Tälern oder Depressionen entstanden sind, unterscheiden.

1. In-situ gebildete Alu- und Ferricretes besitzen ein Transfer-Plasma, das in wassergesättigtem Zustand lokal verlagert wurde (Abb. 2-32). Diese Anreicherungen waren während ihrer Bildung plastisch weich und sind erst durch spätere Heraushebung aus dem Grundwasserniveau erhärtet, also durch Fossilisation.

2. Die durch laterale Zufuhr entstandenen Duricrusts (einige Ferricretes, die meisten Silcretes, Calcretes und Gipscretes) haben sich aus Lösungen (Grundwasser) ausgeschieden und sind i. a. rascher erhärtet. Die Vielfalt der in-situ und durch lateralen Lösungstransport entstandenen Duricrusts hängt von Klima, Drainageintensität und Relief ab (Tab. 2-3).

Tabelle 2-3. Duricrust-Bildung in Abhängigkeit vom Klima.

Element-konzentrationen	Klimazonen		
	warm humid	gemäßigt humid	warm arid
Al	Alucrete	–	–
Fe (+ Mn)	Ferricrete	Ortstein	–
Si	Silcrete	–	Silcrete
Ca	–	–	Calcrete
Gips	–	–	Gipscrete

2.5 Verwitterung und Bodenbildung in Raum und Zeit

Neben rezenten Böden sind auf alten Landoberflächen Relikte von Paläoböden (fossile Böden, Paleosols) erhalten. Die oberen Teile vieler Paläoböden sind abgetragen, wodurch gekappte Profile (truncated sections) entstanden.

Jüngere pedogene Überprägung fossiler Böden unter Erhaltung von Relikt-Gefügen, Farben oder Mineralparagenesen führt zu Reliktböden. „Polygenetische Böden" sind Mehrfachüberprägungen verschieden alter und verschiedenartiger Böden. Die Paläo-Verwitterung hat in Abhängigkeit von veränderter Land- und Wasserverbreitung, unterschiedlicher Reliefintensität und Klimazonierung im Laufe der Erdgeschichte Trend und Intensität gewechselt.

Die Kaltzeiten des Quartärs z.B. waren Perioden minimaler chemischer Verwitterung, waren aber in den vegetationsarmen Glazialphasen Perioden starker mechanischer Verwitterung und Bodenumlagerung. Die weltweit verbreiteten Stone lines sind das Resultat solcher Bodenaufarbeitungsphasen. ERHART (1956, 1965) hat zuerst Phasen der Rhexistasie (Kaltzeiten, Versteppung, Erosion) und Phasen der Biostasie (Warmzeiten, Vegetationsentfaltung, intensive Pedogenese) unterschieden.

Oberkreide und Alttertiär waren offensichtlich aus dem Zusammentreffen verschiedener Faktoren Perioden intensiver chemischer Verwitterung: Das Relief der Erde war weltweit sehr flach; durch Meeresspiegelhöchststände befand sich ein Drittel der heutigen Landoberfläche unter Ozean-

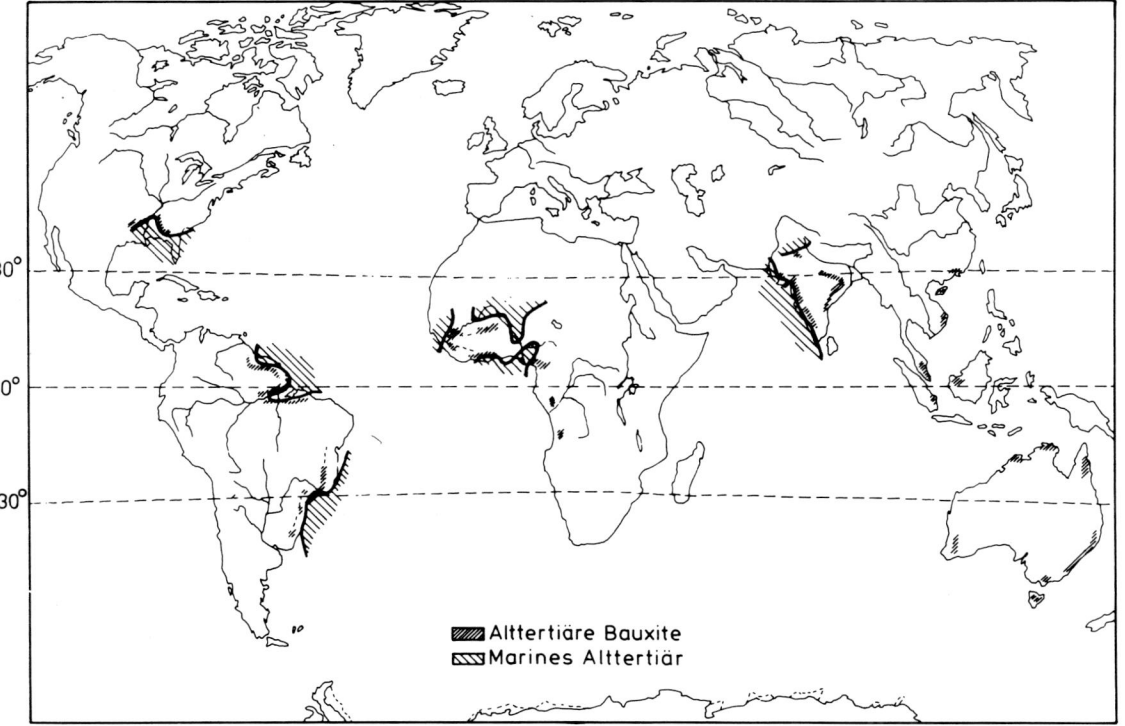

Abb. 2-33. Häufung von alttertiären Bauxiten auf küstennahen Verebnungs- und Rumpfflächen. Darstellung mariner Sedimente und Küstenverläufe nur in Gebieten mit Bauxitvorkommen dargestellt (Entwurf verändert nach VALETON 1983b).

bedeckung; die Pole waren nicht vereist, die Meere um einige Grade wärmer, das Temperaturgefälle der Atmosphäre vom Äquator zu den Polen viel geringer, die Zirkulation in der Atmosphäre (Winde) schwächer.

Ferrallitische Residualgesteine wie Bauxite sind neben paläobotanischen Leitelementen sehr spezifische Anzeiger warmhumider Klimaoptima mit intensiver chemischer Verwitterung. Überall dort, wo sich känozoische Bauxitlagerstätten (nicht nur Gibbsitbildung) datieren lassen (europäischer mediterraner Raum, Südstaaten der USA, Guyanaländer, Gujerat und andere Teile Indiens, Jos-Plateau/Nigeria, Australien) sind sie dem jüngsten Paläozän und/oder Eozän zuzuordnen. Viele dieser Bauxite liegen in Küstenebenen, die sich im Anschluß an die marine Regression bildeten, oder auf küstennahen hügeligen Rumpfflächen, die besonders niederschlagsbegünstigt waren (VALETON 1983a, b). Die Bauxitverbreitung von Tasmanien im Süden bis Nordjugoslawien im Norden weist im Vergleich zu heute auf einen viel breiteren warmhumiden Klimagürtel im Alttertiär hin. (Abb. 2-33). Die warmhumide Tropenzone dehnte sich daher sehr viel weiter als heute nach Norden und Süden aus.

Die ältesten bekannten Bauxite sind die Böhmit-Diaspor-Bauxite von Bokson in Sibirien mit ca.

Tabelle 2-4. Elementgehalte in Gew.-% und Anreicherungsfaktoren.

	Ausgangsgestein (Protor)	Laterit	Anreicherungsfaktor
Fe_2O_3	40–50	50–68	1,5 x
Al_2O_3	15–20	45–65	3–4 x
Mn	8–25	45–52	3–6 x
Ni	0,1–0,3	1–2	5–10 x

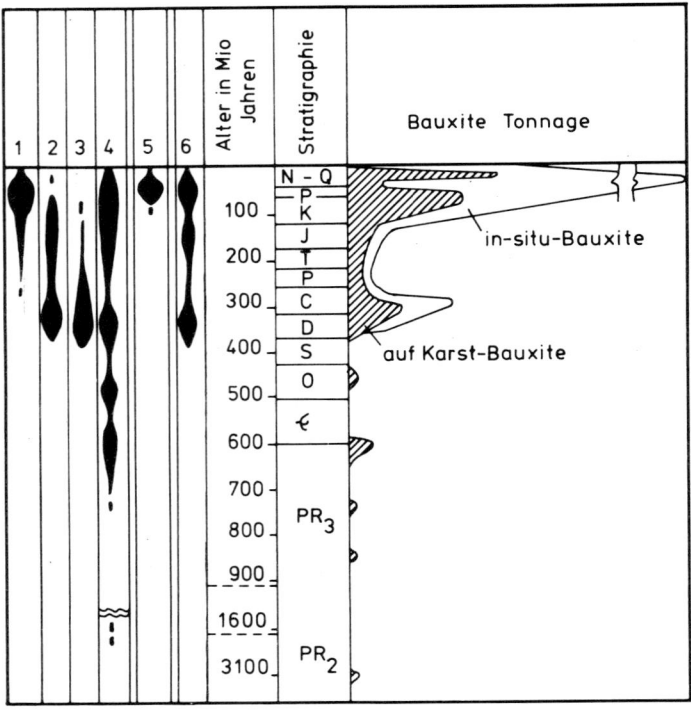

Abb. 2-34. Bildungsmaxima von Lateriten und Bauxiten im Laufe der Erdgeschichte. Rechts: Bauxitvorräte in Abhängigkeit vom Entstehungsalter, weltweit (BARDOSSY 1982). Links: Intensität der Laterit- und Bauxitbildung, nur russische Vorkommen (MIKHAILOV 1977). 1 = lateritische Fe-Erze; 2 = lateritische Mn-Erze; 3 = auf-Karst-Bauxite; 4 = umgelagerte lateritische Bauxite; 5 = Tikhvin-Typ Bauxite (allochthone Erze, die in-situ Saprolithe überlagern); 6 = In-situ Bauxite.

800 Mio. a. Im metamorphen Präkambrium Brasiliens, Afrikas und Australiens sind Al-reicher Weißschiefer und horizontgebundene Korundgesteine bekannt, die bisher geochemisch wenig untersucht wurden. Sie stellen wahrscheinlich präkambrische Regolithe dar.

Die meisten Verwitterungslagerstätten sind fossile Bildungen, die unter bestimmten Konstellationen entstanden. Die zeitliche Bindung von ferrallitischen Verwitterungslagerstätten an warm-humide Klimaoptimum-Phasen wurde von MIKHAILOV (1977) und BARDOSSY (1982) aufgezeigt (Abb. 2-34)

2.6 Verwitterungslagerstätten (Supergene Lagerstätten)

2.6.1 Lagerstättentypen und Erhaltungsfähigkeit

A. Lagerstättentypen

Bei entsprechender Vorkonzentration in den Ausgangsgesteinen (parent rocks = Protore) können supergene Lagerstätten unterteilt werden in
 1. Ferrallite: Bauxite = Al-Erz
 2. Fersiallite: Kaolinit, Flintclay
 3. Oxidische Fe-Mn-Erze
 4. Silikatische Ni-Lagerstätten
 5. Lateritische Lagerstätten der Seltenen Erden, von Nb und Uran
 6. Phosphatlaterite
 7. Silcretes als Opallagerstätten
 8. Calcretes mit Uran
 9. Verwitterungssulfate – Karbonate – Oxide auf Sulfiden oder Erzgängen: Cu, Pb, Zn, As etc.

Die Begriffe „Allit", „Ferrallit", „Siallit" und „Fersiallit" wurden von HARRASSOWITZ (1926) in seiner klassischen Arbeit über die Laterite des Vogelsberggebietes für Al-reiche, Si-Al-reiche und für Fe- Si- Al-Verwitterungsgesteine eingeführt. Diese Begriffe wurden in die französische und englische Literatur übernommen.

Fazies, Reliktgefüge und Mineralassoziationen der Ausgangsgesteine bestimmen entscheidend die vertikale und laterale Faziesdifferenzierung der Lagerstätten. Supergene Elementkonzentrationen vermitteln eine Vorstellung von dem Ausmaß des chemischen Stoffumsatzes bei der relativen und absoluten Anreicherung „stabiler" Elemente oder Minerale unter Verwitterungsbedingungen:

Die Lagerstätten können nach ihren Lagerungsverhältnissen unterteilt werden in
 1. in-situ Lagerstätten, u. a. gekennzeichnet durch Reliktgefüge der Ausgangsgesteine, die bis zu 300 oder 400 m Mächtigkeit besitzen.
 2. klastische Umlagerungsprodukte von Lateriten, die nur aus Lateritmaterial bestehen und die nächstjüngeren Vorlandflächen bedecken = „Laterite derived facies" = LDF
 3. in-situ-Verwitterung dieser klastischen Umlagerungsprodukte, z. B. Deferrifikation, Desilifikation
 4. epigenetische Mobilisation und Konzentration von leichter löslichen Elementen (Ni, Mn, Pb, Zn, Lanthaniden)

B. Erhaltungsfähigkeit von in-situ- und umgelagerten Lateriten

zu 1.

In-situ Verwitterungslagerstätten sind morphologisch an ausgedehnte Verebnungsflächen eines bestimmten Alters gebunden.

In topographischen Höhenlagen und in Hebungsgebieten während längerer Abschnitte der Erdgeschichte hatten In-situ-Laterite schlechte Erhaltungschancen und sind so gut wie nie als vollständige Profile überliefert. Als Einschaltungen in älteren Formationen sind sie daher selten. Seit dem ausgehenden Mesozoikum aber haben sie sich auf großen Arealen von kretazischen und alttertiären Flächen des Gondwanakontinentes zumindest partiell erhalten.

zu 2.

Umgelagerte Laterite (LDF) hatten wegen ihrer Sedimentation in Gebieten mit Senkungstendenz eine größere Erhaltungschance. Sie bilden rote, weiße oder graue Einschaltungen zwischen klastischen Sedimenten oder liegen auf Karst. Im letzteren Fall besteht ihr Ausgangsmaterial immer aus detritischem Fremdmaterial und darf nicht mit Residuallehmen verwechselt werden (Abb. 2-29 d). Diese Auf-Karst-Al-Laterite (Bauxite), -Mn-Laterite, -Ni-Laterite sind paläogeographisch häufig als küstenparallele Lager entwickelt (s. Kap. 2.5).

zu 3.

Erst durch eine erneute Phase der in-situ Deferrifikation im reduzierenden Milieu und Desilifikation nach der Sedimentation werden im Grundwasserbereich oder unter warmhumiden Klimabedingungen Auf-Karst-Laterite zu hochwertigen Lagerstätten. Vorkommen in orogenen Gebieten mit nur kurzen terrestrischen Phasen hatten eine gute Erhaltungschance. Da die aquatischen Liegend- und Hangendsedimente meist biostratigraphisch datierbar sind, bilden die Auftauchphasen Zeitzeugen oft kurzer Phasen intensiver chemischer Verwitterung. Die Jura-Flintclays der Negev sind ein Beispiel für einen lateralen Übergang zwischen nur umlagerten, geschichteten Lateriten (LDF) und durch in-situ Diagenese im Grundwasserbereich überprägten LDF. Durch in-situ-Mobilisation von Si und Fe entstanden High-Al-clays, Flintclays, die eine kaolinitreiche Variante der Auf-Karst-Bauxite darstellen (siehe 2.6.3. B).

Die Ni-Laterite auf Ophioliten und auf Karst und ihr lateraler Übergang in Auf-Karst-Bauxite an der Grenze Unter-Oberkreide in Mittelgriechenland sind ein weiteres gutes Beispiel (VALETON et al. 1987).

2.6.2 Ferrallite (Bauxite)

Der Name „Bauxit" stammt von Les Beaux in den Alpilles/Süd-Frankreich. Aus Bauxiten gewinnt man Aluminium; die Bauxite sind für die Al-Gewinnung umso hochwertiger, je SiO_2-ärmer sie sind. Fe-arme und SiO_2-reiche Bauxite und Flintclays sind wichtige Rohstoffe der hochfeuerfesten Industrie (refractory clay), und Kaolingesteine werden in der keramischen Industrie verwendet.

Bauxit-Vorräte und -Förderung sind in Tab. 2-5 dargestellt.

Bauxite enthalten 45–75 % Al_2O_3, bis 35 % Fe_2O_3 und 0–5 % SiO_2. Sie gehören damit zu den Alliten und Ferralliten. Siallite sind Fe-arme Kaolinit-Gesteine, die meist weich sind und in Wasser zerfallen. Ungeschichtete, muschelig brechende Kaolinitgesteine, die nicht in Wasser zerfallen, wurden von KELLER et al. (1954) „Flintclay" genannt. In der Natur existieren alle Übergänge zwischen Bauxiten, Flintclays und anderen Kaolinit-Gesteinen. BARDOSSY (1963) und ALEVA (1983) entwickelten einander ähnliche Klassifikationsschemata für Bauxite, kaolinitische Tone und Fe-reiche Gesteine (Abb. 2-35). Nach den Lagerungsverhältnissen (s. Kap. 2.6.1 A) lassen sich drei Bauxitarten unterscheiden:

1. In-situ Bauxite können sich prinzipiell auf allen Ausgangsgesteinen bilden, die mehr als 15 % Al_2O_3 enthalten. Dazu gehören ein Großteil der magmatischen und metamorphen Gesteine, aber auch viele Tone, Schiefer und einige Sandsteine (vor allem Arkosen und Grauwacken). Die meisten in-situ Bauxite liegen auf den „heutigen" Oberflächen der Gondwanakontinente. Sie sind polygenetisch veränderte, vorwiegend alttertiäre Bildungen, da sie an alttertiäre Flächen gebunden sind. In Abhängigkeit von Relief und Drainage können zwei Unterarten unterschieden werden (Abb. 2-36 A + B):

Tabelle 2-5. Weltvorräte an Bauxit (10^6 t) nach dem Stand der Erschließung bzw. Erkundungsgrad (BIELFELDT & WINKHAUS 1983).

Kontinent, Land	Erschlossen Bergbaulich	Erschlossen Potentiell	Unerschlossen Bergbaulich (voraussichtl.)	Unerschlossen Potentiell	Gesamt-vorräte
Australien	1 215	1 800	830	2 180	6 025
Guinea	1 430	4 000	2 950	1 000	9 380
Kamerun	–	–	680	1 200	1 880
übr. Afrika	60	–	650	830	1 540
Afrika	1 490	4 000	4 280	3 030	12 800
Brasilien	70	–	1 350	1 900	3 320
Jamaica	2 000	–	–	1 000	3 000
Surinam	200	–	200	1 570	1 970
Kolumbien	–	–	115	905	1 020
übr. Amerika	200	250	50	1 535	2 035
Amerika	2 470	250	1 715	6 910	11 345
Indien	50	–	1 010	1 495	2 555
Indonesien	40	40	–	1 000	1 080
übr. Asien	35	5	100	845	985
Asien	125	45	1 110	3 340	4 620
Europa	840	350	–	280	1 470
Westl. Welt insgesamt	6 140	6 445	7 935	15 740	36 260
Ostblock insgesamt					1 965
Welt insgesamt					38 225

A. Bauxite mit gut entwickelter Vertikalgliederung, bedingt durch periodisch hohen Grundwasserspiegel, mit z. T. extrem guter Vertikal- und Lateraldrainage in Küstenebenen,
B. Bauxite mit guter, nur deszendenter Vertikaldrainage auf hügeligen Rumpfflächen oberhalb des Grundwasserspiegels, Profile fast immer gekappt oder polygenetisch überprägt, geringe Vertikal- und fehlende Lateraldifferenzierung.

zu A.
Diese gut zonierten Bauxite zeigen häufig die in Abb. 2-37 links gezeigte Gliederung in einen oberen, eisenhaltigen Horizont (Ferricrete), einen eisenarmen Horizont (Alucrete) und einen darunter liegenden siallitischen Saprolith (Abb. 2-38). Dies erklärt sich durch häufige Grundwasserschwankungen, welche in den letztgenannten Horizonten periodisch reduzierende Bedingungen, verknüpft mit niedrigem pH, erzeugen und dabei nicht nur die Kieselsäure sondern auch Eisen und Aluminium mobilisieren. Es kommt zu einer vertikalen, aber auch zu einer ausgeprägten lateralen Wanderung von Fe, Al und Si, wodurch außer einer guten Vertikalgliederung auch eine laterale Differentiation entsteht. Der B-Horizont (Saprolith) mit erhaltenen Reliktgefügen (z. B. von Basalt) kann oft in einen unteren smektit- und in einen oberen kaolinitreichen Horizont gegliedert werden. Fe-Minerale fehlen dort weitgehend. Der B_{ox}-Horizont (Oxide) ist durch absolute Anreicherung und durch laterale Fe^{3+} und Al-Trennung in Eisenkrusten (Ferrallit, Fersiallit) und in Bauxite (Allit) gekennzeichnet (Abb. 2-39).

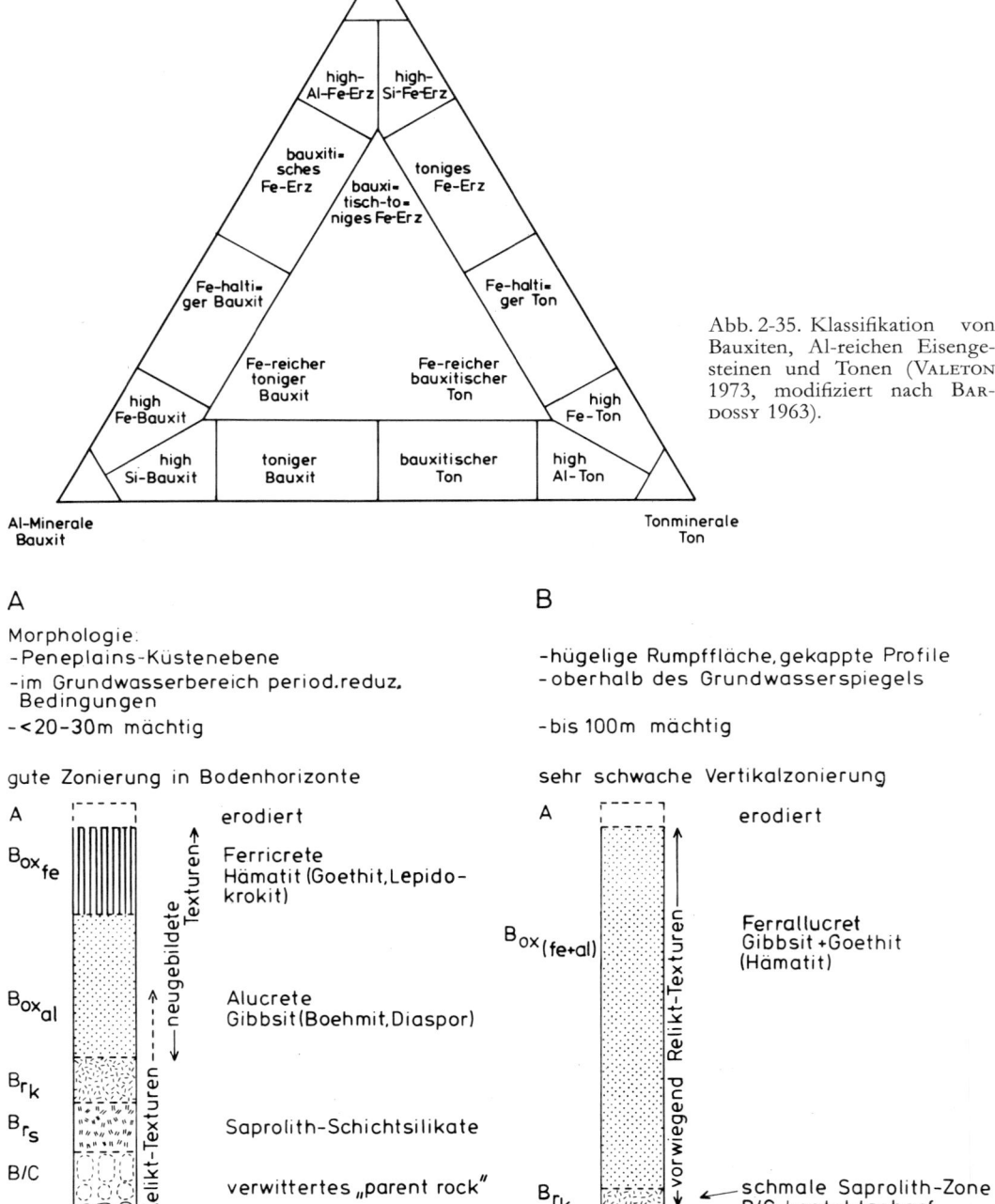

Abb. 2-35. Klassifikation von Bauxiten, Al-reichen Eisengesteinen und Tonen (VALETON 1973, modifiziert nach BARDOSSY 1963).

A

Morphologie:
- Peneplains-Küstenebene
- im Grundwasserbereich period. reduz. Bedingungen
- <20-30m mächtig

gute Zonierung in Bodenhorizonte

A — erodiert
$B_{ox_{fe}}$ — Ferricrete Hämatit (Goethit, Lepidokrokit)
$B_{ox_{al}}$ — Alucrete Gibbsit (Boehmit, Diaspor)
B_{r_k}
B_{r_s} — Saprolith-Schichtsilikate
B/C — verwittertes „parent rock"
C — frisches „parent rock"

Relikt-Texturen -----→ neugebildete Texturen

B

- hügelige Rumpffläche, gekappte Profile
- oberhalb des Grundwasserspiegels
- bis 100m mächtig

sehr schwache Vertikalzonierung

A — erodiert
$B_{ox_{(fe+al)}}$ — Ferrallucret Gibbsit + Goethit (Hämatit)
B_{r_k} ← schmale Saprolith-Zone B/C kontaktscharf
C — frisches „parent rock"

vorwiegend Relikt-Texturen

Manche tertiäre Bauxite in Küstenebenen haben durch gleichzeitige Tektonik in Absenkungsgebieten einen raschen Grundwasseranstieg erfahren (Beispiel Gujerat, VALETON, 1966, 1983 a). In ihnen besteht eine laterale Differenzierung in Gibbsit- (relative Hochgebiete), Böhmit-, Diaspor- (relative Tiefgebiete) führende Fazies. Böhmit-Diaspor-haltige Gesteine sind sehr Fe-arm und besitzen Pisolithgefüge, wobei der Cortex der Pisoide böhmitreich ist und der Diaspor einer nachfolgenden Rekristallisationsphase im reduzierenden Milieu angehört. In der Fe-reichen Gibbsit Fazies herrscht Hämatit vor, Goethit ist daneben an Wurzelröhren des Vesikulargefüges gebunden. Lepidokrokit kann auftreten. Charakteristisch sind Neubildungsgefüge mit „gel-like" Texturen: in Fe-Krusten v. a. vertikal orientierte Vesikulartexturen, in Bauxiten v. a. Schwammgefüge, Nodules, Pisolithe und Konkretionen. Neubildungsgefüge mit „gel-like

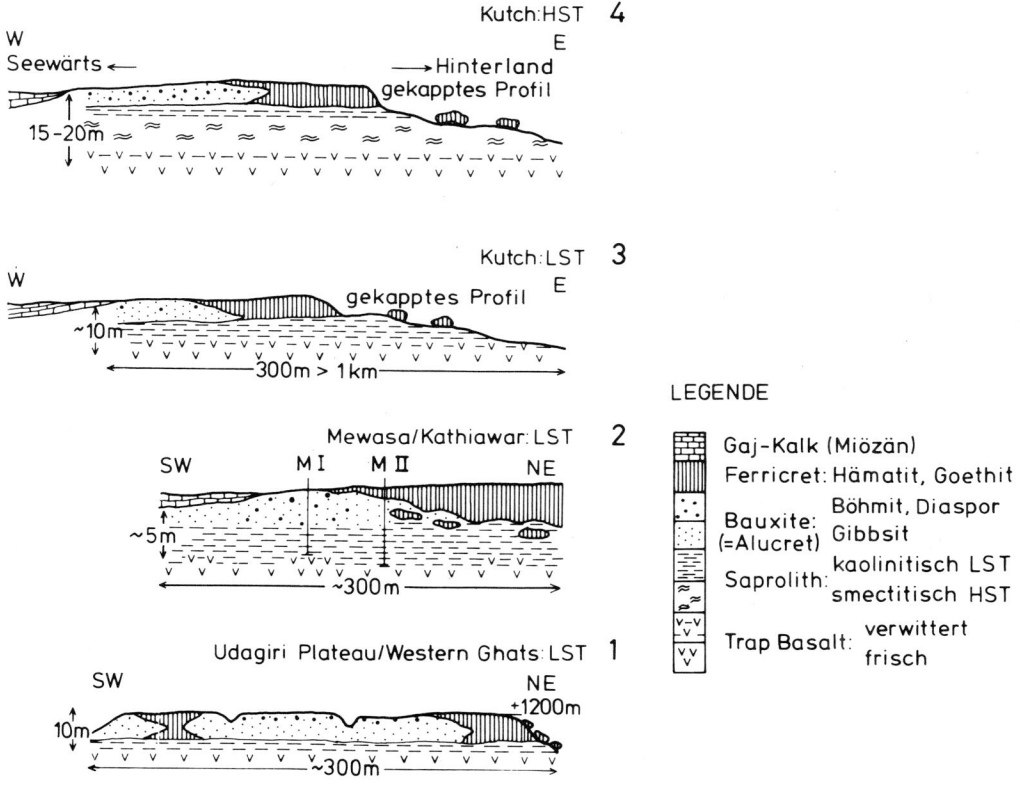

Abb. 2-37. Laterit-Profilausbildung mit Bauxiten in Küstenebenen mit einer lateralen auf die Küste bezogenen Differenzierung im B_{ox}-Horizont in küstennahe Alucretes und Ferricretes im Rückland. Der B_r-Horizont (Saprolith), oft sehr mächtig, gliedert sich in Abhängigkeit von Grundwasserbewegung und Drainageintensität in einen unteren smektitischen B_{rs}- und in einen oberen kaolinitischen B_{rk}- oder besteht nur aus einem B_{rk}-Horizont. Kutch/Gujerat, Indien (VALETON 1983b). LST = low silica type, HST = high silica type.

Abb. 2-36. Typen der Profilausbildung von Bauxiten in Abhängigkeit von der Morphologie der fossilen Flächen.
A = auf Küstenebenen mit periodisch hohem Grundwasserspiegel; mit guter Vertikalgliederung und Trennung von Fe und Al im B_{ox}-Horizont. Der B_r-Horizont (Saprolith) kann in einen unteren B_{rs}-(Smektit) und einen oberen B_{rk}-(Kaolinit) Horizont gegliedert sein.
B = auf hügeligen Rumpfflächen mit ausschließlich deszendenter Drainage zeigt schwache Vertikalgliederung und keine Trennung von Fe und Al im B_{ox}-Horizont (VALETON 1983a).

52 Verwitterung und Verwitterungslagerstätten

textures", d. h. fast vollständiges Verschwinden von Reliktgefügen und Bildung von Fällungsprodukten, die weitgehend über die Gel-Phase entstanden, sind weltweit spezifisch für diesen Typ alttertiärer Laterite. Es scheint ihnen daher eine Leithorizont-Funktion zuzukommen.

Alttertiäre in situ-Bauxite auf sehr flachen Peneplains haben sich im Mississippi Embayment (GORDON et al. 1958), im östlichen S-Amerika um den Guiana Shield (ALEVA 1965), in Äquato-

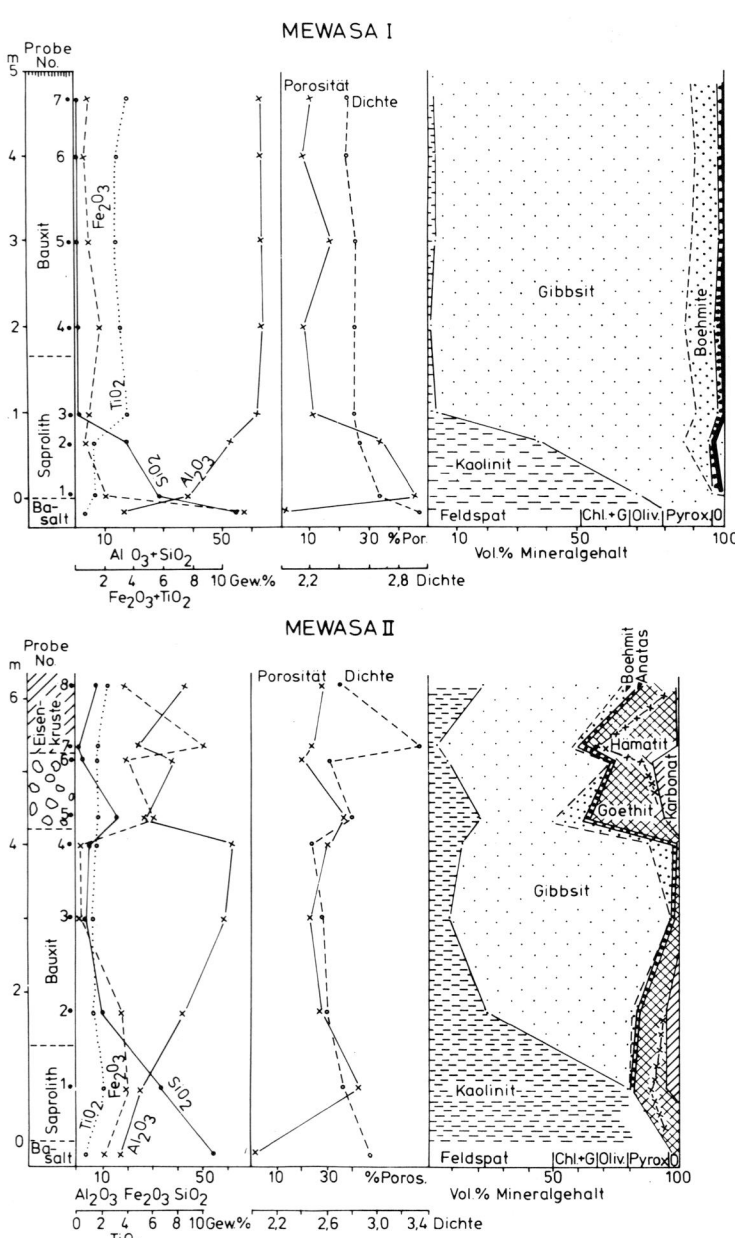

Abb. 2-38. Mineralzusammensetzung und Chemismus von zwei vertikal gut gegliederten Bauxitprofilen aus Mewasa I und II in Gujerat/Indien (VALETON 1966).

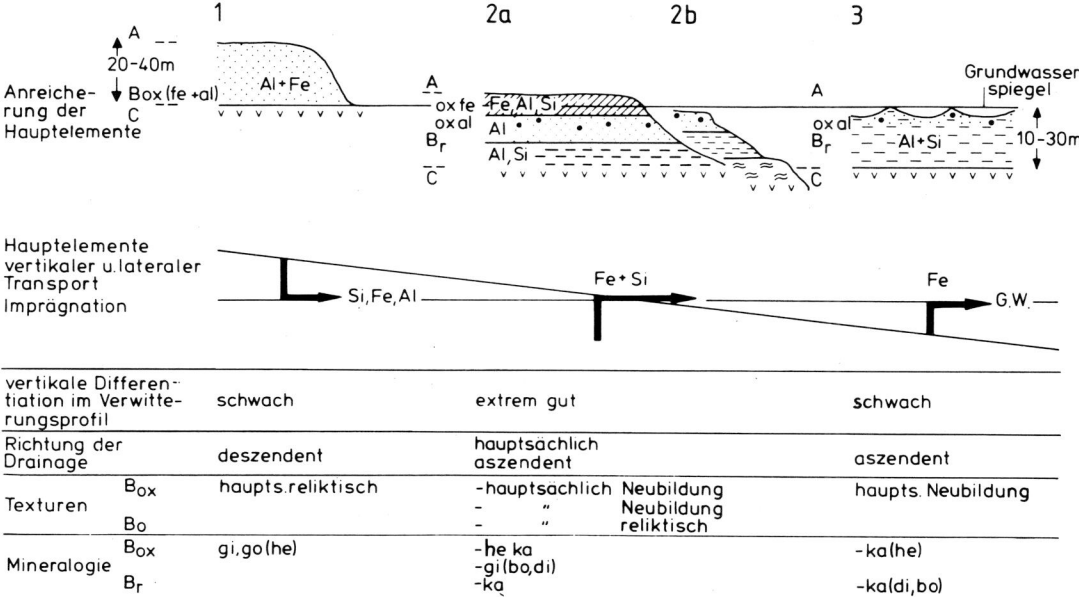

Abb. 2-39. Schematisches Profil durch die drei Haupttypen lateritischer Al-Gesteine: 1. Bildung von Bauxiten in unterschiedlicher Höhe über dem Grundwasserspiegel ohne Trennung von Al und Fe; 2a – low-silica-Typ und 2b – high-silica-Typ von Bauxiten im Grundwasser-Schwankungsbereich, welche eine strenge Trennung von Fe und Al sowohl vertikal wie lateral im B_{ox}-Horizont besitzen. Der B_r-Horizont solcher Profile kann smektitisch oder kaolinitisch entwickelt sein. 3. Bildung von weißen Bauxiten und Flintclays unterhalb des Grundwasserspiegels, welche starke Deferrifikation und Desilifikation zeigen (VALETON 1983 b). gi = Gibbsit, bo = Böhmit, di = Diaspor, ka = Kaolinit, go = Goethit, he = Hämatit.

rialafrika und in Asien in Gujerat und der Dekanhalbinsel/Indien gebildet (VALETON 1983 b). Von Basalten unterlagerte und von paläozänen bis eozänen Sedimenten unter- und überlagerte Laterite und Bauxite sind indirekt datierbar und ergeben eine relative kurze Bildungszeit (in Gujerat 1–5 Mio. J.). Sie gehören zu den vertikal und lateral gut gegliederten Oxisolen mit ausgeprägten B_r und B_{ox}-Horizonten (groundwater laterites), die in küstennahen Ebenen mit hohem Grundwasserstand entstanden und zu den alttertiären Küstenlinien parallel laufen. Da ihre laterale Faziesausbildung küstenorientiert ist, steht diese in enger Beziehung zu den küstenorientierten Drainagemustern des Grundwassers.

zu B.

Bauxite auf Rumpfflächen besitzen meist ferrallitischen Charakter, zeigen also keine Fe^{3+}/Al-Trennung und lassen sich durch gute Erhaltung von Reliktgefügen, Pseudomorphosen von Gibbsit nach Feldspäten oder Foiden, Goethit und Hämatit als neugebildete Minerale charakterisieren. Sie sind durch gute deszendente Vertikaldrainage ohne nennenswerte Stagnation und Reduktion entstanden. Der Kontakt zum Ausgangsgestein ist oft direkt und scharf ohne Zwischenschaltung von mächtigeren Tonhorizonten. Beispiele für Bauxite auf hügeligen Rumpfflächen finden sich vorwiegend auf Charnockiten, Graniten und Alkali-Gesteinen in Südamerika, Äquatorialafrika, Indien und Australien.

Tabelle 2-6. Chemismus von Karstbauxiten des B_3-Bauxites (Thitonian) im Parnass-Khiona-Helikon, Mittelgriechenland (zusammengestellt nach M. BIERMANN 1983).

Elem. (Gew.-%)	Boehmit-fazies x_{mittel} (n = 64)	Diaspor-fazies x_{mittel} (n = 158)	Kruste*	Anreicherungsfaktoren	
				Boehmit-Bauxit Kruste	Diaspor-Bauxit Kruste
SiO_2	4,87	2,20	59,30	0,08	0,03
Al_2O_3	55,38	56,48	15,36	3,68	3,68
Fe_2O_3	21,29	23,98	7,15	2,98	3,35
MgO	0,11	0,05	3,47	0,03	0,01
MnO	0,04	0,08	0,12	0,33	0,66
CaO	1,00	0,62	5,08	0,20	0,12
Na_2O	0,08	0,13	3,81	0,02	0,03
K_2O	0,14	0,02	3,12	0,04	0,006
TiO_2	2,60	2,64	0,73	3,56	3,62
P_2O_5	0,07	0,07	0,24	0,29	0,29
Elem. (ppm)					
Ba	46	41	425	0,11	0,10
Ce	234	284	60	3,90	4,73
Co	48	55	25	1,92	2,20
Cr	773	946	100	7,73	9,46
Cu	33	17	55	0,60	0,31
Ga	51	49	15	3,40	3,27
La	206	137	30	6,87	4,57
Nb	46	46	20	2.30	2,30
Nd	83	66	28	2,96	2,35
Ni	611	505	75	8,15	6,73
Pb	164	168	13	12,62	12,92
Rb	4	3	90	0,04	0,03
Sr	78	49	375	0,21	0,13
Th	42	42	7,2	5,83	5,83
U	15	2	1,8	8,33	1,11
V	651	852	135	4,82	6,31
Y	85	50	33	2,58	1,52
Zn	145	104	70	2,04	1,49
Zr	591	623	165	3,58	3,78

aus der Tabelle 2-6 ergibt sich für die Hauptelemente:
1. eine Anreicherung im Böhmit-Bauxit und gleichbleibende oder nochmalige Anreicherung im Diasporbauxit für Al_2O_3, Fe_2O_3 und TiO_2;
2. eine Abreicherung gegenüber Krustenmaterial für SiO_2, Alkalien, Erdalkalien, P_2O_5 und MnO.

für die Spurenelemente:
1. eine Anreicherung im Böhmit-Bauxit und gleichbleibende oder nochmalige Anreicherung im Diaspor-Bauxit Ce, Co, Cr, Ga, Nb, Pb, V, Zr;
2. eine Anreicherung in beiden Fällen, aber eine Abreicherung im Diaspor-Bauxit gegenüber dem Böhmit-Bauxit für La, Nd, Ni, U, Y, Zn;
3. eine Abreicherung in beiden Bauxittypen gegenüber dem Krustenmaterial für Ba, Cu, Rb, Sr; die viel zu große Anreicherung von Cr, Ni, Pb und anderen Elementen weist klar auf Zufuhr aus Basiten und Ultrabasiten hin (* Krustenwerte aus MASON & MOORE 1982).

Die Bauxite auf Charnockiten von Cataguases NNE Rio de Janeiro/Brasilien sind polygenetisch, d. h. in mehreren Phasen entstanden. Die initiale Phase während des Alttertiärs führte zum Kollaps der primären Minerale unter Entzug von Si, Alkalien und Erdalkalien und zur Neubildung von Gibbsit und Goethit/Hämatit. In der nachfolgenden Zeit kam es in mehreren Phasen (klimaabhängig) zu mechanischen, vorwiegend vertikalen Auswaschungs- und Einschwemmungsprozessen (Eluvation, Illuvation) und damit zu einer Vergrößerung des Porenraumes im oberen Eluvial- und im Grundwasserhorizont. Die fortgeschrittene Auslaugung bewirkt die Bildung von Residualbreccien. Gleichzeitig oder nachfolgend führt eine chemische Lösung leichter mobilisierbarer Elemente (Mn, Si, Ni, La Ce etc.) zu einer ebenfalls deszendenten Verlagerung und zu epigenetischen Ausscheidungen v. a. von Lithiophorit im „heutigen" Grundwasserbereich.

Unter dem rezenten Oberboden können sich äolische Staub- und Sandablagerungen befinden, die hauptsächlich aus Zeiten stärkerer äolischer Tätigkeit (Pleistozän) stammen. Die Hänge dieser Bauxite sind mit Aufarbeitungs- oder Hangschutt bedeckt, der sehr vielfältigen Charakter besitzt.

2. Nur umgelagerte Bauxite sind meist von niedriger Qualität und daher wirtschaftlich unbedeutend.

3. Auf-Karst-Bauxite" – seit dem Altpaläozoikum in den jeweiligen äquatorialen Breiten bekannt – haben sich durch Umlagerung lateritischer Klastika (LDF Material) aus höheren Rückländern auf einen präexistenten Küstenkarst und eine anschließende in-situ Desilifizierung gebildet. Diese Bauxite sind als Lagen oder Linsen entwickelt, deren Untergrenze die Karstoberfläche abbildet. Auch zeichnen sie sich durch lateralen Fazieswechsel und Übergänge von z. B. Böhmit – in Diasporbauxite oder von Fe-reichen in Fe-arme Bauxite oder in Kaolinittone aus, die E_h – und drainageabhängig sind (VALETON 1965).

Die tertiären Auf-Karstbauxite bestehen weltweit vorwiegend aus Gibbsit. In mesozoischen Bauxiten treten sowohl Böhmit als auch Diaspor auf, während in paläozoischen Bauxiten Diaspor vorherrscht. Das Zurücktreten von Gibbsit in den älteren Bauxiten ist wahrscheinlich diagenesebedingt. Das Auftreten von Böhmit oder Diaspor aber ist mit Sicherheit nicht nur eine Frage des Alters sondern auch ein Hinweis auf das Environment. In mesozoischen Bauxiten Griechenlands kommen im gleichen tektonischen Umfeld Böhmit- und Diaspor-Bauxite vor. Dabei bildet sich der Diaspor in einer spätdiagenetischen Phase, der Deferrifikation und Desilifikation, die unter niedrigen E_h-Bedingungen und relativ guter Drainage stattfindet. Epigenetische Prozesse – direkt an die Diagenese anschließend – können Mangan und Begleitelemente mobilisieren und in den unteren Profilteilen anreichern (siehe unter 2.6.5).

Der Chemismus von Bauxiten des Oberen Juras Mittel-Griechenlands ist in Tab. 2-6 dargestellt. Ein Vergleich mit Mittelwerten der kontinentalen Kruste ergibt die Anreicherungsfaktoren lateritophiler Elemente einerseits und die Abreicherung der leicht löslichen Elemente in Bauxiten andererseits.

2.6.3 Fersiallite, Kaolinitgesteine

A. In-situ-Bildungen

In-situ-Kaolinitgesteine, Residualgesteine, Saprolithe mit Reliktgefügen bestehen hauptsächlich aus authigenem Kaolinit, können aber auch andere Ton- oder Al- oder Fe-Minerale enthalten. Von der Art der Ausgangsgesteine und der Verwitterungsintensität hängt die Menge an Reliktmineralen wie Quarz, Muskovit und lagerstättenbildenden Schwermineralen wie Diamant, Au, Pt, Chromit, Zirkon, Rutil, Cassiterit, Wolframit, Monazit etc. ab (Abb. 2-29 A).

Au, Pt und Chromit werden oft aus mehreren 100 Meter mächtigen Saprolithen durch Waschprozesse gewonnen. Gebräuchliche Namen für Kaolinitgesteine sind Plinthit (bodenkundl. Bezeichnung), Chinaclay (Lokalität), Fireclay (Mineral der Kaolinitgruppe), Underclay (unterschiedliche Verwendung des Begriffes). Man findet bis hundert Meter mächtige siallitische Verwitterungsprofile, deren oberster Profilteil oft gekappt ist.

Größere Kaolin-Lagerstätten befinden sich im Gondwanabereich in Brasilien, Surinam, im äquatorialen Afrika in Indien, in SE-Asien, in China und in Australien. In Europa gehören u. a. die triassischen Kaolingesteine von Schnaittenbach und Tirschenreuth in der Oberpfalz, die obertriassisch-jurassischen Kaolingesteine des Urals, die oberkretazisch-tertiären Kaolingesteine auf magmatischen und sedimentären Gesteinen von Zettlitz bei Karlsbad in Böhmen, von Meissen in Sachsen, von Niederschlesien, auf dem französischen Zentralmassiv, in N- und W-Spanien und von Cornwall in England hierher (STÖRR 1983, KONTA 1984, KÖSTER 1980).

B. Umgelagerte Kaolinitgesteine

Diese liegen als LDF entweder als Einschaltungen in terrestrischen oder gelegentlich auch marinen Sand-Ton-Lignit-Folgen oder als Füllung und Lagen auf einem präexistenten Karstrelief. Sie können sehr reine, eisenarme und damit hochwertige Produkte für die feuerfeste und keramische Industrie darstellen.

Nach ihrem Interngefüge können geschichtete, lockere Kaolinittone (siehe Kap. 5.2.3) und die diagenetisch umkristallisierten Kaolinitgesteine – Flintclays – unterschieden werden (KELLER et al. 1954, KELLER & HAENNI 1978). „Flintclays" sind sehr reine Kaolinite mit muscheligem Bruch (daher flint...), die durch Desilifikation und in-situ Kristallisation entstanden sind. Sie besitzen i. a. keinen SiO_2-Überschuß, ihr Chemismus entspricht dem des Kaolinits. Sie gehen aber häufig in eine Böhmit- oder Diaspor-führende also Al-reiche Fazies über (Abb. 21b, d, e).

Für die Flintclays vom Missouri, die auf einem unterkarbonischen Karstrelief liegen, beschreibt KELLER eine laterale Faziessequenz:
 1. high Al-clay mit Diaspor
 2. flintclay
 3. „semi-flintclay"
 4. „semiplastic clay" mit Illit,

die sich vom terrestrischen, topographisch höchsten Gebiet (Ozarkdome) bis in den marinen Bereich erstreckt. KELLER unterscheidet zwischen dem Gestein „Flintclay" und der milieubedingten Begrenzung der „flintclay facies". KELLER (1981) und KELLER & STEVENS (1983) haben rasterelektronenmikroskopisch die Desilifikation und die damit verbundene Auflösung reliktischer Tonminerale und der Neubildung von Kaolinitkristallen, die ein porenreiches Kartenhausgefüge (honeycomb) bilden, aufgezeigt. Er hat sehr lange die Meinung vertreten, daß das Ausgangsmaterial der Flintclays ausschließlich aus Kolloiden bestehe. LOUGHNAN (1978) aber fand einen sukzessiven lateralen Übergang vom lateritischen Ausgangsmaterial bis zu schichtungslosen Flintclays im Perm des Sydney-Beckens in Australien. Sowohl Schichtung, als auch Schrägschichtung von klastischem LDF-Material, das Pisoide, Ooide, Konkretionen, Kaolinitflatschen, Reste vulkanischer Gefüge und Pflanzenmaterial enthielt, lassen sich im Gelände wie im Dünnschliff nachweisen, GREAVES-WALKER (1939), BOLGER & WEITZ (1952), BENNETTS (1965), NEMECZ & VARJU (1967) WILLIAMS et al. (1968), NICOLAS et al. (1969), IIJIMA (1972). GOLDBERY (1979) und VALETON et al. (1983) beschreiben für die jurassischen Flintclays Israels sowohl laterale Passagen von grobkörnigem und geschichtetem (Abb. 29 d) Allochthonmaterial (LDF) in schichtungslose Flintclays als auch Reliktgefüge in Flintclays, die bei der Diagenese zunehmend verloren gehen. Auf Karst können alle Übergänge von weißen (Fe-armen) Bauxiten zu Flintclays, die in stark reduzierenden Environments mit intensiver Deferrifikation und Desilifizierung entstanden, entwickelt sein.

Mit dem Al werden im Flintclaymilieu Ba, Sc, Y, Ga, Cr, Ni, Th, Zr und Nb angereichert und mit dem Fe die Elemente U, V, Sr, Pb, Nd, Mn, Ce und La abgereichert. Der An- bzw. Abreicherungsfaktor der Spurenelemente in der Flintclayfazies I (höchste Al-Gehalte) gegenüber der LDF-Fazies A + B geht aus Abb. 2–40 hervor. Alle über der 0-Linie stehenden Elemente werden angereichert, die darunterstehenden ausgelaugt und abgereichert.

Verwitterungslagerstätten (Supergene Lagerstätten)

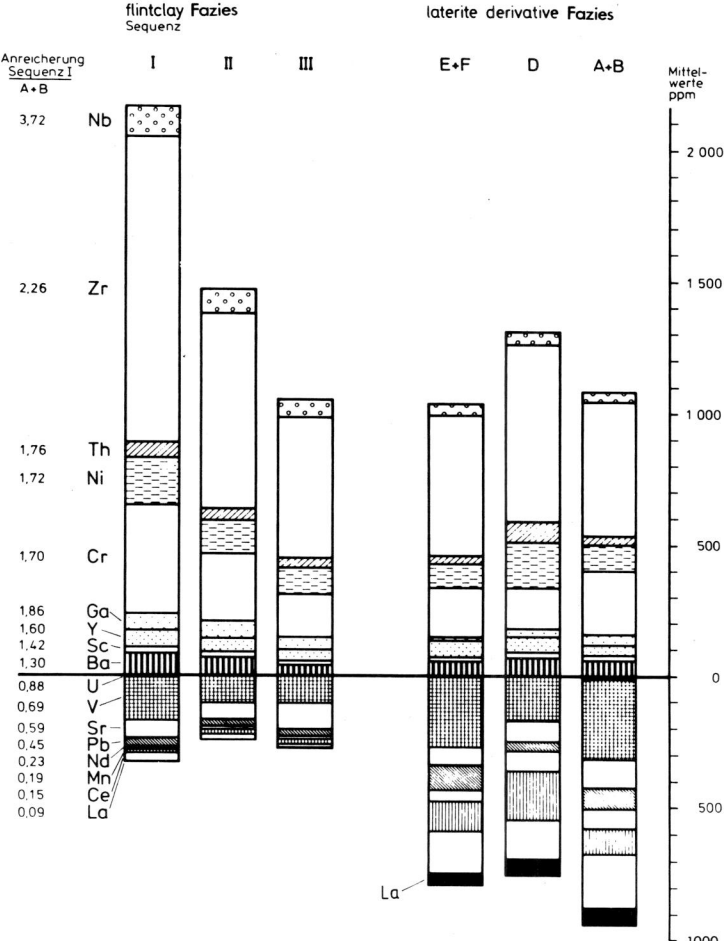

Abb. 2-40. Spurenelement- An- und Abreicherung in der Flintclay-Fazies (von III nach I zunehmende Al_2O_3-Gehalte) gegenüber der Laterite Derived Fazies (A-F), d. h. dem umgelagerten Fersiallit, aus welchem sich der Flintclay entwickelt. Innerhalb der LDF sind Subfazies A und B nicht postsedimentär verändert, D zeigt wahrscheinlich kurzfristig marine Einflüsse und E und F sind geringfügig pedogen überprägt. Nach oben sind kumulativ die Gehalte an solchen Elementen aufgetragen, die sich von A + B nach I anreichern, nach unten solche, die sich abreichern; Unterer Jura, Makhtesh Ramon/Israel (VALETON et al. 1983).

2.6.4 Fe- und Mn-Laterite

A. Supergene Fe-Reicherze

Supergene Reicherze des Eisens mit 60–68% Fe entstehen auf präkambrischen Bändererzen (BIF = banded iron formation = Itabirite) der alten Schilde, die eine Voranreicherung an Fe aufweisen. Die initiale Verwitterung ist fossil und erfolgte während Oberkreide und Alttertiär. Durch nachträgliche Hebung und Belebung der Reliefenergie wurden die weicheren kaolinitreichen Laterite auf den begleitenden Phylliten und Gneisen stärker abgetragen, so daß die Lagerstätten heute als Härtlinge hervortreten (Abb. 2-41). Die primäre BIF besteht aus einer rhythmischen Wechsellagerung von Magnetit und/oder Hämatit mit Quarz, der über chemische Fällung entstand.

Die Vertikalzonierung der supergenen Reicherze kann nach EICHLER (1967) im Sinne eines lateritischen Bodenprofils interpretiert werden. Je nach Schichteinfallen reicht die Verwitterungszone zwischen 100–350 m tief, wobei die Reliktgefüge meist ausgezeichnet erhalten sind. Hauptprozeß der Verwitterung ist eine relative Fe-Anreicherung durch Entkieselung – also Quarzlösung –, der mit zunehmender Verwitterung eine Korngrößenverkleinerung des Hämatits folgt. In den obersten Zonen kommt es nach WEGGEN (1984) zur Neubildung

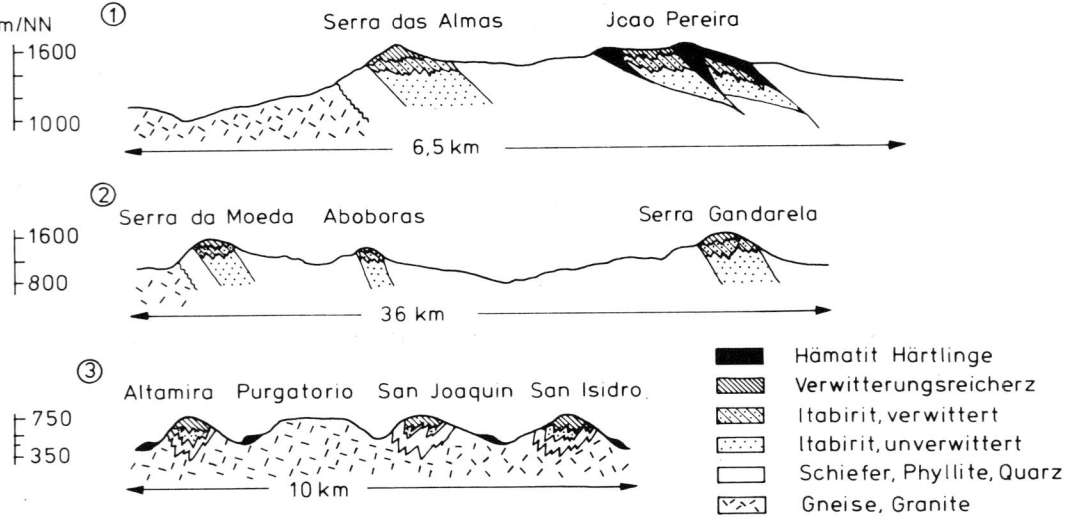

Abb. 2-41. Supergene Fe-Reicherze auf Itabiriten, als Härtlinge die Einebnungsfläche überragend; 1 und 2 = „Eisernes Viereck", Minas Gerais/Brasilien; 3 = San Isidor/Venezuela (GRUSS 1967).

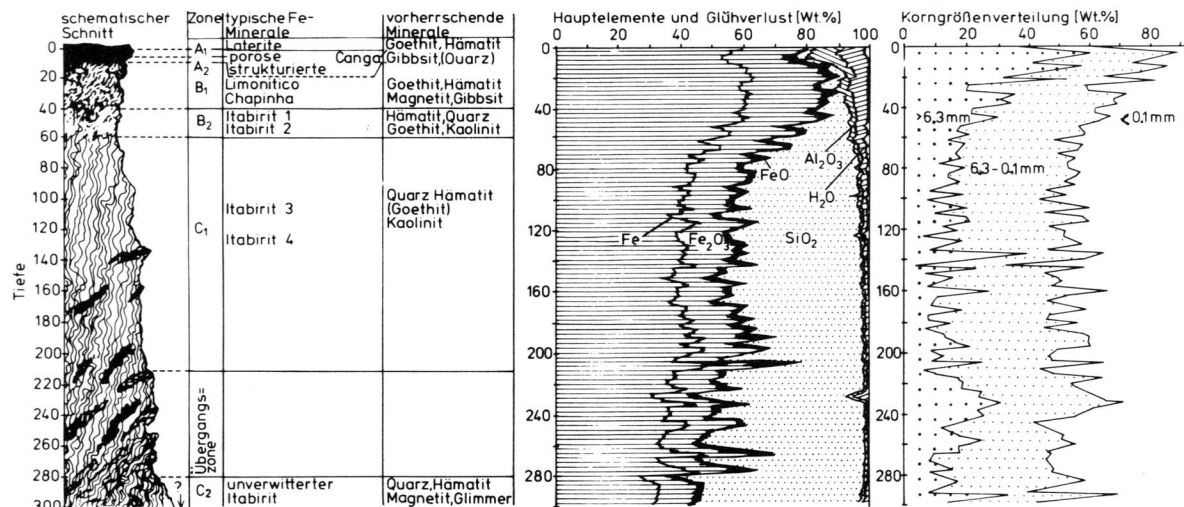

Abb. 2-42. Verwitterungsreicherze des Eisens auf Itabiriten in Fabrica, Minas Gerais/Brasilien; Mitte: Änderung des Chemismus in der Vertikalen, mit Abnahme von SiO_2, Zunahme von Fe_2O_3 und starker Anreicherung von Al_2O_3 und H_2O zur Oberfläche; rechts: Korngrößenverkleinerung des Hämatits, aber gleichzeitige sekundäre Vergrößerung durch Partikel-Zementierung mit sekundärem Goethit mit zunehmender Verwitterung in Richtung zur Oberfläche (WEGGEN 1984).

von Al-Goethit, Gibbsit, Kaolinit und Phosphaten (Abb. 2-42). Oberflächennah entwickelt sich eine Residualbreccie, die auch Pisoide und Konkretionen enthält. Durch sekundäre Umkrustung und Verkittung der Komponenten entsteht ein harter Panzer – die „Canga".

Wichtige Vorkommen finden sich in Krivoj Rog/USSR, Hamersley Range/Australien, Bihar und Goa/Indien, Äquatorialafrika, Venezuela, Carajas/Nordbrasilien, Eisernes Viereck/Brasilien

Tabelle 2-7. Weltförderung der Eisenerze für 1981; davon Verwitterungsreicherze v. a. auf der Südhalbkugel und in der UdSSR. (BGR, H. SCHMIDT 1981).

Land	%-Anteil	Land	%-Anteil	Mio t
Europa (v. a. Schweden, Frankreich)	7,1	Afrika (außer Republik Süd-Afrika)	2,3	
UdSSR	30,1	Südafrikan. Rep.	1,2	
Kanada	11,6	Iran	0,3	
USA	3,9	Indien	6,0	
Mexiko	0,3	Indonesien	0,1	
Brasilien	17,5	SE-Asien	0,4	
Argentinien		Australien	11,4	
Chile		Welt	100,0	93 600,0
Kolumbien	2,5			
Peru				
Venezuela				

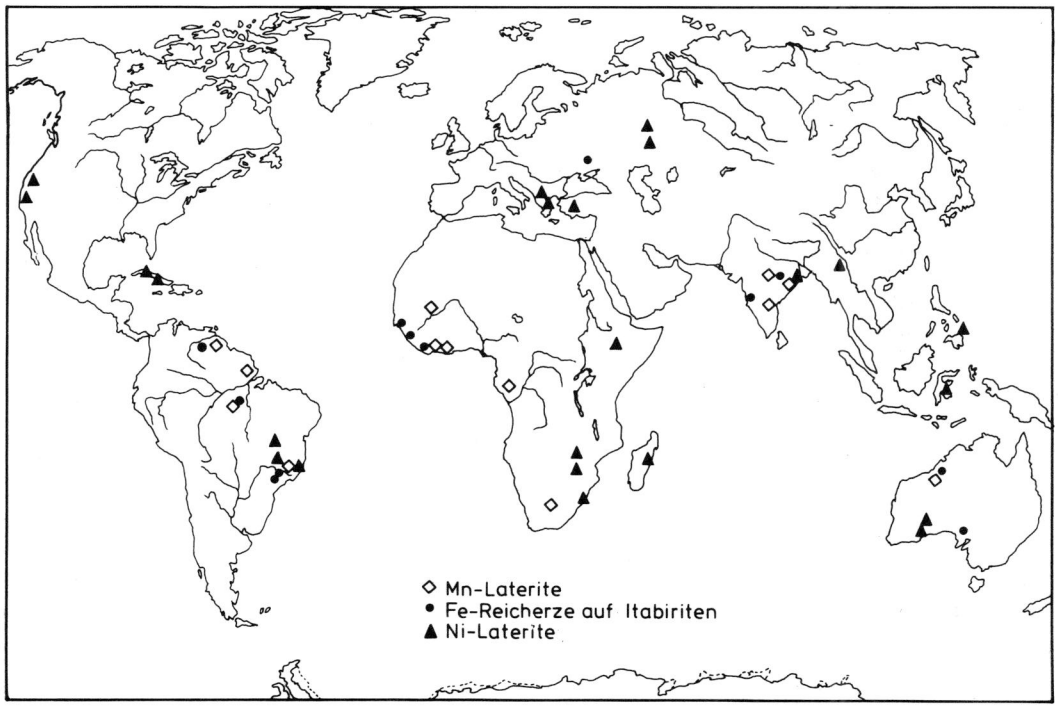

Abb. 2-43. Regionale Verbreitung der supergenen Reicherze von Fe, Mn und Ni (zusammengestellt nach v. GAERTNER & SCHELLMANN 1963).

(Abb. 2-43). Das Eiserne Viereck beinhaltet die größten Eisenerzkonzentrationen der Welt. Die Weltförderung von 1981 ist in Tab. 2-7 dargestellt.

B. Supergene Mn-Reicherze

Diese enthalten 45–52 % Mn und sind gebunden an präkambrische Metamorphite, und zwar an
1. Phyllite mit Spessartin (Mn-Granat), Rhodonit (Mn-Pyroxen) und Hochtemperatur-Mn-Oxiden („Gondite")
2. Mn-Karbonatgesteine (mit Rhodochrosit), vergesellschaftet mit Graphitphylliten und metamorphen Tuffiten (SCHELLMANN 1971).

Die primären Mangangehalte schwanken bei Gonditen zwischen 8–25 % Mn und liegen in Karbonaten maximal bei 43 % Mn. Die Entwicklung der Vertikalprofile mit maximalen Mächtigkeiten weit über 100 m (Abb. 2-44) ist der der supergenen Fe-Erze ähnlich, aber durch die leichtere Mobilisierbarkeit erfolgt neben einer relativen auch eine absolute Anreicherung des Mangans durch vertikal-deszendente und laterale Migration (s. auch THIENHAUS 1967).

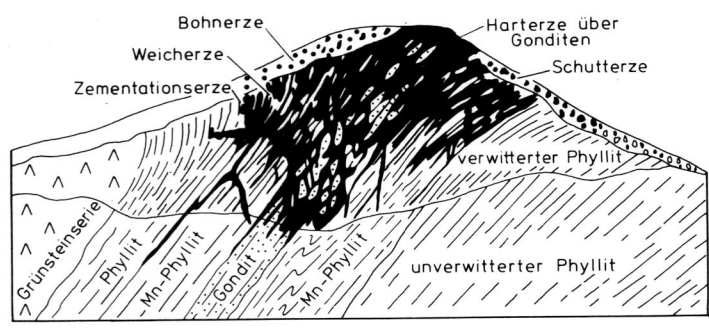

Abb. 2-44. Verwitterungsreicherze des Mangans auf Gondit-Fazies, Nsuta/Ghana (THIENHAUS 1967).

Zu 1.
Die Mineralabfolge auf silikatischen Protoren (= Ursprungsgesteine) führt nach PERSEIL & GRANDIN (1985) unter Erhaltung von Reliktgefügen durch Hydrolyse des Granats zu einem isotropen In-situ-Si-Al-Plasma und zur Bildung von Mn-Oxiden wie Pyrolusit, Kryptomelan, evtl. Nsutit und Lithiophorit. Durch epigenetische, vertikale und laterale Drainage scheidet sich als Spätphase Kryptomelan II als verdichtender Zement aus. Mangan wird durch die Verwitterung etwa um das 3fache angereichert.

Zu 2.
Auf karbonatischen Protoren Afrikas und Brasiliens erfolgt nach NAHON (1983), BEAUVAIS (1984), BEAUVAIS et al. (1987) eine viel raschere und stärkere Mn-Anreicherung unter Karbonatzersatz und Oxidation von Mn^{II} zu Mn^{IV}. Die Mineralabfolge ist: Rhodochrosit → Kryptomelan I → Nsutit → Pyrolusit. Durch Freisetzung von K und Al während der Spätverwitterung von Glimmern bilden sich epigenetisch Kryptomelan II und Lithiophorit, die K und Al in das Gitter einbauen.

Auf Mn-Protoren wie Tephroit, Manganokalzit, Chlorit und Spessartingranat der Elfenbeinküste entstehen im tieferen Profilteil aus Karbonaten Manganit, gefolgt von Chloritumwandlung in Todorokit und zuletzt Spessartin in Birnessit. Im oberen Profilteil verwittert Spessartin direkt zu Lithiophorit. Der Al-Überschuß aus den Granaten wird unter Auflösung von Birnessit und Manganit in Nsutit und untergeordnet in Kryptomelan umgewandelt. Kryptomelan kann in einer Spätphase in Ramsdellit oder Pyrolusit übergehen. Die oberen Mn-Harterzkappen bestehen prinzipiell aus Nsutit und Lithiophorit (NAHON et al. 1985).

Die wichtigsten supergenen Mn-Erze (Abb. 2-43) sind ebenfalls an das Proterozoikum der alten Schilde der Südkontinente gebunden, so in Afrika: Mokta/Elfenbeinküste, Tambao/Obervolta, Moanda/Gabun, Nsuta/Ghana; in Brasilien: Navio/Amapa, Serra dos Carajas; auf der Dekkanhalbinsel/Indien und in Australien (s. auch SOREM & CAMERON 1960).

C. Eisen- und Manganlagerstätten auf Karst

Lösungen, Kolloide und auch gröbere Klastika aus Lateritmaterial (LDF), die reich an Fe und Mn sind, können aus lateritisch verwitterten Abtragungsgebieten abtransportiert und auf Tonschiefern oder verkarsteten Kalken („Auf Karst"-) ausgeschieden bzw. abgelagert werden. Dabei werden Liegendkalke auch teilweise metasomatisch durch Fe-Mn-Phasen verdrängt. Durch nachfolgende in-situ-Verwitterung und Grundwassereinflüsse entkieseln die Konzentrate. Im oberen Teil entstehen Oxide (Oxidationszone) und im tieferen, reduzierenden Milieu Fe-Mn-Karbonate (Reduktionszone).

Dieser Typ von Fe- und Mn-Erzen bildet oft nur kleine lokale Vorkommen von so geringer Qualität, daß sich der Abbau heute nicht lohnt. Erwähnenswerte Vorkommen solcher Eisenerze sind die Amberger Eisenerze auf verkarsteten Malmkalken der Oberpfalz. Vom Hüggel bei Osnabrück, aus dem Hunsrück und der Soetenicher Mulde in der Eifel sind ähnliche Vererzungen bekannt geworden.

An vielen Stellen des Rheinischen Schiefergebirges treten oxidische und karbonatische Manganerze auf, die als Typ „Lindener Mark" (Lokalität nahe Gießen, Abb. 2-45) beschrieben wurden. Hierzu gehören auch Karstschlottenfüllungen auf Devonkalken.

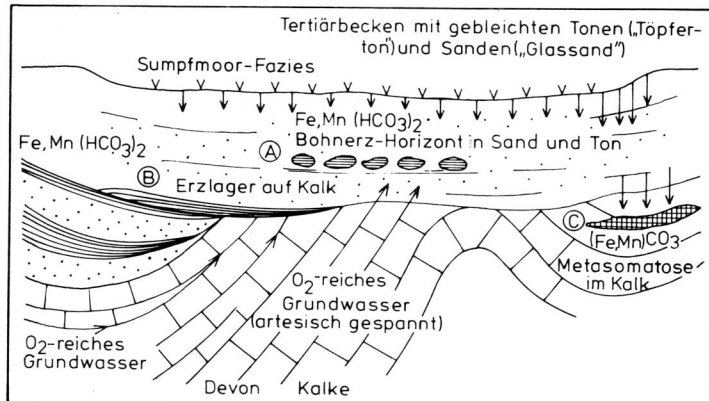

Abb. 2-45. Manganerze vom Typ „Lindener Mark" auf verkarsteten mitteldevonischen Massenkalken (A. Berger 1968).

2.6.5 Nickel-Laterite

A. Oxidische und silikatische Lagerstätten

Supergene In-situ-Nickellaterite bilden sich ausschließlich auf verwitterten, oft serpentinisierten Ultrabasiten. In den Ausgangsgesteinen mit 0,2–0,3% NiO ist das Nickel im Gitter von Chromit, Olivin und Pyroxen gebunden. Bauwürdig sind supergene Reicherze mit > 1–2% Ni (je nach Weltmarktlage).

Nach den Nickelmineralen werden oxidische und silikatische Erze unterschieden. Das Nickel ist entweder isomorph im Goethit oder – weit häufiger – in neugebildete Ni-Schichtsilikate eingebaut. In Vertikalprofilen von Kuba und Nonoc/Philippinen findet sich die höchste Ni-Konzentration im Grenzbereich zwischen serpentinisiertem Dunit und dem darüberliegenden Lateritprofil (De Vletter 1955). Zusammen mit dem Ni werden Co und Cr – soweit nicht an Chromit gebunden – mobilisiert, die in den gleichen Horizonten angereichert werden. Al-Minerale können sich hier nicht bilden, da Aluminium den Ultrabasiten nahezu fehlt. Der Serpentinit ist häufig – vom Grenzbereich Laterit-Serpentinit ausgehend – von Klüften, in denen sich Kalzit, Magnesit oder Brucit ausgeschieden hat, durchzogen (Abb. 2–29 b).

Trescases (1979), Trescases & De Oliveira (1978) und Melfi et al. (1981), beschrieben die Genese der Nickellaterite auf Ultrabasiten Brasiliens. Sie sind als ein Beispiel für die Mehrphasigkeit der Entstehung solcher Lagerstätten in Abb. 2-46 dargestellt. Tab. 2-8 zeigt den Chemismus von Lateriten auf Serpentin über Ophiolithen in Griechenland. Ni-Laterite treten in den USSR, SE-Asien, Nonoc/Philippinen, Neukaledonien, Brasilien und Kuba auf (Abb. 2-43). Die Lagerstätten des Urals, Jugoslawiens und Griechenlands gehören einer prä-oberkretazischen mesozoischen Verwitterungsphase an; die übrigen Lagerstätten, welche im heutigen Tropengürtel liegen, werden initialen Verwitterungsphasen von Oberkreide, Alt- und Jungtertiär zugerechnet.

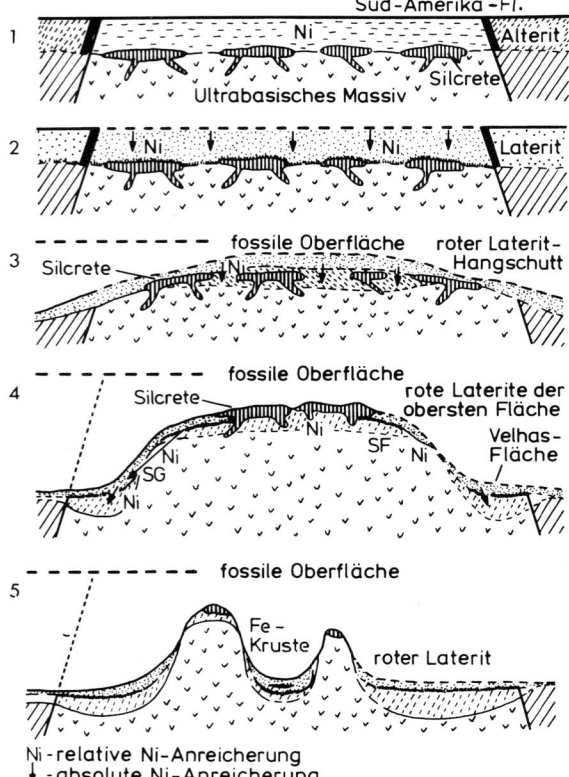

Abb. 2-46. Sukzessive Entwicklungsstadien der supergenen Nickelreicherze auf serpentinisierten Ultrabasiten Brasiliens seit dem Alttertiär (von oben nach unten):
1. Die initiale Verwitterung ist an die alttertiäre Süd-Amerika („Sulamericano")-Fläche gebunden. Bildung eines Laterites, der reich an Ni-Goethit ist, im oberen und von Kieselausscheidungen = „Silcretes" im unteren Profilteil, unter den warm-humiden Klimabedingungen des Alttertiärs.
2. Beginn der deszendenten Ni-Verlagerung gegen Ende des Alttertiärs.
3. In der jungtertiären Velhas I-Phase führen Erosion und Zerschneidung zu gekappten Profilen, zur Tieferlegung eines Ni-silikatischen Saproliths und zur Bildung roten Hangschutts.
4. Im Alt-Quartär – Velhas II-Phase – erfolgt Zerschneidung in einzelne Plateaus und Dome unter Fortsetzung der Erosion bis auf die als Härtlinge wirkenden Silcretes auf den oberen, älteren Flächen und teilweise Verlagerung von Ni und Fe in Lösung in die Verwitterungsprofile auf der unteren, jüngeren Velhas-Fläche.
5. Durch sehr aktive Erosion im Pleistozän bis auf einzelne reliktische Inselberge fortgeschrittene Abtragung und Fe-Krustenbildung auf der Velhas-Fläche (nach MELFI et al. 1981).

Tabelle 2-8. Chemismus von Serpentinit, Ni-Laterit, Asbolanhorizont und Anreicherungsfaktor in den Ni-Lateriten in Euböa und Mittelgriechenland (ROSENBERG 1984).

	Serpentinit	Ni-Laterit	Anreicherungs-faktor	Asbolan-Horizont
Hauptelemente (Gew.-%)		Gew. %		Gew. %
SiO_2	40,79	4,65	0,11	n. b.
Al_2O_3	0,58	4,07	7,02	n. b.
Fe_2O_3	8,07	72,00	8,92	n. b.
MgO	35,27	1,45	0,04	n. b.
MnO	0,10	0,25	2,50	7,80
TiO_2	0,01	0,07	7,00	n. b.
NiO	0,33	1,25	3,79	12,25
Cr_2O_3	0,46	3,57	7,76	n. b.
Spurenelemente (ppm)				
Co	141	570	4,04	8,07 %
La	138	75	0,54	6 335 ppm
Nd				9 427 ppm
V	50	347	6,94	n. b.
Zn	48	201	4,19	2 240 ppm

B. Nickellagerstätten auf Karst (Typ Neon Kokkinon)

In Mittelgriechenland wurde nach PETRASCHECK (1954) und ROSENBERG (1984) Ni-reicher Laterit, der sich auf Ophiolithen gebildet hatte, über eine Entfernung von wenigen km auf verkarstete Jurakalke umgelagert. Der ursprünglich in diesem LDF-Sediment verteilte Ni-Gehalt wurde durch nachfolgende in situ-Verwitterung mobilisiert und in den untersten 1–2 Metern der Laterite und Bauxite auf 1–2 % Ni angereichert, so daß eine bauwürdige Ni-Lagerstätte entstand. Der Grenzbereich Ni-Laterit-Karstoberfläche ist besonders reich an Ni, Co, Mn, Nd, La, Cu, Zn, Y und Pb. Dieser „Asbolanhorizont" enthält Asbolan, Gibbsit, Halloysit, Ni-Lizardit (= Nepouit), Takovit, Bastnäsit und Lanthanit, etc.

2.6.6 Lateritische Lagerstätten von U, Nb, Zr und Seltenen Erden

Solche Lagerstätten sind v. a. an meso- und känozoische „Ringstrukturen" gebunden; das sind Aufbrüche von Alkalimagmen und begleitenden Karbonatiten entlang tiefgreifender Störungszonen (Lineamente). Diese Magmen besitzen in unterschiedlichem Maße Vorkonzentrationen von P, U, Zr, Nb und Seltenen Erden.

Lateritische Verwitterung auf dem Alkalisyenit-Komplex von Poços de Caldas/Brasilien hat Zirkonium in supergenen Zr-Mineralen, wie dem Caldasit, einem Zr-Oxid, ferner supergene Phosphate und Uranminerale angereichert. In Araxa/Brasilien sind in 230 m mächtigen Lateriten auf Karbonatiten (Fläche etwa 4 km^2) über 82 % der Welt-Nb-Vorräte mit 2,5 % Nb_2O_5 (Mittel) angereichert. Sie werden von sehr hohen Gehalten an Seltenen Erden begleitet. ein reliktischer Ba-Pyrochlor: $Ba_{0,55} Nb_{2,03} (O,OH)_6 OH$ mit 63,4 % Nb_2O_5 enthält das Niob und Seltene Erden (Eu, Sm, Dy). Lateriten auf Alkali-Magmatiten und Karbonatiten wird weltweit wegen ihrer Anreicherungen von Uran, Niob und Seltenen Erden große Beachtung geschenkt.

2.6.7 Phosphatlaterite und Silcretes

Phosphatlaterite sind entweder auf Phosphaten der Alkali-Intrusionen als Apatitanreicherung oder auf marinsedimentären Phosphaten entwickelt (Kap. 9).
Die Silcretes werden im Kap. 8 behandelt. Vor allem in Australien und Südafrika stellen sie wichtige Opal-Lagerstätten dar.

2.6.8 Uranführende Calcretes

In Calcretes und Dolocretes, die durch lateralen Stofftransport in Tälern oder lakustrinen Deltas in Yeelirrie/Westaustralien entstanden, fand zusätzlich Zufuhr von Uran, Vanadium und Kalium von einem riesigen, tiefgründig verwittertem Granitareal statt. Pleistozäne Calcretes haben sich entlang fossiler Täler mit 100 oder mehr km Länge und einigen Zehner Metern Mächtigkeit gebildet; sie sind v. a. in den tieferen Teilen reich an dem U-V-Erz Carnotit, $K_2 (UO_2)_2 V_2O_8 \cdot 3H_2O$. Nach MANN (1976) betragen die U-Gehalte im Granit 2–15 ppb; sie steigen im Grundwasser von 50–60 mit zunehmender Abwärtsdrainage auf 200–400 ppb an. In Gegenwart von CO_2-Ionen ist Uran im Grundwasser relativ mobil.

Die Stellen der Carnotit-Ausscheidung sind an die Gegenwart von Vanadium im Grundwasser gebunden. V ist in Lateriten u. a. an Goethit fixiert. Im Grundwasser sind 10 ppb V normal, im Kontakt mit Carnotit werden 50–60 ppb V gefunden. Wahrscheinlich ist die Oxidation von V^{4+} zu V^{5+} im oxidierenden Grundwasser der Auslöser für die Ausscheidung von Carnotit. Außerdem ist die Carnotit-Löslichkeit bei pH 6,5 am geringsten und sowohl im sauren wie im alkalischen Bereich größer.

Ähnliche – an die tertiäre „African"-Fläche gebundene – Uranvererzungen vom „Langen Heinrich" in Angola, Mauritania, Somalia, SW-Afrika, sind ebenfalls von ökonomischem Interesse (s. CARLISLE 1978).

2.6.9 Verwitterungslagerstätten auf Sulfiden (Cu u. a.)

Dieser Typ von supergenen Reicherzen ist an verschiedene Ausgangsgesteine gebunden:
  A. an sulfidische Sedimente vom „black shale"-Typ mit Cu, Pb, Zn und begleitenden Elementen und an metamorphe „black shale"-Sedimente vor allem des präkambrischen Basements der

Südhemisphäre. Neben der Ausbildung von Mineralen der Oxidationszone (siehe Punkt C) haben sich auf Cu-führenden Schiefern des Basements in Carajas/Brasilien Cu-Schichtsilikate vom Smektittyp bis in große Verwitterungstiefen entwickelt. Diese supergenen Smektit-Tone enthalten im Mittel zwischen 1 und 2 % Cu, sind also wirtschaftlich interessante Cu-Lagerstätten;

B. an „porphyry copper"-Erze alpidischer Orogene, z. B. der Anden. Die primären Erze sind feinverteilte Cu-Mo-Sulfide (disseminated ores), die von Pb-Zn-Ag-Gängen begleitet werden. Die zwei Varianten der supergenen Reicherze bestehen
  1. aus in-situ-Profilen mit hochwertigen Zementationszonen und einer erzarmen „Oxidationszone" darüber (Abb. 2-47),
  2. aus sogenannten „exotic ore bodies", die durch laterale Migration von Cu-führenden Lösungen und Cu-Imprägnation der Nebengesteine entstanden.

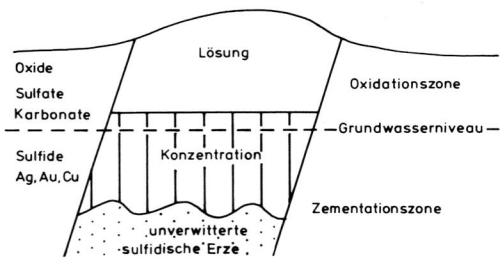

Abb. 2-47. Schema eines Verwitterungsprofiles (Gossan); „Eiserner Hut" auf einer sulfidischen Ganglagerstätte.

zu 1.
Die in-situ-Verwitterung kann bis in mehrere hundert Meter Tiefe reichen, wobei die untere „Zementationszone" Gehalte von 1–3 % Cu aufweisen kann. Auf Klüften und Hohlräumen treten Gips, Atakamit und Kaolinit auf.

zu 2.
Die „exotic ore bodies" sind von weit größerer wirtschaftlicher Bedeutung, da sie hohe Cu-Konzentrationen erreichen können und Erzkörper von großer regionaler Erstreckung bilden. Da bei der Verwitterung im extrem sauren Milieu nicht nur die primären Sulfide, sondern auch die Silikate wie vulkanisches Glas und Feldspäte gelöst werden, treten Si, Al, Mn, Fe als Begleitionen in der Lösung auf. Mineralneubildungen sind daher neben oxidischen Cu-Mineralen vorwiegend Cu-Si-Gele und Cu-Silikate – oft als Chrysokoll zusammengefaßt –; sie bestehen aus Cu-Smektit, Cu-Serpentin und Cu-Silikaten der Palygorskit-Sepiolith-Gruppe. Begleitminerale sind Goethit, Lepidokrokit, Kaolinit, Gips, Atakamit.
Die Cu-Mobilisation und -Ausscheidung unter niedrigen pH-Bedingungen laufen sehr rasch ab, sie können sich wahrscheinlich unter allen Klimaten bilden. Die meisten Autoren interpretieren diesen Vererzungstyp fälschlich als „aride Konzentrationslagerstätten".

C. an sulfidische Erzgänge unter Ausbildung sogenannter „eiserner Hüte" (engl. gossan).

Auf fast allen sulfidischen Ergänzungen, die an der Oberfläche ausstreichen, sind wegen ihrer leichten Oxidierbarkeit Verwitterungszonen oft bis in große Tiefen ausgebildet. Nicht nur in den Tropen, auch in den heute ariden und gemäßigten Gebieten sind sie als Relikte aus dem Alttertiär mit warmhumider Verwitterung anzutreffen.

Diese Lagerstätten lassen eine vertikale Dreigliederung erkennen, die in Beziehung zum fossilen Grundwasserspiegel während der initialen Verwitterungsphase steht (Abb. 2-47):
  3. Oxidationszone
  2. Reduktionszone („Zementationszone")
  1. unverwitterte Sulfide

In der Oxidationszone, die i. a. über dem Grundwasserspiegel liegt, findet vorwiegend Lösung und Verarmung statt. Die Mineral-Neubildungen sind Oxide vor allem des Al (wie Gibbsit), des Eisens (als Goethit) und des Mangans, ferner Sulfate, Arsenate, Vanadate und Karbonate. Da diese

Zone auf kompakten Erzen – z. B. auf hydrothermalen Gängen heute als Fe-reicher Härtling über die umgebenden, vorwiegend vertonten Nebengesteine herausragen kann, spricht man auch vom „Eisernen Hut". Die Zementationszone, die im Bereich des tieferen reduzierenden Grundwassers lag, ist angereichert an sekundären Sulfiden und kann elementares Kupfer und Silber führen. Die Oxidierbarkeit der Kationen nimmt von unedlen in Richtung edlerer Elemente ab, z. B. Fe-Cu-Ag.

Zusammenfassung

In-situ gebildete lateritische Lagerstätten fielen in ihren oberen Partien sehr häufig der Abtragung anheim. Die erzreichen Profilteile im B- oder B/C-Horizont sind zu Duricrusts erhärtet und so weitgehend oder teilweise erhalten geblieben. Durch Umlagerung entstandene Lagerstätten (laterite derived facies, LDF) blieben wegen ihrer Sedimentation in Senkungsgebieten hingegen oft vollständig erhalten. Eine weitere Anreicherung entsteht durch in-situ-Verwitterung dieser LDF, z. B. durch Fe-Auslaugung in reduzierendem Milieu und durch SiO_2-Auflösung, wobei z. B. die kaolinitischen Flintclays oder Fe-arme Bauxite gebildet werden.

Bauxite (Ferrallite) sind bauwürdig, wenn sie mehr als 45 % freies Al_2O_3 enthalten und ihr SiO_2-Gehalt unter 5 % liegt. Ist letzterer hoch und der Fe-Gehalt niedrig, dann entstehen wichtige Rohstoffe für die hochfeuerfeste Industrie (refractory clays).

Man unterscheidet:
1. In situ-Bauxite, die eine ausgeprägte Vertikalgliederung zeigen, wenn das Grundwasser in sie hineinreicht und im unteren Teil (Alucrete und Saprolith) das Eisen reduziert und abführt, während es im oberen Teil (Ferricrete) in Fe^{3+}-Mineralen vorliegt. Solche Bauxite bilden sich in küstenparallelen Streifen. Auf Rumpfflächen oberhalb des Grundwassers entstehen hingegen ungegliederte ferrallitische Bauxite, ohne Trennung von Fe und Al.
2. Umgelagerte Bauxite (LDF, s. oben). Sie werden erst zu Lagerstätten, wenn sie noch einmal in-situ desilifiziert werden, wie dies in vielen
3. Auf-Karst-Bauxiten geschehen ist.

Auch bei den Fersialliten und Kaolinitgesteinen unterscheidet man in-situ-Bildungen und Umlagerungen. In den ersteren sind oft lagerstättenbildende Schwerminerale wie Diamant, Au, Pt, Chromit, Zirkon, Rutil, Cassiterit, Wolframit und Monazit angereichert. Auch die großen Kaolin-Lagerstätten in der Umrandung der Böhmischen Masse (Sachsen, Oberpfalz, Bayrischer Wald) gehören hierher. Andererseits kann aus LDF's, die in terrestrischen oder marinen klastischen Serien eingeschaltet oder auf verkarsteten Flächen aufgelagert sind, durch Umwandlung in zeitweise reduzierendem Milieu „Flintclay" entstehen, ein ungeschichteter, sehr reiner Kaolin mit muscheligem Bruch.

Bauwürdige Verwitterungsreicherze mit 60–68 % Eisen sind auf präkambrischen Bändererzen entstanden. In präkambrischen Metamorphiten gibt es auch Mn-Gesteine, die zu supergenen Mn-Reicherzen (45–52 % Mn) verwittern. Ni-Laterite auf Ultrabasiten sind bauwürdig, wenn sie 1–2 % Ni (im Goethit oder in Ni-Silikaten) enthalten. Auf Alkalimagmatiten und Karbonatiten können lateritische Lagerstätten von U, Nb, Zr und Seltene Erden entstehen.

U kann durch lateralen Transport auch in Calcretes und Dolocretes angereichert werden. Verwitterungslagerstätten auf Sulfiden reichern aus Schwarzschiefern und „porphyry copper"-Erzen das Kupfer an (1–3 % Cu), z. B. in Form von Schichtsilikaten wie Smektite. Auf sulfidischen Erzgängen bildet sich ein „eiserner Hut" mit Oxidationszone und Reduktions- („Zementations-") Zone über bzw. unter dem fossilen Grundwasserspiegel. Während die erstere vor allem Fe- und Mn-Oxide, Karbonate, Sulfate, Arsenate enthält, reichern sich in der Zementationszone sekundäre Sulfide, aber auch elementares Cu and Ag an.

2.7 Entstehung supergener geochemischer Provinzen

Die Geochemie von Verwitterungsgesteinen, insbesondere der oft einige hundert Meter mächtigen, tiefgründigen ferrallitischen oder fersiallitischen Saprolithe, wurde in den letzten Jahrzehnten intensiv studiert.

MILLOT (1963), PEREL'MAN (1967), TARDY (1969) und VALETON et al. (1987) haben sich mit der Mobilität und Migrationsfähigkeit der Elemente in Abhängigkeit vom Oxidationspotential des Environments auseinandergesetzt, die spezielle „supergene geochemische Provinzen" erzeugen. Mit geochemischen Prospektionsmethoden wurden in Australien (BUTT & SMITH 1980), Äquatorialafrika und Südamerika (Carajas) große Verwitterungslagerstätten entdeckt. PEREL'MAN unterteilt die Migrationsfähigkeit in vier Gruppen: 1. schwach bis sehr schwach, 2. mittel, 3. stark, 4. sehr stark. Dabei kommt die unterschiedliche Mobilität in Abhängigkeit von den Elementgruppen im Periodensystem und der Polyvalenz der Elemente klar heraus (Tab. 2-9).

Tabelle 2-9. Tendenz der Elementmobilität bei der Verwitterung silikatischer Gesteine in Abhängigkeit vom Redox-Potential im gemäßigten Klima (PEREL'MAN 1967).

Migrationsintensität	Oxidierendes Milieu				Richtung der Migration		1000	100	10–1	0.1	0.01–0.001
	Anreicherungsfaktor K_x				schwach ↔ stark		Stark reduzierendes Milieu – Anreicherungsfaktor K_x				
	1000	100	10–1	0.1	0.01–0.001		1000	100	10–1	0.1	0.01–0.001
sehr stark	Cl, I Br, S				← Cl, Br, I →		Cl, I Br				
stark		Co, Mg Na, F Sr, Zn U			←Ca, Mg, Na, F, Sr→ ←Zn, U—			Ca, Mg Na, F Sr			
mittel			Ca, Si P, Cu Ni, Mn K		← Si, P, K → ←Cu, Ni, Co				Si, P, K	
schwach sehr schwach				Fe, Al, Ti, Y Th, Zr, Hf, Nb, Ta, Ru, Rh, Pd, Os, Pt, Sn	←Al, Ti, Zr, Hf, Nb, Ta, Pt, Th, Sn →						Al, Ti, Sc, V, Cu, Ni, Co, Mo, Th, Zr, Hf, Nb, Ta, Ru, Rh, Pd, Os, Zn, U, Pt

Auch die biologische Anreicherbarkeit kann in vier Gruppen unterteilt werden (Tab. 2-10). Die Zahlen geben den Anreicherungsfaktor an.

Die Organokomplexbildung und der oft weite Transport von löslichen Organo-Metall-Komplexen hat dabei allerdings noch keine Berücksichtigung gefunden.

Einer der ersten, der geochemische Trennungsprozesse bei der Verwitterung mineralogisch und chemisch zu erfassen und zu quantifizieren versuchte, war MILLOT mit seinen Schülern (z. B. MILLOT 1963). Wie Abb. 2-48 zeigt, hat Al auf Graniten warm-humider Klimate die geringste Mobilität, während auf Ultramafiten Fe, Co, Cr, Ni und Mn stabiler als Al sind. Die Klimaabhängigkeit der Verwitterung ist aus der unterschiedlichen Elementmobilität bei der Verwitterung von Graniten im tropischen und gemäßigten Bereich erkennbar. Abb. 2-49 zeigt für verschiedene Verwitterungsgesteine die Anreicherung bestimmter Elemente und die Abreicherung dort leicht löslicher Elemente andererseits.

Tabelle 2-10. Biologische Anreicherung der chemischen Elemente (PEREL'MAN 1967).

		Koeffizient der biologischen Akkumulation					
		$100n$	$10n$	n	$0,n$	$0,0n$	$0,00n$
biologisch eingebaute Elemente	sehr stark	P, S, Cl					
	stark		Ca, K, Mg, Na, Sr, B, Zn, As, Mo, F				
biolog. angereicherte Elemente	mittel			Si, Fe, Ba, Rb, Cu, Ge, Ni, Co, Li, Y, Cs, Ra, Se, Hg			
	schwach				Al, Ti, V, Cr, Pb, Sn, U		
	sehr schwach						Sc, Zr, Nb, Ta, Ru, Rh, Pd, Os, Ir, Pt, Hf, W

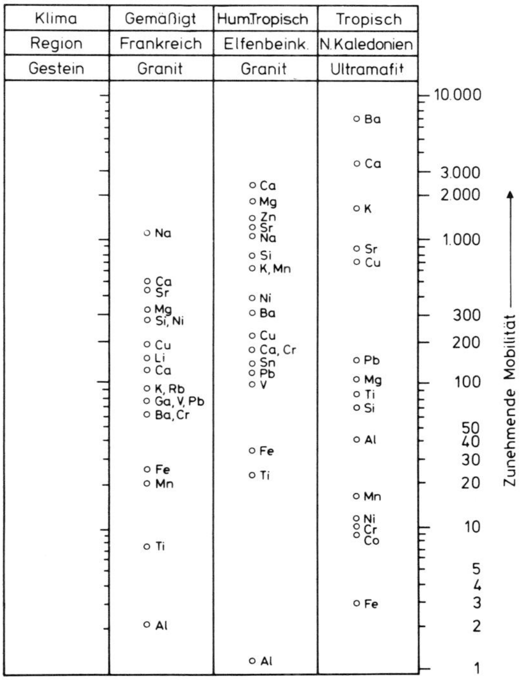

Abb. 2-48. „Mobilitätsskala" der Elemente bei der Verwitterung in Abhängigkeit vom Klima und Ausgangsgestein für Granite und Ultramafite (TARDY 1969). „Mobilität" = relative Lösungsgeschwindigkeit. Im tropisch humiden Klimabereich ist z. B. bei Verwitterung von Graniten Al viel stabiler – dagegen Ti, Fe und die meisten übrigen Elemente mobiler als im gemäßigten Klimabereich. Der Vergleich von Verwitterungsprozessen auf Graniten und Ultramafiten im tropischen Klimabereich zeigt viel größere Stabilität von Fe, Co, Cr, Ni, Mn und Si als von Al und Ti auf ultramafischen Edukten.

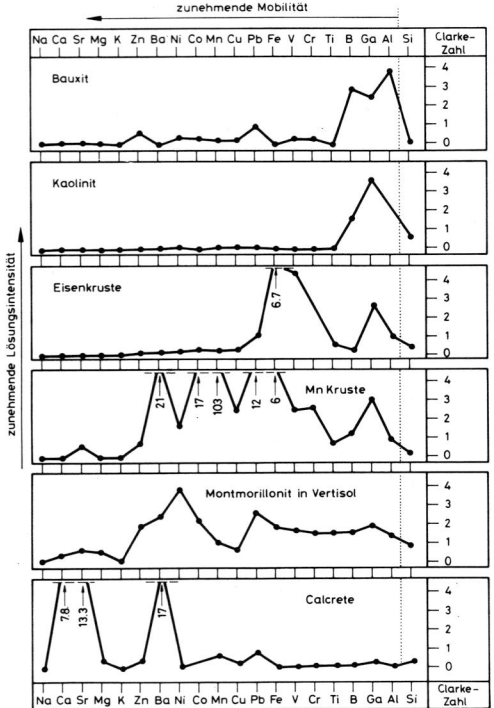

2-49. Selektive Anreicherung der Elemente in Gesteinen unterschiedlich intensiver Verwitterung. Der Anreicherungsfaktor bezieht sich auf die Clarke-Werte (mittlerer Gehalt eines Elementes in der Kruste. O = 46,6%, Si = 27,7%). Die Löslichkeit der auf der Abzisse aufgetragenen Elemente nimmt vom Al(rechts) zum Na(links) bei der Verwitterung zu. Von den semiariden Calcretes (unten) mit Konzentration der relativ leicht löslichen Elemente Ca, Sr, Ba über montmorillonitische Vertisols, Mangan-Krusten, Eisenkrusten, Kaolinite, erreicht die Anreicherung schwer löslicher Elemente in den humiden Bauxiten mit hohen Al- und Ga-Werten ihr Maximum (aus TARDY 1969).

Die chemischen Zusammenhänge zwischen lateritischen Verwitterungsprodukten und ihren Ursprungsgesteinen wurden auch von SCHELLMANN (1971) untersucht. Das Zr/Nb-Verhältnis und das Zr/TiO$_2$: Nb/Y-Verhältnis bewährten sich bei der Ermittlung der Ursprungsgesteine von lateritischen Umlagerungsprodukten (LDF; VALETON et al. 1983). Schon das Verhältnis von Zr zu Nb in den Lateriten genügt bei sehr unterschiedlichen Muttergesteinen wie Alkalisyeniten und Basementgesteinen, um deren Verbreitung im Gelände zu erfassen. Geochemische Kartiermethoden basieren auf solchen chemischen Unterschieden der Ausgangsgesteine.

Kompliziert werden die Verhältnisse, wenn die Verwitterungsbildungen „polygenetisch" sind, d. h. wenn sie mehrmals in unterschiedlichen Milieus überprägt wurden, z. B. indem sie in den Bereich des Grundwassers oder unter ein aggressives warmfeuchtes Klima gerieten. Dann können zusätzliche Ab- oder Anreicherungen erfolgen, die speziell auf die Top- bzw. Basisbereiche der Profile konzentriert sein können, wie dies für die Bauxite auf Charnockiten in Brasilien oder die Nickellaterite auf Karst in Griechenland gezeigt wurde (ROSENBERG 1984; VALETON et al. 1987).

In den letzten Jahren hat die Literatur über die Verwitterungslagerstätten stark zugenommen. Als weiterführende Literatur seien daher angeführt: BARDOSSY 1982; BUTT & SMITH 1980; GOUDIE & PYE 1983; LELONG et al. in WOLFF, (ed.) 1976; ICSOBA-Traveaux 1–18, ICSOBA-Symposien, Lateritization Processes Symp. 1979, 1982; ROSE et al. 1979; VALETON 1972; WILSON, (ed.) 1983.

3. Konglomerate und Breccien

(Hans Füchtbauer, Bochum)

3.1 Konglomerate

3.1.1 Benennung und Vorkommen

Ein Sediment, welches zu über 50% aus Geröllen, d. h. rundlichen Mineral- oder Gesteinsbruchstücken von mehr als 2 mm Durchmesser besteht, wird als „Kies" oder „Schotter" bezeichnet, in verfestigtem Zustand als „Konglomerat". Sind die Komponenten eckig, so heißt das Sediment „Schutt", verfestigt „Breccie".

In lockerer Anlehnung an Pettijohn (1975: 165) unterscheiden wir

I. Konglomerate (extraformationelle oder Extraklast-Konglomerate)
   A. Orthokonglomerate (Gerölle stützen sich ab oder schwimmen in sandiger Matrix)
   B. Parakonglomerate (= Diamiktite; Gerölle schwimmen in toniger Matrix)
II. Weichkonglomerate (intraformationelle oder Intraklast-Konglomerate; flat pebble conglomerates)

Pettijohn (l. c.: 165) läßt die Parakonglomerate schon bei 15% „Matrix" beginnen, denkt bei letzterer aber vermutlich an Ton oder Silt. Wir definieren als Matrix den durch ein Minimum der Kornverteilungskurve abgegrenzten Feinanteil. Streng genommen läßt sich dieser Begriff daher nur für bimodale Sedimente anwenden. So hat der Flußkies in Abbildung 3-7 über 30% Matrix. Man verwendet jedoch „Matrix" auch als Feldbegriff ohne Nachweis der Bimodalität. Für die genetisch

Abb. 3-1. Molasse-Nagelfluh; maximale Geröllgröße ca. 6 cm. Findling, Parkplatz bei Zürich.

bedeutsame Unterscheidung von Ortho- und Parakonglomeraten ist einerseits die bessere bzw. schlechtere Sortierung, andererseits der hohe Ton- und Siltgehalt der Parakonglomerate maßgebend. Eine quantitative Grenzziehung soll hier unterbleiben.

Qualitativ unterscheidet man „oligomikte" (oder, bei nur einer Geröllart, „monomikte"), d. h. aus wenigen Gesteinsarten zusammengesetzte (Abb. 3-2), und „polymikte" (oder „petromikte"), d. h. aus vielen Gesteinsarten zusammengesetzte Konglomerate (Abb. 3-1). Die oligomikten wird man im allgemeinen nach der vorherrschenden Gesteins- oder Mineralart benennen (z. B. Kalkkonglomerat, Quarzitkonglomerat). Auf polymikte Konglomerate läßt sich das auch für Sandsteine benutzte Benennungsschema anwenden. So enthält ein „quarzitreiches Kalkkonglomerat mit Sandmatrix" mehr als 25% Quarzitgerölle, einen noch höheren Anteil von Kalkgeröllen und 10–25% Sandmatrix. Ein Sandstein mit 25–50% Geröllen wird als „geröllreicher Sandstein" bezeichnet; manche Autoren nennen ein solches Gestein schon „Konglomerat".

Abb. 3-2. Schräggeschichtetes, marines Quarzkonglomerat (Median ca. 5 mm, Maximalgröße 10–20 mm). Auernig-Schichten (Oberkarbon, Naßfeldpaß, Karnische Alpen).

I. Konglomerate

A. Orthokonglomerate (Abb. 3-1, 2) bzw. unverfestigt „Kies" oder „Schotter"

Sie entstehen durch Aufarbeitung von Gesteinen und anschließende Verrundung und Sortierung in starker Strömung. Die reinsten, d. h. matrixärmsten Konglomerate entstehen an steil abgeböschten Küsten mit starker Brandung. Geologisch gesehen, bilden solche Strandkonglomerate jedoch nur geringmächtige Ablagerungen, die allerdings durch fortschreitende Transgression, verbunden mit der Erosion einer Felsenküste eine flächige Verbreitung finden können. Sie sind dann „diachron": In der Richtung der Meerestransgression werden sie geologisch jünger.

Stärker mit Sandsteinen wechsellagernde Konglomerate können im fluviatilen Bereich mächtige Gesteinsfolgen bilden. Beispiele dafür sind viele Molasseablagerungen im Vorland aufsteigender Faltengebirge. Im Alpenvorland werden diese als „Nagelfluhen" (Abb. 3-1) bezeichnet. In Flüssen entstehen besonders reine Geröllagen im allgemeinen durch Auswaschung, d. h. durch Umlagerung eines vorher abgesetzten Paketes von Sand und Kies („washouts"). Die größten Geröllanreicherungen findet man im Vorland großer Gletscher (Sander, glacial outwash fans) und in den Schuttfächern am Fuß der Gebirge (alluvial fans). Die letzteren bilden sich vor allem in ariden bis semiariden Gebieten. LAWSON (1925) führte für sie den Begriff „Fanglomerate" ein. Diese nehmen ihren Ausgang nicht selten an großen, lange Zeit aktiven Störungszonen. Im obersten Teil, d. h. proximal, enthalten diese Schuttfächer oft schlecht sortierte Sedimente von Schlammströmen („debris flows", s. Kap. 13.2.2), welche als Parakonglomerate bezeichnet werden können (McGowen & Groat 1971; Larsen & Steel 1978; s. auch Blissenbach 1954). Weiter unten (distal) entstehen normale Flußkonglomerate mit von oben eingefilterter Grundmasse und gelegentlichen Einlagerungen siltig-toniger Schichtflut-Sedimente (Wasson 1977). Näheres im Kap. 14.1.1.

In äolischen Ablagerungen findet man Gerölle nur als Einkornlagen, welche als Rückstände von Wanderdünen anzusehen sind (lag deposits; desert pavements) und oft den einzigen Hinweis auf die sedimentäre Horizontale in schräggeschichteten Sandsteinen liefern. In tieferem Wasser können Orthokonglomerate in den Ablagerungen von Suspensionsströmen vorkommen, enthalten jedoch häufig eine feinkörnige Matrix (s. Kap. 3.1.8).

B. Parakonglomerate (Diamiktite)

Sie können auf sehr verschiedene Weise entstehen. Folgende genetische Typen lassen sich, z. T. in Anlehnung an Pettijohn (1975), unterscheiden:

1. Glazigener Diamiktit (s. Abb. 3-12)

a) Blocklehm (Geschiebelehm oder Geschiebemergel; till, s. auch Kap. 3.2.2 A), verfestigt: Tillit oder Orthotillit (Harland et al. 1966). Vorwiegend terrestrischer, ungeschichteter Moränenschutt mit sehr verschiedener Korngrößenverteilung (99% Ton bis 99%Blöcke; Harland et al. 1966), doch liegt der Median nach Pettijohn (1975: 172) häufig zwischen 3 und 10 Mikron. Die Blöcke sind an der flachen Seite z. T. gekritzt. Als einziges brauchbares Kriterium für Eistransport sehen Harland et al. (l. c.: 242) die Verbreitung großer, petrographisch unterschiedlicher Blöcke mit geringer Größenveränderung über weite Flächen an. Andererseits beschreiben Cook et al. (1972) auch submarine, in Turbidite eingelagerte Megabreccien mit über 100 km Transportweite aus dem Devon Albertas. Einen Lithofaziesschlüssel für Geländeaufnahmen teilten Eyles et al. (1983) mit. Eine matrixgestützte Eingerölllage mit einem mittleren Gerölldurchmesser von 17 cm, welche in wesentlich feinkörnigere glazigene Diamiktite eingeschaltet ist, erwähnen Visser & Hall (1985) von der Basis der permokarbonischen Dwyka Formation Südafrikas.

b) Dropstone (Paratillit, Abb. 3-3): Meist feingeschichteter, mariner oder lakustrischer Tonstein mit vereinzelten Geröllen oder Gesteinsblöcken, die von Eisschollen herabgefallen sind. Dementsprechend sind die Schichten unter den Blöcken stärker gestört als oberhalb derselben (Edwards 1978, Harland et al. 1966, Jain 1981). Auch in dropstones ist eine regelmäßige Korngrößenabnahme der Klasten vom Liefergebiet weg unwahrscheinlich. Die geologische Verwendungsmöglichkeit von Dropstones diskutierte Wohlfeil (1982). Für die Lederschiefer des unteren Ordoviziums von Thüringen wurde diese „Eisfloßtheorie" zuerst von Deubel (1929), später von Katzung (1961)

Abb. 3-3. Dropstone. 2,3 cm großes Granitgeröll in präkambrischem Warventon. Cobalt Group, Ontario (aus Pettijohn 1975: Fig. 6-14).

vertreten. Gekritzte Gerölle von maximal 34 cm Größe und typisch glazigener Zurundung liegen dort im z. T. gebänderten Schiefer in einer Menge von maximal 1 Vol-% und ohne laterale Größenänderungen. Dropstones werden auch im Kap. 14.4.3 behandelt.

Charakteristisch für Dropstones ist ihre oft ungleiche Verrundung und unregelmäßige Verteilung auf der Schichtfläche: Sie bilden oft Häufchen, was im Perm des Sydney-Beckens gut zu erkennen ist.

2. Geröllton (ACKERMANN 1951) oder pebbly mudstone (CROWELL 1957)

Es ist oft schwer und nur aus dem geologischen Zusammenhang heraus möglich, diese nicht glazigenen Diamiktite von den glazigenen zu unterscheiden. Sie werden vor allem in Zweifelsfällen daher manchmal als „Tilloide" bezeichnet (HARLAND et al. 1966; PETTIJOHN 1975: 180; SCHERMERHORN & STANTON 1963). Im allgemeinen handelt es sich bei dieser Gruppe um mass flows. Sie sind wenig geschichtet und vorwiegend subaquatisch entstanden (s. Kap. 3.2.2 und 13.2.2).

Was die Häufigkeit der drei genannten Diamiktit-Typen betrifft, so sind die Blocklehme, sieht man vom Pleistozän ab, am seltensten, da terrestrische Ablagerungen wenig Chancen haben, über geologische Zeiträume erhalten zu bleiben. Gerölltone (mass flows) sind am häufigsten.

II. Weichkonglomerate

In vielen Schichtfolgen findet man, lagenweise oder einzeln eingestreut, meist flache Gerölle etwa gleicher Zusammensetzung. Sie entstehen durch lokale Aufarbeitung eingetrockneter oder aus anderen Gründen kohärenter, meist feinkörniger Sedimente der gleichen Schichtfolge. Bei ihrer Aufarbeitung sind sie noch porös und haben daher während des Transportes eine niedrige Dichte – bei einer Porosität von 65% etwa 1,6 – und müssen daher nicht unbedingt eine starke Strömung anzeigen, zumal sie wegen ihrer meist flachen Form leicht zu transportieren sind.

Die Bezeichnung „Weichkonglomerate" ist vor allem für tonige und mergelige Klasten dieser

Abb. 3-4. Intraformationäre Kalkbreccie. Die Klasten sind bis 1 m lang und z. T. plastisch verformt. Füllung einer Gezeitenrinne. Biri-Formation (Präkambrium), S-Norwegen, Aus BJØRLYKKE et al. (1976: Fig. 8)

Art geeignet, während kalkige Klasten zur Zeit der Umlagerung vermutlich oft schon stärker verfestigt waren (Abb. 3-4). „Intraklast-Konglomerate (-Breccien)" ist deshalb ein geeigneterer Ausdruck. Vor Hindernissen sind flache Intraklasten manchmal zu vertikal stehenden Bündeln zusammengeschoben („edgewise conglomerates", z. B. ERIKSSON 1977: Fig. 16). Mächtigere Weichkonglomerate sind selten; meist bilden sie nur dünne Lagen, vor allem an der Basis von Fluß- und Prielrinnen. Auf Karbonatplattformen kommen auch Dolomit-Intraklasten vor. Dabei handelt es sich um supratidale Laminit-Krusten, welche frühdiagenetisch dolomitisiert, durch Trockenrisse zerteilt und dann durch Sturmfluten aufgearbeitet wurden (MATTER 1967, ROEHL 1967). Da Partikelkalk-Sedimente vor allem in Flachseegebieten geringer Sedimentbildungsrate schon an der Oberfläche durch Zementsäume eine gewisse Festigkeit erlangen können, sind bei Sturmfluten auch Aufarbeitungen unterhalb des Gezeitenbereiches denkbar.

Schlickgerölle, welche am häufigsten bei der Verlagerung von Prielen in Wattengebieten entstehen (TREFETHEN & DOW 1960), sind gelegentlich auch von ständig wasserbedeckten Flachseegebieten (R. RICHTER 1924), ja sogar von Turbiditen (rip-up clasts, COSSEY & EHRLICH 1981) und Tiefseerinnen (MUTTI & NILSEN 1981) beschrieben worden. Nicht selten treten sie auch in fluviatilen (G. D. WILLIAMS 1966), See- und kontinentalen Rotsedimenten auf (PETTIJOHN 1975). Ihre milieuweisende Bedeutung ist demnach gering.

3.1.2 Zusammensetzung

Während Sandsteine vorwiegend aus Einkristall-Körnern bestehen, sind die Konglomeratkomponenten meist Gesteinsfragmente. Eine genauere Bestandsaufnahme der Komponenten gibt daher oft direkte Hinweise auf das Liefergebiet. Besonders ausgebaut wurde diese Methode zur Erforschung der diluvialen Eisbewegungen. Gute Bestimmungsbücher liegen vor von KORN (1927) und HESEMANN (1975) für Kristallingeschiebe und von HUCKE (1967) für Sedimentärgeschiebe; siehe auch HESEMANN (1939), WOLDSTEDT (1955), LÜTTIG (1954, 1958, 1964b, guter Überblick mit viel Literatur), K. RICHTER (1933, 1959). Wegen der unterschiedlichen Verwitterbarkeit aber spiegeln Konglomerate nicht genau das Abtragungsgebiet wider. Manche Gesteine, wie z. B. Kalke oder Quarzite, aber auch Quarzgänge (Kluft- und Spaltenfüllungen) bilden bevorzugt Gerölle, während Granite bei intensiver Verwitterung vorwiegend zu Sand zerfallen. Ein größerer Anteil von Granitgeröllen – wie z. B. in der „Granitischen Molasse" südlich von Zürich und Bern – weist deshalb auf verstärkte Hebung ohne eine mit der Abtragung schritthaltende Verwitterung hin (s. auch PETTIJOHN 1975: 167). Quarzgänge finden sich vor allem in Faltengebirgen, doch kommt ihnen dort nur ein geringer Volumenanteil zu. Um so auffälliger ist es, daß man relativ häufig reine Quarzkonglomerate findet (Abb. 3-2); allerdings sind diese nach PETTIJOHN (1975: 167) meist geringmächtig. Quarzgerölle sind besonders verwitterungs- und umlagerungsresistent und stellen daher häufig Abtragungsprodukte älterer Konglomerate dar. Weniger resistente Gerölle sind geeignetere Indikatoren der abgetragenen Gesteinskomplexe.

Schüttungswechsel spiegeln sich häufig in einer Veränderung des Geröllspektrums. Einschaltungen von sehr abweichenden Geröllarten aber zeigen ein außergewöhnliches Ereignis an. So deutete BÜRGISSER (1980) eine in ein Molassekonglomerat eingeschaltete Breccienbank, die aus wenigen stratigraphisch eng zusammenhängenden Karbonatgesteinen bestand, als katastrophenartiges Umlagerungsprodukt eines Bergsturzes.

3.1.3 Größe

Die wichtigste Eigenschaft der Kiese und Konglomerate ist neben ihrer Zusammensetzung die Korngröße. Man kann mit der Schublehre den längsten Durchmesser der einzelnen Gerölle messen und so die Korngrößenverteilung ermitteln. Wegen der Umständlichkeit eines solchen Vorgehens beschränkt man sich aber meistens auf die Messung der größten Gerölle eines Kollektivs, indem man in einem immer gleichgroßen Aufschlußbereich, z. B. auf 2 m Breite (BÜRGISSER 1980: 10), die Längsachsen der zehn größten Gerölle einer Lage mißt und daraus das arithmetische Mittel berechnet („maximale Geröllgröße" nach PETTIJOHN 1975: 159). So lassen sich auch die nicht seltenen Fälle meistern, wo einzelne Gerölle von überragender Größe eingestreut sind. Ein Beispiel hierfür sind die fluviatilen „Riesenkonglomerate" in der oligozänen Molasse der Nordostschweiz mit bis 90 cm großen Geröllen, aber vereinzelten bis 4 m langen Blöcken (HABICHT 1945: 137).

Für feinere Kiese und Konglomerate aber kann die Siebanalyse angewandt werden. Dabei wird automatisch nicht der längste sondern der mittlere Durchmesser erfaßt (die „größte Breite", d. h. der größte Durchmesser senkrecht zur Längserstreckung). In der von BÜRGISSER (1980: 83) untersuchten fluviatilen Molasse betrug die größte Breite etwa 2/3 der an losen Geröllen gemessenen, wirklichen größten Länge, welche ihrerseits etwa 20% länger war als die an der Aufschlußwand gemessene scheinbare größte Länge. Die größte Breite erhielt er demnach durch Multiplikation der scheinbaren größten Länge mit $1{,}2 \cdot 2/3 = 0{,}8$.

Eine volle Korngrößenanalyse auch gröberer Kiese in-situ ermöglicht die Photogrammetrie (NITHACK 1974). Aus 1 m Entfernung werden Stereoaufnahmen der Steinbruchswand angefertigt, welche Körner von 2 mm Größe (= Untergrenze der Kiesfraktion) gerade noch erkennen lassen. Auf Photos von ca. 1 m² großen Aufnahmeflächen werden mit einem Stereoauswertegerät die Raumkoordinaten der Endpunkte der längsten sichtbaren Durchmesser der Gerölle bestimmt. Über ein Computerprogramm wird dann die statistische Verteilung dieser Durchmesser errechnet, welche einer Korngrößenanalyse entspricht, die allerdings auf einer Mittellage zwischen dem längsten und dem mittleren Gerölldurchmesser beruht (etwa die scheinbare größte Länge, s. o.).

Nach der Größe unterscheidet man Feinkies (2–6,3 mm), Mittelkies (6,3–20 mm) und Grobkies (20–63 mm Durchmesser). Für gröbere Gerölle lassen sich die Ausdrücke „Blockkies" (63–200 mm) und „Blöcke" (> 200 mm) verwenden.

CAYEUX (1929) unterscheidet oberhalb von sables (Sand; 0,05–5 mm) graviers (5–50 mm), galet (50–256 mm) und blocs (> 256 mm). PETTIJOHN (1975: 30) unterscheidet nach WENTWORTH (1922) granule (2–4 mm), pebble (4–64 mm), cobble (64–256 mm) und boulder (> 256 mm). Zusammenfassende Bezeichnungen sind je nach Verfestigung Schotter oder Kies (gravel) und Konglomerat, bzw. – wenn ungerundet – Schutt (rubble) und Breccie.

Im Gegensatz zu dem stets gut sortierten Strandkies ist Flußkies meist bimodal, mit einem Hauptmaximum in der Kiesfraktion und einem Nebenmaximum in der Sandfraktion („Matrix"; Abb. 3-7). Mit Abb. 3-5 läßt sich ermitteln, ob mit den Geröllen als Rollfracht der Sand als Schwebfracht gleichzeitig transportiert sein kann –

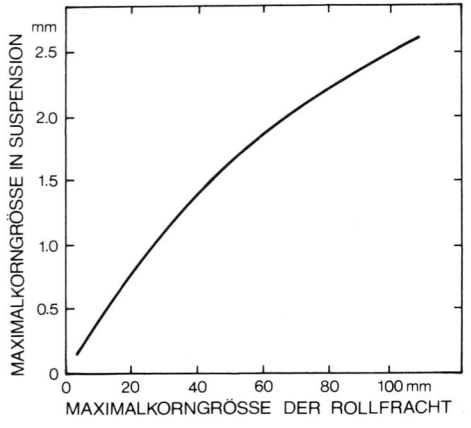

Abb. 3-5. Beziehung zwischen den bei jeweils gleicher Strömungsgeschwindigkeit als Rollfracht und als Suspensionsfracht transportierten Maximalkorngrößen (aus HARMS et al. 1975, Fig. 7-3).

was für die Probe in Abbildung 3-7 gerade noch gilt – oder ob der Sand später, bei geringerer Strömung, zwischen die Gerölle eingespült wurde (z. B. 1 mm-Sand in 70 mm-Gerölle, s. auch EYNON & WALKER 1974). Viele Sortierungstypen beschrieben aus dem englischen Buntsandstein STEEL & THOMPSON (1983). In Turbiditen gehen die zwei Maxima ineinander über. In Gerölltonen (pebbly mudstones) liegt das Hauptmaximum in der Ton- oder Siltfraktion.

Die maximale Geröllgröße vermittelt einen Eindruck von der Stärke der Transportkraft. Zum Beispiel beförderte ein Fluß von ca. 4 m Tiefe bei einer Geschwindigkeit von ca. 5 m/sec noch Blöcke bis fast 2 m Durchmesser, trotz geringen Gefälles (0,8°; Messungen und Berechnungen von BRADLEY & MEARS 1980). Nach GUSTAVSON (1978) wurden andererseits in einem 1 m tiefen Fluß bei einer Geschwindigkeit von 1,8–3 m/sec nur 1,2–3,4 cm große Gerölle bewegt. Weitere Beispiele finden sich bei BLATT et al. (1980: 120). Die horizontale Verteilung der maximalen Geröllgröße erlaubt Rückschlüsse auf die Richtung des Materialtransportes.

3.1.4 Transportsortierung und Abnutzung

Die folgenden Faktoren bestimmen die Geröllgröße und ihre Veränderungen:

A. Vorgabe
  1. Primäre Größenverteilung im Schutt des Liefergebietes.
  2. Mischung aus mehreren Liefergebieten (Nebenflüsse).

B. Einflüsse während des Transportes
  1. Abnahme der Transportkraft („Transportsortierung"). Gröbere Gerölle bleiben im oberen, hochenergetischen Teil des Flußlaufs liegen; feinere werden weitertransportiert.
  2. Transportabnutzung. Die verschiedenen Gesteine erleiden während des Transportes eine unterschiedliche Abnutzung.

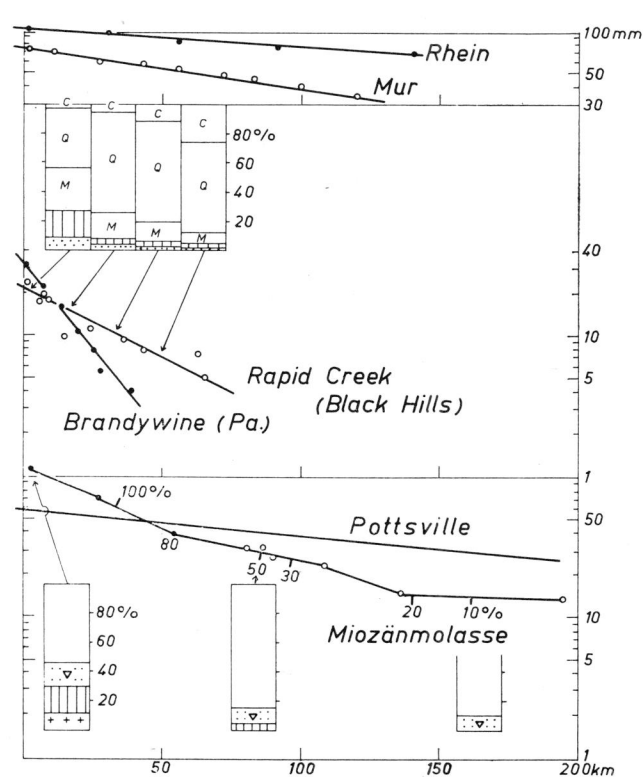

Abb. 3-6. Abnahme der maximalen Geröllgröße und – in Histogrammen – des Anteils empfindlicher Gerölle in der Transportrichtung, oben für rezente Flüsse (PETTIJOHN 1960), unten für fluviatile Gesteine (Pottsville nach PELLETIER 1958; Miozänmolasse 0–100 m unter der A-Grenze nach LEMCKE et al. 1953 (Kreise) und BLISSENBACH 1957 (Punkte); Zahlen = Prozentsatz der Konglomeratlagen, aus FÜCHTBAUER 1954). Die mittlere Geröllzusammensetzung wurde für den Rapid Creek nach PLUMLEY (1948), für die Miozänmolasse nach LEMCKE et al. (1953) und STIEFEL (1957) eingetragen. (Signaturen: C = Chert, Q = Quarz + Quarzit, M = Metamorphite, vertikale Schraffur = Karbonatgesteine, Punkte = Sandsteine, Punkte mit ∇ = kieselige Sedimente und Metamorphite, Kreuze = feldspathaltiges Kristallin, weiß = Quarze.)

Die Abnahme der Transportkraft verursacht eine Korngrößenabnahme flußabwärts (Abb. 3-6; s. Kap. 13.1.1 und 13.1.2). STERNBERG (1875) hat bei seinen Untersuchungen am Rhein eine exponentielle Größenabnahme mit der Wegstrecke festgestellt. Neuere Formeln für englische Flüsse stammen von KNIGHTSON (1980). Nach SCHULTHEIS & MOUNTJOY (1978: 333) nimmt die Geröllgröße in Schuttfächern besonders schnell, in Flüssen langsamer und in „glacial outwashs" besonders langsam ab. Es wurden sogar Fälle beschrieben, in denen aufgrund komplizierter Sortierungsvorgänge in einem terrestrischen Schuttfächer die mittlere Geröllgröße eines einzelnen Gesteinstyps in der Transportrichtung zunahm (FROSTICK & REID 1980).

In Suspensionsströmen ist die Transportkraft weniger von Gefälle und Wassertiefe als von den Suspensionseigenschaften abhängig. So erklärt es sich, daß in einer Rinne längs der Labrador-See noch 400 km von der Küste entfernt 5,9 cm große Gerölle zu finden sind (CHOUGH & HESSE 1976). Zum Transport durch Eis s. Kap. 13.1.5 und Tab. 14-4.

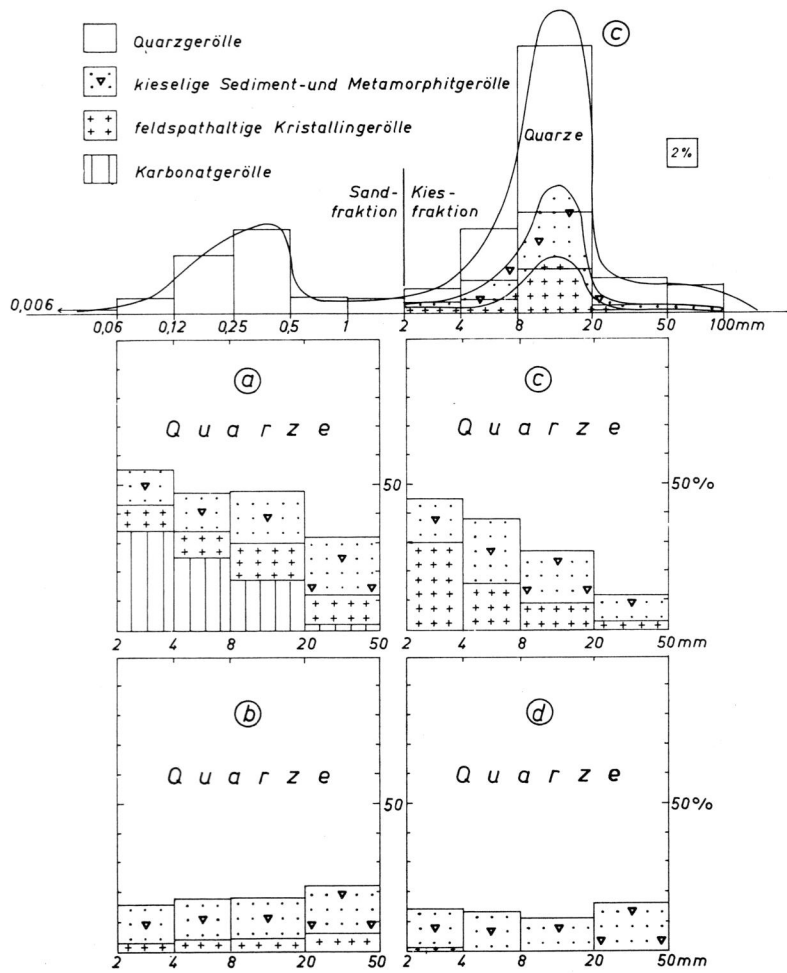

Abb. 3-7. Petrographie und Korngrößenverteilung von Konglomeraten der Miozänmolasse (OSM) Ostbayerns (umgezeichnet nach STIEFEL 1957), a und c = unverwitterter Nördlicher bzw. Südlicher Vollschotter (Enns- bzw. Salzachschüttung), b und d = verwittert (d = „Quarzrestschotter"). 3-6 bis 8 rechts stammen aus FÜCHTBAUER 1967a.

Einige Beispiele sollen nun den wechselnden Einfluß von Transportkraft und Abnutzung erläutern. PLUMLEY (1948: 570) führte in einem kleinen Fluß (Rapid Creek, s. Abb. 3-6 Mitte) 1/4 der beobachteten Geröllgrößenabnahme auf Abnutzung, 3/4 auf die Abnahme der Transportkraft zurück. Weichgerölle aufgearbeiteter Trockenrisse in Ton- und Feinsilt aber sind nach maximal 100 m Transport durch Abnutzung zerfallen (SMITH 1972a) Ein anderes Beispiel, aus der süddeutschen Molasse, sei im folgenden diskutiert (Abb. 3-6 unten). Wie im Rapid Creek nimmt der Anteil transportempfindlicher Gerölle flußabwärts ab. Es liegt nahe, an Transportabnutzung zu denken, doch könnte das gleiche Bild – bei geeigneter Größenverteilung im Schutt des Liefergebietes – auch durch eine Transportsortierung entstehen, zumal eine solche im Falle der Miozänmolasse sicher stattgefunden hat, wie die Größenabnahme der relativ transportresistenten Quarzgerölle auf kurze Entfernung zeigt.

Ein Blick auf die Zusammensetzung der einzelnen Geröllfraktionen hilft hier weiter. Sie ist in Abb. 3-7 für die Miozänmolasse dargestellt, und zwar für den Punkt ganz links in Abb. 3-6; eine Stelle übrigens, die mindestens 100 bis 200 km unterhalb der Quelle dieses Flusses liegt. Man erkennt in den unverwitterten Proben (a), daß der Anteil der Quarzgerölle in den feineren Fraktionen geringer ist. Eine reine Transportsortierung würde die kleineren Gerölle stromabwärts anreichern und damit zu einer stetigen Abnahme des Quarzgeröll-Anteils führen. Das Gegenteil aber ist der Fall. Damit ist eine Transportabnutzung der Nichtquarz-Gerölle nachgewiesen.

Sie scheint ganz allgemein dafür verantwortlich zu sein, daß in der Einzelprobe die transportresistenten Gerölle gewöhnlich in den gröberen Fraktionen angereichert sind, denn die Reibungskräfte verstärken sich mit wachsendem Gewicht der Gerölle, so daß die Abnutzung mit der Geröllgröße zunimmt. Hiermit erklärt sich auch die Beobachtung, daß zwar Quarzsandsteine selten andere als Quarzgerölle führen, daß aber umgekehrt nicht alle Quarzkonglomerate mit Quarzsandsteinen vergesellschaftet sind. So findet man fast reine Quarz- und Quarzitkonglomerate in feldspatführenden Sandsteinen sowohl des Buntsandsteins (FORCHE 1935) als auch der präkambrischen Lorrain-Serie Ontarios (PETTIJOHN 1957: 253), sowie in Sandsteinen mit Gesteinsbruchstücken (Ton- und Siltstein-, Phyllit- und Quarzitbruchstücke) der unterkarbonischen Poconoserie Pennsylvaniens (PELLETIER 1958).

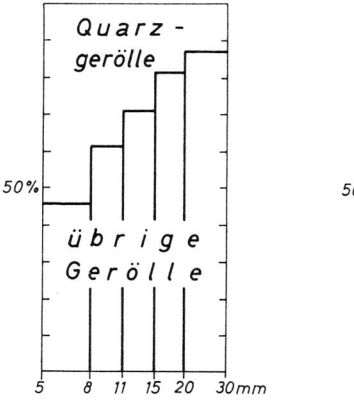 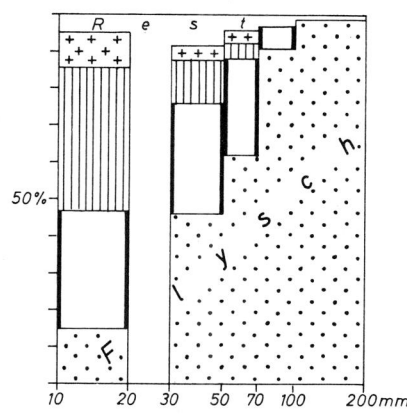

Abb. 3-8. links: Abnahme des Anteils der Quarzgerölle mit zunehmender Korngröße. Holzer Konglomerat im Oberkarbon des Saargebietes (umgezeichnet nach RÜCKLIN 1955, Aufschl. 28).
rechts: Zunahme des Anteils von Flysch-Sandkalkgeröllen mit zunehmender Korngröße. Untere Süßwassermolasse des Allgäus (umgezeichnet nach SCHIEMENZ 1960). Punkte = Flysch, weiß = Jura (Fleckenmergel, Aptychenkalke, Radiolarite u. a.), vertikal gestreift = Trias (Dolomite, Kalke), Kreuze = Kristallin (vorwiegend Gneise).

Die Konglomerate von Abb. 3-8 links und rechts sind demgegenüber aus Geröllen etwa einheitlicher Transportresistenz zusammengesetzt. Das in Abb. 3-8 links dargestellte Konglomerat hat eine mittlere Korngröße von 15–20 mm und besteht nach abnehmender Häufigkeit aus Quarzit, Quarz, sowie Quarzitschiefer + Tonschiefer (RÜCKLIN 1955). Da etwa gleiche Transportwege angenommen werden können, dürften für die Verteilung primäre Größenunterschiede verantwortlich sein. Dies gilt auch für die Beobachtung von VALETON (1955a), die am Main Gangquarze nur bis zu 20 mm Größe fand, während die Gesteine des Mesozoikums und Paläozoikums bis 60 mm große Bruchstücke lieferten. Die Größe der Gangquarze ist durch die meist nicht sehr große Breite der Quarzgänge in gefalteten, klastischen Sedimenten eingeschränkt. Eine Anreicherung spezifischer Gerölle in bestimmten Fraktionen beschrieben auch LINDHOLM et al. (1979). Auch die von BRUNNACKER (1965) abgebildeten petrographischen Histogramme glazialer Schotter des Alpenvorlandes zeigen eine vermutlich herkunftsbedingte Abnahme des Quarzanteils mit wachsender Korngröße des Sediments (von 2 auf 40 mm).

Die Verwitterung attackiert im Gegensatz zur Transportbeanspruchung die kleineren Gerölle stärker als die größeren, wie Probe b in Abb. 3-7 erkennen läßt, wenn man sie mit Probe a vergleicht.

Abb. 3-8 r. zeigt eine besonders starke Zunahme einer einzigen Geröllart mit wachsender Korngröße. Diese – die Flysch-Sandkalke – unterscheiden sich in ihrer Resistenz nicht wesentlich von den übrigen Geröllen. SCHIEMENZ (1960) erklärt ihr Verhalten damit, daß das Abtragungsgebiet des Flysch näher lag und außerdem zu dieser Zeit herausgehoben wurde. Dadurch verstärkte sich das Gefälle für die Flyschgerölle, während es für das dahinter liegende, kalkalpine Liefergebiet der übrigen Gerölle abnahm.

3.1.5 Gestalt

Von den drei Formeigenschaften – Gestalt, Rundung, Oberflächenbeschaffenheit – ist die Gestalt das tiefgreifendste Merkmal. Sie läßt sich durch das Verhältnis dreier Größen ausdrücken:

a) größte Länge
b) größte Breite, senkrecht zu a)
c) größte Dicke, senkrecht zu a) und b)

Es wurden zahlreiche Indizes vorgeschlagen, welche diese drei Abmessungen miteinander verknüpfen (s. KÖSTER 1964). Einen anderen Weg beschreitet BEHRENS (1977), der jedes Geröll in die Mitte einer Hohlkugel bringt und seine Oberfläche dann mit Meßstäben abtastet und dadurch 266 Ortsvektoren (Zentraldistanzen) gewinnt, die mit einem Rechenprogramm verarbeitet werden. Diese genaueste, aber aufwendige Methode wird vermutlich nur in besonderen Fällen angewandt werden.

Unter den Darstellungen der Ergebnisse ist besonders anschaulich das Diagramm von VALETON (1955a; Abb. 3-9) in welchem b = 1 gesetzt ist. Es macht sich zunutze, daß ausgesprochen stengeli-

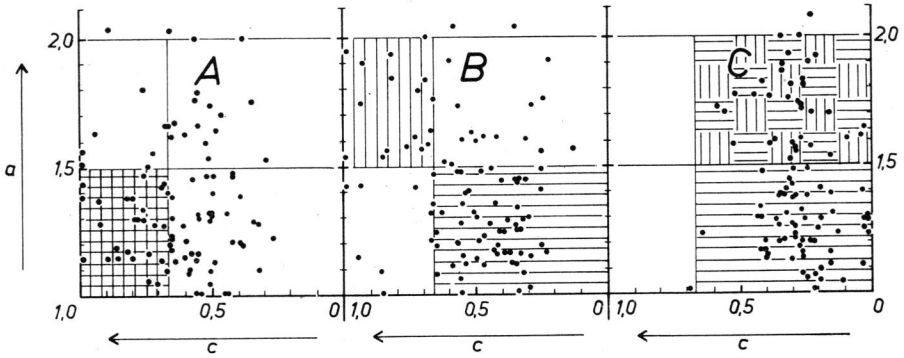

Abb. 3-9. Die Gestalt diluvialer Flußgerölle des Mains. a = längste Achse, (b = mittlere Achse, = 1 gesetzt), c = kürzeste Achse. Die Kieselschiefer (A) neigen zu isometrischen (kreuzschraffiert) Formen, die Grauwacken (B) zu plattigen (horizontal schraffiert) bis stengeligen (vertikal schraffiert) und die Tonschiefer (C) zu plattigen (horizontal schraffiert) bis flachstengeligen (wechselnd schraffiert) Geröllen (nach VALETON 1955a, Abgrenzungen nach ZINGG 1935).

ge Gerölle selten sind; diese würden in Abb. 3-9 weit oben liegen. Oft verzichtet man auf die Unterscheidung von a und b und gibt lediglich die Abplattung (a + b)/2c (CAILLEUX, s. Teil I, S. 17) oder den nach HUMBERT (1968) besonders signifikanten „sphericity index" $(c^2 a^{-1} b^{-1})$ 1/8 nach SNEED & FOLK (1958) an. DOBKINS & FOLK (1970) führen einen „oblate/prolate index" (d. h. diskusförmig/stengelig) ein: $([(a-b)/(a-c)]-0.5)10a/c$. Diskusförmige Gerölle sind negativ, stengelige positiv. BARRETT (1980) empfiehlt diesen Index zusammen mit der „maximum projektion sphericity" $(c^2/ab)^{1/3}$ (SNEED & FOLK 1958).

Die Gestalt der Gerölle wird im wesentlichen von den strukturellen Eigenschaften des Materials bestimmt (Abb. 3-9). In Schiefern und Grauwacken beispielsweise läßt die Spaltbarkeit nach Schicht-, Schiefer- oder Kluftflächen immer wieder flache oder stengelige Bruchstücke entstehen, so daß sich keine isometrischen, kugeligen Gerölle bilden können. Bei Gesteinen, die keine bevorzugte Spaltbarkeit besitzen, nimmt die Kugeligkeit mit der Transportweite zu (PETTIJOHN & LUNDAHL 1943).

Auch die Transportart scheint nicht ohne Einfluß auf die Geröllgestalt zu sein. Küstengerölle sind im allgemeinen flacher als Flußgerölle (CAILLEUX 1945, 1961; TRICART 1951; KUENEN 1964a), diese wiederum sind flacher als Gerölle aus dem glazialen und solifluidalen Bereich (Bodenfließen) (K. RICHTER 1959). Stengelige Formen findet man besonders häufig in Flußschottern, vor allem der Unterläufe (BLATT 1959; LÜTTIG 1962b, 1964a). In der Küstenzone werden die Gerölle im allgemeinen um so intensiver bearbeitet, je steiler der submarine Bereich derselben, der Vorstrand ist. Dort entstehen nach WENTWORTH (1922) und LÜTTIG (1964a) kugelige Gerölle, während sich an energieärmeren Stellen des Strandes flache Gerölle sammeln (KUENEN 1964a; REINECK & DÖRJES 1976; HARTKOPF & STAPF 1984). In der Wüste entstehen „Windkanter" mit dreieckigem Querschnitt.

An primär isometrischen, 16–256 mm großen Basaltgeröllen der Insel Tahiti-Nui fanden DOBKINS & FOLK (1970), daß der sphericity index und der flach/länglich-Index von Flüssen über ruhige zu energiereichen Stränden abnehmen, während der Zurundungsindex (s. u.) zunimmt. Auch sie fanden flache Gerölle vor allem an sandigen (d. h. energiearmen) Küsten und führten diese Form auf Abrasion (Transportabnutzung) zurück. Eiszeitliche Geschiebe sind nicht selten flach, besitzen einen fünfeckigen Grundriß und sind gelegentlich etwa parallel zur Längsachse gekritzt (s. PETTIJOHN, 1975: 174). Weitere Hinweise geben die Zusammenstellungen von CAILLEUX (1945) und LÜTTIG (1962a).

3.1.6 Rundung

Die Rundung von Geröllen wird durch den Zurundungsindex nach CAILLEUX (s. Abb. 3-10) oder eine andere der vielen angegebenen Formeln bestimmt (s. KÖSTER 1964). Nach VALETON (1955a) ist der Index von CAILLEUX nicht sehr genau. Es wird eine visuelle Einteilung in fünf Klassen nach KRUMBEIN (1941) vorgezogen: 1. eckig, 2. kantengerundet, 3. mäßig gerundet, 4. gerundet, 5. gut gerundet. Da Gerölle etwas andere Formen als Sandkörner zeigen, ist die auf S. 142 für Sandkörner empfohlene Skala nicht ohne weiteres auf Gerölle zu übertragen.

Die Rundung ist meistens eine Folge von Transportabnutzung. Es liegt daher nahe, den Zusammenhang zwischen Transportweite und Verrundung sowohl experimentell als auch in rezenten Flüssen zu ermitteln und dann auf ältere Konglomerate anzuwenden. Hierbei ist jedoch zu beachten, daß manche Gesteine, wie z. B. Basalt, auch bei der Verwitterung zu runden Brocken zerfallen können. Eine weitere Fehlerquelle entsteht dadurch, daß leicht spaltbare Gesteine während des Transportes einmal oder mehrmals zerbrechen, so daß die stetige Rundungszunahme unterbrochen wird. Wichtig ist auch die „Vorzeichnung", die Vorgeschichte der Gerölle in einem anderen Transportbereich (LÜTTIG 1964a).

Ein fluviatiler Transport wurde von zahlreichen Autoren (s. PETTIJOHN 1957; BERTHOIS & PORTIER 1956, 1957) in Hohlzylindern nachgeahmt, welche sich um eine horizontale Achse drehten. Besser werden die natürlichen Verhältnisse nach KUENEN (1956) durch ein rundes Bassin angenähert, in welchem ein kreisender Wasserstrom die Gerölle über die horizontale Bodenfläche bewegt. Er führte Experimente mit Gesteinen unterschied-

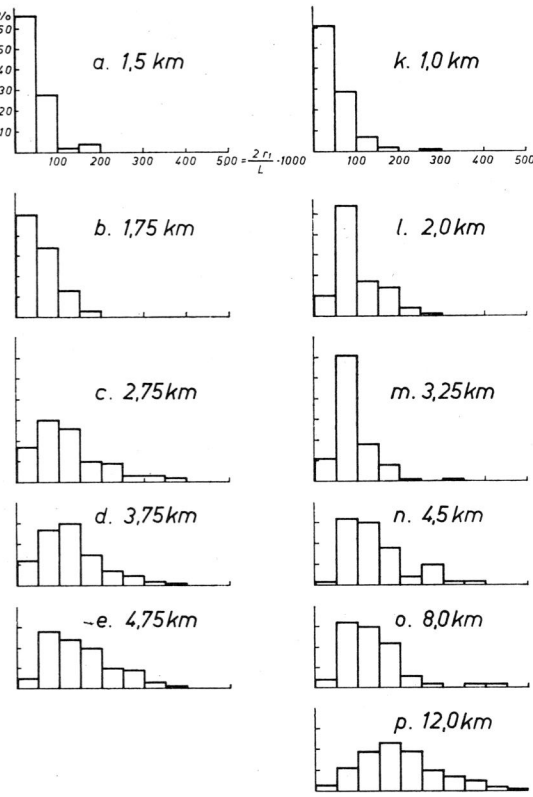

Abb. 3-10. Zurundungsdiagramme nach CAILLEUX. (Abszisse = $2r_1 \cdot 1000/L$, wobei r_1 = kleinster Radius in der Ebene größter Länge und Breite, L = größte Länge. Ordinate = Häufigkeit in %). a–e Veränderung eines Solifluktionsschutts (a) durch fluviatilen Transport über eine Strecke von 3,25 km; Quarzitschotter im Mariental (Harz). k–p = Veränderung eines Solifluktionsschutts (k) in der Moräne (k-m) und durch anschließenden fluviatilen Transport (n-p); Quarzitschotter im Siebertal (Harz). Nach HÖVERMANN & POSER (1951). Dieser Solifluktionsschutt besitzt nach KUENEN (1956) etwa 3 mm dicke, relativ weiche Verwitterungskrusten.

licher Härte durch und fand, daß in sandfreien Geröllschüttungen der Abrieb am stärksten ist und deutlich von der Geschwindigkeit abhängt. Auf die Natur angewandt, zeigen alle Experimente, daß der Abrieb zu Beginn am stärksten ist. Schon nach wenigen Kilometern ist eine deutliche Verrundung erreicht (s. auch PETTIJOHN, 1975: 160).

Intensiver ist die Verrundung im Küstenbereich. KUENEN (1964a) ahmte die Brandungszone mit einer 7 m langen, schmalen Wanne nach und fand, daß 2,5–55 mm große Gerölle nach einigen Wochen ununterbrochener, milder Brandungseinwirkung gut gerundet waren. Dabei verhielt sich der Gewichtsverlust von Kalk-, Quarzit- und Hornsteingeröllen wie 10 : 3 : 1. Da die Gerölle in der Natur nicht immer der Brandung ausgesetzt sind, sondern die meiste Zeit auf dem tieferen Vorstrand oder auf dem Strand ruhen, bedeuten diese Experimente, in die Natur übertragen, daß die Gerölle im Küstenbereich immerhin nach Jahren bis Jahrhunderten, das heißt nach geologisch kurzer Zeit, verrundet sind. Verrundete Flaschenscherben am Strand sind ein beredtes Zeugnis dafür. An Küsten mit schwacher Brandung ist die Verrundung wirksamer als an Küsten mit starker Brandung, weil dort die Gerölle häufiger zerbrochen werden (BLUCK 1969).

Nach diesen Experimenten ist es nicht verwunderlich, daß ein fluviatiler Transport von 15–30 km erfahrungsgemäß genügt, um die meisten Gerölle zu verrunden (POTTER & PETTIJOHN 1963). Am stärksten nimmt die Rundung dabei in den ersten 5–10 km zu (PETTIJOHN 1957, Abb. 130, 131; GREGORY & CILLINGFORD, 1974). Ein Beispiel aus dem Harz zeigt Abb. 3-10. Während der Transport in der Moräne die Quarzitbrocken nur wenig rundet (k-m), bewirkt der anschließende, fluviatile Transport (m-p und a-e) eine bedeutend schnellere Zurundung über vergleichbare Entfernungen (3–9 km.) Auch BLISSENBACH (1954) fand bereits in den ersten 6 Kilometern eine beträchtliche Rundungszunahme von Gneisbrocken, während ihre Kugeligkeit sich noch nicht änderte. Daß die Verrundung schneller voranschreitet als die Kugeligkeit, fanden an Kalksteinen auch KRUMBEIN (1941; experimentell) und PLUMLEY (1948, in der Natur). MILLS (1979) verglich in verschiedenen Arbeiten die Rundungszunahme flußabwärts und stellte fest,

1. daß sie über einer logarithmischen Entfernungseinteilung gerade Linien bildet,

2. daß sie für Kalksteine am stärksten und für Quarz und Quarzite am schwächsten ist.

ABBOTT & PETERSON (1978) verglichen die Abrasionsresistenz verschiedener Gerölle und fanden eine Abnahme derselben in der Reihenfolge Chert, Quarzit, Basalt, Marmor, Schiefer. LAMING (1966) kartierte in S-Devonshire (England) die Transportrichtung in permotriassischen Schwemmkegeln mittels Dachziegellagerung und Rundungszunahme der Gerölle.

Im küstenparallelen Transport fanden VAN ANDEL et al. (1954) an Kalksteinen, Kristallin und Feuersteinen die stärkste Rundungszunahme innerhalb des ersten Kilometers. Eine ähnlich schnelle Rundungszunahme bildete PETTIJOHN ab (1957, Abb. 132). Da der Transport nicht streng küstenparallel, sondern in Zickzacklinien verläuft, sind die wirklichen Transportweiten wesentlich größer.

Eine sehr spezifische und leicht erkennbare Bearbeitung erfahren Gesteinsbruchstücke durch die schleifende Wirkung sandbeladenen Windes: Es entstehen ziselierte „Windkanter" (s. auch VAN ENGELEN 1930) mit dreieckigem Querschnitt.

Die Rundungszunahme ist korngrößenabhängig, wobei wiederum ein Unterschied zwischen fluviatilen und marinen Sedimenten besteht. In Flüssen steigt die Rundung mit der Korngröße an. Im Meer aber sind die Verhältnisse komplizierter: Die größeren Gerölle werden hier schwächer bewegt und abgenutzt als die kleineren. Da andererseits mit abnehmendem Gewicht der Partikel die Bodenreibung zurückgeht, gibt es eine mittlere Korngröße, für welche die Rundung am besten sein sollte. Dies wurde sowohl experimentell (KUENEN 1964a) als auch in der Natur bestätigt: In einem Beispiel von BLUCK (1969) lag das Rundungsmaximum für Kalkgerölle bei ca. 100 mm. In Turbiditen aber, den Ablagerungen von Suspensionsströmen, haben die Komponenten während ihres Transportes keinen Bodenkontakt. Folglich ist die Rundung in ihnen unabhängig von der Korngröße (MIDDLETON 1962).

Chemische Auflösung scheidet nach diesen Beobachtungen als Ursache für die Verrundung aus; sie müßte sich in den feinsten Fraktionen am stärksten bemerkbar machen.

3.1.7 Orientierung

A. Flache Gerölle

Sie zeigen im Flußkies meist Dachziegellagerung (imbrication), d. h. sie sind der Strömung entgegen geneigt. Dies ist die stabile Lagerung; die Gerölle werden durch die Strömung auf das Flußbett gedrückt; bei umgekehrtem Einfallen klappen sie in die Dachziegellagerung um. Das Einfallen beträgt 10–30° (CAILLEUX 1945; RUCHIN 1958; DOEGLAS 1962; JOHANSSON 1976).

Größere Gerölle neigen stärker zur Dachziegellagerung als kleinere; auch nimmt das Einfallen mit der Strömungsgeschwindigkeit zu (bis maximal 42°; JOHANSSON l. c.). Nach letzterem Autor findet sich aber steilere Lagerung vor allem dort, wo die Gerölle nicht durch Sandmatrix voneinander isoliert sind (RUST 1972), sondern miteinander Kontakt haben. In einem Trockental des Iran maß KÜRSTEN (1960) 50°. Selbst auf den Leehängen schräggeschichteter Kiese und geröllführender Sande findet sich häufig eine schwache Dachziegellagerung (ALLEN 1982, I: 217/8).

Gelegentlich zeigen auch Turbidite, debris flows (z. B. Olisthostrome), Solifluktionsschutt und Tillite eine schwache Imbrikation (PLESSMANN 1961; WALKER 1975b; WINN & DOTT 1979; BLATT et al. 1980; ALLEN 1982, I: 203/4 und MIALL 1983: 483). In verschiedenen Environments wurde bei ausgeprägter Matrixeinbettung eine schwache umgekehrte Imbrikation gefunden (KOPSTEIN 1954; KALTERHERBERG 1956).

Die Dachziegellagerung kann eine schärfere Ausrichtung zeigen als die Schrägschichtung eingelagerter Sande, so z. B. in den Sanden der verflochtenen Flüsse Islands (BLUCK 1974). Andererseits wurde seitlich der Flußrinne auch ein Einfallen flacher Gerölle gegen die Rinne beobachtet (TEISSEYRE 1976), ein Hinweis auf „sekundäre" Strömungen (s. Kap. 14.1). Dachziegellagerung findet man vor allem in solchen Kiesbänken, in denen längliche Gerölle transversal geregelt sind (DOEGLAS 1962; RUST 1972; MASSARI 1981).

An der Küste sind flache Gerölle oft schwach seewärts geneigt (CAILLEUX 1945; RUCHIN 1958; BEHRENS 1977). Dies erklärt sich damit, daß die auflaufende Welle energiereicher ist als das ablaufende Wasser. Nach

BLUCK (1967) und HOBDAY & BANKS (1971) findet man Dachziegellagerung nur unmittelbar unter der Hochwasserlinie. SANDERSON & DONOVAN (1974) beobachteten eine recht stabile Vertikalstellung von Schalen und flachen Geröllen an manchen Stellen des Strandes.

B. Längliche Gerölle

Ihre Orientierung ist um so ausgeprägter, je länglicher die Gerölle sind; LIBORIUSSEN (1975) schlägt ein Mindestverhältnis von a : b = 1,25 für Orientierungsmessungen vor. In Flußsedimenten liegen die Gerölle, solange sie rollen, transversal, d. h. mit ihrer Längsachse senkrecht zur Strömungsrichtung. In dieser Position werden sie vor allem bei schneller Anhäufung („aggradational conditions", JOHANSSON 1976), unter plötzlich sinkender Geschwindigkeit (SCHIEMENZ 1960), z. B. in Trockentälern mit sporadischer Wasserführung (KÜRSTEN 1960), oder auf dem Leehang fluviatiler Schrägschichtungskörper fixiert (MASSARI 1981, ORI et al. 1981). Aber auch in langsamer Strömung liegenbleibende Gerölle können diese Orientierung behalten, während in stärkerer Strömung (K. RICHTER 1936: Abb. 3; JOHANSSON 1976: 294) oder bei stärkerem Gefälle (SENGUPTA 1966; TEWARI 1980: 109) longitudinale, d. h. strömungsparallele Einregelung beobachtet wird. Nach JOHANSSON (1976) sind auf Sandflächen liegengebliebene, einzelne Gerölle transversal eingeregelt, während sie auf Kiesunterlagen schlechter rollen und dann durch die Strömung in die longitudinale Lage gedreht werden (s. auch NILSEN 1968); dabei weist nicht selten das dickere Ende stromlinienartig der Strömung entgegen. Insgesamt ist in fluviatilem Kies transversale, im Sand longitudinale Einregelung häufiger (POSER & HÖVERMANN 1952, Sedimentary Petrology Seminar 1964); nicht selten beobachtet man allerdings bimodale (longitudinale + transversale) Einregelung (BRINKMANN 1955, PETTIJOHN 1957: 78f; SCHIEMENZ 1960; DOEGLAS 1962; JOHANSSON 1976).

In den Sedimenten von Massentransporten (debris flows, Solifluktionsschutt, Tilliten, grain flows und Turbiditen) überwiegt longitudinale Orientierung der Klasten (K. RICHTER 1932, 1936; POSER & HÖVERMANN 1951; LÜTTIG 1954; PETTIJOHN 1957: 80, 1975: 175; KÖSTER 1964: 199; NEMEC et al. 1984, und für Turbidite KALTERHERBERG 1956; DOEGLAS 1962; WALKER 1975b; WINN & DOTT 1979; BLATT et al. 1980: 123; COSSEY & EHRLICH 1981; ALLEN 1982, I: 203/4). Es ist damit zu rechnen, daß diese Orientierung schon während des Transportes vorhanden war und nicht erst bei der Ablagerung entstanden ist (ALLEN l.c., I: 220). Auch in periglazialen Blockfeldern ist die Orientierung vorwiegend hangabwärts gerichtet und wird mit zunehmender Transportweite besser (CAINE 1972). Nicht selten findet man in den Sedimenten eine imbrikations-artige Neigung der Geröll-Längsachsen.

Am Strand liegen die Gerölle mit ihrer Längsachse oft parallel zum Küstenverlauf (KRUMBEIN 1940; RUCHIN 1958: Abb. 161; BEHRENS 1977; ALLEN 1982, I: 229).

Fossilreste und Pflanzenhäcksel zeigen sehr unterschiedliche Orientierung (WIESENEDER 1962; POTTER & PETTIJOHN 1963). Es ist oft nicht möglich, aus der Lage fossiler Schalen mit Sicherheit auf die Strömungsrichtung zu schließen, doch konnten NAGLE (1967) und FUTTERER (1978, 1982) sehr unterschiedliche Einregelung bei Wellen- und Strömungseinfluß feststellen (s. auch ALLEN 1982, I: Fig. 5–22). Muschel- und Brachiopodenschalen weisen, unter strömendem Wasser abgelagert, mit der konvexen Seite nach oben, während die umgekehrte Lagerung auf ruhiges Wasser oder Organismenaktivität schließen läßt (s. ALLEN l.c. 227/8). Eine transversale Einregelung kann nach SEILACHER (1960) daran erkannt werden, daß bei länglichen, polar geformten Gehäusen die beiden um 180° voneinander abweichenden Orientierungen gleichhäufig sind, während sie bei longitudinaler Einregelung verschiedene Häufigkeit besitzen (s. auch A. H. MÜLLER 1957), sofern nicht der seltenere Fall einer longitudinalen Einregelung im Wellengang vorliegt (NAGLE 1967).

3.1.8 Schichtung

Meistens sind Konglomerate ungeschichtet oder horizontal geschichtet, entsprechend ihrer Ablagerung im oberen Strömungsregime (s. Kap. 13.1). Nicht selten sind jedoch selbst in reißenden Flüssen große planare Schrägschichtungskörper (Abb. 3-2) entwickelt (DOEGLAS 1962). GUSTAVSON (1978) beschreibt sie aus transversal gestreckten, in der Strömungsrichtung 100 m breiten sowie 2 m dicken Kiesbänken des Nueces River in Texas (s. auch MASSARI 1981 und ORI et al. 1981). Nach OGLIANI (1981) bilden fluviatile Konglomerate sowohl Transversaldünen als auch flache, ovale Teppiche von 1–4 km Länge, welche parallel oder senkrecht zur Flußrichtung gestreckt sind. In den verflochtenen Strömen des englischen Buntsandsteins sind nach STEEL & THOMPSON (1983) oft schräggeschichtete von horizontal geschichteten Konglomeraten überlagert.

Fluviatile Konglomerate sind meist, jedoch nicht immer mit Sanden verzahnt oder linsenförmig begrenzt, während marine Konglomerate stets geschlossenere Bänke bilden (CLIFTON 1973); die Bänke fallen gegen das Meer ein (RAINONE et al. 1981).

Doch kommen Konglomerate auch in Tiefseefächern vor. WINN & DOTT (1977) fanden in der Oberkreide Chiles bis 4 m hohe, schräggeschichtete submarine Konglomeratdünen, welche sie auf Suspensionsströme niedriger Dichte in einer Rinne zurückführen. Die Wassertiefe wurde nach Foraminiferen auf 1000–2000 m geschätzt.

Für viele Konglomeratbänke gilt die Regel, daß sie um so dicker sind, je gröbere Gerölle sie enthalten; diese Beziehung scheint in erster Näherung linear zu sein (s. auch S. 823). In devonischen mass flows fanden LARSEN & STEEL (1978) für den Quotienten Bankdicke/maximale Partikelgröße im subaerischen Bereich Zahlen von 3–6, im subaquatischen Bereich 50. NEMEC et al. (1980) maßen Quotienten von 2,5 und 4 für subaerische, 7 für subaquatische mass flows. Für normale Flußkonglomerate ist eine solche Korrelation zumindest weniger deutlich (STEEL 1974). NEMEC & STEEL (1984: 22) empfehlen dies als Kriterium zur Unterscheidung von mass flows und fluviatilen Konglomeraten (s. auch S. 815).

Innerhalb der Konglomeratbänke kann die Geröllgröße von unten bis oben gleichbleiben, unregelmäßig schwanken oder sich regelmäßig ändern. Im letzteren Fall unterscheidet man normale und „inverse" Gradierung, je nachdem ob die Geröllgröße nach oben oder nach unten abnimmt (Abb. 13–31). ALLEN (1980) fand dabei nicht nur in Turbiditen und mass flows, sondern auch in fluviatilen Konglomeraten „coarse tail grading". Bei diesem Schichtungstyp, der wegen seines Vorherrschens in Turbiditen in den früheren Auflagen dieses Buches „flyschartig gradierte Schichtung" genannt wurde, ändert sich nur die Korngröße des groben Endes der Verteilungskurve, während der Feinanteil gleich bleibt (Abb. 13–34).

Sehr große Gerölle in der Mitte von Sand- oder Kiesbänken d. h. eine unten inverse, oben normale Gradierung, weist im allgemeinen auf mass flow-Bedingungen hin (s. auch Kap. 13.2.2 und DAVIES & WALKER 1974). Ein Beispiel eines invers gradierten submarinen „mass flow" zeigt Abb. 13-31. CLIFTON (1981 b) erwähnt aus dem Paläozän ein bis in Einzelheiten entsprechendes Beispiel.

Die Geröllbänke treten oft zu Großzyklen zusammen, wobei die Geröllgröße nach oben von Bank zu Bank zunimmt („Oben-grob-Großzyklen", NEMEC et al. 1980; LARSEN & STEEL 1978; GJELBERG et al. 1980).

Zusammenfassung

Konglomerate bestehen aus verrundeten Komponenten, Breccien aus eckigen. Zwischen beiden stehen die Parakonglomerate (Diamiktite) oder Ablagerungsbreccien, wozu man je nach Verrundungsgrad Moränenschutt, mass flows und Fanglomerate stellen kann. Weichkonglomerate oder – wenn sie schon verfestigt waren – Intraklastkonglomerate sind Aufarbeitungsprodukte der gleichen Schichtenfolge.

Die Zusammensetzung der Konglomerate spiegelt in ihrer Korngrößenabhängigkeit nicht nur die Petrographie, sondern auch die Zerteilbarkeit der Liefergesteine. Durch Sortierung und/oder Abnutzung nimmt die Geröllgröße in der Transportrichtung ab. Durch fraktionsweise Untersuchung der Gerölltypen an verschiedenen Stellen eines Flußlaufes läßt sich feststellen, ob nur Transportsortierung oder (auch) Abnutzung stattfindet. Infolge unterschiedlicher Abnutzung entstehen an Küsten z. T. flachere Gerölle als in Flüssen. Die Orientierung flacher Gerölle zeigt oft Dachziegellagerung (in Strömungsrichtung ansteigend); längliche Gerölle können longitudinal oder (häufiger) transversal zur Strömungsrichtung orientiert sein.

Massive Konglomerate kommen sowohl in Küsten-, als auch in Flußsedimenten vor. In letzteren bauen sie mächtigere Schichtenfolgen auf (z. B. Fanglomerate), bestehen aber oft aus einem Wechsel von Geröllschnüren mit Sandlagen.

3.2 Breccien

3.2.1 Merkmale

Breccien (oder Brekzien) unterscheiden sich von Konglomeraten nach Definition durch ihre eckigen Partikel. Da diese oft sehr groß sind (cm–km) ist die Bezeichnung „Klast" angemessener. Genetisch haben die Breccien mit den Konglomeraten zum Teil wenig zu tun, sieht man von den Übergängen, den Ablagerungsbreccien, ab. Dementsprechend kommt es hier auf andere Merkmale an als bei den Konglomeraten. Sind bei den letzteren vor allem Größe und Petrographie der Gerölle wichtig, so erhalten bei den Breccien Eigenschaften wie Form und Aneinanderpassen der Klasten sowie Anteil und Zusammensetzung der Grundmasse eine höhere Bedeutung. Die Größe der Klasten hingegen spielt bei den typischen Breccien (3.2.3-5) eine fast untergeordnete Rolle. Breccien sind häufiger als Konglomerate monomikt, d. h. aus einer Gesteinsart zusammengesetzt. Dabei soll „monomikt" nicht zu eng gefaßt werden und z. B. auch dann angewandt werden, wenn Klasten einer engen Kalk-Mergel-Wechselfolge miteinander gemischt sind.

Breccien können das Ausgangsmaterial für Konglomerate bilden. Dementsprechend steht in Breccien der Zerteilungsprozeß, in Konglomeraten der Transportvorgang im Vordergrund. Kleinere Klasten zeigen in Konglomeraten geringere Transportenergie, in Breccien aber größere Bruchenergie an.

BLOUNT & MOORE (1969) unterteilen die Breccien in

A. Depositional breccias (Kap. 3.2.2)
B. Non-depositional breccias (in den Kapiteln 3.2.3–3.2.7 abgehandelt)
   1. Evaporite-solution-collapse breccia (Kap. 3.2.3)
   2. Tectonic breccia (Kap. 3.2.5, im weiteren Sinn auch 3.2.4)
   3. Caliche breccia (Kap. 3.2.3)
   4. Pseudobreccia (diagenetisch, durch Umkristallisation entstanden, Kap. 3.2.7).

In Abb. 3–11 sind Breccien und Konglomerate in ein Diagramm eingeordnet, das als Koordinaten einige wichtige Eigenschaften verwendet. Moränenschutt, Fanglomerate und „mass flows" wurden bereits im Konglomeratkapitel erwähnt. Diese ganze Gruppe (3-7) steht zwischen Konglomeraten und Breccien, da die Komponenten eine in weiten Grenzen schwankende Rundung besitzen.

Das wesentliche Merkmal, durch das sich die genetisch sehr unterschiedlichen Typen 8 bis 13 von den Typen 3 bis 7 unterscheiden, ist das mehr oder weniger gute Aneinanderpassen benachbarter Klasten. Es wurde von RICHTER & FÜCHTBAUER (1981) „fitting" genannt. Ein gutes „fitting" bedeutet, daß zwischen den Klasten keine großen Relativbewegungen stattfanden.

Wegen der geringen Rundung lassen sich die für Konglomerate und Sandsteine eingeführten Rundungsmaße nicht verwenden; schon eine einzige Kante würde die geringste Rundungsstufe bedeuten. Bei Breccien ist es jedoch umgekehrt wichtig zu wissen, ob ein Klast irgendwo auf seiner Oberfläche eine gerundete Partie besitzt. Es wird daher für die typischen Breccien (Kap. 3.2.3–3.2.6) eine „Rundungszahl" definiert als der prozentuale Anteil der Klasten, welche Spuren einer Rundung zeigen.

Breccien

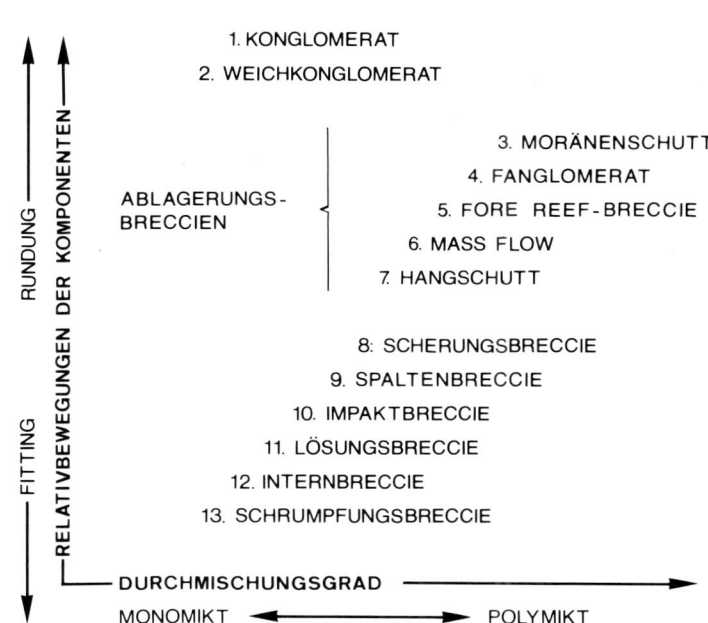

Abb. 3-11. Schematische Übersicht über die Breccien. Modifiziert, aus RICHTER & FÜCHTBAUER 1981, Abb. 1. (Konglomerate können auch polymikt, alle Breccien auch monomikt vorkommen.)

Vulkanische Breccien werden nicht hier, sondern im Kapitel 12 behandelt.

3.2.2 Ablagerungsbreccien

Die fünf Breccientypen dieses Kapitels unterscheiden sich von den weiter unten besprochenen durch ihre sedimentäre Akkumulation („depositional breccias", BLOUNT & MOORE 1969). Ihr ge-

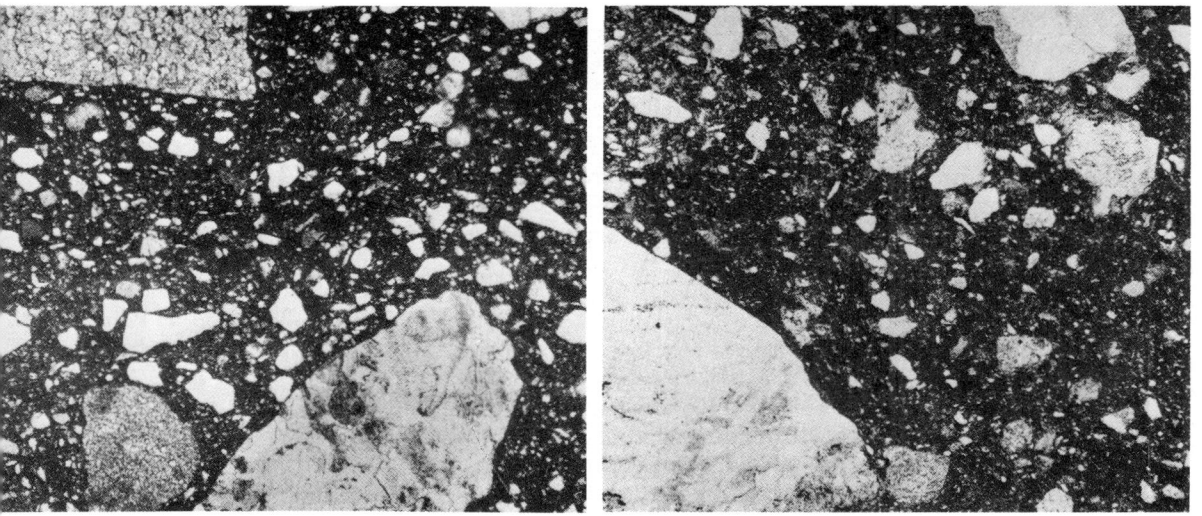

Abb. 3-12. Links: Pleistozäner Geschiebemergel, Illinois. Bildbreite 2,2 mm. Rechts: Präkambrischer Tillit, Cobalt-Group, Ontario. Bildbreite 2,2 mm. Beide aus PETTIJOHN (1975: Fig. 6-22A, B).

meinsames Merkmal ist das Fehlen ungerundeter Klasten. Für die Quantifizierung der Rundung sollten deshalb die für Konglomerate verwendeten Rundungsindices benutzt werden (Kap. 3.1.6), nicht die im vorigen Kapitel definierte „Rundungszahl" eckiger Breccien.

Die Ablagerungsbreccien lassen sich genetisch wie folgt unterteilen:

A. Moränenschutt (verfestigt: „Tillit")
Er ist meistens durch eine extrem schlechte Sortierung, d. h. eine sehr große Spannweite der Korngrößen charakterisiert (Abb. 3-12). Oft sind mehrere Korngrößenmaxima entwickelt. Dies kann durch unterschiedliches Ursprungsmaterial bedingt sein, welches sich gegenüber dem scherenden und reibenden Gletschereis sowie bei der gegenseitigen Reibung der Klasten verschieden verhält. Feinklastische Sedimente oder Schiefer können bis zur Tonkorngröße zerrieben werden, während z. B. von Graniten oder Quarziten eckige Bruchstücke abgerissen und der Moräne einverleibt werden. Diese erhalten oft ebene Facetten, die von Schrammen überzogen sind („gekritzte Geschiebe"). Eine Unterscheidung z. B. von mass-flow Breccien dürfte im Aufschlußbereich nicht immer möglich sein (s. auch S. 71)

B. Fanglomerate (s. auch Kap. 3.1.1)
Die Verknüpfung von „fan"(= Fächer) und „Konglomerat" wurde von LAWSON (1925) für Sedimente terrestrischer Schwemmfächer eingeführt, welche hauptsächlich in semiariden Gebieten mit geringer Vegetation und steilen Hängen vorkommen. Die Klasten werden teils einzeln vom abströmenden Wasser bewegt, teils in einem mehr oder weniger verdünnten Brei aus feinkörniger Matrix, welche infolge der geringen Vegetation durch Starkregen mobilisiert werden kann (debris flows, s. Kap. 13.2.2).

C. Fore-reef-Breccie
Sie entsteht am meerwärtigen Hang von Riffen aus Bruchstücken, die durch Wellenschlag oder Bioerosion (bohrende Organismen, vor allem Bohrschwämme und Bohrmuscheln) von einem Riff gelöst wurden. Da sich Riffe oft am äußeren Rand von Flachwasserplattformen ansiedeln, ist die primäre Lagerung der fore-reef-Breccien im allgemeinen geneigt. Die Anlagerung der Klasten erfolgt aus rollend-gleitend-springendem Transport, Stück für Stück. Sie sind daher zum Teil angerundet. Ihr Matrixgehalt ist gering; eine kalkige Zementation kann daher früh einsetzen.

D. Mass flow-Breccien (Abb. 3-13, s. auch Kap. 3.1.1 und 13.2.2, sowie Tab. 3-1)
Unter diesem genetischen Begriff werden Breccien zusammengefaßt, die in tonig-siltigen (debris flow) oder sandigen Suspensionen (modified grain flow) bewegt wurden. Im Gegensatz zu den Fanglomeraten sind die meisten mass flow-Breccien subaquatisch entstanden und zeichnen sich durch Klasten sehr unterschiedlicher Größe aus. An der Basis der Bänke findet man häufig inverse Gradierung (NARDIN et al. 1979, s. Kap. 3.1.8 und Abb. 13-31).

E. Hangschutt- und Bergsturzbreccien (s. auch S. 809)
Während die ersteren genetisch mit fore reef-Breccien verwandt sind, ähneln die letzteren den Impaktbreccien (s. u.). Beide besitzen keine eigentliche Matrix. Während im Bergsturz die Zerbrechung erst beim Transport und durch ihn erfolgt, so daß große Schuttmengen gleichzeitig in Bewegung sind, wandert der Hangschutt meistens Stück für Stück. Ein Reibungsdetritus entsteht dabei kaum; er charakterisiert nur die größeren Bergstürze (HEIM 1932: 108), z. B. bei Flims am Alpenrhein (Abb. 3-14). Hier fand MERGELSBERG (mdl.) neben frisch abgesplitterten, langgestreckten Klasten auch bereits stärker beanspruchte. S. auch S. 809.

Die Klasten erfahren eine mit der Korngröße zunehmende Kantenrundung (RICHTER & FÜCHTBAUER 1981: 460). Bergstürze können sich subaquatisch in mass flows fortsetzen, unter Aufnahme einer echten Matrix. Dies beschrieb BÜRGISSER (1980) aus der Miozänmolasse der Ostschweiz. Submarine „Bergsturz"-Breccien untersuchten CONAGHAN et al. (1976: 527) im Devon Australiens. Manche Karstfüllungen sind eine matrixreiche Abart der Hangschuttbreccien.

Tabelle 3-1. Vergleich einiger wichtiger Breccien (s. auch Abb. 3-21.).

Eigenschaft	Mass flow-Breccie	Scherungsbreccie A. niedriger Druck	Scherungsbreccie B. hoher Druck	Internbreccie
A. Gefüge und Lagerung der Breccie				
1. Mächtigkeit	verschieden	verschieden	bis einige Dekameter	ca. 10–100 m
2. Ausdehnung	viele km	verschieden	verschieden	bis einige km
3. Lagerung	schichtparallel	oft schichtparallel	nicht schichtparallel	etwa schichtparallel
4. Basiskontakt	erosiv; kanalisiert	kontinuierlich	kontinuierlich	kontinuierlich; z. T. in Spalten übergehend
5. Gradierung	häufig invers oder wechselnd	fehlend	fehlend	fehlend
6. Orientierung	schwach	parallel zu Scherflächen	parallel zu Scherflächen	fehlend
7. Fitting	nur innerhalb von Klasten, sonst fehlend	fehlend	mäßig	hoch
8. Relativbewegungen	groß	groß	unterschiedlich	sehr klein
9. Mehrphasigkeit	nicht	gelegentlich	gelegentlich	häufig
B. Klasten				
1. Zusammensetzung	oft polymikt	meist monomikt	meist monomikt	monomikt
2. Form	unterschiedlich	linsenförmig	etwas abgeflacht	unterschiedlich
3. Festigkeit der Klasten	starr, z. T. locker	noch etwas plastisch	starr	starr, jedoch locker
4. Rundungszahl	sehr hoch	hoch	gering	sehr gering
C. Grundmasse				
1. Anteil	hoch	mäßig	mäßig	gering
2. Typ	Matrix (primär oder beim Transport aufgenommen)	inkompetente Lagen	zerriebene Partikel oder Zement ähnelt den Klasten	Matrix, von oben eingesaugt oder Zement
3. Farbe	verschieden	oft dunkel		oft rötlich und im Kontrast zu den Klasten
D. Ursachen	Rutschung	Rutschung unter Überlagerung	Überschiebung	Flexur, Seitenverschiebung

Abb. 3-13. Mass flow-Konglomerat bis -Breccie von hellgrauem Kalk in einer Matrix von rotem, tonigem Kalk. Maßstab = Bleistift. Unteranis-Illyr, Insel Hydra, Griechenland. Aus FÜCHTBAUER & RICHTER 1983b, Fig. 3B.

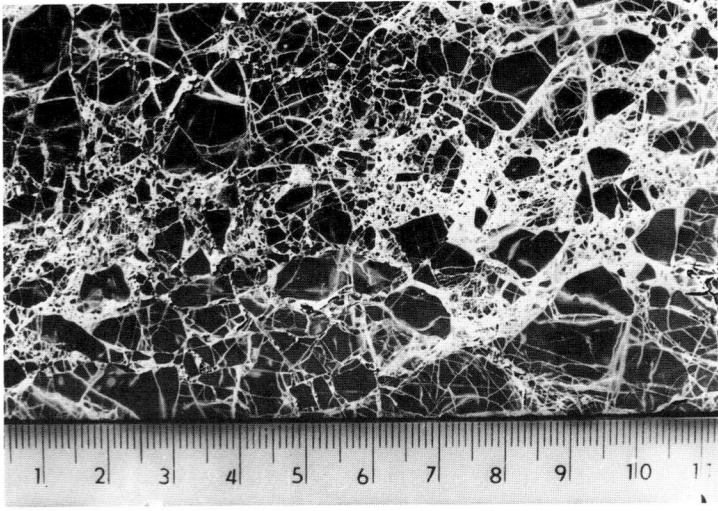

Abb. 3-14. Bergsturzbreccie. Flimser Bergsturz (Schweiz), Abrißnische. Foto von Prof. Dr. REIFF (Stuttgart) zur Verfügung gestellt.

3.2.3 Lösungs- und Schrumpfungsbreccien

A. Lösungsbreccien

Gelangen Wechsellagerungen von Karbonaten und stärker löslichen Mineralen wie Gips oder Anhydrit in die Verwitterungszone, so werden die letzteren herausgelöst (STANTON 1966) und sind oft nur noch als Einschlüsse in authigenen Quarzen nachweisbar (RICHTER 1971). Das Gestein verliert dadurch seinen Zusammenhalt, und die meist dünnen Karbonatlagen zerbrechen zu einer strikt monomikten Kollapsbreccie, die jeweils über einer Lösungsbreccien-Schicht liegt, welche als Matrix den Lösungsrückstand enthält (VISSER 1986). Ein Beispiel sind die Carniolas in Spanien (YÉBENES 1973; VISSER l.c.).

In ehemaligen Dolomit-Gips-Wechsellagerungen können die Risse zwischen den Dolomitklasten

Breccien

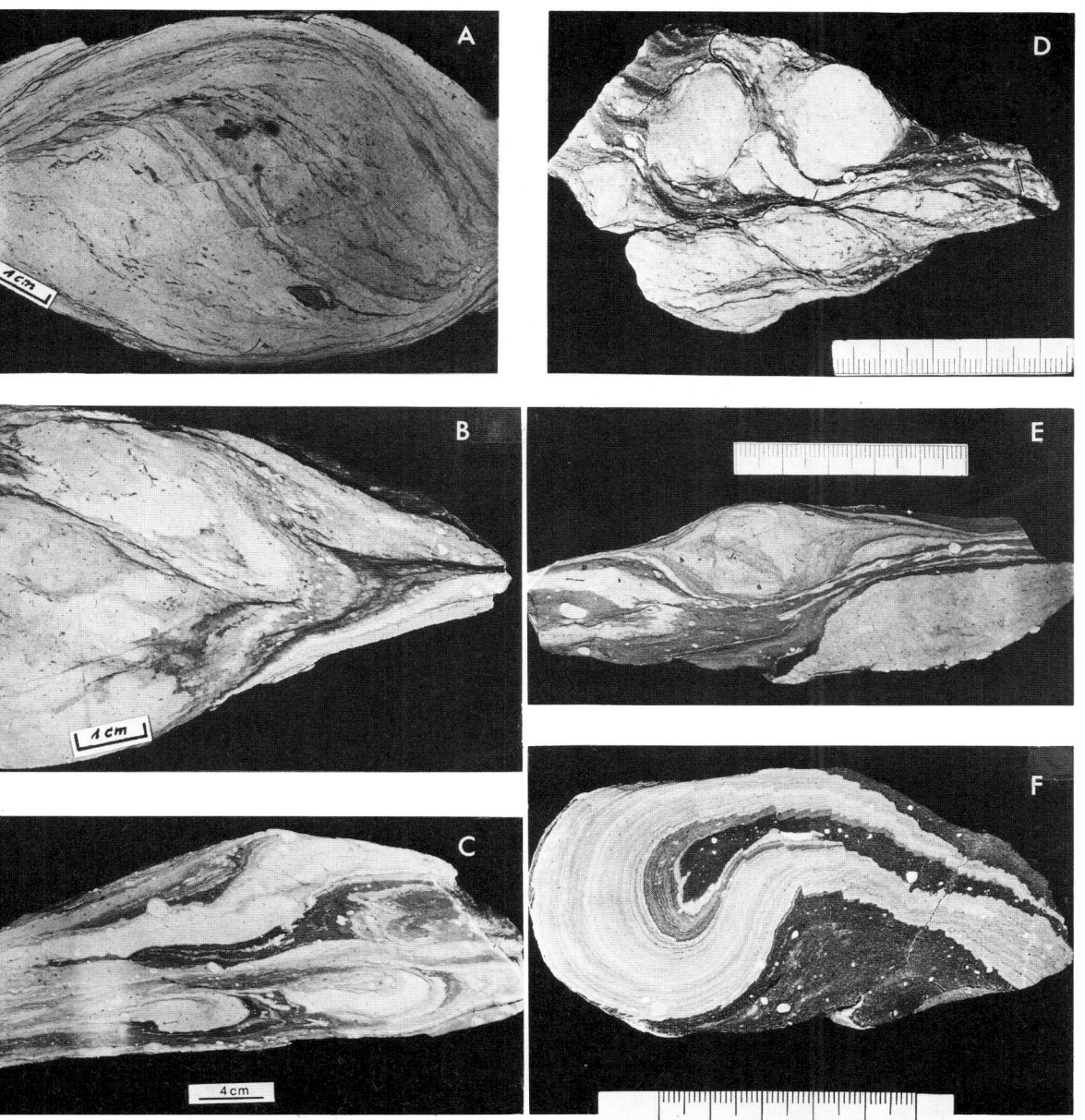

Abb. 3-19. Scherungsbreccie; Bruchstücke („Phacoide") = Oberturon, an der Turon/Coniac-Wende abgeglitten. Halle/Westf. Aus VOIGT (1962): A = Taf. 13, 7; B = Taf. 13, 4; C = Taf. 29, 4; D = Taf. 24, 4; E = Taf. 13, 2; F = Taf. 16, 3.

94 Konglomerate und Breccien

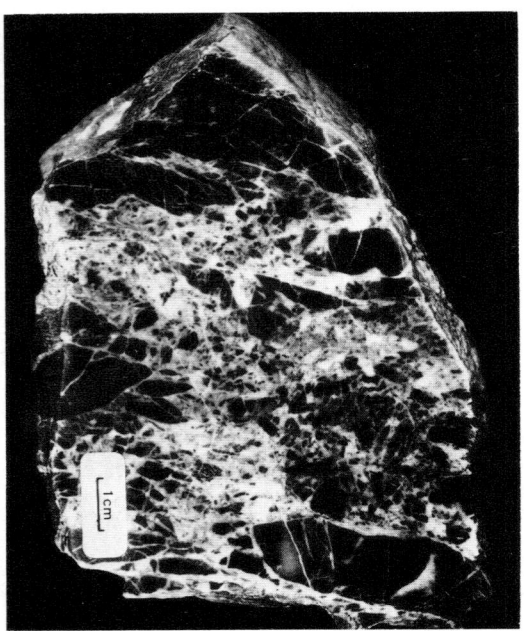

Abb. 3-20. Scherungsbreccie, monomikt. Dunkelgrauer Dolomit, z. T. zu Grundmasse zerrieben; dazwischen heller Dolomitzement (Fitting 85%, Grundmasse 34%, Rundungszahl 10%). Hauptdolomit (Nor), Weg Gramais-Kogelsee (Lechtaler Alpen).

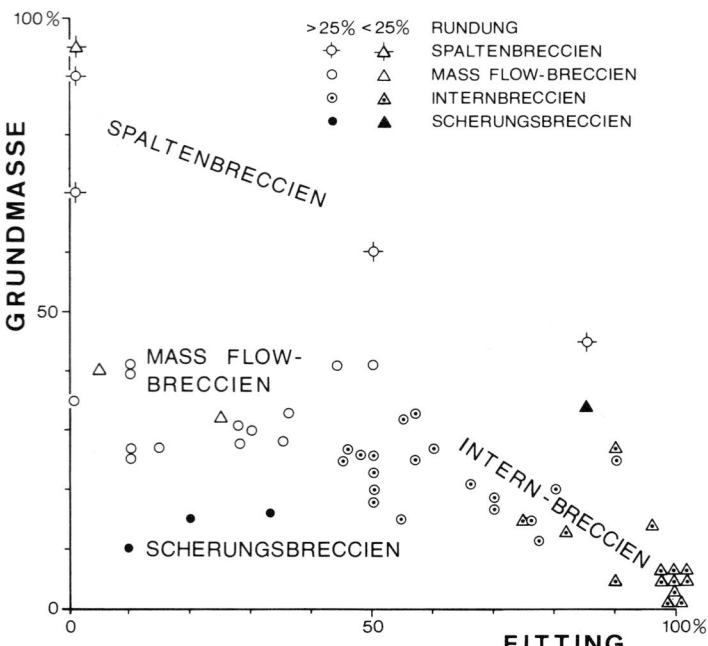

Abb. 3-21. Beziehung zwischen Grundmasseanteil und Fitting für verschiedene Breccientypen. Die Rundungszahl (s. Kap. 3.2.1) ist durch Signaturen gekennzeichnet. Abszisse = Anteil der Partikel mit fitting. Proben aus dem Mesozoikum Griechenlands und der Alpen (umgezeichnet aus FÜCHTBAUER & RICHTER 1983a: Fig. 3).

C. Unter sehr hohem, gerichtetem Druck, wie er beispielsweise in Subduktionszonen herrscht, können auch feste Gesteine phacoidisiert werden (siehe A). Man nennt solche Gesteine dann „mélanges" (s. S. 954f.). Die Größe der einzelnen Klasten innerhalb einer Mélange schwankt im Bereich mm bis km; die letzteren sind randlich stark zerbrochen. Sie sind im allgemeinen polymikt; es sind gleichsam tektonische Mischungen, bei denen die jeweils weichere Gesteinsart zur Grundmasse wird. So kann das gleiche Gestein einmal als Klast, das andere Mal als Matrix auftreten. Wichtige Merkmale von Mélangen sind dementsprechend a) Petrographie und stratigraphisches Alter von Klasten und Matrix (letztere kann älter sein als die Klasten!), b) laterale und vertikale Variabilität der „mélange"-Zusammensetzung, c) Lage der Achsen größter Dehnung (an Phacoiden zu bestimmen).

In Abb. 3-21 sind verschiedene Breccien in ein Grundmasse/Fitting-Diagramm eingezeichnet, welches eine schwerpunktmäßige, wenn auch nicht randscharfe Trennung der Breccientypen zeigt.

3.2.6 Impaktbreccien

Sie entstehen durch den Aufprall von größeren Meteoriten. Nach STÖFFLER et al. (1979) kann man zwei Typen unterscheiden:

A. Allochthone Impaktbreccien
Sie sind polymikt und vorwiegend durch Rückfall entweder in den Krater („fallback") oder auf den Kraterrand („throwout") entstanden (s. auch REIFF 1978). Sie werden von STÖFFLER et al. (l.c.) im Nördlinger Ries nach dem Anteil von Schmelze in der Grundmasse unterteilt in
a. Breccie mit klastischer Matrix („Bunte Breccie")
b. Suevitische Breccie (Die klastische Matrix enthält Einschlüsse von Schmelze)
c. Glasige Grundmasse mit Klasten (b und c sind z. T. geschichtet).
In Kalkbreccien des Typs Aa findet man gelegentlich bis km-große monomikte Bereiche mit Eigenschaften des folgenden Breccientyps (B).

B. Parautochthone und autochthone Impaktbreccien
Diese Breccien sind monomikt und finden sich im Bereich des Kraterrandes bzw. des Kraterbodens. REIFF (1978) charakterisiert die Kalkbreccien des Kraterrandes im Steinheimer Becken durch folgende Eigenschaften:
a. Die Klasten sind im Innern stark zerbrochen und fransen gegen außen aus; b. diese randlichen Partien zeigen oft Spuren einer Rotation; c. die kleineren Bruchstücke sind deutlich kantengerundet; d. die Matrix, welche bis zu 50% des Gesteins ausmachen kann, besteht aus zerriebenen Komponenten; e. Fließstrukturen kommen vor, subparallele Risse erinnern manchmal an Scherungsbreccien; f. das Fitting ist relativ hoch, wechselt jedoch ebenso wie der Matrixgehalt von Ort zu Ort. Hinsichtlich d. und f. besteht Ähnlichkeit mit Bergsturzbreccien. (s. auch WILSON & STEARNS 1968).

3.2.7 Pseudobreccien

Dieses Gefüge ist in Kalken und Dolomiten (z. B. im alpinen Hauptdolomit) recht häufig. Man erkennt in einer im Handstück hellen Grundmasse dunklere unscharf begrenzte „Klasten", doch kann das Volumenverhältnis von „Klasten" und Grundmasse in weiten Grenzen schwanken, bis zu einem Rollentausch von Grundmasse und „Klasten". Häufig schwimmen kleine „Klasten" vereinzelt in der Grundmasse (BATHURST 1958: Fig. 1(4)). Es handelt sich bei den Klasten um Bereiche einer fleckigen Sammelkristallisation, die manchmal von kleinen Rissen aus das Gestein durchsetzt und im Handstück dunkel erscheinen. BATHURST (1959) fand im Mississippian, daß die „Klasten" innerhalb einer Bank oft nach oben kleiner werden. Eine spätdiagenetische Dolomitisierung erfaßte bevorzugt die feinkristalline Grundmasse.

Nicht selten sieht man mehrere Generationen von „Klasten" unterschiedlicher Grautönung, wobei oft die einen (die helleren) die anderen umschließen (z. B. auf Pl. 3 fig. 3 in BLOUNT & MOORE 1969). Dies scheint ein wichtiges Merkmal zu sein. Weitere Merkmale sind nach BLOUNT & MOORE (l.c.) die schlechte „Sortierung" und die verschwommenen Übergänge zwischen „Klasten" und Grundmasse.

Zusammenfassung

Die Ablagerungsbreccien stellen – vor allem hinsichtlich ihrer Verrundung – einen Übergang zu den Konglomeraten dar. Wie bei diesen, interessieren daher vor allem Transportmechanismus und Ablagerungsmilieu. Bei den eigentlichen Breccien aber, welche in den Kapiteln 3.2.3-7 behandelt werden, interessieren die Bildungsmechanismen, d.h. die diagenetischen (3.2.3, 7) bzw. tektonischen Prozesse (3.2.4-6), welche zu ihrer Entstehung führten. Hieraus resultiert ein Katalog von Fragen, die man sich bei der Untersuchung von Breccien stellen kann:

A. Gefüge und Lagerung

1. Lithologie und stratigraphisches Alter der umgebenden Schichten
2. Lagerung der Breccie in bezug auf die umgebenden Schichten
3. Form, Mächtigkeit und Ausdehnung der Breccie
4. Gradierung (z.B. fehlend, normal, invers, komplex)
5. Basiskontakt (z.B. scharf, erosiv, kanalisiert, kontinuierlich, übergehend in Spalten)
6. Ein- oder Mehrphasigkeit der Brecciierung
7. Fitting (= Anteil der Klasten, welche mit einem Nachbarklasten aneinanderpassen), zu unterscheiden von tektonischem und diagenetischem Fitting („Stylobreccie")
8. Orientierung der Klasten (z.B. statistisch, Dachziegellagerung, transversal, longitudinal, schichtparallel, streßparallel)

B. Klasten

1. Lithologie, stratigraphisches Alter und Bildungsmilieu
2. Größe und Form (z.B. isometrisch, länglich, plattig, linsenförmig)
3. Rundungszahl (= Anteil der Klasten mit Rundungsspuren)

C. Grundmasse

1. Typ: a) Matrix (z.B. primär, während des Transportes aufgenommen, von oben eingesaugt, aus Lösungsrückständen, aus zerscherten Partikeln)
   b) Zement
   c) Verdrängungen
2. Anteil
3. Farbe, verglichen mit den Klasten (z.B. rote Matrix, weiße Klasten).

In Tabelle 3-1 sind für einige Breccientypen die Merkmale zusammengestellt.

4. Sandsteine
(Hans Füchtbauer, Bochum)

4.1 Die Minerale

4.1.1 Zusammensetzung und Benennung der Sandsteine

Als Sande bzw. Sandsteine werden Sedimente bezeichnet, welche vorwiegend aus 0,063–2 mm großen Quarz- oder Silikatkörnern bestehen. In diesem Zusammenhang sollen die in diesem Buch verwendeten Benennungsprinzipien diskutiert werden.

1. Die Namen sollen auch ohne Erläuterungen einen Eindruck des Gesteins vermitteln und zugleich eine ungefähre Vorstellung von der quantitativen Zusammensetzung geben. Diesem Zweck dient die Abstufung 10–25–50 %, welche wie folgt in den Namen aufgenommen wird: Die häufigste Komponente, die im allgemeinen über 50 % ausmacht, liefert den Gruppennamen, z. B. Sand, Silt, Ton, Kalk, Dolomit, der entsprechend dem deutschen Wortgebrauch am Ende des Gesteinsnamens steht. Weitere Komponenten werden, nach ihrer Häufigkeit abgestuft, hinzugefügt, wie es das folgende Beispiel zeigt.

Sandstein mit 25–50 % Silt = „Siltsandstein" oder „stark siltiger Sandstein" oder „siltreicher Sandstein" (Symbol SiS)
Sandstein mit 10–25 % Silt = „Siltiger Sandstein" oder „siltführender Sandstein" (Symbol siS)
Sandstein mit bis 10 % Silt = „Schwach siltiger Sandstein" oder einfach „Sandstein" (Symbol (si)S)

Diese Abstufung ist so grob, daß sich eine Benennung im allgemeinen mit Feldmethoden durchführen läßt. Ergebnisse von quantitativen Laboruntersuchungen sollten darüber hinaus in Tabellenform mitgeteilt werden, um die Namen nicht weiter zu komplizieren.

Abb. 4-1 gibt in Form eines Dreieckdiagramms die Benennung für Mischungen von Sand, Ton und Karbonat an. Die Komponenten an den Ecken können nach Bedarf durch andere ersetzt werden (z. B. Sand-Silt-Ton, aber auch Sand-Silt-Zement). Jedoch sind die genannten Benennungsregeln auch unabhängig von Dreiecksdarstellungen anwendbar.

2. Die häufigste Komponente > 50 % wird nach den später ausgeführten Grundsätzen weiter spezifiziert, z. B. kalkiger **Sandstein mit Gesteinsbruchstücken**; sandiger **Kalkoolith**.

3. Die Namen gehen bei „chemischen" Sedimenten (Karbonatgesteine, Evaporite, Chert) von der chemischen Zusammensetzung aus. Im übrigen beruhen sie auf Korngröße und Partikelart. Gesteinsbruchstücke müssen daher nicht aus Nomenklaturgründen in ihre Mineralkomponenten aufgelöst werden.

Zur Benennung der Sandsteine wurden zahlreiche Vorschläge gemacht, über die zusammenfassend Huckenholz (1963a und b) und Klein (1963) orientieren. Die Vielfalt der Klassifikationen ergibt sich daraus, daß Sandsteine unter sehr verschiedenen Aspekten betrachtet werden können:

A. Chemische Zusammensetzung
B. Mineralphasen (Quarz, Feldspäte, Phyllosilikate, Karbonate u. a.)

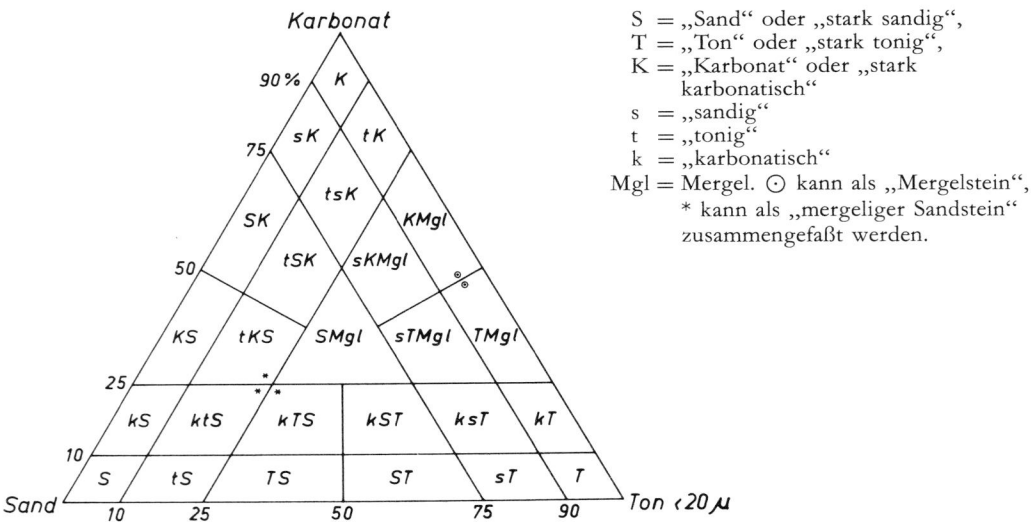

Abb. 4-1. Benennungsdreieck Sand-Ton-Karbonat (nach FÜCHTBAUER 1959 und G. MÜLLER, mdl.)

C. Komponenten
1. gruppiert nach Liefergesteinen (Vulkanite, Plutonite, Metamorphite, Sedimentite). PETTIJOHN (1957) definierte in diesem Zusammenhang einen

$$\text{Herkunftsindex} = \frac{\text{Feldspatgehalt}}{\text{Gehalt an Gesteinsbruchstücken}},$$

der für Plutonite höher ist als für Vulkanite

2. gruppiert nach der „Maturität". Diese setzt sich nach PETTIJOHN (1957) aus zwei Komponenten zusammen:

   a) $\text{Kompositionelle Reife} = \dfrac{\text{Quarz} + \text{Chert}}{\text{Feldspäte} + \text{Gesteinsbruchstücke}}$

   b) Strukturelle Reife = Sortierung und Rundung der Sandkörner.

3. deskriptiv (Quarz, Feldspäte, Gesteinsbruchstücke, Phyllosilikate > 63 µm, Silt, Ton, Zement).

A. Die chemische Zusammensetzung wurde wegen ihrer mineralogischen Vieldeutigkeit niemals als Klassifikationsgrundlage für Sedimentgesteine verwendet.

B. Eine vollständige Aufteilung in Mineralphasen (INGERSOLL et al. 1984) ist als Grundlage für eine allgemeine Gesteinsansprache ebenfalls nicht geeignet, da sich die Gesteinsbruchstücke und der Feinanteil < 63 µm mikroskopisch und röntgenographisch nur mit erheblichem Aufwand in Einzelmineralien aufteilen lassen.

C1. Eine Gruppierung nach Liefergesteinen ist bei Einkristallkörnern nur in den seltensten Fällen möglich, und auch bei Gesteinsbruchstücken ist es z. B. oft ungewiß, ob sie unmittelbar aus Kristallingesteinen stammen oder über den Umweg älterer Sedimente. Eine solche Gruppierung, so wichtig sie im Prinzip ist, eignet sich daher ebenfalls nicht zur Klassifizierung der Sandsteine.

C2. Die „kompositionelle Reife" eines Sandsteins ist nach obiger Formel dem Anteil verwitterungs- und transportempfindlicher Komponenten umgekehrt proportional. Sie nimmt daher mit jedem sedimentären Zyklus, den das Material durchläuft, zu. Die „strukturelle Reife" („textural maturity", FOLK 1951) ist um so größer, je besser die Sortierung und die Verrundung der Sandkörner ist. Mit jedem sedimentären Zyklus nimmt die Verrundung des Materials zu; unter bestimmten Voraussetzungen wird dabei auch die Sortierung besser. So kann die Maturität ein Maß dafür sein, wie oft das Sedimentmaterial umgelagert wurde.

Die kompositionelle Reife ergibt sich aus einer deskriptiven Bestandsaufnahme der Komponenten. Die strukturelle Reife beruht auf Gefügemerkmalen und sollte daher nicht in eine petrographische Nomenklatur der Sandsteine eingebaut, sondern unabhängig von dieser betrachtet werden (FOLK 1954).

C3. Nach dieser Diskussion erweist sich eine deskriptive Zusammenstellung der Sandpartikel (Quarz, Feldspat, Gesteinsbruchstücke, Phyllosilikate u. a.) als geeignetste Grundlage der Sandstein-Nomenklatur.

Außer den Partikeln, die in erster Linie zur Benennung herangezogen werden, können die Sandsteine noch Matrix und Zement enthalten. Während „Zement" alle diagenetischen, d. h. nach der endgültigen Ablagerung erfolgten Ausscheidungen im Porenraum des Sediments umfaßt, bezeichnet der Begriff „Matrix" den primär mit den Sandkörnern zusammen abgelagerten Feinanteil. Quantitativ läßt sich Matrix definieren als der durch ein Minimum der Kornverteilungskurve abgegrenzte Feinanteil. Wenn keine Korngrößenanalysen oder Dünnschliffe vorliegen, werden oft absolute Grenzen, z. B. < 20 µm (oder < 30 µm, PETTIJOHN 1975: 211), verwendet.

In manche Sandsteine wurde nach der terrestrischen Ablagerung Matrix vados eingeschwemmt, z. B. in viele Red Beds (WALKER 1976; WALKER et al. 1978; PEDERSEN & ANDERSEN 1980). Als „Pseudomatrix" bezeichnet DICKINSON (1970, s. auch KUGLER 1982) durch Überlagerungsdruck in den Porenraum hineingedrückte, weiche Gesteinsbruchstücke, z. B. Tonbröckchen oder instabile, vertonte vulkanische Gesteinsbruchstücke (BRENCHLEY 1969; WHETTEN & HAWKINS 1970; DUNCAN & KULM 1970; LOVELL 1972). Eingeschwemmte Matrix dürfte nur mit Vorbehalt an einer Bimodalität der Kornverteilung zu erkennen sein, Pseudomatrix an schemenhaft erhaltenen Korngrenzen, die bei karbonatischer Zementation deutlicher hervortreten können (BRENCHLEY l. c.). Oft stellt sich die Frage, ob der Ton als Matrix oder Zement zu deuten ist. Hier kann die Ausbildung und Orientierung der Tonmineralblättchen helfen. Auch unterscheidet sich Tonmineralzement in der Regel mineralogisch vom angrenzenden Tongestein. Gelegentlich spricht die Zunahme einer serizitischen „Matrix" mit wachsender stratigraphischer Tiefe aufkosten von Feldspäten und Gesteinsbruchstücken für einen diagenetischen Ursprung (SHANNON 1978; s. auch CUMMINS 1962). Wenn eine eindeutige Entscheidung, ob Matrix oder Zement vorliegt, nicht möglich ist oder nicht vorgenommen wurde, verwendet man den Überbegriff „Grundmasse".

Sieht man sich nach Namen für die möglichen Gesteinstypen um, so bieten sich zunächst zwei Begriffe an: „Grauwacke", ein Ausdruck der Harzer Bergleute des 18. Jahrhunderts, und „Arkose", ein von BROGNIART (1826) eingeführter Ausdruck (HUCKENHOLZ 1963b). Beide sind von ihren Urhebern so unscharf definiert worden, daß eine Neudefinition notwendig ist, will man sie in ein quantitatives System einbauen. Hierzu sollte man sich auf die Typlokalitäten beziehen, wie es HUCKENHOLZ (1963a) tat, der die Typgrauwacken des Harzes mit den Typarkosen der Auvergne verglich. Dabei erwiesen sich die Phyllosilikate als eiziges, sicheres Unterscheidungsmerkmal: Die Grauwacken enthalten vorwiegend Glimmer und Chlorit, die Arkosen führen in der feinen Fraktion meist Kaolinit, seltener Montmorillonit.

Diese Unterschiede erklären sich dadurch, daß die Grauwacken meist ausgedehnte Liefergebiete haben und daher die verbreiteteren Phyllosilikate Glimmer und Chlorit enthalten, während die Arkosen Abtragungsprodukte granitartiger Gesteine sind, die nur dann typisch entwickelt sind, wenn sie ohne fremde Beimengung und zusammen mit ihren kaolinitischen (oder montmorillonitischen) Verwitterungsprodukten, das heißt aber nach relativ kurzem terrestrischen Transport, zur Ablagerung kamen. Nun wird aber der Kaolinit im Laufe der Diagenese nicht selten durch Chlorit ersetzt, und die Feldspäte können verglimmern. So ist die Möglichkeit nicht auszuschließen, daß die Diagenese auch die letzte Schranke zwischen den beiden Begriffen fortnimmt. Im übrigen ist es nicht sehr sinnvoll, die Sandsteine nach ihrem Phyllosilikatgehalt, den „Ton-Mineralen" zu benennen. Zwar sind typische Grauwacken durchaus von typischen Arkosen zu unterscheiden, die Begriffe sind jedoch nicht randscharf gegeneinander abzugrenzen.

In dieser Situation bieten sich zwei unterschiedliche Wege an:

A. Man hält an den alten Begriffen „Grauwacke" und „Arkose" fest, definiert sie in partieller Anlehnung an ihre überlieferte Bedeutung neu und ergänzt sie durch einige weitere Begriffe. Zwei Dreiecksdiagramme, die im deutschsprachigen bzw. im angelsächsischen Gebiet häufiger angewandt werden, zeigen Abb. 4-2 A und B. Ein weiteres Benennungssystem zeigt Abb. 4-4. „Grauwacke" setzt 15% Matrix (< 20 µm) voraus (FÜCHTBAUER 1959); fehlt diese, so wird von „lithic sandstone" oder „litharenite" (Litharenit) gesprochen (OKADA 1971; PETTIJOHN 1975). HOMRIGHAUSEN (1979: 27) spricht auch dann von „Grauwacken" (s. Abb. 4-2A).

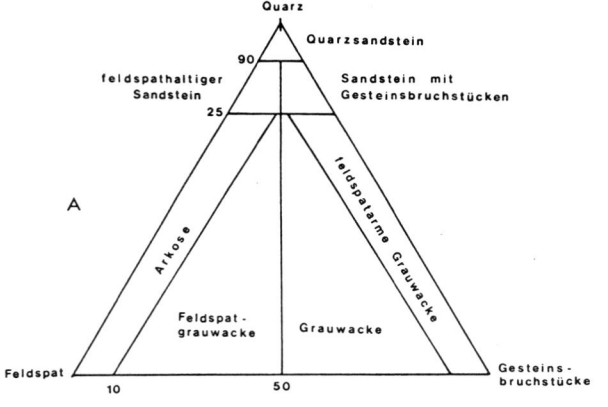

A. Nach Homrighausen (1979; abgewandelt aus Füchtbauer 1959)

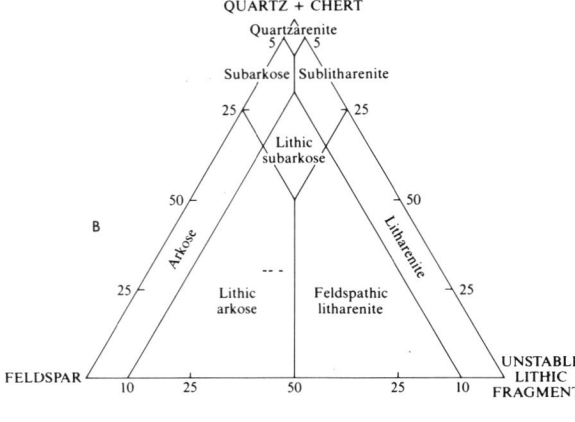

B. Nach McBride (1963)

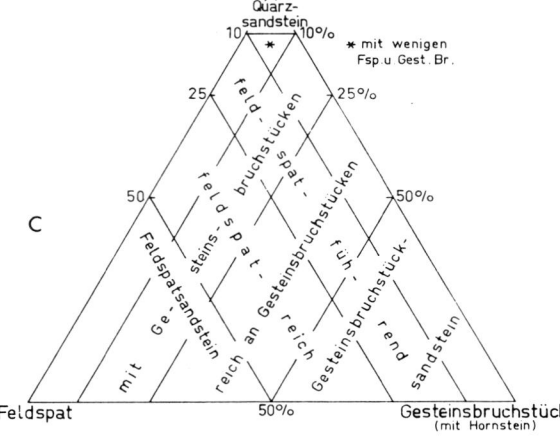

C. Schema nach den Prinzipien dieses Buches

Abb. 4-2. Sandstein-Klassifikationen
Ein Sandstein mit 55% Quarz, 30% Feldspat und 15% Gesteinsbruchstücken würde nach A „Feldspatgrauwacke", nach B „Lithic arkose" und nach C „Feldspatreicher Sandstein mit Gesteinsbruchstücken" genannt werden.

Die Minerale

B. Man behält die alten Begriffe nur noch als Feldbezeichnungen ohne quantitative Bedeutung bei, verwendet jedoch für mikroskopisch untersuchte Gesteine Namen, die sich direkt aus den mikroskopischen Abschätzungen bzw. quantitativen Untersuchungsergebnissen ableiten und daher für sich selbst sprechen. Zunächst die Feldbezeichnungen:

Grauwacken = Dunkel-(grün-)graue Sandsteine mit einer aus Glimmer und Chlorit bestehenden Tonmatrix, meist reich an Gesteinsbruchstücken, mit wechselndem Feldspatgehalt. Schlechte Sortierung und Verrundung. Im allgemeinen stark verfestigt.

Arkosen = Hellgraue bis rötliche, meist Kaolinit führende, feldspatreiche Sandsteine mit wechselndem Gehalt an Gesteinsbruchstücken. Meist schlecht sortiert.

Zwischen diesen Typen und dem exakt definierten „Quarzsandstein" („orthoquartzite", Pettijohn 1957) – > 90 % Quarz (ohne Kieselschiefer- und Quarzitbruchstücke) – vermitteln als Feldbegriffe „Subgrauwacke" und „Subarkose".

Die quantitative Ansprache wird nach der in diesem Buch verwendeten Abstufung 10–25–50 % in folgender Weise vorgenommen
(Abb. 4-2C):

> 50 % Feldspäte: Feldspat-Sandstein
> 50 % Gesteinsbruchstücke: Gesteinsbruchstück-Sandstein
25–50 % Fs bzw. Gb: feldspat**reicher** Sandstein bzw. Sandstein **mit vielen** Gesteinsbruchstücken
10–25 % Fs bzw. Gb: feldspat**führender** Sandstein bzw. Sandstein **mit** Gesteinsbruchstücken
< 10 % Fs bzw. Gb: schwach feldspat**führender** Sandstein bzw. Sandstein **mit wenigen** Gesteinsbruchstücken
                                                                         (Bestandteile < 10 % können auch fortgelassen werden)
< 10 % Fs + Gb, (> 90 % Qz):   Quarzsandstein

Bei quantitativen Auszählungen genügt zwar eine Zahlentabelle, doch können die sich ergebenden Kollektive jeweils durch einen Gesteinsnamen zusammengefaßt werden.

Die Dreiecksschemata der Abb. 4-2 besitzen nicht die dreizählige Symmetrieachse des Sand-Ton-Karbonatdreiecks, Abb. 4-1, weil hier im Gegensatz zu jenem die Komponenten hinsichtlich der Häufigkeit ihres Vorkommens sehr ungleichwertig sind: Quarz überwiegt fast immer, so daß es nicht sinnvoll wäre und auch nirgends praktiziert wird, Gesteine mit > 50 % Quarz als Quarzsandsteine zu bezeichnen. Die Grenze wird hier bei 90 % gezogen. In die Benennung lassen sich weitere Sandgemengteile (0,063–2 mm) nach obigen Regeln aufnehmen, zum Beispiel Glimmer, Chlorit, Glas und Schwermineralanreicherungen.

Den begrenzten Wert einer starren Sandsteinnomenklatur demonstrieren jedoch die Mittelwerte verschiedener Grauwacken, welche in Abb. 4-3 für feinere und gröbere Varianten gesondert eingetragen wurden. Man erkennt, daß sich schon bei geringfügiger Korngrößenänderung innerhalb eines Vorkommens die Zusammensetzung ganz wesentlich verschiebt, und zwar vor allem bezüglich der Gesteinsbruchstücke. Abb. 4-4 zeigt die gleiche Gesetzmäßigkeit und außerdem den Einfluß der Transportabnutzung vor allem der Feldspäte in einem Wadi zunächst nahe der Quelle, dann flußabwärts, weiter in ausgeblasenem Sand und schließlich an der Küste. Eine ähnliche Verschiebung zum Quarzpol hin bewirkt die Verwitterung, wie Basu (1976) durch Vergleich von holozänen Flußsanden plutonischer Herkunft aus dem Felsengebirge und aus den feuchteren und stärker verwitterten Appalachen zeigen konnte.

Die Suche nach Beziehungen zwischen Sandsteinzusammensetzung und plattentektonischer Position geht auf Ideen von P.D. Krynine (1943) zurück. Solche Beziehungen beruhen letztlich darauf, daß in Abtragungsprodukten von Plutoniten, d. h. in Kratonen, Kalifeldspäte und Quarz, in denen von Vulkaniten, z.B. in Eugeosynklinalen, Plagioklase und Gesteinsbruchstücke, und in denen von Sedimentiten Quarz (und Gesteinsbruchstücke) überwiegen (Murray & Condie 1973; Dickinson et al. 1979), oder daß der Quarzgehalt von aktiven Plattenrändern (mit Verschluckungs-

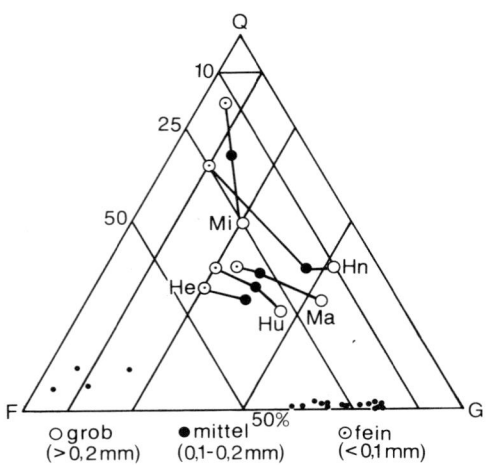
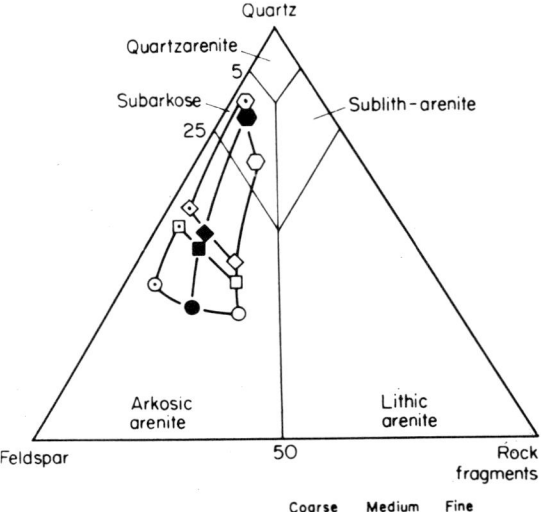

Abb. 4-3. Konzentrationsdreieck Quarz-Feldspat-Gesteinsbruchstücke wie Abb. 4-2 C. Oben wurden Grauwacken eingetragen, und zwar für jedes Vorkommen die Mittelwerte der groben, mittleren und feinen Sandsteine getrennt, um die Korngrößenabhängigkeit der Benennung zu zeigen; He = HELMBOLD 1952 und Hu = HUCKENHOLZ 1959: Devon/Karbon, Harz. Hn = HENNINGSEN 1961 und Ma = MATTIAT 1960: Unterkarbon, Hessen bzw. Harz. Mi = MIZUTANI 1957: Perm, Mugi/Japan. Kleine Punkte unten: Fast quarzfreie Arkosen (links, mit An_{26-34}-Plag.) und Grauwacken (rechts, mit An_{2-4}-Plag. und vulkanischen Gesteinsbruchstücken) aus dem Paläozoikum Neuseelands nach CROOK 1960 (aus FÜCHTBAUER 1967a).

Abb. 4-4. Korngrößenabhängigkeit der Leichtmineralspektren von drei terrestrischen Red Bed-Sandsteinen und einem marinen Sandstein mit gleichem Liefergebiet, alle aus dem Perm von Utah (MACK 1978). Die im Diagramm nach oben zunehmende Maturität wird auf mechanische Prozesse zurückgeführt. Die Korngrößensignaturen sind gleichsinnig mit denen von Abb. 4-3.

Tabelle 4-1. Leichtmineralspektren von rezenten Tiefseesanden verschiedener plattentektonischer Position (Modalzusammensetzung; Q = Quarz, F = Feldspat, G = Gesteinsbruchstücke, P/F = Plagioklas/Gesamtfeldspatgehalt, % Anorthit im Plagioklas; MAYNARD 1982); hierzu auch ROSER & KORSCH (1986).

Tektonische Situation	Q	F	G	P/F	% An
1. Passive Kontinentalränder	62	26	12	0.31	18
2. Strike-slip Bruchzonen	31	36	33	0.58	26
3. Aktive Kontinentalränder	16	53	31	0.72	30
4. Hinter Inselbögen (back-arc)	16	34	50	0.64	38
5. Vor Inselbögen (fore-arc)	3	16	81	0.90	54

zone und Vulkanismus) zu passiven zunimmt (CROOK 1974). Im Abtragungsschutt von Orogenen schließlich spielen die aus Metamorphiten herzuleitenden Quarz/Quarz-Gesteinsbruchstücke sowie Chorit und Muskowit eine große Rolle. Für den Vergleich der einzelnen Komponenten haben sich verschiedene Dreiecksdarstellungen eingebürgert (s. WARD & STANLEY 1982).

Detailliertere Untersuchungen befaßten sich mit rezenten Tiefseesanden verschiedener plattentektonischer Position. Eine Literaturauswertung mit Angabe von Streubereichen stammt von DICKINSON & VALLONI (1980). Tab. 4-1 gibt eine Übersicht (s. auch VALLONI & MAYNARD 1981 und, angewandt auf ältere Gesteine, DICKINSON et al. 1983).

Größere Unterschiede zwischen aktiven und passiven Kontinentalrändern erwähnt POTTER (1984) von der West- bzw. Ostküste Südamerikas, doch dürfte der sehr geringe Feldspatgehalt an der letzteren vor allem der starken tropischen Verwitterung im Hinterland zuzuschreiben sein.

Weitere Anwendungen der Plattentektonik stammen von MCLEAN (1979), der einen jurassischen Feldspatsandstein mit 38% Q, 52% F (überwiegend Plagioklas) und 10% vulkanischen und metamorphen Gesteinsbruchstücken als Abkömmling eines „magmatic arc" (Typ 3 der Tab. 4-1) interpretierte, und von VAN DER KAMP et al. (1976), die alttertiäre, marine Arkosen- und Tongesteinsfolgen auf plutonische und metamorphe Gesteine zurückführten, denen sie auch chemisch (nach Abzug des sedimentären Sulfids und Zurechnen von Alkalien) weitgehend entsprachen. Die Gneise im Herkunftsgebiet konnten aufgrund hoher Zr-, Ni- und Cr-Gehalte als ehemalige Sedimente erkannt werden.

Wegen ihrer Immobilität erleiden die seltenen Erden nur geringe Veränderungen während der sedimentären Prozesse und können deshalb, mit anderen Spurenelementen, Hinweise auf das Liefergestein geben. So zeigen hohe La/Th- und niedrige Th/U-Werte in Grauwacken und Tongesteinen einen beträchtlichen Beitrag vulkanischer Ursprungsgesteine an. Weitere Einzelheiten sind Tab. 4-2 zu entnehmen.

Tabelle 4-2. Einige Spurenelemente (in ppm) in Flyschgrauwacken der Tasman-Geosynklinale, Australien (BHATIA & TAYLOR 1981).

Tektonische Situation	Ursprungs-gestein	La	Th	U	Hf
1. Magmatischer Gürtel („arc")	Andesit	9,2	1,4	0,52	2,1
2. „Inter-arc"	Dazit		Zwischenwerte		
3. Zerbrochene („rifted") Kontinentalränder	Granite	39	16	3,4	7,9
4. Randbecken („marginal basins")	Sedimentite				

Tabelle 4-3. Gemittelte chemische Analysen (Hauptelemente) von Sandsteinen (vorwiegend aus BLATT et al. 1980: Tab. 10-2).

	Q	AR	GW (H)	GW	CRS	LA	D
SiO_2	95,4	77,1	69,7	66,7	66,5	66,1	77,6
Al_2O_3	1,1	8,7	14,3	13,5	13,9	8,1	7,1
Fe_2O_3	0,4	1,5	1,9	1,6	4,7	3,8	1,7
FeO	0,2	0,7	2,4	3,5		1,4	1,5
MgO	0,1	0,5	1,8	2,1	2,0	2,4	1,2
CaO	1,6	2,7	1,3	2,5	3,4	6,2	3,1
Na_2O	0,1	1,5	3,1	2,9	2,9	0,9	1,2
K_2O	0,2	2,8	1,4	2,0	2,1	1,3	1,3
CO_2	1,1	3,0	0,9	1,2	n. b.	5,0	2,5

Q = 26 Quarzsandsteine (PETTIJOHN 1963)
AR = 32 Arkosen (dito)
GW (H) = 17 Harzer Grauwacken (dito)
GW = 61 Grauwacken (dito)
CRS = 68 Columbia River-Sande (WHETTEN et al. 1969)
LA = 20 Litharenite ($\sim$ Subgrauwacke) (PETTIJOHN 1963)
D = Durchschnittssandstein (34% Durchschn.-Quarzsandstein + 25% Durchschn.-Subgrauwacke + 26% Durchschn.-Grauwacke + 15% Durchschn.-Arkose) (dito)

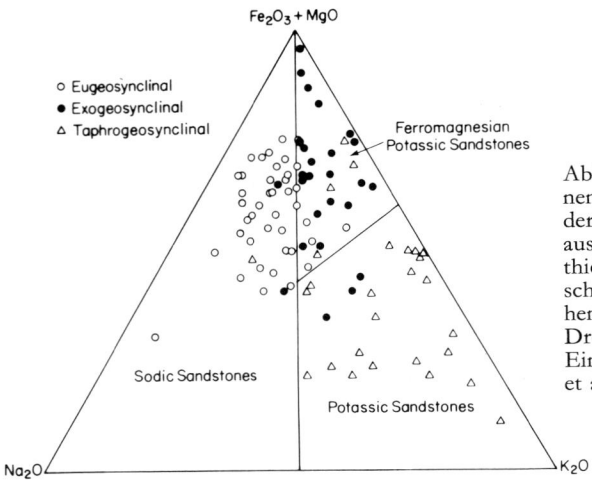

Abb. 4-5. Chemische Eigenschaften von Sandsteinen (außer Quarzsandsteinen) in Abhängigkeit von der tektonischen Situation. (Kreise = Grauwacken aus Eugeosynklinalen (~ Flysch); Punkte = „lithic" Sandsteine aus „exogeosynklinalen", klastischen Keilen, die sich von Faltengebirgen ausgehend an Kratonrändern bildeten (~ Molasse); Dreiecke = Arkosen aus „taphrogeosynklinalen" Einbruchsbecken in Kratonen (Fig. 10-2 aus BLATT et al. 1980).

Die chemische Zusammensetzung von Sandsteinen (Tab. 4-3) wird seit der Automatisierung der analytischen Methodik in letzter Zeit wieder häufiger untersucht. Sie steht ebenso wie der Mineralgehalt, jedoch meist weniger deutlich erkennbar, in einer Beziehung zur tektonischen Situation (Abb. 4-5) (s. auch SCHWAB 1975).

4.1.2 Quarz

Quarz ist das Hauptmineral der Sandsteine; ein Durchschnittssandstein enthält etwa 65% Quarz (BLATT et al. 1980). Da bei einem Sandstein außer den Ablagerungsbedingungen meistens auch die Materialherkunft interessiert, hat es nicht an Versuchen gefehlt, Merkmale zu finden, die unmittelbar auf die Art des Liefergesteins hinweisen (z. B. KRYNINE 1946a). Leider ist festzustellen, daß es solche eindeutigen Merkmale nicht gibt. Allenfalls gelingt es, aus Bündeln von Merkmalen das Vorherrschen beispielsweise von Plutoniten oder Metamorphiten im Liefergebiet wahrscheinlich zu machen. Dabei bleibt meist offen, ob die Sandkörner direkte Abtragungsprodukte dieser Kristallingesteine sind, ob es sich also um einen Sandstein des ersten Zyklus handelt, oder um ein Aufarbeitungsprodukt desselben, also einen Sandstein des 2. Zyklus. Nur angerundete Quarz-Anwachssäume beweisen letzteres, zumindest für das betreffende Korn; aber sie sind selten.

Fast ebenso wichtig wie die Ermittlung der Ursprungsgesteine aber kann es sein, eine übereinstimmende oder unterschiedliche Materialherkunft zweier Sandsteine festzustellen. Eigenschaften wie Korngröße, Korngestalt, -rundung und -oberfläche sind hierfür nicht verwendbar; sie spiegeln häufig nur die Transportart (s. Kapitel 4.2). Ein wichtiges Merkmal, die Quarzverwachsungstypen, wird unter „Gesteinsbruchstücke" diskutiert. So bleiben als Merkmale von Quarz-Einkristallkörnern die Farbe, die Einschlüsse, die Kathodolumineszenz und die undulöse Auslöschung.

a) Farbe
Die Quarzkornfarbe wurde von SCHNITZER (1957, 1977) in die sedimentpetrographische Methodik eingeführt. In den Sandproben werden durch Kochen in konzentrierter Salzsäure und anschließende Dichteabtrennung die Quarzkörner angereichert. Diese werden dann mit einer Flüssigkeit von der Lichtbrechung des Quarzes bedeckt, um einen korngrößenunabhängigen Farbvergleich mit der Farbtafel zu ermöglichen. KRÄMER (1961) verfeinerte die Methode durch eine Farbsortierung der Einzelkörner. Am häufigsten treten die folgenden Farben auf:

rot   (durch Hämatit- oder Biotiteinschlüsse oder durch Einbau von Metallionen)
braun   (durch Goethiteinschlüsse)
gelb   (durch Eisenhydroxideinschlüsse oder Einbau von Metallionen)
weiß   (häufig durch Flüssigkeits- oder Gaseinschlüsse)
grau   (durch Einschlüsse von Glimmer, kohliger Substanz, Erz, Graphit oder „Farbzentren", welche durch Bestrahlung von AlO_4-Tetraedern im Quarzgitter entstehen, zum Beispiel in uranführenden Keupersandsteinen.) Durch künstliche radioaktive Bestrahlung werden die Quarze verschiedener Herkunft unterschiedlich stark rauchgrau („smoky"): vulkanisch > granitisch > metamorph > hydrothermal und Gangquarze (HAYASE 1961; SCHNITZER 1977, 1979).
grün   (durch Chlorit-, Biotit- oder Hornblendeeinschlüsse)

Seltener sind:
blau   (durch Rutileinschlüsse)
violett   (durch „Farbzentren")
rosa   (durch Rutil, Hämatit oder Mn-Verbindungen)

Mit Erfolg wurde die Quarzkornfarbe als Hilfsmittel bei der stratigraphischen Kartierung im Buntsandstein und Keuper (PATZELT 1964) eingesetzt. Es muß jedoch mit einer diagenetischen Verfälschung derselben gerechnet werden, da beim Weiterwachsen von Quarzkörnern meistens ein unterschiedlich gefärbter „Staub"-rand in die Körner einbezogen wird, welcher auch bei der Säurebehandlung nicht entfernt wird.

b) Einschlüsse
Im Quarz können folgende Gruppen von Einschlüssen unterschieden werden (MACKIE 1896; KELLER & LITTLEFIELD 1950; FÜCHTBAUER et al. 1982):

(a) stengelig oder isometrisch idiomorph („regular"): Blättchenminerale, Feldspat, Magnetit, Apatit, Zirkon
(b) nadelig („acicular"): Sillimanit, Disthen, Rutil, Turmalin
(c) unregelmäßig („irregular"): kleine opake, staubförmige Einschlüsse
(d) rundlich-oval („globular"): Bläschen, mit Flüssigkeit oder Gas gefüllt.

(a) ist in Metamorphiten, (b)–(d) sind in Magmatiten etwas häufiger, doch sind die Unterschiede nicht so groß, daß man auf dieses Merkmal Entscheidungen gründen könnte. Rutileinschlüsse sind für granitische Quarze typisch, während Quarze, die durch zahlreiche Blasen milchig erscheinen, meist hydrothermal sind. In Gangquarzen findet man nicht selten Chloritröllchen („Helminthstruktur").

c) Kathodolumineszenz
Diese von SIPPEL (1968) in die Sedimentpetrographie eingeführte und von ZINKERNAGEL (1978) apparativ weiterentwickelte Methode gestattet eine Unterscheidung von mehreren Quarztypen durch die im Mikroskop beobachtete Lumineszenzfarbe bei Elektronenbeschuß (ZINKERNAGEL 1978; FÜCHTBAUER et al. 1982)

blauviolett: Hochquarze magmatischer oder kontaktmetamorpher Herkunft; blau: rasch, violett: etwas langsamer abgekühlt; fleckig: schwach metamorph überprägt.
braun: Tiefquarze aus Metamorphiten (zwischen 573 und ca. 300 °C), sowie metamorphe, langsam abgekühlte Hochquarze. NEUSER et al. (1988) fanden allerdings, daß manche metamorphe Quarze nach längerer Bestrahlung blau lumineszieren.
rötlich: Bei < 573 °C gebildeter, rasch abgekühlter Quarz, vor allem in Porphyren (z. B. porphyrische Grundmasse) und Sandsteinen mit viel vulkanischem Material.
grünlich: Hydrothermaler Quarz (schnell verfliegende Lumineszenz). Gelb: ungeklärt.
keine Lumineszenz: Quarzzement (falls er nicht über ca. 300 °C erwärmt wurde. NEUSER et al. (l. c.) beobachteten an Quarzneubildungen aus evaporitischem Milieu jedoch eine braune Lumineszenz.

Die Quarzlumineszenz geht vermutlich nicht auf Fremdionen, sondern auf Gitterbaufehler zurück (ZINKERNAGEL l. c.). Zur Ermittlung der Detritusherkunft wurde diese Methode u. a. von RICHTER & ZINKERNAGEL (1975) und FÜCHTBAUER et al. (1982) angewandt. Eine zusammenfassende Darstellung gab NICKEL (1978); eine weitere Differenzierung schlugen MATTER & RAMSEYER (1985) vor.

d. Undulosität
Viele Quarzkörner zeigen eine undulöse Auslöschung, d. h. die Körner löschen zwischen gekreuzten Nikols nicht einheitlich aus, sondern besitzen einen in Grad meßbaren Auslöschungsspielraum. Nach BASU et al. (1975) besteht zwischen diesem Auslöschungsspielraum und dem auf dem Universaldrehtisch gemessenen Winkelbereich der c-Achsen statistisch fast kein Unterschied.

Man findet undulöse Auslöschung in Gesteinen, die nach ihrer letzten Kristallisation deformiert wurden. Sie

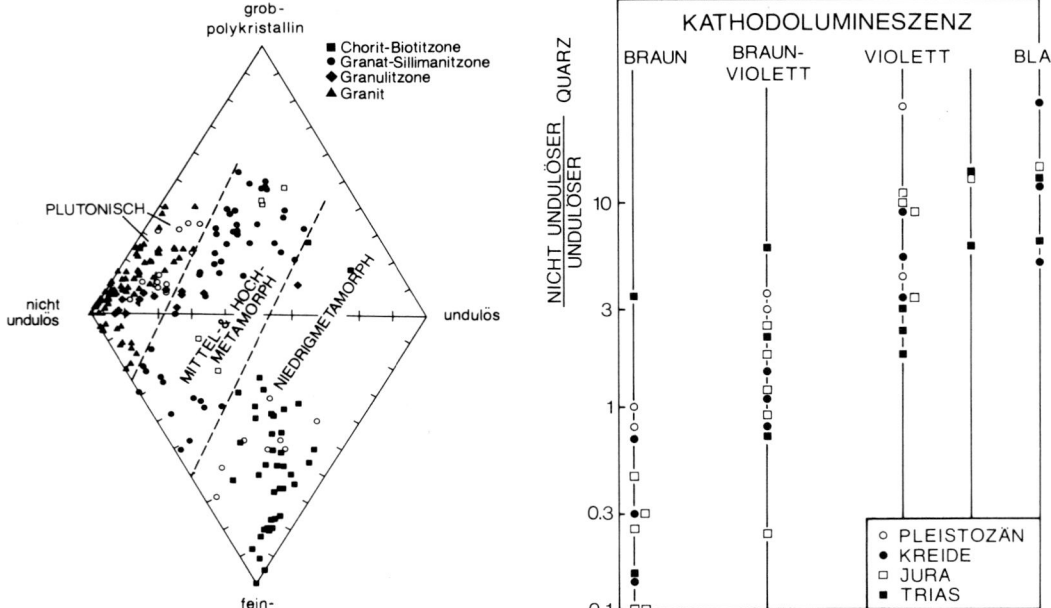

Abb. 4-6. Quarze aus Holozän-Sanden der oben rechts angegebenen Ursprungsgesteine. „Undulös" = > 5° Auslöschungsspielraum. Diejenigen Proben, in denen ≥ 75% der polykristallinen Quarze nur 2–3 Kristalle pro Korn enthielten, wurden in der oberen Hälfte aufgetragen, die übrigen (> 25% der polykristallinen Quarze mit > 3 Kristallen pro Korn) nach unten (BASU et al. 1975).

Abb. 4-7. Kathodolumineszenz von Einkristall-Quarzkörnern in Abhängigkeit von der Undulosität; Fraktion 0,125– 0,18 mm, 13 Proben (aus FÜCHTBAUER et al. 1982: Abb. 4).

ist größer in niedrig- als in hochmetamorphen Gesteinen (Abb. 4-6) und beträgt im Mittel in metamorphen Quarzen 7,9° (Standardabweichung 5,0°), in plutonischen 3,6° (Standardabweichung 3,5°; BLATT & CHRISTIE 1963). Entsprechend zeigt auch eine Korrelation zwischen Undulosität und Kathodolumineszenz die größere Häufigkeit undulöser Auslöschung in metamorphen (braun) verglichen mit magmatischen Quarzen (blau) (Abb. 4-7). Vulkanische Quarze, manchmal erkennbar an Resorptions-Ausbuchtungen, sind im allgemeinen nicht undulös; sie tragen jedoch nicht nennenswert zum sedimentären Quarzhaushalt bei.

In Grauwacken und Arkosen ist der Anteil undulöser Quarze ähnlich wie in den mutmaßlichen kristallinen Ursprungsgesteinen. In Quarzsandsteinen aber, deren Material besonders intensiv oder sogar mehrfach aufgearbeitet wurde, ist ihr Anteil meistens wesentlich geringer (BLATT 1963). Daraus folgt, daß undulöse Quarze empfindlicher gegen mechanische und chemische Einwirkungen sind als einheitlich auslöschende. Doch kommen auch Quarzsandsteine vor, die reich an undulösen Quarzen sind. So zeigen die Quarze im oberkretazischen Arenisca de Azúcar Ostperus (< 5% Feldspat + Gesteinsbruchstücke), welcher sich vom Brasilianischen Schild herleitet, zu 60–70% undulöse Auslöschung, in der überlagernden, tertiären Andenmolasse (30% Feldspat + Gesteinsbruchstücke) aber nur zu 10–15%. Dabei wurden als „undulös" Körner mit einem Auslöschungsspielraum von > 5° gezählt (KOCH & BLISSENBACH 1960).

Als deskriptives Merkmal lassen sich die undulösen Quarze zur Charakterisierung von Sandsteinen verwenden (GREENSMITH 1963; FÜCHTBAUER 1964a). Dabei kann man, um reproduzierbare Werte zu gewinnen, Korn für Korn den Auslöschungsspielraum in Winkelgraden messen und in Histogrammen oder, zu Gruppen zusammengefaßt in Dreiecksprojektionen darstellen. Als ein Beispiel wurde in Abb. 4-8 die Undulosität von 21 Proben aus Buntsandstein, Rotliegendem und Oberkarbon verschiedener norddeutscher Vorkommen eingetragen. Man erkennt, daß sich die Buntsandsteinquarze (oben) deutlich von denen des Rotliegenden und Oberkarbons unterscheiden.

Bei solchen Vergleichen ist darauf zu achten, daß die Undulosität nach CONOLLY (1965) schon bei mäßiger Faltung zunimmt. Sogar ein reiner Belastungsdruck von etwa 2000 m kann an Einzelkörnern undulöse Auslöschung erzeugen. Insgesamt scheint jedoch der Anteil undulöser Quarze durch den Belastungsdruck nicht wesentlich beeinflußt zu werden, denn die in Abb. 4-8 dargestellten Proben aus maximalen Versenkungstiefen von etwa 2500–5500 m zeigen keine diesbezügliche Abhängigkeit. In Schottland aber fand VOLL (1969: Abb. 35) noch 50 m unter der Moine-Überschiebung eine erhöhte Undulosität. Vermutlich ist dieser Einfluß in matrixführenden Sandsteinen größer als in Sandsteinen, in denen eine frühe Zementation die Körner abstützt und vor Punktbelastungen schützt.

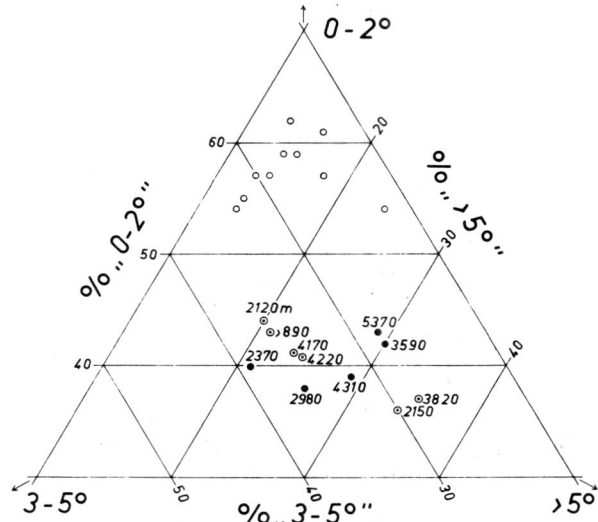

Abb. 4-8. Undulosität der Quarze in Mittelsandsteinen (Md ~ 0,25 mm) des Buntsandsteins (Kreise), Rotliegenden (Kreise mit Punkten) und Oberkarbons (Punkte) aus norddeutschen Bohrungen. Auslöschungsspielraum in Graden.

Oft grenzen mehr oder weniger einheitlich auslöschende, parallele oder fächerförmige Kornbereiche aneinander, so etwa die etwa ‖ c verlaufenden, 50–300 µm breiten „Deformationsbänder" (CARTER et al. 1964; KOSCHINSKI 1979) (Abb. 4–9a, b).

Nur durch feine Lichtbrechungsunterschiede sind die 1–5 µm breiten, „nicht dekorierten" Deformationslamellen (WHITE 1973) voneinander unterschieden; sie stellen demnach eine feine Verzwillingung dar.

Durch Glas- oder Fluideinschlüsse „dekorierte" Deformationslamellen (Abb. 4–9c, d), meist ohne Auslöschungssprung, welche häufig mit 20–30° gegen die Basisfläche geneigt sind (VOLLBRECHT mdl.) nennt man Böhm'sche Streifung (s. auch CHRISTIE & ARDELL 1974).

Solange sich die Auslöschung an Subkorngrenzen um weniger als 10–15° ändert, spricht man von Kleinwinkelgrenzen und Polygonisation (VOLL 1969: 41). Wir zählen solche Körner noch zu den Einkristallquarzen, nicht zu den Gesteinsbruchstücken. Diese „Subkornbildung" soll nach YOUNG (1976) etwa bei 250 °C beginnen, nach VOLL (1969: 114) spätestens bei 450 °C (Abb. 4–9e, f.)

4.1.3 Gesteinsbruchstücke

Als Gesteinsbruchstücke werden Partikel von Sandkorngröße bezeichnet, welche aus unterschiedlichen Mineralen zusammengesetzt sind, oder aus mindestens drei Kristallindividuen der gleichen Mineralart bestehen, Zwillinge und Einschlüsse nicht gerechnet. Da die Wahrscheinlichkeit, daß mehrere Kristallindividuen in einem Korn vereinigt sind, mit wachsender Korngröße zunimmt, findet man Gesteinsbruchstücke häufiger in Grobsandsteinen als in Feinsandsteinen (Abb. 4-3 und 4-4). Man kann sie unterteilen in

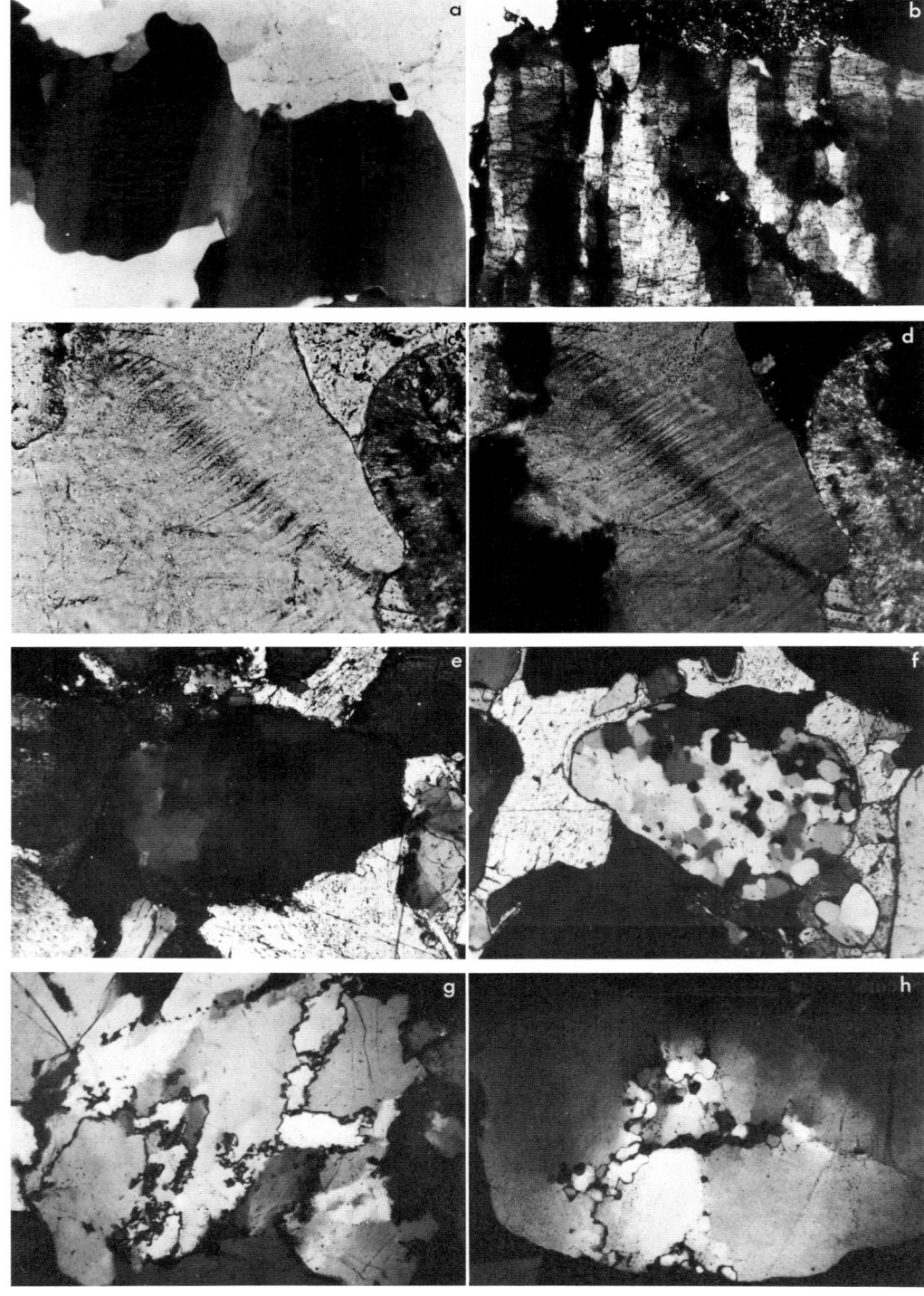

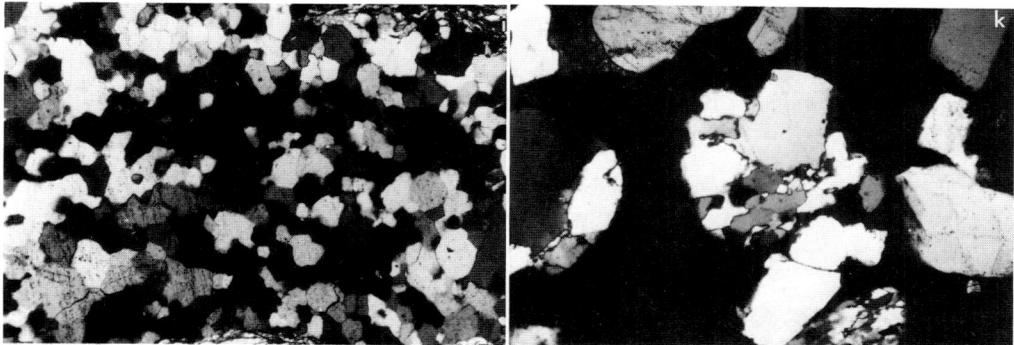

Abb. 4-9. Quarzgefüge (Aufnahmen und Erläuterungen von Dr. A. Vollbrecht, Göttingen)
a. Deformations-(Knick-) Bänder (aus VOLLBRECHT 1981: Abb. 8). Bildbreite 1,4 mm, + Nicols.
b. Deformationsbänder; quer dazu verheilte Mikrorisse mit großen Fluideinschlüssen (letzte Beanspruchung). Mittlerer Keuper, Fitzendorf, Bildbreite 1,1 mm, + Nicols.
c. „Böhm'sche" Deformationslamellen, „dekoriert" mit Einschlüssen, besonders im Bereich der Knickzone. Lias alpha 3-Sandstein, Tongrube Eslowerke, Ebersdorf (Oberpfalz). Bildbreite 0,44 mm.
d. Dito, + Nicols.
e. Beginn unregelmäßiger Subkornbildung; Konzentrierung von Versetzungen zu Subkorngrenzen. Rotliegendsandstein, Zgl. Keller bei Weiden (Oberpfalz). Bildbreite 1,1 mm, + Nicols.
f. Übergang Subkorn-(links)/Neukornbildung (rechts). Erholungsprozeß rechts am weitesten fortgeschritten. Rotliegendsandstein, Stockheimer Becken (Oberpfalz). Bildbreite 1,1 mm, + Nicols.
g. Beginnende Neukeimbildung. Keupersandstein, Süddeutschland. Bildbreite 1,1 mm, + Nicols.
h. Neukeimbildung. Oberkeupersandstein, Süddeutschland. Bildbreite 1,1 mm, + Nicols.
i. Vollendetes Neoblastengefüge. Gerade Korngrenzen mit Tripelpunkten (aus VOLLBRECHT 1981: Abb. 6a). Bildbreite 1,4 mm, + Nicols.
k. Unregelmäßiges Aggregatgefüge, Buntsandstein, Hardegsen. Bildbreite 1,1 mm, + Nicols.

A. Gesteinsbruchstücke, die nur aus SiO_2 bestehen, und
B. Gesteinsbruchstücke, an denen andere Minerale beteiligt sind.

A. Diese Gruppe überwiegt in Sandsteinen meistens. Es kann zweckmäßig sein, die aus 2–3 Kristallindividuen zusammengesetzten Quarzkörner, welche nach der hier vorgeschlagenen Benennung z. T. noch als Einkristallkörner gelten, gesondert auszuzählen und den übrigen Quarz-Gesteinsbruchstücken gegenüberzustellen, denn ihr Anteil ist, wie Abb. 4-6 zeigt, in Sanden aus Plutoniten und höher metamorphen Gesteinen größer als in Sanden aus niedrig-metamorphen Gesteinen.

Nach abnehmender Kristallgröße lassen sich folgende Gesteinsbruchstückstypen in der Gruppe A unterscheiden (s. Abb. 4-9):

1. Wenige Kristallindividuen grenzen an streckenweise geraden Grenzen aneinander. Herkunft entweder Tiefengesteine (z. B. Granit) oder Gangquarze; Unterscheidung evtl. durch Kathodolumineszenz möglich. In Gangquarzen kommen „Helminthstrukturen" (Chlorit-Geldrollen) vor. Sedimentäre Quarzite können gelegentlich als Gesteinsbruchstücke auftreten. Da es sich dabei meist um Fein- bis Siltquarzite handelt, ist im allgemeinen etwas Tonmatrix auf den Korngrenzen dieser Gesteine zu erkennen.

2. Eine größere Zahl von ± suturierten Quarzkristallen bildet ein Korn. Im allgemeinen stammen diese Verwachsungstypen aus metamorphen Gesteinen. Entsprechende Gefüge kommen auch in Feldspäten vor. Man kann Körner mit streßbedingt ausgelängten Kristallen gesondert zählen (HIGGINS 1971; HOBBS et al. 1976: 105 ff.; SPRY 1969).

    a. Beginnende Neukeimbildung („primäre Rekristallisation", beginnend etwa bei 400 °C; VOLL

1969: 44, 115): Meist an den Grenzen undulöser Kristalle bilden sich kleine, oft rundliche, nicht undulöse Kristalle (Abb. 4-9 g, h).

    b. **Vollendetes Neoblastengefüge.** Die primäre Rekristallisation führt schließlich zu einem Polygongefüge unregelmäßig-sechseckiger, etwa gleichgroßer nicht undulöser Kristalle mit Winkeln von 120°. Spätere Beanspruchung kann diese Polygone deformieren und wieder Undulosität erzeugen (Abb. 4-9 i).

    c. **Unregelmäßiges Aggregatgefüge.** Es kann auf verschiedene Weise entstehen, zum Beispiel auch durch Neukeimwachstum im Streßfeld (dynamische Rekristallisation) (Abb. 4-9 k).

3. Quarz/Quarzverwachsungen aus sauren Eruptivgesteinen treten hauptsächlich in zwei Formen auf.

    a. **Porphyrquarze,** aus wenigen isometrischen, dunkel durchstäubten, meist nicht undulösen Quarzkristallen mit glatten Grenzen zusammengesetzt (DRONG 1959).

    b. **Felsitische Grundmasse,** vom sedimentären Chert oft nicht leicht zu unterscheiden (WOLF 1971), allenfalls durch ungleichförmigere Kristallgröße, z. B. größere hypidiomorphe Kristalle, oder durch die Beteiligung von Feldspat (z. B. Rhyolith) oder Glimmer, am sichersten aber an einer rötlichen Kathodolumineszenz zu erkennen; sie werden oft als „Chertoid" bezeichnet (DICKINSON et al. 1979).

4. **Chert,** d. h. Körner aus diagenetischem Hornstein oder biogenem SiO_2, meistens aus stark undulösem Krypto- oder Mikroquarz, seltener aus Chalcedon bestehend. Sie sind häufig leicht bräunlich und von Rissen durchzogen, die durch farblose SiO_2 verheilt sind. Manchmal sind Radiolarien oder Schwammnadeln zu erkennen.

In manchen Fällen ermöglichen bestimmte Gesteinsbruchstücke petrographische Verknüpfungen. So unterscheiden sich in Norddeutschland die Sandsteine des Rotliegenden von denen des Karbons durch Porphyrquarze (A 3a). In der Alpenmolasse erwies sich der stark wechselnde Gehalt an Hornsteinkörnern als charakteristisches Merkmal (FÜCHTBAUER 1964a).

B. Die übrigen Gesteinsbruchstücke werden nach den wichtigsten deutschen Grauwacke-Arbeiten (HELMBOLD 1952, HUCKENHOLZ 1959, MATTIAT 1960 und HENNINGSEN 1961) typisiert:

1. Magmatite

a) Plutonite

Aus großen, isometrischen Quarzen, sowie Feldspäten und Phyllosilikaten zusammengesetzte Körner. Als Sondertyp sind schrift-granitische Quarz-Feldspatverwachsungen zu erwähnen.

b) Vulkanite

Leistenförmige, saure bis intermediäre, oft fluidal ausgerichtete Plagioklase mit einer Zwickelmasse von Chlorit oder Glimmer (= oft umgewandelte, kleinere Feldspäte), Erz und Karbonat („ophitisches Gefüge"). Vulkanische Gesteinsbruchstücke sind oft mechanisch wie chemisch instabil und werden – z. T. in Chlorit und andere Tonminerale umgewandelt – durch die Kompaktion in die Gesteinsporen gepreßt („Pseudomatrix").

2. Metamorphite

a) Gneise

Spindelförmige Quarz- und Feldspatkörner, von glimmer- und chloritreichen Lagen umgeben, welche oft langgestreckte Quarze enthalten.

b) Glimmerschiefer, Chloritschiefer und Phyllite

Oft in die Schichtung eingeregelte, flache Gesteinsbruchstücke, die vorwiegend aus gefälteltem Glimmer oder Chlorit mit linsenförmig ausgedünnten Quarzen bestehen.

c) Metaquarzite und Quarzitschiefer

Quarze mit durch Glimmer, Quarz und Chlorit „vernähten" Korngrenzen, oft sehr chloritreich (Chloritquarzite).

3. Sedimente

a) Sandsteine und Quarzite

Die Sandkörner sind mehr oder weniger isometrisch und entweder durch eine tonige Matrix oder durch einen Zement (Quarz, Karbonat u. a.) miteinander verbunden oder infolge Drucklösung etwas miteinander verzahnt.

b) Tonsteine und Tonschiefer

Kleinere Fetzen von intraformationell umgelagerten Tonsteinen finden sich auch in der Sandfraktion, oft schwer von der Matrix unterscheidbar (Rezente Beispiele bei BOSELLINI 1967), vor allem, wenn sie zwischen die Körner gequetscht wurden. In kretazischen Flachseesedimenten wurden sie als Kotpillen gedeutet (PORTER & WEIMER 1982; s. auch LAND & DUTTON 1978). Auch Tonschieferbröckchen aus dem Übergangsbereich zur Metamorphose mit Scherflächen, die durch Glimmerneubildungen belegt sind, kommen vor.

c) Karbonatgesteine

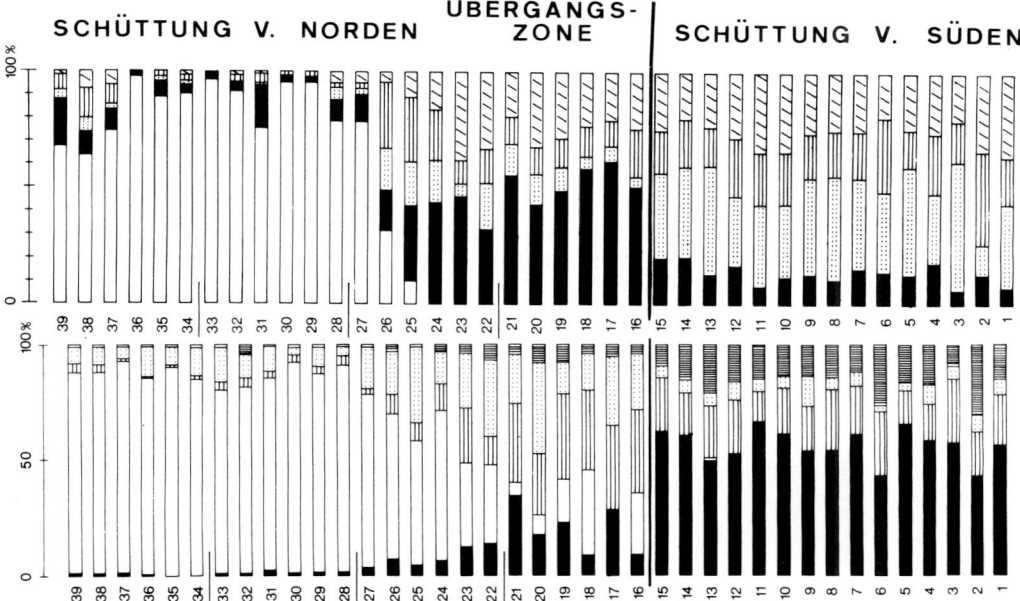

Abb. 4-10. Sande des Neogen (Proben 1–33) und Quartär (ab 34) nördlich vom Isthmus von Korinth (Griechenland). Das Dazitniveau (dicker Vertikalstrich) wurde datiert: ca. 2,5 Mill. Jahre.
Oben: Leichtminerale (weiß = Ophiolithmaterial; schwarz = Chert; punktiert = sonstige Gesteinsbruchstücke; längsgestreift = Quarz; schräggestreift = Feldspat)
Unten: Schwerminerale (weiß = Amphibol, Pyroxen, Olivin; schwarz = Granat; punktiert = Spinell; längsgestreift = Epidot; eng quergestreift = Turmalin, Zirkon, Rutil, sowie vereinzelt Chloritoid, Glaukonit und (Probe 32) Diopsid (aus RICHTER et al. 1982).

Es gibt inzwischen unzählige Beispiele für einen erfolgreichen Einsatz von Gesteinsbruchstücken zur Differenzierung von Gesteinsserien. Abb. 4-10 und 4-11 bringen Beispiele. In Abb. 4-10 dokumentiert sich ein Schüttungswechsel sowohl bei den Leichtmineralen, als auch bei den Schwermineralen. Abb. 4-11 zeigt ein Momentbild aus der orogenen Entwicklung des südöstlichen Rheinischen Schiefergebirges. Innerhalb des Unterkarbons erfolgt dort der Umschlag von überwiegend sedimentären Gesteinsbruchstücken (Tonschiefer- und Siltsteinkörner) zu überwiegend magmatischen Gesteinsbruchstücken (saure Vulkanite und Plutonite, sowie quarzarme Vulkanite). Gleichzeitig nimmt der Quarzgehalt ab und der Feldspatgehalt zu (vor allem Plagioklas).

An konvergenten Plattengrenzen ohne Vulkanismus, z. B. in den Alpen, enthält der Schutt vor allem metamorphe und sedimentäre Gesteinsbruchstücke (Dolomit). Ähnliches gilt nach KRYNINE (1940) auch für die zentralen Appalachen (Schieferfragmente) und für die jungtertiäre Siwalik Group (Tongesteinsbruchstücke; PARKASH et al. 1980), welche sich bei der Kollision von Indien und Asien im Himalaya bildete (s. Blatt 1982: 167), doch kommen selbst in solchen Positionen Quarzsandsteine vor (VELBEL 1985).

Generell ist zu berücksichtigen, daß sich feinkörnige Kristallingesteine (z. B. Vulkanite), sofern sie in Sandkorngröße zerlegt werden, in Sandsteinen leichter finden lassen als grobkörnige (z. B. Granite), die großenteils zu untypischen, monomineralischen Körnern zerfallen. Andererseits ist der Anteil von Sand, der sich aus einem Vulkanit bilden kann, vermutlich sehr viel kleiner als derjenige, der beim Zerfall eines Granits entsteht.

In der Praxis sollte man sich keinesfalls nur an diese oder eine andere Unterteilung der Gesteinsbruchstücke halten, sondern unvoreingenommen die wirklichen Unterschiede oder Übereinstimmungen zweier Sandsteinvorkommen wahrzunehmen versuchen (s. z. B. GRAHAM et al. 1976).

Ein zusätzliches Merkmal ist die unterschiedliche Korngrößenabhängigkeit einzelner (bezogen auf die Summe aller) Gesteinsbruchstücke; manche nehmen mit zunehmender Sandkorngröße an Menge zu, andere nehmen ab. Diese Unterschiede sind teils herkunftsbedingt, teils spiegeln sie die mechanische Resistenz. Weichere Bruchstücke wandern in die feineren Fraktionen (LEGGEWIE et al. 1977; MAKRUTZKI 1982). Auch zwischen chemischer und mechanischer Widerstandsfähigkeit kann unterschieden werden. Chert und polykristalline Quarzkörner sind nach Experimenten mechanisch widerstandsfähiger als monokirstalliner Quarz; chemisch scheint nach Erfahrungen in der Natur das Umgekehrte zu gelten (HARRELL & BLATT 1978).

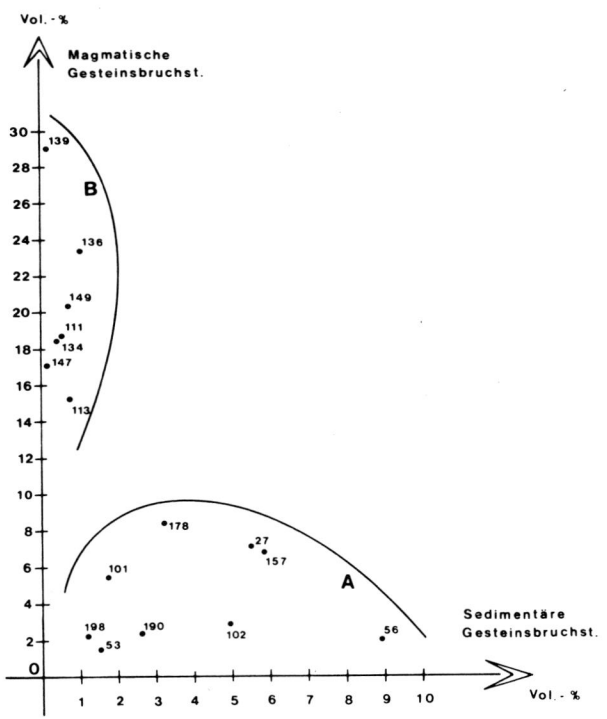

Abb. 4-11. Unterscheidung der basalen (A) und höheren (B) Grauwacken der Elnhausen-Schichten (Unterkarbon) durch Gesteinsbruchstücke (Abb. 7 aus HOMRIGHAUSEN 1979).

4.1.4 Feldspäte

Eine genaue Feldspatuntersuchung (z. B. durch Mikrosonde oder Universal-Drehtisch) ist so aufwendig, daß sie in Sandsteinen meist unterbleibt, sagt sie doch jeweils nur etwas über das einzelne, untersuchte Korn aus, während die gleiche Untersuchung in einem Kristallingestein oft die Genese des ganzen Gesteins aufzuhellen vermag. Meist beschränkt sich die Untersuchung in Sandsteinen deshalb auf die Unterscheidung von Kalifeldspäten (unverzwillingt oder mit Mikroklingitterung) und Plagioklasen (oft mit Albitzwillingen) sowie auf Parallelverwachsungen von Kalifeldspat und Albit (Perthit: K >> Ab, Antiperthit: Ab >> K; s. auch VOLL 1969). Die quantitative Bestimmung des Feldspatgehaltes im Dünnschliff ist unsicher, sie kann aber durch Anfärbung erleichtert werden. Diese ist bei Kalifeldspäten (gelb) problemloser als bei Plagioklasen (LANIZ et al. 1964). Eine neuartige Möglichkeit eröffnet die Auswertung von Rückstreuelektronenbildern von Rasterelektronenmikroskop-Aufnahmen, welche für Feldspäte im Dünnschliff ein helleres Grau als für Quarze zeigen (DILKS & GRAHAM 1985). Sie differenzieren im Prinzip alle chemisch unterschiedlichen Minerale.

Sofern die Sandsteine nicht zu fest sind, kann man Streupräparate herstellen und in einer Einbettung von $n = 1,535$ auszählen: Kalifeldspat liegt in der Lichtbrechung deutlich darunter, Albit stimmt etwa überein und Quarz liegt deutlich darüber. Eine Bedingung ist, daß von den Plagioklasen praktisch nur Albit in der Probe vorkommt. Dies muß konoskopisch in jedem Vorkommen geprüft werden, trifft aber häufig zu (s. unten).

Zweckmäßig kann auch eine Vorkonzentrierung der Feldspäte durch Flotation sein. Hierzu eignen sich nach PITTMAN (1970) Mittel- und Grobsandfraktionen. Diese Konzentrate sollen dann mit Schwereflüssigkeiten in Kalifeldspäte und mehrere Plagioklasfraktionen zerlegt werden können.

Die röntgenographische Unterscheidung der verschiedenen K- und Na-Feldspäte mittels $(\bar{2}04)$, $2\Theta = 50,4 - 51,4°$ und (060), $2\Theta = 41,5 - 42,5°$ beschrieben SUTTNER & BASU (1977).

Der durchschnittliche Feldspatgehalt der Sandsteine beträgt nach BLATT et al. (1980) 10–15 %, gegenüber 75 % Feldspat in Kristallingesteinen. Dieser Unterschied beruht im wesentlichen auf der geringeren Verwitterungsresistenz der Feldspäte gegenüber Quarz. Feldspatreiche Gesteine sind daher oft direkt von Kristallingesteinen herzuleiten und damit – wenn auch nicht immer (BLATT et al. 1980: 298) – „first cycle sediments".

Kalifeldspat überwiegt in den meisten Arkosen. Diese entstehen vorwiegend aus Graniten und Gneisen, vorwiegend im Innern von Kratonen, in terrestrischem Milieu, und zwar häufig in der ariden oder semiariden Klimazone mit geringer chemischer Verwitterung. Es wurden jedoch auch Plagioklas-Arkosen beschrieben (HUCKENHOLZ 1963b; ZIMMERLE 1976: 178).

Plagioklas überwiegt demgegenüber in Sandsteinen (oft Grauwacken), die sich in der Nähe konvergenter Plattengrenzen bilden, wo Zonen intensiver Hebung einer schnellen Abtragung ohne wesentliche Verwitterung unterworfen wurden. Beispiele sind die permischen Grauwacken Japans, in denen nach MIZUTANI (1959) die verwitterungsempfindlichen Andesine (An_{30-34}) überwiegen. Dies gilt nach HELMBOLD (1952) auch für das Varistikum.

Wenn Albite in Grauwacken stark vertreten sind (HELMBOLD 1952), ist allerdings Vorsicht geboten: Es kann sich um eine spätdiagenetische Albitisierung von Kalifeldspäten handeln (PETTIJOHN et al. 1972; MIDDLETON 1972). Sie läßt sich an „Schachbrettalbiten" erkennen. VOLL (1969: 161 f. und Abb. 89–96) beobachtete solche Albitisierung mit allen Übergängen im Kambrium von Wales und im Dalradian von Schottland, und zwar vor allem in Grauwacken, in denen das Porenwasser infolge der Diagenese der reichlich vorhandenen Blättchenminerale an K^+ verarmt war. Demgegenüber sind in den eingelagerten Quarzsandsteinen, in deren Porenwasser das K^+/Na^+-Verhältnis mit beiden Feldspäten im Gleichgewicht blieb, die Kalifeldspäte erhalten.

In der nördlichen Molasse der Alpen (Tertiär) findet man in den feldspatführenden Sandsteinen etwa gleichviel Kalifeldspat und Plagioklase, wobei unter den letzteren der Albit überwiegt. Hier ist allerdings wegen der geringen Diagenese noch nicht mit einer Albitisierung zu rechnen, ganz abgesehen davon, daß vulkanischer Schutt ohnehin fehlt.

Das Vorkommen der verschiedenen Feldspäte läßt sich wie folgt verallgemeinern (BLATT 1982: 161):

– Für Granite sind Orthoklas, Mikroklin, Perthit und Oligoklas typisch.
– In Granodioriten findet sich Andesin, in Gabbros Labrador.
– Saure Vulkanite können Sanidin enthalten, basische Vulkanite enthalten basische Plagioklase, jedoch meist nicht in Sandkorngröße.
– In metamorphen Gesteinen ist Orthoklas nur bei höheren Metamorphosegraden stabil; Mikroklin kommt sogar erst in frühen Stadien der Anatexis vor.
– In Metamorphiten enthält
  die Grünschieferfazies fast reinen Albit, die Amphibolitfazies Oligoklas und Andesin, die Granulitfazies Andesin und Labrador.

Zonar gebaute Plagioklase geben nach PITTMAN (1963) Hinweise auf das Ursprungsgestein. Seine Untersuchung von 45 Vulkaniten, 30 Tiefengesteinen und 15 Metamorphiten vorwiegend aus Nordamerika ergab, daß ein „oszillierender" Zonenbau, welcher aus dünnen Bändern alternierender Auslöschung besteht, fast nur in den Plagioklasen von Vulkaniten und hypabyssischen Gesteinen vorkam und in diesen Gesteinen selten fehlte. Im Mittel zeigten 30,6% der vulkanischen Plagioklase diesen Zonenbau. Plagioklase mit „progressivem" Zonenbau fanden sich in allen magmatischen Gesteinen. Nur die metamorphen Gesteine waren meistens nahezu frei von zonar gebauten Plagioklasen (s. auch BOTTINGA et al. 1966) und auch von verzwillingten (BLATT 1982: 161).

Plagioklase zwischen An_5 und An_{25} fehlen in niedrigmetamorphen Gesteinen, während sie in höher metamorphen Gesteinen (Amphibolitfazies) und Graniten vorhanden sind, jedoch „Peristerit"-Entmischungsstrukturen (1 µm große Einschlüsse) enthalten (SMITH 1974). Kalifeldspäte mit weniger als 13% Albit schließen vulkanische Herkunftsgesteine aus, während umgekehrt für Alkalifeldspäte mit 50–90% Albit nur vulkanische Gesteine infrage kommen, wie TREVENA & NASH (1981) durch Mikrosonden-Untersuchungen feststellten. Diese und die folgenden Untersuchungen sind nur in Sedimentgesteinen mit relativ einheitlicher Feldspatherkunft lohnend. Die Triklinität von Kalifeldspäten ist nach GOLDSMITH & LAVES (1954) definiert durch $\Delta = 12,5 \cdot [d(131) - d(1\bar{3}1)]$. $\Delta = 1$ entspricht einem voll geordneten, d. h. triklinen Feldspat. Bei Triklinitäten unter 0,2 kann man nach KIRANEK (1982) die Halbwertsbreite der nun nicht mehr getrennten Linien benutzen. Nach KROLL & RIBBE (1979) läßt sich durch diese Linien auch der Al-Si-Ordnungsgrad der Plagioklase bestimmen.

Die Transportempfindlichkeit der Feldspäte verglichen mit dem Quarz ist häufig recht gering (s. zwar Abb. 4-4; ausführliche Diskussion bei PETTIJOHN 1975: 203), doch sind die Feldspäte oft in den feineren Korngrößen angereichert, vor allem in Flüssen mit großem Gefälle (PITTMAN 1969), aber auch im Küstenbereich (St. Peter-Sandstein des Kambriums – nach ODOM et al. 1976 – und Bentheimer Sandstein des Valendis). Dabei fällt auf, daß diese Tendenz bei den Plagioklasen wesentlich deutlicher ist als bei den Kalifeldspäten (ZIMMERLE 1963; FÜCHTBAUER 1967b; HÜSER 1982), jedoch auch bei den letzteren deutlich sein kann (LANGBEIN 1970). Dieses mit abnehmender Sandkorngröße steigende Plagioklas/Kalifeldspatverhältnis führt HOUGHTON (1982) auf primäre Korngrößenunterschiede in den kristallinen Liefergesteinen zurück, während TAYLOR & FAURE (1981) feststellten, daß der von ihnen verwendete Fraktionierungsfaktor α = (Kalifeldspat/Plagioklasverhältnis in der Fraktion 0,5–1 mm) : (dito in 0,063–0,125 mm) in Moränen mit der Transportweite exponentiell zunahm, was für eine stärkere Transportempfindlichkeit der Plagioklase spricht. HEIM (1974) führte auch deren größere Verwitterungsempfindlichkeit als eine mögliche Ursache an.

Gelegentlich sind aber die Feldspäte gröber als die Quarze des gleichen Sandsteins. WILLIAMS & SLINGERLAND (1982), die solche Vorkommen in den USA auflisten, führen dies auf die ursprünglichen Korngrößenverhältnisse im kristallinen Liefergebiet zurück, während das umgekehrte Größenverhältnis extensive Abrasion oder Verwitterung im Liefergebiet anzeigen soll. Im Pleistozän (geringe Verwitterung) fanden sie beide Minerale gleich groß.

Die Verwitterungsstabilität ist für Albit und Kalifeldspat höher als für die Plagioklase. Dies läßt sich nach BLATT et al. (1980: 257, 324) damit erklären, daß die – in den ersteren häufigeren – Si-O-Bindungen fester sind als die Al-O-Bindungen. Was die Unterschiede zwischen Albit und Kalifeldspat betrifft, so sind im Zersatz des Tirschenreuther Granits Albit und Biotit ganz kaolinitisiert, während Kalifeldspat und Muskowit unversehrt sind. Dementsprechend ist der benachbarte Buntsandstein sehr reich an Kalifeldspat. Dieser ist jedoch bei Hirschau-Schnaittenbach zu Kaolinit verwittert. Demnach lagen hier sehr verschiedene Verwitterungsbedingungen vor (KÖSTER 1974; s. auch TODD 1968). Mikroklin ist verwitterungsstabiler als der weniger geordnete Orthoklas (BLATT et al. l. c.; 324). Auch in der Diagenese sind Albit und Kalifeldspat am stabilsten; nur diese finden sich als diagenetische Neubildungen und Umwachsungen. In der Hochdiagenese aber wird der Kalifeldspat instabil (LAND 1984).

4.1.5 Phyllosilikate

Der Gehalt an Glimmer und Chlorit nimmt in Sandsteinen mit abnehmender Korngröße zu; ihr Vorhandensein in gröberen Sandsteinen wird daher zum erwähnenswerten Merkmal. So unterscheiden sich in Norddeutschland die Sandsteine des Oberkarbons durch ihren höheren Glimmer- und Chloritgehalt von denen des Rotliegenden. Im allgemeinen geht ein erhöhter Glimmergehalt Hand in Hand mit höheren Anteilen an Feldspat oder Gesteinsbruchstücken. In Graniten ist Biotit häufiger als Muskowit. Wo letzterer stark vertreten ist, kann man ein metamorphes Ursprungsgestein annehmen (BLATT 1982: 170). In diesem Fall ist häufig auch Chlorit vorhanden. Primär grüne Biotite sind typisch für die Epizone und z. T. für die (Para-) Amphibolite der Mesozone, während braune Biotite in meso- und katametamorphen Gesteinen sowie in magmatischen Tiefengesteinen und einigen Vulkaniten vorherrschen (TRÖGER 1967: 525), Chlorit und Muskowit sind Minerale der Epizone. Biotit kann spätdiagenetisch chloritisiert werden. Ideal-hexagonale Blättchen von braunem Biotit und auch von Chlorit deuten nach KRYNINE (1940: 22) bzw. nach eigenen Beobachtungen im Rheinischen Schiefergebirge auf vulkanische Einlagerungen hin.

Mit rotem Biotit können Oxychlorite aus Grünschiefern wegen ihrer relativ hohen Doppelbrechung (0,02−0,024) verwechselt werden. Auch die Lichtbrechung (1,645−1,65) ähnelt derjenigen von Biotit. Der Basisreflex aber beweist, daß es sich um Chlorit handelt (001 = 14,15 Å, 060 = 1,549 Å. CHATTERJEE 1966).

Mit Biotit läßt sich auch Stilpnomelan verwechseln, ein Mineral aus der untersten Stufe der Metamorphose; jedoch ist dessen Spaltbarkeit weniger perfekt, und die Farbe von x ist stets gelb, während z dunkelgrün bis dunkelolivbraun ist (TRÖGER 1967: 555).

Der intensiv braune bis rötlichbraune Oxybiotit, welcher durch erhöhte Licht- und Doppelbrechung charakterisiert ist, findet sich in vulkanischer Lava (TRÖGER 1967: 533).

Wegen seiner chemischen Empfindlichkeit fehlt der Biotit wohl meistens in Sandsteinen, deren Material aus aufgearbeiteten, älteren Sandsteinen besteht. In Bohrkernen aus der Alpenmolasse findet sich rotbrauner Biotit nur in brackisch-marinen Schichten, während er in gleichalten fluviatilen Schichten fehlt. Offensichtlich vertrugen diese aus Graniten stammenden Biotite den häufigen Wechsel von Eintrocknung und Wiederbefeuchten im terrestrischen Milieu nicht. In den Oberflächenproben ließ sich die schrittweise Entfärbung der Biotite mit zunehmender Verwitterung verfolgen (FÜCHTBAUER 1963a).

Nur kurz erwähnt sei an dieser Stelle der Glaukonit, ein $Fe^{+++} > Fe^{++}$-reicher, K-armer Smektit, der sich diagenetisch in einen entsprechenden Illit umwandelt. Er kommt heute in mittleren Breiten auf dem Kontinentalschelf und am oberen Hang, in 200−300 Tiefe vor, und zwar vor allem in Gebieten mit langsamer Sedimentation (ODIN & MATTER 1981). Wo sie in Küstennähe auftreten − z. B. nahe der Basis der Cenomantrangression im Ruhrgebiet − sind die Glaukonitkörner oft zerbrochen oder teiloxidiert und zeigen dadurch eine Umlagerung an (VALETON & ABDUL-RAZZAK 1974; J. KÜPER mdl.). Oft bildet der Glaukonit Kotpillen (BOYER et al. 1977), die partiell phosphoritisiert sein können (BIRCH 1979a). Auf die häufige Verknüpfung von Glaukonitbildung und Phosphoritisierung weisen auch ODIN & LETOLLE (1980) hin. Beides sind diagenetische Vorgänge in Gebieten langsamer Sedimentation. Gebräunte, konzentrische Lagen in manchen Glaukonitkörnern belegen eine Entstehung im Bereich von Eh = O (ANAGNOSTOU, mdl.).

In manchen Sandsteinen, z. B. im norddeutschen mittleren Jura, finden sich Chloritooide (v. ENGELHARDT et al. 1955: 575; Δ = 0,003−0,007). Rezente Chamositooide beschrieben ROHRLICH et al. (1969) aus siltigen Sedimenten einer schottischen Meeresbucht. JAMES & VAN HOUTEN (1979) fanden in einer mächtigen Miozänfolge primäre, z. T. gemischte Goethit-Chamositooide nur dort, wo die detritische Sedimentation sich verlangsamte. Die Chamositooide waren primär weich, die Goethitooide härter. Aus dem Dogger epsilon bei Porta erwähnt SCHELLMANN (1967) hellgraue Montmorillonit-Sudoit-Ooide in der Nachbarschaft von oolithischem Chamosit-Erz mit sideritischen Verdrängungen.

4.1.6 Schwerminerale

A. Die Minerale

Neben den bisher beschriebenen Hauptmineralen findet man in den Sandsteinen meist zwischen 0,01 und 1 % akzessorische Minerale, die man durch Zentrifugieren oder Absitzenlassen in Bromoform (D ~ 2,85) von den Hauptmineralen abtrennt und anreichert. Wegen ihrer hohen Dichte

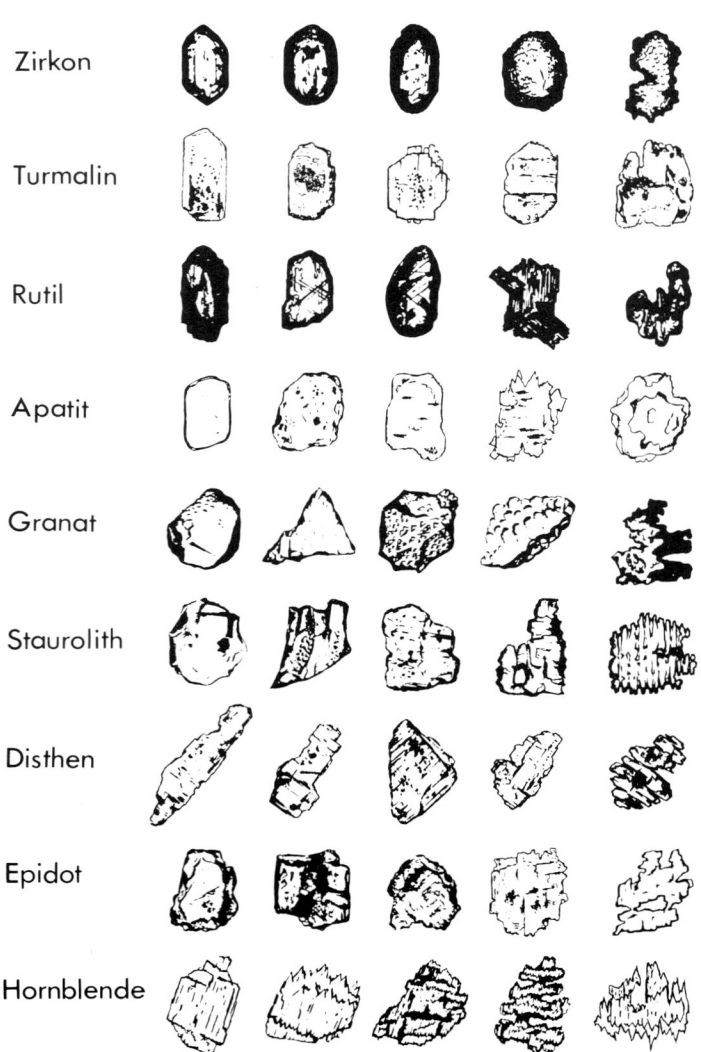

Abb. 4-12. Häufige Schwerminerale (Zirkon, Turmalin, Rutil, Apatit, Granat, Staurolith, Disthen, Epidot, Hornblende) in Auslöschungsstellung. In jeder Reihe nimmt die Verwitterung nach rechts zu (links: „Vollschotter", rechts „Quarzrestschotter" und „Decksande" der miozänen Oberen Süßwassermolasse Ostbayerns; aus GRIMM 1973, s. auch Abb. 3-7).

nennt man sie Schwerminerale. Vor allem in jüngeren Formationen kann man sie mit Erfolg zur Differenzierung solcher Sandsteine anwenden, die sich durch ihre Leichtminerale nicht unterscheiden. In älteren Formationen sind häufig nur die verwitterungs- und diagenesestabilen Minerale Zirkon, Turmalin und Rutil übriggeblieben. Man geht dann dazu über, sich die Varietäten dieser Minerale genauer anzuschauen. Dies ist jedoch sehr zeitraubend und nicht immer erfolgreich. Hinweise finden sich unter den betr. Mineralen.

Abb. 4-12, in welcher die häufigsten Schwerminerale in Auslöschungsstellung und in verschiedenen Verwitterungsgraden dargestellt sind, sowie der nachfolgende Bestimmungsschlüssel dienen der ersten Orientierung. In der daran anschließenden Abhandlung der einzelnen Schwerminerale sind die Haupt-Erkennungsmerkmale an den Anfang gestellt; sie dienen dem schnelleren Zurechtfinden und sollen dem Anfänger Fehlbestimmungen vermeiden helfen. Die Lichtbrechung wurde nach dem Eindruck in Caedaxpräparaten (n ~ 1,60) beurteilt; das Vorkommen wurde im wesentlichen von v. Engelhardt (1973) übernommen (Teil III dieses Werkes).

Hinsichtlich der Methodik der Schwermineraluntersuchungen sei im übrigen auf die 1. (bzw. 3.) Auflage sowie auf Boenigh (1983) verwiesen. Nur wenige Hinweise seien hier gegeben: Um den Apatit zu schonen, sollten karbonathaltige Sandsteine nicht mit Salzsäure, sondern mit (heißer) Essigsäure entkalkt werden. Dabei wird auch der Dolomit gelöst. Ferner verwendet man für die Schwermineralabtrennung besser eine breite Korngrößenfraktion (z. B. 0,06–0,4 mm) als eine schmale (z. B. 0,1–0,15 mm), welche einerseits weniger informativ ist, andererseits die Gefahr einer Korngrößenbeeinflussung der Auszählergebnisse nicht bannt, sondern nur verschleiert. Dieser Einfluß wird in der breiten Fraktion beim Mikroskopieren erkannt und ist dadurch zu vermeiden, daß man etwa gleichkörnige Proben für die Schwermineralanalyse auswählt (Lemcke et al. 1953). Man bestimmt je nach der Größe der Unterschiede der untersuchten Kollektive 100–300 Körner. Die dabei erzielte Genauigkeit ist aus Tab. 4-4 zu ersehen.

Zusätzlich empfiehlt es sich, nach selteneren Mineralen Ausschau zu halten und sie einzeln zu verzeichnen.

Tabelle 4-4. Genauigkeit von Zählergebnissen für 100 bzw. 300 ausgezählte Körner. Im Kopf der Tabelle sind die Prozentgehalte der Kornarten angegeben. Tabelliert wurde der Bereich, in dem das Auszählergebnis mit 95% Sicherheit liegt. Beispiel: Unter 300 ausgezählten Körnern wurden 10% Epidot gefunden. Dann liegt der „wirkliche" Wert zwischen 6,6 und 13,4% (nach van der Plas & Tobi 1965).

	5	10	30	50	70	90%
300 Körner	± 2,5	3,4	5,3	5,8	5,3	3,4
100 Körner	± 4	6	9,2	10	9,2	6

Bestimmungsschlüssel für häufige nicht-opake Schwerminerale

1. **isotrop**
   farblos oder rötlich; gelegentlich mit Ätzfiguren: Granat (Almandin)
   gelbbraun oder rot, hohe Lichtbrechung: Zinkblende
   rot, hohe Lichtbrechung: Chromit

2. **anisotrop**
2.1 **farblos**
2.1.1 Doppelbrechung **sehr niedrig** (≦ 0,005) einachsig negativ, Lichtbrechung ca. 1,63:   Apatit
   schwach grünliche Blättchen, Längsrichtung = x oder z: Chlorit
   2 V_z niedrig, anomale Interferenzfarben blau/gelb: Zoisit

2.1.2		Doppelbrechung **niedrig** ($\sim$ Quarz = 0,008) rechtwinklige Spaltbarkeit, schiefe Auslöschung, 2 V hoch:	Disthen
		Doppelbr. etwas > Qz., Ausl. und Spaltb. untypisch, 2 V hoch:	Klinozoisit
		Doppelbr. 0,009, 2 $V_z = 51°$:	Cölestin
		Doppelbr. 0,012, 2 $V_z = 37°$:	Baryt
2.1.3		Doppelbrechung **mittel** (0,02–0,05; wie Glimmer	
		Doppelbr. 0,044, 2 $V_z = 42°$, rechtwinkl. Spaltb., gerade Ausl.:	Anhydrit
		fbl.-grünl., Interfer. rot/grün, 2 V_x hoch, randl. Achsenaustritt:	Epidot
		fbl.-gelbl., 2 $V_z = 6-19°$, n niedriger als Zirkon:	Monazit
		Rundl.-längl. idiomorph, einachsig +, Doppelbr. $\leq 0,06$:	Zirkon
		Rundl., 2 V hoch:	Olivine
2.1.4		Doppelbrechung **hoch** (> 0,1) 2 V_z niedrig, hohe Achsendispersion (messing/violett):	Titanit
		einachsig –, rhomboedr. Spaltbarkeit:	Karbonate
2.2		**gefärbt** (P = Farbe des Pleochroismus)	
2.2.1		**blau**	
		P farblos/blau, – einachsig, gut gerundet, z. T. länglich//x:	Turmalin
		P blau/violett, 2 V_x niedrig, Achsenebene // Längsrichtung:	Glaukophan
		dito, Ansenebene $\perp$ Längsrichtung:	Crossit
2.2.2		**grün**	
		P hellgrün/dunkelgrün, einachsig –, gut gerund., z. T. längl. // x:	Turmalin
		P gelbgrün/blaugrün, 2 V_x hoch, kl. Winkel zw. Faserrichtg. und z:	Aktinolith, grüne Hornblende
		P schwach (bräunlichgrün), 2 V_z mittel, gr. Winkel zw. Längsricht. und z:	Pyroxene
		P schwach (farbl.-grünl.), 2 V hoch:	Olivine
		P schwach, Interfer. rot/grün, 2 V_x hoch, Achse oft randl. austretend:	Epidot
		P hellgrün/dunkelgrün, Blättchen // z, Doppelbr. mittel: epi-(meso-)zonaler	Biotit
		P schwach (bläulichgrün), Blättchen // z oder x, Doppelbr. sehr klein:	Chlorit
2.2.3		**braun**	
		P braun/fast opak, einachs.–, gut gerund., z. T. längl. // x:	Turmalin
		P m'braun/d'braun, 2 V_x hoch, kl. Winkel zw. Fasern und z (auch Kaersutit, s. u.):	basaltische Hornblende
		P h'braun/d'braun, Blättchen // z, Doppelbr. mittel: meso-katazon:	Biotit
		P schwach, Lichtbr. u. Doppelbr. sehr hoch:	Rutil
2.2.4		**gelb**	
		P hellgelb/m'gelb, Doppelbr. niedrig, 2 V_z hoch:	Staurolith

	P schwach, gelbbraun-rotbraun, Lichtbr. u. Doppelbr. sehr hoch:	Rutil
2.2.5	**rot**	
	P farblos/rötlich, Doppelbr. niedrig:	Andalusit

Gelegentlich zu verwechselnde Minerale:
a) Staurolith mit Epidot
b) Epidot mit Zirkon

I. Transparente Schwerminerale

(alle Farbangaben beziehen sich auf Körnerpräparate)

Allanit = Orthit (s. dort)

Amphibole (stellenweise häufig)
Meist grüne oder braune, schwach pleochroitische Körner mit ausgeprägtem Faserbau und schiefer Auslöschung ($< 20°$). Licht- und Doppelbrechung mäßig hoch. Die braunen, basaltischen Hornblenden sind seltener als die grünen Hornblenden.
   Vorkommen: Gemeine Hornblende in Graniten, Syeniten, Dioriten und ihren vulkanischen Äquivalenten, sowie in Metamorphiten der Amphibolit- und Hornblende-Hornfelsfazies. Basaltische Hornblende in Basalten, Andesiten, Hornblende-Gabbros und Syeniten. Der rotbraune Kaersutit, eine Titanhornblende, deutet auf basische und intermediäre Alkaligesteine, besonders Alkalibasalte hin und findet sich in diesen auch als Bestandteil ultrabasischer Xenolithe (FAUPL & MILLER 1977) (s. auch unter Glaukophan).

Anatas (nicht selten in Spuren)
Farblose bis gelblichbraune Körner, welche jedoch wegen ihrer hohen Lichtbrechung dunkel erscheinen.
   Vorkommen: Keine speziellen Ursprungsgesteine, allenfalls basische Magmatite. In größerer Zahl auftretende, rechteckige Anataskörner sind authigen.

Andalusit (ziemlich selten)
Pleochroismus farblos-hellrot. Relativ niedrige Licht- und Doppelbrechung.
   Vorkommen: Niedrigdruck-Metamorphite der Mesozone, sowie vor allem kontaktmetamorph.

Anhydrit (stellenweise häufig)
Rechtwinklige Spaltstücke mit gerader Auslöschung, niedriger Lichtbrechung und mittlerer Doppelbrechung. Meist Neubildung im Sediment.

Apatit (sehr häufig)
Prismatische bis runde, meist kleine Körner mit höherer Lichtbrechung und niedrigerer Doppelbrechung als Quarz, Opt. – 1achsig. Meist farblos; durch Fremdeinschlüsse gelegentlich grau bis bräunlich und dann etwas pleochroitisch (HOPPE 1962b, HOMRIGHAUSEN 1979).
   Vorkommen: Vor allem saure Magmatite, aber auch pneumatolytisch-hydrothermal. Gelegentlich mit authigenen Säumen (VALETON 1953, KULKE 1976). Faserig-undulös auslöschende, bräunliche Körner sind organogen (z. B. Zähne).

Baryt (häufig)
Unregelmäßige, meist schwach verrundete Spaltstücke. Ähnlichkeit mit Apatit, doch opt. + und etwas höhere Doppelbrechung. Überwiegend authigen. Barytocölestin kann schwach rötliche Garben bilden.

Biotit (häufig)
Grüne bis rotbraune Blättchen, an aufgebogenen Rändern und Knicken im Innern die relativ hohe Doppelbrechung zeigend (Unterscheidungsmerkmal gegenüber Chlorit). Vorkommen s. S. 115.

Brookit (selten)
Dunkel erscheinende, tafelförmige bis unregelmäßige Körner mit starker Licht- und Doppelbrechung und auffallend starker Dispersion der optischen Achsen, wodurch die Körner in den unterschiedlichen Auslöschungsstellungen oft rot bzw. blau erscheinen. (Die optischen Achsen stehen in Körnerpräparaten meist etwa senkrecht zum Objektträger, da die Kristalle im allgemeinen senkrecht zur 1. Mittellinie, nach (100), tafelig ausgebildet sind.)
   Vorkommen: Vorwiegend, wenn auch nicht sehr charakteristisch, in basischen Magmatiten. Gelegentlich authigen (ZIMMERLE 1963, MORAD & ALDAHAN 1982).

Chlorit (sehr häufig)
Bläulichgrüne, sehr schwach doppelbrechende Blättchen. Im Streupräparat mit Biotit zu verwechseln, s. dort!
   Vorkommen: Meist metamorph; typisch für die untere Grünschieferfazies, aber auch in anchimetamorphen Sedimenten und in hydrothermalen Gängen.

Chloritoid (= Ottrelith) (selten)
Graugrün-blau pleochroitische Täfelchen, optisch zweiachsig positiv, Licht- und Doppelbrechung höher als Chlorit.
   Vorkommen: Epimetamorph

Cölestin (zuweilen nicht selten)
Im Schwermineralpräparat kaum vom Baryt zu unterscheiden; geringere Licht- und Doppelbrechung. In evaporitischen Gesteinen authigen.

Disthen (in geringerer Menge mäßig verbreitet)
Leistenförmige, von rechtwinkligen Spaltrissen durchzogene Körner mit mäßiger Lichtbrechung, niedriger Doppelbrechung und charakteristischer, schiefer Auslöschung.
   Vorkommen: In Metamorphiten der mittleren Almandin-Amphibolitfazies.

Epidot (recht häufig)
Gelbgrüne, kaum pleochroitische Körner, teils prismatisch, teils rund, bildet oft Aggregate. Mäßig hohe Doppelbrechung (rot-grün). Randlicher Austritt einer optischen Achse ist häufig. In prismatischen Körnern liegt die Achsenebene etwa senkrecht zur Längserstreckung. Klinozoisit hat schwächere Doppelbrechung und ist farblos.
   Vorkommen: Beide Minerale sind in Metamorphiten der oberen Grünschieferzone und der Almandin-Amphibolitfazies beheimatet und verdrängen häufig in metamorphen Graniten die Plagioklase („Saussuritisierung").

Granat (häufig)
Meist relativ große, unregelmäßig geformte, muschelig brechende oder von Ätzgrübchen bedeckte, hochlichtbrechende, isotrope Körner. Die am häufigsten vorkommenden Granate, die Almandine (FÜCHTBAUER 1964a), zeigen nicht selten eine schwach rötliche Färbung. Mittels Mikrosonde unterschied MORTON (1985a) mehrere Granatschüttungen.
   Vorkommen: Almandin, Grossular, Spessartin und Andradit in Metamorphiten der Amphibolitfazies; Pyrop in der Granulitfazies und in Eklogiten; Grossular und Spessartin auch in kontaktmetamorphen Gesteinen. Granatanwachssäume wurden aus Sandsteinen erwähnt (MADER 1980a; SIMPSON 1976), doch erwiesen sie sich bei genauerer Untersuchung als eindeutige Ätzfiguren (BORG 1986; s. auch MAURER 1982).

Glaukophan (selten)
Alkalihornblende; Pleochroismus blau und violett. Achsenebene parallel zur Faserrichtung, im Crossit senkrecht dazu.
   Vorkommen: Niedrigtemperatur-Hochdruckmetamorphite der Subduktionszonen (Glaukophanschiefer).

Hämatit (nicht selten)
Nur in dünnen Plättchen rot durchscheinend. Hohe Licht- und Doppelbrechung. Sowohl detritisch als auch – in Rotschichten – authigen vorkommend.

Monazit (selten)
Blaßgelbliche, oft bräunlich überkrustete, kurzprismatisch-idiomorphe, eckig-isometrische oder ovale Körner, die vom höher licht- und doppelbrechenden Zirkon durch Einbettung in n = 1,8 zu unterscheiden sind. Auch sind sie schwach zweiachsig. In festen Einbettungen gelingt die Unterscheidung mit einem Aufsatzspektroskop: Während Zirkon meist keine Linien zeigt, besitzt der Monazit zwei starke (Nd-)Absorptionslinien bei 525 mµ und 3 schwächere (Nd- und Pr-)Linien zwischen 570 und 590 mµ (HERING & ZIMMERLE 1963; ZIMMERLE 1976).
   Vorkommen: In SiO_2-reichen magmatischen und metamorphen Gesteinen und Pegmatiten.

Olivin (selten)
Schwach grünliche Körner hoher Licht- und Doppelbrechung. Wegen seiner chemischen Empfindlichkeit kommt er fast nur rezent vor.
   Vorkommen: In Basalten, Gabbros und Ultrabasiten.

Orthit (sehr selten)
Dunkelbraune, meist rundliche, stark pleochroitische Körner von mäßiger Lichtbrechung und hoher Doppelbrechung. Achsenwinkel groß. Radioaktiv.
   Vorkommen: Pegmatitisch-pneumatolytisch, sowie metamorph (in allen Stufen).

Pumpellyit (sehr selten)
Ähnlich wie Epidot und Klinozoisit, manchmal Chlorit, doch besitzen die ungefärbten Körner eine niedrigere Licht- und Doppelbrechung als Klinozoisit und die gefärbten eine blau-grüne Absorption in n_γ. Die Körner bestehen oft aus radial angeordneten Fasern. Anomale Interferenzfarben treten auf. $2 V_z$ liegt zwischen $+ 26$

und + 85°. Nach LANGENBERG & DE ROEVER (1955) nicht selten als Aggregate in quartären Sanden Hollands, nach MANGE-RAJETZKY & OBERHÄNSLI (1986) auch in der Alpenmolasse.

Vorkommen: In niedrigmetamorphen Gesteinen der Pumpellyit-Prehnitfazies (zwischen Zeolith- und Grünschieferfazies).

Pyroxene (selten)
Gelbgrüne bis bräunliche, verrundete Prismen oder Spaltstücke; kaum pleochroitisch; schiefe Auslöschung. Wegen ihrer chemischen Empfindlichkeit kommen sie nur rezent in größeren Mengen vor.

Vorkommen: Orthopyroxen und Diopsid in Andesiten, magmatischen und metamorphen Gesteinen der Pyroxen-Hornfelsfazies. Augit in Syeniten, Dioriten, Gabbros und den entsprechenden basischen Vulkaniten.

Rutil (häufig)
Je nach Fe-Gehalt gelbbraune oder rotbraune bis opake, unregelmäßig prismatische Kristalle hoher Licht- und Doppelbrechung, schwach pleochroitisch.

Vorkommen: Metamorph, in allen Stufen, doch stammen die meisten gröberen Rutile nach FORCE (1980) aus hochmetamorphen Gesteinen, allenfalls noch aus alkalischen Magmatiten. Viele Rutile aber wurden umgelagert aus älteren Sedimenten. Auch bildet er sich anchimetamorph aus Biotit und Ilmenit (MORAD & ALDAHAN 1982) und nach KULKE (1976) und MADER (1980b) sogar diagenetisch.

Sillimanit (selten)
Verrundete, farblose Körner, manchmal länglich und mit unregelmäßigem Faserbau und faserig-undulöser Auslöschung. Mäßige Licht- und Doppelbrechung.

Vorkommen: In Metamorphiten der Amphibolit- und Pyroxen-Hornfelsfazies, speziell in hochmetamorphen Tongesteinen (> 500 °C).

Spinell (nicht selten in Spuren)
Dunkelrote, unregelmäßig begrenzte, oft scharfkantige, isotrope Körner hoher Lichtbrechung; meist wohl Chromit oder Al-haltiger Chromit (Picotit).

Vorkommen: Vor allem in basischen und ultrabasischen Vulkaniten und ihren Metamorphoseprodukten (WOLETZ 1963, 1967; GASSER 1967; FAUPL & MILLER 1977).

Staurolith (häufig)
Oft scharfkantige oder hahnenkammartig angeätzte, gelbe, pleochroitische Körner von relativ hoher Lichtbrechung und schwacher Doppelbrechung, oft ähnlich wie Epidot, aber etwas gelbstichig.

Vorkommen: Almandin – Staurolith – Subfazies der Mesozone.

Titanit (nicht häufig)
Infolge hoher Lichtbrechung dunkel erscheinende Körner mit hoher Doppelbrechung und starker Achsendispersion, die sich als „metallisches" Farbenspiel äußert. Sehr oft sind im konoskopischen Bild die beiden nahe beieinanderliegenden Achsenaustritte zu beobachten. Kleinere Körner könne mit Zirkon verwechselt werden.

Vorkommen: Granite, Diorite, Syenite und ihre vulkanischen Äquivalente, aber auch Metamorphite; nach MORAD & ALDAHAN (1982) anchimetamorph aus Biotit und Ilmenit.

Turmalin (sehr häufig)
Oft gut verrundete, olivgrüne, braune und bläuliche, schwach lichtbrechende, mäßig doppelbrechende und sehr stark pleochroitische Körner. Am häufigsten sind der grüne Schörl aus Graniten und der gelbbraune Dravit aus Metamorphiten; bläuliche oder mehrfarbige, aus Pegmatiten stammende Turmaline sind seltener. Diese Variabilität hat zu vielen Anwendungen in der Sedimentpetrographie geführt (s. z. B. BRIX 1981).

Gelegentlich zeigen die Turmaline flaschengrüne bis fast farblose, in Sedimenten entstandene Anwachssäume (KRYNINE 1946b; GAUTIER 1979). Authigener Turmalin entsteht vor allem in Evaporiten; dort wurde an einem farblosen Anwachssaum eine Dravit-Zusammensetzung (Na, Mg) nachgewiesen (VISSER 1986). Gut verrundete Körner und vor allem solche, in denen auch der authigene Anbau verrundet ist, weisen auf sedimentäre Ursprungsgesteine hin. Das sedimentäre Ablagerungsmilieu selbst scheint nicht ganz ohne Einfluß auf die Färbung detritischer Turmaline zu sein; FÜCHTBAUER (1963a) und MRAZEK (1965) fanden den Anteil brauner gegenüber olivfarbenen Turmalinen in nichtmarinen Sandsteinen gegenüber marinen erhöht.

Xenotim (sehr selten)
Gelbliche oder grünliche Körner hoher Licht- und Doppelbrechung, von Zirkon und Monazit unterscheidbar durch geringere Lichtbrechung und das Auftreten zweier starker Absorptionslinien bei 524 (Er) und 521 μm, vor allem aber durch das Fehlen der „Monazit"-Linien zwischen 570 und 590 μm (HERING & ZIMMERLE 1963).

Vorkommen: In Graniten und Pegmatiten.

Zinkblende (selten)
Gelblich- bis braungraue, isotrope Körner hoher Lichtbrechung. Aus Erzgängen oder authigen, dann weniger tief gefärbt.

Zirkon (sehr häufig)
Doppelt terminierte Prismen sowie ovale (z. T. zonar gebaute) und kugelrunde Körner hoher Licht- und Doppelbrechung. Zirkon ist das häufigste Schwermineral. Seine Varietäten werden daher oft für paläogeogra-

phische Konstruktionen und stratigraphische Verknüpfungen verwendet. Die Zirkone zeigen unterschiedliche Längen-Breiten-Verhältnisse, Einschlüsse und Färbungen (rosa bis farblos). PUPIN & TURCO (1975) typisierten Tracht und Habitus der Zirkone unterschiedlicher (plutonischer) Herkunft. Durch UV-Bestrahlung lassen sich in farblosen Zirkonen verschiedene Färbungen erzeugen, was zur Unterscheidung verwendet werden könnte (BLATT et al. 1980: 314).

Vorkommen: Nach CLAUS (1936) hängt das Längen-Breitenverhältnis von der Abkühlungsgeschwindigkeit ab: In den schneller erstarrten Vulkaniten und Porphyren entstehen längliche Zirkone. Auch korngrößenabhängig ist dieses Verhältnis; da während des Wachstums die Pyramidenflächen die Prismenflächen überholen, wie Beobachtungen an zonaren Zirkonen zeigten, sind die größeren Kristalle stärker gelängt (CLAUS l. c.; PILLER 1951). Vulkanogene Zirkone (z. B. in Tufflagen) unterscheiden sich durch folgende Merkmale von den Zirkonen der begleitenden Sedimente:
1. Sie dominieren die anderen Schwerminerale; 2. Sie sind groß (z. T. größer als Quarze), länglich (Länge/Breite meist > 2), und idiomorph (dabei ist die steile Pyramide (311) neben dem Prisma häufig); 3. Sie zeigen Wachstumsbehinderungen (rundliche Aussparungen), Zonarbau und Flüssigkeits- oder Gaseinschlüsse; 4. Sie sind zum Teil durch plötzliche Abkühlung von Sprüngen durchsetzt (HOPPE 1962a, 1966b; KRÁLÍK 1977; FÜCHTBAUER & RIEDEL 1979). WINTER (1981) konnte einzelne Tuffhorizonte durch ihre Zirkonmorphologie unterscheiden; nach ihm wird das Prisma (100) durch Yttrium-Beimengungen, das Primsa (110) durch Cer-Erden begünstigt. TRAUTNITZ (1980) konnte mittels Zirkonmorphologie die klastischen Serien des Unterkarbons im Harz genetisch gliedern. LOSKE (1985) ermittelte im Ebbesattel (Rheinisches Schiefergebirge) anhand von 25 Zirkoneigenschaften zwei Herkunftsgebiete. Ortho- und Paragneise des Erzgebirges lassen sich durch Elongationsmaxima über bzw. unter 2 : 1 unterscheiden (KURZE et al. 1980). In Metamorphiten und selbst in Graniten kann man die gerundeten Zirkone der ehemaligen Sedimente finden; wegen ihres hohen Schmelzpunktes haben sie die Wiederaufschmelzung des Wirtsgesteins überstanden (POLDERVAART 1950; PILLER 1951). Bei der Metamorphose wachsen die Körner bevorzugt rundlich weiter (HOPPE 1966a). Solche Anwachssäume sind demnach kein Beweis für authigene Bildung, und die runde Form ist kein Beweis für sedimentäre Abnutzung. DIETZ (1973) konnte selbst nach simuliertem Transport über 4500 km keine Verrundung feststellen.

In der rotbraunen Varietät „Malakon" sind Licht- und vor allem Doppelbrechung infolge radioaktiver Strahlung verringert. Hierfür scheint eine extrem lange Zeit erforderlich zu sein: Purpurne Zirkone (Hyazinth) am Oberen See finden sich nur in Gesteinen, die älter als 2,6 Milliarden Jahre sind (FRIEDMAN & SANDERS 1978: 39). Auch ZIMMERLE (1972) fand in mehreren Profilen von tertiären bis kambrischen Sandsteinen eine Zunahme rötlicher Zirkone, während er (1976) in der Bohrung Saar 1 infolge zunehmender Abtragung im Liefergebiet mehr rötliche Zirkone in den höheren Schichten feststellte. Gefärbte Zirkone erwiesen sich als verwitterungsanfälliger (BLATT et al. 1980: 314).

Zoisit (ziemlich selten)
Mäßig lichtbrechendes, sehr schwach doppelbrechendes Mineral mit starker Dispersion der optischen Achsen, welche dem Korn in den verschiedenen Aufhellungsstellungen eine unterschiedliche Farbtönung verleiht (gelblichweiß bzw. bläulichweiß). Im konoskopischen Bild erscheint verhältnismäßig oft die spitze Bisektrix; $2 V_z$ ist klein.

Vorkommen: Metamorphite höherer p, T-Bedingungen (3 kb, 635 °C, HOLDAWAY 1972).

Man kann zusammenfassend feststellen, daß in einer größeren Zahl von Sandsteinen nur etwa 7 von den 31 aufgezählten Schwermineralen häufiger auftreten: Zirkon, Turmalin, Apatit, Granat, Staurolith, Epidot und Rutil. Von Karbonaten, Sulfaten, Chlorit und Biotit wurde dabei abgesehen.

Für viele Zwecke ist es unnötig und zeitraubend, die genauen prozentualen Anteile der Schwerminerale festzustellen. MILNER (1962: 394) empfahl für solche Fälle Abkürzungen oder auch die Zahlen 1-9, um zunehmende Häufigkeit zu bezeichnen. – Noch einfacher kann man die Anfangsbuchstaben der Schwerminerale in der Reihenfolge ihrer Häufigkeit zu einer „Formel" zusammenstellen, die sich auch in Kartendarstellungen übersichtlich verwenden läßt (FÜCHTBAUER 1964a). Dabei werden Minerale über 10% als Großbuchstaben, diejenigen von 2-10% als Kleinbuchstaben eingesetzt (in Anlehnung an die Abstufung bei v. Moos 1935). Kommt ein Buchstabe mehrfach vor, so hilft man sich durch ein- bis zweimalige Apostrophierung.

II. Opake Schwerminerale

Außer den nur gelegentlich oder in bestimmten Stellungen opak erscheinenden Schwermineralen wie Anatas, Hämatit, Rutil, Spinell, Turmalin (und Zirkon) kommen in Sandsteinen häufig Erzminerale vor, deren Bestimmung im durchscheinenden Licht nur dann möglich ist, wenn die Körner besonders charakteristische Formen aufweisen, wie die häufigen, quadratischen oder sechseckigen Querschnitte der authigenen Pyritwürfel oder -Pentagondodekaeder, oder Ilmenitkörner mit Leukoxenkrusten oder -taschen. Nach Röntgenuntersuchungen von NELSON & NIGGLI (1950) besteht ein großer Teil der opaken Fraktion von Sanden aus Rutil, zum Teil vermutlich in der Form von Leukoxen. Nach VORTISCH (1977) läßt sich in der magnetischen Fraktion besonders der Ilmenit röntgenographisch gut bestimmen.

Leukoxen ist ein weißes oder verschiedenfarbiges, feinkristallines, meist undurchsichtiges Umwandlungsprodukt von Ilmenit, welches vorwiegend aus Titanit, gelegentlich auch aus Rutil, Anatas, Brookit und Goethit oder Hämatit besteht.

Bei Einzelkörnern läßt sich eine Diagnose manchmal durch Zerdrücken und Einbettung der dann z. T. durchscheinend gewordenen Splitter herbeiführen (HUTTON 1950). Auch in schräg auffallendem Licht lassen sich manche Minerale wie Pyrit (goldgelb) erkennen.

Eine einwandfreie Analyse aber ist nur durch Auflichtuntersuchung von Streupräparatanschliffen möglich. Es kommt hinzu, daß Verwachsungen gerade bei den Erzmineralen nicht nur überaus häufig, sondern auch von großem diagnostischen Wert sind. So sind nach STUMPFL (1958) typisch:

a) Für saure Plutonite: Magnetite mit feinen Ilmenit-Entmischungslamellen, reine Magnetite, sowie Ilmenit-Hämatitentmischungen (Beispiel: Ostseeküsten).
b) Für basische Plutonite (Ti-reicher!): Magnetite mit groben Ilmenit-Entmischungslamellen und reine Ilmenite.
c) Für Vulkanite: Pseudobrookite Fe_2TiO_5 und Hitzemartite Fe_2O_3, welche durch oxidative Erhitzung von Titanomagnetit $(Fe, [Ti])_3O_4$ oder Ilmenit $FeTiO_3$ bzw. von Magnetit Fe_3O_4 entstehen.

STUMPFL (in FÜCHTBAUER 1964a: 261/2) konnte auf diese Weise die tertiäre Andenmolasse Ostperus gegenüber der Alpenmolasse, die fast die gleichen transparenten Schwerminerale besitzt, durch das Vorkommen von Pseudobrookiten und Hitzemartiten charakterisieren (s. auch MÜLLER & NEGENDANK 1974 und RIEZEBOS 1979). Hier sind auch die 0,1–0,5 mm großen kosmischen Magnetitkügelchen zu erwähnen, welche als Meteoreisen-Abbrand gedeutet werden (SCHIDLOWSKI & RITZKOWSKI 1972).

In manchen Fällen läßt sich das Liefergebiet mittels der Spurenelemente eines einzelnen Schwerminerals ermitteln. Dies gelang DARBY (1982) mit den Elementen Mn, Mg, V, Cr, Ni, Cu, Ti in dem an der Küste SE-Virginias dominierenden Schwermineral Ilmenit.

Weitere Literatur s. FRIEDMAN & SANDERS (1978: 37), sowie Anwendungsbeispiele bei BLATT et al. (1980: 309–312).

Die Verarbeitung der Analysenergebnisse mit dem Ziel, darin Probenkollektive verschiedener Materialherkunft zu unterscheiden, kann durch Clusteranalyse (R-Technik) oder Faktoranalyse (Q-Technik) erfolgen (IMBRIE & PURDY 1962; DAVIS & SAMPSON 1973; FAY 1982; FAY & GRÖSCHKE 1982). Die letztere ist im allgemeinen überlegen, da dabei eine Mineralart Bestandteil mehrerer „Faktoren" (z. B. Schüttungen) sein kann. Eine weitere Verarbeitung kann durch multiple Diskriminanzanalyse erfolgen (MATHER 1976: 432; FAY 1983).

B. Vorkommen und Anwendungen

Nur bei übereinstimmender Ausgangskorngröße von Leicht- und Schwermineralen ist es möglich, nach dem Korngrößenverhältnis eines Leicht- und Schwermineralpaares Wind- und Wassertransport zu unterscheiden (v. ENGELHARDT 1940, 1973), wobei allerdings in Küstensanden Komplikationen auftreten (LOWRIGHT 1973). Desgleichen bestehen Unterschiede zwischen rollendem bzw. schwebendem Transport von Schwer- und Leichtmineralkörnern (v. ENGELHARDT 1937, 1973; LOWRIGHT et al. 1972; STEIDTMANN & HAYWOOD 1982). Die Anwendbarkeit dieser Überlegungen wird jedoch nach v. ENGELHARDT (1940) und VAN ANDEL (1950) häufig dadurch eingeschränkt, daß die Schwerminerale, vor allem die Zirkone, aufgrund ihrer primären Korngröße oft in der Feinsandfraktion angereichert sind (Abb. 4-13, s. auch APPEL 1981).

Stark angereichert sind die Schwerminerale in „Seifen", welche sich vor allem im Strandbereich bilden. Aus der auflaufenden Welle fallen die Schwerminerale schneller als gleichgroße Leichtminerale aus, und die letzteren rollen bevorzugt mit der ablaufenden Welle ins Meer zurück (s. auch LOWRIGHT et al. 1972). Nach SEIBOLD (1974) spielt auch ein „film sizing" genannter Effekt bei der partiellen Versickerung des ablaufenden Wassers eine Rolle. Infolge der Küstenmigration während der verschiedenen Meeresspiegelstände von Kalt- und Warmzeiten finden sich die meisten Seifenlagerstätten auf dem Schelf, wo sie bis in 50 m Wassertiefe und in Mächtigkeiten bis zu 1–2 m abgebaut werden (ZIMMERLE 1973). Die wirtschaftlich wichtigsten Seifenminerale sind Ilmenit und Rutil (Ti; vor Australien, Indien und Mozambique), Zirkon (Zr), Monazit (Ce, Th), Zinnstein (in SE-Asien) und Gold. Örtlich kommt Chromit vor (GRIGGS 1945), (s. auch S. 584 ff.).

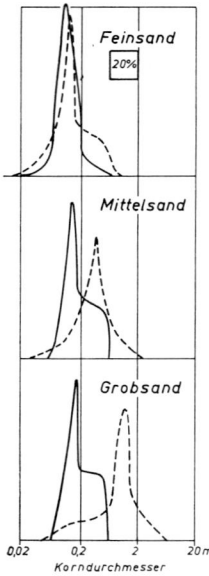

Abb. 4-13. Beispiel einer weitgehenden Unabhängigkeit der Korngrößenverteilung der Schwermineralfraktion (durchzogen) von derjenigen des Gesamtsediments (gestrichelt). Die Proben enthalten etwa 0,1 % Schwerminerale. Sie stammen aus dem Oberrotliegenden (Mitte) des Harzvorlandes (umgezeichnet nach LUDWIG 1955).

Die Ilmenit- und Zirkonseifen auf dem Sambesischelf SE-Afrikas schätzten BEIERSDORF et al. (1980) ab, während JONES & DAVIES (1979) und RIECH et al. (1982) die Seifen auf dem ostaustralischen Schelf bearbeiteten. Bei MILLIMAN & SUMMERHAYES (1975) finden sich Angaben über Seifen am Schelfrand vor dem Amazonas. LANG (1975) beschrieb eine wirtschaftliche, fluviatile Rutilseife (5% des Sediments) in Sierra Leone.

Nur unter günstigen Umständen sind die genannten Wertminerale in den Seifen angereichert. Normale Schwermineralseifen bestehen z.B. an der dänischen Küste zur Hälfte aus Granat, Zirkon, Hornblende u. a.; der Rest ist opak und besteht aus Magnetit und Ilmenit, der mit Hämatit verwachsen ist (CHRISTENSEN & LARSEN 1960). In der ostfriesischen Flachsee kartierten LUDWIG & FIGGE (1979) eine Fläche von 11 km^2 mit Schwermineralkonzentrationen von 3,7–6,6% aus. Am wichtigsten sind dort Ilmenit (bauwürdig ab 0,8%) und Zirkon (bauwürdig ab 0,3%). Diese „Lagerstätten" haben den Vorteil, daß sie sich nach einem Abbau regenerieren. An der Küste von Sylt enthalten die Seifen fast 90% Schwerminerale, die überwiegend opak sind. Im Rest sind bis 10% Zirkon (hiervon ca 4200 t gewinnbar), aber ebensoviel Granat. An der Ostseeküste sind Granat, Epidot und Hornblende häufig (GOTTHARDT & PICCARD 1965). In pliozänen Feinsanden zwischen Cuxhaven und Bremerhaven wurden bis 14,5 Gew.% Schwerminerale bzw. bis 11 Gew.% Wertminerale gefunden, und zwar der Häufigkeit nach Ilmenit, Zirkon, Rutil und Anatas, Monazit und Xenotim (BESENECKER et al. 1981).

EDELMAN (1933) führte das Konzept der „Sedimentpetrologischen Provinz" ein und verstand darunter ein zeitlich-räumlich zusammenhängendes Kollektiv von Sedimenten, welches sich durch einen annähernd einheitlichen Mineralinhalt von der Umgebung unterscheidet. In der Nordsee definierte er vier Provinzen, von denen sich die fennoskandische („A") und die rheinische („H") Provinz hauptsächlich durch die klaren bzw. aggregatartig trüben Epidote unterscheiden (s. auch VAN ANDEL 1950). Dieses und die nächsten zwei Beispiele wurden in der 1. und 3. Auflage auf S. 39–42, eingehender beschrieben.

1. In der Oberen Süßwassermolasse des nördlichen Alpenvorlandes war eine große Zahl ca. 400 m tiefer Bohrungen zu korrelieren. Nachdem dies durch Faziesvergleich nicht gelang, wurden Schwermineraluntersu-

chungen erfolgreich eingesetzt. Als wichtigstes Merkmal erwies sich das Verschwinden des Zoisits, obwohl dieser nie mehr als 3% der Schwerminerale ausmachte (LEMCKE et al. 1953). Nach LEMCKE (1984: 386) geht dieses Verschwinden wahrscheinlich auf einen Bergsturz im Ennstal zurück, welcher den Flußlauf nach S umlenkte und durch den Meteoraufprall im Nördlinger Ries ausgelöst worden sein kann.

Ausgehend von diesem Projekt konnte für die ganze nördliche Alpenvorlandsmolasse zwischen Passau und Genf mit ihrem Wechsel mariner und nichtmariner Schüttungen im Oligozän und Miozän eine Folge paläogeographischer Bilder entworfen werden (HOFMANN 1960; FÜCHTBAUER 1964a, 1967a). Dabei waren neben den Schwermineralen vor allem der Anteil an Dolomit- und Kalkkörnern (aus den Kalkalpen), an Feldspäten und Chertbruchstücken für die Unterscheidung der Schüttungen von Bedeutung (s. auch Abb. 14-58).

2. Die sukzessive Abtragung des französischen Zentralmassivs ließ sich aus der Schwermineralabfolge in den drei umgebenden Becken – der Aquitaine, dem Rhonebecken, dem Pariser Becken – rekonstruieren (VATAN 1950). Dabei gab es in letzterem auch beckeninterne Umlagerungen: Im Obereozän zeigen die Schwerminerale eine Aufarbeitung untereozäner und kretazischer Sande an. Hinzu kamen dort Einschüttungen aus Ardennen und Vogesen, durch eine Turmalinzunahme gegen Osten erkennbar (POMEROL 1965). Ähnlich wurde die Sedimentation in den beiden anderen Becken durch periodische Einschüttungen aus den Pyrenäen bzw. Alpen gegliedert. Im alpinen Flysch wandte GASSER (1967) die Schwermineralmethode an.

3. Über eine andere Anwendung von Schwermineralstudien berichteten BLATT et al. (1980: 311) aus Kanada. Der altpaläozoische Flysch der Appalachen enthält dort so viel Chromit, daß daraus eine Abtragung von 740 km³ eines nicht mehr nachweisbaren Ophioliths errechnet werden konnte, welcher sich jedoch durch eine Plattenobduktion wahrscheinlich machen ließ (HISCOTT 1979b).

4. An der Golfküste ließen sich mit Schwermineralen zwei „Provinzen" erkennen. Die eine ist durch Hornblende, Pyroxen, Epidot und Granat gekennzeichnet und auf den Mississippi und die westlicheren Flüsse zurückzuführen, die andere, östlichere, stammt aus den Appalachen und enthält eine Disthen- Staurolithgesellschaft (FRIEDMAN & SANDERS 1978: 39).

5. Die genaue Altersbestimmung einzelner Zirkonkörner mittels Spaltspuren (fission track dating) führte in zwei verschiedenen Wealdensandsteinen Englands zu unterschiedlichen Altersspektren, was die Zuweisung zu verschiedenen Schüttungen erlaubte (HURFORD et al. 1984).

6. Eine Analyse der Varietäten eines Schwerminerals (z. B. Hornblende, Zirkon) unter Einsatz der Mikrosonde kann direkt auf ein engbegrenztes Liefergebiet führen (MORTON 1985b, s. auch Abschn. A dieses Kapitels). Ein weiteres Anwendungsbeispiel (Wealden Englands) gab P. ALLEN (1972).

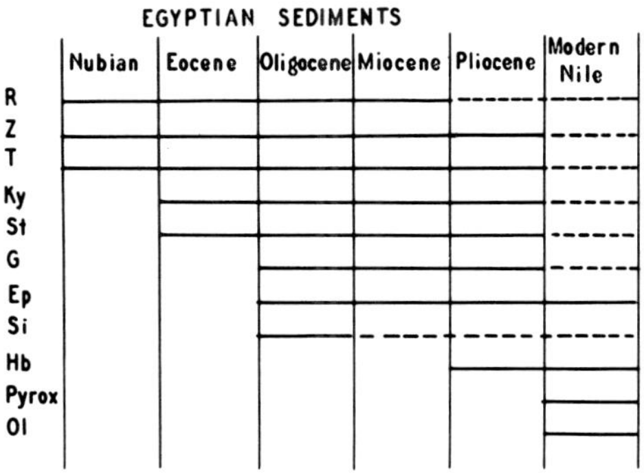

Abb. 4-14. Zunahme der Schwermineral-Vielfalt mit abnehmendem geologischen Alter (von oben nach unten: Rutil, Zirkon, Turmalin, Disthen (Ky), Staurolith, Granat, Epidot, Sillimanit, Hornblende, Pyroxen, Olivin). Durchgehende Linien: Mineral in mehr als der Hälfte der Proben gefunden; unterbrochene Linien: In weniger als der Hälfte der Proben. Aus PETTIJOHN (1975 Fig. 13-6) nach SHUKRI & EL-AYOUTY (1954).

C. Stabilität

Schwerminerale erfahren während ihres Transportes eine mechanische Beanspruchung. Vorher – bei der Verwitterung des Ursprungsgesteins – und nachher – während der Diagenese – sind sie chemischen Einflüssen ausgesetzt. Eine stufenweise erfolgende diagenetische Ausmerzung der Schwerminerale ist in Abb. 4-14 zu erkennen. Man bezeichnet sie als „intrastratal solution", da die aufgelösten Körner i. allg. nicht wie die gesteinsbildenden Minerale durch Neubildungen ersetzt werden; die geringen Substanzmengen verlieren sich im Porenwasser.

Abrasionsexperimente von FRIESE (1931) und THIEL (1940) führten zu einer Reihenfolge zunehmenden „Transportwiderstandes" (s. PETTIJOHN 1975: 494, Table 13-6). Während FRIESE den Gewichtsverlust bestimmte, maß DIETZ (1973) die zunehmende Verrundung bei seinen Versuchen.

Zirkon zeigte sich dabei am widerstandsfähigsten – nach 4500 km simulierten Transportes war noch keine Rundungszunahme erkennbar – während Hornblende und Turmalin relativ deutlich gerundet waren. Dies entspricht der guten Verrundung vieler Turmalinkörner in Sandsteinen. Daß gerade dieses Mineral, sowie viele Apatite, Rutile und Zirkone in den Sandsteinen eine gute Verrundung zeigen, läßt sich dadurch erklären, daß sie – im Gegensatz z. B. zu Hornblende und den meisten anderen Mineralen – mehrere Zyklen „Abtragung-Transport-Sedimentation" überstehen. Andererseits zeigten Beobachtungen von RUSSELL (1936) an Mississippisanden und von VAN ANDEL (1950) an Rheinsanden keine Transportabnutzung der Schwermineralkörner innerhalb eines Zyklus. Erst die mehrfache Wiederholung und vor allem wohl die Einschaltung von äolischer oder Brandungs-Beanspruchung scheint eine Abnutzung von Schwermineralen wie auch von Quarzkörnern zu bewirken.

Chemische Instabilität eines Schwerminerals wird an Ätzspuren (s. Abb. 4-12) und an seiner Häufigkeitsabnahme erkannt. Die Stabilität gegenüber Verwitterung und Diagenese kann gemeinsam diskutiert werden. Der Hauptunterschied liegt darin, daß die Verwitterungslösungen vorwiegend sauer und verdünnt, die Diageneselösungen aber in der Regel schwach basisch und oft ionenbeladen sind, jedoch gibt es Ausnahmen. So findet die tropische Verwitterung im Prinzip in etwa neutralen Lösungen statt, und die Diagenese kohle- oder bitumenführender Schichten kennt Perioden sauren Porenmilieus. Vor diesem Hintergrund gewinnen Verwitterungsversuche an Bedeutung, wie sie von NICKEL (1973) durchgeführt wurden. Er rührte Schwermineralpulver in Lösungen mit verschiedenem pH und bestimmte die abgehenden Ionen. Es resultierten die in Abb. 4-15 dargestellten Stabilitätsreihen.

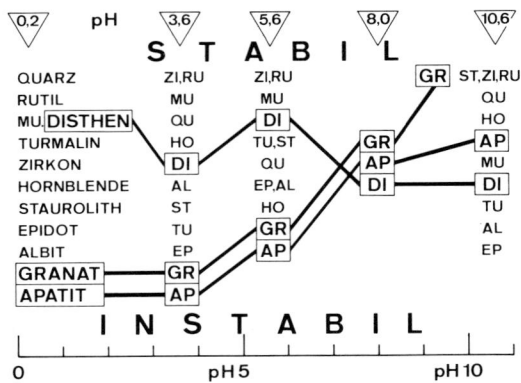

Abb. 4-15. Relative Löslichkeit von Schwermineralen und einigen Leichtmineralen, nach Experimenten von NICKEL (1973) im offenen System bei verschiedenen pH (0,2–10,6, durch HCl und NH$_3$). Das besondere Verhalten von Granat und Apatit im Gegensatz z. B. von Disthen ist hervorgehoben. MU = Muskowit.

Ein wichtiges, mit Naturbeobachtungen übereinstimmendes Ergebnis war die relativ geringe Stabilität von Granat und Apatit bei niedrigem pH ($\leq 5,6$), d. h. in den Verwitterungslösungen gemäßigter Klimate, und eine relativ hohe Stabilität bei pH-Werten über 7, d. h. in den meisten Diageneselösungen. Das bedeutet, daß diese beiden Minerale nur dann ins Sediment gelangen, wenn die Verwitterung entweder infolge trockenen Klimas (Beispiel: Buntsandstein), oder wegen starker Morphologie und deshalb schneller Abtragung (Beispiel: Alpenvorlandsmolasse) schwach ist. Auch kann Kalkgehalt in Oberflächenproben den Granat schützen (BRIX 1981: 87). Dabei ist in der Molasse der Granatgehalt auf exponierten Höhen deutlich gegenüber den durch Pleistozän abgedeckten Bereichen verringert, während der Apatitgehalt keine entsprechende Abnahme zeigt, vermutlich wegen des Kalkgehalts der Gesteine (LEMCKE et al. 1953). In kalkfreien, sauren Böden aber ist der Apatit deutlich empfindlicher als der Granat (PILLER 1951). BOENIGK (1983: 45) wies in Hauptterrassensedimenten des Rheins eine mindestens 50 m tief reichende Granatverwitterung nach. KURZE & ROTH (1977) fanden im oberen Buntsandstein (Sollingfolge) ein starkes Zurücktreten des Apatits und deuten es als synsedimentäre Verwitterungsauslese infolge eines Wechsels zu feuchterem (seimiaridem) Klima. Angewitterter Granat zeigt typische Ätzfiguren, die oft idiomorphes Weiterwachsen vortäuschen, wie BORG (1986) zeigen konnte. Doch gibt es – im Saprolith – auch eine glatte Anlösung (VELBEL 1984).

Manchmal findet man verwitterte und unverwitterte Körner der gleichen Mineralart nebeneinander. Dies ist entweder durch Verwitterung während fluviatiler Zwischenlagerung eines Teiles der Sande (FRIIS 1978), oder durch unterschiedlich starke Verwitterung des Ursprungsgesteins vor der Abtragung zu erklären.

Eine allgemeine Stabilitätsreihe sähe wie folgt aus:

A. (sehr stabil) Zirkon, Rutil, Turmalin
B. (mäßig stabil) Disthen, Staurolith, Sillimanit, Andalusit > Epidot (nach FRIIS 1974)
C. (instabil) Amphibol > Pyroxen > Olivin (am instabilsten).

Die beiden letztgenannten Minerale kommen in prätertiären Sedimenten praktisch nicht mehr vor. Die Minerale Apatit und Granat sind hinsichtlich der Verwitterung in die Gruppe C, hinsichtlich der Diagenese zwischen A und B einzustufen. Ausführlichere Diskussionen findet man bei PETTIJOHN (1975: 246 und 491) und in der 1.–3. Auflage dieses Lehrbuches.

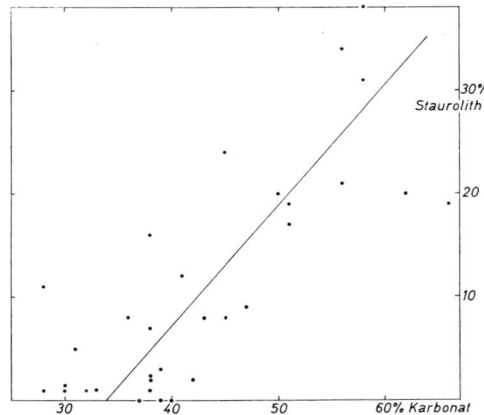

Abb. 4-16. Intrastratal Solution in Abhängigkeit von der Zementation. Molassesandsteine mit 30–40% Dolomitkörnern, ± kalkig zementiert (aus Tiefbohrungen; nach FÜCHTBAUER 1964a). In den stärker zementierten Proben ist der Staurolith erhalten geblieben, aus den nicht oder schwach zementierten wurde er herausgelöst.

Hinweise auf „intrastratal solution" erhält man
1. durch deutlich angelöste Minerale (Abb. 4-12, rechte Spalte);
2. durch die schrittweise Verarmung älterer Formationen an Schwermineralarten (Abb. 4-14);
3. durch einen Vergleich poröser mit früh zementierten Sandsteinen der gleichen Formation (BRAMLETTE 1941; BRIX 1981 und viele andere (s. 1. Aufl. S. 36) und Abb. 4-16). Nach BLATT & SUTHERLAND (1969) sowie V. LUDWIG (1968) können auch hohe Tongehalte (z. B. in Siltsteinen) Schwerminerale konservieren, die in den begleitenden, durchlässigeren Sandsteinen ausgemerzt sind. YURKOVA (1970) verwendete die konservierende Wirkung von Erdöl, um verschiedene Phasen der Ölmigration zu ermitteln;
4. durch die zunehmende Verarmung mit wachsender Teufe, innerhalb einer Formation (Abb. 4-17; s. auch WIESENEDER & MAURER (1958). Nach MORTON (1984) verschwinden im Paläozän der Nordsee die Schwerminerale in folgenden Tiefen: Olivin, Pyroxen, Andalusit und Sillimanit sind nach anderen Informationen instabiler als die folgenden; Amphibol verschwindet in 600 m Tiefe, Epidot in 1100 m, Titanit in 1400 m, Disthen in 1800 m, Staurolith in 2400 m, während Granat, Apatit, Chloritoid, Spinell, Rutil, Turmalin und Zirkon auch in 2800 m noch vorhanden sind, Granat mit zunehmenden Ätzfiguren (MORTON 1984: Fig. 6).

Die wesentlichen Faktoren sind demnach neben dem Chemismus der Porenlösungen die Temperatur (Abb. 4-17), die Zeit der Einwirkung derselben und die Durchlässigkeit (s. auch MORTON 1984: 296–298).

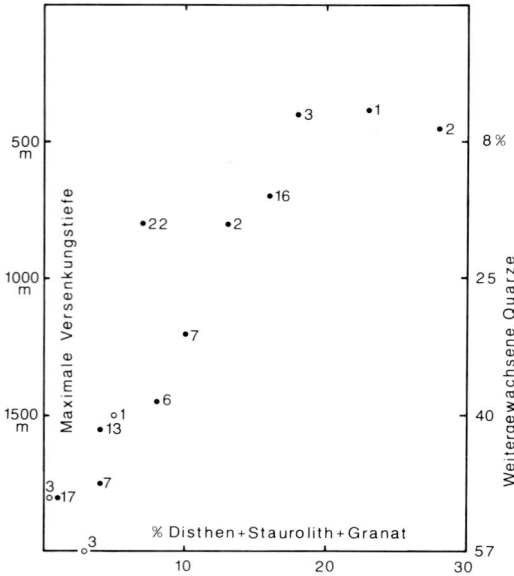

Abb. 4-17. Intrastral Solution in Abhängigkeit von der Versenkungstiefe: Der Gehalt an instabilen Schwermineralen (Abszisse) nimmt mit der Tiefe ab. Offene Kreise: Porenraum wassergefüllt; geschlossene Kreise: ölgefüllt. Für letztere wurde die maximale Versenkungstiefe vor der Ölfüllung eingesetzt, wie sie sich aus strukturgeologischen Konstruktionen und dem Anteil weitergewachsener Quarze (rechte Ordinate und Abb. 4-36) ergab. (Für die sechs obersten Proben ist die heutige Teufe größer als die maximale Versenkungstiefe vor der Ölfüllung.) Dogger-beta Quarzsandsteine des östlichen Niedersachsen, zusammengestellt nach Messungen von DRONG (1965). Die Anzahl der Proben ist angeschrieben.

Zusammenfassung

Die Gesteinsnamen dieses Buches sind deskriptiv und aus sich selbst heraus verständlich; sie basieren auf den Teilungen 10, 25 und 50%; „Grauwacke" und „Arkose" werden als Feldbegriffe beibehalten. Sandsteine können aus Partikeln, Zement und Matrix bestehen. Während Zement in der Diagenese entsteht, wird die Matrix entweder primär mitabgelagert oder kurz nach der Ablagerung eingeschwemmt, oder sie geht auf weiche, in den Porenraum gepreßte, tonige oder instabile Gesteinsbruchstücke zurück („Pseudomatrix").

Auf kontinentalen Platten enthält der Abtragungsschutt außer Quarz viel Kalifeldspat (aus Plutoniten), sowie Quarz-Gesteinsbruchstücke, Chlorit und Muskowit (aus Metamorphiten), oder Sediment-Gesteinsbruchstücke (aus Sedimentiten). In der Nähe der Vulkangürtel aktiver

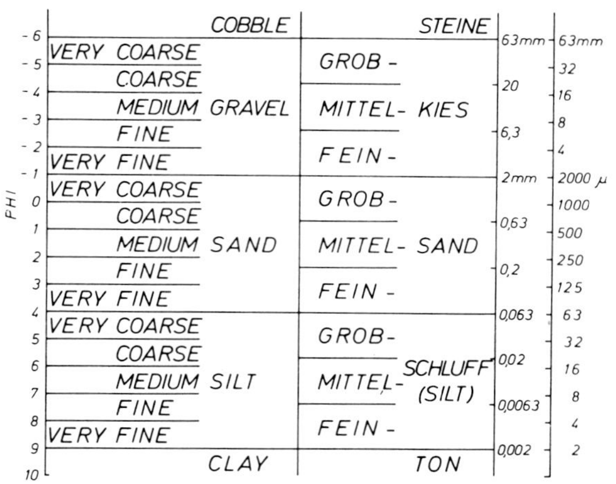

Abb. 4-18. Korngrößenbenennung. Links die Skala nach WENTWORTH (1922) und DOEGLAS (1968), rechts diejenige nach DIN 4022.

Kontinentalränder spielen Plagioklase und instabile vulkanische Gesteinsbruchstücke eine große Rolle.

Hinweise auf diskrete Liefergebiete können sich aus bestimmten Kathodolumineszenz- und Undulositätstypen des Quarz, charakteristischen Gesteinsbruchstücken, den Feldspat- und Phyllosilikattypen und vor allem den Schwermineralen ergeben, deren Vielfalt mit wachsendem geologischem Alter infolge von „intrastratal solution" abnimmt. Die Küstenseifen können abbauwürdige Anreicherungen von Wertmineralen mit Ti, Zr, Au, Sn, Cr, Ce und Th enthalten. Seltene Erden können wegen ihrer Immobilität auch bei der Gliederung von Sedimentserien hilfreich sein.

4.2 Korneigenschaften

4.2.1 Korngröße

A. Benennung

Die „klastischen", im wesentlichen aus Quarz und Silikaten bestehenden Gesteine werden nach der Wentworth-Skala unterteilt. Dabei wurde die Silt/Ton-Grenze nach DOEGLAS (1968) etwas modifiziert (2 statt 4 µm), damit Kies-, Sand- und Silt-Fraktion logarithmisch gleich breit werden und mit der in Deutschland eingeführten Einteilung übereinstimmen (Abb. 4-18).

Trotz mancher Nachteile (s. WALGER 1965) wurde die Phi-Skala ($-\log_2$ des Korndurchmessers)

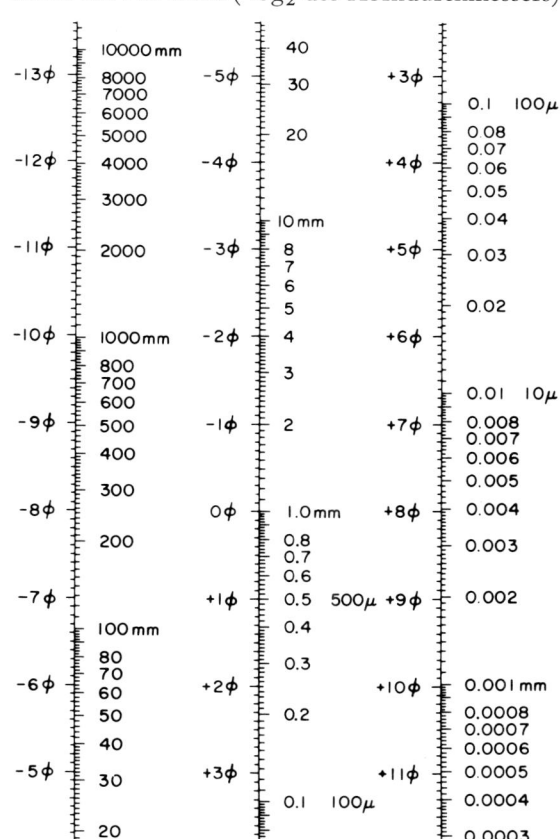

Abb. 4-19. Nomogramm zur Umwandlung von Φ-Graden in mm (letztere in einem $\log_{10}$-Maßstab aufgetragen). FRIEDMAN & SANDERS 1978, Table 3-2.

wegen ihrer weiten Verbreitung übernommen. Sie dient der Darstellung und statistischen Verarbeitung von Korngrößenanalysen. Im Text sind Millimeter-Angaben vorzuziehen (Abb. 4-19).

In der Benennung der Unterabteilungen weichen die meisten im Gebrauch befindlichen Skalen stärker voneinander ab als die beiden in Abb. 4-18 gezeigten. Es sei deshalb empfohlen, im Interesse der Eindeutigkeit die gemessene oder geschätzte, mittlere Korngröße in Millimetern beizugeben, z. B. „Sandstein (0,3)" anstatt „Mittelsandstein" ohne Bezug auf eine Nomenklatur.

Man findet im Schrifttum drei Arten von Korngrößenabstufungen:

1. Lutit (von lat. lutum = Schlamm)
   Arenit (von lat. arena = Sand)
   Rudit (von lat. rudus = Geröll)
2. Ton-Silt-Sand-Kies
3. Pelit (von griech. pelos = Ton)
   Psammit (von griech. psammos = Sand)
   Psephit (von griech. psephos = Kiesel)

Die erste wird hauptsächlich für Karbonatgesteine verwendet (Kalklutit, Kalkarenit, s. diese). – Ton ist zwar ein Korngrößenbegriff, wird jedoch nur für silikatisches Material verwendet. Das gleiche ist für Silt und Sand zu empfehlen. – Pelit und Psammit lassen sich als materialunabhängige Überbegriffe verwenden, z. B. für Mergelsteine und kalkarenitische Sandsteine. Dabei entspräche „Pelit" der Silt- + Tonfraktion.

Diese Festlegung führt gelegentlich zu Schwierigkeiten. So wird unter „Kalksandstein" meistens ein kalkig zementiertes Sediment aus Quarz- oder Silikatkörnern verstanden, da Sandsteine als Gesteine definiert wurden, die aus Quarz- und Silikatkörnern zusammengesetzt sind. Andererseits ist es kaum zu umgehen, ein aus Kalkkörnern bestehendes Lockersediment „Kalksand" zu nennen.

B. Darstellung von Korngrößenanalysen

Die Korngröße, allgemein definiert als der größte Durchmesser eines Kornes, ist einer der wichtigsten Parameter vor allem klastischer Sedimente, aber auch körniger Karbonat- und anderer Sedimente. Einerseits ist sie ein wichtiges beschreibendes Merkmal, andererseits dient sie der Ermittlung des Ablagerungsmilieus, und schließlich sind viele für die Praxis bedeutungsvolle Gesteinsparameter, vor allem die Durchlässigkeit, aber auch die Zusammensetzung, von der Korngröße abhängig. Diese aber ist ihrerseits von der Methode abhängig, nach der sie gemessen wird.

Ohne darauf hier näher einzugehen, sei erwähnt, daß Siebung und Sedimentationsmethoden im Prinzip verschiedene Korngrößenverteilungen liefern, weil die Körner nicht kugelförmig sind. Allerdings ist der Unterschied nicht groß (SCHLEE et al. 1965). Angesichts mancher Schwierigkeiten bei der Sedimentationsanalyse von Sanden (das Einbringen der Probe in das wassergefüllte Fallrohr ist problematisch; der Feinanteil ist schwierig zu bestimmen; Sand- und Ton-Sedimentation folgen verschiedenen Gesetzen) wird häufig der Sandanteil gesiebt und der Feinanteil im Atterbergzylinder abgeschlämmt, was zugleich den Vorteil hat, daß man die einzelnen Feinfraktionen für Mineralanalysen zur Verfügung hat. Doch gibt es inzwischen gute Siebe schon für die Siltfraktionen, und auch die Sedimentationsmethoden werden laufend verbessert.

Der für Siebanalysen maßgebliche Durchmesser ist der mittlere Korndurchmesser, die größte Breite b; für Schlämmanalysen ist die Sinkgeschwindigkeit maßgebend, welche eine Funktion von Korndurchmesser, Gewicht und Form ist. Es gab viele Diskussionen darüber, welche Analysenart die Bedingungen in der Natur am besten simuliert; dies bleibt jedoch in jedem Falle unvollkommen, so daß man sich im allgemeinen damit begnügt, reproduzierbare Vergleichswerte zu gewinnen.

Noch unbefriedigender ist die Korngrößenanalyse von solchen Sandsteinen, die sich z. B. infolge kieseliger Zementation nicht mehr in ihre Einzelkörner aufteilen lassen. Es gibt zwar aufwendige Verfahren der Korngrößenanalyse im Dünnschliff, sowie statistische Auswerteverfahren (BURGER & SKALA 1973) und Umrechnungsgraphiken (FRIEDMAN 1958) und -formeln (HARRELL & ERIKS-

SON 1979), doch wird in den meisten Fällen eine Abschätzung genügen. Sie sollte allerdings nie unterbleiben, da sehr viele Sandsteineigenschaften korngrößenabhängig sind, so daß Dünnschliffuntersuchungen ohne Korngrößenangaben wertlos sind. Es wird empfohlen, für das zweitkleinste Quarzkorn, für ein den Median etwa repräsentierendes Korn und für das zweitgrößte Korn des Dünnschliffs jeweils den längsten scheinbaren Durchmesser zu notieren, z. B. 0,01 – 0,15 – 0,3 mm. Dadurch wird auch ein Eindruck der Sortierung vermittelt. (Hierzu siehe aber unter b. Sortierung!).

Zur Darstellung von Korngrößenanalysen benutzt man einen logarithmischen Abszissenmaßstab, weil der Unterschied von 0,1 und 0,2 mm als ebenso wichtig erachtet wird wie der Unterschied von 1 und 2 mm, und weil erfahrungsgemäß viele Sande eine etwa „lognormale Verteilung" besitzen (s. 3.). Um die umständliche logarithmische Aufteilung zu vermeiden, benutzt man als Korngrößenmaß statt des Millimeters den Phi-Grad, $\Phi = -\log_2(d/d_0)$, worin d = Durchmesser, d_0 = Einheitsdurchmesser = 1 mm, damit Φ dimensionslos wird. Aus Abb. 4-19 kann man für jeden mm-Wert den Φ-Grad ablesen. Man muß sich daran gewöhnen, daß Durchmesser über 1 mm negative Φ-Grade ergeben.

Es gibt drei graphische Wege der Darstellung von Korngrößenanalysen (s. auch MOSEBACH 1954; WALGER 1965; MARSAL 1967; PETTIJOHN 1975), das Histogramm, die Verteilungskurve und die Summenkurve. In Abb. 4-20 sind für die nachfolgende Korngrößenanalyse alle drei Darstellungen gezeigt; auch die drei Maße der mittleren Korngröße sind eingezeichnet.

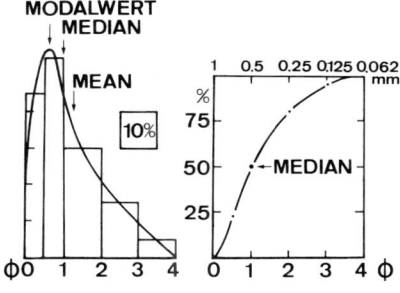

Abb. 4-20. Darstellung der Korngrößenanalyse von Tab. 4-5. Links: Histogramm und Verteilungskurve. Rechts: Summenkurve.

	Φ				
Tabelle 4-5. Beispiel einer Korngrößenanalyse mit Errechnung des arithmetischen Mittelwertes (mean).	0–0,5	22,5%	· 0,25*	=	5,63
	0,5–1	27,5	· 0,75	=	20,62
	1 –2	30	· 1,5	=	45
	2 –3	15	· 2,5	=	37,5
	3 –4	5	· 3,5	=	17,5
* Mitte zwischen Φ 0 und 0,5				126,25 : 100	= 1,26 = mean

1. Das Histogramm stellt die Gewichtsprozente jeder Korngrößenfraktion durch die Fläche eines Rechtecks dar. Sind alle Fraktionen gleich breit, dann kann man eine Ordinate verwenden. Ist dies aber, wie in Abb. 4-20 nicht der Fall, dann muß man den Flächenmaßstab in Form eines Quadrats angeben. Die Fläche der einzelnen Rechtecke muß dem Volumenanteil der einzelnen Fraktionen entsprechen (s. auch Abb. 4-21).
2. Die Verteilungskurve (frequency curve) ist die Ausgleichskurve des Histogramms (Abb. 4-20) und muß die Bedingung erfüllen, daß in jeder Fraktion die Flächen unter der Verteilungskurve und im Histogramm-Rechteck gleich sind. Mathematisch ist sie durch Differentiation aus der Summenkurve abzuleiten (BURGER 1976). Verteilungskurve und Histogramm sind anschaulicher als die Summenkurve, vor allem bei mehrgipfligen Verteilungen.

132 Sandsteine

3. Die Summenkurve (cumulative curve; Abb. 4-21 und -22) aber ist ohne Umrechnung zu zeichnen. Man addiert Fraktion zu Fraktion und zeichnet jeweils die Summe ein. Da nur die Summenkurve die üblichen Korngrößenparameter – die Percentile – abzulesen gestattet und einen platzsparenden Vergleich von Probenserien ermöglicht, wird sie am häufigsten angewandt. Als Ordinate verwendet man oft eine Wahrscheinlichkeitsteilung, damit eine „Normal"- oder Gaußverteilung eine gerade Linie bildet. Diese wird durch den Mittelwert (mean) und die Standardabweichung, welche 68,3% umfaßt, hinreichend beschrieben. Viele Korngrößenanalysen stellen mit

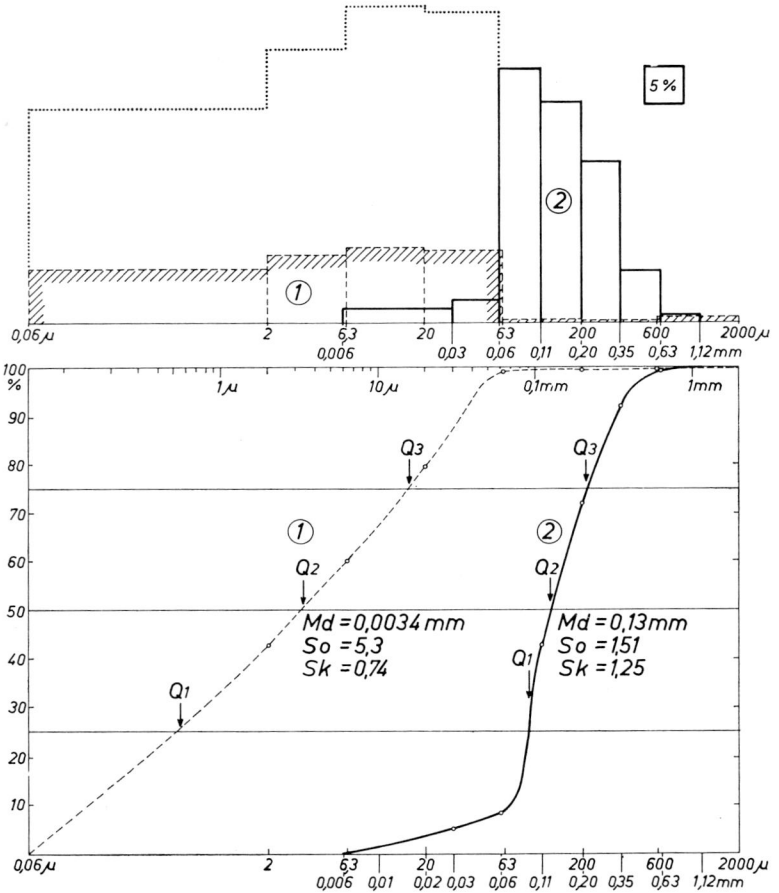

Abb. 4-21. Korngrößenhistogramme (oben) und Summenkurven (unten) der Rötelschieferfazies (1, gestrichelt) und der Kreuznacher Sandsteinfazies (2, durchgezogen) des Zechsteins von Rheinhessen, für den vorwiegend fluviatile Entstehung angenommen wird. Durchschnittsanalysen nach FALKE (1966). Die Histogramme ergänzen sich so vollkommen, daß man sie durch Transportsortierung eines gemeinsamen Ursprungsmaterials erklären möchte (Flußbett- und Überflutungssedimente). Nach FALKE (mdl.) ist die Gesamtmächtigkeit der Rötelschieferfazies etwa 4× so groß wie diejenige des Kreuznacher Sandsteins. Setzt man unter der Annahme einer etwa gleichgroßen regionalen Verbreitung beider Gesteine ein hypothetisches Histogramm des Ursprungsmaterials aus 4 Teilen Rötelschiefer und 1 Teil Kreuznacher Sandstein zusammen, so ergibt sich, wie die punktierte Linie zeigt, eine vernünftige Form. Die Bedingung, daß diese Korngrößenverteilungen regional repräsentiv sind, ist für den Kreuznacher Sandstein sehr wahrscheinlich, für die Rötelschiefer wahrscheinlich erfüllt. Mediandurchmesser (Md), Sortierung (So) und Schiefe (Sk) nach Trask sind vermerkt, ebenso Q1–3, das 1.–3. Quartil. Kürzlich wurde der Kreuznacher Sandstein als äolisch gedeutet (SOBICH 1984); s. auch STRACK & STAPF (1980).

einer Wahrscheinlichkeitsteilung als Ordinate über einer Φ-Abszisse Normalverteilungen, über einer mm-Abszisse mit logarithmischem Maßstab Lognormalverteilungen dar, d. h. sie bilden jeweils gerade Linien. In Tab. 4-6 sind aus dem Bereich der Sedimentologie einige Merkmale, für die Normal- bzw. Lognormalverteilungen typisch sind, zusammengestellt.

Tabelle 4-6. Natürliche Variable, welche zu Normal- bzw. Lognormalverteilungen neigen (nach BLATT et al. 1980: Table 3-2, S. 50)

Normalverteilungen:
  Korngrößen in Φ-Graden, Kornrundung und Kugeligkeit
  Neigungswinkel und Azimute in Schrägschichtungskörpern
  Anteile von Mineralen (zwischen 25 und 75%) und chemischen Hauptoxiden im Gestein
  Geschwindigkeitsfluktuationen eines turbulenten Stromes
Lognormalverteilungen:
  Korngrößen in mm
  Bankdicken
  Anteile seltener Komponenten (z. B. Spurenelemente)
  Abflußmengen von Flüssen

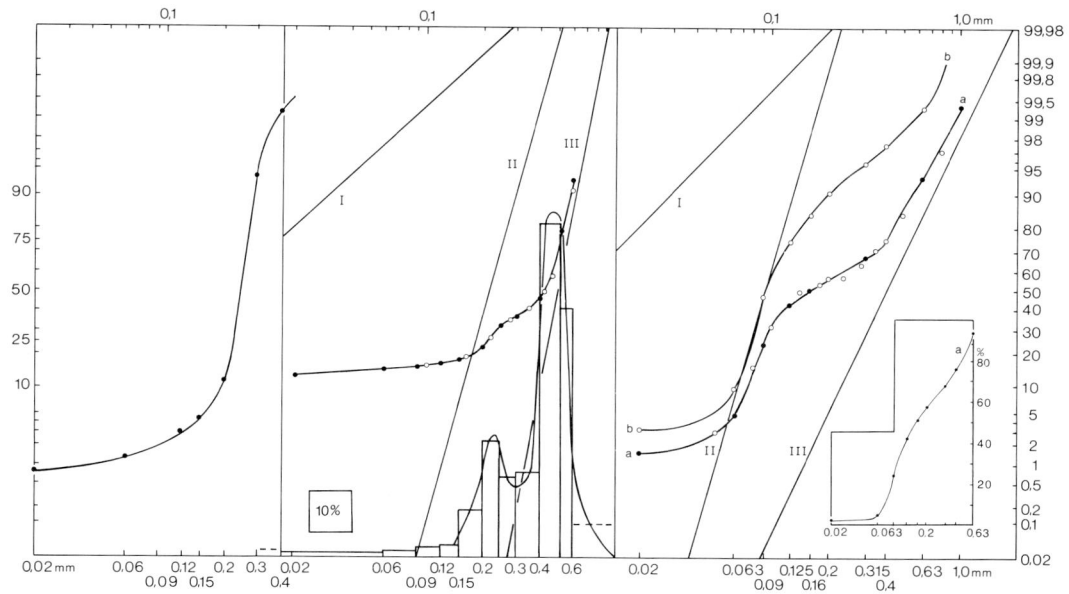

Abb. 4-22. Summenkurven im Wahrscheinlichkeitsnetz.
Links: Dogger beta, Lüben (S Ülzen). Sehr gut sortierter Sandstein (So = 1,1), welcher praktisch lognormal ist, wenn man von geringen Beimengungen (ca. 4,5% Feineres und 0,3% Gröberes absieht).
Mitte: Valendis-Sandstein östlich von Diepholz (Mittel zahlreicher, ähnlicher Korngrößenanalysen), zerlegbar in 3 lognormale Komponenten: 16% I, 24% II, 60% III.
Hier wurden auch Verteilungskurve und Histogramm eingezeichnet.
Rechts: a) Sand aus trockenem Bachbett, Sahara (Libyen), b) Flugsand aus der Steinwüste nahe von a zwischen den Steinen; a läßt sich in drei lognormale Komponenten zerlegen: 2% I, 50% II, 48% III; b läßt sich zusammensetzen aus 3% < 20 μm, 82% II und 15% einer Komponente, die dem oberen Teil von a entspricht. Daneben wurde die Summenkurve von a mit linear geteilter Ordinate verkleinert eingezeichnet, um zu demonstrieren, wieviel deutlicher die bimodale Verteilung im Wahrscheinlichkeitsnetz zu erkennen ist. Die Komponenten wurden im wesentlichen durch Probieren ermittelt. Punkte sind Meßwerte, Kreise sind theoretische Werte, die durch Zusammensetzen der Komponenten ermittelt wurden.

Häufiger als Lognormalverteilungen sind in der Natur Mischungen verschiedener lognormal verteilter Kollektive, die aus der Summenkurve „extrahiert" werden können (Abb. 4-22) (DOEGLAS 1946; TANNER 1959; CURRAY 1960; FULLER 1961; WALGER 1962). Hierzu sucht man in den Summenkurven Wendepunkte mit flacheren Tangenten und nimmt zunächst an, daß an diesen die Teilkollektive ohne Überlappung aneinandergrenzen. Man wählt nun als Mittelwerte jeweils die Abzissenwerte in der Mitte zwischen zwei Wendepunkten und legt durch sie Geraden (lognormale Verteilungen), die man sich zunehmend überlappen läßt, bis ihre Addition dem wirklichen Verlauf der Verteilungskurve entspricht. Diese Optimierung kann man durch Probieren oder – bei größeren Programmen – nach MUNDRY (1972), CLARK (1977) oder KUHLMANN & KUHNIGK (1981) rechnerisch durchführen. Viele natürliche Kornverteilungen sind nicht lognormal, sondern folgen einer hyperbolischen Wahrscheinlichkeitsfunktion (BAGNOLD & BARNDORFF-NIELSEN 1980), was auch für die Environment-Auswertung relevant sein kann (VINCENT 1986).

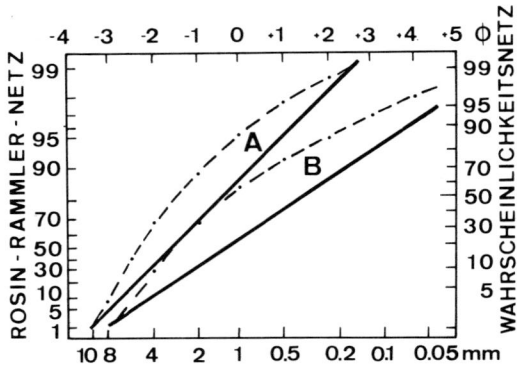

Abb. 4-23. Korngrößenverteilung von Granitschutt (A) und zermahlenem Quarz (B), aufgetragen gegen Rosin-Rammler-Sperling-Ordinate (gerade Linien) und Wahrscheinlichkeitsordinate (gebogene, gestrichelte Kurven), nach KITTLEMAN (1964: Fig. 6-8).

4. Für bestimmte Gemische ist eine Ordinatenteilung nach der Rosin-Rammler-Sperling-Beziehung („RRS") zweckmäßig. So zeigt Abb. 4-23, daß künstlich zerkleinerter Quarz sowie verwitterter Granitschutt bei dieser Ordinate mit festem oberem Grenzwert eine gerade Linie bilden; das gleiche gilt für manche kurz transportierten Flußkiese (IBBEKEN 1983) und zum Teil auch für Tuffe (PETTIJOHN 1975: Fig. 3-11; s. aber FISHER & SCHMINCKE 1984: 118).

Die vollständige Verarbeitung von Korngrößenanalysen geht von den „Momenten" aus, welche alle Korngrößenfraktionen benutzen (KRUMBEIN 1936, hier nach MARSAL 1967):

1. Arithmetisches Mittel (mean) $\bar{x} = (q_1 x_1 + \ldots q_n x_n)/100$

2. Standardabweichung (standard deviation)
$$\sigma = \sqrt{\frac{q_1(x_1-\bar{x})^2 + \ldots q_n(x_n-\bar{x})^2}{100}}$$

3. Momentkoeffizient der Schiefe α_3
$= \{q_1(x_1-\bar{x})^3 + \ldots q_n(x_n-\bar{x})^3\}/100\sigma^3$

4. Momentkoeffizient der Kurtosis α_4
$= \{q_1(x_1-\bar{x})^4 + \ldots q_n(x_n-\bar{x})^4\}/100\sigma^4$

Hier ist x der Mittelpunkt der Kornfraktion (in Φ-Graden gemessen) und q die prozentuale Häufigkeit dieser Fraktion.

Jedoch genügt es in vielen Fällen, aus den Summenkurven nur die Korngrößen bei bestimmten Prozentdurchgängen („Percentile") abzulesen und zu verarbeiten. In Tab. 4-7 sind die am häufigsten benutzten Korngrößenparameter zusammengestellt.

a. Die mittlere Korngröße wird auf verschiedene Arten angegeben (Abb. 4-20). Der **Mediandurchmesser** bezeichnet diejenige Korngröße, ober- und unterhalb derjenigen 50 Gewichtsprozent der betreffenden Probe liegen. Sie wird an der Summenkurve beim Ordinatenwert 50% abgelesen. Der (arithmetische) **Mittelwert** (mean) gibt die „gewogene" mittlere Korngröße an; er wird

Tabelle 4-7. Verschiedene Korngrößenparameter auf Phi-Basis (für Abszissen-Richtung wie Abb. 4-20)

Autor	a. mittlere Korngröße	b. Sortierung
TRASK (1932)	median = $\Phi 50$	$(\Phi 75 - \Phi 25)/2$
INMAN (1952)	mean ∼ $(\Phi 16 + \Phi 84)/2$	$(\Phi 84 - \Phi 16)/2$
FOLK & WARD (1957)	⎱ mean ∼	$(\Phi 84 - \Phi 16)/4 + (\Phi 95 - \Phi 5)/6{,}6$
FRIEDMAN & SANDERS (1978)	⎰ $(\Phi 16 + \Phi 50 + \Phi 84)/3$	$(\Phi 95 - 5)/2$

Autor	c. Schiefe	d. Kurtosis
TRASK (1932)	$\Phi 75 + \Phi 25 - 2\Phi 50$	–
INMAN (1952)	$\dfrac{\Phi 84 + \Phi 16 - 2\Phi 50}{\Phi 84 - \Phi 16}$	$\dfrac{(\Phi 95 - \Phi 5) - (\Phi 84 - \Phi 16)}{\Phi 84 - \Phi 16}$
FOLK & WARD (1957) umgeformt nach WARREN (1974)	$\dfrac{\Phi 84 - \Phi 50}{\Phi 84 - \Phi 16} - \dfrac{\Phi 50 - \Phi 5}{\Phi 95 - \Phi 5}$	$\dfrac{\Phi 95 - \Phi 5}{2{,}44\,(\Phi 75 - \Phi 25)}$
FRIEDMAN & SANDERS (1978)	$\Phi 95 + \Phi 5 - 2\Phi 50$	

errechnet, wie in Tab. 4-5 demonstriert und wird bei den „Momenten" verwendet, doch läßt er sich vereinfacht nach Tab. 4-7 berechnen. Nicht in dieser Tabelle, jedoch in Abb. 4-20 dargestellt ist der **Modalwert**, welcher den höchsten Punkt der Verteilungskurve angibt und in Histogrammen durch den Mittelpunkt der häufigsten Fraktion angenähert werden kann.

b. Die **Sortierung** ist ein Maß der Gesamtbreite der Kornverteilung, welche am vollständigsten durch die Standardabweichung ausgedrückt, jedoch durch die in Tab. 4-7 aufgelisteten Percentile angenähert werden kann. Je breiter die Korngrößen gestreut sind, um so schlechter ist die Sortierung, d. h. um so höher ist der Sortierungswert. Die FOLK & WARD-Sortierung ist nur zu ermitteln, wenn weder die feinste noch auch die gröbste gemessene Fraktion mehr als 5% der betreffenden Probe ausmachen. Durch Verwendung von 4 Percentilen unter Einbeziehung der besonders wichtigen gröbsten und feinsten Anteile ist diese Formel jedoch den anderen überlegen. Die INMAN-Sortierung gibt bei Gauß-Verteilungen die Standardabweichung an.

Nach WALGER (1962) entstehen schlecht sortierte oder gar mehrgipflige Verteilungskurven oft durch den bei der Probennahme kaum vermeidlichen Fehler, daß man Material aus mehreren feinen Einzellagen zu einer Probe zusammenfaßt (s. auch CHAKRABARTI 1977). Durch sorgfältige Trennung konnte WALGER zeigen, daß diese Lagen eine annähernd lognormale Korngrößenverteilung besitzen. EMERY (1978) und GRACE et al. (1978) fanden demgegenüber die Einzellagen infolge von Mischungen innerhalb derselben nicht lognormal zusammengesetzt, sondern meist nach der feinen Seite hin ausgeschwänzt. Die Einzellagen sind nach GRACE et al. (l. c.) am Strand 1–4 mm dick, in der Düne etwa 2 und in Sandbänken 4–8 mm dick. Sie unterschieden sich voneinander um 0,1–0,8 Φ, nach EMERY (l. c.) um 0,2 Φ (z. B. Median 0,22 und 0,25 mm).

Meistens ist die Sortierung im Mittelteil der Kornverteilung einer Probe besser als auf der feinen und groben Seite, das heißt, die Summenkurve ist im mittleren Teil am steilsten (s. Abb. 4-22 links). Moss (1962) und VISHER (1969) nehmen drei sich mehr oder weniger überlappende Teilpopulationen an, von denen die feine den Suspensionstransport, die mittlere den springenden Transport (saltation) und die grobe den rollenden Transport (traction) repräsentiert. Das einfachste Modell geht von lognormalen, sich überlappenden Teilpopulationen aus. In Grobsanden fand FAY (1983) meist nur zwei Teilpopulationen, wovon die gröbere vorherrscht; man wird sie wohl als Rollfracht deuten dürfen. Aus äolischen Dünen wurde ein feinlagiger Wechsel von mittelsandiger Rollfracht und feinsandiger Springfracht beschrieben (LANCASTER 1982).

Wegen der schlechteren Erodierbarkeit der Tonminerale (BAGNOLD 1941) und des Einfangens von Feinsand durch Grobsand und Kies (EYNON & WALKER 1974) ist die Sortierung unterhalb

0,1 mm und oberhalb 0,3 mm schlechter als dazwischen. Dies kommt in Abb. 4-24 zum Ausdruck, welche die „Elementarsortierung" der dünnen Einzellagen nach WALGER (1962) darstellt. SEIBOLD (1963) empfahl, die gemessene Sortierung auf diese bestmögliche Sortierung zu beziehen, um den genannten Korngrößeneffekt zu vermeiden.

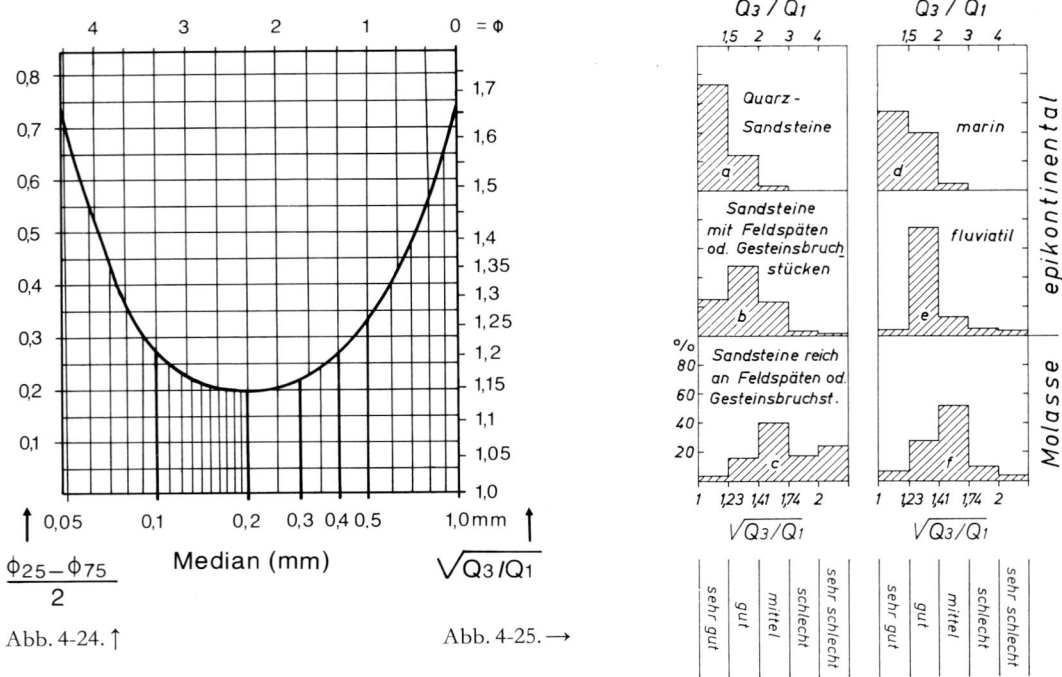

Abb. 4-24. ↑   Abb. 4-25. →

Abb. 4-24. Sortierung von Einzellagen („Elementarsortierung", nach KACHHOLZ 1982: Abb. 10.23a; KACHHOLZ frdl. Mitt.)Dividiert man die in Φ-Graden ausgedrückte TRASK'sche Sortierung eines Sandsteins durch die an dem betreffenden Mediandurchmesser abgelesene Elementarsortierung, so erhält man einen „relativen Sortierungskoeffizienten", welcher milieuempfindlich ist. Beispiel: Ein Sand des Medians 0,5 ($\Phi = 1$) habe die Φ-Sortierung 0,4. Sein relativer Sortierungskoeffizient beträgt dann 0,4/0,33 = 1,2. (Berechnet für Abszissenrichtung wie Abb. 4-21). Q1 und 3 s. S. 132.

Abb. 4-25. Sortierungsspektren (aus FÜCHTBAUER 1959). – a-c) in Abhängigkeit vom Sandsteintyp, d-f) in Abhängigkeit von der „tektonischen Fazies". – a) 63 Sandsteine Norddeutschlands (vorw. Lias, Dogger), b) 178 Sandsteine Norddeutschlands (vorw. Valendis), c) 244 Sandsteine (tertiäre Molasse, Karbon, Buntsandstein), d) 176 Sandsteine, vorw. Norddeutschland (Lias-Valendis), e) 105 Sandsteine aus verschiedenen Ländern, f) 201 Sandsteine aus der tertiären Molasse.

Trotzdem hat sich, für den mittleren Sandbereich, der Bedarf für absolute Sortierungsklassifizierungen erhalten. Es wurden solche auf der Basis der Standardabweichung von FRIEDMAN (1962: Tab. 4) und FOLK (1974a) vorgeschlagen. Abb. 4-25 zeigt einen Vorschlag auf der Basis der TRASK-Sortierung, der im deutschen Sprachraum Verbreitung gefunden hat.

Will man die Sortierung eines Sandsteins im Dünnschliff genauer angeben, so kann man die Standardabweichung abschätzen, indem man versucht, diejenigen Korngrößen zu finden, zwischen denen 68 Flächenprozente des Dünnschliffs (ohne Zement) liegen. Da dieser Korngrößenbereich $\pm \sigma$ umfaßt, d.h. 2σ, ist er durch 2 zu dividieren, um die Standardabweichung zu erhalten.

c. Die **Schiefe** kennzeichnet die Asymmetrie der Verteilungskurven. Für Kurven, die auf der groben Seite abbrechen, auf der feinen aber lang auslaufen („feiner Schwanz", z. B. Abb. 4-20 oder Abb. 4-21, links) liegt die Schiefe nach TRASK zwischen 0 und 1, nach INMAN, FOLK & WARD und nach der Moment-Berechnung (3. Koeffizient) auf der positiven Seite, während sie für Kurven mit „grobem Schwanz" nach TRASK über 1 liegt (Abb. 4-21, rechts), nach den anderen Verfahren aber negativ ist (man beachte, daß in Abb. 4-20 entsprechend angelsächsischer Gepflogenheit die Korngröße nach links zunimmt).

    d. Die **Kurtosis** (= Krümmung, „Steilheit") bezeichnet die Form des Korngrößenmaximums. Normale Kurven haben nach FOLK & WARD eine Kurtosis von 1, breitgipflige Kurven („platycurtic") liegen unterhalb 1, schmalgipflige („leptocurtic") können bis 3 reichen (s. auch FOLK 1966). Die Kurtosis wird selten verwendet.

    Zusammenfassend läßt sich feststellen, daß Mittelwert und Kurtosis, d. h. der zentrale Teil der Korngrößenverteilung, vorwiegend herkunftsbedingt, die „Schwänze", welche vor allem durch die Schiefe gewürdigt werden, aber stark environmentabhängig sind (TAIRA & SCHOLLE 1979b; FÜCHTBAUER 1958b: 939).

    Nach PETTIJOHN (1975: 42) zeigt eine Auswertung von 1000 Korngrößenanalysen eine Lücke zwischen 1 und 4 mm (s. auch 1. Auflage des vorliegenden Buches, Abb. 3-17). Sie verschärft die Grenze zwischen Sand und Kies. RUSSELL (1968) konnte solche Körner jedoch im Strandbereich angereichert finden, und SHEA (1974) bestreitet diese und auch die Lücke zwischen Silt und Sand überhaupt. Andererseits ergab eine Auswertung zahlreicher Korngrößenanalysen von wechsellagernden Sand- und Siltsteinen eine Überlappungskorngröße von etwa 0,05 mm, das heißt, daß im Mittel prozentual gleichviel Material > 0,05 mm mit dem Silt und Ton transportiert wird wie Material < 0,05 mm mit dem Sand. Dies unterstreicht die Bedeutung der Sand-Silt-Grenze bei 0,063 mm (FÜCHTBAUER & LEGGEWIE 1984).

C. Die Korngröße als Milieumerkmal

Die Korngröße nimmt im allgemeinen in der Transportrichtung ab (SCHOKLITSCH 1930; FORCHE 1935; KRUMBEIN 1937; PICKEL 1937; SWINEFORD & FRYE 1951: Löß; THORARINSSON 1954: vulkanische Asche; POTTER 1955; PETTIJOHN 1957; MCDOWELL 1957; SCHLEE 1957; PELLETIER 1958; CURRAY 1960: marin; HESSE 1965: Turbidit; CONOLLY & EWING 1966: Turbidit). Für Kies ist dieses Verhalten in Abb. 3-4 an rezenten (oben) und fossilen Flüssen (unten) demonstriert, für Sand in Abb. 4-26 an zwei Beispielen.

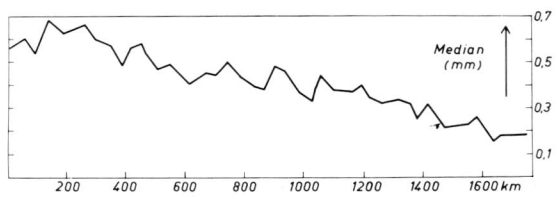
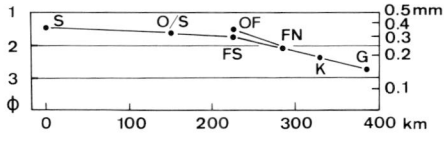

Abb. 4-26. Links: Abnahme der Sandkorngröße flußabwärts im Mississippi unterhalb Cairo, Illinois (umgezeichnet nach LEOPOLD et al. 1964).
Rechts: Abnahme der Sandkorngröße im Mittleren Buntsandstein flußabwärts. Mediane gebietsweise gemittelt (S = Schwarzwald; O/S = Odenwald + Spessart; Of = Oberfranken; FS = Fulda, Süd; FN = Fulda, Nord; K = Kassel; G = Göttingen) 2500 Messungen; umgezeichnet aus LEGGEWIE et al. 1977, Abb. 6.

    Es gibt aber Ausnahmen von dieser Regel: SCHALK (1938) fand am nassen Strand von Cape Cod eine Korngrößenzunahme in der Richtung des küstenparallelen Sandtransportes infolge kontinuierlichen Ausschlämmens der Feinanteile. Ein anderes Beispiel erwähnte SEIBOLD (1963) vom Ostseestrand. Beim Sandtransport spielt erfahrungsgemäß die Transportsortierung eine größere Rolle als die Abnutzung, welche nur bei Geröllen nachzuweisen ist.

    Zahlreiche Autoren haben mit wechselndem Erfolg versucht, in rezenten Sanden zwischen bestimmten Kornverteilungen und dem Ablagerungsmilieu Verknüpfungen zu finden, die sich auch auf fossile Sandsteine anwenden lassen:

1. Eine übersichtliche, graphische Darstellung der TRASK-Indices erlaubte es DOEGLAS (1968), größere Probenkollektive miteinander zu vergleichen. Auch stellte er den Φ-Bereich des 1. Quartils (25%-Durchgang), des Medians (Md) und des 3. Quartils (75%-Durchgang) zu einer Formel zusammen und fand bestimmte Environment-Gruppierungen in seinem umfangreichen Probenmaterial. „122" bedeutet beispielsweise, daß Q1 zwischen Φ 0 und 1 und Md und Q3 zwischen Φ 1 und 2 liegen. Allerdings wurde diese Methode bisher noch wenig angewandt.
2. Eine andere graphische Kurzdarstellung, die vor allem in der Erdölindustrie viel benutzt wurde, geht auf PASSEGA (1957, 1972) zurück. Er verwendet ein „CM"-Diagramm, in dem der 1%-Durchgang („C"), d. h. praktisch die gröbste Korngröße, gegen den Median aufgetragen ist, und findet darin kurvenartig zusammenhängende Bereiche, die für das Vorherrschen bestimmter Transportarten (Suspension, Saltation [Springen] und Rollen) und damit z. T. auch für bestimmte Ablagerungsmilieus charakteristisch sind. Daneben benutzt er „LM"-Diagramme, in denen der Feinanteil < 31 µm gegen den Medianwert aufgetragen wird.
3. Graphische Verknüpfungen von jeweils zwei Variablen führten in vielen Fällen zur Trennung von Probenkollektiven unterschiedlicher Environments. FOLK & WARD (1957), MASON & FOLK (1958), SAHU (1964) und MOIOLA & WEISER (1968) benutzten einzelne Parameter von Tab. 4-7 oder ihre Verknüpfungen. Nach SAHU (l. c.) waren allerdings dabei äolische Düne und Strand, sowie Fluß, Flachsee und Turbidite nicht zu trennen. SCHLEE et al. (1965) vermochten mit den FOLK & WARD-Indizes ebenfalls Strand und äolische Düne nicht zu trennen. Die Momente und ihre Verknüpfungen benutzten FRIEDMAN (1961, 1962, 1979), GEES (1965) und andere. Abb. 4-27 rechts zeigt, daß Fluß- und Strandsande in den von FRIEDMAN untersuchten Proben relativ sicher zu unterscheiden sind, und zwar sind die Strandsande etwas besser sortiert und neigen zum „groben Schwanz", d. h. sie sind häufiger als die Flußsande auf der feinen Seite abgeschnitten. Nach BULLER & MCMANUS (1972) haben Strandsande generell bei gleichem Median eine bessere Sortierung als Flußsande. Flachseesande lassen sich schlechter einordnen als Fluß- und Strandsande (TABAT 1978). In einem von VAN DE GRAAFF (1972) untersuchten Beispiel allerdings führt das Diagramm von Abb. 4-27 rechts nicht zu einer Trennung von Fluß- und Strandsanden.

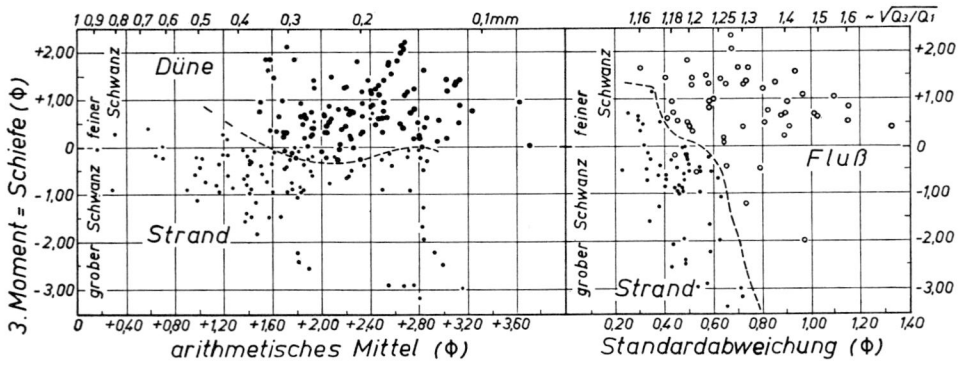

Abb. 4-27. Abgrenzung von Dünen- und Flußsanden gegen Strandsande mit Standardabweichung, arithmetischem Mittel und 3. Moment. Verschiedene Vorkommen. Oben rechts sind die ungefähren Werte der TRASK'schen Sortierung angegeben (umgezeichnet aus FRIEDMAN 1961, 1962).

Während nach Abb. 4-27 links äolische Dünensande und Strandsande ebenfalls verschiedene Schiefe besitzen, lassen sich Dünen- und Flußsande schwerer unterscheiden. Beide haben eine positive Schiefe (feinen Schwanz), doch ist im Flußsand der Feinanteil höher (FRIEDMAN 1961; GEES 1965). Nach TUCKER & VACHER (1980) sind mittels der Momente und ihrer Kombinationen ebenso wie mit sehr fein (0,1 Φ) unterteilten Korngrößenanalysen Strand, Düne und Fluß (Sandbänke) nur mit einer Unsicherheit von 35% zu trennen.
4. Eine statistische Verarbeitung von 65 Variablen (multivariate discrimination) führte hingegen nach TAIRA & SCHOLLE (1979b) zu einer sauberen Trennung von Strand-, Dünen- und Flußsanden. Hiernach konnte der jurassische Navajosandstein als vorwiegend äolisch eingestuft werden (s. auch PESCHEL & LANGBEIN 1975).
5. Eine Typisierung der Summenkurven (über Φ-Abszisse und Wahrscheinlichkeits-Ordinate, nach dem Vorbild von MOSS 1962, VISHER 1969 und SAGOE & VISHER 1977) ist nach einer vergleichenden Methoden-

Untersuchung von TINIAKOS (1978) zu empfehlen (s. auch TABAT 1979). DOEGLAS (1950), VAN ANDEL & POSTMA (1954) und SINDOWSKI (1957) waren im Prinzip ähnliche Wege gegangen. Wichtig sind nach TINIAKOS die Knickpunkte und die obere Korngrößenschranke (das „C" PASSEGA's). Die Momenten-Parameter sind den Percentil-Parametern (Tab. 4-7) nicht eindeutig überlegen. Die Parameter von FOLK & WARD haben sich am meisten bewährt. Außerdem empfiehlt er eine Aufteilung der Korngrößenverteilungen in die normalverteilten Komponenten.

VISHER (1969) konnte mit seinen Summenkurven äolische Dünen, strömendes Wasser, Gezeitenrinnen, Suspensionssedimente, nassen Strand, Flachsee (Wellen) und Suspensionsströme der Tiefsee unterscheiden. CHAKRABARTI (1977) fand den Brandungsbereich von Rollfracht beherrscht, die meerwärts abnimmt. SIEMERS (1976) stellte die VISHER'sche Methode (s. o., B, b.) über die oben unter 2) und 3) beschriebenen Methoden. Viele Autoren jedoch haben Bedenken gegen die differenzierten Auswertungen von VISHER (MIDDLETON 1976; GRACE et al. 1978; WALGER in TINIAKOS 1978; TANNER 1982).

6. Bimodale Sande (mit zweigipfligen Verteilungskurven) fanden TAIRA & SCHOLLE (1979a) in den folgenden rezenten Environments (es wurde darauf geachtet, daß nicht mehrere Feinlagen zusammengefaßt wurden):
   a. In trogförmigen Schrägschichten von Flußrinnen.
   b. An verschiedenen Stellen von Barchanen.
   c. In äolischen Megarippeln.
   d. Am unteren nassen Strand („foreshore").
   e. In Sturmsandlagen („beach storm layers").
   f. Im küstenwärtigen Teil der Watten.

Als Ursachen für die Zweigipfligkeit werden von den genannten Autoren Mischungen unterschiedlich transportierten Materials, ungewöhnliche Transportereignisse (e, f), sowie hydraulische Umstände, die den gröberen Körnern eine hohe Mobilität verleihen, angenommen. FOLK (1968) beschrieb bimodale Sande vom Boden der Kieswüste (s. Abb. 14-9), FLEMMING (1988) aus einer Küstenlagune. (s. auch SHEA 1974).

Zusammenfassend kann festgestellt werden, daß Korngrößenanalysen und die daraus abgeleiteten Merkmalsgrößen in vielen Fällen wichtige Hinweise auf das Ablagerungsmilieu zu geben vermögen, daß es aber gefährlich ist, sich auf sie allein zu verlassen. Soweit irgend möglich, sollten Faziesmerkmale wie

Fossil- und Spurenfossilinhalt
Sedimentstrukturen
Hinweise auf Strömungsrichtungen
Sandkörper-Geometrie
Laterale Lithofaziesbeziehungen

mit berücksichtigt werden (SIEMERS 1976).

D. Matrix

In Kap. 4.1.1 wurde die Matrix definiert. Auch wurde dargelegt, wie problematisch die Unterscheidung von Matrix und Zement oder von Pseudomatrix, d. h. verdrückten Gesteinsbruchstücken, sein kann. Der Matrixanteil ist ein wichtiges Merkmal der Sandsteine. In Abb. 4-28 wurde er für eine große Zahl von Bohrkernen jeweils gegen den Medianwert aufgetragen. Die untere Umhüllende stellt die Mindest-Matrixgehalte dar; sie werden als charakteristisch angesehen, da viele höher liegende Punkte auf eingelagerte Tonschmitzen zurückgehen. Die Molasseproben (A) sind durch besonders hoh Matrixgehalte gekennzeichnet. Bentheimer Sandstein (B) und Dogger beta (c) erscheinen einander ähnlich, doch sind Sandsteine des Medians 0,1 mm in ersterem wesentlich matrixreicher als in letzterem.

Drei Faktoren sind es vor allem, die den Matrixgehalt eines Sandsteins bestimmen:

1. Seine Verfügbarkeit im Transportsystem. Ist dieses tonreich, so wird bei sonst gleichen Transportbedingungen mehr Matrix in den Sandstein eingelagert (Abb. 4-28, A z. T.).
2. Die Transportart. Der Matrixgehalt nimmt in der Reihenfolge vom Korn-für-Korn-Transport über den Suspensionsstrom zum Schlammstrom zu.

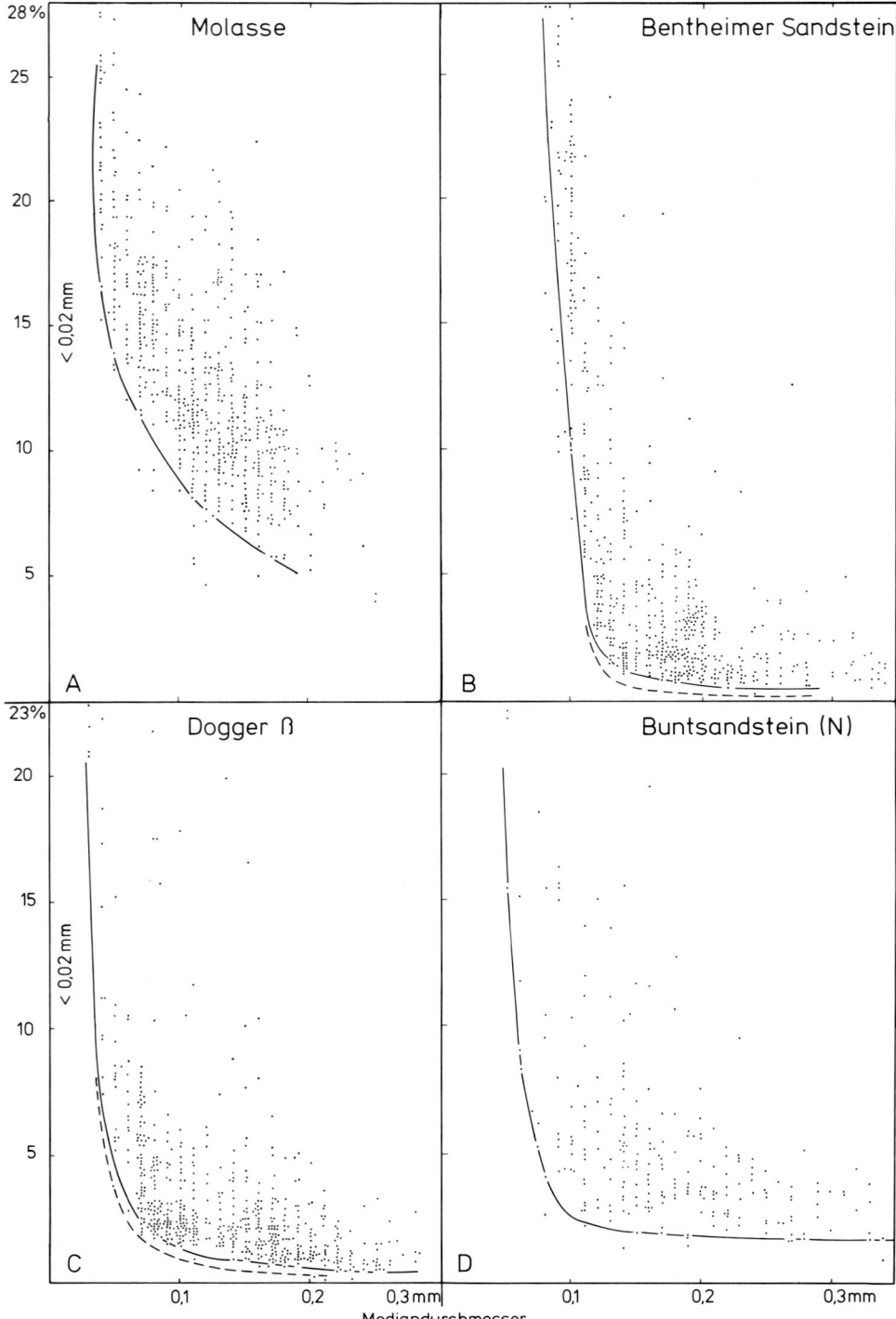

3. Die tektonisch-geographische Position. Die Molasse (A) mit ihrer schnellen Senkung und Schuttzufuhr bietet keine Chance zu häufiger Umlagerung und Auswaschung der Matrix, im Gegensatz zum Bentheimer Sandstein (B; schmaler kratonischer Schelf) und vor allem zum Dogger beta (C; breiter kratonischer Schelf mit weiten Transportwegen). Während des Transportes verbessert sich im allgemeinen die Sortierung (SEIBOLD 1963: Abb. 17, 18; FÜCHTBAUER 1964a: 242).

4.2.2 Kornform

Die Kornform setzt sich aus drei Eigenschaften zusammen, von denen jede die vorangehende modifiziert.

A. Korngestalt – länglich bis kugelig
B. Kornrundung – eckig bis verrundet
C. Kornoberfläche – rauh bis glatt.

A. Korngestalt

Bei Sandkörnern ist die für Gerölle beschriebene Unterscheidung „kugelig-plattig-stengelig-flachstengelig" technisch nicht durchführbar. Man beschränkt sich darauf, die „Länglichkeit" a : b anzugeben (a = größter Durchmesser, b = größter Durchmesser senkrecht zu a; SCHNEIDERHÖHN 1954). Sie läßt sich mikroskopisch an den Sandkörnern messen, wenn man sie lose auf den Objektträger streut. Dabei stellt sich der kleinste Durchmesser c vertikal und entzieht sich der Messung. Heute kann man auch Methoden der automatischen Bildanalyse einsetzen und die Kornbilder einer Fourieranalyse unterziehen, wobei sowohl die Kugeligkeit als auch (mittels der höheren Ordnung) die „kleineren Unregelmäßigkeiten", d. h. die Rundung, bestimmt werden (EHRLICH & WEINBERG 1970). Mit solchen Messungen konnten MRAKOVICH et al. (1976) pliozäne Sandsteinfolgen an der Golfküste korrelieren.

Wie im einzelnen von PETTIJOHN (1975: 54) ausgeführt wurde, besitzen Quarzkörner oft eine herkunftsbedingte Längung∥ c. Das Verhältnis a : b wird von BOKMAN (1952) für Quarzkörner im Granit mit 1,43, für solche in kristallinen Schiefern mit 1,75 angegeben. Diese tendenziell vorgegebene Längung wird während des Transportes noch verstärkt, da die Basisfläche (⊥ opt. c) nach SCHUMANN (1941) den größten Widerstand gegen schleifende Abnutzung zeigt. So nimmt in der Brandung die Rundung zu, nicht aber die Kugeligkeit (ROTTMANN 1973); PETTIJOHN & LUNDAHL (1943) und PETTIJOHN (1957: 551) konstatierten sogar eine Abnahme der Kugeligkeit in der Transportrichtung. Hier können jedoch auch Prozesse der Transportsortierung eine Rolle spielen (s. 1. Auflage: 59).

B. Kornrundung

Man mißt sie am einfachsten, indem man Korn für Korn mit einer Standardreihe vergleicht (Abb. 4-29) und dann die mittlere Rundung nach der Formel $(1n_1 + 2n_2 + 3n_4 + 5n_5 + 6n_6) : \Sigma n$ berechnet, worin, $n_1..n_6$ die Anzahl der Körner mit der Rundung $1\cdots 6$ und Σn die Gesamtzahl der gemessenen Körper angibt.

Die automatische Bildanalyse erlaubt es, anstelle dieser recht subjektiven Methode auf die von WADELL (1935) definierte Rundung in der Vereinfachung von SWAN (1974) zurückzukommen:

Abb. 4-28. Grundmasseanteil < 20 µm in Abhängigkeit vom Mediandurchmesser für Sandsteine. A = Bausteinschichten (brackisch), Chatt, W München; B = Bentheimer Sandstein (marin), Valendis, Emsland; C = Dogger beta (marin), Gifhorner Trog; D = Buntsandstein des norddeutschen Sammelbeckens. Es ist stets die untere Umhüllende eingezeichnet. In den gestrichelten Kurven in B und C wurden die Neubildungen (vorwiegend Kaolinit) abgezogen. Aus FÜCHTBAUER & LEGGEWIE (1984).

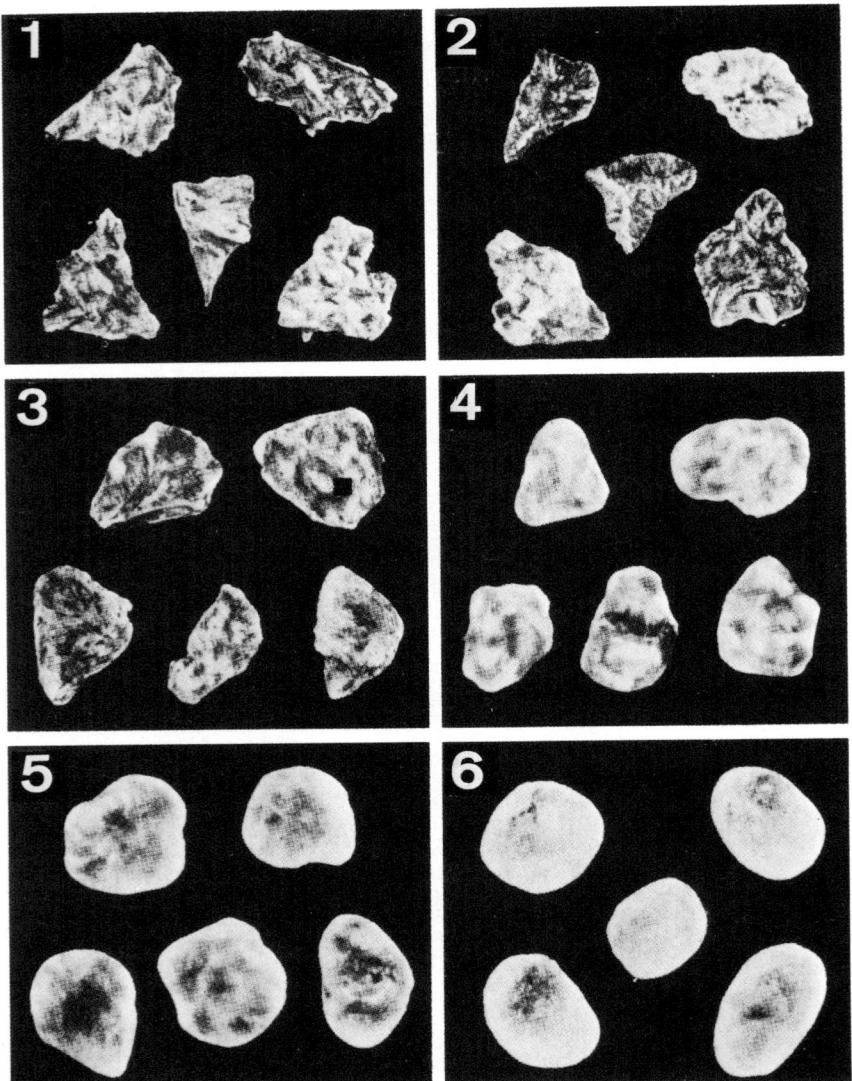

Abb. 4-29. Rundungsskala nach Powers (1953), modifiziert von Shepard (1963b) a = sehr angular, 2 = angular, 3 = subangular, 4 = angerundet, 5 = gerundet, 6 = gut gerundet.

$(r_1 + r_2)/2R_i$, worin r_1 und r_2 die Radien der beiden schärfsten Ecken sind und R_i der Radius des größten eingeschriebenen Kreises ist. Eckige Körner hätten hiernach etwa die Rundung 0. All diese Messungen müssen aus Vergleichsgründen mit dem gleichen Abbildungsmaßstab der Körner durchgeführt werden. Über die Bedeutung dieses Maßstabeffektes informieren Orford & Whalley (1983). Beispielsweise erscheint die Küstenlinie Englands auf einer Karte 1 : 200.000 wesentlich länger als auf einer Darstellung im Maßstab 1 : 3 Millionen, in welcher viele Ecken ausgeglichen sind. Computergestützte Bildauswertesysteme mit Digitalisier-Tablett ermöglichen die Bestimmung des „Umfang-Quotienten", des Verhältnisses von Umfang zu Fläche eines Kornschnitts im Mikroskop.

Wegen des vorwiegend springenden Transports von Sandkörnern in Flüssen ist die Rundungszunahme derselben minimal, und zwar nicht nur für Quarz (THIEL 1940) sondern auch für Feldspäte und granitische Gesteinsbruchstücke (BREYER & BART 1978). An der Küste ist sie hingegen nachweisbar (BALASZ & DE VRIES KLEIN 1972; ROTTMANN 1973; RIESTER et al. 1982), in äolischen Dünen aber 100–1000 x stärker als an Küsten (nach Experimenten von KUENEN 1960a). (Weitere Einzelheiten s. 1.–3. Auflage und PETTIJOHN 1975: 56–61, sowie GOUDIE & WATSON 1981 und KHALAF & GHARIB 1985).

Generell nimmt die Rundung mit zunehmender Korngröße wegen des wachsenden Gewichtes und Bodenkontaktes zu. Wo dies nicht der Fall ist, müssen zwei verschiedene Sandquellen angenommen werden (KOCH & BLISSENBACH 1960: 87; BANERJEE 1964; FÜCHTBAUER & ELROD 1971). Vergleicht man jedoch innerhalb eines Vorkommens die Rundung gleichgroßer Körner aus einem Feinsandstein und einem gröberen Sandstein, so stellt man fest, daß die Körner aus dem Feinsandstein besser gerundet sind, vermutlich weil sie hier mehr Bodenkontakt hatten als beim Transport des gröberen Sandes (FÜCHTBAUER 1967c). Die Verrundung ist natürlich materialabhängig. Sie ist für Feldspäte (KUENEN 1960a, b) und Gesteinsbruchstücke (OKADA 1971) stärker als für Quarz. Weitere Anwendungen von Rundungsmessungen betreffen allgemein die Unterscheidung von Sandkörpern. Dabei ist allerdings stets auf die obengenannten Korngrößeneinflüsse zu achten. Quarzkörner > 0,4 mm sind im Oberkarbon des Saargebietes subangular, im Rotliegenden aber angerundet bis gerundet (SCHNEIDER 1959). Im Silur von Virginia wechseln gut verrundete mit schlecht verrundeten Quarzsandsteinen ab; FOLK (1960) führt die ersteren auf Brandungswirkung zurück. Im mittelordovizischen St. Peter-Sandstein wechseln „gerundete" äolische Sandsteine mit „ungerundeten" fluviatilen ab (MAZZULLO & EHRLICH 1983). Im allgemeinen hatten jedoch bisher die Versuche, die Rundung zur Environment-Bestimmung einzusetzen, nur geringen Erfolg. Nach PETTIJOHN (1975: 61) kann eine Rundungsabnahme in Transportrichtung aufgrund von Sortierungsmechanismen ein weiterer möglicher Störfaktor ein. Auch kann schon eine geringfügige Diagenese eine korrekte Rundungsbestimmung verhindern.

C. Kornoberfläche

CAILLEUX (1942, 1943, 1952) fand, daß sich verrundete Körner bei Betrachtung ihrer Oberfläche in schräg auffallendem Licht unterteilen lassen in matte („rond-mat") und glänzende („emoussé luisant") Körner, wobei die ersteren im allgemeinen auf äolische, die letzteren auf aquatische Einwirkung zurückgehen, eine Verknüpfung, die seither vielfach bestätigt werden konnte (v. BRAUN 1953; CAILLEUX & TRICART 1959; SCHNEIDER & CAILLEUX 1959; ZIMDARS 1958). Dabei wird am besten der Korngrößenbereich von 0,3–2,0 mm untersucht. ZIMDARS (1958) prüfte diese Unterschiede auch experimentell nach. Nach intensiver, mariner Bearbeitung zeigt mehr als die Hälfte aller Sandkörner > 0,5 mm eine polierte Oberfläche; nach fluviatiler Bearbeitung ist der Anteil polierter Körner wesentlich geringer (CAILLEUX 1943; ZIMDARS 1958). Ein Beispiel hierfür zeigt die Tabelle 4-8. Untersucht wurde die Korngröße 0,5–1,0 mm.

Tabelle 4-8. Kornoberflächen von Quarzen aus der tertiären Molasse der Schweiz (nach v. BRAUN 1953).

	unbearbeitet	rundglänzend	rundmatt	Mittel aus
Obere Süßwassermolasse (fluviatil)	85%	10%	5%	13 Proben
Obere Meeresmolasse (marin)	40	55	5	46 Proben
Untere Süßwassermolasse (fluviatil)	80	10	10	8 Proben

Das Rasterelektronenmikroskop hat eine Verfeinerung dieser Methode gebracht. Man glaubt heute, die folgenden Environments nachweisen zu können (KRINSLEY & DONAHUE 1968; s. auch Abb. 4-30):

a. **glazial:** Starkes Relief; halbparallele, gebogene Stufen (bewirkt durch „sheeting", d.h. Mikrobrüche im

Abstand von 1–10 µm; Moss & Green 1976; Margolis & Krinsley 1974; Wellendorf & Krinsley 1980); muschelige Brüche; parallele Streifung; unregelmäßige, kleine Eindrücke und prismatische Formen (s. auch Krinsley et al. 1973). Die von Folk (1975) so genannten Klappermarken (chattermarks) an Granaten kommen nach Bull et al. (1980) nicht nur glazial vor, sind aber nach Gravenor (1979) dennoch für Transportuntersuchungen in Glazialsedimenten geeignet (s. auch Gravenor 1985 und Orr & Folk 1985).

b. **litoral** (Strand): Viele V-förmige Eintiefungen, die in Bereichen niedrigerer Energie in geordneten Serien, bei höherer Energie ungeregelt auftreten; Rillen; blockiger, muscheliger Bruch (s. auch Ingersoll 1974). Nach Meyer (1976) treten regelmäßig Eintiefungen auch infolge von Verwitterung auf.

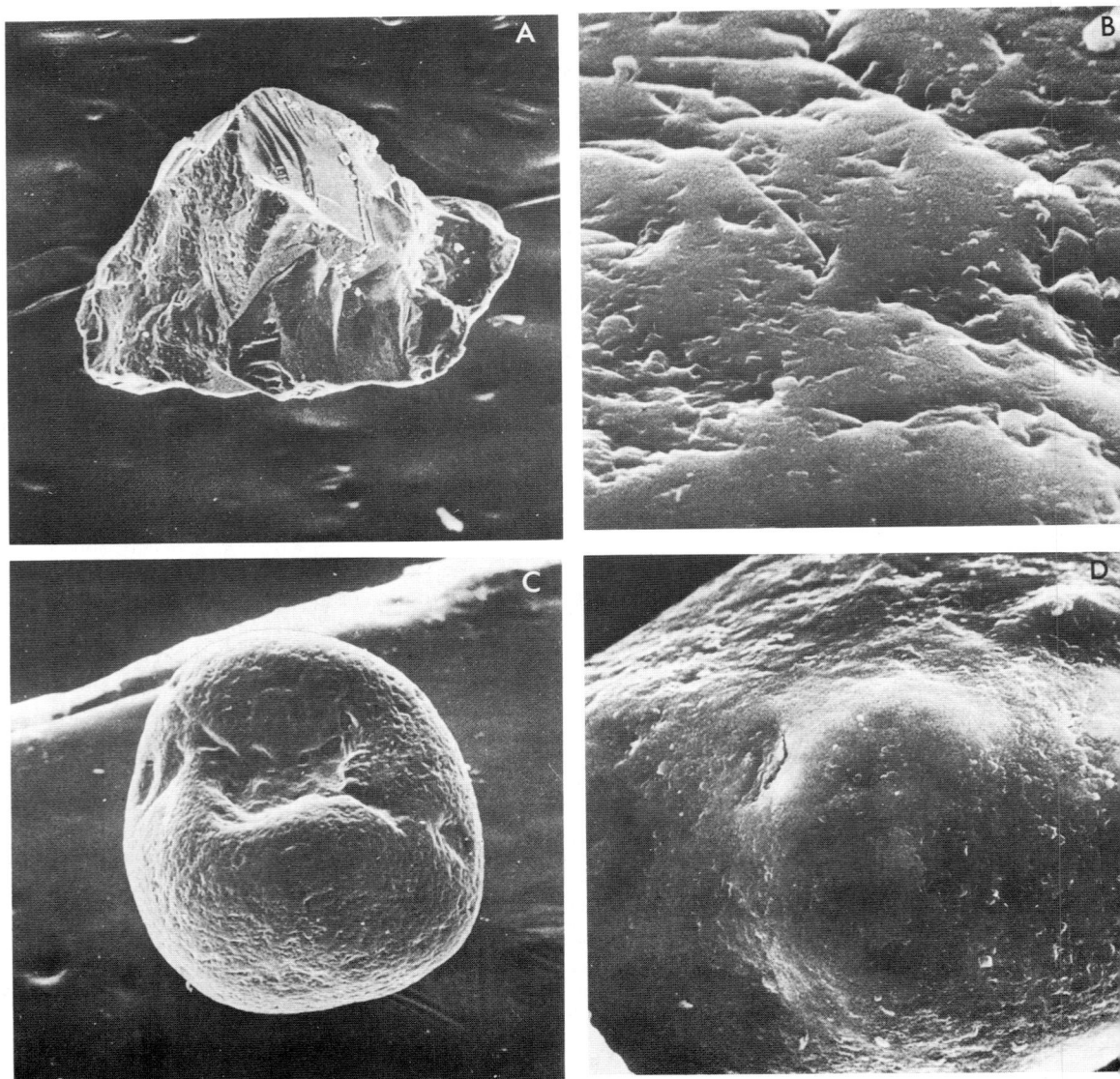

Abb. 4-30. Oberflächen unterschiedlich beanspruchter Quarzkörner; rasterelektronenmikroskopische Aufnahmen Nr. 29, 48, 68, 70 aus Krinsley & Doornkamp (1973): A. glazial (0.54 mm Durchmesser), B. litoral (0.015 mm Bildbreite), C. äolisch (0.53 mm Durchmesser). D. äolisch (0.036 mm Bildbreite).

c. **fluviatil:** Ähnlich wie b (MANKER & PONDER 1978).
d. **äolisch:** Geringes Relief; „sheeting" (siehe a) mit aufgebogenen Plättchen (KRINSLEY & DOORNKAMP 1973); mäandrierende Rücken (diese nach MANKER & PONDER l. c. aber auch in Flüssen).

Wie diese Auflistung erkennen läßt, ist bei der Anwendung dieser Methode Vorsicht geboten. Sie ist demgemäß bisher auch noch nicht oft auf nichtrezente Vorkommen angewandt worden, was sicher nicht nur auf diagenetische Verdeckung zurückgeht.

4.2.3 Kornorientierung

Die Kornorientierung ist vermutlich für sedimentologische Fragestellungen wichtiger als die Kornform, gibt sie doch beispielsweise in den Sandsteinen verflochtener Flüsse genaueren Aufschluß über die lokale Strömungsrichtung als die Schrägschichtung, vorausgesetzt, die generelle Richtung des Abflusses ist bekannt (SHELTON et al. 1974). Am genauesten wird die Kornorientierung indirekt, und zwar gleich im Gelände mittels der Strömungsstreifung (parting lineation) gemessen (Abb. 4-31). Dies sind feine Treppchen, welche auf den Spaltflächen horizontal geschichteter Sandsteine erscheinen. Sie laufen der Strömungsrichtung (SORBY 1856; CLOOS 1938; POTTER & PETTIJOHN 1963) sowie einer vorwiegend longitudinalen, d. h. mit der Strömungsrichtung übereinstimmenden Kornorientierung parallel und sind durch diese bedingt (MCBRIDE & YEAKEL 1963; ALLEN 1964a, b, 1966). Diese Strömungsstreifung, welche oft noch von Glimmerfahnen begleitet wird (GRUMBT 1966), ist allerdings vorwiegend auf das obere Strömungsregime beschränkt, denn auf den Wellenrippeln des unteren Strömungsregimes findet sich nach BLATT et al. (1980: 123) transversale Kornregelung, parallel zu den Rippelkämmen.

Abb. 4-31. Strömungsstreifung auf Schichtflächen fluviatiler Sandsteine des Alttertiärs von Atanikerdluk (Westgrönland). Parallel zu ihr verläuft stets eine Bruchrichtung.

Eine mikroskopische Untersuchung der Kornorientierung wird, um effektiv zu sein, auf deutlich oblonge Körner (Länge : Breite > 1,5) beschränkt. Man verwendet dazu schichtparallele Dünnschliffe. (Gegebenenfalls kann noch in einem Dünnschliff parallel zur Längsausrichtung der Körner und senkrecht zur Schichtung auf Dachziegellagerung geprüft werden.) Die Regelung gehorcht hier den gleichen Gesetzen wie bei Geröllen, es gibt drei Hauptarten der Einregelung:

a. longitudinal (parallel zur Strömungsrichtung). Dies ist stärker als in Konglomeraten die vorwiegende Orientierung in Sandsteinen (s. o.). Dabei weisen die Sandkörner – bei geeigneter Form –

mit ihrem stumpfen Ende der Strömung entgegen. Longitudinale Einregelung findet sich nach DAPPLES & ROMINGER (1945) in aquatischen Environments ausgeprägter als im äolischen. In marinen Sanden gibt es daneben meist noch eine undeutliche transversale Einregelung (SEIBOLD 1963). Aus Turbiditen wurde longitudinale Kornregelung von KOPSTEIN (1954), MCIVER (1961), MCBRIDE & KIMBERLY (1963), SESTINI & PRANZINI (1965), SCOTT (1966) und ONIONS & MIDDLETON (1968) beschrieben, und zwar nach COLBURN (1968) vorwiegend in der Horizontalschichtung des oberen Strömungsregimes und im obersten Teil des gradierten Intervalls (BOCCALETTI & MICHELI 1968).

b. transversal (senkrecht zur Strömungsrichtung). Dies kommt fast nur auf Wellenrippelkämmen und, ähnlich wie in Konglomeraten, bei besonders schneller Sedimentation vor (SCHWARZACHER 1951), deshalb wohl auch in Turbiditen (BOUMA 1962: 84; BALLANCE 1964). Auf den Luvhängen von Rippeln und Dünen fand JOHANSSON (1976: 293) ein schwaches transversales Maximun neben einer überwiegenden longitudinalen Einregelung.

c. Dachziegellagerung (imbrication, in der Strömungsrichtung ansteigend). Sie findet sich in Ablagerungen strömenden Wassers, also in Flüssen (RUSNAK 1957; GAURI & KALTERHERBERG 1966) und Turbiditen (MCBRIDE 1962; SESTINI & PRANZINI 1965), und zwar nach HISCOTT & MIDDLETON (1980) im oberen Strömungsregime. Die letzteren Autoren fanden eine stärkere Kornneigung in grain flows (30°) als in Turbiditen (10°).

Hiernach sollte es möglich sein, bestimmte Sandkörper an ihrer Kornorientierung zu erkennen. Eine Einregelung parallel zur Längsrichtung der Sandkörper ist in longitudinalen fluviatilen Sandbänken zu erwarten, während auf marinen Sandbänken eine Einregelung senkrecht zu deren Längsrichtung vorwiegt (CURRAY 1956; SEIBOLD 1963). Von der küstennahen Flachsee wird eine küstenparallele Einregelung berichtet (DODGE 1965), während am nassen Strand die Körner parallel zum ablaufenden Wasser geregelt sind (BLATT et al. 1980: 123). Ein Fehlen jeglicher Einregelung geht oft auf organische Durchwühlung zurück.

Da die mikroskopische Ausmessung sehr zeitraubend ist, wurden zahlreiche indirekte Messungen angegeben, von denen hier nur die Schallhärte, die photometrische Methode (SIPPEL 1971), die magnetische Suszeptibilität (v. RAD 1970) und die dielektrische Anisotropie (MCIVER 1961; POTTER & PETTIJOHN 1963; POTTER & MAST 1963; REES 1965; SHELTON & MACK 1970) genannt seien.

Zusammenfassung

Korngrößenanalysen werden anschaulich in Histogrammen oder Verteilungskurven dargestellt. Einfacher und handlicher sind Summenkurven. Aus ihnen können gegebenenfalls lognormale Teilkollektive extrahiert werden. Am unteren und oberen Ende sind die Summenkurven oft abgeflacht, was möglicherweise mit der Beimengung von Suspensions- und Rollfracht zusammenhängt. Jedenfalls sind die Enden stärker environment-bestimmt als der (herkunftbestimmte) Median. Strandsande haben oft einen groben Schwanz und sind auf der feinen Seite abgeschnitten; bei Fluß- und Dünensanden ist es umgekehrt. Dabei sind Dünensande besser sortiert als Flußsande. Die Verarbeitung nach FOLK & WARD ist besonders empfehlenswert. Doch lassen sich Korngrößenverteilungen nur mit Vorbehalt für Environment-Deutungen verwenden; zusätzliche Kriterien sind erforderlich. Trotzdem bleibt die Korngröße eines der wichtigsten Merkmale klastischer Sedimente, und zwar vor allem zur Ermittlung der Schüttungsrichtungen und wegen ihres Einflusses auf Zusammensetzung, Durchlässigkeit und Diagenese. In keinem Dünnschliff darf die Abschätzung der mittleren Korngröße unterbleiben.

Für Korngestalt und Kornrundung werden einfache Meßmethoden bevorzugt, zumal beide Merkmale nur mit Vorsicht verwendet werden können. An den Kornoberflächen lockerer Sande lassen sich äolischer und glazialer von aquatischem Transport unterscheiden. Die Kornorientierung ist vor allem im Zusammenhang mit der Strömungsstreifung des oberen Strömungsregimes von Bedeutung.

4.3 Diagenese

4.3.1 Aspekte und Einflußfaktoren

A. Definitionen

Unter „Diagenese" werden alle Vorgänge – ob mechanisch oder chemisch – zusammengefaßt, welche das Sediment von seiner endgültigen Ablagerung an bis zum Eintritt in die Metamorphose verändern. Die Verwitterung, welche nach dieser Definition zur Diagenese gehört, wurde wegen ihrer Bedeutung in einem eigenen Kapitel (2) behandelt. Ihr submarines Gegenstück wird als „Halmyrolyse" bezeichnet. Die Veränderungen der Schwerminerale wurden auf S. 125 ff. behandelt. Während in Karbonatsedimenten oft unmittelbar nach der Ablagerung eine deutliche Diagenese einsetzt, ist dies bei Sanden selten. Jedoch ist auch hier in den frühen Diagenesestadien ein Einfluß des Ablagerungsmilieus erkennbar. SCHMIDT & MCDONALD (1979 b) nennen diesen Abschnitt in Anlehnung an die Terminologie von CHOQUETTE & PRAY (1970) „Eogenese". An sie schließt sich die als „Mesogenese" bezeichnete Versenkungsdiagenese an. Diese geht in die „Anchimetamorphose" (ca. 200–350 °C) über. Als „Telogenese" werden schließlich von SCHMIDT & MCDONALD (1979 b: 205) die Veränderungen nach Heraushebung aus dem Bereich der Versenkungsdiagenese bezeichnet.

B. Aspekte

Die Diagenese hat zwei Aspekte:

1. Die mechanische Diagenese bewirkt eine Änderung des Korngefüges, wobei Porosität und Durchlässigkeit abnehmen.
2. Die chemische Diagenese ist mit einer Änderung der mineralischen Zusammensetzung verbunden. Dabei kristallisieren Minerale im Porenraum („Zement") oder an der Stelle gleichzeitig aufgelöster Minerale („Verdrängung") aus, oder es werden aus dem betrachteten Gesteinsbereich Stoffe in Lösung abtransportiert.

Das geometrische Ergebnis der Diagenese, die Verringerung der Schichtmächtigkeit, bezeichnet man als „Kompaktion", welche demnach ebenfalls einen mechanischen und einen chemischen Aspekt hat.

C. Motivation

Die Erforschung der Diagenese von Sandsteinen wurde, später als andere Gebiete der Sedimentologie, von der Kohlenwasserstoff-Exploration stimuliert. Die Gründe hierfür seien an einem Beispiel erläutert. In einer Bohrung wird ein potentielles Speichergestein, ein Sandstein, angetroffen, dessen Porosität jedoch geringer ist, als es in dieser Tiefe zu vermuten war. Zunächst muß nun festgestellt werden, ob diese Porositätsverminderung (1) auf primär eingelagerte tonige Matrix, (2) auf Pseudomatrix, d. h. in den Porenraum gepreßte weiche Gesteinsbruchstücke, oder (3) auf Zementation zurückgeht. Diese Alternativen haben folgende Konsequenzen für die weitere Exploration:
Im ersten Fall wird man versuchen, über eine Klärung der paläogeographischen Situation reinere Sandsteine zu finden. Diese sind, wenn es sich um Flachseesedimente handelt, küstenwärts zu suchen, bei fluviatilen Sedimenten aber im Bereich der Stromrinne oder der Sandbänke.
Im zweiten Fall ist die plattentektonische Situation von Bedeutung. Befindet man sich an einer konvergenten Plattengrenze mit reichlich vulkanischem Detritus, so ist die Hoffnung, porösere Bereiche zu finden, gering.
Im dritten Fall stellt sich die doppelte Aufgabe, einerseits die Abfolge der diagenetischen Ereignisse, z. b. die Zementgenerationen, zu rekonstruieren und andererseits Vorstellungen über den Zeitpunkt einer möglichen

Ölmigration aus der Versenkungsgeschichte des Beckens abzuleiten. Migrierte das Öl, als der Porenraum noch nicht geschlossen war, so besteht die Hoffnung, in strukturell günstiger Position Lagerstätten zu finden, weil eine relativ frühe Ölfüllung die Diagenese dort behinderte. Andererseits kann auch ein schwacher Matrixgehalt die Zementation behindern und die Poren für eine Ölfüllung offenhalten. Und schließlich ist, wie man seit kurzem weiß, mit der Möglichkeit zu rechnen, daß oberhalb von größeren Erdölmuttergesteins-Vorkommen regional sekundäre Porosität entsteht. Deshalb kann es nützlich sein, die laterale Veränderung der Sandstein-Zemente zu „kartieren".

D. Treibende Kräfte und Einflußfaktoren

Die treibende Kraft aller diagenetischen Abläufe ist das Bestreben der Systeme, ein Gleichgewicht zu erreichen.

Die sedimentären Prozesse führen Minerale der unterschiedlichsten Bildungsbedingungen zusammen, welche daher nicht miteinander im chemischen Gleichgewicht stehen und im allgemeinen nicht einmal unter den Bedingungen der Erdoberfläche stabil sind. Das Gleichgewicht kann nur erreicht werden, wenn Temperatur, Druck und Zusammensetzung der Lösungen lange genug konstant bleiben – eine Bedingung, die allenfalls bei der Verwitterung zu erfüllen ist, doch sind wegen der niedrigen Temperaturen dort sehr lange Zeiträume erforderlich. Während der Versenkung und Überlagerung durch andere Sedimente ändern sich im allgemeinen nicht nur der Druck und die Temperatur ständig, sondern auch die Zusammensetzung der Porenlösung, weil infolge der Kompaktion das Porenwasser durch das Sediment nach oben strömt. Erst im Bereich der Metamorphose ist die Porenwasser-Beweglichkeit so weit reduziert und die Temperatur so stark erhöht, daß die Bedingungen lange genug gleich bleiben, um die Einstellung des Gleichgewichts zu ermöglichen. Jedoch sind die Gleichgewichtsfelder vielfach so groß, daß sich diagenetisch gebildete Minerale noch jetzt im Gleichgewicht befinden.

Mechanisches Gleichgewicht hingegen ist in der Diagenese stets vorhanden. In Tonsedimenten bleibt dieses metastabil. Das Porenwasser wird während der Kompaktion infolge Überlagerung stetig ausgepreßt und steht dabei normalerweise unter hydrostatischem Druck. Erfolgt die Sedimentation jedoch so schnell, daß das Porenwasser durch das wenig durchlässige Sediment nicht rasch genug nach oben fließen kann, so stützen sich die Sedimentpartikel nicht mehr ab, und es entsteht ein überhydrostatischer Porendruck (overpressure). In Sanden wird ein stabiles mechanisches Gleichgewicht durch eine Zementation erreicht, die fest genug ist, die Sandkörner vor einem Zerbrechen unter Auflast und vor jeder weiteren mechanischen oder chemischen Kompaktion zu bewahren.

Die Bedeutung der Porenlösungen beruht darauf, daß es in der Diagenese praktisch keine Festkörperreaktionen gibt. Alle Umsetzungen sind Lösungs-Fällungs-Reaktionen. Diese sind gelegentlich mit „konvektiven" Stofftransporten über größere Entfernungen verbunden, z.B. mit dem Strom des Kompaktionswassers. Die geringe Löslichkeit der an der Diagenese beteiligten Minerale setzt jedoch die Effektivität solcher „Ferntransporte" herab. Häufiger sind daher Auflösung und Ausscheidung nur cm-weit voneinander getrennt, und der Stofftransport erfolgt durch Diffusion.

Zehn Faktoren sind es, welche den Verlauf und die Geschwindigkeit der diagenetischen Prozesse beeinflussen (s. auch 4.3.2).

1. Die primäre mineralogische Zusammensetzung des Sandes.
2. Die geometrischen Eigenschaften der Sandkörner (Korngröße, Sortierung, Kornform und Oberflächenbeschaffenheit).
3. Porosität und Durchlässigkeit.
4. Die Zusammensetzung und „diagenetische" Veränderung der Porenlösungen (z.B. Salzgehaltszunahme mit wachsender Teufe, s. S. 7). Vom Übersättigungsgrad hängt es ab, ob ein bestimmtes Mineral als Keim nur die gleiche Mineralart, eine ähnliche Mineralart oder irgendeine Unterlage verwenden kann (s. S. 167). In komplex zusammengesetzten Sandsteinen ist auch mit unterschiedlichen Stofftransporten in entgegengesetzten Richtungen (durch Diffusion) zu rech-

nen, welche zonenweise zu Ausfällungen führen (Wood & Surdam 1979). Die antagonistische Wirkung von Diffusionsrate und Ausscheidungskonstante und ihrer Temperaturabhängigkeit bei der Zementation diskutiert Lahann (1980).

5. Die Temperatur, insbesondere die geothermische Temperaturzunahme von $1-6°/100$ m Tiefe. Mit zunehmender Temperatur werden alle chemischen Vorgänge beschleunigt. Ein Beispiel für viele: Im Bereich der Aufheizungszone des Bramscher Massivs bei Osnabrück ist im Buntsandstein die Quarzzementation weit stärker als im übrigen Becken (Füchtbauer 1967b: 176). Nach Lahann (1980) reduziert sich bei Temperaturerhöhung die Entfernung diffusiven Transportes z. B. von SiO_2. Wichtige Hinweise zur Temperaturgeschichte kann das Spaltspurenalter im Apatit und Zirkon liefern (Naeser 1984).
6. Die Zeit, insbesondere die Versenkungsgeschichte, sowie gegebenenfalls, wann das Gestein wieder herausgehoben wurde. Hier kann das „Spaltspurenalter" z. B. des Apatits zeigen, seit welcher Zeit die Apatitkörner weniger als $100°C$ warm sind (Naeser 1979).
7. Der durch das Gestein übertragene Druck, vor allem bei der mechanischen Kompaktion wirksam.
8. Der Porenwasserdruck. Überhydrostatischer Druck („overpressure" oder „geopressure") konserviert Porosität. Er entsteht durch schnelle Sedimentation feinkörnigen Materials, indem das Kompaktionswasser beim Entweichen behindert wird („load geopressure"), oder während der spätdiagenetischen Entwässerung von Montmorillonit („phase geopressure"), oder unter tektonischem Streß („tectonic geopressure"); ein Beispiel für letzteren bietet die Gefaltete Molasse des Alpenvorlandes (Lemcke 1973). In „geopressure"-Zonen besteht nach Isotopenmessungen am Calcit zwischen Gestein und Porenwasser ein geschlossenes System (Dickinson 1984).
9. Tektonische Bewegungen, welche z. B. bei Schrägstellung die Hydrodynamik beeinflussen und Konvektionsströmungen erzeugen (Wood & Hewett 1984).
10. Erdstöße, die die Einstellung eines mechanischen Gleichgewichtes beschleunigen können.

Viele dieser Einflußgrößen (1, 3−6, 8, 10) sind tektofaziell bedingt, wie z. T. Tabelle 4-9 zeigt.

Tabelle 4-9. Einfluß des tektonischen Environments auf einige diagenesewirksame Größen (nach Siever 1979).

Tektofazies	Sedimente	Dauer aktiver Subsidenz (Mio. J.)	Sedimentansammlung	Geotherm. Gradient
Mittelozeanische Rücken	Ton, Chert, Kalkschlamm	100−200	langsam	hoch
Passive Plattenränder (trailing edges)	1. Evaporite, Schwermetalle 2. Terrigener Detritus	50−200	schnell	niedrig
Subduktionszonen (active margins)	Vulkanoklastite, Turbidite, Mélangen, (Ophiolithe)	10−50	schnell	niedrig
Kontinent-Kollision	Viel terrestrisches oder marines Sediment	1−30	schnell	niedrig
Gräben (rift valleys)	Vulkanoklastische, terrestrische, z. T. limnische Sedimente	5−20	schnell	hoch
Kratone (intraplate)	Maturer Detritus; Plattformkarbonate	100−300	langsam	niedrig

4.3.2 Der Porenraum und seine Veränderungen

A. Die Beziehungen zwischen Porosität, Durchlässigkeit und Korngröße

„Porosität" ist definiert als der Volumenanteil der Poren, bezogen auf das Gesamtvolumen eines Gesteins; sie wird entweder in Anteilen von 1 angegeben (ε, s. unten), oder in Prozenten (P). Häufig verwendet man auch das Porenverhältnis („void ratio"), d. h. das Verhältnis vom Porenraum zum Festvolumen einer Probe.

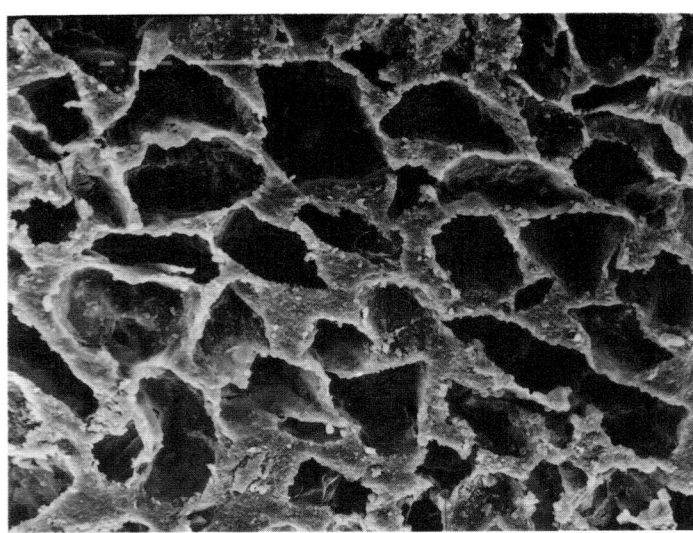

Abb. 4-32. Ausguß des Porenraumes eines Dogger beta-Feinsandsteins aus einem Ölfeld des Gifhorner Troges (Teufe 1840 m). Sandkörner mit Flußsäure entfernt (REM-Aufnahme von Dr. M. Özerler; Bildbreite 0,72 mm)

Die Zwickel zwischen den Sandkörnern, welche den Porenraum der Sandsteine bilden, erhalten im Laufe der Diagenese eine zunehmend tafelige Form (Abb. 4-32, s. auch DUDA & PITMAN 1981).

„Durchlässigkeit" ist durch die Darcy'sche Beziehung definiert:

$$\frac{Q}{t} = \frac{k \cdot F \cdot \Delta p}{\eta \cdot L} \quad \text{und} \quad k = \frac{\eta \cdot L \cdot Q}{F \cdot \Delta p \cdot (1 + \Delta p/2) \cdot t}$$

(korrigiert für den Druck in der Mitte des Gesteinszylinders)

worin η die Viskosität des durchströmenden Mediums [Centipoise; g/100 cm · sec], in der Natur Gas, Öl oder Wasser, doch wird stets die Luftdurchlässigkeit angegeben, L = Länge des durchströmten Gesteinszylinders (häufig 3 cm), t = Zeit [sec], in welcher das (Luft-) Volumen Q [cm^3] den Versuchskörper durchströmt, F = Querschnittfläche des Zylinders (häufig 7,07 cm^2, entsprechend 3 cm Durchmesser) und Δp = Druckdifferenz vor und hinter dem Zylinder [dyn/cm^2]. Die Konstante k, welche das Maß der Durchlässigkeit ist, wird in „Darcy" [cm$^2 \cdot 10^{-8}$] ausgedrückt; meist verwendet man Millidarcy (md) und mißt die Durchlässigkeit parallel zur Schichtung.

Die Durchlässigkeit ist mit der Porosität über die spezifische Oberfläche nach der Kozeny-Carman-Beziehung verknüpft (v. ENGELHARDT 1960, s. auch MEDER 1966):

$$k = \varepsilon^3 / (5 \, S_o^2 \, (1-\varepsilon)^2)$$

worin k = Durchlässigkeit [Darcy], ε = Porosität (in Anteilen von 1), S_o = spezifische Oberfläche [cm^2/cm^3 feste Substanz] der Körner. Hier geht die Korngröße ein: Je feinkörniger, um so größer wird S_o. Bei konstanter Porosität, Sortierung und Kornform gilt nach v. ENGELHARDT & PITTER (1951) annähernd:

$(S_o)_1^2 : (S_o)_2^2 = M_2^2 : M_1^2 = k_2 : k_1$ (nach KOZENY-CARMAN)

mit M = Mediandurchmesser; 1 und 2 sind zwei verschiedene Proben.

In Abb. 4-33 r. sind in ein Porositäts-Durchlässigkeitsnetz Proben unterschiedlicher Korngröße eingetragen. Hier zeigt sich klar der bestimmende Einfluß der Korngröße. Aber diese Abb. zeigt, daß auch innerhalb eines Sandsteins einheitlicher Korngröße Porosität und Durchlässigkeit beträchtlich variieren können, dann allerdings eng miteinander verknüpft. Hierfür gibt es folgende Ursachen:

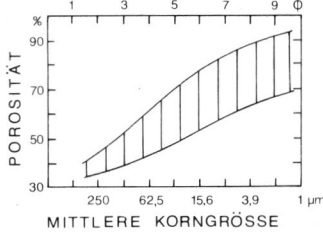
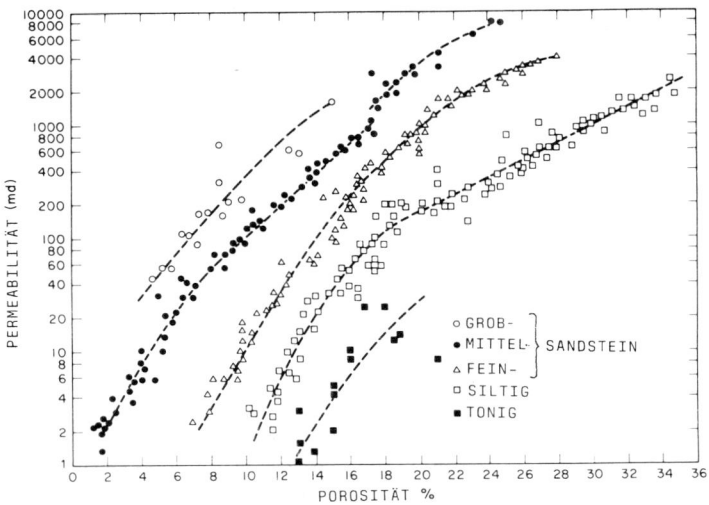

Abb. 4-33. Rechts: Empirische Beziehungen zwischen Porosität und Durchlässigkeit für Sandsteine unterschiedlicher Korngröße (aus BLATT et al. 1980: Fig. 12–16, nach CHILINGAR 1964).
Links: Porosität in Abhängigkeit von der mittleren Korngröße für fast 500 Schelf-, Hang- und Tiefsee-Oberflächenproben (aus HAMILTON & BACHMAN 1982: Fig. 3).

a. In lockeren Sanden gleiten die Körner unter dem mit zunehmender Versenkungstiefe wachsenden Druck in dichtere Kornpackungen (s. unten, Abschnitt B). Da sich dabei die spezifische Oberfläche nicht verändert, verringern sich nur Porosität und Durchlässigkeit im Verhältnis

$$\varepsilon_1^3 (1-\varepsilon_2)^2 / \varepsilon_2^3 (1-\varepsilon_1)^2 = k_1/k_2.$$

b. Bei weiter zunehmender Versenkungstiefe kommt es zu Auflösung und Zementation mit drastischer Abnahme der Porosität und Durchlässigkeit. Während ein „glatter" Zementbewuchs, etwa durch Quarz oder Karbonat, die spezifische Oberfläche herabsetzt, so daß sich die Durchlässigkeit nicht in gleichem Maße verringert wie die Porosität, können vor allem Tonmineralzemente mit ihrer großen spezifischen Oberfläche (s. Abb. 4-52) die Durchlässigkeit erheblich herabsetzen, und zwar der feinfaserige Illit stärker als der in kompakten Stapeln auftretende Kaolinit (s. Abb. 4-53).

Aber auch die Sortierung ist nicht ohne Einfluß auf die Durchlässigkeit. Dies demonstrierte HSÜ (1977) an Tertiärsanden des Venturabeckens (Kalifornien), wo er die folgende empirische Beziehung fand:

$k = C \cdot M^2 \cdot e^{-1.31s}$, mit s = Φ-Standardabweichung

C ist ein empirischer Ausdruck des Kompaktionsgrades.

Allerdings verringert sich bei schlechter Sortierung auch die Porosität selbst. Die Sortierung ist ferner durch die in Abb. 4-24 dargestellte, empirische Beziehung mit der Korngröße verknüpft.

Abb. 4-33 links zeigt den Porositätsbereich von Schelf- bis Tiefseeproben in Abhängigkeit von der mittleren Korngröße für Sande, Silte und Tone. Innerhalb des Sandbereiches ist die Porosität theoretisch korngrößenunabhängig; die Porositätszunahme beruht auf einem Anstieg des Tongehalts.

Eine andere Größe, die die Durchlässigkeit, nicht aber die Porosität beeinflußt, ist ein Porenumwegfaktor „Tortuosität" (von lat. tortuosus = gewunden). Er gibt das Verhältnis zwischen der Entfernung zweier Punkte über den Porenraum und ihrem geraden Abstand an und läßt sich in der Kozeny-Gleichung wie folgt berücksichtigen: $k = 10^8 \cdot \varepsilon/2t^2 S^2$ mit t = Tortuosität (in Sandsteinen 2–3, in Sanden 1–1,5), S = innere Oberfläche [cm^2/cm^3 Gesamtgestein] (BLATT et al. 1980: 433).

Die Zusammenhänge zwischen der Durchlässigkeit und dem Spektrum der Porenradien wurden sehr ausführlich für zahlreiche deutsche Speichergesteine von GAIDA et al. (1973) untersucht und dokumentiert.

Die „spezifische Oberfläche" S_o[cm^2/cm^3 feste Substanz] oder die „innere Oberfläche" S[cm^2/cm^3 Gesamtgestein] sind maßgebend für Geschwindigkeit und Umfang der Diagenese. Ist der Porenraum ölgefüllt, so bleibt zwar theoretisch die gesamte Porenwandung wasserbenetzt, der Ionentransport ist aber durch die Ölfüllung stark behindert. Der Wasseranteil der Porenfüllung ist abhängig von der Durchlässigkeit:

Tabelle 4-10. Haftwasser (in % des Porenraumes) in Abhängigkeit von der Luftdurchlässigkeit. Bentheimer Sandstein, fein- und mittelkörnig (Valendis, Emsland; nach LÜBBEN 1969).

Durchlässigkeit:	3,16	10	31,6	100	316	1 000	3 160 md
Haftwasser:	77	61	47	34	23	13	7 %

Hiernach ist der Volumenanteil der Haftwasserhäutchen in tonigen oder sehr feinkörnigen Sandsteinen wesentlich höher als in tonarmen Mittelsandsteinen.

B. Die Porosität von Sanden und ihre Abnahme mit der Tiefe (Abb. 4-34)

Theoretisch liegt die Porosität einer monodispersen, d.h. aus gleichgroßen Kugeln zusammengesetzten, dichtesten Kugelpackung (Koordinationszahl 12) bei 26% (v. ENGELHARDT & PITTER 1951). Bei der Sedimentation gut sortierter, natürlicher Fein- bis Mittelsande beobachteten diese Autoren jedoch eine Porosität von 44%, die beim Einrütteln nur auf 33% zurückging. Mit einem heterodispersen Sand (75% 0,3–0,5 mm, 25% 0,075–0,1 mm) kamen sie bis auf 27,7% Porosität herab. D.h. durch schlechte Sortierung wird die Sandporosität verringert, da die großen Poren durch kleine Körner gefüllt werden (BEARD & WEYL 1973). Die Porosität rezenter Sande (Abb. 4-34) liegt zwischen der Porosität einer lockeren Schüttung und derjenigen einer (unter Wasser) eingerüttelten Schüttung (FÜCHTBAUER & REINECK 1963). SCHENK (1981) fand an Dünen Porositätsunterschiede zwischen Windrippeln (39%), „grainfall"-Sediment (43%) und „avalanche"-Sediment des Leehangs (47%). Auch zwischen fluviatilen Sandbänken, Küsten- und Dünensanden fand PRYOR (1973) kleine Unterschiede, sein höchster Wert war 54%. Alle diese Werte sind wesentlich niedriger als Tonporositäten (Abb 4-35). Entsprechend höher ist die Kompaktionsfähigkeit von feinklastischen Sedimenten. Das zeigen sehr augenfällig gestauchte vertikale Sandgänge in tonigen Gesteinen. Die Aspekte der Kompaktion von Sand und Ton wurden von ROLL (1974) diskutiert.

Blasensand ist eine besondere Form von erhöhter Sandporosität, die vor allem in früh zementierten Sanden (z. B. in „beachrock") erhaltungsfähig ist und in manchen Ölfeldern eine wichtige Rolle spielt. Er entsteht, wenn trockener Sand hinter der Strandbarre (backshore) überspült wird, so daß die Luft in Blasen zu entweichen sucht (REINECK & SINGH 1980: 66, de BOER 1979).

Die erste Kompaktionsphase – sie umfaßt etwa die obersten 1000 m Versenkungstiefe – ist im wesentlichen eine mechanische Einrüttelung, welche in gut sortierten Quarz-Feinsandsteinen Verdichtungen bis zu etwa 28% Porosität erzeugt (FÜCHTBAUER 1961: 173). Ähnliche Werte ergibt die „Minus-Zement-Porosität" (ROSENFELD 1949), die Porosität nach Abzug des Zementes, welche den Zustand bei Beginn einer das Korngefüge stabilisierenden Zementation anzeigt. Man kann sich

Diagenese

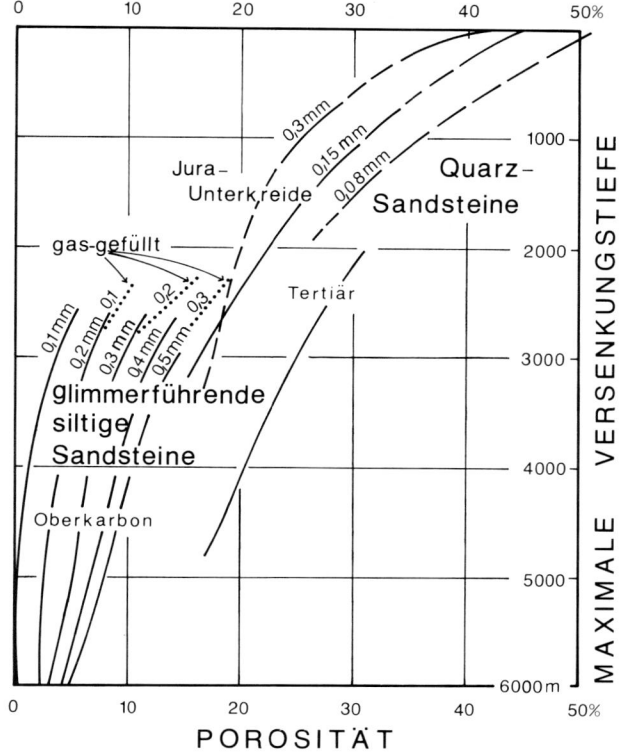

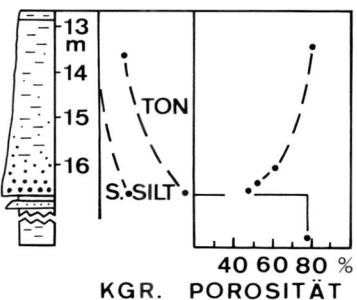

Abb. 4-35. Abhängigkeit der Porosität von der Korngröße, demonstriert an einem feinkörnigen, unverfestigten Turbidit in 13–17 m Sedimenttiefe aus dem Quartär des Golfs von Kalifornien (Hole 478, nach EINSELE & KELTS 1982, Fig. 5), s. auch Abb. 4-33 li.

Abb. 4-34. Abnahme der Sandsteinporosität mit zunehmender maximaler Versenkungstiefe, in Abhängigkeit vom Mediandurchmesser (angeschrieben). Die durchgezogenen Linien von Jura-Unterkreide- und Oberkarbonsandsteinen beruhen auf ungefähr 1000 Porositäts- und Korngrößenanalysen der Gewerkschaft Elwerath, Erdölwerke Hannover (FÜCHTBAUER 1967 c); Tertiär: Frio-Formation (Golfküste), Durchschnittswerte von MAXWELL (1964, Figur 7 u. 8); Werte zwischen 30 und 270 m Teufe von KALTERHERBERG (1968); die obersten Werte wurden durch experimentelle Einrüttelung unter Wasser gewonnen (FÜCHTBAUER & REINECK 1963). Die punktierten Linien auf der linken Seite sind Porositäten von gasgesättigten Oberkarbonsandsteinen. Die geringe Porosität der feinkörnigen Oberkarbonsandsteine geht auf einen erhöhten Tongehalt zurück.

vorstellen, daß entweder durch kleine Erdstöße oder durch lateral ungleichmäßige Setzung und dadurch bedingte Entwässerung kleinste Rotationen und Relativbewegungen der Körner stattfinden, welche ihnen das Hineingleiten in dichtere Packungen ermöglichen. Hierbei sind gröbere Sandkörner im Vorteil, da sie besser gerundet sind, und weil der gleiche Überlagerungsdruck über weniger Kornkontakte übertragen wird, so daß größere Kräfte auftreten. (FÜCHTBAUER 1967 c: 356). Die verstärkte Wasserabgabe der Tone an die Sande in dieser 1. Kompaktionsphase spielt dabei sicher eine Rolle.

Dabei kann es geschehen, daß dieser Druck die Festigkeit einzelner Körner übersteigt und sie zerbricht. Erst die Kathodolumineszenz erlaubt, solche zerbrochenen und wieder verheilten Quarzkörner zu erkennen, da die diagenetische Quarzverheilung nicht lumineszert. So stellte ZINKERNAGEL (1980) fest, daß in tonigen Sandsteinen, in welchen eine stabilisierende Zementation verzögert wird, Kornzerbrechungen häufiger sind als in tonarmen, zementierten Sandsteinen. Kornzerbrechungen an Störungen können zu einem feinen Zerreibsel führen, welches die Störungen abdichtet (PITTMAN 1981).

Auch horizontale Drucke, z. B. in der gefalteten Molasse des Alpenvorlandes, führen zunächst zu einer mechanischen Verdichtung, an deren Ende dann die Auffaltung der betreffenden Schicht beginnt (ALBRECHT & FURTAK 1965).

Schon in 500 m Tiefe aber gibt es einzelne Sandkörner mit diagenetischen Anwachssäumen, wenn auch eine stärkere Quarzdiagenese erst ab etwa 1000 m beginnt (Abb. 4-36). Dies dürfte zumindest in Sanden hoher Maturität der normale Beginn der „chemischen Kompaktion" sein, welche nun zu einer weiteren Verdichtung führt (Abb. 4-34). In der Literatur findet man viele Darstellungen der Porositätsabnahme mit der Tiefe (CHILINGARIAN & WOLF 1976; DICKEY 1976; ZIEGLAR & SPOTTS 1978).

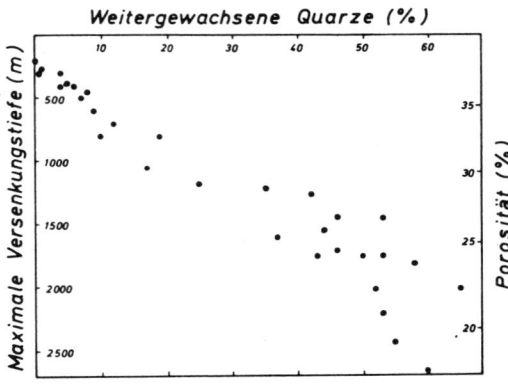

Abb. 4-36. Zunahme der Quarzdiagenese in Dogger beta-Quarzsandsteinen mit wachsender Versenkungstiefe. Der „Anteil weitergewachsener Quarzkörner" wurde am trockenen Streupräparat in durchfallendem Licht bei etwa 100facher Vergrößerung ausgezählt und nach folgender Formel berechnet:

$$\frac{100 \cdot (0{,}5\,b + c)}{a + b + c}$$

a = Zahl der Quarze mit sehr wenigen oder keinen Facetten.
b = Zahl der Quarze mit Facetten, die weniger als die Hälfte der Oberfläche bedecken.
c = Zahl der Quarze mit Facetten, die mehr als die Hälfte der Oberfläche bedecken.
Die Werte erweisen sich als korngrößenunabhängig. Die Punkte sind Mittelwerte größerer Kollektive (nach PHILIPP et al. 1963, Fig. 5)

Für die Faktoren, welche den Gradienten der Porositätsabnahme bestimmen, fehlen jedoch häufig quantitative Angaben. Folgende Faktoren spielen eine Rolle:

1. Maximale Versenkungstiefe. Da die Verdichtung irreversibel ist, wird die Porosität stets die maximal je erreichte Versenkungstiefe spiegeln, auch wenn spätere Hebungen stattfanden.

2. Mittlere Korngröße. Diese hat, wie Abb. 4-34 zeigt, einen deutlichen Einfluß: In geringen Tiefen ist die Porosität der Feinsande höher, da sich die besser verrundeten, gröberen Sande leichter verdichten lassen (s. o.), in 2–3000 m Tiefe – abhängig von der Petrographie – überschneiden sich die Porositäten von Feinsandsteinen und gröberen Sandsteinen, und in Tiefen von 5000 m hat man, zumindest in älteren Formationen, nur in Grobsandsteinen noch eine Chance, eine nennenswerte Porosität zu finden. Dies beruht im wesentlichen darauf, daß Quarzzement Feinsandstein bevorzugt (s. u.). Desgleichen überschneiden sich auch die Porositätskurven von Sand- und Tonsteinen, allerdings schon in weniger als 1000 m Tiefe: In größerer Tiefe sind die Ton- und Siltsteine im Mittel dichter als die Sandsteine.

3. Zusammensetzung. Unter vergleichbaren äußeren Bedingungen erleiden Sandsteine mit vulkanischen Gesteinsbruchstücken eine stärkere Kompaktion als Arkosen, und diese werden stärker kompaktiert als Quarzsandsteine. Desgleichen nimmt die Kompaktion mit dem – environmentbedingten – Tongehalt zu, wie SELLEY (1978b: 126) an jurassischen Sandsteinen im Nordseegebiet feststellte. Die Kompaktion „vulkanoklastischer" Sandsteine, mit vielen diagenetisch labilen Gesteinsbruchstücken, hat in letzter Zeit starkes Interesse gefunden (HAYES 1979, s. auch S. 175), da solche Körner relativ bald durch Tonminerale ersetzt werden können (WHETTEN & HAWKINS 1970; LOVELL 1972), die bei zunehmender Überlagerung in die Poren gepreßt werden (z. B. KUGLER 1982)

bzw. darin auskristallisieren (Abb. 4-37). Dadurch können die Reservoir-Eigenschaften schon vor der Erdölmigration entscheidend herabgesetzt werden; so liegt die Durchlässigkeit in zwei von GALLOWAY (1979) und Fox et al. (1981) untersuchten Mittelsandsteinen in Alaska unter 10 md. Ähnliches gilt für alle konvergierenden Plattengrenzen an Inselbögen. – Es versteht sich von selbst, daß auch die Zusammensetzung der Porenwässer einen Einfluß auf das Kompaktionsgeschehen hat.

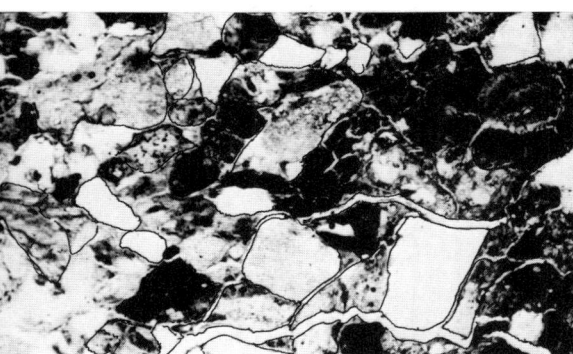 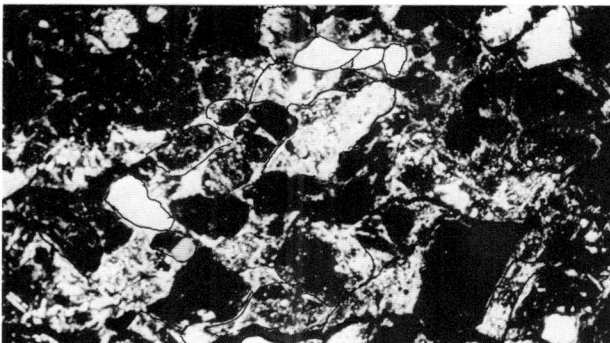

Abb. 4-37. Gesteinsbruchstück-Sandstein (Grauwacke); rechts + Nicols. Chinle Formation (Obertrias, Cameron, Arizona). Md 0,5 mm, 16 % Quarz, 8,5 % Feldspat (Pla > Or), 50 % Gesteinsbruchstücke, vorwiegend in Smektit umgewandelte vulkanische Fragmente, die zwischen den festeren Körnern deformiert wurden, 1,5 % Glimmer, 24 % Tonmineralzement (Risse durch Trocknung entstanden). Teilweise nachgezeichnet.

4. Temperaturgradient. Seit MAXWELL (1964) ist bekannt, daß die Porositätsabnahme mit der Tiefe sich mit zunehmendem geothermischem Gradienten verstärkt, doch ist beim Vergleich verschiedener Vorkommen Vorsicht geboten; es ist oft schwer, andere wirksame Faktoren auszuschließen (STEPHENSON 1977). Bei dem niedrigen Gradienten von 1,3 °C/100 m im Nigerdelta fand NAGTEGAAL (1978) noch in 3600 m Tiefe 20–30% Porosität in Miozänsandsteinen, wobei hier auch das geringe Alter (siehe 5) mitspielt.

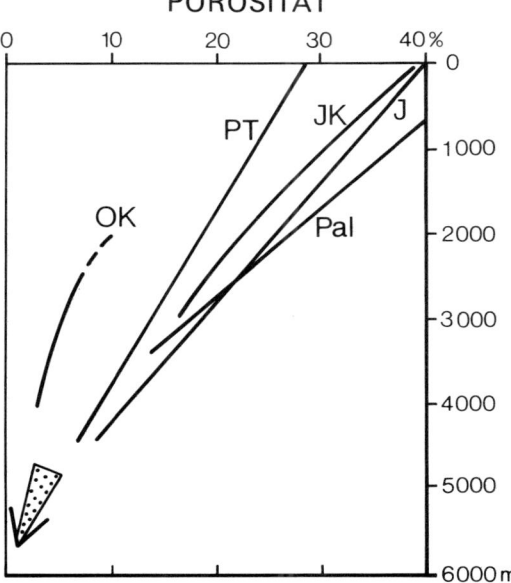

Abb. 4-38. Porositätsabnahme von Sandsteinen mit zunehmender Teufe, in Abhängigkeit vom geologischen Alter. OK = Oberkarbonsandsteine, Md ~ 0,15 mm; JK = Jura- und Kreidesandsteine, Norddeutschland, Md ~ 0,15 mm (beide aus Abb. 4-34) PT = Perm und Trias, südliche Nordsee; J = Jura, Nordsee; Pal = Paläozän, Nordsee (alle aus SELLEY 1978b)

5. **Alter.** In Abb. 4-38 wird die Porositätsabnahme verschieden alter Sandsteine miteinander verglichen; der Einfluß des Alters (der Versenkung) ist augenfällig. Junge, besonders schnell versenkte Sandsteine können noch in 4000 m Tiefe 25% Porosität besitzen (Tertiär von Louisiana; DICKEY 1976: Fig. 1).

6. **Druck.** Abnormal niedriger Porenwasserdruck verstärkt, abnormal hoher verringert die Kompaktion (GRETENER 1969: 290). Hierher gehören auch die Wirkungen der Grundwasser-, Öl- oder Gasentnahme. So senkte sich das San Joaquin Valley (Kalifornien) infolge von Grundwasserentnahme bis zu 30 cm/Jahr. Ähnliches wird aus Venedig, Mexico City und Tokio berichtet. Durch Gas- bzw. Ölentnahme senkte sich die Erdoberfläche in Groningen insgesamt um 30–60 cm, in Long Beach (Kalifornien) um 8 Meter (BISSELL & CHILINGARIAN 1975: 236; s. auch Geol.Soc.Amer. Abstr. & Progr. 1980: 360 ff.).

7. **Ölfüllung.** Der Porenraum eines Gesteins kann durch Ölfüllung vor starker Zementation bewahrt werden (WILSON 1977).

C. Sekundäre Porosität

PROSHLYAKOV (1960) wies wohl als erster nach, daß sich im tiefen Untergrund Poren bilden können. SAVKEVICH (1969) bildete ein Bohrprofil ab, in dem die Porosität zwischen 2000 und 4000 m beträchtlich erhöht war. Seitdem häufen sich Arbeiten über sandige Speichergesteine, in denen Karbonatzement, Anhydritzement, Kalkpartikel oder Feldspäte in einer späten Phase der Diagenese aufgelöst wurden (s. MCDONALD & SURDAM, eds., 1984, SCHENK & RICHARDSON 1985). Auch das Verschwinden von Apatit kann wichtig sein (MORTON 1984). Dazu kamen metamorphe Gesteinsbruchstücke, Glas, Chert und Biotit (SHANMUGAM 1985).

In Abb. 4-39 sind einige Kriterien für solche sekundäre Porosität zusammengestellt, in Abb. 4-40 abgebildet. SCHMIDT & MCDONALD gaben bisher die umfassendste Darstellung (1979 a, b).

Die Auflösung vor allem von Karbonat („Dekarbonatisierung" oder „Dezementation", SCHMIDT & MCDONALD 1979a, AL-SHAIEB & SHELTON 1981), aber auch von Feldspat (DRONG 1979) und gelegentlich Illit (CHOWDHURI 1982; STOLL-STEFFAN 1987), welche diese sekundäre Porosität verursacht, ist am intensivsten oberhalb von kohlenwasserstoffreichen, tonigen Erdölmuttergesteinen oder von Kohlen. Es wird vermutet, daß das CO_2, welches bei der Reifung der oganischen Substanz, bei der Dekarboxylierung des Kerogens, frei wird, sowie die Anionen organischer Säuren, für die Karbonatauflösung verantwortlich sind (TISSOT et al. 1974; GAUTIER 1984; FRANKS & FORESTER 1984). In vielen Ölfeldern tritt dementsprechend in größerer Tiefe saures Porenwasser auf (SURDAM et al. 1984). Hierzu paßt auch die Bildung von Kaolinit aufkosten von Feldspäten (CASSAN & LUCAS 1966; BLANCHE & WHITAKER 1978; GLENNIE et al. 1978; CURTIS 1983; s. auch Tabelle 4-16). Das Aluminium kann bei der Feldspatauflösung in organischen Komplexen weggeführt werden (SURDAM et al. 1984; MONCURE et al. 1984), evtl. auch bei der Tondiagenese, und wird weiter oben bei zunehmendem pH als Kaolinit oder Dickit (SEDAT mdl.) wieder ausgeschieden. Die Stärke der Dekarbonatisierung entspricht jeweils etwa dem Potential der zur Verfügung stehenden Ölschiefer oder Kohlen (SCHMIDT & MCDONALD 1979a: 198). In vielen Fällen waren die Gesteine vor der Dekarbonatisierung schon fast dicht zementiert (PORTER & WEIMER 1982).

In der gleichen Tiefe von 2000–3000 m und (an der Golfküste) abgeschwächt bis 6000 m geben Smektit-Tone bei ihrer diagenetischen Umwandlung über Mixed Layer Smectit-Illit in Illit bis zu 15 Vol-% Zwischenschichtwasser ab (HOWER 1981), welches einen überhydrostatischen Porenwasserdruck erzeugt und nach JONAS & MCBRIDE (1976) an der Golfküste eine Aufweichung der Tonsteine, ja sogar eine Porositätserhöhung bewirkt (PROSHLYAKOV 1960; POWERS 1967: 1248). Der hieraus resultierende, sekundäre Kompaktionsstrom herabgesetzter Salinität (ANDERSON 1981) ist geeignet, das CO_2 in die überlagernden Schichten zu transportieren, dort die Dekarbonatisierung usw. zu bewirken und das gelöste Karbonat weiter nach oben mitzunehmen, wo es aufgrund des inzwischen angestiegenen pH-Wertes die Poren von Sandsteinen zementieren kann. Bei weiterer Beckensenkung kann ein solcher „Karbonatschleier" nach SCHMIDT & MCDONALD (1979a: 198)

Abb. 4-39. Dünnschliff-Kriterien für sekundäre Porosität:
a. Dezementation mit unregelmäßig verteilten Resten von Zement, b. überdimensionale Poren infolge selektiver Auflösung von Partikeln, c. Anlösung von Feldspäten, wobei die authigenen Umwachsungen oft geschont werden, d. Teil-Verdrängung von Sandkörnern, mit anschließender Auflösung des verdrängenden Minerals, e. Zerbrechung von Sandkörnern infolge punktueller Druckübertragung nach der Dezementation (aus FÜCHTBAUER 1979: Abb. 8).

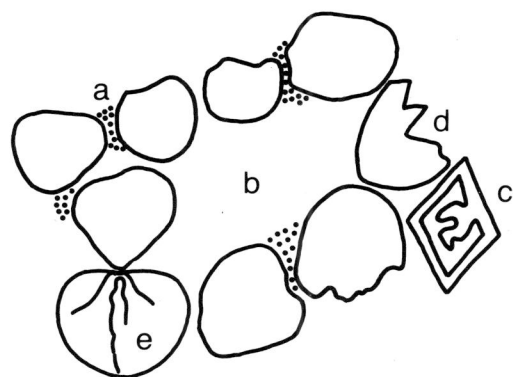

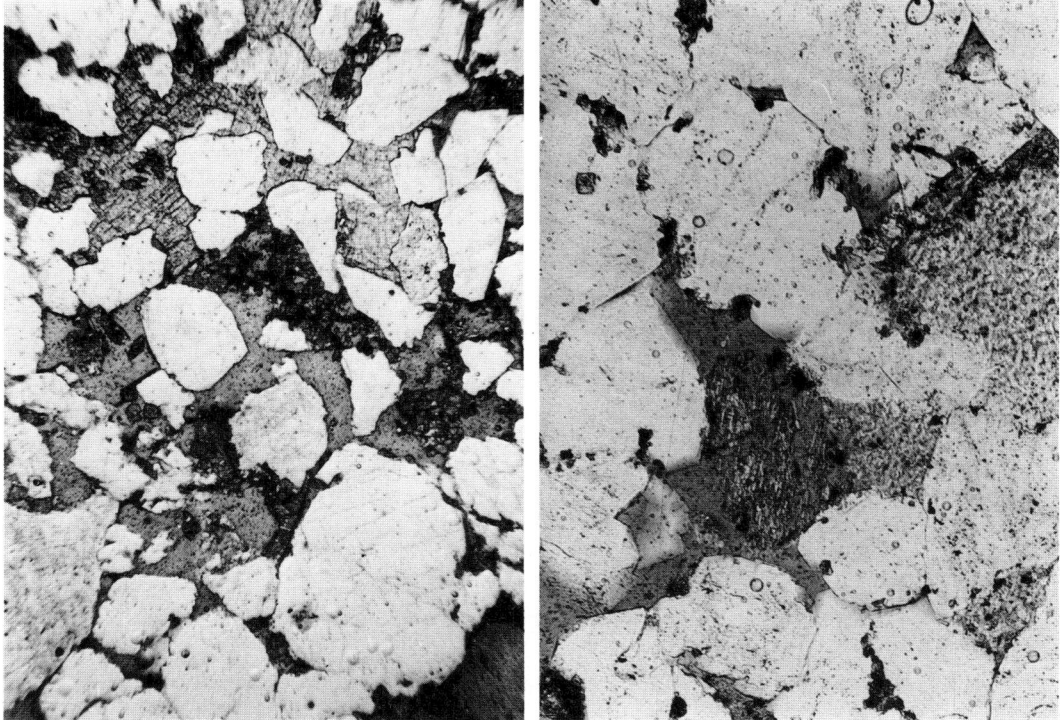

Abb. 4-40. Sekundäre Porosität, mariner Lias alpha N des Bodensees, ca. 2500 m Teufe.
Links: im Zentrum sekundäre Porosität (grau) und teilweise aufgelöster Calcitzement (angefärbt, dunkel erscheinend); oben später Dolomitzement (mit Spaltrissen), Calcitreste (links) umwachsend. Quarze z. T. korrodiert (STOLL-STEFFAN 1987: Taf. 19 Fig. 3; Bildbreite 2 mm).
Rechts: Partiell aufgelöster Kalifeldspat in der Mitte; Kaolinitbildung am rechten Rand. (STOLL-STEFFAN 1987: Taf. 17 Fig. 4; Bildbreite 0,5 mm).

weiter nach oben verlegt werden. Diese Autoren haben folgende Zonierung der Diagenese vorgeschlagen (unabhängig von dem Maturitätsbegriff in Kap. 4.1.1):

immatur: Bereich der mechanischen Kompaktion
semimatur: Chemische Kompaktion (SiO_2-, $CaCO_3$-Zement)
matur A: Dekarboxylierung im Muttergestein; Dekarbonatisierung im Speichergestein
matur B: Ölbildung (im obersten Teil von „B")
supermatur: keine wirksame Porosität mehr (ca. > 6000 m).

Den sauren Lösungen können die nun migrierfähig gewordenen Kohlenwasserstoffe folgen und die neu entstandenen sekundären Poren füllen. Der Transport der sauren Lösungen kann durch tektonische Beanspruchung verstärkt und kanalisiert werden, wie es HAYES (1973) aus gefaltetem Pliozän in der Tiefsee vor Vancouver Island beschrieb. Nach SCHMIDT & McDONALD (1979a) ist ein großer Teil der Weltreserven an Erdöl und Erdgas an sekundäre Porosität gebunden, da zur Zeit der Ölreife die primären Poren der verfügbaren Sandstein-Speicher meist schon weitgehend zementiert sind. Besonders spektakuläre Beispiele sind das Prudhoe Bay Feld (Nordalaska) und die jurassischen Felder der Nordsee. Der Anteil sekundärer Porosität beträgt in vielen Fällen 30–50, ja 70% der Gesamtporosität (SHANMUGAM 1985), s. jedoch GILES & MARSHALL (1986).

Außer dieser sekundären Porosität in der Tiefe gibt es eine Dezementation auch in Gesteinen, welche durch Erosion nahe an die Erdoberfläche gehoben und dort sauren Verwitterungslösungen ausgesetzt werden.

4.3.3 Kriterien der Ausscheidungsfolge von Zementen

In vielen Sandsteinen tritt nur ein einziges Zementmineral auf, meistens Quarz, etwas seltener Calcit. Wenn mehrere Zemente vorhanden sind, können Zeitpunkt und Abfolge ihrer Entstehung von Bedeutung sein (siehe das Beispiel auf S. 148 oben). Hierbei wird meistens davon ausgegangen, daß jedes Zementmineral nur einmal, also zu einem bestimmten Zeitpunkt, ausgeschieden wurde. Dies ist allerdings durchaus nicht die Regel (s. unten, Punkt D).

Auch ist nicht immer erkennbar, ob es sich um einen echten Zement, d. h. um die Ausfüllung eines Hohlraumes, oder um die Verdrängung eines älteren Zements oder Partikels (oder um Sammelkristallisation einer karbonatischen Matrix) handelt. Es ist auch eine Zwischenform denkbar, die Zementation eines Hohlraums, der vorher durch Auflösung eines Partikels entstanden ist. Dies zeigt, daß eine scharfe Unterscheidung von Zementation und Verdrängung oft nicht nur schwierig, sondern sogar irrelevant ist. „Ausscheidung" oder „Neubildung" bieten sich als neutrale Begriffe an. Ein klares Kriterium für Zementation, welches allerdings nur bei der Füllung größerer Hohlräume auftritt, ist die Zunahme der Kristallgröße vom Rand zum Inneren der Porenfüllung. Diese Größenzunahme geht darauf zurück, daß die Zementausscheidung zu Beginn eine höhere Übersät-

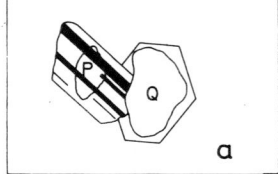 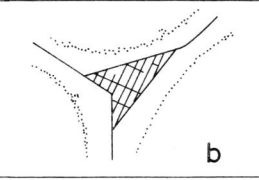 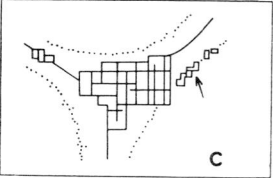

Abb. 4-41. Einige Gefügebeziehungen von Zementen. Beispiele aus dem Buntsandstein (nach FÜCHTBAUER 1967b).
a) Der Anwachssaum des Plagioklaskorns (P) ist älter als derjenige des Quarzkorns (Q).
b) Drei Quarzkörner mit Anwachssäumen. Die Restpore wurde mit Anhydrit gefüllt.
c) Wie b, doch verdrängt der Anhydrit randlich den Quarz und dringt zwischen Quarzkorn und Anwachssaum ein (s. Pfeil), wie dies von HEALD (1956a) für Calcit an Quarzkörnern beschrieben wurde.

tigung erfordert, welche dann während der Ausscheidung abnimmt. Mit sinkender Übersättigung aber wächst die Kristallgröße.

Es folgen nun einige Kriterien der Ausscheidungsfolge.

A. Anwachssäume, die sich gegenseitig unterbrechen

Bei Körnern, die von Zementhüllen umgeben sind, welche ihrer eigenen Mineralzusammensetzung entsprechen, findet man manchmal die in Abb. 4-41 a gezeigte Gefügebezeichnung. Der Plagioklaszement ist gewachsen, als der Quarz noch nicht zementumwachsen war. Wäre er danach gewachsen, so hätte er von dem Quarzkorn nur gerade den Anwachsaum verdrängt, was unwahrscheinlich, wenn auch im Einzelfall nicht auszuschließen ist.

B. Zementgenerationen in Poren

In größeren Poren findet man manchmal mehr als eine Zementart. Dann ist im allgemeinen der innere Zement später gewachsen (Abb. 4-41 b), was allerdings nur dann (nahezu) zweifelsfrei ist, wenn er dabei den äußeren Zement randlich verdrängte (Abb. 4-41 c). Besonders stark sind die Zweifel, wenn in einem quarzzementierten Sandstein die Restporen Kaolinit oder ein anderes Tonmineral enthalten. Diese Tonmineralzemente füllen den Porenraum nämlich so locker, daß sie durch ein späteres Weiterwachsen der Quarzkörner leicht ins Innere der Poren geschoben werden.

C. „Zemente", die einen früheren Zement verdrängen

Manchmal enthält ein Zement als Einschlüsse kleine Relikte eines früheren Zements, den er verdrängt hat. Auch hier ist allerdings nicht immer die umgekehrte Richtung der Verdrängung auszuschließen.

D. Die „Quarzuhr"

Quarzzement spielt eine Sonderrolle nicht nur deshalb, weil er mineralogisch mit der häufigsten Kornart der meisten Sandsteine übereinstimmt, sondern auch wegen der vielen unterschiedlichen und meist nicht weit entfernten Quellen (s. u.). Damit mag es zusammenhängen, daß eine Ausscheidung von Quarz häufig über lange Zeiträume stattfindet. Sie bildet dann als Kontinuum gleichsam eine Stoppuhr, deren Lauf von späteren Zementen zu unterschiedlichen Zeiten unterbrochen sein kann. Im Buntsandstein beispielsweise sind die Quarz-Anwachssäume unter Calcitzement schmaler, d. h. früher unterbrochen, als unter Anhydritzement, der demnach später wuchs, was auch aus dem Kriterium J (s. u.) folgte (FÜCHTBAUER 1967 b: 171). DRONG et al. (1982) beobachteten eine vorübergehende Unterbrechung der Quarzzementation durch Illitzement. Die Quarzzementation kann auch in ihrer Stärke zeitlich variieren (NAGTEGAAL 1979; SCHMIDT & McDONALD 1979a; NENTWICH et al. 1982).

E. Sauerstoffisotope

Das Isotopenverhältnis $^{18}O/^{16}O$ im Quarzzement hängt von dessen Bildungstemperatur ab. Kennt man die geothermische Tiefenstufe und die isotopische Zusammensetzung des betreffenden Porenwassers bei irgendeiner, z. B. bei der jetzigen Temperatur, und kennt man die Versenkungsgeschichte des betreffenden Vorkommens, dann sind Aussagen über den Zeitpunkt der Quarz-Zementation möglich, sofern es gelingt, den Quarzzement für die Untersuchung zu isolieren oder zu extrapolieren (LAND & DUTTON 1978; MILLIKEN et al. 1981; LAND 1984, für Quarz und Calcit). Zumindest läßt sich feststellen, ob das Zementmineral (Quarz, Calcit u. a.) mit der jetzigen Porenlösung im isotopischen Gleichgewicht steht. Für ein gleichzeitig gebildetes Mineralpaar läßt sich die Bildungstemperatur auch ohne Kenntnis des Porenwassers errechnen.

Im Rotliegend-Gasspeicher von Groningen ergab das Quarz-Illit-Paar eine Illit-Bildungstemperatur von 115°, entsprechend einer großen Versenkungstiefe, während Kaolinit eine geringere Bildungstemperatur zeigte (LEE & SAVIN 1983; s. hierzu auch DUTTON & LAND 1985, bes. Fig. 10, s. auch Kap. 4.3.6 D, S. 177).

F. K/Ar-Altersbestimmungen

An reinen Illitzementen im Rotliegenden der Nordsee wurde Unter- bis Oberkreidealter bestimmt, was dort einer Periode großer Versenkungstiefe entspricht (LEE & ARONSON 1983).

G. Flüssigkeitseinschlüsse

Die Homogenisierungstemperatur von Flüssigkeitseinschlüssen mit Gasblasen entspricht – nach Druckkorrektur – der Bildungstemperatur, während ihr Gefrierpunkt die Salinität des eingeschlossenen Wassers anzeigt. Nach ROEDDER (1979) müssen die Einschlüsse für die Messung mindestens 1–2 µm und die Zementkristalle mindestens 20 µm groß sein. ALMON et al. (1976) konnten die Bildungstemperatur des Calcitzementes in einem Kreidesandstein auf diese Weise ermitteln; sie betrug 50 °C, was für eine Versenkungstiefe von ca. 1000 m zur Zeit der Zementation sprach. Die Methode ist nur beschränkt verwendbar, da Zemente häufig einschlußfrei sind.

H. Unterbrechung der Zementation durch Öl-Einwanderung

Wird ein Sandstein mit Öl gefüllt, so wird die Diagenese darin weitgehend unterbrochen (s. S. 165 oben, 175 unten). So wurde in tertiären Sandsteinen des Nigerdeltas durch frühe Ölmigration das erste Diagenesestadium, eine Kaolinitbildung, konserviert, während in ölfreien Partien anschließend Siderit, Pyrit, Calcit und Smektit-Illit die Poren füllten (LAMBERT-AIKHIONBARE 1982).

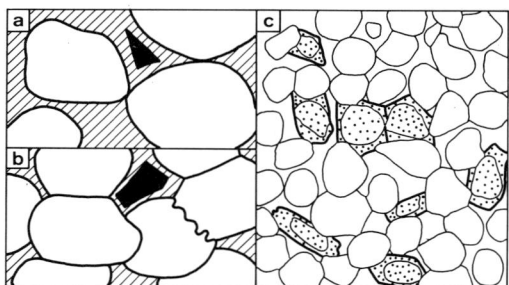

Abb. 4-42. Kontaktstärke und Minus-Zement-Porosität. Die Minus-Zement-Porosität, d. h. der Volumenanteil von Zement (schraffiert) und Porosität (eng gerastert) beträgt in a) 33 %, in b) 16 %; letzteres Gestein wurde daher später als a) zementiert. Die Kontaktstärke (c) von Körnern, welche durch Albitzement (punktiert) verbunden sind, beträgt 1,2 (10 Punktkontakte, 3 längliche Kontakte, also $(1 \cdot 10 + 2 \cdot 3)/13 = 1{,}2$), während die Kontaktstärke der durch Quarzzement (weiß) verbundenen Körner 1,6 beträgt. Dies quantifiziert die Beobachtung, daß an Stellen kieseliger Zementation mehr lange Kornkontakte bestehen als an Stellen albitischer Zementation (Beispiel aus dem Buntsandstein, s. Tab. 4-11).

I. Minus-Zement-Porosität

Die Minus-Zement-Porosität (ROSENFELD 1949) ist die Porosität, die vorhanden ist, wenn man sich den Zement aufgelöst denkt, also der Volumenanteil von Zement + Porosität (Abb. 4-42a, b). Sie zeigt demnach das Gefüge zu Beginn der Zementation an. Da auch in unzementierten Sandsteinen die Porosität mit zunehmender Überlagerung abnimmt, zeigt eine hohe Minus-Zement-Porosität (z. B. 40 %) eine frühe Zementation an, während ein geringer Wert (z. B. 28 %) nach Abb. 4-34 anzeigt, daß das Gestein schon ≥ 1300 m tief lag, als es durch Zementation fixiert wurde (s. auch S. 154). Dies wurde im Dogger beta dadurch bestätigt, daß in dem ersteren, früh zementierten Sandstein noch die unstabilen Minerale Disthen und Staurolith erhalten waren, während sie in letzterem Sandstein schon vor der Zementation aufgelöst waren. – Bedingung ist, daß bei der Zementation die Körner nicht randlich angelöst, d. h. von Zement verdrängt wurden.

J. Kontaktstärke

Die Kontaktstärke zwischen detritischen Sandkörnern wird als Maß dafür verwendet, wie nah sich die Körner durch mechanische (und chemische) Kompaktion gekommen sind, bevor sie durch Zementation fixiert wurden. Sie geht von Kornkontakt-Untersuchungen von TAYLOR (1950) aus und zeigt die Reihenfolge verschiedener Erst-Zemente im gleichen Gestein (Abb. 4-42c). Die Kontaktstärke ist definiert durch die Beziehung

$$Ko = (a + 2b) : (a + b),$$

worin a = Anzahl der punktförmigen, b = Anzahl der länglichen Kontakte darstellt. Sie wird für jedes Zementmineral gesondert ermittelt. Tabelle 4-11 gibt ein Beispiel aus dem Buntsandstein nach FÜCHTBAUER 1967b (Darin wurde noch eine erweiterte Formel $(a + 2b + 3c + 4d) : (a + b + c + d)$, mit b = ebene, c = konkav-konvexe, d = verzahnte Kornkontakte, verwendet.)

Tabelle 4-11. Kontaktstärke verschieden zementierter Sandkörner.
$\bar{x}$ = arithmetisches Mittel (mean); s = Standardabweichung (standard deviation); in der letzten Spalte ist nach dem Student-t-Test (s. MARSAL 1967) der Streubereich um $\bar{x}$ tabelliert, in welchem der wahre Mittelwert mit einer Wahrscheinlichkeit von 99% liegt.

Zementmineral	Probenzahl	$\bar{x}$	s	Student-t-Test
Albit	7	1,20	± 0,075	± 0,11
Quarz	19	1,59	± 0,145	± 0,1
Anhydrit	13	2,15	± 0,21	± 0,19
Nicht zementiert	6	2,26	± 0,19	± 0,34

Die Tabelle zeigt, daß für Albit, Quarz und Anhydrit die Kontaktstärke signifikant verschieden ist und daß diese Minerale demnach in der genannten Reihenfolge auskristallisierten, was mit den qualitativen Gefügebezeichnungen (s. Abschn. A und B) übereinstimmt. Nach Abscheidung des Anhydrits aber war das Gefüge des ganzen Gesteinskörpers offenbar so stark fixiert, daß auch in unzementierten Bereichen keine weitere Kompaktion mehr stattfand. Diese Methode ist nur in gutsortierten Sandsteinen anzuwenden; nach NICKEL (in ZIMMERLE 1976: 233) stört auch Tonmatrix.

K. Vergleich verschieden tiefer Bohrungen

Ist in einem engen Gebiet der gleiche Sandstein durch Bohrungen in sehr unterschiedlicher Tiefe erschlossen, so sollte es möglich sein, durch Vergleiche frühe und spätere Zemente zu unterscheiden.

Da alle diese Kriterien jeweils nur unter günstigen Bedingungen anwendbar sind, erschien es notwendig, dieses relativ große Repertoir einmal zusammenzustellen. Häufig wird nicht mitgeteilt, welche Kriterien den angegebenen Ausscheidungsfolgen zugrunde liegen.

4.3.4 Quarzdiagenese; „Drucklösung"

Quarz ist das häufigste Zementmineral in Sandsteinen. Im allgemeinen werden detritische Quarzkörner als Keime benutzt und wachsen in gleicher optischer Orientierung, oft unter Bevorzugung der c-Richtung, weiter (Abb. 4-43). Die Staubsäume, welche die Anwachssäume von den Körnern trennen, behinderten das Anwachsen, so daß kleine Bläschen umschlossen wurden (PITTMAN 1972). In älteren Sandsteinen (z. B. Oberkarbon) sind dieselben meist geschlossen, so daß man die Säume

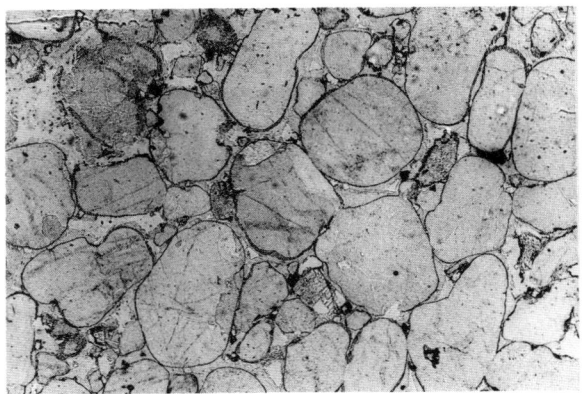 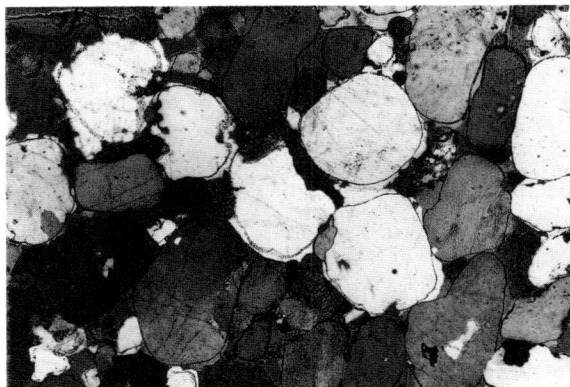

Abb. 4-43. Eingekieselter Sandstein (Penrith-Sandstein, Perm, England), rechts mit nahezu gekreuzten Nicols, wodurch die optische Kontinuität zwischen Kern und Anwachssaum erkennbar wird. (Bildbreite je 4 mm).

allenfalls durch die geringere Zahl von Einschlüssen oder – sicherer – an der nahezu fehlenden Kathodolumineszenz erkennt.

Viel seltener findet man Chalcedon – oder Mikroquarzzement. Er deutet auf hohe SiO_2-Übersättigung hin, wie sie im feuchtwarmen Klima des Tertiärs an der Oberfläche (HOHL 1957), oder in der Nachbarschaft vulkanischer Gesteine (z. B. im Rotliegenden; s. auch FRYE & SWINEFORD 1946; PETTIJOHN 1975: 240), oder neben biogenem Opal vorkommt (CAYEUX 1929; SEARS 1980, 1984: Opal A und CT): Bei Konzentrationen, die über der Löslichkeit amorpher Kieselsäure liegen, wird eine Quarzbildung vermutlich durch Polymerisation der Kieselsäure verhindert (HARDER & FLEHMIG 1970).

Beide Arten von SiO_2-Zementation kann man als „Einkieselung" bezeichnen. Eingekieselte Sandsteine aber gelten als „Quarzite".

Nicht selten findet sich der Hinweis, daß wegen der geringen Wasserlöslichkeit von Quarz sehr große Porenwasservolumina den Sandstein durchströmen und das gelöste SiO_2 absetzen müßten, um einen Sandstein zu zementieren. Da jedoch die Quarzzementation in aller Regel ihr Maximum erst in ca. 1500–3000 m Tiefe erreicht (Abb. 4-36; NAGTEGAAL 1979 und viele andere), wo die Porenwasserbeweglichkeit bereits sehr eingeschränkt ist, läßt sich eine starke Quarzausscheidung auf diese Weise kaum erklären (s. auch BJØRLYKKE 1979). Man hat vielmehr Ausschau zu halten nach Mechanismen, bei denen die Kieselsäure nicht weit von den zementierten Sandsteinen freigesetzt wird, mit diesen also ein nahezu geschlossenes System bildet (PETTIJOHN 1975: 243). HEALD & RENTON (1966) führten entsprechende Experimente durch. Nachfolgend sind die wichtigsten Kieselsäurequellen für Sandsteine nach abnehmender Bedeutung zusammengestellt (FÜCHTBAUER 1979: 1134).

1. Anlösung von Quarzkörnern in angrenzenden Siltsteinen.

Vier verschiedene Beobachtungen sprechen dafür, daß die tonigen Nebengesteine der Sandsteine wahrscheinlich deren wichtigste Kieselsäurequelle sind (JOHNSON 1920).

a) In Sandsteinen mit fortgeschrittener Diagenese findet eine Quarzauflösung nicht an den punktförmigen Berührungsstellen übereinanderliegender Sandkörner statt, wie nach dem Konzept der „Drucklösung" zu erwarten (Löslichkeitserhöhung unter Streß, s. Ableitung bei v. ENGELHARDT 1973: Kap. 5.4.2), sondern dort wo die Sandkörner durch Tonflasern gepolstert sind (Abb. 4-44) oder an Glimmerblättchen grenzen (Abb. 4-45; HEALD 1955, 1956a; THOMSON 1959; FOLK 1960; CAROZZI 1960; LERBEKMO & PLATT 1962; LOWRY & DE RUDDER 1966; SIBLEY & BLATT 1976). SELLWOOD & PARKER (1978) fanden, daß dies nicht teufenabhängig ist, weshalb HANCOCK (1978)

↑ Abb. 4-45. Auflösung von Quarz an Quarz-Glimmerkontakt. Oberkarbon, Nordsee, 3940 m Teufe. Schmale Seite 0,57 mm, + Nicols.

← Abb. 4-44. Stylolithen zwischen Quarzkörnern mit Tonsäumen. Buntsandstein einer norddeutschen Bohrung, 2940 m tief. Schmale Seite = 0,6 mm (aus FÜCHTBAUER 1967b, Abb. 6).

lieber von „grain margin dissolution" als von „pressure solution" sprechen möchte. Das Phänomen ist immer noch nicht befriedigend erklärt. Ansätze dazu lieferten THOMSON (1959) und WEYL (1959):

Nach Experimenten von THOMSON (l. c.) gehen an der Oberfläche von Glimmer- und Illitblättchen auf dem Wege des Basenaustauschs K-Ionen in Lösung, was PERRY & HOWER (1970) auch in illitischen Tonsteinen unter der Golfküste beobachten konnten. Diese K-Ionen erhöhen den pH-Wert durch K_2CO_3-Bildung, wodurch es bei erhöhten Temperaturen zu einer lokalen Steigerung der Quarzlöslichkeit kommen kann. Nach BEACH & KING (1978) konsumiert die Reaktion „Mixed Layer Muskowit-Smectit → Muskowit + Quarz" H^+-Ionen, führt also ebenfalls zu einer pH-Erhöhung.

Nach WEYL (l. c.) und DE BOER (1977) ist die Diffusions-Möglichkeit an den Kornkontakten entscheidend für den Abtransport des Gelösten. Sie ist an den Punktkontakten herabgesetzt, an Quarz-Ton-Kontakten aber durch einen „Löschblatteffekt" (BREHLER 1951) erhöht. Dies ist zweifellos der entscheidende Effekt zur Erklärung von Stylolithen in allen Gesteinen. Die erhöhte Quarzlöslichkeit an Glimmerblättchen (Abb. 4-45) aber wird dadurch ebenso wenig erklärt wie die von ZIMMERLE (1982a) beobachtete Verdrängung von Quarz durch authigenen Illit.

Der augenblickliche Kenntnisstand läßt sich wie folgt zusammenfassen. Quarzkörner, die an Glimmer oder Illit grenzen, sind dort geringfügig löslicher als solche, die an andere Quarzkörner grenzen. Die letzteren Kornkontakte neigen daher zur Zementation, während die Anlösung an den Quarz-Tonkontakten ihren Fortgang nimmt. Als „Drucklösung" wurde dieser Vorgang einerseits wegen der experimentell belegten Druckabhängigkeit der Löslichkeit bezeichnet, andererseits weil die Lösungssäume in ungefalteten Gesteinen meist horizontal, das heißt senkrecht zur Druckrichtung angeordnet sind. Wahrscheinlich aber hat der Überlagerungsdruck nur die Funktion, das Gestein während der Auflösung nachzuschieben und in Kontakt zu halten. Wird an einem vertikalen Tonsaum ein Quarzkorn gelöst, so entsteht ein Spalt, der früher oder später durch Zement geschlossen wird. Der Einfluß des Überlagerungsdruckes wird in der Literatur kontrovers diskutiert (ELVERHØI & BJØRLYKKE 1978; EDWARDS 1981a).

Ihre größte Verbreitung aber haben Quarz-Tonmineralkontakte in Siltsteinen, welche ja in ihrer Zusammensetzung zwischen Sandsteinen und Tonsteinen vermitteln. Hier sollte demnach die Quarzauflösung eine wesentliche Rolle spielen (s. auch WALLACE 1976). Ein Vergleich der

Längen/Breitenverhältnisse von gleichgroßen Quarzkörnern in Feinsiltsteinen und tonarmen Grobsiltsteinen zeigte in der Tat eine deutliche „Plättung" der Quarze in dem tonigeren Gestein (Abb. 4-46). Ähnliche Befunde zeigt Abb. 4-47. In dem Feinsiltstein von Abb. 4-46 wurden im Mittel 35% Volumenreduktion der Quarzkörner durch Anlösung gemessen. Bei einem Quarzgehalt von 30% bedeutet dies, daß der Siltstein in der Lage war, 10% Quarz für die Zementation von eingelagerten Sandsteinen abzugeben (FÜCHTBAUER 1978, 1979). Ähnliche Werte ergeben sich aus Abb. 4-47 für 60% Schichtsilikate und ca. 30% Quarz.

Daß in Sandsteinen Quarzzementation, in klastischen Gesteinen mit mehr als 40% Schichtsilikaten aber Auflösung und Abgabe von SiO_2 überwiegt, zeigt Abb. 4-48 für hochdiagenetische bis niedrigmetamorphe Gesteine.

Abb. 4-46. Feinsiltstein mit angelösten Quarzkörnern (dick umrandet), unterlagert von einem Grobsiltstein ohne erkennbare Anlösung der Quarze. G = Glimmer. Hochdiagenetisches oberes Mittelrhät, 2600 m tief, Norddeutschland. (Nach Dünnschliff gezeichnet, aus FÜCHTBAUER 1979, Abb. 6)

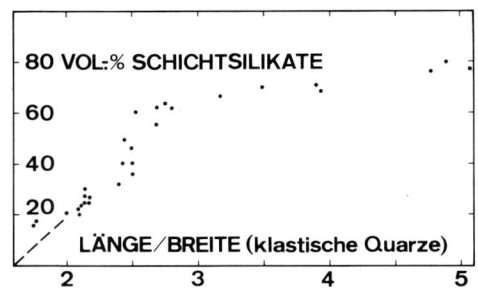

Abb. 4-47. „Drucklösung" in hochdiagenetischen bis niedrigmetamorphen Serien des schottischen Präkambriums äußert sich in einer zunehmenden Plättung der Quarze mit wachsendem Glimmergehalt. In glimmerfreien Sandsteinen beträgt das Länge/Breiteverhältnis im Mittel 1,6 (aus VOLL 1969, Abb. 42).

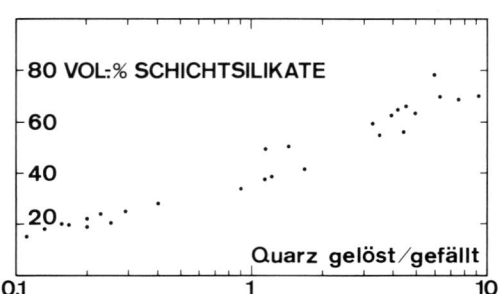

Abb. 4-48. In klastischen Gesteinen mit < 40% Schichtsilikaten überwiegt Quarzzementation, bei > 40% dagegen Auflösung von Quarz und Abtransport in die ersteren Gesteine. Vorkommen wie Abb. 4-47 (aus VOLL 1969, Abb. 45).

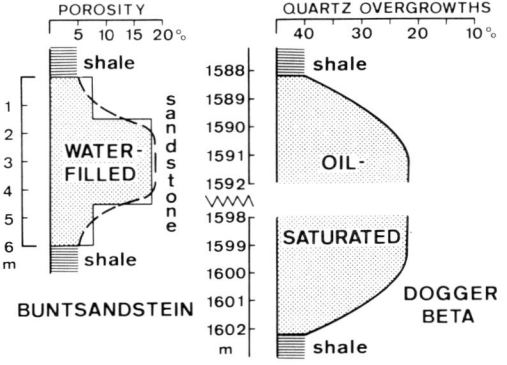

Abb. 4-49. Sandsteine, die offensichtlich von oben und unten her zementiert wurden, wie die herabgesetzte Porosität (links) und die vermehrten Anwachssäume (rechts; s. Abb. 4-36) in der Nähe der begrenzenden Feinsiltsteine zeigen (aus FÜCHTBAUER 1974a). Links gibt die gestrichelte Kurve den vermuteten Porositätsverlauf wider.

b) Recht augenfällig ist die Kieselsäurezufuhr aus den über- und unterlagernden Feinsiltsteinen im norddeutschen Buntsandstein (Abb. 4-49 links): Über viele ca. 1,5–2,5 km tief versenkte Sandsteinprofile gemittelt ergab sich, daß die Porosität in den obersten und untersten 1,5 m der Sandsteinbänke unabhängig von deren Mächtigkeit auf 5% (gegenüber 10–15% in der Bankmitte) reduziert ist, und zwar durch Quarz-, untergeordnet auch Anhydrit- und Karbonatzement. Selbst in ölgefüllten Dogger-Sandsteinen sind solche Einflüsse im Randbereich erkennbar (Abb. 4-49 rechts).

Im Dogger Norddeutschlands gibt es nicht selten auch kalkig oder dolomitisch zementierte Partien vorzugsweise an der Ober- und Untergrenze, jedoch auch im Innern der Sandsteinbänke. FOTHERGILL (1955) erklärte solche Erscheinungen durch Ionenfiltration beim Übertritt von Kompaktionswasser aus den Sandsteinen in die Tonsteine (s. auch S. 168, B). Dieser Mechanismus ist für die obengenannte, schwache Quarzzementation im Dogger auszuschließen, da sie in verwässerten Partien, wo ein Fließen von Porenwasser aus den Sandsteinen in die Tonsteine allenfalls möglich war, gleichmäßig über den Sandstein verteilt ist; nur in den verölten Sandsteinen ist sie auf den Randbereich beschränkt und setzte daher erst nach der Ölfüllung ein, als eine Filtration nach dem obengenannten Mechanismus nicht mehr möglich war. Die erwähnte Karbonatzementation aber geschah, wie ihre Verteilung zeigt, vor der Öleinwanderung.

Die symmetrische Verteilung der Zementation (oben und unten) spricht gegen die Mitwirkung eines (nach oben gerichteten) Kompaktionsstroms und für einen diffusiven Transport aus den Feinsiltsteinen ins Poren- bzw. Haftwasser der Sandsteine. Es gibt jedoch auch andere Muster. So fanden NASSR & EHRLICH (1983) im Paläozoikum der Nubischen Serie eine verstärkte Quarzzementation an der Oberseite der Sandsteine.

c) Ein Vergleich des unlöslichen Rückstands von Karbonatkonkretionen zahlreicher Vorkommen mit den umschließenden Feinsiltsteinen ergab als einzigen, durchgehenden Unterschied, daß in den Konkretionen der Quarzgehalt höher ist. Offenbar wurde er in diesen konserviert, in den Siltsteinen aber teilweise aufgelöst (KNOKE 1966; FÜCHTBAUER 1978).

d) Besonders stark ist die Auflösung von Quarz an Schieferflächen, d.h. im Bereich schwacher Metamorphose entwickelt (BREDDIN 1930; HOEPPENER 1956; PLESSMANN 1964; VOLL 1969; s. Abb. 4-47 und 48).

2. Übergang Smektit – Illit

In etwa 2000–3000 m Tiefe vollzieht sich der Übergang von Smektit in Illit. Dabei wird neben Wasser auch etwa 6,4% SiO_2 freigesetzt. Dies wäre für einen Siltstein mit 15% Smektit 1% SiO_2. Allein würde dieses Reservoir kaum genügen, die Quarzzementation zu erklären (BJØRLYKKE 1979).

3. Verdrängung von Sandkörnern durch SiO_2-ärmere oder -freie Minerale

In vielen Sandsteinen sind Feldspäte durch Karbonat, Kaolinit (s. S. 173) oder Illit verdrängt, Quarze durch Karbonat oder (im Buntsandstein) durch Anhydrit. Hierdurch wird SiO_2 frei:

$$4\ KAlSi_3O_8 + 4\ H_2O \rightarrow Al_4(OH)_8Si_4O_{10} + 2\ K_2O + 8\ SiO_2$$
Kalifeldspat　　　　　　　　　Kaolinit　　　　　　　　Quarz

4. Sandstein-Stylolithen

In tief versenkten Sandsteinen, nicht weit vom Übergang zur Metamorphose, nehmen Stylolithen an Häufigkeit zu. Ihre Amplitude gibt den Mindestbetrag der Auflösung an. Diese kann jedoch viel größer sein, beobachtet man doch, daß Stylolithen, die lateral miteinander verschmelzen, sich dabei glätten, also eine geringere Amplitude aufweisen, obwohl sich in ihnen der Auflösungsbetrag der beiden verschmolzenen Stylolithen addiert (Abb. 4-50). Um den wirklichen Auflösungsbetrag zu ermitteln, verglich HEALD (1955, 1959) die Schwermineralkonzentration im Stylolithen mit derjenigen im Nebengestein und fand eine Auflösung, die 10 × so groß war wie die Stylolithen-Amplituden. Im Beispiel der Abb. 4-50 wurden mangels Schwermineralen > 0,15 mm große Glimmer verwendet, da diese ebenso wie die Schwerminerale gegen Auflösung resistent sind. Die so ermittelte Mächtigkeitsreduktion entsprach der Porositätsabnahme durch Zementation des jeweils angrenzenden Sandsteins. Allgemein zeigte sich ein Zusammenhang zwischen der Häufigkeit von Stylolithen und der Porositätsreduktion im umgebenden Sandstein.

Stylolithen entstehen nur zwischen Mineralkörnern bzw. Gesteinen gleicher Löslichkeit, andernfalls erfolgt eine „Drucklösung" an glatten Flächen, wobei sich das weniger lösliche Korn durchsetzt (TRURNIT & AMSTUTZ 1979). In Karbonatgesteinen spielen Stylolithen eine größere Rolle als in Sandsteinen.

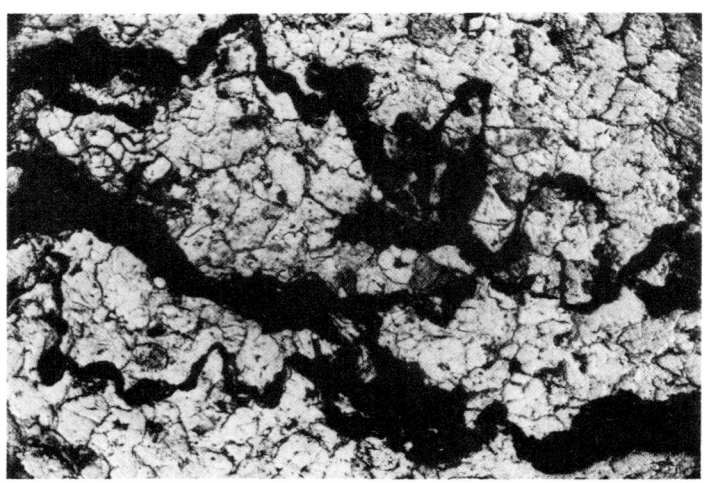

Abb. 4-50. Verschmelzende und dabei sich glättende Stylolithen im Mittelrhäthauptsandstein Norddeutschlands (2600 m tief, jedoch anchimetamorph; Bildbreite 2 mm, aus FÜCHTBAUER 1978, Abb. 3).

5. Vulkanisches Glas und Opal

In norddeutschen Rotliegendsandsteinen konnte unmittelbar über Eruptivgesteinskörpern eine unduläse mikrokristalline Quarzzementation beobachtet werden, während diese Sandsteine sonst homoachsialen Quarzzement führen. Der mikrokristalline Quarz ist aus Glas, Opal oder Chalcedon hervorgegangen und kann keiner der unter 1–4 genannten Quellen entstammen. Vermutlich geschah dies in einem frühen Stadium der Diagenese.

6. SiO_2-reiche Verwitterungslösungen

In der Nähe der Erdoberfläche können vor allem in feuchtwarmem Klima große Mengen von Kieselsäure in Lösung gehen. Unter schlechten Drainagebedingungen kann dieselbe in oberflächennahen Sedimenten wieder ausgeschieden werden, und zwar entweder als Quarz oder als Opal bis Chalcedon (z. B. Tertiärquarzite Mitteldeutschlands, v. FREYBERG 1926).

Zusammenfassend ist festzustellen, daß, abgesehen von 3) und 4), die wichtigeren SiO_2-Quellen außerhalb der Sandsteine, aber nicht sehr weit von ihnen entfernt, zu suchen sind. Sicher wirkt beim Transport vor allem in den früheren Diagenesestufen sowie im Falle 2, welcher mit einer kräftigen Wasserabgabe verbunden ist, der Kompaktionsstrom mit, doch scheint speziell in den Fällen 1 und 4 die Diffusion eine bestimmende Rolle zu spielen, wie die symmetrische Zementation der Sandsteinbänke (1) bzw. die geringe Reichweite des zementierenden Einflusses von Stylolithen (4) zeigt. Im ganzen kann man von einer SiO_2-Migration aus den Tongesteinen in die Sandsteine sprechen. Dabei werden die Sandsteine durch Quarzzement verfestigt, während die Tongesteine zunächst an Beweglichkeit eher zunehmen. Klastische Serien, die bald nach der Sedimentation verformt werden, reagieren zunächst noch wie isotrope Körper; es entstehen Aufschiebungen. Erst im Laufe der oben beschriebenen Diagenese wird die Schichtung wirksam, und es kann Faltung stattfinden. Ein eindrucksvolles Beispiel hierfür ist das Oberkarbon des Ruhrgebietes (HOEPPENER et al. 1983: 1189).

4.3.5 Andere diagenetische Mineralbildungen

A. Feldspäte, Zeolithe

Im Bereich der Hochdiagenese und der schwachen Metamorphose beobachtet man, daß sich Kalifeldspat, nach PITTMAN (1979) vorwiegend Orthoklas und Sanidin, sowie basische Plagioklase auflösen, während sich Albit bildet (MIDDLETON 1972; HOWER et al. 1976, BOLES & FRANKS 1979, LAND & MILLIKEN 1981, OGUNYOMI et al. 1981, KUGLER 1983, WALKER 1984: In 3300 m Tiefe, LAND 1984). Im Buntsandstein wurde dementsprechend Orthoklas, niemals aber Albit durch Dolomit verdrängt. BLATT et al. (1980: 353) erklären die Verdrängung von Feldspat durch Karbonat dadurch, daß mit zunehmender Temperatur die Löslichkeit von Feldspat zunimmt, während diejenige von Karbonaten abnimmt. Auch Serizit ist als Verdrängung von Kalifeldspatkörnern häufig. Plagioklaskörner werden in höheren Diagenesestufen albitisiert, sofern sie nicht durch frühen Kalkzement konserviert wurden (DICKINSON et al. 1969; LAND 1984).

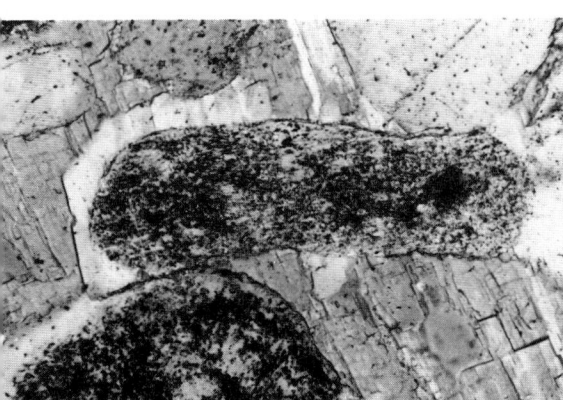 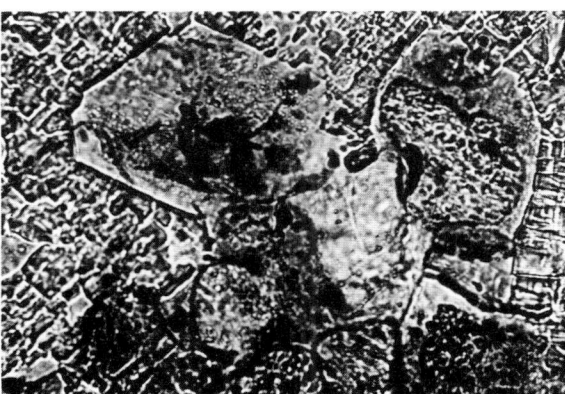

Abb. 4-51. Buntsandstein – Diagenese.
Links: 1. Zement Albit-Anwachssaum um Orthoklas, nicht ganz homoachsial. 2. Zement Anhydrit, die Poren ausfüllend. Norddeutsche Tiefbohrung. Gekreuzte Nicols; schmale Seite 0.37 mm.
Rechts: 1. Zement Albit-Anwachssaum um Plagioklas. 2. Zement Anhydrit, wie links. Norddeutsche Tiefbohrung. Einfach polarisiertes Licht; schmale Seite 0,3 mm.

Feldspatneubildungen im Temperaturbereich der Diagenese beschränken sich wegen der ausgedehnten Mischungslücken auf die reinen Endglieder Albit und Kalifeldspat. Diese finden sich häufig in Karbonatgesteinen und sollen daher dort eingehender besprochen werden (s. S. 421 ff.). In Sandsteinen bildet authigener, d.h. im Sediment neugebildeter Feldspat, Umwachsungen detritischer Körner (Abb. 4-51). Da es sich meist um relativ frühe Bildungen handelt, wird Feldspat kaum als Verdrängung gefunden. Ganz allgemein nämlich werden Verdrängungen in der Hochdiagenese häufiger (Ausnahme: Caliche). Bevorzugt werden Feldspäte der gleichen Art umwachsen; widerstrebend – mit dünneren Säumen – können Kalifeldspäte durch Albit, Plagioklase durch Kalifeldspat überwachsen werden (Beispiel: Buntsandstein). Nur bei hoher Übersättigung kann der Feldspat andere Minerale als Keime benutzen. So bildete sich ein faseriger Albit als Sandsteinzement an Basaltgängen unter dem Einfluß kurzzeitig erhöhter Temperatur, aufkosten von Kalifeldspat (BRAUCKMANN & FÜCHTBAUER 1983: 204).

Diese an Basaltkontakten entstandenen Albite zeigen gelbe Kathodolumineszenz; die etwas schwächer erwärmten authigenen Albite über dem Bramscher Massiv (bei Osnabrück) zeigen braune Lumineszenz (BRAUCKMANN 1984), während nicht unter Hitzeeinfluß gewachsene oder geratene authigene Albite nicht lumineszieren (ZINKERNAGEL, mdl.). Feldspatzement in Sandsteinen wurde unter anderen von GOLDICH (1934), HEALD (1956b), CAROZZI (1960), KIRSCH & HALLBAUER (1960), MAUREL (1962), GLOVER (1963), HELING (1965) und STABLEIN & DAPPLES (1977) beschrieben. Weitere Vorkommen werden im Kap. 4.3.7 erwähnt.

Im Buntsandstein Norddeutschlands kommt außer Albit- auch Analcimzement vor, und zwar in albitärmeren Proben. In Siltsteinen bildet der Analcim flaserartige Partien, die recht früh gebildet sein müssen, als die Porosität noch hoch war (FÜCHTBAUER 1967b). Möglicherweise wurde der Analcim im Laufe der Diagenese zum Teil aufgelöst und für den Albitzement verwendet. Nach CAMPBELL & FYFE (1965) und HAY (1966) findet in salinaren Lösungen – welche zumindest heute auch das Porenwasser des Buntsandsteins bilden – eine Umwandlung von Analcim in Albit schon bei 50–75 °C statt. Der Druck ist hierbei von Einfluß (SURDAM & BOLES 1979). Die Albitbildung fand im Buntsandstein etwa in 500–1000 m Tiefe statt. Jedoch ist wohl auch mit einer direkten Feldspatbildung aus der Lösung zu rechnen. Insgesamt ist die Frage nach den Quellen der Feldspatzemente von geringer Bedeutung, da ihr Volumen meist gering ist.

Zeolithzemente sind in vulkanoklastischen Sandsteinen fast die Regel (Heulandit, Klinoptilolith, Analcim, Laumontit, s. BLATT et al. 1980: 356). Hiervon ist nur der Analcim auch in nicht vulkanischen, meist evaporitischen Sedimenten zu finden (KELLER 1952; VAN HOUTEN 1962, 1965; HAY & MOIOLA 1963; IIJIMA & UTADA 1966). Laumontit, in anchimetamorphen Gesteinen zuhause, kommt auch in nichtmetamorphen Sandsteinen, bei 50–100 °C vor (HAY 1966; LIPPMANN & ROTHFUSS 1980, s. auch HELMOLD & van de KAMP 1984). Die Zeolithbildung setzt einen erhöhten pH-Wert voraus, das Material stammt meist aus instabilen vulkanischen Gesteinsbruchstücken. Zeolith und Karbonat schließen sich im allgmeinen aus.

B. Karbonate

Als Zementminerale treten in der Frühdiagenese Aragonit, Mg-Calcit und – im nichtmarinen Bereich – Siderit und Calcit auf. Wegen der oft hohen Übersättigungen sind diese Zemente zum Teil recht feinkristallin, seltener faserig (= Zement A der Kalke; GARRISON et al. 1969). Mikritische Säume, welche die Sandkörner „auseinanderdrängen" (BOGOCH & COOK 1974), sind caliche-verdächtig. In anderen Fällen verursachte eine Tonmatrix die feine Kristallgröße des Calcits (MURAVYOV 1970). Die im Strandbereich zementierten Sande werden als „beachrock" bezeichnet und im Kap. 6 besprochen.

In der späteren Diagenese findet man Calcit, Fe-Calcit, Dolomit, Fe-Dolomit, Ankerit Ca$(Mg_{0,5}Fe_{0,5})(CO_3)_2$, Siderit und Magnesit (HELING 1965) als Zementminerale von Sandsteinen. Mit wachsender Tiefe nehmen im Sideritzement japanischer Kohlefelder Ca und Mg zu (MATSUMOTO & IIJIMA 1981). NASH & PITTMAN (1975) registrierten Fe-Mg-Calcite mit 1–10 Gew.-% $FeCO_3$ und 11–39 Gew.-% $MgCO_3$. Diese Zemente sind meist mikro- (10–100 µm) bis makrokristallin (> 100 µm) und umschließen in letzterem Fall oft „poikilitisch" mehrere Sandkörner (z. B. HELING 1963). Nicht selten sind solche zementierten Partien lagenförmig angeordnet, wobei Ober- und Untergrenze der Sandsteinbänke etwas bevorzugt sind. FOTHERGILL (1955) hat diese Anordnung durch Ionenfiltration beim Übertritt des Kompaktionswassers aus den Sandsteinen in die Tonsteine zu erklären versucht, was allerdings eine verstärkte Zementation der Oberseite der Sandsteinbänke voraussetzt (WERNER 1961); diese ist jedoch nicht die Regel (s. S. 165, 1b).

Im Gegensatz zum authigenen Feldspat verdrängen die Karbonatneubildungen nicht selten Sandkörner (Quarze, Feldspäte und Gesteinsbruchstücke). Nach KASHIK (1965) und FRIEDMAN & SANDERS (1978: 136, 159) ist hierzu ein pH > 9 erforderlich, wie er nicht nur in Korallenriffen, sondern auch im Grundwasser der nordöstlichen USA gelegentlich gefunden wird. In den „calcretes" semiarider Gebiete ist die Verdrängung von Sandkörnern durch Karbonat fast die Regel, und auch bei hochdiagenetischen Karbonatausscheidungen findet man sie recht häufig (z. B. LANGBEIN et al. 1983).

Auch innerhalb der Karbonatphasen gibt es Verdrängungen, z. B. Dolomitisierungen, die in der Spätdiagenese meistens mit Einbau von Fe^{++} verbunden sind. In größeren Tiefen kann es aufgrund einer organogenen CO_2-Entwicklung (Kerogen, Kohle) zu einer Dezementation kommen, welche zu einer sekundären Porosität führt (s. S. 156 C).

Da Karbonatzemente eine große Rolle spielen, ist die Frage nach ihrer Herkunft von Bedeutung. Es kommen in Betracht:

1. Biogene, vor allem solche, die aus Aragonit bestehen, lösen sich auf und führen zu einer frühdiagenetischen Zementation. FRIEDMAN & SANDERS (1978: 159) erwähnen ein Beispiel aus dem Pleistozän subtropischer Küsten, wo 2–3 cm dicke, lockere Sandlagen ohne Schalenreste mit ebenso dicken Kalksandsteinlagen wechseln, in denen aragonitische Schalen aufgelöst wurden und das Material für den Kalkzement lieferten.

2. Falls in der Schichtenfolge Kalke vorkommen, können diese, beispielsweise über Stylolithen, Kalk abgeben.

3. Die umgebenden Tongesteine können eine Quelle nicht nur für Quarzzement (S. 162, Punkt 1), sondern auch für Karbonatzement sein. Dieser ist im norddeutschen Buntsandstein an der Ober- und Unterkante der Sandsteine (Abb. 4-49 links) ebenfalls angereichert. Die umgebenden Siltsteine sind zwar heute kalkfrei, mögen aber ursprünglich etwas Kalk enthalten haben, doch könnten auch Basenaustauschvorgänge eine Rolle gespielt haben (Na des Porenwassers gegen Ca des Smektits).

4. Die in vielen Tongesteinen feinverteilte organische Substanz ist eine wichtige Quelle für den Karbonatzement benachbarter Sandsteine. Sie wird mikrobiell oder anorganisch zu HCO_3^- abgebaut, welches sich mit den aus Silikaten und Sesquioxiden freigesetzten Kationen verbindet. CURTIS (1978) unterscheidet dabei sechs Stadien (Tab. 4-12).

Tabelle 4-12. Organische Diagenese als Quelle von Karbonatzement (nach CURTIS 1978); stabile Isotope nach IRWIN & HURST (1983).

Sediment-tiefe	Prozeß	Karbonate	‰ $\partial^{13}C$ (PDB)	$\partial^{18}O$ (PDB)
1. bis 1 cm	bakterielle Oxidation		ähnlich wie 2)	
2. bis 10 m	bakterielle Sulfatreduktion	Calcit (Zementsäume, Konkretionen)	−5 bis −40	−1
3. bis 1000 m	Fermentation	Fe-Calcit, Fe-Dolomit	0 bis +15	−1,5 bis −10
4. bis 2500 m	thermische Dekarboxylierung; H_2O- und CO_2-Abspaltung		−5 bis −20	−3,5 bis −15
5. bis 4000 m	Ölbildung	Calcit, Dolomit, Fe-Dolomit, Siderit u.a.		
6. über 4000 m	Abbau zu Methan und Graphit			

Die positiven $\partial^{13}C$-Werte bei der Fermentation entstehen durch die Abspaltung isotopisch leichten Methans. Oberhalb von Ölansammlungen kann biogenes Karbonat zur Zementation von Sandsteinen führen. Solche Zemente besitzen stark negative $\partial^{13}C$-Werte (negativer als −25‰ PDB, nach DONOVAN et al. 1974). Auch an der Oberfläche, im Mississippi-Mündungsgebiet, finden sich solche isotopisch leichten Kalksandsteine ($\partial^{13}C$ von −18 bis −40‰), und zwar in Strand- und Barrensanden, welche über eine torfführende Marsch transgredieren (ROBERTS & WHEELAN 1975). Ein weiteres, eindrucksvolles Beispiel berichten FRIEDMAN & SANDERS (1978: 1).

C. Anhydrit, Baryt, Barytocölestin, Hämatit, Steinsalz

Anhydrit ist als Zementmineral häufig; es umschließt meistens poikilitisch-makrokristallin mehrere Sandkörner. Häufig sind diese Anhydritkristalle in der Schichtfläche ausgedehnter als senkrecht dazu, was auf größere schichtparallele Durchlässigkeit hindeutet. Anhydrit kommt nicht nur in evaporitischen Formationen vor, sondern untergeordnet auch in normalmarinen oder gar fluviatilen Sandsteinen, wie im süddeutschen Buntsandstein und im humiden Oberkarbon. Daher ist in vielen Fällen mit einer Herkunft aus liegenden Schichtenfolgen zu rechnen (LEVANDOWSKI et al. 1973; FÜCHTBAUER 1967b: 177). Wegen der relativ großen Löslichkeit von $CaSO_4$ kann der Kompaktionsstrom einen beträchtlichen Stofftransport noch in späten Stadien der Kompaktion bewältigen. So ist Anhydrit oft ein später Zement, um so mehr, als seine Löslichkeit mit zunehmender Temperatur geringer wird, im Gegensatz zu den meisten Silikaten und Quarz (v. ENGELHARDT 1973).

Im Buntsandstein findet man als späten Zement aggressive Spieße von Barytocölestin, in anderen Sandsteinen Baryt. In manchen Nordseebohrungen wachsen die Steigrohre mit Baryt zu, für den somit das heutige Porenwasser übersättigt ist. AYALON (1976) fand aber auch in jungen Schuttfächern authigenen Baryt. In den verschiedensten Sandsteinen überschwemmt er die Schwermineralpräparate. Das Barium wird aus dem Orthoklas hergeleitet (s. auch Kap. 10.10). Auch Cölestin wird von CAROZZI (1960) aus Sandsteinen erwähnt.

Steinsalz kommt, meist als letzter Zement und sehr unregelmäßig verteilt, im Buntsandstein vor.

Hämatit (α-Fe_2O_3) ist in terrestrischen Sandsteinen, welche in einem warmen, meist trockenen Klima (FOLK 1976) gebildet wurden, als früher Zement bzw. als Verwitterungsneubildung aufkosten Fe-haltiger Minerale wie Hornblende (T.R. WALKER 1967a, b; KESSLER 1978) und Biotit (VALETON 1953; McBRIDE 1974; TURNER & ARCHER 1977) weit verbreitet. Nach den letztgenannten Autoren bleibt der Hämatit jedoch zwischen den Biotitblättchen eingeklemmt und kann daher erst nach nochmaliger Aufarbeitung zur Rotfärbung der Red Beds beitragen. Einen Beweis für die Herkunft der roten Farbe lieferten HUBERT & REED (1978). Sie fanden in den Red Beds der Newark Group Dolomitsandstein-Konkretionen, in denen Pyroxen, Amphibol, Epidot, Chlorit und Biotit, sowie Limonitüberzüge noch erhalten waren, während sie im umgebenden Gestein fehlten und durch Hämatit ersetzt waren. Wenn die Hämatitkristalle größer als 2 µm werden, bekommt das Sediment eine malvenartig violette Farbe (DURAND 1975 s. auch WINTER 1979: Abb. 18;). In Tongesteinen setzt Rotfärbung ein, wenn der Fe^{III}-Gehalt 2% übersteigt (FRANKE & PAUL 1982).

Hämatit und Goethit bilden sich nach SCHWERTMAN & FISCHER (1974) aus amorphem Ferrihydrit $Fe_5HO_8 \cdot 4H_2O$, und zwar Hämatit bei höherer Temperatur und Konzentration (in warmem, subhumidem bis aridem Klima, s. Abb. 2-26), Goethit bevorzugt in Anwesenheit von Humussäuren. Gleichzeitig oder als Vorstufe von Hämatit kann bei relativ trockenem Klima ein Fe^{+++}-haltiger Montmorillonit auftreten. Hämatit kann sich in Goethit umwandeln; die umgekehrte Umwandlung ist schwierig (s. auch S. 34ff.).

Über Ölfeldern können beide Minerale reduziert werden; das Gestein ist dann entfärbt und enthält Fe-Calcit oder -Dolomit und Pyrit (FERGUSON 1981). Über dem Burgan-Ölfeld in Kuwait wurde ein schwach verwitterter Glaukonit des Cenoman zu Siderit umgewandelt, der vermutlich kleine Magnetiteinschlüsse enthält (EL-SHARKAWI & AL-AWADI 1982). Dies hat praktische Bedeutung: Solche Lagerstätten können mit Aeromagnetik entdeckt werden (DONOVAN et al. 1979).

Unter den authigenen Schwermineralen sind – auch in Sandsteinen – Turmalin-Anwachssäume am häufigsten (VALETON 1955b; MADER 1978, 1980c; HANCOCK 1978) und am sichersten.

Nicht selten findet sich feiner, idiomorpher Anatas. Auch authigener Apatit kommt vor.

A. Kaolinit aus dem Frio Sand (Eozän, Texas, Aus WILSON & PITTMAN 1977, Fig. 14A)
B. Chlorit aus der Morrow Fm. (Pennsylvanian, New Mexico, aus 3470 m Tiefe. Bildbreite 22 µm. Foto Dr. M.D. WILSON)
C. Illit aus dem Norpleth Sandstein (Jura, S. Alabama, aus 5634 m Tiefe, Bildbreite 47 µm. Foto Dr. M.D. WILSON)
D. Corrensit aus anstehendem vulkanischem Arenit der Bear Lake Fm. (Miozän, Alaska, Bildbreite 108 µm. Foto Dr. M.D. WILSON)
E. Smektit (Wabenstruktur), Norpleth Sandstein (Jura, Alabama. Aus WILSON & PITTMAN 1977, Fig. 17 B)
F. Mixed-Layer Smektit-Illit, Mesaverde Group (Kreide, Colorado. Aus WILSON & PITTMAN 1977, Fig. 18)

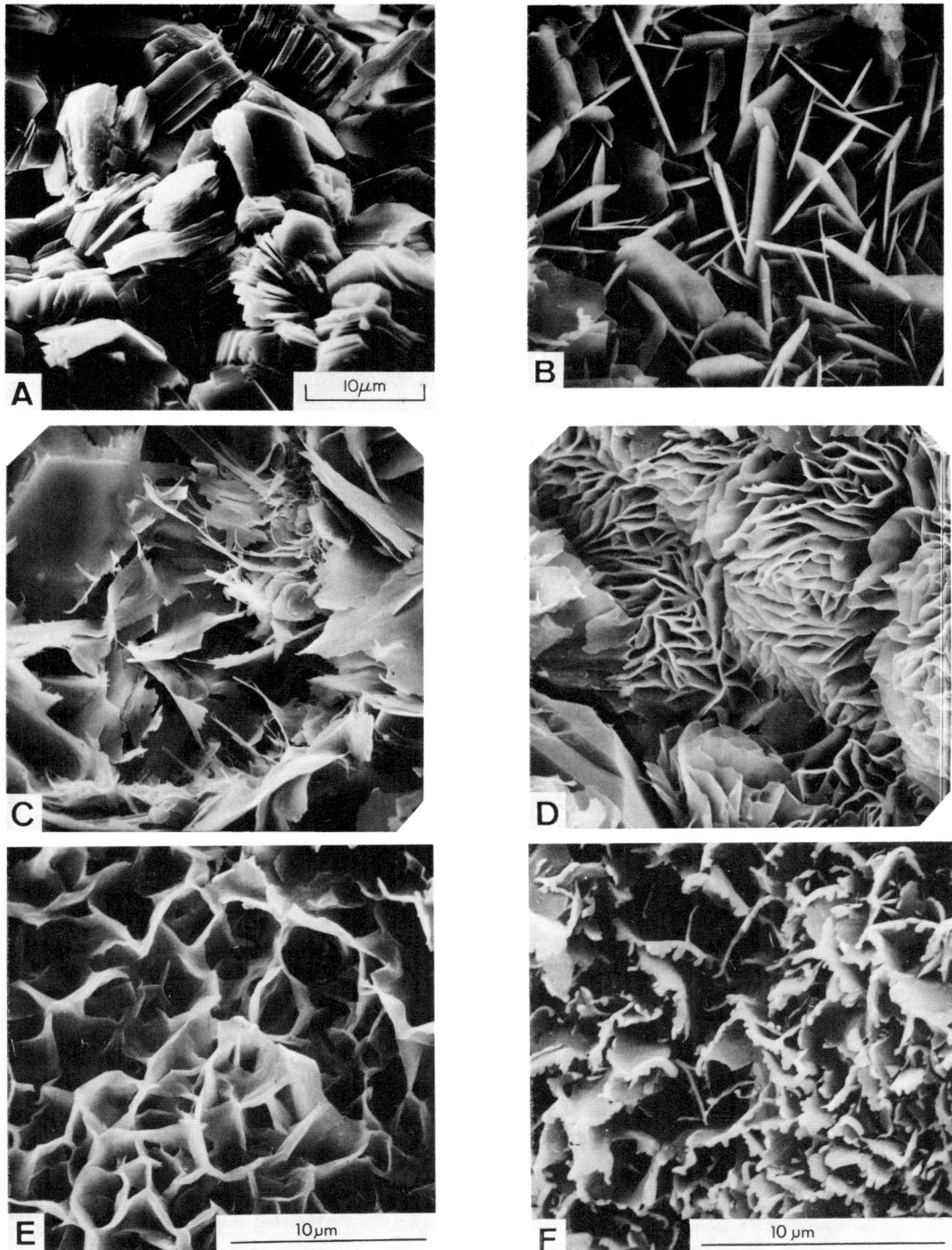

Abb. 4-52. Tonmineral-Neubildungen in Sandsteinen

D. Tonminerale

Bei den Tonmineralen in Sandsteinen fällt die Entscheidung oft nicht leicht, ob es sich um sedimentäre Matrix, oder um Neubildungen („Zement") handelt. Erstere erkennt man daran, daß die Blättchen sich mit der Tendenz horizontaler Lagerung um die Sandkörner schmiegen. In dieser Lage sind sie bei höher Diagenese vermutlich sammelkristallisiert und bilden dann gebogene Pseudo-Einkristalle.

Neubildungen geben sich – besonders gut unter dem Rasterelektronenmikroskop – durch ihre lockere und mineralspezifische Anordnung in den Poren zu erkennen (Abb. 4-52). Auch sind die einzelnen Poren meist nur mit einer einzigen Tonmineralart gefüllt.

Kaolinit (Abb. 4-52A) bildet geldrollenförmige Pakete von im Idealfall sechseckigen Täfelchen.

Chlorit (Abb. 4-52B) zeigt ähnliche Täfelchen, die jedoch nicht aufeinanderliegen, sondern entweder die Sandkörner wie ein Rasen überwachsen (KOSSOVSKAYA & SHUTOV 1958; v. ENGELHARDT 1960, CARRIGY & MELLON 1964), oder den Porenraum locker füllen. Die Abbildung zeigt eine hochdiagenetische Form; bei niedrigeren Diagenesestufen bildet der Chlorit gebogene, unregelmäßige Blättchen. STOLL-STEFFAN (1987) beobachtete eine Verdrängung von Chamositooiden durch Fe-reichen Chlorit des Polytyps Ib. Wegen ihres Fe^{2+}-Gehaltes verlangen die diagenetischen Chlorite ein reduzierendes Milieu.

Illit bildet entweder große, an den Rändern Whisker-artig ausgefranste Blättchen (Abb. 4-52C), oder, ähnlich wie der Chlorit, einen rasenartigen Kornbewuchs; außerdem kommt er als mehr oder weniger vollständige Verdrängung von Kaolinit-Geldrollen vor. Grasförmige Illitbänder ($0,2 \times 0,02$ µm) des 1 M-polytyps fanden GÜVEN et al. (1980) noch in 6300 m Tiefe. Daß solcher Illit die Durchlässigkeit stärker herabsetzt als Kaolinitzement, ist verständlich (Abb. 4-53). Corrensit

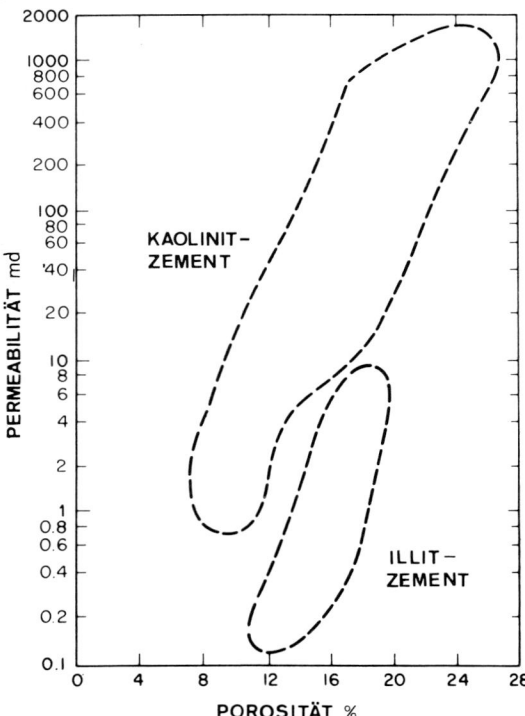

Abb. 4-53. Einfluß unterschiedlicher Tonmineralzemente auf die Durchlässigkeit (aus BLATT et al. 1980: Fig. 12-14, nach STALDER 1973). Jede Population stammt aus einer Bohrung.

(eine regelmäßige Wechsellagerung Vermiculit-Chlorit; Abb. 4-52D) leitet hier morphologisch zu den folgenden Mineralen über, doch kann er im Dünnschliff auch eine schief gegitterte Struktur zeigen (Almon et al. 1976).

Smektit (Abb. 4-52E) ist im Dünnschliff kaum vom Illit zu unterscheiden. Im REM-Bild erkennt man jedoch oft ein wabenartiges Gefüge. Ähnliches gilt für die mixed layer-Minerale Smektit-Illit. In Abb. 4-52F sind die Blättchen etwas ausgefranst, jedoch nicht so fadenartig wie beim Illit.

Hiermit ist jedoch die Palette der Tonmineralzemente noch nicht erschöpft. So fand Kulke (1969) in terrestrischen Keupersandsteinen den Al-Mg-Chlorit „Sudoit" und das 1:1 Wechsellagerungsmineral Sudoit-Smektit, den Tosudit, und im Rotliegendsandstein bei Cornberg/Hessen fanden Flehmig & Menschel (1971) den Cookeit, einen Sudoit mit 1% Lithium.

Es ist nach diesen Ausführungen verständlich, daß solche lockeren Tonmineral-Füllungen einerseits die Permeabilität herabsetzen, andererseits bei Wasserinjektionen im Rahmen sekundärer Ölförderung quellen oder sich in Bewegung setzen und die Poren verstopfen können, wobei sich die einzelnen Tonminerale unterschiedlich verhalten, s. auch Tab. 4-13 (Almon & Davies 1979; Nagtegaal 1979, Güven et al. 1980).

Andererseits können dünne Matrixsäume und den Körnern anliegende Tonmineralzementsäume aber auch eine spätere porenschließende Zementation verhindern und dadurch eine erhöhte Porosität konservieren (Horn 1965, Heald & Baker 1977; Morris et al. 1979; Tillman & Almon 1979; s. auch Kap. 4.3.6).

Dutta & Suttner (1986) fanden in den O-Isotopen der Tonmineralzemente von der unteren bis zur oberen Gondwanagruppe eine Verschiebung der $\partial^{18}O$-Werte von 5 bis 13, was zu der Temperaturzunahme der obersten Erdschichten während der Migration des indischen Subkontinents von 60° S im untersten Perm nach 38° südlicher Breite im Rhät paßt (Dutta 1983).

Die Entstehung der Tonmineralzemente reicht zum Teil noch in die Verwitterung hinein. In dem ionenarmen Milieu humider Verwitterung, aber auch im Bereich der frühen oder der meteorisch beeinflußten (Longstaffe (1984), Diagenese bildet sich aufkosten von Orthoklas und Plagioklas bzw. instabilen vulkanischen Gesteinsbruchstücken (mit Ca-reichem Plagioklas) bevorzugt **Kaolinit**, und zwar teils an der Stelle der aufgelösten Feldspäte, häufiger aber an kationenärmeren Stellen des Porenraumes, besonders gern im sauren Mikromilieu von Pflanzenresten. In ionenreicherem Milieu, z. B. im ariden oder semiariden Klimabereich, bei gehemmter Drainage aber durchaus auch in semihumiden Gebieten, bildet sich statt dessen **Smektit**, so in Kristallingeröllen der Alpenmolasse (s. auch Dutta 1981 und Dutton 1981). Auch das kationenreiche Milieu subaerisch oder submarin verwitternder vulkanischer Tuffe führt zur Montmorillonit- bzw. Smektitbildung. Weitere Milieueinflüsse auf die Bildung früher Tonmineralzemente werden im nächsten Kapitel behandelt.

Die beiden Tonminerale Smektit und Kaolinit sind, wie im einzelnen im Kapitel 5 ausgeführt wird, in den tieferen bzw. tiefsten Bereichen der Diagenese nicht mehr anzutreffen, da sie unter den hohen Drucken bzw. Ionenstärken des Porenwasers instabil werden. Es bilden sich aus dem Smektit zunächst mixed layer Illit-Smektit, dann Illit und aufkosten des Kaolinits entweder Illit oder mit Hilfe des bei der Smektit-Illit-Umwandlung freiwerdenden Mg und Fe Chlorit (Glennie et al. 1978;

Tabelle 4-13. Tonmineraldiagenese in Rotliegendsandsteinen (Seemann 1979). Maximale Versenkungstiefen; Mittelwerte von Porosität und Durchlässigkeit. Illit (S) = Säume von Illit-„Rasen" auf den Körnern. Illit (B) = Illitblättchen und -fasern, porenfüllend („bridging").

Bohrung	Teufe	Tonmineralzemente	Porosität	Durchlässigkeit
1	2900 m	Kaolinit > Illit (S)	14%	30 md
2	3000 m	Kaolinit ~ Illit (S + B)	14%	20 md
3	4000 m	Illit (B) > Kaolinit	16%	1 md

HANCOCK 1978; BOLES & FRANKS 1979; LAHANN 1980; KAISER 1984: Fig. 3). SEEMANN (1979) hat den diagenetischen Übergang von Kaolinit zu Illit (Tab. 4-13), NAGTEGAAL (1978) denjenigen zu Chlorit in Sandsteinen des Rotliegenden aus Nordseebohrungen verfolgt. KOSSOVSKAYA et al. (1965) belegten eine diagenetische Chloritisierung von Biotit.

Daß die Illitbildung erst in beträchtlicher Tiefe beginnt, wurde auf S. 160 oben gezeigt. Auffällig ist, daß trotz offenbar etwa gleichen Volumens der faserige Illitzement die Durchlässigkeit wesentlich stärker herabsetzt als der dichter gelagerte Kaolinitzement. Sehr feine Abstufungen der Smektit – Illit – Glimmer – Diagenese lassen sich mit der Transmissions-Elektronenmikroskopie erkennen (LEE et al. 1985).

Spät in der Diagenese kann es im Zusammenhang mit dem Phänomen der sekundären Porosität nochmal zu einer Kaolinit- oder Dickitbildung kommen: CO_2 als Abspaltungsprodukt des Kerogens oder der Kohle erzeugt ein saures Porenwasser. Dieses hat z. B. im norddeutschen Rotliegenden überall dort, wo es nicht durch Vulkanite vom unterlagernden Oberkarbon isoliert war, sämtliche Feldspäte kaolinisiert (DRONG 1979).

4.3.6 Einflüsse auf die Zementation

Welche Minerale sich in welcher Reihenfolge als Zement bilden, hängt von folgenden Faktoren ab:

A. Primäre Zusammensetzung und Tektofazies

Da die Diagenese, wie wir gesehen haben, im allgemeinen nur kurze Stoffwanderungen kennt und sich von einem offenen allmählich zu einem fast geschlossenen System entwickelt, ist ein starker Einfluß der primären Zusammensetzung des Sediments zu erwarten. Diese aber ist nicht unerheblich von der Tektofazies abhängig, welche damit ebenfalls einen Einfluß auf die Diagenese hat (s. Tab. 4-14). Eine frühe Zusammenstellung dieser Art stammt von KOSSOVSKAYA & SHUTOV (1963; s. 1. Auflage dieses Werkes, S. 120).

Tabelle 4-14. Gegenüberstellung der Entstehungs-Bedingungen von Sandsteinen aus Epikontinentalgebieten und von konvergierenden Plattengrenzen (vorwiegend nach HAYES 1978, aus FÜCHTBAUER 1979).

	Epikontinental	Konvergierende Plattengrenzen
Morphologisches Gefälle	gering	groß
Verwitterung	stark, wenn humid	schwach
Transport	oft lang	kurz
Liefergesteine	plutonisch und metamorph	Andesite
Minerale	Quarz, K-Feldspat	Plagioklas, Hornblende, Pyroxen, vulkanische Gesteinsbruchstücke
Maturität	oft groß	meist klein
Diagenese	langsam	schnell
Kompaktion	Poren-erhaltend	Poren-vernichtend
Zementation	oft Quarz, Calcit	Tonminerale, Zeolithe
Dezementation	Calcit	Hornblende, Pyroxen, vulkanische Gesteinsbruchstücke

Die drei Grundtypen der Sandsteine unterscheiden sich in der Diagenese im allgemeinen wie folgt.

1. Quarzsandsteine und Sandsteine mit Quarz-Gesteinsbruchstücken enthalen hauptsächlich Quarzzement, daneben z. T. Kaolinit, Karbonate und gegebenenfalls Anhydrit, bzw. Gips. Eine Tonmatrix kann die Zementation behindern (s. Kap. 4.3.5 D).

2. Feldspatreiche Sandsteine (Arkosen) haben demgegenüber einen erhöhten Anteil an Tonmineralzement, und zwar, wie im vorigen Kapitel beschrieben, je nach pH und Ionenstärke der Porenwässer Kaolinit, Smektit oder – nach größerer Versenkung – Illit (Nagtegaal 1978, Sommer 1978 nach K/Ar-Datierung). In alkalischem, kationenreichem Porenmilieu aber bleiben die detritischen Feldspatkörner stabil und werden authigen umwachsen.
3. Gesteinsbruchstück-reiche Sandsteine (lithische Sandsteine; Grauwacken) verhalten sich je nach Zusammensetzung der Gesteinsbruchstücke unterschiedlich. Sandsteine mit Karbonatgesteinsbruchstücken, wie die Alpenvorlandsmolasse, sind hauptsächlich karbonatisch zementiert; das gleiche gilt für Sandsteine mit karbonatischen Biogenen. In Sandsteinen mit phyllitischen und tonigen Gesteinsbruchstücken sind diese durch den Überlagerungsdruck oft in den Porenraum zwischen den Sandkörnern gepreßt und verhindern dort eine Zementation. Ähnlich verhalten sich Sandsteine mit instabilen vulkanischen Gesteinsbruchstücken, die meist auch instabile basische Plagioklase enthalten. Diese Sandsteine sind an konvergierenden Plattengrenzen, z. B. im Vorland der Anden und Cordilleren, aber auch in älteren Faltengebirgen häufig und fanden im letzten Jahrzehnt eine zunehmende Beachtung. Eine Vielzahl von Tonmineralen und Zeolithen sind die charakteristischen Neubildungen: Smektit, Corrensit, Chlorit, Illit, sowie Heulandit, Analcim und Laumontit (Coombs 1954; Packham & Crook 1960; Kossovskaya & Shutov 1965; Hay 1966; Mellon 1967; Whetten & Hawkins 1970; Lovell 1972; Galloway 1974, 1979; Almon et al. 1976; Hayes 1978; Davies et al. 1979 [diskutieren Phasenbeziehungen]; Stanley & Benson 1979; Surdam & Boles 1979 [mit chemischen Reaktionen]; Barrows 1980; Lippmann & Rothfuss 1980; Obradović 1980; Fox et al. 1981, Kugler 1982). Der Aspekt der Porositäts-Reduktion wurde auf S. 154 unter Punkt B 3 bereits behandelt.
4. Sandsteine mit instabilen Mineralen wie Olivin, Pyroxen, Hornblende und Biotit verhalten sich zum Teil ähnlich wie die vorige Gruppe. Im terrestrischen Milieu neigen sie zur Red Bed Bildung (Walker 1967a, b, 1976).

B. Einflüsse von Korngröße, Porosität, Durchlässigkeit und Ölfüllung

Es ist gelegentlich zu beobachten, daß innerhalb einer Sandsteinbank oder -serie einige Minerale vorwiegend die feinkörnigeren Partien, andere die gröberen Lagen zementieren (Valeton 1953; Fondeur 1964; Mellon 1964; Heling 1965; Füchtbauer 1967b; Glennie et al 1978; Hawkins 1978; Tillman & Almon 1979; Mou & Brenner 1982).

In feinkörnigen Partien findet man Quarz-, Feldspat-, Illit- und Chloritzement angereichert, diejenigen Minerale also, welche im Sandstein Keime der gleichen Mineralart finden, und deren Quellen nicht weit entfernt sind, so daß sie relativ früh ausgeschieden werden.

In grobkörnigen Partien sind demgegenüber Calcit-, Anhydrit-, und Ankeritzement angereichert, welche zum Teil – wie der Anhydrit – längere Migrationswege haben oder aus anderen Gründen als spätere Zemente auftreten, wenn die feinkörnigen Partien bereits zementiert und fast undurchlässig geworden sind. Hier kann sich auch später Kaolinitzement finden. Wenn kein SiO_2-Zement mehr folgt, können diese Lagen einen Teil ihrer Porosität behalten (Colter & Ebbern 1978).

Da die Durchlässigkeit feinklastischer Sedimente mit der Versenkung besonders schnell abnimmt, findet man in Mittelsiltsteinen nur frühe Zemente wie z. B. Siderit (im Oberkarbon) und Analcim (im Buntsandstein).

Differenzierter, wenn auch im Prinzip ähnlich ist die Zementverteilung in Kreidesandsteinen von Wyoming (Thomas 1978): In sehr feinkörnigen Partien sind dort die Porenzwickel mit Illit, die Porenmitten mit Quarz und anschließend mit Siderit zementiert; in fein- bis mittelkörnigen Partien besetzt Quarz die Zwickel, Calcit die Mitte der Poren.

Eine wichtige, ohne weiteres verständliche Tatsache ist die weitgehende Verhinderung der Diagenese nach Ölfüllung eines Sandsteins (z. B. Hawkins 1978), welche noch die Behinderung der

Tabelle 4-15. Frühe Zemente, die das Ablagerungsmilieu spiegeln. Die Buchstaben geben die Literaturquellen an: A = ALMON et al. (1976), Ay = AYALON (1976), D = DRONG (1979), E = ERIKSSON & SEN (1982), F = FÜCHTBAUER (1974b), G = GLENNIE et al. (1978), H = HOUAREAU (1974), K = KESSLER (1978), M = MENYESCH (1978), S = SUTTNER & DUTTA (1982), Sc = SCHOLLE (1979), W = WAUGH (1978), + = ohne Nachweis.

	Häm	NaCl	CaSO₄	BaSO₄	Kfsp	Alb	Kaol	Sudo	Chlo	Corr	Glauk	Smek	Sid	Dol	Cal
äolisch		G	DGK												D
Sebkha		D	D											+	
kontinental arid	K			Ay	FHW			F		A		S		A	DAG K
kontinental humid	+						FM Sc AES	F	S?				EM Sc	E	
marin						F			AF		S	A			AE

Zementation durch tonige Matrix übertrifft. So wird es möglich, Ölansammlungen in Sandsteinen zu finden, die in dem betreffenden Gebiet normalerweise stark zementiert sind (FÜCHTBAUER 1961, LEVANDOWSKI et al. 1973; ALMON & TILLMAN 1977). Daß über den Haftwassergehalt dennoch eine schwache Diagenese stattfindet, wurde auf S. 165, 1b und in Abb. 4-49 rechts gezeigt.

C. Einflüsse vorangehender Zemente

Frühe Tonmineralzemente können ähnlich wie eine tonige Matrix (HEALD & BAKER 1977; MORRIS et al. 1979; s. auch S. 163 und 173) eine spätere Zementation durch andere Minerale verhindern (HORN 1965; ALMON 1978). Andererseits können solche Tonmineralzemente aber auch die chemische Kompaktion verstärken (TAYLOR 1978; s. auch S. 163).

D. Einfluß des Ablagerungsmilieus

Nach den Erfahrungen im Buntsandstein paust sich das Ablagerungsmilieu noch auf die Diagenese bis zu einer Versenkungstiefe von etwa 1000 m durch (FÜCHTBAUER 1967b, 1983). In der folgenden Übersicht sind einige Literaturdaten zusammengestellt.

Einige Zemente sind für nichtmarine bzw. marine Sandsteine typisch, so für nichtmarine Kaolinit, Sudoit (d. h. Al-Chlorit) und Kalifeldspat, für marine (Mg-haltiger) Chlorit und Natriumfeldspat (FÜCHTBAUER 1974b). Auch der frühdiagenetische kryptokristalline Siderit kommt vorwiegend nichtmarin vor, da eine Entstehung im marinen Sediment nur möglich ist, wenn die Sulfationen durch die desulfurizierenden Bakterien reduziert und die Sulfidionen dann durch Eisen gebunden worden sind. Während Siderit für kontinental-humide Bereiche (z. B. Sümpfe) typisch ist, findet sich Calcitzement vor allem im kontinental-ariden sowie im marinen Bereich. Die Verbreitung von NaCl und $CaSO_4$ spricht für sich selbst.

Nach KANTOROWICZ (1984) entstehen im Jurasandstein der Brent Group (Nordsee) Illitsäume in marinem Porenwasser, Chloritsäume in schwach basischem, anoxischem Süßwasser und Kaolinitgruppen in saurem, oxidierendem Süßwasser. Daß im Rotliegenden der Illitzement erst in größerer Tiefe einsetzt, mag mit dem nichtmarinen Bildungsmilieu dieser Formation zusammenhängen.

4.3.7 Diagenese-Abfolgen

Obwohl die Diagenese allen im Kap. 4.3.1 genannten Einflußfaktoren unterliegt, zeigt sie in ihrem Ablauf doch einige Gesetzmäßigkeiten (Abb. 4-54). Diese besitzen verständlicherweise keine allgemeine Gültigkeit, doch helfen Abweichungen von den unten genannten Regeln, die diagenetischen Besonderheiten des untersuchten Vorkommens zu verstehen.

Ein früherer Versuch, solche Gesetzmäßigkeiten zu beschreiben, stammt von DAPPLES (1967a). Er definierte drei aufeinanderfolgende Stadien:

1. Redoxomorphes Stadium (Reduktion/Oxidation von Fe; „early burial")
2. Locomorphes Stadium (vor allem SiO_2- und Karbonatzemente und -verdrängungen)
3. Phyllomorphes Stadium (Neubildungen von Phyllosilikaten und Feldspäten; „late burial").

In Tabelle 4-16 sind zahlreiche Vorkommen, in welchen die Diagenese genauer untersucht wurde, nach Sandsteintypen gruppiert, sowie innerhalb derselben nach Ablagerungs-Environments. Nach Möglichkeit wurde auch die Korngröße angegeben, um alle drei im vorigen Kapitel genannten Einflüsse zu berücksichtigen.

In Tab. 4-16 sieht man häufig die Zement-Reihenfolge „Alumosilikate → Quarz → Karbonate, Sulfate und andere". Im einzelnen ist hierzu folgendes festzustellen (s. auch Abb. 4-54):

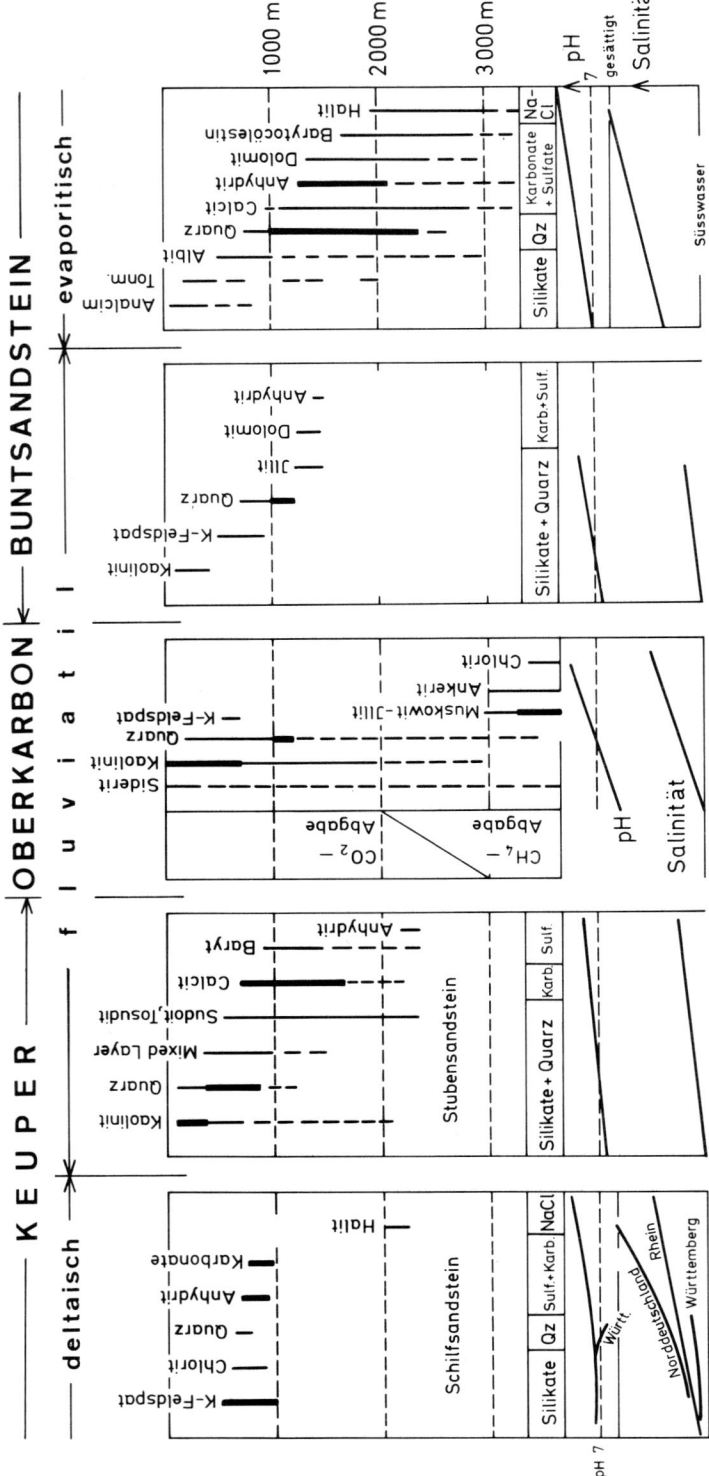

Abb. 4-54. Zement-Abfolgen in fluviatilen, deltaisch (-marinen) und (marin-)evaporitischen Sandsteinen (FÜCHTBAUER 1974b). Dicke Linien bedeuten starke, unterbrochene Linien unsichere Zementation. Salinität und pH sind nur schematisch angegeben.

a. Die frühen Zemente spiegeln nicht selten noch das Ablagerungsmilieu, wie im vorigen Kapitel an z. T. anderen Beispielen ausgeführt wurde. Dabei findet man auch hier im nichtmarinen Milieu Kaolinit, Kalifeldspat und z. T. Sudoit, im marinen Milieu Chlorit und Albit. (Leider wird oft nicht angegeben, ob es sich bei den Feldspatzementen um Kalifeldspat oder Albit handelt.) Bakterieller Abbau organischer Substanz in feinkörnigen Sedimenten senkt in der Eogenese den pH-Wert (KANTOROWICZ 1985).
b. Während der späteren Diagenese nimmt die Konzentration der Porenlösungen und damit im allgemeinen auch der pH-Wert zu. Hieraus ergibt sich für die Zemente oft eine Reihenfolge zunehmender Löslichkeit; in den späteren Stadien bilden sich daher häufig Karbonate, Sulfate oder sogar Steinsalz. Das Karbonat ist wegen des reduzierenden Eh oft Fe^{2+}-haltig.

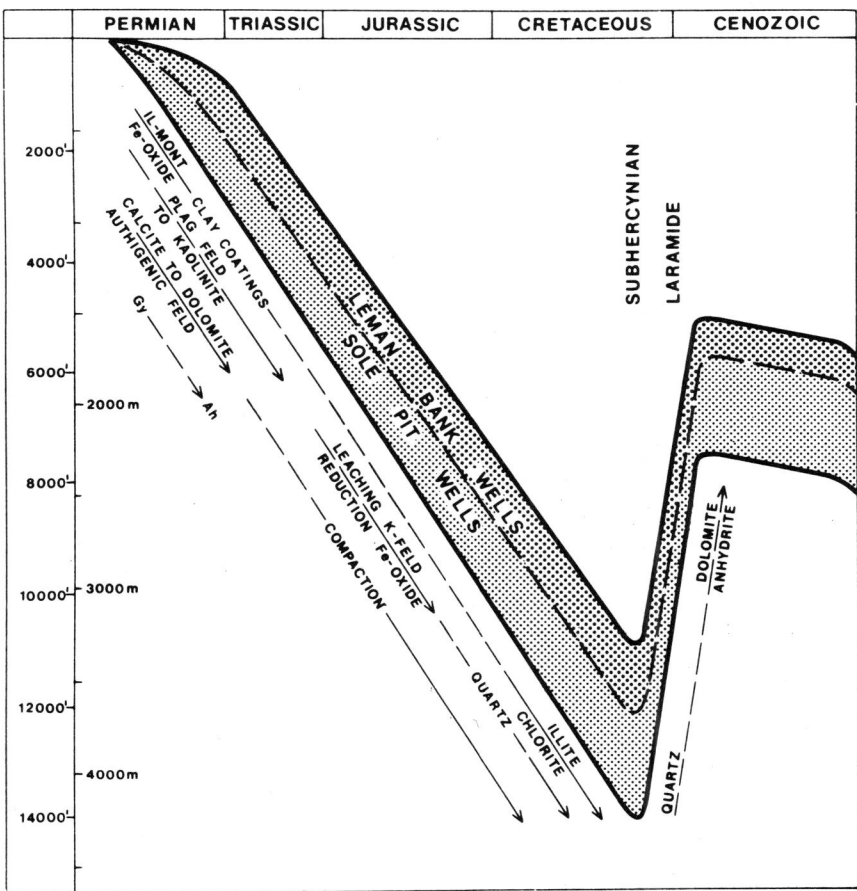

Abb. 4-55. Versenkungsgeschichte und Diageneseablauf in Rotliegendsandsteinen der englischen Nordsee. Ordinate = maximale Versenkungstiefe, ermittelt aus der Schallhärte (als Maß der Porosität) der Buntsandstei-Tongesteine. Illit/Montmorillonit-Mixed Layer wird von Illit und Chlorit ersetzt, Plagioklas von Kaolinit; Kalifeldspat zersetzt sich, authigener Feldspat (Mineralogie nicht angegeben) bildet sich relativ früh, Calcit wird dolomitisiert, vorhandener Gips (Gy) wird relativ früh anhydritisiert (Ah). Bei Hebungen am Ende der Kreidezeit entstehen Risse, die mit Quarz, Anhydrit und Dolomit gefüllt werden. (Fig. 4 aus GLENNIE et al. 1978.)

Tabelle 4-16. Diagenese-Abfolgen in Sandsteinen. Die diagenetischen Ereignisse (vorwiegend Zementation) wurden nach ihrem zeitlichen Ablauf numeriert. Ab = Albit, Anal(cim), Anh(ydrit), Ank(erit), Bar(yt), BC = Barytocölestin, Chl(orit), Dick(it), Dol(omit), Fsp = Feldspat (Spezies nicht genannt), Gips, Häm(atit), Heu(landit), Ill(it), Kaol(init), Kar(bonate), Kf = Kalifeldspat, Lau(montit), ML = Mixed Layer Illit-Smektit, Mont(morillonit), Na(Cl), Pyr(it), Qz = Quarz, Sek. Por. = Bildung sekundärer Porosität, Sid(erit), Smek(tit), Sud(oit), Sulf(ate), Tonm(inerale; Spezies nicht genannt), Tos(udit), Verm(iculit). Als Environments wurden äol(isch), brack(isch), deltaisch, fluv (iatil)-arid, fluv (iatil)-humid, marin und Sebkha unterschieden. Die mittlere Korngröße (Kgr.) wurde in FS = Feinsandstein, MS = Mittelsandstein und GS = Grobsandstein unterteilt; F-MS bedeutet, daß Fein- und Mittelsandsteine vorkommen.

Nr.	Milieu	Kgr.	Alter und Vorkommen		Al-Silikate	Qz	Karb, Sulf. u.a.	Sek Por	Autoren, Jahr

A. Quarzsandsteine und Sandsteine mit wenig Feldspat und Gesteinsbruchstücken

Nr.	Milieu	Kgr.	Alter	Vorkommen	Al-Silikate	Qz	Karb, Sulf. u.a.	Sek Por	Autoren, Jahr
1.	äol.-fluv.-arid	F-MS?	Rotlieg.	NW-Dtld.	1. Ab 2. Ill 4. Chl 6. Kaol	3.	7. Karb, Anh	5?	Hancock 78
2.	"	FS?	"	Nordsee	1. Kf 3. Kaol 4. Ill, Chl	2,5			Nagtegaal 78
3.	"	FS	"	"	1. Kaol 2. Fsp	3.	4. Dol 5. Anh		Glennie et al. 78
4.	"	?	Ordoviz.	W-Kanada	1. Fsp Tonm	2.	3. Cal Anh		Kessler 78, s. Odom et al. 79
5.	"	F-MS	Perm	Colorado		1.	2. Anh 3. Karb		Levandowski et al. 73
6.	Sebkha	FS	Pennsylv.	Wyoming	2. Fsp		1. Anh 3. Cal		Mou & Brenner 82
7.	fluv.-humid	F-GS	O'Karbon	Ruhrgeb.	1. Kaol 4. Ill 5. Chl	5. (2.)	4. Anh 6. Dol 1. Sid 3. Ank		Scherp 63, Menyesch 78
8.	deltaisch	?	Devon	Alberta	1. Chl	1.	2. Cal 3. Anh		Jansa & Fischbuch 74
9.	"	FS	Pennsylv.	Texas	5. Kaol	2.	3. Cal	4.	Land & Dutton 78
10.	"	FMS	Jura (Brent)	Nordsee	2. Fsp 4. Kaol Ill	1.	6. Fe-Cal, Ank	3.?	Land & Peterson 78
11.	marin	?	Kambrium	Algerien	3. Dick 4. Ill	1.	5. Cal, Dol, Sid		Blanche & Whitaker 78
12.	"	?	Jura (Sverdr.)	Kanada	3. Kaol 4. Ill	1.	2. Dol, Anh	2.	Cassan & Lucas 66
13.	"	?	Ob. Kreide	Wyoming	1. Chl	2.		3.	Chowdhuri 82
14.	"	FS	" (Spindle)	Colorado	4. Ill/Smek 1. Chl		5. Cal		Tillman & Almon 79
15.	"	FS?	Eozän	Texas	5. Kaol, Ill 1. Ab, Kaol	2.	3. Cal	4.	Porter & Weimer 82
16.	"-brack.	FS	" (Wilcox)	Texas	1. Smek → ML 2. ML → Ill 4. Kaol → Chl	1. 2.	2. Cal 3. Ank 2. Cal 3. Cal → Ank		Fisher 81 Boles & Franks 79

Diagenese

B. Arkosen und Feldspatgrauwacken

#	Milieu	KG	Alter/Form.	Region	Minerale		Autor
1.	fluv.-arid	FS	Trias (Bunts.)	Dänemark	1. Kf 2. Ton 4. Tonm 5. Ill	1. 3. Fe$_2$O$_3$ 5. Dol, Ank	Pedersen & Andersen 80
2.	"	M	"	Thüringen	1. Kf	5. 3. Dol	Langbein 70
3.	"	F-MS	"	SW-Deutschland	1. Kaol 2. Kf 4. Ill	2. 4. Dol 5. Anh	Füchtbauer 67b, 74b
4.	fluv.-humid	MS	" (Stubensst.)	Süddeutschland	1. Kaol 3. ML 4. Sud, Tos	2. 5. Cal 6. Bar	Heling 63, Kulke 69
5.	fluv.	FS	Tertiär	Utah	7. Ill, ML (Chl)	1. 2. Dol 3. Cal 4. 5. Fe-Cal 6. Ank	Pittman et al. 82
6.	deltaisch	FS	Trias (Schilfsst.)	Süddeutschland	1. Kf 2. Chl	3. 4. Anh 5. Karb	Heling 65
7.	"	?	"	S-Frankr.	1. Kf 2. Ill, Chl	1. 2. Anh 3. Dol	Houareau 74
8.	"marin"	FS	" (Bunts.)	NW-Deutsch.	1. Anal 2. Chl ML, Verm 3. Ab	4. 5. Cal 6. Anh. 7. Dol 8. BC 9. Na	Füchtbauer 67b, 74b

C. Grauwacken und Litharenite

#	Milieu	KG	Alter/Form.	Region	Minerale		Autor
1.	fluv.-humid	?	Tertiär-Holoz.	Guatemala	1. Mont, Häm 2. Heu		Davies et al. 79
2.	deltaisch	?	" (Mackenzie)	NW-Kanada	1. Tonm 4. Kaol	1.4 1. Karb 2. Karb 3.	Nentwich et al. 82
3.	"	FS?	" (Frio)	Texas	2. Chl, Mont 3. dito + Lau	2. 1. Karb 3.	Milliken et al. 81
4.	"/marin	?	" (Mioz/Plioz)	NE-Pazifik		1. Cal	Galloway 74, 79
5.	marin	?	" (Umpqua)	Oregon	1. Clay coats 2. Chl 4. Lau	3. 1. Cal	Burns & Ethridge 79
6.	"	FS	" (Pliozän)	NE-Pazifik	1. Chl	2. Cal 4. Anh 1. Sid 2. Cal	Hayes 73
7.	"	MS	Karbon	Donbas (UdSSR)	3. Kaol, Ill 5. Ill	4. 6. Dol	Langbein et al. 83

c. Sekundäre Porosität signalisiert eine Unterbrechung des „normalen" Diageneseablaufs. Durch CO_2-Entwicklung in organischer Substanz entsteht ein saures Porenmilieu; es kommt zu einem zweiten Diagenesezyklus, dem – nach Tab. 4-16 – der Quarz oft fehlt (z. B. Nr. A9, 14). Hier entsteht Dickit (CURTIS 1983, KANTOROWICZ 1985).

d. Quarzzement ist andererseits wegen seiner vielfältigen Quellen oft nicht in eine feste Ausscheidungsfolge einzuordnen und wird dann kontinuierlich oder in mehreren Phasen gebildet (S. 159, D).

e. In Grauwacken bzw. Sandsteinen mit instabilen vulkanischen Gesteinsbruchstücken tritt als erster Zement oft Calcit auf, vermutlich aufkosten der besonders instabilen Ca-reichen Plagioklase. Ferner spielen in solchen Sandsteinen Tonminerale eine große Rolle.

Allgemein läßt sich feststellen, daß verdrängende Zemente sich in den späten Stadien der Diagenese mehren; eine Ausnahme bilden die Verdrängungen von Quarz durch Calcit im frühdiagenetischen Calcrete. Eine mögliche Fehlerquelle bei den Zementreihenfolgen ist es, daß frühe Zemente später wieder aufgelöst werden, doch bleiben meistens Reste erkennbar (CASSA et al. 1981).

Wichtig für die Entstehung von Zementfolgen können auch rückläufige Perioden der Versenkungsgeschichte sein (s. Abb. 4-55). Diese Vorgänge wurden von SCHMIDT & McDONALD (1979b: 205) als **Telogenese** der **Eogenese** (Frühdiagenese) und **Mesogenese** gegenübergestellt. Man beobachtet hier unter dem Einfluß der meteorischen Wässer Oxidation, Karbonatauflösung, ja sogar Feldspatauflösung und Kaolinitbildung (BURLEY 1984), letztere infolge einer pH-Abnahme bei der Reaktion Fe^{2+} (aus Fe-haltigen Karbonaten) $= Fe^{3+} + e^-$. $Fe^{3+} + 3H_2O = Fe(OH)_3 + 3H^+$ (STUMM & MORGAN 1970). Chlorit kann in Chlorit/Vermiculit übergehen (KANTOROWICZ 1985), und schließlich erfolgt bei dieser retrograden Diagenese der Übergang in die Verwitterung.

4.3.8 Grenzbereich Diagenese – Metamorphose

Zwischen Diagenese und Metamorphose bildet nach WINKLER (1970) das „very low stage of metamorphism" einen Übergang, für welchen sich der Begriff „Anchimetamorphose" eingebürgert hat (von griechisch „nahe"; KÜBLER 1967; DUNOYER DE SEGONZAC 1969; FREY & NIGGLI 1971). In Rußland unterteilt man mit KOSSOVSKAYA & SHUTOV (1961, 1963, 1970)

„initial epigenesis" } = „Diagenese" unseres Sprachgebrauchs
„deep epigenesis"
„early metagenesis"   = Anchizone
„late metagenesis"   = Epizone (Grünschieferfazies)

Nach WINKLER (1970) setzen anchimetamorphe Bedingungen normalerweise bei etwa 200 °C, d. h. in etwa 6000 m Tiefe ein, jedoch hängt die Entstehung neuer Gefüge oder Mineralphasen von der Reaktionsfähigkeit der vorhandenen Minerale ab. So ereignete sich in einem in 9,1 km Tiefe gekernten Quarzsandstein des Ordoviziums bei 230 °C trotz langer Versenkungsdauer außer der üblichen Quarzzementation gar nichts (BORAK & FRIEDMAN 1981).

Welche Kriterien gibt es für diesen Übergangsbereich? Die beiden wichtigsten und meistverwendeten sind zwei Skalen stetiger Veränderung, die Illitkristallinität (s. Kap. 5) und die Vitrinit-Reflexion (s. Kap. 11). Nach TEICHMÜLLER et al. (1979) wird der Übergang Diagenese – Anchimetamorphose am besten durch die maximale Vitrinitreflexion, und zwar 4 %, der Übergang Anchimetamorphose – Epimetamorphose aber durch die Illitkristallinität ($Hb_{rel} = 120$) definiert. Die gleichen Autoren fanden im Rheinischen Schiefergebirge, daß die Vitrinitreflexion, d. h. die Inkohlung, schon vor der Faltung abgeschlossen war, sich also bereits während der Versenkung auf die damit verbundene Temperaturerhöhung einstellte. Demgegenüber wird der Faltenbau von den Flächen gleicher Illitkristallinität geschnitten. Diese stellte sich auf die Temperaturerhöhung demnach erst später, während der Faltung, ein.

Ein anderes Kriterium mit stetiger Veränderung ist die Farbe der Conodonten. Zwischen 50 und 300 °C ändert sich diese von fahlgelb über braun nach schwarz; bei weiterer Erhitzung auf 550 °C geht sie über grau in weiß über (HARRIS 1979).

Die folgenden qualitativen Kriterien haben den Vorteil häufigen Vorkommens und einfacher Anwendbarkeit. Dabei ist jedoch zu berücksichtigen, daß diese Merkmale nur bei geeigneter Zusammensetzung, z. B. in Sandsteinen mit toniger Matrix oder instabilen Kornarten, auftreten. In einem diagenetisch durch Quarzanwachssäume voll zementierten Sandstein erkennt man die Anchimetamorphose nicht (s. o.).

a. Chloritzement und fleckige Verdrängungen des Gesteins durch Chlorit (z. B. Fe-Rhipidolith) oder Serizit, aber auch durch Karbonate, spielen eine zunehmende Rolle.
b. Vernähte Korngrenzen (ZIMMERLE 1976), d. h. Verwachsungen (KOSSOVSKAYA & SHUTOV 1957) von Quarz, Chlorit- und Serizitblättchen, z. T. in Streckungshöfen und parallel ausgerichtet, sind Vorboten einer Schieferung (THUM & NABHOLZ 1972). Diese auch als „Bärtchenbildung" bezeichnete Erscheinung findet sich daher nur in Verbindung mit einer Faltung (VAN DER PLUIJM 1984).
c. Pyrit bildet große Würfel; authigene Albite werden über 0,1 mm groß (RICHTER & FÜCHTBAUER 1981: 476) und zeigen nicht mehr die typische Überkreuzverzwillingung diagenetischer Albite.
d. Plagioklase werden albitisiert (COOMBS et al. 1959); mit zunehmender Anchimetamorphose nimmt in Grauwacken und Tongesteinen der Na-Gehalt zu (KUKAL 1980: 169).
e. Kalifeldspat wird instabil und oft durch Serizit verdrängt.
f. Tonsäume in Sandsteinen werden stylolithisch verformt.

Folgende Minerale gelten als typisch für die Anchimetamorphose:

g. Der orthohexagonale Chlorit-Polytyp Ib „Daphnit" (d_{002} = 7.087 Å) geht unter Mg-Aufnahme in den monoklinen Polytyp IIb „Rhipidolith" (d_{002} = 7.075 Å) über (KARPOVA 1969).
h. Faseriger Stilpnomelan wurde von FREY & HUNZIKER (1973) in glaukonitischen Gesteinen gefunden.
i. Paragonit – Quarz – Verwachsungen sind nur oberhalb von 315° stabil (CHATTERJEE 1973).
k. Pyrophyllit tritt in K-, Mg- und Fe-armen Gesteinen oberhalb 200 °C auf (KISCH 1969).
l. Pumpellyit und Prehnit entstehen oberhalb von 300 °C.
m. Laumontit wird häufig als ein charakteristisches Mineral der Anchizone erwähnt, doch bildet er sich in vulkanoklastischen Sandsteinen schon im diagenetischen Bereich (KALEY & HANSON 1955; RAAM 1968; SHIMOYAMA & IIJIMA 1976 (bei 90–120 °C), MCCULLOH & STEWART 1979; KISCH 1980; LIPPMANN & ROTHFUSS 1980).

Bei etwa 350 °C erfolgt der Übergang in die Epizone der Metamorphose, in welcher sich Minerale wie Epidot, Klinozoisit, Zoisit und Aktinolith bilden.

Zusammenfassung

Die Diagenese hat einen mechanischen und einen chemischen Aspekt. In den Sedimenten liegt meistens ein metastabiles mechanisches Gleichgewicht vor; das chemische Gleichgewicht aber wird aus kinetischen Gründen selten erreicht. Festkörperreaktionen spielen in der Diagenese keine Rolle.

Porosität, Durchlässigkeit und Korngröße sind über die innere Oberfläche miteinander verknüpft. Die primäre Porosität sinkt mit schlechter werdender Sortierung. Nach der ersten Kompaktionsstufe, die im wesentlichen mechanisch erfolgt und etwa die obersten 1000 m umfaßt, ist die Porosität in gut sortierten Feinsandsteinen auf 28 % gesunken. In der nächsten Kompaktionsstufe kann es zu Kornzerbrechungen kommen, wenn z. B. durch geringfügige tonige Matrix eine frühe Zementation verhindert wird. Grobsandsteine behalten i. allg. ihre Porosität länger als Feinsandsteine, da Quarzzement die letzteren bevorzugt. Die Porositätsabnahme mit der Tiefe ist außerdem abhängig von Zusammensetzung und Versenkungsalter. Besondere Bedeutung hat eine sekundäre Porositätszunahme, die man vor allem über Ölmuttergesteinen findet und mit einer CO_2-Abspaltung aus dem Kerogen in Verbindung bringt.

Die Ausscheidungsfolge der Zementminerale läßt sich aus den Gefügebeziehungen nicht immer eindeutig ermitteln. Es wird deshalb eine Reihe weiterer Kriterien diskutiert: Die „Quarzuhr", Sauerstoffisotope, Altersbestimmungen, Flüssigkeitseinschlüsse, eine Unterbrechung der Zementation durch Ölmigration, sowie Minus-Zement-Porosität, Kontaktstärke und ein Vergleich der Zementation verschieden tief versenkter Profile der gleichen Sequenz.

Bei der Quarzdiagenese wird zunächst der mißverständliche Begriff „Drucklösung" diskutiert. Die Funktion des Druckes beschränkt sich in vielen Fällen darauf, die Körner in Kontakt zu halten mit aggressiven Tonsäumen oder Glimmern. Die wichtigste SiO_2-Quelle für den Quarzzement der Sandsteine ist wahrscheinlich die Anlösung der Quarzkörner in den begleitenden Feinsiltsteinen, was nicht selten an einer verstärkten Zementation der obersten und untersten Partien mächtiger Sandsteine zu erkennen ist. Andere SiO_2-Quellen sind die Umwandlung von Smektit in Illit, der Ersatz von Feldspat durch Kaolinit oder gar Nichtsilikate, Sandstein-Stylolithen (in der Hochdiagenese), vulkanisches Glas und – nahe der Oberfläche – kieselsäurereiche Verwitterungslösungen.

Andere diagenetische Mineralbildungen umfassen Feldspäte, Zeolithe, Karbonate, Sulfate, Hämatit und Steinsalz, sowie die Gruppe der Tonminerale. Die Feldspäte sind meist relativ frühe Zemente, spielen jedoch mengenmäßig keine Rolle, im Gegensatz zu den meist später auftretenden und deshalb z. T. auch verdrängenden Karbonatzementen. Zu deren möglichen Quellen gehören auch organische Substanzen, wie stabile Isotopenmessungen zeigen. Hämatit und Goethit bevorzugen unterschiedliches Milieu. Während Kaolinit- und Chloritneubildungen im Porenraum relativ kompakte Pakete bzw. geordnete „Rasen" bilden, können Montmorillonit und Illit den Porenraum durch ihre voluminösen Aggregate gefährlich verstopfen.

In Quarzsandsteinen, Arkosen und Grauwacken verläuft die Diagenese unterschiedlich. Auch Korngröße und Tonmatrix oder -zement haben einen Einfluß auf die Art und Reihenfolge der Zementausscheidungen. Die frühen Zemente (bis ca. 1000 m Tiefe) können sogar noch das Ablagerungsmilieu spiegeln. So finden sich früher Kaolinit, Sudoit, Siderit und Kalifeldspatzement vorwiegend in nichtmarinen, Chlorit und Albit in marinen Sandsteinen.

Die Zement-Abfolge verläuft in vielen Sandsteinen (mit Ausnahme der Grauwacken) von Alumosilikaten über Quarz zu Karbonaten, Sulfaten und Chloriden. Die löslicheren Minerale finden sich wegen der zunehmenden Konzentration der Porenwässer unter den späteren Zementen. Verdrängungen nehmen gegenüber Porenausfüllungen im Laufe der Diagenese zu.

Als Anchimetamorphose wird die etwa von 200 bis 350 °C reichende Grenzzone zwischen Diagenese und Metamorphose bezeichnet. Vitrinitreflexion und Illitkristallinität (Halbwertsbreite des Basisreflexes) sind hier die wichtigsten „Meßinstrumente". Im Dünnschliff erkennt man diese Zone oft am reichlichen Auftreten von Chlorit, an fleckigen Verdrängungen, an vernähten Korngrenzen und an kräftigen Stylolithen im Sandstein. Seltener findet man spezifische Minerale wie Pyrophyllit, Stilpnomelan, Pumpellyit und Paragonit-Quarz-Verwachsungen.

Einen guten Überblick über die klastische Diagenese geben BURLEY et al. (1985).

5. Ton- und Siltsteine
(Dietrich Heling, Heidelberg)

5.1 Benennungen und Minerale

5.1.1 Benennungen und Abgrenzungen

Ton ist ein klastisches Sediment mit einer medianen Korngröße von weniger als 0,002 mm, nach der Korngrößenskala nach Wentworth (1922) von weniger als 0,004 mm. Ton und Tonstein sind also Korngrößendefinitionen wie Sand (bzw. Sandstein): 2–0,063 mm und Silt oder Schluff (Siltstein oder Schluffstein): 0,063–0,002 mm. Mit den korngrößenabhängigen Teilungen sind Unterschiede im Mineralgehalt verbunden. Tone bestehen überwiegend aus Phyllosilikaten, Sande dagegen größtenteils aus den Tektosilikaten Quarz und Feldspat und den verschiedensten Gesteinsbruchstücken. Die zwischen Sand und Ton eingeschaltete Übergangsgruppe des Siltes enthält „sandige" und „tonige" Komponenten in unterschiedlichen Anteilen. Die Grenze zwischen Sand und Silt ist in der Natur oft durch verschiedenes Transportverhalten (Flußbett- bzw. Schwebfracht) vorgegeben (Abb. 5-1).

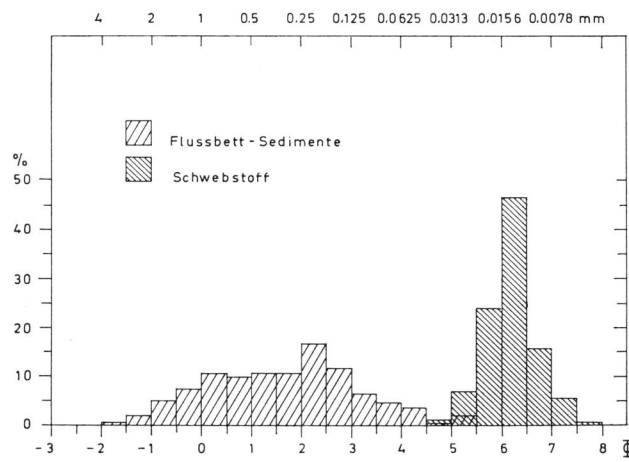

Abb. 5-1. Häufigkeitsverteilung der mittleren Korngröße (M_z) mehrerer Hundert Schwebgut- und Flußbett-Proben aus dem Alpenrhein (aus Müller & Förstner 1968)

Ein Vergleich der Korngrößenverteilung von Sandsteinen und Silt-/Tonsteinen jeweils gleicher Schichtenfolgen zeigte, daß sich diese zu annähernd eingipfligen Histogrammen zusammenfügen lassen. Sandsteine und Silt-/Tonsteine aber überlappen sich dabei derart, daß jeweils gewichtsmäßig gleichgroße Abschnitte der Kornverteilungen der Sandsteine unter ca. 50 µm und der Silt-/Tonsteine über 50 µm liegen (Füchtbauer & Leggewie 1984). Außerdem liegt hier auch etwa die Untergrenze der Schrägschichtung, also des rollenden Transports.

Das besondere Merkmal der phyllosilikatischen Tonminerale ist ihre vollkommene Spaltbarkeit senkrecht zur c-Achse der Kristalle. Durch sie erhalten die Partikel Blättchenform. Bei mechanischer Biegebeanspruchung zerbrechen die Blättchen, wodurch sehr feinkörnige Korngemenge mit großen spezifischen Oberflächen entstehen. Das Verhalten von Tonmineralgemengen bei Transport und Sedimentation wird in stärkerem Maße als bei Sanden von Oberflächenkräften bestimmt. Auch die chemische Stabilität der feinkörnigen Partikel ist geringer als die der Silikate in den Sandsteinen.

Neben den Bezeichnungen Ton und Tonstein für feinkörnige und überwiegend phyllosilikatische klastische Sedimente werden seltener die Begriffe Lutit und Pelit verwendet. In diesem Buch wird Lutit für Karbonatgesteine und Pelit als materialunabhängiger Überbegriff, z. B. für kalkige Tone, verwendet. Als „Detritus" bezeichnet man mechanisch umgelagerten Material aller Art.

Die Begriffe „Tonsedimente" und „Tongesteine" umfassen im folgenden Tone und Silte bzw. Tonsteine und Siltsteine.

Mergel ist die Bezeichnung für Tongesteine mit Karbonatgehalten zwischen 25–75%. Nach FÜCHTBAUER (1959) sollte zwischen Tonmergel (-stein) mit 25–50% Karbonat und Kalkmergel (-stein) mit 50–75% Karbonat unterschieden werden. Als Letten werden Silt- bis Tonsteine des karbonatischen Keupers und Zechsteins bezeichnet, die durch intensive rotbraune bis violette Farben charakterisiert sind. Die Einregelung der Tonmineralblättchen bewirkt oft eine schichtparallele Ablösung, die zu der Bezeichnung „Schieferton" geführt hat. Da der Begriff „Schieferung" jedoch mit Schichtung nichts zu tun hat, sind die Bezeichnungen „massiger Tonstein" bzw. „schichtiger Tonstein" vorzuziehen. Dem Bedenken, daß bestimmte vulkanische Tonumlagerungen in Kohlen auch international als „Tonsteine" bezeichnet werden, wird im deutschen Sprachgebrauch seit einiger Zeit durch die Bezeichnung „Kaolinkohlentonstein" für diese Spezialvorkommen begegnet (s. Kap. 12.8.3). Tonschiefer sind metamorphe Tonsteine, die nicht nach Schichtflächen, sondern nach Schieferungsflächen ablösen.

Die gröberen feinklastischen Gesteine, Silt- oder Schluffsteine, sind in der Natur wesentlich verbreiteter als die Tonsteine. Mit dem bloßen Auge sichtbare Glimmereinlagerungen oder zwischen den Zähnen tastbare Quarzkörner dienen als Erkennungsmerkmal im Gelände. Die Metamorphose verändert die primäre Korngröße vor allem der Tonminerale so stark, daß eine Abtrennung von „Siltschiefern" nicht sinnvoll erscheint.

5.1.2 Mineralische Zusammensetzung

Die Schätzungen der Häufigkeit der Sedimentgesteinsfamilien stimmen darin überein, daß Tongesteine die häufigsten Sedimentgesteine mit einem Anteil von 50–80% sind. Wegen ihrer Feinkörnigkeit können sie mit lichtmikroskopischen Methoden nicht an Dünnschliffen untersucht werden. Erst die allgemeine Einführung der Röntgendiffraktometrie von Pulverpräparaten ermöglichte die qualitative Analyse des Mineralgehaltes. Die quantitative Röntgenphasenanalyse ist immer noch unsicher. In neuerer Zeit hat die Entwicklung und Verbreitung der Rasterelektronenmikroskopie Einblicke in die vielfältigen Mikrogefüge von Tongesteinen ermöglicht. Insgesamt ist die Petrographie der Tongesteine gegenüber der der Sandsteine und Karbonatgesteine weniger fortgeschritten, weil Präparation und Untersuchungsmethodik bei Tongesteinen weit aufwendiger als bei den übrigen Sedimentgesteinen sind (GRIM 1968).

Die phyllosilikatischen Tonminerale bestehen aus zwei Bauelementen:

den Tetraederschichten und den Oktaederschichten.

In den Tetraederschichten sind Siliziumatome von vier Sauerstoffen tetraedrisch umgeben. Die Tetraeder vernetzen sich in der Weise, daß die drei Sauerstoffe in der a-b-Ebene jeweils zu zwei benachbarten Tetraedern gehören. Das zentrale Silizium kann durch Aluminium ersetzt werden.

Die Oktaederschichten enthalten Aluminium oder Magnesium in 6-facher Koordination von OH-Gruppen umgeben. Die Oktaeder vernetzen sich in der a-b-Ebene, so daß jedes OH zu zwei benachbarten Oktaedern gehört. Die b-Parameter dieser beiden Elementarschichttypen sind fast gleich, so daß sie zu Verbänden sich verbinden (kondensieren) können. Man nennt die Verbindung von je einer Tetraeder- und Oktaederschicht ein 7 Å-Mineral nach ihrem Basisabstand in der c-Richtung. Der Verband aus einer Oktaederschicht und zwei Tetraederschichten heißt 10 Å- oder Dreischicht-Tonmineral. Wenn zwischen die Dreischichtverbände eine weitere selbständige Oktaederschicht tritt, entsteht ein 14 Å- oder Vierschichtmineral.

Das wichtigste Tonmineral der Zweischichtfamilie ist der Kaolinit, der zusammen mit Halloysit, Dickit und dem selteneren Nakrit die Gruppe der Kandite bildet. Zur Familie der Dreischichttonminerale gehören der Illit, die quellfähigen Smektite (mit den Mineralen Montmorillonit, Nontronit und Beidellit) sowie der weniger häufige Pyrophyllit, aber auch der Glaukonit. Die Vierschichtfamilie umfaßt die Chlorite mit einer Vielzahl unterschiedlich zusammengesetzter Glieder.

Chemische Zusammensetzung und kristallographische Struktur der Tonminerale bestimmen ihr physikalisches und chemisches Verhalten, insbesondere ihre Stabilität, in den natürlichen Systemen (Weaver & Pollard 1973).

Die mittlere mineralogische Zusammensetzung von Tongesteinen (shales) wurde von Shaw & Weaver (1965) aus röntgenographischen Analysen von 300 Proben aus dem Tertiär, Mesozoikum und Paläozoikum von Nordamerika ermittelt. Mit dem gleichen Ziel wurden von Yaalon (1962) eine Vielzahl von chemischen Analysendaten von Ronov & Khlebnikova (1957) von der russischen Plattform ausgewertet. Die beiden modalen Zusammensetzungen des Durchschnittstones zeigt Tab. 5-1.

		Yaalon (1962)	Shaw & Weaver (1965)
Tabelle 5-1. Mittlere mineralogische Zusammensetzung feinklastischer Gesteine	Quarz	20	30
	Feldspat	8	4
	Tonminerale	59	59
	Fe-Oxide	3	<0,5
	Karbonate	7	4
	Sonst. Minerale	3	2
	Organ. Bestandteile	–	1

Da in der Berechnung von Yaalon der gesamte Kaliumgehalt dem Feldspat zugeschrieben wurde, ist hier der Feldspatgehalt höher als bei der auf direkten Mineralanalysen basierenden Ermittlung von Shaw & Weaver. Entsprechend geringer ist auch der berechnete Quarzgehalt. Silt-/Tongesteine dürften also durchschnittlich zu fast zwei Dritteln aus Tonmineralen und zu etwa einem Drittel aus Quarz und Feldspat bestehen. Den Rest bilden Eisenoxide, Karbonate und andere Bestandteile.

Tonminerale entstehen vor allem durch Verwitterung primärer Alumosilikate wie Hornblende, Pyroxene oder Feldspäte oder auch vulkanischem Glas. Dabei kann das primäre Mineral bis in seine ionaren Bausteine zerlegt werden und das Tonmineral aus der ionaren Lösung kristallisieren (Neoformation, Millot 1970), und zwar entweder in situ („Verdrängung") oder im benachbarten Porenraum. Schließlich können Tonminerale durch Umformung aus anderen Schichtsilikaten hervorgehen unter Hinzutreten oder Freisetzen einzelner Bestandteile (Transformation).

Die Neubildung von Tonmineralen ist auch durch Kristallisation aus einem kolloidalen Gel möglich. Gefügebeobachtungen machen diese Entstehung für flint-clays sehr wahrscheinlich (Keller 1970).

Indizien für die in situ-Entstehung aus echter Lösung sind die Idiomorphie der Kristalle, die Ausfüllung von Porenräumen, eine Zusammensetzung arm an Beimengungen und hoher Ordnungsgrad der Kristalle. Welches Tonmineral sich aus einer Lösung bildet, d.h. die Stabilität des Tonminerals, ist stärker von der Zusammensetzung der Lösung als von den Druck/Temperaturbedingungen abhängig. Beispiele in situ gebildeter Tonminerale im Porenraum von Sandsteinen zeigt Abb. 4-52.

Die Konzentrationsverhältnisse zur Bildung der Tonminerale können in verschiedenen Bereichen des sedimentären Zyklus gegeben sein. Tonminerale können sich daher in fast allen Environments bilden, in denen Kieselsäure, Aluminium, Alkali- und Erdalkalimetalle zur Verfügung stehen, also im Verwitterungsbereich, in marinen Ablagerungsräumen und in den Sedimenten selbst nach der Ablagerung. Bei der Entstehung aus ionaren Lösungen ist das Verhältnis der gelösten Bestandteile zueinander entscheidender als die absoluten Konzentrationen.

Es werden nun die spezifischen Stabilitätsbedingungen für die einzelnen Tonminerale diskutiert:

5.1.3 Kandite

Kaolinit, das Zweischichtmineral mit der idealen Zusammensetzung $Al_2(OH)_4Si_2O_5$ (in der Natur vorkommende Kaolinite sind sehr einheitlich in ihrer Zusammensetzung und weichen kaum von der Idealzusammensetzung ab), kann aus primären Alumosilikaten entstehen, wenn die Voraussetzungen zur Entfernung von Ca^{2+}, Mg^{2+}, Na^+ und K^+ – also starke Auslaugung – gegeben sind. Daneben sind das $(K^+)/(H^+)$-Verhältnis in Relation zur Kieselsäure und das Al^{3+} in Lösung ebenfalls von Einfluß. In der Natur sind diese Voraussetzungen erfüllt, wenn die Niederschläge die Verdunstung übersteigen, und wenn durchlässige Primärgesteine das Abfließen der Niederschläge durch das Gestein erlauben. Wesentlich für die Kaolinitbildung sind niedrige pH-Werte, weil Al^{3+} in sauren Lösungen stabil ist und weil höhere H^+-Konzentrationen das K/H-Verhältnis wie erforderlich verringern. Die saure Reaktion der Lösungen kann durch organische Säuren oder gelöstes CO_2 aus der Luft erzeugt werden. Die genannten Voraussetzungen für die Bildung von Kaolinit können in einem Mikroenvironment gegeben sein, das durchaus nicht identisch mit dem Makroenvironment zu sein braucht. Eindeutige Beispiele für die Kristallisation von Kaolinit aus der Lösung sind die idiomorphen buchförmigen Kaolinit-Aggregate im Porenraum von Sandsteinen.

Nakrit und Dickit sind polytype Formen des Kaolinits, die sich vornehmlich unter hydrothermalen bzw. hochdiagenetischen Bedingungen bilden. Halloysit ist ein wasserhaltiges Glied der Kandit-Gruppe, das z. B. im Bauxit des Vogelsberges vorkommt (D. RIEDEL, mdl.). Im Gegensatz zu allen anderen Phyllosilikaten bildet Halloysit röhrenförmige Kristalle.

5.1.4 Glimmer-Gruppe

A. Illit

In der Gruppe der Dreischicht-Tonminerale, der Glimmergruppe (2 : 1- oder 10 Å-Minerale), sind Illit und die Smektite die wichtigsten Glieder, weil sie in der Natur häufiger als alle anderen Tonminerale vorkommen. Die meisten Dreischichtminerale sind durch Substitutionen der Kationen sowohl der Oktaederschicht als auch der Tetraederschicht gekennzeichnet. Daher kann die Zusammensetzung des Illits stark von der Idealformel $KAl_2(Si_3AlO_{10})(OH)_2$ abweichen. Die Dreischichtminerale haben bis auf Pyrophyllit und Talk höhere Schichtladungen als die Kandite und adsorbieren zum Ladungsausgleich die im Bildungsraum angebotenen Kationen.

Die Masse des Illits ist aus Muskoviten durch Herauslösen eines Teils des Kaliumgehaltes entstanden. Daher wird Illit auch als unvollständiger Glimmer bezeichnet. Er kann sich aber auch aus nicht-phyllosilikatischen Alumosilikaten bilden, beispielsweise ist die Verwitterung serizitisierter Kalifeldspäte zu Illit verbreitet. Sicher aus der Lösung gebildeten Illit beschrieb REX (1966) aus dem sehr reifen St. Peter Sandstein aufgrund von Röntgenanalysen, chemischen Analysen und der in REM-Aufnahmen deutlichen Idiomorphie der Kristalle. Später fanden GLENNIE et al. (1978) authigenen Illit als coatings und faserförmig sehr verbreitet im Porenraum der Rotliegend-Sandsteine unter der südlichen Nordsee (s. Kap. 4.3.5 D).

Ob und in welchem Umfang Illit sich im marinen Tiefseebereich aus der im Meerwasser gelösten

Kieselsäure sowie Aluminium und Kalium bildet, kann noch nicht endgültig beurteilt werden. Auch auf Kosten von Kaolinit kann Illit durch Hinzutreten von K^+ entstehen (VELDE 1965).

Die Fähigkeit der Dreischicht-Silikate zu Substitutionen in der Oktaeder- und Tetraederschicht führt zur Möglichkeit vieler Polytypen, von denen einige genetische Bedeutung haben. Nach VELDE & HOWER (1963) ist die 1 Md-Modifikation (1 = Elementarzelle besteht aus einem Dreischichtverband; M = Symmetrie der Elementarzelle ist monoklin; d = „disordered", geringer kristallographischer Ordnungsgrad) charakteristisch für tiefe Temperaturen, während die 2 M-Modifikation (zwei Dreischichtverbände je Elementarzelle, deren Symmetrie monoklin) bei Temperaturen zwischen 200–350 °C stabil ist. Die Bestimmung der Maximaltemperaturen in natürlichen Gesteinen ist erschwert durch die Schwierigkeit, die Glimmerpolymorphien zu bestimmen, vor allem in Gemengen verschiedener Tonminerale.

B. Smektite

Mit Illit eng verwandt sind die Minerale der Smektitgruppe. Diese können aus den Glimmern im wesentlichen durch Abgabe des Kaliumgehaltes hervorgehen, wie andererseits Illit durch Kaliumaufnahme aus Smektiten (Montmorillonit) sich bilden kann. Im sedimentären Zyklus wird das mobile Kalium durch die Verwitterung aus den Glimmermineralen gelöst und unter Diagenesebedingungen von den K-verarmten (degradierten) Glimmern bzw. von den primären (aus vulkanischem Glas entstanden) Smektiten wieder aufgenommen. Selbstverständlich geht Kalium im geochemischen Kreislauf auch an andere Akzeptoren verloren und tritt aus primären Quellen neu hinzu. Bei all diesen Vorgängen aber handelt es sich mit großer Wahrscheinlichkeit um Auflösungs-Ausscheidungs-Prozesse.

Die wichtigsten Voraussetzungen für die Bildung von Smektiten aus Nichtphyllosilikaten oder vulkanischem Glas sind, daß SiO_2 und die Metallionen Mg^{2+}, Ca^{2+}, Fe^{2+} und Na^+ nicht entfernt werden. Diese Voraussetzung wird im terrestrischen Bereich am ehesten bei nicht oder nur wenig bewegtem Wasser erreicht, wo die Verdunstung größer als der Niederschlag ist. Der pH-Wert muß alkalisch sein. Das Abwandern der Kieselsäure kann durch Flockung durch Ca^{2+} und Mg^{2+} behindert werden, d. h. die an diesen beiden Elementen reichen Gesteine kommen für die Smektitbildung in erster Linie in Frage.

Die durch Verwitterung der Primärgesteine freigesetzten Metallionen wie Zn, Cr, Cu, Ni, Fe und Mg werden in die Oktaederschichten der sich bildenden Smektite aufgenommen und können Indikatoren für das geochemische Environment sein.

Die Smektite besitzen die technologisch wichtige Eigenschaft, daß sie „quellen" können, d. h. ihr $d_{(001)}$-Basisabstand vergrößert sich bei steigendem Wasserdampfdruck in der Umgebung der Kristalle. Dieser Effekt wird zur Diagnose der Smektite benutzt. Anstelle von Wassermolekülen können auch langkettige organische Moleküle zwischen die 2:1-Verbände treten. Bei Äthylenglykol(EG)-Behandlung z. B. expandieren Smektite auf 17 Å-Basisabstand. Das hat dazu geführt, daß alle auf 17 Å (EG) expandierenden Tonminerale als Smektit bezeichnet werden, wobei nicht unterschieden wird zwischen solchen, die von Glas oder Nicht-Phyllosilikaten (z. B. Amphibolen oder Feldspäte) und solchen, die von vorangegangenen Schichtsilikaten sich ableiten.

5.1.5 Chlorite

Die Chlorite (14 Å- oder 2:1:1-Minerale) bestehen aus glimmerähnlichen Dreischichtverbänden, zwischen die eine selbständige Brucit-Schicht ($Mg(OH)_2$) tritt. Die Dreischichtverbände besitzen negativen Ladungsüberschuß hauptsächlich wegen der tetraedrischen Substitutionen von Si durch Al. Die regelmäßig zwischengelagerten Brucit-Schichten kompensieren diesen Ladungsüberschuß durch positive Ladungen, die durch Substitution von Mg^{2+} durch R^{3+} entstehen. Die meisten Chlorite sind trioktaedrisch, d. h. sie enthalten Mg in den Oktaederschichten.

Die selteneren dioktaedrischen Chlorite können unterschieden werden in solche, bei denen nur eine Oktaederschicht dioktaedrisch ist, und solche, bei denen beide Oktaederschichten, also sowohl diejenigen des 2 : 1-Verbandes als auch die zwischengelagerte selbständige Oktaederschicht, dioktaedrisch sind. Wenn innerhalb der ersten Gruppe die trioktaedrische Schicht im 2 : 1-Verband enthalten ist, spricht man von einem tri,dioktaedrischen Chlorit (EGGLETON & BAILEY 1967). Ist die Oktaederschicht in dem 2 : 1-Verband dioktaedrisch, so nennt man den Chlorit di,trioktaedrisch. Beispiele für solche Chlorite sind Cookeit und Sudoit. HAYASHI & OINUMA (1964) bestimmten die Zusammensetzung des Sudoit zu annähernd $(Al_{2,7}Mg_{2,3}) (Si_{3,3}Al_{0,7}) O_{10}(OH_8)$.

Chlorite, in denen beide Oktaederschichten dioktaedrisch sind (di,dioktaedrische Chlorite) werden Donbassite genannt. Einen derartigen Chlorit mit der Formel $Al_{4,27}(Si_{3,2}Al_{0,8})O_{10}(OH)_8$ beschrieb MÜLLER (1961, 1963) s. auch BAILEY (1980).

Verbreitet sind Fe-haltige Chlorite, die Fe^{2+} und Fe^{3+} anstelle eines Teils des Magnesiums in oktaedrischer Koordination enthalten.

Die strukturelle Verwandtschaft der Chlorite mit den Smektiten hat auch genetische Bedeutung. Aus Smektiten können sich bei genügender Mg-Zufuhr Chlorite bilden, und zwar sowohl frühdiagenetisch als auch später bei tiefer Versenkung. Auch auf Kosten von Kaolinit kann sich diagenetisch Chlorit bilden. Andere Hydroxide wie $Ca(OH)_2$ oder NaOH können keine Oktaederschichten bilden, weil sie weit löslicher als $Mg(OH)_2$ sind.

Unter den Bedingungen der Verwitterung ist Chlorit stabil genug, damit die Masse des Chlorits im wesentlichen unverändert in die Sedimente gelangt. Der meiste Chlorit klastischer Sedimente ist also „ererbt" und hat oft schon mehrere sedimentäre Zyklen durchlaufen. Chlorit kann daher indikatorisch für das Abtragungsgestein eines Sediments sein.

In Tabelle 5-2. ist die Systematik der Phyllosilikate mit den wichtigsten Röntgendaten zusammengefaßt.

5.1.6 Wechsellagerungsminerale

Neben den Tonmineralen der drei beschriebenen Gruppen kommen vornehmlich in jungen tonhaltigen Sedimenten Wechsellagerungsminerale vor, die aus zwei oder drei verschiedenen Tonmineralen zusammengesetzt sind. Die häufigsten Wechsellagerungsstrukturen bestehen aus Illit- und Smektitlagen (I/S), die entweder in regelmäßiger oder unregelmäßiger Folge in der c-Richtung gestapelt sind. Die Anteile der Einzelkomponenten in den Wechsellagerungsstrukturen (engl. „mixed-layer-clays") können in weiten Grenzen schwanken.

Regelmäßige Wechsellagerungsminerale sind teilweise mit eigenen Namen bezeichnet worden. So heißen Wechsellagerungen (ABAB) aus Muskovit und Montmorillonit: Rektorit (BRINDLEY 1956) oder aus dioktaedrischem Chlorit und Smektit: Tosudit (SUDO 1954).

Als Corrensit werden Wechsellagerungsminerale bezeichnet, die aus
  1. Chlorit-Vermikulit (LIPPMANN 1956)
  2. Trioktaedrischem Chlorit-dioktaedrischem Smektit (BLATTER et al. 1973)
oder
  3. Chlorit-Smektit (EARLEY et al. 1956)
bestehen können.

Die Strukturen der Wechsellagerungsminerale sind aus den Röntgendiagrammen größtenteils texturierter Pulverpräparate abgeleitet worden, und zwar überwiegend aus den Reflexen im Bereich oberhalb 10 Å. Zur näheren Information über Wechsellagerungsstrukturen wird auf REYNOLDS (1980) und HOWER (1966) verwiesen.

In jüngster Zeit ist die Konzeption der Wechsellagerungsstrukturen durch Experimente von NADEAU et al. (1984) in Frage gestellt worden. Die Autoren fanden mixed-layer-Reflexe an rein

Tabelle 5-2. Klassifikation der phyllosilikatischen Tonminerale.

Schicht-verbände	Typ der Oktaeder-schicht	Gruppe (X = Schicht-ladung)	Wichtige Mineralarten	Vereinfachte Strukturformel	Haupt-Röntgendaten d 001 (Å) lufttr.	mit Glykol	400°C	d_{060} (Å)
diphormisch 1:1	dioktaedr.	Kandite $X = 0$	Kaolinit, Dickit, Nakrit Halloysit	$Al_4(OH)_8Si_4O_{10}$ $Al_4(OH)_8Si_4O_{10} \cdot (H_2O)_4$	7 7	7 7	— —	1,48–1,49
	trioktaedr.	Serpentine (Seprechlorite) $X = 0$	Chrysotil, Antigorit, Clinochlor	$Mg_6(OH)_8Si_4O_{10}$	7	7	—	1,52–1,56
triphormisch 2:1	dioktaedr.	Glimmer (nicht quellfähig) $X \sim 1,0$	Muskovit Illit (Hydromus-kovit), Glaukonit	$K(Al, Fe^{3+}, Mg)_2(OH)_2 (Si_3Al)O_{10}$ $(K, H_3O)Al_2(OH)_2(Si_3Al)O_{10}$	10 10	10 10	10 10	1,50–1,52 1,50
	trioktaedr.		Biotit	$K(Mg, Fe^{2+})_3(OH)_2 (Si_3Al)O_{10}$	10	10	10	1,53–1,54
	dioktaedr.	Smektite (quellfähig) X: 0,2–0,6	Montmorillonit Beidellit	$(R, Al)_2(OH)_2Si_4O_{10}$ $(R, Al)_2(OH)_2(Si_3Al)O_{10}$	~12	17	10	1,49–1,52
	trioktaedr.	$X > 0,6$	Saponit Vermikulit	$Mg_3Al(OH)_2(Si_3Al)O_{10}$ $Mg_3Fe(OH)_2(Si_3Al)O_{10}$	~12 10	17 ~15	10 9	1,53–1,54
tetraphormisch 2:2	dioktaedr. di, triokt.	Chlorite X: 0…1	Al-Chlorit (Donbassit) Sudoit	$Al_2(OH)_2Si_4O_{10} \cdot Al_2(OH)_6$ $Al_2(OH)_2Si_4O_{10} \cdot Mg_3(OH)_6$	14	14	14	1,49–1,51
	trioktaedr.		Pennin (Mg, Al) Rhipidolith (Fe)	$(Mg, Fe, Al)_3(OH)_2(Si, Al)_2 O_{10} \cdot (Mg, Fe)_3(OH)_6$	14	14	14	1,53–1,56

mechanischen Gemengen aus Illit und Smektit. Dabei bestanden die Smektit-Kristalle aus nur einem 2 : 1-Schichtverband mit 10 Å Dicke (s. S. 210).

5.1.7 Nichtphyllosilikatische Tonminerale

Neben den phyllosilikatischen gibt es einige seltenere inosilikatische Tonminerale: Palygorskit und Sepiolith, der auch als Meerschaum bekannt ist. Es sind dies wasserhaltige Mg-Silikate von faseriger Kristallform. Sie kommen hauptsächlich in Karbonatgesteinen vor. Da sie in den Röntgendiagrammen leicht übersehen werden und säureempfindlich sind, sind sie möglicherweise häufiger als bisher angenommen. Sie sind auch in Böden gefunden worden (s. S. 221, sowie 362, 552f. und 879).

5.1.8 Sonstige Bestandteile

A. Quarz und Feldspat

Mineralgehalt und Korngrößenverteilung von Ton-/Siltsteinen wurden von BLATT & SCHULTZ (1976) untersucht.

Ton-/Siltsteine enthalten danach durchschnittlich 28% Quarz, von denen 1/8 Feinsandkorngröße besitzen, 6/8 sind Silt und 1/8 Ton. Die mittlere Korngröße des Quarzes ist 0,014 mm.

Konkreter in ihrer Aussage als solche Pauschalangaben sind Untersuchungen, bei denen die Siltsteinzusammensetzung jeweils in Abhängigkeit vom Median bestimmt wurde. Auf diese Weise fand SCHILLER (1980, Abb. 23) in Tonen und Silten des Miozäns in der Niederrheinischen Bucht folgende Quarzgehalte:

Median $\emptyset$	Quarzgehalt
<2 µm	15%
2 µm	19%
6,3 µm	29%
20 µm	39%
63 µm	49%

In vielen Grobsiltsteinen dürfte der Quarzgehalt höher sein. In stark verfestigten feinklastischen Gesteinen ist die Bestimmung der Mediankorngröße problematisch. Man kann sich hier bei der Untersuchung korngrößenabhängiger Eigenschaften auf die im Dünnschliff oder Streupräparat geschätzten Mediankorngröße der Quarzkörner beziehen.

B. Karbonat

Kalzit ist häufiger und oft reichlicher Bestandteil von Tongesteinen. Kalzit ist entweder Abrieb gröberer Karbonatpartikel und dann eingeschwemmt, oder er ist im Ablagerungsraum ausgefällt worden, oft durch Organismen. Es gibt einen kontinuierlichen Übergang von karbonatfreiem Tongestein bis zu tonfreiem Karbonatgestein (FÜCHTBAUER 1959). Dolomit kann entweder als Feindetritus eingelagert werden (z. B. in den Dolomitmergeln der Alpenvorlandsmolasse (FÜCHTBAUER 1964a) oder diagenetisch gebildet werden.

C. Eisenminerale

Unter oxidierenden Bedingungen wird das gelöst angelieferte Eisen als Hämatit ausgeschieden, der an Tone adsorbiert wird oder sich in Form von Kornüberzügen (coatings) ausscheidet. Unter reduzierenden Bedingungen dagegen bildet das Eisen in Gegenwart von Schwefelwasserstoff Pyrit (FeS_2), in rezenten Ton/Silten oft Hydrotroilit (FeS). Die reduzierenden Bedingungen ($E_h < 0$) entstehen, wenn der Sauerstoffgehalt des Wassers nicht ausreicht, um die eingeführte organische Substanz zu oxidieren. Dies ist der Fall, wenn entweder die Bioproduktion sehr groß oder der Sauerstoffgehalt des Wassers gering ist infolge mangelnder Durchbewegung mit Oberflächenwasser (Buchten, abgeschnürte Becken, Tiefseeboden oder Sümpfe auf dem Festland).

Die dunkle Farbe erhalten die unter reduzierenden Bedingungen gebildeten Tone durch feinverteilten Pyrit und organische Substanz.

D. Organische Bestandteile

Der Anteil der organischen Substanz in Tongesteinen beträgt im Mittel 1,1% (GEHMANN 1962). In Erdölmuttergesteinen kann er bis über 30% steigen. Hierbei handelt es sich um bituminöse Verbindungen, die aus Biopolymeren hervorgehen und als Kerogene I und II (DURAND 1975) bezeichnet werden. Diese befinden sich vor allem in marinen und limnischen Schichten und entstehen vorwiegend aus Phytoplankton. Aus den Kerogen I- und II-Vorläufern entwickelten sich die Kohlenwasserstoffe des Erdöls. Im Dünnschliff sind sie als bernsteinfarbene Schlieren, meistens schichtparallel eingelagert, leicht zu erkennen. Auch zusammengedrückte Sporen findet man nicht selten in dunklen Tongesteinen.

In fluviatilen feinklastischen Gesteinen besteht der organische Anteil vorwiegend aus Pflanzendetritus (Kerogen III). Dabei sammeln sich in Tonen die liptinitischen Bestandteile, d. h. Fragmente von Sporen, Pollen und Kutikeln (Blattoberhäuten) sowie feiner Detritus von pflanzlichem Gewebe. Letzterer nimmt (in Siltsteinen) mit der Korngröße zu und überwiegt in den Sandsteinen stark. Im Oberkarbon des Ruhrgebietes machen diese figurierten organischen Bestandteile ca. 25% des gesamten organischen Materials (einschließlich der Kohlenflöze) aus. Nimmt man die nicht figurierte organische Substanz, z. B. der dunklen Tongesteine, hinzu, so sind es annähernd 30%. Zur Erdgasbildung trägt neben der Kohle demnach die disperse Substanz merklich bei (SCHEIDT 1988).

Die aus Vitrinit bestehenden Partikel werden zur Bestimmung des Inkohlungsgrades und damit der erreichten Maximaltemperatur anhand des Reflexionsvermögens benutzt. Das Reflexionsvermögen (unter Öl) steigt mit abnehmendem Gehalt an flüchtigen Bestandteilen (TEICHMÜLLER 1970).

Zusammenfassung

In Anlehnung an die Konvention, Partikel unter 2 µm Durchmesser als „Ton" und zwischen 2 und 63 µm als „Silt" zu bezeichnen, werden klastische Sedimente, also Korngemische, mit einem Median unter 2 µm „Tone" bzw. „Tonsteine", solche mit einem Median zwischen 2 und 63 µm „Silt" bzw. „Siltsteine" genannt. Letztere sind bei weitem häufiger als Tonsteine. Sie werden mit dem bloßen Auge von Tonsteinen durch Glimmerblättchen auf den Schichtflächen unterschieden. Siltsteine bestehen zu etwa 50%, Tonsteine zu mehr als 75% aus Tonmineralen. Diese entstehen vor allem durch Verwitterung im Bodenbereich, und zwar besonders aus den weniger stabilen Mineralen magmatischer und metamorpher Gesteine. Hinsichtlich der Typisierung und Zusammensetzung der Tonminerale sei auf Tab. 5-2. verwiesen.

Unter sauren Bedingungen mit starker Drainage entstehen die alkali- und erdalkalifreien Kaolinitminerale, unter eher basischen Bedingungen mit geringer Drainage bilden sich die quellfähigen Smektite. Illit bildet sich bei der Verwitterung aus Glimmern und in der Diagenese aus Smektiten. Chlorit bleibt bis in die Diagenese hinein erhalten im Gegensatz zu Kaolinit und Smektit, welche in der Diagenese zu Chlorit bzw. Mixed-Layer-Mineralen und Illit umgewandelt werden.

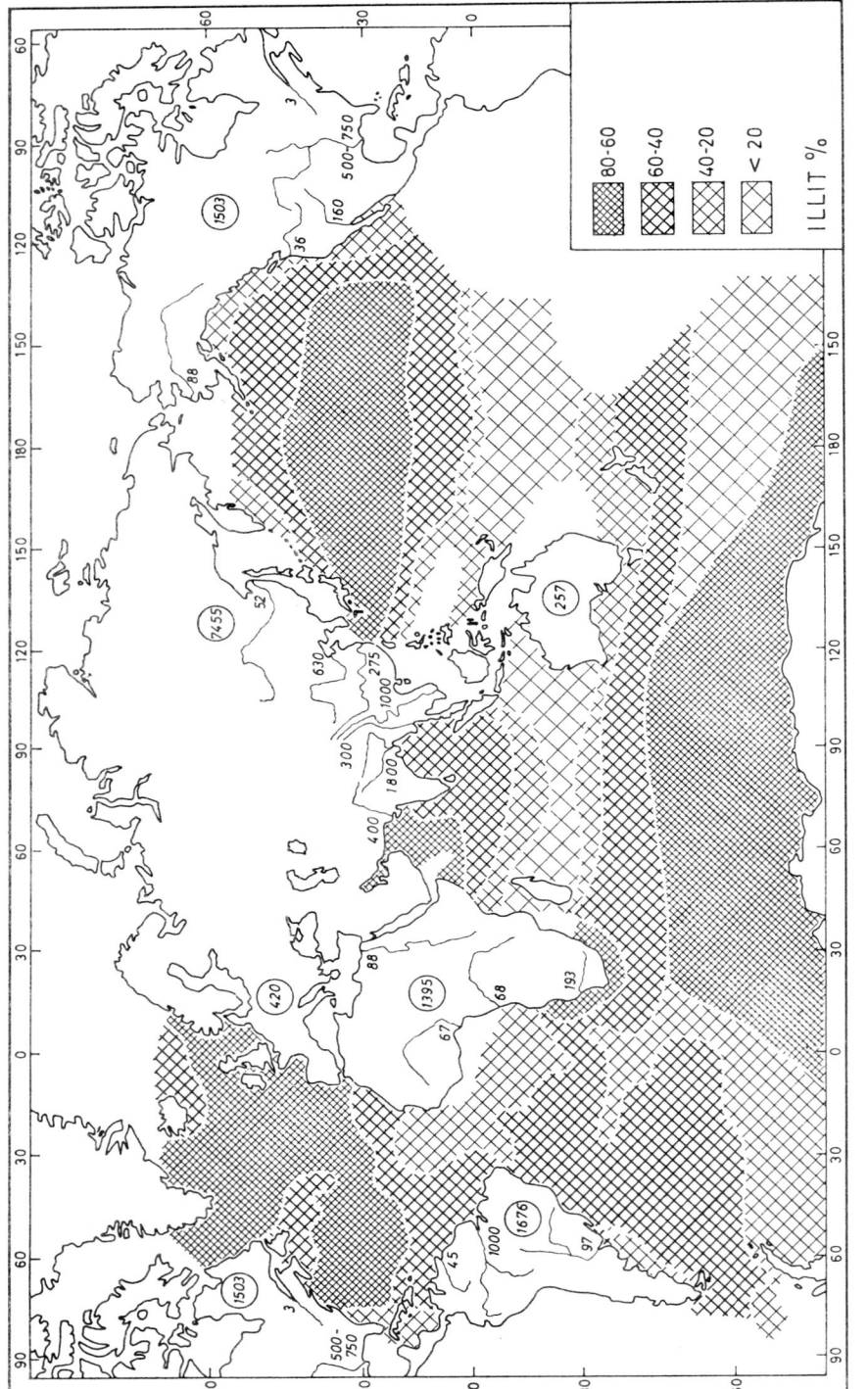

Abb. 5-2. Anteil des Illits in der Tonmineralfraktion ozeanischer Sedimente nach einer Zusammenstellung bei RATEJEW et al. (1969). Erläuterungen der Zahlenangaben im Text (aus FÜCHTBAUER & MÜLLER 1977).

Abb. 5-3. Anteil des Kaolinits in der Tonmineralfraktion ozeanischer Sedimente nach einer Zusammenstellung bei RATEJEW et al. (1969). Erläuterungen der Zahlenangaben im Text (aus FÜCHTBAUER & MÜLLER 1977).

Ton- und Siltsteine

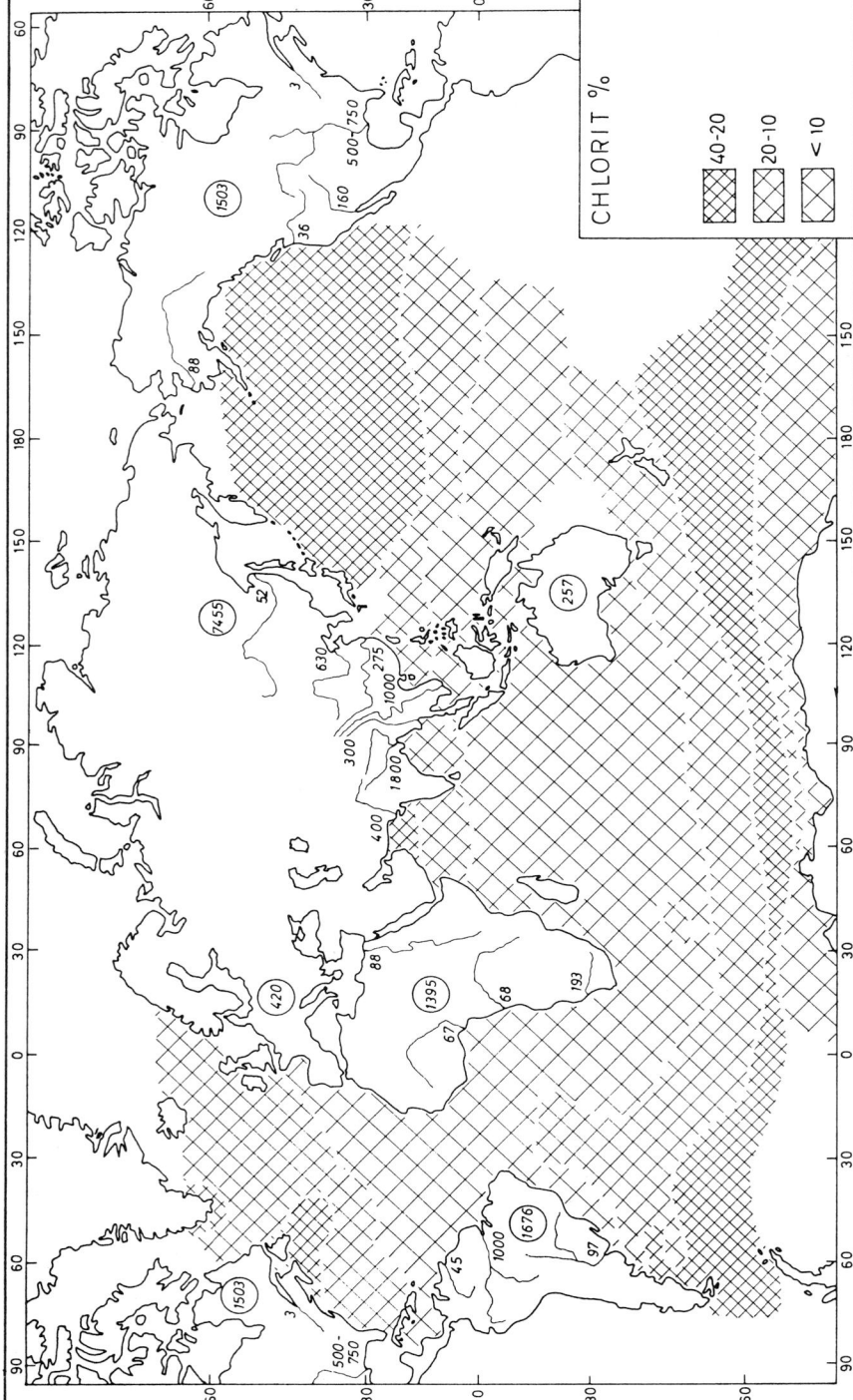

Abb. 5-4. Anteil des Chlorits in der Tonmineralfraktion ozeanischer Sedimente nach einer Zusammenstellung bei RATEJEW et al. (1969). Erläuterungen der Zahlenangaben im Text (aus FÜCHTBAUER & MÜLLER 1977).

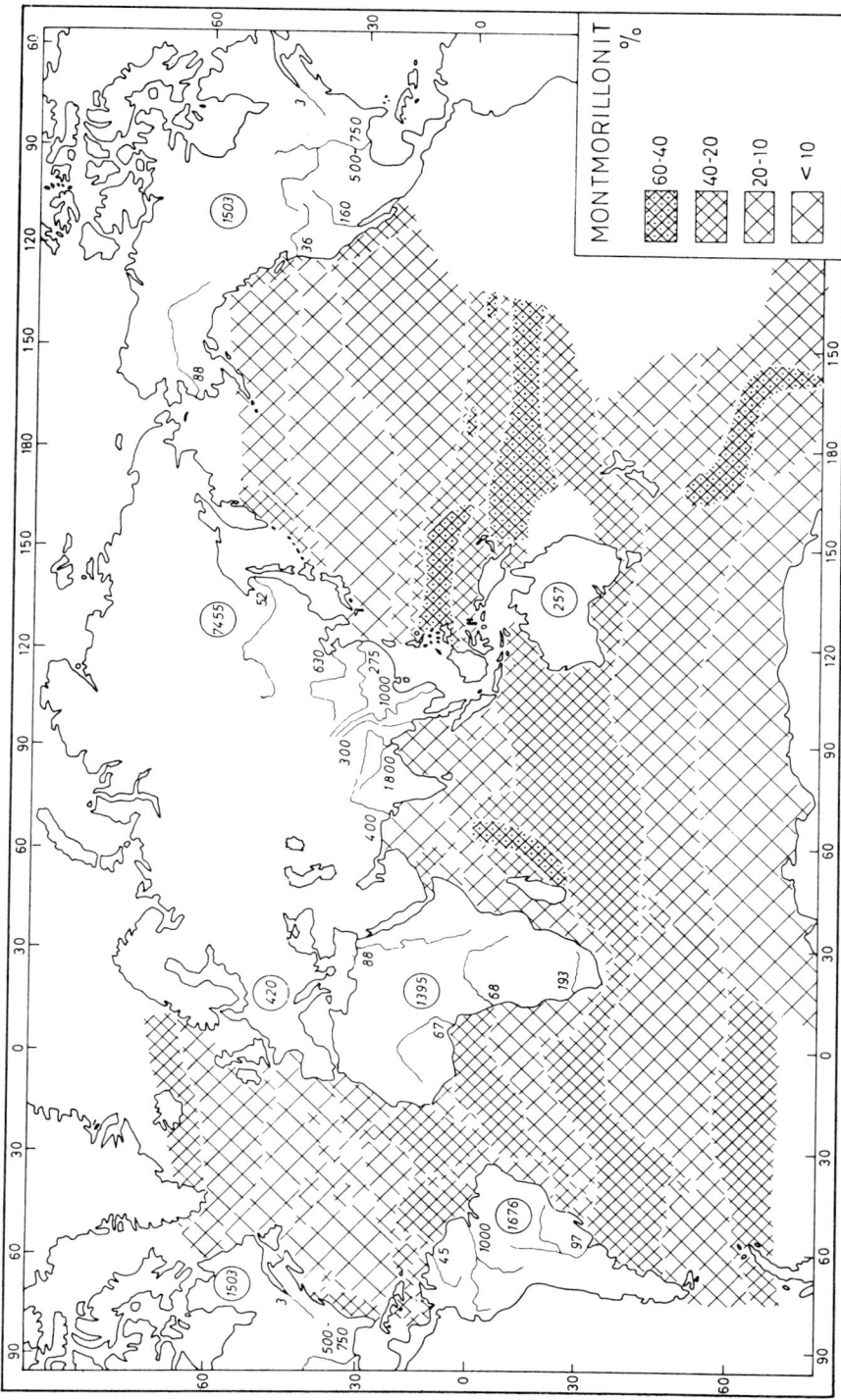

Abb. 5-5. Anteil des Montmorillonits in der Tonmineralfraktion ozeanischer Sedimente nach einer Zusammenstellung bei RATEJEW et al. (1969). Erläuterungen der Zahlenangaben im Text (aus FÜCHTBAUER & MÜLLER 1977).

5.2 Tonmineralverteilung

5.2.1 Ozeanböden

Die Tonmineralgehalte rezenter Sedimente der Ozeanböden wurden global u.a. von BISCAYE (1965), GRIFFIN et al. (1968) und RATEJEW et al. (1969) untersucht. Die drei Autorengruppen fanden übereinstimmend eine Zonierung der Tonmineralhäufigkeiten nach der geographischen Breite. Kaolinit und Smektit haben ihre stärkste Verbreitung in einem äquatorialen Gürtel etwa zischen 35° N und 35° S. Diese Zone ist sowohl im Pazifik als auch im Atlantik und im Indischen Ozean zu beobachten. In den höheren Breiten überwiegen Chlorit und Illit (bipolare Verteilung, RATEJEW et al. 1969).

Diese Tonmineralverteilung auf den Ozeanböden ist koinzident mit den Klimazonen der Erde. Kaolinit und Smektit entstehen bei tropischer Verwitterung vorzugsweise in niederen Breiten, während in höheren Breiten bei weniger intensiver Verwitterung Illit und Chlorit häufiger sind. Das überwiegende Vorkommen von Chlorit und Illit auf den Meeresböden in arktischen Breiten wird von einer Reihe regionaler Untersuchungen bestätigt (CARROLL 1970; NAIDU et al., 1971; O'BRIEN & BURRELL 1970).

Da die Hauptmeeresströmungen in den Ozeanen latitudinal, also W-E, verlaufen, wird die klimabedingte Zonierung entsprechend der terrigenen Einschwemmung nicht durch quergerichtete Wasserbewegungen zerstört, sondern eher verstärkt. Eine zusammenfassende Übersicht über die großräumige Sedimentation in den Ozeanen in der Gegenwart hat LISITZIN (1972) gegeben. In dieser Studie werden die Prinzipien der Bildung terrigener, biogener, chemischer und pyroklastischer Sedimente in den Ozeanen und deren Verteilung auf den Ozeanböden dargelegt. In den **Abb. 5-2 bis 5-5** sind die Anteile der wichtigsten Tonminerale in der Tonfraktion ozeanischer Sedimente nach RATEJEW et al. (1969) dargestellt. Die prozentualen Anteile beziehen sich auf den Gesamttonmineralgehalt gleich 100%. In den Kreisen sind die von den Kontinenten gelieferten Sedimentfrachten in 10^6 t/a angegeben. Die Zahlen an den Hauptflüssen geben deren Sedimentfrachten (ebenfalls in 10^6 t/a) an.

Die deutliche Korrespondenz der Tonmineralverteilung in den rezenten Sedimenten auf den Ozeanböden mit den festländischen Liefergebieten spricht gegen eine nennenswerte Tonmineralauthigenese in den Ozeanen. Vielmehr zwingt die Korrelation zwischen Klima und Tonmineralhäufigkeit zu der Folgerung, daß die Masse der Tonminerale in den ozeanischen Sedimenten terrigen ist. Das Klima in den Einzugsgebieten der in das Meer entwässernden Flüsse beeinflußt die Tonmineralzusammensetzung der Schwebfracht und somit der marinen Sedimente.

Auch die im westlichen Teil des Nordatlantik (westlich des mittelatlant. Rückens) von BISCAYE (1965) gefundenen I/S-Mixed-Layer-Minerale wurden von dem Autor als eher detritisch als in situ gebildet angesehen.

Im Detail ist die Tonmineralverteilung in den Ozeanen durch deren Morphologie und vor allem durch Turbiditströme stärker differenziert. Beispielsweise schätzte RUPKE (1975), daß im Balearen-Becken des westlichen Mittelmeers die Hälfte der quartären Mächtigkeit durch Turbiditschlämme gebildet wurde bei etwa drei Turbiditereignissen pro 2000 Jahren, während die pelagische Sedimentationsrate etwa 100 mm/1000 a (= 100 „Bubnoff") betrug. Weitere Daten werden im Kap. 14.8.4 A mitgeteilt.

Neuere Messungen von äolisch transportierten Stäuben über den Ozeanen lassen vermuten, daß ein nicht unerheblicher Teil der silikatischen Tiefseesedimente durch Windströmungen transportiert wurde (WINDOM 1975). Die Passatwinde nehmen über Trockengebieten toniges und siltiges Material auf und laden es über dem Meer ab. Ozeanische Regionen mit stärkeren windtransportierten Anteilen an der Gesamtsedimentation sind der zentrale Atlantik, der nördliche und südliche Pazifik und der südöstliche Indische Ozean. Hier werden äolisch verfrachteter Illit und Kaolinit neben Quarz beobachtet. Die naturgemäß vagen Schätzungen beziffern die Gesamtmenge der äolischen Fracht, die auf den Ozeanen niedergeht mit $0,1-0,4 \times 10^9$ t/a (JUDSON 1968) entsprechend 10–30% der Gesamtsedimentation. PROSPERO & CARLSON (1972) schätzen, daß jährlich $25-37 \times 10^6$ t Staub von N-Afrika bis zur geograph. Länge von Barbados gelangen.

EMERY et al. (1974) gaben für den äolischen Staub vor der Westküste Afrikas folgende Zusammensetzung an: ein Drittel Illit, 10–20% I/S, 5–50% Kaolinit sowie geringe Mengen Plagioklas, Chlorit und Mikroklin. Der Kaolinitgehalt des Staubes nimmt parallel zu dem der aquatischen Suspension vom Äquator nach Norden und Süden ab.

Analysen der Tonminerale der rezenten Sedimente vor der Küste Nordafrikas wurden von LANGE (1982) so gedeutet, daß Chlorit überwiegend aus dem Atlas-Gebirge, Kaolinit dagegen aus der südlichen Sahara eingeweht worden ist. Das Mengenverhältnis dieser beiden Minerale könnte benutzt werden, um zwei sich überlagernde Windsysteme zu rekonstruieren.

5.2.2 Küstennahe Sedimente

A. Einfluß der Korngröße

Die überwiegende Menge der von den Flüssen zum Meer verfrachteten Schwebfracht gelangt nicht bis zu den landfernen Tiefseeböden, sondern wird bald nach dem Eintritt der Flüsse in das Meer, also in den Deltas, Ästuaren und auf den Schelfen abgelagert (MEADE 1982). Nur geringe Mengen der terrigenen Feststofffracht der Flüsse werden über den Schelf hinaus ins offene Meer transportiert.

Nach Angaben von BARRETTO & SUMMERHAYES (1975) gelangen vor der Nordostküste Brasiliens nur 1% der Suspensionsfracht weiter als 10 km über die Amazonasmündung hinaus.

Überdies wiesen MEADE et al. (1979) und MEADE (1982) bei der Auswertung von Untersuchungen der Suspensionsfracht in Flußmündungen der Ostküste Nordamerikas und des Amazonas darauf hin, daß der Suspensionstransport nicht kontinuierlich, sondern in Schüben erfolgt, zwischen denen lange Sedimentationspausen liegen.

Die Menge der Suspensionsfracht der größten Flüsse in aller Welt hat HOLEMAN (1968) zusammengestellt.

Im Bereich der Schelfe, besonders im Mündungsgebiet schwebstofftransportierender Flüsse, hängt die Tonmineralverteilung in den Sedimenten von einer ganzen Reihe von Einflüssen ab. Zunächst werden die angelieferten Tonminerale nach ihrer unterschiedlichen mittleren Korngröße getrennt abgelagert. Kaolinit als das im allgemeinen gröbste Tonmineral herrscht – sofern es in der fluviatilen Schwebfracht enthalten ist – in einer küstennahen Zone vor, zum offenen Meer hin gefolgt von Illit und schließlich von Smektit. Die Tonmineralzonierung im Prodelta des Niger (Abb. 5-6) wird von PORRENGA (1966) in dieser Weise aufgrund der unterschiedlichen Sinkgeschwindigkeiten der verschieden großen Tonminerale gedeutet. Eine ganz ähnliche zonierte Verteilung fand GIBBS (1967, 1977) nordwestlich der Amazonasmündung (Abb. 5-7).

Im freien Ozean gelangt die feinste Trübe meist über den Verdauungstrakt von planktonischen Krustazeen, in Form von Kotpillen, sowie durch organische Ausscheidungen des Phytoplanktons verklebt, zum Boden (HONJO et al. 1982; DEGENS & ITTEKKOT 1984).

B. Einfluß der Koagulation

Die unmittelbar verständliche Zonierung nach der Korngröße kann durch Flockung verändert werden. Beim Eintritt in das Meerwasser koagulieren die Tonminerale und bilden lose Aggregate aus einer Vielzahl von Einzelpartikeln. Der höhere Elektrolytgehalt des Meerwassers läßt die diffusen Doppelschichten (VAN OLPHEN 1963: 30), die sich infolge der negativen Ladungen auf den Tonmineraloberflächen bilden, zusammenschrumpfen. Nun können sich Einzelpartikel durch tur-

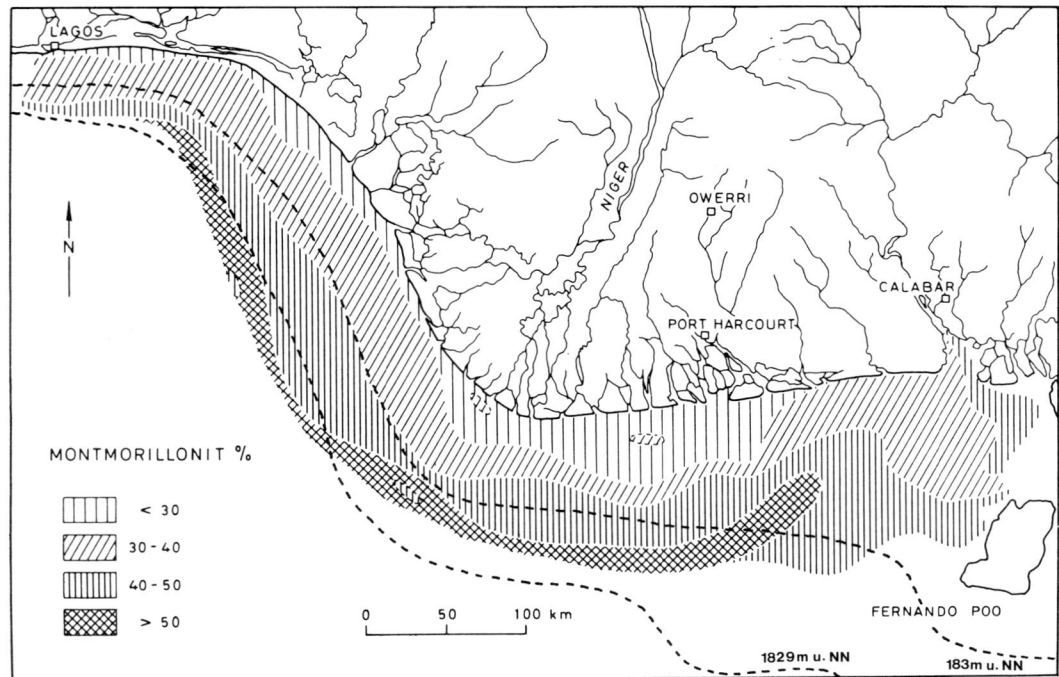

Abb. 5-6. Anreicherung des Montmorillonits in küstenferneren Bereichen des Nigerdeltas infolge lateraler Differenzierung der vom Niger angelieferten Tonmineralen Kaolinit und Montmorillonit (nach PORRENGA 1966).

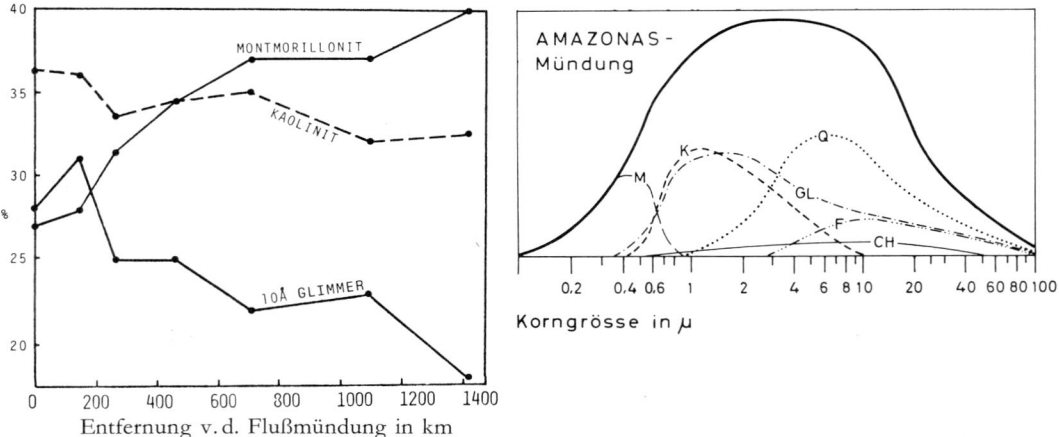

Abb. 5-7 a. Tonmineralzusammensetzung der Schwebfracht vor der Amazonasmündung (nach GIBBS 1977). b. Korngrößenverteilung der Minerale in der Schwebgutfracht des Amazonas an seiner Mündung in den Atlantischen Ozean (nach GIBBS 1967).

bulente Strömungen oder die Brown'sche Eigenbewegung einander soweit nähern, daß van der Waals'sche Anziehungskräfte wirksam werden und die Teilchen miteinander verbinden (HAHN & STUMM 1970).

Flockungsexperimente mit künstlichen und natürlichen Tongemischen bei unterschiedlichen Salinitäten weisen GIBBS (1983) darauf hin, daß die Flockung schon bei Salinitäten von wenigen Promille NaCl einsetzen kann. Ähnliche Flockungssalinitäten wurden auch von MILLIMAN et al. (1975) aufgrund von Beobachtungen im Amazonas-Delta genannt. Die Flockungsrate hängt von der Elektrolytkonzentration des Wassers, von der Oberflächenladung und damit von der Art der Tonminerale, von der Feststoffdichte, von der Turbulenz der Wasserströmung und von der Temperatur ab. Organische Substanz kann ebenso wie Eisenoxid-Überzüge die Kolloide gegen Koagulation schützen. Die Nicht-STOKE'sche-Zunahme der Sinkgeschwindigkeiten mit zunehmender Größe der Flocken erklärte GIBBS (1985) dadurch, daß entweder die Dichte der Flocken mit ihrer Größe abnimmt oder bewegungshemmende Kräfte zunehmen. Die Angaben über die Bereitschaft der Tonminerale zur Koagulation sind widersprüchlich. Einige Autoren geben die Reihe abnehmender Flockungsbereitschaft wie folgt an:

$$\text{Smektit} > \text{Illit} > \text{Kaolinit} > \text{Chlorit}.$$

Nach anderen Untersuchungen scheint die Reihe genau entgegengesetzt geordnet. So flockte bei Laborversuchen von EDZWALD & O'MELIA (1975) der Kaolin noch vor dem Illit. Ähnliches beobachteten HYNE et al. (1979) in einem Flußdelta, im Maracaibo See bei 3‰ NaCl. Die tonigen Delta-Sedimente sind an Kaolinit reicher als die fluviatile Suspensionsfracht.

Flocken aus Smektit sind etwa so groß wie einzelne Illitpartikel, doch erreichen sie nur selten die Größe von Kaolinitpartikeln. KRANCK (1975) fand asymmetrische Korngrößenverteilungen (Überwiegen des Feinen) der Flocken.

Im allgemeinen wird die korngrößenabhängige Tonmineralzonierung im äußeren Prodeltabereich durch Flockung verwischt oder undeutlich gemacht. Stärker verwischend wirken küstenparallele Strömungen auf die Sedimentzonierung. Und in neuerer Zeit haben MEADE et al. (1975) auf den Einfluß der auf den Schelfrand auflaufenden Tiefenströmungen (upwellings) aufmerksam gemacht. EMERY & MILLIMAN (1978) wiesen darauf hin, daß die aufgleitenden Strömungen entlang den östlichen Rändern der Ozeane intensiver als an den westlichen sind. Demzufolge ist auch die biogene Fraktion im Detritus an den Osträndern der Ozeane größer.

In Ästuaren spielt der zum Land gerichtete Transport von Sedimentmaterial durch die Fluttide eine dominierende Rolle für die Sedimentverteilung. Die auflaufende Tide ist meistens stärker als die ablaufende, so daß es im Ästuar zu einer Auffüllung mit Sediment kommen kann, das vom küstenferneren Schelf antransportiert wird.

Über Strömungen in der Tiefsee und deren Einfluß auf die Sedimentverteilung am Meeresboden informiert HEEZEN (1977).

C. Mineralische Veränderungen

Neben den mechanisch bedingten Differenzierungen der Schwebfracht beim Eintritt in den marinen Bereich sind auch mineralogische Umwandlungen der angelieferten Tonminerale möglich. Über die Stabilität von Kaolinit im Meerwasser bestehen aufgrund von lokalen Studien unterschiedliche Auffassungen. NEIHEISEL & WEAVER (1967) fanden, daß die Tonmineralgesellschaft in feinklastischen Sedimenten an der südlichen Ostküste von Nordamerika von ihrer Herkunft bestimmt wird. Weder Kaolinit noch Montmorillonit oder Illit werden nennenswert durch Salzwasserzutritt verändert. Zu den gleichen Schlußfolgerungen wurde auch GRIFFIN (1962) durch Untersuchungen an rezenten Tonsedimenten im Golf von Mexico geführt. Die Sedimente besitzen dieselbe Zusammensetzung wie in ihren Abtragungsgebieten. Auch im östlichen Mittelmeer (MALDONADO & STANLEY 1981) wurden keine diagenetischen Einflüsse auf die Tonmineralverteilung beobachtet.

Desgleichen fand MORTON (1972) in den rezenten bis subrezenten Sedimenten des Guadelupe-Deltas in Texas die Tonmineralverteilung durch die Abtragungsgesteine und nicht durch diagenetische Vorgänge bestimmt. STOFFERS & MÜLLER (1972) konnten die Tonmineralverteilung im Schwarzen Meer eindeutig den terrestrischen Liefergebieten zuordnen.

Dagegen deuten GRIM, DIETZ & BRADLEY (1949) die an rezenten Sedimenten vor der Kalifornischen Küste beobachtete Abnahme des Kaolinits mit zunehmender Entfernung von der Küste als mögliche Umwandlung von Kaolinit in Illit oder Chlorit. Eine andere Möglichkeit wäre, daß sich Kaolinit im Meerwasser auflöst (KELLER 1970). Eine halmyrolytische Umwandlung von Kaolinit in andere Tonminerale an der Sedimentoberfläche schließt KELLER aus. Dagegen liegt die halmyrolytische Umwandlung von Smektit in Illit durch Aufnahme von K^+ aus dem Meerwasser nahe. Jedoch zeigen die ausgedehnten Vorkommen von Smektit am Boden der Ozeane (südl. Pazifik und nördl. W-Atlantik), daß diese Umwandlung offenbar nicht stattfindet, zumindestens nicht in größerem Umfang. Vielleicht ist die K$^+$-Aktivität im Meerwasser für die Illitisierung nicht ausreichend (WEAVER 1967). Dies gilt mit einiger Sicherheit für den aus vulkanischer Asche hervorgegangenen „echten" Smektit, der im Meerwasser relativ stabil ist. Dagegen soll das ebenfalls als Smektit bezeichnete quellfähige 2 : 1-Tonmineral, das sich aus Illit durch K-Verlust ableitet nach NELSON (1960), Kalium und Magnesium aus dem Meerwasser aufnehmen und sich zu Illit rekonstituieren, bzw. zu Chlorit werden. An Illiten und Chloriten sind keine halmyrolytischen Umwandlungen beobachtet worden (O'BRIEN & BURRELL 1970).

Tonminerale können in rezenten Sedimenten an der Sedimentoberfläche durch schlammfressende Organismen in ihrer Zusammensetzung verändert werden. Nach SCHEINFELD & ADAMS (1980) wird vornehmlich Smektit durch den niedrigen pH sowie durch Enzyme in den Verdauungsorganen schlammfressender Organismen in amorphe Substanz verwandelt. Möglicherweise haben biogene Tonmineralumwandlungen einen größeren Umfang als bisher angenommen.

5.2.3 Rezente Ton-/Siltsedimente auf dem Festland

Kontinentale Ton-/Siltsedimente treten mengenmäßig weit hinter den marinen Ton/Silten zurück. Am verbreitesten sind sie im fluviatilen Bereich, vor allem auf den Überflutungsebenen am Unterlauf der Flüsse, wo die Schwebfracht sedimentiert, wenn der Fluß bei Hochwasser die ihn begleitende Ebene überflutet. Auch in Seen, in Sümpfen und in glazialen Ablagerungsräumen können sich Ton-/Siltsedimente in wesentlich kleinräumigerer Verbreitung bilden als die marinen Äquivalente. Nur in äolisch gebildeten Staubwüsten können Tone und vor allem Silte größere Verbreitung auf den Kontinenten erreichen.

Die mineralische Zusammensetzung kontinentaler Tonsedimente wird vorwiegend von den Ursprungsgesteinen und der Verwitterung, d. h. dem Klima in den Abtragungsarealen, bestimmt. Die Verteilung des Mineralinhaltes ist in kontinentalen Bildungen weit weniger einheitlich als in marinen Sedimenten, weil die Transportvorgänge engräumiger differenziert sind. Zeitlich und räumlich häufig wechselnde Strömungsgeschwindigkeiten mit der daraus sich ergebenden Sortierungsdifferentiation lassen unterschiedliche Mineralgesellschaften dicht neben- oder übereinander zur Sedimentation kommen. Grundsätzlich können alle Tonmineralarten in kontinentalen Ton-/Siltsedimenten vorkommen. Am häufigsten ist Kaolinit als das unter festländischen Bedingungen stabilste Tonmineral, gefolgt von Illit, Chlorit und Montmorillonit.

Kontinentale Ton/Silte enthalten im Durchschnitt mehr Quarz und Feldspat und weniger Karbonate als marine Ton/Silte. Die Siltsedimente auf den Überflutungsebenen können reich an kohligen Bestandteilen sein als Zeugen der dort zwischen den Überflutungsepisoden sich entfaltenden Vegetation. In Restseen kann es auch zur Faulschlammbildung kommen. Kontinentale Tonsedimente sind meistens rot bis rotbraun, Ausnahmen bilden z. B. die schwarzen und weißen Tone in Kohlebecken. Schichtung und Spaltbarkeit sind im allgemeinen weniger deutlich als bei marinen Tonen.

Eine geochemische Hilfe zur Unterscheidung mariner und nichtmariner, jüngerer Sedimente gewähren die Beobachtungen, daß in ersteren $FeS_2/FeS > 10$, in letzteren < 1 ist (BERNER et al. 1979), sowie daß in den marinen Sedimenten $C/S < 25$, in nichtmarinen > 25 ist (BERNER & RAISWELL 1984).

Zusammenfassung

Die Tonmineralverteilung in den rezenten Sedimenten der Tiefseeböden wird in erster Linie durch die Tonminerale in den Böden der benachbarten Festländer bestimmt. So ist Kaolinit in den Ozeanen dort am stärksten verbreitet, wo auf den benachbarten Kontinenten tropische Verwitterungsbedingungen die Bildung von Kaolinit begünstigen (intensive chemische Verwitterung). Chlorit, dessen Bildungsbedingungen zu denen des Kaolinits entgegengesetzt sind, überwiegt dagegen dort, wo auf dem Festland die chemische Verwitterung schwach ist, d. h. in den hohen Breiten. Smektit wird einerseits dort gefunden, wo er sich durch untermeerische

Verwitterung aus vulkanogenen Gesteinen bilden kann und die Sedimentation anderer Komponenten gering ist, so daß die Smektitkonzentration unverdünnt erhalten bleibt. Andererseits enthalten die oft mächtigen tropischen Vertisol-Böden ausschließlich Smektit.

Illit, als spezifisch für die Verwitterung in den gemäßigten Zonen, erreicht in den mittleren Breiten des nördlichen atlantischen und pazifischen Ozeans seine maximalen Konzentrationen. In den korrespondierenden Breiten der südlichen Hemisphäre ist er geringer verbreitet, offenbar weil hier nur weniger bedeutende Entwässerungssysteme vorhanden sind.

Im allgemeinen folgt die Tonmineralverteilung in den ozeanischen Tiefseesedimenten einer latitudinalen Zonierung, die auch durch windtransportierte Sedimente begünstigt wird, da die Hauptwindströmungen auch latitudinal gerichtet sind.

Der größte Teil der terrigenen Suspensionsfracht der Flüsse wird küstennah auf den Schelfen, vor allem im Bereich von Deltas, abgelagert. Die Ablagerung des tonmineralhaltigen Detritus wird beim Eintritt in den Ozean nach der Korngröße, d. h. nach unterschiedlicher Sinkgeschwindigkeit, lateral differenziert. Hierbei ist weniger die Korngröße der Einzelpartikel der verschiedenen Tonmineralarten als die Größe der im Meerwasser geflockten Aggregate ausschlaggebend. Bei Salinitäten von mehr als 3‰ sind wäßrige Tonmineralsuspensionen instabil und koagulieren. Kaolinit flockt am ehesten bei niedrigen Salinitäten, Montmorillonit bei höheren. Diese korngrößenabhängige Verteilung der Tonminerale in Schelfsedimenten wird durch küstenparallele oder landwärts gerichtete Strömungen oft verändert.

Ebenfalls beim Eintritt in das Meerwasser tauschen die meisten Tonminerale einen Teil ihrer austauschfähigen Kationen gegen Na^+, Mg^{2+} und K^+ des Meerwassers ein. Dadurch können degradierte Illite sich restaurieren („aggradieren"). Echte Tonmineralneubildungen aus fluviatil angelieferten, nichtkristallinen Phasen sind im küstennahen Bereich möglich, aber mengenmäßig nicht bedeutend.

5.3 Diagenese

Die Diagenese von tonigen Sedimenten ist in den letzten Jahren in vier hervorragenden Monographien abgehandelt: WEAVER & BECK (1971), v. ENGELHARDT (1973), RIEKE III & CHILINGARIAN (1974) und SINGER & MÜLLER (1983). In diesen Übersichtsreferaten sind die in der Literatur bis dahin erschienenen Einzelbeiträge umfassend diskutiert. Auf die neuere Literatur zur Diagenese klastischer Sedimente, die von KISCH (1983) im Anhang zu LARSEN & CHILINGAR nach Stichworten geordnet zusammengestellt ist, wird besonders hingewiesen. Auf diesen Quellen fußend wird im folgenden ein Abriß der Diagenese der Ton-/Siltgesteine skizziert, wobei aus Gründen des zulässigen Umfangs bei weitem nicht alle Einzelbeiträge zur Tongesteinsdiagenese berücksichtigt werden konnten (s. auch VELDE 1983).

Die Diagenese der Tongesteine hat einen die Gefügeveränderungen betreffenden Aspekt, der Verdichtung oder Kompaktion genannt wird, und einen die mineralischen Veränderungen betreffenden Aspekt, den man als chemische Diagenese bezeichnet. Alle postsedimentären Veränderungen werden hervorgerufen durch die Anpassung des sedimentären Mineralgemenges an die Bedingungen des höheren Drucks und der höheren Temperatur mit zunehmender Versenkung, sowie an den Porenwasser-Chemismus.

5.3.1 Kompaktion

A. Reduktion der Porosität

Das Gefüge eines frisch sedimentierten Tonschlammes ist sehr wasserreich. Seine Porosität, d.h. sein Wassergehalt, beträgt zwischen 0,7 bis 0,9 bzw. 70–90 Vol.% (Abb. 5-8). Die hohe Porosität ist die Folge einer sperrigen, kartenhausähnlichen Anordnung der Tonmineralblättchen im Mikrogefüge, dessen Freiräume mit Wasser ausgefüllt sind.

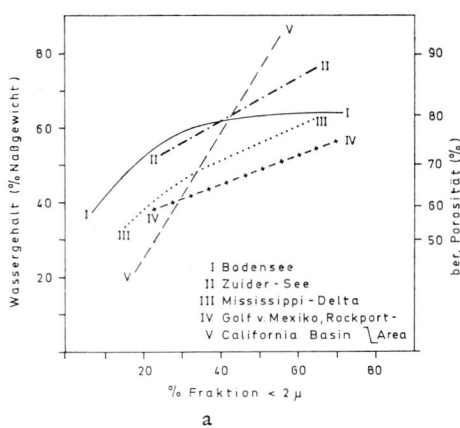
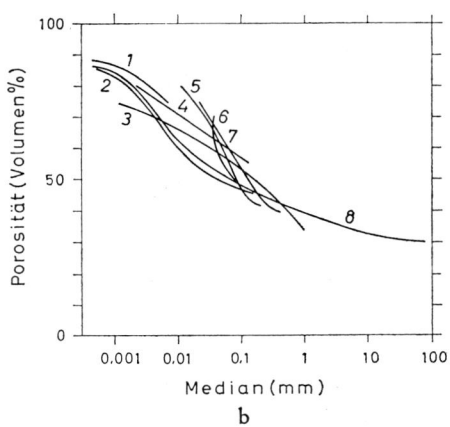

Abb. 5-8. Beziehungen zwischen Wassergehalt (bzw. Porosität) junger Sedimente aus verschiedenen Ablagerungsräumen in Abhängigkeit von der Korngröße (Anteil der Fraktion <2 µm bzw. Median). a) aus MÜLLER 1967, b) aus MEADE 1966.
1 = Mead-See am Colorado, 2 = Marailo-See, Venezuela, 3 = Stauseen in den westlichen USA, 4 = Golf von Paria, 5 = Nordsee, 6 = Schelf vor Südkalifornien, 7 = San Diego Bucht, 8 = Flüsse in Japan, 9 = Pliocänes und pleistocänes Alluvium in Kalifornien.

Die Basisflächen der Tonminerale sind negativ geladen und daher in wäßriger Suspension von einer Kationenwolke umgeben, während die Kanten der Tonminerale positiv geladen und von Wolken positiver Ladungsträger umgeben sind. Entgegengesetzt geladene Ionenwolken zweier getrennter Tonpartikel ziehen sich an, wodurch es zu Kante/Fläche-Kontakten zwischen den beiden Partikeln kommt. Durch Häufung solcher Kante/Fläche-Kontakte entstehen die kartenhausähnlichen Gerüste, die allerdings geringe Widerstandsfähigkeit gegen den steigenden Druck besitzen, der durch das Gewicht der jüngeren Sedimentüberlagerung ausgeübt wird.

Bei weiter wachsendem Druck werden die Kontakte pro Volumeneinheit zahlreicher, und es entstehen durch Eindrehung der Blättchen in die drucknormale Position auch Fläche-Fläche-Kontakte. Die nunmehr stark verringerten Abstände zwischen den Blättchen bringen van der Waals'sche Anziehungskräfte zur Wirkung, wodurch die Festigkeit des Gerüstes erhöht wird.

Gleichzeitig ist die Porosität des Gefüges durch Abfließen von Porenwasser erheblich verringert worden. Wo das Porenwasser wegen geringer Durchlässigkeit des Gefüges (Feinkörnigkeit) nur langsam fließen kann, wird die Abnahme der Porosität gegenüber dem Wachsen des Druckes (Versenkung) verzögert. Dann stützt sich ein Teil des Gewichtes der überlagernden Sedimentlast auf die Porenwasserphase ab, und der Druck im Porenwasser steigt über den hydrostatischen Wert, d.h. es entsteht überhydrostatischer Druck. Dieses Ungleichgewicht zwischen Auflast und Porosität bzw. Gefügefestigkeit stellt sich besonders bei hohen Sedimentationsraten und feinkörnigen Sedimenten ein.

Es ist oft postuliert worden, daß Gefügeverdichtung die drucknormale Paralleleinregelung der Blättchen zur Folge hat. Aber die Texturierung durch Rotation der Blättchen in die drucknormale Position hat sich in Experimenten mit Tonschlämmen in Preßwerkzeugen, bestehend aus Zylindern mit beweglichem Stempel, weder durch elektronenmikroskopische Beobachtungen noch durch röntgenographische Messungen an Texturgoniometern sicher nachweisen lassen. Wahrscheinlich wird der natürliche Kompaktionsvorgang in den Preßwerkzeugen nicht analog zu den natürlichen Verhältnissen simuliert, weil die wichtigen horizontalen Bewegungen des Porenwassers im Preßwerkzeug nicht möglich sind, und weil wegen der raschen Druckzunahme bei den Experimenten nie der Gleichgewichtszustand erreicht wird. Außerdem scheint auch die Vorbereitung des Schlammes vor der Verdichtung von ausschlaggebender Bedeutung für die erzielbare Texturierung.

Der modellhaft geschilderte Kompaktionsvorgang wird von einer Reihe von Faktoren modifiziert:

1. Die Salinität des Wassers beeinflußt die Dicke der diffusen Doppelschicht und verursacht dadurch die Flockung der Ton/Wassersuspension. Es bilden sich Aggregate, deren Größe das Zehnfache der Einzelpartikel erreichen können. Zwischen den Aggregaten (domains) entstehen sehr viele größere Poren als innerhalb der Aggregate. Außerdem führt die Kompression der Doppelschichten zu etwas größerer primärer Gefügefestigkeit als bei geringen Elektrolytgehalten, weil die Zahl der T-Kontakte pro Volumeneinheit des unverdichteten Schlammes bei höherem Elektrolytgehalt größer ist.

2. Größe und Form der Einzelpartikel bestimmen die Gefügeverdichtung. Je größer das Fläche/Dicke-Verhältnis der Tonpartikel, d.h. je weniger Blättchencharakter das Teilchen hat, desto weniger wird eine Texturierung zu erwarten sein. In Kaolinittonen werden daher weniger paralleleingeregelte Gefüge erzeugt als in Smektittonen. Extrem dünne Blättchen werden verbogen.

3. Der nicht phyllosilikatische Anteil natürlicher Ton/Silt-Schlämme wird die Bildung texturierter Gefüge stören, indem beiderseits relativ großer Quarzkörner keine Paralleleinregelung möglich ist. Organische Substanz stört die Texturierung sowohl durch ihre Form als auch evtl. durch die chemische Zusammensetzung der Porenwässer im umgebenden Mikrobereich.

4. Schließlich ist die Ladung der Tonminerale von Einfluß, d.h. hochgeladene Phyllosilikate werden wegen ihrer dickeren Doppelschichten bei der Versenkung länger eine höhere Porosität behalten als niedriger geladene unter sonst gleichen Bedingungen.

B. Verdichtung natürlicher Tongesteine

Für die Kompaktion toniger Sedimente unter natürlichen Bedingungen in einem Sedimentbecken sind die Fließwege für den Abfluß des Porenwassers maßgebend. In einer Sedimentserie aus Tonen mit eingeschalteten Sanden fließt das Wasser von oben und unten auf den höher durchlässigen Sandhorizont zu und in diesem horizontal weiter in Richtung des (wenn auch nur schwachem) Ansteigens oder anderweitig abnehmenden Druckes. In Tonen ohne eingeschaltete Sande stellt sich das Gleichgewicht zwischen Auflast und Gefügeverdichtung erst in geologischen Zeiträumen ein.

Die tatsächlichen Porositäten von Tonsedimenten in Abhängigkeit von der Versenkungstiefe sind in vielen Sedimentbecken gemessen worden. Die Abb. 5-9 und 5-10 zeigen hierzu einige Beispiele. Die Reduktion der Porosität nimmt mit wachsender Tiefe annähernd exponentiell ab, bis in 1500 m die mechanische Verdichtung zum größten Teil abgeschlossen ist und die mineralischen Umwandlungen einsetzen. Die Abhängigkeit der Porosität toniger Sedimente von der Überdeckungstiefe kann in vielen Fällen durch die empirische Gleichung

$$E_t = E_o - b \cdot \log t$$

beschrieben werden. Darin bedeuten E_t das relative Porenvolumen (Porenvolumen/Feststoffvolumen) in der Tiefe t, E_o das relative Porenvolumen in der Tiefe O und b den Kompaktionsfaktor, der alle weiteren Einflüsse wie Korngröße, Kornform, Mineralart u.a. berücksichtigt. E_t ergibt gegen den Logarithmus der Tiefe t aufgetragen in der Tat angenähert eine Gerade.

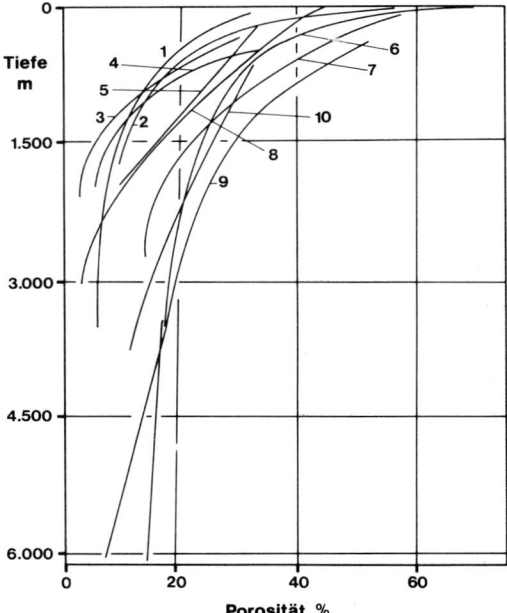

Abb. 5-9. Porosität in Abhängigkeit von der Versenkungstiefe von Tonen und Tongesteinen (nach RIEKE III & CHILINGARIAN 1974: S. 42, Fig. 17).
(1) Tongesteine vom Kl. Kaukasus (PROSHLYAKOV 1960)
(2) Rezente bis miozäne Tongesteine (MEADE 1966 nach BROWN 1969)
(3) Oberkarbon bis Perm, Oklahoma (ATHY 1930)
(4) Tertiär, Japan (HOSOI 1963)
(5) Tertiär, Venezuela (HEDBERG 1936)
(6) Tertiär, Golfküste (DICKINSON 1953)
(7) Shiunji Gasfeld, Japan (MAGARA 1968)
(8) O. F. (WELLER 1959)
(9) nach Daten von HAM (1966)
(10) nach Daten von FOSTER & WHALEN (1966).

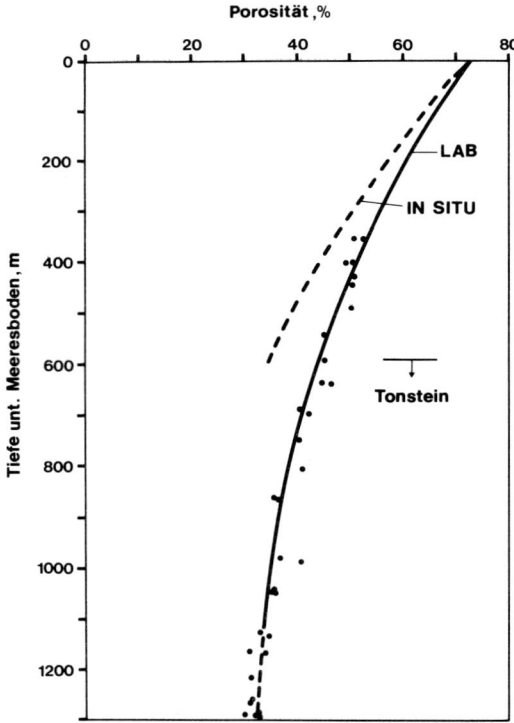

Abb. 5-10. Porosität in Abhängigkeit von der Versenkungstiefe von karbonathaltigen siltigen Tonen bzw. Tonsteinen, nannofossilführend. DSDP-site 222 (Arabisches Meer) nach WHITMARSH et al. (1974) aus HAMILTON (1976).

Die in Abb. 5-10 mit „IN SITU" bezeichnete Kurve ergibt sich, wenn von der unter Oberflächenbedingungen gemessenen Porosität („LAB") die Ausdehnung abgezogen wird, die das Gestein durch die Druckentlastung beim Erbohren und Ziehen des Bohrkerns erfährt. Diese Ausdehnung (engl. „rebound") kann aus Kompressionsversuchen an dem erbohrten Gestein errechnet werden (HAMILTON 1976).

Wichtig für die geologische Fragen ist, daß die Porosität verfestigter Tongesteine irreversibel ist, d. h. das Gefüge behält den einmal erreichten maximalen Verdichtungsgrad, wenn es auf eine geringere Tiefe herausgehoben wird. Dadurch können aus Messungen der Tonporosität Hinweise auf maximale Versenkungstiefen abgeleitet werden.

C. Überhydrostatische Drücke

Das häufige Ungleichgewicht zwischen Auflast und der Verdichtung des Gefüges ist die Hauptursache für anomale, „überhydrostatische", Drücke im Porenraum der Tone (s. auch Kap. 4.3.1). Der überhydrostatische Druck ist umso größer, je geringer die Durchlässigkeit (oder hydraulische Leitfähigkeit) des Tonsediments ist, d. h. je langsamer das die Verdichtung hemmende Wasser abfließt und das Gleichgewicht zwischen Auflast und Verdichtung sich einstellt (Abb. 5-11).

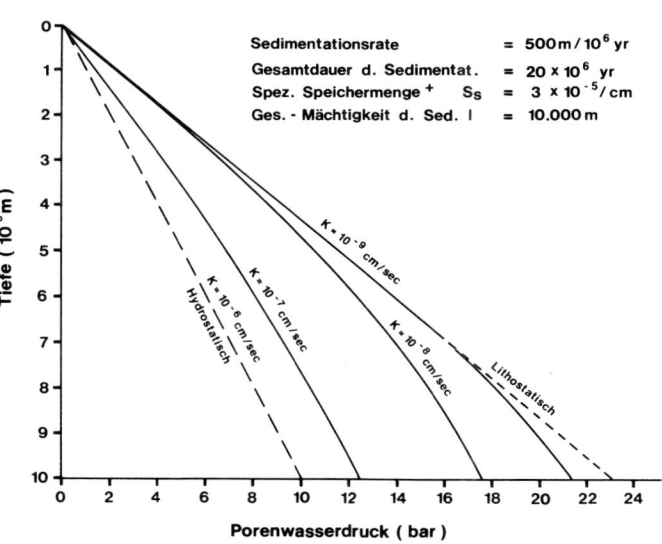

Abb. 5-11. Druck-Tiefen-Beziehung in einem Sedimentbekken mit konstanter Sedimentationsrate bei verschiedenen hydraulischen Leitfähigkeiten (K) angenähert an die Bedingungen der amerikanischen Golfküste[+] Spez. Speichermenge: Porenwasservol. pro Vol.-Einheit pro 1 bar Änderung des Porenwasserdruckes (nach BREDEHOEFT & HANSHAW 1968, Fig. 6, S. 1104).

Der überhöhte Druck kann sich in den Porenraum eingeschlossener Sandkörper fortsetzen, wenn diese hydrodynamisch isoliert sind. Die Expansion des Porenwassers durch Temperaturerhöhung bei der Versenkung kann den Porenwasserdruck in solchen Sandkörpern zusätzlich erhöhen (BARKER 1972; BRADLEY 1975). Osmotische Effekte werden von FRITZ & MARINE (1983) erwogen. Nach HEDBERG (1974) kann die Methanbildung bei der Diagenese der organischen Substanz zur Erhöhung des Porenwasserdrucks beitragen. BRADLEY (1975) nannte die Porositätsminderung durch Zementation mit ihrer u. U. drucksteigernden Wirkung. Auch die Lateralkompaktion im Trench (s. S. 954) gehört hierher (SHEPARD et al. 1981).

Überhydrostatische Drücke erzeugen Porenwasserströmungen, deren Abschätzung nach Menge und Richtung für die Kenntnis der stofflichen und strukturellen Entwicklung eines Sedimentationsbeckens wichtig ist. Porenwasserströmungen übernehmen den Transport der in den Porenwässern gelösten Substanzen über größere Distanzen.

Anomale Drücke führen außerdem zu mechanischer Instabilität der tonigen Sedimente, die zu ausgedehnten Verformungen, wie Tondiapirismus (GRETENER 1969), gestörter Lagerung (BRUCE 1973) und sogar zu pseudotektonischen Überschiebungen (CHAPMAN 1974) führen können. Durch die unterschiedliche Kompaktion können oberhalb weniger stark verdichteter Sedimentkörper (Sande) Domungen entstehen, in denen Kohlenwasserstoffe akkumulieren können.

Die Kompaktionsströme kommen kaum für die Auslösung der primären Migration von Kohlenwasserstoffen (Wanderung im Muttergestein zum höher durchlässigen Speichergestein) in Frage, da die Kompaktion praktisch abgeschlossen ist, bevor jene Temperaturen erreicht werden, die zur Reifung des Kerogens (Ölfenster) notwendig sind (MAGARA 1975).

D. Veränderungen der Porenwasserzusammensetzung

In vielen Sedimentbecken ist eine generelle Zunahme der Konzentration an gelösten Stoffen in der Porenlösung mit der Tiefe beobachtet worden (s. Abb. 5-12 und 1–6).

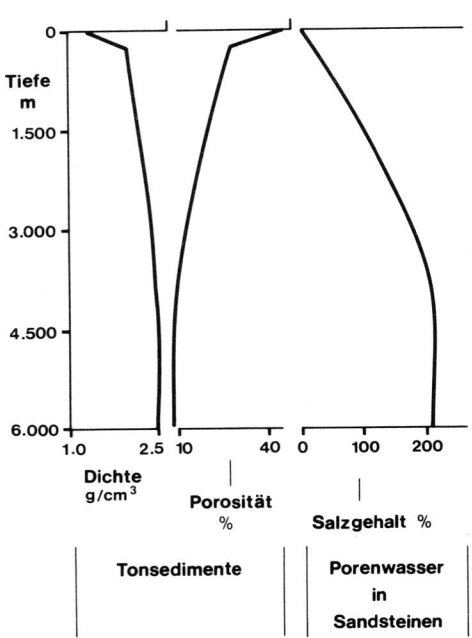

Abb. 5-12. Dichte, Porosität und Salzgehalt der Porenwässer in Golfküstensedimenten (gemittelte Werte) nach (BRADLEY 1975, Fig. 19, S. 970).

Als Ursache hierfür wird allgemein die Ionenfiltration beim Strömen von Porenlösungen durch kompaktierte Tone angesehen. RIEKE & CHILINGARIAN (1974) haben über Feldbeobachtungen, simulierende Laborexperimente und theoretische Deutungen der Veränderungen der Porenwasserkonzentrationen zusammenfassend referiert.

Beispielsweise gibt DICKEY (1969) vertikale Konzentrationsgradienten von $50–300 \text{ mg} \cdot l^{-1} m^{-1}$ an. Diese Gradienten bleiben im Teufenbereich bis 4000 m konstant, d. h. die Konzentrationszunahme ist etwa linear mit der Tiefe.

Die Ionenfiltration beim Hindurchtreten von Elektrolytlösungen durch semipermeable Tonmembranen ist Folge der negativen Schichtladung der Tonminerale. Das Filtrat ist geringer konzentriert als die Eingabelösung. Der Filtrationswirkungsgrad nimmt zu mit der Kationenaustauschfähigkeit des Tonminerals und der Kompaktion; er wird mit zunehmender Konzentration der fließenden Lösung und zunehmender Temperatur (KHARAKA & BERRY 1973) geringer.

Mit Membranen aus Bentonit wurden Wirkungsgrade (Eingabekonzentration/Filtratkonzentration) von 5 erreicht, bei Membranen mit durchschnittlichen natürlichen Zusammensetzungen von etwa 2. Der Filtrationseffekt ist ionenselektiv, ähnlich wie die Austauschfähigkeit. Die Ultrafiltration durch semipermeable Tonmembranen kann als umgekehrte Osmose aufgefaßt werden (HANSHAW & COPLEN 1973). BERRY (1969) wies auf die empfindliche Beeinträchtigung der Membraneigenschaften natürlicher Tongesteine durch Kerogengehalte hin.

Wegen der Ionenfiltration in Tonschichten ist es möglich, daß in einer Ton-Sandstein-Wechselfolge die Konzentration der Porenlösungen in den Sandsteinen mit der Tiefe zunimmt. Je größer die Versenkung, desto größer die kumulative Porenwassermenge (m^3/m^2), die durch die Tone geflossen ist (v. ENGELHARDT 1973: 295) und desto höher der Filtrationswirkungsgrad der Tone wegen der stärkeren Kompaktion.

Der Theorie der Ionenfiltration als Ursache für den Konzentrationsanstieg der Porenlösungen mit der Tiefe ist von Autoren widersprochen worden, die in Kompaktionsexperimenten keine Konzentrationsabnahme im Filtrat, sondern im Gegenteil eine Zunahme der Elektrolyte beobachteten (CHILINGARIAN et al. 1973). Ob diese Abweichung durch experimentelle Bedingungen oder durch ungenügende Kompaktion bedingt ist, müßten nähere Untersuchungen klären.

5.3.2 Mineralische Veränderungen

Abtragungsgesteine, Verwitterungsvorgänge und hydrodynamische Sortierungsvorgänge formen den klastischen Detritus. Aus dessen stofflichem Inhalt werden nach der Versenkung in Tiefen mit erhöhter Temperatur im Austausch mit den gelösten Stoffen der wässrigen Porenlösungen neue Minerale gebildet. Die postsedimentär gebildeten Verbindungen kommen unter den veränderten Temperatur- und Druckbedingungen sowie bei den verschiedenen Stoffkonzentrationen der Porenlösungen dem thermodynamisch stabilen Zustand näher als die primären Minerale. Die Veränderungen in Richtung auf die größere Stabilität verlaufen wegen der geringen Konzentrationsgradienten sehr langsam. In vielen Fällen wird Stabilität auch in geologischen Zeiträumen nicht erreicht. Oft sind die Konzentrationsgradienten im Mikrobereich für die Mineralbildungen entscheidender als die im Makro- oder gar regionalen Bereich. Die Summe dieser Vorgänge wird als chemische Diagenese bezeichnet. Zur chemischen Diagenese der Tonsedimente wurde von DUNOYER DE SEGONZAC (1970) eine Zusammenfassung des Kenntnisstandes vorgelegt, in der die Literatur bis zu diesem Zeitpunkt referiert wurde. In der folgenden Übersicht wird vorwiegend das jüngere Schrifttum berücksichtigt (s. auch KISCH 1983).

A. Illitisierung von Smektiten

Die Bildung von Illit aus Smektit ist der verbreiteste und am eingehendsten untersuchte tonmineraldiagenetische Vorgang. Umfassend ist er von HOWER et al. (1976) beschrieben worden. Smektite nehmen aus der Porenlösung K^+ im Austausch gegen austauschfähig gebundenes Ca^{2+}, Na^+, Mg^{2+} u.a. auf. Die zunächst nur adsorptiv gebundenen K^+-Ionen diffundieren bei erhöhten Temperaturen in die Schichten zwischen den 2:1-Verbänden und werden dort in den Zentren der 6er-Ringe der Sauerstoffebenen fixiert und sind dann nicht mehr austauschfähig. Das Smektitgitter verliert damit seine Fähigkeit zur Expansion bei Wasserzutritt. Der Basisabstand schrumpft auf 10 Å. Außerdem wird etwas Si der Tetraederschicht durch Al substituiert und dadurch die Schichtladung vergrößert.

Der Illitisierungsvorgang ist also an zwei Voraussetzungen gebunden:

1. Verfügbarkeit von ionar in der Porenlösung gelöstem Kalium und
2. Wärmezufuhr für die Diffusion der K^+-Ionen in der Zwischengitterschicht der Kristallite.

Na haben hier nur untergeordnete Bedeutung. Die meisten Illite haben die 1 Md-Polymorphie (kristallographisch ungeordnet), sofern sie nicht die 1 M- oder 2 M-Polymorphie aus dem Muttergestein ererbt und behalten haben (BRAUCKMANN 1984).

Die sog. Illitkristallinität, ausgedrückt durch den Schärfe-Index des (001)-Reflexes nach WEAVER (1960), bzw. durch die Breite des Reflexes auf halber Höhe („Halbwertsbreite") nach KÜBLER (1966) (Abb. 5-13), ist im frühdiagenetischen Stadium gering. Das bedeutet, daß in den meisten Illitkristallen das Kalium teilweise durch H_3O^+-Ionen ersetzt ist. Der 10 Å-Reflex ist hier asymmetrisch, d. h. er hat zu den höheren d-Werten einen flacheren Anstieg als auf der gegenüberliegenden Flanke.

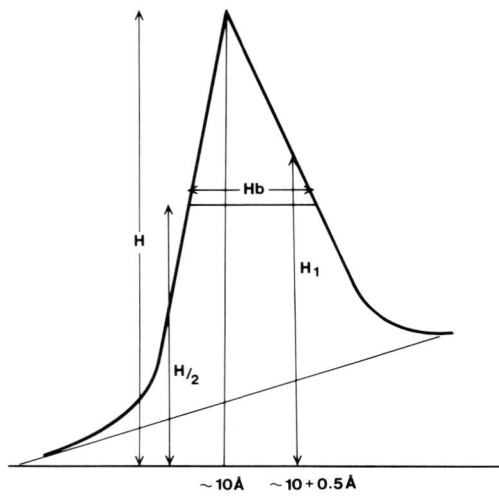

Abb. 5-13. „Illitkristallinität":
Hb: Halbwertsbreite nach KÜBLER (1966) (Breite des 10 Å-Reflexes bei H/2)
H/H_1: Schärfe-Index nach WEAVER (1960)
H: Höhe des 10 Å-Reflexes. Für Hb liegt der Fußpunkt von H und H/2 auf der Mitte der schrägen Strecke!
H_1: Höhe des Reflexes bei 10,5 Å

Im Stadium der mittleren Diagenese, dem Deep-Burial-Stage nach MÜLLER (frühe Katagenese oder Epigenese im Russischen), wird das Sediment verfestigt. Die Illitbildung aus Smektit beginnt, und Kaolinit geht in Dickit über (Transformation).

Das Stadium der späten oder tiefen Diagenese beginnt bei Temperaturen über 100 °C. Smektite und I/S-Wechsellagerungsminerale verschwinden. Die 1 Md- und 1 M-Illite werden instabil und beginnen zur 2 M-Polymorphie umzukristallisieren, der Median nimmt zu (BRAUCKMANN 1984; DUNOYER DE SEGONZAC 1970).

Eine zusammenfassende Übersicht über die mineralogisch-chemischen Veränderungen während der Diagenese in Tonen und Tongesteinen nach MÜLLER (1967) zeigt die Abb. 5-14.

In der Übergangszone zur Metamorphose (Anchimetamorphose nach KÜBLER 1964) herrschen Illit in der 2 M-Polymorphie und Chlorit neben Pyrophyllit vor. Die Kristallinität des Illits ist deutlich erhöht, erkennbar an Halbwertsbreiten des (001)-Reflexes von weniger als einem Drittel des Wertes der spätdiagenetischen Phase.

Die „Illitkristallinität" ist kein absoluter Parameter. Vielmehr hängt sie neben dem Temperatur-Zeit-Integral auch noch von der Korngröße, dem Elektrolytgehalt (insbesondere vom K^+-Gehalt) und dem Al/Fe+Mg-Verhältnis des Illits ab (DUNOYER DE SEGONZAC 1970). Außerdem ist ihr quantitativer Wert von der apparativen Einstellung des verwendeten Röntgengerätes abhängig. WEBER (1972) schlug deshalb vor, die Tonmineralhalbwertsbreite stets durch die Halbwertsbreite des Quarz (100)-Reflexes zu dividieren:

$$H_{b\,rel} = \frac{H_{b(001)}\,[mm]}{H_{b(100)Quarz}\,[mm]} \cdot 100$$

Diagenese

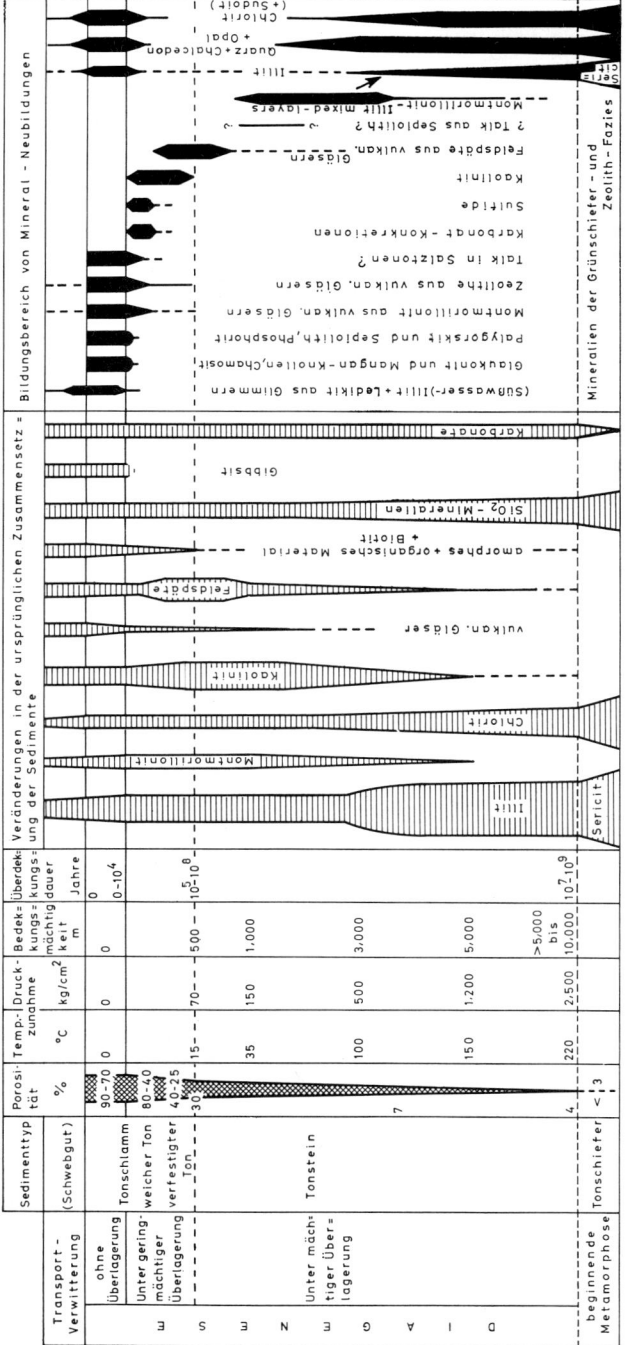

Abb. 5-14. Beziehungen der mechanischen und mineralogisch-chemischen Veränderungen in feinkörnigen Sedimenten während der Diagenese (ergänzt nach MÜLLER 1967).

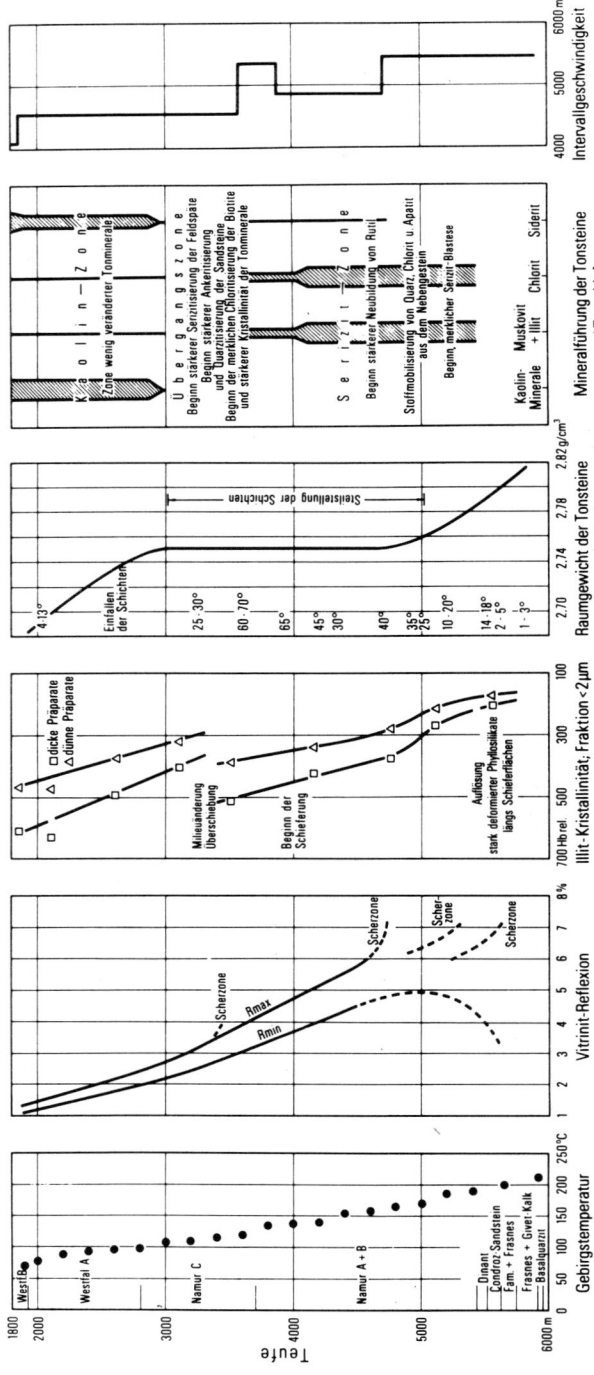

Abb. 5-15. Zunahme der Diagenese in der Bohrung Münsterland 1 aufgrund verschiedener Maßstäbe (nach HEDEMANN & R. TEICHMÜLLER; SCHERP; STADLER; STRASSER & WOLTERS; LICHTENBERG und eigenen Untersuchungen) (aus TEICHMÜLLER et al. 1979).

Die Kristallinität des Illits nimmt mit abnehmender relativer Halbwertsbreite ($H_{b\,rel}$) zu. Die maximal erreichbare Kristallinität ist nach der von WEBER vorgeschlagenen Definition 100. Die Kristallinitätsbestimmungen an Illiten sind eine statistische Methode. Nur Mittelwerte von Einzelmessungen an mehreren Proben ermöglichen eine sichere Aussage.

Als Beispiel für die Zunahme der Illitkristallinität in Beziehung zu Gebirgstemperatur, Vitrinitreflexion, Dichte und Mineralführung der Tonsteine und Tonschiefer zeigt Abb. 5-15 die Diageneseparameter im Karbon der Bohrung Münsterland 1 nach TEICHMÜLLER et al. (1979).

Untersuchungen von TEICHMÜLLER et al. (1979) an zahlreichen Proben des Mesozoikums und Paläozoikums von Westfalen ergaben, daß die Illitkristallinität und die Vitrinitreflexion als Parameter für die Inkohlung, obwohl beide Parameter hauptsächlich von der Temperatur abhängen, nicht direkt miteinander korreliert werden können, weil sie durch Fazies und tektonische Verformung unterschiedlich beeinflußt werden. Bei Temperaturen unterhalb der Rekristallisationstemperatur des Illits (ca. 300 °C) eilt die Inkohlung der Illitkristallinität voraus. Oberhalb dieses Temperaturschwellenwertes nimmt die Illitkristallinität rascher zu als unterhalb. BRAUCKMANN (1984) erklärt die unterschiedlichen Reaktionsgeschwindigkeiten zwischen Inkohlung und Illitkristallisation dadurch, daß die Diagenese des organischen Materials eine allein von Temperatur und Zeit abhängige Reaktion erster Ordnung ist, während die Illitkristallisation darüber hinaus auch vom diffusiv angelieferten K^+-Angebot gesteuert wird.

FREY et al. (1980) kommen durch Untersuchungen der Illitkristallinität, des Inkohlungsgrades und von Flüssigkeitseinschlüssen in Kluftquarzen zu dem Schluß, daß keine allgemein gültige Beziehung zwischen den drei Parametern besteht. Eine derartige Beziehung muß die für jeden Fall spezifische tektonische Geschichte des Sedimentes berücksichtigen, insbesondere das zeitliche Zusammenwirken von Temperaturanstieg und tektonischer Entwicklung. Zur gleichen Aussage kam

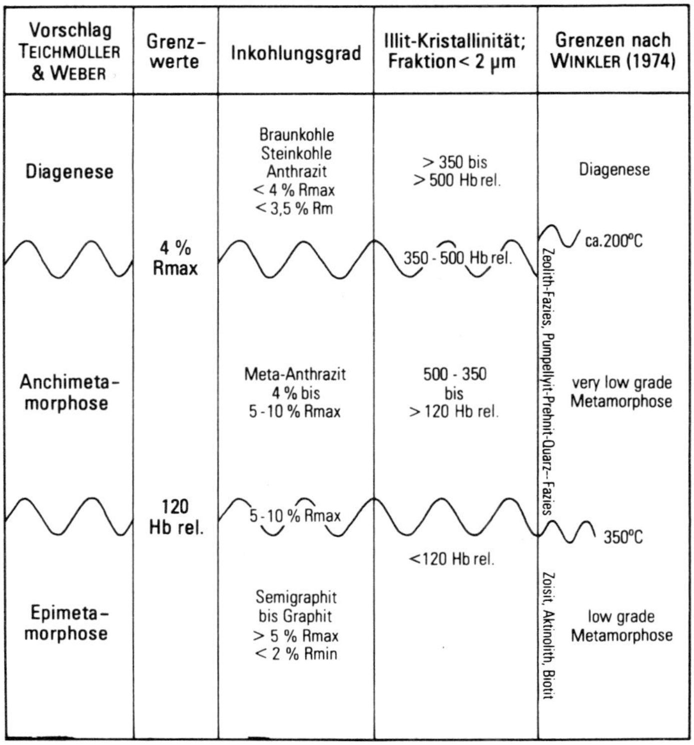

Vorschlag TEICHMÜLLER & WEBER	Grenz- werte	Inkohlungsgrad	Illit-Kristallinität; Fraktion < 2 μm	Grenzen nach WINKLER (1974)
Diagenese		Braunkohle Steinkohle Anthrazit < 4 % Rmax < 3,5 % Rm	> 350 bis > 500 Hb rel.	Diagenese
	4 % Rmax		350 - 500 Hb rel.	ca. 200°C
Anchimeta- morphose		Meta-Anthrazit 4 % bis 5 - 10 % Rmax	500 - 350 bis > 120 Hb rel.	Zeolith-Fazies, Pumpellyit-Prehnit-Quarz-Fazies / very low grade Metamorphose
	120 Hb rel.	5 - 10 % Rmax	< 120 Hb rel.	350°C
Epimeta- morphose		Semigraphit bis Graphit > 5 % Rmax < 2 % Rmin		Zoisit, Aktinolith, Biotit / low grade Metamorphose

Abb. 5-16. Vorschlag zur Abgrenzung der Anchimetamorphose aufgrund von Inkohlung und Illitkristallinität (nach TEICHMÜLLER et al. 1979).

WOLF (1975) aufgrund von Illitkristallinität und Inkohlungsgrad im Rheinischen Schiefergebirge. Eine wichtige Arbeit zur Illitkristallinität erschien von HUNZIKER et al. (1986).

Zur Abgrenzung der Anchimetamorphose aufgrund von Illitkristallinität und Inkohlung schlagen TEICHMÜLLER et al. (1979) die im folgenden Diagramm angegebenen Grenzwerte vor:

Für den Beginn der Anchizone wird der Bereich der Illitkristallinität von $H_{b\,rel} = 350-500$ (entsprechend 4% Rmax), für die untere Begrenzung (den Übergang zur Epimetamorphose) $H_{b\,rel} = 120$ angesetzt.

Zusammenfassung

Die Porosität toniger Sedimente ist bei der Ablagerung hoch (70–90%). Das heißt, 70–90% des Gesteinsvolumens sind mit Wasser gefüllter Porenraum. Durch den wachsenden Druck bei zunehmender Versenkung wird das Gefüge der blättchenförmigen Tonminerale unter Auspressung von Porenwasser verdichtet (Kompaktion). Mit wachsender Verdichtung wird das Tonmineralgefüge druckfester, und die Abnahme der Porosität verlangsamt sich, bis sie in etwa 1500–2500 m Tiefe größtenteils abgeklungen ist.

Das Kompaktionsverhalten der verschiedenen Tonsedimente hängt in erster Linie von der Korngröße ab. Feinkörnige Tone haben größere Anfangsporositäten, einen größeren Anteil des an die Tonmineraloberflächen gebundenen Wassers und bei fortgeschrittener Verdichtung geringere Durchlässigkeiten, so daß das Porenwasser nur langsam entweichen kann. Wenn der Druck rascher zunimmt als das Porenwasser abfließt (starke Absenkung mit hoher Sedimentationsrate), kommt es zum Anstieg des Porenwasserdruckes über das hydrostatische Niveau hinaus. Grobkörnige, siltreiche Tonsedimente haben geringere Anfangsporositäten und behalten bis in große Versenkungstiefen höhere Porositäten als feinkörnige Tone.

In siltreichen Sedimenten werden die Tonmineralblättchen durch den gerichteten Druck weniger ausgeprägt parallel eingeregelt (texturiert) als in feinkörnigen. Die Textur wird auch von dem Grad der Flockung bei der Sedimentation und von den Scherkräften im Sedimentkörper beeinflußt. Für die Anfangsporosität und das Kompaktionsverhalten ist außerdem der Elektrolytgehalt des Porenwassers von Einfluß.

Durch Grenzflächendiffusion und Ionenfiltration verändert sich die Zusammensetzung des Porenwassers bei der Kompaktion in Richtung auf eine Erhöhung der Konzentration.

Bei zunehmender Versenkung kommt es mit abklingender Kompaktion und steigender Temperatur zu Veränderungen des tonmineralischen Gehaltes der Sedimente. Die wichtigste dieser Umwandlungen ist die Bildung von Illit aus Smektiten durch Aufnahme von Kalium und Aluminium aus den Porenwässern unter Abgabe von Zwischenschichtwasser. Die Illitdiagenese setzt Mindesttemperaturen von 50–70 °C voraus. Sie wird darüber hinaus wesentlich begünstigt durch ein hohes K-Angebot, geringe Korngröße und hohe Porosität. Das Kalium wird größtenteils aus der Auflösung des im Tonsediment selbst enthaltenen K-Feldspates bezogen.

Weitere tonmineraldiagenetische Umwandlungen sind die Bildung von Chlorit auf Kosten von Kaolinit sowie die Bildung von 2 M-Illit aus dem 1 Md-Polymorph.

Die Diagenese der Tonsedimente wird unterteilt in

- das frühdiagenetische Stadium: Shallow-burial-stage (unmittelbar nach der Ablagerung einsetzende Veränderungen: Abnahme der Porosität, Auflösung von Glas oder detritischem Karbonat),
- das Stadium fortgeschrittener Diagenese: Deep-burial-stage (Bildung von Illit aus Smektiten),
- das Stadium der tiefen oder späten Diagenese: Bildung der thermisch stabileren 2 M-Illit-Polymorphen.

Das Stadium der Anchimetamorphose leitet zur eigentlichen Metamorphose über. In diesem

Stadium, bei Temperaturen von 150–250 °C, schließt sich das Gitter aufgeweiteter Illite durch Aufnahme von Kalium. Diese Regeneration kann an der „Illitkristallinität" quantitativ verfolgt werden. In Verbindung mit dem Inkohlungsgrad von Vitrinit-Einschlüssen und unter Berücksichtigung der tektonischen Entwicklung ist es möglich, aus der Illitkristallinität Hinweise auf die thermische Geschichte eines Sedimentes abzuleiten.

5.4 Tonminerale und Environment

5.4.1 Stabilität

Tonminerale können als Indikatoren für die Ablagerungsfazies nur verwendet werden, wenn sie autochthon entstanden sind oder sich – bei detritischer Herkunft – den chemischen und physikalischen Bedingungen des Ablagerungsraumes in spezifischer Weise angepaßt haben. Ein solches Verhalten setzt eine empfindliche Reaktionsbereitschaft voraus, die nach theoretischen Stabilitätsabschätzungen (LIPPMANN 1979a, 1982) weder erwartet noch in der geologischen Natur (vgl. KELLER 1970) beobachtet werden kann. Aufgrund von Neuberechnungen der Phasengrenzen und kristallchemischer Überlegungen kommt LIPPMANN zu dem Schluß, daß alle Tonminerale bis auf Dickit und Muskovit nur metastabile Phasen in den Systemen K_2O (bzw. Na_2O, MgO)-Al_2O_3-SiO_2-H_2O darstellen (Abb. 5-17). Unter den Temperatur- und Konzentrationsbedingungen an der Erdoberflä-

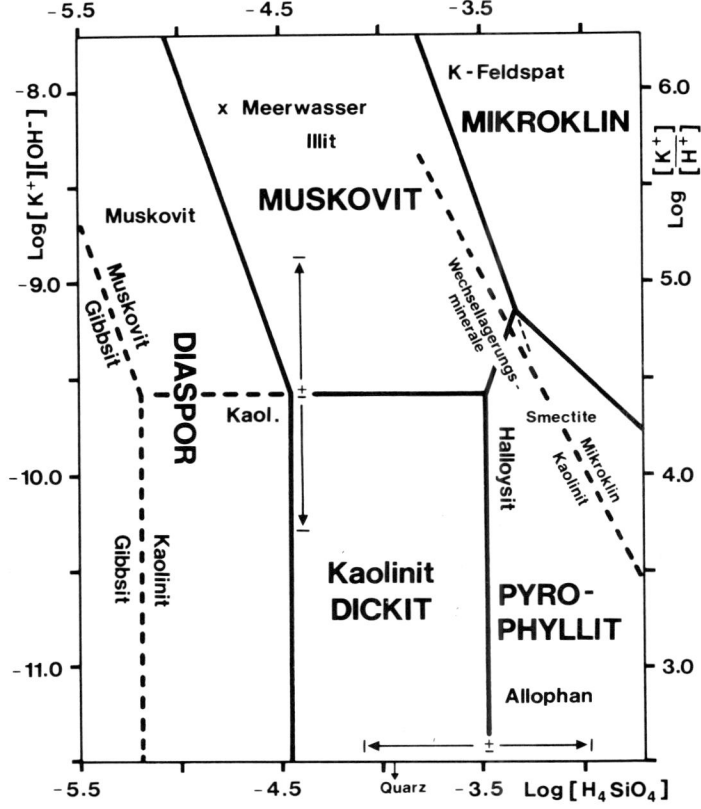

Abb. 5-17. Das System K_2O-Al_2O_3-SiO_2O-H_2O bei 25 °C berechnet nach Daten von ROBIE et al. mit Al_2O_3 als immobiler Komponente.
Erläuterungen: In Großbuchstaben: Stabile Minerale.
Mittelgroße Schrift: Metastabile Minerale in metastabilem Zustand.
Kleine Schrift: Instabile Minerale.
Durchgezogene Linien: Stabile Phasengrenzen.
Gestrichelt: Metastabile Phasengrenzen.
Unsichere Grenzlinien sind durch Pfeile gekennzeichnet.
(Nach LIPPMANN 1982)

che können die stabilen Phasengleichgewichte nur in sehr langen geologischen Zeiträumen erreicht werden, weil die Reaktionsgeschwindigkeiten außerordentlich gering sind. Obwohl thermodynamisch metastabil, ist die Reaktionsbereitschaft der meisten Tonminerale bei den Konzentrationen und Temperaturen nahe der Erdoberfläche – also bei Verwitterung, Transport und Ablagerung – extrem träge. Daher können alle Tonminerale in praktisch allen bekannten Environments ohne wesentliche Veränderungen erhalten bleiben. Mindestens gilt das für die mit den heutigen Methoden erkennbaren Eigenschaften der Tonminerale (KELLER 1970). Die Mehrheit der Tonminerale ist detritisch.

Tonmineralneubildungen hingegen stellen sich auf das Bildungsenvironment ein. In Kap. 5.4.3 und 4 sowie 4.3.6 werden Beispiele mitgeteilt. Die „Kaolinkohlentonsteine" des Oberkarbons sind ein weiteres Beispiel: Wo diese vulkanischen Tufflagen innerhalb der Kohle liegen, sind sie – infolge des sauren Milieus der Kohlenmoore – kaolinitisch. Liegen sie aber an der Oberkante der Flöze, so waren sie offenbar diesem Milieu nicht mehr unterworfen und enthalten dementsprechend neben Kaolinit ein Mixed layer-Mineral Illit-Smektit (BURGER 1971: 233 und Fig. 18, 20, 22).

5.4.2 Spurenelemente

Schon GOLDSCHMIDT & PETERS (1932) hatten auf die Möglichkeit hingewiesen, mit Hilfe des Borgehaltes von Tonen marine Ablagerungen von Süßwassersedimenten zu unterscheiden, da die Borkonzentration in rezenten Wässern proportional zur Salinität ist. Dieser Hinweis wurde später von vielen Bearbeitern weiterverfolgt (HARDER 1961, 1964), wobei sich in systematischen Untersuchungen erwies, daß der Borgehalt der Tone außer von der B-Konzentration des Wassers im Ablagerungsraum noch von einer Reihe weiterer Einflüsse bestimmt wird, wie Temperatur, pH, Art und Konzentration von Lösungsgenossen, spezifische Oberfläche der Tone, Kristallstruktur, Zeit und Austrocknung nach Adsorption (COUCH & GRIM 1968).

HARDER (1961) belegte durch systematische Experimente, daß Bor vor allem von Illit aufgenommen und wahrscheinlich in Tetraederpositionen anstelle von Si oder Al fixiert wird. KEREN (1982) bestätigte diese Aussage durch weitere Adsorptionsexperimente. Die Bindungsfestigkeit von Bor in Illit ist also größer als die von austauschfähigen Ionen. Dadurch wird der Wert des Bors als Faziesindikator herabgesetzt, weil der geerbte Borgehalt durch die Verwitterung zwischen zwei sedimentären Zyklen normalerweise nicht soweit gelöscht wird, daß er sich auf die Salinität im Sedimentationsbecken neu einstellen kann. Der Borgehalt von Illiten ist also eher vom Muttergestein überkommen, als bei der Ablagerung erworben. Dies gilt auch für die meisten anderen Spurenelemente, die zur Faziesanalyse untersucht worden sind (MOSSER 1983). Ein ideales Faziesindikatorelement sollte von nicht mehr als einem Environment-Faktor beeinflußt werden und die Bindung an das Tonmineral sollte nur mäßig fest sein. Von anderen in Frage kommenden Elementen wie Li, V, Rb und Cr liegen keine systematischen Untersuchungen auf ihre faziesindikatorische Eignung vor.

CODY (1971) faßte die Daten von Spurenelementgehalten aus systematischen Experimenten und Untersuchungen an Gesteinen unter adsorptionskinetischem Aspekt zusammen. Er folgerte, daß es keine einfache Abhängigkeit zwischen der Konzentration eines Elements in Tonsteinen und einem einzelnen Environmentparameter wie der Salinität geben kann. Kein Spurenelement erfüllt in hinreichender Weise die Anforderungen an einen verläßlichen Indikator. Bor scheint eines der besten zu sein, aber es vermag nur die stärksten Änderungen der Salinität anzuzeigen. Vielleich besteht in der Kombination mehrerer Elemente eine Möglichkeit für fazielle Hinweise.

5.4.3 Glaukonit

Da Glaukonit überwiegend autochthon vorkommt und es nach früheren Untersuchungen schien, als ob er an enge physikalische und chemische Bildungsbedingungen gebunden ist, wurde seine Bedeutung als Paläoenvironmentindikator in vielen Studien untersucht (LOCHMAN 1957; BURST 1958a; WERMUND 1961; u.a.). Spätere Arbeiten ließen erkennen, daß Glaukonit auch detritisch vorkommen kann und seine Bildungsbedingungen variabel sind. McRAE (1972) hat in einer Literaturstudie über Glaukonit zusammenfassend referiert. Eine Bibliographie über den Stand der Glaukonitforschung unter Einschluß jüngerer Arbeiten hat KOHLER (1977) vorgelegt.

Als Glaukonit bezeichnet man sowohl das schichtsilikatische Tonmineral als auch Körner, die aus den Mineralen Glaukonit, Illit, Smektit, Chlorit, Vermikulit u.a. mit sehr unterschiedlichen Mengenanteilen zusammengesetzt sind. Glaukonit, als Bezeichnung für das polymineralische Korn, bezieht sich also im strengeren Sinne auf ein Gesteinsbruchstück.

Das Mineral Glaukonit ist ein grünes Dreischichtsilikat der 1 M- oder 1 Md-Polymorphie mit Fe^{3+} anstelle von Al^{3+} in den Oktaederpositionen. WEAVER & POLLARD (1972, S. 25 ff.) haben aus 82 Analysen folgende Summenformel gemittelt:

$$(K_{0,66}Ca/2_{0,07}Na_{0,06})_{0,78}$$
$$(Al_{0,45}Fe^{3+}_{1,01}Fe^{2+}_{0,20}Mg_{0,39})(Si_{3,65}Al_{0,35})O_{10}(OH)_2$$

Ähnliche Strukturformeln ermittelten KOHLER (1977) aus Literaturangaben und VALETON et al. (1982) aus etwa 100 Analysen kretazischer Glaukonite NW-Deutschlands.

Im Vergleich mit Illit hat das Mineral Glaukonit etwa denselben K-Gehalt. Die Substitution von Si durch Al in der Tetraederschicht ist geringer, die Ladung der Oktaederschicht (0,5...1,0) dagegen erheblich höher als beim Illit. HOWER (1961) beschrieb Glaukonit als unregelmäßiges Wechsellagerungsmineral von Montmorillonit und Illit. KOHLER & KÖSTER (1976, 1982) fanden in ihrem kretazischen Untersuchungsmaterial dagegen, daß Glaukonit ein einphasiges Glimmermineral ist; vermutlich diagenesebedingt.

Die Glaukonitkörner sind gewöhnlich ellipsoidische, sandkorngroße Partikel, oft Ausgüsse von Foraminiferenschalen, von blaß- bis dunkel-grüner Farbe. Rezente Glaukonitkörner finden sich überwiegend in Kalk-Siltiten bis -Areniten und Sandsteinen. Die Morphologie mancher Glaukonitkörner läßt vermuten, daß es sich um Kotpillen handelt (PORRENGA 1966). Das Innere der Körner ist meistens mikro- bis kryptokristallin und ungeordnet. Daneben sind aber auch orientierte und wurmförmige Aggregatgefüge und Verdrängungen organischer Strukturen beschrieben worden (TRIPLEHORN 1966). Glaukonitkörner sind im allgemeinen Bestandteile mariner Sedimente. Sie sind aber auch in lakustrischen Bildungen gefunden worden (PARRY & REEVES 1966). Sie sind überwiegend autochthon, können aber auch parautochthon bis detritisch vorkommen (VALETON et al. 1982).

Eine Unterscheidung zwischen autochthonem und allochthonem Glaukonit ist durch die Kornmorphologie, durch Vergleich zwischen der Mineralogie des Glaukonits mit der des umgebenden Sediments und durch das Verhältnis von Fe(II)/Fe(III) möglich (OWENS & MINARD 1960), VALETON et al. (1982). Glaukonitkörner sind in kambrischen bis zu rezenten Sedimenten überwiegend als Bildungen im offenen Flachmeerbereich in Wassertiefen von 50–500 m gefunden worden.

Die Bildung von Glaukonit ist offenbar unter verschiedenen Bedingungen möglich. So fordern einige Autoren (vgl. McRAE 1972) für die Glaukonitbildung stark oxidierende Eh-Bedingungen, andere dagegen schwach reduzierendes Eh. ODIN & MATTER (1981) haben darauf hingewiesen, daß im Mikroenvironment andere Bedingungen als im Makrobereich herrschen können, und daß die partielle Isolierung des Mikroenvironments besonders in den Fossilkammern entscheidend für die Glaukonitentstehung sein kann. Organische Materie begünstigt die Glaukonitbildung ebenso wie tropische Wassertemperaturen, wenig bewegtes Flachwasser bis zu 200 m Tiefe und eine möglichst geringe Sedimentationsrate. Vorzugsweise entstehen Glaukonitkörner auf marinen Transgressionsflächen in Verbindung mit phosphatischen Sedimenten.

Die Bildung des Minerals Glaukonit (BURST 1958a, 1958b) erfordert

1. ein degradiertes 2:1-Schichtsilikat als Ausgangsmaterial,

2. die reichliche Zufuhr von Eisen und Kalium und
3. das geeignete (vorzugsweise schwach negative) Redoxpotential.

Durch die Aufnahme von K^+ und Fe^{3+} werden die quellfähigen Schichten des 2 : 1-Minerals reduziert, wodurch in genügender Zeit das Ausgangstonmineral die Zusammensetzung von Glaukonit erhält.

ODIN & MATTER (1981) führen auch die Abscheidung des Minerals aus der Lösung als wesentlichen Bildungsvorgang an. Zu ähnlicher Aussage kommen VALETON et al. (1982), die für die Bildung der kretazischen Pillen in NW-Deutschland hauptsächlich die folgende Abfolge angeben:

Die gelösten Ausgangsstoffe koagulieren zu gelartigen Agglomeraten, die entwässert werden unter Bildung von Rissen, die später mit Eisenmineralen oder glaukonitischem Glimmer ausgefüllt werden. KOHLER & KÖSTER (1976) haben die Genese des Glaukonits aus gelförmigen Hydroxid-Niederschlägen und amorpher Kieselsäure als die wahrscheinlichste angesehen.

An der Bildung der Glaukonitkörner können folgende Vorgänge beteiligt sein (McRAE 1972):

1. Umwandlung der organischen Reste in den Fossilkammern.
2. Umwandlung von Rückständen in Kotpillen.
3. Umwandlung von Biotit (FISCHER 1987).
4. Pelletisierung von Tonpartikeln.
5. Fällung auf Mineraloberflächen.
6. Verdrängungsvorgänge.

PORRENGA (1966) fand bei der Kartierung der rezenten Sedimente vor dem Nigerdelta (Abb. 5-18) Kotpillen unterschiedlicher Färbung:

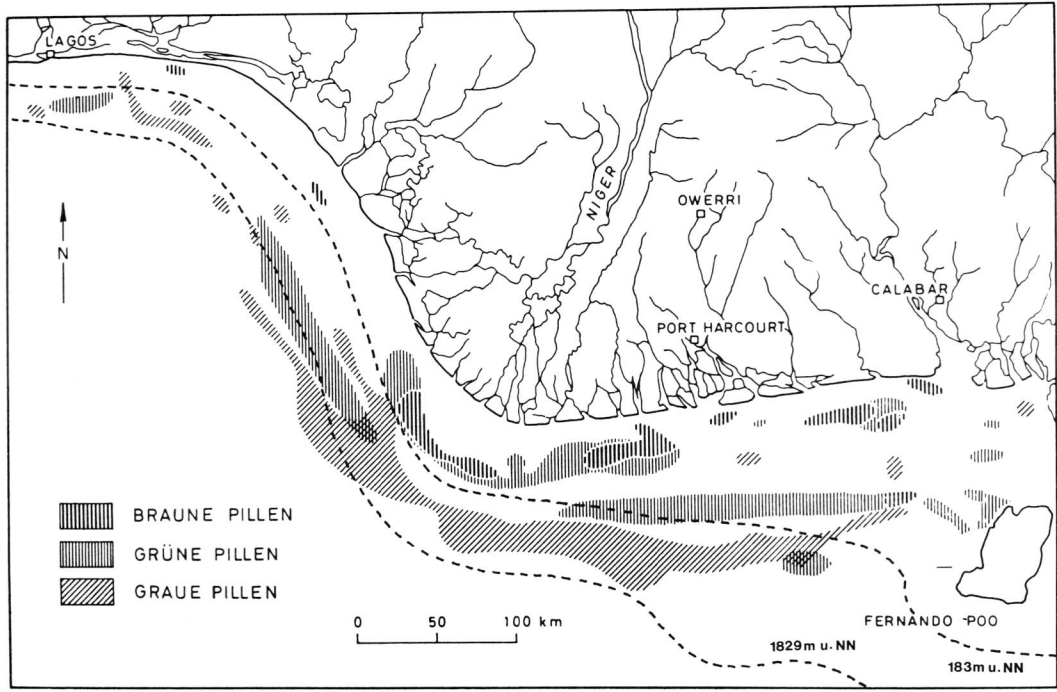

Abb. 5-18. Neubildung von Chamosit (braune Pillen) und Glaukonit (grüne Pillen) im Deltabereich des Nigers (nach PORRENGA 1966, aus FÜCHTBAUER & MÜLLER 1977).

braune Pillen – überwiegend aus Chamosit im flachen Tiefenbereich bis zu 55 m,
grüne Pillen – aus Glaukonit im Tiefenbereich um 200 m und
graue Pillen – aus angeliefertem Kaolinit, Montmorillonit und Illit in größerer Tiefe.

Die grünen Glaukonitkörner bilden sich nach PORRENGA (1966) authigen aus den grauen Pillen dort, wo reduzierende Bedingungen herrschen. Wo keine Reduktion stattfindet, bleiben die Pillen grau und behalten die Zusammensetzung des angelieferten Tonmineraldetritus.

Der weite Bereich der Bildungsbedingungen des Glaukonits schränkt seinen Wert als Environmentindikator ein. Am häufigsten kommt Glaukonit im marinen Flachseebereich mit geringer Sedimentationsrate vor.

Das Mineral Glaukonit ist für K-Ar-Datierungen von mehr als 10^6a von Bedeutung unter den Voraussetzungen, daß

1. der Glaukonit syngenetisch mit dem Wirtsgestein ist,
2. er von begleitenden Mineralen getrennt werden kann und
3. K-Verluste durch Verwitterung sowie Ar-Verluste ausgeschlossen werden können (DALRYMPLE & LAMPHERE 1969: 172).

Wo Glaukonit stratigraphisch an scharf begrenzte Horizonte gebunden vorkommt, eignet er sich für Korrelationen (GEYER & GWINNER 1968: 153).

5.4.4 Palygorskit

Verbreitung und Bildungsbedingungen des Palygorskits sind von SINGER (1979) zusammenfassend beschrieben worden. Das Mineral kommt in hydrothermal zersetzten magmatischen Gesteinen, in Böden sowie in fossilen alkalischen Seesedimenten vor. Es hat sich hier wahrscheinlich bei relativ hohen Si- und Mg- und niedrigen Al-Konzentrationen unter alkalischen Bedingungen aus der Lösung gebildet. Dies gilt auch für einen Teil des in marinen Sedimenten vorkommenden Palygorskits. Der übrige Anteil ist vermutlich detritisch (s. auch SINGER & GALAN 1984).

Die zur in situ-Bildung aus der Lösung erforderliche hohe Si- und Mg-Konzentration und der hohe pH können hervorgerufen werden durch hydrothermale Aktivitäten in der Nähe von Störungen, durch den Eintrag Si-reicher Verwitterungslösungen in lakustrische oder marine Becken oder durch Schwankungen der Wassertemperatur. Nach SINGER (1979) dürfte der überwiegende Anteil des Palygorskits in marinen Sedimenten durch Ausfällung entstanden sein.

Zusammenfassung

Temperatur und Druck sind in den verschiedenen sedimentären Environments nicht soweit verschieden, daß wesentliche druck- oder temperaturbedingte Differenzierungen bei unter Oberflächenbedingungen gebildeten Tonmineralen aus verschiedenen Environments erwartet werden dürfen. Dagegen variiert die Zusammensetzung des Wassers zwischen den einzelnen Environments stärker, so daß Tonmineraldifferenzierungen aufgrund unterschiedlicher Lösungszusammensetzungen und Löslichkeiten theoretisch möglich wären. Allerdings sind die Löslichkeiten der Tonminerale zu gering, um in Sedimenten aus Gewässern mit unterschiedlichem Wasserchemismus Differenzierungen erkennbar werden zu lassen. Außerdem ist es in einem Tonmineralgemenge sehr schwierig, authigene von detritischen Komponenten zu unterscheiden.

Thermodynamisch sind die meisten Tonminerale bei 25 °C und 1 bar mehr oder weniger instabil. Sie bleiben dennoch über geologische Zeiträume hindurch unverändert, weil sie bei den Temperaturen der Erdoberfläche aus reaktionskinetischen Gründen so träge reagieren, daß sie praktisch als stabil angesehen werden müssen. Tonminerale können nur dann Hinweise auf die Bildungsbedingungen eines Sediments liefern, wenn sie authigen und während der Bildung des Sediments (synsedimentär) entstanden sind. Der weitaus überwiegende Teil der Tonminerale ist jedoch angeliefert worden und gibt daher kein Zeugnis von den chemischen Bedingungen während der Ablagerung. Die meisten Tonminerale sind zu reaktionsträge, um sich den Bedingungen des Environment des Sedimentationsraumes anzupassen.

Sehr viel rascher stellen sich die Reaktionsgleichgewichte bei Adsorptions- und Desorptionsreaktionen zwischen Tonmineral und Elektrolytkonzentration im Wasser ein. Die für bestimmte Environments typischen Konzentrationen von Spurenelementen werden sich daher im Spektrum der von den Tonmineralen adsorbierten Ionen erkennen lassen. Im idealen Fall bestimmt nur ein einziger Environmentparameter (z. B. die Salinität des Wassers) den Gehalt der Tonminerale an adsorbierten Spurenelementen. Tatsächlich hängt aber der Spurenelementgehalt von einer ganzen Reihe von Einflüssen ab, wie der Art des Tonminerals, des ererbten Spurenelementgehaltes, Lösungsgenossen oder diagenetischen Einflüssen. Bor entspricht den Anforderungen an ein ideales Faziesindikatorelement am ehesten. Schlüsse aus dem Borgehalt müssen aber die Summe der Einflüsse auf das Adsorptionsgleichgewicht berücksichtigen.

Ein Tonmineral, das sich authigen und synsedimentär bildet, und das als typisch vorwiegend für den offenen, flachmarinen Schelfbereich erkannt wurde, ist der Glaukonit. Er kann allerdings auch detritisch (allothigen) und lakustrisch vorkommen. Glaukonit ist in Sandsteinen verbreiteter und leichter identifizierbar als in Tongesteinen.

Möglicherweise sind Eigenschaften des Mikrogefüges (Flockung von Tongesteinen) spezifisch für einzelne Environments.

5.5 Petrologie verschiedener Ton-/Siltgesteine

5.5.1 Tone in Rotsedimenten

Rotsedimente (Red Beds, s. auch Kap. 14.1.5) sind Indikatoren für semi-arides, wechselfeuchtes Klima und oxidierende Bedingungen in vegetationsarmen Zonen. Das rotfärbende Pigment wurde von roten Böden im Verwitterungsgebiet abgeleitet. WALKER (1967) und WALKER & HONEA (1969) wiesen jedoch an rezenten und subrezenten Sedimenten nach, daß das rote Pigment sehr häufig in situ gebildet wird. Diese Beobachtungen wurden von VAN HOUTEN (1972) durch Studien an weiteren alluvialen Rotsedimenten bestätigt. Einen Überblick über die umfangreiche Literatur zur Problematik der Rotsedimente hat VAN HOUTEN (1973) vorgelegt.

Rotsedimente und rotbunte Sedimentfolgen sind sandige, siltige und tonige Gesteine mit rotbraunen Fe(III)-oxid Pigmenten auf Kornoberflächen, als Porenfüllungen oder feinverteilt in der Matrix. Es sind fossilleere, kontinentale Bildungen, oft mit äolischen oder evaporitischen Einschaltungen. Die Tonsteine älterer Rotschichten bestehen hauptsächlich aus Illit mit etwas Chlorit sowie geringen Anteilen an I/S-Mineralen und Kaolinit. In jüngeren Rottonen sind die I/S-Minerale häufiger, und zusätzlich kann auch Smektit vorkommen.

Das rotfärbende Pigment ist Hämatit, der die Körner nicht gleichmäßig überzieht, sondern die Oberflächen mit einzelnen hexagonalen Kristallen von weniger als 5 µm Größe bedeckt. In Tonen sind schichtparallele Verwachsungen mit den Tonmineralen die Regel.

Der Gesamt-Fe-Gehalt ist in den Rottonen nicht größer als in braunen oder grauen Tonsteinen. Er liegt zwischen 1,7–3,5 %. Das freie, d. h. nicht in den Tonmineralstrukturen gebundene, sondern als Pigment vorhandene Eisen beträgt nur etwa 0,7 %. Die sandigen Glieder der Rotschichten enthalten den überwiegenden Teil ihres Gesamteisengehaltes in Fe-haltigen Detritusmineralen.

Das für die Pigmente erforderliche Eisen wird z. B. als amorphes Ferrihydrit angeliefert (s. Kap. 4.3.5 C). Es entsteht in Böden, vornehmlich in semiaridem bis wechselfeuchtem Klima und stammt überwiegend aus degradierten Tonmineralen. Sehr bald nach der Ablagerung beginnt es sich in Hämatit durch Dehydratation umzuwandeln.

SCHWERTMANN (1969) wies darauf hin, daß der Alterungsprozeß abhängig vom Gehalt an organischen Verbindungen ist. Die organischen Komponenten des Detritus besitzen hohe Adsorptionsfähigkeit und können die amorphen Fe(III)-hydroxide binden, so daß möglicherweise die Fällung von Hämatit unterbunden wird. Somit ist die Hämatitbildung allein in C_{org}-armen oder -freien Sedimenten möglich. Außerdem beeinflußt das Kristallkeimangebot die Hämatitbildung (FISCHER & SCHWERTMANN 1975). Zugabe von Oxalaten beschleunigte die Hämatitfällung, wahrscheinlich durch eine Art Schabloneffekt des Oxalatgitters, dessen Fe-Fe-Abstände ähnlich denen des Hämatits sind (s. auch S. 34 ff.).

Ein Austausch von mobilisiertem Fe zwischen Sand- und Tonhorizonten ist nicht auszuschließen, aber Rottone werden das Eisen überwiegend aus dem mitangelieferten Fe(III)-hydroxid erhalten, während in Sanden die Lieferung durch Auflösung primärer Fe-Minerale (Hornblende, Biotit u. a.) vorherrscht.

WALKER & HONEA (1969) deuteten die Ergebnisse tonmineralogischer Untersuchungen an Rottonen so, daß auch bei der Illitisierung Fe-haltiger Smektite Eisen frei wird, das bei hohem E_h zu Hämatit oxidiert und zur Pigmentierung beitragen kann.

Durch Reduktion des Hämatitpigmentes als Folge der Oxidation organischer Materie können Rottone lokal entfärbt werden. Die Bleichungszonen schneiden durch Schichtgrenzen hindurch. Das reduzierte Eisen kann in diagenetische Tonminerale oder Karbonate eingebaut werden (FRANKE & PAUL 1980), bei ausreichender Permeabilität kann es auch fortgeführt werden. Die bekannten grünen Reduktionszonen um Karbonatkonkretionen werden folgendermaßen erklärt: Bei der Oxidation primär vorhandener organischer Substanz entsteht CO_2, das den pH senkt. Dadurch wird Karbonat gelöst. Nachdem der Sauerstoff verbraucht ist, bildet sich H_2S und Ammoniak, welche den pH ansteigen lassen. Nun wird Fe reduziert und Karbonat gefällt, solange bis die organische Substanz abgebaut ist. Die Umwandlung des ursprünglich roten Pigmentes in flecken- oder lagenweise grüne Farben durch den Abbau organischer Verbindungen hat zur Voraussetzung, daß organische Substanz bis in eine spätere Diagenesephase erhalten bleibt, d. h. nicht bei oder unmittelbar nach der Ablagerung durch Oxidation zerstört wird.

Die kontinentalen permischen Rotschichten in Westdeutschland sind von FALKE in einer Serie von Studien bearbeitet worden (Zusammenfassungen bei FALKE 1972, 1976).

Mit terrestrischen Rotsedimenten (Red Beds) darf nicht der „Rote Tiefseeton" verwechselt werden, der sich in Tiefen von mehr als 3500 m bildet und durch Fe(III)-oxide ziegelrot bis braun gefärbt wird. Die Mediankorngröße liegt bei 1 µm, der Siltgehalt bei 17%. Der Tonmineralanteil besteht aus Illit, Smektit, Kaolinit und Chlorit. Daneben kommen kolloidale Bestandteile vor. Der Siltanteil setzt sich aus Quarz, Feldspat, Glimmer, vulkanogenen Komponenten und authigenen Mineralen (Zeolithe, Manganit) zusammen. Der Rote Tiefseeton bedeckt etwa 30% der Tiefseefläche, und zwar dort, wo die biogene Sedimentation minimal ist. Er ist im Pazifischen Ozean verbreiteter als in den anderen Ozeanen.

Als „Roter Tonschlamm" wird ein rotbraunes terrigenes Sediment aus Sand, Silt und Ton bezeichnet, das sich am Meeresboden vor den Mündungen großer tropischer Flüsse (Amazonas, Jangtsekiang) in Tiefen von 900–1800 m bildet. Seine Rotfärbung verdankt der Rote Tonschlamm wiederum Fe(III)-oxiden und -hydroxiden, woraus auf oxidierende Bedingungen im Wasser und am Meeresboden geschlossen werden kann (JACOBS 1978). Graue und olive Farben in Tonsteinen werden durch organische Substanzen erzeugt und deuten auf Ablagerungsbedingungen, in denen reichlich organische Materie anfiel und nicht durch Oxidation zerstört wurde.

Die Genese pelagischer Rottone wurde von FRANKE & PAUL (1980) aus dem Oberdevon des Rheinischen Schiefergebirges beschrieben. Sie erinnern an die oxidierenden Bedingungen der heutigen roten Tiefseetone. Der Sauerstoffgehalt des Wassers wird hier durch Oxidation der geringen Mengen an organischer Substanz nicht aufgebraucht. Die klassischen Rotschichten des Catskill im

Oberdevon von Pennsylvanien wurden von WALKER (1971) als küstennahe, flachmeerische Ablagerungen beschrieben.

5.5.2 Schwarzschiefer

Schwarzschiefer (black shales) sind dunkle, sehr feingeschichtete Tonsteine mit hohem Gehalt an organischer Substanz. Ihre Korngrößen liegen im Feinsilit- bis Tonbereich. Sie sind fast fossileer. In manchen Schwarzschiefern können die Spurenelementgehalte stark erhöht sein.

Sie bestehen etwa zu je einem Drittel aus Tonmineralen (überwiegend Illit) und Silt (Quarz, Feldspat), das restliche Drittel setzt sich aus organischem Material, Pyrit und Karbonaten zusammen. Der Gehalt an organisch gebundenem Kohlenstoff (C_{org}) beträgt zwischen 1 bis 10 Gew.% und kann somit Erdölmuttergesteinsqualität erreichen. Vergleichsweise enthalten graue und grüne Tonsteine 0,2 bis 0,5% C_{org} und Rottone weniger als 0,1% C_{org} (HUNT 1979: 66). 68% des C_{org}-Gehaltes sämtlicher Sedimentgesteine sind in Tonen und Tonsteinen enthalten, davon sind nur etwa 4% lösliche Kohlenwasserstoffe, der weitaus überwiegende Teil des in Sedimenten vorkommenden organischen Kohlenstoffs ist in unlöslichen Verbindungen (Kohle, Kerogen) gebunden (HUNT 1979: 22). Der organische Anteil in Schwarzschiefern besteht vorwiegend aus zersetzten und polymerisierten Fetten und Lipiden (Sapropel) aus Sporen und planktonischen Algen. Sporen und zerdrückte Sporenkapseln sind in Dünnschliffen von Schwarzschiefern an ihrer gelben Farbe deutlich zu erkennen.

Humin-Verbindungen von Landpflanzen, wie sie für „Gyttja" charakteristisch sind, sind in Schwarzschiefern selten.

Die extreme Feinschichtung der Schwarzschiefer (Papierschiefer) wird auf die lagenweise Anreicherung der organischen Substanz zurückgeführt, die manchmal den Charakter von rhythmischer Warvenschichtung annehmen kann (HALLAM 1980).

Die Schwermetallanreicherung in Schwarzschiefern gegenüber normalen Tonsteinen ist nicht erheblich, wenn Mittelwerte betrachtet werden (VINE & TOURTELOT 1970).

Allerdings streuen die Einzelwerte der Schwarzschiefer so stark, daß einzelne Gehalte um Größenordnungen über denen der normalen Tonsteine liegen.

Tabelle 5-3. Maximal-, Mittel- und Minimalwerte einiger Spurenelemente in Schwarzschiefern (nach VINE & TOURTELOT 1970) im Vergleich mit Durchschnittswerten in Tonsteinen (nach TUREKIAN & WEDEPOHL 1961).

	Spurenelementgehalte aus annähernd 800 Schwarzschieferproben ppm			Durchschnittl. Spurenelementgehalte normaler Tonsteine ppm
	Minimal	Mittel	Maximal	
Cr	26	100	1 000	90
V	50	1 500	1 000	130
Mo	<5	10	300	2,6
Cu	20	70	200	45
Co	<7	10	100	19

Die angeführten Schwermetallelemente sind überwiegend an die organische Fraktion der Schwarzschiefer gebunden. Es wurde von VINE & TOURTELOT allerdings keine Korrespondenz zwischen Spurenelementgehalten mit dem Ablagerungsenvironment, der lithologischen Zusammensetzung oder dem Alter der Schwarzschiefersedimente gefunden. Die Elemente müssen bereits vor der Ablagerung beginnend und in der postsedimentären Phase fortgesetzt, in der organischen

Fraktion angereichert worden sein, wobei in vielen Fällen die diagenetische Anreicherung den Hauptanteil haben dürfte.

Die organischen Bestandteile sind in Buchten, Fjorden oder Sümpfen konserviert, wo die Wasserbewegungen, die zum Austausch von durchlüftetem Oberflächenwasser mit sauerstoffarmem Tiefenwasser führen, unterbunden sind. Der vertikale Austausch kann auch durch Dichteschichtungen verhindert werden, indem salzreiches und dadurch spezifisch schweres Wasser immobil am Boden verharrt.

Bei starker Bioproduktion können anoxische Bedingungen dadurch entstehen, daß der Sauerstoffgehalt des Wassers durch die Oxidation der organischen Materie restlos aufgezehrt wird. Dies tritt besonders an den Schelfrändern ein, wo aufgleitende Tiefenströmungen aus der Tiefsee reichlich Nährstoffe – darunter viel Phosphat – in die photische Zone tragen und dadurch die gesteigerte Bioproduktion auslösen. Das für die Entstehung der euxinischen Fazies notwendige Zusammenspiel von geringer Durchlüftung des Bodenwassers, Bioproduktion und Sedimentationsrate haben DIDYK et al. (1978) und TOURTELOT (1979) modellhaft im Detail beschrieben.

Euxinische Fazies setzt voraus, daß organische Materie sich ansammelt, weil sie rascher erzeugt als durch Oxidation zerstört wird.

Nach der Ablagerung setzt zunächst die bakterielle Reduktion der Sulfate ein, später folgen Dekarboxylierungsvorgänge und bei höheren Temperaturen pyrolytische Reaktionen, die zusammen die weniger stabilen organischen Substanzen zu Kerogen werden, später die Bildung migrierfähiger Bitumina entstehen lassen.

Euxinische Sedimente sind zu allen erdgeschichtlichen Epochen gebildet worden. Als Beispiele seien genannt: Die devonischen Chattanooga Schiefer, der permische Mansfelder Kupferschiefer, der Posidonienschiefer des mitteleuropäischen Jura. Als rezentes Beispiel für ein anoxisches System gilt das Schwarze Meer (Pontus Euxinus), in dem eine mit der Tiefe zunehmende Dichte den Austausch von Tiefenwasser mit durchlüftetem Oberflächenwasser verhindert (DEGENS & ROSS 1974). Das Oberflächenwasser dieses Brackmeeres wird durch reichliche Süßwasserzuflüsse verdünnt.

5.5.3 Bentonite

Bentonite werden smektitische Tongesteine genannt, die überwiegend durch Umwandlung von vulkanischer Asche entstanden sind. Über die Zusammensetzung, Vorkommen und Verwendung von Bentoniten ist zusammenfassend und mit zahlreichen Quellenhinweisen von GRIM & GÜVEN (1978) referiert worden. Neuerdings werden auch nichtsmektitische, aus vulkanischen Aschen gebildete Tone „Bentonit" genannt (s. S. 777).

Die meisten Bentonite bestehen in der Hauptsache aus Montmorillonit und Beidellit mit Na oder Ca als austauschfähige Kationen. Neben den Smektiten ist in Bentoniten meistens ein erheblicher Anteil an Cristobalit enthalten (bis zu 60%). Untergeordnet können Feldspäte (Sanidin), Quarz, Hornblende, Glimmer (Biotit), Illit und Kaolinit sowie Kalzit vorhanden sein. Reste von Glassplittern (shards) belegen, daß sich der Smektit aus vulkanischem Glas gebildet hat. Oft sind die Smektitaggregate pseudomorph nach vulkanischen Glassplittern. Die meisten Aggregate aus Smektitkristallen sind dagegen moosartig oder kugelförmig, seltener lamellar. Diese Mikrogefüge weisen auf In-situ-Bildung hin.

Die Farbe der Bentonite ist sehr unterschiedlich. Graue und graublaue Färbungen sind am häufigsten; daneben kommen gelbe und gelbgrüne Farben vor. Bentonite kommen als schichtgebundene Einlagerungen von begrenzter Ausdehnung in Mächtigkeiten zwischen 0,01 und 10 m vor. Meistens sind sie in marine Serien eingelagert. Die Liegendgesteine sind am Kontakt zum Bentonit oft in einer Mächtigkeit bis zu einem Meter verkieselt. Je mächtiger der Bentonit, desto mächtiger ist auch die verkieselte Liegendschicht (GRIM & GÜVEN 1978: 156). Während die Liegendkontakte scharf sind, bestehen im Hangenden oft allmähliche Übergänge zu den überlagernden Sedimenten.

Nirgends wurden Horizonte beobachtet, die auf eine Verwitterung am Hangenden der Bentonitschichten deuten.

Die Makrogefüge der Bentonite sind geschichtet oder massig. Sehr typisch für das Gestein ist sein Puzzle-ähnlicher Bruch.

Häufig sind Bentonitvorkommen durch klastische Zwischenlagen gegliedert. Die linsenförmigen Lagerstätten haben Längsausdehnungen von einigen Metern bis zu Kilometern. Besonders viele Bentonitlagerstätten gibt es in der Kreide und im Tertiär. Paläozoische Bentonite bestehen häufig aus I/S-Wechsellagerungsmineralen, die aus Smektiten durch K-Aufnahme entstanden sind. Sie werden als Metabentonite bezeichnet.

Der Kieselsäureüberschuß aus der Umwandlung des Glases im Smektit scheidet sich zunächst als (metastabiler) Cristobalit im Bentonit selbst und im Liegendgestein aus. Mögliche Überschüsse an Alkalien werden offenbar weggeführt, oder es entsteht Klinoptilolith. Die Bildung von Bentonitlagen gleichbleibender Mächtigkeit ist nur unter Wasser denkbar. Die meisten Bentonite sind in marine Sedimente eingelagert. Wahrscheinlich ist die Smektitbildung aber auch im Süßwasser möglich. Vermutlich setzt die Smektitbildung schon sehr bald nach der Ascheablagerung ein, da Smektitgerölle in den klastischen Sedimenten unmittelbar über den Bentoniten (GRIM & GÜVEN 1978: 156) vorkommen.

Die Kationenbelegung der Smektite hängt sowohl von der Zusammensetzung der vulkanischen Asche wie auch von der des Wassers im Ablagerungsraum ab. Sie ist entscheidend für die technische Nutzung der Bentonite, z. B. als Bindemittel für Formsande (Ca-Smektite) oder für Bohrspülungen (Na-Smektite). In Westdeutschland kommen Ca-Bentonite in der bayerischen Molasse (z. B. bei Landshut) vor (UNGER & NIEMEYER 1985, 1985).

5.5.4 Quicktone, Blähtone

A. Quicktone

Als Quicktone werden unverfestigte junge Tonsedimente bezeichnet, die im ungestörten Gefügeverband eine relativ hohe Scherfestigkeit besitzen, bei mechanischer Beanspruchung dagegen ihre Festigkeit fast völlig verlieren, d. h. die Eigenschaften einer schwach viskosen Flüssigkeit annehmen.

Quicktone kommen in Skandinavien, im östlichen Kanada, der nördlichen Sowjetunion und in Alaska sowie an einigen Stellen der südlichen Hemisphäre, z. B. in Neuseeland, vor. Sie bestehen aus glazial zermahlenem Gesteinsmehl, das normalerweise in marinem Environment, gelegentlich aber auch im Süßwasser abgelagert wurde.

Quicktone schaffen in den skandinavischen Ländern und in Kanada erhebliche ingenieur-geologische Probleme. Sie können katastrophale Erdrutsche bei minimalen Neigungen von nur 1–3° verursachen mit kilometerweiten Zerstörungen von besiedelter und landwirtschaftlicher Nutzfläche. Ihr rätselhaftes Verhalten ist daher intensiv untersucht worden, in jüngster Zeit von ROSENQUIST (1977), QUIGLEY (1980) und SMALLEY et al. (1984). TORRANCE (1983) unternahm den Versuch, das Verhalten der Quicktone tonmineralogisch zu erklären. Seinen Ausführungen folgt die nachstehende Beschreibung.

Quicktone sind „ultra-hoch sensitive" Tone, wobei mit Sensitivität das Verhältnis der Scherfestigkeit des ungestörten Gefüges zu derjenigen nach Durchbewegung bezeichnet wird. Die Sensitivität muß bei Quicktonen nach der Definition größer als 30 sein. Gleichzeitig muß die Scherfestigkeit nach Durchbewegung bei einem Quickton unter 0,5 KPa liegen.

Die mineralogische Zusammensetzung des Leda-Tones aus Kanada mit deutlichen Quickton-Eigenschaften wurde von GILLOT (1971) an fünf Proben wie folgt geschätzt: Die Tonfraktion (>2 µm, im Mittel 63% des Gesamtsediments) enthält

Mixed-Layer Illit/Smektit oder Illit/Vermikulit   mäßig
Chlorit   reichlich
Illit   reichlich bis mäßig
Quarz, Feldspat, Kalzit   reichlich

Die Fraktion >2 µm besteht durchschnittlich aus Quarz (56%), Orthoklas und Plagioklas (40%), Kalzit (4%) neben geringen Mengen von Schwermineralen.

Die Entstehung von Quicktonen ist an eine Reihe von Voraussetzungen gebunden:
1. Ein geflocktes Gefüge mit hoher Porosität und Wassersättigung. Im Meerwasser ist Flockung die Regel, im Süßwasser ist Flockung möglich, wenn die Kationenaustauschplätze überwiegend mit zweiwertigen Kationen besetzt sind und die Feststoffdichte der Suspension, aus der das Sediment sich ablagert, hoch ist.
2. Das Sediment darf keine oder nur wenig quellfähige Tonminerale enthalten, da solche „aktiven" Tonminerale viel größere Wassermengen zur Bildung einer fließfähigen Suspension brauchen.
3. Das Sediment darf nicht oder nur sehr wenig verdichtet werden, damit der hohe Porenwassergehalt, der zur Verflüssigung erforderlich ist, erhalten bleibt. Zur Verringerung der Verdichtung trägt eine niedrige Sedimentationsrate bei, da die Scherfestigkeit eines lockeren, wasserreichen Tonmineralgefüges bei langsam wachsender Spannung etwas höher als bei rascher Belastung ist. Außerdem kann die Verdichtung durch Ausscheidung von Kalzit oder Fe-oxiden an den Kontaktstellen der Tonpartikel vermindert werden. Das Gefüge wird dadurch widerstandsfähiger gegen den Druck der Auflast, weil die ungestörte Scherfestigkeit erhöht wird.
4. Der Elektrolytgehalt des Porenwassers sollte postsedimentär durch einströmendes Süßwasser verdünnt werden. Durch den geringeren Elektrolytgehalt wird die Liquiditätsgrenze (d. i. der zur Verflüssigung des Sediments mindestens erforderliche Wassergehalt) herabgesetzt.
5. Durch den Eintritt von dispergierenden Agentien (organische Verbindungen aus anaerober Zersetzung) kann die Sensitivität weiter erhöht werden.

In Süßwassersedimenten wird der Effekt der Elektrolytverdünnung, in marinen Sedimenten dagegen der Einfluß der dispergierenden Stoffe unbedeutend sein.

TORRANCE (1983) faßt die Faktoren, die zur Quicktonbildung führen können, wie folgt zusammen:
1. Hohe Festigkeiten im ungestörten Zustand werden begünstigt

bei der Ablagerung durch   **postsedimentär durch**
Flockung   Zementation
erhöhten Elekrolytgehalt   langsame Versenkung
zweiwertige Kationen an Austauschpositionen   geringe Sedimentationsrate
dichte Suspension

2. Niedrige Festigkeiten nach Durchbewegung werden begünstigt

bei der Ablagerung durch   **postsedimentär durch**
wenig aktive (nicht quellfähige) Minerale   minimale Verdichtung
                                       Verdünnung des Elektrolytgehaltes (in marinen Tonen):
                                       Herabsetzung des zur Verflüssigung notwendigen Wassergehaltes (W_L)
                                       Zufuhr von dispergierenden Stoffen (in Süßwassertonen):
                                       Herabsetzung von W_L

Das Quicktonphänomen (Verflüssigung eines relativ festen Tonsedimentes durch Zerstörung des sehr wasserhaltigen primären Gefüges) ist nicht auf einen Thixotropie-Effekt zurückzuführen, denn nach Abklingen der Durchbewegung stellt sich die höhere Scherfestigkeit nicht wieder ein, sofern (durch das Zusammenwirken mehrerer Faktoren) der hohe Porenwassergehalt erhalten bleibt.

B. Blähtone

Als Blähtone werden Tongesteine bezeichnet, die „die merkwürdige Eigenschaft besitzen, sich, in kleine Stückchen zerkleinert, bei schneller Erhitzung auf 1100–1200 °C unter starker Volumensvergrößerung und entsprechender Verringerung der Dichte aufzublähen, wobei aus den einzelnen Tonstücken mehr oder weniger gut gerundete Kugeln (mit Durchmessern bis zu 0,5 cm) entstehen. Diese Kugeln besitzen eine dichte, glasartige Oberflächenhaut, ein mehr oder weniger feinporiges Innengefüge und ein sehr geringes Raumgewicht bei erheblicher Druckfestigkeit. Sie schwimmen auf dem Wasser, ohne sich vollzusaugen", weil die Poren nicht miteinander kommunizieren, sondern abgeschlossene Blasenräume sind. Blähtone werden wegen ihrer guten wärme- und schallisolierenden Eigenschaften als Baustoffe geschätzt (MEMPEL 1968).

Die Theorie des Blähvorgangs ist unverstanden. Aus Versuchen mit unterschiedlichen Tongesteinen konnte geschlossen werden, daß Tone mit Bläheigenschaften relativ feinkörnig sein (Tonfraktion $>35\%$) und einen hohen SiO_2-Gehalt besitzen müssen (FASTABEND & RUYTER 1959; KAEMPFE 1958). Daher kommen nur illitische und smektitische Tone als Blähtone in Frage. Paralleltextur scheint die Blähung zu begünstigen.

Es ist vorstellbar, daß bei der raschen Erhitzung eine dünne Außenhaut der Tonsteinkörner verglast, während in ihrem Inneren noch eine weit geringere Temperatur als außen herrscht, und zwar einmal, weil die Wärmeleitung von außen nach innen Zeit benötigt, zum anderen, weil zur Verdampfung des Zwischenschichtwassers und zur Freisetzung des Hydroxids der Oktaederschichten Wärme verbraucht wird. Hat die Temperatur im Inneren der Körner die zur Dissoziierung des Hydroxids erforderliche Höhe (500–700 °C bei Smektiten) erreicht, so verhindert die bereits glasige Außenhaut durch ihre Viskosität und Konsistenz sowohl das Entweichen des Gases als auch das Zerreißen des Kornes. Aus den Tonsteinkörnern bilden sich kugelförmige Körner von mm- bis cm-Größe, die oberflächlich leicht miteinander verschweißen. Entscheidend ist also bei diesen Vorgängen die Verzögerung der Erwärmung zwischen Außenhaut und Kern der primären Tonsteinkörner. In texturierten Tonmineralgefügen bilden sich eher glasige, viskose und undurchlässige Außenhäute als in ungeordneten Gefügen.

Zusammenfassung

Rotsedimente bilden sich auf semiariden, wechselfeuchten Festländern. Illit und Illit/Smektit sind die vorherrschenden Tonminerale, Hämatit bewirkt die Rotfärbung. In tonigen Sedimenten wird das rote Pigment im Schlamm zugeführt, in Sanden entsteht es zum Teil in-situ. Auch in den Ozeanen lagert sich vor den Mündungen großer tropischer Flüsse sowie in tiefen Ozeanbecken roter Tonschlamm bzw. Tiefseeton ab.

Schwarzschiefer sind sehr feingeschichtet, d.h. nicht durchwühlt, und reich an organischer Substanz. Sie bilden sich unter anoxischem Bodenwasser und verdanken ihre dunkle Farbe Eisensulfiden und feinverteilter organischer Substanz. Vanadium ist das charakteristischste Schwermetall. Solche „euxinischen" Sedimente entstehen in Gebieten geringer Wasserzirkulation und starker (planktonischer) Bioproduktion.

Bentonite entstehen durch subaquatische Umwandlung vulkanischer Aschen (d.h. von Glas) in Tone (meist Smektit, in älteren Gesteinen I/S-Wechsellagerungsminerale). In sauren Moorwässern bildet sich Kaolinit („Kaolinkohlentonsteine" in Kohlen), s. auch Kap. 12.7.3.

Quicktone sind Sedimente, die in ungestörtem Zustand relativ scherfest sind, sich bei mechanischer Beanspruchung aber verflüssigen. Sie sind smektitarm und stark geflockt. Eine Änderung des Elektrolytgehaltes des Porenwassers unterstützt die Verflüssigung. Das Verhalten ist nicht thixotrop.

Blähtone blähen sich bei schneller Erhitzung auf 1200–1300 °C zu cm-großen Kugeln auf, welche zu Baustoff verarbeitet werden. Sie bestehen ursprünglich aus Illit oder Smektit.

5.6 Silte und Siltsteine

5.6.1 Entstehung

Silte oder Schluffe sind klastische Sedimente mit Median-Korngrößen zwischen 2 und 63 µm. Silt kommt selten als homogenes Gestein vor, sondern weit häufiger als kleinere, flachlinsenförmige Körper (Kleinrippeln), die in Tonsteine eingelagert sind. In vielen Sedimentfolgen, vor allem aus dem Überflutungsbereich von Flüssen, sind Grobsiltstein/Feinsiltsteinwechsel im cm- bis mm-

Bereich häufig. Die Grobsiltsteine verhalten sich dabei wie Sandsteine; sie sind oft schräggeschichtet und bestehen zu mehr als zwei Dritteln aus Quarz, Feldspat und Glimmer. Die Feinsiltsteine bilden die dunklen Zwischenlagen.

Ton-Siltsteine (mudrocks) bilden nach Schätzungen von BLATT & SCHULTZ (1976) dreiviertel der Gesamtmenge aller klastischen Gesteine. Obwohl sie im allgemeinen quarzärmer als Sandsteine sind, ist global insgesamt mehr Quarz in Ton-Siltsteinen deponiert, weil diese einen weit größeren Anteil an den Klastiten einnehmen als Sandsteine.

Die Quarzkörner sind eckig, selbst dann, wenn die Quarze der begleitenden Sande gerundet sind. Über ihre Herkunft bestehen unterschiedliche Auffassungen. Ausgehend von der Beobachtung, daß Quarz zwei deutliche Häufigkeitsmaxima der Korngrößenverteilung im Silt und im Mittel-Grobsandbereich besitzt (ROGERS et al. 1963), vermutete KUENEN (1969), daß der Silt-Quarz aus verwitterten Phylliten stammt, während sich der Quarz in Sandkorngröße aus Graniten ableitet. Sand- und Silt-Quarz hätten demnach unterschiedliche Ursprungsgesteine. Dagegen führten RIEZEBOS & VAN DER WAALS (1974) die Entstehung des Silt-Quarzes auf das Abspalten von Splittern von der rissigen Oberfläche von Sandkörner zurück, ein Vorgang, der bevorzugt im glazialen Bereich vor sich gehen soll. PYE & SPERLING (1983) simulierten in Experimenten die Verwitterung unter Wüstenbedingungen mit starken Temperatur- und Feuchtigkeitsschwankungen, ohne einen nennenswerten Abrieb an Quarzkörnern zu beobachten. Dagegen fanden sie unter simulierten Bedingungen der Salzverwitterung merkliche Erzeugung von siltgroßem Quarz.

Ähnlich schlossen NAHON & TROMPETTE (1982) aus Feldbeobachtungen, daß Silt durch Verwitterungsprozesse, vor allem durch Auflösung und mechanische Spaltung, erzeugt würde. Demgegenüber sei das glaziale Zermahlen, wie es für die Entstehung des Siltes im Löß angenommen wird, nur unbedeutend. VITA-FINZI & SMALLEY (1970) dagegen halten das glaziale Zerreiben von Sand-Quarz für den ausschließlichen Vorgang zur Erzeugung von Silt-Quarz. Die Autoren meinen, daß Sand und Silt dasselbe Herkunftsgestein besitzen. Ein Teil des Sandes durchliefe den Zerkleinerungsprozeß und würde zu Silt reduziert. Auch mit einer diagenetischen Anlösung der Quarzkörner in Ton-Siltsteinen ist zu rechnen (s. Kap. 4.3.4).

Nach heutigem Wissen kann Silt durch einen oder mehrere der folgenden Vorgänge entstehen (abgesehen von der Aufarbeitung älterer Silttone):

1. Verwitterung von Phylliten, die siltgroßen Quarz enthalten.
2. Mechanischen Abrieb durch den glazialen Mahleffekt, aber auch durch Kornzusammenstöße im äolischen Bereich.
3. Chemische und mechanische Verwitterung unter ariden Bedingungen, ev. unter Beteiligung von salinaren Lösungen.

5.6.2 Löß

Löß ist ein wenig verfestigter Grobsilt, ungeschichtet-massig, mit charakteristischem Karbonatgehalt, von blaßgelber Farbe und sehr porös. Löß ist gut sortiert und besitzt eine große, bodenmechanische Standfestigkeit an steilen Hängen. Die Eigenschaften und Entstehungstheorien des Lösses haben SMALLEY (1966, 1971) und SMALLEY & SMALLEY (1983) zusammenfassend resümiert. Seine Median-Korngröße liegt zwischen 20 und 50 µm im Grobsiltbereich; der Feinsandanteil ist 10–20%, der an Ton 5–15%. Der Siltanteil besteht zu etwa 50% aus Quarz, zu 10% aus Feldspat und aus karbonatischen Gesteinsbruchstücken und Glimmer. Der Tonmineralanteil besteht in mitteleuropäischen Lössen aus Illit mit geringen Mengen an Kaolinit und seltener etwas Smektit, in Nord- und Südamerika in der Hauptsache aus Smektit, neben Illit und etwas Kaolinit.

Der Karbonatgehalt beträgt im Mittel 10–20%, kann aber 30% erreichen. Das Karbonat besteht überwiegend aus Kalzit, nur ausnahmsweise kommt Dolomit vor; es ist in mikritischen Gesteinsbruchstücken von Feinsandkorngröße enthalten und bildet Porenzemente sowie Auskleidungen von feinen Wurzelröhren.

Löß bildet deckenförmige Ablagerungen von einigen Metern bis zu einigen Zehnern von Metern

Mächtigkeit, vorzugsweise an Hängen von Hügel- oder Bergketten. Die Lößdecken können durch eingelagerte Bodenhorizonte gegliedert sein, die oft entkalkt („verlehmt") sind. Ein Lößgürtel erstreckt sich von Mitteleuropa über Kasachstan bis nach Ostchina, wo Mächtigkeiten bis 250 m erreicht werden. In Nordamerika ist der westliche Teil des Einzugsgebietes des Mississippi und Missouri von Löß bedeckt. Auf der Südhalbkugel ist Löß im Gran Chaco von Argentinien weit verbreitet. Die Verbreitung des Löß in Mitteleuropa zeigt Abb. 5-19.

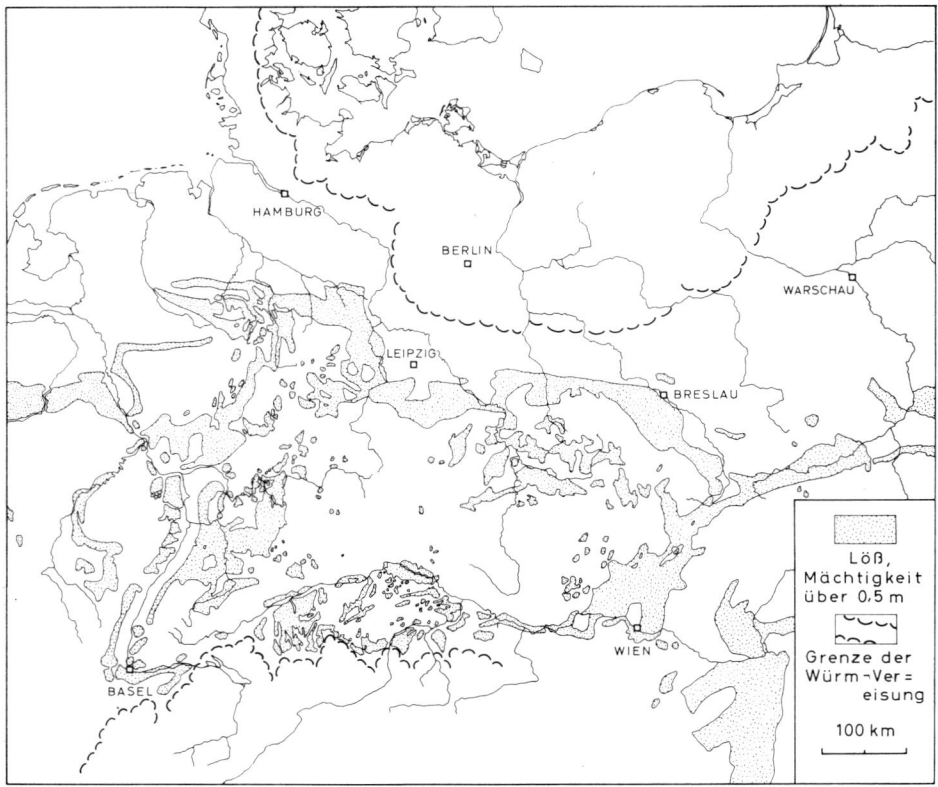

Abb. 5-19. Verbreitung von Löß in Mitteleuropa (nach SCHEIDIG 1934).

Alle bekannten Lösse haben quartäres Alter. Aus älteren glazialen Epochen der Erdgeschichte sind bisher keine Lösse beschrieben worden.

Löß hat als Substrat für fruchtbare Böden wegen seines Nährstoffreichtums und seiner hohen Porosität (40–50%) große landwirtschaftliche Bedeutung.

Alle Vorstellungen über die Entstehung von Löß müssen folgende Merkmale berücksichtigen (SMALLEY 1971):

1. Löß enthält als Hauptbestandteil siltkorngroßen Quarz, der durch Abrieb und Mahlwirkung von Gletschereis gebildet wird wie aktualistisch beobachtbar.
2. Die auffallend gute Sortierung des Löß wird eher durch Windtransport als durch einen aquatischen Transportvorgang erreicht.
3. Das Vorkommen deckenartiger Lößablagerungen an gleichgerichtet exponierten Hängen von Höhenrücken oder Hügelketten spricht für äolischen Transport und Ablagerung in Windschattenbereichen.

4. Die bemerkenswerten Gehalte an Kalzit, der im Detritus zusammen mit Quarz angeliefert, aber nicht wie der Quarz durch glazialen Abrieb zerkleinert worden sein dürfte.

Nach heutiger Erkenntnis ergibt sich darauf als wahrscheinlichste Entstehungstheorie (SMALLEY 1971), daß der siltige Quarzdetritus durch Mahlwirkung des Gletschereises entstand, dann mit den Schmelzwässern in das Vorland verschwemmt wurde und dort sedimentierte. Nach Trocknung wurde der Silt, wahrscheinlich zusammen mit fluviatil eingetragenem Kalzit durch den Wind aufgenommen, sortiert, verdriftet und schließlich im Windschatten von Hügeln abgelagert. Windrichtung und -stärke waren deutlich konstant.

Nach der Ablagerung begann der Kalzit sich in zirkulierenden Porenwässern aufzulösen und später als Zement bzw. in Form von Konkretionen (Lößkindl) wieder abzuscheiden, teilweise als Dolomit.

Damit wäre der Löß ein an glaziale Bedingungen gebundenes äolisches, klastisches Sediment. Zweifel an dieser Auffassung berufen sich auf die nicht befriedigend zu beantwortende Frage der Stabilisierung des Sediments nach der Ablagerung als Windfracht sowie auf den Hinweis, daß der hohe Karbonatgehalt die in-situ Bildung fordere (BERG 1964). Keine in-situ Theorie vermag aber die Entstehung des Quarz-Siltes befriedigend zu erklären. Daher dürfte Löß Gesteinsmehl und nicht Verwitterungsrückstand sein (s. auch S. 883, 888).

Zusammenfassung

Silte und Siltsteine sind klastische Sedimente mit Median-Korngrößen zwischen 2 und 63 µm. Grobsilte bestehen überwiegend aus Quarz, Feinsilte überwiegend aus Tonmineralen. Hinzutreten Feldspat und Glimmer. Gesteinsbruchstücke sind selten. Silte kommen meistens als Einlagerungen in Tonsteine vor. Grobsilte sind oft schräggeschichtet, Feinsilte oft kleinrippelgeschichtet.

Die für Silte typischen eckigen Quarzkörner können u. a. durch Verwitterung von Phylliten, durch Abrieb bei glazialem Transport, durch Absplittern bei Kornzusammenstößen bei äolischem Transport oder durch Verwitterung unter ariden Bedingungen mit Beteiligung salinarer Lösungen entstehen.

Löß ist gut sortierter, poröser, karbonathaltiger Grobsilt, der äolisch verfrachtet und als ausgedehnte Decken besonders im Vorland der quartären Vereisung abgelagert wurde.

6. Karbonatgesteine

(HANS FÜCHTBAUER & DETLEV K. RICHTER, Bochum)

6.1 Primäre Minerale

6.1.1 Das Karbonatsystem

Die Löslichkeit von $CaCO_3$ ist im Meerwasser größer als im Süßwasser; sie nimmt linear mit dem Salzgehalt zu (WATTENBERG 1936, 1937, CORRENS 1939: 188) und steigt mit zunehmendem CO_2-Partialdruck und sinkender Temperatur (ELLIS 1959, 1963):

A. Einfluß des CO_2-Partialdruckes auf die Calcitlöslichkeit in reinem Wasser bei 25 °C (aus v. ENGELHARDT 1973: 185):
  Bei $3 \cdot 10^{-4}$ atm CO_2 (normaler Atmosphärendruck): 50 mg Calcit/l H_2O
  Bei $30 \cdot 10^{-4}$ atm CO_2 107 mg Calcit/l H_2O

B. Einfluß der Temperatur auf die Calcitlöslichkeit in reinem Wasser bei $pCO_2 = 3,2 \cdot 10^{-4}$ atm (aus RUDERT & MÜLLER 1982):
  Bei 0 °C 81 mg Calcit/1000 g H_2O
  Bei 25 °C 56 mg Calcit/1000 g H_2O
  Bei 100 °C 18 mg Calcit/1000 g H_2O

Die Calcitlöslichkeit steigt dementsprechend in Ozeanteilen mit warmem Oberflächenwasser und kaltem Tiefenwasser stark mit der Tiefe an. Abb. 6-1 zeigt den Verlauf des Löslichkeitsproduktes

$$L = a_{Ca^{2+}} \cdot a_{CO_3^-} \quad (a = \text{Aktivität})$$

mit zunehmender Wassertiefe für Calcit und Aragonit (K_{Cal}; K_{Arag}). Diese Kurven geben die theore-

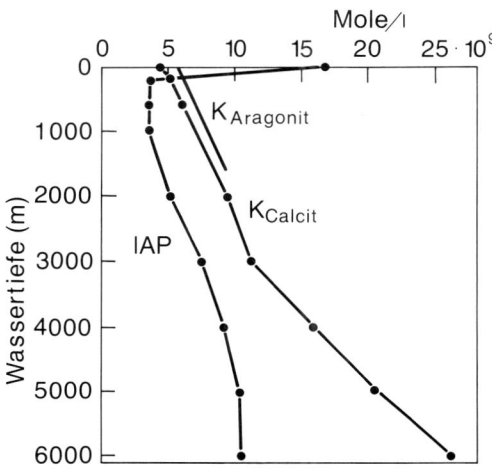

Abb. 6-1. Tiefenabhängigkeit der Löslichkeitsprodukte für Calcit und Aragonit (Oberfläche: 25 °C), verglichen mit den wirklich vorhandenen Ionen, dem Ionenaktivitätsprodukt (IAP). Nur die oberste Meeresschicht ist übersättigt (ergänzt aus BERNER 1971a: Fig. 4-1).

tischen Sättigungswerte unter den betreffenden Bedingungen an. Vergleicht man damit die im Meerwasser tatsächlich gefundenen Mengen von Ca^{2+} und CO_3^{2-} und deren Ionenaktivitätsprodukt „IAP", so erkennt man, daß dieses an der Meeresoberfläche 3–4 × höher liegt als das Löslichkeitsprodukt für Calcit und etwas weniger für Aragonit und Mg-Calcit (MÖLLER & PAREKH 1975). Das Meerwasser ist demnach an der Oberfläche für $CaCO_3$ deutlich übersättigt. Trotzdem erfolgt im Wasser selbst meist keine anorganische Ausfällung. Sie wird gehemmt durch Verbindungen wie Magnesiumphosphat und Zitronensäure (PYTKOWICZ 1973) und durch organische Ca-Komplexe, welche einerseits die Löslichkeit von $CaCO_3$ scheinbar erhöhen, andererseits vorhandene Keime (Kalkpartikel) überziehen und unwirksam machen (SUESS 1970, s. auch SCHNEIDER 1976). In relativ geringer Tiefe aber ist, wie Abb. 6-1 zeigt, das Meerwasser bereits untersättigt an $CaCO_3$.

Die wichtige Rolle des CO_2-Partialdrucks bei der Kalklöslichkeit ergibt sich aus der Reaktionsgleichung

$$CaCO_3 + CO_2 + H_2O \rightleftharpoons Ca^{2+} + 2HCO_3^-.$$

CO_2 existiert im Wasser in zwei pH-abhängigen Dissoziationsstufen (für 25 °C):

1. $K_1 = a_{H^+} \cdot a_{HCO_3^-} / a_{H_2CO_3} = 10^{-6.4}$, in Meerwasser $10^{-6.09}$
2. $K_2 = a_{H^+} \cdot a_{CO_3^{2-}} / a_{HCO_3^-} = 10^{-10.3}$, in Meerwasser $10^{-9.1}$

Hieraus ergeben sich die Konzentrationen der drei C-Spezies $CO_2(H_2CO_3)$, HCO_3^- und CO_3^{2-} in Abhängigkeit vom pH des Wassers (im Meerwasser meist 7.8–8.3), wie es Abb. 1-2 zeigt (s. Seite 2!):

zu 1) $\log K_1 = \log a_{H^+} + \log a_{HCO_3^-} - \log a_{H_2CO_3} = -6.4$, d. h. bei $\log a_{H^+} = -6.4$ („pH 6.4") sind $a_{H_2CO_3}$ und $a_{HCO_3^-}$ gleich, während bei niedrigeren pH-Werten $a_{H_2CO_3}$ und bei höheren $a_{HCO_3^-}$ stark überwiegt.

zu 2) $\log K_2 = \log a_{H^+} + \log a_{CO_3^{2-}} - \log a_{HCO_3^-} = -10.3$, d. h. bei $\log a_{H^+} = -10.3$ bzw. pH = 10.3 sind $a_{HCO_3^-}$ und $a_{CO_3^{2-}}$ gleich; bei höherem pH überwiegt in der Lösung das CO_3^{2-}.

Entzieht man einem Gewässer mit pH = 7 CO_2, so erhöht sich nach Abb. 1-2 der pH-Wert, und es steigt der CO_3^{2-}-Gehalt, was nach dem Löslichkeitsprodukt (L, s. o.) Kalkübersättigung und ggf. -ausfällung bewirkt. Umgekehrt führt CO_2-Zugabe zur Kalkauflösung, wie schon die obige Reaktionsgleichung zeigt.

CO_2 (und HCO_3^-) können dem Wasser entzogen werden durch

a) Assimilation der Wasserpflanzen ($CO_2 + 2H_2O \xrightarrow{\text{Licht}} CH_2O + H_2O + O_2$)

b) Temperaturerhöhung (z. B. an Quellen: Quellsinterbildung)

c) Druckerniedrigung.

Kalkausfällung kann auch durch eine pH-Erhöhung bewirkt werden, etwa beim Abbau von Proteinen durch Bakterien, die dabei NH_3 erzeugen (GOLUBIĆ & SCHNEIDER 1979). Unter bestimmten Bedingungen kann auch die Vermischung von zwei Wässern zur Kalkausfällung führen. Ein Beispiel ist der Van Gölü in der Osttürkei (MÜLLER et al. 1972, KEMPE et al. 1978). Sein Wasser enthält 1,9 % Salz (vorwiegend NaCl) und besitzt ein Mg/Ca-Verhältnis von 10–15 und einen sehr hohen pH-Wert (9.9). Das Wasser eines einmündenden Flusses ist $CaCO_3$-gesättigt und hat einen pH-Wert von 7.5. Bei der Vermischung wird durch pH-Erhöhung Aragonit ausgefällt (s. aber Kap. 6.4.2,1.). Auch Bakterien können zur Kalkfällung beitragen (BERNER 1971b).

Das Meerwasser ist ein gut gepuffertes System; eine Erhöhung der Alkalinität würde durch eine Ausfällung von $CaCO_3$ aufgefangen. Dementsprechend gibt es keine Hinweise dafür, daß sich die Meerwasser-Zusammensetzung in der Erdgeschichte wesentlich geändert hat. Das Überwiegen des Mg^{2+} gegenüber dem Ca^{2+} beruht möglicherweise auf dem bevorzugten Ca^{2+}-Einbau in die Hartteile der Organismen (BLATT et al. 1980: 223). Diese bestimmen demnach ganz wesentlich das Karbonatsystem, ähnlich wie es die Kieselorganismen mit dem SiO_2-System tun (Kap. 8.2.5). Wie dort, wird jedoch der größte Teil (75–95%) der biogenen Kalkproduktion nach dem Tod sogleich wieder aufgelöst (MORSE & BERNER 1972).

Viele Kalkschaler leisten mittels „organischer Matrizen" die erforderliche Keimbildungsarbeit und entziehen dem Meerwasser auf diese Weise Kalk (TRICHET 1971, ERBEN 1972, MITTERER 1972, MITTERER & CUNNINGHAM 1985). In diesen Matrizen besteht das unlösliche Ende in Biogenen aus einem chitinartigen Protein, in Ooiden aus Huminsubstanzen, das lösliche aus Asparaginsäure, deren Atomabstände denen von Calcit und Aragonit so ähnlich sind, daß sie als Keim wirken.

Im Tagesgang kann der pH beträchtliche Schwankungen zeigen, die sich die Organismen bei der Kalkausfällung zunutze machen können. EPSTEIN & FRIEDMAN (1982) maßen über Riffkorallen und Algen vor Sonnenaufgang pH 7,6, vor Sonnenuntergang pH 9,8, wobei SiO_2 gelöst werden kann. In den Salinas von Bonaire (Karibik) fand v. D. MEER MOHR (1977) pH 8,9.

6.1.2 Calcit, Mg-Calcit und Aragonit

Calcit bildet sich in Süßwasserseen, Bächen und ihren Quellen, sowie Höhlen immer dann, wenn der Mg-Gehalt im Wasser gering ist. Eine Ausnahme – kaltes ozeanisches Tiefenwasser – wird weiter unten erwähnt.

In der Flachsee, vor allem aber im Küstenbereich, bilden sich statt dessen Mg-Calcit und/oder Aragonit. Im Mg-Calcit ist ein Teil der Ca^{2+}-Ionen durch Mg^{2+} ersetzt. Im Meerwasser mit seinem Mg/Ca-Molverhältnis von 5,16 bildet sich bei 25 °C am häufigsten $Mg_{0,14}Ca_{0,86}CO_3$ aus der Lösung, d. h. als Zement. Dies entspricht dem Ergebnis von künstlichen Fällungen (Abb. 6-2). Das Mg^{2+}-Ion hat hiernach eine starke Hemmung, ins Calcitgitter einzutreten; der Verteilungskoeffizient, d. h. der Quotient der Molverhältnisse in Kristall und Lösung, $\frac{^mMgCO_3}{^mCaCO_3} : \frac{^mMg^{2+}}{^mCa^{2+}}$, liegt bei 0,03.

Die Ursache hierfür ist, daß die Mg^{2+}-Ionen besonders feste Hydrathüllen besitzen (LIPPMANN 1973: 79). Die Dehydratationsarbeit, welche vor ihrem Einbau ins Kristallgitter zu leisten ist, ist größer als bei den Ca^{2+}-Ionen. Dies ist auch für das Vorkommen von Aragonit wichtig:

Aragonit kann im Gegensatz zum Calcit kein Mg^{2+} in sein Gitter einbauen (LIPPMANN 1973: 64). Er ist dadurch gegenüber dem Calcit, der Mg^{2+} gemäß dem o. g. Verteilungskoeffizienten aufnehmen muß, im Vorteil. In Versuchen kommt dies darin zum Ausdruck, daß sich fast 100 µm große Aragonitsphäroide neben nur 5–20 µm großen Sphäroiden von Mg-Calcit bilden, weil die Kristallflächen der letzteren von teil-hydriertem Mg^{2+} „vergiftet" sind und daher langsamer wachsen, und weil andererseits ihre primäre Keimbildungsrate höher ist als beim Aragonit (MÖLLER & RAJAGOPALAN 1975: 313). So bekommt der Aragonit, die rhombische Modifikation des $CaCO_3$, die Chance zur metastabilen Bildung. Stabil entsteht er wegen seiner höheren Dichte (2,93 gegenüber 2,71 für Calcit) erst bei Drucken oberhalb 3,5 Kilobar (für 25 °C, LIPPMANN 1973: 98). Bei Mg/Ca-Molverhältnissen über 4 überwiegt bei Erdoberflächen-Bedingungen der Aragonit (LIPPMANN 1973: 109, MÖLLER & RAJAGOPALAN 1975, MÖLLER & KUBANEK 1976), vor allem bei hohen Konzentrationen der Lösung (eigene Versuche), d. h. seine Keimbildungs- und wohl auch Wachstumsrate sind dann höher als für Mg-Calcit. Hierzu paßt, daß Mg-Calcite mit mehr als 13 Mol-% $MgCO_3$, welche sich bei diesen Mg/Ca-Verhältnissen bilden, löslicher als Aragonit sind (Abb. 6-3; CHAVE et al. 1962, WEYL 1967: 197, WALTER & MORSE 1984). Aragonit hat die gleiche Löslichkeit wie ein Calcit mit etwa 10 Mol-% $MgCO_3$ (PIGOTT & MACKENZIE 1979: 8%, CHAVE et al. 1962: 10%, WEYL 1967: 12%). Auch Fe^{2+} kann zur Bildung von Aragonit führen (LIPPMANN 1973: 113, FÜCHTBAUER 1980b). Mit der Temperatur wächst der Aragonitanteil (Versuche von 20–90° von RUDERT & MÜLLER 1982). Mineralogische Grundlagen dieses Systems findet man bei CARLSON (1983).

Der Mg-Einbau in den Calcit ist nach Abb. 6-2 auch temperaturabhängig, was von VIDETICH (1985: Fig. 2) an natürlichen Zementen bestätigt wurde. Bei höheren Temperaturen entstehen Mg-reichere Calcite, die im Meerwasser löslicher als Aragonit sind, welcher deshalb die bevorzugte

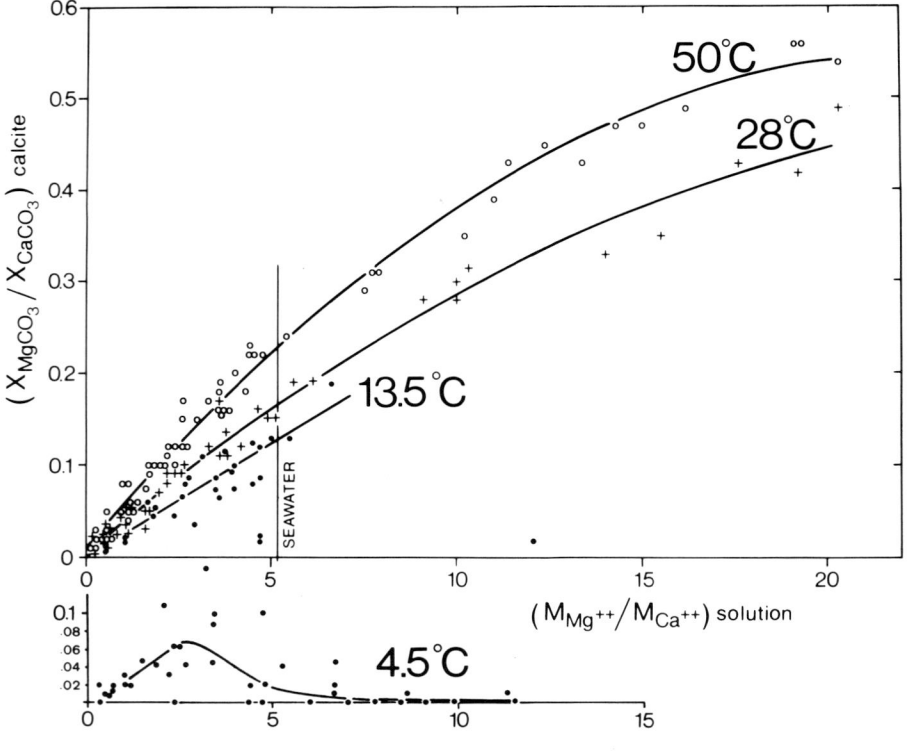

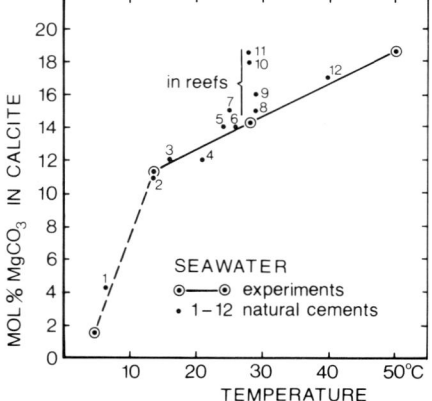

Abb. 6-2. Einfache Fällungsversuche durch Zugabe von Na_2CO_3-Lösung zu $MgCl_2$-$CaCl_2$-Lösungen. Obere Graphik: Abszisse = Molverhältnisse in der Lösung, Ordinate = Molverhältnisse im Calcit. Die absolute Konzentration war ohne Einfluß.
Unten: Vergleich mit natürlichen Zementen im Meerwasser (1 = Boden der Tongue of the Ocean, Bahamas, nach SCHLAGER & JAMES 1978; 2 und 4 = Mittelmeer- und Rotmeerboden, nach MILLIMAN & MÜLLER 1973: 30, 35; 3 = Skagerrak, Zement in Rotalgen, nach ALEXANDERSSON 1974; 5–7 = beachrocks; 8 = Cup reefs, Bermuda (GINSBURG et al. 1971); 9 = Reefs, Bermuda (GINSBURG & SCHROEDER 1973); 10 = Reefs, British Honduras (PURDY 1968); 11 = Reefs, Jamaica (LAND & GOREAU 1970); 12 = Strand von Qatar, nach TAYLOR & ILLING 1969. Stets wurde angenommen, daß die Sommertemperatur für die Zementbildung verantwortlich ist). Aus FÜCHTBAUER & HARDIE (1980).

Phase ist. Dementsprechend überwiegt nach SHINN (1969) im südlichen Persischen Golf in der oberen Gezeitenzone der Aragonitzement, am kühleren Flachseeboden aber der Mg-Calcitzement (s. auch S. 385, sowie BURTON & WALTER 1987). Am kühlen Tiefseeboden fehlt Aragonitzement ganz (MILLIMAN 1974: 302). Desgleichen nimmt bei verschiedenen Organismen, deren Schalen aus Mg-Calcit und Aragonit bestehen, der Aragonitanteil mit steigender Temperatur zu (s. S. 252). Auch bestehen die Muscheln vor der amerikanischen Ostküste nördlich von Cape Cod überwiegend aus Calcit, südlich davon aus Aragonit (LEONARD et al. 1981: Fig. 5). Sogar auf den Kalkschlamm in

Seen ist dieses Modell anwendbar (MÜLLER, IRION & FÖRSTNER 1972). Im Laacher See aber fand BAHRIG (1985: 134) 50 μm-große Aragonitsphäroide, die sich bei einem Mg/Ca-Verhältnis von nur 0,5 vermutlich unter dem Einfluß organischer Substanzen bilden.

Bei Temperaturen von 100 °C würde aus Meerwasser schon ein Mg-Calcit mit angenäherter Dolomit-Zusammensetzung entstehen. BLAKE et al. (1982) fanden ihn an der Golfküste schon bei 50 °C, SPENCER & EUGSTER (1981) am Großen Salzsee. Versuche zeigten, daß die Kinetik bei 100 °C ausreicht, das geordnete Gitter des Dolomits zu bilden. Die natürliche Dolomitentstehung bei den Temperaturen der Erdoberfläche ist demgegenüber immer noch rätselhaft; sie gehört wohl überwiegend in den Bereich der Diagenese (s. S. 402 f.).

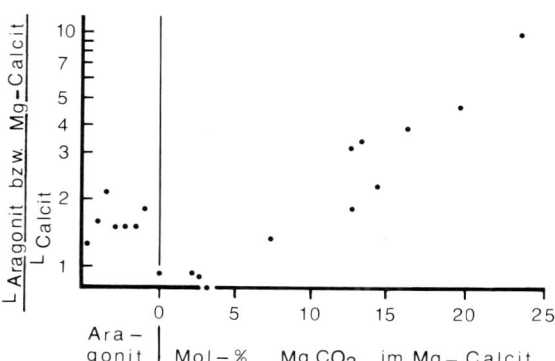

Abb. 6-3. Löslichkeit von Aragonit und verschiedenen Mg-Calciten, verglichen mit reinem Calcit; zerkleinerte Kalkschalen, bei 25 °C in destilliertem Wasser behandelt, welches bei 1 atm mit CO_2 gesättigt wurde (aus CHAVE et al. 1962).

Bei tiefen Temperaturen (4,5 °C) entsteht nach Abb. 6-2 im Meerwasser Calcit statt Mg-Calcit, was von SCHLAGER & JAMES (1978) in Tiefwasserzementen bestätigt wurde (s. Abb. 6-2 unten). Dieser Calcit bildet in den Laborversuchen große, gutkristallisierte Rhomboeder, im Gegensatz zu den Mg-Calcitsphäroiden, vermutlich infolge stark behinderter Keimbildung (s. auch GIVEN & WILKINSON 1985). Andererseits fanden GOMBERG & BONATTI (1970), daß Mg-calcitische Biogene nach Umlagerung in die Tiefsee Mg abgaben. Dies wurde von SCHOONMAKER (1981: 217) durch eine Stabilisierung im kalten Tiefenwasser erklärt, welches für Mg-Calcite stärker untersättigt ist als für Calcit (s. auch S. 400f.). Ähnliche Prozesse könnten dann auch bei der Diagenese ablaufen. In der gleichen Richtung wie eine Temperatursenkung wirkt nach MACKENZIE & PIGOTT (1981) eine Erhöhung des CO_2-Partialdruckes.

Dolomit und Magnesit werden im Diagenesekapitel besprochen, obwohl es auch primären Dolomit gibt.

6.1.3 Fe-Calcit und Siderit

Ganz anders als Mg^{2+} verhält sich Fe^{2+}. Es wird beim Einbau in den Calcit gegenüber dem Ca^{2+} bevorzugt; der Verteilungskoeffizient liegt für geringe Eisengehalte bei 3 (gegenüber 0,03 beim Mg^{2+}), ein Temperatureinfluß ist nicht erkennbar (Abb. 6-4). Die untere Graphik zeigt, daß schon aus Lösungen mit einem Fe/Ca-Molverhältnis von 0,4 ein Siderit mit fast 90% $FeCO_3$ entsteht, während reine Siderite nur bei sehr hohen Fe/Ca-Verhältnissen gebildet werden. Aus der Verknüpfung von Abb. 6-2 und 6-4 folgt, daß sich die im Oberkarbon (nach SEDAT, in Vorber.) häufigen Siderite mit 10–30 Mol-% $MgCO_3$ aus Lösungen mit Fe/Mg-Molverhältnissen von nur etwa 0,09–0,02 bilden konnten. Dies erklärt auch die Seltenheit von Magnesit, für welchen nach obigem sehr reine Mg-Lösungen erforderlich sind.

Im Großen scheint hiernach die anorganische Chemie die Beobachtungen an Mg- und Fe-Calciten

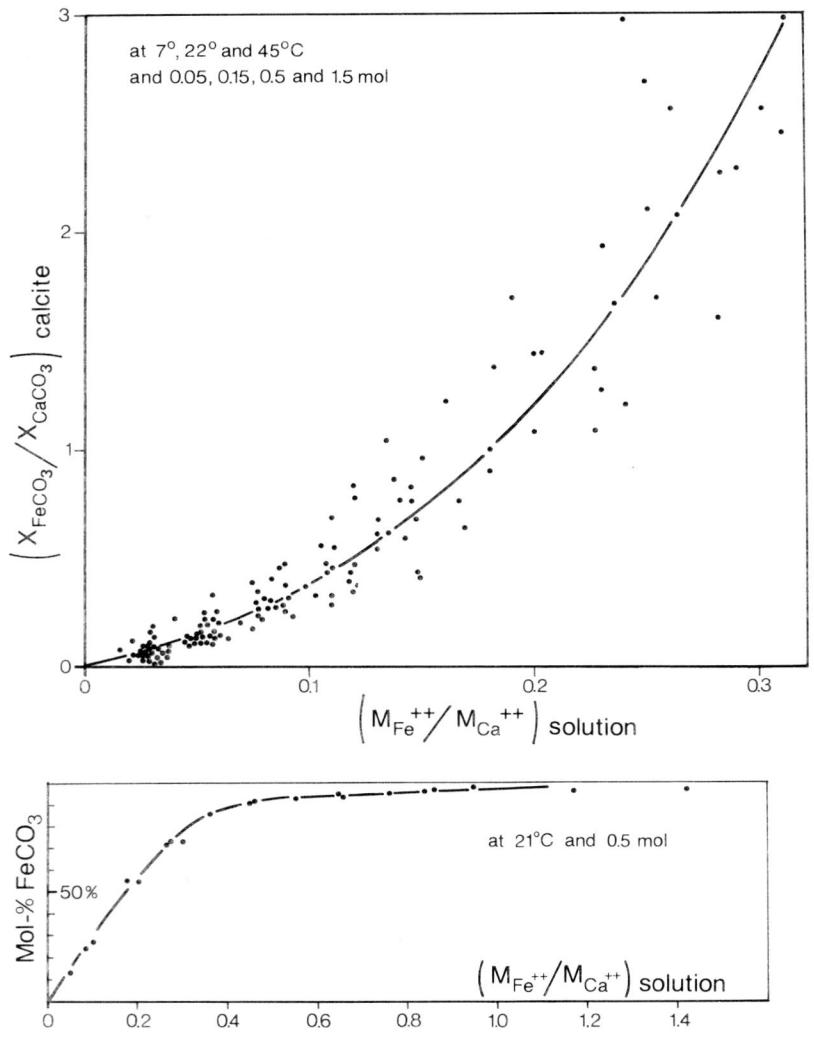

Abb. 6-4. Fällungsversuche mit $FeCl_2$-$CaCl_2$-Lösungen und Na_2CO_3-Lösungszugabe in Stickstoffatmosphäre. Temperatur und Konzentration waren ohne Einfluß. Aus FÜCHTBAUER (1980b).

und Aragonit befriedigend zu erklären. In dem Bereich des Aragonit/Mg-Calcit-Umschlags – d. h. im Meerwasser – mögen darüber hinaus organische Einwirkungen eine Rolle spielen.

Die Bestimmungen der häufigeren Karbonate und ihrer Varietäten erfolgt röntgenographisch und/oder mittels der maximalen Lichtbrechung. Wie Abb. 6-5 zeigt, sind Calcit und Mg-Calcit sowie Dolomit und Ca-Dolomit praktisch nur röntgenographisch, Dolomit und Ankerit jedoch besser anhand der Lichtbrechung oder chemisch zu unterscheiden. Dabei stehen zwischen dem Dolomit $CaMg(CO_3)_2$ und dem Ferrodolomit $CaFe(CO_3)_2$ der Fe-Dolomit $Ca(Mg, Fe_{<0,2})(CO_3)_2$ und der Ankerit $Ca(Mg, Fe_{>0,2})(CO_3)_2$. Die Entstehung von sedimentärem Siderit ist an mehrere Bedingungen gebunden:

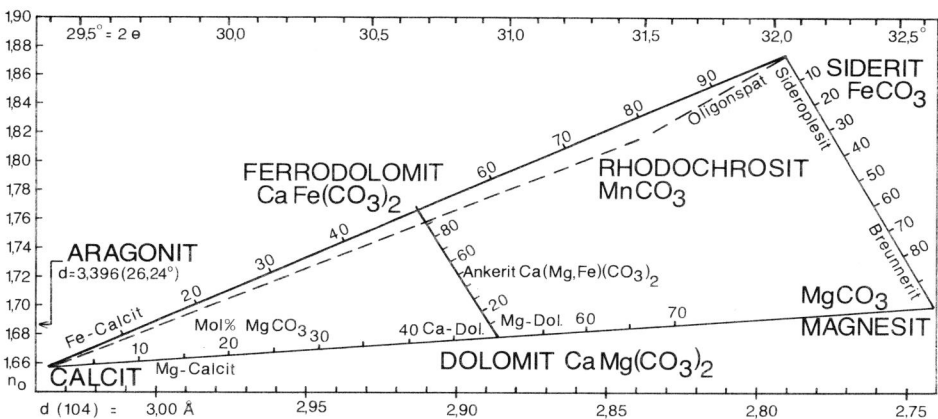

Abb. 6-5. Lichtbrechung und Hauptröntgenreflex der häufigeren Karbonate.

a) An reduzierendes Milieu.
b) An einen Mindest-Partialdruck des CO_2 von 10^{-6} atm (CURTIS 1967, STUMM & MORGAN 1970). Der häufig vorkommende Siderittyp $Fe_9Ca(CO_3)_{10}$ bildet sich zwischen pH 6 und 7, während aus den gleichen Lösungen oberhalb von pH 7 Calcit entsteht (VAN BERK 1987).
c) An das Fehlen von Sulfationen, HS^- und H_2S. Dies ist vor allem im nichtmarinen Bereich erfüllt, in Seen (ANTHONY 1977, IRION 1977, NEGENDANK et al. 1982, BAHRIG 1985) und Sümpfen und in Anwesenheit von organischer Substanz, z. B. pflanzlichen Resten, welche auch das nötige CO_2 liefern (BAHRIG 1985: 142). Andere CO_2-Quellen sind verdrängtes $CaCO_3$ (POSTMA 1981, 1982) und CO_2-Austritte wie im Laacher See (BAHRIG l. c.), aber auch bei Santorin (PUCHELT et al. 1973). So findet man in den nichtmarinen oberkarbonischen Siltsteinen mm- bis cm-dicke sideritische Lagen sowie frühdiagenetische Konkretionen (Toneisenstein). Letztere gibt es auch in marinen Schichten, z. B. in der Unterkreide vor NW-Afrika (EINSELE & VON RAD 1979) und Nordwestdeutschlands. Dann kommen allerdings noch zwei modifizierende Bedingungen hinzu:
d) Eine schnelle SO_4^{2-}-Abnahme im Sediment, so daß es in ca. 0,5–3 m Sedimenttiefe bereits nahezu fehlt. Dies geschieht nach Kap. 1.2 vor allem in Meeresteilen mit hohen Akkumulationsraten. Die SO_4^{2-}-Abnahme beruht auf der Tätigkeit desulfurizierender Bakterien, welche SO_4^{2-} zu HS^- und H_2S reduzieren. Der Abbau organischer Substanz führt dann oft bis zur Methanbildung (BERNER 1981). Das Sediment muß stark reduzierend sein.
e) Ein hoher Fe^{2+}-Gehalt, damit nach dem Verbrauch von allem H_2S zur Ausfällung des schwerlöslichen FeS_2 noch Fe^{2+}-Ionen für die Bildung des leichter löslichen $FeCO_3$ übrigbleiben. Diese Reihenfolge der Ausfällung erklärt die Beobachtung von EINSELE & VON RAD (1979), daß die Sideritknollen oft einen Pyritkern besitzen (s. auch JESSEN 1954).

Vor allem wegen a) und b) ist für die Sideritbildung die Anwesenheit von organischer Substanz günstig. Fe^{3+}-Oxid und -Hydroxid werden reduziert und bilden eine wichtige Fe^{2+}-Quelle (SELLWOOD 1971). Die organische Substanz ist andererseits eine CO_2-Quelle.

In vielen Fällen ist der Siderit sekundär aus Calcit entstanden, sogar oberflächennah (EINSELE & VON RAD 1979, BAHRIG 1985). In Ausnahmefällen sind die Bildungsbedingungen für Siderit im marinen Bereich schon an der Sedimentoberfläche erfüllt (DRYSSEN & HALLBERG 1979), normalerweise aber erst in einigen cm bis m Tiefe (FRIEDMAN et al. 1968, NISSENBAUM et al. 1972). Weitere Hinweise im Kap. 6.1.4. Die Mn-Karbonate beziehen TASSÉ & HESSE (1984) ein.

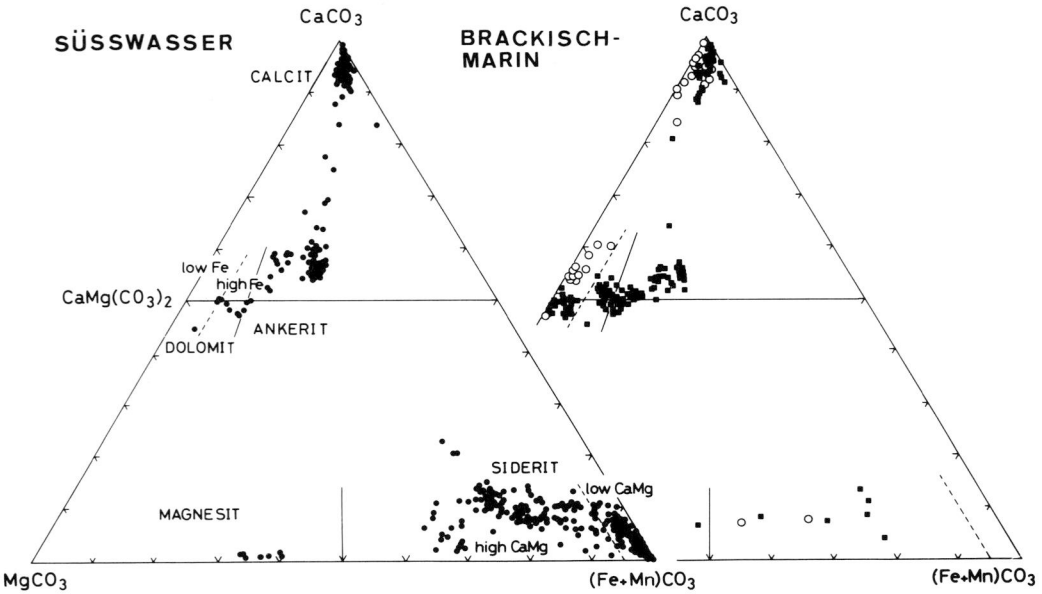

Abb. 6-6. Karbonatzusammensetzung in obertriadischen, alttertiären und pleistozänen Kohlefeldern Japans. Im rechten Dreieck bezeichnen die offenen Kreise überlagernde marine Schichten, die Quadrate brackischmarine Einschaltungen in den Flözen (aus MATSUMOTO & IIJIMA 1981, Fig. 3).

Abb. 6-6 zeigt beispielhaft die in Kohlesequenzen vorkommenden Karbonate. Es wird deutlich, daß Siderit für die nichtmarinen Schichten typisch ist, und daß hier eine kaum unterbrochene Mischungsreihe vom Calcit zum Ankerit verläuft.

6.1.4 Hinweise zur Methodik

Von der bestehenden Methodenvielfalt sollen hier nur wenige, für Karbonate besonders aussagekräftige petrographische Methoden (mit Anwendungshinweisen) erwähnt werden: Färbemethoden, Röntgendiffraktometrie, Kathodolumineszenz, stabile Isotope. Neuere Sammelwerke zu Karbonatgrundlagen und Methodikaspekten haben REEDER (1983) und TUCKER (1987) zusammengestellt.

Zur mikrofaziellen Ansprache bei Dünnschliffen erweisen sich die partikelbezogenen Schätzbilder von BACELLE & BOSELLINI (1965) und SCHÄFER (1969) als sehr nützlich (FLÜGEL 1978: 155–165). Eine Abschätzung der Zusammensetzung ist in den meisten Fällen dem Pointcounterverfahren aus Zeitgründen vorzuziehen. Man sollte jedoch auf die Hohlformporen und ihren Zementationsgrad zur Zeit des Sedimenttransports achten. Bleibt dieser Aspekt unberücksichtigt, können beispielsweise bei den primär hochporösen Echinodermenpartikeln (Kap. 6.2.13) Fehler in der Größenordnung von 2 : 1 auftreten. Eine mögliche Gasfüllung der Hohlformporen (teilweise oder ganz) läßt die Beziehung zwischen Partikelgröße und Strömungsenergie bei Crinoiden (u. a.) noch undurchsichtiger werden.

A. Färbemethoden

Die wichtigste Färbung zur Unterscheidung von **Calcit** und **Dolomit** unter zusätzlicher Berücksichtigung des Fe^{2+}-Gehalts wurde von EVAMY & SHEARMAN (1962) und DICKSON (1966) entwickelt. Dabei können Dünn- und Anschliffe wie bei den übrigen Färbungen gleichermaßen verwandt werden. Die nachfolgend genannte Vorschrift ist für die meisten – vor allem petrographische – Objekte günstig, während bei Präparaten zum besseren Erkennen der Biogenstrukturen an Färbesubstanzen weniger konzentrierte Lösungen benutzt werden sollten:

Lösung A: 1 g Kalium-Hexacyanoferrat III gelöst in 100 cm^3 n/8 HCl (instabil).
Lösung B: 0,1 g Alizarin-Rot S gelöst in 100 cm^3 n/8 HCl.
Lösung C: 40 cm^3 von Lösung A werden mit 60 cm^3 von Lösung B vermischt (instabil).

Zunächst kommen die Präparate 45 sec. in Lösung C, um nach einer weiteren Färbung von 15 sec. in Lösung B vorsichtig gewässert zu werden. Nach Trocknung können Anschliffe kunststoffbeschichtet und Dünnschliffe durch Lack konserviert oder durch Gläser normal abgedeckt werden. Calcit wird rot (abgeschwächt auch Mg-Calcit und Aragonit), Fe-Calcit violettblau und Fe-Dolomit blaugrün gefärbt, während sich Dolomit, Siderit, Magnesit und Rhodochrosit nicht verfärben.

LINDHOLM & FINKELMAN (1972) haben aufgrund der Farbnuancen zwischen Fe-freiem Calcit (rot) und sehr Fe-reichem Calcit (blau) in Kombination mit Fe-Analysen eine halbquantitative Dreiteilung der Fe-Calcite vorgeschlagen. In Anlehnung an die Vorschläge dieser Autoren empfiehlt RICHTER (1980) nach Routineuntersuchungen folgende Einteilung:

Calcit (rot)	= < 0,3 Gew.-% FeO (< 0,42 Mol.-% FeCO$_3$)
Fe I-Calcit (rotviolett)	= 0,3–1,5 Gew.-% FeO (0,42–2,1 Mol.-% FeCO$_3$)
Fe II-Calcit (blauviolett)	= 1,5–2,5 Gew.-% FeO (2,1–3,5 Mol.-% FeCO$_3$)
Fe III-Calcit (blau)	= > 2,5 Gew.-% FeO (> 3,5 Mol.-% FeCO$_3$)

Eine entsprechende Klassierung gelingt bei Fe-haltigen Dolomiten nicht, da Fe-Dolomite mit Ca-Überschuß gegenüber solchen der Reihe Dolomit/Ankerit färbefreudiger sind.

Zur Identifizierung von **Mg-Calcit** bietet sich die Färbe-Fixier-Vorschrift von CHOQUETTE & TRUSELL (1978) an, die das von FRIEDMAN (1959) und WINLAND (1971) beschriebene Titan-Gelb-Verfahren modifiziert und weiterentwickelt haben. Folgende Färbungs- bzw. Fixierlösungen werden verwandt: Färbelösung – 1 g Titangelb, 8 g NaOH und 4 g EDTA in 1 l Wasser; Fixierlösung – 200 g NaOH in 1 l Wasser. Die Färbelösung bleibt in dunkler Flasche für mehrere Jahre stabil, und die Fixierlösung sollte in einer Polyethylenflasche aufbewahrt werden. Färbe-Fixier-Vorgang: Präparat (An- oder Dünnschliff, Bruchstück) wird 30 sec. in 5%iger Essigsäure angeätzt; nach Trocknung wird es 20 min. in die Färbelösung getaucht; nach erneuter Trocknung erfolgt die Fixierung der Färbung durch Eintauchen des Präparates für 30 sec. in die Fixierlösung. Mit zunehmendem Mg-Gehalt des Calcits ändert sich der Farbfilm von schwach rosa zu dunkelrot (WINLAND 1971 – S. 279). Nach CHOQUETTE & TRUSELL (1978) ist die Färbung auch von der Kristallgröße abhängig, indem feine kristalline Calcite (z. B. Rotalgenskelette) gegenüber gröber kristallinen Echinodermen intensivere Färbungen zeigen.

Mit der Feiglschen Lösung ist eine Unterscheidung zwischen **Aragonit** und **Calcit** aufgrund ihrer unterschiedlichen Löslichkeit und somit OH-Ionen-Bildung möglich. Die Färbung sollte stets mit frischer Lösung und unter Verwendung bekannter Substanzen geeicht sein. FEIGL (1958: 470): 11,8 g MnSO$_4 \cdot$ 7 H$_2$O werden in 100 ml H$_2$O gelöst; nach Zugabe von 1 g Ag$_2$SO$_4$ kurz aufkochen; Trübung nach Erkalten abfiltern und 1–2 Tropfen verdünnte NaOH zugeben; Präzipitat nach 1–2 Stunden Standzeit abfiltrieren und Lösung in dunkler Flasche aufbewahren. Aragonit wird nach 30–60 sec. grau und nach 2 min. schwarz, während sich Calcit erst nach 10 min. grau und nach einigen Stunden schwarz anfärbt.

Schemata zur Unterscheidung der wichtigsten gesteinsbildenden Karbonate mittels Färbung in Trennungsgängen haben HÜGI (1945), WARNE (1962) und FRIEDMAN (1959, 1971) entwickelt.

B. Röntgendiffraktometrie

Das Calcitgitter wird mit einem Einbau von Mg bzw. Fe^{2+} in die Position des Ca verkleinert, so daß sich auch der röntgendiffraktometrisch ($CuK\alpha_1$) ermittelte Hauptreflex (10 · 4/104 bzw. 211) gegenüber demjenigen von stöchiometrisch zusammengesetztem Calcit ($d_{(104)} = 3.035$ Å nach SWANSON & FUYAT 1953 – zit. in SWANSON et al. 1954) verringert (gebräuchlicher innerer Standard: Quarzpulver mit $d_{(101)} = 3.343$ Å nach BROWN 1961 bzw. 3.342 Å nach „Powder Diffraction File"-Nr. 33-1161). Die Verschiebung des Hauptreflexes Fe-freier Calcite in Richtung des Dolomit-Hauptreflexes ($d_{(104)} = 2.886$ Å nach HOWIE & BROADHURST 1958) ist nach GOLDSMITH et al. (1961) annähernd linear abhängig vom $MgCO_3$-Gehalt des Calcitgitters. Auch nach GOLDSMITH (1970 in MILLIMAN 1974: 29) ist der letztgenannte Bezug den älteren Angaben (CHAVE 1952, GOLDSMITH et al. 1955, GOLDSMITH & GRAF 1958) vorzuziehen. Für Routineuntersuchungen bezüglich des Ca, Mg-Gehalts darf eine lineare $d_{(104)}$-Verlagerung zwischen 3.035 Å (Calcit) und 2.886 Å (Dolomit) angenommen werden (RICHTER 1984: 15–19; vgl. Abb. 6-7).

Fe-haltige Calcite bzw. Dolomite bedürfen einer zusätzlichen chemischen FeO-Bestimmung. Danach kann die Fe-bezogene Reflexverschiebung zwischen Calcit ($d_{(104)} = 3.035$ Å) und Siderit ($d_{(104)} = 2.795$ Å nach JCPDS 29–696) bzw. Dolomit ($d_{(104)} = 2.886$ Å) und Ankerit ($d_{(104)} = 2.899$ Å nach HOWIE & BROADHURST 1958) berechnet werden. Die Restverschiebung (quarz)korrigierter Reflexe ist schließlich auf Mg- bzw. Ca-Überschuß zurückzuführen, sofern nicht noch Mn eine Rolle spielt.

Eine quantitative Bestimmung (z. B. verschiedener Calcite in einer Probe) kann mit Hilfe von Höhen- (GAVISH & FRIEDMAN 1973) oder Flächenmessung (MILLIMAN & BORNHOLD 1973) erfolgen. Sofern keine Mehrgipfligkeit des $d_{(104)}$-Reflexes trotz chemischer Inhomogenität innerhalb von Calcit- oder Dolomitkristallen (bzw. -proben) auftritt, können Aussagen zum jeweiligen Chemismus über die Peakausbildung (Viertel- und Achtelwertsbreite, Asymmetriequotienten) erarbeitet werden (RICHTER 1974a, 1984). Dabei gilt es den Mörsereffekt zu berücksichtigen, da langes Mörsern der Probe zu breiten Reflexen führt und im Extremfall ein röntgenamorphes Pulver ergibt.

Die $d_{(111)}$-Werte von Ca, Sr-Karbonaten verlagern sich von Aragonit (3.396 Å) bis Strontianit (3.535 Å – SWANSON et al. 1954) entsprechend dem Kationenverhältnis annähernd linear. So haben marine Aragonitooide

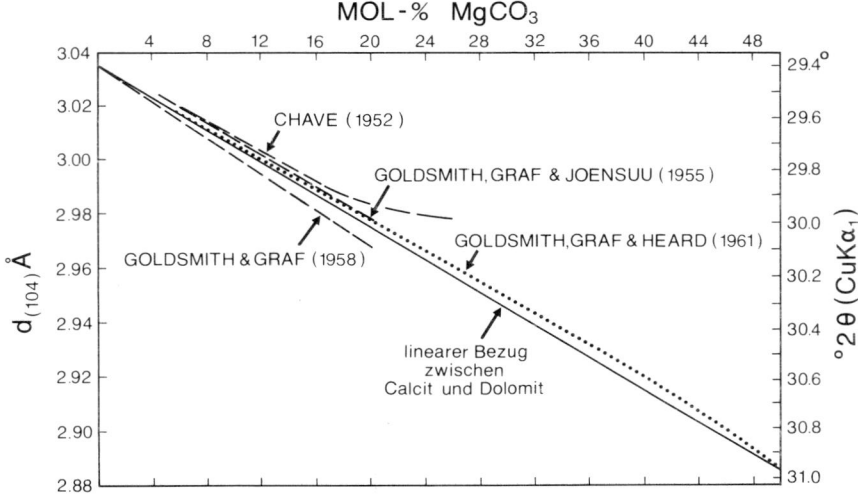

Abb. 6-7. Beziehung zwischen chemischer Zusammensetzung und Lage des $d_{(104)}$-Reflexes bei der Calcit-Dolomit-Reihe nach verschiedenen Autoren. Für Routineuntersuchungen empfiehlt sich der lineare Bezug (s. auch Abb. 6-134 auf S. 401).

aus holozänen Schichten bei Nauplion (Griechenland) sowie rezente Aragonitkorallen des Roten Meeres bei Port Sudan mit 0,7–1,0 Gew.-% Sr $d_{(111)}$-Werte von 3.398–3.399 Å und aragonitische Thermalooide von Tekke Ilica (Türkei) mit 1,7–2,5 Gew.-% Sr $d_{(111)}$-Werte von 3.400–3.402 Å (RICHTER & BESENECKER 1983).

C. Kathodolumineszenz

Das gelb-orange-rote Lumineszenzvermögen von Calcit und Dolomit ist besonders nach LONG & AGRELL (1965), SOMMER (1972a, b), MEYERS (1974), FAIRCHILD (1978, 1983), PIERSON (1981), FRANK (1981), FRANK et al. (1982) und RICHTER & ZINKERNAGEL (1975, 1981) auf den aktivierenden Effekt des Mn^{2+} und auf den negativen Einfluß des Fe^{2+} im Karbonatgitter zurückzuführen. Die Mn-bezogene Aktivierungsgrenze wird in der Literatur unterschiedlich angegeben (Abb. 6-8), was vorrangig auf die verschiedenen benutzten Gerätetypen zurückzuführen ist. Kathodolumineszenz-Untersuchungen auf Farbbasis lassen sich an Geräten mit heißer Kathode (Mikrosonde, Eigenbaue an den geologischen Instituten der Universität Bern, Bochum und Göttingen) oder mit kalter Kathode (Firmen Nuclide und Technosyn) durchführen. Mit einer Vorrichtung zur Kühlung der Probenkammer kann die elektrische Versorgung der Apparatur erhöht werden (z.B. für schwer anregbare Kristalle), ohne daß das zu untersuchende Präparat durch die weitgehend in Wärme

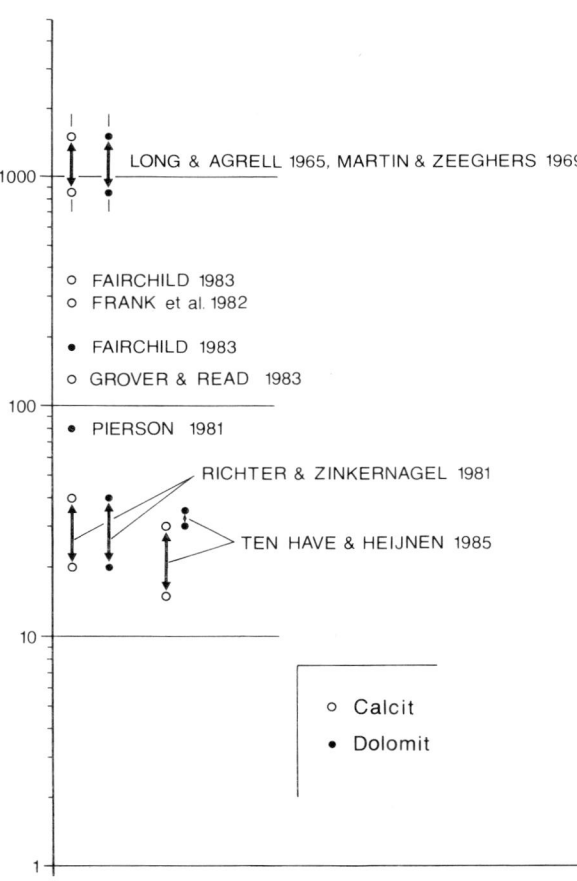

Abb. 6-8. Kathodolumineszenz: Zur Aktivierung von Calcit und Dolomit notwendiger Mn-Gehalt bei unterschiedlich ausgestatteten Geräten (variabel u.a. Hersteller, elektrische Leistung, Fokussierung des Elektronenstrahls, Probenkühlung).

umgesetzte Leistung zerstört wird. Die Angaben zu KL-Untersuchungen sollten im Sinne von MARSHALL (1978) stets Daten zur apparativen Ausstattung und Einstellung enthalten.

Bei der Mn-Aktivierung kann ein relativ hoher Mn-Gehalt in den Karbonatkristallen den „Killer"-Effekt des Fe^{2+} nach FAIRCHILD (1978) und MEYERS (1978) ausgleichen. Während PIERSON (1981) diesen Ausgleich bei Dolomiten nicht beobachten konnte und für Proben mit > 1,5 Gew.-% Fe eine fehlende Lumineszenz angibt, konnten RICHTER & ZINKERNAGEL (1981), welche ein Gerät mit heißer Kathode benutzten, noch bei Dolomiten mit > 5 Gew.-% Fe eine allerdings schwache Lumineszenz feststellen. Schließlich konnten die letztgenannten Autoren bei jurassischen calcitisch erhaltenen Bryozoen in Fe-reicheren gegenüber Fe-ärmeren Lagen eine stärkere Lumineszenz aufgrund erhöhten Mn-Gehaltes ausmachen.

Im Bereich kleiner Mn-Gehalte (< 200 ppm bei Nuclide-Geräten) ist nach TEN HAVE & HEIJNEN (1985) auch der absolute Mn-Anteil im Karbonat für die Lumineszenz von Bedeutung, indem die Farbintensität mit steigendem Gehalt zunimmt. Nach den letztgenannten Autoren wirkt sich auch die Wachstumsgeschwindigkeit der Kristalle auf die Lumineszenzeigenschaft aus. Dabei können nach REEDER & GRAMS (1987) mit der Wachstumsgeschwindigkeit Mn-Einbau und Lumineszenz auch sektorenweise variieren. Eine mögliche Bedeutung von Pb^{2+} und Ce^{2+} als Aktivatoren sowie Ni^{2+} und Co^{2+} als „Killer" ist noch in Diskussion (MACHEL 1985). Ebenso wenig geklärt ist bislang die Ursache der gelbgrünen Lumineszenz bei Aragonit (RICHTER & ZINKERNAGEL 1981).

Die nach unterschiedlich langer Anregungszeit erfolgende blaue Lumineszenz initial nicht lumineszierender Karbonate („innere Lumineszenz", AMIEUX 1982) scheint auf Gitterstörungen durch Elektronenbeschuß zu beruhen (RICHTER & ZINKERNAGEL 1981).

Die Bedeutung der für die Karbonatpetrographie besonders wichtigen Mn-aktivierten Kathodolumineszenz liegt im Erkennen der Abfolge und auch der Korrelation von Zementgenerationen (MEYERS 1974 u. 1978, NEUSER & RICHTER 1986, GREGG & HAGNI 1987, DOROBEK 1987) sowie biogener Wachstumszonen, in der Aufdeckung von Dolomitisierungsphänomenen, in der Veränderung des Leuchtverhaltens mit der Umwandlung von Mg-Calcit bzw. Aragonit in Calcit (RICHTER 1984) und in der Ausbildung gefügekundlicher Phänomene (RICHTER & ZINKERNAGEL 1981). Spektakulär ist z. B. das Erkennen partikelinterner Lösungsporosität in den Einkristallen von Crinoiden, die später wieder homoaxial verheilt sind (RICHTER 1984, Taf. 5, DOROBEK 1987).

D. Stabile Isotope (C/O)

Die stabilen Isotope des Kohlenstoffs und Sauerstoffs haben auf der Erde eine relative Häufigkeit (in %) von 99,76 : 0,04 : 0,20 bei O^{16}, O^{17} und O^{18} sowie 98,89 : 1,11 bei C^{12} und C^{13} (HOEFS 1980). Sie sind bei Pflanzen sowie Tieren vorrangig biogenspezifisch (vgl. Abb. 6-9) und weniger umweltgesteuert eingebaut, geben aber bei diagenetischen Prozessen Hinweise auf die Natur der Wässer bzw. Porenlösungen, was bei frühdiagenetisch erfolgter Mineralisation Aussagen zum Ablagerungsmilieu zuläßt. Nach Lösung des Karbonats (wenige Milligramm genügen) in einer Aufbereitungsanlage mißt man mit einem Massenspektrometer den Gasanteil der seltenen Isotope C^{13} und O^{18}, bezogen auf die häufigsten Isotope C^{12} und O^{16}, und vergleicht mit Standardproben:

$$\delta C^{13} = 1000 \cdot \frac{C^{13}/C^{12} \text{ (Probe)} - C^{13}/C^{12} \text{ (Standard)}}{C^{13}/C^{12} \text{ (Standard)}}$$

$$\delta O^{18} = 1000 \cdot \frac{O^{18}/O^{16} \text{ (Probe)} - O^{18}/O^{16} \text{ (Standard)}}{O^{18}/O^{16} \text{ (Standard)}}$$

Für C- und O-Isotope der Karbonate wird gewöhnlich der PDB-Standard genommen, das ist das Rostrum von Belemnitella americana der kretazischen Peedee Formation von Südcarolina (MCCREA 1950). Die O-Isotopen-Zusammensetzung von Wässern und neuerdings auch häufig von Karbona-

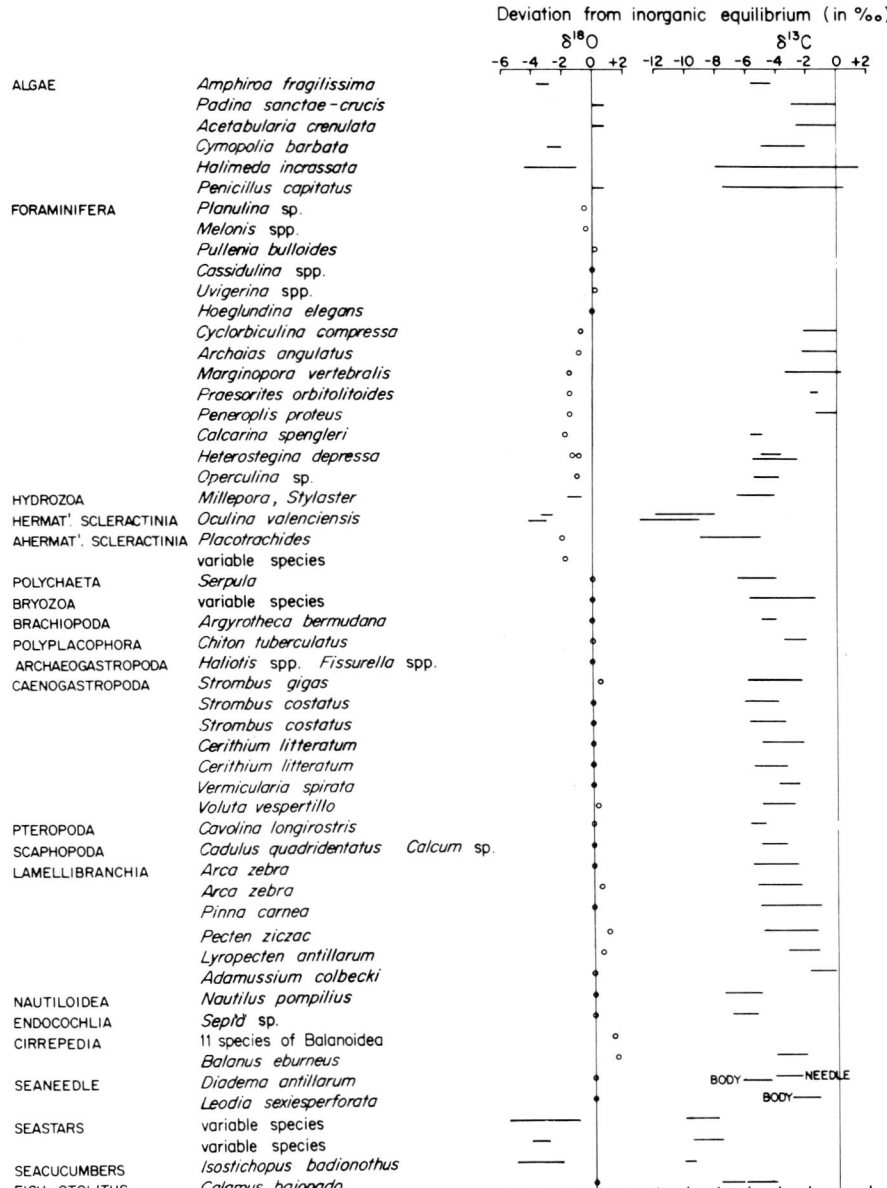

Abb. 6-9. Biogenbedingte Fraktionierung von O^{18} und C^{13} („Vitaleffekt") bei verschiedenen Kalkskeletten rezenter Pflanzen und Tiere (WEFER 1983, VEIZER 1983).

ten wird auf SMOW (Standard Mean Ocean Water) bezogen (CRAIG 1961 a). Folgende Gleichungen gelten zur Umrechnung zwischen PDB und V-SMOW (Vienna-SMOW) bei O-Isotopen (COPLEN et al. 1983):

$$\delta O^{18}_{V\,SMOW} = 1{,}03091\ \delta O^{18}_{PDB} + 30{,}91$$
$$\delta O^{18}_{PDB} = 0{,}97002\ \delta O^{18}_{V\,SMOW} - 29{,}98$$

Im Meerwasser, in salinaren Seen und in entsprechenden Porenwässern sind die schweren Isotope gegenüber Süßwasser angereichert. Letzteres entsteht ja durch Verdunstung von Meerwasser, wobei bevorzugt leichtes H_2O und CO_2 in die Dampfphase geht (vgl. Rayleigh-Destillation: CRAIG 1961b, HOEFS 1980). Entsprechend erklären ROTHE & HOEFS (1977) die relativ schwere Isotopenzusammensetzung der Karbonate im mittleren Teil der obermiozänen Füllung des Nördlinger Rieses durch Abgabe von isotopisch leichtem CO_2 aus dem Seewasser aufgrund einer hohen Evaporationsrate, wobei die Dampfphase „nicht über dem betreffenden Wasserkörper selbst wieder abregnet". Auch Karbonat-Pedocretes, die sich normalerweise durch eine leichte Isotopenzusammensetzung auszeichnen (vgl. Abb. 6-11), können in evaporationsreichen Sebkha-Gebieten – wie am Persischen Golf – isotopisch relativ schweren Aragonit, Calcit, Mg-Calcit und Dolomit führen (δC^{13}-Werte zwischen $-2{,}5$ und $-5{,}0\%$, δO^{18}-Werte zwischen $-1{,}1$ und $+1{,}2\permil$: SCHOLLE & KINSMAN 1974).

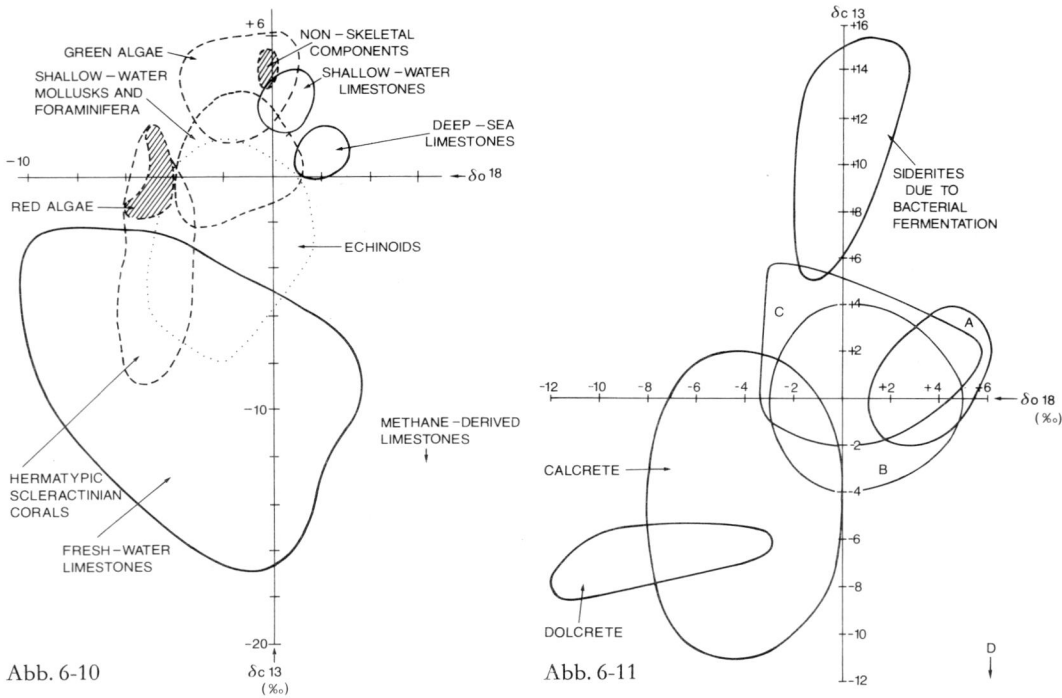

Abb. 6-10. Stabile Isotope (C^{13}, O^{18}; PDB-Standard) verschiedener Kalkgesteine (durchzogene Linien) und -partikel (gestrichelt bzw. punktiert; vorwiegend rezente Kalkschaler). Zum Vergleich: Der δO^{18}-Wert von Regenwasser liegt bei -4, von Meerwasser bei $+1$ (MILLIMAN 1974).

Abb. 6-11. O- und C-Isotopenverhältnisse (PDB) verschiedener mariner und lakustriner Dolomite (A – evaporitische Dolomite nach MILLIMAN 1974, B – holozäne Plattformdolomite nach LAND 1980, C – quartäre hypersaline Seedolomite nach PARRY et al. 1970, D – methanbezogene Dolomite) im Vergleich zu karbonatischen Pedocretes (Calcretes – diverse quartäre Vorkommen nach SALOMONS & MOOK 1986, Dolcretes – Playamilieu des mittleren Keupers nach RICHTER 1985a) und Sideriten von eozänen Ölschiefern (BAHRIG & CONZE 1986); s. auch S. 414.

δO^{18} zeigt im Gegensatz zu δC^{13} eine starke Temperaturabhängigkeit. Einer Erhöhung um 20°C entspricht eine δO^{18}-Abnahme um etwa 4‰ (im Meerwasser; EPSTEIN & MAYEDA 1953). EPSTEIN et al. (1953), CRAIG (1965) und GROSSMAN & KU (1981) geben für Calcit und Aragonit folgende Gleichungen an ($\delta_c \cong \delta O^{18}$ vom CO_2 des Karbonats bei der Reaktion mit H_3PO_4, $\delta_w \cong \delta O^{18}$ des mit Wasser bei 25°C – SMOW – equilibrierten CO_2):

$$t(°C)_{Calcit} = 16{,}9 - 4{,}20\ (\delta_c - \delta_w) + 0{,}13\ (\delta_c - \delta_w)^2$$
$$t(°C)_{Aragonit} = 19{,}0 - 3{,}52\ (\delta_c - \delta_w) + 0{,}03\ (\delta_c - \delta_w)^2$$

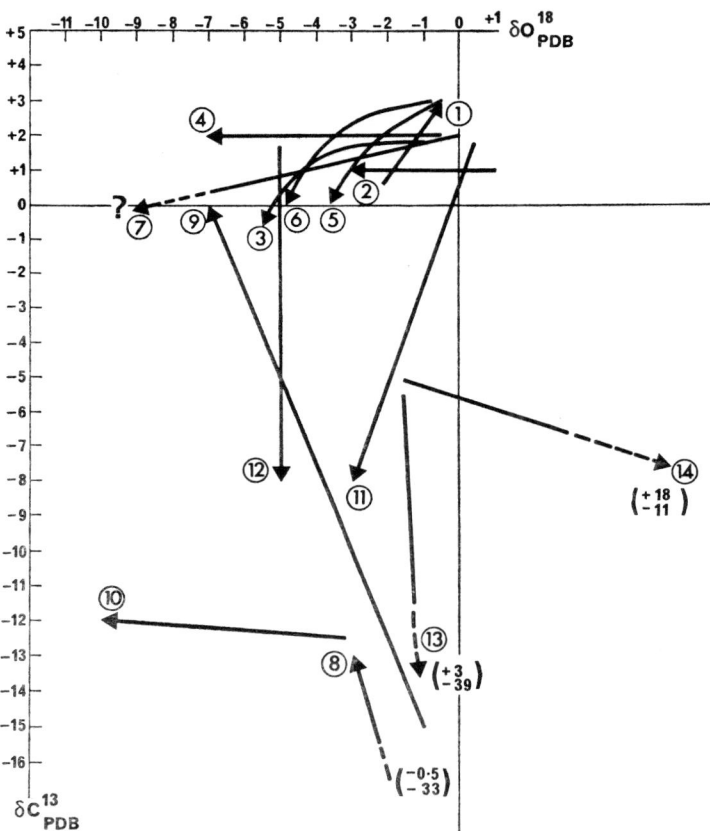

Abb. 6-12. Beispiele isotopischer Diagenesepfade in Karbonatsedimenten, Kalksteinen und Zementen (nach verschiedenen Autoren zusammengestellt von HUDSON 1977): 1 – holozäner mariner Zement ist isotopisch schwerer als das Sediment, 2 – Nannoplanktonschlamm bei zunehmender Versenkungstiefe, 3 – epikontinentale Schreibkreide bei steigender diagenetischer Veränderung, 4 – Dachsteinkalk (Trias) mit zunehmendem Anteil an blockigem Calcitzement, 5 – (wie 4) andere Lokalität, 6 – Zementabfolge im Dachsteinkalk, 7 – neomorph umgewandelter (marin-verfestigter) Mikrit in Mikrosparit (Karbon), 8 – Kern/Rand-Pfad einer typischen kretazischen Konkretion leichter Kohlenstoffzusammensetzung, 9 – von frühgebildeten Konkretionen über Postkompaktions-Konkretionen zu Füllungen in Septarienrissen (Jura), 10 – Kern/Rand-Pfad einer kretazischen Konkretion mit konstantem C^{13}, 11 – pleistozäne Kalksteine und sekundäre Calcite (Bermuda), 12 – Sparitisierung von pelletoiden Kalksteinen, 13 – Trend im Karbonatzement mit zunehmendem Einbau von oxidiertem organischen Kohlenstoff (Cement Field / Oklahoma), 14 – Trend im Karbonatzement bei extremer Evaporation des Grundwassers (Lyons/Colorado).

Paläotemperaturbestimmungen sind besonders in quartären Schichtfolgen und dabei an planktonischen Foraminiferen (primär Tief-Mg Calcit) durchgeführt worden (EMILIANI 1955 u. 1978, SHACKLETON & OPDYKE 1973, WILLIAMS et al. 1982), während entsprechende Bestimmungen an den mesozoischen Belemnitenrostren aufgrund ihrer primär hohen Porosität (und somit sekundären Calcit-Zementation) fragwürdig sind (VEIZER 1974, SPAETH 1975). Die δ_c-Werte sind im Pleistozän vorrangig vom δ_w der Ozeane abhängig, das wiederum durch das Polkappeneis beeinflußt wird – δ_w: heute $-0,28‰$, präglazial $-1,28‰$, hochglazial $+1,3‰$ (SCHOELL, pers. Mitt. 1983). Stabile C- und O-Isotope werden in der Karbonatsedimentologie zu Milieuinterpretationen herangezogen (Abb. 6-10 und 6-11) und bieten sich zur Durchleuchtung von Diagenesepfaden an (Abb. 6-12). Für die Isotopenzusammensetzung diagenetischer Karbonatbildungen können gleichzeitig an organischem Material verlaufene Reaktionen eine große Rolle spielen (Abb. 6-13). So sind die C-isotopisch schweren Siderite der eozänen Ölschiefer von Messel und des Eckfelder Maares (Abb. 6-11) während der bakteriellen Fermentation entstanden (BAHRIG & CONZE 1986), bei der CO_2 mit einem δC^{13} von $+15‰$ entsteht (IRWIN et al. 1977; vgl. Abb. 6-13).

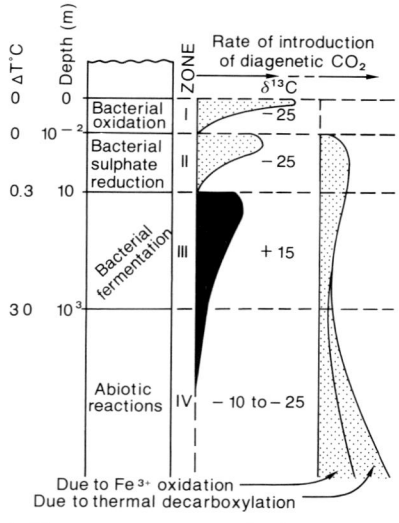

Abb. 6-13. CO_2-Produktion und deren C-Isotope in verschiedenen Diagenesezonen (aus IRWIN et al. 1977).

Die Variation des C^{13}/C^{12}-Verhältnisses in Karbonatgesteinen im Verlauf des Phanerozoikums (VEIZER & HOEFS 1976) wird zusammen mit einem analogen Wechsel des S^{34}/S^{32}-Verhältnisses in Sulfaten mit globalen Veränderungen aufgrund plattentektonischer Aktivitäten verknüpft (VEIZER et al. 1980, MACKENZIE & PIGOTT 1981). Neuere zusammenfassende Darstellungen für C- und O-Isotope in Karbonaten geben HOEFS (1980), VEIZER (1983) und FRITZ & FONTES (1980 u. 1986 – terrestrisches Environment).

Sr: Neuerdings gewinnt das Sr^{87}/Sr^{86}-Verhältnis von Karbonaten (u. a. Brachiopoden, Zemente) an Bedeutung, da es Veränderungen der Meerwasserzusammensetzung im Verlauf der Erdgeschichte widerspiegelt (z. B. 0.707 im oberjurassischen Meerwasser gegenüber 0.709 im heutigen Meerwasser; BURKE et al. 1982, STUEBER et al. 1984, EMERY et al. 1987). Neuester Überblick bei VEIZER (im Druck).

Zusammenfassung

Mit steigender Temperatur nimmt der CO_2-Gehalt des Wassers und dadurch auch die $CaCO_3$-Löslichkeit ab. Daher sind in den Ozeanen nur die obersten Wasserschichten an $CaCO_3$ gesättigt, ja sogar 3–4× übersättigt. CO_2-Entzug, z. B. durch die pflanzliche Assimilation, kann demnach Kalk ausfällen. Mit zunehmendem Salzgehalt nimmt die Kalklöslichkeit etwas zu.

Wegen des hohen Mg/Ca-Molverhältnisses von 5,16 im Meerwasser nimmt das Ca-Gitter dort Mg^{2+} auf, und zwar werden bei 25 °C 14 Mol-% $MgCO_3$ eingebaut. Dieser Mg-Calcit ist etwa ebenso löslich wie Aragonit. Bei höherer Temperatur aber müßte ein löslicherer Mg-Calcit entstehen; daher wird in diesem Fall bevorzugt Aragonit gebildet. Für biogenes Karbonat aber ist die individuelle Präferenz der kalkabscheidenden Tiere und Pflanzen wichtiger.

Fe^{2+} wird ins Calcitgitter sehr viel stärker als Mg^{2+} eingebaut. Daher bildet sich schon aus einer Lösung mit einem Fe/Ca-Molverhältnis von 0,4 ein Siderit mit fast 90 Gew.-% $FeCO_3$. Der Einbau von Fe^{2+} ist jedoch an reduzierendes Milieu gebunden. Am Meeresboden entsteht statt Siderit das unlöslichere Eisensulfid, da die reichlich vorhandenen SO_4^{2-}-Ionen in reduzierendem Milieu von desulfurizierenden Bakterien zu S^{2-} abgebaut werden. Erst wenn diese im Sediment verbraucht sind, oder aber in Süßwasserseen, können sich – diagenetisch bzw. primär – Siderit und Fe-Calcit bilden.

Färbemethoden sind wichtig, um im Dünnschliff Calcit, Fe-Calcit, Dolomit und Fe-Dolomit zu erkennen. Die Röntgenanalyse ermöglicht eine genaue Bestimmung auch der Ca-Mg-Mischkarbonate, wobei eine lineare Beziehung zwischen der Zusammensetzung und der Verschiebung des Hauptreflexes angenommen werden kann. Ist außerdem noch Fe enthalten, so muß eine chemische oder optische Bestimmung hinzukommen.

Die Kathodolumineszenz von Karbonaten wird durch Mn^{2+} bewirkt und vor allem durch Fe^{2+} abgeschwächt. Sie kann zur Erkennung von Zementgenerationen, von biogenen Wachstumszonen, sowie zur Aufdeckung von Dolomitisierungs- und Calcitisierungsphänomenen verwendet werden.

Stabile C-Isotope (^{12}C, ^{13}C) zeigen vor allem die Herkunft des CO_3 im Karbonat an (wenn aus Methan, sehr leicht; wenn aus bakterieller Fermentation, recht schwer). Demgegenüber zeigen die stabilen O-Isotope (^{16}O, ^{18}O) die Bildungstemperatur an (mit zunehmender Temperatur leichter). Beide Elemente sind im Meerwasser isotopisch schwerer als im Süßwasser, da die leichteren Isotope bevorzugt verdunsten. Biogene zeigen beim Schalenbau ein individuelles Isotopenverhältnis.

6.2 Biogene

6.2.1 Mineralogische Zusammensetzung der Kalkgerüste

Bei den Mineralisationsprozessen biogener Hartteile muß zwischen der Genese unter Vermittlung organischer Matrix und der biologisch induzierten Mineralisation unterschieden werden (LOWENSTAM 1981):

a) Im ersteren Fall machen sich die Kalkschaler die Möglichkeit zunutze, die $CaCO_3$-Übersättigung des Meerwassers durch organische Matrizen aufzuheben und so die Keimbildungsarbeit zu umgehen (s. MITTERER 1972, TRICHET 1971, ERBEN 1972). Es ist hiernach fast unwahrscheinlich, daß in Gegenwart einer hinreichenden Zahl solcher Organismen Calciumcarbonat anorganisch ausgefällt werden kann. Lebewesen können mit Matrizen Systeme entwickeln, die weit entfernt sind von den Gleichgewichtsbedingungen vergleichbarer anorganischer Systeme (PRIGOGINE et al. 1972).

b) Die seltenere biologisch induzierte Mineralisation geschieht extra- und (oder) interzellulär bei einigen Bakterien und verschiedenen Grün- und Braunalgen (LOWENSTAM 1981). Dabei entstehen der anorganischen Fällung vergleichbare Kristallformen (z. B. bei Halimeda, Abb. 6-35). Auch in der Zusammensetzung sind biologisch induzierte Minerale anorganisch gefällten Präzipitaten ähnlich, denn die Grünalgen scheiden nach MILLIMAN (1974: 74) Aragonit mit 0,8–1,0 Gew.-% Sr aus, was der Zusammensetzung mariner Aragonitzemente entspricht (vgl. Tab. 9 bei RICHTER 1979).

A. Rezente Kalkschaler

Organismen können 30 verschiedene Minerale bilden (Abb. 6-14), von denen sogar einige in der

Reich / Stamm	Monera	Protista													Fungi		Animalia											Plantae	
		Dinoflagellata	Haptophyta	Bacillariophyta	Phaeophyta	Rhodophyta	Chlorophyta	Zygnematophyta	Rhizopodea	Siphonophyta	Charophyta	Heliozoata	Radiolariata	Foraminifera	Mixomycota	Ciliophora	Basidiomycota	Deuteromycota	Porifera	Coelenterata	Platyhelminthes	Ectoprocta	Brachiopoda	Annelida	Mollusca	Arthropoda	Sipuncula	Echinodermata	Chordata	Bryophyta	Trachaephyta
Karbonate:																															
Calcit	+	+	+		+				+	+			+	+					+	+	+	+	+	+	+	+	+	+	+	+	+
Aragonit	+		?		+	+	+		+		+								+	+		+		+	+	+	+		+		+
Vaterit						+																			+	+			+		+
Monohydrocalcit	+																								+				+		
Amorph. Hydr. Karb.															+					+					+	+			+		
Phosphate:																															
Dahllit	+														+		+									+			+		?
Frankolith																				+		+				+					
Ca₃Mg₃(PO₄)₄																									+						
Brushit																									+						
Amorph.*⁾ Dahllit																		+							+	+			+		
Amorph.*⁾ Brushit																									+						
Amorph.*⁾ Whitlockit																		+							+	+					
Amorph. Hydr. Fe-Phosphat																									+	+		+			
Halide:																															
Fluorit																									+	+		+			
Amorph.*⁾ Fluorit																									+			+			
Oxalate:																															
Whewellit				?	+		+								+	?									+					+	+
Weddelit															+	?									+			+	+		
Sulfate:																															
Gips																	+													?	+
Coelestin													+																		
Baryt							+	+																							
Si-Oxid:																															
Opal		+	+				?		+	+	+			+					+	+	+		+								+
Fe-Oxid:																															
Magnetit	+																								+	+		+			
Maghemit	?																														
Goethit																									+						
Lepidokrokit																	+								+						
Ferrihydrit	+														+	+									+	+			+	+	+
Amorph. Ferrihydrate															+										+				+		
Mn-Oxid:																															
"Todorokit"	+																														
Fe-Sulfide:																															
Pyrit	+																														
Hydrotroilit	+																														

*⁾ Amorphe Substanzen, die zu Dahllit, Brushit, Whitlockit bzw. Fluorit kristallisieren können.

Abb. 6-14. Zusammenstellung der bisher bekannten Minerale in Hartteilen rezenter Biogene nach LOWENSTAM (1981).

Biosphäre gar nicht anorganisch entstehen können (LOWENSTAM 1981). Die mit Abstand wichtigsten Minerale sind die Karbonate (Mg-) Calcit und Aragonit (Abb. 6-15). Über die mineralogische Natur der kalkigen Gerüstsubstanz rezenter Lebewesen gibt es umfassende Untersuchungen von CLARKE & WHEELER 1917 u. 1922, BØGGILD 1930, MAYER & WEINECK 1932, CHAVE 1954a, LOWENSTAM 1954a, b u. 1963, DODD 1967, MILLIMAN 1974 und RICHTER 1984.

Ob die kalkigen Hartteile eines Lebewesens aus Calcit oder Aragonit aufgebaut werden, hängt bemerkenswerterweise in erster Linie von der **Art des Lebewesens** und nur in schwächerem Maße von den physikalisch-chemischen Bedingungen des Milieus ab. Es gibt keinen Tier- oder Pflanzenstamm, dessen Hartteile stets und ausschließlich aus Aragonit bestehen, während andererseits die Kalkschwämme, Brachiopoden, Arthropoden und Echinodermen ihre Kalkteile immer aus Calcit

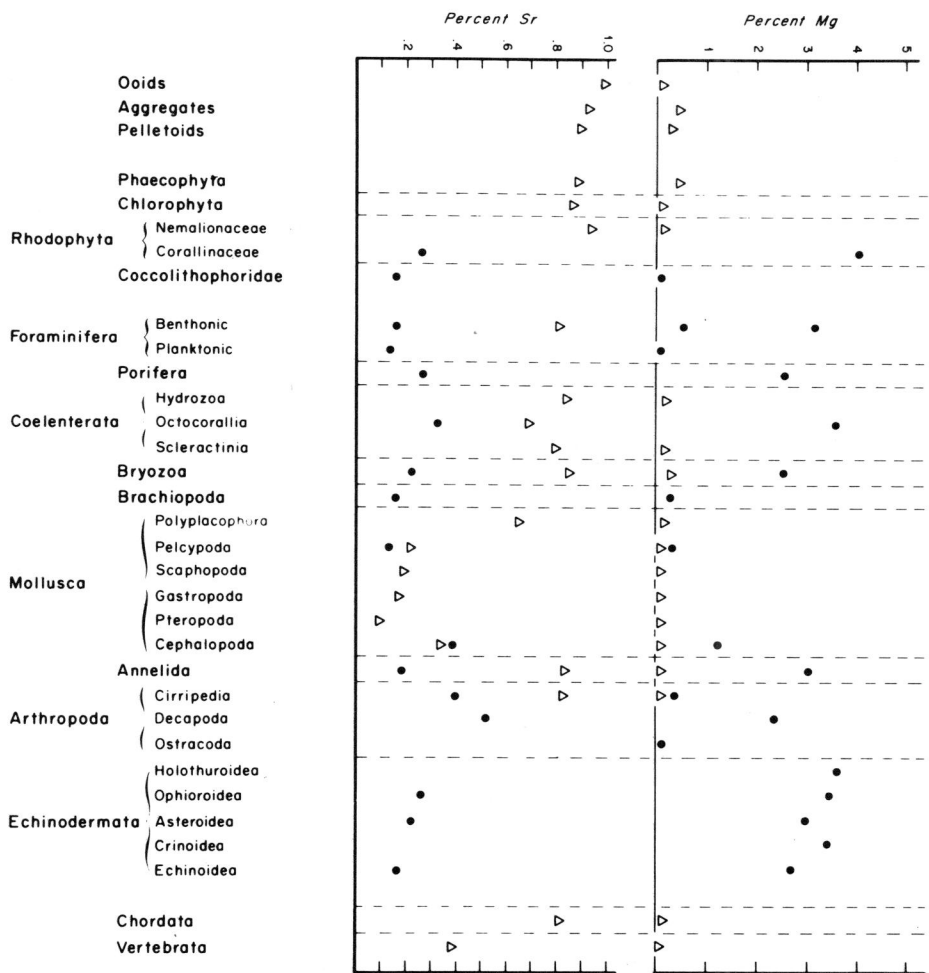

Abb. 6-15. Mittelwerte an Sr und Mg in rezenten marinen Biogenskeletten und Ooiden, Aggregaten sowie Pelletoiden; ▷ = Aragonit, • = Calcit und Mg-Calcit (MILLIMAN 1974). Beachte: Besonders benthische Foraminiferen, Bryozoen, Pelecypoden und Anneliden können verschiedene Karbonatphasen im selben Skelett haben.

mit mehr oder weniger Mg im Gitter bauen. Bei allen übrigen Tier- und Pflanzenstämmen ist das Baumaterial für die einzelnen Klassen, Ordnungen, Familien, Gattungen oder Arten verschieden, wie in den nächsten Kapiteln ausgeführt ist. Die Muschelschalen sind sogar oft lagenweise aus Calcit und Aragonit aufgebaut.

Primär unterschiedliche $MgCO_3$-Gehalte in einzelnen Calcitskeletten sind bislang belegt worden bei Bryozoen (SAUDRAY & BOUFFANDEAU 1958, RICHTER 1984), Corallinaceen (CHAVE & WHEELER 1965, MOBERLY 1968, MILLIMAN et al. 1971, FLAJS 1977a, b), Echiniden (CLARKE & WHEELER 1917 u. 1922, CHAVE 1954a, WEBER 1969 u. 1973, SCHROEDER et al. 1969, MACQUEEN et al. 1974, RICHTER 1974a u. 1984), Foraminiferen (BLACKMON & TODD 1959, BENDER et al. 1975), Mollusken (DODD 1965, LORENS & BENDER 1980), Ostrakoden (CADOT et al. 1972) und Serpeln (BORNHOLD & MILLIMAN 1973). Ein derartiger **physiologischer Einfluß** auf die Zusammensetzung von Biogenskeletten wird bei Seeigelzähnen besonders deutlich, denn SCHROEDER et al. (1969) fanden in Zähnen von *Lytechinus variegatus* und von *Diadema antillarum* 3–43,5 Mol.-% $MgCO_3$ (s. S. 319).

Ein Einfluß der **physikalisch-chemischen Bedingungen** auf die Aragonit- oder Calcitausscheidung läßt sich bei Coelenteraten, Bryozoen, Anneliden und Mollusken feststellen (LOWENSTAM 1954a, b u. 1963, RUCKER & CARVER 1969, BORNHOLD & MILLIMAN 1973, MILLIMAN 1974, RICHTER 1984): Wie dies den Bedingungen der anorganischen $CaCO_3$-Fällung entspricht (s. S. 235 f.), bevorzugen die in wärmerem Wasser lebenden Arten und Individuen einer Art den Aragonit als Gerüstsubstanz (Abb. 6-58 links). Ebenso sind die aragonitischen Grün- und Rotalgen in warmen Meeren zu Hause, während die (Mg-)calcitischen Rotalgen außerdem auch in gemäßigten und polaren Meeren vorkommen (REVELLE & FAIRBRIDGE 1957).

Aus kristallchemischen Gründen kann Mg sehr viel besser vom Calcit aufgenommen werden als

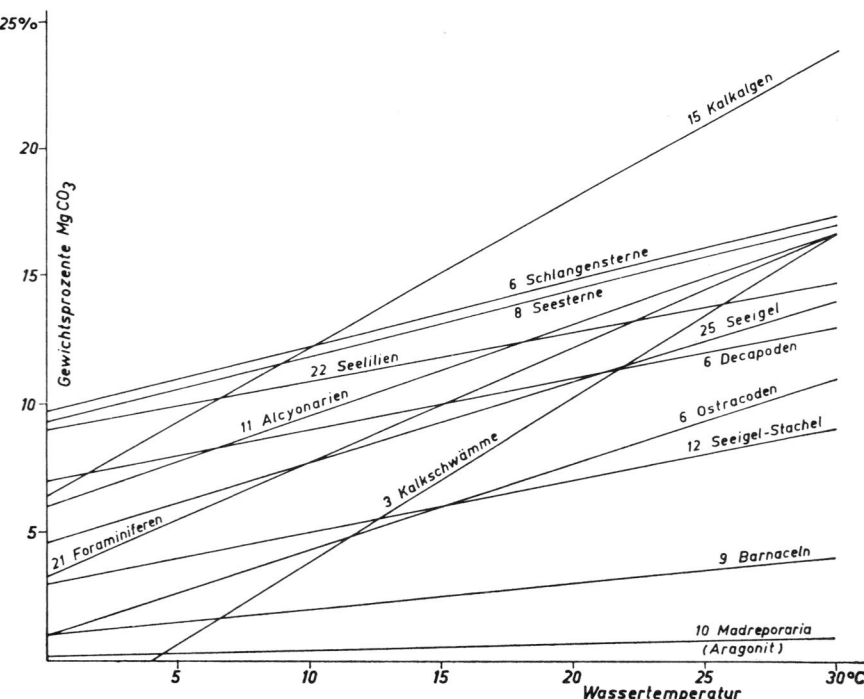

Abb. 6-16. $MgCO_3$-Gehalt von calcitischen Organismenschalen in Abhängigkeit von der Wassertemperatur; Regressionslinien der kleinsten Quadrate, nach CHAVE 1954a. Für einige Gruppen liegen neuere Untersuchungen von MILLIMAN (1974) und RICHTER (1984) vor.

vom Aragonit (s. ZELLER & WRAY 1956). Daher ist der Mg-Gehalt in aragonitischen Hartteilen immer wesentlich niedriger als in calcitischen (DAMOUR 1852, CLARKE & WHEELER 1922, MILLIMAN 1974). Der Mg-Gehalt von calcitischen Hartteilen ist mit der **Wassertemperatur** positiv korreliert (Abb. 6-16). Dies gilt nach röntgenographischen Untersuchungen von CHAVE (1954a) für die Calcitskelette von Foraminiferen, Schwammnadeln, Oktokorallen, Echiniden, Asteriden, Ophiuriden, Crinoiden, Anneliden, Dekapoden, Ostrakoden, Barnakeln und Rotalgen, wobei sich die Mg-Gehalte bei Annelidenskeletten aus Calcit und Aragonit nur auf den Calcitanteil beziehen. Sogar die extrem Mg-armen calcitischen Brachiopodenschalen zeigen nach LOWENSTAM (1961) eine geringfügige Abhängigkeit zwischen dem Mg-Einbau und der jeweiligen Wassertemperatur. Nach CHAVE (1954a) ist die Temperaturabhängigkeit bei höher organisierten Biogenen schwächer als bei niedrigeren Organismen ausgeprägt, so daß beispielsweise Barnakeln bezüglich eines Mg-Einbaus gegenüber Corallinaceen eine geringere Temperaturabhängigkeit zeigen. Eine derartige Beziehung ist jedoch schwierig zu deuten, da Barnakeln insgesamt wesentlich weniger Mg als Corallinaceen enthalten, und zudem bei einzelnen Biogengruppen Art- von Klassentrends unterschieden werden müssen. So haben PILKEY & HOWER (1960) bei *Dendraster excentricus* und RICHTER (1979, 1984) bei *Echinocyamus pusillus* eine gegenüber dem Klassentrend geringere Temperaturabhängigkeit bezüglich eines Mg-Einbaus in Seeigelcoronen festgestellt (Abb. 6-84 links). Noch nicht geklärte physio-

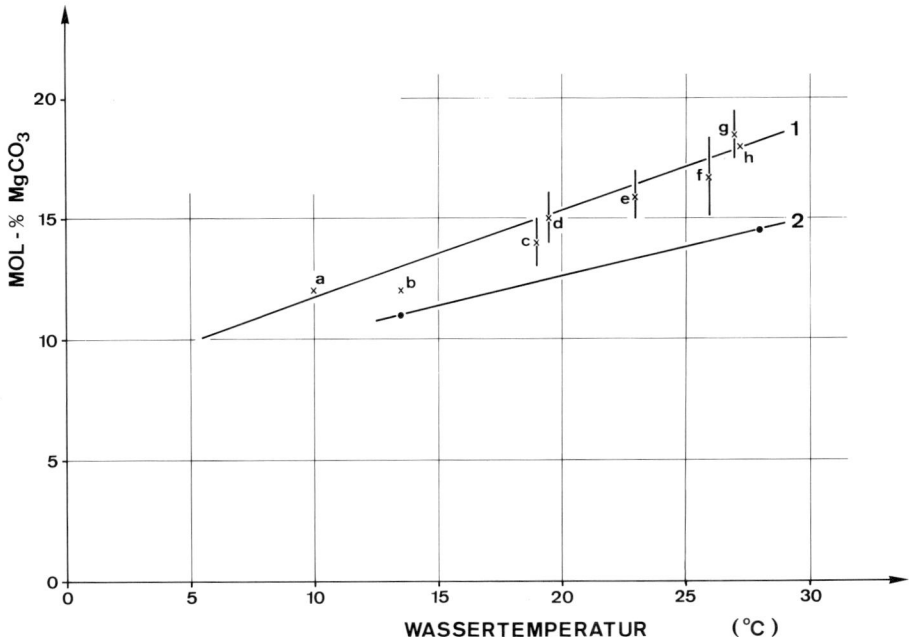

Abb. 6-17. $MgCO_3$-Gehalt rezenter Corallinaceen (1 = Familientrend der Melobesioideae von Abb. 6-39) sowie Zemente (a–h) in Abhängigkeit von der mittleren Jahrestemperatur des jeweiligen Wassers sowie experimentell gewonnene Daten (2 – nach FÜCHTBAUER & HARDIE 1976). Zemente: a – Skagerrak / ALEXANDERSSON 1974, b – Mittelmeerboden / MILLIMAN & MÜLLER 1973, c – Beachrock bei Lechaion westlich Korinth, d – Beachrock westlich Neapolis (Südpeloponnes), e – Bermuda / GINSBURG & SCHROEDER 1973, f – Qatar am Persischen Golf / TAYLOR & ILLING 1969, g – Jamaica / LAND & GOREAU 1970, h – British Honduras / PURDY 1968. Wenn man für die einzelnen Lokalitäten der Corallinaceen und Zemente die wärmsten Monatstemperaturen des Wassers nimmt, bei denen auch die stärkste Calcitausscheidung zu erwarten ist, kommen die Calcitwerte von Rotalgenskeletten, natürlichen marinen Zementen und von experimentell gewonnenen Niederschlägen nahezu zur Deckung (s. Abb. 6-2 unten), was ein Hinweis für die gleichen physikochemischen Bedingungen bei den drei Arten der Calcitbildung sein mag (RICHTER 1984).

logisch bedingte Faktoren müssen also neben Umweltfaktoren die Einbaurate von Mg in Biogenskelette steuern. Die beste Übereinstimmung mit dem temperaturbedingten Mg-Gehalt anorganischer Fällungen zeigen die Corallinaceen (Abb. 6-17).

Neben der Temperatur scheint auch die **Salinität** einen Einfluß auf die Höhe des Mg-Gehaltes in Calcitbiogenen zu haben. Nach PILKEY & HOWER (1960) ist der Mg-Gehalt von Coronen der Art *Dendraster excentricus* mit abnehmender Salinität niedriger, und nach BURNE et al. (1980) steigt in den normalerweise limnisch-brackischen und somit rein calcitischen Oogonien (BATHURST 1971: 64) der Mg-Gehalt mit zunehmender Salinität. Bei der calcitischen planktonischen Foraminifere *Globigerinoides ruber* nehmen die Mg- und Sr-Anteile mit höherer Salinität des Biotops zu, wie die Untersuchungen von YUSUF (1980) an jungpleistozänem und holozänem Bohrkernmaterial aus dem südlichen Bereich des Roten Meeres zeigen. Eine Salinitätsabhängigkeit des Mg-Einbaus in Calcit ist jedoch bei Fällungsversuchen nicht erkennbar (FÜCHTBAUER & HARDIE 1980), weshalb eine derartige Abhängigkeit in den zuvor genannten Skeletten biogen begründet sein dürfte, sofern nicht eine Steuerung durch das Mg/Ca-Verhältnis des Wassers vorliegt.

Nach Experimenten von LORENS & BENDER (1980) hat auch das **Mg/Ca-Verhältnis der Lösung** einen Einfluß auf den Mg-Gehalt von Karbonatskeletten, wie nach Abb. 6-2 (S. 236) zu erwarten. In Schalen von *Mytilus edulis* steigt mit zunehmendem Mg/Ca-Verhältnis der Lösung das Mg/Ca-Verhältnis im Calcit exponential und im Aragonit linear. Physiologische Faktoren sollen hierbei jedoch auch eine Rolle spielen.

B. Fossile Kalkschaler

Am fossilen Material ist primärer Aragonit meist diagenetisch durch Calcit ersetzt (s. S. 372f). Daher ist eine direkte Bestimmung der ursprünglichen Schalensubstanz nur dann mit Sicherheit möglich, wenn calcitische und aragonitische Schalenreste zusammen durch Einbettung in Öl, Ölschiefer oder Asphalt vor der diagenetischen Umwandlung, welche immer über wässerige Lösungen erfolgt, geschützt wurden. Bei der Umwandlung aragonitischer Schalen in Calcit geht die Kristalltextur der Schale verloren. Aragonit wird entweder durch unregelmäßig-körnigen Calcit ersetzt (Abb. 6-70 rechts), welcher die Schalenstrukturen oft schemenhaft erkennen läßt (BØGGILD 1930: 241; „in situ"-Calcitisierung), oder die Schale wird aufgelöst und der Hohlraum später durch ein drusiges Mosaik gefüllt (s. S. 374). Findet man hingegen calcitische Hartteile, die aus faserigen oder schalenförmigen, oft undulös auslöschenden Kristallindividuen zusammengesetzt sind, so handelt es sich um primär calcitische Schalen (Abb. 6-64 unten). Über Beobachtungen an karbonischen bis kretazischen Fossilfundstellen, die diese Regeln bestätigen, vergleiche u. a. LOWENSTAM 1963, STEHLI 1956, HALLAM & O'HARA 1962, HUDSON 1962 und FÜCHTBAUER & GOLDSCHMIDT 1964 (Abb. 6-64 oben u. 6-70 links). Bei der zuvor erwähnten „in situ"-Calcitisierung können in günstigen Fällen winzige Aragonite in Calcitkristallen eingeschlossen werden und somit die Primärzusammensetzung der Biogenskelette (bzw. Ooide oder Zemente) belegen (SANDBERG et al. 1973, SANDBERG 1975 a u. b).

Andere Möglichkeiten, die ehemalige Schalensubstanz zu ermitteln, ergeben sich aus der chemischen Zusammensetzung: Calcit vermag mehr Mg einzubauen als Aragonit. Primär calcitische Schalen haben daher einen höheren Mg-Gehalt als sekundär calcitisierte (LOWENSTAM 1954, 1963). Bei einer brackisch-phreatischen „in situ"-Calcitisierung von Gastropoden kann sich jedoch nach RICHTER (1984: 134) der Mg-Gehalt gegenüber der Primärzusammensetzung anreichern (3–5 Mol-% $MgCO_3$), so daß sogar der Mg-Anteil primär calcitischer Brachiopoden und Muscheln (Ostreen) übertroffen wird. Andererseits kann bei einer „in situ"-Calcitisierung von Aragonit im geschlossenen System ein primär hoher Sr-Gehalt erhalten bleiben. So geben WARDLAW et al. (1978) für einen teilcalcitisierten Gastropoden (*Strombus gigas*) aus pleistozänen Schichten von British Honduras folgende Mittelwerte an: Aragonit – 1972 ppm Sr, Calcit – 1576 ppm Sr, s. auch LOWENSTAM 1964 b.

Bei fossilen Kalkschalern ist auch die Unterscheidung zwischen primär calcitisch und primär Mg-calcitisch nicht leicht, sofern keine Konservierung vorliegt wie bei den aus Mg_{5-8}-Calcit zusammengesetzten karbonischen Crinoiden von Kentucky (BRAND 1981: 4). Normalerweise verläuft die Umwandlung von Mg-Calcit in Calcit (bzw. Fe-Calcit – s. S. 397 f.) unter weitgehender Strukturerhaltung (u. a. FRIEDMAN 1964). Es wird zwar über Strukturveränderungen bei der Transformation von Mg-Calcit in Calcit berichtet (u. a. SANDBERG 1975a, TOWE & HEMLEBEN 1976, NEUGEBAUER 1978), aber dabei handelt es sich um Ausnahmen bzw. um Beobachtungen bei starken Vergrößerungen (REM). Der für praktische Arbeitsweise sinnvolle Begriff „weitgehende Strukturerhaltung" bezieht sich hier auf Dünnschliffbetrachtungen, so daß z. B. die Gitterumordnung bei Echiniden unter Beibehaltung der optischen Kristallorientierung oder die geringfügige frühdiagenetische Sammelkristallisation bei Corallinaceen unberücksichtigt bleiben (s. RICHTER 1984). Der Nachweis ehemals Mg-calcitischer Biogenskelette ist nur mit Hilfe spezieller Untersuchungsmethoden möglich, wobei jedoch bestimmte Diageneseabläufe in den Sedimenten vorauszusetzen sind:

1. Bei einer Quarzauthigenese in primär Mg-calcitischen Biogenskeletten vor deren vollständige Umwandlung in stabilen Calcit sind die Calciteinschlüsse im Quarz Mg-reicher als der nichtverkieselte Biogencalcit des diagenetisch ausgereiften Materials (RICHTER 1972).

2. Eine strukturerhaltende Umwandlung primär Mg-calcitischer Biogenskelette im eisenreichen reduzierenden Milieu führt zu Fe-calcitischen Skeletten, während primär calcitische Biogenskelette unverändert bleiben (RICHTER & FÜCHTBAUER 1978). Die Fe-Calcitisierung ist natürlich nur möglich, wenn sulfatreduzierende Bakterien fehlen oder nur in relativ geringem Umfang vorhanden sind, damit sich nicht das gesamte Eisen der Lösung mit dem bakteriell produzierten Schwefel verbindet.

3. Eine Veränderung der Mn/Fe-Anteile in der Porenlösung während der strukturerhaltenden Umwandlung von Mg-Calcit in Calcit führt zu einer kristallintern fleckigen Kathodolumineszenz, was in den relativ großen Kristallen der Echinodermen besonders gut zu sehen ist (RICHTER & ZINKERNAGEL 1981, RICHTER 1984). Ein Wechsel des Fe-Gehalts in der Lösung während der Diagenese von Mg-Calcit kann auch zu einer fleckigen Verteilung von Fe-Calcit und Calcit in Biogenskeletten führen (RICHTER 1984: 195). Letzteres ist an karbonatgefärbten Dünnschliffen (s. Kap. 6.1.4 A) leicht nachvollziehbar.

4. In paläozoischen Kalken haben RICHTER (1974b: 22), DAVIES (1977a), LOHMANN & MEYERS (1977) und BLAKE et al. (1982) Echinodermenpartikel bzw. Calcitzemente mit gleichorientierten winzigen Dolomiteinschlüssen gefunden und ihre Genese auf eine Umwandlung von Mg-Calcit in Calcit und Dolomit zurückgeführt. Eine derartige Transformation im geschlossenen System ist von uns inzwischen in allen präquartären Formationen des Phanerozoikums beobachtet worden, so z. B. bei Crinoiden und Rim-Zementen des norddeutschen Trochitenkalks (mo$_1$; RICHTER 1985b, RICHTER et al. 1986: „Mikrodolomit", s. auch S. 397f.).

C. Evolution der Substanz biogener Hartteile

Nachdem es bis zum Infrakambrium nur Weichkörperbiogene gab, entwickelten viele Organismen zu Beginn des Phanerozoikums Hartteile (u. a. LOWENSTAM & MARGULIS 1980). Nach LOWENSTAM (1981) bauten zunächst ⅔ dieser Biogene ihr Skelett aus Phosphat und ⅓ aus Kalk. In weniger als 20 Millionen Jahren war das Verhältnis 1 : 1, und seitdem überwiegen kalkige Hartteile, wobei zunehmend Aragonit gegenüber Calcit eingebaut wird. So ergibt sich nach LOWENSTAM (1981) die Reihe Phosphat → Calcit → Aragonit für die Evolution der Biomineralisation während des Phanerozoikums.

WILKINSON (1979) dokumentiert den Calcit/Aragonit-Wechsel seit dem Paläozoikum mit der Verteilung der Skelettsubstanz seit dem Beginn des Kambriums zunächst aufgrund von Diversität und Häufigkeit mariner Organismen nach MCALESTER (1968), LIPPS (1970) sowie JOHNSON (1961) und führt diese Entwicklung in Anlehnung an SANDBERG (1975b) auf eine Zunahme des Mg/Ca-Verhältnisses im Ozeanwasser während der Erdgeschichte zurück. 1982 gibt WILKINSON eine entsprechende Veränderung der Biominerale im Verlauf des Phanerozoikums auf der Basis der RAUP-schen (1976) Artendiversität karbonatabscheidender Metazoa wieder (vgl. Neuaufstellung in Abb. 6-18), wobei er nun das niedrigere Mg/Ca-Verhältnis im prämittelkarbonischen Ozean mit submarinen Verwitterungsvorgängen verstärkt tätiger mittelozeanischer Rücken verknüpft (Mg-Entzug aus dem Meerwasser durch Serpentinisierung ozeanischer Kruste). 1983 schließen sich WILKINSON et al. nach einer Ooidbilanzierung durch die Formationen und ohne Betrachtung der Biogenverteilung jedoch der von PIGOTT & MACKENZIE (1979) aufgestellten Meinung an, daß sich nicht die Meerwasserzusammensetzung, sondern der CO_2-Partialdruck der Atmosphäre während des Phanerozoikums geändert hat. Schließlich ist es auch sinnvoll, die mineralische Zusammensetzung der Biogenskelette aus Überlegungen zu möglichen Änderungen im CO_2- bzw. Mg/Ca-Haushalt während der Erdgeschichte herauszuhalten, denn die Biogene vermögen sich hinsichtlich ihrer Mineralisation über die Meerwasserzusammensetzung hinwegzusetzen. Eine biologische und nicht anorganisch-umweltmäßige Steuerung wird durch die rein calcitische Ausbildung der im Meso- und Känozoikum so enorm verbreiteten Coccolithen und planktonischen Foraminiferen besonders deutlich.

Globale Umweltänderungen wirken sich jedoch signifikant auf die C- und O-Isotopenzusammensetzung in Biogenskeletten aus. So ändert sich das C^{13}/C^{12}-Verhältnis in Biogenskeletten seit Kam-

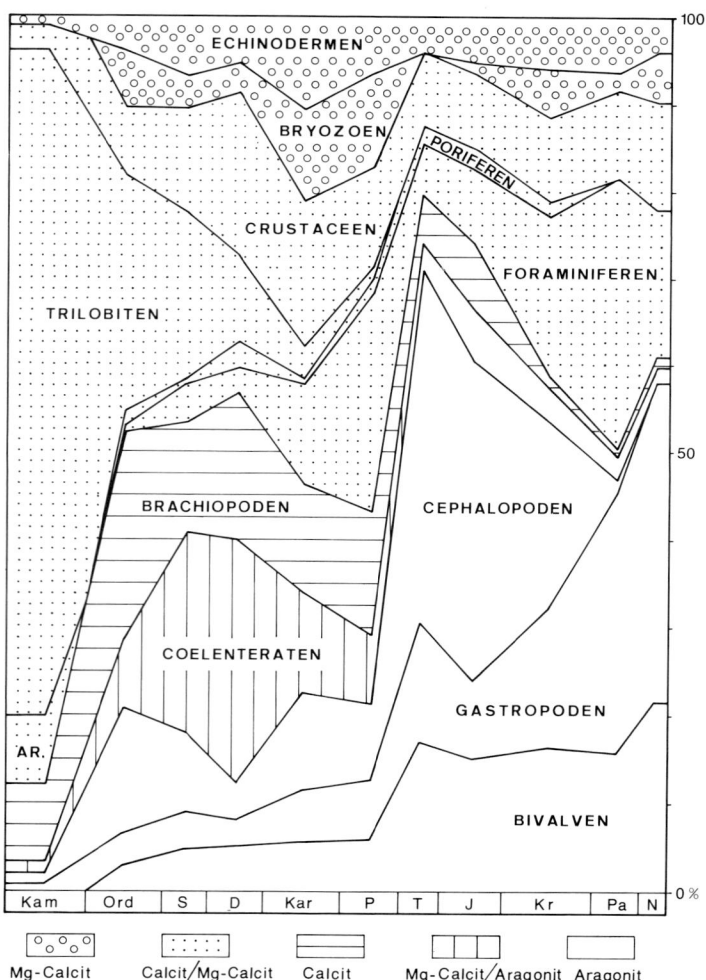

Ar. = Archäocyathiden.
Kam = Kambrium,
Ord = Ordovizium,
S = Silur,
D = Devon,
Kar = Karbon,
P = Perm,
T = Trias,
J = Jura,
Kr = Kreide,
Pa = Paläogen,
N = Neogen und Pleistozän.

Abb. 6-18. Artendiversität wichtiger tierischer Biogengruppen während des Phanerozoikums nach RAUP (1976) und die vorwiegende (z. T. angenommene) Zusammensetzung der Kalkskelette. Bemerkungen: a – undifferenzierte Gattungen der RAUPschen Aufstellung wurden nicht berücksichtigt; b – unter den Cephalopoden sind die Belemnitenrostren natürlich calcitisch; c – Stromatoporen (primär aragonitisch) werden hier in der Coelenteratengruppe geführt; d – agglutinierte Foraminiferen konnten nicht abgetrennt werden; e – bei den Bivalven gibt es auch calcitische Formen; f – Biogenanteile unter 0,5 % bleiben unberücksichtigt.

briumbeginn mehrmals mit C^{12}-Maxima im älteren Paläozoikum und angedeutet im Jura (VEIZER et al. 1980), was von MACKENZIE & PIGOTT (1981) mit der CO_2-Veränderung der Atmosphäre während des Phanerozoikums aufgrund unterschiedlich starker plattentektonischer Aktivitäten in Zusammenhang gebracht wird (hohe Spreadingraten = CO_2-Maxima = C^{12}-Maxima). Andererseits wird der Einfluß der Wassertemperatur auf das O^{18}/O^{16}-Verhältnis in planktonischen Foraminiferen (mehr O^{16} bei höherer Temperatur) zur stratigraphischen Gliederung der von Warm- und Kaltzeiten beeinflußten jungkänozoischen Tiefseesequenzen genutzt (EMILIANI 1966 u. 1970, SHACKLETON & OPDYKE 1973, BERGER 1979).

Hinsichtlich einer Änderung von Skelettsubstanzen während des Phanerozoikums bleibt eigentlich nur festzustellen, daß sich die Mineralvielfalt erhöht hat, was als Ausdruck der evolutionären Entwicklung in der Lebewelt angesehen werden kann.

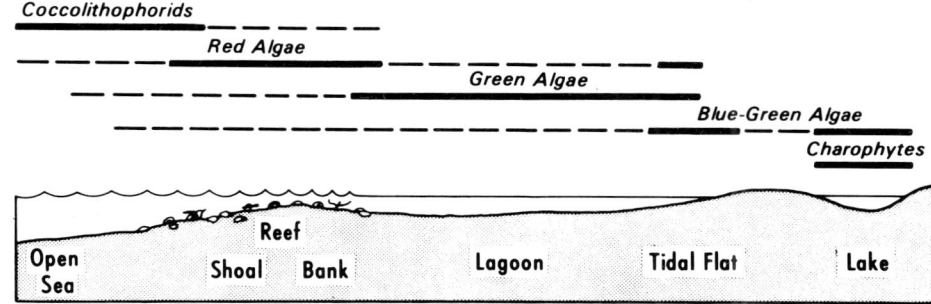

Abb. 6-19. Verteilung rezenter Kalkalgen und Coccolithophoriden entlang eines idealisierten Profils durch einen Karbonatschelf mit benachbarten lakustrinen Environments in einem äquatornahen Gebiet (WRAY 1977: Fig. 144).

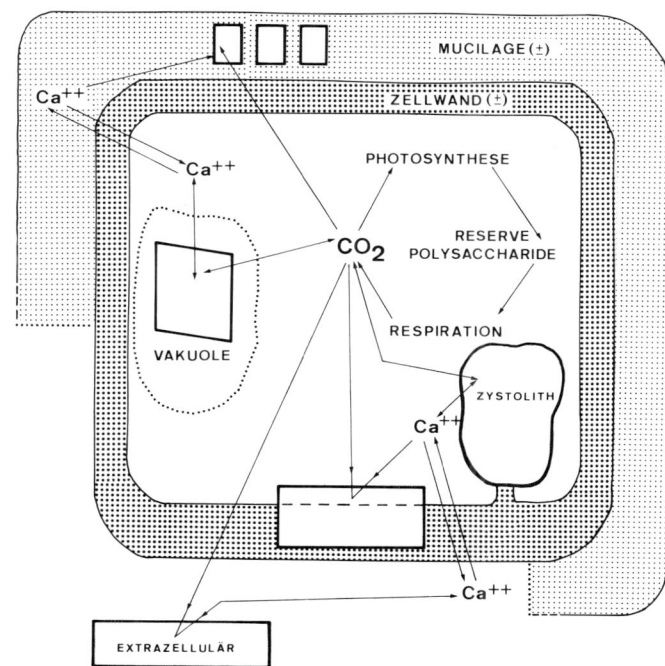

Abb. 6-20. Möglichkeiten der Kalkausscheidung (dick umrandete Felder) im Bereich einer pflanzlichen Zelle (ARNOTT & PAUTARD 1971).

6.2.2 Kalkalgen

Kalkfällende Algenarten werden üblicherweise zur Gruppe der Kalkalgen zusammengefaßt, schließen jedoch Taxa unterschiedlicher systematischer Stellung ein. Während die meisten Kalkalgen zu den eucaryontischen Protisten gestellt werden, gehören die Blaugrünalgen zu den Procaryonten (primitive Einzeller). Die sedimentfangenden Blaugrünalgen werden auch bei den Kalkalgen abgehandelt, da es wenig Sinn hat, diese Gruppe von den kalkfällenden Blaugrünalgen (z. B. *Rivularia*) zu trennen. Im englischen Sprachraum wird zwischen „skeletal" und „nonskeletal calcareous algae" unterschieden (u. a. WRAY 1971, 1977).

Nach DAWSON (1966) sind bei den marinen benthonischen Kalkalgen nur 6% (8% nach WRAY 1977: 23) der Arten zur Kalkfällung in der Lage, und von 680 Kalkalgenarten gehören 590 zu den Rotalgen. Einzelne Kalkalgen-Gruppen sind für bestimmte Faziesbereiche der photischen Zone charakteristisch, wobei es zumeist marine Formen sind (Abb. 6-19). Nur Armleuchteralgen (Charophyten) und Blaugrünalgen (z. B. *Rivularia haematites*) stellen Vertreter für nichtmarine Kalkalgen. Die Kalkausscheidung ist bei Pflanzen nach ARNOTT & PAUTARD (1971) an fünf verschiedene Bereiche einer Zelle gebunden (s. Abb. 6-20), wobei die Karbonatisierung der Zellwand und der Mucilage am stärksten zur Erhaltung der Biogenstrukturen beitragen.

Im Verlauf des Phanerozoikums ist es zu signifikanten Veränderungen bei der Verteilung der Kalkalgen gekommen. Noch im Paläozoikum nimmt die Bedeutung der Blaugrünalgen ab, und im Meso- sowie besonders im Känozoikum breiten sich die Corallinaceen zunehmend aus (WRAY 1977 u. 1978; Abb. 6-21 u. 22).

6.2.2.1 Blaugrünalgen

Blaugrünalgen (= Blaualgen = Cyanophyten = Cyanobakterien) kommen in mehr als 3 Milliarden Jahre alten präkambrischen Karbonaten vor und gelten als die ältesten erhaltungsfähigen Organismen der Erde (FENTON & FENTON 1957, RUTTEN 1962, A. H. MÜLLER 1964 u. a.).

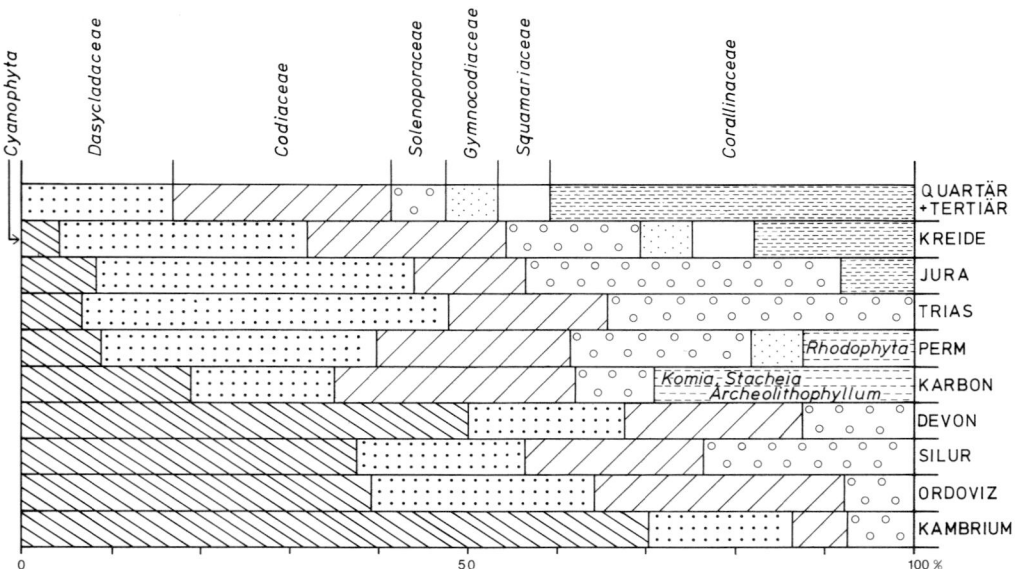

Abb. 6-21. Kalkalgen-Verteilung in den einzelnen phanerozoischen Formationen (nach WRAY 1977).

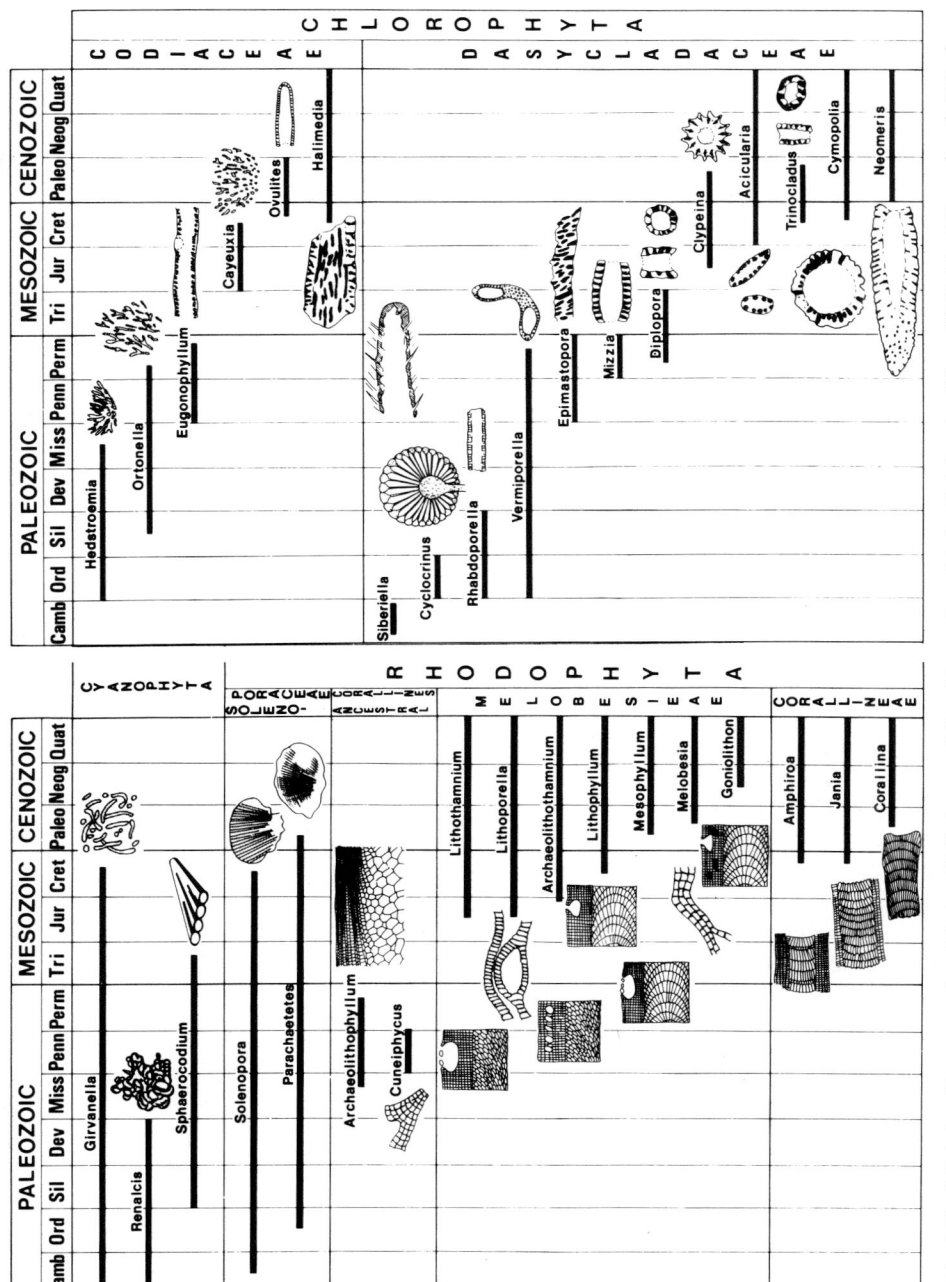

Abb. 6-22. Wichtige Gattungen benthischer Kalkalgen und ihre biostratigraphische Reichweite (WRAY 1978: Fig. 27), s. aber S. 262 oben.

Die Warrawoona-Formation von Westaustralien führt die mit 3,4–3,5 Milliarden Jahren ältesten bislang bekannten Blaugrünalgen-Stromatolithe (LOWE 1980, WALTER et al. 1980), die sogar filamentöse Mikrofossilien enthalten (AWRAMIK 1982). 3,8 Milliarden Jahre alte „präeukaryotische" Mikrofossilien beschreibt PFLUG (1978a u. b, 1979) aus der Isua-Serie Südwestgrönlands, nachdem bereits SCHIDLOWSKI (1977, s. auch SCHIDLOWSKI et al. 1979) über Isotopen-Analysen an Isua-Sedimenten auf eine Herkunft des primär im Gestein vorhandenen Kohlenstoffs aus biologischer Produktion geschlossen hat. Nach PFLUG (1980) handelt es sich beim Fund von Isuasphaera um einen photosynthetischen Organismus – „entweder eine Alge oder eine noch unbekannte Lebensform".

Die Blaugrünalgen sind nach BERKNER & MARSHALL (1965) maßgeblich an der Entstehung des atmosphärischen Sauerstoffs beteiligt, den es erst seit 2 Milliarden Jahren gibt, wie es das erste Auftreten von kontinentalen Rotsedimenten belegt. Zuvor waren Kolonien von Blaugrünalgen besonders an vulkanisch beeinflußte Seen gebunden (BUTTON 1973). Für diese Zeit belegen leicht oxidierbare Minerale in Pyrit-Uraninit-Seifen, wie in den Witwatersrand-Konglomeraten, eine sauerstofffreie Primordial-Atmosphäre (SCHIDLOWSKI 1971). Blaugrünalgen besitzen seit dem Präkambrium eine überragende Bedeutung als Sedimentbildner.

Diese einzelligen oder aus fadenförmigen Zellreihen (Abb. 6-23) aufgebauten, verschiedenartig geformten Massen ungeschlechtlicher Algen verdanken ihr frühes Erscheinen und ihre weite Verbreitung auch einer extremen Resistenz gegenüber klimatischen und chemischen Bedingungen. Sie wachsen in Salzmarschen (z. B. am Großen Salzsee, EARDLEY 1938), in marinem, brackischem, limnischem und fluviatilem Milieu sowie auf feuchten Landoberflächen. Andererseits reicht ihr Lebensbereich von kalten antarktischen Seen bis zu heißen Quellen (z. B. in Island) von fast 80 °C (v. PIA 1926, FRITSCH 1956). Die Mechanismen zur Widerstandskraft von Blaugrünalgen gegen Austrocknung, hohe Temperaturen und letal wirkende Sonnenstrahlung werden von MONTY (1971) diskutiert. Blaugrünalgen können auch in größeren Tiefen vorkommen, wie *Schizothrix calcicola* in 390 m Tiefe im Toten Meer belegt (MONTY 1967).

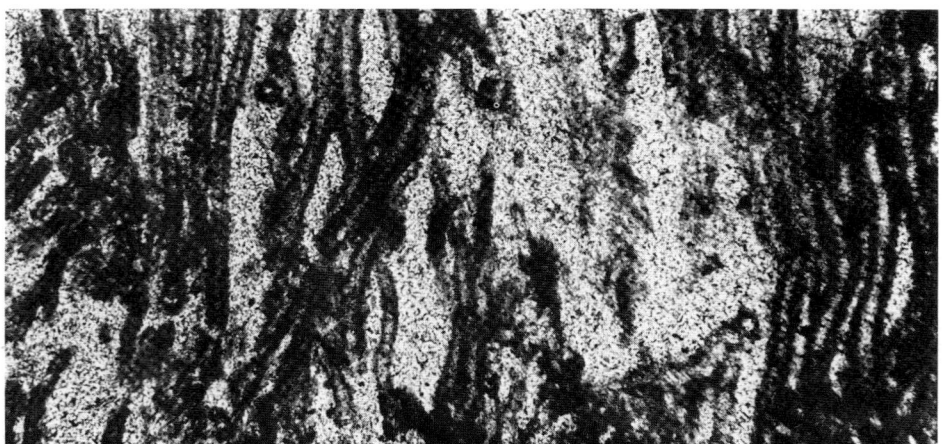

Abb. 6-23. Durch Mg-Calcit inkrustierte Scytonema-Fäden (50–70 μ ⌀) aus einem rezenten Stromatolith von Andros Island; zwischen den Filamenten hier Kunststoff-Füllung (HARDIE & GINSBURG 1977: Fig. 48).

Sedimentstrukturen, die auf sedimentfangende oder karbonatausscheidende Aktivitäten von Blaugrünalgen zurückgehen, werden von AITKEN (1967) unter „cryptalgal structures" zusammengefaßt. Nach ihrer geologischen Erscheinung unterscheidet man die knollenförmigen „Onkolithe" (HEIM 1916; griech. onkos = Knolle) von den schichtigen, teilweise zu Kuppeln aufgewölbten „Stromatolithen" (KALKOWSKY 1908; griech. stroma = Matte) (vgl. Abb. 6-24). Unlaminierte, häufig gekröseförmige „cryptalgal" Strukturen werden von AITKEN (1967) „Thrombolithe" (griech. thrombos = Klumpen) genannt.

Fossile „cryptalgal" Strukturen werden als Anzeiger von intertidalen Environments (LOGAN et

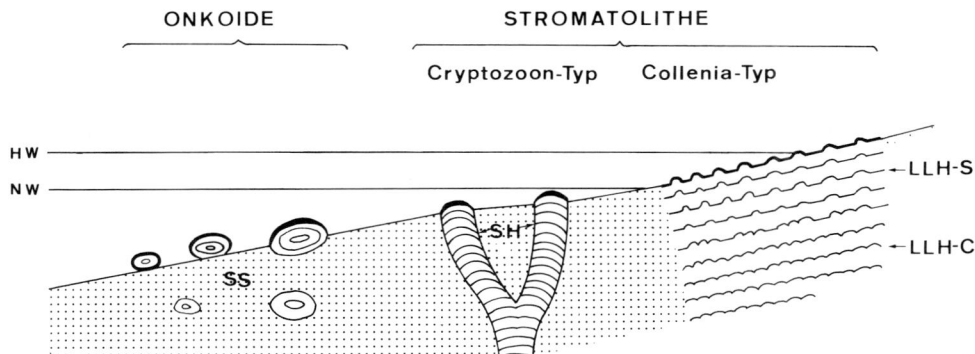

Abb. 6-24. Entstehungsbereiche für Stromatolithe und Onkoide an einer Küstenzone. Bezeichnungen nach LOGAN et al. (1964): LLH = laterally linked hemispheroids; S = stacked; C = concentric; SH = discrete, vertically stacked hemispheroids; SS = spheroidal structures. NW – Niedrigwasser, HW – Hochwasser.

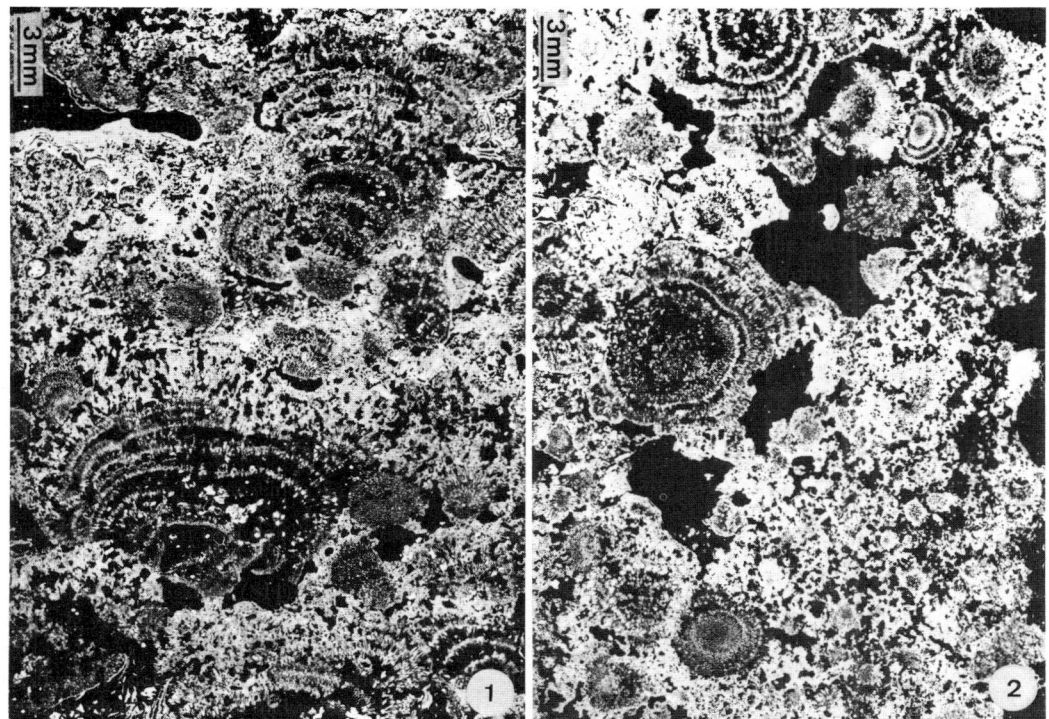

Abb. 6-25. Polster aus porostromaten Blaugrünalgen (*Rivularia haematites*) inkrustiert von einreihigen Corallinaceen (*Lithoporella* sp.; dünne helle Lagen oben links und rechts sowie unten links in 1); Ausschnitte (1: vertikal, 2: horizontal) aus einem pleistozänen, limnisch-brackischen Riff des Golfs von Korinth (RICHTER et al. 1979).

al. 1964), zur biostratigraphischen Korrelation (RAABEN 1969), als ein Maß zur Gezeitenamplitude (CLOUD 1968), als Geopetalanzeiger (PLAYFORD & COCKBAIN 1969) und zur Rekonstruktion von Paläoströmungen (HOFFMAN 1967) herangezogen. Rezente „cryptalgal" Strukturen sind besonders am Hamelin Pool in Westaustralien hinsichtlich ihrer vielseitigen Ausbildungsformen und ihres Bezuges zur Gezeitensituation untersucht worden (LOGAN 1961, LOGAN et al. 1974).

Stromatolithe und Onkolithe mit Algenfäden werden porostromat (vgl. Abb. 6-25) und solche ohne sichtbare Feinstrukturen spongiostromat genannt (v. PIA 1927, MONTY 1981 b). Zu den Porostromata gehören z. B. *Girvanella, Ottonosia, Somphospongia* und *Osagia* (JOHNSON 1961). Neuerdings werden auch *Ortonella* und ähnliche porostromate Algen nicht mehr zu den Grünalgen, sondern zu den Blaugrünalgen gestellt (WRAY 1977, MONTY 1981 b).

Die drei letztgenannten Autoren benutzen Filamentorientierung und Verzweigungsmuster zur taxonomischen Zuordnung: Während *Girvanella* und *Sphaerocodium* schichtparallel angeordnete Filamente aufweisen, sind die Filamente von *Ortonella, Bevocastria, Cayeuxia, Garwoodia* und *Hedstroemia* mit charakteristischem Verzweigungsmuster (JOHNSON 1961: 95) senkrecht zur Schichtung orientiert. Mit Hilfe morphologischer Kriterien (äußere Form, innere Organisation, Struktur der Zellwand, Verzweigungstyp sowie -winkel usw.), lassen sich taxonomisch häufig nicht eindeutig einzuordnende Kalkalgen nach RIDING & VORONOVA (1985) fürs Kambrium und nach DRAGASTAN (1985) fürs rumänische Mesozoikum sehr differenziert unterscheiden. Bei einer taxonomischen Einstufung nach morphologischen Merkmalen sollten nach FLÜGEL (1977b) allerdings auch die ökologisch bedingten Ausbildungsmuster berücksichtigt werden.

Die für das Alt- bis Mittelpaläozoikum charakteristischen Problematika *Renalcis, Epiphyton* und *Frutexites* können nach WRAY (1977) ebenfalls zu den Blaugrünalgen gestellt werden. PRATT (1984) sieht in *Renalcis* und *Epiphyton* verschiedene Verkalkungsmuster coccoider Blaugrünalgenkolonien („diagenetic microfossils").

Die porostromaten Osagia-Arten hat SCHURAVLEVA (1964) zur Gliederung des Präkambriums herangezogen, während CLOUD & SEMIKHATOV (1969) Wuchsformen und Laminationstypen spongiostromater Stromatolithe zur Unterteilung benutzt haben. Viele spongiostromate Stromatolithe und Onkolithe dürften diagenetisch aus porostromaten Formen hervorgegangen sein.

A. Stromatolith

Unterschiedlich geformte Matten aus Blaugrünalgen führen zu einer stromatolithischen Lamination in einem Gestein (Abb. 6-26). Bei einem Wechsel von Algen- und Kalkalgen sind die letzteren weitgehend auf eingefangenen Kalkschlamm zurückzuführen (BLACK 1933). Stromatolithe sind besonders an gezeitenbeeinflußte Bereiche gebunden (LOGAN et al. 1974), werden jedoch auch aus bathymetrisch tieferen Meereszonen beschrieben (PLAYFORD & COCKBAIN 1969, MONTY 1971, HOFFMAN 1974). Im Präkambrium dürften wegen der vermutlich stärkeren Ultraviolettstrahlung alle Algen in mindestens 10 m Wassertiefe gelebt haben (FISCHER 1965b).

MONTY (1967) untersuchte auf den Bahamas rezente Algenmatten und fand sie je nach ihrem Environment aus verschiedenen Arten zusammengesetzt und unterschiedlich geformt:

a) Oberhalb des mittleren Hochwassers (supratidal)

Laminierte Matten aus Wechsellagerungen oder Mischungen von *Schizothrix calcicola* (z. T. verkalkende, dünne Fäden, Feuchtigkeit liebend) und *Scytonema myochrous* (dicke, laminierte Röhren, bis 30 μ Durchmesser, manchmal verkalkend, Trockenheit aushaltend). Erstere kann nach GEBELEIN & HOFFMAN (1969) in ihrer Schleimscheide das Mg auf das 3–4fache des Meerwassers konzentrieren, wodurch sich die Dolomitstromatolithe leicht erklären lassen.

Die Algen wachsen alternierend nach oben (in feuchten Zeiten oder wenn sie mit Schlamm zugedeckt werden) und zu horizontalen Matten (in trockenen Zeiten). Die Oscillatoriacee *Schizothrix* kann eine dünne Sedimentbedeckung durchwachsen, während *Scytonema* nur in Bereichen ohne bis wenig Sedimentanfall üppig gedeiht (HARDIE 1977). In Algenmatten gefällter Kalk mag

Abb. 6-26. Präkambrischer Stromatolith; Anschnitt eines nordischen Geschiebes von Jütland (spongiostromater Stromatolith nach Dünnschliffuntersuchung).

biogen induziert sein, aber ein Vergleich von Calcitchemismus und hydrologischer Geländesituation deutet eine anorganische Fällung an, denn auf Andros besteht der Kalk meerwärts aus Mg_{12-13}-Calcit (HARDIE 1977: 172) und landwärts in süßwasserbeeinflußten Matten aus $Mg_{1,5-8}$-Calcit (MONTY 1972). Der zuvor erwähnte Algen-Sediment-Wechsel trifft wahrscheinlich auch für die vielen fossilen Stromatolithe zu (MONTY 1967). Eine bedeutende Eigenschaft der Algenfäden ist ihr Vermögen, Partikel zu ummanteln und somit festzuhalten sowie sie weitgehend von der chemischen Beeinflussung durch das Meerwasser zu isolieren (BATHURST 1971).

b) Im Gezeitenbereich (intertidal)

Laminierte Matten, die durch einen Wechsel von organischen Lagen (*Scytonema crustaceum* = 20 µm-Fäden) und Kalklagen im Millimeterbereich entstehen.

Nach HARDIE (1977: 169) sind auf Andros die Kalklagen während Stürmen entstanden (durchschnittlich 3 Sedimentlagen/Jahr; Sedimentationsrate 1,5 mm/Jahr). Während der Nipptiden können die Matten erhärten und zerbrechen. Gelegentlich kommen, vor allem in den unteren Teilen des Watts, domartige Aufwölbungen vor, die durch horizontale Matten verbunden sind („Schizothrix laminated domes", „Collenia-Typ"; „LLH" = laterally linked hemispheroids, LOGAN et al. 1964). In diesem Bereich wird weniger Karbonat ausgefällt als eingefangen (s. auch KENDALL & SKIPWITH 1968).

c) Unterhalb des mittleren Niedrigwassers (subtidal)

Kugelige und domförmige Kolonien (z. T. *Lyngbya*) („Cryptozoon-Typ"; „SH" = discrete, vertically stacked hemispheroids, LOGAN et al. 1964).

NEUMANN et al. (1970) beschreiben subtidale Algenmatten von den Bahamas. Eine Matte setzt sich aus einer Lage innig verflochtener *Lyngbya*-Fäden ($\emptyset = 14-18$ µm) und *Schizothrix*-Fäden ($\emptyset = 1-1,5$ µm) zusammen, welche von horizontal orientierten *Lyngbya*-Fäden bedeckt wird. Von einem Backreef-Bereich auf Florida (FROST 1974) und von den Bermudas (GEBELEIN 1969) sind ebenfalls subtidale Stromatolithe bekannt. Letzterer beschreibt Tag/Nacht-Rhythmen bei rezenten Stromatolithen (Abb. 6-27), was die deutliche Lamination vieler fossiler Stromatolithe erklären mag.

266 Karbonatgesteine

(RICHTER et al. 1982) und in brackischen pleistozänen Schichten bis zu 60 cm große Onkoide mit Blaugrünalgen und einreihigen Corallinaceen in den Hüllen beobachtet werden.

Das innere Gefüge der Onkoide ist oft durch bohrende Organismen zerstört. Bei den „coated grains" des Attersees sind nach SCHNEIDER et al. (1983) konstruktiver Aufbau und Bioerosion

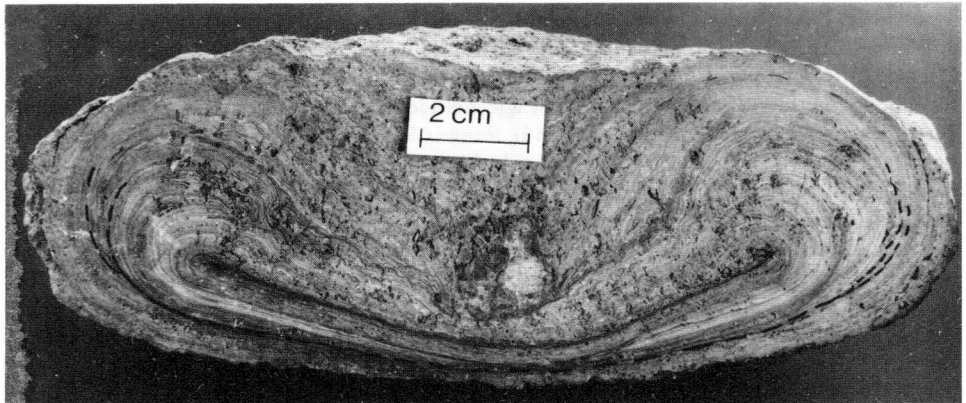

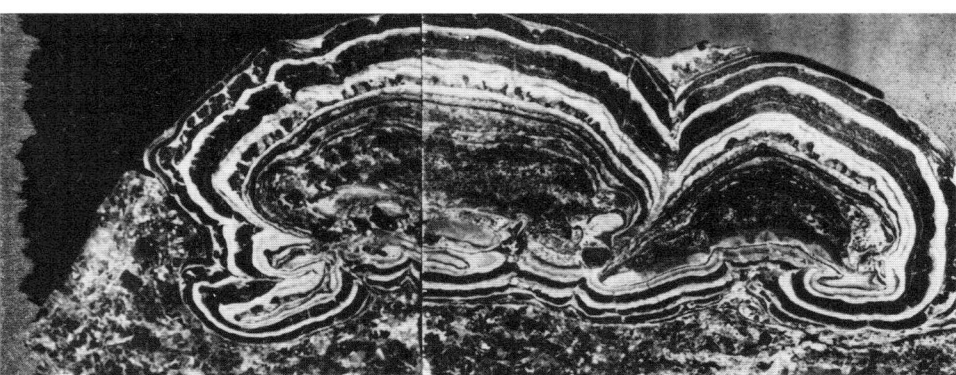

Abb. 6-28. Oben und Mitte: Limnische Großonkoide des Oberpliozän vom Isthmus von Korinth (RICHTER et al. 1982). Unten: Großonkoid des Weißjura vom Deister bei Hannover (polierter Anschnitt; lange Bildseite = 17 cm).

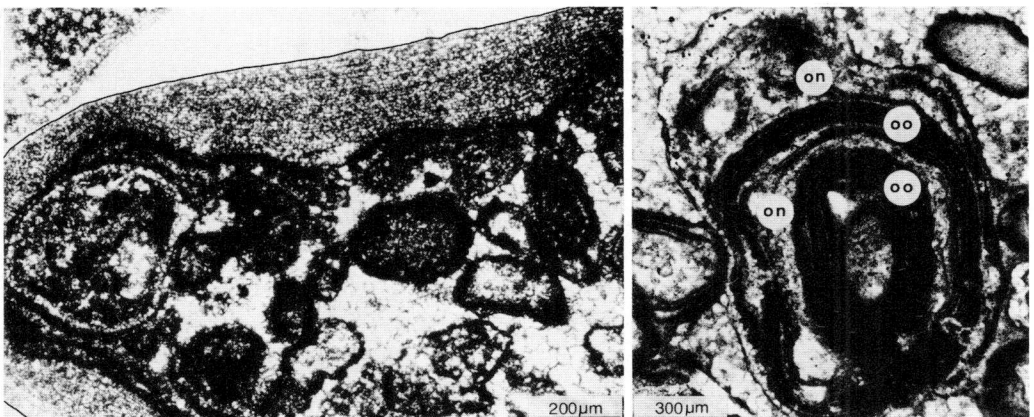

Abb. 6-29. Links: Aggregatkorn/Onkoid mit ooidischer Umhüllung. Zechstein 2, Bohrung Wilsum Z1. – Rechts: Lagig strukturierte, dolomitische Rundkörper mit onkoidischem (on) und ooidischem (oo) Cortexanteil. Zechstein 2, Bohrung Deblinghausen Z3 bei Nienburg.

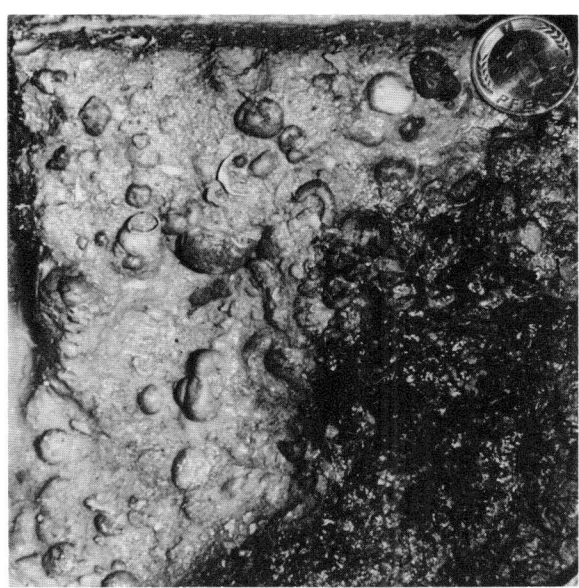

Abb. 6-30. Onkoide auf der Sedimentoberfläche im ständig von Wasser bedeckten Uferbereich des Bodensees (Gnadensee). Rechts unten eine grünliche Algenmatte (aus G. Müller 1966).

nebeneinander nachweisbar. Im fossilen Bereich ist es besonders bei den Mikritrinden um Partikel schwierig zu entscheiden, ob es sich um das Ergebnis bohrender Mikroorganismen („micrite envelopes" nach Bathurst 1966) oder beispielsweise eine Kombination von endolithischen Algen und extern verkalkter Filamentlagen (Kobluk & Risk 1977) handelt. Nur der letztgenannte Fall käme einem onkoidischen Lagenbau nahe.

Als Onkoidkerne fungieren anorganisches und organisches Material beliebiger Form. Dabei können auch Pillen, Ooide (Schramm 1963), größere Gerölle (Kann 1941, Rutte 1955, Richter & Sedat 1983) oder Makrofossilien („Mumienkalk", Gasche 1956, Pümpin 1965) inkrustiert werden.

Wo harte Partikel fehlen, wachsen Onkoide auch um weiche Sedimentbröckchen oder ohne mikroskopisch sichtbaren Kern, so z. B. im Zechstein (Abb. 6-29).

Nach LOGAN et al. (1964) charakterisieren die Blaugrünalgenonkoide im marinen Bereich die tieferen Teile des Wattenmeeres mit lebhafter Wasserbewegung und den Küstenstreifen unterhalb des mittleren Niedrigwassers (Abb. 6-24). Sie kommen speziell in Gebieten mit feinkörniger Kalksedimentation vor und sind daher nur selten mit Ooiden vergesellschaftet. Reichliche Vorkommen in der geschichteten Fazies seitlich der Schwammbioherme des süddeutschen Malm (BAUSCH 1963a, HILLER 1964) deuten darauf hin, daß Onkoide möglicherweise noch in 70 m tiefem Wasser gebildet werden können.

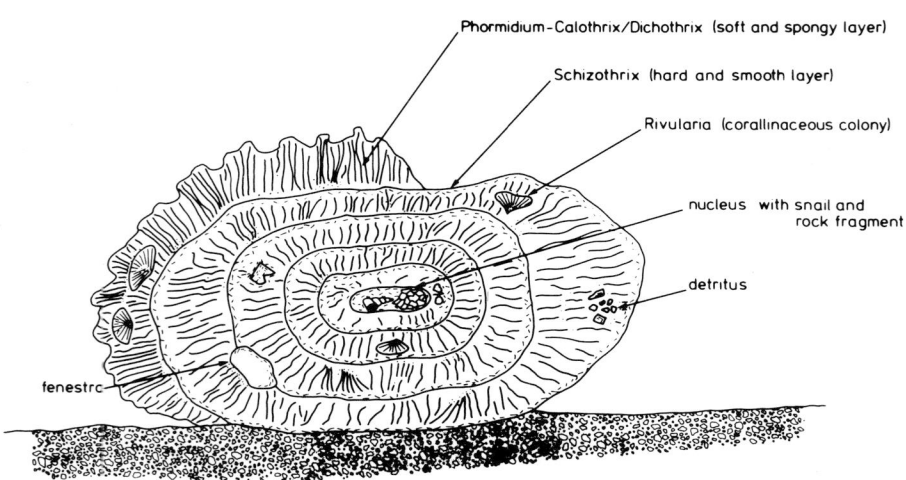

Abb. 6-31. Aus verschiedenen Algen zusammengesetztes subrezentes Onkoid des Bodensees (aus: SCHÄFER & STAPF 1978).

Komplexe Onkoide mit verschiedenen Algenarten in den Hüllen werden bislang besonders aus dem nichtmarinen Bereich beschrieben (SCHÄFER & STAPF 1978 – vgl. Abb. 6-31, MONTY & MAS 1981, NICKEL 1983, RICHTER & SEDAT 1983, LEINFELDER 1985). Ihre Bildung ist auf wechselnde Milieubedingungen zurückzuführen. So werden Aufbau und Calcifizierungsmuster von Onkoiden des Alenquer Onkoliths (Oberes Kimmeridgium?, Portugal) nach LEINFELDER (1985) von hydraulischen und physikalisch-chemischen Parametern gesteuert. Je nach Wasserenergie und/oder Salinität können 10 Calcifikationsmorphotypen unterschieden werden, die verschiedenen Cyanophyten-Arten bzw. -Gesellschaften zuzuschreiben sind (*Schizothrix, Scytonema, Calothrix, Rivularia haematites*, coccoide Algen, *Dichothrix, Phormidium incrustans*).

Bemerkungen zur Onkoid-Definition:

Der Erstautor HEIM (1916) hat die Genese der Onkoide auf die Tätigkeit von Bakterienkolonien zurückgeführt, und viele Autoren beziehen Onkoide auf „coated grains of (non red-)algal, cyanobacterial and bacterial origin" (PERYT 1983a). Aber in Anlehnung an FLÜGEL (1978) und RICHTER (1983a) ist eine allgemeine Anwendung des Begriffs Onkoid notwendig, da die häufig vorkommenden unregelmäßig-lagig strukturierten „coated grains" ohne Biogenstrukturen spongiostromate Onkoide sensu PERYT (1981), Knollen des vadosen Environments (z. B. Pedocretes) oder diagenetisch veränderte andere Onkoide (Rhodoide, Bryoide usw., s. u.) sein können.

Onkoide sollten nach RICHTER (1983a) folgendermaßen unterteilt werden: Cyanoide (Bakterien-, Blaugrünalgenonkoide), Chloroide (Grünalgenonkoide), Rhodoide (Rotalgenonkoide = „rhodolites" sensu BOSELLINI & GINSBURG 1971), Bryoide (Bryozoenonkoide – z. B. in pleistozänen Schichten des Kanaleinschnitts von Korinth nicht selten), Vadoide (unregelmäßig-lagig strukturierte Knollen im vadosen Environment, z. B. in Pedocretes) usw. Sogar die Vadoide passen genetisch recht gut zu den Onkoiden, da die in Pedocretes vorkommenden Organismen der Gruppe *Microcodium* (vgl. KLAPPA 1978) nach RICHTER (1983a) häufig am Aufbau quartärer Vadoide verschiedener Lokalitäten bei Korinth beteiligt sind.

Eine noch präzisere Onkoidansprache bietet sich an, wenn die Biogene genau bekannt sind oder verschiedene Organismengruppen am Lagenbau beteiligt sind (vgl. FLÜGEL 1978: 113): *Rothpletzella*-Onkoide (FLÜGEL & WOLF 1969), *Girvanella*-Onkoide (TOOMEY 1974, PERYT 1980 u. 1981, BIDDLE 1983, ČATALOV 1983), *Garwoodia*- sowie *Ortonella*-Onkoide (WRIGHT 1983), *Archaeolithophyllum*-Onkoide (TOOMEY 1974, FLÜGEL 1977a), Foraminiferen-Onkoide (ČATALOV 1983), Foraminiferen-Algen-Onkoide (FLÜGEL 1977a, PERYT 1977, BOWMAN 1983) usw. Küstenferner, in etwas tiefer gelegenen Meeresbereichen mit geringer Sedimentationsrate gebildete mikritische „coated grains" (z. T. mit Foraminiferen und Serpeln) werden als pelagische Onkoide angesprochen (MASSARI 1983, MASSARI & DIENI 1983).

6.2.2.2 Grünalgen

Bei den Grünalgen (= Chlorophyta) vermögen Codiaceae sowie Dasycladaceae der Chlorophyceae und etliche Familien der Charophyceae Kalk in den vegetativen Teilen (Thallus) und in den weiblichen Fortpflanzungsorganen (Gametangium) auszuscheiden. Die Grünalgen sind nach JOHNSON (1961) und WRAY (1971, 1977) ausgesprochene Flachwasserbewohner (meist < 10 m Wassertiefe), da sie das rote Spektrum des Lichts benötigen, das im Wasser gegenüber dem blauen Spektrum schneller absorbiert wird. Chlorophyceen sind seit dem Kambrium und Charophyceen seit dem Silur bekannt (s. JOHNSON 1966).

A. Dasycladaceen (Wirtelalgen)

An einem zentralen, zylindrischen Stamm (0,1–10 mm ⌀) sitzen wirtelig in regelmäßigem Abstand feine Ästchen (Abb. 6-32). Um den Stamm bilden sich Krusten aus vorwiegend radial orientierten Aragonitnadeln (POBEGUIN 1954). Körnige Lagen und Bereiche mit tangential orientierten oder ungeregelten Aragonitnadeln bzw. -prismen sind auch beobachtet worden (FLAJS 1977a, b, GENOT 1985). Als Kalkschlammproduzent von < 10 µm kleinen Aragonitkristallen kann *Chalmasia antillana* für 720 g pro m^2 und Jahr sorgen (MARSZALEK 1975). In Kalksteinen sind die Krusten meist mikro- bis makrokristallin umkristallisiert, während der Stamm entweder hohl oder mit Kalk gefüllt ist (Vgl. Abb. 6-33). Einzelne fossile Vertreter wie z. B. *Clypeina jurassica* bestanden aufgrund ihrer faserig strukturierten Thalli nach BASSOULLET et al. (1977) möglicherweise primär aus Calcit.

Die Thalluskrusten der Wirtelalgen werden von den Aussparungen der Ästchen und Gametangien durchbrochen, deren Anordnung und Ausbildung artspezifisch sind (allgemein: v. PIA 1920, BASSOULLET et al. 1977; Silur: REZAK 1959; Perm: FLÜGEL & FLÜGEL-KAHLER 1980, CHUVASHOV 1983, TOOMEY 1985; alpine Trias: v. PIA 1942, OTT 1967a u. 1972, FLÜGEL 1975; Oberjura/Unterkreide: Groupe Elf-Aquitaine 1975; Paläogen: DELOFFRE & GENOT 1982; Dasycladaceen-Evolution: HERAK et al. 1977).
Dasycladaceen-Sporen sind nach FLÜGEL (1966) im alpinen Perm häufig. Es sind im Mittel 0,16 mm große Kugeln mit strukturloser, kryptokristalliner Schale. Bei den rezenten Dasycladaceen verkalken auch die Gametangien von *Chalmasia antillana*, während in den Schalen der Gametangien von *Acetabularia* kein Karbonat ausgeschieden wird (Rezak 1971). Die Reproduktionszysten von *Chalmasia antillana* sind als 140–185 µm große Calcisphären mit 10–25 µm dicken Aragonitwänden ausgebildet (MARSZALEK 1975).

Dasycladaceen bevorzugen lagunäre Bereiche (Abb. 6-19). Sie sind zumindest seit dem Perm für warme Meeresgebiete geringer Breiten typisch (FLÜGEL 1985). Über eine Abhängigkeit der morphologischen Ausbildung vom Environment berichtet ZORN (1976) bei mitteltriadischen Dasycladaceen der Südalpen.
Vom Perm bis zum Jura sind die Dasycladaceen an der Kalkalgenvergesellschaftung nach WRAY

Abb. 6-32. Zementierter Dasycladaceenkalk; unten rechts eine rezente Dasycladacee (Wray 1977).

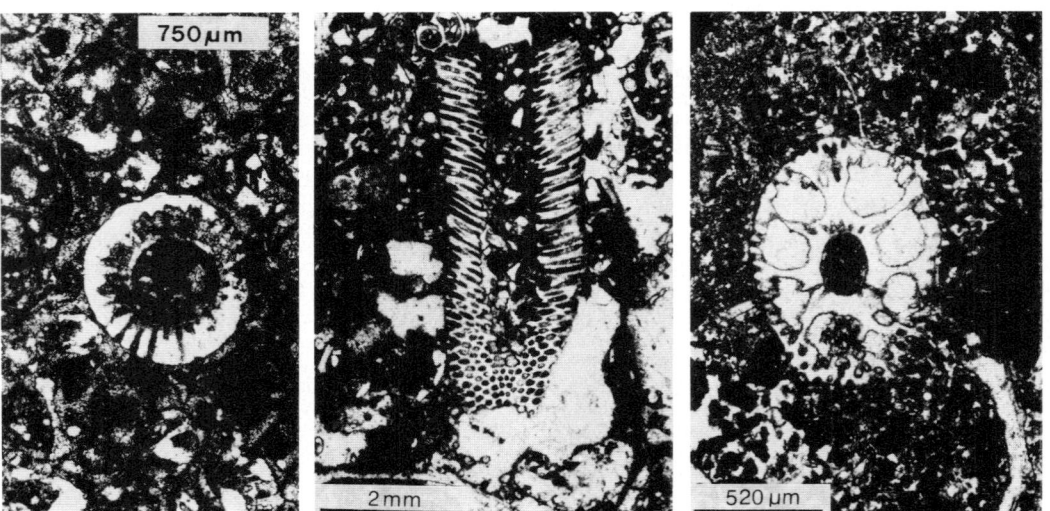

Abb. 6-33. Links: Dasycladaceenquerschnitt aus einem paläozänen Kalkstein (Libyen), der reich an Partikellösungsporen ist. Mitte: Dasycladaceendiagonalschnitt von *Diplopora* cf. *D. interiecta* Fenninger aus dem Dachsteinriffkalk (Nor) des Gosaukammes. Rechts: *Heteroporella zankl* (Ott 1967); Querschnitt mit alternierend angeordneten Ästen (Lokalität und Alter wie zuvor; Mitte u. rechts aus Wurm 1982).

(1977) maßgeblich beteiligt (Abb. 6-21). Nur in der Untertrias ist aufgrund der weltweiten jungpaläozoischen Meeresspiegelabsenkung ein Algenminimum zu verzeichnen (FLÜGEL 1985).

B. Codiaceen (Schlauchalgen)

Verkalkende Codiaceen sind schlauch- bis blattförmig oder segmentiert ausgebildet, mit Wurzeln am Substrat festgeheftet und bis über 20 cm groß. Typisch sind eine zentrale Medulla mit verflochtenen Schläuchen (ca. 0,05 mm $\varnothing$) in Längserstreckung des Thallus und randliche Cortices mit radial orientierten, verzweigten sowie verwobenen Schläuchen (Abb. 6-34). Im Medulla-Cortex-Bereich sind radial bis ungeregelt zu Schläuchen und Außenbegrenzung orientierte µm-kleine Aragonitnadeln oft in lockerem Verband ausgebildet (Abb. 6-35). Den bekanntesten rezenten Gattungen *Penicillus* und *Halimeda* kommt eine große Bedeutung bei der Bildung aragonitischer Kalkschlämme zu, da sie eine hohe Wachstumsrate haben, und die Aragonitnadeln nach dem Zerfall der organischen Substanz meist als Sedimentpartikel fungieren (FINCKH 1904, COLINVAUX et al. 1965, NEUMANN & LAND 1975, WEFER 1980, HUDSON 1985). Immerhin kann *Halimeda* nach FINCKH (1904) in 6 Wochen 7,6 cm wachsen.

Als älteste Codiacee ist *Palaeoporella* aus dem Oberkambrium bekannt (JOHNSON 1966). Die im Jungpaläozoikum verbreiteten phylloiden (blattförmigen) Algen *Eugonophyllum*, *Anchicodium*, *Ivanovia* und *Calcifolium* sind nach WRAY (1977) ebenfalls zu den Schlauchalgen zu stellen. Möglicherweise gehört auch *Microcodium* zu den Codiaceen (JOHNSON 1961, WRAY 1977), das seit dem Mesozoikum in Calcrete-Bildungen vorkommt (u. a. ESTEBAN 1974, KLAPPA 1978).

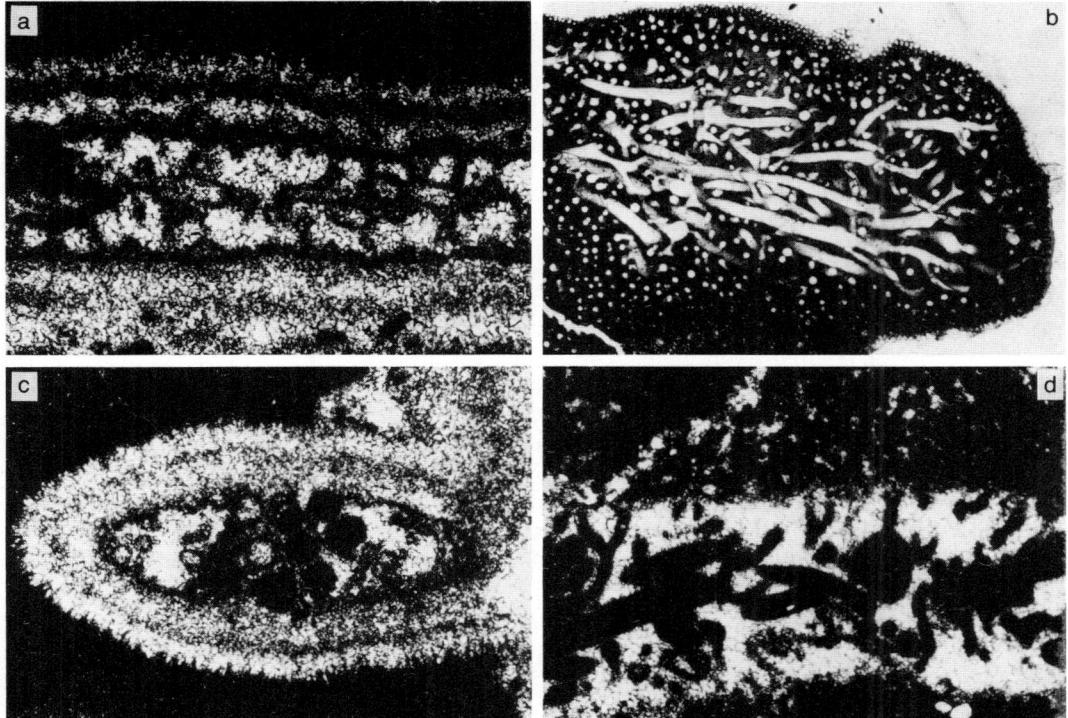

Abb. 6-34. Grünalge Halimeda. a, c, d – Paläozän, Marsica (Abruzzen, Italien; Dünnschliff von E. OTT); b – rezent, Bermudas. a, b, d – Längsschnitte, c – Querschnitt. a u. b – Utrikel (Schläuche) zementiert oder hohl, c u. d – Utrikel mit Mikrit gefüllt. a u. c zeigen „aggrading crystallization" (FOLK 1965 b) mit Kristallwachstum von der Alge in die umgebende Mikritmatrix. (Bildbreite jeweils 2,1 mm.)

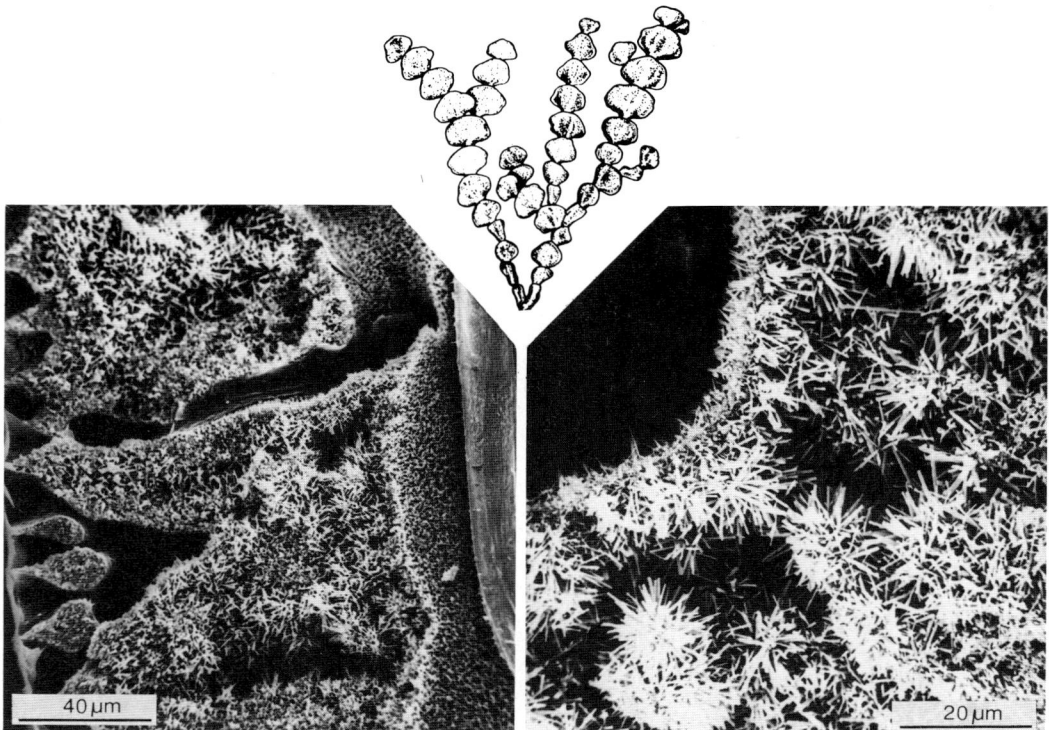

Abb. 6-35. Radial bis ungeregelt zu den Schläuchen eines Halimeda-Segments ausgebildete Aragonitnadeln (REM-Aufnahmen von H. KEUPP). Oben: Skizze einer Halimedapflanze (etwa natürliche Größe, FLAJS 1977a).

C. Charophyceen (Armleuchteralgen)

Armleuchtergewächse sind aufrecht wachsende, verzweigte, buschige Pflanzen, deren Thallus (< 1 mm ⌀) in regelmäßigen Abständen wirtelige Ästchen ausbildet. Während die Stengel häufig primär nicht verkalkt sind (Abb. 6-36), wird in den Wänden der spiralig ziselierten, eiförmigen Gyrogonite (0,5−1 mm ⌀) der Reproduktionsorgane (Oogonium) bei den meisten Gattungen Calcit ausgeschieden (JOHNSON 1961; Abb. 6-37). Normalerweise sind die calcitischen Partien – dem limnischen Environment entsprechend – nahezu stöchiometrisch zusammengesetzt (BATHURST 1971: 64). Im limnisch-brackischen Milieu gebildete Gyrogonite des Pliopleistozäns am Isthmus von Korinth bestanden jedoch nach RICHTER et al. (1982) und NEUSER et al. (1982) primär aus Mg-haltigem Calcit (jetzt Fe-Calcit bei Erhaltung der Schalenstruktur – s. Kap. 6.6.1). BURNE et al. (1980) beschreiben aus einem salinaren See in Südaustralien Oogonien mit Wänden aus Hoch-Mg-Calcit.

Abb. 6-36. Links: Characeenstengel eines limnischen Kalks (Miozän, Steinheimer Becken/Württemberg); die in diesem Fall primär nichtverkalkten Cortices sind von nadeligem Aragonitzement umsäumt (Negativabzug von M. WOLFF). − Rechts: Armleuchtergewächs mit Detailskizze zur Lage der Oogonien (WRAY 1977: Fig. 123).

Abb. 6-37. Oogonien in limnischen Ablagerungen des Oberpliozäns vom Isthmus von Korinth (RICHTER et al. 1982). − Links: Calcitisch zementierte Oogonie in siltitischem Kalkmergel. Rechts: Dolmikrit mit Oogonie, deren Calcitschale bei einer Dorag-Dolomitisierung gelöst wurde (Pfeil: Diatomee).

Biogene

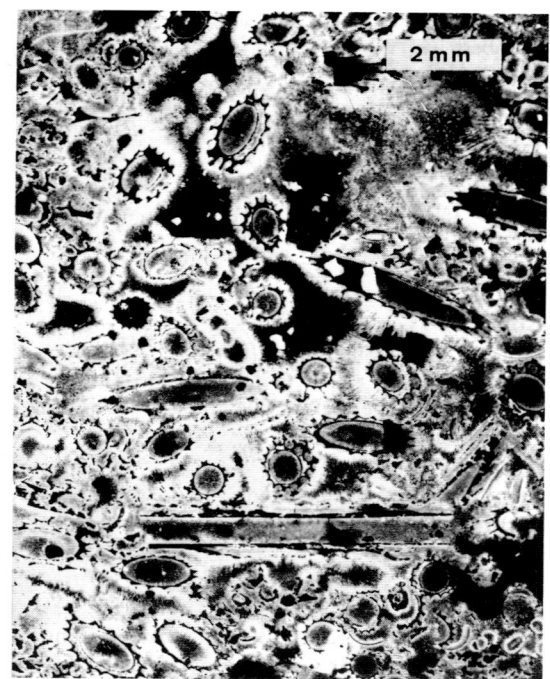

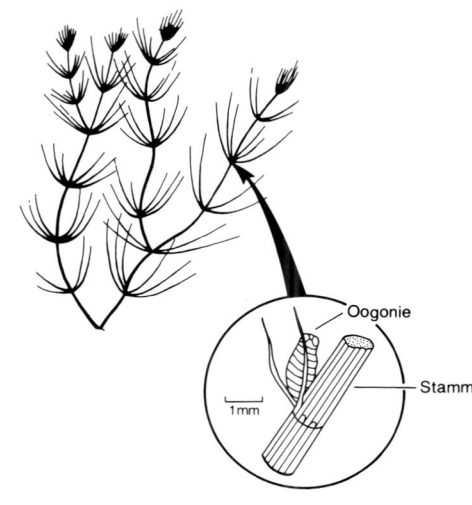

Abb. 6-36

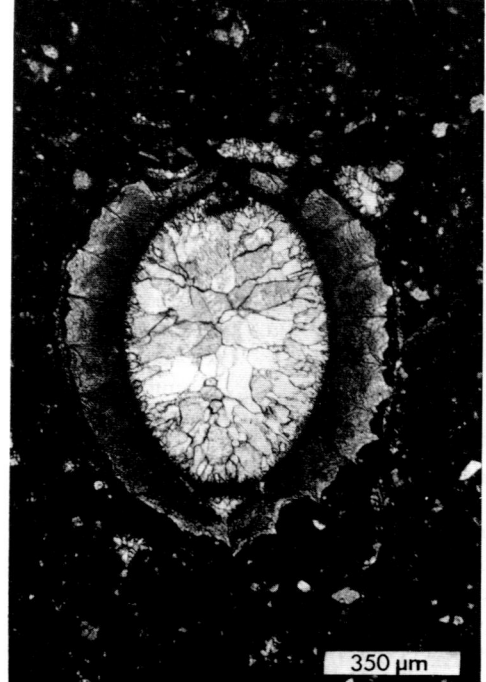

Abb. 6-37

Schelf, am oberen und unteren Schelfrand, sowie in der Tiefsee (vgl. Abb. 6-45). Natürlich können Flachwasserforaminiferen durch Suspensionsströme in tiefere Meeresteile verfrachtet werden (PHLEGFR 1951, MEISCHNER 1964).

Bei den Foraminiferen lassen sich grundsätzlich 6 Schalenstrukturen unterscheiden (u. a. POKORNY 1958, BRASIER 1980), von denen allerdings nur die Sandschaler (c) und die Kalkschaler (d–f) sedimentgeologisch von Bedeutung sind (Abb. 6-46):

a) Kieselige Schalen beschränken sich nur auf wenige Arten.

b) Tektinschalen sind für die Formen der Unterordnung Allogromiina (ab Kambrium) typisch. Das Material ist allerdings fossil wenig erhaltungsfähig.

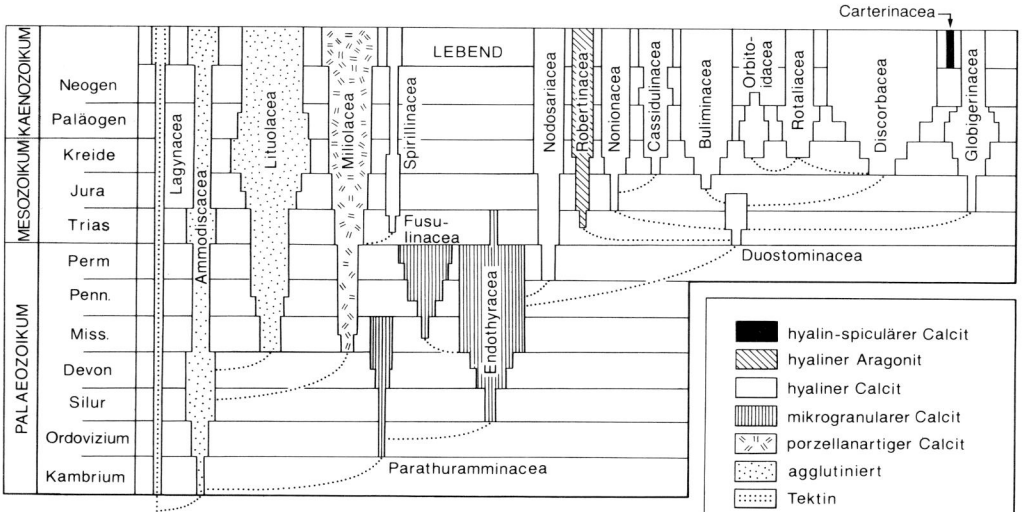

Abb. 6-46. Die Überfamilien der Foraminiferen mit ihrer Wandstruktur und Zusammensetzung sowie ihrer phylogenetischen Entwicklung nach TAPPAN (in: SCHAFER & PELLETIER 1976) und BRASIER (1980).

c) Körnige Schalen (Abb. 6-47 links) finden sich bei den „agglutinierenden Foraminiferen" der Unterordnung Textulariina (ab Kambrium). Normalerweise entspricht das Baumaterial der Zusammensetzung des umgebenden Sediments, aber häufig ist eine enorme Selektion zu beobachten (CUSHMAN 1955, LOEBLICH & TAPPAN 1964, LINDENBERG 1967). So beschreibt CUSHMAN (1955) bei der Gattung *Psammosphaera* Sandkörner bei *P. fusca*, Sandkörner von bestimmter Größe und Spongiennadeln bei *P. parva*, Gehäuse von anderen Foraminiferen bei *P. testacea*, nur Glimmerblättchen bei *P. bowmanni* und nur Spongiennadeln bei *P. rustica*. Die Partikel der sandschaligen Foraminiferen sind durch Tektin, Ferriverbindungen, Calcit oder kieselige Substanz zementiert (POKORNY 1958). Sandschaler-Gemeinschaften bevorzugen kühleres bzw. tieferes Wasser (Abb. 6-45).

d) Porzellanartige Schalen (Abb. 6-48) sind aus kryptokristallinen Calcit-Nadeln zusammengesetzt, die überwiegend ungeregelt verteilt sind und nur in den Randbereichen eine tangentiale oder radiale Orientierung aufweisen (BRASIER 1980). Im Dünnschliff erscheinen die Schalen bei Durchlicht dunkel und bei Auflicht weiß wie unglasiertes Porzellan. Mineralogisch bestehen sie aus Calcit, der in rezenten Foraminiferen warmer Meere bis zu 20 Mol-% $MgCO_3$ enthält (BLACKMON & TODD 1959).

Die Schalen sind nicht perforiert („imperforate" Foraminiferen). Sie werden durch die seit dem Karbon vorkommende Unterordnung Miliolina vertreten (z. B. *Quinqueloculina*, Abb. 6-48 rechts), von der im Alttertiär die Miliolidae und die Alveolinidae als Gesteinsbildner von Bedeutung waren.

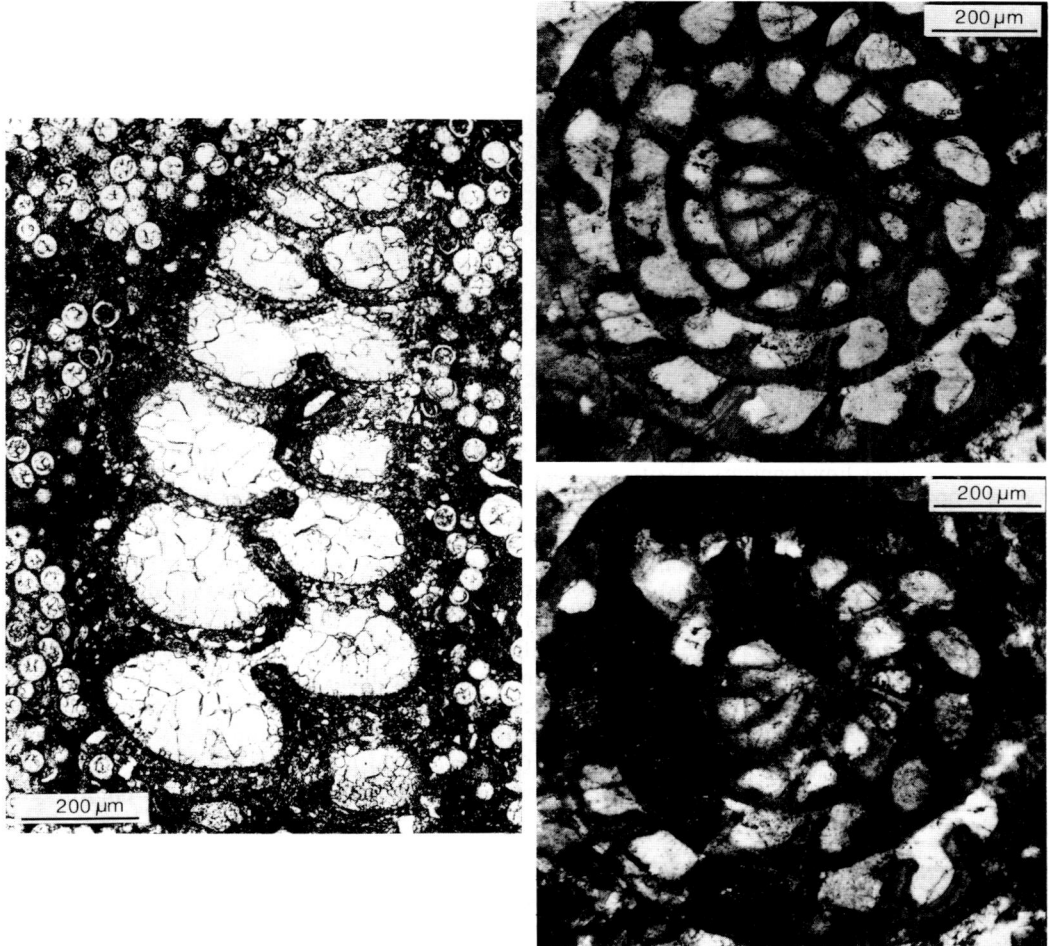

Abb. 6-47. Wandstruktur agglutinierter (links) und ehemals mikrogranularer (rechts) Foraminiferengruppen. – Links: Textularie aus einem oberkretazischen Mergelkalk (reich an Calcisphären vom Typ *Pithonella*) bei Beckum (Münsterland). Rechts: Fusuline („in situ" calcitisiertes, ehemals ?aragonitisches Gehäuse) aus permischen Flachwasserkalken von Hydra/Griechenland (oben: ohne Nicols, unten: + Nicols).

e) Mikrogranulare Schalen mit oder ohne Perforation sind für die Unterordnung Fusulinina (Ordovizium – Trias) charakteristisch. Sie setzen sich aus sehr kleinen Calcitkörnchen („granules") zusammen, die ungeregelt oder normal zur Oberfläche und somit pseudofibrös angeordnet sind (BRASIER 1980). Nach demselben Autor sind die Schalen im Durchlicht dunkel und im Auflicht braun oder grau. BOERSMA (1978) sieht in der mikrogranularen Struktur eine Übergangsform zwischen agglutinierter und primär karbonatischer Ausbildung, indem mikrogranulare Calcitpartikel des Gehäuses durch Kalkzement verschweißt werden. Einige Fusulinen mögen primär aragonitisch gewesen sein, da sie in etlichen Dünnschliffen von Permkalken der Insel Hydra (Griechenland) wie Gastropoden und Gymnocodiaceen „in situ"-calcitisiert vorliegen (Abb. 6-47 rechts). Fusulinen (0,5– > 35 mm $\emptyset$) sind im Karbon und Perm gesteinsbildend vertreten und werden dort zur Standard-Zonengliederung herangezogen (KAHLER 1974).

kel wie Coccolithen (Abb. 6-50) oder Diatomeen verstärkt sein kann (COLOM 1948, TAPPAN & LOEBLICH 1968). Primär calcitische Gehäuse gibt es nur bei der Calpionellen-Gruppe, weshalb ihre Zugehörigkeit zu den Tintinniden umstritten ist (REMANE 1978). Calpionellen sind für pelagische (Coccolithen- und Radiolarien-führende) Kalke der Tethys vom Oberjura (Ober-Tithon) bis in die Unterkreide (Valangin) charakteristisch und werden dort zur Standardgliederung herangezogen (ALLEMANN et al. 1971, REMANE 1974).

6.2.6 Spongien

Die Spongien (Schwämme, Porifera) sind ausschließlich sessil und besiedeln vorwiegend marine Environments. Sie haben zwar eine becherartige Grundform, aber ihre Gestalt ist stark von Umweltbedingungen abhängig, so daß sie für palökologisch-fazielle Untersuchungen geeignet sind. Viele Schwammgruppen scheiden zur Stabilisierung des Körpers Skleren (Spiculae) aus, die je nach taxonomischer Zuordnung der Schwämme hornartig, kieselig oder karbonatisch (Mg-Calcit bzw. Aragonit) zusammengesetzt sind. Größenmäßig können 2 Sklerengruppen unterschieden werden: 1. Megaskleren – 100–500 µm Länge und 3–30 µm $\varnothing$, 2. Mikroskleren – im Fleisch eingelagerte Nadeln von 10–100 µm Länge und gewöhnlich < 1 µm $\varnothing$ (DE LAUBENFELS 1955). Die Mikroskleren sind aufgrund ihrer seltenen Erhaltung geologisch bedeutungslos. Bei den z. T. miteinander verwachsenen Megaskleren gibt es aufgrund ihrer Ausbildung monaxone, triradiate bzw. triaxone, tetraxone und desmone Spiculae (vgl. MÜLLER 1963). Sedimentgeologisch relevante Schwammgruppen sind besonders die Klassen Calcispongea (Kalkschwämme), Hyalospongea (Kieselschwämme außer den Lithistida der Demospongea) und Sclerospongea.

A. Kalkschwämme

Die Calcispongea treten seit dem Kambrium auf und erreichen ihren Höhepunkt (Maximalzahl der Gattungen, A. H. MÜLLER 1963) in der Kreide. Es sind ausgesprochene Flachwasserbewohner – nach POKORNY (1958) heute am häufigsten in weniger als 4 m tiefem Wasser. Klares und warmes Wasser scheinen sie zu bevorzugen (TWENHOFEL 1950). Ihr Gerüst bauen sie meist aus Calcit, dessen Mg-Gehalt mit der Wassertemperatur positiv korreliert ist (CHAVE 1954a; vgl. Abb. 6-16). Der Mg-Einbau ist jedoch auch artabhängig, wie die 5,2–12,0 Mol-% $MgCO_3$ bei verschiedenen Arten vor England belegen (JONES & JENKINS 1970). Jede Einzelnadel eines Schwammes hat eine einheitliche Zusammensetzung, aber der Mg-Gehalt variiert von Nadel zu Nadel, indem größere gegenüber kleineren Skleren mehr Mg einbauen (JONES & JAMES 1969). Nach den letztgenannten Autoren haben es schnell gegenüber langsam wachsende Spiculae schwerer, sich gegen einen Mg-Einbau im Calcit zu wehren. Aragonitisch erhaltene Kalkschwämme erwähnt WENDT (1977) aus permischen Riffen S-Tunesiens.

Bei den **Inozoa** findet man entweder zusammenhängende Skelette mit unregelmäßigen, 0,2 bis 1 mm breiten Kanälen (Abb. 6-51 links) oder einzelne, vorwiegend dreistrahlige Schwammnadeln von etwa 0,02–0,05 mm $\varnothing$ und 0,2–0,5 mm Länge. Die **Sphinctozoa** sind segmentiert mit dichten Wänden (Abb. 6-51 Mitte u. rechts). Kalkschwämme bilden im Perm von West-Texas und in der alpinen Mitteltrias Riffe (NEWELL et al. 1953, OTT 1967b, ZANKL 1969a).

Die hier nicht näher behandelten, primär calcitischen oder Mg-calcitischen Archäocyathiden, bis 5 cm große, kelchförmige Skelette, die im Unterkambrium gesteinsbildend vorkommen (DEBRENNE 1964), lassen sich als funktionelle Vorläufer der Kalkschwämme auffassen (SEILACHER, mündlich; vgl. ZIEGLER 1983: 97). Ein direkter Nachweis von Skleren ist bei den Archäocyathiden jedoch noch nicht geglückt (A. H. MÜLLER 1963: 105).

Die **Sclerospongien** besitzen ein massives „Röhrengeflecht" aus Aragonit oder seltener Mg-Calcit, in das bei den rezenten Beispielen Kieselspiculae eingelagert sind (HARTMAN & GOREAU 1970a, b). Neuerdings werden die systematisch schwierig einzuordnenden Chaetetiden und Stroma-

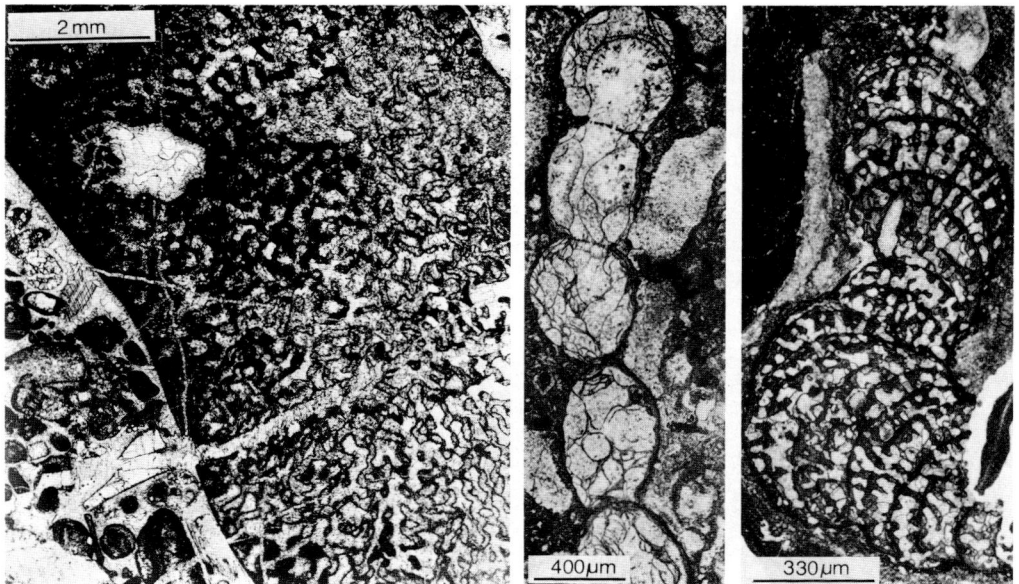

Abb. 6-51. Kalkschwämme. Links: Ausschnitt eines Kalkschwammbruchstücks in einem Biokalkarenit; Poren links oben mikritisch gefüllt; Rätolias/nördliche Kalkalpen (Dünnschliff von F. FABRICIUS). Mitte u. rechts: Segmentierte Kalkschwämme (Sphinctozoa) aus dem Wettersteinkalk (Ladin) der nördlichen Kalkalpen (OTT 1967 b); Mitte = *Follicatena cautica*; rechts = *Cryptocoelia zitteli*.

toporen den Sclerospongien angegliedert (HARTMAN & GOREAU 1970 u. 1975; HARTMAN et al. 1980). Während bei fossilen Chaetetiden tatsächlich Spiculae-Pseudomorphosen gefunden worden sind (KAZMIERCZAK 1979), fehlt jedoch noch ein derartiger Fund bei den Stromatoporen. KAZMIERCZAK (1981) stellt die Stromatoporen aufgrund cyanobakterieller Strukturen in manchen Skeletten zu den Cyanophyten, aber MONTY (1981a) hält diese Strukturen für destruktiv-sekundär. Eine neuere Diskussion zur Stellung der Chaetetiden (Reichweiten: Ordovizium – Perm, Lias – Oberkreide) gibt FLÜGEL (1982b: 299–303).

Bei konservierten mesozoischen Chaetetiden ließen sich Mg-Calcit, Calcit und Aragonit als Baumaterial feststellen (REITNER, mdl. Mitt.). Aragonitische Chaetetiden sind auch aus Permriffen von S-Tunesien bekannt (WENDT 1977). Die im Skelettaragonit der Kalkschwämme dieses Vorkommens gemessenen 9000 ppm Sr (SCHERER & WENDT 1978) entsprechen der Zusammensetzung rezenter Sclerospongier (VEIZER & WENDT 1976).

Die vielfach zu den Hydrozoen gestellten **Stromatoporen** finden sich vom Kambrium bis zur Kreide. Nach Untersuchungen von MANTEN (1962) waren sie gegen Schlammsedimentation empfindlicher als Korallen, Bryozoen und Crinoiden. Ihren Höhepunkt als Riffbildner erlebten sie im Silur und Devon (Abb. S. 354). Stromatoporen bilden knollige bis massige, ästige oder inkrustierende Kolonien. Während die massiveren Formen für das bewegte Flachwasser typisch sind (Riffe), lieben tabulare und dendroide Stromatoporen den lagunären Bereich (ABBOTT 1973; z.B. *Amphipora* im Paläozoikum u. *Cladocoropsis* im Mesozoikum).

Die Stromatoporen sind aus feinen, der Oberfläche parallelen Lamellen aufgebaut, welchen ein gröberer Lamellenbau (Latilaminae) übergeordnet ist. Die Lamellen sind durch Säulchen (Pilae) abgestützt (Abb. 6-52). So zeigen sich im Dünnschliff rechteckige Querschnitte, deren Größe charakteristisch ist und zwischen 0,05 und 0,5 mm schwankt. Auf der Oberfläche finden sich häufig die sternförmigen Astrorhizen (zum funktionellen bzw. symbiontischen Wert siehe die Diskussion von FENNINGER & FLAJS 1974: 84) und warzenförmige Erhebungen (Mamelonen) ausgebildet.

Eine primär aragonitische Zusammensetzung wird aufgrund der schlechten Strukturerhaltung (häufig nur ein blockiges Calcitmuster) für die paläozoischen (BØGGILD 1930; STEARN 1966) und die mesozoischen (FENNINGER & FLAJS 1974) Stromatoporen angenommen. Zu dieser Deutung passen auch die äußerst Mg-armen Calcite in authigenen Quarzen aus paläozoischen Stromatoporenknollen, während entsprechende Calcite begleitender rugoser und tabulater Korallen (mit zugleich besserer Schalenstruktur) Mg-reicher sind, was auf eine primär Mg-calcitische Zusammensetzung dieser Skelette hinweist (RICHTER 1972). Aragonitisch erhaltene Stromatoporen beschreibt schließlich WENDT (1975) aus diagenetisch konservierten Bereichen der Cassianer Schichten (alpine Obertrias).

Abb. 6-52. Lamellenbau und Pilae (vertikale Elemente) in einer blockig-calcitischen Stromatoporenknolle aus dem Mitteldevon der Hillesheimer Kalkmulde (Eifel).

B. Kieselschwämme

Die Kieselschwämme sind indirekt als Karbonatgesteinsbildner von Bedeutung, wenn sie nach dem Absterben verkalken. In dieser Form bilden sie im süddeutschen Malm mächtige Bioherme (FRITZ 1958, GWINNER 1976, FLÜGEL & STEIGER 1981). Im Dünnschliff (Abb. 6-53) erkennt man bei guter Erhaltung das rechtwinklige Gitterwerk der hexactinelliden Schwämme mit einer Maschenweite von 0,2–0,3 mm und einem Durchmesser der Skleren von 0,05–0,1 mm. Es handelt sich hierbei um das Stützskelett. Die sehr feinen Nadeln des Oberflächenskelettes sind meistens nicht erhalten (A. H. MÜLLER 1963). Neben den Hexactinellidae finden sich im Malm auch Lithistida, deren Skelett bei ähnlichen Dimensionen unregelmäßiger gebaut ist.

Die Hexactinellidae verlagerten ihr bevorzugtes Wohngebiet seit der Oberkreide in zunehmend tieferes Wasser; heute liegt es zwischen 200 und 500 m Tiefe. Sie finden sich jedoch vom Gezeitenbereich bis in die Tiefsee, und zwar im Gegensatz zu den übrigen Schwämmen stets auf schlammigem Untergrund.

Die Lithistida leben heute wie vermutlich auch früher hauptsächlich zwischen 100 und 350 m Tiefe (A. H. MÜLLER 1963).

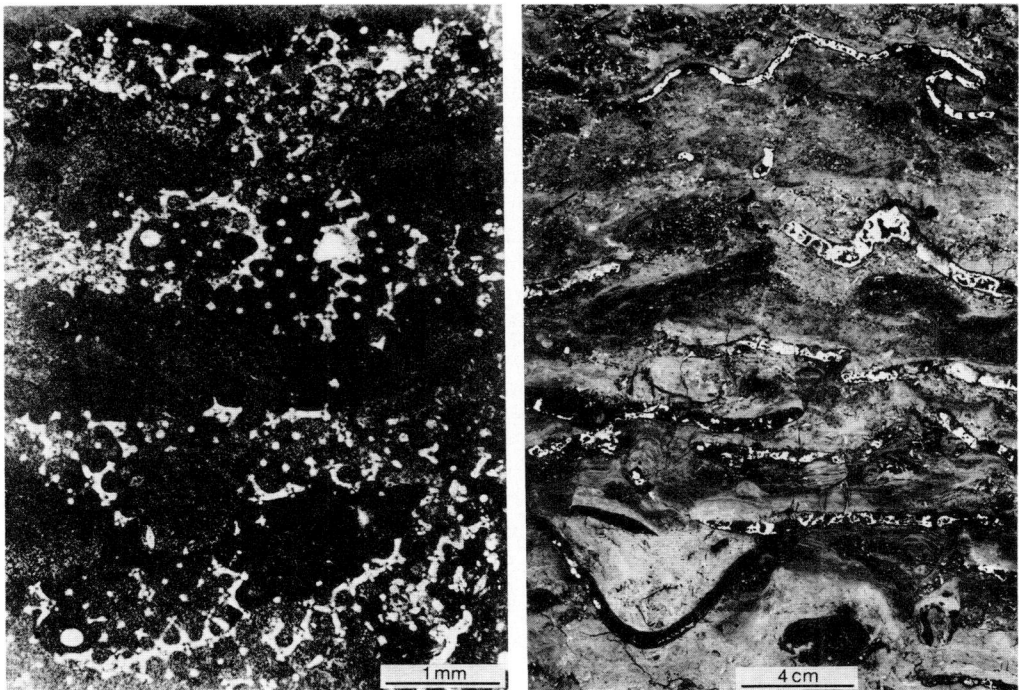

Abb. 6-53. Links: Calcitisierter Kieselschwamm (hell) aus dem Weißjura von Württemberg (Dünnschliff). Rechts: Calcitisierte, z. T. sekundär wieder verkieselte (weiß) Kieselschwämme aus dem fränkischen Malm (Bank „M") der Südalb; die kleinen hellen Flecken („weiße Flämmchen", s. Pfeile) sind nach FLÜGEL (1981 a) Algen vom Typ *Tubiphytes morronensis Crescent* (polierter Anschliff).

6.2.7 Coelenteraten

Die Coelenteraten neigen zur Koloniebildung und bauen vor allem die primären Festkalke der Korallenriffe auf (Kap. 6.4.3). Jedoch können auch Schillkalke aus ihnen entstehen. Das geschieht hauptsächlich in der Brandungszone, aber auch in den unteren, toten Teilen des Riffes, wo vor allem verästelte Kolonien durch bohrende und lösende Organismen wie Schwämme (*Cliona*), Mollusken, Pilze, Würmer und Fadenalgen zerstört werden (WELLS 1957a, b; GOREAU & HARTMAN 1963; s. auch Kap. 6.4.4.3). Dieser Schutt bleibt normalerweise auf die Umgebung der Riffe beschränkt, so daß Coelenteratenschillkalke außerhalb von Riffkomplexen selten sind. Durch Suspensionsströme und über Rutschvorgänge können allerdings Korallen und anderes Flachwassermaterial aus Riffbereichen in größere Tiefen verfrachtet werden (u. a. MEISCHNER 1964; s. Kap. 13.2.1 C).

A. Hydrozoen

Unter den Coelenteraten kommen nur die Klassen der Hydrozoen und Anthozoen als Gesteinsbildner in Betracht, wobei erstere karbonatgeologisch von geringerer Bedeutung sind. Diese Hydrozoen (Unterkambrium – rezent) sind heute durch die ähnlich wie Korallen lebenden Unterordnungen Milleporina („Feuerkorallen") mit aragonitischem Skelett (CORRENS 1939) und der Stylasterina vertreten, welche beide in der Oberkreide erscheinen. Die Stylasterina sind aragonitisch bei einer Wassertemperatur $> 3\,°C$, während sich ihr Skelett in kühlerem Environment teilweise bis vollständig aus Calcit mit 2% Mg im Gitter zusammensetzt (LOWENSTAM 1964a, aus MILLIMAN 1974).

B. Anthozoen (= Korallen)

Nach ihrer Lebensweise lassen sich hermatype und ahermatype Korallen unterscheiden:

Hermatype, d. h. Bioherme bildende Korallen sind vorwiegend auf die warme Flachsee beschränkt. Ihr Optimum liegt bei 0–20 m Wassertiefe, 25–29 °C und einem Salzgehalt von 34–36‰. Hermatype Korallen wurden jedoch auch in 11°- kühlem bzw. 40°-warmem Environment (MACINTYRE & PILKEY 1969, KINSMAN 1964) sowie in brackischem bzw. salinarem (bis > 60‰) Wasser (SQUIRES 1962, KINSMAN 1964) gefunden. Bereits kurzfristige Süßwassereinflüsse sind für Korallen zumeist tödlich. Deshalb ist der Riffgürtel an der Ostseite von Andros (Bahamas) vor der Einmündung der Süßwasserführenden „creeks" unterbrochen. Andererseits scheinen einzelne Arten eine zumindest zeitweise erfolgende Aussüßung zu vertragen, wie die Korallenrasen von *Cladocora cespitosa* bei der Ofanto-Mündung im Golf von Manfredonia (Adria) zeigen (SIGL 1973).

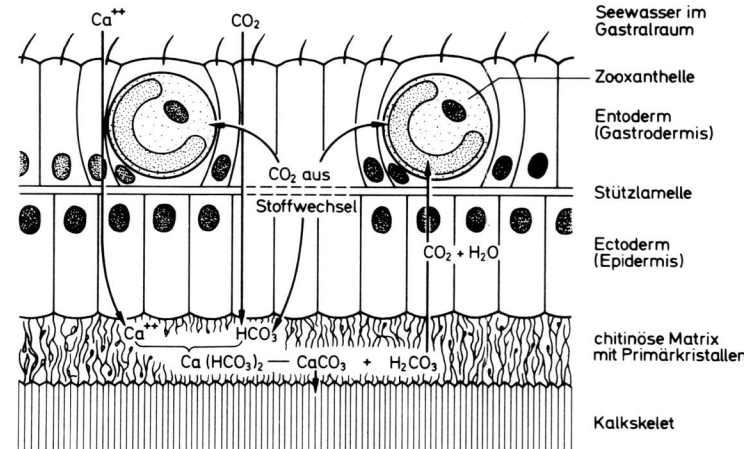

Abb. 6-54. Schematische Darstellung zur Skelettbildung bei hermatypen Korallen (REMANE et al. 1980; Abb. 38 nach GOREAU).

Die Korallen leben in Symbiose mit gelbbraunen einzelligen Algen der Art *Gymnodinium microadriaticum* (u. a. SCHUHMACHER 1976: 126). Hierbei handelt es sich um die sogenannten Zooxanthellen (vgl. Abb. 6-54), welche ihnen tagsüber Sauerstoff, Zucker, Glyzerin und Aminosäuren zuführen, vor allem aber durch Verwertung der Abfallprodukte (CO_2, NH_3, Phosphate, Salze) eine nahezu unbegrenzte Größe und Dichte der Kolonien ermöglichen. Diese brauchen einen festen Grund mit geringer Schlammsedimentation. Bewegtes Wasser ist ihnen daher förderlich, und zwar noch aus zwei anderen Gründen: Nachts, wenn auch die Algen atmen, muß genügend Sauerstoff zugeführt werden; außerdem sind die Korallentierchen mit ihren nur schwach bewegten Tentakeln darauf angewiesen, daß ihnen die Nahrung entweder direkt in den Mund schwimmt oder durch Wasserbewegung zugeführt wird. Sie fressen im allgemeinen nur Tiere, verzehren also ihre pflanzlichen Gäste nicht (YONGE 1957). Während Hungerzeiten können die Korallen jedoch die Zooxanthellen vertreiben (YONGE 1958, 1963). Insgesamt ist die Korallen/Algen-Symbiose in ihrer Bedeutung für die beiden Partner noch keineswegs geklärt. Auch der bislang angenommene absolute Flachwasserbezug der Zooxanthellen-führenden Korallen ist erschüttert worden, nachdem im Roten Meer auch unterhalb der euphotischen Zone in 100–145 m Wassertiefe die Koralle *Leptoseris fragilis* beobachtet wurde, die neben endolithischen auch noch endosymbiontische Algen führt, ohne daß sich diesen eine Bedeutung zur Kalkproduktion nachweisen läßt (FRICKE 1983).

Die Wachstumsraten sind temperaturabhängig und liegen meist zwischen 0,5 und 8 cm im Jahr. Hermatype Korallen wachsen im allgemeinen > 2 cm/Jahr – die Riffkoralle *Acropora cervicornis* sogar 15–26 cm/Jahr

(LEWIS et al. 1969), während die Rate bei ahermatypen Korallen nur etwa 1 cm/Jahr beträgt (PRATJE 1924, TEICHERT 1958). GOREAU (1963) konnte mit Laborversuchen belegen, daß hermatype Korallen am Tag gegenüber der Nacht mehr Kalk abscheiden, was die Bedeutung der Zooxanthellen hervorheben mag. Tages-Wachstumszonen werden auch von WELLS (1963) und BARNES (1970) beschrieben.

Nach GOREAU (1959) wächst die Ca-Aufnahme pro Individuum mit steigender Temperatur und Lichtintensität. Daher nimmt das Verhältnis Volumen/Oberfläche der Korallenstöcke mit zunehmender Wassertiefe beträchtlich ab. Hieraus ergibt sich eine sehr zweckmäßige Anpassung: Im stark bewegten Oberflächenwasser findet man massive, knollige, stämmig verzweigte oder krustenförmige Kolonien, im ruhigeren, tieferen Wasser fein verästelte, blattförmige oder solitäre (= einzeln stehende), nicht festgewachsene Korallen (FRENTZEN 1932; s. Kap. 6.4.4).

Ahermatype Korallen sind vorwiegend solitär, bilden jedoch auch rundliche, wenige cm große und verästelte, etwas größere Kolonien. Sie kommen in Meerestiefen von 0–6000 m (meist 1–500 m) bei Temperaturen von −1,1 bis +36 °C (besonders 4,5 bis 10 °C) vor, brauchen aber mindestens 34‰ Salzgehalt. Ob sich in früheren Perioden auch Korallenriffe in kälterem Wasser bildeten, ist nicht bekannt. Die zum Teil kilometerweiten, wenn auch artenarmen Korallenbänke (besonders *Lophelia*) im tieferen Wasser vor den norwegischen Fjorden geben zu denken (TEICHERT 1958). Anhäufungen von Tiefwasserkorallen werden auch von der Rockall Bank im NE-Atlantik (SCOFFIN et al. 1980) und vom Bereich nördlich der Little Bahama Bank (MULLINS et al. 1980) beschrieben.

Nach taxionomischen Merkmalen lassen sich bei den Korallen Alcyonaria und Zoantharia unterscheiden:

a) **Alcyonaria** (= Octocorallia, Oktokorallen) (Silur? – rezent).
Diese vorwiegend weichen „Hornkorallen" bilden lange Säulen und violette Fächer. Sie besitzen isolierte Skelettelemente, die 0,1–1 mm langen Skleren. Bei der rezenten, auf tropische Gewässer beschränkten Heliopora sind dieselben miteinander verwachsen und bestehen aus Aragonit (CORRENS 1939, REVELLE & FAIRBRIDGE 1957), während die Skelettelemente der Gattungen *Tubipora, Gorgonia, Xiphogorgia* und *Corallium* nach einer Zusammenstellung von MILLIMAN (1974, Tab. 26) aus Mg-Calcit mit 2,7–5 Gew.-% Mg aufgebaut sind. Die Oktokorallen sind fossil nicht sehr häufig; CAYEUX (1935) fand sie gesteinsbildend in einem mitteljurassischen Kalk Südfrankreichs. Heute finden sie sich teils in der Flachsee, teils bis zu 4000 m Tiefe. Nach POBEGUIN (1954) enthalten sie auch Ca-Phosphat.

b) **Zoantharia** (Ordovizium – rezent). Nach der Symmetrie der Septen und ihrer vertikalen Gliederung lassen sich die folgenden vier Gruppen („Ordnungen") unterscheiden:

Rugosa (= Tetrakorallen) (Ordovizium – Perm, Maximum: Silur – Unterkarbon). Sie bildeten Einzelkorallen (z. B. *Calceola*) und Kolonien (z. B. *Hexagonaria*) und benutzten nach STEHLI (1956) sowie KATO (1963) ein calcitisches Baumaterial (Feinstrukturen siehe H. FLÜGEL 1975). Bei konservierten rugosen Korallen aus karbonischen Schichten haben LOWENSTAM (1963), SORAUF (1977) und BRAND (1981) eine Mg-calcitische Zusammensetzung bestimmt. Zum gleichen Ergebnis sind RICHTER (1972) und RICHTER & FÜCHTBAUER (1978) aufgrund eines gegenüber der Umgebung erhöhten Mg-Gehalts in Skelettcalcit-Einschlüssen authigener Quarze bzw. aufgrund einer Fe-calcitischen (nach Mg-calcitischen) Zusammensetzung strukturell gut erhaltener Rugosen-Skelette gekommen.

Heterocorallia (nur im Visé, jedoch weit verbreitet). Einzelkorallen von 50 cm Länge und 0,5–1,5 cm Durchmesser.

Scleractinia (= Hexakorallen) (Trias – rezent). Sie bilden Einzelkorallen und Kolonien. Hierher gehört als wichtigster rezenter Riffbildner *Acropora*. Die Wände und Böden bestehen aus Kristallfasern, die senkrecht zur Oberfläche orientiert sind, die Septen aus strahlig um eine Achse angeordneten Fasern („trabekulär", Abb. 6-55). Alle Scleractinia bauen ihr Skelett aus Aragonit mit 6000–10000 ppm Sr (MILLIMAN 1974, Tab. 26). Der Sr-Gehalt verursacht bei XRD-Aufnahmen eine Verschiebung des $d_{(111)}$-Reflexes von 3.396 Å (Aragonit nach SWANSON et al. 1954) nach 3.398–3.399 Å in Richtung Strontianit (RICHTER & BESENECKER 1983). Die Urangehalte sind mit 1,9–4,8 ppm gegenüber anderen Biogenskeletten relativ hoch (MILLIMAN 1974). Diagenetisch un-

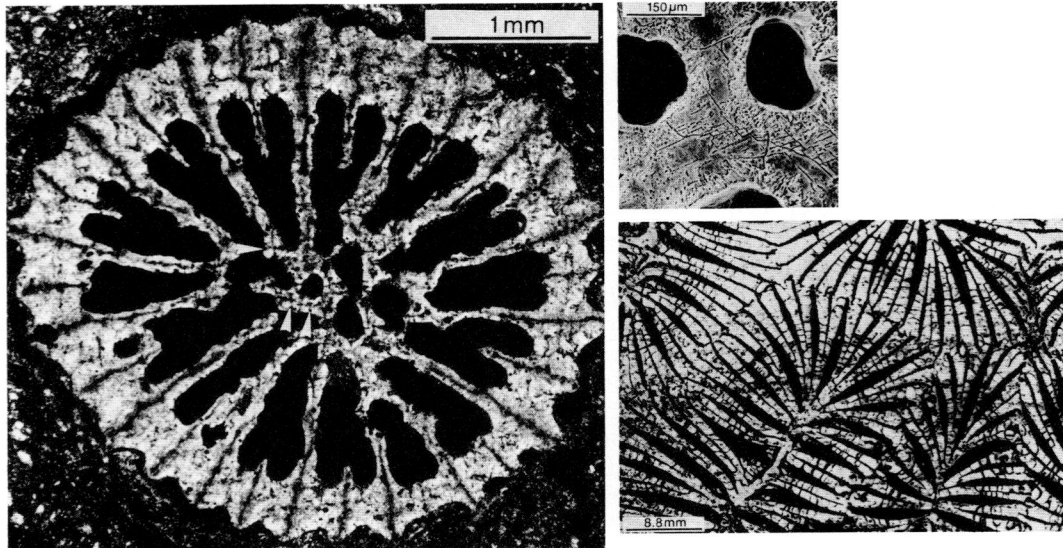

Abb. 6-55. Links: Aragonitische Koralle mit „trabekulärer" Wandstruktur der Septen (s. Pfeile; *Cladocora cespitosa* aus einer tyrrhenen Küstenterrasse bei Korinth; + Nicols). Oben rechts: Teilweise (im Septeninneren) calcitisierte Septen einer pleistozänen Koralle (REM-Aufnahme von FENNINGER & FLAJS). Unten rechts: Die Koralle *Palaeastraea* sp. (dunkel: Skelettsubstanz Calcit nach Aragonit; hell: Calcitzement) aus den Zlambach Schichten (Rhät) vom Rohrmoos/Gosau-Kamm-Bereich/Nördliche Kalkalpen (Dünnschliff-Aufnahme aus MATZNER 1986).

veränderte Skelette von Hexakorallen werden zur absoluten Altersbestimmung (Th^{230}/U^{234}) pleistozäner Küstenterrassen herangezogen (KAUFMAN et al. 1971, KU 1976).

Tabulata (= Bödenkorallen) (Ordovizium – Perm, Maximum: Silur – Devon). Kolonien, bestehend aus schmalen, langen Röhren, welche durch zahlreiche Querböden gegliedert sind und mit den Nachbarröhren teils dicht geschlossene Stöcke, teils offene, band- oder netzförmige Gewebe bilden. In letzteren berührt jede Röhre nur eine andere (Halysitidae) oder ist mit ihr durch Querröhrchen verbunden (Auloporidae). Die zwischenzeitlich zu den Sclerospongien (Porifera) gestellten Favositen müssen nun endgültig bei den tabulaten Korallen eingeordnet werden, nachem COPPER (1985) gut erhaltene Polypenabdrücke bei Favositen in silurischen Gesteinen von Quebec gefunden hat. Für die ähnlich den Scleractinia organisierte Gerüstsubstanz der Tabulata nahmen BØGGILD (1930) und JOHNSON (1951) Calcit als Primärzusammensetzung an. Nach RICHTER (1972) und RICHTER & FÜCHTBAUER (1978) bestanden die Skelette der Tabulata ursprünglich aus Mg-Calcit (Beweisführung wie bei den Rugosa, s. o.).

6.2.8 Bryozoen

Die zu den Tentaculata gestellten Bryozoen bilden kleine krustenförmige, aufrecht verzweigte oder fächerartige Kolonien. Sie kommen seit dem Ordovizium – mit Häufungen vom Ordovizium bis zum Perm sowie in Kreide und Tertiär (Abb. 6-18) – vor und sind, soweit sie Kalkskelette bauen, überwiegend marin. Klares Wasser von weniger als 200 m Tiefe wird bevorzugt, aber auch Tiefseeformen sind bekannt. Die meisten Arten sind an enge Temperaturgrenzen gebunden, doch gibt es Bryozoen von den zirkumpolaren bis zu den tropischen Meeren (OSBURN 1957). Sie benötigen eine wenn auch nur schmale, feste Unterlage und bauen röhren- und sackförmige Kammern (Zooecien), die im Schliff meist als Netze mit weiten, rundlichen Maschen von 0,1–0,5 mm Abstand (Abb. 6-56 links), gelegentlich auch als ellipsen- bis radförmige Querschnitte erscheinen (Abb. 6-56 rechts). Nach Gestalt und Anordnung der Zooecien kann die Bryozoen-Gruppe weiter differenziert werden (BOARDMAN & CHEETHAM 1969, TAVERNER-SMITH & WILLIAMS 1971, MAJEWSKE 1969).

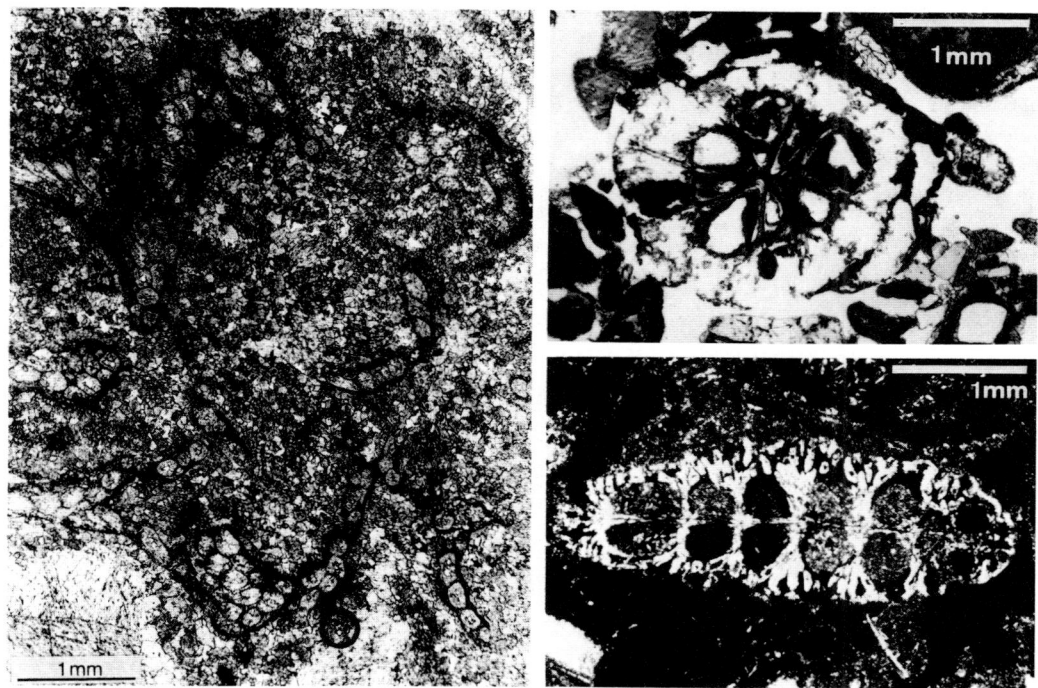

Abb. 6-56. Links: Dolomit mit Bryozoen (kryptokristallin) aus dem Zechstein der Bohrung Schale Z 1 bei Rheine. – Rechts: Querschnitt (oben; ohne Nicols) und Diagonalschnitt (unten; + Nicols) durch eine stengelförmige Bryozoenkolonie (Pleistozän des Kanaleinschnitts von Korinth); bei diesen primär aragonitisch/(Mg-)calcitischen Bryozoen ist der Aragonitanteil (außen) gelöst worden – die länglichen dunklen Gebilde sind calcitgefüllte Bohrgänge.

Das Kalkskelett von Bryozoen besteht aus Mg-Calcit, Aragonit oder aus einer Kombination von Mg-Calcit und Aragonit (CHAVE 1954a: 278). Bei den rezenten Formen setzen sich cyclostome Bryozoen aus Mg_{2-10}-Calcit zusammen, während cheilostome Bryozoen aus Mg_{5-12}-Calcit, Aragonit oder einem Gemisch der beiden Karbonatphasen bestehen (POLUZZI & SARTORI 1973, SANDBERG 1977). Die Mikrostruktur der Skelette ist nach SANDBERG (1971, 1977) sehr vielfältig und mineralabhängig: Calcitpartien – „lamellar, massive, columnar cell-mosaic, parallel fibrous, crystal stacks, transverse fans"; Aragonitpartien – „transverse fibrous, blocky".

Häufig weisen die Kristallite der Skelette eine spezifische Orientierung auf, indem n_e in der Randzone radial gestellt ist und im Inneren parallel zu den Scheidewänden verläuft (Abb. 6-57).

Das Aragonit/Mg-Calcit-Verhältnis ist einerseits artspezifisch (RICHTER 1984), andererseits nimmt es mit steigender Wassertemperatur zu (LOWENSTAM 1954a, RUCKER & CARVER 1969; s. Abb. 6-58 rechts). Der Mg-Gehalt der calcitischen Partien ist ebenfalls artspezifisch. Es können sogar mehrere Calcitphasen im selben Skelett ausgebildet sein (rezent – SAUDRAY & BOUFFANDEAU 1958 u. RICHTER 1984, fossil – RICHTER & FÜCHTBAUER 1978). Insgesamt steigt der Anteil an Mol-% $MgCO_3$ im Gitter mit zunehmender Wassertemperatur (SCHOPF & MANHEIM 1967, RICHTER 1984; Abb. 6-58 links).

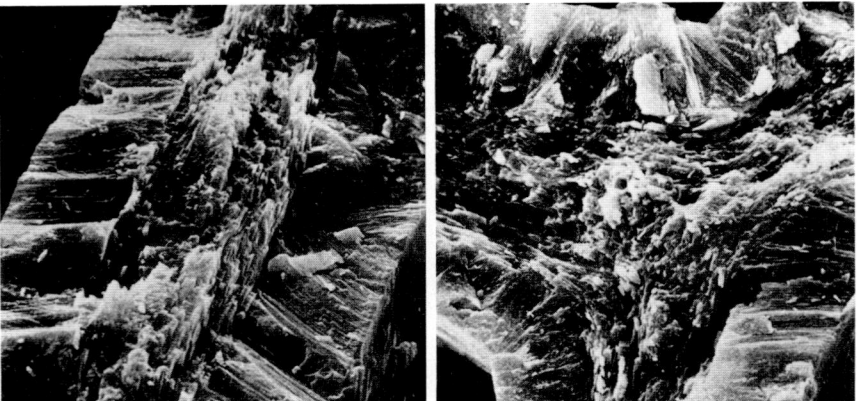

Abb. 6-57. REM-Aufnahmen von rezenten Bryozoenfragmenten (*Hippodiplosia foliacea* ELLIS & SOL) aus der Adria bei Rovinj (40 m Wassertiefe). Beachte die schräg zur Oberfläche orientierten Calcitfasern in den äußeren Zonen und die parallel zur Oberfläche ausgerichteten Kristallite im Inneren der Fragmente. Vergrößerung links x 1200 und rechts x 950 (Aufnahmen von FENNINGER & FLAJS).

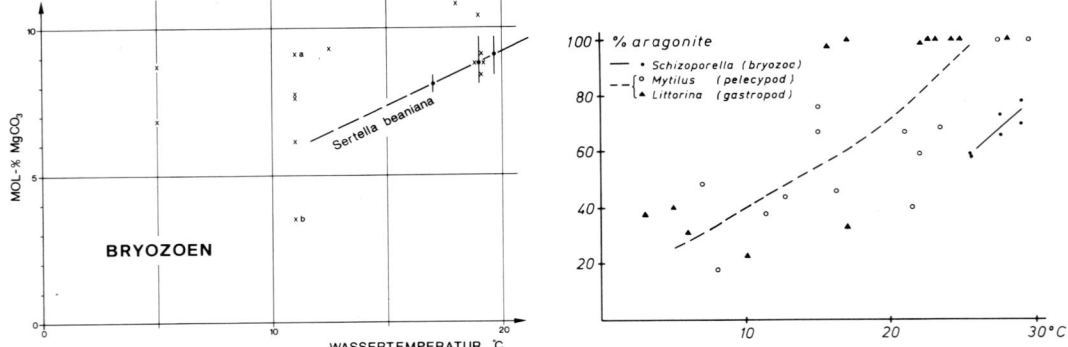

Abb. 6-58. Rechts: Abhängigkeit des Aragonitanteils in den Kalkschalen von Bryozoen, Pelecypoden und Gastropoden von der Wassertemperatur (LOWENSTAM 1954a). Als Abszisse wurde bei *Littorina* die mittlere Jahrestemperatur, bei *Mytilus* der wärmste Monatsdurchschnitt und bei *Schizoporella* die Temperatur zur Zeit der Probennahme aufgetragen. – Links: Abhängigkeit des Gehalts an Mol-% $MgCO_3$ im Calcit von Bryozoen von der mittleren Wassertemperatur des jeweiligen Fundorts. Bei *Sertella beaniana* sind Mittelwert und Variationsbreite markiert; x = Mittelwerte bei den übrigen Kollektiven; a und b = Bryozoe mit zwei Calcitphasen im Skelett (RICHTER 1984: Abb. 15).

Gesteinsbildend treten die Bryozoen vorwiegend im Paläozoikum auf (Bioherme im Karbon und Perm – PRAY 1958, SCHMIDT 1977, SMITH 1981; Algen-Bryozoen-Riffe im Zechstein – KERKMANN 1969, FÜCHTBAUER 1980a), aber auch im Känozoikum (z. B. auf der Halbinsel Kertsch und im Mittelmeergebiet – SEIBOLD 1964). Inkrustierende Bryozoen sind in paläozoischen Korallen-Stromatoporen-Riffen (SCOFFIN 1971) sowie in rezenten Korallenriffen (CUFFEY 1972) zwar häufig und sind nach CUFFEY (1977) am Biohermaufbau im marinen Bereich während des gesamten Phanerozoikums beteiligt, haben jedoch nie eine partikelbindende Funktion ausgeübt.

Biogene

6.2.9 Brachiopoden

Die seit dem Kambrium vorkommenden, mit den Bryozoen zu den Tentaculata gestellten Brachiopoden (= Armfüßer) sind ausschließlich marin und bevorzugen das Flachwasser (oft dickschalig – z.B. *Stringocephalus burtini* im Mitteldevon), kommen heute jedoch auch in der Tiefsee vor (oft dünnschalig; TWENHOFEL 1950). Sie treten vom Ordovizium bis zum Perm gelegentlich gesteinsbildend auf, um im Mesozoikum durch die Mollusken zunehmend verdrängt zu werden (vgl. Abb. 6-18). In permischen Schichten kann die becherförmige Richthofenia am Riffaufbau beteiligt sein (RUDWICK 1965: 203).

Die Schalen der meisten **inarticulaten** (= schloßlosen) Brachiopoden bestehen aus Hornlagen,

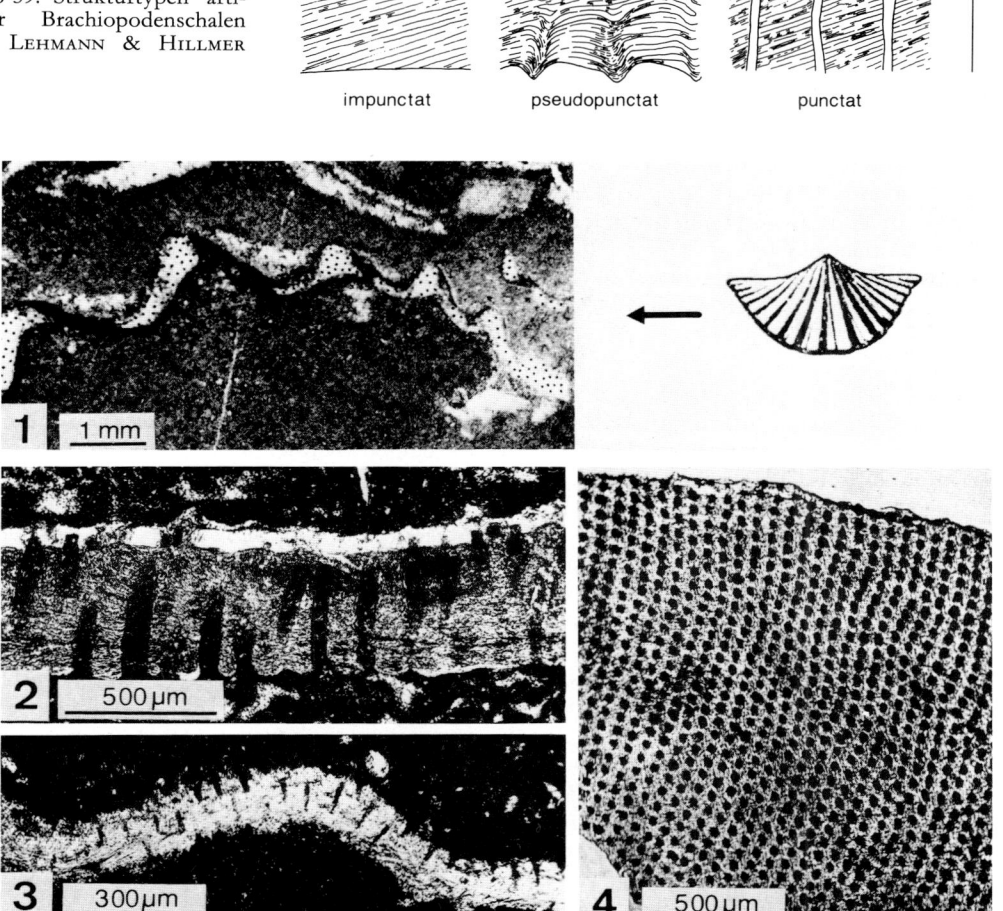

Abb. 6-59. Strukturtypen articulater Brachiopodenschalen (nach LEHMANN & HILLMER 1980).

Abb. 6-60. Punctate Brachiopoden. – 1 – Schrägschnitt durch eine mitteltriadische *Spiriferina fragilis* (BACHMANN 1973, Abb. 24). 2 – Vertikalschnitt durch *Spiriferina* sp. aus dem Mittleren Lias. 3 – Vertikalschnitt durch *Orthis striatula* aus dem älteren Oberdevon. 4 – Tangentialschnitt durch *Zeilleria digona* aus dem Oberen Dogger. 2, 3 u. 4: CAYEUX 1931 – Taf. XLVII, Fig. 3, 6 u. 5.

welche mit Lagen von Hydroxylapatit abwechseln (LOWENSTAM 1963). Als bekannteste Form sei das seit dem Kambrium auftretende „lebende Fossil" Lingula genannt, das sogar extreme Environments – wie Wattbereiche – aushalten kann.

Die **articulaten** Brachiopoden (= mit Schloß) verwendeten ausschließlich ein calcitisches Baumaterial, wie sich aus der guten Erhaltung der Schalenstrukturen ergibt (z. T. mit Farben; A. H. MÜLLER 1950, BLODGETT et al. im Druck). Nach JOPE (1965) sind articulate Brachiopodenskelette normalerweise aus Tief-Mg Calcit zusammengesetzt, was durch die äußerst Mg-arme calcitische Zusammensetzung von Einschlüssen in authigenen Quarzen aus etlichen Schalen bestätigt worden ist (RICHTER 1972). Zudem bestehen Brachiopoden der konservierten Kendrick Fauna (Pennsylvanian/Kentucky) aus Calcit mit < 3 Mol-% $MgCO_3$, was primär sein dürfte, da das gleiche Vorkommen neben aragonitisch erhaltenen Biogenen rugose Korallen aus Mg_{5-7}-Calcit und Crinoiden aus Mg_{5-8}-Calcit führt (BRAND 1981). Aber LOWENSTAM (1961) erwähnt von einer Schale Calcit mit 7 Mol-% $MgCO_3$ (nach „x-ray"-Untersuchung), und RICHTER (1984: 195) fand Fe-calcitische silurische Brachiopoden mit guter Strukturerhaltung, so daß Brachiopoden in Einzelfällen ihre Schalen aus Mg-haltigem Calcit aufgebaut haben.

Die Klappen der articulaten Brachiopoden bestehen aus einer äußeren und gleichmäßig dicken Lage von Calcitfasern //c, welche senkrecht zur Schalenoberfläche orientiert sind (WILLIAMS 1956), und einer inneren, ungleichmäßig dicken Lage von schräg zur Oberfläche verlaufenden Fasern. Die Lagen sind bei den punctaten Brachiopoden (z. B. Terebratuliden) senkrecht zur Oberfläche im Abstand von 0,05–0,1 mm von Kanälchen durchsetzt (Abb. 6-59 u. 60), während dieselben bei den impunctaten (z. B. Rhynchonelliden) fehlen und bei den pseudopunctaten (z. B. Strophomeniden) durch Unregelmäßigkeiten in der inneren Schalenlage vorgetäuscht werden (vgl. Abb. 6-59). Brachiopodenstachel haben meist einen Durchmesser von ca. 0,2 mm und sind tangential-faserig bzw. -blättrig aus Calcit zusammengesetzt (VACHARD & TELLEZ-GIRON 1978).

6.2.10 Serpuliden

Unter den Würmern sind nur die permanenten Wohnröhren der Serpuliden (Kambrium – rezent) als Gesteinsbildner von Bedeutung. Allerdings sind diejenigen Würmer, welche nicht als Gesteinsbildner wirkten, sondern durch ihre Wühltätigkeit (S. 834) und die Ausscheidung erhaltungsfähiger Kotpillen (S. 324f.) das Gefüge der Sedimente veränderten, geologisch wichtiger als die Serpeln.

Serpuliden findet man in kalten und warmen Meeren (selten im Süßwasser), und zwar vorwiegend im Flachwasser, häufig vergesellschaftet mit anderen kalkabscheidenden Organismen. Gelegentlich bauen sie ganze Bioherme auf, z. B. rezent auf den Bermudas und in der Laguna Madre von Texas (FRIEDMAN 1964) sowie pleistozän gemeinsam mit Corallinaceen in marinen Küstenterrassen bei Korinth (RICHTER et al. 1979).

Die Serpelröhren können langgestreckt (z. B. *Protula*), planispiral aufgerollt (z. B. *Spirorbis*) und labyrinthartig verflochten (z. B. *Glomerula*) sein (HOWELL 1962). Sie sind bis zur Trias überwiegend glatt geformt, von da an bis zur Oberkreide aber zunehmend skulpturiert. Der Durchmesser ist von Art zu Art verschieden (0,2–10 mm nach A. H. MÜLLER 1963). In Querschnitten ist die Innenseite stets rund, während die Außenseite aufgrund der Skulpturierung auch gezackt (durch Längsriefen) oder dreieckig (z. B. *Pomatoceros triqueter* – Abb. 6-61 rechts) sein kann. Bei etlichen rezenten Serpeln aus dem Mittelmeer und oberjurassischen Serpeln (Abb. 6-61 links) sind die Röhren aus konzentrischen Lagen von Calcit aufgebaut, wobei n_e tangential, senkrecht zur Röhrenachse orientiert ist (BØGGILD 1930: 16). Nach HOROWITZ & POTTER (1971) ist die äußere Lage der Serpuliden „cone-in-cone" strukturiert, während die innere Lage laminar aufgebaut ist (Abb. 6-62). Systematische Untersuchungen – vor allem in Verbindung mit der mineralogisch-chemischen Zusammensetzung der Röhren (s. unten) – stehen jedoch noch aus.

Serpuliden bauen ihre Röhren aus Aragonit, Mg-Calcit oder Aragonit und Mg-Calcit, wobei im

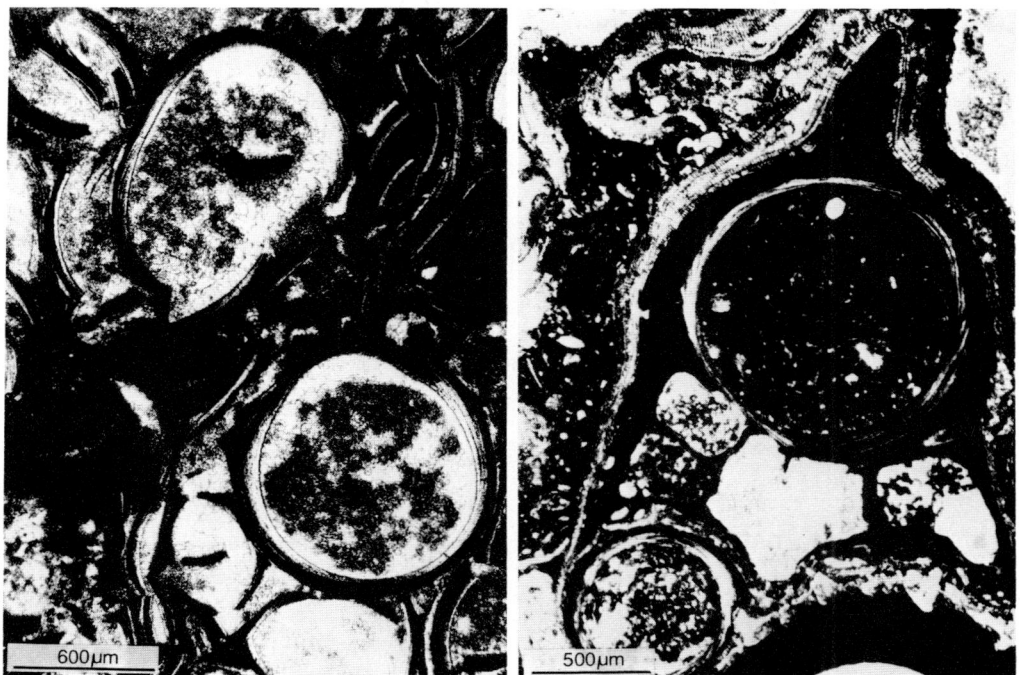

Abb. 6-61. Serpelquerschnitte in Dünnschliffen. – Links: Serpulit des oberen Weißjura vom westlichen Niedersachsen (links ist oben). – Rechts: *Pomatoceros triqueter* (von Corallinaceen inkrustiert) aus einer tyrrhenen Küstenterrasse bei Korinth; die dunkle Außenzone der Röhre ist kryptokristallin zusammengesetzt.

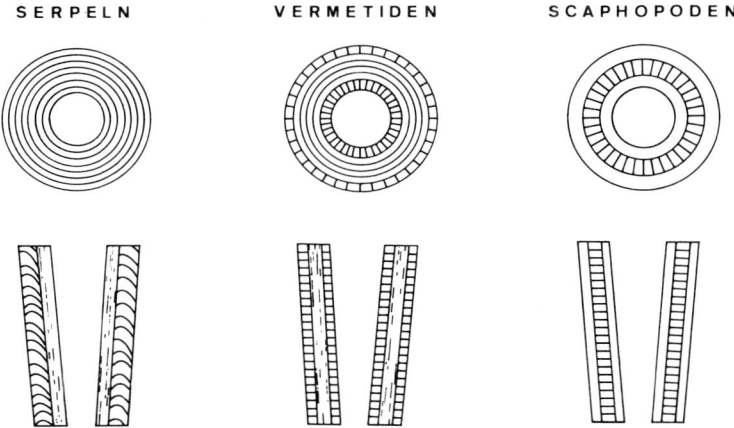

Abb. 6-62. Schematische Quer- und Längsschnitte verschiedener röhrenförmiger Biogenskelette (nach HOROWITZ & POTTER 1971). Serpeln: Äußere Lage = „cone-in-cone", innere Lage = laminar; Vermetiden (Schnekken): Innere und äußere Lage = prismatisch, mittlere Lage = laminiert; Scaphopoden: Innere und äußere Lage = klar, mittlere Lage = prismatisch. Diese stark schematische Abbildung ist jedoch nur bei rezenten bzw. konservierten Formen anwendbar, da die Vermetiden und Scaphopoden Aragonitskelette bauen.

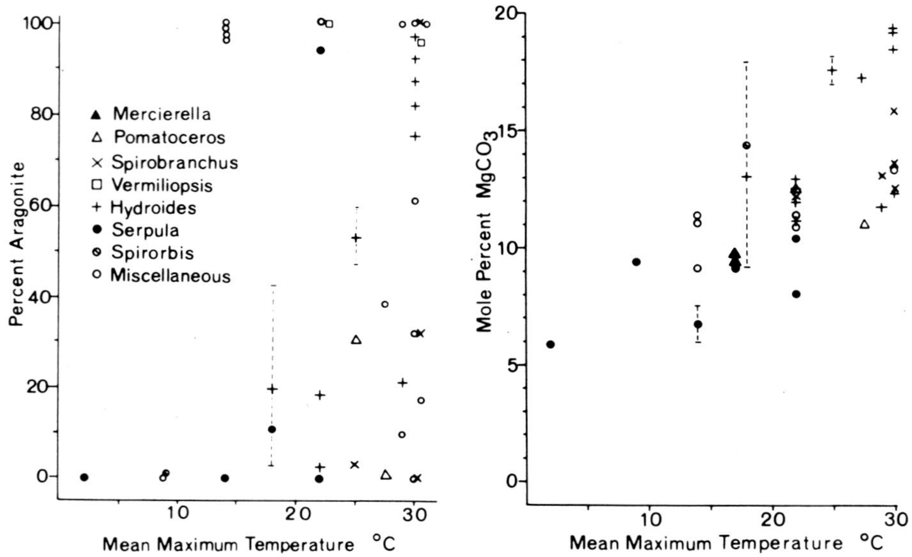

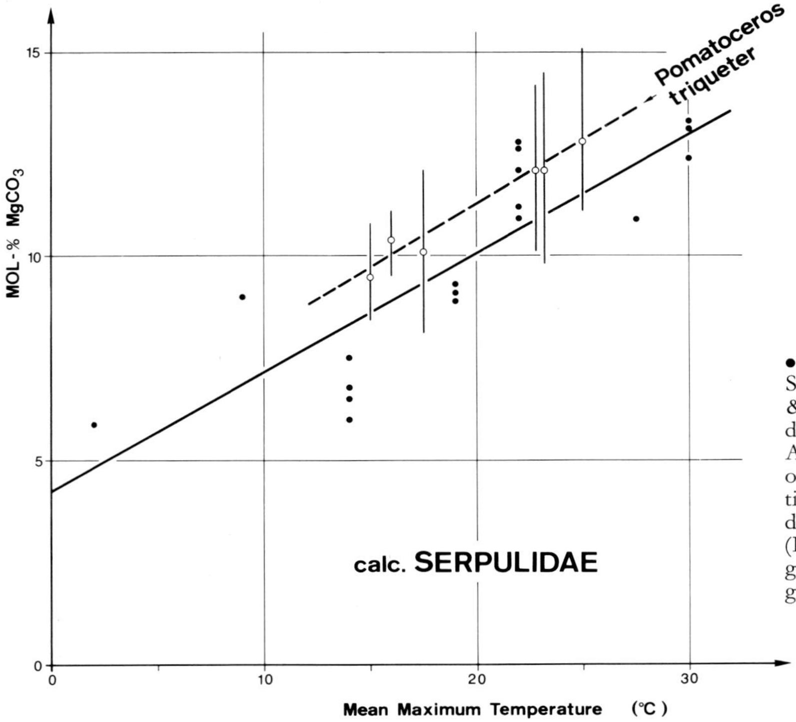

• = Einzelwerte calcitischer Serpuliden nach BORNHOLD & MILLIMAN (1973); durchgezogene Linie = Ausgleichsgerade; o = Mittelwert und Variationsbreite von Kollektiven der Art *Pomatoceros triqueter* (RICHTER 1984); gestrichelte Linie = Ausgleichsgerade.

Abb. 6-63. Mineralogisch-chemische Zusammensetzung rezenter Serpelröhren. – Oben: Beziehung zwischen Aragonitgehalt (links) bzw. Anteil von Mol-% $MgCO_3$ im Calcit (rechts) und der „Mean Maximum Temperature" nach BORNHOLD & MILLIMAN (1973). – Unten: Beziehung zwischen dem Gehalt an Mol-% $MgCO_3$ im Calcit Mg-calcitischer Serpuliden und der mittleren Wassertemperatur von den wärmsten Monaten.

kühlen Meerwasser mehr Mg-calcitische Formen vorkommen, während in tropischen Breiten aragonitische Formen überwiegen (LOWENSTAM 1954a, BORNHOLD & MILLIMAN 1973; Abb. 6-63 oben). Das Aragonit/Mg-Calcit-Verhältnis und der Gehalt an Mol-% $MgCO_3$ im Calcit sind in Serpelröhren nach den letztgenannten Autoren auch art- bzw. gattungsspezifisch. Insgesamt nimmt der Anteil an Mol-% $MgCO_3$ im Calcit bei Mg-calcitischen sowie aragonitisch/Mg-calcitischen Serpeln mit zunehmender Wassertemperatur zu (CHAVE 1954a, BORNHOLD & MILLIMAN 1973, RICHTER 1984; Abb. 6-63 unten). Eine Temperaturabhängigkeit des Aragonit/Calcit-Verhältnisses hat LOWENSTAM (1978) mit jahreszeitlich zuzuordnenden Daten von einer Serpelröhre aus einem „inshore water" der Bermudas dokumentiert, wobei die Serpel im Sommer (max. 30 °C Wassertemperatur) 85–90% Aragonit und im Winter (min. 16 °C) nur 60% Aragonit in ihr Skelett eingebaut hat.

6.2.11 Mollusken

Die meisten marinen Mollusken leben in der Flachsee < 50 m, wo sie ihre Nahrung – Pflanzen und pflanzenfressende Tiere – finden, doch gibt es fleischfressende Arten auch in der Tiefsee (NATLAND 1957). Unter den Mollusken zeichnen sich besonders die Muscheln durch ihre ökologische Aussagekraft aus (s. ALLEN 1963), während den Cephalopoden größte biostratigraphische Bedeutung (Paläo- und Mesozoikum) zukommt. Als Gesteinsbildner fungieren eigentlich nur Schalen bzw. Gehäuse der Klassen Pelecypoda, Gastropoda und Cephalopoda. Die kalkabscheidenden Scaphopoda, Monoplacophora, Polyplacophora und Tentakuliten werden daher nur anhangsweise abgehandelt.

Die Grundform des Molluskenskeletts setzt sich aus drei Schichten zusammen, wobei von außen nach innen – entsprechend der Abscheidungsfolge – auf die organische Schicht (Conchiolin) des Periostracums zunächst das Außenostracum aus radial orientierten Calcit- oder Aragonitprismen (vom Mantelsaum abgesonderte Prismenschicht) und schließlich das Innenostracum aus von der Manteloberfläche abgeschiedenen dünnen Aragonitplättchen (Perlmutterschicht) folgt (u. a. ZIEGLER 1983). Im sehr formenreichen Tierstamm der Mollusken variieren jedoch Schalenstruktur und Baumaterial besonders stark. Da Molluskenschalen zu den häufigsten Gefügebestandteilen der Kalksteine gehören, seien ihre hauptsächlichen Strukturen hier zusammengestellt (besonders nach BØGGILD 1930, TAYLOR et al. 1969 und CARTER 1980). Zu dem gelegentlich beobachteten „anorganischen, nur kristallographische Gesetze befolgenden Kristall-Wachstum in vom Organismus ausgeschiedenen oder vom Organismus nicht mehr kontrollierten Lösungen" sei auf die Arbeit BANDEL & HEMLEBEN (1975) verwiesen.

Struktur und Mineralogie von Molluskenschalen:
a) **Homogen**: Die homogene Schale setzt sich aus kryptokristallinem Aragonit zusammen, wobei n_x senkrecht zur Schalenoberfläche orientiert ist (Abb. 6-64 oben), so daß bei gekreuzten Nicols das Bild eines gebogenen Einkristalls erscheint. Bei *Mya, Platydon* und *Zirfaea* wird die homogene Außenschicht aufgrund mikrokristallinen Aragonite als granular bezeichnet (TAYLOR 1973; vgl. *Mya* in Abb. 6-69).
b) **Prismatisch**: Schmale, polygonale Prismen (Abb. 6-65 links), die senkrecht zur Schalenoberfläche orientiert sind und aus Aragonit oder Calcit (Abb. 6-66) bestehen, markieren die einfach prismatischen Lagen. Die Prismen können auch einen fibrösen oder sphärolithischen Verband bilden. Bei der zusammengesetzt prismatischen Schalenstruktur sind die Prismen (meist aus Aragonit) ± tangential zur Schale orientiert.
c) **Blättrig** (foliat, lamellär): Eine blättrige (foliate) Schalenstruktur (Abb. 6-64 unten u. 65 rechts) dominiert bei vielen calcitischen Muscheln (u. a. *Ostrea, Pecten*). Die Blätter sind oft mit wechselnder, schwacher Neigung gegen die Schalenoberfläche ausgerichtet. n_e steht senkrecht auf den Blättern. Lamelläre Zonen gibt es bei Calcitschichten und bei den aragonitischen Perlmuttlagen (Abb. 6-67 Mitte).
d) **Perlmuttrig**: Die stets aragonitische Perlmutterschicht setzt sich meist aus ca. 1 μm dicken „tablets" von ca. 5 μm ⌀ zusammen (Abb. 6-67), wobei n_x senkrecht zu den Plättchen orientiert ist. Aufgrund lamellärer Perlmuttlagen überschneiden sich die Schalentypen c und d.
e) **Gekreuzt lamellär**: Im Dünnschliff erscheinen die durchweg aragonitischen gekreuzten Lamellen wie Muskelfasern mit alternierend gleicher Auslöschung (Abb. 6-70). Dieser Strukturtyp ist bei Muscheln und Schnecken sehr verbreitet (REM-Aufnahme s. Abb. 6-68 links).
f) **Komplex kreuzlamellär**: Der komplex kreuzlamelläre Schalentyp ist eigentlich eine Spezialform vom

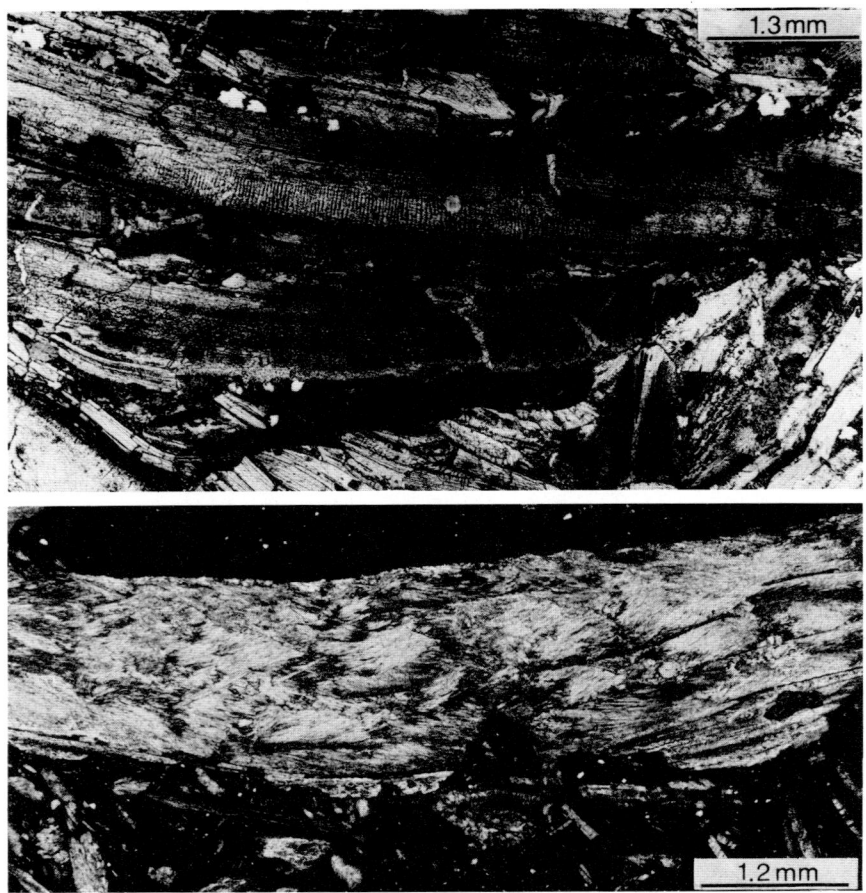

Abb. 6-64. Oben: Homogene Struktur in Muschelschalen (Cyrenen), aragonitisch erhalten infolge von Ölimprägnation (Wealden, Ölfeld Dalum/Emsland; + Nicols). Unten: Blättrige Struktur in einer primär calcitischen Molluskenschale aus der Oberkreide Libyens (+ Nicols).

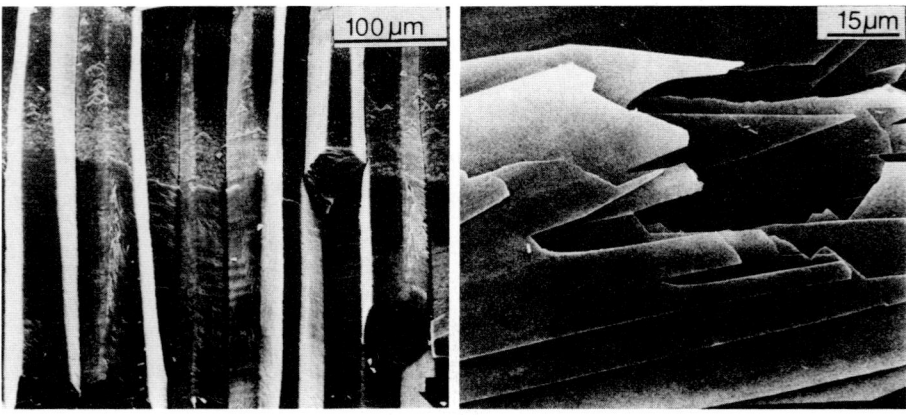

Abb. 6-65. Links: Calcitisch-prismatische Struktur der Außenlage von *Pinna bicolor* Gmelin (schräger Bruch, Pfeil rechts unten zeigt zum Schaleninneren). Rechts: Calcitisch-blättrige Struktur der Außenlage von *Anomia simplex* d'Orbigny (horizontaler Bruch). REM-Fotos aus CARTER 1980.

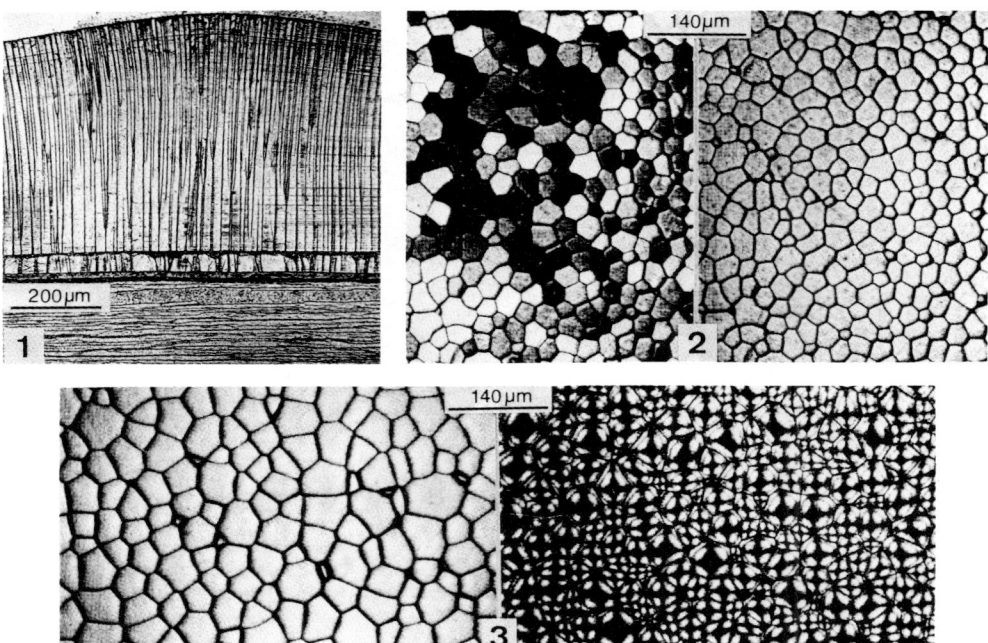

Abb. 6-66. Prismatische Struktur bei Muschelschalen im Dünnschliff. − 1 − Vertikalschnitt durch *Pinna tuberculosa* mit prismatischer Struktur (oben = außen) über innerer Lamellenschicht (CAYEUX 1931 − Taf. XLVIII, Fig. 1). 2 − Transversalschnitt durch die calcitische normal-prismatische Schicht (1 Säule − 1 Kristall) der *Pinna Atrina* sp. (links: + Nicols, rechts: planpolarisiert). 3 − Transversalschnitt durch die aragonitische komplexprismatische Schicht (1 Säule − 1 feinstfaseriges Aggregat) von *Unio* (links: planpolarisiert, rechts: + Nicols). 2 u. 3: MAJEWSKE 1969, Taf. 4, Fig. 2/3 u. Taf. 5, Fig. 3/4.

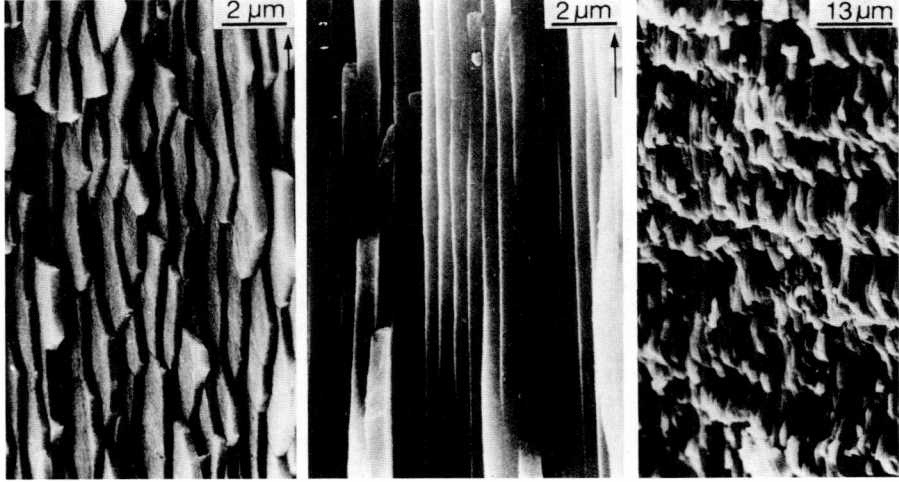

Abb. 6-67. Perlmuttrige Struktur in aragonitischen Muschelschalen (Pfeile: nächstes Schalenende; REM-Fotos aus CARTER 1980). − Links: Mittellage von *Pinctada radiata* Leach (schräger Bruch). Mitte: Innere Lage von *Pinna bicolor Gmelin* (Bruch parallel zur „tablet"-Längserstreckung). Rechts: Mittellage von *Neotrigonia gemma Iredale* mit säulenförmig aufgetürmten „tablets" (vertikaler Bruch).

Typ e. Bei den stets aragonitischen komplex aufgebauten Lagen erhält man in allen Schnitten senkrecht zur Schalenoberfläche ein Fischgrätenmuster (vgl. Abb. 6-68 rechts).

g) **Isolierte** „spicules", „spikes" und „crystal morphotypes" können nach CARTER (1980) weitere Strukturtypen darstellen.

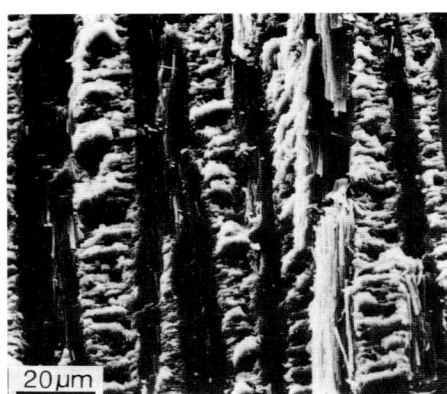 

Abb. 6-68. Links: Aragonitisch-kreuzlamelläre Struktur der Mittellage von der Muschel *Barbatia obtusoides* (NYST) (Querbruch). – Rechts: Aragonitische komplex-kreuzlamelläre Struktur zwischen der äußersten sphärolithisch-prismatischen Lage und der unterliegenden kreuzlamellären Lage bei der Muschel *Spisula solidissima Dillwyn* (schräger Bruch; dünner Pfeil rechts unten: nächstes Schalenende, dicker Pfeil: Schaleninneres). REM-Fotos aus CARTER 1980.

A. Pelecypoda

Pelecypoden (= Lamellibranchiaten, Muscheln) gibt es seit dem Ordovizium, sind gesteinsbildend seit dem Oberkarbon (TWENHOFEL 1950) und haben ihr Maximum im Känozoikum erreicht (Abb. 6-18). GIGNOUX (1926) faßte die Faziesbeziehungen der Muscheln wie folgt zusammen: Rudisten (s z. B. SKELTON 1976) und Ostreen bilden Riffe, und zwar die letzteren gerne im Brackwasser, *Pecten*, *Avicula*, *Mytilus* und ornamentierte Austern leben auf Sand- oder Kalkarenitböden, *Astarte* auf feinkörnigem Kalkschlamm, glatte Austern, *Exogyra* und *Gryphaea* auf etwas tieferem, mergeligem Grund, *Pholadomya* auf Tonböden und *Posidonomya* auf bituminösem Ton (z. T. nach BERGQUIST & COBBAN 1957). *Placunopsis* hat im germanischen Muschelkalk kleine Riffe von maximal 1–2 m Höhe aufgebaut (HÖLDER 1961, KRUMBEIN 1963, BACHMANN 1979). Nach ZIEGLER (1967) waren im Malm die Weichböden vor allem von Desmodonten, die Hartböden von Dysodonten besiedelt. Horizontgebundene Bohrmuschellöcher an karbonatischen Felsküsten lassen sich zur Rekonstruktion quartärer Meereshochstände verwenden (u. a. HERFORTH 1985).

Der Einfluß der Salinität vor allem auf Muschelvergesellschaftungen wurde von HUDSON (1963) im mittleren Jura, von PAPP (1963) im Jungtertiär und von PARKER (1959) im rezenten Bereich studiert. Im limnischen und terrestrischen Milieu, aber auch im Brackwasser haben die Mollusken nach REMANE (1963) oft dünnere Schalen und eine geringere Größe als in der vollmarinen Flachsee. Normalerweise limnische Muscheln – wie *Dreissena polymorpha* – sind andererseits in Environments erhöhter Salinität (auch im Brackwasser) kleinwüchsiger und dünnschaliger als im reinen Süßwasser (BAHRIG et al. 1988). Auch in der Tiefsee ist die Schalendicke gegenüber der Flachsee geringer, vermutlich deshalb, weil in kalten Gewässern die Schalen ganz allgemein dünner sind (NICOLS 1967). Bei den dünnen „Filamenten" der triadisch/jurassischen kalkigen Beckenfazies der Tethys handelt es sich um planktonische Muscheln (FABRICIUS 1966: 50).

Schalenstrukturen und die mineralogische Zusammensetzung hinsichtlich Aragonit bzw. Calcit sind bei den Muschelschalen sehr variabel (Abb. 6-69), bleiben aber nach KENNEDY et al. (1969) innerhalb einer Überfamilie gewöhnlich konstant. Homogen-aragonitisch (Abb. 6-64 oben), blättrig-calcitisch (Abb. 6-65 rechts), prismatisch-calcitisch (Abb. 6-65 links) bzw. -aragonitisch, (komplex) kreuzlamellär-aragonitisch (Abb. 6-68) und perlmuttrig-aragonitisch (Abb. 6-67) sind die häufigsten Lagentypen. Bei Muscheln mit Schalen aus Aragonit und Calcit – wie *Mytilus* – steigt nach LOWENSTAM (1954a) und DODD (1965) der Aragonitanteil mit zunehmender Wassertemperatur des Biotops (vgl. Abb. 6-58). Nach Experimenten von LORENS & BENDER (1980) wird in Schalen von *Mytilus edulis* mit zunehmendem Mg/Ca-Verhältnis der Lösung das Mg/Ca-Verhältnis im Calcit exponentiell und im Aragonit linear größer. Hierbei sollen jedoch auch physiologische Faktoren eine Rolle spielen.

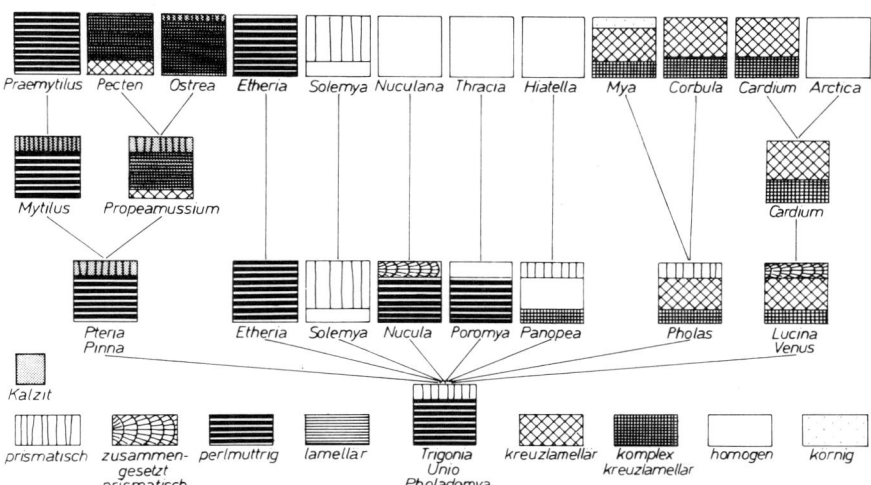

Abb. 6-69. Schalenstrukturen (ohne myocastrale Prismenschicht) sowie mineralogische Zusammensetzung (mit Raster = Calcit, ohne Raster = Aragonit) der Muscheln sowie ihre stammesgeschichtliche Veränderung. Die angegebenen Gattungen sind beispielhaft und nicht als stammesgeschichtliche Bindeglieder zu verstehen. TAYLOR 1973, ZIEGLER 1983.

Bei Aussagen zur Salinität des Environments von Muscheln werden neben Spurenelementen zunehmend stabile Isotope ($^{13}C/^{18}O$) herangezogen. So sind Süßwassermollusken gegenüber marinen Formen isotopisch deutlich leichter (KEITH et al. 1964). Auch bei derselben Muschel nehmen die leichten Isotope in den Schalen mit zunehmender Aussüßung des Environments zu, wie EISMA et al. (1976) mit Beispielen von der holländischen Küste zeigen konnten (für die nichtmarine *Dreissena* s. BAHRIG et al. 1988). Daneben wirkt sich bei den Mollusken des Bodensees der Zufluß von ^{18}O-armem Gletscherwasser durch den Alpenrhein in sehr leichter O-Isotopenzusammensetzung der Schalen aus ($\delta^{18}O = -10$ bis $-11,5$; LINZ & MÜLLER 1981). Ein Temperatureffekt zeigt sich in ^{18}O-Traversen bei Muschelschalen, indem die Winterlagen mehr O^{18} und die Sommerlagen weniger O^{18} einbauen (DONNER & NORD 1985).

B. Gastropoden

Außer den Lungenschnecken (Pulmonata), welche wahrscheinlich bereits seit dem Karbon als Landbewohner vorkommen (LEHMANN & HILLMER 1980) und sekundär auch im limnischen und brackischen Milieu siedeln, sind die Schnecken (Kambrium – rezent) vorwiegend marin und leben benthonisch in jeder Tiefenzone und auf jedem Grund, auch unter extremen Bedingungen, z. B. in dem subevaporitischen Milieu der Onkolithbänke des Zechsteins. In tertiären Seen sind endemische Faunen verbreitet, wobei sich Form und Skulpturierung im Verlauf der Seenentwicklung verändert haben (z. B. Viviparen und Melanopsiden im Neogen der griechischen Insel Kos – WILLMANN 1981;

Planorben im Miozän des Steinheimer Beckens – MENSINK et al. 1984). Die Diskussion über eine mögliche Steuerung der evolutiven Gastropodenentwicklung durch Umweltfaktoren (z. B. Klima- und Salinitätsänderungen) ist noch nicht abgeschlossen.

Meist sind die Schnecken ein Bestandteil von Schillkalken (Abb. 6-70 rechts), doch vereinzelt – z. B. *Vermetus* – können sie am Aufbau von Riffen beteiligt sein (z. B. in der Gezeitenzone Floridas – SEIBOLD 1964: 401). Gewöhnlich sind die Individuen kühlerer Breiten und in kühlerem Tiefenwasser kleinwüchsiger und dünnschaliger als Individuen wärmeren Wassers. Schnecken können sehr schnell wachsen, wie ein zweijähriges Exemplar von *Strombus gigas* der Florida Keys mit 23 cm Länge belegt (KEITH et al. 1964). Die kleinsten Schnecken sind mit 0,6 mm Größe schon den Foraminiferen vergleichbar.

Die Schnecken bauen ihre Schalen (Gehäuse und Operkeln) vorwiegend aus Aragonit, und zwar auch im Süßwasser. Viele Schneckengehäuse besitzen 2 Lagen: eine äußere, feinkörnige, homogenprismatische oder aus gekreuzten Lamellen aufgebaute und eine innere Perlmuttschicht (vgl. Abb. 6-71). Andere bestehen aus 3–4 Lagen, die beispielsweise aus alternierend orientierten gekreuzten Lamellen (Abb. 6-70 links) oder aus äußerer Prismenschicht, mittlerer Perlmuttschicht und innerer Prismenschicht (Abb. 6-71) zusammengesetzt sind. Die Gehäuse bei den Gattungen *Patella, Haliotis, Fissurella, Nerita, Littorina, Thais, Neptunea, Purpurea* und *Tegula* bestehen nach LOWENSTAM (1954b) und WASKOWIAK (1962) aus Aragonit und Calcit. *Littorina* verwendet nach LOWENSTAM (1954a) im kühleren gegenüber wärmerem Wasser mehr Calcit (Abb. 6-58 links). Die calcitische Phase ist Mg-arm. Der höchste Mg-Gehalt tritt nach einer Literaturzusammenstellung

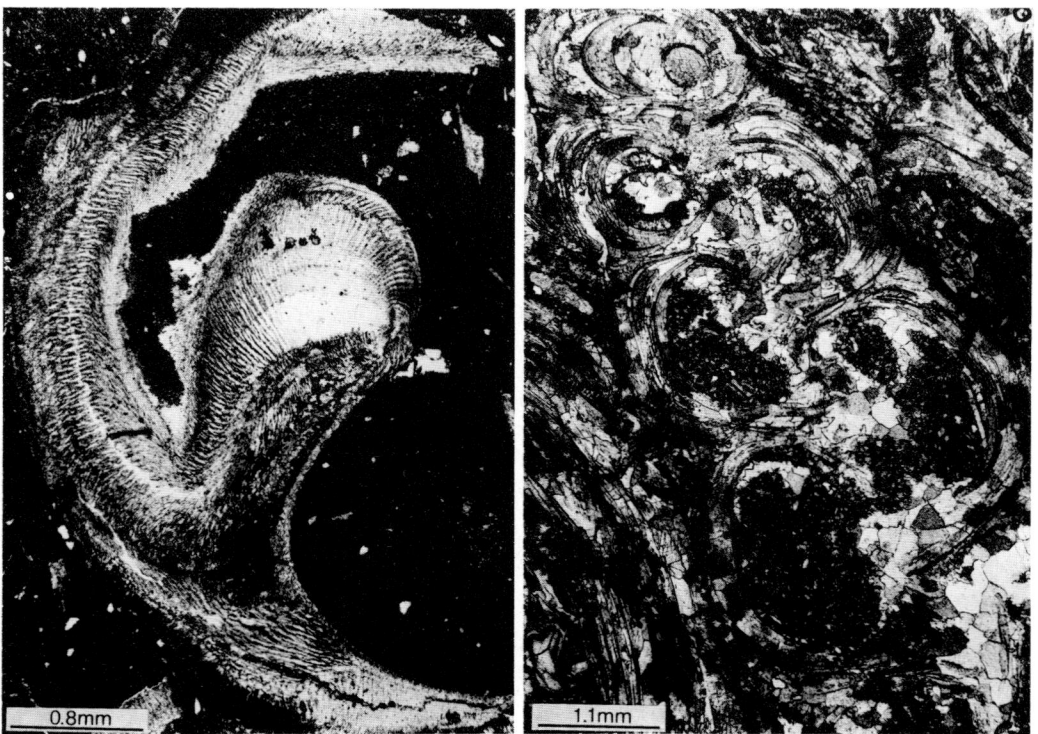

Abb. 6-70. Links: Kreuzlamelläre Struktur in einer aragonitisch erhaltenen Schnecke (? *Glauconia*) aus dem Wealden des Ölfelds Dalum / Emsland (+ Nicols). Rechts: „In situ"-calcitisierter, ehemals aragonitischer Gastropodenschill (Formation und Lokalität wie zuvor; + Nicols).

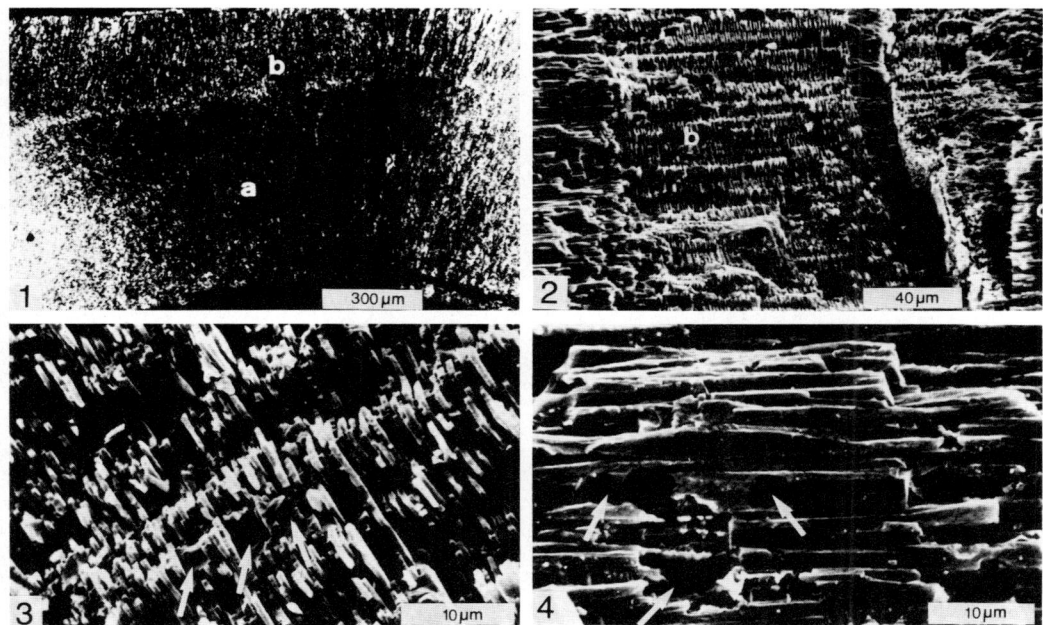

Abb. 6-71. Schalenstrukturen der Schnecke *Calliostoma* sp. (DULLO 1983: Taf. 12, Fig. 1–4): 1 – Äußere, feinkörnige, homogen-prismatische (b) und innere Perlmuttschicht (a, + Nicols). 2 – l. = äußere Prismenschicht, b = Perlmuttschicht, r. = innere Prismenschicht. 3 – Perlmuttschicht mit blockigen, calcitischen Neubildungen (Pfeile). 4 – Prismenschicht mit Lösungshohlräumen (Pfeile). 2–4 = REM-Aufnahmen.

von MILLIMAN (1974: 112) bei *Patella* mit 2,4% auf. Nach 10 Diffraktometeraufnahmen an Gehäusen von *Patella coerulea* aus dem Subtidalbereich W. Rethimnon (Kreta) führt der Calcitanteil 1–2 Mol-% $MgCO_3$.

Die Gehäuse sind oft farbig gemustert. Solche Pigmente sind gelegentlich bei fossilen Mollusken erhalten, jedoch vermutlich nur, wenn die Schalen in der ursprünglichen Modifikation vorliegen und nicht umkristallisiert sind (SCHINDEWOLF 1928, BOWSHER 1957, FÜCHTBAUER & GOLDSCHMIDT 1964). So besitzt *Chemnitzia* aus dem Oxfordium eine innere dickere Aragonitschale und eine äußere, dünnere, feinkristalline Calcitschale, wobei letztere noch Farbreste trägt (BANDEL & WEITSCHAT 1984).

Anormale Schalenstrukturen bzw. -ausbildung können mitunter bei Gastropoden-Gehäusen beobachtet werden: 1. Endolithische Mikroorganismen können im normalmarinen Environment aragonitische Schalenstrukturen zerstören und durch neue ersetzen (BANDEL & DULLO 1985); 2. eine partiell calcitische Ausbildung normalerweise aragonitischer Limnaeen wird bei Exemplaren aus einem Betonbecken von RICHTER & ZINKERNAGEL (1981) auf Streßeinfluß zurückgeführt.

C. Cephalopoden

Die seit dem Oberkambrium belegten Cephalopoden (Kopffüßer) stellen aufgrund weitverbreiteter, stratigraphisch engbegrenzter Arten die wichtigsten marinen Leitfossilien des Paläo- und Mesozoikums. Sie traten zu verschiedenen Zeiten mit unterschiedlichen Formen gesteinsbildend auf: Die orthoconen (gestreckten) Nautiloideen im Ordovizium und Silur (vgl. Abb. 6-72/1), die planspiral eingerollten Goniatiten und Clymenien im Devon und Karbon, die Ceratiten in Perm und Trias (Abb. 6-72/2 u. 3) sowie die Ammoniten und Belemniten (Abb. 6-73) in Jura und Kreide. In angerei-

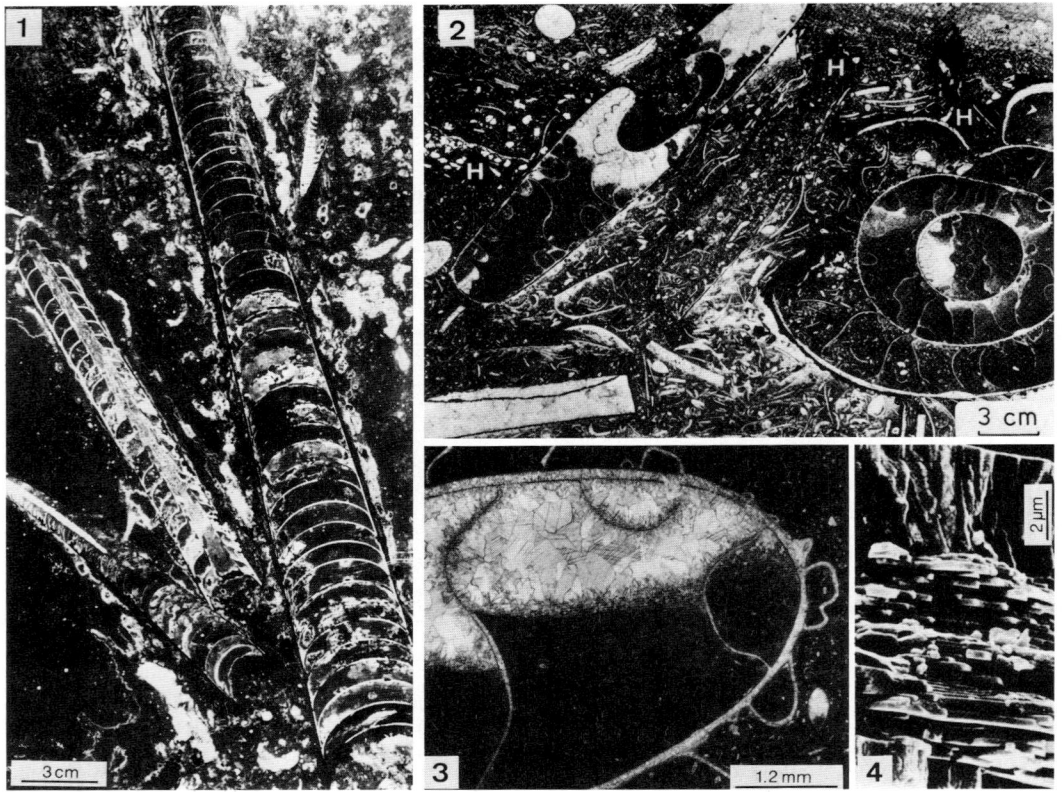

Abb. 6-72. 1 – Orthoceren eines „Schlachtfelds" im Anschliff eines silurischen Rotkalks von Kinnekulle (S-Schweden); neben den Gehäusen Wühlgefüge durch (?) Würmer. 2 – Ceratiten einer triadischen Rotkalklinse bei Epidauros (Griechenland) im Großschliff; H = mit Mangan belegter Hartgrund; die rechte Cephalopodenschale wurde vor der Ablagerung angelöst (BACHMANN & JACOBSHAGEN 1974: Taf. 1, Fig. 1). 3 – Mikritische bis pelsparitische Füllung in einem Cephalopodengehäuse aus einem mitteltriadischen Rotkalk von Hydra (Griechenland); direkt unter den Zementbereichen ist das peloidale Gefüge der Matrix aufgrund fehlender Kompaktion vor der Interpartikelzementation erhalten geblieben (DÜRKOOP et al. 1986: Taf. 15, Fig. 6). 4 – Typische Ammoniten-Schalenstruktur mit äußerer Prismenschicht, mittlerer Perlmuttschicht und innerer Prismenschicht (*Quenstedtoceras*, BANDEL 1982: Taf. 14, Fig. 9). 1–3 = Schalen spätig calcitisiert; 4 = Schale primär aragonitisch.

cherten Niveaus dient die Längseinregelung der Cephalopodengehäuse zur Ermittlung der Strömungsrichtung (u. a. WENDT 1973 – in triadischen Rotkalken bei Epidavros/Griechenland, BRENNER 1976 – in liassischen Posidonienschiefern Süddeutschlands).

Alle Cephalopoden dürften ähnlich wie die heutigen Vertreter marin-stenohalin gewesen sein. Sie bewegten sich aktiv schwimmend sowie kriechend und mieden den Bereich des stark bewegten Flachwassers. Nach GRABAU (1913) ist damit zu rechnen, daß die Schalen nach dem Tod der Tiere schwebend weit verdriftet wurden. Beim Transport auf dem Meeresboden entstehen charakteristische Rollmarken (SEILACHER 1963). Trotz der Möglichkeit eines postmortalen weiten Transports ist Provinzialismus bei den Cephalopoden nachgewiesen worden (z. B. tropische und polare Formen sowie Faziesabhängigkeit), auch bei einem Fehlen klimatischer Faktoren (ZIEGLER 1983: 286).

Die Belemniten suchten flaches, ruhiges, kühles Wasser und besiedelten die Schlammböden

(BERGQUIST & COBBAN 1957), während die Ammoniten tieferes Wasser (max. 1000 m) bevorzugten. Nach SCOTT (1940) lebten die stark skulpturierten Formen in Tiefen von 40–200 m (z. B. schwäbischer Jura), die glatten, ovalen (*Desmoceras*) und die glatten, dicken Ammoniten (*Phylloceras, Lytoceras*) in jeweils größeren Tiefen (z. B. Jura der Tethys). Die letzteren lebten vermutlich nektonisch-planktonisch; das gleiche gilt für die von Stacheln überzogenen Formen (BERGQUIST & COBBAN 1957).

Die primäre Schalensubstanz von Orthoceren war nach Funden konservierter Exemplare Aragonit (STEHLI 1956, HALLAM & O'HARA 1962). Ebenso bestanden die Goniatitenschalen nach den beiden zitierten Arbeiten und nach FISCHER & FINLEY (1949) aus Aragonit. Bei den Ceratiten ist die gleiche Zusammensetzung aufgrund von Reliktstrukturen in den calcitisierten Schalen anzunehmen (ERBEN et al. 1969). Ammonitengehäuse sind vor allem bei toniger Einbettung häufig noch in Aragonit erhalten und zeigen dann einen farbigen Glanz. Die typische Ammoniten-Schalenstruktur besteht aus äußerer Prismenschicht, mittlerer Perlmutterschicht und innerer Prismenschicht (ERBEN et al. 1969, BLIND 1975; vgl. Abb. 6-72/4). Aus Tief-Mg Calcit sind die primär karbonatischen Aptychen (Unterkiefer) der Ammonoideen zusammengesetzt, die auch in Sedimenten unterhalb der ACD (= aragonite compensation depth) vorkommen können (z. B. in den oberjurassischen Aptychenschichten – GARRISON & FISCHER 1969).

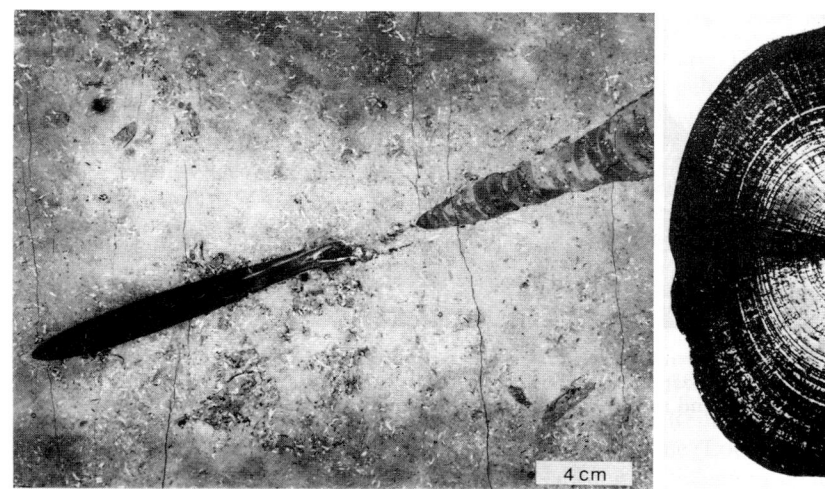

Abb. 6-73. Links: Rostrum (links, primär calcitisch) und Phragmokon (rechts, aragonitische Schalen gelöst) eines Belemniten aus dem fränkischen Malm der Südalb (polierter Anschliff). Rechts: Querschnitt eines Belemnitenrostrums (Dünnschliff, + Nicols; CAYEUX 1931: Taf. LIV, Fig. 6).

Die Belemniten-Rostren sind aus großen, radial gestellten Calcit-Prismen zusammengesetzt (BØGGILD 1930; vgl. Abb. 6-73 rechts). Sie hatten jedoch eine ursprüngliche Porosität von 10–20%, so daß die heute massiven Rostren das Resultat einer primären und sekundären Verkalkung darstellen, wodurch ihre Eignung zur Bestimmung von Paläotemperaturen in Frage gestellt ist (VEIZER 1974, SPAETH 1975). Das Phragmokon der Belemniten (gekammertes Gehäuse, in der Alveole des Rostrums eingelassen) bestand primär aus Aragonit (SPAETH 1971 u. 1973) und ist somit meist nicht erhalten.

der Trilobiten mit derjenigen von Ostracoden und nicht mit der typischen Arthropodenstruktur, wie sie Decapoden eigen ist.

In Dünnschliffen sind die kragenartigen Umbiegungen der Segmentränder typisch für Trilobitenschnitte („Hirtenstäbe" in Abb. 6-76).

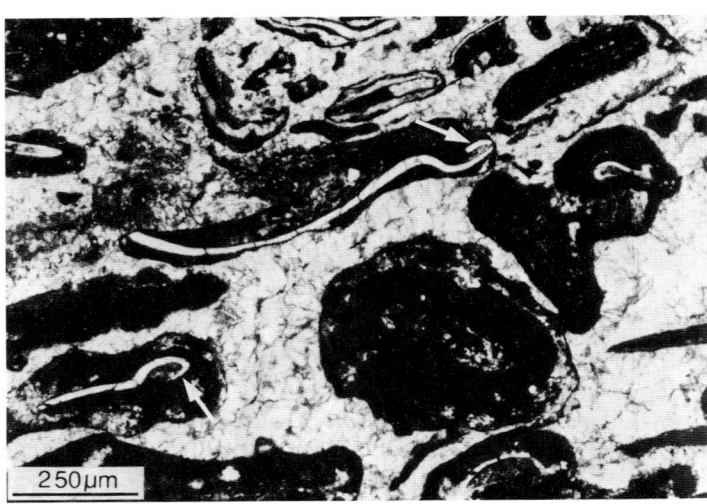

Abb. 6-76. Trilobitenreste mit charakteristischen kragenartigen Umbiegungen („Hirtenstäbe", s. Pfeile); oberkambrischer Onkosparit der Westantarktis (BUGGISCH & WEBERS 1982: Taf. 26, Fig. 5).

BØGGILD (1930) vermutete bereits wegen der guten Erhaltung, daß die Trilobiten ihre Schalen mit Calcit bauen. Auch die mehrfach beobachteten Farbmuster (WELLS 1942) sprechen dafür, daß noch die ursprüngliche Modifikation vorliegt. Reste aus der von STEHLI (1956) beschriebenen Fundstelle konservierter Fossilien bestätigten dies ebenso wie die Beobachtung, daß Trilobitenschalen einen für Aragonit zu hohen Mg-Gehalt (5 Mol-%) aufweisen (LOWENSTAM 1963). Fe-calcitische Trilobitensegmente mit guter Strukturerhaltung aus devonischen Schichten der Eifel sowie Cantabriens belegen nach RICHTER & FÜCHTBAUER (1978) eine ehemals Mg-calcitische Zusammensetzung. Dabei muß es sich jedoch nicht um Hoch-Mg Calcit gehandelt haben, denn nach RICHTER (1984: 125) kann sich auch Mg_{2-5} Calcit in Mg_{0-1} Calcit umwandeln (an Stacheln des Seeigels *Paracentrotus lividus* belegt), und bei einer solchen Transformation könnte im Fe-reichen, reduzierenden Milieu wiederum Fe^{2+} in die neue Calcitphase eingebaut werden.

B. Ostracoden

Die zu den Crustaceen gehörenden Ostracoden (Muschelkrebse; Kambrium – rezent) leben vorwiegend vagil-benthonisch (seltener planktonisch). Es gibt Süß-, Brack- und Meerwasserformen. Sie bewohnen am häufigsten die durchlichtete Zone, kommen aber auch mit spezifischen, blinden Formen (psychrosphärische Ostracoden, z. B. *Bythoceratina*) in bathyalen und abyssischen Tiefen mit konstanten Salinitätsbedingungen, niedriger Temperatur (4–6 °C) und Dunkelheit vor (u. a. BRASIER 1980: 130). Ostracoden vertragen zum Teil beträchtliche Schwankungen der Temperatur und des Salzgehaltes und finden sich auch in Ablagerungen evaporitischer Meeresteile (z. B. Zechstein). In brackischen und salinaren Sedimenten spiegeln Ostracodenlagen gern Artenarmut bei Individuenreichtum wieder. Bei paläokologischen Untersuchungen fand BECKER (1976) Beziehungen zwischen Schalenskulpturierung und Sedimentparametern bzw. Hydrodynamik – Arten mit ausgeprägten Lateralstacheln („Schwebestacheln") weisen auf nur geringe bis fehlende Wasserbewegung hin. Salinitätsänderungen können am Wechsel der Ostracoden-Vergesellschaftung abgelesen werden – z. B. beim Jura/Kreide-Übergang Spaniens nach P. BRENNER 1976, im Eozän von Südengland nach KEEN (1977), im Plio/Pleistozän des Isthmus von Korinth nach RÖMMELT-DOLL (1986). Neuere Ostracoden-Überblicke: SWAIN et al. (1975), LÖFFLER & DANIELOPOL (1977).

Biogene 313

Abb. 6-77. Ostracoden mit weitgehend mikritisierten (?) Schalen, links unten mit erhaltenem inneren Schalenblatt; Paläozänkalk/Libyen.

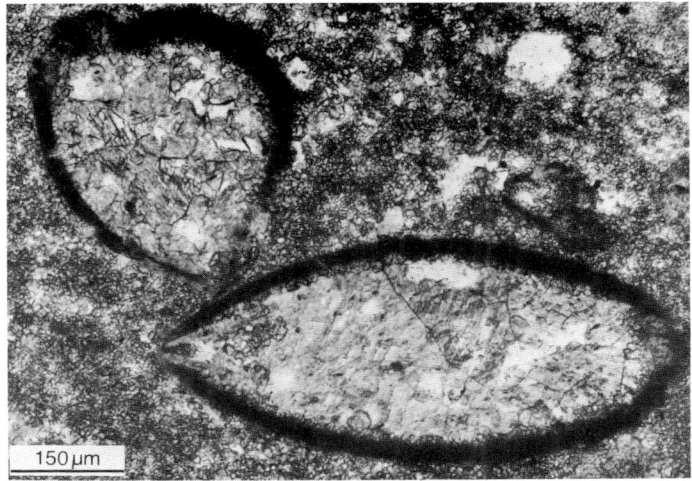

Abb. 6-78. Dünn- und dickschalige (oben) Ostracoden in einem stylolithenführenden Mikrit; obertriadische Loferitfolge, Parnass-Kiona-Zone/Griechenland.

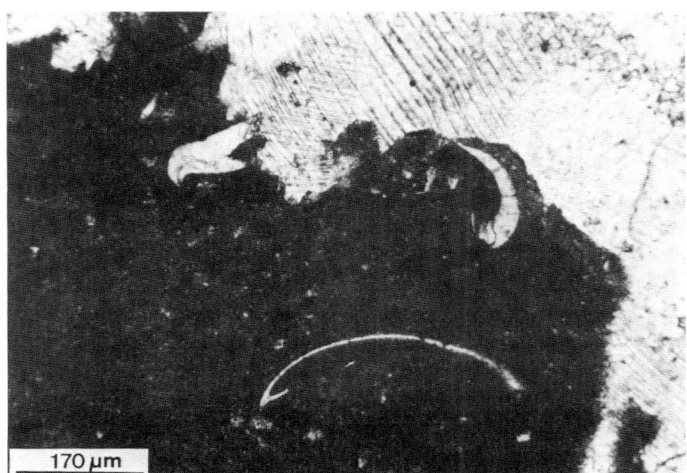

Das den Muschelkrebs umhüllende zweiklappige Skelett (= Carapax) hat eine Länge von 0,5–58 mm bei einem Durchschnitt von etwa 2 mm (MAJEWSKE 1969: 22). Die beiden 0,01–0,05 mm dicken Schalen entsprechen überwiegend der sogenannten äußeren Lamelle. Bei der Umbiegung der meist verkalkten äußeren zur inneren Lamelle am vorderen Ende des Tieres ist häufig der Anfang der inneren Lamelle ebenfalls verkalkt (= Duplikatur), was in Dünnschliffen die Identifizierung von Ostracoden erleichtert (Abb. 6-77, 78). Die homogenen oder prismatischen Calcitschalen (n_e – Schalenoberfläche) werden von zahlreichen Porenkanälen durchsetzt, die allerdings nur selten erhalten sind. Schalen mit mehreren Lagen beschreiben LEVINSON (1951) und BATE & EAST (1972).

Die marinen Ostracoden bauen nach CHAVE (1954a; vgl. Abb. 6-3) je nach der Wassertemperatur bis etwa 10 Mol-% $MgCO_3$ in den Calcit der Schalen ein. CADOT et al. (1972) geben nur Werte von 1–5% $MgCO_3$ an und belegen für einzelne Arten eine lagenweise ungleiche Mg-Verteilung. Fe-calcitische Ostracoden mit guter Strukturerhaltung aus devonischen, jurassischen und kretazischen Schichten waren nach RICHTER & FÜCHTBAUER (1978) primär Mg-calcitisch zusammengesetzt.

C. Cirripedier/Dekapoden

Weitere kalkabscheidende Crustaceen gibt es bei den seit dem Kambrium vorkommenden Cirripediern (= Rankenfüßler) und Dekapoden (= Zehnfüßler).

Die **Cirripedier** sind ausschließlich Bewohner des Meeres. Bei den Entenmuscheln (Lepas) sind die das Tier schützenden, muschelähnlichen Schalen aus Tief-Mg Calcit mit einem Stiel ans Substrat angeheftet, während die in der Nähe des Meeresspiegels lebenden Seepocken (Balaniden) stiellos an Felsen, Steinen, Schiffen u. ä. aufwachsen. Die mit charakteristischen länglichen Poren longitudinal durchzogenen Seepocken (CORNWALL 1962, NEWMAN et al. 1969; vgl. Abb. 6-79) setzen sich aus Tief-Mg Calcit zusammen, der in Abhängigkeit von der Wassertemperatur weniger als 5 Gew.-% $MgCO_3$ enthält (CHAVE 1954a; vgl. Abb. 6-16). Nur die Basalplatte der Balanusart *Tetraclita* wird nach LOWENSTAM (1964a) aus Aragonit mit 1,03 Gew.-% Sr aufgebaut. Lokal kann der Sedimentanteil an Bruchstücken von Seepocken sogar mehr als 50% ausmachen (MILLIMAN 1972).

Etliche **Dekapoden** wie Krabben, Einsiedlerkrebse und Hummer vermögen Kalk in ihren Hartteilen auszuscheiden. Nach CHAVE (1954a; vgl. Abb. 6-16) handelt es sich um Hoch-Mg Calcit, der in Exemplaren warmer Meere mehr als 10 Gew.-% $MgCO_3$ enthalten kann. Die Orientierung der Kristallite ist bei Dekapoden gegenüber Ostracoden weniger gut (DUDICH 1931). Charakteristisch ist die lagenweise Anreicherung einer chitinösen, phosphorhaltigen Substanz, die sich bei Rezentmaterial als röntgenamorph und bei fossilen Skeletten als apatitisch erweist (TEIGLER & TOWE 1975). Die Lamellen der Dekapoden zeichnen einen parabelartigen Verlauf nach (u.a. NEVILLE & BERG 1971, DALINGWATER 1975a u. b).

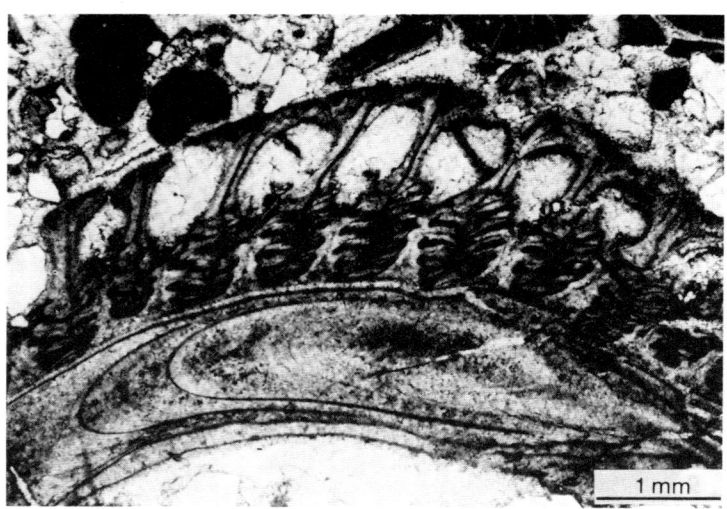

Abb. 6-79. Primär calcitische Platte von *Balanus* mit typischen interlaminaren Figuren (Bildmitte) und Querschnitten durch die Längskanäle (Mittel-Miozän der Subalpinen Molasse; HAGN 1976: Taf. 11, Fig. 2).

6.2.13 Echinodermen

Die Echinodermen (= Stachelhäuter) besiedeln artspezifisch alle Meeresbereiche von der Küstenzone bis in die Tiefsee. Nur wenige Vertreter vertragen auch brackische Verhältnisse. So kommt beim Übergang von der Nord- zur Ostsee der Seeigel *Echinocyamus pusillus* nach BRATTSTRÖM (1941) bis zum großen Belt und einzelne Seesterne (z. B. *Asterias rubens*) nach REMANE (1958: 36) bis zur Kieler Bucht vor, also bis in Biotope mit nur 15–20‰ Salinität.

Die Einzelelemente (= Ossikel) des Endoskeletts der Echinodermen sind meist als Calcit-Einkristalle ausgebildet und daher an ihrer einheitlichen Auslöschung zwischen gekreuzten Nicols leicht zu erkennen (HESSEL 1826, NISSEN 1963; vgl. Abb. 6-83).

Ausnahmen:
1. Die Mamelonenbereiche (Stachelwarzen) unter den aufsitzenden Primärstacheln sind bei einigen Echinidenarten polykristallin mit unterschiedlicher c-Achsen-Orientierung der Einzelkristallite ausgebildet (BECHER 1914, RAUP 1966a, b, TOWE 1967, MÄRKEL et al. 1971, RICHTER & ZINKERNAGEL 1981).
2. Polykristalline Bereiche zeichnen den Acetabulum-Rand der Stachelbasis sowie den Cortex des Schaftes bei der Seeigelart *Stylocidaris affinis* aus (MÄRKEL et al. 1971).
3. Bei den Zähnen etlicher Seeigelarten gibt es Zonen aus unterschiedlich orientierten Kristalliten (u. a. HOZMAN 1983).

Eine Polykristallinität ist aber auch bei den im Polarisationsmikroskop wie Einkristalle erscheinenden Skelettelementen rezenter Echinodermen gegeben, indem sich die „Einkristalle" primär aus parallel orientierten submikroskopischen Kristalliten zusammensetzen (GARRIDO & BLANCO 1947, NISSEN 1963). Nach TOWE (1967) werden diese polykristallinen Elemente (Fig. 6) bereits während des Wachstums der Echinodermen zu einem Einkristall verschweißt. Die polykristalline Ausbildung der „Einkristalle" verursacht nach TOWE (1967) und NISSEN (1969) den muscheligen Bruch (Abb. 6-80) bei rezenten Echinodermenskeletten. HOZMAN (1983) begründet den muscheligen Bruch mit einer statistischen Verteilung des Magnesiums im Calcitgitter, da dadurch Spalt- und Gleitzwillingsebenen verhindert werden und eine erhöhte Bruchfestigkeit gegeben ist. Nach RICHTER (1984) und KÜRMANN et al. (1986) sind jedoch hohe Härte und Bruchfestigkeit der Echinidenskelette – und wahrscheinlich aller Echinodermenossikel – vorrangig auf eine anormal enge Gitteranordnung zurückzuführen. Zweitägiges Tempern auf 200–250 °C bzw. eine Dauer von Oberflächenbedingungen über etwa 200 000 Jahre führt zu einer Gitteraufweitung ohne chemische Veränderung in den Skelettelementen. Bezüglich einer mechanischen Beanspruchung gibt es nun keinen muscheligen Bruch mehr, sondern es bilden sich Spalt- und Gleitzwillingsebenen (Abb. 6-80).

Die rezenten Echinodermenskelette weisen aufgrund einer maschenartigen Verteilung von Stereom (Skelettsubstanz) und Stroma (kanalartig verflochtene Hohlräume für die organische Substanz) eine hohe Porosität auf (Abb. 6-82/1; siebartige Struktur im Dünnschliff), die nach J. N. WEBER (1969) und BATHURST (1971: 50) sogar 50% übersteigen kann. Infolge dieses primären Kanalsystems beträgt das spezifische Gewicht von rezenten Crinoidengliedern nach CAIN (1968) nur 1,5, d. h. sie werden mit $5 \times$ kleineren Quarzkörnern zusammen transportiert. Der Stromaraum ist diagenetisch meist durch Calcit in gleicher optischer Orientierung, gelegentlich auch durch Glaukonit und SiO_2 (FABRICIUS 1966) oder Chlorit gefüllt. Neuerer Echinodermen-Sammelband: JANGOUX (1980).

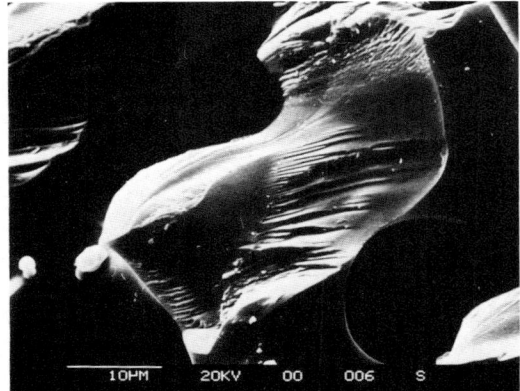 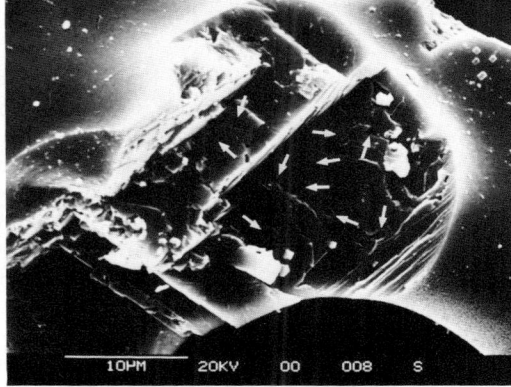

Abb. 6-80. Bruchverhalten rezenter Echinidenstereome(-skelette) aus Hoch-Mg Calcit (REM-Aufnahmen, KÜRMANN et al. 1986: Abb. 1). Links: Unbehandelt-muscheliger Bruch. Rechts: Nach zweitägigem Tempern auf 200–250 °C – vollkommene Spaltbarkeit; die vielen Mikroporen (s. Pfeile) sind nicht als Lösungsporen bei einer Umwandlung von Mg-Calcit in Calcit zu erklären (vgl. NEUGEBAUER 1979), sondern eine Folge der temperungs- bzw. (im Gelände) diagenese-bedingten Gitteraufweitung des Hoch-Mg Calcits (vgl. Text).

A. Crinoiden

Die sessilen Crinoidea (Seelilien; Kambrium – rezent) haben ein segmentiertes Innenskelett aus Wurzel, Stiel und Krone. Das rezente Skelett wird aus Mg-Calcit aufgebaut, der in warmen Meeren bis zu 15 Gew.-% $MgCO_3$ im Gitter enthalten kann (CHAVE 1954a; Abb. 6-2). Fossile Crinoiden sind häufig aus Calcit und homoachsial eingelagerten Mikrodolomiten zusammengesetzt (S. 397f.; Abb. 6-131), was auf eine Umwandlung von Mg-Calcit in Calcit und Dolomit im geschlossenen System zurückgefürt wird (RICHTER 1985b).

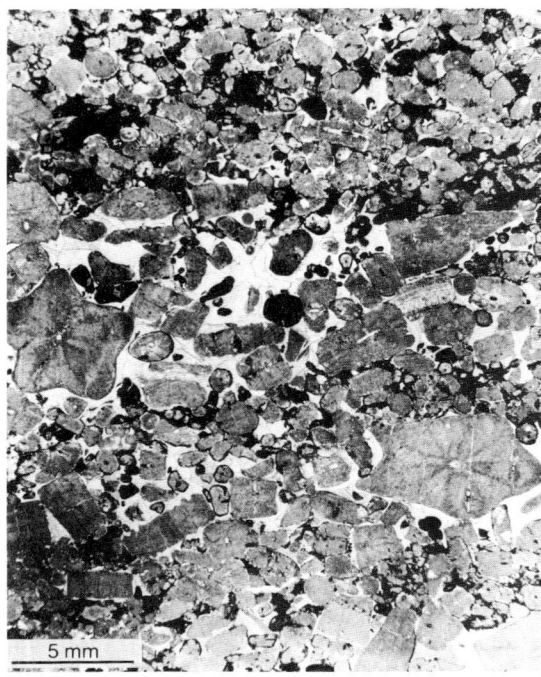

Abb. 6-81. Crinoidenkalk, vorwiegend calcitisch zementiert; Lias-Dogger, nördliche Kalkalpen (Dünnschliff von F. FABRICIUS).

Größere sedimentgeologische Bedeutung erreichen nur die meist 1–10 mm großen Stielglieder, die vor allem vom oberen Ordovizium bis zum Unterkarbon gesteinsbildend auftreten. Daneben sind im Unterkarbon die ähnlich gebauten Blastoidea (Beutelstrahler) verbreitet. Einzelne Vorkommen von Crinoidenkalken finden sich noch beispielsweise in der germanischen Trias (Trochitenkalk des oberen Muschelkalks – u.a. HAGDORN 1978) und im unteren Jura der Tethys (JENKYNS 1971; vgl. Abb. 6-81). Später treten Crinoidensegmente zwar häufig als wichtige Komponente, aber kaum noch gesteinsbildend auf. Während heute mehr als die Hälfte der gestielten Crinoiden unterhalb der 1000 m-Linie lebt (A. H. MÜLLER 1963), waren sie früher meist Flachwasserbewohner. Frei schwimmende Crinoiden („Schwebcrinoiden") sind besonders in der Trias (Osteocrinus – KRISTAN-TOLLMANN 1970) und im Jura/Kreide-Übergangsbereich (Saccocoma-Fazies – FARINACCI & SIRNA 1959, BORZA 1969; „Lombardia" nach BRÖNNIMANN 1955) der Tethys verbreitet. Comatulide Crinoiden werden auch in Ablagerungen großer Wassertiefe gefunden (CLARK 1957).

In Crinoidenkalken des Unterkarbons von USA fand LAUDON (1957) eine auch in anderen Gebieten gültige Gesetzmäßigkeit: Biokalkarenite und Riffkalke enthalten meist nur zu Einzelgliedern zerfallene Crinoiden. Demgegenüber finden sich in Mergellagen und in den Stillwasserbereichen seitlich des Riffs oft vollständig erhaltene Exemplare, welche meist keine Orientierung zeigen und demnach bei fehlender Strömung eingebettet wurden. Offenbar lockert sich nach dem Tod der Zusammenhalt der Stiele und bleibt nur in ruhigem Wasser erhalten, vornehmlich bei schneller Eindeckung durch tonige oder kalkige Trübe. Nach LOWENSTAM (1949) lebten hier zudem viel zartere Formen als im Riff. Neben der Fazies- sowie Turbulenzabhängigkeit spielt beim Transport der Crinoidenteile auch der Zementationsgrad eine große Rolle, indem unzementierte Crinoidenreste mehr schwebend und zementierte Ossikel mehr rollend bewegt werden (RUHRMANN 1971a u. b, SEILACHER 1973).

Der Zerfall der Crinoidenstiele in einzelne Ossikel wird durch die kristallographische Orientierung der Einzelelemente zueinander begünstigt, denn nach SEILACHER (mdl.) verläuft zwar die c-Achse jeweils stielparallel, aber die a-Achsen sind von Glied zu Glied versetzt. So wird ein homoachsiales Zusammenwachsen verhindert.

B. Echiniden

Die seit dem Ordovizium vorkommenden Echinoidea (= Seeigel) haben kalkige Einlagerungen in Gehäuse (= Corona), Stacheln, Pedicellarien (= Greifzangen) und Gebiß (= Laterne des Aristoteles). Sie treten vereinzelt schon im Oberkarbon, eigentlich aber erst in Lias, Kreide und Tertiär gesteinsbildend auf, jedoch nie so massiert wie die Seelilien im Paläozoikum. Die Seeigel meiden mit Ausnahme mancher irregulärer – wie *Echinocardium cordatum* (vgl. NICHOLS 1959) – schlammigen Boden und finden sich daher rezent wie fossil meist in sandigen oder kalkarenitischen Ablagerungen klaren Wassers (flache Formen) oder an Felsen (rundliche Formen) (COOKE 1957a u. b). Sie leben hauptsächlich in der Flachsee, in Küstennähe (GRABAU 1913). Das häufig angenommene Bohrverhalten einiger Seeigel in Felsen großer Härte (z. B. Granit) wird von HOZMAN (1983) zumindest stark in Zweifel gestellt.

Die monokristallinen Einzelplatten des Gehäuses weisen eine artspezifische Orientierung der jeweiligen optischen Achse zur Coronenmorphologie auf (RAUP 1966a u. b). Die optische c-Achse in den Einkristallen der Stacheln fällt gewöhnlich mit deren Längserstreckung zusammen (HESSEL 1826, WEST 1937, BATHURST 1971: 51 f.). Bei den gekrümmten Stacheln von *Echinocardium cordatum* stimmt die Orientierung der c-Achse in Schnitten parallel zur Krümmung nur mit der Längserstreckung des mittleren Teils vom Schaft überein (RICHTER 1984). Die Zähne in der Aristoteles-Laterne haben häufig polykristalline Bereiche (u. a. HOZMAN 1983).

Man findet Platten, Stachelquerschnitte (Abb. 6-83 rechts) und selten Zähne (Abb. 6-83 links). Da

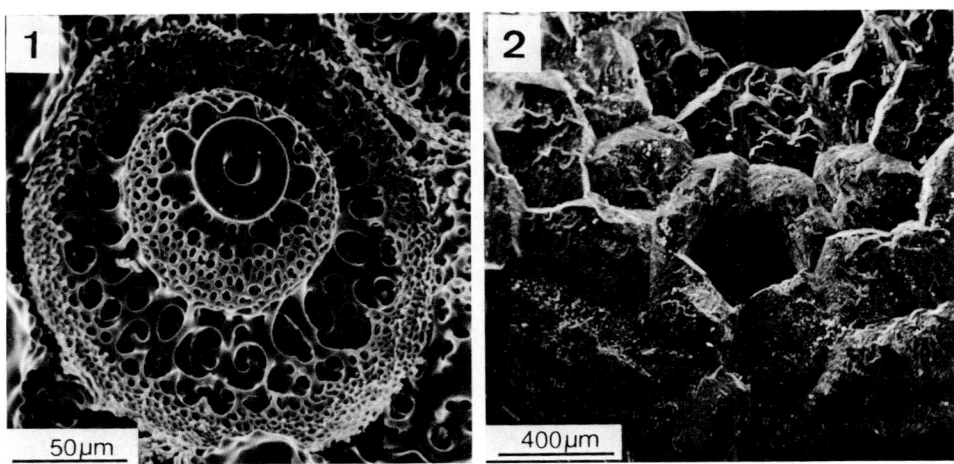

Abb. 6-82. Oberflächenausschnitte des < 1 cm großen Seeigels *Echinocyamus pusillus* (REM-Aufnahmen, RICHTER 1979: Abb. 8). 1 – Tubercel (Stachelwarze) einer rezenten Corona von Helgoland (Mg_{10}-Calcit); beachte die hohe Mikroporosität. 2 – Zementierter Analbereich (oben: Oralöffnung) einer tyrrhenen Corona aus dem Kanaleinschnitt von Korinth (Mg_5-Calcit); beachte die blockigen Einkristalle.

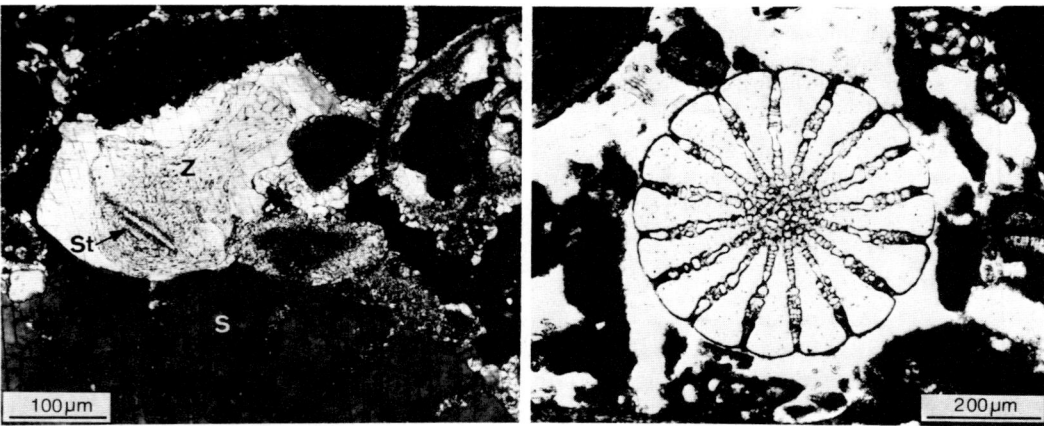

Abb. 6-83. Echinidendetritus aus pleistozänen Biokalkareniten des Isthmus von Korinth (Griechenland). – Links: Syntaxial weitergewachsener Seeigelzahn (Z = Zahnquerschnitt; St = Steinteil); S = Teil eines Stachelquerschnitts; + Nicols (NEUSER et al. 1982: Taf. 11, Fig. 1b). Rechts: Unzementierter Stachel im Querschnitt.

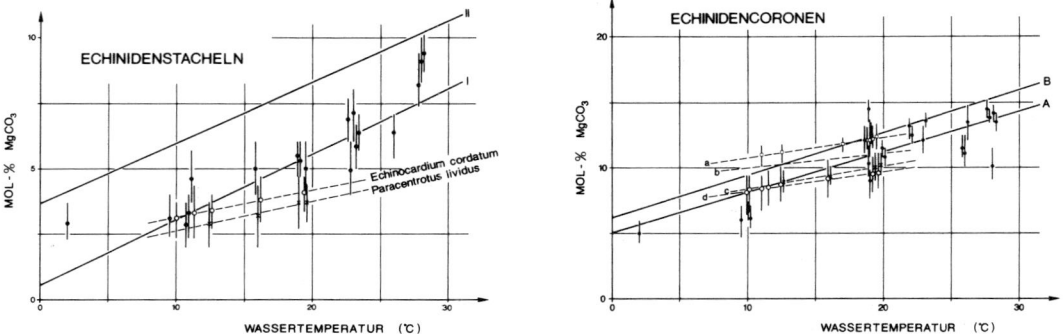

Abb. 6-84. Beziehung zwischen Mol-%-Gehalt $MgCO_3$ von Echiniden-Coronen (rechts) bzw. – Stacheln (links) und der mittleren Wassertemperatur des jeweiligen Fundortes der Arten. Bei den Einzelkollektiven aus 10–60 Individuen sind jeweils Mittelwerte und Variationsbreite markiert worden. A(I)-Klassentrend nach den angegebenen Werten; B(II) – Klassentrend nach CHAVE (1954a). Gestrichelte Linien = Arttrends: a – *Echinocyamus pusillus*, b – *Dendraster excentricus*, c – *Paracentrotus lividus*, d – *Echinocardium cordatum* (RICHTER 1984).

die kleinsten Echiniden unter 2 mm groß sind (z. B. im Eozän von Nordafrika), können die Platten sehr zart sein. Die Stachelquerschnitte sind meist zwischen 0,25 und 0,75 mm groß (bei *Cidaris*- und *Heterocentrotus*-Arten bis 1 cm ⌀) und reich verziert (z. B. Haken bei *Diadema*). Bei Stacheln verschiedener Arten ist die radiäre Skelettformung derart verschieden, daß den Stacheln eine taxonomische Bedeutung zukommt (HESSE 1900).

Für rezente Seeigelskelette konnten bislang folgende Mg-Verteilungen beobachtet werden:

1. Bei Seeigelcoronen ist die zuerst von CLARKE & WHEELER (1922) und CHAVE (1954a) herausgestellte positive Korrelation zwischen Mg-Einbau und Wassertemperatur im Klassentrend gegenüber den einzelnen Arttrends stärker ausgeprägt (PILKEY & HOWER 1960, RICHTER 1979 u. 1984; vgl. Abb. 6-84).

2. Interambulacralplatten können mehr (MILLIMAN 1974: 131) oder weniger (RICHTER 1984: 34) Mg als Ambulacralplatten führen.

3. Der Mg-Gehalt nimmt in Platten vom Peristom zum Periproct – also zu jüngeren Platten – ab (FOWLER & DODD 1969, RICHTER 1984, Abb. 6).

4. Stacheln enthalten normalerweise weniger Mg als Coronen desselben Individuums (CHAVE 1954a, WEBER 1969 u. 1973, RILEY & SEGAR 1970, RICHTER 1974a u. 1984, Abb. 9).

5. Die Stacheln werden von der Wurzel zur Spitze Mg-ärmer (RICHTER 1984: 40).

6. Der Mg-Anteil in den Hauptstacheln einer Plattenreihe steigt vom Peristom zum Periproct an (FOWLER & DODD 1969, RICHTER 1984: 42).

7. In den Zähnen von *Lytechinus* und von *Diadema antillarum* fanden SCHROEDER et al. (1969) 3–43,5 Mol-% $MgCO_3$. Während die genannten Autoren die Mg-reichsten Phasen im Steinteil an der Spitze eines Zahns als Protodolomit bezeichnet haben, ist dieses Material wegen der fehlenden, aber für Dolomit typischen Überstrukturreflexe nur als Mg-Calcit anzusprechen (BATHURST 1971: 235, RICHTER 1974a: 58). Nach neueren Untersuchungen von HOZMAN (1983) ist für diese „dolomitähnliche" Phase eine Calcitstruktur sogar zu fordern, da dadurch die Mg-Ionen eine Bildung von Gleitebenen verhindern, was zu einer besonderen Härte der Seeigelzähne beiträgt.

Ähnlich variabel wie die Mg-Zusammensetzung in den Hartteilen eines Seeigels ist die C- und O-Isotopenzusammensetzung (WEBER & RAUP 1966 u. 1968), was im Zusammenhang mit noch nicht geklärten physiologischen Faktoren gesehen werden muß, die die Zusammensetzung der Seeigelskelette steuern. Bei der Umwandlung der Hartteile von Hoch-Mg Calcit nach Calcit ohne Verlust des optischen Einkristallverhaltens der einzelnen Elemente ändert sich neben der Kationen- auch die Anionenzusammensetzung (z. B. C^{13}-Abnahme), was Lösungs-Fällungsprozesse für diese Transformation gegenüber einer Festkörperdiffusion wahrscheinlicher macht (MANZE & RICHTER 1979).

C. Asteriden/Ophiuren/Holothurien

Die Asteroidea (Seesterne), Ophiuroidea (Schlangensterne) und Holothuroidea (Seewalzen bzw. -gurken) sind seit dem Ordovizium vertreten. Allerdings findet man von den Kalkskeletten meist nur die Einzelelemente, denn sie sind bereits primär nicht fest miteinander verbunden.

Bei Skelettelementen der **Asteriden** handelt es sich um platten- bis knochenförmige Teile (meist < 5 mm),

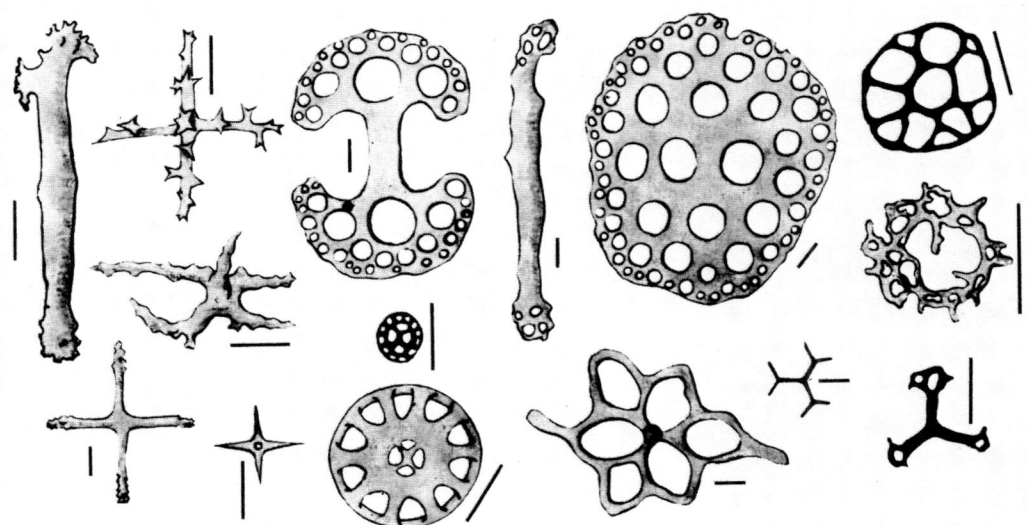

Abb. 6-85. Rezente Skelettelemente verschiedener Holothurienarten (A. H. MÜLLER 1978: Abb. 601); Länge der Maßbalken: 50 µm.

kurze sowie stumpfe Stachel (= äußere Skelettanhänge; meist etwa 1 mm) und kleinere Greifzangen (Pedicellarien). Die **Ophiuren**-Armglieder sind wirbelartig ausgebildet und bestehen aus zwei verschieden orientierten Calcitkristallen (FABRICIUS 1966, GLAZEK & RADWANSKI 1968). Äußere Skelettanhänge von Ophiuren sind in Schlämmrückständen alpiner Triaskalke nicht selten (MOSTLER 1971).

Die Ossikel der **Holothurien** sind sehr formenreich gestaltet und meist < 100 µm groß (Abb. 6-85). Beim rezenten Tier sind die Elemente isoliert in die organischen Weichteile eingelagert. Ein Individuum von *Holothuria impatiens* enthält nach HAMPTON (1958) mehr als 20 Millionen Ossikel. Fossil kommen die Sklerite fein verteilt in flach- bis tiefmarinen Sedimenten vor. In der alpinen Trias haben sie sogar eine gewisse stratigraphische Bedeutung (MOSTLER 1972).

6.2.14 Tunicaten/Vertebraten

Unter den **Tunicata** (= Manteltiere) – wirbeltiernahe Meeresbewohner – lagern die Ascidier (= Seescheiden) vorrangig 20–100 µm kleine sternförmige, diskusartige oder lanzenähnliche Kalkspiculae ein. Nach SCHMIDT (1924) und PRENANT (1925) bestehen sie aus Aragonit, der nach LOWENSTAM (1963) 0,82% Sr enthält. Fossil sind keine sicheren Funde bekannt (A. H. MÜLLER 1978: 657).

Fischotolithe sind die einzigen Kalkelemente bei den Vertebraten. Unter diesen blatt- bis bohnenförmigen Gehörsteinen (Perm und Lias bis rezent nach A. H. MÜLLER 1966: 416) lassen sich drei Typen unterscheiden: Lapillus, Asteriscus und Sagitta. Sie sind aus Aragonit zusammengesetzt (VINOGRADOV 1953, LOWENSTAM 1963). Die Otolithe mariner Fische haben mit C^{13}-Werten von 0 bis $-5‰$ und O^{18}-Werten zwischen $+2$ und $-1,5‰$ dem Meerwasser vergleichbare Daten, so daß nach DEGENS et al. (1969) ein metabolischer Einfluß auf die CO_3-Zusammensetzung nicht gegeben ist.

Zusammenfassung: Bestimmungsschlüssel für Kalkpartikel in Dünnschliffen

Der folgende Schlüssel bezieht sich vorrangig auf Biogenpartikel und ist in erster Linie nach Schalenstrukturen gegliedert. Um auch einen Zugang über die Schnittformen im Dünnschliff zu ermöglichen, wurde ein kleiner Zusatzschlüssel mit Verweisen auf den Hauptschlüssel vorangestellt (z. T. in Anlehnung an E. FLÜGEL 1978). Die Zahlen geben den ungefähren (kleineren) Durchmesser der gesamten Strukturen in mm an. C (= Calcit), MC (= Mg-Calcit) und A (= Aragonit) bezeichnen die primäre Zusammensetzung.

A. Schalen
Muscheln 2.2.1.1, 2.2.1.3-6, 2.2.2.4, 3.4; Schnecken 2.2.1.1, 2.2.1.7, 2.2.3.2, 3.4; Cephalopoden 2.2.1.1, 3.4; Brachiopoden 2.2.1.2, 2.2.1.8, 4.2.1; Trilobiten 2.2.2.1; Ostracoden 2.2.2.2; Tintinniden 2.2.2.3; Pelagische Crinoiden 3.1.3; Blattförmige Algen 1.1.1; 3.3.2.

B. Kammern (nach zunehmendem Kammerdurchmesser geordnet)
Rotalgen 1.5; Diatomeen 4.1.3; Foraminiferen 1.4, 2.2.3.3, 3.1.5, 3.2.1; Calcisphären 2.2.4.10, 3.1.6; manche Muscheln 2.2.1.5; Radiolarien 4.1.2; Bryozoen 2.1.1; Stromatoporen 1.3; Rudisten 2.2.1.6; Schnecken (s. o.); Charophyten-Oogonien 2.2.4.6; Korallen 2.2.3.1.

C. Rundliche Formen
Kotpillen 1.1.2, 1.8; mikritisierte Körner 1.7; Peloide 1.7-10; Intraklasten 1.9; Onkoide 1.10; Ooide 2.1.3, 2.2.4.9; Calcisphären 2.2.4.10, 3.1.6; Echinodermen 3.1.1; Knochen, Fischzähne, Conodonten 4.2.2-4; Kalkschwämme 1.2.

D. Röhren- und Stabstrukturen
Blaugrünalgen 1.6; Grünalgen 1.1.1, 2.1.4, 2.2.4.8, 3.3.1-2; Kalkschwämme 1.2; Serpeln 2.1.2; Belemniten 2.2.4.1; Tentaculiten 2.2.4.2; Styliolinen 2.2.4.3; Scaphopoden 2.2.4.4; Brachiopodenstacheln 2.2.4.5; Seeigelstacheln 3.1.2; Schwammnadeln 3.1.4, 4.1.1; Trilobitenstacheln 2.2.2.1; Charophyten-Stengel 2.2.4.7.

1. Kryptokristallin (meist ungeordnet)

1.1	mit Löchern	
1.1.1	Unregelmäßige Formen, voll von Schläuchen bis 0,05 mm (A)	– *Halimeda* (Grünalge)
1.1.2	Unregelmäßige Körner (0,4), von parallelen Röhren durchzogen	
1.2	Wurmförmig bogenes, hirnartiges Geflecht (0,2) (MC, A)	– Favreina (= Crustaceen-Kotpillen)
1.3	Netzstruktur (0,1–0,4) aus gebogenen Laminae und Pfeilern (A)	– Kalkschwämme, Sclerospongien
1.4	Gekammerte (0,05–0,2), kugelige, flache oder längliche Formen	– Stromatoporen
	(MC)	– porzellanschalige Foraminiferen
	(u. a. C, MC)	– agglutinierende Foraminiferen
1.5	Knollige, verästelte oder lagige Formen mit feinstem, oft stark gebogenem Netzwerk quadratischer oder länglicher Kammern (0,01) (MC)	– Rotalgen
1.6	Knäuel von feinen Schläuchen (0,01–0,07)	– Blaugrünalgen (z. B. *Scytonema, Girvanella*)
1.7	Strukturlose, regelmäßig geformte Körner (z. B. Muschelbruchstücke)	– Mikritisierte Körner
1.8	Dito, längliche Form mit kreisrundem Querschnitt	– Kotpillen
1.9	Strukturlose, meist flache, oft auch eckige, schwach gerundete Körner	– Intraklasten
1.10	Unregelmäßig-schalige Rundkörper	
	ohne Biogenstrukturen	– spongiostromate Onkoide
	mit Algenfäden	– porostromate Onkoide

Ist eine Entscheidung zwischen 1.7–1.10 mit Algenfäden nicht möglich, so kann man den Sammelbegriff „Peloide" benutzen.

2. Faserbau

2.1	Fasern (c-Achsen) teilweise tangential orientiert	
2.1.1	Netzstruktur, oft bäumchenartige Kolonien (0,1–0,4) (MC, A, MC und A)	– Bryozoen
2.1.2	Gebogene, große Röhren (1 mm ∅, Wandung 0,1) (MC, A, MC und A)	– Serpula
2.1.3	Kugelige bis ovale, aus gleichmäßig dicken Schalen aufgebaute Körner (0,1–1), z. T. mit andersartigem Kern (A)	– rezente Ooide marin: Bahama-Typ thermal: Karlsbader Höhlenperlen (z. B.)
2.1.4	Schläuche (–0,05), in lappige, kryptokristalline Körner eingebettet (A)	– *Halimeda*
2.2	Fasern (c-Achsen) ungefähr radial gestellt	
2.2.1	Schalen (Wanddurchmesser 0,1–1). Lamellen von schräger bis tangentialer Orientierung.	
2.2.1.1	± gebogene Schalen verschiedenen Aufbaus (C, A)	– Mollusken
2.2.1.2	Stark gebogene Lamellen (C)	– Brachiopoden
2.2.1.3	Dünne (0,03) oft massiert auftretende Schalen („Filamente") (C)	– pelagische Muscheln
2.2.1.4	Äußerer Schalenteil prismatisch (C), innerer aus isometrischen Calcitkristallen (ehemals A) aufgebaut	– Muscheln
2.2.1.5	Im Tangentialschnitt Honigwabenmuster (Prismen 0,05–0,1, z. B. *Inoceramus*) (A, C)	– Muscheln
2.2.1.6	Sehr regelmäßige Lamellen und Netze 0,1–1 (C)	– Rudisten
2.2.1.7	Stark gebogene Schalen und Spiral-Stücke. Häufige Schalenstruktur: gekreuzte Lamellen (A)	– Schnecken
2.2.1.8	Schalen mit Querkanälen (= puncta, 0,03 mm Durchmesser, 0,1 mm Abstand) (C)	– Brachiopoden

2.2.2   Schalen ohne deutliche Lamellierung
2.2.2.1 Oft am Ende zurückgebogene Schalen („Hirtenstäbe", Durchmesser 0,1–0,2) und unregelmäßig flachgedrückte Röhren (C, MC) — Trilobiten
2.2.2.2 Gebogene Schalen (0,01–0,05), 0,5–4 mm lang, kleiner als Muscheln (C, MC) — Ostracoden
2.2.2.3 Vasenförmige Schalen (0,01), 0,06 mm lang (calcitisiert) — Tintinniden
2.2.2.4 Dünne (0,03), oft in Stapeln auftretende Schalen („Filamente") (C) — pelagische Muscheln
2.2.3   Gekammert
2.2.3.1 Kammerdurchmesser 0,2–1 mm, Wandstruktur: Faserbündel (A, MC-C) — Korallen
2.2.3.2 Kreisförmige Kammerdurchschnitte > 0,2; Wände mit gekreuzten Lamellen (A) — Schnecken
2.2.3.3 Feine, verschieden angeordnete Kammern, Wanddurchmesser 0,05–0,2, z. T. perforiert (C, A) — hyaline Foraminiferen

2.2.4   Kreisförmige Schnitte (2.2.4.1-4 kegelförmig, 2.2.4.5-7 kugelig)
2.2.4.1 3–10 mm $\varnothing$, mit oder ohne Zentralöffnung; radialstrahlig, z. T. mit konzentrischen Wachstumsringen (C) — Belemniten-Rostren
2.2.4.2 Kegelförmig (1 mm), Schalen (0,1) im Längsschnitt gerippt (C) — Tentaculiten
2.2.4.3 Dito, nicht gerippt (C) — Styliolinen
2.2.4.4 Dito, beidseitig glatt oder im Querschnitt innen glatt und außen gerippt, mehrere verschieden strukturierte Lagen (A) — Scaphopoden
2.2.4.5 Zylinder (0,2–0,6) oder Röhren, konzentrisch lamelliert (C) — Brachiopodenstacheln
2.2.4.6 Außen spiralförmig gerippte Hohlkugeln 0,5–1 (C) — Characeen-Oogonien
2.2.4.7 Außen längsgerippte Stengel (0,2–1,0 $\varnothing$), ein Zentral- und mehrere Nebenkanäle (C) — Characeen-Stengel
2.2.4.8 Stengel (0,1–10) mit Zentralkanal und senkrecht bzw. schräg zur Längserstreckung orientierten Kanälen (A) — Dasycladaceen
2.2.4.9 Runde bis längliche Körner mit regelmäßigem Schalenbau (marin: MC, nichtmarin: meist C) — radialcalcitische Ooide
2.2.4.10 Glatte Hohlkugeln 0,05, zementgefüllt (C) — Calcisphären (z. T. Dinoflagellatencysten)

3. Mikro- bis makrokristallin

3.1   Einkristalle (3.1.4 nur bedingt)
3.1.1 Verschiedene Formen, z. T. mit Siebstruktur (Kreisschnitte mit Loch = Seelilienstengelglieder; Halbmonde = Armplatten) (C) — Echinodermen
3.1.2 Sternförmige Strukturen, Durchmesser 0,2–2 (C) — Seeigelstacheln
3.1.3 Zarte (Schalendicke 0,02), bisymmetrische Gebilde aus 1–2 Kristallen (C) — pelagische Crinoiden
3.1.4 Stachel 0,05–0,1 (ein oder mehrere Kristalle) — Kieselschwammnadeln, verkalkt
3.1.5 Gekammerte (0,05–0,2) Formen (MC) — Spirillinacea (glasige Foraminifere)
3.1.6 Hohlkugeln (0,03–0,2) mit kryptokristalliner Schale, Inneres grobkristallin zementiert (C) — Calcisphären (z. T. Dinoflagellatencysten)

Biogene

3.2   Polykristallin
3.2.1 Gekammerte (0,05–0,2), kugelige bis flache Formen (0,5–35 ⌀) — Fusulinina (mikrogranulare Foraminiferen)

3.3   verästelt
3.3.1 Zentralstamm 0,2–1 und wirtelig angeordnete Ästchen sind meist mit Kalklutit gefüllt und kalkumkrustet. Querschnitte: wie Speichenräder. Tangentialschnitte zeigen Querschnitte der Ästchen (A) — Dasycladaceen
3.3.2 Büschel von Fäden 0,03 oder Aggregate von Schläuchen bis 0,05 (*Halimeda*), auch dicke, blattförmige Strukturen (A) — Codiaceen
3.4   Schill, in situ calcitisiert (Lamellen schemenhaft erhalten) oder bis auf dunkle Säume aufgelöst und zementiert (A) — Mollusken

4. Nicht karbonatisch

4.1   Opal, diagenetisch zu Chalcedon und faserigem Quarz verändert
4.1.1 Nadeln 0,05, oft verzweigt; teilweise calcitisiert — Schwammnadeln
4.1.2 Hohlkugeln 0,1–0,2, oft mit Durchbohrungen; von faserigem Quarz zementiert. Manchmal calcitisiert — Radiolarien
4.1.3 Rechtecke oder Spindeln 0,01, z. T. gemustert — Diatomeen
4.2   Calciumphosphat (bräunlich, sehr kleine Doppelbrechung)
4.2.1 Schalen 0,1–0,2 mit Lamellenbau — Inartikulate Brachiopoden
4.2.2 Bruchstücke mit Netzstruktur — Knochen
4.2.3 Zähnchen und Rhomben, lamelliert — Fischzähne und -schuppen
4.2.4 Zahnartig-unregelmäßige Formen (1–3 mm), mit verschieden orientiertem Lamellenbau — Conodonten

Übersicht

Algen
  Blaugrünalgen * 1.6
  Grünalgen 1.1.1, 2.1.4, 2.2.4.6-8, 3.3.1-2
  Rotalgen 1.5
Belemniten 2.2.4.1
Bivalven (Muscheln) 2.2.1.1, 2.2.1.3-6, 2.2.2.4, 3.4
Brachiopoden 2.2.1.2, 2.2.1.8, 4.2.1
  Stacheln 2.2.4.5
Bryozoen 2.1.1
Calcisphären 3.1.6, (2.2.4.10)
Cephalopoden 2.2.1.1, 2.2.4.1, 3.4
Characeen (Grünalgen) 2.2.4.6-7
Conodonten 4.2.4
Diatomeen 4.1.3
Dinoflagellatencysten 2.2.4.10, 3.1.6
Echinodermen 3.1.1-3.1.3
  Seelilienstengel und Armplatten 3.1.1
  Seeigelstacheln 3.1.2
  pelagische Crinoiden 3.1.3
Fischschuppen und Zähne 4.2.3
Foraminiferen
  agglutinierende 1.4
  porzellanschalige 1.4
  glasige 2.2.3.3, 3.1.5
  mikrogranulare 3.2.1

Gastropoden (Schnecken) 2.2.1.1, 2.2.1.7, 2.2.3.2, 3.4
Intraklasten 1.9
Knochen 4.2.2
Korallen 2.2.3.1
Kotpillen 1.1.2, 1.8
Mikritisierte Körner 1.7, (3.3)
Mollusken 2.2.1.1, 2.2.1.3-7, 2.2.2.4, 2.2.3.2, 3.4
Onkoide 1.10
Ooide 2.1.3, 2.2.4.9
Ostracoden 2.2.2.2
Peloide 1.7-10
Pillen (= Kotpillen) 1.1.2, 1.8
Radiolarien 4.1.2
Rudisten (Muscheln) 2.2.1.6
Scaphopoden 2.2.4.4
Schwämme
  Kalkschwämme 1.2
  Kieselschwämme 3.1.4, 4.1.1
Serpula (Würmer) 2.1.2
Stromatoporen 1.3
Styliolinen 2.2.4.3
Tentaculiten 2.2.4.2
Tintinniden 2.2.2.3
Trilobiten 2.2.2.1

* Stromatolithe wurden in diese Tabelle nicht aufgenommen. Ebenso fehlen die im Dünnschliff nicht sichtbaren Coccolithen und die meisten anderen Nannofossilien.

6.3 Rundkörper

6.3.1 Pillen und Peloide

A. Pillenkalke enthalten als Hauptkomponente scharf begrenzte, etwa 0,1 bis 1 mm große, meist vollkommen verrundete Körner, die oft länglich-oval, gelegentlich aber auch kugelrund sind und aus krypto- bis mikrokristallinem Karbonat bestehen. Ein typisches Merkmal ist die oft geringe Schwankung der Pillengröße innerhalb eines Vorkommens und ihr häufig massiertes Auftreten (Abb. 6-86) besonders in Grab- oder Wühlgängen.

Gebilde, die dieser Definition entsprechen, sind mit großer Wahrscheinlichkeit Kotpillen. Diese spielen im frischen Sediment eine beträchtliche Rolle (WETZEL 1923, HECHT 1935), sind jedoch nur unter günstigen Bedingungen fossil erhaltungsfähig.

Da sie bei ihrer Entstehung weich sind, verschmelzen sie meistens schon „wenige Fuß unter der Sedimentoberfläche" wieder zu strukturlosem Kalkschlamm (GINSBURG 1957). In manchen Vorkommen jedoch erhärten sie unmittelbar nach ihrer Entstehung hinreichend, gelegentlich wohl infolge Trockenfallens (ILLING 1954, KORNICKER & PURDY 1957), oder sie werden durch Zementhäute voneinander getrennt und dadurch konserviert. Dies dürfte vor allem dann geschehen, wenn die Zufuhr von Kalkschlamm aussetzt und die Pillen weder überdeckt noch bewegt werden. In tieferem Wasser gelangen feine Schalenreste (z. B. Coccolithen) vorwiegend durch Kotpillen aus dem Plankton zum Meeresboden (s. S. 941).

Haltbare, wohlgeformte Kotpillen werden in rezenten Meeren nach D. MOORE und W. D. BOCK (Marine Laboratory, Miami; freundliche Mitteilung) vor allem von Würmern und Schnecken ausgeschieden. Im allgemeinen geben sie sich durch ihre abgerundete Stäbchenform und ihre Graufärbung zu erkennen (s. auch MORET 1940). Es kommen jedoch auch Formen mit skulpturierter Oberfläche vor (MOORE 1939), deren Zugehörigkeit zu Muscheln bzw. Schnecken in fossilem Material dadurch bewiesen wurde, daß man gerießte Füllungen von ca. 0,4 mm Durchmesser noch im Darmtrakt derselben fand (Cox 1960, CASEY 1960).

Tabelle 6-1. Größe und Ursprung der Kotpillen verschiedener rezenter Vorkommen.

Länge mm	Breite mm	Urheber	Autor
0,08	0,04	Schnecken auf Seegras	D. MOORE, W. D. BOCK (mdl.)
	0,075–0,15[1]	Schnecken, 20–25 mm groß	D. MOORE, W. D. BOCK (mdl.)
0,9	0,16	Schnecken	KORNICKER & PURDY 1957
0,6	0,3	Würmer	ILLING 1954
0,7		Würmer	GINSBURG 1957
ca. 1.0	ca. 0,5	Würmer	MAYER 1956
0,5	0,1[2]	Crustaceen	EARDLEY 1938
0,2–2	0,2–1[3]	Crustaceen	BRÖNNIMANN & NORTON 1960
1,0	0,4	Echinodermen	VOIGT 1929

[1] Einige Sedimente der östlichen Florida Bay und der Bahamas (PURDY 1963) bestehen überwiegend aus diesen Aragonitpillen.
[2] Diese aus tonigem, kryptokristallinem Aragonit bestehenden Pillen bestreiten etwa 30% der Sedimente des Großen Salzsees (Utah).
[3] Mit feinen, der Längsachse parallelen Kanälen, wie sie nur bei den anomuren Decapoden vorkommen, z. B. bei der vor allem in oberem Jura und unterer Kreide vorkommenden *Favreïna* (MOORE 1933, BRÖNNIMANN & NORTON 1960, ELLIOTT 1962), Abb. 6-86.

Zahlreiche weitere Größenangaben finden sich in einem Bestimmungsschlüssel für Kotpillen aus dem Seegebiet um Südflorida (MANNING & KUMPF 1959).

Außer den karbonatischen sind vor allem die phosphatischen Kotpillen zu erwähnen, welche nach CAROZZI (1960) manchmal 20 mm lang werden können (Crustaceen-Kotpillen in phosphatischer

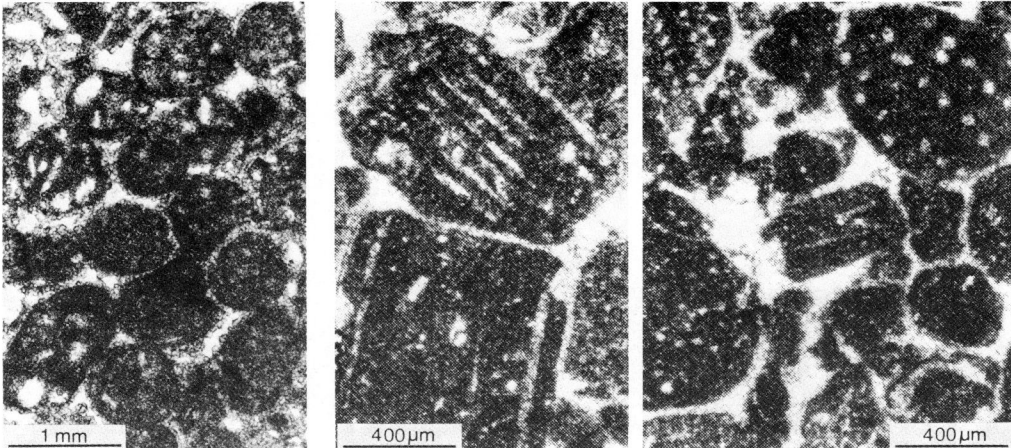

Abb. 6-86. Links: Pillendolomit aus dem Paläozän von Libyen. Pillen z. T. ineinandergepreßt; weiße Flecken = Poren. – Mitte und rechts: Längs- bzw. Querschnitte von Crustaceen-Kotpillen (*Favreïna*) aus dem Hauterivium von Istrien (FÜCHTBAUER & TISLJAR 1975: Fig. 3 A).

Kreide). Solche großen Kotpillen wären besser als „Koprolithen" (s. FOLK 1965a) zu bezeichnen. PETTIJOHN (1957) gibt als Untergrenze derselben 10 mm an. Nach ZUMPE (1964) können phosphathaltige Kotpillen an ihrer Fluoreszenz erkannt werden.

Aus Ton und Silt zusammengesetzte Kotpillen, welche der Hauptbestandteil z. B. mancher Wattensedimente der Nordsee sind, dürften mangels frühdiagenetischer Erhärtung nur in den seltensten Fällen fossil erhalten sein.

Das Wort „Pillen" sollte nach Möglichkeit auf Kotpillen beschränkt werden. Ist diese Einstufung nicht wahrscheinlich, so können die Begriffe „Intraklast" oder „Peloid" verwendet werden. Schwierig wird es, wenn zwischen Pillen und Intraklasten alle Übergänge vorhanden sind. Dies ist nach FRIEDMAN (mündlich) in manchen paläozoischen Kalken der Appalachen der Fall.

B. Als **Peloide** bezeichnet man rundliche, jedoch unterschiedlich geformte mikritische Körner uneinheitlicher Größe und Entstehung, die nicht eindeutig als Kotpillen zu identifizieren sind (MCKEE & GUTSCHICK 1969). Es kann sich dabei um kleine Intraklasten (s. u.), um mikritisierte Biogenbruchstücke oder Ooide, um größere, unter Mitwirkung von Blaualgen oder Bakterien entstandene Krümel (Algenpeloide), oder um Kotpillen handeln. Ihre Größe liegt meist zwischen knapp 50 und 500 µm (FLÜGEL 1978: 104). Pseudonyme sind Schlammpeloide, Bahamite (BEALES 1958), Pelletoide, Arrondide, Pseudooide u. a. m. (s. FLÜGEL 1978: 107). FLÜGEL (1978: 134) läßt sie bei 0,2–0,5 mm in die Intraklasten übergehen.

6.3.2 Intra- und Extraklasten

A. Intraklasten (FOLK 1959) sind intraformationelle, d. h. durch Aufarbeitung von häufig noch unlithifizierten Sedimenten der gleichen Abfolge entstandene, ca. 0,5–50 mm große, meist flache Partikel (Weichgerölle, „flat pebble conglomerates"). Beispiele sind die Schlickgerölle in Watt-Prielen der Nordsee oder die Aufarbeitungsprodukte von supratidal eingetrocknetem – und dabei oft dolomitisiertem (Abb. 6-87 links) – Kalkschlamm. Sie können vermutlich auch inter- oder subtidal entstehen, wie 1 m mächtige Zyklen im Hauterive Istriens zeigen, in denen Kalklutite zu ca.

1 mm großen, isometrischen Stücken schrumpften, die dann oberflächlich abgetragen und zu Intraklasten abgerundet wurden (FÜCHTBAUER & TISLJAR 1975). Recht häufig und aussagekräftig sind Oolithintraklasten (s. Abb. 6-87 rechts).

Die Aggregatkörner (FLÜGEL 1978: 108, „composite grains", „grapestones" oder „botryoidal lumps") sind submarin gebildet. Diese auf den Bahamas sehr häufigen, traubenartigen, ca. 1 mm großen Aggregate wurden u. a. von ILLING (1954), PURDY (1963), FRIEDMAN (1964) und BATHURST (1966) beschrieben. Sie sind mit Vorbehalt zu den Intraklasten zu stellen und entstehen in Gebieten geringer Akkumulation durch schwache Zementation verschiedener Partikel, z. B. von Pillen. Sie können zu Krusten zusammenwachsen, wobei oft Algenmatten mitwirken.

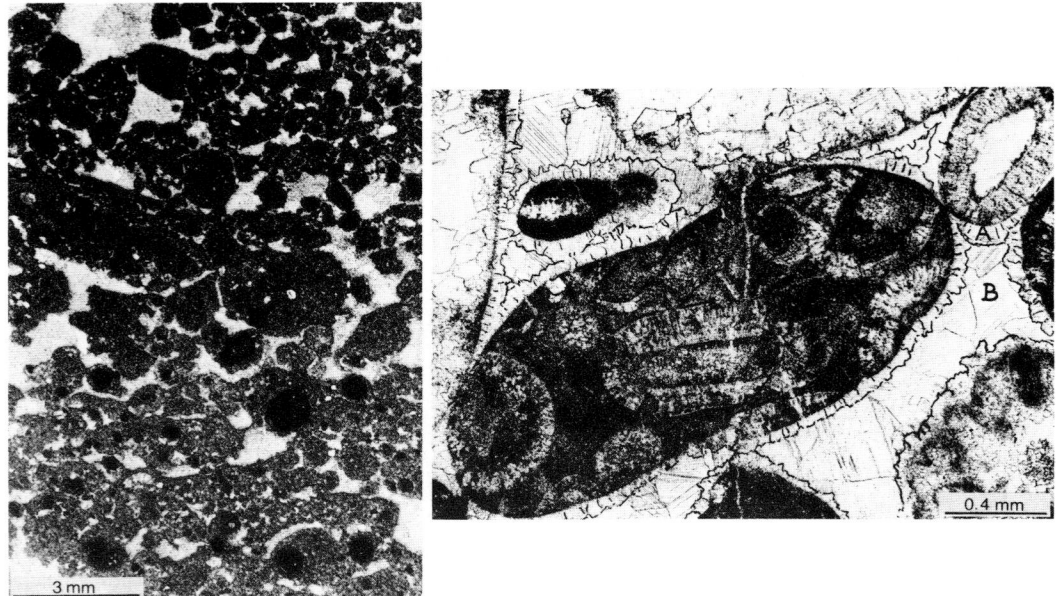

Abb. 6-87. Links: Dolomitintraklasten – calcitisch zementiert – aus dem Paläozän von Libyen. – Rechts: Kalkintraklast, bestehend aus Ooiden, welche vermutlich in ein Supratidal oder eine Lagune gespült wurden, worauf die mikritische Matrix hinweist. Das Sediment trocknete aus und wurde zu Intraklasten fraktioniert, welche dann in ein Hochenergieenvironment verfrachtet und durch Zement A und B verbacken wurden. Die Matrix war schon so zementiert, daß sie offensichtlich so hart wie die Ooide war. (Rhätolias der nördlichen Kalkalpen; Dünnschliff von F. FABRICIUS; Zement A schwach retuschiert.)

B. Extraklasten (FLÜGEL 1978: 99), auch „alloclasts" oder „lithoclasts" genannt (FOLK 1959), sind die extraformationären, d. h. durch Erosion älterer, bereits verfestigter Gesteine entstandenen und dem Sedimentationsbecken von außen zugeführten, karbonatischen Gesteinsbruchstücke. Ein Beispiel sind die Dolomitarenitkörner der tertiären Alpenvorlandsmolasse, welche aus der Trias der Nördlichen Kalkalpen stammen (FÜCHTBAUER 1964a).

Wo keine klare Zuordnung zu Intra- oder Extraklasten möglich ist, z. B. in Turbiditen, empfiehlt T. STEIGER (mdl.) den Begriff „Lithoklast".

6.3.3 Ooide

Als Oolithe bezeichnete schon LYELL (1855: 12) Kalke, die wie ein Fischrogen aus zahlreichen kleinen eiförmigen Körnern mit konzentrisch umwachsenen Kernen zusammengesetzt sind. SORBY (1879) unterschied bereits die drei Haupttypen oolithischer Körner:

1. konzentrische Aragonitooide mit tangentialer Orientierung der Kristalle,
2. radialfaserige Calcitooide, die er ebenfalls als primär erkannte,
3. umkristallisierte Ooide (aus Aragonit werden Calcitkristalle meist unregelmäßiger Form und Orientierung).

KALKOWSKY (1908) führte für Oolithkörner den Begriff „Ooide" ein, und zwar im „Rogenstein" des unteren Buntsandsteins Norddeutschlands (Abb. 6-88). Die Ooide besitzen meistens Sandkorngröße, gehen jedoch nicht selten darüber hinaus. Ooide mit Durchmessern über 2 mm werden häufig „Pisoide" genannt. Da jedoch bei 2 mm keine genetische Grenze liegt (V. SCHMIDT 1961, USDOWSKI 1962, RICHTER & BESENECKER 1983, RICHTER 1983b), ist es unzweckmäßig, einen besonderen Namen für größere Ooide zu verwenden, zumal der Begriff „Pisoid" für Calcrete-Komponenten mit mehr oder weniger unregelmäßigem Schalenbau ebenfalls verwendet wird. Als „Onkoide" werden Körner mit unregelmäßigem Schalenbau und biogener Beteiligung bezeichnet (s. S. 265).

Dieses Kapitel folgt teilweise einer ausführlicheren Darstellung von RICHTER (1983b), s. auch Tab. 6-2. „Tangential" und „radial" bezeichnet im folgenden die auf die Ooide bezogene Orientierung der optischen Achsen, welche der Längsrichtung der Karbonatkristalle (der c-Achse) entsprechen.

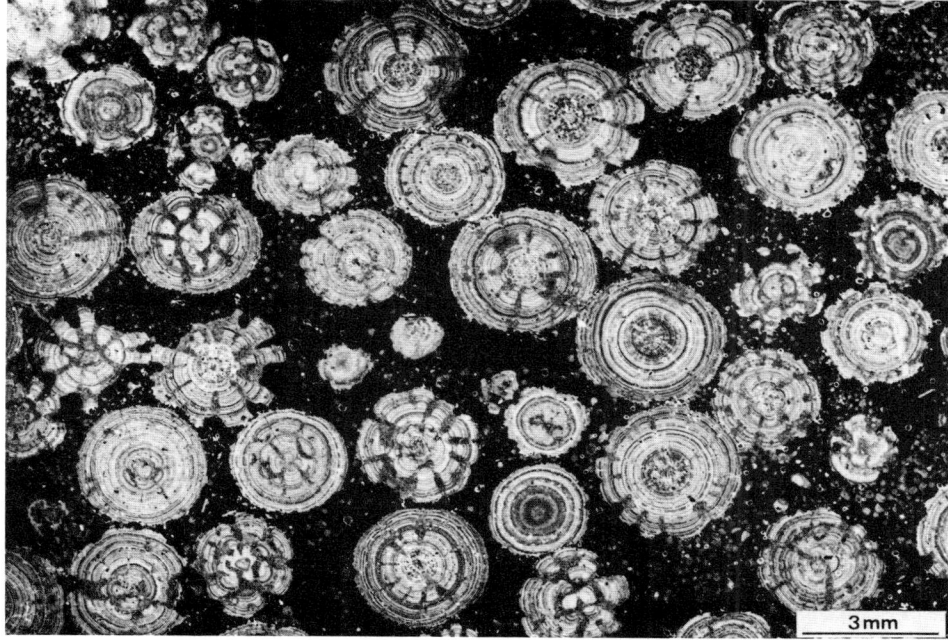

Abb. 6-88. Radialcalcitische Ooide (meist „cerebroid ooids", z. T. bei deutlicher Kegelstruktur) mit intensivem Lagenbau aus dem Unteren Buntsandstein am Heeseberg nördlich des Harzes („Rogensteine" = KALKOWSKY's klassische Oolithe; Foto von H. ZANKL).

A. Die Ooidtypen und ihr Vorkommen

Primäre Aragonit-Ooide

1. Tangential-aragonitische Ooide
   a) marin

Die Ooiddünen am Rande der Großen Bahamabank (Abb. 6-89) bestehen aus 0,25–0,4 mm großen primär harten Ooiden, welche vorwiegend aus Lagen statistisch tangential orientierter Aragonitstäbchen von ca. 1 µm Länge und 0,1–0,3 µm Breite zusammengesetzt sind (SHOJI & FOLK 1964, FABRICIUS 1977: 19; ihren Tangentialbau bemerkte bereits SORBY 1879). Diese tangentialen Stäbchen (Abb. 6-90 oben links) wuchsen möglicherweise in einem dünnen organischen Überzug der Ooide. Gelegentlich sind feine Schmitzen ungeordneter Aragonitkristalle in den Ooiden zu erkennen. Zufolge der hohen Mikroporosität besitzen die meisten Typen subrezenter Ooide eine scheinbar geringe Doppelbrechung, dank deren man die optische Orientierung in Dünnschliffen normaler Dicke mit dem Quarzplättchen bestimmen kann.

Abb. 6-89. Submarine Ooiddüne bei Cat Cay (Florida); unten rechts die große Bahamabank, oben links die Florida-Straße (Luftaufnahme).

Die relative Dicke der Ooidhüllen nimmt mit abnehmender Meerestiefe, d. h. mit steigender Wasserbewegung zu (ILLING 1954), ebenso der Anteil von Ooiden am Sediment (NEWELL et al. 1960). Nach ^{14}C-Analysen dieser Autoren sind die äußeren 10% der Ooide von Cat Cay (Abb. 6-89) 225 ± 100 Jahre alt, also praktisch rezent; die inneren 20% der gleichen Ooide ergaben demgegenüber ein Alter von 2530 ± 100 Jahren. Ooide wachsen demnach sehr langsam. Ähnliche Ooide finden sich im Golf von Suez, im Persischen Golf (LOREAU & PURSER 1973) auf dem Yucatán-Schelf (LOGAN et al. 1969) und im Shark Bay (Westaustralien; DAVIES 1970).

Bereits in der frühen Diagenese aber wird der Aragonit unter Strukturzerstörung in blockigen Calcit überführt (s. u., Abb. 6-90 oben rechts und 6-94 links).

   b) lakustrisch-hypersalinar

Im Großen Salzsee (Utah, USA) bilden sich bei einem Mg/Ca-Molverhältnis > 20 Aragonitooide, welche vorwiegend radial gebaut sind, mit einzelnen tangentialen Lagen. Beide Partien sind als primär anzusehen (FABRICIUS & KLINGELE 1970 u. a.).

   c) heiße Quellen

Von den heißen Quellen in Karlsbad (CSSR) beschrieb SORBY (1879) Aragonitooide bis über 5 mm Größe mit ausschließlich tangentialer Orientierung der c-Achsen. Entsprechende, jedoch bis 50 mm große Ooide fanden RICHTER & BESENECKER (1983) an den heißen Quellen von Tekke Ilica (Türkei; Abb. 6-91).

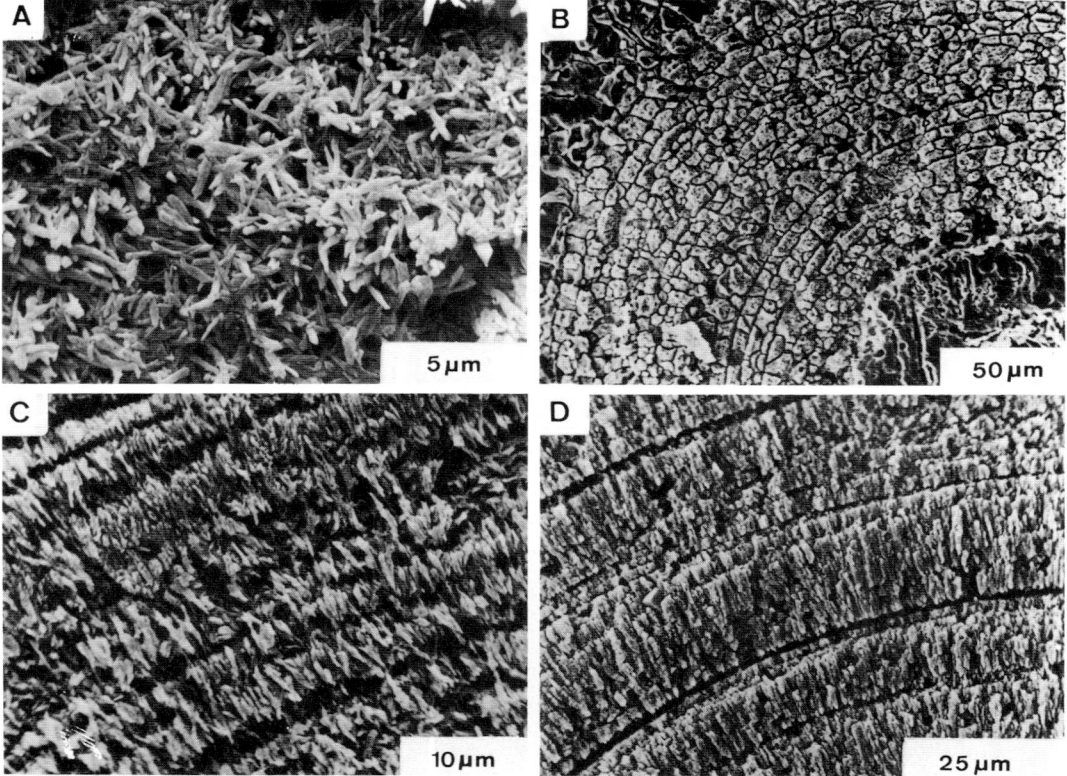

Abb. 6-90. REM-Aufnahmen primär aragonitischer (oben) bzw. Mg-calcitischer (unten) Ooidcortices aus marinem bzw. randmarin-lagunärem Environment (WILKINSON 1982: Fig. 8-11): A: Rezentes Ooid von Cat Cay (Bahamas) mit statistisch tangential orientierten Stäbchen („laths", „rods") aus Aragonit (beachte die hohe Mikroporosität); der Nucleus befindet sich unterhalb des Bildausschnittes. B: In situ-calcitisiertes, ehemals aragonitisches Ooid aus der miozänen Mishan Formation von SE-Iran. C: Rezentes Ooid aus der Baffin Bay (Texas) mit radial zum Cortexlagenbau orientierten Kristalliten aus Hoch-Mg Calcit (vgl. LAND et al. 1979). D: Radialcalcitischer (primär: Hoch-Mg Calcit), konzentrisch laminierter Cortex eines Ooids aus der jurassischen Twin Creek Formation von W-Wyoming.

2. Radial-aragonitische Ooide
   a) marin
Die Ooide der o.g. Vorkommen enthalten untergeordnet auch Aragonitlagen radialer Orientierung. Diese überwiegen in manchen Vorkommen am Persischen Golf (LOREAU & PURSER 1973) und im Großen Barriereriff (DAVIES & MARTIN 1976).
   b) lakustrisch-hypersalinar
Der Große Salzsee wurde schon unter 1b erwähnt. Hier ist die Mikroporosität nach OTI & MÜLLER (1979) meist relativ gering, so daß die normale, hohe Karbonatdoppelbrechung erscheint (Abb. 6-92).

3. Ungeordnete, mikritische bis mikrosparitische Aragonitooide
   a) marin
In den Ooiden vom Bahamatyp kommen auch ungeordnete Lagen vor. Gelegentlich wurde vermutet, daß dieselben durch Mikritisierung, also durch bohrende Algen, entstanden. Ihre Anordnung in kleinen Schmitzen (s.o.) spricht eher dagegen.
   b) lakustrisch-hypersalinar
In den Ooiden des Großen Salzsees kommen ebenfalls ungeordnete Lagen vor.

SANDBERG (1983) hat eine systematische Verteilung der Aragonitooide gezeigt, die mit der Verbreitung bislang bekannter Aragonitzemente übereinstimmt (s. Kap. 6.5.4 D1).
  Calcitzeiten: Oberkambrium bis Unterkarbon, Unterjura bis Oberkreide.
  Zeiten mit Calcit- und Aragonitooiden: Oberes Präkambrium bis Unterkambrium, Oberkarbon bis Obertrias, Alttertiär bis heute.
  Mögliche Erklärungen bieten unter anderen:
  a) Veränderungen des Mg/Ca-Verhältnisses im Meerwasser
  b) Veränderungen der Temperatur, deren Erniedrigung die $CaCO_3$-Übersättigung senkt und dadurch für Aragonit und Hoch-Mg-Calcit zur Untersättigung führen kann, so daß sich nur Calcit mit $< 8-10$ Mol-% $MgCO_3$ bildet (s. Abb. 6-2 und 3, sowie SCHOONMAKER 1981: 217 und S. 235 dieses Buches).
  c) Veränderungen des CO_2-Partialdrucks, dessen Erhöhung in der gleichen Richtung wie eine Temperatursenkung wirkt (MACKENZIE & PIGOTT 1981).
  Da häufige Schwankungen des Mg/Ca-Verhältnisses für das Weltmeer auszuschließen sind, kommen nur b) und c) als Erklärung in Frage. Für die kurzfristigen Veränderungen der Ooidzusammensetzung im Muschelkalk (s. o.) wird man eher an Temperaturveränderungen oder andere Ursachen denken, während die von SANDBERG (1983) beschriebenen Wandlungen auch auf langfristige Schwankungen des CO_2-Partialdrucks zurückgehen könnten. SANDBERG (1983) stellte nämlich eine überraschende Übereinstimmung der Aragonit/Calcitschwankungen (s. o.) mit dem großen Rhythmus der eustatischen Meeresspiegelschwankungen fest, die ihrerseits nach MACKENZIE & PIGOTT (1981) mit CO_2-Schwankungen verbunden sind: Aragonit findet sich bei niedrigem Meeresstand und niedrigem CO_2-Gehalt, zusammen mit Hoch-Mg-Calcit (nur für die Jetztzeit nachzuweisen), während sich bei hohem Meeresstand und einem $pCO_2 > 10^{-3}$ atm nur Calcitooide bildeten. Diese sollten nach MACKENZIE & PIGOTT (1981) primär weniger als $8-10$ Mol-% $MgCO_3$ enthalten haben, was man allerdings z. Zt. noch nicht überprüfen kann.

Zusammenfassung

Als Pillen werden in diesem Buch nur Kotpillen bezeichnet. Sie sind durch kreisförmigen Querschnitt und eine runde bis längliche Form gekennzeichnet. Meist sind sie strukturlos, gelegentlich findet man in regelmäßigem Abstand darin feine Kanäle (*Favreina*). Als Urheber der Pillen kommen vor allem Würmer, Schnecken und Crustaceen in Betracht. Ist eine Entstehung als Kotpillen unsicher, etwa bei unregelmäßiger Form, so spricht man von Peloiden. Dabei kann es sich um mikritisierte Biogenbruchstücke oder kleine Intraklasten handeln.

Als Intraklasten bezeichnet man unregelmäßige Partikel, die innerhalb des Sedimentbeckens durch Aufarbeitung und Umlagerung eingetrockneter oder schwach lithifizierter Lagen entstehen. Größere Intraklasten besitzen häufig eine flache Form und können auf Algenmatten zurückgehen. Aggregatkörner und grapestones sind Sonderformen. „Extraklasten" werden demgegenüber Partikel genannt, die durch Aufarbeitung älterer Karbonatgesteine entstanden sind.

Ooide sind kugelig-ovale Körner mit konzentrischem Schalenbau, meist von Sandkorngröße, die sich in flachstem Wasser tropischer und subtropischer Meere, sowie in manchen Seen, Flüssen, Höhlen und Böden bilden. Während die letzteren drei vorwiegend Calcitooide führen, sind marine Ooide heute vornehmlich aus tangential gestellten Aragonitnadeln, seltener aus radialen Mg-Calcitkristallen zusammengesetzt. Letztere waren in der Vergangenheit z. T. häufiger. In Gesteinen findet man auch kryptokristalline Ooide, sowie solche, die ehemals aus Aragonit bestanden und heute wie blockiger Calcitzement aussehen. Die Ooide umschließen oft Biogenbruchstücke oder Sandkörner. Während ihrer Entstehung bewegen sie sich im Wellengang hin und her. Blaugrünalgen spielen wahrscheinlich bei ihrer Bildung, zumindest phasenweise, eine Rolle.

6.4 Kalke

6.4.1 Nomenklatur

Zwei Grundtypen von Kalken lassen sich unterscheiden:
1. Partikelkalke, bestehend aus Biogenen (s. Abb. 6-98) oder Rundkörpern (s. Kap. 6.2 und 6.3), deren Zwischenräume entweder leer oder mit feinerem Sediment („Matrix") oder mit diagenetischen Ausscheidungen („Zement") gefüllt sind.
2. Kalke ohne sichtbare Partikel. Man bezeichnet sie als Kalklutite oder feinkristalline bzw. grobkristalline Kalksteine, je nachdem ob man die Kristalle mit bloßem Auge nicht sieht oder sieht. Wenn mikroskopische Untersuchungen vorliegen, kann man – in lockerer Anlehnung an Grabau (1913), Folk (1959, 1965 b), Bathurst (1971: 502) und Greensmith (1978: 127) – das folgende Schema verwenden, in welchem die Abgrenzungen innerhalb der Partikelkalke mit denen der Kalke ohne Partikel in Übereinstimmung gebracht wurden. Die Sparite sind hier sammelkristallisierte Mikrite.

Partikelkalke	Kalke ohne Partikel
Kalkrudit (> 2 mm Durchmesser)	Kristallgrößen:
Kalkarenit (2000–63 µm)	Makro- oder Pseudosparit (> 63 µm)
Kalksiltit (63–4 µm)	Mikrosparit (63–4 µm)
(grob > 16 µm, fein < 16 µm)	(grob > 16 µm, fein < 16 µm)
Mikrit (< 4 µm) (evtl. Minimikrit, < 1 µm)	

Statt der rechten Spalte können aber auch die in den früheren Auflagen benutzten Begriffe makrokristallin (> 100 µm), mikrokristallin (10–100 µm) und kryptokristallin (< 10 µm) verwendet werden. Die Grenze zwischen Mikrit und Kalksiltit bzw. Mikrosparit ist aus praktischen Gründen (Durchlichtmikroskopie) auf 4 µm gelegt worden, abweichend von der Obergrenze des Tons (2 µm). Unterhalb von 4 µm ist es meist schwierig, primäre Partikel von den Produkten diagenetischer Umkristallisation zu unterscheiden. Deshalb laufen hier die beiden Reihen zusammen. Der Begriff „Pseudosparit" (Bathurst 1971: 502; 50–100µm) soll andeuten, daß es sich hier nicht um Zement-Sparit, sondern um einen sammelkristallisierten Kalk handelt. Darüber hinaus ist es in vielen Fällen empfehlenswert, die mittlere Partikelgröße bzw. Kristallgröße direkt anzugeben. Bei den Partikelkalken ist auf jeden Fall mitzuteilen, ob sie „matrixführend" oder „zementiert" sind (s. Kap. 6.5.3); wenn beides fehlt, handelt es sich um lockere Partikelkalke (auch als „Kalksande" bezeichnet). Auch läßt sich gegebenenfalls „Bio" davorsetzen. Die Bezeichnung „Biokalkarenit" (s. Kap. 6.4.3) kann man verwenden, um in einem Biogenkalk die Partikelgröße hervorzuheben. Auch verbindet sich mit dem Begriff „Biokalkarenit" im allgemeinen die Vorstellung einer guten Verrundung, d. h. eines starken Partikeltransportes. In den häufigen Fällen geringen Transportes der Biogene andererseits ist deren Größe kein wichtiges Merkmal.

Für den speziellen Gesichtspunkt der Erdölgeologie, die Frage nach dem Porenraum und seiner Füllung, genügt die von Dunham (1962) vorgeschlagene Nomenklatur:

1. mudstone = Kalk mit < 10% Partikeln
2. wackestone = Partikel schwimmen in Matrix (auch „floatstone" genannt)
3. packstone = mit Matrix; die Partikel stützen sich ab
4. grainstone = Partikel ohne Matrix; mit oder ohne Zement
5. boundstone = Komponenten organogen miteinander verbunden.

Embry & Klovan (1972) führten bei groben Partikelkalken (> 10% über 2 mm) für 2. „floatstone" und für

3. und 4. „rudstone" ein, womit man aber u. E. diese bewußt einfache Nomenklatur etwas überfrachtet. Außerdem unterteilten sie den „boundstone" in
    a) bafflestone = Sedimentfänger, z. B. dendroide Korallen
    b) bindstone = Sedimentbinder, z. B. Blaualgen
    c) framestone = Gerüstbildner, z. B. Riffkorallen.

Weitere Modifizierungen sind durch Zusätze möglich, z. B. „skeletal grainstone" (für Fossilkalke) oder „pelletal wackestone". Daß der Matrixgehalt sich nahezu quantitativ im Namen ausdrückt (Abnahme von 1 über 2 und 3 zu 4), der Zementgehalt aber gar nicht, spiegelt die erdölgeologische Interessenlage: Ein grainstone, der zementiert angetroffen wird, kann dort, wo eine frühe Ölmigration die Diagenese unterbrach, noch porös sein; ein wackestone aber im allgemeinen nicht. Matrix ist daher wichtiger. Auch charakterisiert sie das Paläoenvironment.

Möchte man bei Partikelkalken die Art der Partikel und auch den Zement im Gesteinsnamen erwähnen, dann empfehlen sich die folgenden beiden Nomenklaturen.

A. Vereinfachte Nomenklatur nach FOLK (1959, 1962):

    Pel- (Kotpillen und Peloide)
    Intra- (Intraklasten)
    Bio- (Biogene)   jeweils in Verbindung
    Oo- (Ooide)   mit „-mikrit" (Matrix)
    Onko- (Onkoide)   oder „-sparit" (Zement)

(Es sei erwähnt, daß FOLK die Partikel als „allochems" bezeichnet, ein u. E. recht mißverständliches Wort.)

Die Quantifizierung ist im FOLKschen Benennungssystem kompliziert, wenn man von den 1962 (Fig. 4) empfohlenen Adjektiven (z. B. „sparse" oder „packed" biomicrite) absieht. Einfacher, wenn auch nicht ganz so griffig, leistet dies das folgende Schema, in welchem das Wort „Mikrit" wegen seiner Festlegung auf < 4 µm in Klammern gesetzt wird.

B. In diesem Lehrbuch empfohlene Nomenklatur (in Übereinstimmung mit der Sandstein-Nomenklatur, s. S. 98).

                                 – Beispiel: Pillen –

    0–10%   Pillen = (Mikrit oder) schwach pillenführender Kalk
   10–25%   Pillen = pillenführender Kalk (oder „mit Pillen")
   25–50%   Pillen = pillenreicher Kalk (oder „mit vielen Pillen")
   50–75%   Pillen = matrixreicher oder stark zementierter Pillenkalk
   75–90%   Pillen = matrixführender oder zementierter Pillenkalk
  90–100%   Pillen = Pillenkalk; z. T. schwach matrixführend oder schwach zementiert; porös oder kompaktiert.

Bei Biogenen, welche normalerweise keine Kompaktion erleiden, geht diese Skala höchstens bis 75%. Ab 50% ist bereits mit Abstützung der Biogene oder anderer Partikel zu rechnen, so daß erst von da an reine Zementation möglich ist. Eine makrosparitische Grundmasse, in der 25–50% Partikel schwimmen, kann kein Zement sein; es muß sich um eine sedimentäre Matrix mit diagenetisch vergröberter Kristallgröße handeln.

Ein Kalk mit 30% Biogenen und 20% Ooiden in einer mikritischen Matrix wäre als „biogenreicher, oolithischer Mikrit" zu bezeichnen, ggf. als „crinoidenreicher, oolithischer Mikrit".

Ein Kalk mit 55% Ooiden, 15% Pillen und 30% Matrix wäre ein matrix- (oder mikrit-)reicher, pillenführender Oolith.

Ein im Prinzip ähnliches System empfehlen SCOLARI & LILLE (1973: 106).

Zur Einführung in die Vielfalt der Karbonatgesteine sollten auch die z. T. farbigen Dünnschliff-Atlanten wie ELF-AQUITAINE (1975, 1977), SCHOLLE (1978) und ADAMS et al. (1984) herangezogen werden, vor allem aber das systematische und reich bebilderte Lehrbuch von E. FLÜGEL (1978, engl. 1982b).

6.4.2 Strukturlose und granulierte Kalke

A. Strukturlose Kalke entstehen im allgemeinen aus Kalkschlamm, der sich in ruhigen Flachmeerbereichen und zumindest seit dem Jura auch in der Tiefsee oberhalb der Calcitkompensationstiefe ansammelte. In der Flachsee besteht dieser aus Aragonitnadeln von weniger als 5 µm Länge sowie Mg-Calcit- und Calcitkörnchen ähnlicher Größe (CLOUD 1962, MÜLLER & MÜLLER 1967). Die festen Kalke jedoch bestehen überwiegend aus Calcit; die Kristalle liegen teils in der gleichen Größenordnung (< 5 µm; FOLK 1965 b: 36, FLÜGEL et al. 1968), teils sind sie diagenetisch auf 10, 20, ja 40 µm vergrößert (FLÜGEL 1967, BATHURST, 1971: 88). Ihre Form ist isometrisch mit gerader oder rundlicher Begrenzung (s. Abb. 6-128), manchmal amöbenartig gelappt, wie Ultradünnschliffe zeigen (DELMAS 1975). Die aus Flachwassersedimenten hervorgegangenen Kalke sind im allgemeinen dicht, d. h. fast porenfrei, und man nimmt an, daß bei dieser Verdichtung die Umwandlung von Aragonit in Calcit eine wichtige Rolle spielte. Hierfür spricht auch, daß sich der primär nur aus Calcit bestehende Kalkschlamm tieferen Wassers, die Schreibkreide, wesentlich weniger verdichtete (WOLFE 1968, SCHOLZ 1970, ANONYMUS 1971, NEUGEBAUER 1975; s. Kap. 6.5.2). Kalkschlamm entsteht

1. durch Fällung aus übersättigter Lösung (Kap. 6.1.1).

Auf eine direkte, vermutlich temperaturbedingte Ausfällung ohne Einbringung von Keimen, d. h. auf „homogene Keimbildung", wurden die „whitings" zurückgeführt, plötzlich erscheinende, weiße Wolken feinster Aragonitnadeln im Wasser der Bahamabank, der Florida Bay (Abb. 6-96) und des Persischen Golfs. BROECKER & TAKAHASHI (1966) fanden Argumente für (chemische Bilanz) und gegen eine direkte Ausfällung (Isotope). Zuweilen konnten Schwärme am Boden grasender Fische als Urheber solcher Wolken ausgemacht werden. Obwohl im Persischen Golf, in welchem Grünalgen als Karbonatquelle ausfallen, echte chemische whitings wahrscheinlicher sind als in den Bahamas (BATHURST 1971: 137, 188), werden sie selbst für die letzteren immer wieder behauptet (SHINN et al. 1985). Nach BERNER (1971a: 67f.) ist jedoch für eine homogene Nukleation eine enorme Übersättigung erforderlich, so daß man höchstens mit „heterogener Nukleation" (durch Verunrei-

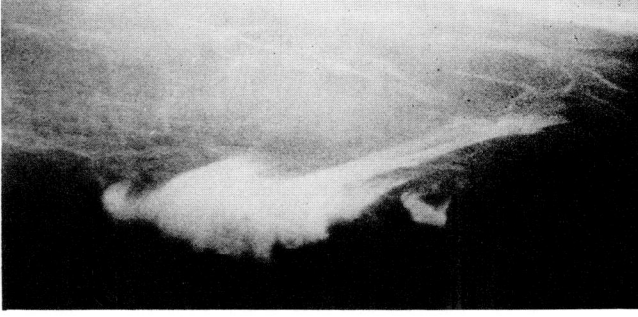

Abb. 6-96. Aragonit-„whitings" – Links: Pyramid Lake (Nevada) am 7.8.1973 (Landsat-Aufnahme; Seelänge 40 km; Zufluß von unten rechts, „whiting" oben. GALAT & JACOBSEN 1985). Rechts: Flachsee der westlichen Florida Bay, etwa ½ km langes „whiting" (Luftaufnahme); eine direkte Ausfällung ist hier nicht erwiesen.

nigungen oder Aragonitkeime) rechnen kann. Auch in Seen wurden whitings beobachtet, und zwar Calcit-whitings in den nordamerikanischen Großen Seen (Satellitenbeobachtungen von STRONG & EADIE 1978) und Aragonitfällungen im Toten Meer alljährlich in der heißesten Zeit. Die Aragonitlagen wechseln hier mit dunkleren Calcitlagen, die als bakterielle Zersetzungsprodukte von Gips gedeutet wurden (NEEV 1963, FRIEDMAN 1965b). Dieses Vorkommen ist auch deshalb das wahrscheinlichste, weil hier wenig Organismen vorhanden sind, die die Kalkübersättigung vorher „abschöpfen" könnten.

Aragonitausfällungen im Pyramid Lake (Nevada; Abb. 6–96) werden von GALAT & JACOBSEN (1985) auf erhöhte Temperatur und den Zufluß Ca-reichen Wassers zurückgeführt. Bei der Flockenbildung dient möglicherweise die nannoplanktische Blaualge *Alphanothese clathrata* als Kristallisationskeim, da zur Zeit der Whitings-Bildung die Populationsdichte der Alge am größten ist.

2. durch Anreicherung von Nannofossilien (vor allem Coccolithen).

Solche „Biomikrite" (s. S. 342) sind in den heutigen Weltmeeren weit verbreitet und dehnten sich während der weltweiten Oberkreidetransgression als „Schreibkreide" auch auf die Kontinentränder aus (s. o.). Die Coccolithen bestehen aus Calcit mit ca. 0.6 Mol-% $MgCO_3$ (NEUGEBAUER 1975) und enthalten etwas Mangan (s. KRUMBEIN 1979a).

3. durch Zerkleinerung und Zerfall größerer Biogene.

Foraminiferen, Muscheln, Schnecken, Brachiopoden, Korallen und andere Biogene werden in der Brandung zerschlagen oder fallen der Bioerosion zum Opfer. Diese geht vor allem auf bohrende Schwämme (*Cliona*, s. Abb. 6-100; FÜTTERER 1977, 1980), Muscheln, Würmer, Seeigel, Algen, Pilze und Bakterien zurück (FLÜGEL 1978: 90), und zwar noch in einigen hundert Metern Wassertiefe (GINSBURG & SCHLAGER 1980). In Riffen können äsende Fische erheblich zum Abbau beitragen (FRYDL & STEARN 1978). Am Meeresboden des Skagerrak beobachtete ALEXANDERSSON (1979) einen Zerfall von Kalkschalen. Grünalgen zerfallen nach dem Tod zu Aragonitkörnern (*Halimeda*) oder -schlamm (*Penicillus, Acetabularia, Udotea*; TURMEL & SWANSON 1976, s. auch STOCKMAN et al. 1967, MARSZALEK 1975). NEUMANN & LAND (1975) zeigten für eine typische Lagune der Bahamabank (Abaco), daß zerfallende Grünalgen mehr als doppelt so viel Mikrit erzeugen wie dort sedimentiert wird. Im Harrington Sound (Bermudas) bestreiten die Grünalgen die Hälfte der Karbonatproduktion (WEFER 1980).

4. durch Zufuhr von kalkigem Feindetritus vom Lande.

Unter den reinen Kalksteinen spielen detritisch-terrigene Kalke wahrscheinlich nur eine geringe Rolle, denn tonfreie Kalke werden bei der Abtragung vorwiegend in Grobschutt zerlegt, dessen feiner Abrieb teils in die Sandfraktion, teils in die Silt- und Tonfraktion fällt oder gelöst wird. Man würde neben rein detritischen Mikriten also kontemporäre Kalkarenite und Kalkkonglomerate erwarten. Auch stehen nur in Sonderfällen reine Kalkareale zur Abtragung an, so daß sich im Normalfall nichtkarbonatische Gerölle, Sande und Tone mit dem karbonatischen Detritus mischen. Ein Beispiel hierfür ist die Alpenvorlandsmolasse (FÜCHTBAUER 1964a). Mergelsteine zerfallen demgegenüber entweder direkt oder über wenig widerstandsfähige Gerölle zu Schlamm, der in ähnlichem Kalk-Ton-Mischungsverhältnis wieder zur Ablagerung kommen kann. Auch solches Material dürfte in der Molasse eine Rolle spielen. Weitere detailliert untersuchte Beispiele sind die Sedimente des Bodensees (G. MÜLLER 1966) und des nordwestlichen Persischen Golfes (SARNTHEIN & WALGER (1973).

Große Ansammlungen von Kalkschlamm bilden sich in Lagunen, z. B. in der Florida Bay (s. Kap. 14.7.3), und dort vor allem in Schlammbänken (mud banks; TURMEL & SWANSON 1976), die ihre Entstehung oft der Fixierung und Produktion von Kalkschlamm, Peloiden und kleinen Epibionten durch Seegras verdanken (ENOS & PERKINS 1977, PARKS et al. 1982). Der Anteil der Epibionten,

d. h. der an Seegras angehefteten Tiere, erreicht vor Barbados 2,8 kg/m²/Jahr (Patriquin 1972); das entspricht einer Akkumulationsrate von 1 mm/Jahr (porenfrei), d. h. 1000 B (Bubnoff), und damit dem Dreifachen der maximalen Akkumulationsrate im Bahama-Watt (s. Abb. 14–38). Für die Florida Bay ergab die entsprechende Abschätzung von Nelsen & Ginsburg (1986) 0,12 kg/m²/Jahr; dies ist 6× soviel wie *Penicillus capitalus* nach Stockman et al. (1967) in diesem Gebiet produziert. Auch in Ebb- und Flutdeltas solcher Lagunen bilden sich Schlammbänke (Ebanks et al. 1975), z. T. ebenfalls durch Seegras fixiert (Abb. 14–43). Petta & Gerhard (1977) deuten Kalklinsen in Tonsequenzen als lagunäre Seegrasbänke. Während all diese küstennahen Schlammansammlungen in der Regel peloidisch-biogene wackestones, z. T. sogar packstones sind (Enos & Perkins 1977; s. auch Abb. 14-41), finden sich reinere Mikrite vermutlich auf dem küstenfernen und tieferen Schelf und, vorwiegend als Biomikrite, in der Tiefsee oberhalb der Calcitkompensationstiefe (CCD).

Als „Mikritisierung" bezeichnet man die frühdiagenetische Entstehung eines mikritischen Gefüges am Außenrand von Partikeln („Rindenkörner") im Zusammenhang mit deren Besiedlung durch Blaualgen oder Pilze (s. Kap. 6.5.4). Lockerer Mikrit, d. h. Kalkschlamm, entsteht dabei nicht. Im großen Stil findet Mikritisierung in Riffen und im Riffschutt statt, am stärksten zur Zeit wohl im Riff von Belize (Mittelamerika; James & Ginsburg 1979: 180): Mehrphasiges Anbohren, Verfüllen mit Mikrit und Zementation des letzteren zerstören schließlich die Biogenstrukturen ganz.

B. „Krümelkalke" oder „granulierte Kalke" (structure grumeleuse, Cayeux 1935: 271; bahamite, Beales 1958; clotted limestone, Bathurst 1971: 511) stehen zwischen Partikelkalken und strukturlosen Kalken (Abb. 6-97). Die „Krümel" sind 20–150 µm große, etwa kugelige, unscharf begrenzte Bereiche, die sich durch geringere Kristallgröße von ihrer Umgebung abheben. Cayeux (l. c.) deutet sie als Restpartien zwischen Flecken fortgeschrittener Sammelkristallisation, doch hat sich weitgehend die Auffassung durchgesetzt, daß es sich eher um primäre Partikel handelt (Beales l. c.). Folgende Gründe sprechen nach Bachmann (1973: 15) hierfür:
a) Man findet Sequenzen, in denen Krümelkalke mit Pillenkalken wechsellagern.
b) Die Krümel sind deutlich rund; bei diagenetischer Deutung müßten sie zumindest gelegentlich die Form von Kornzwickeln haben.
c) Die Krümel werden zuweilen von Kristallen umgeben, deren Längsrichtung senkrecht zur Krümeloberfläche steht, die sich demnach als Zement zu erkennen geben (Abb. 6-97). Nach Alexandersson 1972b, 1978, MacIntyre (1977, 1985) und Lighty (1985) bestehen subrezente Krümel aus einem „Kern" von äußerst feinkristallinem Mg-Calcit (0.2–1 µm). Er wird als Ausflockung, sehr wahrscheinlich unter organischer Mitwirkung, angesehen und ist umgeben von einem igelförmigen, frühen, submarinen Mg-Calcit-Zement (s. auch Chafetz 1986).

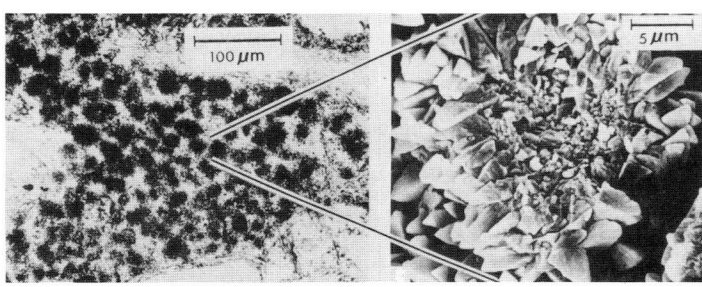

Abb. 6-97. Kryptokristalline Mg-Calcit-Krümel, von Mg-Calcitzement umgeben, in Korallenkammern. Links und Mitte: Rezentes Galeta-Riff (Panama, aus MacIntyre 1985: Fig. 1). Rechts: Frühholozänes Riff vor Florida (aus Lighty 1985: Fig. 13). Links mikroskopische, Mitte und rechts REM-Aufnahmen.

d) Unter zementierten Schirmporen, also im Druckschatten z. B. großer Muschelschalen, sind oft Krümel zu erkennen, während sie seitlich davon offenbar kompaktiert sind. Die Weichen für Erhaltung oder Vergehen derselben werden demnach im frühesten Diagenesestadium gestellt.

Wie Abb. 6-97 zeigt, berühren sich die Krümel nicht immer. Möglicherweise war in ihnen gegenüber dem umgebenden Mikrit die Sammelkristallisation durch organische Beimengungen gehemmt. Es ist auch mit der Möglichkeit zu rechnen, daß die Krümel dort, wo das ganze Sediment aus ihnen besteht, sehr früh zu einem strukturlosen Mikrit kompaktiert werden, während sie dort, wo sie einzeln in einem Mikrit liegen, erhalten bleiben. Besonders häufig sind Krümel in Stromatolithen und Onkolithen (BATHURST 1971: 513); es könnte sich bei den Krümeln um Ausfällungen in Kolonien einzelliger coccoider Blaualgen (z. B. *Entophysalis deusta*) handeln (s. MONTY 1967 und CHAFETZ 1986).

6.4.3 Fossilkalke

A. Definition

Kalksteine, die als Hauptkomponente (>50%) ganze oder zerbrochene Kalkskelette von Planzen oder Tieren enthalten, werden als „Fossilkalke" oder „Schillkalke" („skeletal limestones", „coquina") bezeichnet, gegebenfalls als Foraminiferenkalke, Korallenkalke, Crinoidenkalke usw.. „Lumachellen" sind vorwiegend aus Molluskenschill zusammengesetzt (CAROZZI 1953 a). Nach der Partikelgröße (1–4) bzw. dem Sedimentverband (5) können die Fossilkalke wie folgt eingeteilt werden (s. a. Klassifikationsprinzipien in Kap. 6.4.1, S. 337):

1. **Biokalkmikrite** (oder Biomikrite) setzen sich aus biogenen Einzelkristalliten <4 µm ⌀ zusammen (z. B. aragonitisch aus zerfallenen Grünalgenskeletten und calcitisch aus Einzelelementen von Coccolithen). Bei vielen Coccolithenkalken sind die Biogene lichtmikroskopisch nicht auflösbar, so daß sie nach FARINACCI (1968) als Nannomikrite angesprochen werden können. Bei dem Klassifikationsschema von FOLK (1959) werden allerdings auch größere Biogene führende Kalkmikrite als Biokalkmikrite angesprochen (s. Kap. 6.4.1).

2. **Biokalksiltite** (Abb. 6-98 oben) enthalten 4–63 µm große Biogene. Hierzu gehören die meisten aus Nannoplankton zusammengesetzten Kalke (s. Kap. 6.2.3).

3. **Biokalkarenite** (Abb. 6-98 Mitte links) sind vorwiegend gut sortierte Fossilkalke aus 0,063–2 mm große Partikeln. Die Biogene können vollständig erhalten sein (z. B. Globigerinenkalk) oder durch Erosion als Schalenbruchstücke vorliegen. Zusammengeschwemmte Biokalkarenite haben häufig gut verrundete Partikel.

4. **Biokalkrudite** (Abb. 6-98 Mitte rechts) entsprechen genetisch den Biokalkareniten bei allerdings größeren Partikeln (> 2 mm ⌀). Viele Molluskenschillkalke und Crinoidenkalke sind Biokalkrudite.

5. **Biokalklithite** (Abb. 6-98 unten) sind überwiegend aus inkrustierenden Biogenen in Lebensstellung zusammengesetzte Kalke (z. B. Riffe s. Kap. 6.4.4).

⟶

Abb. 6-98. Oben: Biokalksiltit mit Calcisphären der Gruppe *Pithonella*, mikritische Matrix; Oberkreide bei Beckum, s. S. 281. Mitte links: Biokalkarenit mit Ooiden und Intraklasten, calcitisch zementiert; Jura, Äthiopien. Mitte rechts: Biokalkrudit, calcitisch zementiert; Rhätolias, nördliche Kalkalpen (Dünnschliff von F. FABRICIUS). Unten: Biokalklithit mit Rivularienpolstern aus einem limnisch-brackischen Algenriff einer tyrrhenen Terrasse bei Korinth (RICHTER et al. 1979: Abb. 3, Fig. 1; s. Abb. 6-25).

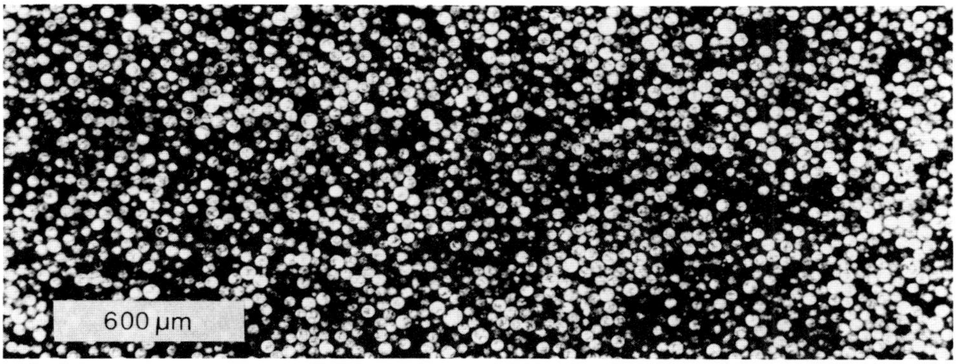

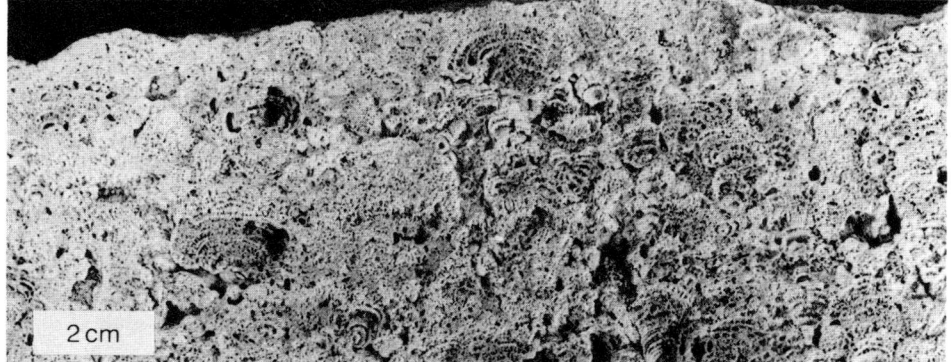

B. Entstehung und Ökologie

Fossilkalke bilden sich entweder aus Lebensgemeinschaften (Biocoenosen), aus Totengemeinschaften (Thanatocoenosen) oder aus Grabgemeinschaften (Taphocoenosen; s. SCHÄFER 1956). Nur erst- und letztgenannte Vergesellschaftungen sind für die Sedimentgeologie von Bedeutung.

Biocoenosen

In Biocoenosen werden die Reste der benthonischen Lebewesen nach ihrem oft gewaltsamen Tod am Ort ihres Lebens eingebettet. Sie können daher Auskunft über die dort herrschenden Bedingungen geben:

Von größter Bedeutung ist das Substrat. Zahlreiche Lebewesen brauchen eine harte Unterlage. Daher sind submarine Felsterrassen und Korallenriffe besonders eng bewohnt. Weiche Schlammböden werden von Bodenwühlern bevorzugt und sind arm an Epifauna. Ruhige Sand- und Kalksandböden werden leichter besiedelt als in Bewegung befindliche. Daher enthalten z. B. submarine Dünen (Ooiddünen) nur verrundete und zerkleinerte Schalenreste. Schlammige Meeresböden sind um so schwächer besiedelt, je schneller der Ton bzw. Kalkschlamm sedimentiert. Im Gesteinsverband werden die wenigen Schalen zudem noch durch das anorganische Sediment verdünnt. Andererseits werden in solchem Milieu die Schalen dem Zugriff derjenigen Tiere entzogen, welche den Meeresboden abgrasen. Herrscht an der Sedimentoberfläche Sauerstoffmangel, so gibt es kein benthonisches Leben, und es können sich nur Taphocoenosen bilden.

Die Konzentration an Ca- und CO_3-Ionen im Wasser und im Sediment wirkt sich möglicherweise auf die Schalendicke aus. KLÜPFEL (1916) beobachtete dickere Schalen in Kalkbänken als in zwischengeschalteten Tonsteinen. In manchen Fällen mag dies ein diagenetischer Effekt sein. Weiterhin kann das tonreichere Milieu für die Biogene lebensfeindlicher gewesen sein.

Mit zunehmender Meerestiefe geht die Zahl benthonischer Lebewesen stark zurück. Darin zeigt sich die abnehmende Lichtintensität, denn die meisten Tiere ernähren sich entweder von Pflanzen oder von Pflanzenfressern. Andere, anorganische Faktoren, welche die Zusammensetzung benthonischer Lebensgemeinschaften bestimmen, sind die Wasserbewegung sowie die Mittelwerte und die Schwankungsbereiche von Temperatur und Salinität. Auch der Trübheitsgrad des Wassers wirkt sich auf Biogenvergesellschaftungen aus.

Will man aus Biocoenosen Hinweise auf das Ablagerungsmilieu erhalten, so muß man aber auch die gegenseitige Beeinflussung der Lebewesen berücksichtigen. Diese ist einerseits durch die „Futterkette" gegeben, andererseits durch alle Arten von Symbiosen (Gemeinschaften mit meist beiderseitigem Vorteil), Kommensalismen (Gemeinschaften mit meist nur einseitigem Vorteil, aber ohne Nachteil für den Partner) und Parasitismen (Gemeinschaften mit einseitigem Vorteil auf Kosten des Partners; s. Geol. Soc. Amer. Memoir 67, I. 1957). Neuerdings wird in zunehmendem Maß die enorme Bedeutung der Mikroorganismen (Bakterien, Pilze u. a.) für die Ökosysteme im sedimentären Bereich erkannt (KRUMBEIN 1978, 1983).

Um die ehemalige Biocoenose quantitativ aus der Zusammensetzung eines Fossilkalkes zu rekonstruieren, muß man die mittlere Lebensdauer jedes Lebewesens nach der folgenden Formel berücksichtigen (P_B-Prozentanteil in der Biocoenose, P_F-Prozentanteil im Fossilkalk, l – mittlere Lebensdauer, $\sum P_{Fi}l_i$ – Summe der einzelnen Produkte von P_F und l für sämtliche vorhandene Fossilarten):

$$P_B = \frac{P_F \cdot l \cdot 100}{\sum P_{Fi}l_i}$$

Für die Biocoenosen-Betrachtungen sind die von HERTWECK (1972) an der Küste von Georgia (USA) gemachten Beobachtungen aufschlußreich: Lebensspuren und Biogene in Lebensstellung bleiben nur bei 7,1% der 268 lebenden Arten erhalten.

Biocoenosen besonderer Art sind die Biostrome und Bioherme, die in einem eigenen Kapitel

(6.4.4) behandelt werden. Viele weitere fazielle und ökologische Aspekte werden im Kapitel „Sedimentäre Environments" (Kap. 14.7.3–4) angesprochen.

Taphocoenosen

Taphocoenosen entstehen durch strömungsbedingte Umlagerung von Biogenen bzw. Fossilresten (z. T. mehrerer Biocoenosen) oder durch herabregnende Schalenreste planktonischer oder nektonischer Lebewesen (z. B. Globigerinenschlamm der Tiefsee, manche Cephalopodenkalke). Bei einer Umlagerung spielt die Zerkleinerung eine große Rolle. Sie erfolgt auf mechanischem, chemischem oder biologischem Wege:

Mechanische Degradation ist für hochenergetische Environments (z. B. Meeresküsten) typisch. Bei größeren Gesteinsverbänden (Bioherme, Felsküsten, Beachrock-Gürtel) erfolgt neben biologischem Abbau (s. u.) zunächst eine Zerlegung in Blöcke (Ursachen: Hurrikane, Erdbeben u. a.), bevor eine Partikelverkleinerung durch Korn-Korn-Interaktion vor sich geht. Letztere hat nach Chave (1960) beim mechanischen Abbau von Biogenen die größte Bedeutung. Experimentelle Ergebnisse zum mechanischen Abrieb an Biogenen liegen u. a. von Chave (1964), Driscol (1967) und Schuhmacher & Plewka (1981) vor.

Chemischer Abbau ist in Wässern geringerer Salinität (z. B. Skagerrak – Alexandersson 1974) und in größerer Meerestiefe (Peterson 1966, Berger 1978, Schoonmaker 1981) zu beobachten. Dieser Effekt ist für die einzelnen Karbonatmodifikationen verschieden. So gilt nach Milliman (1974) und v. Rad (1974) für den marinen Bereich die Stabilitätsreihe Calcit > $Mg_{\leq 12}$ Calcit > Aragonit > $Mg_{>12}$ Calcit und nach Stehli & Hower (1961), Friedman (1964) und Land et al. (1967) für den meteorischen Bereich die Folge Calcit > Aragonit > Hoch-Mg Calcit, während die Reihung Magnesit > Dolomit > Ca-Dolomit wohl allgemeingültig ist.

Neben dem Chemismus spielt auch die Skelettarchitektur beim chemischen Abbau eine Rolle, denn nach Henrich & Wefer (1986) ist die extrem feinkristalline Rotalge *Amphiroa fragilissima* (17,5 Mol-% $MgCO_3$) bei Naturexperimenten in 3625 m Wassertiefe 2–3mal so löslich wie die Foraminifere *Marginipora vertebralis* (18 Mol-% $MgCO_3$).

Die **biologische Erosion** („bioerosion" Neumann 1966) muß bei Karbonaten in Flachmeeren als stärkster Abbaueffekt angesehen werden, was besonders an Felsküsten zum Ausdruck kommt („Biokarst" nach Schneider 1976). Milliman (1974) unterscheidet bohrende, weidende, sedimentfressende und räuberische Organismen. (s. auch S. 388)

Typische Bohrer sind Pilze und Bakterien (Abb. 6-99; Kohlmeyer 1969, Alexandersson 1972a, Rooney & Perkins 1972), Algen (Duerden 1902, Bathurst 1966, Golubic 1969, Schneider 1977, s. auch Hook et al. 1984 – Bohrung heterotropher Mikroorganismen in größerer Wassertiefe), Schwämme (z. B. *Cliona*, Abb. 6-100 – Hartman 1957, Neumann 1966, Fütterer 1974, Acker & Risk 1985), Mollusken (Seibold 1955, Ansell & Nair 1969, Arnold & Arnold 1969, Carriker 1969, Soliman 1969), Würmer (Newell 1956, Cutler 1968, Rice 1969), Seeigel (Otter 1932, Märkel & Maier 1967, Hozman 1983), Krebse (Utinomi 1953), Seepocken (Ahr & Stanton 1973), Brachiopoden (Rudwick 1965) und Bryozoen (Soule & Soule 1969). Bei vielen dieser Organismen handelt es sich neben mechanischer auch um chemische Degradation von Karbonaten. Schalenzerbrechende Räuber sind bei Fischen, Krebsen, Hummern und Tintenfischen bekannt. Häufig fressen Räuber nur die leicht erreichbare organische Substanz (z. B. bei Korallen), um dann karbonatbohrenden Organismen das Feld zu überlassen (Robertson 1970). Grasende und sedimentfressende Arten sind bei Schnekken, Echinodermen und Fischen bekannt, wobei eine Mithilfe zur Zerstörung karbonatischer Substanz nur bei den Grasern gesichert ist (Milliman 1974).

Bei stärkeren Umlagerungen verändert sich die ursprüngliche Lebensgemeinschaft nicht nur durch Transportsortierung, sondern auch durch Ausmerzung der empfindlicheren Kalkskelette. Hierzu gehören wegen ihrer hohen Porosität und ihres großen Gehaltes an organischer Substanz die Echinodermen, Bryozoen und artikulate Algen (Chave 1964, Driscol 1967). Das Bild, welches z. B. gut sortierte Biokalkarenite von der ehemaligen Lebensgemeinschaft geben, ist daher stärker verzerrt als dasjenige von schlecht sortierten Schillkalken. Anderseits können sich Faunenver-

umfassenderen Begriff „buildup" verwenden. Als Biostrome (von griech. stroma = Decke) werden solche organogenen Insitu-Bildungen bezeichnet, deren laterale Ausdehnung ihre Mächtigkeit mehr als 50fach übertrifft, so daß Ober- und Untergrenze etwa planparallel verlaufen.

Die Bioherme unterteilt man in
a) Stillwasser – oder Schlammbioherme (in ruhigem Wasser oder unterhalb der Wellenbasis gebildet) und
b) Riffbioherme, welche wellenresistent sind bzw. es nach den geologischen Umständen waren.

Riffbioherme nennt man auch kurz „Riffe", besser „organische Riffe", denn „Riff" heißen an deutschen Küsten alle für die Schiffahrt gefährlichen Untiefen, also auch Sandbänke („Sandriffe", s. z. B. Abb. 14-31). WILSON (1975) definierte noch einen dritten, zwischen Riff- und Stillwasserbiohermen stehenden Typ (Tab. 6-3 und Abb. 6-102).

Tabelle 6-3. Die drei Biohermtypen nach WILSON (1975: 255, s. auch FLÜGEL 1978).

Bezeichnung	Lokation	Zusammensetzung	Artenvielfalt	Schuttkranz	Besonderheiten
1. Schlammbioherme (mud mounds)	tiefes oder Stillwasser	Schlammfänger und -binder, Kalkschlamm	sehr gering	schwach bis fehlend	relativ klein, mit Stromatactis
2. Knollenriffe (reef knolls)	Plattformhang	Gerüstbildner, – binder und – bewohner und interner Schutt	gering	vorhanden	relativ klein, halbkugelförmig
3. „Echte" Riffe (true reef rims)	Plattformrand		groß	stark	meist groß, mit fore- und back-reef

Stillwasser- oder Schlammbioherme zeigen von unten nach oben in der Regel den folgenden Aufbau (WILSON 1975, PRATT 1982a, JAMES 1983b):
1. Basaler bioklastischer wackestone als Fundament (z. B. Crinoiden- und Brachiopodenkalk, FÜCHTBAUER 1980a, PREAT et al. 1984).
2. Im Kernbereich mikritischer bafflestone (im Oberkarbon bis Unterperm phylloide Algen, im Zechstein 1 Bryozoen, im Malm Kieselschwämme, rezent marine Gräser; in gewissem Sinne gehören hierzu auch lagige Stromatoporen, Korallen und Stromatactis-Zementbildungen (s. u.; Abb. 6-103 und 106), sowie bindstone (Blaualgenkrusten, das Gestein durchziehend).
3. Abdeckender bindstone (im Zechstein 1 stromatolithische Matten).

Alle genannten Organismen stabilisieren die Schlammansammlungen, so daß Hangneigungen bis zu 40° entstehen, doch sind Rutschungen nicht selten. Solche Stillwasserbioherme gehen nicht selten nach oben in Riffbioherme über.

Echte Riffe, aber auch die meisten Knollenriffe, zeigen nach WALKER & ALBERSTADT (1975) und JAMES (1983) eine noch stärkere Zonierung (von unten nach oben):
1. Stabilisierung durch einen basalen pack- bis wackestone. Dabei entsteht ein tragfähiges Fundament für das Riff (z. B. Crinoidenkalke und in jüngerer Zeit Halimedafragmente).
2. Kolonisierung durch wenige Arten verästelter Korallen, Bryozoen, Algen und Schwämme erzeugt einen geringmächtigen bafflestone (und bindstone).
3. Diversifizierung. Dieses Stadium bildet die Hauptmasse des Riffs, welches nun in die Brandungszone gewachsen ist und sich aus den folgenden Gefügeelementen zusammensetzt:

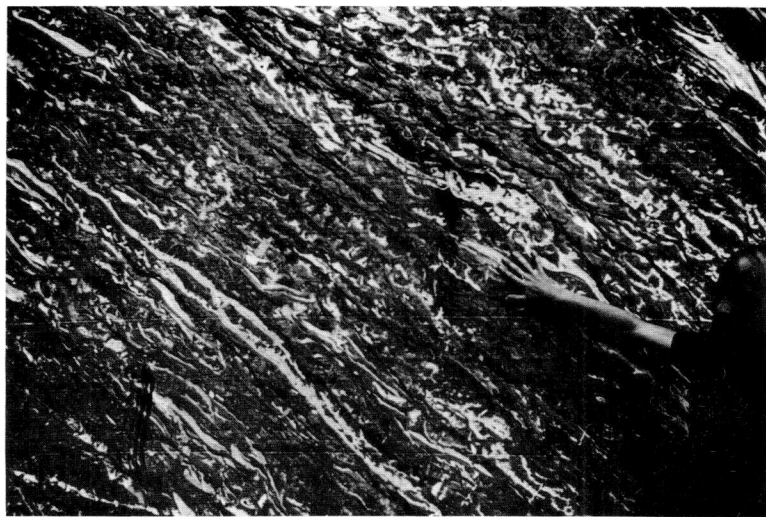

Abb. 6-103. Stillwasserbioherm des oberen Frasne bei Les Croisettes (Belgien) mit lagigen Korallen und Stromatoporen, sowie lagenweise angereicherten „Stromatactis"-Strukturen (in Höhe des Kopfes; Erklärung im Abschnitt C). Nach Tab. 6-4 subturbulent bis ruhig.

a) Gerüstbildner (Korallen, früher auch Kalkschwämme und Stromatoporen)
b) Gerüstbinder (Rotalgen, früher Stromatolithe, Foraminiferen u. a.)
c) Riffbewohner (Mollusken, Foraminiferen, Echinodermen, Grünalgen u. a.)
d) Riffschutt (durch Bioerosion, Zerfall von Biogenen und Wellenschlag entstanden)
e) Porenraum.

4. Dominierung. Die Artenzahl wird eingeschränkt; inkrustierende Organismen (z. B. Lithothamnien) spielen eine große Rolle.

Abb. 6-104. „Groove & spur"-Wachstumsformen vor einem Riff südlich der Florida Keys (Luftaufnahme).

Da die Riffe bis fast zum Meeresspiegel hinaufreichen, beeinflussen sie ihre Umgebung:
a) Landwärts kann sich eine Lagune bilden (back-reef), in welcher sich feiner Riffschutt, Ooide, Onkoide, Kotpillen, Kalkschlamm und in trockenem Klima Gipslagen sammeln.
b) Der eigentliche Riffbereich gliedert sich in Riffplattform (lagunenwärts), Riffkamm (meerseitig oft von Lithothamnien überkrustet) und Rifffront (s. Abschn. B). Letztere ist meistens in Rücken und Rinnen gegliedert, die senkrecht zur Rifflängsrichtung verlaufen und Wachstumsformen darstellen, durch welche die Korallen den Aufprall der Brandung dämpfen und ihm ausweichen (Abb. 6-104).
c) Seewärts schließt sich ab ca. 30 m Wassertiefe das fore-reef mit seinem groben Riffschutt an. Es ist von der Rifffront oft durch einen Steilhang getrennt (JAMES & GINSBURG 1979: 155).

Nach der Form unterscheidet man bei rezenten Riffen vier Haupttypen:
1. Saumriffe sind der heute verbreitetste Rifftyp (SCHUHMACHER 1976). Sie entwickeln sich unmittelbar vor der Küste und sind von dieser nur durch eine Lagune getrennt, welche – vor Sandstränden – primär angelegt wird, oder in einem fortgeschrittenen Entwicklungsstadium des Riffes auf dessen rückwärtigem Teil durch Verkümmerung und Erosion entsteht.
2. Barriereriffe entwickeln sich küstenferner, am Schelfrand.
3. Plattformriffe findet man entweder auf Untiefen im offenen Ozean, oder als kleine Fleckenriffe auf dem Schelf. Diese patch reefs dürften etwa den in Tab. 6-3 genannten Knollenriffen entsprechen.
4. Atolle, ringförmige Riffe, bilden sich, wenn riffgesäumte Inseln, z. B. Vulkane, langsam versinken und das Riff, damit schritthaltend, nach oben wächst (DARWIN 1837), oder durch Verkümmerung des Inneren von Plattformriffen (PURDY 1974).

Fossile Bioherme erhoben sich nicht immer als „morphologische" oder „ökologische Bioherme" deutlich über ihre Umgebung; manchmal bilden sie kaum merkliche Anschwellungen der Schichtmächtigkeit und werden dann als „fazielle" oder „stratigraphische Bioherme" (JAMES 1984) bzw. als Biostrome bezeichnet. Kleinere Anschwellungen können auch durch eine stärkere Kompaktion der das Bioherm umschließenden Schichten hervorgerufen sein.

B. Biologische Aspekte

Hermatype, d. h. riffbildende Korallen finden sich rezent vorwiegend in solchen Meeren, deren mittlere Oberflächentemperatur im kältesten Monat über 20 °C liegt. Auch sind sie auf vollmarines Milieu beschränkt; sie tolerieren nur Salzgehalte zwischen 27 und 50‰. Empfindlich sind sie deshalb gegen Süßwasserzuflüsse und, da sie sich durch Filtern ernähren, auch gegen Schlamm, vor dem sie sich schlechter schützen können als vor Sand. Das stärkste Riffwachstum findet man auf der den vorherrschenden Winden zugewandten Seite der Plattformen oder Inseln. Optimal sind die Bedingungen beispielsweise auf der Südflorida- und der Bahamaplattform vor kleinen Inseln, welche die Riffe vor dem ablaufenden Ebbstrom der Plattform mit seinen Suspensions- und evtl. Süßwasserbeimengungen schützen (GINSBURG & SHINN 1964).

Ihre Fähigkeit, Kalk abzuscheiden, wird wesentlich von einer Endosymbiose mit runden, einzelligen, gelbbraunen Algen, den Zooxanthellen, bestimmt, welche im Gewebe der Korallenpolypen leben (S. 292). Sie nehmen von den Korallen Abfallstoffe wie P, CO_2 und Stickstoffverbindungen auf und geben ihnen dafür O_2, Zucker, Glyzerin und Aminosäuren (SCHUHMACHER 1976: 128). Wegen der Photosynthese (FRICKE & SCHUHMACHER 1983) findet man diese Algen und daher auch die riffbildenden Korallen nur selten in Tiefen über 70 m (JAMES 1984). Die UV-Strahlung läßt sie andererseits auch die obersten 1–2 Meter meiden.

An der meerwärts geneigten Rifffront ist eine durch abnehmende Zooxanthellen-Aktivität bedingte Tiefenzonierung der Korallen erkennbar. Zuoberst herrscht bis in etwa 12 m Tiefe die breitgeweihförmige, robuste *Acropora palmata* vor. Solche verzweigten Korallen waren vor dem Jungtertiär im Wellenbereich selten; statt dessen herrschten hier laminare und Halbkugel-Formen vor (JAMES 1984: 233). Hangabwärts findet man in der Karibischen See zwischen 5 und 15 m Tiefe die zartere *Acropora cervicornis* (GOREAU 1959, MESOLELLA 1967). Es folgen massiv-halbkugelförmige Korallen wie *Montastrea, Siderastrea* und *Diploria*. In Tiefen von mehr als 30 m aber wachsen baumschwammartig flache Korallen wie *Agaricia*. Die Kalkbildung ist demnach an der Riffflanke geringer als oben auf dem Riff. Hierdurch erhöht sich während des Riffwachstums das Relief. Ein Zonierungsbeispiel aus dem fossilen Bereich gibt Tab. 6-4.

Tabelle 6-4.   Tiefenzonierung in belgischen Oberdevonriffen (LECOMPTE 1970).

Energieregime	Stromatoporen	Korallen	Sonstige
turbulent (Brecher)	massiv, tafelig, verzweigt	massiv	Brachiopoden
subturbulent (bewegt)	laminar, kugelig	verzweigt	Brachiopoden
ruhig		lagig-dünn	Brach., Bryozoen, Crinoiden
Tiefwasser			Goniatiten

Eine ähnliche Tiefenzonierung fanden EMBRY & KLOVAN (1972) in Oberdevon-Biohermen NW-Kanadas.

Die Artendiversität ist am größten in der am stärksten durchlichteten Zone. In den obersten Metern des Bikini-Atolls fand WELLS (1957a) über 100 Arten von Riffkorallen, in 15 m Tiefe nur noch 30. Eine erhöhte Diversität gibt es auch in Bereichen mit periodisch auftretenden Streßsituationen, beispielsweise in periodisch von Stürmen beschädigten Riffen (CONNELL 1978, WOODLEY et al. 1982). Auch in nahrungsarmen Riffen und in Bereichen starken Seesternbefalls (*Acanthaster planci*) wird die Diversität erhöht.
Die Wachstumsraten von Korallen (in Bubnoff-Einheiten, d. h. mm/1000 Jahre) betragen für *Acropora cervicornis* maximal 2000–3000, für *Montastrea annularis* 5000–7000 (aus BLATT et al. 1980: 464). Da ein Teil dieser Skelette jeweils abgebrochen wird und die Lücken des Riffgerüsts füllt, ist das Riff-Wachstum insgesamt geringer. Es wurde von TUCKER (1985) auf 500–1000, von SCHLAGER (1981) auf 1000, von GOREAU & LAND (1974) in 25 m Wassertiefe auf 1200, von GLYNN (1971) südlich von Panama auf 4000 B geschätzt. In dem frühholozänen Riff von Florida wurden sogar 6600 B gemessen (LIGHTY 1985).
Das Abschmelzen der Gletscher im frühen Holozän ließ den Meeresspiegel mit 6000–10000 B steigen, so daß die Riffe kurzfristig ertranken, sich aber im späteren Holozän wieder erholten. Andererseits konnte das Riffwachstum in den Atollen mit der langsamen (≤ 250 B) Subsidenz der neugebildeten Ozeankruste schritthalten (SCHLAGER 1981; s. auch S. 929). Riffe ertrinken leichter, wenn sich der Meeresspiegel vor dem schnellen Anstieg kurz absenkt, wobei das Riff auftaucht und beeinträchtigt wird (SCHLAGER 1980: 747).

Manche Bioherme zeigen in ihrem Aufbau eine oder mehrere Unterbrechungen, verbunden mit Auftauchen, Verkarstung oder Calcrete-Horizonten (PURDY 1974, JAMES 1984) oder in Trockenklimaten mit Sebkhaphasen (FÜCHTBAUER 1980a). Nach der Wiederbesiedlung laufen in der Regel die Riffstadien 2, 3, (4) (s. o.) von neuem ab. Eine Bohrung in Neukaledonien zeigte von unten nach oben die Abfolge: Innere Lagune, offene Lagune, back-reef, Riff, innere Lagune usw. Dies war mit einer langsamen Regression während der Vereisung der Pole und einer schnellen Transgression beim Abschmelzen zu verknüpfen (COUDRAY 1977).
Beendet wird das Riffwachstum entweder durch lokale Einflüsse oder durch großregionale, eventuell weltweite „events".
Lokal können Riffe z. B. durch Hebung mit Emersion zugrundegehen, falls es ihnen nicht gelingt, meerwärts auszuweichen. Ebenso kann eine schnelle Senkung dem Riffwachstum ein Ende bereiten. Solche Vorgänge sind aus Zonierungen vor allem der obersten Riffpartien oder aus der Art der Überlagerung abzulesen.
Großregional kann sich eine Klimaänderung auswirken, die eine Zunahme der Niederschläge und damit ein Einströmen trüben Süßwassers mit sich bringt. Ähnlich kann das Einsetzen von Tuffereuptionen wirken (KREBS 1976).
Globale Massenextinktionen von Riffen haben im oberen Oberdevon und wohl auch in der

Mittelkreide stattgefunden. Ihre Ursachen sind noch nicht bekannt (SCHLAGER 1981, McLAREN 1982). McGHEE (1982) fand Argumente für eine drastische Temperaturabnahme im Weltmeer des Oberdevons. Global fällt auch das weitgehende Fehlen von Riffen im Unter- und Mittelkambrium, vom Ende des Ordoviziums bis zum Mittelsilur, im Famenne, vom Ende des Perm bis zur Mitteltrias, vom Ende der Trias bis in den untersten Jura und vom Ende der Kreide bis ins unterste Tertiär auf (SHEEHAN 1985), s. auch Abb. 6-107 und 6-105 links.

C. Gefügeaspekte

Der Anteil der Gerüstbildner liegt in den meisten Riffen zwischen 5 und 40%. In norischen Riffen ist er besonders klein (ZANKL 1969a), in jungen relativ hoch (Abb. 6-105 rechts). Ein extremes Beispiel zeigt Abb. 6-105 links; man erkennt die Gerüstbildner daran, daß sie in Lebendstellung eingebettet sind. In silurischen Riffen zeigen z. B. 93% der Korallen und Stromatoporen Lebendstellung, in den Interriffsedimenten nur 16% (AGER 1963). Dies ist ein wichtiges Kriterium für Riffe.

Das morphologische Relief eines Bioherms gibt sich in vier Merkmalen zu erkennen: 1. in Mächtigkeitsanschwellungen (gelegentlich reflexionsseismisch erkennbar; BUBB & HATLELID 1978), 2. in einem Schuttkranz, 3. in Rutschungen (CONAGHAN et al. 1976) und 4. in Wasserwaagen, die gegen die Schichtflächen geneigt sind, wobei man jedoch Vorsicht walten lassen muß (s. u.).

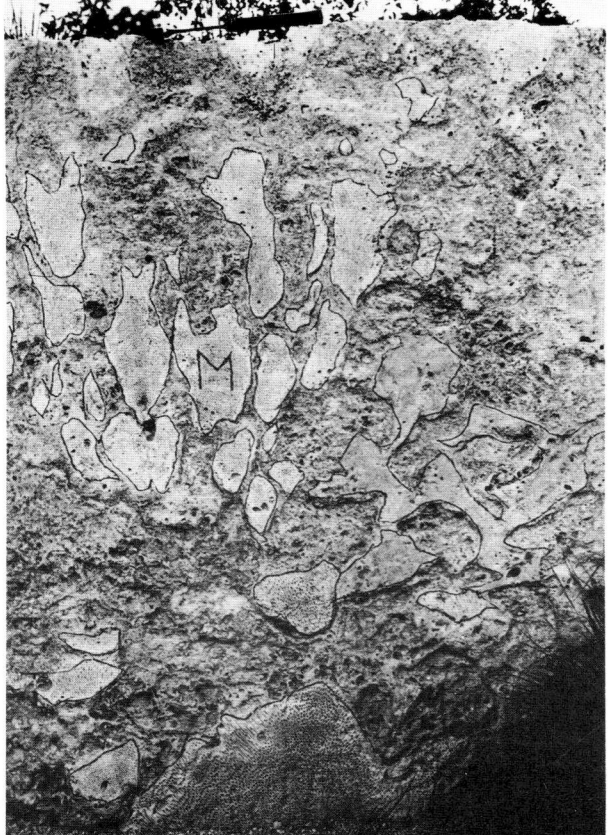
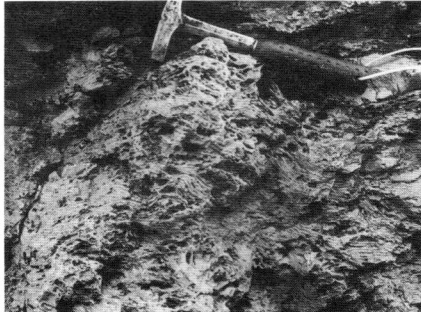

Abb. 6-105. Links: Riff im Oberkarbon des Billefjords (Spitzbergen), bestehend aus der ?Hydrozoe *Paläoaplysina*, vermutlich in Lebendstellung. Rechts: Pleistozänes Riff der Florida Keys (Windley Key bei Islamorada); die Gerüstbildner (schwarz umrandet) machen etwa 30% des Riffes aus, man erkennt links eine großporige, mit „M" bezeichnete Koralle, rechts eine etwas gedrungene Form (Bildhöhe 1,5 m; Hammer liegt oben).

Solche Wasserwaagen (Abb. 6-106) kommen besonders in Schlammbiohermen in „Stromatactis" genannten Strukturen vor. Es handelt sich dabei um größere Hohlräume, welche teilweise mit „internem" Sediment gefüllt wurden, entweder von der Sedimentoberfläche her, mit der demnach noch Verbindung bestand, oder von sedimentinternen Quellen. Der Rest des Hohlraumes füllte sich mit Zement. Im allgemeinen entspricht die Grenze zwischen Zement und internem Sediment der Horizontalen zur Zeit der Sedimentation, stellt also eine Wasserwaage dar. Das Dach dieser „Stromatactis"-Zementflecken ist meist unregelmäßig geformt; manchmal hängen von oben Fossilien in den zementierten Hohlraum hinein. MOUNTJOY & RIDING (1981) denken dabei an ehemalige Wasser- oder Gasblasen. BATHURST (1980a, 1982) nimmt an, daß die Hohlräume unter frühdiagenetisch im Sediment entstandenen Krusten ausgespült wurden; PRATT (1982a) denkt dabei an Algenmatten. Auch BOURQUE & GIGNAC (1983) vermuten eine organische Ursache. WALLACE (1987) fand in devonischen Kalken eine Aufwärtsmigration von Stromatactiskavernen durch Abtragung am Dach und Ablagerung am Boden, bis die Kaverne z. B. unter einem Fossilrest „hängenblieb". Weitere Deutungen für dieses stabilisierende Gefügeelement vieler Schlammbioherme des Paläozoikums und frühen Mesozoikums stammen von LOWENSTAM (1950), PRAY (1958), KAYE (1959), SCHWARZACHER (1961), CAROZZI & TEXTORIS (1963), OTTE & PARKS (1963), LEES (1964), PARKINSON (1964), WOLF (1965 b) und BECHSTÄDT (1974). In Biohermen sind andererseits auch vertikale Risse häufig, welche so früh entstehen, daß sie mit Sediment ausgefüllt werden.

Fazielle Unterschiede interner Sedimente sind nach AISSAUI & PURSER (1983) environmentspezifisch. Eine Mitwirkung diagenetischer Prozesse – z. B. nach Art der Stromatactis-Bildung – gilt mehr und mehr als wichtig für die Bioherbildung (SCHMIDT et al. 1980; s. auch ZANKL & SCHROEDER 1972: 532).

Ein weiteres Problem in Biohermen ist die Entstehung des hohen Mikritgehaltes, der oft so überwiegt, daß man kaum organische Strukturen findet. Fünf Erklärungen bieten sich an:

1. In vielen Stillwasserbiohermen ist der Schlamm wohl von Organismen eingefangen worden, die nicht immer erhaltungsfähig waren; so das Seegras, welches in rezenten Schlammbiohermen wichtig ist. Früher fiel diese Rolle den Crinoiden, Bryozoen, *Tubiphytes, Renalcis* und gesicherten Blaualgen zu.

2. Schon synsedimentär wird ein großer Teil der Kalkgerüste durch *bohrende* Muscheln, Schwämme, Würmer

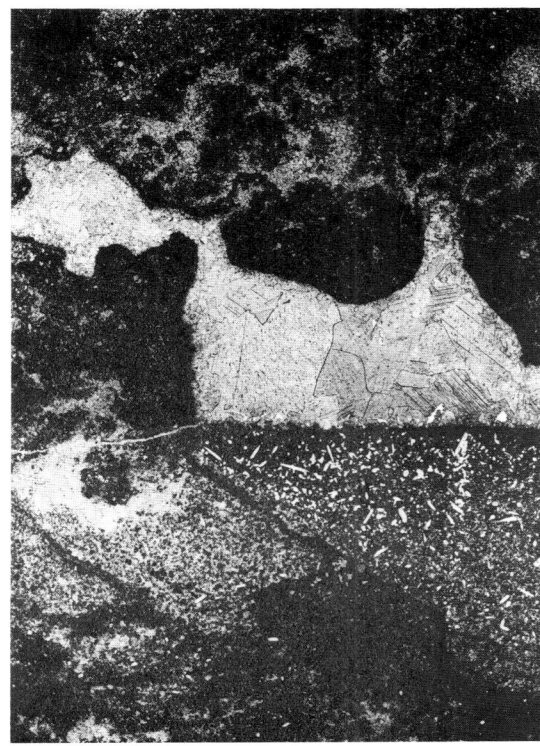

Abb. 6-106. „Stromatactis". Kaverne mit internem Sediment (Mikrit mit authigenen Quarzen) von Calcitzement überwachsen. Geopetalgefüge (horizontale Sedimentoberfläche, auch „Wasserwaage" genannt). Links unten eine kleinere, unregelmäßig gefüllte Kaverne. Stillwasserbioherm des Frasne 2 h, Steinbruch Lion (Frasnes-lez-Couvin, Belgien). Bildbreite 13 mm.

wenn auch typische Calcretes erst mit dem Beginn einer Landvegetation im Altpaläozoikum erscheinen (ALLEN 1986).

Folgende **Merkmale** sind charakteristisch für Calcretes.

1. Kalkkrusten und -platten (Abb. 6-109) schließen das Calicheprofil oft nach oben ab. Sie entstehen wohl vorwiegend durch Verdunstung und Kalkausfällung und zeigen eine unregelmäßige, manchmal unscharfe Lamination, die oft Unebenheiten der Unterlage ausgleicht und sich dadurch von Algenmatten unterscheidet, welche sich über Erhöhungen der Unterlage eher verdicken (MULTER & HOFFMEISTER 1968). Durch Schrumpfung senkrecht oder parallel zur Schichtung oder durch Wurzelsprengung kann die Kruste brecciiert werden (s. auch S. 89 f.; KNOX 1977, KLAPPA 1983: 218); es entsteht eine meist zementierte Ziegelsteinstruktur („rock house structure", REEVES 1976: 46). Nicht selten kommt es zu Verfaltungen („Pseudoantiklinen") und Tepee-Strukturen.

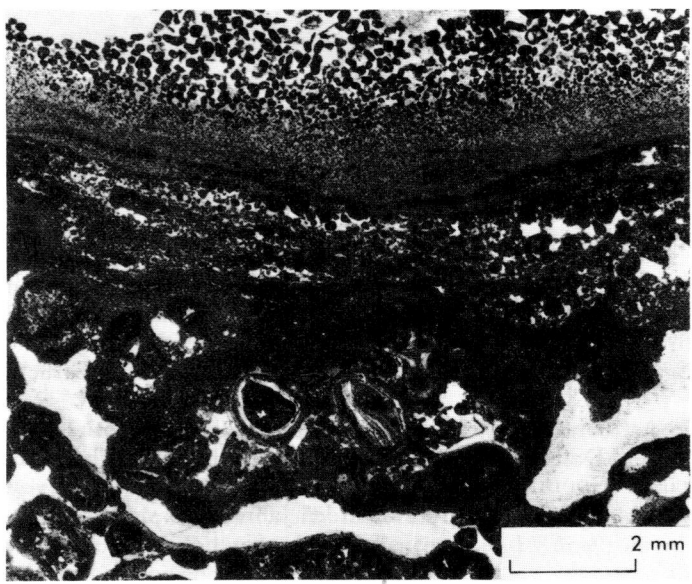

Abb. 6-112. Calcrete-Nodules und -Laminae aus dem Calcare Massiccio (Unterer Jura) des zentralen Apennin; die obere Nodulelage ist invers gradiert (aus: BERNOULLI & WAGNER 1971).

2. Rundkörper verschiedener Art sind eines der wichtigsten Calcrete-Merkmale. Nicht selten sind sie invers gradiert und wechsellagern mit unregelmäßigen Krusten bzw. Laminae (Abb. 6-112).
a) Peloide von 0,02–0,8 mm Größe (HAY & WIGGINS 1980), mikritisch, vorwiegend kugelig und schlecht sortiert, übergehend in Konkretionen.
b) Konkretionen („nodules", „glaebules", BREWER & SLEEMAN 1964), 1–25 cm, meist 2–7 cm groß. Sie sind vor allem in feinkörnigem Sediment (ALLEN 1986: 63) oft zu orgelartigen Pfeilern aufgereiht („columnar calcrete", Abb. 6-110) – ein Hinweis auf die vorwiegend vertikalen Lösungsbewegungen im vadosen Bereich. „Septarien" sind Konkretionen mit radialen und oft auch tangentialen, zum Teil zementierten Schrumpfrissen (Abb. 6-111). Die Konkretionen und auch die z. T. umgelagerten Brecciienkomponenten (s. unter 1) sind oft schalig umkrustet.
c) Pisoide, 2–50 mm groß, mit konzentrischem, oft unregelmäßigem und verschwommenem Schalenbau hellgrauer bis brauner Lagen. An diesen Schalen sind radial oder tangential gestellte Calcitnadeln und -whisker beteiligt (JAMES 1972, KNOX 1977, CALVET & JULIÀ 1983). Diese Pisoide sind oft an der Unterseite geopetal verstärkt, manchmal auch an der Oberseite (BRETZ & HORBERG 1949, RUTTE 1958, NÄGELE 1962, s. auch PERYT 1983b) und zum Teil durch gemeinsame

Zementrinden miteinander verbunden – Hinweise auf ihre in-situ-Bildung. Als Kern dient oft ein Sandkorn. PERYT (1983) bezeichnete diese vadosen Pisoide als „Vadoide". Allerdings kann dieser genetische Begriff im fossilen Bereich zu Fehlinterpretationen führen, so daß die Bezeichnungen „Pisoid" bzw. „nodule" vorzuziehen sind (RICHTER 1983a). Auf Umlagerung weisen zerbrochene und dann nochmals umkrustete Pisoide hin.
d) Sphäroide, kleine, radialstrahlige oder mikrokristalline Calcitaggregate („Crystallaria" z. T.).
e) Pedoden, das pedologische Äquivalent von (hohlen) Geoden. Es sind rundliche Löcher von 1 bis mehreren cm Durchmesser, ausgekleidet von Calcit- oder Quarzdrusen, von laminaren Calcit- oder Opalkrusten.

3. Risse und Röhren durchsetzen die meisten Calcretes.
a) Risse, durch Schrumpfung des bindigen Sediments entstanden. Sie werden durch eingespültes Feinmaterial und/oder Calcitzementkrusten gefüllt (vgl. Abb. 6-111). Dabei oder durch mehrfaches Aufreißen entsteht ein häufig symmetrischer Lagenbau vor allem vertikaler Rißfüllungen, welche sich übrigens nach unten oft verengen. Schräge Risse sind infolge einseitiger Einlagerung interner Sedimente und Zementation des Restlumens oft unsymmetrisch (HARRISON & STEINEN 1978). Besonders typisch sind sich durchkreuzende Bänder (SCHUDACK in MENSINK & SCHUDACK 1982: 60), welche dadurch entstehen, daß bei mehrfachem Quellen und Schrumpfen das Sediment nicht immer an der gleichen Stelle aufreißt. Den Klasten weichen die Risse in der Regel aus.
b) Röhren, meist Wurzelröhren sehr unterschiedlicher Durchmessers. Sie werden zum Teil von eindringendem Wasser zu Lösungsbahnen erweitert. Häufig sind sie von außen oder innen umkrustet und verkalkt („Rhizolithe", KLAPPA 1980, 1983; „Osteokollen", ZIEHEN 1980, 1981). Hierher gehört auch die „alveolar (vesicular) texture" (ADAMS 1980, CALVET & JULIÀ 1983). Die Wurzelröhren verlaufen oft nahezu vertikal, sind im Bereich der Kalkplatten (Pkt. 1) aber häufig in die Horizontale abgebogen.

4. Ungleichmäßige Kristallgröße im Dünnschliff ist typisch für Calcretes. Durch mechanisch verdrängenden, z. T. faserigen Calcitzement (WATTS 1978) und durch Sammelkristallisation erhält die mikritische Matrix eine fleckige Struktur („mottled texture", CAYEUX 1935). Auch bilden sich

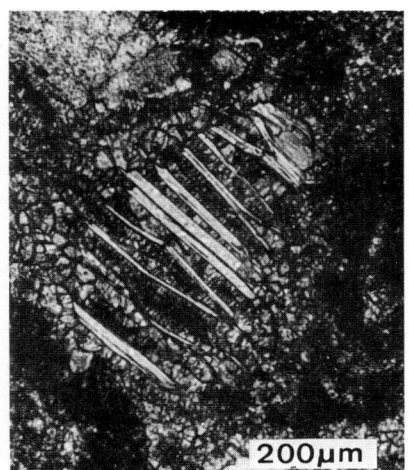 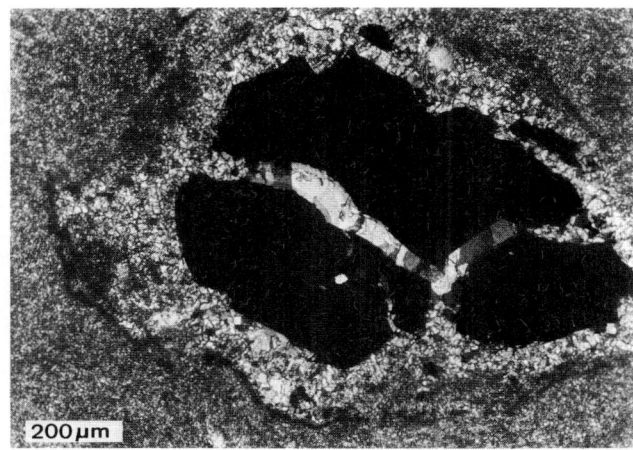

Abb. 6-113. Rechts: Pedogen zerbrochenes und dolomitisch verheiltes Quarzkorn (schwarz; gekreuzte Nicols). Links: „Concertina"-artig durch Dolomitkristalle auseinandergedrücktes Glimmerblättchen. Proben aus einem Pedocrete-Niveau der Dolomitischen Arkose (Nor) bei Coburg; Fotos aus RICHTER 1985a: 14 B u. 16.

radialstrahlige Sphäroide (CHAFETZ & BUTLER 1980), Rosetten und „Microcodien", d. h. von einer zentralen Achse nach außen wachsende Calcitnadel-Aggregate (vgl. Abb. 109 rechts), welche von manchen für eine spezifische Verkalkung von Mycorrhizen, einer Symbiose von Wurzelrindenzellen und Pilzen, gehalten werden. Sie sind seit dem Eozän gesichert nachgewiesen und können sich bei Umlagerung der Caliche kräftig anreichern (KLAPPA 1978, FREYTET & PLAZIAT 1982). Eine Mikritisierung von Partikeln und Zement durch Pilze wurde bereits erwähnt.

5. Quarzkörner sind oft zerbrochen oder angelöst (Abb. 6-113, 114). Wegen des zuweilen über 9 ansteigenden pH-Wertes sind die Quarzkörner nicht selten an- oder sogar aufgelöst (NAGTEGAAL 1969). Auch werden kleine Risse in ihnen durch Calcit- oder Dolomitzement erweitert. Andererseits sind viele Sandkörner von z. T. nadelig-radialen Calcitaureolen gesäumt („Crystallaria"; FREYTET & PLAZIAT 1982, Pl. 30B, C), s. auch Abb. 6-113 rechts.

6. Für Calcretes typische Tonminerale sind Palygorskit (= Attapulgit) und Sepiolith. Man findet sie z. T. als Rundkörper (REEVES 1976: 37, HAY & WIGGINS 1980, WATTS 1980). Die eindunstenden Lösungen waren Mg-haltig (s. auch S. 409).

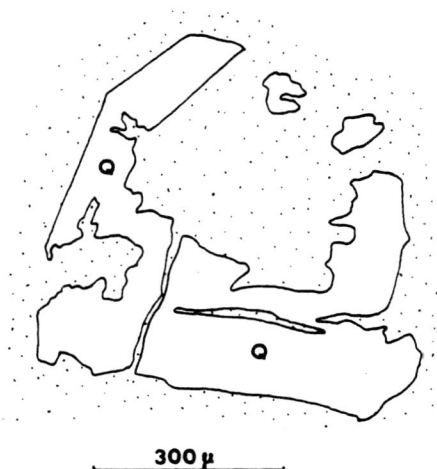

Abb. 6-114. Durch Karbonat teilverdrängter Quarz aus einer miozänen Pedocrete von Arch-Saint-Cricq (aus MEYER 1981).

Außer den bisher besprochenen meteorisch-vadosen Calcretes gibt es marin-vadose bis hypersalinare, überwiegend pisolithische Calcretes in aridem Klima. Sie bestehen primär aus Aragonit und Mg-Calcit (SCHOLLE & KINSMAN 1974: Abu Dhabi). Im Unterschied zu meteorischen Calcretes fehlen hier die Sphäroide, und der Schalenbau der Pisoide ist gleichmäßiger und kontrastreicher. Ein permisches Beispiel mit polygonal aneinandergrenzenden Pisoiden beschreibt DUNHAM (1969), deutet es allerdings meteorisch-vados, während ESTEBAN (1976) und ESTEBAN & PRAY (1983) sie als marin-salinare Ooide („Pisoide") interpretieren. Geochemische Untersuchungen, die hier weiterhelfen würden, scheinen noch nicht vorzuliegen.

Die beiden Pisolith-Typen unterscheiden sich auch durch die stabilen Isotope. $\delta^{13}C$ liegt beim meteorischen Typ zwischen -12 und $+4‰$ PDB, wobei die Werte in der gemäßigten Klimazone mit vorwiegender C_3-Photosynthese niedriger sind als in der ariden Zone mit ihren „C_4-Gräsern". $\delta^{18}O$ liegt in meteorischen Calcretes zwischen -9 und $+3‰$ PDB. In marinen Calcretes liegen die $\delta^{13}C$- und $\delta^{18}O$-Werte wegen der stärkeren Evaporation höher (TALMA & NETTERBERG 1983), s. auch Abb. 6-11.

B. „Travertin" (von lapis tiburtinus = Stein von Tibur = Tivoli E Rom) ist nach FOLK & CHAFETZ (1983) am locus typicus wie folgt zusammengesetzt:
1. aus relativ dichten Matten z. T. büschelförmiger, verkalkter Bakterienkolonien,
2. aus porösen, jedoch calcitisch zementierten, 4–8 mm großen „bakteriellen Pisoiden", die ihrerseits aus 10–20 μm großen Krümeln mit rundlichen und länglichen Bakterienhohlformen zusammengesetzt sind, und

3. aus regelmäßig-schaligen, 3–10 mm großen „anorganischen Pisoiden", die nach der in diesem Buch verwendeten Nomenklatur als Ooide zu bezeichnen wären.

Entstanden ist dieser Travertin in warmen Quellen, Seen, Teichen und Sümpfen aus vulkanisch aufgeheizten Grundwasserzuflüssen.

Aragonitooide von < 1 mm bis 5 cm Durchmesser mit tangentialer Orientierung der Aragonitnadeln fanden RICHTER & BESENECKER (1983) in heißen Quellteichen der Osttürkei. Sie entsprechen dem von SORBY (1879) beschriebenen „Sprudelstein" von Karlsbad (CSSR).

Die „anorganischen Pisoide" haben große Ähnlichkeit mit den calcitischen „Höhlenperlen" am Boden von Tropfsteinhöhlen, deren Stalaktiten (hängend) und Stalagmiten (von unten aufragend) bei der CO_2-Entgasung kalkhaltigen Wassers entstehen (BLATT et al. 1980: 480).

„Sinterkalke" sind calcitische, hochporöse, oft Pflanzen inkrustierende Kalke (engl. tufa) an Quellen und gelegentlich in Bächen und Seen. An Bachläufen der Schwäbischen Alb entstehen unter Mitwirkung von Moosen, Blaugrünalgen und Wasserpflanzen lockere „Kalktuffe" (STIRN 1964). Nach USDOWSKI et al. (1979) bilden sich die Sinterkalke hauptsächlich durch Erwärmung und Druckentlastung CO_2-haltigen (Quell-)Wassers, kaum aber durch Assimilation (CO_2-Entzug).

Zusammenfassung

In diesem Kapitel werden diejenigen Kalke besprochen, die sich nicht allein aus ihren Partikeln (Biogene, Rundkörper) verstehen, also einerseits Kalklutite (strukturlose und granulierte Kalke), andererseits Festkalke (Bioherme/Biostrome und Krustenkalke). Vorangestellt ist eine der Praxis angepaßte Zusammenstellung von Nomenklaturvorschlägen. Für viele praktische Zwecke ist die DUNHAM-Nomenklatur ausreichend und zweckmäßig; sie betrachtet lediglich Partikel- (undifferenziert) und Matrixanteil. Will man die Partikel differenzieren, was bei allen das Environment betreffenden Fragestellungen notwendig ist, so kann man die zusammengesetzten Begriffe nach der vereinfachten FOLK-Nomenklatur oder die stärker quantifizierende und anpassungsfähigere Nomenklatur verwenden, welche der Sandstein-Nomenklatur dieses Buches entspricht.

Strukturlose Kalke können entstehen
1. durch Fällung aus übersättigter Lösung (vermutlich selten; wohl meist als Aragonit)
2. durch Anreicherung planktonischer Nannofossilien (vor allem Calcit)
3. durch Zerfall und Zerkleinerung größerer Biogene (primär oft Mg-Calcit und Aragonit)
4. durch Zufuhr von kalkigem Feindetritus (z. B. Mergel) vom Lande (Calcit, Dolomit).

Doch können auch Partikelkalke „mikritisiert" werden (meist durch Cyanobakterien und Pilze). Sammelkristallisation unter Porositätsabnahme betrifft vornehmlich die aus instabilen Mineralen (Aragonit, ?Mg-Calcit) zusammengesetzten Sedimente.

Die Mikrite besitzen nicht selten ein krümeliges Gefüge, welches vermutlich auf Ausfällungen z. B. durch einzellige Cyanobakterien („Blaualgen") zurückgeht, welche dann durch feinste Mg-Calcit-Zementkränze fixiert werden können.

Bioherme sind kuppelförmige, Biostrome sind flache organische Festkalke. Bei ersteren unterscheidet man die wellenresistenten Riffbioherme („organische Riffe") und die meist in tieferem Wasser gebildeten Stillwasser- oder Schlammbioherme mit geringerer Artenvielfalt und meist fehlendem Schuttkranz. Nur die Riffe sind von fore reef- und back reef-Bereichen eingefaßt. Sie sind auf Gebiete mit mindestens 20 °C Wassertemperatur beschränkt und verdanken ihre dichte Besiedlung weitgehend der Symbiose mit gelbbraunen, einzelligen Algen. Nach der Eiszeit sind wegen des schnellen Meeresspiegelanstiegs zunächst die meisten Riffe abgestorben, doch regenerierten sie sich seither. Neben der mechanischen spielt die Bio-Erosion im Riff eine große Rolle. Der dabei entstehende, z. T. feinkörnige Schutt füllt, mit Riffbewohnern und auch Riffbindern, die Poren des Riffs. Im Laufe der Erdgeschichte haben sich in Riffen verschiedene Gerüstbildner abgelöst.

Krustenkalke (Calcretes, Caliche, Nari) sind vorwiegend deszendente Kalkanreicherungen in oder unter dem Boden, im wechselfeuchten, meist semiariden Klima. In ihnen spielen umkrustete Calcitknollen, gefüllte Trockenrisse und, oft das Profil nach oben abschließend, unregelmäßig laminierte Krusten eine große Rolle. Auch Wurzelröhren und vertikal aufgereihte Konkretionen sind typisch, während im Dünnschliff häufig ein fleckiger Wechsel der Kristallgröße und die Anlösung der Quarze ins Auge fallen. Neben diesen vorwiegend meteorisch-vadosen Calcretes kennt man – vor allem in ariden Bereichen – auch marin-vadose, in welchen oft die umkrusteten Pisoide deutlicher ausgeprägt sind.

„Travertin" ist ein lagiger Süßwasserkalk mit „Pisoiden", der sich i. allg. unter Mitwirkung heißer Quellen bildet. Demgegenüber entstehen die porösen „Sinterkalke" in normalen Quellen, wobei die CO_2-Entgasung, ebenso wie bei Tropfsteinen und Höhlenperlen, eine wichtige Rolle spielt.

6.5 Isochemische Diagenese

6.5.1 Allgemeines und Definitionen

Im Gegensatz zu klastischen Sedimenten beginnt in Kalksedimenten die Verfestigung oft unmittelbar nach der Sedimentation. Man erkennt dies an Lagen interen Sedimenten (in oberflächennahen Hohlräumen), welche mit Zementkrusten alternieren, oder auch an umgelagerten frühen Krusten und Intraklasten. Für solche und ähnliche Fälle oberflächennaher Diagenese hat sich ohne feste Abgrenzung der Begriff „Frühdiagenese" eingeführt, während man Prozesse, die im Zusammenhang mit der Versenkung stattfinden, als „Spätdiagenese" oder als (frühe oder späte) „Versenkungsdiagenese" bezeichnen kann. Frühdiagenetische Prozesse laufen i. allg. bei höherer Übersättigung, d. h. schneller ab als spätdiagenetische.

Die diagenetischen Prozesse werden in diesem Kapitel in „isochemische" und „allochemische" unterteilt, je nachdem, ob die chemische Zusammensetzung des betrachteten Teilbereiches während der Diagenese gleich blieb oder sich änderte.

Fast alle diagenetischen Prozesse verlaufen über die Lösung. Dabei ist es entscheidend, ob die Karbonatsedimente während der Diagenese mit marinem, brackischem oder meteorischem (d. h. Regen-) Wasser getränkt sind. In letzterem läuft die Diagenese mariner Karbonate aufgrund der Instabilität von Aragonit und Mg-Calcit wesentlich schneller ab. Man hat sie zunächst für den Normalfall gehalten, doch ist die submarine Diagenese im ganzen wohl wichtiger, wie δ^{13}C- und δ^{18}O-Analysen zeigen (HUDSON 1977, BATHURST 1980b). An Küsten kann die Grenze zwischen Süß- und Salzwasser im Untergrund beträchtlich unter den Meeresspiegel herabgedrückt werden. Für jede 10 cm, die der Grundwasserspiegel auf dem Festland über dem Meeresspiegel liegt, wird die Süß-/Salzwassergrenze 4 m unter den Meeresspiegel gedrückt (FRIEDMAN & SANDERS 1978: 149). So erklärt sich die 600 m dicke Süßwasserschicht unter dem flachen Florida (SCHMOKER & HALLEY 1982); sie entspricht einem Grundwasserspiegel auf dem Festland von 15 m über dem Meeresspiegel.

Von Einfluß ist ferner, ob das Sediment während der Diagenese unter dem – marinen oder nichtmarinen – Grundwasserspiegel lag, d. h. im „phreatischen Bereich", oder ob es eine Diagenese oberhalb des Grundwasserspiegels, im „vadosen Bereich", d. h. bei nur teilweiser oder zeitweiser Benetzung, durchmachte (Abb. 6-115). So lassen sich vier diagenetische Environments unterscheiden, die nach abnehmender Diageneseintensität wie folgt gereiht werden könnten, und zwar für:
a) marine Kalke: meteorisch-phreatisch, meteorisch-vados, marin-vados, marin-phreatisch,
b) nichtmarine Kalke: marin-phreatisch, marin-vados, meteorisch-phreatisch, meteorisch-vados.

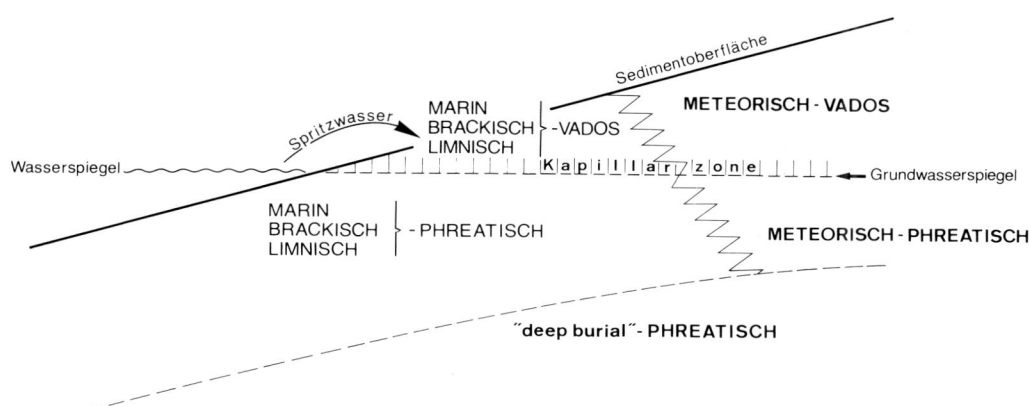

Abb. 6-115. Schemaskizze mit den hydrologischen Bereichen einer Küste (nach RICHTER 1984, mit Ergänzungen).

Schließlich kann man je nach Reichweite der Ionenmigrationen offene, halboffene und geschlossene Systeme unterscheiden (RICHTER 1984). Dabei spielt vor allem in der allochemischen Diagenese das Verhältnis der Reaktionsraten der Mineralphasen zu den Transportraten im Porenwasser (durch Diffusion oder Advektion) eine Rolle:

a) In „offenen" Systemen sind die Poren so weit oder so zugänglich, daß es innerhalb des betrachteten Bereiches im Porenwasser kein merkliches Lösungsgefälle gibt. Im Extremfall überwiegt dabei der „advektive", d. h. strömende Lösungstransport gegenüber dem „diffusiven", so daß ein großmaßstäblicher Ionentransport von den Stellen der Auflösung oder Bereitstellung, den „Quellen", zu den Stellen der Ausfällung, den „Senken", herrscht.

b) Zwischen diesen, also der sich auflösenden und der sich bildenden Phase, liegt im Falle von Verdrängungen oder Pseudomorphosen ein schmaler Lösungsfilm, über den die Reaktionen laufen. Ist dieser sehr dünn, so besteht unter Umständen kein voller chemischer Ausgleich mit dem übrigen Porenwasser; es bildet sich in dem Lösungsfilm ein „stationärer Zustand" (steady state) heraus, der andere Phasen entstehen läßt als im umgebenden Porenraum. Das System ist „halboffen" (oder „teilweise geschlossen", VEIZER 1978, BRAND & VEIZER 1980). Auch im meteorisch-vadosen Bereich kommen halboffene Systeme vor, zum Beispiel wenn sich infolge der Ausscheidung eines Mg-Calcitzementes das Mg/Ca-Verhältnis im Porenwasser erhöht, so daß die letzten Umwandlungen z. B. der Biogene Mg-reicher sind (RICHTER 1984: 76).

c) „Geschlossene" Systeme liegen z. B. dann vor, wenn ein primär aus Mg-Calcit bestehender Echinodermenrest in Calcit umgewandelt ist, der jedoch Dolomiteinschlüsse in einer Menge enthält, welche genau dem ursprünglichen Mg-Gehalt im Calcitgitter entspricht (RICHTER 1984: 79). In geschlossenen Systemen werden bei Umwandlungen unabhängig von der Temperatur die C- und O-Isotopenverhältnisse der aufgelösten Phase übernommen, desgleichen bei Aragonit-Calcitumwandlungen ein erhöhter Sr-Gehalt. Allgemein vollzieht sich mit zunehmender Versenkungstiefe ein Übergang zu geschlossenen Systemen. Wie geschlossen ein System ist, darüber gibt in vielen Fällen der Einbau von Mg, Mn, Zn, Sr in die Umwandlungsphase Auskunft (PINGITORE 1978).

Die treibende Kraft ist stets das Bestreben, chemisches Gleichgewicht zwischen den miteinander sedimentierten Phasen unter den herrschenden Bedingungen herzustellen. Demgegenüber ist die mit zunehmender Temperatur (bei der Versenkung) abnehmende Calcit-Löslichkeit (SIEVER 1959: 76) ein zu vernachlässigender Faktor, angesichts der geringen im Porenwasser gelösten Calcitmengen. Gleichgewichte werden in der Diagenese nur selten erreicht, da die Reaktionen bei den niedrigen Temperaturen zu langsam sind und sich die Bedingungen demgegenüber zu schnell ändern.

In der obersten Sedimentschicht des Meeresbodens spielen Wechselwirkungen zwischen biogenen Karbonaten und im Abbau befindlichen organischen Substanzen eine große Rolle (MÜLLER & SUESS 1977). Auch wirkt die Bioturbation ausgleichend zwischen Porenwasser und Bodenwasser (BALZER & WEFER 1981) und führt dem Sediment z. B. SO_4^{2-} zur Pyritbildung in den obersten Zentimetern zu (BERNER, mdl.).

6.5.2 Kompaktion; Stylolithen

A. Kompaktionskriterien

Eine Kompaktion, wie sie in Tonen die Regel ist und sich vor allem in den ersten Versenkungsstadien durch eine zunehmende Einregelung der Blättchenminerale bei fehlender Zementation zu erkennen gibt, scheint in Kalken häufig zu fehlen. Zu diesem Schluß kommt man, weil Fossilschalen in Kalksteinen selten zerbrochen sind, zumindest wenn sie nicht allzu dicht gepackt sind.

Dieses Kriterium ist jedoch mit Vorsicht zu verwenden, nach den Experimenten von SHINN et al. (1977; s. auch BATHURST 1980 b: 93), bei denen während einer mechanischen Kompaktion von 70 auf 40% Porosität noch kaum Schalen zerbrachen. Dies entspricht aber bereits einem Volumenschwund von 50%. Wegen der langsameren Kompaktion in der Natur wäre sicher noch eine weitere bruchlose Verdichtung möglich, um so mehr, als sich die Fossilschalen in Kalken während der Diagenese zu verhärten scheinen; zumindest sind sie dicker als die gleichen Schalen in begleitenden Tonen (s. andererseits die Beobachtungen unter B 1). Dennoch erfordert die meist unter 5% liegende Porosität reiner Kalke zusätzlich eine Zementation.

Ein besserer Gradmesser der Kompaktion ist die Verformung weicher Vorzeichnungen, z. B. von Lebensspuren (ZANKL 1969 b, RICKEN 1985).

B. Kompaktionsbedingungen

1. Stabile Karbonate

Der Nannoplanktonschlamm der heutigen Tiefsee, welcher aus Tief-Mg-Calcit besteht und maximal 40% säureunlöslichen Rückstand (vorwiegend Tonminerale) enthält, besitzt, wie auch Abb. 6-116 in etwa zeigt, an der Oberfläche eine Porosität von 70–80%; in 130 m Tiefe beträgt sie nur noch 60%, in 500 m 45% und 1000 m ca. 35% (SCHLANGER & DOUGLAS 1974, Fig. 1, HAMILTON 1976, EINSELE mdl.). In den obersten 15 m findet i. allg. eine deutliche Entwässerung statt (von 79 auf 68,5%, KELLER, in Vorber.). Diese Abnahme geht im wesentlichen auf mechanische Kompaktion zurück, welche durch überhydrostatischen Porendruck gebremst werden kann (Abb. 6-116). Bei der Kompaktion nimmt in den obersten 200 m der Anteil zerbrochener Foraminiferen von 20 auf 50% zu. Später aber wachsen speziell die Discoaster-Skelette, aber auch größere auf Kosten kleinerer Coccolithen und der feinfaserigen Foraminiferen homoachsial weiter (SCHLANGER & DOUGLAS 1974, MATTER et al. 1975, GARRISON 1981, s. auch FLÜGEL & KEUPP 1979).

Das mechanische Verhalten des Sediments verändert sich mit der Tiefe wie folgt (GARRISON 1981): weiche Konsistenz (ooze) fand sich in verschiedenen Tiefseebohrungen bis 150–440 m Sedimenttiefe (bis hinab ins Miozän-Alttertiär). Darunter wurde die Konsistenz kreidig (friable chalk; bis Eozän-Kreide), und unterhalb von 530–750 m traf man harte Kalke an, welche nicht mehr mit dem Fingernagel zu ritzen, jedoch noch porös waren. Diese nach unten zunehmende Zementation der Calcitschlämme wird nach NEUGEBAUER (1974) auch durch den (langsamer als in Tonschlämmen) mit der Tiefe abnehmenden Gehalt an den die Calcitausscheidung behindernden Mg-Ionen erklärt. Die Ausscheidung von Chertknollen kann nach KIM et al. (1985) eine chemische Diagenese des Kalkschlamms unterstützen. Der Übergang Kalkschlamm-Kreide ist mit einer kräftigen Auflösung und Wiederausscheidung verbunden. Dabei wird Sr^{2+} frei, welches den Sr^{2+}-Gehalt des Porenwassers stark erhöht; der biogene Calcit nämlich enthält 3–5mal mehr Sr als der daraus bei der Umkristallisation entstehende Calcit (s. HESSE 1986: 178).

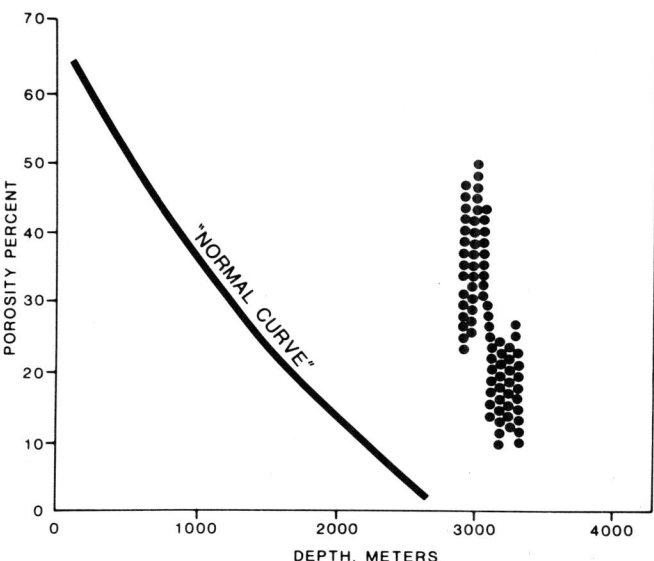

Abb. 6-116. Porositätsabnahme mit der Tiefe (unter dem Meeresboden) im Tiefwasser-Kalkschlamm (links). Rechts Messungen aus der Oberkreide unter der Nordsee. Hier wurde die Kompaktion durch einen Porenwasserdruck der 1,65-fachen Höhe des hydrostatischen Druckes und einen lithostatischen Druck der (nur) 2,09fachen Höhe desselben verringert (nach SCHOLLE 1974, 1977 und SCHOLLE et al. 1983, aus FEAZEL & SCHATZINGER 1985: Fig. 1).

In diesen Calcitschlämmen scheint die Kompaktion zu überwiegen, zumindest wenn sie nicht in den meteorischen Bereich geraten (s. auch PRATT 1982). Auch die Schreibkreide ist ein Nannoplanktonschlamm, der allerdings in einem tiefen Schelfmeer entstanden und relativ rückstandsarm ist (5–10%). Nach WOLFE (1968) zeigen nur zwei von drei Schreibkreide-Typen in Nordirland deutliche Kompaktion, obwohl alle drei wenig porös sind (5–10%).

Der dritte, nahezu kompaktionsfreie Typ unterscheidet sich von den beiden anderen dadurch, daß er ehemals Aragonit enthielt. Er wurde wohl in flacherem Wasser, nahe der Aragonitkompensationstiefe, abgelagert (HUDSON 1967, KENNEDY 1969, BATHURST 1971: 401/4). Offenbar verhinderte eine frühe Auflösung des Aragonits und Wiederausscheidung als Calcit in den Kornzwickeln eine Kompaktion dieses Kalkschlammes. (Gegen S-England nehmen Kompaktion und Sammelkristallisation ab und Porosität zu: 40–45%, SCHOLLE 1974; s. DRAVIS (1979) und JØRGENSEN (1986).

Obwohl mit dem Übergang von Aragonit in Calcit eine Volumenzunahme von 8,7% verbunden ist, muß diesem Gestein noch weiterer Kalkzement von außen zugeführt worden sein. Auch lassen sich bei den Schreibkreidevorkommen an Land meteorische Diagenese-Einflüsse wohl nicht immer ausschließen. Ausgeschlossen sind solche Einflüsse in unterkretazischen Turbiditen, die auf einer ertrunkenen Karbonatplattform vor NW-Afrika unterhalb der CCD entstanden (SCHLAGER 1980). Diese Turbidite schließen mit einem aus der Flachsee umgelagerten, ehemaligen aragonitreichen Kalkschlamm ab, der zu einem Kalkmikrit umgewandelt wurde, welcher nur 3–10% Porosität hat. Ein Sr-Gehalt von fast 1% spricht für Umwandlung im geschlossenen System. Direkt überlagernder Coccolithenschlamm hat in 1400 m Sedimenttiefe eine Porosität von 15–25%.

Tektonisch schräggestellte und deformierte Schreibkreide hat nach MIMRAN (1977) den größten Teil ihrer Porosität und durch Auflösung und Abtransport zusätzlich große Volumina von Gestein verloren (s. auch MIMRAN 1985, mit einem Beispiel für stärkere Lithifizierung des rückstandärmeren Kalkes).

Kalkschlämme der Flachsee enthalten vornehmlich die instabilen Karbonate Aragonit und Mg-Calcit. Der Aragonit kann bei seiner frühen Umwandlung zu Calcitzement werden, der eine Kompaktion verhindert. Mg-Calcit kristallisiert meist in-situ in Calcit um, was ohne Wirkung auf das Gefüge des Sedimentes bleibt. Partikelkalke widersetzen sich der Kompaktion ähnlich wie Sandsteine (MEYERS & HILL 1983), doch stärker als diese, weil bei der Auflösung von Aragonitschalen oft ein früher Zement entsteht, der die Partikel fixiert. Da Flachwasser-Karbonatsedimente im Normalfall irgendwann in den Bereich meteorischer Wässer geraten, wird durch intensive Frühdiagenese eine Kompaktion meistens verhindert.

2. Tongehalt

Eine deutliche Kompaktion findet man in Kalken meistens dann, wenn sie Ton enthalten. Dazu genügen nach ZANKL (1969b) schon 2%; der gleiche Tongehalt verhindert nach BAUSCH (1968) im Malm eine Sammelkristallisation. Schon feinste Tonbeläge scheinen demnach eine Zementation zu unterbinden, ähnlich wie in Sandsteinen (LUCIA 1962). Besonders deutlich wird dies in Kalk-Mergel-Wechselfolgen: Nur die Mergellagen zeigen dort Kompaktion. Dabei wandert $CaCO_3$ in die Kalklagen ab, was zu einer diagenetischen Verstärkung der Rhythmik führt. Treibende Kraft dürfte die größere Löslichkeit der kleineren Calcitkristalle in den Mergellagen sein (s. Kap. 6.5.6). Gelegentlich könnten auch kohlige Reste für eine pH-Absenkung in den Mergellagen sorgen. Die primären Kalkgehaltsunterschiede der Kalk- und Mergellagen betrugen in den von RICKEN (1985: 197, 1987) untersuchten Vorkommen aus verschiedenen Formationen nur 2–17%. Die Umlösungen setzten dort erst ein, als die Porosität durch mechanische Kompaktion unter 30% gesunken war.

Bei den Knollenkalken erfolgte die Kalk-Ton-Separation zwar im großen und ganzen auch schichtig, doch reichte der Kalkgehalt offenbar nicht aus, durchgehende Kalklagen zu bilden (s. auch Absatz C). Sie stellen einen Übergang zu den Konkretionen dar (s. Kap. 6.5.7).

Daß Kalk aus den tonigen in die kalkigen Partien migriert, zeigt sich nach BRENNEKE (1977) an der Anreicherung leichter Sauerstoffisotope in den Kalkbänken, infolge der Zementausscheidung bei höherer Temperatur.

C. Lösungsschlieren und Stylolithen

Bei der Umlösung kommt es vor allem in tonigen Kalken oft zur Bildung kalkfreier, flaseriger Lösungsschlieren (WEILER 1957, SCHMIDT 1961; „solution seams", WANLESS 1979), die schließlich zu Knollenkalken führen können. Nach GARRISON & KENNEDY (1977) entstehen solche Flaserstrukturen in mehr als 300 m Tiefe. In reineren Kalken findet man gezackte „Stylolithen" (von griech. stylos = Säule; Abb. 6-117). Sie kommen auch in Sandsteinen hoher Diagenesestufen vor. Man kann zwei Typen unterscheiden:

1. Vertikalstylolithen, die meist aus schichtparallelen Ton- oder Mergelsäumen entstehen. Die Säulchen, als welche sich die Zacken im schichtparallelen Anschnitt erweisen, stehen vertikal.
2. Horizontalstylolithen, die sich aus Klüften oder anderen das Gestein senkrecht oder schräg zur

Abb. 6-117. Vertikalstylolith (Schichtung verläuft horizontal) in einem Kalkstein. Typisch ist die Ausdünnung der Tonbeläge an den vertikalen Säulenflanken. Zechstein 2 westlich von Nienburg (Niedersachsen; Tiefbohrung). Bildbreite 2,5 mm.

Isochemische Diagenese

Schichtung durchziehenden Rissen entwickeln. Die säulchenförmigen Ausstülpungen liegen hier horizontal.

Die Achsen der Säulchen entsprechen der Beanspruchungsrichtung. In 1) wirkt die Schwerkraft, in 2) eine Horizontalbeanspruchung. Verlaufen die Lösungssäume schräg zur Beanspruchungsrichtung, so stehen auch die Säulchen nicht senkrecht, sondern schräg auf ihnen.

An den Flanken der Säulchen sind die Lösungssäume stets ausgedünnt (Abb. 6-117). Stylolithen können sich auch an nicht-tonigen, z. B. bräunlichen, organischen Einlagerungen entwickeln (SHINN & ROBBIN 1983), im Fall 2) aus Lösungsrückständen des Gesteins.

Man kann mit LOGAN & SEMENIUK (1976) mit zunehmendem Tongehalt folgende Stylolithgefüge unterscheiden: 1. „stylobedded", 2. „stylolaminated", 3. „fitted fabric", 4. „stylomottled", 5. „stylonodular", 6. „stylocumulate"; 4–6 sind Lösungsschlieren. Partikel haben einen starken Einfluß auf das Stylolithengefüge, wohl vor allem nach Maßgabe ihrer Durchlässigkeit.

Die Strukturen des angrenzenden Gesteins sind an den Stylolithen unterbrochen. Es wurde daher an diesen Stellen Gestein aufgelöst, und zwar mindestens soviel, wie die Amplitude der Stylolithen anzeigt. So berechnete STOCKDALE (1926) für Kalke des unteren Mississippian Volumenreduktionen von 13–34%. PETTIJOHN (1975: 342) gibt 5–40%, SCHOO (1922) bis 80% an (s. auch Abb. 6-118). Es kann jedoch ein Mehrfaches der Amplitude aufgelöst sein, wie ein Vergleich der an Stylolithen gesammelten, schwerlöslichen Bestandteile (z. B. Quarzkörner) mit der Konzentration derselben im benachbarten Gestein ergab (PETTIJOHN 1957). Dadurch kann sich der Tongehalt des Gesteins von 10 auf 40% erhöhen, wie HUBER (1987) an einem Beispiel aus dem Malm zeigte. Eine genaue, geometrische Ermittlung der aufgelösten Volumina ist möglich, wo der Stylolith eine Kluftfüllung

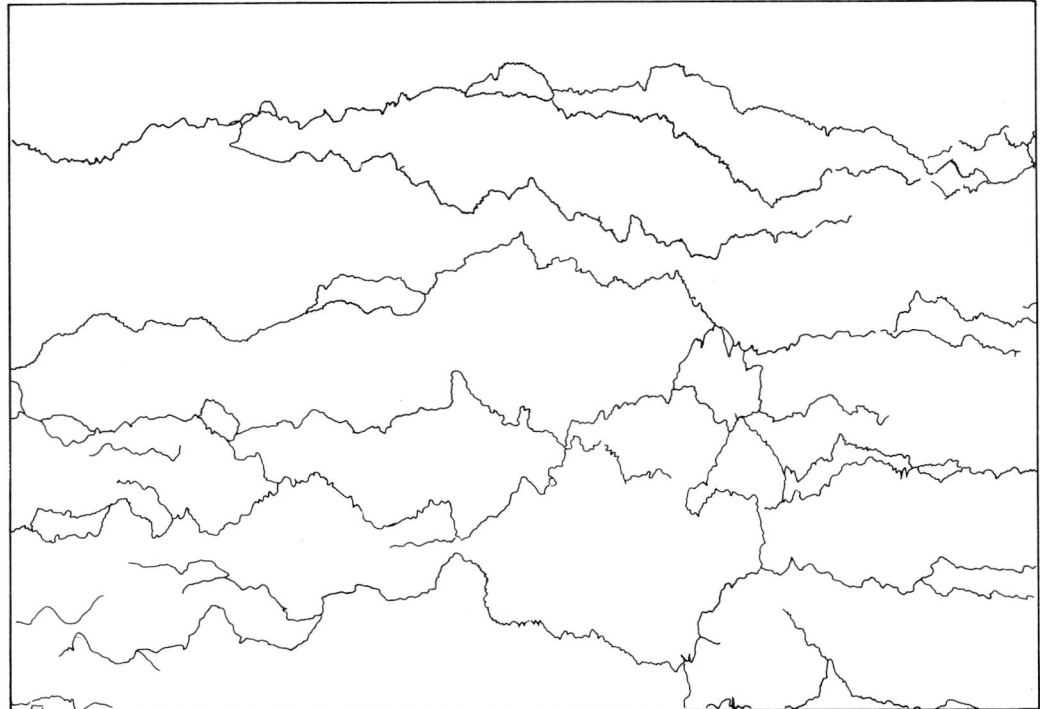

Abb. 6-118. Vertikalstylolithen in Kalkstein unbekannter Herkunft. Bildhöhe 15 cm. Gemessen an der Amplitude der Stylolithen wurden mindestens 19 cm Kalk aufgelöst (Haus Dr. Vahlbruch, Hannover–Wettbergen).

schräg schneidet (CONYBEARE 1949). Ausführliche Diskussionen findet man bei MANTEN (1966), TRURNIT (1967) und PARK & SCHOT (1968).

Da Stylolithen calcitische Kluftfüllungen und bei spätdiagenetischer Sammelkristallisation gebildete Kristalle durchschneiden, entstehen sie im festen Gestein. Dementsprechend findet man sie in Knollenkalken nur innerhalb der früh verfestigten Knollen (GARRISON & KENNEDY 1977, WANLESS 1979). Die für die Entstehung von Stylolithen erforderliche Mindest-Überlagerung beträgt nach DUNNINGTON (1967) 600–900 m.

Während ihres Wachstums können zwei Stylolithenflächen miteinander verschmelzen. Dabei addiert sich die Dicke der Lösungssäume, ihre Amplitude aber nimmt meist ab und täuscht daher eine zu geringe Auflösung vor. Zwischen Dicke und Amplitude, aber auch zwischen Häufigkeit und Amplitude besteht daher eine gegenläufige Beziehung (BODOU 1976).

Manche Gesteine – z. B. Knollenkalke – sind von Schwärmen von „Mikrostylolithen" (WANLESS 1979) durchzogen, die oft flaserartig zusammenlaufen. Im tonigen Adneter Kalk (Lias) fand DELMAS (1974) in Ultradünnschliffen zwischen den 10–15 µm großen Calcitkristallen eine stylolithische Verwachsung, welche (nach den Fotos) gerichtet zu sein scheint.

Horizontalstylolithen entwickeln sich in den verschiedensten Gesteinen, und zwar in gefalteten Serien vor, während oder nach deren Faltung (PLESSMANN 1972, ALVAREZ et al. 1978), besonders häufig in ihrem Anfangsstadium (EICHENTOPF 1987). In ungefaltetem Gebirge bieten sie wichtige Informationen über Streßfelder. So konnten WAGNER (1964), BEIERSDORF (1969) und PLESSMANN (1972) in Mitteleuropa eine NNE-SSW gerichtete Pressung mit Einengungsbeträgen von etwa 4% nachweisen (s. auch KURZE & NECKE 1979).

D. Ursachen der Umlösung

1. Separation Kalk-Ton

Nach GARRISON & KENNEDY (1977) und WANLESS (1979) entstehen Flasern und Mikrostylolithen meist dadurch, daß kleinere Calcitkristalle bevorzugt aufgelöst werden. Solches feinerkristalline Material aber findet man vornehmlich in tonigeren Partien der Kalke. Dies mag mit der o. g. Hemmung der Sammelkristallisation in solchen Partien (BAUSCH 1968) zusammenhängen. Durch „Verunreinigung" der Oberflächen der Calcitkristalle mit Ton bleiben dieselben kleiner und haben dadurch eine höhere Löslichkeit als die größeren Kristalle im benachbarten, tonarmen Kalk.

Wichtig scheint auch zu sein, daß die Tonsubstanz durch den Gebirgsdruck an die Calcitteilchen angedrückt wird, um als Verunreinigung der Kristalloberflächen wirken zu können, jedoch nicht so stark, daß kein Platz mehr für eine Wasserhaut bleibt, durch welche die gelöste Substanz abtransportiert werden kann. So kommt es, daß im Druckschatten seitlich von kompaktionsbehindernden Störkörpern, z. B. Belemniten, auch in tonigen Lagen Kalk ausgefällt wurde (RICKEN 1985: 118), vermutlich weil die Tonteilchen nicht stark genug an die Kalkteilchen angedrückt wurden. Diese Beobachtung wird andererseits auch als Argument für eine Drucklösung (s. u.) herangezogen: In den tonigen Kalken, in welchen die Calcitpartikel nicht durch Zement verbunden oder durch Störkörper abgestützt sind, sollen hiernach zwischen den Partikeln an punktförmigen Kornkontakten hohe Beanspruchungen auftreten.

Ein weiterer Faktor scheint die Durchlässigkeit und die sie z. T. bedingende Porosität zu sein. Das folgt aus der Beobachtung, daß die Auflösung in tonigen Partien und besonders an Tonsäumen verstärkt ist, wobei in den von RICKEN (1985: 126) untersuchten oberjurassischen bis oligozänen Kalk-Mergelfolgen die mittlere Porosität mit dem Rückstandgehalt („Ton") zunimmt:

    10% Ton –   2% Porosität
    50% Ton – 15% Porosität
    90% Ton – 20% Porosität

Die Wiederausscheidung des Kalkes ist über größere Volumina des angrenzenden, tonärmeren Kalkes verteilt, daher nicht so durchlässigkeitsabhängig. Dabei sinkt die Porosität (s. Zahlen).

Da Karbonate im Porenwasser nur sehr schwach löslich sind, können nur dann größere Mengen aufgelöst werden, wenn zugleich an anderer Stelle Karbonat wieder ausgeschieden wird. In Kalk-Mergel-Wechselfolgen ist der Kalkgehalt in den Kalkbänken symmetrisch verteilt. Dies weist auf diffusive Stoffbewegungen hin; advektiver Transport, etwa durch den Kompaktionsstrom, würde zu einer Kalkanreicherung an der Basis der Kalkbänke führen. Vermutlich war der Kompaktionsstrom zur Zeit jener Umlösungen nur noch schwach – ein Hinweis auf die spätdiagenetische Ausformung solcher Rhythmite. Auch kann nach BATHURST (1980 b: 95) nur eine Diffusion die beobachteten Umlösungen quantitativ bewältigen (s. auch RICKEN 1985: 18).

2. Vorgänge an Stylolithen

Echte Stylolithen findet man nur an dünnen Ton-(oder Verunreinigungs-)Säumen (PETTIJOHN 1957), außerdem muß die Löslichkeit des Gesteins auf beiden Seiten des Saumes etwa gleich sein. Breitere Tonlagen verhalten sich wie ein Gestein anderer Löslichkeit, und es kommt allenfalls zu einer glatten Anlösung des Kalkes (TRURNIT 1967). In dünnen Tonlagen aber kann der Ionentransport je nach Wegsamkeit von einer zur anderen Seite des Tonsaumes überwechseln und dabei jeweils auf der betreffenden Seite eine Auflösung des Kalkes bewirken. Findet der Ionentransport an der Oberseite des Tonsaumes statt, entweder zufällig, oder auch, weil an der Unterseite ein unlösliches Partikel (z. B. eine Fossilschale) der Auflösung widersteht, so bildet sich eine Säule, eine Ausstülpung nach oben. Wo der Ionentransport aber einmal stattfindet, da wird die Wegsamkeit verbessert; eingefahrene Geleise werden nicht leicht verlassen. Dies gilt besonders für die Stylolithen mit senkrechten Flanken der Säulchen (z. B. links oben in Abb. 6-117). Offenbar ist nur in den Auflösungsbereichen ein Lösungsfilm vorhanden; auf der jeweils anderen Seite des Tonsaumes aber liegt dieser dem Kalk fest an.

Die an den Stylolithen gelöste Substanz wird im angrenzenden Gestein wieder ausgeschieden, solange dort noch Porenraum vorhanden ist. So erklärt sich die Verringerung der Gesteinsporosität in der Nachbarschaft von Kalkstylolithen (DUNNINGTON 1954, 1967, BATHURST 1971: 470, WALLS & BURROWES 1985) und Sandsteinstylolithen (Kap. 4.3.4, Punkt 4). Der noch verfügbare Porenraum bestimmt demnach die maximal mögliche Mächtigkeitsreduktion durch die Stylolithen, doch dürfte gelegentlich auch ein Abtransport des Gelösten nach oben über Störungen oder zur Seite stattfinden, mit Ausscheidung auf Rissen und anderen tektonischen Hohlräumen, vor allem in Faltengebirgen, wenn alle Poren geschlossen sind. Starke Volumenreduktionen (Abb. 6-118) weisen darauf hin.

Die Auflösung selbst wird im allgemeinen durch „Drucklösung" nach dem RIECKESchen Prinzip (1895) erklärt, d. h. durch eine Löslichkeitserhöhung infolge kompressiven Stresses auf den senkrecht zur Beanspruchungsrichtung liegenden Kornkontakten (SORBY 1879, STOCKDALE 1926, DUNNINGTON 1954, TRURNIT 1967, WANLESS 1979, DE BOER 1977, GARRISON & KENNEDY 1977), wobei WEYL (1959) die Möglichkeit der Abdiffusion durch den adsorbierten Wasserfilm hervorhebt. Nach v. ENGELHARDT (1973: 256, Tabelle) ist bei einem um 100 Atmosphären erhöhten Druck an den Kornkontakten gegenüber den an Poren grenzenden Kornoberflächen die Löslichkeitserhöhung für Calcit 15,5%, für Quarz 9,2%. Dies würde etwa einer Überlagerung von 1 km entsprechen. Die Löslichkeit selbst ist bei pH 7,5 für Calcit und Opal etwa 100 ppm, für Quarz etwa 10 ppm. Sie fällt für Calcit mit steigendem pH stark ab, während sie für SiO_2 langsam ansteigt.

Andererseits fällt es schwer, sich die zur Drucklösung notwendigen Punktbeanspruchungen gerade an den „weichen" Tonsäumen vorzustellen. Es wurde daher nach zusätzlichen Erklärungsmöglichkeiten dieser auf lange Zeit wirksamen Prozesse Ausschau gehalten. Sicher ist, daß am unmittelbaren Tonkontakt das Weiterwachsen der Calcitkristalle verhindert wird, so daß hier unglatte, d. h. löslichere Kristalloberflächen mit höherer freier Grenzflächenenergie vorherrschen. Umgekehrt werden an den Porenwänden des benachbarten Kalkes die Calcite mit Kristallflächen weiterwachsen, die eine geringere Löslichkeit aufweisen. So könnte ein Konzentrationsgefälle von den Lösungssäumen ins Innere des (porösen) Kalkes aufrechterhalten werden, vorausgesetzt daß die Calcitkristalloberflächen am Tonkontakt stets unglatt bleiben (s. u.).

Dieses Modell der Löslichkeitsdifferenzen muß aber auch in der Lage sein, das Auf und Ab der Lösungssäume in Stylolithen zu erklären, welches beim Drucklösungsmodell keine Schwierigkeiten macht: Wird in einem Stylolithenabschnitt zu viel aufgelöst, so baut sich an anderen Abschnitten ein erhöhter Druck auf, und es wird dort verstärkt gelöst. In dem Löslichkeitsmodell muß sich, wenn in einem Abschnitt zu viel gelöst wird, der Lösungssaum so stark verbreitern, daß der Ton-Kalk-Kontakt verlorengeht und einzelne Calcitkörner auch hier zu Kristallen auswachsen und dadurch an Löslichkeit verlieren können, bis sich durch benachbarte Lösungsvorgänge Kalk und Ton einander wieder soweit genähert haben, daß das oben beschriebene Lösungsgefälle wieder aktiv wird. Das gleiche Prinzip würde im Kleinen die Kristalloberflächen am Tonsaum durch ungleichmäßige Anlösung unglatt halten. Auch ist nach FLÖRKE (frdl. mündl. Mitt.) damit zu rechnen, daß bei der Auflösung des Kalkes Verunreinigungen frei werden, die auf dem Calcitkristall hängenbleiben, ihn verschmutzen und dadurch kleinräumige Löslichkeitsunterschiede schaffen. Insgesamt glauben wir jedoch, daß dieses Modell allenfalls zusätzlich wirksam werden könnte. Siehe auch S. 368 oben!

Manchmal scheint der laterale Ausgleich des Stylolithenvorschubs mangelhaft zu sein; dann bilden sich kurze, klaffende Brüche senkrecht zur Hauptrichtung des Lösungssaums („gash fractures", MAZZULLO 1981).

6.5.3 Aragonit-Calcit-Umwandlung

A. Bedingungen und Kinetik

Aus den im Kap. 6.1.2 genannten Gründen geht Aragonit in Calcit über. Da dies normalerweise (CARLSON 1983) über den Lösungsweg erfolgt, möchte BATHURST (1971: 239) den Ausdruck „Inversion" (FOLK 1965b) vermeiden und spricht von „polymorpher Transformation". Die Umwandlung setzt ein, wenn der Mg-Gehalt des Wassers unter etwa 0,01 mol/l sinkt (LIPPMANN 1973: 110). Dies geschieht unter dem Einfluß meteorischen Wassers oder bei der Versenkungsdiagenese, in der nach Abb. 1-5 der Mg-Gehalt des Porenwassers den genannten Wert z. B. in 1000 m Sedimenttiefe unterschreitet. Auch Fe^{++}-Ionen können die Umwandlung hintanhalten (s. Kap. 6.1.2), nicht jedoch Phosphate (WALTER & MORSE 1981). In einer Bohrung im Great Barrier Reef (Australien) ist der Aragonit bis zur Endteufe von 223 m in den Biogenkalken erhalten geblieben, abgesehen von einigen Zonen subaerischer Calcitisierung (FAIRBRIDGE 1950). Ein ähnliches Beispiel teilte SCHLANGER (1963) mit. Über geologische Zeiten hinweg blieben Aragonitschalen nur dort erhalten, wo sie
a) von Öl oder Asphalt umschlossen waren (STEHLI 1956), oder
b) in Ölschiefer, Toneisenstein oder Tonstein eingebettet waren (ZAPFE 1936, HALLAM & O'HARA 1962, KEMPER & KOCH 1982, EL-SHAHAT & WEST 1983) (Abb. 6-64, 70). Dabei wirkte die in den Schalen noch erhaltene organische Substanz (KENNEDY & HALL 1967), wie sie durch gelbe Lumineszenz bei UV-Bestrahlung hervortritt (FÜCHTBAUER & GOLDSCHMIDT 1964, ANDALIB 1970), vermutlich konservierend. Diese organische Substanz in nicht umkristallisierten Aragonit- (und Calcit-) Schalen macht sich auch durch gelegentlich konservierten Perlmutterglanz und Farbmuster (SCHINDEWOLF 1928), sowie einen „Pseudopleochroismus" bemerkbar (HUDSON 1962). Im Wärmedom des Bramscher Massivs sind solche Ammoniten lokal calcitisiert (JORDAN & STAHL 1970).
c) Aragonitzement blieb gelegentlich zumindest teilweise erhalten, wo er submarin dicht von Mg-Calcitzement überwachsen wurde. In dem von SCHERER (1977) berichteten triadischen Beispiel stellte eine Tuffabdeckung offenbar ein geschlossenes System her. In Miozänkalken fand DULLO (1983) Aragonitschalen konserviert, wo sie von Rotalgen umkrustet waren. Bei „in situ" calcitisierten mesozoischen Molluskenschalen fanden SANDBERG & HUDSON (1983) winzige Aragonitrelikte in den blockigen Calcitkristallen (Abb. 6-119), s. auch LASEMI & SANDBERG (1984).

Andererseits kann die Umwandlung z. B. in marinen Muschelschalen schon zu Lebzeiten einsetzen (BANDEL & HEMLEBEN 1975), was angesichts des eingangs Mitgeteilten erstaunt.

Im meteorisch-vadosen Milieu fand DULLO (1982) an pleistozänen Korallenriffen des roten Meeres, daß Aragonitzement früher umgewandelt wurde als die durch organische Substanzen stabilisierten Biogene. Unter diesen wurden die Muscheln wegen ihrer schlechter abbaubaren organischen Substanz später calcitisiert als die Korallen. Demgegenüber fand SCHROEDER (1973) pleistozäne Gastropoden meteorisch calcitisiert, den nadeligen Aragonitzement aber nicht. Hier mag die organische Substanz frühzeitig zerstört worden sein und ein feinporöses, anfälliges Skelett hinterlassen haben. Merkwürdig ist die Beobachtung SCHERER's(1974), daß in holozänen Riffen der Bahamas das Aragonitskelett der Koralle *Montastrea* submarin in mikritischen $Mg_{0,125-0,155}$-Calcit umgewandelt war; beide Karbonate sollten nämlich unter dortigen Bedingungen die gleiche Löslichkeit besitzen. Vielleicht war dies eine submarine biogene Mikritisierung. Nadelförmiger Aragonitzement war hier – wie bei SCHROEDER (s. o.) – nicht verändert. Desgleichen wurde im NW-Providence Channel (Bahamas) in der Eiszeit im kühlen Bodenwasser Aragonit aufgelöst und dafür (später?) Mg-Calcitzement ausgeschieden (SCHMITT & BOARDMAN 1984). Zur Umwandlung Aragonit – Mg-Calcit s. auch TAYLOR & ILLING (1969) und RICHTER (1979: 322 ff.; 1984: 78, 127).

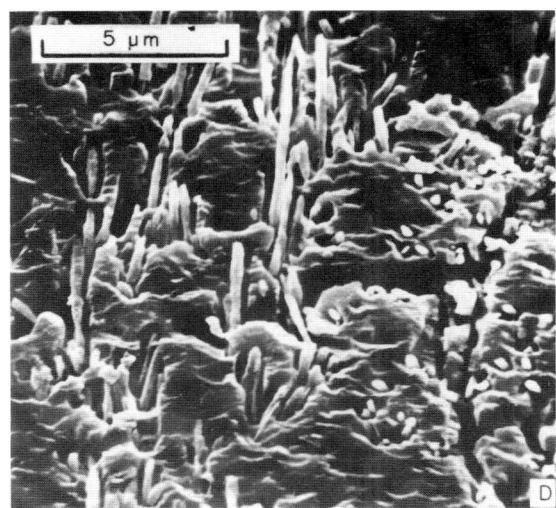

Abb. 6-119. „In situ"-calcitisierte Gastropodenschale aus der Kootenai Group (Kreide/Wyoming) mit nadeligen Aragonitrelikten im Calcit; die Nadeln der linken beiden Drittel des Fotos liegen parallel zur Bildebene, während diejenigen im rechten Drittel senkrecht dazu orientiert sind (aus SANDBERG & HUDSON 1983).

Im meteorisch-vadosen Bereich sind Korallen der Pleistozänriffe in den Steinbrüchen der Florida Keys trotz häufiger Regenfälle teilweise noch in Aragonit erhalten (SIEGEL 1960). Doch genügte die Füllung mit phreatischem Süßwasser während einer Glazialperiode, um in dem auf Barbados erbohrten, etwa 105 000 Jahre alten Riff allen Aragonit und Mg-Calcit in Calcit umzuwandeln. Der unterste Teil des Bohrprofils aber, welcher im marin-phreatischen Bereich blieb, ist noch unverändert (STEINEN & MATTHEWS 1973). Eine ähnlich schnelle Calcitisierung von Aragonit beschreibt RICHTER (1984: 127 ff.) aus meteorisch-phreatisch beeinflußten Küstenterrassen Griechenlands.

Für die relative Löslichkeit aragonitischer und calcitischer Fossilschalen ist nach Experimenten von WALTER (1985) neben Gefügemerkmalen (und dem Vorhandensein organischer Substanz) die Lösungszusammensetzung verantwortlich. In einem für Calcit und Aragonit untersättigten Meerwasser lösen sich die meisten Aragonitschalen bevorzugt. Zwischen Calcit- und Aragonitsättigung werden die Mg-Calcitbiogene (Rotalgen) gleichschnell oder schneller gelöst als die Aragonitbiogene (*Halimeda*, Mollusken), während oberhalb der Aragonitsättigung nur noch $Mg_{>(0,08-)0,12}$-Calcitbiogene gelöst werden.

Unter speziellen Bedingungen kann es auch zur Umwandlung von Aragonit in Mg-Calcit kommen (z. B. in Lagunen; TAYLOR & ILLING 1969; s. auch weiter oben).

Aragonit baut nach KINSMAN & HOLLAND (1969) bei 25° Strontium nach folgender Beziehung ein:

$$\frac{\text{Mole SrCO}_3}{\text{Mole CaCO}_3} \text{ (im Aragonit)} : \frac{\text{m Sr}^{2+}}{\text{m Ca}^{2+}} \text{ (in Lösung)} = 1{,}12$$

Calcit aber nimmt aus der Lösung viel weniger Strontium auf:

6.5.4 Zementation und Lithifizierung

Es ist oft nicht leicht zu entscheiden, ob es sich bei der Grundmasse zwischen den Partikeln um Zement, d.h. um eine diagenetische Verkittung handelt, oder ob eine feine sedimentäre Matrix vorlag, welche sich diagenetisch durch Sammelkristallisation vergröbert hat.

Klar erkennbar ist ein Zement, wo eine porenwandorientierte Anlagerung vorliegt; wenn andererseits die Partikel ohne sich zu berühren in einer Grundmasse schwimmen, handelt es sich bei dieser um eine Matrix (s. S. 338). Weitere Unterscheidungsmerkmale findet man in Tab. 6-8 (S. 391).

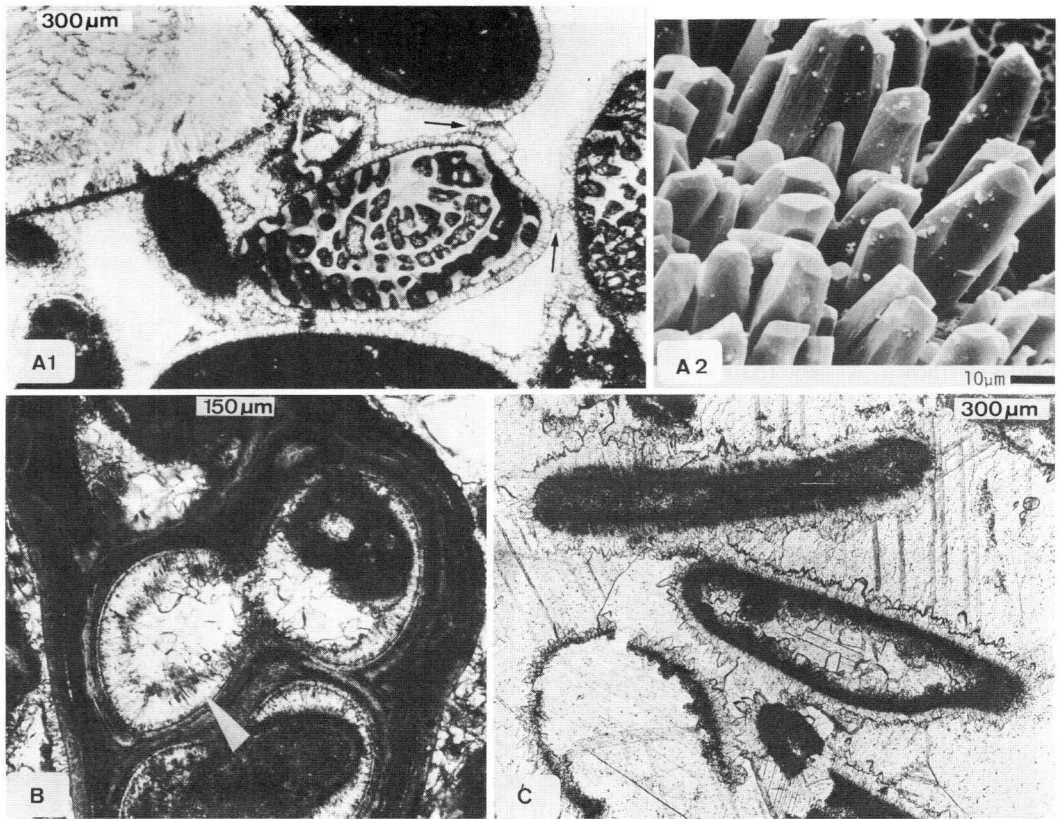

Abb. 6-122. A_1: Marin-phreatischer Mg-Calcitsaum (Zement A), anschließend vadoser Meniskuszement (Pfeile); links oben aragonitisch erhaltene Schnecke; oben und unten Halimeda-Körner; Mitte und rechts; zwei Foraminiferen. Pleistozän, Bermudas. – A_2: Palisadenförmiger Tief-Mg-Calcit (< 4Mol-% $MgCO_3$) in biogen-vulkanoklastischem Eozänsandstein auf dem Koko Guyot im Nordpazifik (aus MATTER & GARDNER 1975: Plate 3, Fig. 1). – B: Aragonitischer Rindenzement (Zement A, s. Pfeil) und nachfolgend blockiger Calcitzement (Zement B) in einem Gastropodengehäuse einer pleistozänen Küstenterrasse bei Korinth (Dünnschliff von H. NOBBE). – C: Biokalkarenit mit Mikritsäumen und radialcalcitischem Rindenzement (Zement A, ehemals Mg-Calcit), der zunächst in unregelmäßig lange, hundezahnähnliche Calcitkristalle homoaxial überging (die Grenze ist mit Kathodolumineszenz faßbar – vgl. NEUSER & RICHTER 1986), bevor die Partikel in der Mitte und links unten – wohl aufgrund ehemals aragonitischer Zusammensetzung – gelöst wurden; anschließend zerbrachen die Hüllen teilweise (links unten); die Restlumen verfüllt ein blockiger Calcitzement (typischer Zement B: Dünnschliff von F. FABRICIUS).

Isochemische Diagenese 377

A. Zementtypen und Untersuchungsmethoden

Nach Kristallgröße, -form und -gefüge findet man unabhängig von der mineralogischen Zusammensetzung die folgenden Zementtypen in Partikelkalken:

1. Mikritzement (kryptokristallin)
a) Ausfüllung von Blaualgen- und anderen Mikrobohrungen an Biogenen (micritic envelopes). Abb. 6-127, S. 388.

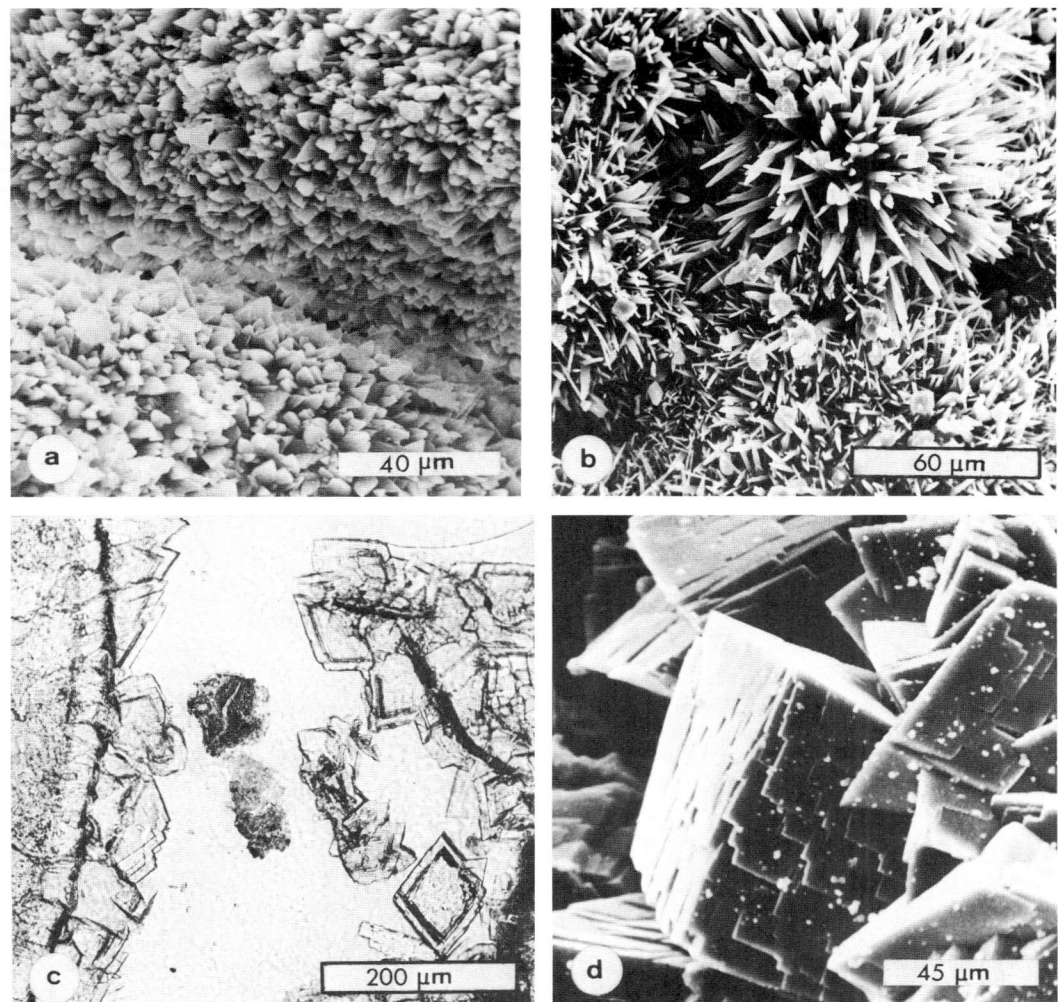

Abb. 6-123. Oben = marin-phreatische Zemente: a-Mg_{12-13}-Calcit im Beachrock auf dem Diolkos (alte Schiffsschleppbahn) am NW-Ausgang des Kanals von Korinth (REM); b – nadeliger Aragonitzement in einer umgelagerten „Paläo-Beachrock"-Platte einer pleistozänen Terrasse am Isthmus von Korinth (REM). – Unten = dolomitische Mischwasserzemente (Meerwasser/Mg-reiches Süßwasser aus einem Serpentinitgebiet) in einer pleistozänen Terrasse des Kanaleinschnitts von Korinth: c – Dünnschliff; d – REM-Aufnahme. Aus Neuser et al. 1982.

b) Partikelumkrustungen und Zwickelfüllungen (z. T. c⊥Unterlage, s. Abb. 6-97, S. 341).

2. Radial-faseriger Zement (fibrous; nadelig = acicular; bladed); c⊥Kornoberfläche
a) Rindenzement (Zement A). Er umsäumt die Partikel mit Kristallen einheitlicher Länge (Palisadenzement, gleichmächtig, even style, even thickness cement, isopachous crust; meist Mg-Calcit) oder ungleicher Länge (meist Aragonit) (Abb. 6-121, 122 und 123 oben). Die Mg-Calcitkristalle sind 6–40 µm lang und 2–5 µm breit, die Aragonitkristalle sind häufig länger (JAMES et al. 1976). Begünstigt wird dieser Zement zuweilen, wenn schon im Substrat c senkrecht zur Oberfläche steht. So beobachtete LEUCHS (mdl. Mitt.) in primär calcitischen, devonischen Korallen einen Zement A-Aufwuchs nur auf den senkrecht zu c verlaufenden Kammerwänden. Im „beachrock" fehlt eine solche Abhängigkeit. Übergänge bestehen zu 1 b, allerdings nur für Mg-Calcitzement.

b) Sonderformen von uneinheitlicher Dicke (mamillated), von dicken Krusten am Meeresboden, traubenförmig-halbkugelig (botryoidal), oder als faserige Füllung von Großporen im Riff. Bestanden die Fasern ursprünglich aus Aragonit, so sind sie zwar der Form nach oft erhalten, unter gekreuzten Nicols aber aus isometrischen Kristallen verschiedenster Orientierung zusammengesetzt.

c) „Radiaxial"-faseriger Zement, wahrscheinlich aus Faserbüscheln zusammengewachsen (0,05–4 mm lang) und mit gebogenen Spaltrissen und Verwachsungsspuren (BATHURST 1971), primär Mg-Calcit (KENDALL 1985, SANDBERG 1985, WÄCHTER 1987: mit Mikrodolomit). Es handelt sich um einen frühen Zement, da er oft von internem Sediment überlagert ist (PREZBINDOWSKI 1985).

3. Einkristallzement (syntaxial/epitaxial rims, Rimzement).
Er säumt die Karbonatkristalle, z. B. Echinodermen, homoachsial (Abb. 6-83 links, S. 318; s. auch NEUGEBAUER 1979) und wächst besonders schnell, wie durch Korrelation von Kathodolumineszenzsäumen zu anderen Zementen der gleichen Pore erkannt wird. Dabei wachsen anfangs auf einem Echinodermenfragment viele Keime zugleich (zement-A-artig)

4. Isometrischer Zement (häufig Zement B), c ist ungeordnet
a) Granularer Zement. Isometrisch-mikrokristallin, die Körner umhüllend oder kleinere Poren füllend (manchmal „Hundezahnzement", „dentate" genannt).
b) Blockiger Zement (sparry mosaic, Füllzement, blocky/equant spar; Abb. 6-121 bis 124, s. auch Abb. 6-94 links und 6-106, S. 333/353). Er schließt sich in größeren Poren an den granularen Zement nach innen an, dabei gröber werdend (drusige Textur). Oft sieht man „enfacial junction" genannte Tripelpunkte, in denen jeweils eine Kristallgrenze auf eine Kristallfläche stößt (Abb. 6-106; BATHURST 1958). Zement B im engeren Sinn. Er wächst langsamer als Zement A.
c) Dolomitzement, mikro- bis makrokristallin, meist idiomorph, primär (Abb. 6-123 unten).

5. Meniskuszement und Geopetalzement (microstalactites, PURSER 1969, TAYLOR & ILLING 1969, gravitational cement, MÜLLER 1971 a). Sie sind nur in nicht vollständig wassergefüllten Poren möglich.
a) Meniskus-artige Ausfüllungen von Kornzwickeln (Abb. 6-125 links), welche durch die Schwerkraft zum Teil nach unten verschoben sind (RICHTER 1976; Abb. 6-125 unten).

⎯⎯⎯⎯⎯⎯⎯⎯⎯⎯⎯⎯⎯⎯→

Abb. 6-125. Oben = meteorisch-vadose Zemente: a – calcitischer Meniskuszement in einem holozänen Oolith bei Neapolis/Südpeloponnes (die beiden Partikel, an die sich der Meniskus anschmiegt, sind oben rechts und unten links); b – calcitischer Whiskerzement in einer küstenfernen pleistozänen Terrasse der Perachorahalbinsel bei Korinth. – Mitte = marin-vadose Zemente: c – rezenter Halit-Meniskuszement an einem „oben/unten"-Kontakt in einem Ooidsand bei Neapolis/Südpeloponnes; d – aragonitischer Whiskerzement in einer küstennahen pleistozänen Terrasse bei Korinth. – REM-Aufnahmen a u. c aus RICHTER 1976, b aus HERFORTH 1985, d – Foto von E. DUNKEL. Unten = Vadose Meniskuszemente und phreatischer, palisadenförmiger Zement. Erstere entwickeln sich mit zunehmender Eindunstung der Ausgangslösung, und zwar von symmetrischen Meniskuszement (A) und Zementhäuten (D) über Tropfenzement (C) und gravitativen Meniskuszement (B) zu gravitativen Zementbärtchen und unregelmäßig-faserigem Whiskerzement (aus RICHTER 1976: Abb. 9).

Isochemische Diagenese 379

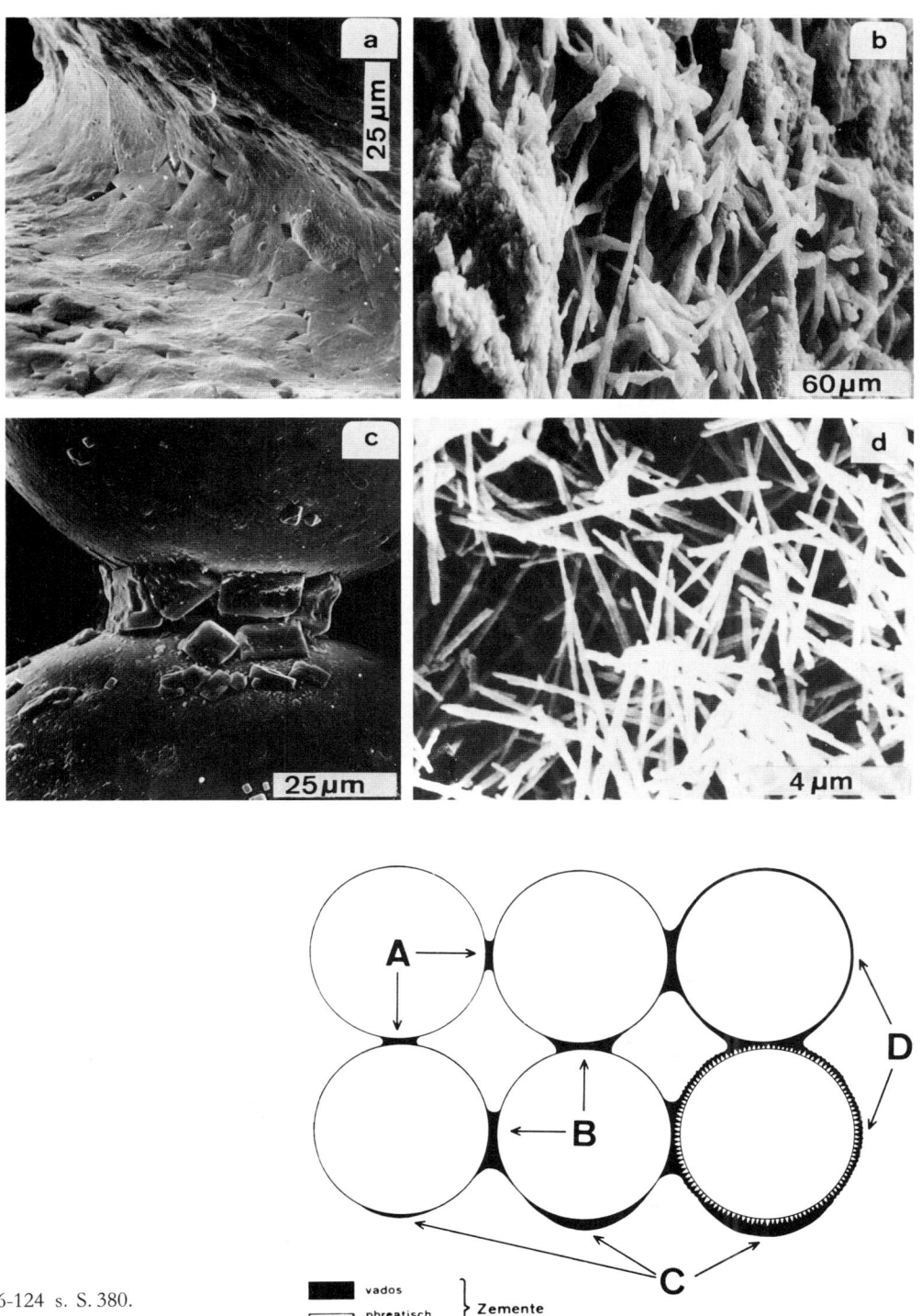

Abb. 6-124 s. S. 380.
Abb. 6-125 Legende s. S. 378.

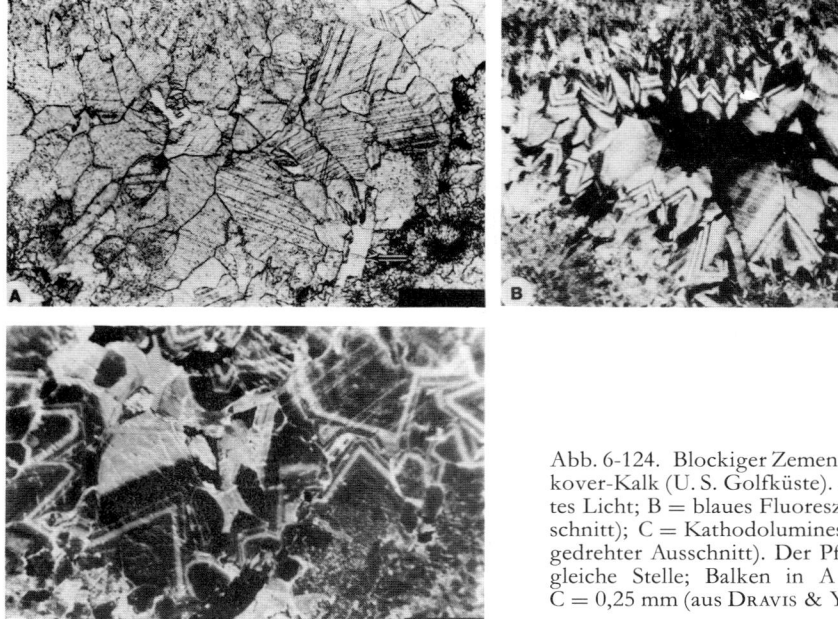

Abb. 6-124. Blockiger Zement im jurassischen Smakkover-Kalk (U. S. Golfküste). A = einfach polarisiertes Licht; B = blaues Fluoreszenzlicht (gleicher Ausschnitt); C = Kathodolumineszenz (kleinerer, etwas gedrehter Ausschnitt). Der Pfeil bezeichnet stets die gleiche Stelle; Balken in A und B = 0,4 mm, in C = 0,25 mm (aus Dravis & Yurewicz 1985: Fig. 4).

Abb. 6-125 s. vorige Seite!

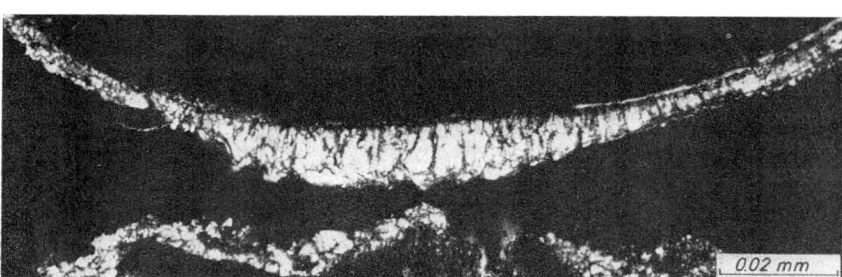

Abb. 6-126. Gravitativer Zement aus Tief-Mg-Calcit im holozänen Cliff-Kalkstein von Bimini (Bahamas). Gekreuzte Nicols; aus Müller 1970.

b) Mikrostalaktiten, an den Körnern hängend („Tropfenzement", Abb. 6-126).
c) Zementsäume, oft unter den Körnern verstärkt (pendant equant).

6. Whiskerzement. Lange, schmale Kristalle wachsen vereinzelt und ungeordnet in den Porenraum hinein (Abb. 6-125 rechts).

Zementtyp 1 zeigt eine starke Keimbildung, die auf hohe Übersättigung hinweist, wie sie nur in den frühesten Stadien der Diagenese vorhanden ist. Typ 2 benutzt gelegentlich als Keime vorhandene Körner, wobei die mit ihren c-Achsen radial gestellten Calcit- oder Aragonitkristalle von Biogenen und Ooiden weiterwachsen. Coccolithenfragmente von weniger als 1 µm Durchmesser (in der Schreibkreide) wirkten nicht als Keime, ebenso Spaltrhomboeder (Neugebauer 1975). Auch Zementtyp 3 wächst wegen der günstigen Keimunterlage früh, wie viele Beispiele frühdiagenetisch verdichteter Echinodermenkalke zeigen. Typ 4 ist charakteristisch für den meteorischen Bereich, doch auch für die submarine spätere Diagenese. Vorsicht ist jedoch geboten: Manche granularen Zemente beginnen Mg-calcitisch, d. h. marin (NEUSER & RICHTER 1986). Auch wurde Hundezahnzement relativ schwerer Isotopenzusammensetzung vom Boden des Südchinesischen Meeres beschrieben (WIEDICKE 1987). Desgleichen fanden SCHLAGER & JAMES (1978) isometrischen Calcitzement am Ozeanboden. Die Beschränkung auf das vadose Environment läßt für die Typen 5 und 6 keine generelle Zeiteinordnung in einem Diageneseschema zu.

Zur Ermittlung des sedimentären und diagenetischen Bildungsmilieus dieser Zemente lassen sich die folgenden Eigenschaften verwenden:

a) Morphologie. Steile (bladed) Calcitrhomboeder sind nach FOLK (1973) auf seitliche Wachstumsbeschränkung durch Mg^{2+} zurückzuführen und finden sich dementsprechend vorwiegend bei marinen Zementen, also vor allem beim Mg-Calcit (s. auch LINDHOLM 1974); MATTER & GARDNER (1975) fanden sie auch bei Calcitzement, welcher in tieferem Wasser gebildet wurde. Eine andere Erklärung gibt LAHANN (1978): In marinem Milieu wird das Wachstum in der c-Richtung bevorzugt, weil im Calcit- und Aragonitgitter auf der Basisfläche ($\perp$c) Ca, auf den Flächen $\parallel$ c aber CO_3 relativ angereichert ist, und weil andererseits im Meerwasser $m_{Ca^{2+}}/m_{HCO_3^-} \sim 4,3$, im Süßwasser aber nur 0,4 beträgt. Doch gibt es auch im meteorisch-vadosen Milieu gelegentlich schmale, prismatische Calcitkristalle (z. B. Whiskerzement). Sie werden von CHAFETZ et al. (1985: 345) daher allein auf hohe Wachstumsraten zurückgeführt.

Bei der Umwandlung von Aragonitnadeln in Calcit wird allenfalls die Form, nicht aber die optische Orientierung übernommen. Demgegenüber bleiben bei der Umwandlung von Mg-Calcit in Calcit die optische Orientierung und im allgemeinen auch die Form erhalten.

b) Mg-Gehalt. Er deutet auch in geringen Resten (0,5–1 Mol-% $MgCO_3$) auf marines, brackisches (oder limnisches) Milieu. Bei seiner röntgenographischen Bestimmung (Abb. 6-5, 134) stören höhere Fe- und Mn-Gehalte. In vielen Fällen wird jedoch eine Abschätzung des Fe-Gehaltes im Dünnschliff genügen (s. Punkt c). Schon 1 Mol-% $FeCO_3$ läßt sich an der leicht violetten Anfärbung erkennen. Er würde die Linienlage verschieben wie 0,8 Mol-% $MgCO_3$. Eine direkte Bestimmung ist durch die energiedispersive Röntgenanalyse im Rasterelektronenmikroskop möglich (NEUGEBAUER 1979).

c) Fe^{2+}-Gehalt. Er ist auf anoxisches Milieu, d. h. auf Teile des meteorisch- oder marin-phreatischen Bildungsbereiches, sowie auf die Versenkungsdiagenese beschränkt (Anfärbung s. S. 241).

d) Mn^{2+}/Fe^{2+}-Verhältnis. Es ist qualitativ aus der Kathodolumineszenz zu ermitteln. Diese verstärkt sich mit steigendem Mn^{2+}-Gehalt und wird durch Fe^{2+} unterdrückt (RICHTER & ZINKERNAGEL 1981; s. Kap. 6.1.4). Anwendung vor allem in der Zementstratigraphie (s. Abschnitt B und Abb. 6-124c).

e) Sr-Gehalt. Er wird chemisch oder im Dünnschliff mittels Mikrosonde oder im REM mittels des energiedispersiven Systems bestimmt. Sr wird verstärkt vom Aragonit eingebaut und bei Umwandlungen im geschlossenen oder halbgeschlossenen System vom Calcit zum Teil übernommen (s. S. 374 und DAVIES 1977a). Der Quotient $^{87}Sr/^{86}Sr$ gibt Hinweise auf das Alter des Porenwassers (MOORE 1985, WORONICK & LAND 1985), s. auch S. 248.

f) Stabile O-Isotope. Der ^{18}O-Anteil ist in marinen Zementen höher als in meteorischen. Mit zunehmender Temperatur nimmt er sowohl im Bildungsmilieu als auch während der Versenkungsdiagenese ab (S. 247, s. auch WALLS et al. 1979). Bei Umwandlungen im geschlossenen System aber verändern sich die O- und C-Isotope nicht; selbst ein Temperatureinfluß entfällt dann (CZERNIAKOWSKI et al. 1984).

g) Stabile C-Isotope. Da sie sich nicht wie die O-Isotope mit dem Grundwasser ins Gleichgewicht setzen, behalten sie ihre ursprüngliche Verteilung bei (HUDSON 1975b, MAGARITZ 1975, DICKSON & COLEMAN 1980). Marin gebildete Zemente sind auch hier „schwerer" als meteorisch gebildete (MAGARITZ 1974, ALLAN & MATTHEWS 1977, MEYERS & LOHMANN 1985; S. 246f.). Sehr „leichte" d. h. ^{13}C-arme Zemente weisen auf die Mitwirkung von Methan hin, welches bei bakterieller Fermentation organischen Materials unter anaeroben Bedingungen entsteht (z. B. JØRGENSEN 1976). Die Temperaturabhängigkeit der C-Isotope ist gering (MOORE 1985). Bei schnellem Wachstum an der Rifffront bauten Korallen mehr schweren Kohlenstoff in ihr Skelett ein als am tiefen forereef (SWART & COLEMAN 1980).

h) Salzgehalt von Flüssigkeitseinschlüssen. Er gibt Hinweise auf die Lösungen, aus denen der betr. Zement entstanden ist (ROEDDER 1979, MOORE & DRUCKMAN 1981, CERCONE 1982). Je schneller die Kristalle wachsen, um so mehr Einschlüsse enthalten sie. Aus Aragonitschlamm entstandener mikritischer Kalk, z. B. der Solnhofener Kalk, ist nach FISCHER et al. (1967: 16) besonders einschlußreich. Das gleiche gilt für den gebündelten Fasercalcit (KENDALL 1977, s. auch SANDBERG 1985). Umgekehrt sind blockige Zementfüllungen oft einschlußarm. Mit beginnender Metamorphose werden die Flüssigkeitseinschlüsse eliminiert.

i) Organische Flüssigkeitseinschlüsse. Sie geben Aufschluß über den Reifegrad der Kohlenwasserstoffe und damit über die Versenkungstiefe zur Zeit ihrer Umschließung mit Zement (BURRUSS 1981, CERCONE 1982).

k) Fluoreszenzmikroskopie (Abb. 6-121, 124 B). Organische Substanzen leuchten im Dünnschliff bei UV-Bestrahlung. Damit lassen sich oft verschiedene Zementgenerationen unterscheiden und korrelieren, ähnlich wie mit Kathodolumineszenz (s. Pkt. d).

B. Meteorischer Bereich

Die meteorischen, d. h. unter Süßwassereinfluß ablaufenden Veränderungen von Karbonatgesteinen im Grundwasserbereich („phreatisch") oder oberhalb desselben („vados") werden allgemein zur Diagenese gestellt, obwohl man sie auch als Verwitterungsprozesse betrachten kann, soweit sie unter Sauerstoffeinfluß ablaufen. Nur die Krustenkalke (calcrete, caliche) gelten als Verwitterungsbildungen, werden aber in einem eigenen Kapitel (6.4.5, S. 357) dargestellt.

Calcit ist das bei weitem überwiegende Mineral; meist tritt er als blockiger Zement auf (Abb. 6-122 unten), der die Poren im phreatischen Bereich, zur Mitte gröber werdend, füllt, während er im vadosen Bereich Meniskus- (Abb. 6-125) und Geopetalzement (Abb. 6-126) bildet. Dabei kann der Einfluß des Wirtskorns beträchtlich sein. So war in einem von RICHTER (1984: 77) beschriebenen Beispiel der gravitative Calcitzement unter Serpentingeröllen Mg-reicher als unter Kalk-, Korallen- und Radiolaritgeröllen. Ein wichtiges Merkmal des meteorischen Bereiches ist der hohe Anteil an leichten C- und O-Isotopen im Calcit. Tab. 6-6 zeigt die Unterschiede zwischen dem vadosen und dem phreatischen Bereich.

Tabelle 6-6. Unterscheidung meteorisch-vadoser und meteorisch-phreatischer Diagenese (nach JACKA & BRAND 1977, PINGITORE 1976, BADIOZAMANI et al. 1977, LONGMAN 1980 und CHAFETZ et al. 1985).

Eigenschaften	meteorisch-vados	meteorisch-phreatisch
Zwickelporen	offen, bes. in aridem Klima	zementiert
Hohlformporen	entstehen in humidem Klima	wenn vorhanden, zementiert
chem. Stabilisierung	langsamer	schneller
$CaCO_3$-Quelle	ja	zum Teil
$CaCO_3$-Senke	zum Teil	ja
Zementsäume	lückenhaft	durchgehend
Variabilität	groß (von Pore zu Pore)	klein
Geopetal/Meniskus-Zement	vorhanden	fehlt
Blockiger Zement	durchbricht Porengrenzen nicht	durchbricht primäre Porengrenzen
Aragonit-Calcit-Umwandlung	über Hohlformporen	in situ, oder kreidiger Aragonit, in den Calcitzement wächst
Sammelkristallisation	fehlt	oft vorhanden
Sr im Calcit	rel. hoch (halboffenes System)	rel. gering (offenes System)

Nur unter sehr speziellen Bedingungen (Mg^{2+}-Reichtum) kann sich hier Aragonit bilden, so die „Schaumspat" genannten Pseudomorphosen von Aragonit nach Gips in Dolomitmergeln des Zechsteins und des mittleren Muschelkalks (KÖHLER 1931; s. auch SCHNITZER & BAUSCH 1974) und der „beachrock"-artige Zement in Bächen des Serpentingebietes N des Kanals von Korinth (RICHTER 1984).

Das Hauptmerkmal des meteorisch-vadosen Bereiches ist die Entstehung von Hohlformporen durch Auflösung von Aragonitpartikeln (Abb. 6-127 links). Mg-Calcit geht demgegenüber unter Strukturerhaltung stufenweise in Calcit über (Kap. 6.6.1). Die Zemente können hier (auch in ihrer Form) von Pore zu Pore variieren (CHAFETZ et al. 1985). Neben gedrungenen Rhomboedern kommen trigonale Prismen vor. Bei starker Eindunstung kann sich in der vadosen Zone Whiskerzement bilden (Abb. 6-125 b; LONGMAN 1980).

Die Kathodolumineszenz zeigt häufig einen charakteristischen Zonarbau des blockigen Calcits, welcher durch eine ungleiche Mn-Verteilung oder durch ein wechselndes Mn/Fe-Verhältnis im Calcit hervorgerufen wird (Abb. 6-124 C). Letzteres hängt stark vom Sauerstoff-Partialdruck im Porenwasser ab, da Fe^{2+} stärker als Mn^{2+} auf das reduzierende Milieu beschränkt ist (MEYERS & LOHMANN 1980). Die so erkennbaren Zementsequenzen lassen sich oft über weite Entfernungen korrelieren („Zementstratigraphie", MEYERS 1974, 1978, COUDRAY 1977, MEYERS & LOHMANN 1980, 1985, NEUSER & RICHTER 1986).

In der vadosen Zone erfolgt die Auflösung großenteils unter Mitwirkung von CO_2 aus dem Boden, während die Ausfällung auf Verdunstung und CO_2-Verlust zurückgeht; es entsteht dabei oft ein feiner, gleichkörniger Calcitzement (LONGMAN 1980).

Die folgende Tabelle (6-7) gibt ein Beispiel für die meteorische Stabilisierung der im marinen Bereich gebildeten Mineralphasen. Da die Entwicklung vom Aragonit und Mg-Calcit zum Calcit führt, ist sie mit einer Sr-Abnahme und Fe-, Mn-, Zn-Zunahme verbunden. Dementsprechend sind die Sr-Gehalte im offenen System niedriger. Auch die $\delta^{18}O$-Werte verringern sich stärker im offenen System (links).

Tabelle 6-7. Meteorisch-phreatische Stabilisierung in einem offenen und in einem teilweise geschlossenen System (aus BRAND & VEIZER 1980a).

Diagenetisches System	offen		teilweise geschlossen	
Vorkommen	Burlington Fm., Mississippian		Read Bay Fm., Silur	
	ppm Sr	^{18}O-Abnahme	ppm Sr	^{18}O-Abnahme
Matrix (ehem. Arag.)	–	–	360	2‰
Biosparit (zementiert)	120	4‰	–	–
Crinoiden[1]	160	4‰	210	2‰
Brachiopoden[2], rugose Korallen[3]	180	3‰	780	1‰

1) primär Mg-Calcit, 2) primär Calcit, 3) primär Mg < 0,07-Calcit

Die Häufigkeit meteorischer Zemente in marinen Kalken des Quartärs hängt mit den zahlreichen glazialen Regressionen zusammen (COUDRAY 1977, PIERSON & SHINN 1985). Ähnlich verbreitet sind solche Zemente in vergleichbaren Zeiten der Erdgeschichte (KENDALL & SCHLAGER 1981), so im Mississippian (MEYERS 1978, MEYERS & LOHMANN 1985) und im Givet/Frasne (WALLS & BURROWES 1985).

Demgegenüber fehlen meteorische Zemente in vielen, aber natürlich nicht allen Vorkommen von Trias (ZANKL 1969b), Mitteljura (PURSER 1969), Oberjura (MOORE 1985, WILKINSON et al. 1985) und Unterkreide (PREZBINDOWSKI 1985, WORONICK & LAND 1985), Perioden also mit generellem Meeresspiegelanstieg und ohne Eiszeiten. Jedoch ist festzuhalten, daß eine einwandfreie Erkennung meteorischen Zementes schwierig ist und i. allg. O-Isotopen-Untersuchungen erfordert.

C. Beachrock und marin-vadoser Bereich

1. Vor allem an tropischen und subtropischen Küsten findet man Beachrock, ungleichmäßig verbreitete Verfestigungen des Sandes oder Kalksandes, welche meist meerwärts einfallen wie der nasse Strand (SCHOLTEN 1972). Sie bilden sich rezent, wie umschlossene Dosen zeigen, und zwar im Gezeitenbereich und am nassen Strand, oft unter der Oberfläche, wo einerseits die Körner schon festliegen, andererseits aber die übersättigten Lösungen bei Ebbe und Flut oder auf andere Weise durch das Sediment gepumpt werden (BATHURST 1971: 370). Freiliegender Beachrock ist oft von Erosionslöchern bedeckt; gleichzeitig aber dürfte in seinem Inneren die Zementation zunehmen.

Als Zemente finden sich radialer und kryptokristalliner Mg-Calcit (z. B. am Mittelmeer, Abb. 6-123a; ALEXANDERSSON 1972a), und, letzteren oft überwachsend, radial-faseriger Aragonit, z. B. in den Bahamas, am Mittelmeer (Abb. 6-123b; FRIEDMAN & GAVISH 1971) und am Persischen Golf (TAYLOR & ILLING 1969, MOORE 1973). Auch mikritisch-peloidischer Mg-Calcit und Aragonit kommen vor. Im ariden Supratidal herrscht nach HARRIS et al. (1985) Aragonit vor. Nach Zusammensetzung sowie C- und O-Isotopenmessungen an Mg-Calcit und Aragonit von der israelischen Küste (MAGARITZ et al. 1979) handelt es sich um marine Zemente. Daneben kommt dort ein $Mg_{0,04-0,10}$-Calcitzement mit leichteren Isotopen vor, welcher demnach unter Mitwirkung meteorischen Grundwassers entstanden ist; s. hierzu auch WIGLEY & PLUMMER (1976). Auch Meniskuszement gibt es im Beachrock, ein Zeichen für vadose Bildung (TAYLOR & ILLING 1969, FLÜGEL 1978: 59).

Überwiegend entsteht der Beachrock an Meeresküsten jedoch marin-phreatisch, wie seine Zement-Geometrie zeigt (lfd. Untersuchungen in Griechenland, Geol. Inst. Bochum). Nach Experimenten von THORSTENSON et al. (1972) bildet sich vados ein feinerer Zement als phreatisch. Schließlich kommt auch rein meteorischer Calcitzement vor (SCHROEDER 1979).

Man kann demnach nicht mit einer einzigen Entstehung des Beachrock rechnen. Einerseits spielen Eindunstung mit CO_2-Entgasung im marin-vadosen Bereich eine Rolle (DANA 1851: 368, BATHURST 1971: 370), andererseits scheint auch die Vermischung mit meteorischem Grundwasser zur Ausfällung von Zement zu führen („schizohalines" Environment, FOLK & SIEDLECKA 1974). Dabei ist die Entgasung des aus den Böden mitgebrachten CO_2 nach HANOR (1978) der wesentliche Faktor. DAVIES & KINSEY (1973) aber fanden in Beachrock-Wasserlöchern am Tag Auflösung, in der Nacht Ausfällung von $CaCO_3$. Nach KRUMBEIN (1979b) wirken auch Bakterien und Algen am Beachrock mit.

2. Marin-vadose Zementation erkennt man in fossilen Kalksteinen vor allem an Geopetal- und Meniskuszementen. Rezent findet man auch aragonitischen Whiskerzement (Abb. 6-125d; MÜLLER 1970, RICHTER 1976, BADIOZAMANI et al. 1977).

Im karbonatischen Gezeitenbereich kommen tepee-Strukturen vor, zeltdachförmige Aufwölbungen und Zerbrechungen der schwach zementierten, obersten Sedimentschicht (ASSERETO & KENDALL 1977, HANDFORD et al. 1984). Sie sind vermutlich durch mehrfaches Eintrocknen, verbunden mit Trockenrißbildung und Zementation der Rißflächen zu erklären. Auch fenestrae und andere Hohlformen entstehen im Watt und werden mit der Zeit zementiert (GROVER & READ 1978).

D. Marin-phreatischer Bereich. Aragonit/Mg-Calcit

1. Flachsee

Vor allem in Bereichen langsamer Akkumulation stellt sich in Kalksanden der Flachsee eine frühe Zementation ein (SHINN 1969), vermutlich dank zeitweise aussetzender Sedimentbewegung. Es bilden sich radialfaseriger, seltener mikritischer Aragonitzement sowie mikritischer (= gedrungene Rhomboeder) bis kurzblättriger (= steile Rhomboeder) Mg-Calcitzement (Abb. 6-122 A). Unvollkommene Zementation von Rundkörperkalken führt zu „grapestones" (traubenartigen Aggregaten) und verfestigten Lagen, die bei Stürmen zu Intraklasten zerbrechen (ILLING 1954, BATHURST 1971, WINLAND & MATTHEWS 1974, HARRIS et al. 1985). In durchlässigen Kalksanden werden Kotpillen (und auch Intraklasten) schon in relativ geringer Sedimenttiefe verfestigt; von Kalkschlamm umhüllt, entziehen sie sich oft der Zementation und können zu Mikrit verschmelzen (BOYER 1972).

Warum einmal Aragonit, ein anderes Mal Mg-Calcit entsteht, wurde im Kap. 6.1.2 diskutiert: Bei Temperaturen über 20 °C müßten Mg-Calcite mit mehr als 13 Mol-% $MgCO_3$ entstehen, welche löslicher als Aragonit sind, so daß sich letzterer bevorzugt bilden sollte. Vor Barbados überwiegt Aragonit, im Mittelmeer Mg-Calcit (ALEXANDERSSON 1969), desgleichen um Bermuda. Im Persischen Golf kommen beide Zementminerale vor, wobei in der oberen Gezeitenzone Aragonit, am (?) kühleren Flachseeboden Mg-Calcit vorherrscht (SHINN 1969, AQRAWI 1987, NELSON & LAWRENCE 1984, s. S. 395). Auch in den Kalkskeletten mancher Organismen nimmt mit steigender Temperatur der Aragonitgehalt zu (LOWENSTAM 1954a), s. auch S. 296 und 300. In warmzeitlichen Ablagerungen vor Dänemark fand JØRGENSEN (1976) Aragonitzement, in kaltzeitlichen Mg-Calcitzement. In der eindunstenden Shark Bay fand LOGAN (1974) Aragonitzement, während im kalten Wasser vor Tasmanien (3 °C) nach RAO (1981) Calcitzement entsteht. Quantitative Daten der Verbreitung der Zementminerale mit ihren Bildungstemperaturen sind dringend erforderlich.

Doch spielen auch andere Faktoren eine Rolle. Der wichtigste ist vielleicht das Substrat: Aragonitpartikel dienen oft als Keime für Aragonitzement, (Mg-)Calcitpartikel für (Mg-)Calcitzement (GLOVER & PRAY 1971). So findet sich vor Belize und auch vor Panama Aragonitzement nur in Korallen (JAMES et al. 1976, MACINTYRE 1977). In den aus Mg-Calcit bestehenden Rotalgen sind häufig die großen Poren, die Conceptaceln, mit Aragonitzement, die sehr kleinen Kammern aber mit Mg-Calcitzement gefüllt (s. Abb. 6-40, 4 und 5 und LOGAN et al. 1969, ALEXANDERSSON 1974, RICHTER 1979: 292, SCHROEDER 1979: 899, MOBERLY 1973). Nach SIMKISS (1964) und BERNER et al. (1978) können Huminsubstanzen und Orthophosphate eine Aragonitausfällung verhindern (s. auch die Diskussion bei RICHTER 1984: 120).

Aragonitzement enthält primär etwa 10 000 ppm (= 1 %) Sr, Mg-Calcitzement 400–800 ppm.

In manchen Erdzeitaltern wurde nach LOREAU (1982) und SANDBERG (1982, 1985) bevorzugt Aragonit- oder aber Mg-Calcitzement gebildet. Aragonit überwog vom Jungpräkambrium bis zum Unterkambrium, vom oberen Mississippian bis zum ? unteren Jura, sowie vom unteren/mittleren Känozoikum bis heute; Mg-Calcit vom Oberkambrium bis zum Mississippian, sowie in Jura und Kreide (s. auch MOTTL & HOLLAND 1975 und TUCKER 1984: 643). SANDBERG (1985) äußerte die Vermutung, daß Aragonit in Zeiten mit hohem CO_3^{2-}-Gehalt des Meeres bevorzugt wurde (s. auch S. 335f.). Insgesamt war in früheren Erdzeitaltern, als es noch kein Kalkplankton gab und als das Tiefenwasser der Meere wärmer als heute war, die Zementation am Meeresboden vermutlich verbreiteter als heute (MILLIMAN 1974: 303).

An Methan-Austrittsstellen auf dem Nordseeschelf fanden HOVLAND et al. (1987) den Sand durch Mg-Calcit und Aragonit zementiert. Die niedrigen $\delta^{13}C$-Werte (−56.1‰ PDB) sprechen für Oxidation von bio- (und thermo-)genem Methan.

In normalmarinen Biospariten erfolgte die Zementation später als die Aragonit-Calcit-Umwandlung, in lagunären Bankkalken etwa gleichzeitig, wie SCHOTT (1983) an der Umriß-Erhaltung aragonitischer Foraminiferen der Kalkalpen feststellte.

2. Riffe

Die intensivste Zementation findet hier im höheren forereef (MACINTYRE & GLYNN 1976, PLAYFORD 1980, LIGHTY 1985) und auf der Seeseite der Riffe statt; Lagunenriffe sind vor Belize nur schwach zementiert (JAMES et al. 1976). Begünstigt wird die Zementation durch starke Wasserbewegung, geringe Wassertiefe und langsame Sedimentation (MACINTYRE 1977). Oft setzt die Zementbildung dicht unter der Riffoberfläche ein und nimmt zur Tiefe zu, so daß schon 60 cm unter der lebenden

Oberfläche die Poren geschlossen sein können (FRIEDMAN & SANDERS 1978: 155). Dabei spielt nach FRIEDMAN et al. (1974) ein biogenes, alkalisches Milieu (pH 9−10,5) im Riff eine wichtige Rolle.
Typisch für die großen Riffporen sind einerseits zum Teil peloidartige Mikritzemente aus Mg-Calcit (ALEXANDERSSON 1978, MACINTYRE 1977, 1978), die auch im Beachrock vorkommen, andererseits große radialstrahlige Porenfüllungen von Aragonitzement oder radiaxial-faserigem Mg-Calcit. Schon im Innern lebender sowie pleistozäner Riffe findet man blockigen Mg-Calcit- und (seltener) Aragonit-Zement (JAMES & GINSBURG 1979: 178, SCHROEDER 1972, PIERSON & SHINN 1985; s. auch GERMANN 1971 b und FRIEDMAN 1985).

Vor allem bei blockigem Zement ist es wichtig, die primäre Zusammensetzung zu ermitteln, da diese auf das Bildungsmilieu schließen läßt (Calcit: meteorisch, Mg-Calcit und Aragonit: marin). Ehemaliger **Mg-Calcit** kann sich entweder durch Fe-Calcit oder, wenn heute Calcit vorliegt, durch eine fleckige Kathodolumineszenz zu erkennen geben, wie im Kap. 6.6.1 näher ausgeführt wird. Auch enthält er i. allg. noch bis zu 1 Mol-% $MgCO_3$ („Mg-memory", PREZBINDOWSKI 1985). Schließlich kann er sich durch „Mikrodolomit" verraten. Ehemaliger **Aragonit**zement ist entweder durch blockigen Fe-Calcit- oder Calcitzement (ohne Lumineszenzflecken) ersetzt.

In kleinen Mulden auf der Meerseite der Belize-Riffe fanden GINSBURG & JAMES (1976) bis 5 cm dicke, traubige Aragonitkrusten („botryoidal" und „mamelons"), während LAND (1971) an Riffen vor Jamaica knollige Mg-Calcitkrusten fand. Ähnliche, manchmal als Travertin bezeichnete Zementpolster am Meeresboden beschrieben MAZZULLO & CYS (1979; ? Aragonit), sowie ASSERETO & FOLK (1976) und SANDBERG (1985; Mg-Calcit). Dicke Zementkrusten, in denen oft Calcit und Dolomit abwechseln und verschiedene optische Orientierungen vorkommen, sind in fossilen Riffen verbreitet. Auffällig ist in rezenten Riffen das enge, fleckenhafte Nebeneinander von Aragonit- und Mg-Calcitzement (JAMES & GINSBURG 1979). Die frühe Zementation von Riffen zeigt sich besonders augenfällig in Großporen mit mehrfachem Wechsel von Zement und internem Sediment (SANDER 1936, MIRSAL & ZANKL 1979). Letzteres zementiert wegen seiner geringen Korngröße schneller als Kalksand (JAMES et al. 1976, JAMES & GINSBURG 1979: 181).

Während die bisher genannten diagenetischen Prozesse die Riffstrukturen konservieren, kommt es in vielen Riffen zur gefügezerstörenden Mikritisierung (s. S. 389), besonders stark im Belize-Riff. Sie entsteht durch mehrfaches Anbohren und Ausfüllen mit Mikritzement (JAMES & GINSBURG 1979: 178, FRIEDMAN 1975, 1983). Rotalgenkörner können durch Füllung der Kammern mit mikritischem Zement zu strukturlosen Intraklasten werden (HERFORTH 1985).

3. Tieferes Wasser

Im Ozean ist das kalte Bodenwasser im allgemeinen kalkuntersättigt. Zementation ist deshalb nur unter einer Sedimentdecke zu erwarten und hängt vom diagenetischen Potential des Sediments ab. Dieses wird erhöht durch geringe Korngröße (z. B. Nannoplankton und Foraminiferen-Bruchstücke) und geringe Stabilität (z. B. Aragonit-Partikel). Am Ozeanboden wurden calcitisch weitergewachsene Coccolithen gefunden (siehe die Übersicht von COOK & EGBERT 1983). Mg-armer Calcit ist das charakteristische Zementmineral in kalten Tiefseeböden. SCHLAGER & JAMES (1978) fanden isometrische, mikritische Kristalle von $Mg_{0,03−0,05}$-Calcit. Aragonit war aufgelöst. Auch in Proben von Seamounts war der Aragonit aufgelöst, und Mg-calcitische Echinidenstacheln waren in Calcit umgewandelt (HAGGERTY 1983), ähnlich wie im meteorisch-phreatischen Milieu. Die O- und C-Isotope belegten hier eine submarine Bildung. Nur in bodenwarmen Nebenmeeren findet sich Mg-Calcitzement; Aragonit aber fehlt im Roten Meer (> 20 °C) und im Mittelmeer (15°; MILLIMAN 1974: 296, 302, MILLIMAN & MÜLLER 1973, MÜLLER & FABRICIUS 1974, BERNOULLI & MCKENZIE 1981). Aber auch von vielen Seamounts zwischen 80 und 800 m Tiefe erwähnt MILLIMAN (1974: 292) nur Mg-Calcitzement, von tieferen Positionen (1700−4200 m) Calcit.

Als Hartgrund (hardground) werden Verfestigungen der obersten Sedimentschicht bezeichnet, welche in flachem oder tieferem (−300 m?) Wasser vorkommen, und zwar an Stellen längerer Nichtsedimentation (HALLAM 1981: 115) oder Strömung. Das Sediment wird etwas zementiert, von Organismen angebohrt; die Bohrungen werden mit Sediment gefüllt, dieses wird ebenfalls zementiert und dann wieder angebohrt. Auch Überkrustungen sind häufig (karbonatisch, sowie mit Glaukonit und Phosphat; VOIGT 1959, LINDSTRÖM 1963, HALLAM 1969, PURSER 1969, ZANKL 1969b, KENNEDY & GARRISON 1975, FÜRSICH 1979).

Manchmal sind die Hartgründe mit tepee-artigen Aufwölbungen verbunden (LINDSTRÖM 1963; SHINN 1969). Auch Intraklasten können sich hier bilden (BATHURST 1971: 395). Hartgründe können geneigte Hänge stabilisieren. So wurden an der Bahama-Plattform Hangneigungen bis zu 40° durch Mg-Calcitzement möglich (MULLINS & NEUMANN 1979).

E. Versenkungsdiagenese („deep burial" – phreatisch, Abb. 6-115 S. 365)
Die zunehmende Versenkung und Überlagerung bringt folgende diagenetisch relevanten Veränderungen mit sich:
a) Abnahme des Mg-Gehaltes im Porenwasser (s. S. 5);
b) Zunahme der Salinität, Ausnahmen kommen vor, z. B. durch Eindringen meteorischer Wässer in Sedimentbecken (WORONICK & LAND 1985);
c) Temperaturzunahme;
d) Meist endgültiger Übergang zu reduzierendem Milieu.

Dementsprechend beobachtet man eine Abnahme des Mg-Gehaltes im Calcit, eine in situ-Umwandlung von Aragonit in Calcit, gelegentlich eine Salinitätszunahme in Flüssigkeitseinschlüssen, ein „Leichterwerden" der O-Isotope (DICKSON & COLEMAN 1980, GIVEN & LOHMANN 1982, WORONICK & LAND 1985) und einen häufigen Einbau von Fe^{++} in Calcit und Dolomit. Insgesamt entwickeln sich mehr und mehr halbgeschlossene und geschlossene Systeme (MIRSAL & ZANKL 1979). Auch aus diesem Grunde verlaufen alle Zementations-Prozesse langsam. Sie stehen deshalb hinsichtlich der Verfestigung des Sediments in Konkurrenz zur Kompaktion, sofern nicht eine frühe und rasche Zementation (s. Abschnitte B–D) ein kompaktionsresistentes Gerüst schaffen konnte. Die Porosität nimmt entweder durch Kompaktion oder durch Zementation, Umwandlungen oder Sammelkristallisation im Gegensatz zur Frühdiagenese mehr oder weniger gleichmäßig ab (SCHOLLE & HALLEY 1985). Eine (häufige!) Ausnahme ist die Entstehung von sekundärer Porosität in kohlenwasserstoffreichen Becken.

Mit dem Quadrat des Porositätsverlustes nimmt die Diffusionsrate ab (KLINKENBERG 1951). Trotz solcher hemmender Einflüsse spielt die Versenkungsdiagenese in Karbonatgesteinen im allgemeinen die beherrschende Rolle (gegenüber der meteorischen Diagenese), wie sich vor allem an den C-Isotopen ablesen läßt (HUDSON 1975b, BATHURST 1975: 552f.).

In Tiefseebohrprofilen (GARRISON 1981), aber auch in der Schreibkreide (NEUGEBAUER 1975) läßt sich eine Zementabscheidung auf Nannofossilien erkennen. Dabei wurden (in der Kreide) Körner von weniger als 0,5 µm Größe und Spaltrhomboeder nicht bewachsen. Mit abnehmendem Mg-Gehalt des Porenwassers werden nach NEUGEBAUER (1974) die Lösungs-Fällungsreaktionen in Kalken erleichtert. Nur wenn solche Reaktionen (Mg-Calcit → Calcit; Aragonit → Calcit; Sammelkristallisation) stattfinden, mit anderen Worten, solange noch ein diagenetisches Potential besteht, kann eine Stabilisierung hinsichtlich der Sauerstoffisotope mit zunehmender Versenkungstiefe (und Temperatur) stattfinden. Auch darf das System noch nicht völlig abgeschlossen sein.

Spätdiagenetische Calcit- und Dolomitzemente gehören meist zur Gruppe der blockigen Zemente. Eisengehalte sind in ihnen häufig (WORONICK & LAND 1985), Zonarstrukturen kommen vor (DICKSON & COLEMAN 1980), sind aber seltener als im meteorischen Bereich. Spätdiagenetischer Fe-Calcit(-Dolomit) ist oft an Stylolithen gebunden (WALLS & BURROWES 1985). Mit Kohlenwasserstoffeinschlüssen im Zement läßt sich gelegentlich der Zeitpunkt der Migration ermitteln (BURRUSS et al. 1985). Die (aufwendige) Möglichkeit, im Dünnschliff geochemische und Isotopen-Bestimmungen vorzunehmen, erlaubt eine weitgehende Aufklärung des Diageneseverlaufes, bezogen auf die Versenkungsgeschichte (Ionensonde).

6.5.5 Mikritisierung

Eine Sonderform kryptokristalliner Zementation ist die „Mikritisierung" (BATHURST 1966). Cyanophyceen („Blaualgen"), eucaryotische Grünalgen (FLÜGEL 1978: 90) und Pilze bohren die Oberfläche von Kalkschalen und Ooiden bis zu einer Tiefe von 10–50 µm (ausnahmsweise 200 µm, TAYLOR & ILLING 1969) an (Abb. 6-127, 74). Diese Bohrungen sind bei Pilzen eng und verzweigt (1–10 µm, Abb. 6-99 r.; FLÜGEL 1978: 90, KRUMBEIN mdl.), bei Cyanophyceen meistens etwas weiter (< 1–100 µm) und nicht verzweigt, sondern bündelartig auseinanderlaufend (BROMLEY 1965, GUNATILAKA 1976). Nach dem Absterben dieser Organismen füllen sich die Röhrchen mit kryptokristallinem Mg-Calcit-, seltener Aragonitzement. Erneute Bohrungen und Zementation erzeugen schließlich einen im Dünnschliff dunkel erscheinenden, filzigen, unscharf gegen das Partikel begrenzten Saum (micritic envelope, Rindenkorn, Abb. 6-127), welcher nach Auflösung des Aragonit-Partikels erhalten bleibt, oft jedoch durch Kompaktion vor der Zementation zerbricht. Im allgemeinen werden Aragonit- und Mg-Calcitbiogene und -ooide bevorzugt angebohrt, weniger aber calcitische, vermutlich wegen deren geringerer Löslichkeit. Nach KOBLUK & RISK (1977a) entstehen außer den Anbohrungen auch echte Mikritüberzüge durch Verkalkung abgestorbener Algenfäden auf der Oberfläche der Körner. Vadose Mikritisierung von Partikeln und Zement durch Pilze führt zur Calichebildung auf Kalken (KAHLE 1977).

Die Mikritisierung ist im wesentlichen auf die ruhige Flachsee beschränkt (ALEXANDERSSON 1972b, 1975). BATHURST (1966) fand sie besonders ausgeprägt in der Lagune bei Bimini (Große Bahamabank). Sie fehlt meist bei Einbettung der Partikel in Kalkschlamm (FISCHER & GARRISON 1967, HUGHES CLARKE & KEIJ 1973). Pilze gehen nach BUDD & PERKINS (1980) wesentlich tiefer hinab als Algen (Blaualgen bis 20 m mit 1 Ausnahme, Grünalgen bis 85 m, Pilze über 500 m Wasser-

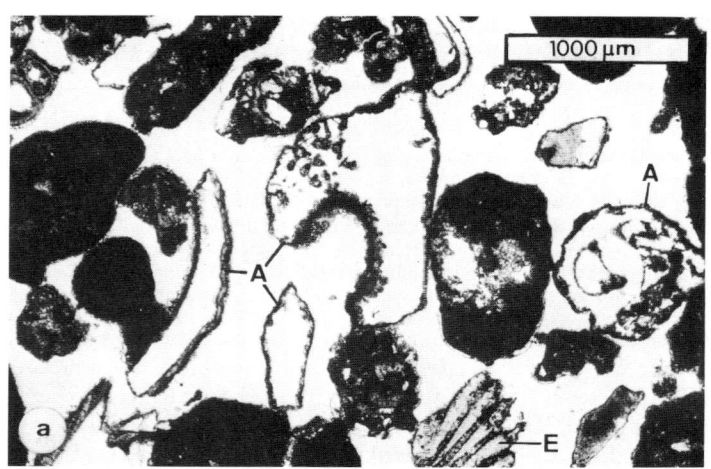

Abb. 6-127. Mikritsäume („micritic envelopes"). a. Im Biokalkarenit einer pleistozänen Küstenterrasse im Kanaleinschnitt von Korinth sind die aufgelösten Aragonitpartikel nur an ihren Mikritsäumen zu erkennen (A), während der Mg-Calcit des Echinidenstachels (E) nicht aufgelöst wurde, weil er im Mittelmeerraum nach RICHTER (1984: 40) primär aus $Mg_{< 0,08}$-Calcit besteht, welcher weniger löslich als Aragonit ist (aus NEUSER et al. 1982). – b. Durch Mikroorganismen angebohrte, ehemals aragonitische Schalen aus einem unterhalb der photischen Zone abgelagerten mitteltriadischen Rotkalk (Tiefschwellenfazies bei Epidavros/Griechenland; aus DÜRKOOP et al. 1986).

Isochemische Diagenese

tiefe; vgl. auch Abb. 6-127 rechts). Wichtig für die Mikritisierung ist wohl nicht nur der Lichteinfall, sondern auch die Kalkübersättigung.

Dementsprechend fanden BANDEL & DULLO (1985) Mikritisierung noch am Boden des diesbezüglich abnormen Roten Meeres (20 °C, MILLIMAN 1974: 296). Die Mikritisierung ist eine anorganische Zementation; sie fehlt deshalb in kühleren Meeren, z. B. in der Nordsee (ALEXANDERSSON 1974) und westlich von Irland (GUNATILAKA 1976), wo selbst in Flachseesedimenten die feinen Bohrungen nicht gefüllt sind, außer an Rotalgen, was von diesen Autoren auf Lebensprozesse der letzteren zurückgeführt wird (s. auch SIBLEY & MURRAY 1972).

Mikritisierung („grain diminution") kann nach WOLF (1965a) z. B. Rotalgenstrukturen und Algenfilamente, ja vielleicht ganze Riffe frühdiagenetisch unkenntlich machen (s. auch KAHLE 1977 und S. 386).

6.5.6 Sammelkristallisation

Die Sammelkristallisation im weiteren Sinne (aggrading neomorphism, BATHURST 1971: 483) umfaßt alle diagenetischen Prozesse, die in mikritischen Sedimenten oder Partikeln eine Kristallvergröberung bewirken (Abb. 6-128). Hierfür kommen in Betracht:
a) die Umwandlung von Aragonit in (Mg-)Calcit und von Mg-Calcit in Calcit, beides vor allem im Mikrit

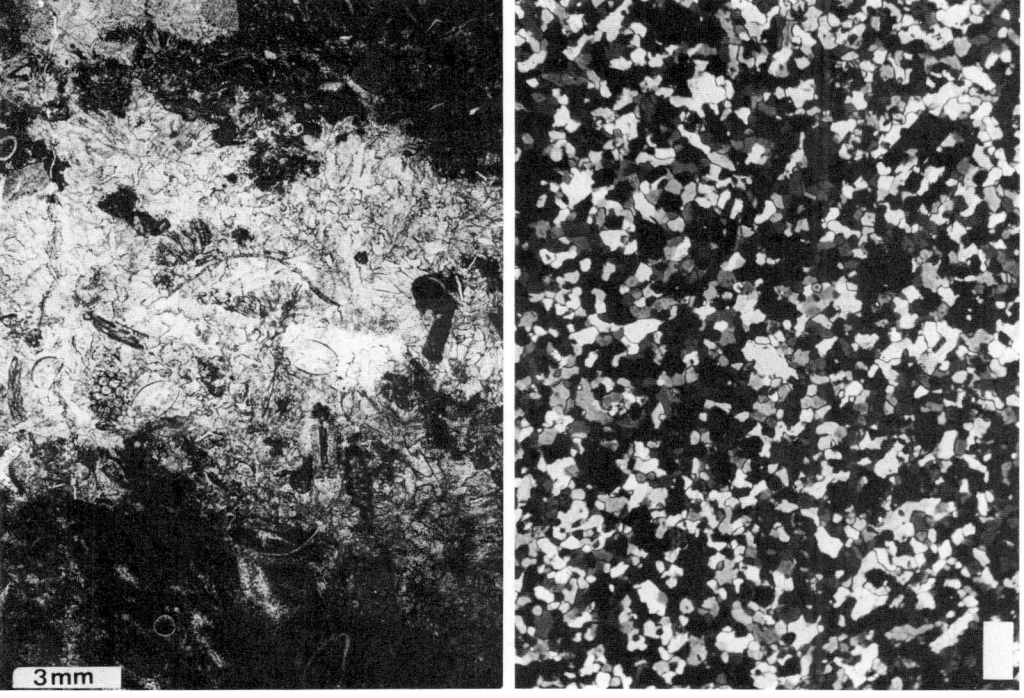

Abb. 6-128. Links: Fleckige Sammelkristallisation (hell) im ordovizischen Kullsberg-Riffkalk von Skålberget (Siljansee/Schweden) mit verzahnten Kristallgrenzen. Die Fossilien (Bryozoen, Ostracoden, Trilobiten, Crinoiden) wurden ausgespart (Bildhöhe 20 mm). Rechts: Ultradünnschliff des anchimetamorphen (kurzfristig auf fast 300 °C erhitzten) Muschelkalks bei Osnabrück ($Hb_{rel} < 2$ μm des Illits: 171). Die Kristallgrenzen sind hier weniger verzahnt als links (aus BRAUCKMANN 1984, Abb. 48). Balkenlänge 50 μm.

b) die Sammelkristallisation im engeren Sinne, d. h. das Wachsen von größeren auf Kosten kleinerer Kristalle der gleichen Mineralart (crystal enlargement). Der gemeinsame Oberbegriff ist notwendig, weil eine Unterscheidung von a) und b) nicht immer möglich ist.

Die treibende Kraft ist für a) die geringere Löslichkeit des jeweiligen Endproduktes beim Übergang von Aragonit in (Mg-)Calcit oder von Mg-Calcit in einen Mg-ärmeren Calcit (s. S. 399 f.), für b) die geringere Löslichkeit, d. h. kleinere Oberflächenenergie gröberer Kristalle, was im Bereich von 1 µm erheblich ist, während von 1 nach 10 µm die Löslichkeit nur noch um 2% abnimmt (NEUGEBAUER 1974b).

Demgemäß fanden WISE & KELTS (1972) eine Sammelkristallisation i. e. S. (Fall b) calcitischer Coccolithen bei 3–6 °C, 13–133 m unter dem Meeresboden nur im Bereich < 4 µm. Auch SCHLANGER & DOUGLAS (1974) fanden eine Auflösung kleinster Coccolithenfragmente und eine Ausscheidung auf den gröber-kristallinen Discoaster-Schalen und auf großen Coccolithen. Ähnliches stellten FLÜGEL & KEUPP (1979) im Malm fest.

Möglicherweise erfolgt eine Sammelkristallisation über die erste Stufe (< 4 µm) hinaus nur dann zu einem frühen Zeitpunkt, wenn Umwandlungen Aragonit-Calcit oder Mg-Calcit-Calcit involviert sind (Fall a).

So war nach HERFORTH (1985: 102) im Pleistozän von Korinth eine fleckenhafte Sammelkristallisation von 4 auf 10–15 µm mit einer Mg-Abnahme im Calcit verbunden. In Sedimenten des Laacher Sees findet sich eine beginnende Sammelkristallisation mit einer Kristallvergröberung von 10–15 auf 15–30 µm; sie führt von einem Calcit mit 3,5–4% $MgCO_3$ zu einem Calcit, der zu einem Porenwasser mit Mg/Ca ~ 0,5 im Gleichgewicht steht und demnach ≤ 1% $MgCO_3$ enthalten sollte (BAHRIG 1985: 133).

Ist das Gestein erst einmal mineralogisch stabilisiert, d. h. besteht es aus Calcit oder Dolomit, so kann es gegen weitere Sammelkristallisation recht resistent sein. So fanden BORAK & FRIEDMAN (1981) in einer Bohrung noch in 9100 m Tiefe eine Kristallgröße von 15–20 µm. Auch BRAUCKMANN (1984: 127 und mdl.) konnte in dem allerdings nur kurz auf 200–300 °C erhitzten Muschelkalk über den Plutonen von Bramsche und Vlotho keine Veränderung der im Mittel 10 µm großen Calcitkristalle gegenüber dem nur auf 100 °C erhitzten Gebiet feststellen. Vielleicht haben diese 100° für die beobachtete Sammelkristallisation schon ausgereicht. So beschreibt JØRGENSEN (1986: 280 f.) eine starke Sammelkristallisation der Schreibkreide im Zentralgraben der Nordsee auf 10–50 µm in 3000 m Teufe.

Demgegenüber fanden HUMBERT & BERTRAND (1982) in einem ordovizischen Kalk am Kontakt zu einer magmatischen Intrusion eine Kristallgröße von 35 µm gegenüber 0,3 µm in 6 m Entfernung vom Kontakt. In einem kretazischen Kalkmikrit fanden sie eine Kristallgröße von 2,5 µm in der Anchizone und 140 µm in der Epizone. Als Metamorphosemaßstab diente in den beiden letztgenannten Arbeiten die Illitkristallinität.

Im Bereich einer Regionalmetamorphose mit Kristallgrößen > 100 µm fand BROWN (1972) auf Zwillingsgrenzen von Echinodermen Rekristallisation. Dieser Begriff wird von uns im Gegensatz zum Gebrauch in vielen angelsächsischen Arbeiten auf den metamorphen Prozeß beschränkt, bei welchem über eine Festkörperreaktion oder auf dem Lösungsweg Kristalle, die unter Spannung stehen, durch (zunächst) kleinere, streßfreie und dadurch weniger lösliche Kristalle der gleichen Mineralart ersetzt werden. Während im Bereich der Diagenese sammelkristallisierte Karbonatgesteine „amöboid" gebogene Kristallgrenzen haben, stellt sich in der niedrigen Metamorphose ein „Pflastermosaik" mit geraden Kristallgrenzen ein (FISCHER et al. 1967; vgl. Abb. 6-128). Hier ist jedoch Vorsicht geboten: Auch gröbere Zementgefüge zeigen oft gerade Kristallgrenzen.

„Aggrading crystallization" ist eine spezielle Form von Sammelkristallisation, bei der Calcitkristalle die Skelette von Biogenen wie Muscheln oder Ostracoden als Keime benutzen und homoachsial senkrecht zur Schalenoberfläche in die umgebende Kalkmatrix hineinwachsen, wobei sie diese chemisch verdrängen. An der Länge dieser Kristalle konnte RICHTER (1978) eine regional zunehmende „very low-grade" Metamorphose verfolgen (10 → 35 µm). Vergleichbar hiermit ist die „syntaxial enlargement" (Tab. 6-8). Siehe Abb. 6-34 und 94.

Welche Faktoren bestimmen die Sammelkristallisation? Sicher hängt sie nicht nur von der Versenkungsgeschichte (dem Temperatur-Zeit-Integral) ab. Es spielen auch andere Faktoren, z. B. der Tongehalt, eine Rolle. Feinverteilter Ton hemmt die Sammelkristallisation. So sind im Fränkischen Jura nach BAUSCH (1968) Kalke mit mehr als 2% Unlöslichem kryptokristallin (2–10 μm), reinere Kalke aber – vermutlich durch eine Sammelkristallisation vom Typ a) – meistens mikro- bis makrokristallin (50–250 μm). Im metamorphen Bereich aber findet sich eine Sammelkristallisation auch in tonigeren Kalken (BAUSCH 1968).

In den dunklen Dolomitluliten des Zechstein 3 im Emsland liegt die Kristallgröße bei 15 μm, in den helleren, rückstandsärmeren Dolomitonkolithen bei 50 μm (FÜCHTBAUER 1958a, 1964b). Auch die Beobachtung von NEWELL et al. (1953) und BISSELL (1959), daß die Sammelkristallisation in den Beckensedimenten am geringsten ist, könnte auf einen beckenwärts zunehmenden Tongehalt zurückgehen; vielleicht auch darauf, daß in den meist aragonitischen Flachwassersedimenten die Sammelkristallisation stimuliert wurde. Andererseits fand LONGMAN (1977) und vor ihm schon FOLK (1959) in der Nachbarschaft von Tonlagen eine Vergrößerung von 2 auf 5–10 μm, wofür die lokale Absorption von Mg^{2+} durch den Ton verantwortlich gemacht wurde: Mg^{2+} behindert nach FOLK (1974b) die Kristallisation von Calcit. Auch die Nähe von Verwerfungen kann die Sammelkristallisation stimulieren (KARCZ 1964). Andererseits dürfte organische Substanz (z. B. in Kotpillen) die Sammelkristallisation hemmen.

Für Mikrofossilien fanden BANNER & WOOD (1964), daß eine Sammelkristallisation bevorzugt in aragonitischen oder sehr feinkristallinen und feinporösen Biogenen, z. B. porzellanschaligen Foraminiferen stattfindet, erst später in glasigen und zuletzt in agglutinierenden Foraminiferen. Eine vergleichbare Reihenfolge fand TRURNIT (1968) bei der Auflösung an Stylolithen: Echinodermen und große Calcitkristalle zeigten sich widerstandsfähiger als Pillen, Intraklasten und Ooide.

Die folgende Tabelle gibt einen Überblick über die wichtigsten Unterscheidungsmerkmale von Zement und sammelkristallisierter Matrix.

Tabelle 6-8. Unterscheidungsmerkmale von Zementation und Sammelkristallisation (z. T. nach STAUFFER 1962)

Merkmal	Zement	Sammelkristallisation
Ausgangsgefüge	Hohlraum (Poren, fenestrae)	Partikel oder Matrix
Grenze gegen unverändertes Gestein	scharf	z. T. unscharf, z. T. Partikel querend
Crinoiden	sie sind oft Zentren homoachsialer Zementation („syntaxial rim cementation")	Sammelkristallisation („syntaxial enlargement")
Gefüge	er säumt Partikel (oft mehrphasig): dabei z. T. c ⊥ Wand	oft fleckenhaft verteilt
Partikelrelikte	fehlen im Zement	vorhanden
Kristallgrenzen	oft gerade, z. T. „enfacial junction"*	Größere Kristalle sind unregelmäßig verzahnt. Oft Verunreinigungen auf Kristallgrenzen.
Kristallgrößen	in kleinen Poren einheitlich, in großen Poren randlich oft faseriger Zement A, gegen innen blockiger, nach innen gröber werdender Zement B	wenn feinkristallin, gut sortiert, wenn grobkristallin, oft schlecht sortiert. Größere Kristalle enthalten manchmal Einschlüsse von kleineren.
Spezielle Kriterien	Internes Sediment mit geopetaler Begrenzung („Wasserwaage") grenzt einen ehemaligen Hohlraum ab. Dieser ist durch Zement gefüllt.	Schwimmen die Partikel in der Grundmasse, so ist sie Matrix, nicht Zement. – Die Sammelkristallisation spart den (porenfreien) Zement oft aus.

* Kristallgrenzen, die auf die gerade Begrenzung eines dritten Kristalls stoßen (BATHURST 1964, FENNINGER 1968, s. Abb. 6-106, rechts neben Bildmitte).

Internes Sediment ist oft gröberkristallin als der angrenzende mikritische Kalk. Dies mag auf eine stärkere Sammelkristallisation (oder Zementation) in den vor Kompaktion geschützten Großporen zurückgehen. Andererseits zeigt der Mikrit in Fossilkammern, z. B. Schnecken, nicht selten eine geringere Kristallgröße als im angrenzenden Kalk. Hier ist eine Diagenesehemmung in den stärker abgeschlossenen und vielleicht noch organische Reste enthaltenden Fossilhohlräumen in Betracht zu ziehen.

6.5.7 Konkretionen, Nagelkalke

A. Typen

Konkretionen sind diagenetische, rundliche Anreicherungen von Karbonaten oder anderen Mineralen in Gesteinen, welche diese Minerale in geringer Menge enthalten. Außer Karbonatkonkretionen gibt es unter anderem Phosphat-, SiO_2-, Pyrit- und Eisenoxidkonkretionen. Hohle SiO_2-Konkretionen nennt man Geoden (PETTIJOHN 1975: 474); Goethitanreicherungen können röhrenförmig sein. Unter besonderen Bedingungen bilden sich Rosetten, d. h. igelförmige Kristallaggregate aus Markasit, Gips, Cölestin und Baryt. Hier sollen jedoch nur die Karbonatkonkretionen behandelt werden. Dazu gehören auch die unregelmäßigen Konkretionen der Knollenkalke.

Nach dem Mechanismus ihrer Platznahme unterscheidet man mit v. ENGELHARDT (1973: 310 f.) a) mechanisch verdrängende, b) chemisch verdrängende und c) porenfüllende Konkretionen.

Zu a) Diese Konkretionen enthalten praktisch kein Nebengestein. Sie sind demnach relativ langsam und deshalb meist grobkristallin in einem mechanisch noch komprimierbaren Sediment gewachsen. Ein Beispiel sind die Pyritkonkretionen im Ton.

Ein Beispiel besonderer Art sind die Nagelkalke (Tutenmergel, cone-in-cone), feingestufte Kegel aus Karbonat, eingebettet in Mergel (Abb. 6-129 rechts). Sie bestehen aus langen Karbonatfasern oder undulösen Einkristallen, deren c-Achse ungefähr mit der Kegelachse zusammenfällt und etwa senkrecht zur Schichtung steht. Solche Kegel schließen sich zu 2–15 cm dicken Lagen zusammen (PETTIJOHN 1975: 470), gehen meist von Kalkpartien, z. B. Schillagen oder Konkretionen aus und öffnen sich von diesen gegen das Nebengestein hin (TARR 1932, SCHÖNE-WARNEFELD & DAHM 1962, GILMAN & METZGER 1967). Sie entstehen demnach später als die Konkretionen, ja sie finden sich nach RAISWELL (1971) bevorzugt auf solchen Konkretionen, die sich erst bildeten, als die

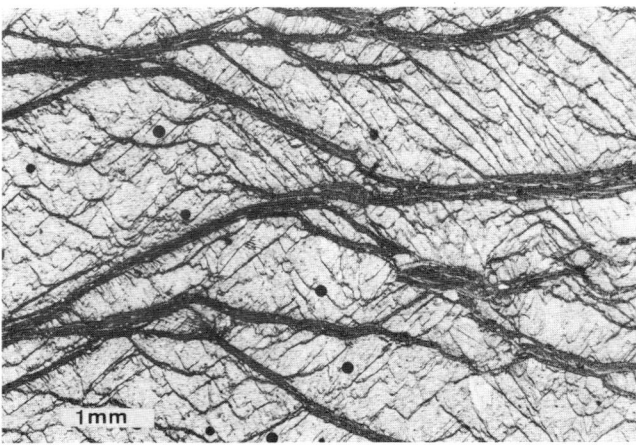 

Abb. 6-129. Links: Nagelkalk, eine Tonlage aufblätternd. Wealden des Ölfeldes Dalum/Emsland (schwarze Punkte = Luftblasen im Schliff). – Rechts: Nagelkalkstruktur mit Stufenbau (oben). Siderit. Festningenprofil, Spitzbergen.

Porosität des Sediments nur noch 30–40% betrug. Entsprechend sind im Ölfeld Dalum (Emsland) die Mollusken- und Ostracodenlumachellen nur im Randwasserbereich, d. h. erst nach der Ölmigration, in Nagelkalke umgewandelt (FÜCHTBAUER & GOLDSCHMIDT 1964). Wo reine Kalke mit tonigen Kalken wechsellagern, finden sich Nagelkalkstrukturen nur in den letzteren, weil sich diese weniger schnell verfestigen. Die großen Kristalle und die wahrscheinlich mechanische Verdrängung des nur schwach verfestigten tonigen Nebengesteins (Abb. 6-129 links) deuten auf geringe Keimbildungs- bzw. Wachstumsraten, d. h. auf eine nur schwach übersättigte Lösung hin. Als Karbonatquelle diente oft der im Mergel feinverteilte Kalk. In Sandsteinen bilden sich flachere Kegel (70–100° Öffnungswinkel) als in Mergeln (15–70°; FRANKS 1969).

Zu b) Chemisch verdrängende Konkretionen sind die meisten Kieselknollen; ihr Material stammt von der Auflösung feinster organischer Opalpartikel (s. S. 539 f.). Auch viele Phosphatknollen gehören hierher (s. S. 553/4). Eine partielle chemische Verdrängung von Quarzkörnern findet man in vielen Calcreteknollen (s. S. 362). Durch chemische Verdrängung von einem Spaltensystem aus ließen sich spätdiagenetische, weil die Schichtung nicht „aufweitende" Calcitkonkretionen im Zechstein 2-Dolomit bei Nienburg (Weser) erklären (FÜCHTBAUER 1964 b: 515 f.). Auch RAISWELL (1971) beschrieb spätdiagenetische Konkretionen (s. u., diese S.).

Zu c) Die subaquatisch gebildeten, normalen Karbonatkonkretionen aber gehören dem porenfüllenden Typ an. Sie kommen wie die Nagelkalke vor allem in Mergelsteinen vor. Die Karbonatanreicherungen sind feinkristallin und erfolgen demnach relativ schnell, mit hohen Keimbildungsraten, und umwachsen daher Nebengesteinspartikel. Nach einer Abschätzung von BERNER (1968) benötigt eine kugelige Konkretion für ihr Wachstum in langsam fließendem Grundwasser ca. 500 (für 1 cm Radius) bis 12000 Jahre (für 5 cm Radius). In Sandsteinen sind die Konkretionen meist kugelrund, in Tongesteinen abgeflacht, weil die Einregelung der Tonminerale schichtparallele Stoffwanderungen begünstigt (RAISWELL 1971: 166, PETTIJOHN 1975: 468). Dem Typ c) gelten die nachfolgenden Ausführungen.

B. Alter

Die Porosität und damit die Sedimentbedeckung, bei der sich eine Konkretion bildete, läßt sich nach der Minus-Zementporosität, d. h. dem Volumenanteil von Zement + Poren, abschätzen, wenn man das ganze Karbonat als Zement rechnet. Da sich aber die meisten Konkretionen in Mergeln bilden, kommt man auf diese Weise zu einer zu hohen Porosität. Eine bessere Abschätzung ergibt sich daher, wenn man von dem mittleren Karbonatgehalt des Gesteins ausgeht (Nebengestein + Konkretionen) und nur den darüber hinausgehenden Karbonatgehalt der Konkretion als Zement bzw. als Porosität zur Zeit des Beginns der Konkretionsbildung rechnet. Auch an einer Feinschichtung, welche durch die Konkretion aufgeweitet ist, kann man die seitherige Setzung und damit den Zeitpunkt der Konkretionsbildung abschätzen. Doch erhält man auch hier zu hohe Setzungswerte, weil dem Nebengestein karbonatisches Material entzogen wurde.

Werden die Konkretionen von solchen Laminationen durchzogen, dann zeigt es sich, daß ihr Wachstum meist früh einsetzt und zunächst relativ schnell fortschreitet, sich dann aber stark verlangsamt, so daß die äußerste Lage wesentlich später entsteht (TOMKEIEFF 1927, RAISWELL 1971, OERTEL & CURTIS 1972, BLOME & ALBERT 1985). Dementsprechend fand HUDSON (1978) im Kern der Konkretionen leichte C- und schwere O-Isotope angereichert (infolge der Mitwirkung organischer Substanz bzw. oberflächennaher Temperaturen: 13–16 °C), am Rand aber die schweren C-Isotope und die leichten O-Isotope (höhere Temperatur infolge von Versenkung). Auch die Tonmineraldiagenese ist gelegentlich in der Randpartie weiter fortgeschritten als im Zentrum (FÜCHTBAUER & GOLDSCHMIDT 1963).

RAISWELL (1971) beschrieb frühe Konkretionen, die bei einer Porosität von 70% begannen und – in ihrer äußeren Partie – bei 40% aufhörten zu wachsen. Ihnen stellte er späte Konkretionen gegenüber, die bei 30–40% Porosität begannen und aufhörten. Nur in den ersteren fand er Septarien, nur an den zweitgenannten Nagelkalke.

Die „Septarien" genannten Konkretionen mit ihren nach innen erweiterten radialen, aber auch tangentialen Schrumpfrissen (LIPPMANN 1955, VANOSSI 1964, RAISWELL 1971) verdanken ihre Entstehung dem zentripetalen Wachstum. Erfolgt dieses sehr schnell, so verstopfen sich die Diffusionswege zum Zentrum der Konkretion, so daß die Zementation dort etwas zurückbleibt. Hierauf könnte der etwas höhere Al-Gehalt im Innern vieler Konkretionen hinweisen (RICHARDSON 1919, VANOSSI 1964, Fig. 1). Durch Schrumpfung, welche am einfachsten mit einer langsamen Eintrocknung des Gesteins im meteorischen Bereich erklärbar wäre, entstehen dann die nach außen enger werdenden Risse. Erfolgt keine Heraushebung, so mag im Innern einer solchen Konkretion anstatt der Risse eine gleichmäßig höhere Porosität konserviert worden sein, die zu einer stärkeren Herauswitterung des inneren Teils führte (Abb. 6-130).

Abb. 6-130. Konkretionen mit ausgewittertem Kern. Diablo Mts. bei San Franzisko (Kalifornien).

Vor allem frühe Konkretionen stellen Diagenesekonserven dar (s. o.). Im allgemeinen ist in ihnen der Quarzgehalt höher als in den umgebenden Siltmergelsteinen (FÜCHTBAUER 1978). Auch instabile Schwerminerale können in ihnen konserviert sein (BRAMLETTE 1941).

In manchen Schichtenfolgen treten Konkretionen unterschiedlichen Alters auf. So wurden nach LANGBEIN et al. (1977) im Dinant der nördlichen DDR Sideritkonkretionen mit 50–90% Karbonat vermutlich in Sedimenttiefen um 0,1 m und Calcitkonkretionen mit 10–60% Karbonat in Sedimenttiefen um 1000 m gebildet; zwischen beiden standen Fe-Calcitkonkretionen (s. auch GAUTIER 1982).

C. Entstehung

Viele Konkretionen sind lagenweise angereichert. Oft findet man in ihrem Kern Makrofossilien. Verrottende organische Substanz scheint demnach zumindest für die Auslösung der Konkretionsbildung wesentlich zu sein. SCHOLZ (1984) fand, daß schneckenführende Konkretionen der Oberen Süßwassermolasse (Miozän) beim Aufschlagen nach H_2S riechen. Auch Phosphat- oder Pyritgehalte deuten auf die Beteiligung von Organismen (CORRENS 1950), ebenso die Verknüpfung vieler Konkretionen mit Wühlspuren (KENNEDY & GARRISON 1975, ABED & SCHNEIDER 1980, FLEET & COLEMAN 1980, s. auch LANGBEIN & MEINEL 1985).

Nach Isotopenuntersuchungen von WADA & OKADA (1982) und GAUTIER & CLAYPOOL (1984) ist die Konkretionsbildung besonders intensiv dicht unter der Sedimentoberfläche, in der Zone der SO_4^{2-}-Reduktion. Dort oxydieren desulfurizierende Bakterien die zerfallende organische Substanz zu CO_2, und es entsteht HCO_3^- nach der Formel

$$S^{2-} + 2\,CO_2 + 2\,H_2O = 2\,HCO_3^- + H_2S \quad \text{(BERNER 1971 b).}$$

Hierdurch und infolge der NH_3-Produktion bei der Zersetzung von Eiweiß (CORRENS 1950, LIPPMANN 1955) wird die Löslichkeit für $CaCO_3$ lokal herabgesetzt, und dieses fällt aus. Eine weitere Quelle könnte dann der Aragonit im umgebenden Sediment sein (s. auch JENKYNS 1974). Auch eine gröbere Kristallgröße des Zements in der Konkretion könnte aus der Umgebung Kalk nachziehen (HUDSON 1978: Fig. 4). Nach KASTNER (mdl.) ist auch der folgende Mechanismus denkbar: Im ersten Stadium der Fäulnis entsteht NH_3. Dieses erzeugt um die zerfallende organische Substanz herum eine hohlkugelförmige Konkretion, die das im zweiten Stadium entstehende CO_2 einschließt. CO_2 entwickelt sich aber auch in der feinverteilten organischen Substanz des umgebenden Sediments, erhöht dort die $CaCO_3$-Löslichkeit und erzeugt dadurch einen Diffusionsgradienten zu der wachsenden Konkretion hin. Dieser Prozeß könnte ebenfalls zu den im Abschnitt B erwähnten Konkretionen mit geschrumpftem (Septarien) oder porösem Inneren führen (Abb. 6-130). Ein weiteres Modell, unter Mitwirkung von Fettsäuren, schlug BERNER (1971a: 108) vor.

In Flachseesanden vor dem Fraser-Delta (W-Kanada) bilden sich dicht unter der Sedimentoberfläche Konkretionen durch Mg-Calcit-Zementation. Die niedrigen $\partial^{13}C$-Werte (-7 bis $-59‰$, PDB) zeigen, daß Methan aus anaerober bakterieller Fermentation eine wesentliche C-Quelle ist (NELSON & LAWRENCE 1984). Die Autoren vermuten ähnliche Mechanismen der Lithifizierung auch in anderen nichttropischen Vorkommen.

Konkretionen bilden sich besonders in Sedimenten geringer Akkumulationsrate. Ein Beispiel sind die Knollenkalke tieferen Wassers (Abb. 14-50). Vielleicht ist die Diffusion aus dem überstehenden kalkübersättigten Meerwasser förderlich (MÜLLER & FABRICIUS 1974). So kann es geschehen, daß Konkretionen durch submarine Erosion freigelegt, von Benthos besiedelt und dann wieder eingedeckt werden und weiterwachsen, wie es VOIGT (1968) an „Hiatus-Konkretionen" aus Lias delta-Tonen beschrieb. Solche Umlagerungen während der Konkretionsbildung fanden auch KALDI (1980) sowie MULLINS et al. (1980) am Hang der Bahama-Plattform. Andere Konkretionen aber bildeten sich in einem gegen das Meerwasser geschlossenen System, wie HOEFS et al. (1970) mittels Isotopen und Sr-Gehalten nachwiesen. Im Lias Württembergs und der Schweiz fand H. RICHTER (1983) Lagen von Konkretionen stets etwa 30 cm unter Omissionen. Sie verweilten demnach **längere Zeit** in der Zone der Sulfatreduktion – eine Beobachtung allgemeinerer Bedeutung?

Sideritkonkretionen entstehen aus den auf S. 239 genannten Gründen oft im nichtmarinen Bereich, besonders unter Sümpfen und Tümpeln. Über feinere Environmentunterschiede und Drainagebedingungen unterrichten die C-Isotope (WHELAN & ROBERTS 1973, BAHRIG & CONZE 1986). Aus dem marinen Lias beschrieb BOCK (1973) Zweiphasenkonkretionen, in denen ein Calcit-Pyrit-Kern an scharfer Grenze von Siderit ummantelt war – ein Hinweis auf das diagenetische Verschwinden der Sulfationen und der desulfurizierenden Bakterien.

In peritidalen Kalken mit Übergang zur Calcretebildung finden sich nicht selten schwärzliche organische Überzüge, z. T. auf Geröllen (BARTHEL 1974, BECHSTÄDT 1975, KENNEDY & GARRISON 1975, SEYFRIED 1980, STRASSER 1984).

Zusammenfassung

Im Bereich der Frühdiagenese, d. h. oberflächennah, unterscheidet man vier diagenetische Environments: meteorisch-vados und -phreatisch, sowie marin-vados und -phreatisch. Hinsichtlich des Zutritts der Lösungen unterscheidet man offene, halboffene und geschlossene Systeme. Die offeneren überwiegen in der Frühdiagenese, während sich geschlossene Systeme vorwiegend spätdiagenetisch, d. h. im Bereich der Versenkungsdiagenese einstellen.

Eine Kompaktion läßt sich am besten an der Deformation von Lebensspuren abschätzen. Sie findet hauptsächlich in Kalkschlämmen mit geringem diagenetischem Potential statt, d. h. in Gegenwart von feinverteiltem Ton oder in rein calcitischen Kalken. Aragonit hingegen kristallisiert zu Calcit um, der dabei gerüststabilisierenden Zement bilden kann. Kalkschlämme der Flachsee sind reich an Aragonit (und Mg-Calcit) und erleiden deshalb i. allg. keine Kompaktion.

Vertikalstylolithen verdanken ihre Entstehung der Schwerkraft, Horizontalstylolithen einer

Horizontalbeanspruchung, wie sie z. B. vor der Auffaltung beobachtet wird. Beide entstehen nur in verfestigten Gesteinen. An Stylolithen können große Teile des ursprünglich vorhandenen Gesteins aufgelöst worden sein. Wie Stylolithen entstehen, ist noch nicht völlig geklärt. Drucklösung und Auflösung „verschmutzter", unglatter, kleinerer Kristalle in den Lösungssäumen kommen in Betracht. Auch die erhöhte Porosität und Durchlässigkeit toniger Säume scheint bedeutsam zu sein. Diesbezügliche Unterschiede auf den beiden Seiten eines Tonsaumes führen jeweils auf einer Seite zur Auflösung und damit zur stylolithischen Deformation des Tonsaumes. Dabei werden „eingefahrene Gleise" nicht leicht verlassen. Der Stylolith wächst nur solange, wie im benachbarten Gestein noch Poren oder tektonische Hohlräume zur Wiederausscheidung zur Verfügung stehen.

Aragonit wird nicht nur unter dem Einfluß meteorischer Wässer, sondern auch in der Versenkungsdiagenese in Calcit umgewandelt, wenn der Mg-Gehalt unter ca. 0,01 mol/l gesunken ist, und wenn das Mineral nicht durch Kohlenwasserstoffe oder frühe Einschließung in Calcitzement konserviert wird. Ursprünglich aragonitische Zusammensetzung wird oft an einem erhöhten Sr-Gehalt des Calcits erkannt. Der Übergang Aragonit-Calcit vollzieht sich entweder über ein Stadium der Auflösung und Hohlformporenbildung und eine nachfolgende Zementation oder „in situ" über einen dünnen Lösungsfilm, wobei Einschlüsse und Vorzeichnungen, nicht aber die Kristallorientierung des Aragonits, vom Calcit übernommen werden.

Folgende Zementtypen lassen sich nach Habitus und Gefüge unterscheiden:
1. Mikritzement (micritic envelopes; Zwickelfüllungen)
2. Radial-faseriger Zement (Zement A: palisadenförmig)
3. Rimzement (homoachsiale Anwachssäume z. B. um Echinodermen)
4. Isometrischer Zement (Zement B granular; blockig)
5. Meniskus- und Geopetalzement (nur vados möglich)
6. Whiskerzement (lange, schmale Kristalle).

Als Merkmale für das sedimentäre und diagenetische Bildungsmilieu lassen sich verwenden: a) die Morphologie der Zemente, b) ihr Mg-Gehalt, c) ihr Fe^{2+}-Gehalt (durch Anfärbung zu ermitteln), d) ihr Mn-Gehalt und das Mn^{2+}/Fe^{2+}-Verhältnis (bei der Kathodolumineszenz wirksam), e) der Sr-Gehalt, f) das $\partial^{18}O$-Verhältnis (für Bildungsmilieu und Temperaturgeschichte), g) das $\partial^{13}C$-Verhältnis (für Bildungsmilieu und Mitwirkung organischer Substanz), h) der Salzgehalt in Flüssigkeitseinschlüssen, i) organische Flüssigkeitseinschlüsse (Reifegrad der Kohlenwasserstoffe), k) die Fluoreszenz (organische Beimengungen).

Der charakteristische meteorische Zement ist isotopisch leichter Calcit. Im vadosen Bereich (oberhalb des Grundwasserspiegels) werden die Aragonitpartikel aufgelöst, während sie im phreatischen Bereich (unter dem Grundwasserspiegel) meist „in situ" in (Mg-)Calcit umgewandelt werden. Die Mg-Calcitpartikel stabilisieren sich Korn für Korn unterschiedlich (s. Kap. 6.6.1). Granularer und blockiger Zement wiegen vor. Es findet ein $CaCO_3$-Transport aus dem vadosen in den phreatischen Bereich statt. Bei der Auflösung spielt organogenes CO_2 eine Rolle. In Erdzeitaltern mit Eiszeiten oder tektonisch bedingten Regressionen spielen meteorische Zemente eine besondere Rolle.

An vielen vor allem tropischen und subtropischen Küsten bildet sich Beachrock z. T. marinvados, z. T. schizohalin marin-meteorisch. Seine Partikel sind durch radialen und kryptokristallinen Mg-Calcit- und radialen Aragonitbewuchs zementiert. Marin-vadoser Zement zeigt Geopetal- und Meniskusstrukturen; Tepee-Strukturen können in Watten oder Playas entstehen.

Marin-phreatisch kommt es zu früher Zementation vor allem in Flachseebereichen mit langsamer Sedimentakkumulation. Es entstehen radial-faserige und mikritische Zemente aus Aragonit oder Mg-Calcit, wobei ersterer offenbar bei höheren Temperaturen bevorzugt wird, doch scheinen hier von Fall zu Fall auch andere, noch nicht abgeklärte Einflüsse mitzuwirken. Auch scheint es Erdzeitalter mit bevorzugter Aragonit- oder Mg-Calcitzementation zu geben.

In Riffen findet die intensivste Zementation auf der Seeseite statt. Unter der Riffoberfläche bewirkt ein alkalisches Milieu frühe Zementation, wobei auch blockige Zemente entstehen. Besonders typisch aber sind große z. T. rhythmische Hohlraumfüllungen aus radial-faserigem Aragonit- und Mg-Calcitzement, z. T. von internem Sediment unterbrochen, sowie dicke Zementkrusten auf der Riffoberfläche. Eine Besonderheit vieler Riffe ist eine biogene Gefügezerstörung, verbunden mit einer Mikritisierung, die es oft schwer macht, fossile Riffe zu erkennen.

In der Flachsee können sich an Stellen längerer Nichtsedimentation Hartgründe bilden; in tieferem Wasser kann innerhalb des Sediments Mg-armer Calcitzement entstehen.

Die Versenkungsdiagenese ist einerseits geprägt durch die Mg-Abnahme im Porenwasser, welche eine Umwandlung von Aragonit und Mg-Calcit in Calcit fördert, und durch die Zunahme von Salinität (i. allg.) und Temperatur, andererseits durch die Konkurrenz von Zementation und Kompaktion. Spätdiagenetische Zemente sind meist blockig.

Als „Mikritisierung" bezeichnet man von Algen und Pilzen angebohrte und durch kryptokristallinen Mg-Calcitzement verfüllte Säume vor allem von Aragonitbiogenen.

Der Begriff „Sammelkristallisation" umfaßt a) kristallvergröbernde Umwandlung von Aragonit und evtl. Mg-Calcit in Mg-ärmeren Calcit, und b) die Sammelkristallisation i. e. S., das Wachsen größerer auf Kosten kleinerer Kristalle der gleichen Mineralart; diese gehört vermutlich in die Hochdiagenese. „Rekristallisation" wird – im Gegensatz zum angelsächsischen Gebrauch – nur für Vorgänge der Metamorphose angewandt. Feinverteilter Ton hemmt die Sammelkristallisation (vermutlich Typ a). Zement- und Sammelkristallisationsgefüge werden in einer Tabelle verglichen.

Unter den Karbonatkonkretionen überwiegen die frühdiagenetischen, feinkristallinen, porenfüllenden gegenüber den später-diagenetischen, langsam wachsenden, mechanisch verdrängenden („Nagelkalke") und den spätdiagenetischen, chemisch verdrängenden. Der Zeitpunkt der Entstehung porenfüllender Konkretionen läßt sich bei Beachtung einiger Fehlerquellen aus der Minus-Zementporosität und aus Schichtenverbiegungen abschätzen. Meist wachsen sie zuerst schnell und vergrößern sich dann nur langsam. Diese Konkretionen bilden sich oft um zerfallende organische Reste, vor allem in Mergeln geringer Akkumulationsrate.

6.6 Allochemische Diagenese

6.6.1 Mg-Calcit – (Fe-)Calcit-Umwandlung

Mg-Calcit und Aragonit sind instabil in normalen Oberflächen- und Porenwässern mit ihrem gegenüber dem Meerwasser verringerten Mg^{2+}-Gehalt, doch können diese Minerale in günstigen Porenwässern oder bei ausreichender Konservierung über längere Zeiten erhalten bleiben. So fanden KOCH & ROTHE (1985) häufig 12, gelegentlich sogar 16 Mol-% $MgCO_3$ im Calcit von tonigen Kalken bis kalkigen Tonen des Miozäns, während im gleichen Vorkommen der Calcit seinen Mg-Gehalt bei starker meteorischer Durchtränkung schon nach 10–20 Jahren verloren hatte.

Es ist wichtig zu erkennen, ob ein Kalkstein in Matrix, Partikeln oder Zement ehemals Mg-Calcit enthielt, zeigt er doch damit seine Entstehung bzw. Diagenese in marinem, allenfalls in brackischem oder limnischem Milieu an; die meisten meteorischen Zemente und viele Süßwasserkalke bestehen aus primärem Calcit.

Als Kriterien für eine ehemalige Mg-Calcit-Zusammensetzung lassen sich verwenden:

a) Kleine Restgehalte von Mg im Calcitgitter („Mg-memory", PREZBINDOWSKI 1985); s. S. 381
b) Mg-haltige Calciteinschlüsse in authigenen Quarzen, die als Diagenesekonserven wirken (RICHTER 1972, 1984: 20).
c) Als „Mikrodolomit" bezeichnete kleine, homoachsiale Dolomiteinschlüsse, welche manche Cal-

citzemente und -biogene (z. B. Echinodermen) durchstäuben (Abb. 6-131. RICHTER 1974b: 22, 1984: 79, 1985b, DAVIES 1977, LOHMANN & MEYERS 1977, MEYERS & LOHMANN 1978, BLAKE et al. 1982). Diese Ausscheidungen werden von RICHTER (1985b) in die frühe Spätdiagenese eingestuft. Ihre bilanzierende Ausmessung zeigte, daß dabei der ehemalige Mg-Gehalt des Wirts-Calcits im geschlossenen System quantitativ zur Dolomitbildung verwendet wurde. Dabei bildet sich zunächst Ca-Dolomit, der mit zunehmender Temperatur stöchiometrischer wird und damit eine gute Quantifizierung der Hochdiagenese ermöglicht (RICHTER et al. 1986).

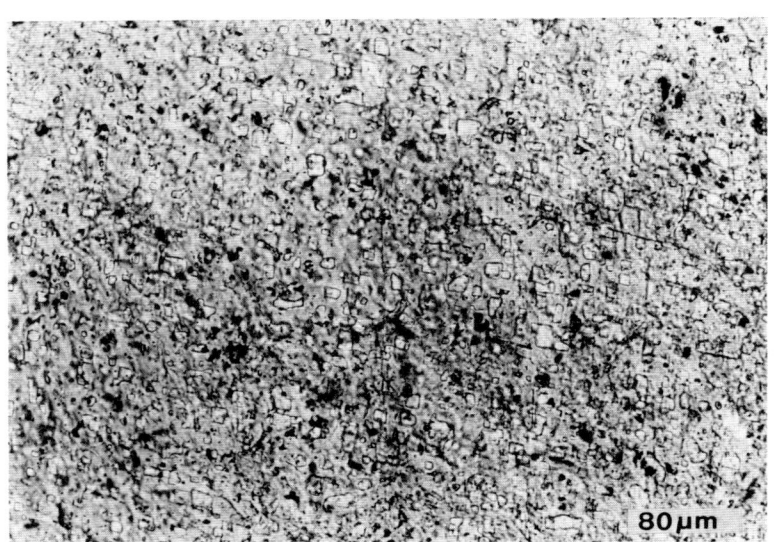

Abb. 6-131. Mikrodolomite – im geschlossenen System aus Mg-Calcit entstanden – in einem Echinodermen-Bruchstück (Mitteldevon/ Eifel; RICHTER 1974b: Abb. 12).

d) Eine fleckige Kathodolumineszenz, welche dadurch entsteht, daß einige Partien instabiler sind, z. B. infolge von höheren Mg-Gehalten, Fremdeinschlüssen oder Gitterfehlern, und deshalb früher calcitisiert werden als andere Partien, und daß sich in dieser Zeitspanne das Mn/Fe-Verhältnis im Porenwasser ändert; je mehr Mn (relativ) bei der Umkristallisation aufgenommen wird, desto heller ist die Lumineszenz (RICHTER & ZINKERNAGEL 1981, RICHTER 1984: 193, 205).

e) Fe-Calcit bildet sich in reduzierendem, Fe^{2+}-haltigem Porenwasser entweder direkt, als phreatischer Zement, oder als Verdrängung von Aragonit und Mg-Calcit, vor deren Umwandlung in Calcit, also relativ früh. Calcit nämlich läßt sich nicht in den (löslicheren!) Fe-Calcit umwandeln (RICHTER & FÜCHTBAUER 1978). Demnach bestanden Biogene und Palisadenzemente, die unter Strukturerhaltung in Fe-Calcit übergingen, ursprünglich aus Mg-Calcit. Dieses Kriterium wird im Kap. 6.2 für die Ermittlung der primären Skelett-Zusammensetzung ausgestorbener Arten und im Kap. 6.3 zur Erkennung primärer Mg-Calcitooide verwendet. Aragonit-Biogene und -Zemente zeigen auch bei Ersatz durch Fe-Calcit das charakteristische, blockige Gefüge. Vorwiegend blockiger Fe-Calcitzement kann auch direkt ausgeschieden sein, wie dies COLLEY & DAVIES (1967) aus pleistozänen Wechsellagerungen von Kalken und vulkanischen Aschenlagen beschrieben. Fe-Calcitlutit aber ist stets aus einem Mg-calcitischen oder aragonitischen Kalksediment hervorgegangen. Theoretisch besteht zwar auch die Möglichkeit einer Fe^{2+}-Aufnahme während der Sammelkristallisation eines Calcitgesteins, doch dürfte sich letztere über so enge Lösungsfilme vollziehen, daß Fe^{2+}-Ionen kaum Zutritt haben. Da die Mg-reichsten Calcitpartikel am löslichsten sind und deshalb zuerst umgewandelt werden, nehmen sie aus einem langsam Fe-reicher werdenden Porenwasser weniger Fe^{2+} auf als die später umgewandelten, Mg-ärmeren Calcitkörner (RICHTER 1980). Der Fe^{2+}-Gehalt des Porenwassers kann jedoch unterschiedlichen Schwankungen ausgesetzt sein.

Tabelle 6-9. Die Stufen meteorisch-vadoser-Diagenese.

FRIEDMAN 1964 Stufe	Partikelkalke	LAND 1966 Stufe	Partikelkalke	RICHTER 1979 Stufe	Mg-Calcit-Biogene*
–		I	lockerer Kalkarenit	I	unverändert, ohne Zement
I	Fossilkammern zementiert	II	Kornkontakte zementiert; Körner unverändert	II A	beginnende Zementation; Biogene unverändert
II	Mg-Calcit → Calcit, ohne Strukturveränderungen.	II/III		II B	geringe Mg-Abgabe und/oder Gitterordnung
II	Kornkontakte durch Zement verstärkt.	III	Mg-Calcit → Calcit. Zementhaut	III	Mg > 10 → 4–7
II		III		IV	4–7 → 3–5
III	Aragonitbiogene gelöst u. mit Calcitzement gefüllt	IV	Aragonitkörner gelöst	V	3–5 → 2–4
IV	Zwickelporen mit blockigem Zement gefüllt	V	„Stabilisierter" Kalk, aus Calcit bestehend	VI	2–4 → 1–3
IV		V		VII	1–3 → 0–2

Römische Zahlen = Diagenesestufen; arabische Zahlen = Mol-% MgCO$_3$ im Calcit. (Korrelation der Diagenesestufen dreier Autoren, nach RICHTER 1984: 99). Die Korrelation von FRIEDMAN's III und LAND's IV mit RICHTER's V ist fraglich.
* Corallinacea (*Lithophyllum, Lithothamnium*) und Echinoidea (*Echinocyamus pusillus*-Coronen) aus dem Pliozän bis Holozän des Peloponnes und der Umgebung von Korinth.

Die meteorisch-vadose Mg-Calcitdiagenese erfolgt in kleinen Schritten (Abb. 6-132, 6-133 und Tab. 6-9; RICHTER 1984: 124) über den Lösungsweg. Letzteres ist durch die sich gleichzeitig ändernden O- und C-Isotope belegt (GOMBERG & BONATTI 1970 bzw. MANZE & RICHTER 1979). Besonders klar kommt es in unterschiedlich stark veränderten Seeigeln der Art *Echinocyamus pusillus* vom gleichen Fundort zum Ausdruck (MANZE & RICHTER 1979: 340):

unveränderte Seeigel: $Mg_{0,12}$-Calcit mit $\delta^{13}C = 0$ ‰
teilveränderte Seeigel: $Mg_{0,05}$ und $_{0,12}$ Calcit mit $\delta^{13}C = -2,5$ ‰
stark veränderte Seeigel: $Mg_{0,05}$-Calcit mit $\delta^{13}C = -5$ ‰

Der in Abb. 6-132, 6-133 und Tab. 6-9 erkennbare Sprung in der Diagenesestufe III läßt sich nach RICHTER (1984: 75) wie folgt erklären. Die meteorisch-vadosen Wässer nehmen aus dem Sediment z. B. die Erdalkalien im Verhältnis von Mg/Ca ~ 0,5 auf. Daraus bildet sich nach Abb. 6-2 nur $Mg_{0,01}$-Calcit, doch erhöht sich durch dessen Ausscheidung das Mg/Ca-Verhältnis in der Restlösung, so daß Mg-reichere Calcite (bis etwa 6 Mol-% MgCO$_3$) entstehen. Da zunächst die Mg-reichsten und in der Folge immer Mg-ärmere Calcite von den vadosen Wässern gelöst werden, werden die Ausscheidungen bzw. Umwandlungsprodukte ebenfalls immer Mg-ärmer. Daß es eine Mischungslücke zwischen 6 und 10 Mol-% MgCO$_3$ nicht gibt, zeigten die Experimente (Abb. 6-2), die Bryozoen in Abb. 6-132, sowie die Zemente in marin-brackisch-limnischen Übergangsbereichen (NEUSER et al. 1982: 103).

Während in Mittel-Griechenland (Raum von Korinth) mit seinen 400 mm Jahresniederschlag die 7stufige Diageneseskala bis ins Pliozän zurückreicht (RICHTER 1984: 100) und eine Terrassengliederung ermöglicht (HERFORTH & RICHTER 1979, NEUSER et al. 1982), ist diese Skala in den Bermudas (1400 mm Niederschlag/Jahr) zeitlich verkürzt (LAND 1966 s. Tab. 6-9), RICHTER 1979), desgleichen auf Barbados (MATTHEWS 1968).

Im meteorisch-phreatischen Bereich ist die Diageneseskala wesentlich kürzer (RICHTER 1984: 131 f.), und das Diageneseprodukt steht in direkter Beziehung zur Zusammensetzung des jeweiligen

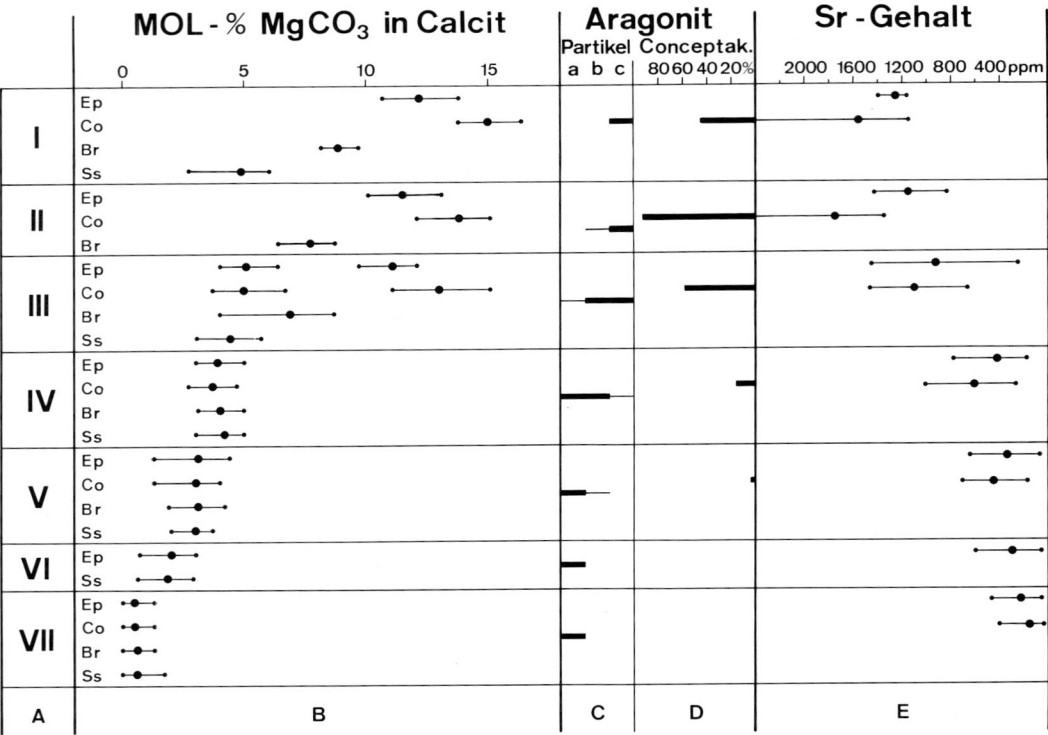

Abb. 6-132. Meteorisch-vadose Diagenese von Mg-calcitischen Biogenen. Diagenesereihe I–VII für Gehäuse von *Echinocyamus pusillus* = Ep, Corallinaceen = Co (Lithophyllum und Lithothamnium), Bryozoen = Br (*Sertella beaniana*), Seeigelstachel = Ss; jeweils Minima, Mittelwerte und Maxima. Probenzahlen: I : 220, II: 172, III: 412, IV: 183, V: 220, VI: 80, VII: 170. Die Doppelangaben bei Stufe III („Umschlag-Stufe") beruhen auf weitgehend unveränderten, teilweise veränderten und vollständig in Mg-ärmeren Calcit umgewandelten Biogenen. C: a = Aragonitpartikel aufgelöst oder calcitisiert, b = desgleichen teilweise, c = Originalerhaltung (dikker Strich = vollständig oder häufig, dünner Strich = vereinzelt). D = Probenzahlprozente Rotalgenskelette mit aragonitisch zementierten Conceptaceln (vermutlich biogen induziert, s. RICHTER 1984: 123). E = Minima, Mittelwerte und Maxima des Sr-Gehaltes in Seeigelcoronen und Corallinaceen. Pliozän bis Holozän, Griechenland (RICHTER 1984: Abb. 24).

Grundwassers. Umformungen in diesem Bereich lassen sich nach RICHTER (1984: 115) an folgenden Merkmalen erkennen und vom vadosen Bereich unterscheiden:
a) Die Diageneseprodukte von Mg-Calcitbiogenen ursprünglich verschiedener Zusammensetzung und von Aragonitbiogenen derselben Probe haben die gleiche (Mg-)calcitische Zusammensetzung wie der in dieser Probe gefundene Zement.
b) Aragonitpartikel sind „in situ", d.h. über einen Lösungsfilm, calcitisiert.

Für den marin-phreatischen Bereich ist es von Bedeutung, daß die Kompensationstiefe für Calcit in heutigen Ozeanen bei ca. 4500 m, für Aragonit bei ca. 3000 m, sowie nach Berechnungen und Experimenten von SCHOONMAKER (1981) für $Mg_{0,10}$-Calcit bei 350 m, für $Mg_{0,12}$-Calcit bei 200 m und für $Mg_{0,14}$-Calcit nahe der Meeresoberfläche liegt (s. auch Abb. 6-2).

Daher wurden Flachwasserforaminiferen (*Amphistegina*) mit 4,3–7 Mol-% $MgCO_3$ und artikulate Corallinaceen mit 12,9–17,8 Mol-% $MgCO_3$ im Calcit nach Umlagerung in 4230 m Wassertiefe im Südpazifik in einen

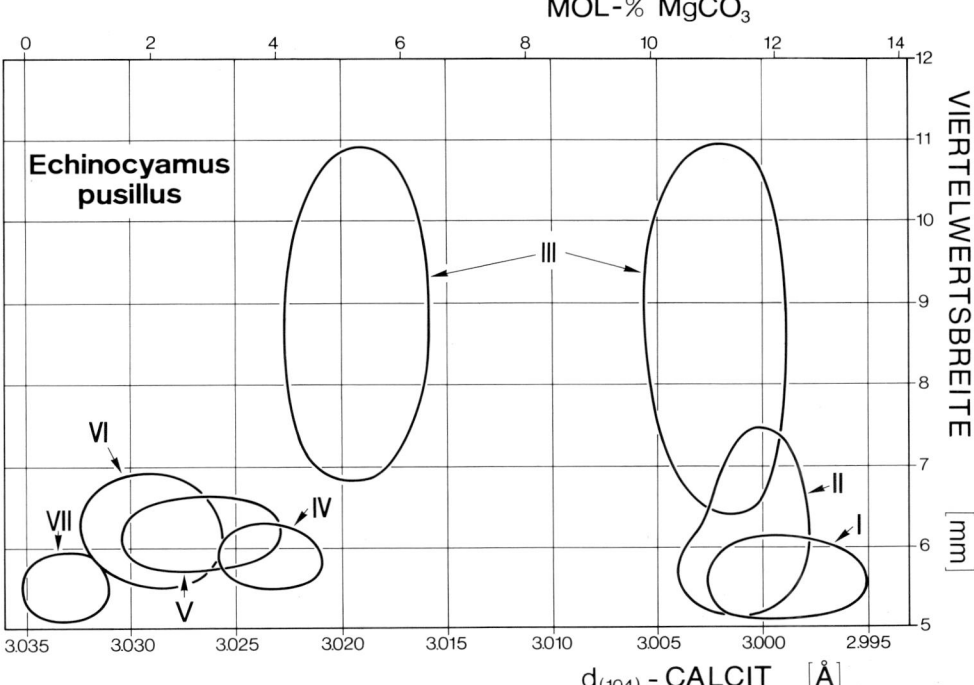

Abb. 6-133. Meteorisch-vadose Diagenesereihe für Gehäuse des Seeigels *Echinocyamus pusillus* aus dem Pliozän bis Holozän Griechenlands, insgesamt 635 Proben. „Viertelwertsbreite" = Breite des Röntgenreflexes (10 · 4) auf ¼ seiner Höhe. Bei Stufe III spaltet sich der Reflex und ist deshalb besonders breit. Die Ovale umschließen jeweils 90% des betr. Kollektivs (RICHTER 1984: Abb. 19).

Calcit mit 2,7 bzw. 3,0 Mol-% $MgCO_3$ strukturerhaltend umgewandelt (GOMBERG & BONATTI 1970). Weitere Beispiele stammen von SCHLAGER & JAMES (1978), s. aber auch S. 237.

Im „beachrock" allerdings fand SCHROEDER (1979, Fig. 7D, 8E) Rotalgen, die in situ, d. h. mit Übernahme schemenhafter Strukturen, in ein grobes Mosaik (? Calcit) umgewandelt waren. Die Mg-Calcit- und die Aragonitdiagenese unterscheiden sich spurenchemisch durch das Verhältnis der Sr/Ca-Abnahme zur Mn-Zunahme (BRAND & VEIZER 1980b). Bei der Mg-Calcitdiagenese wirkt die höhere Löslichkeit von Mg-Calcit gegenüber Calcit als treibende Kraft. Kleinere Beimengungen wie der Sr-Gehalt des Calcits aber vermögen eine Umkristallisation nicht zu bewirken (VEIZER 1978). Meist setzt die meteorische Umwandlung des Mg-Calcits eher ein als die des Aragonits (Tab. 6-9; CHAVE et al. 1962, SCHMALZ & CHAVE 1963, FRIEDMAN 1964, RICHTER 1983b: 84)

Bei der Versenkungsdiagenese folgt der Mg-Calcit schrittweise dem abnehmenden Mg-Gehalt des Porenwassers (s. auch S. 387), im Prinzip wie für die meteorisch-vadose Diagenese beschrieben, aber langsamer.

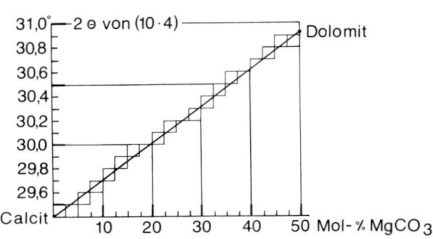

Abb. 6-134. Veränderung des Haupt-Röntgenreflexes (CuK_α) zwischen Calcit und Dolomit (s. auch Abb. 6-7).

6.6.2 Dolomit, Dedolomit, Magnesit

A. Chemische und mineralogische Grundlagen

Obwohl Calcit und Dolomit durch eine breite Mischungslücke getrennt sind, die sich erst bei 1075 °C schließt (GOLDSMITH & HEARD 1961), läßt sich unterhalb von 200 °C eine durchgehende Mischungsreihe zwischen Calcit und einem Mg-Calcit von Dolomit-Zusammensetzung herstellen und auch in der Natur finden, wobei die Mg-reicheren Glieder allerdings selten sind. Die Zusammensetzung aller Glieder dieser Reihe, ob ungeordnet (Mg-Calcit) oder geordnet (Dolomit, s. u.), kann röntgenographisch anhand des Hauptreflexes (10·4) bestimmt werden (Abb. 6-134).

Ob man die zwischen dem Mg-Gehalt der Mg-Calcite und dem Mg^{2+}/Ca^{2+}-Verhältnis in der Lösung gefundene empirische Beziehung (Abb. 6-2) bis zum Dolomit extrapolieren kann, ist nicht sicher. Mg-Calcite mit dolomitähnlicher Zusammensetzung, wie sie in den Dolomitbildungsgebieten häufig auftreten (z. B. $Mg_{0,38-0,44}$-Calcit, GEBELEIN et al. 1980, oder $Mg_{0,35-0,43}$-Calcit, HARDIE 1977: 173; s. auch S. 236 f.), könnten nach letzterem Autor in einem nahezu geschlossenen System aus vadosem Meerwasser als letzte Ausscheidung entstehen, da sich infolge des niedrigen Verteilungsquotienten bei der Mg-Calcitausscheidung (S. 235) die Restlösung ständig an Mg^{2+} anreichert (s. auch RICHTER 1984: 75, 76). Im Laufe der Zeit bildet sich hieraus sehr langsam Dolomit, indem sich die bis dahin gleichmäßig über die Kationenlagen (00.1) verteilten Mg- und Ca-Ionen nun lagenweise separieren. Dieser Ordnungsprozeß läßt sich mit dem Transmissionselektronenmikroskop verfolgen (WENK & ZHANG 1985). Auch kann er an dem Auftreten der **Überstrukturlinie (01.5)** – dem Kriterium für Dolomit – erkannt und quantitativ am Intensitätsverhältnis dieses „Ordnungsreflexes" bei ca. 35,3° (2θ, $CuK_α$) zum Reflex (11.0) bei ca. 37,3° verfolgt werden (GOLDSMITH & GRAF 1958). Dieser „Ordnungsgrad" liegt zwischen 0,2 und 1; normalerweise sinkt er mit zunehmendem Ca- oder Fe-Überschuß des Dolomits. Diagenetisch sind Mg-Calcite weniger haltbar als Ca-Dolomite. Der Begriff „Protodolomit" für den Übergangsbereich zwischen Mg-Calcit und Ca-Dolomit ist überflüssig und mißverständlich.

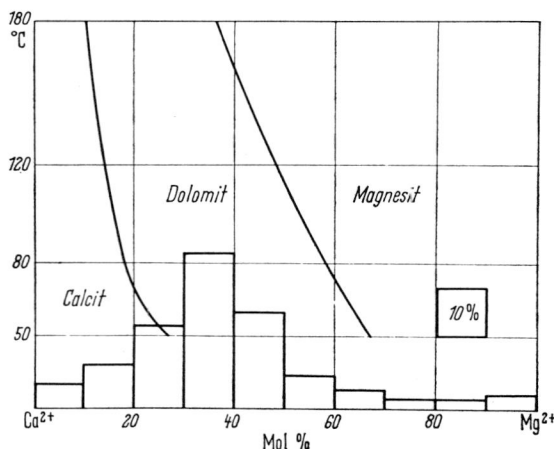

Abb. 6-135. Mittlere Lagen der Gleichgewichte zwischen Calcit und Dolomit sowie zwischen Dolomit und Magnesit. Darunter ein Histogramm der Ca-Mg-Molanteile zahlreicher Porenwässer (aus USDOWSKI 1967: Abb. 41). (Diese Abbildung basiert auf mehr Analysen als Abb. 1-7.)

Obwohl Dolomit das stabile Karbonat in Lösungen von Meerwasser-Zusammensetzung ist (Abb. 6-135), gelingt seine Synthese erst oberhalb 100 °C (LIPPMANN 1973: 178), und auch dann zunächst nur bei Zufügung von Dolomitkörnchen als Keimen. In der Natur findet sie, wenn auch sehr langsam, schon bei 10 °C in Tiefseesedimenten, häufiger und wohl auch schneller bei 25–50° in den konzentrierteren Lösungen von Sebkhas statt, wie weiter unten ausgeführt wird. Folgende Gründe werden für diese kinetische Verzögerung der Dolomitbildung genannt:

a) Das „simplexity principle" (GOLDSMITH 1953), nach dem sich Minerale mit mehreren Kationen, die nicht äquivalente, energetisch aber nur wenig verschiedene Gitterplätze einnehmen, nur zögernd bilden.

b) Die starke Hydratation der Mg^{2+}-Ionen. Mg^{2+} ist stärker hydratisiert als Ca^{2+}, weil dafür der Quotient Ladung/Ionenradius maßgebend ist (für Mg^{2+}: 2/0,76, für Ca^{2+}: 2/0,99). Ein Mg^{2+}-Überschuß in der Lösung, wie er in Sebkhas meist stärker als schon im Meerwasser vorliegt, beschleunigt deshalb die Dolomitbildung. In der Spätdiagenese (sehr langsam und z. T. auch wärmer) und experimentell (oberhalb von 120 °C; s. jedoch Abschn. E) bildet sich Dolomit in Annäherung an die wirklichen Gleichgewichtsverhältnisse schon aus Lösungen mit $m_{Mg^{2+}}/m_{Ca^{2+}} \sim 1$; stabil ist er schon bei einem Verhältnis von 0,25 (bei 70 °C; s. Abb. 6-135).

c) Der hohe SO_4^{2-}-Gehalt des Meerwassers behindert nach Experimenten von KASTNER & BAKER (1982) die Dolomitbildung (s. S. 414). Durch reduzierendes Milieu mit bakteriellem SO_3^{2-}-Abbau wird sie daher begünstigt, zumal dabei auch CO_3^{2-} entsteht, welches nach LIPPMANN (1973, 1979b) zur Dolomitbildung erforderlich ist. Nach ihm verläuft dieselbe an der Erdoberfläche nach der Formel

$$CaCO_3 + Mg^{2+} + CO_3^{2-} = CaMg(CO_3)_2$$

Dieses Modell läßt sich allerdings nach Isotopenuntersuchungen von HUDSON (1975a) nicht auf alle Dolomite anwenden und scheidet schon aus Raumgründen für die spätdiagenetische Dolomitisierung gering poröser Kalke, aber auch für die minutiöse frühdiagenetische Verdrängung der weniger porösen Biogenschalen aus.

Die Umwandlung vollzieht sich hier nach der Gleichung

$$2 CaCO_3 + Mg^{2+} = CaMg(CO_3)_2 + Ca^{2+}.$$

Unter sedimentären Temperaturbedingungen ist ein Dolomit, der in nicht-geschlossenem System in isotopischem Gleichgewicht mit Calcit entsteht, um 3.2‰ gegenüber diesem an $\delta^{18}O$ angereichert (McKENZIE 1981).

Abb. 6-136 zeigt, daß die Dolomitbildung auch durch Verdünnung des Meerwassers gefördert wird (s. Abschnitt C, S. 410f.).

Der Ca-Überschuß im Dolomitgitter nimmt mit zunehmender Eindunstung ab, wenn infolge von $CaSO_4$-Ausscheidung das Mg^{2+}/Ca^{2+}-Verhältnis im Wasser steigt (Abb. 6-137, 6-138). So nimmt, jeweils in der karbonatischen Beckenfazies, in der Reihenfolge Zechstein 1-2-3, d. h. mit zunehmender Evaporation, der Ca-Gehalt im Dolomit von 55 über 51/52 auf 50 Mol-% ab (FÜCHTBAUER 1972). Desgleichen fand RICHTER (1985a) im mittleren Keuper in der Dolcrete-Playasequenz Ca-Dolomite, in der Evaporit-Playasequenz aber vorwiegend stöchiometrische oder gar Mg-Dolomite. Hierzu paßt auch, daß im humiden Klima der Florida Keys $Ca_{0,58-0,67}$-Dolomit, im ariden Klima des Persischen Golfs aber $Ca_{0,50-0,55}$ entsteht (s. auch LUMSDEN & CHIMAHUSKY 1980). Aus ähnlichen Gründen der Mg^{2+}-Bereitstellung nimmt ganz allgemein in teildolomitisierten Kalken der Ca-Überschuß im Dolomitgitter mit zunehmendem Dolomitgehalt ab (FÜCHTBAUER 1964b: 514, MARSCHNER 1968, LANDGRAF 1972, LANGBEIN et al. 1984, LEUCHS 1985: 137). Bei den im Mischwasser nach dem Dorag-Modell (s. Abschn. C) gebildeten Dolomiten in brackischen Schichten des Pliozäns am Isthmus von Korinth hingegen keine Beziehung zwischen Ca-Überschuß und dem Kalk/Dolomitverhältnis beobachtet werden (RICHTER et al. 1982). Das deutet hier auf eine gleiche Zusammensetzung der Porenlösung bei der vollständigen und der nur teilweisen Dolomitisierung der Sedimente hin. In spätdiagenetischen Dolomiten aber und aus Lösungen sehr geringer Salinität, d. h. bei sehr langsamer Dolomitisierung, bildet sich bevorzugt stöchiometrischer Dolomit (MORROW 1978).

In Ankeriten ist ein Teil des Mg^{2+} durch Fe^{2+} ersetzt, während im Siderit meist Mg^{2+} oder (etwas weniger) auch Ca^{2+} eingebaut ist (Abb. 6-6).

Dolomit bildet sich überwiegend, jedoch nicht immer (s. u.), durch chemische Verdrängung von Kalkschlamm oder Kalk. Dabei sind die primären Sedimentstrukturen (Mg-)calcitischer Fossilien und Partikel vor allem bei frühdiagenetischer und deshalb feinkristalliner Verdrängung erhalten. In grobkristallinen Dolomiten gelingt es nur gelegentlich, die sedimentären Strukturen zu erkennen.

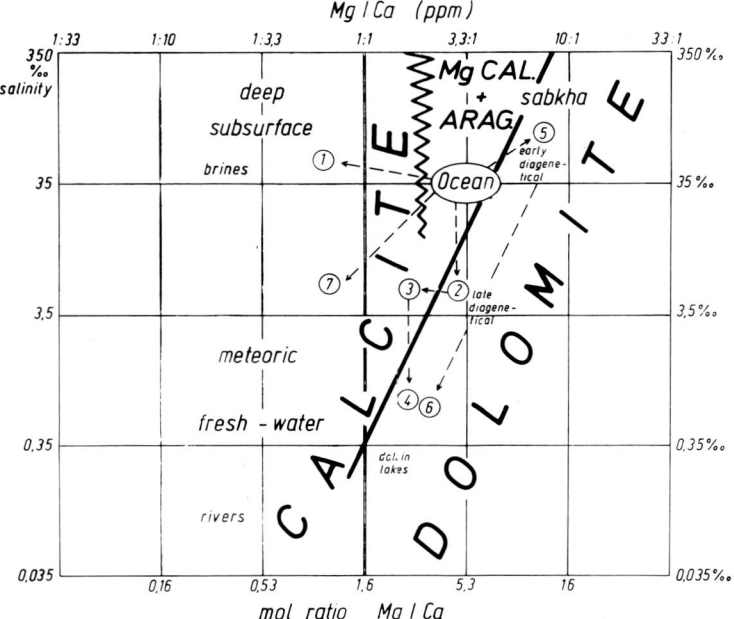

Abb. 6-136. Bildungsbereiche (nicht Stabilitätsfelder!) von Karbonaten in Abhängigkeit von Salinität und Mg/Ca-Molverhältnis in der Lösung (FOLK & LAND 1975). Die Grenzlinie zwischen Calcit und Dolomit, welche wegen der Senkung der Ionenaktivitäten und der Komplexierung speziell von $MgCO_3^0$ mit steigender Salinität geneigt ist (LIPPMANN 1973: 159), gilt etwa für das Löslichkeitsprodukt für Dolomit $(Ca^{2+}) \cdot (CO_3^{2-})^2 = 10^{-17}$. In der Abbildung sind verschiedene Diagenesepfade dargestellt: (1) Mg-Verarmung in der Spätdiagenese führt zu Calcitzement. (2) Verdünnung kann zur Dolomitisierung führen („Dorag"-Modell). (3) Diese Dolomitisierung kann in Mergeln durch Mg-Entzug infolge Chloritbildung verhindert werden (umgekehrt können Mergel ohne Chloritbildung eine Quelle von Mg^{2+}-Ionen darstellen und eine Dolomitisierung befördern). (4) Erst weitere Süßwasserzufuhr kann Dolomitisierung bewirken. (5) Eindunstung im Supratidalbereich führt zur Dolomitbildung nach Ausscheidung von (evtl. durch Regen- oder Meerwasser wiedergelöstem und abtransportiertem) Gips oder Anhydrit, nicht aber nach Ausscheidung von $CaCO_3$ (LIPPMANN 1973: 160). (6) In Seen schwacher Salinität, sowie spätdiagenetisch kann sich Dolomit schon bei relativ niedrigem Mg/Ca-Verhältnis bilden. (7) Werden marine Kalksande durch Ca^{2+}-haltige meteorische Wässer geflutet, so bildet sich Calcitzement B.

Dabei hilft nach ZENGER (1979) die Betrachtung des Dünnschliffs vor weißem Papier oder – unter dem Mikroskop – mit eingeschalteter oberer Kondensorlinse, aber auch im blauen Fluoreszenzlicht (Abb. 6-139).

In welchem Diagenesestadium die Dolomitisierung erfolgte, erkennt man oft an der differenzierten Umwandlung der verschiedenen Gefügebestandteile in teildolomitisierten Kalken. Frühdiagenetische Dolomitisierung erfaßt vor allem die aragonitischen und Mg-calcitischen Fossilien, spart aber die primär calcitischen zunächst aus (SIBLEY 1982, BULLEN & SIBLEY 1984, RICHTER 1984: 184f. mit weiterer Literatur). Bei der spätdiagenetischen Dolomitisierung sind die Partikel alle etwa gleich, d.h. calcitisiert und dichter als die Matrix, welche deshalb bevorzugt dolomitisiert wird. Blockiger Zement aber wird wegen seiner geringen Porosität oft erst nach den Partikeln dolomitisiert. Die zuerst entstandenen Dolomitrhomboeder (z.B. an Stylolithen) sind häufig kleiner als die nachfolgenden (WENK & ZENGER 1983). Auch wandeln sich feinkristalline Kalke nicht selten in feinkristalline Dolomite, grobkristalline Kalke in grobkristalline Dolomite um (LEUCHS, mdl.).

Poröse Dolomite sind idiotopisch (FRIEDMAN 1965a), d.h. aus idiomorphen Kristallen aufgebaut;

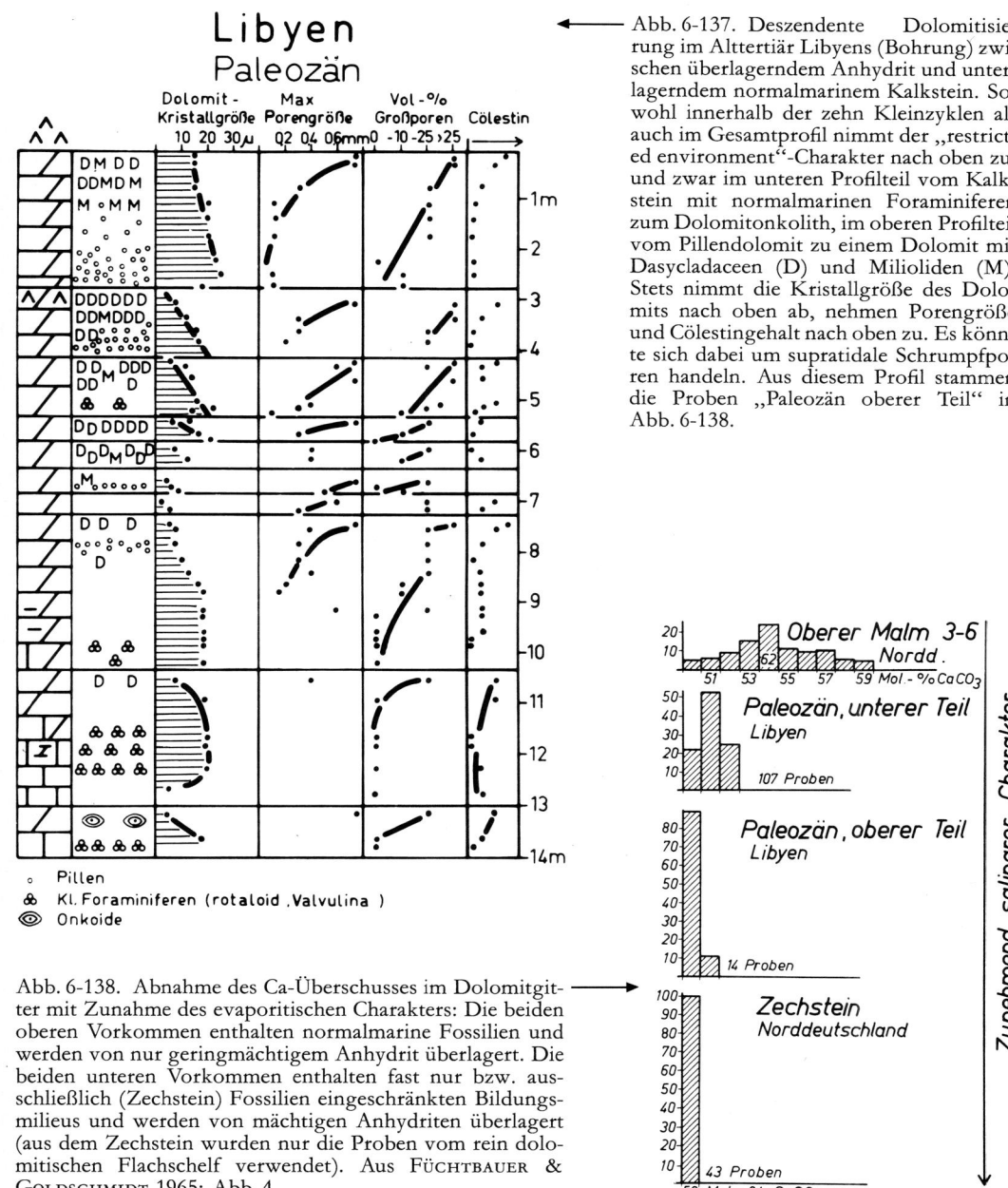

Abb. 6-137. Deszendente Dolomitisierung im Alttertiär Libyens (Bohrung) zwischen überlagerndem Anhydrit und unterlagerndem normalmarinem Kalkstein. Sowohl innerhalb der zehn Kleinzyklen als auch im Gesamtprofil nimmt der „restricted environment"-Charakter nach oben zu, und zwar im unteren Profilteil vom Kalkstein mit normalmarinen Foraminiferen zum Dolomitonkolith, im oberen Profilteil vom Pillendolomit zu einem Dolomit mit Dasycladaceen (D) und Milioliden (M). Stets nimmt die Kristallgröße des Dolomits nach oben ab, nehmen Porengröße und Cölestingehalt nach oben zu. Es könnte sich dabei um supratidale Schrumpfporen handeln. Aus diesem Profil stammen die Proben „Paleozän oberer Teil" in Abb. 6-138.

Abb. 6-138. Abnahme des Ca-Überschusses im Dolomitgitter mit Zunahme des evaporitischen Charakters: Die beiden oberen Vorkommen enthalten normalmarine Fossilien und werden von nur geringmächtigem Anhydrit überlagert. Die beiden unteren Vorkommen enthalten fast nur bzw. ausschließlich (Zechstein) Fossilien eingeschränkten Bildungsmilieus und werden von mächtigen Anhydriten überlagert (aus dem Zechstein wurden nur die Proben vom rein dolomitischen Flachschelf verwendet). Aus FÜCHTBAUER & GOLDSCHMIDT 1965: Abb. 4.

das gleiche gilt für teildolomitisierte Kalklutite. Wächst der Porenraum zu, bzw. ist das Gestein voll dolomitisiert, so sind die Kristalle xenomorph. Die dabei entstehenden Kompromißflächen können nach GREGG & SIBLEY (1983, 1984) mit zunehmender Bildungstemperatur gekrümmter sein.

Gelegentlich, z. B. am Boden größerer Poren, auf Klüften und in evaporitischen Dolomiten, findet man seltsam gebogene und stark undulöse Rhomboeder, die „Satteldolomite", welche starke

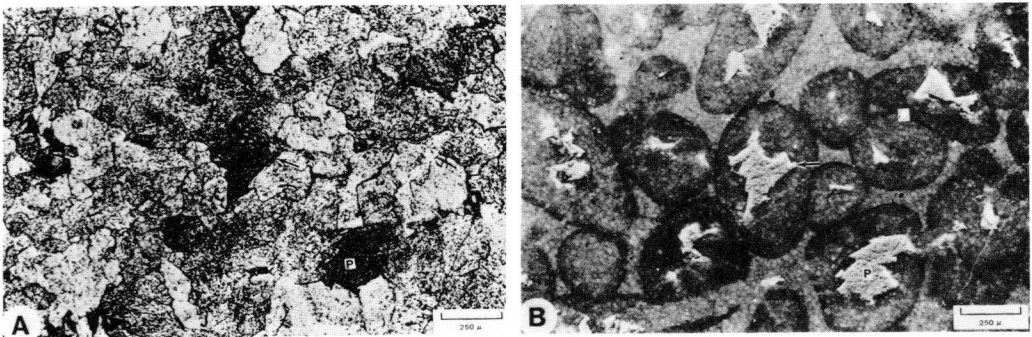

Abb. 6-139. „Makrosparitischer" (grobkristalliner) Dolomit aus dem europäischen Oberjura. A = einfach polarisiertes Licht, B = blaues Fluoreszenzlicht: Ooide werden sichtbar (im Kathodolumineszenzlicht waren sie nicht sichtbar). Pfeil und P = Interkristallinporen, Maßstab: 250 µm. Aus DRAVIS & YUREWICZ 1985: Fig. 1.

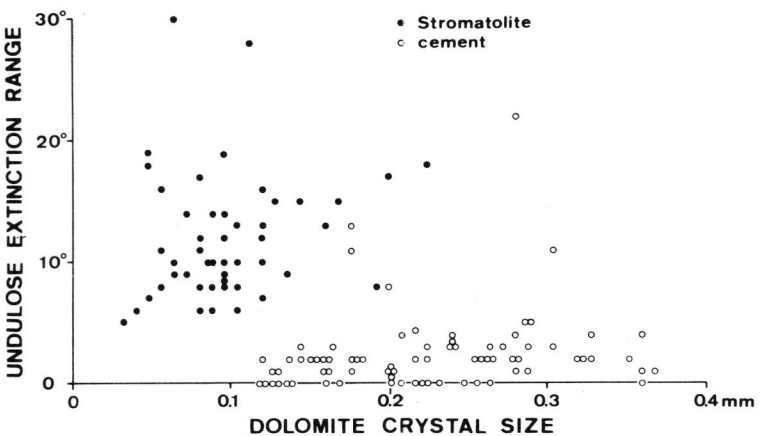

Abb. 6-140. Die undulöse Auslöschung ist im Zementdolomit geringer als im Verdrängungsdolomit (Stromatolith). Zechstein 1, Brg. Schale Z1 (FÜCHTBAUER & RICHTER 1975: Fig. 10, FÜCHTBAUER 1980a, Fig. 6).

Gitterfehler aufweisen und $\perp c$ gestreckt sind (RADKE & MATHIS 1980, REEDER & BARBER 1982, KOSLOWSKI 1983). Einige Gesetzmäßigkeiten der Undulosität zeigt Abbildung 6-140. Einschlüsse (z. B. fleckig verteilte Ca-Überschüsse) und erhöhte Wachstumsgeschwindigkeit scheinen die Undulosität zu fördern. Nicht selten findet man Dolomitrhomboeder mit einer einschlußreichen Kernzone, welche nach LAND (1980) Ca- und spurenelementreicher als die Randzone ist.

Die frühdiagenetischen Dolomite erleiden häufig, aber nicht immer, im Laufe der Zeit eine Sammelkristallisation, wobei sich im allgemeinen $\delta^{18}O$ bei zunehmender Temperatur erniedrigt. Die treibende Kraft ist dabei wohl die größere Löslichkeit der schlecht geordneten und/oder Ca-haltigen Dolomite (CARPENTER 1980: 116, s. auch REEDER et al. 1984). So schließt in den stöchiometrischen Dolomiten von Abb. 6-137 die differenzierte Kristallgröße eine Sammelkristallisation aus.

Es gibt, wie manche Dolomit-Zemente wahrscheinlich machen, z. T. sogar beweisen, auch primären Dolomit (Neubildungen; CARBALLO et al. 1987, HARDIE 1987). Auch die Satteldolomite (s. o.) sind häufig Neubildungen (GREGG 1983, GREGG & HAGNI 1987).

In den folgenden Abschnitten B–F werden die verschiedenen Arten der Dolomitbildung dargestellt (Tab. 6-10). Dabei wird die detritische Dolomitzufuhr, entweder durch Flüsse (z. B. in der Alpenmolasse, Füchtbauer 1964a), oder durch den Wind (Lindholm 1969, Stoffers & Ross 1979), nicht weiter behandelt; letztere könnten gelegentlich als Keime dienen.

Tabelle 6-10. Übersicht der verschiedenen Arten der Dolomitbildung.

Zeitpunkt	frühdiagenetisch, meist im unverfestigten Sediment					spätdiagenetisch
Milieu	kontinental Playa	kontinental Seen	Mischwasser („Dorag")	Peritidal-evaporitisch	submarin	
Mechanismus	Eindunstung im Sediment	Sediment-Oberfläche	Verdünnung	capillary concentration; seepage refluxion; evaporative pumping	Organ. Dol.; für Dolmitlagen spezielle Ursachen	Versickerung; Kompaktion; telethermal
Mg-Quelle	Grundwasser	Flüsse	Meerwasser			Porenwasser (als Transportsystem)
Anzeichen für Trockenfallen	+	+ –	–	+	–	–
Beziehungen zur Paläogeographie	+	+ –	+	+	–	–
schichtparallel	+	+	+ –	+	+ u. verteilt	–
charakterist. Fossilien	wenig Foss.	Ostr. Gastr. Cyanophyceen	–	oft „restricted", z. B. Cyanophyceen	–	–
Fossilerhaltung	gut	gut	z. T. gut	gut	gut	schlecht
Kristallgröße	primär gering, z. T. sammelkristallisiert					größer
Fe^{2+}-Gehalt	–	+ –	+ –	–	+ –	+ (–)
$\partial^{18}O$ (‰)	z. B. +3/+6	–1 z. B.	+1/+4	?		–4/–12

B. Kontinentale Dolomitbildung

In Playas und vor allem in abflußlosen Seen können sich größere Mengen von Dolomit bilden, wenn im Einzugsgebiet Mg-haltige Gesteine wie z. B. Basalt (Klähn 1928) oder ähnliche Vulkanite (v. d. Borch 1976) oder dolomitische Sedimente anstehen (z. B. Devondolomite für eine permotriadische Dolomitisierung in der Eifel; Richter 1974b). Ein wichtiges Vorkommen mit vielen z. T. seltenen evaporitischen Mineralen ist die alttertiäre Green River Formation der westlichen USA

(EUGSTER & HARDIE 1978). Charakteristisch für das kontinentale Milieu ist die lateral und zeitlich wechselnde Zusammensetzung der Lösungen. Sie äußert sich im Dolomit durch unterschiedlichen Ca-Überschuß. So findet man in der miozänen Seefüllung des Nördlinger Ries in dem evaporitischen mittleren Abschnitt neben Analcim einen Ca-armen Dolomit und einen Mg-reichen Calcit, in den übrigen Abschnitten weniger und z.T. Ca-reicheren Dolomit, sowie Mg-ärmeren Calcit (FÜCHTBAUER et al. 1977, Fig. 1).

In vielen rezenten Seen kommt Ca-Dolomit mit geringem Ordnungsgrad vor (MÜLLER et al. 1972). Eine Zufuhr detritischen Dolomits wird sich im allgemeinen durch stöchiometrische Zusammensetzung und hohen Ordnungsgrad zu erkennen geben (MOLNÁR et al. 1980). Caliche-Dolomite (Dolcretes) werden im Kap. 6.4.5 (S. 358f.) besprochen.

Das bekannteste rezente Beispiel für kontinentale Dolomitisierung sind die von der Coorong-Lagune abgetrennten Küstenseen bei Adelaide (S.-Australien). Diese trocknen im Sommer tief aus und füllen sich im frühen Winter durch kontinentales Grundwasser (V. D. BORCH 1976, MUIR et al. 1980). Dabei werden die im Sommer gebildeten evaporitischen Minerale wieder aufgelöst. Über den Trockenrissen wachsen in dem austretenden Süßwasser Stromatolithe (Abb. 6-141). Gleichzeitig ausfließender und sich dann verhärtender Kalkschlamm kann an diesen Rissen Tepeestrukturen verursachen. Diese Seen wurden seit dem Ende der Holozäntransgression vor 5000 Jahren schrittweise von der permanenten Coorong-Lagune abgetrennt, wie die Sedimentfolge zeigt, die mit lagunären, biogenen Kalksanden beginnt, in Mg-Calcitreiche Sedimente (z. T. mit Dolomitzusammensetzung) übergeht und von Dolomit abgeschlossen wird. Ähnliche Sedimente findet man, getreu dem WALTHER'schen Prinzip, heute in den Seen dieser Region auch nebeneinander, beginnend mit dem als „restricted environment" einzustufenden Südteil der offenen Lagune (Tab. 6-11):

Tabelle 6-11. Oberflächensedimente in der Coorong-Region (nach V.D. BORCH 1965, BOTZ & V.D. BORCH 1984).

Lokalität	m ü. NN	maximal. pH	Mg^{2+}/Ca^{2+} bei max. pH	Oberflächenkarbonate
Coorong-Lagune permanent, S-Teil	0	8,2–8,5	2,5–4	Aragonit, Mg-Calcit, Calcit
ephemer, S-Spitze	0			dito; Mg-Calcit mit Dolomit-Zusammensetzung
See in Fortsetzg. der Lagune	0,5	8,5–9,1	4–6	Mg-Calcit, Mg-Calcit mit Dolomit-Zusammensetzung, (Aragonit, Hydromagnesit)
See seitlich der Lagune	> 1	9,7–10,2	8–9	Dolomit
See landeinwärts der Lagune	> 1,5	8,9–10,2	16–20	Dolomit, Magnesit, Aragonit, Hydromagnesit

Die Dolomitisierung wird hier offensichtlich von erhöhtem pH (durch CO_2-entziehende Wasserpflanzen), dadurch vermehrtem CO_3^{2-}-Gehalt, und höheren Mg^{2+}/Ca^{2+}-Quotienten im Seewasser stimuliert. Es wurden zwei Arten von Dolomit gefunden (BOTZ & V. D. BORCH 1984):

ca. 0.5 µm große Rhomboeder, $\delta^{13}C = -1$ bis $-2‰$; $\delta^{18}O = +3$ bis $+5‰$
bis 4 µm große Mg-Dol.-Krist., $\delta^{13}C = +3$ bis $+4‰$; $\delta^{18}O = +5$ bis $+6‰$.

Die ersteren werden auf evaporitisch modifiziertes kontinentales Grundwasser zurückgeführt, bei den letzteren wird eine Bildung aus Aragonit im Gleichgewicht mit atmosphärischem CO_2 angenommen.

Zum Teil ähnliche Verhältnisse wie im Coorong-Gebiet werden von MUIR et al. (1980) für das Proterozoikum Nordaustraliens angenommen. Dort wurden Profile aufgenommen (Abb. 6-142),

Abb. 6-141. Gewölbte, ca. 10 cm große Stromatolithe, „tepee"-Strukturen an Trockenrissen überwachsend, in einem halbjährlich austrocknenden Karbonat-Gipssee der südaustralischen Küstenzone (aus MUIR et al. 1980: Fig. 7A; nach dem Begleittext könnte es sich um eine dolomitische Algenmatte handeln).

die einen lateralen Übergang kontinentaler Teiche (s. o.) in eine Sebkhafazies mit mariner Beeinflussung (s. u.) erkennen ließen (Abb. 6-143).

Im mittleren Keuper Ostbayerns wurde eine dolomitische Evaporit-Playa von einer Dolcrete-Playa abgelöst. In ersterer wurde in reduzierendem Milieu und unter Fe^{2+}-Einbau dolomitisiert („organischer Dolomit", s. Abschnitt E), für letztere wird evaporatives Pumpen angenommen (RICHTER 1985a).

Dolcretes können auch durch Verdrängung nichtkarbonatischer Sedimente entstehen, da der pH-Wert in solchen Krustenkalken/-dolomiten bei 10 liegen kann (TARDY, mdl.). Dabei bildet sich häufig als neues Tonmineral Palygorskit (MILLOT et al. 1969, TRUC et al. 1987).

Abb. 6-142. Dolomitsequenz der proterozoischen Yalco-Formation Nordaustraliens, welche genetisch mit den Grundwasserseen des Coorong-Gebietes zu vergleichen ist. A–D entspricht einer zunehmend trockeneren Entwicklung. Die Intraklasten bildeten sich aus polygonal aufgebrochenen Krusten mit „tepee"-Strukturen. Ein fluviatiler Sand deckte diese lakustrine Sequenz ab (aus MUIR et al. 1980: Fig. 8).

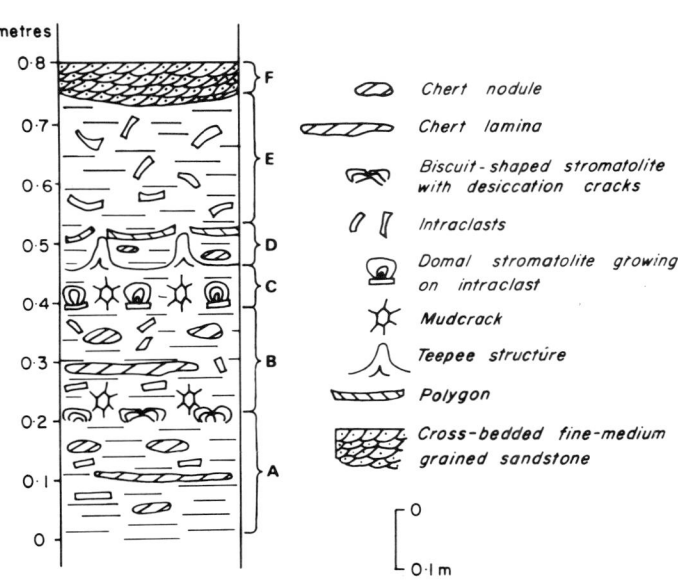

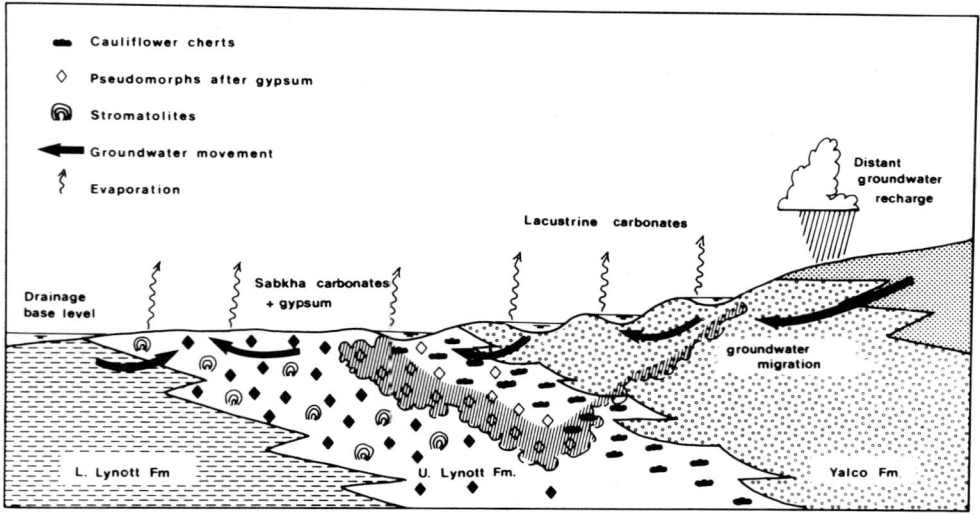

Abb. 6-143. Sebkha- und Grundwassersee-Modelle der Dolomitbildung in einem regressiven Zyklus der proterozoischen Lynott- bzw. Yalco-Formationen Nordaustraliens. Die Lynott-Sebkha wurde ab und zu vom Meer überflutet und enthält daher Chert-Pseudomorphosen von Anhydrit („Blumenkohlstrukturen") und Gips. Die Verkieselung, welche auch als Trockenrißfüllung in den lakustrinen Karbonatgesteinen auftritt, wird wie die Dolomitisierung auf kontinentale Wässer (vertikal schraffiert) zurückgeführt. Die untere („L") Lynott-Fm. besteht aus schwarzen, dolomitischen, wohl marinen Tonen (aus Muir et al. 1980: Fig. 10).

C. Mischwasser-Dolomitbildung („Dorag"-Modell)

Durch Verdünnung von Meerwasser kommt man in den Bildungsbereich des Dolomits (Abb. 6-136). So können poröse, mit Meerwasser gefüllte Karbonatsedimente durch eindringendes meteorisches Wasser dolomitisiert werden. Dieser „schizohaline" Prozeß (FOLK & SIEDLECKA 1974) ist nach LAND et al. (1975) das wichtigste Modell frühdiagenetischer Dolomitbildung. BADIOZAMANI (1973) nannte es Dorag (persisch: Mischblut)-Modell (s. LAND 1973 a, b). Das Mischwasser ist für Dolomit übersättigt, für Calcit aber untersättigt. Dies erleichtert die Verdrängung von Calcit (BADIOZAMANI 1976) und besonders von Mg-Calcit und Aragonit. Nach SIBLEY (1980) ist in aridem Klima eine Dolomitisierung direkt von Mg-Calcit und Aragonit wahrscheinlich, während diese Minerale in humidem Klima unter Einfluß des Boden-CO_2 in Calcit umgewandelt werden, was eine nachfolgende Dolomitisierung erschwert. Bedenken gegen das Dorag-Modell äußerte HARDIE (1987).

Im Watt um Andros (Bahamas) finden sich Süßwasserkissen unter größeren Bodenwellen („hammocks", SHINN et al. 1965). In diesen und am Rande von eindunstenden Süßwasserteichen, sowie in manchen pazifischen Riffen entstehen im Mischwasser Hoch-Mg-Calcit (38–44 Mol-% $MgCO_3$) und Dolomit (BOURROUILH-LE JAN 1973, 1980, GEBELEIN et al. 1980), möglicherweise in einem fast geschlossenen System, in dem (wegen Abb. 6-2) durch Ausscheidung von Mg-Calcit das Mg/Ca-Verhältnis in der Lösung steigen muss. Weitere rezente und subrezente Beispiele stammen
– von N-Jamaika (LAND 1973 b), wo ein im vadosen Bereich noch unveränderter, ca. 120 000 Jahre alter Korallenkalk (Aragonit, Mg-Calcit) im meteorisch-phreatischen Bereich eine deutliche Abnahme vor allem des Mg-Calcits, in zweiter Linie des Aragonits zugunsten von Calcit- und Dolmitbildung zeigt. Für den Dolomit ($\delta^{18}O = -1,0‰$, $\delta^{13}C = -8,4‰$, 3000 ppm Sr) wird eine Bildung aus CO_2(biogen)-übersättigtem Grundwasser mit 3–4% Meerwasser und Verdrängung von Korallen- und Grünalgen-Aragonit im ± geschlossenen System angenommen.

- von Bonaire (SIBLEY 1980), wo ausweislich des niedrigen Na-Gehaltes im Dolomit (280 ppm) nicht ein verdünntes Meerwasser, sondern eingedunstetes Grundwasser wirkte,
- von Yucatan (WARD & HALLEY 1985), wo ein $Ca_{0,57}$-Dolomitzement aus einer 75%igen Meerwasserlösung entstand, wie $\delta^{18}O$-Analysen wahrscheinlich machten,
- sowie von manchen Lagunen (PIERRE et al. 1984) und aus dem Aquifer von Florida (RANDAZZO & HICKEY 1978).

Auch in älteren Sedimenten fanden sich Hinweise auf Mischwasser-Dolomitbildung, so z. B. im Eozän von Ägypten und im Ordovizium von Kanada (LAND et al. 1975). Ein besonders anschauliches Beispiel beschrieben CHOQUETTE & STEINEN (1980) aus dem Unterkarbon des Illinois-Beckens. Hier bildete sich Dolomit unterhalb von küstenparallelen grainstone-Körpern, die sowohl marinen Beachrock-Zement als auch meteorisch-vadosen Zement enthalten. Durch schizohaline deszendente Dolomitisierung entstanden in dem unterlagernden Kalklutit bis 12 m dicke, 0,5–2,5 km breite und 1–5 km lange Dolomitlinsen mit einer Kristallgröße von 5–20 µm und einer Porosität von 25–40%. WARREN & ERIKSSON (1982) glauben, daß ein proterozoischer Dolomit Südafrikas in der Mischzone zwischen kontinentalem und marin-phreatischem Grundwasser entstand. SEARS & LUCIA (1980) fanden in N-Michigan die mittelsilurischen Säulenriffe unmittelbar außerhalb des Schelfrandes dolomitisiert, die weiter beckenwärts gelegenen aber nicht. Sie gelangten zu dem Modell einer deszendenten Dorag-Dolomitisierung an der Basis von Süßwasserlinsen, die sich bei der Meeresspiegelsenkung am Ende der Niagara-Periode in den höher gelegenen Riffen bildeten.

Die neogene „Sand-Mergel-Dolomitfolge" N des Isthmus von Korinth enthält – nicht schicht- oder faziesgebunden – 0–100% $Ca_{0,52-0,58}$-Dolomit (z. T. mikritisch). Zuerst bildete sich Dolomit-Zement, dann wurde der Aragonit und danach auch der Calcit dolomitisiert (RICHTER et al. 1982). Selbst die calcitischen Biogene aber wurden vorher aufgelöst, wie es das Dorag-Modell verlangt (BADIOZAMANI 1973). Dieses Vorkommen wird durch eine Vermischung von brackisch-marinem Wasser mit Oberflächenwasser aus einem serpentinreichen Ophiolithgebiet mit $Mg/Ca = 10-30$ und einer Salinität von 0,5–1‰ erklärt. Neben dem Mischwasserprinzip war also auch eine Mg/Ca-Erhöhung wirksam.

Dolomitzement wird nicht selten erwähnt. Teils umwächst er Calcit (BOURROUILH-LE JAN 1973), teils haben die Dolomitrhomboeder einen durch Calciteinschlüsse getrübten Kern ($Mg_{<0,03}$-Calcit, vermutlich aus Aragonit entstanden, in dem von SIBLEY 1980 untersuchten Pliozän von Bonaire). KALDI & GIDMAN (1982) fanden im Pleistozän von Great Abaco Island (Bahamas) sowie im englischen Zechstein solchen getrübten Dolomitzement von blockigem, vermutlich meteorischem Calcitzement überwachsen und schlossen daraus auf den Übergang zu meteorischen Verhältnissen. Im allgemeinen dürfte der Dolomitzement eine (meist früh-diagenetische) Verdrängung von Mg-Calcit- oder Aragonitzement (s. o.) sein.

D. Peritidal-evaporitische Dolomitbildung

In den frühen sechziger Jahren wurde auf verschiedenen Kalkwatten und zeitweise marin gefluteten Küstenplattformen rezente Dolomitbildung gefunden: auf den Florida Keys (SHINN 1969, FRIEDMAN 1964), um Andros/Bahamas (s. auch Abschn. C; SHINN et al. 1965), auf Bonaire/niederländische Antillen (DEFFEYES et al. 1965) und an der Südküste des Persischen Golfs (ILLING et al. 1965).

In den meisten dieser Vorkommen ist das Mg^{2+}/Ca^{2+}-Verhältnis im Porenwasser gegenüber dem Meerwasser durch Eindunstung und eine damit verbundene Gips- oder Anhydritausscheidung erhöht, nach der Formel

$$2\,CaCO_3 + Mg^{2+} + SO_4^{2-} + 2\,H_2O \rightarrow CaMg(CO_3)_2 + CaSO_4 \cdot 2\,H_2O;$$

die Lufttemperatur ist relativ hoch (in Abu Dhabi im August 34 °C, MCKENZIE et al. 1980: 14), und es werden stets die instabilen Karbonate Aragonit und Mg-Calcit dolomitisiert. Die Dolomitbildung erfolgt durch

1. Evaporation aus den Poren des Lockersediments („capillary evaporation" oder „cap. concentration"; SHINN et al. 1965, FRIEDMAN & SANDERS 1967).
2. Versickern vorevaporierter Laugen („seepage refluxion"; ADAMS & RHODES 1960) und von Spritzwasser (KOCURKO 1979).
3. Verdunstung angesaugten marinen Grundwassers („evaporative pumping"; HSÜ & SIEGENTHALER 1969). Dieser Mechanismus kann wohl als ein Sonderfall von 1.) betrachtet werden, nachdem

McKenzie et al. (1980) in der Sebkha von Abu Dhabi (Persischer Golf) den folgenden Ablauf rekonstruieren konnten:
a) Gelegentliche marine Überflutung. b) Kapillare Evaporation mit Anhydritausfällung und Anstieg des Mg/Ca-Verhältnisses auf 7–27. c) Evaporatives Pumpen aus den während des Stadiums a) gefüllten unteren, „artesischen" Grundwasserstockwerken, verbunden mit der Bildung von schlecht geordnetem Dolomit der Kristallgröße 1–3 µm. Dabei sinkt das Mg/Ca-Verhältnis, vermutlich wegen des Nachströmens von (marinem) Grundwasser.
4. Andere Mechanismen. Eine Pump-Wirkung der Gezeiten vermuten Carballo et al. 1987. Patterson & Kinsman (1982) fanden in der Sebkha der Arabischen Halbinsel eine Dolomitisierung von Aragonit durch windgetriebene Laugen marinen Ursprungs. Sie benötigt 1000–1500 Jahre und erfolgt bei $m_{Mg}/m_{Ca} > 6$, pH 6,3–6,5, p_{CO_2} min. 10^{-2}–10^{-3} atm und reduzierendem Milieu aus gipsgesättigten, 25–40 °C warmen Laugen.

Friedman (1980) hebt wie auch Land (1980) den evaporitischen Charakter von frühdiagenetischem Dolomit hervor und nennt als Beispiel die hypersalinen ufernahen Teiche der Sinai-Halbinsel, die unterirdisch von Meerwasser gespeist werden und im Bereich der Gipsausfällung Dolomitbildung zeigen. In älteren Sedimenten ist das Sulfat oft ausgelaugt, doch deuten Lösungsbreccien (Visser 1986), calcitisierte Gips- oder Anhydritknollen und $CaSO_4$-Einschlüsse in authigenen Quarzen (Richter 1971) auf den evaporitischen Charakter hin. Auch findet man in solchen Gesteinen wenige, aber für eingeschränktes Bildungsmilieu typische Fossilien (Abb. 6-137), z.B. Stromatolithe, sowie nach Friedman (1980) Satteldolomite, Quarzin und authigene Kalifeldspäte. Letztere kommen auch in dem sehr wahrscheinlich subaquatisch gebildeten Dolomit und Anhydrit der Hangfazies des Zechstein 3 vor (Füchtbauer 1972). Auch für die bis ca. 100 m mächtigen Dolomitoo/onkolithe der Eindampfungslagune des Zechstein 2, welche sich über einem mehrere 100 m mächtigen Anhydritwall frühdiagenetisch bildeten (Partikel-Kristallgröße 1–5 µm), ist mit einer subaquatischen Dolomitisierung zu rechnen, da Auftauch-Hinweise fehlen (Füchtbauer

Abb. 6-144. Zwei frühdiagenetische Dolomitisierungszyklen im fränkischen Weißjura (Straße bei Mühle Untereinbuch W. Schönhofen, im Tal der Schwarzen Laaber). Der Stiel des von W.M. Bausch gehaltenen Hammers bezeichnet die Schichtgrenze, an der eine deszendente Dolomitisierung (dunkel) scharf einsetzt und nach unten abklingt (s. dazu Bausch 1963b).

1972 : 24). Die Lauge war vermutlich, ähnlich wie in der Karabugas-Bucht des Kaspischen Meeres (1,42% Mg, 0,0459% Ca, 2,905% SO$_4$; STRAKHOV & ZWETKOV 1946, v. RAUPACH 1952, KAZAKOV et al. 1959, TEODOROVICH 1961) infolge der vorangegangenen CaSO$_4$-Ausscheidung stark an Mg angereichert.

Häufig findet man einen Wechsel solcher „evaporitischer" fossilarmer und oft algenlaminierter, flache Poren führender Dolomite mit massigen, normalmarinen Fossilien führenden Dolomiten. Während erstere nach ZENGER (1972a) supratidal entstanden, könnten letztere durch subtidale „seepage refluxion" erklärt werden, ähnlich wie die aus normalem Meerwasser erfolgende Dolomitisierung in Sugarloaf Key (Florida; CARBALLO et al. 1987), s. auch HARDIE (1987). SUPKO (1977) fand in einem jungtertiären Vorkommen dieser Art in den Bahamas die subtidalen Dolomite ^{18}O-reicher als die supratidalen und stöchiometrisch zusammengesetzten. SIMMS & HARDIE (1983) vermuten, daß viele Karbonatplattformen durch Eindringen und sehr langsamen „reflux" von Meerwasser schwach erhöhter Salinität (37–42%) und Dichte dolomitisiert wurden. Solche Systeme können sich während eines Meeresspiegelanstiegs nicht entwickeln. Hierauf führt ZENGER (1972a) das Zurücktreten von Dolomit in der Kreideformation zurück; s. auch ZENGER (1972b).

Das seepage refluxion-Modell ziehen SEARS & LUCIA (1980) zur Erklärung silurischer Vorkommen heran, in denen die Dolomitisierung scharf an einer Schichtgrenze einsetzt und nach unten in den Kalk hinein ausklingt, wie dies schon BAUSCH (1963b) aus dem fränkischen Malm beschrieb (Abb. 6-144). Auch in den alttertiären Karbonatzyklen der Abb. 6-137 erfolgt die Dolomitisierung deszendent. Jene Serie wird von normalmarinen Kalken unterlagert und von einem mächtigen Anhydritpaket überlagert. Ein ähnliches Vorkommen beschreiben LONGMAN et al. (1983). MÖLLER (1985) fand im Ca 3 des Zechsteins frühdiagenetische, strukturerhaltende Dolomite und gröbere strukturzerstörende Dolomite mit Mg-Überschuß, welche „intermediär-diagenetisch" durch deszendente Wässer aus der überlagernden Anhydritfolge erklärt werden.

In älteren Formationen hilft oft die Geochemie bei der Ermittlung der dolomitisierenden Lösungen, so der δ^{18}O-, der Mg-, Sr- und Na-Gehalt der Dolomite (z. B. SASS & KATZ 1982), doch darf die modifizierende Wirkung der Diagenese nicht außer Acht gelassen werden. Geringer sind die Fehlerquellen, wenn man verschiedene Einheiten einer Sequenz miteinander vergleicht und z. B. sehr unterschiedliche Na-Gehalte im Dolomit findet (VEIZER et al. 1978). Verschiedene Dolomitisierungen aus einem Vorkommen in den Kalkalpen sind in der folgenden Tab. 6-12 zusammengestellt.

Nicht nur die (evaporitische?) ^{18}O-Anreicherung im Supra/Intertidalbereich, sondern auch die schrittweise (temperaturbedingte) ^{18}O-Abreicherung im Laufe der Spätdiagenese wurden in diesem Beispiel konserviert.

Tabelle 6-12. Dolomitisierungen im Dachsteinkalk (Obernor-Rhät) etwa in zeitlicher Reihenfolge, nach GÖKDAĞ (1974: 145).

	Zeitpunkt	Kristallgröße	∂^{18}O (PDB)	∂^{13}C (PDB)	Bemerkungen
1. Supra-/intertidaler Loferit	frühdiagenetisch	3–5 µm	+0,6/+1,4	+2,6/+3,7	mit Dolomit-Intraklasten
2. Dolomitzement ist frühdiagenetisch, denn er ist bedeckt von Internsediment					
3. Subtidalsediment dolomitisiert	früh/spät	20–30 µm	−0,05/−0,6	+2,6/+3,3	? nach Verfestigung
4. Blockiger Zement			−1,5/2,9	+1,2/+3,7	
5. Dolomite als Spaltenfüllung	spätdiagenetisch	grobkristallin	−3,5/−9,2		nach der Verfestigung

E. Submarine Dolomitbildung

Seit BØGGILD (1912) und CORRENS (1937) werden immer wieder einzelne ca. 10−20 µm große Dolomitrhomboeder im obersten Ozeanboden gefunden. FRIEDMAN (1964) erwähnt 50−70 µm große Rhomboeder in unverfestigtem Kalksand und Kalkschlamm 0,2−2,3 m unter dem Tiefseeboden bei Bermuda. Im tiefmarinen Neogen und Quartär vor den Bahamas fanden HÜGGENBERG & FÜCHTBAUER (1988) in Kernintervallen mit hohem Tongehalt 10−30% Dolomit, während tonarme Intervalle weniger als 5% Dolomit enthielten (s. auch NARKIEWICZ 1983). Weitere Vorkommen werden von PISCIOTTO & MAHONEY (1981) und von KELTS & McKENZIE (1982) beschrieben. Kleine Dolomitgehalte finden sich nach BAKER & BURNS (1985) an den meisten Kontinentalrändern mit Akkumulationsraten unter 500 mm/1000a und C_{org}-Gehalten über 0,5%. Solche Vorkommen sind nach LIPPMANN (1973: 185) zu den „organischen Dolomiten" zu rechnen. Sie bilden sich im Bereich der Sulfatreduktion. Desulfurizierende Bakterien oxidieren mittels des Sauerstoffs aus dem SO_4^{2-} die organische Substanz zu CO_3^{2-} und erhöhen dadurch die Alkalinität. Auch fördert nach Experimenten von BAKER & KASTNER (1981) und KASTNER (1983) die Verminderung des SO_4^{2-}-Gehaltes auf weniger als 1/10 des Gehaltes im Meerwasser die Dolomitbildung. Diese Dolomite haben ein negatives $\delta^{13}C(-10, PDB)$, während in größerer Tiefe durch Abtrennung des isotopisch sehr leichten Methans ein „schwerer" Dolomit, mit positivem $\delta^{13}C$, entsteht (BAKER & BURNS 1985). Der norische Hauptdolomit der Kalkalpen ist nach FRUTH & SCHERREIKS (1982) ein fossiles Beispiel für organische Dolomite. Mit der katalytischen Wirkung von Fe(II)-Chelaten konnten MIRSAL & ZANKL (1986) nach vorläufigen Ergebnissen bei 25−30°C Dolomit aus künstlichem Meerwasser herstellen. Nach LANGBEIN (1986) bildet sich dieser Dolomit z. T. unterhalb der CCD. Dies trifft jedoch für die von FRIEDMAN (s. o.) und HELM (s. u.) beschriebenen Vorkommen nicht zu. Im Kontinentalhang S Guatemala fand HELM (1985a) in 100 m Tiefe im hemipelagischen Silt Lagen mit 10% schlecht geordnetem $Ca_{0,55}$-Dolomit (5−10 µm; $\delta^{13}C-10$, PDB). Gelegentlich ist im subtidalen Holozän der Dolomit lagenweise angereichert (BEHRENS & LAND 1972), doch werden stärkere Anreicherungen in Tiefseesedimenten, wie sie wohl zuerst von RIEDEL et al. (1961) aus Tiefseebohrungen vor Baja California erwähnt wurden, immer auf spezielle Bildungsbedingungen zurückzuführen sein:

So finden sich nicht selten massive Dolomitlagen in unmittelbarer Nachbarschaft von Basaltbreccien (BERNOULLI et al. 1978: 2−5 µm-Rhomboeder von $Ca_{0,55}$-Dolomit), von Basaltlagergängen (DAVIES & SUPKO 1973: 10−20 µm-Rhomben im Cenoman vor Westafrika) und von Serpentinschlamm (HELM 1985b). Im Ionischen Meer führte $MgCl_2$-reiches Porenwasser, welches aus unterlagernden Evaporiten hergeleitet wird, zur Bildung von $Ca_{0,54}$-Dolomittäfelchen parallel zur Basis, mit hexagonaler Form und bis 40 µm Durchmesser bei ≥ 1 µm Dicke (BERNOULLI & MÉLIÈRES 1978).

In der Nachbarschaft von Gashydratlagen (Clathrat, $CH_4 \cdot 6H_2O$) fand HELM (1985a und mdl.) in 200 m Sedimenttiefe am Kontinentalhang südlich von Guatemala > 2 cm dicke Lagen aus 3−10 µm großen Kristallen eines gut geordneten $Ca_{0,51}$-Dolomits mit $\delta^{13}C = +20$ (PDB; wohl verursacht durch die Abspaltung des „leichten" Methans, s. o.). Das Porenwasser besitzt ein pH von 8.5 und hohe Alkalinität (118 meq/l), was die CO_3^{2-}-Konzentration anhebt. Es ließ sich eine 100−1000fache Übersättigung für Dolomit errechnen. Dieser bildete sich auf Kosten von calcitischem Nannoplankton.

Daß es in alten Formationen, vor allem im Präkambrium, so viel mehr Dolomit gibt als in jüngeren, hat immer wieder zu Spekulationen über Veränderungen der Meerwasser-Zusammensetzung geführt (z. B. TUCKER 1982). Häufig aber wird es sich dabei um spätdiagenetische Dolomite handeln, deren Entstehungschancen naturgemäß mit dem Alter wachsen.

F. Spätdiagenetische Dolomitbildung

Spätdiagenetische Dolomite unterscheiden sich von allen anderen durch eine Reihe von Merkmalen: Sie sind fast immer grobkristallin (Abb. 6-145), (fast) stöchiometrisch zusammengesetzt, arm an Sr und Na und angereichert an ^{18}O (LAND et al. 1975). Diese Eigenschaften deuten auf eine langsame Bildung unter Gleichgewichtsbedingungen bei erhöhten, jedoch noch diagenetischen

Temperaturen (leichte O-Isotope!) hin. Da die Porosität zu dieser Zeit schon relativ gering ist, ist eine Dolomitisierung nach der Formel $CaCO_3 + Mg^{2+} + CO_3^{2-} = CaMg(CO_3)_2$ aus Platzgründen nicht möglich. Vielmehr kommt hier nur eine Verdrängung nach der Formel
$2 CaCO_3 + Mg^{2+} = Ca Mg(CO_3)_2 + Ca^{2+}$ in Betracht.

Bei dieser Mol-für-Mol-Dolomitisierung nimmt die Porosität sogar um 13% zu. Da die Porosität jedoch oft geringer ist, findet häufig eine Volumen- für Volumen-Dolomitisierung statt, z. B. unter Mitwirkung von Stylolithen.

Unter spätdiagenetischen Bedingungen werden auch viele frühdiagenetische Dolomite stabilisiert, und zwar durch Umkristallisation. Die treibende Kraft sind dabei wohl die Zunahme von Kristallgröße und Ordnungsgrad und die Abnahme des Ca-Überschusses. Je geschlossener dabei

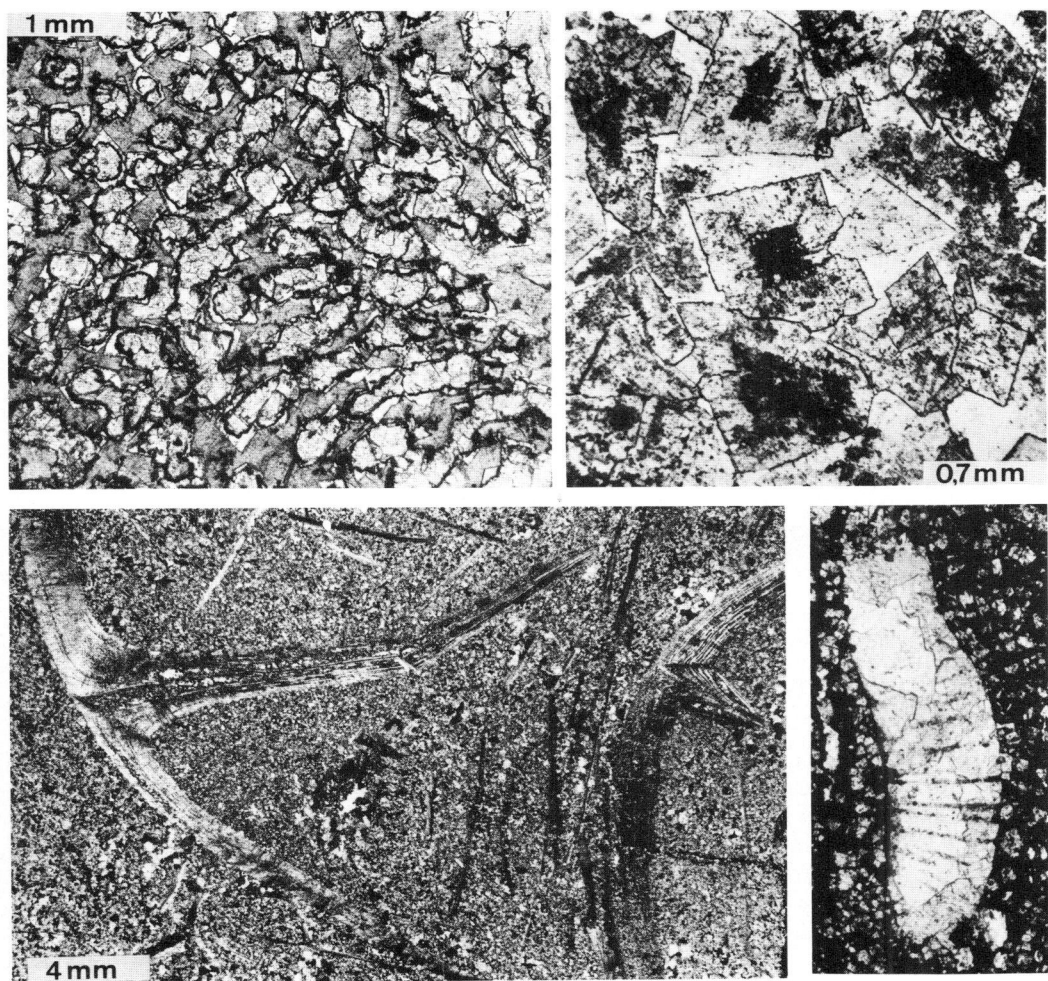

Abb. 6-145. Oben: Typisch spätdiagenetische Dolomite; links – Dolomitkristalle sind von den Poren ins Skelett einer Thamnopore (dunkel) gesproßt, rechts – Dolomitkristalle mit eisenreichem Kern (in der Mitte mit angedeuteter Sanduhrstruktur). Unten links: Strukturerhaltend dolomitisierte Brachiopoden (+ Nicols) Mitteldevon/Eifel. Unten rechts: Nicht strukturerhaltend, aber in situ dolomitisierte punctate Brachiopode. Unterdevon/Eifel; Bildhöhe 0,7 mm. RICHTER 1974: Abb. 11, 13, 14, 26.

das System ist, um so mehr können die schweren Sauerstoffisotope der frühdiagenetischen Dolomite beibehalten werden (s. Tab. 6-12).

In ihrem Vorkommen sind spätdiagenetische Dolomite im allgemeinen durch eine nicht schichtparallele Lagerung charakterisiert (Abb. 6-146 links). Sie bilden unregelmäßige Massen oder dringen auf Störungen und Schichtfugen vor, so daß oft zedernförmige Strukturen entstehen (Abb. 6-146 rechts). Auch auf Tonflasern findet man nicht selten Dolomit (WANLESS 1983), ebenso auf Stylolithen, diese verdrängend und daher möglicherweise später als sie, d. h. nach Verfestigung des Gesteins gebildet (ZENGER 1983, LEUCHS 1985). Auch gibt es bei spätdiagenetischen Dolomiten keinen Zusammenhang mit Paläogeographie und Bildungsmilieu der dolomitisierten Kalke.

Viele Porenwässer liegen, wie schon im Abschnitt A erläutert wurde, im Gleichgewichtsfeld des Dolomits (Abb. 6-135). Wegen der langen zur Verfügung stehenden Zeit und der erhöhten Temperatur ist die Reaktionskinetik spätdiagenetischer Dolomitisierung weitgehend unabhängig von den Konzentrationen (USDOWSKI 1967: 69), so daß hier nicht wie in der Frühdiagenese die Dolomitbildung erst bei stark erhöhtem Mg^{2+}/Ca^{2+}-Verhältnis einsetzt. Doch würden die im örtlichen Porenwasser enthaltenen Mengen an Mg^{2+} nicht ausreichen, mehr als einige verstreute Dolomitrhomboeder zu erzeugen, vergleichbar dem Dolomit im Tiefseeboden (Abschn. E). Man muß sich also nach anderen Mg-Quellen umsehen:

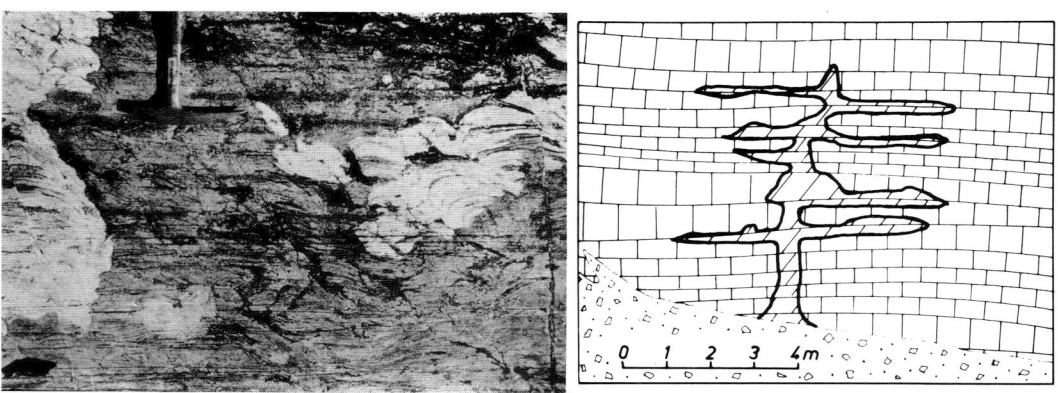

Abb. 6-146. Spätdiagenetischer Dolomit. Links: Schichtdurchschlagende Dolomitisierung (dunkel) eines archaischen Stromatoliths bei Sala W Uppsala (Schweden). Rechts: Zedernartige Dolomitisierung eines devonischen Massenkalkes bei Dornap/Wuppertal auf ac-Spalten und (ab-) Schichtflächen (aszendent-telethermal nach LEUCHS 1985); aus GOTTHARDT (1962: Anlage 14).

1. Mg^{2+} aus unterlagernden Tonen, durch Kompaktion ausgepreßt. Fließt solches Kompaktionswasser aus größeren tonigen Beckenserien zu kleineren Karbonatplattformen hin, so werden diese vor allem an ihren Rändern dolomitisiert, wie es MATTES & MOUNTJOY (1980) für ein devonisches Riff und SCHOFIELD & ADAMS (1986) für einen Horst beschreiben. Auch bei der Umwandlung von Smektit in Illit wird unter anderem Mg frei (MCHARGUE & PRICE 1982, STERNBACH & FRIEDMAN 1984, 1986). In gemischt goethitisch-chamositischen Ooiden des süddeutschen Jura fand ANAGNOSTOU (1987) die Chamositschalen bevorzugt dolomitisiert.

2. Mg^{2+} aus überlagernden Dolomiten, durch absinkende, schwere Porenwässer (NICHOLS & SILBERLING 1980) oder unter Gebirgen (HELMOLD et al. im Druck).

3. Mg^{2+} aus dem Meerwasser, an schmalen und steilen Inseln. Diesen Fall beschrieb SALLER (1984) aus Eozän-Riffkalken unter dem Enewetak Atoll. Der Dolomit ist mit dem für Calcit untersättigten und für Dolomit übersättigten kalten Tiefenwasser des Ozeans im isotopischen Gleichgewicht (Sauerstoff).

4. Auf Verwerfungen können Oberflächenwässer unter bestimmten Bedingungen eindringen und sich mit dem salzigen Tiefenwasser mischen (Dorag-Modell; MATTES & MOUNTJOY 1980).

Wie Abb. 6-135 zeigt, ist Dolomit mit vielen Porenwässern bei erhöhten (diagenetischen) Temperaturen im Gleichgewicht. Ein Beispiel unter vielen ist die Beobachtung von SCHWARZKOPF (mdl.), daß die Zementflecken im Dogger beta-Sandstein Norddeutschlands in flacheren Bohrungen aus Calcit, in tieferen (wärmeren!) aber aus Dolomit bestehen. Hierher gehören auch die aus telethermalen Tiefengrundwässern hergeleiteten Dolomitvorkommen auf ac-Spalten der gefalteten Mittel- bis Oberdevonkalke bei Wuppertal (Abb. 6-146 rechts; LEUCHS 1985) und viele andere, teilweise erzführende hydrothermale Dolomitvorkommen (z. B. FRANK & LOHMANN 1982). Mit zunehmender Temperatur werden die Dolomite stöchiometrischer, so zum Beispiel die Mikrodolomiteinschlüsse (s. o.) der Crinoiden im Muschelkalk über dem Bramsche-Vlothoer Wärmedom (RICHTER 1985 b).

Eine spätdiagenetische Dolomitisierung ist oft mit einer Porositätserhöhung oder zumindest mit einer Durchlässigkeitsverbesserung verbunden. Ihre Erkennung ist daher für die Öl- und Gasexploration wichtig (BIRD & JORDAN 1977, SEARS & LUCIA 1980: 215). In älteren Formationen wird Dolomit zunehmend häufiger, vermutlich weil die Chance spätdiagenetischer Dolomitisierung wächst. Eine Ausnahme bildet nach SCHMOKER et al. (1985: Fig. 14) das Karbon mit seinem verhältnismäßig geringen Dolomitgehalt.

G. Dedolomit

Diesen Begriff schlug v. MORLOT (1847) für Gesteine vor, welche durch Calcitisierung von Dolomit entstanden sind. „Dedolomitisierung" wird darüber hinaus auch für die selektive Auflösung von Dolomitrhomboedern in Kalken verwendet. Der sprachlich anfechtbare, zwei verschiedene Vorgänge zusammenfassende Begriff wird nur widerstrebend übernommen.

Nach Experimenten von DE GROOT (1967) sind die Bedingungen für die Calcitisierung von Dolomit
— ein Mg/Ca-Molverhältnis unter 1 in der Lösung
— ein hoher Wasserdurchfluß, d.h. eine deutliche Durchlässigkeit
— ein merklicher CO_2-Partialdruck (aber $< 0,5$ atm)
— ein pH-Wert unter 7,8 (nach STUMM & MORGAN 1970: Fig. 5–12)
— eine niedrige Temperatur ($< 50\,°C$).

Eine Temperaturerniedrigung allein kann nach Abb. 6-135 schon Dedolomit erzeugen. Nach den genannten Bedingungen bildet sich Dedolomit am häufigsten in der Nähe der Erdoberfläche. Dabei zeigt die verbreitete Braunfärbung eine Ausscheidung des im Dolomit enthaltenen Fe^{2+} unter oxidierenden Bedingungen als $Fe^{3+}OOH$, doch kommt im phreatischen Bereich auch eine Umwandlung von Fe^{2+}-Dolomit in Fe^{2+}-Calcit vor (SCHOLLE 1971).

ELMORE et al. (1985) fanden in unterordovizischen Dolomiten Oklahomas eine Dedolomitisierung mit der Bildung von Hämatit verknüpft, dessen Alter nach paläomagnetischen Messungen auf die Karbon-Permwende wies. An der englischen Küste fand AL-HASHIMI (1977) unter Meerwassereinfluß bei 4–13 °C eine Umwandlung von Fe-Dolomitgestein in $Mg_{0,02-0,07}$-Calcit. Nach P. FRITZ (1966) sind die Dedolomite des Schwäbischen Jura gegenüber den Dolomiten und den primären Kalken an den schweren C- und O-Isotopen verarmt, infolge Austauschs mit organogenem CO_2 des Bodenwassers. Zunächst dringt das CO_2-haltige Wasser aus der Humusschicht lösend auf den Kristallgrenzen des Dolomits vor und schafft die erforderliche Durchlässigkeit, was gelegentlich bis zur Entstehung von Dolomitsand führt. Danach setzt die Calcitisierung ein.

Die Ca^{2+}-reichen Verwitterungslösungen von Gips und Anhydrit fördern die Dedolomitisierung (v. MORLOT 1847, CHILINGAR 1956, FRIEDMAN & SANDERS 1967, PLUMMER & BACK 1980: 139). In supratidalen Dolomit-Anhydritserien können bei der Verwitterung Dolomitbreccien entstehen (VISSER 1986), welche ebenso wie tektonische Dolomitbreccien (LEINE 1968) im terrestrischen Bereich calcitisch zementiert werden. Wittert dann der Dolomit heraus, so entstehen „Zellenkalke" oder „Rauhwacken" (frz. cargneules; s. S. 89). Nahe der Oberfläche bilden sich Dedolomite, so z. B. in großem Maßstab in dem artesischen Aquifer der Edwardskalke (Alb) von Texas (ABBOTT 1974).

Ca-Dolomite sind wegen ihrer größeren Löslichkeit anfälliger gegen Calcitisierung als stöchiometrische Dolomite, wie KATZ (1968), RICHTER (1974b: 53) und LEUCHS (1985: 139) beobachteten. Dabei entstand nach RICHTER $Mg_{\leq 0,06}$-Calcit, nach LEUCHS $Mg_{0,03-0,04}$-Calcit, als Folge des erhöhten Mg^{2+}/Ca^{2+}-Verhältnisses im Porenwasser des Dolomits. In den Dolomitrhomboedern ist nicht selten die Kernzone Ca-reich und daher löslicher, was zu hohlen Rhomboedern führen kann (RANDAZZO & COOK 1987).

Außer diesen Oberflächen-Dedolomiten gibt es seltener auch eine Dedolomitbildung in der Tiefe (burial dedolomitization), die zuweilen mit (z. T. telemagmatischen) Calcitgängen in Verbindung gebracht werden kann (FÜCHTBAUER 1964b, BUDAI et al. 1984, hier unter Kohlenwasserstoffeinfluß).

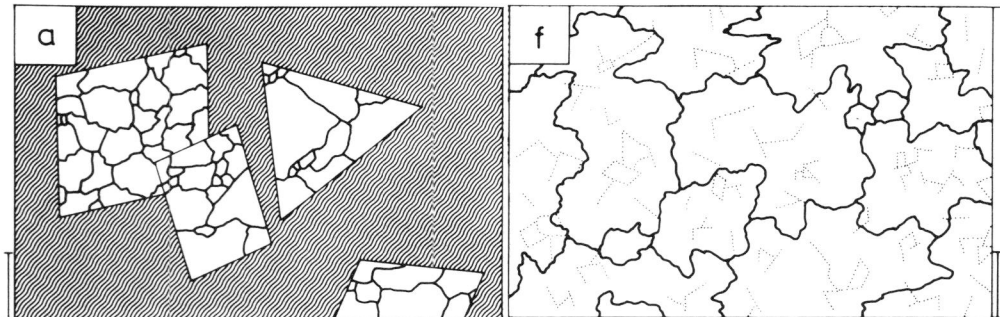

Abb. 6-147. Links mikrokristalline und rechts makrokristalline Calcitisierung von Dolomit (links umgeben von sammelkristallisiertem Kalkmikrit, rechts mit Brauneisensäumen als Reste des verdrängten Dolomits). Maßstäbe 100 µm; nach Dünnschliffen gezeichnet; RICHTER 1974b: Abb. 35.

Die Kristallgröße des Dedolomits kann geringer, gleich oder größer als die des verdrängten Dolomits sein (Abb. 6-147). Im ersten Fall beginnt die Calcitisierung oft im Innern der Dolomitrhomboeder, möglicherweise an den dort angereicherten Einschlüssen oder Ca-Überschüssen (s. o. und Abschnitt A). Im letzten Fall entsteht ein charakteristisches Gefüge sehr unregelmäßig begrenzter, verzahnter Calcitkristalle, die nicht selten undulös und reich an feinen Dolomiteinschlüssen sind. Außer an den charakteristischen Kristallformen und den nicht immer vorhandenen, z. T. korrodierten Dolomiteinschlüssen und gelegentlich Eisenoxidsäumen auf den Kristallgrenzen kann man Dedolomit auch an Tonsäumen, welche die Kristalle schichtparallel durchsetzen, und an den Schemen ehemaliger Dolomitrhomben im Lumineszenzlicht erkennen (CLARK 1980: 183f.). Fossilien können, wenn sie porenärmer als die Grundmasse sind, zunächst von der Calcitisierung verschont werden, wie es FÜCHTBAUER (1980a: 245) aus einem Zechsteinbioherm beschrieb.

Dort kam es zum Schluß zur Redolomitisierung der obersten Biohermpartie, vermutlich im Zuge einer „marinen" Überflutung des vorher trockengefallenen und dabei meteorisch dedolomitisierten Bioherms. Eine sehr grobkristalline Redolomitisierung beschreibt CLARK (1980: 198) ebenfalls aus dem Zechstein. Manche Gesteine wurden in mehrfachem Wechsel dolomitisiert und dedolomitisiert (MATTAVELLI & TONNA 1967).

H. Magnesit

Magnesit ($MgCO_3$) entsteht i. allg. durch Verdrängung von Dolomit. Synthetisieren läßt er sich bei Zimmertemperatur nicht. Nach LIPPMANN (1973: 80, 83, 85) ist seine Bildung durch die Mg^{2+}-

Hydratation noch stärker behindert als die von Calcit gegenüber Aragonit; nur hohe CO_3^{2-}-Gehalte (und viel Zeit) vermögen die Hydrathüllen zu brechen. Auch eine Erniedrigung der Wasseraktivität durch Erhöhung der Salinität erleichtert nach CHRIST & HOSTETLER (1970) die Dehydratation des Mg^{2+} und damit die Magnesitbildung. Dementsprechend findet sich Magnesit vor allem diagenetisch in Evaporiten mit erhöhtem pH (v. D. BORCH 1965, JOHANNES 1970, MÜLLER et al. 1972, LOGAN 1974, SCHWARZ 1977, NIEDERMAYR et al. 1979, 1981). Relativ geringe Fe^{2+}-Gehalte aber verhindern die Magnesitbildung und lassen Siderit entstehen (s. Kap. 6.1.3 S. 237).

BUSH (1987) beschreibt Magnesit von der Küstenebene von Abu Dhabi (Verein. Arab. Emirate). Dort bildete er sich über einer organischen Matte (Algen + Cyanobakterien), 1–4 km hinter der Küste und ca. 1 m über NN aus marinem Wasser, dessen Mg/Ca-Molverhältnis durch Aragonit-, Gips- und Anhydritbildung auf > 25 gestiegen war. Letzteres wurde nur dadurch möglich, daß oberhalb der Matte nur wenig Aragonit zur Verfügung stand, um das Mg^{2+} durch Dolomitisierung zu „absorbieren"; der gebildete Dolomit wurde deshalb dort in Magnesit überführt.

Magnesit kann sich auch in Seen bilden, deren Einzugsgebiete serpentinitreich sind (WETZENSTEIN 1974). In solchen Gebieten können sich auch Magnesit-Pedocretes (Magcretes) bilden, so im Serpentinit des Geraniagebirges N-Korinth, direkt unter einer jungtertiären Landoberfläche, zusammen mit Opal-CT (v. BERK et al. 1982).

6.6.3 Nichtkarbonatische Neubildungen und Verdrängungen

A. Anhydrit, Gips

In Karbonatgesteinen findet man nicht selten Anhydrit oder Gips. Entweder füllen sie Kavernen und Hohlformporen aufgelöster Partikel, oder sie verdrängen mechanisch oder chemisch das Karbonat. Frühe Verdrängungen (z. B. JACKA 1981) schaffen sich mechanisch Platz; man erkennt sie manchmal daran, daß eine Feinschichtung von den Sulfatknollen auseinandergedrängt wurde. Bei späten Verdrängungen (z. B. KENDALL & WALTERS 1978) wird das bereits verfestigte Karbonatgestein gelöst und durch Anhydrit oder Gips ersetzt. Man erkennt dies daran, daß die Feinschichtung gegen die Sulfatflecken abstößt oder sie durchzieht, oder an umschlossenen Relikten der aufgelösten

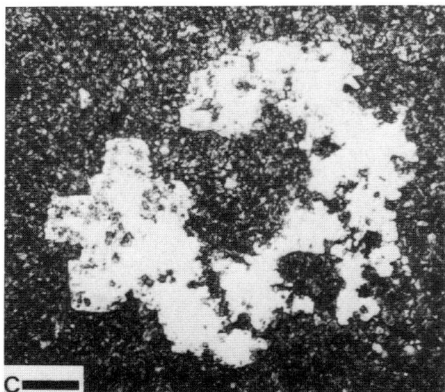

Abb. 6-148. Anhydritisierung von Zechstein 3-Dolomit (Niederlande; Bohrungen). C: Rechteckige Anhydritkristalle mit Dolomiteinschlüssen. E: Desgleichen, durchzogen von einschlußfreien Anhydrit-Rißfüllungen. Die schmalen Leisten sind einschlußfrei, so daß für sie eine mechanische Verdrängung nicht auszuschließen ist. Balken = 1 mm (aus CLARK 1980: Fig. 5 C, E).

Karbonatgesteins-Partikel (QUESTER 1964) oder -Kristalle (Abb. 6-148). Solche Karbonatrelikte können idiomorph sein, da vollständige Kristalle weniger löslich sind und deshalb der Resorption länger widerstehen als unvollständige, bereits angelöste Kristalle („Piranha-Effekt").

Verdrängungen erfolgen in aller Regel als „Volumen-für-Volumen"-Austausch. Da es sich stets um Auflösungs-Ausscheidungsprozesse handelt, laufen sie nämlich nur so lange ab, wie Porenwasser vorhanden und in der Lage ist, für den An- und Abtransport der Ionen zu sorgen, falls es sich um unterschiedliche Minerale handelt.

Die Anhydritkristalle sind rechteckig, isometrisch bis leistenförmig. Sind letztere schichtparallel orientiert, ist eine primär-sedimentäre Entstehung wahrscheinlich, jedoch nur im Anhydritgestein. Demgegenüber sind Knollen, die aus nicht oder unterschiedlich geregelten Anhydritleisten bestehen und oft nur in der Randzone Karbonateinschlüsse enthalten, als chemische Verdrängungen anzusehen (CLARK 1980: 176, MACHEL 1983).

Oft sind die obersten Meter des Ca1- und Ca2-Dolomits des Zechsteins im Übergang zu mächtigen Anhydritfolgen anhydritisiert. Allgemein sind solche Vorgänge im unmittelbaren Liegenden von Anhydriten häufig (CLARK & SHEARMAN 1980, FÜCHTBAUER 1980a); sie gehen nach CLARK (1980: 183) auf unter Druck stehendes, $CaSO_4$-gesättigtes Wasser zurück, welches bei der Gips-Anhydritumwandlung frei wird. Diese setzt bei etwa 40°C, d.h. in 500–1000 m Tiefe ein.

Häufiger ist die gegenläufige Umwandlung von Sulfaten in Calcit, welche besonders Sulfateinschlüsse in Karbonatgesteinen betrifft. Dabei erkennt man ehemaligen Anhydrit an den rechteckigen Pseudomorphosen, ehemaligen Gips an linsen- und schwalbenschwanzförmigen Kristallumrissen (Abb. 6-149 rechts).

Anhydritpseudomorphosen nach Gips sind nach LANGBEIN (1973) vornehmlich in der kristallographischen a-Richtung gestreckt, primäre Anhydritkristalle aber nach b. Im übrigen s. S. 443f., 466.

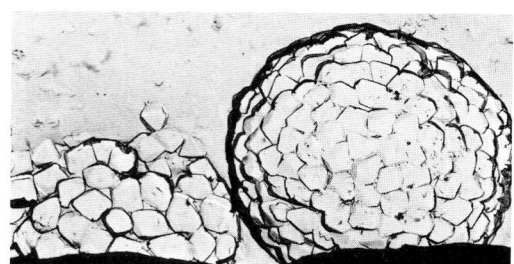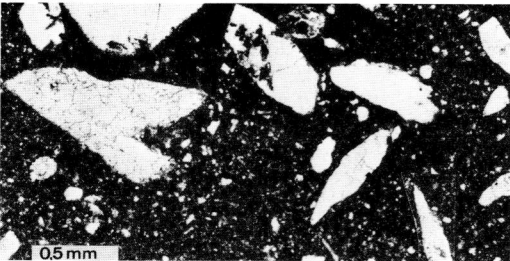

Abb. 6-149. Rechts: Kalkstein mit Gipskristallen, welche jedoch teils anhydritisiert, teils calcitisiert sind. Malm 4b, Bohrung im westlichen Niedersachsen, Teufe 1430 m. Links: „Rogenpyrite" aus Radiolariengehäusen. Oberalmer Schichten (Malm-Tithon), Unkener Mulde, Salzburg. Bildbreite 10 µm. Aus HONJO et al. (1965), s. S. 425.

B. Cölestin

Er liegt in der Löslichkeit zwischen Dolomit und Anhydrit und tritt dementsprechend in Sequenzen zunehmender Evaporation zwischen diesen Mineralen auf (Abb. 6-137). MÜLLER (1962) beschrieb ein derartiges Vorkommen aus dem norddeutschen Malm, OLAUSSEN (1981) fand Cölestin in silurischem, tidalem Dolomit bei Oslo, SCHERREIKS (1970) im peritidalen alpinen Hauptdolomit. Entsprechend findet sich Cölestin heute in der Sebkha am Persischen Golf (EVANS & SHEARMAN 1964).

Aus dem süddeutschen Muschelkalk beschrieb RIECH (1978) eine positive Korrelation zwischen dispersem Strontium im Kalk und Cölestinausscheidungen: Letztere fanden sich nur im unteren Muschelkalk, der im Mittel 1300 ppm disperses Sr enthält, nicht aber im oberen Muschelkalk mit 820 ppm Sr. Er vermutet als Ursache milieubedingte Unterschiede im Calcit/Aragonitverhältnis des ursprünglichen Sediments und nimmt den Aragonit, der im Meerwasser etwa 1% Sr einbaut, fast 10mal so viel wie der Calcit, als Sr-Quelle an. Das feinverteilte Strontium kann sich bis zu faustgroßen, radialstrahligen Cölestinsphärolithen zusammenschließen, die im kreidigen Alttertiär Nordlibyens lagig angereichert vorkommen. Wood & Shaw (1976) untersuchten Cölestinknollen aus dem englischen Keupermergel. Salter & West (1965) beschrieben aus dem englischen Purbeck Ca-Strontianitsphärolithe, die aus Cölestin entstanden und sich z. T. in diesen zurückverwandeln. Im Obersilur fand Carlson (1987) Cölestinverdrängungen nach der Dolomitisierung und der Zementation, aber vor der Versenkung.

C. Baryt und Fluorit

Diese Minerale sind in sedimentären Erzen von Bedeutung. So findet man in den vermutlich submarin-hydrothermalen Blei-Zink-Lagerstätten des alpinen Wettersteinkalks (Ladin) Anreicherungen schichtparalleler Baryttäfelchen, zusammen mit Fluorit (O. Schulz 1966). Ba^{2+} ist in anoxischen Formationswässern gegenüber dem Meerwasser stark angereichert (Puchelt 1972) und kann durch Oxidation, etwa bei der Vermischung mit meteorischen Wässern, zur Ausfällung gebracht werden (z. B. in Kohlebergwerken). Eine entsprechende Bildung wird von Hudson (1978) für Barytsphärolithe im Oxford Clay, von Morrow et al. (1978) für solche im Devon von British Columbia angenommen.

Fluorit findet man nicht selten vor allem in Dolomiten. Er wird ähnlich wie der Cölestin mit einem schwach evaporitischen Milieu in Zusammenhang gebracht und soll bei der Dolomitisierung freiwerden (S. Schulz 1980, Bodine in einer Diskussionsbemerkung zu Cook et al. 1985), s. Kap. 10.11.

D. Quarz (Abb. 6-150 links)

Verkieselungen und ihre Selektivität werden im Kap. 8.4.5 (S. 539 f.) behandelt. Es gibt verschiedene Versuche, aus dem Breiten-Längen-Verhältnis authigener Quarze auf die Genese zu schließen oder zumindest verschiedene Populationen zu bilden. Oft streuen diese Quotienten bei kleineren Quarzen stärker (Br./L. = 0,25−0,9) als bei größeren (um 0,5, Leuchs 1985; s. auch Schneider 1977 und Behr et al. 1979). Während sich diese Autoren vorwiegend mit hydrothermalen Quarzbildungen beschäftigten (Kathodolumineszenz: sehr variable Farben, die sich im Verlauf des Elektronenbeschusses ändern), zeigen die Breiten-Längen-Verhältnisse diagenetischer Quarze (keine Kathodolumineszenz) nach Richter (1974) eine starke Abhängigkeit von der Größe des detritischen Quarzes, sowie eine Verstärkung des Längenwachstums mit zunehmender Kristallgröße.

E. Authigene Feldspäte

Diese sind in Karbonatgesteinen nicht selten, treten jedoch meist nur in geringen Mengen auf. „Authigen" wird konventionell als Synonym für „diagenetisch" verwendet, im Gegensatz von Kastner (1981: 915), die den Begriff auf Bildungen im unveränderten sedimentären Porenwasser beschränken möchte, was nur in der Frühdiagenese möglich ist.

Folgende Merkmale sprechen für eine authigene Entstehung:

a) idiomorphe Ausbildung
b) Verdrängung von Biogenen, anderen Partikeln, Matrix oder − seltener − von Zement (v. Straaten 1948, Brauckmann 1984: 86 f.)
c) massiertes Auftreten, oft häufiger als detritische Quarzkörner
d) Einschlüsse, welche dem umgebenden Gestein (Kalk, Dolomit) gleichen
e) Beschränkung auf die reinen Endglieder der Alkalifeldspäte (s. u.)
f) charakteristische optische Merkmale und Verzwillingungen (s. u.).

Bevor auf die einzelnen Feldspäte eingegangen wird, sollen einige allgemeine Gesetzmäßigkeiten mitgeteilt werden. In Kalken niedriger Diagenese findet man kaum authigene Feldspäte ohne detritischen Kern. Dieser besteht in Albiten aus Plagioklas und ist daher meist an einer höheren Lichtbrechung vom authigenen Saum zu unterscheiden; in Kalifeldspäten kann der Kern infolge eines Na-Gehalts ebenfalls höher lichtbrechend sein als der authigene Saum (Lippmann & Savascin 1969: 174, Füchtbauer 1950: 247).

Im Kathodolumineszenzlicht erscheinen die detritischen Kerne i. allg. hellblau, während die Umwachsungen

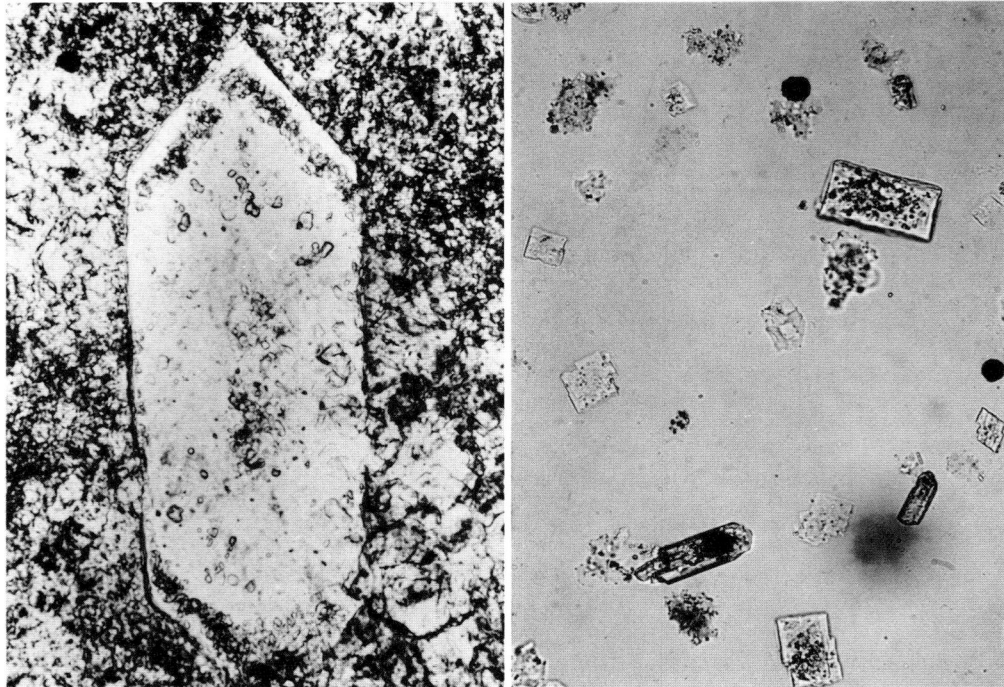

Abb. 6-150. Links: Authigener Quarz mit zonar angeordneten Calciteinschlüssen, die während einer schnelleren Wachstumsphase umschlossen wurden. Givet-Kalk bei Warstein, Sauerland. Höhe des Quarzkristalls 0,5 mm. Rechts: Authigene Kalifeldspäte (rechteckig bis rautenförmig) und zwei authigene Turmaline (mit exzentrisch angeordnetem, dunklem detritischem Turmalinkorn als Kern) im Lösungsrückstand eines Zechstein-Karbonatgesteins. Bohrung Kalldorf E-Vlotho/Weser. Bildbreite 0,39 mm.

nach einer gewissen Bestrahlungsdauer schwach blauviolett oder bräunlich leuchten: Hochdiagenetische (? hydrothermale) Albite zeigten nach BRAUCKMANN (1984) noch einen inneren, rötlichbraunen Saum.

In Sedimenten finden sich nur die reinen Endglieder (s. auch S. 167): Die Kalifeldspäte enthalten < 2 Mol-% Albit, die Albite < 1 (−3?) Mol-% Kalifeldspat (FÜCHTBAUER 1948, BASKIN 1956, BRAUCKMANN 1984: 95); noch bei > 200 °C Bildungstemperatur enthielten in Marmor eingeschlossene Albite nur 2–3 Mol-% Anorthit (KULKE 1978). Kalifeldspat scheint häufiger zu sein als Albit, welcher stärker auf die Spätdiagenese beschränkt ist und eine deutlichere Zunahme von Kristallgröße und Häufigkeit mit wachsender Temperatur zeigt (BRAUCKMANN 1984: 98, DÜRKOOP et al. 1986: 123). Dies erklärt sich dadurch, daß sich das Gleichgewicht

$$\text{Kalifeldspat} + Na^+ = \text{Albit} + K^+$$

mit steigender Temperatur nach rechts verschiebt (HELGESON 1974, Fig. 7). Dementsprechend lösen sich in der Hochdiagenese Orthoklas und Sanidin zugunsten von Albit auf (S. 167). Umgekehrt fand KULKE (1978: 85) in algerischen Salzstöcken, welche aus großer Tiefe aufgestiegen sind, eine Umwandlung von Albit in Kalifeldspat bei sinkender Temperatur. Beim K^+/Na^+-Verhältnis des Meerwassers befinden sich beide Feldspäte im Gleichgewicht (KASTNER 1971), können sich jedoch nur bei Übersättigung an Quarz (> 10 ppm SiO_2) bilden (LIPPMANN 1979). Aus Lösungen konnte FLEHMIG (1977) bei < 30 °C Albit nur bei pH > 8, Kalifeldspat aber bei pH 5–10 herstellen. Eine

Übersicht über authigene Feldspäte geben KASTNER & SIEVER (1979). Relativ hohe $\partial^{18}O$-Werte sind für diese Feldspäte charakteristisch. Röntgen- und optische Daten der verschiedenen Alkalifeldspäte findet man auch bei WRIGHT (1968).

1. Kalifeldspat (Abb. 6-150 rechts)

Es gibt monokline und trikline authigene Kalifeldspäte, manchmal im gleichen Vorkommen. So maß FÜCHTBAUER (1950: 248) auf (001) gegen die Spur von (010) an Umwachsungen 0° (d.h. monoklin), an reinen Neubildungen aber 5–12° (d.h. triklin). Hiernach scheint in Sedimenten die trikline Form die stabile zu sein. Auf gleiche Weise fanden LIPPMANN & SAVASCIN (1969) im Keupergips monokline authigene Kalifeldspäte mit triklinen Randlamellen.

Der optische Achsenwinkel $2V_x$ betrug in den monoklinen Typen des letztgenannten Vorkommens 30–20° und darunter, während er in den triklinen authigenen Kalifeldspäten nur wenig um 43° (gegenüber 80° für magmatischen Mikroklin) streut (FÜCHTBAUER 1956, BRAUCKMANN 1984: 91). Die Triklinität ist nach GOLDSMITH & LAVES (1954) durch die Größe

$$\Delta = 12,5 \, (d_{131} - d_{1\bar{3}1})$$

definiert, welche für monokline Kalifeldspäte 0, für trikline 1 ist. In dem von BRAUCKMANN untersuchten oberen Muschelkalk liegt Δ bei 0,77–0,85. Der Unterschied gegen 1 ist hier zumindest teilweise auf die detritischen Kerne zurückzuführen. Während von KASTNER (1971) untersuchte authigene Mikrokline mit einer Triklinität von 0,79–0,98 keine Kathodolumineszenz zeigten, lumineszierten authigene Mikrokline aus triadischen Dolomiten der Zentralalpen am Reschensee – bei einer Triklinität von 0,71–0,88 – braun, grauoliv bzw. hellgelbgrün (RICHTER & ZINKERNAGEL 1975). Eine fehlende Interferenzaufspaltung von 131/1$\bar{3}$1 in authigenen Kalifeldspäten einzelner Rückstandsproben aus mitteldevonischen Dolomiten der Eifel deutet auf monokline Formen hin (RICHTER 1974b: 70). Erwähnt werden monokline Feldspäte auch von HAY & MOIOLA (1963a) und SWETT (1968). Zur Methode s. auch JIRANEK (1982).

Authigene Kalifeldspäte zeigen die Flächenscharen (010), (001) und (110). Sie sind manchmal tafelig nach 001 oder 010 entwickelt; nicht selten sieht man komplizierte Durchdringungszwillinge, die wegen der geringen Größe authigener Kalifeldspäte noch nicht untersucht wurden. BRAUCKMANN (1984: 98) maß als maximale Größe bei mittleren Diagenesegraden 20–100 μm.

Der prozentuale Anteil authigener Kalifeldspäte am Gestein ist am höchsten in vulkanischen Tuffen. So fand WEISS (1954) in einem K-Bentonit 70%, KELTS & MCKENZIE (1976) beschrieben kretazische, vulkanogene Sedimente mit 60% authigenem Kalifeldspat, und ein Kristalltuff des Ladin in der Südschweiz bestand zu 40% daraus (FÜCHTBAUER 1956: 10). Ein weiteres typisches Milieu für authigene Kalifeldspäte sind Salzseen, und in diesen wieder besonders Tufflagen (z.B. der Searles Lake, Calif.; HAY & MOIOLA 1963a). In den Sedimenten vieler alkalischer Seen findet man eine Zonierung von Zeolithen wie Phillipsit am Rand, Analcim im Innern und Kalifeldspat im salinaren Zentrum (FRIEDMAN & SANDERS 1978: 142, HAY 1966, KASTNER 1971; s. auch Kap. 12.7). Jedoch kommt authigener Kalifeldspat nur in fossilen, mindestens pleistozänen Seeablagerungen vor, ist also diagenetisch (EUGSTER & HARDIE 1978: 254). In der Green River Formation tritt der Kalifeldspat zusammen mit Salzmineralen auf, während authigener Albit auf die weniger salinaren Abschnitte beschränkt ist (HAY 1966, IIJIMA & HAY 1968). Offenbar erhöhte die Ausscheidung von NaCl das K/Na-Verhältnis im Wasser. Auch in den Anhydriten und Dolomiten des Zechsteins kommt Kalifeldspat in den Zyklen höchster Evaporation vor (FÜCHTBAUER 1972).

In normalmarinen nicht-tuffogenen Kalken, z.B. im Muschelkalk, liegt der Gehalt an authigenem Kalifeldspat unter 0,5% und ist mit dem Tongehalt korreliert (FÜCHTBAUER 1956) und vermutlich spätdiagenetisch aus diesem hervorgegangen (BRAUCKMANN 1984: 119), während in den evaporitischen Vorkommen dieser Feldspat wohl früher und über Zwischenstadien wie Klinoptilolith aus Plagioklas und Glas entstand (HAY 1966, SHEPPARD & GUDE 1969, KASTNER 1981: 947f.). Dünne Umwachsungen von authigenem Kalifeldspat finden sich auch im fluviatilen Teil des deutschen Buntsandsteins, welcher reich an detritischem Kalifeldspat ist (FÜCHTBAUER 1967b).

2. Albit (Abb. 6-151)

Authigene Albite sind charakterisiert durch
a) „Roc Tourné"-Vierlinge, eine eigentümliche Zwillingskombination nach dem Albit- und dem X-Karlsbadgesetz (ROSE 1865, FÜCHTBAUER 1948).
b) einen optischen Achsenwinkel $2 V_z$ von etwa 90°, gegenüber 79° für Tief-Albit (FÜCHTBAUER 1948, 1956, H. MÜLLER 1958, MILTON et al. 1960, SCHÖNER 1960, ČATALOV 1970, BRAUCKMANN 1984: 91).

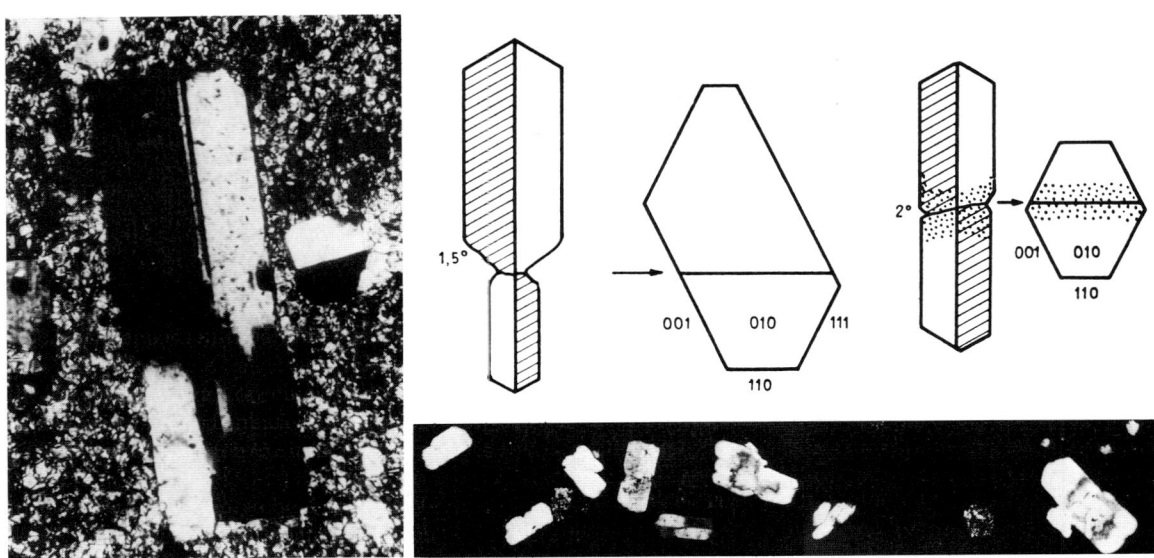

Abb. 6-151. Authigene Albite; Roc Tourné-Verzwillingung. Links: Muschelkalk bei Vlotho/Weser, schwach metamorph, etwa 0,2 mm lang (gekreuzte Nicols; Foto PATNAIK). Rechts oben: Zwei authigene Albite, ca. 0,1 mm lang; jeweils links in c-Richtung gesehen; Überkreuzverzwillingung durch Schraffur gekennzeichnet; rechts verkleinert und auf 010 gesehen. Die Verwachsungskerbe (Pfeil) verläuft parallel zu c. Das untere und obere Albitzwillings-Paar sind an dieser Kerbe um 1,5° bzw. 2° gegeneinander verstellt. Einschlüsse sind punktiert. Schwach metamorpher Jurakalk von Zweisimmen/Schweiz. (aus FÜCHTBAUER 1948). Rechts unten: Um 0,1 mm lange Albite aus nicht-metamorphem Zechstein-2-Dolomit des Emslandes; Säurerückstand, + Nicols.

Wie bei den authigenen Mikroklinen, so ist auch in den authigenen Albiten die Al/Si-Ordnung hoch, wie die Triklinität zeigt. Diese ist nach MARTIN (1969) durch $2\vartheta_{131} - 2\vartheta_{1\bar{3}1}(CuK_\alpha)$ definiert und liegt für geordnete Tiefalbite unter 1,17°, für ungeordnete Hochalbite über 1,94°; BRAUCKMANN (1984: 88) maß 1,12–1,16° an Albiten im oberen Muschelkalk, die demnach deutlich triklin sind.

Die authigenen Albite sind meist nach (010) tafelig und besitzen bei mittleren Diagenesegraden im Muschelkalk eine maximale Größe von 10–120 μm, ähnlich wie die authigenen Mikrokline (BRAUCKMANN 1984: 98), doch nimmt ihre Größe gegen die Anchimetamorphose stärker zu als bei den Kalifeldspäten.

Ihr Anteil übersteigt selten 1% des Gesteins. In den tonigbituminösen Kalken der Beckenfazies im Zechstein 2, dem „Stinkschiefer", in 1923 m Tiefe unter dem Elm ESE von Braunschweig fanden sich 7,5% fast ausnahmslos idiomorpher Albite, deren größter Teil authigen war (FÜCHTBAUER 1956: 10). Authigener Albit kommt hauptsächlich in marinen Sedimenten und in evaporitischen Seesedimenten vor (CROWLEY 1939, CAROZZI 1953a, MILTON et al. 1960), und zwar speziell in Karbonat- und Sulfatgesteinen (TOPKAYA 1950), sowie als Umwachsungen in Sandsteinen (S. 167). Nach IIJIMA (1975) bildet er sich bei 55–65 °C in alkalischen Lösungen salinarer Seen (10^5 ppm

Na) über Analcim, bei 120–125 °C in normalmarinen Sedimenten (10^4 ppm Na; s. auch Hay 1966). Als Na-Quelle dienen hiernach vornehmlich die Porenwässer, nach Schutow & Murawjew (1964) auch detritische Plagioklase. Im übrigen spielen auch hier die Tonminerale eine wichtige Rolle als Ursprungsmaterial (Kulke 1978: 84, Bausch 1980, Brauckmann 1984: 119). Bausch (1980: 73) fand im Malm mehr Albite in Dolomiten als in Kalken. Nach Surdam & Boles (1979: 239) hängt die Bildungstemperatur auch vom Druck ab.

F. Weitere authigene Minerale

Turmalin

Flaschengrüne Turmalinprismen mit dezentriertem detritischem Kern (wegen der Polarität der Hauptachse, s. Abb. 6-150 rechts) kommen in vielen Kalken vor; besonders häufig sind sie aber in evaporitischen Gesteinen. In einem von Lohse (1957) untersuchten Zechsteinanhydrit bildeten feinste Turmalinnädelchen die Hauptmenge des Lösungsrückstandes. In einem Zechsteindolomit waren sie so häufig, daß sie einen Stylolithen grün färbten. Von Kulke (1978: 92) untersuchte diagenetische Turmaline aus Karbonatgesteinen der Salinar-Trias NW-Afrikas waren Dravite mit 33–50% Uvitkomponente; in analogen, aber metamorphen Triaskarbonaten N von Andorra fand Bouscary (1966) in den Turmalinblasten Schörl-Anteile von 2–57%. Nach der meist schwachen Färbung zu urteilen, sind jedoch Fe-haltige Turmaline nicht typisch für den diagenetischen Bereich.

Tonminerale

Auch Tonmineralneubildungen gibt es in Karbonatsedimenten. So fanden Boichard et al. (1985: 65) im rezenten Backreef der Paternoster-Plattform SE Kalimantan (Indonesien) einen Teil der Kalkkörner von Limonit, andere aber von Chlorit überzogen, und zwar vor allem an Stellen geringer Akkumulationsrate. In Kalksteinen kommen Chlorithüllen vor allem in Ooiden vor (V. Schmidt 1965). Chlorit und Chamosit, aber auch Glaukonit sieht man nicht selten in Fossilporen, z. B. in Echinodermen.

Karbonatgesteine können auch als Diagenesekonserven wirken, wie folgende Beispiele zeigen:
a) Die Salztone des Zechstein 2–4 enthalten fast gleichviel Chlorit wie 2 M-Illit, während in den Karbonatphasen des Zechstein 1–3 der Chlorit stark zurücktritt oder – im Zechstein 2 – fehlt. Füchtbauer & Goldschmidt (1959) vermuten, daß sich der Chlorit aus den hochsalinaren Porenwässern der (noch weichen) Salztone diagenetisch bildete, während die dichten Karbonatgesteine dies verhinderten.
b) In Karbonatkonkretionen verschiedener Formationen wurde Quarzsilt konserviert, während er in den umgebenden Siltsteinen angelöst wurde (Füchtbauer 1978).

Im übrigen sei auf Kapitel 5 verwiesen.

Pyrit

FeS_2 ist in Sedimenten eine häufige Neubildung. Meist entsteht er frühdiagenetisch aus marinem Porenwasser in reduzierendem Milieu. Desulfurizierende Bakterien stellen S^{2-} und H_2S durch SO_4^{2-}-Reduktion bereit (Berner 1981), und zwar meist schon in den obersten Metern des Sediments (Kap. 1.2). Daher ist Pyrit im allgemeinen eine frühe Neubildung. Clark & Lutz (1980) fanden in lebenden Muscheln den Aragonit teilweise durch Pyrit verdrängt. Auch Markasit (rhombisches FeS_2) wurde unter speziellen Verhältnissen in Karbonatgesteinen gefunden (Park & Distefano 1982), obwohl er häufiger im sauren Milieu vorkommt (z. B. verkieste Hölzer in tertiären Braunkohletonen bei Bonn).

Pyrit bildet in Sedimenten oft 0,03–0,1 mm große Kügelchen, die aus zahlreichen 1–10 µm großen Kristallen zusammengesetzt sind wie Himbeeren („framboidal pyrite" von frz. framboise = Himbeere; „Rogenpyrit", Abb. 6-149, S. 420). Wahrscheinlich spielen Bakterien bei der Entstehung derselben eine Rolle (Schneiderhöhn 1923, Neuhaus 1940).

Zusammenfassung

Ehemaligen Mg-Calcit zu erkennen, ist für die Beurteilung nicht nur der Biogene, sondern auch des diagenetischen Environments wichtig. Als Indizien können Restgehalte von Mg, Mg-Calciteinschlüsse in authigenen Quarzen, feine Dolomiteinschlüsse im Calcit, sowie Biogene (mit Strukturerhaltung) und Palisadenzement aus Fe-Calcit verwendet werden. Die Umwandlung von Mg-Calcit in Calcit vollzieht sich auf dem Lösungsweg, wie Isotopenmessungen zeigen. Sie endet mit dem Schritt von 1–3 zu 0–2 Mol-% $MgCO_3$. Besonders viele Umwandlungsstufen gibt es im meteorisch-vadosen Bereich. In der Versenkungsdiagenese paßt sich der Mg-Calcit schrittweise dem Mg-Gehalt des Porenwassers an.

Zwischen Calcit und Mg-Calcit von Dolomit-Zusammensetzung vermittelt eine durchgehende Mischungsreihe, deren Mg-reichere Glieder allerdings selten auftreten. Von einem Mg-Calcit mit Dolomitzusammensetzung unterscheidet sich Dolomit durch die lagenweise Separierung von Ca- und Mg-Ionen im Gitter, welche röntgenographisch durch einen Ordnungsreflex nachzuweisen ist. Da der energetische Vorteil dieses Ordnungsprozesses klein ist, gelingt im Labor die Dolomitsynthese erst oberhalb von 100 °C, und auch in der Natur bildet sich Dolomit vorwiegend diagenetisch, aus Mg-Calcit, Aragonit oder Calcit, doch kommt auch primärer Dolomitzement vor. Man unterscheidet frühdiagenetische, in unlithifiziertem Sediment gebildete, und spätdiagenetische, in lithifiziertem Sediment gebildete Dolomite. Erstere sind schichtparallel, treten in Gesteinen spezieller Bildungsbedingungen auf und zeigen häufig eine gute Erhaltung der Fossilien, während die spätdiagenetischen Dolomite die Schichtung durchschlagen, environment-unabhängig und so grobkristallin sind, daß die Fossilien meist schlecht erhalten sind (näheres in Tab. 6-10).

Unter den frühdiagenetischen Dolomiten unterscheidet man kontinentale Dolomite (viele Seen, auch die von der Coorong-Lagune in S-Australien abgespaltenen), Mischwasser-Dolomite (besonders wichtig; z. B. auf den Bahamas und auf Bonaire/Karibik), peritidal-evaporitische Dolomite (z. B. am Persischen Golf und, zusammen mit Mischwasser-Dolomitisierung, auf den Bahamas und Bonaire), sowie submarine Dolomite (in feinverteilter Form weitverbreitet, sonst spezielle Bildungsbedingungen). Bei den submarinen Dolomiten spielt bakterielle Desulfurizierung und Oxidation der organischen Substanz im schwach alkalischen Milieu zu CO_3^{2-} eine Rolle. Solche „organischen" Dolomite sind durch niedrige $\delta^{13}C$-Werte charakterisiert. Spätdiagenetische Dolomite erhalten ihr Mg über das Porenwasser, welches häufig im Stabilitätsfeld des Dolomits liegt; die eigentlichen Mg-Quellen liegen jedoch außerhalb des Dolomitkörpers, im Hangenden oder Liegenden.

Vor allem in der Nähe der Erdoberfläche kommt es zur Calcitisierung des Dolomits („Dedolomitbildung"), wenn im Oberflächenwasser $m_{Ca^{2+}} > m_{Mg^{2+}}$ ist. Dabei führt oxidiertes Fe^{2+} aus dem Dolomitgitter zur Braunfärbung. Das organogene CO_2 des Bodenwassers spielt bei der Calcitisierung eine Rolle, wie die Zunahme leichter Isotope zeigt. Die bei der $CaSO_4$-Verwitterung entstehenden Ca^{2+}-reichen Lösungen begünstigen die Dedolomitbildung, welche oft auf Klüften einsetzt und durch Herauslösung der Dolomit- und Sulfatreste zu Zellenkalken („Rauhwacken") führen kann.

Karbonatgesteine, welche von mächtigen Anhydriten überlagert sind, können in den obersten Metern anhydritisiert werden, vermutlich durch das bei der Gips-Anhydritumwandlung freiwerdende, $CaSO_4$-gesättigte Wasser. Umgekehrt sind Sulfateinschlüsse im Kalk oft in Calcit umgewandelt. Im Übergangsbereich von Karbonat- zu Sulfatserien kommt es häufig zu Anreicherungen von Cölestin.

Authigene Feldspäte unterscheiden sich durch Morphologie, Zwillingsbildung und optischen Achsenwinkel von detritischen. Es kommen nur reine Kali- und Natronfeldspäte vor. Sie sind im allgemeinen triklin, mit gut geordnetem Gitter. Albite sind in Größe und Häufigkeit positiv mit der Bildungstemperatur verknüpft; für Kalifeldspäte ist diese Korrelation schwächer. Authigene Kalifeldspäte können besonders massiert in vulkanischen Tuffen vorkommen; beide Feldspäte und auch authigene Turmaline sind häufig in evaporitischer Karbonatfazies zu finden.

Kleine, runde „Pyritframboide" sind in Karbonatgesteinen und anderen Sedimenten nicht selten.

6.7 Porenraum

6.7.1 Porentypen

Während in Sandsteinen fast nur Zwickelporen vorkommen, findet man in Karbonatgesteinen eine Reihe von Porentypen (Abb. 6-152). Das für die Praxis, z. B. in der Erdölgewinnung, wichtigste Merkmal ist die Kommunikation der Poren. Diese ist in den vier Porentypen der oberen Reihe von Abb. 6-152 sowie in den (seltenen) Kavernen gut, in den rings umschlossenen Porentypen hingegen schlecht. Hier vermitteln oft nur Mikroporen zwischen den dargestellten großen Poren; das Verhältnis der Durchlässigkeit zur Porosität dieser Gesteine ist demnach sehr gering.

Man unterscheidet primäre, bei der Ablagerung entstehende, von sekundären, während der Diagenese entstehenden Poren:

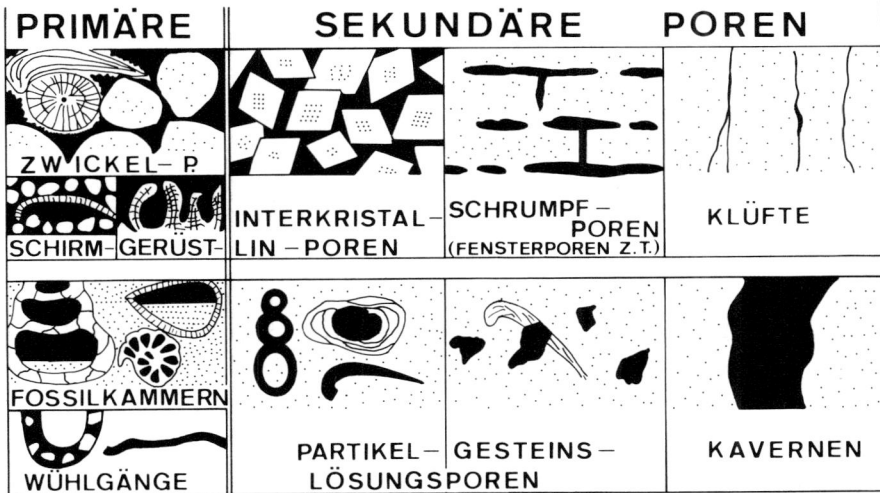

Abb. 6-152. Porentypen in Karbonatgesteinen (der Porenraum ist schwarz). Primäre, d. h. schon im Lockersediment vorhandene Poren sind die Zwickel- oder Interpartikelporen (interparticle pores) mit den Spezialformen der Schirmporen (shelter pores) und Gerüstporen (growth framework), sowie die Fossilkammern (intraparticle pores or chambers) und die damit verwandten teilweise offengebliebenen Wühlgänge (burrows) oder Röhrenporen (channels). – Sekundäre, d. h. während der Diagenese entstehende Poren sind die vor allem im Dolomit auftretenden Interkristallinporen (intercrystalline pores), die Schrumpfporen (shrinkage pores) mit den Spezialformen der durch Schichtablösung entstehenden Fensterporen (fenestrae, früher „birds eyes") und der Brecciennporen (breccia pores), die Kluftporen (joints, z. T. fractures), die gefügeselektiven Partikellösungsporen (molds), die wenig oder nicht gefügeselektiven Gesteinslösungsporen oder Feinkavernen (vugs) und die großen Kavernen (caverns). In Anlehnung an die Einteilung von CHOQUETTE & PRAY (1970).

A. Primäre Poren (sedimentär)

1. Zwickelporen oder Interpartikelporen treten in Kalksanden, in Biokalkareniten, Schillkalken und Oolithen auf; sie können mehr oder weniger durch Matrix oder Zement gefüllt sein. Sonderfor-

men sind die Schirmporen (unter Fossilschalen) und die Gerüstporen (in Riffen z. B.). Der Unterschied zwischen den engsten und den weitesten Poren ist bei dieser Porenart besonders gering, was zu dem schon erwähnten günstigen Verhältnis von Durchlässigkeit zu Porosität führt (Abb. 6-153). Betrachtet man eine dichteste Packung von 1 mm großen Kugeln, so hat im kleinsten Durchlaß (zwischen 3 Kugeln) eine Kugel von 0,1554 mm Durchmesser gerade noch Platz, während in der größten Pore (in dem oktaedrischen Zwickel zwischen 6 Kugeln) eine Kugel von 0,4142 mm Durchmesser Platz findet. Diese Kugeldurchmesser verhalten sich wie 1:2,665. Meist ist die Streuung der Kugeldurchmesser allerdings größer, weil die natürlichen Packungen sperriger sind. Die relativ gute Sortierung erkennt man auch an der Kapillardruckkurve (Abb. 6-155), aus welcher sich unter gewissen Voraussetzungen Porenweiten ablesen lassen (v. ENGELHARDT 1960, STOUT 1964).

2. Fossilkammern werden zwar meistens durch Zement gefüllt, oder es dringt bei einer Zerbrechung Matrix in sie ein, gelegentlich jedoch bleiben sie offen – zum Beispiel, wenn rechtzeitig Öl hineinwandert. Das Durchlässigkeit/Porosität-Verhältnis aber ist klein. Ähnlich ungünstige Speichereigenschaften hat die seltene Sonderform der unausgefüllten Wühl- und Bohrgänge.

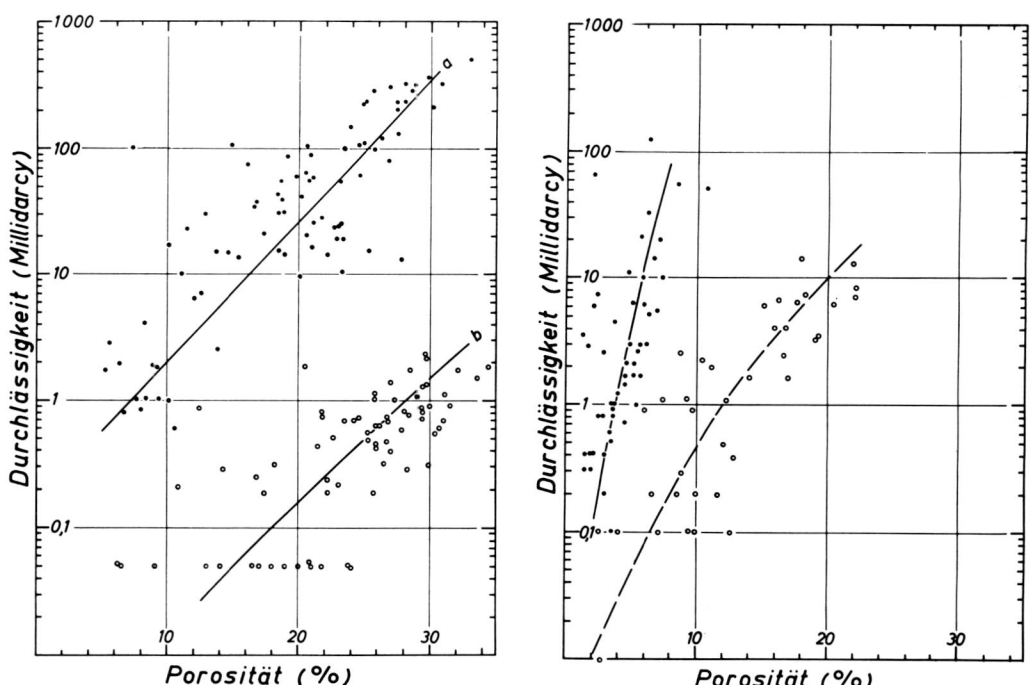

Abb. 6-153. *Links:* Beziehung zwischen Porosität und Durchlässigkeit in Dolomiten des Zechstein 2.
a) Interkristallinporen zwischen 0,02–0,05 mm großen Rhomboedern (Gasfeld Rehden, nach BAUSCH & WIONTZEK 1961);
b) Partikellösungsporen (herausgelöste Onkoide und Ooide) und Interkristallinporen zwischen 0,002–0,006 mm großen Rhomboedern (s. QUESTER 1964).

Abb. 6-154. *Rechts:* Beziehung zwischen Porosität und Durchlässigkeit in z. T. dolomitischen Kalken der Paradox-Formation (Pennsylvanian).
oben Zwickelporen (Algen-Kalkarenit bis -Kalkrudit; *Ivanovia*);
unten Partikellösungsporen (herausgelöste Schalen von *Ivanovia*); umgezeichnet nach CHOQUETTE & TRAUT 1963.

 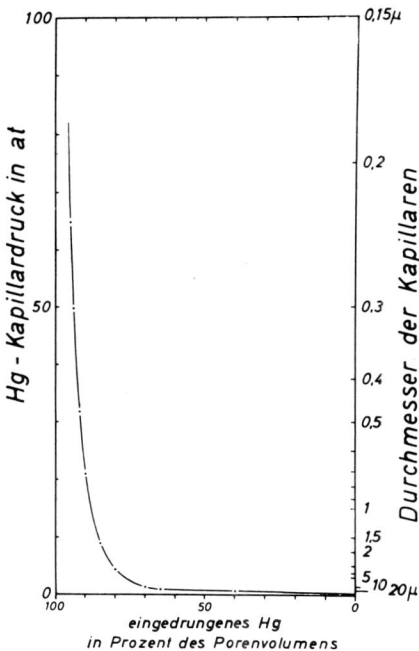

Abb. 6-155. Zwickelporen. Links: Stark sandiger Dolomitarenit, kalkig zementiert. Tertiäre Molasse des Alpenvorlandes (Bausteinschichten, Bohrung Schwabmünchen 1). 35,6 % Sand (weiß) (Median 0,19 mm), 12,0 % Calcit, 52,4 % Dolomit. Porosität 26,1 %, Luftdurchlässigkeit 2500 Millidarcy (Bildbreite: 0,9 mm, gekreuzte Nicols; Poren schwarz). Rechts: Kapillardruckkurve der gleichen Probe. Es ist dargestellt, ein wie großer Anteil des Porenraumes sich jeweils mit Quecksilber füllt, wenn man den Druck schrittweise von 0 auf 100 at erhöht. Rechts sind die nach der Formel r = 2 σ cos ϑ/P (r = Kapillarradius; σ = Oberflächenspannung, hier 480 dyn · cm^{-1}; ϑ = Randwinkel, hier 140°; P = angewendeter Druck) errechneten Kapillarradien angeschrieben. Sie sind theoretische, hier dem Vergleich dienende Größen, denn die Kapillaren in Gesteinen sind niemals röhrenförmig. Man liest ab: 12 % der „Kapillardurchmesser" liegen unter 1 µm, 11 % bei 1−5 µm, 27 % bei 5−20 µm, 50 % bei 20−50 µm (nach freundl. Mitteilung von Herrn Dr. MIESSNER, Hannover).

B. Sekundäre Poren (diagenetisch)

1. **Interkristallinporen** (Abb. 6-156) bilden die Zwischenräume zwischen mehr oder weniger idiomorphen Karbonatkristallen. Am häufigsten tritt dieser Porentyp im Dolomit auf („zuckerkörniger Dolomit"). Er bildet sich entweder bei einem „Mol-für-Mol"-Austausch von Ca gegen Mg, wobei theoretisch 13 % Porosität entstehen, oder durch Auflösung des restlichen Kalkes zwischen den Dolomitrhomboedern (bis etwa 40 % Porosität, CHOQUETTE & STEINEN 1985: 223). Das Durchlässigkeit/Porosität-Verhältnis ist relativ hoch, ähnlich wie bei den Zwickelporen (Abb. 6-154), und ist positiv mit der Kristallgröße korreliert. Bei der Dolomitisierung erhöht sich sehr häufig die Porosität (z. B. WALLS & BURROWES 1985).

2. **Schrumpfporen** entstehen durch Austrocknung frischer Sedimente, z. B. im oberen Gezeitenbereich. Lösen sich dabei laminierte Lagen voneinander, so entstehen schichtparallele „Fensterporen". Durch Schrumpfung können auch poröse Breccien entstehen. Große, unregelmäßige, durch Schrumpfung oder anders entstandene Poren werden manchmal als „birdseyes" bezeichnet. Ist ihre Unterseite durch Internsediment geglättet, so spricht man von „Stromatactis".

c) weil sie feiner-kristallin als die Grundmasse waren,
d) weil die umschließende Matrix dolomitisiert war;
e) umgekehrt können auch (z. B. oberflächennah) einzelne Dolomitrhomboeder, Gips- und Anhydritkristalle oder anhydritisierte Fossilien aus einem Kalk gelöst sein (RICHARDSON & SCHENK 1985). Nur im weiteren Sinn gehört dieser Typ zu den „molds".

Das Durchlässigkeit/Porosität-Verhältnis ist niedrig, also ungünstig (Abb. 6-153 und 154); in den auf Abb. 6-157 gezeigten Oo-/Onkolithen kommunizieren die bis 0,2 mm großen Lösungsporen über z. T. nur 0,5 µm weite Kapillaren (QUESTER 1964). Diese schlechte „Porensortierung" erkennt man auch an der Kapillardruckkurve.

5. Gesteinslösungsporen („vugs", Abb. 6-158) sind i. allg. nicht gefügeselektiv, d. h. unabhängig von den Partikeln über das Gestein verteilt. In vielen Fällen wird man daher annehmen können, daß sich Partikel und Matrix in ihrer Löslichkeit einander bereits stark angeglichen hatten, daß also diese Poren relativ spätdiagenetisch, entweder unter tiefer Versenkung, oder nach einer evtl. vorübergehenden Heraushebung, entstanden sind. In Abb. 6-158 allerdings wurde selektiv, wenn auch unregelmäßig verteilt, die Matrix herausgelöst („interparticle solution pores"). Manchmal werden „molds" durch anhaltende Auflösung zu „vugs" erweitert, denen man ihre usprüngliche Natur nicht mehr ansieht. Auch längliche Lösungsporen („solution channels") kommen vor.

6. Kavernen sind seltene, besonders große Poren, die sich z. B. aus Klüften entwickeln oder mit einer Verkarstung zusammenhängen.

6.7.2 Bedeutung und Verbreitung poröser Karbonatgesteine

Etwa 60% der gewinnbaren Ölvorräte der Erde sind an Karbonatgesteine gebunden (ROEHL & CHOQUETTE 1985: 1). Für die Ölexploration ist es deshalb wichtig, die Gesetzmäßigkeiten zu kennen, welche die Verteilung poröser Karbonatgesteine bestimmen. Es ist zu erwarten, daß die primäre Porosität mit der Paläogeographie verknüpft ist. Der größere Teil der Lagerstätten in dem von ROEHL & CHOQUETTE (1985) herausgegebenen Band enthält, wie die folgende Zusammenstellung zeigt (l. c., S. 9), Gesteine aus Environments mit primärer Porosität.

Plattform-Kalkarenite	in 19 Feldern
Bioherme	in 15 Feldern
peri- bis supratidale Dolomite	in 10 Feldern
subaerische Anlösung unter Diskordanzen	in 9 Feldern
zerbrochene dünnbankige Becken- & dichte Schelf-Karbonate	in 8 Feldern
Kreide und andere Beckenfazies	in 3 Feldern
sonstige	in 3 Feldern

Da sich sekundäre Porosität nicht selten dort bildet, wo schon durch primäre Poren eine erhöhte Wegsamkeit für die Lösungen vorhanden ist, neigt für die gleichen Vorkommen die Verteilung der Porentypen stärker zu sekundärer Porosität, als es die obige Zusammenstellung der Environments vermuten läßt. (Hier wie oben kommen in vielen Lagerstätten mehrere Typen nebeneinander vor.)

Primäre Poren (Zwickel, Fossilkammern)	in 26 Feldern
Lösungsporen, oberflächennah entstanden	in 18 Feldern
Risse, Klüfte, Breccien	in 15 Feldern
Dolomitisierungsporen (i. w. interkristallin)	in 14 Feldern
sonstige	in 1 Feld

A. Primäre Poren

Wie bei klastischen Gesteinen die Bereiche hoher Durchlässigkeit der Paläogeographie folgen – Küstenstreifen, Flußrinnen, Dünen –, so sind die matrixarmen, gut durchlässigen Partikelkalke mit ihren Zwickelporen an Paläo-Küstenplattformen gebunden. Matrixführende Partikelkalke hingegen bildeten sich in der Flachsee unterhalb der Wellenbasis und – als Turbidite – in Becken (s. auch BEBOUT et al. 1979). Die größte Bedeutung besitzen Partikelkalke mit primärer Porosität in den arabischen Ölfeldern (MURRIS 1980), z. B. in Ghawar, dem größten Ölfeld der Erde. Riffe sind mit ihren unterschiedlichen Porentypen wichtige Ölspeichergesteine. Dabei können sich die Speichereigenschaften vom „backreef" über das Riff zum „forereef" beträchtlich ändern, wie die devonischen Riffe Kanadas (DAVIES 1975) oder die kretazischen Rudistenriffe am Persischen Golf zeigen (JORDAN et al. 1985: 436). Gar nicht selten findet man die höchste Porosität im „forereef", so im Oberdevonriff des großen Redwater-Ölfeldes in Alberta und im tertiären Kirkuk-Ölfed des Irak (DUNNINGTON 1958). WURM (1982) quantifizierte in Riffkalken des alpinen Nor die Porentypen; sie sind überwiegend primär, jedoch meist zuzementiert.

Besonders kleine Interpartikelporen trennen die Coccolithenplättchen und -bruchstücke der Schreibkreide. Bis 50% Porosität bilden sie in Ekofisk (norwegische Nordsee), welches nach ROEHL & CHOQUETTE (1985) in die Gruppe der „Giant Oil Fields" (> 80 Mio m^3 gewinnbare Reserven) gehört. FEAZEL et al. (1985: 502) fanden dort eine positive Korrelation zwischen dem Erhaltungsgrad des Nannoplanktons und der Porosität, welche beide zum Hangenden der Lagerstätte zunehmen. Sie gaben dafür die folgende Erklärung: Die Salzstruktur Ekofisk bildete schon in der Oberkreide eine submarine Erhebung, die in die Zone zwischen Lysokline und CCD hineinragte. Diese hatte damals wegen der starken Karbonatproduktion eine relativ große vertikale Ausdehnung. So sedimentierte auf der Struktur Ekofisk die unterste Schreibkreide nahe der CCD, die obere aber nahe der Lysokline, so daß dort der Erhaltungsgrad der Kalkschaler gut und die primäre Porosität hoch ist (s. o.). Eine anschließende Kompaktion wurde vermutlich behindert durch einen überhydrostatischen Porenwasserdruck und durch eine frühe Öleinwanderung in wenig mehr als 1 km Teufe. (Die heutige Teufe der Lagerstätte beträgt etwa 3 km.) So konnte eine Durchschnittsporosität von 32% konserviert werden, welche für diese Teufe ungewöhnlich hoch ist (s. S. 367).

Allgemein wird primäre Porosität besser konserviert, wenn, wie in der Schreibkreide, die primäre Zusammensetzung stabil ist (Calcit), wenn der Überlagerungsdruck gering ist, wenn Porenüberdruck herrscht, wenn das Gerüst durch Zement an den Berührungspunkten versteift ist, wenn eine frühe Ölimprägnation erfolgt, oder unter Permeabilitäts-Barrieren (FEAZEL & SCHATZINGER 1985). Dem stehen Situationen gegenüber, in denen eine porenvernichtende Zementation besonders schnell erfolgt. Hierzu zählen Crinoidenkalke mit ihren spätigen, schnell wachsenden Zementen und allgemein die meteorisch-phreatische Zementation. So blieben die jurassischen Smackover-Oolithe von Arkansas nur dort porös, wo sie nicht in den meteorisch-phreatischen Bereich gerieten (BECHER & MOORE 1976).

B. Sekundäre Poren

Die meisten sekundären Poren entstehen „eogenetisch", d. h. frühdiagenetisch. Hier werden Aragonitschalen oder -ooide aus einer (Mg-) calcitischen Grundmasse herausgelöst, hier entstehen Schrumpfporen und die Interkristallinporen der frühdiagenetischen Dolomitisierung. Karbonatgesteine weisen nicht selten poröse Zonen unter einer (abdichtenden) Diskordanz auf. Diese Porosität entsteht im allgemeinen subaerisch, vor der Abdeckung, wenn marine Sedimente unter meteorischvadosen Einfluß kommen (AL-GAILANI & ALA 1984).

„Mesogenetische" Poren entstehen während der Versenkung. Sie spielen vermutlich eine geringere Rolle als die eogenetischen Poren. Es handelt sich zum Beispiel um Gesteinslösungsporen und Kluftporen. Erstere entstehen leichter in der Matrix als im Zement, weil dieser in der Regel gröberkristallin ist, und weil in der Matrix oft etwas primäre Porosität erhalten ist.

Nach der Heraushebung entstehen „telogenetische" Poren (CHOQUETTE & PRAY 1970: Fig. 1).

Hierzu zählen Kavernen im Zuge einer Verkarstung, ferner die Erweiterung von Kluftporen, sowie Gesteinslösungsporen, speziell solche, bei denen Dolomit selektiv gelöst ist. Nur durch eine nachfolgende Absenkung können diese Poren ölgeologisch relevant werden.

C. Porositätsabnahme mit der Teufe

Wegen der früheren, stärkeren und vielfältigeren Diagenese der Karbonatsedimente gibt es für diese keine generelle Teufenbeziehung der Porosität. Jedoch läßt sich allgemein der Unterschied gegenüber anderen Sedimenten im noch unverfestigten Bereich wie folgt angeben:

In 200 m Tiefe beträgt die Porosität (vorwiegend nach HAMILTON 1976)

in Sanden	etwa 38%	(in Feinsanden mehr als in Grobsanden)
im Kalkschlamm	ca. 58%	
im Tonschlamm	ca. 68%	
im Diatomeenschlamm	ca. 78%	

In den partikelreichen Kalksedimenten der Flachsee ist die Anfangsporosität geringer und die Porositätsabnahme mit der Tiefe schwächer als im Kalkschlamm. Stärker noch ist die gleiche Tendenz beim Dolomit (SCHMOKER & HALLEY 1982). So fanden FRIEDMAN & REECKMANN (1980) noch in 8100 m Teufe einen Dolomit mit mehr als 20% Porosität; die Kalke waren dort bereits dicht. Wichtiger als der Überlagerungsdruck und die Zeit ist für die Porositätsabnahme die mit der Tiefe zunehmende Temperatur (SCHMOKER 1984).

Zusammenfassung

Im Gegensatz zu Sandsteinen kommen in Karbonatgesteinen rings umschlossene Poren mit geringem Durchlässigkeits-/Porositätsverhältnis vor, die Fossilkammern und die Partikel- und Gesteins-Lösungsporen. In ihrer Häufigkeit folgen sie den Interpartikel- oder Zwickelporen der Kalke und den Interkristallinporen der Dolomite. Die übrigen Porenarten der Abb. 6–152 treten demgegenüber zurück.

Die größten Ölfelder der Erde – auf der arabischen Halbinsel – produzieren aus Biokalkareniten mit primären Zwickelporen. In die gleiche Kategorie gehört der poröse Biokalksilit der Schreibkreide im Nordseeöl- und -gasfeld Ekofisk. Sekundäre Poren hingegen bilden sich in Kalksteinen meistens entweder frühdiagenetisch oder „telogenetisch", nach einer Heraushebung.

Die Porositätsabnahme mit der Tiefe ist am stärksten in Kalkschlämmen, schwächer in partikelreichen Kalksteinen und am geringsten in manchen Dolomiten. So wurden in mehr als 8 km Tiefe in einem Dolomit noch mehr als 20% Porosität gemessen. Jedoch sind die diagenetischen Vorgänge in Karbonatgesteinen so vielfältig, daß es keine allgemeinen Regeln für die Porositätsabnahme gibt.

7. Salzgesteine (Evaporite)

(German Müller, Heidelberg)

Von allen anderen Sedimentgesteinen unterscheiden sich die Salzgesteine darin, daß sie ein eßbares, für den Menschen lebensnotwendiges Mineral, nämlich das „Salz" schlechthin (im Sinne von Steinsalz oder Kochsalz, Halit = NaCl) enthalten, das seit Jahrtausenden vom Menschen durch Bergbau oder Eindampfen von Meerwasser gewonnen wird.

Um „Salz" wurden Kriege geführt; die Römer bezahlten ein „Salarium" in Form von „Salz" und wenn wir am Monatsultimo – altmodisch ausgedrückt – unser „Salär" erhalten (im englischen Sprachgebiet heißt auch heute noch das Gehalt „salary"), erinnert uns dies an Zeiten, in denen „Salz" den Rang einer Währung hatte.

Salzgesteine oder Evaporite sind chemische Sedimente, die vorwiegend aus (einem oder mehreren) leicht löslichen Salzmineralien – hauptsächlich Chloriden, Sulfaten und Karbonaten der Alkalien und Erdalkalien – aufgebaut werden, die aus eindunstenden wäßrigen Lösungen auskristallisiert wurden.

Wegen ihrer im Vergleich zu den anderen Salzmineralien bedeutend geringeren Löslichkeit werden Erdalkali-Karbonate und daraus sich ableitende Karbonatgesteine, die zu Beginn einer salinaren Folge abgeschieden (Calcit, Mg-Calcit, Aragonit) oder frühdiagenetisch gebildet (Dolomit, Huntit, Magnesit) wurden, nicht zu den eigentlichen Evaporiten gezählt. Sie werden hier nur so weit behandelt, wie es zum Verständnis der geologischen Zusammenhänge erforderlich ist, eine systematische Darstellung erfahren sie im Karbonatkapitel dieses Buches.

Dasselbe gilt für evaporitische Silikate in alkalischen Salzseen, die für die Bildung bestimmter fossiler Hornstein- oder Zeolith-Vorkommen als Modell dienen können. Sie werden auf S. 523 ff. berücksichtigt.

7.1 Bildungsbereiche, Laugentypen und Salzmineralien

7.1.1 Bildungsbereiche von Evaporiten

Evaporitische Mineralien können in allen Bereichen auf oder nahe der Erdoberfläche auftreten, in denen Verwitterungslösungen verdunsten. Sie finden sich in Klüften und Hohlräumen von Gesteinen, in Tropfsteinhöhlen, aber auch in Bausteinen und Skulpturen unserer Dome, wo sie sich aus der Reaktion der SO_2-reichen Luft mit den silikatischen oder karbonatischen Mineralien bilden und zu einer Zerstörung der baulichen Substanz führen – ein Vorgang, der unter der Bezeichnung „Rauchgasverwitterung" traurige Berühmtheit erlangt hat. Hinzu treten Salze, die sich aus postvulkanischen Aktivitäten (Fumarolen) ableiten lassen sowie Karbonate und Sulfate im technischen und häuslichen Bereich, die als „Kesselstein" Wasserleitungssysteme und Behälter, in denen hartes, sulfatreiches Wasser erhitzt wird, inkrustieren.

Diesen, von Sonnenfeld (1984) als „nicht-gesteinsbildend" eingestuften Ablagerungen bzw. Bildungsbereichen (Tab. 7-1), auf die im Rahmen dieses Buches nicht weiter eingegangen werden soll, stehen die geologisch bedeutsamen marinen und kontinentalen (= nicht-marinen) Bereiche gegenüber, in denen Evaporitabscheidung in größerem Maßstab stattfand (bzw. stattfindet) und

Tabelle 7-1. Bildungsbereiche von Evaporiten (nach SONNENFELD 1984).

		Gesteinsbildend	Nicht-gesteinsbildend
Marin		Subtropische Meeresbuchten und Lagunen	Tunnel Höhlen Ausblühungen in Bergwerken
Kontinental		Polargebiete	In Hohlräumen und Spalten von Bausteinen
		Subtropische Seen	Laven metamorphen Gesteinen
		Abscheidung aus Grundwasser	Fumarolen

sich vertikal wie lateral gegliederte Salzgesteinsfolgen entwickeln konnten. Zweifellos kommt den marinen Evaporiten in der geologischen Vergangenheit die mit Abstand größte Bedeutung zu, während die heutige Evaporitbildung vorwiegend im kontinentalen Bereich oder im Grenzbereich marin/kontinental stattfindet.

Salzablagerungen aus Polargebieten sind vor allem während der letzten Jahrzehnte bekannt geworden. Mengenmäßig spielen sie nur eine untergeordnete Rolle, ihre Bildungsbedingungen weichen jedoch so stark von den „normalen" (subtropischen) evaporitischen Ablagerungen ab, daß sie hier in Kürze besprochen werden sollen.
Ebenfalls kurz soll auf die Evaporit-Abscheidungen aus Grundwasser eingegangen werden, die vorwiegend in Form von Gips- und Halit-Krusten in vielen semiariden Gebieten angetroffen werden und im engeren Sinne Bodenbildungen darstellen.

Geologisch bedeutsam in Gegenwart und Vergangenheit sind die Sebkha-Evaporite, die eine Zwischenstellung zwischen marinen und grundwasserabgeleiteten Evaporiten einnehmen.

7.1.2 Zusammensetzung und Herkunft wichtiger Laugentypen

Die Mehrzahl der in der geologischen Geschichte abgelagerten Evaporite ist durch Eindampfen von Meerwasser entstanden. Da mit einiger Sicherheit angenommen werden darf, daß sich die Zusammensetzung des Meerwassers hinsichtlich seiner Hauptkomponenten seit dem Kambrium nicht grundlegend geändert hat (LOTZE 1957, WALJASCHKO 1958, BORCHERT 1959, BRAITSCH 1962, SCHOPF 1980, HARDIE 1984) kommt der heutigen Zusammensetzung des Meerwassers und der hieraus ableitbaren primären evaporitischen Abscheidungsfolge (s. 7.2.2) eine besondere Bedeutung für die Deutung fossiler mariner Evaporite zu.
Im Meerwasser sind außer Wasser nur 6 Hauptkomponenten vorhanden, nämlich

        die Kationen Na, Mg, Ca, K
und   die Anionen Cl, SO_4

von denen Na und Cl insgesamt 85% ausmachen.

Haben wir es somit bei marin abzuleitenden Evaporiten mit einer weltweit ± einheitlich zusammengesetzten Ausgangslösung zu tun, gilt dies keinesfalls für die nicht-marinen Salze, die von einer Vielzahl von Wassertypen (entsprechend der Vielfalt der zur Verwitterung anstehenden Gesteine im Einzugsgebiet; Mischung von meteorischen mit Tiefenwässern) abgeleitet werden können.

Allen diesen, aus verschieden zusammengesetzten Wässern entstandenen Laugentypen ist jedoch gemeinsam, daß sie als wesentliche Komponenten

        die Kationen Na, Mg, Ca, K
und   die Anionen HCO_3/CO_3, SO_4, Cl enthalten.

Im Vergleich zum Meerwasser unterscheiden sich diese Wässer somit vor allem durch das Hinzutreten und die Vormachtstellung der Bikarbonat- und Karbonat-Ionen, die der Auflösung von Karbonatgesteinen und/oder dem CO_2 der Atmosphäre entstammen. Bedeutsam ist ebenfalls das Zurücktreten von Cl hinter SO_4.

Abb. 7-1 zeigt den Chemismus von Salzlaugen in geschlossenen Becken aus verschiedenen Teilen der Welt im System Ca — Mg — (Na + K) und (CO_3 + HCO_3) — SO_4 — Cl (aus HARDIE et al. 1978), aus der die Vielfalt der Laugen-Zusammensetzung ersichtlich wird. Dies gilt vor allem für die Anionen, bei den Kationen hingegen wird die Mehrzahl der Laugen durch Natrium beherrscht.

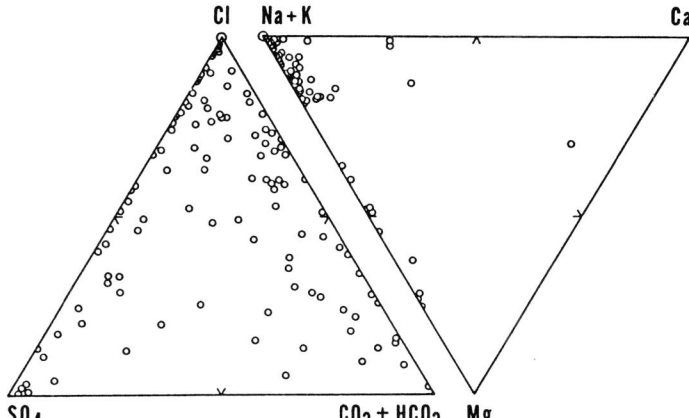

Abb. 7-1. Zusammensetzung von Salzlaugen geschlossener Becken im System Ca—Mg—Na—K—(HCO_3+CO_3)—SO_4—Cl in Mol-% (aus HARDIE & EUGSTER 1970); vgl. hiermit S. 1.

Aus dem Vergleich Hunderter von Analysen konnten die Autoren eine Reihe von Kationen-Anionen-„Unverträglichkeiten" ableiten: So sind hohe HCO_3 + CO_3-Konzentrationen stets mit sehr niedrigen Ca + Mg-Konzentrationen verknüpft, dasselbe gilt für die Kombination SO_4 mit Ca. Bei Laugen mit Ca als Haupt-Kation (z. B. im Toten Meer) ist Cl das einzige bedeutende Anion und in Laugen mit Mg als Hauptkomponente dominiert entweder Cl oder Cl + SO_4 die Anionen-Konzentration. Die Ursache liegt in der relativ geringen Löslichkeit von Ca(Mg)CO_3 und $CaSO_4$. Aufgrund dieser Beziehungen unterscheiden EUGSTER & HARDIE (1978) folgende besonderen Laugentypen in Salzseen:

a) Na — CO_3 — Cl — SO_4
b) Na — Cl — SO_4
c) Na — Mg — Cl — SO_4 und
d) Ca — Mg — Na — Cl

die in Untertypen (z. B. Na — CO_3 — Cl, Na — CO_3 — SO_4, Ca — Na — Cl, Mg — Na — Cl etc.) unterteilt werden können.

HARDIE (1984) gliedert die nicht-marinen Zuflüsse in ein eindampfendes Becken hinsichtlich ihrer Herkunft in

a) meteorisch,
b) hydrothermal,
c) diagenetisch,
d) vulkanogen.

ad a) In meteorischen Wässern (Fluß-, Quell-, See-, Grundwasser), die ihren Stoffbestand aus der chemischen Verwitterung der Ausgangsgesteine durch Regenwasser ableiten, überwiegt der Na — Ca — HCO_3-Typ, die bei der Evaporation entstehenden Laugen entsprechen zwei verschiedenen Gruppen: Alkalische Laugen (arm an Ca und Mg) der Zusammensetzung (Na + K) — CO_3 — SO_4 — Cl und neutrale Laugen (arm an CO_3 und HCO_3) mit Überwiegen von (Na + K) — Mg — Ca — SO_4 — Cl.

ad b) Unter „hydrothermalen Reaktions-Wässern" werden Wässer verstanden, die aus der Einwirkung von heißen Grundwässern auf Gesteine im Zeolith- oder Grünschieferfazies-Temperaturbereich resultieren und durch die Kombination Na — Ca — Mg — K — Cl charakterisiert sind. Sie ähneln Erzlösungen, die bestimmte Schwermetalle und Kupfer enthalten. Sie können durch tiefzirkulierende Wässer in Rift-Systemen gebildet und durch thermische Konvektion an die Oberfläche gebracht werden.

ad c) „Diagenetische Reaktions-Wässer" sind nach HARDIE Grundwässer, die sich aus der Reaktion mit Gesteinen im diagenetischen Temperatur-Bereich, der vor allem durch die Umbildung von Tonmineralien und von Karbonaten (Dolomitisierung) gekennzeichnet ist, ableiten lassen.

HARDIE räumt ein, daß eine Charakterisierung der diagenetisch erzeugten Wasser-Zusammensetzungen schwierig ist, auch bleibt offen, welche Bedeutung derartige Wässer für die Evaporitbildung haben und welche Transportmechanismen für eine Einspeisung in salinare Becken in Frage kommen, zumal in den später angeführten Beispielen dieser Wassertyp überhaupt keine Rolle spielt.

ad d) „Vulkanogene Wässer" sind saure Sulfat-Chlorid-Wässer, saure Sulfatwässer und Na-Chlorid-Bikarbonatwässer aus heißen Quellen vulkanischen Usprungs, die häufig hohe Konzentrationen an SiO_2, Al, Fe, NH_4 und Al enthalten.

Evaporitabscheidungen aus Grundwasser erfolgen in der Regel aus Wässern mit einer Ca — SO_4-Vormacht (neben Na, HCO_3, Cl), wobei das Sulfation nicht unbedingt der Auflösung älterer Gipsvorkommen oder einem Einfluß von marinen Lösungen entstammen muß, sondern auch durch die Oxidation von Eisensulfiden entstanden sein kann.

Evaporite in ariden polaren Regionen entstammen entweder Lösungen mit Meerwasserzusammensetzung oder – mehr landeinwärts – eindunstenden Verwitterungslösungen der dort anstehenden Gesteine. Mit Abnahme des (marinen) Na, Mg und SO_4 nimmt das (aus der Verwitterung stammende) Ca und HCO_3 zu; der Transport erfolgt vorwiegend über das Grundwasser.

7.1.3 Evaporitische Mineralien der verschiedenen Bildungsbereiche

Tabelle 7-2 enthält eine Auflistung der in Salzgesteinen häufiger auftretenden Mineralien (hier einschließlich der schwerlöslichen Erdalkali-Karbonate sowie gesteinsbildender Nitrate und Borate), wobei der Versuch unternommen wird, ihr bevorzugtes Auftreten in marinen oder/und nichtmarinen Evaporiten zu kennzeichnen. Ebenfalls gekennzeichnet werden Salzmineralien, die vorwiegend als Verwitterungsprodukte von Salzgesteinen auftreten und häufig ihre Entstehung der Mitwirkung des Menschen verdanken (Ausblühungen in Salzbergwerken und auf Abraumhalden).

Tabelle 7-2. Weit verbreitete evaporitische Mineralien. Besonders häufig auftretende Evaporite sind *kursiv* gedruckt.

Mineral	Chem. Zusammensetzung	marin	kontinental	Verwitterung
Aragonit, Calcit	$CaCO_3$	+	+	+
Mg-Calcit	$(Ca, Mg) CO_3$	+	+	(+)
Dolomit	$CaMg(CO_3)_2$	+	+	(+)
Huntit	$CaMg_3(CO_3)_4$	+	+	
Magnesit	$MgCO_3$	(+)	+	

Bildungsbereiche von Evaporiten, Zusammensetzung wichtiger Laugentypen

	Name	Formel			
Karbonate	Nahcolith	$NaHCO_3$	+		
	Thermonatrit	$Na_2CO_3 \cdot H_2O$	+		
	Natrit (Soda)	$Na_2CO_3 \cdot 10H_2O$	+		
	Trona	$NaHCO_3 \cdot Na_2CO_3 \cdot 2H_2O$	+		
	Pirssonit	$CaCO_3 \cdot Na_2CO_3 \cdot H_2O$	+		
	Gaylussit	$CaCO_3 \cdot Na_2CO_3 \cdot 5H_2O$	+		
	Shortit	$2CaCO_3 \cdot Na_2CO_3$	+		
Sulfate	*Gips*	$CaSO_4 \cdot 2H_2O$	+	+	+
	Bassanit („Halbhydrat")	$CaSO_4 \cdot 1/2H_2O$	+		
	Anhydrit	$CaSO_4$	+	(+)	
	Cölestin	$SrSO_4$	+	+	
	Thenardit	Na_2SO_4	+	+	
	Mirabilit	$Na_2SO_4 \cdot 10H_2O$	+	+	
	Kieserit	$MgSO_4 \cdot H_2O$	+	(+)	
	Sanderit	$MgSO_4 \cdot 2H_2O$			+*)
	Leonhardit	$MgSO_4 \cdot 4H_2O$			+*)
	Allenit (Pentahydrit)	$MgSO_4 \cdot 5H_2O$			+*)
	Hexahydrit (Sakiit)	$MgSO_4 \cdot 6H_2O$	+		+*)
	Epsomit	$MgSO_4 \cdot 7H_2O$		+	
	Bloedit (Astrakanit)	$MgSO_4 \cdot Na_2SO_4 \cdot 4H_2O$	+	+	
	Vanthoffit	$MgSO_4 \cdot 3Na_2SO_4$	+		
	Schoenit (Picromerit)	$MgSO_4 \cdot K_2SO_4 \cdot 6H_2O$			
	Polyhalit	$MgSO_4 \cdot 2CaSO_4 \cdot K_2SO_4 \cdot 2H_2O$	+		
	Loeweit	$2MgSO_4 \cdot 2Na_2SO_4 \cdot 5H_2O$	+		
	Langbeinit	$2MgSO_4 \cdot K_2SO_4$	+		
	Leonit	$MgSO_4 \cdot K_2SO_4 \cdot 4H_2O$	+		
	Schoenit	$MgSO_4 \cdot K_2SO_4 \cdot 6H_2O$	+		
	Syngenit	$K_2SO_4 \cdot CaSO_4 \cdot H_2O$		+	(+)
	Aphthitalit (Glaserit)	$3K_2SO_4 \cdot Na_2SO_4$	+		
	Glauberit	$Na_2SO_4 \cdot CaSO_4$	+	+	
Sulfat-Karbonat	Burkeit	$2Na_2SO_4 \cdot Na_2CO_3$	+		
Sulfat-Karbonat-Chlorid	Hanksit	$9Na_2SO_4 \cdot 2Na_2CO_3 \cdot KCl$	+		
Chloride	*Halit*	$NaCl$	+	+	(+)
	Sylvin	KCl	+		
	Antarcticit	$CaCl_2 \cdot 6H_2O$		+	
	Bischofit	$MgCl_2 \cdot 6H_2O$	+		
	Carnallit	$MgCl_2 \cdot KCl \cdot 6H_2O$	+	(+)	
	Tachhydrit	$2MgCl_2 \cdot CaCl_2 \cdot 12H_2O$	(+)	+	
Chlorid-Sulfat	*Kainit*	$KCl \cdot MgSO_4 \cdot 11H_2O$	+		
Nitrate	Nitronatrit (Natronsalpeter)	$NaNO_3$			+
	Nitrokalit (Kalisalpeter)	KNO_3			+
Borate	Borax	$Na_2B_4O_7 \cdot 10H_2O$			+
	Kernit	$Na_2B_4O_7 \cdot 4H_2O$			+
	Searlesit	$Na_2O \cdot B_2O_3 \cdot 4SiO_2 \cdot 2H_2O$			+
	Ulexit	$NaCaB_5O_9 \cdot 8H_2O$			+
	Colemanit	$Ca_2B_6O_{11} \cdot 5H_2O$			+
	Pandermit	$Ca_5B_{12}O_{23} \cdot 9H_2O$			+

*) Als Ausblühung auf Kieserit in Salzbergwerken.

Die besonders häufige Einstufung „nicht-marin" im Bereich der leichtlöslichen Karbonate erklärt sich zwanglos durch die prinzipiell vom Meerwasser abweichende Zusammensetzung der kontinentalen Verwitterungslösungen. Bei den Sulfaten und Chloriden an und für sich auftretende primäre Unterschiede können durch diagenetische Prozesse so stark verändert worden sein, daß in vielen Fällen eine eindeutige Zuordnung allein aus dem Mineralbestand nicht möglich ist. Hier müssen andere Kriterien herangezogen werden.

Zusammenfassung

Die größten Vorkommen von Eindampfungsgesteinen („Evaporiten") sind marin. Sie bilden sich 1. epikontinental-kratonisch, wie das europäische Zechsteinbecken und in Nordamerika das obersilurische Michiganbecken, 2. an Kontinentalrändern, wie das Permbecken von Texas/New Mexico, und 3. an (meist divergierenden) Plattengrenzen, wie der embryonale Atlantik, das Mittelmeer und das Tote Meer. Es gibt und gab jedoch auch 4. große Salzseen und 5. Sebkha- (d. h. Salzmarsch-) Evaporite.

Neben den Hauptionen Na und Cl spielen Mg, Ca, K und SO_4 die wichtigste Rolle. In nichtmarinen Evaporiten kommt HCO_3/CO_3 hinzu. Die Zuflüsse können dort meteorischen, diagenetischen, hydrothermalen und vulkanogenen Ursprungs sein. In Tab. 2 sind weit verbreitete evaporitische Minerale zusammengestellt.

7.2 Marine Evaporite

7.2.1 Chemische Zusammensetzung des Meerwassers

Der durchschnittliche Salzgehalt (Salinität) des Meerwassers liegt bei 35‰. Das Mengenverhältnis der wichtigsten Ionen des Meerwassers ist unabhängig von der Salinität nahezu konstant, aus der Bestimmung einer einzigen Komponente[1] kann daher leicht der Gesamtsalzgehalt errechnet werden.

In Tab. 7-3 ist die Zusammensetzung des Meerwassers, bezogen auf eine (Standard)-Chlorinität von 19‰ angegeben. Chlor und Natrium sind mit großem Abstand die wichtigsten Ionen, gefolgt von Sulfat und Magnesium, sowie Calcium und Kalium. Diese 6 Ionen machen über 99% des Gesamtionenbestandes aus. In der Größenordnung von Zehntel-% folgen Bikarbonat und das Brom; bereits Bor und Strontium sind nur noch in Hundertstel-% vorhanden, das elfhäufigste Ion, das Fluor, tritt nur noch im Bereich von Tausendstel-% auf.

Aufgrund dieses Chemismus ist zu erwarten, daß sich bei der Eindampfung des Meerwassers fast ausschließlich Chloride und Sulfate der Alkalien und Erdalkalien abscheiden.

Es darf mit einiger Sicherheit angenommen werden, daß sich die Zusammensetzung des Meerwassers hinsichtlich seiner Hauptkomponenten seit dem Kambrium nicht grundlegend geändert hat (LOTZE 1957; WALJASCHKO 1958; BRAITSCH 1962; HOLLAND 1984). Hierauf weist die Zusammensetzung fossiler Salzablagerungen, aber auch z. B. die Tatsache hin, daß das Kalium/Natrium-Verhältnis in der Blutflüssigkeit der Landtiere recht genau mit demjenigen des Meerwassers übereinstimmt (BORCHERT 1959).

---

[1] Am besten eignet sich hierzu die (leicht mit $AgNO_3$ zu titrierende) „Chlorinität". Man versteht hierunter die Gesamtmenge von Chlor, Brom und Jod in g/kg Meerwasser, wobei Brom und Jod in äquivalente Mengen Chlor umgerechnet sind. Zwischen Chlorinität (Cl) und Salinität (S) besteht folgende Beziehung:
S = 0,03 + 1,805 Cl.

Tabelle 7-3. Zusammensetzung des heutigen Meerwassers, bezogen auf 19‰ Standard Chlorinität (nach Sverdrup, Johnson & Fleming 1942 und Braitsch 1962), s. auch S. 3.

Ion	‰ im Meerwasser	% der wasserfreien Salze	Fiktive Verbindungen in Gewichtsprozent
Cl	18,980	55,04	78,03% NaCl
Na	10,556	30,61	0,01% NaF
SO_4	2,649	7,68	2,11% KCl
Mg	1,272	3,69	9,21% $MgCl_2$
Ca	0,400	1,16	0,25% $MgBr_2$
K	0,380	1,10	6,53% $MgSO_4$
HCO_3	0,140	0,41	3,48% $CaSO_4$
Br	0,065	0,19	0,05% $SrSO_4$
Sr	0,008	0,02	0,33% $CaCO_3$
B	0,004	0,07	
F	0,001	0,00	100,00

Aus den Salzablagerungen des Zechsteins berechnete Samoilow (cit. in Ruchin 1958) den Ionenbestand des Zechsteinmeeres, der – mit Ausnahme des Magnesiums – eine Übereinstimmung mit dem des heutigen Meeres zeigt, wie man sie in Anbetracht der Fehlermöglichkeiten, mit denen derartige Berechnungen verbunden sind, besser kaum erwarten könnte.

7.2.2 Primäre Salzabscheidungen aus Meerwasser

a) Allgemeiner Überblick

Aufgrund der chemischen Zusammensetzung des Meerwassers und der bekannten Löslichkeit der einzelnen Salzmineralien sowie der Lösungsgleichgewichte läßt sich die Abscheidungsfolge und die Mineralparagenese für den jeweiligen Eindampfungsabschnitt in Abhängigkeit von der Temperatur unter statischen Bedingungen ermitteln.

Bereits von Usiglio (1849) vorgenomme Versuche zur Klärung der primären Abscheidungsfolge durch experimentelle Eindampfung von Meerwasser, insbesondere aber die grundlegenden experimentellen Arbeiten von Van't Hoff (1912) über die Lösungsgleichgewichte ozeanischer Salzgesteine sowie die Untersuchungen von Jänecke (1923, 1929), D'Ans (1933, 1947), Borchert (1940) und Braitsch (1962) ergaben, daß im Groben die Laboratoriumsbefunde und Berechnungen mit den Naturbeobachtungen übereinstimmen, sich aber im Detail eine große Zahl von Abweichungen und Widersprüchen ergeben, die z. T. durch sekundäre Umwandlung der Salzgesteine durch Lösungen (D'Ans & Kühn 1940), „Metamorphose" im Sinne von Borchert (1959), Veränderungen der Ausgangslösung durch Zuflüsse (Waljaschko 1958), Nachfluß frischen Meerwassers (Braitsch 1962) gedeutet werden können. Diese Abweichungen ergeben sich vor allem im letzten Eindampfungsabschnitt der Salzabscheidung.

In den marinen Salinarfolgen sind folgende 4 große Eindampfungsabschnitte zu beobachten:

IV. K—Mg-Chloride und -Sulfate (+ NaCl + Ca-Sulfate)
III. NaCl (+ Ca-Sulfate)
II. Ca-Sulfate
I. Karbonate

Nach Berechnungen von Eugster et al. (1980) ergibt sich für die unter Gleichgewichtsbedingun-

442 Salzgesteine (Evaporite)

gen ablaufende Kristallisation von Salzmineralien aus eindampfendem Meerwasser die in Tab. 7-4 dargestellte Abfolge. Danach tritt Gips erstmalig nach einer Erhöhung der Meerwasserkonzentration auf das 3,62-fache, Halit nach der Erhöhung auf das 10,82fache auf. Die Konzentrationsfaktoren für das Erstauftreten von Glauberit und Polyhalit liegen bei 13,15 bzw. 38,50. Bei beginnender Carnallitabscheidung muß die Konzentrationserhöhung mindestens das 117,11fache des ursprünglichen Meerwassers betragen haben. Da dieser Konzentrationsfaktor nur unter besonderen klimatischen und hydrologischen Bedingungen erreicht werden konnte, sind Abscheidungen von Kalisalzen nur aus wenigen Salinarformationen bekannt.

Tabelle 7-4. Mineralabfolge während der Eindampfung von Meerwasser im Sechsphasensystem unter Gleichgewichtsbedingungen (25 °C) (EUGSTER et al. 1980).

Erstes Auftreten von	K.F.	verbleibendes H_2O	I	$^{a}H_2O$
G	3,62	27,63	2,6	0,929
A	9,82	10,18	6,6	0,772
A + H	10,82	9,24	7,2	0,744
A + H + Gl	13,15	7,60	7,5	0,738
	29,17	3,43	9,1	0,714
A + H + Gl + Po	38,50	2,60	10,1	0,697
A + H + Po	44,76	2,23	10,7	0,685
A + H + Po + Ep	73,56	1,36	13,0	0,590
A + H + Po + Hx	85,05	1,18	13,8	0,567
A + H + Po + Ki	102,40	0,98	14,9	0,498
A + H + Po + Ki + Car	117,11	0,85	15,15	0,463
A + H + Ki + Car	159,74	0,63	15,33	0,457
A + H + Ki + Car + Bi	246,00	0,41	17,40	0,338

Es bedeuten: K.F. = Konzentrationsfaktor (Meerwasser K.F. = 1). – I = Ionenstärke. – $^{a}H_2O$ = Aktivität von H_2O.
A Anhydrit, Bi Bischofit, Bl Bloedit, Car Carnallit, Ep Epsomit, G Gips, Gl Glauberit, H Halit, Hx Hexahydrit, Ka Kainit, Ki Kieserit, Po Polyhalit.

Die Menge der auf die einzelnen Eindampfungsabschnitte anfallenden Salzminealien kann aus der Zusammensetzung des Meerwassers (Tab. 7-3, Spalte „fiktive Verbindungen") abgeleitet werden: Hiernach würden marine Salzlagerstätten, die sich in einem völlig abgeschlossenen Becken ohne jegliche Zuflüsse von Meer- und Süßwasser bis zur vollständigen Verdampfung des Wasser bildeten, zu 0,34% aus $CaCO_3$ (als Calcit, Aragonit oder Dolomit), etwa 3,5% aus $CaSO_4$ (als Gips und Anhydrit, untergeordnet Polyhalit) und 78% aus NaCl (abzüglich geringer Na-Mengen, die sulfatisch gebunden sein können) bestehen. Der Rest von ca. 18% würde auf die K–Mg-Chloride und -Sulfate entfallen.

Dieses Mengenverhältnis ist jedoch in keiner natürlichen Salinarfolge anzutreffen. Stets sind die K–Mg-Chloride und -Sulfate in bezug auf die NaCl-Gesteine unterentwickelt, die karbonatischen und sulfatischen häufig überentwickelt, ein Zeichen dafür, daß während der Eindampfung eines Salinars Laugen-Verdünnungen und Abwanderungen eine Rolle spielten.

b) Eindampfungsabschnitte

Die Karbonatphase (Eindampfungsabschnitt I). Heutiges Meerwasser ist in bezug auf $CaCO_3$ in vielen Ozeanteilen übersättigt und nur in relativ kleinen Bereichen – vor allem in der warmen Flachsee – kommt es zur Ausfällung von $CaCO_3$, hauptsächlich als Aragonit und Mg-Calcit. Bei ansteigender Salinität dürfte die vorwiegend biogene Karbonatfällung (Grün- und Rotalgen, Korallen u.a.) durch eine Karbonatbindung an Ooide und Stromatolithen abgelöst worden sein. Mit

Sicherheit kann angenommen werden, daß sich in- und oberhalb des Gezeitenbereichs der Salinarbecken frühdiagenetisch Dolomit bildete.

Die CaSO₄-Phase (Eindampfungsabschnitt II). Nach EUGSTER et al. (1980) tritt Gipsabscheidung bei einer Konzentrationserhöhung des Meerwassers auf das 3,62-fache ein. Dieser Wert wird durch experimentelle Bestimmung der Löslichkeit von Gips und Anhydrit in künstlichem Meerwasser bei 30°C (Abb. 7-2) prinzipiell bestätigt.

Die Frage des Gips-Anhydrit-Gleichgewichts hat eine große Zahl von Forschern beschäftigt (Literatur s. BRAITSCH 1962; KINSMAN 1966). Das Problem besteht darin, daß in mehreren fossilen Salinarfolgen die Abscheidung von Calciumsulfat mit größter Wahrscheinlichkeit als Anhydrit (in anderen als Gips) erfolgte, bei normalen rezenten marinen Salzbildungen (z. B. in Salzgärten) und in Experimenten hingegen, die den natürlichen Bedingungen sehr nahe kamen, stets nur Gips gebildet wird. Nach der Löslichkeit von Gips und Anhydrit in Meerwasser verschiedener Eindampfungsstadien (Abb. 7-2) müßte sich bei 30°C jedoch bei Konzentrationsfaktoren bis 4,8 Gips, hiernach Anhydrit als stabile Phase abscheiden.

Die erste rezente Anhydritbildung aus meerwasserähnlichen Porenlösungen in Sebkhas entlang der Seeräuber-Küste (Trucial Coast, Persischer Golf) wurde von CURTIS et al. (1963) und KINSMAN (1966) beschrieben.

In den oberhalb des Gezeitenbereichs liegenden Sebkhas (vgl. 7.4) tritt Anhydrit in Knollenform ab einer Chlorinität von ca. 130‰ (etwa 7 × so hoch wie im Meerwasser) bei Temperaturen von ca. 25–40°C auf, nachdem zuvor etwa 80% des Sulfats als Gips abgeschieden worden waren.

Dieser Befund eines ausgedehnten rezenten Anhydritvorkommens veranlaßte KINSMAN (1966), die Stabilitätsverhältnisse Gips-Anhydrit erneut zu berechnen. Unter Einbeziehung neuerer Daten von HOLSER (1961), HARDIE (1964), CONLEY & BUNDY (1958), KELLEY, SOUTHARD & ANDERSON (1941) McDONALD (1953) und ZEN (1965) ergeben sich die in Abb. 7-3 dargestellten Beziehungen. Der Verlauf der Gleichgewichtsgrenze zwischen Gips und Anhydrit weicht stark von den Löslichkeitsbestimmungen ab, liegt jedoch im Bereich der Temperaturen, die sich aus thermodynamischen Berechnungen ableiten lassen. Nach den neuen Daten liegt die Gleichgewichtstemperatur nach

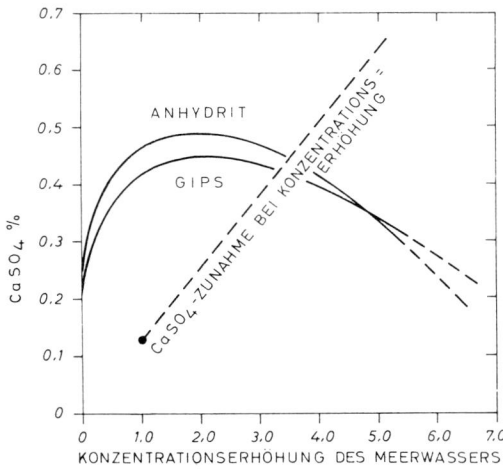

Abb. 7-2. Löslichkeit von Gips und Anhydrit in Meerwasser (Konzentration = 1) verschiedener Konzentrationsstufen bei 30°C (nach POSNJAK 1940).

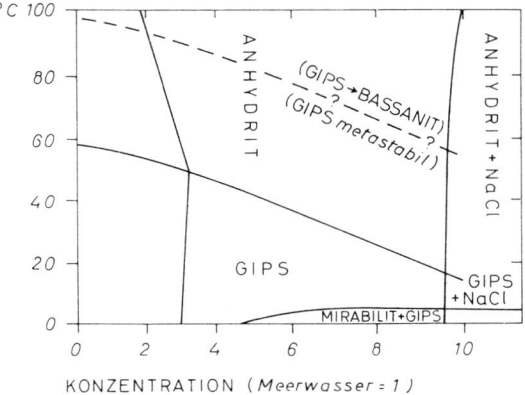

Abb. 7-3. Gips-Anhydrit-Gleichgewichtsbeziehungen in Abhängigkeit von der Konzentration und Temperatur einer eindampfenden Meerwasserlösung (nach KINSMAN 1966).

Erreichen der Sulfatsättigung knapp unter 50°C und sinkt bei weiterer Evaporation bis zur Erreichung der NaCl-Sättigung auf unterhalb 20°C ab.

Hieraus ergibt sich, daß zu Beginn einer Sulfatabscheidung Gips in der Regel das stabile Mineral ist, da wohl kaum Temperaturen von knapp 50°C in Salzbecken zu erwarten sind. Mit zunehmender Konzentration sinkt die Gleichgewichtstemperatur ab, der Beginn der Anhydrit-Abscheidung kann somit von Becken zu Becken je nach der Wassertemperatur bei verschieden hohen Konzentrationen einsetzen. In welchem Fall sich nach Erreichen des Anhydrit-Gleichgewichts auch tatsächlich (stabiler) Anhydrit oder aber weiterhin (über weite Bereiche des Anhydritfeldes metastabiler) Gips abscheidet, ist nicht eindeutig geklärt. „Es entspricht allen Erfahrungen, daß auch Salzlösungen, in denen der Gips schon metastabil ist, er doch als erster zur Abscheidung kommt, weil die Bildung des Anhydrits verzögert ist" (D'ANS & KÜHN 1960). Nach den Berechnungen von EUGSTER et al. (1980) wird Anhydrit bei einem Meerwasser-Konzentrationsfaktor von 9,82 (Tab. 7-3) und einer Temperatur von 25°C eine stabile Phase.

Die NaCl-Phase (Eindampfungsabschnitt III). Nach Eintritt der NaCl-Sättigung, die bei einer Erhöhung der ursprünglichen Meerwasserkonzentration auf das ca. 11fache erreicht wird, scheidet sich ausschließlich NaCl (Halit) mit geringen Mengen Anhydrit ab.

Die K−Mg-Chlorid- und -Sulfatphase (Eindampfungsabschnitt IV). Bei weiterer Konzentrationserhöhung beginnt die Abscheidung der am leichtest löslichen K−Mg-Chloride und Sulfate.

Bei der großen Zahl der hier auftretenden und möglichen, stark von der Temperatur, metastabilen Gleichgewichten, Reaktionen der Lösungen mit dem Bodenkörper etc. abhängenden Mineralparagenesen ist es im Rahmen dieses Buches nicht möglich, näher auf diese Frage einzugehen, die − ausgehend von der Arbeit VAN'T HOFF's (1912) − bei BORCHERT (1959) und BRAITSCH (1962) und in jüngster Zeit von HARVIE & WEARE (1980) sowie HARVIE et al. (1980, 1982) eingehend behandelt wurden.

Tabelle 7-5. Vergleiche der im Zechstein 2 beobachteten Salzfolge mit der bei 25° aus heutigem Meerwasser berechneten Evaporit-Abscheidung im Fünf- und Sechsphasensystem bei fraktionierter Kristallisation und bei Kristallisation im Gleichgewicht mit dem Bodenkörper (HARVIE et al. 1980). Abkürzungen s. Tab. 7-4.

	Berechnete Salzfolgen aus Meerwasser		
Fünfphasensystem (ohne Ca)	Sechsphasensystem (mit Ca)		
Gleichgewicht	Fraktionierte Kristallisation	Gleichgewicht mit Bodenkörper	Zechstein 2
G	G	G	
A	A	A	A
A + H	A + H	A + H	A + H
	Gl + H	Gl + A + H	Gl + A + H
Po + H	Po + H	Po + A + H	Po + A + H
Bl + H	Bl + Po + H		
Ep + H	Ep + Po + H	Ep + Po + A + H	
Ka + Ep + H	Ka + Ep + Po + H		
Ka + Hx + H	Ka + Po + H	Hx + Po + A + H	
	Ka + H		
Ka + Ki + H	Ka + Ki + H	Ki + Po + A + H	Ki + Po + A + H
Car + Ki + H	Car + Ki + H	Car + Ki + Po + A + H	Car + Ki + Po + A + H
		Car + Ki + A + H	Car + Ki + A + H
Bi + Car + Ki + H	Bi + Car + Ki + H	Bi + Car + Ki + A + H	

Durch Einbeziehung des Calciums in die Löslichkeitsberechnungen von HARVIE & WEARE (1980) wird ein dem Meerwasser „ähnliches" Evaporationsmodell für sämtliche Konzentrationsbereiche bei 25°C entwickelt, dessen Aussagen gut mit der im Zechstein 2 gefundenen Abscheidungsfolge übereinstimmen. Tab. 7-5 zeigt eine Gegenüberstellung der im Zechstein II beobachteten und der aus dem Modell errechneten Salzabfolge aus heutigem Meerwasser (karbonatfrei) nach früheren (z. B. BRAITSCH 1962; STEWART 1963a) und neueren Berechnungen (HARVIE et al. 1980).

Bei den neueren Berechnungen wird zwischen fraktionierter Kristallisation, bei der die sich jeweils abscheidenden Salze nicht mehr mit der Lösung reagieren und einer Abscheidung, bei der angenommen wird, daß sich die Festkörper zu jeder Zeit im Gleichgewicht mit der Lösung befinden, unterschieden. Im Gegensatz zu den früheren Berechnungen tritt unter Gleichgewichtsbedingungen Glauberit als stabile Phase auf, Bloedit und Kainit bilden sich nur bei fraktionierter Kristallisation. Berechnungen von HARVIE et al. (1980) weisen darauf hin, daß Glauberit nach der Haupt-Halitabscheidung durch eine Reaktion von Anhydrit mit der Salzlösung

$$CaSO_4 + 2\,Na^+ + SO_4^{2-} \rightarrow Na_2Ca(SO_4)_2$$

entsteht.

Die Übereinstimmung der neuen Berechnung (Gleichgewicht) mit der Abfolge im Zechstein 2 ist außerordentlich gut, so daß angenommen werden darf, daß hier eine primäre Abfolge aus Meerwasser vorliegt, die unter Gleichgewichtsbedingungen entstanden ist.

7.2.3 Thermo- und Lösungs-Diagenese

Vorgänge, die nach der Ablagerung der Salzgesteine eine Umbildung des ursprünglichen Mineralbestandes durch Veränderung der Temperatur, des Druckes oder durch Einwirkung ungesättigter Lösungen hervorrufen, werden in der deutschsprachigen Literatur zur Salz-Geologie und -Petrologie meist als „Metamorphose" bezeichnet, obwohl diese Prozesse in einem p-T-Bereich verlaufen, der eindeutig den Diagenesebereich kennzeichnet. Wir halten es daher für richtig, den Begriff „Diagenese" auch für die an der in Salzgesteinen stattfindenden Prozesse anzuwenden, auch wenn hier das Ausmaß der Umkristallisation häufig stärker als in den anderen Sedimentgesteinen ist.

a) Thermo-Diagenese

Der meist enge thermische Stabilitätsbereich der wasserhaltigen Salzmineralien ist die Ursache, daß schon nach geringmächtiger Überlagerung durch jüngere Sedimente Mineralphasen instabil werden und sich neue Phasen bilden können.

Eine der wichtigsten Reaktionen ist die Umwandlung von Gips in Anhydrit (und umgekehrt). Trotz zahlreicher Untersuchungen (zusammenfassend bei SONNENFELD 1984) sind die Ergebnisse nicht eindeutig. Zwei Temperaturbereiche sind schwerpunktmäßig am stärksten vertreten: 38–42°C und 50–58°C. Die Ursachen für die Diskrepanzen dürften darin zu suchen sein, daß die experimentelle Bestimmung unter den verschiedensten Bedingungen (verschiedenartige Zusammensetzung der Laugen) durchgeführt wurden. Während die Anhydritisierung des Gipses hygroskopische Laugen erfordert, ist für die Vergipsung von Anhydrit meteorisches Wasser erforderlich.

Carnallit gibt bereits bei 80–85°C sein Kristallwasser ab (HERRMANN 1956; JOCKWER 1980). KERN & FRANKE (1980) zeigten jedoch, daß sich mit steigendem Druck die Abgabe des Kristallwassers zu höheren Temperaturen hin verschiebt; bei 4 MPa liegt sie bei 139°, bei 10 MPa bei 145°C, Polyhalit verliert sein Kristallwasser bei 235°C und Kieserit erst bei 335°C.

Für eine beabsichtigte Einlagerung von hochradioaktiven Abfällen in Salzgesteinen ist die Frage einer möglichen Dehydratisierung von Salzmineralien von allergrößter Bedeutung, da im Zentime-

452 Salzgesteine (Evaporite)

Dem „Flachschelf-Salinar" stellte RICHTER-BERNBURG das „Tiefschelf-Salinar" gegenüber, bei dem der Schelf in Teilbecken untergliedert ist. Je größer der Abstand eines Teilbeckens vom offenen Ozean ist, desto leichtlöslichere Salze scheiden sich ab (Abb. 7-7, unten).

b) Neuere Vorstellungen

Aus den zahlreichen einfachen und zusammengesetzten Modellen, von denen ein kleiner Teil im vorangegangenen Abschnitt gestreift wurde, haben sich in den letzten zwei Jahrzehnten folgende Modelle herauskristallisiert, die heute allgemein anerkannt werden, im einzelnen aber – wenn es sich um ihre Übertragung auf spezifische Evaporite handelt – noch immer Anlaß zu Differenzen bilden.

Nach KENDALL (1979) lassen sich die heutigen Vorstellungen in drei Modellen ausdrücken (Abb. 7-8):

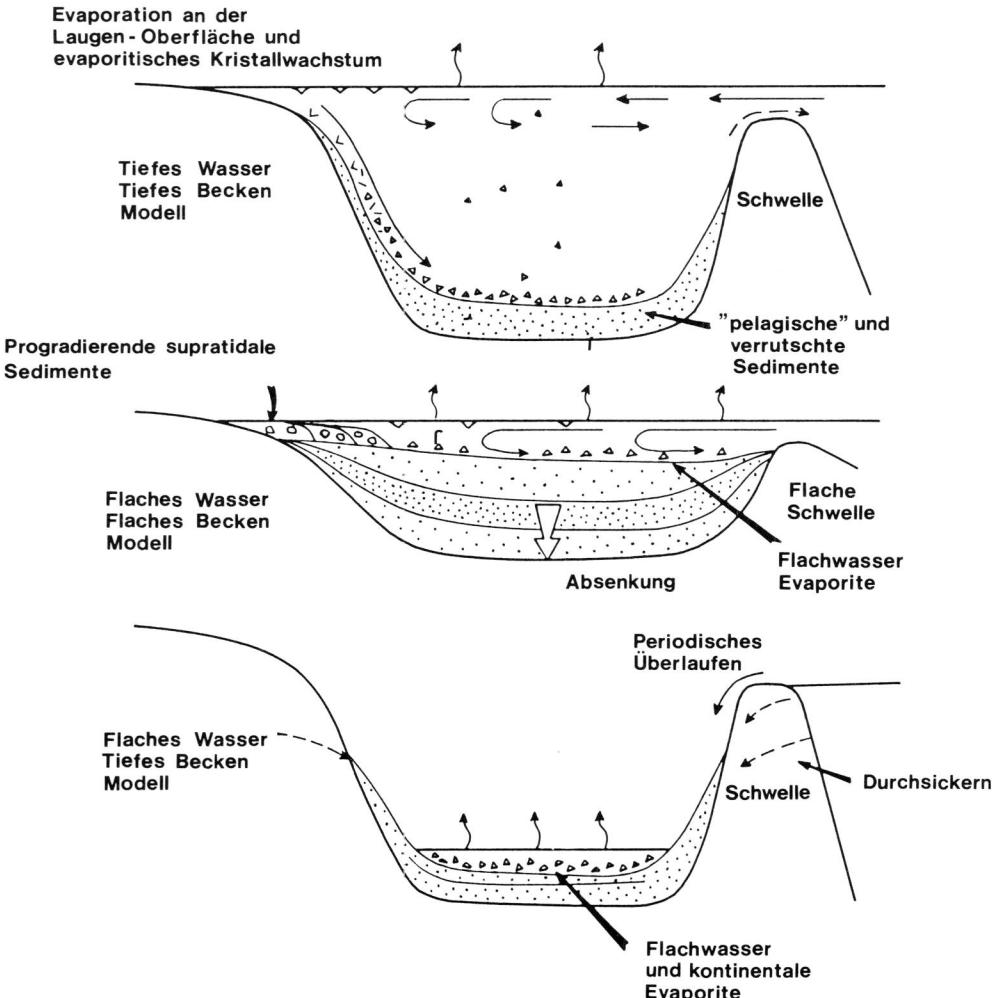

Abb. 7-8. Ablagerungsmodelle für Evaporite in Becken-Zentren (aus KENDALL 1979).

Tiefes Wasser – Tiefes Becken-Modell
Flaches Wasser – Flaches Becken-Modell
Flaches Wasser – Tiefes Becken-Modell

bei denen also neben der Wassertiefe auch die Konfiguration des Beckens berücksichtigt wird. Diese Unterteilung war insbesondere durch das Auffinden der mächtigen Salzablagerungen im Gebiet des heutigen Mittelmeeres erforderlich geworden, die zwar in einer extrem tiefen Senke, aber aus flachem Wasser abgelagert worden sind.

Das „Tiefes Wasser – Tiefes Becken-Modell"
Bereits die Vorstellungen von OCHSENIUS (1877) beruhen auf der Annahme einer Evaporit-Abscheidung im Zechstein aus tiefem Wasser (und einem entsprechend mindestens ebenso tiefen Becken). Dieser Gedanke ist später immer wieder ausgedrückt worden, wurde aber zunehmend – in Analogie an die in rezenten marinen Lagunen gemachten Beobachtungen – durch Flachwasser-Hypothesen verdrängt.

Es ist das Verdienst von SCHMALZ (1969), Kriterien aufgezeigt zu haben, die für einen Teil der fossilen Evaporite eine Bildung aus tiefem Wasser wahrscheinlich machen. Diese Kriterien beruhen auf der Tatsache, daß salinare Sedimentation sehr rasch, die Absenkung von Geosynklinalen aber relativ langsam verläuft, wobei die Unterschiede im Bereich von zwei Zehnerpotenzen liegen können. Um eine mächtige Salzabfolge zu erhalten, muß somit ein beträchtlicher Wasserkörper von mehreren Hunderten bis Tausenden von Metern vorhanden gewesen sein. Auf diese Tatsache hatte bereits PANNEKOEK (1965) hingewiesen.

Weitere Kriterien für eine Ablagerung in tiefem Wasser sind das Auftreten von bituminösen und sulfidreichen Lagen an der Basis der Evaporite, die ein anoxisches Milieu anzeigen, das sich in einem flachen Becken nicht längere Zeit hätte halten können, sowie das Aushalten einzelner Lagen und laminierter Sequenzen über große Areale hinweg.

Abb. 7-9 zeigt einzelne Stadien des von SCHMALZ (1969) entwickelten Tiefwassermodells, das in seinem Endzustand eine vertikale und laterale Faziesdifferenzierung zeigt.

Das Tote Meer (s. 7.3.5) ist ein annähernd aktualistisches Beispiel für das SCHMALZ'sche Modell.

Das „Flaches Wasser – Flaches Becken-Modell"
Die Kriterien für Salzabscheidung aus flachem Wasser (dies gilt für flache wie tiefe Becken) sind Trockenrisse (speziell mit polygonalen Umrissen), Rippelmarken, häufiges detritisches Material, Bruchstücke von bereits früher abgelagerten Schichten (Intraklasten), unregelmäßige Schichtung mit Ineinandergreifen verschiedener Fazies auf engstem Raum (DRONKERT 1985). Bitumenreiche Basisschichten fehlen. Das „Flaches Wasser – Flaches Becken"-Modell ist anwendbar für Salzablagerungen in salinaren Nebenbecken und geringmächtige Evaporite in becken-zentraler Lage, wie sie häufig am Top von sedimentären Zyklen auftreten, so z. B. im Williston-Becken (USA) im Ordovizium, Oberdevon und im Mississippian (KENDALL 1979).

Supratidale Sedimente mit typischen Sebkha-Evaporiten (vgl. 7.4) progradieren häufig über Flachwasser-Evaporite.

Das „Flaches Wasser – Tiefes Becken-Modell"
Dieses Modell gilt für bereits bestehende tiefe Becken, die mit Evaporiten gefüllt sind, die charakteristische Anzeichen von Flachwasser- und/oder subaerischen Ablagerungen zeigen. Das Modell wurde erforderlich – wie bereits eingangs erwähnt – durch das Auffinden mächtiger Evaporitablagerungen miozänen Alters auf dem Boden des Mittelmeeres in Kernen des Deep Sea Drilling Projects (Hsü 1982; Hsü et al. 1973, 1978). Die bis 1500 m mächtigen Evaporite zeigten alle Anzeichen von Flachwasser- bis Sebkha-Evaporiten, überlagerten jedoch eine normal-marine hemipelagische bis pelagische Sedimentfolge. Dies bedeutet, daß das Mittelmeer infolge einer tektonischen Blockade des westlichen Zuflusses (im Gebiet der Straße von Gibraltar) völlig eingetrocknet war, und dies nicht nur einmal, denn hierbei wäre höchstens eine Salzmächtigkeit von 60 m entstan-

454 Salzgesteine (Evaporite)

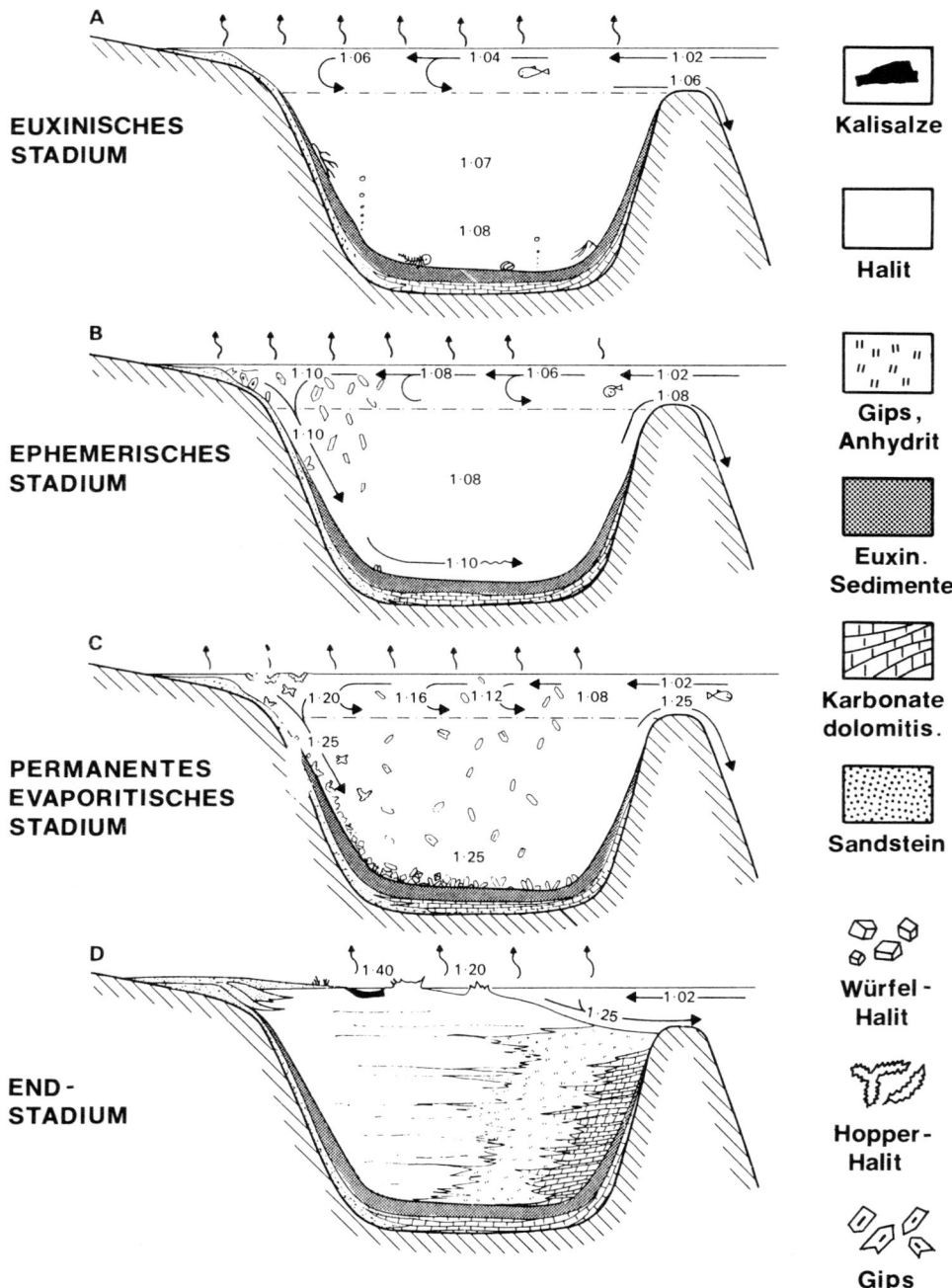

Abb. 7-9. Vier Stadien des Modells für die Evaporitablagerung in tiefem Wasser nach SCHMALZ (1969). A. Euxinisches Stadium. Evaporation überwiegt Rückfluß und Niederschläge Stagnation unterhalb der Schwellen-Obergrenze. Sauerstoff-freies Bodenwasser. Anaerobes Benthos, normales marines Nekton. Sapropel-Fazies. – Legende B bis D siehe Seite gegenüber.

den. Der Zugang muß sich also mindestens 10mal geöffnet und geschlossen haben – mit jeweils nachfolgender Austrocknung –, um die gefundene Mächtigkeit zu erklären.

Hinsichtlich der lateralen Anordnung der verschiedenen evaporitischen Fazies kann nach SCHMALZ (1970) zwischen einem (± symmetrischen) „Bullaugen"-Muster, das eine Ablagerung in einem abgeschlossenen Becken anzeigt und einem (asymmetrischen) „Tränentropfen"-Muster, das für ein Becken mit eingeschränktem Zufluß charakteristisch ist, unterschieden werden (Abb. 7-10).

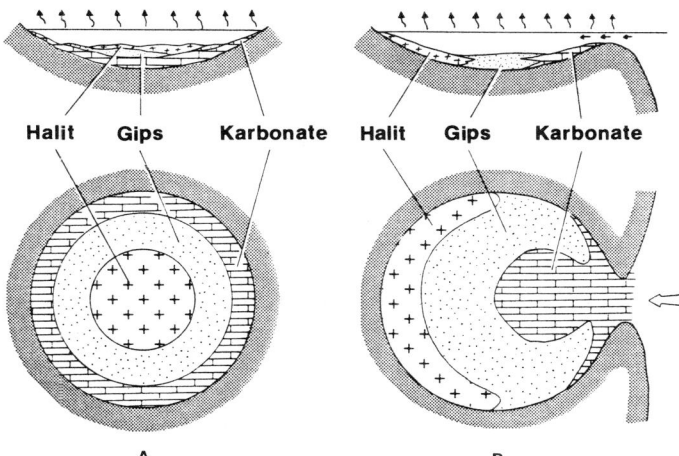

Abb. 7-10. Theoretische Muster für die Anordnung von Salzablagerungen: (A) Das Bullaugenmuster ist typisch für Ablagerung in vollständig abgeschlossenen Becken, das (B) Tränentropfenmuster für Becken mit eingeschränktem Zufluß (Endseen), s. Abb. 7-7 oben (nach SCHMALZ 1970).

7.2.6 Fossile marine Evaporite: Beispiele

Geschichtete Anhydrite sind bereits aus dem mittleren bis späten Proterozoikum bekannt, geschichtete Halit-Vorkommen seit dem Kambrium (SONNENFELD 1984). Im Vergleich zu jüngeren Salzbecken zeigen die paläozoischen ein Defizit an Halit, verglichen mit Sulfat. Dieses Defizit wird jedoch mit Annäherung an das Perm immer geringer; gleichzeitig nehmen die Kalisalze zu und erreichen ein weltweites Maximum im Perm.

Die Zechstein-Evaporite enthalten über 10% des heute im Meerwasser vorhandenen Sulfates (HOLSER 1979), und die Masse der im Neogen zur Ablagerung gekommenen Salze schätzt SONNENFELD (1984) auf 15–20% des Weltozeans.

a) Das Zechstein-Salinar in Mitteleuropa

Obwohl das Zechstein-Salinar die am längsten und am besten bekannte Salinarformation ist, gibt es (noch) keine umfassende Zusammenschau der bisherigen, äußerst zahlreichen Untersuchungen, die sich auf einen

◄─────

B. Ephemerisches Stadium.   Stagnation des Tiefenwassers hält an. Frühe Salzausscheidungen an der Wasseroberfläche, die sich im Tiefenwasser auflösen.
C. Permanentes evaporitisches Stadium.   Tiefenwasser erreicht Halit-Sättigung. Halit und Gips scheiden sich auf der Oberfläche ab und bleiben im Tiefenwasser erhalten. Bodenlaugen werden durch Salz verdrängt.
D. End-Stadium.   Becken mit Salzen gefüllt. Oberfläche oxidierend mit Laugen-Tümpeln, aeolischen Sedimenten und Salzkrusten-Ausblühungen.

Zeitraum von über 100 Jahren erstrecken. Ein Grund für das Fehlen einer zusammenfassenden Darstellung dürfte z. T. darin bestehen, daß eine Großzahl wichtiger Erkenntnisse, die durch Tiefbohrungen vor allem im Bereich der Nordsee gewonnen wurden, wohlverwahrt und wohlbehütet in den Archiven der Ölfirmen ruhen. Einen ersten Versuch, englische, holländische, dänische, deutsche und polnische Ansichten gemeinsam zu publizieren, stellt der von FÜCHTBAUER & PERYT (1980) herausgegebene Sammelband „The Zechstein Basin" dar, dessen Titel-Fortsetzung „With Emphasis on Carbonate Sequences" allerdings bereits die gebührende Einschränkung des Themas enthält.

Die nachstehenden Ausführungen lehnen sich stark an das Kapitel „Perm" von KOZUR (1984) an, dem auch die Karte der Abb. 7-11 entnommen, und das lediglich dahingehend geändert wurde, daß der südlich des Bodensees gelegene Teil nicht dargestellt wird.

Im Oberperm wurde das Germanische Becken vom NW her über das heutige Nordseegebiet hinweg vom Meer überflutet. Da so entstandene Binnenmeer (Abb. 7-11) war anfänglich stellenweise über 250 m tief und vertiefte sich evtl. noch weiter, als die Absenkungsrate die der klastischen Sedimentakkumulation übertraf. Erst bei beginnender Halit-Abscheidung stiegen die Sedimentationsraten stark an, und Evaporite füllten allmählich – trotz fortgesetzter Absenkung – das Becken auf (vgl. den vorangegangenen Abschnitt).

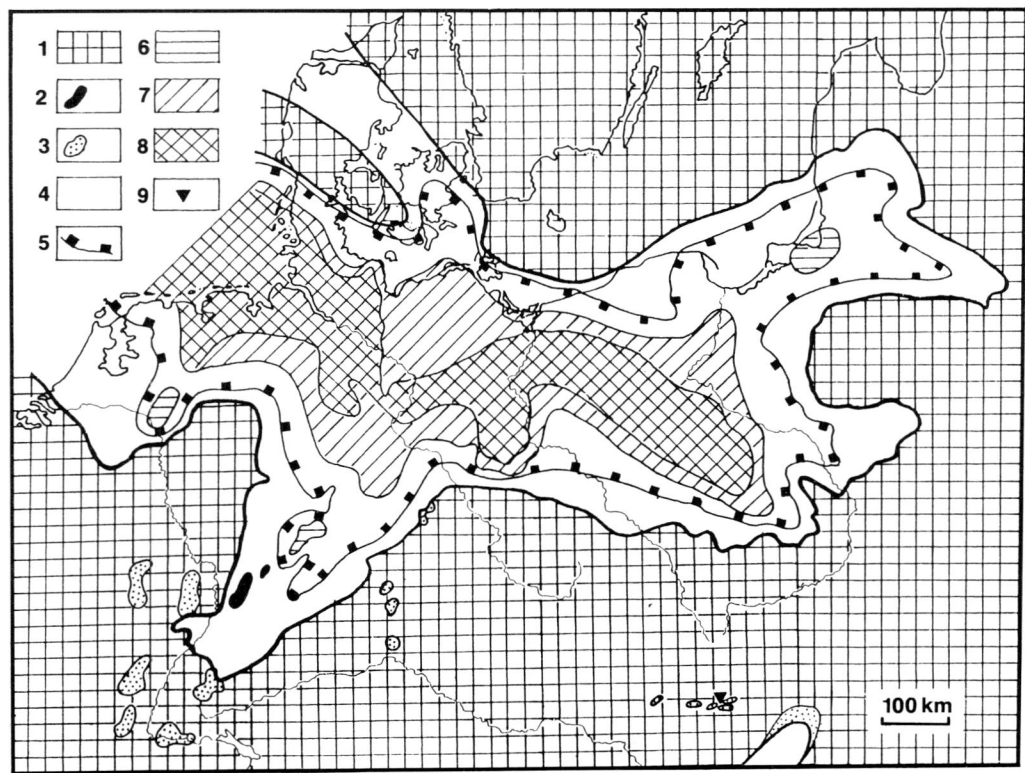

Abb. 7-11. Paläogeographie im Oberperm (Zechstein) von Zentraleuropa (aus KOZUR 1984). – 1 – Festland, vorwiegend Abtragungsgebiet; 2 – Inseln; 3 – kontinentale Ablagerungen; 4 – marine Ablagerungen ohne Steinsalz und Kalisalz; 5 – maximale Verbreitung von Steinsalzablagerungen; 6 – Kalisalze im Werra-Zyklus; 7 – Kalisalze im Staßfurt-Zyklus; 8 – Kalisalze im Leine Zyklus. Im östlichen Verbreitungsgebiet (Polen) sind keine durchgehenden Kali-Flöze, sondern mehrere isolierte Vorkommen unterschiedlicher regionaler Ausdehnung vorhanden; 9 – Melaphyr.

Die Zechstein-Ablagerungen wurden zunächst in vier, nach jüngsten Erkenntnissen aus Bohrungen in Norddeutschland und in der Nordsee, in sechs Evaporit-Zyklen gegliedert:

- Z 6 Friesland-Zyklus
- Z 5 Ohre-Zyklus
- Z 4 Aller-Zyklus
- Z 3 Leine-Zyklus
- Z 2 Staßfurt-Zyklus
- Z 1 Werra-Zyklus

Die Zyklen wurden durch Einengung oder Verflachung der Verbindungswege mit dem Weltmeer infolge von relativen Meeresspiegelschwankungen größeren Ausmaßes hervorgerufen. Bei dem ariden oberpermischen Klima kam es zur starken Eindampfung des in den Becken angesammelten Meerwassers, die z. T. bis zur völligen Austrocknung führte unter Hinterlassung mächtiger Salzfolgen in tieferen Beckenteilen. Abb. 7-12 zeigt schematisch die tatsächliche Abfolge der im mitteldeutschen Becken anzutreffenden vier Zyklen im Vergleich zur theoretischen Abfolge aus einem tiefen Becken von SCHMALZ (1969).

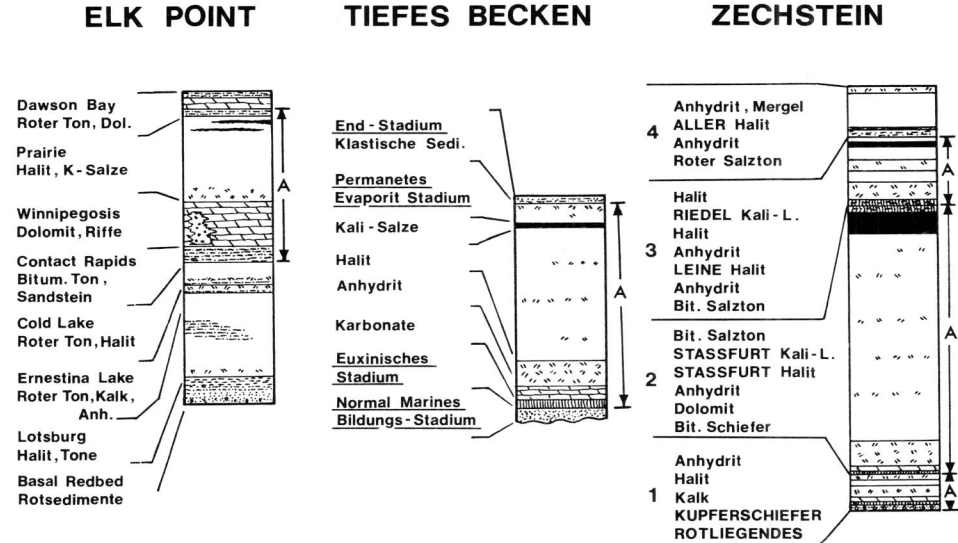

Abb. 7-12. Stratigraphische Abfolge von zwei fossilen Evaporitablagerungen (der devonischen Elk Point Subgroup und dem permischen Zechstein) und Vergleich mit der hypothetischen Stratigraphie von Evaporiten in tiefen Becken. „A" umfaßt jeweils einen Ausscheidungszyklus (aus SCHMALZ 1969).

Der Werra-Zyklus (Zechstein 1) beginnt mit geringmächtigen marinen klastisch-karbonatischen Basisschichten, der vom Kupferschiefer (mit wechselnden Anteilen an sulfidischen Erzen) überlagert ist. Auf dem unter euxinischen Verhältnissen abgelagerten Kupferschiefer folgt der Zechsteinkalk (Werra-Karbonat) und mit zunehmender Salinität Anhydrit, Halit und – jedoch nur in randlichen Becken (Werra-Becken, Niederrheinisches Becken und lokal im Peribaltischen Golf) – Kalisalze. Darüber folgt eine rezessive Abfolge mit Anhydrit, Ton und Karbonat, in die im Werra-Becken nochmals Halit („Zwischen-Salinar") eingeschaltet sein kann.

Laterale Faziesdifferenzierungen innerhalb der Zyklen hängen stark von der Morphologie des

Meeresbodens ab: Flache Becken und Schwellenbereiche sind durch erhöhte Karbonat- und Sulfatmächtigkeiten („Anhydritwälle") charakterisiert, an den Beckenrändern entwickeln sich ausgedehnte Sebkha-Bereiche.

Abb. 7-13 zeigt einen vereinfachten Schnitt durch den randlichen englischen Zechstein 1, bei dem die „Wall"-Position des Hartlepool-Anhydrits (Äquivalent des Werra-Anhydrits) deutlich hervorgeht. Beckenwärts geht der Anhydrit in geschichtete Fazies über, landwärts in massigen Anhydrit mit allen Anzeichen einer Sebkha-Bildung. Abb. 7-14 zeigt drei Anhydrittypen aus dem Nordwestdeutschen Zechstein 1, die drei verschiedene Ablagerungsbereiche kennzeichnen: Bei a) handelt es sich nach SANNEMANN et al. (1978) um knolligen bis mosaikförmigen Anhydrit, der in einer Sebkha abgelagert worden sein dürfte, und bei b) um einen geschichteten Anhydrit, der einer lagunären Fazies entspricht. Beide Anhydrite werden mit scharfer Grenze von Basislagen des Z 2-Karbonats (Hauptdolomit) transgressiv überlagert. Abb. 7-14 c zeigt im unteren Bereich einen feinlaminierten Becken-Anhydrit, der mit scharfer Grenze von klastischem Anhydrit überlagert wird. Parallelschichtung, Rippelschichtung und wiederum Parallelschichtung könnten den Bouma-Phasen (b), (c) und (d) entsprechen, die Feinschichtung (e) kennzeichnet wieder Beckenschichtung.

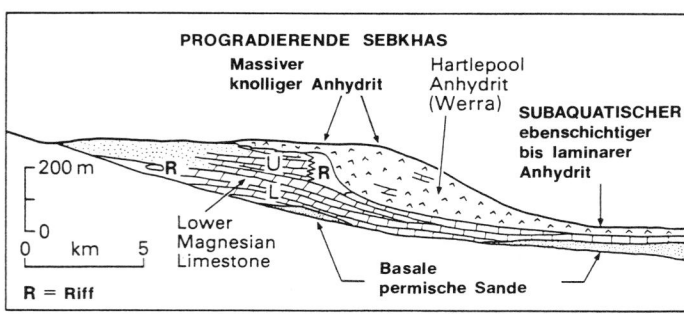

Abb. 7-13. Querschnitt durch den unteren Teil des englischen Zechsteins (Zechstein 1), der die randliche Lage („Anhydrit-wall") des Hartlepool-Anhydrits (äquivalent des Werra-Anhydrits) zeigt (aus SCHREIBER 1986 nach SMITH 1974b u. 1980). R = Riff.

Der 2. Zyklus (Staßfurt-Zyklus, Zechstein 2) beginnt mit bituminösen dünngeschichteten klastischen („Stinkschiefer") und dolomitischen („Hauptdolomit") Ablagerungen, darüber folgt der Staßfurt-Anhydrit, über dem sich eine bis 600 m mächtige Salzfolge mit dem 30 m mächtigen Kaliflöz „Staßfurt" entwickelt.

Im Gegensatz zum 1. Zyklus lagen die Haupt-Salzablagerungen im Nordwestdeutsch-Polnischen Hauptbecken sowie im Thüringer Becken. In den Randbecken sind die salinaren Abfolgen nur geringmächtig und gehen landwärts in Rotsedimente über.

Der Leine-Zyklus (Zechstein 3) beginnt wiederum mit einem marinen Tonstein, über dem an Nord- und Südrand des Beckens das Leine-Karbonat („Plattendolomit"), in den zentralen Becken aber unmittelbar Anhydrit („Hauptanhydrit") folgt. In die folgenden Halit-Ablagerungen sind zwei Kali-Flöze eingeschaltet: „Riedel" und „Ronnenberg". Randlich greifen die Sedimente des Leine-Zyklus z. T. über das Verbreitungsgebiet der vorhergehenden Zyklen hinaus: In Irland beginnt die Zechstein-Sedimentation überhaupt erst mit dem Zechstein 3-Zyklus.

Beim Aller-Zyklus (Zechstein 4) ist das tonige Basisglied nicht mehr ausgebildet, Kalisalze treten nur sehr untergeordnet auf.

b) Laminierter, lagunärer Anhydrit wird an scharfer Grenze (mit Stylolithsaum) überlagert von grobkörnigem Oolithsand, der als basaler Transgressionshorizont des Ca2 aufgefaßt wird, – Buchhorst Z 5.
c) Feinschichtiger Anhydrit, mit Anhydritturbidit am tieferen Beckenhang. Feinlaminierter Beckenanhydrit wird an scharfer (unebenflächiger) Grenze (a) überlagert von klastischem, normal gradiertem Anhydrit (weiße Flecken: gröbere Anhydritklasten), Parallelschichtung, Rippelschichtung und wiederum Parallelschichtung könnten den „Bouma"-Zyklen b, c und d entsprechen. Die Feinschichtung (e) kennzeichnet wohl autochthone Beckenfazies. – Siedenburg Z 2.

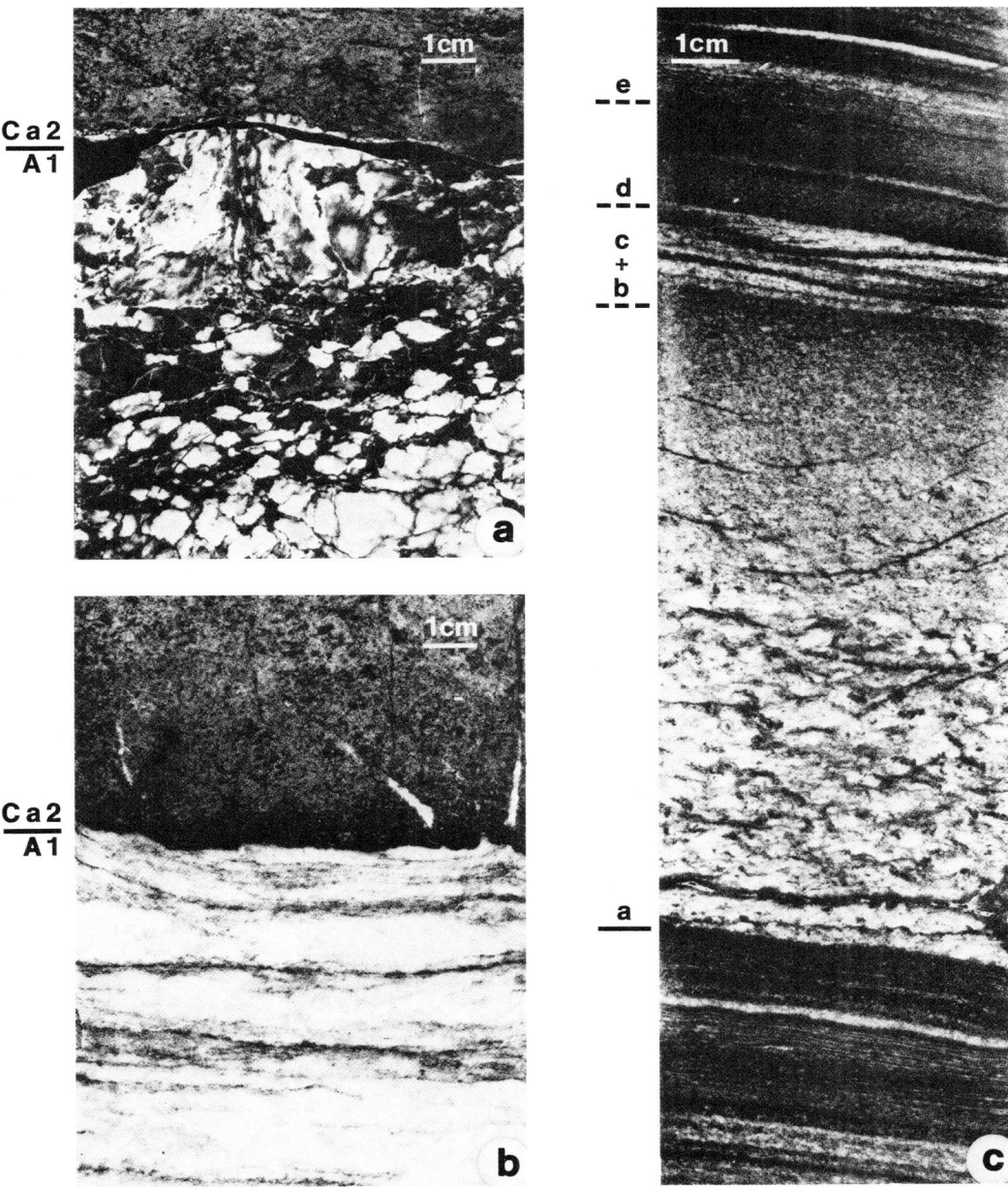

Abb. 7-14. Anhydrit aus verschiedenen Faziesbereichen des Zechsteins im nordwestdeutschen Becken (aus SANNEMANN et al. 1978).
a) Knolliger bis mosaikförmiger Sebkha-Anhydrit mit Dolomit (dunkel) wird transgressiv überlagert von Dolomitoolith des Zechstein 2, der in unteren Zentimetern gröber klastisch ist, darüber in Gezeitensediment übergeht. – Oythe Z2. – Legende b) bis c) siehe Seite gegenüber.

460   Salzgesteine (Evaporite)

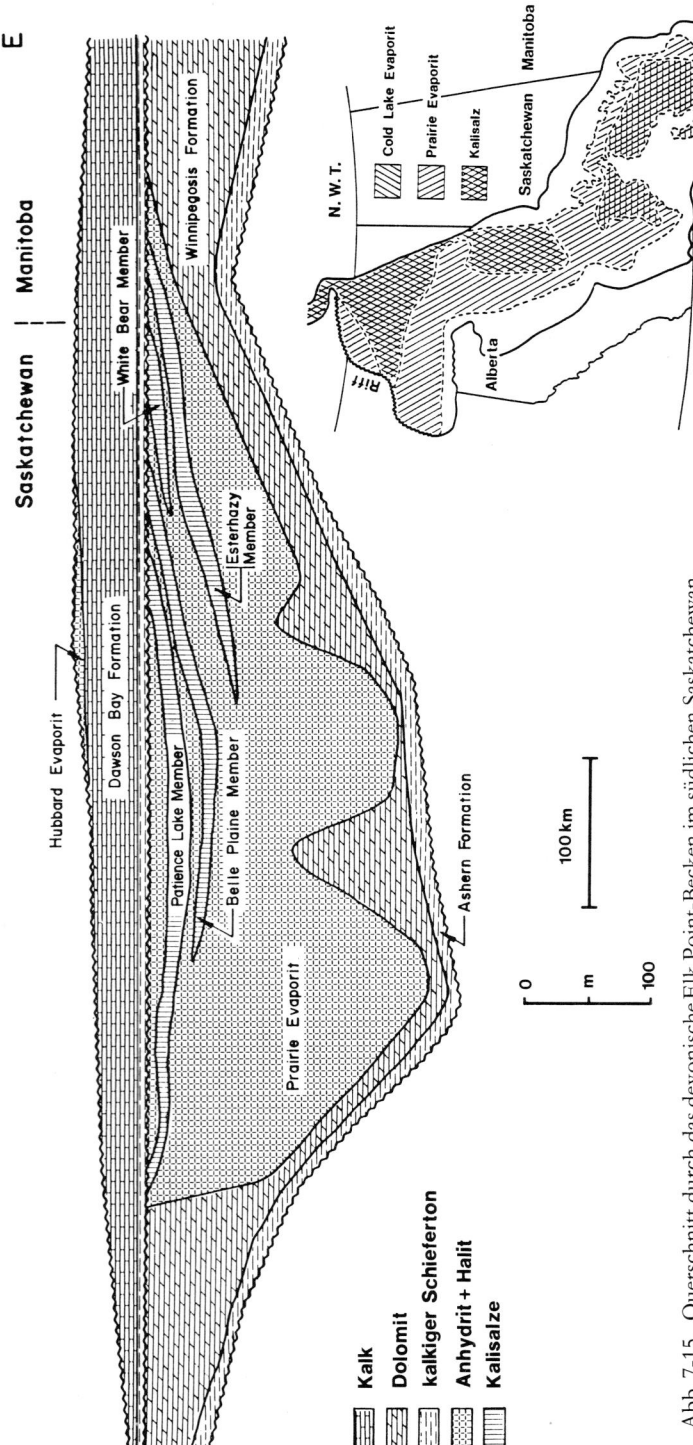

Abb. 7-15. Querschnitt durch das devonische Elk Point-Becken im südlichen Saskatchewan, Kanada (nach FUZESY 1982, erweitert bei SONNENFELD 1984). Übersichtskarte nach COLE & PICARD (1981).

Der geringmächtige Ohre-Zyklus (Zechstein 5) enthält nur im zentralen Nordwestdeutsch-Polnischen Hauptbecken Halit, in südlicheren Becken ist der gesamte Zyklus durch die 20–50 cm mächtige „Grenzbank" vertreten, die den Zechstein gegen den Buntsandstein abgrenzt.

Im Zechstein 6 (Friesland-Zyklus) ist geringmächtiger Halit auf das Norddeutsche Becken beschränkt.

b) Das Elk Point-Salinar, Kanada

Die Evaporite der Elk Point Group (Mitteldevon) im westlichen Kanada, die sich über 2000 km über die Staaten Alberta, Saskatchewan und Manitoba erstrecken, entsprechen nach SCHMALZ (1969) Ablagerungen aus tiefem Wasser. Dies gilt allerdings nur für den oberen Bereich: die Prairie-Evaporite (Abb. 7-12 und 7-15). Der untere Bereich mit den Cold Lake-Evaporiten dürfte hingegen in einem flachen, von kontinentalem klastischen Material stark beeinflußten Ablagerungsraum sedimentiert worden sein.

Nach der Überflutung des Beckens wurden zunächst die tiefverwitterten anstehenden Regolithe aufgearbeitet und umgelagert, die rote Farbe zeigt die oxidierenden Bedingungen an, unter welchen die Böden gebildet worden waren.

Die basalen Rotsedimente werden von der Lotsburg Formation überlagert, die nach oben von basalem Anhydrit in Halit übergeht. Eine ähnliche Rotsediment-Evaporit-Assoziation wiederholt sich in der Ernestina Lake- und Cold Lake Formation.

Die Contact Rapids Formation am Top der unteren Elk Point Subgroup besteht aus grauen, grünen und schwarzen Ton- und Karbonatgesteinen, die reduzierende Bedingungen im Becken anzeigen.

Durch tektonische Absenkung hatte sich das Becken vertieft und die Sedimente der oberen Elk Point Subgroups wurden in einer ausgedehnten Depression abgelagert. Drei Einheiten bilden diese Subgroups: die Winnipegosis Formation (dolomitisierter Kalk), die Prairie Evaporite und die Dawson Bay Formation. Das Salzlager im oberen Bereich hat eine Mächtigkeit bis zu 700 m und enthält mehrere Kalilager, die eine ausgesprochene asymmetrische Verteilung im Becken zeigen („Tränentropfen"-Muster).

Während der Evaporitablagerung war das Becken weitgehend durch Barriere-Riffe im nördlichen Alberta vom Ozean abgeschlossen, in der Dawson Bay Formation kehrten dann Bedingungen zurück, wie sie zuvor in der Unteren Elk Point Subgroup geherrscht hatten.

c) Weitere Salinare in Mitteleuropa

Außer im Zechstein treten in Mitteleuropa eine Reihe weiterer Evaporitablagerungen auf, von denen RICHTER-BERNBURG (1953) die Salzlager im Rotliegenden, Buntsandstein und mittleren Keuper dem Typus „Salze in Rotformationen" mit stark terrestrisch-kontinentalem Einfluß zuordnet, da sie in klastische (meist rote) Sedimentfolgen eingeschaltet sind und selbst oft reichlich klastische Anteile enthalten (z. B. das „Haselgebirge" der alpinen Trias).

Sie standen mit dem Meer in Verbindung, wurden aber nur gelegentlich durch Meerwasser-Ingressionen aufgefüllt. Der Zechstein 4 gehört ebenfalls zu dieser Gruppe.

Zu den marinen Salzfolgen zählen hingegen die Evaporite des Mittleren Muschelkalks, des Oberen Malms und des Oligozäns. Sie sind in marine Schichtfolgen eingeschaltet und erhielten ihren Zulauf aus dem Meer $\pm$ kontinuierlich.

7.2.7 Petrographie der Evaporite

a) Nomenklatur der Salzgesteine

Die Nomenklatur der meist polymineralischen Salzgesteine ist seit RINNE (1908) auf dem Mineralbestand begründet und folgt im Prinzip denselben, bisher in diesem Buch angewandten Grundsätzen, jedoch mit unterschiedlichen prozentualen Abgrenzungen. Nach STURMFELS (1943) werden Komponenten < 5% nicht in Namen erfaßt, es sei denn, daß sie aus speziellen Gründen für das Gestein wichtig sind. Nebenkomponenten zwischen 5–20% werden in adjektivischer Form dem Namen vorgesetzt, Hauptkomponenten (> 20%) bilden den Gesteinsnamen, das häufigste Mineral steht am Ende.

Der Vorschlag, das Suffix „it" zur Kennzeichnung eines Gesteins am Ende des Hauptminerals anzuhängen (z. B. Gipsit, Halitit, Carnallitit etc.) hat sich mit Ausnahme bei Sylvinit (oder bei Coelestinit) nicht allgemein eingeführt (BRAITSCH 1962).

Ein Salzgestein aus 4% Kieserit, 16% Anhydrit, 35% Sylvin und 45% Steinsalz (Halit) wird demnach als (kieseritführender) anhydritischer Sylvin-Halit bezeichnet.

Eine Abweichung von der Nomenklatur-Regel wird häufig beim „Hartsalz" gemacht, es handelt sich dabei um Sylvin-Halite, die noch ein Sulfatmineral enthalten, das dem Hauer in der Grube beim Bohren als besonders hart auffällt (RICHTER-BERNBURG 1968) und daher als „Hartsalz" bezeichnet wird. Man unterscheidet

Anhydrit-Sylvin-Halit:	Anhydritisches Hartsalz
Langbeinit-Sylvin-Halit:	Langbeinitisches Hartsalz
Kieserit-Sylvin-Halit:	Kieseritisches Hartsalz,

von denen das kieseritische Hartsalz besonders weit verbreitet ist. Nahezu monomineralische Salzgesteine bilden vor allem Gips, Anhydrit und Steinsalz, weniger häufig treten Polyhalit, Langbeinit, Bischofit und Kainit als alleinige Gesteinsbildner auf.

Die Kalium- und Magnesiumsalze treten fast immer in Verbindung mit Steinsalz auf. Die für die Kaligewinnung wichtigsten Salzgesteine sind Sylvin-, Carnallit- und Kainitgesteine.

b) Das makroskopische Gefüge

Salzgesteine unterscheiden sich von anderen Sedimenten meist schon durch ihr makroskopisch (oder mit einer Lupe) erkennbares „kristallines" Gefüge, was insbesondere für die chloridischen Salzgesteine zutrifft, wo die Korngröße der einzelnen Kristalle in der Regel mehrere mm bis cm beträgt. Anhydrit, Polyhalit und Kieserit erscheinen wegen der geringen Größe der Einzelkristalle oft marmorartig oder dicht.

Trotz starker diagenetischer Umwandlungen der Salzgesteine bleibt die primäre Schichtung der Salzgesteine meist gut erhalten. Nach RICHTER-BERNBURG (1968) bilden Einlagerungen von Ton, Polyhalit, Anhydrit und anderen Salzmineralien durchgehende Schichten, oder sie treten in Form von Flasern oder Flocken auf, die an Schichtflächen angereichert sind und eine Bankung andeuten. Bestimmte Steinsalzgesteine enthalten zwischen NaCl-Kristallen Zwickel von Anhydrit oder Ton („Anhydritzwickel-Salz", „Tonzwickel-Salz"). Überwiegt der Ton so stark, daß die Halitwürfel im Ton „schwimmen", entsteht, das „Tonwürfelsalz". Eine innige Vermischung von Halit mit Ton und Sulfat wird in den alpinen Salzlagerstätten als „Haselgebirge" bezeichnet.

Mächtige Steinsalzlagen sind durch Einlagerungen fast immer in ± regelmäßige Bänke von 3–5 cm gegliedert, die man bei scharfer Trennung der Bänke als „Liniensalz", bei verschwommenschichtiger Anordnung der Verunreinigungen als „Bändersalz" und bei völlig diffuser Verteilung als „Schwadensalz" bezeichnet. (Abb. 7-16 b + c).

Bei den im Vergleich zu den Halitgesteinen meist nur geringmächtigen Kalium- und Magnesiumsalzen wird eine Schichtung durch das Alternieren einzelner Bänke mit verschiedener mineralogischer Zusammensetzung hervorgerufen.

Hartsalze zeigen infolge lagenweiser Anreicherung von Sulfaten oder toniger Substanz meist flaserige Schichtung oder Bankung. In Carnallitgesteinen ist Schichtung oft nur schwer zu erkennen, wenn nicht helle Kieseritlagen eingeschaltet sind, die sich aus dem meist roten Carnallit abheben („Kieserit-Carnallit"). Bei einem Wechsel von Carnallit- mit Halitbänken sind die Steinsalzbänke häufig zerbrochen, so daß sie im Carnallit „schwimmen" und – häufig noch zusammen mit Kieserit-Knollen – den „Gemenge-Carnallit" oder „Trümmer-Carnallit" bilden. Bei Kainitgesteinen, die meist aus Kieserit-Carnalliten oder Kieserit-Sylvin-Haliten hervorgegangen sind, ist das primäre Gefüge (bankig, flaserig oder massig) noch deutlich sichtbar.

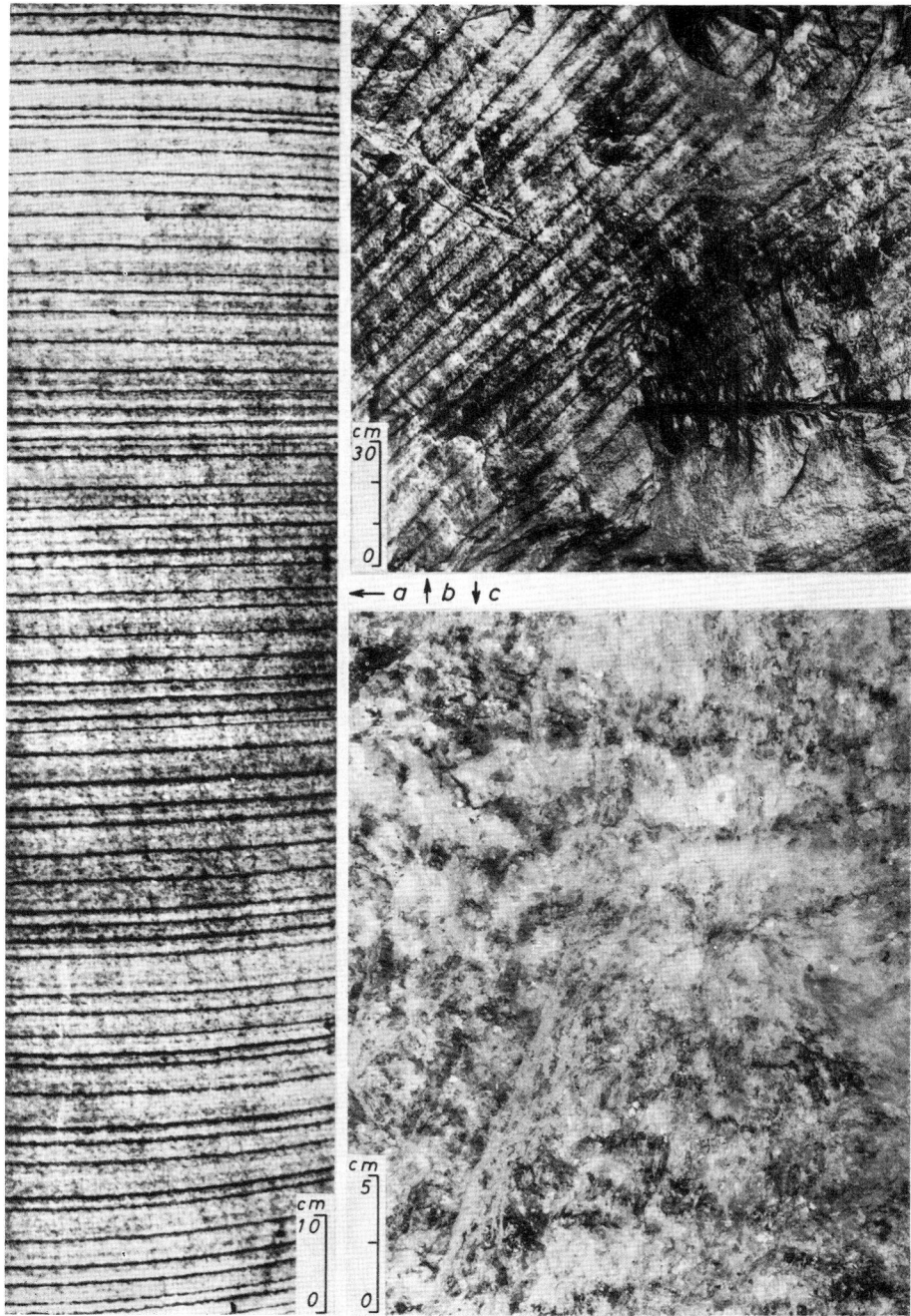

Abb. 7-16. Linienanhydrit (a) und Liniensalz (b) aus dem nordwestdeutschen Zechstein (aus RICHTER-BERNBURG 1955) sowie Schwadensalz (c) aus dem Muschelkalk-Salz von Heilbronn.

c) Faziestypen von Sulfatgesteinen

Die weit überwiegende Zahl von Arbeiten, die sich mit dem Gefüge saliner Gesteine befassen, betrifft die Calciumsulfatgesteine, da hier bereits früh ein Zusammenhang zwischen Gefüge und Stellung im Ablagerungsraum vermutet wurde.

Bis zur Entdeckung der evaporitischen Sebkha-Fazies in den sechziger Jahren (7.4) galt das von RICHTER-BERNBURG (zusammenfassend 1955) hauptsächlich an Anhydritgesteinen des mitteleuropäischen Zechsteins entwickelte Modell der paläogeographischen Anordnung bestimmter Faziestypen: Am Beckenrand verzahnen sich helle Karbonatgesteine mit weißen massigen Anhydriten mit schwadiger und wolkiger Anordnung karbonatischer Verunreinigungen. Der mächtige „Sulfatwall" im Zechstein (Abb. 7-13) besteht häufig aus scharf geflaserten Gesteinen. Beckenwärts folgen Warvenanhydrite (z. B. Linienanhydrite, Abb. 7-16a); sie sind stets viel geringmächtiger und gehen schließlich in feinstschichtigen Anhydrit über.

Vom Flachwasser zum tieferen Wasser unterscheidet RICHTER-BERNBURG (1955) folgende Anhydrittypen-Abfolge:

Dolomit-Anhydrit-Wechsellagerungen
Massiger Anhydrit ⎫
Schwaden-Anhydrit ⎬ *Massen-Anhydrite*
Knollen-Anhydrit ⎭
Flaser-Anhydrit   *Flaser-Anhydrit*
Perl-Anhydrit ⎫
Anhydrit-Knotenschiefer ⎬ *Warven-Anhydrite*
Linien-Anhydrit ⎭
feinstschichtiger Anhydrit

Für Massen-Anhydrite schlägt RICHTER-BERNBURG (1985) neuerdings die Bezeichnung „Pletholit" (von plethos, griech. = Masse), für geschichtete Anhydrite „Stratolit" vor.

Die Deutung der Massen-Anhydrite als subaquatische Flachwasserbildungen muß revidiert bzw. stark eingeschränkt werden, seit bekannt ist, daß diese Typen bevorzugt in supratidalen Sebkhas (7.4) auftreten, also diagenetisch sind.

d) Das Mikrogefüge der Salzgesteine

Primäre Abscheidungsmerkmale – mit Ausnahme der Schichtung – sind in Evaporiten in der Regel nicht mehr erhalten, die jetzt vorliegenden Kornformen werden wie in den silikatischen kristallinen Schiefern durch die Formenergie der beteiligten Minerale bedingt. In den chloridischen Salzgesteinen beobachtet man stets ein ausgeprägtes kristalloblastisches Gefüge.

Nach BRAITSCH (1962) kann man die Salzmineralien etwa in folgender „idioblastischer Reihe" ordnen:
idiomorph: Anhydrit (ferner Coelestin, Karbonate, Borate, Phosphate, Oxide, Fluoride)
  Glauberit, Polyhalit
  Kieserit
  Langbeinit, Glaserit
  Leonit, Blödit
  Kainit
  Steinsalz
  Sylvin, Carnallit, Tachhydrit
xenomorph: Bischofit.

Nach BRAITSCH (1962) beweist die Ausbildung der Korngrenzfläche nur dann eine Verdrängung, wenn ein in der Reihe tiefer stehendes Mineral gegen ein höher stehendes vorwächst. Auch die Einschlüsse sind mehrdeutig, sie können älter, gleichaltrig oder auch jünger sein.

Wegen des engen Stabilitätsbereichs vieler Doppelsalze und den sehr raschen Umkristallisationen bleiben instabile Relikte im Normalfall nicht erhalten.

Marine Evaporite

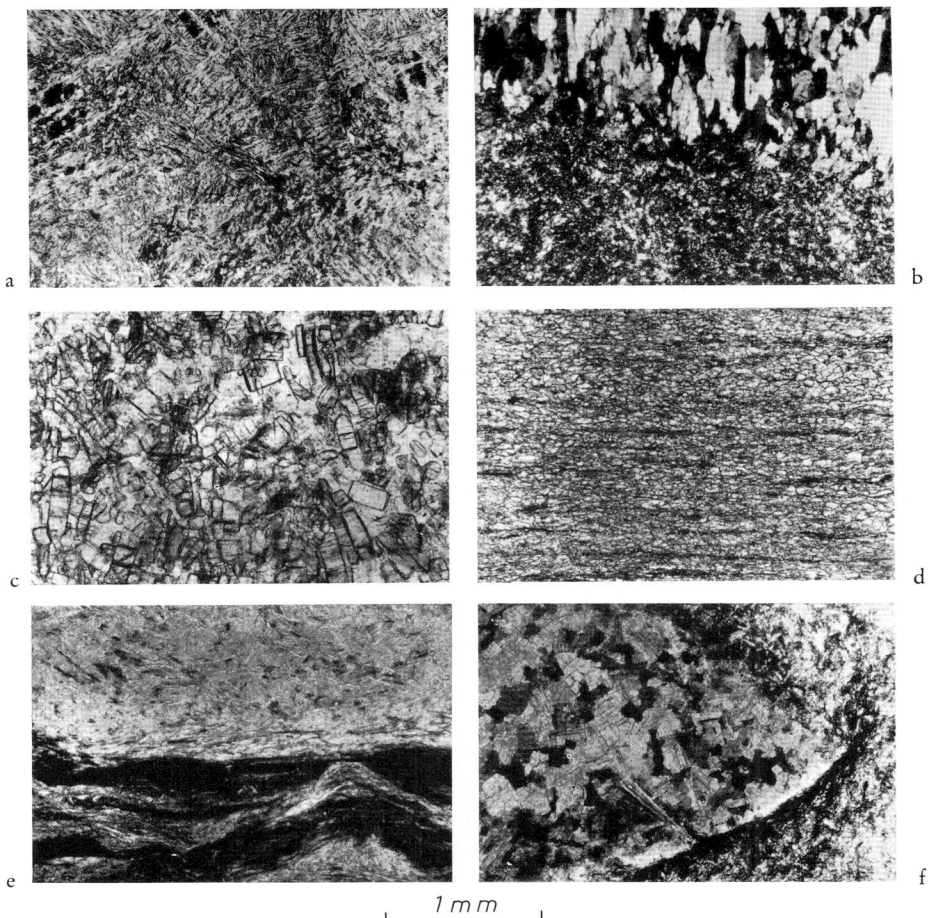

Abb. 7-17. Mikrogefüge sulfatischer Gesteine. – a) Gipsgestein mit Gewebe-Struktur (faseriger Gips), b) feinkörniger Gips; von Fasergipslage durchsetzt, c) tafeliger Habitus primär abgeschiedener Anhydritkristalle. Das Gestein zeigt andeutungsweise „pile-of-brick-texture". d) Basalanhydrit des Zechsteins, e) filziger (sekundärer) Anhydrit, f) Pseudomorphose von Anhydrit nach Gips (Pegmatitanhydrit).

Gips- und Anhydritgesteine

Umfangreiche Untersuchungen über die Petrographie von Gipsgesteinen wurden vor allem von OGNIBEN (1954, 1955, 1957a, 1957b) in sizilianischen Vorkommen durchgeführt. Mit den aus Gipsen hervorgegangenen Anhydritgesteinen befaßten sich vor allem LANGBEIN (1964, 1968), WEST (1964) und MURRAY (1964). OGNIBEN (1955) unterscheidet beim primären Gips vor allem den „rhythmisch primären Gips" vom „resedimentierten primären Gips". Im „rhythmisch primären Gips" bilden die Gipskristalle ein polygonales Mosaik. Sie sind mit ihrer Längsachse parallel zur Schichtungsebene eingeregelt. Die Korngröße nimmt in den einzelnen, durch Tonhäute voneinander getrennten Lamellen von 0,01 mm an der Basis bis 0,5 mm am Top zu, es entsteht so das Bild einer invers gradierten Schichtung.

Der „resedimentierte primäre Gips", der Lagen im „rhythmisch primären Gips" bildet, zeigt einheitliche Korngröße und eine schlechte Orientierung der einzelnen Gipskristalle. Es kann angenommen werden, daß im rhythmisch primären Gips die Sortierung durch Transportvorgänge verursacht wurde; für die andere Varietät dürfte eine Sammelkristallisation nicht auszuschließen sein.

Gipsgesteine, die sich besonders im Uferbereich gebildet haben dürften, werden als „Gipsarenite" bezeichnet. Häufig zeigen die einzigen Gipskristalle deutliche Anzeichen einer mechanischen Beanspruchung; Beimengungen von anderen klastischen Mineralien sind nicht selten.

Bei den aus Anhydriten hervorgegangenen „sekundären" Gipsgesteinen unterscheidet OGNIBEN (1957a) vor allem den „selenitischen sekundären Gips" vom „Alabaster-Gips". Der selenitische Typ (Selenit = synonyme Bezeichnung für Gipskristalle) wird vor allem aus mm bis mehrere cm großen verzwillingten Gipskristallen (Schwalbenschwanzzwillinge) aufgebaut, die oft senkrecht zur Schichtebene orientiert sind. Als Einschlüsse treten Relikte von Anhydrit auf. Alabastergips hat ein weißes, zuckerähnliches Aussehen und zeigt häufig ein Knotengefüge, das durch Zentren, von denen die Umwandlung Anhydrit – Gips ausging, hervorgerufen wird. Mikroskopisch können „normaler" und „faseriger" Gips voneinander unterschieden werden. Im „normalen" Alabastergips sind viele Einzelkristalle so orientiert, daß große Zonen einheitlicher Auslöschung auftreten, während im faserigen Typ ein Netz von aus feinstkörnigem Gips bestehenden „Gängen", die einheitlich auslöschen, von gröberkörnigem, homogenem Gips umgeben sind. In beiden Untertypen treten häufig Anhydrit-Einschlüsse auf.

Abb. 7-17a zeigt ein Gipsgestein mit „Gewebestruktur", Abb. 7-17b einen feinkörnigen Gips, der von einer Fasergipslage durchzogen wird.

Als Kennzeichen einer primären Anhydritabscheidung wird ein tafeliger Habitus der rhombischen Anhydritkristalle (Abb. 7-17c) angesehen (GOLDMAN 1952, OGNIBEN 1957a). Bei dichter Lagerung entsteht ein Gefüge, das als „pile-of-brick texture" (Ziegelsteinstapel-Gefüge) bezeichnet wird.

Sekundäre Anhydritgesteine zeigen häufig ein filziges Gefüge („felty texture", Abb. 7-17e). Kleine, unregelmäßig geformte Lamellen bilden ein filziges Netzwerk. Gelegentlich können die Lamellen eine fluidale Einregelung zeigen. Abb. 7-17f zeigt die Verdrängung eines großen Gipskristalls durch Anhydrit, wie sie im „Pegmatitanhydrit" häufig ist. Von LANGBEIN (1964, 1968) und MAIKLEM et al. (1969) wurde eine große Zahl von Anhydrit-Gefügetypen beschrieben. Im Rahmen dieses Buches kann nicht näher auf diese wichtigen Arbeiten eingegangen werden.

Nach Kap. 7.2.2b hängt es von Temperatur und Salinität ab, ob sich Gips oder Anhydrit bildet. Es ist daher für die Ermittlung des Bildungsmilieus wichtig zu erkennen, welches Mineral sich primär bildete. Die Linsenform ehemaliger Gipskristalle ist leicht zu erkennen, auch wenn sie durch grobkristallinen Calcit oder (frühdiagenetisch) durch schmale Anhydritleisten verdrängt worden sind. Solcher Verdrängungs-Anhydrit kann ebenso wie neugebildeter Anhydrit Knollen bilden, z. B. in der Sebkha am Persischen Golf. Vor allem in den Randpartien dieser Knollen sind die Anhydritleisten häufig parallel ausgerichtet. Eine erneute Umwandlung in Gips kann oft an kleinen korrodierten Anhydriteinschlüssen erkannt werden. Bei spätdiagenetischer Anhydritisierung von Gips entstanden demgegenüber größere (> 0,1 mm), eng verzahnte und oft zerbrochene Anhydritleisten (SHEARMAN 1983).

Leichtlösliche Salzgesteine

Mit der Mikroskopie der eigentlichen Salzgesteine haben sich in Deutschland vor allem KÜHN (1950, 1950/51, 1957 u. a.), in England STEWART (1949, 1951a, 1951b, 1954, 1956, 1963b, 1965) und in den USA CAROZZI (1960) eingehend beschäftigt.

Es ist unmöglich, hier aus den Einzeldaten auch nur annähernd einen Überblick über die Vielfalt der auftretenden Gefüge zu geben, da bei keiner anderen Gesteinsgruppe diagenetische Prozesse in ähnlicher Weise zu einer völligen Umgestaltung des primären Gefüges und häufig auch des Mineral-

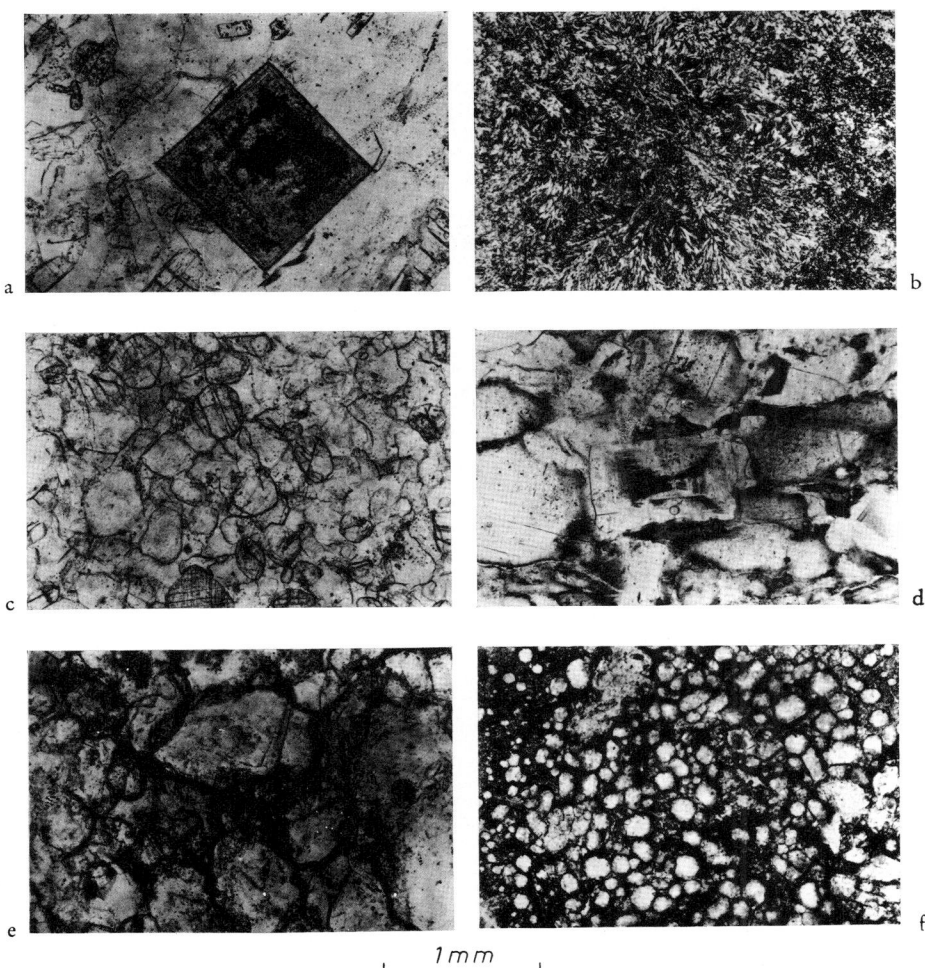

Abb. 7-18. Mikrogefüge leichtlöslicher Salzgesteine. – a) anhydritischer Halit mit idiomorphem Boracit, b) (sekundärer) dichter Polyhalit, c) kieseritisches Hartsalz, d) Sylvinit mit zonar gebautem Halit-Kristall, e) primäres Kainitgestein, f) Carnallitgestein mit idiomorphem Carnallit.

bestandes führten. Abb. 7-18a–f zeigt – mehr oder weniger willkürlich ausgewählt – den mikroskopischen Aufbau einiger wichtiger Salzgesteine.

7.2.8 Geochemie der Evaporite (Br, Sr, B, F)

Auf den Plätzen 8–11 in der Zusammensetzung des Meerwassers (Tab. 7-1) folgen die Elemente Brom, Strontium, Bor und Fluor, sie machen insgesamt nur etwa 1/4% aller am Chemismus des Meerwassers beteiligten Ionen aus.

Trotz dieses geringen Anteils haben insbesondere das Brom und das Strontium einige Bedeutung erlangt, da das Brom wegen seines diadochen Einbaus in Chlorid-Mineralien in Abhängigkeit von der Konzentration in der Mutterlauge Aussagen über den Verlauf der Salzabscheidung erlaubt, das Strontium hingegen als selbständiges Mineral (Coelestin, $SrSO_4$) auftritt und unter geeigneten Voraussetzungen eigene Lagerstätten zu bilden vermag.

a) Brom

Während der letzten Jahre ist eine große Zahl von Arbeiten erschienen, die sich mit dem Brom als geochemischem Indikator zur Charakterisierung mariner Salzablagerungen beschäftigen (zusammenfassende Literatur bei HOLSER 1966; KÜHN 1968; HARVEY 1980; SONNENFELD 1984), der sog. „Brom-Methode".

Die Grundlage dieser von D'ANS & KÜHN (1940) entwickelten Methode beruht darauf, daß Brom diadoch für Cl in Chloride eingebaut wird, zum überwiegenden Teil aber in den Restlösungen verbleibt und dort mit zunehmender Eindampfung angereichert wird. Mit dem Ansteigen des Bromgehaltes in der Restlösung steigt der Brom-Einbau in die Chloride, für Steinsalz ist er am niedrigsten, für KCl (Sylvin) am höchsten. Carnallit nimmt bei gleichem Bromgehalt der Lösung weniger Brom auf als Sylvin, jedoch mehr als Kainit und Steinsalz (Abb. 7-19).

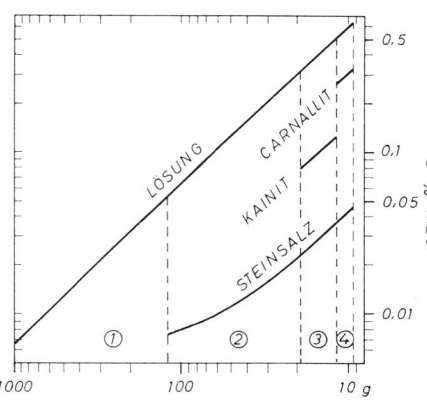

Abb. 7-19. Berechnete Bromverteilung bei statischer Eindampfung von Meerwasser bei 25° C (nach BRAITSCH 1962).
Abszisse: Menge der Lösung in Gramm, bez. auf 1000 g Meerwasser. 1 – Konzentration bis zur NaCl-Sättigung, 2 – Ausscheidung von Steinsalz neben Bloedit und Epsomit, 3 – Ausscheidung von Steinsalz, Kainit, Mg-Sulfat, 4 – Ausscheidung von Steinsalz, Carnallit, Kieserit. Ab 9,27 g Lösung: Bischofit-Abscheidung.

Bei höheren Temperaturen wird geringfügig mehr Br eingebaut. Die Bromgehalte von NaCl : Kainit : Carnallit : Sylvin bei gleichzeitiger Ausscheidung im 4. Eindampfungsabschnitt verhalten sich nach diesen Befunden wie etwa 1 : 3,5 : 7 : 10 („paragenetisches Bromverhältnis").

Für die Salzlagerstätten existiert ein großes Datenmaterial, von dem die Bromwerte aus Steinsalz am besten zu verwerten sind. Nach D'ANS & KÜHN (1940) und KÜHN (1955) treten für die einzelnen Ausscheidungsbereiche folgende Grenzwerte auf:

Grenze Kieserit/Carnallit	0,028–0,048% Br im NaCl
Grenze Polyhalit/Kieserit	0,023–0,028% Br im NaCl
Grenze Steinsalz/Polyhalit	0,017–0,023% Br im NaCl
Grenze Anhydrit/Steinsalz	0,003–0,017% Br im NaCl

die durch neuere Untersuchungen (vgl. BRAITSCH 1962; BRAITSCH & HERMANN 1963; KÜHN 1968) bestätigt wurden.

Die Anwendung der Brom-Methode ist vielseitig: Da der Bromgehalt des Steinsalzes ein Maß für die erreichte Konzentration der Lösung ist, ergibt sich die Möglichkeit der „Brom-Stratigraphie" innerhalb einer mächtigen NaCl-Serie. Auch ergeben sich aus den Brom-Profilen wichtige Anhaltspunkte über die Bedingungen während der Salzabscheidung: Abb. 7-20a zeigt drei theoretische Brom-Profile bei der Steinsalzablagerung. Abb. 7-20b und c stellen die natürlichen Brom-Profile der Salzfolgen des Zechstein 1 und 2 (Werra- und Staßfurt-Serie) dar.

Aus dem Vergleich mit den theoretischen Profilen kann nach KÜHN (1968) abgeleitet werden, daß der besonders steile Anstieg im unteren Teil der Werra-Serie für einen Zufluß stark vorkonzentrierter Lösungen spricht. Zwischen den beiden Kalilagern, die als Maxima in der Bromverteilung erscheinen, dürfte der etwas erniedrigte Bromgehalt durch Zuflüsse von verdünnterem Meerwasser bedingt sein, der dann nach der Ablagerung des 2. Kalilagers so stark wird, daß sehr rasch nahezu die Ausgangskonzentration für eine mögliche NaCl-Abscheidung erreicht wird. Im Vergleich zur Werra-Serie zeigt die Staßfurt-Serie ein Brom-Profil, das nahezu der theoretischen Kurve für den Fall B (Zufluß von Meerwasser, das an NaCl gesättigt ist) entspricht. Der starke Brom-Anstieg in der Polyhalit- und Kieserit-Region deutet auf das starke Nachlassen dieses Zuflusses und das Vorherrschen der Evaporation hin.

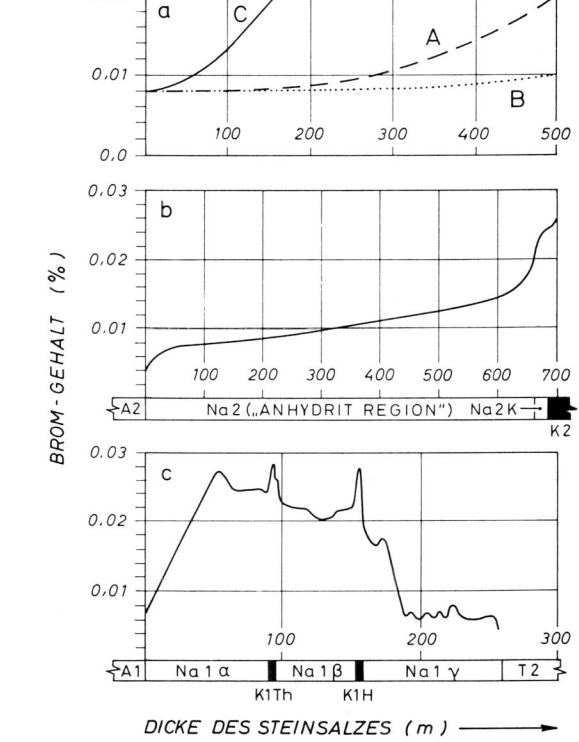

Abb. 7-20. Brom-Profile (nach KÜHN 1968).
a) Theoretische Brom-Profile während der Steinsalz-Ablagerung bei A) statischer Eindampfung, B) Eindampfung bei kontinuierlichem Zufluß von NaCl-gesättigtem Meerwasser und C) Eindampfung bei Zufluß von vorkonzentriertem Meerwasser, dessen Sättigungsgrad höher als derjenige des Beckenwassers ist.
b) Brom-Profil in Steinsalz der Staßfurt-Serie (Zechstein 2).
c) Brom-Profil im Steinsalz (mit Kalisalzen) der Werra-Serie (Zechstein 1).

b) Strontium

Mit 8 ppm im Meerwasser und 0,023% im Anteil der aus Meerwasser abgeschiedenen (wasserfreien) Salze ist Strontium bereits ca. 8× weniger häufig als das Brom.

Im Vergleich zu den magmatischen, metamorphen und sedimentären Gesteinen ist der Sr-Gehalt der Meerwassersalze etwa um die Hälfe niedriger, das Sr/Ca-Atomverhältnis (infolge des niedrigen Ca-Gehaltes des Meerwassers) jedoch wesentlich höher.

Durch das Auffinden einer sedimentären Coelestinlagerstätte im Malm-Salinar von Südoldenburg (MÜLLER 1962) wurde die Frage nach dem geochemischen Verhalten des Strontiums in eindampfenden Meerwasserlösungen besonders aktuell, da die bisherigen Auffassungen – insbesondere die erst für den 4. Eindampfungsabschnitt angenommene Erstausscheidung von Coelestin – nicht mit den natürlichen Gegebenheiten in Einklang zu bringen waren.

Strontium wird in marinen (und aus Meerwasser abgeleiteten) Evaporiten diadoch in die Ca-

Mineralien Aragonit, Calcit, Gips, Anhydrit und Polyhalit eingebaut, wobei Gips und Anhydrit mengenmäßig die mit Abstand größte Bedeutung zukommen. Nach einer Zusammenstellung bei DRONKERT (1985) liegen die mittleren Sr-Konzentrationen in Ca-Sulfaten zwischen 0,04 und 0,25%, wobei die Werte für Gips prinzipiell niedriger als die für Anhydrit sind. Dies hängt damit zusammen, daß nach Berechnungen von BUTLER (1973) bei rezenten Evaporitablagerungen der Verteilungskoeffizient $k_{Sr}^{Gips} = 0,18$ und $k_{Sr}^{Anh.} = 0,37$ beträgt (Gew.% Sr im Kristall: Gew.% Sr in der Lösung).

Neben dem Sr-Einbau in Ca-Sulfate tritt Coelestin als eigenständiges Mineral in allen Salinarformationen auf. Aus experimentellen Löslichkeitsbestimmungen von Coelestin in Meerwasser verschiedener Eindampfungsstadien (MÜLLER & PUCHELT 1961) ist bekannt, daß bei einer Konzentrationserhöhung des Meerwassers auf das 3-fache das Löslichkeitsprodukt für $SrSO_4$ überschritten wird und Coelestin ausfällt. Von BUTLER (1973) wird ein Konzentrationsfaktor von 3,8 angegeben. Damit tritt die Coelestin-Abscheidung noch vor der Ca-Sulfatabscheidung ein, und es kann unter bestimmten paläogeographischen Voraussetzungen zu einer Coelestinanreicherung an eng begrenzten Bereich im Salinarbecken kommen. So sind größere Coelestinanreicherungen stets an ehemals submarine Schwellen oder an Beckenrandgebiete geknüpft, also an Flachwasserbereiche, in denen die Salzkonzentration infolge der in Bezug auf die Gesamtwassertiefe stärkeren Verdunstung stets höher – begünstigt noch durch die höheren Wassertemperaturen – als im Becken selbst war. Durch das Abfließen des stärker konzentrierten (und dadurch schweren) Wassers vom Flachgebiet zum

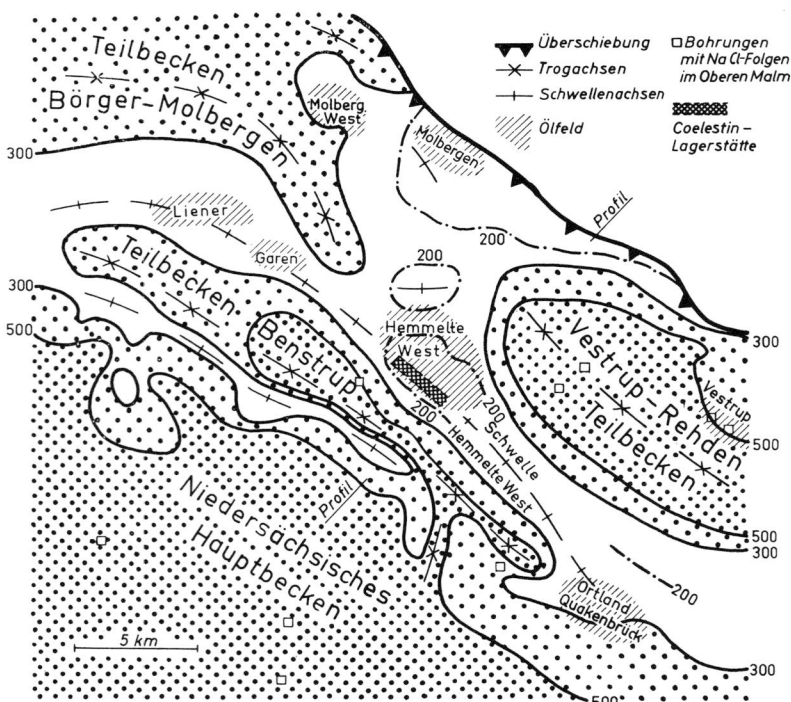

Abb. 7-21. Paläogeographische Verhältnisse in einem Teil des norddeutschen Obermalmsalinars und Bindung der Coelestinlagerstätte von Hemmelte-West an die Sattelachse der gleichnamigen Schwelle (aus MÜLLER 1962). 200, ... 500 Sedimentmächtigkeit in m.

Beckentiefsten entsteht ein Kreislauf, durch den weniger konzentriertes (leichteres) Meerwasser wieder in den Flachwasserbereich nachgeliefert wird (vgl. S. 450).

Bei entsprechender $SrSO_4$-Konzentration kann in einem sehr begrenzten Bereich eine große Coelestinmenge ausgefällt werden, da große Wassermengen ständig durch die Laugenströmung nachgeliefert werden und jeweils hier ihre $SrSO_4$-Sättigung erreichen. Über Schwellen, die allseitig von tieferen Becken umgeben sind, ist dieses Prinzip noch weit stärker wirksam; es ist daher nicht verwunderlich, wenn die größten Coelestinanreicherungen auf submarinen Schwellen gefunden werden: So kam die Coelestin-Lagerstätte von Hemmelte-West (Süd-Oldenburg) unmittelbar über der Sattelachse der „Schwelle von Hemmelte-West" zum Absatz, die während des gesamten Oberen Malms wirksam war und im Bereich von Hemmelte-West ihre geringste Wasserbedeckung aufwies (Abb. 7-21). Das Schwellengebiet ist von mehreren randlichen Teilbecken des niedersächsischen Hauptbeckens umgeben.

Die Coelestinführung des Malm-Salinars in Hemmelte-West setzt im Oberen Malm 2 ein. Dolomitische Kalke bis Kalkmergelgesteine enthalten Coelestin als Nebenbestandteil, der sich nach oben hin so stark anreichert, daß nahezu reine „Coelestinite" entstehen. Darüber folgen Coelestin-Anhydrit-Wechsellagerungen, die von Anhydritbildungen abgelöst werden.

Insgesamt konnten in der Bohrung Hemmelte-West 56 sechs derartige Folgen

Anhydrit
Coelestinit-Anhydrit alternierend (keine Mischgesteine!)
± reiner Coelestinit
Karbonat – Coelestin – Mischgesteine
Karbonat

im Tiefenbereich 1251,1–1270,5 m (Oberer Malm 2–4a) gefunden werden, die eine Coelestin-Nettomächtig-

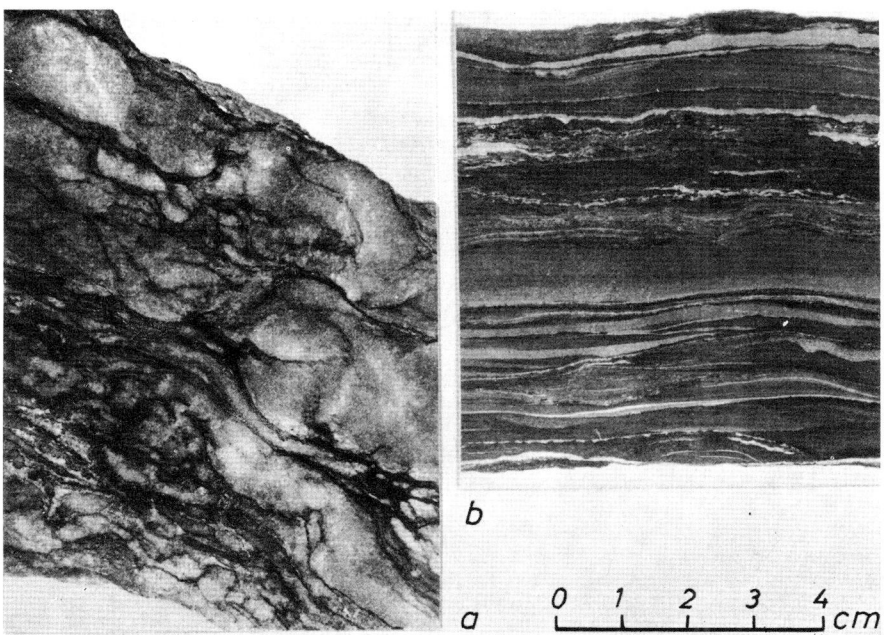

Abb. 7-22. Coelestinit-Typen von Hemmelte-West. – a) mit flaserig-knolligem (z. T.? enterolithischem) Gefüge; b) geschichtet mit weitständiger Bänderung und Auskeilen einzelner Lagen. Aus MÜLLER (1962).

keit (bezogen auf 100% Coelestin) von 4,52 m beinhalten. Eine prinzipiell ähnliche Abfolge ist auf S. 441 und 457 beschrieben.

Dieser Aufbau einer Coelestinlagerstätte aus mehreren Einzel-Folgen zeigt, daß die Konzentration des eindampfenden Meerwassers im Bereich der Schwelle mehrfach im Grenzbereich Karbonat-Sulfatabscheidung pendelte und die Coelestinabscheidung praktisch bei Einsetzen der Ca-Sulfatabscheidung völlig aufhörte.

Die makroskopischen Gefüge der Coelestinite von Hemmelte-West (Abb. 7-22) sind denjenigen der Anhydritgesteine sehr ähnlich. Sie entsprechen z. T. „Massenanhydriten", die auf supratidale Ablagerungsverhältnisse hinweisen, oder sind unregelmäßig geschichtet, was einen Hinweis auf subaquatische Bildung in flachem Wasser liefert. Da das Schwefel-Isotopen-Verhältnis der Hemmelte-West-Coelestinite mit demjenigen der „normalen" Malm-Evaporite (und damit mit dem des Malm-Meerwassers) völlig übereinstimmt und auch die Strontium-Isotopen-Verteilung auf Meerwasser hindeutet, wird das Bild einer sedimentär-evaporitischen Genese weiter abgerundet.

Ebenfalls an einem Beckenrand, aber als Verdrängung eines obermiozänen Scytonema-Stromatoliths, entstand im Granadabecken (SE-Spanien) die größte Sr-Lagerstätte der Erde. Während der Evaporation bildete sich hier eine beckenwärtige und zeitliche Abfolge von Kalkstromatolithen, Gips und Steinsalz. Während der Gipsausscheidung mischte sich eine Süßwasserlinse in den Stromatolithen mit dem an Sr angereicherten Meerwasser. Die Verdünnung und eine mögliche Temperaturerhöhung verringerten nach BRAITSCH (1962) die $SrSO_4$-Löslichkeit. So entstand bei Montevives ein 70 m mächtiges Flöz mit 75% $SrSO_4$, aus dem 50 000 t Coelestin im Jahr gefördert werden (MARTIN et al. 1984).

c) Bor

Das Verhalten des Bors bei der Eindampfung von Meerwasser ist nur unzureichend bekannt, da über die Löslichkeit der einzelnen Bormineralien und über die Möglichkeit des Einbaus von Bor in andere Salzmineralien noch kaum Untersuchungen existieren. „No experimental documentation exists for boron precipitation in brine environments" (SONNENFELD 1984).

Das wichtigste Borat mariner Salzfolgen ist der in den Salzen des letzten Eindampfungsabschnittes vor allem im Zechstein 2 und 3 auftretende Boracit (Mg, Fe, Mn)$_3$Cl B$_7$O$_{13}$. Ascharit, $MgHBO_3$, tritt im Steinsalz und in vielen Kieserit-Sylvin-Gesteinen auf, Danburit, Ca B$_2$SiO$_2$O$_8$, wurde vor allem im Basalanhydrit des Zechsteins 2 beobachtet. Für authigenen Turmalin s. S. 425.

d) Fluor

Fluor tritt in Salinarfolgen vor allem als Fluorit, CaF_2, weit seltener als Sellait, MgF_2, Apatit, Ca$_5$ (F, Cl) (PO$_4$)$_3$, Isokit, $CaMgFPO_4$, und Wagnerit, Mg_2FPO_4, auf.

Fluorit bildet sich – wie Coelestin – bereits in einem sehr frühen Stadium der Evaporation aus dem eindampfenden Meerwasser. Nach KASAKOV & SOKOLOVA (1950, cit. in ABRAMOVIC & NACAEV 1960) erreicht Fluorit sein Löslichkeitsminimum von 4 mg F/l bei der Erhöhung der Meerwasserkonzentration auf das 3–4-fache. Bei beginnender $CaSO_4$-Abscheidung nimmt die Löslichkeit wieder zu, so daß hier eine Fluoritabscheidung unterbleibt. Fluorit findet sich somit in ähnlicher Position im Salinar wie Coelestin: in Karbonaten, welche die $CaSO_4$-Folge unmittelbar unterlagern.

Aus dem Plattendolomit des deutschen Zechsteins ist von FÜCHTBAUER (1958a) und KRÜGER (1962) Fluorit beschrieben worden. In dem von KRÜGER aus dem Geraer Becken untersuchten Vorkommen tritt Fluorit in Linsenform sowie in einer über längere Erstreckung anhaltenden Schicht von 5 bis 10 cm Mächtigkeit auf, die einen Fluoritgehalt von über 95% aufweist. Aus der UdSSR sind ähnliche Fluorit-Vorkommen in großer Zahl bekannt (für Literaturangaben s. KRÜGER 1962) und seit langem als syngenetisch-sedimentär gedeutet worden. Von amerikanischen Geologen wurden ähnliche Vorkommen in den Vereinigten Staaten vorwiegend als durch hydrothermale Lösungen entstandene metasomatische Verdrängungen erklärt (PETERS 1958), „obwohl aus Lagerung und Paragenese meist auf sedimentäre Bildung geschlossen werden kann" (KRÜGER 1962).

Ähnlich wie beim Coelestin finden sich auch hier größere Anreicherungen in Gebieten, die paläogeographisch eine Sonderstellung einnehmen: nach STRAKHOV (1956) bildet sich Fluorit vor allem in der Nähe von Untiefen und Inseln während der Karbonat-Sedimentation. Von einigen russischen Forschern wird angenommen, daß die Gebiete mit Fluorit-Abscheidung im Bereich von Süßwasser-Zuflüssen liegen, die fast immer einen höheren Fluorgehalt als das Meerwasser besitzen.

7.2.9 Isotopen-Geochemie

Stabile Isotopen werden in allen geowissenschaftlichen Disziplinen in immer stärkerem Maße zur Klärung genetischer Fragen herangezogen und es ist daher nicht verwunderlich, daß auch die Evaporite Gegenstand umfangreicher isotopischer Untersuchungen wurden, wobei sich der Schwefel der Sulfate als besonders geeignet erwies.

a) Schwefel-Isotope

Schwefel hat 4 stabile Isotope: ^{32}S, ^{33}S, ^{34}S und ^{36}S, die im Troilit des Canon Diablo Meteoriten („Standard") im Verhältnis von 95,08 : 0,75 : 4,22 : 0,02 auftreten. Das Verhältnis $^{32}S/^{34}S$ von 22,21 wird = 0 gesetzt und die Abweichung einer gemessenen Konzentration von diesem meteorischen Standard als $\delta^{34}S$ (in ‰) ausgedrückt.

Das größte Schwefelreservoir ist mit Abstand der Ozean, eine Bildung des als Sulfat vorliegenden Schwefels findet in Form von Sulfiden (in anaeroben Bereichen), in Form organisch gebundenen Schwefels (Organismen) und als Sulfate (Evaporite) statt. Das Sulfat des heutigen Meerwassers besitzt weltweit ein konstantes Isotopenverhältnis mit einem $\delta^{34}S$-Wert von 20,1 ± 0,3‰ (THODE et al. 1961).

Von Bedeutung ist, daß bei der Abscheidung von evaporitischen Sulfaten aus Meerwasser keine Fraktionierung der Schwefelisotope stattfindet, so daß in fossilen marinen Evaporiten, die eine

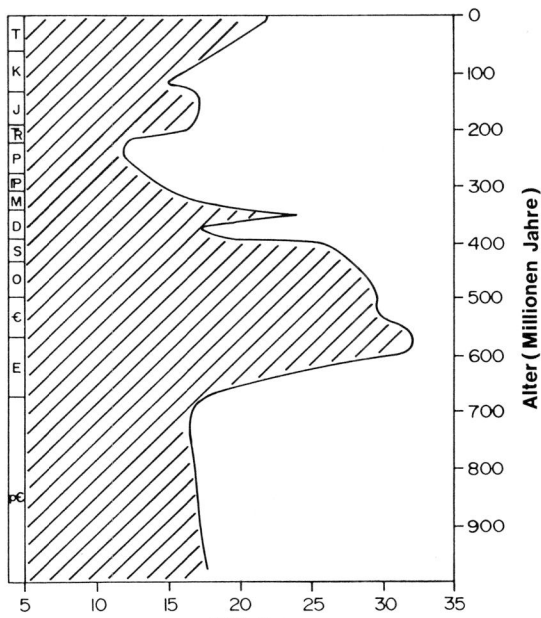

Abb. 7-23. Erdgeschichtliche Entwicklung der Schwefelisotopenverteilung in Evaporiten (nach CLAYPOOL et al. 1980).

genügend große vertikale und laterale Ausdehnung haben, das Schwefel-Isotopen-Verhältnis des Meeres während der Evaporitbildung bestimmt werden kann.

Abb. 7-23 zeigt den Verlauf der δ^{34}S-Kurve, die aus Tausenden von Einzelmessungen an Ca-Sulfaten aus allen bekannten Vorkommen der Erde von CLAYPOOL et al. (1980) konstruiert wurde (vgl. auch THODE & MONSTER 1965, HOLSER 1977 und HOLLAND 1984).

Auffällig ist der rasche Anstieg des δ^{34}S zwischen dem Proterozoikum und dem Kambrium, der mit einem verstärkten Anstieg des Sauerstoffgehaltes in der Atmosphäre als Folge der raschen Ausbreitung von Photosynthetisierern in den Ozeanen zusammenfällt und die anaeroben Sulfatreduzierer weitgehend ablöst. Zum Ende des Paläozoikums, im Perm, erreicht der δ^{34}S sein Minimum, um dann wieder (über ein zweites Minimum in der Kreide) zu den heutigen Meerwasserwerten anzusteigen.

Die Sulfate des Zechsteins (und z. T. der Permo-Trias) unterscheiden sich somit isotopisch von allen anderen jüngeren und älteren Salinarformationen, ein Befund, der diagnostisch verwertbar ist. Umgekehrt haben Zechstein-ähnliche Isotopenverhältnisse in den tertiären Salzen von Buggingen dazu geführt, diese Lagerstätte als von primären Zechsteinsalzen abgeleitet zu betrachten (NIELSEN 1967).

b) andere Isotope

Im Vergleich zu den Schwefel-Isotopen werden andere stabile Isotope (^{18}O, ^{13}C, ^{87}Sr) an Evaporiten weniger systematisch untersucht, da sich für die Frage der Evolution der Ozeane hier vor allem die Karbonate anbieten.

In jüngster Zeit wurde von SWIHART et al. (1986) der Versuch unternommen, marine von nichtmarinen evaporitischen Boratmineralien aufgrund des Bor-Isotopenverhältnisses ^{11}B/^{10}B zu unterscheiden. Dieser Versuch basiert auf der Tatsache, daß die Bor-Isotopen-Zusammensetzung des Meerwassers sich sehr stark von derjenigen der Krusten-Gesteine und -Mineralien unterscheidet: Sie ist um ca. 4% schwerer. Die Ergebnisse zeigen, daß die 9 untersuchten marinen Borate (δ^{11}B = 25 ± 4‰) wesentlich schwerer als die 25 nichtmarine (δ^{11}B = −7 ± 10‰) sind.

Zusammenfassung

Gipsausscheidung aus Meerwasser setzt bei 3,6-facher, die Steinsalzausscheidung bei 10,8-facher Konzentration ein. Noch höhere Konzentrationen erfordert die Ausscheidung von Glauberit (13×), Polyhalit (38.5×) und Carnallit (117×), jedoch sind die K- und Mg-haltigen Salze im Vergleich zum Meerwasser in den Evaporiten unterrepräsentiert und die Ca-haltigen Minerale überrepräsentiert, da die frühen Eindunstungsstadien häufiger sind als die späten. Man kann vier Eindampfungsabschnitte unterscheiden:

    I. Karbonatphase
    II. CaSO$_4$-Phase
    III. NaCl-Phase
    IV. K-Mg-Chlorid- und -Sulfatphase.

Mit zunehmender Eindampfung und Temperatur bildet sich Anhydrit anstelle von Gips (Abb. 7-2 und 3). Welche Minerale im Eindampfungsabschnitt IV entstehen, hängt unter anderem davon ab, ob die Ausscheidungen mit der Lösung in Verbindung bleiben oder von ihr getrennt („fraktioniert") werden. Im ersteren Fall tritt z. B. Glauberit als stabile Phase auf, im letzteren Fall entstehen Bloedit und Kainit. Sedimentär ist in der Natur i. allg. nur der erste Fall realisiert; der zweite kommt in der Diagenese vor

Man unterscheidet heute drei Modelle der Evaporitenentstehung:

1. Tiefes Wasser in tiefem Becken (z. B. Totes Meer)

2. Flaches Wasser in flachem Becken (z. B. Kara Bogaz/Kaspisches Meer)
3. Flaches Wasser in tiefem Becken (z. B. Mittelmeer im Miozän)

„1" ist durch vertikale und laterale Fazieszonierung, „2" durch Trockenrisse, Intraklasten und unregelmäßige Schichtung charakterisiert, „3" durch Evaporite mit „2"-Charakter, welche (hemi-) pelagische Sedimente überlagern. Das europäische Zechstein-Salinar folgt weitgehend dem Modell „1", während sich im kanadischen Elk Point-Salinar (Mitteldevon) das Modell „1" aus einem Modell „2" entwickelt. Besonders sensibel spiegelt sich die Wassertiefe in den Anhydrit-Schichtungstypen; je tiefer, desto ebenmäßiger und feinlaminierter ist die Schichtung.

Die Salzgesteine werden durch Anhängen der Endung -it an das Hauptmineral benannt. Eine Abweichung bildet das durch Sylvingehalt gekennzeichnete „Hartsalz".

Viel Aufmerksamkeit wird der Frage „primär oder diagenetisch" in Gips- und Anhydritgesteinen gewidmet, obwohl schon geringste frühdiagenetische Temperatur- oder Konzentrationsänderungen das eine in das andere überführen, z. T. in mehrfachem Wechsel. Horizontale Einregelung und Idiomorphie werden oft als primäre Merkmale angesehen. Einschlüsse von Anhydrit im Gips kennzeichnen letzteren als sekundär.

Der Bromgehalt im Steinsalz hat sich als ein Maß für die erreichte Konzentration der Lösung bewährt. Er läßt beispielsweise das Nachfließen von Meerwasser erkennen.

Da Strontiumsulfat bei 3-facher Einengung des Meerwassers die Sättigung erreicht, fällt es bereits vor Einsetzen der Calciumsulfatausscheidung aus. Bevorzugt sind dabei Beckenrandgebiete und submarine Schwellen, jedoch ist gerade die größte bisher bekannte Coelestinlagerstätte eine Verdrängung stromatolithischer Karbonate. Ebenfalls eigene Minerale bilden die Elemente Bor und Fluor.

Unter den stabilen Isotopen haben in Evaporiten vor allem diejenigen des Schwefels das Interesse auf sich gelenkt. Die Sulfate des Perm zeigen ein Minimum des schweren Isotops ^{34}S.

7.3 Nicht-marine Evaporite

7.3.1 Chemische Zusammensetzung kontinentaler Wässer

Auf dem Festland bilden sich Evaporite in hypersalinen Seen oder innerhalb (bzw. auf) der Landoberfläche als Ausfällungen aus dem Grundwasser. Die chemische Zusammensetzung der kontinentalen Wässer unterscheidet sich vom Meerwasser nicht nur durch die Höhe des Elektrolytgehaltes, sondern vor allem durch die Proportionen, in denen die einzelnen Ionen auftreten. Tab. 7-6 zeigt die prozentuale Zusammensetzung der wichtigsten Ionen in durchschnittlichem Flußwasser, Regenwasser, Meerwasser und in einigen größeren abgeschlossenen Becken, in denen z. T. Salzabscheidung stattfindet.

Bikarbonat, Calcium und Sulfat sind die Haupt-Ionen des Süßwassers. Chlorid, Natrium und Sulfat die wichtigsten Ionen des Meerwassers. Bei Regenwasser überwiegt das Sulfat-Ion bei weitem, gefolgt von Bikarbonat und Natrium. Gelöstes SiO_2 macht im Fluß- und Regenwasser einen wesentlichen Anteil aus, im Meerwasser tritt der SiO_2-Gehalt infolge des hohen Gesamtelektrolytgehalts prozentual völlig zurück.

Hieraus kann generell abgeleitet werden, daß bei der Eindampfung von Wässern auf dem Kontinent in erster Linie Sulfate und Karbonate des Natriums und Magnesiums und erst in zweiter Linie Chloride zu erwarten sind. Da auch SiO_2 in relativ großen Mengen zur Verfügung steht, ist darüber hinaus mit der Abscheidung von Silikaten und Mineralien des SiO_2 selbst zu rechnen.

Betrachtet man die Salzabscheidungen der heutigen Salzseen, so trifft dies nur für einen Teil dieser Seen zu. Je stärker sich die Zusammensetzung des ursprünglichen Seewassers von der „durch-

Tabelle 7-6. Prozentuale Anteile der wichtigsten Ionen im Meerwasser, Flußwasser und Regenwasser sowie in einigen geschlossenen kontinentalen Becken mit Chlorid-Vormacht. Der kleine Manitou-See und der Moses-See repräsentieren sulfatische bzw. karbonatische Wässer.

	Meerwasser	Flußwasser[1]	Regenwasser[2]	Großer Salzsee, Utah[3]	Totes Meer[4]	Südliches Kaspisches Meer[1]	Salton-See, Kalifornien[3]	Kleiner Manitou-See, Kanada[5]	Moses See Washington[5]
Na	30,73	5,25	10.98	33,17	11,30	24,61	31,29	16,8	19,86
K	1,11	1,92	2,59	1,66	2,45	0,66	0,65	1,0	
Ca	1,16	12,51	9,68	0,16	5,12	2,68	2,80	0,48	8,41
Mg	3,70	3,42	3,59	2,76	13,58	5,66	1,81	10,9	7,25
Cl	55,23	6,51	10,98	55,48	67,30	41,40	47,83	21,0	3,88
$HCO_3(CO_3)$	0,41	48,73	11,98	0,09	0,08	1,67	1,85	0,47	51,56
SO_4	7,71	9,34	41,92	6,68	0,17	23,32	13,41	48,4	2,87
SiO_2	0,00	10,93	8,28*				0,26	0,019	5,06
NO_3		0,83						0,21	1,11
Gesamtkonzentration in ppm	35000	120	10	280000	315060	12900	20900	106851	2966

[1] aus LIVINGSTONE 1963 [2] nach SUGAWARA 1963 (cit. in WEDEPOHL 1966) [3] aus CLARKE 1924
[4] nach BENTOR 1961 [5] nach HUTCHINSON 1957 * als Si angegeben

schnittlichen" Zusammensetzung der Süßwässer unterscheidet, desto stärkere Abweichungen können auch für die ausgeschiedenen Salze erwartet werden. Einzugsgebiete mit einem extremen Chemismus der anstehenden Gesteine oder Böden haben einen extremen Chemismus der Wässer sowie der sich daraus ableitenden Salze zur Folge.

In den größeren rezenten Salzseen überwiegt meist das Chlor-Ion (Tab. 7-6), was z. T. darauf zurückzuführen ist, daß ein Teil dieser Seen vom Meerwasser abgeleitet werden kann (z. B. Kaspisches Meer, Salton-See) oder durch chloridische Quellen aus dem Untergrund beeinflußt wird (Totes Meer). Als eine weitere Quelle von NaCl im Inland ist das Flugsalz anzusehen (WEDEPOHL 1969).

In Anlehnung an SONNENFELD (1984) werden die nicht-marinen Evaporite in drei Gruppen eingeteilt:

> Evaporite in Seen von Polargebieten
> Evaporite in Seen von subtropischen Gebieten
> Evaporite aus Grundwasser

7.3.2 Salzsee-Modelle

Salzseen können grundsätzlich zwei Typen zugeordnet werden
a) mit einem Wasserkörper, der über längere Zeiträume hinweg nicht ausgetrocknet (perennierende Salzseen), und
b) mit einem Wasserkörper, der jährlich oder zumindestens stets innerhalb einiger weniger Jahre eintrocknet und im zentralen Teil Salzlagen hinterläßt, die aus der Lauge auskristallisiert sind (ephemerische Salzseen, Playa-Seen).

Häufig treten beide Seentypen in ariden Gebieten nebeneinander auf und ebenfalls häufig sind ephemerische Seen, die sich aus perennierenden entwickelt haben.

a) Perennierende Seen

Perennierende Seen können flach oder tief sein: Der Great Salt Lake in Utah ist etwa 12 m tief, das Tote Meer im nördlichen Becken 400 m. Tiefere Seen sind geschichtet (meromiktisch), bei flachen Seen (bis mehrere Meter Tiefe) findet eine ständige Durchmischung statt. In der Regel findet ein Oberflächenzufluß durch Flüsse, in geringem Maße durch Niederschläge statt. Seen, die ständig durch das Grundwasser gespeist werden, sind seltener. Bei Seen in tektonisch aktiven Gebieten (Totes Meer, afrikanisches Rift Valley) können beträchtliche Stoffmengen durch Quellen in der unmittelbaren Umgebung des Sees in den See geliefert werden.

Die Verdunstung an der Oberfläche führt in geschichteten Seen zu einer starken Konzentrationserhöhung und zur Auskristallisation von Salzmineralien (einschl. der evaporitischen Karbonate) in der obersten Wasserschicht. Sowohl die frischkonzentrierte Lauge als auch die ausgefällten Mineralien sinken auf den Boden des Sees nieder, und der weniger konzentrierte Zufluß schichtet sich über die dichtere Lauge, um ebenfalls wieder konzentriert zu werden und abzusinken.

„Diese kontinuierliche Wiederholung von Zufluß → Evaporation → Abscheidung von Salzmineralien → Absinken der Lauge und Sedimentation des chemischen Sediments ist das wesentliche Merkmal von geschichteten perennierenden Seen, in denen die Verdunstung den Zufluß übersteigt" (Hardie et al. 1978). Dieser Prozeß führt zu einer allmählichen Konzentrationserhöhung im gesamten tiefen Laugenkörper des Sees und führt – ist die Sättigung z. B. für Halit erreicht – zu einer massiven Halitabscheidung. Damit entspricht dieses Modell weitgehend dem Modell der marinen Salzbildung aus tiefem Wasser (Schmalz 1969), bei dem die Zufuhr weniger konzentrierter Lösungen aus dem Meer erfolgt (Abb. 7-9).

Charakteristisch für die Sedimente aus tiefen perennierenden Seen sind über größere laterale Entfernungen durchhaltende Wechsellagerungen von salinaren Mineralien und Schichten, die aus klastischen Materialien bestehen, welche durch den Zufluß (bzw. die Zuflüsse) in das Becken verfrachtet werden, so daß z. T. warvenähnliche Schichtung entsteht. Es handelt sich jedoch in der Regel nicht um Jahresschichtung sondern – bei kontinuierlicher Salzablagerung – um Ereignisse im Einzugsgebiet (z. B. starke Regenfälle) mit der dadurch bedingten erhöhten Suspensionsfracht der Zuflüsse. Weiterhin charakteristisch für die Evaporite der geschichteten (tiefen) Seen ist die ausgeprägte vertikale Faziesdifferenzierung. Sehr flache perennierende Salzseen hingegen, die ständig vom Wind durchmischt werden, liefern wahrscheinlich einen Sedimenttyp, wie er für die ephemerischen Seen typisch ist. Wegen der Durchmischung auch der evaporitischen Mineralien kommt es nach der Sedimentation nicht zur Ausbildung durchhaltender Lagen. Durch die geringe Wassertiefe wird bei klimatischen Schwankungen die flächenhafte Ausdehnung des Sees stark variieren und eine – wenn auch ungeordnete – laterale Faziesdifferenzierung zur Folge haben, eine $\pm$ konzentrische Zonierung („Bullaugen"-Verteilung, Abb. 7-10).

Flache perennierende Salzseen, die einen einzigen Zufluß aufweisen (bzw. eine deutlich asymmetrische Verteilung mehrerer Zuflüsse) entwickeln eine „Tränentropfen"-Zonierung der Evaporite: Die löslicheren Salze scheiden sich in der größeren Entfernung vom Zufluß ab, und das Verteilungsmuster ähnelt stark der asymmetrischen Zonierung in einem marinen Flachwasser-Salinar, mit dem Unterschied, daß kein Rückfluß hochkonzentrierter Lösungen stattfinden kann.

b) Ephemerische Seen

Ephemerische (oder ephemere) Seen haben einen sehr flachen Wasserkörper mit einer normalerweise konzentrierten Lauge, die wenigstens einmal innerhalb weniger Jahre völlig eintrocknet und im tiefsten (meist auch zentralen) Bereich eine Salzschicht hinterläßt. Der Bildungsraum dieser Evapo-

478 Salzgesteine (Evaporite)

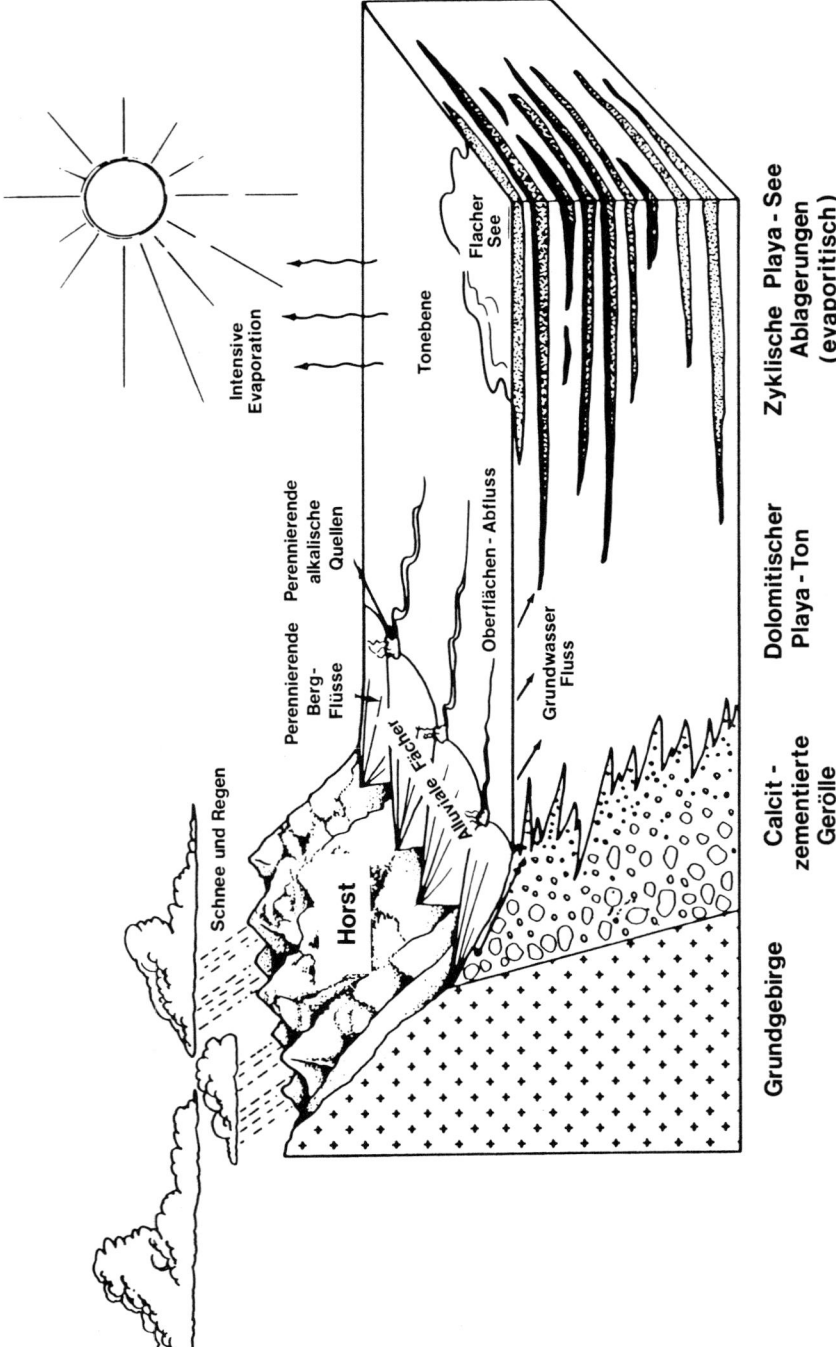

Abb. 7-24. Schematisches Block-Diagramm der Ablagerungsverhältnisse in einem Playa-See-Komplex. Ein kleiner See wird von karbonatischen Tonebenen umgeben, die von alluvialen Fächern umringt sind (nach EUGSTER & HARDIE 1975).

ritablagerungen wird heute allgemein als Playa-See (synonym mit Trockensee, Alkaliebene, Salzebene, Salzpfanne oder Inland-Sebkha) im ausgetrockneten Zustand bezeichnet (HARDIE et al. 1978). Rezente Playa-Seen können bei maximalem Wasserstand große Flächen bedecken. Der Eyre-See in Australien überdeckt eine Fläche von 8000 km^2, beim Tuz Gölü in der Türkei sind es 1600 km^2.

Die Wasserzufuhr eines Playa-Sees erfolgt in erster Linie nach katastrophalen Unwettern im (meist gebirgigen) Hinterland und durch Quellen. Nach einer Überflutung mit Salzwasser schrumpft die Wasserfläche duch die starke Verdunstung zusammen, bis Salzsättigung erreicht wird und Salze wie Halit oder Trona ausfallen, bevor die Eintrocknung vollständig ist.

Dieser Zyklus von starker Ausdehnung (und Aussüßung) nach Sturmfluten und schrittweiser Kontraktion (mit zunehmender Salinität) des Sees bedingt eine Zweiteilung des Playa-Ablagerungsbereiches (Abb. 7-24): Eine zentrale Salzpfanne, die von geschichteten Evaporiten unterlagert wird und eine salinare Tonebene aus feinkörnigen klastischen Ablagerungen, die reichlich frühdiagenetische Salzmineralien enthalten. Der unmittelbar um die Salzpfanne herum abgelagerte Ton zeigt in der Regel Trockenrisse, die in riesigen Polygonen angeordnet sind. Auf dem Ton bilden sich Salz-Effloreszenzen infolge des kapillaren Aufstiegs des Porenwassers.

Die laterale Anordung der Evaporite entspricht dem „Bullaugen"-Typ: die leichtest-löslichen Salze werden im Zentrum des Playa-Sees abgelagert.

7.3.3 Evaporite in Seen von Polargebieten

Salzseen mit Salzabscheidungen und Evaporite in (und auf) sind in eisfreien Gebieten polarer Regionen („kalte Wüsten", „antarktische Oasen") weit verbreitet, wobei hier – ähnlich wie bei den Evaporiten in subtropischen Regionen – stärker vom Meerwasser beeinflußte und rein kontinentale Seen zu unterscheiden sind.

Der wesentliche Unterschied zu den Evaporiten aus subtropischen Seen besteht darin, daß im polaren Bereich die bakterielle Tätigkeit (und damit eine Beeinflussung der Wasserchemie) minimal ist und – als Folge der niedrigen Temperaturen – hydratisierte Mineralien vorherrschen.

Läßt man Meerwasser gefriertrocknen, wird bereits bei 4-facher Konzentrationserhöhung Mirabilit ($Na_2SO^4 \cdot 10H_2O$) und bei 8-facher Konzentration Hydrohalit ($NaCl \cdot H_2O$) (MATSUBAYA et al. 1979) abgeschieden. Die Abscheidung von Gips unterbleibt somit. Bei weiteren Evaporiten gelangt Carnallit und schließlich Antarcticit ($CaCl_2 \cdot 6H_2O$) zur Abscheidung (DORT & DORT 1970).

Da es keine marinen polaren Evaporite gibt, ist diese Abscheidungsfolge in keiner Seeablagerung der Antarktis verwirklicht; die hier angeführten evaporitischen Mineralien (mit Ausnahme von Carnallit) sind jedoch in arktischen Seen mit deutlich kontinentalem Wasserzufluß zusammen mit anderen Mineralien beobachtet worden.

In der McMurdo-Oase, South Victoria Land, die ein eisfreies Gebiet von 3000–4000 km^2 umfaßt, treten im Vanda See und im Don Juan-Teich vorwiegend Ca- und Cl-Ionen auf und gelegentlich wird im San Juan-Teich Antarcticit abgeschieden (TORII & OSSAKA 1965). Dieser Teich verliert pro Jahr zwei- bis dreimal sein Wasservolumen durch Evaporation und Sublimation ohne trockenzufallen (HARRIS et al. 1979).

Mirabilit scheidet sich aus den flachen Bereichen antarktischer Seen aus. Gips ist sehr selten im polaren Bereich. Als Kuriosum sei erwähnt, daß Gips, der den Schnee der Svalbard-Inseln (Spitzbergen) bedeckt, seinen Ursprung vermutlich in marinen Aerosolen hat (CORBEL et al. 1970). Hydrohalit kristallisiert im tiefen Teil von antarktischen Seen, wo keine Erwärmung des Wassers stattfindet und die Herkunft des Wassers vorwiegend marin ist. Calcium fällt im Sommer als Tachyhydrit ($2MgCl_2 \cdot CaCl_2 \cdot 12H_2O$), im Winter als Antarcticit zusammen mit Ikait ($CaCO_3 \cdot 6H_2O$) aus.

7.3.4 Evaporite in Salzseen des subtropischen Bereiches

a) Allgemeines

Die meisten Salzseen treten in den ariden Klimazonen auf; den Wüsten- und Steppengürteln auf der Nord- und Südhalbkugel entsprechen somit „Salinarzonen" (vgl. LOTZE 1957, Abb. 32; BRINKMANN 1964, Abb. 7-28; SCHREIBER 1986, Abb. 8.1).

Der größte Teil dieser Seen sind abflußlose Konzentrationsseen, die ihre Zuflüsse von den die ariden Gebiete umrandenden Gebirgen oder aus dem humiden Klimabereich (z. B. Kaspisches Meer mit der Wolga als wichtigstem Zufluß) erhalten.

Während der Pluvialzeiten (Pleistozän) hatte ein Teil der Seen eine weit größere Ausdehnung: Der Große Salzsee in Utah (mit Steinsalzabscheidung im Sommer) mit 5620 km^2 ist lediglich der Rest des alten Lake Bonneville, der eine Fläche von ca. 51 000 km^2 einnahm und mit Süßwasser gefüllt war.

Ein Teil der Becken ist durch epirogene oder orogene Bodensenkung entstanden wie z. B. das Tote Meer oder die Salzseen in der Danakil-Depression in Äthopien.

Die Herkunft der im Wasser der Salzseen auftretenden Ionen kann verschieden sein: Die Hauptmenge dürfte oberirdisch zugeführt werden und der Verwitterung der Gesteine im Einzugsgebiet entstammen. Untergeordnet können Quellen, Grundwasseraustritte oder in bestimmten Fällen vulkanische Exhalationen eine Rolle spielen. Nach BENTOR (1961) ist der Ionenbestand des Toten Meeres (Tab. 7-6) als zu einem Drittel vom Jordan und zu zwei Dritteln von stark salzhaltigen Quellen stammend vorstellbar. Das Tote Meer stellt somit **kein** Relikt eines Meerwasserkörpers dar.

Ein besonderer Typ sind die am Rande eines Kontinents gelegenen Salzseen, die ihr Salzwasser im wesentlichen aus dem Meer erhalten oder erhielten. Ein Teil der Lagunen im nordafrikanischen Mittelmeerraum gehört in diese Gruppe, ebenso der Salton-See in der nordwestlichen Verlängerung des Golfes von Kalifornien, der erst 1906 durch den Einbruch des Colorado-Flusses in die mit Meerwasser-Salzen gefüllte Depression des Salton-Sink unter Auflösung der Salze enstand. Sein Chemismus zeigt daher noch die zu erwartende Verwandtschaft zum Meerwasser (Tab. 7-6).

Das Kaspische Meer ist seiner Anlage nach ein mariner Salzsee, der jedoch nach seiner Abschnürung vom Ozean durch sulfatische Flußwässer in seinem Stoffbestand stark verändert wurde (Tab. 7-6). Als klassisches Beispiel wird der Kara Bogaz Gol angesehen (Abb. 7-27), der vom Kaspischen Meer durch zwei Landzungen getrennt ist.

Einige Seen verdanken ihren wesentlichen Salzgehalt der Auflösung älterer Salzlagerstätten. So beziehen die Salt Plains in Oklahoma, Texas, Kansas und Neu-Mexico ihr Salz aus im Untergrund vorhandenen Permsalzen, ein Teil der Salze des Großen Salzsees in Utah sowie in mehreren Seen der Salzsteppe zwischen Wolga und Ural könnten ebenfalls aszendenten Ursprungs sein (LOTZE 1957).

Für die Salzseen charakteristisch ist ihre geringe Wassertiefe: Der Rann von Cutch, eine marin beeinflußte Salzpfanne südlich der Indusmündung an der Westküste Indiens, hat bei einer Oberfläche von 18 000 km^2 (zum Vergleich Bodensee: 540 km^2, größte Tiefe 252 m) eine Tiefe von kaum mehr als 1 m (LOTZE 1957). Für andere Salzseen gilt ähnliches, die Tiefe liegt fast ausnahmslos unter 10, ja meist sogar unter 5 m. Ausnahmen stellen die tektonisch geformten Becken (z. B. Totes Meer bis 400 m) dar.

b) Zusammensetzung der salinaren Wässer

Bereits im Einführungskapitel wurde auf die Vielfalt der Zusammensetzung salinarer Wässer hingewiesen (Abb. 7-1), entsprechend vielseitig sind die daraus resultierenden Evaporite.

Nach EUGSTER & HARDIE (1978) können die wichtigsten Ionen kontinentaler Wässer bestimmten Verwitterungsreaktionen zugeordnet werden:

Calcium stammt aus der Auflösung von Gips, Anhydrit, Calcit und Dolomit sowie aus der Hydrolyse von Plagioklas und Pyroxen. Geringere Anteile stammen aus dem Regenwasser.

Magnesium stammt aus der Auflösung von Dolomit und aus der Verwitterung der Mg-Silikate. Örtlich können basische und ultrabasische Magmatite eine Hauptquelle des Magnesiums sein.

Natrium entstammt in erster Linie der Verwitterung von Feldspat, atmosphärische Einträge können bedeutend sein, örtlich kann Halit aufgelöst werden.

Kalium ist hauptsächlich auf die Verwitterung der Feldspäte und Glimmer zurückzuführen. Das niedrige K/Na-Verhältnis der meisten natürlichen Wässer drückt die langsamere Verwitterung des Kalifeldspats im Vergleich zum Plagioklas aus.

Bikarbonat ist das Haupt-Anion in den meisten natürlichen Wässern, es entstammt dem CO_2 der Atmosphäre und entsteht in großen Mengen im Boden bei der Mineralisierung organischer Substanzen. Oberhalb pH 8,5 tritt das Karbonation auf.

Sulfat ist eine wichtige Komponente des Regenwassers, bedeutender dürfte jedoch die Oxidation von Sulfiden sein. Auflösung von Gips und Anhydrit liefert ebenfalls Sulfat.

Chlorid stammt aus dem Regenwasser, ganz untergeordnet aus der Auflösung von Halit.

Kieselsäure entstammt vorwiegend der Verwitterung der Silikate, nicht der Auflösung von Quarz. Die meisten natürlichen Wässer sind somit in Bezug auf Quarz übersättigt.

c) Stadien der Laugen-Entwicklung

Vier Prozesse können zu einer Übersättigung und damit zu einer Ausfällung führen:

    Konzentrationserhöhung durch Evaporation
    Verlust von Gasen (CO_2)
    Mischung verschiedener Wässer
    Temperaturänderung.

Die Konzentrationserhöhung durch Verdunstung ist mit Abstand der wichtigste Prozeß in Salzseen.

Abb. 7-25 zeigt ein Fließschema für die Laugenentwicklung aus den hauptsächlichen Verwitterungslösungen (I–III) nach EUGSTER & HARDIE (1978), die sich vor allem durch ihr Verhältnis Bikarbonat : Erdalkalien charakterisieren lassen.

Bei zunehmender Evaporation fällt bei allen drei Typen Calcit aus, bei Typ III bildet sich bei ansteigendem Mg/Ca-Verhältnis in der Lösung Mg-Calcit (und/oder Aragonit). Hierbei können bereits im Sediment abgelagerte Karbonate in Dolomit und – bei extremen Mg/Ca-Verhältnissen im überstehenden Wasser – in Huntit und Magnesit umgewandelt werden (MÜLLER et al. 1972).

Nach der Karbonatabscheidung verläuft die evaporitische Entwicklung auf verschiedenen Pfaden: Pfad I führt aus Wässern mit einem sehr hohen $HCO_3/Ca+Mg$-Molverhältnis zu alkalischen Laugen des Typus $Na-CO_3-SO_4-Cl$ oder $Na-CO_3-Cl-(SO_4)$. Hatte das Wasser zuvor ein sehr niedriges $HCO_3/Ca+Mg$-Molverhältnis (Pfad II), wird Bikarbonat rasch entfernt und es bilden sich $Ca-Na-Cl-$(Pfad IIA) oder $Na-SO_4-Cl$-Laugen (Pfad IIB) entsprechend dem Vorherrschen von Ca oder Na bzw. Cl oder SO_4.

Wässer mit einem mittleren $HCO_3/Ca+Mg$-Verhältnis (Pfad III) sind nach der Karbonatabscheidung entweder arm an Erdalkalien und reich an Bikarbonat oder umgekehrt. Sie folgen bei weiterer evaporitischer Konzentration verschiedenen Pfaden: Übersteigt nach der Dolomitbildung Bikarbonat (Pfad IIIA), entwickelt sich eine Lauge von $Na-Cl-(CO_3)-(SO_4)-$ oder $Na-Cl-SO_4-(CO_3)$-Typ; überwiegen die Erdalkalien, folgt die Lösung Pfad IIIB, der zu einer $Mg-(Ca)-Na-SO_4-Cl$-Lauge führt.

Diejenigen Laugen, die an Erdalkalien angereichert und an Bikarbonat verarmt sind (II und IIIB), erreichen bei zunehmender Konzentration die Gips-Sättigung.

Ähnlich wie die Karbonatfällung bewirkt die Gipsabscheidung eine Steuerung des weiteren Verlaufs der Konzentrationsentwicklung: Für Wässer des Typs II (Ca ≫ Mg) entwickelt sich bei einer Vorherrschaft von Erdalkalien über Sulfat eine $Ca-Na-Cl-$ oder $Na-Ca-(Mg)-Cl$-Lauge (Pfad IIA); überwiegt Sulfat die Erdalkalien (Pfad IIB), entsteht eine $Na-SO_4-Cl$-Lauge.

Für Bikarbonat-arme Wässer, in denen Magnesium gegenüber Calcium angereichert war (Pfad IIIB1a), erzeugt die Gipsabscheidung eine $Mg-Na-Cl-$ oder $Mg-Na-(Ca)-Cl$-Lauge. Überwiegt Sulfat (Pfad IIIB1b), resultieren $Mg-Na-SO_4-Cl-$ oder $Mg-Na-SO_4-(Cl)$-Laugen.

Ein weiterer Pfad (IIIC) ist für Wässer mit anfänglich hohem SO$_4$/Ca-Verhältnis möglich. Nach der Calcitabscheidung werden diese Wässer in bezug auf Gips gesättigt, bevor das Mg/Ca-Verhältnis in der Lösung groß genug für die Mg-Calcit-Abscheidung ist. Die Abscheidung von Gips entfernt Calcium nahezu quantitativ und erhöht das Mg/Ca-Verhältnis in der Lösung so abrupt, daß Dolomit und sogar Magnesit gebildet werden können. Bei weiterer Eindampfung folgen diese Wässer wahrscheinlich Pfad IIIB.

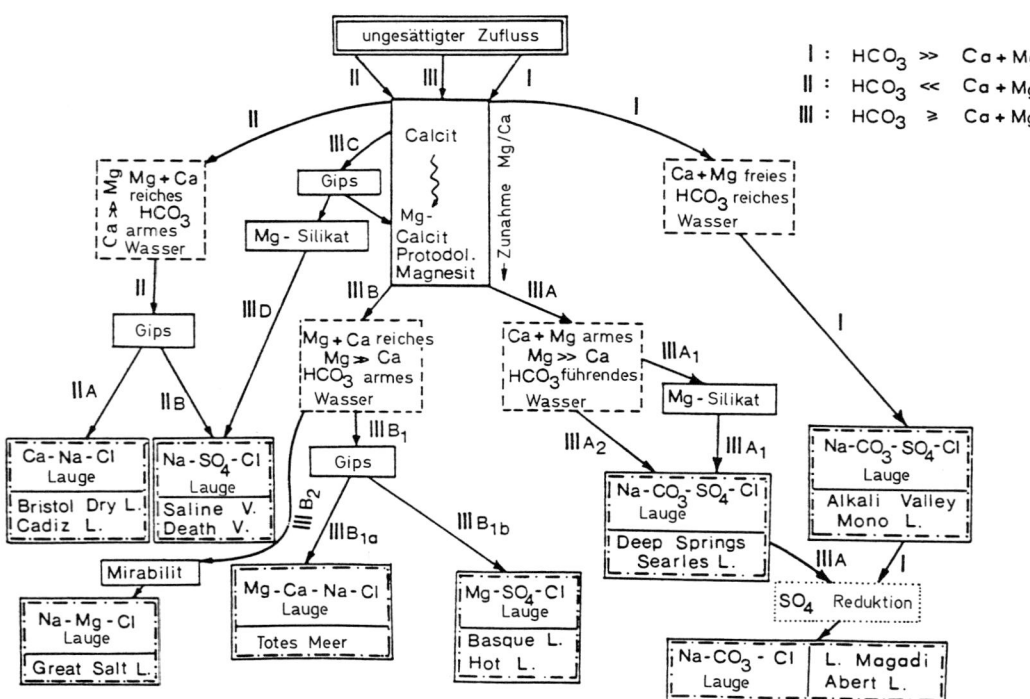

Abb. 7-25. Fließdiagramm für die Laugenentwicklung (EUGSTER & HARDIE 1978). – Ausgezogene Rechtecke bezeichnen kritische Präzipitate, gestrichelte Rechtecke typische Wasser-Zusammensetzungen. Laugen-Endtypen zusammen mit Salzsee-Beispielen sind durch Punkt-Strich-Rechtecke eingerahmt. Auf die mit römischen Ziffern bezeichneten Pfade wird im Text eingegangen. Mg-Silikat-Ausfällung und Sulfat-Reduktion sind auf den meisten Pfaden möglich. Für „Protodolomit" wurde im Text stets „Dolomit" gesetzt (s. S. 402).

Pfad IIID zeigt die Veränderung der Lösungen auf, nachdem die Bildung von Mg-Silikaten (Sepiolith, Talk) einen Teil des Magnesiums aus dem System entfernt hat.

Aus einigen der Wässer, die den Pfaden II oder IIIB, C, D gefolgt sind, die zu sulfatreichen Wässern führen, fällt Gips aus folgenden Gründen überhaupt nicht aus: Ausscheidung von Mirabilit während kalter Wintermonate oder bakterielle Sulfat-Reduzierung.

Im großen Salzsee (Utah) scheidet sich Mirabilit ab. Wenn die Temperatur 4–6 °C erreicht hat (Pfad IIIB2). Der meiste Mirabilit wird im Frühjahr wieder aufgelöst, in den tieferen Sedimentschichten des Sees wurden jedoch beträchtliche Ansammlungen dieses Minerals gefunden (EARDLEY 1962).

Das Fehlen von Gips in Sedimenten des Toten Meeres wird auf die bakterielle Sulfatreduzierung zurückgeführt (NEEV & EMERY 1967), ebenso – nach JONES et al. (1977) – die geringen Sulfatgehalte in den Laugen des Magadi-Sees (Pfade IIIA1 und 2).

Abb. 7-26 gibt die Stabilitätsbereiche der Salze im System $NaHCO_3 - Na_2CO_3 - Na_2SO_4 - CaCO_3 - H_2O$ in Abhängigkeit von der Temperatur und der Aktivität des CO_2 wieder (EUGSTER & SMITH 1965).

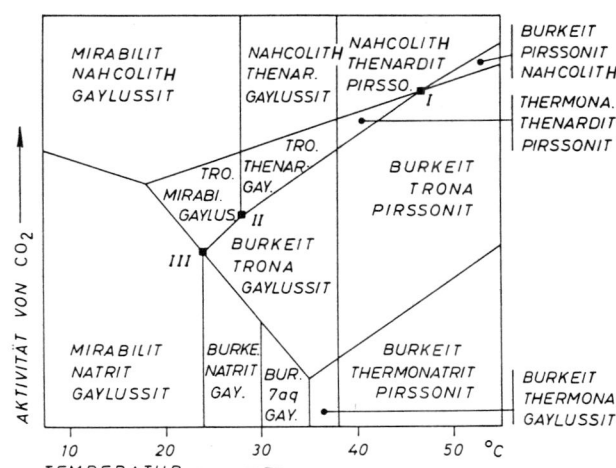

Abb. 7-26. Stabilität der Salze im System $NaHCO_3 - Na_2CO_3 - Na_2SO_4 - CaCO_3 - H_2O$ in Abhängigkeit von Temperatur und CO_2-Aktivität (nach EUGSTER & SMITH 1965).

Dieses System ist für die karbonatischen bis sulfatischen (Mg- und NaCl-freien) Wässer von Bedeutung, aus denen sich z.B. die Evaporite des Searles-Sees im späten Pleistozän abgeschieden haben, wie auch für die tertiären Evaporite der Green River Formation (vgl. 7.3.6).

Die Mirabilit-Thenardit-Grenze, also die Umwandlung des wasserhaltigen in das wasserfreie Na_2SO_4 liegt bei 28 °C, die Gaylussit-Pirssonit-Umwandlung, bei der ebenfalls lediglich Wasser abgespalten wird, bei 38 °C. In Anwesenheit von NaCl verschieben sich manche Gleichgewichte beträchtlich: Punkt I liegt um 15 °C niedriger bei 32 °C, Punkt III um 10 °C niedriger bei 14 °C, Punkt II zwischen 14 °C und 10 °C.

7.3.5 Beispiele rezenter Salzseen

a) Das Tote Meer

Als Beispiel eines tiefen, geschichteten Salzsees soll hier das von NEEV & EMERY (1967) eingehend untersuchte Tote Meer angeführt werden, das eine Fläche von ca. 1000 km² einnimmt und eine maximale Tiefe von ca. 400 m hat und vorwiegend vom Jordan gespeist wird. Der See besteht aus einem nördlichen tiefen Becken, das einen über 300 m tiefen Trog mit steil abfallenden Wänden bildet und einem südlichen Becken, das 27% der gesamten Seefläche ausmacht und maximal 10 m tief ist.

Das Seewasser ist eine hochkonzentrierte (300 000 ppm) Salzlauge vom Na–Mg–(Ca)–Cl-Typ. Sulfat und Bikarbonat machen weniger als 0,4 Gewichts-% der Anionen aus. Das tiefe Nordbecken weist eine ausgeprägte Dichteschichtung auf: Unter einer „oberen Wassermasse" (Salinität 300‰)

folgt ein Übergangsbereich (Salinität 320‰) und schließlich die „untere Wassermasse" (Salinität ca. 332‰).

Z. Zt. wird Aragonit und Gips aus dem Oberflächenwasser abgeschieden und Kerne aus dem Seegrund zeigen eine ideale Wechsellagerung von dunklen und hellen Lagen, die jedoch keine Jahresschichtung darstellen. Die hellen Lamellen bestehen hauptsächlich aus Aragonit, mit geringen Anteilen an Calcit und Gips, die dunklen aus Aragonit und Calcit sowie wenig Quarz, Tonmineralien, Gips und Pyrit.

Aus der Beobachtung, daß das Gips/Aragonit-Verhältnis in den Sedimenten wesentlich niedriger als im Bereich der primären Ausfällung ist und außerdem dieses Verhältnis mit zunehmender Wassertiefe abnimmt, schließen NEEV & EMERY auf eine Auflösung des Gipses durch sulfatreduzierende Bakterien bei gleichzeitiger Abscheidung von Calcit und Eisensulfiden sowie H_2S-Bildung.

Im Nordbecken findet keine Halitabscheidung statt, im Süden findet sich Halit, wo das Becken künstlich eingedämmt ist. Kerne aus dem Nordbecken haben jedoch gezeigt, daß unterhalb der 40 m-Tiefenlinie (welche der Abgrenzung der „oberen Wassermasse" entspricht) im Sediment im Bereich 10–80 cm eine harte Halit-Lage auftritt, die vor ca. 1500 Jahren sedimentiert worden ist und eine Periode höherer Aridität als heute repräsentiert.

Seit 1975 nimmt die Salinität in der „oberen Wassermasse" infolge des immer geringer werdenden Zuflusses des Jordans (hauptsächlich infolge Entnahme von Wasser für Trink-, Brauch- und Bewässerungswasser im Jordantal) zu, im März 1977 hatte der Pegel des Toten Meeres einen Stand von −401,5 m erreicht und das südliche Becken war nahezu ausgetrocknet. (BEYTH, persönl. Mitteilung in EUGSTER et al. 1978).

Die Herkunft der Elektrolyte im Toten Meer ist nicht ganz eindeutig: Zwar stammen ca. 80% des Wassers aus dem Jordan, die ca. 12% Wasser aus Quellen sind jedoch so viel stärker konzentriert (bis zu 300× mehr), daß die Hauptmenge des Gelösten aus den Quellen stammen sollte. Der Jordan hat zwar eine dem Toten Meer ähnliche Ionen-Kombination Na−Ca−Mg−Cl−(SO_4), die Verhältnisse von Mg/Cl, Mg/K und Cl/Na sind jedoch weit niedriger. Durch „Mischen" mit Quellwasser, das bei diesen Ionen-Paaren höhere oder doch ähnlich hohe Verhältnisse wie das Wasser der „oberen Wassermasse" aufweist, könnte über eine komplexe Mischung ein entsprechender Chemismus erreicht worden sein.

b) Der Kara Bogaz Gol am Kaspischen Meer

Dieser See, der durch eine schmale Meerenge mit dem Kaspischen Meer verbunden ist, dürfte wegen seines Modellcharakters einer der am meist zitierten Salzseen der Erde darstellen. Seine Nord-Südrichtung beträgt 156 km, sein ost-westlicher Durchmesser liegt bei 139 km. Die größte Tiefe beträgt nur 8 m.

Der Spiegel des Kara Bogaz Gol liegt 3 m tiefer als beim Kaspischen Meer; durch die extremen Verdunstungsverhältnisse fließt ununterbrochen kaspisches Wasser in die Lagune und bringt jährlich etwa 600 Mio Tonnen gelöste Salze mit sich, die zum großen Teil als Sulfate und Steinsalz abgeschieden werden. Die Konzentration in der Lagune ist etwa 23 mal höher als im Kaspischen Meer. Bis 1939 wurden nur Gips und Mirabilit abgeschieden, erst danach erreichte die Lagune die Steinsalzreife.

Untersuchungen von KOLOSOV et al. (1974) haben ergeben, daß das früher abgebildete „Bullaugen"-Muster (STRAKHOV 1970; SCHREIBER & HSÜ 1980) der Salzzonierung bei seiner 1971 durchgeführten Arbeit nicht (oder nicht mehr?) existiere und sich ein Bild bot (Ab. 7-27), bei dem die Fazies-Grenzen senkrecht zum Zufluß stehen und symmetrisch auf beiden Seiten einer älteren anstehenden Gipsablagerung (Salzebenen) angeordnet sind. Der am leichtest lösliche Halit kristallisiert im entferntesten Bereich, hier wurden auch einzelne Kristalle von Kalisalzen gefunden.

Eine Mirabilität-Region, die früher von der Südwestküste beschrieben wurde, gilt neuerdings nicht mehr als primäre Ablagerung sondern als diagenetische Bildung, die durch die Auslaugung von Glauberit durch Niederschlagswasser entstanden ist (KURILENKO & FROLOVSKII 1982).

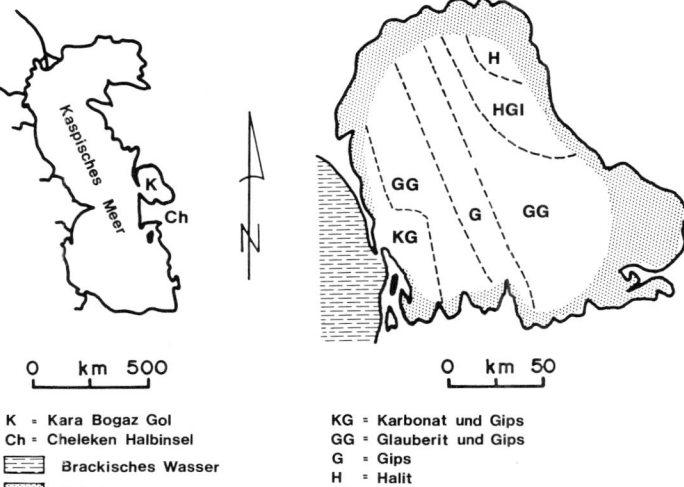

Abb. 7-27. Der Kara Bogaz Gol im Kaspischen Meer (aus SONNENFELD 1984).
Die Sediment-Fazies (nach KOLOSOV et al. 1974) zeigt Faziesgrenzen im rechten Winkel zum Zufluß symmetrisch auf beiden Seiten einer älteren Gipsablagerung angeordnet. Salze mit großer Löslichkeit kristallisieren in der vom Zufluß am weitesten entfernten Nordostküste des Golfes aus.

K = Kara Bogaz Gol
Ch = Cheleken Halbinsel
Brackisches Wasser
Salzebenen

KG = Karbonat und Gips
GG = Glauberit und Gips
G = Gips
H = Halit
HGl = Halit und Glauberit

c) Deep Springs Lake, östliches Kalifornien

Deep Springs Lake ist eine ca. 5 km² große Playa (Abb. 7-28), in deren Zentrum ein ca. 1 km² großer See liegt, der hochkonzentrierte Lauge vom Typ Na–Cl–(CO_3)–(SO_4) enthält (JONES 1965, 1966). Der See wird vor allem aus in der unmittelbaren Umgebung gelegenen Quellen gespeist, die ihrerseits ihren unterirdischen Zufluß aus Bächen enthalten, die Granitgebiete und Gebiete mit Sedimenten und Metasedimenten entwässern.

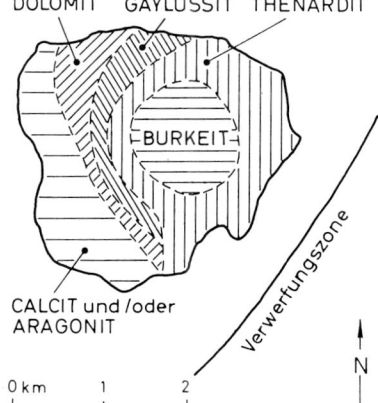

Abb. 7-28. Mineralzonierung im Deep Springs Lake, Kalifornien (nach JONES 1965).

d) Der Tuz Gölü („Salzsee"), Türkei

Als Beispiel eines extrem flachen ephemerischen Sees mit einer ausgesprochenen Konzentrations-Zonierung der Karbonate und Evaporite („Bullauge"-Muster) soll hier noch der 1600 km² große Tuz Gölü in Zentralanatolien angeführt werden. Der See erhält seinen Zufluß vor allem durch die Schmelzwässer der umliegenden

486 Salzgesteine (Evaporite)

Gebirge im Frühjahr und trocknet während des heißen und trockenen Sommers meist vollständig aus, wobei sich eine Halitschicht von bis über 20 cm abscheidet (IRION 1970).

Die hohe Kaliumkonzentration der Porenwässer im zentralen Beckenteil bewirkt im Sediment die (diagenetische) Umwandlung von Gips in Polyhalit (IRION & MÜLLER 1968).

Abb. 7-29 a u. b zeigt den randlichen Bereich (Tonebene) des Tuz Gölü mit Halit-Effloreszenzen sowie die im zentralen Beckenteil abgeschiedene Halitschicht. In noch offenen Tümpeln kann die Halitabscheidung beobachtet werden, die an der Wasseroberfläche stattfindet. Von einem Keim aus wachsen lateral dünne Salzflocken, die sich bei sehr ruhigem Wasser zu einer Salzhaut zusammenschließen können, bei geringer Wasserbewegung aber bereits nach Erreichen eines Durchmessers von einigen mm bis zu cm zum Beckenboden absinken und dort weiterwachsen (Abb. 7-29c u. d, aus MÜLLER & IRION 1969).

Abb. 7-29. Salzabscheidung im Tuz Gölü („Salzsee"), Zentralanatolien
a) Trockenrisse und Halit-Effloreszenzen im randlichen, bereits ausgetrockneten Bereich des Playa-Sees.
b) Halitablagerung im zentralen See nach vollständiger Austrocknung.
c)+d) In noch wasserbedeckten Teilbecken scheiden sich an der Wasseroberfläche Halit-Flocken ab, die bei bewegtem Wasser auf den Boden absinken und dort weiterwachsen (aus MÜLLER & IRION 1969).

e) Salzseen im Qaidam-Becken, China

Die Seen dieser großen intramontanen Depression am nördlichen Rand des Tibet-Plateaus sind durch die Auffindung von wirtschaftlich verwertbaren Kalisalzen und Laugen, aus denen Kali-Dünger gewonnen werden können (Sun 1974, 1981) auch in den Mittelpunkt des wissenschaftlichen Interesses gerückt.

Das Qaidam-Becken (Abb. 7-30) bedeckt eine Fläche von 120 000 km^2 und hat ein Einzugsgebiet von ca. 250 000 km^2. Es liegt in einer mittleren Höhe von 2800 m, die umliegenden Gebirgsmassive erheben sich bis über 5000 m.

Das Klima ist hyper-arid mit jährlichen Niederschlägen von 25 mm im Zentrum. Die mittlere jährliche Verdunstung beträgt 3000–3200 mm, die mittlere Jahrestemperatur beträgt 2–4 °C, die mittlere Sommertemperatur beträgt 23 °C. Etwa 16 Flüsse fließen in das Becken, die meisten sind ephemerisch. Der größte Zufluß setzt eine Wassermenge von 33 m^3/s durch.

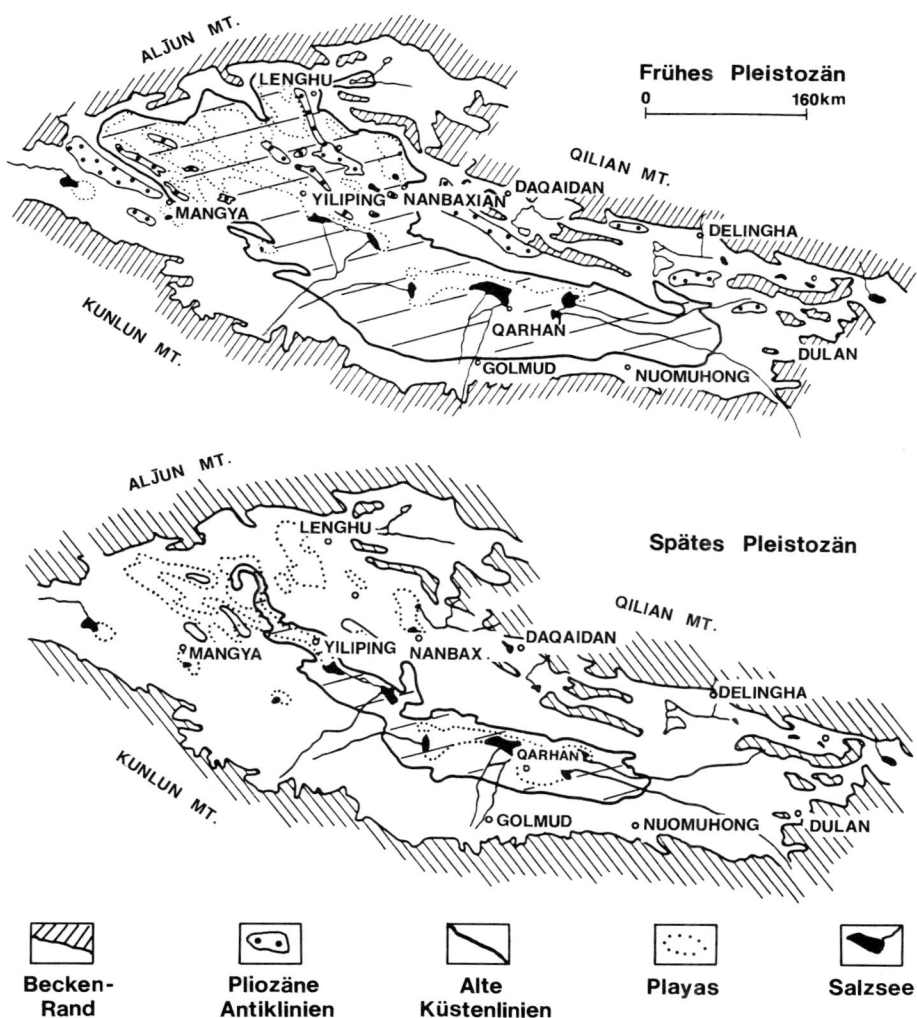

Abb. 7-30. Mögliche Ausdehnung eines pleistozänen Mega-Sees im Qaidam-Becken, China und heutige Verbreitung von Playas und Salzseen (aus Chen & Bowler 1986). – Oben: Ausdehnung im frühen Pleistozän. Unten: Ausdehnung im späten Pleistozän nahe der Erreichung der Halit-Reife.

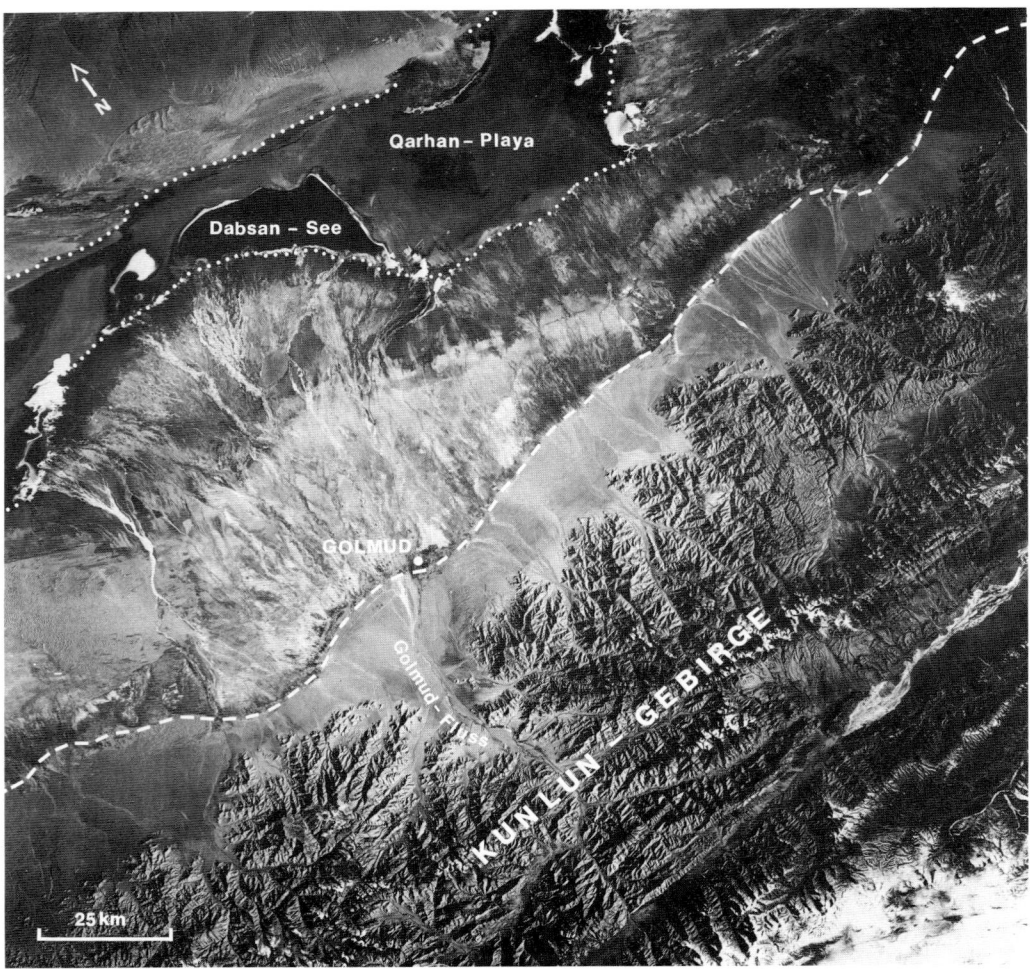

Abb. 7-31. Mit der Metric Camera am 2. 12. 1983 aufgenommene Spacelab-Aufnahme eines südlichen Teilbereiches des Qaidam-Beckens. – Der Dabsan-See erhält seinen Zufluß über den Golmud-Fluß aus dem Kunlun-Gebirge. – Gestrichelte Linie: ehemalige Uferlinie eines Mega-Sees im frühen Pleistozän. – Punktierte Linie: Begrenzung der Qarhan-Playa.

Im Becken (Qaidam, mongolisch, bedeutet „Salzebene") liegen ca. 27 Salzseen, die zusammen 1500 km² bedecken. Darüber hinaus existieren ausgedehnte Playas, zusammen mit den Salzseen nehmen sie etwa ein Viertel der gesamten Beckenfläche ein. Das Becken enthält die reichsten Salzvorkommen der Erde: Halit, Mirabilit, Carnallit und Borate.

Nach CHEN & BOWLER (1986) sind die heutigen Playas und Seen im zentralen Becken die Relikte eines im frühen Pleistozän riesigen Süßwassersees (Abb. 7-30), der mehr als die Hälfte des Beckens einnahm. Seine ehemalige Küstenlinie ist auf Satellitenaufnahmen klar zu erkennen (Abb. 7-31), ein Dünengürtel markiert auch heute noch die alte Küste. Im späten Pleistozän war der See so weit zusammengeschrumpft, daß Halit-Abscheidung einsetzte; im Holozän erfolgte dann schließlich die Bildung großer Playas, in denen ein Teil der heutigen Salzseen liegt.

Im Dabsan-See findet durch die extreme Verdunstung die Ausscheidung der Salze statt (Abb. 7-32) wobei eine ausgesprochene laterale Anordnung der einzelnen evaporitischen Faziesbereiche nach dem „Tränentropfen"-Muster erfolgt: die am leichtesten löslichen Salze (in diesem Falle Carnallit mit Halit) auf der den Zuflüssen gegenüberliegenden Seite, die schwerlöslichen Karbonate und der Gips unmittelbar vor der Flußmündung. Die Laugen in der Carnallit-Fazies des Dabsan-Sees sind die Grundlage für die seit einigen Jahren angelaufene Verarbeitung zu Kalidünger.

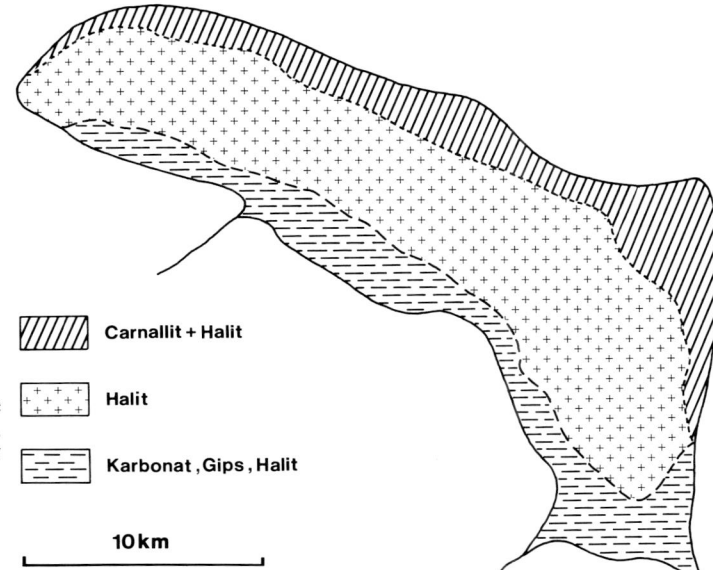

Abb. 7-32. Zonar angeordnete Salzabscheidung im Dabsan-See, Qaidam-Becken, China nach Sun (1974).

Carnallit + Halit

Halit

Karbonat, Gips, Halit

10 km

f) Seen mit Borat-Abscheidung

Wegen ihrer großen wirtschaftlichen Bedeutung soll auf die evaporitischen Borate in Kürze hingewiesen werden. Im Gegensatz zu den marinen Evaporiten, in denen das Bor überwiegend an Calcium gebunden ist, treten im lakustrischen Bereich vorwiegend Na- und Ca-Borate auf. Borax wird in vielen Seen in China, Kaschmir, Chile, Bolivien sowie in Kalifornien und Nevada gefunden.

Aus dem Searles-See in Kalifornien werden 90% des Borbedarfes der Welt gewonnen (REEVES 1968), hier treten vor allem die Mineralien Borax, Kernit (durch Thermodiagenese aus Borax hervorgegangen) und Colemanit auf. Die Laugen des Sees, die auf Bor verarbeitet werden, enthalten bei einen Gesamtsalzgehalt von 36%/2,84% Borax.

Im Death Valley in Kalifornien treten große Colemanit-Lager auf, Effloreszenzen im Talboden des Death Valley bestehen aus Borax. Im Kramer District, Kern County (Kalifornien) treten Kernit, Borax und Ulexit als Schichten und Linsen in miozänen Tonen auf, insgesamt erreichen sie eine Mächtigkeit von max. 75 m.

Die Boratlagerstätten in der Türkei treten ebenfalls in jungtertiären tonigen Schichtfolgen auf, die z. T. mit Gipsfolgen verknüpft sind. Sie enthalten vor allem die Mineralien Pandermit (Priceit) und Colemanit, untergeordnet Ulexit (MEIXNER 1953). Es kann mit Sicherheit angenommen werden, daß das Bor der lakustrischen Boratvorkommen auf postvulkanische Tätigkeit zurückzuführen ist und durch Thermen und Gasausblasungen in den sedimentären Zyklus gelangte. In den Soffionen (borhaltige Fumarolen) der Toscana bei Larderello treten riesige Bormengen, die auf Borate verarbeitet werden, an die Erdoberfläche.

7.3.6 Beispiele fossiler Salzseen

In älteren, meist klastischen Sedimentfolgen (z. B. im Jungtertiär, der Trias, und im Rotliegenden) ist Gips die wichtigste lakustrische Salzabscheidung, Steinsalz tritt nur selten auf. Dies besagt jedoch keinesfalls, daß leichtlösliche kontinentale Salze nicht zur Ablagerung kamen; die Erhaltungsmöglichkeit dieser Salze ist jedoch weit geringer, da die Ablagerungen meist nur geringmäch-

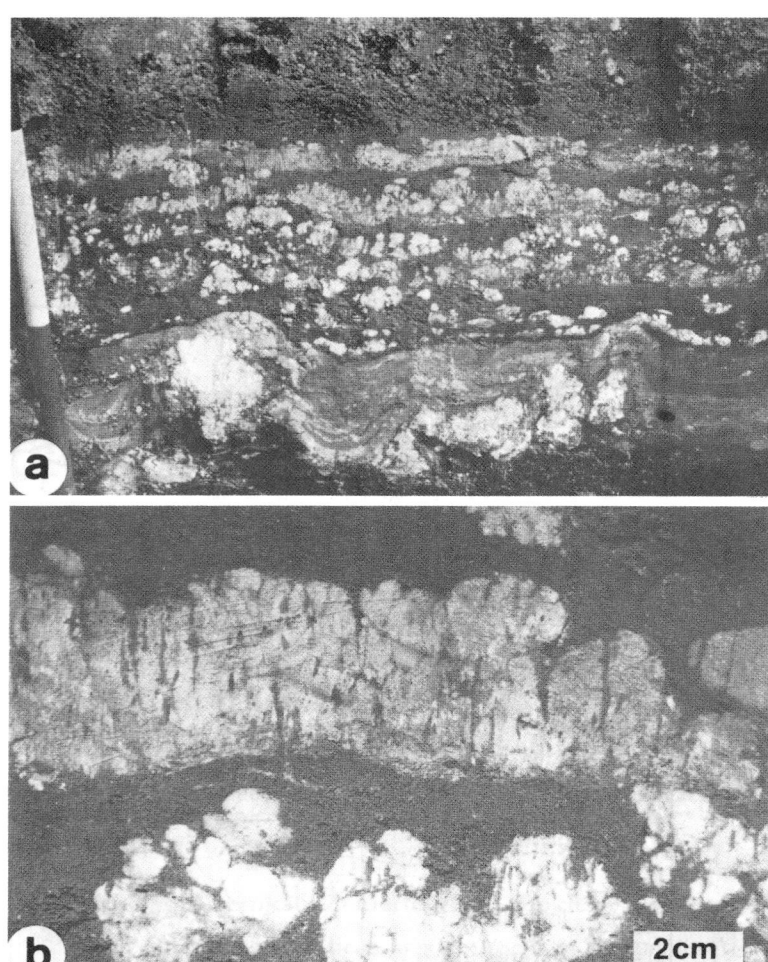

Abb. 7-36. Typische Anhydrit-Gefüge aus der mittleren supratdialen Zone der Abu Dhabi-Sebkha (aus Butler 1985). – a) Knolliger und geschichteter Anhydrit. b) Geschichteter Anhydrit, zusammenwachsende Knollen, die das typische Mosaik- oder Maschengefüge („chicken-wire") bilden.

Die Algenmatte mit linsenförmigen Gipskristallen kennzeichnet den Grenzbereich Intertidal – Supratidal, darüber folgen Anhydrit mit Maschen- oder Mosaik-Gefüge („chicken-wire-anhydrite") aus dem Supratidal und schließlich am Top – in äolischen Sanden – Lagen aus knolligem Anhydrit. Dem Abu Dhabi-Typ ähnlich sind Sebkhas im südlichen Bereich der Shark Bay, Australien (Logan et al. 1970), die über eine Lagune mit dem Meer verbunden sind.

Daneben tritt eine Reihe anderer Sebkha-Typen auf, die Purser (1985) in Abb. 7-38 schematisch skizziert und wie folgt charakterisiert hat:

1. Abu Dhabi, Shark Bay: Lagune mit eingeschränktem Zufluß (ohne Evaporite) und gut entwickelter peripherer Sebkha.

2. Bonaire Island, Khor Odaid (Qatar): Koexistierende, gut entwickelte Salina und periphere Sebkha.
3. Ras Gharib (Golf von Suez): Residuale Salina mit peripherer Sebkha, die rasch über die subaquatischen Evaporite progradiert.
4. Sabkha Gavish (Golf von Suez), Lagunen in Nieder-Kalifornien: Relikte einer morphologischen Depression werden nur zeitweise überflutet. Die Evaporite sind hauptsächlich vom Sebkha-Typus, zwischengelagerte dickere Lagen sind zu Zeiten flacher Wasserfüllung durch rasche Eindampfung entstanden.
5. Nordafrikanische Sebkhas: Subaquatische Evaporite werden von einer Sebkha überlagert, die das gesamte Becken ausfüllt.

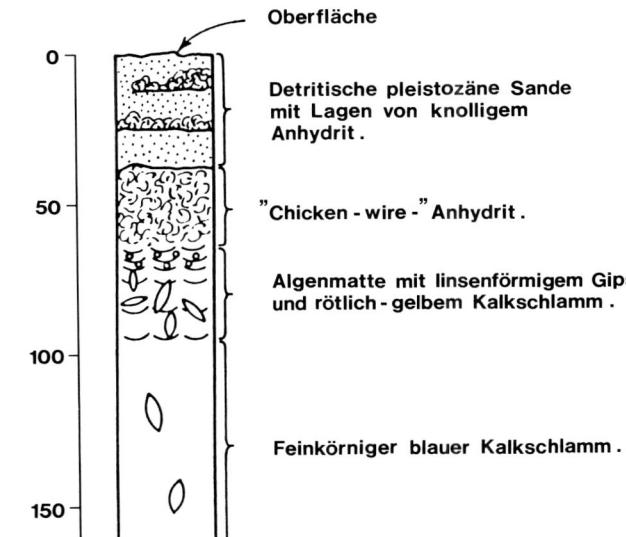

Abb. 7-37. Senkrechter Schnitt durch die Sedimentablagerungen in der „outer flood recharge zone" der Abu Dhabi Sebkha (aus BUTLER 1969).

Nach PURSER (1985) wird die Sebkha-Bildung durch die Kombination dreier Prozesse, nämlich mariner, äolischer und kontinentaler Detritus-Zufuhr bestimmt. Die marine Komponente kann zur Bildung von Küstenbarrieren führen, die zu Lagunen mit eingeschränkter Zirkulation und dadurch bedingter Entwicklung subaquatischer Evaporite führt. Die weitere Anfüllung der Lagune, vor allem durch seitliches Zuwachsen, führt zur Ausbildung einer echten Sebkha. Subaquatische Evaporite gehen daher häufig in Sebkha-Evaporite über.

Die „klassischen" Sebkhas von Abu Dhabi überlagern keine subaquatischen Evaporite. Sie grenzen aber an ausgedehnte Lagunen an, deren Salinität bereits bei 70% liegt. Würde sich das jetzige Barriere-System weiter schließen, könnten sich zunächst subaquatische Evaporite bilden und – bei Auffüllung der Lagune – schließlich die Sebkhas darüber hinweg progradieren.

7.4.3 Fossile Sebkha-Evaporite

Unmittelbar nach der Entdeckung der ersten rezenten Sebkha-Evaporite im Persisch-arabischen Golf und dem Auffinden vergleichbarer Anhydrit-Vorkommen im Purbeck (Malm) von England durch SHEARMAN (1966) setzte weltweit eine Suche nach analogen Ablagerungen in fossilen Evaporitvorkommen ein.

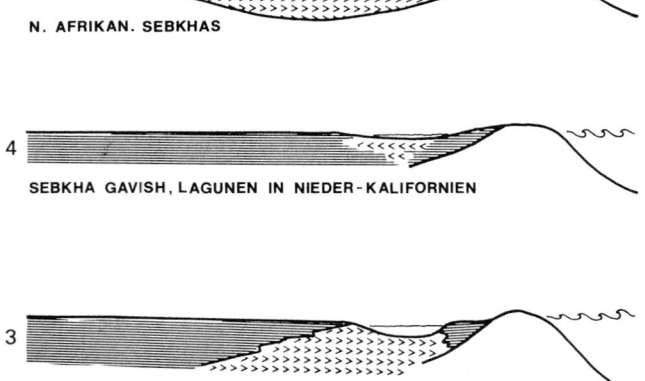

Abb. 7-38. Schematischer Vergleich der wichtigsten, an ariden Küsten auftretender Evaporit-Systeme (aus Purser 1985). Erläuterungen s. Text.

Nach Schreiber (1986: 214) wurden fossile Sebkha-Sequenzen in folgenden Evaporit-Vorkommen gefunden:

> Unter-Karbon von Irland
> Ober-Devon von West-Kanada
> Mittel-Karbon der kanadischen maritimen Provinzen
> Perm (Lower Clear Fork Formation) in Texas
> Ober-Jura im Arabischen Golf

Auf Sebkha-Ablagerungen im mitteleuropäischen Zechstein wurde bereits in Abschn. 7.2.6 hingewiesen. In diesen Salinarvorkommen wurden mehr oder weniger ausgedehnte Areale mit knolligem, massigem und enterolithischem Anhydrit gefunden, wobei häufig die gesamte, aus rezenten Sebkhas bekannte Folge intertidal – Algenmatte – supratidal verwirklicht ist. Abb. 7–39 zeigt einen Kernausschnitt aus dem unteren Purbeck von Warlingham, Surrey, England, mit einem „klassischen" Sebkha-Profil (aus Shearman 1980): Lagunäre Karbonatsedimente werden von supratidalen Sebkha-Sedimenten überlagert; die Grenze bildet eine Algenmatte (s. auch Shearman 1978).

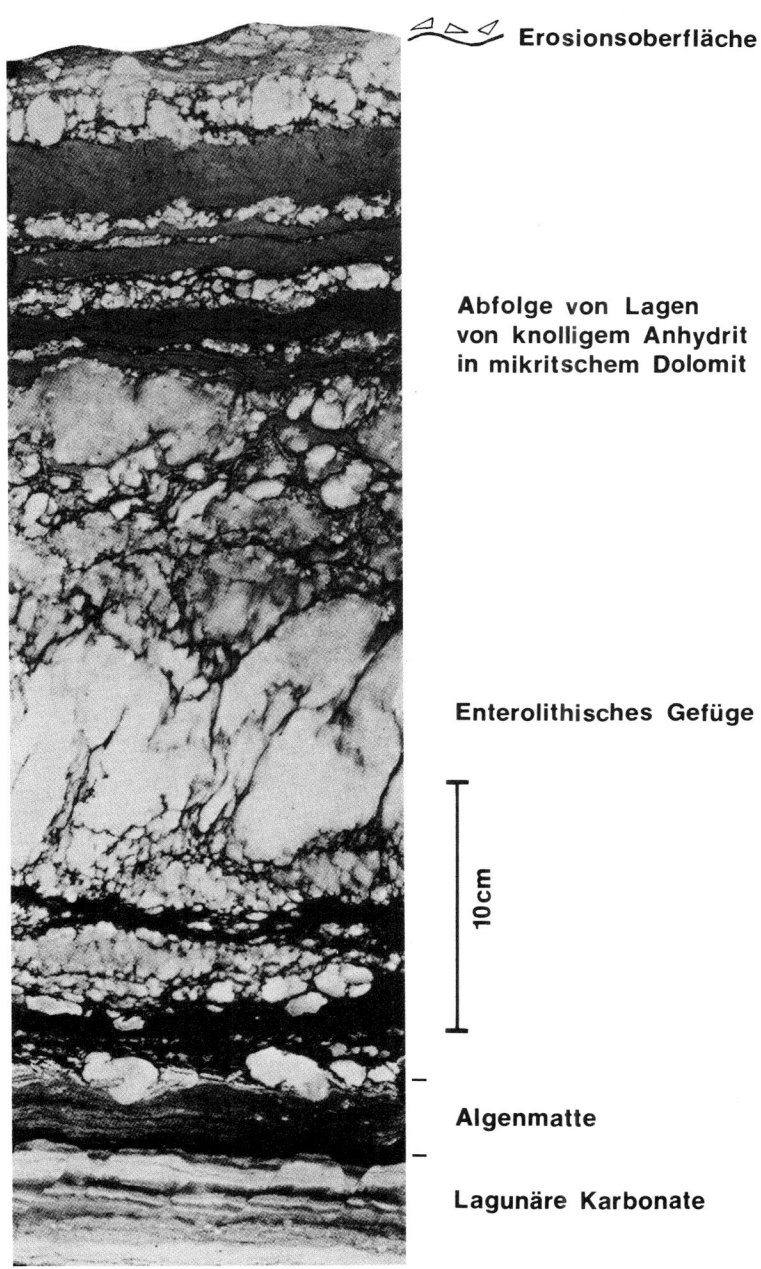

Abb. 7-39. Sebkha-Evaporite aus dem Unteren Purbeck, Warlingham, Surrey, England. Der Kern zeigt im untersten Bereich lagunäre karbonatische Sedimente, die in eine Algenmatte übergehen, die Calcit-Pseudomorphosen nach Gips enthält. Über der Algenmatte beginnt die supratidale Fazies mit einer Folge von Lagen mit knolligem Anhydrit in mikrodolomitischer Grundmasse. Der Zyklus wird durch eine Erosionsoberfläche beendet, über der ein neuer Zyklus beginnt (aus SHEARMAN 1980).

Zusammenfassung

Als Sebkha-Evaporite bezeichnet man Bildungen der Grundwasser-Evaporation im Küstenstreifen. Solche Environments wurden besonders an der Südküste des Persisch-arabischen Golfes untersucht. Es zeigt sich hier eine charakteristische laterale Zonierung, der nach der Walther'schen Regel eine ebensolche Vertikalzonierung entspricht. Entsprechende Folgen gab es schon im oberen Jura. Auch bei der Deutung anderer fossiler Sebkha-Evaporite hat sich dieses Modell bewährt.

Nachtrag während der Drucklegung

Nach Abschluß des Manuskripts sind mehrere Publikationen erschienen, die unsere Kenntnis über den Zechstein (PERYT 1987a; KULICK & PAUL 1987a, b) und über Evaporit-Becken allgemein (PERYT 1987b) ergänzen.

Im Sammelband „The Zechstein Facies in Europe" (PERYT 1987a) werden Zechstein-Karbonate und Sulfate aus Ost-Grönland (STEMMERICK), NE-England (HOLLINGWORTH & TUCKER), aus dem Nordseeraum (JENYON & TAYLOR), Dänemark (SØNDERHOLM), NW-Deutschland (MAUSFELD & ZANKL) und Polen (OSZCZEPALSKI & RYDZEWSKI; PERYT; GASIEWICZ et al.) beschrieben, mit der Fazies des Zechstein 1 – Halits in N-Polen befaßt sich der Aufsatz von CZAPOWSKI.

Besonders hervorzuheben ist die umfassende Arbeit von LANGBEIN über die Entstehung und Veränderung der Zechstein-Sulfate, die den wesentlichen Einfluß der Diagenese (Kompaktion, Zementation, Brekzienbildung, retrograde Vergipsung etc.) auf die Struktur und Textur der Anhydritgesteine aufzeigt.

KULICK & PAUL (1987a, b) behandeln in dem anläßlich des „Internationalen Symposium Zechstein 1987 Kassel–Hannover" herausgegebenen Exkursionsführer Zechsteinvorkommen im Bereich der B. R. Deutschland und liefern eine Fülle von Detail-Informationen über Unter- wie Übertage-Aufschlüsse.

Im Sammelband „Evaporite Basins" (PERYT 1987b) werden Salinarbecken vorgestellt, die bisher im westlichen Schrifttum kaum bekannt waren. Dies gilt vor allem für Evaporite im späten Proterozoikum Chinas mit einer bis 200 m mächtigen Steinsalzfolge im südlichen Sichuan (XI XIAOSONG), der unteren und mittleren Trias im Gebiet des oberen Yangtze (WU YINGLIN & YAN YANGJI) und gipsführende klastische Gesteine des Miozän westlich des Tarim-Beckens (QIU DONGZHOU).

Faziesmodelle präkambrischer Evaporite aus Australien, die in kontinentalen Playas und Sebkhas sowie in durch Barren zeitweilig geschlossenen Becken zur Ablagerung kamen, werden durch MUIR vorgestellt.

Die vieldiskutierte Frage der Riff-Evaporit-Beziehung wird am Beispiel der miozänen Rotmeer-Evaporite diskutiert (MONTY et al.), unterkarbonische Evaporite in Nord-Frankreich und Belgien werden durch ROUCHY et al., Evaporite des Mittleren Muschelkalk im östlichen Pariser Becken durch GEISLER-CUSSEY beschrieben.

8. Kieselgesteine*

(Hans Füchtbauer, Bochum; Kap. 8.3.2 Ida Valeton, Hamburg)

8.1 Mineralogische und chemische Grundlagen

8.1.1 Opal-A

Opal-A (= amorpher Opal, Jones & Segnit 1971) ist in Sedimenten überwiegend biogen und hat nach Keene (1976) einen höheren Wassergehalt (10–14%) als anorganisch gebildeter Opal (4–9% nach Segnit et al. 1965). Nach Langer & Flörke (1974) ermöglichen die Bindungsarten des Wassers (SiOH und molekular) mit Hilfe von IR-Absorptionsspektren eine Typisierung der Opale. Sedimente mit Opal-A sind hochporös, meistens noch weich (Kieselschlämme), und besitzen höchstens oberkretazisches Alter (Keene l.c.: 18). Abb. 8-1 zeigt den Zusammenhang zwischen Lichtbrechung und Wassergehalt; auf der rechten Seite ist das Röntgendiagramm von Opal-A und Opal-CT dargestellt.

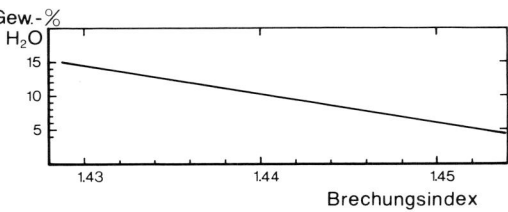
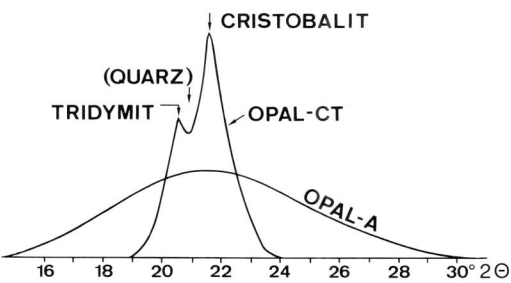

Abb. 8-1. Links: Beziehung zwischen Lichtbrechung und Wassergehalt von biogenem Opal (Radiolarien und Schwämme) und gefälltem SiO_2 (nach Hurd & Theyer 1977).

Rechts: Röntgendiagramm (CuKα) von Opal-A und Opal-CT.

8.1.2 Opal-CT

Opal-CT (= Cristobalit-Tridymit, Jones & Segnit 1971), auch α- oder Tief-Cristobalit genannt, ein eindimensional fehlgeordneter Cristobalit mit Tridymit-Stapeln (Flörke 1955), kommt in Tiefseesedimenten nach Keene (l.c.) in vier Formen vor, denen der Tridymitreflex zum Teil fehlt:

a. In kleinen Blättchen, die sich, wenn der Porenraum dies zuläßt, zu 4–30 μm großen, rundlichen „Lepisphären" zusammenschließen (Abb. 8-18/4). Die Blättchen sind unter einem Winkel von 70,5° miteinander verwachsen (Flörke et al. 1976).
b. In massiven Lagen, die oft eine Orientierung von n_z parallel zur Schichtfläche zeigen.
c. Als in-situ-Verdrängung von Radiolarien und Diatomeen.
d. Als Füllung von kleinen Rissen in Lagen des Typs b („Lussatit" bei positiver, „Lussatin" bei negativer Längsrichtung).

* Den Herren Prof. Dr. O. W. Flörke, Prof. Dr. H. Keupp, Dr. U. v. Rad und Prof. Dr. R. Schmidt-Effing danke ich für wertvolle Hinweise.

phe Kieselsäure etwa die gleiche Löslichkeit wie im Süßwasser. Bei stärkeren Konzentrationen jedoch, vor allem von Mg und Ca, nimmt die SiO_2-Löslichkeit etwas ab (MARSHALL & WARAKOMSKI 1980). Unterhalb von etwa 0,2 μm nimmt die Löslichkeit nach der Ostwald-Freundlich-Beziehung vor allem bei tieferen Temperaturen stark zu. Aus diesem Grund beobachtet man in reifen Kieselgesteinen keine Kristallgrößen < 0,2 μm (BLATT et al. 1980: 572), im Gegensatz zu Porzellaniten und allerdings auch Achat (FLÖRKE, mdl. Mitt.). Das Porenwasser mariner Kalkschlämme enthält im Mittel 20 ppm SiO_2 (RIO 1982: 136). Die Lösungsgeschwindigkeit nimmt schon vom pH 5 an mit wachsendem pH-Wert deutlich zu und ist im Salzwasser größer als im Süßwasser. Diese und viele andere Angaben des Kapitels „Kieselgesteine" sind dem Übersichtsreferat von KASTNER (1981) entnommen.

Zusammenfassung

Als Kieselgesteine werden Gesteine bezeichnet, die zu mehr als 50% aus den nicht-detritischen Kieselmineralen Opal-A, Opal-CT, Chalcedon, Quarzin, sowie Krypto-, Mikro- oder Faserquarz bestehen. Diese sind in Tab. 8-1 mit ihren wichtigsten diagnostischen Eigenschaften aufgeführt und mit vulkanischem Glas und Quarz verglichen. Obwohl die deutlichen Lichtbrechungs- und Wassergehalts-Sprünge zwischen Opal-A, Opal-CT und dem Chalcedon (usw.) welcher kristal-

Tabelle 8-1. Diagnostisch verwendbare Eigenschaften der SiO_2-Modifikationen und -Typen.

SiO_2-Typ	Wassergehalt (Gew.%)	Lichtbrechung	Wichtige Röntgenreflexe (Å)
Biogener Opal-A: Radiolarien Diatomeen Schwammnadeln	11–14[4]) 2[14])–10[4])	(1,40–)1,45[1]) 1,42–1,45[14]) 1,43[14])–1,45	R = 4,9–2,8[8]) P = 4,1–3,8[3,4,8]) 4,3[7])
Zum Vergleich Vulkanisches Glas		1,49–1,52 (sauer)[6]) 1,55–1,58 (basisch)[10])	R = 4,3–2,8, kein Peak[6]) R = 4,78–2,67 P: 3,78[8])
Opal-CT: Fehlgeordneter Tief-Cristobalit	~0 → >7[4,5])	1,45 → 1,49[11,14])	4,12 → 4,04, (3,1, 2,8, 2,5)[2,8,9,13])
Opal-C Tridymit	1–3[15])		4,03[15]) 4,3
Krypto- bzw. Mikroquarz Chalcedon Quarzin	0,5–2[12,15])	n_o = 1,530–1,533 n_e = 1,538–1,543	1,373[3]) 1,372, 1,375[3]) 1,372, 1,375
Mikro- bzw. Kryptoquarz Faserquarz		zwischen Chalcedon und Quarz	1,372, 1,375
Quarz	ca. 0	n_o = 1,544 n_e = 1,553	1,372, 1,375

P = Peak-Maximum; R = Rücken.
[1]) HURD & THEYER (1977); nach [4]) für Rad. u. Diat., Quartär: 1,41/2, ab Miozän: 1,44 – [2]) PISCIOTTO (1981) – [3]) v. RAD & RÖSCH (1974) – [4]) KEENE (1976); H_2O-Gehalt von Opal-A-Radiolarien aus Quartär und Eozän gleich – [5]) KASTNER (1981: 920) – [6]) HEINEMANN & FÜCHTBAUER (1982) – [7]) BENNEKOM & VAN DER GAAST (1976) – [8]) HEIN et al. (1978) – [9]) IIJIMA & TADA (1981) – [10]) SCHMINCKE (1981) – [11]) RIECH (mdl.) – [12]) FLÖRKE (1962) – [13]) ISAACS et al. (1983) – [14]) ANGERMUND (mdl.) – [15]) GRAETSCH (1985).

lographisch zum Quarz gehört, gesichert sind, findet man im einzelnen große Streuungen und Unterschiede, welche noch wenig untersucht sind. Ein Gestein, welches aus Opal-CT besteht, nennt man „Porzellanit", Gesteine aus Chalcedon, Faserquarz usw. „Chert".

Einen guten Überblick über diese und andere Aspekte der Kieselsedimente geben KASTNER (1981) sowie der Symposiumsband von IIJIMA, HEIN & SIEVER (1983).

8.2 Kieselorganismen und ihre Verbreitung

8.2.1 Überblick

Im Gegensatz zu der großen Zahl von Organismengruppen, deren Hartteile aus Karbonat bestehen, gibt es nur wenige Gruppen, die ihr Skelett aus amorpher Kieselsäure, Opal ($SiO_2 \cdot nH_2O$), aufbauen. Bei den autotrophen Protisten handelt es sich um zwei Stämme, den

Stamm der *Chrysophyta*, mit den drei Klassen
    Diatomeen (*Bacillariophyta*), mit den Unterklassen
        Centrales
        Pennales
    Silicoflagellaten (planktonisch) und
    Ruhezysten von Chrysomonaden, sowie den
Stamm der *Pyrrhophyta*, mit den Klassen
    Dinoflagellaten und den
    heterotrophen Ebridineen.

Bei den heterotrophen Protisten (mit tierischen Eigenschaften) ist es im Stamm der *Sarcodina* die
    Klasse der *Actinopoda* mit der
        Unterklasse der *Radiolaria*, darin die
            Überordnung der *Tripylea* (syn. *Phäodaria*), die
            Überordnung der *Polycystina*, darin die
                Ordnung der *Spumellaria* und die
                Ordnung der *Nassellaria*.

Bei den Pflanzen tritt Kieselsäure vor allem in den Gräsern (Graminaceen), bei den Tieren in den Kieselschwämmen auf (SIMPSON & VOLCANI 1981).

8.2.2 Diatomeen und Flagellaten

Die Diatomeen sind mit etwa 15 000 Arten in marinen und nichtmarinen Gewässern aller Klimabereiche verbreitet; davon sind etwa 500 Arten bedeutend (TAPPAN 1980: 567–677; SCHRADER & SCHUETTE 1981: 1179–1232; BURCKLE 1978: 245–266). Die ältesten Diatomeen (zentrische Formen) stammen aus dem Jura; mit großem Artenreichtum treten sie erst ab der höheren Kreide auf. Im Tertiär und in den Interglazialen des Pleistozäns führte Massenentfaltung (s. Abb. 8-8) zur Bildung von Diatomeen-Sedimenten. Die Diatomeen besitzen ein Exoskelett aus einem Bodenstück (Hypotheka) und einem übergreifenden Deckel (Epitheka); sie sind in fast allen Lebensstadien unbegeißelt. Die Größe der Diatomeen liegt meist zwischen 10 und 100 µm, vereinzelt über 1000 µm. Häufig sind viele Individuen als Kolonien zu Bändern oder Fächern vereinigt. Ihre Lichtbrechung unterscheidet sich von Art zu Art (ANGERMUND, mdl.). Nach der Symmetrie ihrer Schalen („Frusteln") unterteilt man die Diatomeen in

a. *Centrales* mit kreisförmigen oder abgerundet-dreieckigen Frusteln (Abb. 8-4 a–c). Sie leben vorwiegend im Meer, in den obersten 200 m, und bilden einen wesentlichen Bestandteil des Phytoplanktons. Verringerte Salinität auf dem Schelf beschränkt viele planktonische Diatomeen auf pelagische Gebiete (SANCETTA 1981).

b. *Pennales* mit bilateralen, stab-, schiffchen- oder keilförmigen Frusteln (Abb. 8-4 d). Sie kommen hauptsächlich am Boden von Süß- und Brackgewässern, im Watt und in der Flachsee vor, sowie epiphytisch auf Wasserpflanzen; es gibt untergeordnet auch planktonische Formen.

Die übrigen pflanzlichen Einzeller mit Kieselskelett können traditionsgemäß zu den „Flagellaten" gestellt werden, da sie einen oder mehrere geißelförmige Anhänge besitzen, die der Fortbewegung dienen.

Von den *Chrysophyta* sind es
a. die Silicoflagellaten (Abb. 8-4 e–f), welche rein marin sind und sich anorganisch und organisch, d. h. mixo-

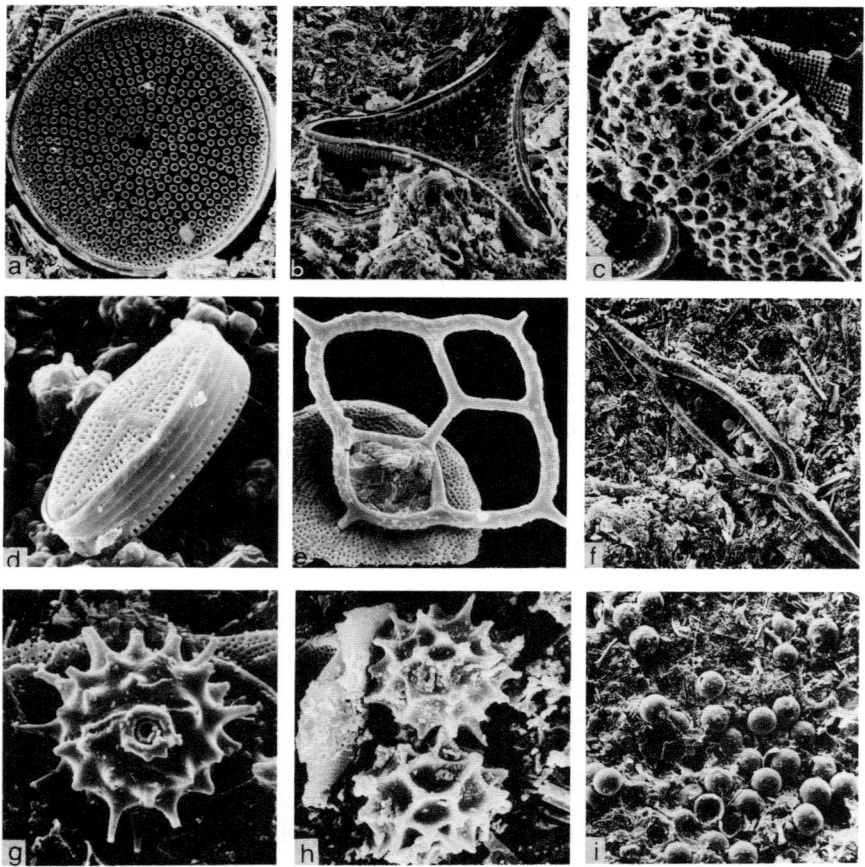

Abb. 8-4. Kieselskelette autotropher Protisten (mit pflanzlichen Eigenschaften; REM-Fotos H. Keupp). a–c: Radialsymmetrische Diatomeen (= Centrales) aus dem marinen Moler des Eozän von Dänemark (planktonisch) – a) *Coscinodiscus* (x 600); b) *Triceratium* (x 600); c) *Stephanopyxis* (x 1400). – d: Benthonische, bilateralsymmetrische Diatomeen (= Pennales): *Navicula*, aus einer Mauerritze, rezent (x 2500). – e–f: Marine Silicoflagellaten – e) *Dictyocha* auf Diatomeen, Miozän des Wiener Beckens (x 500); f) *Naviculopsis* aus dem eozänen Moler Dänemarks (x 600). – g–i: Kieselzysten mariner Chrysophyceen (= Archaeomonadaceen) – g–h) *Archaeomonas* aus dem eozänen Moler Dänemarks (x 3600 bzw. 3100); i) *Archaeomonas* aus dem Miozän des Wiener Beckens (x 400).

troph, ernähren. Ihre meist hohlen röhren-, ring- oder sternförmigen Skelettelemente sind 20–200 µm groß und seit der mittleren Kreide vor allem aus diatomeenreichen Gesteinen bekannt. Ausnahmsweise können sie gesteinsbildend auftreten (Silicoflagellit, TAPPAN 1980: 548).

b. die Chrysomonaden (Abb. 8-4 g–i), welche marin und limnisch seit der Kreide vorkommen. Ihr vegetatives Stadium ist nicht erhaltungsfähig; viele Gattungen bilden jedoch 6–20 µm große kieselige Ruhezysten. Viele Diatomite können partienweise überwiegend aus solchen Archaeomonaden bestehen (TAPPAN 1980: 528).

Von den *Pyrrhophyta* sind es

a. wenige Gattungen von planktonischen Dinoflagellaten (Peridinien), die charakteristische Kieselspiculae im Zellinnern bzw. kieselige Ruhezysten ausscheiden und seit dem Oligozän bekannt sind (TAPPAN 1980);

b. die kleine Gruppe der marin-planktonischen Ebridineen, die ein spikuläres, massives Innenskelett besitzen und seit dem Paläozän bekannt sind (Abb. 8-5 i).

8.2.3 Radiolarien

Sie leben ausschließlich planktonisch und sind immer Anzeiger hochmarinen Milieus. Sie treten in allen Wassertiefen auf (KLING 1979), doch liegt ihr Verbreitungsmaximum (100–20000 Exemplare/m^3) wegen des großen Nahrungsangebotes und wegen der Symbiose vieler Arten mit Zooxanthellen in der photischen Zone. Im bathyal-abyssischen Bereich treten meist wesentlich weniger als 100 Exemplare/m^3 auf, doch gibt es darunter vorzügliche bathymetrische Anzeiger (TAKAHASHI & HONJO 1981). Wegen der relativ geringen Ausdehnung der photischen Zone können dennoch im Sediment die Tiefseearten überwiegen. Besonders artenreich waren die Radiolarien immer in den Warmwassergebieten vertreten – eine gute Probe enthält hier bis zu 200 Arten –, doch entstanden im Känozoikum auch charakteristische Kaltwasserfaunen.

Die Größe der Radiolarien beträgt in der Regel 50–500 µm, doch gibt es zu einzelnen Zeiten Skelette von mehreren mm Durchmesser (Kaltwasserformen). Auch kommen Kolonien bis 40 cm Größe vor.

Während die tripylen Radiolarien meist schon vor der Sedimentation aufgelöst werden, weil ihr Opalskelett hohl ist und viel organisches Material enthält, bilden die polycystinen Radiolarien meist massive Skelette ohne wesentliche organische Beimengungen. Bisher wurden etwa 2500 fossile und 1600 rezente Arten beschrieben. Im Paläozoikum sind sie meist bilateral-symmetrisch und morphologisch recht variabel. Im Post-Paläozoikum unterscheidet man zwei Ordnungen:

a. *Spumellaria* mit radialsymmetrischen, kugel- oder scheibenförmigen bis ovalen Kieselskeletten (Abb. 8-5 a–d; insgesamt etwa 20 leicht unterscheidbare Familien). Sie leben meist oberflächennah und sind seit dem Mittelkambrium bekannt und seit dem Silur häufig.

b. *Nassellaria* mit sehr verschiedenen Skeletten, wobei mützen- bis helmförmige am bekanntesten sind (Abb. 8-5 e–h). Jedoch treten im Mesozoikum manchmal massenhaft dickschalige und daher sehr erhaltungsfähige, kugelige *Nasselaria* auf (z. B. *Williriedellinae*, DUMITRICA 1970; SCHMIDT-EFFING 1980), die oft Anlaß zu Verwechslungen mit *Spumellaria* gegeben haben. Die *Nassellaria* leben meist mehr als 1000 m tief, so daß man seit HAECKEL (POKORNY 1958: 63) aus dem Verhältnis von *Spumellaria* zu *Nassellaria* oft auf die Wassertiefe schließen kann; dabei ist allerdings der Einfluß der Diagenese zu berücksichtigen. Letztere sind seit der Trias häufig (HAQ & BOERSMA 1979).

8.2.4 Schwämme

Schwämme sind festsitzende, hauptsächlich im marinen Bereich lebende Tiere (von den heutigen 1400 Gattungen leben nur 20 im Süßwasser), die seit dem Kambrium eine weite Verbreitung haben. Maxima der Entwicklung lagen im Malm, während der Oberkreide und im Alttertiär.

Von paläontologischer Bedeutung sind u. a. die Kieselschwämme, deren Skelettelemente aus Opal aufgebaut sind. Vor allem die größeren Skelettelemente, die Megaskleren, sind für kieselige Sedimente von Bedeutung. Sie treten in einem Schwammkörper nur in einer oder in wenigen Formen auf und bilden die Hauptbestandteile seines Skelettes. Sie zeigen meist einen zentralen Achsenkanal; ihre große Mannigfaltigkeit läßt sich auf folgende Grundtypen zurückführen:

508 Kieselgesteine

a. Monaxone (einachsige Formen, gestreckt; Abb. 8-6a).
b. Tetraxone (regelmäßige Vierstrahler, Abb. 8-6b, die Achsen liegen nicht in einer Ebene; durch Verlust eines Strahles entstehen triradiale Formen, Abb. 8-6b').
c. Triaxone (Sechsstrahler, drei Achsen, die sich unter 90° kreuzen; Abb. 8-6c).
d. Desmone (Skleren der Grundtypen a–c, deren Arme wurzelartige, knorrige Auswüchse zeigen; Abb. 8-6d).
e. Polyaxone (vielachsige, meist sternchenförmige Körper, bei denen zahlreiche Strahlen von einem Punkt

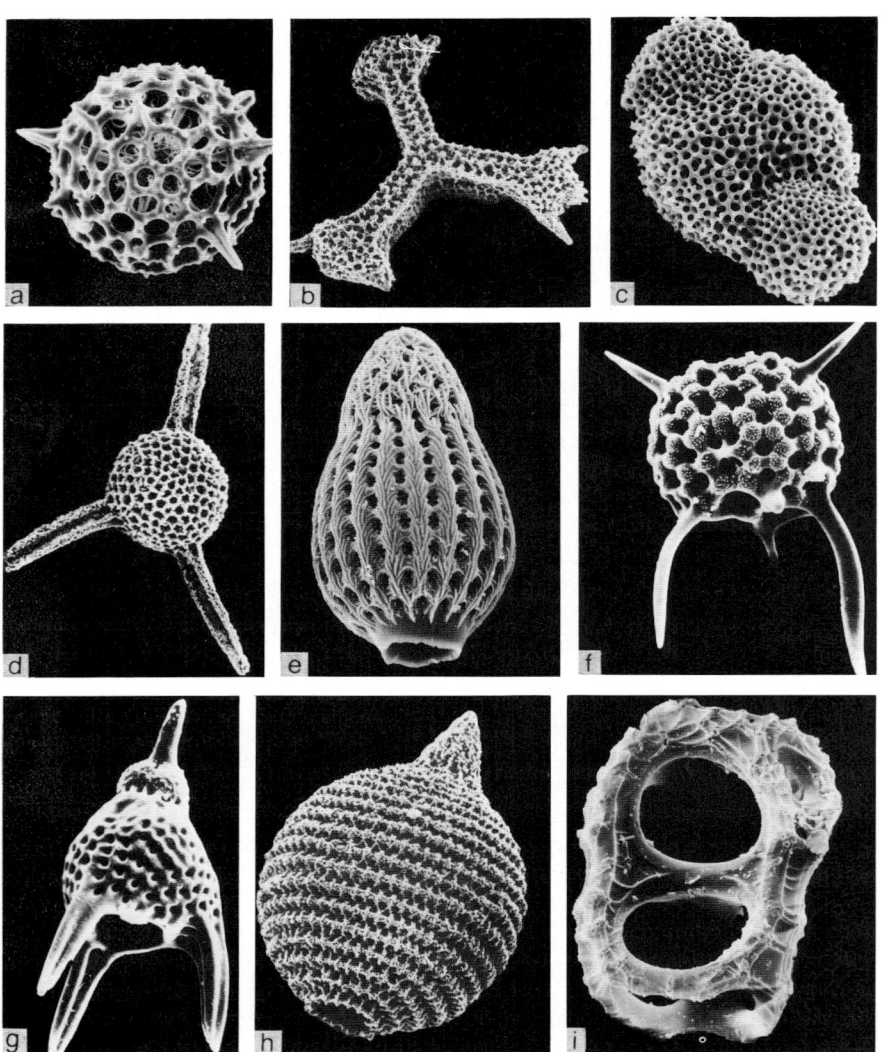

Abb. 8-5. Kieselskelette heterotropher Protisten (mit tierischen Eigenschaften; REM-Fotos H. Keupp).
a–d: Spumellarien (= radialsymmetrische polycystine Radiolarien) – a) *Cromyechinus* aus dem Atlantik, rezent (x 150), b) Hagiastride aus dem Tithon von Salzburg (x 150), c) *Spongodiscus* aus dem Alttertiär von Barbados (x 250), d) *Triactoma* aus dem Tithon von Salzburg (x 100). – e–h: Nassellarien (= mützenförmige polycystine Radiolarien) – e) *Theocampe* aus dem Alttertiär von Barbados (x 400), f) Spyride aus dem Alttertiär von Barbados (x 250), g) *Mirifusus* aus dem Tithon von Salzburg (x 100), h) *Lychnocanoma* aus dem Alttertiär von Barbados (x 250). – i: Ebridie aus dem marinen Moler des Eozän von Dänemark: *Ammodochium* (x 1500).

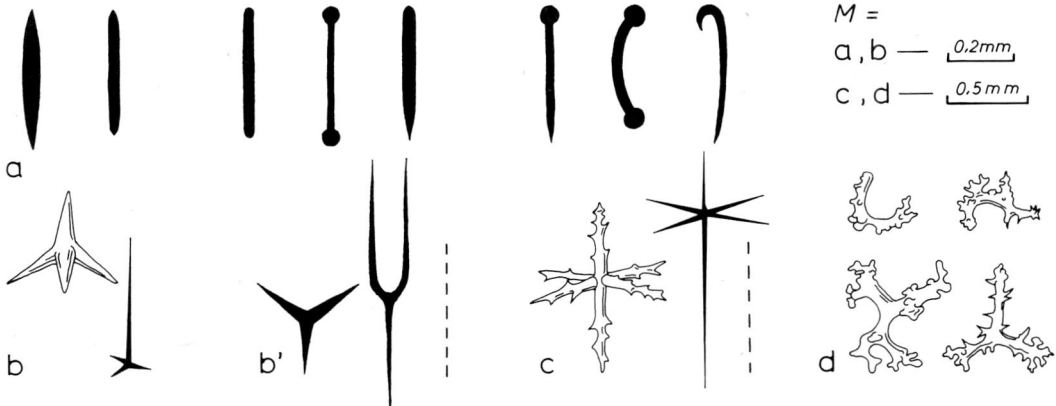

Abb. 8-6. Skleren-Grundtypen (aus A. H. MÜLLER 1963). – a Monaxone, b Tetraxone, b' triradialer Typ (Verlust eines Strahls), c Triaxone, d Desmone.

ausgehen. Meist handelt es sich um Mikroskleren, die jedoch wegen ihrer Kleinheit im allgemeinen nicht erhalten blieben).

Daneben sind kugel- bis nierenförmige Körperchen (Rhaxen) bekannt, zum Beispiel gesteinsbildend im Oxford Nordwestdeutschlands (GRAMANN 1962); sie werden zu den anaxilen Mikroskleren gerechnet.

Die fossil wichtigsten Kieselschwämme gehören teils der Ordnung Lithistida (Klasse Demospongea) an, deren Skleren aus Desmonen bestehen, teils der Klasse Hexactinellida, deren Skleren aus Triaxonen gebildet werden und bei einigen Ordnungen miteinander verwachsen sind. Die Lithistida bewohnen gegenwärtig weltweit eine Tiefe von 100–300 m, die Hexactinellida im Gegensatz zu fossilen Assoziationen den Bereich unter 300 m.

8.2.5 Verbreitung in den Meeren; SiO_2-Bilanz

A. Verbreitung

In ozeanischen Sedimenten spielen diese Kieselorganismen eine große Rolle. Sie sind es, die im Oberflächenwasser des Meeres die SiO_2-Konzentration gegenüber dem Tiefenwasser (5-10 ppm) auf 0,1–4,0 ppm herabsetzen (s. Kapitel 1). Einen guten Überblick über die Aktivität dieser Organismen gibt die Verteilung des SiO_2-Entzugs durch Phytoplankton im Oberflächenwasser (Abb. 8-7). Nach LISITZIN (1972: 29) sind mehr als 3/4 der rezenten ozeanischen Kieselsedimente von Diatomeen geprägt. Deren stärkste Anreicherung findet sich rings um die Antarktis, während die Opal-Maxima im nördlichsten und im äquatorialen Pazifik und Indik auf Diatomeen und Radiolarien zurückgehen (LISITZIN l. c.: 153, 160). Weitere Maxima der biogenen Opalproduktion finden sich in den Auftriebsgebieten, z. B. im Golf von Kalifornien (VAN ANDEL 1964, CALVERT 1964, 1966), auf dem Schelf zwischen Angola und Südwestafrika (CURRIE 1953) und westlich von Nordafrika (KOOPMANN 1980a, THIEDE 1983; KASTNER 1981: 927). Auch um die Antarktis gibt es eine Anreicherung von Radiolarien, und zwar nördlich der antarktischen Konvergenz (LOZANO & HAYS 1976: 333), während für Diatomeen die Anreicherung südlich dieser Konvergenz liegt (LISITZIN l. c.: 159).

Nach HARPER & KNOLL (1975) gibt es eine Konkurrenz-Situation zwischen Radiolarien und Diatomeen: Radiolarien gibt es schon seit dem frühen Paläozoikum, während die Diatomeen erst im Jura erschienen und während des Känozoikums in ihrer Diversität und auch in ihrer Menge dramatisch zunahmen. Zur gleichen Zeit aber verringerten die Radiolarien ihr Schalengewicht, wie Abb. 8-8 zeigt. Vielleicht war es der erfolgreichere Zugriff der Diatomeen auf die niedrigen SiO_2-Konzentration des Ozeanwassers, welcher die Radiolarien zu sparsamerer Verwendung der Kieselsäure zwang.

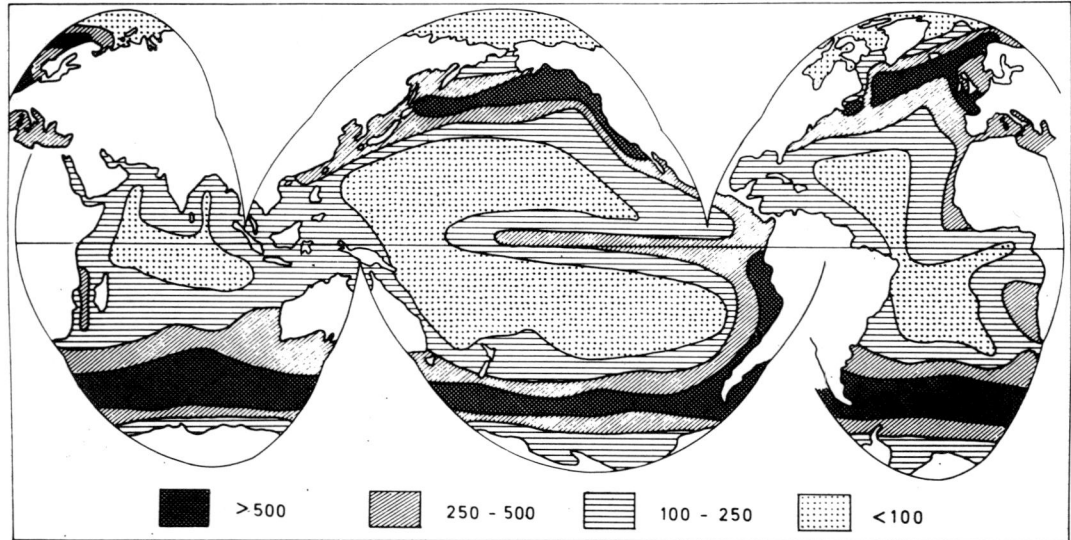

Abb. 8-7. Extraktion gelöster Kieselsäure (gSiO$_2$ m^{-2}/Jahr) durch Phytoplankton aus dem Oberflächenwasser – ein Abbild der Verteilung von Diatomeen und Radiolarien in den Weltmeeren (nach LISITZIN et al. 1967 aus CALVERT 1974).

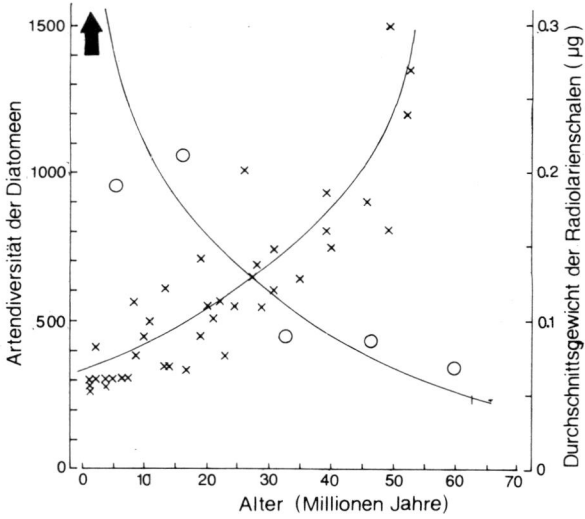

Abb. 8-8. Beziehung zwischen der Diatomeen-Artendiversität (Artenzahl) (o) (Pfeil: heute mehr als 5000 Arten) und dem Radiolarien-Schalengewicht (x) (aus HARPER & KNOLL 1975).

Übrigens ist nur 1/5 der z. Zt. existierenden Diatomeenarten „ozeanisch"; die übrigen leben in der Flachsee, sowie in brackischen und Süßwasser-Environments.

Die unterschiedliche Bedeutung von Diatomeen und Radiolarien in den heutigen Ozeanen kommt auch in den Sedimentationsraten zum Ausdruck (KEENE 1976: 90), angegeben für oberflächennahes, d. h. poröses Sediment:

Radiolarienschlamm am Äquator	ca 5 mm/1000 Jahre
Diatomeenschlamm	15–80 mm/1000 Jahre

zum Vergleich:
pelagischer Ton weniger als 2 mm/1000 Jahre
Karbonatschlamm der Tiefsee 5–30 mm/1000 Jahre

Die zarten Diatomeenschalen haben eine sehr geringe Sinkgeschwindigkeit, welche sie jedoch durch Aggregatbildung und Schleimabsonderung um mindestens eine Größenordnung (auf etwa 100 m/Tag) erhöhen, um schnell aus der an Nährstoffen verarmten Oberflächenschicht des Meeres herauszukommen (SMETACEK 1984). Stets sind es nährstoffreiche Gebiete, in denen die stärksten Anreicherungen von Kieselorganismen auftreten. Dies ist auch der Grund dafür, daß ein äquatorialer Gürtel kieseliger Sedimente im Atlantik nur im frühen Alttertiär existierte, als noch nährstoffreiches Wasser durch den Isthmus von Panama einströmte (RAMSAY 1973). Indirekt wurde die Anreicherung dadurch begünstigt, daß die Calcit-Kompensationstiefe („CCD") damals höher lag (HALLAM 1981: 176, 178). Im Oligozän und früher gab es den zirkumantarktischen Kieselorganismen-Gürtel noch nicht (RAMSAY l. c.); er entwickelte sich jedoch bald darauf, als sich die Nachbarkontinente von der Antarktis abtrennten und zunächst ein zirkumantarktischer Meeresstrom, sodann die antarktische Eiskappe entstand.

Kieselschwämme und vor allem Silicoflagellaten spielen quantitativ gegenüber den Diatomeen und Radiolarien eine geringere Rolle. Vor dem Jura, als es noch keine Diatomeen gab, und vor allem im Paläozoikum aber spielten die kompakten und gegen eine Auflösung resistenteren Schwammnadeln vermutlich eine beträchtliche Rolle bei der Fixierung des von den Flüssen zugeführten SiO_2 (s. u.).

B. Auflösung der Kieselskelette

Ein großer Teil vor allem der dünneren Radiolarien- und Diatomeenschalen wird schon in den obersten 100 m des Ozeans wieder gelöst, während dickwandige Radiolarien und Silicoflagellaten ohne größere Auflösungsverluste den Ozeanboden erreichen und dort zusammen mit den dickwandigen, benthonischen Diatomeen eingebettet werden können (CALVERT 1964, 1966a, b; LISITZIN l. c.: 154). Die lebenden Diatomeen sind unterschiedlich verkieselt. Die schwach verkieselten werden spätestens an der Sedimentoberfläche vollständig aufgelöst (GERSONDE & WEFER 1987). Die Auflösung ist am intensivsten in den stark SiO_2-untersättigten Oberflächenschichten des Meeres. Die quartären Radiolarien sind i. allg. etwas zarter und werden daher stärker angelöst als die tertiären (BERGER 1968a). In Wassertiefen über 5 km sind nach HURD (1973) 92–99% der absinkenden Radiolarien gelöst; Diatomeen werden aus dem gleichen Grund nur auf Tiefseeböden von weniger als 4 km Tiefe gefunden (s. auch WOLLAST 1974). Viele Radiolarien und die meisten Diatomeen, die das Sediment erreichen, sind in Kotpillen „verpackt", deren organische Häute sie z. T. noch in der Frühdiagenese schützen (KEUPP, mdl.), doch sind die „gefressenen" Diatomeen z. T. zerbrochen. Später setzten dann diagenetische Prozesse ein; Migrationen der Kieselsäure, wenn auch über kurze Entfernungen, lassen sich bereits in pliozänen Tiefseesedimenten nachweisen (WISE & WEAVER 1974). Die Auflösung von Kieselskeletten in den obersten Sedimentschichten (s. MARCHIG & RÖSCH 1982) ist um so stärker, je niedriger ihr Anteil am Sediment und daher auch die SiO_2-Konzentration im Porenwasser ist. Wo die Sedimentationsrate sehr gering ist, werden alle Kieselskelette schon am Meeresboden wieder aufgelöst, und es entsteht ein roter Tiefseeton. Insgesamt rechnet man damit, daß weniger als 2% der entstehenden Kieselschalen in den Tiefseesedimenten als Chert konserviert werden (KASTNER 1981: 923).

C. Zur Rolle des vulkanischen Glases

Während bis vor kurzem noch eine Beteiligung vulkanischen Glases an der Entstehung von Chert für wahrscheinlich gehalten wurde (z. B. GOLDSTEIN 1959), hält man heute den biogenen Opal für die weitaus bedeutendere SiO_2-Quelle (WISE & WEAVER 1974: 308; s. auch S. 529 und 540). In den vulkanogenen Sedimenten des Pazifik sind dementsprechend Porzellanit und Chert selten (LANCE-

LOT 1973; KEENE 1976). Andererseits ist immer wieder die Koinzidenz von Kieselgesteinen mit Tuffen oder Ophiolithkomplexen aufgefallen, so z. B. in der Molerformation Dänemarks (PEDERSEN 1981) und in den Monterey Shales von Kalifornien (PISCIOTTO & GARRISON 1981), vor allem aber in vielen Geosynklinaltrögen (GRUNAU 1965; GARRISON 1974; s. S. 529 und 943). Kürzlich beschrieben JONES & FITZGERALD (im Druck) aus obereozänen Flachseesedimenten Südaustraliens Opal-CT-Lagen, welche aus dem bei der Smektitisierung vulkanischer Aschelagen freiwerdenden SiO_2 entstanden. Schwammnadeln trugen nur zum geringen Teil dazu bei; sie sind meist nicht aufgelöst. Es wird angenommen, daß Aschefälle eine submarine Braunalgenflora töteten und dabei chelatisierende Verbindungen aus dieser freisetzten, welche die SiO_2-Löslichkeit beträchtlich erhöhten. Im Sediment wären dann diese Kieselsäurechelate bei schwach sauren Bedingungen zerfallen und hätten SiO_2-Lagen erzeugt. Nach RIEDEL & SANFILIPPO (1977) erhöht zudem vulkanisches Glas im Tiefenwasser und im Porenwasser den SiO_2-Gehalt und begünstigt dadurch die Konservierung der organogenen Kieselschalen.

D. Verwitterungslösungen als Ursache der Chertmaxima in der Erdgeschichte

Aber als SiO_2-Quelle für die Kieselorganismen kommt in erster Linie nicht das vulkanische Glas in Betracht, welches in die Ozeane fällt. Es sind vielmehr die kontinentalen Verwitterungslösungen, die das SiO_2-Reservoir des Ozeanwassers auffüllen. Darauf weist einerseits der höhere SiO_2-Gehalt im durchschnittlichen Flußwasser (13,1 ppm) gegenüber dem Ozeanwasser (3,5 ppm) hin, andererseits gibt es eine auffällige Koinzidenz zwischen der großen Häufigkeit von Chert im Karbon sowie in Oberjura, Oberkreide, Eozän und Miozän, und dem warmen Klima mit verstärkter Lateritbildung und SiO_2-Abfuhr in den gleichen Formationen (MILLOT 1970; STEINBERG 1981; VALETON 1983a). Das Zurücktreten von Chert an der Maastricht/Paläozängrenze könnte nach KEENE (l.c.) durch ein kurzzeitiges, vielleicht klimatisch bedingtes Nachlassen der terrigenen SiO_2-Zufuhr oder durch ein größeres Planktonsterben bedingt sein. Ein weiteres Chert-Maximum stellen die mittelmiozänen Diatomite rund um den Pazifik dar (Kap. 8.3.4). Anschließend verlagerte sich die Haupt-Opalproduktion dann in den neu entstandenen, kühlen, periantarktischen Ozean (BREWSTER 1980). PISIAS (1976) fand im Quartär eine 100 000-jährige Periodizität der Opal-Akkumulationsraten und brachte sie mit der Periode der Exzentrizität der Erdumlaufbahn in Verbindung.

E. Gesamtbilanz

Die jährliche Lösungsfracht der Flüsse wird von HOLLAND (1978) auf $6 \cdot 10^{14}$ g SiO_2 geschätzt. Demgegenüber beträgt die jährliche Produktion von Kieselskeletten nach der von CALVERT (1974: 280) gegebenen Übersicht ca. $7 \cdot 10^{16}$ g, wovon allerdings nur etwa 1%, d. h. $7 \cdot 10^{14}$ g konserviert und damit dem System entzogen werden, während der Rest durch Wiederauflösung ins Meerwasser zurückfließt. Andererseits entströmen den mittelozeanischen Rücken hydrothermale Laugen mit 1300 ppm SiO_2 (EDMOND et al. 1982: 188), welche nach Abb. 8-3 nahezu gesättigt an amorpher SiO_2 sind. Diese SiO_2-Zufuhr macht nach EDMOND et al. (1979: 11) etwa 50% der Zufuhr durch die Flüsse aus. Würde man den o. g. Schätzwert des Konservierungsanteils der Kieselskelette von 1 auf 1,5% erhöhen, so würde die Kieselsäurebilanz der Meere etwa aufgehen, wobei als vermutlich kleinere Effekte noch die Umbildung terrigener Tonminerale (MACKENZIE & GARRELS 1966), die Neubildung von Silikaten (WOLLAST 1974) und die Smektitbildung aus vulkanischem Glas am Meeresboden zu berücksichtigen wären. Die planktonischen Kieselorganismen sind übrigens darauf angewiesen, daß die Kieselsäure aus größeren Meerestiefen (bis 9 ppm SiO_2) in die an SiO_2 verarmte Oberflächenschicht (meist 0,1 ppm SiO_2, CALVERT 1974: 275) durch Auftriebsströmungen zurückgebracht wird (s. auch DE MASTER 1981).

F. Spurenelemente

Die relativ hohen Konzentrationen von Fe (0,3 bzw. 0,44%), Ni (28 bzw. 23 ppm), Cu (29 bzw.

34 ppm), Co (1,9 bzw. 2,5 ppm) und Cr (8 ppm) in Radiolarien bzw. Diatomeen mögen in Gebieten hoher, biogener SiO_2-Produktion für einen Teil der Metallkonzentrationen in Manganknollen verantwortlich sein (KASTNER l. c.: 938).

8.2.6 Verbreitung auf dem Festland

Diatomeen kommen in fast allen Binnengewässern vor. Angereichert sind sie vor allem dort, wo chemische oder klastische Sedimentation zurücktreten. Rezente Beispiele sind der Baikalsee und kleinere Seen in Wisconsin, deren Sedimente zu 20–73% aus Opal bestehen (CONGER 1942). Viele Alpenseen enthalten einige Prozente Opal (ZÜLLIG 1956; MÜLLER 1966).

Im letzten (Eem) und vorletzten (Holstein) Interglazial gab es in Norddeutschland Seen, deren Sedimente überwiegend aus Diatomeen bestanden und heute als „Kieselgur" in der Lüneburger Heide abgebaut werden (DEWALL 1928; BENDA & BRANDES 1974). Eine intensive Podsol-Verwitterung der Geschiebemergel lieferte die Kieselsäure dazu (VALETON mdl.). Das bedeutendste Vorkommen, bei Unterlüß, ist 10–15 m mächtig; die Kieselgur füllt dort eine 4 km lange und 1 km breite Mulde. Darin nimmt der SiO_2-Gehalt vom Liegenden zum Hangenden von 71,2 auf 89,2% zu; der Rest besteht zum Teil aus torfartiger organischer Substanz. Die Korngrößenverteilung entspricht einem verhältnismäßig gut sortierten Mittelsilt, die Porosität liegt zwischen 75 und 95%, da die Diatomeen hohl sind. Diese Eigenschaften begründen die frühere Verwendung von Kieselgur als Absorbens (z. B. für Nitroglyzerin: Dynamit), sowie als Filtrier- und Isoliermaterial. Ein kleineres Vorkommen aus einem Interstadial der Elstereiszeit beschriebenen BENDA & WINDHEUSER (1979) aus der Eifel.

Zusammenfassung

Diatomeen, Radiolarien und Kieselschwämme sind – etwa in dieser Reihenfolge – die quantitativ bedeutendsten kieselschaligen Organismen. Heute gibt es besondere Diatomeenmaxima in den Meeren hoher Breitengrade, während die Radiolarien in Äquatornähe ein Verbreitungsmaximum haben. Die Diatomeen beginnen in der Oberkreide wichtig zu werden, die Radiolarien im Silur, die Kieselschwämme im Kambrium. Frühestens seit dieser Zeit, vielleicht erst seit dem Silur ist demnach mit dem heutigen stationären Zustand des SiO_2-Gehaltes im Meerwasser zu rechnen, welcher im wesentlichen durch die Leistungsfähigkeit dieser Organismen bestimmt wird: Sie vermögen dem Oberflächenwasser SiO_2 fast bis zur 1000-fachen Untersättigung an amorpher SiO_2 zu entziehen. Entsprechend stark ist die Auflösung der toten – nicht mehr durch organische Substanz geschützten – Kieselskelette während und nach ihrem Absinken zum Meeresboden. In Auftriebsgebieten wird das an SiO_2 angereicherte Tiefenwasser dem Lebensraum des Planktons wieder zugeführt. Die durch die Erdgeschichte wechselnde Stärke der Festlandverwitterung und SiO_2-Mobilisierung bestimmte die Menge der Kieselorganismen in den Weltmeeren und damit auch die Häufigkeit von Kieselsedimenten. Die terrestrischen Diatomeensedimente (Kieselgur) spielen demgegenüber nur eine geringe Rolle.

8.3 Kieselgesteine und ihre Entstehung

8.3.1 Klassifikation

Da die unverfestigten Kieselsedimente in aller Regel aus den Hartteilen von Kieselorganismen bestehen, werden sie nach diesen als Diatomeenschlamm, Radiolarienschlamm oder Schwammnadeln-Schlamm bezeichnet. Diese Namen setzen nach der in diesem Buch verwendeten Nomenklatur voraus, daß mehr als 50 Volumenprozent der Festsubstanz aus biogenem Opal bestehen; KUENEN (1950) bezeichnet als Radiolarienschlamm bereits ein Sediment, das mindestens 20% Radiolarien-Opal enthält.

Schwach verfestigte Kieselsedimente werden nach MÜLLER (in FÜCHTBAUER & MÜLLER 1970: 472) als Diatomeenerde (Kieselgur) bzw. Radiolarienerde bezeichnet. Stärkere Umkristallisation kann zu einer partiellen oder vollständigen Auslöschung der Primärgefüge führen. Solche i. allg. aus Opal-CT bestehenden Gesteine nennt man Porzellanit. An heißen Quellen kann sich Kieselsinter bilden. Tripel (terra tripolitana) nennt man leichte, nicht aus Organismen aufgebaute Kieselgesteine mit hoher, vermutlich sekundärer Porosität; zum Teil werden die Begriffe Tripel oder Polierschiefer aber auch auf Kieselgur angewandt.

Stark verfestigte Kieselgesteine, die i. allg. aus Varietäten des Quarz (Chalcedon, Quarzin, Krypto-/Mikroquarz oder Faserquarz) bestehen, können zusammenfassend als Hornstein oder Chert bezeichnet werden. Läßt sich der Ursprung noch erkennen, so kann man die Namen Diatomit, Radiolarit oder Spiculit verwenden. Hornsteinknollen sind diagenetische Bildungen; sie werden vor allem in der Oberkreide auch als Feuerstein oder Flint bezeichnet. Der französische Ausdruck ist „silex" (RIO 1982: 17).

Nach KALKOWSKI (1901) lassen sich „Einkieselungen", d. h. Ausscheidungen von SiO_2 im Porenraum, von „Verkieselungen" unterscheiden. Ist diese Unterscheidung nicht möglich, so spricht man mit MILLOT (1960) von „Silifizierung". Sie umfaßt auch SiO_2-Krusten auf der Gesteinsoberfläche „silcrete skin" (HUTTON et al. 1972).

8.3.2 Silcretes und terrestrische Verkieselungen

A. Allgemeines und Definitionen

Die Freisetzung der Kieselsäure bei der chemischen Verwitterung ist nicht nur die wichtigste Quelle für die Neubildung von silikatischen Mineralen im terrestrischen oder marinen Bereich (Tonminerale, Zeolithe, Feldspäte z. T.), sondern ganz besonders für die SiO_2-Ausscheidungen und für den Si-Transport oft über lange Strecken durch Fluß- oder Grundwasser. Hier soll zunächst die Genese terrestrischer Kieselgesteine – silcretes – betrachtet werden.

Die Begriffe „silcrete" und „calcrete" wurden zuerst von LAMPLUGH (1902, 1907) für pedogene Krusten in Zentralafrika verwendet. „Silcretes" lassen sich nach WOPFNER (1978) und SUMMERFIELD (1983a) als SiO_2-Anreicherungen an der Oberfläche oder nahe der Oberfläche, als Imprägnationen (Zementation) und/oder Verdrängungen (Metasomatose) von präexistierenden Ausgangsgesteinen, z. B. in Verwitterungsprofilen, Böden oder terrestrischen, unverfestigten Sedimenten – meist verbunden mit absoluter SiO_2-Anreicherung – unter physikochemischen Oberflächentemperatur-Bedingungen definieren. Da silcretes lateral in ferricretes und andere duricrusts übergehen können, wird ein Mindestgehalt von 85% SiO_2 für die Bezeichnung silcrete vorausgesetzt. Silcretes sind an fossile stabile Landoberflächen sehr geringer Reliefenergie, mit sehr langsamer Erosion oder Akkumulation gebunden sowie an Drainage in interkontinentale abflußlose Becken oder an Gebiete mit eingeschränkter Entwässerungsmöglichkeit in die Ozeane. Man findet dort durch SiO_2-Zufuhr verhärtete Böden und SiO_2-Imprägnationen von Sedimenten. Außer SiO_2 wird TiO_2 zugeführt. Diese silcretes sind meist fossilen, tertiären Landoberflächen warmfeuchter Klimaphasen zuzuordnen und haben dann keine Beziehung zu heutigen Milieubedingungen (Abb. 8-9).

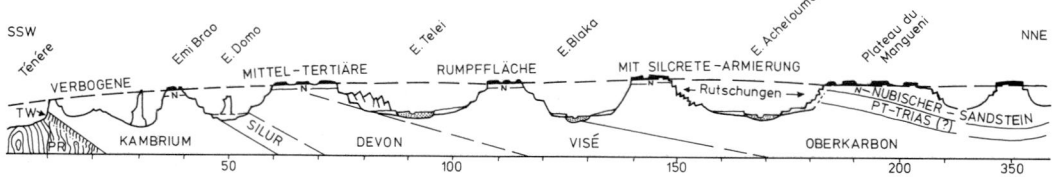

Abb. 8-9. Schematisches geologisch-morphologisches Profil durch das Djado-Plateau (SW-Rand des Murzuk-Beckens, Libyen). Alt- bis mitteltertiäre Einebnungsfläche mit silcrete-Armierung; durch jüngere Hebung verbogen und durch nachfolgende Erosion zertal (nach BUSCHE, 1980). Pr = stark gefaltetes Präkambrium; TW = Tiefenverwitterung auf präkambrischer Rumpffläche.

Den „silcretes" äquivalente oder verwandte Bezeichnungen in der älteren oder lokalen Literatur sind in
- Australien: grey billy, billy, desert sandstone, siliceous duricrust, surface quarzite, porcellanite.
  SMALE (1973) gliedert silcretes in Australien und Südafrika in: terrazzo type, konglomeratic type, Albertina type, opaline or massive type, quarzite type.
- Deutschland: Tertiärquarzite (von FREYBERG, 1926)
- Frankreich: meullière, im Kongobecken „grès polymorphe"
- England: Sarsen (SUMMERFIELD & WHALLEY, W. B. 1980); Puddingstone.

Auf Grund ihrer unterschiedlichen Ausbildung und ihrer zeitlich und räumlich sehr komplexen Genese gibt es über silcretes eine umfangreiche, oft sehr kontroverse Literatur. Gute Übersichten geben MILLOT (1960), GOUDIE (1973, „Duricrusts"...), LANGFORD-SMITH (1978, „Silcretes in Australia"), WILSON (1983, „Residual deposits"), GOUDIE & PYE (1983, „Chemical Sedimentation and Geomorphology"), CNRS-Colloquium in Paris (1983, „Pétrologie des Altérations et des sols"; dort weitere Literatur).

Im folgenden gilt es, die komplexen milieuabhängigen Ausscheidungsmuster pedogen mobilisierter Kieselsäure in Raum und Zeit darzustellen.

B. Verbreitung von silcretes in Raum und Zeit und Herkunft der SiO$_2$

In bezug auf die raum/zeitliche Verbreitung der silcretes lassen sich drei Haupttypen unterscheiden:

1. innerhalb von Verwitterungsprofilen durch relative oder absolute SiO$_2$-Anreicherung während warm-humider Zeiten,
2. SiO$_2$-Abtransport aus Verwitterungsprofilen und Imprägnation poröser Gesteine nach vorwiegend lateralem Transport; dabei absolute SiO$_2$-Anreicherung, während warm-humider Zeiten.
3. SiO$_2$-Lösung und -Wiederausscheidung in Playas oder Sebkas, in warm-ariden Zeiten (Kalaharityp).

Die Typen 1. und 2. stehen räumlich und zeitlich in einer engen Verbindung zueinander (Abb. 8-10).

Das SiO$_2$ kann wieder ausgeschieden werden (a) innerhalb oder direkt unter den Verwitterungsprofilen, (b) erst nach einem Transport durch das Grundwasser im Sediment, (c) durch oberflächlich austretendes Wasser auf alten Landoberflächen, oft mehrere Meter dicke Krusten bildend, (d) deszendent Sedimente imprägnierend, oder (e) in periodischen Seen als Kiesellagen oder Kieselkonkretionen. Die initialen Hauptphasen der SiO$_2$-Mobilisation sind an warm-humide Zeiten mit intensiver chemischer Verwitterung gebunden. Pedogen mobilisierte und in silcretes gebundene Kieselsäure wird aber in mehreren terrestrischen environments leicht remobilisiert und dann zu verschiedenen Zeiten unter den unterschiedlichen Milieubedingungen wieder ausgeschieden. Diese unter komplexen polyphasen und polygenetischen Bedingungen entstandenen terrestrischen Kieselgesteine werden von WOPFNER (1978) als „multiple silcretes" bezeichnet. Durch Erhärtung schützen diese SiO$_2$-reichen „duricrusts" Verebnungsflächen bei jüngerer Hebung und können zur Reliefumkehr von Talböden und Seeabsätzen führen, die dann als Tafel- oder Inselberge das fossile Drainagemuster nachzeichnen. Solche duricrusts sind auf den Gondwana-Kontinenten, vor allem in Australien, Nord- und Südafrika vom Jura bis ins Alttertiär weit verbreitet, treten aber ebenso in Kreide- und Tertiärschichten Mitteleuropas auf. Sie besitzen unterschiedliche Ausbildung und eine zeitlich und räumlich sehr komplexe Genese (Abb. 8-9).

Am besten läßt sich diese für das Paläozän-Eozän oder Miozän in Räumen mit innerkontinentalen Drainagesystemen rekonstruieren, die keine wesentlich jüngere Bedeckung erfahren haben. In klassischer Weise haben dies erstmals L. CAYEUX (1906), von FREYBERG (1926), BURRE (1930) für die Tertiärquarzite in Mittel- und Westeuropa, LAMPLUGH (1907), STORZ (1926), KAISER (1926) in Afrika, und WALTHER (1915), WOOLNOUGH (1927) in Australien erkannt und dargestellt. Die SiO$_2$-Ausscheidungen haben dort eine mehrmalige jüngere, sowohl mechanische wie chemische Remobilisation in Abhängigkeit von der jüngeren Morphogenese, Klimatogenese und Pedogenese erfahren.

Im Laufe der Erdgeschichte hat es sicher mehrmals ähnliche Raum-Zeit-Klimakonfigurationen gegeben, die zu äquivalenten Bildungen führten.

zu 1.) Silcretes in Verwitterungsprofilen:
Im Labor simulierte, meist rein anorganische Verwitterungsversuche von Silikaten erzeugen wegen geringer Al-Löslichkeit in Gegenwart von Kieselsäure bei guter Drainage im Anfangszustand reine Al-Hydroxide; erst abnehmende Drainage und SiO_2-Übersättigung der Verwitterungslösung führen zur Bildung von 1 : 1 oder 2 : 1-(Si : Al) Schichtsilikaten oder zur Ausscheidung amorpher SiO_2. Dieser Prozeß ist im sauren und neutralen Bereich (bis pH 8) pH-unabhängig (RAUPACH 1983).

In der Natur findet SiO_2-Anreicherung innerhalb von Verwitterungsprofilen in gemäßigten oder warm humiden Klimaten 1. auf Al-armen oder Al-freien Muttergesteinen, 2. unter schlechten Drainagebedingungen (Stauwasser) oder 3. in Gegenwart von löslichen Organo-Metallkomplexen (siehe Kapitel über Verwitterung) statt.

Bei der lateritischen Verwitterung auf Al-armen oder -freien mafischen oder ultramafischen Muttergesteinen (Ophiolithe, Serpentinite) können sich keine Al-Schichtsilikate bilden. Neben verschiedenen sekundären Generationen von Mg-Schichtsilikaten entstehen mächtige in situ-silcretes, die den Saprolith (siehe Kapitel über Verwitterung) imprägnieren oder metasomatisch verdrängen oder auf Klüften und Hohlräumen des angewitterten Muttergesteins ausgeschieden werden. Viele Nickel-Laterite auf Serpentiniten werden von solchen oft viele Dezimeter oder Meter mächtigen, unregelmäßig-wolkenförmig ausgebildeten Verkieselungszonen im B/C Grenzbereich begleitet (BASSETT 1954; LERSCH 1973; NAHON 1979; MARSHALL et al. 1983; MELFI et al. 1979; VALETON 1979; ROSENBERG 1984).

In der Form löslicher Organo-Metallkomplexe können Al, Fe, Ti und andere Metalle in sauren Böden (Podsole) über weite Strecken abtransportiert werden, was zu relativer SiO_2-Anreicherung in Böden oder Verwitterungsprofilen führt. Anreicherungen von SiO_2 in amorpher oder kristallisierter Form in Böden auf Basalten und Graniten, aber auch auf tonig-sandigen Sedimenten werden von TARDY (1971), BRIDGES & BULL (1983), WOPFNER (1978) und vielen anderen beschrieben. Die Löslichkeit nimmt in der Reihenfolge: Quarz, gut kristallisierte – schlecht kristallisierte Schichtsilikate – Opal, zu.

zu 2.) SiO_2-Abtransport aus Verwitterungsprofilen und Imprägnation poröser Gesteine nach vorwiegend lateralem Transport.

Die SiO_2-Anreicherung erfolgt nach lateralem Kieselsäure-Transport. Die aus lateritischen Böden gelöste Kieselsäure wird im Grund- oder in Oberflächenwässern und deren Drainagesystemen in flache, abflußlose, innerkontinentale Becken geleitet. Dort finden SiO_2-Imprägnation oder metasomatische Verdrängungen von Böden oder Sedimenten (mit silifizierten Wurzeln – Ganister – oder Baumstämmen) statt. Auf der alttertiären Cordillofläche in Südost-Australien wurde von DURY & HABERMANN (1978) ein lateraler Übergang von höhergelegenen ferricrete-Gebieten in ein zentrales silcrete-Gebiet beschrieben (Abb. 8-10,1). In ersteren war die Drainage besser, sodaß dort SiO_2 abgereichert und im zentralen Becken ausgeschieden wurde. So entstanden in Australien auf der alttertiären Cordillofläche lateral nebeneinander Laterite und Kieselgesteine, deren Verbreitung, Mächtigkeit und Gefügeausbildung starken Variationen unterworfen sein kann. Die silcrete-Mächtigkeiten schwanken zwischen einigen cm und vielen Metern. Hauptzeiten der silcrete-Bildungen des Typs 1 (s. o.) und 2 waren auf den Gondwanakontinenten a. (an wenigen Stellen erhalten) Ober-Jura (Ende der Karrooformation; WRIGHT 1978; WOPFNER 1978), b. Paläozän und Eozän auf der Cordillofläche im Australischen Lake-Eyre-Becken (WOPFNER 1983a; LANGFORD-SMITH 1978; MILNES 1983; VAN DE GRAAFF et al. 1977, VAN DE GRAAFF 1980, 1983; SUMMERFIELD 1983a, s. auch GUNN & GALLOWAY 1978), alttertiäre Flächen Nordafrikas (BUSCHE 1980, 1983), mehrere Zeiten seit dem Alttertiär im südlichen Afrika, in der Kalahari (WRIGHT 1978), der Cap Provinz (SUMMERFIELD 1981, 1983b; MOUNTAIN 1980), das Alttertiär Frankreichs (KULBICKI 1956; THIRY 1978, 1981; VALLERON et al. 1983; MOULIN 1983) und in Südengland (SUMMERFIELD et al. 1980), c. Oligozän und

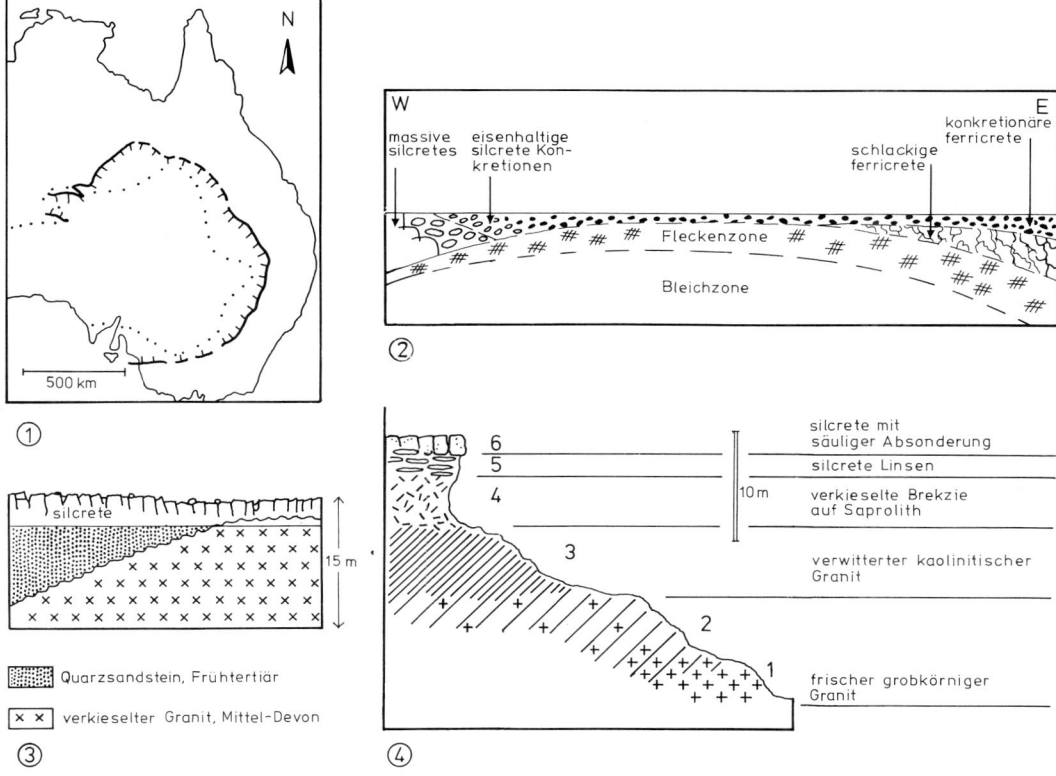

Abb. 8-10. Laterale Übergänge von ferricretes in silcretes.
1) Grenze zwischen ferricrete (außen), Übergangsbereich (zwischen gepunkteter und ausgezogener Linie) und silcrete (innen) in Ost-Australien (nach Dury, 1968), s. auch Langford-Smith & Watts (1978) und Watts (1978).
2) Querschnitt durch ferricrete-Zone – Übergangszone – silcrete-Zone in Ost-Australien (nach Dury, 1968).
3) Alttertiäre Verkieselung von mitteldevonischem Granit und den überlagernden frühtertiären Sandsteinen sowie massive Silcretebildung mit säuliger Absonderung in einem gekappten Bodenprofil aus Süd-West-Queensland, Australien (nach Senior et al., 1972).
4) Ein gekapptes Verwitterungsprofil auf Granit, das von der Oberfläche ausgehend sekundär verkieselt wurde und zum Top in massive silcretes mit säuliger Absonderung übergeht, Südaustralien (nach Wopfner, 1978).

Miozän des Pariser Beckens (Cholley 1943; Crouzel & Meyer 1983; Trauth 1983), in Südlimburg (Riezebos 1974; Van der Broek et al. 1967), in Mitteleuropa (von Freyberg 1926; Wopfner 1983a).

In einem Paläo-silcrete fand Murray (1984) in topographisch hochliegenden Bereichen Quarzanwachssäume, in tiefliegenden aber infolge höherer Konzentrationen Chalcedonüberzüge.

zu 3.) SiO_2-Lösung und -Wiederausscheidung in Playas oder Sebkas in warm-ariden Zeiten. Summerfield (1983b) fand in vielen silrete-Profilen Südafrikas eine räumliche Vergesellschaftung mit ferricretes und calcretes (Abb. 8-11). 1982 beschreibt er silcretes aus dem Kalaharibecken, die wie in anderen Gebieten auch hier an weite, stabile Flächen sehr geringer Reliefenergie mit fehlender oder sehr langsamer Sedimentation gebunden sind. Hier fehlen ältere Verwitterungsprofile aus warm-humiden Zeiten.

Die silcretes begannen sich im frühen Pleistozän zeitlich vor der Dünenbildung unter semiariden bis ariden Bedingungen zu entwickeln; ihre Entstehung hält bis heute an. SUMMERFIELD unterscheidet vier Silcretetypen:

1. verkieselte äolische Sande, welche harte Horizonte in den Kalaharisanden bilden,
2. verkieselte Fluß-Sande und -Kiese entlang von Drainagerinnen,
3. verkieselte Playa-Sedimente, die sich als grüne, K-reiche silcretes auf Illit-Glaukonit-reichen Sedimenten entwickelt haben,
4. verkieselte calcretes mit allen Übergängen zu reinen silcretes.

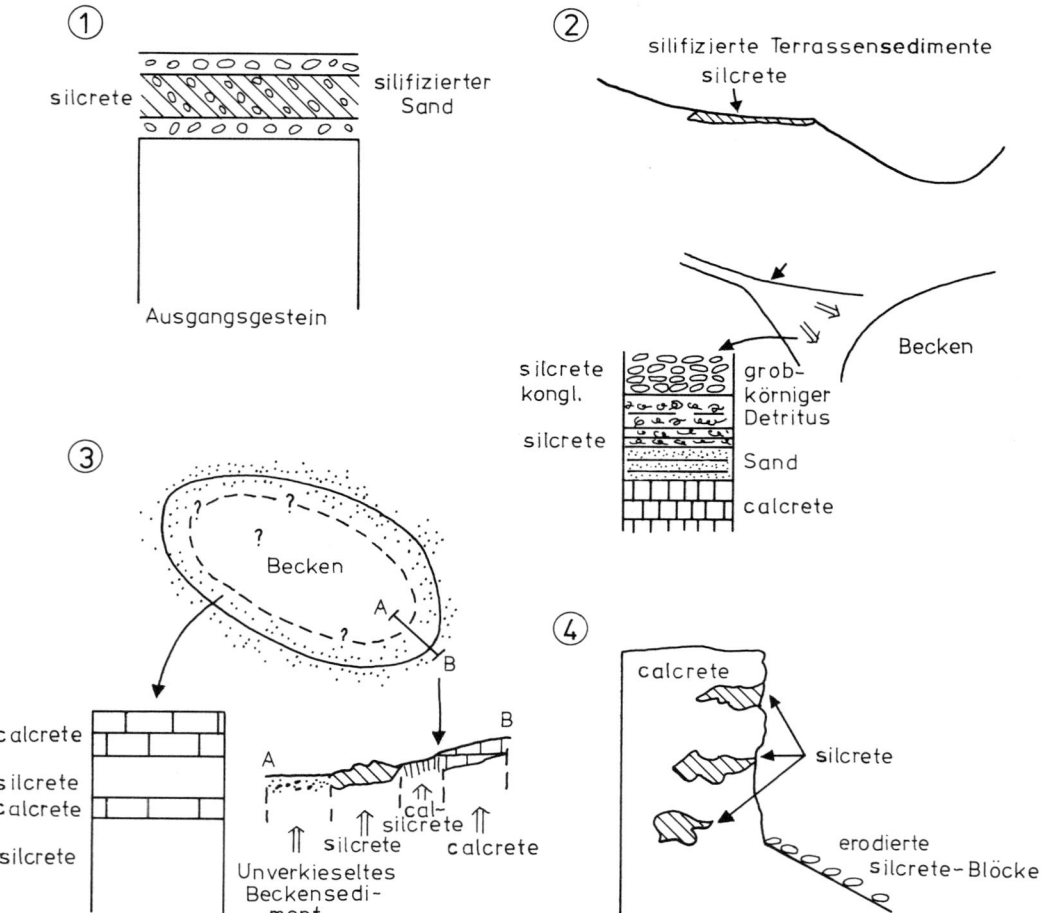

Abb. 8-11. Verschiedene Übergangstypen silcrete-calcrete in innerkontinentalen Becken arider Klimate (Kalahari, Süd-Afrika).
1) Sand-Kies-Wechsel mit silcrete-Bildung nur im Sand.
2) Deltafächer mit periodischer fluviatiler Schüttung in interkontinentale Becken im Wechsel mit calcrete- und silcrete-Bildung auf unterschiedlichen Sedimenttypen. Silifizierte Terrassensedimente entstehen durch nachfolgende Flächenzerschneidung.
3) Mögliche laterale und vertikale Vergesellschaftung von calcretes – cal-silcretes – silcretes und unverfestigten Sedimenten (Schnitt A–B).
4) Mögliche calcrete-silcrete-Vergesellschaftung mit unregelmäßig linsigen Kieseleinschaltungen (Konkretionen) in calcretes; nachfolgende Erosion erzeugt Anreicherung von silcrete-Blöcken auf der jüngeren Landoberfläche (nach SUMMERFIELD 1982).

In den stark alkalischen Böden der Kalahari (S-Afrika) wird neben Ca und anderen Elementen auch die Kieselsäure mobilisiert, und es kommt nach FOLK & PITTMAN (1971) und ARBEY (1980) zu gleichzeitiger Bildung von pedogenen Kieselgesteinen und Evaporiten.

Silcretes sind im Laufe der Erdgeschichte offensichtlich sowohl in warm-humiden wie in ariden Zeiten entstanden; sie können sowohl einen polyphasen wie polygenetischen Charakter besitzen. An alte Landoberflächen oder unconformity-Flächen gebundene Silifizierung wird aus dem Präkambrium des Lake-superior-Gebietes, aus paläozoischen Kalken der Mississippiregion, aus dem Unteren Perm (Penrithsandstone) NW-Englands und aus dem Mittleren Buntsandstein (Carneolhorizonte) Mitteleuropas beschrieben.

C. Morphologische Bedeutung von silcretes

Nach MILNES (1983) sind silcretes in Australien „relic duricrusts on mesas", die deutlich über der heutigen Erosionsbasis liegen. Das gleiche gilt nach BUSCHE (1980) für Nordafrika (Abb. 8-9). An Plateaurändern sondern sich silcrete-Blöcke entlang vorgezeichneter Muster (Klüftung, Trockenrisse) mechanisch ab. Sie können Hangschutt und Schotterfächer auf den nächstjüngeren Flächen bilden und auch in jüngere silcretes wieder einbezogen werden.

Nach ALLEY (1977) haben posteozäne Bewegungen die silcretes tektonisch verstellt. Eine antiklinal verformte silcrete-Lage der Cordillofläche in Australien bildet nach WOPFNER (1978) den Leithorizont für eine darunterliegende Erdöllagerstätte.

D. Gefüge der silcretes

Da es sich bei „silcretes" um Phänomene der Bodenbildung handelt, gibt es nach BREWER (1964) eine eigene pedogenetisch interpretierte Gefügenomenklatur. Silcrete-Gefügen werden von WOPFNER (1978), SUMMERFIELD (1983a) und Van der GRAAFF (1983) klassifiziert. Die Mikrogefüge werden beeinflußt von:

1. dem Gefüge der Muttergesteine,
2. dem silcrete-Typ und seiner Mächtigkeit
3. dem makroskopischen Gefüge der silcretes,
4. der Mineralzusammensetzung der Matrix.

Die Klassifizierungen der Mikrogefüge (Mikromorphologie) von WOPFNER und SUMMERFIELD stimmen im Wesentlichen überein. SUMMERFIELD (1983a) unterscheidet folgende Gefüge (Abb. 8-12):

– GS-(grain supported): Gefüge, in dem klastische Körner vorherrschen. Varianten dieses Gefüges entstehen durch unterschiedliche Zwickel- oder Hohlraumfüllungen, durch orientiertes Weiterwachsen klastischer Quarze in die Hohlräume hinein. Die unebene oder korrodierte Oberfläche der detritischen Körner ist dabei oft durch Fe-Ausscheidungen markiert (dust rings, coatings). Zementation durch Chalcedonwachstum senkrecht zur Quarzoberfläche oder Zwickelfüllung durch Mikroquarze treten ebenfalls auf.

– F-Gefüge (floating) besteht aus klastischen Körnern (mehr als 5%), die sich nicht berühren. Die Matrix zwischen ihnen kann aus feinklastischen Quarzen, Tonmineralen, Sesquioxiden, Anatas, Karbonat etc. bestehen, die durch authigene SiO_2-Ausscheidungen (meistens Mikroquarz, aber auch Chalcedon oder Opal) zementiert sind. F-Gefüge entstehen auch durch Verdrängung. Manchmal enthalten sie runde oder elliptische Konkretionen (Glaebules), die pedogen entstanden sind und Ti-reich sein können. Man kann zwischen Glaebule-reichen und -armen Gefügen unterscheiden.

– M-Gefüge, die nur aus Matrix der oben beschriebenen Zusammensetzung bestehen. Auch sie enthalten teilweise pedogene Konkretionen (Glaebules), sodaß man sie in massive und in konkretionshaltige oder -reiche M-Gefüge unterteilen kann.

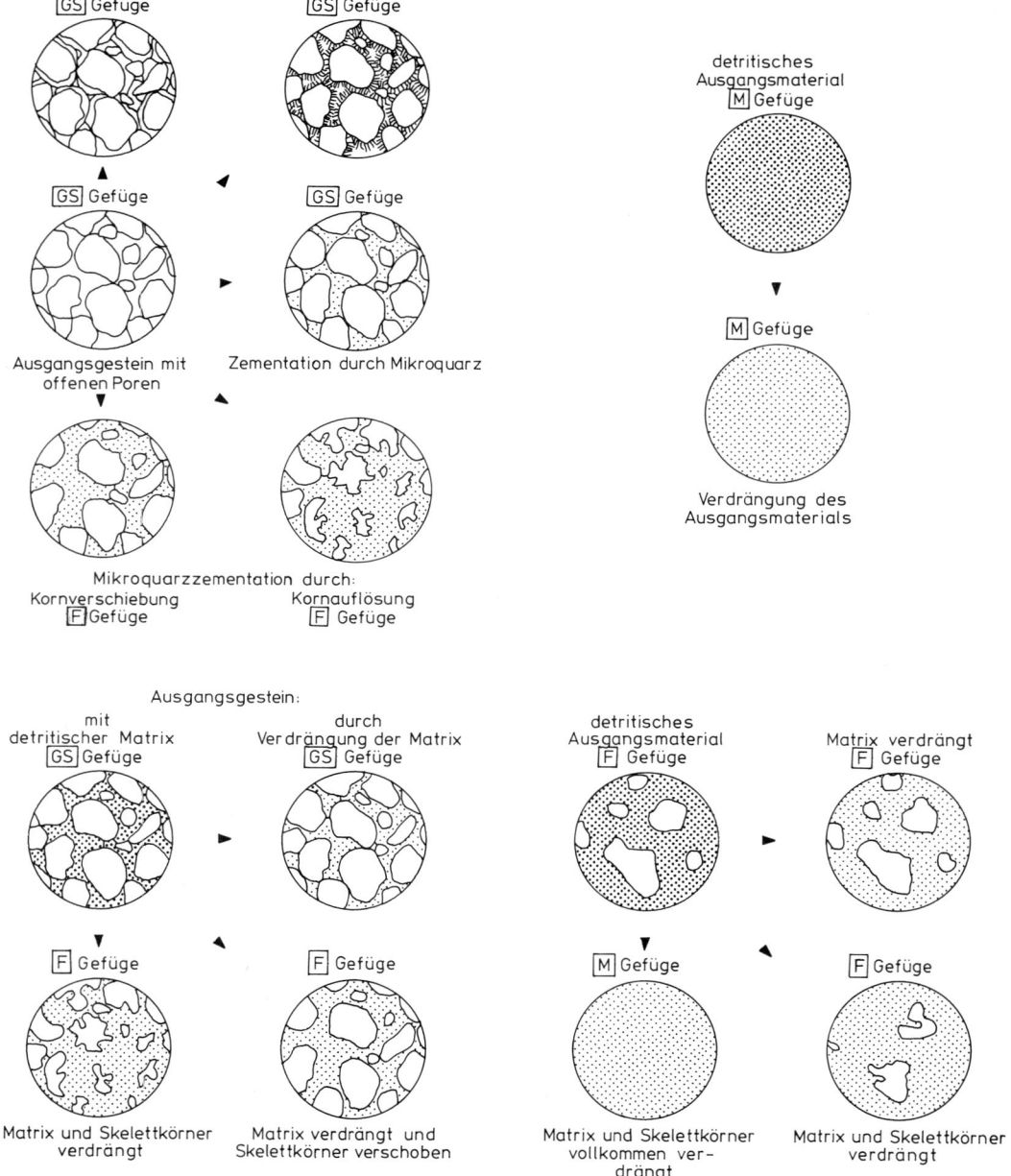

Abb. 8-12. Entstehung der silcrete-Mikrogefüge (nach SUMMERFIELD 1983a) Typenbeschreibung im Text. Pfeile geben die Entwicklungsrichtungen an. Dickes Punktraster = sedimentäre Matrix, dünnes Punktraster = kieselige Verdrängung oder (links oben) Zementation.

– C-Gefüge (konglomeratisch) sind reich an eckigen oder gerundeten Klasten, die nicht mit den in-situ-Konkretionen (Glaebules) verwechselt werden dürfen. Die Zwickel- und Porenfüllungen entsprechen entweder einem F- oder einem M-Gefüge.

– In den silcretes entwickeln sich normalerweise mehrere Gefügegenerationen nacheinander, wobei die metasomatische Verdrängung (replacement) sowohl von klastischen Komponenten, wie von Matrix eine wichtige Rolle spielen kann.

WOPFNER (1978) beschreibt silcretes verschiedener Maturität (Reife). „Reife" silcretes sind vollständig lithifiziert, dicht und von geringer Porosität. „Unreife" silcretes bestehen dagegen aus einzelnen Konkretionen (Glaebules) oder Aggregaten, die in einer nicht oder weniger verkieselten Grundmasse schwimmen.

Durch die In-situ-Konkretionsbildungen (Glaebules) in bestimmten silcrete-typen entstehen sehr ähnliche Gefüge wie in Lateriten. Silcretes arider Gebiete wie die der Kalahari besitzen sehr variable Gefüge in Abhängigkeit vom Ausgangs-Sediment mit unterschiedlichen Korn- und Matrixtypen. Es können sowohl GS- wie auch F- oder M- oder C-Gefüge nacheinander oder nebeneinander auftreten.

In Vergesellschaftung mit calcrete-Bildung besitzen silcretes häufig Brecciengefüge. F-Gefüge durch Anlösung und metasomatische Verdrängung primärer Minerale ist weitaus das wichtigste Gefüge. Die metasomatische SiO_2-Platznahme erfolgt im alkalischen Milieu weniger durch Zufuhr der SiO_2 aus Verwitterungs- und Umlagerungsprodukten älterer Gesteine als aus äolischem Staub. In Duricrust-Assoziationen von Quarzsanden, silcretes und calcretes mit pH-Werten > 9 in der Porenlösung wird SiO_2 mobilisiert und führt zur metasomatischen Verdrängung von Quarz und anderen Silikaten (WATTS 1980). Si-speichernde Pflanzen oder Diatomeen der periodischen Flüsse und Seen tragen außerdem zur SiO_2-Fällung bei.

E. Chemie und Mineralogie der silcretes

Chemische und mineralogische Untersuchungen von silcretes liegen in großer Zahl vor. (von FREYBERG 1926; HUTTON et al. 1978; WOPFNER 1978; SUMMERFIELD 1983a; SENIOR 1979). Die Gehalte an Alkalien, Erdalkalien, Al_2O_3 und Fe_2O_3 liegen im allgemeinen unter oder um 1–2% (Tab. 8-2). Wichtig sind begleitende Spurenelemente wie Ti, Zr, La und Ce. SUMMERFIELD (1983a) unterscheidet nach dem Ti-Gehalt silcretes 1. in Verwitterungsprofilen (siehe Abschnitt B, Typ 1) mit hohen TiO_2-Werten (0,8–3,7%) und authigenem Anatas und 2. in aus dem Grundwasser imprägnierten Sedimenten (Typ 2) mit niedrigen Ti-Gehalten (< 0,5% TiO_2). Der Gesamtgehalt an Spurenelementen ist in den silcretes der Verwitterungsprofile (Typ 1) größer als in silcretes der Typen 2–3. HUTTON et al. (1978) diskutieren auch die hohen Zr- und Ce-Gehalte, die mit dem Ti positiv korreliert sind und deren Anreicherung nicht an Reliktminerale sondern an gelförmige Neubildungen oder noch unbekannte Mineralphasen gebunden ist (Tab. 8-3).

Das SiO_2 kann nach SUMMERFIELD (1983a) als Opal A, Opal CT, Opal C (Cristobalit), Chalcedon, Mikroquarz und Megaquarz ausgebildet sein.

Das erste Stadium der SiO_2-Ausscheidungen, vor allem in Verwitterungsprofilen, kann aus dünnen Häutchen (skin, cortex), die sich um Körner legen oder in Hohlräumen niederschlagen, bestehen. Diese können nach HUTTON et al. (1972) extrem hohe Gehalte an Ti, Zr, Ce und P aufweisen (Tab. 8-3).

Hohe TiO_2-Werte treten auch in alttertiären silcretes des Pariser Beckens (THIRY 1978) und in miozänen silcretes Mitteleuropas (von FREYBERG 1926) auf.

Die Kalahari-silcretes sind alle arm an TiO_2, aber die grünen silcretes sind reich an K_2O (Tab. 8-2, F). Fe-oxidische Umkrustungen (coatings) von Klasten sind häufig. Sowohl Grund- wie Oberflächenwässer, die pH-Werte zwischen 7,2 und 9,9 aufweisen, sind in bezug auf Quarz übersättigt. Nur an wenigen Stellen des sumpfigen Okawango-Deltas in der zentralen Kalahari steigen die SiO_2-Werte auf 100–220 ppm und damit über den Sättigungswert für Opal.

von 10 Mio. Jahren, so ergibt sich mit 60 mm/1000 Jahre eine ähnliche Größenordnung wie in der weiter unten beschriebenen Moler Formation Dänemarks. Die Sedimentationsrate küstenferner Diatomeenschlämme liegt mit ca. 2 bis 10 mm (porenfrei!)/1000 Jahre heute niedriger (s. S. 510). Laminierte Einheiten alternieren im Abstand von wenigen Metern mit massigen Diatomiten, was von GOVEAN & GARRISON (1981) auf Oszillationen der Sauerstoffminimumzone zurückgeführt wird.

Ein häufiger Wechsel von laminierten (anoxischen) und bioturbaten Diatomiten wird von PEDERSEN (1981) auch aus der Moler Formation vom Paläozän/Untereozän-Schelf Norddänemarks beschrieben. Eine ca. 1 mm-Lamelle entspricht dort ungefähr 50 Jahren. Die Lamellen sind demnach nicht als Warven aufzufassen. Nach KEUPP (mdl.) sind übrigens in dieser Formation lagenweise nicht die Diatomeen, sondern die 5–10 µm großen, kieseligen Cysten mariner Chrysomonadaceen (Archaeomonadaceen, s. Abb. 8-4) gesteinsbildend. Die hohen Akkumulationsraten von Diatomiten (20 bzw. 60 mm/1000 Jahre für die Moler bzw. Monterey Formation) kontrastieren erheblich mit den geringeren Raten für jurassische Radiolarite (0,7–1 mm/1000 Jahre, s. Kap. 8.3.5). Hierin könnte nach VALETON (1983) die klimabedingte, stärkere SiO_2-Zufuhr von den Kontinenten im Miozän gegenüber dem Jura zum Ausdruck kommen.

In Laminiten des vergleichbaren, rezenten Santa Barbara Beckens (Südkaliforniens) konnten SOUTAR et al. (1981) mittels ^{210}Pb für den Zeitabschnitt 1935–1976 sogar eine Sedimentationsrate von 4 mm/Jahr messen. Ähnliche Rhythmite, die zu 60–90% aus Diatomeen bestehen, bilden sich zur Zeit in 450–800 m Tiefe im Golf von Kalifornien dort, wo die Sauerstoffminimumzone den Hang berührt (DONEGAN & SCHRADER 1981).

8.3.5 Radiolarite

Radiolarite sind Kieselgesteine, deren Biogene fast ausschließlich Radiolarien sind (Abb. 8-16). Sie kommen als manchmal mehrere tausend Meter mächtige Serien vom Kambrium bis mindestens zum Oberoligozän vor (BALTUCK 1982). Als Beispiele sollen zunächst die jurassischen Radiolarite der Alpen (A), danach die unterkarbonischen „Lydite" des Rheinischen Schiefergebirges (B) und schließlich die mittelpaläozoischen „Novaculite" der USA (C) behandelt werden.

A. Die Radiolarite besitzen einen muscheligen Bruch und rötliche oder grünlichgraue bis dunkelgraue Farbtöne. Die ersteren gehen auf Hämatit zurück, die letzteren zum Teil auf Mangan, Pyrit und kohlige Substanz. Mangan kann sich in jurassischen Radiolariten zu stratiformen Lagerstätten anreichern. Die Gesteine bestehen aus krypto- bis mikrokristallinem Quarz, können jedoch etwas Ton enthalten. In tonigen Partien sind die Radiolarien am besten erhalten (BERGT 1905; DIERSCHE 1980: 88 und eigene Beobachtungen). Als durchschnittliche Akkumulationsrate von Radiolariten errechnete DIERSCHE (l. c.) 3 mm/1000 Jahre während GARRISON & FISCHER (1969) 0,7–1 mm pro 1000 Jahre ermittelten. Diese Werte liegen etwas höher als die Akkumulationsraten des rezenten landfernen Radiolarienschlammes (0,6 mm porenfrei entsprechend ca. 5 mm mit Poren/1000 Jahre), mit dem die jurassischen Radiolarite der Tethys ihre äquatornahe Entstehung gemeinsam haben. Auch wurden die karbonatfreien Radiolarite wohl ebenfalls nahe oder unterhalb der CCD (Calcit-Kompensationstiefe) abgelagert, welche nach VAN ANDEL (1975) im unteren Jura nur etwa halb so tief lag wie heute, da sie noch nicht durch Coccolithen und planktonische Foraminiferen herabgedrückt wurde (GARRISON 1974).

Es gibt jedoch gravierende Unterschiede zwischen dem rezenten Radiolarienschlamm und den vor allem in Faltengebirgen auftretenden, fossilen Radiolariten:

1. Während ersterer sich meist im landfernen Ozean bildet, entstanden die letzteren in schmalen Trögen während der durch Mangelsedimentation charakterisierten „leptogeosynklinalen Phase" der Orogene (TRÜMPY 1960), welche häufig auch durch das Vorkommen von Ophiolithen und Tuffen charakterisiert ist (STEINMANN 1925). Doch hielten weder STEINMANN selbst, noch GRU-

NAU (1965) die Ophiolithe und Tuffe für eine wesentliche SiO$_2$-Quelle der Radiolarien oder ihrer Chert-Grundmasse. Diese immer wieder erwogene Möglichkeit scheint mir zumindest für rezente Vorkommen nach der auf S. 512 mitgeteilten Bilanz nicht sehr wahrscheinlich zu sein.

2. Während die rezenten Radiolarienschlämme schichtungslos und allenfalls durch roten Tiefseeton verdünnt sind, überwiegt in älteren Radiolariten eine dünnbankige („ribbon") Ablösung an Tonbestegen oder Tonzwischenlagen. Diese Struktur kann sicher z. T. ähnlich erklärt werden wie der Wechsel dünner Kalkbänke mit Mergellagen in vielen Formationen, nämlich durch diagenetische Verstärkung einer primären Rhythmik, nach dem Prinzip der Konkretionsbildung (McBRIDE & FOLK 1979). Hierzu paßt, daß nach B. SEDAT (mdl.) die Kompaktion von Radiolariten positiv mit ihrem Tongehalt korreliert ist (s. auch Abb. 8-16). Nach IIJIMA & UTADA (1983: 53) entstand die primäre Rhythmik, indem eine stetige Sedimentation von Kieselskeletten durch relativ schnell akkumulierte Tonlagen unterbrochen wurde. In anderen Fällen entstand die sedimentäre Rhythmik durch Radiolarit-Turbidite mit einer durch Tonbröckchen, Radiolarien und andere Komponenten gebildeten Gradierung, mit flute casts und schnell eingedeckten Weidespuren (GARRISON 1974; NISBET & PRICE 1974; McBRIDE & FOLK 1979; DIERSCHE 1980). Nach BARRETT (1982) alternieren im N-Appenin 1–4 cm dicke Radiolarit-Turbidite mit 1–7 cm dicken tonig-hämatitischen Radiolaritlagen normal-pelagischer Sedimentation (s. auch FOLK & McBRIDE 1978).

In den triadischen Hornsteinplattenkalken der Tethys wechseln an unebenen Bankgrenzen („knobby") Chertlagen, welche nach A. NOLTE (mdl.) vorwiegend verkieselte radiolarienreiche Kalklagen sind, mit mikritischen Kalken. Sie enthalten in Griechenland Kalk-Turbidite. Hangaufwärts oder auf Tiefschwellen können die Hornsteinplattenkalke in rote Ammonitenkalke mit Radiolarien übergehen (s. auch BOSELLINI & WINTERER 1975), von welchen gelegentlich kleine Turbidite in die Radiolaritbecken abgingen (DIERSCHE 1980: 132).

Besonders hohe Akkumulationsraten (30 mm/1000 J.) fanden IIJIMA et al. (1978) in triadischen, tonlagigen Radiolariten Japans, welche übrigens nicht mit mafischen Vulkaniten verknüpft sind und meistens größere Anteile von Schwammnadeln enthalten. Die letzteren zeigen in reinen Spiculitlagen eine deutliche Orientierung. Das Ablagerungsmilieu war vermutlich ein relativ flaches Randmeer; Turbiditmerkmale fanden sich nicht.

B. Die paläozoischen Radiolarite werden als Lydite oder Kieselschiefer bezeichnet.

Das erstere Wort geht nach LINCK & JUNG (1935) auf Lydien, die Heimat der Goldschmiedekunst zurück, da diese Gesteine als Probiersteine zur Abschätzung des Goldgehaltes benutzt wurden: Der Strich mit dem fraglichen Erz auf der Lyditfläche wurde mit HNO$_3$ behandelt, wobei Kupfer und Silber gelöst wurden, während Gold zurückblieb. Der Begriff ist jedoch ebenso wie der nordamerikanische Begriff „Novaculit" (s. PARK & CRONEIS 1969) und der mißverständliche Name „Kiesel-Schiefer" als Gesteinsbezeichnung entbehrlich. Als „Adinole" werden durch SiO$_2$ (CORRENS 1924), Albit und Chlorit metamorph verfestigte Tongesteine an Diabaskontakten bezeichnet, aber auch verkieselte, meist albitreiche Tuffe (Hoss 1957).

Frühe Untersuchungen unterkarbonischer Radiolarite stammen von CORRENS (1924) und SCHWARZ (1928). Letzterer legte die Radiolarien durch Anätzung der Gesteine mit konzentrierten Lösungen bzw. wasserarmen Schmelzen von KOH und NaOH frei. Diese Gesteine zeigen ähnliche Farbvarianten wie jurassische Radiolarite: Schwarz, grau, grün, rot; nicht selten sind sie rot-grün geflammt. Dunkle Färbung geht nach SCHWARZ (l.c.: 228) im wesentlichen auf tonige Verunreinigungen zurück; Pyrit und nach Hoss (1957: 68) und SCHWARZ (l.c.: 228) auch feiner Pflanzenhäcksel sowie nach McBRIDE (1970: 1738) Bitumen können hinzukommen. Die Radiolarite im schwach metamorphen Rheinischen Schiefergebirge enthalten neben Quarz und Illit recht viel authigenen Albit und Chlorit, ferner um 1% Fe in Oxiden oder Sulfiden und bis 1,3% organischen Kohlenstoff (Hoss l.c.: 67).

Ein Hauptproblem bei allen Radiolariten ist die Herkunft der unstrukturierten SiO$_2$-Grundmasse zwischen den Radiolarien. Nach CORRENS (l.c.) entstand sie durch frühdiagenetische

Auflösung zarterer Radiolarien. SCHWARZ (l. c.: 221) konnte nach Anätzung einen „Trümmerfilz" von Radiolarienbruchstücken feststellen.

C. Die „Novaculite" in Arkansas (PARK & CRONEIS 1969) und Texas (MCBRIDE & THOMSON 1970) sind dünnbankige, meist milchig-weiß gefärbte Kieselgesteine von mittelpaläozoischem Alter. Sie verdanken ihre Kieselsäure Schwammskleren und Radiolarien und bestehen vorwiegend aus Mikroquarz (5–35 µm).

Die gröberen Kristallgrößen kommen in der Nähe magmatischer Intrusiva vor und sind einen Folge thermischer Rekristallisation, worauf auch die Tripelpunktkontakte (120°) zwischen den Kristallen und die schmalen Röntgenreflexe der Quarzlinien hinweisen (KELLER et al. 1977).

Die Akkumulationsrate betrug in dem Novaculit von Texas 0,1–0,5 mm porenfrei/1000 Jahre, was größenordnungsmäßig den Werten des heutigen äquatorialen Radiolarienschlammes entspricht (s. o.). Über seine Ablagerungstiefe bestehen noch unterschiedliche Meinungen (FOLK & MCBRIDE 1976; MCBRIDE & FOLK 1977). Da jedoch eine unvermischte Sedimentation von Kieselskeletten über größere Areale in Landnähe problematisch ist (s. Kap. 8.3.3) und in nicht ausgesprochen ariden Bereichen einer sehr speziellen Erklärung bedarf, neige ich der vorherrschenden, von MCBRIDE vertretenen Deutung der Radiolarite als Gesteine tieferen Wassers zu, zumal sie fast immer mit Gesteinen vergesellschaftet sind, für die die gleiche Deutung wahrscheinlich ist, z. B. mit Turbiditen (GREILING 1960). Dies gilt natürlich nicht für Radiolarien in Kalken, z. B. im Solnhofener Plattenkalk (BARTHEL 1970).

In sechs lithologische Assoziationen lassen sich nach MURCHEY et al. (1983: 125) die Radiolarite des westlichen Nordamerikas einordnen: 1. Ophiolith-Chert; 2. Pillowbasalt-Chert; 3. Saure Tuffe-Chert; 4. Flachwasserkalke (unten) – Tiefwasserkalke-Chert (oben), d. h. eine absinkende Plattform; 5. Chert mit klastischen Komponenten oder Lagen; 6. „Melange"-Assoziation (Schwarzer Ton – Chert – saurer Tuff – evtl. Grauwacke oder Pillowbasalt). Es überwiegen dabei Environments tieferen Wassers.

8.3.6 Spiculite

Schwammnadeln treten in fast allen marinen Sedimenten, insbesondere aber in gröberkörnigen hemipelagischen oder Flachseesedimenten auf (CAVAROC & FERM 1968); reinere Schwammnadelsedimente oder -gesteine, sogenannte Spiculite, sind etwas seltener. Aus den Ozeanen wurden sie aus bis 400 m Tiefe von verschiedenen Autoren erwähnt (MURRAY 1889; MURRAY & IRVIN 1889; LISITZIN 1960). In marinen Gesteinen sind sie seit dem Devon verbreitet (vgl. Zusammenstellung bei CAYEUX 1929; GEYER 1962).

Meistens treten sie jedoch nicht in größerer Mächtigkeit auf. Ein von DAVID (1950) erwähntes Vorkommen im Alttertiär von Westaustralien ist mit über 60 m Mächtigkeit sicher eine Ausnahme. Aus der Regensburg-Oberpfälzer Kreide wurden poröse Kieselgesteine mit Schwammresten bereits von GÜMBEL beschrieben („Amberger Tripel"). JEHN & YOUNG (1976) erwähnen lagunäre Spiculite aus dem Unterkarbon. Mächtige, dickbankige Spiculitserien sind auf Spitzbergen im Perm des Festningen-Profils aufgeschlossen. Weitere Beispiele von Spiculiten finden sich bei GOLDSTEIN (1959: Fig. 6), GRAMANN (1962), MCBRIDE (1970: Fig. 21) und MEYERS (1977). Abb. 8-17 zeigt einen alttertiären Spiculit, der z. T. noch aus Opal besteht.

Anhangsweise erwähnt sei abiogener, hydrothermaler, Fe-reicher Chert, welcher von ADACHI et al. (1986) als Überlagerung von Basalten im Nordpazifik gefunden wurde.

Zusammenfassung

Auf dem Festland spielen SiO_2-Ausscheidungen (silcretes) im warmfeuchten bis ariden Klima und in abgeschlossenen Becken eine große Rolle. Höhepunkte solcher silcrete-Bildung liegen im Paläozän/Eozän (Oligozän) und im Miozän. Die SiO_2-Anreicherung erfolgt entweder im Ver-

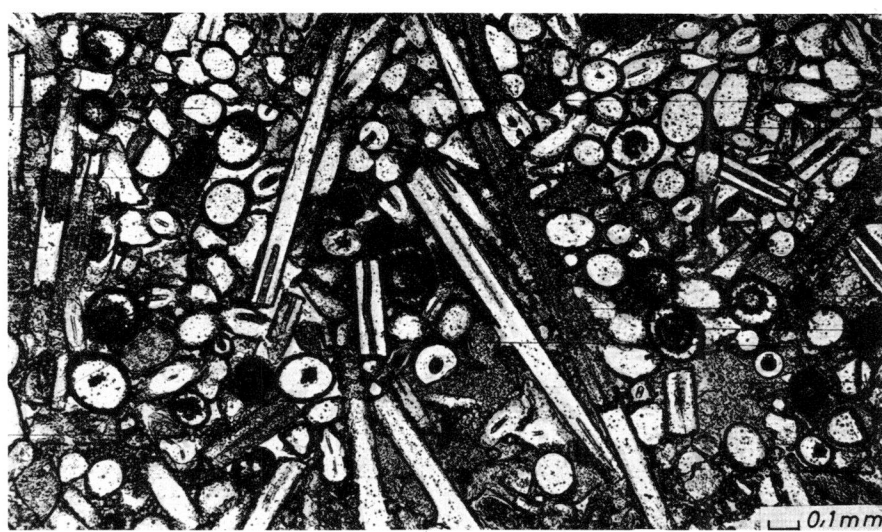

Abb. 8-17. Spiculit (mit einzelnen Radiolarien) aus dem Landénien von Beauchavesnes (Somme). Die parallel und senkrecht zur Längsachse geschnittenen, aus Opal und Chalcedon bestehenden Schwammnadeln zeigen deutlich den z. T. mit Opal gefüllten Zentralkanal. Der Zement besteht aus Opal (aus CAYEUX 1929).

witterungsprofil selbst – vor allem wenn das Aluminium zur Bildung von Alumosilikaten fehlt –, oder nach lateralem Transport durch das Grund- oder Oberflächenwasser. Im warmtrockenen Klima findet man brecciöse silcrete-calcrete-Vergesellschaftungen, sowie limnische Kieselsedimente mit Na-Silikat-Vorstufen (Magadiit), welche zu Chert altern. Ein ähnliches Modell wird auch für gebänderte präkambrische Kieselsedimente erwogen.

Diatomeensedimente der Tiefsee akkumulieren schneller als die Radiolarienschlämme, wie die folgende, auf porenfreie Gesteine umgerechnete Zusammenstellung zeigt.

Radiolarienschlamm, rezent	0,6 mm/1000 Jahre
Diatomeenschlamm, rezent	2–10 mm/1000 Jahre
Radiolarite des Jura	0,7–1 mm/1000 Jahre
Diatomite des Tertiär	20–60 mm/1000 Jahre

Die höheren Raten im Jura und Tertiär sind vermutlich auf erhöhte SiO_2-Zufuhren von den Kontinenten zurückzuführen.

Diatomite sind i. allg. feinlaminiert. Dabei entspricht eine Lamina von 1 mm z. B. im dänischen Alttertiär 50 Jahren. Radiolarite sind demgegenüber häufig dünnbankig mit Tonbestegen ausgebildet. Radiolarit-Turbidite spielen eine große Rolle bei der Entstehung dieser Rhythmik, welche dann diagenetisch noch verstärkt wird. Spiculite sind oft dickbankig ausgebildet und bilden sich auf dem tieferen Schelf, d. h. in flacherem Wasser als viele Diatomite und die meisten Radiolarite. Seitdem Kieselorganismen in der Erdgeschichte eine größere Rolle spielen, sind anorganische, marine Kieselgesteine ausgeschlossen (s. S. 509 f.).

532   Kieselgesteine

8.4 Diagenese der Kieselsedimente

8.4.1 Allgemeine Gesetzmäßigkeiten

Infolge ihrer zarten Schalen werden Diatomeen leichter gelöst als Radiolarien und diese leichter als Schwammnadeln und -skleren, doch sind auch innerhalb dieser Gruppen die Unterschiede von Art zu Art groß (KASTNER 1981: 926). Die Silicoflagellaten liegen nach HEIN et al. (1978: 164) hinsicht-

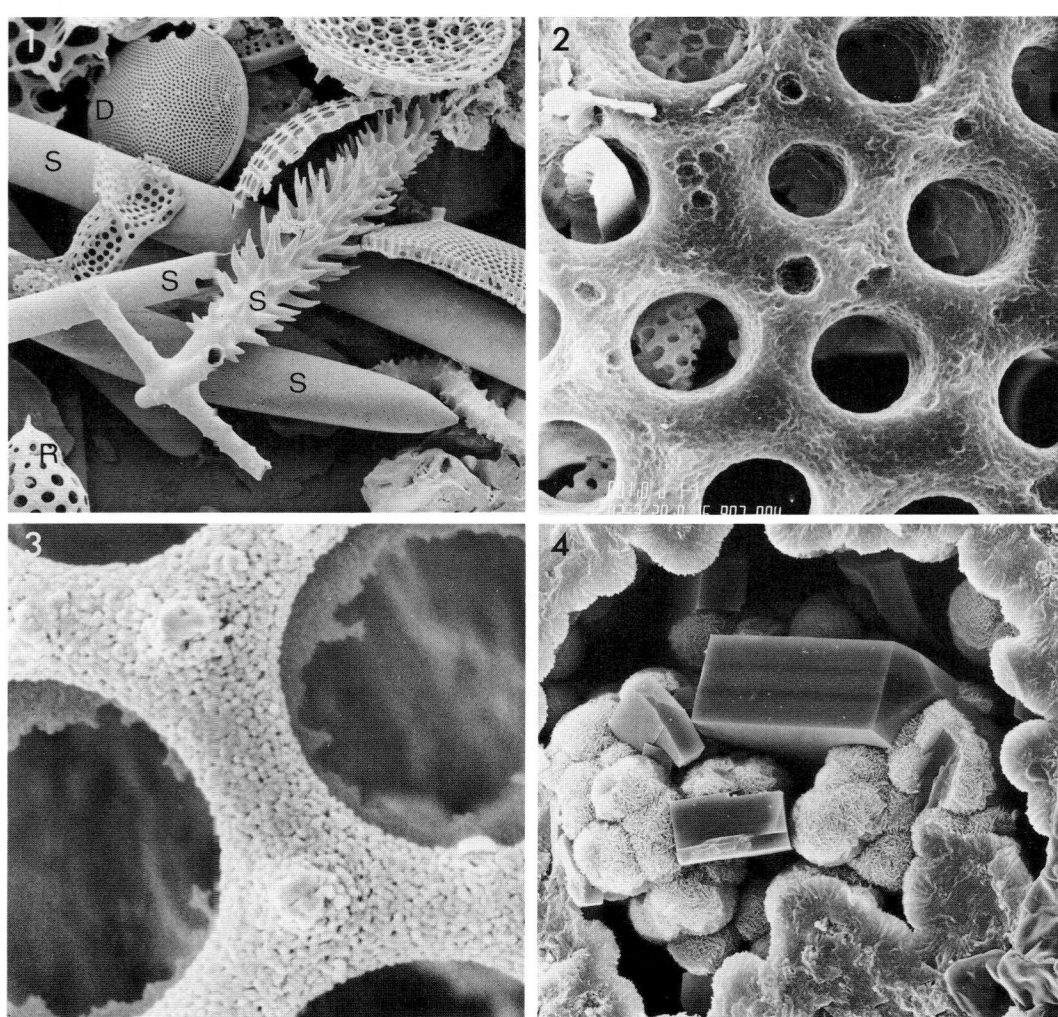

Abb. 8-18. Verschiedene Diagenesestadien von Kieselorganismen. − 1 = Opal-A (S = Schwammskleren, R = Radiolarien, D = Diatomeen), Obereozän bis Unteroligozän, Neuseeland. Bildbreite 300 µm. − 2 = Lösungsspuren auf Radiolarien (Opal-A), Tiefseeboden des Nordatlantik (DSDP 43-386, 370 m Sedimenttiefe, Mitteleozän). Bildbreite 36 µm. − 3 = Diatomee (Opal-A), Alterung an körneliger Struktur erkennbar; gleiche Probe wie 1. Bildbreite 12 µm. − 4 = 15 µm große Opal-CT-Lepisphären sowie Klinoptilolithkristalle in einer aufgelösten Radiolarie. Tiefseeboden des Nordatlantik (DSDP 43, 520 m Sedimenttiefe, ? unteres Eozän). Bildbreite 110 µm. Aus RIECH & v. RAD (1979: plate 1).

lich ihrer Lösungsgeschwindigkeit zwischen den Diatomeen und den Radiolarien. Abbildung 8-18 zeigt Kieselorganismen verschiedenen Erhaltungs- und Umwandlungs-Zustandes. Daß in dem stark SiO_2-untersättigten Meerwasser überhaupt Kieselorganismen sedimentieren, beruht darauf, daß die Lösungsgeschwindigkeit frischer, unbehandelter Kieselschalen im Meerwasser nach Messungen von LAWSON et al. (1978) 5–9 Größenordnungen geringer ist als für Schalen, die von organischen Einlagerungen gereinigt sind (s. KASTNER l. c.: 926); s. auch S. 511.

In Abhängigkeit von der $Si(OH)_4$-Konzentration des Porenwasser-Milieus können sich anorganisch Opal-A, Opal-CT, Kryptoquarz-Chalcedon-Quarzin, Mikroquarz oder Quarz ausscheiden. Da nur der letztere stabil ist, wandeln sich die übrigen in Abhängigkeit von Temperatur (und Druck) früher oder später in stabilere Phasen um. Diese Umwandlungen sind keine Festkörperreaktionen; sie vollziehen sich durch Auflösung und Wiederausscheidung (KEENE 1976: 224; KASTNER l. c.: 929).

Dies konnte von MURATA et al. (1977) an stabilen Isotopen der Monterey-Diatomite belegt werden: Die $\delta^{18}O$-Werte (SMOW) betragen für biogenen Opal-A 37,4 ‰ (entsprechend 15 °C), während sie für Opal-CT („disordered cristobalite, ordered cristobalite") bei 29.4 (entspr. 48°) und für Mikroquarz bei 23.8 (entspr. 79 °C) liegen. Die angegebenen Gleichgewichtstemperaturen wurden errechnet. RIECH & v. RAD (1979: 328) halten es zwar für möglich, daß die Fraktionierungsfaktoren der Isotope für Opal-CT und Quarz etwas verschieden sind, und bezweifeln die angegebene Korrelation der $\delta^{18}O$-Werte der verschiedenen SiO_2-Phasen mit bestimmten Bildungstemperaturen. Die Tatsache aber, daß bei jeder Umwandlung ein Austausch von Sauerstoffatomen stattfindet, zeigt, daß die Reaktion über eine Auflösung läuft (s. auch S. 537).

Nach WILLIAMS et al. (1985) und WILLIAMS & CREAR (1985) genügt als treibende Kraft für die SiO_2-Diagenese die Kristallgrößenzunahme (s. Kap. 8.1.5).

Auch in Tiefsee-Cherts sinkt mit wachsender Sedimenttiefe der ^{18}O-Gehalt, infolge der mit der Versenkung zunehmenden Temperatur (KOLODNY & EPSTEIN 1976). Weitere Hinweise zu Anwendung von Isotopen gibt KASTNER (l. c.: 936).

Da Chalcedon und Quarzin kristallographisch bereits Quarz sind, ist im folgenden nur von den Umwandlungen Opal-A/Opal-CT/Quarz die Rede; gut kristallisierter, nicht undulöser Quarz als Produkt der Umwandlungsreihe entsteht allerdings erst im Bereich der Metamorphose. Hierin kommt die OSTWALD'sche Stufenregel zum Ausdruck (RIECH & v. RAD 1979: 326): Biogener (und abiogener) Opal müssen alle Diagenesestufen durchlaufen, während Zemente jederzeit (in Abhängigkeit von der Konzentration) als Opal, Chalcedon usw. oder Quarz entstehen können, wobei dann aber jede Phase wiederum der Stufenregel gehorcht und sich nur schrittweise weiter umwandeln kann. So erklärt sich die häufige Beobachtung, daß die Zementfüllungen von Radiolarien meist besser kristallisiert sind als die Schalen (s. auch KEENE l. c.: 167). Die häufig erwähnte Zunahme der Kristallinität in Hohlraumfüllungen nach innen beruht auf einer während der Ausfüllung abnehmenden Übersättigung.

Nicht unumstritten ist, daß sich unter besonderen Bedingungen auch submarin im Sediment Opal-A-Zement bilden kann, und zwar nach KASTNER (l. c.: 932) vor allem in Gegenwart von Ton, der die Opal-CT-Bildung so stark verzögert, daß sich eine Übersättigung für Opal-A aufbauen kann. HEIN et al. (1978) vermuten, daß in der Beringsee der weit verbreitete akustische Reflektor „A" in 600–700 m Tiefe durch solchen anorganischen Opal-A bedingt ist. Der „bottom-simulating reflector" kann nach KEENE (l. c.: 108, 109) sehr verschiedenes Alter haben. Eozänalter wird häufiger angegeben; er kann daher in den Überlappungsbereich aller SiO_2-Phasen in Abb. 8-19 fallen, so daß er aus Opal-A, Opal-CT oder Quarz bestehen könnte.

8.4.2 Die Diagenesestufen

Eine gewisse Alterung des Opal-A zeigt die granulierte Struktur in Abb. 8-18 (3). Ob dabei auch der Wassergehalt schon vor der Umwandlung in Opal-CT zurückgeht, ist unbekannt (s. auch Abb. 8-1). Eine ansteigende Tendenz in der Lichtbrechung (zwischen 1,447 und 1,452) fand HELM (1985a) in Spongien vom Pleistozän bis zum Eozän in Hangsedimenten des östlichen Pazifik.

Bei der Umwandlung von Opal-A in Opal-CT ist nach HEIN et al. (l. c.) als treibende Kraft die „Kristallit"-Größe zu sehen, welche in dem von ihm untersuchten Vorkommen vom biogenen

Opal-A (11–16 Å) über abiogenen Opal-A (20–27 Å) zum Opal-CT (40–81 Å) zunimmt. Die Abb. 8-19 bis 21 geben über die Zeit- und Temperatur- (bzw. Tiefen-) Abhängigkeit der Opal-A/CT-Umwandlung Auskunft. In Gebieten mittlerer Sedimentationsraten, z. B. in den gemäßigten

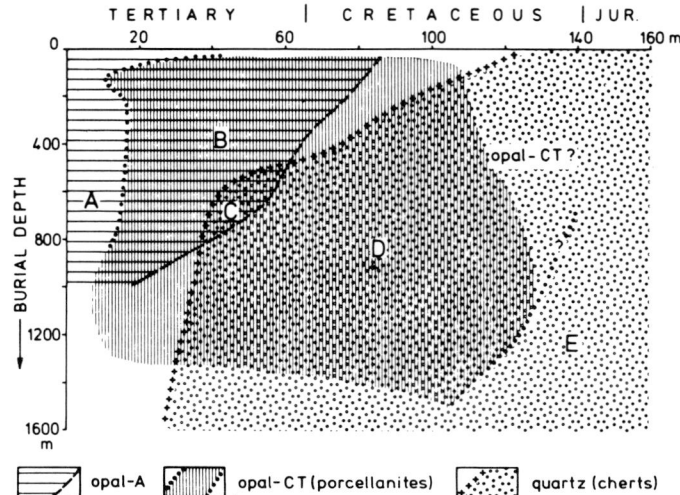

Abb. 8-19. Vorkommen der SiO$_2$-Modifikationen in (vorwiegend) Atlantikproben, in Abhängigkeit von Alter (Abszisse) und Versenkungstiefe (Ordinate), für karbonatische und tonige Kieselschlämme. Bedeutung der Felder: A = Opal-A, untergeordnet Opal-CT; B = Opal-A und -CT, Spuren von Quarz; C (Überlappung) = Opal-A, -CT und Quarz; D = Opal-CT und Quarz; E = Quarz. („Quarz" bedeutet hier und in Abb. 8-21 bis 25 Chalcedon, Quarzin oder Krypto- bis Mikroquarz) (RIECH & V. RAD 1979: Fig. 11).

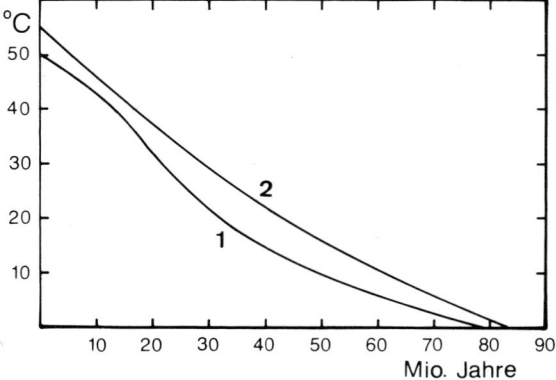

Abb. 8-20. Sedimentalter und (jetzige) Temperatur bei denen erste Porzellanitlagen (Opal-CT) in pazifischen Tiefseesedimenten auftreten. Kurve 1 = Bereiche mit geringerer Sedimentationsrate und/oder geringerem geothermischen Gradienten und/oder geringerem Karbonatgehalt als Kurve 2. Ergebnisse von 37 DSDP Bänden, nach KASTNER (1981: 933).

Breiten, dauert die Diagenese länger als in dem nördlichen und südlichen Gürtel hoher Kieselplanktonproduktion und dementsprechend höherer Sedimentationsrate, in welchen die Schalen daher schneller in wärmere Tiefenbereiche gelangen (KASTNER l. c.: 933). Auch ist in Rechnung zu stellen, daß nach DOUGLAS & SAVIN (1975) die Tiefenwassertemperatur der Ozeane im Eozän 10° und in der Kreide 15° wärmer war als heute. Die Umwandlung findet teils insitu statt, d. h. die Schalen bleiben erhalten (RIECH & V. RAD 1979: 316), zum großen Teil werden dieselben aber aufgelöst (KEENE 1976: 167), und es scheiden sich in der Nähe Opal-CT-Lepisphären aus (Abb. 8-18,4). Es gibt alle

Übergänge zwischen einer Insitu-Umwandlung der Schalen und ihrer völligen Auflösung mit Ausscheidung von Porzellanit-Knollen (RIECH & v. RAD 1979: 326).

Die röntgenographisch ablesbare Erhöhung des Ordnungsgrades im Opal-CT (Abb. 8-22) läuft nach MURATA et al. (l. c.) im festen Zustand ab, da sich die O-Isotope dabei nicht ändern. Dieser Vorgang findet in einem Beispiel von HEIN et al. (1978; Mittelmiozän und älter) zwischen 700 m (d = 4,12 Å) und 920 m Tiefe (d = 4,06 Å) statt. In siltreichen Opalsedimenten setzt die Umwandlung in Opal-CT bei höherer Temperatur ein und beginnt mit einem höheren Ordnungszustand des Opal-CT als in reineren Opalsedimenten (Abb. 8-23).

Die Umwandlung von Opal-CT in Quarz (d. h. in Kryptoquarz-Chalcedon-Quarzin) läßt sich

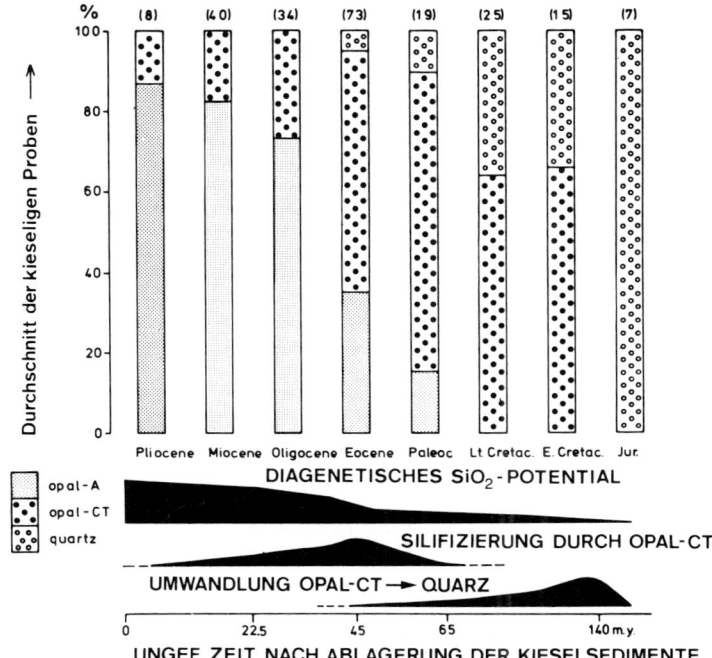

Abb. 8-21. SiO$_2$-Diagenese in Atlantik-Sedimenten in Abhängigkeit vom Alter. 100% = alle untersuchten, SiO$_2$-führenden Proben des betreffenden Zeitintervalls; Probenzahl in Klammern. Aus RIECH & v. RAD 1979: Fig. 12, s.a. v. RAD 1979. In den Atlantikbohrungen fand sich nach THEIN & v. RAD (1987) ein rascher Übergang Opal-A-CT in Sedimenten älter als 51 Mill. Jahre (s. auch Abb. 8-24).

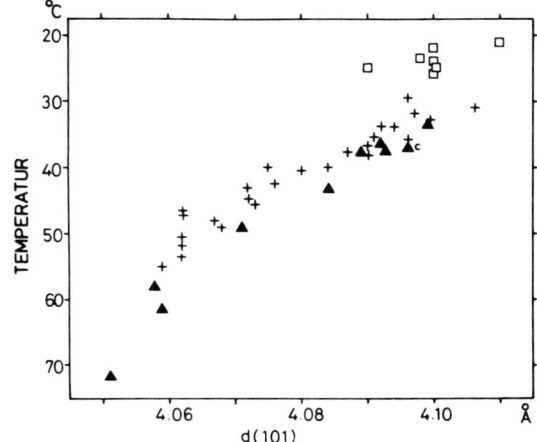

Abb. 8-22. Beziehung zwischen d (101) von Opal-CT und jetziger Temperatur in kieseligen Sedimentgesteinen aus Mittel- bis Obermiozän-Bohrprofilen von 3 Gebieten (= Signaturen) in Japan (aus IIJIMA & TADA 1981: Fig. 10).

nach KASTNER (l. c.: 936) mangels ausreichender Daten noch nicht nach Art der Abb. 8-20 darstellen. Abb. 8-19 und 21 geben erste Anhaltspunkte. Eine ältere Darstellung (Abb. 8-24) stammt von MIZUTANI (1970). Diese Umwandlung vollzieht sich, wie oben begründet, durch Auflösung und Wiederausscheidung (KEENE l. c.: 224, s. auch STEIN & KIRKPATRICK 1976), ist also keine Festkörperreaktion.

Über die weitere Umwandlung von Chalcedon etc. in gut kristallisierten Quarz ist noch wenig bekannt. Nach JAMES (1955) ist in präkambrischen Cherts die Kristallgröße vom Metamorphosegrad abhängig (0,03–0,4 mm). Bei etwa 550 °C beginnt im Labor die Rekristallisation von Chalcedon zu granularem Mikroquarz (GRAETSCH 1985).

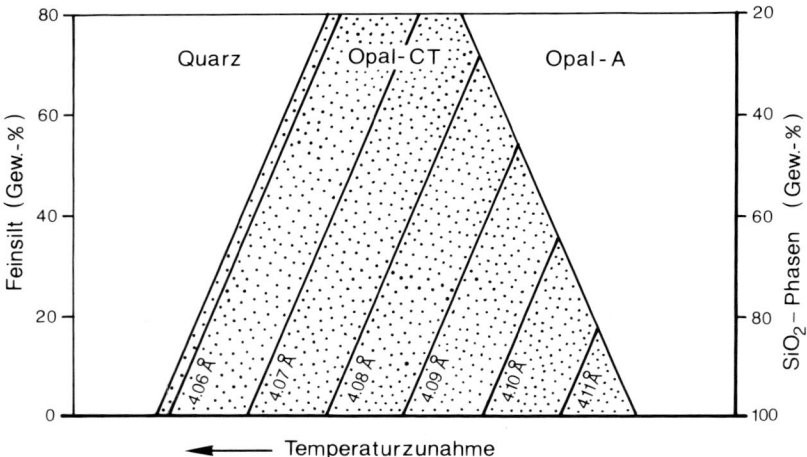

Abb. 8-23. Phasenübergänge in karbonatfreien Proben der Monterey Shales in Abhängigkeit von Temperatur (nach W zunehmend) und Feinsiltgehalt (schematisch, aus ISAACS 1982: Fig. 7).

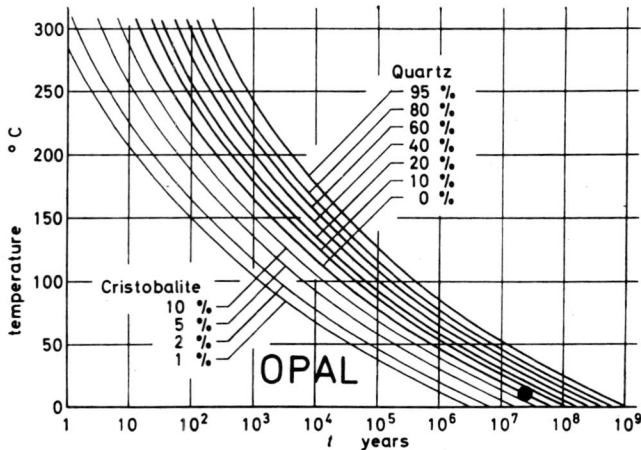

Abb. 8-24. Übergang Opal-A – Opal-CT („cristobalite") – Quarz in Abhängigkeit von Temperatur und Zeit, nach Beobachtungen und Berechnungen von MIZUTANI (1970). Dünne Linien = Opal-CT (sein Maximum liegt etwas rechts von der 10%-Linie). Dicke Linien = Quarz (noch bei 95% Quarz finden sich Spuren von Opal). Der Punkt bezeichnet nach Zusammensetzung, Temperatur und Alter Chert-Proben aus oberoligozänen Tiefseekernen (PIMM et al. 1971).

Die großen Überlappungen der Felder für Opal-A, Opal-CT und Quarz in Abb. 8-19 gehen zum Teil darauf zurück, daß die Umwandlungen in karbonatischen Sedimenten schneller ablaufen als in tonigen. Dies erinnert an die Hemmung von Quarzzementation in tonigen Sandsteinen (s. auch WILLIAMS & CREAR 1985 und WILLIAMS et al. 1985).

Nach RIECH & v. RAD (1979: Fig. 10) kommt Opal-CT im Atlantik in 100 Mill. Jahre alten mittelkretazischen Tonsedimenten noch in 1500 m Sedimenttiefe vor, in gleichalten kalkigen Sedimenten aber nur oberhalb 700 m Tiefe. Für den Übergang Opal-A/CT ließ sich in Atlantikproben keine derartige Faziesabhängigkeit feststellen, während nach KASTNER (l. c.: 927) im Pazifikboden Opal-A in tonigen Sedimenten bis ins Campan/Maastricht hinab vorkommt, in kalkigen aber nur bis ins Paläozän/Unteres Eozän (s. auch HEIN et al. 1978: 175 und KEENE 1976: Fig. 31). Der Übergang Opal-CT/Quarz ist in pazifischen Sedimenten in gleicher Weise faziesabhängig. Nach KASTNER (l. c.: 933) liegen reine Kieselsedimente in ihrer Diagenesebereitschaft zwischen kalkigen und tonigen Kieselsedimenten. Auch auf Zypern ist die Diagenese in der tonigen Kreide (Opal-CT) gegenüber der reinen Schreibkreide (Mikroquarz) verzögert (ROBERTSON 1977).

Als Ursache der unterschiedlichen SiO_2-Diagenese in kalkigen und tonigen Sedimenten nehmen KASTNER et al. (1977) aufgrund von Experimenten eine Verstärkung der Opal-CT-Keimbildung durch eine MgOH-Verbindung an. Diese wird vom Ton absorbiert und damit dem Porenwasser toniger Sedimente entzogen. In Kalksedimenten aber ist sie vorhanden und beschleunigt die Opal-A-CT-Umwandlung. OLDERSHAW (1968: 263) fand im englischen Namur eine geringere Kristallitgröße in tonigem Chert (< 0,5μm) als in reinerem Chert (ca. 2 μm). Erhöhte Salz-Konzentration verstärkt die Umwandlung Opal-CT/Quarz (KASTNER 1981: 932).

In den Monterey-Shales erfolgt nach ISAACS (1982) die Opal-CT/Quarz-Umwandlung in siltreichen Proben bei niedrigeren Temperaturen als in reineren Opal-Sedimenten (Abb. 8-23). Karbonathaltige Proben verhalten sich hier nicht viel anders.

Brecciierung ist in Kieselgesteinen häufig (FOLK & McBRIDE 1976; McBRIDE & FOLK 1979; KEENE l. c.: Fig. 43; STEINITZ 1981). Möglicherweise entsteht sie durch stufenweise Entwässerung bei der Umwandlung von Opal-A über Opal-CT in Quarz. KOLODNY et al. (1980) konnten in der oberkretazischen Mishash Formation nachweisen, daß zwischen den Chertfragmenten und der Chertzementfüllung die Unterschiede im $\delta^{18}O$-Wert (32 bzw. 27,5 ‰) und im Borgehalt (in den Fragmenten ist er höher als im Zement) signifikant sind, entsprechend einer auf anderem Wege belegten Süßwasserdiagenese der Zemente.

Oft führt die Diagenese nicht zum Faserquarz, sondern zum Mikro- oder Kryptoquarz. Nach FLÖRKE et al. (1975) und GRAETSCH (1985) ist dies der Fall, wenn sich zwischen Opal-CT und Quarz noch die Übergangsphase Opal-C einschiebt.

Im allgemeinen sind in älteren Gesteinen (Meso- bis Paläozoikum) Hohlräume z. B. von Radiolarien als Faserquarz, Verdrängungen von Kalken jedoch als Krypto- bis Mikroquarz entwickelt (z. B. MEYERS 1977).

8.4.3 Porositätsabnahme und Kompaktion

Diatomeenschlamm bewahrt bei der Diagenese vermutlich wegen der Erhaltung der Schaleninnenräume eine höhere Porosität als Karbonat- oder Tonschlamm. So besitzt nach HAMILTON (1976: Fig. 3) Diatomeenschlamm in der Beringsee an der Sedimentoberfläche 86% Porosität, in 100 m Tiefe 81%, in 200 m 78%, in 300 m 75%, in 500 m 72%. EINSELE (1982) fand im Golf von Kalifornien im Diatomeenschlamm an der Sedimentoberfläche 90–95% Porosität, die bis 370 m Tiefe nur auf 80% absank. In beiden Vorkommen ist sicher noch keine wesentliche Umwandlung in Opal-CT eingetreten. Den scharfen Diageneseschritten von SiO_2 nämlich entsprechen ähnlich scharfe Stufen der Porositätsabnahme, wie Beobachtungen in der Monterey Formation zeigen (s. Abb. 8-25, Unterschrift).

Dies weist einmal mehr darauf hin, daß es sich hier um Auflösungs- und Wiederausscheidungsprozesse handelt; bei Festkörperreaktionen wäre kein Grund für Unstetigkeiten in der Porositätsabnahme gegeben; die Schalen würden als solche erhalten bleiben. Insgesamt erleidet ein Kieselschlamm auf dem Wege zum Chert einen Mächtigkeitsschwund um den Faktor 4–10. So werden aus

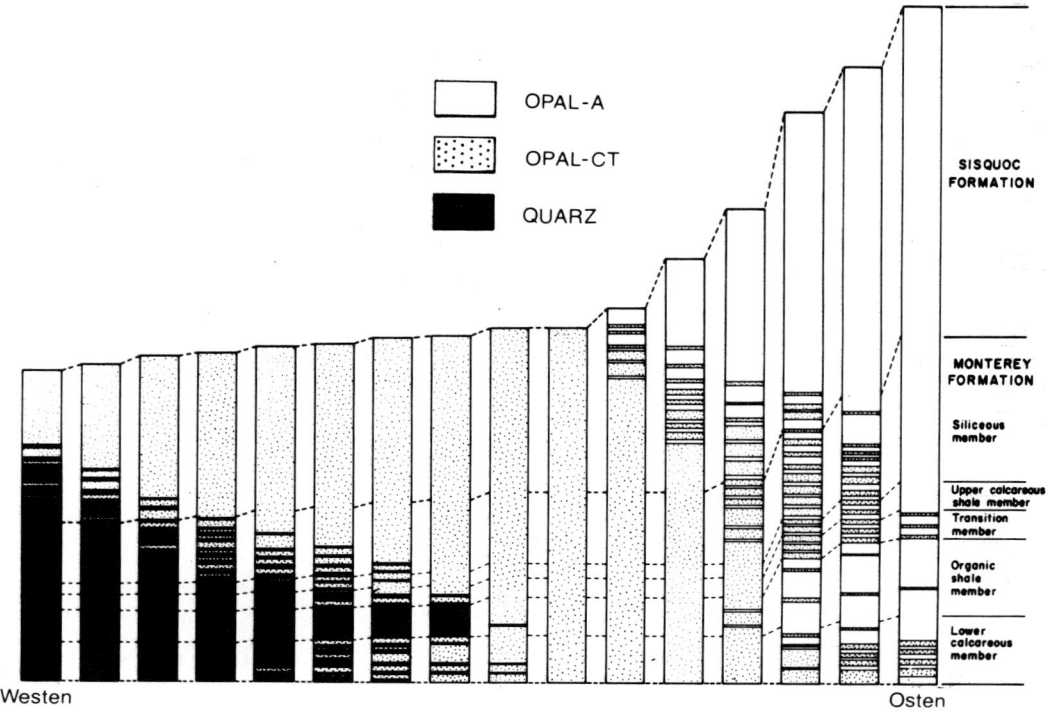

Abb. 8-25. Schematisches West-Ost-Profil der Monterey Formation und ihres Hangenden in der Santa Barbara Küstenregion. Infolge der gegen Westen zunehmenden Versenkung und Temperatur zeigen die verschiedenen stratigraphischen Einheiten eine gegen W zunehmende SiO_2-Diagenese. Die gezeigte Mächtigkeitsreduktion geht auf die mit der Diagenese verbundene Porositätsabnahme zurück: Die Diatomeen wurden durch Bitumen vor der Auflösung bewahrt. Sie bestehen noch in 500 m Tiefe aus Opal-A mit einer Porosität von 70% (jeweils in Gesteinen mit 85% SiO_2). Durch Auflösung und Opal-CT-Ausscheidung geht das Sediment in einen Porzellanit mit 27% Porosität über. Erneute Umlösung führt zum „Quarz" (= Kryptoquarz, Chalcedon oder Quarzin, s. Tab. 8-1) mit einer Porosität von 4%. Man beachte die unscharfen Übergangszonen (aus ISAACS 1981: Fig. 15 und Fig. 1).

10 cm reinem Radiolarienschlamm 1,6 cm Porzellanit und 1,1 cm porenfreier Chert (KEENE l. c.: 82). Diese Kompaktion kann zu einer schichtparallelen Orientierung von n_z im Porzellanit führen (KEENE l. c.: 23). Auch die in Abb. 8-16 d–f gezeigte Verformung der Radiolarien geht auf Kompaktion zurück. Man darf vermuten, daß die Schalen während der Phasenumwandlungen besonders verformungs-sensitiv sind. Dies führt in tonigen Radiolariten im allg. zur Verkürzung der Gehäusedurchmesser senkrecht zur Schichtung, was in kalkigen und rein kieseligen Radiolariten durch frühzeitige Ausfüllung mit Calcit- bzw. SiO_2-Zement verhindert wird. Vermutlich erfolgte die obengenannte Deformation der Gehäuse vorrangig bei der Umwandlung von Opal-CT zu Chalcedon, denn während der Opal-A-CT-Umwandlung war das Sediment wohl noch zu weich. Die Porositätsabnahme erfolgte beim Opal-A-CT-Übergang nach TADA & IIJIMA (1983) im wesentlichen durch Auflösung von Diatomeen und Ausscheidung von feinkristallinem Opal-CT.

MIZUTANI (1983) fand durch Altersbestimmungen an eingeschlossenen Tonmineralen, daß mesozoische Kieselschiefer in Japan nach 6–26 Mill. Jahren geschlossene Systeme darstellten, d. h. „dicht" waren. Die unterschiedlichen Zeitspannen führte er auf Temperaturunterschiede bei der Diagenese zurück.

Die häufigen, intensiven und unregelmäßigen Verfaltungen von Kieselschiefern erfolgten nach EICHENTOPF (1987) im Unterkarbon des Rheinischen Schiefergebirges vermutlich im festen Zustand, wie die verbreiteten Horizontal- und Vertikalstylolithen zeigen.

8.4.4 Zeolithbildung in Tiefseesedimenten (s. auch S. 776)

Die Schalen der Kieselorganismen können sich nicht nur in Opal-CT und Quarz umwandeln; es können auch Zeolithe daraus entstehen, wenn die $Si(OH)_4$-Konzentration unter der Löslichkeit des Opal-CT liegt und genügend Al, Alkali- und Erdalkali-Ionen vorhanden sind. Die häufigsten Zeolithe in Tiefseesedimenten sind

	SiO_2	Al_2O_3	K_2O	Na_2O	CaO	MgO	FeO	H_2O
Phillipsit	55	18	7	4,2	1	0,2	0,1	14,5
Klinoptilolith	67	11,5	5,5	1	1,5	0,5	0	13

(überschlägig gemittelt, aus KASTNER & STONECIPHER (1978)

A. Phillipsit, der SiO_2-ärmere Zeolith, findet sich zusammen mit Fe-Smektit auf den mittelpazifischen Böden mit basaltischem Glas (KASTNER 1981: 960; HALBACH et al. 1980). Es wurde jedoch auch eine Entstehung aus Radiolarien und Diatomeen für Phillipsit (v. STACKELBERG 1979; STOLL 1980) und Smektit beschrieben (MARCHIG & RÖSCH 1982; BENNEKOM & VAN DER GAAST 1976).

B. Klinoptilolith, der SiO_2-reichere Zeolith, ist an die Vorkommen saurer, andesitischer und rhyolithischer Gläser längs der Kontinente gebunden, doch findet er sich auch im nördlichen und im südlichen Diatomeengürtel (GOODEL 1965; MARINER & SURDAM 1970; PETZING & CHESTER 1979; KASTNER 1981: 940). Daher wird auch für ihn eine Entstehung aus Kieselorganismenschalen nicht ausgeschlossen (HEIN et al. 1978; RIECH 1981); siehe Abb. 8-18/4. ZIMMERLE (1982b) bildet aus der Unterkreide Radiolarien ab, die in Klinoptilolith umgewandelt sind. Nach KHOO (1979) bildete sich in den Ton- und Mergellagen der norddeutschen Schreibkreide Klinoptilolith aus Smektit (s. auch STÖRR 1967). Nach COSGROVE & PAPAVASSILIOU (1979) und HELM (1985a) bildet sich Klinoptilolith auch in größerer Sedimenttiefe der Tiefsee aus Smektit und vermutlich sogar aus Kaolinit.

Auch Phillipsit geht zugunsten des Klinoptiloliths mit der Tiefe stark zurück (HEIN et al. 1978; RIECH 1979; COSGROVE & PAPAVASSILIOU 1979). Aus letzterem kann sich diagenetisch Analcim ($NaAlSi_2O_6 \cdot H_2O$) bilden (SHEPPARD & GUDE 1969).

In der Assoziation Smektit-Klinoptilolith-Opal-CT, welche sowohl in der Oberkreide des Pariser Beckens (POMEROL & AUBRY 1977) als auch in Oberkreide und Eozän des Indischen Ozeans (VENKARATHNAM & BISCAYE 1973) und Australiens (JONES & FITZGERALD 1984; im Druck) verbreitet ist, wird auch der Opal-CT auf vulkanisches Material zurückgeführt; bei der Smektitbildung wird SiO_2 frei.

8.4.5 Hornsteinknollen und Verkieselungen

Hornsteinknollen sind meist dunkle, zentimeter- bis dezimetergroße, ovale bis unregelmäßig geformte Konkretionen von Krypto- bis Mikroquarz in Karbonatgesteinen. Besonders charakteristisch sind sie für die Kreide-Chertfazies der tiefen Schelfmeere, die von Oberkreide bis Alttertiär weltweit verbreitet waren. In der norddeutschen Schreibkreide werden sie „Feuerstein", in England „flint", in Frankreich „silex" genannt. Sie bilden Lagen, die auf rhythmische Schwankungen des SiO_2-Gehaltes im ursprünglichen Sediment eines Schelfmeeres hinweisen. Dementsprechend sind diese Lagen auch seitlich neben den Feuersteinen SiO_2-reicher als die Zwischenlagen (SCHOLZ 1970). Die Feuersteine selbst sind konkretionäre Anreicherungen und Verdrängungen, wie verkieselte Einschlüsse, z. B. Bryozoen (Abb. 8-26) sowie Seeigel, Bivalven, Belemniten, Foraminiferen (GRIPP 1954) und die oft abenteuerlichen Knollenformen zeigen. Gelegentlich bilden sie Ausgüsse von Wühlspuren (z. B. Thalassinoides; BROMLEY & EKDALE 1984). Sie bestehen heute aus Krypto- bis Mikroquarz (2–30 µm: MICHEELSEN 1966).

Ihre weiße, poröse Rinde stellt eine Einkieselung des Porenraumes der Kreide dar und ist der Vorläufer einer Verkieselung. Entsprechend beschreiben SALAMEH & SCHNEIDER (1980) Kieselknollen aus der Oberkreide Jordaniens, deren SiO_2-Gehalt nach außen stetig abnimmt. Es gibt jedoch auch durch und durch weiße Feuersteine mit 40% Porosität. Sie fanden sich an der Basis der von KHOO (1979) untersuchten Kreideprofile Norddeutschlands; weiter oben erschienen gemischt hell-dunkle und ganz oben dunkle Feuersteine mit nur noch 1% Porosität.

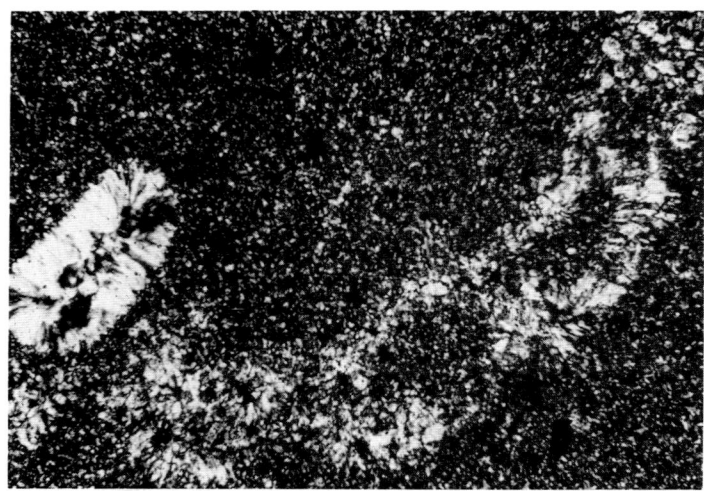

Abb. 8-26. Feuersteinknolle aus der Kreide Norddeutschlands mit Bryozoen und Kryptoquarz-Grundmasse (gekreuzte Nicols, Bildbreite 1 mm).

Größere Versteinerungen bilden oft den Kern der Feuersteinknollen. SIEVER (1962) vermutet, daß die Kieselsäure organische Substanz absorbierte und dadurch ausgeflockt wurde. Die Kieselsäure stammt aus dem umgebenden Kalk, in welchem Schwammrhaxen, Radiolarien und Diatomeen weitgehend aufgelöst oder verkalkt sind (SCHWARZ 1929, CAYEUX 1935, s. a. LOWENSTAM 1949, HEALD 1952; NEWELL et al. 1953: 160 ff., SUJKOWSKI 1958; FABRICIUS 1966), während diese Fossilien im Feuerstein erhalten sind. Aus diesem Grunde kann die unmittelbare Umgebung der Knollen an SiO_2 verarmt sein (G. ERNST 1964). Es kommen jedoch auch Migrationen über etwas größere Entfernungen vor. So fand MEYER (1974) im Malm der Frankenalb Verkieselungen vor allem in solchen Bankkalkpartien, welche unmittelbar an Kieselschwamm-Bioherme angrenzen; in den Biohermen aber sind die Kieselskelette im allgemeinen verkalkt (l. c.: Abb. 12 und S. 29/30).

Ein solches Auswandern von SiO_2 aus Biohermen ist auch vom permischen Riffkomplex in Texas und New Mexico bekannt (BLATT et al. 1980: 576). Solche Migrationen fanden frühdiagenetisch statt, als das Gestein noch wasserdurchlässig und mit marinem Porenwasser gefüllt war. Sie wurden nach KNAUTH (1979) verursacht durch geringe Süßwasserzutritte, welche Kalk-Untersättigung im Riff-Nebengestein bewirkten. Andererseits war das Porenwasser durch feinverteilte Kieselskelette für amorphe Kieselsäure gesättigt, d. h. übersättigt für Opal-CT oder Chalcedon. Letztere konnten daher den Kalk in Form von Kieselknauern verdrängen. Unterstützt wird dieses Modell dadurch, daß die H- und O-Isotope vieler Kieselknollen (KNAUTH & EPSTEIN 1976) einen meteorischen Einfluß anzeigen.

Für die Feuersteinknollen der in etwa 100–600 m Meerestiefe abgelagerten Schreibkreide ist ein solcher meteorischer Einfluß jedoch unwahrscheinlich, denn auch sie sind frühdiagenetisch gebildet, wie VOIGT (1979) zeigen konnte. Er fand in der Maastrichter Tuffkreide umgelagerte Feuersteine, welche von Epibionten bewachsen waren, aufgrund ihres Fossilinhaltes aber aus der unmittelbar unterlagernden Schicht stammten. Hieraus konnte er ableiten, daß umlagerungsfähige Vorläufer der heutigen Feuersteine in weniger als einer Million Jahre gebildet wurden. Um in so kurzer Zeit Knollen dieser Konsistenz zu bilden, müssen sie als Opal-CT oder Krypto- bis Mikroquarz ausgeschieden worden sein. Die Feuersteine füllen häufig Callianassa-artige Bauten; spätere Generationen der Verkieselung bilden große, mehrere Feuersteinlagen einschließende Flecken oder orientieren sich an Klüften (BROMLEY 1967; KENNEDY & JUIGNET 1974). Nach KEENE (1976: 239) beginnt in kalkigen, ozeanischen Sedimenten die Kieselknollenbildung im allgemeinen mit Opal-CT; Chalcedon bildet sich erst aus diesem, und zwar meistens beginnend im Inneren der Porzellanitknollen (KEENE l. c.: 165, 166, 247, s. auch ROBERTSON 1977). Nach H. J. P. ZIJLSTRA (1987) ist diese Ausfällung bakteriell bedingt und findet in der obersten Sedimentschicht an der Grenze vom oxidierenden zum reduzierenden Milieu statt, weil dort die SiO_2-Konzentration ihr Maximum erreicht (35–60 ppm, BISCHOFF & SAYLES 1972).

Verkieselungen findet man vor allem in tonarmen Kalken (RIO 1982). Ein Stengelquarzgefüge mit statistischer Anordnung der 0,01–0,3 mm langen Quarzkristalle ist bei langsamer Verkieselung nicht selten. Diese Quarze sind oft reich an Calciteinschlüssen (GRÜNHAGEN, mdl. Mitt.; STORZ 1931: 314–318). Bei höheren $Si(OH)_4$-Konzentrationen entsteht ein kryptokristallines Gefüge.

Besonders interessant ist bei partieller Silifizierung die unterschiedliche Neigung der Fossilschalen zur Verkieselung. DAPPLES (1967 b), der sieben Vorkommen ordovizischen bis permischen Alters untersuchte, fand eine schwache Bevorzugung von Bryozoen, Brachiopoden und Korallen, in Übereinstimmung mit NEWELL et al. (1953), die diese Reihe abnehmender Verkieselungstendenz wie folgt fortsetzen: Mollusken, Echinodermen, Foraminiferen, Kalkschwämme und Dasycladaceen. Teilweise wird diese Reihenfolge von der Löslichkeit der verschiedenen Kalkschalen zur Zeit der SiO_2-Zufuhr bestimmt und könnte daher ein wichtiges Diagenesemerkmal sein. Dies soll an zwei Beispielen erläutert werden:

Wenn im Zechsteinkalk der hessischen Senke nur die primär Mg-reichen Calcitschalen der Milioliden und der inkrustierenden Foraminiferen durch undulösen Quarz verdrängt sind, nicht aber die (nach KEUPP mdl.) Mg-ärmeren Calcitschalen der Bryozoen, die Mg-freien Calcitschalen der Brachiopoden und die aragonitischen Schnecken, dann ist die Verkieselung vermutlich erfolgt, als der Aragonit bereits in Calcit umgewandelt war, der Mg-Calcit aber noch nicht ganz.

Wenn andererseits in manchen Partien der Oberkreide und des Paläozäns von Libyen nur die primär calcitischen, nahezu Mg-freien Bivalven verkieselt sind (Abb. 5-41, erste Auflage), die Skelette der Foraminiferen, Echinodermen, Bryozoen, Grünalgen und Ostracoden aber nicht, obwohl sie primär aus Mg-Calcit bestanden, dann mag hier die Verkieselung so spät erfolgt sein, daß alle Mg-Calcit-Skelette schon – unter Kristallvergröberung und Füllung der Mikroporen – im Calcit umkristallisiert waren, während die primären Calcitschalen noch ihre ursprüngliche Feinfaserigkeit und Porosität besaßen.

Auf die Durchlässigkeit der Partikel als bestimmendes Merkmal für die Verkieselung weist auch eine Beobachtung von HESSE (in Vorber.) im alpinen Unterkreideflysch hin: Nur Körner mit einem Netzwerk organischer Substanz (Ooide, Fossilschalen) wurden verkieselt. Auch JACKA (1974) fand nur Ooide und Fossilschalen, nicht aber Intraklasten und mikritische Grundmasse verkieselt. HESSE (l. c.) nimmt einen zusätzlichen Einfluß der organischen Substanz an (pH-Senkung verringert SiO_2-Löslichkeit). Wichtig ist auch seine Beobachtung, daß in Kalkturbiditen, welche früh calcitisch zementiert waren, eine Verkieselung nur zögernd und spät erfolgte, und zwar in Form von Anwachssäumen um die vereinzelten Quarzkörner, besonders wo diese die Ooidkerne bilden. In den klastischen Turbiditen der gleichen Formation, in denen eine frühe Calcitzementation unterblieb, erfolgte hingegen die Verkieselung früher und kryptokristallin, doch war auch hier die Umwandlung Mg-Calcit → Calcit schon geschehen. Dies beweisen kleine Dolomiteinschlüsse in verkieselten Echinodermenbruchstücken, welche bei jener Umwandlung im geschlossenen System entstanden.

Vor allem in frühdiagenetischen Dolomiten finden sich nicht selten Lagen von Kieselknollen, die Pseudomorphosen von Gips – oder Anhydritknollen darstellen, wie kleine Einschlüsse dieser Minerale in den Kieselknollen zeigen. Sie besitzen oft charakteristische Merkmale (pseudokubische Quarze, Zebra-Chalcedon (Kap. 8.1.3), Lutecit, Quarzin, MILLIKEN 1979) und deuten auf Salzmarschen, d. h. aride Supratidalsedimente hin und zeigen oft die Faserrichtung des Quarzin. Werden die

Sulfatknollen nicht vollständig verdrängt, so können hohle, mit Quarzdrusen besetzte Kieselgeoden entstehen (CHOWNS & ELKINS 1974; FOLK & PITTMAN 1971).

Zum Schluß seien die oft minutiös verkieselten Hölzer erwähnt. Spurenelementuntersuchungen von SIGLEO (1979) deuten darauf hin, daß die Verkieselung bei anoxischen Bedingungen in normalem Grundwasser erfolgte. Es gab keine Hinweise auf erhöhte pH-Werte oder SiO_2-Konzentrationen über 140 mg/l. Die Autorin vermutet Verkieselung im Bodenschlamm eines Sumpfes oder Teiches. Siehe auch WOPFNER (1983b).

Zusammenfassung

Durch Auflösung und Wiederausscheidung geht Opal-A bei 20 °C nach 20–60 Mill. Jahren in Opal-CT über und nach insgesamt etwa 60–120 Mill. Jahren in „Quarz" (Chalcedon usw.). Daß dies keine Festkörperumwandlungen sind, zeigen einerseits Isotopenuntersuchungen, andererseits die Porositätssprünge zwischen den drei Phasen, welche in der Monterey Formation (Diatomite im Jungtertiär Kaliforniens) gemessen wurden. Kieselskelette gehen durch alle diese Stufen, während anorganische Kieselausscheidungen (Kieselzement) je nach Übersättigung an jeder Stelle der Diagenesereihe „einsteigen" können. Nur im Opal-CT läuft eine röntgenographisch verfolgbare Gitterordnung im festen Zustand ab.

Hornsteinknollen (z. B. Feuersteine) bilden sich als frühdiagenetische Verdrängungen vor allem in kalkigen Sedimenten, welche ganz allgemein die SiO_2-Diagenese beschleunigen. Das Material stammt aus Opal-A-Skeleten; als treibende Kraft kann die Ausscheidung in Form unlöslicher SiO_2-Phasen (Opal-CT, Krypto- bis Mikroquarz) angesehen werden. Ob und wie die Ausscheidung durch organische Substanz bewirkt wird, ist eine offene Frage.

9. Sedimentäre Phosphatgesteine
(IDA VALETON, Hamburg)

9.1 Allgemeines, P-Minerale, Nomenklatur

A. Allgemeines

Grundlegende Arbeiten über sedimentäre Phosphate stammen von L. CAYEUX (1939, 1941, 1950), BUSHINSKY (1964), BATURIN (1974, 1978), SHELDON (1964), McKELVEY (1967), COOK (1976), COOK & McELHINNY (1979), SLANSKY (1979, 1980), BENTOR (ed.) (1980), BRGM-Kolloquium (1979).

Vom Präkambrium bis ins Holozän kam es unter bestimmten räumlich-zeitlichen Konstellationen zu wirtschaftlich wichtiger marin-sedimentärer Phosphatanreicherung (bis 37% P_2O_5). Dagegen sind kontinentale Phosphatbildungen wie der durch Vogelexkremente gebildete Guano ozeanischer Inseln, Höhlen- oder Verwitterungs-Phosphorite meist von untergeordneter Bedeutung. Die Phosphatverteilung in den wichtigsten magmatischen und sedimentären Gesteinen geht aus Tabelle 9-1a und b hervor. Im sedimentären Zyklus wird Phosphor über die tierischen und pflanzlichen Organismen angereichert. Nicht nur in Zähnen und Knochen der Wirbeltiere (Ca-F-Apatit) sondern vor allem im marinen Phyto-Plankton wie Diatomeen, Dinoflagellaten und Algen, sowie in Kotpillen (PORTER 1980) sind erhebliche Mengen von Phosphor an die organische Substanz gebunden. Marine Phosphatlagerstätten können deshalb zugleich auch Erdölmuttergesteine sein (POWEL et al. 1975; CLAYPOOL et al. 1978; BRGM-Kolloquium (1979) über die Beziehungen von Phosphaten und Kohlenwasserstoffbildung).

Tabelle 9-1a. P-Gehalte in Gesteinen der Erdkruste (NOCKOLDS 1954).

Gesteine	P_2O_5 mittel	P_2O_5 min.	P_2O_5 max.
Granitische Gesteine	0,15	0,07	0,21
intermediäre Gesteine	0,38	0,19	0,49
Gabbroide Basalte	0,29	0,23	0,39
Peridotite	0,05		
Anorthosite	0,11		
Alkali-Gesteine	0,63	0,17	1,52
Erdkruste	0,18		

Tabelle 9-1b. P-Gehalte in Sedimentgesteinen (McKELVEY 1973).

	min.	max.
Sandsteine	0,08	0,16
Tongesteine	0,11	0,17
Karbonatgesteine	0,03	0,07
Tiefseesedimente:		
– Karbonate	0,08	0,18
– Tone	0,14	0,33
– Kieselgesteine	0,13	0,27

B. Phosphorminerale

Im marinen Milieu ist Ca-F-CO_3-Apatit (Frankolith) die wichtigste Verbindung. Dabei kann durch isomorphe Substitution
- Ca durch Mg, Na, seltender durch K, Sr, U, Y, seltene Erden wie Th, Ce,
- PO_4 durch CO_3, seltener durch SO_4, SiO_4, AsO_4, VO_4,
- F durch OH, nicht aber durch Cl wie bei magmatischen Gesteinen ersetzt werden.

Die Substitution von Ca durch Mg oder Na steht in positiver Beziehung zu der Substitution von PO_4 durch CO_3 (Abb. 9-1). Daneben ist Ersatz von F durch OH relativ häufig. LEHR et al. (1967) schlagen folgende Schreibweise vor:

$$(Ca, Na, Mg)_{10} (PO_4)_{6-x} (CO_3)_x F_y (F, OH)_2$$

x = 0,40−1,40 (Mittel ∼ 0,75)
y = 0−1,5

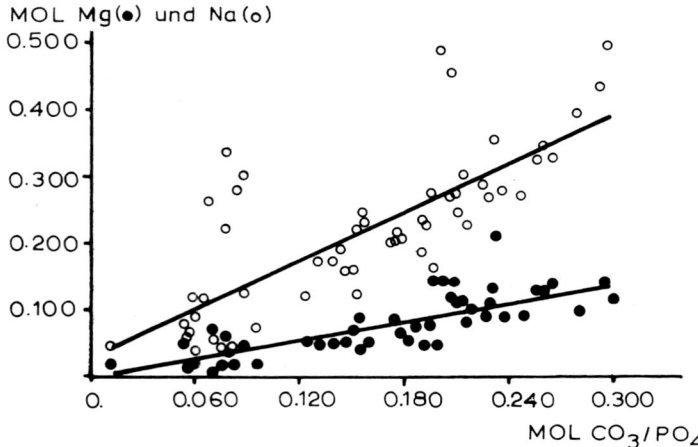

Abb. 9-1. Beziehung zwischen der Substitution von Ca^{2+} durch Na^+ oder Mg^{2+} und dem CO_3/PO_4-Mol.-Verhältnis im Frankolith (LEHR et al. 1967).

Tabelle 9-2. Gitterparameter in Abhängigkeit von der Zusammensetzung des Apatits (YOUNG 1975).

Mineral	Parameter in Å		Autor
	a	c	
Fluorapatit	9,37	6,88	MC CONNEL
	9,364 ± 0,005	6,879 ± 0,005	YOUNG
	9,367	6,884	SUDARNAN, MACKIE, YOUNG (.)
Frankolith	≤ 9,36	< 6,89	variabel mit H_2O-Gehalt und CO_2, MC CONNEL
	9,368 ± 0,002	6,890 ± 0,002	BEATTY et al.
	9,346 ± 0,002	6,887 ± 0,002	BROPHY et al.
Dahllit	9,436 ± 0,002	6,886 ± 0,002	BROPHY et al.
	< 9,45	> 6,90	variabel mit H_2O-Gehalt und CO_2, MC CONNEL
Hydroxylapatit	9,418	6,880	SUDARNAN & YOUNG (.)

(.) in YOUNG 1975: 27.

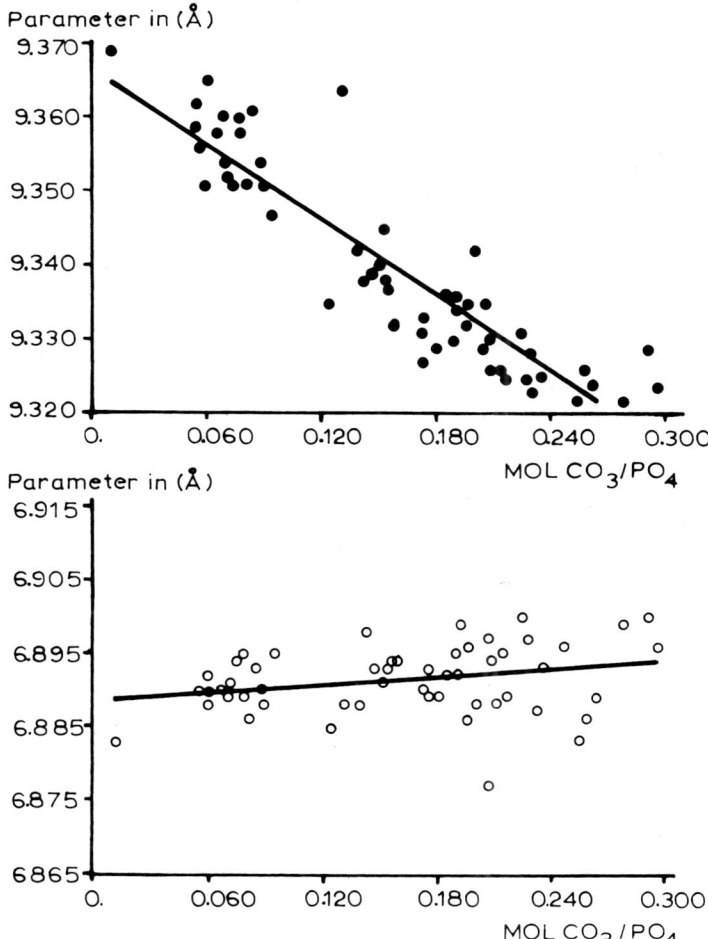

Abb. 9-2. Beziehung zwischen dem Mol.-Verhältnis CO_3/PO_4 und den Gitterkonstanten (a = oberes Bild, c = unteres Bild) des Frankolith (LEHR et al. 1967).

Die Beziehung zwischen Chemismus und Gitterkonstanten zeigen Abb. 9-2 und Tab. 9-2.
Seltener und nur lokal tritt **Bradleyit**-$Na_3PO_4 \cdot MgCO_3$ auf.

In Lateriten auf sedimentären Phosphatlagerstätten kommt eine Reihe von Al-Phosphaten vor (CAPDECOMME 1952, CAPDECOMME & ORLIAC 1967; NATHAN et al. 1979; VIELLARD 1978; FLICOTEAUX et al. 1977; FLICOTEAUX 1982) wie z. B.

- Millisit: $(Na-K)CaAl_6(PO_4)_4(OH)_9 3H_2O$
- Crandallit: $Ca_2Al_6(PO_4)(OH)_3$
- Augelith: $Al_2(PO_4)(OH)_3$
- Wavellit: $Al_3(PO_4)_2(OH)_3 5H_2O$
- Türkis: $CuAl_6(PO_4)_4(OH)_8 4H_2O$.

Daneben treten hier wasserhaltige Fe- und Mn-Phosphate, auch Gips, Anhydrit, Phosphosiderit, Jarosit (Gelbeisenerz) und ähnliche Minerale auf.

In Guano auf Kalken oder Mergeln bilden sich neben Ca- oder Al-Phosphaten N- und NH_4-haltige Phosphate wie:

Monetit	$CaH[PO_4]$
Vivianit	$Fe_3[PO_4]_2 \cdot 8H_2O$
Struvit	$NH_4Mg[PO_4] \cdot 6H_2O$
Whitlockit	$\beta\text{-}Ca_3[PO_4]_2$

Vivianit ist darüberhinaus ein häufiges Verwitterungsprodukt in bituminösen Gesteinen.

C. Nomenklatur

1. SLANSKY (1980) schlägt nach dem P_2O_5-Gehalt folgende Nomenklatur vor:
   - Phosphathaltige Gesteine:
     unter 18% P_2O_5 mit kieseligen, glaukonitischen, karbonatischen oder klastischen Beimengungen,
   - Phosphatgesteine:
     über 18% P_2O_5, im wesentlichen nur Phosphatminerale enthaltend;
     Die Phosphatgesteine unterteilt er
2. nach dem Mineralgehalt (Glossary of Geology, A.G.J. 1974)
   - Phosphatite: Sedimente mit Vorherrschaft von Mineralen der Apatit-Gruppe
   - Phosphorite*: Sedimente mit Vorherrschaft verschiedener Phosphatminerale des Ca, Al und Fe.
3. Ferner, entsprechend der Karbonatnomenklatur von FOLK (1959) Tab. 9-3:
   - nach der Korngröße: Phospha- lutite, -arenite, -rudite;
   - nach der Herkunft: Extra-, Intraklasten
   - nach dem Gefüge: Litho-, Bio-, Pel-, Oo-Phosphatite;
   - nach Härte oder Konsistenz: weich, verhärtet, kompakt, porös, konkretionär.

Tabelle 9-3. Nomenklatur der Phosphatgesteine mit über 18% P_2O_5 (aus SLANSKY 1979, abgeändert).

	Phosphatanteil			Fremdanteil		
Natur der Phosphatpartikel	Korngröße		%-Anteil im Gestein angeben	%-Anteil im Gestein angeben	Mineralzusammensetzung und Korngröße	Zement oder Matrix
Bio- (Knochen, Zähne) Intra- Litho- Oo- Pel-	Phospha-	Lutit Arenit Rudit			kryptokrist. Chalcedon Mikrit Sparit	Zement
					tonig, glaukonitisch Quarzsiltit Quarzarenit Arkose Biokalkarenit	Matrix

* (Die Begriffe „Phosphorit" im alten Sinne und Kollophan(it) sollten nicht mehr verwendet werden. SLANSKY (1979) beschränkte „Kollophanit" auf schwach (< 10%) phosphatführende Gesteine).

9.2 Mechanismus der Phosphatbildung und -anreicherung

Wie aus Tabelle 9-4 ersichtlich, entspricht die Zufuhr von Phosphor durch die Flüsse etwa der Phosphoraufnahme der ozeanischen Sedimente (ca. $8 \cdot 10^{11}$ g P/Jahr). Dem steht eine Gesamtmenge von $9 \cdot 10^{16}$ g P im Tiefenwasser der Ozeane gegenüber. Berücksichtigt man ferner, daß aus mehr als 90% der absinkenden organischen Substanz der Phosphor durch Oxidation regeneriert wird, also nur knapp 10% sedimentieren, dann ergibt sich aus den oben genannten Zahlen eine mittlere Verweilzeit des Phosphors im Meerwasser von etwa 100 000 Jahren, wenn man die Rückdiffusion von P aus dem Porenwasser ins Meer (s. u.) in die Verweilszeit einbezieht.

Der Phosphor stammt unter anderem aus der Verwitterung magmatischer Gesteine. So werden dem Kaspischen Meer durch die Wolga jährlich 6000 t gelöster und doppelt so viel an organische Substanz gebundener Phosphor zugeführt (BUSHINSKY 1964). Die Menge des mobilisierten Phosphats hängt stark von der Intensität der Verwitterung und Bodenbildung ab. Andererseits können sich Phosphat-Laterite durch Verwitterung von Phosphatiten und Karbonaten bilden.

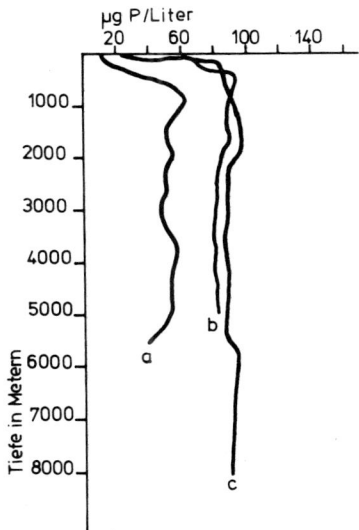

Abb. 9-3. Abhängigkeit des Gehalts an gelöstem mineralischen Phosphor von der Tiefe:
a. Nordatlantik, b. Indischer Ozean, c. Nordpazifik (GULBRANDSEN & ROBERSON 1973).

Im Meerwasser steigt der Phosphorgehalt in den obersten 500 m mit zunehmender Tiefe abrupt an (Abb. 9-3, Tabelle 9-6a). Dies geht einerseits auf die Löslichkeitszunahme mit abnehmender Temperatur zurück; selbst unter niedrigen Breitengraden beträgt die Wassertemperatur in 200 m Tiefe nur noch 10 °C. Andererseits wirkt sich in den obersten Wasserschichten der Phosphorverbrauch des Planktons aus. Im Mittelmeer und Roten Meer ist der Phosphorgehalt besonders niedrig (20–30 µg/l), im Schwarzen Meer extrem hoch (> 200 µg/l). Neben ionarer Lösung (hauptsächlich HPO_4^{2-}, außerdem $H_2PO_4^-$ und PO_4^{3-}) befindet sich der Phosphor in löslichen organischen Komplexen.

Die Anreicherung des Phosphors in marinen Sedimenten wird begünstigt durch
— nährstoffreiche Auftriebsströme (Abb. 9-4, Tabelle 9-4) in Flachmeeren niedriger Breite (KAZAKOV 1937),
— hohe Bioproduktion, die den Phosphor an die organische Substanz besonders von kieselschaligem Plankton bindet,
— relativ kurze Sink-Strecken, damit die organische Substanz erhalten bleibt,

- Sauerstoff-Minimumzonen; wo deren Unter- und Obergrenze den Meeresboden treffen, kann organische Substanz an der Sedimentoberfläche oder direkt darunter teil-oxidiert werden – eine Bedingung dafür, daß der Phosphor ins Sediment gelangt und dort zur Bildung von Ca-F-Apatit zur Verfügung steht (Abb. 9-6),
- verlangsamte klastische Sedimentation,
- sekundäre Phosphatanreicherung durch Aufarbeitung und selektive Umlagerung (nach Dichte und Korngröße).

1. Der Phosphor wird aus dem Meerwasser durch das Phytoplankton (Diatomeen, Dinoflagellaten) angereichert (Tabelle 9-5 und 6 b). In den Auftriebsgebieten der Weltmeere bindet das Plankton jährlich 475 t C_{org}/km^2 und 21 t P_2O_5/km^2 (Riley et al. 1949). Vor Niederkalifornien werden über 225 km Länge des Kontinentalhanges mindestens $7 \cdot 10^{15}$ t P_2O_5 durch die Auftriebsströmung zugeführt. Davon werden nach D'Anglejan (1967) ca. $3 \cdot 10^3$ t/Jahr im Sediment fixiert, und zwar in Form von Phosphatknollen in Gebieten sehr langsamer Sedimentation, zwischen 30 und 300 m Tiefe.

2. Mehr als 90% des organisch gebundenen Phosphors werden nach dem Absterben der Organismen wieder freigesetzt. Dadurch kann zwar ein P-reiches Bodenwasser entstehen, die Fixierung des Phosphors im Sediment erfordert aber, daß sich die organische Substanz erst im Sediment zersetzt (s. o.). Baturin (1972) beobachtete im Porenwasser frischer Sedimentproben 118–2520 µg P/l, die in gealterten Proben bis auf 8000 µg P/l anstiegen. Dabei liegen die pH-Werte zwischen 7,26–8,06, Eh ist mit -155 m V streng negativ. Durch die zunehmende Auflösung des organisch gebundenen

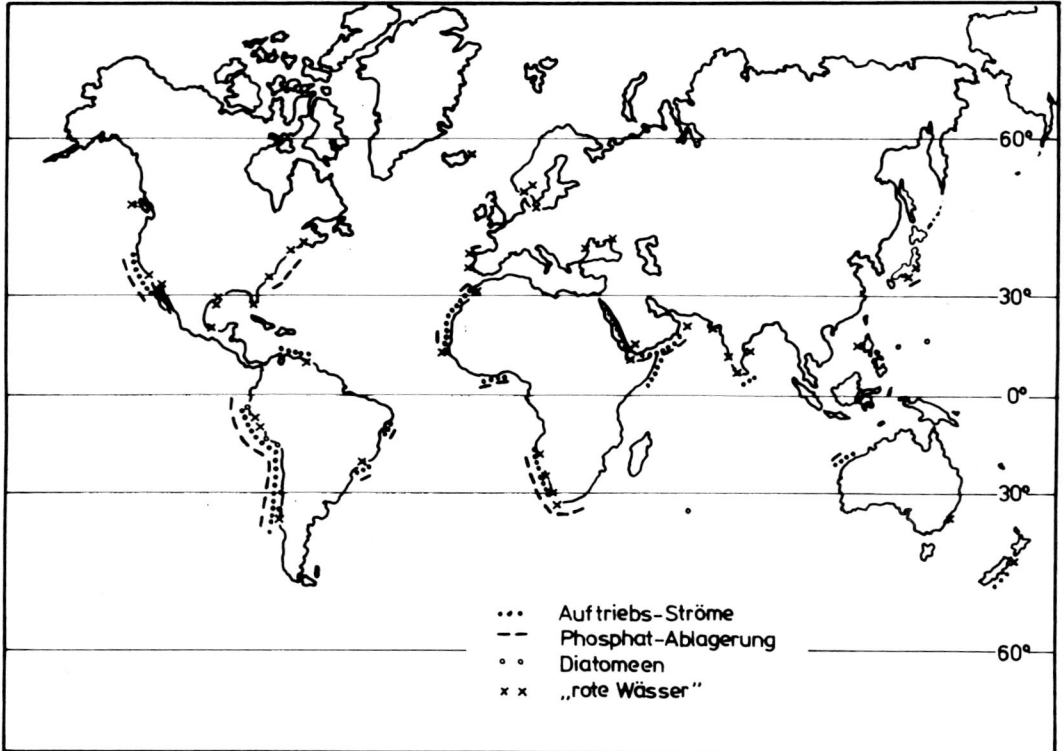

Abb. 9-4. Beziehung zwischen Auftriebsgebieten, rezenten Phosphaten, Diatomeen und „roten Wässern" (McKelvey 1967).

Tabelle 9-4.
Mariner Phosphorzyklus und mögliche hypothetische Phosphat-Rückführung in den sedimentären Bereich (Großteil der Daten nach HOLLAND 1973); Oberflächennaher Bereich der Ozeane; Austausch Ozeane-marine Biosphäre nach LERMAN et al.; Extraktionsrate durch metallhaltige Sedimente nach FROELICH et al. (1982, Mittel ihrer Schätzungen); Extraktion durch Fische (Skelette und Zähne) nach LOWENSTAM; Extraktion durch Phosphoritbildung aus dem Differenzbetrag berechnet. τ = Verweildauer im Ozean. Wichtige hypothetische Wege des Phosphors: 1. Phosphoritbildung in Zonen mit Auftriebswässern (KAZAKOV 1937); 2. Phosphoritbildung in Zonen abnehmender Photosynthese (PIPER & CODISPOTI); 3. diagenetische Phosphoritbildung durch Phosphormobilisation im Porenwasser. Tabelle aus KOLODNY (1981).

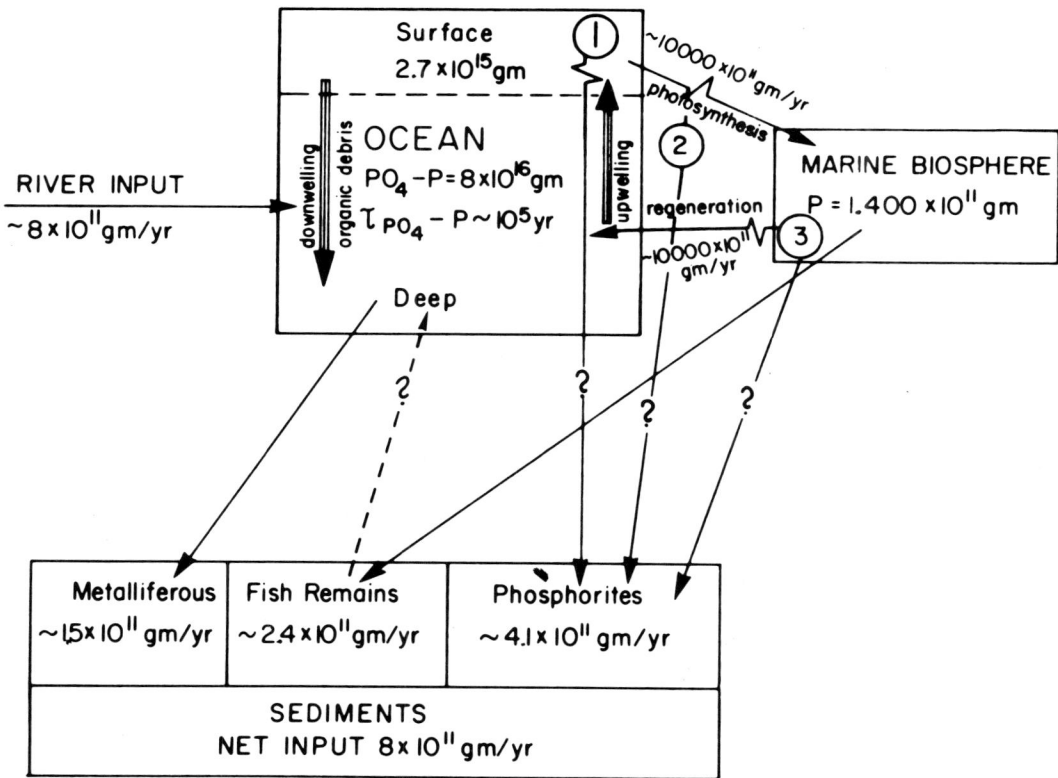

P erreichen die Phosphatwerte des Porenwassers nach BURNETT (1974, 1977) in einigen Zentimetern Sedimenttiefe ihr Maximum (Abb. 9-5). Die Phosphatgehalte im Porenwasser sind also weit höher als im Meerwasser (bis 26 x) und überschreiten in Gebieten mit ruhiger Sedimentation und großen Mengen an organischer Substanz die Sättigungsgrenze, was gerade bei verlangsamter Sedimentation zur Rückdiffusion von P in das Meerwasser oder, wenn die Bildungsbedingungen günstig sind, zur Apatitkristallisation führt. Voraussetzung dafür ist die Ausbildung einer Sauerstoff-Minimumschicht (s. Kap. 9-3, (b)) in den Gewässern des Schelfbereichs, deren Ober- oder Untergrenze die Sediment-Oberfläche berührt (Abb. 9-6). Die Sedimente zeichnen sich i. a. durch Feinlamellierung und fehlende Bioturbation aus, was für anoxische Bedingungen spricht.

Wird die organische Substanz nicht zersetzt, wie z. B. in den biogenen Schlämmen (black shale) des Schwarzen Meeres, dann bleibt der biogen gebundene Phosphor fein verteilt im Sediment erhalten.

Tabelle 9-5. Chemische Zusammensetzung von Diatomeen und Dinoflagellaten; Oxide bezogen auf 100 g C org. (PÉRÈS & DE VÈZE 1964).

	Diatomeen	Dinoflagellaten
C	100,00	100,00
P_2O_5	6,18	3,90
Fe_2O_3	13,70	4,80
CaO	17,50	3,80
SiO_2	119,20	14,10

Tabelle 9-6a. Phosphorgehalte im Ozeanwasser (zusammengestellt von TRUDINGER 1979).

Gebiet	Phosphor in μgatom l^{-1}	Referenz
– Atlantischer Ozean		DUGDALE
(Oberfläche)	0,3	
unter 1000 m	1,8	
– Pazifischer Ozean		DUGDALE
(Oberfläche)	0,4	
unter 1000 m	3,0	
– Indischer Ozean		DUGDALE
(Oberfläche)	0,8	
unter 1000 m	3,0	
– Mauretanisches Auftriebssystem	1,5	KIRICHEK & SUKHORUK
– Peru – Auftriebssystem oberhalb 50 m	1,0–2,0	DUGDALE
– Kalifornische Bucht Auftriebssystem oberhalb 50 m	0,5–2,0	WALSH et al.

Tabelle 9-6b Phytoplankton-Produktivität in Auftriebsgebieten (zusammengestellt von TRUDINGER 1979).

Gebiet	Produktivität $g^{-1} cm^{-2} Tag^{-1}$	Referenz
– Kalifornische Bucht	7,1	DUGDALE
– Peru	5,7	DUGDALE
– Südwest Afrika	2,5–3,8	KIRICHEK (s. o.)
– unspezifiziert	1,3	WALSH et al.

Der Mechanismus der Phosphatmineralisation ist sehr komplex. Das Hauptminerial ist der Apatit, der
A) biogen oder durch
B) direkte Ausscheidung aus dem Porenwasser
gebildet wird.

A. Biogen gebildeten Frankolith findet man u. a. in Brachiopodenschalen des Kambriums und Ordoviziums; weitere Beispiele sind die Skeletteile von Fischen und anderen Vertebraten, deren Karbonathydroxylapatit sich diagenetisch in Karbonatfluorapatit umwandelt (dabei F-Anstieg von 0,3 → 3,0%, Anreicherung an Fe, Ba, Seltenen Erden und U).

In den oberkretazischen Phosphaten der Negev fanden SOUDRY & CHAMPETIER (1983) besonders in den laminierten Phosphatlagen gut erhaltene Algenstrukturen. Die Phosphatfällung wird ähnlich wie bei den Karbonaten durch die Aktivität umhüllender Cyanobakterien erklärt. Das Ausgangsmaterial der aus Frankolith bestehenden Conodonten kennt man nicht. Sie ändern mit zunehmender Temperatur ihre Farbe (EPSTEIN et al. 1977). Phosphorhaltige Koprolithe (0,2–0,4% P_2O_5; MOORE 1955) stammen von Tieren, die sich von sehr P-reichem Schlick oder phosphathaltigen Tieren ernährten. In Tonsteinen steigt nach PORTER (1980) der P-Gehalt mit dem Anteil an (0,1 mm)-Kotpillen.

B. Direkte Ausscheidung aus dem Porenwasser führt nach BATURIN (1978) in einer schrittweisen Phosphatisierung über ein initiales Ca-Phosphatgel zur konkretionären Apatitbildung (Tabelle 9-7). In Gegenwart von Mg^{2+} wird direkte Ausscheidung aus dem Meerwasser verhindert (MARTENS & HARRISS 1970; NATHAN & LUCAS 1976). Wichtig ist daher die Herabsetzung des Mg-Wertes, was

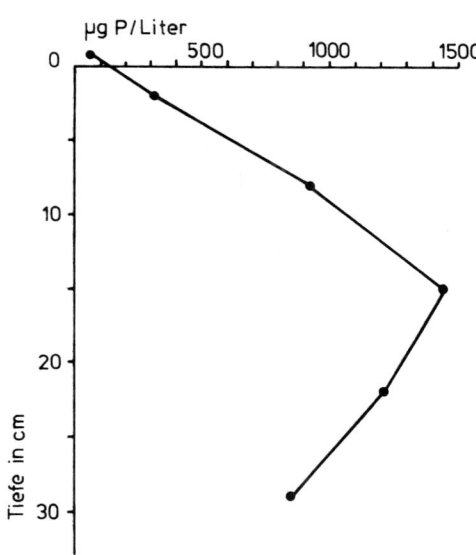

Abb. 9-5. P-Gehalt im Porenwasser eines Bohrkernes auf dem Peruanischen Schelf (185 m Wassertiefe) (nach SHOLKOVITZ in BURNETT 1974).

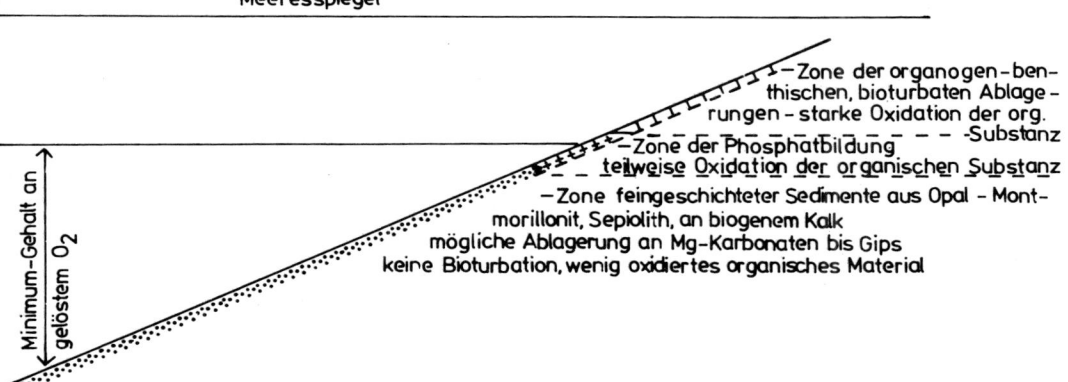

Abb. 9-6. Beziehung zwischen der O-Minimum-Zone im Wasser und dem optimalen Bereich der Phosphatbildung (SLANSKY 1980).

Tabelle 9-7. Schrittweise Phosphatisierung auf dem Schelf vor Namibia (nach BATURIN 1978).

Natur der Probe	P_2O_5 %	CO_2 %	$C_{org.}$ %	SiO_2 (Opal)
– Diatomeen Schlamm	1,33	1,28	5,31	59,32
– leicht phosphatisierter Schlamm	3,56	1,07	3,97	38,00
– Phosphat Schlamm	19,51	4,32	2,25	14,24
– weiche Konkretionen	29,53	5,90	1,28	0,21
– körnig-dichte Konkretionen	30,31	6,21	0,97	Spuren
– kompakte Konkretionen	31,94	6,39	0,98	Spuren

durch gleichzeitige Neubildung Mg-reicher Tonminerale wie Attapulgit*, Sepiolith, Mg-Smektit erreicht wird. Das initiale Gel kann rasch zu Apatit kristallisieren; bei weiterem Absinken des Mg-Wertes bildet sich Apatit direkt aus dem Porenwasser. BURNETT (1974, 1977), sowie PRICE & CALVERT (1978) nehmen direkte Apatitausscheidung ohne gelförmiges Zwischenstadium an.

Die nordafrikanischen Lagerstätten der Oberkreide und des Alttertiärs sind gute Beispiele für Bildung von Phosphaten und deren Nebengesteinen, teils oberhalb, teils unterhalb der Pyknokline (s. u., SLANSKY et al. 1959). Dort besteht eine enge diagenetische Alternativ-Beziehung zwischen Phosphaten, $C_{org.}$, Karbonaten, Kieselsedimenten und Mg-reichen Tonmineralien, wie Attapulgit, Sepiolith, Mg-Smektit (SASSI 1974; BOUJO 1976; RANCHIN 1963).

Das reziproke $C_{org.}/P_2O_5$-Verhältnis weist auf eine Herkunft des P aus der Teiloxidation der organischen Substanz hin. $C_{org.}$-arme Horizonte, die neben hohen Phosphatgehalten niedrige Mg-Mineral- und Opalgehalte (durch Zersatz der Kieselskelette) aufweisen, haben sich unter Teiloxidation gebildet (Abb. 9-7, oben), während $C_{org.}$-reiche Horizonte, die gleichzeitig reich an Opal und authigenen Mg-Mineralen sind, innerhalb der O_2-Minimumschicht entstanden (Abb. 9-7, unten).

Die Phosphatanreicherung im Sediment geschieht durch
– direkte Ausfällung aus der Porenlösung: Konkretionsbildung,
– Apatitausscheidung in Fossilschalen,
– Verdrängung von Kalken,
– mechanische Umlagerung,

wobei der Anreicherung durch mechanische Umlagerung die größte Bedeutung zukommt.

– Direkte Ausfällung aus der Porenlösung wird für Phosphatkonkretionen am heutigen Meeresboden angenommen. Die Konkretionen sind um Kristallisationskerne aus Organismenbruchstücken oder klastischen Mineralen oft schalig aufgebaut und erreichen Durchmesser bis zu einigen Zentimetern. Es war lange umstritten, ob diese Konkretionen alle frühdiagenetisch sind oder sich teilweise auch noch später weiterbilden. BURNETT (1977, 1980) konnte mit Hilfe der $^{234}U/^{238}U$-Methode, (in Kombination mit ^{232}Th) ein rezentes Alter von Phosphatknollen auf dem Schelf vor Peru und Chile und vor Namibia in Wassertiefen von 200–400 bzw. 60–120 m nachweisen. In beiden Gebieten entsteht Phosphat auch durch Verdrängung (s. u.), s. auch BURNETT & OAS (1978) und BURNETT & SHELDON (1979).

Die spärlichen Phosphatkonkretionen in rezenten Sedimenten deuten darauf hin, daß die rezenten Bedingungen für die Entstehung von Phosphatgesteinen nicht optimal sind. Die Phosphatite der prämiozänen Zeiten bestehen aus Lagen von Phosphatpillen und -ooiden, welche durch spätere marine Aufarbeitung angereichert wurden.

Die meisten Phosphatkonkretionen an der heutigen Oberfläche gehören jedoch in das Jungtertiär; sie zeigen oft Lösungserscheinungen oder sind mit Mangankrusten überzogen (CULLEN 1980; MANHEIM et al. 1980).

* Attapulgit-synonym = Palygorskit

Mechanismus der Phosphatbildung und -anreicherung 553

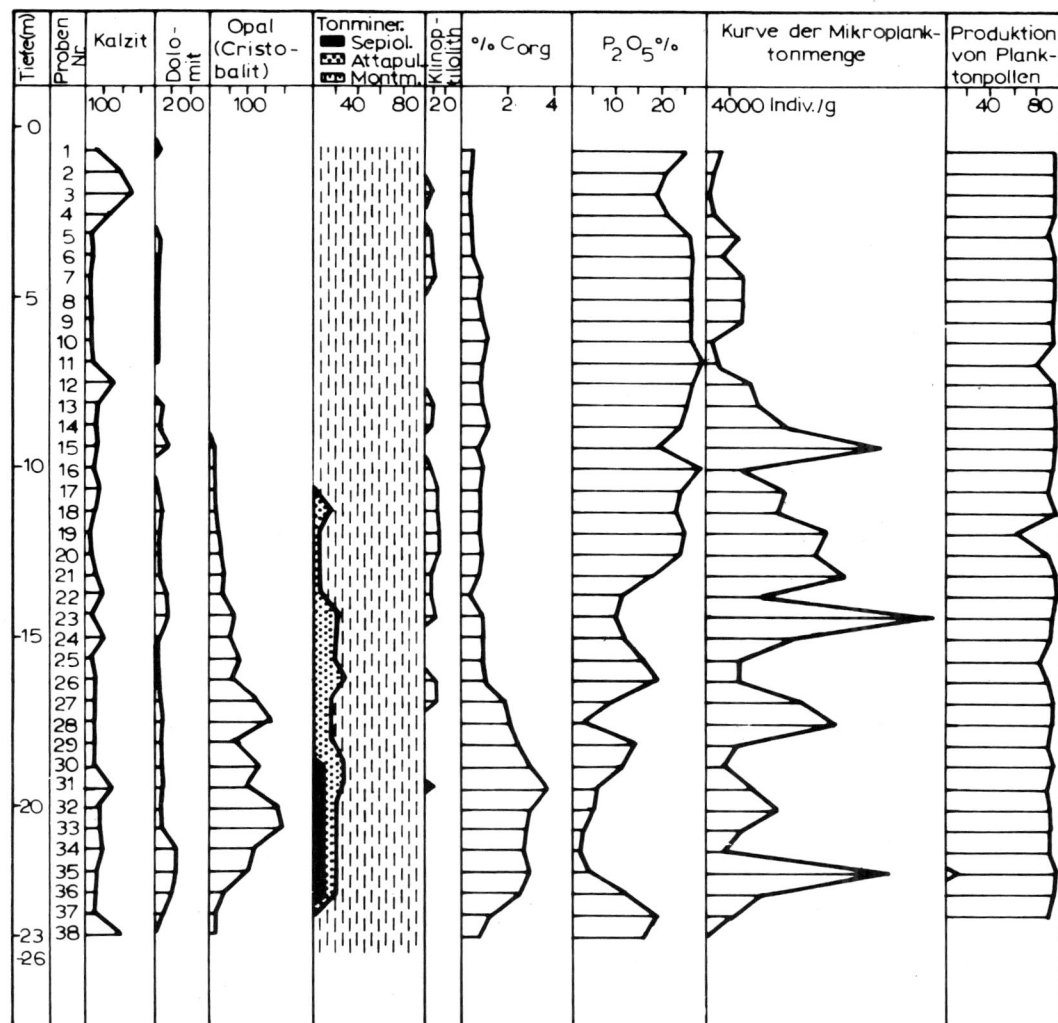

Abb. 9-7. Beziehung zwischen Phosphatgehalten und deren C org.-, Mg-haltige Tonmineralien, Opal, Dolomit und Kalzit im Paläozän-Untereozän des Beckens von Gafsa/Algerien (nach Sassi 1974). Der Profilteil bis ca. 15 m wurde oberhalb der Pyknokline abgelagert, der untere Profilteil jedoch unterhalb derselben.

Phosphatknollen bilden sich in Gebieten mit starkem Auftrieb und hoher organischer Produktivität im Bereich der Sauerstoff-Minimum-Zone, unter reduzierenden Bedingungen und oft in Bereichen verlangsamter Sedimentation. Sie sind eng vergesellschaftet mit Diatomeenschlamm. Ein Beispiel sind die Monterey Shales im Miozän Kaliforniens. Die Phosphatlagen und -knollen entsprechen dort Zeiten fehlender Sedimentation oder gar von Erosion (Pisciotto & Garrison 1981: 114). Der Apatit scheidet sich nicht im freien Wasser, sondern im Sediment aus.

– Apatitausscheidung in Innenräumen von Foraminiferen- und anderen Fossilschalen führt nach Auflösung der Schalen zur Bildung von Phosphat-Pellets.

– Verdrängung von Kalken und Koprolithen durch Apatit kann eine zusätzliche Phosphat-Anreicherung hervorrufen. Dabei wird das ursprüngliche Gefüge von Kalzitpellets, -ooiden oder

-onkoiden konserviert. Solche Phosphatpellets und -ooide sind in vormiozänen Lagerstätten in großer Menge gebildet worden. Die Entstehung dieser Gefügeelemente wird jedoch z. T. auch als primär gedeutet.

Auf dem Schelf südlich u. SW von Afrika sind in 100–500 m Meerestiefe glaukonitische Kalksedimente meist miozänen Alters phosphatisiert (Frankolith), und zwar vor allem die mikritische Matrix. Auch hier handelt es sich um Bereiche stark verlangsamter Sedimentation (PARKER & SIESSER 1972; PARKER 1975). Bei periodischen Trans- und Regressionen entstanden später konglomeratische Aufarbeitungsprodukte solcher phosphatitischen Krusten (BIRCH 1979b). In dem Auftriebsgebiet vor der peruanischen Küste werden noch jetzt in C_{org}-reichen Sedimenten benthonische Foraminiferenschalen phosphatisiert. Sauerstoffgehalt, Karbonatgehalt und Sedimentationsrate sind dort niedrig (MANHEIM et al. 1975).

– In allen größeren Lagerstätten hat eine mehr oder weniger starke mechanische Umlagerung durch submarine Aufarbeitung unter Materialsortierung bzw. -Klassierung nach Größe und Dichte stattgefunden. Für die Bildung wirtschaftlicher Phosphatlagerstätten ist dieser Umlagerungsprozeß außerordentlich wichtig. Den Mechanismus der Phosphatbildung in einem Stillwassermilieu mit nachfolgender Anreicherung durch Aufarbeitung und Umlagerung postulierte zuerst BUSHINSKY (1966) in seinem 2-Stufen-Schema:

— frühdiagenetische Apatitbildung im reduzierenden Milieu;
— mechanische Umlagerung im oxidierenden Milieu.

Mechanische Anreicherung wurde auch aus dem Mio-Pliozän Floridas (RIGGS 1979), der Oberkreide und dem Alttertiär des Mediterranraumes (GERMANN et al. 1984), dem Kambrium des Mt. Noire (PRIAN 1980) und dem Kambrium von Udaipur in Indien (BANERJEE 1971) beschrieben. Für den Umlagerungsprozeß nimmt BOUJO (1976) für die Marokko-Phosphate kurzen Transport, RIGGS (1979) für die Florida-Phosphate bis zu 100–200 km Weglänge an.

Die Abfolge von Stillwasserfazies in Epikontinentalmeeren und nachfolgender Aufarbeitung wird von ARTHUR & JENKYNS (1981) durch Meeresspiegelschwankungen mit transgressiven Phasen (mit steigendem Meeresspiegel), die von regressiven Phasen (mit fallendem Meeresspiegel) abgelöst werden, erklärt.

9.3 Faziesassoziation und Zeiten der Phosphatanreicherung

Das für eine Phosphatbildung günstigste Paläoenvironment kann durch
(a) bestimmte Faziesassoziation und -rhythmen
(b) bestimmte Zirkulationssysteme in den Ozeanen charakterisiert werden.

(a) Die günstigste Faziesassoziation ist eine fast rein chemische Sedimentfolge Kieselgesteine-Phosphate-Kalke. Im rhythmischen Wechsel mit Phosphaten treten biogene Kieselgesteine (Perm: Spongien, Kreide-rezent: Diatomeen), aber auch biogene Kalke, Dolomite und Mg-reiche Tone mit hohen C_{org}-Gehalten auf. Die Fazies der Phosphatite ist wegen ihrer oft hohen Mg-Gehalte mit der präevaporitischen Stinkschiefer-Fazies verwandt.

Eine feinrhythmische Lamellierung von Phosphatiten und deren großrhythmischer Wechsel mit biogenen Kieselgesteinen, Kalken und dunklen, C_{org}-reichen Tonsteinen wird aus vielen Lagerstätten beschrieben. Die Phosphatitlagen sind gewöhnlich 0,1 m bis Zehner von Metern dick und repräsentieren eine lange Zeitspanne geringer Sedimentationsgeschwindigkeit (einige 100 000 bis einige Mill. Jahre). Die Sedimentdicke nimmt mit dem lateralen Fazieswechsel zu den Nicht-Phosphatgesteinen oft rasch zu.

Ein wichtiger Unterschied zu der spärlichen Verbreitung rezenter Phosphatknollen liegt in der Größe fossiler Phosphatit-Lagerstätten. Präkambrische Lagerstätten erstrecken sich über ganze Kontinente, aber noch die permische Phosphoriaformation der USA oder die oberkretazisch-alttertiären Lagerstätten des Mediterranraumes breiten sich über riesige Areale aus.

Es muß also Zeiten gegeben haben, die extrem günstig für eine marine Anreicherung des Phosphors und eine Apatitbildung waren, die demnach durch spezifische Sedimentationsbedingungen charakterisiert waren. So herrschten während der Kreide euxinische Bedingungen nicht nur im tiefen Epikontinentalbereich, sondern auch in weiten Teilen der tieferen Ozeane (FISCHER & ARTHUR 1977), in denen eine mächtige O_2-Minimum-Schicht den größten Teil der gesamten Wassertiefe einnahm (KAUFFMAN 1979). Ähnliche Bedingungen mögen auch im Kambrium und Perm geherrscht haben.

(b) Nach FISCHER & ARTHUR (1977) ist in den rezenten Ozeanen aufgrund der hohen Temperaturdifferenz zwischen den vereisten Polen und den warmen Äquatorialgebieten die Wasserzirkulation viel schneller als sie in den meisten Zeiten der Erdgeschichte war. Äquatorwärts fließende Tiefenwässer bilden aber gegenwärtig das Haupt-Phosphorreservoir. Je länger die Zeitspanne zwischen dem polaren Absinken und dem äquatorialen Auftrieb und damit je geringer die Durchmischung ist, desto größer wird die biogen bedingte P-Anreicherung im Wasser.

Die Vorbedingung für eine Phosphoranreicherung ist nach HECKEL (1977) ganz allgemein die Bildung eines kalten, sauerstoffarmen und PO_4-reichen Tiefenwasserkörpers, dessen Obergrenze, die „Thermokline", durch einen Dichtesprung (Pyknokline) stabilisiert ist. So kann sich darunter über eine längere Zeit Phosphor anreichern, ohne daß er vom Plankton aufgenommen und dem Sediment zugeführt wird (ausgenommen an der Unter- und Obergrenze dieser Schicht, sofern sie den Meeresboden berühren, s. Kap. 9.4). Erst die Verstärkung der Wasserzirkulation in Epikontinentalmeeren, also in Zeiten hohen Meeresspiegelstandes – z. B. in der Oberkreide –, führt zur Planktonentfaltung und damit zur Fixierung des Phosphors. Ins Sediment gelangt dieser, wie weiter oben ausgeführt, nur dann, wenn die organische Substanz in der obersten Sedimentlage oxidiert wird und den Phosphor zur Apatitbildung aus dem Porenwasser freigibt. Dies geschieht häufig in schwarzen Tonen.

Im Laufe der Erdgeschichte hat es zweifellos bevorzugte Raum-Zeit Konstellationen für marine Phosphatanreicherung gegeben. COOK & MCELHINNY (1979) haben die Phosphatbildung in Abhängigkeit von der Zeit, unter Einbeziehung von Sedimenten mit Phosphatknollen, dargestellt. SLANSKY dagegen hat (1980) die nutzbaren Phosphatreserven aufgetragen (Abb. 9-8). Klar bevorzugte Zeiten der Phosphatbildung (Abb. 9-10a, b; Tabelle 9-8) gab es im

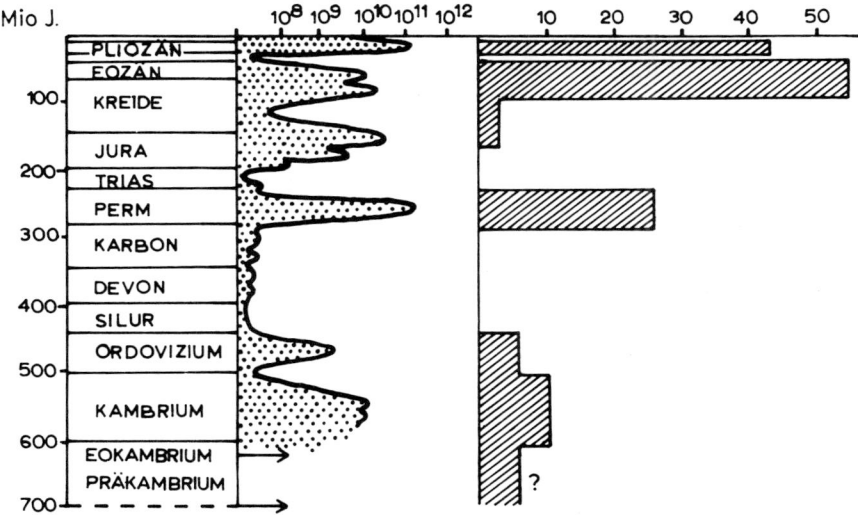

Abb. 9-8. Zeiten der Phosphatgenese (Phosphatreserven), rechts nach SLANSKY (1980), links nach COOK & MCELHINNY (1979). Zahlen rechts = Reserven in 10^9 t, links = geschätzte Mengen P_2O_5 in t.

556　　　　　　　　　　　　　Sedimentäre Phosphatgesteine

Tabelle 9-8.　Zeiten der Phosphatgenese (SLANSKY 1980); hierzu s. Abb. 9-9.

Präkambrium – Infrakambrium

Vier Perioden:	1 800–2 200 MA:	Rum jungle, N-Australien, obere Halbinsel, Michigan
	1 200–1 600 MA:	Udaipur, Rajasthan/Indien, Lenisseiberg/Sibirien
	700– 800 MA:	China, Zentralsibirien, Bambui/Brasilien
	600 MA:	Niger, Ober-Volta, Benin-Becken, Senegal, W-Afrika

Kambrium:	Georgina-Becken in Queensland/Australien; Karatau/Sibirien; Yunnan/China; Lao Kai/Vietnam
Ordovizium:	Tennessee/USA, geringe Konz. Obolus-Sandstein, Estland
Devon:	Elbursgebirge/Iran
Karbon:	nur Konkretionshorizonte
Perm:	große Reserven: Felsengebirge (Wyoming, Utah, Idaho) = Western phosphate fields/USA, Missouri, Himalaya, Nord-Kaukasus, Sibirien, Vietnam
Trias:	Arm an Phosphaten, nur Konkretionen
Jura:	Weltweit nur reich an Konkretionshorizonten
Oberkreide-Eozän:	große Reserven in den westlichen und nördlichen Küstengebieten Afrikas, Vorderer Orient, S-Ural (USSR), Venezuela, Columbien
Miozän:	Nord- und Süd-Carolina, Florida, Californien (USA), Nord-Venezuela, Peru, Gabun, Senegal
Pliozän:	Florida, auf den Schelfen von Namibia, Peru.

In der Bundesrepublik Deutschland treten nach PAPROTH & ZIMMERLE (1980) nur unwirtschaftliche Phosphate als Konkretionen (Nodules), Koprolithen, Bonebeds und sekundäre Phosphatisierung entweder mit biogenkieseligen Sedimenten, in feinschichtiger Schwarzschieferfazies oder in einer Glaukonit-Ton-Fazies unterschiedlichen Alters auf.

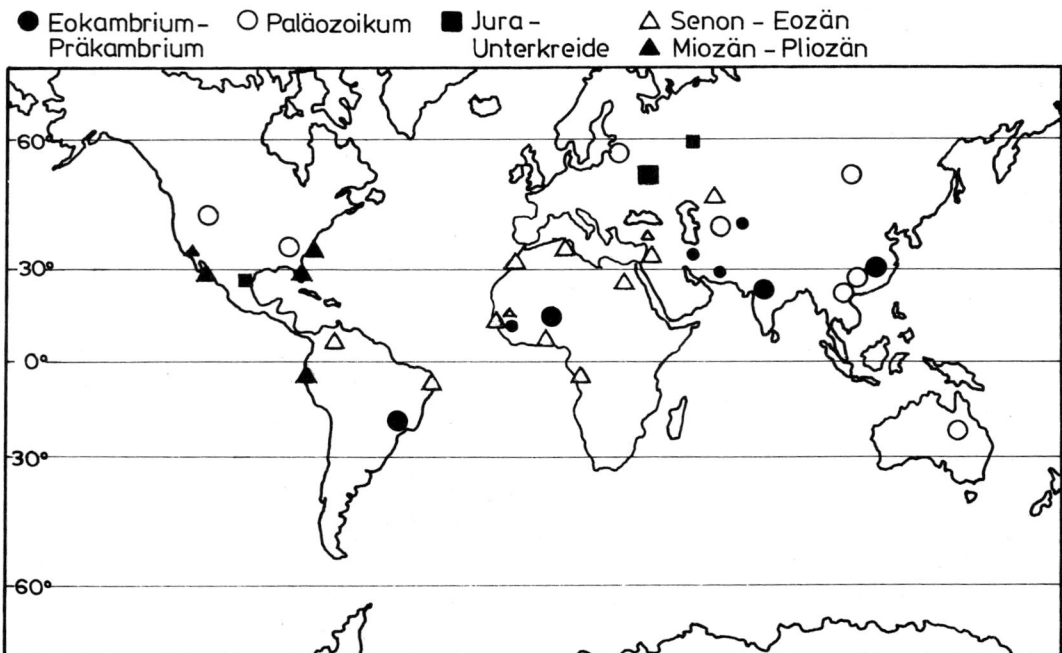

Abb. 9-9. Verbreitung der wichtigsten sedimentären Phosphatlagerstätten (SLANSKY 1980); kleine und große Symbole bedeuten das gleiche.

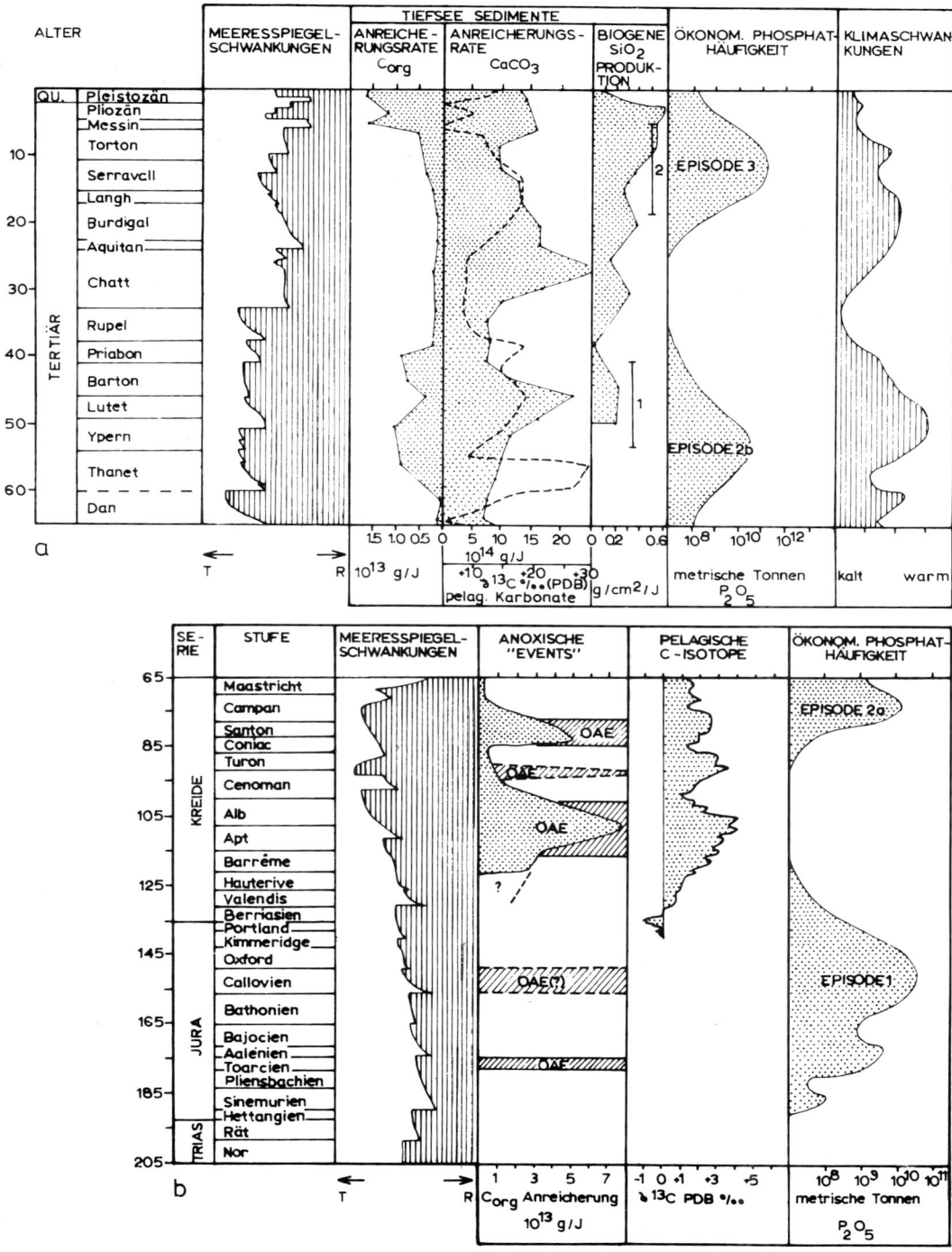

Abb. 9-10. Zeitliche Beziehung zwischen Phosphatgenese (SHELDON 1980) (unter Verwendung von Glazialzeiten, COOK & MCELHINNY 1979) und Meeresspiegelschwankungen (TISSOT 1979).

- späten Proterozoikum
- frühen Kambrium
- Ordovizium
- Perm
- Ober-Kreide – Eozän
- Miozän.

Die erste marine Phosphatausscheidung erfolgte vor 2200 Mill. Jahren, im Proterozoikum, am Übergang von einem sauren Ozean und einer O-freien Atmosphäre zu einem alkalischen Ozean und einer O-reichen Atmosphäre. Damals baute sich nach Sheldon (1980) in Zeiten verlangsamter vertikaler Durchmischung das erste große Phosphor-Reservoir im proterozoischen Ozean auf. Zur Phosphatbildung aber kam es erst, als Passatwind-bedingte und äquatoriale Auftriebsströmungen entstanden, welche zu einer raschen vertikalen Durchmischung führten. Ob schon damals die Anreicherung des Phosphors über ein Plankton erfolgte, ist nicht bekannt. Möglicherweise haben die Algenmatten überziehenden Cyanobakterien (Soudry & Champetier 1983) bei der Phosphatfällung eine Schlüsselposition eingenommen (s. auch Cook & Shergold 1979).

Die Phosphate des Kambriums, Ordoviziums, Perms und des Miozäns entstanden hauptsächlich durch Passatwind-Auftriebsströme im Übergang von warmen Zeiten und Ozeanen mit hohem Meeresspiegelniveau zu kalten Zeiten mit niedrigem Meeresspiegelniveau, die mit Polvereisungen verbunden waren (Abb. 9-8, 9-10a).

Arthur & Jenkyns (1981) diskutieren die Bedingungen für die großen Phosphatbildungsphasen, „phosphate giants", vom Jura bis zur Gegenwart und halten das von Sheldon vertretene

Tabelle 9-9. Bildungs-Bedingungen des „Phosphorite Giant"-Modells (nach Arthur & Jenkyns 1981).

Bedingungen 1. Ordnung	Bedingungen 2. Ordnung
Lage zu den Kontinenten Die wichtigsten Phosphatlagerstätten bilden sich entlang Küsten mit deutlichen Auftriebszonen und nahrungsreichem Oberflächenwasser (äquatoriale und westwärts gerichtete Küsten in Passatwindgürteln). **Einflüsse auf Phosphatbildung in Schelfmeeren** Transgression: a) oberer Teil der O-Minimum-Zone kann dabei in den Schelfbereich gelangen; b) begünstigt Nährstoff-recycling und $C_{org.}$-Sedimentation; damit hohe P-Rate, die an das Sediment abgegeben werden kann; c) begünstigt küstennahen terrigenen Absatz und geringe küstenferne Sedimentationsraten. Regression: a) Innerhalb einer transgressiven Phase oder dieser folgend. Begünstigt Aufarbeitung und Phosphatanreicherung zu wirtschaftlich wichtigen Lagerstätten; b) vergrößert die Gebiete der Verwitterung und Erosion und damit Rückgabe von gebundenem Phosphor an die Ozeane; c) verhindert Phosphatablagerung über ausgedehnte marine Gebiete.	**Raten der internen P-Zirkulation** a) Geschwindigkeit der Meeresströmungen: hohe Geschwindigkeit bedingt eine raschere P-Zirkulation in das Oberflächenwasser: wechselnde Geschwindigkeiten können episodische Bildung von Phosphatlagerstätten bedingen. b) Im Tiefenwasser angereichertes P: Erhöhte Konzentration kann zu verstärkter P-Bindung im Sediment führen. Die rezente Schwankungsbreite der P-Konzentration im Sediment ist etwa doppelt so groß wie im Meerwasser. c) Schwankungen in der P-Zufuhr von externem Ursprung: erhöhte fluviatile Zufuhr kann P-Bindung im Sediment erhöhen. Vulkanische Herkunft ist vermutlich unbedeutend. **Terrestrisches Klima** a) Verwitterungsraten: warm-humid weltweit gleichförmiges Klima begünstigt intensive chemische Verwitterung und steigende P-Zufuhr in die Ozeane. b) Ausdehnung und Intensivierung des Sauerstoff-Defizits im Tiefenwasser scheint an Perioden wärmeren und weltweit gleichförmigeren Klimas gebunden zu sein. Dies sind Zeiten günstiger Phosphat-Genese.

Modell der „episodischen Zirkulation" für unwahrscheinlich. Sie weisen darauf hin (Tabelle 9-9), daß hohe Bioproduktion Voraussetzung für Phosphatanreicherung ist, daß sich aber die weltweiten anoxischen Events (OAE = oceanic anoxic events), die Ausdruck fehlender Zirkulation sind, schlecht mit den P-Events korrelieren lassen.

Sie halten andererseits folgende Faktoren für maßgebend:

1. die durch die Plattentektonik gesteuerten Küsten- und Schelfkonfigurationen,
2. warme Klimaperioden mit intensiver chemischer Verwitterung, die verstärkend auf die P-Zufuhr in die Weltmeere wirkt,
3. die Ausbildung relativ flacher Schelfgebiete
4. Meeresspiegelschwankungen.

9.4 Lagerstättentypen

9.4.1 Marine Lagerstätten

Die größten Phosphatlagerstätten gehören dem mittleren und jüngeren Proterozoikum (BANERJEE et al. 1982) und dem Altpaläozoikum an (Abb. 9-8, Tabelle 9-8). Ferner treten riesige Lagerstätten im Perm der USA, in Oberkreide/Alttertiär des Mediterranraumes und größere Vorkommen im Miozän von Florida auf.

Die altpaläozoisch-proterozoischen Lagerstätten häufen sich in einem von Skandinavien über Polen – UdSSR – Indien – China und nach Australien ziehenden Gürtel (NOTHOLT 1978), weitere Lagerstätten sind in Afrika, USA, Brasilien.

Die kambrischen Phosphate von Georgina Basin und Queensland/Nordaustralien (HOWARD & HOUGH 1979) und im kambrischen Karatau Basin/Kazakhstan, UdSSR (EGANOV 1979) sind gute Beispiele für die über ganze Kontinente hinweggehende Kontinuität der lateralen und vertikalen Faziesentwicklung (Tabelle 9-10). Die liegende unterkambrische Thorntonia Limestone Serie in Australien besteht aus kalkigen Dolomiten, die nach oben in Algendolomite und Evaporite mit Chertlagen, verkieselten Kalkknollen und eisenhaltigen, kieseligen Breccien übergehen. Die Phosphatite liegen in der Beetle Creek Formation und in dem Monastery Creek Phosphorite Member. Sie treten bankförmig auf, führen eine reichhaltige Fauna und bestehen teils aus feinkörnigem, teils aus gröberem, oft geschichtetem Ooid- und Pillensediment. Geschichtete Cherts, verkieselter Schill, Siltsteine und Kieselbreccien treten begleitend auf. Die hangende Silt-Ton-Chert-Serie der Inca-Formation gehört dem Mittelkambrium an.

Die permischen Lagerstätten der Phosphoriaformation in den USA liegen teils in einer Sequenz mächtiger Sedimente im östlichen Kordillerenvorland und teils als flachere Epikontinentalsedimente auf den nordamerikanischen Kraton (MCKELVEY et al. 1953). Der laterale Fazieswechsel mit großen Mächtigkeiten im Westen zu geringmächtigen terrestrischen Schichten im Osten vollzieht sich von dunklen, feinschichtigen, bituminösen, z. T. kieseligen Tonen und Kieselgesteinen über phosphatische Tone, sowie Phosphatite, Oolithe und Biokalkarenite (z. T. phosphatisiert), Dolomite einer Hypersalinarfazies zu „red beds". Die Phosphatite, gut geschichtete Pel- und Oo-Phosphatite, treten in mehreren Bänken von 0,5 – 12,0 m Mächtigkeit mit P_2O_5-Gehalten von 20 – 30% auf. Ihre dunkle Farbe ist durch hohe Gehalte an $C_{org.}$ bedingt (s. auch PERRODON & SLANSKY 1979).

Anreicherung, Verteilung und Koinzidenz von Phosphaten, organischem Kohlenstoff und bestimmten Spurenelementen fallen nach MAUGHAN (1979) mit Arealen optimaler Bioproduktion zusammen. Die reichsten Phosphatitlagen – meist Pel- oder Oo-Phosphatite treten nahe der Basis oder des Tops jeder Tonsteinsequenz auf, während die $C_{org.}$-reichen Lagen im mittleren Bereich vertreten sind. Beide Faziesglieder stehen in direkter Beziehung zu Auftriebsgebieten mit Anreicherung an Biomasse.

In Oberkreide und Alttertiär hat sich im Mediterranraum v. a. auf dem südlichen Schelf der

Tabelle 9-10. Verwandtschaft der lithologischen Sequenzen des Unter- und Mittelkambriums in Karatau/Kazakhstan und Georgina Basin/Australien (EGANOV 1979)

	Karatau Basin	Georgina Basin	
Shabakty	Bugul subsuite	Upper calcareous unit	
Suite	Gillan subsuite	Lower shaly unit, Inca Formation	
	Brown dolomite	(vielleicht unterster Teil der Inca Fm.)	
	Fe-Mn horizon of dolomite		
	Upper phosphorite	Upper phosphorite	Beetle
	Shaly member	Lower Siltstone	Creek
	Lower phosphorite	Lower phosphorite	Formation
	Chert horizon	„Chert Member"	Thorntonia
	Lower dolomite	„Dolomite Member"	Limestone
Kyrshabakty Suite (red beds)		Mount Birnie Beds) Riversdale formation) Mt Hendry Formation)	

Tethysgeosynklinale eine gewaltige Phosphatkonzentration vollzogen. Mit von E nach W abnehmendem Alter erstrecken sich die Lagerstätten von Iran über Irak, Israel, Algerien bis Marokko im Süden und nach NW über Syrien und Türkei bis nach Griechenland. In Griechenland endet die Oberkreide mit Hardgrounds auf Biomikriten, die von phosphatisierten Stromatolithen bedeckt sind (KALPAKIS 1979).

Im südlichen Mittelmeerraum und im vorderen Orient ist die Faziesassoziation aus vorwiegend smektitischen oder Mg-reichen Tongesteinen, Phosphatiten, Karbonat- und Kieselgesteinen, die sich teils durch sehr hohe $C_{org.}$ Gehalte auszeichnen, entwickelt (WINNOCK 1979). Die tonigen Folgen werden v. a. in Tunesien als Erdölmuttergesteine betrachtet (BUROLLET & OUDIN 1980; BELAYOUNI & TRICHET 1979). Küstenwärts folgt eine Dolomit- oder Hypersalinarfazies. Die Phosphatvorräte werden auf $56 \cdot 10^9$ t geschätzt. Im östlichen Mediterranraum ist das Campanien, in NW-Afrika das Maastrichtien-Eozän und im äquatorialen Afrika die Hauptbildungszeit der Phosphate. In Marokko haben sich vom Maastrichtien bis ins Ypresien 8–12 größere Phosphathorizonte gebildet (BOUJO 1976). Die Mächtigkeit der gesamten Gesteinsserie nimmt von 200 m im Westen auf 50 m in der Phosphatfazies im Osten ab. Die Begleitgesteine sind Kalke, Mergel, kieselige Mergel, Kieselgesteine. Die Abfolge entspricht einer rhythmischen Sedimentation mit Sequenzen, die mit feinlamellierten, tonigen Sedimenten, tonigen Sandsteinen oder Mergeln beginnen, übergehend in Kiesellagen, feinkörnige, phosphathaltige oder koprolithreiche Kalke, unverfestigte Phosphat-Pseudo-Oolithe (reich an Bioklasten, Bonebeds) und schließlich in Kalkmergeln, gelegentlich in dolomitischen Kalken oder Dolomiten im Hangenden enden. Die Bildung der Phosphate und Begleitsedimente wird von BOUJO einer Stillwasser-Phase zugeordnet, während die Phosphatanreicherung im bewegten Wasser durch Umlagerung erfolgte.

Die Phosphathorizonte haben die Gestalt flacher Linsen von wenigen Zentimetern bis zu einigen Metern Mächtigkeit. Sie bestehen z. T. aus unverfestigten Peloiden, sind reich an Koprolithen, Grabgängen, Vertebratenresten (Zähne, Knochen, Schuppen) und sind oft durch organische Substanz sehr dunkel gefärbt.

Vom Maastricht bis ins Miozän setzt sich diese Sedimentation im westlichen Afrika nach Süden bis in den Raum des heutigen Äquatorialafrikas fort. Im Benin-Togo-Becken wird die Serie ärmer an Karbonaten und reicher an Mergeln, tonig-sandigen Gesteinen und vor allem an Glaukonitpellets. Neben Phosphatitkonkretionen sind phosphatisierte Glaukonitpellets häufig. In den jüngeren west- und äquatorialafrikanischen Vorkommen nimmt die Faziesvergesellschaftung Phosphat-Glaukonit-klastisches Gestein an Bedeutung zu; sie ist auf Phosphatumlagerung in einen terrigen beeinflußten Raum zurückzuführen (ODIN & LETOLLE 1980).

Im Gegensatz zu der Phosphat-Karbonat-Kieselgesteinsfazies, die vorwiegend durch chemische Sedimentation ohne terrestrische Zufuhr charakterisiert wird, ist für die Glaukonit-reiche Fazies eine Zufuhr von Eisen und klastischen Mineralen aus dem terrestrischen, tropischen Rückland erforderlich. Diese großräumig angelegte, laterale Faziesänderung spiegelt wahrscheinlich den Süd-Nord-Übergang vom humiden ins aride Klima im Jungtertiär wieder.

Eine ähnliche Klastit-Glaukonit-Phosphat-Fazies tritt vielerorts im NW-deutschen Tertiär auf. Die Phosphatkonkretionen (VALETON & ABDUL-RAZZAK 1973) stellen Umlagerungs- und Anreicherungshorizonte in fast reinem Glaukonitpelletmaterial dar. Im Miozän fand die jüngste marine Bildung großer Phosphatlagerstätten in Florida (RIGGS 1979a,b) und in Peru (CHENEY et al. 1979) statt.

Geochemie mariner Phosphatite: Nach SLANSKY (1980) ist keine Beziehung zwischen dem Chemismus der Phosphatite und ihrem Alter zu erkennen (Tabelle 9-11), wohl aber zwischen der charakteristischen Faziesassoziation und bestimmten Elementen.

Hauptelemente sind Calcium (33–52% CaO) und Phosphor (22–39% P_2O_5). F ist mit 1–4%, CO_2 mit 1–>4% und Cl mit unter 1% vertreten. Begleitelemente sind Na, K, Mg, Si, Al, Fe und C org. MAUGHAN (1979), ALTSCHULER (1980), AL BASSAM et al. (1983), GERMAN et al. (1984) bestimmten Spurenelemente einer großen Zahl mariner Phosphatite (Tabelle 9-12). Daraus folgt, daß im marinen Phosphat-Bildungsmilieu bestimmte Spurenelemente angereichert, andere abgereichert werden. Es ergeben sich positive Korrelationen zwischen P_2O_5 und Ag, Cd, La, Mo, Pb, Se, Sr, U^{4+}, Y, Yb, Zn während V und U^{6+} v. a. mit C_{org} positiv korrelieren (s. auch BATURIN et al. 1972 und KOTZLOW 1978). Die U-Konzentration liegt im Mittel bei 120 ppm und kann 3000 ppm erreichen. Das Uran ist als U^{6+} und U^{4+} im wesentlichen an den Apatit gebunden – als U^{4+} das Ca ersetzend und als U^{6+} adsorptiv an der Kristalloberfläche. Daneben kann in Phosphatgestein Uran in der organischen Substanz oder in Tonmineralen eingelagert sein.

9.4.2 Terrestrische Phosphatgesteine

Im SE der USA, in Florida und Carolina (ALTSCHULER et al. 1964) wurde die miozäne, aus phosphatisierten Kalken bestehende Hawthorn-Formation im Pliozän (Bone Valley Formation) aufgearbeitet. Die „Landpebbles" und „Riverpebbles" stellen detritische fluviatile Aufarbeitungs- und Umlagerungsprodukte verschiedener Korngrößen (Pellets, Pebbles, Brekzien) dar, die sich durch linsige Schichtung, Schrägschichtung und Slumpinggefüge auszeichnen. Durch gleichzeitige chemische Verwitterung erfolgte von der Oberfläche aus eine Umwandlung in Al-Phosphat-Laterite = „hard rocks".

9.4.3 Verwitterungs- oder Residualgesteine

Eine tiefgründige terrestrisch-chemische Verwitterung hat im Mediterranraum vielerorts die Oberkreide-Eozän-Phosphatlagerstätten in „high grade phosphorite" umgewandelt. Dabei wurden die stärker löslichen Karbonate weggeführt, Phosphatlösungen schieden sich in konkretionsförmigen Anreicherungshorizonten wieder aus oder verdrängten Karbonatgesteine. Eine große Zahl von Phosphatmineralen des Al oder Fe, aber auch Sulfate, Arsenate und Ca-Uran-Phosphate (Minerale siehe S. 545 f.) bildeten sich dabei neu.

Tabelle 9-11. Chemismus der Hauptelemente von marinen Phosphatgesteinen (zusammengestellt von SLANSKY 1980).

Gebiet		Alter	P_2O_5	SiO_2	Al_2O_3	Fe_2O_3	CaO	MgO	Na_2O	K_2O
Peru-Chile	(1)	Holozän	22,61	22,13	5,15	2,85	33,93	1,07	0,85	1,30
Florida („pebble")	(2)	Pliozän	32,07	9,31	1,29	1,57	46,98	0,19	0,21	0,13
Venezuela (Riecito)		Miozän	34,28	7,05	1,00	0,69	48,05	0,23	0,70	0,08
Weihnachtsinsel	(3)	Miozän	38,50		0,79	0,41	52,10	0,10	0,20	0,03
			37,40		3,10	1,17	48,60	0,15	0,22	0,06
Senegal (Taiba)		Mit. Eozän	33,30	7,30	3,20	3,60	45,10	0,60		
Benin		Mit. Eozän	28,15	13,15	5,40	0,17	40,94	0,52	0,30	0,21
Togo (Konzentrat)		Mit. Eozän	36,85	2,99	1,00	1,30	51,69	0,03	0,27	0,05
Marokko (Khouribga)		Unt. Eozän	34,26	0,03	0,37	0,26	52,78	0,48	0,84	0,09
(Bu Craa)			34,70	8,07	0,71	0,37	50,45	0,19	0,07	0,10
Tunesien (Metlaoui)		Unt. Eozän	26,09	8,90	1,53	0,60	42,85	0,50	1,45	0,38
			24,70	7,80	0,52	0,71	44,16	3,04	1,23	0,19
Ägypten (Nil Tal)		Ob. Kreide	26,00	9,25	0,53	1,77	45,14	0,77	0,78	0,12
(Quseir)			25,20	12,50	0,84	1,86	40,66	1,75	0,68	0,10
Israel (Oron)	(4)	Ob. Kreide	25,20	2,00	0,50	0,30	52,50	0,20	0,80	0,03
Syrien		Ob. Kreide	24,50	6,90	0,08	0,25	44,16	0,27	0,52	0,03
Kolumbien		Ob. Kreide	28,04	17,40	3,10	1,72	40,08			
Thailand (Maeta)		Perm?	38,84	0,01	0,51	0,97	51,10	0,10	0,10	0,03
Indien (Mussoorie)		Perm	22,50	7,05	0,66	2,56	40,55	6,00	0,18	0,24
USA (Felsengebirge)	(5)	Perm	30,50	11,90	1,70	1,10	44,00	0,30	0,60	0,50
Australien (Duchess)	(6)	Kambrium	37,20	2,60	0,85	0,94	51,70	0,15	0,28	0,09
Australien (Lady Annie)	(7)	Kambrium	35,00	10,30	1,59	0,14	48,20	0,15	0,04	0,09
China	(8)	Unt. Kambrium	23,41	19,74	3,12	1,90	41,98	0,21	0,54	
Benin (Mekrou)		Infra-kambrium	28,25	24,65	1,28	2,14	38,55	0,08	0,18	0,10
Indien (Udaipur)	(9)	Prä-kambrium	26,12	20,93		3,02	40,28			
			35,46	10,56	1,18		47,75	0,28		

(1) BURNETT 1974 p. 105
(2) ALTSCHULER, CATHCART, YOUNG 1964, p. 31
(3) BARRIE 1967, table I
(4) World Survey of phosphate deposits, p. 125
(5) GULBRANDSEN (1966), table I, moyenne de 63 analyses
(6) RUSSEL & TRUEMAN 1971, p. 1210
(7) ROGERS & REEVERS 1976, p. 259
(8) ALTSCHULER 1973, p. 43
(9) BANERJEE 1971, p. 2326
(3, 6, 7, 8 nicht im Lit.-Verzeichn.)

Solche „Phoscretes", die unregelmäßig porös und von Hohlräumen durchzogen sind, können Residualbrekzien oder Zementationshorizonte bilden. Durch die begleitende Anreicherung und Oxidation des Eisens haben sie rötliche oder bräunliche Farben.

Die wichtigsten Vorkommen von Verwitterungsphosphaten sind die Tennessee Brown Rocks auf ordovizischen Phosphaten (USA), die alttertiär lateritisch verwitterten Phosphate im Mediterranraum (Marokko, Israel, Senegal) (FLICOTEAUX et al. 1977, FLICOTEAUX 1982) die als „Hard Rocks" bezeichnete pliozäne Bone Valley Formation in Florida.

Von besonderem wirtschaftlichem Interesse sind die Konzentrationen von seltenen Erden bei der lateritischen Verwitterung von Phosphaten, die an Alkalisyenite gebunden sind, wie in Nordostbrasilien: SCHWAB & OLIVEIRA (1981), OLIVEIRA (1980).

noch zu Tabelle 9-11.

CO_2	SO_3	F^-	Cl^-	H_2O^-	H_2O^+	C org.	$\dfrac{CaO}{P_2O_5}$	$\dfrac{F}{P_2O_5}$	$\dfrac{CO_2}{P_2O_5}$	$\dfrac{SO_3}{P_2O_5}$
		2,22					1,50	0,098		
3,07	0,59	3,68	0,013		1,88	0,053	1,46	0,115	0,09	0,018
3,00	0,70	2,23	0,08	0,42	1,81	0,09	1,40	0,065	0,08	0,02
1,20		1,14		1,43	1,97		1,35	0,029	0,03	
2,00		2,17		1,73	3,19		1,29	0,058	0,05	
1,40		3,75			0,60		1,35	0,112	0,04	
1,79		2,65	0,48	1,77	3,45	0,07	1,45	0,094	0,06	
		3,75	0,12		1,44		1,40	0,101		
3,59	1,59	3,05	0,03		2,34		1,54	0,089	0,10	0,04
1,98	0,66	3,56			0,74		1,45	0,102	0,05	0,019
4,62	3,90	2,98	0,09	3,16	3,00	0,93	1,64	0,114	0,17	0,149
10,95		2,92	0,24	0,42	1,46	0,34	1,78	0,118	0,44	
8,92		2,57		0,66	1,73	1,32	1,73	0,098	0,34	
5,58		2,57	1,06	2,11	2,19	1,20	1,61	0,101	0,22	
13,00	1,80	2,90	0,40				2,08	0,115	0,51	0,07
2,92	11,20	2,65	0,26	4,65	1,90	0,26	1,80	0,108	0,12	0,45
2,77		1,98					1,42			
2,40	0,13	0,78	0,06	0,49	2,26	0,06	1,31	0,020	0,06	0,003
15,10	1,35	2,15	0,06	0,24	0,75	0,76	1,80	0,095	0,67	0,06
2,20	1,80	3,10		0,60	1,60	2,10	1,44	0,101	0,07	0,059
1,63	0,56	3,20		0,53	1,42		1,38	0,086	0,04	0,015
1,20	0,07	3,16		0,53	0,70	0,60	1,37	0,090	0,03	0,002
5,52		2,72	0,67	0,33	0,24	0,62	1,79	0,116	0,23	
1,12		2,60	0,05	0,21	1,29	0,07	1,36	0,092	0,03	
4,03		2,01			0,46		1,54	0,076	0,15	
0,94	0,21	1,60			1,66		1,34	0,045	0,02	0,005

9.4.4 Guano

Sogenannte „Guano-derived" Phosphate sind durch Anreicherung von Vogelexkrementen vor allem auf Inseln und in Küstenregionen niedriger Breiten (Westküste von Niederkalifornien, Karibische See, Südamerika, Afrika) entstanden. Einzelne Guano-Lager umfaßten vor dem Abbau mehrere hunderttausend Tonnen. Nach McKelvey (1967) enthalten frische Wasservogel-Exkremente 22% N und 4% P_2O_5. Durch Zersetzung wird der N-Gehalt stark herabgesetzt, und das P_2O_5 reichert sich in frischem Guano auf 10–12% an. Alter (ausgelaugter) Guano enthält 20–32% P_2O_5.

Die Mineralogie des Guanos ist äußerst komplex; schwach zersetzte Ablagerungen enthalten lösliche Ammonium- und Alkali-Oxalate, -Sulfate und -Nitrate sowie eine Vielzahl von Mg- und NH_4-Mg-Phosphaten. Stark zersetzter Guano enthält hauptsächlich Ca-Phosphate, wie z. B. Monetit oder Whitlockit. In Gebieten mit schwachem Regenfall reagiert der Phosphor aus dem Guano mit dem unterliegenden Gestein, wo Phosphate dann Hohlraumfüllungen oder Verdrängungen bilden. Über lange Zeiträume hinweg können so riesige Gesteinskomplexe phosphatisiert werden. Auf der Insel Nauru im westlichen Pazifik entstanden auf diese Weise ca. 90 Mio. t Phosphate mit einem mittleren P_2O_5-Gehalt von 39% (Hutchinson 1950). Bei karbonatischer Unterlage bildet sich vor allem Apatit, bei silikatischer Unterlage Al- oder Al–Fe-Posphat.

Tabelle 9-12. Spurenelementkonzentrationen (in ppm) mariner Phosphatgesteine im Verhältnis zu Tonen (ALTSCHULER 1980).

	Mittel Tone	Mittel Phosphorite	Anreicherungs-Faktor	normale Häufigkeit	Abreicherungs-Faktor
Ag	0,07	2	Ag 30		
As	13	23		As	
B	100	16			B 6
Ba	580	350		Ba	
Be	3	2,6		Be	
Cd	0,3	18	Cd 60		
Co	19	7			Co 3
Cr	90	125		Cr	
Cu	45	75		Cu	
Ga	19	4			Ga 5
Hg ppb	400	55			Hg 7
La	40	147	La 4		
Li	66	5			Li 13
Mn	850	1230		Mn	
Mo	2,6	9	Mo 4		
Ni	68	53		Ni	
Pb	20	50	Pb 2		
Sc	13	11		Sc	
Se	0,6	4,6	Se 8		
Sn	6	3			Sn 2
Sr	300	750	Sr 2		
Ti	4600	640			Ti 7
U	3,7	120	U 30		
V	130	100		V	
Y	26	260	Y 10		
Yb	2,6	14	Yb 5		
Zn	95	195	Zn 2		
Zr	160	70			Zr 2

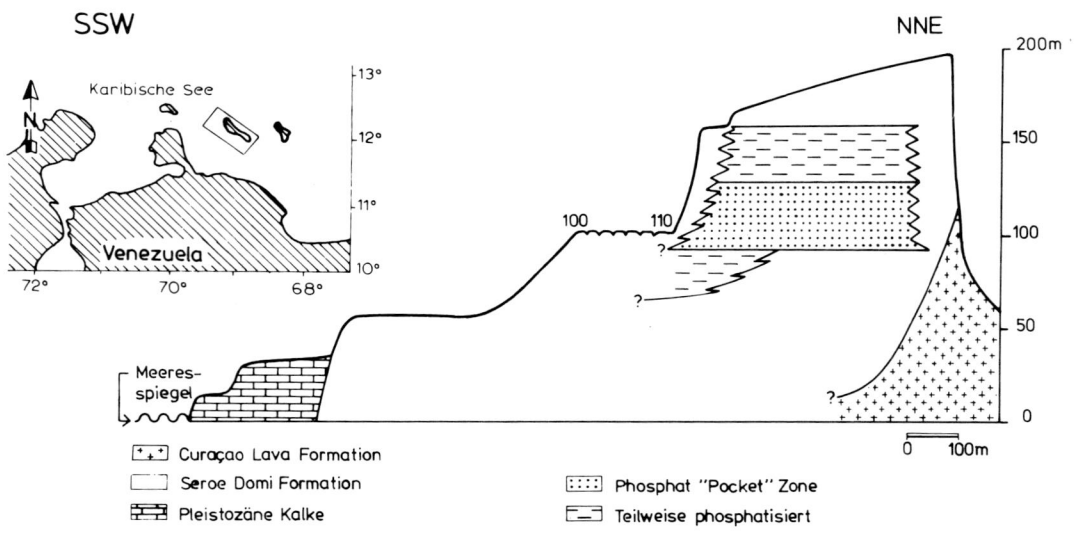

- Curaçao Lava Formation
- Seroe Domi Formation
- Pleistozäne Kalke
- Phosphat "Pocket" Zone
- Teilweise phosphatisiert

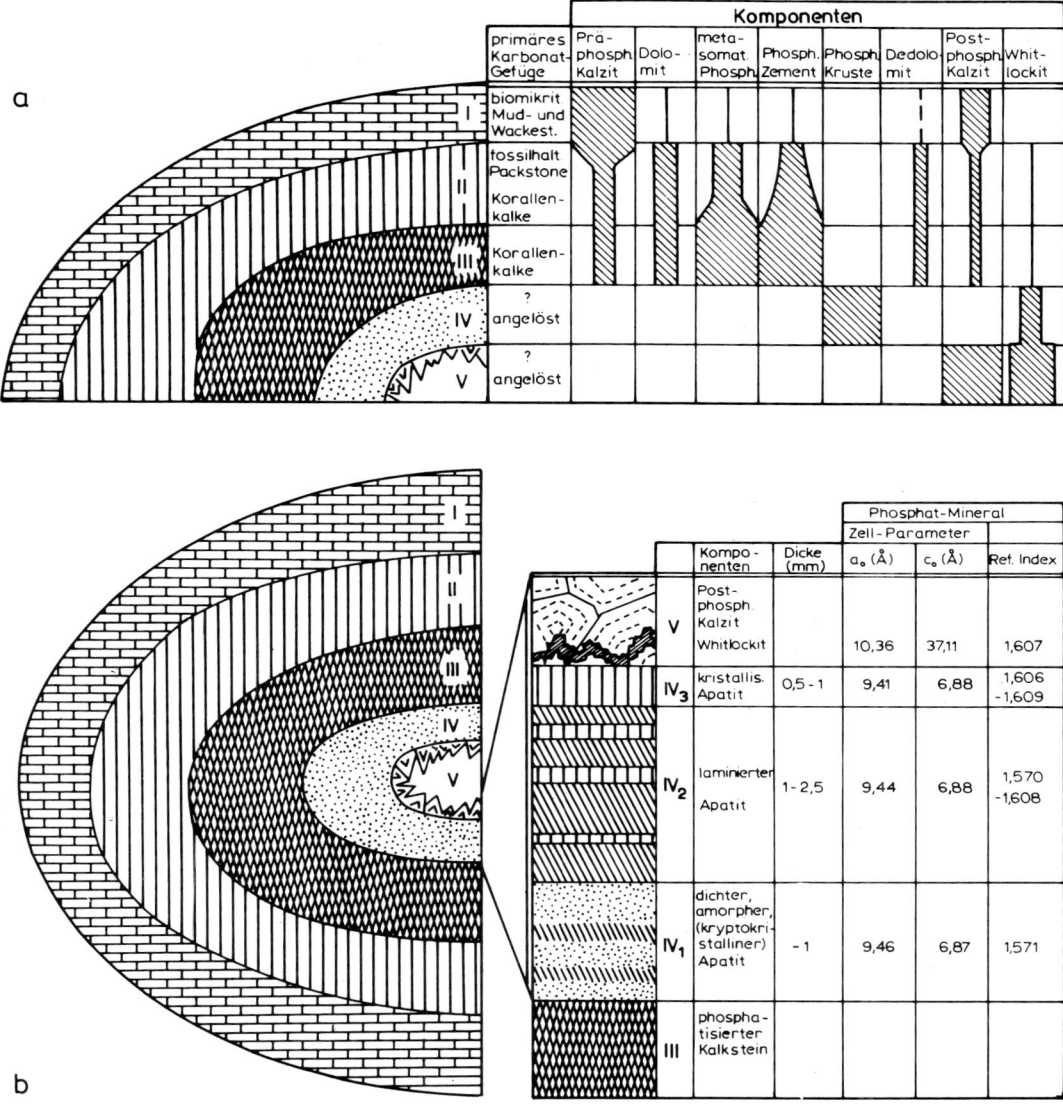

Abb. 9-12 A + B. Innerhalb der linsenförmigen Phosphat-pockets fand von außen (I) nach innen (V) eine Zonierung durch metasomatische Karbonatverdrängung statt (TEN HAVE et al. 1982).

Abb. 9-11. In Abhängigkeit von der primären Karbonatfazies wurden die Mio-Pliozänen Kalke im Grundwasserbereich phosphatisiert (DE BUISONJE 1974).

Mio-pliozäne Kalke auf der Insel Curaçao/Karibische See (Abb. 9-11) wurden in Abhängigkeit von der primären Faziesverteilung in den Kalken und der durch die Meeresspiegelschwankungen bedingten Grundwasserstände phosphatisiert (DE BUISONJE 1974). Dabei fand sowohl metasomatische Verdrängung von Kalken – vorwiegend der porösen, aragonitischen Riffkalkfazies – unter Bildung sogenannter „pockets", als auch Anreicherung von Apatit und Whitlockit in primären und sekundären Porenräumen statt (TEN HAVE et al. 1982). Innerhalb der linsenförmigen Phosphatpockets ist eine Zonierung von den unveränderten Kalksteinen (Abb. 9-12, I) über phosphatisierte Kalksteine (II, III) zu reinen Phosphaten (IV) entwickelt. Dabei steigen die Werte für Na_2O, SrO und MgO mit zunehmenden P_2O_5-Gehalten, wobei Sr aus dem ursprünglichen Aragonit stammen kann. Na_2O und MgO werden in den Whitlockit eingebaut.

Kleinere Guanomengen können auch von Fledermäusen und anderen Höhlenbewohnern erzeugt werden. In den gemäßigten und tropischen Gebieten spielen die von Fledermäusen erzeugten Höhlenguanos örtlich eine wichtige Rolle als Düngemittel. Im „Tal der Tausend Klöster" bei Göreme, Zentralanatolien, wurden von den Anwohnern Tausende von Nistplätzen für Tauben in den Höhlen der frühchristlichen Bewohner geschaffen, um den für die Felder erforderlichen Dünger zu erhalten.

9.5 Nutzung und Umweltschädigung von Phosphaten

A. Nutzung

Etwa 3/4 der abgebauten Phosphate werden entweder direkt oder nach Aufbereitung zu verschiedenen Produkten der Düngemittelindustrie verarbeitet, der Rest dient in der chemischen Industrie zur Herstellung von elementarem Phosphor oder Phosphorsäure, ferner als Zusatz zu Viehfutter und in der Waschmittelindustrie.

Wichtige Beiprodukte können Fluor, Uran, Vanadium und Seltene Erden sein. Die Abbauwürdigkeit hängt von mehreren Faktoren ab. In den Western Phosphate Fields, U.S.A., haben bestimmte Horizonte > 30% P_2O_5; in der Lee Creek Mine in Nord Karolina dagegen beträgt das Mittel < 15% P_2O_5 (COOK 1976).

Oft wird der Phosphatgehalt als BPL (**B**one **P**hosphate of **L**ime) angegeben

(BPL: $2,185 = \% P_2O_5$; $0,436 \times P_2O_5 = \% P$).

B. Umweltschädigung

Große Phosphatmengen, die aus der landwirtschaftlichen Düngung oder aus Waschmitteln in Abwässer gelangen, führen zu einer Eutrophierung der Gewässer, welche ein übermäßiges Planktonwachstum begünstigt. Dieses bewirkt durch starken Sauerstoffverbrauch ein Absterben von Fauna und Flora. Ein Teil des Phosphors wird an die organische Substanz oder die Tonfraktion gebunden transportiert. Allein in der Bundesrepublik Deutschland gelangen über Waschmittel jährlich ca. 100 000 t Phosphor in die Gewässer (BRÜMMER & LICHTFUSS 1978). Dadurch kann sich sogar Apatit im rezenten Sediment ausscheiden, wie dies in der Hamburger Alster beobachtet wurde (VALETON et al. 1976).

Zusammenfassung

In marinen Phosphaten ist Frankolith (Ca-F-CO_3-Apatit) das Hauptmineral, während in Verwitterungsphosphaten verschiedene Al-Phosphate und Fe-Phosphate vorherrschen.

Die Phosphatzufuhr erfolgt über Verwitterungslösungen von den Kontinenten in die Ozeane. Phosphatanreicherung zu marinen Lagerstätten, bis 37% P_2O_5, findet in mehreren aufeinanderfolgenden Phasen statt:

1. Phosphoreinbau in das Plankton, vor allem in nährstoffreichen Auftriebsgebieten mit hoher Bioproduktion;
2. Sedimentation der P-reichen organischen Substanz und frühdiagenetische Remobilisation unter reduzierenden Bedingungen und metasomatische Apatitbildung;
3. mechanische Aufarbeitung, selektive Materialtrennung nach Dichte und Korngröße;
4. Resedimentation von geschichteten dezimeter- bis meter-mächtigen Lagen und Linsen in flachen Schelfbereichen.

Im terrestrischen Bereich treten neben wichtigen Verwitterungslagerstätten Höhlenphosphate und Guano auf.

Phosphate sind vergesellschaftet mit Karbonat-, Kiesel-, Glaukonit-, und Tongesteinen (oft mit hohen C_{org}-Gehalten). Im Laufe der Erdgeschichte gab es bevorzugte Zeiten der Phosphatbildung, wie im späten Proterozoikum, frühen Kambrium, Ordovizium, Perm, in Oberkreide bis Eozän und im Miozän.

10. Erzlagerstätten in Sedimenten

(Hans-J. Schneider, Berlin & Hansjust W. Walter, Hannover)

10.1 Einführung

10.1.1 Genetische Vorbemerkungen

Erzminerale treten als Oxide, Sulfide, Silikate etc. generell in allen Sedimentgesteinen weitverbreitet auf, z. B. als Schwermineralparagenesen in klastischen Sedimenten, Sulfide in bituminösen Peliten. Hier sollen jedoch nur jene *Erzanreicherungen* behandelt werden, welche nach Stoffbestand (Paragenese) und Größenordnung von wirtschaftlichem Interesse sind, also Lagerstätten nach ökonomischen Maßstäben darstellen. Da geochemische Gesetzmäßigkeiten, die zur Anreicherung von Elementen bzw. Mineralen bis zur wirtschaftlich-technischen Bauwürdigkeitsgrenze führen, in der Lagerstättenkunde eine besondere Bedeutung haben, wird darauf fallweise näher eingegangen.

Als Einführung in dieses Kapitel zeigt die Graphik (Abb. 10-1) die wirtschaftlich bedeutenden Anteile von Erzlagerstätten in Sedimentgesteinen an einigen ausgewählten, in ihrem geochemischen Verhalten charakteristischen Metallen. Als Grundlage hierzu dienten die publizierten Daten verschiedener Bergbaustatistiken, wobei in einigen Fällen eine subjektive Entscheidung zugunsten des einen oder anderen genetischen Konzepts gefällt werden mußte. Auch wenn diese Darstellung daher mit Vorbehalten zu betrachten ist, wird erkennbar, daß Erzlagerstätten in Sedimenten insgesamt einen um 50% liegenden Anteil an der Bergbauproduktion der Welt haben. Die verschiedenen Metalle lassen dabei signifikante genetische Unterschiede erkennen (z. B. Cr-Ni, Fe-Al). Mit diesem „wirtschaftlichen Maßstab" lassen sich somit Gesetzmäßigkeiten der Metallanreicherung in Umrissen erkennen.

Die Technik benötigt jedoch auch nichtmetallische Rohstoffe in derart großen Mengen, daß auf sie ebenfalls ein intensiver Bergbau betrieben wird, ihre natürlichen Vorkommen somit im o. g. Sinne als Erzlagerstätten bezeichnet werden. Wir wollen deshalb in dieses Kapitel auch noch die Industrieminerale Baryt und Fluorit als ausgewählte Beispiele mit einbeziehen, die in ökonomisch beachtlicher Größenordnung ebenfalls in Sedimentgesteinen angereichert sind.

In den letzten zwei Jahrzehnten haben neue geowissenschaftliche Erkenntnisse auch die Lagerstättenforschung grundlegend beeinflußt: Noch bis zum Ende der 50er Jahre war die schichtgebundene Anreicherung von größeren Sulfiderzmassen in marinen Sedimentgesteinen ein genetisches Problem. Es fehlten insbesondere noch rezente Beispiele, wie sie nach dem Aktualitätsprinzip der Geologie gefordert werden, wenn auch nach Einführung erzmikroskopischer Methoden in einzelnen Fällen der sichere Nachweis sedimentärer Erzbildung früh gelang, z. B. durch Ramdohr (1928, 1953) am Rammelsberg. Zur Beleuchtung der Situation vor 50 Jahren sei auf die Pionierarbeit von Bernauer (1935, 1939) hingewiesen, der mit einfachen Hilfsmitteln belegen konnte, daß sich im Strandbereich von Vulcano (Liparische Inseln) geringe Mengen von Sulfiderzmineralen an Fumarolen mit dem marinen Sediment absetzten. Rezenter Vulkanismus, dazu noch im marinen Milieu, galt damals für die überwiegende Lehrmeinung der Lagerstättenkunde als weitgehend steril.

Hier haben die internationalen Großforschungsprojekte der Ozeanographie im Zusammenhang mit den neuen plattentektonischen Erkenntnissen in den letzten 20 Jahren einen entscheidenden

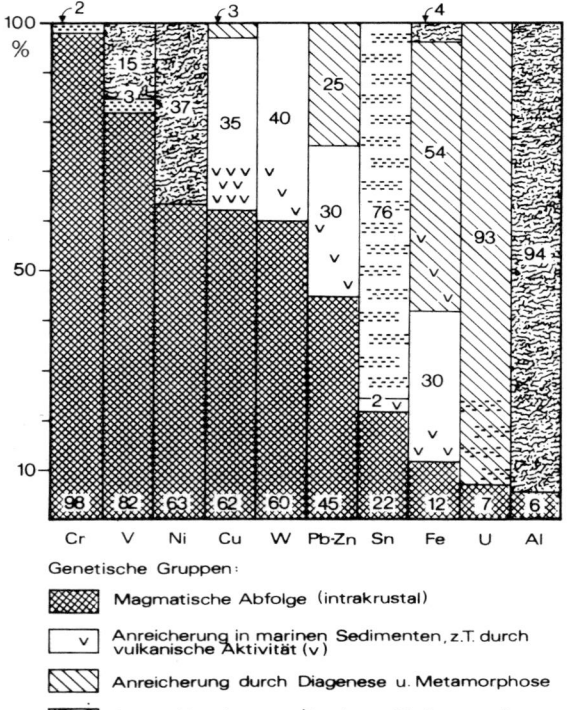

Abb. 10-1. Der Einfluß des geochemischen Verhaltens ausgewählter Metalle auf die Bildung von Erzlagerstätten in unterschiedlichen geologischen Milieus.
(Kalkulation nach der Bergbauförderung 1962–1972, Statistik westl. Länder. Umgezeichnet nach SCHNEIDER 1975).

Wandel geschaffen. So können wir heute einem Überblick über *fossile* Erzlagerstätten auch neue Erkenntnisse über *rezente* Beispiele von wirtschaftlich interessanten Sulfiderzanreicherungen in marinen Sedimenten voransetzen. Daneben stellt die Bildung der „Mangan-Knollen" auf den Tiefseeböden einen weiteren Beleg für eine Erzanreicherung im marinen Milieu dar (s. S. 573 ff.).

Die zur Bildung einer Erzlagerstätte in Sedimenten führenden Prozesse sind meistens nicht auf einen einmaligen Vorgang beschränkt, sondern aus einer Reihe oft ganz unterschiedlicher Entwicklungsphasen zusammengesetzt. Sedimente und Sedimentgesteine können heute demnach nicht mehr nur als zufälliges Nebengestein von Erzlagerstätten betrachtet werden, in denen durch nachträgliche Zufuhr hydrothermaler Lösungen aus spätmagmatischen Differentiationsprozessen Metallanreicherungen entstehen. Vielmehr muß die gesamte „geologische Geschichte" des Sedimentkomplexes, von den ursprünglichen Ablagerungsbedingungen und der plattentektonischen Position sowie den Quellen für den primären Stoffbestand der Lagerstätten (z. B. Verwitterungsprodukte des Hinterlandes oder Vulkanismus) bis hin zur Umbildung des Sediments unter wechselnden physikalisch-chemischen Bedingungen berücksichtigt werden.

Eine besonders wichtige Rolle spielen dabei meist jene Stoffumsätze und -migrationen, die zusammenfassend als Diagenese verstanden werden (s. Kap. 4.3, S. 147). Die Erforschung der Bildungsbedingungen von Erzlagerstätten in Sedimenten mündet deshalb heute vorwiegend in die Aufklärung von diagenetischen Prozeßabläufen. Die daraus ableitbaren Erkenntnisse sind nicht nur von akademischem Interesse, sondern vielmehr von großer praktischer, wirtschaftlich-technischer Bedeutung.

10.1.2 Definitionen

Eine Lagerstätte stellt in jedem Falle die anormale Anreicherung eines ökonomisch interessanten Elementes, Minerals oder Mineralgemenges in oder auf der Erdkruste dar. Dabei ergeben sich drei geowissenschaftliche Fragenkomplexe zum Bildungsprozeß „Edukt-Transport-Produkt":

1. Die Herkunft des angereicherten Stoffes, z. B. durch magmatische Differentiation, intrakrustale Auslaugung oder Verwitterung von Gesteinen.
2. Die Art und Weise des Antransportes, z. B. in ionarer Lösung, als Komplexverbindungen mit Schutz-Kolloiden oder mechanisch.
3. Die Funktion einer geochemisch oder mechanisch wirksamen „Falle", die zur Anreicherung führte, z. B. durch Veränderung der pTx-Bedingungen, des pH-Eh-Milieus oder durch tektonische, morphologische oder Permeabilitätssperren.

Während der Fragenkomplex (1) meist von theoretischem Interesse ist, hat der Fragenkomplex (3) eine große praktische Bedeutung. Denn sobald die Bedingungen, unter denen „das Erz" angereichert wurde, geklärt sind, ergeben sich Interpretationsmöglichkeiten als Hilfe für eine weitere Prospektion und Exploration. Dazu ist in vielen Fällen auch die Kenntnis der Art und Weise des Antransportes (2) besonders wichtig.

In der Lagerstättenkunde wird, wie in der Petrologie, zwischen magmatischen, metamorphen und sedimentären Lagerstätten unterschieden (z. B. MAYNARD 1983) bzw. von Lagerstätten der magmatischen, metamorphen und sedimentären Abfolge gesprochen (SCHNEIDERHÖHN 1962). Diese Systematik setzt jedoch eine *genetische* Interpretation der betreffenden Lagerstätte voraus, die sich allerdings nach eingehenderen Untersuchungen oder neuen geowissenschaftlichen Erkenntnissen oft als falsch erweist. Deshalb sind viele Autoren in letzter Zeit dazu übergegangen, Lagerstättengruppen nach ihrer (räumlichen) Verbindung mit den Wirtsgesteinen zu bilden, also z. B. „Lagerstätten in mafischen Magmatiten" ... oder ... „in Sedimenten" (z. B. AMSTUTZ et al. 1982, GUILBERT & PARK 1986). Damit ist vernünftigerweise die oft mehrdeutige oder umstrittene genetische Interpretation als Gliederungsprinzip eliminiert.

Der in diesem Buch verwendete Oberbegriff „Lagerstätten in Sedimenten" bedarf noch einer Erläuterung: Ihr lithologisches Milieu können sowohl Lockersedimente als auch diagenetisch mehr oder weniger verfestigte Sedimentgesteine oder gar Metamorphite sein. Die Bildungsbedingungen der Sedimente und ihrer Diagenese sind in den vorstehenden Kapiteln besprochen. Für die Beschreibung einer Lagerstätte werden darüberhinaus noch folgende Kriterien benötigt:

Als ein „geometrisches" Einteilungsprinzip, die räumliche Anordnung der Erzanreicherungen

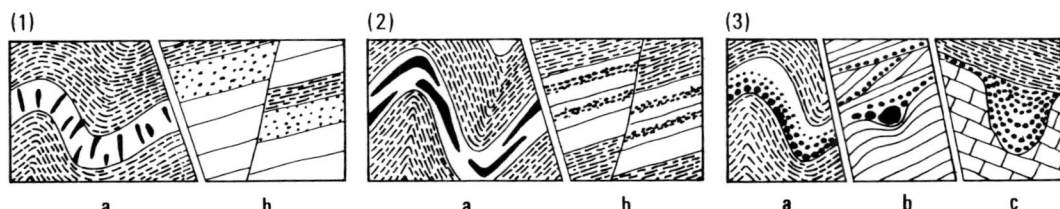

Abb. 10-2. Formales Gliederungsprinzip für Erzanreicherungen in Sedimenten (Beispiele):
(1) Schichtgebunden. a: Erzanreicherung in bankrechten Klüften im gefalteten Sedimentpaket; b: quasi homogene Erzverteilung („Imprägnation") in einer bestimmten Bank.
(2) Schichtig. a: Schichtkonkordante massive Erzlinsen, gemeinsam mit dem Sediment verfaltet; b: Konkordante Erzimprägnationen in bestimmten Schichtgliedern.
(3) Sedimentär (Geopetale Gefüge, mechanische Anreicherung). a: Gradierte Erz-Schichtung in einem gefalteten Sedimentpaket (engl. graded bedding); b: Erzpartikel als Lastmarken (engl. load casts) und in Kreuzschichtung; c: Mechanisch gefüllte Hohlform (engl. cut-and-fill-structure).

im Wirtsgestein betreffend, gelten in der Lagerstättenkunde ganz allgemein folgende Kriterien (Abb. 10-2):

1. *schichtgebunden* (engl. strata-bound): Die Erze sind an einen bestimmten, lithologisch bzw. stratigraphisch definierbaren Schichtkomplex gebunden, ohne eine unmittelbare texturelle oder strukturelle Korrelation mit dem Wirtsgestein. Beispiele: U-, Cu- und Pb-Erze in Sandsteinen (S. 613 ff., 635 und 650 ff.) oder Baryt im Karst (S. 674 f.).

2. *schichtig* (engl. stratiform): Die Erze sind schichtgebunden *und* weisen dazu noch eine texturelle Korrelation („Konkordanz") zum Gefüge des Wirtsgesteins auf. Beispiele: Fe- und Mn-Erze der BIF (S. 590 ff. und 607 f.), Kieserzlagerstätten (Typus Rammelsberg, Kuroko, S. 644 ff.) sowie manche Pb-Zn-Erze und Fluorit-Erze in Karbonatgesteinen (S. 657 und 676 ff.). Dieses „geometrische" Einteilungsprinzip hat sich inzwischen international soweit durchgesetzt, daß nach dieser Gliederung ein 14bändiges „Handbook of Strata-Bound and Stratiform Ore Deposits" erschienen ist (WOLF 1976–1986). Anmerkung: Schichtgebundene und schichtige Erzanreicherungen können aber auch in geschichteten basischen bis ultrabasischen Magmakörpern auftreten, wie z. B. in Sudbury (Kanada) oder im Bushveldkomplex (Südafrika).

3. *sedimentär* (engl. sedimentary): Die an sich genetische Bezeichnung muß in diesem Zusammenhang auf streng geometrischen Kriterien („Gefügen") beruhen, die den Einfluß des Schwerefeldes der Erde erkennen lassen. Die Erzkörper bilden als solche oder enthalten in Teilen „echte" sedimentäre Gefüge, wie z. B. mechanisch gefüllte Hohlformen (z. B. Typus Salzgitter, S. 601 f.), gradierte Schichtung und alle weiteren Sedimentmarken („geopetale Gefüge", „sedimentäre Rhythmite" etc.). Viele der in der Literatur als „sedimentäre Lagerstätten" bezeichneten Vorkommen entsprechen nicht den vorstehend gegebenen Kriterien, müssen also, streng genommen, als schichtgebunden oder schichtig bezeichnet werden. Beispiele für echte sedimentäre Kriterien sind in den folgenden Kapiteln mehrfach erwähnt.

Eine solche Beschränkung auf überwiegend formale Kriterien steht im Gegensatz zu *genetischen Interpretationen*, wie sie vor allem bei Lagerstätten in Sedimenten in den vergangenen Jahrzehnten durch das Begriffspaar „syngenetisch-epigenetisch" oft sehr apodiktisch festgelegt wurden (z. B. MAUCHER 1954, AMSTUTZ 1959, WOLF 1976). Danach bedeutet „syngenetisch" die mit der Sedimentation des Nebengesteins zeitlich gleichlaufende Anreicherung des Erzes sowie die *gemeinsame*, nachfolgende diagenetische und tektonische Überprägung. „Epigenetisch" wäre demnach als spätere Erzzufuhr von außen zu verstehen, nachdem das Nebengestein bereits diagenetisch verfestigt und gegebenenfalls auch tektonisch überprägt ist.

Eine derart strenge Trennung ist jedoch in vielen Fällen nicht ohne Zwang einzuhalten. So können z. B. Erzminerale in feinster, optisch kaum wahrnehmbarer Verteilung im Sediment bereits existieren, sog. „Protoerze" (engl. protore), und erst durch eine intensive diagenetische Stoffmobilisation zu abbauwürdigen Erzkörpern konzentriert werden. In den nachfolgenden Kapiteln sind viele Beispiele, vor allem bei Erzanreicherungen in Sandsteinen oder Karbonatgesteinen, gegeben, die belegen, daß die Anreicherung zur „Lagerstätte" erst während früh- oder spätdiagenetischer Prozesse als intraformationaler Transport durch migrierende Formationswässer oder gar oberflächennahes Grundwasser erfolgte. Dies ist neuerdings durch isotopengeochemische und mikrothermometrische Analysen belegbar (z. B. S. 652). In diesem Zusammenhang kann auch fallweise noch Lösungstransport durch geothermale Konvektionen eine Rolle spielen (vgl. S. 578).

Nach diesen Erkenntnissen erhebt sich heute, noch eindringlicher als früher, die Frage nach der *Herkunft des Stoffbestandes*, also dem „Edukt" im o. g. Sinne (s. S. 571). Für die klassische Lagerstättenkunde waren es im wesentlichen drei Quellen: (i) Differentiationsprodukte spätmagmatischer Fraktionierungen, (ii) eluviale oder alluviale Verwitterungsprodukte und (iii) das Meerwasser als geochemische „Zwischenstation" für alle vom Festland oder vom submarinen Vulkanismus angelieferten Stoffe.

Anfang der 50er Jahre setzte hierzu bald ein kritisches Umdenken ein: Die jahrzehntelangen Erfahrungen der Erdölgeologen, wonach Erdöl und Formationswässer im Porenraum der Sedimente über viele km vom Muttergestein ins Speichergestein wandern können, fanden schrittweise und zögernd auch Eingang in genetische Modellvorstellungen für Minerallagerstätten. Als erster stellte KNIGHT (1957) provokant das „*Source-bed concept*" vor, welches schichtgebundene Sulfiderzlagerstätten, allzu verallgemeinernd, als Produkt migrierender Lösungen aus feinverteilten, syngenetischen Erzen in Sedimenten (später: „Protoerze") deutete. Er erntete einen Sturm von Gegenargumenten. Doch schon zwei Jahre später brachte ILLING (1959) konkrete Beispiele aus West-Kanada und deutete als „Motor" für das Wandern von Formationswässern aus den paläozischen Beckenserien in die porösen Riffgürtel die Kompaktion der marinen Sedimente. Heute ist das „Source-bed concept" für viele Lagerstättentypen und -Provinzen anerkannt und führte letztlich zum Begriff der „intraformationalen Lagerstättenbildung". Geblieben ist noch immer das Problem des Transportmechanismus.

Mit den zunehmenden Kenntnissen über die rezente Anreicherung von Fe-Mn-, Bunt- und Edelmetallen auf dem Boden der Tiefsee (Kap. 10.2) hat sich das Problem nochmals verschoben: Für die genannten Vorkommen wird in zunehmendem Maße petrologisch und geochemisch nachgewiesen, daß das Meerwasser im Bereich von thermisch aktiven ozeanischen Krustenzonen über geothermale Konvektionszellen die Werteelemente aus den durchströmten Gesteinspartien auslaugt und an den Austrittsstellen am Meeresboden zusammen mit pelitischen Sedimenten absetzt. Mit diesen Modellvorstellungen überschneidet sich nunmehr das alte apodiktisch diskutierte Begriffspaar syngenetisch-epigenetisch vollständig: Das zunächst sterile Meerwasser führt, aktiviert durch intrakrustale Wärmequellen, über einen „epigenetischen" Prozeß, zur Bildung „syngenetischer" Sulfiderzanreicherungen (s. S. 578 ff. u. Abb. 10-5). Wichtige Kriterien für den Beweis derartiger genetischer Modelle liefert die geochemische Verteilung stabiler Isotope von C, O und S in den die Erze begleitenden Sedimenten (HOEFS 1980).

10.2 Rezente Beispiele

10.2.1 Mineralisationen an divergenten Plattengrenzen

A. Frühstadium der Öffnung (Typus „Rotes Meer")

Mit der Entdeckung der schwermetallreichen Bruchkessel im Roten Meer im Jahre 1964 begann die „aktualistische" Ära der Erzlagerstättenkunde (MILLER et al. 1966; DEGENS & ROSS 1969). Neben den inzwischen entdeckten zahlreichen kleineren Bruchkesseln längs der Grabenachse des Roten Meeres stellt das „Atlantis II Deep", etwa auf der Höhe von Jiddah gelegen, das am intensivsten untersuchte dar. Ein Versuchs-Meeresbergbau hat stattgefunden und z. Z. laufen Untersuchungen zur Umweltverträglichkeit.

Den großtektonischen Rahmen bilden die divergierenden Ränder der afrikanischen und arabischen Platte, die zu einer geologisch jungen Riftzone mit großen Basaltergüssen führten. Die lokalen Einbruchskessel in der Grabenachse liegen zwischen ca. 1500 und 2200 m unter dem Meeresspiegel und sind stets mit einer 40° bis 60 °C heißen Sohle gefüllt.

Der große Bruchkessel des „Atlantis II Deep" hat eine NW-SE Erstreckung von etwa 14 km bei einer maximalen Breite von etwa 6 km. Die durch Bruchtektonik und jüngere Basaltergüsse verursachte Morphologie unterteilt die Depression in verschiedene Teil-Becken (BÄCKER & RICHTER 1973) (Abb. 10-3). Die Entwicklung dieser Kesselbruch-Struktur setzte vermutlich erst mit Ende

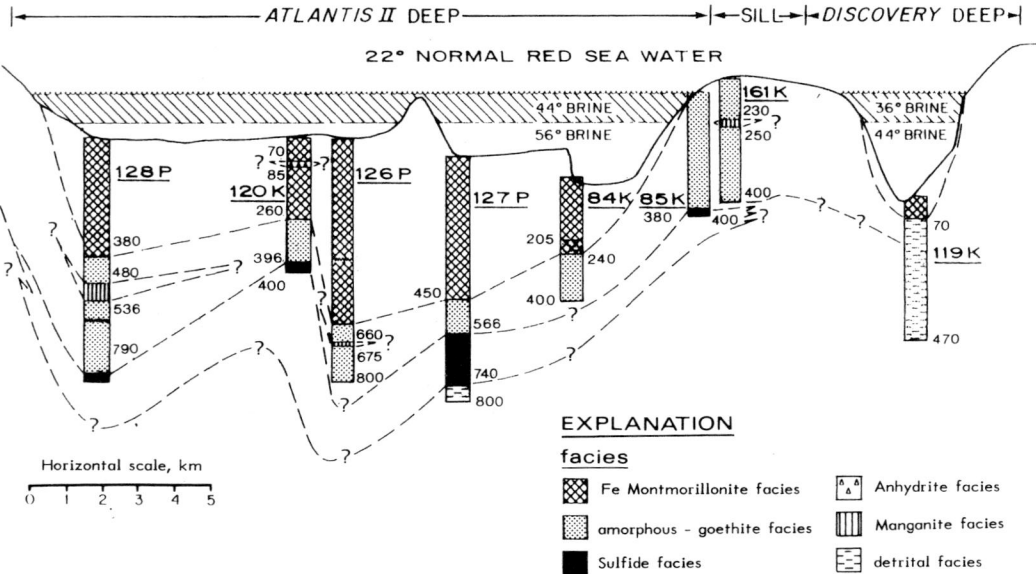

Abb. 10-3. Die Verbreitung der metallführenden Bodensedimente im Atlantis II-Becken und im Discovery-Becken in einem etwa N–S verlaufenden Profil. Generalisiert und im Sediment stark überhöht. Mittlere Wassertiefe 2000 m.
Die Zahlen neben den Probensäulen geben die Tiefe unter dem Meeresboden in cm an. Die gestrichelten Verbindungslinien zwischen den Bohrungen deuten keine „stratigraphische" Parallelisierung an, sondern verbinden nur gleiche Faziestypen. (Vereinfacht und umgezeichnet nach BISCHOFF & MANHEIM in DEGENS & ROSS 1969: 537).

des Pleistozäns ein. Somit vollzieht sich hier seit etwa 25 000 bis 20 000 Jahren die Bildung einer submarinen Erzlagerstätte. Sie hält offensichtlich noch an.

Die mit heißer Sole durchtränkten Erzschlämme (68–92% Solegehalt) und die sie begleitenden jungen Sedimente sind zwischen vier und acht Meter mächtig; sie werden durchgehend überdeckt von Solekörpern, deren relativ stabile Schichtung durch unterschiedliche Salinität (Dichte) und Temperatur bestimmt werden (Abb. 10-3). Die Temperaturen der Solekörper im Atlantis II Deep sind in den letzten Jahren angestiegen (BÄCKER & RICHTER 1973). Die tiefere Lage mit heute 60 °C weist eine Konzentration von 156,5‰ Cl auf, die höhere mit heute 49,8 °C eine solche von 82‰ Cl.

Die im Profil (Abb. 10-3) angegebenen Kernbohrungen lassen auch die Schichtung der Erzschlämme, am besten bei der Bohrung 127 P, erkennen: Den oberen Teil nimmt meist eine „Fe-Montmorillonit-Fazies" ein, die von einer weitgehend amorphen „Goethit-Fazies" unterlagert wird. Bereichsweise tritt darunter die sog. „Sulfid-Fazies" auf; die Basis bildet meist ein detritisches erzfreies Sediment. Manganit- und Anhydrit-Fazies sind lokal eingeschoben. Die basalen, z. T. noch das Pleistozän vertretenden Sedimente bestehen aus einer detritischen (Ton, Quarz, Feldspat) und einer biogenen Komponente (u. a. pelagische Foraminiferen, Diatomeen und Nannofossilien); sie enthalten etwa 60% Karbonate.

Über den basalen erzfreien Sedimenten folgt weitverbreitet die Sulfid-Fazies, die ökonomisch und lagerstättenkundlich interessanteste (Tab. 10-1). Sie enthält die Wertelemente Cu, Zn, Pb und Cd, daneben auch geringe Edelmetallgehalte. Man unterscheidet zwei Subfazies, die in reineren Bänk-

Tabelle 10-1. Zusammensetzung und Dimensionen der „Lagerstätten" Atlantis II Deep und Discovery Deep nach Kalkulationen der ersten Bohrkern-Serien. Die Elementanalysen beziehen sich auf Sole-freies, lufttrockenes Sediment. Die Au-Gehalte sind rechnerisch ermittelt nach dem bei sedimentären Sulfiderzlagerstätten üblichen Ag : Au-Verhältnis von 100 : 1. (Nach BISCHOFF in DEGENS & ROSS 1969).

	Atlantis II Deep			Discovery Deep
	Goethit-Fazies	Fe-Montmorillonit Fazies	Sulfid-Fazies	Goethit-Detrit-Fazies
Fe_2O_3 (tot.) (%)	49.0	35.0	33.0	20.0
Mn_3O_4 (tot.)	2.8	2.0	1.3	1.0
ZnO	1.0	4.7	11.1	0.15
CuO	0.5	0.7	4.6	0.05
PbO	0.1	0.1	0.2	0.03
AgO	0.0033	0.0062	0.013	0.0001
Au (ppm)	0.3	0.6	1.3	–
Sole-Gehalt (Gew.-%)	84	92	75	68
Fläche (m^2)	56×10^6	56×10^6	56×10^6	11×10^6
durchschnittl. Mächtigkeit (m)	3.5	4	1	(10)
Sediment-Dichte (nass)	1,33	1,26	1,39	1,49
Tonnage (t) (Trockengewicht)	42×10^6	22×10^6	19×10^6	52×10^6

Trockengewicht der Atlantis II Deep-Lagerstätte: 83×10^6 t

chen, lokal aber auch vermischt auftreten und meist durch Silikate verdünnt sind (BÄCKER & RICHTER 1973): Eine Monosulfid-Subfazies, violett-grau gefärbt, enthält vor allem fein kristallisierte Zinkblende (3% bis maximal 14%) und weniger Kupfersulfide (ca. 0,5 bis 1,5%), sowie geringere Mengen weiterer Sulfide, bei einem relativ hohen Kieselsäuregehalt (20–30%).

Die Pyrit-Subfazies, schwarz gefärbt, besteht überwiegend aus Pyrit und Manganosiderit, weniger Kupferkies und geringsten Anteilen an Zinkblende. In der gesamten Sulfid-Fazies tritt gelegentlich auch Baryt auf. Sehr verbreitet ist hier auch Anhydrit, bereichsweise in m-mächtigen Einschaltungen. Daneben sind in feinen Lagen Rhodochrosit und Manganosiderit zwischengeschaltet. Die beigemischten detritischen Karbonate, Feldspäte sowie Quarz belegen auch innerhalb der Sulfidpräzipitate die Einschwemmung einer klastischen Komponente.

Manganit- und Goethit-Fazies treten selten scharf getrennt, vielmehr häufig vermischt auf. Die Manganit-Fazies (25–35% Mn-Gehalt), schwarz bis grauschwarz gefärbt, repräsentiert vor allem die Randfazies, reichert sich also an der Peripherie der Teil-Becken an und weniger in den Becken selbst. Die Goethit-Fazies besteht vor allem aus röntgenamorphem Eisenhydroxid, Goethit und Talk, lokalen Beimengungen von kristallinem Hämatit sowie wenig Magnetit. Die gelb bis ocker gefärbten Präzipitate sind noch weit über die Manganit-Randfazies hinaus verbreitet. Ihr Fe-Gehalt kann 50% überschreiten. Weitere Komponenten sind wiederum detritische Silikate sowie geringe Mengen von Sulfiden.

Die „Montmorillonit-Fazies", heute besser „Fe-Smektit-Fazies", (BISCHOFF in DEGENS & ROSS 1969) besteht, neben Mineralen der Montmorillonit-Gruppe, vor allem aus röntgenamorphen Fe-Silikaten, weniger Hämatit, Sulfiden, Oxiden und Anhydrit. Sie ist charakterisiert durch ihren extrem hohen Solegehalt (nur 3–9% Feststoffgehalt in den höheren, bis zu 20% in den tieferen Partien!) und eine unruhige, oft turbiditisch wirkende Schichtung. Dabei treten in den jüngsten

Ablagerungen „Gerölle" einer schwach konsolidierten (älteren) kieselig-eisenoxidischen Mischfazies auf, die vor allem in den tieferen Teilen der Montmorillonit-Fazies angetroffen wird.

Gerade diese letzteren Beobachtungen weisen darauf hin, daß die Bildung der gesamten Lagerstätten zwischen Phasen einer ruhigeren Entwicklung und episodisch auftretende Bodenunruhen (Erdbeben?) mit mechanischen Umlagerungen stattfand. Trotzdem lassen die großen Fazies-Typen in den einzelnen Bohrungen eine grobe Korrelation zu (Abb. 10-3), wenn auch ihre Mischung und Verzahnung viel komplizierter ist als hier skizziert (vgl. BÄCKER & RICHTER 1973).

Die Genese der Lagerstätte, wie sie MAYNARD (1983) zusammenfaßt, wird wie folgt interpretiert: Das Meerwasser dringt, bei einer hydrostatischen Auflast von über 200 bar, in den Meeresboden ein, erhält beim Migrieren durch die hier im Untergrund anstehende miozäne Evaporitserie seinen hohen Salzgehalt und wird dann durch den Kontakt mit rezenten Hitzezonen (Rift-Zone!) stark aufgeheizt. Dabei nehmen die heißen Solen ihren Metallgehalt aus den Basaltlagen auf, transportieren ihn in die „abflußlosen" Bruchkessel und entwickeln nach Dichte und Temperatur eine erstaunlich stabile Trennung und Schichtung (Abb. 10-3). Sie verhindert das Abwandern der metallreichen Lösungen und verursacht durch relative Abkühlung sowie schwankende physikalisch-chemische Bedingungen (E_h, pH), bedingt durch die zeitliche und räumliche Verlagerung der Sole-Austritte, das Ausfallen der o. g. Metall-Sediment-Fazies (vgl. Abb. 10-3). Diese sind nach den einzelnen Metallanteilen und -paragenesen vielen fossilen Lagerstätten vom Typ der Kieserzlager (S. 637 ff.) sehr ähnlich, auch wenn bei der Stoffkonzentration „in statu nascendi" noch weitergehende diagenetische und metamorphe Einflüsse fehlen, die zur Bildung der dort üblichen Mineralphasen und -paragenesen führten. Wie schon die Angaben in Tab. 10-1 zeigen, erreichen die Metallvorräte allein im „Atlantis II Deep" ökonomisch beachtenswerte Vorräte.

B. Fortgeschrittene Öffnungsstadien (Typus „ozeanische Riftzonen")

Mit der Entdeckung der aktiven hydrothermalen Schlote („vents") in der Galápagos Rift der Ostpazifischen Schwelle[1] gegen Ende der 70-er Jahre war ein weiterer Beweis für die rezente Anreicherung von Metallsulfiden im ozeanischen Sedimentationsmilieu erbracht (CORLISS et al. 1979, RONA et al. 1983). In der Zwischenzeit sind weitere aktive Hydrothermalfelder entdeckt worden, z.B. entlang der Ostpazifischen Schwelle von der geographischen Höhe Perus bis hinauf vor die Küste Kanadas (Abb. 10-4). Ausgehend von geophysikalischen und ozeanographischen Untersuchungen am Mittelatlantischen Rücken, hatten die Geologen schon ein Jahrzehnt früher die Bildung von „hydrothermalen" Erzanreicherungen im Zusammenhang mit lokal hohen Temperaturgradienten und der Zirkulation von Meerwasser durch höhere Etagen der Ozeankruste vorausgesagt (z. B. BONATTI et al. 1976, RONA 1978). Die Existenz der aktiven Schlotfelder ist stets an Rift-Zonen mit höheren Öffnungsbewegungen gebunden, wie sie z. B. mit maximal 10–18 cm/Jahr in der Ostpazifischen Schwelle auftreten, gegenüber 6–10 cm/Jahr im Mittelatlantischen Rücken.

Diese Schlote sind schornsteinähnliche, rundliche Gebilde von durchschnittlich 2 m Höhe und 30–40 cm Durchmesser. Sie stoßen metallhaltige Lösungen sowie schwarz-graue oder weißlichgraue Suspensionen („black smokers, white smokers") hoher Temperatur aus (300–380 °C). Sie stehen stets in größerer Zahl zusammen, wobei auch „tote" (inaktive) und bereits wieder zusammengebrochene Schlote vorkommen (Abb. 10-5). Die „Lebensdauer" dieser Gebilde, d. h. ihre geothermale Aktivität, wird auf wenige Jahrzehnte geschätzt. Meist brechen sie bald zusammen und die Erztrümmer sammeln sich im umliegenden Sediment. Messungen im Inneren aktiver Schlote haben Temperaturen von über 400 °C erbracht, was beweist, daß die austretende Lösung bei Kon-

---

[1] Rift (engl.) = Zugspalte an divergierenden Plattenrändern, als tektonisch aktives Formelement in übergeordneten Großstrukturen (Lineamenten), wie z.B. dem Mittelatlantischen Rücken („Mid-Atlantic Ridge") oder der Ostpazifischen Schwelle („East-Pacific Rise").

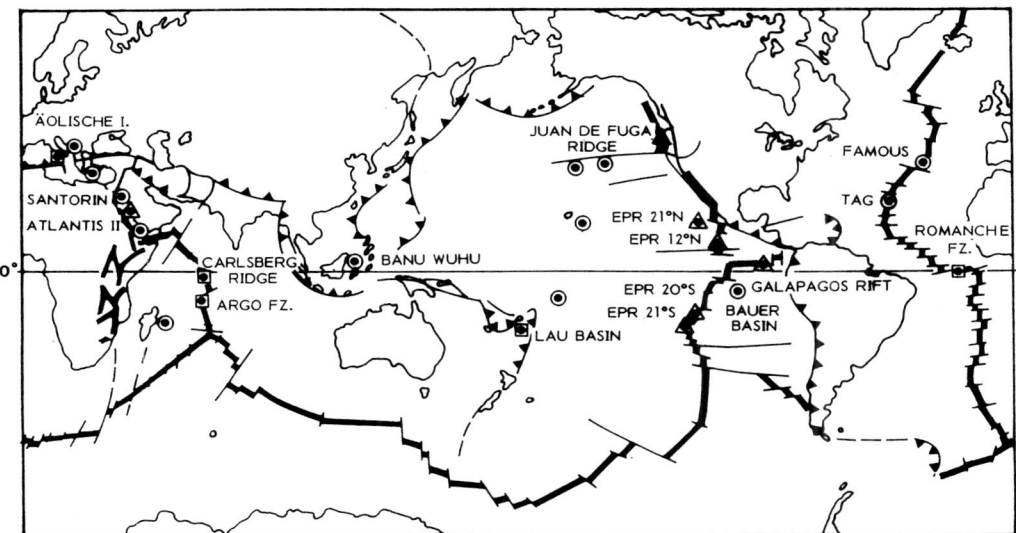

Abb. 10-4. Das Auftreten von rezenten submarinen Erzanreicherungen nach dem Kenntnisstand von etwa 1983 in räumlicher Beziehung zu den geotektonischen Plattenrändern. – Dreiecke = hydrothermal (besser: geothermal) aktive Schlotfelder mit überwiegend sulfidischen Erzabsätzen („black smokers, white smokers"). Kreise = oxidische Fe-Mn-Inkrustationen. Vierecke = sulfidische und barytische Imprägnationen. – Umgezeichnet nach anonymen Unterlagen und ergänzt nach LALOU in RONA et al. (1983: 511).

takt mit dem Meerwasser (hier z. T. 2 °C) sehr rasch abkühlt. Dies ist wichtig für die Genese der Erze und natürlich auch für die sehr charakteristische und üppige Biocoenose vor allem großer Muscheln und Würmer. Solche „Schlot-Felder" von oft über 10 km Länge sind parallel dem Generalstreichen der Rift-Zone angeordnet und an longitudinale Grabenbrüche gebunden, die in 2000 bis 3000 m Meerestiefe liegen.

Die Erzparagenese der Schlote erscheint bei aller Variabilität erstaunlich gleichartig (Tab. 10-2): In der inneren Zone der „black smokers" herrschen Kupferkies, Cubanit und Bornit vor, während der äußere Mantel meist aus Anhydrit, Gips, Mg-Hydraten und -Sulfaten, Fe-Oxiden und -Hydroxiden, Zinkblende, Wurtzit (oft Schalenblende!), Pyrit, Magnetkies und Covellin besteht. Die schwarzgraue Suspension enthält vor allem Magnetkies, Pyrit und Zinkblende. Im Gegensatz dazu bestehen die „white smokers" und ihre Suspensionen vorherrschend aus amorpher Kieselsäure,

Tabelle 10-2. Die wichtigsten koexistierenden Mineralphasen im Zonarbau eines aktiven Exhalationsschlotes („black smoker") vom Zentralgraben des Ostpazifischen Rückens nahe 13 °N im Schema (gekürzt nach HEKINIAN et al. in RONA et al. 1983: 589).

Proben-No. CY 82	Innere Zone (3–8 mm)	Mittlere Zone (3–15 mm)	Äußere Randlage (2 mm)	Temp. T°C
21-02	cp	cp, bn, anh, py	anh, py, Si, Fe-ox	n. b.
30-01	cp	cp, py, anh	anh, py, Fe-ox	319
30-(5 + 6)	cp	py, sp, anh	anh, py, Fe-ox	n. b.
31-09	cp	cp, py, anh	anh, py, Si-Fe-ox	330
31-10	cp	cp, py	anh, Si, Fe-ox	320

cp = Chalkopyrit; py = Pyrit; sp = Sphalerit; bn = Bornit; anh = Anhydrit; Si = amorphe hydratische Kieselsäure; Fe-ox = Eisenoxid-Hydroxid-Komplexe. (mm-Angaben = Dicke der analysierten Zonen)

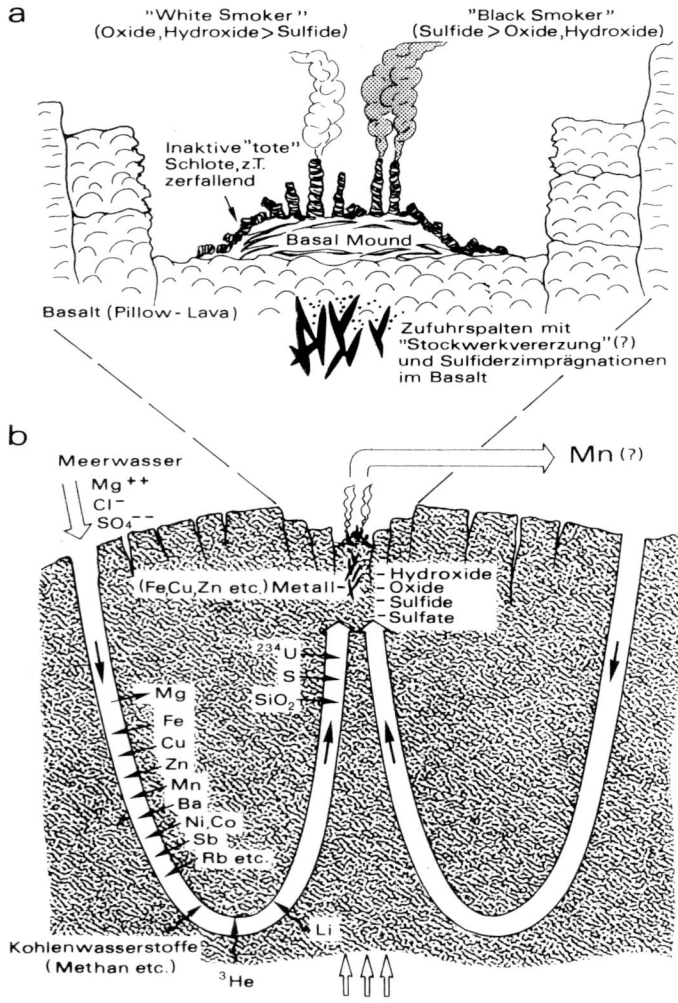

Abb. 10-5. Hydrothermal aktive Felder in Rift-Zonen der ozeanischen Kruste (stark schematisiert, ohne Maßstab!).
a) „Black smokers" und „White smokers" im achsialen Grabenbruch einer Riftzone. Breite und Tiefe des Grabenbruches 100 bis 300 m. Höhe der „Schornsteine" ca. 2 m.
b) Modell des Meerwasser-Geothermal-Systems im Umfeld der Rift-Zone. Die Eindringtiefe des Meerwassers wird auf 1000 bis 1500 m geschätzt (= vertikaler Durchmesser der Konvektionszelle, ihre horizontale Erstreckung dürfte weit über 5 km betragen). Man beachte die Trennung von Fe und Mn beim Austritt in das Meerwasser.
Umgezeichnet und ergänzt nach BONATTI et al. (1976) und MAYNARD (1983).

Schwefel, Baryt, Pyrit, Zinkblende, Wurtzit, Markasit und Korund, während Kupferminerale auffallend zurücktreten. Die verschiedenen Mineralphasen erfahren offensichtlich eine relativ rasche und intensive Sammelkristallisation, wie TUFAR et al. (1985) mit einprägsamen Erzanschliffen zeigen konnten: Die Bilder belegen die enge Nachbarschaft von Geltexturen und Hochtemperatur-Sulfiden, was auf die oben erwähnte rasche Abkühlung im Schlot und an der Austrittstelle hinweist. Die feste, oft brüchige Masse der zylindrischen Schlotröhren zeigt meist einen mm-feinen Lagenbau, wobei die feinkörnigen Sulfidlagen von Fe-Hydroxiden oder amorpher Kieselsäure unterbrochen werden. Dies wird auf rasch wechselnde Zusammensetzung der geothermalen Lösungen sowie E_h-T-Schwankungen zurückgeführt.

Bei den Metallgehalten der Schlote herrschen Fe (Sulfide, Oxide, Hydroxide), Zn und Cu vor. Mn tritt nur lokal auf. An Spurenelementen wurden noch Co, Ni, As und Sb in Bereichen von 1–400 ppm beobachtet. Blei fehlt auffallenderweise! Dagegen treten Kohlenwasserstoffe (vor allem Methan) sowie Helium (^{3}He) – als Mantel-Entgasung – auf.

Die Unterlage für einzelne Schlotgruppen bilden meist sog. basale Hügel („basal mounds") von m-Höhe aus klastischen Erzlagen als mechanische Zerfallsprodukte, Schwefel, amorpher Kieselsäure, Fe-Oxiden und -Hydroxiden, Talk usw. Diese liegen unmittelbar auf dem jungen Basalt der Riftzone (Abb. 10-5).

Von besonderem Interesse ist die kurze Zeitspanne, in der sich solche Erzabsätze bilden: Nach Messungen von HEKINIAN et al. (in RONA et al. 1983) war eine aktive Schlotröhre von 20 cm Durchmesser in fünf Tagen um etwa 40 cm in die Höhe gewachsen. Demnach würde die Erzmenge – bei einer Dichte von 2,9 – um etwa 1,6 kg pro Tag zunehmen! Falls ein an anderer Stelle beobachteter (seltener) riesenhafter, stark konischer „Schornstein" von 6 m Höhe und 3 m Basisbreite tatsächlich eine ähnliche Zusammensetzung hätte, würde er eine Masse von 41 Tonnen ausmachen; er könnte in etwa 70 Jahren entstanden sein.

Über die Entstehung der Schlote sind sich alle Autoren einig (vgl. RONA et al. 1983): Meerwasser dringt auf Spalten und Klüften in die oberen Teile (bis mehrere Kilometer) der basaltischen Ozeankruste ein, wird durch den lokal stärkeren Hitzestrom (Riftzone, Basaltausflüsse) auf über 400°C aufgeheizt und reagiert sehr intensiv mit dem durchströmten Gestein („rock-seawater interaction"). Dabei wird der Basalt alteriert, und seine Metallgehalte werden, vorwiegend in Form von Cl- und HS-Komplexen, abgeführt, wie experimentell mehrfach bewiesen wurde (vgl. RONA et al. 1983). Das Cl stammt zweifellos vom Meerwasser; S-Isotopenanalysen haben erbracht, daß auch ein bedeutender Teil des Schwefels aus Meerwasser-Sulfat entsteht. Als „Motor" für die Konvektionszellen fungiert der starke Wärmestrom in den Riftzonen.

Von genereller Bedeutung bei diesen (heißen) Reaktionsabläufen ist, daß dabei das Meerwasser-Mg in Alterationsmineralen (z. B. Smektit cf. Montmorillonit, Talk etc.) festgelegt wird, während Fe^{2+}, Mn^{2+}, Ba^{2+}, Buntmetalle und Kieselsäure abgeführt und in oder um die „vents" ausgefällt werden. Dabei entfernen sich Mn und Ba meist weiter von den Austrittstellen, während Fe als Sulfid oder Hydroxid zusammen mit Cu und Zn in der Erzparagenese angereichert wird. Diese Tatsache könnte für die genetische Erklärung der rezenten Mn-Vorkommen (S. 581 ff.) von Interesse sein.

Die geochemische und metallogenetische Bedeutung der offensichtlich nur zweitweise sehr aktiven Konvektionszellen in den Riftzonen der Ozeankruste ist noch nicht in allen Konsequenzen zu übersehen. Sie könnten z. B. das generell beobachtete Defizit an Mg im Meerwasser, aber auch die überdurchschnittliche Anreicherung von Mn (+ Fe) auf den rezenten Tiefseeböden erklären. Nach LALOU (in RONA et al. 1983) wären nicht nur die bisher bekannt gewordenen zahlreichen Vorkommen von Mn-Fe-Krusten (Abb. 10-4), oft schon als „Lagerstätten" bezeichnet, sondern auch ein großer Teil des Stoffbestandes der Mn-Knollen aus solchen Exhalationen abzuleiten (S.583).

Andererseits ergeben sich Hinweise auf Bildungsmöglichkeiten fossiler, schichtgebundener oder schichtiger Buntmetall- und Fe-Mn-Lagerstätten (S. 588 ff. und 637 ff.), auch wenn die geotektonischen und paläogeographischen Parallelen in manchen Fällen noch nicht befriedigend geklärt sind. So hatten schon BONATTE (1975) und BONATTI et al. (1976), nach der Untersuchung von ersten, vererzten Metabasaltkernen vom Mittelatlantischen Rücken, auf die rezenten Bildungsmöglichkeiten von Buntmetall-Lagerstätten in den Riftzonen hingewiesen und sie mit dem Zypern-Typus (S. 642) verglichen. Später (BONATTI in RONA et al. 1983) interpretierte er diese Vorkommen als „Stockwerk-Vererzung" im Untergrund eines inzwischen wieder erodierten Feldes von Exhalationsschloten. Direkte Parallelen zwischen rezenten und fossilen Sulfiderzvorkommen sind vorerst nur in wenigen Fällen möglich. Auf jeden Fall werden intra- und extrakrustale Erzanreicherungen durch ein solches Modell genetisch plausibel verknüpfbar – und der Nachweis ist erbracht, daß den Weltmeeren und ihren Sedimenten durch die geothermal-aktiven Rift-Zonen auch gegenwärtig enorme Mengen an Metallen zugeführt werden, die wahrscheinlich sogar den Eintrag über Verwitterungsprodukte vom Festland quantitativ noch übertreffen!

10.2.2 Mineralisationen über Subduktionszonen (Typus „Taupo")

Umfassende Untersuchungen der aktiven Fumarolen- und Solfataren-Felder in der Taupo-Vulkanzone auf der Nordinsel Neuseelands haben in letzter Zeit wiederum bekräftigt, daß spät- und postvulkanische Aktivitäten auch auf dem Festland zur Anreicherung von Metallen führen können (Henley et al. 1986). Ein umfangreiches Bohrprogramm auf geothermale Energiespeicher hat zudem eine räumliche und genetische Verbindung zwischen *intrakrustalen* hydrothermalen Erzabsätzen in den Aufstiegswegen („Erzgängen"!) und *extrakrustalen* Sinterbildungen mit Metallgehalten in den Heißwasserquell-Becken („geothermal pools") bewiesen. Als Beispiele sind in Tab. 10-3 einige Analysendaten gegeben.

Für lagerstättenkundliche Aspekte ist besonders wichtig, daß unterhalb der Quell-Becken eine intensive Alteration des Nebengesteins mit beachtlichen Metallanreicherungen festgestellt wurde. Hierdurch ergeben sich bedeutungsvolle Hinweise auf die Bildungsbedingungen fossiler Lagerstätten in oberflächennahen Sedimenten.

Die Autoren betrachten die spätvulkanischen Aktivitäten in der nahezu 150 km langen Taupo-Vulkanzone als „geothermale Systeme". Sie wollen damit zum Ausdruck bringen, daß die Metallanreicherungen nicht als späte Differentiationsprodukte eines tieferliegenden Magmaherdes zu verstehen sind. Vom Magmaherd selbst beziehen sie nur die Wärmeproduktion, flüchtige Komponenten, wie CO_2, SO_2, H_2O etc., und NaCl. Das für den thermalen Transport notwendige Wasser leiten sie über Konvektionszellen vom Grundwasser ab. Dabei werden die Metallgehalte wiederum, wie bei den submarinen Beispielen, während der Alteration des Nebengesteins aus diesem herausgelöst und in Form verschiedener HS- und Cl-Komplexe in die Quellbecken transportiert. Wie auch Tab. 10-3 zeigt, sind die Au-Ag-Gehalte im Kieselsinter besonders hoch. Nach Untersuchungen von Brown (1986) dürfte das heiße Tiefengrundwasser an Au und Ag nahezu gesättigt sein, was auf entsprechend edelmetallreiche Ausgangsgesteine („source bed", protore) im Untergrund hinweist.

Tabelle 10-3. Metallgehalte (in ppm) in Sinterabsätzen und Bohrkernen aus dem Waiotapu-Geothermalfeld (Neuseeland) (nach Hedenquist in Henley et al. 1986: 76–77).

Lokalität	T°C	pH	Cl	Au	Ag	As	Sb	Tl	Hg	Cu	Pb	Zn	W	S %
Champagne Pool Oranger Niederschlag	74°	5.3	1.868	80	175	20.000	20.000	320	170	—	15	50	—	—
Sinter (ges.)	74°	5.3	1.868	12	3,7	12.000	600	280	90	—	5	5	50	—
Alum Cliffs Breccie Quarzgang	—	—		0.02	0.2	40		1	2	0.03	5	15	15	5	0.93
Waiotapu Geysir Sinter	98°	6.58	486	0.05	0.5	20		5	10	2	—	—	—	—	—
Lake Ngakoro Pool Schlammvulkan Kaolin-Ton	86°	2.8	320	0.01	0.2	70		5.5	1	27	10	21	10	16	0.85

Als ein weiteres, historisches Beispiel seien hier noch die Arbeiten von R. F. Griggs, E. G. Zies und anderen genannt (Zies 1929), die bereits in den 20er Jahren die Fumarolenfelder des „Valley of Ten Thousand Smokes" am Katmai-Vulkan (Alaska) expeditionsmäßig untersuchten. Analysen von Fumarolenabsätzen und benachbarten Tuffen ergaben Metallgehalte im ppm-Bereich von Ag, As, Bi, Co, Cu, Ga, Fe, Mo, Ni, Sb, Sn, Tl und Zn. Aus den Krusten wurden Magnetit und Kupfersulfide auch als kleine Kristalle isoliert. An der mächtigen Dampfproduktion der Fumarolen waren HCl mit 0,12, HF mit 0,03 und H_2S mit 0,03 Gew.-% beteiligt. Obwohl die Autoren quantitative Berechnungen der Fumarolenproduktion durchführten und auf ihre Bedeutung für die Bildung von Erzlagerstätten hinwiesen, fanden ihre Anregungen damals bezeichnenderweise kaum Beachtung in der Lagerstättenforschung.

Diese rezenten Beispiele beweisen, daß Bunt- und Edelmetallanreicherungen in Sedimenten auch unter festländischen Bedingungen zu oberflächennahen Erzabsätzen führen können, wenn man dazu noch einen geologisch langen Zeitraum berücksichtigt. Bei fossilen Lagerstätten kann unter Umständen sogar der paläogeographische Beleg für die frühere Existenz einer Vulkanzone erosiv entfernt sein.

10.2.3 Mangan-Knollen auf Tiefseeböden und in Süßwasserseen

Die größte Manganlagerstätte der Welt stellen die sog. Manganknollen auf den Tiefseeböden der großen Weltmeere – Atlantik, Indik und Pazifik – dar. Auch im Mittelmeer wurden sie inzwischen gefunden. Von ökonomischem Interesse sind jedoch weniger die Mn-Fe-Gehalte, als vielmehr die sie begleitenden Buntmetalle (Tab. 10-4). Die größten und reichsten Vorkommen wurden bisher im Zentralpazifik gefunden. Aus diesem Bereich, zwischen der Clarion und Clipperton Bruchzone, führt MAYNARD (1983) ein Gebiet an, welches über zwei Milliarden Tonnen Knollen mit einem durchschnittlichen Gehalt von 25% Mn, 1,3% Ni, 1,0% Cu, 0,22% Co und 0,05% Mo enthalten soll. Extrapoliert man solche und ähnliche Daten auf andere bekannte – und vermutete – Vorkommen, so ist mit Sicherheit anzunehmen, daß diese Vorräte an Mangan, Eisen und Buntmetallen ein Mehrfaches der Metallmengen ausmachen, die bisher in den Lagerstätten des Festlandes bekannt geworden sind! Von vielen Industrienationen wird deshalb ihre meerestechnische Gewinnung mit Nachdruck vorbereitet (Metallgesellschaft 1975).

Erste Funde wurden bereits durch die Challenger Expedition 1872–76 bekannt (MERO 1965; BOSTRÖM in RONA et al. 1983); eine intensive geologische, mineralogische und geochemische Untersuchung setzte jedoch erst nach dem Zweiten Weltkrieg ein, nachdem die moderne Meerestechnik einen systematischen Zugang zu den Tiefseeböden ermöglichte. Die optimale Anreicherung der Knollen liegt zwischen 4000 und 6000 m Meerestiefe. Vereinzelt, etwa bei Tahiti, wurden aber auch welche in 700 m Tiefe gefunden.

Die Manganknollen sind schwarze, rundliche Konkretionen von mehreren mm bis cm Durchmesser, stets schalig, feinlagig konzentrisch aufgebaut und meist sehr porös (40 bis 70% totale Porosität). Sie liegen stets mit einer flachen gewölbten Unterseite dem Bodensediment auf. Der charakteristische Lagenbau (Abb. 10-6), nicht selten im μm-Bereich, beweist eine ursprünglich kolloidale Segregation von Mangan- und Eisenoxihydraten, die vermöge ihrer negativen Ladung die Buntmetalle Ni^{2+}, Cu^{2+}, Zn^{2+} usw. adsorptiv binden können. Ein großer Teil der am Lagenaufbau beteiligten Substanzen liegt noch heute in röntgenamorpher Form vor. Mit zunehmender Diagenese bilden sich verschiedene Mangan- und Eisenhydroxid-Varietäten sowie Tonminerale. Der Schalenbau umschließt häufig einen detritischen Kern aus Gesteinsglas (Palagonit), zersetztem Basalt oder organischer Substanz, wie z. B. Haifischzähnen; sofern der fremde Detritus fehlt, bilden Mn-Knollenfragmente das Zentrum (HALBACH 1974) (Abb. 10-6).

Die chemische Zusammensetzung der Knollen schwankt regional und lokal in sehr weiten Grenzen, besonders auch bei den Buntmetallen, was generell auf große Unterschiede im Bildungsmilieu hinweist (Tab. 10-4). Aber schon innerhalb einer Knolle ist der chemische Gehalt der einzelnen Lagen sehr unterschiedlich, wie Abb. 10-6 zeigt. So reichern sich Cu und Ni mehr in den Mn-reicheren Zonen an, während Co, Pb und Ti mehr an die Fe-reicheren gebunden sind. Weitere Einzelheiten über Bau, Chemismus und regionale Verteilung der Knollen kann der zitierten, zusammenfassenden Literatur entnommen werden. Hier seien nur noch einige kurze Bemerkungen zur Genese angefügt.

So vielseitig und intensiv die Knollen bisher bearbeitet wurden, so wenig geklärt ist ihre Genese. Da ist zunächst ein geologisches Problem: Die Knollen liegen einmal in dichter Packung nebeneinander und ein anderes Mal weiter verstreut, fast ausschließlich an der heute existierenden Oberfläche des Tiefseebodens. Nach SEIBOLD (1973) sind nur selten einmal Knollen in tieferen Lagen des

Bodensediments gefunden worden. Dieses Phänomen erklärt er mit starken Meeresströmungen, die das lockere Sediment wieder abtransportieren und die kompakteren Knollen liegen lassen. Auf den hierfür bedeutenden Einfluß des kalten (unter 3 °C) antarktischen Tiefenwasserstromes im gesamten Süd- und Zentralpazifik weisen zuletzt PLÜGER et al. (1985) nochmals hin.

Das zweite Problem ist das Altersverhältnis zwischen Konkretion und unterlagerndem Bodensediment. Ihre Existenz auf der Sedimentoberfläche ist derzeit nur schwer erklärbar, da nach radiometrischen Messungen die Wachstumsrate der Knollen um mehrere Zehnerpotenzen geringer ist als die des Sediments. Sie schwankt bei den Konkretionen zwischen 1 und 10 mm pro 10^6 Jahre und beim Sediment um einige mm pro 10^3 Jahre. Aber auch innerhalb eines km^2-großen Bereichs können die Altersverhältnisse noch stark schwanken (BOSTRÖM, LALOU in RONA et al. 1983). Mögli-

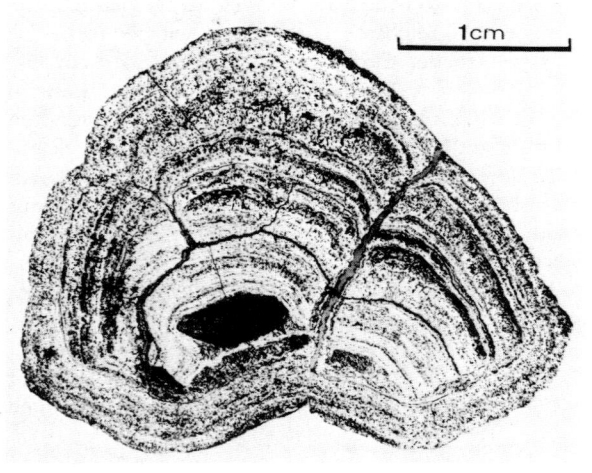

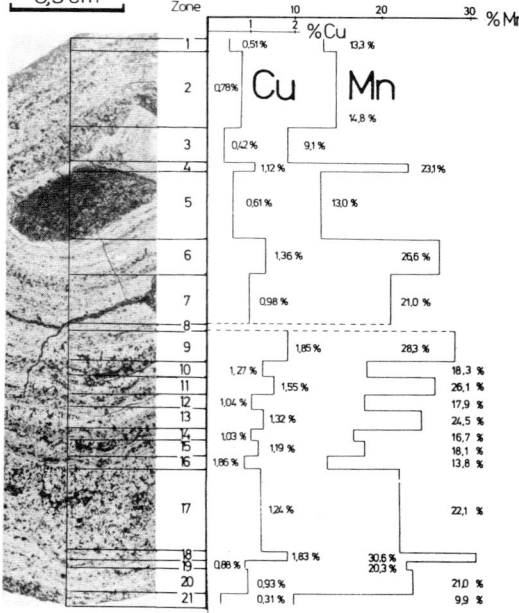
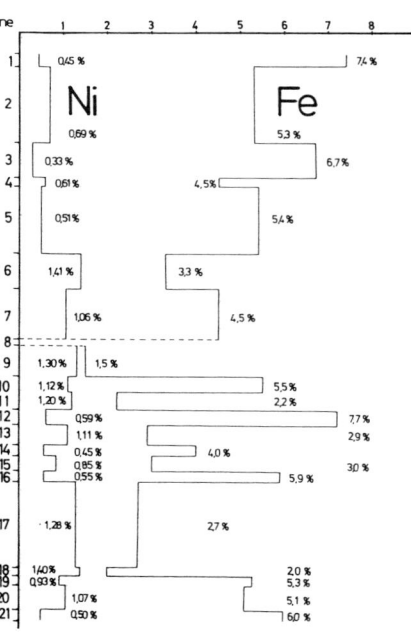

Abb. 10-6. – A. Schnitt durch eine Manganknolle aus dem Pazifischen Ozean mit dem typischen Schalenbau, einem klastischen Kern und Schrumpfrissen. B. Ausschnitt aus Abb. A: Verteilung von Cu, Mn, Ni und Fe in den verschiedenen Schalen der Manganknolle. Schematische Darstellung der Analysenergebnisse einer Mikrosondenaufnahme. – Aus FRIEDRICH et al. (1974).

cherweise sind diese Datierungen aber auch durch (diagenetische?) Migrationen der beiden Radionuklide ^{230}Th und ^{234}U verzerrt, denn die porösen Knollen stellen chemisch ein „offenes" System dar.

Aber auch die Herkunft der Metallgehalte ist noch nicht eindeutig geklärt. Im Prinzip sind sich alle Fachleute einig, daß das regional unterschiedliche Sedimentationsmilieu einen generellen Einfluß auf Wachstumsraten und Metallgehalte ausübt. Eine Gruppe von Autoren leitet die Metalle mehr aus der mikrobiologischen Produktion im ozeanischen Oberflächenwasser her. Mit dem absterbenden Plankton, absinkenden Kotpillen oder anderen biologischen Resten sollen die fraglichen Metalle, wie z. B. Mn, Ni, Cu oder Zn, zum Meeresboden gelangen, wie PLÜGER et al. (1985) zusammenfassend diskutieren. Aus dem extrem wasserhaltigen (bis 80%) Bodensediment migrieren die Metalle mit dem Kompaktionsstrom, der ein niedriges Redoxpotential durch zersetztes organisches Material aufweist, zur Sedimentoberfläche und diffundieren in die Konkretionen. Tatsächlich gibt es viele Bereiche, in denen die Neben- und Spurenelementgehalte von Bodensediment und Konkretionen korrelieren. Vielfach ist das Bodensediment dann auch Mn-arm. Andererseits soll ein Teil der Metallgehalte dem Meerwasser auch direkt entstammen.

Eine andere Gruppe von Autoren (Zusammenfassung bei BOSTRÖM und bei LALOU in RONA et al. 1983) sieht als Hauptquelle für die Metalle in den Mn-Konkretionen die aktiven Exhalationsfelder entlang der Rift-Zonen (S. 576 ff.). Da das Mangan in Form feinster Hydroxidpartikel im Meerwasser relativ stabil ist, kann es bei konstanter Strömung über weite Stecken transportiert werden, während das Eisen, in Form von Sulfiden, Oxiden und Hydroxiden, vorherrschend an den Austrittsstellen fixiert wird. Gerade das feindisperse Mn-Hydroxid vermag andere Metalle, wie z. B. Cu, Ni und Co, „einzufangen" und mitzutransportieren. Ein großer Teil dieser Metalle könnte demnach den submarinen Exhalationen entstammen. So beschrieben BEIERSDORF et al. (1982) einen Bereich SE Hawaii, wo das Mn-Fe-Ni-Cu-Co-Verhältnis in manchen Exhalationsfeldern mit dem der Mn-Knollen auffallend übereinstimmt.

Auf dem Weg durch den Ozean nehmen die Mn-Hydroxidpartikel auch größere Mengen von ^{230}Th auf. Dadurch könnte sich der bislang ungeklärte, eigenartige Überschuß von ^{230}Th gegenüber ^{234}U in den äußeren Lagen der Konkretionen erklären, welcher zu den extrem niedrigen, radiogen ermittelten Wachstumsraten führt. Die Autoren schließen daraus, daß das Wachstum der Konkretionen während relativ kurzer Intervalle der submarinen Exhalationen stattfinden muß. Als weiteres Argument führen sie noch den raschen Wechsel an Metallgehalten in den feinsten Lagen der Konkretionen an (Abb. 10-6), welcher nach ihrer Meinung durch stabile, permanente Bedingungen im Ozeanwasser nicht erklärt werden kann, sondern besser durch pulsierende Aktivitäten der Exhalationsfelder.

All diese Diskussionen werden wohl letztlich dahinführen, daß die Mn-Konkretionen mit ihrer weiten inhaltlichen Variabilität ein Produkt der Kombination von biogenen, diagenetischen und hydrothermal-exhalativen Prozessen sind. Bildungen dieser Art wurden gelegentlich auch in geologisch älteren Formationen, so z. B. im Jura der Ostalpen (GERMANN 1971a) gefunden.

Neben diesen Tiefseekonkretionen im ozeanischen Milieu sind seit langem schon ähnliche Bildungen im Epikontinentalbereich, nämlich in Seen Skandinaviens sowie im Bottnischen Meerbusen, bekannt (HALBACH 1974, BOSTRÖM et al. 1982). Nach Größenordnung, Form und Aufbau sind sie mit den pelagischen Konkretionen vergleichbar. Man untergliedert diese „See-Erze", je nach Größenordnung, in pisolithisches Erz, Pfennigerz und Krustenerz. In ihrer chemischen Zusammensetzung unterscheiden sie sich jedoch deutlich von den Mn-Knollen der Tiefsee (Tab. 10-4). Dies betrifft einmal die absolute Vorherrschaft von Fe gegenüber Mn sowie den hohen Anteil von SiO_2 und Al_2O_3. Demgegenüber treten die im pelagischen Milieu wirtschaftlich interessierenden Buntmetalle nur im ppm-Bereich auf. Auch nach Alter und Wachstumsraten bestehen fundamentale Unterschiede: Die Bildung der „See-Erze" ist auf das Holozän Skandinaviens beschränkt, bedingt durch die Sedimentfazies der Eiszeit und die Entwicklung von Sumpfmooren. Ihr maximales Alter liegt bei 7000 bis 8000 Jahren, ihre Wachstumsraten wurden nach der ^{14}C-Methode mit ca. 4 mm bis 40 mm/1000 Jahre bestimmt (HALBACH 1974). Bei den pelagischen Konkretionen sind die Wachstumsraten zum mindesten drei Zehnerpotenzen niedriger. Dies stützt auch die Annahme, wonach der Buntmetallgehalt der Mn-Konkretionen im umgekehrten Verhältnis zur Wachstumsrate liegen soll (RONA et al. 1983).

Die Bildungsweise der epikontinentalen „See-Erze" unterscheidet sich demnach deutlich von den pelagischen Mn-Konkretionen. Der direkte oder indirekte Einfluß von vulkanischen bzw. hydrothermalen Aktivitäten ist auszuschließen. Vielmehr entwickeln sich diese Konkretionen aus dem während der Sedimentkompaktion aufsteigenden anoxischen Porenwasser, welches die Metallgehalte der terrestrischen Verwitterungsprodukte zum Seeboden transportieren. Dort reichern sie sich über kolloidale Zwischenphasen im oxidierenden Milieu relativ rasch an.

Tabelle 10-4. Die wichtigsten chemischen Komponenten lufttrockner Manganknollen (Gew.-%) aus der Tiefsee in regionalen Mittelwerten (nach Metallgesellschaft 1975: 37) und von Süßwasserseen aus Mittelfinnland (nach HALBACH 1974: 164)

	Pazifik	Atlantik	Süßwasserseen zum Vergleich		
			Mittelfinnland „Pfennigerz"	oxidisches Ni-Erz	armes Mn-Erz
Mn	29,8	15,7	6,8	0,4	7,7
Fe	4,8	15,5	13,8	23,5	17,6
Co	0,2	0,41	0,018	0,05	0,03
Ni	1,36	0,59	0,010	1,80	0,1
Cu	1,2	0,14	n. b.	0,01	0,1
Zn	0,12	0,05	n. b.	0,01	n. b.
Pb	0,05	0,15	n. b.	n. b.	<0,03
Al_2O_3	5,7	4,9	10,3	7,1	8,4
SiO_2	13,0	2,9	40,8	25,6	31,8
Sr	0,07	0,19	n. b.	n. b.	<1,0
Ba	0,61	0,52	n. b.	n. b.	<0,3
P	0,05	0,15	0,131	1,2	0,4
Ti	0,44	0,34	0,3	0,2	<1,0
Mo	0,05	0,05	n. b.	n. b.	n. b.
V	0,05	0,07	n. b.	n. b.	<1,0

10.2.4 Seifenlagerstätten
(s. auch S. 123 f.)

Als Seife bezeichnet man eine lokale, mechanische Anreicherung von spez. schweren und mechanisch oder chemisch besonders resistenten Mineralen, die durch einen Verwitterungs- und/oder Transportprozeß selektiert werden. Dementsprechend kann nach Art des Anreicherungsprozesses unterschieden werden in

a) residuale Seifen = Anreicherung in situ durch Verwitterung
b) eluviale Seifen (auch „Fanglomeratseifen") = A. durch Transport und Auswaschung von Lockerschuttmassen
c) fluviatile Seifen (auch „alluviale Seifen") = A. durch Flußwasser oder Regenfluten
d) marine Seifen (z. T. „Strandseifen") = A. durch Brandungsbewegungen oder küstennahe Grundströmungen
e) äolische Seifen = A. durch Windausblasungen.

Der Terminus „glaziale Seife" sollte ausgemerzt werden, da er genetisch irreführend ist: Gletschertransport oder Moränenbildung führen nicht zur Schwermineralfraktionierung!
Klastische Hauptkomponente, meist über 95%, ist Quarz (D = 2,65) vor zersetzten Feldspäten und Glimmer etc. Nach praktischen Gesichtspunkten teilen EMERY & NOAKES (1968) die schwereren Seifenminerale wie folgt ein:

(i) Schwere Schwerminerale, Dichte > 6,8: vorwiegend Gold, Platin, Zinnstein (überwiegend in fluviatilen Seifen).
(ii) leichte Schwerminerale, Dichte 4,2–6,8: vor allem Ilmenit, Rutil, Zirkon und Monazit (fast nur in Strandseifen) und
(iii) Edelsteine (leichteste Schwerminerale), Dichte > 2,9: Diamant, Rubin, Sapphir und andere (in Strand- und Flußseifen, aber auch in äolischen Seifen).

Die Metall- und Schwermineralgewinnung aus Seifen ist weltwirtschaftlich von großer Bedeutung. Nach HAGEN & STREIF (1986) beträgt der primäre Produktionsanteil (Weltförderung zwischen 1980 und 1984) für Gold an die 70%, für Zinn ca. 70%, für Tantal ca. 83%, für Titan ca. 69% und für Zirkon sowie Monazit 100%.

Seifen sind exogene Bildungen, somit bis zu ihrer diagenetischen Verfestigung mechanisch instabil. Sie können also bei veränderten Sedimentations- bzw. Transportbedingungen relativ leicht wieder aufgearbeitet werden und treten deshalb manchmal im gleichen Gebiet in verschiedenen „Generationen" auf (Abb. 10-9). Dadurch kann es zu einer weiteren Konzentration der Schwerminerale aber auch zu einer Verdünnung im neuen Substrat kommen. Fossile Seifen treten als Sandsteine oder Konglomerate auf und können gefaltet und metamorphisiert sein (S. 619 ff., 635 ff.).

a) Residuale Seifen reichern sich in situ unmittelbar über dem Ausgangsgestein oder Ausbiß an, wobei die schneller verwitternden und spez. leichteren Begleitminerale zersetzt und abgeführt sind und die schwereren, wie z. B. Zinnstein, Beryll, Apatit, Columbit, Magnetit etc., relativ angereichert werden. Sie entstehen nur in überwiegend flachem Gelände (Abb. 10-7 a). Sobald ein Gefälle überhand nimmt, entwickeln sich eluviale Seifen (Abb. 10-7 b). Residuale Seifen zeichnen sich meist durch hohe Konzentrationen oft kompletter Schwermineralparagenesen des Ausgangsgesteins aus, sind aber in der Regel lokal sehr begrenzt.

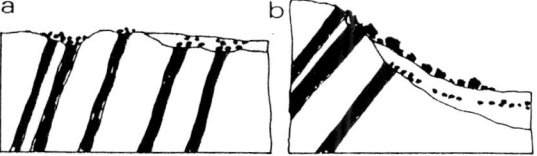

Abb. 10-7. – a) Residuale Seifen über ausbeißenden Erzgängen in verschiedener Ausbildung: links in Verwitterungstaschen und Senken freiliegend, rechts in lokaler Bodenbildung verborgen. b) Eluviale Seifen, an der Oberfläche mit dem Hangschutt gleitend und z. T. ausgewaschen talwärts kriechend.

b) Eluviale Seifen (Abb. 10-7 b) entstehen mehr unter dem Einfluß der Schwerkraft, indem sich die Schwerminerale bzw. Derberzstücke aus einem topographisch höher gelegenen Ausbiß – durch Verwitterung und/oder Auswaschung der Begleitminerale – lösen und hangabwärts wandern, meist noch zusammen mit unterlagernden Boden- oder Erdmassen. Dieser Prozeß kann episodisch („Fanglomeratseifen") oder langzeitig ablaufen. Trotzdem es sich hierbei meist um einen unvollständigen Transport- bzw. Trennungsprozeß handelt, können dadurch, sofern das Edukt reich genug ist, abbaufähige Lagerstätten entstehen.

So reichern sich z. B. unter dem morphologischen Rand des Bushveld-Komplexes (Südafrika) oder des Great Dyke (Simbabwe) große Felder von eluvialem Chromiterz an, wobei die größten Brocken noch fast der primären Mächtigkeit der Chromitbänder entsprechen, also Dimensionen von Kubikdezimeter oder gar -Meter aufweisen. Analoge Vorkommen sind auch von Lagerstätten der „Banded Iron Formation" bekannt (S. 596). In Malaysia reicherte sich Zinnstein auf diesem Wege in Senken und Taschen eines verkarsteten Marmors an.

c) Fluviatile (oder alluviale) Seifen (Abb. 10-8) treten in fast jedem Bach- oder Flußlauf auf, sofern dieser im Einzugsgebiet genügend Schwerminerale angeboten bekommt. Seifen dieser Art

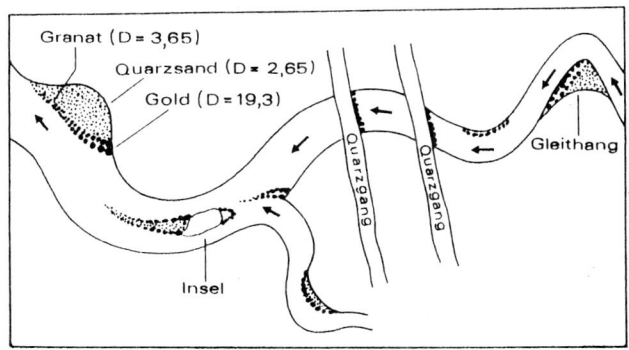

Abb. 10-8. Fluviatile Seifen in Abhängigkeit der Topographie des Flußbettes, z. B. am Gleithang (rechts), vor der Mündung eines Nebenflusses (Mitte), im Luv und Lee einer Insel (Sandbank) oder in einer zeitweise überfluteten Bucht (links); Anreicherung (Stau) vor Härtlingsrippen (Quarzgang). Beachte die Trennung von Mineralgruppen nach der Dichte bei einer Flächenspülung (links).

stellen den am weitesten verbreiteten und ökonomisch wichtigsten Typus dar. Eine systematische Aufzählung und Beschreibung würde den Rahmen dieses Buches sprengen, deshalb seien hier nur einige Beispiele gebracht und zusammenfassende Werke genannt (z. B. MacDonald 1983; Hagen & Streif 1986).

Fluviatile Seifen waren bereits im Altertum Grundlage der ersten Gold- und Zinngewinnung und ermöglichten im Mittelalter die erste große Ausbeute an Zinnstein im Erzgebirge und in Cornwall. Der berühmte „Goldrausch" im Westen der USA und in Alaska, der sich von der Mitte des 19. Jahrhunderts bis ins 20. Jahrhundert hinzog, ist auf reiche Funde in fluviatilen Seifen zurückzuführen.

Dieser Typus hat den Vorteil, daß er mittels relativ einfacher Waschprozesse durch einzelne Personen oder kleine Gruppen auszubeuten ist. Heute werden größere Vorkommen maschinell abgebaut. Das lockere Sediment, von Sand- bis Konglomeratfraktion, bietet hierfür günstige technische Möglichkeiten. Deshalb sind Goldgehalte von 0,5–1 g/t und Zinngehalte von 200 g/t im Großbetrieb noch rentabel zu gewinnen.

So bedeutend dieser – wie auch der marine – Seifentypus ist und so viel bisher experimentiert und berechnet wurde, der hydraulische Anreicherungsmechanismus ist bis heute noch nicht befriedigend geklärt (MacDonald 1983; Evans 1980). Die Fließgeschwindigkeit des Wassers ist zwar von großer Bedeutung, kann jedoch die in der Natur oft beobachtbare gemeinsame Akkumulation von großen-schweren und kleinen-schweren Mineralkörnern allein nicht erklären. Vielmehr muß auch die Ausgestaltung des Strombettes und die Morphologie seines Untergrundes für die Bildung von Sperren oder „Fallen" eine besondere Rolle spielen. Ein wesentliches (hydraulisches) Moment spielt offensichtlich noch ein unregelmäßiger, in der Richtung und in der Transportkraft leicht wechselnder Stromstrich. Entsprechend den sehr variablen Bedingungen sind die Seifenbildungen meist fleckenartig, streifen- oder sichelförmig in den Sedimentkörpern angeordnet. Oft bilden auch querlaufende Felsrippen oder Fußbecken unter Wasserfällen eine mechanische Falle (Abb. 10-8). Einer alten Faustregel zufolge soll sich das Gold vorzugsweise in tieferen Sedimentlagen nahe dem Felsboden mit großen Nuggets anreichern (engl. „pay streak, ground sluicing") (Abb. 10-9; hierzu vgl. auch S. 627 ff.).

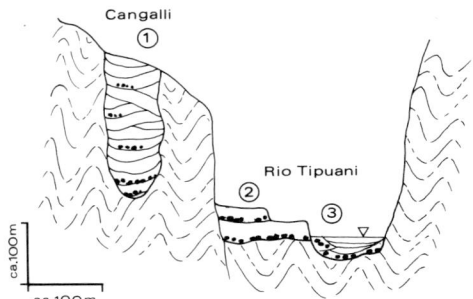

Abb. 10-9. Drei „Generationen" von holozänen fluviatilen Goldseifen im Bereich des Rio Tipuani am Ostabhang der Cordillera Real (Bolivien). Anstehendes gefaltetes Altpaläozoikum.
1) Konglomeratische bis sandige Schluchtfüllungen (Cangalli, ca. 14000 bis 20000 Jahre alt), die vom rezenten Entwässerungssystem zerschnitten werden;
2) Gehobene Uferterassen des Rio Tipuani
3) Rezente Fluß-Sedimente.

Je nach Einzugsbereich bilden sich weltweit noch heute fluviatile Seifen mit allen möglichen Schwermineralen, wie z. B. von Gold, Platin, Columbit, Kassiterit, Wolframit, Scheelit, Magnetit, Ilmenit, Chromit, Monazit, Zirkon, Xenotim, Rutil, Korund, Diamant, Sapphir, Topas, Granat, Turmalin u. a. m. Hier sei jedoch schon generell angemerkt, daß der Transport und die Akkretion von Gold (und vermutlich auch von Platin) in fluviatilen Seifen nicht allein auf mechanischem Wege, sondern vielmehr auch in Form von Komplexverbindungen im Grundwasser stattfinden muß (S. 627 ff.).

d) Marine Seifen (Abb. 10-10) repräsentieren die flächenmäßig am meisten ausgedehnten Schwermineralanreicherungen, die oft weit über 100 km parallel der rezenten (oder subrezenten) Strandlinie aushalten. Sie stellen deshalb ökonomisch sehr bedeutende Lagerstätten dar und bilden für einige Länder, wie z. B. Malaysia, Indonesien und Thailand, eine wichtige volkswirtschaftliche Grundlage. Wegen ihrer enormen Größe werden sie fast durchweg maschinell, meist mit Baggern, abgebaut (MacDonald 1983).

Nach ihrem Alter lassen sich auch die marinen Seifen in rezente und subrezente untergliedern, die, kaum verfestigt und überdeckt, noch den räumlichen Zusammenhang mit der heutigen Küstenlinie erkennen lassen. Die fossilen Seifenbildungen geologisch älterer Formationen sind jeweils bei den besprochenen Metallen erwähnt (z. B. S. 610 und 619 ff.). Nach ihrer Position gegenüber der heutigen Strandlinie können die marinen Seifen weiter untergliedert werden in (Abb. 10-10):
1. Seifen im Spülbereich der gegenwärtigen Strandlinien („Strandseifen"),
2. subrezente Seifen in submarinen, teilweise durch weitere Sedimentation begrabenen älteren Abrasionsflächen oder Strandsäumen,
3. subrezente Füllungen von begrabenen älteren Rinnen und Kanälen,
4. subrezente Seifen in (gehobenen) Strandterrassen.

Die Untertypen (2) und (3) können auch weite Bereiche des Festlandssockels unter der Meeresoberfläche bedecken (engl. „off-shore placers"). Sie entstanden zunächst als normale Strandseifen und Rinnenfüllungen vor der Mündung von festländischen Zuflüssen, wurden jedoch anschließend durch Absinken des Strandsaumes bzw. Meeresspiegelanstieg von jüngeren Sandlagen überdeckt (EMERY & NOAKES 1968).

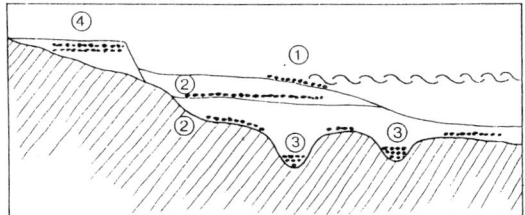

Abb. 10-10. Verschiedene marine Seifen: 1) Rezente Strandseife; 2) Subrezente Strandseifen, abgesunken und überdeckt; 3) Subrezente Mündungsrinnen und Canons; 4) Subrezente, gehobene Strandterrasse.

Die Zufuhr der Schwerminerale zur Küste erfolgt wohl stets durch festländische Gewässer, die bereits eine gewisse Vorsortierung bzw. -anreicherung bewirkt hatten. Sobald diese in den Spülbereich (Wellenschlag) der Strandlinie geraten, werden sie weiter aufbereitet, d. h. die spez. leichteren Kornfraktionen (vor allem Quarz) werden weggespült und die schwereren bleiben liegen. Hierbei spielen, neben dem ständigen Wellenschlag, vor allem die küstenparallele Meeresströmung und der kontinuierliche, bodennahe Rückstrom gegen das offene Meer eine besondere, die Selektion fördernde Rolle. Die dadurch entstehenden Schwermineralanreicherungen haben, mit graduellen lateralen Übergängen in das „taube" Sediment, meist einen linsenförmigen oder bankähnlichen Querschnitt von dm- bis m-Dimension. Da in diesen Strandseifen häufig Ilmenit und/oder Magnetit mit angereichert sind, zeichnen sie sich durch eine schwarze Färbung aus (engl. „black sands").

Entlang der Ostküste Australiens erstrecken sich z. B. Strandseifen mit Rutil, Ilmenit, Zirkon und z. T. Monazit über 900 km, von Sydney im Süden bis weit nördlich von Brisbane. Auch an der Westküste um Perth stehen ausgedehnte Strandseifen dieser Paragenese im Abbau, die heute einen beträchtlichen Teil der Ti-Weltproduktion ausmachen. Im Lagerstättendistrikt von Trail Ridge/N Florida, USA, liegen etwa 70 km landeinwärts von der heutigen Küste subrezente Seifen mit Ilmenit und Rutil. Ihre N-S-Erstreckung beträgt etwa 30 km, ihre Breite über 2 km.

Rezente Strandseifen mit Ilmenit, Rutil, Monazit, Zirkon und Granat sind sowohl an der Ost- als auch an der Westküste Indiens weit verbreitet. Reichere Vorkommen können bis über 20 km lang, 10 bis 60 m breit und 0,5 bis 2 m mächtig werden. Die „black sands" können bis zu 80% Wertminerale enthalten.

Von den zahlreichen, weltweit auftretenden marinen Seifen seien hier noch die großen Vorkommen auf den Schelfzonen von SE-Asien erwähnt, die über 30% der Weltproduktion an Zinnstein erbringen (z. B. Banka, Billiton, Singkep etc.). Die wirtschaftliche Bedeutung der Schwermineralgemeinschaft wird lokal durch Gehalte an Ilmenit, Zirkon, Monazit und Granat noch gesteigert.

Sofern es sich um submarine („off-shore") Seifen handelt, gilt das weiter oben für die Untertypen 2 und 3 Gesagte (s. auch EMERY & NOAKES 1968; MACDONALD 1983).

e) Äolische Seifen, d. h. Schwermineralanreicherungen durch Windausblasung im Zusammenhang mit Dünenbildungen, bilden ebenfalls wirtschaftlich interessante Lagerstätten. Wegen der konstanten, starken, landeinwärts gerichteten Luftströmungen entwickeln sie sich vorwiegend im Küstenbereich der Ozeane. Deshalb werden sie auch als Windausblasungen von Strandseifen gedeutet. Dieser genetische Zusammenhang ist evident bei den oben erwähnten Strandseifen entlang der Ost- und Westküste Australiens: Hier liegen Dünengebiete mit Rutil, Ilmenit etc. zwischen 5 und 25 km im Inland hinter den entsprechenden marinen Seifen der heutigen Küstenlinie.

Auch an der Ostküste von Südafrika, nördlich vom Hafen Richards Bay, erstrecken sich Dünenfelder von über 17 km Länge mit Ilmenit, weniger Rutil, Zirkon, Magnetit und Granat, die heute abgebaut werden. Die wirtschaftlich interessantesten Dünenfelder sind jedoch jene von Namibia, zwischen Walvishbay im N und Lüderitz im S, wegen ihrer hohen Diamantgehalte. Die Dünen erreichen hier über 300 m Höhe! Durch die mehrfache Umlagerung in den wandernden Dünen werden schlechtere, brüchige Diamanten ausgemerzt, wodurch die qualitativ besseren letztlich angereichert sind.

10.2.5 Terrestrische Verwitterungsbildungen

Der systematischen Vollständigkeit halber sei hier noch auf jene rezenten festländischen Verwitterungsbildungen hingewiesen, die ebenfalls zu Lagerstätten führen können. Sie betreffen vor allem Eisen und Mangan. Hierher gehören auch die Sumpf- und Raseneisenerze sowie die Fe-Mn-Knollen in Süßwasserseen. Erstere werden im folgenden Kapitel (S. 603) mit behandelt; die anderen wurden bereits oben (S. 583f.) besprochen. Die lateritischen Lagerstätten sind im Kapitel 2 ausführlich dargestellt, ebenso wie Bauxite, Kaolinlagerstätten und andere Verwitterungsbildungen über geologisch älteren Voranreicherungen („parent rocks", protore etc.).

10.3 Eisen

10.3.1 Allgemeiner Überblick

Das Eisen ist in den Eruptivgesteinen der oberen Erdkruste mit durchschnittlich 5% (= CLARKE-Zahl nach dem Geochemiker F. W. CLARKE 1847–1931) das häufigste Schwermetall und rangiert an 4. Stelle nach Sauerstoff, Silizium und Aluminium. Das geochemische Verhalten des Eisens wird bestimmt durch den leichten Wechsel zwischen Fe^{2+}- und Fe^{3+}-Verbindungen, durch seine hohe Elektroaffinität und damit seine Stellung in der elektrochemischen Spannungsreihe der Metalle. Entsprechend der Häufigkeit des Eisens ist die Zahl der Eisenminerale mit fast 400 sehr groß; nur wenige haben jedoch Bedeutung für die Lagerstättenbildung. Auch die Vielfalt an Lagerstättentypen ist sehr groß, und Eisenerz-Lagerstätten finden sich in allen geostrukturellen Einheiten und in fast allen geologischen Milieus (Tab. 10-5). Heute haben jedoch nach ihrem Anteil an Erzförderung und Weltvorräten nur wenige Typen weltwirtschaftliche Bedeutung. Auf sedimentäre Eisenerze entfallen heute über 80% der Weltproduktion und rund 90% der Weltvorräte des Metalls.

Das Verhalten des Eisens bei Verwitterung, Transport und Sedimentation hat BERNER (1970) untersucht. Das Eisen geht bei der Verwitterung silikatischer Gesteine und niedrigem pH als Fe^{2+} in Lösung, wird oxidiert und als Goethit (α-FeOOH) gefällt. Der viel seltenere Lepidokrokit (γ-FeOOH) entsteht bevorzugt aus Pyrit. Eisensulfide, vor allem Pyrit (FeS_2), führen zur Bildung von Schwefelsäure und damit zu starker Beschleunigung der Verwitterungsvorgänge. Magnetit ($Fe^{2+}Fe_2^{3+}O_4$) und Ilmenit ($FeTiO_3$) bleiben als Seifenminerale meist unverändert.

Tabelle 10-5. Typen von Eisenerz-Lagerstätten in Sedimenten

Eisen-Zufuhr	Platznahme	Erzgefüge	Haupt-Erzminerale	Geologisches Milieu	Typlagerstätte (Erztyp)
hypogen[1]	hydrothermal-sedimentär	gebändert	Magnetit Hämatit	BIF, Greenstone Belts	Algoma
	"	geschichtet, z.T. klastisch	Hämatit	Eugeosynklinale, Phanerozoikum	Lahn-Dill
?	marin-sedimentär	gebändert, (z.T. oolithisch)	Magnetit Hämatit	BIF, Miogeosynklin. unt. Proteroz.	Superior
supergen[2]	"	oolithisch	Hämatit Goethit Chamosit	Flachschelf	Clinton Lothringen
	"	oolithisch und detritisch	Goethit Chamosit		Salzgitter
	"	detritisch	Goethit		Peine-Ilsede
	"	sandig	Magnetit Ilmenit	litoral	Seifen (Eisensande)
	terrestrisch-sedimentär	derb-massig bis erdig	Siderit Goethit	limnisch-fluviatil, z.T. brackisch	Amberg
	"	geschichtet	Siderit	limnisch	Ruhr, Torferz
	aus Grundwasser	derb, kavernös	Goethit	Boden	Raseneisenerz
	"	konkretionär	Goethit	Kalkschlotten	Bohnerz[3]
	residual	erdig unter Kruste	Goethit	Laterit auf Mafiten	Conakry[3]
	"	Blockschutt, z.T. verfestigt	Hämatit Magnetit	Residual- und Hangschutt	Canga[3]
wechselnd	„metasomatisch"	massig, derb	Siderit	wechselnd	Hüggel[4]

[1] von unten, aszendent, [2] von oben, deszendent, [3] siehe Kapitel 2.6, [4] siehe Text

Tabelle 10-6. Eisenkonzentration (ppm) in Meer- und Flußwasser (die berechneten Werte gelten für pH = 8 bei Meerwasser und für pH = 7 bei Flußwasser; nach BERNER 1970).

	gemessen (verschiedene Autoren)	berechnet
Meerwasser	$3,4 \times 10^{-3}$ $2,5 \times 10^{-4}$	3×10^{-6}
Flußwasser	$6,7 \times 10^{-1}$	3×10^{-5}

In schwach sauren (pH ≤ 3), O_2-haltigen Wässern ist Eisen extrem unlöslich und fällt als $Fe(OH)_3$ aus. Nach den ermittelten Werten scheinen die natürlichen Oberflächenwässer stark an Eisen übersättigt (Tab. 10-6). Das Eisen liegt darin jedoch nicht in ionarer Lösung vor. Vielmehr werden feinstkörnige Ferrioxid-Partikel als recht beständige Kolloide oder adsorbiert an Detritus, z.B. Tonminerale, transportiert und gelangen zusammen mit organischer Substanz ins Sediment.

Durch bakterielle Zersetzung der organischen Substanz und folgende Tätigkeit desulfurizierender Bakterien wird Schwefelwasserstoff freigesetzt. Eisen wird reduziert und zunächst als FeS gefällt, aus dem durch Oxidation mit Elementarschwefel der stabile Pyrit entsteht. Bei Überschuß von Sauerstoff bleibt Goethit erhalten, der langfristig entwässert und sich in den stabilen Hämatit umwandelt („Red beds"). Limonit (Brauneisen) ist ein Sammelname für Fe-Hydroxide mit wechselnden H_2O-Gehalten; er besteht überwiegend aus Goethit. Siderit ($FeCO_3$) ist nach BERNER (1970) im Meerwasser wegen der dort unter reduzierenden Bedingungen stets vorhandenen bakteriellen Sulfatreduktion gegenüber Pyrit nicht stabil. Das hat zur Folge, daß Siderit in marinen Lagerstätten erst im Sediment wohl durch Reduktion von Fe^{3+} in Gegenwart von CO_2 entstanden sein kann. Beständig ist Siderit dagegen in limnischem Milieu, z. B. in Süßwassersümpfen oder Torfmooren, und bildet dort See- oder Sumpferze und Kohleneisensteine.

Über die Bildungsbedingungen authigener Eisensilikate, von denen einige in Lagerstätten wichtig sind, ist wenig bekannt. In jungen Sedimenten wurden lediglich Glaukonit, der erzbildend nicht auftritt, und Chamosit gefunden. v. GAERTNER & SCHELLMANN (1965) und SCHELLMANN (1966) konnten auf der Oberfläche abgerollter lateritischer Geothitkörner vor der Küste von Guinea bei Conakry die sekundäre Bildung von Chamosit (7 Å-Chamosit mit Kaolinit-Struktur = Berthierin, vereinfacht: $(Fe^{2+}Mg, Fe^{3+}Al)_6(OH)_8(Si,Al)_4O_{10})$ nachweisen und nehmen seine Entstehung in reduzierendem Milieu nach Einbettung der Körner in die tonigen Küstensedimente an. Rezente Chamositbildung wurde ferner vom Niger- und vom Orinoco-Dalta beschrieben (PORRENGA 1965).

Der Anreicherungsfaktor (Mindestgehalt in Lagerstätten: mittlerer Gehalt der Kruste) liegt für Eisenerz-Lagerstätten um 7–10. In den USA und Kanada werden jedoch noch Quarz-Magnetit-Bändererze mit ± 20% Fe abgebaut und zu einem Konzentrat mit 62% Fe angereichert. Allgemein sind heute nur diejenigen Typen von Eisenerzen von weltwirtschaftlicher Bedeutung, die mindestens 60% Fe führen oder aus denen entsprechend hochhaltige Konzentrate hergestellt werden können. Darüberhinaus sollten sie möglichst nur aus Fe-Oxiden und Kieselsäure bestehen, um durch geeignete Zusätze eine möglichst große Zahl von marktgängigen Produkten, insbesondere hochwertige Spezialstähle, herstellen zu können. Diese Bedingungen erfüllen – annähernd – vor allem die Oxidfazies der Eisenformationen mit Hämatit und Magnetit (WALTHER et al. 1985).

Sedimentäre Eisenerze sind, mit Ausnahme der detritischen Trümmererze und Seifen, chemische Sedimente. Es ist üblich, neben anderen zwei große, mehr oder weniger zeitgebundene, jedoch nicht scharf abzugrenzende Gruppen von eisenreichen Gesteinen mit folgenden Begriffen zu unterscheiden, die zunehmend in englischsprachige Lehrbücher Eingang gefunden haben (GROSS 1980, HUTCHINSON 1983, MAYNARD 1983, GUILBERT & PARK 1986): Eisenformationen und Eisensteine.

10.3.2 Eisenformationen (‚BIF')

Der Begriff „Banded Iron Formation" (BIF; kurz: iron formation) stammt aus dem Bergbau-Gebiet des Oberen Sees (USA) und wird heute als Gesteinsname für die weltweit auftretenden und fast ausschließlich präkambrischen Bändereisenerze in der Definition von JAMES (1954: 239f., 1966) benutzt: „Iron formation is ... a chemical sediment, typically thin-bedded or laminated, containing 15 percent or more iron of sedimentary origin, commonly but not necessarily containing layers of chert."

Die im deutschen Schrifttum früher als Eisenquarzite, Eisenglimmerschiefer oder gebänderte Eisenjaspilite bezeichneten Erze und Protoerze der Oxidfazies der Eisenformationen treten, meist mehr oder weniger metamorphosiert, in den alten Schilden aller Kontinente in riesigen Lagerstätten auf (Abb. 10-11). Erzminerale sind Hämatit, Magnetit, Siderit und Greenalith, Hauptgangart ist Quarz neben örtlich wenig Kalzit. Die Erze enthalten nur Spuren nur Mangan, Schwefel und Sulfiden und führen am Oberen See 0,01–0,1% P_2O_5 und 0,3–2% Al_2O_3.

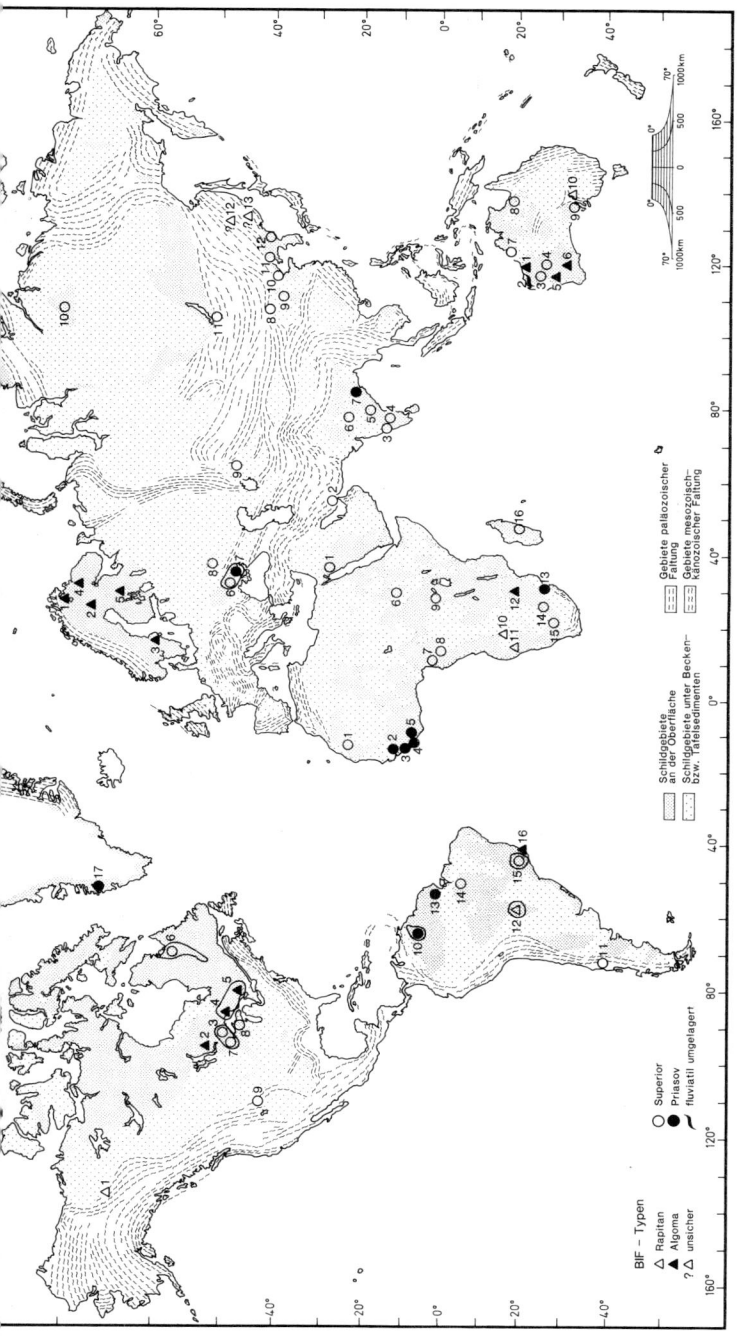

Abb. 10-11. Vorkommen und Verbreitung von Eisenformationen in der Welt; Typen nach Econ. Geol. (1973), Young (1976), Gross (1983) und Trendall & Morris (1983).

Canada: 1. Snake River, Rapitan-Formation, Yukon Terr., 2. Coiceland, Monitoba, 3. Gunflint Range, 4. Algoma, 5. Temagami, alle Ontario, 6. Labrador-Trog, Quebec und Newfoundld.; *USA:* 7. Mesabi and Cuyuna Ranges, Minn., 8. Gogebic and Marquette Ranges, Wis. und Mich., 9. Atlantic City, Wyo.; *Südamerika:* 10. El Pao und Cerro Bolivar, Venezuela, 11. Relún, Chile, 12. Mutún, Bolivien und Urucum, Matto Grosso, Brasilien, 13. Amapá, 14. Serra dos Carajás, Pará, 15. Eisernes Viereck, 16. Raposos, Minas Gerais, alle Brasilien; 17. Isua, Grönland.

Europa und *UdSSR:* 1. Sydvaranger, Norwegen, 2. Pahtavaara, Finnland, 3. Zentral-Schweden, 4. Olenogorsk, Kola-Halbins., 5. Kostamuksha, Karelien, 6. Krivoj Rog, 7. Priasov-Region, Ukraine, 8. Kursk, Rußland, 9. Karsakpaj, Kasachstan, 10. Sibirischer Schild, 11. Saya Baikal, Ost-Sibirien, 12. Maly Khingan, 13. Ussurij-Becken, Ferner Osten.

Süd- und *Ost-Asien:* 1. Wadi Sawanin, Saudi-Arabien, 2. Hormuz-Serie, Iran, 3. Goa, 4. Bellary, 5. Bailadila und 6. Murwara, Madhya Pradesch, 7. Singbhum, Bihar und Orissa, alle Indien; 8. Beiynebo, Inn. Mongolei, 9. Yanyuan, Schansi, 10. Longyan, Hebei, 11. Anschan, Liaoning, alle China; 12. Musan, Nord-Korea.

Afrika: 1. Mauretanien, 2. Senegal, 3. Sierra Leone, 4. Bong Range, 5. Mt. Nimba, Liberia, 6. Tulu, Sudan, 7. Les Mamelles, Kamerun, 8. Belinga, Gabun, 9. Uele, Zaire, 10. Cassinga, Angola, 11. Kaokoveld, Namibia, 12. Simbabwe-Kraton, 13. Swaziland, 14. Thabazimbi, Transvaal, 15. Sishen, Kap-Provinz, RSA, 16. Fatsintsara, Madagaskar.

Australien: 1. Mt. Goldsworthy, Pilbara-Block, 2. Robe River, 3. Mt. Tom Price, 4. Mt. Newman, alle Hamersley Range, 5. Koolanooka und 6. Koolyanobbing, Yilgarn-Block, 7. Yampi Sound, alle West-Austr., 8. Constance Range, Queensland, 9. Middleback Range und 10. Umberatana, Süd-Austr.

Die Benennung von Gesteinen der Eisenformationen war lange Zeit und ist z. T. noch heute nicht einheitlich. Folgende Definitionen einer internationalen Expertengruppe sind aber jetzt weitgehend anerkannt (BRANDT et al. 1972):
- Jaspilit ist ein Gestein der Oxidfazies von Eisenformationen, dessen Kieselsäure kryptokristallin als Hornstein (Chert, Jaspis) vorliegt. Karbonatlagen können Oolithe führen. Jaspilite sind die eigentlichen Quarz- und Karbonatbändererze ohne wesentlichen Einfluß einer scherenden Verformung. Der Begriff wurde zuerst bei der geologischen Erstaufnahme des Oberen See-Gebietes definiert.
- Itabirit (= glänzender Stein) ist ein metamorphes Gestein der Oxidfazies von Eisenformationen, das infolge Sammelkristallisation die Kristallindividuen seiner Bestandteile makroskopisch unterscheiden läßt. Die scharfe Trennung in hämatitreiche, meist spekularitische, und quarzreiche Lagen der Itabirite ist nach QUADE (pers. Mitt.) auf eine intensive Beanspruchung durch einfache Scherung zurückzuführen. Oolithe fehlen. Der Begriff stammt aus dem Gebiet von Itabira, Brasilien.
- Taconit ist ein allgemeiner, nicht einheitlich definierter Begriff nach einer Lokalität am Oberen See und sollte als geowissenschaftlicher Begriff entfallen (LEITH 1903: 101, Fußnote).

A. Faziestypen

JAMES (1954) hat durch die Einführung des Faziesbegriffs i. S. v. BORCHERT (1952) wesentlich zum Verständnis dieses Gesteinstyps beigetragen. Die Milieuverhältnisse von Eisenformationen lassen vermuten, daß sie in mehr oder weniger abgeschlossenen Teilbecken entstanden, die durch Schwellen bzw. Vulkanketten („island arcs characterized by volcanism") vom offenen Meer getrennt waren und als Miogeosynklinal- oder „Back-arc"-Becken gedeutet werden können. In Abhängigkeit von O_2-Fugazität und Absatztiefe unterschied JAMES (1954) am Oberen See vier, heute allgemein anerkannte Faziesbereiche (Abb. 10-12). Die wichtigsten Erstausscheidungen und ihre diagenetischen und metamorphen Folgeprodukte sind in Tab. 10-7 zusammengestellt.

In der *Oxidfazies* sind Hämatit und Magnetit führende Gesteine mit meist zwischen 25 und 35% Fe zu unterscheiden. Hämatitbändererze („Hematite-banded rocks" bei JAMES 1954: 258) bestehen aus in weiten Verhältnissen wechsellagernden Hämatit- und Chert-Lagen. Die Korngrößen sind abhängig vom Metamorphosegrad. Die Absätze entstanden in bewegtem, O_2-reichem Flachwasser, worauf die in zahlreichen Lagen auftretenden Oolith-Strukturen hinweisen sollen. Die Ooide bestehen aus konzentrischen Hämatit- und Quarzlagen mit wechselnden Anteilen von einzelnen Hämatithäutchen bis zu reinen Hämatitooiden. Ihre Entstehung wird auf wellenbedingte Rollbewegungen

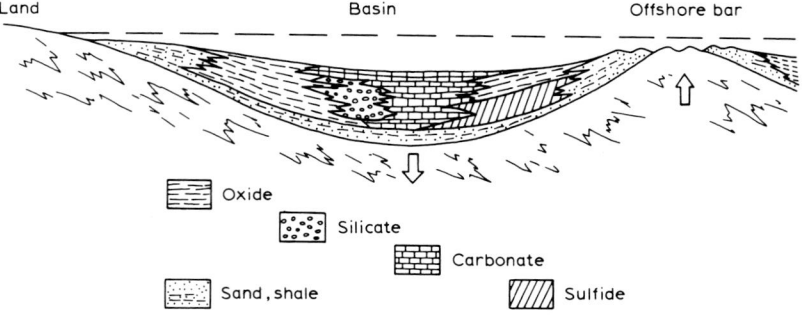

Abb. 10-12. Schematisches Profil durch ein vom offenen Meer durch eine subaquatische Barre getrenntes Absatzbecken einer Eisenformation (BIF) mit lateraler und vertikaler Faziesverteilung (nach JAMES 1954 modifiziert, aus EICHLER 1976: 175).

Tabelle 10-7. · Erstausscheidungen und Kristallisate in Eisenformationen (nach GARRELS, PERRY & MACKENZIE 1973).

Erstausscheidung (abgeleitet)	Mineral (beobachtet)	
amorphe Kieselsäure	Quarz („Chert") SiO_2	
amorphes $Fe_2O_3 \cdot nH_2O$	Hämatit Fe_2O_3	
Hydromagnetit $Fe^{2+}Fe_2^{3+}O_4 \cdot nH_2O$	Magnetit $Fe^{2+}Fe_2^{3+}O_4$	
amorphes Fe-Silikat	Greenalith $(Fe^{2+},Fe^{3+})_{<6}(OH)_8Si_4O_{10}$	Minnesotait $Fe_3(OH)_2Si_4O_{10}$
	Grünerit $Fe_7(OHSi_4O_{11})_2$	Fayalit $FeSiO_4$
Na-Fe-Silikatgel	Riebeckit $Na_2Fe_4^{3+}(OHSi_4O_{11})_2$	
	Stilpnomelan $(Ca,Na,K,H)(Fe,Mg,Al)_8Al_{1,5}Si_{10,5}O_{36}$	
	Quarz („Chert")	
Karbonat	Siderit $FeCO_3$	
schwarzes Fe-Monosulfid	Pyrit FeS_2	

im frischen Sediment zurückgeführt. Vielfach zeigen die Ooide Spuren klastischer Beanspruchung. DAHANAYAKE & KRUMBEIN (1985) beschrieben aus Oolithen der Gunflint-Formation der Vermillion Range in Ontario, Canada, Mikrostrukturen, die sie als Pilzhyphen deuteten (vgl. S. 601).

Magnetitbändererze („magnetite-banded rocks" bei JAMES 1954: 261) führen Magnetit-Lagen, die mit solchen aus Eisensilikaten, Karbonat und Chert wechsellagern und damit auf ein geringeres Redoxpotential hinweisen. Gelegentlich begleitender Hämatit und die Verbreitung von diagenetisch gebildetem Magnetit und Karbonat lassen auf vorherige Hämatitbildung im Oberflächenwasser und reduzierende Bedingungen am Boden schließen.

Nach vergleichenden Untersuchungen an hämatitischen Bändererzen und daraus entstandenen Reicherzen (s. u.) in Nord- und Südamerika, Australien und Afrika tritt als zuerst gebildete Eisenoxidphase stets Magnetit auf, der zu Martit (= Hämatit pseudomorph nach Magnetit) umgewandelt wurde (QUADE, pers. Mitt.).

In der *Silikatfazies* finden sich neben Greenalith und anderen, meist daraus entstandenen K- und Al-armen Silikaten verbreitet Magnetit und Karbonat. Eisensilikate treten sowohl zusammen mit Hämatit als auch mit Pyrit auf, was für ihre Beständigkeit in einem weiten Redoxbereich spricht.

Die *Karbonatfazies* führt Lagen von Chert und Fe-reichem Karbonat (meist ≥ 70% Fe) in etwa gleichen Anteilen. Körnige Struktur und Ooide fehlen, was auf Sedimentation als Karbonatschlamm unterhalb des Einflusses der Wellenbewegung schließen läßt.

Die *Sulfidfazies* tritt mengenmäßig meist zurück. Sie führt pyritische Schwarzschiefer, die als Sapropel aus extrem eisenreichem Meerwasser abgesetzt wurden.

B. Lagerstättentypen

GROSS (1965, 1980) gliederte die BIF in den vorwiegend archaischen, an „Greenstone belts" gebundenen Algoma-Typ und den zumeist altproterozoischen Superior-Typ. Später wurden noch der altarchaische Priasov- und der jüngstpräkambrische Rapitan-Typ definiert.

Der *Priasov*-Typ (3,0–3,75 Mrd a) ist durch Magnetitbänder mit wenig Quarz und das Fehlen von Karbonaten gekennzeichnet. Dazu gehören neben den namengebenden Vorkommen am Asowschen Meer (Konka-Belozerka-Zone bei Mel'nik 1982: 2f.) u. a. größere Vorkommen von Magnetitquarziten in Venezuela, Brasilien und Kamerun (QUADE, pers. Mitt.).

Die archaischen BIF-Lagerstätten des *Algoma*-Typs, benannt nach dem Algoma-Distrikt in Ontario, Kanada, unterscheiden sich in Alter, Auftreten und Ausdehnung, jedoch kaum im mineralogi-

Tabelle 10-8. Charakteristika der Algoma- und Superior-Eisenformationen (nach GROSS 1965, KEHRER 1972 und EICHLER 1976)

	Algoma-Typ	Superior-Typ
Alter (vorwiegend)	3000–2500 Mio. a	2600–1800 Mio. a
Absatzmilieu	eugeosynklinal	miogeosynklinal, flacher Kontinentalschalfrand
Erzkörper	Linsen	ausgedehnte Lager
Erstreckung	wenige Kilometer	mehrere 100 bis 1000 km
Mächtigkeit	0,1 bis ±100 m	einige 10 m bis mehrere 100 m
Lage in der Schichtfolge	unregelmäßig	im unteren bis mittleren Teil
Begleitgesteine	Grauwacken, Tonschiefer, Vulkanite und Pyroklastika	Quarzite, Dolomite, Konglomerate, Schiefer (graphitisch)
Vulkanismus	enge Assoziation in „Greenstone belts"	In der Schichtfolge meist vorhanden, oft ohne direkten Kontakt
Oxidfazies	oft vorherrschend	verbreitet
Silikatfazies	verbreitet	häufig benachbart bis wechsellagernd
Karbonatfazies	meist untergeordnet, z. T. massig	
Sulfidfazies	verbreitet, z. T. Kieserzlager	untergeordnet (bis fehlend)
Detritus	gelegentlich feinklastische Lagen	wenig bis fehlend

schen Aufbau von denen des verbreiteren Superior-Typs (s. unten und Tab. 10-8). Erstere sind erheblich kleiner und treten in engem Kontakt mit Vulkaniten auf. Die Karbonatfazies ist gelegentlich, teils als Sideriterz (mit 33% Fe im Fördererz bei Wawa am Oberen See), teils als sekundäres Limoniterz, Haupterzträger. Ihre Sulfidfazies ist wesentlich ausgedehnter als die des Superior-Typs, und Kieserzlager (S. 645) sind häufig in ihrer Nachbarschaft oder im gleichen „Greenstone belt" entwickelt. Im Elementaufbau sind beide Typen praktisch identisch, bemerkenswert sind jedoch höhere Al_2O_3- (3–6%) und P_2O_5- (0,2–0,4%) Gehalte im Algoma-Typ. Erhöhte Spurengehalte an Ni, Cu und Zn finden sich in allen Fazisbereichen; auch Gold ist im Algoma-Typ deutlich angereichert (S. 617 ff.). Die Lagerstätten des Algoma-Typs sind in ihrer engen Bindung an basische Vulkanite denen des Lahn-Dill-Typs (S. 596 ff.) ähnlich.

Die weltweit verbreiteten BIF des *Superior*-Typs haben einen Mächtigkeitsanteil von etwa 15% an den altproterozoischen Sedimentformationen. Die Faziesgliederung von JAMES (1954) wurde vor allem an Beispielen dieses Typs entwickelt. Die meist durch sekundäre Anreicherungsprozesse (siehe D) aus ihnen hervorgegangenen Lagerstätten bilden die wichtigste Eisenerzreserve der Welt. Diese Eisenformationen stellen Teile vom mehreren 1000 m mächtigen Schichtkomplexen dar, die diskordant dem Archaikum aufliegen und Dolomite, Orthoquarzite und Klastika als marine Flachschelfbildungen führen. Basische Vulkanite sind in den liegenden und hangenden Teilen der Schichtfolgen z. T. als Kissenlaven verbreitet (Tab. 10-8). Die Schichtfolge der zwischen 150 und 250 m mächtigen Mesabi Range, Minnesota, des größten Reviers am Oberen See, zeigt einen zweifachen Wechsel von oxidischer Fazies mit vorwiegend kieselig-körnigem Gefüge zu silikatisch-karbonatischer, vorwiegend gebänderter Fazies (Abb. 10-13). An möglichen Fossilresten treten neben den in der Abbildung angeführten Stromatolithen Mikrostrukturen auf, die als Reste von Bakterien, Algen oder Pilzen gedeutet werden (GOODWIN 1956, LABERGE 1973; vgl. S. 601).

Eine weitere Gruppe von jungproterozoischen bis infrakambrischen Eisenformationen, die durch glaziale bis glaziomarine Begleitgesteine gekennzeichnet ist, wurde nach Vorkommen in NW-Kanada als *Rapitan*-Typ bekannt (YOUNG 1976). Dazu gehören neben Beispielen in anderen Kontinenten die Fe-Mn-Lagerstätten von Mutun und Urucum in Bolivien bzw. Brasilien (s. S. 607 f.).

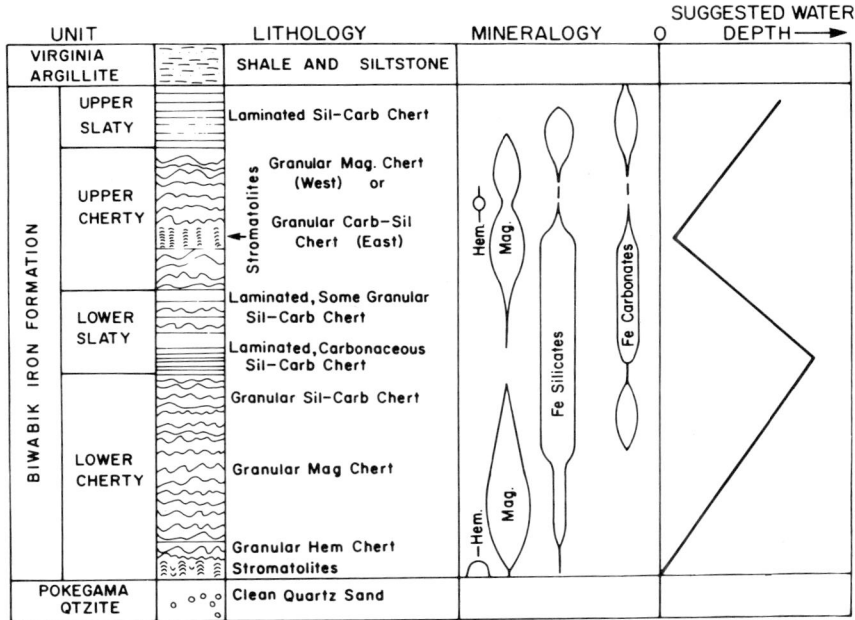

Abb. 10-13. Schematisches Schichtprofil durch die Biwabik-Eisenformation des Superior-Typs in der Mesabi Range, Minnesota, USA (aus MAYNARD 1983: 32). Hem. = Hämatit, Mag. = Magnetit).

C. Gefüge

In ihrem Gefüge zeigen Eisenformationen als chemische Sedimente viele Ähnlichkeiten mit Karbonat- und auch Evaporitformationen. Eine Übersicht gibt MAYNARD (1983). Die namengebenden Bändererze sind am weitesten verbreitet und bauen die Hamersley Range in West-Australien fast allein auf. Es sind drei Bereiche zu unterscheiden: Makro-Bänderung (1 − ± 10 m), Meso-Bänderung (1 − ± 50 mm), die sich beide über einen großen Teil der reichlich 50000 km² großen Hamersley Range verfolgen lassen, und die über mehr als 100 km verfolgbare Mikro-Bänderung (0,1 − ± 1 mm). Die Makro-Bänderung ist eine Wechsellagerung von Oxidfazies mit mittleren Gehalten von 46% Fe, 43% SiO_2 und 0,1% Al_2O_3 und Silikatfazies mit Karbonat („shale bands"), die im Mittel 28% Fe, 46% SiO_2 und 2% Al_2O_3 führen (EWERS & MORRIS 1981). Meso-Bänderung ist hauptsächlich durch unterschiedliche Färbung bedingt, während Mikro-Bänderung auf dem Wechsel von Fe-reichen (Magnetit, Stilpnomelan u. a.) und chertreichen Lagen beruht. Bändererze müssen in ruhigem Wasser abgesetzt worden sein. Die mit warvenähnlicher Feinschichtung zu vergleichende Mikro-Bänderung wird auch als Jahresschichtung gedeutet.

Körnige Gefüge überwiegen in manchen Eisenformationen (Abb. 10-13). Schrägschichtung, Rippelmarken, Oolithe mit 0,2−1 mm großen Hämatit-Quarz-Ooiden und „cut-and-fill-structures" belegen Transport und Absatz in subtidalem Flachwasser.

D. Postsedimentäre Veränderungen

Häufige postsedimentäre Veränderungen von Eisenformationen sind (1) submarine Rutschungen des noch unverfestigten Sediments mit typischen Faltenbildern, Stauchungen und Zerrungen bei diskordanten Strukturen, (2) Anreicherung von Eisen, unter Abwanderung von Quarz, in den

Faltenscheiteln bei beginnender und in Schieferungs- und Scherflächen im Zuge stärkerer Tektonik, (3) isochemische Metamorphose aller Grade mit Sammelkristallisation, die den Einsatz magnetischer und/oder gravitativer Aufbereitungsverfahren verbessert oder erst ermöglicht und damit Protoerze in Erze umwandelt sowie (4) die Entstehung von Hämatit-Goethit-Reicherzen durch Abfuhr von Kieselsäure und Karbonat, die teils hydrothermal, überwiegend jedoch supergen (lateritische Verwitterung, s. S. 57 ff.) gedeutet wird. Canga ist der mehr oder weniger verkrustete, oft mehrere Meter mächtige Erzschutt über Reicherzen; Jacutinga ein mürber bis sandiger, durch Entkieselung in situ entfestigter und oft goldhaltiger Eisenglimmerschiefer.

Als weiterer Sekundärerz-Typ sind in der Hamersley Range pisolithische Limoniterze tertiären Alters verbreitet, die mit rd. 6 Mrd t und $40 - > 60\%$ Fe ein Drittel der Eisenerzreserven West-Australiens enthalten. Die im Mittel 20 m mächtigen Erze bedecken in breiten Tälern Tafelberge als Härtlinge. Im Robe River-Tal liegen $1-3$ $(0,1-10)$ mm große Pisolithe mit Hämatikern und dünnen, konzentrischen Goethit- und Hämatitlagen in einer Goethit-Grundmasse mit vererzten Fragmenten von fossilem Holz (ADAIR in KNIGHT 1975). Eine weitere Großlagerstätte im Yandicoogina-Tal wird z. T. erschlossen.

E. Zur Herkunft von Eisen und Kieselsäure

Die Bildungsbedingungen zumindest einiger der weitgehend zeitgebundenen Typen von Eisenformationen werden kontrovers diskutiert. Übersichten geben u. a. EICHLER (1976), MAYNARD (1983) und GUILBERT & PARK (1986). Während der Algoma-Typ von den meisten Autoren als hydrothermal-sedimentär gedeutet und mit dem devonischen Lahn-Dill-Typ verglichen wird, werden über den verbreiteten Superior-Typ, dessen Lagerstätten die bei weitem größte Eisenerzreserve der Welt darstellen und in zahlreichen Revieren jeweils 10^{10} t (Serra dos Carajás, Brasilien) bis 10^{14} t Erz (Hamersley Range, West-Australien) an geologischen Vorräten erreichen können, recht unterschiedliche Vorstellungen geäußert (s. auch S. 524 f.).

Für die Herkunft von Eisen und Kieselsäure werden Vulkanismus oder fluviatiler Antransport angenommen. Auch epigenetische Zufuhr und Verdrängung eines Primärbestandes wurde vertreten. Jedoch steht mit diesen Deutungen der weltweit einheitliche, extreme Chemismus dieser Eisenformationen und auch das praktische Fehlen klastischer Einschaltungen im Widerspruch. HOLLAND (1973) bezog die Elemente unter Hinweis auf BORCHERT (1960) aus aufströmendem, kaltem und an Fe und Si gesättigtem Meerwasser, aus dem sie auf dem warmen Schelfbereich infolge eintretender Übersättigung, Verdunstung und Oxidation des Eisens in einer im Altproterozoikum an Sauerstoff zunehmend reicher werdenden Atmosphäre ausgefällt wurden. Mit dieser Deutung können die Zeitbindung des Superior-Typs, seine enormen Stoffmengen, das Fehlen von Klastika und Vulkaniten, die Warvengefüge und die Faziesdifferenzierung erklärt werden.

10.3.3 Die Eisenerze des Lahn-Dill-Typs

Die vorwiegend hämatitischen Eisenerze des Lahn-Dill-Typs sind in Mitteleuropa eng an den Diabas-Vulkanismus der varistischen Geosynklinale gebunden und stellen neben dem Kuroko-Typ (S. 644 f.) die klassischen vulkano- oder hydrothermal-sedimentären Typlagerstätten dar (CISSARZ 1923, SCHNEIDERHÖHN 1941, BLONDEL 1955). Sie zeigen in ihrer Bindung an basische Vulkanite, in der sedimentären Faziesdifferenzierung und im Chemismus Ähnlichkeiten zum archaischen Algoma-Typ, weisen aber auch deutliche Unterschiede auf. Insbesondere sind die Erzkörper nach Ausdehnung und Inhalt erheblich kleiner, sie sind nicht an ausgedehnte Becken, sondern an submarine Vulkanrücken gebunden und zeigen viel stärkeren Fazieswechsel. Auch tritt die Sulfidfazies zurück, und benachbarte massive Sulfidlager oder Manganerze fehlen zumeist; jedoch ist das Kieslager von Meggen (S. 647) gleichaltrig mit den Hämatierzen in Lahn- und Dill-Mulde (QUADE 1976, BOTTKE 1981, LIPPERT in WALTHER 1986 a).

Die Erze treten im Grenzbereich Mittel-Oberdevon und stark zurücktretend auch im Unterkarbon auf. Im Devon führte eine zunehmende Faziesdifferenzierung in der in Teilsenken gegliederten Eugeosynklinale zu kleinräumigen Becken und Schwellen. An den mobilen Randzonen der Senken tritt der lebhafte Diabas-, Spilit- und Keratophyr-Vulkanismus auf, an den die Hämatiterze gebunden sind. In der Nähe der Ausbruchszentren liegen die Erze spilitischen Tuffen auf und werden von Plattenkalken oder in größerer Meerestiefe von Schiefern und örtlich auch von Tuffen überlagert. An den Austrittspunkten der hydrothermalen Lösungen finden sich primär kolloidal abgesetzte, derbe kieselige Hämatiterze, die hangabwärts in schichtige und schließlich in Siderit führende bankige Erze übergehen. Gleichzeitig nimmt der Eisengehalt ab und der Anteil an Detritus zu bis zu Erz-Schiefer-Wechsellagerungen an den Beckenrändern und nur noch Erzspuren im Beckenzentrum. Infolge Wasserbewegung und/oder Bodenunruhe werden die am Oberhang sedimentierten Erze erodiert und als Sekundärerz am Unterhang resedimentiert (Abb. 10-14).

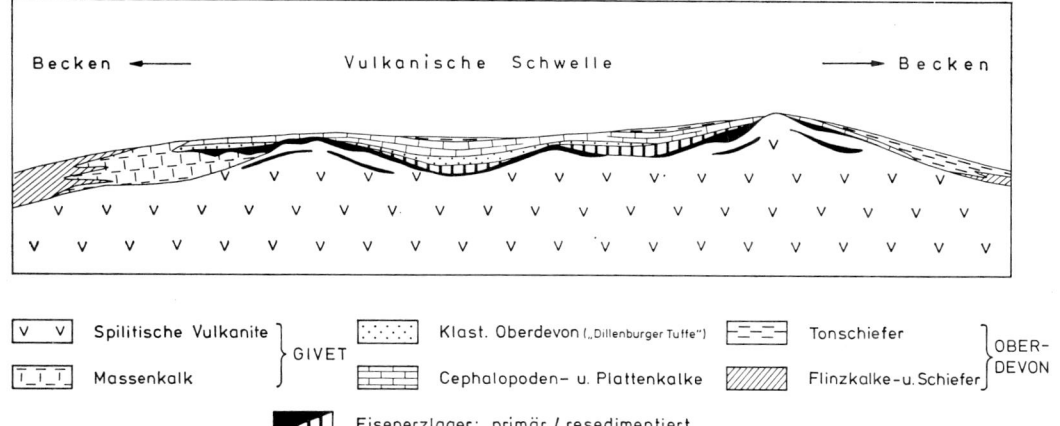

Abb. 10-14. Schematisches Profil durch einen Vulkanrücken mit drei Ausbruchszentren und Darstellung von vertikaler und lateraler Verteilung von sedimentärer Fazies und hydrothermal-sedimentären Erzen des Lahn-Dill-Typs (nach QUADE 1970).

Die Erze führen Hämatit, Quarz und Kalzit als Hauptminerale, ferner Magnetit, Siderit, Eisensilikate und -sulfide. QUADE (1976) unterschied folgende Erzbildungsphasen: (1) Rascher Niederschlag von Fe^{3+}- und SiO_2-Gel mit Kalzit bei Austritt der Hydrothermen ins Meerwasser, (2) Kristallisation der Primärerze, (3) teilweise Erosion und Resedimentation, (4) (Rest-)Kristallisation dieser Sekundärerze und des Zements, (5) epigenetisch-hydrothermale Alteration im Zuge jüngerer Diabasintrusionen mit Magnetit II als Kontaktbildung und (6) supergene Alteration von oberflächlich ausbeißenden Erzteilen.

Mit der kleinräumigen Fazisverteilung und den vielfältigen Bildungsprozessen ist das Auftreten zahlreicher Erzsorten verbunden. QUADE (1976) nennt 14 Erzsorten mit stark wechselnden Eisengehalten zwischen 50—55 (—68)% Fe in derben Hämatiterzen und um 30 (—40)% Fe in Sideriterzen. Die Mehrzahl der Erzsorten ist außerordentlich rein mit meist < 1% Al_2O_3, um 0,1% Mn, < 0,1 P und nur Spuren von Buntmetallen. Ein einzelner Erzkörper enthält selten über 5 Mio t Erz mit 1,7 Mio t Fe, ein Revier kann 100 Mio t Erz erreichen.

Devonische Eisenerze des Lahn-Dill-Typs sind vom östlichen Rheinischen Schiefergebirge bis in die Ostsudeten und nach Mähren verbreitet. In der Poiana Rusca in den Südkarpaten treten Sideritlager an den Flanken von mitteldevonischen submarinen Vulkanen auf, die von KRÄUTNER (1977) mit dem Lahn-Dill-Typ verglichen werden. Ähnliche Bildungen, die im Lahn-Dill-Gebiet an den unterkarbonischen Deckdiabas gebunden sind und zumeist als Eisenkiesel, seltener als Hämatiterze auftreten, erreichten keine wirtschaftliche Bedeutung. Gleichaltrige Manganerz-Lager bei Laisa in der nördöstlichen Dillmulde und im Kellerwald standen früher in Abbau (SCHAEFFER 1980; s. S. 606).

10.3.4 Eisensteine (Typ Lothringen)

Der Begriff findet sich als ‚isine steina' bereits in althochdeutschen Schriften und wurde seither mit zunehmender Differenzierung, jedoch rein beschreibend als Synonym für hartes Eisenerz benutzt. Heute werden nach JAMES (1966) als ‚ironstones' die überwiegend phanerozoischen, marin-oolithischen Eisenerze der Typen Lothringen und Clinton zusammengefaßt und den BIF gegenüber gestellt. Von diesen unterscheiden sie sich (Tab. 10-9) vor allem durch ihr generell, wenn auch nicht ausschließlich jüngeres Alter, das Fehlen von Chert und Bänderung sowie das weitgehende Zurücktreten von primärem Magnetit und Al-armen Eisensilikaten. Die Einzellagerstätten sind erheblich kleiner und erreichen im Lothringer Revier als größtem Beispiel einen Gesamtvorrat von 8 Mrd t Erz mit 30–38% Fe, 4–5% Al_2O_3, 0,6–0,8% P und um 0,2% V. Die Haupterzminerale der Eisensteine, Goethit und/oder Hämatit, Chamosit und Siderit, führen meist < 50% Fe. Die Erze enthalten stets nennenswerte Anteile an Detritus. Sie können daher nicht zu heute noch konkurrenzfähigen Konzentraten mit > 60% Fe verarbeitet werden, haben seit 1970 erheblich an wirtschaftlicher Bedeutung verloren und stehen heute nur noch in einzelnen Gruben in Abbau.

Tabelle 10-9. Vergleich von Eisenformationen (BIF) und marin-oolithischen Eisensteinen (ergänzt nach EICHLER 1976)

	Eisenformationen	Eisensteine
Alter (vorwiegend)	präkambrisch, überwiegend >1800 Mio. a	phanerozoisch, überwiegend 500–350, 200–65, (50–25) Mio. a[1]
Erstreckung der Sedimentbecken	Länge 600–1000 km, Breite 40—150 km	wenige Kilometer (selten >10 km)
Mächtigkeit der Erzlager	einige 10 m bis mehrere 100 m	1 m bis wenige 10 m
Lagerstätteninhalt	einige 10^8 t bis $>10^{10}$ t Erz	einige 10^5 t bis (selten) $>10^8$ t Erz
Absatzmilieu	flachmarin, mio- (und eu-) geosynklinal, meist nicht aufgearbeitet	flachmarin, selten brackisch, epikontinental, häufig aufgearbeitet
Sedimentäres Gefüge	Quarzbänderung kennzeichnend, gelegentlich oolithisch, Klastika unbedeutend	Massige Gesteine und Erze mit Oolith-Gefüge, Klastika allgemein, kein Chert
Sedimentfazies	oxidisch, karbonatisch, silikatisch, sulfidisch	oxidisch, karbonatisch, silikatisch (sulfidisch)
Chemismus	meist <0,1% P 0,1–1,5% Al_2O_3 meist <2% Alkalien, in Oxidfazies ≤1%	bis >1% P meist >4% Al_2O_3 bis >10% Alkalien, in Oxidfazies ±1%

[1] nach VAN HOUTEN & BHATTACHARYYA 1982

A. Vorkommen

Eisenoolitherze sind weit überwiegend vom Ordovizium bis Devon, in Jura und Kreide sowie in Teilen des Tertiärs verbreitet. Das sind Zeiten mit ausgeglichenem, maritimem Klima und intensiver chemischer Verwitterung, geringer Reliefenergie und fluviatilem Transport von Eisen und Ton mit nur sporadischer Beteiligung von gröberem Detritus. Die Erze entstanden zumeist küstennah in marinem, seltener brackischem, oft O_2-reichem Flachwasser und fast ausschließlich in klastischen, manchmal karbonatischen Folgen.

VAN HOUTEN & BHATTACHARYYA (1982) unterschieden drei geostrukturelle Bereiche, in denen es zur Entwicklung von Eisenoolithen gekommen ist: (1) Vor allem auf stabilen Schelfbereichen intrakontinentaler Becken, z. B. in den jurassisch-kretazischen Randmeeren der Tethys in Mittel- und Westeuropa, (2) vielfach an Plattenrändern bei Divergenz oder beginnender Konvergenz, z. B. im Ordovizium von Wabana, Neufundland, und im Devon der Eifel und (3) in Einzelfällen auf der Innenseite von orogenen Vortiefen, z. B. im Eozän am bayerischen Alpenrand vom Kressenberg, SE Traunstein, bis zum Grünten bei Sonthofen und im Pliozän auf der Halbinsel Kertsch im Vorland der Krimfaltung.

In *Mitteleuropa* sind die kleinräumigen Erzsammelbecken teils küstennah, teils, besonders im Dogger, auch in größerer Entfernung von der Küste, meist infolge synsedimentärer, im Norden oft durch Salzbewegungen im Untergrund ausgelöster Tektonik unabhängig voneinander entstandene Erzfallen mit stratigraphisch und faziell eigenständiger Füllung. Die Erzlager sind 1 m bis selten > 10 m und lokal bis um 100 m mächtig (Abb. 10-15). Die Beckenfüllungen sind oft unsymmetrisch, und die größten Erzmächtigkeiten treten vor einer das Becken begrenzenden Randstörung auf. Die Erzführung besteht gelegentlich aus Lagen von grünen Chamosit- und braunen bis roten Goethit- und Hämatitooiden, z. B. in Echte bei Northeim. Im Dogger wird die Erzbildung weitgehend auf Abtragungs- und Lösungsvorgänge auf intramarinen Schwellen und Umlagerung in Becken zurückgeführt (GRUSS & THIENHAUS in BOTTKE et al. 1969: 138). Die Erzfallen sind z. T. Salzstockrandsenken. Die Oolithbildung ist erst in den Beckenzentren voll ausgebildet. Örtlich finden sich neben Chamosit-, Goethit- und Hämatitooiden sowie Ca-Fe- und Fe^{3+}-Fe^{2+}-Mischooiden auch Magnetitooide.

In *Westeuropa* sind die Erzlager, die ebenfalls durch Schwellen getrennt unabhängig voneinander entstanden, meist erheblich ausgedehnter. So erreichen die Einzelbecken im Lias der Lothringer Minette (franz. = kleine Mine) Durchmesser von 30–60 km. Nach BUBENICEK (1964) wurden die Erze als schräg- und untergeordnet feingeschichtete Sande aus Limonit-Ooiden, Quarz und Muschelschill abgesetzt. Die Gefüge deuten auf Strömungstransport und Wellenbewegung. Die Korngrößen nehmen in der Erzfolge von unten nach oben zu, was auf das Näherkommen der Küstenlinie und damit als Regression zu deuten ist. Diagenetische Bildungen sind Kalkkonkretionen und als Fe^{2+}-Minerale Chlorit, Siderit und Pyrit.

In einem völlig anderen paläogeographischen Milieu entstanden die mittelsilurischen Hämatit-Chamosit-Oolitherze des Clinton-Typs am Ostrand der *Appalachen*-Geosynklinale, die sich im Osten der USA von Neu-Braunschweig im Norden bis Alabama im Süden erstreckte. Die Erzfazies findet sich mit Unterbrechungen im Streichen in dem zwischen wenigen und 20 km breiten Übergangsbereich zwischen küstennaher, klastischer, vorwiegend sandiger und küstenferner Kalkfazies. Die wirtschaftlichen Erzkonzentrationen erreichen im Streichen mehr als 100 km Länge.

B. Herkunft des Eisens

Für die Herkunft des Eisens werden vor allem folgende Quellen diskutiert: Die direkte fluviatile Zufuhr als Eisenhydroxidgel vom Festland und der Antransport aus jungen, marinen Tongesteinen, teils in Mineralbindung, teils in Lösung.

Wichtige Voraussetzung für den zumeist angenommenen Transport von Eisen in Flußwasser ohne Verdünnung durch große Mengen an Detritus sind geringes Relief und intensive chemische Verwitterung in humidem Klima mit hoher Produktion an organischer Substanz, Bedingungen, die in den Zeiten weltweiter Eisenoolith-Bildung (s. oben) weitgehend erfüllt waren. Eisen und Ton werden freigesetzt, und das Eisen wird als Fe^{3+} in Mischkolloiden mit Kieselsäure oder Huminstoffen oder adsorbiert an Tonminerale transportiert und in Ästuaren oder küstennahen Becken ausgefällt.

Im unteren Dogger (oberes Aalenium) Nordwestdeutschlands wurde im Zuge submariner Aufbereitung von Liastonen diagenetisch im Sediment gebildeter Chamosit durch mechanische und chemische Vorgänge zu bedeutenden Erzkörpern angereichert (WÜRDEMANN 1962, GRUSS & THIENHAUS in BOTTKE et al. 1969: 169 f.).

BORCHERT (1952, 1960) lehnte die großzügige Freisetzung des Eisens im Zuge der Verwitterung ab und sah – nicht nur für die präkambrischen Eisenformationen – die Hauptquelle der Eisenlösungen im marinen Bereich. Der Großteil des Eisens gelangte danach unaufgeschlossen vom Festland ins Meer und wurde erst dort in der „Kohlensäure-Zone" aus dem sedimentierten Schlick gelöst. In dieser Zone zwischen O_2-reichem Oberflächenwasser und H_2S-reichem Tiefwasser, die den heutigen Weltmeeren fehlt, die sich aber in Zeiten mit eisfreien Polen und daher reduzierten Meeresströmungen habe bilden und erhalten können, sah BORCHERT den Hauptbereich der Eisenfreisetzung. Strömungstransport führte zur Trennung von Eisen ± Schlammteilchen und Rückstand. Je nach Eh/pH-Bedingungen und Lösungsgenossen sedimentierte das Eisen schließlich als Oxid, Karbonat, Silikat oder Sulfid.

C. Zur Bildung der Eisenoolithe

Die Entstehung der Eisenoolithe und ihr Transport zum Absatzort sind in vielen Einzelfragen noch nicht befriedigend geklärt, und es werden bis in die jüngste Zeit kontroverse Deutungen diskutiert; möglicherweise können sie sich auf unterschiedliche Weise bilden (MAYNARD 1983, DAHANAYAKE & KRUMBEIN 1985): Verdrängung von Kalkoolithen; syngenetische Ausfällung des Eisens und diagenetische Oolithbildung; in situ-Oolithbildung von Fe^{2+}-Silikaten und Oxidation im Zuge von Aufarbeitung und Zusammenschwemmung in Oberflächenwasser; Oolithbildung im Zuge lateritischer Verwitterung, Erosion und Zusammenschwemmung als Detritus; schließlich wurde wie bei Kalkoolithen schon früh auf Möglichkeiten zur organogenen Oolithbildung hingewiesen.

SCHELLMANN (1969) kam bei der Untersuchung der Chamosit-Hämatit-Erze der in einem „nicht sehr küstenfernen eisenoolithischen Faziesbereich des Lias-Meeres" entstandenen Lagerstätte Echte zu folgendem Bild: Chamosit entstand frühdiagenetisch unter reduzierenden Bedingungen durch Reaktion von Eisen und kaolinitischem Ton im Sediment. Auch die Ooide wuchsen infolge Ausfällung aus Lösungen im Sediment, wobei die einzelnen Hüllen leicht veränderte Fällungsbedingungen widerspiegeln. Chamositooide bildeten sich in ungestörten, tonigen Ablagerungen, während die meist besser ausgeprägten Hämatit- oder Goethitooide unter höherem Redoxpotential bei leichter Durchbewegung des Sediments entstanden. Die aus silikatischen und oxidischen Hüllen aufgebauten Wechselooide sind entsprechend auf schwankende Milieubedingungen zurückzuführen. Die Absätze sind letztlich durch den Wechsel im Strömungshaushalt des Meeres bedingt. Bei schwacher Strömung wurde neben FeOOH relativ viel Ton abgelagert, was bei niedrigem Redoxpotential die Chamositbildung begünstigte. Stärkere Strömung führte zu besserer Durchlüftung und geringerer Tonsedimentation. Dabei entstand oxidisches Oolitherz mit höheren Kalkanteilen.

In rezenten Küstensedimenten bei Conakry, Guinea, belegen dünne Goethitschalen, die im Sediment gebildetem Chamosit aufgewachsen sind (S. 590), das Vorhandensein von kolloidalem Fe_2O_3 im Meerwasser (SCHELLMANN 1966). Hier liegen Parallelen zur Bildung von marin-oolithischen Eisenerzen aus terrestrischen Verwitterungslösungen vor.

Recht ähnliche Ausgangsverhältnisse fand WÜRDEMANN (1962) in der „durch eine relativ große Küstenentfernung" gekennzeichneten Chamosit-Siderit-Magnetit-Lagerstätte Staffhorst im oberen Aalenium bei Nienburg a. d. Weser. Danach wurde diagenetisch in Tonen des tiefsten Dogger und oberen Lias entstandener Chamosit auf Schwellen erodiert und in einem benachbarten, synsedimentär absinkenden Becken zu chamositischem Ton zusammengeschwemmt. Im Zuge weiterer Umlagerungen entstand daraus monomineralischer Chamosit-Ton. Die Mineralschüppchen koagulierten, und Rollbewegungen dieser Klümpchen u. a. Körner führten durch tangentiale Anlagerung weiterer Schüppchen zur Ooidbildung mit Durchmessern von 0,1–0,2 mm. Bei weiterem Rolltransport ins Beckeninnere erfolgte partielle Oxidation zu Magnetit, der von feinster Durchstäubung der Ooide bis zu fast reinen Magnetitooiden auftritt. Im Mittel finden sich 2 bis 5 Magnetitschalen im äußeren Teil der Ooide, deren Durchmesser zwischen 0,2 und 0,6 mm betragen. Hiatusooide belegen die synsedimentäre Magnetitbildung. Magnetit kann bis zu 40 % im Erz enthalten sein, wobei die höchsten Gehalte im Beckenzentrum auftreten. Ooidgröße und -zusammensetzung sind damit vom Transportweg und den Strömungsverhältnissen im Meer abhängig. Sekundärbildungen sind der nach Einbettung „fast synsedimentäre" Siderit, ferner wenig Pyrit und Hämatit sowie als Verwitterungsprodukt Goethit.

SIEHL & THEIN (1978) nehmen für die Ooide der Lothringer Minette eine Entstehung auf dem Festland im Zuge lateritischer Verwitterung an. Die primären Goethitooide wurden erodiert, ins Meer verfrachtet und als Seifen auf flachem Schelf mit Gezeitenströmen in Sandbänken und Prielen vielfach umgelagert und dabei sortiert und konzentriert. Im Anschluß an diese lagerstättenbildenden Vorgänge erfolgten im Sediment unter reduzierenden Bedingungen örtlich stark wechselnde diagenetische Umbildungen des Goethits zu Magnetit, Siderit, Chamosit und Pyrit. Dieses Modell stützt sich u. a. auf relativ hohe Gehalte an lateritogenen Elementen (Al, Ti, Mn, V, Cr, P) in den Ooiden, auf das Vorhandensein relativ hoher Anteile an Erztrümmern in der Ooidsandfraktion, auf das Auftreten von Ooiden als klastische Komponente in der in tieferem Stillwasser abgesetzten Zwischenmittelfazies und auf eine Reihe von Beispielen aus der Literatur. In Lothringen ist von der postulierten Entwicklungskette nur der marine Akkumulationsbereich überliefert. Auch GYGI (1981) bezieht für den Malm bei Basel das Eisen aus lateritischer Verwitterung, aber die Oolithbildung erfolgt nach ihm am Ende eines terrigenen Schwemmfächers in marinem Milieu bei langsamer Sedimentation in bis 100 m tiefem Wasser. Andere Entstehungsarten der Fe-Oolithe, u. a. diagenetisch-nichtmarin, werden von GYGI für wahrscheinlich gehalten.

SCHNEIDER & WALDVOGEL (1964: 114 ff.) beschrieben Ferrodolomit-Oolithe im Wetterkalkstein SE Füssen, die nicht horizontgebunden in Nestern von wenigen bis 50 cm Durchmesser auftreten. Die schichtkonkordanten flachen Schüsseln, in denen die Ooide gebildet oder zusammengeschwemmt wurden, erinnern an Stromatolithe. Eine organische Entstehung mit Beteiligung von Algen und/oder Bakterien wird für wahrscheinlich gehalten.

DAHANAYAKE & KRUMBEIN (1985) beobachteten in Fe^{3+}-Ooiden und ihrer karbonatischen Grundmasse von Eisenmineralen verkrustete mikrobiotische Verästelungen, u. a. in der Lothringer Minette, im Malm des Schweizer Jura und in der präkambrischen Gunflint-Eisenformation in Ontario, Canada. Sie deuten die Strukturen als Reste von Pilzmyzelen und schlossen aufgrund von Beobachtungen an pilzartigen Stromatolithen aus dem Tertiär bei Warstein im Sauerland, an rezenten Stromatolith-Ooid-Vorkommen und nach bestätigenden Laborversuchen auf einen Zusammenhang zwischen den Lebensfunktionen der Mikroorganismen und der Ooid-Bildung. Die Autoren beschrieben diese Fe^{3+}-Ooide als authigene und biogene „Rindenkörner" (coated grains), die in Myzelmatten im Stillwassermilieu entstanden, und betonten die Bedeutung von Mikrobiozönosen als Katalysatoren und Metallfallen. Späterer Transport im Bewegtwasser und Zusammenschwemmung sind bereits sekundäre Vorgänge, die zur Lagerstättenbildung führen können.

10.3.5 Trümmererze (Typ Peine-Ilsede)

Als marine mechanisch-sedimentäre Eisenerze werden neben Erzseifen Erzkonglomerate und Trümmererze zusammengefaßt. Sie sind besonders in der norddeutschen Kreide verbreitet; weitere Vorkommen nennt BOTTKE (1981).

Gemischt oolithisch-detritische Erze sind in der Unterkreide Niedersachsens weit verbreitet und bauen die mit 1,6 Mrd t Erz größte deutsche Eisenerzlagerstätte in *Salzgitter* auf. Die Erze entstanden in Buchten unmittelbar vor der im Süden liegenden Küste. Das Eisen entstammt den in Tonsteinen des Lias und Dogger verbreiteten Siderit-Konkretionen (sog. Toneisensteingeoden), die auf dem benachbarten Festland der Erosion unterlagen. Nach der jeweiligen Reliefenergie wurden die Konkretionen lediglich mehr oder weniger aufgearbeitet und oxidiert und gelangten als Goethit-Bruchstücke und -Gerölle ins Meer, oder das Eisen wurde in Lösung transportiert, und es kam zur Oolithbildung (Tab. 10-10). Als Erzfallen wirkten submarine, synsedimentäre, grabenähnliche Depressionen, die teilweise durch halokinetische Bewegungen im Untergrund ausgelöst worden waren. In diesen Kolken (KOLBE 1962) wurden neben wenig Gesteinsdetritus bis > 100 m Erz angesammelt (Abb. 10-15). Die kieselsäurereichen (23–26% SiO_2) und daher schwer verhüttbaren Erze konnten erst ab 1937 in großem Umfang verhüttet werden. 1982 wurde die letzte Grube stillgelegt.

Rein detritische Erze führen die oberkretazischen Lagerstätten bei *Peine* und Ilsede WSW Braunschweig und bei Damme NNE Osnabrück. Erzmuttergesteine sind Tonsteine der höheren Unterkreide, die teilweise submarin erodiert und deren Siderit-Knollen umgelagert und oxidiert als 2–20 m mächtigen Transgressionskonglomerat angereichert wurden. Im Gegensatz zu den Salzgittererzen sind diese Erze kalkig (15–25% CaO) und führen auch höhere Phosphorgehalte (0,6–1,6% P).

Eisenerz führende *Strandseifen* sind weltweit verbreitet, aber nur lokal von wirtschaftlicher Bedeutung. Als Hauptminerale treten Magnetit und Ilmenit auf sowie gelegentlich Hämatit, der sehr langsam zu Limonit verwittert. Ausgangsgesteine sind basische bis intermediäre Magmatite, meist Vulkanite in Küstennähe. Wich-

Tabelle 10-10. Alter, Herkunft und Typisierung von marin-sedimentären Limonit-Eisensteinen und -Trümmererzen in Südost-Niedersachsen (nach KOLBE 1970 und BOTTKE 1981)

Revier	Serie Stufe	Ausgangsgesteine	Lagertyp	Bindemittel	Vorräte Mill. t
Peine-Ilsede	Oberkreide Santonium	Alb-Tonsteine und Toneisensteine	Konglomerat- und Trümmererze	Kalk (Bülten) Mergel und Ton (Lengede)	180 (50)[1]
Salzgitter	Unterkreide Aptium		Oolith	Ton	
	Barremium	Lias- und Dogger-Tonsteine und Toneisensteine	Konglomerat und Trümmererz	Ton sideritisch	1500 bis 2000
	Oberhauterivium		vorwiegend Oolith neben Trümmererz	Mergel	(500)[1]
Gifhorn	Unterhauterivium Malm Oxfordium	Lias- und Dogger-Tonsteine	Oolith	Kalk	1000 bis 1500 (400)[1]

[1] Mill. t Eiseninhalt.

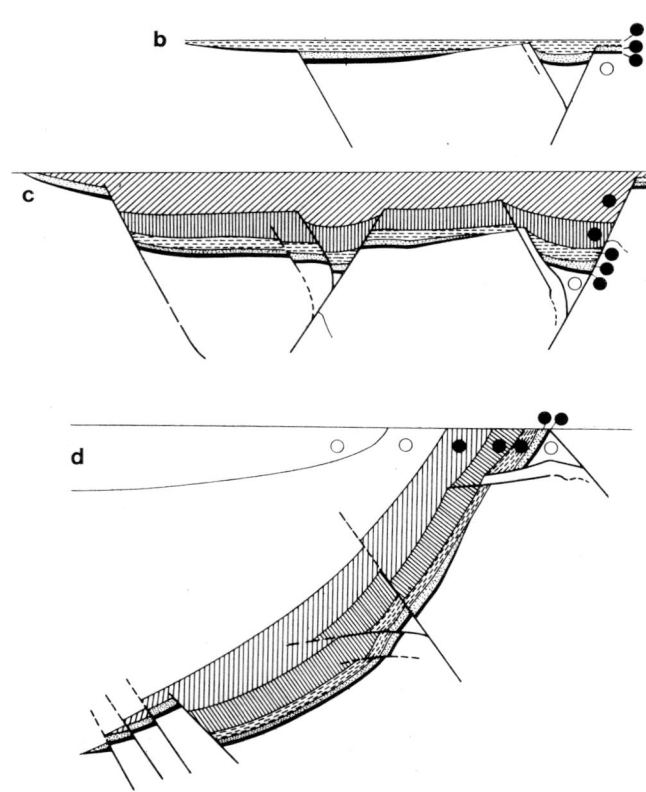

Abb. 10-15. Schematische Darstellung der Entstehung und der heutigen Form eines Erzkolks im Salzgittergebiet (nach KOLBE 1962).
● = Erzschichten
○ = hangendes und liegendes Nebengestein.
a) Synsedimentäre Beckenbildung und Beginn der Erzsedimentation.
b) Erweiterung des Beckens mit Übergang zur Kolkbildung während fortgesetzter Erzbildung.
c) Der ca. 100 m tiefe Kolk zu Ende der Erzsedimentation.
d) Heutiger Zustand nach postkretazischer Aufrichtung am Salzgitterer Höhenzug; Störungen fallen gegensinnig ein und wurden z. T. neu belebt.

tigster Produzent ist Neuseeland, wo jungplio- und pleistozäne Schwermineralsande durch Meeresspiegelschwankungen und Küstenversatz mehrfach umgelagert, aufbereitet und auf durchschnittlich 20% Fe angereichert wurden. 1985 wurden 3,8 Mio t Sand gewonnen, auf 58% Fe und 8% TiO_2 konzentriert und vorwiegend zur heimischen Stahlerzeugung genutzt. Eisensande stehen auch in Indonesien und den Philippinen in Abbau und wurden bis 1979 in Japan gewonnen.

10.3.6 Sedimentäre Eisenerze auf dem Festland

In der *Oberpfalz* entstanden während der tiefen Oberkreide in limnisch-fluviatilem Milieu mit zeitweiligen marinen Ingressionen, deren Ausmaß noch diskutiert wird (zuletzt TILLMANN 1986), die Eisenerze der „Amberger Erzformation". Abbauspuren reichen in die Latènezeit zurück. In klufttektonisch bedingten Karsttrögen im Oberjurakalk sedimentierten linsenförmige Erzlager bis zu 4 km Länge, 500 m Breite und > 50 m Mächtigkeit. Das Erz ist teils derbmassig, teils feinkörnig bis tonig. Primäre Haupterzminerale sind Siderit oder in O_2-reichem Milieu Goethit (Weiß- bzw. Braunerz mit ≥ 30% bzw. ≥ 40% Fe). Nach v. GEHLEN & HARDER (1956) stimmen die Sideriterze bei ähnlichen Fe-, Al-, Mn- und P-Gehalten chemisch recht gut mit rezenten, unter Torfbedeckung gebildeten Weißerzen überein. Auch die Braunerze führen ähnlich geringe Al-Gehalte, die sie, ebenso wie ihr Gefüge, deutlich von den Oolitherzen unterscheiden (vgl. auch BERNER 1970).

In Kohlebecken treten nicht selten Sideritlager mit unterschiedlichen Kohle- und Tonanteilen auf, die sogenannten *Kohleneisensteine* (Blackbands). Sie werden bis zu 2,5 m mächtig und führen im Mittel 30–35% Fe. In Knollen, Linsen und dünnen Lagen finden sie sich auch in Kohleflözen und können diese lateral vertreten. Sie entstanden wohl bevorzugt im inneren Teil von seichten Moor-Seen. An Ruhr und Saar sowie in Großbritannien waren sie im 19. Jahrhundert die Grundlage für die Errichtung bedeutender Eisenhüttenwerke. Ähnliche Erze sind im Mesozoikum und Tertiär Mitteleuropas teils mit, teils ohne Kohlebeteiligung verbreitet.

Geologisch ganz junge Bildungen in gemäßigt bis kühl humiden Klimaten sind die *Raseneisenerze*, bei denen je nach Bodenart mehrere Untertypen zu unterscheiden sind (SIMON, pers. Mitt.), und die *See-Erze* (Bog ores), die in allen Nordkontinenten verbreitet sind. Eine ähnliche, aber deszendente Bildung ist der Ortstein (altsächs. arut = Erz). Das Eisen wird als Fe^{2+} in humussauren Wässern gelöst transportiert, aus denen es bei niedrigem Eh und pS^{2-}, hohem pCO_2, z. B. infolge Assimilation und/oder Temperaturerhöhung, und neutralem pH als $FeCO_3$ oder bei erhöhtem Eh und neutralem bis schwach saurem pH als FeOOH ausfällt. Auch das Eisenkarbonat wird bei Luftzutritt rasch oxidiert. Raseneisenerze sind derbe, poröse oder ockerig-erdige, oft unreine Goethiterze, die selten > 1 m mächtig werden. Sie werden nur noch für Sonderzwecke in Dänemark gewonnen. Limonitische See-Erze bilden sich beim Austritt von Grundwasser in der Uferregion skandinavischer Seen. Die in norddeutschen Torfmooren auftretenden Weißeisenerze werden als den Kohleneisensteinen vergleichbare Bildungen angesehen.

10.3.7 Metasomatische Sideriterze

Ein Beispiel für epigenetisch-metasomatische Vererzungen sind die Sideritlagerstätten vom Typ *Hüggel* im Zechsteinkalk am Rande der Karbonaufbrüche bei Osnabrück. Der Aufstieg hydrothermaler Lösungen wurde durch das während der Oberkreide bis in (heute) rund 5 km Tiefe intrudierte Bramscher Massiv ausgelöst. Die Verdrängung der sedimentären Karbonate durch Siderit erfaßte von Klüften ausgehend die Masse des Paläosoms (= Altbestand) und führte zu den typischen massigen, unregelmäßig begrenzten Erzkörpern (STADLER 1971).

Massige Sideritlagerstätten in Karbonatgesteinen sind besonders in den alpidischen Gebirgen des Mediterran-Gebietes recht verbreitet und von z. T. regionaler Bedeutung. Die meisten dieser Lagerstätten werden seit rund 100 Jahren hydrothermal-metasomatisch gedeutet. In vielen Fällen lassen sich jedoch metallogenetische Beziehungen ähnlich dem Typ Hüggel nicht nachweisen (vgl. ROUTHIER 1963). Vielmehr sind in den letzten Jahrzehnten mehrere dieser Lagerstätten als primär hydrothermal-sedimentär (u. a. Erzberg, Österreich, THALMANN 1979), marin-sedimentär (z. B.

Marquesado, Spanien, TORRES RUIZ 1983), deszendent-metasomatisch (z. B. Glamorgan, Wales, U. K., SLATER & HIGHLEY 1977) oder als anderen Typen zugehörig erkannt oder gedeutet worden (POHL 1986).

Zusammenfassung

Mehr als 80% der Bergbauproduktion an Eisen stammt aus Lagerstätten in Sedimenten. Die beiden Haupttypen sind marine, chemisch-sedimentäre und weitgehend zeitgebundene Bildungen: (1) Die in mehreren Typen vom Archaikum bis zum Altphanerozoikum auftretenden Magnetit und Hämatit führenden Erze der *Eisenformationen*, auf die rund 65% der Weltproduktion entfallen. Manche Ähnlichkeiten, besonders mit dem Algoma-Typ, zeigen die hydrothermal-sedimentären Eisenerze der varistischen Geosynklinale vom Lahn-Dill-Typ. (2) Die phanerozoischen oolithischen *Eisensteine*, die an Zeiten mit ausgeglichenem Klima, intensiver Verwitterung und geringer Reliefenergie gebunden sind. Die Herkunft des Eisens und die Bildung der Oolithe werden lebhaft diskutiert. Vermutlich gibt es für beide Vorgänge mehrere Mechanismen. Weitere Typen sind die mechanisch-sedimentären Trümmererze, z. B. der norddeutschen Kreide, und die Strandseifen. Auf dem Festland gibt es eine große Typenvielfalt meist kleiner bis gelegentlich mittelgroßer Eisenerz-Lagerstätten.

10.4 Mangan

Mangan ist mit 930 ppm das 10.-häufigste Element in der Erdkruste und verhält sich im zweiwertigen Zustand geochemisch ähnlich wie das Eisen, d. h. im magmatischen Bereich gehen beide Elemente zusammen. Eine Trennung findet erst beim Absatz aus relativ kühlen, schwach sauren bis neutralen Lösungen statt. Dabei wandert das Mangan bei allmählich steigendem Redoxpotential und pH-Wert weiter als die Hauptmasse des Eisens und wird in wechselnd großer Entfernung zusammen mit Restbeständen des Eisens in silikatischer, hydroxidischer oder karbonatischer Bindung abgesetzt (Abb. 10-16).

Die Bildung von bauwürdigen Manganerz-Lagerstätten mit $\geq 35\%$ Mn ist daher als chemische Ausfällung im Oberflächenbereich und zwar hydrothermal- und marin-sedimentär oder deszendent zu erwarten (Tab. 10-11). Von den 29 größten oder wirtschaftlich wichtigsten Manganerz-Lagerstätten der Welt sind rund 70% marin-sedimentärer Entstehung und enthalten 97% der bekannten Vorräte (DEYOUNG et al. 1984). Der Verbleib der sehr großen Eisenmengen im endogenen Kreislauf bei der Bildung von detritischen Manganerz-Lagerstätten mit Vorräten bis zu 10^7 und 10^8 t Inhalt stellt bei einem Fe:Mn-Häufigkeitsverhältnis von ~ 50 in der Erdkruste ein geochemisches Problem dar. Eine Gesamtübersicht über die Bildung von Mangan-Lagerstätten gab ROY (1981).

Am verbreitetsten und häufigsten sind die hydrothermal-sedimentären Manganerze. Sie treten in zumeist Vulkanite und/oder Tuffe führenden Sedimenten auf und umfassen alle Übergänge von oberflächennahen epigenetischen zu syngenetisch gebildeten Absätzen (BORCHERT 1978). Wirtschaftlich ist der Typ, auch bei Verwitterungsanreicherung, jedoch nur von lokaler Bedeutung.

Tiouine, 40 km westlich Quarzazate im Anti-Atlas (Marokko), ist die größte Lagerstätte in einem vom Atlantik bis nach Algerien reichenden Bezirk, dessen Manganerze an einen rhyolithischen Ignimbrit-Andesit Vulkanismus des Proterozoikums gebunden sind. In roten detritischen, gegen Ende der vulkanischen Phase im 10 km langen Becken von Tiouine abgesetzten Gesteinen sind an der Basis des oberen Teils der Serie im Bereich der Beckenrandstörungen etwa 20 Erzlagen eingeschaltet. Haupterzmineral ist Braunit ($3Mn^{2+}Mn^{3+}O_3 \cdot MnSiO_3$), neben Hollandit ($Ba_{<2}Mn_8O_{16}$), Coronadit ($Pb_{<2}Mn_8O_{16}$), Quarz, Baryt und wenig Dolomit. Im Liegenden der Erzlager treten Erzgänge mit vergleichbarer Erzführung auf, die als Zufuhrspalten gedeutet werden, und in überlagernden Konglomeraten finden sich Gerölle der gleichen Erze (AGARD et al. in UNESCO 1984).

20 km nordwestlich Tiouine befindet sich bei *Imini* an der Grenze zum Hohen Atlas in den Basisschichten des

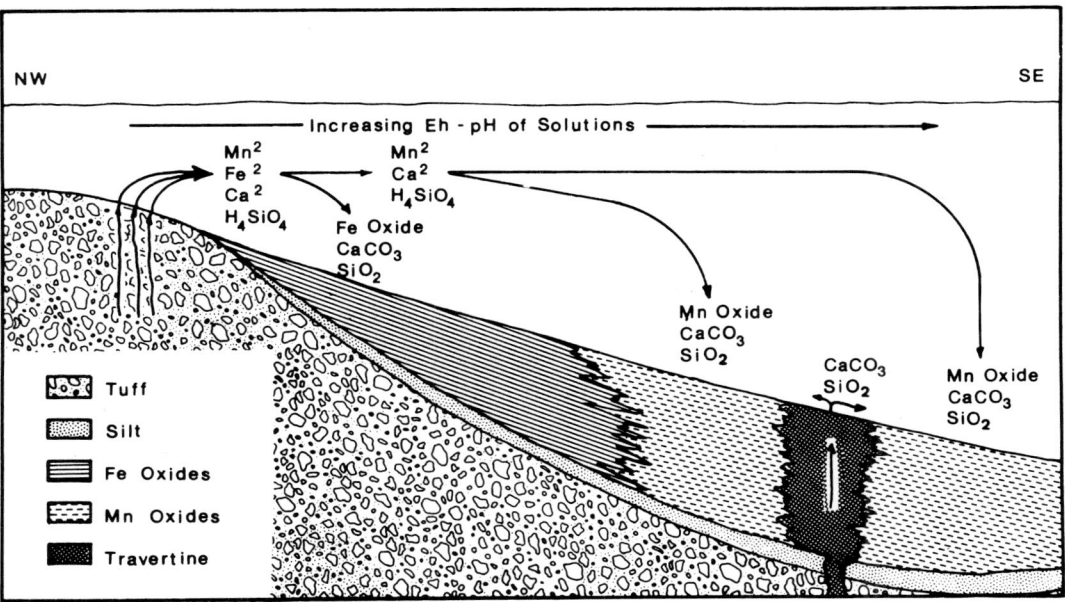

Abb. 10-16. Fe-Mn-Verteilung in der tertiären, limnischen hydrothermal-sedimentären Manganerzlagerstätte San Francisco, Jalisco, Mexico, die von 1953 bis zur Erschöpfung 1960 35 Mio t Erz mit 35–45% Mn produzierte. – Schematisches Profil mit genetischer Deutung (nach Zantop 1981: 548).

Tabelle 10-11 Haupttypen sedimentärer Manganerz-Lagerstätten

Paragenetischer Typ	Nebengestein	Erzgefüge	Typ-Lagerstätte	Anteil Weltproduktion
hydrothermal-sedimentär	detritisch, vulkanoklastisch	feinschichtig bis konkretionär	Tiouine (Marokko)	2%
marin-sedimentär	Eisen-Formation detritisch Karbonatgestein Tiefseeton	gebändert oolithisch meist feinschichtig Knollen	Urucum (Brasilien) Nikopol (USSR) Molango (Mexiko) Meeresboden	17% 56% 6% –
deszendent	Gondit u. a. (Protoerz)	massig, konkretionär, auch erdig	Moanda (Gabun)	16%
Karst	Karbonate	massig	Postmasburg (Südafrika)	2%

über Jungproterozoikum, Paläozoikum und Trias transgredierenden Cenomaniums die wichtigste Manganerz-Lagerstätte Marokkos. In eine Karbonat-Sandsteinfolge sind in einer 15 km langen und bis zu 1000 m breiten Zone Erzlinsen mit Pyrolusit (β-MnO_2) und Manganit (γ-MnOOH) sowie z. T. Coronadit in zwei oder drei Lagen eingeschaltet. Syngenese (oder Diagenese) des Erzes ist durch Auftreten von Erzgeröllen im Hangenden bewiesen. Offen sind Herkunft und Transport des Mangans; diskutiert werden: Laugung proterozoischer Erze des Typs Tiouine, oberflächige oder sekundär-hydrothermale Anlieferung, mit oder ohne Beteiligung von Verkarstungsvorgängen oder von Vulkanismus. Die Lagerstätte Imini liefert hochwertige metallurgische Erze und z. T. besonders reiche Batterie- (battery grade) Erze (Agard et al. in UNESCO 1984).

In der Bundesrepublik tritt bei *Laisa*, südwestlich Battenberg a. d. Eder, im Unterkarbon II ein hydrothermal-sedimentäres Manganerz-Lager auf, das primär Rhodochrosit ($MnCO_3$) und Braunit führt und dessen auf 35% Mn angereicherten Verwitterungserze von 1829–1921 in Abbau standen (SCHAEFFER 1980).

Im pontisch-kaspischen Becken entstanden im Oligozän schichtige Manganerz-Lagerstätten verschiedener Typen, darunter mit Nikopol und Tschiatura, die Vorräte von 350 bzw. 38 Mio t Mn-Metall enthalten, zwei der größten Mangan-Konzentrationen der Erde.

In der küstenparallelen, 80 × 20 km² großen *Varna*-Senke in NE-Bulgarien treten mehrere hydrothermal-sedimentäre Erzlager auf. Die Erze sind teils feinschichtig, überwiegend jedoch pisolithisch und führen Mn-Hydrosilikate und -karbonate. Eine hydrothermale Nachphase brachte wenig Alabandin (MnS), Baryt und Rhodochrosit, die in Gängchen im Erz auftreten. Gewonnen werden oxidische Erze aus den oberen Teufen der Lagerstätte (BOGDANOV in DUNNING et al. 1982).

In der Südukraine ist das marin-sedimentäre, 2–3 m (0–4,5 m) mächtige Manganerz-Flöz von *Nikopol* und Bolshoï Tokmak an die Transgression des Oligozän auf den Ukrainischen Schild gebunden und in einem gewundenen, 250 km langen und bis zu 20 km breiten Streifen mit Unterbrechungen entwickelt. Im Liegenden des Flözes treten um 0,5 m mächtige Glaukonitsande auf. Nach Süden verschwindet es infolge zunehmender Einschaltung von Tonlagen und Verdünnung durch Detritus in der bis 20 m mächtig werdenden oligozänen Schichtfolge (Abb. 10-17). Das Erz führt 15–25% Mn und besteht aus oolithisch-pisolithischen, konkretionären und massigen Anteilen, letztere mit Detrituspartikeln. Es treten 3 Erztypen auf: Oxiderze oberflächennah im Norden mit 48% Mn und 0,9% Fe im Konzentrat, Karbonaterze im Süden mit entsprechend 24% Mn und 0,6% Fe und ein Mischerz in der Übergangszone. Im Osten (Bolshoï Tokmak) sind wegen der geringeren Verwitterung infolge mächtigeren Deckgebirges vorwiegend (> 80%) Karbonaterze verbreitet.

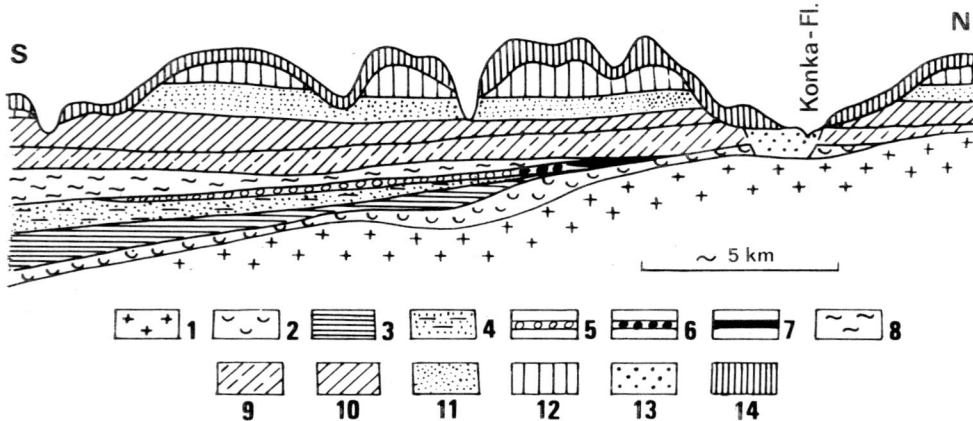

Abb. 10-17. Schematisches Profil durch den Nordteil der Manganerzlagerstätte Bolshoi Tokmak, 100 km SE Nikopol, Ukraine, UdSSR (stark überhöht; aus BILIBINA et al. in UNESCO 1984: 78). – 1. Kristallin des Ukrainischen Schildes, 2. Verwitterungszone, 3. Kohlige Sande und Tone, Alltertiär, 4. Feinklastika, Obereozän, 5.–8. Oligozän: 5. Karbonaterz, 6. Mischerz, 7. Oxiderz, 8. Hangendton mit Pflanzenresten, 9. + 10. Mittelmiozän: 9. Sande und Tone, 10. Tone und Kalke, 11. Klastika und Kalke, Obermiozän, 12. Braune Tone, Plio-Pleistozän, 13. Alluvionen, 14. Löß.

Mit der Entstehung und Entwicklung der Lagerstätte Nikopol haben sich u. a. VARENTSOV & RAKHMANOV (in VARENTSOV & GRASSELLY 1980) beschäftigt. Danach stellt die terrestrische Verwitterungsdecke auf dem Kristallin die Haupt-Manganquelle dar. Das Manganflöz ist paläogeographisch bedingt insbesondere dort entwickelt, wo die Transgression Einschaltungen mächtigerer Amphibolite und Chloritschiefer erreichte, die 1% Mn und 26% Fe führen. Die Granite und Gneise führen dagegen nur 0,03% Mn und 2,6% Fe. Typische Schwermineralfraktionen in den begleitenden Sanden stützen diese Deutung. Das Flöz entstand in einem buchtenreichen Sumpfgebiet, in das die Transgression über schmale Rinnen, Priele und Ästuare eindrang. Im Süßwasser war das Mangan aus der Verwitterungskruste und wohl auch aus den Gesteinen durch Huminsäuren in Form metallorganischer Verbindungen gelöst. Bei Vermischung mit dem O_2-reicheren Meerwasser wurde das Mangan als amorphes Hydroxid gefällt und in den flachen Rinnen abgesetzt unter Nachlieferung der metallorganischen Verbindungen aus dem Bodenwasser. Im Zuge der Diagenese wurde das Mangan reduziert und als Rhodochrosit, Manganokalzit usw. gebunden. Post-Oligozän wurde im Zuge der Hebung des Ukrainischen Blocks ein Teil der Erze supergen zu Manganit und schließlich zu Pyrolusit oxidiert.

Die seit über 100 Jahren in Abbau stehende Lagerstätte *Tschiatura*, Georgien, UdSSR, weist zwar nach Alter und Erzmineralogie viel Ähnlichkeit mit Nikopol auf, zeigt aber in Erzaufbau und tektonischer Position auch erhebliche Unterschiede. Die Lagerstätte entstand im flachen Innenteil einer nach Osten offenen Bucht und liegt auf Oberkreide-Kalken über einem dünnen Basiskonglomerat der Oligozän-Transgression. Der Erzkörper erstreckt sich über etwa 10×6 km², besteht aus 3–18 Erzlagen von 1–50 cm und insgesamt mit Sand- und Tonlagen zwischen 1 und 14 m, im Mittel 4,2 m Mächtigkeit. Das überwiegend oolithische Erz führt übereinander Lagen mit unten Psilomelan ($BaMn^{2+}Mn_8^{4+}O_{16}(OH)_4$), Manganit und Mangankarbonate (Abb. 10-18). Besonders die Karbonate wurden zu Hydroxiden und Pyrolusit oxidiert (VARENTSOV & RAKHMANOV und AVALIANI et al. in VARENTSOV & GRASSELLY 1980). Die Genese der Lagerstätte ist umstritten. VARENTSOV & RAKHMANOV zitieren Arbeiten, die Tschiatura hydrothermal-sedimentär deuten. MAKHARADZE & IKOSHVILI (1970) stützten dies auf die Verbreitung von bis zu 3% BaO im Erz und den gleichzeitigen Vulkanismus. Als Zufuhrspalte wird die den Erzkörper im SW begrenzende Randstörung angesehen (Abb. 10-18), wo die Ermächtigkeit und die Gehalte an Mn, Ba und P Maximalwerte erreichen.

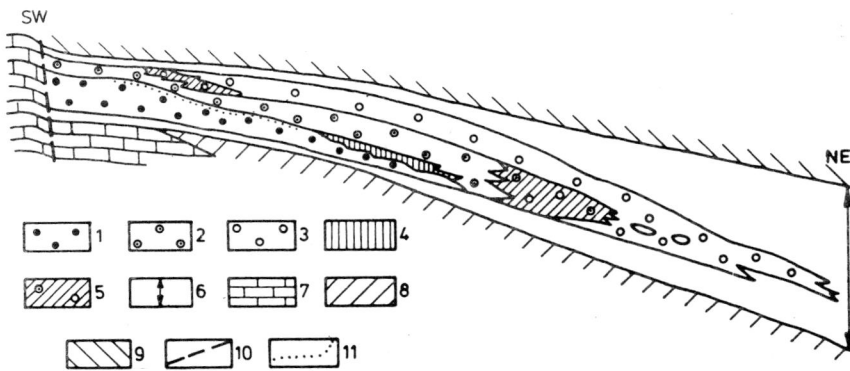

Abb. 10-18. Verteilung der Mineralfazies in der Manganerzlagerstätte Tschiatura, Georgien; ohne Maßstab, schematisch (nach AVALIANI in VARENTSOV & GRASSELLY 1980). – 1. Pyrolusit-Psilomelan-Erz, 2. Manganit-Erz, 3. Karbonat-Erz, 4. und 11. Übergangsfazies mit Pyrolusit, Psilomelan und Manganit, 5. Manganit-Karbonat-Erz, 6. Erzhorizont mit beckenwärts auskeilendem Erz, 7. Oberkreide-Kalk, 8. und 9. Liegende und hangende Sandsteine und Tone, Unter-Oligozän, 10. „Main fault", südwestliche Randstörung.

Im Proterozoikum begleiten Manganerze die Eisenformationen des Rapitan-Typs (s. S. 594), z. B. in den Revieren Urucum-Mutun in Brasilien bzw. Bolivien, und Kuruman sowie, umgelagert in Karsttaschen, Postmasburg in Südafrika. Verbreiteter sind Mangan-Karbonate und -Silikate führende kristalline Schiefer, die nach einem Volksstamm in Indien benannten *Gondite*, die als Protoerze für große Verwitterungs-Lagerstätten, besonders in den Tropen Bedeutung haben (S. 60).

Im Distrikt *Urucum* bei Corumbá, Mato Grosso, Brasilien, ermittelten URBAN et al. (1984) neben den bekannten 40 Mrd t Hämatit-Jaspilit mit 55% Fe, 20% SiO_2 und 0,01–0,06% P einen geologischen Gesamtvorrat 165

Mio t Erz mit 43% Mn und von 608 Mio t Erz mit 31% Mn. Diese Mn-Erze treten in den Hämatit-Jaspiliten in vier Erzflözen auf (Abb. 10-19), die primär Kryptomelan ($K_{<2}Mn_8O_{16}$) und Hämatit führen neben Braunit und Pyrolusit in wechselnden Mengen als metamorphe bzw. Verwitterungs-Umbildung. Glaziomarine Driftblöcke, Wechsel im Zement der Sandsteine von Kalk zu Fe-Mn-Oxiden und das Mn-Flöz 1 leiten die untere St. Cruz-Formation ein. Das obere St. Cruz beginnt mit dem Mn-Flöz 2 und enthält fast ausschließlich chemische Sedimente. Die Mn-Flöze 3 und 4 sind unten und oben von 10 cm-Lagen grober, durch Fe-Mn-Oxide verkitteter Klastika begleitet. Darüberhinaus führen die chemischen Sedimente sporadische Einschaltungen von 0,05 bis 1 m großen Driftblöcken. WALDE et al. (1984) beschreiben die Lagerstätten als periglaziale Bildung und mit Hinweis auf einen banachbarten, ausklingenden Basalt-Andesit-Vulkanismus. URBAN & STRIBRNY (1986) deuten die Lagerstätten marin-sedimentär. Die Erze entstanden in einem teilweise von Gletschereis bedeckten fjord-ähnlichem Becken. Fe und Mn wurden in subglazialem Meerwasser aus dem Gletscher-Detritus gelaugt, und das Eisen wurde bei Erreichen des eisfreien Beckenteils mit steigendem Redoxpotential gefällt. Warmzeiten mit rückschreitender Eisfront führten zu kurzfristig erhöhtem Detritus-Anfall und folgender Mangan-Sedimentation. LEEUWEN & GRAF (1987) vermuten als Quelle für die hohen Gehalte von 2,5–4% K_2O im Mn-Erz gegenüber < 0,1% im Fe-Erz das granitische Grundgebirge.

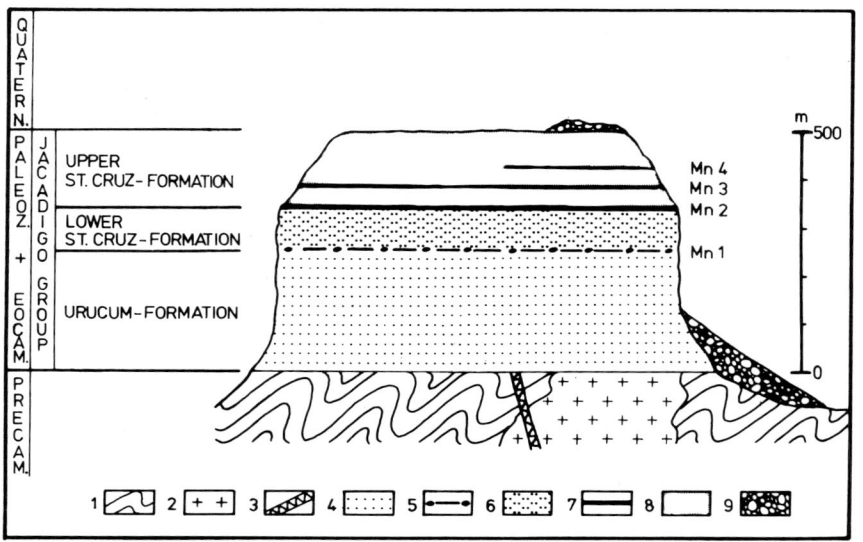

Abb. 10-19. Schemaprofil durch die Tafelberge von Urucum, Brasilien (nach URBAN & STRIBRNY 1986). – 1. Gneise, 2. Granite, 3. Basische Eruptiva, 4. Klastika mit Kalkzement, 5. Mangan-Erzflöz 1, 6. Eisenschüssige Sandsteine, 7. Mangan-Erzflöze 2 bis 4, 8. Jaspilit, 9. Canga.

In Kalksteinen mit einem mittleren Mangan-Gehalt von 550 ppm ist Mangan im Verhältnis zu Eisen gegenüber der Kruste siebenfach angereichert. Treten in einem größeren Gebiet anomal und gleichbleibend hohe Mangan-Gehalte in Karbonaten auf, dann können diese aus überhöhter Manganführung des Meerwassers stammen. Das Mangan ist vermutlich im reduzierenden Porenwasser des frischen Sediments oder im Bodenwasser in Senken des Meeresuntergrundes gelöst. Aus dem anaeroben Wasser des Kupferschiefermeeres fielen Kalzit und Dolomit mit Gehalten von 2000–6000 ppm Mn aus (WEDEPOHL 1975). Bei submarin-hydrothermaler Zufuhr von Mangan können auch Manganokalzit und, in bis zu wirtschaftlich interessanten Anreicherungen, Rhodochrosit entstehen.

In Mexiko sind die in Kalken des oberen Jura in der südlichen Sierra Madre Oriental auftretenden Erze der Lagerstätte von *Molango* in Hidalgo mit Vorräten von 25 Mio t Erz die einzige bedeutende Manganquelle des Landes. Eine 25 m mächtige transgressive Kalkrhythmit-Folge führt zwischen 5 und 30% Mn, wobei die höheren Gehalte in den unteren 5–10 m vorliegen. In den feinen Erzbändern treten Kutnahorit (Ca, $Mn(CO_3)_2$)

und Rhodochrosit auf. Ferner enthalten die Erze Pyrit, organischen Kohlenstoff und Tonlagen. Das Erz wird kalziniert und zu Klinker mit 40% Mn für die Stahlindustrie verarbeitet. Die Lagerstätte wird marin-sedimentär gedeutet. Vulkanische Aktivität ist zur Zeit der Erzbildung im Gebiet nicht bekannt. Kleine Körper von supergenem Pyrolusiterz liefern hochwertige Batterie-Erze (TAVERA & ALEXANDRI 1972).

Ähnliche Mangan-führende Karbonatgesteine sind im Grenzbereich Lias-Dogger in den Nördlichen Kalkalpen und in den Westkarpathen mit Mächtigkeiten zwischen 5 und 200 m verbreitet. Am *Jenner* bei Berchtesgaden und am *Hochkranz* bei Lofer in den Salzburger Alpen sind es feinschichtige bis schiefrige, dunkel gefleckte Mergel- und Kieselkalke über hellen Kalken. Die unteren 2–12 m der dunklen Kalke führen 20–30% Mn mit Rhodochrosit und Mn-reichen Mischkarbonaten sowie z. T. Braunit, 15–20% Quarz und knapp 10% Tonminerale. Die Manganzufuhr wird auf den Geosynklinal-Vulkanismus der Penninischen Zone zurückgeführt. Seladonit-führende Tuffe in den Mangankalken stützen diese Deutung (GERMANN 1972). Prospektionsarbeiten in den 50er und 60er Jahren zeigten, daß in den Lagerstätten, insbesondere am Hochkranz, potentielle Vorräte vorliegen.

Zusammenfassung

Die verbreitesten und häufigsten, aber meist kleinen Mangan-Lagerstätten entstanden hydrothermal-sedimentär in vulkano-sedimentären Formationen. Großlagerstätten im Weltmaßstab bilden die an die Oligozän-Transgression im pontisch-kaspischen Becken gebundenen Erzlager von Nikopol und Tschiatura sowie die im proterozoischen Rapitan-Typ der Eisenformationen auftretenden Manganlager, z. B. Urucum, Brasilien und Postmasburg, Südafrika. In den Tropen sind Verwitterungs-Lagerstätten über Gonditen verbreitet. Von regionaler Bedeutung sind manganreiche Karbonatgesteine.

10.5 Uran

Uran, dessen CLARKE-Zahl mit 3 bis 4 ppm angegeben wird, bildet in oxidierendem Milieu im sechswertigen Zustand lösliche Salze und wird unter reduzierenden Bedingungen im vierwertigen Zustand fixiert. Dieses Verhalten führt zu extrem hoher Beweglichkeit im Oberflächenbereich und zu großer Mannigfaltigkeit im Auftreten von Uran bis zur Klimaabhängigkeit und zum Auftreten neuer und Verschwinden alter Lagerstättentypen im Lauf der Erdgeschichte.

Tabelle 10-12. Typen von Uranerz-Lagerstätten in Sedimenten (vereinfacht nach DAHLKAMP 1979a, b; Vorräte nach OECD 1983)

Platznahme	Speichergestein	Typ-Lagerstätte	Anteil Vorräte westl. Welt
syngenetisch-sedimentär	Konglomerate (älter ± 2200 Ma)	Elliot Lake (Kanada)	16%
	Schwarzschiefer	Ranstad (Schweden)	
	Schiefer, Phyllite	Forstau (Österreich)	
	Phosphate	Florida (USA)	
	Braunkohlen (Lignite)	N-, S-Dakota (USA)	
epigenetisch-supergen	Sandsteine { penekonkordant / Rollfront }	Colorado-Plateau (USA) / Wyoming Basins (USA)	36%
	Karst	Bighorn (USA)	
	Phosphate in Karst	Bakouma (ZAR)	
	Kalkkrusten (Calcrete)	Yeelirrie (Australien)	5%
polyg.	Diskordanz-Typ[1]	Jabiluka (Australien)	15%

[1] ferner: Strukturgebundener Diskordanz-Typ und sonstige — 28%

Unter reduzierender Atmosphäre im Archaikum und Altproterozoikum war Uraninit Seifenmineral und konnte in Konglomeraten und Sandsteinen konzentriert werden. Seit etwa 2200 Ma verhindert der steigende Sauerstoffgehalt der Atmosphäre diesen Prozeß. Das Uran wird in gelöster Form transportiert und entweder in marinen Faulschlämmen, Phosphoriten oder Ligniten angereichert, oder es sammelt sich in psammitischen Sedimenten, wo es vorwiegend durch organisches Material ausgefällt wird, oder sich bis zu hohen Konzentrationen im neutralen Eh/pH-Bereich sammeln und bei ausreichender Durchlässigkeit mit der Oxidationsfront wandern kann.

DAHLKAMP (1979a) unterschied 19 Lagerstättentypen des Uran, von denen 9 und einige mit Untertypen in nicht oder schwach metamorphen Sedimentgesteinen auftreten. Nur wenige der 19 Typen haben jedoch überregionale wirtschaftliche Bedeutung. Die bekannten Vorräte an Uran treten zu rund 72% in Sedimenten auf (Tab. 10-12). Die rein deszendenten Uran-Konzentrationen (Karst, Phosphate des Bakouma-Typs und Kalkkrusten) sind auf S. 63 und 561 kurz behandelt.

Die folgenden Angaben über das Vorkommen von Uran in Sedimenten beruhen wesentlich auf den Arbeiten von DAHLKAMP (1978, 1979a, b), NASH et al. (1981), PRETORIUS (1981), OECD (1983) und BARTHEL et al. (1986).

10.5.1 Archaisch-altproterozoische Konglomerat-Lagerstätten

Die größten Uran- (und Gold-) Konzentrationen der Erde treten in altproterozoischen Quarzkonglomeraten und quarzreichen Grobsandsteinen auf:
– Blind River in Ontario, Kanada, mit durchschnittlich 0,13% U und 13% der Weltproduktion an Uran und
– Witwatersrand, Südafrika, mit 0,02% U, wo 14% der Weltproduktion als Nebenprodukt des Goldbergbaus gewonnen werden (S. 619ff.).

Die Lagerstätten sind 2400 bzw. 2500–2800 Ma alt (PRETORIUS 1981) und entstanden unter Bedingungen einer nicht oxidierenden Atmosphäre. Ähnliche Konglomerate sind recht verbreitet, aber nur wenige sind als erzführend bekannt, und der Größe nach stellen die genannten Lagerstätten Ausnahmen dar. Ihre Bildung war lange umstritten; heute hat sich die syngenetisch-sedimentäre Deutung von RAMDOHR (1955) praktisch durchgesetzt.

Im *Blind River*-Bezirk, 160 km WSW Sudbury, SE-Ontario, tritt die Uranerz führende, 150 m mächtige Serie diskordant über gefaltetem Archaikum auf. Sie besteht aus grauen, fluviatilen bis flachmarinen, wenig metamorphen Grob- und Mittelklastika, die als Rinnenfüllungen und deltaische Schuttfächer in intramontanen Becken oder am Schelfrand bei hoher Reliefenergie und meist in mehreren Lagen übereinander abgesetzt wurden. Die Uranführung tritt in Zonen auf, z.B. Elliot Lake- und Quick Lake-Zone, die als Paläotäler gedeutet werden, und ist an pyritreiche Konglomerate des tiefsten von vier altproterozoischen Sedimentationszyklen gebunden, während die Arkosequarzite, mit denen sie wechsellagern, uranarm bis -frei sind (Abb. 10-20). Die Geröllgröße nimmt im Quick Lake-Revier in der Schüttungsrichtung nach ESE über 3 km von 6,5 auf 2,5 cm ab. Die einzelnen Konglomeratlagen erreichen bis zu 6 km Länge und 3 km Breite bei Mächtigkeiten zwischen 0,1 und > 2 m. Sie sind oligomikt mit wenig sortierten, gut gerundeten und dicht gepackten Geröllen von Gangquarz und wenig Metavulkaniten in einer Matrix aus Quarz, Serizit, Feldspat und Pyrit, der zwischen 10 und 25% der Matrix ausmacht. Pyrit ist polygenetisch und tritt sowohl als schrotkugel-ähnlicher Geröllpyrit als auch epigenetisch auf. Unter den rund 20 Schwermineralen, die PRETORIUS (1981) nennt, sind folgende wichtige U-Th-Träger: Uraninit (UO_2) in Korngrößen von 50–200 µm, Brannerit ((U,Th,Ca,SEE)(Ti,Fe)$_2O_6$), Coffinit ($USiO_4$), Thucholith (CH-Verbindung mit U,Th,SEE) sowie Zirkon, Monazit und Xenotim, ferner in Spuren Gold. Lokal tritt Uranothorit ((Th,U)SiO_4) auf. Das U:Th-Verhältnis liegt im Fördererz um 0,4. Günstig für die Uranvererzung sind (DAHLKAMP 1979a: 151 f.): Auffällige Diskordanzflächen, dichte Packung in möglichst groben Geröllagen, hohe Pyritgehalte und bestimmte Schwermineralparagenesen granitischer Provenienz. Das deutet auf ein starkes, jedoch schnell abnehmendes Gefälle hin (s. Abb. 3-6).

In der nach Aufbau und Paragenese ähnlichen *Witwatersrand*-Lagerstätte treten die Wertminerale Gold und Uran im Verhältnis 1:5–50 in mehreren getrennten Sedimentationszyklen auf. Die Urangewinnung ist nur als Nebenprodukt des Gold-Bergbaus wirtschaftlich.

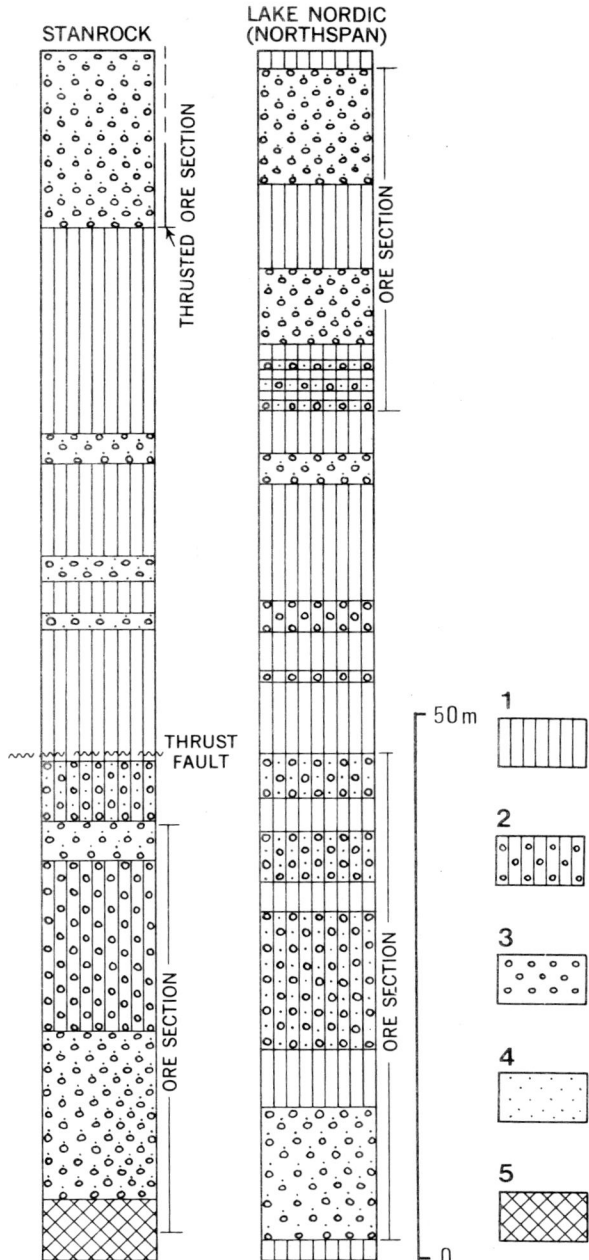

Abb. 10-20. Charakteristische Bohrprofile durch die Uranerz führenden Konglomerate im Blind River-Distrikt, Ontario, Kanada (nach LANG et al. 1962).
a) Stanrock Mine, Quirke Lake-Erzzone, b) Nordic Mine, Elliot Lake-Erzzone.
1. Quarzit, 2. Geröll-Quarzit, 3. Uran-Konglomerat, 4. Pyrit-Führung, 5. Archaisches Grundgebirge.

10.5.2 Lagerstätten an prä-mittelproterozoischen Landoberflächen (Diskordanz-Typ)

Seit dem höheren Altproterozoikum kann das Uran in großem Umfang in oxidischer wässeriger Lösung transportiert und unter geeigneten Bedingungen, vor allem Reduktion durch Sulfide und/oder organische Substanz, Adsorption an Tonminerale und chemisch als Phosphat oder Carburan gefällt werden.

In den 60er Jahren wurde zuerst in Saskatchewan, Kanada, und in den Northern Territories Australiens ein neuer Lagerstättentyp erkannt, der vielfach an präkambrische Diskordanzen, meist zwischen altproterozoischem, gefaltetem und metamorphem Grundgebirge und nicht metamorphen mittelproterozoischen Sandstein-Formationen (Athabaska- bzw. Kombolgie-Sandstein) gebunden ist. Die Vererzungen sind häufig auf das Liegende der Diskordanz beschränkt, finden sich aber nicht selten auch in den Hangendgesteinen. Sie sind auf die Zeitspanne zwischen etwa 2000–1600 Ma eingegrenzt. Die Erze sind polygenetisch, wahrscheinlich beginnend mit supergener, niedrig-temperierter Uran-Akkumulation. Sie führen Uraninit und untergeordnet Coffinit und Brannerit neben Sekundärmineralen. Für den Transport des Uran in sechswertigem Zustand als UO_2^{2+} spricht insbesondere das U/Th-Verhältnis von > 100 bis um 1000, da Th nur U^{4+} diadoch vertreten kann. Mehrfache Umlagerungen des Uran, die bereits durch kühle O_2-reiche Wasser bewirkt und durch epirogene Bewegungen ausgelöst werden können, führen zur Trennung vom Zerfallsblei und damit zu mannigfaltigen, durch jüngere geologische Ereignisse bedingte radiometrische Altersdaten.

Nach Form, Auftreten und Art der Mineralisation könen eine Reihe von Typen unterschieden werden, für deren Abgrenzung die vorliegenden Daten noch nicht ausreichen. Folgende vorläufige Einteilung wird übernommen (DAHLKAMP 1978, 1979a, b, FERGUSON 1984, BARTHEL et al. 1986):
— Vorwiegend stratiforme Lagerstätten, die als syngenetisch in kontinental beeinflußtem Milieu entstanden gedeutet werden. Es sind meist Protoerze mit ± 0,05% U, die sekundär umgelagert und angereichert sein können. Uran tritt allein oder mit manchmal gewinnbaren Mengen an Cu, Au u. a. auf. Beispiele sind Makkovik, Kanada und Olympic Dam, Südaustralien, mit Cu und Au sowie, geologisch wenig jünger, der afrikanische Kupfergürtel mit Cu und Co (s. S. 634) und der Uran-Lagerstätte Shinkolobwe.
— Schichtgebundene Lagerstätten mit diagenetisch und epigenetisch, wohl vorwiegend hydrothermal, vielfach umgelagerten und angereicherten Erzen in vorwiegend Metasedimenten mit C_{org} und Karbonaten in Grünschiefer- bis Amphibolithfazies. Gangarten sind Chlorit und Fe-Oxide und -Hydroxide. Die Masse der Erze ist postmetamorph fixiert und zeigt Paläotemperaturen von 60–300 °C. Die Lagerstätten liegen meist < 300 m unter der Diskordanzfläche und können ungewöhnliche Ausmaße und Gehalte bis zu mehreren Prozent Uran erreichen. Sie zeigen keine erkennbaren Beziehungen zu ihren Nebengesteinen.

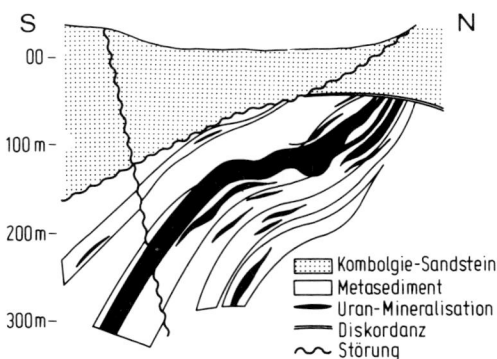

Abb. 10-21. Profil durch den Erzkörper Jabiluka II, Pine Creek-Geosynklinale, Nord-Australien, als Beispiel für eine schichtgebundene und Diskordanz-gebundene Uranerzlagerstätte (nicht überhöht; nach DAHLKAMP 1979a).

In der Lagerstätte Jabiluka (Abb. 10-21), 230 km östlich Darwin, findet sich der größte von rund 70 Erzkörpern, die in der Pine Creek-Geosynklinale in Nordaustralien auftreten, und einer der größten der Welt. Auf rund 1000 × 400 m² liegen Uraninit-Erze mit 0,39% U und 176 000 t U als Lagen und Linsen in mehreren Horizonten in chloritisierten Schiefern und z. T. in Brekzienzonen. In einem Teil der Erde treten 15 gAu/t mit insgesamt 8 t Gold auf. Ähnliche Lagerstätten finden sich im Athabaska-Becken und im Keewatin-Distrikt in Kanada sowie in Westaustralien.

Die Genese dieser Gruppe von Lagerstättentypen ist unklar. Zumeist wird von der Annahme einer Anreicherung von Uran in der, z. T. noch erhaltenen, Regolithdecke ausgegangen, die vor > 2200 Ma unter reduzierender Atmosphäre entstanden ist. Mit der allmählichen Zunahme des Sauerstoffgehalts der Luft könnten diese Uranmengen oxidiert, gelöst und deszendent in geringer Tiefe reduzierend wieder gefällt worden sein. So entstanden dicht unter der Oberfläche und in einem begrenzten Zeitraum der Erdgeschichte besonders ausgedehnte und z. T. ungewöhnlich reiche Uran-Lagerstätten, die bis zu > 10% U führen und bei Abdeckung durch ± impermeable Schichten erhalten werden konnten.

10.5.3 Lagerstätten in post-mittelproterozoischen Sedimentgesteinen

Nach etwa 1600 Ma erfolgte die Bildung großer Uran-Konzentrationen zunächst nur im marinen Bereich, vor allem in Schwarzschiefern und Phosphat-Gesteinen. Die wirtschaftlich wichtigen Sandstein-Uran-Lagerstätten erschienen, von fraglichen Ausnahmen abgesehen, ab mittlerem Paläozoikum. Verbreitet sind ferner Uran-führende Kohlen und von regionaler Bedeutung die vererzten Brekzienschlote in Arizona, USA.

Bei *Ranstad* am Billingen, 75 km NE Göteborg, Schweden, kommen in ungefaltetem Oberkambrium auf einer Fläche von 500 km² marine, 15 m mächtige Alaunschiefer vor, die im oberen Teil 3–4 m Schwarzschiefer mit Gehalten von 0,03% U enthalten, die eine der größten Uran-Konzentrationen der Erde darstellen, z. Z. aber unwirtschaftlich sind. Das Uran ist an C_{org} gebunden und in „Kolm"-Einschaltungen auf 0,3% U angereichert. Kolm ist ein Kannelkohle-ähnliches Material mit 22% organischer Substanz und 13% Pyrit.

Schichtgebundene Uran-Mineralisation tritt bei *Forstau*, 60 km SSE Salzburg, in dunklen, permo-triassischen und zu Phylliten metamorphosierten Schwarzschiefern auf. Sie führen in stark absetzigen, 0,1–10 m mächtigen Linsen 0,08% U als Pechblende (kollomorphes UO_2) neben Pyrit, Chalkopyrit u. a. Sulfiden.

Marin-sedimentäre Phosphat-Gesteine enthalten um 0,015% U, das syngenetisch aufgenommen, an Stelle von Calcium in das Apatit-Gitter eingebaut wird und bei der Herstellung von Naßphosphorsäure als Nebenprodukt gewonnen werden kann. Geringe Mengen an Uran werden so in *Florida*, USA, aus Phosphaten des Oligozän mit durchschnittlich 0,01% U produziert.

Die jüngstpräkambrischen, kieselig-phosphatischen Sedimente in Karsthöhlen spätproterozoischer Dolomite der *Bakouma*-Formation, 500 km NE Bangui in der Zentralafrikanischen Republik, weisen mit 0,25% U erheblich höhere Gehalte auf. 90% des Urans ist im Apatit gebunden, der Rest in den Uranylphosphaten Torbernit ($Cu(UO_2,PO_4)_2 \cdot 8-12H_2O$) und Autunit ($Ca(UO_2,PO_4)_2 \cdot 8-12H_2O$).

Braunkohlen, in denen Uran syngenetisch als Carburan gebunden vorliegt, sind aus vielen Teilen der Welt bekannt, jedoch bleiben die Gehalte meist unter 0,01% U; die rheinische Braunkohle enthält nur 0,0004% U. In den Dakota-Staaten der USA wurden Anfang der 60er Jahre in geringerem Umfang Uran aus einigen Dezimeter mächtigen Flözen der Oberkreide mit durchschnittlich 0,4% U gewonnen. Einer zukünftigen Gewinnung stehen jedoch Umweltprobleme entgegen (GATZWEILER 1979). Im Rotliegend-Becken von Stockheim, Oberfranken, enthält *Steinkohle* wechselnde Uran-Gehalte vom ppm- bis in den Prozent-Bereich, die epigenetisch-hydrothermal und lateralsekretionär über die Haßlach-Störung zugeführt wurden. Das Uran ist anorganisch nach HALBACH et al. als UO_{2+x} gebunden, während JACOB (beide in WALTHER 1984b) Uranminerale der Carnotit- ($K_2[(UO_2)_2,V_2O_8] \cdot 3H_2O$) Tujamonit- ($Ca[(UO_2)_2,V_2O_8] \cdot 5-8H_2O$) Gruppe angibt.

Die *Sandstein-Uran-Lagerstätten*, die sich nach Erscheinen der Landpflanzen im Silur entwickeln konnten, stellen nach der Zahl der Vorkommen und der in ihnen enthaltenen Gesamtvorräte (Tab. 10-12) den weltweit bedeutendsten und mit einem Anteil von annähernd 30% der Weltproduktion auch den wirtschaftlich wichtigsten Uranerztyp dar. Die Lagerstätten sind an fluviatil-limnische oder deltaisch-litorale Sandstein-Formationen gebunden, die ± reichlich pflanzliche Substanz enthalten. Günstige Bildungsräume sind (1) ausgedehnte Becken ($\geq$ 500 km breit) im Rückland von Subduktionszonen und begleitenden magmatischen Zonen („back arc basins"), (2) intramontane Becken (50–250 km breit) auf kratonischen Plattformen und (3) weite Buchten in Flach-Schelf-Bereichen (FINCH & DAVIS und EVERHARDT in FINCH & DAVIS 1985).

Typisch sind recht gut sortierte, schräggeschichtete, permeable, fein- bis mittelkörnige Sandsteine und Arkosen, die mit Ton- und Konglomerat-Einschaltungen wechsellagern. Günstig ist ein Verhältnis von Sand- zu Tonlagen um 1:1. Die Vererzung besteht aus ungleichmäßigen, feinkörnigen Imprägnationen von Pechblende, Coffinit und Carburanen mit Pyrit und Kalzit und führt Gehalte von 0,1–0,4% U. Die Art der Verwitterungsminerale hängt von der Anwesenheit einiger Schlüsselelemente ab, z. B. V, Cu u. a.; verbreitet sind Carnotit, Tujamunit, Torbernit u. a., sonst treten auf Uranophan $(Ca,U_2[(OH)_3SiO_4]_2 \cdot 4H_2O)$ und Autunit. Begleitmetalle sind ferner Mo, Se und V, die z. T. als Beiprodukte gewonnen werden. Der Erzabsatz wird epigenetisch gedeutet, setzte oft schon syndiagenetisch ein und erfolgte aus kühlen, oxidierenden Grundwasserströmen in den beckenwärts kaum geneigten Sandsteinen. In feinerkörnigen limnischen und bituminösen Gesteinen sind

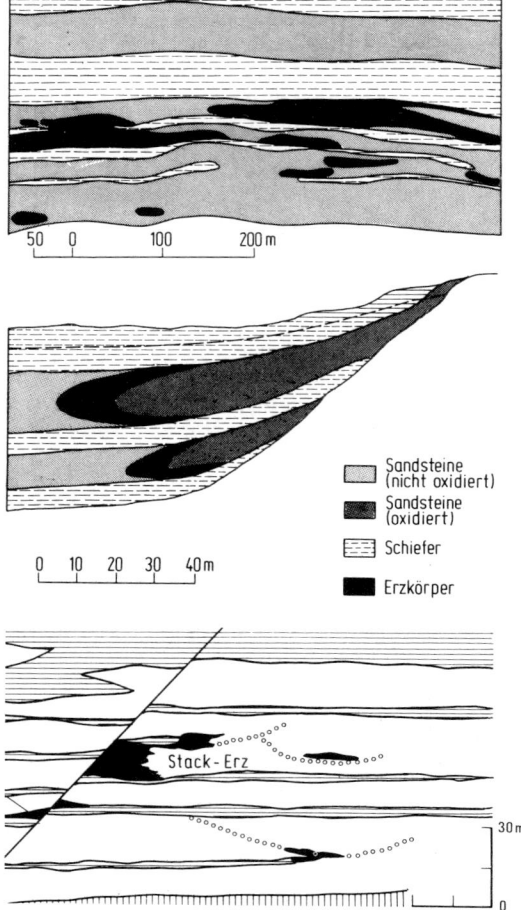

Abb. 10-22. Sandstein-Uran-Lagerstätten, schematisch (nach DAHLKAMP 1979a).

a) Penekonkordant-tafeliger Subtyp; die Erzkörper füllen die Sandsteinlagen oft nur teilweise aus und haben fließende Grenzen.

b) Rollfront-Subtyp; Die Erzrollen erreichen im Streichen bis zu mehreren Kilometern Länge und füllen Sandsteinbänke von <0,1 bis zu einigen 100 m Mächtigkeit voll aus.

c) Stapel-Subtyp; unregelmäßig lappige Vererzungen, die von Störungen ausgehen (ooo = Tongallen).

die Erze mindestens teilweise auch syngenetisch. Als Uranquellen werden Uran-Granite und Vulkanite angesehen, die extern, in Bezug auf das Wirtsgestein, der Erosion unterliegen oder aus denen, als internen Bestandteilen der Sandstein-Formation, das Uran oxidierend gelöst wurde.

Es werden einige Subtypen unterschieden: Penekonkordant-tafelige und Rollfront-Erzkörper, die sich durch epigenetisch-morphologische und geochemische Charakteristika unterscheiden. DAHLKAMP (1978, 1979 a, b) und BARTHEL et al. (1986) beschrieben ferner den tektonisch-lithologisch bedingten Stapel-Typ:
— Der tafelige Typ (Abb. 10-22a) findet sich in ausgedehnten „back arc"-Becken, z. B. dem Colorado-Plateau, wo er vor allem in permischen und mesozoischen Gesteinen verbreitet ist. Das Uran ist wahrscheinlich an der flachen Grenzfläche zwischen reduzierendem Formationswasser und infiltiertem O_2-haltigem Grundwasser ausgefällt worden. Beispiele des weltweit verbreiteten Typs sind u. a. der 2500 km lange Uran-Gürtel in den argentinischen Anden und Voranden (PUTZER 1976), sowie im Air-Gebirge, Niger, und im Elbsandsteingebirge (CAZOULAT bzw. BARTHEL & HAHN in FINCH & DAVIS 1985) bekannt.
— Der Rollfront-Typ (Abb. 10-22b) tritt in intramontanen Becken, z. B. in Wyoming, und verbreitet in Gesteinen der Oberkreide und des Tertiärs auf. Er wird epigenetisch gedeutet: Aus dem Grundwasserstrom durch die mit $\pm 5°$ einfallenden Sandsteine wird beim Passieren einer Redox-Front das Uran ausgefällt.
Bei der hohen Beweglichkeit des Uran können bereits leichte tektonische Verstellungen zu Umlagerungen führen. So entstanden im San Juan-Becken in Neu Mexiko, wo beide Subtypen nebeneinander auftreten, aus tafeligen Vererzungen sekundär Rollfront-Erzkörper. Stärkere Tektonik und Metamorphose führen zum Abtransport von Uran bis zur Zerstörung der Lagerstätten.
— Der Stapel-Typ („stack-type") (Abb. 10-22c) ist an permeable Störungszonen gebunden, von denen aus die Sandsteine zungenartig imprägniert worden sind. Im Grants Mineral Belt, Neu-Mexiko, USA, findet er sich neben tafeligen Erzkörpern, aus denen er sich durch Umlagerungen an den Störungen sekundär entwickelte.

Die Uran-Lagerstätte *Müllenbach* bei Baden-Baden liegt in einem Teilbecken der intramontanen Baden-Oos-Senke in einer oberkarbonischen Folge von Feldspatsandsteinen und Tonsteinen mit Kohleflözchen. Die Vererzung findet sich teils schichtgebunden in Ton- und Sandsteinhorizonten, teils diffus-wolkig in deren Umgebung. Hauptminerale sind Pechblende und Pyrit neben Zeunerit $(Cu(UO_2,AsO_4)_2 \cdot 8-12H_2O)$ und Uranophan. Ferner treten Arsenkies sowie Arsenide und Sulfide auf. Die Gehalte betragen um 0,1–0,2% U. Die Lagerstätte wird als Sandstein-Typ gedeutet (FINCH & BARTHEL in FINCH & DAVIS 1985). Ein Teil des Urans ist vermutlich syngenetisch. Andeutungen von, wohl sekundären, Rollfront-Strukturen wurden beschrieben (zitiert bei MÜLLER 1981). PAGEL & PERINON (1986) ermittelten eine vertikale Zonierung der Vererzung mit nach unten abnehmendem Redoxpotential und schlossen aus radiometrischen Daten auf deszendente Umlagerung des Uran während des Oberperm.

Um 1970 und bisher nur in Teilen des Colorado-Plateaus in NW-Arizona wurden durch Lösungseinbrüche entstandene *Brekzienschlote* (solution-collapse breccia pipes) als neuer Typ erkannt. Die Schlote sind klein, $\emptyset$ 50–200 m bei einigen 100 m Höhe, und von einer Ringstörung begrenzt. Einige sind $\pm$ silifiziert und/oder mit z. T. reichen Uran- und Kupfererzen mineralisiert. Sie führen eine epigenetische, mehrphasige, mineralreiche, mittel- bis tiefthermale Paragenese mit zunächst Gangarten, gefolgt von Ni-Co-As-Sulfiden, und schließlich Uraninit und Buntmetallsulfide. Die Gehalte betragen durchschnittlich 0,25% U und 3,2% Cu bei nur 2,2% Si. Als Entstehungsbedingungen der Tausende, auf Kreuzungen von NW und NE streichenden Linearstrukturen sitzenden Brekzienschlote wurden beschrieben (1) eine mächtige, flach liegende Schichtfolge, (2) lang andauernde kratonische Bedingungen und (3) dicke Kalkfolgen (hier 200 m Unterkarbon-Kalke) unter Sandsteinen (1500 m Oberkarbon bis Trias). Die Herkunft der Erzlösungen ist ungeklärt. Die Verkarstung der Kalke begann bereits im Karbon, und die Uran-Mineralisation erfolgte in der Trias (220–200 Ma) (WENRICH 1985).

Zusammenfassung

Wichtige Typen von Uranlagerstätten sind zeitgebunden und in ihrem Auftreten abhängig von der Zunahme des Sauerstoffgehaltes der Atmosphäre im Lauf der Erdgeschichte. In der reduzierenden Atmosphäre des Archaikums und frühen Proterozoikums war Uran als Oxid und Silikat beständig und konnte als Schwermineral transportiert und in Seifen konzentriert werden. Ferner wurde Uran in den Regulithdecken prä-mittelproterozoischer Landoberflächen angereichert.

Als während des Altproterozoikums der aus der pflanzlichen Photosynthese stammende Sauerstoff in der Atmosphäre allmählich zunahm, wurde das Uran dieser Protoerze löslich und in geochemischen und morphologischen Fällen unter, seltener auch über der Diskordanzfläche mit extrem hohen Gehalten konzentriert. Seit dem Jungproterozoikum bildeten sich größere Uran-Konzentrationen vor allem im marinen Bereich und seit Erscheinen der Landpflanzen im Silur auch auf dem Festland. Von größter Bedeutung sind die Sandstein-Uran-Lagerstätten und verbreitet die Uran-Konzentrationen in Kohlen. Seit den 70er Jahren sind die Brekzienschlot-Vererzungen in Arizona, USA, gesuchte Explorationsobjekte.

10.6 Goldlagerstätten

Das Edelmetall Gold gehört zu den geochemisch seltenen Elementen (CLARKE-Zahl 0,005 ppm); deshalb ist zur Bildung einer Lagerstätte ein ungewöhnlich großer Anreicherungsfaktor von größer als 1000 notwendig, wenn man die Bauwürdigkeitsgrenze, je nach Lagerstättentyp, zwischen ein und zehn Gramm pro Tonne ansetzt. Eine solche starke Anreicherung erfordert auch intensive, oft recht komplexe Metallumsetzungen und -mobilisationen.

Das natürliche Gold besteht aus nur einem Isotop (^{197}Au). In der Natur tritt es überwiegend als sogenanntes „gediegenes Gold" auf und geht nur unter bestimmten Bedingungen selten Verbindungen mit anderen Elementen ein. Es hat einen deutlichen siderophilen Charakter. Unterschieden werden „Berggold" in primären Vorkommen und „Seifengold". Am häufigsten treten in der spätmagmatischen Abfolge noch natürliche Legierungen mit Silber (bei 30–45% Ag = Elektrum) auf; noch seltener sind Verbindungen und Legierungen mit Cu, Bi, Hg, Pt und Pd. Bei bestimmten subvulkanischen Lagerstättentypen erscheint Gold in Verbindung mit Tellur in einigen wenigen Mineralen. In Sedimenten tritt es vorwiegend und in Seifen nur als gediegenes Gold oder „Freigold" auf; es ist dann – vor allem in Seifen – meist auffallend arm an Silber. Wegen seiner hohen Dichte (D = 19,37) wird Gold bei Seifenlagerstätten zusammen mit anderen Schwermineralen angereichert (S. 584 ff.). Da es besonders geschmeidig („weich") ist, wird es bei mechanischer Beanspruchung, z. B. beim fluviatilen Transport zusammen mit Sandkörnern oder Geröllen, leicht zu dünnen Plättchen oder Flittern ausgewalzt (Abb. 10-30). Die viel größeren „Nuggets" (engl. = Klumpen, selten bis kg-Gewicht) der fluviatilen Seifen stellen weniger Akkretionen als vielmehr Konkretionen dar (s. S. 627 ff.).

Das geochemische Verhalten von Gold bei der Lagerstättenbildung ist ungewöhnlich und charakteristisch: Ursprünglich tritt es diffus verteilt im Gitter von sulfidisch-arsenidischen Wirtsmineralen (z. B. Pyrit, Magnetkies, Arsenkies, Kupferkies etc.) als typisches Spurenelement auf. Dabei bleibt es auch mikroskopisch „unsichtbar" und kann nur vermittels Mikrosondenaufnahmen erfaßt werden. Sobald solche Erze eine metamorphe Überprägung erfahren, tritt eine Entmischung ein, und das Gold erscheint, bei erzmikroskopischer Betrachtung, in feinen tröpfchenförmigen Einschlüssen in den o. g. Wirtsmineralen oder an ihren Korngrenzen. Im Zuge einer fortschreitenden metamorphen Mobilisation wandert es, zusammen mit anderen Sulfidmineralen und Quarz etc., in tektonisch kontrollierte Linsen oder Gänge. Es ist nunmehr mit der Lupe oder dem bloßen Auge erkennbar. Solche epigenetischen Erscheinungsformen wurden bisher als „magmatisch-hydrothermale Gangfüllungen" bezeichnet, werden jedoch neuerdings in zunehmendem Maße als metamorphe Mobilisate aus einem älteren Edukt („protore, source bed") gedeutet (z. B. KNIGHT 1957, SAAGER 1982, 1986, GUILBERT & PARK 1986, SCHNEIDER 1986a).

In der Oxidations- und der oberen Zementationszone von Gold führenden Lagerstätten, wird das Edelmetall oft noch weiter angereichert, tritt in feiner Verteilung im sog. „Eisernen Hut" und manchmal in kg-schweren Klumpen auf (z. B. Bendigo und Ballarat, Australien; Kalifornien; Miask,

Sibirien etc.). Durch weitere Verwitterungsprozesse gelangt das Gold dann in die fluviatilen Seifen (S. 586) oder auch in Lateritdecken (S. 625 ff.).

Als reine Goldlagerstätten, bei denen das Edelmetall die wirtschaftliche Basis darstellt, gelten fluviatile bzw. fossile Seifen (z. B. S. 619 ff.), metamorphe Gold-Quarzgänge und goldreiche Kieserze, sowie die subvulkanischen Gold-Silber-Tellurid-Lagerstätten. Das Edelmetall erscheint jedoch oft als wirtschaftlich interessantes Beiprodukt in ppb- bis ppm-Gehalten, z. B. in präkambrischen gebänderten Eisenerzen („BIF": S. 590 ff.), sowie Kieserzlagern (S. 618 f.); letztere sind dann auch im Phanerozoikum weltweit verbreitet (S. 641).

10.6.1 Gold in den gebänderten Eisenerzen (BIF)

Das Gold tritt in der Erdgeschichte zum ersten Male weltweit in der archaischen vulkano-sedimentären Abfolge der Greenstone-Regionen (ca. 3400 Ma) in geochemisch signifikanter Anreicherung auf (Abb. 10-23). Dabei ist es fast ausschließlich an die sulfidischen Erzminerale der tholeiitischen und komatiitischen Laven gebunden, in denen die Erze feinverteilt und/oder in Lagern angereichert sind.

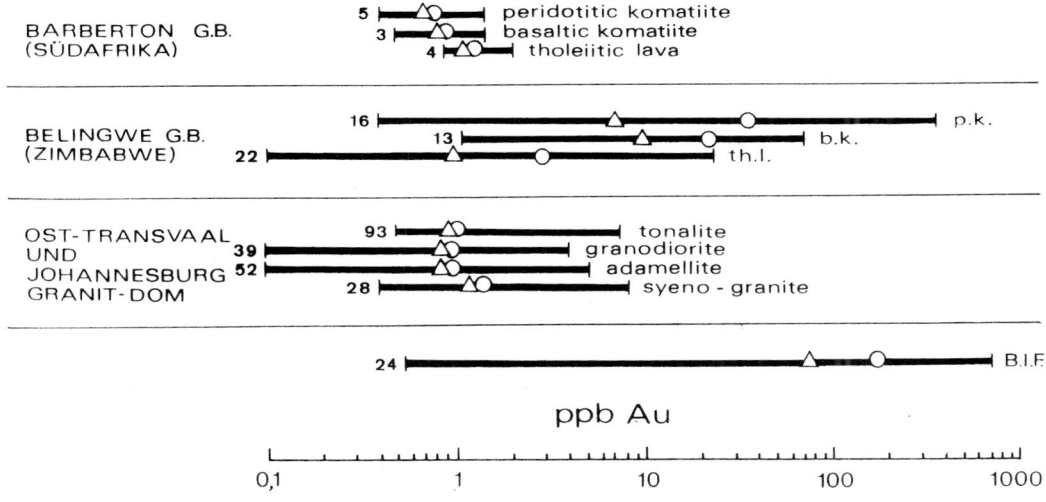

Abb. 10-23. Goldgehalte in den Vulkaniten der greenstone belts, in archaischen Granitoiden und gebänderten Eisenerzen (BIF) im südlichen Afrika. – G. B. = greenstone belt; p. k. = peridotitisch-komatiitische Lava; b. k. = basaltisch-komatiitische Lava; th. l. = tholeiitische Lava. Die Zahlen am linken Ende der Balken geben die Anzahl der analysierten Proben an. – Umgezeichnet nach Meyer & Saager (1985).

Die mit den basischen bis ultrabasischen Vulkaniten paläogeographisch verbundenen eisenführenden, gebänderten, chemischen Sedimente („banded iron formation" = BIF, s. S. 590 ff.) enthalten jedoch meistens um eine bis fast zwei Zehnerpotenzen mehr Gold als die Vulkanite, wie Abb. 10-23 allein für das südliche Afrika belegt (Saager 1982, Meyer & Saager 1985), so daß sie heute gebietsweise als Goldlagerstätten betrachtet werden (Guilbert & Park 1986). Während Fripp (1976) eine erste zusammenfassende Darstellung der entsprechenden Lagerstätten von den

Greenstone Belts Simbabwes brachte, publizierte RIDLER (1976) im gleichen Jahr bereits wirtschaftliche Klassifizierungen der Goldgehalte in einigen BIF-Revieren von Ontario, Kanada (Abb. 10-24). Die folgende, von FRIPP (1976) vorgeschlagene genetische Interpretation hat inzwischen weitgehend Zustimmung erfahren, auch wenn bis heute immer wieder Gegenargumente gebracht wurden, die für eine epigenetische Zufuhr des Goldes sprechen sollen (z. B. PHILLIPS et al. 1984).

Das Gold ist auch in den BIFs ursprünglich, wie in den Greenstone-Vulkaniten, an sulfidische Erzminerale (vor allem Arsenkies) gebunden, die als dünne Lagen von Chert (z. T. „Jaspilit") mit Magnetkies, Arsenkies und Siderit der Eisenoxid-reichen Sedimentabfolge zwischengeschaltet sind. In einigen Gebieten treten basische und saure Effusiva hinzu. Die signifikante Bindung des Goldes an die Kieselsäure-reichen Lagen wurde schon von FRIPP (1976) als ein Beleg für die Entstehung aus „geothermal brines" während eines submarinen Fumarolen-Stadiums angeführt. Damit ergeben sich genetische Parallelen zu den rezenten Gold-reichen Kieselsäuresintern in einigen geothermalen Quellbecken der Taupo-Zone auf Neuseeland (S. 580 f.). Bei den archaischen Vorkommen ist noch von faziellem Interesse, daß der hohe Goldgehalt besonders an den Algoma-Typ gebunden ist, der überwiegend als Fällungsprodukt einer submarinen vulkanischen Aktivität interpretiert wird (S. 593 f.), während der Superior-Typ um fast eine Zehnerpotenz weniger Gold führt (SAAGER 1982).

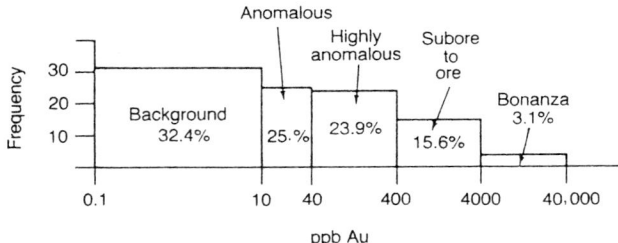

Abb. 10-24. Die Häufigkeit von Goldgehalten im Sedimentkomplex der BIF nahe dem Kirkland Lake, Ontario (Kanada). Beachte den logarithmischen Maßstab in der Abszisse: 4000 ppb = 4 g/t! Nach RIDLER (1976).

Im Zuge der Metamorphose und tektonischen Überprägung der präkambrischen Eisenformationen wird das Gold mobilisiert und in konkordanten Linsen, meist jedoch in diskordanten Adern und Gängen „epigenetisch" konzentriert. Viele der „katathermalen Goldquarzgänge" der klassischen Lagerstättenkunde können heute als metamorphe Mobilisate der Goldgehalte aus den Greenstone Belts bzw. der BIF betrachtet werden (MEYER & SAAGER 1985, SCHNEIDER 1986, GUILBERT & PARK 1986). So wurde z. B. auch im Typus-Revier von Itabira, Brasilien („Itabirit", S. 592), ursprünglich Gold abgebaut! Auch die Gold-Lagerstätten des Homestake Distriktes, S-Dakota (USA), werden neuerdings als metamorphe Mobilisate einer Karbonat-reichen BIF gedeutet (GUILBERT & PARK 1986). So ergibt sich gegenwärtig weltweit eine neue genetische Betrachtungsweise, die vom Kanadischen Schild über USA, Brasilien, Südafrika, Indien bis nach Australien reicht.

10.6.2 Gold in schichtigen Buntmetall-Lagerstätten

Der Systematik halber seien hier kurz die Goldgehalte in den schichtigen, d. h. mit marinen Sedimentfolgen verbundenen Buntmetall-Lagerstätten besprochen, obwohl diese Gruppe unter dem Oberbegriff sedimentäre Kieserzlager in Kap. 10.8 ausführlich behandelt wird.

Der Goldgehalt schwankt innerhalb dieser Gruppe in weiten Grenzen (Tab. 10-13). Dies hängt, unabhängig vom Lagerstättentyp (z. B. Kuroko-, Besshi- oder Zypern-Typus), zunächst einmal vom juvenilen Goldgehalt des zugehörigen Erdmantel-Segmentes und seiner Magmen-Differentiation bzw. -Hybridisierung ab. So scheinen präkambrische Vulkanite generell Gold-reicher zu sein als jüngere Extrusiva (Tab. 10-13), wobei vermutlich die „Nähe" des Erdmantels zur basaltischen

Tabelle 10.13. Ausgewählte Beispiele für Gold- und Silbergehalte in sedimentären Kieserzlagern unterschiedlicher Regionen und Alter. Zusammengestellt nach verschiedenen Bergbaustatistiken.
(p) = präkambrisches Alter

Lagerstätte	Größe (Mio t)	Zn (%)	Pb (%)	Cu (%)	Ag (ppm)	Au (ppm)
McArthur River, Australien (p)	200	9,5	4,1	0,2	45	1,0
Broken Hill, Australien (p)	180	9,8	11,3	0,2	175	1,0
Kidd Creek, Kanada (p)	95	9,7	0,4	1,5	163	1,8
Morro Velho, Brasilien (p)	80	Sp.	Sp.	0,1	1,7	9,6
Killingdal, Norwegen	3	5,9	Sp.	1,9	23	0,9
Boliden, Schweden (p)	8	0,9	0,3	1,4	50	15,5
Outokumbu, Finnland	31	0,5	Sp.	3,5	10,3	1,0
Iberischer Pyritgürtel (z.B. Rio Tinto)	>1000	0,3–0,5		2–6	5–30	0,2–1,5
Rammelsberg	30	19,0	9,0	1,0	160	1,0
Besshi, Japan	33	0,6	0,01	2,9	20,6	0,7
Kuroko-Gebiet, Japan	80	15,5	7,8	1,4	100,0	1,5

Ozeankruste geochemisch eine Rolle spielt. Die größte Bedeutung für relativ hohe Goldgehalte hat jedoch offensichtlich eine intensive metamorphe Überprägung, wodurch das Gold, zusammen mit Blei, Kupfer, Antimon etc., mobilisiert und in tektonisch vorgegebenen Bereichen („Druckschatten") angereichert wird.

In der überwiegenden Zahl der sedimentären Kieserzlagerstätten bildet das Gold, wie auch das Silber, ein wirtschaftlich interessantes Beiprodukt, welches in den meisten Fällen mit dem sog. Kupferkonzentrat im Blisterkupfer eingeschmolzen wird und sich dann bei der Elektroraffinierung zusammen mit anderen Edelmetallen im Anodenschlamm anreichert. Sofern das Gold mit höheren Gehalten in den o. g. Sulfid-Arsenid-Erzen auftritt, werden diese bei der flotativen Trennung gesondert konzentriert und speziell weiterbehandelt. In Fällen, in denen das Gold das ökonomisch wichtigste Produkt darstellt, kann eine Kieserzlagerstätte auch als „Goldlagerstätte" bezeichnet werden.

Den wichtigsten genetischen Faktor stellt meistens eine mehrphasige metamorphe Überprägung und Mobilisation dar, wie es beispielsweise in Boliden und Morro Velho zu beobachten ist (Tab. 10-13). Vor allem in den präkambrischen „Alten Schilden" sind solche hochmetamorphen Kieserzlager weltweit verbreitet. Sie lieferten in vielen Ländern zu Beginn einer Bergbauaktivität relativ große Goldmengen, da sich das Gold durch lokale Oxidations- und Zementationsprozesse am Ausbiß im sog. „Eisernen Hut" nochmals angereichert hatte. In der darunter anstehenden „primären" Vererzung geht der Goldgehalt dann um Zehnerpotenzen bis in den ppm-Bereich zurück, wodurch der ursprüngliche Goldabbau rasch zum Erliegen kam und die Gewinnung der begleitenden Buntmetalle die wirtschaftliche Basis bildete.

10.6.3 Gold und Uran in präkambrischen Konglomeraten

Als Typlokalität und reichstes Vorkommen dieser Art von Lagerstätten ist das Witwatersrand-Becken, kurz „der Rand" genannt, weltweit bekannt. Wenn auch erst vor 100 Jahren entdeckt, stieg der Rand sehr rasch an die Spitze aller Goldproduzenten auf und liefert gegenwärtig, mit über 600 Tonnen Metall pro Jahr, noch immer an die 47% der Weltproduktion an Berggold neben beträchtlichen Mengen an Uran (S. 610). Parallel zu der enormen Bergbauaktivität entwickelte sich auch eine intensive geowissenschaftliche Erforschung, so daß heute der ganze Bereich stratigraphisch, paläogeographisch, sedimentpetrographisch, mineralogisch und geochemisch bis in Teufen von über 5000 m bekannt ist. Über die Herkunft der reichen Goldgehalte bestehen jedoch noch immer gegensätzliche Auffassungen (PRETORIUS 1981, SAAGER 1982, 1986, HALLBAUER & v. GEHLEN 1983, GUILBERT & PARK 1986). Der eigentliche Witwatersrand-Bereich ist ein epi-kontinentales, lakustrisches Becken mit einer SW-NE streichenden Längserstreckung von über 400 km und etwa 160 km NW-SE Durchmesser (Abb. 10-25). Die liegenden Schichten des proterozoischen Witwatersrand-Systems, die spätarchaische Dominion-Gruppe (2850 ± 55 ma), liegen transgressiv auf dem Kristallin des Kapvaal-Kratons (> 3000 ma) (Abb. 10-26). Für die das Witwatersrand-System überlagernde Sedimentabfolge des Ventersdorp-Systems wurden Modellalter von 2300 ± 100 ma ermittelt (Zusammenfassung in SAAGER 1981).

In dem durch die beiden Altersangaben eingegrenzten Zeitraum von ungefähr 500 Millionen Jahren füllte sich das Becken mit klastischem Material, welches durch die Abtragung der umgrenzenden Hochgebiete des Kapvaal-Kratons freigesetzt wurde. Zu diesem basalen Kristallin gehören auch die im auf S. 617 f. erwähnten Serien der Greenstone Belts sowie viele mit ihnen vergesellschaftete Granit-Dome (Abb. 10-25). Die Transportweite der klastischen Serien kann jedoch nicht sehr groß gewesen sein, wie sedimentpetrographische Analysen zeigen (PRETORIUS 1981). Nach Abschluß der zeitweise offensichtlich raschen, in einzelnen Intervallen erfolgten Sedimentation der Witwatersrand-Serien überdeckten die, abgesehen vom Basal Reef, durchweg sterilen Ventersdorp-Sedimente und -Laven, gefolgt vom sedimentären Transvaal-System, weite Bereiche des Kapvaal-Kratons, so daß noch heute große Teile des Witwatersrand-Beckens darunter verborgen sind, wie auch weite Gebiete außerhalb davon. Dieser Umstand ist ein Grund für die z. T. umstrittene Her-

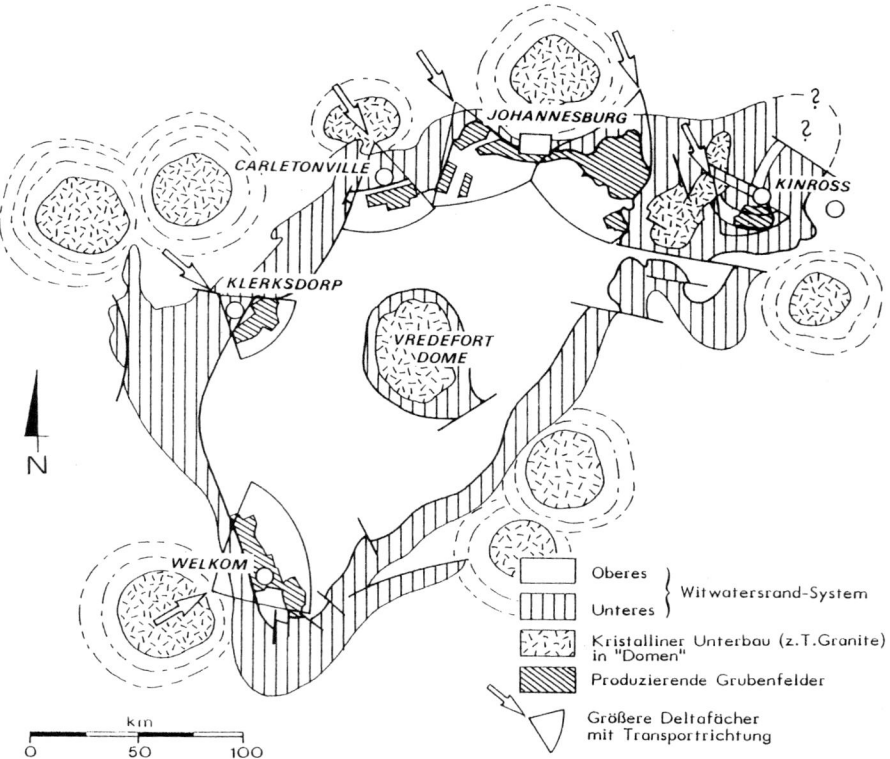

Abb. 10-25. Geologische Kartenskizze des Witwatersrand-Beckens und seines Rahmens. – Umgezeichnet und generalisiert nach PARK & MACDIARMID (1964), SAAGER (1981) und GUILBERT & PARK (1986).

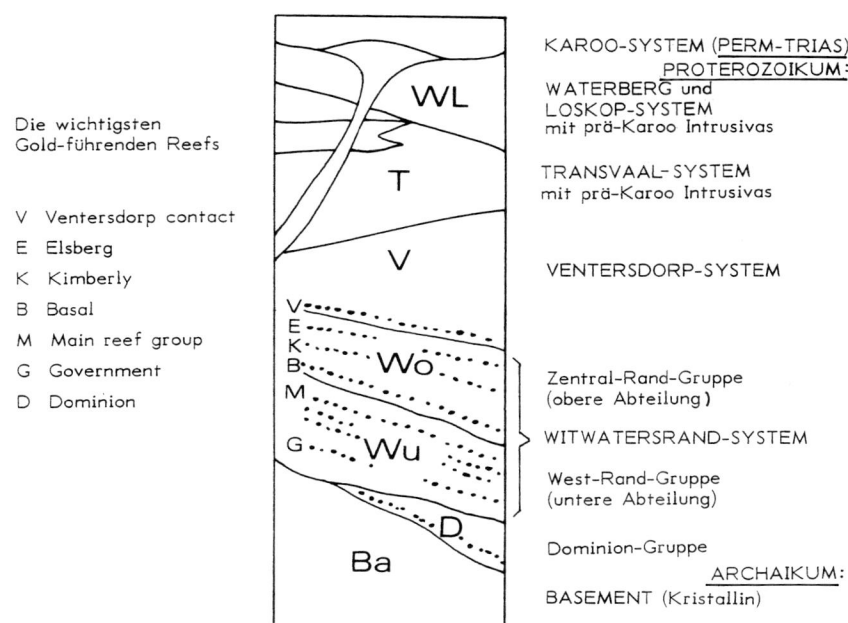

Abb. 10-26. Die stratigraphische Abfolge der proterozoischen Gesteinsserien (D bis WL) im Witwatersrand-Becken und in seiner Umgebung, stark schematisiert (z. B. auch ohne Relation der Mächtigkeiten). – Umgezeichnet nach PARK & MACDIARMID (1964).

kunft des Goldes und Urans im Rand, denn es läßt sich keine eindeutige geologische Verbindung zwischen den potentiellen, weil meist überdeckten Liefergebieten und den Gold-Uran-Lagerstätten im Becken belegen.

Die maximal 7000 m mächtige Sedimentabfolge des Witwatersrand-Systems besteht vor allem aus einer Wechsellagerung von Konglomeraten sehr unterschiedlicher Korngröße und Sandsteinen; pelitische Sedimente treten quantitativ stark zurück. Die sechs großen Gold-Uran-Lagerstättengebiete zeigen einen engen räumlichen Zusammenhang mit großen Schuttfächern, welche durch sedimentpetrographische Untersuchungen als riesige Deltas erkannt wurden, die sich vor relativ engen Mündungstälern in ein lakustrines Becken ausbreiteten. Die stärksten Zuflüsse kamen von NW, wie die quantitative und qualitative Konzentration der Deltas und ihrer Lagerstätten auf den NW- und N-Rand des Beckens zeigen (Abb. 10-25). Eine geringere Zufuhr erfolgte auch von Süden, während der Zufluß von E dagegen eher unbedeutend war. Dieser Befund deckt sich mit der Neigung der einzelnen Bankserien gegen das Beckenzentrum hin, die längs des NW-Randes viel steiler ist, als in den übrigen Bereichen. Parallel zur Schüttungsrichtung vollzieht sich auch eine deutliche Abnahme der Korngrößen gegen das Zentrum hin (Abb. 10-27).

Die besonders hohen Gold- und Urangehalte treten vor allem in konglomeratischen Bänken und weniger in sandigen Horizonten auf. „Langdauernde mechanische Umlagerungs- und Aufarbeitungsprozesse haben im Sedimentationsbecken zu Schwermineralanreicherungen, vor allem in Konglomerathorizonten auf Diskonformitätsflächen, den sogenannten Goldreefs, geführt" (SAAGER 1986: 16). Die Bezeichnung „reef" leitet sich hier von der Morphologie der Tagesausbisse ab, da die quarzreichen und mit Quarzzement verfestigten Konglomerate als Härtlingsrippen („Felsriffe") anstehen. Petrographisch bestehen die Konglomerate fast ausschließlich aus Quarzgeröllen. In der diagenetisch und metamorph gebildeten Quarzgrundmasse finden sich vor allem Gerölle und authi-

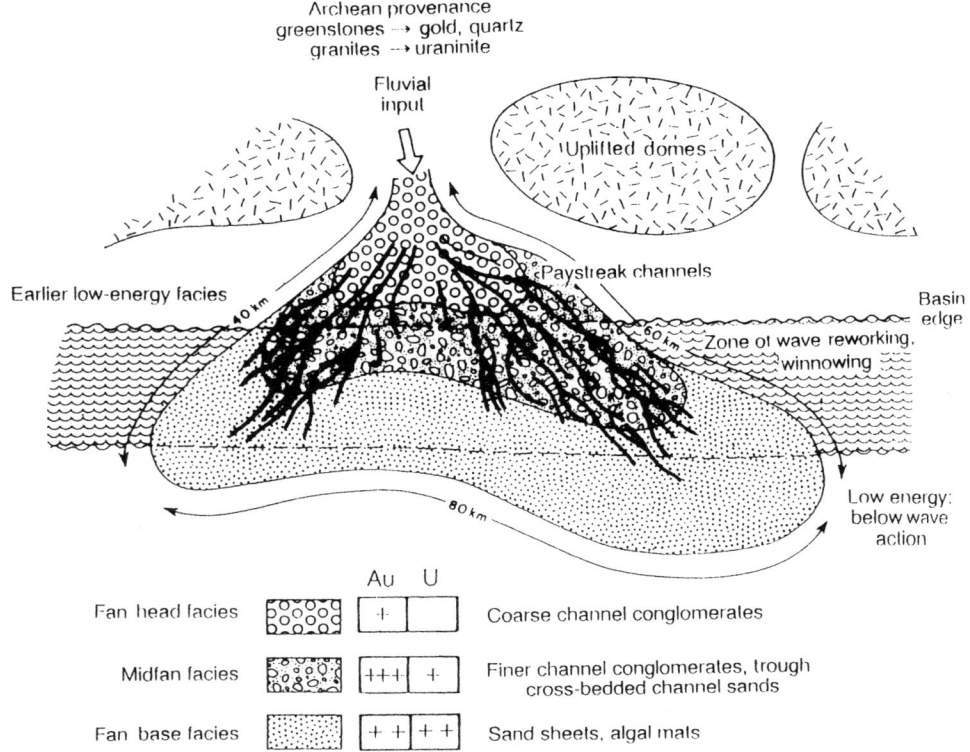

Abb. 10-27. Rekonstruktion eines fluviatilen Fächers im Witwatersrand-Becken mit den sedimentologischen Bildungsbedingungen und der Korrelation von Sedimentfazies und Wertmetallverteilung. – Zusammengestellt nach Pretorius (1981) und Guilbert & Park (1986).

gene Sprossungen von Pyrit, bis mehrere mm Durchmesser, in großer Menge, sowie, untergeordnet, auch andere Sulfiderze, so daß die Reefs mit bloßem Auge mehr als Pyritlager anzusprechen wären. In der Grundmasse treten aber auch andere klastische Schwerminerale auf, wie z. B. Chromit, Granat, Monazit, Kassiterit, Zirkon, Uraninit, Gold und gelegentlich Platinmetalle, was den Anreicherungsmechanismus nach Art einer fluviatilen Seife unterstreicht. Die Gehalte an den beiden Wertelementen schwanken in weiten Grenzen, sie liegen im Durchschnitt bei 7 ppm Gold und 250 ppm Uran.

Die Sedimentserien sind nur von einer relativ schwachen Regionalmetamorphose überprägt. Es wurden Temperaturen von 300 °C und Überlastungsdrucke von 2 bis 4 kb ermittelt (Saager 1986). Der Grundmassenquarz ist stets rekristallisiert; als metamorphe Silikatneubildungen sind Serizit, Pyrophyllit, Chlorit und Chloritoide verbreitet. In der Grundmasse treten zudem mikroskopisch kleine, klastische Partikel einer organischen Substanz mit faseriger Struktur auf, die hier als „Thucholith"[2] bezeichnet wird (Abb. 10-28). Dadurch ist die Existenz von sehr frühen Organismen im Einzugsbereich, zumindest am Rand des Beckens belegt.

Das Gold ist, ebenso wie das Uran, in der Sedimentabfolge des Witwatersrandes nicht gleichmä-

---

[2] Thucholith ist ein Kunstwort, welches die Hauptkomponenten Th, U, C, H und O bezeichnet. Nach Ramdohr (1975) ist der Name irreführend, da Th meist und U gelegentlich fehlen, die organische Substanz („kohlige Substanz") jedoch immer vorherrscht.

ßig verteilt, sondern in einigen, relativ wenigen Konglomerat-Bänken („reefs") von 1 bis maximal 3 m Mächtigkeit angereichert, die meist eine ältere Abrasionsfläche diskordant überlagern („Diskonformitätsflächen") oder als breite Rinnenfüllungen kreuzgeschichtete, taube Sandsteinserien durchschneiden („pay streak channels" in Abb. 10-27). In der Quarzgrundmasse der Konglomerate tritt das Gold in kleinen, meist mit bloßem Auge sichtbaren, zackig begrenzten Flittern und als authigene Sprossungen in Intergranularen auf. Das gesamte Korngefüge beweist für Gold und Uran, weniger für die anderen Schwerminerale, eine intensive Mobilisation und Rekristallisation, wodurch ursprünglich sedimentäre Formen z. T. verwischt wurden (RAMDOHR 1955). Dies betrifft, wenn auch in sehr viel geringerem Umfang, den Pyrit, der neben der erwähnten Geröllform auch in rekristallisierten, z. T. idiomorphen Kristallen sowie rundlichen Konkretionen verbreitet ist. Diese Remobilisationen haben sicher schon während der Diagenese in den porenraumreichen Partien der Schuttfächer eingesetzt und dann während der schwachen Regionalmetamorphose verstärkt stattgefunden. Das ganze Gebiet ist nur blocktektonisch durch ein Bruchlinienmuster in isolierte Horste („Dome") zerteilt. Eine kompressive, faltentektonische Überprägung fehlt, weshalb Gold und Uran keinen Zwang zu einer weiterreichenden Mobilisation in Klüfte und Gangspalten erfuhren.

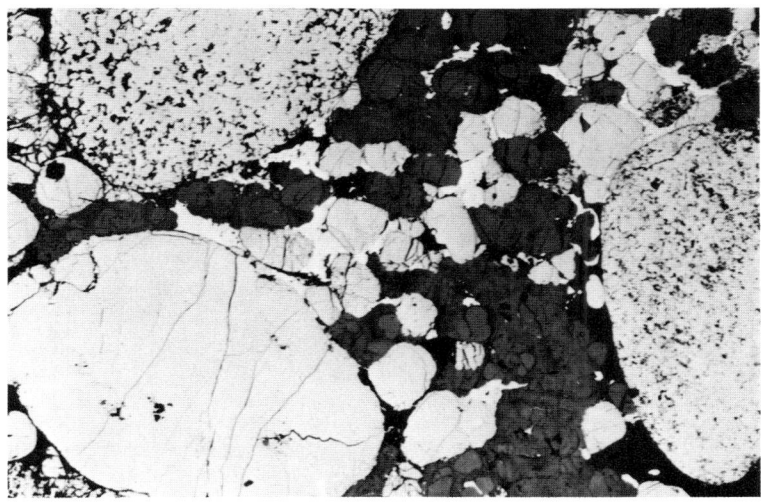

Abb. 10-28. Typische Erzparagenese aus dem Basal Reef, Elsburg Goldmine. Große und kleine Pyritgerölle (Hellgrau, z. T. porös) in einer Grundmasse von Quarz (schwarz). Kollomorphe, rundliche Pechblende (dunkelgrau, Schrumpfrisse) stets von Thucholith umhüllt (dunkelgrau, faserig, fleckig). Das Gold (weiß) bildet unregelmäßige Zwickelfüllungen zwischen Pyrit und Pechblende. – Erzmikroskopische Aufnahme, Pol.//, untere Bildkante ca. 8 mm (Foto U. F. HEIN).

Das Auftreten der „primären" Pyritgerölle und Uraninit-Klasten bietet auch einen Hinweis auf das Klima dieser Zeit: Atmosphäre und Hydrosphäre müssen sehr viel Sauerstoff-ärmer gewesen sein als heute, denn der detritische Transport dieser Minerale, vom erodierten Hinterland mit den Flüssen bis in die Schuttfächer, würde unter den heutigen Bedingungen zu ihrer vollständigen Oxidation führen (PRETORIUS 1981, SAAGER 1981).

Über die Genese der Witwatersrand-Lagerstätten in großen Schuttfächern und die detritische Zufuhr der Erze besteht heute in den meisten Punkten Einigkeit (RAMDOHR 1955, PRETORIUS 1981, SAAGER 1981, GUILBERT & PARK 1986 u. a.), nur die Frage nach den Ursprungsgesteinen ist z. T. noch umstritten (z. B. HALLBAUER & VON GEHLEN 1983). Hier hilft die Verteilung der Schwermine-

Tabelle 10-14. Die relative Häufigkeit einiger Schwerminerale in den psephitischen Sedimentserien der Dominion-Gruppe und des Witwatersrand-Systems (vgl. Abb. 10-26).

Stratigraphische Einheit	G	M	K	Z	Au	U	S	C	P	Potentielle Herkunftsgesteine
Kimberley- und Elsburg Serien			++	++	+	++		+++	+++	Mafische u. ultramafische Laven, felsitische Tuffe
Main- und Bird-Reef-Gruppe			++	+++	++	+++	++	+		Mafische und felsitische Laven u. Pyroklastite, gebänderter Chert und wenige hochdifferenzierte Granite (Wurzelzone)
Tieferes Witwatersrand-System			++	+	++	+		+		Pelite, Schiefer, Grauwacken, BIF (!), Tonalite und Granite
Dominion-Reef-Gruppe	+++	+++	+++	++	+	+++	+		+	Metasandsteine, Quarzite, Konglomerate, hochdifferenzierte, K-reiche Granite und Pegmatite

G = Granat, M = Monazit, K = Kassiterit, Z = Zirkon, Au = Gold, U = Uraninit, S = div. Sulfiderze, C = Chromit, P = Platinmetalle. – + = nicht häufig, ++ = mäßig häufig, +++ = sehr häufig. – Umgezeichnet nach Viljoen et al. (1970, Tab. 1).

rale weiter (Viljoen et al. (1970), s. Tab. 10-14). Im stratigraphisch tiefsten Dominion-Reef (Abb. 10-26) herrscht noch eine Schwermineralgemeinschaft vor, welche auf die Verwitterung granitisch-pegmatischer Gesteine hinweist, während zu den stratigraphisch jüngeren Reefs hin die Schwerminerale aus basischen bis ultrabasischen Gesteinen quantitativ zunehmen und im Kimberley- bzw. Elsburg-Reef die Platinmetalle neben Chromit im Detritus vorherrschen. Der stratigraphische Trend der Schwermineralgesellschaften spiegelt demnach die fortschreitende Erosion im Liefergebiet durch eine inverse Sedimentabfolge wieder (s. auch Viljoen et al. 1970 und Pretorius 1981).

Dabei wird das Uran von den granitischen Intrusiva und das Gold von den ultramafischen Extrusiva abgeleitet. Auch die Spurenelementvergleiche (Co, Ni, Cu, Zn, Pb) von detritischen Pyriten im Witwatersrand-System mit Pyriten in den Ultramafiten der Greenstone Belts sprechen nach Saager (1981) für einen genetischen Zusammenhang. Demgegenüber möchten Hallbauer & von Gehlen (1983) auf Grund von mineralogischen Untersuchungen an Pyriten sowie von geochemischen Ag-Hg-Analysen von Goldflittern beide Minerale, wie auch den Uraninit, aus den Rand-nahen Granithorsten („Dome") ableiten. Darüberhinaus sehen sie Belege dafür, daß das Gold ausschließlich als Detritus transportiert wurde, wie schon RAMDOHR (1955) betont hatte, und nicht, wie zuletzt PRETORIUS (1981) wieder glaubhaft machte, durch die Aktivität von Mikroorganismen zumindest teilweise in Lösung transportiert und auch intraformational umgelagert wurde (s. S. 627 ff.). Wahrscheinlich waren seinerzeit aber doch beide Transport- bzw. Mobilisationsmöglichkeiten gegeben. Die „Wahrheit" läge dann irgendwo in der Mitte.

Faziell ähnliche wenn auch meist etwas jüngere Lagerstätten treten in den präkambrischen Kristallingebieten offenbar weltweit auf (2500–2200 ma). Die Konglomerate im Blind River-Revier, Kanada, repräsentieren fast reine Uranerzlagerstätten mit Spuren von Gold (S. 610 f.). In der Serra de Jacobina, Bahia, Brasilien, stehen bei Morro de Vento Erze mit 8 gAu/t und geringen Uran-Gehalten in Abbau (SIEGERS & RENGER 1985). BATEMAN (1958, zitiert nach PUTZER 1976) berichtete über Erzgehalte von 18 gAu/t und 50–300 gU/t. Gold-führende Konglomerate sind im Tarkwana-Gebiet, Ghana, zeitweise im Abbau. Auch aus der UdSSR (Krivoy Rog, Kursk, Karelien), den USA (Wyoming) und Australien (Fortesche) sind Lagerstätten dieses Typs bekannt (PRETORIUS 1981).

10.6.4 Gold in Lateriten

Von einigen mehr kursorischen Erwähnungen abgesehen, machte EVANS (1981) zuerst auf die Möglichkeit eines Lösungstransportes von Gold und dessen Anreicherung in lateritischen Verwitterungsprofilen aufmerksam.

Erzmikroskopische Belege und theoretische Überlegungen zur Goldanreicherung in Lateriten und auch Bauxiten in West-Australien und Queensland brachte WILSON (1983). Eine erste systematische Untersuchung lateritischer Goldvorkommen und ihrer geochemischen Bildungsbedingungen führte MANN (1984) in West-Australien durch. Bekannt und historisch belegt ist nämlich, daß die Entdeckung der reichen „primären" Goldlagerstätten des Gebietes der „Goldenen Meile", wie z. B. Coolgardie, Kalgoorlie, Menzies und vieler anderer, gegen Ende des 19. Jh. erst durch Funde großer Goldnuggets in der residualen lateritischen Bedeckung des Yilgarn-Blockes erfolgte.

Der Yilgarn-Block wird aus archaischem Kristallin aufgebaut, im wesentlichen aus Graniten und zahlreichen Rudimenten alter „Greenstone Belts" mit den dazugehörigen Serien der BIF. Das Berggold tritt dort zusammen mit Quarz, Karbonaten und Sulfiderzen in Ruschelzonen, Faltensätteln und Imprägnationen des angrenzenden Nebengesteins auf. Die Paragenese ist, wie auf S. 618 angedeutet, als metamorphe Mobilisation in tektonisch vorgezeichnete Strukturen zu verstehen. Dadurch ergeben sich viele Parallelen zu den Goldlagerstätten in der archaischen BIF (S. 617 ff.) und in den proterozoischen Uran-Gold-Konglomeraten (S. 619 ff.).

Der Unterschied zu den präkambrischen Goldvorkommen in Sedimenten besteht jedoch im Entstehungsalter: Die Goldanreicherungen dürften hier erst mit bzw. nach der Bildung der ausgedehnten Lateritdecken im Mesozoikum eingesetzt und ihr klimatisches sowie hydrogeologisches Optimum im Tertiär erreicht haben (MANN 1984). Die Mobilisationsprozesse sollen auch unter den gegenwärtig herrschenden klimatischen (ariden) und hydrogeochemischen Bedingungen noch weiterlaufen.

Als Beleg dazu führt MANN (1984) Analysen des rezenten Grundwassers aus seinem Untersuchungsgebiet an. Von besonderer Bedeutung für seinen hydrogeochemischen Beweis eines Lösungstransportes von Gold sind die ungewöhnlich niedrigen pH-Werte (2,8–4,6) und der hohe Cl-Ionenanteil (4–11 g/l in den Grundwässern. Das benötigte Chlorid ist im ariden Milieu in genügendem Umfang vorhanden. Der Lösungs- und Transportprozeß wird ermöglicht durch die „Ferrolyse", d.h. die Oxidation von Pyrit, vermutlich über die katalytische Wirkung von *Thiobacillus ferroxi-*

Erhöhte Eh-Werte stellen sich im Grundwasser ein. Unter diesen drei chemisch-physikalischen Rahmenbedingungen kann Gold, ähnlich wie Silber, in Lösung gehen. Während das Gold jedoch bei einer geringen Veränderung der o. g. Zustandsbedingungen wieder ausfällt, bleibt Silber in Lösung und wird abtransportiert.

Nach MANN (1984) sind folgende, vereinfachte Reaktionen für den Lösungsprozeß des Goldes maßgeblich:

$$2FeS_2 + 2H_2O + 7O_2 \rightarrow 2Fe^{+2} + 4SO_4^{-2} + 4H^+ \tag{1}$$

Bei höherer Sauerstoffugazität nahe dem Grundwasserspiegel erfolgt dann:

$$2Fe^{+2} + 3H_2O + 1/2O_2 \rightarrow 2FeOOH + 4H^+ \tag{2}$$

Durch diese Reaktionen wird der pH-Wert abgesenkt. Ein Beispiel für die Komplexbildung des Goldes sähe dann so aus:

$$4Au^\circ + 16Cl^- + 3O_2 + 12H^+ \rightarrow 4AuCl_4^- + 6H_2O \tag{3}$$

Für den Transport sind metallorganische Komplexe oder Kolloide notwendig. Die Wiederausfällung könnte beispielsweise so verstanden werden:

$$AuCl_4^- + 3Fe^{+2} + 6H_2O \rightarrow Au^\circ + 3FeOOH + 4Cl^- + 9H^+ \tag{4}$$

Das Eisenhydroxid allein kann schon unter bestimmten Bedingungen als Schutzkolloid für den Goldtransport fungieren. Tatsächlich sind viele Goldseifen durch eine Anreicherung von Eisenhydroxiden gekennzeichnet; im Erzanschliff können zudem lagenweise konzentrische Abfolgen von Eisenhydroxid und Gold mikroskopisch beobachtet werden (MANN 1984, TISTL 1985).

Vermutlich wird der Abbau des Pyrits (ggf. auch Markasit, Magnetkies und anderer Sulfide, wie z. B. Arsenkies) durch die Aktivität von *Thiobacillus ferroxidans* und anderer Bakterien eingeleitet oder beschleunigt, wie PRETORIUS (1981) und SAAGER (1981) für den Witwatersrand durch mikroskopische „Fossilrelikte" belegen konnten. Außerdem entsteht bei der Verwitterung von Pyrit ein besonders hohes Elektropotential, welches die Bildung der Komplexe erst ermöglicht oder fördert (MANN 1984).

Demnach kann heute als gesichert gelten, daß das Gold nicht nur in Zementationszonen, sondern vielmehr auch in den meisten Seifenlagerstätten zum größeren Teil über einen Lösungstransport, wohl meist im Grundwasser, zusätzlich zur mechanischen Konzentration als Schwermineral, angereichert wird. Auf diese Weise sind wohl auch die großen bis 1 kg schweren Nuggets in den tiefsten, meist dunkel gefärbten, tonigen Lagen mancher reicher Seifen zu interpretieren (Abb. 10-9), die bisher durch „ground sluicing", einen lokal verstärkten Spülprozeß, in den „pay streaks" erklärt wurden. Für einen Lösungstransport und das rezente Ausfällen von Gold sprechen auch Beobachtungen, wonach sich das Edelmetall im Lockersediment in kleinen idiomorphen Kristallen abscheidet (WILSON 1983; MANN 1984, MICHEL 1987). Ein Beispiel dafür gibt Abb. 10-30: Auf einem dünnen Goldflitter sind kleine Goldkristalle, meist Oktaeder, aufgewachsen. Diese feinen und „weichen" Gebilde hätten einen mechanischen Transport im Flußsand in dieser Form kaum unversehrt überstanden, wie auch ein kleiner „Harnisch" am oberen Bildrand zeigt. In diesem Zusammenhang sei noch eine Beobachtung von WOODSEND (1984) vom Klondike-Seifenrevier, Kanada, erwähnt: Bei Baggerarbeiten fand man einen alten hölzernen Setzkasten mit einem von Gold überzogenen rostigen Nagel.

Diese wenigen Beispiele mögen genügen, um zu unterstreichen, daß das Edelmetall Gold nicht nur als Schwermineraldetritus, sondern vielmehr auch in einem quantitativ beachtlichen Ausmaß durch Lösungstransport angereichert wird. Dabei fungieren die mechanisch transportierten Goldpartikel, ähnlich wie andere Schwerminerale (WOODSEND 1984) oder auch reliktische Eisenhydroxide, als Keime für weitere Goldausscheidungen bis hin zu den großen konkretionären Nuggets. Die

Untersuchungen von FINKELSTEIN & HANCOCK (1974) deuten darüberhinaus noch an, daß auch für die Metalle der Platingruppe analoge Stabilitätsbedingungen erwartet werden können, wonach für viele Seifen dieser Gruppe eine zusätzliche Anreicherung auf ähnlichem Wege zu vermuten ist.

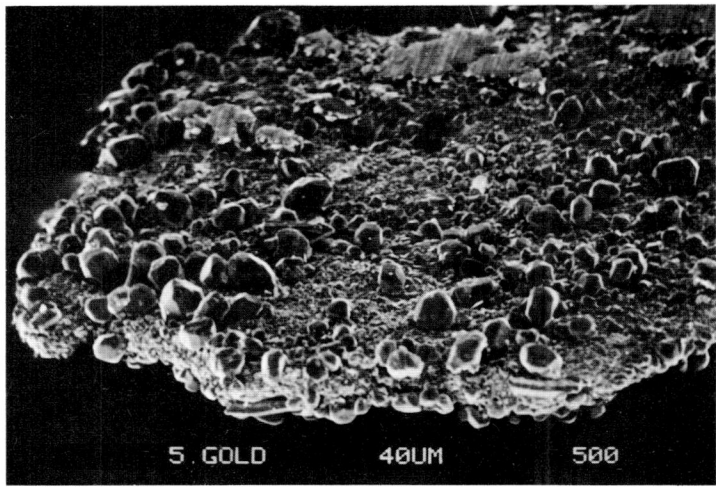

Abb. 10-30. Goldflitter mit nachträglich aufgewachsenen Goldkristallen. Fluß-Seife im Rio Inambari, Süd-Peru. REM-Aufnahme, untere Bildkante = 400µm. Aus SCHNEIDER (1986a).

Zusammenfassung

Gold erscheint in Sedimenten vom Präkambrium bis in die Gegenwart generell in zwei genetisch sehr unterschiedlichen Lagerstättentypen:
 (i) Ursprünglich tritt es diffus verteilt in sulfidisch-arsenidischen Wirtsmineralen als Spurenelement auf. Durch Metamorphose und/oder Verwitterungsprozesse wird es zu (sichtbarem) Freigold angereichert. Als Vertreter dieses Typus gelten die archaischen BIF's, die präkambrischen bis känozoischen Kieserzlagerstätten und manche Gold-führende Laterite.
 (ii) Von großer wirtschaftlicher Bedeutung ist die Anreicherung von Gold in arenitischen und psephitischen, überwiegend fluviatilen Sedimenten (sog. Goldseifen). Als proterozoische Vertreter seien die Lagerstätten vom Typus Witwatersrand (mit Uran!) genannt. Im Quartär treten weltweit Goldseifen in Flüssen auf, meist vergesellschaftet mit anderen Schwermineralen.
 Das Auftreten von Gold in terrestrischen wie in fluviatilen Sedimenten weist jedoch darauf hin, daß das Edelmetall nicht nur als Schwermetall (mechanisch) konzentriert, sondern zu einem großen Teil auch durch Lösungstransport im Grundwasser angereichert wurde.

10.7 Kupfer

10.7.1 Allgemeiner Überblick

Nach der Häufigkeit der Elemente in der Erdkruste steht das Kupfer an etwa 30. Stelle und seine CLARKE-Zahl beträgt 24 ppm. In Lagerstätten ist dieser Durchschnittsgehalt mindestens um den Faktor 200 und in solchen in Sedimenten oft um > 600 angereichert. Die Mineralogie des Kupfers wird durch sein Auftreten als Cu, Cu^+ und Cu^{2+} und seine Affinität zum Schwefel bestimmt sowie durch die Tatsache, daß es, wie Uran und Silber, von oxidierenden Wässern gelöst und in reduzierendem Milieu wieder ausgefällt wird. Kupfer, von dem 235 Minerale bekannt sind, findet sich aufgrund seiner kristallchemischen Eigenschaften und seiner, verglichen mit Schwefel, geringen Affinität zu Silikaten kaum als Bestandteil gesteinsbildender Minerale. In kristallinen Gesteinen tritt es gewöhnlich in Zwickeln in winzigen Chalkopyrit ($CuFeS_2$)-Individuen auf. Zur geochemischen Verbreitung des Kupfers vgl. Tab. 10-18.

Bei der Verwitterung geht das Kupfer als Cu^{2+} in Lösung, wird dabei vom Eisen getrennt und unter dem Grundwasserspiegel reduzierend wieder ausgefällt (S. 63 f.) oder in Lösung sowie auch adsorptiv gebunden an Tonminerale, Fe- oder Mn-Oxide oder an organische Substanz transportiert. Besonders effektvoll sind die Cuprochlorid-Komplexe $CuCl_2^-$ und $CuCl_3^{2-}$, die bei mittleren Eh/pH-Bedingungen Löslichkeiten von X–X0 ppm Cu (und von 100 ppm Cu bei 0,5 m Cl^-) erreichen (ROSE 1976). Nicht kontaminierte Süßwässer führen im Mittel 3 ppb Cu, während küstenfernes Meerwasser um 1 ppb Cu enthält (WEDEPOHL 1973).

Kupferkonzentrationen finden sich in Sedimenten fast ausschließlich in fein- und mittelklastischen Gesteinen und zwar vor allem in dunklen, z. T. merglichen Silt- und Tonsteinen, die reich sind an organischer Substanz sowie in mächtigen Folgen permeabler Sandsteine, die durch Lagen von Tongesteinen gegliedert sind. Vielfach sind sie an der Basis oder im tiefsten Teil einer transgredierenden Folge entwickelt. Im unmittelbaren Liegenden können rote, aride Schuttsedimente („Red beds') vorhanden sein und nicht selten finden sich im Hangenden Evaporit-Formationen. Analog zu den Verwitterungszonen über sulfidischen Kupfer-Lagerstätten entwickeln sich Mineralzonen mit Chalkosin, Bornit, Chalkopyrit und Pyrit mit Galenit und Sphalerit (Tab. 10-15). Die Zufuhr erfolgt entweder syngenetisch bei meist diagenetischer Platznahme oder vielfach und wahrscheinlich überwiegend epigenetisch durch zirkulierende Grund- und Formationswässer oder durch aszendente, aufgeheizte (hydrothermale) Tiefenwässer (BROWN 1978).

Solche zonaren, meist pyritarmen Kupferkonzentrationen in Sedimenten sind weltweit verbreitet, wobei die einzelnen Vorkommen je nach ihrem geologischen Rahmen wesentliche Unterschiede und Eigenständigkeiten aufweisen können. Im folgenden wird unterschieden zwischen Kupferkonzentrationen in (litoralen und) marinen Silt- und Tonsteinen, in mittel- und grobklastischen Sedimenten und ariden Kupferkonzentrationen.

In Geosynklinalen und Riftzonen sind als hydrothermal-sedimentäre Bildungen die stets pyritreichen, z. T. polymetamorphen Kieserzlager verbreitet. In ihnen tritt das Kupfer zusammen mit Zink und häufig mit Blei, Gold, Silber u. a. Metallen auf. Sie werden daher gemeinsam im Abschnitt 10.8 behandelt. Imprägnationen mit Kupfer-Knottenerzen im Buntsandstein der Nordeifel entsprechen den Bleierzknotten von Mechernich, S. 654.

10.7.2 Kupfererze in marinen Silt- und Tonsteinen

Zu dieser Gruppe gehören die Großlagerstätten des mitteleuropäischen Kupferschiefers und des afrikanischen Kupfergürtels, die zusammen > 25% des in Lagerstätten konzentrierten Kupfers enthalten.

Der *Kupferschiefer*, die nach Borgehalten nicht salinare, marine Pelitfazies der Werra-Folge an der Basis des Zechsteins, ist ein extrem feinkörniger, sapropelitischer feinschiefriger (nicht geschieferter) Tonstein (shale) und führt die Metalle Fe, V, Mo, Ni, Cr, U und Co korreliert mit C in Gehalten, die beträchtlich über denen normaler Schwarzschiefer liegen. Er transgrediert über Rotliegendes, Weißliegendes und varistisches Grundgebirge und geht bei allmählich zunehmendem Karbonatgehalt in den hangenden Zechsteinkalk über. In Flachwassergebieten am Südrand des Beckens führt er erhöhte Gehalte an Buntmetallen, die in Lagerstättenbereichen Mittelwerte von 1–2,5% Cu erreichen. Rund 1% seines Verbreitungsgebietes von Irland bis ins Baltikum und nach SE-Polen ist mit ≥ 0,3% Cu mineralisiert und nur etwa 0,2% der Fläche ist bauwürdig vererzt (WEDEPOHL 1980).

Abseits der Lagerstätten beschränkt sich die Kupferführung auf die obersten Zentimeter des gebleichten Liegenden und den unteren Teil des Kupferschiefers. Die Sulfide treten z. T. in submi-

Tabelle 10-15. Geochemische und Mineral-Zonen in Kupfer-Sandstein- und Kupfer-Schiefer-Lagerstätten (ergänzt nach Krendelev et al. in Friedrich et al. 1986).

Redoxpotential der Erzfazies	Erzzone	Fe-Minerale	Gehalt an Rest-C_{org} (%)	Erzminerale	Neben- und Spurenmetalle	Lithologie und Fazies der Erzträger
Oxidierend	Fe-Oxide	Hämatit Limonit Magnetit	O,OX – O,X	selten wenig gediegen Cu (Chalkosin)	—	rote und rotgraue, tonige, litorale bis Deltasandsteine, manchmal mit Salinareinschlag; Rote Fäule in Silt- und Tonsteinen
Schwach reduzierend	Chalkosin (Cu_2S)	sehr wenig	O,X – X	Chalkosin, selten Bornit	Ged. Ag, Au, Hg, Bi, Platin-Gruppen-Elemente	hell- bis dunkelgraue, auch rötlich graue Sandsteine; dunkelgraue Silt- und Tonsteine, selten Karbonate, abgesetzt in Deltas, Lagunen und Buchten im Küstenbereich oder auf dem Flachschelf
Reduzierend	Bornit (Cu_5FeS_4)	Spuren		Bornit, Chalkosin, selten Betechtinit, Sulfosalze	Pb-, Mo-, Re-, Bi-, As-, Sb-Sulfide	
	Chalkopyrit ($CuFeS_2$)	Sulfide Karbonate Silikate		Chalkopyrit, wenig Bornit, Pyrit, selten Galenit, Sphalerit	Co-, Hg-Sulfide, Cd, Ge	
Stark reduzierend	Pyrit (FeS_2)	Sulfide vorherrschend	X – XO	Pyrit, etwas Chalkopyrit, selten Sphalerit (Pyrrhotin)	Arsenopyrit mit Ni, Co, Se, Au	Dunkelgraue bis schwarze graphitische Feinklastika, abgesetzt in größerer Küstenentfernung

kroskopischen Körnern auf. Zumeist sind sie jedoch rekristallisiert mit Durchmessern von 20–100 µm, was ebenso wie die Verwachsungsstrukturen diagenetische Platznahme belegt. Die Metallverteilung ist abhängig von der Meeresboden-Morphologie und von den Redoxverhältnissen am Meeresboden. Höhere Kupfer- und Silbergehalte sind an das Sublitoral und an Schwellen gebunden und hier besonders an den Rand der oxidischen Fazies, der „primären" Roten Fäule, die durch Oberflächendurchlüftung und Bioturbation belegt ist. Beckenwärts folgen Zonen mit erhöhten Blei- und anschließend mit erhöhten Zinkgehalten. Dieser lateralen Zonierung entspricht auch eine vertikale mit Kupfer in den tieferen Lagen, denen nach oben Blei und schließlich Zink folgen (vgl. Tab. 10-15). Beckenwärts geht das Sediment in etwa 150 km Küstenentfernung in normale Schwarzschiefer über. Neben der für Syngenese sprechenden Bindung der Buntmetallführung an die Paläogeographie besteht insofern auch eine Abhängigkeit vom Aufbau des Untergrundes, als sich die höchste Buntmetallführung (1) im Bereich der Mitteldeutschen Schwelle am Nordrand der saxo-thuringischen Zone des Varistikums und (2) über den Rändern von Rotliegendtrögen im Liegenden finden (RENTZSCH 1981).

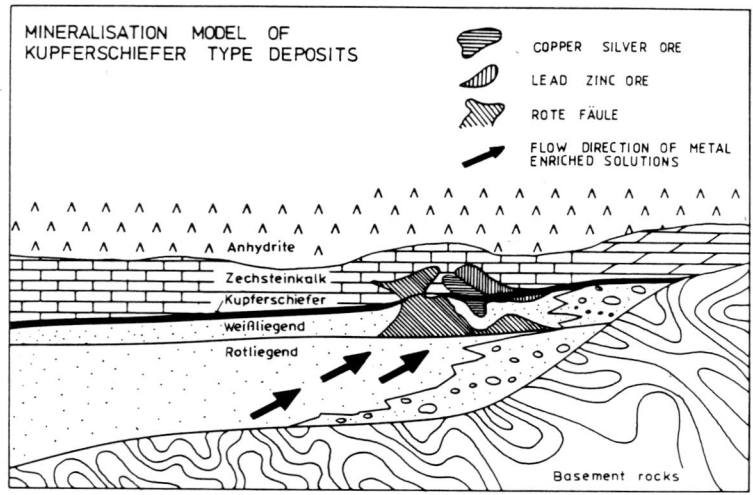

Abb. 10-31. Schemaprofil durch eine Kupferschiefer-Lagerstätte mit Auftreten von (sekundärer) Roter Fäule und der epigenetischen Buntmetallvererzung (nach SCHMIDT et al. in FRIEDRICH et al. 1986).

Diese primäre Sulfidführung wurde postsedimentär in Teilbereichen umgelagert und unter Fortsetzung der Metallzufuhr angereichert. Die Vererzung erreicht dann Mächtigkeiten bis zu ± 10 m und verteilt sich diskordant zur Schichtung auf einen ≤ 10 m mächtigen Schichtkomplex vom liegenden Sandstein bis zur Hangendgrenze des Zechsteinkalks, was im Bergbau zur Unterscheidung von Sanderz, Schiefererz und Kalkerz führte (Abb. 10-31). Der Diskordanzwinkel beträgt meist < 1° bis max. 3°. Der Schiefererzanteil kann erheblich schwanken und beträgt nach RENTZSCH (1981) in Mansfeld 90% und in Sangerhausen 25%. Wirtschaftlich interessante Kupferkonzentrationen entstanden in unmittelbarer Nähe tauber, Fe-Hydroxide und Hämatit führender Bereiche, die mit dem Bergmannsbegriff ‚Rote Fäule' bezeichnet werden. Zwischen dieser Oxidfazies und der Pyritfazies des Beckeninneren finden sich die genannten fazies-abhängigen Paragenesen (Tab. 10-15). RENTZSCH & KNITZSCHKE (1968) konnten anhand von Bohrkernen aus dem Südrandbereich der Kupferschiefer-Verbreitung in der DDR zwischen dem Hämatit-Typ der Roten Fäule-Fazies und der Pyrit-Fazies insgesamt 10 Paragenesen unterscheiden und fanden, daß nur im Bereich der Paragenesen 2–6 mit bauwürdigen Kupfererzen gerechnet werden kann.

Die im Laufe von Jahrzehnten über die Kupferschiefer-Vererzung erarbeiteten Daten waren Anlaß zu kontroversen genetischen Deutungen; Übersichten gaben TOURTELOT & VINE (1976) und MAYNARD (1983). Ein erster Vergleich von 12 Kupferschiefer-Vorkommen am Niederrhein, in Hessen und in Niederschlesien führten SPECZIK et al. (1986) zur Unterscheidung von allgemeinen regionalen und lokal unterschiedlichen Metallotekten ($\approx$ ore controls) und zu folgender zweistufiger Deutung der Kupferschiefer-Metallogenese: Rifting, Vulkanismus und Wärmestromanomalien, die durch spätvaristische Plattenbewegungen ausgelöst worden waren, führten im südlichen Randbereich des Zechsteinbeckens zur Entstehung von Konvektionszellen. Während der ersten Phase vermischten sich aufsteigende metallführende Wässer, die ihren Metallinhalt überwiegend in den Molassetrögen des Rotliegenden aufgenommen hatten, mit dem schnell transgredierenden Zechsteinmeer, gerieten in reduzierendes Milieu, und S^{2-}-Bildung führte verbreitet zur syngenetischen Ausfällung der Buntmetalle.

Die Thermaltätigkeit setzte sich während und nach der Sedimentation des Kupferschiefers fort und be-

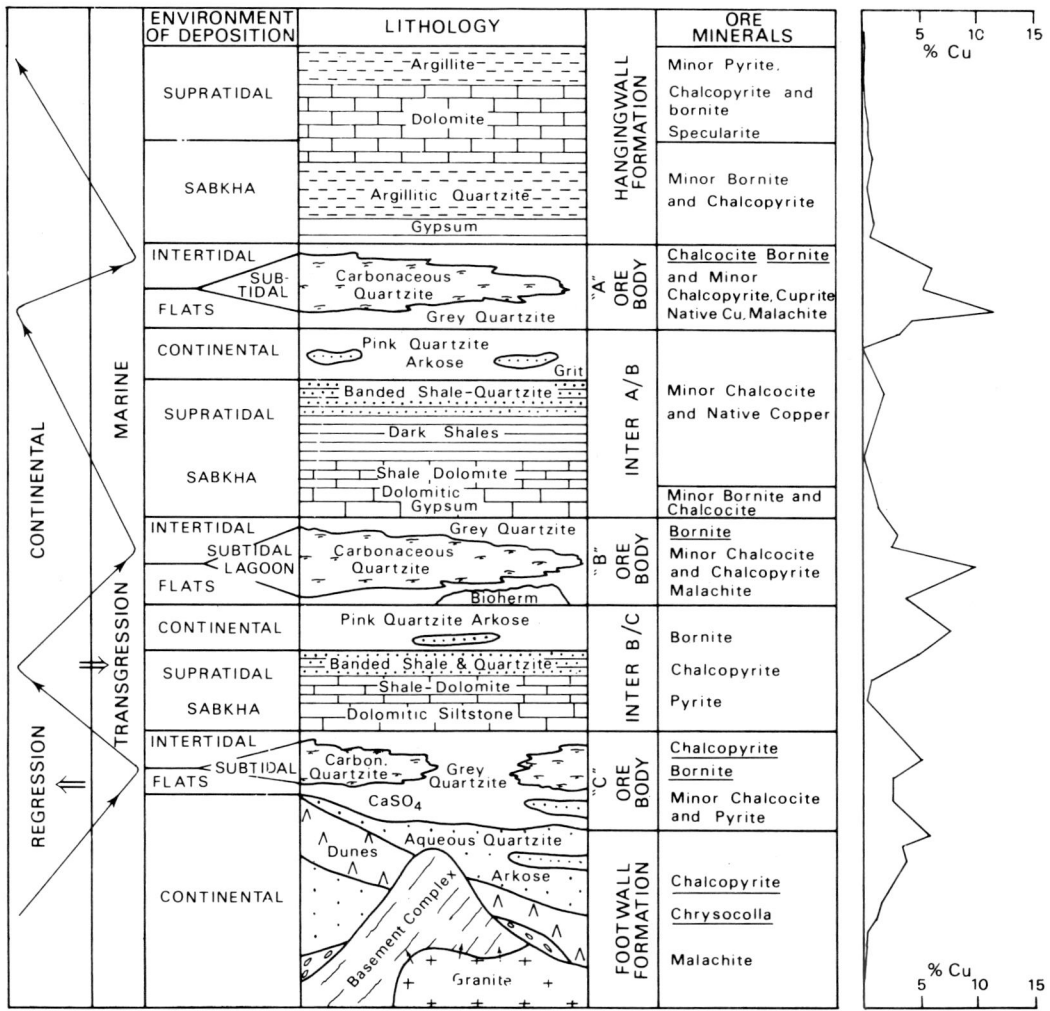

Abb. 10-32. Schichtfolge, Bildungsmilieu und Kupferführung im Afrikanischen Kupfergürtel, Unteres Roan, Katanga-Gruppe, Mufulira-Revier, Sambia (nach RENFRO 1974 aus HUTCHINSON 1983).

schränkt sich zunehmend auf kleinräumige, tektonisch vorgezeichnete Bereiche. Die Metalle stammten jetzt zusätzlich aus dem varistischen Grundgebirge (2. Phase), und es entstanden die epigenetischen Lagerstätten, deren z. T. unterschiedliche Metallführung dem jeweiligen Angebot des Untergrundes entspricht; z. B. wird die erhöhte Pt- und Pd-Führung in der Innersudetischen Mulde mit erheblichen Anteilen an basischen Vulkaniten im Untergrund erklärt, und die geringe Kupferführung am Niederrhein mit 0,02% Cu bei 1,25% Zn und 0,2% Pb auf das Fehlen von Rotliegendem und den Zn-Pb-Inhalt der Karbonsedimente zurückgeführt.

Ähnliche Metallverteilungen wie im Kupferschiefer mit Gehalten im 100 bis 1000 ppm-Bereich beschrieben LUDWIG (1962) aus dem Grauen Hardegsen-Ton des mittleren Buntsandstein in Südniedersachsen und LÜTZNER & RENTZSCH (1975) aus den Goldlauterer Schichten des unteren Rotliegenden im Thüringer Wald.

Die Lagerstätten des mittelproterozoischen *afrikanischen Kupfergürtels*, die in Shaba (Zaire) und Sambia eine der größten Kupfer-Provinzen und die größte Kobalt-Konzentration der Erde bilden, sind in paläogeographischer Position, Schichtfolge und zonarer sowie nicht selten auch diskordanter Vererzung dem Kupferschiefer sehr ähnlich. In Teilbereichen sind jedoch Sandsteine die Haupterzträger. Verschieden sind ferner die Erzführung mit durchschnittlich 2–4,5% Cu und 0,5% Co, die, in Teilbereichen konzentriert, in mehreren, bis 12 m mächtigen Horizonten auftritt, und das evaporitische Milieu, in dem die Schichtfolge entstand. Im Roan Antilope-Revier in Sambia fand die Bildung der drei Erzhorizonte in Transgressionsphasen statt und wurde während Regressionen mit Sabkha-Fazies unterbrochen (Abb. 10-32; vgl. GARLICK 1981).

MOINE et al. (in FRIEDRICH et al. 1986) fanden in metamorphen, talkführenden Ton- und in Karbonatgesteinen mit Mg-Chlorit aus 10 Kupfer-Vorkommen in Sambia bzw. Shaba (1) hohe Mg- und Li-Gehalte, die für beginnende Evaporation sprechen, und (2) mit sehr hoher K-Führung in dem sambischen Schiefern, dagegen niedrigen K- und Na-Gehalten in Schiefern aus Shaba Unterschiede, die auf postsedimentäre, möglicherweise hydrothermale Alterationen zurückgeführt werden. 22 Proben aus dem Mansfelder Kupferschiefer ergaben dagegen keine derartigen Unterschiede zu gewöhnlichen Tongesteinen.

Ein den mittleren Erzhorizont in Mufulira lokal vertretender Dolomithorizont mit Algenriffen enthält in Zwischenrifftonen deutlich höhere Kupfer-Gehalte, die kaum anders als syngenetisch gedeutet werden können (Abb. 10-33). Weitere Argumente für syngenetischen Kupferabsatz bringt GARLICK (1982). Es scheint damit hier wie im Kupferschiefer eine syngenetisch beginnende und über die Dauer der Sedimentation anhaltende Kupferzufuhr vorzuliegen.

Die Lagerstätte *White Pine* in NW-Michigan, USA, führt an der Basis der mittelproterozoischen, aus dunklen Ton- und Siltsteinen bestehenden Nonesuch Shales auf einer Fläche von 500 km^2 im Mittel 1,2% Cu. Eine vertikale Zonierung von unten nach oben mit ged. Cu – Chalkosin – (wenig Bornit – Chalkopyrit –) Pyrit belegt Kupferzufuhr aus dem Liegenden und macht postsedimentäre Verdrängung eines primären Pyritgehalts wahrscheinlich. Das Kupfer wird aus der Lagerstätte in den liegenden basaltischen Laven bezogen, die 1% ged. Cu enthält, und die Gehalte sind von der Ausbildung der Copper Harbour Conglomerates abhängig (Abb. 10-34; BROWN 1971).

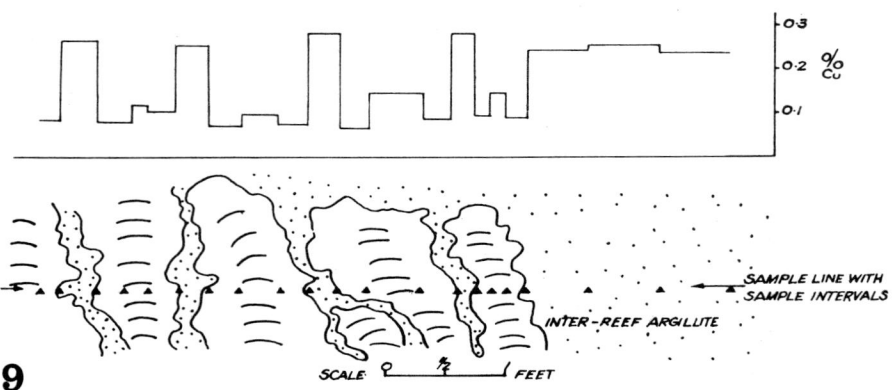

Abb. 10-33. Auftreten von Kupfer in Algen-Bioherm mit Anreicherungen in tonigen Zwischenriff-Sedimenten; Afrikanischer Kupfergürtel, Revier Mufulira, Sambia (nach MALAN 1964).

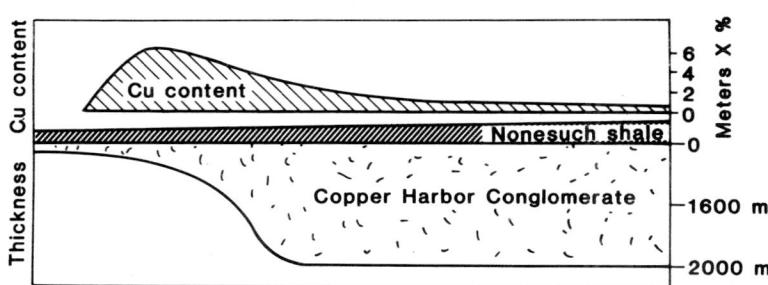

Abb. 10-34. Die Kupfergehalte der Nonesuch shales, White Pine, NW-Michigan, USA, sind der Mächtigkeit der liegenden Konglomerate umgekehrt proportional. Wahrscheinlich wurde der (nach links fließende) Grundwasserstrom mit Cu$^+$ und Cl$^-$ in den Konglomeraten gestaut und verstärkt in die Nonesuch shales gedrängt, in denen das Kupfer ausfiel (aus MAYNARD 1983).

10.7.3 Kupfererze in mittel- und grobklastischen Gesteinen mit Rotlagen

Zum Typ der Kupfer-Sandstein-Lagerstätten gehören die beiden größten Cu-Reviere in der UdSSR, Dscheskasgan in Kasachstan und Udokan in Ostsibirien. Sie zeigen Übergänge zu den oben behandelten Lagerstätten, vor allem des Afrikanischen Kupfergürtels. Die Sulfidführung und die zonare Abfolge der Erzminerale sind praktisch identisch. Wichtigster Unterschied ist neben den Erzträgern, z. B. in Udokan Sandsteinen mit 45–60% Quarz, 20–30% Feldspat, 5–10% Quarz-Serizit-Grundmasse und 1–10% Schwerminerale mit z. T. reichlich Magnetit, das Vorhandensein einer Vielzahl von Erzlagern, -linsen und -bändern in einer mächtigen Schichtfolge. In Dscheskasgan sind es 27 erzführende Lager, 19 davon bauwürdig, in einer 700 m mächtigen Sandsteinfolge. Durchmesser und Mächtigkeit der Erzkörper variieren zwischen X00–X000 m bzw. 0,X–X0 m (SAMONOV & POSHARITSKY in SMIRNOV 1977b). Darüberhinaus betonen diese Autoren eine vertikale Zonierung der Sulfide, die der von White Pine (s. oben) vergleichbar ist und damit die Zufuhr des Kupfers aus dem Liegenden belegt. Die Sulfide verdrängen zumeist das Bindemittel der Sandsteine („segregation ore'). Gelegentlich bildet das Erz die Bänderung der Sandsteine ab und soll, wenn auch Feldspäte und Quarz verdrängt werden, massiges Gefüge erreichen können. In der sowjetischen Literatur sind Argumente sowohl für Syn- als auch für Epigenese der beiden Kupfer-Sandstein-Lagerstätten genannt worden.

Dscheskasgan führt etwa 400 Mio t Erz mit 1,6% Cu. In grauen Lagen oberkarbonischer Deltasandsteine ist das Kupfer gegenüber roten Lagen fünffach angereichert; auch findet es sich verstärkt in Sattelkernen. Das Udokan-Gebirge, 500 km NE Tschita, enthält auf mehr als 100 km Erstreckung eine der größten Kupferkonzentrationen der Erde. Bisher wurden 1,2 Mrd t Erz mit rund 2% Cu ermittelt. Ende 1984 begann die Erschließung (SAMONOV & POSHARITSKY in SMIRNOV 1977b, TOURTELOT & VINE 1976).
Ausgedehnte Kupfer-Mineralisationen in Sandsteinen der proterozoischen Belt-Serie mit einer Reihe mittelgroßer Lagerstätten, z. B. am *Spar-Lake*, NW-Montana, USA, werden mit diesen Lagerstätten verglichen (TOURTELOT & VINE 1976, GUSTAFSON & WILLIAMS 1981). Sie sind etwa gleichaltrig mit den Nonesuch Shales von White Pine (s. oben). Die Kupfer-Konglomerat-Lagerstätte *Repparfjord*, 100 km SW des Nordkaps, Norwegen, stellt eine fossile Seife wahrscheinlich karelischen Alters (? 1800–2000 Mio a) dar (STRIBRNY 1985). Sie enthält 10 Mio t Erz, von denen 3 Mio t mit 0,65% Cu abgebaut wurden. Die gradierten Metakonglomerate führen detritischen Chalkopyrit, Pyrit, Cobaltit und zahlreiche weitere Sulfide u. a. Schwerminerale in den liegenden groben Lagen. Hohe Kupfergehalte in den hangenden tonigen Lagen der Bänke sind auf adsorbierte Kupferionen zurückzuführen. STRIBRNY vergleicht die Lagerstätte hinsichtlich ihrer Entstehung mit dem Witwatersrand (s. 10.6), dem sie auch altersmäßig etwa gleichzustellen sein dürfte.

10.7.4 Aride Kupferkonzentrationen auf dem Festland

Aride Kupferkonzentrationen sind weltweit verbreitet und unterscheiden sich von den beschriebenen, in flachmarinem bis litoralem Milieu entstandenen Großlagerstätten in erster Linie durch ihre Bildung auf dem Festland in ariden bis semiariden Klimazonen. Rote Sedimente, darunter terrestrische Schuttmassen und Fanglomerate, überwiegen in der Schichtfolge. Meist bilden Pflanzenreste das reduzierende Milieu mit Bleichungszonen, das zum Ausfallen des Kupfers führt. Die Vererzungen treten in den verschiedensten Horizonten auf und sind meist so klein, unregelmäßig-absetzig und geringhaltig, daß die Erzkörper nur selten bauwürdig werden. Erzminerale sind Chalkosin, örtlich reichlich ged. Kupfer und Cuprit (Cu_2O), neben Chalkopyrit, Bornit und Sekundärmineralen. In Deutschland finden sich Beispiele im Rotliegenden bei Göllheim in der Pfalz und im Buntsandstein auf Helgoland, bei Twiste, NE Korbach, und in der Umgebung des Schwarzwaldes (WALTHER 1982).

Im Colorado-Plateau und seiner Umgebung im SW der USA sind Kupfererze im unteren Teil der jungpaläozoischen „Red beds", besonders im Perm, und in der Trias weit verbreitet. Sie sind den U-V-Erzen ähnlich (10.5), die in den Jura- und Kreidesandsteinen vorherrschen und in den grünen Lagen anomale Gehalte von $\geq$ 100 ppm Cu führen (WEDEPOHL 1973). In zahlreichen kleinen Gruben wurden im 19. Jh. Kupfererze gewonnen, und um 1955 wurde eine ganze Anzahl von Lagerstätten auf U-V-Cu-Erze gebaut. Das gleiche gilt für die U-Cu-Brekzienschlote in Sandsteinen in NW-Arizona, die wegen ihrer hohen Gehalte auch heute noch gesuchte Explorationsobjekte sind (10.5; WENRICH 1985).

Der Typ der ariden Cu-Konzentrationen ist auch in der Permo-Trias der peruanischen Anden und im Tertiär des bolivianischen Altiplano verbreitet. Hier sind die bekannten Sandstein-Vererzungen im Corocoro-Becken den Lagerstätten des Colorado-Plateaus ähnlich (10.5; LJUNGGREN & MEYER 1964).

Gebiete mit ausgedehnten roten kupferführenden Sandsteinfolgen sind auch das Perm des westlichen Uralvorlandes und das Jungproterozoikum und Phanerozoikum in Mittelasien. Vom Dscheskasgan-Revier ausgehend haben SUSURA et al. (in FRIEDRICH et al. 1986) eine metallogenetische Klassifikation der Rotformationen mit Kupfersulfiden und der mit ihnen räumlich verbundenen Typen der Schiefer- und Sandstein-Lagerstätten aufgrund folgender Kriterien entwickelt: Gestalt der Erzkörper, Metallführung und -gehalte, Mineralzonen, Alter der Erzträger, vulkanogene, Evaporations-, biogene und exogene Einflüsse sowie die geotektonische Position des Teilgebietes.

Aride Kupfersilikat-Lagerstätten mit Chrysokoll ($CuSiO_3.nH_2O$) als wichtigstem oder einzigem Erzmineral bilden sich bei Mischung alkalischer, SiO_2-reicher Grundwässer in jungen Beckenfüllungen mit Zuflüssen schwach saurer, verdünnter Kupferlösungen mittels Chemosorption von Cu-Ionen durch Dikieselsäure. In Nordchile treten sie in der Umgebung von Kupfer-Porphyries als „exotic orebodies" auf. Das Kupfer stammt aus der Oxidationszone der Porphyries, wobei auch aus sulfidischen Protoerzen im Zuge von Verwitterung und Lösungstransport in tektonisch-stratigraphischen Fallen bauwürdige Chrysokollerze mit 2% Cu und > 2 Mio t Metallinhalt entstehen können (ROETHE 1975).

Zusammenfassung

Kupferkonzentrationen finden sich in Sedimenten als Großlagerstätten fast ausschließlich (1) in marinen, dunklen und bituminösen Tongesteinen, vielfach über einer Transgressionsfläche und oft mit einer Evaporit-Formation im Hangenden, und (2) in permeablen, nicht selten als Deltaschüttungen entstandenen Sandsteinfolgen, die mit impermeablen Tongesteinen wechsellagern und in denen eine Vielzahl von Erzlagern, -linsen und -bändern auftritt. Ferner findet sich das Kupfer (3) in meist kleineren Lagerstätten und oft in der Umgebung anstehender und der Verwitterung zugänglicher Kupferlagerstätten in Bleichungszonen roter arider Sedimentschüttungen. Das Auftreten des Kupfers ist dabei bestimmt durch seine leichte Löslichkeit bei hohem und die leichte Fällbarkeit bei niedrigem Eh. Die Vererzung zeigt vielfach eine Zonierung zwischen einer Fe-Oxid-Zone, der ‚Roten Fäule' im Kupferschiefer, und einer Fe-Sulfid-Zone. Übergänge bilden mit zunehmend reduzierendem Milieu bis zu 10 Zonen mit Chalkosin, Bornit bzw. Chalkopyrit als Haupterzmineralen. Die Zufuhr erfolgt syngenetisch bei meist diagenetischer Platznahme (und/) oder epigenetisch durch zirkulierende Bergwässer oder aszendente, aufgeheizte (hydrothermale) Tiefenwässer.

10.8 Kieserzlager

Die Sulfide der Buntmetalle Kupfer, Zink und Blei bilden, meist gemeinsam mit viel Pyrit und oft zusammen mit zahlreichen anderen Metallen die *hydrothermal-sedimentären* ‚Kieserzlager' (abgeleitet von Schwefelkies, Magnetkies, Kupferkies u. ä. Mineralen). Die klassischen ‚Kieslager' i. e. S. führen dagegen meist nur Pyrit oder Fe-Sulfide und Kupferkies mit sehr wenig Zink und Blei. Bei den Kieserzlagern i. w. S. (z. B. SCHNEIDERHÖHN 1962) werden mehrere Typen unterschieden (Tab. 10-16). Sie bildeten sich seit dem Archaikum fast während der gesamten Erdgeschichte und sind weltweit verbreitet. Sie stellen eine der wichtigsten Quellen für Blei und Zink dar und liefern bedeutende Anteile an Kupfer, Gold, Silber und einer Reihe von Sondermetallen sowie z. T. an Baryt (S. 673).

Im anglo-amerikanischen Sprachbereich werden die Lagerstätten dieser Gruppe, „which are normally composed of at least 60 percent sulfide minerals in their stratiform portions" (FRANKLIN et al. 1981), als „massive sulfide deposits" bezeichnet, definiert als „any mass of unusually abundant metallic sulfide minerals e. g. a Kuroko deposit" (Glossary of Geology 1980). Der Begriff ist in der Übersetzung inkorrekt, da „massive" (= massig, richtungslos, ungeschichtet) das Gefüge der Erze falsch beschreibt.

Die Kieserzlager sind submarin gebildete, schichtgebundene und meist schichtige Erzkörper. Die Sulfide können vollständig in syngenetischen Lagerstättenteilen konzentriert sein, aber viele Lagerstätten führen, zumeist im unmittelbaren Liegenden, einen nennenswerten und hier epigenetischen Sulfidanteil in Gang- und Stockwerksvererzungen. Sie werden überwiegend als Absätze in den Zufuhrkanälen der Erzlösungen gedeutet. Die Lagerstätten treten in unterschiedlichen Nebengesteinen auf, jedoch vorwiegend in Vulkaniten, vulkano-sedimentären Formationen (volcanic-associated) und in meist pelitischen Sedimentfolgen (sediment-hosted). Hauptkomponente ist fast stets Pyrit mit Melnikowit, Markasit (alle FeS_2) und oft Pyrrhotin (FeS) neben wechselnden Anteilen an Chalkopyrit ($CuFeS_2$), Sphalerit (ZnS) und, ab mittlerem Proterozoikum und in bestimmten Typen, auch an Galenit (PbS) als Wertmineralen. Gold und/oder Silber können wirtschaftlich wichtig werden. Gangarten sind Quarz, örtlich auch Karbonate sowie Baryt, der ähnlich wie Galenit auftritt. Fahlbänder, in den Ostalpen Brande genannt, sind Fe-, z. T. auch Cu-Sulfide führende Lagen in metamorphen Gesteinen und stellen meist rein sedimentär entstandene Übergangsbildungen zwischen Kieserzlagern und tauben Schiefern dar.

Als Energiequelle für den Aufstieg der Thermallösungen gelten Konvektionssysteme, die durch Temperaturunterschiede, z. B. infolge lokaler Intrusionen, entstehen und unterhalten werden (Abb. 10-35). Größere Dichte der Erzlösungen gegenüber dem Meerwasser bewirkt deren Sammlung und den Niederschlag der Sulfide in Senken des Meeresbodens, z. B. in Calderen. Rhythmische Geltexturen mit framboidalen Pyriten (RAMDOHR in KRAUME et al. 1955) lassen auf kolloidale Lösungen schließen. Lastmarken, z. B. durch vulkanische Auswürflinge, u. a. geopetale Gefüge treten gelegentlich auf. Nebengesteinsveränderungen, vor allem Serizit- und Chloritbildung im Liegenden, können bei hydrothermalen Nachschüben auch das Hangende abgeschwächt beeinflussen (Abb. 10-38). Die Primärgefüge machen bei Rekristallisation und Metamorphose zunehmend körnigem Gefüge Platz. Kieserzlager bestehen oft aus Lagen verschiedener Erzsorten mit Pyrit und

Tabelle 10-17. Wichtige Parameter der Haupttypen hydrothermal-sedimentärer Kieserzlager (zusammengestellt nach EVANS 1980, KLAU & LARGE 1980, FRANKLIN et al. 1981, SAWKINS 1984, COX & SINGER 1984 und den unten genannten Autoren)

Lagerstätten-Typ	Zypern-Typ	Besshi-Typ	Kuroko-Typ	Rammelsberg-Typ
Mächtigkeit	bis 30 m	um 3 (bis 10) m	1–100 m	Einzellager 10 bis 50 (–100) m, mehrere Erzkörper in Schichtfolgen bis 1000 m
Durchmesser	100 (bis 500) m	2000 bis >3000 m	Erzlinsen 10^1 bis 10^2 (–>500) m, Schwarm von Erzlinsen 1,5 × 3 km	Größenordnungen 10^2 bis 10^3 m
Metallführung (%; Au + Ag in g/t)	Fe, Cu 0,5–6, Zn 0,1–5 (–10), Au 0,1–5, Ag 1–50	Fe, Cu 0,5–4, Zn 0,2–2, ±Co, Au 0,1–4, Ag 2,5–60, anomale Werte von Mo und Sn	Fe, Zn 0,5–10, Pb 0,1–5, Cu 0,5–5, Au 0,1–5, Ag 5–150, Sulfate	Fe, Zn 1–20, Pb 0,5–10, Cu <0,1–1, Au bis 1, Ag 5–200, (Rb : Cu = 1 : 0,2), z.T. viel Baryt, oft in eigenen Lagern
Vorphase	Zn-Cu-Sulfide (?)	?	—	Pyrit, Karbonate, z.T. Mn-reich
Liegendes	Quarz-Sulfid-Stockwerk	Quarz-Magnetit-Schiefer, gelegentlich Turmalin	Pyrit-Chalkopyrit-Quarz-Stockwerk	Quarz, ± Sulfide, gelegentlich Turmalin
Nachphase	Ocker-Horizont (bei S^{2-}-Unterschuß)	Mn-Aureole	Fe-schüssiger Hornstein (Tetsusekiei)	Mn, ± Fe, ± Zn, ± Ba
Mineral-Zonierung	wenig bis fehlend	wenig bis fehlend	besonders vertikal ausgeprägt	lateral verbreitet, vertikal seltener
Erztonnage	<0,1 bis ±25 Mio. t	<0,1 bis 20 (–35) Mio. t	<0,1 bis 25 Mio. t	<10 bis 50 Mio. t, Proteroz. bis >200 t
Nebengestein	Pillow-Basalte in Ophiolith-Komplexen (ozeanische Kruste), sehr wenig Klastika	Metabasalt (oder Quarzkeratophyr), Tuffe, Phyllite, Grauwacken	Rhyolith, Dazit, Tuffe, vulkanogene Klastika, Tiefseeschlammsteine	mächtige, vorw. euxinische Sedimente, Schiefer, Sandsteine, Karbonate, einzelne Tufflagen, selten örtl. Vulkanite
Alteration	Quarz und Chlorit im Liegenden, z.T. wenig ausgeprägt	Quarz; sonst metamorph überprägt	Serizit, Chlorit, vorwiegend im Liegenden, bis 300 m ins Hangende	abhängig von Hydrothermen-pH u. ä., Quarz, Schichtsilikate, Karbonate; Sullivan, Lgd.: Turmalin, Hgd.: Albit
Mindestabstand der Erzkörper	±3 (bis 5) km	3 bis 5 km	5–10 km längs Grundgebirgsstörungen	ca. 18 km
Temperatur der Erzlösungen	bis 350 °C	?	150 °C steigend bis 350 °C	bis 280 °C, bei reichlich Cu bis 350 °C
Salinität	ähnlich Meerwasser	?	ähnlich Meerwasser (bis 2 × Meerwasser)	10–24 Gew.-% NaCl-Äquivalent

Kieserzlager

Bildungstiefe	1000 bis 4000 m Wassertiefe	>1000 m Wassertiefe	3500 ± 500 m Wassertiefe	± 200 bis >500 m Wassertiefe
Bildungsdauer	10^4 bis 10^5 Jahre	10^4 bis 10^5 Jahre	10^2 bis 10^4 Jahre	10^4 bis 10^6 Jahre
Auftreten	(Archaikum?), Paläozoikum bis Känozoikum	Proterozoikum bis Mesozoikum; rezent (?)	Archaikum (Greenstone Belts) bis rezent	Mittel-Proterozoikum bis Mesozoikum
Geologischer Rahmen	Rifting in ozeanischer Kruste (divergente Plattengrenze)	Epikratonisches Rifting, Eugeosynklinale	Rifting hinter (oder vor) Inselbögen, konvergente Plattengrenze, submarine Caldera als morpholog. Falle, spätmineralisch Intrusion der ‚white rhyolites'	Infrasial-Rifting, Miogeosynklinale, synsedimentäre Tektonik mit Halbgräben, Becken 3. Ordnung ($X00 \times >1000\, m^2$) als morphologische Fallen
Beispiele	Troodos-Komplex, Zypern; Barlo, Luzon, Philippinen; Ergani Maden, Türkei; Halbinsel Oman; Løkken, SW Trondheim, Norwegen; Betts Cove, Neufundland, Kanada; Ostpazifischer Rücken	Besshi, Schikoku, Japan; alpine Kieslager; Ducktown, Tennessee, USA; Killingdal, SE Trondheim, Norwegen; Outokumpu, Finnland; Guaymas-Becken, Golf von Kalifornien, Mexiko (?)	Hokuroko-Distrikt, NE-Honschu, Japan; Undu-Halbins.; Fidschi; Avoca, Irland; Buchans, Neufundland; Noranda, Quebec, Kanada	Rammelsberg; Meggen, Deutschland; Filiztschai, Azerbeidjan, UdSSR; Sullivan, Brit.-Kolumbien, Kanada; Mc Arthur River, North. Terr.; Mount Isa, Queensland; Broken Hill, N.S.W., Australien
Literatur	Panayiotou 1980	Fox 1984	Collay 1976, Ohmoto & Skinner 1983	Large 1980, Russel et al. 1981, Gustafson & Williams 1981, Sangster 1983

10.8.1 Lagerstätten des Zypern-Typs

Die Pyrit-Kupferkies-Lager des Zypern-Typs sind an divergente Zonen (spreading center) in ozeanischer Kruste gebunden (ophiolite-associated) und finden sich im Hangenden der Diabasgang-Komplexe, meist über den unteren Pillow-Laven, d. h. sie entstanden während einer Pause der Basalt-Förderung. In ihrem Liegenden ist in einer hydrothermalen Alterationszone oft eine Stockwerksvererzung (= enges vererztes Kluftnetz) mit Quarz entwickelt, deren Sulfidgehalte nach unten rasch abnehmen. Nach Geochemie, Flüssigkeits-Einschlüssen und stabilen Isotopen bestehen die Hydrothermen aus aufgeheiztem Meerwasser, das in Konvektionszellen unter Laugung von Schwermetallen bis zu mehreren Kilometer tief in der jungen Kruste zirkulierte (Abb. 10-35); der Sulfidschwefel stammt z. T. aus dem Meerwasser (HEATON & SHEPPARD 1977).

Die Sulfide unterliegen nach ihrem Absatz der Oxidation durch das Meerwasser, und die Lager werden von ihren Zersetzungsprodukten, Ocker, Umbra, z. T. mit Radiolarien, sowie untergeordnet feinklastischen Sedimenten mit gelegentlichen Wurmspuren, zugedeckt. Ocker und Umbra sind Pigmente aus Fe- bzw. Mn-Hydroxiden, Quarz und Tonanteilen, die bei S^2-Unterschuß auch primär entstehen können (vgl. Tab. 10-17). Diese Absätze und spätere Lavaströme schützen die Sulfide vor weiterer Oxidation. Zusammen mit einem silikatischen Erzhorizont an der Basis treten manchmal phyllitische Sedimente auf. Diese pelagischen Bildungen sind jedoch nur ganz untergeordnet gegenüber den liegenden und hangenden, oft spilitisierten tholeiitischen Basalten.

Mineralogisch und geochemisch zeigt die kretazische Ophiolithfolge des Troodos-Massivs auf Zypern deutliche Unterschiede zur heutigen ozeanischen Kruste und ist der von Inselbogen-Milieus ähnlich. PEARCE et al. (1984) unterschieden zwischen ‚mid-ocean ridge basalt'- (MORB-) Ophiolithen und ‚supra-subduction zone' (SSZ-) Ophiolithen, zu denen auch diejenigen des Troodos-Massivs gehören (l. c.: 81). Als Ursache wird die Aufschmelzung hydratisierter subduzierter ozeanischer Kruste bei den SSZ-Ophiolithen angenommen, während es sich bei den MORB-Ophiolithen um Magmen aus Material des Oberen Mantels handelt. (Im Schema der Abb. 10-35 ist die Subduktionszone nicht dargestellt).

Auch die an die beiden Ophiolith-Typen gebundenen Lagerstätten weisen deutliche Unterschiede auf (MARCHAL & OHNENSTETTER 1984). Bei den SSZ-Ophiolithen sind es podiforme Chromite und die beschriebenen Kieserzlager des Zypern-Typs. Den MORB-Ophiolithen fehlen Chromite und die Sulfidvorkommen sind mit wenigen 10 000 t Erz und meist ≤ 1% Cu wesentlich kleiner, nur selten wirtschaftlich und führen eine schwefelarme Paragenese mit Bornit (Cu_4FeS_5), wenig Pyrit und manchmal Magnetit (Typ St. Véran, Westalpen, nach BOULADON & PICOT 1968: 35; Tab. 10-16). Sie sind außer in den Westalpen im Appenin und auf Korsika verbreitet und werden mit rezenten Sulfidabsätzen an sich rasch öffnenden Plattengrenzen (‚fast spreading ridges') verglichen (S. 577).

10.8.2 Lagerstätten des Besshi-Typs

Der Besshi-Typ, benannt nach der größten japanischen Pyrit-Kupferkies-Lagerstätte auf Schikoku in der metamorphen Außenzone SW-Japans, ist dem Zypern-Typ in der Bindung an mafische Vulkanite und in der Metallführung ähnlich, unterscheidet sich aber durch mächtige, feinschichtige, tonig-sandige Sedimente und Tuffe in den Begleitgesteinen (Abb. 10-37). Dabei besteht eine enge Korrelation zwischen der Häufigkeit von zumeist tholeiitischen Metabasalten (within-plate basalts) in der Schichtfolge und der Zahl der Erzlager. Die mächtige, jungpaläozoische Folge, in der mehr als hundert Kieserzkörper auftreten, ist im Grünschieferstadium metamorphosiert und führt in Einzellagen Glaukophan. Die Erzlager sind flözartig-konkordant, wenige Meter mächtig und haben Durchmesser bis zu einigen Kilometern. Das Erz ist feinkörnig und feinschichtig. Geringmächtige, Magnetit führende Quarzschiefer begleiten die Lager im Hangenden und Liegenden und werden als Oxidfazies der ‚banded iron formation' (BIF; S. 590 ff.) gedeutet. Piemontit und Spessartin in den hangenden Quarzschiefern weisen auf eine Mangan-Aureole hin.

Die bis 1973 gebaute Besshi-Lagerstätte lieferte 33 Mio t Pyriterz mit durchschnittlich 2,9% Cu (Fox 1984). Das Erz enthielt ferner um 0,6% Zn, 0,01% Pb und 0,1% Co. Da infolge der Metamorphose der Typlagerstätte Vergleiche mit rezenten Bildungen am Meeresboden nicht eindeutig sind, bleiben Schlußfolgerungen auf die Bildungsbedingungen unsicher.

SAWKINS (1976, 1984) verglich vor allem die metamorphen Kieslager in den Kaledoniden Norwegens und in den Appalachen mit dem Besshi-Typ, was Fox (1984) ergänzte und auf Vorkommen in Finnland, SW-Afrika, West-Kanada und dem Labrador-Trog erweiterte. In Mitteleuropa gelten die alpinen Kieslager des Tauernfensters (vgl. DERKMANN & KLEMM 1977, KLAU & LARGE 1980: 37) und die Kieserze im Randbereich der Münchberger Gneismasse mit der Hauptlagerstätte Kupferberg (DILL 1985: 130) als Besshi-Typ-Lagerstätten. Auch die Protoerze (engl. protore; Gestein, dessen anomal hoher Metallgehalt für eine wirtschaftliche Nutzung nicht ausreicht) der Stockwerkslagerstätte von Marsberg im Sauerland, die durch intraformationale Umlagerungen syngenetischer Kupfergehalte in einer unterkarbonischen vulkano-sedimentären Schichtfolge während der varistischen Faltung entstanden ist (STRIBRNY 1987), weisen Ähnlichkeiten mit diesem Typ auf.

Der Besshi-Typ kombiniert Elemente der Typen Zypern – Metall-Inhalt – und Kuroko – lithologisches und tektonisches Milieu –. Treten in einem Orogen Lagerstätten des Besshi-Typs und des Kuroko-Typs auf, so sind letztere stets jünger (Fox 1984: 65).

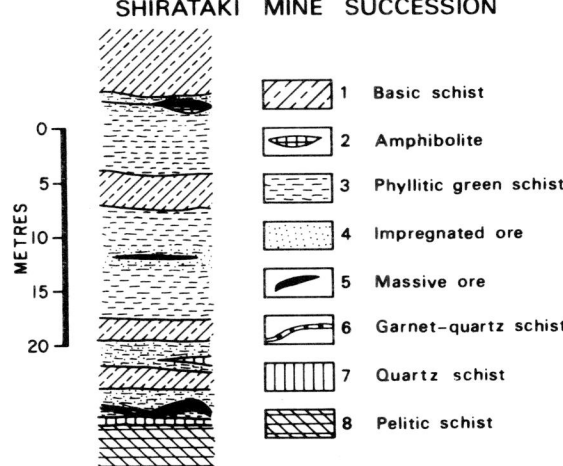

Abb. 10-37. Schichtfolge mit Besshi-Typ Erzkörpern in der jungpaläozoischen Minawa-Formation auf Schikoku, Japan (nach HUTCHINSON 1983).

SCOTT et al. (1983, zitiert nach SAWKINS 1984) deuteten die Fe-Cu-Zn-Sulfiderze im Guaymas-Becken im Golf von Kalifornien als rezentes Beispiel des Besshi-Typs. Die über eine Fläche von 7×2 km^2 am Meeresboden verteilten Sulfidsenken liegen (1.) über einer aktiven Zone des Ostpazifischen Rückens (spreading center) und (2.) infolge der hohen Sedimentationsrate im Golf in einem sedimentären Milieu und deutlich über der ozeanischen Kruste. Auch die in vergleichbarer geotektonischer Situation sich bildenden Hydrothermalsedimente im Roten Meer wurden mit dem Besshi-Typ verglichen (SAWKINS 1984: 117, 217, Fox 1984).

10.8.3 Lagerstätten des Kuroko-Typs

Der weltweit verbreitete Typ Kuroko (japanisch = schwarzes Erz) ist im Gegensatz zu den Typen Zypern und Besshi an felsische Magmatite gebunden und führt neben Pyrit, Zink- und Kupfersulfid wechselnde, z. T. recht erhebliche Mengen an Galenit sowie Sulfate. Die Typlagerstätten sind in der miozänen ‚Green-Tuff-Region' der NE-japanischen Innenzone verbreitet. Sie bilden Lagerstättensysteme mit morphologisch und stofflich unterschiedlichen, neben- und übereinander liegenden Erzkörpern, die als Lager, Gänge, Stockwerksvererzungen und Imprägnationen auftreten. Die Erzarten wurden von den japanischen Bergleuten mit Begriffen unterschieden, die in die internationale Literatur übernommen wurden (Abb. 10-38). Nach Abschluß eines mehrjährigen nordamerikanisch-japanischen Forschungsprogramms im Hokuroko-Distrikt, NE-Honschu, mit vergleichenden Untersuchungen an rezenten Hydrothermalsystemen und an anderen fossilen Lagerstätten (OHMOTO & SKINNER 1983) gehören sie zu den bestuntersuchten Lagerstätten der Welt.

Die Kuroko-Lagerstätten entstanden im mittleren Miozän und nach paläoökologischen Studien an Foraminiferen (GRUBER & MERRIL in OHMOTO & SKINNER 1983) u. a. Daten, in rd. 3500 m Tiefe

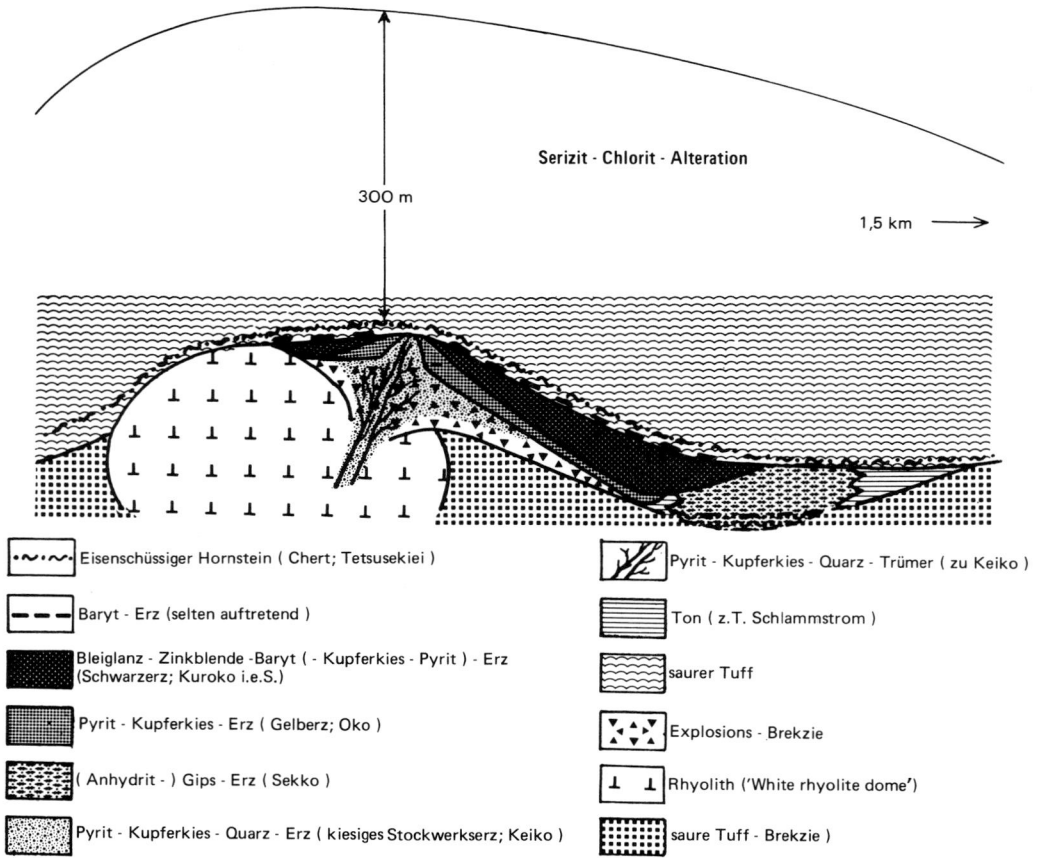

Abb. 10-38. Schemaprofil durch eine typische Kuroko-Lagerstätte (nach OHMOTO & SKINNER 1983, aus WALTHER 1986 b).

im Zuge der Öffnung der Japan-See und im Zusammenhang mit einem bimodalen Basalt-Rhyolith-Vulkanismus. Die Bildung der Erzlager erfolgte in mehr oder weniger inaktiv gewordenen Calderen als morphologischen Fallen in zwei Hauptphasen: (1) Rasche Fällung (disequilibrium precipitation) feinstkörniger Schwarzerze mit Sphalerit, Galenit, Pyrit und Baryt (Kuroko i. e. S.) beim Austritt von 200– < 300 °C heißer Sole ins Meer; (2) Reaktion dieser Erzsedimente mit weiterer, dann 300–350 °C heißer Sole, die zur Sammelkristallisation der Schwarzerze und, unter teilweiser Metasomatose der Schwarzerze, zum Absatz ebenfalls schichtiger Pyrit-Chalkopyrit reicher Gelberze (Oko) führt, die nach unten im Schlotbereich in Gänge und Stockwerke mit Gelberz und schließlich in quarzreiche Erze (Keiko) übergehen. An der Basis der Sulfidlager finden sich, oft in Senken abseits der Austrittszentren, schichtige Anhydrit-Gips-Körper (Sekko). Den Abschluß der Mineralisation bilden aus Lösungen bei ca. 100 °C die eisenschüssigen Hornsteine (Tetsusekiei) im Hangenden der Erzlager.

Im Liegenden sind 1– < 2 km breite Alterationszonen mit Serizit und Chlorit deutlich ausgeprägt. Postmineralische Thermalzyklen von > 250 °C mit Zwischenphasen von < 100 °C sind durch Daten aus Flüssigkeitseinschlüssen und durch geringe Alterationen bis einige 100 m im Hangenden bei Erzlager belegt. Ähnliche Verhältnisse mit Erzfällung bei steigenden Temperaturen und durch Mischung von Hydrothermen mit Meerwasser sowie fortlaufende Umsetzung älterer Minerale durch spätere, höherthermale Hydrothermen wurden auch am Ostpazifischen Rücken festgestellt (GOLDFARB et al. in OHMOTO & SKINNER 1983). Die verbreiteten klastischen Strukturen der meisten Kuroko-Erze werden auf mechanische Umlagerung mit Brekziierung zurückgeführt, die noch während und besonders nach der Mineralisation durch wiederauflebende Calderen-Tätigkeit und vor allem durch die gleichzeitige Intrusion und z. T. explosive Extrusion des weißen Rhyoliths erfolgte.

Die Dauer der intermittierenden Thermaltätigkeit wird auf einige 10^6 Jahre veranschlagt, und die Bildung der Lagerstätte soll zumeist während des jeweils ersten Zyklus erfolgt sein. Die in ihrer chemischen und isotopischen Zusammensetzung maßgeblich von den frischen Nebengesteinen und den diagenetischen Bildungen beeinflußten Hydrothermen sind nach Daten aus der Untersuchung von Flüssigkeitseinschlüssen aufgeheiztes Meerwasser. Eine geringe Beteiligung magmatischer Wässer ist umstritten. Die Buntmetalle und ein Teil des Schwefels stammen aus den Nebengesteinen, der übrige Schwefel aus der Reduktion von Meerwasser-S_4^{2-}.

Unter den Nebengesteinen der Kuroko-Erzlager herrschen Vulkanite vor, insbesondere Rhyolithe und Dazite sowie untergeordnet, am Rand und außerhalb der Vulkan-Zentren, basaltische Laven. Dazu kommen Tuffe, Tuffbrekzien u. a. vulkanogene Sedimente. Sie werden begleitet von feinkörnigen Tiefseeschlämmen, die reich sind an organischem Material. Die Gesteine und Erze sind schichtig und weisen z. T. Gleit- und Rutschgefüge mit gradierter Schichtung und Kolkmarken (flute casts) auf (KURODA in OHMOTO & SKINNER 1983). Lateral im Lagerhorizont und im Lager-Hangenden können neben pyritreichen Tonsteinen chemische Sedimente, vor allem Chert und Fe- oder Mn-Oxiden auftreten.

Die Kieserzlager der präkambrischen *Grünstein-Gürtel* zeigen viele Ähnlichkeiten mit denen des Kuroko-Typs. Typ-Region ist das *Noranda*-Revier im Abitibi-Belt, Quebec, Kanada (KLAU & LARGE 1980, SAWKINS 1984). Die Lagerstätten sind ebenfalls überwiegend an rhyolithische Gesteine, z. T. als Rhyolith-Dome, gebunden. Diese machen nur einen kleinen Teil der Vulkanite aus und nehmen z. B. im Abitibi-Belt lediglich 3,6% der Fläche ein. In den zahlreichen Kieserzlagern der Grünstein-Gürtel der kanadischen Superior-Provinz fehlen Blei und Baryt oder treten nur in Spuren auf. Dagegen sind im Pilbara-Block, NW-Australien, Kieserze mit bauwürdigen Bleigehalten bekannt, und zahlreiche Grünstein-Gürtel in Südafrika führen kleine Barytlinsen (KLAU & LARGE 1980). Von wirtschaftlicher Bedeutung ist bereichsweise ihr Goldreichtum (S. 617, 620, 625).

10.8.4 Lagerstätten des Rammelsberg-Typs

Der Rammelsberg-Typ wird nach den altberühmten Erzlagern bei Goslar benannt, an denen erstmals die sedimentäre Entstehung dieser Lagerstätten durch RAMDOHR (1928) nachgewiesen wurde. Die Gruppe umfaßt komplexe Kieserzlager in mächtigen Sedimentpaketen ohne oder mit sehr geringen vulkanogenen Anteilen, die sich meist auf einige dünne Tufflagen beschränken. Sie ist identisch mit dem Sullivan-Typ nach SAWKINS (1976) und wird in der Literatur zunehmend als hydrothermale (oder inkorrekt: exhalative) ‚sediment-hosted stratiform lead-zinc deposits' (SANGSTER 1983) bezeichnet. Zu ihr gehören im Proterozoikum einige der größten Buntmetall-Konzentrationen der Erde, darunter Sullivan, Kanada (155 Mio t Erz), McArthur River (237), Mount Isa (90) und Broken Hill (180), alle Australien, mit jeweils um 13% Pb + Zn bzw. > 20% (B.H.) Metall (GUSTAFSON & WILLIAMS 1981).

Im Rammelsberg treten in grauen bis schwarzen geschieferten Tonsteinen des unteren Mitteldevon zwei Sulfid-Erzlager von ca. 500 m Durchmesser und 15 bzw. 10 m Mächtigkeit und ein kleines Baryt- (= Grauerz-)Lager auf. Dünne keratophyrische Tuffe in der Schichtfolge sind im Lagerbereich etwas häufiger. Banderze, Wechsellagerungen von Sulfide führenden Fe-Dolomiten und Schiefer, umgeben die Lager ohne Übergang und werden von WALCHER (1986) als verdrifteter und in der Umgebung der Lagererzbecken sedimentierter Niederschlag aus Sulfidschloten (black smokers) gedeutet. Sie gehen lateral in den Lagerhorizont über. Das Lagererz, 22 Mio t mit 19% Zn, 9% Pb, 1% Cu, 1 g/t Au, 160 g/t Ag, gewinnbaren Mengen an anderen Metallen wie Sb, Cd, Hg sowie an Baryt ist extrem reich (KRAUME et al. 1955). Die Banderze, ca. 3 Mio t, führen um 10% Metall. Den Lagerhorizont konnte WALCHER (1986) bis 3 km vom Lagerrand nachweisen. Er führt dort noch 500 g/t Buntmetall gegenüber ~ 200 g/t in den liegenden und hangenden Schiefern und enthält insgesamt mehr als das Doppelte der bauwürdig im Lager konzentrierten Metallmenge. Unter dem Alten Lager befindet sich eine hydromal alterierte, stark verkieselte Zone, die als Kniest bezeichnet wird. Ihre Deutung als mineralisierter Zufuhrkanal ist durch neue, noch laufende Untersuchungen unsicher geworden. Bis 200 m im Liegenden und in 2 km Umkreis treten Fe^{2+}-Chlorite und Dolomit als Alterationsprodukte auf (RENNER 1985).

Neben der nur angedeuteten lateralen Zonierung der Rammelsberger Lagerstätte ist eine vertikale durch folgende Erzsorten stärker betont (stark vereinfacht, von oben nach unten; nach KRAUME et al. 1955: 141):

Erzsorte	Fe	Zn	Pb	Cu	Baryt (%)
Grauerzlager	2	3	3	0,1	80
Bleierz	4	10	25	0,4	40
Blei-Zinkerz	7	22	11	0,8	28
Braunerz	8	36	20	1	6
Melierterz	12	22	8	4	14
Kiesiges Erz	22	12	5	1	3
Schwefelerz	30	4	2	1	1

SPERLING (1986) konnte durch Detailkartierung im Neuen Lager das Übereinander mehrerer Banderz- und Lagererzlinsen nachweisen, woraus sich eine wesentlich stärker gegliederte Abfolge ergab.

Die Erzlager befinden sich auf der Grenze (Scharnierzone) zwischen der Rammelsberger Schwelle und dem im tiefen Mitteldevon rasch einsinkenden Goslarer Trog. Schrägschichtungen, Diskordanzen und Rutschungen in den Liegendschichten belegen deutliche Reliefunterschiede (SPERLING 1986). Im Lagerhorizont fehlen dagegen alle Hinweise auf unruhige Sedimentationsbedingungen. Erst ab 4 m Erzmächtigkeit „sind Rutschungsgefüge, Sackungen und Loadcasts und Breccien sehr häufig" (WALCHER 1986). SPERLING (1986) kartierte synsedimentäre, listrisch gekrümmte Störungen am Liegenden des Neuen Lagers, die er auf das Gewicht des in das wassererfüllte Sediment einsinkenden Erzes zurückführt (Abb. 10-39).

In einer „Vor-Riff-Position" liegt bei Lennestadt im nördlichen Rheinischen Schiefergebirge das Kieserzlager von Meggen zwischen dem Siegerländer Block und dem Lennetrog (KREBS 1981). Es führt 50 Mio t Sulfiderz mit 38% Fe, 10% Zn, 1,7% Pb, 0,06% Cu, 50% S und 1% Baryt sowie einen Saum mit 10 Mio t 96%igem Baryt. Auch im Sulfidlager zeigt sich laterale Zonierung in der Abnahme von Zn, Pb, Cu u. a. nach außen bei Zunahme von Ba, Fe, Mn u. a. Weitere deutsche Beispiele sind die Erzlager der Grube Bayerland und von Bodenmais. Hier hat DILL (1985: 69 f.) Andeutungen eines Barytsaums beschrieben. Barytlager ohne Sulfide werden im Abschnitt 10.10 beschrieben. Die Erzlager von Tynagh im irischen Kohlenkalk (irischer Typ nach SAWKINS 1984) leiten zum Mississippi-Valley-Typ (S. 657 ff.) über.

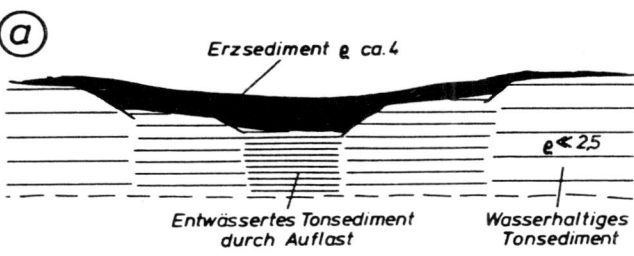

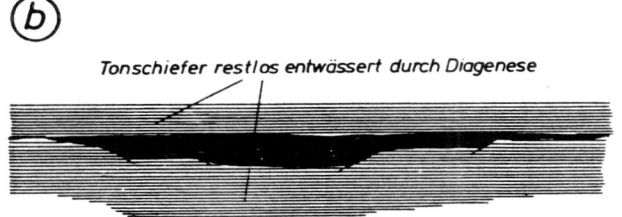

Abb. 10-39. Synsedimentäre Entstehung der Erzbecken am Rammelsberg (nach WALCHER 1986).
a) Gravitative Senkenbildung durch diagenetische Entwässerung während der Erzsedimentation.
b) Nach restloser Entwässerung des Sediments ist die Senkenbildung nur noch im Erz sedimentologisch festzustellen.

RUSSEL et al. (1981) diskutieren die Entstehung dieser Lagerstätten im Zusammenhang mit der Entwicklung von hydrothermalen Konvektionszellen (vgl. Abb. 10-35). Die Konvektionszellen entwickeln sich in die Tiefe und erweitern sich lateral, wobei kleinere Systeme in benachbarten größeren aufgehen. Dies erklärt u. a. die Tatsache, daß häufig neben einer Großlagerstätte ein Schwarm kleinerer Erzkörper auftritt. Aus dem durchschnittlichen Abstand von 18 km zwischen Großlagerstätten schließen RUSSELL et al. auf den Durchmesser der Konvektionszellen. Die Lebensdauer wird bis in die Größenordnung 10^6 Jahre angenommen, ein Zeitraum, in dem sich bedeutende Metallmengen konzentrieren können.

Zusammenfassung

Kieserzlager sind submarin gebildete, schichtgebundene und meist schichtige Erzkörper, die überwiegend aus den Sulfiden von Fe, Cu, Zn und z. T. Pb bestehen, neben Quarz, wechselnden Mengen Karbonat und z. T. Baryt als Gangarten. Nebengesteine sind mafische oder felsische Vulkanite, vulkano-sedimentäre Formationen oder pelitische Sedimentfolgen. Im Liegenden der schichtigen Erzkörper treten vielfach Gang- und Stockwerksvererzungen auf, die als mineralisierte Zufuhrspalten gedeutet werden.

Vor allem nach Metallführung und Nebengesteinen werden eine Reihe von Typen unterschieden: Der Zypern-Typ ist in ozeanischer Kruste an divergente Zonen (spreading centers) gebunden und führt Cu und Zn. Der ihm in der Metallführung ähnliche Besshi-Typ tritt in vulkanosedimentären Formationen auf, die vorwiegend mafische Vulkanite und Tuffe sowie tonig-sandige Sedimente führen. Der ebenfalls nach japanischen Lagerstätten benannte Kuroko-Typ ist in Gebieten mit bimodalem Vulkanismus an Rhyolithe gebunden und führt Zn, Cu und Pb sowie die Sulfate Anhydrit und Baryt. Die Kieserzlager der präkambrischen Grünstein-Gürtel mit der Typlagerstätte Noranda weisen viel Ähnlichkeit mit dem Kuroko-Typ auf, doch fehlt ihnen zumeist das Blei. Der Rammelsberg-Typ tritt schließlich in pelitischen Sediment-Formationen auf, die nur noch einige dünne Tufflagen enthalten. Zu ihm gehören einige der größten Buntmetallkonzentrationen der Erde mit reichen, oft komplexen Pb-Zn-Erzen, meist wenig Cu und gelegentlich viel Baryt.

Zur Entstehung der Kieserzlager werden hydrothermale Konvektionszellen angenommen, auf deren Existenz viele Beobachtungen und Daten hinweisen: Meerwasser dringt durch permeable Gesteine unter Aufheizung und Lösung von Metallen mehrere Kilometer tief in die Kruste. Nach Wiederaufstieg und Austritt der Hydrothermen am Meeresboden werden die Metalle als Sulfide gefällt und in morphologischen Fallen, z.B. Calderen, konzentriert.

10.9 Blei-Zink-Erze

Blei und Zink treten in Lagerstätten vorwiegend gemeinsam auf, obwohl sie in ihren chemischen und physikalischen Eigenschaften recht verschieden sind und auch ihr geochemisches Verhalten Unterschiede aufweist (Tab. 10-18). Die gemeinsame Bildung von Lagerstätten kontrolliert offensichtlich ihr chalkophiler Charakter: Sie reichern sich deshalb überwiegend als Sulfide an. Die Bildungsweise für die Metallkonzentrationen in Sedimenten, ihre Ableitung aus Verwitterungslösungen, migrierenden Formationswässern oder vulkanischen Exhalationen, ist in vielen Fällen noch nicht gesichert, vor allem für die Pb-Zn-Lagerstätten in Karbonatgesteinen (s. S. 657 ff.).

Nach den CLARKE-Zahlen für Zn (57 ppm) und Pb (17 ppm) ist zur Bildung einer bauwürdigen Lagerstätte eine Anreicherung um etwa den Faktor 10^3 notwendig. Wie die Bergbaustatistik der westlichen Welt zeigt, stammen über 50% an Pb und Zn aus Lagerstätten in Sedimenten

Tabelle 10-18. Geochemische Verbreitung von Cu, Zn und Pb in ausgewählten Gesteinen und natürlichen Wässern (ppm) (nach MAYNARD 1983 und WEDEPOHL 1973):

	Cu	Zn	Pb
Gabbros	75	100	3,2
Diorite	53	70	5,8
Granite	13	48	24,0
Metasandsteine, Arkosen	19	30	10
Schiefer			
Durchschnitt	35	100	–
kohlenstoffreich	95	200	24
kohlenstoffarm	–	–	23
Karbonatgesteine	6	20	5
rezente Tiefseetone	250	140	55
Meerwasser	0,0015	0,005	0,00003
Atlantis II Deep-brine	1	5,4	0,6
Salton Sea-brine	5	780	80
Salinare Formationswässer in großer Tiefe*	0,12	155	30
CLARKE-Zahl	24	57	17

* highly saline connate waters, Western Canada sedimentary basin (Handbuch WEDEPOHL 1973: 29-1-3)

(Fig. 10-1). Bei den hier behandelten Blei-Zink-Lagerstätten ist die Primär-Paragenese sehr monoton, sie beschränkt sich auf Bleiglanz (Galenit) PbS und Zinkblende (Sphalerit) ZnS. Daneben treten in stark wechselnden Mengen, aber fast stets vorhanden, Eisensulfide (Pyrit, Markasit, Magnetkies) auf. Gelegentlich sind – meist in mikroskopischer Größenordnung – noch verschiedene Fahlerze, Kupferkies, Spießglanze u. a. vertreten.

Die Lagerstätten stellen generell niedrigtemperierte Bildungen (etwa 100° bis 200 °C) dar. Deshalb ist auch der Bleiglanz, im Gegensatz zu den höhertemperierten, intrakrustal gebildeten Lagerstätten (z. B. in Gängen und Stockwerk-Vererzungen), auffallend arm an Spurenelementen, meist auch an Silber. Der Silberreichtum niedrigtemperierter Bildungen muß wohl meist auf sekundäre Zementationsprozesse in oberflächennahen Lagerstättenteilen zurückgeführt werden. Die Zinkblende enthält stets Cadmium als Spurenelement, unabhängig vom Lagerstättentyp in stark schwankenden Gehalten (0,1–2%), und stellt damit das einzige wirtschaftlich bedeutende *Cadmiumerz* dar. Die stets vorhandenen Eisengehalte schwanken extrem, sind aber bei ZnS in Sedimentgesteinen meist niedriger gegenüber höhertemperierten Bildungen. Aus der großen Zahl weiterer Spurenelemente, wie sie speziell für das ZnS-Gitter charakteristisch sind, seien hier nur Ga und Ge genannt (s. S. 671).

Bei der Verwitterung verhält sich Zn sehr viel mobiler als Pb, wodurch oft ein weitreichender sekundärer Kontaminationshof in Böden und Gewässern entsteht, der für die geochemische Prospektion eine günstige Indikation bildet. Das Pb bleibt dagegen in der Nähe des Ausbisses und kennzeichnet dadurch den Nahbereich einer Lagerstätte.

Für den Lösungstransport von Pb und Zn im Porenraum von Sedimenten und den Absatz der Metallsulfide gibt es noch keine befriedigende, experimentell in allen Einzelheiten belegbare Erklärung. Dabei muß es sich doch in den meisten Fällen um scheinbar „einfache" diagenetische Prozeßabläufe handeln.

Die extrem kleinen Löslichkeitsprodukte von PbS und ZnS lassen den Transport bedeutender

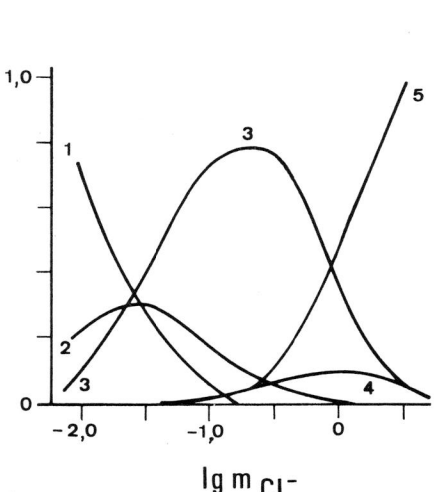

Abb. 10-40. Der Einfluß der Chloridkonzentration auf die relativen Konzentrationen von Pb^{2+}(1) und der Bleikomplexe $PbCl^+$(2), $PbCl_2$(3), $PbCl_3^-$(4) und $PbCl_4^{2-}$(5) bei 90 °C (umgezeichnet nach SCHRÖCKE 1986: 561).

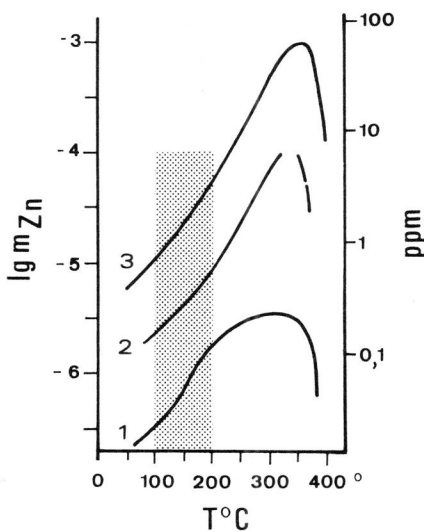

Abb. 10-41. Die Löslichkeit von ZnS in wäßrigen NaCl-Lösungen: (1) reines H_2O, (2) 0,5 mol NaCl/kg H_2O, (3) 2,0 mol NaCl/kg H_2O. Der hier interessierende Temperaturbereich ist schattiert (umgezeichnet nach SCHRÖCKE 1986: 568).

Mengen Pb und Zn in Temperaturbereichen bis maximal 250 °C ausschließlich in Form von Metallkomplexen verstehen. Dazu ist die Gegenwart von Chloriden in der Lösung unbedingt notwendig (wie auch durch Flüssigkeitseinschlüsse belegt wird, s. S. 652), wodurch zumindest die Gehalte an Cl-reicheren Komplexen beachtlich ansteigen (Abb. 10-40, 10-41).

Allerdings werden die hohen Konzentrationen von Pb—Cl-Komplexen bei Anwesenheit von kleinen Mengen von Sulfiden stark herabgesetzt (SCHRÖCKE 1986). Andererseits wurde experimentell nachgewiesen, daß generell auch die Bildung von M—HS-Komplexen die Löslichkeit im betrachteten Temperaturbereich um Zehnerpotenzen steigern kann. Die komplizierten Rahmenbedingungen werden zusätzlich noch durch Druck, pH-Bereich und Lösungsgenossen weiter variiert, wie das Beispiel der Abb. 10-42 zeigt. Die hier angedeuteten Lösungsmechanismen ermöglichen den Transport von Metallionen in einem Bereich von 1 bis etwa 10 ppm, was für die Anreicherung zu einer Lagerstätte ausreicht, wenn man dazu den geologischen Zeitmaßstab berücksichtigt.

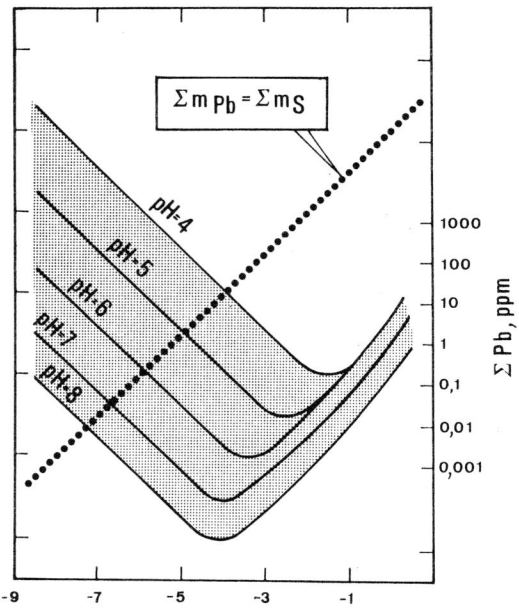

Abb. 10-42. Die Löslichkeit von PbS in Sulfid-Chlorid-Lösungen bei 150 °C und 3 mol Cl$^-$. Im abfallenden Kurvenbereich herrschen Chloridkomplexe, im ansteigenden Bisulfid-Komplexe vor (nach BARNES 1979: 448).

Andererseits ist in einzelnen Fällen bekannt geworden, daß „oil field brines" um mehrere Zehnerpotenzen mehr Pb und Zn in Lösung enthalten, als allein durch Chlorid- und Bisulfid-Komplexe theoretisch errechnet werden kann. Eine Erklärung bietet die Existenz von metallorganischen Komplexen, die vorerst noch nicht ausführlich untersucht wurden, jedoch offensichtlich eine bedeutende Rolle für den Lösungstransport von Pb und Zn spielen (GIORDANO & BARNES 1981) (s. S. 669).

10.9.1 Bleierze in Sandsteinen

Eine paragenetische Besonderheit stellen Bleikonzentrationen in Sandsteinserien verschiedenen geologischen Alters dar. Das Zink tritt hierbei nur untergeordnet und lokal auf, wie auch gelegentlich andere Erzminerale. Die Sandsteinerze Schwedens, als Typus Laisvall in die Literatur eingegangen, sind in neuerer Zeit am intensivsten untersucht worden und sollen deshalb hier etwas ausführlicher besprochen werden.

Laisvall (Schwedisch Lappland): Eine etwa 100 bis 400 m mächtige Abfolge von Tilliten, Sandsteinen und Arkosen mit eingeschalteten Schiefern liegt transgressiv über einem ausgeprägten Relief des kristallinen (präkambrischen) Grundgebirges der Svekokareliden. Dieser als „Autochthon" zusammengefaßte Komplex wurde von einem kaledonischen Deckenpaket ostvergent überschoben („Allochthon"). Die vererzten, zum autochthonen Grundgebirge gehörenden Sandsteine markieren von schwedisch Lappland bis Süd-Schweden bzw. -Norwegen über 2000 km Distanz den Verlauf der unterkambrischen Küstenzone des Baltischen Schildes (Abb. 10-43).

In der Lagerstätte Laisvall (Abb. 10-44) sind zwei Sandsteinpakete von 40 bis 200 m Mächtigkeit über eine Fläche von maximal 1000 × 5000 m vererzt. Im hellen Sandstein ist der (dunkle) Bleiglanz, fein eingesprengt oder fleckig konzentriert, sehr unregelmäßig verbreitet. Lokal treten kurze Gangtrümer auf. Zinkblende und Pyrit treten stark zurück. Der mittlere Erzgehalt beträgt etwa 4,5 % Pb+Zn (bei Pb : Zn = 8 : 1 bis 19 : 1) und wird in dieser Qualität auf einen Vorrat von 80 mio t geschätzt. Der Ag-Gehalt mit 9 ppm ist auffallend niedrig.

An dem Zement der Sandstein-Quarzkörner sind neben den Sulfiden vor allem Quarz, Calcit, Baryt und Fluorit beteiligt. Die präzementative („Minus-Zement"-)Porosität des Sandsteins wird auf 25–30 Vol-% geschätzt (RICKARD et al. 1979). Sulfiderze und „Gangarten" nehmen, neben Quarzzement als Hauptkomponente, etwa 6 Vol-% ein.

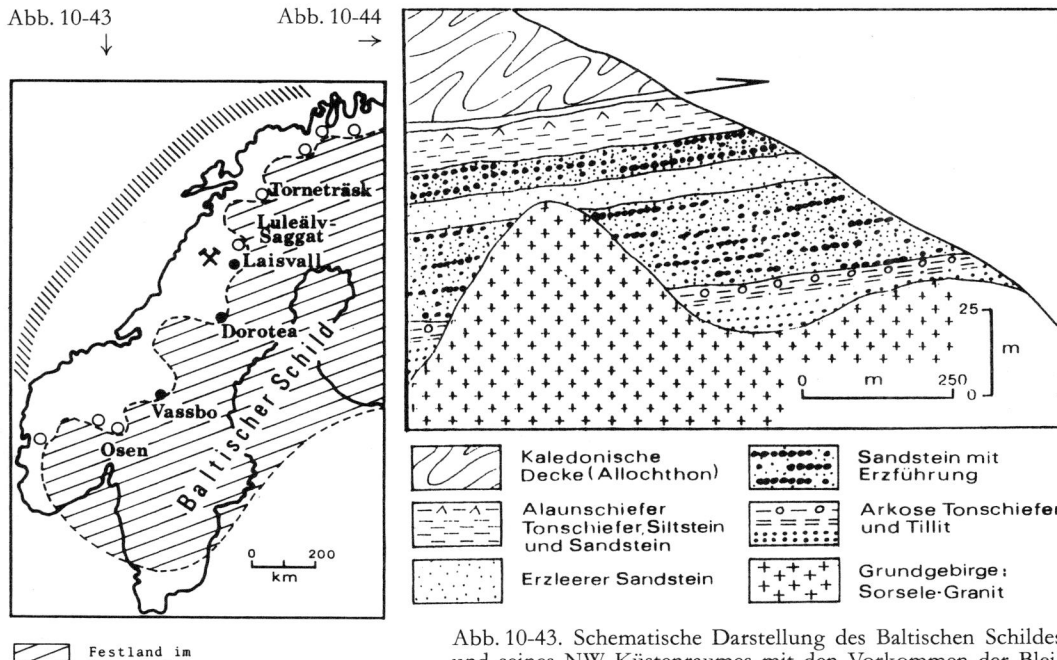

Abb. 10-43. Schematische Darstellung des Baltischen Schildes und seines NW Küstenraumes mit den Vorkommen der Blei-Sandsteinerze vom Typus Laisvall (umgezeichnet nach BJØRLYKKE & SANGSTER 1981).

Abb. 10-44. Schematisches Profil durch die Lagerstätte Laisvall und ihren geologischen Rahmen. Ergänzt und umgezeichnet nach LINDBLOM (1982).

Mikrothermometrische Untersuchungen von LINDBLOM (1982) haben gezeigt, daß die mineralisierenden Lösungen generell eine relativ hohe Salinität (18–24 äq.Gew.% NaCl) bei beachtlichen Spannweiten der Homogenisierungstemperaturen „T_H" (100°–200°C) aufweisen. Darüberhinaus entsprechen den paragenetisch unterscheidbaren drei (bzw. vier) Generationen von Zementationsmineralen (s. o.) gut korrelierbare, zeitlich abnehmende T_H von > 180°C bis < 120°C, wobei ein deutliches Temperatur-Pulsieren bei den einzelnen Mineralisationsphasen erkennbar ist. Außerdem zeichnet sich eine räumliche Zonierung der T_H über die ganze Lagerstätte ab, die auf eine Fließrichtung der Lösungen von West nach Ost schließen läßt.

Die Genese der Lagerstätte deutet LINDBLOM (1982) in Übereinstimmung mit RICKARD et al. (1979) wie folgt: Ein intraformational migrierender (heißer) Solestrom trifft im Bereich der lokal relativ mächtigen, optimal porösen Sandsteinbänke mit absteigendem Grundwasser zusammen und beginnt sich zu mischen. Dabei wird das Grundwasser aufgeheizt (= Abscheidung von Calcit) und die Sole wird abgekühlt (Abscheidung von Baryt und Fluorit). Während der abschließenden Mischungsphase werden die Sulfide abgesetzt. Pb- und S-Isotopendaten bekräftigen das Modell eines mehrphasigen Mischungsvorganges. Dieser Prozeß setzt die Nähe einer Festlandoberfläche voraus. Die Vererzung wird kontrolliert durch die räumliche Verteilung der Permeabilität in den Sandsteinen, die weitgehend durch sedimentäre Texturen bedingt ist.

Die mineralisierende heiße Sole wird von RICKARD et al. (1979) mit „oil field brines" von geringer Pb-Zn-Konzentration verglichen, wofür auch Kohlenwasserstoffrelikte in den Flüssigkeitseinschlüssen sprechen sollen. Der Zeitraum der Mineralisation ist relativ gut einzuengen: Die höchsten, die vererzten Sandsteine überlagernden autochthonen Schiefer (Abb. 10-44), sollen Unter- bis Mittelkambrium repräsentieren. Das Alter der basalen Tillite wurde mit 640 ± 23 Ma bestimmt. Zwischen beiden liegt der erzführende Sandsteinkomplex. Die Überschiebung der Kaledoniden wird mit Obersilur datiert. Die Mineralisation soll während der Überschiebung erfolgt sein.

Ein geochemisch vergleichbarer Mechanismus der Fixierung und Anreicherung von Blei und geringen Mengen begleitender Buntmetallsulfide dürfte auch zur Entstehung zahlreicher Vorkommen in der *Trias Mittel- und Westeuropas* geführt haben. Ihnen ist gemeinsam, daß sie in Sandstein-

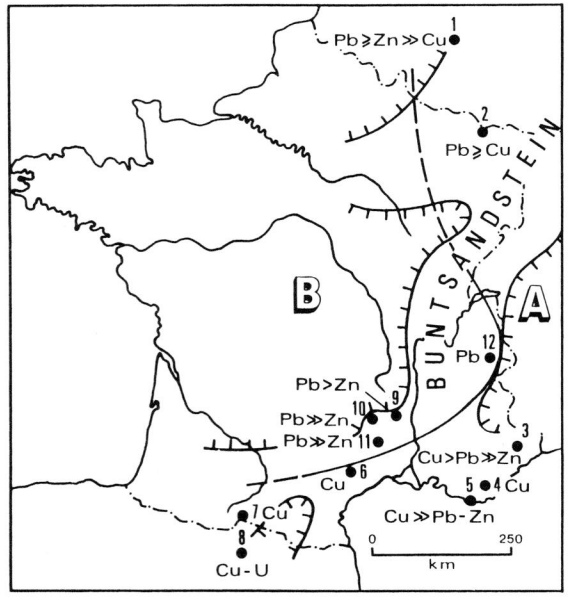

A: Bereich der prä-triassischen, monosiallitischen Verwitterungsprozesse und analoger Lagerstätten mit zumindest geringen Cu-Gehalten.
B: Bereich der prä-triassischen, bisiallitischen Verwitterungsprozesse ohne jeglichen Cu-Gehalt

1 = Maubach und Mechernich
2 = Saint-Avold
3 = Le Cevisier
4 = Le Luc
5 = Cap Garonne
6 = Lodève
7 = Massif de l'Arize
8 = Plana de Monros
9 = Largentière
10 = Mas de l'Air
11 = Saint-Sébastien
12 = La Plagne

Abb. 10-45. Verbreitung von prä-triassischer Verwitterung und Sandsteinerz-Typen der tieferen Trias zwischen Pyrenäen und Nord-Eifel (umgezeichnet nach SAMAMA 1976).

bzw. Konglomeratserien entlang einer Küstenlinie des varistischen Grundgebirges, welches in der Permo-Trias vielerorts der Abtragung unterlag, verbreitet sind (Abb. 10-45).

Von der Lagerstätte Largentière am SE-Rand der Cevennen ausgehend, teilt SAMAMA (1976) die Vorkommen zwischen Pyrenäen und Nord-Eifel in zwei Gruppen, je nachdem, ob sie nur Pb + Zn oder auch bzw. ausschließlich Cu führen (Abb. 10-45). Diese paragenetische Differenzierung führt er auf eine unterschiedliche Voranreicherung der Metalle während der festländischen Verwitterungsprozesse zurück, welche durch klimatische Faktoren – und nicht durch die verwitternden Ausgangsgesteine – gesteuert wurden: Ein monosiallitischer Verwitterungsprozeß soll demnach zu einer Voranreicherung von Cu(U) + Pb + Zn, ein bi-siallitischer nur von Pb + Zn im Paläoboden geführt haben. Bei seiner Abtragung unter semi-aridem Klima sind die Metallionen mit dem Grundwasser in die litoralen Sandfächer gewandert, denen eine evaporitische Lagune mit Sulfat-reichen, höher salinarem Wasser vorgelagert war. In den Bereichen, in denen beide Wasserkörper aufeinandertrafen bzw. sich mischten, kam es zur Ausfällung der Erz- und Begleitminerale wiederum in einer horizontalen Zonierung (Abb. 10-46).

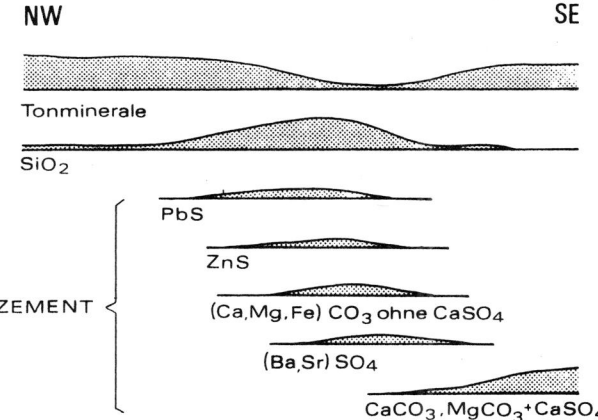

Abb. 10-46. Horizontale Zonierung der Zement-Minerale von NW (Festlandsnähe) nach SE (Lagunennähe) über eine Distanz von 3,5 km in der Lagerstätte Largentière (umgezeichnet nach SAMAMA 1976).

Der Absatz der Erz- und Begleitminerale erfolgte in Largentière im Porenraum der Sande bzw. Konglomerate als frühdiagenetischer Zement. Die wichtigsten Komponenten der Paragenese sind in Abb. 10-46 angegeben. Zur Abscheidung der Mineralphasen reichten die diagenetischen Bedingungen aus. Der Abbau von organischen Resten im Sand führte über bakterielle Tätigkeit zur Produktion von Schwefel, welcher die Buntmetalle als Sulfide fixierte, das Sulfatangebot der Lagune führte zur Ausscheidung von Baryt und Anhydrit. Für die Lagerstätte werden 10 mio t Erzvorrat mit 3,8% Pb, 0,75% Zn (Pb : Zn = 5 : 1) und 80 g Ag/t angegeben.

Charakteristisch ist das generelle Abtauchen der vererzten Partien nach NW, diagonal durch einzelne, im Durchschnitt 5 m mächtige Sandstein-Konglomerat-Pakete, denen taube Bänke jeweils zwischengeschaltet sind. Die Vererzung zeichnet damit eine Reaktionsfront zwischen beiden Grundwasserkörpern nach (Abb. 10-47). Der Vererzungsprozeß hat sich in Largentière viermal wiederholt. Jedes der mineralisierten Sandstein-Pakete ist jeweils durch eine geringmächtige Tonlage im Hangenden „abgedichtet", woraus SAMAMA (1976) schließt, daß die Mineralisationen in wesentlichen Teilen bis zu diesem Zeitabschnitt abgeschlossen waren. Später erhielt der Lagerstättenbereich noch eine Sedimentauflast von mehreren hundert Metern; die alpidische Orogenese verursachte zudem eine schwache Faltung und leichte Verkippung des Sediment-Paketes mit geringen Störungen, wodurch lokale Erzmobilisationen und Sammelkristallisationen bewirkt wurden.

Für die weiteren, in Abb. 10-45 angegebenen Vorkommen in der tieferen Trias West-Europas, die meist kleiner als Largentière und weniger gut aufgeschlossen sind, zumeist auch weniger intensiv bearbeitet wurden, kann eine analoge Bildung angenommen werden.

Eine besondere Entwicklung stellen vielleicht die Lagerstätten von Maubach und Mechernich im Trias-Dreieck der *Nord-Eifel* dar. Letzteres markiert das Nordende einer von Südfrankreich bis zur Niederrheinischen Bucht reichenden permotriassischen regionalen Grabenzone (Abb. 10-45).

Im Mittleren (Haupt-)Buntsandstein füllt sich das Sedimentationsbecken der N-S-Zone der Eifel mit überwiegend grobklastischem Schutt über fraglichem Perm und gefaltetem Devon, am Westrand (Bereich Maubach) vorwiegend konglomeratisch, im SE (Bereich Mechernich) in konglomeratischer bis sandiger Fazies entwickelt. Der Übergang zum Oberen Buntsandstein wird durch die 0–40 m mächtigen Zwischenschichten markiert, deren „violette Grenzzonen" als Paläo-Bodenbildung interpretiert werden (weitere Literatur s. ECHLE & GUSSONE 1985). Das gesamte Trias-Dreieck ist durch eine intensive, lokal sehr komplizierte Bruchtektonik zerstückelt.

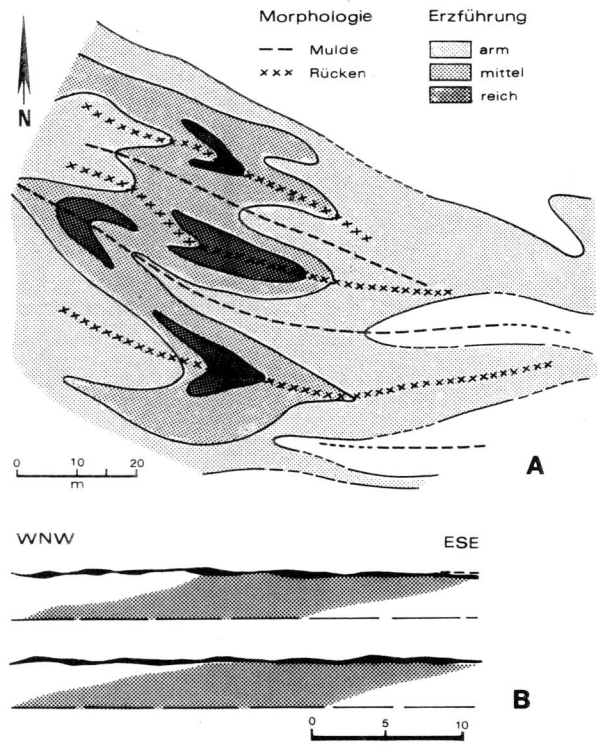

Abb. 10-47. Die Anreicherung von Pb in Abhängigkeit von Sedimenttexturen und Paläogeographie auf einer Abbauebene (5. Sohle) in Largentière. Die sichelförmigen Umrisse sind durch den horizontalen Anschnitt der generell nach NW abtauchenden Erzkörper bedingt (umgezeichnet nach SAMAMA 1976).
A = Grundriß
B = schematischer Profilschnitt über zwei vererzte Bankfolgen. Im Hangenden jeweils tonige Lagen (schwarz).

Die Vererzung tritt wiederum als Zement in Sandsteinen und Konglomeraten auf oder ist in idiomorphen Kristallen auf den Gerölloberflächen abgesetzt (bis 40% Porenraum!). Eine Besonderheit bilden die vor allem in Mechernich lagenweise vorherrschenden sog. „Knotten": Konkretionen von Bleiglanz und anderen Sulfiderzen mit Durchmessern von 1 mm bis maximal 2 cm. „Die Intensität der Vererzung ist mit dem ursprünglichen Porenvolumen deutlich korreliert" (ECHLE & GUSSONE 1985: 31), wodurch lokal auch Sedimenttexturen abgebildet werden.

Die ungewöhnlich reichhaltige Mineralparagenese beginnt nach SCHACHNER (1961) zunächst mit Karbonaten (Dolomit, Ankerit, Siderit) und Bravoit („Nickelpyrit": $(Ni,Fe,Co)S_2$). Gegen Ende einer intensiven Silifizierung setzt die Vererzung mit heller Zinkblende, mengenmäßig vorherrschendem Bleiglanz, wenig Kupferkies und spärlichem Fahlerz, Bournonit, Boulangerit sowie Eisensulfiden ein. In vertikaler und horizontaler Erstreckung ist eine deutliche paragenetische Differenzierung erkennbar.

In der Lagerstätte Maubacher Bleiberg sind vom 12 bis 40 m mächtigen Hauptbuntsandstein zwei, durch rote grobklastische Zwischenschichten getrennte Lager vererzt. Die Gehalte betrugen hier 2,5 % Pb, 0,8 % Zn und 0,2 % Cu (Pb : Zn = 3 : 1) bei einem Gesamtvorrat von 400 000 t Metallinhalt.

In der Lagerstätte Mechernich sind generell vier Sandsteinhorizonte vererzt („Flöze"). Die seinerzeit als bauwürdig ermittelte Fläche war fast 9 km lang und 1 km breit, bei einem Metallgehalt von 1–1,5 % Pb und 0,3 % Zn (Pb : Zn = 5 : 1) mit bis zu 250 ppm Ag im Bleiglanz (intensive Oxidations- und Zementationsprozesse). Mit dem durchschnittlichen Bleigehalt von 1,1 % dürfte Mechernich bei 225 mio t Vorrat eine der ärmsten jemals abgebauten Bleilagerstätten der Welt gewesen sein.

Die Genese beider Lagerstätten ist noch umstritten. Die (leichten) S-Isotope deuten auf die Mitwirkung desulfurizierender Bakterien hin, im Gegensatz zu den Ganglagerstätten der weiteren Umgebung (BAYER et. al. 1970, ECHLE & GUSSONE 1985), während die Pb-Isotope der Lagerstätten von Maubach und Mechernich mit denjenigen der Ganglagerstätten etwa übereinstimmen (LARGE et al. 1983). Die Modellalter sind jedoch mit 250–450 Ma teilweise älter als das Wirtsgestein der Lagerstätten, der Mittlere Buntsandstein. Die Metallionen werden entweder von den varistischen Erzgängen oder einem dispersen Gehalt der alten Sedimente durch sekundäre Mobilisation abgeleitet.

Die altersmäßigen und genetischen Widersprüche nimmt WALTHER (1984a) zum Anlaß, die Vererzung im Trias-Dreieck der Nord-Eifel im Zusammenhang mit der „postvaristischen Mineralisation" zu sehen, die in Mitteleuropa vom Mesozoikum bis ins Tertiär eine große Zahl Ganglagerstätten bildete – als Auswirkung der plattentektonischen Öffnung des Atlantiks. Gilt dies womöglich auch für die anderen Mineralisationen entlang der großen Nord-Süd-Struktur bis nach S-Frankreich?

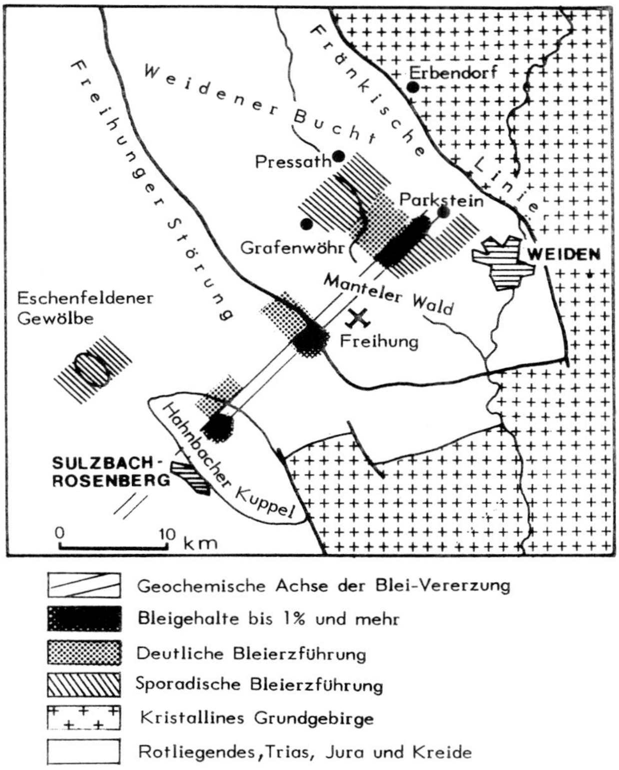

Abb. 10-48. Die Verbreitung von Pb im Muschelkalk und/oder Unteren Keuper im Bereich von Freihung/Oberpfalz am W-Rand der Böhmischen Masse (umgezeichnet nach SCHMID 1981).

Die intensive Verwitterung und Abtragung varistischer Festlandsareale in der Permotrias führte am Westrand der Böhmischen Masse, am *Oberpfälzer Wald*, zu einer weiteren, regionalen Bleianreicherung in klastischen Sedimenten. Die Mittlere Trias (Muschelkalk und tiefster Keuper?) liegt im Bereich der Weidener Bucht und SW davon in einer faziell untypischen fossilleeren Übergangszone zwischen grobklastischer Randfazies und toniger bis karbonatischer Beckenfazies vor. Nach neueren Prospektions- und Bohrergebnissen (KLEMM & v. SCHWARZENBERG 1977, SCHMID 1981) konnte ein Areal von etwa 45 km NE-SW und 20 km NW-SE Erstreckung mit erhöhtem Bleigehalt ermittelt werden (Abb. 10-48), was weit über den Lagerstättenbereich von Freihung hinausreicht.

Die Vererzung besteht überwiegend aus Cerussit ($PbCO_3$), weniger Zinkblende und Pyrit. Bleiglanz ist nur noch lokal erhalten, meist jedoch als Verdrängungsrest im Cerussit beobachtbar. Häufig wird Coronadit ($Pb_2Mn_8O_{16}$), ein „Blei-Kryptomelan", als jüngstes Oxidationsmineral im Sediment beobachtet. Die Sulfide, vor allem Pyrit, sind oft an Pflanzenreste gebunden, wodurch die Bedeutung organischen Materials für die Sulfidfixierung ersichtlich wird (Abb. 10-49).

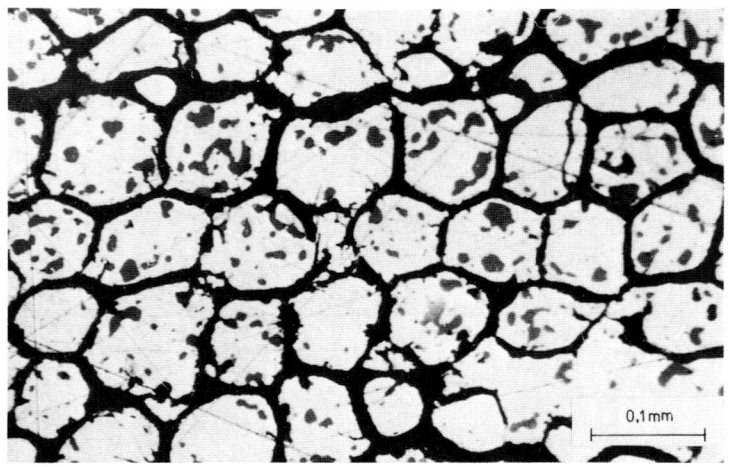

Abb. 10-49. Vererzte Holzzellen. Bleiglanz (weiß) und Zinkblende (grau), Erzanschliff – Freihung Halde (Foto frdl. überlassen von KLEMM & v. SCHWARZENBERG 1977).

Die Erzminerale bilden wiederum den Zement des Sandsteins, der hier oft auch als Arkose auftritt, deren Feldspäte lokal kaolinisiert sind. Die Erzkörper mit 1–2% Pb haben die Form von flaserig begrenzten, schichtkonkordanten Linsen bei 1–10 m Mächtigkeit und 10er m flächiger Erstreckung. Sie treten in mehreren stratigraphischen Niveaus auf. Das Maximum der Vererzung scheint, ähnlich wie in Largentière, einen faziell Übergangszone zwischen dem festländischen Beckenrand im E und dem Triasmeer im W zu markieren. Das gesamte Schichtpaket fällt, im Spätmesozoikum in flache Sättel und große Blöcke zerlegt, generell nach SW ein und wird von Jura und Kreide überlagert. Im Gebiet von Freihung existierte nach einer Blütezeit im 16. Jh. nur noch wiederholter Versuchsbergbau auf Blei.

Über die Genese bestehen heute nur noch geringe Interpretationsunterschiede. Im Verlauf der Küstenzone wurden meist feinkörnige, weniger feinkonglomeratische Sande mit ungewöhnlich hohem organischen Gehalt geschüttet. Eine bi-siallitische Verwitterung auf dem Festland führte zum Antransport von Pb bei geringen Mengen Zn und Abwesenheit von Cu (s. S. 563). Die metallführenden Lösungen migrierten seewärts durch besonders wegsame Sandkörper und trafen hier auf Bereiche mit intensiver Aktivität der Schwefelbakterien. Während KLEMM & v. SCHWARZENBERG (1977) die Bildung der Metallsulfide unmittelbar unter der jeweiligen Sedimentoberfläche als syngenetisch und die Entstehung des Cerussits als Sekundärprodukt deuten, sehen SCHMID (1981) und v. GEHLEN & NIELSEN (1985) mehr eine epigenetische, intraformationale Fixierung der Metalle. Dabei soll der Bleiglanz in Bereichen extremer S-Produktion entstanden sein, während sich im mehr oxidierenden Milieu bei Anwesenheit von Hydrogenkarbonat im Grundwasser der Cerussit als primärer Zement bildete. Grundwasserzufuhr aus evaporitischen Festlandbereichen lieferten zusätzliches Sulfat. In jedem Falle belegen die Untersuchungen von v. GEHLEN & NIELSEN (1985) für den Bleiglanz einen biogenen Schwefel. Für einen größeren Überblick s. v. GEHLEN (1985).

Die vorstehend beschriebenen Vorkommen von Bleierzen in Sandsteinen repräsentieren generell den Typus der schichtgebundenen Lagerstätten. Sie sind jedoch, streng genommen, mehr epigenetischer Natur insofern, als die Zufuhr der mineralisierenden Lösungen und Fixierung der Metallsulfide in einem gewissen (kürzeren oder längeren) zeitlichen Abstand zur Sedimentation der Sandsteine erfolgte. Die Vererzungsprozesse haben jedenfalls in einem nur relativ geringen Abstand zur Oberfläche des Sedimentpaketes stattgefunden, wofür die Beteiligung von bakteriellem Schwefel, der Hinweis auf Grundwasser und seine Mischung mit mineralhaltigen (z. T. heißeren) Solen sowie die räumliche Dokumentation von „Reaktionszonen" sprechen. Darüberhinaus bieten sich oft noch geochemische Anhaltspunkte für die Definition der Verwitterungsprozesse auf dem Metall-liefernden Hinterland. Lagerstätten dieses Types sind weltweit verbreitet, so z. B. noch in Kanada (Proterozoikum und Karbon), in Marokko und Gabun (Kreide) (BJØRLYKKE & SANGSTER 1981).

10.9.2 Blei-Zink-Erze in Karbonatgesteinen

Lagerstätten dieses Typs (englisch: carbonate-hosted lead-zinc deposits) sind weltweit verbreitet und treten in nahezu allen erdgeschichtlichen Formationen auf, sobald Kalke und/oder Dolomite in größerer Ausdehnung gebildet werden. Demzufolge treten sie im Präkambrium auch stark zurück und erscheinen besonders seit dem Paläozoikum. In ihrer geotektonischen Stellung sind sie nie an Plattenränder oder Rifting-Zonen gebunden, vielmehr bevorzugen sie Flachwasserbereiche („Schelf") mit Plattformentwicklungen an Kontinenträndern oder Plateauriff-Ketten am Rande von Geosynklinalen. In vielen Fällen läßt sich eine inter- bis supratidale Position erkennen, die zu vorübergehenden Trockenlegungen, lokalen Erosionen und zu Ansätzen einer evaporitischen Fazies führt. Ein zeitgleicher Vulkanismus oder zumindest eine geothermale Aktivität sind in vielen Bereichen nachweisbar, vor allem bei Lagerstätten an Geosynklinalrändern (Rift- und Driftstadium).

Neben der relativ monotonen Erzparagenese, nämlich Bleiglanz, Zinkblende, Eisensulfide sowie akzessorische Buntmetallsulfide, schwanken die Anteile von wirtschaftlich interessanten Begleitmineralen („Gangarten"), wie Baryt oder Flußspat, in weiten Grenzen. Berücksichtigt man dazu noch die meist unterschiedliche paläogeographische Situation und die fazielle Entwicklung des Nebengesteins einzelner Lagerstättenprovinzen, so zeigen Vorkommen dieses Typs doch eine große Spannweite ihres Erscheinungsbildes (GUSTAFSON & WILLIAMS 1981, MAYNARD 1983). Dabei existieren alle Übergänge zur überwiegend tonig-schiefrigen Nebengesteinsfazies unter zunehmendem Anteil vulkanischer Einschaltungen oder aber zu quarzsandigen Serien, womit auch eine Verschiebung im Wertmetallanteil einhergeht: Im ersten Fall stellt sich schrittweise eine Vormacht der Eisen-, Kupfer- und anderer Buntmetallsulfide ein (Kieserzlager, Kap. 10.8), im zweiten Fall entwickelt sich die Gruppe der Bleierze in Sandsteinen (Kap. 10.9.1).

Allen Pb-Zn-Lagerstätten in Karbonatgesteinen gemeinsam ist, daß eine Granitintrusion in zeitlicher und räumlicher Nachbarschaft fehlt. Sie alle treten durchweg schichtgebunden auf und sind dazu noch über einen weiten Bereich verteilt, wodurch eine großräumige, einheitliche Entwicklung tektogenetischer und paläogeographischer Bedingungen unterstrichen wird. In jedem Falle ist die zeitliche Bindung einzelner Pb-Zn-Lagerstättenprovinzen in Karbonatgesteinen evident (z. B. Kambrium bis Karbon in USA, Kanada; Kambrium in Sardinien/Italien; Karbon in Irland; Trias in den Ostalpen; Muschelkalk in Polen; Jura in Marokko). Infolge ihrer regionalen Ausdehnung und beachtlichen Metallvorräte stellten sie, und stellen z. T. noch heute, wirtschaftlich bedeutende Bergbauriere dar, welche derzeit nach Erzförderung und Vorräten fast die Hälfte an Blei und Zink in der Welt aufbringen; dies waren 1985 etwa vier Millionen Tonnen Metall. Nach dem größten Produzenten in der Welt und gleichzeitig der ausgedehntesten Lagerstättenprovinz werden die Pb-Zn-Erze in Karbonatgesteinen weltweit auch als *„Mississippi Valley Type" (kurz M. V. T.)* bezeichnet, obgleich dort nur ein Teil der verschiedenen Erscheinungsformen verbreitet ist.

Die Vererzung selbst ist überwiegend auf einzelne, größere oder kleinere Erzkörper innerhalb einer bestimmten stratigraphischen Einheit der Karbonatgesteine verteilt; sie tritt selten in größeren Lagern oder Körpern von über 300 m-Erstreckung auf. Ihre Verteilung erscheint sowohl durch paläogeographisch-fazielle als auch durch tektonische Strukturen bestimmt. Man findet

   (i) Vererzungen in Riffkörpern (z. B. SE-Missouri, Pine Point)
   (ii) Vererzungen innerhalb von schichtigen Plattformsedimenten (z. B. Tri-State Revier, Tennessee, Sardinien, Oberschlesien)
   (iii) Vererzungen (asymmetrisch) an Bruchstrukturen gebunden (z. B. Irland).

Die triassischen Pb-Zn-Lagerstätten der Ostalpen treten jedoch sowohl in Riffen als auch in Plattformserien auf (Abb. 10-52, 10-53). Im zeitlichen Verhältnis zwischen Nebengestein und Erz bestehen große Unterschiede: Die Modellalter für Blei (Bleiglanz) sind im Tri-State Revier, wie auch z. B. in Pine Point, jünger als das Nebengestein (sog. Joplin-Typ, kurz J-Typ), in den Ostalpen jedoch älter (sog. Bleiberg-Typ, kurz B-Typ). Daneben gibt es auch Lagerstättenprovinzen, in denen die Modellalter von Blei mit dem stratigraphischen Alter des Nebengesteins übereinstimmen, wie z. B. im Iglesiente (Sardinien) und in Marokko. Auf dieses Problem wird auf S. 671 näher eingegangen. Allen Lagerstättenprovinzen gemeinsam ist jedoch die niedrige Bildungstemperatur, die nach mikrothermometrischen Daten vorwiegend zwischen 100 °C und 180 °C liegt.

Die Genese der großen M. V. T.-Lagerstättenreviere in den USA wird seit über 100 Jahren sehr kontrovers gedeutet. Die Diskussion wurde noch intensiver, als ein Vergleich mit den europäischen Lagerstätten anstand (BROWN 1967), da hier die geologischen Verhältnisse anders sind und die geowissenschaftlichen Beobachtungen auch anders gedeutet wurden (z. B. MAUCHER 1954, SCHNEIDER 1964, SCHULZ 1964, GRUSZCZYK 1967, MAUCHER & SCHNEIDER 1967, TAUPITZ 1967). Die Diskussion konzentrierte sich zunächst auf die Interpretation sedimentärer Erzgefüge und die Art der Platznahme der Erze (s. S. 669 ff.). Nachdem u. a. auch BERNARD (1973) für eine sedimentäre Erzfüllung von Karsthohlformen plädierte, meinte SANGSTER (1976), die Genese aller Pb-Zn-Lagerstätten in Karbonatgesteinen generell zwei verschiedenen Entwicklungen zuordnen zu können. Er unterschied dementsprechend auch zwei Gruppen, nämlich (i) den eigentlichen Mississippi-Valley-Typ, der charakteristisch diskordant sei und eine Vererzung von Hohlräumen (z. B. in Riffen, auf Klüften etc.) darstelle, und (ii) einen alpinen (sowie irischen) Typ, der ursprünglich eine schichtige, sedimentäre Anlage („Protoerze") und eine nachfolgende Umlagerung bzw. Anreicherung aufweise. So einfach geht es aber nicht, denn es zeigen sich viele Konvergenzen, z. B. schichtige, sedimentäre Erze im M. V. T. oder diskordante Gangfüllungen in den Alpen, wie nachfolgend gezeigt wird.

A. Die triassischen Pb-Zn-Erze der Ostalpen

Die Pb-Zn-Lagerstätten in der Trias der Ostalpen, international auch „Typus Bleiberg" genannt[3], weisen viele geochemische, sedimentpetrographische, texturelle und strukturelle Merkmale auf, die in anderen Lagerstättenprovinzen nur alternativ oder rudimentär auftreten. Deshalb sollen sie hier zuerst besprochen werden, auch wenn ihre wirtschaftliche Bedeutung im internationalen Vergleich relativ gering ist.

Die größeren Lagerstätten sowie zahllose kleinere Vorkommen dieses Typs sind über die gesamte streichende Erstreckung der Ostalpen verteilt, sofern Mittel- und Obertrias in karbonatischer Fazies in den austroalpinen und südalpinen Decken aufgeschlossen ist; das sind über 600 km Distanz

---

[3] In der englischen Literatur wird meist von „Alpine lead-zinc deposits" gesprochen. Dieser Ausdruck ist irreführend, da in den Ost- und West-Alpen noch andere Pb-Zn-Lagerstätten in anderen Formationen und von ganz anderem Charakter vorkommen (MAUCHER & SCHNEIDER 1967). Der „Typus Bleiberg" kennzeichnet dagegen die große Gruppe der Pb-Zn-Lagerstätten in triassischen Karbonatgesteinen und ist damit auch identisch mit dem „B-Typ" der Blei-Modellalter (s. S. 671).

zwischen der Semmering-Gruppe im Osten (Niederösterreich) und dem Davoser Raum im Westen (Graubünden, Schweiz) bzw. zwischen den östlichen Karawanken (Slowenien, Jugoslawien) und den westlichen Bergamasker Alpen (N-Italien) (Abb. 10-50). Je nach paläogeographischer Position besitzt die Mittel- und Obertrias dort zwischen minimal 350 m und maximal 2400 m Mächtigkeit. Davon sind im Anis (Alpiner Muschelkalk) ein Schichtpaket von maximal 50 m und im Ladin-Karn einzelne Schichtfolgen von zusammen maximal 350 m Mächtigkeit vererzt, also ca. 17 % des gesamten Sedimentpaketes. In vielen Revieren treten sodann noch Hinweise auf einen zeitgleichen basischen und sauren Vulkanismus auf, z. T. durch Einschaltung von echten Tufflagen oder grünen, tonigen Kalkbänkchen. In den Dolomiten herrscht im Anis und Ladin ein intensiver Vulkanismus vor. Für die Verbreitung der Pb-Zn-Lagerstätten ist jedoch charakteristisch, daß sie nie gemeinsam mit den vulkanischen Laven und Tuffen auftreten, Riffbildungen in solchen Gebieten sogar zu meiden scheinen, sondern vielmehr in größerer Distanz vom Vulkanismus (zwischen 50 und 200 km) zu finden sind, nämlich dort, wo vermutlich eine hydrothermale Aktivität in den großen Plateau-Riffen gegeben war. Sedimentologisch ist die vulkanische Aktivität durch die episodische Einwehung von Tuffen sowie wiederholte Bodenunruhen (kurzperiodische Hebungen, synsedimentäre Brüche, Erosion und Resedimentation) angezeigt (SCHNEIDER 1964, SCHULZ 1964). Eine metamorphe Beeinflussung ist nur sehr lokal erkennbar; die Diagenese reicht bis zu „anchimetamorphen" Korngefügen.

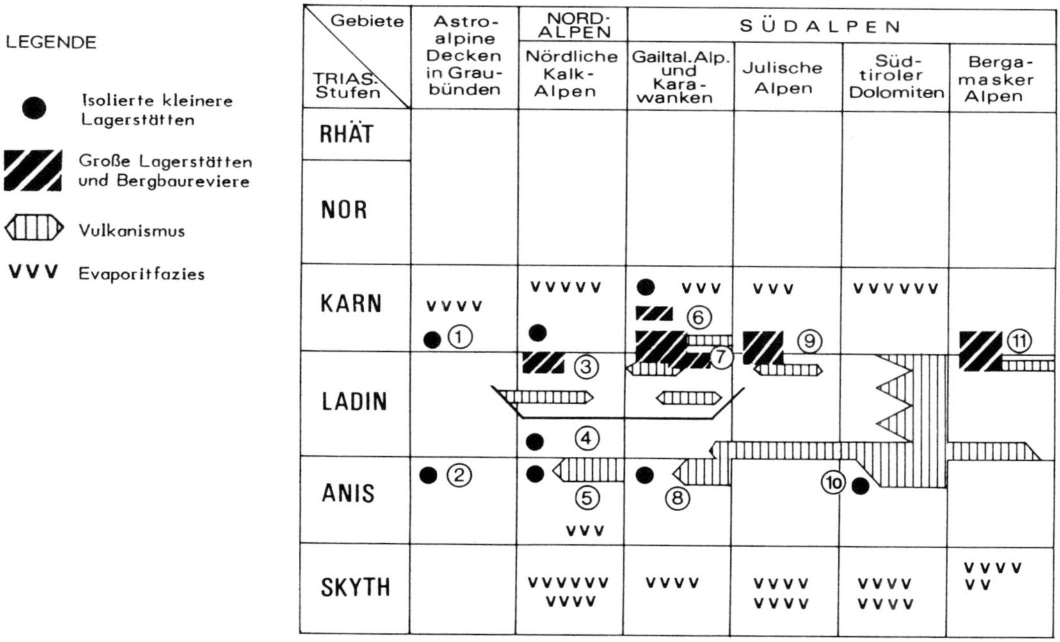

Abb. 10-50. Die stratigraphische Verbreitung der triassischen Pb-Zn-Erze (Typus Bleiberg) in den Ostalpen. Von der anisischen bis in die rhätische Stufe herrscht Karbonatsedimentfazies vor. Die vertikale Einteilung entspricht nicht der Mächtigkeit. Wirtschaftlich wichtige, genetisch bedeutsame Lagerstätten oder Repräsentanten für ein Revier: (1) Bleiberg-Ramoz, Graubünden; (2) Silberberg-Davos, Graubünden; (3) Lafatsch und Höllental (Karwendel-Wetterstein-Revier), Tirol, Bayern; (4) Haverstock (Mieminger-Revier), Tirol; (5) St. Veit, Heiterwand, Tirol; (6) Bleiberg-Kreuth, Gailtaler Alpen, Kärnten; (7) Mezica, Karawanken, Slowenien; (8) Topla, Karawanken, Slowenien; (9) Raibl, Julische Alpen, Friaul; (10) Auronzo, östl. Dolomiten, Cadore; (11) Gorno-Revier, Bergamasker Alpen, Lombardei.

660 Erzlagerstätten in Sedimenten

Die Typuslokalität *Bleiberg* (genauer: das Bergbaurevier Bleiberg-Kreuth) liegt in den östlichen Gailtaler Alpen und ist dort an einen Ost-West streichenden Grabenbruch gebunden, der sicher schon synsedimentär im Ladin-Karn angelegt wurde (BRIGO et al. 1977, SCHULZ & SCHROLL 1977). Jüngere alpinotype Bewegungen haben durch Schollen- und Deckenbewegungen den ursprünglichen Ablagerungsraum um ca. 45 % in Nord-Süd-Richtung eingeengt. Der Bergbau erstreckt sich hier auf über 12 km Ost-West-Distanz und über 1000 m Höhendifferenz, da er den überschobenen Teilschollen in die Teufe folgt. Die fazielle Ausbildung der ladinisch-karnischen Karbonatgesteinsserien („Bleiberger Fazies", HOLLER 1936) (Abb. 10-51) ist nicht nur in den Gailtaler Alpen und den benachbarten Karawanken verbreitet, sondern, unabhängig vom alpidischen Deckenbau, auch in den gesamten Nördlichen Kalkalpen über eine Distanz von einigen hundert km (MAUCHER 1954, SCHNEIDER 1954, 1964, SCHULZ 1955). Dabei kann zwischen dem Bleiberger Revier und den Nördlichen Kalkalpen eine deutliche stratigraphische und fazielle Korrelation beobachtet werden. Diese bezieht sich auch auf die der über 1200 m mächtigen Sedimentabfolge eingeschalteten Erze.

Die Paläogeographie des gesamten Raumes nördlich der Periadriatischen Naht (BRIGO et al. 1977) (Gailtaler Alpen/Bleiberg und Karawanken/Mezica) ist charakterisiert durch ausgedehnte, massige Saumriffe, hinter denen sich weite, mit karbonatischen Flachwassersedimenten gefüllte Lagunen anschließen (Abb. 10-52). Der Bereich wird den Austroalpinen Decken zugerechnet. Dagegen herrscht südlich der Periadriatischen Naht, im Dinarischen Block, ein großräumig entwickeltes, überwiegend massig strukturiertes Riff-Plateau vor (Julische Alpen/Raibl und östl. Dolomiten/Salafossa). Im Revier von Gorno, Bergamasker Alpen, treten in der lombardischen Fazies die massigen Riffstöcke stark zurück und es herrscht eine karbonatische Bankfolge mit vielen zwischengeschalteten Ton- und Tufflagen vor (OMENETTO & VAILATI 1977). Das Bergbaurevier ist flächenmäßig zwar um ein Vielfaches größer als das von Bleiberg, jedoch auf isoliert auftretende Lagerstätten verteilt.

In den *Nördlichen Kalkalpen*, die auch zu den Austroalpinen Decken gezählt werden, findet sich die gleiche paläogeographische Konstellation wie nördlich der Periadriatischen Naht wieder (Abb. 10-

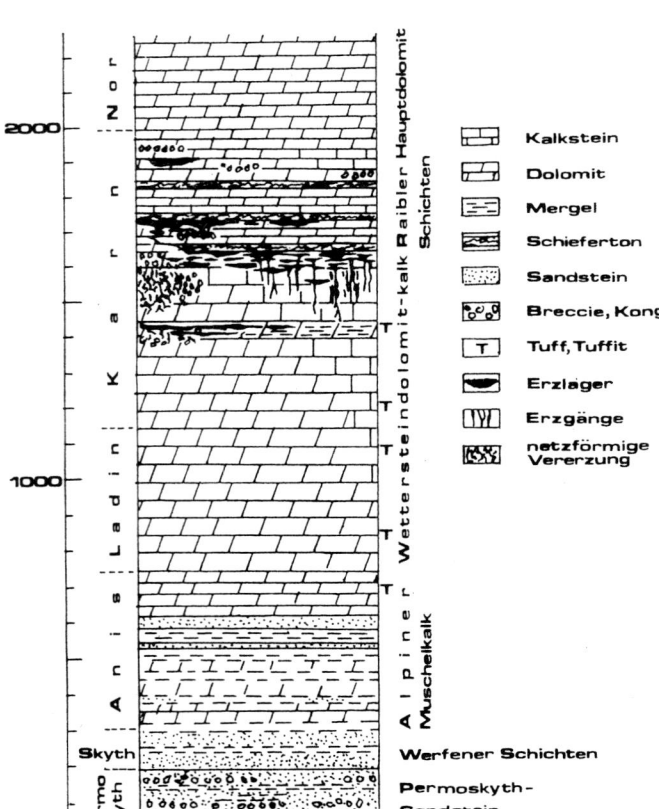

Abb. 10-51. Schematisches Säulenprofil der unter- und mitteltriassischen Schichtfolge im Gebiet der Lagerstätte Bleiberg-Kreuth. Nach SCHULZ & SCHROLL (1977).

53): Nebengesteinsfazies und Erzführung sind identisch. Die stets schichtgebundene Vererzung läßt sich in fast allen genannten Lagerstättenrevieren generell in zwei Erscheinungsformen gruppieren, nämlich in

(i) schichtige, meist feinkörnige (oft reliktische) echte sedimentäre Gefüge, und
(ii) diskordante, vorherrschend grobkörnige (grobkristalline) Verdrängungskörper und Gangfüllungen

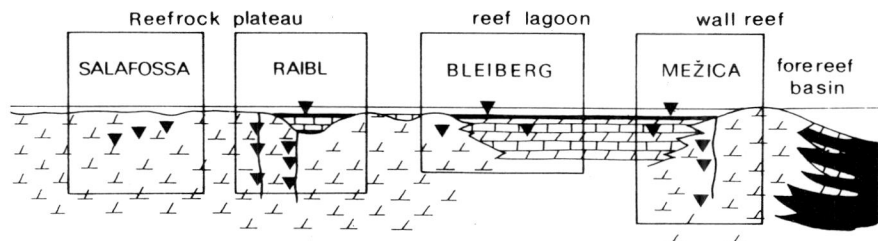

Abb. 10-52. Die paläogeographische Position der Pb-Zn-Lagerstätten innerhalb der Plateau-Riffe in den südlichen Ostalpen, südlich und nördlich der Periadriatischen Naht. Stark schematisiert, ohne stratigraphische Bezüge. Dreiecke = wichtigste Vererzungstypen. Nach BRIGO et al. (1977).

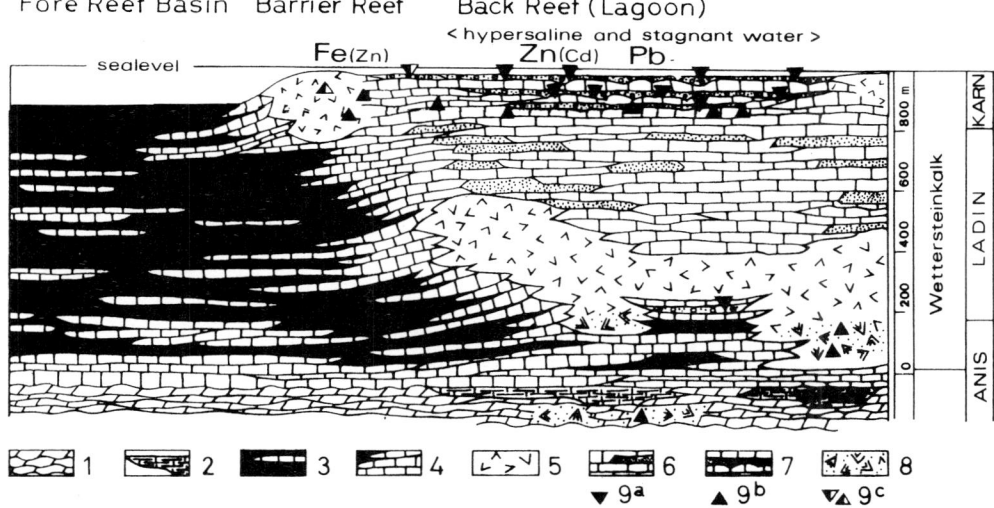

Abb. 10-53. Die Entwicklung eines mittel- und obertriassischen Plateau-Riffes und die entsprechenden Vererzungstypen. Stark schematisiert. – 1 = Oberer Alpiner Muschelkalk; 2 = andesitische Tuffe (Aschentuffe, z. T. mit Lapilli); 3 = Partnachschichten (Mergel u. Tone), Vor-Riff-Beckenfazies; 4 = Partnachkalke und Wettersteinkalk als bankweiser Übergang in das Vor-Riff-Becken. 5–8: Die fazielle Differenzierung des Wettersteinkalkes (ladinisch-karnische Riff-Fazies) – 5 = Massiger Dolomit (z. T. Kalk) kavernös, lokal mit Resten von Biohermen (Korallen, Algenmatten etc.); 6 = Gutgebankter Kalk/Dolomit mit Biogenen und Kolonien von Algen und Bivalven, lokal „patch reefs"; 7 = Dünngebankter Kalk/Dolomit mit Einschaltungen der „Sonderfazies" (flache Erosionsformen, Resedimente, Fluoritlagen, z. T. erzführend, s. Text); 8 = Diagenetische Umkristallisation des kavernösen Riffkörpers, überwiegend Dolomit und Fe-Dolomit (Ankerit). 9a–c: Vererzungstypen – 9a: schichtige Pb-Zn(Fe)-Sulfide, z. T. in sedimentären Gefügen; 9b: diskordante Pb-Zn(Fe)-Sulfide in Gangspalten und metasomatischen Verdrängungskörpern; 9c: vorherrschend Fe-Dolomite, im Lagunenbereich als Oolithe, mit untergeordnet Fe-Sulfiden und geringen, lokalen Zinkblende-Bleiglanz-Anteilen. Umgezeichnet nach SCHNEIDER (1964).

Mengenmäßig herrschen die diskordanten Erzkörper vor; sie bilden auch die wirtschaftlich interessanteren Reicherze, mit bis zu 20% Pb + Zn, während die schichtigen Vererzungen, in feinen Lagen über dm- bis m-mächtige Bänke verteilt, meist nur geringere Gehalte (3−8% Pb + Zn) aufweisen. Neben den Eisen-, Blei- und Zinksulfiden (häufig Schalenblende) erscheinen vor allem Kalzit und Fluorit als Begleitminerale, so daß einige Vorkommen auch als Fluoritlagerstätten abgebaut werden (S. 676ff.). Daneben tritt lokal auch Baryt in geringer Menge neben Anhydrit oder Gips auf. In mikroskopischer Dimension können gelegentlich verschiedene Spießglanze und Fahlerz, meist mit Zinkblende oder Bleiglanz verwachsen, beobachtet werden. Auffallend ist das Fehlen von Kupfer, wenn man von den genannten, erzmikroskopischen Paragenesen absieht.

Die sedimentäre Vererzung setzt oft schon in Form von mm-feinen, rhythmischem Anlagerungsgefügen ein, wobei meist eine geopetale Belegung von feinen Sedimentoberflächen oder gradierte Schichtung beobachtet werden kann. Das häufig sehr bituminöse Nebengestein ist Kalk- oder frühdiagenetischer Dolomitmikrit (GERMANN 1969), die Erzparagenese umfaßt quantitativ vorwiegend Zinkblende, gelegentlich Pyrit und Bleiglanz, sehr häufig jedoch auch Fluorit (Abb. 10-54). Die Rhythmite können zu cm- bis dm-mächtigen Lagen anwachsen, wobei lokal auch eine schichtkonkordante, meist gelblich bis blaßrot gefärbte, porzellanartig dichte Schalenblende auftritt. Fragmente dieser charakteristischen „primären" Schalenblende erscheinen zusammen mit anderen Erzpartikeln, nie jedoch mit detritischem Fluorit, in größeren resedimentierten (klastischen) Erzkörpern (Abb. 10-55). Durch ihr Auftreten lassen sich erosive Rinnen und Wannen an der kurzperiodisch aufgetauchten Riffoberfläche oder vertikale Schluchten und Schläuche im Riffkörper rekonstruieren. Die Sedimentologie der subtidalen, intertidalen und supratidalen Faziesentwicklung und ihre paläogeographisch-lagerstättenkundliche Bedeutung hat BECHSTÄDT (1975, 1978) ausführlich als Zyklotheme im Umfeld der Bleiberger Lagerstätte beschrieben.

Generell läßt die Lagunenfazies der ladinisch-karnischen Plateauriffe ein deutliches Pulsieren in der stratigraphischen Abfolge erkennen: Übergeordnet erscheint ein relativ ruhige Sedimentation mit der Bildung monotoner, „normal entwickelter" Kalk- oder Dolomitbankfolgen im Ladin und Karn, denen in den Gailtaler Alpen nur einige Tuffitlagen zwischengeschaltet sind (Abb. 10-50, 10-51). Mit dem Übergang zur karnischen Stufe erscheinen sodann im Meter- und 10er-Meterabstand dm- bis m-mächtige Bänke, die mit höheren Ton- und Bitumengehalten, Erz- und Fluoritlagen, Resedimenten (Erz- und Nebengesteinsbreccien bzw. -geröllen), Kreuzschichtung, sedimentären Hohlformfüllungen eine episodische Hebung des Riffkörpers mit Erosion, Bodenunruhen und Änderung der Sedimentzufuhr anzeigen. SCHNEIDER (1954) bezeichnete diese Einschaltun-

Abb. 10-54. Ein bituminöser Dolomit-Zinkblende-Fluorit-Rhythmit im Dünnschliff (orientiert entnommen). Die Zinkblendekörner (schwarz) markieren eine Feinschichtung. In frühdiagenetische Schrumpfrisse ist Fluorit eingewandert (weiß), dem geopetal nachsackende Zinkblendekörner und tonige Substanz folgten (unterste Lage!). „Sonderfazies" der karnischen Stufe. Ehem. Bergbau Wassergrube, Mieminger Gebirge, Tirol. Aus MAUCHER & SCHNEIDER (1967).

Abb. 10-55. Geopetales Gefüge mit cm-großen Klasten. Ein erzfreier Kalkschlickbrocken (Bildmitte, hellgrau) ist als „Lastmarke" in eine ca. 10 cm mächtige Lage von feinkristalliner Zinkblende (wenig Bleiglanz und Pyrit) eingesunken und hat die noch plastische Erzlage eingedrückt. Der Resedimentationsprozeß ist auch durch kleinere Kalkschlickpartikel (hellgrau) und Zinkblendeklasten (dunkelgrau) unter, neben und über dem zentralen Brocken angedeutet. Nach oben stellt sich wieder ruhigere Sedimentation ein, was zur Ablagerung von porzellanartig dichter Schalenblende und bituminösem Kalkmikrit führt (Streifung neben dem Maßstab). – Handstück (poliert) orientiert entnommen. Sog. 880 m-Lager, Grube Lafatsch, Karwendel, Nordtirol. Aus SCHNEIDER (1964).

gen als „Sonderfazies", da sie von der „normalen", vorherrschenden Karbonatabfolge deutlich abweichen. Mit dieser Sonderfazies sind die charakteristischen sedimentären Erze verbunden.

Im bayerisch-nordtiroler Teil der Nördlichen Kalkalpen läßt sich zwischen lithologischer Entwicklung und paläogeographischer Verbreitung der „Sonderfazies" eine deutliche Korrelation mit der Vererzung erkennen (SCHNEIDER 1986 b): Am Nordrand der Kalkalpen sind mit einer in der Mächtigkeit stark reduzierten Trias und rudimentär entwickelten Sonderfazies überwiegend meist ankeritische Brauneisenoolithe in schichtkonkordanten Linsen und Taschen neben Pyritimprägnationen verbreitet. Südwärts stellen sich dann kleine Pyriterzkörper mit zunehmenden Anteilen an Zinkblende ein. Erst mit der optimalen Entwicklung der Plateauriffe (Abb. 10-53) und voller Ausbildung der Sonderfazies im Südteil der Nördlichen Kalkalpen treten schrittweise Fluorit- und Bleiglanz zu der Pyrit-Zinkblende-Paragenese in den gleichen feinstratigraphischen Niveaus hinzu. Der komplizierte Deckenbau hat diesen paläogeographisch korrelierbaren Nord-Süd-Trend nicht verwischen können. Den im Generalstreichen in mehreren parallelen Zügen aufgereihten Plateauriffen sind Beckenzonen mit überwiegend tonigen Sedimenten („Partnachschichten", Abb. 10-53) zwischengeschaltet. Lithologie und Feinstratigraphie der Sonderfazies lassen sich über diese, ursprünglich mehrere 10er-km breiten Beckenzonen hinweg verfolgen.

Mit der optimalen Entwicklung der Plateauriffe sind demnach die quantitativ und wirtschaftlich bedeutenden Pb-Zn-Erzlagerstätten der Ostalpen verbunden (BRIGO et al. 1977, STRUCL 1984, SCHULZ & SCHROLL 1977). Und erst hier treten jene vieldiskutierten „diskordanten" Erzkörper auf, oft im räumlichen Zusammenhang mit rudimentären sedimentären Erzlagen. Es sind im wesentlichen drei Formtypen: (i) „wolkig" begrenzte, grob kristalline, metasomatische Erzkörper, (ii) konkordante und diskordante Breccienkörper, bei denen Sulfiderze (mit Fluorit) die Klasten, aber häufiger noch den Zement bilden, sowie (iii) echte diskordante Gang-(Spalten-)Füllungen von cm- bis m-Breite und (selten) mehreren 100 m Teufenerstreckung. Zur genetischen Interpretation s. S. 669 ff.

Neben den zahlenmäßig vorherrschenden und wirtschaftlich bedeutenden Vorkommen im Ladin-Karn treten in den Ostalpen auch kleinere Pb-Zn-Lagerstätten bereits im oberen Anis auf. Die Abb. 10-50 bringt nur eine Auswahl der wichtigsten Vorkommen. Die Vererzung ist mehr lokaler Natur und stets schichtig, meist in Form sedimentärer Linsen. Von der größten Lagerstätte dieser Art, die bis in die letzten Jahre in Topla abgebaut wurde, bringt STRUCL (1974) eine ausführliche Beschreibung mit typischen sedimentären Gefügebildern. Generell stehen all diese Vorkommen, im Gegensatz zu den ladinisch-karnischen, in einer engen zeitlichen (und z. T. räumlichen) Beziehung zu dem intensiven oberanisischen Vulkanismus in der triassischen Geosynklinale der Ostalpen.

B. Die Pb-Zn-Lagerstätten des Mississippi Valley Types im engeren Sinne

Die hier betrachteten Lagerstätten sind über den gesamten nordamerikanischen Kontinent verbreitet, soweit paläozoische Karbonatgesteinsserien auftreten. Die geographische Erstreckung dieser Lagerstättenprovinz ist enorm (Abb. 10-56). Sie reicht vom westlichen Kansas im Westen bis an den Rand der Appalachen (Tennessee) im Osten und von Zentral-Texas im Süden bis nach Pine Point (NW Territories, Kanada) im Norden, also jeweils über mehr als 1000 km Distanz.

Gegenüber der ostalpinen Lagerstättenprovinz bestehen einige prinzipielle Unterschiede, die gleichzeitig den besonderen Typus charakterisieren: (i) Nebengesteine und Lagerstätten sind in einem epikontinentalen Schelfbereich entwickelt, der seit dem Paläozoikum stabil geblieben ist, von größeren Bruchstrukturen und lokalen Aufwölbungen sowie randlichen Verkippungen abgesehen.

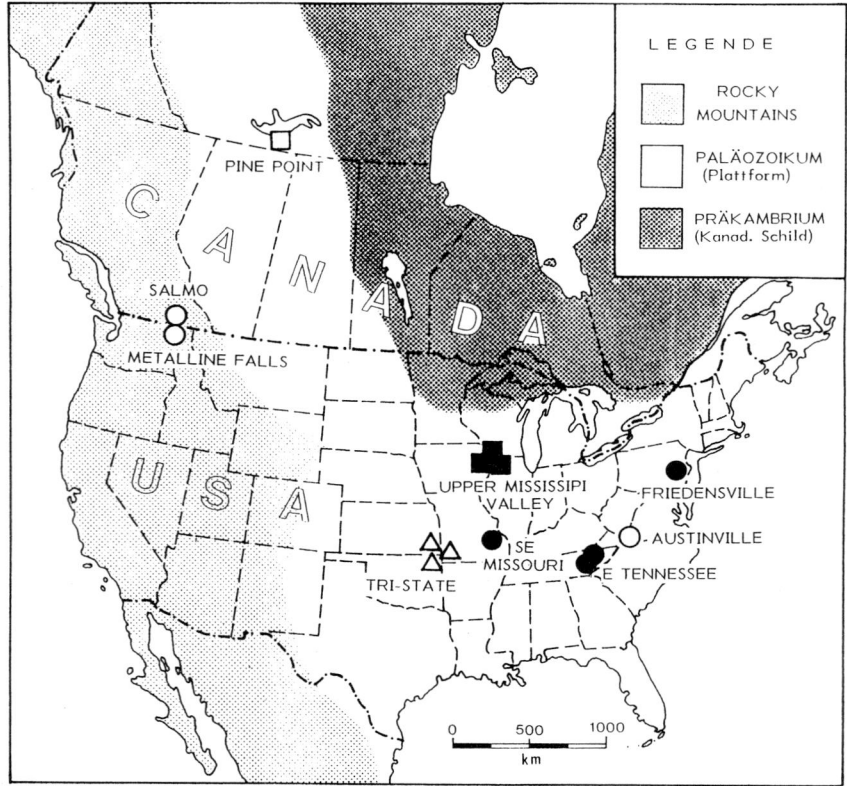

Abb. 10-56. Die wichtigsten Bergbaureviere von Pb-Zn-Lagerstätten des Mississippi Valley Types in USA und Kanada. Vereinfacht und umgezeichnet nach JACKSON & BEALES (1967) und HEYL (1968). Die Signaturen beziehen sich auf Abb. 10-57.

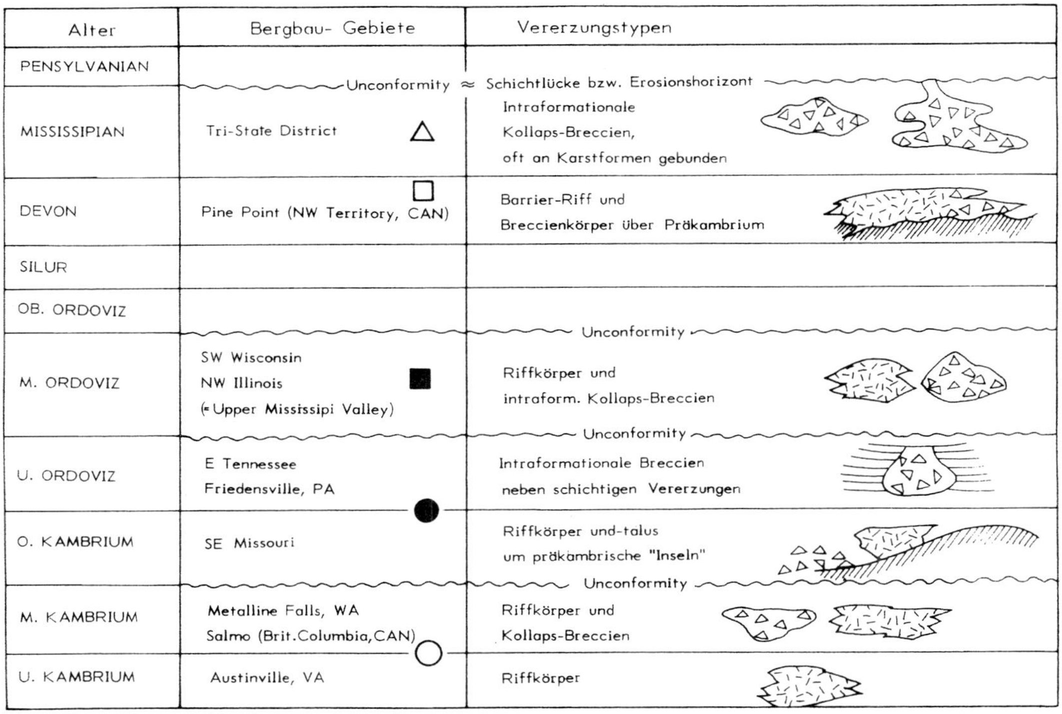

Blei-Zink-Erze 665

Alter	Bergbau- Gebiete	Vererzungstypen
PENSYLVANIAN		
	Unconformity ≈ Schichtlücke bzw. Erosionshorizont	
MISSISSIPIAN	Tri-State District △	Intraformationale Kollaps-Breccien, oft an Karstformen gebunden
DEVON	Pine Point (NW Territory, CAN) □	Barrier-Riff und Breccienkörper über Präkambrium
SILUR		
OB. ORDOVIZ		
		Unconformity
M. ORDOVIZ	SW Wisconsin NW Illinois ■ (= Upper Mississipi Valley)	Riffkörper und intraform. Kollaps-Breccien
		Unconformity
U. ORDOVIZ	E Tennessee Friedensville, PA ●	Intraformationale Breccien neben schichtigen Vererzungen
O. KAMBRIUM	SE Missouri	Riffkörper und -talus um präkambrische "Inseln"
		Unconformity
M. KAMBRIUM	Metalline Falls, WA Salmo (Brit.Columbia,CAN) ○	Riffkörper und Kollaps-Breccien
U. KAMBRIUM	Austinville, VA	Riffkörper

Abb. 10-57. Stratigraphisches Alter und schematische Darstellung der vorherrschenden Vererzungsformen in den wichtigsten Lagerstättenrevieren vom Mississippi Valley Typ in USA und Kanada. Zusammengestellt und umgezeichnet nach CALLAHAN (1964, 1967).

Eine alpinotype, also orogenetische Überprägung fehlt. (ii) Dementsprechend existieren auch keine Anzeichen für einen zeitgleichen Vulkanismus oder Magmatismus. (iii) Die Lagerstätten treten in den verschiedenen, weit voneinander entfernten Revieren jeweils schichtgebunden vom unteren Kambrium bis zum Unterkarbon auf. (iv) die Reicherzführung ist oft an große, intraformationale Breccienkörper gebunden, die sich in charakteristischer Weise unter vorherrschend schichtkonkordanten Schichtlücken bzw. Erosionshorizonten („unconformities") gebildet haben; daneben gibt es aber auch die von den Ostalpen bekannten schichtigen Erzlager, an Riffkörper gebundene sowie in diskordanten Gangtrümern auftretende Vererzungen (Abb. 10-57). (v) Mit den Erzen treten in den meisten Revieren Kohlenwasserstoffe (Erdöl, Bitumen ect.) auf. Einige Lagerstätten liegen in unmittelbarer Nachbarschaft zu Erdölfeldern mit den zugehörigen Salzwässern.

Die schematische Zusammenstellung in Abb. 10-57 soll in erster Linie die unterschiedliche stratigraphische Bindung der einzelnen Lagerstättenreviere (Abb. 10-56) zeigen. CALLAHAN (1964, 1967) hat darin die Bedeutung der Breccienkörper etwas überbewertet, denn sie treten in den verschiedenen Revieren nicht im gleichen Umfang auf. Vor allem in *SE Missouri* finden sich stratigraphisch unter bzw. neben den Breccienkörpern feinschichtige Vererzungen im sedimentären Verband mit einer typischen Sabkha-Fazies, z.B. dokumentiert durch salinare Relikte, die als „prädiagenetisch" angesehen werden (THACKER & ANDERSON 1977, KISVARSANYI 1977[4]). Demnach

---

[4] Das Heft 3 (1977) der Zeitschrift Economic Geology ist zum größten Teil der Geologie und den Lagerstätten im sog. „New Lead Belt" (= Viburnum Trend) mit zahlreichen Beiträgen gewidmet, worauf hier der Kürze halber verwiesen wird.

bildet das Lagerstättenrevier einen gewaltigen Riffsaum von oberkambrischen Stromatoliten um präkambrische (kristalline) Inseln, der sich über transgressiven Sandsteinserien (sog. Lamotte Sandstein), entwickelt hat (Abb. 10-58).

Damit sind fazielle und paläogeographische Analogien zum ostalpinen Bleiberg-Typus gegeben, was noch durch die Existenz von „forereef basins" und „back-reef lagoons" (Abb. 10-53) unterstrichen wird. An der Außenseite der Riffplateaus entstanden im Bereich der Hochenergie-Fazies (exogene) Riffschuttkörper, die, analog den intraformationalen „Kollaps-Breccien" (Abb. 10-59), während einer späteren diagenetischen Stoffmobilisation auch vererzt wurden. Eine paragenetische und geochemische Besonderheit in den Revieren von SE Missouri und Tri-State besteht darin, daß hier verschiedene Cu-, Ni- und Co-Sulfide in geringen Mengen auftreten. Vor allem die große Lagerstätte von Joplin im westlichen Tri-State Revier mit ihren quantitativ vorherrschenden diskordanten, aber schichtgebundenen Gang- und Netzwerkvererzungen ist dafür bekannt. Eine solche ungewöhnliche, wenn auch quantitativ sehr untergeordnete Buntmetallparagenese ist vermutlich auf die räumliche Nähe des präkambrischen Unterbaues, der kurz vor und während der paläozoischen Trans-

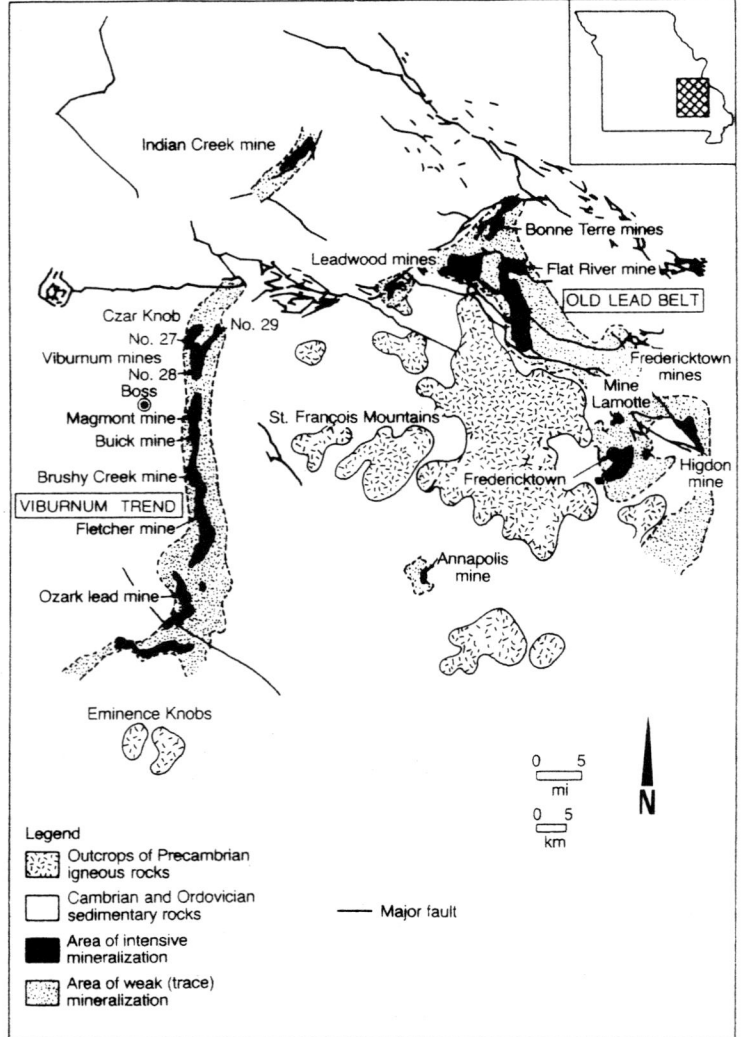

Abb. 10-58. Paläogeographie des Pb-Zn-Revieres von SE-Missouri. Das oberkambrische Algen-Riff-Atoll mit seinen „back-reef lagoons" umschließt eine Insel des kristallinen präkambrischen Unterbaues etwa von der heutigen Größe Jamaikas. Nach KISVARSANYI (1977).

gression noch einer Abtragung unterlag, zurückzuführen. Vielleicht sind damit auch die charakteristischen Einschaltungen von Chert-Lagen im Nebengestein der beiden Reviere zu erklären.

Eine paläogeographisch sehr ähnliche Entwicklung wie in SE Missouri zeigen die Lagerstätten des *Upper Mississippi Valley*-Reviers in den mittelordovizischen Karbonatgesteinsserien. Auch hier spielen (primär kavernöse) Riffkörper während der spätdiagenetischen Platznahme der Erze eine dominierende Rolle für die Ausbildung von abbauwürdigen Erzmassen. Allerdings fehlt hier die Cu-Ni-Co-Paragenese.

Im wirtschaftlich ebenfalls bedeutenden Lagerstättenrevier von *Tennessee* treten dagegen in den unterordovizischen Karbonatgesteinsserien die Riffbildungen stark zurück. Es herrschen schichtkonkordante, feinschichtige Armerzkörper mit einer auffallend hellen Zinkblende vor. Die vor allem abbauwürdigen Reicherzmassen sind in charakteristischer Weise in großen, intraformationalen „Kollaps-Breccien" konzentriert (Abb. 10-59). Ihre Entwicklung reicht von einer lokalen „Desintegration" im Schichtverband des verfestigten Nebengesteines im Hangenden bis zu 10er-m mächtigen Breccienkörpern in der Teufe. Das Erz bildet den Zement von taubem Nebengestein und Armerzklasten. Auch hier fehlt die Cu-, Ni- und Co-Mikroparagenese von SE Missouri.

Eine vom bisher beschriebenen genetischen Modell abweichende Entwicklung zeigen die Lagerstätten von *Pine Point*. Da auch hierüber die Meinungen noch sehr verschieden sind, wird hier die spezielle Diskussion über die Genese gleich angeschlossen. Im Pine Point-Revier, NW-Kanada, der größten Lagerstätte dieses Types im Lande, sitzen die Erze in einer mitteldevonischen Riff-Barriere, welche ein marines Schelfgebiet mit überwiegend toniger Sedimentation („fore reef") von einem ausgedehnten evaporitischen Bereich im Süden und Südosten trennte („back reef"). Da hier während der Evaporitbildung Mg-reiche Wässer entstanden und bei flachem Gefälle nordwärts zum

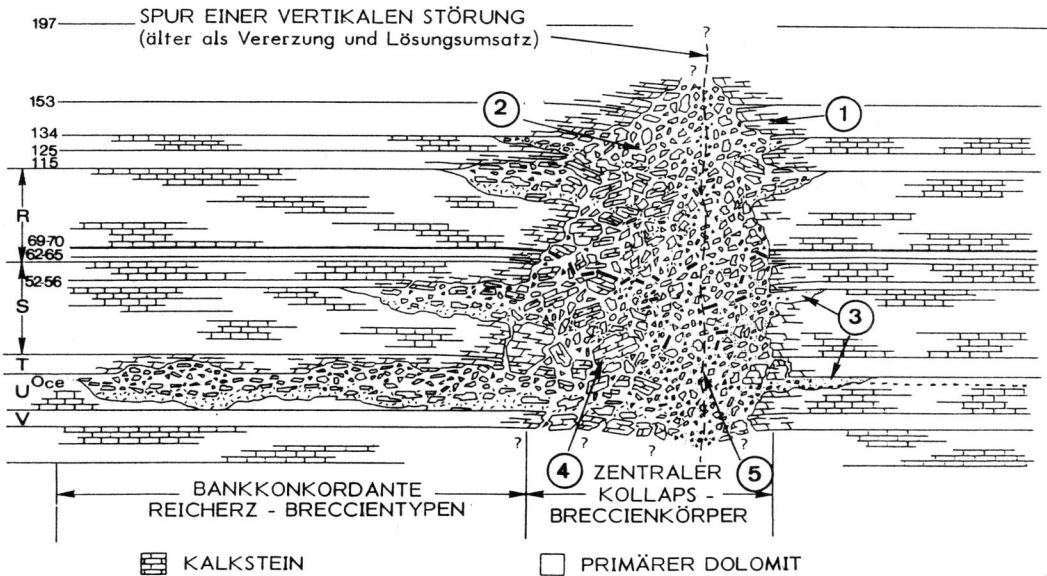

Abb. 10-59. Schematischer Querschnitt durch einen typischen Kollaps-Breccienkörper mit einigen, vom Haupterzkörper abzweigenden bankkonkordanten Reicherz-Breccienlinsen. Jefferson City Mine, East Tennessee. – 1 = Brecciierung des Nebengesteines im Anfangsstadium (sog. „crackle breccia"); 2 = Trümmer-Breccie (sog. „rubble breccia"); 3 = Reicherze mit geschichteten Sedimenten; 4 = Vererzte Brecciezone; 5 = Taube Brecciezone. – Zahlen und Buchstaben (links) sind stratigraphische Bezeichnungen. Nach OHLE (1985).

Meer sickerten, wurde das ursprünglich überwiegend kalkige Riff schon während der Frühdiagenese dolomitisiert (SKALL 1975). Spätere tektonische Bewegungen ließen den Riffkörper zerbrechen und öffneten die Wege für migrierende Formationswässer und erzbringende Lösungen.

Das Pine Point-Revier hat eine Länge von ca. 40 km im SW-NE Generalstreichen und eine maximale Breite von 10 km. Die derzeit bekannten 40 Erzkörper sind weit verstreut. Die Erze, vorherrschend Schalenblende und Bleiglanz, sind überwiegend schichtig, aber auch als Zement in großen Brecciénkörpern, in die Karbonatgesteine eingeschaltet, wobei gelegentlich Coelestin, ged. Schwefel, Fluorit und Bitumen auftreten (SKALL 1975, KYLE 1981).

Analysen von S-Isotopen der Erze belegen als Herkunftsgebiet die Evaporite, deren Sulfate im Riffkörper bakteriell zu H_2S reduziert wurden, was die Fällung der Metallsulfide ermöglichte. Die Metalle selbst sollen dagegen dem tonigen Sedimentkomplex des Vor-Riff-Beckens entstammen und mit Chlorid-reichen Formationswässern als Kompaktionsstrom dem Riffkörper zugeführt worden sein. Gegen diese Vorstellung sprechen die Blei-Modellalter, die ein nur mittelkarbonisches Alter (310-320 ma; KYLE 1981) belegen. Zudem weist seine isotopische Zusammensetzung auf einen sehr tief liegenden Herd, den oberen Erdmantel (?), hin. Die aus Flüssigkeitseinschlüssen bestimmten niedrigen Bildungstemperaturen (um 100 °C) belegen auf jeden Fall einen oberflächennahen Erzabsatz. Die Erze von Pine Point wären somit durch das Zusammentreffen von zwei sehr unterschiedlichen Lösungsströmen im Riffkörper entstanden, nämlich einen aszendenten, der die Metalle brachte, und einen lateralen, der den notwendigen Schwefel für die Sulfidfällung lieferte. Dadurch wäre der ungewöhnliche Fall einer epigenetischen, aber schichtgebundenen bis schichtigen Lagerstätte gegeben.

C. Weitere Lagerstättenreviere in Europa

Von den weltweit verbreiteten Pb-Zn-Lagerstätten in Karbonatgesteinen seien hier noch drei Reviere aus dem europäischen Raum erwähnt. Nach Paragenese und allgemeiner Erscheinungsform lassen sie sich entweder mit den ostalpinen oder den nordamerikanischen Vorkommen vergleichen.

Ein klassisches großes Bergbaugebiet stellen die Lagerstätten im ehemaligen *Oberschlesien* und in SW-Polen dar. Das gesamte Lagerstätten-Revier hat von Czerna im SE bis Tarnowitz im NW eine Längserstreckung von nahezu 60 km und eine Breite von etwa 30 km. Die Pb-Zn-Vererzung ist an den unteren Muschelkalk gebunden und tritt in größeren aber isolierten Vorkommen mit den reicheren Lagerstätten in Gebieten einer intensiveren Zerklüftung einstellen. Bis auf bruchtektonische Bewegungen und schwache Verbiegungen erfuhr das Gebiet keine stärkere tektonische Beanspruchung. Paragenetisch und genetisch werden die Lagerstätten überwiegend mit dem MVT Nordamerikas verglichen, wobei allerdings Karsterscheinungen und Kollapsbreccien als hydrothermale Bildungen über-interpretiert werden (DZULYNSKI & SASS-GUSTKIEWICZ 1985). Demgegenüber vertreten andere Gebietskenner eine syngenetische Entstehung und leiten die Erze aus einer sedimentären Vorkonzentration (Protoerze) des weiten Reviers ab (GRUSZCZYK 1967).

In der Betischen Kordillere *S-Spaniens* treten in der über 3000 m mächtigen Alpujárride Karbonatformation auf über 140 km streichender Erstreckung schichtige Pb-Zn-Fluorit-Baryt-Erze auf. Sie sind an anisische und karnische Schichtpakete der marinen (Tethys-) Trias gebunden. MARTIN et al. (1987) haben neuerdings durch eine ausführliche sedimentpetrographische Analyse die paläographische Bindung der Vererzung an ausgedehnte Riffgürtel und zugeordnete Lagunen mit ausgeprägter salinarer Faziesentwicklung belegt. Die Genese der Lagerstätten vergleichen die Autoren mit den E-alpinen Vorkommen.

In *Zentral-Irland* sind erst in den letzten Jahrzehnten große Pb-Zn-Lagerstätten entdeckt worden und in Abbau gegangen, die schichtgebunden in einem unterkarbonischen, überwiegend karbonatischen Gesteinskomplex von 250 bis 600 m Mächtigkeit auftreten (KUCHA & WIECZOREK 1984). Die bekanntesten Gruben sind Tynagh und Navan. Für die größeren Lagerstätten ist eine räumliche Bindung an große bruchtektonische Störungszonen auffallend, wobei die Störungen, z. B. in Tynagh, Abschiebungen an Horsten älterer Gesteine (Old Red) darstellen. Die Erze reichen von den Flanken der Horste in konkordanten Bänken, lokal mit typischen sedimentären Gefügen, über hunderte von Metern in den karbonatischen Flachwasser-Schichtkomplex (bioklastische Kalkarenite, Kalzilutite mit Sandstein- und Tonschieferzwischenlagen) hinein. Sie werden überwiegend als „syngenetisch" interpretiert. Daneben sieht DEENY (1987) Hinweise auf eine episodische „Katastrophe" mit exhalativer Aktivität im Zusammenhang mit einer unterkarbonischen plattentektonischen Öffnung in diesem Bereich. Genetisch von Bedeutung könnte auch die Entdeckung des Minerals Minrecordit, $CaZn(CO_3)_2$, im karbonatischen Nebengestein sein (KUCHA & WIECZOREK 1984) (s. S. 670).

D Genetische Probleme

Wenn auch die Gruppe der Pb-Zn-Erze in Karbonatgesteinen generell viele gemeinsame Erscheinungsformen aufweist, so zeigen die einzelnen Lagerstättenprovinzen doch auch deutliche Unterschiede allein schon in der paläographischen Position, Textur und Paragenese der Lagerstätten (s. S. xxx ff.). In neuester Zeit haben GUILBERT & PARK (1986: 888 ff.) die noch immer umstrittenen genetischen Interpretationen zusammengefaßt und die Argumente für oder gegen eine Syngenese bzw. Epigenese gegenübergestellt. Da dies jedoch mit spezieller Bezugnahme auf die Erscheinungsformen in der M.V.T.-Provinz der USA geschah, bleiben Beobachtungen und Analysendaten aus anderen Lagerstättenprovinzen weitgehend unberücksichtigt, die deshalb hier stärker in die Diskussion einbezogen werden sollen. Dazu können aus Platzgründen nur die drei wichtigsten Argumentationsgruppen kurz besprochen werden, nämlich die Frage der (i) Platznahme, des (ii) Transports sowie des (iii) Alters und der Herkunft der Erze.

(i) Die Existenz echter sedimentärer, schichtiger Erzgefüge in nahezu allen Lagerstättenprovinzen, auch im engeren M.V.T.-Bereich der USA, belegt eine erste – wenn auch quantitativ meist zurücktretende - gemeinsame Ablagerung von karbonatischem Sediment und Erzpartikeln (s. Abb. 10-54, 10-55). Gefüge dieser Art werden aber auch als diagenetische „Abbildungsmetasomatose" (engl. „mimetic replacement") interpretiert, wobei jedoch ihrer stratigraphischen Bindung an oft über 10er km anhaltende paläogeographische Strukturen (Riffe, Lagunen etc.) wenig Bedeutung beigemessen wird.

Das chemisch reaktionsfreudige karbonatische Nebengestein erfuhr während der vielfältigen diagenetischen Prozesse und auch später bereichsweise eine intensive Überprägung. Dazu haben vor allem migrierende, temperierte Solen (Formationswässer oder aufsteigende Hydrothermen) beigetragen. Auf diese Weise sind zweifellos die meist texturlosen, grobkörnigen oder kolloidalen (Schalenblende) Erzmassen entstanden, die allerorts quantitativ vorherrschen. Hierzu gehören wohl auch jene Erzfüllungen in Lösungskavernen (z.T. natürlichen Karsthöhlen), die oft als Beweis für eine aszendent-hydrothermale Bildung betrachtet werden.

Ein besonderes Phänomen der ganzen Lagerstättengruppe bilden die weitverbreiteten intraformationalen Breccienerzkörper (Abb. 10-59), die tatsächlich meist echte „Kollaps-Breccien" darstellen. Der Zusammenbruch des karbonatischen Nebengesteins und die Füllung der entstehenden Hohlräume mit Erz wird vorwiegend auf hydraulische Effekte, verursacht durch Lösungsdruck im Gefolge von tektonischen Spannungen oder hydrothermaler Aktivität, zurückgeführt. Da die schichtgebundenen (!) Breccienkörper oft wirtschaftlich interessante Erzanreicherungen darstellen, wird ihrem Studium besonderes Gewicht beigemessen. Zweifellos handelt es sich um epigenetische Erzanreicherungen; ob sie jedoch lokale Konzentrationen präexistenter Protoerze oder eine nachträgliche, aszendente Erzzufuhr darstellen, ist noch immer umstritten.

(ii) Die Fragen nach den Möglichkeiten eines Lösungstransportes der Erze beginnen sich zu klären. Die Bedeutung von verschiedenen Chlorid- und Schwefelkomplexen dazu ist experimentell erwiesen (s. S. 649 ff.). Insbesondere die hohe Konzentration von Cl-Ionen in den Lösungen ist nicht nur durch Flüssigkeitseinschlüsse in Kristallen, sondern auch durch eine reliktische, ungewöhnliche Salinität in heute vorliegenden Erzkörpern und ihrem Nebengestein nachzuweisen. Die Na-Mg-Cl-Verhältnisse deuten auf eine diagenetische Konzentration von Formationswässern hin (WOLTER & SCHNEIDER 1988). Darüberhinaus wiesen GIORDANO & BARNES (1981) auf die Bedeutung von metallorganischen Komplexen für den Transport von Pb und Zn hin. Neuerdings haben GIZE & BARNES (1987) im Nebengestein von zwei Lagerstätten der M.V.T.-Provinz in den USA erstmals metallorganische Komplexe näher untersucht und mögliche Zusammenhänge mit der Vererzung angedeutet. Auch aus diesem Gebiet sind Pb-Zn-reiche „oil field brines" seit langem bekannt.

In jedem Fall müssen für Lösung und Transport der beiden Metalle enorme Flüssigkeitsmengen bewegt worden sein, damit die Bildung von Lagerstätten dieser Art in der Größenordnung von 5x10³ bis 10⁶ t Erzinhalt möglich wird. Die Temperaturen der mineralisierenden Lösungen lagen meist zwischen 100° und 150°C, wie u. a. die zahlreichen mikrothermometrischen Daten aus Flüssigkeitseinschlüssen belegen. Als Antriebskraft für die Bewegung derart großer Flüssigkeitsmengen werden neuerdings in zunehmenden Maße Wärmeherde im tieferen Untergrund angenommen, die im Verlaufe der Erdgeschichte im Zusammenhang mit geotektonischen Prozessen wiederholt entstehen können.

Wie bei den vorstehenden Beschreibungen einzelner Lagerstättenreviere wiederholt bemerkt wurde, nimmt man heute fast einhellig an, daß die Fixierung der Metalle als Sulfide im karbonatischen Nebengestein zumindest durch das Zusammentreffen von zwei verschiedenen Lösungen bedingt war: Einer migrierenden Hydrotherme, welche die Metalle antransportierte, und einer oberflächennahen, kühleren Lösung, welche vor allem den Schwefel zur Bildung und Ausfällung der Sulfide enthielt. Nach den S-Isotopenanalysen handelt es sich überwiegend um „leichten", also durch Bakterienaktivität gebildeten Schwefel. Nur in wenigen Provinzen tritt ein quantitativ bedeutender Anteil an Schwefel magmatischer Herkunft hinzu (GUILBERT & PARK 1986).

Mit der Entdeckung des Minerals Minrecordit, CaZn(CO₃)₂, durch KUCHA & WIECZOREK (1984) im karbonatischen Nebengestein der Lagerstätte Navan, Zentral-Irland, deutet sich eine weitere genetische Variante für die Entstehung von Lagerstätten dieses Typs an. Das unscheinbare

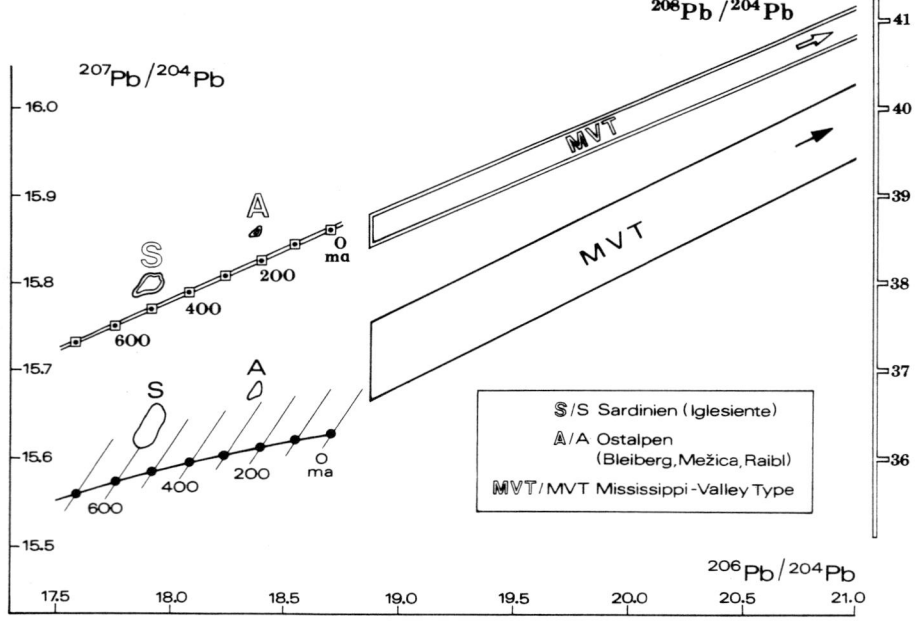

Abb. 10-60. Das Diagramm ist ein Versuch, die Problematik der Pb-Isotopendatierungen beispielhaft aus drei sehr verschiedenen Lagerstättenrevieren in einem Diagramm synoptisch darzustellen. – Für die ^{207}Pb/^{204}Pb–^{206}Pb/^{204}Pb-Verhältnisse gelten Ordinate links und Abszisse mit ausgezogenen Linien und Buchstaben, für die ^{208}Pb/^{204}Pb–^{206}Pb/^{204}Pb-Verhältnisse die Ordinate rechts und Buchstaben mit doppelten Linien (Abszisse bleibt gleich). – Die sardischen Lagerstätten liegen in kambrischen, die ostalpinen in triassischen Karbonatgesteinen („B-lead"), während die MVT-Lagerstätten („J-lead") vom Kambrium bis in das untere Karbon verbreitet sind. Bei beiden Darstellungen der Isotopenverhältnisse zeigt sich, daß die MVT-Reviere in den USA „negative" Modellalter aufweisen, nach der üblichen Interpretation der Wachstumskurven somit erst „in der Zukunft" entstehen könnten. – Den Entwurf dieses Diagramms verdanken wir Herrn Prof. Dr. V. KÖPPEL, Zürich, der auch den erläuternden Text (S. 671) vorschlug.

Mineral ist in feinster Korngröße dem karbonatischen Nebengestein eingeschaltet und deshalb vermutlich bisher oft übersehen worden. Ein solches karbonatisches „Zn-Protoerz" könnte sich beim Hinzutreten von Schwefel schon im Anfangsstadium der Diagenese, also dicht unter der Sedimentoberfläche relativ rasch in Zinksulfid umsetzen. Die Existenz eines reduzierenden Milieus zur Bildung der Lagerstätten wird von allen Forschern generell vorausgesetzt und kann vielerorts nachgewiesen werden. Wo aber kommt dann das mit dem Zink vergesellschaftete Blei her? Also bleibt auch hier eine spezielle genetische Frage noch ungelöst.

(iii) Zur Klärung des Alters der Vererzung wird vor allem die Datierung durch die Pb-Isotopenverhältnisse herangezogen (z. B. HEYL et al. 1966, KÖPPEL & SCHROLL 1985), wodurch gleichzeitig auch Hinweise auf die Herkunft des Bleis möglich sind. Dazu ergibt sich jedoch ein spezielles Problem, welches in Abb. 10-60 graphisch dargestellt ist:

Die Wachstumskurven nach STACEY & KRAMERS (1975) gelten für durchschnittliches, kontinentales Krustenblei. Während die Pb-Modellalter für die sardischen Lagerstätten zeitlich etwa dem kambrischen Nebengestein entsprechen (BONI & KÖPPEL 1985), für unsere Betrachtung also einen „Normalfall" repräsentieren, weist die gleiche Darstellung für die ostalpinen Lagerstätten auf ein karbonisches Pb-Modellalter hin, obwohl diese in Triassischen Nebengesteinen liegen („B-lead"). Der letztere Fall kann nur durch eine mehrphasige, komplizierte Pb-Mobilisation und Beimischung aus anderen Quellen erklärt werden. KÖPPEL & SCHROLL (1985) beziehen den Hauptteil des Bleis aus tiefer liegenden paläozoischen Metasedimenten („Gesteinsblei") und möglichen Anteilen aus remobilisiertem Erzblei dieses Stockwerkes. Dazu erwägen sie, daß das Blei der Trias-Lagerstätten auch allein aus den Metasedimenten stammen könnte. Die Anwesenheit einer Pb-Komponente aus den permischen Sandsteinen ist durchaus, auch aus geologischen Gründen, möglich. Erst während einer „syndiagenetischen Lagerstättenbildung" (KÖPPEL & SCHROLL 1985: 220) in der Trias sei dann das Blei zugeführt worden.

Auf eine solche hydrothermale Zufuhr aus tieferen Krustenteilen weisen auch die Interpretationen der Ga/Ge-Verhältnisse in der Zinkblende durch MÖLLER et al. (1983) hin. Demnach läßt sich für die Hydrolyse von Silikaten in diesem tiefen Stockwerk, auf welche die Ga-Ge-Gehalte zurückgeführt werden, je nach Lagerstättenrevier eine Temperaturspanne um 200°C ermitteln. Die Erzbildung im oberflächennahen Sedimentkomplex erfolgte dann in einem um ca. 100°C kühleren Milieu.

Auch die Lage der Datenpunkte in den Pb-Isotopen-Entwicklungsdiagrammen oberhalb der Wachstumskurve für durchschnittliches, kontinentales Krustenblei zeigt, daß sich das Blei während einer gewissen Zeit in der Oberkruste mit hohen U/Pb- und Th/Pb-Verhältnissen entwickelt hat. Darauf folgte jedoch eine Entwicklung mit tiefen U/Pb-Verhältnissen, wie sie z. B typisch sind für granulitfazielle Gesteine, aber auch für Feldspat reiche Sedimente. Diese Phase hatte zur Folge, daß die Isotopenzusammensetzung des schließlich in den Lagerstätten konzentrierten Bleies ungefähr richtige oder zu hohe 207/206-Modellalter aufweist.

Ein Problem anderer Art stellen die „negativen" Pb-Modellalter aus der M.V.T.-Provinz der USA dar („J-lead", HEYL et al. 1966), welche generell nur in Sedimenten zu beobachten sind, die einen alten Kristallinsockel überdecken (Abb. 10-58). In der M.T.V.-Provinz liegt sein Alter zwischen 1400 und 1600 ma. Somit wäre die Herkunft des Bleis aus der kristallinen Unterlage anzunehmen. Es ist naheliegend, daß Lösung, Transport und Absatz des Bleis durch migrierende heiße Solen mit beachtlichen Kohlenwasserstoffgehalten („oil field brines") erfolgten, wobei es sicher zu mehrfachen Mobilisationen und Umlagerungen während des ganzen älteren Paläozoikums kam (Abb. 10-57).

Somit lassen sich zumindest einige gemeinsame genetische Grundzüge für die gesamte Lagerstättengruppe erkennen: Eine Metallzufuhr durch festländische Verwitterung ist nicht belegbar; auch der Vulkanismus spielt hierbei keine besondere Rolle, wenn auch seine Wirkung als Wärmequelle bereichsweise anzunehmen ist. Als Quelle für die Metallionen können heute in den meisten Erzprovinzen kristalline Gesteine eines höheren Krustenstockwerks angenommen werden. Lösung, Transport und Absatz der Metalle erfolgte durch Komplexverbindungen in Cl-reichen Hydrothermen, die auch eine Remobilisation und wiederholte Umlagerung ermöglichten. Dadurch bilden sich für die Zeit der Erzplatznahme alle Übergänge von „syngenetisch" bis „epigenetisch".

Zusammenfassung

Blei und Zink sind in Lagerstätten weit verbreitet, oft vergesellschaftet mit anderen Buntmetallen (vgl. Kap. 10.8). Daneben bilden beide Metalle jedoch auch Lagerstätten mit einer charakteristischen bimodalen Paragenese von Bleiglanz und Zinkblende, wobei andere Buntmetalle mengenmäßig stark zurücktreten. Die Bindung solcher Lagerstätten an besondere fazielle und paläographische Entwicklungen der begleitenden Sedimentserien ist evident, wobei geotektonische Prozesse meist eine steuernde Rolle spielen.

Es lassen sich grob schematisch zwei Gruppen unterscheiden:
(i) Bleierze in Sandsteinen (Kap. 10.9.1) mit Pb:Zn von 20:1 bis 3:1. Sie treten vom Proterozoikum bis in die Kreide auf. Die Sandsteinserien repräsentieren entweder marine Küstensäume oder Beckenfüllungen im Umfeld von kristallinen Festländern. In manchen Fällen ist die Herkunft der Metalle aus kontinentalen Verwitterungslösungen und ihr lateraler, intraformationaler Transport durch temperierte Solen nachgewiesen.
(ii) Blei-Zink-Erze in Karbonatgesteinen (Kap. 10.9.2.) sind mit Pb:Zn von 1:1 bis 1:20 die weltwirtschaftlich bedeutenderen Vorkommen mit vielen großen Lagerstätten. Sie treten vom Kambrium bis in die Kreide weltweit auf. Paläographisch sind sie stets an marine Riff-Zonen und Karbonatplattformen in Schelfbereich gebunden. Nach ihrer größten Verbreitung in den USA werden sie international unter dem Oberbegriff „Mississippi Valley-Typ" zusmmengefaßt. Ihre Entstehung ist noch immer umstritten. Bereichsweise existieren sedimentäre Erztexturen. In jedem Falle ist die Bildung bauwürdiger Erzkörper erst über einen früh- bis postdiagenetischen intensiven Lösungstransport durch mäßig temperierte Solen in Gegenwart von Schwefel-, Chlorid- und metallorganischen Komplexen als gesichert anzunehmen.

10.10 Schichtgebundene Baryterze

Barium steht mit einem Durchschnittsgehalt von 590 ppm in der Erdkruste der Häufigkeit nach an etwa 14. Stelle. Die wichtigsten Bariumträger sind Kalifeldspat und Glimmer ($\varnothing = 0,3$ bzw. $0,11\%$ Ba) in Magmatiten und Baryt ($BaSO_4$) in Sedimenten und hydrothermalen Absätzen. Bei der Verwitterung geht das Barium, oft bevorzugt vor Kalium, in reduzierendem Milieu in Lösung und wird ionar so wie adsorbiert, insbesondere an Tominerale, Fe- und Mn-Hydroxide und organische Substanz, transportiert. Bei Eintritt in das Meer wird Barium freigesetzt und rasch als Sulfat gefällt.

Magmatisch-hydrothermale Lösungen sind wahrscheinlich bariumfrei. Hydrothermen nehmen es durch Lösung aus den Silikaten der Nebengesteine auf, im Falle bakterieller Sulfatreduktion auch durch Lösung von Baryt aus Sedimenten und schließlich durch Instabilwerden Ba-führender Gitter bei metamorphen Reaktionen (PUCHELT (1967, 1971). Der Niederschlag von Baryt erfolgt, stets mit einem geringen isomorphen Sr-Gehalt, bei hohem Eh, d.h. zumeist im Oberflächenbereich, und häufig bei Mischung aszenter chloridischer Ba^{2+} führender Lösungen mit SO_4^{2-}-haltigen Grundwässern.

In Sedimentgesteinen finden sich Barytkonzentrationen (PUCHELT 1967, BROBST 1984)
– synsedimentär als evaporitische Bildungen oder mit stark wechselnden Mengen an begleitenden Sulfiden als hydrothermal-sedimentäre Absätze und
– epigenetisch als Imprägnationen, Füllungen von Karsthohlformen oder metasomatische Erzkörper und schließlich als
– Residual-Lagerstätten.

Evaporitische Coelestine ($SrSO_4$) enthalten im Gitter bis zu mehreren Prozent Barium. Unter günstigen paläogeographischen und Eindampfungsbedingungen kann es zu Beginn *salinarer Zyklen* zur Bildung von Strontiobaryt mit 9–13 Mol-% $SrSO_4$ vor Coelestin kommen (s. auch S. 170). Bei schon vorher einsetzender Karbonatfällung wird jedoch die Barytfällung verdünnt und überdeckt (PUCHELT 1967: 176).

Aus dem Zechstein 2 bei Nienburg a.d. Weser beschreiben PUCHELT & MÜLLER (1964) zwischen Hauptdolomit und Basalanhydrit ein 0,5 m mächtiges Lager von Strontiobaryt mit durchschnittlich 10,7 Mol-% $SrSO_4$. Die syngenetische Abscheidung wird gestützt durch sedimentäre Gefüge, Anlagerungsgefüge am Liegenden und Hangenden sowie durch das Auftreten von gediegen Schwefel.

Das stratiforme, 0,6–3 m mächtige Barytlager, „pratiquement mono-minérale" mit 1 Mio t Inhalt, von Pessens bei Rodez, Südfrankreich, entstand nach FUCHS (1978) im tiefsten Lias am Südhang einer supratidalen Schwelle zwischen einem Salinarbecken mit Anhydrit im Süden und einem Sumpfgebiet im Norden. Hier wurde Barium im Zuge semiarider Verwitterung aus Alkalfeldspäten gelaugt und bei Mischung mit den Salinarwässern als Baryt gefällt. DUNLOP & GROVES (1978) deuten 3,5 Mrd Jahre alte Barytlager im Pilbara-Block, Westaustralien, als evaporitische Bildungen und verglichen sie mit ähnlichen Lagern in Südafrika und Süd-Indien.

Baryt ist ein häufiger Begleiter *hydrothermal-sedimentärer* Kieserzlager des Typs Rammelsberg und untergeordnet auch des Kuroko-Typs (s. S. 644f.). Das erklärt sich aus der Tatsache, daß Ba, Pb und Zn in ähnlicher Weise von chloridischen Thermalwässern gelöst und transportiert werden können. Baryt und Sulfide werden jedoch bei sehr verschiedenem Eh, über bzw. unter einer O_2/H_2O-Grenzschicht gefällt und finden sich daher häufig in getrennten Lagerstättenteilen; z.B. in Meggen als Barytsaum des Sulfiderzkörpers (Abb. 10–61) und in kleinen Linsen in seinem Hangenden (EHRENBERG et al. 1954: 219), als Grauerzkörper im Rammelsberg (KRAUME et al. 1955) oder in dem von Sulfiderzkörpern der Lagerstätte Silvermines, Irland, umgebenen Barytlager Ballynoe (WILLIAMS & MCARDLE 1978). Baryt ist dabei nicht nur die distale Fazies der Sulfiderzlager, sondern kann durch selbständige Hydrothermenaustritte, z.B. in Form der "weißen Raucher" (white smokers) in flachen Beckenteilen abgesetzt werden, wie LARTER et al. (1981) durch die Entdeckung barytverkleideter Pyritschlote in Ballynoe nachwiesen.

Die hydrothermal-sedimentären Barytlager sind weltweit verbreitet, bereits seit dem Archaikum bekannt und gehören zu den größten Barytkonzentrationen der Welt. Sie führen zwischen 0,05 und

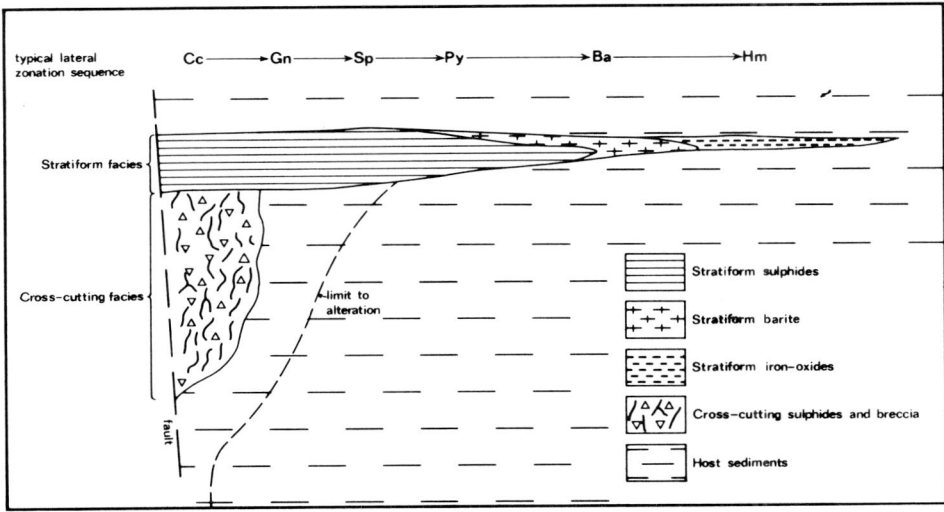

Abb. 10-61. Schematisches Profil durch ein hydrothermal-sedimentäres Sulfid-Baryt-Lager in pelitischen Sedimenten (sediment-hosted) mit lateraler Metallzonierung bei nach außen zunehmendem Eh (nach LARGE 1980). Cc Chalkopyrit, Gn Galenit, Sp Sphalerit, Py Pyrit, Ba Baryt, Hm Hämatit.

50 Mio t Schwerspat mit (< 50-) 75–98 % $BaSO_4$, Quarz als Hauptverunreinigung, einige Prozente organische Substanz und häufig H_2S in Flüssigkeitseinschlüssen. Der Baryt ist oft massig und, wie auch Quarz, extrem feinkörnig bis zu Korngrößen < 0,1 mm und durch Einschlüsse von Tonpartikeln, organische Substanz und Fe-Oxide dunkelgrau gefärbt. Bei Zunahme des Fremdmaterials wird der Baryt feinschichtig und geht dann in sphärolithische Lagen in der meist tonig-karbonatischen und z. T. kieseligen Grundmasse und schließlich in Tonlagen mit radialblätterigen Barytknollen (Rosetten) über. Geopetale Gefüge, rhythmische Schichtung und Stylolithen sind verbreitet und gelegentlich treten infolge synsedimentärer Tektonik Umlagerungen mit Barytkonglomeraten auf, die von feiner klastischen, gradierten Barytlagen begleitet werden. Häufige Nebengesteine sind dunkle Schiefer, Chert und Karbonate, seltener Quarzite.

Die beiden folgenden epigenetischen Typen sind an alte Landoberflächen gebunden (SAMAMA 1980).

Die größte Barytgrube Frankreichs bei Chaillac am NW-Rand des Zentral-Massivs baut auf einer schichtgebundenen hydrothermalen *Imprägnations*-Lagerstätte mit 5 Mio t und 50 % Baryt in kontinentalem Erosionsschutt des tiefsten Lias. Der Erzkörper wurzelt in einem Flußspatgang, der auch die Zufuhrspalte für die Baryt-Lösungen darstellte (Abb. 10–62). Die Mineralisation begann mit einer Quarz-Fluorit-Vorphase, deren Fluorit als Geröll im Lias-Konglomerat auftritt. Die Absätze aller jüngeren Phasen mit Fluorit und wenig Sulfiden, überwiegend im Gang, und Baryt mit Hämatit, überwiegend im Lager, sind imprägnativ im tiefsten Lias. Die marinen Sedimente des höheren Unterlias wurden nicht von der Mineralisation erfaßt. Der Baryt zeigt Bändergefüge mit zahlreichen Diskordanzen, wobei die Bänder infolge unterschiedlicher Hämatitführung hellgelb bis rotbraun gefärbt sind (ZISERMAN 1980).

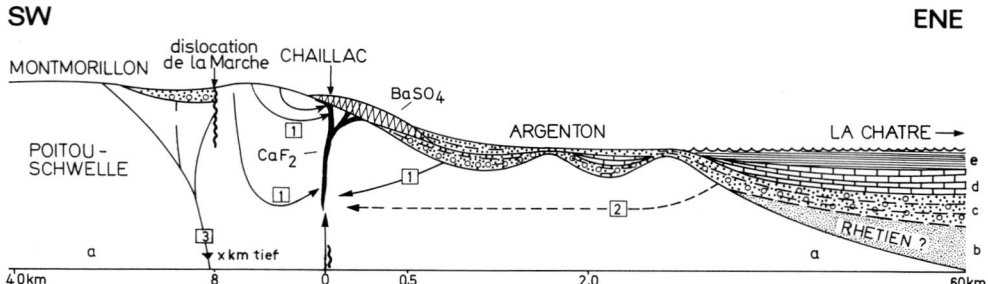

Abb. 10-62. Schematisches Profil zur Paläogeographie und Genese des Fluoritganges le Rossignol und des Barytlagers les Redoutières bei Chaillac, Indre, Frankreich; stark überhöht bei wechselndem Längenmaßstab (Entwurf von POURAY & ZISERMAN, nach ZISERMAN 1980). – a) Kristallin des Zentral Massivs; b) kontinentale Klastika, Rhaetium? c) kontinentale Sandsteine und Konglomerate mit Mikroflora des Hettangium, Träger des Barytlagers; d) dolomitische Kalke, z. T. oolithisch, unteres Sinemurium; e) marine Tone und Mergel, oberes Sinemurium. – 1. Kontinentale Wässer (Na^+, Ca^{2+}, Mg^{2+}, Cl^-, SO_4^{2-}) mit positiver Europium-Anomalie; 2. Brackisch(-marine) Wässer; 3. Kontinentale Tiefenwässer, x km lies: mehrere Kilometer.

In *Paläokarst*-Höhlen und -schlotten sowie in brekzienerfüllten Einsturztrichtern in Karbonatgesteinen tritt grauer bis weißer Baryt als epigenetische Ausfüllung monomineralisch oder mit Sulfiden und/oder Fluorit auf. Die kleinen, aber oft reichen Erzkörper sind in den USA verbreitet, wo sie insbesondere den Mississippi-Valey-Typ begleiten (s. S. 664 ff.). Eine Übersicht über die Karsterze gab ZUFFARDI (1976).

Gut untersuchte Beispiele stellen die Barytanreicherungen im Paläokarst von Iglesiente-Sulcis in SW-Sardinien dar (BONI & AMSTUTZ 1982). Die in mehreren Zeitabschnitten vom Kambrium bis ins Tertiär verkarstete, mehrere 100 m mächtige Serie von unterkambrischen Kalken und Dolomiten enthält hydrothermal-sedimentären Pyrit, Pb-Ag-Zn-Sulfide und Baryt. Im Gefolge tektonischer Überprägungen entwickelten sich aus diesen Protoerzen durch intraformationale Stoffumsetzungen die silberreichen Bleierze des klassischen Iglesiente-Reviers. Während Perm und Trias erfuhr SW-Sardinien als relativ stabiler Block eine intensive festländische Verwitterung unter vorwiegend ariden Bedingungen. Verbreitete und tiefgreifende Verkarstungen der freigelegten Karbonat-Areale folgten weitgehend reaktivierten alten Bruchlinien. Die Hohlformen füllten sich z.T. mit feinschichtigen, feinklastischen Sedimenten, lokalen Brekzien und chemischen Absätzen, vor allem Quarz, Kalzit, Sulfiden und als wirtschaftlich wichtigstem und meist quantitativ vorherrschendem Mineral Baryt. Er tritt teils als Zement der Mittel- und Grobklastika, teils in derben Massen und ferner in feinschichtigen Internsedimenten der Hohlräume auf. Die Erzkörper können, wie z.B. in der Lagerstätte Barega, Inhalte von einigen 1000 t aufweisen. Nach BONI & AMSTUTZ (1982) sind Lösung, Transport und Absatz des Bariums ein Folge der semiariden Bedingungen, die durch Rotsedimente, oberflächennahe Verkieselungen und Karbonatkrusten sowie Evaporitbildungen belegt sind. In den Internsedimenten des Paläokarsts von Barega fand BECHSTÄDT (1983) eine Ichnofazies, die eine oberflächennahe Entstehung permischen Alters nachweist.

Zahlreiche, früher als *metasomatisch* gedeutete Barytlagerstätten wurden in den letzten zwei Jahrzehnten, z.B. im SW der USA zwischen Missouri und Georgia (u.a. ZIMMERMANN 1969 und ältere Arbeiten) oder in SE-Sardinien (BONI & AMSTUTZ 1982), als syngenetisch-sedimentär oder als epigenetische Absätze im Paläokarst erkannt. Wenn auch die Bedeutung metasomatischer Umsätze als lagerstättenbildender Vorgang durch diese Erkenntnisse, nicht nur für den Baryt, stark relativiert wurde, so spielen sie doch bei Reaktionen zwischen Hydrothermen und Karbonatgesteinen eine Rolle. Bei der Ähnlichkeit von manchen schichtgebundenen Verdrängungen mit sedimentären Absätzen, insbesondere wenn diese diagenetisch oder postdiagenetisch rekristallisiert sind (HUTCHINSON 1983: 63), sind sorgfältige sedimentologische Untersuchungen für eine Klärung erforderlich (vgl. PUCHELT 1967: 182 f.). Kleine metasomatische Barytkörper erwähnt SCHAEFFER (1984: 62 f.) aus dem Sauerland. Bei Sundern-Allendorf baute die Grube Franz Ida einen metasomatischen Barytkörper in mitteldevonischem Kalk neben Absätzen in Paläokarst, und bei Bleiwäsche tritt metasomatischer Baryt in Kalkmergeln des Cenomaniums auf.

Residual-Lagerstätten von Baryt werden nur in den USA, vor allem im SE und Mittelwesten, in zahlreichen, meist kleineren Gruben gewonnen. Baryt tritt in gelb-braunen bis roten Rückstandstonen altpaläozoischer Karbonatgesteine auf, die 3–5 m, in Ausnahmefällen auch 15 (-45) m mächtig werden. Der Baryt, in Gehalten von 10-25 %, ist ± durchscheinend weiß und tritt plattig, faserig und rundlich dicht in Korngrößen von 3–15 cm auf. Chert und verkieselte Karbonate sind als Begleiter neben meist wenig Sulfiden häufig.

Zusammenfassung

Die weltweit wichtigste Bariumquelle stellen die hydrothermal-sedimentären Barytlager dar. Sie führen entweder Baryt als Hauptmineral und lediglich Spuren von Sulfiden und/oder Fluorit, oder sie begleiten Kieserzlager als ± monomineralische Erzkörper. Zum Absatz evaporitischer Barytkörper, die auch wirtschaftlich interessant werden können, kommt es dagegen nur unter günstigen Bedingungen am Rande von Salinarbecken. Einige Baryt-Typen mit z.T. wichtigen Lagerstätten sind an alte Landoberflächen gebunden, z.B. die schichtgebundenen Imprägnationen von Chaillac, Frankreich, und Paläokarstfüllungen, u.a. in den USA und Sardinien. Früher als metasomatisch gedeutete Lagerstätten wurden vielfach als sedimentäre Bildungen oder Karstfüllungen erkannt. Ausgedehnte, meist arme residuale Barytkonzentrationen werden nur in den USA gewonnen.

10.11 Schichtgebundene Fluoriterze in Karbonatgesteinen

Das Fluor ist mit etwa 625 ppm (CLARKE-Zahl) ein relativ häufiger Bestandteil der Erdkruste, dabei jedoch weniger in eigenen Mineralphasen vertreten als vielmehr in das Gitter gesteinsbildender Minerale eingebaut (z. B. Glimmer, Amphibole, Topas). Das einzige, wirtschaftlich wichtige Fluormineral ist der Fluorit oder Flußspat (CaF_2). Er tritt vorwiegend in diskordanten, epigenetischen Ganglagerstätten auf, die eine spezielle Gruppe hydrothermaler, meist spätmagmatischer Mineralisationen darstellen.

Daneben gibt es jedoch auch Fluoritvorkommen, die schichtgebunden bis schichtkonkordant in karbonatische Sedimente eingeschaltet sind. Verbände dieser Art deuten vor allem sowjetische Autoren als „syngenetisch-sedimentär"; sie standen damit im Gegensatz zur vorherrschenden Lehrmeinung, die eine Entstehung durch (nachträgliche) hydrothermale Verdrängungen des karbonatischen Nebengesteins vertrat (Zusammenfassungen in KRÜGER 1962 und MARTINI 1976).

Abb. 10-63. Sedimentärer Karbonat-Fluorit-Rhythmit in gradierter Schichtung. An der Basis jeder Feinschicht sind kleine Flußspatwürfel der Generation (I) (mittelgrau, $\varnothing$ 0,5–1 mm) zusammen mit Karbonatklasten (hellgrau) abgelagert. Zum Hangenden hin nimmt jeweils der Ton-Mergel-Anteil (dunkelgrau) zu. Die Mächtigkeit der Feinschichten 1 bis 7 (Maßstab links) nimmt nach oben zu. Zum Hangenden hin wird der Rhythmit mit schwacher Diskordanz erosiv abgeschnitten (s-s) und von einer sedimentären Breccie, die Fluoritklasten aus den unterlagernden Feinschichten enthält, überlagert. Schwarze Partikel sind Klasten von dunklem, bituminösem Kalk. Bei B 1 Zinkblende, bei B 2 Bleiglanz als mikroskopisch feines Pigment. Fluor-Gesamtgehalt hier 24,58 %. Orientiert entnommenes Handstück von „Lager I" des Versuchsbaues „Gute-Hoffnungs-Zeche" bei Mittenwald/Wettersteingebirge. Aus SCHNEIDER (1954).

Eine sedimentologisch-geochemisch fundierte Beweisführung für eine syngenetisch-sedimentäre Bildung des Fluorits in Karbonatgesteinen bot sich im Zuge der Untersuchung der kalkalpinen Pn-Zn-Lagerstätten an (s. S. 658 ff.), da diese in den meisten Fällen Fluorit als Begleitmineral führen. Nach SCHNEIDER (1954) können dabei generell drei Generationen unterschieden werden, wobei, je nach Intensität der diagenetischen Rekristallisationsprozesse, alle möglichen Übergänge existieren: (I) Eine sedimentäre oder auch sehr frühdiagenetische Phase ist erkennbar durch geopetale Gefüge und gradierte Schichtung, z. T. in tonig-bituminöser Matrix (Abb. 10-63) sowie durch alternierende chemische Anlagerung („Rhythmite") in rein karbonatischer Matrix (Abb. 10-64). Charakteristisch für diese sehr frühe Phase sind die geringen Korngrößen (2 μm bis 2 mm) und die starke Pigmentierung der Fluoritkristalle durch feinste Karbonat- oder Tonmineralpartikel. (II) Eine zunehmende diagenetische Sammelkristallisation äußert sich in der Ausbildung „klarer" teilidiomorpher Fluorite in Pflastergefügen oder (selten) idiomorpher Kristalle im Restlumen des Sediments (Abb. 10-65). (III) Die spätdiagenetische Rekristallisation führt sodann zu grobkristallinen Fluoritlinsen und Lagern sowie idiomorphen Kristallen in Gangtrümern und kleinen Drusen.

Abb. 10-64. Sedimentärer Fluorit(I)-Zinkblende-Karbonat-Rhythmit (hellgrau-schwarz, obere Bildhälfte) auf älterer Schalenblende (mittelgrau-schwarz, Kokarden mit hypidiomorphen Bleiglanzkernen), die auf Kalzit (weiß) aufgewachsen ist. Alternierende chemische und mechanische Anlagerung ähnlich Abb. 10-63, hier jedoch in rein karbonatischem Milieu. Orientiert entnommenes Handstück. Pflockschachtel-Lager, Revier Antoni, Pb-Zn-Bergbau Bleiberg-Kreuth. Aus HEIN (1986).

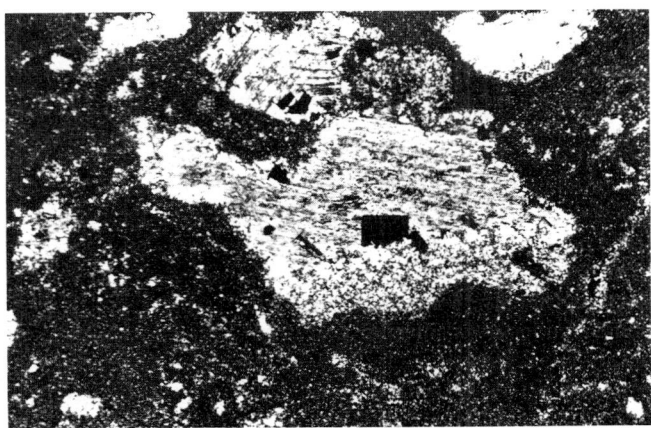

Abb. 10-65. Dolodismikrit mit Fenstergefüge aus der „Sonderfazies" (S. 663) vom Pb-Zn-Bergbau Bleiberg-Kreuth. „Bird's eye" mit Internsediment (crystal silt), auf dem idiotoper Fluorit (I–II) geopetal aufgewachsen ist (schwarzes Rechteck). Restlumen mit Kalzitkristall erfüllt. Orientiert entnommener Dünnschliff, + Pol., Bildlängskante $\cong$ 8 mm. Aus HEIN (1986).

In der vorstehend beschriebenen Form tritt der Fluorit als Begleiter fast aller Pb-Zn-Erze in den oberladinisch-karnischen Karbonatgesteinen der oberostalpinen und südalpinen Deckeneinheiten (Abb. 10-50) auf, wie HEIN (1986) ausführlich belegte. Der Fluorit bildet dabei stets eine störende Verunreinigung der abgebauten Pb-Zn-Erze. Aber auch das karbonatische Nebengestein der Erze weist in einzelnern Bänken revierweise ungewöhnlich hohe Fluorgehalte von 100 bis 10 000 ppm im Mittel auf (BRIGO et al. 1977, HEIN 1986).

In den südlichen Bergamasker Alpen, dem Lagerstättenrevier von Gorno (Abb. 10-50), existieren in der Flachwasser-Plattform der lombardischen Fazies zwei größere Vorkommen, die allein auf Fluorit abgebaut werden (Abb. 10-66). Sie sind paläogeographisch-faziell wie die Pn-Zn-Erze an eine unterkarnische Abfolge von bituminösen, tonführenden Karbonatgesteinen („Metallifero Bergamasco") und die sie überlagernden bituminösen Tonschiefer („Basale Gorno-Schichten") gebunden. Den Großteil der Lagerstätten machen grobkörnig-derbe Fluoritmassen der oben beschriebenen Generationen (II) und (III) aus, was für intensive intraformationale Stofftransporte und Umkristallisationen während der Diagenese spricht, worauf auch ihre Bindung an bereits syngenetisch aktive Störungen hinweist (HEIN 1986). Die bauwürdigen, mehr oder weniger schichtigen Fluoritkörper haben meist linsenförmige Umrisse mit einer lateralen Erstreckung von 50 bis 150 m und können Mächtigkeiten von 4 bis 5 m erreichen.

Die Entstehung der beschriebenen ostalpinen Fluoritvorkommen dürfte hinlänglich geklärt sein; sie unterstützt damit auch die genetische Deutung der mit ihnen vergesellschafteten Pn-Zn-Erze. Die Existenz echter sedimentärer oder zumindest sehr frühdiagenetischer Fluorit-Gefüge wird durch geochemische Daten bekräftigt: Am Beispiel einer punktuell beprobten und analysierten Fluorit-führenden Probe aus einem schichtkonkordanten Erzlager konnten SCHNEIDER et al. (1975) belegen, daß das Verteilungsmuster und der niedrige Gehalt der Seltenerd-Elemente (SEE) im kalkigen Nebengestein etwa dem anderer Karbonatgesteine entspricht (Abb. 10-67).

Auffallend ähnliche Daten erbringt auch die Gesamtheit aller aus der Probe isolierten Fluorite, wonach sich eine gemeinsame (erste) Kristallsprossung von Karbonatsediment und Fluorit ableiten läßt. Von der Gesamtprobe weiter separierte Fluoritkristalle der oben beschriebenen Generation III (offene Kreise) zeigen jedoch eine signifikante Verschiebung der SEE-Gehalte, die auf eine Fraktionierung der Spurenelemente während der fortschreitenden Diagenese hinweist. Im Tb/Ca-Tb/La-Variationsdiagramm häufen sich die Datenpunkte zudem in einem Feld, welches sich als „sedimentäres Milieu" deutlich von einem hydrothermalen Feld abgrenzt (SCHNEIDER et al. 1975).

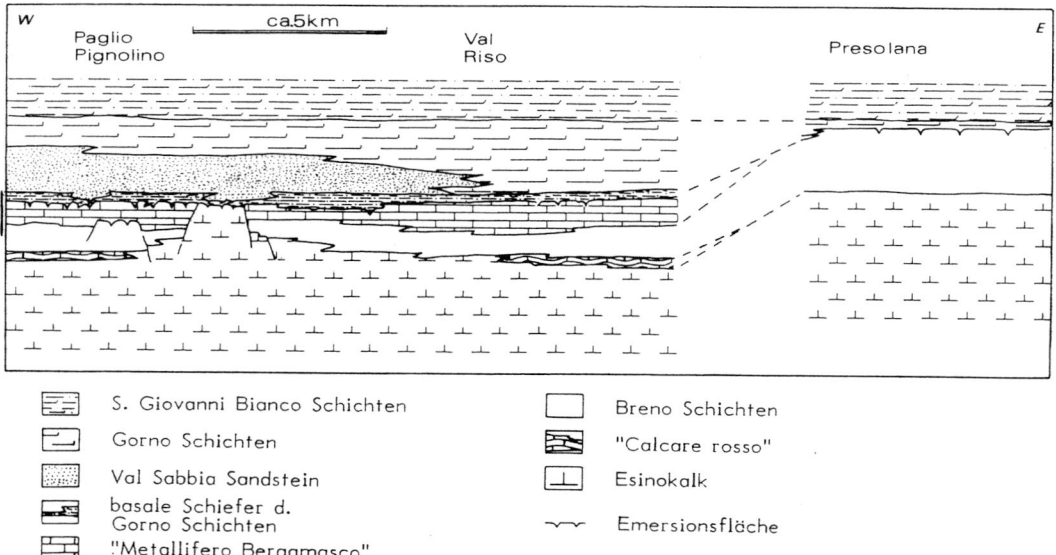

Abb. 10-66. Schema der ladinisch-karnischen Faziesentwicklung im lombardischen Plattformbereich. Die Vererzung ist an drei Niveaus gebunden, nämlich an die „basalen Schiefer der Gorno-Schichten", den darunter folgenden „Metallifero Bergamasco" sowie – bereichsweise – an die obersten Partien der „Breno-Schichten". „Paglio Pignolino" und „Presolana" sind zwei Fluoritlagerstätten mit untergeordnet Bleiglanz und Zinkblende. In der Grube „Val Riso" werden dagegen Blei-Zinkerze abgebaut, bei denen Fluorit zurücktritt. Die Mächtigkeit der gesamten dargestellten Schichtfolge überschreitet 1200 m. Nach HEIN (1986).

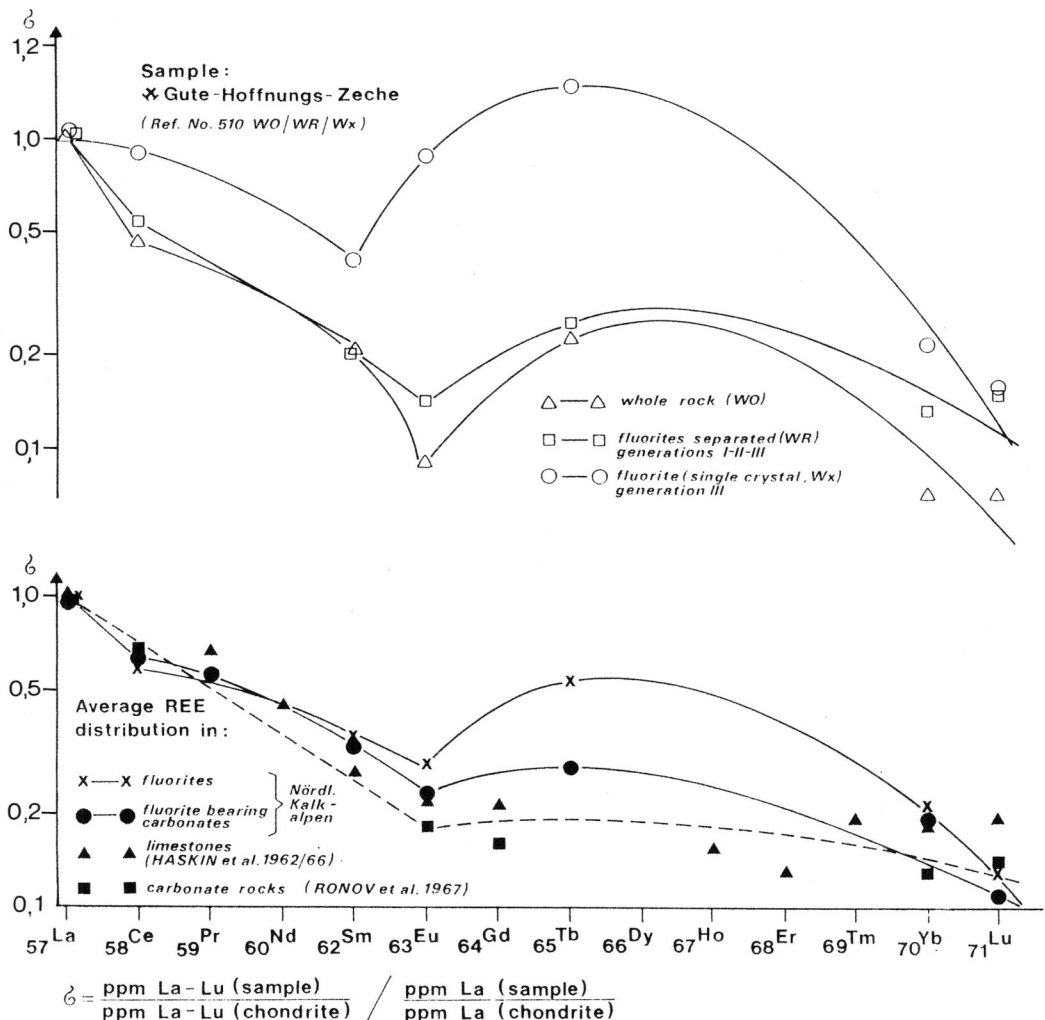

Abb. 10-67. Die Verteilung von Seltenerd-Elementen (engl. Rare Earth Elements = REE) in Fluoriten und Fluorit-führenden Karbonatgesteinen der Nördlichen Kalkalpen sowie Karbonatgesteinen anderer Regionen. Aus SCHNEIDER et al. (1975).

Ganz analoge Ergebnisse erzielte HEIN (1986) mit seinen ausführlichen Untersuchungen zahlreicher Vorkommen in den Ost- und Südalpen. So konnte er nachweisen, daß die inter- bis supratidalen, lagunären Karbonate generell höher F-Gehalte führen als die Riffkörper. Dabei sind die Absolutgehalte der Karbonatgesteine an SEE zusätzlich eine Funktion ihres Tonmineralanteils. Wenn auch die Entwicklung einer schwachsalinaren Fazies lokal nachweisbar ist, so kann der bereichsweise ungewöhnlich hohe F-Gehalt doch nicht nur im Sinne von FÜCHTBAUER (1964b) und MÖLLER et al. (1980) durch diagenetische Reaktionen mit einer höherkonzentrierten Sole angenommen werden. Vielmehr müssen während der Karbonatsedimentation hydrothermale Quellen existiert haben, die lokal und zeitweise zusätzlich Fluor aus dem Untergrund zuführten. Für eine solche Hypothese würden auch die relativ hohen Konzentrationen der SEE in den Fluoriten und ihre Verteilungsmuster sprechen (HEIN 1986). Die Annahme einer zeitlich und lokal begrenzten Zufuhr hochsalinarer, hydrothermaler Lösungen bestätigt zudem die genetischen Modellvorstellungen für die kalkalpinen Pb-Zn-Erzlagerstätten (s. S. 669 ff.).

Über den ostalpinen Bereich hinaus sind Funde von Fluorit in Bohrkernen aus dem mittleren und oberen Zechstein Norddeutschlands bekannt geworden (FÜCHTBAUER 1964 b), die lokal regelrechte Lagen bilden (MÖLLER et al. 1980). ZIEHR et al. (1980) beschrieben cm-mächtige Fluoritlagen, z. T. mit oolithischen Gefügen, aus dem Zechstein-Hauptdolomit im Raum um Eschwege (Hessen) (Abb. 10-68).

Aus dem Gebiet um Gera (DDR) machten KRÜGER (1962) und KRÜGER & OSSENKOPF (1969) eine dm-mächtige Fluorit-Lage („Runkelhorizont") im Plattendolomit des oberen Zechsteins bekannt. Nach sedimentpetrographischen und geochemischen Untersuchungen kommen sie zu dem Schluß, daß es sich um einen im salinaren Milieu sedimentär gebildeten Fluorit handeln muß. Als Quelle für die offensichtlich ebenfalls nur episodisch verstärkte Fluorkonzentration sehen sie festländische Verwitterungsprodukte (Detritus und Lösungen) von den Zinn-reichen Graniten des Westerzgebirges. Im Sinne sowjetischer Autoren deuten sie die Ausfällung des Fluorits als Produkt einer F-Übersättigung beim Zusammentreffen der festländischen Süßwasser mit salinaren Lösungen des eindampfenden Zechsteinmeeres.

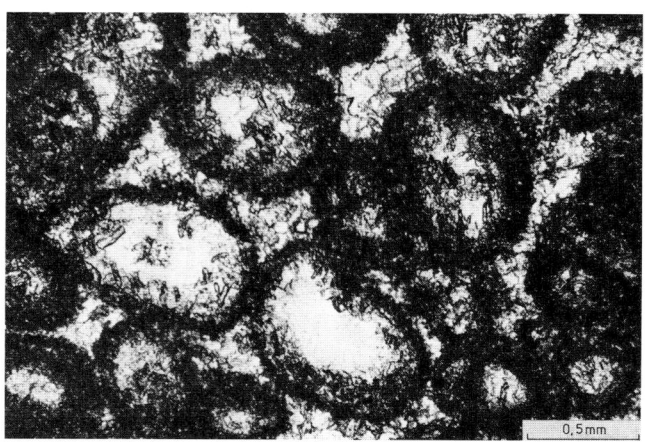

Abb. 10-68. Dolomitooide, diagenetisch ausgehöhlt und mit Fluorit (weiß, $\varnothing$ 0,5–0,6 mm) gefüllt. Dünnschliff, 1 Nicol. Hauptdolomit des Mittleren Zechsteins, Steinbruch westlich Eltmannshausen bei Eschwege/Hessen. Von H. ZIEHR frdl. zur Verfügung gestellt.

Schichtige Fluoritvorkommen dieser Art in jungpaläozoischen und mesozoischen Karbonatgesteinen sind ferner bekannt aus Rußland, Spanien, Algerien, Mexiko und den USA, vielerorts begleitet von Baryt, Coelestin sowie gelegentlich auch Bleiglanz und Zinkblende (KRÜGER & OSSENKOPF 1969, ZIEHR et al. 1980).

Das größte und bedeutendste Vorkommen liegt jedoch in präkambrischen Karbonatgesteinen des östlichen Transvaal südlich von Zeerust (Südafrika). Hier erstreckt sich im Liegenden der frühproterozoischen Pretoria-Serie ein etwa 1000 m mächtiger, metamorpher Dolomitkomplex über nahezu 60 km E-W-Distanz. Er enthält auf mindestens 350 km^2 Fläche hunderte von Fluoritvorkommen, von kleinsten Aufschlüssen bis zu Lagerstätten in der Größenordnung von 10^6 t Erzinhalt (MARTINI 1976). Die Fluoritkonzentrationen erscheinen schichtgebunden in den obersten 250 m des „Main Dolomite Stage", welchem Chertlagen, -knollen und -breccien eingeschaltet sind. Nahe der Basis von drei lithostratigraphisch unterscheidbaren Zonen tritt eine etwa 10 cm mächtige vulkanische Tufflage auf, im Hangenden stellt sich eine Serie von „Banded Iron Stone" ein. Der gesamte Schichtkomplex erfuhr eine Schrägstellung in einzelnen Blöcken und eine nachfolgende Trockenlegung, die zu einer intensiven Verkarstung führte; er wird abschließend von den klastischen Sedimenten der Pretoria-Serie diskordant überlagert.

Die einzelnen Erzkörper erscheinen in Textur und Struktur recht unterschiedlich: Für die mittlere Zone sind fein laminierte Stromatolithe charakteristisch, deren Lagentextur durch hellen Fluorit verstärkt wird. Häufig sind Knollen und Linsen von derbem Fluorit eingeschaltet. Daneben herrscht bereichsweise ein grobkörniger bis derbspätiger, schwarzer Fluorit in gebänderten Texturen vor, der auch als Füllung des kavernösen Dolomits interpretiert wird und mit Vorkommen in den USA verglichen werden kann (MARTINI 1976). Formal und genetisch sehr ähnlich scheinen Anreicherungen in „Paleosinkholes" und Paläo-Karsthöhlen zu sein, in denen der Fluorit mit schwarzem Chert und Schwarzschiefern vergesellschaftet ist.

Besonders interessant sind Brecciankörper, bei denen der meist grobspätige Fluorit den Zement von Dolomitklasten bildet. Die Brecciankörper werden genetisch mit den Kollapsbreccien der Mississippi Valley-Type-Vorkommen (S. 666, Abb. 10-59) verglichen. Einen weiteren Beleg hierzu bildet die mit diesem Typus verbundene Paragenese von Bleiglanz, Zinkblende, Pyrit, Magnetkies und Sulfiden anderer Buntmetalle, die sonst nur sporadisch auftreten.

Schon HAMMERBECK (1970) hatte zusammenfassend darauf hingewiesen, daß das hier besprochene Fluorit-Revier in Südafrika, der Marico-Distrikt, ursprünglich auf Pb-Zn-Erze abgebaut wurde. Die durch neuerliche Prospektionsarbeiten im größeren Umfang festgestellten schichtgebundenen Fluoritvorkommen deutete er erstmals als syngenetisch-sedimentär. Die Genese der Buntmetall-Fluorit-Lagerstätten war dagegen bisher als hydrothermale Verdrängung des Dolomits im Gefolge der Bushveld-Intrusionen interpretiert worden. Die Vorstellungen von HAMMERBECK (1970) fanden sodann eine Bestätigung durch die Ergebnisse von MARTINI (1976). Demnach entstand die schichtgebundene Konzentration von Fluorit im Verlaufe intraformationaler Migrationen von mäßig temperierten, salinaren Lösungen aus einem etwas erhöhten F-Gehalt (Protoerz) des Wirtsgesteins während der Diagenese, der späteren tektonischen Beanspruchung sowie oberflächennaher Stoffmobilisationen. Die nachfolgenden metamorphen Überprägungen haben die bereits existierenden Erzkörper nur noch lokal verändert.

Zusammenfassung

Das Auftreten von Fluorit in schichtgebundenen derben Massen, schichtkonkordanten Lagen und Linsen im karbonatischen Nebengestein ist weiter verbreitet als gemeinhin angenommen wird. Verschiedentlich können echte sedimentäre Gefüge nachgewiesen werden, die eine gleichzeitige, oder zumindest sehr frühdiagenetische Kristallisation einer ersten Fluoritgeneration mit dem karbonatischen Sediment belegen. Dies wird auch durch die Verteilungsmuster der Seltenerd-Elemente, als Spurenelemente in Fluorit und Karbonaten, bekräftigt.

Die Bildung von Fluorit im karbonatischen Sedimentmilieu wird durch die zeitweise Übersättigung an Fluor in Wechselwirkung mit oberflächennahen Lösungen oder tieferen Formationswässern erklärt. Als Fluorquelle werden für die verschiedenen Lagerstättenprovinzen 1.) episodisch aufsteigende Thermalwässer, 2.) Zufuhr festländischer Verwitterungsprodukte oder 3.) intraformational migrierende Lösungen diskutiert. Lagerstätten dieser Art treten weltweit in fast allen geologischen Formationen auf. Die größten Vorkommen sind bisher aus dem tieferen Proterozoikum Südafrikas bekannt geworden.

11. Torf und Kohle
(Monika Wolf, Aachen)

11.1 Die kohlenpetrographische Nomenklatur

11.1.1 Unterteilung von Torf und Kohle

Torf und Kohle sind brennbare Gesteine pflanzlichen Ursprungs von brauner bis schwarzer Farbe. Das den Torf und die Kohle aufbauende Pflanzenmaterial ist nach seiner Ablagerung physikochemischen Prozessen unterworfen gewesen, die u. a. zur Abnahme des Gehaltes an Wasser und Flüchtigen Bestandteilen und, dadurch bedingt, zur Anreicherung von Kohlenstoff sowie der Zunahme des Brennwertes führten. Diese Prozesse werden unter dem Begriff Inkohlung (s. Abschnitt 11.6) zusammengefaßt. Parallel zu den chemischen und physikochemischen Umwandlungen fanden makro- und mikropetrographische Veränderungen statt, d. h. im Laufe der Inkohlung verändern Torfe und später Kohlen ihr Aussehen.

Auf den durch unterschiedliche Inkohlung hervorgerufenen petrographischen Merkmalen sowie technischen Eigenschaften beruhen im wesentlichen die Gliederungen zur Kennzeichnung der Kohlen unterschiedlichen Inkohlungsgrades. In jedem Land ist man dabei nach etwas anderen Gesichtspunkten verfahren. Dementsprechend decken sich die Grenzen zwischen den einzelnen Kohlenarten in den verschiedenen Systemen nicht (Tab. 11-1). Genetisch gesehen, kommt den einzelnen Grenzen eine recht unterschiedliche Bedeutung zu.

Einschneidende petrographische Veränderungen sind an der Grenze Torf/Weichbraunkohle zu beobachten. Torf hat einen Wassergehalt von mehr als 75%. Dieses Wasser ist z. T. mit der Hand auspreßbar; außerdem ist Torf schneidbar. Diese Eigenschaften gehen zu Beginn des Weichbraunkohlenstadiums verloren. Braunkohle hat einen Wassergehalt von weniger als 75%. Das Wasser läßt sich nicht mehr auspressen, und Braunkohle ist auch nicht mehr schneidbar. Die unterschiedlichen Eigenschaften von Torf und Weichbraunkohle kommen auch in der Sprache zum Ausdruck: Torf wird gestochen, Braunkohle wird abgebaut.

Ein zweiter auffallender Wechsel in den petrographischen Eigenschaften ist zwischen den Matt- und den Glanzbraunkohlen zu beobachten. Während Mattbraunkohlen eine braune bis schwarzbraune stumpfe Farbe haben, fallen die Glanzbraunkohlen, wie der Name bereits sagt, durch starken Glanz und schwarze Farbe auf, sie leiten damit zu den Steinkohlen über. Ihres Aussehens wegen führen Glanzbraunkohlen auch den Namen Pechkohle. Unter dem Mikroskop läßt sich außerdem erkennen, daß die Glanzbraunkohlen in ihrem Charakter schon den Steinkohlen ähneln. Sie werden in Deutschland noch zu den Braunkohlen gerechnet, weil sie einen braunen Strich haben und einen braunen KOH-Auszug liefern, also noch laugenlösliche Huminsäuren besitzen, die in Steinkohlen nicht mehr auftreten. Die petrographischen Veränderungen zwischen Mattbraunkohlen und Glanzbraunkohlen sind viel einschneidender als zwischen den übergeordneten Einheiten Braunkohle und Steinkohle. Im folgenden Text sollen deshalb die Weichbraunkohlen und Mattbraunkohlen gemeinsam abgehandelt und die Glanzbraunkohlen zusammen mit den Steinkohlen besprochen werden.

Ein dritter und letzter großer Sprung findet zwischen Anthrazit und Graphit statt. Während bis zum Anthrazit- und Metaanthrazit-Stadium die Kohle eine mehr oder weniger amorphe Substanz

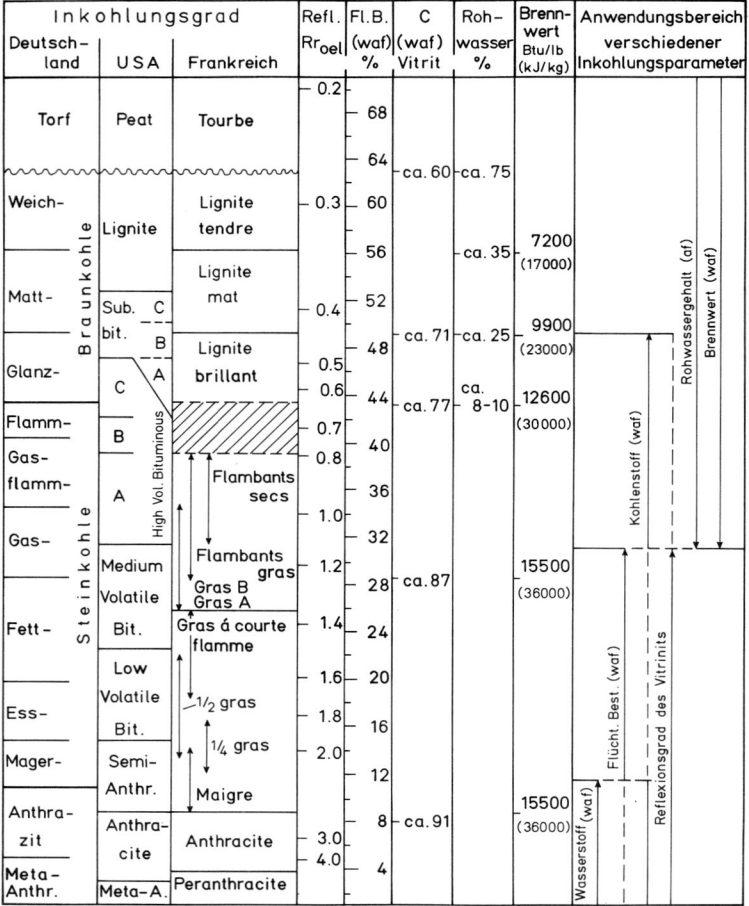

Tabelle 11-1. Verschiedene nationale Klassifikationen und deren Beziehung zu unterschiedlichen Inkohlungsparametern. Reflexion: Rr_{oel} = mittlere (random) Reflexion unter Ölimmersion. Fl. B. (waf)% = flüchtige Bestandteile in % der wasser- und aschefreien Substanz. C = Kohlenstoff, wasser- und aschefrei berechnet. Brennwert in Btu/lb = British Thermal Unit/pound und KJ/kg = Kilojoule/kg. (Alles bezogen auf Vitrit) (nach ALPERN 1969 und STACH's Textbook 1982).

mit einigen druckorientierten Einregelungen ihrer Makromoleküle bleibt, tritt mit Einsetzen des Graphits der Übergang in den kristallinen Zustand ein. Damit ist aus dem Sediment Kohle ein Mineral geworden, das metamorphe Gesteine aufbaut oder in ihnen enthalten ist. Der Graphit ist deshalb kein Objekt der Sedimentpetrographie mehr und wird in diesem Buch nicht behandelt.

11.1.2 Das kohlenpetrographische Gliederungssystem STOPES-Heerlen

A. Macerale und Maceralgruppen

Die Macerale sind die kleinsten im Lichtmikroskop sichtbaren Einheiten der Kohle. Sie sind in gewissem Sinne als Analoga der Minerale in den Gesteinen zu betrachten. Nach ihren gemeinsamen chemischen und petrographischen Eigenschaften werden die einzelnen Macerale zu drei Gruppen zusammengefaßt. – Alle Maceralnamen enden auf -init.

Die einzelnen Macerale entstehen durch unterschiedliche chemische Prozesse aus den verschiedenen Organen der die Kohlen bildenden Pflanzen. Welche Entwicklung das pflanzliche Ausgangsmaterial auf seinem Weg zur Kohle nimmt, entscheidet sich zu Beginn der Vertorfung. Gelangen die aus Cellulose und Lignin bestehenden Pflanzenteile sofort nach dem Abwurf von der lebenden Pflanze oder nach dem Absterben der ganzen Pflanze unter Wasserbedeckung, dann werden sie humifiziert, es entsteht Huminit und später, im Laufe der Inkohlung, Vitrinit. Sind die gleichen Reste zeitweilig der Verwitterung und teilweisen subaerischen Zersetzung, d. h. Fusinitisierungsprozessen unterworfen, dann entsteht Inertinit. Die Harz/Wachs-Bestandteile der Pflanzen sind gegen kurzfristige Einwirkung des Luftsauerstoffs meist resistent. Sie werden fast immer zu Liptinit, in Gondwana-Kohlen ist auch Fusinitisierung häufig zu beobachten.

Die Beschreibung der Macerale beschränkt sich auf die Auflicht-Hellfeld- und Fluoreszenzmikroskopie am polierten Anschliff. Die Angaben über die Fluoreszenzeigenschaften der Macerale sind dabei recht allgemein gehalten, weil sie stark von den dem Beobachter zur Verfügung stehenden mikroskopischen Einrichtungen abhängen. Im allgemeinen sind Ölimmersionsobjektive mit 25- bis 40-facher Eigenvergrößerung im Gebrauch. Für Fluoreszenzuntersuchungen werden Trockenobjektive, Wasser- und/oder Glycerinimmersionsobjektive etwa gleicher Eigenvergrößerung bevorzugt. Die Gesamtvergrößerung des zu beobachtenden Bildes liegt, je nach Mikroskoptyp, bei 250-facher bzw. 400- bis 600-facher Vergrößerung. Die geringere Vergrößerung wird vorzugsweise für die Steinkohlenmikroskopie, die stärkere für die Untersuchung von Braunkohlen benutzt.

In allen Kohlen sind drei große Gruppen von Maceralen zu unterscheiden:

Liptinit oder Exinit
Huminit und Vitrinit
Inertinit

Diese drei Gruppen unterscheiden sich in ihrem chemischen Aufbau und in ihren optischen Eigenschaften voneinander. Die kurze Beschreibung der Maceralgruppen und der Einzelmacerale lehnt sich eng an die im Internationalen Lexikon für Kohlenpetrologie (1963, 1971, 1975) enthaltenen Definitionen an und bezieht auch STACH's Textbook of Coal Petrology (1982) in die Erläuterungen ein. Auf das Zitieren dieser Literatur bei jedem einzelnen Begriff wird verzichtet, um den Text nicht zu überlasten.

Als **Liptinite** werden die inkohlten Produkte von Sporen und Pollen, Algen, Harzen, Kutikeln, ätherischen Ölen, Wachslamellen in Korkgeweben usw. oder sekundär während der Inkohlung entstandene bituminöse Stoffe bezeichnet. Sie enthalten relativ große Mengen aliphatischer Verbindungen, sind also wasserstoffreich. Die zahlreichen kettenförmigen Moleküle in den Liptiniten lassen nur einen losen Stoffverband entstehen, deshalb erscheinen die Liptinite unter dem Mikroskop im Auflicht-Hellfeld stets als die dunkelsten Bestandteile der Kohle. Wegen ihrer Stoffeigenschaften können sie das Licht nur in geringem Maße reflektieren.

Zur Namensgebung dieser Maceralgruppe ist zu bemerken, daß früher der Name Exinit geläufig war, der heute noch in den Kohlenlaboratorien des Bergbaus benutzt wird. Der Begriff Exinit bezieht sich nur auf die Sporen- und Pollenexinen. Liptinit, zurückgehend auf die in allen Maceralen dieser Gruppe vorhandenen lipiden Stoffe, bezeichnet die Maceralgruppe umfassender, er soll deshalb in diesem Buch ausschließlich benutzt werden.

Unter den Begriffen **Huminit** und **Vitrinit** werden alle jene Macerale zusammengefaßt, die sich von den humosen Resten der Pflanzen ableiten lassen. Dazu gehören Holz und Rinde der Stämme, Äste und Wurzeln; sie bestehen aus Cellulose, Lignin und – untergeordnet – Tannin. Huminit bezeichnet die aus Holz und dessen Resten hervorgegangenen Macerale der Braunkohlen, Vitrinit die Inkohlungsprodukte der Huminite im Steinkohlenstadium.

Durch die im Torfstadium unter Wasserbedeckung stattfindende Humifizierung und anschließende Inkohlung bleiben zwar die noch vorhandenen Pflanzenstrukturen weitgehend erhalten, es findet aber ein tiefgreifender chemischer Umbau statt, der zur Entstehung von Huminsäuren und deren Salzen, den Humaten, führt. Diese Verbindungen gehen später durch die Inkohlungsprozesse, gekennzeichnet durch Kondensation und Polymerisation und dadurch entstehende komplizierte Makromoleküle, in Humine über (Näheres s. Abschnitt 11.6). Die Huminsäure- und Huminmoleküle ergeben eine relativ dichte Materie, die das Licht besser reflektieren kann als die der Liptinite, deshalb erscheinen die Huminite und Vitrinite unter dem Mikroskop im Auflicht-Hellfeld stets heller als die Liptinite der gleichen Kohle.

Die Macerale der Maceralgruppe **Inertinit** sind z. T. durch Fusinitisierung (schwache Oxidation) aus den gleichen Pflanzenresten hervorgegangen wie die der Liptinite und Vitrinite. Diese Teilverbrennung oder Verkohlung kann durch Waldbrände ausgelöst worden sein, sie kann aber auch das Ergebnis langfristiger Verwitterung sein, hervorgerufen durch zeitweiliges Trockenfallen des Torfes. Pilzbefall kann ebenfalls zur Entstehung von Inertinit aus humosen Pflanzenresten führen. Durch die Fusinitisierung entstehen Substanzen mit relativ hohem Kohlenstoff-, aber geringem Wasserstoff- und Sauerstoffgehalt. Die Folge der Kohlenstoff-Anreicherung ist eine starke Aromatisierung und Kondensation, wodurch eine im physikalischen Sinne sehr dichte Materie entsteht. Inertinite zeigen deshalb unter dem Mikroskop im Auflicht-Hellfeld das stärkste Reflexionsvermögen, d. h. sie sind die hellsten Bestandteile in einem Kohlen-Anschliff.

Zum Inertinit gehören nach der vorangegangenen Charakterisierung der optischen Eigenschaften auch alle stark reflektierenden Pilzreste, deren hohes Reflexionsvermögen nach M. TEICHMÜLLER (in STACH's Textbook 1982: 280) auf in ihren Geweben vorhandenes Melanin zurückzuführen ist. Außerdem ist in diese Gruppe ein während der Inkohlung entstandenes stark reflektierendes sekundäres Maceral, der Micrinit, zu stellen.

In Braunkohlen spielen zur Identifizierung der Macerale neben den Reflexions- die Fluoreszenzeigenschaften eine große Rolle. Vor allem die Liptinite sind oft nur durch ihre intensive Fluoreszenz eindeutig zu erkennen. Deshalb ist die Beschreibung der Fluoreszenzeigenschaften von Liptiniten und Huminiten von großer Bedeutung. Inertinite fluoreszieren z. T. schwach.

Eine Zusammenstellung der Maceralgruppen und aller bisher beschriebenen Macerale enthalten die Tabellen 11-2 bis 11-4.

Tabelle 11-2. Übersicht über die Macerale der Braunkohlen.

Maceral-Gruppe	Maceral-Subgruppe	Maceral
Liptinit		Sporinit Cutinit Resinit Suberinit Alginit Liptodetrinit Chlorophyllinit Bituminit Fluorinit
Huminit	Humotelinit	Textinit Ulminit
	Humodetrinit	Attrinit Densinit
	Humocollinit	Gelinit Corpohuminit
Intertinit		Fusinit Semifusinit Macrinit Sclerotinit Inertodetrinit

B. Microlithotypen

Die Macerale der Kohlen kommen in den unterschiedlichsten Verwachsungsarten vor. Sie werden Microlithotypen genannt, weil es sich um nur im Mikroskop erkennbare Gesteinstypen handelt. Für die Abgrenzung einzelner Microlithotypen gilt die Konvention der Mindeststreifenbreite: Eine bestimmte Maceralverwachsung muß im Anschliff senkrecht zur Schichtung in einem mindestens 50 µm breiten Streifen auftreten, wenn sie als selbständiger Microlithotyp erfaßt werden soll.

Es werden mono-, bi- und trimacerale Microlithotypen unterschieden, je nachdem aus wieviel Maceralgruppen Macerale am Aufbau des Microlithotyps beteiligt sind. Hier gilt eine weitere Regelung zur Abtrennung der Microlithotypen: Macerale einer Maceralgruppe müssen zu mindestens 5 Vol.-% am mikroskopischen Aufbau einer Kohle beteiligt sein (bezogen auf mineralfreie Substanz), wenn Auswirkungen auf Abgrenzung und Benennung der Microlithotypen eintreten sollen. – Alle Microlithotypen-Bezeichnungen enden auf -it.

C. Lithotypen

Lithotypen nennt man die makroskopisch erkennbaren Lagen der Humuskohlen. Die Mindestbreite für einen selbständigen Lithotypen in Steinkohlen wird für den deutschen Bergbau durch DIN 22012* festgelegt, sie beträgt 1 cm. Für Forschungszwecke kann von dieser Regelung abgewichen werden. Für Torfe und Braunkohlen gibt es keine Begrenzungen. – Alle Lithotypen-Bezeichnungen enden auf -ain.

Zusammenfassung

Torf und Kohle sind feste, brennbare Gesteine pflanzlichen Ursprungs von brauner bis schwarzer Farbe. Die Grenze zwischen Torf und Kohle wird bei 75% Wassergehalt der bergfrischen Probe gezogen.

Zu den Braunkohlen zählen alle Kohlen, die einen braunen Strich haben und einen braunen KOH-Auszug liefern, also noch lösliche Huminsäuren enthalten. Steinkohlen geben einen schwarzen Strich, der KOH-Auszug bleibt farblos.

Der Übergang von Anthrazit, dem Endglied der Steinkohlen in der Inkohlungsreihe, zu Graphit ist durch den Wechsel vom amorphen in den kristallinen Zustand gekennzeichnet.

Im System STOPES-Heerlen werden folgende Kategorien unterschieden:

Macerale – kleinste im Mikroskop sichtbare Einheiten der Kohle
Microlithotypen – im Mikroskop sichtbare Maceralverwachsungen
Lithotypen – im Handstück oder am Kohlenstoß sichtbare Einheiten der Kohle

11.2 Torf

11.2.1 Allgemeines zur Entstehung

Torfe – als Vorläufer der Humuskohlen – sind die häufigsten Ablagerungen der Moore. Sie sind sedentärer Entstehung, d. h. sie sind durch Aufwuchs lebender und Aufeinanderstapelung abgestorbener Pflanzen entstanden. Torfe bilden sich dann, wenn nach dem Absterben der Pflanzen die Humifizierung gegenüber der Mineralisierung überwiegt.

Mineralisierung nennt man in der Torfkunde den vollständigen Abbau des organischen Materials, so daß nur anorganische (mineralische) Substanzen übrigbleiben.

---

* Anm: DIN 22012: Rohstoffuntersuchungen im Steinkohlenbergbau. Makropetrographische Ansprache und Aufnahme von Steinkohle und Nebengestein. Entwurf, 4. Vorlage, März 1985

Als Humifizierung bezeichnet man Vorgänge, durch die abgestorbene Pflanzen in Humus umgewandelt werden: Aus Polysacchariden (Cellulose, Stärke) und Lignin entstehen hochmolekulare Huminsäuren. Diese Prozesse sind mit erheblichen Substanzverlusten verbunden, weil Zersetzungsgase wie CO_2, NH_3 und CH_4 sowie Wasser entweichen. Dadurch ist die Humifizierung stets mit einer gleichzeitigen Teilmineralisierung verbunden. Die Humifizierungsprozesse werden gesteuert durch Mikroorganismen. In den obersten, wenigstens zeitweilig durchlüfteten Horizonten herrschen aerobe Mikroorganismen vor. Unter ihnen wird besonders den Actinomyceten (Strahlenpilzen) die Fähigkeit zur Humifizierung zugeschrieben, aber auch andere niedere Pilze beteiligen sich an der Umwandlung von Cellulose in Huminsäuren. In größerer Tiefe übernehmen die anaeroben Bakterien den Ab- und Umbau des Pflanzenmaterials (s. Kapitel 11.6 Inkohlung).

11.2.2 Moore als Torflieferanten

Moore bilden sich in und am Rande verlandender Seen, in Senkungsgebieten oder in Gebieten mit hohen Niederschlagsmengen. Ausreichendes Wasserangebot ist notwendig, damit durch rasche Wasserüberdeckung die vollständige Verwesung abgestorbener Pflanzen gestoppt wird und die Humifizierung einsetzen kann. Zwei große Gruppen von Mooren sind zu unterscheiden, die Niedermoore und die Hochmoore.

Niedermoore (Flachmoore) entstehen auf nährstoffreichen (eutrophen), nassen Böden im Grundwasserbereich. Sie sind nicht unmittelbar vom Regenwasser abhängig. Durch das reiche Angebot an Nährstoffen entwickelt sich eine üppige artenreiche Flora, nach deren Zusammensetzung verschiedene Moortypen unterschieden werden können (ausführliche Darstellung bei GÖTTLICH 1980). Die Oberfläche dieser Moore ist, wie der Name sagt, meistens eben.

Hochmoore entstehen unabhängig vom Grundwasser in Gebieten mit hohen Niederschlagsmengen und positiver Wasserbilanz. Sie wachsen ohne Kontakt zu einem nährstoffreichen Substrat, sind also nährstoffarm (oligotroph). Die Flora der Hochmoore ist artenarm, kennzeichnend sind die Torfmoose (Sphagnales). Diese spielen eine wichtige Rolle im Wasserhaushalt der Hochmoore; durch ihre Eigenschaft, das 15–30fache ihres Trockengewichts an Wasser aufnehmen zu können, wirken sie wie ein Schwamm, der in regenarmen Zeiten das Moor mit ausreichend Wasser versorgt. Hochmoore sind uhrglasähnlich aufgewölbt, aus dieser Form leitet sich ihr Name ab.

Von der Vegetation her betrachtet, sind die lagerstättenbildenden Moore vorwiegend baum- und buschbestandene **Hoch- und Niedermoore** gewesen, Riedmoore dürften die Ausnahme darstellen. Im Rheinischen Hauptbraunkohlenflöz konnten einige geringmächtige Horizonte mit ausgesprochenem Hochmoorcharakter nachgewiesen werden (THOMSON 1952).

Als zweite untergeordnete Bildung der Moore sind die **Torfmudden** zu nennen. Sie werden durch die Ablagerung von Pflanzenmaterial in stehenden, an gelösten Humusstoffen reichen Gewässern gebildet, sind also echte Sedimente. Aus ihnen gehen die Cannel- und Bogheadkohlen (s. S. 707 f.) hervor.

Heute gibt es neben borealen Mooren einen Moorgürtel der feuchtgemäßigten Klimazone und einen der Tropen. Die Moore der Vergangenheit dürften vorzugsweise der tropischen bis subtropischen Klimazone angehört haben. Die im Permokarbon auf dem Gondwana-Kontinent entstandenen Kohlen weisen durch ihre Flora auf boreale Moore hin (PLUMSTEAD 1966). Für weitergehende Informationen zur Moor- und Torfkunde sei auf die Bücher von GÖTTLICH (1980) und OVERBECK (1975) verwiesen.

11.2.3 Torfmikroskopie

Die Torfmikroskopie erfolgt – abweichend von der Kohlenmikroskopie – bevorzugt an Dünnschliffen und Mikrotom-Schnitten. Gegenüber der Anschliffmikroskopie bietet die Untersuchung von Dünnschliffen zahlreiche Vorteile. Nach KOCH (1966) können sie wie folgt zusammengefaßt werden:

1) Von Torfen sind Dünnschliffe leichter herzustellen als Anschliffe.
2) Die Untersuchung von Dünnschliffen ist mit einem einfachen Durchlichtmikroskop möglich. Die Beobachtung im Auflicht am Anschliff erfordert dagegen eine starke Lichtquelle, weil die Torfkomponenten ein sehr geringes Reflexionsvermögen haben.
3) Die Gewebearten sowie Übergänge von Geweben in Grundmasse sind im Dünnschliff leichter zu erkennen als im Anschliff.
4) Im Dünnschliff kann die Doppelbrechung als Maß für den Erhaltungsgrad der Cellulose in den Geweben bestimmt werden.
5) Protobitumina und Phlobaphenkörner (s. Tabelle 11-3) sind leicht, Pilzreste sogar sicherer im Dünnschliff als im Anschliff zu erkennen.
6) Die mineralischen Komponenten sind nur im Dünnschliff sicher zu identifizieren.

Tabelle 11-3. Übersicht über die Macerale und Maceraltypen der Huminit-Gruppe

Maceral-Gruppe	Maceral-Subgruppe	Maceral	Maceral-Typ		Maceral-Varietät
Huminit	Humotelinit	Textinit			A (dunkel) B (hell)
		Ulminit	Texto-Ulminit		A B
			Eu-Ulminit		A B
	Humodetrinit	Attrinit			
		Densinit			
	Humocollinit	Gelinit	Levigelinit	Detrogelinit	
				Telogelinit	
				Eugelinit	
			Porigelinit		
		Corpohuminit	Phlobaphinit		
			Pseudo-Phlobaphinit		

Die Dünnschliffmikroskopie hat aber auch einige Nachteile, z. B. sind opake Bestandteile nicht immer genau zu bestimmen, und durch die Überlagerung von Teilchen wird deren Identifizierung erschwert. Ausführlich haben sich mit Torfpetrographie und -mikroskopie COHEN und SPACKMAN beschäftigt. Besonders hingewiesen sei auf ihre gemeinsamen Arbeiten zur Methode der Torfpetrographie (1972) und über die Umwandlung von Pflanzenresten im Torf (1977, 1980).

Zusammenfassung

Torfe sind die häufigsten Ablagerungen der Moore, sie sind sedentärer Entstehung. Sedimentär gebildet werden die Torfmudden (Gyttjen).

Torfe entstehen durch die Humifizierung abgestorbener Pflanzenreste. Die Humifizierungsprozesse werden gesteuert durch aerobe und anaerobe Mikroorganismen.

Die die Torfe liefernden Moore werden unterteilt in an das Grundwasser gebundene (topogene), nährstoffreiche (eutrophe) Niedermoore oder Flachmoore und in vom Regenwasser gespeiste (ombrogene), nährstoffarme (oligotrophe) Hochmoore.

Die Torfmikroskopie beruht vorwiegend auf der Untersuchung von Dünnschliffen und Mikrotomschnitten.

11.3 Braunkohle

11.3.1 Kriterien zur Grenzziehung Torf/Braunkohle

Der Übergang von Torf in Weichbraunkohle, der am geringsten inkohlten Braunkohle, vollzieht sich ganz allmählich. Deshalb wird die Grenze zwischen beiden durch Konventionen festgelegt. Dabei spielt der Wassergehalt der bergfeuchten Probe eine entscheidende Rolle: Liegt er unter 75%, so wird bereits von Braunkohle gesprochen. Ein zweites wichtiges Kriterium stellt das Auftreten freier Cellulose dar: In Braunkohlen darf keine freie Cellulose mehr nachweisbar sein (weitere Kriterien s. TEICHMÜLLER 1968: 99). Der Reflexionsgrad der Huminite ist kein sicheres Maß für die Abgrenzung der Kohlen von den Torfen.

11.3.2 Mikropetrographie der Weichbraunkohlen und Mattbraunkohlen

Macerale (Tab. 11-2)

Die **Macerale der Liptinit-Gruppe** sind in den Braunkohlen und Steinkohlen weitgehend die gleichen. Sie werden deshalb bei der Behandlung der Steinkohlen erklärt. Hier werden lediglich die vorwiegend in Braunkohlen oder in Braunkohlen mit anderem Habitus als in Steinkohlen vorkommenden Macerale aufgeführt.

Zum **Sporinit** gehören die inkohlten Außenhäute (Exinen und Perinen) der Sporen (s. str.) und der Pollenkörner (POTONIE, REHNELT, STACH & WOLF 1970). In Weichbraunkohlen sind diese Häute oft noch in ihrer Originalform als kugelige, kissen- oder spindelförmige Objekte zu erkennen. Eine ausführliche Beschreibung des Sporinits erfolgt bei den Steinkohlen-Maceralen.

Mit dem Begriff **Suberinit** (Abb. 11-1)* werden zentrale Lamellen von Zellwänden bezeichnet, die sich durch ihre liptinitischen Eigenschaften vom Humotelinit unterscheiden. Suberinit ist aus dem Suberin der Korkgewebe entstanden.

Die in Weichbraunkohlen im Auflicht-Hellfeld fast schwarzen Leisten, die bei UV-Anregung bläulich bis grüngelb fluoreszieren, verblassen im Laufe der Inkohlung schnell und gleichen sich relativ früh dem Huminit bzw. Vitrinit an. In Glanzbraunkohlen und Flammkohlen ist Suberinit nur noch durch geringe Reflexionsunterschiede vom Vitrinit zu unterscheiden (Abb. 11-2), in Kohlen höheren Inkohlungsgrades ist er ganz verschwunden.

Chlorophyllinit ist das Inkohlungsprodukt des Chlorophylls. Er kommt meist in Form sehr schwach reflektierender Partikel von 1–5 µm Durchmesser in der humosen Grundmasse der Kohlen vor und ist dort im UV-Licht durch seine charakteristische blutrote schnell verblassende Fluoreszenz sicher zu identifizieren (POTONIE, JACOB & REHNELT 1972). Chlorophyllinit ist fein verteilt in vielen Torfen und Weichbraunkohlen vorhanden. In Steinkohlen ist Chlorophyllinit im allgemeinen nicht mehr nachweisbar; eine Ausnahme machen Sapropelkohlen, die zu Beginn des Steinkohlenstadiums noch Chlorophyllinit enthalten können.

→ * Alle Mikroaufnahmen haben eine Vergrößerung von ca. 480 x. ←

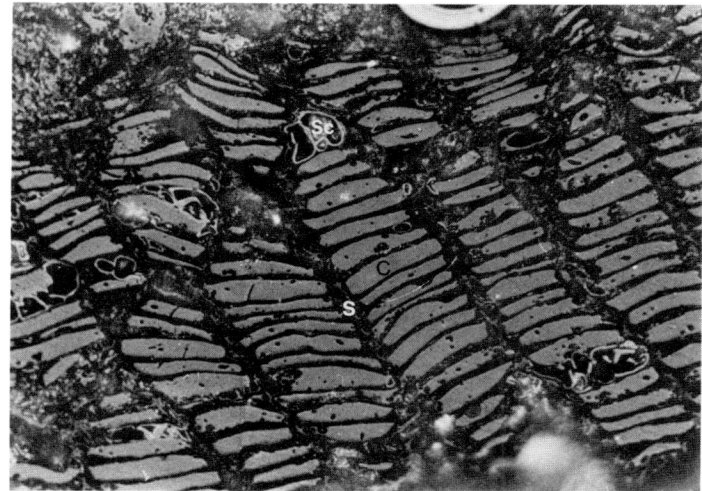

Abb. 11-1. Korkgewebe aus einer Weichbraunkohle, bestehend aus der inkohlten Zellwandsubstanz Suberinit (S) und zum Corpohuminit (C) gestellten inkohlten Gerbstoffen als Zellfüllungen. Außerdem ist Sclerotinit (Sc), von Pilzbefall herrührend, zu erkennen.

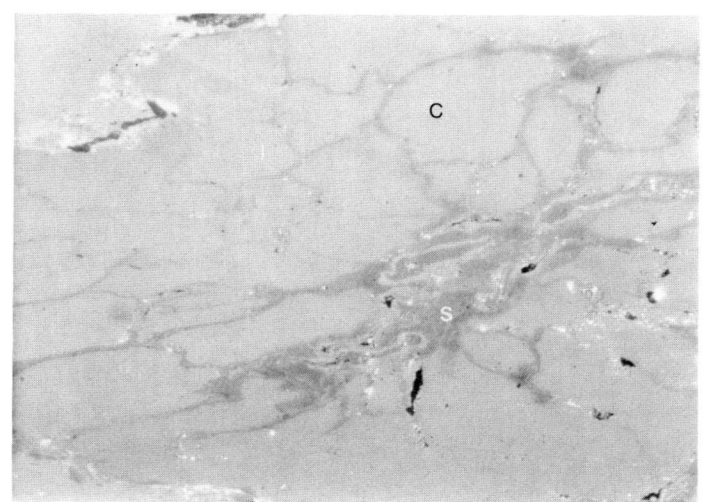

Abb. 11-2. Suberinit (S) und Corpocollinit (C) in einer Flammkohle. Die Struktur weist auf einen Wurzelquerschnitt hin.

Die Macerale der Huminit-Gruppe stellen in den Humuskohlen die eigentlichen Kohlenbildner dar. Besonders die tertiären Weichbraunkohlen können zu mehr als 90% aus diesen Maceralen bestehen. Da in den gering inkohlten Braunkohlen noch viele genetisch und technologisch bedeutsame strukturelle Einzelheiten zu erkennen sind, wurden die Huminite sehr weit aufgegliedert. Das hatte wieder zur Folge, daß die sich nahestehenden Einzelmacerale zu Untergruppen zusammengefaßt werden mußten. Eine vollständige Zusammenstellung aller unterschiedenen Huminit-Macerale, deren Typen und Varietäten enthält Tabelle 11-3. Besprochen werden ausschließlich die Macerale.

Zur **Subgruppe Humotelinit** gehören die Macerale **Textinit** und **Ulminit** (Abb. 11-3). Beide bestehen aus den intakten Zellwänden von Geweben oder einzelnen isolierten Zellen, unterscheiden sich aber im Vergelungsgrad. Beim Textinit sind die Zellumen meist offen und die Zellwände deutlich zu erkennen. Oft sind auch

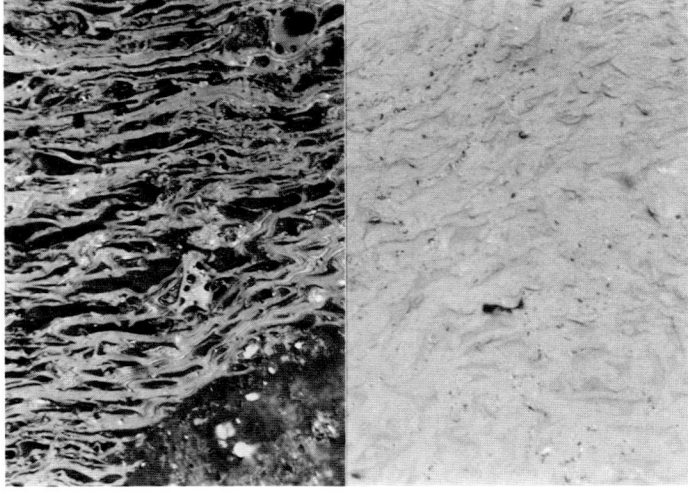

Abb. 11-3. Textinit (links), Ulminit (rechts)

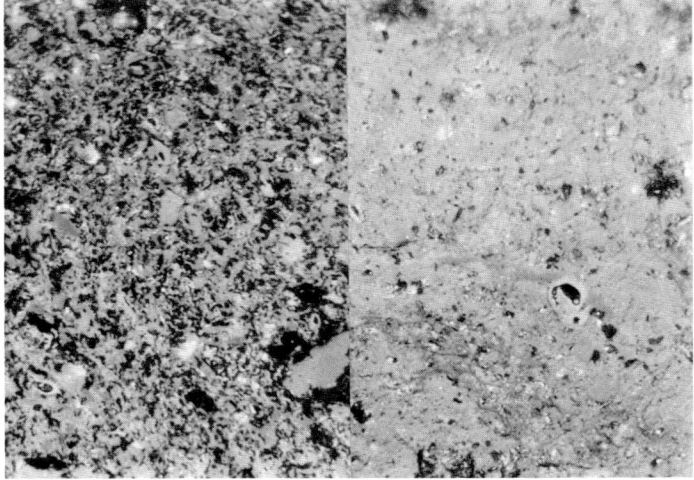

Abb. 11-4. Attrinit (links), Densinit (rechts)

noch primäre Strukturen der Zellwand (Schichtung, Tüpfelung usw.) sichtbar. – Die Zellwände des Ulminits zeigen keine Differenzierungen mehr, weil sie vergelt sind, d. h. Humuskolloide sind in den Geweben gelöst und sofort an gleicher Stelle wieder abgesetzt worden. Dadurch tritt neben Quellung Homogenisierung und Verklebung ein, die zu einer allgemeinen Verdichtung, zu geschlossenen Zellumen und Verwischung aller Strukturen führt. Die Zellgefüge sind nur noch schwach zu erkennen.

Bei langwelliger UV- oder Blaulichtbestrahlung fluoreszieren Textinit und Ulminit – abhängig vom Gewebetyp – fahl gelbbraun bis braun. Die Fluoreszenzintensität des vergelten Ulminits ist stets schwächer als die vergleichbarer Gewebe in textinitischer Erhaltung.

Auch in der **Subgruppe Humodetrinit** unterscheidet man die Einzelmacerale nach ihrer Vergelung. Zum **Attrinit** (Abb. 11-4 und 5) gehört die feindetritische unvergelte Grundmasse der Kohle. Er besteht aus Huminitteilchen (< 10 µm) unterschiedlicher Form und einer schaumig-porösen huminitischen Substanz (wahrscheinlich der Ausfällung verdünnter Humuskolloid-Lösungen). Diese verschiedenen Bestandteile sind innig miteinander vermischt, aber lose gepackt, so daß der Attrinit unter dem Mikroskop einen sehr porösen Habitus hat. – Sind die Teilchen miteinander verkittet, und ist der Porenraum durch Humuskolloide (Humusgele) ausgefüllt, so spricht man von **Densinit** (Abb. 11-4).

Reiner Attrinit und Densinit fluoreszieren bei langwelliger UV- oder Blaulichtbestrahlung schwach hell-

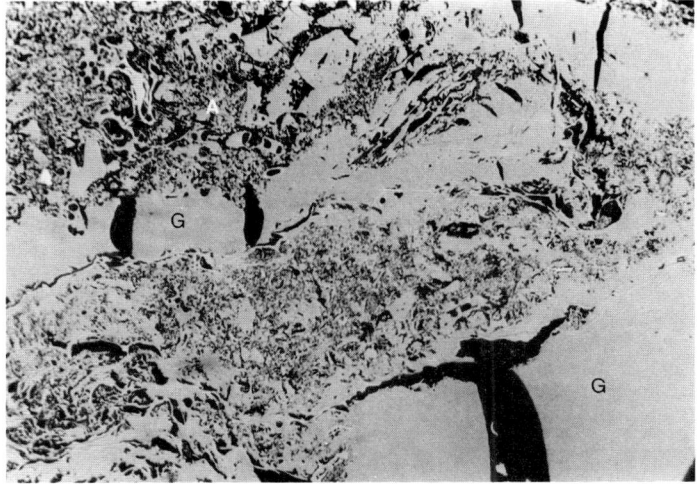

Abb. 11-5. Gelinit (G) als Kluftfüllung in attrinitischer Kohle. Typisch für den Gelinit sind die Schrumpfrisse, die beim Trocknen der Kohle entstehen.

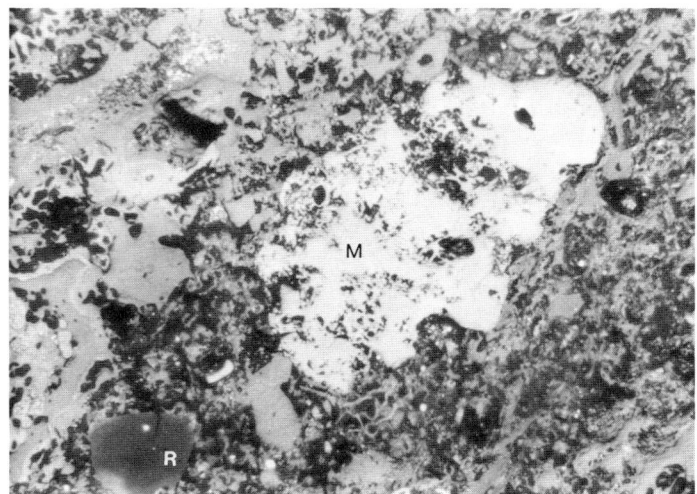

Abb. 11-6. Macrinit (M) in attrinitischer Kohle. Links unten Resinit (R).

braun bis dunkelbraun. Die Fluoreszenzintensität des vergelten Densinits ist stets schwächer als die des unvergelten Attrinits der gleichen Kohle. In der Praxis sind häufig gelblichere Mischfarben zu beobachten, weil Attrinit und Densinit oft stark mit Liptodetrinit durchsetzt sind.

Zur **Subgruppe Humocollinit** gehören zwei Macerale aus amorphem huminitischen Material, die sich in der Art ihres Vorkommens unterscheiden. Der **Gelinit** (Abb. 11-5) besteht zum größten Teil aus ausgefällten Humusgelen ohne bestimmte Figuration (der Dopplerit ist aus dem Maceral Gelinit aufgebaut). Er füllt Hohlräume, Risse, auch Zellumen in der Kohle aus, muß aber unter dem Mikroskop sicher erkennbar sein, wenn er als selbständiges Maceral gewertet werden soll. Sehr kleine gelinitische Teilchen oder Schlieren (< 10 μm) zählen nicht mehr zum Gelinit, sondern werden den sie begleitenden Maceralen zugeordnet (s. Ulminit, Densinit). Sind Ulminit und Densinit so stark vergelt und homogenisiert, daß sie als solche ohne zusätzliche Hilfsmittel wie Ätzen nicht mehr zu erkennen sind, dann müssen sie zum Gelinit gestellt werden. – Als **Corpohuminit** (Abb. 11-1) bezeichnet man in situ oder isoliert vorkommende phlobaphenische, d. h. von Gerbstoffen stammende Zellexkrete (Phlobaphinit, s. Tabelle 11-3) und sekundäre nicht sicher dem Gelinit zuzuordnende huminitische Zellfüllungen. Der Corpohuminit hat mehr oder weniger kugelige, elliptische, stäbchenförmige oder plattige Gestalt in der Größe pflanzlicher Zellen.

Gelinit und Corpohuminit zeigen gelegentlich schwache braune Fluoreszenz, können aber auch ganz fluoreszenzfrei sein.

Abgesehen vom Corpohuminit treten die vergelten oder aus Humusgel bestehenden Macerale der Huminit-Gruppe bevorzugt in den Mattbraunkohlen auf. Die unvergelten Huminite kommen fast ausschließlich in Weichbraunkohlen vor (s. Abschnitt 11.6).

Die **Macerale der Inertinit-Gruppe** sind in Braun- und Steinkohlen fast identisch, sie sollen deshalb ebenfalls nur einmal bei der Besprechung der Steinkohlen abgehandelt werden. Eine Ausnahme macht der Macrinit, der in Braunkohlen ein ganz anderes Aussehen hat als in Steinkohlen, er wird hier gesondert besprochen.

Als **Macrinit** (Abb. 11-6) bezeichnet man stark reflektierende ± rundliche, gelegentlich auch eckige Stücke unterschiedlicher Größe, die unregelmäßig verteilt in der humosen Grundmasse der Weichbraunkohlen vorkommen. Die Partikel haben rissige Ränder und sind teilweise auch in sich rissig. Häufig reflektieren die Ränder noch stärker als das Korninnere. Macrinit liegt stets isoliert in der ihn umgebenden Grundmasse und bildet mit den Huminit-Maceralen keinen Verband. Sehr oft ist zu erkennen, daß der Macrinit durch Teiloxidation (Verkohlung, Fusinitisierung) aus Attrinit oder Densinit hervorgegangen ist. Es gibt auch ganz amorphe Teilchen, bei denen es sich um oxidierte ehemalige Humocollinite handeln dürfte.

11.3.3 Makropetrographie der Weichbraunkohlen und Mattbraunkohlen

In den Weichbraunkohlen lassen sich, wie auch im Torf, in einer Grundmasse aus stark zerkleinerten Pflanzenresten, dem Detritus, noch größere strukturierte Pflanzenteile erkennen, die als ehemaliges Holz, Blätter, Früchte und Samen zu identifizieren sind. Auch größere Harzkörner und fossile Holzkohlenstücke (Faserkohle) lassen sich in den Weichbraunkohlen erkennen. Im Gegensatz zum Torf sind aber die genannten Bestandteile stärker verfestigt und miteinander verzahnt. Weichbraunkohle ist nur noch an Grenzflächen zwischen größeren Holzresten und der Grundmasse auseinanderzubrechen. Beim Anschlagen mit dem Hammer bricht sie entlang von Schichtgrenzen. Die Farbe der Weichbraunkohlen schwankt zwischen gelbbraun und schwarzbraun.

Mattbraunkohlen sind noch dichter und fester als Weichbraunkohlen, aber auch in ihnen kann man mit bloßem Auge zwischen detritischer Grundmasse, Holzresten, Harzkörnern und fossiler Holzkohle unterscheiden. Blätter, Früchte und Samen sind im allgemeinen nicht mehr zu erkennen. Beim Anschlagen mit dem Hammer bricht Mattbraunkohle unregelmäßig. Die Farbe der Mattbraunkohle ist einheitlich dunkelbraun bis schwarzbraun.

Eine verbindliche Lithotypen-Klassifikation existiert für Weichbraunkohlen und Mattbraunkohlen bisher nicht. Zur Zeit bestehen nur Entwürfe für vier Lithotypengruppen:

> Xylitische Kohle
> Fusitische Kohle
> Detritische Kohle
> Mineralreiche Kohle

Für die makropetrographische Beschreibung der Weich- und Mattbraunkohlen sind das Verhältnis von Grundmasse zu Einlagerungen und die Art der Einlagerungen wichtige Kriterien. Bis heute besteht kein international verbindliches System zur Beschreibung und Kennzeichnung der Lithotypen. Es gibt eine Vielzahl nationaler Klassifikationen, die besonders in den Ländern, in denen die Braunkohle wichtigster Energielieferant ist, sehr detailliert ausgearbeitet wurden (DDR, ČSSR, Balkanländer). Alle diese Klassifikationen beruhen auf den oben genannten Kriterien; bei den Weichbraunkohlen wird auch die Farbe zur Untergliederung mit herangezogen.

Der Internationalen Kommission für Kohlenpetrologie liegen zur Zeit Entwürfe für die Unterteilung der Weich- und Mattbraunkohlen in vier Lithotypen-Gruppen vor. Zur Abgrenzung werden die genetisch und technologisch wichtigen Bestandteile der Kohle – Xylit, Fusit, humose Grundmasse, Minerale – herangezogen.

Xylit, Fusit und Minerale müssen nicht Hauptbestandteil der Kohle, aber eine ihre Eigenschaften bestimmende Komponente sein. Da mit der verbindlichen Annahme der Vorschläge zu rechnen ist, sollen sie hier kurz beschrieben werden:

Xylitische Kohle umfaßt Kohlen, in denen der Xylit (s. u.) sichtbar am Aufbau der Kohle beteiligt sein muß. Die humose Grundmasse der Kohle ist detritisch und – abhängig von der Gewebeführung (Blätter, Nadeln, Leitfaserbündel) – mehr oder weniger geschichtet. Der Xylit sollte einigermaßen gleichmäßig verteilt sein. Grundmassereiche Kohlen mit verstreut in ihnen vorkommenden einzelnen Stubben und Stämmen werden nicht zu dieser Lithotypen-Gruppe gezählt. Untergeordnet können in xylitischer Kohle auch Faserkohle, Harzkörner und andere mit bloßem Auge wahrnehmbare Einlagerungen vorkommen. – Xylitische Kohle hat je nach Xylitgehalt mehr oder weniger ungünstige Mahleigenschaften.

Fusitische Kohle wird dann gesondert erfaßt, wenn sie sichtbar größere Mengen an fossiler Holzkohle enthält. Die humose Grundmasse der Kohle ist detritisch bis gewebereich. Abhängig von der Gewebeführung und der Art und Menge an Holzkohle (Faserkohle) ist sie ungeschichtet bis geschichtet. Andere Einlagerungen wie Xylit, Harzkörner oder Dopplerit dürfen nur untergeordnet in fusitischer Kohle auftreten. – Fusitische Kohle neigt zur Staubbildung, die Faserkohle in der fusitischen Kohle ist nicht brikettierbar.

Detritische Kohle besteht zum überwiegenden Teil aus einer feindetritischen, dem Auge homogen erscheinenden humosen Grundmasse. In dieser Grundmasse können Gewebefragmente und Harzkörner eingebettet und Gelnester enthalten sein. Xylite und Faserkohlen dürfen in der Zusammensetzung der detritischen Kohle keine wesentliche Rolle spielen. Detritische Kohle kann ungeschichtet bis geschichtet sein. Der Grad der Schichtung wird von der Art und der Menge der eingelagerten Gewebefragmente bestimmt. – Detritische Kohle ist für alle Veredlungsverfahren am besten geeignet.

Mineralreiche Kohle umfaßt alle Arten von Mineralverwachsungen mit den verschiedenen Lithotypen-Gruppen der Weich- und Mattbraunkohlen. Die Minerale in der Kohle müssen im Handstück oder am Kohlenstoß deutlich wahrnehmbar sein oder sich durch hohes Gewicht der Kohle bemerkbar machen. – Beträgt der Mineralgehalt mehr als die Hälfte, so zählt das Sediment zu den Gesteinen (humoser Ton bzw. Tonstein, humoser Sand bzw. Sandstein usw.). – Hohe Mineralgehalte der Kohlen beeinflussen deren Veredlungseigenschaften.

Unabhängig von der Lithotypen-Nomenklatur bestehen ältere Begriffe zur Kennzeichnung petrographischer Bestandteile der Weichbraunkohlen, die hier kurz erläutert werden sollen.

Xylit ist inkohltes Holz mit noch deutlich sichtbarer Struktur. Er tritt in der Kohle in Form von Baumstümpfen (Stubben), Stämmen und Ästen auf. Nach dem Erhaltungszustand werden Faser- und Bruchxylit unterschieden, die in Varietäten aufgegliedert werden können (JACOB 1956). Größere Xylitmengen in der Kohle beeinflussen die Qualität der Kohle.

Dopplerit ist ein stark glänzendes dunkelbraunes bis schwarzes aus kolloidalen Lösungen ausgeschiedenes Humusgel mit würfeligem Bruch. Es besteht aus Ca-Humat, kann aber auch ein komplexes Fe–Al–Ca-Humat sein. (Bestrebungen, nur das Ca-Humat mit dem Begriff Dopplerit zu belegen und andere Humate mit eigenen Namen zu versehen, haben sich in der Praxis nicht durchgesetzt). Größere Doppleritanreicherungen in der Kohle lassen im allgemeinen auf eine auch im mikroskopischen Bereich starke Vergelung der Kohle schließen, was Auswirkungen auf die technische Verwendbarkeit der Kohle hat. Syngenetisch im Torf entstandener Dopplerit füllt darin vorhandene Hohlräume aus, wodurch Gelnester entstehen, die auch in Weichbraunkohlen noch gut zu erkennen sind. Dopplerit kann aber auch das Produkt starker Verdunstung im Tagebau aufgeschlossener Kohle sein. Alte Kohlenstöße sind deshalb oft mit Dopplerit-Krusten überzogen. Im Hangenden und Liegenden von Braunkohlenflözen können doppleritische Spaltenfüllungen auftreten.

Zusammenfassung

Macerale:
Nur in Braunkohlen vorkommende Macerale der Liptinitgruppe sind Suberinit und Chlorophyllinit, alle anderen sind mit denen der Steinkohlen identisch.

Die Huminite, denen in Steinkohlen die Vitrinite entsprechen, lassen noch viele strukturelle Einzelheiten erkennen. Sie werden deshalb weit stärker untergliedert als die anderen Maceralgruppen. Wichtige Kriterien sind Morphologie und Vergelungsgrad.

Die Macerale der Inertinitgruppe sind in Braun- und Steinkohlen fast identisch.

Microlithotypen:
Für Braunkohlen sind bisher keine Microlithotypen definiert worden.

Lithotypen:
Zur Zeit bestehen Entwürfe für vier Lithotypengruppen: Xylitische Kohle – Fusitische Kohle – Detritische Kohle – Mineralreiche Kohle.

11.4 Steinkohle, einschließlich Glanzbraunkohle und Anthrazit

11.4.1 Abgrenzung Braunkohle/Steinkohle

Petrographisch gesehen, gehören die Glanzbraunkohlen zu den Steinkohlen, denn die Vergelung der Huminitmacerale ist abgeschlossen, und die Vitrinitisierung beginnt (s. Abschnitt 11.6). Unter dem Mikroskop erscheinen alle Macerale der Glanzbraunkohlen im Habitus der Steinkohlen. Entscheidend ist dabei das mikroskopische Bild der ehemaligen Huminit-Macerale, das nun vollständig dem der Vitrinitmacerale entspricht. Glanzbraunkohlen lassen erstmals auch eine sichere Abgrenzung mit Hilfe des Reflexionsvermögens des Vitrinits zu. Die Grenze Mattbraunkohle/Glanzbraunkohle wird bei 0,4% Rr* (ALPERN 1981) und die von Glanzbraunkohle zu Steinkohle (Flammkohle) bei 0,6% Rr gezogen (ALPERN 1981, ECE 1988).

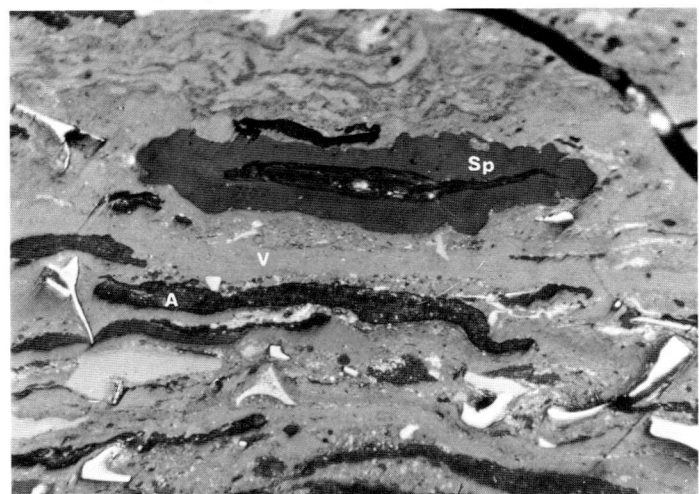

Abb. 11-7. Trimacerit mit Sporinit (Sp) und Alginit (A) in Vitrinit (V), der als Desmocollinit vorliegt. Die weißen Splitter gehören zum Inertodetrinit.

Betont werden muß, daß der chemische Charakter der Glanzbraunkohlen sie eindeutig in die Nähe der Mattbraunkohlen stellt. Entscheidend ist hier der KOH-Test: die mit Kalilauge zu erzielenden braunen Auszüge zeigen an, daß noch Huminsäuren in den Glanzbraunkohlen vorkommen. Diese sind erst vom Flammkohlenstadium ab restlos verschwunden, d. h. in Humine umgewandelt. Somit stellen – chemisch und petrographisch betrachtet – die Glanzbraunkohlen Übergangsbildungen zwischen Braunkohlen und Steinkohlen dar. Man unterscheidet die aus Torf entstandenen „**Humuskohlen**" von den aus Faulschlamm (= Torfmudden) hervorgegangenen „**Sapropelkohlen**".

11.4.2 Mikropetrographie der Humuskohlen

A. Maceralgruppen

Die Macerale der Glanzbraunkohlen und Steinkohlen werden – wie die der Braunkohlen – nach ihren chemischen und optischen Eigenschaften zu den drei Gruppen Liptinit, Vitrinit und Inertinit

---

* Rr = „random reflectance", mittlere Reflexion

Tabelle 11-4. Übersicht über die Macerale der Steinkohle

Maceralgruppe	Maceral	Maceral-Typ [+]	Maceralvarietät [+]
Liptinit (Exinit)	Sporinit		Tenuisporinit Crassisporinit Mikrosporinit Makrosporinit
	Cutinit Resinit Alginit Bituminit Fluorinit Exsudatinit Liptodetrinit		
Vitrinit	Telinit		Cordaitotelinit Fungotelinit Xylotelinit
	Collinit	Telocollinit Gelocollinit Desmocollinit Corpocollinit	
	Vitrodetrinit		
Inertinit	Semifusinit Fusinit	Pyrofusinit Degradofusinit	
	Macrinit Sclerotinit		Plectenchyminit Corposclerotinit Pseudocorposclerotinit
	Micrinit Inertodetrinit		

[+] unvollständig, kann beliebig erweitert werden.

zusammengefaßt. Eine kurze Charakterisierung dieser Gruppen erfolgte auf S. 685 und 686. Diesen Erläuterungen ist hier hinzuzufügen, daß im Bereich der Fettkohlen die Liptinit-Macerale allmählich unsichtbar werden, weil sie sich chemisch und optisch den Vitrinit-Maceralen angleichen. Tabelle 11-4 enthält eine Zusammenstellung aller bisher beschriebenen Steinkohlenmacerale sowie deren Typen und Varietäten. Besprochen werden die Macerale; die Maceraltypen sollen, soweit erforderlich, kurze Erwähnung finden.

B. Macerale

Zur **Liptinit-Gruppe** gehören viele Einzelmacerale, die häufig nur mit Hilfe der Fluoreszenzmikroskopie genau voneinander zu unterscheiden sind. Neben die Beschreibung des Auflicht-Hellfeld-Bildes tritt deshalb in dieser Maceralgruppe das Fluoreszenzbild.

Der **Sporinit** (Abb. 11-7 und 14) besteht, wie schon erwähnt, aus den inkohlten Außenhäuten der Sporen und der Pollenkörner. In Steinkohlen sind diese Häute meistens zusammengepreßt und in die Schichtung eingeregelt. Der Sporinit hat dann in Schliffen senkrecht zur Schichtung mehr oder weniger linsenförmige Gestalt, der ursprüngliche Hohlraum deutet sich nur noch als dünne Linie an.
Der Sporinit ist im Auflicht-Hellfeld dunkelgrau, in gering inkohlten Kohlen z. T. fast schwarz. Mit fortschreitender Inkohlung hellt er auf, um sich im Fettkohlen-Stadium dem Vitrinit optisch anzugleichen. Im Fluoreszenzbild ist der schichtige oder lagenförmige Aufbau der Exinen gut zu erkennen. Durch die Wandstruktur unterscheidet sich der Sporinit deutlich vom Alginit (s. dort). Megasporen lassen einen schaumigporösen Aufbau der Exinen erkennen. Die Fluoreszenzfarbe des Sporinits ist abhängig von seinem Inkohlungsgrad. Sie wechselt von grün im Torfstadium über gelb in Braunkohlen bis zu orange in Steinkohlen. Ab

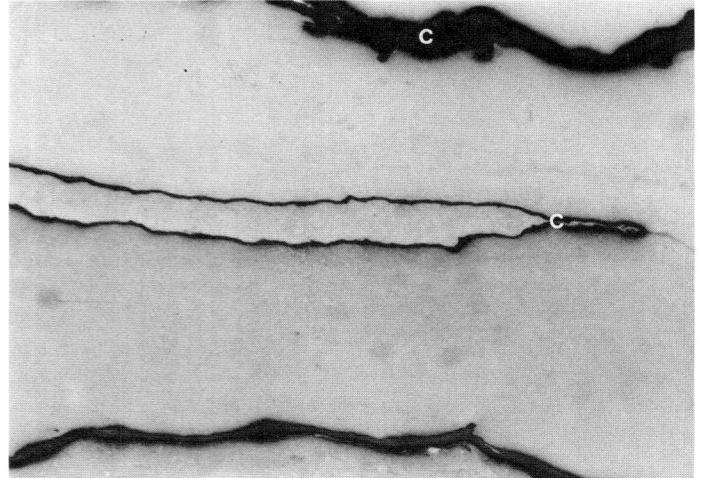

Abb. 11-8. Cuticulenclarit, bestehend aus Cutinit (C) und Desmocollinit.

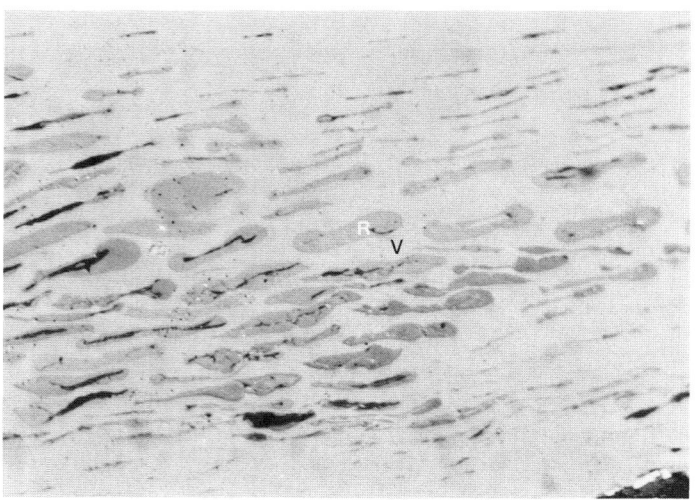

Abb. 11-9. Resinitclarit, bestehend aus in situ im Gewebe auftretendem Resinit (R) und Vitrinit (V), der als Telinit bzw. (unten rechts) als Telocollinit vorliegt.

Fettkohlen-Stadium ist keine Fluoreszenz mehr zu beobachten (OTTENJANN, TEICHMÜLLER & WOLF 1974). Die Fluoreszenzfarben sind für die einzelnen Inkohlungsstadien sehr charakteristisch und werden für die Bestimmung des Inkohlungsgrades (s. dort) herangezogen. – Weitere Einzelheiten zum Sporinit finden sich bei STACH (1964) und POTONIE, REHNELT, STACH & WOLF (1970).

Cutinit (Abb. 11-8 und 11) ist das Inkohlungsprodukt der Kutikula genannten äußersten Schicht aller typischen Epidermen. Das heißt, daß der in der Kohle enthaltene Cutinit nicht unbedingt von Blättern stammen muß, er kann auch von Stengeln herrühren. In Schliffen senkrecht zur Schichtung erscheint der Cutinit als dickere oder dünnere, einseitig gezahnte Leiste (die Zähne weisen in Richtung Epidermis). Gelegentlich kommen sehr dickwandige, aus mehreren Kutikularschichten bestehende Kutikulen vor; Cutinit dieses Typs ist charakteristisch für Saarkohlen. Reflexionsvermögen und Fluoreszenzeigenschaften des Cutinits gleichen denen des Sporinits.

Zum **Resinit** (Abb. 11-6 und 9) zählen die Inkohlungsprodukte von Zellexkreten, vor allem von Pflanzenharzen. Sie können noch in situ als Zellausfüllung in Geweben vorkommen oder isoliert in huminitischer oder vitrinitischer Grundmasse. Die Form der Resinitkörner ist kugelig, spindel- oder stäbchenförmig, deshalb erscheinen sie im Anschliff rund, oval oder rechteckig. Die Größe der Körner schwankt stark, ebenso ihr

Steinkohle, einschließlich Glanzbraunkohle und Anthrazit 699

allgemeiner Habitus. Resinite können im Anschliff ein deutliches Relief haben oder ganz ohne Relief sein; oft zeigen sie Zonarstrukturen dergestalt, daß der innere Teil geringer reflektiert als der Rand, es kommt aber auch das Gegenteil vor. Viele Resinite enthalten Gasbläschen unterschiedlicher Größe.

Das Reflexionsvermögen und die Fluoreszenzeigenschaften der Resinite sind vor allem bei geringer Inkohlung in ein und derselben Kohle sehr unterschiedlich. In der Mehrzahl der Fälle gilt, daß Resinite mit geringem Reflexionsvermögen sich durch kräftige gelbe Fluoreszenz auszeichnen, während stärker reflektierende Resinite fahl gelbbraun bis dunkelbraun fluoreszieren. Die Abgrenzung zwischen Corpohuminit bzw. Corpocollinit und Resinit ist oft schwierig. Im Gas- bis Fettkohlenstadium gleicht sich der Resinit in seinen optischen Eigenschaften dem Vitrinit an (s. auch STACH 1966). Zur Inkohlungsgrad-Bestimmung ist Resinit ungeeignet.

Der Maceral-Begriff **Alginit** umfaßt die Inkohlungsprodukte von Algen, speziell von Ölalgen. Der Alginit zeigt häufig noch die ursprüngliche Gestalt der Algen bzw. Algenkolonien, aus denen er hervorgegangen ist. Demzufolge lassen sich mehrere Formtypen unterscheiden; die wichtigsten sind: 1. der Pila-Typ, dazu werden Algen-Kolonien gerechnet, die botanisch zu Botryococcus zu stellen sind. 2. der Reinschia-Typ, er umfaßt Formen, die in der Art rezenter Volvocales-Kolonien aufgebaut sind. 3. der Tasmanales-Typ, hierzu gehören dickwandige, einzellige, mit Porenkanälen in den Wänden versehene Formen, die nur fossil bekannt sind. 4. fadenförmige, einzellige Typen unterschiedlicher Länge. – Die Unterscheidung dieser Formentypen ist vor

Abb. 11-10 a

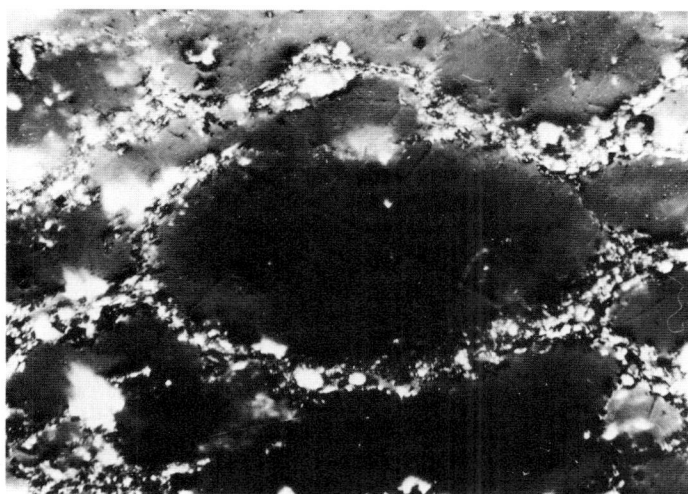

Abb. 11-10 b

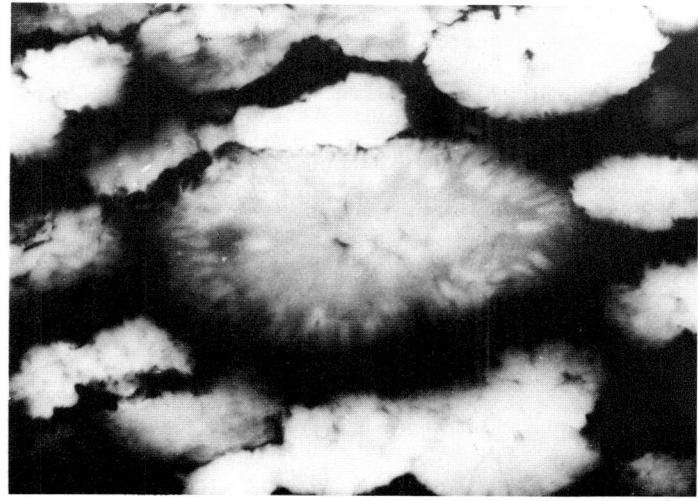

Abb. 11-10. Alginit vom Pila-Typ; a = Auflicht-Hellfeld-Bild, b = das gleiche Objekt im Fluoreszenzbild.

allem bei der Mikroskopie von Ölschiefern und Erdölmuttergesteinen wichtig, da sie die Zuordnung zu bestimmten Faziesräumen ermöglicht. Pila- und Reinschia-Formen sind an limnisches Milieu gebunden, Tasmanales-Formen, bisher in Kohlen noch nicht gefunden, weisen auf marine Einflüsse hin.

Im Auflicht-Hellfeld erscheint der Alginit bei geringer Inkohlung dunkelgrau bis schwarz. Mit zunehmendem Inkohlungsgrad gleicht er sich relativ schnell dem Vitrinit in seinen optischen Eigenschaften an, so daß er ab Gasflammkohlen-Stadium praktisch nicht mehr nachweisbar ist. (In Sedimenten sind gelegentlich hochinkohlte Alginite zu beobachten; TEICHMÜLLER & OTTENJANN 1977.)

Der Alginit ist leicht mit Resinit (Pila-Typ) oder Sporinit (alle anderen Typen) zu verwechseln. Eine eindeutige Zuordnung dieses Liptinit-Macerals erlaubt oft nur das Fluoreszenzbild. Dieses läßt beim Pila-Typ die trichterförmigen, radialstrahlig angeordneten Individuen einer Kolonie sichtbar werden (Abb. 11-10a und b). Reinschia-Formen sind an nach außen gerichteten kleinen Zellöffnungen in der Wandsubstanz zu erkennen. Tasmanales-Formen zeigen senkrecht die Wandung durchsetzende Porenkanäle, was ihnen ein quergestreiftes Aussehen verleiht. Dünnwandige Objekte besitzen ebenfalls senkrecht zur Wand verlaufende Porenkanäle, weshalb sie im Auflicht-Hellfeld einen körnigen Habitus zeigen (Abb. 11-7), wenn die Häute sehr dünn sind, ergibt sich ein perlschnurartiges Aussehen (WOLF & WOLFF-FISCHER 1984).

Bei Bestrahlung mit langwelligem UV- oder Blaulicht zeigt Alginit eine intensive Fluoreszenz, deren spektrale Verteilung sich von grün-gelb bei geringer Inkohlung zu orange bei stärkerer Inkohlung verschiebt. Die Fluoreszenzeigenschaften des Alginits sind zur Kennzeichnung des Inkohlungsgrades einer Kohle oder des Reifegrades von organischer Substanz in Sedimenten geeignet (s. Abschnitt 11.6).

Der **Bituminit** unterscheidet sich von allen vorangegangenen Maceralen der Liptinit-Gruppe durch das Fehlen einer charakteristischen Form. In Steinkohlen karbonischen Alters tritt er meist in Form unregelmäßig begrenzter Schlieren auf; diese Schlieren können sich vereinigen und zu einer umhüllenden Grundmasse für andere Macerale werden. In Braunkohlen tertiären Alters hat er eine körnige Struktur, hervorgerufen durch eng miteinander verklebte Körner unterschiedlicher Gestalt. Bituminit kann in Braunkohlen Grundmassebildner sein.

In Weich- und Hartbraunkohlen erscheint Bituminit im Auflicht-Hellfeld als sehr dunkle undifferenzierte Masse. Im Steinkohlenstadium haben seine optischen Eigenschaften Übergangscharakter. Bituminit hat dann eine etwas stärkere Reflexion als andere Liptinit-Macerale der gleichen Kohle, aber geringere Reflexion als der zugehörige Vitrinit.

Im Fluoreszenzbild wird der körnige Aufbau des Braunkohlen-Bituminits deutlich. Die Fluoreszenzfarbe ist fahlbraun, orange, braun. Die Fluoreszenzintensität ist geringer als bei anderen Liptiniten gleichen Inkohlungsgrades. Bei längerer Bestrahlung nimmt sie deutlich zu, dadurch ist Bituminit zu identifizieren. (Ausführliche Beschreibung bei TEICHMÜLLER 1974).

Der **Fluorinit** (Abb. 11-11) ist ein Maceral, das erst nach Einführung der Fluoreszenz-Mikroskopie in die Kohlenpetrographie entdeckt wurde. Da Fluorinit häufig zusammen mit Cutinit vorkommt, wird angenommen, daß er aus lipoiden Stoffen in Blättern („Öltröpfchen") hervorgegangen ist. Im Auflicht-Hellfeld besteht Fluorinit aus einer schwarzen körnigen Substanz, die lagenförmig in der Kohle auftritt. Dieses Aussehen kann zur Verwechslung mit Tonlagen in der Kohle führen.

Das Fluoreszenzbild läßt einen feinkörnigen Aufbau der Fluorinitlagen erkennen. Die einzelnen Teilchen haben Linsenform und sind gut in die Schichtung eingeregelt. Fluorinit fällt durch seine intensive grün-gelbe Fluoreszenz sofort ins Auge, die Farbe verändert sich im Laufe der Inkohlung nur wenig. Im Gasflammkohlen-Stadium gibt er Exsudate ab und trägt somit zur Entstehung des folgenden Macerals bei (Näheres bei TEICHMÜLLER 1974).

Der **Exsudatinit** nimmt als Sekundärmaceral innerhalb der Liptinit-Macerale eine Sonderstellung ein, weil er erst während der Inkohlung aus anderen Liptiniten entsteht. Exsudatinite haben keine bestimmte Gestalt, denn sie nehmen die Form der durch sie ausgefüllten Hohlräume an. Oft sind sie noch mit dem Ursprungsmaceral verbunden, aus dem sie als amorphe bituminöse Substanz ausgetreten sind. Dieses Maceral kommt nur in Steinkohlen vor.

Im Auflicht-Hellfeld haben Exsudatinite wechselndes Reflexionsvermögen, demzufolge können sie dunkelgrau bis hellgrau aussehen. Stets sind sie dunkler als der sie begleitende Vitrinit. Auch Fluoreszenzfarbe und -intensität wechseln stark. Mit Beginn des Gaskohlen-Stadiums gleicht sich der Exsudatinit in seinen optischen Eigenschaften dem Vitrinit an. Bei weiter ansteigendem Inkohlungsgrad kann der ehemalige Exsudatinit den Vitrinit im Reflexionsvermögen sogar übertreffen. Er kann dann als „Meta-Exsudatinit" bezeichnet werden, gehört dann aber nicht mehr zu den Maceralen der Liptinit-Gruppe. Einzelheiten sind der Arbeit von TEICHMÜLLER (1974) zu entnehmen.

Zum **Liptodetrinit** gehören alle undefinierbaren Reste, die aber durch Reflexionsvermögen und Fluoreszenzeigenschaften eindeutig den Liptiniten zuzuordnen sind. Es kann sich dabei um Bruchstücke von Sporinit, Cutinit und Alginit handeln, aber auch um einzelne Körner von Bituminit und Fluorinit, die ja erst im Verband ihre Zugehörigkeit zu den betreffenden Maceralen erkennen lassen.

Die **Macerale der Vitrinit-Gruppe** sind in fast allen Kohlen karbonischen Alters der Nordhemi-

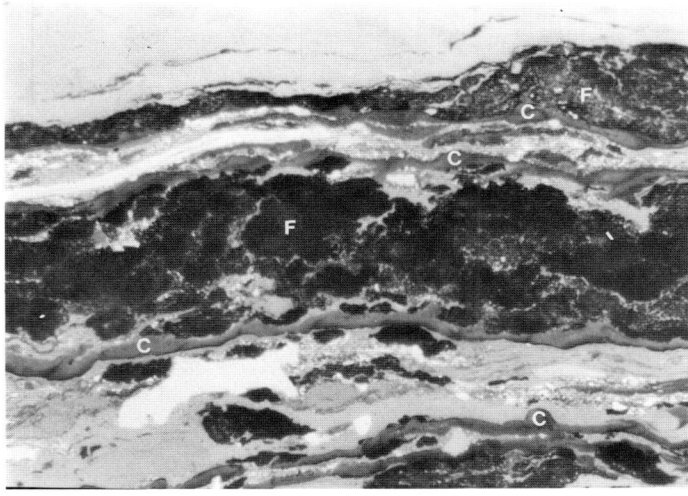

Abb. 11-11. Trimacerit mit Fluorinit (F) zwischen Cutinit (C), was auf seine Herkunft aus ätherischen Ölen in Blättern hinweist.

sphäre sowie vielen anderen Steinkohlen die Hauptkohlenbildner. Sie kommen in diesen Kohlen meistens zu mehr als 75% vor.

Die beiden wichtigsten Macerale dieser Gruppe sind Telinit und Collinit. Als **Telinit** (Abb. 11-9) werden die Zellwände in noch strukturzeigenden Vitriniten bezeichnet. Zum **Collinit** sind alle im Auflicht-Hellfeld vorkommenden homogen erscheinenden Vitrinite zu stellen. Während Telinit fast nur in gering inkohlten Steinkohlen bis zum Gaskohlenstadium zu beobachten ist, tritt Collinit in allen Steinkohlen auf. (Eine Ausnahme machen Vitrinite, deren ehemalige Zellhohlräume mit Mineralsubstanz ausgefüllt sind; sie lassen sich bis zum Anthrazit-Stadium als Telinite identifizieren.) Collinit kann nach seiner Erscheinungsform in Maceral-Typen unterteilt werden:
- Telocollinit (Abb. 11-9): Bestandteil breiter homogener Vitritstreifen;
- Desmocollinit (Abb. 11-7 und 11-8): Bestandteil der vitrinitischen Grundmasse im Clarit und Trimacerit (s. dort);
- Gelocollinit: unregelmäßige Hohlraumfüllungen aus reinem inkohlten Humusgel;
- Corpocollinit (Abb. 11-2): collinitische Zellfüllungen runder oder ovaler Form, in situ zusammen mit Telinit und Suberinit oder isoliert zusammen mit Desmocollinit auftretend.

Zum **Vitrodetrinit** werden kleine Fragmente vitrinitischer Natur gestellt, die isoliert inmitten von Inertinit-Maceralen oder Mineralen vorkommen. Der Vitrodetrinit ist ein im Nebengestein der Kohle und in Brandschiefern häufiges Maceral. Eine ausführliche Beschreibung aller Vitrinit-Macerale und ihrer Beziehung zu den Huminiten geben ALPERN & TEICHMÜLLER (1971).

Die **Macerale der Inertinit-Gruppe** sind im wesentlichen aus denselben Pflanzenresten entstanden wie die der Vitrinit-Gruppe. Zu Beginn der Vertorfung ist jedoch bei der Entstehung dieser Macerale Verwitterung oder, allgemeiner ausgedrückt, Oxidation anstelle der Humifizierung eingetreten.

Der **Semifusinit** (Abb. 11-12) stellt ein echtes Übergangsglied zwischen dem durch Humifizierung entstandenen Huminit oder Vitrinit auf der einen Seite und durch starke Oxidation entstandenen Fusinit auf der anderen dar. Das macht sich im optischen Bild bemerkbar. Semifusinit besteht aus mehr oder weniger gequollenen, d. h. zum Teil vergelten Zellwänden mit meist undeutlich erhaltener Zellstruktur, die Zellen können aber auch zusammengedrückt sein. Oxidierte Resinite und Phlobaphinite, Tonminerale und Pyrit sind gelegentlich als Zellfüllungen zu beobachten.

Das Reflexionsvermögen des Semifusinits ist höher als das des Huminits oder Vitrinits der gleichen Kohle, aber meistens geringer als das des Fusinits. Bei geringem Oxidationsgrad kann noch schwache braune Fluoreszenz auftreten, sofern der Inkohlungsgrad nicht zu hoch ist (DIESSEL 1985).

Fusinit (Abb. 11-13) besteht aus stark reflektierenden Zellwänden, die zu gut erhaltenen Geweben mit deutlicher Zellstruktur gehören; die Zellhohlräume sind meist offen. Gelegentlich werden oxidierte Harze oder Phlobaphinite, die fast immer geschrumpft sind und die Zelle nicht mehr ganz ausfüllen, in den Zellen angetrof-

Abb. 11-16. Sclerotinit in einer Steinkohle karbonischen Alters. Das abgebildete Objekt ist zum Sekretsclerotinit zu stellen.

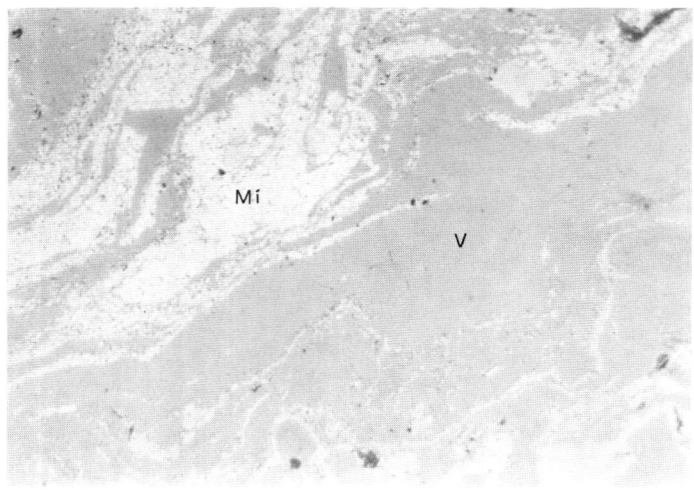

Abb. 11-17. Vitrinertit, bestehend aus Micrinit (Mi) und Vitrinit (V).

Resinit und Bituminit in Micrinit sind ebenfalls zu beobachten. Aus den beschriebenen Erscheinungsformen schließt TEICHMÜLLER (1974) auf die Entstehung dieses Macerals aus Liptiniten durch Inkohlungseinflüsse, demnach ist Micrinit ein Inkohlungsprodukt oder -rest.

Der Reflexionsgrad des Micrinits ist wegen seiner geringen Größe nicht genau zu messen. Micrinit reflektiert aber deutlich stärker als der Vitrinit der gleichen Kohle.

Im Maceralbetriff **Inertodetrinit** (Abb. 11-7, 12 und 13) werden alle Reste mit starkem Reflexionsvermögen zusammengefaßt, die kleiner als 10 µm und nicht näher zu identifizieren sind. Bruchstücke von fusinitisierten Zellen gehören dazu, sobald keine vollständige Zelle mehr zu erkennen ist. In diesem Falle kann der größte Durchmesser dieser Reste auch über 10 µm betragen.

Minerale

Die Minerale der Kohle sollen hier nur kurz aufgezählt, aber nicht beschrieben werden. Am häufigsten kommen Tonminerale (Illit, Kaolinit), Quarz und Pyrit vor. In den Kohlen karbonischen Alters der Nordhemisphäre ist der Illit das häufigste Tonmineral. Die Kohlen aus permokarbonischer Zeit der Südhalbkugel enthalten bevorzugt Kaolinit. Weiterhin sind Karbonate und hier vor allem der Siderit von Bedeutung. Gips und Steinsalz sind selten. Während Tonminerale und Quarz im Laufe der Moorentwicklung in den Torf gelangten, also ausschließlich synsedimentärer Entstehung sind, können Sulfide und Karbonate sowohl syn- als auch epigenetisch gebildet worden sein. Gips und Steinsalz kommen nur epigenetisch vor.

C. Microlithotypen

Monomacerale Microlithotypen

Vitrit besteht zu mehr als 95% aus Vitrinit. Dabei ist es gleichgültig, ob Telinit oder Collinit den Vitrit aufbauen. – Vitrit tritt in den Steinkohlen karbonischen Alters der Nordhalbkugel häufig auf.

Liptit besteht zu mehr als 95% aus Maceralen der Liptinit-Gruppe. Es ist ein seltener Microlithotyp, der in der petrographischen Analyse nur gelegentlich beim Auftreten dickwandiger Megasporen und Kutikulen, Sporangien und besonders großer Harzkörper ausgehalten wird.

Inertit ist ein wenig gebräuchlicher Terminus. An seine Stelle treten Fusit und Semifusit, da der monomacerale Microlithotyp der Inertinit-Gruppe fast ausschließlich aus Fusinit und/oder Semifusinit aufgebaut ist. Diese Macerale müssen zu mehr als 95 Vol.-% vorhanden sein, wenn Fusit als selbständiger Microlithotyp ausgehalten werden soll.

Bimacerale Microlithotypen

Clarit (Abb. 11-2, 8 und 9) besteht aus Maceralen der Vitrinit- und der Liptinit-Gruppe. Beide Gruppen müssen zumindest mit je 5 Vol.-% am Aufbau des Microlithotyps beteiligt sein, zusammen müssen sie mit mehr als 95 Vol.-% den Microlithotypen aufbauen. Es lassen sich vitrinitreiche (Clarit$_V$) von liptinitreichen (Clarit$_L$) Clariten unterscheiden. Weitere Unterteilungen lassen sich nach Art der beteiligten Liptinitmacerale durchführen (s. Tabelle 11-5). – Clarit ist ein häufiger Microlithotyp in den Steinkohlen karbonischen Alters der Nordhemisphäre.

Durit (Abb. 11-14) besteht aus Maceralen der Inertinit- und der Liptinit-Gruppe. Beide Gruppen müssen zumindest mit je 5 Vol.-% und zusammen mit mehr als 95 Vol.-% den Microlithotypen aufbauen. – Durit ist ein häufiger Lithotyp in Gondwana-Kohlen und in den Kreide-Kohlen Kanadas.

Tabelle 11-5. Übersicht über die Microlithotypen.

	Microlithotyp	Varietät[+)]	Zusammensetzung (mineralfrei)
monomaceral	Vitrit		>95% Vitrinit
	Liptit	Sporit Algit	>95% Liptinit
	Inertit	Semifusit Fusit Inertodetrit	>95% Inertinit
bimaceral	Clarit$_{(V,L)}$	Sporenclarit Cuticulenclarit Resinitclarit	>95% Vitrinit + Liptinit
	Durit$_{(I,L)}$	Sporendurit	>95% Inertinit + Liptinit
	Vitrinertit$_{(V,I)}$		>95% Vitrinit + Inertinit
trimac.	Trimacerit$_{(V,I,L)}$	Duroclarit V > I, L Claroduit I > V, L Vitrinertoliptit L > V, I	Vitrinit, Liptinit und Inertinit je zu >5%

[+)] Es werden nur allgemein gebräuchliche Begriffe aufgeführt.

Vitrinertit (Abb. 11-18) besteht aus Maceralen der Vitrinit- und der Inertinit-Gruppe. Beide Gruppen müssen zumindest mit je 5 Vol.-% und zusammen mit mehr als 95 Vol.-% am Aufbau des Microlithotyps beteiligt sein. – Vitrinertit kommt in den Kohlen karbonischen Alters der Nordhemisphäre primär nur in geringen Mengen vor. Vom Fettkohle-Stadium an steigt sein Anteil am Aufbau der Kohlen, weil dann der Liptinit sich optisch dem Vitrinit angleicht, also nur noch Verwachsungen von Vitrinit- und Inertinit-Maceralen auftreten können. In Gondwana-Kohlen und den Kreide-Kohlen Kanadas ist Vitrinertit primär stark am Aufbau der Kohlen beteiligt.

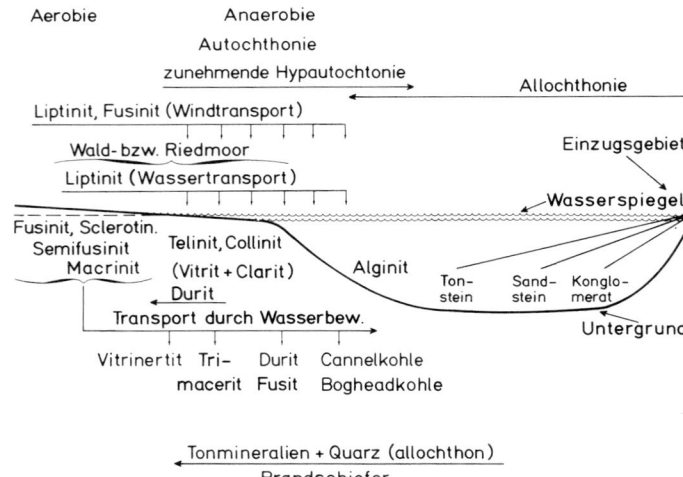

Abb. 11-18. Schematische Darstellung der Entstehung und Ablagerung von Maceralen und Microlithotypen (nach MACKOWSKY 1955, verändert).

Trimacerale Microlithotypen

In der Gruppe der trimaceralen Microlithotypen gibt es nur einen international definierten Microlithotypen, den **Trimacerit** (Abb. 11-7 und 11). Er besteht aus Maceralen aller drei Maceralgruppen, die je zu mindest 5 Vol.-% am Aufbau des Trimacerits beteiligt sein müssen. Weitere Unterteilungen, nach Vorherrschen einer Maceralgruppe vorgenommen, erfordern große Übung des Bearbeiters und werden deshalb selten ausgeführt. – Der Trimacerit ist weltweit in allen Kohlen ein häufiger Microlithotyp.

Zu den Microlithotypen gehören auch die Kohle/Mineral-Verwachsungen, **Carbominerit** genannt. Für die Definition des Carbominerits spielt die Maceralzusammensetzung keine Rolle mehr, sondern Art und Menge der mit der Kohle verwachsenen Minerale, deren zulässiger Anteil in Abhängigkeit von der Dichte schwankt. Die Dichte des Carbominerits als Einheit soll zwischen 1,5 und 2,0 g/ml. liegen. Das entspricht den in der Kohlenaufbereitung üblichen Grenzwerten. Die Unterteilung des Carbominerits in einzelne Varietäten zeigt Tabelle 11-6.

Tabelle 11-6. Carbominerit-Varietäten.

Bezeichnung	Zusammensetzung
Carbargilit	Kohlenmacerale + 20 bis 60 Vol.-% Tonminerale
Carbosilicit	Kohlenmacerale + 20 bis 60 Vol.-% Quarz
Carbankerit	Kohlenmacerale + 20 bis 60 Vol.-% Karbonat-Minerale
Carbopyrit	Kohlenmacerale + 5 bis 20 Vol.-% Sulfid-Minerale
Carbopolyminerit	Kohlenmacerale + 5 bis 60 Vol.-% verschiedene Minerale; die Abgrenzung hängt vom Anteil an Sulfid-Mineralen ab.

11.4.3 Mikropetrographie der Sapropelkohlen

Sapropelkohlen bestehen aus den gleichen Maceralen wie Humuskohlen, aber ihre Maceralverwachsungen lassen sich teilweise nicht ohne weiteres mit den Microlithotypen der Humuskohlen vergleichen. Am auffälligsten ist der homogene Aufbau der Sapropelkohlen. Ihnen fehlt die die Schichtung der Humuskohlen hervorrufende Abfolge klar voneinander zu trennender Microlithotypen, weil die Macerale in immer gleicher Vergesellschaftung über größere Profilabschnitte hinweg auftreten. Stets ist jedoch eine deutliche Mikroschichtung zu beobachten, nie ein feinstreifiger Aufbau.

Den größten Anteil am Aufbau der Sapropelkohlen stellen die Macerale der Liptinit-Gruppe, nach deren Auftreten werden einzelne Arten von Sapropelkohlen unterschieden: Sporinit ist das vorherrschende Maceral in den Cannelkohlen, Alginit in den Bogheadkohlen. Zwischen beiden gibt es Übergänge; je nachdem welches Maceral den größeren Anteil hat, lassen sich Boghead-Cannelkohlen und Cannel-Bogheadkohlen unterscheiden. Die Liptinite liegen in einer Grundmasse, die häufig aus Desmocollinit besteht, aber auch micrinitisch sein kann. Weiterhin kommt Inertodetrinit regelmäßig vor. Die häufigsten in Sapropelkohlen vorkommenden syngenetischen Minerale sind Pyrit, Tonminerale und Siderit.

11.4.4 Makropetrographie von Humus- und Sapropelkohlen

A. Allgemeine Bemerkungen

Neben die Beschreibung des generellen Flözaufbaus, seiner Grobstruktur, tritt als Ergänzung und Erweiterung die Feinaufnahme der Flöze, die Beschreibung einzelner Lithotypen. Bei der Erfassung der Grobstruktur wird nur zwischen Kohle, Brandschiefer (Kohle, die 20–60% mit Mineralen, außer Pyrit, oder zu 5–20% mit Pyrit verwachsen ist) und Bergen (Nebengestein) unterschieden, während die Lithotypen die Kohle im einzelnen beschreiben.

B. Lithotypen der Humuskohlen

Vitrain (Glanzkohle) werden stark glänzende Kohlenlagen genannt, die von Rissen senkrecht zur Schichtung durchzogen sind und würfelig brechen. Die Oberfläche ist glatt, deshalb färbt Vitrain nicht ab. Er besteht aus den Microlithotypen Vitrit und Clarit$_V$. – Vitrain gehört zu den häufigen Lithotypen in den Humuskohlen karbonischen Alters der Nordhemisphäre.

Clarain (Halbglanzkohle) besteht aus einer feinstreifigen Wechsellagerung zwischen glänzenden und matten Lagen. Die Lagen sollten 3 mm Mächtigkeit nicht überschreiten, in Deutschland werden aber alle glänzenden Lagen < 10 mm mit zum Clarain gerechnet. Zum Aufbau des Clarains können alle Microlithotypen beitragen, am häufigsten sind Vitrit, Clarit und Trimacerit beteiligt. – Clarain ist in allen Kohlen zu finden, in den Karbon-Kohlen der Nordhemisphäre ist er der verbreitetste Lithotyp.

Durain (Mattkohle) werden kompakte matte bis fettglänzende Lagen von schwarzer bis grauer Farbe und rauher Oberfläche genannt. Durain-Lagen haben wenig Risse und brechen deshalb grobstückig. Der Durain besteht zum größten Teil aus Durit und Trimacerit, auch Clarit$_L$ kann am Aufbau beteiligt sein. – Durain ist im Handstück mit Brandschiefer und kohligem Tonstein zu verwechseln, vor allem die als Gondwana-Kohlen beschriebenen Mattkohlen sind häufig keine echten Durains, sondern unreine Kohlen. Im allgemeinen ist Durain ein regelmäßiger, aber in geringen Mengen vorkommender Bestandteil aller Kohlen.

Fusain (Faserkohle) ist fossile Holzkohle. Er tritt in schwarzen seidig-glänzenden Lagen auf. Da die Substanz weich und leicht zerreibbar ist, zerfällt sie beim Anfassen in stark färbendes schwarzes Pulver. Mit Mineralsubstanz imprägnierte Fusains sind hart und rauh. Fusain besteht aus Fusit und Semifusit, mineralreicher Fusain aus dem sogenannten Hartfusit (s. dort). – Fusain tritt in Form von Linsen und dünnen Lagen in allen Kohlen auf. In einzelnen Flözen kann er besonders angereichert sein. Bekannt für seinen hohen Fusain-Gehalt war früher das „Rußkohlen-Flöz" im Revier von Zwickau/Sachsen.

C. Sapropelkohlen

In den Sapropelkohlen sind, streng genommen, keine Lithotypen zu unterscheiden, denn ob eine Cannelkohle (Sporenkohle) oder Bogheadkohle (Algenkohle) vorliegt, ist mit letzter Sicherheit erst durch die mikroskopische Analyse zu entscheiden. Bei hochinkohlten Sapropelkohlen wird auch die mikroskopische Unterscheidung schwierig. Dennoch sollen einige allgemeine Kriterien zur Kennzeichnung dieser beiden Sapropelkohlen hier aufgeführt werden.

Cannelkohlen sind ungeschichtete, kompakte Kohlen mit muscheligem Bruch. Sie sind von schwarzer matter Farbe bei geringerem Inkohlungsgrad, bei stärkerer Inkohlung haben sie mehr oder weniger deutlichen Fettglanz.

Bogheadkohlen sind ebenfalls ungeschichtete, kompakte Kohlen mit muscheligem Bruch. Im Vergleich zu Cannelkohlen sind sie etwas zäher, was sich beim Anschlagen mit dem Hammer feststellen läßt. Gering inkohlte Bogheadkohlen haben braunschwarze Farbe, mit zunehmender Inkohlung tritt Farbvertiefung und Übergang zu reinem Schwarz ein. Die Oberfläche der Bogheadkohlen wirkt gelegentlich etwas speckig.

Ein allgemeines Kennzeichen aller Sapropelkohlen geringen Inkohlungsgrades ist ihre leichte Entzündbarkeit. Sie beruht auf deren hohem Liptinitanteil (50 Vol.-% und mehr) und dem dadurch vorhandenen großen Lipidgehalt. Dünne Splitter lassen sich sogar mit dem Streichholz anzünden. – Selbständige Flöze aus Cannel- oder Bogheadkohlen sind selten. Meistens kommen die Sapropelkohlen als gelegentlich weit aushaltende Bänke in Humuskohlen vor. Bevorzugt treten Sapropelkohlen in den hangenden Partien der Flöze auf (HOFFMANN 1933).

Zusammenfassung

Macerale:
Die Macerale der Liptinitgruppe sind nur bis zum Fettkohlenstadium sichtbar, bei höherer Inkohlung können sie nicht mehr von den Vitriniten unterschieden werden. – Neben den primären Maceralen wie Sporinit, Resinit, Cutinit usw. gibt es auch ein erst durch Inkohlungsprozesse gebildetes Sekundärmaceral, den Exsudatinit.

Zu den Maceralen der Vitrinitgruppe zählen die vollständig homogenisierten Bestandteile humoser Reste, sie sind durch fortschreitende Inkohlung aus den Huminiten der Braunkohlen hervorgegangen. Es wird strukturzeigender Telinit von strukturlosem Collinit unterschieden.

Auch in der Inertinitgruppe gibt es neben primären Maceralen wie Fusinit, Sclerotinit usw. ein Sekundärmaceral, den Micrinit.

Microlithotypen:
Je nach Zahl der an der Maceralverwachsung beteiligten Maceralgruppen werden mono-, bi- und trimacerale Microlithotypen unterschieden. – Zu den Microlithotypen zählen auch Kohle/Mineral-Verwachsungen.

Lithotypen:
Lithotypen werden nach ihrem Glanz unterschieden (Vitrain, Clarain, Durain) oder nach ihrer Struktur (Fusain). Die petrographische Nomenklatur gilt strenggenommen nur für Humuskohlen. In Sapropelkohlen lassen sich die gleichen Macerale wie in Humuskohlen finden, die Macerale treten aber in anderen Kombinationen auf. Innerhalb der Sapropelkohlen werden unterschieden

　　　Cannelkohle　– Sporenkohle
　　　Bogheadkohle – Algenkohle

11.5 Petrographischer Aufbau der Kohlenflöze in Abhängigkeit vom Bildungsraum

11.5.1 Allgemeines zur Flözbildung

Die Akkumulation von Torf in ausreichender Menge, Voraussetzung für die Entstehung abbauwürdiger Kohlenflöze, beruht auf einem sehr empfindlichen Wechselspiel zwischen Absenkung des Bildungsraumes, Anstieg des Grundwasserspiegels und Torfaufwuchs. Nur wenn alle drei Prozesse in ungefähr gleicher Geschwindigkeit ablaufen, ist die Gewähr für die Entstehung mächtiger Torflager gegeben. Erfolgt die Absenkung der Unterlage eines Torfmoores zu langsam, wird der frisch gebildete Torf wieder zerstört (eventuell bleiben einige Oxidationsprodukte (Inertinit) zurück), ist sie zu schnell, wird das Absenkungsgebiet mit Wasser überflutet und die Torfbildung durch die Ablagerung anorganischer Sedimente unterbrochen. Zuvor gebildeter Torf bleibt jedoch erhalten und kann zu Kohle werden.

Gebiete mit für die Torfbildung günstiger stetiger Absenkung sind an ganz bestimmte tektonische Strukturen gebunden: Am häufigsten findet die Flözbildung in den Vortiefen aufsteigender Gebirge statt. Es folgen langsam absinkende Tafeln und deren Ränder (Schelfgebiete), intramontane Becken, Gräben innerhalb konsolidierter Gebiete und salztektonische Strukturen. Auf und am Rande alter Kratone findet selten Kohlenbildung statt, ein Grund dafür, warum weite Gebiete des alten Gondwana-Kontinents arm an guten Kohlenlagerstätten sind.

Aufbau und Charakter einer Lagerstätte sind für die einzelnen Bildungsräume recht charakteristisch. In Vortiefen mit ihrem ungleichmäßigen Absenkungsverlauf treten viele, aber nicht sehr mächtige Flöze auf (z. B. Ruhrgebiet, ca. 100 Flöze mit einer mittleren Flözmächtigkeit von ca. 1 m). Intramontane Becken enthalten weniger, dafür ungefähr doppelt so mächtige Flöze wie Vortiefen (z. B. Saargebiet, mittlere Flözmächtigkeit ca. 2 m). In Gräben kommen einzelne, jedoch extrem mächtige Flöze vor (z. B. Decazeville, Frankreich; Niederrhein, 80–100 m Flözmächtigkeit). Auf Tafeln und deren Rändern entstehen wenige meist mehrere Meter dicke Flöze von extrem weiter Verbreitung (z. B. Illinois-Becken, USA).

Zurückkommend auf das Gleichgewicht zwischen Absenkungsgeschwindigkeit und Torfaufwuchsrate, ist darauf hinzuweisen, daß die Entwicklung verschiedener Moorfazies und damit verbunden verschiedener Kohlentypen sich nur in dem schmalen Bereich dieses Gleichgewichts abspielt. Je nach Grundwasserstand entwickeln sich verschiedene Pflanzenvereine, die auf unterschiedliche Weise zur Torfbildung beitragen. Vom Grundwasserstand hängt es aber auch ab, in welcher Form die Pflanzenreste überhaupt erhalten bleiben können. Oft wird durch unterschiedliche Abbau-, Zersetzungs- und Umwandlungsprozesse im Torf die primäre Moorfazies überprägt. Beispielsweise können die aus Busch- und Baummooren gebildeten Torfe ganz unterschiedlichen Charakter haben. Geraten die abgestorbenen Pflanzen oder Pflanzenteile sofort unter Wasserbedeckung, so entstehen daraus gewebe- und xylitreiche, meist auch vergelte Torfe und später Braunkohlen dunkler Farbe. Handelt es sich um Bewuchs auf relativ trockenem Grund und werden abfallende Pflanzenteile nicht sofort vollständig vom Wasser bedeckt, dann entstehen feindetritische gewebearme und unvergelte Torfe, nicht unähnlich dem Moder in unseren Wäldern.

11.5.2 Bildungsmilieu der einzelnen Macerale und Microlithotypen

In Braunkohlen deutet ein hoher Humodetrinit-Gehalt auf starke Destruktion der Pflanzen hin. Das Auftreten von Attrinit spricht für relativ trockene Fazies, das Vorkommen von Densinit für ein nasses Milieu. Ganz generell weist starke Vergelung (hoher Prozentsatz von Ulminit, Densinit und Gelinit in der Kohle) auf sehr nasse Bildungsbedingungen hin.

Baum- und Buschmoore sind nicht unbedingt am Gewebereichtum einer Kohle zu erkennen. Da

Angiospermen-Gewebe schnell zerfallen, gehen sie in den Humodetrinit ein, mikroskopisch und makroskopisch feststellbare Gewebe- bzw. Holzreste stammen zum größten Teil von Gymnospermen. Sie werden in der Kohle selektiv angereichert (Textinit A, Ulminit A).

Starke Anreicherung von Liptinit-Maceralen in den Braunkohlen ist ebenfalls als Folge starker Zersetzung der humosen Komponenten im Torf anzusehen oder als subaquatisch erfolgte Anhäufung mit Übergang zu Gyttja (Halbfaulschlamm). Im letzten Falle sollte im Mikrobild feine Schichtung erkennbar und der Mineralgehalt höher sein als im Durchschnitt des Flözes. Hinweise auf Anwitterung vor der Sedimentation liefern u. a. durch Polymerisation entstandene helle Ränder an Resinit-Körnern.

Weitgehend ungeklärt ist das fast vollständige Fehlen von Inertinit-Maceralen in fast allen Braunkohlen tertiären Alters. Eine Ausnahme macht der Sclerotinit, durch dessen typische Formen Tertiär-Kohlen leicht zu erkennen sind. Allgemein weist Inertinit-Reichtum auf trockene Phasen im oder am Rand von Mooren hin, wodurch die Bildung von Brandfusit und die Verwitterung humoser Reste gefördert werden (s. TEICHMÜLLER 1961). Vermehrtes Auftreten von Sclerotinit deutet auf niedrige pH-Werte hin. Gerade bei den Inertinit-Maceralen ist auf autochthones oder allochthones Auftreten in der Kohle zu achten. Da die Inertinite leicht verweht (in Form von Holzkohlenstückchen) oder zusammengespült (Fusinit-Splitter und Sklerotien) werden, spiegeln sie unter Umständen die faziellen Gegebenheiten weit entfernter Gebiete wider. Das gehäufte gemeinsame Auftreten von Resinit-Körnern und Sklerotien gleicher Größe ist ein Hinweis auf Klassierung in subaquatischem Milieu und läßt sich für die Faziesanalyse verwenden (TEICHMÜLLER 1950: Tafel F).

Zusammenfassend ist festzuhalten: Humotelinit ist eine vorwiegend autochthone Bildung (abgesehen von Driftholzlagen), Humodetrinit kann autochthon oder allochthon sein, ebenso verhält es sich mit den Liptinit-Maceralen. Die Inertinite sind meist allochthoner Natur, eine Ausnahme gilt für den aus Pilzgeflechten hervorgegangenen Sclerotinit, er ist meistens an Ort und Stelle fossilisiert. Für alle Macerale gilt, daß sich aus ihrem isoliert betrachteten Vorkommen selten eindeutige Schlüsse ziehen lassen. Es kommt darauf an, die Maceral-Vergesellschaftung und die mikropetrographische Struktur mit in die Überlegungen zur Fazies-Deutung einzubeziehen.

Für die Steinkohlen-Macerale gilt das für die Braunkohlen Gesagte analog. Da es für Steinkohlen definierte Microlithotypen gibt, beziehen sich die Zuordnungen einzelner Faziesräume hier auf die Macerale und die Maceral-Vergesellschaftungen. Eine anschauliche Übersicht über die Bildungsmilieus der Macerale und Microlithotypen gibt die MACKOWSKY (1955) entnommene, leicht veränderte Zeichnung (Abb. 11-18) wieder. In diesem Bild fällt auf, daß die Inertinit führenden Microlithotypen fast alle zweimal erscheinen, das hängt mit der geschilderten Beweglichkeit der Inertinite zusammen. Ausschließlich autochthon bis hypautochthon sind nur Vitrit und Clarit.

Auf die Lithotypen übertragen, ergibt sich aus diesem Bild, daß bei optimalen geotektonischen Verhältnissen Glanzkohlen und ein Teil der Halbglanzkohlen gebildet werden. Bei beschleunigter Absenkung und damit verbundenen größeren Reliefunterschieden entstehen Halbglanzkohlen und Mattkohlen (aus Trimaceriten und Duriten), weil vom Hinterland teilverwitterte Reste in die offenen Moorseen eingespült werden, worauf auch korrodierte Megasporen in den Karbon-Kohlen hinweisen. Faserkohlen kennzeichnen, falls sie autochthon sind, Stillstandslagen. Treten sie inmitten von Halbglanzkohlen und Mattkohlen auf, dann sind sie meist allochthoner Natur.

11.5.3 Rekonstruktion verschiedener fossiler Moortypen

Versuche zur Rekonstruktion fossiler Moore basieren nicht allein auf kohlenpetrographischen Befunden, sondern auch palynologische, kutikularanalytische, makrobotanische und geochemische Untersuchungsergebnisse gehen in sie ein.

Auf JURASKY (1936), THOMSON (1952, 1956) und die Arbeiten von TEICHMÜLLER (1950, 1958) geht die Gliederung der Rheinischen Braunkohle in vier Moortypen zurück. Danach werden von den nassen zu den trockenen Standorten unterschieden: Riedmoor, Nyssa-Taxodium-Sumpfwald,

Myricaceen-Cyrillaceen-Moor und Sequoia-Wald. Dieses Schema wurde auf viele Braunkohlenvorkommen tertiären Alters der Nord- und Südhemisphäre übertragen. Neuere Arbeiten lassen von dieser Auffassung abrücken (VAN DER BURGH 1973, HILTMANN 1976, SCHNEIDER 1978, VON DER BRELIE & WOLF 1981a und b, MACKAY et al. 1985). Danach sind Angiospermen/Koniferen-Mischwälder, also nicht allzu nasse Baum- und Buschmoore wechselnder Zusammensetzung, die wichtigsten Torfbildner. Die Florengemeinschaften dieser Wälder ändern sich in gewissen Grenzen, je nachdem ob es zeitweilig trockener oder nasser im Moor ist. Die feuchtesten Standorte, am oder schon im Wasser, werden von der Wasserfichte (Glyptostrobus), von Erlen, Farnen usw. besiedelt. Alle anderen Bereiche nehmen die Mischwälder unterschiedlicher Zusammensetzung ein, wobei die Angiospermen fast immer vorherrschen. In der Verlandungszone offener Seen entwickeln sich auch sogenannte Riedmoore, die aber zum überwiegenden Teil von Gräsern besiedelt sind. Diese Moore spielen, was ihren Beitrag zur Flözbildung betrifft, nur eine untergeordnete Rolle.

Die Rekonstruktion von Steinkohlen-Mooren macht noch größere Schwierigkeiten als die von Braunkohlen-Mooren, da die Ausgangssubstanzen dieser Kohlen weitaus stärker homogenisiert und umgewandelt sind als die der Braunkohlen. Außerdem haben die meisten Steinkohlen paläozoisches Alter, sind also aus heute zum größten Teil nicht mehr bekannten Pflanzen hervorgegangen. Noch lebende entfernte Verwandte dieser Vegetation werden ganz anders aussehen als ihre Vorfahren und unter Umständen auch andere Biotope bevorzugen.

Faziesbilder von Steinkohlenwäldern oberkarbonischen Alters der Nordhemisphäre stammen von vielen Autoren. Am bekanntesten in Deutschland ist das Bild von P. und W. KUKUK (1938). Die Verlandungszone am Rande offener Gewässer besiedelten Schachtelhalme (sogenanntes Calamiten-Röhricht). Die Waldmoore waren bestanden mit baumartigen Pteridophyten, zu denen Bärlappgewächse (Schuppenbäume), Calamiten und Farne gehören. Außerdem finden sich in der Moor-Vegetation die farnartigen Pteridospermen (Farnsamer) und die Vorläufer unserer heutigen Nadelbäume, die Cordaiten (s. auch MÄGDEFRAU 1968). Alle diese Pflanzen bildeten schlanke Stämme unterschiedlicher Höhe aus und besaßen eine schopfartige (Pteridophyten und Pteridospermen) oder eine lichte, verzweigte Krone (Cordaiten). Die Blätter unterschiedlicher Größen waren fast immer zu Wedeln geordnet.

Ein ganz anderes Bild liefern uns die aus den fossilen Resten unterschiedlicher Art rekonstruierten Steinkohlenwälder der Südhemisphäre. Diese Unterschiede sind zum Teil auf andere klimatische Voraussetzung zurückzuführen, zum Teil auch auf das etwas geringere Alter dieser Kohlen. Auf dem Gondwana-Kontinent fand die Hauptflözbildung im Perm statt. Zu dieser Zeit herrschte dort ein kühl-gemäßigtes bis boreales Klima, während auf der Nordhalbkugel die Moore sich unter tropischen Bedingungen entwickelten.

Die Rekonstruktion eines Gondwana-Waldes zur Permzeit von PLUMSTEAD (1966) zeigt als einzige Gemeinsamkeit mit den Karbon-Mooren der Nordhalbkugel die Besiedlung der Verlandungszone mit Calamiten-Röhricht. In den Busch- und Baummooren herrschten die zu den Gymnospermen gehörigen Glossopteriden vor. Sie zeichnen sich durch einen Stamm- und Kronenaufbau aus, der unseren heutigen Laubbäumen ähnelt oder haben einen unseren Palmen vergleichbaren Wuchs. Die Blätter sind groß und in Wedeln angeordnet. Daneben kamen aber auch noch die altertümlich wirkenden Bärlapp-Gewächse und Farnsamer vor. Farne selbst stellen mehr das Unterholz. Alle hier genannten Autoren gehen bei ihren Rekonstruktionen von Niedermooren als Flözbildnern aus. Seit der Entdeckung von baumbestandenen tropischen Hochmooren (ANDERSON 1964), werden auch diese als Vorläufer vor allem für die in tropischem Klima des Karbons entstandenen Kohlen angesehen (CLYMO 1987).

Zusammenfassung

Anhäufung von Torf, und damit Flözbildung, findet nur dann statt, wenn sich Aufwuchsgeschwindigkeit des Torfs und Absenkungsgeschwindigkeit des Bildungsraumes die Waage halten. Bevorzugte Flözbildungsräume sind: Vortiefen aufsteigender Gebirge – Tafeln und Tafelränder – intramontane Becken – Gräben – salztektonische Strukturen.

Zahl und Mächtigkeit der Flöze unterscheiden sich in den einzelnen tektonischen Strukturen deutlich. Vortiefenlagerstätten enthalten viele Flöze geringer Mächtigkeit, intramontane Becken führen weniger Flöze, diese sind aber mächtiger als in Vortiefen. Gräben enthalten einzelne Flöze extremer Mächtigkeit. Tafeln und deren Ränder sind überdeckt mit wenigen, sehr weit aushaltenden Kohlenflözen.

Maceral- und Microlithotypen-Zusammensetzung werden weitgehend vom Grundwasserstand im Moor und damit indirekt von der Absenkungsgeschwindigkeit des Bildungsraumes beeinflußt. Starke Destruktion der humosen Ausgangssubstanzen (Attrinit/Densinit – Desmocollinit) und/oder reichliche Inertinitbildung sowie Anreicherung von Liptinitmaceralen sprechen für relativ trockene Bildungsbedingungen. Davon zu unterscheiden ist die allochthone subaquatische Clarit- und Duritbildung, wobei der Desmocollinit im Clarit und der Inertinit im Durit ebenfalls aus trockeneren Gebieten des Moores stammen. Gute Konservierung humoser Reste (Textinit/Ulminit – Telocollinit) weist auf nasse Verhältnisse im Moor hin.

11.6 Inkohlung

11.6.1 Definition

Mit dem Begriff Inkohlung bezeichnet man alle (diagenetischen) Prozesse, die zur Umwandlung von Pflanzenresten in Torf, Braunkohle, Steinkohle und Anthrazit führen. Das Stadium, in das die pflanzliche Substanz durch die Inkohlung gelangt – Weichbraunkohle, Hartbraunkohle, Steinkohle, Anthrazit – wird als Inkohlungsgrad oder Rang bezeichnet. Der Rang einer Kohle ist keine direkt meßbare Größe. Er wird beschrieben durch bestimmte physikalische und chemische Eigenschaften, die sich während des Inkohlungsprozesses kontinuierlich verändern und dadurch die Charakterisierung jeder Inkohlungsstufe ermöglichen.

Der Terminus Inkohlung ist nicht zu verwechseln mit dem Begriff Verkohlung. Die Verkohlung ist eine allmähliche, langsame Verbrennung bei gedrosselter Sauerstoff-Zufuhr. Sie findet z. B. bei schwelenden Torfbränden, aber auch künstlich in Meilern statt. Das Endprodukt der Verkohlung ist die Holzkohle.

Der Inkohlungsprozeß wird in eine biochemische und eine geochemische Phase unterteilt. Die biochemische Phase umfaßt die während der Vertorfung durch die Tätigkeit von Bakterien und niederen Pilzen ausgelöste Umwandlung von Cellulose und Lignin in Huminstoffe. In der sich anschließenden geochemischen Phase wird der weitere Inkohlungsprozeß durch die Einwirkung der Erdwärme gesteuert.

11.6.2 Chemische Veränderungen während der Inkohlung

A. Biochemische Phase der Inkohlung

Die biochemische Phase der Inkohlung ist die Vertorfung. In ihr spielt sich der rückläufige Prozeß dessen ab, was in der lebenden Pflanze geschah: Durch die Assimilation wurden aus dem CO_2 der Luft Zucker, Stärke, Cellulose usw. aufgebaut. Während der Vertorfung finden nun Ab- und Umbau dieser Stoffe statt.

Die **erste Stufe** der Umbildung pflanzlicher Substanz in Torf vollzieht sich schon kurz nach dem Absterben der Pflanzen oder Pflanzenteile, ohne daß eine Veränderung im Zellverband sichtbar wird. Durch die Einwirkung der Enzyme von Mikroorganismen werden polymere Stoffe in einfachere Verbindungen zerlegt: Stärke wird in Zucker umgewandelt, aus Eiweiß werden Peptide und Aminosäuren. Erst wenn diese leicht abbaubaren Pflanzenstoffe vollständig umgesetzt sind, wird von den Mikroorganismen die Cellulose angegriffen.

Mit dem Abbau der Cellulose beginnt die **zweite Stufe** der Vertorfung. Dabei wird die Cellulose in Monosaccharide überführt. Das Lignin wird zum überwiegenden Teil in Phenole umgewandelt. Aus den verschiedenen Abbauprodukten – den Monosacchariden, Aminosäuren und Phenolen – entstehen dann, vorwiegend durch Ringschluß, die Huminsäuren und Humine. Größere, nur wenig veränderte Spaltstücke von Lignin und Polysacchariden können auch direkt in die Moleküle der Huminstoffe eingebaut werden.

Diese im Moor bei der Vertorfung sich abspielenden Vorgänge lassen sich chemisch nur schwer oder gar nicht exakt beschreiben. Das liegt daran, daß die chemischen Strukturen des Lignins, der Huminsäuren und der Humine nur unvollständig bekannt sind.

Das **Lignin**-Molekül ist ein aus substituierten Phenylpropan-Einheiten aufgebauter hochmolekularer Stoff, der im Laufe der biochemischen Phase der Inkohlung wieder in Phenole zerlegt wird.

Als **Huminsäuren** werden die organischen Stoffe bezeichnet, die sich schon durch kalte Laugen (Natronlauge, Kalilauge) aus dem Torf herauslösen und durch starke Säuren, wie Salzsäure, wieder fällen lassen. Es sind hochmolekulare Sphärokolloide mit 200 bis 400 Å Durchmesser. Ihr Säurecharakter – und damit auch die Fähigkeit zum Kationen-Austausch – beruht auf in ihnen vorhandenen Carboxylgruppen (COOH-) und phenolischen OH-Gruppen. Die Huminsäuren lassen sich nach Molekulargewicht, Löslichkeit und Farbe weiter unterteilen.

Für die Vertorfung sind die Huminsäuren von großer Bedeutung, denn sie bilden mit mehrwertigen Ionen wie Ca^{++}, Mg^{++}, Fe^{+++} und Al^{+++} schwerlösliche Salze, die Humate. Am häufigsten tritt in Torfen und Braunkohlen Ca-Humat auf, das als makroskopisch erkennbarer Bestandteil von Torf und Braunkohle den Namen Dopplerit trägt.

Unter dem Begriff **Humine** werden die in kalter Natronlauge unlöslichen Anteile der Huminstoffe zusammengefaßt. Über ihren chemischen Aufbau ist man auf Vermutungen angewiesen, die sich auf Syntheseversuche stützen. Man kann z. B. Phenole zu huminstoffähnlichen Substanzen polymerisieren. Überprüfungen dieser synthetisierten Stoffe mit Hilfe der Elektronen-Spinresonanz-Spektroskopie haben jedoch gezeigt, daß eine volle Übereinstimmung zwischen natürlichen Huminstoffen und den Syntheseprodukten nicht besteht.

Die Huminstoff-Bildung, d. h. die Humifizierung, kann biologisch, unter Beteiligung von Mikroorganismen, oder abiologisch, rein chemisch, vor sich gehen. Die biologische Humifizierung verläuft am günstigsten in schwach alkalischem bis schwach saurem Milieu und bei reichlichem Eiweißangebot, das die Entwicklung der Mikroorganismen fördert. Die Voraussetzungen eines pH-Wertes von 6–8 sind vor allem in den eutrophen Flachmooren vorhanden, die auf einem nährstoffreichen, häufig kalkigen Substrat aufwachsen.

Die abiologische Humifizierung verläuft langsamer als die biologische. Sie tritt an die Stelle der biologischen Humifizierung, wenn durch zu niedrigen pH-Wert (< 6) und zu geringes Stickstoffangebot mikrobielles Leben nicht mehr möglich ist. Derartig extreme Verhältnisse sind in nur vom Regenwasser gespeisten Hochmooren zu finden, denen mineralreiche Zuflüsse zur Neutralisierung der huminsauren Wässer fehlen.

Parallel zum chemischen Ab- und Umbau läuft eine mechanische Zerkleinerung der Pflanzen. Sie wird von den Mikroben, vor allem Milben, und von größeren Bodenbewohnern wie Ameisen und Regenwürmern, hervorgerufen. Diese Tiere leben von den Rotteprodukten der Pflanzen, können aber meistens das Lignin nicht verdauen, sondern scheiden es stark zerkleinert wieder aus. In dieser Form ist es dann der chemischen Umsetzung leichter zugänglich als in einem intakten Zellgefüge. In einem Torf tritt also neben den in Zerstörung befindlichen Geweben schon feiner Pflanzenhäcksel auf. Die Gewebe enthalten stets noch Lignin, oft auch noch Cellulose. Der feine Detritus enthält selten Cellulose und weniger Lignin als die Gewebe. Teilweise ist das Lignin schon in Humine umgewandelt worden.

Die chemische und physikalische Zerstörung der Gewebe verläuft sehr ungleichmäßig und wirkt selektiv. Das hängt damit zusammen, daß Lignine verschiedener Pflanzen, aber auch verschiedener Teile einer Pflanze unterschiedliche chemische Konstitution haben und deshalb mehr oder weniger resistent sind. Gerbstoffreiche Gewebe sind gegen Tierfraß und damit auch gegen mechanische

Zerstörung weitgehend geschützt. Durch den selektiven Abbau während der Vertorfung reichert sich z. B. auch das mit Tannin imprägnierte Coniferenholz im Torf an.

Unverändert erhalten bleiben die Harze und die aus Wachs bestehenden Pflanzenteile: Pollen und Sporen, Blattoberhäute (Kutikeln) und die mit einer Wachslamelle aus Suberin ausgestatteten Korkgewebe. – Außerdem sind im Torf verkohlte Reste von schwelenden Torf- und Waldbränden zu finden.

Alle Umsetzungen während der Vertorfung führen zu deutlichen Veränderungen in der Elementarzusammensetzung der ehemaligen Pflanzensubstanz. Schon in den obersten Horizonten eines Torfes nimmt der Kohlenstoffgehalt mit der Tiefe rasch zu, weil die relativ sauerstoffreichen Substanzen, wie Hemicellulose und Cellulose, schnell abgebaut werden und das kohlenstoffreichere Lignin zurückbleibt. Dadurch kann der C-Gehalt von 45–50% in der gerade abgestorbenen Pflanze auf 55–60% im Torf ansteigen, in tieferen Torfhorizonten sogar bis auf 64%.

Durch darüberlagernde, neu aufgehäufte Pflanzenschichten wird der Torf allmählich zusammengepreßt und entwässert. Der Wassergehalt nimmt infolgedessen im Torf mit zunehmender Tiefe ab. In einem 200 m mächtigen griechischen Torf wurde von TEICHMÜLLER (1968) eine Verringerung des Wassergehaltes von 89% in den obersten Torflagen auf 69% an der Basis des Torfes (= 1% $H_2O/10$ m) festgestellt. Diese Lagerstätte zeigt den Übergang von der biochemischen zur geochemischen Phase der Inkohlung, denn die allmähliche Umwandlung von Torf in Weichbraunkohle ist vor allem ein Prozeß der Druckentwässerung.

Die biochemische Phase der Inkohlung wird auch deshalb mit zunehmender Überlagerung von jüngeren Schichten beendet, weil sich dadurch die Lebensmöglichkeiten für die Mikroben zunehmend verschlechtern. Schon dicht unter der Torfoberfläche vollzieht sich der Übergang von aerobem zu anaerobem Leben. Bis zu welcher Tiefe im Torf überhaupt Mikroben leben können, ist unklar. Etwas verallgemeinernd kann man sagen, daß bis zu 10 m Tiefe mikrobielles Leben möglich ist, darunter verlaufen die Reaktionen vorwiegend abiologisch.

B. Geochemische Phase der Inkohlung

Die schon im Torfstadium beginnende Druckentwässerung setzt sich im Weichbraunkohlenstadium fort, sie erfaßt auch das durch chemische Reaktionen sich bildende Wasser. Deshalb wird im Braunkohlenstadium der fortschreitende Inkohlungsgrad vor allem durch den abnehmenden Wassergehalt der bergfeuchten Probe bestimmt. Er verringert sich von 75% (Grenze Torf/Weichbraunkohle) auf 10% (Grenze Hartbraunkohle/Steinkohle).

Die chemische Umwandlung der organischen Substanz ist innerhalb der Braunkohlen vor allem durch den stufenweisen Abbau der Cellulose und des Lignins charakterisiert. Der Übergang von Weichbraunkohle zu Mattbraunkohle ist durch das völlige Verschwinden der Cellulose gekennzeichnet, erst an der Grenze Hartbraunkohle/Steinkohle ist kein Lignin mehr vorhanden. In Steinkohlen treten dann nur noch Humine auf. Der Kohlenstoff-Gehalt nimmt als Folge der mit CO_2-, H_2O- und CH_4-Abgabe einhergehenden Zerstörung von Cellulose und Lignin und der Entstehung an Ringsystemen reicher Humine relativ zu. Deshalb ist der Kohlenstoffgehalt neben dem Rohwassergehalt geeignet, den fortschreitenden Inkohlungsgrad innerhalb der Braunkohlen anzuzeigen. Durch den Abbau der Pflanzensubstanz und die Entstehung neuer, unter dem Begriff Humine zusammengefaßter Substanzen erhöht sich aber auch der Brennwert, der ebenfalls im Bereich von Torfen und gering inkohlten Kohlen ein guter Inkohlungsparameter ist (Tabelle 11-1).

Im Zusammenhang mit der Umwandlung von Torf in Braunkohle wurde nur von den Veränderungen in der humosen Substanz gesprochen, weil die lipoiden Stoffe, Harze und wachsreiche Pflanzenteile, an den Vertorfungsprozessen nur in geringem Maße teilnehmen. Bei fortschreitender Inkohlung, d. h. bei stärkerem Temperatureinfluß, werden aber auch diese Bestandteile chemisch verändert, denn die langen kettenförmigen Paraffinmoleküle (Alkane) werden unter CH_4-Abspaltung zerstört und umgeformt.

Vom Hartbraunkohlenstadium ab ist die weitere Inkohlung durch chemische Prozesse wie Kondensation, Polymerisation, Aromatisierung und Verlust an funktionellen Gruppen gekennzeichnet, an denen sowohl humose als auch lipoide Substanzen beteiligt sind. Die seit dem Torfstadium anhaltende Abspaltung einfacher Verbindungen wie H_2O, SO_2, H_2S, NH_3 und CH_4 setzt sich fort und bezieht zunehmend Hydroxyl- (-OH), Carboxyl- (-COOH), Methoxyl- ($-OCH_3$) und Carbonyl- ($>C=O$)gruppen aus den die aromatischen Zentren verbindenden Brücken mit ein. Diese unregelmäßig die aromatischen Gruppen verbindenden Brücken werden durch die Inkohlungsreaktionen allmählich abgebaut, die Aromatisierung nimmt zu.

Das Ergebnis dieser chemischen Reaktionen ist eine weitere relative Anreicherung des Kohlenstoffs in den Kohlen, der Kohlenstoffgehalt kennzeichnet daher auch im Steinkohlenbereich den Inkohlungsgrad einer Kohle. Da diese chemischen Reaktionen mit starker Gasabspaltung verbunden sind, ist in stärker inkohlten Kohlen weniger Restgas vorhanden als in geringer inkohlten. Die Menge noch vorhandenen Restgases, die Flüchtigen Bestandteile einer Kohle, sind deshalb für Steinkohlen ebenfalls ein guter Inkohlungsparameter.

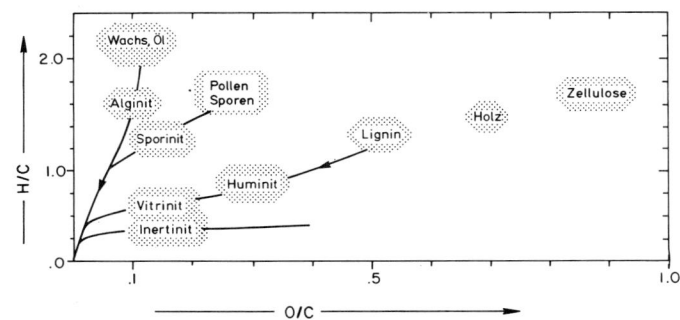

Abb. 11-19. Pflanzenbestandteile und Kohlenmacerale im H/C–O/C-Diagramm (= van Krevelen-Diagramm) (nach TISSOT & WELTE 1984, verändert).

Die verschiedenen Inkohlungsparameter liefern nicht alle über die ganze Inkohlungsskala hinweg gleichmäßig zuverlässige Angaben über den Rang einer Kohle. Es wird immer der Parameter die feinsten Unterscheidungen ermöglichen, der sich am schnellsten in einem bestimmten Inkohlungsabschnitt verändert. In welchen Bereichen die einzelnen Parameter ihre größte Bedeutung haben, ist Tabelle 11-1 zu entnehmen.

Die chemischen Veränderungen der organischen Substanz auf dem Wege von der Pflanze bis zum Anthrazit lassen sich zusammenfassend am einfachsten im H/C–O/C-Diagramm darstellen

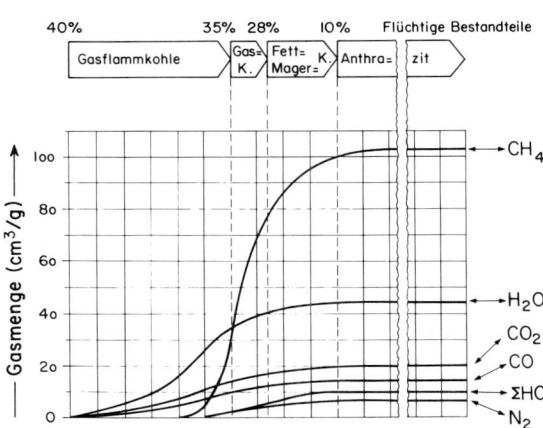

Abb. 11-20. Menge der abgegebenen Gase in Abhängigkeit vom Inkohlungsgrad (aus TISSOT & WELTE 1978).

(Abb. 11-19). Es zeigt, daß die ehemals humose Substanz (Vitrinit) vorwiegend sauerstoffreiche Gruppen verliert, während sich von den lipoiden Bestandteilen hauptsächlich wasserstoffreiche Gruppen abspalten. Beide Inkohlungswege führen zur Annäherung und im Fettkohlen-Stadium schließlich zur Angleichung des Chemismus. Am Ende der Inkohlungsreihe besteht die gesamte pflanzliche Substanz gleich welcher Herkunft, einschließlich der inerten Bestandteile, praktisch nur noch aus Kohlenstoff.

Die Umwandlung von Torf in Kohle ist durch die ununterbrochene Gasabspaltung mit großen Substanzverlusten verbunden (Abb. 11-20); dadurch verringern sich allmählich die Flözmächtigkeiten. Bei der Umwandlung von Torf in Braunkohle rechnet man mit einer Setzung von 3 : 1 (STACH's Textbook 1982) bis 4 : 1 (TING 1977), von Torf in Steinkohle mittleren Inkohlungsgrades mit 7 : 1 (TEICHMÜLLER, R. 1955) bis 11 : 1 (RYER & LANGER 1980).

11.6.3 Petrographische Veränderungen während der Inkohlung

A. Makropetrographische Veränderungen

Parallel zu dem während der Inkohlung stattfindenden chemischen Umbau der Pflanzensubstanz laufen, ursächlich damit verknüpft, schon am Handstück erkennbare petrographische Veränderungen ab.

Vom Torf zur Weichbraunkohle ist eine Verdichtung zu bemerken. Lufttrockener Torf ist oft sehr bröckelig, die unregelmäßig eingelagerten größeren und kleinen Pflanzenreste bilden nur einen losen Verband mit der detritischen Grundmasse. In Weichbraunkohlen sind noch wie im Torf größere Pflanzenreste gut zu erkennen, die Kohle ist aber dichter und fester. Kleinere Gewebefragmente sind senkrecht zum Druck der überlagernden Schichten eingeregelt, was zur Ausbildung einer Schichtung führt.

Mattbraunkohlen unterscheiden sich von Weichbraunkohlen durch weitere Verfestigung, nur noch schwer erkennbare Einlagerungen größerer Pflanzenreste und vor allem durch Farbvertiefung. Weichbraunkohlen sind je nach Zusammensetzung und Vergelungsgrad hellbraun bis dunkelbraun gefärbt, Mattbraunkohlen haben eine dunkelbraune bis schwarzbraune Farbe. Der nächste Inkohlungsschritt, der Übergang von Matt- in Glanzbraunkohle, ist durch die Ausbildung eines deutlichen Pechglanzes auf den Bruchflächen gekennzeichnet. Homogene, muschelig brechende Glanzbraunkohlenstücke lassen gelegentlich noch ehemalige Holzmaserung erkennen. Die Farbe der Kohle ist schwarz, ihr Strich aber immer noch braun.

Steinkohlen sind im Handstück schwarz und haben auch einen schwarzen Strich. Sie zeigen nur noch die feinstreifige Wechsellagerung zwischen glänzenden und matten Lagen (s. Lithotypen), ehemalige Pflanzenstrukturen sind nicht mehr erkennbar.

B. Mikropetrographische Veränderungen

Die in Kapitel 11.6.2 in Abhängigkeit vom Inkohlungsfortschritt beschriebenen chemischen Umstrukturierungen bewirken auch Veränderungen der physikalischen Eigenschaften der Kohlenbestandteile, was in dem sich ändernden optischen Erscheinungsbild der Macerale unterschiedlicher Inkohlung zum Ausdruck kommt.

Im Torf- und Braunkohlenstadium ändern sich vor allem die Fluoreszenzeigenschaften der Macerale. Der Abbau von Cellulose und Lignin führt zum Verlust der Fluoreszenz der Huminite (Abb. 11-21). Bei den Liptiniten, vor allem Sporinit, Cutinit und Alginit, ändern sich die Fluoreszenzfarben, weniger die -intensitäten. Das Maximum der spektralen Verteilung ihrer Fluoreszenz verschiebt sich von blaugrün nach grüngelb (Abb. 11-22). Auf welche chemischen Veränderungen diese Verschiebung der maximalen Fluoreszenz von kürzer- zu längerwelligem Licht im einzelnen zurückzuführen ist, läßt sich noch nicht erklären. – Innerhalb der Steinkohlen tritt bei den Liptiniten eine weitere Verschiebung der Fluoreszenzmaxima nach höheren Wellenlängen und damit in Richtung zu roten Farbtönen auf. Die Intensität nimmt allmählich ab, bis am Ende des Gaskohlen-Stadiums die sichtbare Fluoreszenz erloschen ist (OTTENJANN 1980). In Teilen des Vitrinits, besonders des Desmocollinits baut sich im Flammkohlen-Stadium erneut eine Fluoreszenz auf, die ihre größte Intensität zu Beginn des Fettkohlen-Stadiums erreicht. Beim Übergang vom Fett- zum Eßkohlen-Stadium verschwindet sie wieder (Abb. 11-21).

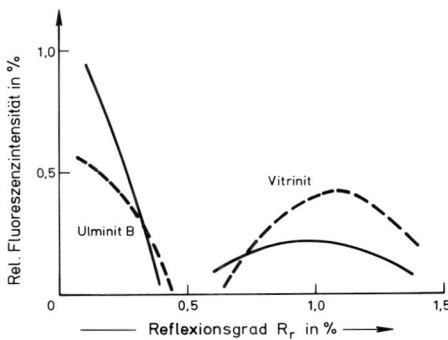

Abb. 11-21. Relative Fluoreszenzintensität von Huminit und Vitrinit in Abhängigkeit vom Reflexionsgrad bei 546 nm (ausgezogene Linien) und 650 nm (gestrichelte Linien) (aus OTTENJANN, WOLF & WOLFF-FISCHER 1982)

Die Reflexionseigenschaften der Macerale ändern sich deutlich vom Hartbraunkohlenstadium ab. Der Abbau der schon erwähnten hydroaromatischen und Methylen-Brücken zwischen kleinen Aromatgruppen, die Vergrößerung der aromatischen Zentren und ihr Zusammenrücken führen zu neuen Molekülstrukturen und zu einer Verdichtung der Substanz (Abb. 11-23). Unter dem Mikroskop machen sich diese Strukturänderungen im Auflicht-Hellfeld-Bild durch zunehmendes Reflexionsvermögen der Macerale bei fortschreitender Inkohlung bemerkbar.

Die Liptinite hellen besonders schnell auf (Abb. 11-24) und haben am Ende des Fettkohlenstadiums den Reflexionsgrad des Vitrinits der gleichen Kohle erreicht („Stachscher" oder 2. Inkohlungssprung). In diesem Diagenesestadium findet auch die Angleichung der chemischen Eigenschaften von Liptinit und Vitrinit statt (Abb. 11-19).

Das Reflexionsvermögen der Vitrinite verändert sich sehr langsam und stetig über die gesamte Inkohlungsreihe bis hin zum Anthrazit; erst in Kohlen, die weniger als 10% Flüchtige Bestandteile enthalten, steigt es sprunghaft an (Abb. 11-24). Aus diesem Grunde hat sich die Bestimmung des Reflexionsgrades des Vitrinits zur Kennzeichnung des Inkohlungsgrades einer Kohle besonders bewährt. – Die mit zunehmender Inkohlung immer größer werdenden Aromatkomplexe und deren unter dem Druck der überlagernden Schichten erzwungene Einregelung senkrecht zur Druckrichtung führt außerdem zur Ausbildung eines Reflexionspleochroismus. Dieser ist vom Fettkohlen-Stadium ab deutlich wahrnehmbar.

Die optischen Eigenschaften des Inertinits verändern sich im Laufe der Inkohlung nur wenig. Es gibt in Braunkohlen Fusinite, deren Reflexionsgrad genau so hoch ist wie der von Fusiniten aus Steinkohlen. Semifusinit und Macrinit lassen eine Zunahme der Reflexion mit steigender Inkohlung in Abhängigkeit von der Intensität vorangegangener Humifizierung und Oxidation erkennen. Auffallenderweise findet bei den Inertiniten im Metaanthrazit-Stadium keine Zunahme der Reflexion mehr statt, während die Reflexion der Vitrinite weiter ansteigt (Abb. 11-24).

11.6.4 Ursachen der Inkohlung

Inkohlungsprozesse verlaufen endotherm. Welchen Inkohlungsgrad die pflanzliche Substanz im Laufe der Erdgeschichte erreicht, wird durch die maximale Temperatur bestimmt, der sie ausgesetzt

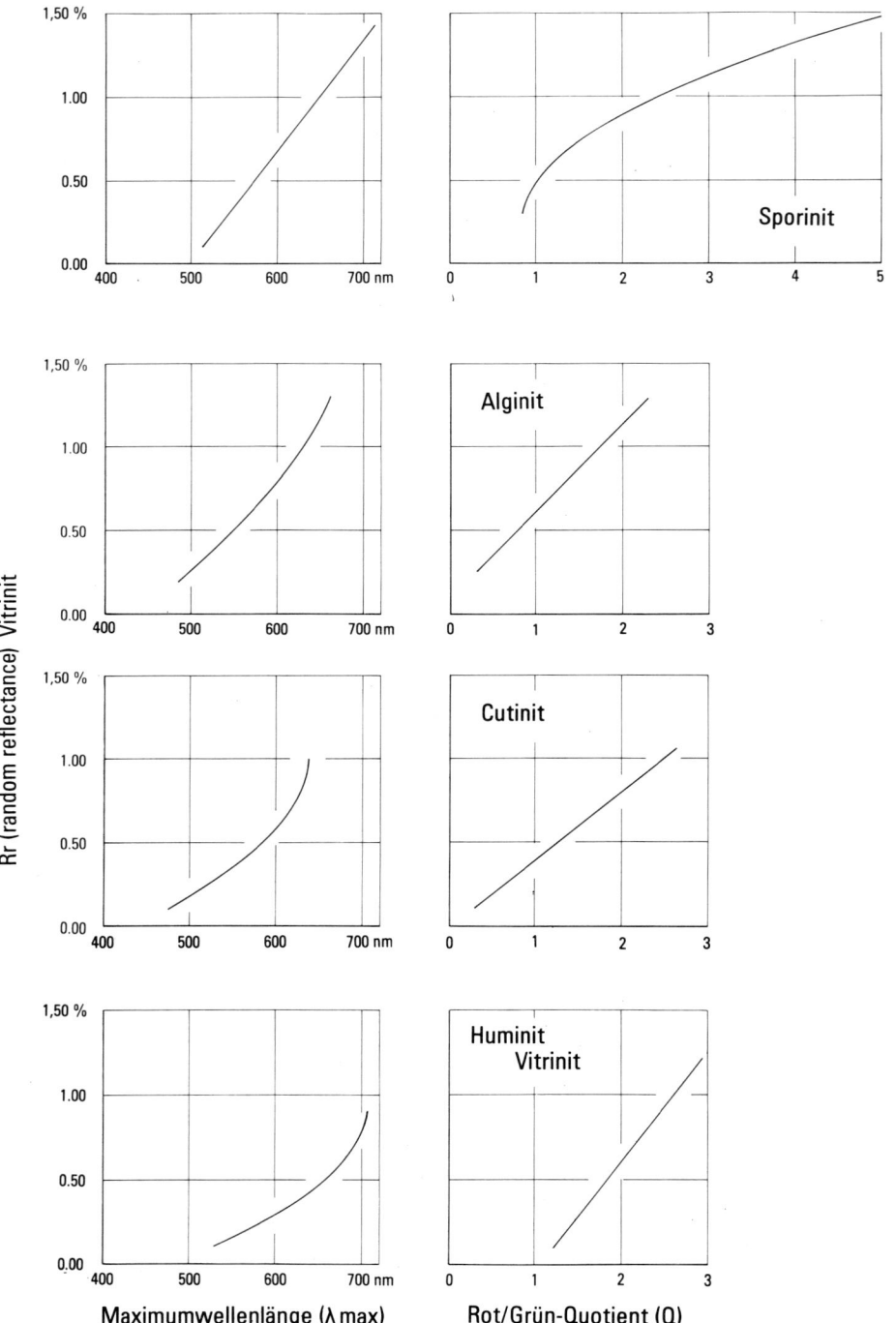

Abb. 11-22. Beziehungen zwischen Vitrinitreflexion und Fluoreszenzkennwerten verschiedener Liptinit-Macerale und des Huminits/Vitrinits (aus OTTENJANN 1982).

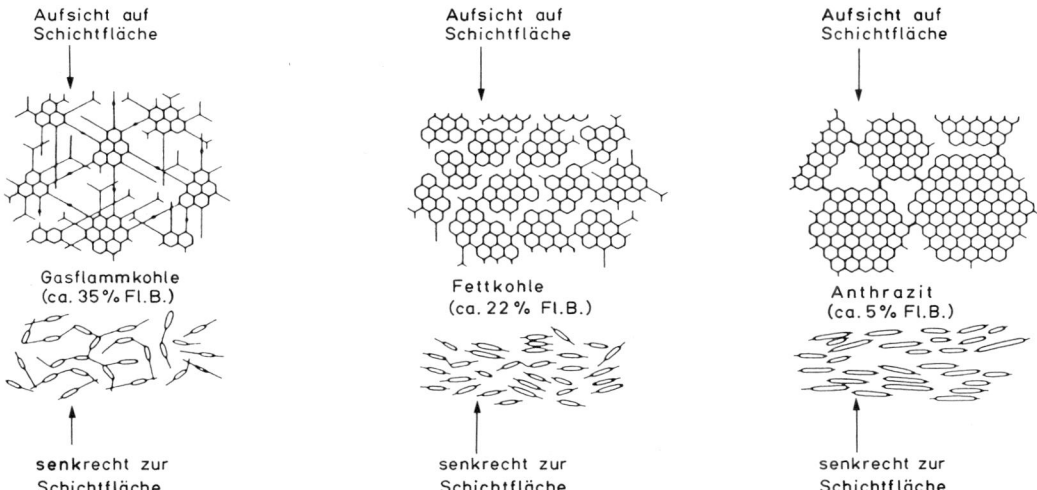

Abb. 11-23. Veränderungen der Molekularstruktur des Vitrits während der Inkohlung (—·— = Wasserstoffbindung, nur in Abb. links oben; — = Molekularbindung). Obere Reihe: Schnitt parallel zur Schichtebene, untere Reihe: senkrecht dazu (aus TEICHMÜLLER, M. & TEICHMÜLLER, R. 1967).

war, und die Verweildauer in diesem Temperaturbereich. Andere Faktoren wie Druck oder tektonische Bewegung sind von untergeordneter Bedeutung, allseitiger statischer Druck kann den Inkohlungsfortschritt sogar hemmen (HUCK & KARWEIL 1962). Die engen Beziehungen zwischen Temperatur und Zeit und ihren gemeinsamen Einfluß auf die Inkohlung hat KARWEIL bereits 1956 beschrieben. Abb. 11-25 gibt eine neuere Darstellung dieser Zusammenhänge wieder. Sie zeigt, daß auch nach mehr als 100 Millionen Jahren eine Kohle im Grenzbereich Braunkohle/Steinkohle (Rr ~ 0,5%) bleibt, wenn sie nie Temperaturen über 50 °C ausgesetzt war. Ein vielzitiertes Beispiel für alte, aber trotzdem gering inkohlte Kohlen sind die im Unterkarbon (Dinantium) entstandenen Moskauer Braunkohlen. Trotz hohen Alters haben sie einen geringen Inkohlungsgrad, weil sie in einem Becken auf einer stabilen, nie stark abgesenkten Plattform gebildet wurden. Die Flöze gerie-

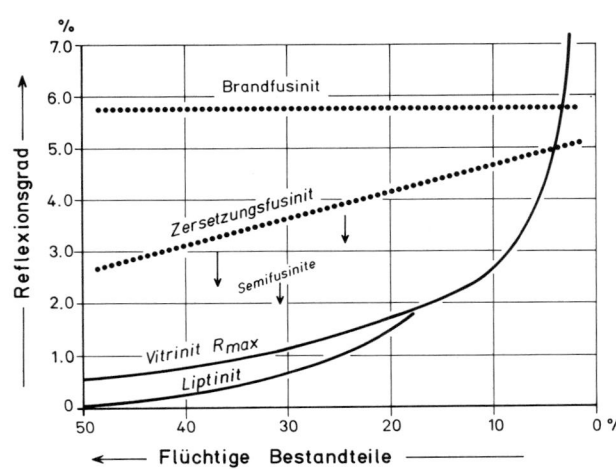

Abb. 11-24. Beziehungen zwischen dem Gehalt an Flüchtigen Bestandteilen und dem Reflexionsgrad in verschiedenen Maceralen bzw. Maceralgruppen (nach ALPERN & LEMOS DE SOUSA 1970, leicht verändert).

ten demnach nie in Bereiche größerer Erdwärme und konnten deshalb auch nicht stark inkohlt werden.

Dieses Beispiel weist bereits darauf hin, woher die Wärme bezogen wird, die die Inkohlungsprozesse auslöst. Es ist normalerweise die Erdwärme, in deren Einfluß das pflanzliche Material im Laufe der Erdgeschichte durch Versenkung in große Tiefen gerät. Wie stark die Temperatur mit der Tiefe

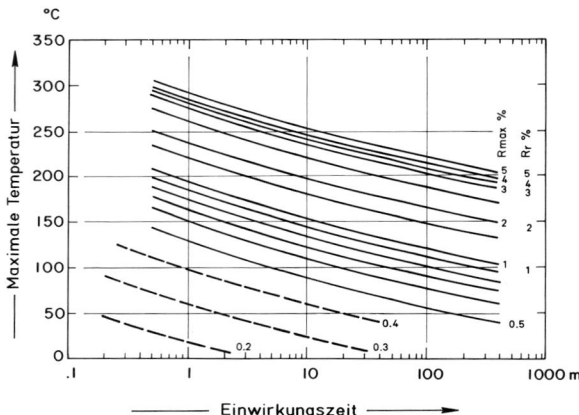

Abb. 11-25. Beziehungen zwischen maximaler Gebirgstemperatur, Einwirkungszeit dieser Temperatur und Inkohlungsgrad, dargestellt am Reflexionsgrad des Vitrinits (nach BOSTICK et al. 1979). Die Grenze Braunkohle/Steinkohle liegt bei ca. 0,5% Rr, die Grenze Steinkohle/Anthrazit bei ca. 2,5% Rr.

zunimmt, hängt vom geothermischen Gradienten ab, der in einzelnen geologischen Strukturen recht verschieden sein kann. Kratone, Schilde oder Tafeln, d. h. tektonisch stabile Räume, sind kalt. In mit diesen Gebieten verknüpften Gräben oder Becken nimmt die Temperatur mit der Tiefe nur langsam zu, folglich ist der geothermische Gradient (°C/100 m oder °C/1000 m) klein. Mobile Zonen, zu denen z. B. die kohlenreichen Vortiefen gehören, sind warm, haben also einen größeren geothermischen Gradienten. Deshalb treten im Ruhrgebiet und in den Appalachen, zwei typischen Vortiefen-Lagerstätten, Gasflammkohlen bis Anthrazite auf, in dem an die Appalachen angrenzenden Illinois-Becken, einer gleichaltrigen Plattform-Lagerstätte, nur Hartbraunkohlen bis Gaskohlen. Der maximale Temperatureinfluß, der auf die Inkohlung wirksam werden kann, hängt also von Versenkungstiefe und geothermischem Gradienten ab.

Neben den regionalgeologisch bedingten Temperatureinwirkungen kann die für die Inkohlung benötigte Wärme auch von Magmen geliefert werden. So wird der bis zu Anthraziten reichende Inkohlungsgrad der in der Unterkreide entstandenen norddeutschen Wealden-Kohle auf einen im tiefen Untergrund sitzenden Pluton, das Bramscher Massiv, zurückgeführt (TEICHMÜLLER, M. & TEICHMÜLLER, R. 1948). Derartige thermometamorphe Inkohlungsvorgänge laufen meist in relativ kurzer Zeit bei hoher Temperatur ab. In Abb. 11-25 fallen sie in den linken Teil der Temperatur/Zeit-Kurven. – Schmale Eruptivgänge haben auf die Inkohlung nur einen begrenzten Einfluß, weil die Masse an heißer Gesteinsschmelze relativ klein und die darin enthaltene Wärme demzufolge

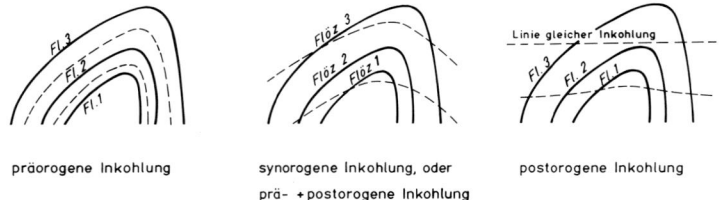

präorogene Inkohlung   synorogene Inkohlung, oder   postorogene Inkohlung
                        prä- + postorogene Inkohlung

Abb. 11-26. Linien gleicher Inkohlung in ihrer Beziehung zu gefalteten Flözen nach prä-, syn- oder posttektonischer Inkohlung (TEICHMÜLLER, M. & TEICHMÜLLER, R. 1966).

schnell abgegeben ist. Da diese Gänge im allgemeinen posttektonisch auftreten, treffen sie auf mehr oder weniger inkohlte Flöze. Dadurch und durch den direkten Kontakt Gesteinsschmelze/Kohle kommt es dann oft zur Naturkoksbildung und nicht zu reinen Inkohlungsreaktionen (M. TEICHMÜLLER 1973).

Regionalgeologisch bedingte Inkohlungsvorgänge sind im allgemeinen am Ende der Beckenbildung abgeschlossen, bzw. werden mit der Hebung und Faltung der Beckenfüllungen unterbrochen. Der bis zu diesem Zeitpunkt erreichte Inkohlungsgrad kennzeichnet die praeorogene Inkohlung. Gelegentlich können Inkohlungsprozesse noch bis in die Faltungsphase hinein andauern oder durch den Einfluß von Magmen bzw. erneute Absenkung wieder aufleben. Man spricht dann von syn- und posttektonischer Inkohlung. Die posttektonische Inkohlung wird auch als Nachinkohlung bezeichnet. Am Verlauf der Linien gleicher Inkohlung in Beziehung zur tektonischen Struktur (Abb. 11-26) läßt sich erkennen, wie die Inkohlungsprozesse abgelaufen sind.

Der Vollständigkeit halber soll erwähnt werden, daß es gelegentlich in Kohlen und Sapropelen zu Inkohlungssteigerungen durch den Einfluß radioaktiver Minerale kommt. Während es sich dabei meist um die Ausbildung eng begrenzter radioaktiv veränderter Höfe handelt (STACH 1958; STACH & DEPIREUX 1965; TEICHMÜLLER, M. & TEICHMÜLLER, R. 1958: S. 45; WOLF 1966), kann bei hoher Konzentration und gleichmäßiger Verteilung der radioaktiven Substanzen auch eine weiträumigere Zunahme der Inkohlung auftreten (CHRISTOPH 1965; R. TEICHMÜLLER 1952, S. 622).

11.6.5 Beziehungen zwischen Inkohlung und Mineralumwandlung

Die Inkohlung organischer Substanz verläuft – ganz im Gegensatz zu diagenetischen Prozessen in Sedimenten – unabhängig vom Kationenangebot der Umgebung, weil im Gegensatz zur Mineralbildung Inkohlungsprozesse stets nur mit Substanzabgabe, nie mit Stoffaufnahme verbunden sind. Da der Inkohlungsprozeß außerdem irreversibel ist, spiegelt der Inkohlungsgrad organischer Substanz, sei es in Flözen oder dispers verteilt in Sedimenten, auf einfachere Weise die thermische Geschichte eines Sediments wider, als das bestimmte Mineralvorkommen können. Außerdem reagiert die organische Substanz auf sehr viel geringere Temperaturänderungen und kommt bei niedrigeren Temperaturen in Gang als die Mineralum- und -neubildung. Deshalb sind Inkohlungsgradbestimmungen vor allem ein wertvolles Hilfsmittel für die Untersuchung diagenetisch schwach

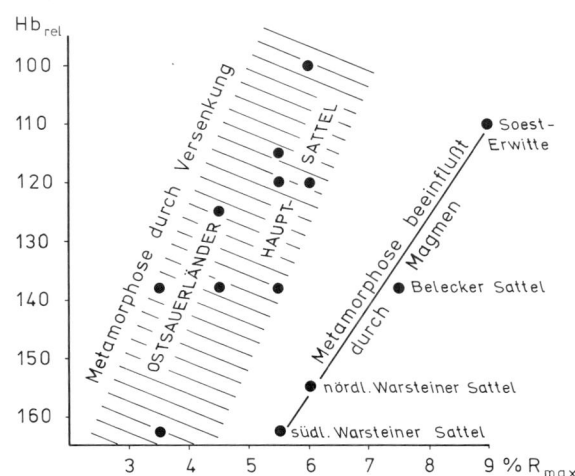

Abb. 11-27. Beziehungen zwischen Inkohlung (dargestellt am Reflexionsgrad des Vitrinits) und Gesteinsmetamorphose (dargestellt durch die Illit-Kristallinität) in Gebieten mit unterschiedlicher geothermischer Geschichte (WOLF 1975).
Hb_{rel} = relative Halbwertsbreite, d. h. Halbwertsbreite der Illit-Basislinie dividiert durch diejenige der Quarz-Hauptlinie und mit 100 multipliziert.
R_{max} = maximale Reflexion des Vitrinits, d. h. Bestimmung der Vitrinitreflexion im einfach polarisierten Licht und Drehen des Mikroskoptisches, bis die größte Helligkeit erreicht ist.

veränderter Sedimente (s. Abschnitt 11.7). Durch viele Untersuchungen wurde nachgewiesen, daß bestimmte Mineralumwandlungen, wie z. B. das Verschwinden des Kaolinits und das erste Auftreten von neugebildetem Serizit, mit ganz verschiedenen Inkohlungsgraden zusammenfallen können. (Eine ausführliche Zusammenstellung mit Diskussion solcher Beobachtungen findet sich bei KISCH 1974. Die Beziehungen Inkohlung/Mineralneubildung, besonders im Graphitbereich, wurden von DIESSEL & OFFLER 1975 bearbeitet). Diese Unterschiede sind auf die schon erwähnte Abhängigkeit der Mineralumwandlung vom Kationen-Angebot, auf Migrationsvermögen und -geschwindigkeit von Porenlösungen aber auch auf die Art und Weise der Wärmezufuhr zurückzuführen. Weil organisches Material sehr viel schneller auf Temperaturerhöhungen reagiert als die Mineralsubstanz, werden sich kurzfristige, durch Magmen hervorgerufene Erwärmungen besonders in höherem Inkohlungsgrad abzeichnen, weniger in Mineralneubildungen, für die die Zeit nicht ausgereicht hat. Solche von unterschiedlichen Temperatur/Zeit-Verhältnissen geprägten Beziehungen lassen sich durch einen Vergleich von Inkohlungsgrad und Illitkristallinität darstellen (Abb. 11-27). Umgekehrt erlaubt die Kenntnis der Zusammenhänge zwischen Inkohlung und Mineralumwandlung- bzw. -neubildung Rückschlüsse auf die Natur der Prozesse, die zu den diagenetischen Veränderungen geführt haben. Eine zusammenfassende Übersicht über die Beziehungen zwischen Inkohlung und Mineralumwandlung gibt Tabelle 11-7.

Tabelle 11-7. Beziehungen zwischen Inkohlung und Mineralumwandlung (aus KISCH 1974).

Inkohlungsgrad nach STACH et al. 1982		Zonen (KUBLER 1969) Stufen (KOSSOVSKAYA & SHUTOV 1963, 1970)	Metamorphose Fazies TURNER (1968), COOMBS (1960, 1961), WINKLER (1967)			
Vitrinit-Reflexion Rr %	.70 — Flammkohle .95 — Gasflammkohle 1.25 — Gaskohle 1.60 — Fettkohle 1.90 — Esskohle 2.20 — Magerkohle Anthrazit 4.00 — schwach inkohlt Metaanthrazit stark inkohlt	DIAGENETISCHE ZONE ("EPIGENESE") Illitkristallinitäten ≥ 7,5 Ungeordnete Illit/Montmorillonit-mixed-layers Minerale der Kaolinitgruppe kein Pyrophyllit ∿∿∿∿∿∿∿ ANCHIMETAMORPHE ZONE ("FRÜHE METAGENESE") Illitkristallinitäten 7,5 - 4,0 Pyrophyllit, Allevardit, Paragonit, Phengit keine ungeordneten Illit/Montm.-mixed-layers, kein klast. Biotit. ∿∿∿∿∿∿∿ EPIZONE: GRÜNSCHIEFER -FAZIES (inkl. "SPÄTE METAGENESE")	ZEOLITH-FAZIES	HEULANDIT-ANALCIM-ZONE ∿∿∿∿∿∿∿ LAUMONTIT-ZONE (Laumontit-Prehnit-Quarz-Fazies) ∿∿∿∿∿∿∿ PREHNIT-PUMPELLYIT METAGRAUWACKEN-FAZIES (Pumpellyit-Prehnit-Quarz-Fazies) PUMPELLYIT-AKTINOLITH-SCHIEFERFAZIES ? ? GRÜNSCHIEFER FAZIES	? ? ∿∿∿∿ GLAUKOPHAN-LAWSONIT-SCHIEFERFAZIES (Lawsonit-Jadeit-Glaukophan- und Lawsonit-Albit-Fazies) ∿∿∿∿∿∿∿ GRÜNSCHIEFER-FAZ. (inkl. glaukophanischer Grünschieferfazies) und EPIDOT-AMPHIBOLITH-FAZIES	DIAGENESE ∿∿∿ VERY-LOW-STAGE Metamorphose ∿∿∿ LOW-STAGE Metamorphose

Zusammenfassung

Mit dem Begriff Inkohlung bezeichnet man alle Prozesse, die zur Umwandlung von Pflanzenresten in Torf und Kohle führen.

Das Stadium, in das die pflanzliche Substanz durch die Inkohlung gelangt, wird als ihr Inkohlungsgrad oder Rang bezeichnet.

Der Inkohlungsvorgang läuft in zwei Phasen ab, der biochemischen Phase oder Vertorfung und der geochemischen Phase oder Kohlenbildung im engeren Sinne. Die Inkohlung wird gesteuert von Temperatur und Zeit. Chemische Inkohlungsreaktionen führen zum Verlust von H_2, O_2, N und untergeordnet C, die Folge ist eine relative Anreicherung an Kohlenstoff. Da die genannten Elemente in Form gasförmiger Verbindungen entweichen, verliert die Kohle allmählich ihre „Flüchtigen Bestandteile".

C-Gehalt, Gehalt an Flüchtigen Bestandteilen und Brennwert sind geeignet, den Inkohlungsgrad einer Kohle zu kennzeichnen.

Die wesentlichen mikropetrographischen Veränderungen während der Inkohlung sind Verdichtung (Vergelung, Vitrinitisierung) der Huminite bzw. Vitrinite bei Auflicht-Hellfeld-Betrachtung. Die spektrale Verteilung der Fluoreszenz verschiebt sich von kurzwelligen zu längerwelligen Spektren.

Reflexionsvermögen des Vitrinits und spektrale Fluoreszenz der Liptinite und des Vitrinits sind gute Parameter zur Kennzeichnung des Inkohlungsgrades.

Welchen Inkohlungsgrad die pflanzliche Substanz erreicht, hängt von der Höhe der Temperatur und der Dauer der Wärmeeinwirkung ab. Neben der normalen Erdwärme, die bei Absenkung der flözführenden Schichten in große Tiefen zu weiträumiger regionaler Inkohlung führt, bewirken Magmen begrenzte thermometamorphe Inkohlungssteigerungen.

11.7 Angewandte Kohlenpetrographie

11.7.1 Untersuchungsmethoden

Um die unterschiedliche Zusammensetzung der Kohlen, ihren Verwachsungsgrad mit Mineralen und ihren Inkohlungsgrad zu bestimmen, sind mehrere Verfahren entwickelt worden. Optische Inkohlungsgradbestimmungen haben darüber hinaus auf verschiedensten geologischen Gebieten Bedeutung erlangt.

Die wichtigsten Methoden sind

1) Maceralanalyse
2) Microlithotypenanalyse
3) Mineralverteilungsanalyse
4) Lithotypenanalyse
5) Reflexionsgradbestimmung am Vitrinit zur Feststellung des Inkohlungsgrades
6) Reflexionsgradbestimmung am Vitrinit zur Erfassung von Kohlenmischungen (Kohlenartenanalyse)
7) Spektrale Fluoreszenzmessungen zur Inkohlungsgradbestimmung

Abgesehen von den spektralen Fluoreszenzmessungen sind alle Verfahren ausführlich im Internationalen Lexikon für Kohlenpetrologie (1963, 1971, 1975) und in STACH's Textbook (1982) beschrieben, so daß sich hier eine Darstellung der Methoden erübrigt. Die Verfahren zur spektralen Fluoreszenzmessung haben sich in den letzten Jahren so schnell weiterentwickelt, daß die im Internationalen Lexikon für Kohlenpetrologie enthaltene Beschreibung inzwischen schon wieder veraltet ist. Zum gegenwärtigen Stand der Meßverfahren sei auf die Arbeiten von OTTENJANN (1980, 1982) und OTTENJANN, WOLF & WOLFF-FISCHER (1982) hingewiesen.

11.7.2 Anwendungsbereiche kohlenpetrographischer Untersuchungen

A. Flözidentifizierung und -parallelisierung

Steinkohlenflöze lassen sich gelegentlich durch ihre Maceralgruppen-Zusammensetzung oder besondere Microlithotypen-Ausbildungen eindeutig erkennen. So ist beispielsweise Flöz A (Essener Schichten, Westfal B) im Ruhrgebiet durch seinen hohen Inertinitgehalt ausgezeichnet. Andere Flöze sind durch Lagen eines dickwandige Mikrosporen (= Crassisporen) enthaltenden Durits charakterisiert. Durch derartige typische Crassiduritlagen können diese Flöze zu Leitflözen werden (STACH 1954). Allerdings haben sie nie die weiträumige Bedeutung für die Flözparallelisierung wie die Kaolin-Kohlentonsteine (s. dort).

Von großem Wert können Flözprofiluntersuchungen sein, wenn der Aufbau mehrerer übereinander folgender Flöze in die Betrachtungen zur Flözgleichstellung einbezogen wird. Ein graphisches Verfahren zur anschaulichen Darstellung des Flözaufbaus wurde von TASCH (1960) entwickelt.

Die Aufeinanderfolge der verschiedenen Lithotypen in einem Flöz ist meist für dieses Flöz charakteristisch und bleibt häufig über größere Entfernungen konstant. KUTZNER (1965) konnte noch über ca. 60 km Distanz Flöze an ihrem sie kennzeichnenden Lithotypen-Aufbau wiedererkennen. Allerdings sollten die Lithotypen-Aufnahmen durch Mikrolithotypen-Analysen an polierten Anschliffen der vollständigen Flözsäule und Bestimmungen der Mineralführung ergänzt werden. Maceralgruppen-, Microlithotypen- und Lithotypen-Analyse sind also wertvolle Hilfsmittel für die Flözidentifizierung und -parallelisierung, die im Zusammenhang mit bergbaulichen Fragen immer wieder angewandt werden. Es gehört zur Routine in den kohlenpetrographischen Laboratorien des Bergbaus, den Flözaufbau aller durch Übertage- und Untertagebohrungen erschlossenen Flöze festzuhalten. Hinzu kommen Aufnahmen am Stoß untertage und von Profilsäulen im Labor. Die Profilsäulen werden nach der makroskopischen Beschreibung zu lückenlosen Schliffserien verarbeitet und auch mikropetrographisch untersucht. Die Aufnahmen sind die Grundlage zur Erfassung der Flözentwicklung und ermöglichen Extrapolationen in unverritzte Feldesteile. Sie stellen außerdem die Grundlage für die Ermittlung der technologischen Eigenschaften der Flöze dar (DIN 22020). Eine umfangreiche Literatursammlung zu diesem Thema findet sich bei STACH (1968).

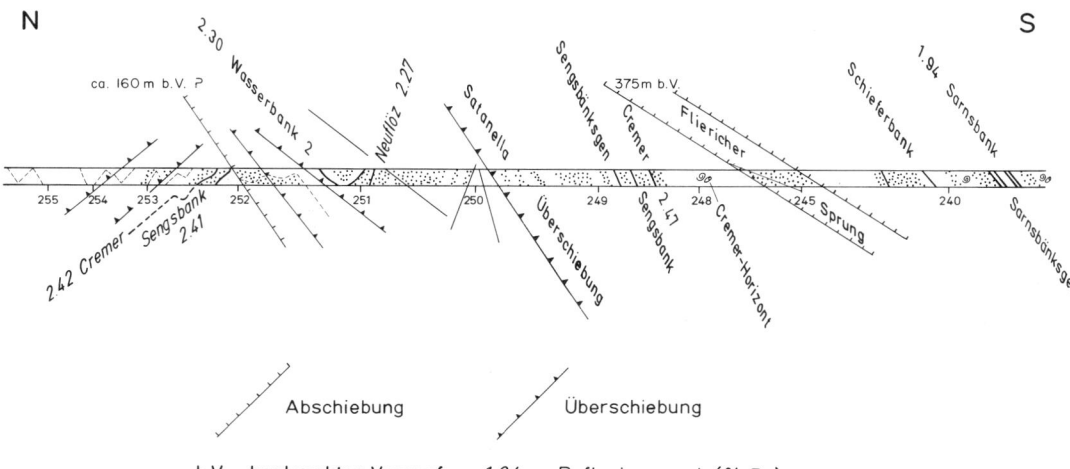

Abb. 11-28. Flözidentifizierung mit Hilfe von Inkohlungsuntersuchungen. Eindeutig einzustufen waren nur die mit marinen Horizonten verknüpften Flöze im südlichen Abschnitt des Profils. Bestimmungen des Inkohlungsgrades durch Reflexionsmessungen erlaubten die Zuordnung der beiden nördlichsten unbekannten Flöze zu Flöz Cremer und Flöz Sengsbank. Darüber hinaus ließ sich durch die Daten aus Flöz Cremer und Flöz Sarnsbank im südlichen Profilabschnitt unter Zuhilfenahme des schematischen Schichtenschnittes des flözführenden Oberkarbons im Ruhrrevier (RABITZ 1966) ein Inkohlungsgradient von ca. 0,12% Rr/100 m errechnen. Dadurch waren die beiden unbekannten Flöze in der kleinen Mulde in den Grenzbereich Untere/Obere Sprockhöveler Schichten zu stellen. Allgemeine geologische und petrographische Kriterien führten dann zur Einstufung der Flöze als Neuflöz und Wasserbank 2 (aus WREDE 1981, ergänzt durch Inkohlungsdaten).

In tektonisch gestörten Gebieten können auch Inkohlungsgradbestimmungen zur Flözidentifizierung beitragen. Dabei ist es gleichgültig, durch welche Parameter die Inkohlung beschrieben wird. In den meisten Fällen wird man sich der Reflexionsanalyse bedienen, weil die Bestimmung des Reflexionsgrades schnell und ohne großen Aufwand möglich ist. Ein weiterer Vorteil der Reflexionsmessungen gegenüber chemischen Untersuchungen ist die Möglichkeit, auch mineralreiche, stark verwachsene Flöze in die Untersuchungen einbeziehen zu können. Ein Beispiel für die Flözidentifizierung aufgrund wechselnder Inkohlungsgrade zeigt Abb. 11-28. Über ähnliche Untersuchungen berichten Hacquebard & Donaldson (1974).

Die Flözparallelisierung in Braunkohlenflözen dient im allgemeinen mehr der Korrelation einzelner Flözabschnitte denn der Parallelisierung ganzer Flöze, weil Braunkohlenflöze meistens sehr viel mächtiger sind als Steinkohlenflöze. Neben der Pollenanalyse, die ganz wesentlichen Anteil an der heutigen Kenntnis über den horizontalen und vertikalen Wechsel bei der Bildung der Braunkohlenflöze hat, tragen Lithotypen-Aufnahmen und die Verfolgung durch petrographische Besonderheiten ausgezeichneter Horizonte (Stubben, Faserkohle) zur Gliederung der Flöze bei. Dadurch sind einzelne Flözabschnitte leicht wiederzuerkennen und über Entfernungen bis zu einigen Kilometern zu verfolgen (Hunger 1957; Vogt 1970). In der DDR haben Flözprofilanalysen und die Kartierung bestimmter Lithotypen im Flöz große wirtschaftliche Bedeutung. Dort werden die durch unterschiedliche Qualität ausgezeichneten Lithotypen getrennt gewonnen und verschiedenen Veredlungsverfahren zugeführt (Süss & Sontag 1960).

B. Veredlung von Stein- und Braunkohlen

Gewinnung und Aufbereitung

Auf den Korngrößenanfall beim Abbau von Steinkohlen hat, neben dem Abbauverfahren und der tektonisch bedingten Schlechtenbildung, die petrographische Zusammensetzung der Kohlen großen Einfluß. Lithotypen- und Mikrolithotypen-Analysen erlauben erste Voraussagen über den zu erwartenden Zerfall der Kohle: Mattkohlen und Brandschiefer sind zäher als Glanzkohlen und zerfallen demzufolge grobstückiger; Faserkohlen führen zu erhöhtem Staubanfall.

Sowohl beim Abbau als auch beim Brechen und Waschen der Steinkohlen ist auf die Kohle/Mineralverwachsungen zu achten, da sie die einzelnen Verfahren stark beeinflussen (hoher Maschinenverschleiß, ungenügende Separation bei feiner Verwachsung, d.h. hoher Aschengehalt in der aufbereiteten Kohle). Mineralverteilungsanalysen können Auskunft über die Verwachsungsart geben und zu günstigerer Prozeß-Steuerung beitragen. Besondere Aufmerksamkeit wird in jüngster Zeit der Entfernung des Pyrits aus der Kohle zur Reduzierung des Schwefelgehaltes der Kohle gewidmet. Eine übersichtliche Darstellung der Zusammenhänge zwischen petrographischem Charakter der Kohlen und Verhalten bei der Aufbereitung geben Mackowsky & Hoffmann (1960).

In Braunkohlen sind der natürliche Kornanfall und das Zerkleinerungsverhalten sehr verschieden. Nach Sontag & Süss (1969) reichern sich in Kohlen eozänen Alters in Mitteldeutschland die schwarzen humusstoffreichen Lithotypen im Grobkorn, die gelben bitumenreichen Lithotypen im Feinkorn an. In den generell bitumenärmeren Kohlen aus dem Miozän der Lausitz wird die Mahlbarkeit durch den Vergelungsgrad der Kohlen und ihren hohen Xylitgehalt beeinflußt. Ähnlich verhält es sich mit den Braunkohlen aus der Niederrheinischen Bucht, die ebenfalls miozänes Alter haben. Da fast allen Veredelungsverfahren eine Zerkleinerung der Braunkohlen vorausgeht, sind Maceralanalysen (vor allem Auszählen der unvergelten und vergelten Huminite) oder die Bestimmung der Schrumpfung zur Kennzeichnung des Vergelungsgrades (Süss & Gläser 1963) nützlich. Außerdem kann die Bestimmung des Xylitgehaltes (Jacob 1961) oder der Mikrohärte Hinweise auf die Mahlbarkeit einer Kohle geben.

Verkokung

Die Untersuchung von Kokskohlen und Koks sowie der Übergänge von Kohle in Koks war in der Vergangenheit das Hauptgebiet angewandter Kohlenpetrographie (Mackowsky 1969); auch heute noch sind diese Untersuchungen von großer Bedeutung. Die Qualität eines Kokses hängt – abgesehen von technologischen Faktoren, wie z.B. Ofenbreite, Aufheizgeschwindigkeit, Schüttgewicht und Körnung (Mackowsky & Simonis 1969) – wesentlich von der Güte der Einsatzkohlen ab. Diese wird u.a. bestimmt von Inkohlungsgrad, Maceralzusammensetzung und gelegentlich auch Microlithotypenzusammensetzung. Da heute nur noch selten Kohlen aus einem Flöz, sondern überwiegend Mischungen aus Kohlen unterschiedlichen Inkohlungsgrades zur Kokserzeugung benutzt werden, ist die Überprüfung der Mischungen mit Hilfe der Kohlenartenanalyse eine wichtige Aufgabe in der angewandten Kohlenpetrographie. Im Gegensatz zu chemischen Analysen, die nur summarische Angaben über den Gehalt an Flüchtigen Bestandteilen oder die elementare Zusammensetzung der Kohlenmischung erlauben, läßt sich durch die Kohlenartenanalyse, die auf einer sehr differenzierten Bestimmung des Reflexionsgrades aller in der Probe auftretenden Vitrinite beruht, genau sagen, zu wieviel Prozent Kohlen eines bestimmten Inkohlungsgrades in einer Mischung enthalten sind (Abb. 11-29).

Träger des Kokungsvermögens sind durch ihr Erweichungsverhalten die Macerale der Vitrinit- und Liptinitgruppe. Die Macerale der Inertinitgruppe beteiligen sich, wie schon am Namen zu erkennen ist, am Kokungsprozeß wenig oder gar nicht. Aus dem Inkohlungsgrad, ermittelt über den Reflexionsgrad der Vitrinite, und der Maceralzusammensetzung einer Kohle bzw. Kohlenmischung läßt sich deshalb die Qualität eines Kokses (Trommelfestigkeit, Abrieb) vorausberechnen. Hierfür sind auf empirischem Wege verschiedene Formeln entwickelt worden (Ammosov, Eremin, Sukhenko & Oshurkova 1957; Schapiro, Gray & Eusner 1961; Brown, Taylor & Cook 1964; Mackowsky & Simonis 1969; Steyn & Smith 1977). Unterschiede in den Berechnungsmethoden und Formeln sind auf lagerstättenspezifische petrographische Charakteristika der Kokskohlen verschiedener Kontinente und auf in den einzelnen Ländern voneinander abweichende Verkokungsverfahren zurückzuführen.

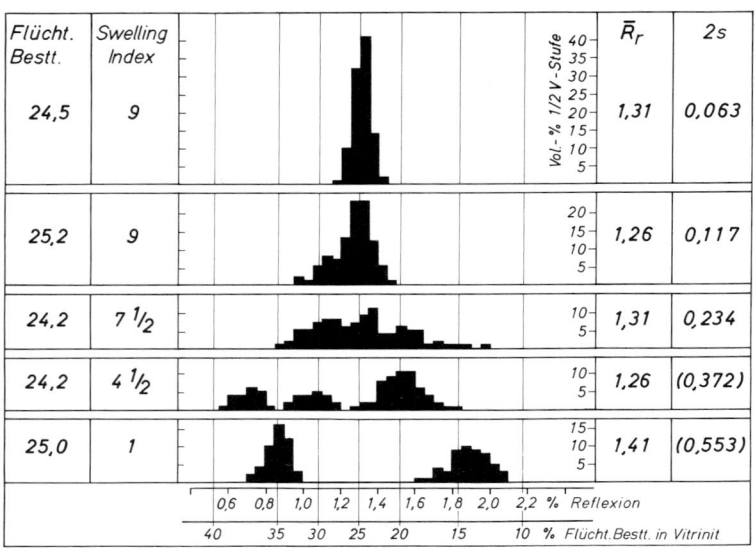

Abb. 11-29. Reflektogramme einer Flözkohle (oben) und verschiedener Kohlenmischungen sowie Angaben über mittlere Zufallsreflexion (Rr = random reflectance) und deren doppelte Standardabweichung, Gehalt an Flüchtigen Bestandteilen von Flözkohle und Mischungen sowie deren unterschiedlicher Kokungseigenschaften, dargestellt am Blähgrad (Swelling Index) (aus Stach et al. 1982).

Ein Sondergebiet der angewandten Kohlenpetrographie ist die Koksmikroskopie. Die Anschliffuntersuchung von Halbkoksen und Koksen läßt erkennen, auf welche Weise sich die einzelnen Macerale an der Koksbildung beteiligen. Das Verhältnis von Porendurchmesser zu Wandstärke im fertigen Koks gibt Hinweise auf dessen Festigkeit. Der optische Charakter von Koksen (isotrop-anisotrop; feinmosaikförmige und unregelmäßige oder nadelartige Textur im anisotropen Koks) steht in direktem Zusammenhang zu seiner Reaktionsfähigkeit und läßt Rückschlüsse zu auf den Inkohlungsgrad der Einsatzkohle sowie die Aufheizrate im Koksofen. Durch Koksuntersuchungen läßt sich somit der Ablauf der Verkokung rekonstruieren und kontrollieren (Echterhoff & Mackowsky 1960).

Brikettierung

Bei der Herstellung von Steinkohlenbriketts ist die Kohlenpetrographie weitgehend entbehrlich. Gelegentlich können Angaben über die Pech- (Bitumen-) Verteilung im Brikett von Interesse sein.

Für die bindemittellose Brikettierung von Weichbraunkohlen sind Maceralanalysen von großer Bedeutung, da sich mit ihrer Hilfe gut brikettierbare Kohlen von solchen, die sich für die Brikettierung nicht eignen, unterscheiden lassen. Großen Einfluß auf die Brikettierbarkeit haben die spröden vergelten Huminit-Macerale (Ulminit, Densinit) und reinen Humusgele (Gelinit). Treten sie in großen Mengen auf, so geht die elastische Rückverformung der Kohle, auf der die bindemittellose Brikettierung beruht, drastisch zurück. Auch eine zu feinkörnige Ausbildung des Attrinits verschlechtert die Brikettiereigenschaften der Weichbraunkohlen (Kurtz 1970). Zersetzungsgrad und Vergelungsgrad der Kohlen müssen also gering sein, wenn diese gut brikettierbar sein sollen (Kurtz 1981). Ein zu hoher Bitumengehalt, angezeigt durch Liptinitreichtum der Kohlen, beeinflußt die Brikettiereigenschaften ebenfalls ungünstig; er führt auf der Strangpresse zur Bildung von „Abschiebern" (RAMMLER & MARVAN 1962).

Mit großer Sorgfalt sind die Briketts herzustellen, die für die Erzeugung von Hochtemperatur-Formkoksen aus Weichbraunkohlen bestimmt sind. Diese Briketts, und demzufolge auch der Rohstoff, müssen besondere Eigenschaften aufweisen. Sie müssen große Festigkeit haben, um im Koksofen eingesetzt werden zu können; dafür sind nur Kohlen geeignet, die zu mehr als 50% aus Attrinit bestehen und maximal 20% vergelte Macerale und gröbere Gewebe enthalten (Süss 1976). Die petrographische Untersuchung von „Koks"-Kohlen im Weichbraunkohlenstadium geht weit über die in diesem Buch behandelten Verfahren hinaus (FROST, SONTAG, SÜSS & CIESIELSKI 1976), weil an diese Kohlen z. B. hinsichtlich des Aschen- und Schwefelgehaltes besondere Forderungen gestellt werden. Eine zusammenfassende Übersicht zur Bewertung von Brikettier- und „Koks"-Kohlen gibt SÜSS (1981).

Die Produktion von Formkoks aus bei hoher Temperatur brikettierter Steinkohle (Heißbriketts) ist zur Zeit nicht wirtschaftlich. Auf die in diesem Zusammenhang anzuwendenden kohlenpetrographischen Untersuchungsmethoden braucht deshalb hier nicht eingegangen zu werden.

Hydrierung

Unter dem Begriff Hydrierung faßt man Verfahren zusammen, bei denen in Wasserstoffatmosphäre unter Druck und bei erhöhter Temperatur Kohle in flüssige und gasförmige Produkte umgesetzt wird. Für die Hydrierung sind Braunkohlen und gering inkohlte Steinkohlen (Flamm- und Gasflammkohlen) geeignet. Einfluß auf die Ausbeute an flüssigen und gasförmigen Produkten und deren chemische Zusammensetzung haben Inkohlungsgrad und petrographische Zusammensetzung der Kohlen. Die Beteiligung der einzelnen Macerale an der Umsetzung ist jedoch noch nicht ganz klar. In Steinkohlen scheinen vor allem bitumengetränkte Vitrinite den Ablauf und die Ausbeute der Kohlenhydrierung günstig zu beeinflussen (GIVEN et al. 1975). In Braunkohlen sind stark vergelte Huminite besonders reaktiv (SHIBAOKA 1982). Maceralanalysen können demnach zur Aufklärung des Hydriervorgangs beitragen.

Auch Mineralverteilungsanalysen sind gelegentlich erforderlich, da die für die Hydrierung einzusetzende Kohle einen geringen Aschengehalt haben soll, also aufbereitet werden muß. – Pyrit ist bei der Hydrierung nicht hinderlich, sondern fördert zusammen mit Katalysatoren die Ausbeute (SHILEY et al. 1982). – Neben den hier genannten petrographischen Verfahren sind besonders Laborversuche und technische Tests erforderlich, um die Hydrierfähigkeit einer Kohle beurteilen zu können.

Ein neues Feld für die Anwendung kohlenpetrographischer Verfahren ist die Untersuchung der festen Hydrierrückstände. Diese mikroskopischen Studien erlauben weitere Einblicke in den Umwandlungsablauf der einzelnen Macerale während der Hydrierung. In den letzten Jahren sind hierzu zahlreiche Arbeiten erschienen (MITCHELL et al. 1977; SHIBAOKA 1981; SHIBAOKA et al. 1980; SHIBAOKA et al. 1982; NG 1983).

C. Erdölprospektion

Bestimmung der Kerogentypen

Im Gegensatz zur Kohle, deren kleinste im Mikroskop sichtbare Bestandteile Macerale genannt werden, faßt man die in den Sedimenten dispers verteilte organische Substanz unter den Begriffen Bitumen und Kerogen zusammen. Nach TISSOT & WELTE (1978, S. 123) versteht man unter Bitumen die mit herkömmlichen organischen Lösungsmitteln extrahierbare Substanz der Sedimente, während Kerogen in organischen Lösungsmitteln und wässerigen alkalischen Lösungen unlöslich ist. Aus diesen Definitionen ergibt sich eine gewisse Überschneidung: Macerale können teilweise in organischen Lösungsmitteln löslich sein, Kerogen muß nicht unbedingt im Mikroskop sichtbar sein. Dennoch haben sich kohlenpetrographische Methoden bei der Untersuchung von Öl- und Gasmuttergesteinen bewährt.

Die Bestimmung der Kerogentypen kann direkt am Gesteinsanschliff erfolgen oder – nach vorheriger Isolierung der organischen Substanz aus dem Gestein mittels HCl, HF und anschließender Schweretrennung – am Kerogenkonzentrat. Die Konzentrate werden in Kunstharz eingebettet, angeschliffen und poliert. Soweit wie möglich verwendet man zur Beschreibung der figurierten Kerogene die kohlenpetrographische Nomenklatur, vor allem die definierten Maceralbegriffe. Da in verschiedenen Sedimenten aber auch tierische Reste an der Zusammensetzung des Kerogens beteiligt sein können, empfiehlt es sich, als übergeordneten Begriff für die dispers verteilte organische Substanz in Sedimenten den Terminus Organoklast zu verwenden.

In der Erdölgeochemie wird die organische Substanz je nach chemischem Charakter und daraus resultierender Abgabe von Öl und/oder Gas in drei Kerogentypen unterteilt. Diese Kerogentypen sind in Anlehnung an TISSOT & WELTE (1978) wie folgt zu charakterisieren:

Die Kerogentypen I und II sind reich an aliphatischen Gruppen und liefern größere Mengen an Bitumen, aus dem bei geeigneten Temperaturen Öl und nasse Gase entstehen. Kerogentyp III ist reich an aromatischen

Gruppen und sauerstoffreichen Komponenten, er liefert vor allem trockene Gase (TISSOT & WELTE 1978: 192−193). Durch die kohlenpetrographische Analyse (Maceralanalyse) läßt sich der Kerogentyp eines Muttergesteins bestimmen und seine Eignung als Öl- und/oder Gasproduzent abschätzen. Dabei ist die Fluoreszenzbeobachtung von besonderer Bedeutung, weil sich nur durch diese Methode die verschiedenen Liptinit-Macerale sicher erkennen und voneinander unterscheiden lassen. − Fluoreszenzuntersuchungen geben aber auch Hinweise auf die Migrationswege des Öls (TEICHMÜLLER & WOLF 1977).

Kerogentyp	allgemeine Beschreibung	Korrespondierende Macerale
I	Algen und deren Abbauprodukte, mikrobielle lipide Biomasse	Alginit, Liptodetrinit, Bituminit in der Definition TEICHMÜLLER & OTTENJANN 1977.
II	Sapropelitische organische Substanz	Alle Macerale der Liptinit-Gruppe, untergeordnet Desmo- und Gelocollinit.
III	terrestrisches Pflanzenmaterial	Alle Macerale der Huminit- bzw. Vitrinit-Gruppe, untergeordnet Liptinit-Macerale.

Bestimmung des Reifegrades

Die Entstehung von Erdöl und -gas aus Kerogen ist genauso temperatur- und zeitabhängig wie die Umwandlung von Pflanzen bzw. Torf in Kohle. Die Beziehungen zwischen Erdölreife und Inkohlungsgrad wurden zuerst von D. WHITE (1935) erkannt („carbon-ratio theory"). Er beschrieb die parallele Entwicklung von Kohle und Erdöl aus den östlichen Vereinigten Staaten von Amerika, wo große Kohlenlagerstätten und Erdöl- und Erdgasvorkommen gemeinsam auftreten. Dort konnte er den Inkohlungsgrad der humosen Substanz mittels chemischer Analysen an den begleitenden Flözkohlen bestimmen. Seitdem es möglich ist, den Inkohlungsgrad kleinster vitrinitischer Einschlüsse in Sedimenten durch Reflexionsmessungen zu ermitteln, haben sich Inkohlungsuntersuchungen zur Feststellung der Erdölreife von Muttergesteinen weltweit durchgesetzt. Diese Arbeiten sind heute neben den Kokskohlenuntersuchungen wichtigstes Anwendungsgebiet kohlenpetrographischer Untersuchungsmethoden. Der Erfolg der Methode beruht auf guten kohlenpetrographischen Kenntnissen, denn die Maceralbestimmung in Sedimenten ist schwierig.

Bei welchem Inkohlungsgrad die Erdölbildung beginnt und wieder endet, ist von Lagerstätte zu Lagerstätte etwas unterschiedlich. Die Beziehungen werden beeinflußt von Kerogentyp und Fazies des Sediments. Etwas verallgemeinernd kann man folgende Faustregel aufstellen: 0,4−0,5% Rr des Vitrinits − Beginn der Erdölbildung, 1,0−1,3% Rr des Vitrinits − Ende der Erdölbildung, danach wird nur noch Erdgas aus gecracktem Öl oder direkt aus dem Kerogen gebildet (s. Abb. 11-30). Der Bereich zwischen ca. 0,5% Rr und 1,3% Rr wird auch „Erdölfenster" genannt.

In der Bezeichnung der Umwandlungsstadien von Kohle und Kerogen gibt es gewisse Unterschiede. In der Kohlenpetrographie werden alle Inkohlungsstufen bis zum Übergang Anthrazit/Graphit (MACKOWSKY) oder bis zum Übergang Anthrazit/Metaanthrazit bei ca. 4% des Vitrinits (TEICHMÜLLER M., TEICHMÜLLER R. & WEBER, K. 1979) unter dem Begriff Diagenese zusammengefaßt. In der Erdölgeologie hat sich eine andere Benennung durchgesetzt (TISSOT & WELTE 1978). Hier werden nur die frühen mit Kondensation und Polymerisation verbundenen Prozesse bis zu einer Vitrinitreflexion von ca. 0,5% Rr als Diagenese bezeichnet. Der thermische Abbau des Kerogens, der zur Bildung von Öl und nassen Gasen führt und bei einer Vitrinitreflexion von ca. 2% Rr beendet ist, fällt in die Katagenese und die Methanbildung in die Metagenese. Bei 4% Rr des Vitrinits ist die Grenze zur Metamorphose erreicht.

In Sedimenten mit Kerogen vom Typ I, die also keine für die Bestimmung des Reflexionsgrades geeigneten Vitrinite enthalten, gewinnt die Reifegradbestimmung über die spektralen Fluoreszenzeigenschaften der Liptinite immer größere Bedeutung. Die Beziehungen zwischen Inkohlungsgrad und Fluoreszenzeigenschaften der Macerale sind auf S. 716 f. dargestellt.

Eine neue Methode zur Erfassung des Reifegrades der Kerogene wird von HAGEMANN & HOLLERBACH (1980) beschrieben. Sie bestimmen mikroskopisch die spektralen Fluoreszenzeigenschaften von Chloroformextrakten aus Sedimenten. Die gemessenen Spektren werden in Farbmeßzahlen umgerechnet und die Farbwertanteile im Farbsystem DIN 6164 dargestellt. Für den Reifegrad der einzelnen Kerogentypen ergeben sich charakteristische Lagen im Farbsystem.

Die Literatur zum Thema Kerogenreife und Inkohlung ist sehr umfangreich, hierzu sei auf das Lehrbuch von TISSOT & WELTE (1978) verwiesen, sowie auf DURAND (1975).

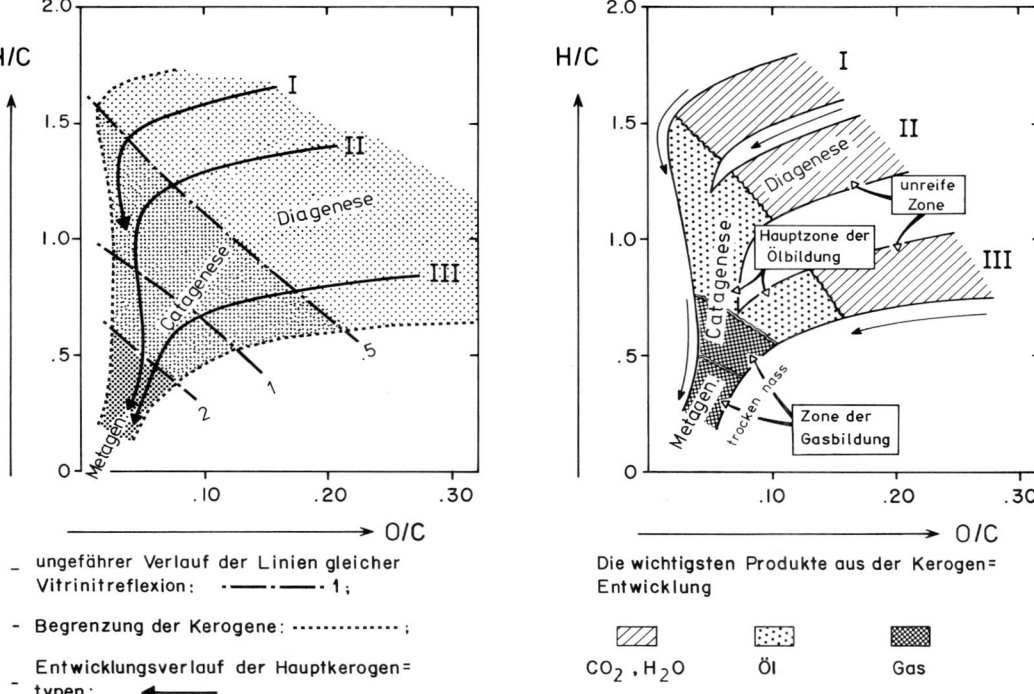

Abb. 11-30. Chemische Veränderungen des Kerogens im Laufe seiner Reifung (links) und die bei der Kerogenumwandlung entstehenden Produkte (rechts) (aus Tissot & Welte 1984), s. auch Abb. 11–19.

D. Paläogeographie und Tektonik

Im Abschnitt 11.6.4 wurde bereits erwähnt, daß der Verlauf von Linien gleicher Inkohlung in Abhängigkeit von den geologischen Strukturen Rückschlüsse auf den Zeitpunkt der Inkohlung erlaubt. Prätektonische Inkohlung führt zu Inkohlungsbildern, die den tektonischen Strukturen synchron sind, Nachinkohlung bewirkt eine Störung dieser Bilder. Zusätzlich kann man aus dem Verlauf der Linien gleicher Inkohlung Rückschlüsse auf das paläogeographische und tektonische Geschehen ziehen.

Nachinkohlung durch in großer Tiefe verborgene Wärmeherde wurde für das Erkelenzer Kohlenrevier, das Niedersächsische Tektogen, das nördliche Rheinische Schiefergebirge, den Nordwestharz und das Gebiet bei Groningen (Niederlande) nachgewiesen (Patteisky, Teichmüller, M. & Teichmüller, R. 1962; Bartenstein, Teichmüller, M. & Teichmüller, R. 1971; Wolf 1972; Jordan & Koch 1975; Koch & Arnemann 1975; Deutloff, Teichmüller, M., Teichmüller, R. & Wolf 1980; Kettel 1983). Die Untersuchungen im Niedersächsischen Tektogen rund um das „Bramscher Massiv" zeigen gleichzeitig die enge Verknüpfung von Inkohlungsgrad und Erdölreife.

Der Nachweis tektonischen Geschehens, wie z.B. die Verlagerung des Trogtiefsten und fortschreitende Konsolidierung paläozoischer Teilbereiche in der Rheinischen Geosynklinale, war nicht zuletzt durch Inkohlungsuntersuchungen möglich (Paproth & Wolf 1973; Paproth 1976, Bless et al. 1981). Tektonische Strukturen wie Sättel, Mulden, Gräben und Horste, Auf- und Abschiebungen, die innerhalb mächtiger gleichförmiger Sedimentfolgen schwer erkennbar sind, können mit Hilfe von Inkohlungsuntersuchungen nachgewiesen werden, sofern die Inkohlung vor der tektonischen Verformung mehr oder weniger abgeschlossen war (Wolf 1969, 1972). Damit unterstützen Inkohlungsgradbestimmungen an dispers verteilten Vitriniten die geologische Kartierung. Sie lassen auch die Struktur großer Sedimentbecken besser erkennen und haben auf diesem Wege ebenfalls Bedeutung für die Erdölexploration (Robert 1971). In jüngster Zeit haben Inkohlungsuntersuchungen zur Deutung des zeitlichen Ablaufs bei Deckenbewegungen in den Alpen (Frey et al. 1980) und in den Appalachen (Hesse & Ogunyomi 1980) beigetragen.

Alle genannten Anwendungsmöglichkeiten für Inkohlungsgradbestimmungen vereinigen sich in Inkohlungskarten: Diese fassen die Inkohlungsverhältnisse von Steinkohlenlagerstätten zusammen und dienen der Voraussage der Inkohlung von Flözkohlen in noch nicht explorierten Feldesteilen (PATTEISKY, TEICHMÜLLER & TEICHMÜLLER 1962; HACQUEBARD 1972), geben die Beziehungen zwischen Inkohlung und Erdöl- bzw. Erdgasführung wieder (BARTENSTEIN et al. 1971; TEICHMÜLLER et al. 1984) oder dienen der Strukturaufklärung.

Zusammenfassung

Anwendungsbereiche kohlenpetrographischer Arbeitsmethoden:

Flözidentifizierung und -parallelisierung	Maceralanalyse Microlithotypenanalyse Inkohlungsgradbestimmungen
Gewinnung und Aufbereitung	Lithotypenaufnahme Microlithotypenanalyse Mineralverteilungsanalyse
Verkokung	Inkohlungsgradbestimmungen Kohlenartenanalyse Maceralgruppenanalyse (Koksmikroskopie)
Brikettierung (nur Braunkohle)	Lithotypenaufnahme Maceralanalyse
Hydrierung	Inkohlungsgradbestimmungen Maceralanalyse Mineralverteilungsanalyse
Erdölprospektion	opt. Inkohlungsgradbestimmungen Maceralanalyse
Paläogeographie und Tektonik	opt. Inkohlungsgradbestimmungen

12. Pyroklastische Gesteine*

(Hans-Ulrich Schmincke, Bochum)

Pyroklastische Gesteine bilden neben den magmatischen, sedimentären und metamorphen Gesteinen eine eigene Gesteinsgruppe. Da ihre Transportmechanismen und Ablagerungsmilieus denen nicht-vulkanischer, detritischer Sedimente ähneln, ist die Behandlung pyroklastischer Ablagerungen in diesem Buch legitim. Die sedimentologische Bedeutung pyroklastischer Sedimente ist groß, wenn man bedenkt, daß nach den globalen Bilanzrechnungen von Garrels & Mackenzie (1971) etwa 25% aller im Laufe der Erdgeschichte entstandenen Sedimente vulkanischen Ursprungs sind. Durch eine genaue Analyse pyroklastischer Sedimente können Ablagerungsmilieus, Transportprozesse, Paläomorphologie und tektonischer Rahmen von Sedimentbecken in vulkanisch aktiven Environments rekonstruiert werden. Die stratigraphische Bedeutung von Tephralagen ist oft betont worden, denn es gibt keine besseren Leithorizonte als isochrone vulkanische Aschenlagen, sei es in marinen Sedimenten, in Kohleflözen oder in pleistozänen Löß- und Bodenprofilen. Vulkanische Gläser und die bei hohen Temperaturen kristallisierten Phänokristalle sind thermodynamisch instabil. Sie reagieren schnell und intensiv mit Meerwasser, Süßwasser oder Porenlösungen. Vulkanogene Sedimente sind daher sehr empfindliche Systeme und besonders geeignet, um diagenetische Prozesse zu untersuchen.

In den letzten Jahren sind neben Problemen der Transport- und Ablagerungsmechanismen pyroklastischer Sedimente vor allem die Eruptions- und Fragmentierungsprozesse in den Vordergrund der Forschung gerückt, Problembereiche, die hier nur gestreift werden können.

Pyroklastische Gesteine und ihre Entstehungsmechanismen werden eingehender diskutiert in Fisher & Schmincke (1984). Da in diesem Buch die einschlägige Literatur ausführlich zitiert wird, habe ich in der vorliegenden knappen Zusammenfassung Spezialarbeiten nur in Einzelfällen angeführt. Bei weitergehenden vulkanologischen Fragen sei auf Williams & McBirney (1979) und Schmincke (1986) verwiesen, bei petrologischen auf Best (1982), Barker (1983) und McBirney (1985), bei petrographischen auf Williams, Turner & Gilbert (1982) und Wimmenauer (1985).

Im folgenden Kapitel sollen hauptsächlich Gefüge, Geländeaspekte, Entstehung und Alteration pyroklastischer Gesteine behandelt werden.

12.1 Klassifikation und Nomenklatur

12.1.1 Einteilungsprinzipien

Pyroklastische Ablagerungen bilden sich in sehr unterschiedlichen Environments durch eine Vielzahl von Prozessen; sie sind daher nicht einfach zu klassifizieren. Die *Pyroklasten* genannten Partikel entstehen durch vulkanische Prozesse im weitesten Sinne. Durch syn- oder postvulkanische Umlagerung ergeben sich alle Übergänge zu *epiklastischen* Ablagerungen, d. h. solchen, die durch Erosion älterer Vulkangesteine entstanden sind.

* Für kritische Durchsicht des Manuskriptes danke ich P. v. d. Bogaard.

In der *Kraterfazies* können die Lavafetzen zu kompakten *Agglutinaten* verschweißt werden, deren klastisches Gefüge oft nur schwer zu erkennen ist. Im oberen Bereich der Kraterfüllung herrschen schlecht sortierte Bombenagglomerate vor. Da der Kraterbereich sich im Verlauf des Wachstums eines Schlackenkegels vielfach verlagert und der innere Kraterrand oft längere Zeit frei steht, sind den Falloutablagerungen in Kraterfazies häufig durch Hangrutsch enstandene Kraterrandbreccien zwischengeschaltet.

Die Ablagerungen der proximalen *Kegel-* oder *Wallfazies* bestehen aus schwach bis mittelstark verschweißten Lavafetzen, Bomben und deren Bruchstücken und sind besonders gut sortiert. Einzelne Eruptionsstadien spiegeln sich in grob gebankten, ungeschichteten Einheiten von mehreren Metern Mächtigkeit wider. In der medialen Fazies herrschen Breccien aus Bombenbruchstücken vor, bei denen die Bombenfragmente weit voneinander getrennt sein können. Primäre *Hangrutschbreccien* sind häufig. Sie entstehen vor allem im Spätstadium, wenn der übersteilte Gipfelbereich kollabiert.

Der distale Faziesbereich enthält weiter verbreitete Fallout-Lapillilagen (Abb. 12-12, 13), die häufig im Spätstadium von Schlackenkegeln entstehen und auch bei hawaiianischen Eruptionen nicht selten sind.

Bei externer Wasserzufuhr wechsellagern Schlackenbreccien mit besser geschichteten und schlechter sortierten, fremdgesteinsreichen phreatomagmatischen Ablagerungen. Derart „gemischte" Schlackenkegel sind in den quartären Vulkanfeldern der Eifel besonders häufig.

12.3.2 Plinianische Ablagerungen

Plinianische Eruptionen sind meist mehrstündige Ereignisse, bei denen große Mengen von überwiegend chemisch differenzierter Tephra und magmatischen Gasen in hohen Eruptionssäulen aufsteigen und daher weit verdriftet werden können. Eine plinianische Gesamteruption, bei der häufig auch Aschenströme (12.4) entstehen (Abb. 12-14), dauert meist < 5 Tage, während strombolianische Schlackenkegel zwar zu Anfang sehr schnell wachsen, ihre endgültige Höhe aber erst innerhalb von Wochen bis Monaten erreichen.

Charakteristisch für die Gesamtablagerungen sind die großen, meist elliptischen Fallout-Ablagerungsfächer (Abb. 12-15) und die hohe durchschnittliche Korngröße in der proximalen Fazies (Tabelle 12-5). WALKER (1973) klassifiziert explosive Eruptionen daher aufgrund des Verhältnisses von Verbreitungsindex D (Fläche innerhalb der 0.01 T_{max}-Isopache) und Fragmentierungsindex F (Gewichtsprozent Tephra < 1 mm am Schnittpunkt der 0.1 T_{max}-Isopache mit der Isopachenachse) (Abb. 12-15). Die meist gute Sortierung und höhere durchschnittliche Korngröße von Fallablage-

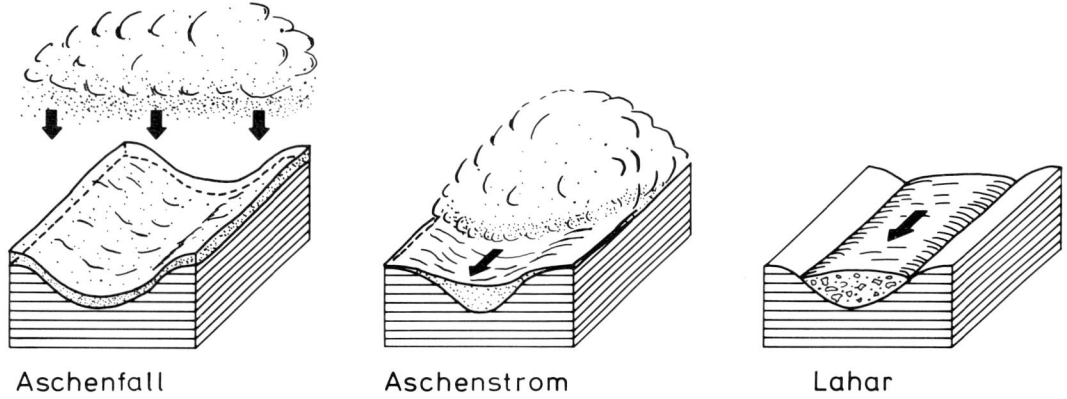

Abb. 12-14. Schema von drei Grundtypen von Tephraablagerungen: Aschen- (Lapilli-) fallout bildet gut sortierte Lagen gleicher Mächtigkeit über unregelmäßigem Relief. Lateral transportierte Aschenstromablagerungen (Ignimbrite) sind schlecht sortiert und auf Täler beschränkt, können aber allmählich seitlich ausdünnen (Glutwolkenablagerungen). Lahars (vulkanische Schutt/Schlammstromablagerungen) sind schlecht sortiert und auf Täler beschränkt. Nach SCHMINCKE (1981).

rungen plinianischer Eruptionen erlauben eine Abgrenzung gegen Ablagerungen aus pyroklastischen Strömen (Abb. 12-16). Die Schichtung ist entgegen landläufiger Meinung meist undeutlich und kann z. B. durch Fluktuationen in der Austrittsgeschwindigkeit und Masseneruptionsrate in der Eruptionssäule entstehen (Abb. 12-6, 12, 14). Die Symmetrieachsen vieler Falloutfächer ändern wenige km vom Schlot entfernt ihre Richtung (Abb. 12-17), da Windrichtung und -stärke sich mit der Höhe ändern; die Richtung der Hauptachsen entspricht oft der vorherrschenden Windrichtung in der Tropopause (Jetstrom). Der Durchmesser von Isoplethen (Linien gleicher maximaler Durchmesser von Klasten) hängt vor allem von der Höhe einer Eruptionssäule ab, deren maximale Höhe eine Funktion der Masseneruptionsrate ist und aus theoretischen Gründen (Stabilität von Konvektionssäulen) etwa 55 km nicht übersteigt (WILSON et al. 1978). Die Transportweite von Klasten einer bestimmten Größe wird nicht nur von der Expansion des oberen pinienförmigen Teils einer Eruptionssäule sondern auch stark von der Windgeschwindigkeit bestimmt (SPARKS 1986; CAREY & SPARKS 1986). Anhand von Abbildung 12-18 z. B. kann man aus der maximalen Korngröße von lithischen Klasten, ihrer Entfernung vom Schlot und dem Durchmesser der zugehörigen Isoplethe die Höhe der Eruptionssäule und die Windschergeschwindigkeit ableiten.

Man kann bei plinianischen Fallablagerungen grob drei Faziesbereiche unterscheiden:

(a) In der *proximalen Fazies* innerhalb eines Umkreises von ca. 2 km von Schlot sind meist unterschiedliche Transportmechanismen wirksam, aber anhand der Ablagerungen oft nicht eindeutig voneinander zu unterscheiden. Aschenstrom- und Surgeablagerungen bilden oft bis 90% der schlotnahen Gesamtmächtigkeit. Ballistisch transportierte Fragmente und die aus niedrigen, heißen

Tabelle 12-5. Plinianische Ablagerungen.

Eigenschaften der Partikel und Ablagerungen	Eruptions- und Transportprozesse
Gesteinszusammensetzung: felsisch (rhyolithisch, trachytisch, phonolithisch, dazitisch) wird mafischer im Verlauf einer Eruption	schnelle Entleerung einer zonierten, differenzierten Magmasäule
Klasten: hoch blasig, im wesentlichen essentiell; eckig	Fragmentierung durch Expansion magmatischer Gase; Abkühlung durch Vermischung mit Atmosphärenluft vor der Ablagerung.
Korngrößenveränderung: logormale Abnahme vom Eruptionszentrum	Fallout von hohen Eruptionssäulen
Sortierung: sehr gut	Fallout von hohen Eruptionssäulen
Strukturen: massig bis schlecht geschichtet, inverse bis normale Gradierung	fluktuierende Eruptionssäulen, die mehrere Stunden lang tätig sein können. Fallout aus turbulenten Tephrawolken
Volumen: mäßig bis groß (bis zu 1000 km^3)	hohe Masseneruptionsraten
Form der Ablagerungen: weit verbreitete Schichten	hohe Eruptionssäulen
Entgasungskanäle und Hochtemperaturveränderungen: fehlen	starke Abkühlung und Entgasung während des Transports
Verschweißung: Selten (Piperno)	niedrige Ablagerungstemperaturen
vergesellschaftet mit: häufig wechsellagernd mit Asche – oder Bimsstromablagerungen. Ballistische Ablagerungen in Kraternähe.	kollabierende Eruptionssäulen wegen zunehmenden Kraterdurchmessers und/oder Abnahme des magmatischen Gasgehaltes im Verlauf der Eruption.

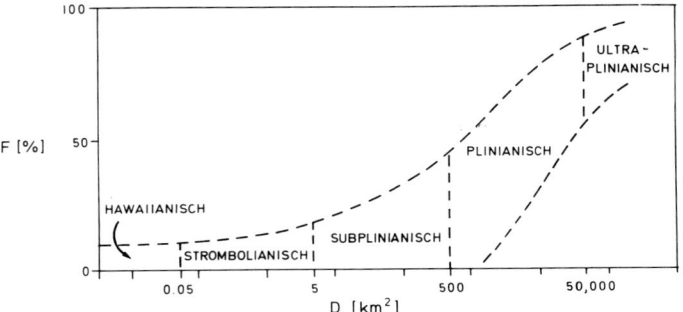

Abb. 12-15. Klassifikation explosiver Eruptionen anhand des Fragmentierungsgrades und der Dispersionsfläche ihrer Tephraablagerungen (s. Text). Nach WALKER (1973).

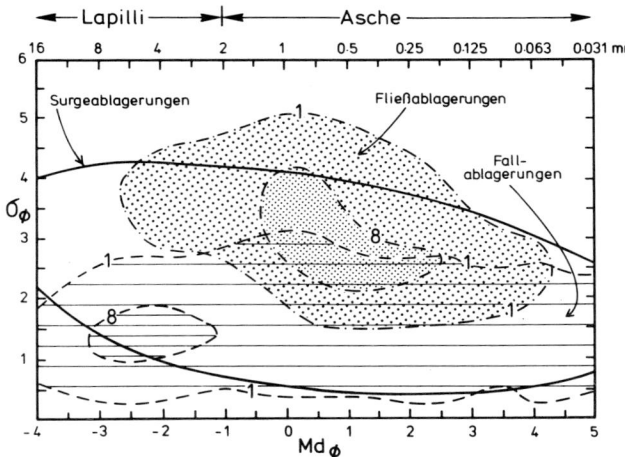

Abb. 12-16. Unterscheidung von Fließ- und Fallablagerungen anhand ihrer Korngröße und Sortierung. Die 1% und 8% Häufigkeitslinien der Felder für Fall- und Fließablagerungen nach WALKER (1971). Nach FISHER & SCHMINCKE (1984).

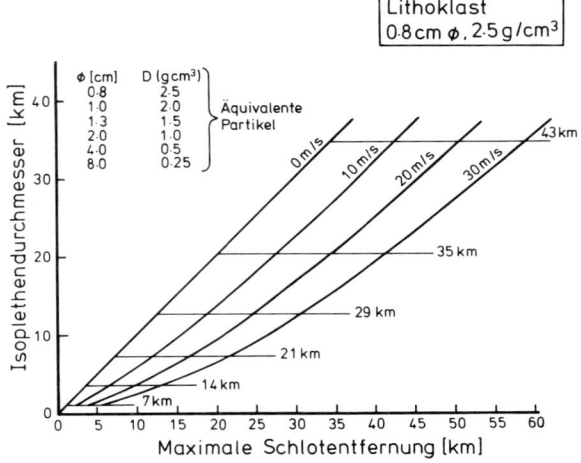

Abb. 12-17. Abhängigkeit der maximalen Entfernung einer Isoplethe (Linie gleichen Patikeldurchmessers) senkrecht zur Achse eines Dispersionsfächers für einen Lithoklasten von 0,8 cm Durchmesser und einer Dichte von 2,5 g/cm³ (entspricht einem Bimsklasten von 4 cm Durchmesser und einer Dichte von 0,5 g/cm³), der Entfernung vom Schlot, der Höhe der Eruptionssäule (7–43 km), sowie der Windgeschwindigkeit (0–30 m/s). Nach CAREY & SPARKS (1986).

Eruptionssäulen entstehenden verschweißten Fallablagerungen (Agglutinate), wie der Piperno der phlegräischen Felder, sind auf die proximale Fazies beschränkt.

(b) *Mediale Fazies:* Maximale Korngrößen, Median und Schichtmächtigkeiten zeigen häufig eine lognormale Abnahme mit der Entfernung. Der Knick in den Kurven (Abb. 12-17) kann im Bereich der nicht scharf definierbaren Grenze der Faziesbereiche liegen. Die klassischen, relativ homogenen Bimslapillilagen etwa des Laacher See Vulkans oder die des Vesuvs bei Pompeji gehören zu dieser medialen Fazies. Talfüllende Aschenströme und Surge-Ablagerungen sind ebenfalls auf diesen Faziesbereich beschränkt.

(c) Die Grenze zwischen medialer und *distaler Fazies* kann durch die Mediangrenze Lapilli/Asche definiert werden. In der distalen Fazies treten ausschließlich Fallablagerungen auf, die sich bei großen plinianischen Ablagerungen über mehr als 1000 km vom Schlot verfolgen lassen (Abb. 12-18). Die Grenze zwischen beiden Faziesbereichen liegt im Fächer der Laacher See Tephra ca. 15 km östlich und südlich des Laacher Sees.

In der proximalen und medialen Fazies mit groben Lapillilagen wechsellagernde Aschenlagen sind meist massig und enthalten häufig *akkretionäre Lapilli*. Dies sind etwa 1–20 mm große, runde bis ellipsoidale Körper, die aus einem oft unstrukturierten Kern aus groben Glasscherben bestehen, der von konzentrischen Schalen aus feinen Aschenpartikeln umgeben sein kann (MOORE & PECK 1962) (Abb. 12-19). Das feinkörnige Aschenmaterial kann aus den Aschenströmen stammen, aus denen es beim Fließen elutriiert wird. Die relativ kraternahe Sedimentation feiner Aschen in unor-

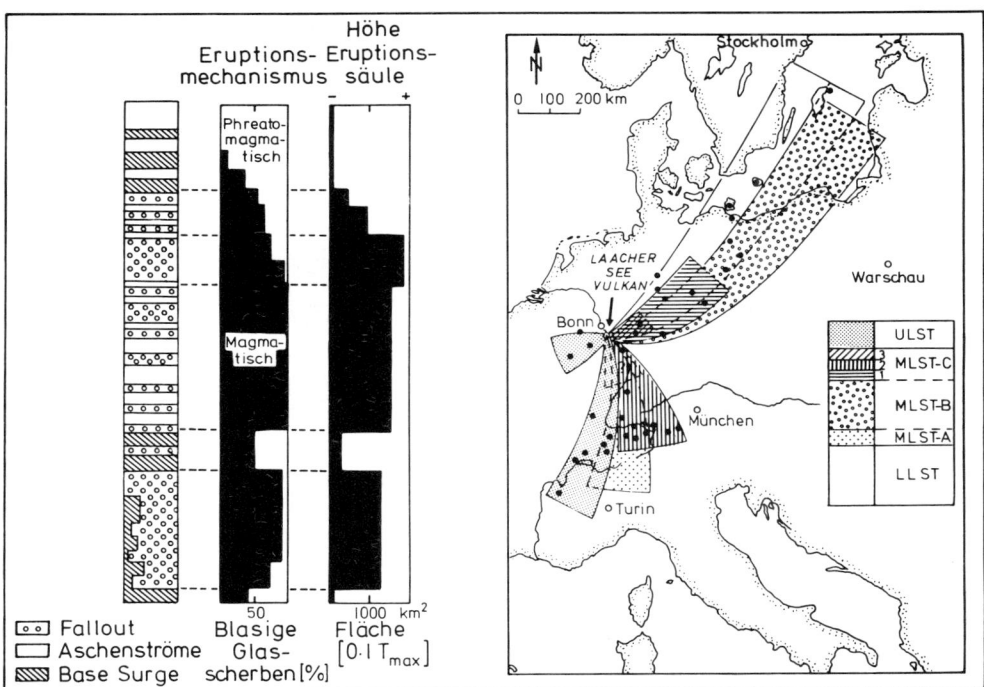

Abb. 12-18. Stratigraphisches Säulenprofil der spätquartären Laacher See Tephraablagerungen mit den drei Hauptablagerungstypen (Fallout, Aschenströme, Base Surges), dem Verhältnis blasiger (magmatische Eruption) zu dichten, phreatomagmatisch entstandenen Glasscherben und der relativen Höhe der aus der Verbreitung einzelner Schichten abgeleiteten Höhe der Eruptionssäule (hoch bei magmatischen, niedrig bei phreatomagmatischen Eruptionen). Rechts die zeitliche Abfolge der Hauptdispersionsfächer. Nach BOGAARD & SCHMINCKE (1985).

ganisierten clusters (SOREM 1982; CAREY & SIGURDSSON 1982) oder akkretionären Lapilli ist wahrscheinlich bedingt durch einen Feuchtigkeitsfilm an den Pyroklasten. Durch expandierenden Wasserdampf entstandene Blasen treten sowohl in grobkörnigen Kernen wie in der feinkörnigen Schale von akkretionären Lapilli auf. SCHUMACHER (1988) hat den Aufbau und die Entstehung von akkretionären Lapilli eingehender untersucht.

Abb. 12-19. Regional weit verbreitete phonolithische Aschenschicht, die überwiegend aus akkretionären Lapilli besteht. Mittlere von drei Hauptaschenhorizonten aus akkretionären Lapilli. Spätquartäre Mittlere Laacher See Tephra. Nickenicher Wald (Laacher See). Stift 20 cm lang.

12.3.3 Tephrochronologie

Quartäre Aschenlagen sind von großer stratigraphischer Bedeutung, weil Fossilien sich zur genauen Korrelation dieser meist glazial beeinflußten Sedimente nicht eignen. Darüber hinaus sind quartäre Tephralagen oft vorzüglich erhalten. THORARINSSON (1981), der vor allem die Aschen der Hekla in Island seit den vierziger Jahren erforschte, hat eine eigene Disziplin begründet, die *Tephrochronologie*.

Aschenlagen wurden früher hauptsächlich anhand des Brechungsindex frischer Gläser charakte-

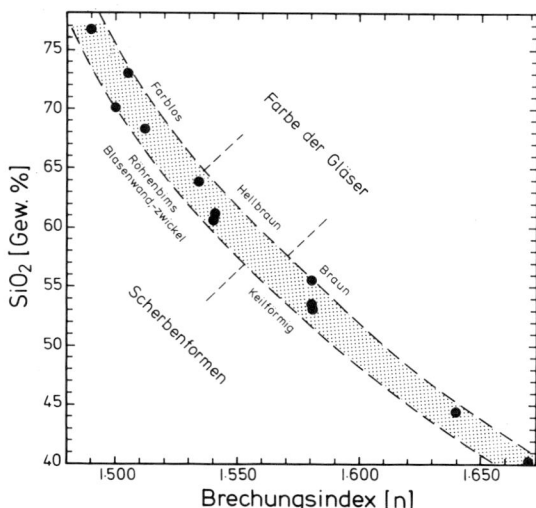

Abb. 12-20. Zusammenhang zwischen Farbe, Form, Brechungsindex und SiO_2-Gehalt von Glasscherben aus marinen Fallouttephralagen. Nach SCHMINCKE (1981).

risiert und korreliert, der mit sinkendem SiO_2-Gehalt steigt (Abb. 12-20). Die zur Zeit genauesten Untersuchungsmethoden umfassen die Analyse der Hauptelementzusammensetzung von Glasscherben mit der Elektronenmikrosonde und der Spurenelementspektren von gesamten Aschenproben mittels INAA (WESTGATE & GORTON 1981). Durch umfangreiche Mikrosondenbestimmungen an vitrischen Aschen wurden mehrere Teilfächer der chemisch zonierten Laacher See Eruption (11 000 a B.P.) voneinander unterschieden, ihr unterschiedlich weiter Transport mit den wechselnden Eruptionsmechanismen und damit unterschiedlichen Höhen der Eruptionssäule korreliert, und von ähnlich alten Aschenlagen in Nord- und Mitteleuropa abgegrenzt (BOGAARD & SCHMINCKE 1985) (Abb. 12-18). Die Schwermineralspektren von Tephralagen können stark von Xenokristallen der durchschlagenen Gesteine beeinflußt werden (BOGAARD & SCHMINCKE 1988a). Neogene Tephralagen können mit Spaltspuren-, C^{14}, K-Ar-, und $^{40}Ar/^{39}Ar$-Methoden datiert werden (NAESER et al. 1981; BOGAARD & SCHMINCKE 1988b).

12.3.4 Neogene marine Aschenlagen

In der Nähe von Ozeaninseln, auf denen höher differenzierte Magmen eruptieren, oder offshore vor vulkanisch aktiven Kontinenträndern oder Inselbögen, treten in quartären und tertiären Sedimenten häufig marine Aschenlagen auf (Abb. 12-21, 22). Diese Tephralagen sind von großer stratigraphischer Bedeutung, weil sie oft Flächen bis $> 10^6$ km^2 bedecken. Da einzelne Fallout Aschenlagen einzigartige Isochronen darstellen, und darüberhinaus von kontinentalen bis in marine Environments reichen können, eignen sie sich zur Korrelation und zeitlichen Eichung moderner sauerstoffisotopen- und magnetostratigraphischer Untergliederungen sowie der Rekonstruktion gleichzeitiger kontinentaler und mariner Klimaentwicklungen (SARNA-WOJCICKI et al. 1987). Auch ihre paläogeographische, paläotektonische und paläovulkanologische Signifikanz ist groß, denn anhand von Aschenlagen läßt sich die zeitliche und stoffliche Entwicklung einer Vulkanprovinz und damit eines bestimmten tektonischen Milieus gut rekonstruieren. In der Häufigkeit mariner Tephralagen können sich möglicherweise Perioden globaler Magmenproduktion oder möglicher Klimabeeinflussung durch gehäufte große Vulkaneruptionen widerspiegeln (KENNETT 1982).

Einzelne Aschenlagen sind meist bis zu 5, selten 20 cm mächtig, häufig normal gradiert, mit Kristallanreicherung an der Basis. Reverse Größengradierung ist häufig (Bimsanreicherung am Top). Während oder kurz nach ihrer Ablagerung können die primär gut sortierten Tephralagen von Strömungen oder bodenwühlenden Organismen umgelagert oder mit nicht-vulkanogenen Sedimenten vermischt werden. Die Basiskontakte sind daher meist scharf, die Topkontakte diffus. Der größte Anteil der ins Meer verfrachteten Aschen ist im nicht-vulkanogenen Sediment dispers verteilt und schwer nachzuweisen, wobei feinkörniges Tephramaterial nicht nur aus windverdrifteten Aschenwolken sedimentiert wird, sondern auch durch Abrieb aus dichtgepackten Bimsflößen entsteht. Bimsflöße werden z. B. im Südpazifik häufig beobachtet und können Flächen von Hunderttausenden von km^2 bedecken. Die chemische Zusammensetzung (SiO_2-Gehalt) von Glasscherben kann anhand ihrer Form, Blasigkeit, Farbe und ihres Brechungsindex näherungsweise bestimmt werden (Abb. 12-20). SiO_2-Gehalte von Glasscherben können bis zu 10% innerhalb einer Lage schwanken. Aschenlagen werden bei der Diagenese häufig zu Tonmineralen, insbesondere Montmorillonit sowie zu Zeolithen umgewandelt (12.7.3). Einige Schwerminerale, wie z. B. Zirkon, sind bei der Diagenese stabil und eignen sich wegen ihrer variablen Morphologie vorzüglich zur Charakterisierung und großräumigen Korrelation etwa paläozoischer Tephralagen (WINTER 1981).

Marine Tephralagen sind meist mit kalkigen oder kieseligen pelagischen Schlämmen assoziiert. Bei hohen Erosions- und Sedimentationsraten, z. B. in den Sedimentationsräumen auf beiden Seiten von Inselbögen (Abb. 12-21), sind Aschenlagen auch mit häufig vulkanogenen Turbiditen assoziiert.

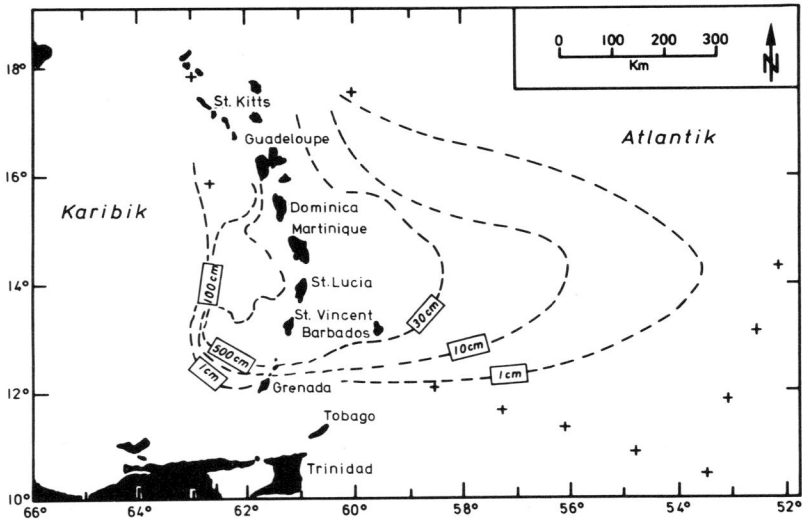

Abb. 12-21. Kumulative Mächtigkeit von Tephrastromablagerungen (westlich der Antillen) und umgelagerten vulkanogenen Sanden (östlich), die während der vergangenen 10^5 Jahre beiderseits der Kleinen Antillen abgelagert wurden. Nach SIGURDSSON et al. (1980).

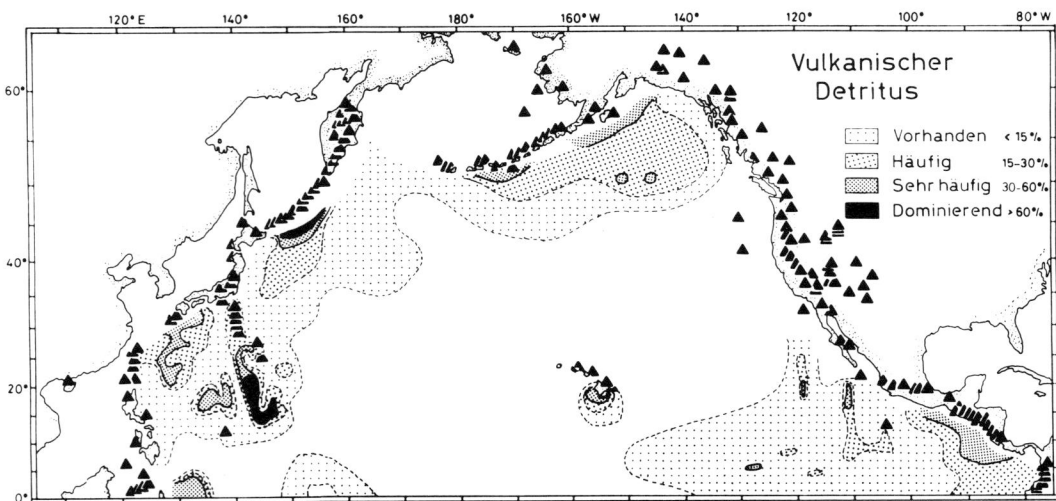

Abb. 12-22. Verbreitung von vulkanischem Detritus (überwiegend Glasscherben) in pelagischen Oberflächensedimenten des Nordpazifik. In den weiß gelassenen Gebieten kommen vulkanische Partikel entweder nur in Spuren vor oder sind nicht durch Probenpunkte belegt. Dreiecke bezeichnen aktive Vulkane. Nach McCoy & SANCETTA (1985).

Zusammenfassung

Fallablagerungen sind generell gut sortiert, relativ monomikt und schlecht geschichtet. Vereinfacht lassen sich Fallablagerungen zwei Gruppen zuordnen:

Die bei hawaiianischen und strombolianischen Eruptionen geförderten basaltischen Tephraablagerungen sind überwiegend grobkörnig (Lapilli- bis Bombengröße), gut sortiert, von geringem Volumen und werden in Kraternähe abgelagert. Die aus plinianischen Eruptionen resultierenden Bimslapilli- und Aschenlagen sind intermediärer bis hochdifferenzierter Zusammensetzung. Große Masseneruptionsraten und hohe Initialgeschwindigkeiten führen zu hohen Eruptionssäulen und großer flächenhafter Verbreitung der Tephra. Mehr als 50% der Tephra-Volumina bestehen aus feinkörnigem Aschenmaterial (< 1 mm), das Hunderte bis Tausende von Kilometern weit transportiert werden kann.

Marine Tephralagen lassen sich auf große plinianische Eruptionen an Land zurückführen, deren Eruptionszentren aber in geologisch älteren Sedimentbecken meist nicht erhalten sind. Flächenhaft extrem weit verbreitete marine Tephralagen stellen die besten verfügbaren stratigraphischen Leithorizonte dar. Auch zu Tonmineralen (Smektit, Illit, Kaolinit) gealterte Tephralagen lassen sich in geologisch älteren Ablagerungen anhand ihrer Schwermineralspektren und chemischen Zusammensetzung noch charakterisieren und weiträumig korrelieren.

12.4 Subaerische Fließablagerungen

Daß Tephra nicht nur in der Atmosphäre verdriftet wird, sondern auch am Boden entlang fließen kann, war zwar im Prinzip schon vor der Eruption der Mt. Pelée auf Martinique im Jahre 1902 bekannt, z. B. durch die Untersuchungen von WOLF (1878) am Cotopaxi. Dennoch dauerte es über ein halbes Jahrhundert, bis die weltweite Verbreitung und Bedeutung pyroklastischer Ströme und ihrer Ablagerungen erkannt wurde (SMITH 1960 a, b; ROSS & SMITH 1961).

Nach wie vor stehen Fragen nach den Entstehungsmechanismen und Transportprozessen von Aschenströmen im Vordergrund der Forschung. Neben der enormen stratigraphischen und vulkanologischen Bedeutung von Aschenstromablagerungen wird heute zunehmend ihre petrologische Aussagekraft erkannt, denn die meisten dieser Ablagerungen sind chemisch-mineralogisch systematisch zoniert. Wegen der z. T. riesigen eruptierten Volumina einzelner Ströme (bis > 3000 km^3) und ihrer raschen Eruption stellen sie eine Momentaufnahme des Oberteils von Magmakammern dar, deren Aufbau und Entstehung sich anhand dieser Ablagerungen besser rekonstruieren lassen als aus fast allen anderen Gesteinen, die großen plinianischen Fallablagerungen ausgenommen.

In den letzten Jahren sind neben den eigentlichen Aschenströmen hochverdünnte Bodensysteme erkannt worden, die sogenannten *Surges*, die sich vor, während oder nach der Eruption von Aschenströmen bilden können. Auch die am Schluß dieses Abschnitts besprochen Lahars können sich häufig aus Aschenströmen entwickeln.

12.4.1 Nomenklatur

Die Klassifizierung und Benennung von Aschenströmen und ihren Ablagerungen ist nicht einheitlich. Anstelle der aus dem vorigen Jahrhundert stammenden Begriffe Eutaxit und Tufolava für kompakte, und Traß für lockere Ablagerungen sind heute zwei Begriffe getreten, die zur Zeit nebeneinander verwendet werden. Der 1935 von MARSHALL geprägte Begriff *Ignimbrit* wird sowohl für lockere wie für verschweißte Ablagerungen warmer bis heißer pyroklastischer Ströme benutzt, aber auch für die Eruption und das fließende System. Genauer, aber umständlicher sind die Begriffe

752 Pyroklastische Gesteine

Glutlawine oder *pyroklastischer Strom* (bzw. *Aschenstrom* wenn der Median < 2 mm beträgt) für das fließende System und pyroklastische Stromablagerung für die Tephraablagerung. *Verschweißte Tuffe* (welded tuff), früher auch Schmelztuff genannt, werden nur die sehr heiß abgelagerten, verschweißten Ablagerungen genannt. *Sillars* sind durch Kristallisation aus der Dampfphase verbackene aber unverschweißte Ablagerungen. Im folgenden benutze ich pyroklastischer Strom für das fließende System und Ignimbrit für die Ablagerung.

12.4.2 Verbreitung, Aufbau, Gefüge; Eruptionsmechanismen

Das große Spektrum der Ignimbrite kann man stark vereinfacht nach folgenden Kriterien unterteilen.

Kleinvolumige Ignimbrite (< 1 km³) sind meist unverschweißt, auf Täler beschränkt und aus zentralen Schloten gefördert worden. Sie fließen meist nicht weiter als etwa 10 km und entstehen häufig im Verlaufe von komplexen plinianischen Eruptionen etwa bei Schloterweiterung oder nachlassendem Gasdruck. Beispiele sind die Glutlawinenablagerungen des Vesuvs (Herkulaneum wurde im Jahre 79 n. Chr von Aschenströmen begraben) oder die Traßablagerungen des Laacher See Vulkans (Abb. 12-23, 24, 25).

Großvolumige Aschenströme (> 1 km³) sind meist aus Caldera-Ringspalten eruptiert, können bis über 100 km weit fließen und sind flächenhaft verbreitet und daher plateaubildend. Bekannte Beispiele sind die großen kontinentalen Ignimbritdecken im westlichen Nordamerika (Bandelier Tuff und Bishop Tuff (Abb. 12-26, 27) und in Südamerika oder die Ignimbrite Armeniens und Neuseelands.

Ein weiteres wichtiges Unterscheidungsmerkmal ist die Blasigkeit der Pyroklasten. Ignimbrite im engeren Sinne bestehen aus Bims, Glasscherben und Kristallen sowie, insbesondere an der Basis,

Abb. 12-23. Wechsellagerung unverschweißter Ignimbrite, die von der mächtigen Talfazies (rechts) in die dünne overbank-Fazies (links) übergehen, mit extrem gut sortierten plinianischen Falloutlapillilagen (Spitze des in 10 cm Intervallen unterteilten Maßstabs). Das Paläotal (Bild senkrecht zur Achse) ist von den unteren Aschenströmen in die groben basalen Falloutlagen eingeschnitten worden. Spätquartäre, phonolithische Laacher See Tephra, ca. 2 km vom Eruptionszentrum.

lokal angereicherten Xenolithen, denn sie sind durch magmatische Entgasung und Zerreißung entstanden. Glutlawinen können aber auch dann entstehen, wenn viskose Lava, als Dom aus dem Schlot gepreßt, instabil wird oder als Lavastrom einen steilen Vulkanhang hinunterfließt und dabei explosionsartig fragmentiert wird. Die Klasten in diesen Ablagerungen sind eckiger und viel geringer blasig als die der Ignimbrite im eigentlichen Sinne. Die Glutlawinenablagerungen der Eruption der Mt. Pelée im Jahre 1902 z. B. bestehen überwiegend aus relativ blasenarmen Pyroklasten. Diese Ablagerungen werden daher auch Block- und Aschenströme genannt.

Da alle Arten von Glutlawinen einen Typ von Massentransport am Boden darstellen, sind die Ablagerungen charakteristischerweise schlecht sortiert und im großen und ganzen massig (Abb. 12-23, 24, 26). Maximale Durchmesser von Bimsen und Xenolithen nehmen mit der Entfernung weniger systematisch ab als bei Fallout Ablagerungen.

Die lithologische und genetische Grundeinheit der Ignimbrite ist die *Fließeinheit* (SMITH 1960b), die aus verschiedenen Zonen besteht, die sich besonders im laminaren Fließregime bilden (s. u.) (SPARKS et al. 1973; FREUNDT & SCHMINCKE 1986) (Abb. 12-24); s. auch WILSON & WALKER (1982).

Über einer Bodenlage variabler lithologischer und granulometrischer Zusammensetzung folgt die feinkörnige Basis der eigentlichen Fließeinheit. Sie wird relativ abrupt überlagert von einer gesteinsfragmentreichen Zone, die durch Aussaigerung der dichten Klasten entsteht. Dieser entspricht eine bimsreiche Zone am Top einer Fließeinheit. Beide schließen die zentrale, wenig gegliederte Hauptzone ein. Eine Staublage kann den bimsreichen Top einer Fließeinheit überlagern. Lokale Anreicherungen von Gesteinsfragmenten (lithische Breccien), vor allem in der proximalen, und Entgasungskanäle (lapilli pipes) besonders in der distalen Fazies sind weitere charakteristische Merkmale von Ignimbriten (Abb. 12-24, 25). In der Aschenmatrix sind Phänokristalle relativ zu Glasscherben meist angereichert, da feine Asche beim Fließen eluiriert wird, spektakuläre Glutwolken bildet, welche die eigentlichen, am Boden fließenden Glutlawinen verhüllen und als feinkörnige Top-aschenlage sedimentiert wird, die oft akkretionäre Lapilli enthält.

Wenn Aschenströme heiß abgelagert werden, können Glasscherben und Bimse miteinander verschweißen (Abb. 12-28, 29, 30), so daß kompakte, Lava-ähnliche Gesteine entstehen, die bis etwa 1960 auch meist als Lavaströme interpretiert wurden. Charakteristisch sind eutaxitische Gefüge und

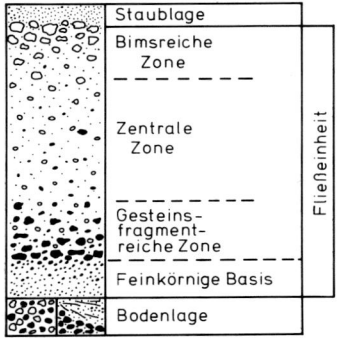

Abb. 12-24

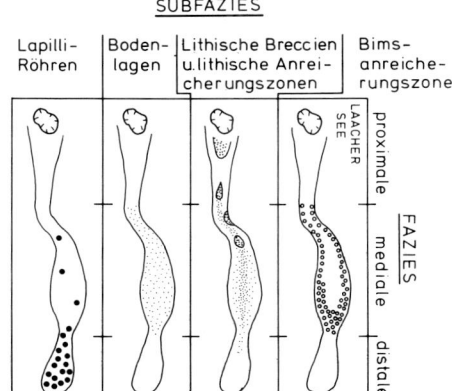

Abb. 12-25

Abb. 12-24. Schematischer Querschnitt durch eine ignimbritische Fließeinheit (s. Text). Nach FREUNDT & SCHMINCKE (1986).

Abb. 12-25. Charakteristische Gefüge der proximalen, medialen und distalen Fazesbereiche von unverschweißten, kleinvolumigen, talfüllenden Ignimbriten. Phonolithische Laacher See Tephraablagerungen (Osteifel). Nach FREUNDT & SCHMINCKE (1986).

754 Pyroklastische Gesteine

geplättete Bimse (*fiamme*), die ihren Porenraum bei der Kompaktion im plastischen Zustand wieder verloren haben (Abb. 12-28). Die minimale Verschweißungstemperatur liegt bei etwa 550 °C, ist aber stark von der Korngröße und der chemischen Zusammensetzung, insbesondere vom Wassergehalt des Glases abhängig. Der Grad der Verschweißung wird überdies stark vom Überlagerungsdruck bestimmt und nimmt daher zum Top einer Abkühlungseinheit hin ab. In rezenten Aschen-

Abb. 12-26. Quartärer rhyolithischer Ignimbrit (Bishop Tuff, Kalifornien). Basale plinianische Falloutlage ca. 3 m mächtig ist überlagert von grobkörnigen, geschichteten bimsreichen Basislagen, die mit erosiver Diskordanz vom eigentlichen Ignimbrit überlagert werden. Dem Zentralteil mit Abkühlungsklüftung folgt im Hangenden die Topzone, in der die Matrix zwischen rundlichen Säulen (50 cm ⌀) erodiert ist, die durch Dampfphasenminerale bei der Entgasung verbacken wurden.

Abb. 12-27. Mikrophoto von unverschweißten, überwiegend bimsigen Glasscherben. Feinkörnige Matrixasche in den unregelmäßigen Einbuchtungen am Rand von Bimsscherben ist bei der Elutriation nicht ausgeblasen worden. Große zentrale Bimsscherbe enthält Quarzeinsprengling mit Korrosionsbucht. Bishop Tuff (s. Abb. 12.26).

Abb. 12-28. Fiamme (kollabierte glasige Bimslapilli) in feinkörniger Aschenmatrix. Tertiärer dazitischer Ignimbrit (Armenien).

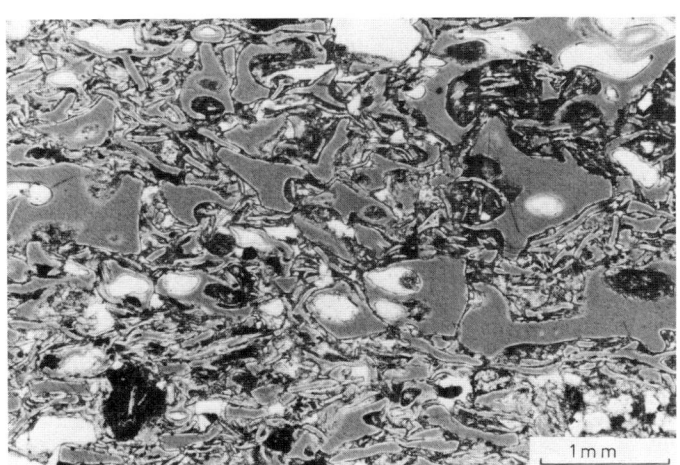

Abb. 12-29. Schwach verschweißte rhyolithische Glasscherben aus der vitrischen Basis des miozänen Carpenter Ridge Tuff (Colorado).

stromablagerungen werden nicht selten Temperaturen von über 700 °C gemessen, ohne daß die Ablagerungen verschweißt sind. Mehrere Fließeinheiten können zusammen abkühlen und eine Abkühlungseinheit bilden (SMITH 1960b). In der Topzone können Pyroklasten durch Mineralphasen miteinander verbacken werden, die sich im Porenraum aus der Dampfphase abscheiden und bei den häufig rhyolithischen bis dazitischen Ignimbriten überwiegend aus Alkalifeldspat und Cristobalit oder Tridymit bestehen.

Die Temperatur einer ignimbritischen Abkühlungseinheit und damit das jeweilige Gefügespektrum hängt vor allem von der Höhe der Eruptionssäule und damit vom Grad der Zumischung kalter Luft ab. Die Eruptionssäulenhöhe wird wiederum vom Gasgehalt (vor allem H_2O) eines Magmas und damit der Masseneruptionsrate gesteuert. Mehrere Endglieder können voneinander unterschieden werden (Abb. 12-30).

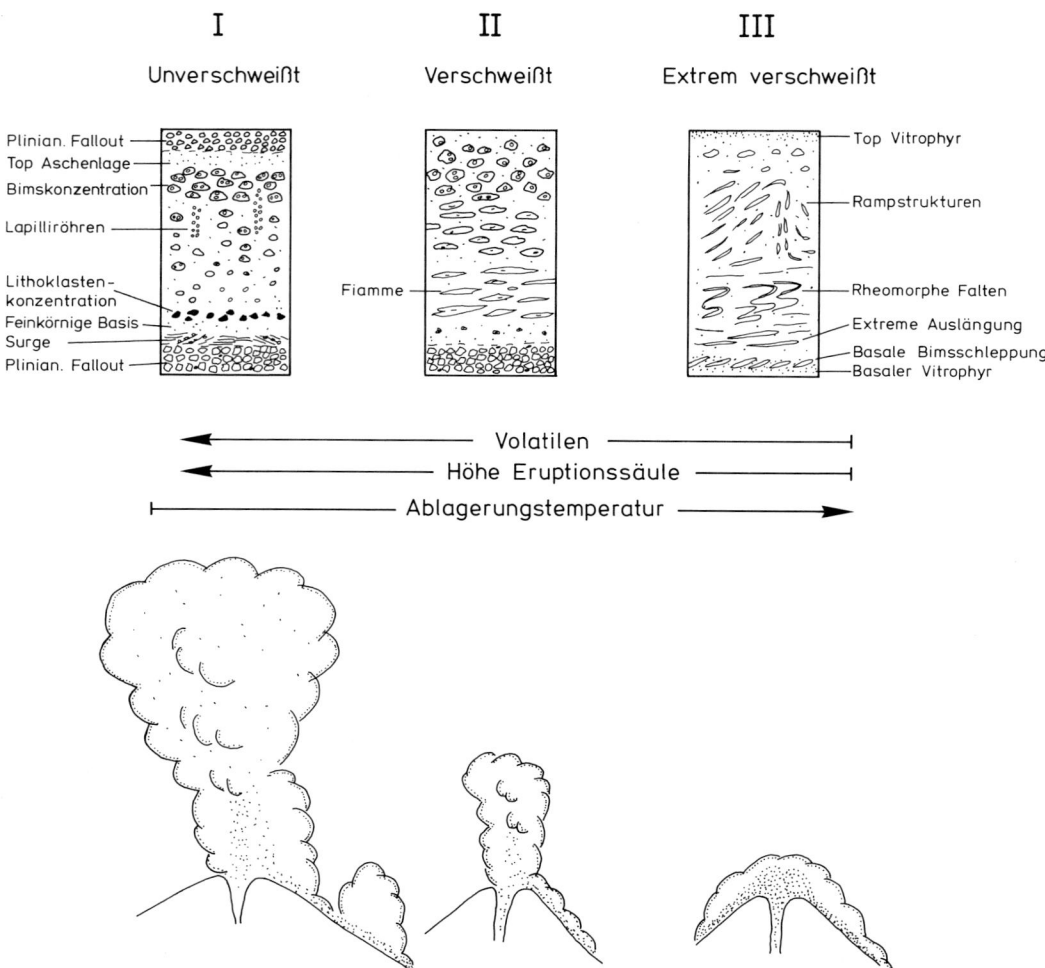

Abb. 12-30. Schema von unverschweißten, mittelverschweißten und extrem verschweißten Ignimbriten und ihre mögliche Entstehung aus Eruptionssäulen unterschiedlicher Höhe.

12.4.3 Transportmechanismen; Faziesbereiche

Glutlawinen entstehen vor allem dann, wenn konvektierende Eruptionssäulen instabil werden und kollabieren (WILSON et al. 1980; SPARKS & WILSON 1976), aber auch aus niedrigen Aschenfontänen über dem Schlot oder durch kollabierende Dome oder Lavaströme.

Bei kleinvolumigen Aschenströmen kann man drei sich überlappende Fließregimes voneinander unterscheiden (FREUNDT & SCHMINCKE 1986). Turbulentes Fließen herrscht im proximalen Ablagerungsbereich vor, in dem Aschenströme eine starke erosive Kraft haben (Abb. 12-23, 25), gefolgt von einem medialen Bereich laminaren Fließens, in dem sich die charakteristische Zonierung der Fließeinheiten entwickelt (Abb. 12-25). Plugfließen über einer basalen Scherzone charakterisiert das distale Endstadium.

Die großen Entfernungen, die Glutlawinen zurücklegen können, sind sowohl durch die hohe potentielle Energie erklärbar, die mit der Kollapshöhe einer Eruptionssäule zunimmt, wie auch durch die starke Fluidisierung, die vor allem durch die Menge an Luft bestimmt wird, welche an der Stromstirn eingesaugt wird und mit der Fließgeschwindigkeit zunimmt. Diese Fluidisierungsvorgänge sind experimentell und theoretisch in den letzten Jahren eingehender untersucht worden (WILSON 1980; 1984). Beim Fließen elutriiertes Aschenmaterial und die höher verdünnten Randbereiche von Aschenströmen können voluminöse Aschenlagen bilden (Staublage in Abb. 12-24), die weit über die eigentlichen Ignimbrite hinausreichen können (SPARKS & WALKER 1977; BOGAARD & SCHMINCKE 1984).

12.4.4 Surgeablagerungen

Ignimbrite sind häufig mit relativ gut sortierten, lokal schräggeschichteten oder laminierten Tuffen assoziiert, die wegen ihrer charakteristischen Gefüge in Analogie zu den Mitte der 60iger Jahre bei phreatomagmatischen Eruptionen beobachteten Base Surges als Ablagerungen aus Surges, d. h. hochverdünnten heißen Strömen interpretiert werden. Diese Ablagerungen sind meist nur wenige cm bis dm mächtig, zeigen linsige Schichtung und enthalten gut gerundete Pyroklasten (Abb. 12-31). Nach dem gegenwärtigen Wissensstand scheint es mehrere Fließmechanismen zu geben, bei denen Surge-Ablagerungen entstehen können:

1. Sogenannte veneer deposits im proximalen Faziesbereich entstehen bei sehr energiereichen und schnellen Aschenströmen wie beim prähistorischen Taupo Ignimbrit (WALKER et al. 1981; WILSON & WALKER 1985; WILSON 1985);
2. Hochverdünnte Aschenwolken können sich direkt am Schlot oder aus der eigentlichen Glutlawine lösen und als eigenständige, hochverdünnte Glutwolke weiterfließen (FISHER et al. 1980);
3. Laterale, turbulent transportierte Overbankfazies von Aschenströmen, deren Hauptmasse auf Täler beschränkt ist (SCHUMACHER & SCHMINCKE 1988). Viele der sogenannten Britzbänke im Laacher See Gebiet stellen derartige Surgeablagerungen dar (Abb. 12-23, 31). Sie sind früher als Fallablagerungen interpretiert worden.

Abb. 12-31. Schräggeschichtete, steilstehende Surgeablagerungen aus wechsellagernden, gut gerundeten Bimslapilli und Aschenlagen. Grobkörnige, aschenmatrixfreie helle Falloutlagen im Oberteil des Bildes. Proximale Fazies der spätquartären, phonolithischen Laacher See Tephra bei Süßenborn (Kamm des Laacher See Beckens). Transportrichtung von rechts nach links.

12.4.5 Lahars

Vulkanische Schlamm- und Schuttströme und ihre Ablagerungen werden mit dem indonesischen Begriff *Lahar* bezeichnet. Laharablagerungen unterscheiden sich von Ignimbriten vor allem durch folgende Merkmale: Größere Partikelrundung, polymikte Zusammensetzung, schlechtere Sortierung, bedingt sowohl durch einen höheren Fein- wie Grobkornanteil, Beschränkung auf Täler und Wechsellagerung mit fluviatilen Sedimenten. Da sie bei niedriger bis mittlerer Temperatur abgelagert werden, fehlen die charakteristischen Hinweise auf erhöhte Temperatur wie Holzkohle, Entgasungskanäle und natürlich Verschweißung. Eine Zonierung in eine feinkörnige Basislage, einen Hauptteil und eine wiederaufgearbeitete Topzone ist häufig (Abb. 12-32). Die mittlere Korngröße liegt im allgemeinen im Sandbereich (Abb. 12-33).

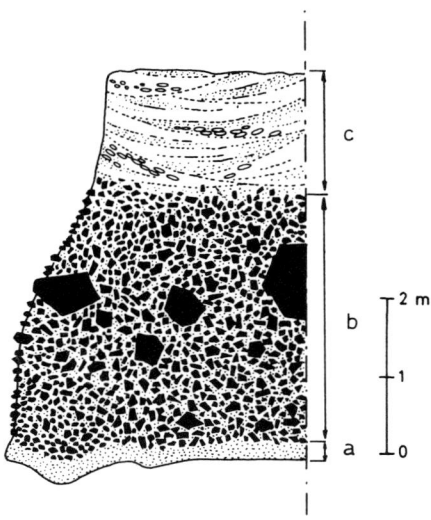
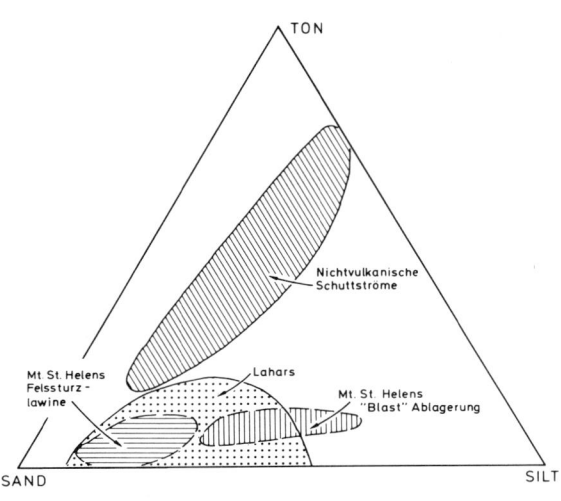

Abb. 12-32. Schematischer Querschnitt durch eine Laharablagerung mit feinkörniger Basis, grobem Zentralteil und schräggeschichteter, bimslapillireicher, wiederaufgearbeiteter Topzone. Pliozäne, dazitische Ellensburg Formation (Washington, USA). Nach SCHMINCKE (1967b).

Abb. 12-33. Korngrößenverteilung von Laharablagerungen. Nach FISHER & SCHMINCKE (1984).

Lahars entstehen sowohl syneruptiv, vor allem bei Eruptionen in Kraterseen oder Eis, oder wenn Glutlawinen in wasserführende Flußläufe münden, wie auch lange nach explosiven Eruptionen durch Remobilisierung von an steilen Hängen abgelagerten und daher instabilen Aschen bei Regenfällen. Infolgedessen bilden Laharablagerungen oft die Verlängerung von Ignimbriten über den Vulkanfuß hinaus (Abb. 12-34). Da Lahars bis weit in besiedelte Gebiete reichen, ist ihr Zerstörungspotential besonders hoch. Am 13.11.1985 begruben Schlammströme den Ort Armero am Fuße des 5400 m hohen Nevado del Ruiz Vulkan (Kolumbien); etwa 25 000 Menschen kamen um. Trotz ihres sehr geringen Volumens hatten die eruptierten heißen Surges und Aschenströme so viel Gletschereis geschmolzen, daß ein Schlammstrom hoher Erosivkraft entstehen konnte.

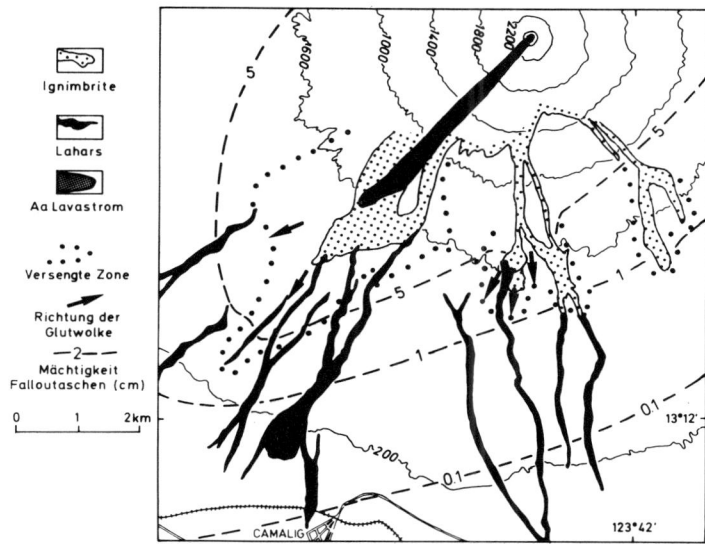

Abb. 12-34. Faziesverteilung von Lavaströmen, Ignimbriten und Fallouttephra der 1968er Eruption des Mt. Mayon Vulkans (Philippinen). Nach MOORE & MELSON (1969).

Zusammenfassung

Massige, schlecht sortierte, subaerisch abgelagerte vulkaniklastische Gesteine, die talausgleichend oder plateaubildend sind, können entweder als Ignimbrit (s. l.), Surgeablagerung oder Lahar identifiziert werden. Durch eine genaue Analyse der Partikel sowie der Mikro- und Makrogefüge kann man heute ein ganzes Spektrum von Ignimbriten und Surgeablagerungen unterscheiden, abhängig von unterschiedlichen Masseneruptionsraten, Fließgeschwindigkeiten, Gas/Partikelverhältnissen, Gesamtvolumina, Partikeldichten und Ablagerungstemperaturen. Glutlawinen, einschließlich Block- und Aschenströmen, entstehen praktisch jedes Jahr an irgendeinem Vulkan der Erde. Die massigen, meist 5–100 m mächtigen Ignimbriteinheiten bestehen fast immer aus mehreren, in sich gegliederten Fließeinheiten, die zusammen abkühlen und Abkühlungseinheiten bilden. Bims- und glasscherbenreiche Ignimbrite entstehen beim Kollaps plinianischer Eruptionssäulen oder durch niedrige Aschenfontänen. Bei sehr hohen Temperaturen abgelagerte Ignimbrite können zu lavaähnlichen Gesteinen verschweißen. Beim Kollaps viskoser Dome und Lavaströme können Block- und Aschenströme entstehen. Geringmächtige, geschichtete Surgeablagerungen sind mit vielen Ignimbriten assoziiert. Lahars unterscheiden sich von nichtvulkanischen Schlamm-/Schuttströmen durch ihre oft höhere Ablagerungstemperatur, die überwiegend vulkanische Zusammensetzung der Klasten und ihr Auftreten im Fuß- und Vorlandbereich von Vulkankomplexen. Von Ignimbriten unterscheiden sie sich vor allem durch ihre talfüllende Morphologie, fehlende Overbankfazies, höheren Feinkornanteil, stärkere Zurundung der Klasten, polymikte Zusammensetzung und niedrigere Ablagerungstemperatur.

12.5 Hydroklastische Ablagerungen

Bis vor etwa 20 Jahren hat man externem, d. h. nicht-magmatischem Wasser nur eine unbedeutende Rolle bei explosiven Vulkaneruptionen eingeräumt. Die Untersuchung der Tephraablagerungen der Eruption des Taal Vulkans (Philippinen) im Jahre 1965, die durch Wassereinfluß charakterisiert war

(MOORE et al. 1966) (Abb. 12.35), und die darauf folgenden zahlreichen Neubearbeitungen pyroklastischer Ablagerungen haben gezeigt, daß der Kontakt zwischen Magma und Wasser eine zentrale Rolle bei vielen vulkanischen Vorgängen spielt.

Heute kann man davon ausgehen, daß nicht nur Maare phreatomagmatisch entstanden sind, sondern daß externes Wasser viele Eruptionsmechanismen und Fragmentierungsprozesse bestimmt, insbesondere das initiale und terminale Stadium vieler Eruptionen. Dies gilt auch für große plinianische Eruptionen, deren erste Produkte häufig durch Magma-Wasserkontakt beeinflußt sind. Im Vordergrund der Forschung stehen zur Zeit die weitgehend ungeklärten physikalischen Vorgänge bei der Magma-Wasser Interaktion, insbesondere bei variablen Wasser/Magma-Verhältnissen und der Unterschied in den Fragmentierungs- und Eruptionsmechanismen bei offenen und geschlossenen Systemen. Als Analogmodell für explosive Reaktionen beim möglichen Durchschmelzen von nuklearen Reaktorkernen hat die Analyse dieser Prozesse eine aktuelle praktische Bedeutung.

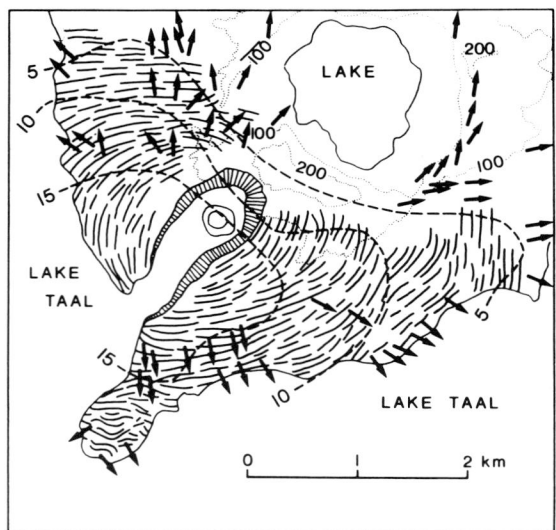

Abb. 12-35. Transportrichtungen (Pfeile), Lage der Dünenkämme (unterbrochene, unregelmäßige Linien) und Wellenlängenbereiche (5, 10, 15 m) der Surgeablagerungen der 1965er Eruption des Taal Vulkans (Philippinen). Gepunktete Linien – 100 (200) m Isohypsen. Nach MOORE et al. (1966).

12.5.1 Nomenklatur

Phreatische Eruptionen sind Dampfexplosionen, bei denen oberhalb von magmatischen Wärmequellen aufgeheiztes Grundwasser explosiv verdampft. Die Förderprodukte bestehen daher ausschließlich aus fragmentiertem Nebengestein. Phreatische Eruptionen sind typisch für das Initialstadium vieler pyroklastischer Eruptionen. Nur wenn frisches Magma mit externem Wasser in Berührung kommt, nennt man die entstehende Eruption *phreatomagmatisch*. Die Tephraablagerungen enthalten dann sowohl juvenile Klasten wie Xenolithe. Beide Begriffe gelten streng genommen nur für Süßwasserbeteiligung; jedoch ist nicht nur bei fossilen Ablagerungen, sondern auch bei rezenten explosiven Eruptionen im Küstenbereich von Vulkaninseln die Wasserzusammensetzung nicht oder nicht genau bestimmbar. FISHER & SCHMINCKE (1984) haben deshalb als Oberbegriff *hydroklastisch* – analog zu pyroklastisch – für alle diejenigen Eruptionen und Ablagerungen vorgeschlagen, bei denen Wasser und Magma bzw. magmatische Wärmequellen beteiligt sind; hydromagmatisch (MACDONALD 1972) und hydrovulkanisch sind synonyme Begriffe.

Inwieweit die Entstehungsmechanismen der surtseyanisch genannten klastischen Ablagerungen der 1963–67 vor Island entstandenen Vulkaninsel Surtsey (WALKER & CROASDALE 1972) mit den als phreatomagmatisch interpretierten vulkanianischen SCHMINCKE (1977) der Vulcano Eruption übereinstimmen ist noch ungeklärt.

12.5.2 Gefüge und Partikel

Durch eine Analyse der Gefüge und Partikel phreatomagmatisch entstandener Ablagerungen lassen sich in groben Zügen ihre Eruptions- und Transportprozesse rekonstruieren (Tab. 12-6). Die Anwesenheit von Wasser (-dampf) bei der Fragmentierung, Eruption und Ablagerung spiegelt sich wider in der Häufigkeit von abgeschreckten, dichten bis glasigen Partikeln (Abb. 12-36, 37, 38), akkretionären Lapilli (12.4), Blasentuffen (d. h. Tuffen mit einer blasenreichen, feinkörnigen Matrix, die am plausibelsten durch Ablagerung dampfreicher, feinkörniger Asche erklärbar sind; LORENZ 1974b), soft-sediment Deformationsstrukturen und Sedimentation feiner feuchter Aschen an steilen Hängen. Anzeichen auf erhöhte Ablagerungstemperaturen wie Fumarolen, Oxidation, Verschweißung usw. fehlen zumindest in der Wallfazies. Der Feuchtigkeitsfilm an den Oberflächen der warmen Partikel kann allerdings bei feinkörnigen, en masse transportierten Ablagerungen zur Bildung von

Tabelle 12-6. Hydroklastische Oberflächeneruptionen und Eigenschaften ihrer Ablagerungen (nach SCHMINCKE 1977).

Charakteristische Eigenschaften der Partikel und Ablagerungen	Eruptions- und Transportprozesse
Chemische Zusammensetzung: überwiegend basaltisch	geringer magmatischer Gasgehalt, hohe Temperatur, niedrige Viskosität
Klasten: nicht oder wenig blasig, Sideromelan, Brotkrusten	Abschreckung und Granulierung bei Magma-Wasser-Kontakt; geringe Entgasung; Dampfexplosionen
Korngröße: Median klein	Zerbrechen durch thermischen Stress und geringe Trennung des Feinkornanteils in Eruptionssäulen
Maximale Korngröße: sehr große Klasten	hohe Mündungsgeschwindigkeiten
Sortierung: schlecht	Wasser- (Dampf-) reichtum im Eruptionssystem
Gefüge: synsedimentäre Sedimentverformung; gute Schichtung; akkretionäre Lapilli; schlechte Sortierung; Ablagerung an geneigten bis senkrechten Flächen; häufige Blasentuffe	viel Wasser (Dampf) im Transportsystem; Horizontaltransport
Häufigkeit von Gesteinsfragmenten	plötzliche Dampferzeugung im Nebengestein
Großer Durchmesser essentieller und lithischer Klasten	große Explosionsenergie (Dampfexplosion)
Hinweise auf horizontalen Transport	base surge Transport
niedrige bis sehr niedrige Kegel	ballistischer und base surge Transport
keine Fumarolen und Entgasungskanäle in pyroklastischen Stromablagerungen; keine Verschweißung	Ablagerung bei niedrigen Temperaturen
Assoziierung mit strombolianischen Ablagerungen	unregelmäßige Wasserzufuhr bzw. Abschottung der Wasserzufuhr im Schlot
Hauptverbreitung bis etwa 5 km vom Schlot	niedrige Eruptionssäulen

Sekundärphasen und daher zu einer raschen Lithifizierung führen. Im allgemeinen jedoch ist die Palagonitisierung glasreicher hydroklastischer Ablagerungen ein späterer diagenetischer Prozeß (12.7).

Der Verbrauch primärer magmatischer Wärmeenergie bei der Aufheizung externen Wassers führt dazu, daß bei phreatomagmatischen Eruptionen entstehende, konvektive Eruptionssäulen nicht sehr hoch wachsen können. Dies, die starke Kohäsion der wasser- bzw. dampfbenetzten Partikel untereinander, sowie die Dampfexpansion am Schlot sind der Grund dafür, daß (a) phreatomagmatisch eruptierte Tephra meist in unmittelbarer Nähe des Schlots abgelagert wird (< 5 km), (b) die Ablagerungen schlecht sortiert sind und (c) lateraler Bodentransport, z.T. im oberen Fließregime häufig ist. Die Hochgeschwindigkeitssedimentgefüge sind besonders bemerkenswert, weil sie in nichtvulkanischen Sedimenten äußerst selten sind; sie umfassen sowohl *Antidünen* (FISHER & WATERS 1970) wie *chute-and-pool Strukturen* (SCHMINCKE et al. 1973) (Abb. 12-36). Für diese lateral expandierenden Bodenwolken wurde der Begriff *base surges* in die vulkanologische Literatur eingeführt, basierend auf der Analogie zu Wolken von Wasser oder Gesteinspartikeln, die sich vom Zentrum thermonuklearer Explosionen radial nach außen bewegen (MOORE 1967). Bei Explosionen, die sekundär in heißen Aschenströmen entstehen, welche Wasser oder Eis überlagern, werden analoge Ablagerungen produziert.

12.5.3 Maare und Tuffringe

Maarvulkane sind nach den Schlackenkegeln die häufigsten subaerischen Vulkantypen. Im Unterschied zu Schlackenkegeln bestehen sie vorwiegend aus meist gut geschichteten, extrem nebengesteinsreichen Tephralagen (Abb. 12-36, 37, 38, 39), die überwiegend horizontal transportiert und

Abb. 12-36. Antidüne (Strömungsrichtung von links nach rechts) in spätquartären basaltischen Maarablagerungen. Ubehebe Maar (Death Valley, USA).

Abb. 12-37. Grobkörnige, schlecht sortierte, an Holzfragmenten reiche „Blast"-ablagerungen der initialen, phreatomagmatischen Phase der Mt.St.Helens Eruption vom 18.5.1980 (proximale Fazies). Helle und mittelgraue Lapilli sind mikroporöse juvenile Dazitklasten.

Abb. 12-38. Gesteinsfragmentreiche, gut geschichtete, subrezente basanitische Surgeablagerungen, Ringwall Marteles Maar (Gran Canaria). Aufschlußhöhe 4 m.

Abb. 12-39. Gut geschichtete, phreatomagmatisch entstandene basanitische Aschenschichten, mit einer massigen dunklen Falloutlage wechsellagernd. Subrezent. Hoyo Negro (La Palma, Kanarische Inseln). Aufschlußhöhe 4 m.

kalt abgelagert worden sind. Bei nur geringem Zufluß externen Wassers nimmt der Anteil lithischer Klasten ab, die essentiellen Pyroklasten bestehen häufig aus dichten kugeligen Lapilli. Während früher die Maare der Eifel meist auf CO_2-Explosionen zurückgeführt wurden (FRECHEN 1976), werden sie heute am einfachsten durch phreatomagmatische Eruptionen erklärt (SCHMINCKE 1970, 1977; LORENZ 1974a; LORENZ & BÜCHEL 1980). Maare werden oft von großen Diatremen unterlagert, die mit nebengesteinsreichen, oft geschichteten, schüsselförmigen pyroklastischen Ablagerungen gefüllt sind und bis über 2000 m in die Tiefe reichen können (LORENZ 1986). Sie entstehen wahrscheinlich dadurch, daß sich das energetisch günstigste phreatomagmatische Eruptionsniveau (ca. 20–30 bar) im Verlauf einer Eruption bei genügender Wasserzufuhr in die Tiefe verlagern kann und der Schlot durch Kratereinbruch und Rückfall des explosiv geförderten Materials wiederholt verbreitert und aufgefüllt wird.

Tuffringe unterscheiden sich von Maarablagerungen durch ihren geringeren Anteil an Nebengestein und ihre Entstehung auf einer Landoberfläche im Unterschied zu den in die Oberfläche eingetieften Maaren (LORENZ 1974a, 1986). Sie bilden sich bei einem höheren Wasser/Magma-Verhältnis, insbesondere bei Eruptionen im Randbereich von Ozeaninseln und Inlandseen. Ein Beispiel in Mitteleuropa ist der palagonitisierte Tuffring von Kempenich.

Zusammenfassung

Viele Tephraablagerungen sind aufgrund der Morphologie der Klasten, der lithologischen Zusammensetzung, sowie ihrer Mikro- und Makrogefüge als Resultat von explosiven Eruptionen erklärbar, die durch externes Wasser beeinflußt oder dominiert wurden. Die wichtigsten Kriterien sind:

a) Die geringe Blasigkeit und der glasige Aggregatzustand der Klasten, die eine Abschreckung des Magmas vor einer starken magmatischen Entgasung anzeigen;

b) Akkretionäre Lapilli, Blasentuffe, und Feinkörnigkeit, welche die Anwesenheit von Wasser(-dampf) bei der Ablagerung sowie die hohe Fragmentierung von Magma und Nebengestein widerspiegeln;

c) Das Vorkommen großer Blöcke, das auf hohe Auswurfsenergien schließen läßt;

d) Die Häufigkeit von Xenolithen, die eine externe Explosionsquelle anzeigt, sowie

e) Die zahlreichen Sedimentstrukturen wie Dünen, Antidünen usw, die auf lateralen Transport durch Base Surges hinweisen.

Die höchste Energie bei phreatomagmatischen (oder hydroklastischen) Eruptionen in offenen Systemen scheint bei einem Volumenverhältnis Wasser/Magma von ca. 0,3–0,7 erreicht zu sein.

12.6 Submarine Tephraablagerungen

Submarin abgelagerte vulkaniklastische Sedimente sind in älteren geologischen Ablagerungen wesentlich häufiger als subaerische, weil diese viel schneller erodiert werden. Submarine Tephraablagerungen sind allerdings noch weniger erforscht als subaerische, da ihre Bildung nicht direkt beobachtet werden kann, sie oft mit nichtvulkanischem Detritus vermischt sind und noch rascher diagenetisch verändert werden als subaerische.

Im Prinzip lassen sich drei Hauptgruppen submariner Tephra voneinander unterscheiden:
a) Ablagerungen submariner Eruptionen;
b) Fall- oder Fließablagerungen subaerisch eruptierter Tephra;
c) Durch – subaerische – Erosion entstandene vulkanische Partikel die, z. B. durch Turbidite, Schuttströme oder Schwimmtransport (Bimsflöße) ins tiefere Wasser verfrachtet werden.

In der Praxis ist die Unterscheidung dieser Eruptions- und Ablagerungsmilieus sowie der unterschiedlichen Fragmentierungsmechanismen anhand der Ablagerungen äußerst schwierig.

12.6.1 Pillow- und Schichtlavabreccien

Die meisten Vulkane eruptieren entlang mittelozeanischer Rücken in Wassertiefen von ca. 2500 m, ohne daß wir es merken, weil wir Tiefsee-Eruptionen mit den heute verfügbaren Instrumenten angesichts eines zu weitmaschigen Beobachtungsnetzes generell nicht von weitem orten können. Aus Bohrungen in die Ozeankruste und aus Untersuchungen von Ophiolithkomplexen wissen wir jedoch, daß vulkaniklastische Gesteine etwa 10% der ca. 1–1,5 km dicken extrusiven Ozeankruste ausmachen.

Dies sind insbesondere verschiedenartige, meist basaltische Breccien, die nach dem Grad der Desintegration von Lavaschläuchen (pillows) und Grad der Umlagerung in mehrer Hauptgruppen unterteilt werden können (Abb. 12-40–44):

a) *Pillowbreccien* bestehen aus partiell zerbrochenen Pillows. Die Fragmentgröße variiert stark, die Klasten sind monomikt und eckig. Diese Breccien sind meist matrixfrei, von unregelmäßiger Form und mit Pillowlavapaketen assoziiert. Pillowbreccien können syneruptiv gebildet werden, z.B. wenn der übersteilte Hang eines wachsenden Pillowvulkans kollabiert.

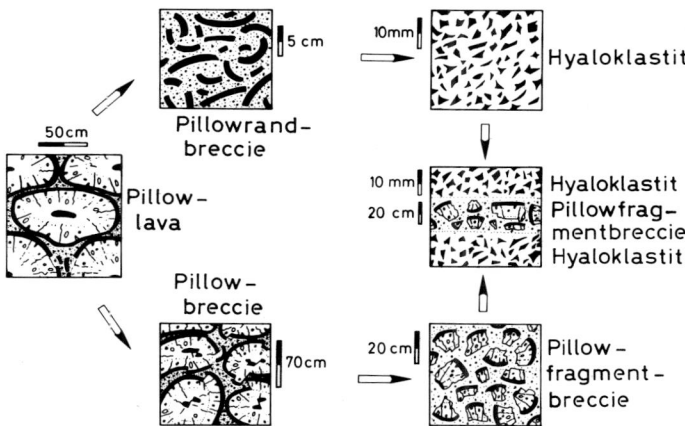

Abb. 12-40. Schema von vulkaniklastischen Gesteinen, die aus Pillowlaven entstehen können.

Abb. 12-41. Schlecht sortierte, umgelagerte Pillowfragmentbreccie. Quartäre Seamountserie, La Palma (Kanarische Inseln).

b) *Pillowrandbreccien.* Die abgeschreckten glasigen bis tachylithischen Ränder von submarinen Lavaschläuchen oder Schichtlavaströmen können wegen ihrer Sprödigkeit oder der sich unter ihnen entwickelnden Blasenschicht syn- oder posteruptiv leicht vom Hauptkörper abplatzen und klastische Ablagerungen bilden, die man vereinfacht als Pillowrandbreccien bezeichnen kann. Wenn sie überwiegend aus glasigen Klasten bestehen, werden sie Hyaloklastit genannt (12.6.2), ein Begriff, der allerdings meist für feinkörnige Ablagerungen benutzt wird.

c) *Pillowfragmentbreccien* bestehen aus unterschiedlich stark gerundeten, polymikten Klasten, deren Keilform sie noch als Fragmente von Lavaschläuchen erkennen läßt (Abb. 12-41). Sie können mehrere Meter mächtige gradierte Lagen bilden. Pillowfragmentbreccien sind im Prinzip epiklastische Gesteine variabler Entstehung und Transportweite. Sie umfassen Hangfußbreccien, die in der Ozeankruste besonders häufig entlang von Transform- und Parallelverwerfungen auftreten. Sie treten bevorzugt im Spätstadium der vulkanischen Ozeankrustenbildung bei nachlassender Eruptionshäufigkeit auf. Sie stellen ferner eine charakteristische Hangfazies von seamounts dar (FORNARI et al. 1979a). Bei der submarinen Entwicklung von Ozeaninseln treten sie typischerweise zwischen den im tieferen Wasser eruptierten Pillowlava-Einheiten und den im Flachwasser explosiv entstandenen Hyaloklastiten auf (STAUDIGEL & SCHMINCKE 1984). Die gewaltigen Mengen an Lavadetritus, die beim Fließen von Lava ins Meer entstehen (12.6.2) können leicht destabilisiert und ins tiefere Wasser verfrachtet werden (FORNARI et al. 1979b). Diese Breccien sind nur schwer von submarin entstandenen zu unterscheiden; niedrige Schwefelgehalte z. B. sind ein Hinweis auf subaerische Extrusion und Entgasung.

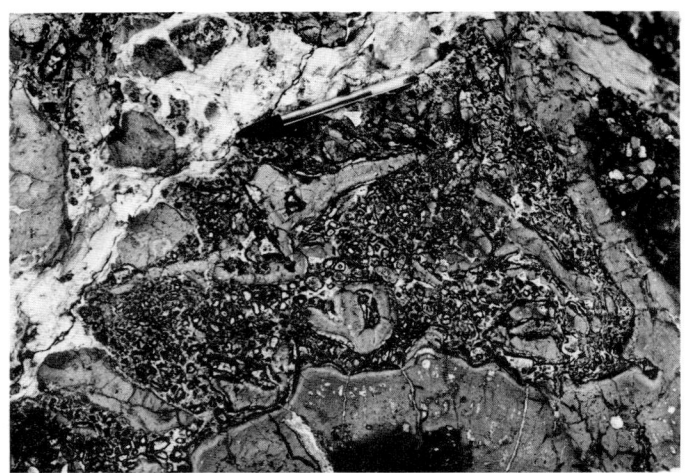

Abb. 12-42. Breccie aus Pillowfragmenten (Bildunterteil) und Minipillows. Topfazies einer Pilloweinheit. Kretazischer Ophiolith-Komplex (Troodos, Zypern). Bildquerschnitt 50 cm.

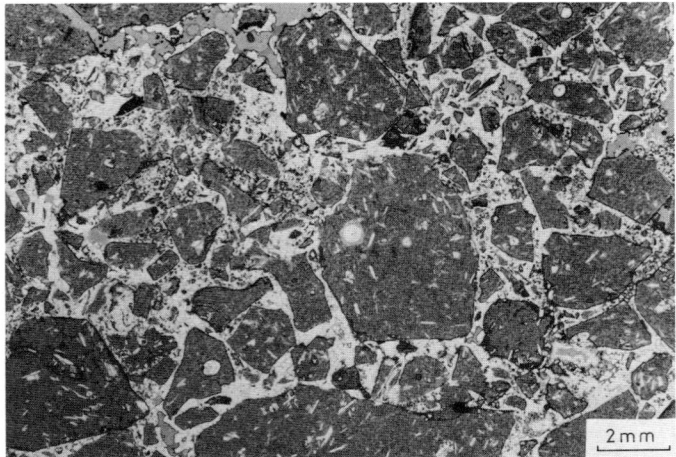

Abb. 12-43. Hyaloklastit aus eckigen, blasenarmen Vitroklasten mit dünnem Palagonitsaum. Die helle Matrix besteht aus Zeolithen. Miozäner Tholeiit (Ibleische Berge, Sizilien).

d) Submarine *Bomben- und Lapillibreccien*. In vielen submarinen vulkanischen Sequenzen treten runde bis elliptische oder bombenartige Klasten geringer Blasigkeit auf, insbesondere die isolierten „Minipillows" in der Topfazies eines Pillowlavapakets (Abb. 12-42). Diese Ablagerungen entstehen vermutlich durch submarine Lavafontänen in tieferem Wasser, bei denen das Magma nicht durch explosive Entgasung in einzelne Fetzen zerrissen wird, sondern bei Lavaeruptionen durch enge Öffnungen unter hohem hydrostatischen Druck (CARLISLE 1963; BATIZA et al. 1984; SCHMINCKE & SUNKEL 1987).

e) *Schichtstrombreccien*. Schichtströme sind in submarinen Lavapaketen häufig. Sie entstehen vermutlich bei höheren Eruptionsraten als Pillowvulkane. Durch zerbrechende Oberflächenkrusten können beim Fließen der Ströme oder beim Ausfließen submariner Lavaseen dm- bis m-mächtige Breccien aus plattigen bis unregelmäßigen Fragmenten entstehen.

12.6.2 Hyaloklastite

Hyaloklastite bestehen aus subaquatisch entstandenen glasigen Lavafragmenten. Unter den aus blasenfreien- bis armen Klasten entstandenen Hyaloklastiten kann man zwei Gruppen unterscheiden:

a) In großen Wassertiefen entstandene Tuffe bestehen überwiegend aus eckigen und blasenfreien

Abb. 12-44. Submarine andesitische Breccie aus blasigen Lavafetzen mit dicker Glaskruste in einer Matrix aus eckigen Glasfragmenten. Kretazischer Troodos Ophiolith (Zypern).

Abb. 12-45. Mikrofoto eines an Epiklasten reichen submarinen Tuffs. Die grauen prismatischen Einsprenglinge in den feinkörnigen Trachytfragmenten rechts oben und Mitte sind randlich opazitisierte ehemalige Amphibole (jetzt von Chlorit verdrängt) mit Apatiteinschlüssen; die hellen Einsprenglinge sind ehemaliger Alkalifeldspat (jetzt Albit). Oberdevonische Dillenburger Schichten (Dillenburg).

bis blasenarmen, vorwiegend glasigen Scherben, die sich durch Zusammenschwemmen von Glasrindenfragmenten bilden, die von Pillowlaven oder Schichtlaven abgeplatzt sind (Abb. 12-43).

b) Bei der submarinen Eruption höher viskoser, z. B. andesitischer, dazitischer oder rhyolithischer Laven bilden sich komplexe extrusive Breccien (SCHMINCKE et al. 1988). Sie bestehen aus unregelmäßigen, kristallinen Lavazungen und -fetzen von cm bis m-Größe, welche in eine Matrix aus eckigen Glaspartikeln eingebettet sind (Abb. 12-44). Der hohe Fragmentierungsgrad und der große Anteil an Glaspartikeln ist bedingt durch die schnelle Glasbildung dieser SiO_2-reichen Magmen und die große Oberfläche dieser zähflüssigen unregelmäßigen Lavaströme. Aus den gleichen Gründen sind auch subaerische SiO_2-reiche Lavaströme meist stark klastisch.

Auch in subglazial eruptierten Lavaserien, die z. B. in Island häufig sind, dominieren Hyaloklastite.

c) Der Begriff Hyaloklastit wird auch für Tuffe benutzt, die aus blasigen, subaquatisch entstandenen Partikeln bestehen. Die maximale Wassertiefe, in der ein extrudierendes Magma durch Gasausdehnung in Partikel zerrissen werden kann, hängt von der Menge und Löslichkeit eines Gases im Magma ab. Wegen ihres geringen H_2O-Gehaltes sind die tholeiitischen Basaltmagmen der Ozeankruste in Bezug auf H_2O bei ihrer normalen Eruptionstiefe stark untersättigt und können erst bei weniger als 200 m Wassertiefe signifikant entgasen (MOORE & SCHILLING 1973) (Tab. 12-7). Die wenigen und kleinen, bei großen Wassertiefen gebildeten Blasen enthalten fast ausschließlich CO_2 neben geringen Mengen von SO_2 (MOORE et al. 1977). Alkalibasaltmagmen können schon in etwa 500 m Tiefe explosiv entgasen. Die submarin durch explosive magmatische Entgasung entstehenden Pyroklasten sind sehr blasenreich (bis > 50 Volumenprozent), aber wegen der subaquatischen Abschreckung glasiger als die bei subaerischen Eruptionen gebildeten. Lockere, klastische Ablagerungen des Flachwasserbereichs können durch Hangrutsch und Wellenerosion immer wieder desta-

Tabelle 12-7. Submarine vulkaniklastische Prozesse

Wassertiefe m	Mechanische Prozesse		Dampf explosion	Pyroklastische Eruption
	Submarin	Subaerisch Submarin		
0	↑	Granulierung und Brecciierung von ins Meer fließenden Lavaströmen	Häufig wenn Wasser in Eruptionsschlote fließt; Wassereinschluß in Lavatunnels; ins Wasser fließende Lava	Alle Magmentypen
100–300 500–700	Abplatzen von Pillow- und Schichtlavarinden; Granulierung durch thermische Kontraktion; submarine, nicht explosive Lavafontänen; synvulkanische Brecciierungen (Hangrutsch etc.)		unmöglich	Gasreiche Magmen (Alkalibasalte und H_2O-reiche felsische Magmen)
> 700		—Umlagerung—	—Umlagerung— unmöglich	—Umlagerung—

bilisiert werden und als Schuttstrom oder Turbidit viele Zehner von km weit über den Hangfuß eines Vulkans hinaus fließen. Ozeaninseln und seamounts sind typischerweise von breiten peripheren Deltas derartiger Ablagerungen umgeben, die auch grobe Breccien enthalten. Im Auftauchstadium einer submarinen Vulkanentwicklung wird daher viel klastisches Material produziert, aber nicht vor Ort deponiert (Abb. 12-45, 46).

Die Entstehung von Tephrapartikeln im Auftauchstadium wird durch Dampfentwicklung und Abkühlungskontraktion weiter begünstigt. Die Bedeutung der Dampfexpansion bei der Fragmentierung der entgasenden Lava, Stabilisierung von Eruptionssäulen und Tiefenverlagerung des Explosionsherdes ist am Beispiel der Entwicklung von Surtsey eingehender diskutiert worden (KOKELAAR 1983, 1986; MOORE 1985), jedoch im einzelnen noch umstritten.

d) Der Kontakt von ins Meer fließender Lava und Wasser ist nicht-explosiv, wenn der Dampf frei expandieren kann oder direkt wieder kondensiert. Explosive Fragmentierung durch Dampfexpansion tritt z. B. dann ein, wenn Wasser in Lava eingeschlossen wird, etwa in bis ins Meer reichenden Lavatunnels (PETERSON 1976). Wenn Aa-Laven ins Meer fließen, entstehen häufig littorale Tephrakegel durch explosive Magma-Dampfreaktionen (MOORE & AULT 1965; FISHER 1968). Ihre Klasten sind häufig hochblasig.

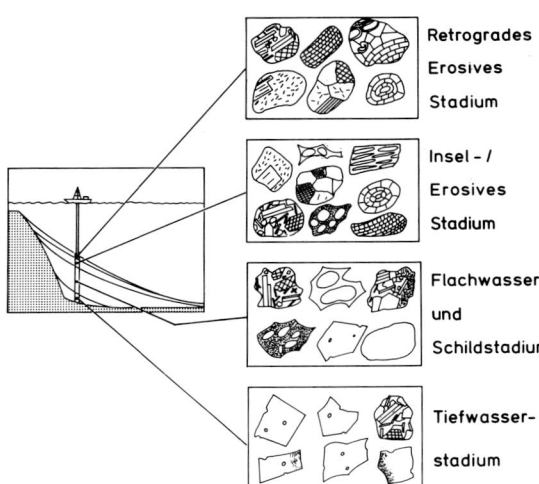

Abb. 12-46. Schemazeichnung der wichtigsten Klasttypen der vulkaniklastischen Fazies der Randsedimente einer prograden und retrograden Vulkaninselentwicklung.

e) Auch im beginnenden subaerischen Stadium – etwa eines basaltischen Schildvulkans – wird beim Kontakt der ins Meer fließenden Lava mit Wasser (MOORE et al. 1973) sowie durch Wellenerosion eine enorme Menge von Partikeln produziert, deren Ablagerungen sich nur schwer von durch spätere Erosion entstandenen, rein epiklastischen Sedimenten unterscheiden lassen (s. 12.6.4). Hyaloklastite, die aus hochblasigen Partikeln bestehen, können auch subaerisch entstandene Tephra darstellen, die durch Umlagerung ins Wasser verfrachtet wurde.

12.6.3 Primäre und sekundäre vulkaniklastische Stromablagerungen

Massige, submarine vulkaniklastische Ablagerungen höher differenzierter Zusammensetzung, die vielleicht direkt aus Vulkaneruptionen resultieren, sind seit den klassischen Arbeiten von FISKE (1963) und FISKE & MATSUDA (1964) bekannt, aber bisher noch wenig untersucht worden. Insbesondere in Sedimentbecken beiderseits von Inselbögen, im fore-arc und back-arc Bereich, sind submarin abgelagerte pyroklastische Ströme und mit ihnen assoziierte Sedimente häufig. Bei der Interpretation derartiger Gesteine, etwa der Keratophyre des Sauerlandes, stellen sich generell folgende Fragen: Sind die Ablagerungen verschweißt oder nicht? Sind sie eindeutig unter Wasserbedeckung abgelagert worden? Sind sie submarin oder subaerisch eruptiert worden? Sind sie das direkte Resultat von Eruptionen und vom Land ins Wasser geflossen und dort verschweißt? Oder sind sie remobilisierte mass flows, u. U. rein epiklastischer, also erosiver Entstehung? Im folgenden Abschnitt werden zunächst Ablagerungen behandelt, die sich direkt oder indirekt auf explosive Eruptionen zurückführen lassen.

Ablagerungen submariner vulkaniklastischer Ströme sind meist gut sortiert und bestehen aus variablen Mengen von Glasscherben, Bims, Kristallen und Lithoklasten, sowie Fossilien, beim Transport mitgerissenen Tonfetzen (shale rip-ups) und anderen Xenolithen (Abb. 12-45). Viele derartige Ablagerungen können in einen mächtigen, massigen Unterteil (lower division) und einen komplex laminierten Oberteil (upper division) unterteilt werden. Ablagerungen submariner pyroklastischer Ströme unterscheiden sich von nicht-vulkanogenen Turbiditen und grain flow Ablage-

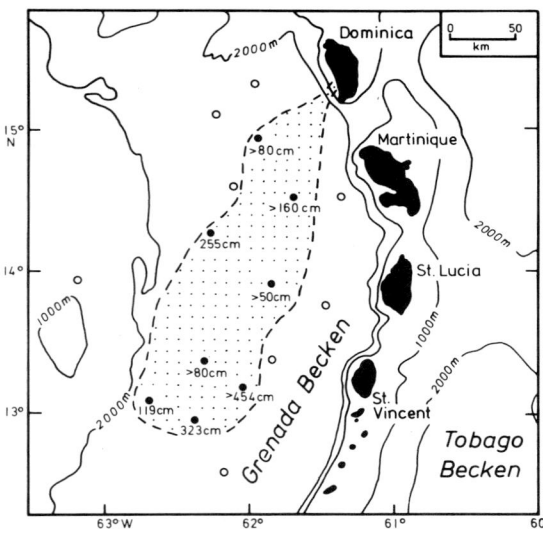

Abb. 12-47. Regionale Verbreitung eines submarinen, auf der Insel Dominica eruptierten, rhyolithischen pyroklastischen Stroms, ermittelt anhand von Kolbenlotkernen. Mächtigkeitsangaben in cm. Nach CAREY & SIGURDSSON (1980).

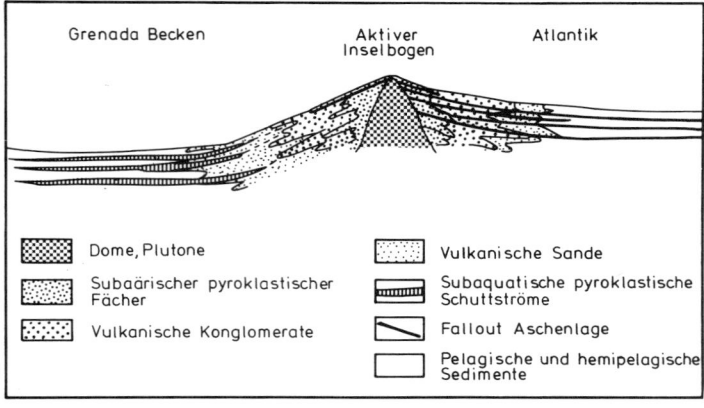

Abb. 12-48. Verbreitung submariner vulkaniklastischer Ablagerungen westlich (mass flow Ablagerungen vorherrschend) und östlich (weit verbreitete Fallouttephra) der Kleinen Antillen. Nach SIGURDSSON et al. (1980).

rungen – abgesehen von ihrer Zusammensetzung – durch zahlreiche feingeschichtete Sedimentlagen.

Diese gute Schichtung kann mehrere Ursachen haben. Zum einen ist der Dichtekontrast bei Pyroklasten sehr hoch, insbesondere der zwischen Bims und Kristallen. Zum anderen eruptieren explosive Vulkane oft episodisch, was zu rasch aufeinanderfolgenden Schüttungen führen kann. Das Spektrum mehrerer Klasttypen unterschiedlicher Dichte resultiert in unterschiedlichen Sinkgeschwindigkeiten der Partikel in einer submarinen Eruptionssäule. Insgesamt werden derartige submarine vulkaniklastische Sequenzen schnell sedimentiert, weil die Produktion vulkanischer Klasten – geologisch gesehen – rasch verläuft.

Das überzeugendste Beispiel eines submarinen pyroklastischen Schuttstroms (debris flow), der von einer subaerischen Eruption gespeist wurde, wurde von CAREY & SIGURDSSON (1980) aus dem Grenadabecken in der Karibik beschrieben (Abb. 12-47). Diese mindestens 4–5 m mächtige Stromablagerung hat ein Volumen von ca. 30 km^3, bedeckt eine minimale Fläche von $1{,}4 \times 10^4$ km^2 und ist von seinem vulkanischen Liefergebiet auf der Insel Dominica etwa 250 km weit transportiert worden. Das Gestein ist massig und besteht hauptsächlich aus rhyolithischen Glasscherben sowie bis 6,5 cm großen Bimslapilli. Es stellt die submarine Fortsetzung von subaerischen Aschenströmen dar, die vor ca. 30 000 Jahren eruptiert wurden. In den vergangenen 500 000 Jahren wurden von den 5 aktiven Vulkaninseln der kleinen Antillen ungefähr 53 km^3 im wesentlichen klastisches vulkanisches Material produziert (CAREY & SIGURDSSON 1980; SIGURDSSON et al. 1980). Davon liegen 80% als vulkaniklastisches Material vor, das überwiegend an den westlichen Steilhängen in das back-arc Sedimentbecken geflossen ist, sowohl in Turbiditen wie in Schuttströmen, während ein Großteil der Aschenfraktion in höhere Luftschichten transportiert, von den vorherrschenden Westwinden nach Osten geblasen und im Atlantik aussedimentiert wurde (Abb. 12-21, 48).

Die von FISKE & MATSUDA (1965) beschriebenen Gesteine der Wadeira Formation (Japan) werden als Resultat submariner Eruptionen gedeutet. Generell jedoch ist das Inventar von Kriterien, mit denen eine submarine Eruption nachgewiesen oder wahrscheinlich gemacht werden kann, noch spärlich.

Verschweißte submarine Aschenstromablagerungen sind aus dem Ordovizium von Wales dokumentiert worden (HOWELLS et al. 1979). Aus dem Devon des Bergischen Landes ist ein kleines Vorkommen beschrieben worden (SCHERP & GRABERT 1983).

12.6.4 Umgelagerte und epiklastische submarine Tuffe

Da durch vulkanische Eruptionen sehr schnell hohe Berge mit großer Reliefenergie erzeugt werden und gleichzeitig die vorwiegend aus Pyroklasten aufgebauten Vulkane leicht erodierbar sind, stellen Vulkangebiete Liefergebiete dar, aus denen bei hohen Erosionsraten große Volumina an Detritus rasch in Sedimentbecken hinein verfrachtet werden. Die so entstandenen Sedimente – die sich von nicht-vulkanogenen Sedimenten abgesehen von den oben genannten Bildungsbedingungen vor allem in der Zusammensetzung der Klasten unterscheiden – sind von Tephraablagerungen, die direkt als Folge einer subaerischen oder submarinen Eruption entstehen oder deren Umlagerungsprodukte darstellen, meist nur schwer zu unterscheiden.

Die Klasten epiklastischer Tuffe lassen sich durch mehrere Eigenschaften charakterisieren (Abb. 12-46):

1. **Kristallinität.** Tachylith (durch schnelle Abkühlung entstandenes Fe/Ti-oxid-reiches und daher opakes basaltisches Glas) ist typisch für subaerische, Sideromelan (bei rascher Abschreckung entstandenes transparentes Basaltglas) für subaquatische Eruptionen. Grobkristalline Klasten sind als Bruchstücke von langsam abgekühlten Laven, Subvulkaniten oder Plutoniten ein wichtiger Hinweis auf – meist subaerische – Erosion.

2. **Blasigkeit.** Neben hochblasigen Pyroklasten treten in epiklastischen Tuffen gering blasige

und dichte vulkanische Klasten unterschiedlicher Kristallinität auf – und überwiegen in vielen derartigen Gesteinen.

3. **Form.** Mäßig bis gut gerundete Klasten sind ein deutlicher Hinweis auf Abrasion im subaerischen Milieu oder Brandungsbereich.

4. **Zusammensetzung.** Heterolithologische Mischungen aus unterschiedlichen vulkanischen und nichtvulkanischen Gesteinen und Fossilbruchstücken sind typisch für epiklastische Tuffe. Eine Mischung von vulkanischen und nichtvulkanischen Klasten nennt man auch Tuffite, wobei wiederholt vorgeschlagene Unterteilungen je nach dem relativen Mengenverhältnis in der Praxis nicht sinnvoll sind, da dieses innerhalb einer einzigen Schicht stark schwanken kann.

5. **Flachwasserfossilien**, Ooide und Landpflanzen weisen auf ein Liefergebiet – oder Zwischendepot – an Land bzw. im Flachwasser.

Ozeaninseln sind von mächtigen vulkaniklastischen Sedimentprismen umgeben, die bis über 200 km weit reichen können und deren vertikale Faziesänderungen ganz unterschiedliche Stadien einer Inselentwicklung widerspiegeln können. Die in fore-arc und back-arc Becken längs von Inselbögen oder aktiven Kontinenträndern akkumulierten Sedimente – oft mehrere 1000 m mächtig – bestehen überwiegend aus epiklastischen vulkaniklastischen Sedimenten – und bilden damit weit größere Volumina als die eigentlichen pyroklastischen und hydroklastischen Ablagerungen (Abb. 12-43). Daß unreife Grauwacken durch vulkanische Partikel charakterisiert sind, deren schneller diagenetischer Abbau zur *Pseudomatrix*-bildung führt, ist seit langem bekannt (WHETTEN & HAWKINS 1970). Einige Schichten der mitteldevonischen Dillenburger Tuffe z. B. bestehen ausschließlich aus epiklastischen intermediären bis trachytischen Epiklasten sowie nicht-vulkanischen Partikeln (Abb. 12-45) und können durch Erosion eines subaerischen, überwiegend vulkanischen Liefergebietes interpretiert werden.

Zusammenfassung

Submarine vulkaniklastische Gesteine kann man nach ihrer Zusammensetzung in drei große Gruppen unterteilen:

a) die basaltischen, die weltweit vorherrschen und meist mit extrusiven Schicht- und Pillowlaven assoziiert sind;

b) die andesitischen, die insbesondere in back- und fore-arc Becken mehrere 1000 mächtig werden können und

c) die lokal auftretenden höher differenzierten.

Submarine vulkaniklastische Ablagerungen können durch vier Hauptfragmentierungsmechanismen entstehen:

a) Magmatische (pyroklastische) Entgasung und Zerreißung;
b) Granulierung durch Kontraktion bei der Abschreckung;
c) Dampfexplosionen;
d) Epiklastische, z. T. synvulkanische Fragmentierung.

Die Wirksamkeit dieser Fragmentierungsmechanismen hängt vor allem von der Wassertiefe ab, so daß insgesamt mehrere Entstehungsmilieus unterschieden werden können.

Die Produkte submariner Eruptionen umfassen sowohl Ablagerungen, die unterhalb der magmatischen Fragmentierungstiefe (MFT) etwa durch thermischen Schock oder Brecciierungsvorgänge entstehen (wie die Pillowbreccien oder die extrusiven Lavastrombreccien) sowie solche, die im Flachwasserbereich explosiv entstehen und durch hochblasige aber glasige Pyroklasten gekennzeichnet sind. Gasarme tholeiitische Magmen können nur in sehr flachem Wasser

(< ca. 200 m) pyroklastisch fragmentieren, gasreichere alkalibasaltische und höher differenzierte bis in mehrere 100 m Wassertiefe. Diese primär hydroklastisch oder pyroklastisch, submarin entstandenen Sedimente sind besonders in Gebieten von basaltischem Vulkanismus sehr häufig (archaische greenstone belts: paläozoischer Vulkanismus etwa Ostsauerland; heutige seamounts und submariner Topbereich von Ozeaninseln). Pyroklastische Fragmentierungsmechanismen werden im Flachwasserbereich durch Dampfexplosionen verstärkt und überlagert, wenn das heiße Magma mit Wasser in Berührung kommt oder dieses einschließt. Ins Meer fließende Lavaströme werden im Brandungsbereich während und nach einer Eruption zerkleinert, sodaß große Volumina von vulkanischem Detritus produziert werden.

Inselbogenvulkane wachsen lateral vor allem durch primäre pyroklastische Ströme und Lahars, die subaerisch entstehen und ins Meer fließen. Ebenso wie die primären submarinen pyroklastischen Sedimente können diese oft volumenmäßig bedeutenden und schnell abgelagerten klastischen Massen im Schelfbereich zwischengelagert und von dort in die Tiefsee transportiert werden. Insofern ist es meist unmöglich, die Blasigkeit von Pyroklasten als Tiefenindikator für das Ablagerungsmilieu zu verwenden.

Ebenfalls große Mengen auch intermediärer bis hochdifferenzierter Zusammensetzung werden durch Erosion von hohen und leicht erodierbaren Vulkankomplexen produziert und über Zwischendepots in die Tiefsee verfrachtet. Zurundung der Klasten, polymikte Zusammensetzung und Anzeichen für subaerische Eruption (Tachylith, oxidativ gealterte Mineralphasen) sind wichtige Kriterien für eine subaerisch-epiklastische Entstehung.

12.7 Alteration von vulkanischem Glas

Vulkanisches Glas ist der Hauptbestandteil von Tephra. Vulkanische Gläser können zwar unter trockenen Bedingungen und niedrigen Temperaturen lange stabil bleiben, werden jedoch im Verlauf der Versenkungsdiagenese und der damit verbundenen Temperaturerhöhung und steigenden Alkalinität der Porenlösungen schon in neogenen Sedimenten meist völlig umgewandelt.

Die Faktoren, die zum raschen und intensiven Stoffumsatz bei der Lithifizierung von vulkanischen Aschen führen, sind nicht nur als Paradesystem diagenetischer Prozesse von Interesse. Alteration von Tephra führt auch zur Bildung wichtiger Lagerstätten, insbesondere der Bentonite und Zeolithe. Die in einigen Ländern geplante Endlagerung von nuklearem Brennmaterial und die vorgesehene Einkapselung von nuklearem Abfall in synthetische Borsilikatgläser hat die Frage nach der Stabilität natürlicher Gläser unter wechselnden Umweltbedingungen zu einem besonders aktuellen Forschungsgebiet werden lassen (ZIELINSKI 1982).

12.7.1 Palagonitisierung

Die vorwiegend gelblichen Palagonittuffe sind die bekanntesten und am weitesten verbreiteten Tuffe überhaupt. Sie sind durch Alteration aus Sideromelan (basaltisches Glas) – Tuffen hervorgegangen und bestehen vorwiegend aus dem weichen, massigen Mineraloid *Palagonit*, einem amorphen Umwandlungsprodukt von Glas, sowie verschiedenen Sekundärmineralen (Abb. 12-49, 50). Bei der Palagonitisierung nimmt das Glas nicht nur ca. 10–20 Gew% H_2O auf, sondern verarmt auch an vielen Elementen, insbesondere Ca und Na, während Übergangselemente wie Fe und Ti (weniger stark auch die Netzwerkbildner Si und Al) relativ immobil bleiben und angereichert werden. Sind die Porenwässer marin, werden andererseits Alkalien wie K, Ba und Cs aufgenommen.

Palagonit ist ein zunächst isotropes Übergangsprodukt variabler Zusammensetzung in der Ent-

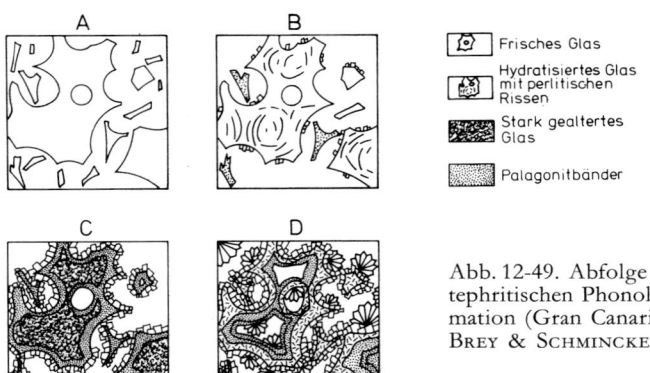

Abb. 12-49. Abfolge von drei Alterationsstadien (B – D) eines tephritischen Phonolithglases (A). Pliozäne Roque Nublo Formation (Gran Canaria). Großer Glaspartikel ca. 200 µm. Nach BREY & SCHMINCKE (1980).

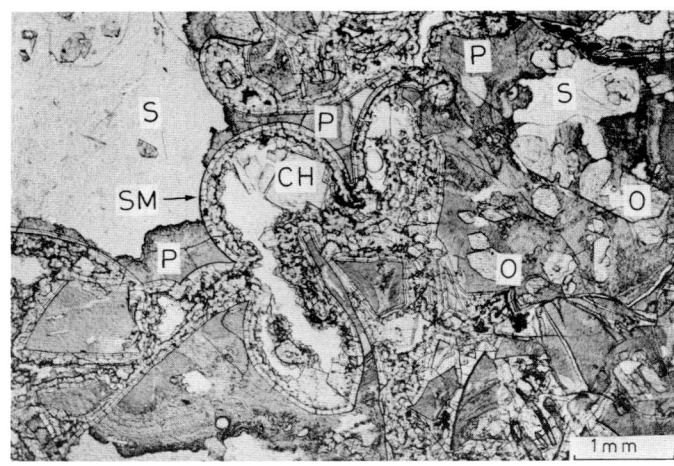

Abb. 12-50. Palagonitisierter olivinbasaltischer Sideromelantuff (Labrador). S = Sideromelan; O = Olivin; P = Palagonit; Sm = Smektit; Z = Chabasit.

wicklungsreihe Sideromelan→Palagonit→Smektit. Beginnende Anisotropie (Doppelbrechung) kennzeichnet den auch elektronenoptisch nachgewiesenen (EGGLETON & KELLER 1982) Übergang zum kristallinen Zustand (Smektit).

Bis heute ist die Auffassung weit verbreitet, daß Palagonit beim Kontakt heißer Lava mit Wasser entsteht. Die Untersuchungen von MOORE (1966) und HAY & IIJIMA (1968) haben jedoch eindeutig gezeigt, daß Palagonitisierung im allgemeinen einen bei niedrigen Temperaturen allmählich ablaufenden Prozeß darstellt, nach der Beziehung

$$x = K\sqrt{t}$$

wobei x die (temperaturabhängige) Mächtigkeit der palagonitisierten Schicht, K eine Konstante und t die Zeit ist. Die Bildung einer gelartigen Palagonitrinde kann die Alteration des Kernbereiches einer Glasscherbe wesentlich verlangsamen (Abb. 12-49). Allerdings verläuft die Palagonitisierung im höher temperierten Fumarolenmilieu rasch, wie das Beispiel der 1963 vor Island entstandenen Insel Surtsey zeigt, deren Sideromelantuffe im Kraterbereich schon jetzt stark palagonitisiert sind (JAKOBSSON 1978; JAKOBSSON & MOORE 1986) (Abb. 12-51).

Die Sekundärminerale, die sich aus Porenlösungen abscheiden oder den Palagonit verdrängen, umfassen neben Smektit vor allem verschiedene Zeolithe (s. 8.4.4). In basaltischen Tuffen, insbesondere den marin abgelagerten, dominieren Phillipsit (K), ferner Chabasit (Ca) und der oft später kristallisierte Analcim (Na). Ihre Zusammensetzung kann das Ca:K:Na-Verhältnis des Wirtsgesteins widerspiegeln (Abb. 12-52).

Die chemischen Umsetzungen bei der Palagonitisierung von Sideromelan sind von STAUDIGEL & HART (1983) zusammenfassend diskutiert worden.

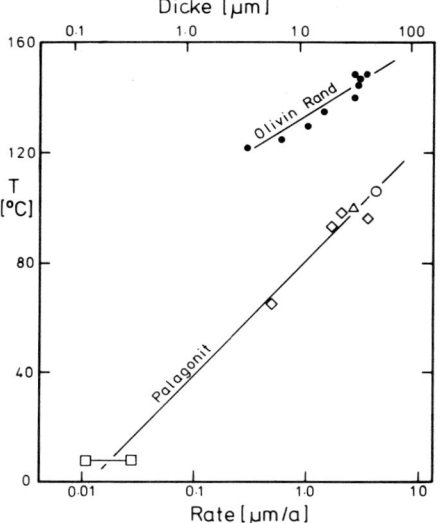

Abb. 12-51. Abhängigkeit der Palagonitisierungsrate von Sideromelan und der randlichen Alterationsrate von Olivin von der Temperatur. Fumarolenmilieu der Insel Surtsey (Island). Nach JAKOBSSON & MOORE (1986).

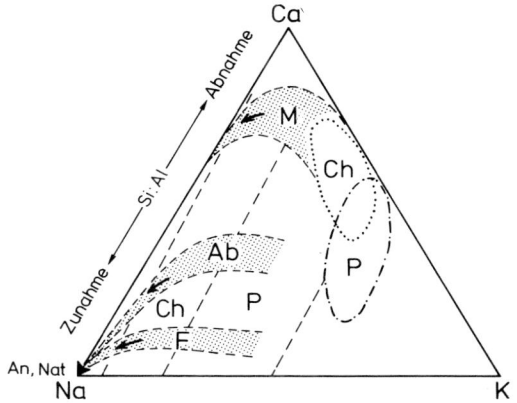

Abb. 12-52. Abhängigkeit der chemischen Zusammensetzung von Zeolithen von der des Ausgangsmaterials. F = felsisches Glas; AB = Alkalibasalt; M = Melilith-Nephelinit; An = Analzim; Nat = Natrolith. Die Hauptfelder von Chabasit (Ch) und Phillipsit (P) liegen zwischen den gestrichelten Linien. Nach IIJIMA & HARADA (1968). Die punktiert und strichpunktiert umrandeten Felder nach BREY & SCHMINCKE (1980).

12.7.2 Felsische Gläser

In hochdifferenzierten, felsischen, d. h. dazitischen, rhyolithischen, trachytischen oder phonolithischen Gläsern verläuft die Alteration etwas anders. Allerdings sind die genauen Schritte bei diesen Veränderungen und deren Randbedingungen noch unklar. Die erste Stufe der Wechselwirkung zwischen Wasser and Glas ist zwar durch Hydratisierung und Ionenaustausch gekennzeichnet, aber ein palagonitähnliches Zwischenprodukt ist selten entwickelt. Andererseits kommt es bei Erreichen einer bestimmten Zusammensetzung der Porenlösungen, insbesondere einem pH > 9, zu einer oft vollständigen Auflösung der Gläser, gefolgt von der Kristallisation von Sekundärmineralen (besonders Alkalizeolithen) in den so entstandenen Hohlräumen (Abb. 12-56; s. auch UTADA 1971).

In felsischen Gläsern spiegelt sich die beginnende Alteration im meteorischen Bereich in einer H_2O-Aufnahme bis zu ca. 6% wider, die zur Bildung konzentrischer perlitischer Sprünge führt (oft als Abkühlungsrisse fehlinterpretiert), verbunden mit Na-Verlust, insbesondere bei alkalireichen Gläsern, Oxidation des Eisens sowie Hydrolyse des Glases (Austausch von in das Glas wandernden Hydroniumionen H_3O^+ vor allem für Na^+ und, bei stärkerer Alteration, auch für K^+). Dies führt zu einer allmählichen Zunahme der Alkalinität der Porenlösungen. Um die Glasscherben herum bildet sich oft zunächst ein dünner Saum aus Tonmineralen (HAY 1963). Ab einem pH > ca. 9 kann das Glas aufgelöst werden. In den durch den Tonsaum stabilisierten Hohlräumen kristallisieren

Sekundärminerale. In relativ offenen Systemen (hohe Durchflußrate der Porenlösungen) bilden sich vorzugsweise Tonminerale, in relativ geschlossenen Alkalizeolithe (ZIELINSKI 1982).

Die Umwandlung felsischer Gläser im Milieu alkalischer und salinar-alkalischer Seen ist von SURDAM & SHEPPARD (1978) ausführlich diskutiert worden. Die Löslichkeit von Glas steigt sowohl mit der Alkalinität wie mit der Salinität. Aus dem Glas bilden sich zunächst in Abhängigkeit vom Verhältnis Alkali- oder Erdalkalikationen/H^+ sowie von der SiO_2- und H_2O-Aktivität verschiedene Zeolithe. Es ist noch ungeklärt, ob sich zunächst das Glas auflöst und Zeolithe anschließend aus den Porenlösungen kristallisieren (HAY 1966) oder sich ein Alumosilikatgel als Zwischenstadium bildet (MARINER & SURDAM 1970). Im Zentralteil alkalischer bzw. salinar/alkalischer Seen entsteht sogar K-Feldspat, in manchen Vorkommen durch eine Analcimzone von den anderen Zeolithen getrennt.

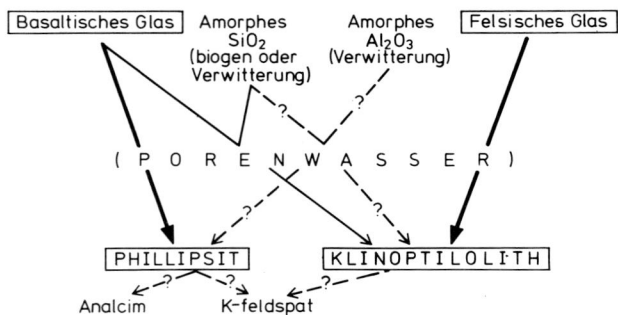

Abb. 12-53. Abhängigkeit der diagenetischen Zeolithspezies von der Zusammensetzung des Ausgangsglases in Tiefseesedimenten. Nach IIJIMA (1978).

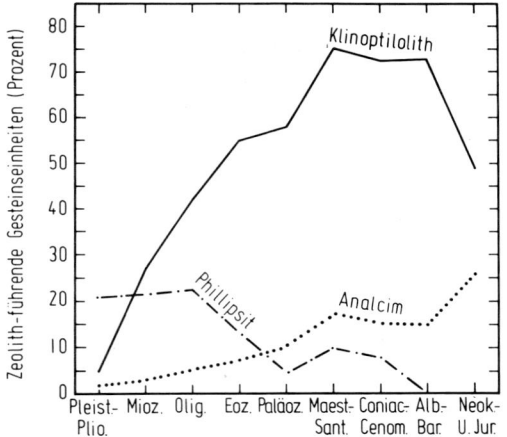

Abb. 12-54. Veränderung der relativen Häufigkeit diagenetisch entstandener Zeolithe in Tiefseesedimenten mit dem Alter. Nach KASTNER (1981).

Im marinen Milieu, d. h. bei aus Meerwasser abgeleiteten Porenlösungen, ähneln die Reaktionsschritte denen in den ausführlicher untersuchten salinar/alkalischen Seen (SURDAM & HALL 1984). Als Abbauprodukt felsischer Gläser tritt insbesondere Klinoptilolith auf, neben Smektit, Phillipsit und Analcim (Abb. 12-53, 54), s. auch 8.4.4. Die relative Häufigkeit der drei verbreitetsten Zeolithe (Phillipsit, Klinoptilolith und Analcim) ändert sich mit der Teufe bzw. dem Alter (KASTNER 1981; BOLES & WISE 1978) (Abb. 12-54), wobei die Zunahme des Klinoptiloliths auf Kosten des Phillipsits vermutlich auf dessen metastabiler Bildung in relativ oberflächennahen Sedimenten beruht. In den von der Glomar Challenger erbohrten känozoischen Sedimenten des Atlantik scheint Klinoptilolith vor allem aus biogenem Opal zu entstehen, während vulkanische Gläser vorzugsweise zu Smektit und Phillipsit abgebaut werden (RIECH & VON RAD 1979) (s. auch S. 539).

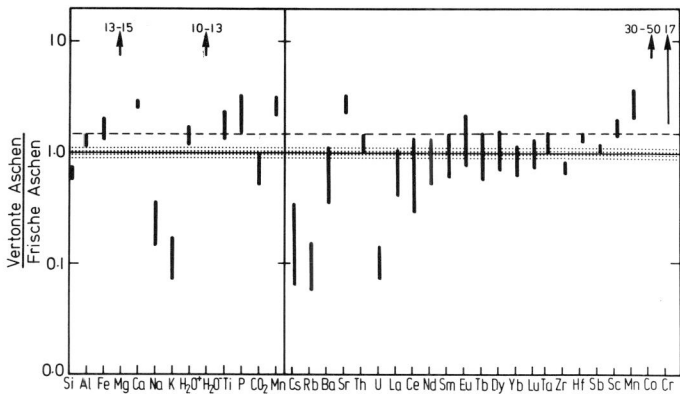

Abb. 12-55. Haupt- und Spurenelementkonzentration eines in Tonminerale umgewandelten, miozänen rhyolithischen Tuffs, normalisiert über die Zusammensetzung des liegenden, frischen Tuffs. Nach ZIELINSKI (1982). Wie man sieht, bleiben die seltenen Erden während der Vertonung unverändert.

12.7.3 Bentonite und „Tonsteine"

Aschenlagen in älteren geologischen Formationen finden sich vorwiegend im marinen Sedimentgestein. Während der Diagenese werden sie zum großen Teil in Tonminerale, besonders Smektite umgewandelt (Abb. 12-55). Nach der Typuslokalität Fort Benton (Wyoming) werden derartige, auch industriell genutzte Ablagerungen, die meist aus Aschenlagen hervorgegangen sind, Bentonit genannt (GRIM & GÜVEN 1978). Seit Jahrzehnten werden auch gealterte Aschelagen in älteren Formationen, z. B. aus dem Karbon und Devon, als Bentonit bezeichnet, auch wenn sie beispielsweise aus mixed layer-Mineralen bestehen (Abb. 12-57). In Mitteleuropa hat sich für die häufig aus Kaolinit bestehenden, weitverbreiteten, dünnen Lagen innerhalb von Kohleflözen der Name Kaolinkohlentonstein eingebürgert (BURGER 1980). Wo sie an der Oberkante der Flöze liegen, bestehen sie aus Mixed Layer Illit-Smektit. FISHER & SCHMINCKE (1984) haben vorgeschlagen, den Begriff Tonstein fallen zu lassen und stattdessen die Namen Kaolinit-, Smektit-, oder Illit-Bentonit zu benutzen, je nach der vorherrschenden Tonmineralspezies.

Daß die allermeisten Bentonite und Kaolinitkohlentonsteine aus Aschenlagen hervorgegangen sind, beweisen folgende Eigenschaften:

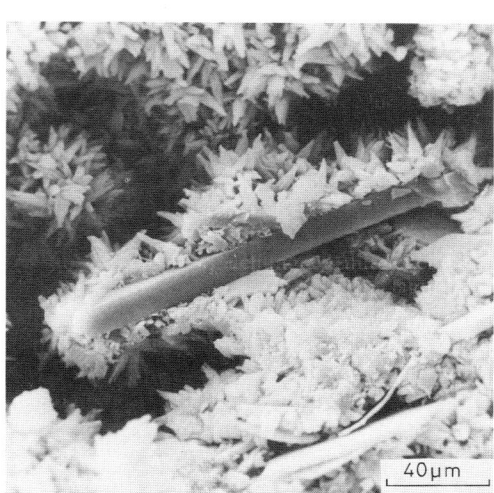

Abb. 12-56. REM Photo eines stark zeolithisierten quartären Trachyttuffs. Radialstrahlige Phillipsitkristalle auf Feldspatfragment. Adeje (Tenerife, Kanarische Inseln).

a) Geringe Mächtigkeit (meist < 10 cm) aber weite Verbreitung mit scharfen Grenzen gegen das Liegende und Hangende.
b) Vitroklastische Gefüge und Übergang in weniger vollständig gealterte Aschen.
c) Idiomorphe (z. T. Hochtemperatur-) Mineralphasen wie Sanidin, Hoch-T-Quartz, Biotit, Zirkon, Allanit.
d) Chemische Gesamtzusammensetzung, die auf ein vulkanisches Ausgangsmaterial hinweist.

Kaolinkohlentonsteine haben sich aus hochdifferenzierten Gläsern vorzugsweise in saurem Milieu gebildet, wie wir es aus Mooren kennen. Mit zunehmender Versenkungstiefe bilden sich im Übergangsbereich von Hochdiagenese und beginnender Metamorphose zeolithreiche Gesteine, für deren Bildungsbereich seit COOMBS (1954) der Begriff Zeolithfazies gebräuchlich ist.

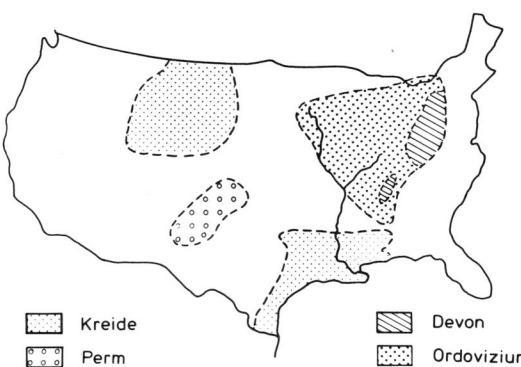

Abb. 12-57. Verbreitung mesozoischer und paläozoischer Bentonite in Nordamerika. Nach Ross (1955).

Zusammenfassung

Tephra, die vor allem aus Glas und kleineren Mengen von Hochtemperaturmineralphasen besteht, wird im Kontakt mit Oberflächenwasser, Grundwasser und Porenlösungen besonders rasch in Sekundärmineralphasen umgewandelt. Wie schnell diese Umwandlungen stattfinden, welche Prozesse im einzelnen ablaufen und welche Sekundärminerale dabei entstehen, hängt vor allem von der Ausgangszusammensetzung und dem physikochemischen Milieu ab. Aus basaltischem Glas entstehen – über das amorphe Zwischenprodukt Palagonit – Smektit und Zeolithe, vor allem Phillipsit. Bei fortschreitender Diagenese entsteht Chlorit. Aus felsischen Gläsern bilden sich neben Smektit auch Si-reiche Alkalizeolithe, die oft in Poren kristallisieren, die bei der vorangegangenen Auflösung der Glasscherben entstanden sind. Das Endprodukt bei fortgeschrittener Diagenese ist meist Illit, bei einer ursprünglichen Alteration unter sauren Bedingungen auch Kaolinit.

Da diese Umwandlungsvorgänge nicht isochemisch ablaufen, trägt die Diagenese von Tephra, deren mengenmäßiger Anteil an allen Sedimenten je nach Schätzung zwischen 5 und 25% schwankt, insbesondere durch Abgabe von Ca und Na signifikant zur chemischen Zusammensetzung der Porenlösungen der umgebenden Sedimente und des Meerwassers bei.

13. Transportvorgänge und Sedimentstrukturen*
(Hans Füchtbauer, Bochum)

13.1 Korntransporte – Transportkörper und Sedimentstrukturen

13.1.1 Einige Grundlagen

Kap. 13 beschränkt sich auf mechanische Transportvorgänge und nimmt vulkanische aus. Einige erforderliche Grundlagen sind nachfolgend zusammengestellt. Ausführlicher findet man dieselben im 3. Band dieses Werkes (v. Engelhardt 1973), sowie bei Blatt et al. (1980) und Leeder (1982). Eine gute Übersicht über die Entwicklung dieser Grundlagen gibt Middleton (1977), während Graf (1971), Yalin (1972) und Raudkivi (1982) die theoretische Basis legen. Diese findet man am anwendungsnächsten in dem zweibändigen Werk von Allen (1982).

Nach ihrem Verformungs-Verhalten unterscheidet man Newton'sche Flüssigkeiten von nicht-Newton'schen Flüssigkeiten und Bingham plastics (Abb. 13-1, links). Erstere (a) sind die normalen Flüssigkeiten; ihre Verformungsrate (strain rate), das Geschwindigkeitsgefälle bei laminarem Fließen du/dh, ist linear mit der Scherbeanspruchung (= Schubspannung, shear stress) τ durch einen „dynamische Viskosität" μ genannten Koeffizienten korreliert: $\tau = \mu \cdot du/dh$, wobei u = Strömungsgeschwindigkeit, h = Abstand von der Wand. Die Viskosität des Wassers ist bei 0 °C genau doppelt so hoch wie bei 25 °C. Bei turbulentem Fließen wird μ durch die viel höhere „turbulente Viskosität" ersetzt, welche u. a. von der Geschwindigkeit abhängt.

In „nicht-Newton'schen Flüssigkeiten" (b) verändert sich die Viskosität mit der Beanspruchung. Während sich Flüssigkeiten schon bei kleinsten Beanspruchungen „verformen", beginnt in „Bing-

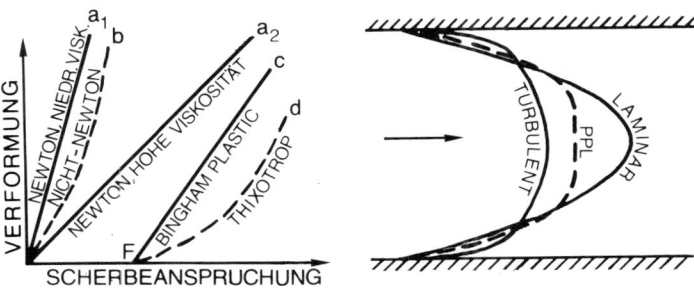

Abb. 13-1. Links: Arbeitskurve mit Newton'schen Flüssigkeiten verschiedener Viskosität (a_1, a_2), nicht-Newton'scher Flüssigkeit (b), Bingham plastic (c) und thixotroper oder pseudoplastischer Substanz (d). F = Fließgrenze (yield strength).
Rechts: Geschwindigkeitsprofile im Strömungskanal; Aufsicht. PPL: pseudoplastisches Fließen. (Modifiziert nach Leeder 1982: Fig. 5.1, 5.8, 5.10) und (links) Blatt et al. 1980, 5–26).

* Für kritische Durchsicht danke ich Herrn Prof. Dr. H.-U. Schwarz und Herrn Prof. Dr. K.-W. Tietze.

ham plastics" (c) die Verformung erst bei einer bestimmten Beanspruchung, die als „Fließgrenze" (yield strength) bezeichnet wird. Bei „thixotropem" oder pseudoplastischem Verhalten (d) nimmt die Viskosität dieser „plastics" während der Verformung ab und steigt beim Aufhören derselben an, wodurch z. B. in Bohrspülungen das Bohrklein nicht absinkt, sondern in Schwebe gehalten wird. Auch „debris flows" (Schuttfließen) zeigen oft ein Verhalten nach Art der Bingham plastics. Solches nicht-Newton'sche Verhalten stellt sich ein, wenn eine Suspension mehr als 30% Sand enthält; bei Ton genügen geringere Konzentrationen. Es findet dann im allgemeinen laminares Fließen statt.

Die maximale Scherbeanspruchung findet sich an der Basis solcher Fließeinheiten. Sie beträgt $\tau_0 = \varrho g h \tan \beta$, mit ϱ = Dichte; g = Erdbeschleunigung; h = hydraulischer Radius = Querschnittsfläche/benetzter Teil des Umfangs, in breiten Strömungen = Tiefe; $\tan \beta$ = Gefälle. Die gleiche Formel gilt für die Transportkraft bezüglich der Bodenfracht von Flüssen. Sie ist hiernach der Tiefe (h) und dem Gefälle des Wasserspiegels ($\tan \beta$) proportional. Nach Beobachtungen in einer großen Zahl von Flüssen (LEOPOLD & MADDOCK 1953, siehe v. ENGELHARDT 1973: 138, Abb. 3–27) nimmt das Produkt der stromabwärts zunehmenden Tiefe und des in gleicher Richtung abnehmenden Gefälles und damit auch die Transportkraft selbst stromabwärts ab.

Die Geschwindigkeitsprofile in einem Strömungskanal (Abb. 13-1, rechts) von laminarer und turbulenter Strömung unterscheiden sich beträchtlich. Bei der Geschwindigkeit $u = (Re \cdot \mu)/(\varrho \cdot h)$, geht die laminare Strömung in turbulente über. Hierin ist μ = dynamische Viskosität, ϱ = Dichte, h = Röhrendurchmesser, Flußtiefe oder in Luftströmungen nach LEEDER (1982: 52) die Grenzschichtdicke bzw. für die Reynolds-Zahl von Körnern die Korngröße, Re = Reynolds-Zahl, welche nach v. ENGELHARDT (1973: 59) und BLATT et al. (1980: 94) bei rauhen Unterlagen oder in Dichteströmungen (HISCOTT & MIDDLETON 1979: 319) etwa 500, bei glatten Unterlagen etwa 2000 beträgt.

Die Froude-Zahl „Fr" gibt das Verhältnis der Strömungsgeschwindigkeit u zur Ausbreitungsgeschwindigkeit einer „Schwerewelle" $\sqrt{gh}$ an, wie sie durch einen ins Wasser geworfenen Stein entsteht (h = Tiefe, in flachem Wasser). Solange letztere größer, die Froude-Zahl also kleiner als 1 ist, ist die Strömung ruhig (tranquil flow; unteres Strömungsregime); wird aber die Strömungsgeschwindigkeit größer als die Wellenausbreitungsgeschwindigkeit (Fr > 1), so entwickelt sich eine „schießende" Strömung (rapid flow; oberes Strömungsregime). Der Übergang erfolgt in 1 cm tiefem Wasser bei einer Strömungsgeschwindigkeit von 0,31 m/sec, in 10 cm tiefem Wasser bei 0,99 m/sec und in 1 m tiefem Wasser bei 3,12 m/sec (REINECK & SINGH 1980: 20), s. auch BOGÁRDI (1974).

Nach KENNEDY (1963) vollzieht sich der Übergang schon bei Fr = 0,85, nach SIMONS & RICHARDSON (1966) und SIMONS (1971: 20-4) für Feinsande schon bei 0,17–0,18. Auch mit zunehmendem Quotienten Suspensions-/Bodenfracht tritt der Übergang bei niedrigeren Froude-Zahlen ein (ENGELUND & FREDSØE 1974).

Im unteren Strömungsregime bilden sich Rippeln, im oberen entstehen Horizontalschichtung oder Antidünen, die der Strömung entgegenwandern oder stationär sind. Die Strömung bildet darüber eine stehende Welle, so daß die Antidüne kein Hindernis bildet und daher geringe „Rauhigkeit" besitzt. Das Prinzip der mit steigender Strömung abnehmenden Rauhigkeit des verformbaren Bodens bleibt also gültig. Diese Tendenz zeigt sich übrigens auch darin, daß die rein transversalen 2-D Dünen (und Rippeln) mit zunehmender Bodenschubspannung in 3-D Dünen (und Rippeln) übergehen (Abb. 13-2), welche schon deutlich longitudinale Elemente enthalten, wie Abb. 13-12 B und C gegenüber 13-14 rechts zeigen.

Der „Rauhigkeitsfaktor" n und sein Einfluß auf die Fließgeschwindigkeit u wird durch die Manning-Formel definiert:

$$u = \frac{1{,}49}{n} \cdot h^{2/3} (\tan \beta)^{1/2}$$

mit h = hydraulischer Radius, der bei größeren Flüssen die mittlere Tiefe ist; die Rauhigkeit n hängt ab von der Partikelgröße und -form, der Sinuosität und anderen Hindernissen des Flusses wie Sandbarren, und kann von 0,03 (bei glattem Boden) bis auf 0,15 steigen (MORISAWA 1968: 37).

Die Körner bewegen sich im oberen Strömungsregime wie ein Teppich über den Boden, wobei jedoch der Übergang zum nicht bewegten Boden kontinuierlich ist, während die Körner im unteren Regime teils rollen, teils springen. Geht eine Strömung vom oberen ins untere Strömungsregime über, z. B. infolge Tiefenzunahme der Rinne, so gibt es einen mit starker Wirbelbildung verbundenen „hydraulic jump". Ein anschauliches Laborexperiment hierzu stammt von ALLEN (1985: 12).

In turbulenten Strömungen hängt das Geschwindigkeitsprofil (Abb. 13-1, rechts) in Wandnähe bzw. über der Unterlage von deren Rauhigkeit ab. Hydrodynamisch „glatte" Unterlagen sind von einer „zähen Unterschicht" (viscous sublayer) bedeckt. Diese wird zerstört, wenn z. B. größere Körner aus dieser Schicht herausragen und die Unterlage „rauh" machen. In der zähen Unterschicht steigt die Strömungsgeschwindigkeit linear mit dem Abstand von der Unterlage, darüber (nach einer Übergangszone) nur mit dem Logarithmus des Abstandes (LEEDER 1982: 55). Ihre Dicke beträgt $11{,}5 \cdot \mu \cdot u_*/\varrho$, worin $\mu =$ dynamische Viskosität, $u_* =$ Schergeschwindigkeit $\sqrt{\tau_0/\varrho}$, oder in großen Flüssen $\sqrt{gh \tan \beta}$ mit $\tau_0 =$ Scherspannung am Boden (Scherbeanspruchung der Unterlage), $\varrho =$ Dichte der Flüssigkeit, g = Erdbeschleunigung, h = Tiefe des Flusses, tan β = Gefälle (BLATT et al. 1980: 100); u_* ist etwa eine Größenordnung kleiner als die mittlere Geschwindigkeit des Flusses ū. Hiernach ergibt sich nach CARSON (1971) aus LEEDER (1982: Fig. 5–15) für die Dicke der viskosen Unterschicht:

Beim Transport im Wasser				in Luft		
mit u_* (m/sec):	0,025	0,1	0,2	0,2	0,3	0,4
Dicke (mm)	0,6	0,15	0,08	0,8	0,5	0,4

Nur in der viskosen Unterschicht kommt es hinter kleinen Hindernissen zur Strömungstrennung, wodurch sich die Hindernisse in ihrer Wirkung verstärken und zur Rippelbildung führen können. Da die letztere natürlich einen Korntransport erfordert, stellt sich die Frage nach der Grenzkorngröße von Körnern, die einerseits schon bewegt werden, andererseits aber gerade noch nicht aus der viskosen Unterschicht herausragen, so daß noch Rippelbildung erfolgen kann. Diese

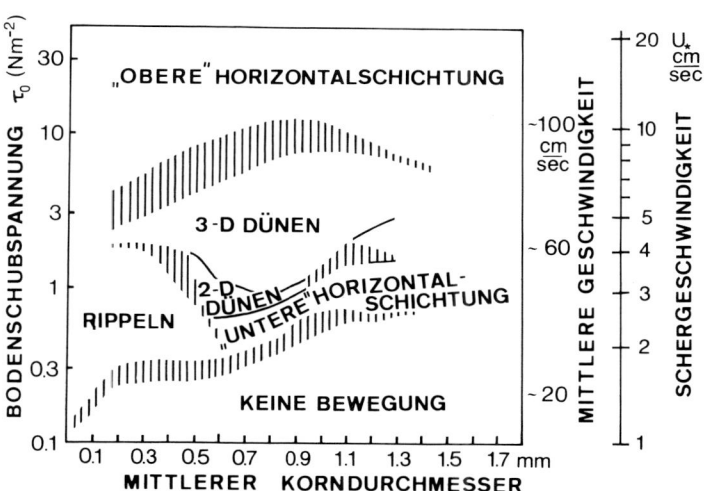

Abb. 13-2. Stabilitätsfelder subaquatischer Bodenformen in uniformer, stetiger Strömung (Labor). Überlappungsbereiche schraffiert (aus LEEDER 1982: Fig. 8.1). Schergeschwindigkeit $u_* = \sqrt{\tau/\varrho}$, hier mit $\varrho = 1$ für Süßwasser.
Rechte Ordinate: Ungefähre mittlere Geschwindigkeit eines 40 cm tiefen Stroms (nach BLATT et al. 1980: Fig. 5-4). Die 2-D Dünen oder „bars" (LEEDER) = „sand waves" (BLATT et al.) = „2 D large ripples" (HARMS et al. 1982: 2-14) sind flache zweidimensionale Dünen, also mit geradem Kammverlauf. Sie gehen bei wachsender Strömung in „3 D large ripples", d. h. Dünen mit unregelmäßigem Kammverlauf über. Oberhalb der oberen Horizontalschichtung liegt das Antidünen-Feld.

Korngröße ist für Wassertransport etwa 0,6 mm, für Lufttransport etwa 0,5 mm. Gröbere Sande sollten keine Rippeln mehr bilden, sondern Horizontalschichtung oder Dünen. Dies wird durch Experimente bestätigt (Abb. 13-2). Dünen sind demnach unabhängig von der viskosen Unterschicht (LEEDER 1982: 102). Sowohl Rippeln als auch Dünen können sich erst bilden, wenn die Suspension weniger als 10 Vol% Körner enthält. Nur dann nämlich reicht die Turbulenz aus, Körner zu erodieren und die kleinen Defekte an der Sedimentoberfläche zu erzeugen, aus welchen sich Rippeln (und Dünen) erst entwickeln (ALLEN & LEEDER 1980). Enthält die Suspension mehr als 10 Vol-% Körner, so entsteht Horizontalschichtung des oberen Strömungsregimes. Der Übergang zu dieser wurde von BAGNOLD (1966) theoretisch begründet und von KOMAR & MILLER (1975) bestätigt. Zur Theorie der Rippeln und Dünen s. auch FÜHRBÖTER (1980) und WILLIAMS & KEMP (1971).

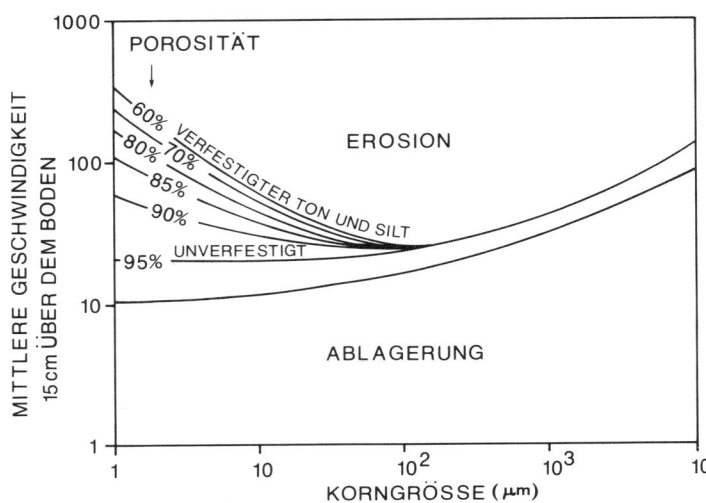

Abb. 13-3. Dieses Diagramm gibt an, bei welcher Strömungsgeschwindigkeit (cm/s; 15 cm über dem Boden) ein Quarzkorn von bestimmter Größe erodiert bzw. abgelagert wird. Für andere Minerale verändern sich die Kurven etwas. Zahlen = Porosität, (modifiziert nach SUNDBORG 1956 und POSTMA 1967).

Das HJULSTRÖM-SUNDBORG-Diagramm (Abb. 13-3) gibt an, bei welcher Strömungsgeschwindigkeit die Einzelkörner aus Sedimenten ± einheitlicher Korngröße in Bewegung versetzt werden. Das Minimum bei ca. 0,15 mm beruht nach WALGER (1982) darauf, daß in natürlichen klastischen Sedimenten unterhalb 0,15 mm mittlerer Korngröße der Tonmineralanteil meist so hoch ist, daß sich das Sediment kohäsiv zu verhalten beginnt, und − zumindest nach einer gewissen Kompaktionszeit (in Tonen schon nach Stunden; MCCAVE 1972) − schwerer erodierbar wird. Die Körner werden nach dem Bernoulli-Prinzip angehoben durch die Druckdifferenz zwischen Kornober- und Unterseite, welche durch den steilen Fließgeschwindigkeits-Gradienten im bodennahen Bereich entsteht (BAGNOLD 1973). Dies wurde durch Experimente von FRANCIS (1973) untermauert, der übrigens auch in laminaren Strömungen Springfracht (saltation, s. S. 783) nachwies. Für weitere Einzelheiten s. ZANKE (1982: 169).

In Suspension können die Körner nur dann bleiben, wenn die (turbulenten) Auftriebskräfte der Sinkgeschwindigkeit das Gleichgewicht halten. Für die letztere gilt bei Korndurchmessern unter 0,1 mm die STOKES'sche Beziehung

$$v = (\varrho_2 - \varrho_1)\, gD^2/18\,\mu$$

worin ϱ_2 und ϱ_1 die Dichte des Mineralkorns und der Flüssigkeit, g die Erdbeschleunigung, D der Korndurchmesser und μ die dynamische Viskosität sind. Für größere Körner gelten andere Formeln (s. v. ENGELHARDT 1973: 65), bei kleineren spielen Aggregate, z. B. die Bildung von Kotpillen im Plankton und deren schnellere Sinkgeschwindigkeit, eine große Rolle.

In Konglomeraten findet man oft eine sandige Matrix. Nach R. G. WALKER (1975a: Fig. 7-2) läßt sich abschätzen, wann dieselbe als eingefangene Suspensionsfracht anzusehen ist. Nachfolgend ist für verschiedene maximale Geröllgrößen angegeben, welche (größten) Sandkörner in einer die Gerölle gerade noch bewegenden Strömung in Suspension gehalten werden: Geröll 5,7 mm – Sand 0,25 mm, 12–0,5 mm, 26–1 mm, 68,5–2 mm (s. Diagramm S. 74). Diese Sandkörner können daher vom Kies eingefangen oder, bei nachlassender Strömung, als Sandlage abgesetzt werden.

Die Rinnentiefe kann nach ALLEN (1977) ungefähr mit der Gesamtmächtigkeit einer nach oben feiner werdenden Sequenz gleichgesetzt werden. Aus geometrischen Abmessungen, Korngröße und Paläogeographie errechneten STEER & ABBOTT (1984) für ein fluviatiles Kiesvorkommen des Eozän Paläogefälle, Strömung, Abflußmenge (und Spitzenwerte derselben), Rinnenbreite und -tiefe (bei Hochwasser); andere Beispiele publizierten BÜRGISSER (1980; Molasse) und TIETZE (1982; Buntsandstein). Messungen aus einer rezenten Stromschleife diskutierten BRIDGE & JARVIS (1982).

13.1.2 Strömendes Wasser

A. Korntransport und Strömungen

I. In Flüssen gibt es drei Transportarten:
  a. Bodenfracht (bedload, contact load), rollend-gleitend (traction) und springend (saltation) bewegt (im oberen Strömungsregime sheet transport). Die springenden Körner bilden als „Bodensuspension" (intermittent suspension) den Übergang von a nach b.
  b. Suspensionsfracht (suspended load), durch Turbulenz meistens in Schwebe gehalten. Der feinere, stets in Schwebe befindliche Anteil wird auch als „wash load" bezeichnet.
  c. Lösungsfracht

Die relativen Gewichtsanteile dieser Transportarten hängen von der Strömungsgeschwindigkeit, der Korngrößenverteilung in der bereitgestellten Fracht, der Bodenrauhigkeit sowie von der Morphologie und (für c) von den Verwitterungsprozessen im Einzugsgebiet ab. Sie sind daher von Fluß zu Fluß verschieden und variieren auch zwischen Hochwasser und niedrigem Wasserstand eines Flusses. Besonders große Unterschiede findet man im Verhältnis von Lösungsfracht zu Suspensionsfracht. MORISAWA (1968: 43) erwähnt von unterschiedlichen Flüssen Verhältnisse von 99 : 1 bis 12 : 88. Im allgemeinen dürfte der Anteil der Suspensionsfracht unter den drei Transportarten überwiegen.

Im einzelnen beeinflussen die obengenannten Faktoren die Verteilung der Gesamtfracht auf die drei Transportarten wie folgt: Steigende Strömungsgeschwindigkeit, welche oft mit einer Abnahme der Bodenrauhigkeit (Übergang von Rippeln zu Horizontalschichtung) verbunden ist, und ebenso steigende Korngröße verstärken vor allem a, sowie a + b gegenüber c. SIMONS & RICHARDSON (1963) fanden im Wasser eine Rollfracht-Konzentration von Mittelsand (Md = 0,28 mm) von maximal 150 ppm über gerippeltem Flußbett und von 1500–3100 ppm über ebenem Flußbett des oberen Strömungsregimes. Eine größere Morphologie im Hinterland erhöht ebenfalls a + b gegenüber c (SCHEIDEGGER 1970: 13), während stärkere Verwitterung umgekehrt wirkt.

In Summenkurven der Kornverteilung ist der rollend-gleitend bewegte Teil der Bodenfracht von dem meist überwiegenden springend bewegten Teil häufig durch einen Knick getrennt (VISHER 1969; MIDDLETON 1976; FRIEDMAN & SANDERS 1978: 72).

Bei Hochwasser nimmt in den Flüssen die Strömungsgeschwindigkeit etwas zu, da der Anteil der Bodenreibung pro Volumeneinheit des fließenden Wassers sinkt (DURY 1969). Im Powder River (Wyoming und Montana) zum Beispiel steigt die Geschwindigkeit (y) auf das Doppelte, wenn die Abflußmenge (x) pro Zeiteinheit auf das Zehnfache steigt (LEOPOLD & MADDOCK 1953). Nach DURY (1969: Fig. S. 147 unten) gilt die empirische Beziehung $\log y = 0{,}31 \log x - 0{,}44$.

Wichtiger ist für uns die Sediment-Transportrate. Da diese nach BLATT et al. (1980: 117) mit der 4–6. Potenz der Geschwindigkeit steigt, errechnet sich die Abhängigkeit der Transportrate T von der Abflußmenge x nach der Formel log T = 4 (0,31 log x − 0,44) bis 6 (0,31 log x − 0,44).

Bei einer Verdoppelung der Abflußmenge steigt hiernach die Transportrate um den Faktor 2.4 bis 3.6.

Eine besondere Art des Abflusses stellen die vor allem in ariden, vegetationsarmen Gebieten nach Wolkenbrüchen vorkommenden „Schichtfluten" dar. Sie entstehen nach HOGG (1982) in Gebieten mit geringem Relief, so daß keine Kanalisierung erfolgt. Das Gefälle muß einerseits eine starke Strömung ermöglichen, soll aber andererseits auch Sedimentation erlauben. Auch muß der Untergrund so undurchlässig sein, daß das Wasser nicht zu schnell versickert.

Man unterscheidet mäandrierende und verflochtene (braided) Flüsse. Die Ursache des Mäandrierens ist trotz vieler Erklärungsansätze noch unbekannt. Auszuschließen sind als allgemeine Ursache Hindernisse im Flußbett, da sich Mäander auch auf glatter Unterlage einstellen. Bei solchen Experimenten fanden DAVIES & TINKER (1984), daß die Mäanderbögen stromabwärts sozusagen durchhängen. Dies fördert die talwärtige Verlegung der Mäander. Abweichungen vom geraden Flußverlauf haben zudem die Tendenz, sich selbst zu verstärken, da die Zentrifugalkraft das Wasser gegen den Außenbogen treibt. So bildet sich eine geneigte Wasseroberfläche, welche sich hydrostatisch durch eine nach unten gerichtete Strömung ausgleicht. Dadurch entsteht eine Spiralbewegung der Strömung, welche die Erosion im Außenbogen verstärkt und am Gleithang Sediment ablagert (SCHEIDEGGER 1970). Den Verlauf der stärksten Strömung eines Flusses nennt man „Talweg", ein Begriff, der sich auch international eingebürgert hat. Mäander bilden sich nur im unteren Strömungsregime (Fließgeschwindigkeit < Wellengeschwindigkeit).

Verflochtene Flüsse enstehen bei größerem Gefälle (Abb. 13-4). Damit ist auch eine relative Zunahme der Bodenfracht (vor allem von Kies) verbunden. Auch zeigen die verflochtenen Flüsse oft einen starken Wechsel der Wasserführung; bei Hochwasser werden Kiesbänke aufgeworfen, die bei Niedrigwasser zu Inseln werden und die Flußrichtung beeinflussen. Abb. 13-5 gibt an, bei welchen Fließgeschwindigkeiten Gerölle einer bestimmten Korngröße erodiert werden. Im einzel-

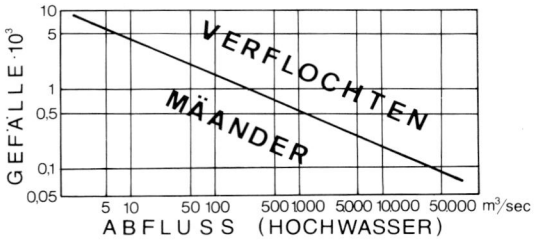

Abb. 13-4. Bereich mäandrierender und verflochtener (braided) Strombetten in Abhängigkeit von Gefälle und Abflußrate (bankfull discharge), nach LEOPOLD & WOLMAN (1957).

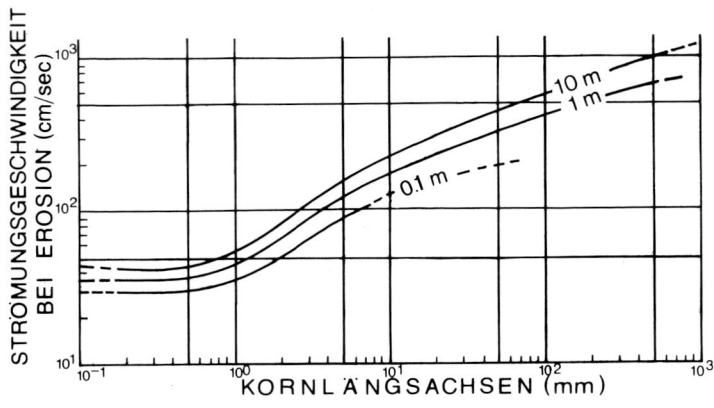

Abb. 13-5. Kritische Erosionsgeschwindigkeit 0,1, 1 und 10 m über dem Boden für das Mittel der 10 längsten Partikel, bezogen auf die Dichte 2,65, aus transversalen Bänken des Nueces River, Texas (GUSTAVSON 1978); s. auch Abb. 13-3.

nen wird auf die unterschiedlichen Merkmale von mäandrierenden und verflochtenen Flüssen im Kapitel 14 eingegangen.

Eine etwas abweichende Einteilung findet sich bei SCHUMM (1972). Er unterscheidet
1. Relativ enge und tiefe, gebogene, suspensionsreiche Flußrinnen (< 3% Sand und Kies in der Gesamtfracht)
2. Relativ breite und flache, gerade, Bodenfracht-reiche Flußrinnen (> 11% Sand und Kies; „Low sinuosity")
3. Übergangstypen („mixed load channels").

Die ersteren entsprechen z. T. den Mäanderflüssen und haben dementsprechend ein geringeres Gefälle als die zweite Gruppe. SCHUMM (l. c.) formulierte zahlreiche Beziehungen, die den Einfluß der Suspensionsfracht auf die Form langsamer Flüsse quantifizieren, so zum Beispiel

$$F = 225 \, M^{-1,08} \text{ und } P = 0,94 \, M^{+0,25}$$

mit F = Breiten-Tiefenverhältnis der Flußrinne, P = Sinuosität (Flußrinnenlänge/Tallänge) und M = Anteil < 0,074 mm im Sediment. Anwendungsbeispiele gaben CASSHYAP & KHAN (1982).

II. Meeresströmungen der Ozeane führen ungleich größere Wassermassen als Flüsse. Dabei ist der Materialtransport in den Oberflächenströmungen, also den windgetriebenen „Driftströmungen" und den dadurch verursachten „Gefällströmungen" (z. B. dem Golfstrom als Abflußströmung eines Passatstroms; DIETRICH & KALLE 1965: 439) kleiner als in den stärker grundberührenden Strömungen unterhalb der Thermokline, den „thermohalinen" (d. h. polaren, kalten, rel. salzigen) Tiefenströmungen. Diese werden (wie auch die Oberflächenströmungen) von der Corioliskraft auf der Nordhalbkugel nach rechts, auf der Südhalbkugel nach links abgelenkt und dadurch an die Kontinentalhänge gedrängt. Dort können solche „Konturströme" mit 15–20 cm/sec (REINECK & SINGH 1980: 482), ausnahmsweise 70 cm/sec (2,5 km/h), Ton, Silt und gelegentlich Feinsand bewegen (BLATT et al. 1980: 715). Dabei sammeln sich Grobsilt und Feinsand zu dünnen, horizontal- oder schräggeschichteten Lagen, die unten und oben scharf begrenzt sind (BOUMA 1972a, b, 1973a, b; BEIN & WEILER 1976; LÜTKE 1976 [Oberdevon], DAMUTH 1979; JOHNSON et al. 1980), s. auch S. 822. Solche Tiefenströmungen haben vor NW-Afrika über lange Zeiten den Kontinentalhang erodiert, was dann zu enormen Rutschungen führte (s. SCHWARZ 1982). In der Bodenströmung östlich von Nordamerika treten von Zeit zu Zeit heftige Turbulenzen auf, die mit Strömungsgeschwindigkeiten bis 70 km/h starke Erosion bewirken (HOLLISTER et al. 1984). Aber auch dem Golfstrom wird erodierende Tätigkeit zugeschrieben (am Blake Plateau vor Florida; KANEPS 1979).

Da die subtropischen Hochdruckgebiete vornehmlich im Westteil der Ozeane liegen und durch Ekman-Transport und Corioliskraft Meeresströmungen zu sich hinlenken, hat der Meeresspiegel ein Gefälle gegen Osten, welches durch Auftriebsströme vor den Westküsten der Kontinente (z. B. vor Nordwest- und Südwestafrika) ausgeglichen wird (s. LEEDER 1982: 232/5). Dies wird vor NW-Afrika noch durch den küstenparallelen NE-Passat unterstützt, welcher, durch die Corioliskraft nach rechts abgelenkt, Küstenwasser seewärts transportiert (SUESS & THIEDE 1983). Über die verschiedenen Meeresströmungen unterrichten u. a. DIETRICH & KALLE (1965) und NEUMANN (1968).

Strömungen gibt es aber auch im Schelf- und Küstenbereich:
a. Küstenparallele Strömungen (10–150 cm/sec; REINECK & SINGH 1980: 348)
 1. seewärts der Brandungszone findet man wind- oder gezeitengetriebene Strömungen (INGLE 1966),
 2. in der Brandungszone entsteht eine „Brandungslängsströmung" durch schräg auf die Küste zulaufende Wellen, welche durch Bodenreibung in eine küstenparallele Orientierung einschwenken. Hier werden im Laufe der Zeit große Sandmengen in Zickzackbahnen der Küste entlang transportiert. INGLE (1966) maß in Kalifornien eine küstenparallele Sanddrift von 3 m/min. Theoretisch wurden diese Vorgänge von KOMAR (1976) untersucht. Eine Bilanz stellten ARMON & MCCANN (1977) auf. An Küsten mit relativ steilem Strand wandern die groben Körner schneller als die feinen, weil die letzteren höher auf den nassen Strand hinaufgewaschen werden und dort nicht mehr von jeder Welle erreicht werden (KOMAR 1977). Im allgemeinen nimmt in Richtung des küstenparallelen Sandtransportes die Korngröße ab, und

zwar nach BRYANT (1982) an steilen („reflective coasts") stärker als an flachen Küsten („dissipative coasts"). Dabei wird die Sortierung besser (SUTTON et al. 1974). Es wird jedoch gelegentlich eine Korngrößenzunahme in der Richtung des küstenparallelen Sandtransportes gefunden (z. B. SEIBOLD 1963); MCCAVE (1978) machte einen seewärtigen Verlust von Feinsand dafür verantwortlich, daß an der ostenglischen Küste die mittlere Korngröße in der Transportrichtung von 0,18 auf 0,3 mm steigt. Seewärts des nassen Strandes ist für den küstenparallelen Sandtransport die Beobachtung von BRENNINKMEYER (1976) wichtig, daß beim Zusammenprall von Welle (swash) und Rückstrom (backwash) vor allem bei ruhigem Wetter viel Sand aufgewirbelt wird. Abb. 13-6 zeigt, daß die Wellenenergie sich vor allem auf vorspringende Küstenabschnitte konzentriert, in Buchten jedoch stark vermindert ist.

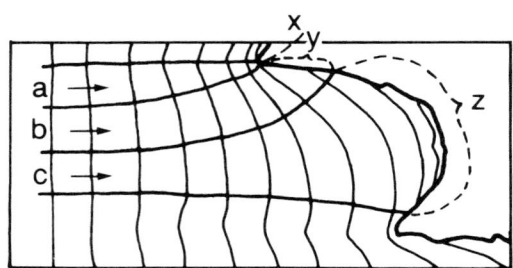

Abb. 13-6. Die Verteilung der Wellenenergie auf Küstenabschnitte ist von deren Konfiguration abhängig. Die Energie wird senkrecht zu den (eingezeichneten) Wellenfronten übertragen. Dadurch erhält der kleine Landvorsprung (x) die gleiche Energie wie die ganze Bucht (z). Aus GILLULY et al. (1968: Fig. 16-12).

b. Ripströmungen (= Brandungsrückströmung), schmale, ablandige, für den Schwimmer gefährliche Strömungen bis 2 m/sec (LEEDER l. c.: 173), die an etwas steiler geneigten Küsten im Abstand vom maximal einigen hundert Metern entstehen (s. auch KOMAR 1975: 42).
c. Gezeitenströmungen. Die Anziehung des Mondes und in geringerem Maße auch der Sonne bewegt die Wassermassen zweimal, stellenweise einmal täglich hin und her. Das Wasser folgt dabei infolge der Corioliskraft elliptischen bis Kreisbahnen, die aber in Küstennähe und schmalen Meeren (z. B. in der südlichen Nordsee) zu Hin- und Herbewegungen deformiert sind. Eine von diesen Richtungen überwiegt meist („peak tidal flow") und bestimmt die Form der Sedimentkörper; in Küstennähe spricht man vom Flut- oder Ebbstrom.
d. Sturmbedingte Strömungen auf dem Flachschelf. Zwischen der normalen Wellengangtiefe und der Sturmwellenbasis (EINSELE & SEILACHER 1982) gibt es bei stärkeren Stürmen Aufarbeitung und Wiederablagerung in Form von z. T. gradierten Lagen; auch die charakteristische „hummocky" – Schrägschichtung (S. 800) entsteht hier. Der starke küstenwärtige Wassertransport bei auflandigen Stürmen führt andererseits auch zu seewärtigen Unterströmen, die Material weit hinaus auf den Schelf führen können (REINECK et al. 1967; MORTON 1981; AIGNER 1982; NELSON 1982). Die Sedimente werden als Tempestite (SEILACHER 1982) oder Sturmsandlagen (GADOW & REINECK 1969) bezeichnet und weiter unten beschrieben (S. 801).
e. Ausläufer der eben genannten Strömungen können Feinmaterial, aber auch Sand in Form von „low density low velocity turbidity currents" über den Schelfrand hinweg in tieferes Wasser befördern (MCCAVE 1972; STANLEY et al. 1972; STANLEY & SWIFT 1976; SWIFT et al. 1972). Solche „turbid layers" bewegen sich mit nur 10 cm/sec hangabwärts (MOORE 1969). Am Hang kann es zu einer Resuspension durch die Bodenfauna kommen, welche einen hangabwärtigen Transport bewirkt (BEIN & FÜTTERER 1977).

B. Transportkörper und Sedimentstrukturen

1. Rippeln und Dünen

Während in rezenten Sedimentationsgebieten vor allem das Relief der Transportkörper (z. B. Rippeln und Dünen) in Erscheinung tritt, sieht man in fossilen Sedimenten meist nur das Interngefüge derselben. Dieses ist häufig noch im oberen Teil durch Erosion reduziert. Beide Aspekte – Oberflächenformen und Interngefüge – aber gehören zusammen; sie lassen sich am einfachsten in trockengefallenen Flußbetten und energiereichen Sandwatten studieren. Unter ständiger Wasserbedeckung liegende Formen müssen mit Echolot und Side-Scan-Sonar erkundet werden (z. B. WERNER et al. 1974). Das Interngefüge wird je nach Aufschlußverhältnissen mit dem Spaten, dem Stechkasten, dem Kastengreifer (REINECK 1958a) oder geophysikalischen Methoden untersucht. Die folgenden Ausführungen stützen sich im wesentlichen auf die Darstellungen bei ALLEN (1982, I + II), HARMS et al. (1982), LEEDER (1982), BLATT et al. (1980) und REINECK & SINGH (1980).

Strömt Wasser über ein körniges Sediment, so legt sich die Sedimentoberfläche in Wellen. Strömungsgeschwindigkeit, Wassertiefe und Korngröße bestimmen deren Abmessungen. Abb. 13-2 ist ein empirisches Diagramm, dessen theoretischer Hintergrund noch nicht ausdiskutiert ist (FOLK 1977; LEEDER 1977). Es entstehen zunächst Rippeln, doch mit zunehmender Strömung verschwinden sie wieder, und es bilden sich – ausreichende Wassertiefe vorausgesetzt – größere Formen, die als Großrippeln, Megarippeln, Sandwellen, Barren oder (subaquatische) Dünen bezeichnet werden. Die Wellenlänge (λ), d. h. der Kammabstand, von Rippeln ist meist kleiner als 0,5 m, derjenige von Dünen größer als 1 m. Der Übergang erfolgt meistens sprunghaft, doch wurden auch Wellenlängen zwischen 0,5 und 1 m gefunden (NEWTON & WERNER 1972). Als Grenze zwischen Rippeln und Dünen (oder Klein- und Großrippeln) wird häufig eine Wellenlänge von 0,6 m angenommen (REINECK & SINGH (1980: 36, 41). Sandwellen mit km-Wellenlänge beschrieb KÖSTER (1974).

Bei den Dünen unterscheidet man solche mit geradem Kammverlauf, welche durch einen (zweidimensionalen) Querschnitt hinreichend beschrieben werden und nach COSTELLO & SOUTHARD (1981) „2 D-Dünen" genannt werden, von den „3 D-Dünen" mit unregelmäßigem Kammverlauf. In Anlehnung an die Benennung von Faltenformen würde man die 2 D-Dünen korrekter als „monoklin", die 3 D-Dünen als „triklin" bezeichnen, doch wird sich wohl die kürzere, griffigere Bezeichnung durchsetzen.

Abb. 13-7 (links) zeigt einen schematischen Schnitt durch eine Querdüne, welcher im Prinzip auch für eine Strömungsrippel gilt, mit den gebräuchlichen Benennungen und Maßen. Rechts in der Abbildung sind die durch unterschiedliche Sandzufuhr bedingten Extremtypen der durchwandernden (unten) und der ansteigenden (climbing) Rippeln (oben) dargestellt (die Pfeile geben hier den Sandtransport an). Während sich im ersteren Fall streng genommen kein Sediment bildet, wird im Falle einer Konservierung der obere Teil der Rippel vor dem Eintreffen der folgenden Rippel

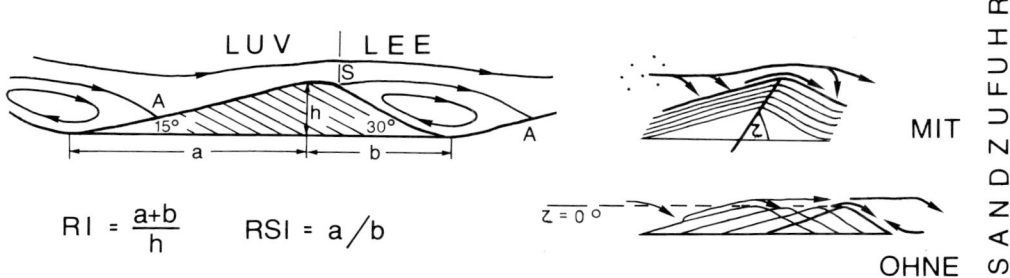

Abb. 13-7. Rippel-(Dünen-)Schema mit Definitionen: RI = Rippelindex. RSI = Rippelsymmetrieindex. Links eine subaerische Querdüne mit den Normal-Hangneigungen (15 und 30°). Darüber nach ALLEN (1982, I: Fig. 7-2) die Stromlinien, welche die Oberfläche bei S (separation) verlassen und bei A (reattachment) wieder erreichen. Darunter ist der Gegenwirbel (separation bubble) eingeschlossen. Dieses Strömungsbild gilt auch für Rippeln und Dünen unter Wasser. Rechts oben: Rippel, infolge starker Sandzufuhr (Pfeile) ansteigend (climbing; ripple drift bedding s. auch Abb. 13-37 B); „ohne Sandzufuhr" bedeutet, daß sich Sandzufuhr und Sandverlust das Gleichgewicht halten; nach Hindurchwandern einer solchen Rippel (Düne) bleibt nichts zurück. Der Kammsteigungswinkel ζ ist ein Maß für die Sedimentationsbilanz.

erodiert, so daß durch horizontale oder ansteigende Erosionsflächen („Diasteme", ELLIOTT 1965) begrenzte Schrägschichtungs-Sets übrigbleiben. Schwach ansteigende werden von JOPLING & WALKER (1968) und ASHLEY et al. (1982) als „climbing ripples, Typ A" bezeichnet. Im Fall der extrem ansteigenden Schrägschichtung (climbing ripples „B", Abb. 13-7 rechts oben) treten keine Erosionsflächen mehr auf, und der Begriff der Schrägschichtungs-Sets verliert seine Bedeutung. Dieser Fall kommt praktisch nur in Turbiditen und in schnell abgelagerten fluviatilen Sandbänken vor. Dies gilt auch für die „draped lamination" (ASHLEY et al. 1982), bei der sich sinusförmige Schichten konkordant überlagern. K. O. STANLEY (1974) fand in siltigen (Median 35 µm) Seeablagerungen ansteigende Rippeln verschiedener Wellenlänge (< 5 und 20–50 cm); s. auch MCKEE (1966a).

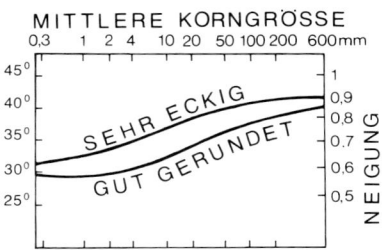

Abb. 13-8. Böschungswinkel für nichtkohäsives Material in Abhängigkeit von Korngröße und -rundung (aus SIMONS 1971: 20-5).

Einer Rippel oder Düne wird vor allem im oberen Teil des Luvhanges Sand aus der Bodensuspension zugeführt. Die Sandkörner rollen und gleiten dann, zum Teil durch aufprallende Körner gestoßen, den Luvhang hinauf und sammeln sich auf der Verebnung vor der Kante, bis es zu einer kleinen Rutschung am Leehang kommt. Auf diese Weise bildet sich in größeren Rippeln Lage auf Lage, getrennt und laminiert durch Zwischenlagen feineren Sediments, welches unmittelbar aus der Suspension herabfällt (s. auch S. 802). Der Leehang bildet den natürlichen Böschungswinkel von ≥ 30° ab (Abb. 13-8). Dabei ist in verfestigten Sandsteinen der Einfluß der Kompaktion zu berücksichtigen. Im Bereich des Auftreffpunktes der Stromlinien (A; Abb. 13-7) wird der Luvhang am stärksten erodiert. Dieses Material wandert dann teils auf der Rippel nach oben, teils im Leewirbel rückwärts gegen den Fuß der nachfolgenden Rippel. Nach REINECK (1961) erfolgen 75–90% der Anlagerung am Leehang durch Abrutschen (avalanching), bis 15% aus der Suspension und bis 10% durch den eben beschriebenen Rückfluß.

Mit zunehmender Geschwindigkeit bilden sich am Fuß des Leehangs kleine, der Strömung entgegengerichtete Schrägschichtungskörper, die beim Nachlassen der Strömung sogar über den Leehang hinaufwandern (ANDREASEN et al. 1982). Gleichzeitig erfolgt eine Zunahme der Sedimentation aus der Suspension sowie der Rutschungen, und das Sediment verliert seine Feinlaminierung. Der Leehang wird flacher und sigmoidal gekrümmt (Abb. 13-9, rechts oben), weil sich die Stromlinien nun anschmiegen und am Leehang eine Scherbeanspruchung hervorrufen. Bei weiter zunehmender Geschwindigkeit bildet sich im Grobsilt und Feinsand Horizontalschichtung, während auf Mittelsand Dünen entstehen (Abb. 13-2; s. auch SOUTHARD & HARMS 1972; REINECK & SINGH 1980).

In Tabelle 13-1 sind die wichtigsten Eigenschaften dieser verschiedenen Rippeln und Dünen zusammengestellt, und zwar vor allem für Transportformen in strömendem Wasser, doch gelten viele dieser Eigenschaften auch für äolische Sedimente. An fossilen Sandsteinen ist oft nicht zu entscheiden, ob es sich um Rippeln oder Dünen handelte, da ihr oberer Teil erodiert ist. Aus diesem Grund wird für fossile Schrägschichtungsgefüge ein deskriptives Benennungsschema vorgeschlagen (Abb. 13-9a). Schrägschichtungs-Sets unter 4 cm Dicke werden als „small-scale", darüber als „large-scale" bezeichnet. Im Deutschen kann man nach CONZE (1984) die Schrägschichtungssets wie folgt gliedern:

Tabelle 13-1. Sedimentrelief unter strömendem Wasser – Einteilung und Eigenschaften. (Kombiniert aus BLATT et al. 1980: Tabelle 5-3, ALLEN 1982, I: 307ff., HARMS et al. 1982: Tabelle 2-1, LEEDER 1982: 86ff.)

	Strömungsrippeln (Kleinrippeln)	2D-Dünen (Typ 1-Megarippeln, Großrippeln, Sandwellen, z. T. Riesenrippeln transversal bars)	3D-Dünen (Typ 2-Megarippeln, Großrippeln simple dunes)	Horizontalschichtung des unteren Strömungsregimes	Horizontalschichtung des oberen Strömungsregimes	Antidünen
Kammverlauf	zunächst gerade bis sinusförmig, dann unregelmäßig kurze Kämme, oft zungenförmig	gerade bis schwach gebogen	sinus- bis sichelförmig	–	–	gerade bis gebogen
Form		Basis nicht trogförmig	Basis trogförmig	–	–	kurze Kämme Luv = Leeneigung, ca. 10°
Abstand λ	5–40 cm	(0,6) bis Hunderte von m	0,5 bis Zehner von Metern	–	–	dm 5 m $\lambda = u^2 g/2\pi$
Höhe (h)	0,5–3 cm	0,05 bis wenige Zehner von m	dm bis wenige Meter	–	–	cm–dm
Rippelindex (λ/h)	8 (Grobsand) 20 (Feinsand)	50 (20–100)	10–50	–	–	(7–) > 100
Korngröße	0,03–0,6 mm	> 0,36 mm	0,2–0,36? (DALRYMPLE et al. 1978)	meist fein	alle	alle
Einflußgrößen (LEEDER: 86, 89)	Korngröße: $\lambda \sim 1000\,d$	Korngröße: $\lambda/h = f(1/d)$	Wassertiefe (y): $\lambda = 1{,}16 y^{1{,}55}$ $h = 0{,}086 y^{1{,}19}$ Korngröße: flacher, wenn gröber	–	–	Froude-Zahl > 1, Bodensuspension
Innenbau Schrägschichtung	Einzel-Sets trogförmig oder planar	zusammengesetzt planar	Einzel-Sets trogförmig	–	–	zusammengesetzt planar bipolar
Strömungsgeschwindigkeit	niedrig (wenn höher: flachere Rippeln)	niedrig bis mäßig	mäßig bis hoch	niedrig	hoch	hoch
Gewässertiefe	> einige cm	> einige dm (oft tiefer als 3D)	> einige dm (oft flacher als 2D)	alle	alle	dm – wenige m

Kleinrippelschichtung: Sets kleiner als 3 cm Dicke
Großrippelschichtung: Sets von 3–10 cm Dicke
Schrägschichtung: Sets größer als 10 cm Dicke

ALLEN (1963) hat 15 Schrägschichtungstypen definiert und mit griechischen Buchstaben (alpha bis pi) bezeichnet. Dieses Benennungssystem wird jedoch nur selten verwendet, mit Ausnahme der Epsilonschrägschichtung (REINECK & SINGH 1980: 308; COLLINSON & THOMPSON 1982: 82). Dabei handelt es sich um eine laterale Anlagerung am Gleithang in Flüssen, Deltas (MASSARI 1978) oder – kleinmaßstäblich – an Prielhänge im Watt (Abb. 14–25). Darin findet man einen Wechsel von Sand und Silt, der mit 5–20° zum Fluß hin, also senkrecht zur Fließrichtung, einfällt. Es handelt sich bei dieser „longitudinalen Schrägschichtung" also um keine echte Schrägschichtung, sondern um Anlagerung an eine geneigte Unterlage (REINECK 1958b).

In Abb. 13-9b ist der Zusammenhang zwischen den rezent beobachtbaren Rippeln und den Schichtgefügen dargestellt, welche sich daraus in Abhängigkeit von Fließbedingungen, Akkumulationsrate und Korngröße bilden. Unter Strömungsrippeln entstehen mit zunehmender Akkumulationsrate folgende Schichtgefüge
1. Fehlende Akkumulation: Durchzug der Rippeln; Gleichgewicht zwischen Zu- und Abfuhr
2. Überlagerung von Schrägschichtungssets mit nahezu schichtparallelen Erosionskontakten (Reaktivierungsflächen; s. Abb. 13–19 und S. 793, 884 und 899).
3. Überlagerung mit in der Transportrichtung ansteigenden Setgrenzen („climbing ripples")
   a. Akkumulation nur auf dem Leehang
   b. Akkumulation auf Luv- und Leehang (Abb. 13-9b rechts unten).

Mit zunehmender Geschwindigkeit gehen die Rippeln in 2 D-Dünen und diese in 3 D-Dünen über (s. Abb. 13-2 und Tab. 13-1). Da bei konstanter, mittlerer Strömungsgeschwindigkeit die für die Kornbewegung an der Sedimentoberfläche entscheidende Scherkraft (Abb. 13-2) mit abnehmender Wassertiefe zunimmt, sind die Strömungsgeschwindigkeiten, bei denen der Übergang von einer Bodenform zur nächsten erfolgt, auch von der Wassertiefe abhängig, wie die folgende Tabelle zeigt.

Tabelle 13-2. Sedimentrelief unter strömendem Wasser, in Abhängigkeit von Wassertiefe und Strömungsgeschwindigkeit (nach REINECK & SINGH 1980: Fig. 8, ergänzt aus HARMS et al. 1982: Fig. 2-7)

Wassertiefe	Mittlere Strömungsgeschwindigkeit beim Einsetzen von		
	Rippeln	2 D-Dünen	3 D-Dünen
10 cm	18 cm/sec	30 cm/sec	40 cm/sec
20 cm	23 cm/sec	40 cm/sec	52 cm/sec
30 cm	25 cm/sec	50 cm/sec	60 cm/sec

Rippeln bilden sich nur auf Grobsilt, Fein- und Mittelsand (0,03–0,6 mm Durchmesser). Sie entstehen zunächst als „2 D"-Formen mit geraden Kämmen und Leehängen um 30° (HARMS 1969), entwickeln sich aber mit zunehmender Strömung oft zu „3 D"-Formen, denn es treten nun neben dem um eine horizontal-transversale Achse kreisenden Leewirbel noch Wirbel mit vertikalen Achsen auf (Abb. 13-10). ALLEN (1968: Fig. 4.6) und LEEDER (1982: Fig. 8.2) unterscheiden bei Rippeln und Dünen

Abb. 13-9a. Schrägschichtungstypen (im wesentlichen nach ILLIES 1949; MCKEE & WEIR 1953; NIEHOFF 1958; REINECK 1963; POTTER & PETTIJOHN 1963; PETTIJOHN & POTTER 1964; WURSTER 1964; IMBRIE & BUCHANAN 1965). Die wichtigsten deutschen und englischen Bezeichnungen sind angegeben. „Tafelförmig/trogförmig" beschreibt eine Schrägschichtung, die im Anschnitt ac, d. h. in der Strömungsrichtung (a) senkrecht zur Schichtung, tafelförmig und im Anschnitt bc (transversal) trogförmig erscheint; dieses Gefüge sowie „keilf./trogf." sind selten. Die gestrichelte Linie in der obersten Reihe gibt an, wie wenig oft von solchen Rippeln (Dünen) erhalten ist. Die bogige Schrägschichtung (rechts oben) entsteht bei stärkerer Strömung als die ebene (links); sie markiert nach FRIEDMAN & SANDERS (1978: Tab. 4-3, Typ D) den Übergang zum oberen Strömungsregime.

Korntransporte – Transportkörper und Sedimentstrukturen

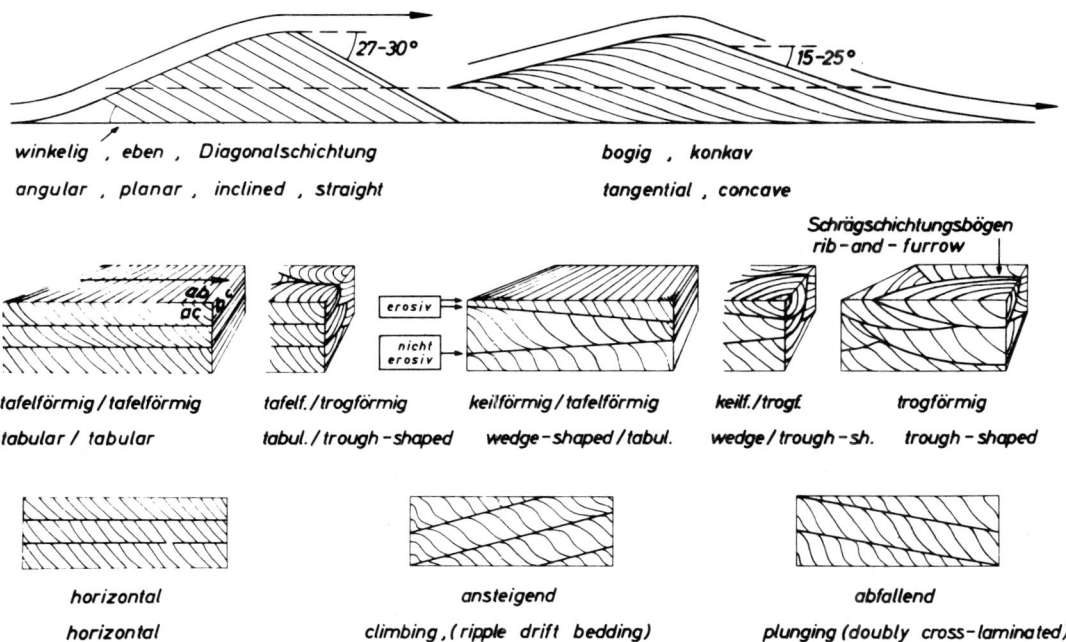

Abb. 13-9 a. Legende siehe Seite gegenüber.

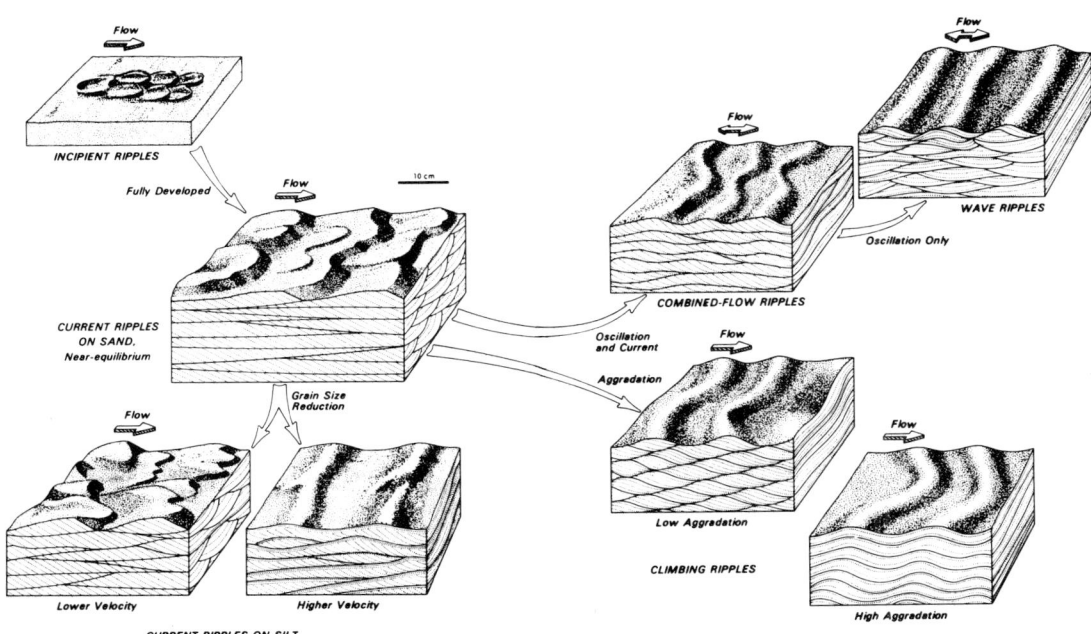

Abb. 13-9 b. Entstehung von Rippeln und Rippelschichtung (nach HARMS 1975).

a) geraden Kammverlauf
b) sinusförmigen Kammverlauf in Phase, d. h. Rippelkämme „parallel" verlaufend, oder nicht in Phase
c) kettenförmigen Kammverlauf, d. h. in Strömungsrichtung konkave Bögen, in Phase oder nicht in Phase
d) sichelförmigen Kammverlauf (wie c, aber stärker gebogen), nicht in Phase (nur bei Dünen vorkommend)
e) zungenförmigen Kammverlauf, d. h. in Strömungsrichtung konvexe Bögen (nur bei Rippeln verbreitet), in Phase oder nicht in Phase.

Während die Rippeln und Dünen mit geraden und schwach sinusförmigen Kämmen tafelförmige Schrägschichtungskörper bilden, welche im Anschnitt senkrecht zur Strömungsrichtung etwa horizontal geschichtet sind, und lang durchhalten (Abb. 13-9), zeigen die Rippeln und (3 D-)Dünen mit unregelmäßigen Kämmen (Abb. 13-12 B) trogförmige Schrägschichtungskörper, welche sich auch im Anschnitt senkrecht zur Strömungsrichtung trogförmig darstellen. Sie weisen auf eine Auskolkung im Vorfeld der Rippel (Düne) hin, die dann konkordant ausgefüllt wurde. Dies führt im Horizontalschnitt, sozusagen auf der Schichtfläche, zu charakteristischen Schrägschichtungsbögen (rib-and-furrow), die zu Schrägschichtungs-Sets zusammengefaßt sind (Abb. 13-11). Die Achsen dieser Trogfüllungen zeigen nach Dott (1973) und Michelson & Dott (1973) die Strömungsrichtung besser an, als es die Schrägschichtung selbst tut. Welche Vorsicht bei der Ermittlung der Strömungsrichtung aus Schrägschichtungsanschnitten geboten ist, haben Stets & Wurster (1977) eindrucksvoll gezeigt (s. auch Einsele 1960).

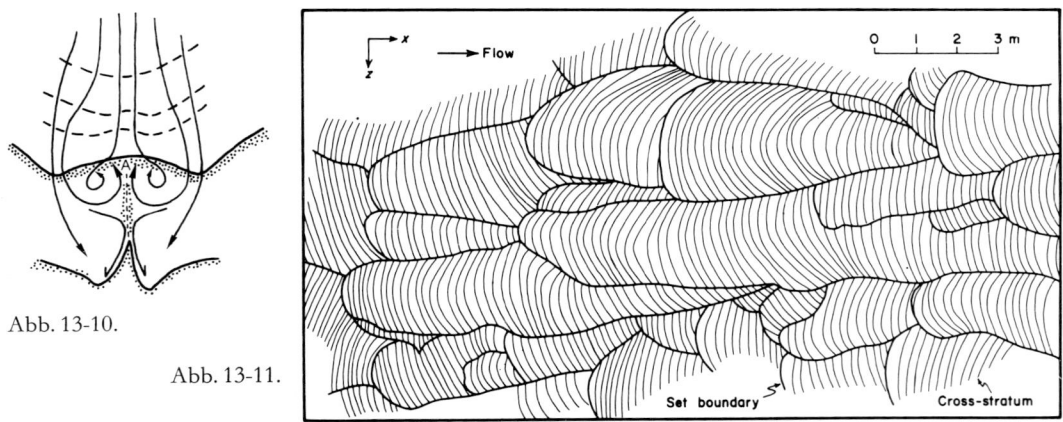

Abb. 13-10.

Abb. 13-11.

Abb. 13-10. Beispiel einer Beeinflussung des Strömungsverlaufs durch die Rippelform, von oben beobachtet an Strömungsrippeln in einem wenige dm tiefen Bach. Unterhalb A (= höchste Stelle des Rippelkammes) ein Längsrücken. Gestrichelt sind Anschnitte früherer Schrägschichten, nach Allen (1968: Fig. 4-6) „catenary out of phase"-Typ, Zeichnungsbreite einige dm; gezeichnet 1942.

Abb. 13-11. Horizontalanschnitt von 3 D-Dünen (oder, auf 1/20 verkleinert, von trogförmigen Rippeln). Die kräftig umrandeten Schrägschichtungssets bestehen aus zahlreichen Schrägschichtungsbögen („rib-and-furrow"). Chinle Formation (Trias, Arizona; aus Allen 1982; I: Fig. 9-11).

Die besonders unregelmäßigen Zungenrippeln (linguoid ripples, Abb. 13-12 C) entstehen in einer mit der Rippelhöhe vergleichbaren Wassertiefe. Dann wirkt die Rippelmorphologie stärker als in tieferem Wasser auf die Strömung ein; außerdem kann die Rippelform von Oberflächenwellen beeinflußt werden. In ähnlichem Milieu kommen Rhomboederrippeln vor (Abb. 13-12 D, s. auch

STAUFFER et al. 1976), deren geringes Relief schon zur Horizontalschichtung des oberen Strömungsregimes überleitet.

Einzelne Rippeln, die über eine Ton- oder Feinsiltfläche wandern und von Ton bis Feinsilt eingedeckt werden, bilden eine Reihe von Sandlinsen, eine sogenannte „Linsenschichtung". Wenn die Rippeln sich häufen und dünne Ton- oder Feinsiltflasern umschließen, spricht man von „Flaserschichtung" (REINECK & WUNDERLICH 1968b). Sie entsteht vor allem im Watt. Damit der bei Flut sedimentierte Schlamm bei ablaufendem Wasser liegenbleibt, darf nach TERWINDT & BREUSERS (1972: 94) die Schergeschwindigkeit etwa 2 cm/sec nicht wesentlich überschreiten. Dies entspricht einer mittleren Geschwindigkeit (50 cm über dem Boden) von fast 60 cm/sec. Etwas darüber aber wird auf den Rippeln der Ton noch erodiert, während er in den Rippeltälern, wo die Geschwindigkeit etwas kleiner ist, als Tonflaser liegenbleibt.

„Reaktivierungsflächen" sind nach COLLINSON (1970) Erosionsdiskordanzen, welche die Leeseite einer Düne schräg durchschneiden und z. B. in Flüssen oder im Gezeitenbereich bei fallendem Wasser entstehen. Bei steigendem Wasser wird dann die alte Düne weitergebaut (z. B. TIETZE 1982: Abb. 4). Es entstehen dabei oft abfallende Schrägschichtungssets (Abb. 13–19).

Die Wanderungsgeschwindigkeit nimmt nach DILLO (1960) mit der Korngröße zu und ist für Dünen wesentlich kleiner als für Rippeln. Bei einer Strömungsgeschwindigkeit von 70 cm/sec. wandern
Rippeln der mittleren Korngröße 0,085 mm 11 mm/min., (bei 100 cm/sec.: 90 mm/min.),
Rippeln der mittleren Korngröße 0,19 mm 54 mm/min.,
Rippeln der mittleren Korngröße 0,28 mm 90 mm/min;

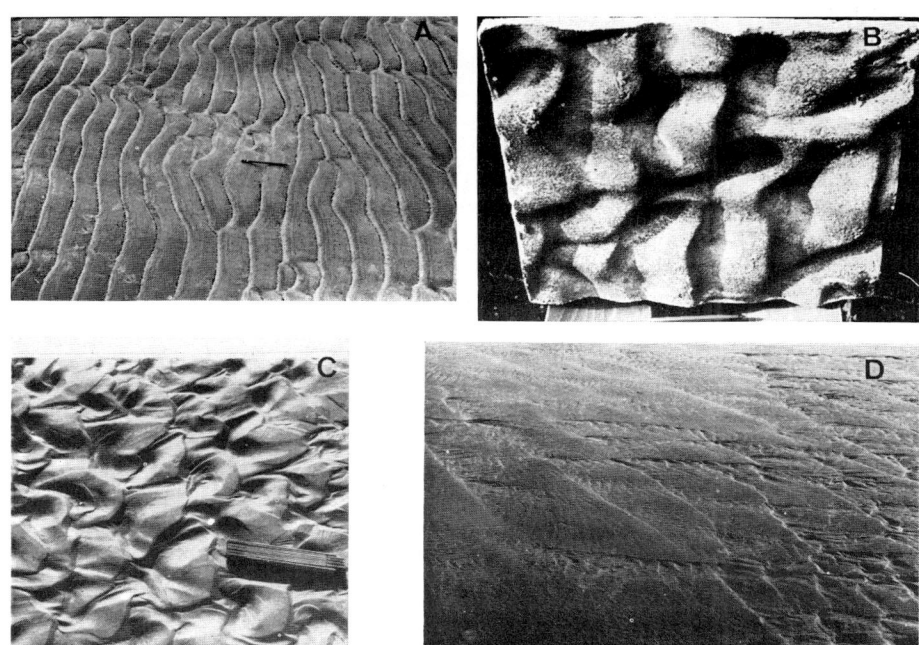

Abb. 13-12. Rippeltypen (s. auch Abb. 13-14)
A. Oszillations-(=Wellen-)Rippeln, welche hier asymmetrisch sind, weil die anlandige Welle (von rechts) stärker ist. Durch Austrocknung werden auf den flachen Seiten die angeschnittenen Schrägschichten erkennbar. In den Rippeltälern liegen Kotpillen und Pflanzenreste. Oberer Wattenteil, N-Küste von Mellum bei Wilhelmshaven. B. Strömungsrippeln, Übergang zu Zungenrippeln, Strömung von links. Abguß eines Abgusses (Senckenberg Institut, Wilhelmshaven). C. Zungenrippeln, Strömung von links. Insel Mellum (aus PETTIJOHN & POTTER 1964, Tafel 84 B). D. Rhomboederrippeln auf der landwärtigen Seite eines Strandwalls. Länge der größeren Rhomben 30–50 cm. Strömung von links. Nordküste von Norderney (Aufn. von H.-E. REINECK).

Submarine Dünen benötigen mindestens 4 m Wassertiefe (REINECK & SINGH 1980) und finden sich in vielen Schelfgebieten (ULRICH 1973). WERNER et al. (1974) fanden in der Ostsee Dünen von 60–70 m Wellenlänge und 1–2 m Höhe, die auf der Leeseite $\geq 30°$ Einfallen zeigen und aus einem einzigen Schrägschichtungskörper bestehen. DALRYMPLE (1979, 1984) beschreibt aus dem Bay of Fundy (Kanada) intertidale Sandwellen von etwa 0,8 m Höhe und 38 m Kammabstand, welche aus zahlreichen z. T. in entgegensetzten Richtungen einfallenden Schrägschichtungssets bestehen. In den meisten Tiefs, d. h. den nicht trockenfallenden Rinnen des Nordseewattengebietes, sind Dünen häufig. Im Jadegebiet sind solche „Riesenrippeln" nach REINECK (1963) 1,7–5,5 m hoch, ca. 100–250 m lang und haben einen Abstand von etwa 200 m. Sie sind von Megarippeln bedeckt, sind aus vielen gegenläufigen Schrägschichtungssets zusammengesetzt, und ihre morphologische Leeseite weist in die Richtung des stärkeren Gezeitenstroms. Ähnliche „Sandwellen" beschrieb LUDWICK (1972) vom Ausgang der Chesapeake Bay (USA).

In der südlichen Nordsee wurden größere Sandrücken durch HOUBOLT (1968), TERWINDT (1971 b) und MCCAVE (1971, 1979, 1982) untersucht. Sie verdanken ihre Entstehung komplizierten Gezeitenströmungen vor der „Einmündung" des Ärmelkanals in die Nordsee. Sie erheben sich aus 15–60 m Meerestiefe bis zu 40 m und bilden etwa küstenparallele Rücken von maximal 65 km Länge und 5 km Breite. Es handelt sich um große Schrägschichtungskörper, deren Leeseiten in dem von HOUBOLT untersuchten Gebiet vor Norfolk (SE-England) seewärts, nach NE gerichtet sind, obwohl sie sich vorwiegend longitudinal (hier gegen NW) bewegen (JOHNSON et al. 1982: 76). Vor SE-Afrika erzeugte der Agulhas-Strom in einer Durchschnittstiefe von 74 m in Mittelsand 17 m hohe, steile Querdünen mit einem Kammabstand von 600 m, die 4–8 m/Tag wandern (FLEMMING 1983). Flache transversale und longitudinale Sandbänder (sand ribbons) findet man in vielen Schelfgebieten mit Strömungen von mehr als 1 m/sec (REINECK & SINGH 1980: 377; KENYON 1970), s. S. 913.

Mit der Transgression im Gefolge der letzten Eiszeit wurde vielen Küsten vom Schelf her Sand zugeführt, wie REINECK (1963) durch Schrägschichtungsmessungen in der südlichen Nordsee feststellte. Jedoch konnten bei schnelleren Meeresvorstößen ehemalige Sandbarren der Küstenregion in küstenfernen Schelfbereichen liegenbleiben (MCCAVE 1982). Insgesamt stammt etwa die Hälfte des Küstensandes vom Schelf, die andere Hälfte aus Flüssen, auf dem Wege küstenparallelen Sandtransportes, wie CURRAY et al. (1969) für die mexikanische Pazifikküste und PIERCE (1969) für die Ostküste der US feststellten.

Der Sand sammelt sich entweder in Strandwällen (beach ridges, longshore bars, oder „cheniers", wenn höher gelegen und von Silt umgeben), die sich der Küste angliedern (CURRAY et al. 1969) oder in Düneninseln (barrier islands, Abb. 13-13), die entweder bei Transgressionen von der Küste

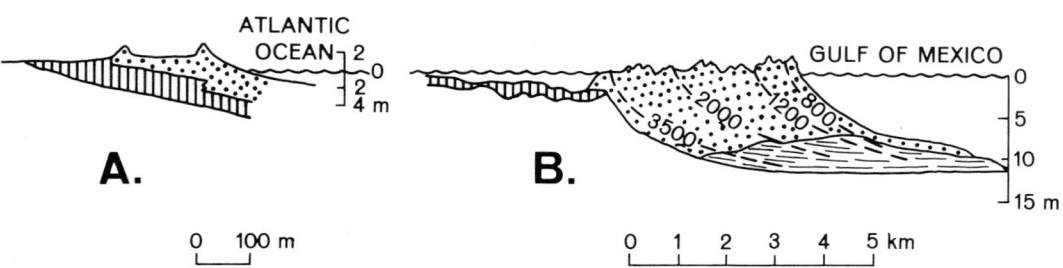

Abb. 13-13. Düneninseln.
A. transgressiv (Sapelo Island, Georgia); B. regressiv (Galveston Island, Texas; Isochronen gestrichelt: Alter in Jahren). Punktiert: Dünensand; senkrecht schraffiert: lagunäre Marsch-, See- oder Gezeitensedimente; horizontal schraffiert: marine Sande und Tone (aus CURRAY 1969 und SWIFT 1969a). In transgressiven Sequenzen sind die höheren Einheiten zunehmend marin (oder dem Meter näher), in regressiven zunehmend nichtmarin (s. auch Abb. 13-58).

abgespalten wurden wie die deutschen Nordseeinseln, oder als Haken oder Nehrungen eine Meeresbucht abriegeln und zur Lagune (Haff) werden lassen (SWIFT 1975). Als dritte Möglichkeit können sich submarine Sandbarren (oder Sandriffe; sand bars) der Küste als longshore bars oder der Lagune als barrier bars vorlagern. Die Schrägschichtung in solchen Sandbarren zeigt i. allg. einen küstenwärtigen Transport an (MCKEE & STERRETT 1961; DAVIDSON-ARNOTT & GREENWOOD 1974; HINE 1979), doch können die Barren von Ripströmungsrinnen mit meerwärts einfallenden Megarippeln durchbrochen sein. Auch die Strandwälle zeigen oft planare, landwärts einfallende Schrägschichtung, doch überwiegt flaches, meerwärtiges Einfallen (REINECK & SINGH 1980: 107/8), s. auch S. 910 f.

In Flüssen sind Dünen häufig; sie besitzen planare, in Fließrichtung einfallende Schrägschichtung und bilden longitudinale oder transversale Sandbänke (REINECK & SINGH 1980: 262). Diese findet man gelegentlich sogar in verflochtenen Flüssen (SMITH 1972 b).

2. Horizontalschichtung

Im oberen Strömungsregime sind auch die Horizontalschichten als Transportkörper anzusehen, da ganze Kornschichten gleichzeitig in Bewegung sind. Ein auffallendes Merkmal ist die Strömungsstreifung oder Strömungsriefung (current lineation), feine Rillen, die besonders gut am nassen Strand zu beobachten sind. Ihr Abstand beträgt wenige Millimeter, in gröberem Sand mehr als in feinerem (REINECK & SINGH 1980: 64 PICARD & HIGH 1973). ALLEN (1982, I: 263) erklärt sie durch rhythmisches Abheben der Stromstriche von der Sedimentoberfläche, welches im Miniaturbereich einen lateralen Zustrom und dadurch eine rippenförmige Sandanhäufung verursacht. Zugleich entsteht eine starke longitudinale Ausrichtung länglicher Körner, welche zu den treppenförmigen Bruchflächen in horizontalgeschichteten Sandsteinen führt, die als „parting lineation" (oder „parting-step lineation", MCBRIDE & YEAKEL 1963) bezeichnet werden (Abb. 4-31). Im Buntsandstein wird oft durch längliche Glimmeranreicherungen die Strömungsstreifung unterstrichen (GRUMBT 1966).

Im unteren Strömungsregime bildete sich in Experimenten ebenfalls eine Horizontalschichtung heraus, und zwar in Grobsanden > 0,7 mm, in denen Rippeln nicht mehr entstehen (Abb. 13-2), weil die groben Körner aus der viskosen Unterschicht herausragen und diese zerstören. Dadurch reicht die Turbulenz bis zum Boden und verhindert eine Strömungstrennung, die Bedingung für Rippel- und Dünenbildung. Auch hier bilden sich Rillen auf der Oberfläche, doch aus natürlichen Vorkommen fehlen bisher Beschreibungen (LEEDER 1980).

Hiermit nicht zu verwechseln ist die Horizontalschichtung, welche auf strömungsfreien Sedimentoberflächen durch gleichmäßige Sedimentation von oben entsteht. Merkmale für diese sind z. B. Muschelschalen, deren konkave Seite nach oben weist, sowie meistens geringe Korngröße (Ton-Silt).

3. Antidünen

Aus der Horizontalschichtung des oberen Strömungsregimes entwickelt sich mit zunehmender Strömung eine Querwellung des Sediments, welche von den Oberflächenwellen in jedem Augenblick abgebildet wird. Diese flachen, symmetrischen Dünen, deren Einzelheiten aus Tabelle 13-1 zu ersehen sind, können stromauf und stromab wandern und enthalten dementsprechend in beide Richtungen einfallende Schrägschichten. Sie wurden deshalb von GILBERT (1914) als „antidunes" bezeichnet. Sie kommen nicht nur in sehr flachen, schießenden Gewässern vor (z. B. als Kiesstreifen, SHAW & KELLERHALS 1977), sondern auch am Strand, z. B. in Strandrinnen (REINECK 1963; WUNDERLICH 1972). Ferner finden sie sich gelegentlich unter Suspensionsströmen und führen dann zu einem An- und Abschwellen der Turbidite in der Transportrichtung (HAND 1974). SKIPPER & BHATTACHARJEE (1978) beschrieben kleine Antidünen („backset bedding") aus dem Innern von ordovizischen Turbiditen, oberhalb der Bouma-Schicht B. Solche Funde sind diagnostisch wichtig wegen der Beziehung zwischen der Wellenlänge der Antidünen und der Strömungsgeschwindigkeit

(s. Tabelle 13-1), wenn hierbei auch nach ALLEN (1982, I: 407) gerade in Turbiditen Vorsicht geboten ist. Auch die Flußtiefe ist mit der Wellenlänge korreliert und beträgt etwa 1/10 der letzteren (ALLEN 1982, I: Fig. S. 410). Antidünen haben eine geringe Erhaltungschance, weil sie bei abnehmender Strömung instabil werden. Daher wird man sie nur in sehr speziellen Environments fossil finden (z. B. in pyroklastischen Sedimenten, s. Abb. 12-36).

Dies gilt auch für Kolkwannen (chute & pool structures), welche nur bei höchsten Geschwindigkeiten entstehen.

13.1.3 Oszillierende Wasserbewegung

A. Korntransport und Strömungen

Beim Durchlaufen einer Welle bewegen sich die Wasserteilchen auf Kreisbahnen (Orbitalbahnen), die im Flachwasser mehr und mehr zu Hin- und Herbewegungen deformiert werden. Hierbei entstehen auf nichtkohäsivem Sediment, zum Beispiel auf Sand, „Oszillations-" oder „Wellenrippeln". Nachfolgend werden zunächst die Oberflächenwellen des Wassers erläutert. Dann werden einige Formeln und Zahlenbeispiele gegeben, aus denen sich die Wirkung verschieden starken Seeganges auf das Sediment abschätzen läßt, und im Unterkapitel B 1 sollen dann die Rippelformen besprochen werden, die sich unter den betreffenden Bedingungen bilden.

Die Brandung an der Küste wird von lokalen Winden erzeugt, die Dünung (swell) ist eine Wirkung ferner Stürme. Je größer der Abstand vom Ursprungsgebiet, um so größer ist die Periode der Dünung, d.h. der zeitliche Abstand zweier durchlaufender Wellen in Sekunden (DIETRICH & KALLE 1965: 314). An der europäischen Atlantikküste sind Wellenperioden von 6–8 sec häufig, an der Pazifikküste Australiens 12–16 sec (BIRD 1969). Besonders große Perioden haben die Tsunamis, durch Erdbeben hervorgebrachte Wellen mit Perioden bis zu 1/2 Stunde, Wellenlängen bis zu 400 km, Wellengeschwindigkeiten bis 800 km/h und – an der Küste – Wellenhöhen bis 40 m. Die folgenden Zusammenhänge sind bei v. ENGELHARDT (1973: 86) sehr ausführlich und mit Beispielen dargestellt (s. auch DAVID & VOGE 1969; KING 1972 u.a.).

Die Wellengeschwindigkeit C beträgt in tieferem Wasser 1,56 T [m/sec], in flacherem Wasser $\sqrt{gh}$ [m/sec] (mit T = Wellenperiode, g = Erdbeschleunigung 9,81 m/sec^2, h = Wassertiefe). Es hängt von der Wellenlänge ab, ob das Wasser als „tief" oder als „flach" im Sinne dieser Formeln zu betrachten ist. Wenn die Wassertiefe h = L/2 (L = Wellenlänge) beträgt, ist am Boden der Durchmesser der Orbitalbewegungsbahnen der Wasserteilchen nur noch 4% seiner Größe an der Wasseroberfläche; die Welle „fühlt" also gerade den Boden. Man bezeichnet die Wassertiefe h = L/2 deshalb als Wellenbasis. Trotzdem verhält sich die Wellengeschwindigkeit noch bis etwa h = L/4 wie in tiefem Wasser. Ab h = L/20 aber handelt es sich um „flaches" Wasser. Bei Windstärke 10 wären das etwa 10 m, bei Tsunamis mehr als 10 km! Im „flachen" Wasser ist die Länge der Hin-und-Herbewegungen am Meeresboden ebenso groß wie der Durchmesser der Orbitalbahnen an der Wasseroberfläche.

Nach der Formel L = C · T ergibt sich aus den obigen Formeln die Wellenlänge zu 1,56 T^2 (tief) bzw. T$\sqrt{gh}$ [m] (flach). Daraus ergibt sich (beispielsweise für T = 4 sec und h = 1 m), daß mit Annäherung an die Küste die Wellenlänge kürzer und nach den Formeln weiter oben die Wellengeschwindigkeit kleiner wird. Auch werden die Amplituden höher (Begründung bei v. ENGELHARDT 1973: 92).

Die maximale Strömungsgeschwindigkeit des am Boden hin- und herschwingenden Wassers beträgt in tiefem Wasser (h > 0,25 L)

$$u_o = \frac{\pi H}{T \sinh \frac{2\pi h}{L}}, \text{ in flachem Wasser (h < 0,05 L) } u_o = \frac{H}{2}\sqrt{g/h} \text{ (v. ENGELHARDT 1973: 91, 92),}$$

worin H = Amplitude der Wellen, h = Wassertiefe (unter dem Wellental gemessen; FRIEDMAN & SANDERS 1978: 471), L = Wellenlänge, T = Periode.

Um eine Vorstellung zu geben, bis in welche Tiefe sich die Brandung auf das Sediment auswirken kann, sind in Tabelle 13-3 für verschiedene Windstärken die Maximalwerte (obere Tabelle) und einige Mittelwerte (untere Tabelle) von T, L, H und C (Wellengeschwindigkeit) tabelliert und den nach obigen Formeln für tiefes und für flaches Wasser errechneten Maximalgeschwindigkeiten der Hin- und Herbewegung am Meeresboden gegenübergestellt. Es wurden auch der für einen „voll ausgereiften" Seegang mit maximalen Wellenmaßen notwendige Wirkweg („fetch"), d. h. die Einwirkstrecke des die Brandung erregenden Windes, und die erforderliche Wirkdauer mittabelliert, um die Bedeutung dieser Größen zu zeigen. Ferner wurden die Wellengeschwindigkeiten in tiefem ($C_t = L/T$) und in flachem Wasser ($C_f = \sqrt{gh}$) tabelliert, um beurteilen zu können, wie realistisch die errechneten Maximalgeschwindigkeiten am Meeresboden sind; diese können natürlich nicht größer als die Wellengeschwindigkeiten C sein. Ob die Maximalgeschwindigkeiten nach der Formel für tiefes oder für flaches Wasser anzuwenden sind, richtet sich danach, ob die betreffende Tiefe (5, 10, 20...m) bei der betreffenden Wellenlänge „tief" oder „flach" ist; dies wurde daher auch tabelliert (Spalten 8 und 9). Ein Beispiel: Bei Windstärke 8 liegt ein 40 m tiefer Meeresboden bei maximalem Wellengang zwischen „tief" (86 m) und „flach" (17 m). Dementsprechend führen die Formeln für u_o (tief) und u_o (flach) etwa zu den gleichen Werten (3,8 bzw. 3,5). Wo die Zuordnung eindeutig ist, sind die nichtzutreffenden Werte in Klammern gesetzt.

Nach einer Zusammenfassung von SWIFT et al. (1982) stellen sich die Vorgänge auf dem küstennahen Schelf wie folgt dar: Bei ruhigem Wetter wandert der Sand küstenwärts, und zwar in Wassertiefen von weniger als 10 m infolge der asymmetrischen Orbitalbewegung in den Wellen, in größeren Wassertiefen infolge von Wind- und Gezeitenströmungen, die sich der hier symmetrischen Orbitalbewegung überlagern. Bei stürmischem Wetter herrscht seewärtiger Sandtransport (s. Abb. 14-30). Unabhängig davon gibt es Wetterlagen und Wellenorientierungen zur Küste, bei denen „jet"-artige Unterströme zu einem starken Sandverlust der Küstenzone führen.

B. Sedimentstrukturen

1. Oszillationsrippeln = Wellenrippeln

Während Abb. 13-14 die wesentlichen Unterschiede zwischen Strömungs- und Wellenrippeln zeigt, gibt Abb. 13-15 einen kondensierten Überblick über die Form der Wellenrippeln in Abhängigkeit von der Korngröße und von der maximalen Strömungsgeschwindigkeit. Auch zeigt sie, wo die Rippelbildung einsetzt und wo sie bei höheren Geschwindigkeiten auch hier (wie bei gerichteten Strömungen) einer ebenen Sedimentoberfläche weicht. HARMS et al. (1982) unterscheiden neben der häufigsten und zugleich größten Oszillationsrippel, der „vortex ripple" (BAGNOLD 1946), welche zugleich im größten Teil des Rippelfeldes vorkommt und nach LEEDER (1982: 94) Wellenlängen bis 2 m und Höhen bis 0,25 m hat (Abb. 13-16), die kleineren und flacheren „postvortex ripples" im

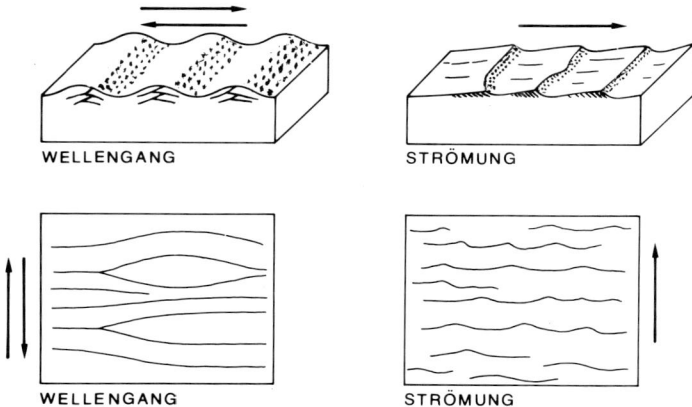

Abb. 13-14. Profile (oben) und Grundriß (unten) von Wellen- und Strömungsrippeln (schematisch; unten in Anlehnung an REINECK & SINGH (1980: Fig. 37).

Tabelle 13-3. Maximale (oben) und mittlere (unten) charakteristische Größen des voll ausgereiften Seeganges (links aus DIETRICH & KALLE 1965: 311) zur Ermittlung der Maximaltiefe des Vorkommens von Wellenrippeln (rechts berechnet; s. vorige Seite. Anwendung s. nächste Seite)

Wind-stärke	Mindestwirk-dauer (Std.)	Mindestwirk-länge (km)	maximale Wellenmaße T (sec)	L (m)	H (m)	$C_t(C_f)$ (m/sec)	"tief" (m) >	"flach" (m) <	Maximalgeschwindigkeit u_0 (m/sec) in der Wassertiefe h = 5 m tief	5 m flach	10 m tief	10 m flach	20 m tief	20 m flach	40 m tief	40 m flach	80 m tief	80 m flach	160 m tief	160 m flach	320 m tief
2	0,7	1	2	6	0,11	3 (1)	1,5	0,3	0,002	(0,08)											
4	4,8	45	5,4	47	1,1	9 (3)	10	2,3	0,9	0,8	0,4	(0,6)	0,1	(0,4)	0,1	(1,3)		(2,5)	0,005		
6	15	260	9,9	153	5,2	15 (7)	38	7,7	(8,0)	3,6	(3,9)	2,6	1,8	1,8	0,7	3,5	0,1	5,6	0,3		
8	37	960	14,9	345	14	23 (12)	86	17	(33)	10	(16)	7,0	(8,0)	5,0	3,8	8	1,5		2,3	(4)	
10	73	2900	20,8	675	32	32 (18)	169	34	(104)	22	(52)	16	(26)	11	(13)		5,9				0,5

mittlere Wellenmaße

Wind-stärke	Mindestwirk-dauer (Std.)	Mindestwirk-länge (km)	T (sec)	L (m)	H (m)	$C_t(C_f)$ (m/sec)	"tief" (m) >	"flach" (m) <	5 m tief	5 m flach	10 m tief	10 m flach	20 m tief	20 m flach	40 m tief	40 m flach	80 m tief	80 m flach	160 m tief
2	0,7	1	1,4	2	0,06	1 (1)	0,5	0,1	0,002	(0,04)	0,02	(0,27)	0,2	(0,9)	0,02	(1,8)	0,05	(1,2)	0,08
4	4,8	45	3,9	16	0,55	4 (2)	4	0,8	0,13	(0,38)	0,7	(1,2)	1,6	(2,5)	0,5	(4)	0,7	(27)	
6	15	260	7,0	51	2,5	7 (5)	12,8	2,6	1,7	1,75	3,6	3,5	5,7	5,5	2,5				
8	37	960	10,5	115	7,0	11 (8)	28,8	5,8	(7,6)	4,9	(12)	7,8							
10	73	2900	14,7	225	15,8	15 (12)	56	11,3	(24)	11									

Übergangsbereich zur Horizontalschichtung, sowie die ähnlich geformten „reversing crest ripples", die sich bei Wellenperioden über 10 bilden, indem die Rippeln langsam hin und her wandern (Abb. 13-16). Als eine Vorstufe der Rippelbildung erkannte bereits BAGNOLD (1946) die sehr kleinen, flachen „rolling-grain ripples". Wichtig ist, daß die „vortex ripples", die eigentlichen Wellenrippeln, bei höheren Geschwindigkeiten dreidimensional werden, wie wir dies schon bei den Dünen kennengelernt haben. Die Wirbelsysteme über diesen Rippeln wurden von HONJI et al. (1980) sichtbar gemacht.

Abb. 13-15 versetzt uns mit Tabelle 13-3 in die Lage abzuschätzen, welche Bodenformen in welcher Meerestiefe zu erwarten sind, unter der Voraussetzung rein oszillierender Strömungen und einer für „ausgereiften" Seegang hinreichenden Wirklänge der Winde. Ein Beispiel soll das verdeutlichen.

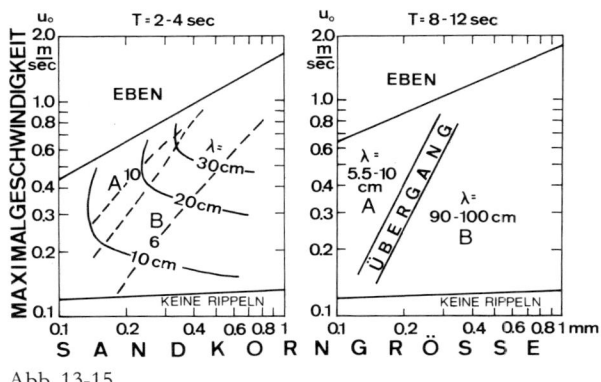 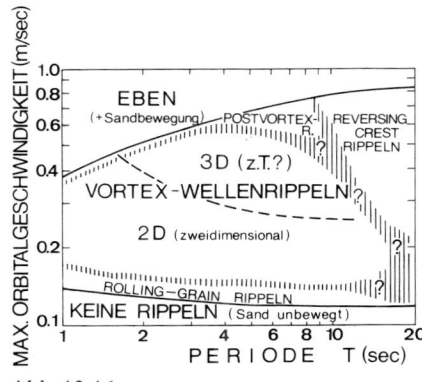

Abb. 13-15. Abb. 13-16.

Abb. 13-15. Oszillationsrippelformen und -wellenlängen in Abhängigkeit von Korngröße und Maximalgeschwindigkeit der Hinundherbewegung des Wassers am Boden; links für eine kurze Wellenperiode (2–4 sec.), rechts für eine längere (8–12 sec.). Links, im Rippelbereich: A = 3 D-Rippeln, Rippelindex (gestrichelte Linien) > 8; B = 2 D-Rippeln, R.I. < 8. Rechts: A = unten 3 D (R.I. 10–15), oben z.T. reversing crest-Rippeln, R.I. 20–>40; B = 2 D-Rippeln, R.I. = 5–7 (aus HARMS et al. 1982: Fig. 2-12 und 13).

Abb. 13-16. Schematische, spekulative Übersicht der Oszillationsrippeln für Feinsand (0,15–0,21 mm). In der Mitte die großen Oszillationsrippeln, umgeben von 3 Arten flacher, enger Oszillationsrippeln (für Detail s. Abb. 13-15). Aus HARMS et al. (1982: Fig. 2-14).

Bei Windstärke 6 erzeugen die stärksten Wellen in 40 m Tiefe eine Maximalgeschwindigkeit von 0,7 m/sec. Da die Wellenperiode bei dieser Windstärke 9,9 sec beträgt, ist Abb. 13-15 rechts anzuwenden. Bei $u_0 = 0,7$ m/sec findet man für Feinsand (< 0,2 mm) flache „reversing crest ripples" (s. auch Abb. 13-16) der Wellenlänge 5,5–10 cm, dicht vor dem Übergang zur Horizontalschichtung. Für einen Mittel- bis Grobsand (Median 0,6 mm) wäre man im Feld B dieser Abbildung und fände „normale" Oszillationsrippeln mit 30–100 cm Wellenlänge und durchlaufenden Kämmen („2 D-Rippeln).

Geht man nicht von den stärksten Wellen, sondern von den mittleren Wellen bei jeder Windstärke aus (Tabelle 13-3 unten), so erzeugen diese bei Windstärke 6 am Meeresboden in 40 m Tiefe fast keine (0,02) Bewegung mehr, während sich bei Windstärke 8 Rippeln und bei Windstärke 10 (bei $u_0 = 2,5$) eine ebene Sedimentoberfläche bilden. In 80 m Wassertiefe fände man hier bei Windstärke 10 $u_0 = 0,7$ m/sec, also nach Abb. 13-15 Rippeln (s. o.).

Hieraus ergibt sich, daß es nicht überrascht, wenn man auf dem Schelf vor New York in 60 m Tiefe Oszillationsrippeln findet (FREELAND et al. 1981), desgleichen in mehr als 100 m Tiefe vor Vancouver Island, Kanada (YORATH et al. 1979). In beiden Fällen reicht auch der „fetch" aus, um den Wellengang zur vollen Entfaltung zu bringen. LEEDER (1982: 94) erwähnt solche Rippeln sogar aus 200 m Tiefe, die nach Tabelle 13-3 bei schwerem Seegang möglich sind. In geringeren Wassertiefen,

z. B. 10 m, entstehen bei mäßigem Wellengang (Windstärke 4-5) Oszillationsrippeln, die jedoch während eines Orkans eingeebnet werden.

Häufiger als eine rein oszillierende Wasserbewegung findet man eine Überlagerung durch eine gerichtete Strömung, welche sich durch eine deutliche Leeschichtung im Bau der Rippel zu erkennen gibt (BOERSMA 1970). Dieser Autor erweiterte die von REINECK & WUNDERLICH (1968a) vorgeschlagenen Unterscheidungsmerkmale von Wellen- und Strömungsrippeln durch zahlreiche Indices (s. REINECK & SINGH 1980: 35). Die zur Mobilisierung von Silt und Feinsand erforderliche Strömung beträgt nach Experimenten von HAMMOND & COLLINS (1979) 20-30 cm/sec. Bei Überlagerung mit einer oszillierenden Wasserbewegung der Periode 15 sec und der Maximalgeschwindigkeit 20 cm/sec genügte zur Mobilisierung schon eine Strömung von 6-12 cm/sec.

2. Hummocky cross-stratification (Beulenrippeln)

Wegen seiner diagnostischen Bedeutung wird dieser auffällige Typ einer großmaßstäblichen Oszillationsrippel gesondert besprochen. Zum ersten Mal wurde diese von HARMS et al. (1975) benannte Struktur wohl von CAMPBELL (1966) als „truncated wave-ripple laminae" beschrieben. In Abb. 13-16 ist sie vermutlich an der Oberkante des „3 D"-Feldes zu suchen (HARMS et al. 1982), doch wurde sie bisher selten (s. u.) im Rezentbereich und noch nicht im Tankversuch gefunden, ist jedoch ein häufiger Schrägschichtungstyp in fossilen Sandsteinen (s. z. B. MOUNT 1982). Er ist, wie Abb. 13-17 zeigt, gekennzeichnet durch

a. schwaches Einfallen der Lamellen in unterschiedlichen Richtungen
b. konkordante Überlagerung eines sehr unregelmäßigen Reliefs rundlicher Erhebungen und Senken
c. starke und in benachbarten Lamellen tendenziell übereinstimmende Veränderungen der Lamellendicke, mit der Tendenz zur Nivellierung
d. erosive Obergrenze der Sets
e. charakteristische, an Turbidite erinnernde Abfolgen, oft mit einer Aufarbeitungslage (z. T. mit Muschelpflastern) einsetzend und mit kleineren 2 D-Oszillationsrippeln abschließend; oft sind sie von oben her durchwühlt (Abb. 13-17).

HARMS et al. (1982) führen die „hummocky cross-stratification" auf oszillierende Wasserbewegungen mit Perioden von ca. 5-10 sec und ziemlich hohen Orbitalgeschwindigkeiten ($\geq 0,5$ m/sec) zurück, die bei schwerem Seegang zwischen unterem Vorstrand und innerem Schelf, zwischen Gutwetter- und Sturmwellenbasis also, entstehen. Dabei kommt es zu intensiven Umlagerungen

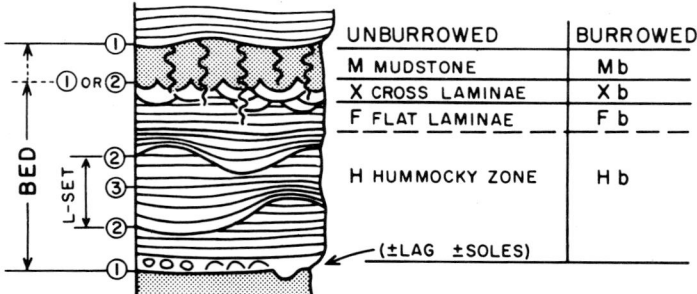

Abb. 13-17. Hummocky cross-stratification (Beulenrippeln). Idealisierte Sequenz, beginnend mit einer Aufarbeitungslage (lag deposit, z. T. mit Sohlmarken) welche die Schichtfläche markiert (1); darüber mit Erosionskontakt (2) die „hummocky"-Zone, bestehend aus mehreren Schrägschichtungs-Sets (lamina sets), deren Lamellen (3) sich zum Hangenden hin horizontal legen. Nach oben schließen sich eine Lage mit Oszillationsrippeln und eine i. allg. durchwühlte Schlammschicht an (aus DOTT & BOURGEOIS 1982: Fig. 3, mit Indizierungsvorschlägen entsprechend der Bouma-Sequenz).

von Grobsilt und Feinsand. Mit dem Abflauen des Sturms enstehen die kleineren 2 D-Oszillationsrippeln (s. Abb. 13-15 links, unterer Teil). Eine modifizierte Erklärung für diesen Schichtungstyp geben SWIFT et al. (1983): Sie nehmen ein Zusammenwirken von starkem Seegang und küstenparalleler Strömung an. CHOWDHURI & REINECK (1978; nach REINECK & SINGH 1980: Fig. 557) fanden eine Art von „hummocky cross-lamination" auf dem Vorstrand von Norderney, in 3,8 m Wassertiefe.

In fossilen Vorkommen ist ein Charakteristikum dieses Schichtungstyps, daß er 0,1 – 0,5 m mächtige Sandpakete bildet, welche von 0,5 bis einige m mächtigem Feinsiltstein voneinander getrennt sind. Hieraus kann gefolgert werden,

1. daß der Sand nicht in situ aufgearbeitet, sondern von der Küste her zugeführt wurde (CANT 1980; MOUNT 1982),
2. daß diese Ereignisse verhältnismäßig selten waren. DUKE (1982, 1985) führt die bisher publizierten, fossilen Beispiele zu 3/4 auf Hurrikane, zu 1/4 auf Winterstürme zurück. Die letzteren erzeugen Gefüge einheitlicherer Ausrichtung als die Hurrikane. Im (nichtglazialen) Mesozoikum und Paläogen scheint hiernach der Hurrikangürtel breiter gewesen zu sein als heute. Eine Entstehung der hummocky cross-stratification durch Tsunamis (DOTT & BOURGEOIS 1982) ist nach DUKE (1985) unwahrscheinlich. HAMBLIN & WALKER (1979) konnten zeigen, daß jurassische „hummocky" Pakete hangabwärts in Turbidite übergehen, welche durch die gleichen Ereignisse ausgelöst worden sind.

DUKE führte 1980 informell den Begriff „swaley cross-stratification" für rudimentäre, flache, wannenförmige Schrägschichtungseinheiten, stetig übergehend in horizontal geschichtete Sandsteine, ein (LECKIE & WALKER 1982; DUKE 1985; COTTER 1985); erstere bilden sich küstennäher als die Beulenrippeln.

3. Sturmsandlagen („Tempestite")

In der Deutschen Bucht fanden GADOW & REINECK (1969) laminierte Lagen von Feinsand bis Grobsilt, die an der Basis oft einen Erosionskontakt zeigen und mit scharfer Grenze von Feinsilt überlagert sind. Sie deuten dieselben als Sturmsandlagen. Wegen ihrer Verwandtschaft mit der „hummocky cross-stratification" werden die Sturmsande, welche auf S. 786 eingeführt wurden, erst hier besprochen. Sie sind nach den o. g. Autoren bis zu 15 m Tiefe oft über 2 cm dick, selten gradiert, dafür aber schräggeschichtet und zeigen auch im Innern Erosionskontakte, ähnlich wie die „hummocky"-Lagen. Im tieferen Seegebiet, in 15–40 m Meerestiefe, sind sie dünner, oft gradiert, im übrigen aber recht einheitlich aufgebaut; seewärts werden sie feinkörniger (REINECK & SINGH 1980: 131, 395), dünner und seltener (AIGNER & REINECK 1982). Oft haben sie eine schillreiche Aufarbeitungslage an der Basis und werden von einer unverwühlten Schlammlage aus der gleichen Suspensionswolke überdeckt. Viele Schillagen in Kalksteinen sind als Sturmsedimente zu deuten; sie zeigen häufig gradierte Schichtung (AIGNER 1982; SPECHT & BRENNER 1979).

Vom Flachschelf W Alaska beschrieb NELSON (1982) Sturmsandlagen in weniger als 20 m Tiefe, bis über 100 km von der Küste entfernt. Sie werden proximal bis 20 cm dick und bestehen aus Fein- bis Mittelsand (Mediane 0,125–0,25 mm). In den Rinnen sind sie schräggeschichtet, während sie auf den dazwischenliegenden Flächen oft einen turbiditähnlichen Aufbau zeigen. Ihre Entstehung wird mit Sturmfluten in Zusammenhang gebracht, die alle paar Jahre die Wassertiefe von z. B. 10 auf 15 m erhöhen. Das ablaufende Wasser bringt den Sand in Bewegung („liquefaction of inshore sand").

Der Hurrikan „Carla" schuf 1961 im Golf von Mexiko eine bis 6 cm dicke Sturmsandlage, die ihre anfängliche Gradierung nach 20 Jahren durch Verwühlung verloren hatte (HAYES 1967; DOTT 1983).

In fossilen Sedimenten sind Sturmsandlagen („Tempestite"; AIGNER 1982; EINSELE & SEILACHER 1982; SEILACHER 1982) in Gesteinen des Schelf-Environments häufig (ALLEN 1982, II: 496; GOLDRING & BRIDGES 1973; KELLING & MULLIN 1975; CANT 1980).

13.1.4 Wind

A. Transportmechanismen

Der Wind trennt nach BAGNOLD (1941) scharf zwischen Suspensions- und Bodenfracht; so wird Quarzsand nur unter 80 µm Durchmesser in Suspension transportiert. Dementsprechend liegt der Mediandurchmesser von Staub (KOOPMANN 1980b; SARNTHEIN 1980: 59) und Löß meistens zwischen 20 und 60 µm. Größere Körner springen bei Windstärken über 4 m/sec (BAGNOLD 1941) als Bodensuspension über Rippeln und Dünen und bleiben bevorzugt auf deren relativ windgeschütztem Leehang liegen. Etwa 25% des bodennahen Transports, des „traction carpet" (FRIEDMAN & SANDERS 1978: 104), bewegen sich rollend und gleitend den Luvhang hinauf und sammeln sich auf dem flachen Rippel- oder Dünenkamm, bis der natürliche Böschungswinkel von 34° am Leehang überschritten wird und eine Rutschung (avalanche) erfolgt (s. auch S. 788). So bildet sich am Leehang von Dünen eine Wechsellagerung von 2–20 mm dicken Lamellen aus feineren „grainfall"-Sedimenten und gröberen, dickeren „sandflow"-Rutschlagen (GLENNIE 1970; HUNTER 1977; FRYBERGER & SCHENK 1981; CLEMMENSEN & ABRAHAMSEN 1983). Diese planaren (ebenen) Lamellen (Abb. 13-9) setzen tafelförmige oder keilförmige Schrägschichtungs-Sets bis zu 10 m Mächtigkeit zusammen (Abb. 13-18). Je größer der „grainfall"-Anteil, desto flacher wird der Leehang (s. Kap. 14.3). Die Neigung des Luvhangs pendelt sich (bei Windgeschwindigkeiten unter 15 m/sec) bei etwa 15° ein. Unter diesem Winkel prallen auftreffende Sandkörner ab. Steilere Dünen würden als Sandfang wirken, dann jedoch der Abrasion anheimfallen (RUMPEL 1985). Die Dünen binden demnach soviel Sand wie sie können; sie minimieren den Sandtransport, ohne ihn ganz zu unterbinden. Mit diesem „Minimum-Transport-Konzept" errechnete FÜHRBÖTER (1980) die Dimensionen subaquatischer Dünen. Gelegentlich werden auch auf dem Luvhang dünne Sandschichten abgelagert („climbing translatent strata"), die invers gradiert sein können (KOCUREK & DOTT 1981).

Abb. 13-18. Düne, aus einem einzigen set zusammengesetzt, vorne von der See erodiert. Höhe etwa 10 m. Küste bei Maspalomas (Gran Canaria).

B. Transportkörper und Sedimentstrukturen

Starker Wind treibt den Sand ohne Ablagerung über eine ebene Fläche. Läßt der Wind etwas nach, so können bereits kleine Unebenheiten Anlaß zu Strömungsschwankungen bieten, welche zu lokaler Sandablagerung führen. Diese wirkt auf die Strömung zurück und erzeugt einen Wirbel, welcher einerseits erodiert, andererseits einen Iterationsprozeß auslöst, d. h. in mehr oder weniger gleichem Abstand weitere Sandwellen erzeugt, deren Wellenlänge von der Geometrie des Wirbels und damit von der Strömung abhängt (s. auch Kapitel 13.1 sowie ALLEN 1982 I: 272). Während diese transversalen Wirbel demnach von der Unterlage initiiert werden, sind die longitudinalen Wirbel, welche zu spiraligen Strömungen führen, durch die Strömungsturbulenz selbst bedingt (s. Diskussion von FOLK 1977 und LEEDER 1977).

Nach der Größe unterteilt man die äolischen Transportkörper (bedforms) nach WILSON (1972) in

Rippeln (Wellenlänge 0,01–10 m, Höhe bis 1 m)
Dünen (Wellenlänge 10–500 m, Höhe 0,1–100 m)
Draas (Wellenlänge 500–5000 m, Höhe 20–450 m).
(Auf Seite 787 wurde eine gebräuchlichere Abgrenzung von Rippeln und Dünen für subaquatische Transportkörper eingeführt.)

Zwischen Rippeln und Dünen klafft häufig eine Lücke bei 2–10 m (WILSON l. c.), und man beobachtet nicht, daß sich aus Rippeln Dünen entwickeln. Bei Dünen steigt die Wellenlänge mit der Korngröße. Die Innenstrukturen von verschiedenen Dünen wurden vor allem von McKEE (1966 b, 1979) untersucht. Meist sind sie aus mehreren Sets zusammengesetzt. Eine Übersichtsdarstellung stammt von GREELEY & IVERSEN (1985).

Im einzelnen unterscheidet man
1. transversale Formen (Querdünen).
   a. Transversaldünen im engeren Sinn stellen den „zweidimensionalen" (2 D) Prototyp dar. Sie können aus einem einzigen Set bestehen (Abb. 13-18), häufiger aber setzen sie sich aus vielen nach oben dünner werdenden Sets zusammen, deren Begrenzungsflächen mit dem Wind einfallen (Abb. 13-19). Man erklärt diese Flächen durch Erosion infolge eines Wechsels der Windrichtung. Stellt sich die ursprüngliche (vorherrschende) Windrichtung wieder ein, so wird die Düne „reaktiviert" (ALLEN 1982, I: 513; LEEDER 1982: 99). Nach McKEE (1979: 93) könne sich aus Transversaldünen über „barchanoide" Dünen Barchane bilden (s. auch Kap. 14.3).

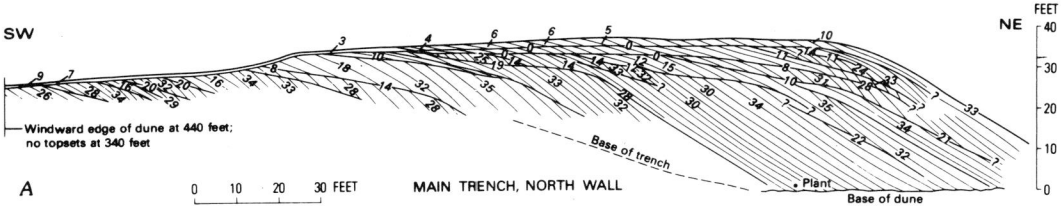

Abb. 13-19. Querprofil einer Transversaldüne mit zahlreichen Reaktivierungsphasen, Windrichtung von SW, Einfallwinkel angeschrieben. White Sands National Monument, New Mexico, USA (aus McKEE 1979: Fig. 48 A).

   b. Barchanoide Transversaldünen („Aklé"; Abb. 13-20, 21) stellen die häufigste und stabile Form der Transversaldünen dar. Die Kämme sind wellig gebogen, die Dünen also „dreidimensional" (3 D); hier sind Wechsel der Windrichtung wohl häufiger als dort, wo sich 2 D-Dünen bilden. Wenn eine Umkehr der Windrichtung häufig ist, entstehen „reversing dunes", Querdünen, in deren Kammpartie Luv- und Leehang vertauscht sind („R" in Abb. 13-20; REINECK & SINGH 1980: 234).
   c. Barchane oder Sicheldünen sind etwa 2–20 m hohe, 10–500 m breite, transversale Dünen mit voreilenden Spitzen (Abb. 13-22). Symmetrische Barchane entwickeln sich bei einheitlicher

Abb. 13-20. Aklé; Luftaufnahme. Windrichtung von links (L = longitudinale Elemente, R = „reversals"). Utah, USA (aus ALLEN 1982, I, Fig. 8-11).

Abb. 13-21. Barchanoide Transversaldünen (Aklé) in Algodones W. Yuma (Grenze Kalifornien/Mexiko. (E. D. McKEE und T. R. WALKER als Maßstab.)

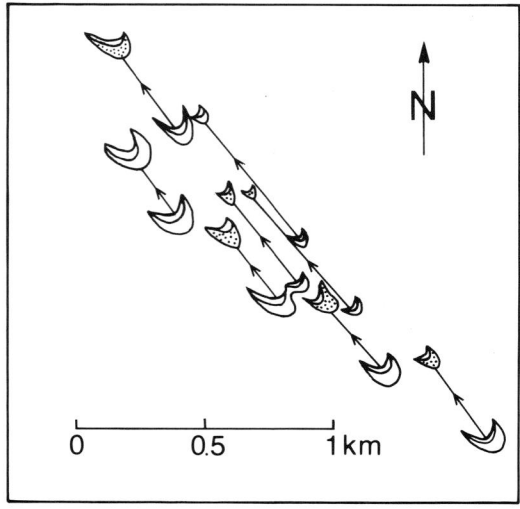

Abb. 13-22. Barchanfeld an der Straße San Juan-Marcona (SE Lima, Peru). Durch Pfeile wurde das Vorrücken der Sicheldünen von 1943 bis 1952 angezeigt. Punktiert wurden Dünen, die während der Wanderung deutlich Material verloren (aus GAY 1962: Fig. 3).

Windrichtung. Barchane sind Mangeldünen; sie entstehen, wenn nur wenig Sand zur Verfügung steht, und wandern entweder über Fels oder gröberen Sand (Abb. 13-22). Wie diese Abbildung zeigt, wandern die kleineren Barchane schneller als die größeren (10–70 m/Jahr nach GAY 1962). Auch erkennt man, daß ein großer Teil derselben bei der 9-jährigen Wanderschaft Sand verloren hat (in Abb. 13-22 punktierte Dünen). Dies geschieht vermutlich besonders an den Spitzen, die dann aus dem Hauptkörper regeneriert werden. Andererseits zeigt das Schichteinfallen in den Spitzen, daß es Sekundärströmungen gibt, die die Düne zusammenhalten. Dies sind entweder Wirbel mit vertikaler Achse (WHITNEY 1978), oder spiralförmige Strömungen mit horizontaler Achse in der Windrichtung (ALLEN 1982, II: 3). Bei größerer Windstärke entstehen höhere, weniger gebogene Barchane (HOWARD et al. 1978). FRYBERGER et al. (1984) maßen in Saudi-Arabien an Barchan-artigen Dünen von 2,9 m Höhe eine Bewegung von 39 m/Jahr, an 23 m hohen Dünen 5 m/Jahr.
   d. Parabeldünen (Abb. 13-23) entstehen in semiaridem bis semihumidem Klima, wenn niedrigere Teile einer Düne durch Vegetation oder auch nur durch Feuchtigkeit fixiert werden, so daß nur die höheren Teile „ausgeblasen" werden (MCKEE 1979: 94).
2. longitudinale Formen (Längsdünen)
   a. Kleine Seifs („Se-ifs" gesprochen; < 30 m hoch; ALLEN 1982, II: 32) entstehen nach BAGNOLD (1941) in Gebieten mit alternierenden, um größere Winkel (z. B. 90°) streuenden Windrichtungen. In ihnen alterniert dann auch die Anlagerungsrichtung entsprechend (Abb. 13-24; MCKEE & TIBBITTS 1964; TSOAR 1982). Auch Barchane können nach BAGNOLD (l. c.) zu solchen Seifs umgebaut werden. Wie in jenen, ist der Sandvorrat oft gering; nach WILSON (1973) beträgt die Durchschnitts-Sandmächtigkeit in der Simpson-Wüste (Australien; Abb. 13-25 unten) weniger als 2 m.
   b. Große Seifs (oft über 100 m, in Algerien bis 250 m hoch; bis 6 km Abstand) verdanken ihre Entstehung vermutlich „transversalen Instabilitäten des Windes" (ALLEN 1982, II: 35), d. h. spiralig um longitudinale Achsen laufende Strömungen, deren Durchmesser durch die Dicke der atmosphärischen Grenzschicht (ca. 1 km in Passatwinden) bestimmt ist (BAGNOLD 1953; HANNA 1969). Die atmosphärische Grenzschicht ist der merklich von der Erdoberfläche beeinflußte Teil der Atmosphäre. Durch das Abheben eines spiraligen Wirbels von der Erd-

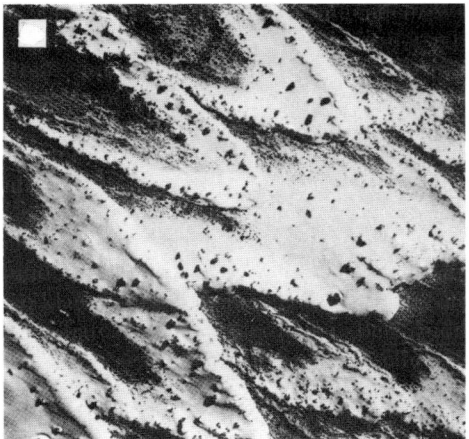

Abb. 13-24.

Abb. 13-23.

Abb. 13-23. Parabeldünen, durch Vegetation „verankert". Windrichtung von links oben. Luftaufnahme; die Dünen sind, von Spitze zu Spitze gemessen, etwas über 200 m lang. White Sands National Monument, New Mexico, USA (aus MCKEE 1979: Fig. 50B).

Abb. 13-24. Seif; Querprofil eines Laborversuches (aus MCKEE & TIBBITTS 1964: Plate IIc).

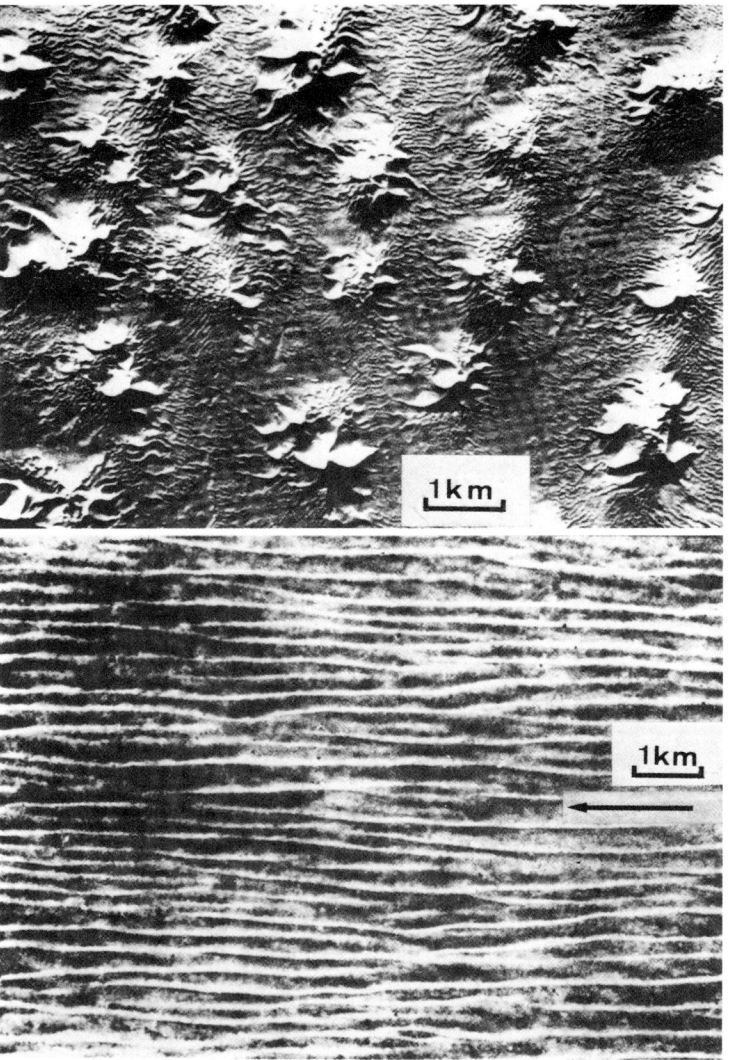

Abb. 13-25. Oben: Voll entwikkelte, 150 m hohe Sterndünen (Draas) im Erg Oriental, Algerien. Unten: Longitudinale, ca. 10 m hohe Dünen (Seifs) in der Simpson Wüste. Australien. Pfeil = Windrichtung. Beide Luftaufnahmen aus I. G. WILSON (1972, Abb. S. 178 und 183).

oberfläche laufen die Seifs in der Windrichtung paarweise zusammen (FOLK 1971, SPRIGG 1979: Fig. 7). Seifs können mehr als 100 km lang sein und sind in der Sahara mit 72% die häufigste Dünenform (JORDAN 1964). Sie scheinen stationär zu sein, doch konnten SARNTHEIN & WALGER (1974) feststellen, daß sie in der Eiszeit mit 45 m/Jahr gegen den westafrikanischen Schelfrand vorrückten (parallel zur Längsrichtung der Dünen).
3. ungerichtete Formen.
   a. Domförmige Dünen sind kreisrunde bis elliptische, niedrige Sandanhäufungen an Stellen, wo höhere Dünen durch starken Wind verhindert werden. Ein Leehang fehlt im allgemeinen, obwohl im Innern oft Leehangschichtung vorhanden ist (McKEE 1979: 100), doch ist dieselbe meist flacher als in Transversaldünen.
   b. Sterndünen (Pyramidendünen, Rhourd-Draas, Abb. 13-25 oben) entstehen bei wechselnden Windrichtungen und großem Sandvorrat. Demgemäß sind sie oft sehr hoch, bis 400 m (LEE-

DER 1982: 100), und gehören damit zur Gruppe der Draas (s. o.). Ihre Größe resultiert aus Konvektionszellen mit Wellenlängen, welche ungefähr der Dicke der atmosphärischen Grenzschicht entsprechen (WILSON 1972).

Aus der großen Zahl von Untersuchungen fossiler Dünensandsteine (Abb. 13-26) seien nur diejenigen von T. R. WALKER & HARMS (1972) und von SANDERSON (1974) als Beispiele erwähnt. In der Kohlenwasserstoffexploration in Norddeutschland und unter der Nordsee haben die Dünensandsteine des Rotliegenden eine besondere Bedeutung gewonnen (GLENNIE 1972). Auf feuchten Sandoberflächen können Winde wechselnder Richtung millimetergroße Adhäsionswarzen und -rippeln erzeugen (REINECK & SINGH 1980: Fig. 91-93), welche gelegentlich auch fossil abgebildet werden (TUNBRIDGE 1984: Fig. 5, CLEMMEY 1978: Fig. 7), s. FIG. 14-9 und S. 885.

Abb. 13-26. Großer Schrägschichtungsset eines äolischen Biokalkarenits des Pleistozäns auf Bermuda. Unten: mariner Biokalkarenit (G. M. FRIEDMAN als Maßstab).

13.1.5 Andere Transportvorgänge

Ins Kapitel „Korntransporte" gehören noch 1. Steinschlag, 2. Tephra und andere vulkanische Ejecta (s. Kap. 12), sowie 3. der **Transport durch Eis**. Dieser erfolgt entweder durch Gletscher oder durch driftende Eisschollen. Gletscher transportieren den Schutt auf ihrer Oberfläche, im Innern und an der Basis. Er sammelt sich unterhalb des Gletschers in Grundmoränen oder außerhalb des Gletschers in End-, Seiten- oder Mittelmoränen. Ihr Sediment wird je nach Kalkgehalt als Geschiebemergel oder Geschiebelehm (verfestigt: Tillit) bezeichnet und ist extrem schlecht sortiert. Aus Geschiebemergel kann durch Verwitterung in Warmzeiten Geschiebelehm entstehen.

Eisschollen und Eisberge können den durch Gletscher antransportierten Schutt weit aufs Meer oder auf Schmelzwasserseen hinaus verfrachten, wo sie ihn beim Schmelzen abladen. Man findet dieses Material dann als „dropstones" (Abb. 3-3) in landfernen Meeressedimenten oder den oft durch Jahreszeitenschichtung (Warven) gekennzeichneten feinen Seesedimenten. Für die Umgebung der Antarktis wurde dies von ANDERSON et al. (1982) beschrieben. Das Verbreitungsgebiet solcher „dropstones" verschob sich in Kaltzeiten gegen niedrigere Breiten (KEANY et al. 1976). RUDDIMAN (1977) zeichnete Verteilungskarten der mittleren Sedimentationsrate des durch Eis „geflößten" („ice-rafted") Sandes für den Nordatlantik. Entsprechende Gesteine sind aus paläozoischen und präkambrischen Eiszeiten bekannt geworden (s. PETTIJOHN 1975: 171, ALLEN 1982, I: 189, HÜBNER 1965). Nach HILL et al. (1982) unterscheiden sich diese auch als „paratills" bezeichneten Sedimente von debris flows durch ihre graduellen Übergänge nach oben und unten, durch primär eingelagerte Fossilien und durch das Fehlen von Dachziegellagerung (s. auch S. 71 f.).

Zusammenfassung

Die ruhige Strömung des unteren Strömungsregimes geht in die schießende Strömung des oberen Strömungsregimes über, wenn die Fließgeschwindigkeit größer wird als die Ausbreitungsgeschwindigkeit einer Schwerewelle, wie sie z. B. durch einen ins Wasser geworfenen Stein entsteht. Das Verhältnis dieser beiden Geschwindigkeiten wird als Froude-Zahl (Fr) bezeichnet. In Feinsanden aber findet der Übergang ins obere Strömungsregime schon bei Fr. = 0,17–0,18 statt. In ruhiger Strömung bilden sich Rippeln und Dünen, in schießender Strömung enstehen Horizontalschichtung und Antidünen. Die Körner bewegen sich bei ruhiger Strömung einzeln, rollend und springend, während sie bei schießender Strömung einen kontinuierlich bewegten Teppich bilden. Horizontalschichtung des oberen Strömungsregimes findet man beispielsweise am nassen Strand und in verflochtenen Flüssen. Die Oberfläche zeigt oft eine longitudinale Strömungsriefung.

Vor allem in Mäanderflüssen überwiegt im allgemeinen der Anteil der Suspensionsfracht deutlich gegenüber der Bodenfracht (rollend-springend) und der Lösungsfracht. In Korngrößen-Summenkurven sind die beiden ersteren oft durch einen Knick getrennt.

Unter den Meeresströmungen werden diejenigen im Küstenbereich von den Bodenströmungen der Hochsee unterschieden. Wenn auch die ersteren stärker ins Auge fallen, so sind doch die Materialtransporte, die direkt oder indirekt (Rutschungen) durch Bodenströmungen verursacht wurden, gewaltig. Die Grenze zwischen subaquatischen Rippeln und Dünen wird meist bei 0,6 m Kammabstand gezogen. Zunächst bilden sich Dünen mit geradem Kammverlauf (zweidimensionale oder 2 D-Dünen, bars, Abb. 13-2), die bei zunehmender Strömung dann in die unregelmäßigen 3 D-Dünen übergehen. Erstere sind aus tafelförmigen, letztere aus trogförmigen Schrägschichtungskörpern zusammengesetzt. Dabei bestehen große Dünen oft aus zahlreichen Schrägschichtungssets und sind dementsprechend auch von kleineren Dünen (Megarippeln) bedeckt. In der Küstenzone sammelt sich der Sand in submarinen Sandbarren, in Düneninseln, Nehrungen oder Strandwällen. Strömungsrippeln werden mit zunehmender Strömung (s.o.) und vor allem mit sinkender Wassertiefe unregelmäßiger (3 D); solche Zungenrippeln entstehen in einer Wassertiefe, die die Rippelhöhe kaum übertrifft.

Im Wellengang können verschiedene Rippeln entstehen (s. Abb. 13-15); am häufigsten sind die größten, die Oszillationsrippeln. Diese können bei starkem Sturm und genügendem Wirkweg („fetch") noch in 200 m Wassertiefe entstehen. Als eine Folge des Wellengangs entstehen bei Stürmen durch das abströmende Wasser große, unregelmäßige Schrägschichtungskörper („hummocky cross-stratification") außerhalb der Brandungszone. Weiter seewärts entstehen Sturmsandlagen (Tempestite).

Der Wind trennt scharf zwischen Suspensions- und Bodenfracht, und zwar bei etwa 0,08 mm Korndurchmesser. Dünen werden überwiegend am Leehang, d. h. im Windschatten, aufgebaut, und zwar alternierend aus gröberen Rutschlagen und feineren Lagen fallender Körper. Am Luvhang, dessen Neigung etwa 15° beträgt, teilt sich der auftreffende Luftstrom; es entsteht ein Wirbel, der am Fuß der Düne Sand erodiert und ihn dem Leehang der nachfolgenden Düne zuführt. Zwischen Windrippeln und Winddünen klafft häufig eine Lücke bei 2–10 m Kammabstand. Es gibt auch hier wieder 2 D- und 3 D- (barchanoide) Querdünen. Bei Sandmangel entstehen Sicheldünen (Barchane). Längsdünen bilden sich entweder bei wechselnden Windrichtungen aus Barchanen oder infolge „sekundärer", d. h. quer zur Windrichtung gerichteter Strömungskomponenten. Diese erzeugen longitudinale Spiralen, welche zwischen sich den Sand zu Längsdünen (seifs) aufhäufen. Es spricht manches dafür, daß bei höheren Windgeschwindigkeiten Längsdünen bevorzugt werden.

13.2 Massentransporte – Transportkörper und Sedimentstrukturen

13.2.1 Bergstürze, Gleitungen, Rutschungen

Geraten Gesteinsserien in eine labile Position, so erfolgt nach Überwindung der Kohäsion und der inneren Reibung eine Rutschung oder Gleitung. Nach VARNES (1958) finden Gleitungen (slides) auf Schichtflächen statt; meist sind die Schichten selbst weitgehend verfestigt. Demgegenüber ist in Rutschungen (slumps) die Rutschfläche keine Schichtfläche; sie ist gewöhnlich schaufelförmig gebogen („listrisch", „rotational fault"). Rutschungen setzen zwar ein deutlich geschichtetes Material voraus, aber die Schichtflächen wirken nicht als mechanische Anisotropieflächen. Häufig sind Rutschmassen noch nicht (ganz) verfestigt.

Unter Wasser sind die Sedimente im allgemeinen bis in einige hundert Meter Tiefe plastisch und neigen daher eher zu Rutschungen als zu Gleitungen. Ausnahmen stellen früh zementierte Flachwasserkalke dar, welche unter bestimmten tektonischen Bedingungen (s. S. 91 und 816) zerbrechen und „debris flows" bilden (Tabelle 13-4).

A. Bergstürze

Diese entwickeln sich oft aus Gleitungen. Sie werden häufig an Hängen ausgelöst, in denen die Schichtung etwas flacher als der Hang einfällt und als Gleitfläche benutzt werden kann. Ausgehend von bereits geöffneten Klüften und begünstigt durch das schnelle Eindringen von Luft, zerfallen die Gesteinsmassen während des Transportes zu einer Breccie, welche hangabwärts und am Gegenhang noch ein Stück hinauf „fließt". KENT (1966) untersuchte zahlreiche Bergsturz-Katastrophen und betont die Bedeutung der Fluidisierung durch eingeschlossene (eingesaugte?) Luft. Nur so lassen sich die flüssigkeitsartige Ausbreitung zu einer dünnen Lage, die geringe Sortierung und Abrasion des Schutts und die hohe Geschwindigkeit erklären.

HEIM (1882) errechnete für den Bergsturz von Elm Geschwindigkeiten bis über 400 km/h. Um das Fließen zum Ausdruck zu bringen, verwendete er die Bezeichnung „Sturzstrom" (s. auch Hsü 1975). Dieser kann sich nach FRIEDMAN & SANDERS (1978: 92) sogar zeitweilig auf einem Luftpolster von der Erde abheben. Beim Bergsturz von Flims (Vorderrhein) bewegten sich nach HEIM (1932: 124 ff.) auf einen Schlag 12 km^3 Kalkstein auf einer Fläche von 8° Neigung bis 2000 Höhenmeter abwärts und breiteten sich dann horizontal nach beiden Seiten insgesamt 24 km weit aus. Nach HEIM (1932: 86) vollzieht sich die eigentliche Bewegung – von zahlreichen Vorzeichen abgesehen – stets in nur 1–2 Minuten. Dies erklärt die gewaltige Kraft, bis ins Korngefüge hinein (Verruschelung); s. auch S. 86. Spitzengeschwindigkeiten von 450 km/h wurden bei dem Berg- und Gletschersturz 1970 am Huascaran (Peru) beobachtet (WELSCH 1984).

B. Gleitungen (slides)

Da bei diesen die ganze Energie auf den Gleitflächen als Reibungswärme frei wird, beobachtete man an diesen Flächen auf dem Festland Erscheinungen wie das Entzünden von Braunkohlenflözen (auf der Halbinsel Nûgssuaq, W-Grönland; HENDERSON et al. 1976: 347) oder sogar Aufschmelzungen, wie das bei 1700 °C entstandene „Friktionit"-Glas unter einer 3 km^3 großen Gleitmasse im Ötztal, Tirol (ERISMANN et al. 1977, s. auch MASCH & PREUSS 1977).

C. Rutschungen (slumping, soft sediment folding)

Eine besondere Bedeutung haben in der letzten Zeit die „growth faults" erhalten, Staffeln schaufelförmiger („listrischer") Abschiebungen, wie sie vor allem in Deltakomplexen unter aktiver Sedimentation stattfinden. Jeweils auf der (meerwärtigen) Tiefscholle ist infolge stärkerer Sedimentation die Mächtigkeit angrenzend an die Störung erhöht, und zwar vor allem im Kies und Sand, weil diese bodenfühliger sind als Tone. Während des Deltavorbaus werden daher ständig die Tiefschollen stärker belastet, wodurch die Abschiebungen immer wieder aktiviert werden. OCAMB (1961) beschrieb growth faults aus dem Mississippidelta, EDWARDS (1976) aus Deltasedimenten der Trias in

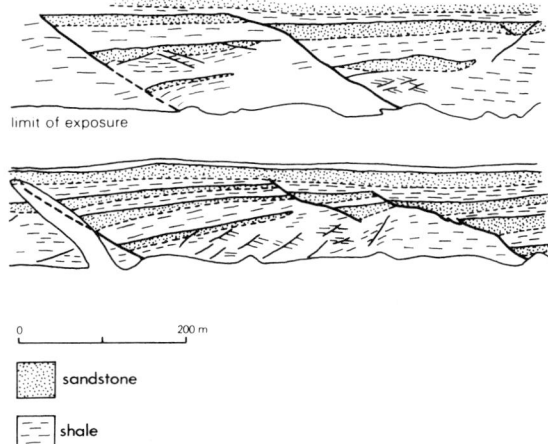

Abb. 13-27. Rechts: „Growth faults" in der Trias von Spitzbergen (nach EDWARDS 1976, aus COLLINSON & THOMPSON 1982: Fig. 9.23). Dicke Linien = growth faults; dünne Linien = spätere Verwerfungen. Links: Desgleichen, in denselben triadischen Deltafront-Sedimenten von SE-Spitzbergen. Foto von R. Knarud.

Spitzbergen (Abb. 13-27). Eine große Rolle spielen sie als Ölfallen im Nigerdelta (WEBER & DAUKORU 1975), NE-Mexiko (BUSCH 1975) und S-Texas (EDWARDS 1981b). Die Sedimentdicke kann sich durch growth faults verzehnfachen. ELLIOTT & LADIPO (1981) beschrieben „growth faults" aus dem Steinkohlenbecken von Wales.

Die ersten Phasen einer Zerlegung noch nicht ganz verfestigter, toniger Kalke beschrieb VOIGT (1977) aus dem Turon von Halle/Westf. Es entstanden zunächst Scherkörper („Phacoide", Abb. 3-19), welche zu Rutschungen und mass flows führten.

Auf dem Lande treten Rutschungen vor allem – aber keineswegs ausschließlich – in Gegenwart quellfähiger Tonminerale (z. B. Smektit) bei nachhaltigen Regenperioden auf, so in Süditalien fast alljährlich die sogenannten „frane" (CARRANDA & MERENDA 1976). Weitaus bedeutender in ihrem Umfang sind submarine Rutschungen, die vor allem an passiven Kontinentalhängen mit ihren gewaltigen Sedimentanhäufungen, z. B. rings um den Atlantik, auftreten und schon Tausende von km^3 bewegten (SEIBOLD & HINZ 1974; GORSLINE 1978; MACILVAINE & ROSS 1979). SCHWARZ (1982) hat in seiner Literaturauswertung die meisten der folgenden Ursachen zusammengestellt. Die Voraussetzung ist natürlich stets eine Akkumulation in der Nähe des Hanges.

- a. Überladung durch eine starke und von Meeresströmungen nicht abgebaute Materialanhäufung, z. B. vor dem Mississippidelta (ROBERTS et al. 1976). Dabei kann nach POSTMA (1984a) gerade bei schneller Belastung „überhydrostatischer" Porenwasserdruck eine Rolle spielen. Nach EMBLEY (1982) kommt es durch stetige Sedimentüberladung bei 20°, nach LOWE (1976a) bei 22–27° Neigung zum Hangrutsch, während plötzlicher Porenüberdruck schon viel flachere Hänge zum Rutschen bringt. Der Überdruck kann durch eine sehr schnelle Materialzufuhr, häufiger aber durch Erdbebenstöße erzeugt werden (EMBLEY 1982: 205).

  Ein besonders bekanntes Beispiel ist das Grand Banks-Erdbeben südlich Neufundland 1929 (HEEZEN & EWING 1952), als sich aus Gleitungen und Rutschungen, welche zu Kabelbrüchen führten, Turbidite entwickelten (s. auch HEEZEN & HOLLISTER 1971). Die Massen bewegten sich über den 2° steilen Kontinentalhang zunächst mit 22,5 m/sec, nach 650 km über den nur mit 0,05° geneigten Ozeanboden immer noch mit 6 m/sec (HEEZEN & DRAKE 1964). 1980 wurde durch ein kalifornisches Erdbeben der Stärke 6,5–7,2 vor dem Klamath-Delta auf einem mit 0,25° geneigten Schelf eine 1 km breite, 20 km lange Rutschung ausgelöst (FIELD et al 1982). Es können aber auch umgekehrt Tondiapire entstehen. So bildeten sich vor dem Mississippidelta bei einzelnen Fluß-Fluten „mudlump"-Inseln (PRIOR & COLEMAN 1982: 28).

- b. Erdbeben (siehe a; a und b werden am häufigsten als auslösende Ursachen genannt).

Tabelle 13-4. Massentransportarten, nach zunehmendem Wassergehalt geordnet (Bergsturz, Gleitung, Rutschung und „sediment gravity flows", Middleton & Hampton 1973), im wesentlichen nach Nardin et al. (1979)

Name des Massentransportes		Verhalten	Transportmechanismus		Material	Sedimentstrukturen
Bergsturz (rock fall)	mass flow	elastisch (-plastisch) ~ plastic limit	Fallen, Rollen, Fluidisierung (Luft)	kohäsiv	Gesteinsfragmente	Breccie
Gleitung (slide)	mass flow		Zertrennung an definierten Scherflächen; mäßige Interndeformation	kohäsiv	festeres	kaum deformierte Sedimentpakete
Rutschung (slump)	mass flow			kohäsiv	weicheres Sediment	verfaltete Sedimente mit Störungen und Harnischen
mud flow	mass flow		Scherung mehr oder weniger gleichmäßig verteilt	kohäsiv	vorwiegend Ton	massig
debris flow	fluidal flow	plastisch	Auftrieb und Kohäsion durch Tonminerale	kohäsionslos / Partikel in Schwebe gehalten durch:	Ton-Kies	Matrixgestützt, unsortiert bis schwach gradiert, z. T. invers
grain flow (steif, träge) / (dickflüssig)	fluidal flow	~ liquid limit	Partikelkollisionen	kohäsionslos	Sand-Kies	Ungeschichtete, dünne Sandsteine. Wenn – z. B. durch etwas Ton – modifiziert, dickbankig mit gröbsten Klasten oft in der Mitte
liquefied (und fluidized) flow	fluidal flow		aufsteigendes Wasser	kohäsionslos	Ton-Kies	Homogenisiertes Sediment, z. T. mit Wickel- und anderen Entwässerungsstrukturen (dish-and-pillar; pipes)
Suspensionsstrom (turbidity current)	fluidal flow	flüssig (viskos)	Turbulenz	kohäsionslos	Ton-Kies	„Bouma"-Sequenz: D. Silt-Ton-Lamination C. Sand/Silt, Ström.-Rippeln, Wickelstrukturen (convolute bed.) B. Sand, Horizontalschichtung A. (Kies)/Sand, gradierte Schichtung

c. Erosion durch Tiefenströmungen, so im Miozän vor NW-Afrika etwa 10^4 km^3, oder in den letzten 28 000 Jahren vor den USA (EMBLEY 1982).
d. Verwerfungen, so vor NW-Afrika nach EMBLEY (1982) in den letzten 28 000 Jahren. Hier gerieten an einer „fracture zone" mehr als 1000 km^3 auf einem nur 1° geneigten Hang ins Gleiten und bewegten sich noch bei 0,1° Neigung. An anderen Stellen dieser Region, so am Mazaganplateau, blieb jedoch eine Verwerfungsfläche als fast senkrechte Wand in festen Gesteinen stehen.
e. Auftriebsverlust infolge einer Absenkung des Wasserspiegels. Dieser Effekt läßt sich an Prielrinnen bei jeder Ebbe beobachten, spielt jedoch auch im Großen eine Rolle, so in der Eiszeit überall dort, wo der Schelfrand heute weniger als 100–180 m tief ist und zeitweilig trockenfiel, und in der Erdgeschichte immer dann, wenn kurzfristig der Meeresspiegel stark fiel, z. B. im Mitteloligozän.
f. Starker, tiefreichender Wellengang von Orkanen und Tsunamis kann einen oszillierenden Porendruck in den Sedimenten am Schelfrand erzeugen, vor allem in Zeiten tiefen Meeresspiegelstandes (siehe e). So wurden auf hoher See während eines Hurrikans Wellen bis 24 m Höhe beobachtet (PRIOR & COLEMAN 1982). WATKINS & KRAFT (1978) berechneten den Druck solcher Wellen in einer Wassertiefe von 60 m. DALRYMPLE (1979) konnte durch Wellenschlag erzeugte Rutschungen beobachten. Auch der Abbruch von Riffen kann zu Rutschungen führen (MOUSSA 1977).
g. Süßwassereinwirkung auf marine Tone kann zu einer Quellung und damit zu Instabilitäten führen.
h. Anhangsweise sollen hier auch das Hakenschlagen der Schichten an Hängen und die Solifluktion erwähnt werden, das langsame Bodenfließen (ACKERMANN 1955), sowie die Erscheinungen in periglazialen Strukturböden, in denen das Gefrieren und Auftauen zu Materialtransporten und Sortierungsprozessen führt.

SCHWARZ (1982) wertete für eine große Zahl von Vorkommen die Angaben über Hangneigungen, Abrißmechanismen, Transportarten, -weite, -volumen und -geschwindigkeit, sowie Sedimentationsraten und Häufigkeit der Rutschungen aus und teilte Beobachtungen über Form und Struktur der Rutschmassen mit.

Als Richtwert für die mittlere Neigung der Kontinentalhänge oberhalb 1800 m Tiefe gibt SHEPARD (1973) 4,2° an. Im einzelnen kann man nach BOUMA (1979) mit folgenden Werten rechnen: Vor Verwerfungsküsten mit schmalem Schelf 5,6°, vor jungen Gebirgsküsten 4,6°, vor stabilen Küsten (passiven Kontinentalrändern) ohne größere Flüsse 3° und vor größeren Flußdeltas 1,3°. In Übereinstimmung hiermit sind die Kontinentalhänge im Pazifik am steilsten, im Indik am flachsten. Die steilsten Hänge haben Neigungen über 45°.

Größere Rutschungen lassen sich am besten seismisch erkennen. Auf geeigneten Profilen erscheinen die Ausbruchnischen ebenso wie die buckeligen Ablagerungen der Rutschmassen bzw. der debris flows, welche sich oft daraus entwickeln (JACOBI 1976; MOORE et al. 1982; s. auch VOIGHT 1978).

13.2.2 Debris flows, grain flows, liquefied flows

Diese und andere Begriffe sind in Tabelle 13-4 unter Angabe der Transportmechanismen und resultierenden Sedimentstrukturen erläutert. Mass flows umfassen den Bereich des plastischen Verhaltens. Ihre Unterteilung beruht auf der Materialzusammensetzung. Tonige mass flows heißen mud flows, sandige heißen grain flows, debris flows sind sehr schlecht sortiert. Mass flows entwickeln sich häufig aus Rutschungen und können durch weitere Wasseraufnahme in fluidal flows (liquefied flows und Suspensionsströme) übergehen (HAMPTON 1972; BLATT et al. 1980: 188). In Sedimentfolgen werden die mass flow-Ablagerungen von den Turbiditen, den Produkten der Suspensionsströme, überlagert (RUPKE 1976; PRICE 1977; CAS 1979). Während die letzteren turbulent sind, bewegen sich die übrigen vorwiegend laminar (LOWE 1982).

Schon 10–25% Wasseraufnahme können aus einer Rutschmasse einen debris flow erzeugen. Die Dichte von debris flows liegt zwischen 1,5 und 2,4 gcm^{-3}. Beim Übergang in Suspensionsströme nimmt sie auf 1,03–1,12 ab (HAMPTON 1972; RODINE & JOHNSON 1976).

A. Debris flows und mud flows

a. Vorkommen und Merkmale

Debris flows sind Schlammströme mit Grobschutt in einer feinkörnigen Matrix. Sie kommen subaerisch vor allem in Schwemmfächern (alluvial fans) semiarider Gebiete, subaquatisch an vielen Kontinentalhängen vor. Mud flows können als eine Varietät ohne Grobschutt betrachtet werden. Die Ablagerungen von debris flows wurden von BOUMA (1972b) Debrite genannt, entsprechend den Turbiditen, den Ablagerungen von Suspensionsströmen. Ein älterer Begriff für Debrit ist „Fluxoturbidit" (STANLEY 1975; CARTER 1975).

Wichtige Merkmale von Debriten sind nach COOK et al. (1972):
1. Man findet sie als Einschaltungen in feinkörniger Beckenfazies oder Turbiditfolgen.
2. Ihre Oberfläche ist oft höckerig; seitlich keilen sie abrupt aus (Abb. 13-28)

Abb. 13-28. Mass flow von Jura-Rotkalk-Klasten, matrixfrei, mit gewölbter Oberfläche. Aufgeschlossene Breite: 5,7 m. Mündung des Wielandsbaches in den Unkenbach, Tirol. Foto und Deutung: J. WÄCHTER.

3. Sie sind schlecht sortiert; die Klasten „schwimmen" in einer feinkörnigen Matrix, ohne sich abzustützen und sind unorientiert oder horizontal eingeregelt. Meist sind sie eckig und polymikt.

Die einzelnen Debrite einer Folge sind oft nicht gut gegeneinander abzugrenzen, doch kann im distalen Bereich eine undeutliche Sonderung in klastenreichere und -ärmere Lagen auftreten (CONAGHAN et al. 1976). Zwischen den einzelnen Debriten können längere Zeiträume liegen, so in der Oberkreide von Zypern 3000–10000 Jahre (SWARBRICK & NAYLOR 1980). Stapel von Debriten wurden als „Olisthostrome" bezeichnet (BENEO 1956; BERTINI et al. 1975; GÖRLER 1975), ein Begriff, der erstmalig im Apennin angewandt wurde.

b. Mechanismus

Debris flows kann man nach ihrem Bewegungsmechanismus in zwei Typen einteilen, die sehr unterschiedliche Debritkörper bilden und Hinweise auf das Gefälle geben. Ihre nachfolgende Charakterisierung schließt sich zum Teil der Darstellung von WÄCHTER (1987) an. Die Auslösemechanismen wurden auf S. 810–812 diskutiert.

1. **Viskoplastischer debris flow** (s. IVERSON 1985). Er fließt nach Art eines „Bingham plastic" (Kapitel 13.1) durch interne Scherbewegungen, solange der Scherwiderstand (yield strength), der sich aus Kohäsion und innerer Reibung zusammensetzt, durch die aus der Hangneigung resultieren-

de Scherkraft überwunden wird. Dieses Gefälle, der materialspezifische natürliche Böschungswinkel, heißt „Winkel der inneren Reibung". Er ist um so größer, je höher der Anteil der Klasten ist, und je größer und eckiger dieselben sind. Ohne Klasten (in mudflows) überwiegt die Kohäsion, ohne Matrix (in grain flows) die innere Reibung, die – allein – erst bei einem Gefälle von ca. 30° zur Bewegung führt. An der Basis dieser debris flows herrscht im Idealfall keine Bewegung, so daß auch keine Erosion stattfindet. Im Aufschlußbereich zeigen solche Debrite deshalb eine gleichbleibende Mächtigkeit. Horizontal eingeregelte Klasten sind typisch: sie weisen auf eine niedrige Fließgrenze hin (BOUMA & PLUENNEKE 1975; LEWIS et al. 1980). Im Kopf kommt es zu Umwälzungsbewegungen, die aus invers gradierten flows normal gradierte Ablagerungen entstehen lassen können.

2. **Slide-debris flow**. Er bewegt sich schnell und mehr oder weniger starr, als „rigid plug", und führt daher im Gegensatz zum Typ 1 nicht zur Einregelung der Klasten. Die Scherzonen entstehen durch schnelle Belastung einer wasserhaltigen Unterlage innerhalb der letzteren. Das „undrained loading" führt zu überhydrostatischem Druck, und das Sedimentpaket kann selbst bei minimalem Gefälle in Bewegung bleiben. Dabei werden Teile der Unterlage mitgenommen; es entsteht eine flache Erosionsrinne. Typisch sind linsenartige Querschnitte mit einer stark konvexen Oberfläche, deren seitliche Neigung etwa dem Winkel der inneren Reibung entspricht (Abb. 13-28). Im Kopf solcher debris flows kommt es zu Aufschiebungen. Slide-debris flows sind häufig die Ursache von Suspensionsströmen. WÄCHTER (1987) unterscheidet die beiden Debrisflows wie folgt:

	SLIDEFLOW (2)	VISKOPLASTISCHER DEBRISFLOW (1)
Basis	erosiv	konkordant
Querschnitt	konvexe Oberfläche	im Aufschlußbereich unverändert
Mächtigkeit	hoch	abhängig von Scherwiderstand und Relief
Matrix	entspricht dem Wirtssediment	primäre Kornverteilung oder durch Transportbeanspruchung entstanden
Reliefenergie	1°	1° Mudflows 5–10° matrixarme, grobklastische Materialien (modifizierter Grainflow) 30° Grainflow

Den Typ 1 wird man vor allem subaerisch suchen, sowie subaquatisch bei schwacher innerer Reibung. Subaerische debris flows sind im Mittel etwa 1 m dick und bewegen sich über Hänge mit 5–10°, seltener 1° Neigung und mit einer mittleren Geschwindigkeit von 1 m/sec, bei einer Dichte von 2–2,3 (HAMPTON 1972; BLATT et al. 1980: 186).

Typ 2 stellt sich bei starker innerer Reibung vor allem dann ein, wenn die Unterlage aus nicht lithifizierten Feinklastika besteht und wassergetränkt ist, also vorwiegend subaquatisch. Dann reicht die „rigid plug"-Schicht nicht bis zur Oberfläche des Stroms, da das überlagernde, ruhende Wasser eine Scherkraft auf den debris flow ausübt. Die geringe Relativbewegung im „rigid plug" erkennt man an Gefügen wie den in Abb. 13-29 gezeigten und an intern brecciierten, aber noch zusammenhaltenden Klasten (ENOS 1977a; RICHTER & FÜCHTBAUER 1981: 463).

In Schwebe bleiben die Klasten nur, solange die durch ihr Gewicht ausgeübte Scherkraft („normal weight stress") nicht die Fließgrenze überschreitet, welche in debris flows nach JOHNSON (1970) bei 1000, nach ALLEN (1982, I: 203) bei 500 N/m² liegt.

Da sich die Fließgrenze eines subaerischen debris flows erhöht, wenn er zur Ruhe kommt und entwässert, bleiben die Klasten dabei in der Schwebe („freezing"). Nach HAMPTON (1975) ist die Kompetenz eines debris flow's, der Durchmesser des größten sphärischen Klasten, der in Schwebe gehalten wird, $D = 8{,}8 \, K/g \, (\varrho_s - \varrho_m)$, worin K = Fließgrenze, g = Erdbeschleunigung, ϱ_s bzw. ϱ_m = Dichte der Klasten bzw. der Matrix. Da aber die so berechnete Kompetenz im allgemeinen kleiner ist als die an den Klasten beobachtete, handelt es sich meistens nicht um reine Auftrieb- und Kohäsion-getragene debris flows, sondern um Übergänge zu grain flows, sogenannte „modified

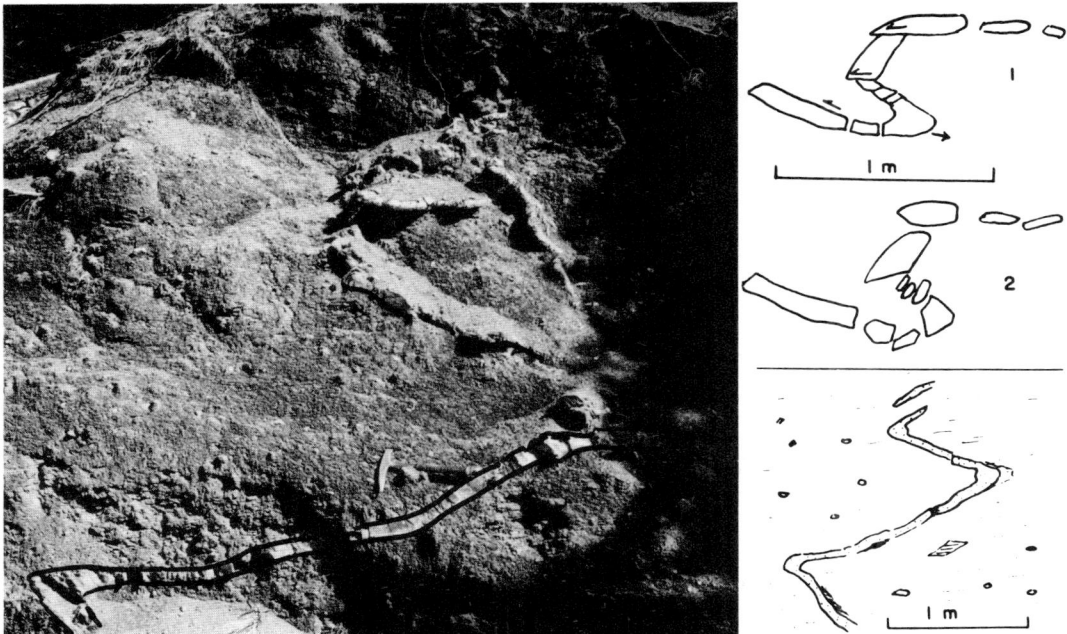

Abb. 13-29. Debrit (debris flow-Ablagerung); Olisthostrom bei Pian de Cerri SW Florenz. Die fast kohärenten Kalk- (1,2) bzw. Sandsteinbänke (r. unten und links) im schichtungslosen Macigno-Mergel demonstrieren die „rigid plug"-Konsistenz der letzteren (Zeichnungen aus Sestini 1968, fig. 2).

grain flows, sogenannte „modified grain flows", bei denen auch der dispersive Druck von Kollisionen die Klasten in Schwebe hält (Hampton 1979). Auch durch hohen Partikelgehalt wird der Auftrieb erhöht.

Die – lineare – Beziehung zwischen maximaler Geröllgröße und Bankdicke geht für (modified) grain flows (kohäsionslos; subaerisch und subaquatisch) durch den Ursprung, für debris flows (kohäsiv; subaerisch) aber schneidet sie die Geröllgrößen-Ordinate bei 4–6 cm (und 0 cm Bankdicke; Nemec & Steel 1984: 23 f.; s. auch S. 83); s. aber Kessler & Moorhouse (1984) und Porebski (1984)!

Subaquatische debris flows nehmen während des Transportes Wasser auf, so daß sich ihre Fließgrenze stetig verringert und sie die gröberen Klasten sukzessive verlieren. Sand jedoch wird schon transportiert, wenn ein debris flow nur wenige Gewichtsprozente Ton enthält (Hampton 1975). Postma (1984 a) unterscheidet „low" und „high viscosity debris flows", findet in den letzteren eine scherungsbedingte Dachziegellagerung der Klasten und beschreibt ausführlich die auch von vielen anderen Autoren mitgeteilte Beobachtung, daß sich von Stirn und Rücken der debris flows, sobald sie sich nicht mehr beschleunigen, Suspensionsströme ablösen (s. S. 718, A). Am Kontinentalhang können debris flows nach Postma (1984 b) Ton aufnehmen. Hierdurch und durch die zur Basis hin, d.h. mit zunehmender Scherung, abnehmende Fließgrenze und Kompetenz der Matrix erklärt Naylor (1980) die inverse Gradierung vieler Debrite; größere Klasten können nur im oberen Teil des debris flows in Schwebe gehalten werden.

c. Beispiele

Tabelle 13-5 zeigt einige Daten von rezenten debris flows in den Anden (s. auch Schäfer & Schwab 1975).

Larsen & Steel (1978) untersuchten devonische debris flows, die von alluvial fans in einen See flossen und dabei Feines aufnahmen. Umgekehrt können mass flows auch durch eine Transgression ausgelöst werden (Ibbeken 1970).

Tabelle 13-5. Korngrößen-Kennzahlen von rezenten debris flows im Tal des Rio Toro, NW-Argentinien (41 stammt nicht von 75 ab; aus AGHAJARI 1984)

Nr.	Bezeichnung	Transportart	Hangneigung	Md	Q1	Q3	So
75a	Schlammstrom	} debris { proximal	10°, Rinne	5 mm	0,08	12	14,1
75b	Schlammstrom	} flow I { mid fan	7°, Fächer	3,8	0,12	10	9,3
75c	Schlammstrom	d. flow II, mid fan	5°, Fächer	2,5	0,03	7,6	17,1
41	Schichtflut	debris flow, distal	1°, Tal	0,94	0,24	2,3	3,1

Die größten mass flows entstanden an den passiven Kontinentalrändern des Nordatlantiks während der Kaltzeiten (EMBLEY 1980; s. auch ARTHUR & v. RAD 1979). Mass flows entstanden nach DAMUTH & EMBLEY (1981) auch im Tiefseedelta des Amazonas. Dort wurden auf einem Hang von 0,3–0,6° Neigung über 300 km Entfernung debris flows transportiert, deren Sedimente insgesamt 10–50 m mächtig sind und ein Volumen von 3800 km^3 umfassen. Oft reißen die debris flows auf breiter Front ab und kanalisieren sich dann (CREVELLO & SCHLAGER 1980; EMBLEY 1976). In der letzteren Arbeit werden „pebbly mudstone debris flows" beschrieben, die sich südlich der Kanarischen Inseln mehr als 500 km über den Tiefseeboden des Atlantiks mit 0,1° Neigung bewegten.

Marine mud flows der Baffin Bay zeigen oft eine Gaußverteilung mit 3% gröber als 0 Phi, 10% gröber als 2 Phi, 50% > 7 Phi (HILL et al. 1982). Diese Autoren untersuchten dezimeterdicke, seitlich eng begrenzte Debrite aus rezenten und älteren Sedimenten. Mud flows und ihre Kompetenz wurden auch von HAMPTON (1975) untersucht. Vor dem Mississippidelta entstehen durch Methan-Entgasungen im tonigen Flachseeboden Kollapsdepressionen, aus denen über ein Gefälle von 0,1–0,2° mud flows ausfließen (PRIOR & COLEMAN 1982).

Tektonisch erzeugte Debrite beschreiben PIRLET (1972; Überschiebung), CROWELL (1974; San Andreas-Verwerfung) und PADGETT et al. (1977; Verwerfungen, mit „rock falls"), s. auch STEEL & GLOPPEN (1980) und GLOPPEN & STEEL (1981). FÜCHTBAUER & RICHTER (1983b) fanden in Rift-Gebieten häufig Internbreccien (s. S. 91), die in Flachseekarbonaten vermutlich durch flexurartige sowie Lateralbewegungen entstanden und das Ausgangsmaterial für debris flows bildeten (s. auch SCHLAGER & SCHLAGER 1973 und WÄCHTER 1987).

Olisthostrome sind besonders verbreitet im Apennin (Abb. 13-29; Lit. s. o.), wo sie mächtige Komplexe bilden. Charakteristisch ist darin das Vorkommen großer Blöcke, der „Olistholithe". Ähnliche Erscheinungen beschrieb MEIER (1977) aus dem Gips des Zechstein 1 im Südharz; sie sind auch bei Hundelshausen (S Witzenhausen/Werra) zu sehen.

B. Grain flows und „modified grain flows"

Die einfachste und reinste Form von grain flow ist rutschender Sand auf dem Leehang einer Düne (Abb. 13-30, s. auch Tab. 14-3). Hier wirken, zumindest am Anfang, außer der tangentialen Komponente der Schwerkraft keine dispersiven, d. h. scherenden oder liftenden Kräfte, und es ist daher zur Auslösung eine Mindest-Hangneigung von 30° erforderlich (BLATT et al. 1980: 183). Während des Fließens aber entsteht durch Kornzusammenstöße ein zusätzlich auflockernder „dispersiver Druck", welcher nach BAGNOLD (1954: 1973) proportional zur Korngröße ist. Das bedeutet, daß größere Partikel stärker nach oben, in die Zone geringerer Scherkraft, getrieben werden. So entsteht eine inverse Gradierung, z. B. in den Rutschungen am oberen Leehang äolischer Dünen (AHLBRAND & FRYBERGER 1982: Fig. 13) sowie unter der ablaufenden Welle am Strand. Nach MIDDLETON (1970: 267) kann die Aufwärtsbewegung gröberer Komponenten in einem vibrierenden grain flow eine einfachere Erklärung darin finden, daß sich zwischen den größeren Körnern die kleineren wie durch ein „kinetisches Sieb" nach unten drängen (s. auch SALLENGER 1979). „Unmodified" grain flows sind nach LOWE (1976b) nur wenige cm dick und beschränken sich auf Gefälle nahe der natürlichen Hangneigung. Durch Tongehalt oder Grobanteile können „modifizierte" grain flows aber auch an flacheren Hängen ausgelöst werden und mächtigere Ströme mit „rigid plugs" bilden. Durch Tongehalte von 1,5–4 Gewichtsprozent wird Feinsand in Schwebe gehalten, durch 19% Ton sogar Grobsand (HAMPTON 1975).

Die Eigenschaften mächtiger Sandsteine mit inverser Gradierung (Abb. 13-31), also von „mo-

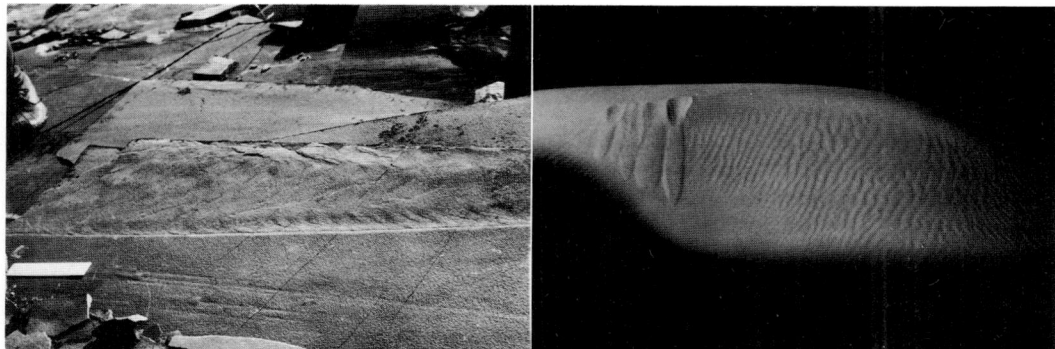

Abb. 13-30. Rechts: Rutschung (grain flow) am Leehang einer Düne in Algerien (Foto M. Sturm). Links: Das gleiche im permischen Lyons-Sandstein bei Boulder/Colorado.

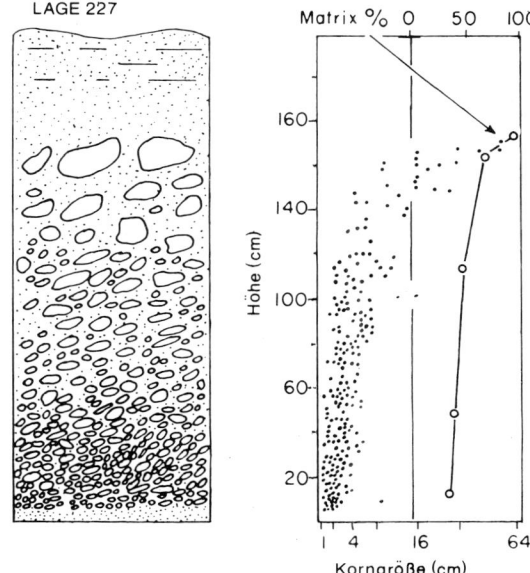

Abb. 13-31. Submariner mass flow („sediment gravity flow"), Devon/Karbon, Sudeten. Inverse Gradierung. Nur an der Basis stützen sich die Gerölle ab. Der Matrixanteil nimmt nach oben zu. Die Punktwolke im Diagramm gibt die Größe aller Gerölle ≥ 1 cm auf mehreren Profilen dieser Bank wieder (aus Nemec et al. 1980: Fig. 9).

dified grain flow"-Sedimenten, können nach Stauffer (1967) und Carter (1975) wie folgt zusammengefaßt werden:

a. Einzelne besonders große Klasten schwimmen in einer Sandmatrix. Die Längsachsen liegen oft parallel zur Strömung, flache Gerölle zeigen Dachziegellagerung.
b. Massive, ungeschichtete Sandsteinbänke mit scharfer Ober- und Untergrenze.
c. Dish structures (s. u.) sind oft vorhanden, Sohlmarken selten, dann jedoch typisch (seilartig oder lappig).

Stauffer (l. c.) vermutet, daß grain flows über den Schelfhang und nicht wie die Suspensionsströme durch Canyons fließen. Clifton (1982) deutet demgegenüber konglomeratische grain flows als Füllungen submariner Canyons.

Postma et al. (1984) fanden experimentell, daß „modified grain flows" von schnelleren, weniger dichten Suspensionsströmen überlagert sein können, und daß sich die größten Klasten an der Grenze beider Ströme sammelten (s. unten auf dieser Seite, POSTMA 1984a).

C. Liquefied flows

Durch Erschütterung (Erdbeben, Wellengang) können Sandlagen ihren Zusammenhalt verlieren und zu einem „Quicksand" werden. Der Porendruck übersteigt dabei manchmal den Überlagerungsdruck, und der Scherwiderstand wird null. Solch ein Quicksand fließt nach BLATT et al. (1980: 182) noch bei 3° Neigung, doch suchen sich die Körner wieder abzusetzen. Dabei wird Wasser nach oben abgegeben und wirkt im oberen Teil des flows dem Absitzen des Sandes entgegen. Durch tonige Einlagerungen wird das Aufströmen des Wassers behindert. In pfeilerartigen Strukturen drainiert, durchbricht es aber die Tonlagen und verbiegt diese zu schüsselartigen Formen (dish-and-pillar-structures; Abb. 13-39, s. auch HOWELL & NORMARK 1982: 382).

Angesichts solcher Drainagestrukturen kann man von „fluidized flows" sprechen (LOWE 1976a) In ihnen hält das nach oben entweichende Wasser Sand- und Silt-Partikel in der Schwebe, bis eine „direkte Sedimentation der Suspension" erfolgt (LOWE 1982).

13.2.3 Suspensionsströme

A. Transportmechanismen

Die submarinen Canyons, welche bis weit unterhalb eiszeitlicher Meeresspiegel-Tiefstände die Kontinenthänge durchfurchen, wurden erstmals von DALY (1936) auf eine Erosion durch schwere Suspensionsströme (turbidity currents) zurückgeführt. Mit diesen Strömen brachten andererseits KUENEN & MIGLIORINI (1950) „gradierte" Sandsteine mit grobkörniger Basis und einer Kornverfeinerung nach oben in Verbindung, welche nicht selten in marinen Gesteinsserien auftreten und durch eigentümliche Schichtflächenmarken auf den Bank-Unterseiten charakterisiert sind. Als dann HEEZEN & EWING 1952, eine alte Vermutung von MILNE (1897) aufgreifend, die Kabelbrüche längs der submarinen Canyons südlich von Neufundland im Anschluß an das Grand Banks-Erdbeben am 18.11.1929 mit gewaltigen Rutschmassen und Suspensionsströmen in Zusammenhang bringen konnten, da war dies eine starke Stütze für die vor allem von KUENEN (1953) vertretene Idee, (s. auch S. 810). Im Mittelmeer wurde der gleiche Zusammenhang zwischen Erdbeben und Kabelbrüchen beobachtet (HEEZEN 1956), und in der Folgezeit konnten die geglätteten Ozeanböden, welche die Kontinente in einer Breite bis 2000 km begleiten, auf die Ablagerungen von Suspensionsströmen zurückgeführt werden (z.B. HORN et al. 1972), deren gradierte Sedimente in Tiefseekernen nachgewiesen wurden (Abb. 13-34).

Inzwischen ist eine unüberschaubare Literatur über diesen Transportmechanismus und seine Sedimente, die „Turbidite", erschienen, von denen hier nur die folgenden Werke und Symposien genannt seien: BOUMA (1962), BOUMA & BROUWER (1964), DZUŁYŃSKI & WALTON (1965), LAJOIE (1970), MIDDLETON & BOUMA (1973) und RICCI LUCCHI (1975c), sowie das Kapitel von RUPKE (1978). Eine frühe Bibliographie stammt von KUENEN & HUMBERT (1964); die historische Entwicklung dieser Ideen stellten FRIEDMAN & SANDERS (1978: 510) dar.

Die Auslösemechanismen wurden für Rutschungen in 13.2.1 C ausführlich besprochen. Aus Rutschungen entwickeln sich oft debris flows, und von deren Oberseite können sich Suspensionsströme ablösen, die sich durch Vermischung mit dem überlagernden Wasser verdünnen und verlangsamen und daher auch hinter oder über den Sedimenten der debris flows abgelagert werden (s. S. 815, HAMPTON 1972; BERNOULLI et al. 1981). Doch nehmen auch die debris flows selbst während des Transportes durch Sedimentation und Wasseraufnahme an Dichte ab und können zunächst in dichte, dann in verdünnte Turbidite übergehen (LOWE 1976a). Die Mächtigkeit von Turbiditfolgen hängt von der Sedimentzufuhr in die Bereitstellungsräume und damit letztlich von Hebungen im Hinterland ab (KLEIN 1984). Die Bereitstellung erfolgt häufig fluviatil, wie die Geröllformen zeigen, denen ein Strandeinfluß fehlt (McBride 1966; Ricci Lucchi 1969). Erdbeben als auslösende Ursachen haben nur einen Einfluß auf die Häufigkeit und damit auf das Volumen der einzelnen Suspensionsströme (s. auch Piper & Normack 1983). In erdbebenreichen Zonen ist eine Tendenz zu häufigeren, jedoch kleineren Suspensionsströmen zu erwarten. Auch Orkane können Suspensionsströme auslösen; so hat der Hurrikan „Iwa" (1982) vor Hawaii einen 2,4 km langen Suspensionstransport mit 2 m/sec Geschwindigkeit hervorgerufen (Dengler & Wilde 1983).

Welcher Mechanismus aber ist in der Lage, einen Suspensionsstrom über 4000 km aufrecht zu erhalten, wie es z. b. von Chough & Hesse (1976) im NW-Atlantik beobachtet wurde? Nach Pantin (1979) ist es die Bewegung des Stromes selbst, welche mittels der Turbulenz einen Vorgang der „Autosuspension" auslöst. Schon eine Hangneigung von 1° genügt, um die Reibungsverluste wettzumachen (Kersey & Hsü 1976), zumal in die Kopfpartie von hinten ständig ungebremste Suspension einströmt. Man unterscheidet zwei Typen:

a. Suspensionsströme hoher Dichte und Geschwindigkeit.

Ihre Dichte liegt zwischen 1,1 und 1,6 (Hampton 1972) bzw. 50–250 g/l (Stow 1985). Sie gliedern sich in den Kopf, unter welchem nicht sedimentiert, sondern erodiert wird, in den etwa halb so dicken Mittelteil, unter dem das meiste Sediment ausfällt, und den langsamer nachströmenden Schwanz (Blatt et al. 1980: 181) mit dem feineren Sediment. Sie fließen durch submarine Canyons den Kontinentalhang hinab und breiten sich auf dem Tiefseeboden oft fächerförmig aus (Walker & Mutti 1973). Der Aufprall führt dort zu einem „hydraulic jump" (Van Andel & Komar 1969; Komar 1971), bei dem unter Umständen der Übergang vom überkritischen (Froude > 1) zum unterkritischen Fließen erfolgt, indem die Geschwindigkeit auf die Hälfte sinkt, die Dichte durch Wasseraufnahme stark abfällt und die Dicke des Stroms sich – falls keine fächerförmige Ausbreitung erfolgt – unter Zunahme der Turbulenz verdoppelt. Aus der Abfolge der Grand Banks-Kabelbrüche wurden für die debris flows und Suspensionsströme am Hang Geschwindigkeiten bis zu 100 km/h, auf dem Tiefseeboden beim letzten Kabelbruch nur noch 20 km/h errechnet (Heezen & Drake 1964).

Die Geschwindigkeit V ist nach Keulegan (1957) und Middleton (1966) mit der Dicke des Suspensionsstroms D in seinem Kopfteil und seiner Dichte nach der Formel

$$V = 0{,}7 \sqrt{g \cdot D \cdot \Delta\varrho/\varrho}$$

verknüpft, worin g = Erdbeschleunigung, $\Delta\varrho$ = Dichteunterschied zwischen Suspensionsstrom und Umgebung, ϱ = Dichte in der Umgebung.

Läuft der Canyon quer in einen Trog hinein, so ändern die Suspensionsströme dort ihre Richtung entsprechend bis zu 90° (Dzułyński & Walton 1965; Briggs & Cline 1967; Ricci Lucchi 1975a [schöne Schüttungskärtchen]; Normark & Dickson 1976; Macdonald & Tanner 1983), oder ihre Sedimente alternieren mit denen von Strömen, die der Trogachse parallel verlaufen und wegen des geringeren Gefälles manchmal feinkörniger sind (Kuenen 1966). Auf solche Weise sind unterschiedlich aufgebaute Bänke in Turbiditfolgen zu erklären (Nilsen 1983; Colella & Zuffa 1984). Ein Einschwenken ist sogar am Rand des Atlantiks zu beobachten (Horn et al. 1971). Wo ihnen Hindernisse entgegentreten, können Suspensionsströme auch hangaufwärts fließen. So bewegte sich vor dem Amazonasdelta ein Suspensionsstrom mehr als 40 km auf einer 0,5–1° geneigten Fläche 400 m hangaufwärts (Damuth & Embley 1979). Südlich von Guatemala querten zumindest die oberen Teile von Suspensionswolken den Tiefseegraben und stiegen jenseits fast 2000 m an (Heinemann & Füchtbauer 1982; Shiki et al. 1982). Schließlich wurde sogar ein Reflexion von feinkörnigen Suspensionsströmen, d. h. eine Wendung um 180°, postuliert (Pickering & Hiscott 1984).

Auf flachen Tiefseeböden breiten sich Suspensionsströme dieses Typs zu Deltafächern aus, die sich nach dem Aufbau der Turbidite gliedern lassen in inneren, mittleren und äußeren Fächer und eine breite Hauptrinne (Ricci Lucchi 1975c; Walker 1978; s. Kapitel 14.8). Elmore et al. (1979) verfolgten einen Turbidit 300 km weit über die Hatteras Abyssal Plain und fanden an seiner Basis eine Abnahme der Maximalkorngröße von 2 auf 1/4 mm, bei unverändertem Anteil < 63 µm.

Der Zeitabstand von Suspensionsströmen ist von Vorkommen zu Vorkommen verschieden, wie die folgende Übersicht zeigt.

333 Jahre im Balearenbecken (Rupke & Stanley 1974; z. T. Typ b)
500–1000 Jahre vor Kalifornien (Malouta et al. 1981; Typ b)

2000 Jahre, Site 478, E Baja California (EINSELE & KELTS 1982; Typ b, s. Abb. 4-35)
8000 Jahre, Site 474, S Baja California (EINSELE & KELTS 1982)
460–10000 Jahre, Tongue of the Ocean, Bahamas (RUSNAK & NESTEROFF 1964; KUENEN 1964b)
500–100000 Jahre, in älteren Sedimenten (KUENEN 1953; KIMURA 1967; KLEIN 1984). Weiter Zahlen bei KELTS & ARTHUR (1981: 121).

Eine sehr differenzierte Darstellung der für einzelne Kornpopulationen unterschiedlichen Ablagerungsvorgänge gibt LOWE (1982). Nach ihm kommt wie in debris flows auch in Turbiditen eine Behinderung der Sedimentation durch Kollision und Kohäsion vor. Die von ihm beschriebenen high-density-Turbidite führen Geröllpakete und -schnüre.

b. Suspensionsströme niedriger Dichte und Geschwindigkeit

In der Nähe des Schelfrandes können z. B. bei Orkanen größere Mengen von Silt und Ton suspendiert werden, die dann als relativ wenig konzentrierte Trübeströme über den Schelfrand den Hang hinabgleiten (STANLEY 1969; MCILREATH 1977, s. auch S. 786). STOW & BOWEN (1980) fanden darin am Kontinentalrand vor Schottland eine Konzentration von nur 2,5 g/l und errechneten daraus eine Geschwindigkeit von 10–20 cm/sec. Nach STANLEY (1983) kann sich dieser Typ auch an einer Grenzfläche (Pyknokline) ausbreiten (s. auch Abb. 14-7 S. 876).

Abb. 13-32. Turbidite. Alttertiär-Flysch bei Zumaya (spanische Biscaya). (R. HOEPPENER als Maßstab.)

Turbidite sind sowohl im Aufschluß, als auch großregional dadurch gekennzeichnet, daß die Bänke über weite Entfernungen durchhalten (Abb. 13-32). HESSE (1972) konnte im alpinen Kreideflysch Bänke über 200 km verfolgen, RICCI LUCCHI & VALMORI (1980) fanden im Miozänflysch des Apennin Bänke, die 300 km weit aushalten, bei 110 km Breite. Im heutigen Ozeanen reichen Turbidite bis über 800 km weit.

Suspensionsströme, die in einer Rinne über den Ozeanboden fließen, mäandrieren ähnlich wie Flüsse (CURRAY et al. 1971: Bengalen-Tiefseefächer). So fanden CHOUGH & HESSE (1976) in der Labrador-See (NW-Atlantik) eine 4000 km lange Turbiditrinne mit einer Mäander-Wellenlänge von 50 km; das Verhältnis von Wellenlänge zu Breite des Suspensionsstroms ist kleiner als in Flüssen. Den Anteil von Turbiditen an den heutigen Ozeanboden-Sedimenten untersuchten PILKEY et al. (1980) in 10 verschiedenen Becken. In Kaltzeiten, als der Meeresspiegel nahe am Schelfrand lag und der Wellenschlag die Schelfkante erreichte, war die Häufigkeit von Suspensionen um eine Größenordung höher als heute (HEEZEN & HOLLISTER 1971: 612, RUPKE 1978: 392).

Nicht nur in Ozeanen und tiefen Randmeeren aber kommen Suspensionsströme vor; man hat sie auch in Seen beobachtet, so in dem maximal nur 260 m tiefen Brienzer See (STURM & MATTER 1978). In dem höchstens 400 m tiefen Zechstein 1-Meer entstanden nach MEIER (1977) und SCHLAGER & BOLZ (1977) $CaSO_4$-Turbidite.

B. Aufbau und Sedimentstrukturen

Ein Idealturbidit setzt sich aus den von BOUMA (1962) mit A–D benannten Gliedern zusammen

(Abb. 13-33). Eine feinkörnige pelagische Lage (E) trennt ihn von dem nächsten Turbidit. Während A–D insgesamt in Stunden bis Tagen sedimentiert werden, repräsentiert E Zeiträume von Hunderten bis Zehntausenden von Jahren. A–D enthalten vorwiegend Flachseematerial und -fossilien, während E der normalen Sedimentation des tieferen Wassers entspricht und daher meist durch Plankton charakterisiert ist. Turbidite sind wenige Zentimeter bis Zehner von Metern mächtig. Ihre Zusammensetzung ist klastisch, kieselig oder karbonatisch (ENGEL 1970).

Schlammturbidite, die Sedimente von Suspensionsströmen niedriger Dichte und Geschwindigkeit, haben nach KELTS & ARTHUR (1981, modifiziert) oft einen Aufbau, der sich in den Bouma-Zyklus einfügen läßt:

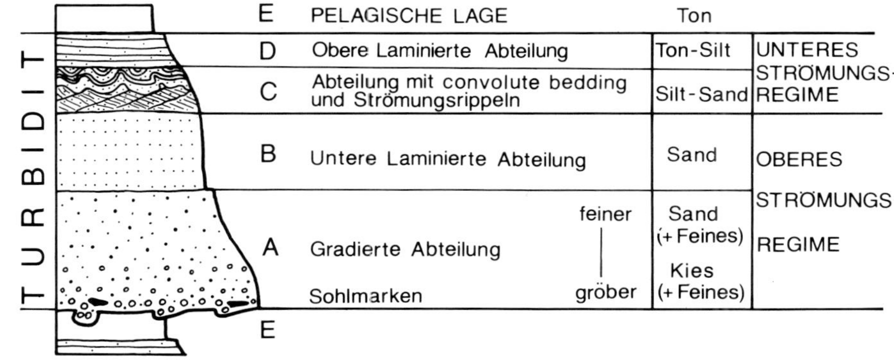

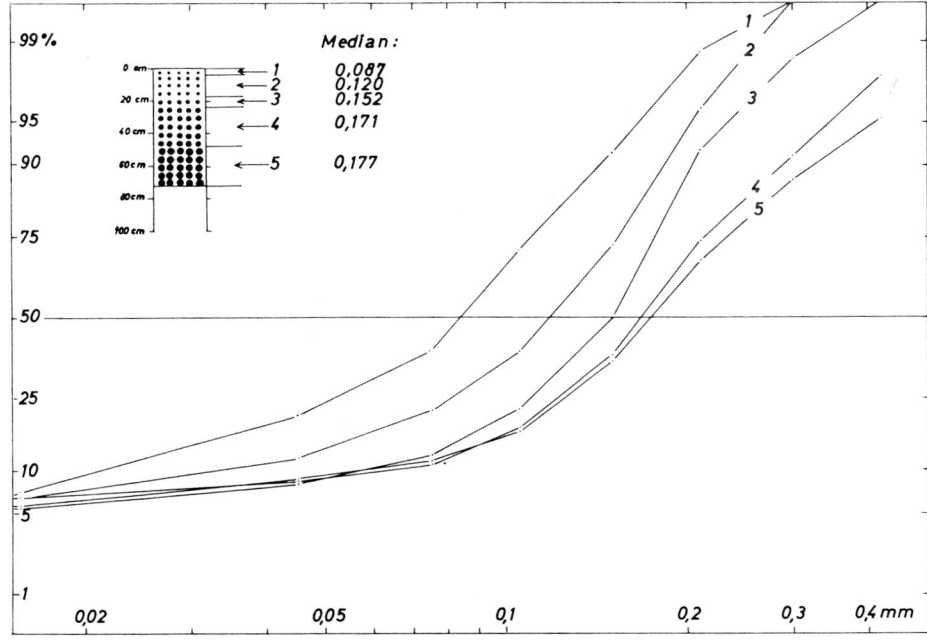

Abb. 13-33. Vollständige Bouma-Sequenz eines Turbidits.

Abb. 13-34. Typisches Korngrößenprofil der gradierten Einheit eines Turbidits: Flyschartig gradierte Schichtung (coarse-tail grading): Die Summenkurven unterscheiden sich nur auf der groben Seite. Fünf Durchschnittsanalysen aus einem rezenten Turbidit des Hudsonfächers in 4810 m Tiefe (umgezeichnet aus KUENEN 1964b).

E. Hemipelagisches Sediment (~ Bouma E)
D3. Nichtgradierter Schlamm
D2. Gradierter Schlamm
D1. Laminierter Schlamm
C. Sand und Silt (~ Bouma C/D)

An der Basis der Turbidite findet man Sohlmarken, die durch Erosion der unterlagernden pelagischen Schicht entstehen (s. Abschnitt C).

Lage A ist gradiert, d. h. die Korngröße nimmt darin von unten nach oben ab. Man unterscheidet mit MIDDLETON (1967, 1970)

a. distribution grading, bei dem sich die ganze Kornverteilungskurve zu kleineren Werten verlagert, und
b. coarse tail grading, bei dem sich nur die grobe Seite der Kornverteilung ändert, während der Feinanteil im Idealfall unverändert bleibt (Abb. 13-34).

a) wurde in früheren Auflagen dieses Werkes in Absprache mit PH. H. KUENEN als „matrixfreie Gradierung" bezeichnet, während der für Turbidite charakteristische Typ b) „flyschartige Gradierung" genannt wurde.

Nach HORN et al. (1971) enthalten die meisten Turbidite des Atlantik (auch grobe Sande) mehr als 10% Silt und Ton. Jedoch gibt es auch Turbidite aus Dünensanden, und zwar sind vor NW-Afrika in der Eiszeit die Dünen über den Schelfrand gewandert, und ihr Material lagerte sich bis 1200 km weit entfernt auf dem Kontinentalfuß ab (SARNTHEIN & DIESTER-HAASS 1977). Hier dürfte eine Unterscheidung von grain flows, aber auch von Konturiten (s. S. 785) schwierig sein, wenn es sich um Feinsand handelt (Tabelle 13-6).

Tabelle 13-6. Unterscheidung von Konturiten und feinkörnigen Turbiditen (nach STOW 1979 und BOUMA & HOLLISTER 1973).

	Konturite	Turbidite
Transportart	Umlagerung am Kontinentalhang und -fuß	Suspensionsstrom
Transportrichtung (Korngrößengefälle)	parallel zu den Konturen	senkrecht zu den Konturen
Korngröße	Silt bis Feinsand	Silt bis Kies
Matrixgehalt	0–5%	10–20%
Sortierung	gut	vorwiegend schlecht
Schwermineralseifen	kommen vor	fehlen
Sedimentstrukturen	laminiert, z. T. Bioturbation	gradiert und s. Abb. 13–33
Begrenzung	oben und unten scharf	nur unten scharf

Lage B ist oft recht einheitlich und zeigt noch horizontale Schichtung, während Lage C im allgemeinen Rippeln enthält und (oft im oberen Teil) convolute bedding (Abb. 13-37 A, 40) und z. T. auch dish structures (Abb. 13-39; CHIPPING 1972) aufweist, die durch ungleichmäßige Entwässerung bei herabgesetzter Durchlässigkeit bedingt sind. Lage D zeigt die Horizontalschichtung des unteren Strömungsregimes im mittleren Siltbereich, verbunden mit Lamination.

Während am oberen Kontinentalhang die Erosion vorherrscht, nimmt gegen den Kontinentalfuß (continental rise) die Sedimentation zu (STANLEY et al. 1980). Dementsprechend nimmt auch die Mächtigkeit der Turbidite im proximalen Bereich zunächst zu und erreicht am Kontinentalfuß ihr Maximum. Dort findet sich nach SADLER (1982) auch das Korngrößenmaximum (Abb. 13-35 links). Im distalen Bereich fällt eine Bouma-lage nach der anderen aus, beginnend mit der gradierten Lage (A), wie in Abb. 13-35 rechts durch Vergleich mit der linken Abbildung zu erkennen ist. Zur Quantifizierung der „Proximalität" schlug WALKER (1970) den prozentualen Anteil von A +

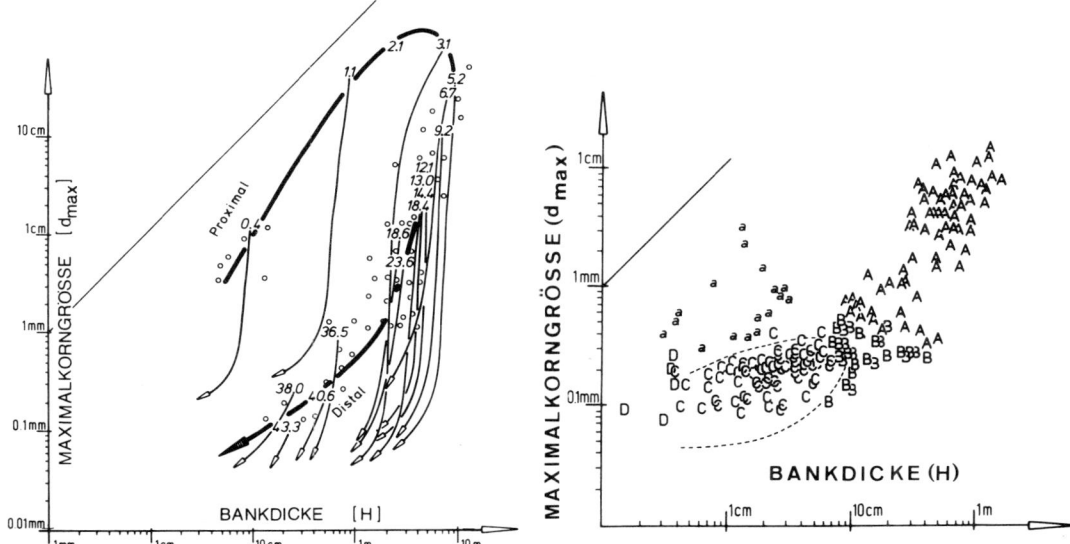

Abb. 13-35. Links: Beziehung zwischen Maximalkorngröße und Bankdicke proximaler bis distaler Turbidite (dicker, gebogener Pfeil). Zahlen = Abstand vom proximalen Ende in km. Dünne Pfeile: Korngrößenprofile der Einzelbänke (hierzu gibt die Abszisse den Abstand von der Bankoberkante an). „Eozänflysch von Ajdovscina, Slowenien (nach ENGEL 1974 aus SADLER 1982: Fig. 3).
Rechts: Die gleiche Beziehung für eine Unterkarbon-Sequenz am Edersee, Rheinisches Schiefergebirge. Die Symbole A–D geben an, mit welchem Glied der Bouma-Sequenz die betreffende Bank beginnt; a = grobe, dünne, gradierte, ungeschichtete Lagen mit Rippeln am Top, aus proximalen Aufschlüssen. Die gestrichelte Linie umfaßt die „distalen" CD- und D-Typen (aus SADLER 1982: Fig. 14).

1/2 B vor, wobei A und B für die betrachtete Schichtenfolge den prozentualen Anteil derjenigen Turbidite angeben, welche mit Bouma A bzw. B beginnen. Die Verhältnisse werden jedoch dadurch kompliziert, daß sich am Tiefseeboden oft differenzierte Schuttfächer ausbilden, in denen nebeneinander in den Rinnen und seitlich derselben (levees) unterschiedliche Turbiditprofile entstehen (WALKER & MUTTI 1973; NELSON et al. 1975; NILSEN et al. 1980; HOWELL & NORMARK 1982), s. Kapitel 14.9! In vielen Fällen gilt eine relativ einfache Beziehung zwischen der Bankdicke H und der Sinkgeschwindigkeit der größten Partikel V_{max}

$$H = K \cdot N \cdot h \cdot V_{max} \cdot \cos \beta$$

(SADLER 1982: 49) mit K = Konstante, N = Konzentration, h = Dicke des Suspensionsstromes, β = Hangneigung. Eine Korrelation zwischen Bankdicke und maximaler Korngröße, wie sie in dieser Formel zum Ausdruck kommt, ist in den meisten Turbiditen und auch in vielen anderen Sandsteinen zu erkennen (s. auch S. 861). Anschaulich läßt sie sich nach POTTER & SCHEIDEGGER (1966: 239) damit erklären, daß ein Suspensionsstrom größerer Turbulenz sowohl mehr als auch gröberes Material transportieren kann, und daß die Turbulenz um so länger bestehen bleibt und um so mehr Material transportieren kann, je stärker sie ist. Bei Korngrößen unter 0,2 mm nimmt die Bankdicke schneller ab. Andererseits ist nach SADLER (1982: 48) die Bankdicke auch mit der Strömungsgeschwindigkeit korreliert. Ein Unsicherheitsfaktor ist die Erosion der oberen Teile von Turbiditen durch nachfolgende Turbidite, wie sie in Gebieten starker Turbiditfrequenz proximal vorkommt.

Viele Turbidite besitzen proximal mass flow-Charakter (WALKER 1975b, CAS 1979). Dementsprechend stellt sich in vielen ungeordneten oder invers gradierten mass flows distal eine normale Gradierung ein (NEMEC et al. 1980: 533). Ähnliches findet man auch in manchen fluviatilen Schuttfächern (GNACCOLINI 1981).

Im Mittelmeer sind **feinkörnige Turbidite** verbreitet und wurden mit verschiedenen Namen belegt („Unifite", STANLEY 1981; „Homogenite", CITA et al. 1982). Letztere Autoren brachten eine bis über 7 m mächtige, gradierte Lage von (Sand)-Silt-Ton in verschiedenen Trögen des Mittelmeeres mit einem Tsunami im Gefolge der „minoischen" Eruption auf Santorin vor 3500 Jahren in Verbindung. EINSELE & KELTS (1982) beschrieben bis 12 m mächtige, schwach gradierte Schlammturbidite aus dem Golf von Kalifornien. An der Basis zeigen sie einen scharfen Kontakt und oft eine Sandlage mit Tongeröllen; am Top sind sie verwühlt, als Zeichen langer Exposition. Nach STANLEY (1981, 1983) sind solche Sedimentfolgen oft laminiert aus dünnen Suspensionslagen (Ton) und hemipelagischem Normalsediment (Coccolithen), mit einer Gradierungstendenz in den ersteren. Die „leichten" Suspensionsströme sind demnach, wie auch die oben gegebene Übersicht zeigt, häufiger als die „schweren" (s. auch FRIEDMAN & SANDERS 1978: 512).

C. Sohlmarken

Ein besonders charakteristisches Merkmal von Turbiditen ist die Häufigkeit von Sohlmarken, Eintiefungen, die der Suspensionsstrom in dem unterlagernden, feinkörnigen, kohäsiven Normalsediment erzeugt und dann mit seinem ersten, also gröbsten Sediment ausfüllt. Im Englischen wird zwischen den Marken (marks) und ihren Ausgüssen (casts) unterschieden. Sohlmarken sind nicht auf Turbidite beschränkt (RÜCKLIN 1938; GRUMBT 1966), kommen jedoch nur in diesen massiert vor. Andererseits gibt es viele Turbidite, in denen sie fehlen. Dies ist darauf zurückzuführen, daß Sohlmarken nur unter dem erodierenden Kopf des Suspensionsstroms entstehen, welcher sich während des Transportes verdünnt und dadurch verlangsamt (ALLEN 1982, II: 397). Auf diese Weise verliert er seine erosive Kraft und sedimentiert statt dessen. Die einzigen Sohlmarken sind dann allenfalls Belastungsmarken und Lebensspuren (S. 833 ff.). Die charakteristischen Sohlmarken findet man demnach vor allem unter Turbiditen, die mit Bouma A oder B einsetzen. Sie sind nachfolgend nach abnehmender Bedeutung und Häufigkeit erläutert.

1. Kolkmarken (flute marks), Abb. 13-36 links

Stromlinienförmige Vertiefungen, welche scharf einsetzen und sich in der Strömungsrichtung langsam herausheben. Häufig sind nur ihre Ausgüsse durch Sandstein erhalten („flute casts"). Sie sind meist 5–8 cm lang (< 1 cm bis 1 m) und um 1 cm tief (1 mm bis über 10 cm; PLESSMANN 1961; POTTER & PETTIJOHN 1963) und entstehen nach RÜCKLIN (1938) durch Erosion der Tonoberfläche durch Wirbel mit horizontal-transversaler oder schrägliegender Achse. Diese Wirbel können (müssen aber nicht) an kleinen Unebenheiten der Unterlage entstehen (ALLEN 1982, II: 270, 285). Nach DZUŁYŃSKI & WALTON (1965) wächst die Größe der Kolkmarken mit zunehmender Korngröße des eingelagerten Sandes sowie nach der Formel S. 823 mit der Bankdicke (ALLEN 1982 II: 270), da ja mit wachsender Bankdicke auch das Volumen des erzeugenden Suspensionsstroms steigt und damit die Länge des erodierenden Kopfteils zunimmt. Je länger aber die Erosion dauert, um so länger werden die Kolkmarken. Größe und Form der Kolkmarken können von Turbidit zu Turbidit variieren, sind aber innerhalb einer Schichtfläche ziemlich einheitlich. Daß der scharfe Einsatz der Marken der Strömung entgegengerichtet ist, wurde in zahlreichen Arbeiten durch Vergleich mit der Schrägschichtung in Bouma C gesichert. Die nicht selten erkennbare gestaffelte Anordnung der Kolkmarken (s. auch REINECK & SINGH 1980: 74) zeigt, daß sich die Wirbel nicht ganz unabhängig voneinander entwickeln. Es kommen auch transversal verbreiterte Kolkmarken („transverse scour marks", DZUŁYŃSKI & WALTON 1965) und Hufeisenwülste (z. B. um Tongerölle) vor.

2. Schleifmarken (Rillenmarken; groove marks), Abb. 13-36 rechts

Diese Bezeichnung führte SHROCK (1948) für Ausgüsse von Bündeln meist scharf profilierter, paralleler Rillen ein, die wie große Pflanzenstengel über die Schichtunterseiten laufen. Ihre Tiefe liegt meist bei 1 mm, selten bei 1–2 cm; die Breite der Rillenbündel liegt im cm-Bereich und beträgt

Abb. 13-36. Sohlmarken unter Sandsteinturbiditen im Flysch des unteren Marnoso-arenacea romagnola (Untermiozän) des Sasso la Fratta, Appennin zwischen Florenz und Bologna (Forli).
Links: Oben links Kolkmarken (Strömung von links) und wenige Spurenfossilien, unten rechts tiefere feinkörnigere Bank, nur mit Spurenfossilien (Granularia) sowie einigen schwachen Andeutungen von Kolkmarken.
Rechts: Schleifmarken, z. T. mit abweichenden Richtungen, sowie in verschiedenen Lagen des gleichen Turbidits. Im linken unteren Teil sind einige Tongerölle erhalten, welche diese Schleifmarken hervorriefen („tools"). Aus Ricci Lucchi (1970: Tav. 111).

maximal 30 cm. Seitlich davon ist die Schichtfläche gelegentlich gekräuselt, als ob ein schleifender Gegenstand das zähe Sediment mitgeschleppt hätte (Fieder- oder Winkelmarken; chevron marks, Abb. 13-37 E). Manchmal fehlt dabei die Schleifmarke in der Mitte; hier genügte offenbar die Scherkraft eines dicht über der Sedimentoberfläche dahingleitenden Körpers, so daß der Boden sehr weich gewesen sein muß (Dzułyński & Walton 1965). Meistens aber fehlt die seitliche Kräuselung; das Sediment war schon zu steif. Feine „groove marks" werden oft als „striation marks" bezeichnet.

Die Rillen sind auf größere Klasten zurückzuführen. Sie gehören demnach zu den durch Gegenstände verursachten „tool marks". In Abb. 13-36 rechts sind Tonbrocken am Ende einiger Marken erkennbar. Ihre relative Seltenheit beruht darauf, daß ein solcher Brocken 100 bis 1000 Rillen hervorrufen konnte, bevor er liegenblieb oder gar zerfiel. Man muß sich vorstellen, daß die Partikel – seien es Tonbrocken, Holzstücke oder größere Biogene – in der dichten Bodenschicht des Suspensionsstroms eine flache Saltation durchführten. Daß auch hier Turbulenz herrschte, darauf weisen die Richtungsabweichungen einzelner Schleifmarken hin. Der Richtungssinn läßt sich nur an chevron marks (s. o.) erkennen. Wie Abb. 13-36 zeigt, treten Schleifmarken innerhalb eines Turbidits oft in mehreren Ebenen auf. Die sie erzeugenden „tools" fanden sich demnach nicht nur im Kopf des Suspensionsstroms, sondern auch im (sedimentierenden) Mittelteil, eventuell in einem zweiten kopf-ähnlichen Schub.

3. Beziehungen zwischen Kolk- und Schleifmarken

Es ist auffällig, daß flute und groove marks in manchen Folgen nicht auf den gleichen Schichtunterseiten vorkommen. Ein Beispiel für einen Wechsel von Turbiditen mit flute marks, groove marks und Fährten zeigen die aus einem Aufschluß stammenden Abb. 13-36. Manches spricht dafür, daß flute marks von verdünnteren Suspensionsströmen erzeugt wurden und eine weichere Unterlage vorfanden als groove marks (Dzułyński & Walton 1965). Hierzu paßt, daß flute marks oft an dünneren und feinkörnigeren Turbiditen auftreten; die dünnsten Turbidite zeigen manchmal nur Fährten. Groove marks erfordern demgegenüber eine dichte Suspension, einen „saltation carpet", der in der Lage ist, größere Klasten und andere „tools" in Schwebe zu halten, doch bilden sich keine

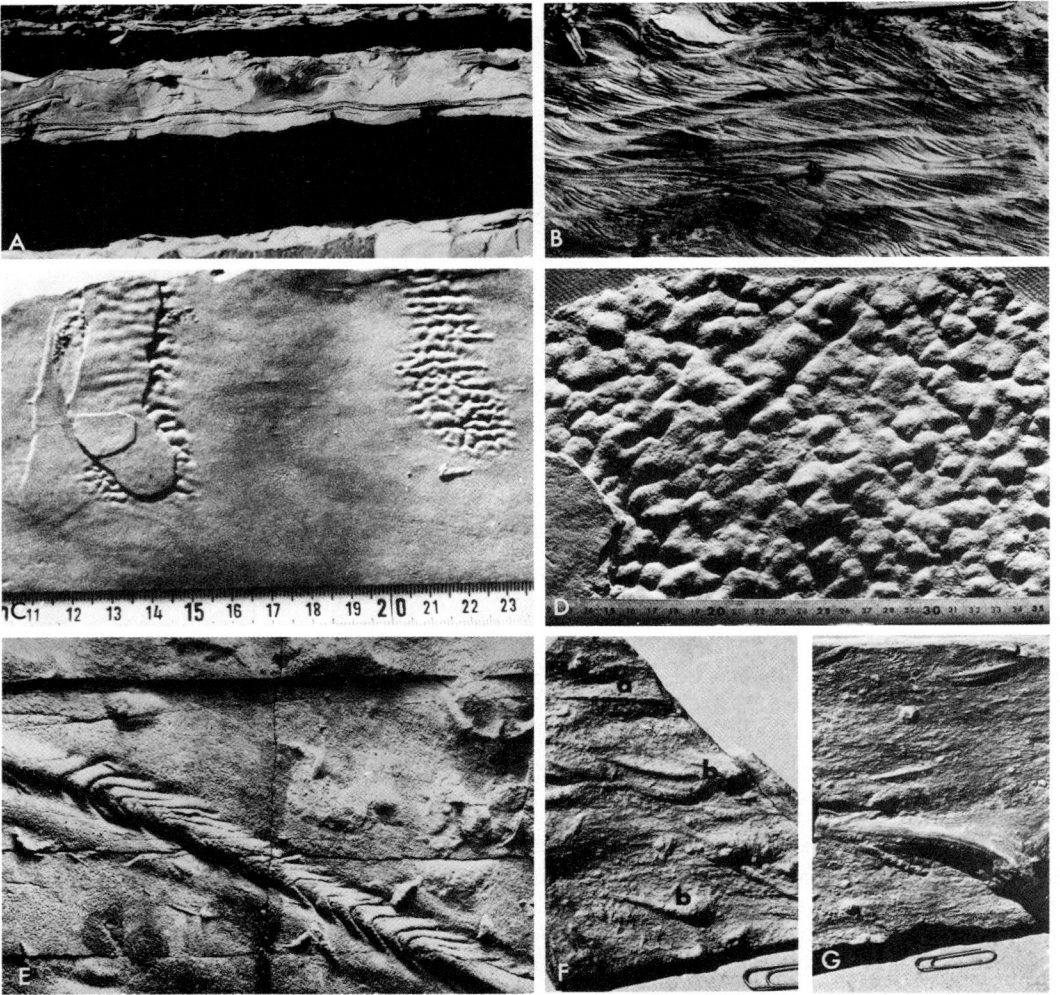

Abb. 13-37. Sedimentstrukturen und Sohlmarken in Turbiditen. A. C-D-Turbidit, 10 cm dick, mit Strömungsrippeln (Strömung nach links) an der Basis und Wickelschichtung im Inneren von Bouma C. Granularia-Sohlmarken. Eozän-Paläozänflysch W Zarauz (spanische Biscaya).
B. Ansteigende Rippeln (ripple-drift bedding), Feinsandstein bis Siltstein, Strömung nach rechts. Bouma C. Marnoso-arenacea romagnola (Forli), Mittelmiozän. Aus Ricci Lucchi 1970 (Tav. 51 A; Maßstab: Kugelschreiber oben rechts).
C. Longitudinale Furchen unter Bouma C, rhythmisch unterdrückt. Siltstein, Strömung nach rechts (Schichtunterseite). S. Pellegrino, Santerno-Tal SE Bologna. Aus Ricci Lucchi 1970 (Tav. 159 A).
D. Kleine Belastungsmarken-artige „Schuppenmarken". Schichtunterseite am Übergang Bouma B/C. Feinsandstein. Strömung nach rechts oben. Passo Sambuca bei Florenz. Aus Ricci Lucchi 1970 (Tav. 154 B).
E. Fieder- oder Winkelmarke (chevron cast) in einer Schleifmarke. Strömung nach links oben. Sandstein der Aberystwyth Grits (Silur). Aus Dzułyński & Walton 1965: 135 (Ricci Lucchi 1970: Tav. 117). Schichtunterseite.
F. Prallmarken (a; bounce casts) und Stechmarken (b; prod casts), Strömung nach rechts. Sandstein der Marnose-arenacea romagnola bei Florenz (Unter-Mittelmiozän). Aus Ricci Lucchi 1970 (Tav. 121 A).
G. Prallmarken (oben) und gebogene Stechmarke (unten). Wie F, Tav. 121 B, F,G = Schichtunterseiten.

Wirbel, wie sie für die Erzeugung von flute marks notwendig sind (DZUŁYŃSKI & SANDERS 1959; HSÜ 1959). Nach POTTER & PETTIJOHN (1963: 119) ist auf Platten mit flute und groove marks die Reihenfolge derselben unterschiedlich.

4. Weitere Marken

In den einschlägigen Monographien, vor allem bei DZUŁYŃSKI & WALTON (1965) oder bei PETTIJOHN & POTTER (1964), sind zahlreiche Marken abgebildet und beschrieben, von denen hier nur die Stoßmarken (impact marks) genannt seien. Sie gehören zu den „tool marks" (Abb. 13-37 F, G):

Gegenstände, die ein- oder mehrere Male auf den Boden kurz aufstießen, hinterließen Stechmarken (prod casts), Prallmarken (bounce casts), Quastenmarken (brush casts) oder Hüpfmarken (skip casts; „casts" sind die Ausgüsse von „marks").

Die Stechmarken sind meist klein und in der Strömungsrichtung gelängt. Dabei ist der Einstich auf der stromabwärtigen Seite am tiefsten. Hierdurch und durch ihre allseits scharfe Begrenzung unterscheiden sie sich von den flute casts.

Die Prallmarken ähneln ganz kurzen, tiefen groove casts, die oft breiter als lang sind.

Die Quastenmarken sind unscharf begrenzte Eindrücke, die gelegentlich am unteren Ende einen kleinen Wall besitzen.

Nach DZUŁYŃSKI & WALTON (1965) war der aufstoßende Gegenstand bei den Stechmarken vermutlich stromabwärts geneigt und traf das Sediment in ziemlich steilem Fall, während er bei den Quastenmarken stromaufwärts geneigt war und relativ flach auftraf. All diese Marken kommen nach KLEIN (1965) vereinzelt auch in Flachwassergesteinen vor. Skip marks entstehen, wenn ein Gegenstand (z. B. ein Fischwirbel) das Sediment mehrfach, oft in regelmäßigen Abständen berührt (s. auch RICCI LUCCHI 1970).

Weitere Marken, z. B. Rollmarken (durch Fischwirbel) und Hufeisenwülste (crescent marks = Ausspülung vor Hindernissen, geformt wie stromabwärts geöffnete Hufeisen) sind bei DZUŁYŃSKI & WALTON (l. c.) erläutert. Die o. g. Marken kommen nach KLEIN (1965) auch in Flachwassergesteinen vor.

Zusammenfassung

In Bergstürzen tritt durch eingeschlossene Luft eine Fluidisierung ein, welche für die flächige Ausbreitung des Schutts verantwortlich ist. Die bei Festlands-Gleitungen entstehende Reibungswärme kann zur Aufschmelzung von Silikaten führen. Subaquatische Gleitungen in kleinen Schritten sind als „growth faults" charakteristisch für Deltaschuttkegel und als Ölfallen von Bedeutung (Nigerdelta, Texas, NE-Mexiko). Schwach verfestigte Gesteine können bei Gleitungen in kleine Scherkörper (Phacoide) zerlegt werden, welche zu Rutschungen und debris flows führen. Auslösende Ursachen der großen Rutschungen beispielsweise an passiven Kontinentalrändern mit ihren mächtigen Sedimenten sind Überladung nahe der Schelfkante, Erdbeben, Erosion durch Tiefenströmungen, Verwerfungen, Auftriebsverlust infolge von Meeresspiegelsenkung und starker Wellengang. Subaquatische Rutschungen können noch bei Hangneigungen von $0,1°$ stattfinden.

Debris flows und mud flows beruhen auf Kohäsion der tonigen Matrix und Auftrieb. Die Ablagerungen der debris flows werden Debrite genannt. Sie bilden teils mächtige Folgen (Olisthostrome), teils zungenförmige Einlagerungen in Turbiditserien und sind schlechter sortiert als diese. Im oberen Teil der einzelnen, nur etwa 1 m dicken debris flows (bzw. bei subaquatischen debris flows im Mittelteil) ist die Relativbewegung gering, wie aufgebrochene, aber noch zusammenhängende Klasten („Internbreccien"), längliche unzerbrochene Klasten und das Fehlen einer Regelung zeigen. In diesem „rigid plug" werden größere Klasten in Schwebe gehalten und behalten diese Position auch nach der Ablagerung bei, so daß eine inverse Gradierung entstehen kann.

Grain flows werden beispielsweise ausgelöst durch Rutschungen am Leehang einer Düne; die Körner werden durch Kollision in Schwebe gehalten. Dieser „dispersive Druck" nimmt mit der Korngröße zu, was zu invers gradierter Schichtung führen kann. Nur wenn grain flows durch Tongehalt oder Grobanteile „modifiziert" werden, können sie sich schon an Hängen mit Neigungen unter $30°$ in Bewegung setzen und dickere Ströme mit „rigid plugs" bilden.

Liquefied und fluidized flows entstehen, wenn Sandlagen durch Erschütterung, z. B. durch Erdbeben oder Wellenschlag, ihren Zusammenhang verlieren und sich als „Quicksand" in Bewegung setzen. Typisch sind dish-and-pillar Entwässerungsstrukturen. Das nach oben entweichende Wasser hält die Partikel in Schwebe.

Suspensionsströme (turbidity currents) spielen am Schelfrand, aber auch in manchen Seen, eine große Rolle. Oft entstehen sie aus Rutschungen und debris flows; die Partikel (Ton, Silt, Sand, eventuell Kies) werden durch Turbulenz in Schwebe gehalten. Man unterscheidet Suspensionsströme hoher und niedriger Dichte und Geschwindigkeit. Die ersteren gliedern sich in einen Kopf, unter dem erodiert wird, einen Mittelteil, aus dem kräftig sedimentiert wird, und den langsam nachströmenden Schwanz, der die feineren Sedimente ablagert. Sie werden im allgemeinen an der Schelfkante ausgelöst und strömen mit Geschwindigkeiten bis zu 100 km/h durch submarine Canyons unter Erosion in die Tiefsee hinab, wo sie entweder in Tiefseerinnen einschwenken oder, in ebenen Regionen, differenzierte Fächer bilden. Suspensionsströme niedriger Dichte und Geschwindigkeit entstehen durch grundberührenden Seegang und bewegen sich als breite Schleier über den Schelfrand hinab. Die Ablagerungen der Suspensionsströme, die Turbidite, unterscheiden sich von fluviatilen und flachmarinen Sedimenten durch eine über große Entfernung gleichbleibende Bankdicke und die Wechsellagerung mit pelagischen feinkörnigen Sedimenten. Ein einzelner Turbidit gliedert sich in eine gradierte Lage an der Basis, welche im äußeren Fächer (d. h. distal) meist fehlt, sowie eine horizontalgeschichtete Lage des oberen Strömungsregimes. Darüber folgt unteres Strömungsregime mit einer Strömungsrippellage, die nach oben in gebänderte Siltlagen übergeht. Diese beiden zeigen oft Entwässerungsstrukturen (convolute bedding). Die Bankdicke der Turbidite ist positiv mit seiner Maximalkorngröße korreliert. Sohlmarken, d. h. Erosionsformen in der pelagischen Unterlage, erzeugt der Suspensionsstrom vor allem unter seinem Kopf. Es entstehen die bilateral symmetrischen Schleifmarken (groove marks) und die asymmetrischen Kolkmarken (flute marks), welche die Strömungsrichtung anzeigen.

13.3 Sedimentär-diagenetische Strukturen und Bioturbation

13.3.1 Entwässerungsstrukturen

Unter diesem Oberbegriff werden die folgenden Erscheinungen zusammengefaßt:
  A. Schrumpfrisse
    1. Trockenrisse, tepees
    2. Synäreserisse
  B. Injektionsstrukturen, Sandgänge und Sand-Lagergänge
  C. Dish-and-pillar structures
  D. Convolute bedding

Sie entstehen durch Eintrocknung an der Oberfläche (A1), osmotischen Wasserentzug (A2), sowie Entwässerung ohne (B) oder mit Sedimentdeformation (C, D) unter überhydrostatischem, durch schnelle Überlagerung hervorgerufenem Druck. A und B kommen in Ton- und Feinsiltsteinen vor, C und D in Grobsilt- und Feinsandsteinen mit Tonlagen. Einen Überblick über die letzteren gab MILLS (1983). FISCHER (1965a) klassifizierte Schrumpfrisse in Kalken; schichtparallele Schrumpfrisse werden als „fenestrae" bezeichnet (LOGAN 1974; GROVER & READ 1978).

A1. **Trockenrisse** (mud cracks, desiccation cracks, sun cracks, Abb. 13-39 rechts) entstehen in bindigem, feinkörnigem Sediment (Ton-, Silt-, Kalkschlamm) durch Eintrocknen an der Oberfläche. Ihr Vorkommen in Gesteinen weist dementsprechend auf Supra- oder Intertidalsedimente, auf Playa- oder Überschwemmungsbereich hin. Im Gezeitenbereich der Bahamas bilden sich sehr unterschiedlich geformte Trockenrisse, in Abhängigkeit von dem Zeitanteil der Emersion („exposure index", GINSBURG et al. 1977). Fossil wurden sie von FISCHER (1965a) aus den „Loferiten" beschrieben, karbonatischen Gezeitensedimenten der alpinen Trias. Dort spielen neben tiefen vertikalen Trockenrissen (prism cracks) auch horizontale Risse an eintrocknenden Algenmatten (sheet cracks, fenestrae, s. o.) eine beträchtliche Rolle.

Zwischen den Rissen entstehen drei- bis sechsseitige Polygone, deren Größe zwischen einigen Millimetern und vielen Metern liegen kann, bei Rißtiefen bis über 2 m (FALK et al. 1979: 20). Nach dem Trockenfallen bildet sich zunächst – oft an Vorzeichnungen wie Kerben oder Fährten ansetzend – ein erstes Rißsystem, welches sich anschließend verdichtet. Je schneller die Eintrocknung, um so dichter entwickeln sich die Risse; in dünnen Tonlagen bilden sich enge Trockenrisse, während dicke, langsam entwässernde Tonpakete in großem Abstand von keilförmig nach unten sich verengenden Rissen durchzogen werden. An dieser Keilform, sowie i. allg. an der randlichen Aufbiegung dünner Tonlagen lassen sich Trockenrisse erkennen. Stärker salzige Supratidalsedimente reißen enger auf als weniger salzige Schlämme des Intertidalbereiches; dies benutzte BARIA (1977) zur Paläoenvironmentkartierung. Schrumpfen geneigte Sedimentflächen, so entwickelt sich bereits bei 5° Neigung eines der Rißsysteme hangparallel, das andere quer dazu (COLLINSON & THOMPSON 1982: 139/40, PICARD & HIGH 1973: 135).

Konserviert werden Trockenrisse dadurch, daß sie zum Beispiel mit Sand verfüllt oder – in Kalken – mit Kalk gefüllt und gelegentlich Ausgangspunkte einer Dolomitisierung sind. Als Hinweis auf eine Verfüllung von oben kann man werten, daß diese „Netzleisten" oft fest an der Unterseite von Sandsteinbänken hängen. Eine Füllung von unten ist seltener (OOMKENS 1966).

Im Gezeitenbereich und darüber können in feingeschichteten Karbonatsedimenten die zeltartigen „tepee"-Strukturen (Abb. 3-15) entstehen (ADAMS & FRENZEL 1950). Dabei scheiden sich an den etwas aufgebogenen Rändern der Trockenrisse Salz-, Gips- oder Karbonatkristalle aus, die bei einer rhythmischen Wiederbefeuchtung soweit erhalten bleiben, daß sie die Bruchränder auf die Dauer mehr und mehr auseinanderdrücken. Nach SMITH (1974a) bilden sich tepees vor allem dort, wo Algenmatten eine Schichtablösung (fenestrae) begünstigen. Die Expansion kann bis zu 15% betragen. Durch Reifung können Breccien entstehen (s. Abb. 3-15, S. 89; ASSERETO & KENDALL 1977).

A2. **Synäreserisse** (JÜNGST 1934) entstehen unter Wasser in Lagen quellfähiger Tone durch Ausflockung und Entwässerung (WHITE 1961), vor allem aber durch osmotischen Wasserentzug, wenn die Salinität des darüberstehenden Wassers steigt (BURST 1965). Aus diesem Grund finden sie sich

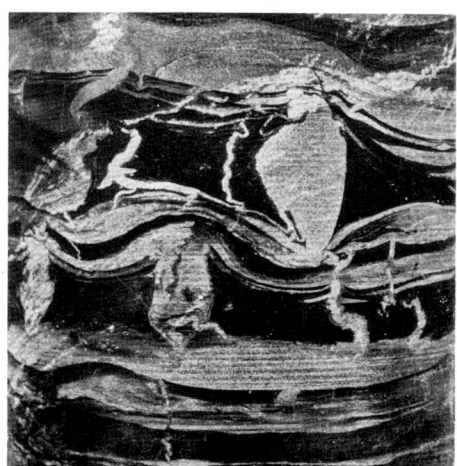 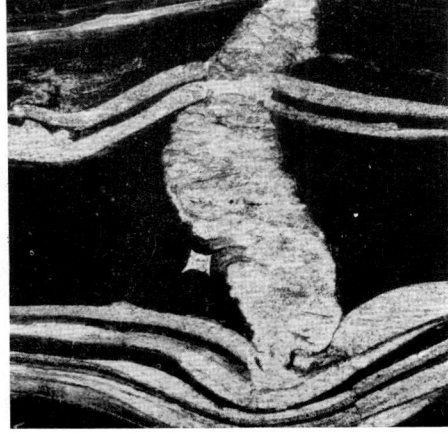

Abb. 13-38. Injektionsrisse, norddeutscher Buntsandstein (Kernwandungen; oben – unten korrekt orientiert). Links: Die breiteren Sandfüllungen (hell) bilden Hartkörper, welche die Kompaktion des angrenzenden Siltsteins hemmten; die schmaleren Füllungen wurden mit dem Silt kompaktiert und dabei gestaucht („ptygmatisiert"); Bildbreite 10 cm. Rechts: Detail; Bildbreite 4,8 cm.

vor allem in Sedimenten abflußloser Seen (VAN HOUTEN 1965; CLEMMEY 1978; s. auch VAN STRAATEN 1954; DANGEARD et al. 1964; KUENEN 1965). Es bilden sich teils Einzelrisse, teils durchgehende Rißsysteme, welche gelegentlich Rippeln parallellaufen (DONOVAN & FOSTER 1972).

B. **Injektionsstrukturen** sehen auf den ersten Blick fast wie Trockenrisse aus, sind aber von unten gefüllt. Sie sind als Entwässerungsstrukturen aufzufassen und treten dementsprechend vor allem in solchen Wechselfolgen auf, in denen sich durch schnelle Sedimentation mehrerer Sand- und Tonlagen überhydrostatische Drucke aufbauen, die nicht über Wühlgänge ausgeglichen werden. Es kommt dabei zu leistenförmigen Durchbrüchen von Fließsand (Abb. 13-38 rechts). Auch in Karbonatgesteinen können Injektionsstrukturen entstehen, wenn die Lithifizierung sich lagenweise unterscheidet (DALEY 1971; MORROW 1972). DZUŁYŃSKI & WALTON (1965) beschrieben Sandpolygone aus dem Flysch. Diese Injektionsrisse entstehen im allgemeinen nicht wie die Trockenrisse an der Sedimentoberfläche, sondern unter einer gewissen, nicht abschätzbaren Sedimentbedeckung, denn sie durchbrechen häufig mehrere Einzelschichten (Abb. 13-38). Man erkennt in dieser Abbildung, daß die dickeren Sandfüllungen der Kompaktion widerstanden, was zu mechanischer Umverteilung des Tones führte.

Dünnere Sandfüllungen werden hingegen zu Gradmessern der Tonkompaktion (SHELTON 1962); sie sind zu „ptygmatischen" Falten zusammengestaucht, die nach HESSE (1976) eine Kompaktion bis auf 1/3–1/4 der ursprünglichen Mächtigkeit ausweisen können; vor allem dort, wo sie nahe der Oberfläche der Sandsteinfolge entstanden – durch Sandaustritte belegt („Sandvulkane", s. auch GILL & KUENEN 1958) – und somit die hohe Anfangskompaktion umfassen. Dies gilt für die von HESSE (1976) und HESSE & READING (1978) beschriebenen „Transpositionsstrukturen" (ELLIOTT 1965) im Mississippian von Nova Scotia (Kanada), für deren Auslösung HESSE einen Erdbebenstoß verantwortlich macht. Solche Austritte sind oft kreisförmig oder oval (DZUŁYŃSKI & WALTON 1965; BURNE 1970).

Nicht scharf zu trennen sind von den Injektions-Strukturen die im allgemeinen größeren, auf tektonische Ursachen zurückgehenden Sandgänge (dikes) und Sand-Lagergänge (sills). Sie liegen manchmal in Faltenachsenebenen (JANKOWSKY 1955) oder auf Verwerfungen, die mit einer Faltung bzw. Flexurbildung zusammenhängen (EISBACHER 1970, bzw. SMYERS & PETERSON 1971: bis 7 m breit) und zeigen damit an, daß die Verbiegung einsetzte, bevor die Sandlagen verfestigt waren. Eine Entstehung von Sandgängen bei Erdbeben wurde in Alaska beobachtet (REIMNITZ & MARSHALL 1965).

Die Gänge wurden von oben (JANKOWSKY l. c.), von unten (SMYERS & PETERSON 1971) oder von der Seite gefüllt (HISCOTT 1979a), stellen also nur teilweise Entwässerungsstrukturen dar. Spaltenfüllungen sind besonders häufig in Biohermen (PRAY 1964; dort von unten) und Flachwasserkalken (FISCHER 1964, von oben; s. auch die Spaltenbreccien, S. 92). Es gibt Sandgänge von 11 m Breite und 14,5 km Länge (DILLER 1890). Umgerechnet auf poröses Sediment, wurden Höhen bis 100 m gemessen (DZUŁYŃSKI & WALTON 1965; ANDERSON 1951; COLACICCHI 1959; POTTER & PETTIJOHN 1963; STRAUCH 1966). Feinsand- und Grobsilt-Füllungen sind am häufigsten (PETTIJOHN et al. 1972: 372), doch gibt es auch Tongänge in Sandsteinen (MCBRIDE et al. 1968). Blättchenförmige Klasten sind in Injektionsrissen und in von unten gefüllten Sandgängen parallel zur Wand eingeregelt, während sie bei einer Füllung von oben oft primär horizontal, d. h. senkrecht zur Spaltenwand liegen (PETERSON 1968; REINECK & SINGH 1980: 58). Als Sandgänge ausgebildete Belastungsmarken beschrieben EYLES & CLARK (1985) aus glaziomarinen Diamiktiten.

C. **Dish-and-pillar structures** (Teller- und Pfeiler-Strukturen; Abb. 13-39) treten undeutlich und nicht sehr häufig in massigen, vorwiegend feinkörnigen Sandsteinen auf. Es handelt sich dabei um zerstückelte Toneinlagerungen von maximal 10 cm Länge und 2 mm Dicke mit aufgebogenen Rändern. Sie enstehen, wenn infolge rascher Ablagerung einer dicken Sandschicht oder bei schneller Überlagerung derselben ein Überdruck entsteht, welcher einen Porenwasserstrom nach oben erzeugt. Dabei werden kleine Tonteilchen mitgerissen, die an weniger durchlässigen Lagen hängenbleiben und sich zu Tonstreifen verdichten. In gewissen Abständen bahnt sich das Wasser einen Weg nach oben. Sand wird fluidisiert und mitgerissen; er zerteilt die Tonlagen und bildet „Pfeiler"

Abb. 13-39. Links: Dish-and-pillar-Strukturen in einem feinkörnigen Sandstein des Pennsylvanian. Unterhalb der dunklen Lamellen wurde der Ton aus dem Sand herausgespült und entweder an die Lamellen (die „dishes") angelagert oder durch die „pillars" (durch Pfeile gekennzeichnet) weiter nach oben transportiert (aus Lowe 1975: Fig. 5 b).
Rechts: Trockenrisse (ca. 10 cm Abstand) im Kalkstein des Frasne 2 d–h (Oberdevon) von Tailfer (Belgien). (Hier speziell könnte es sich um eine Verwitterungserscheinung handeln.)

zwischen ihren aufgebogenen Enden. Innerhalb dickerer Sandsteinbänke nimmt die Länge der Pfeiler zum Hangenden zu. Nach oben schließt sich oft convolute bedding an (Lowe & Lopiccolo 1974). Nach Lowe (1975) wird ein Feinsand von 0,1 mm Korndurchmesser durch einen Porenwasserstrom von 0,1–1 cm/sec fluidisiert, ein Grobsand von 1 mm Korngröße durch einen Strom von 1–10 cm/sec.

Recht typisch, wenn auch insgesamt selten, sind dish-and-pillar structures in der gradierten Lage von Turbiditen, doch kommen sie auch in See-, Fluß- und Deltasedimenten vor (Nilsen et al. 1977; Rautman & Dott 1977), Pedersen & Surlyk (1977) fanden sie im Diatomeenschlamm, welcher durch dicke, grobe Aschelagen plötzlich belastet wurde. Eine seltenere Variante, Entwässerungs-Zylinder von 10 cm Durchmesser und 23 cm Länge, erwähnen Bailey & Newman (1978).

D. **Convolute bedding** (Abb. 13-37 A, 13-40) sind Entwässerungsstrukturen in feingeschichtetem Silt und Feinsand mit geringer Durchlässigkeit. Die Bewegung ist hier nicht wie im Abschnitt C nur auf einige Partien – die Pfeiler – beschränkt, sondern das ganze Sediment gerät lagenweise in Bewegung und sinkt unregelmäßig ein, mit scharfen Kämmen und breiten Mulden (Einsele 1963). Sie sind demnach mit den Belastungsmarken (s. u.) verwandt.

Injektions- und dish and pillar-Strukturen, sowie convolute bedding und Belastungsmarken sind als unterschiedliche Antworten eines Sediments auf eine inverse Dichteschichtung aufzufassen, welche sich als Folge behinderter Entwässerung bildet (Anketell et al. 1970).

Innerhalb einer Schicht nimmt die Wellung von unten nach oben meist zu, wobei die einzelnen Blätter jedoch ihren Zusammenhang behalten. An der Bankoberfläche sind die Strukturen manchmal abgeschnitten, meist aber als unregelmäßige (3 D-)Wellung sichtbar. Diese zeigt gelegentlich eine Vergenz, welche auf die scherende Wirkung einer darübergleitenden Strömung zurückgeführt wurde (Anketell & Dżułyński 1968).

Dies gilt auch für die überkippte Schrägschichtung („recumbent folds" oder „overturned cross bedding"). Sie entsteht wie die anderen hier genannten Erscheinungen in feinkörnigem Sand, dessen Porosität bei Ablagerung um 50% beträgt. Dadurch ist die innere Reibung vermindert, was zusammen mit der geringen Durchlässigkeit feinkörniger Sande schon bei schwacher Erhöhung des Porenwasserdruckes zu Verformungen führt. Beim Wiederabsatz einer teil-fluidisierten Rippel sind die oberen, noch fluiden Teile länger der Strömung unterworfen als die unteren, schon sedimentierten Teile und werden daher nach vorne umgebogen (Collinson

Abb. 13-40. Convolute lamination. Feinsandstein der Nehdenstufe (Oberdevon), Steinbruch Silberkuhle, Wuppertal-Oberbarmen. Bildbreite 1 m.

& THOMPSON 1982: 144, s. auch DOE & DOTT 1980; HENDRY & STAUFFER 1975 und BRENCHLEY & NEWALL 1977). Dabei kommt es zu deutlichen Kornregelungen (YAGISHITA & MORRIS 1979).

Behinderte Entwässerung setzt im allgemeinen rasche Sedimentation voraus; so ist es kein Zufall, daß convolute bedding oft mit ansteigenden Kleinrippeln (ripple drift bedding) einhergeht (RAY 1976).

Convolute bedding wurde am häufigsten von Turbiditen beschrieben, kommt aber auch an Flußbänken (RAY 1976), in der Flachsee (BRENCHLEY & NEWALL 1977; JOHNSON 1977, durch Wellenschlag; DALRYMPLE 1979) und im Watt vor, wo WUNDERLICH (1967) seine Entstehung beobachtete, als das Wasser fiel und der wassergesättigte Sand schwerer wurde. Selbst eingeschlossene Luft kann diese Erscheinung verursachen (DE BOER 1979). Weitere Diskussionen finden sich bei POTTER & PETTIJOHN (1963), KUENEN (1953) und EINSELE (1963). Hierher gehört auch die periglaziale Kryoturbation (DZUŁYŃSKI & SMITH 1963).

13.3.2 Belastungs-, Einengungs- und andere Strukturen

A. Belastungsmarken (load pockets, PETTIJOHN 1975: 120); sind taschenförmige Ausbuchtungen einer Sandsteinbank nach unten (Abb. 13-41), welche durch punktuelles Einsinken einer schnell sedimentierten Sandlage in die tonige Unterlage entstehen. Wie bei den Erscheinungen B–D des vorigen Kapitels wird die Deformation durch überhydrostatischen Porenwasserdruck ausgelöst, der den Zusammenhalt zwischen den Partikeln der Unterlage verringert. Der frisch sedimentierte Sand besitzt aufgrund seiner geringeren Porosität (40–50%) eine höhere Dichte als frisch sedimentierter Ton (Porosität 60–80%) und befindet sich deshalb über letzterem in einer instabilen Lagerung (inverse Dichteschichtung). Ausgelöst wird das Einbrechen des Sandes unter Verdickungen der Sandlage, z. B. an Sohlmarken (flute casts u. a.) oder unter Sandrippeln. Wo deutliche Vorzeichnungen fehlen, dringt der Sand mit zahlreichen konvexen Rundungen in den Ton ein, während dieser in Form schmaler Grate in den Sand aufragt („flame structures"). Manchmal verlieren die

Abb. 13-41. Belastungsmarken (load casts) auf der Unterseite eines Sandsteins des Mississippian von Illinois (aus POTTER & PETTIJOHN 1963: Taf. 24 A).

load pockets ihren Zusammenhang und bilden dann isolierte „load balls" („ball-and-pillow", „pseudonodules") im Ton (DŻUŁYŃSKI & KOTLARCZYK 1962; KUENEN 1965). Diese Massenverlagerungen können 3 m vertikal nach unten reichen (SCHWARZ 1975: 58), in Einzelfällen mehr als 6 m (HOWARD & LOHRENGEL 1969).

Belastungsmarken sind besonders häufig in Turbiditen, jedoch nicht auf diese beschränkt. PETTIJOHN (1975: 121) vermutet, daß sie vor allem dann entstehen, wenn ein Turbidit einem anderen so schnell folgt, daß dessen tonige Deckschichten noch nicht kompaktiert sind.

B. Einengungsstrukturen entstehen durch tangentiale Einengung der Schichten. Im vorigen Kapitel wurden (unter A 1) bereits die tepees besprochen, Trockenrisse, in welchen auskristallisierende Minerale zu einer seitlichen Einengung führen. Kompliziertere, mit kleinen, wulstartigen Überschiebungen verbundene Strukturen beschrieb BELLAMY (1977) aus Juradolomiten. Eine andere Erscheinung dieses Typs sind die von KRUIT & MANDL (1973) aus einem oberkretazischen Flyschbecken beschriebenen „squeeze structures" in Feinsand-Silt-Wechsellagerungen, keilförmig nach oben und unten aus der Schicht herausgedrückte und dabei verbogene Partien parallel zum Streichen des Paläogefälles, die sich durch schwache Rutschungen bildeten. Hierher gehören ferner die aus dem unteren Muschelkalk bekannten Gleittreppen, Gleitstauchungen, Querplattungen und Sigmoidalklüftungen, welche ebenfalls in Beziehung zur Beckenkonfiguration stehen, zum Teil allerdings nicht auf Einengung, sondern auf scherende Bewegungskomponenten zurückzuführen und z. T. als Setzungs- oder Entwässerungsstrukturen zu deuten sind (SCHWARZ 1970, 1975; KURZE 1981).

C. Sehr speziellen Prozessen bei mehrfachem Gefrieren und Auftauen verdanken die zahlreichen Bodenstrukturen im periglazialen Bereich ihre Entstehung. Hier seien nur Frostkeile, Steinringe und andere Solifluktionsformen genannt (Abb. 14-13). Unter bestimmten Bedingungen können sie fossil werden (REINSON & ROSEN 1982). Ähnliches gilt für entweichende Luft (Blasensand, s. S. 152), z. B. bei raschen Transgressionen (GLENNIE & BULLER 1983).

13.3.3 Bioturbation, Lebensspuren

Nach der Ablagerung kann das Schichtgefüge durch die Lebenstätigkeit von Organismen verändert werden. Hierbei unterscheidet man mit SCHÄFER (1956)

a. figurative Lebensspuren oder „Gestaltungswühlgefüge", die sogenannten Spurenfossilien, und
b. unregelmäßige, destruktive „Verformungswühlgefüge" (mottles, blebs, streaks), eine wolkige Durchwühlung des Sediments, bei der die primären Sedimentgefüge zerstört werden (YOUNG & RAHMANI 1974).

WETZEL (1980, 1981: 25) fand figurative Lebensspuren in Tiefseesedimenten nur bei weniger als 2% C_{org}, während in C_{org}-reicheren Sedimenten die Durchwühlung so stark war, daß nur Verformungswühlgefüge zu diagnostizieren waren. Bei letzteren spielen nach REINECK & SINGH (1980: 396) die Ophiuren eine große Rolle. Nimmt man beide zusammen, so kann man mit REINECK (1963) den Grad der Bioturbation wie folgt quantifizieren (in Vol.-%):

1–5%	= sporadisch	60–90%	= stark
5–30%	= schwach	90–99%	= sehr stark
30–60%	= mäßig	>99%	= vollständig verwühlt.

Nachfolgend sollen wegen ihrer Bedeutung als Faziesmerkmal die Gestaltungswühlgefüge behandelt werden. Einen Einstieg in die jüngere Literatur vermittelt das von MILLER et al. (1984) herausgegebene Sonderheft des Journal of Paleontology. Solche Lebensspuren finden sich sowohl im terrestrischen, als auch im marinen Bereich von der Küste bis zur Tiefsee, mit einer Häufung in der küstennahen Flachsee. Sie fehlen oft dort, wo im Sediment und an der Sedimentoberfläche reduzierendes Milieu herrscht. Die Form dieser „Spurenfossilien" wird durch die Funktionen und das Environment bestimmt, vor allem durch Wasserbewegung, Substrat und Nährstoffinhalt, nur mittelbar durch die Wassertiefe. Die Faziesabhängigkeit der Spurenfossilien ist recht verschieden. (CRIMES 1970: 103). Es ist eine wichtige Erfahrung, daß ähnliche Lebensspuren durch unterschiedliche Tiere entstehen können.

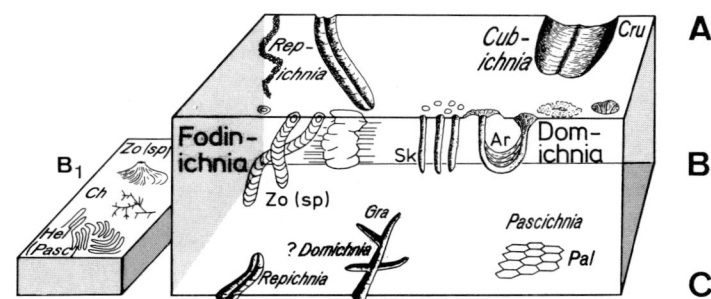

Abb. 13-42. Einige Beispiele von Spurenfossilien auf (A), in (B) und unter (C) Sandsteinbänken, sowie in feinkörnigen Gesteinen (B1). Ar = Arenicola, Ch = Chondrites, Cru = Cruziana (Ruhespur eines Trilobiten), Gra = Granularia, Hel = Helminthoidea, Pal = Paläodictyon, Sk = Skolithos, sp = Spreiten, Zo = Zoophycus.

Tabelle 13-7 zeigt die gebräuchliche Klassifikation, welche von der Lage im Sediment und der Funktion ausgeht (s. Abb. 13-42).

Tabelle 13-7. Spurenfossilien und Ichnofazies, exemplarische Zuordnung (nach SEILACHER 1964 und FREY 1975 für Nr. 5).

Lage	Funktion	Name	Fazies	Milieu	Organismen
A. Epichnia	1. Kriechspuren	Repichnia	untypisch	überall	Vagiles Benthos
	2. Ruhespuren	Cubichnia	Cruziana	Flachwasser (durchlichtet)	Vagiles Benthos (z. B. Trilobiten)
B. Endichnia	3. Wohnbauten	Domichnia	Skolithos	Bewegtes Flachwasser	Vagil-halbsessile Graser u. Suspensionsfresser (z. B. Würmer)
	4. Freßbauten	Fodinichnia	Zoophycus	Stillwasser	Halbsessile Sedimentfresser (Spreiten)
	5. Fluchtspuren	Fugichnia	Zoophycus-Cruziana	Bewegtes Flachwasser	Halbsessil (z. B. Muscheln, Diplokraterion)
C. Hypichnia z. T.	6. Weidespuren	Pascichnia	Nereïtes	Tieferes Wasser	Vagile Schlammfresser (z. B. Würmer)

„Epichnia" sind Spuren auf der Oberfläche
„Endichnia" sind Spuren im Innern } der Sandstein- oder Kalkbank.
„Hypichnia" sind Spuren an der Unterseite

Die letzteren stammen (sofern sie keine Erosionsspuren zeigen) von Lebewesen, welche den sandigen und nährstoffarmen Turbidit durchbohren und an der Grenze gegen die – im Innern vielleicht anoxische – pelagische Lage ihre Grabungssysteme anlegen (s. Abb. 13-46). Spuren der Nereïtes-Fazies entstehen aber auch als Epichnia am Tiefseeboden.

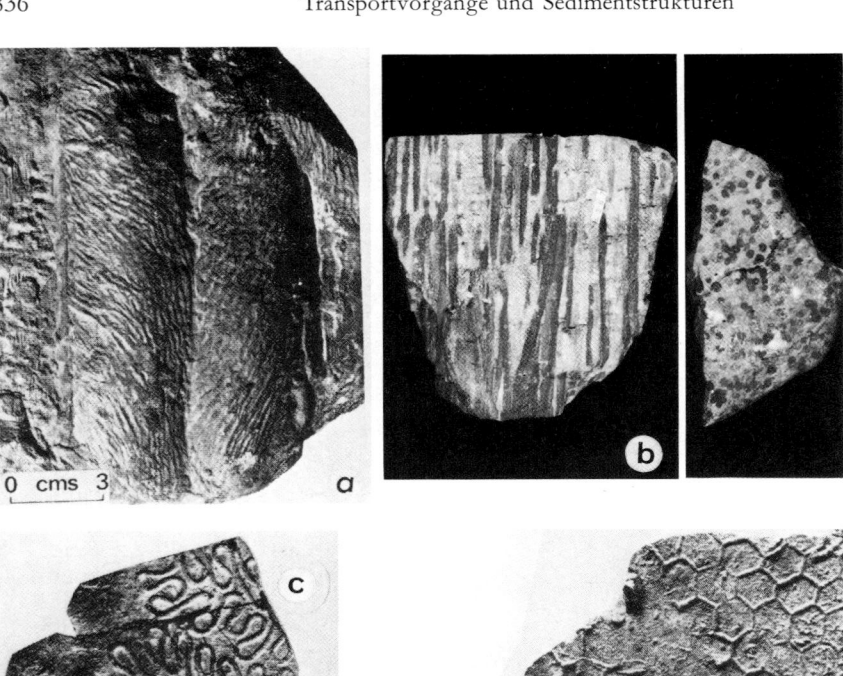

Abb. 13-43. Spurenfossilien
a Cruziana furcifera d'Orb. Trilobiten-Ruhespur. Flachwasser. Ordovizium von Wales. Aus CRIMES (1970: Plate 2a).
b Scolithossandstein, Unterkambrium. Strandgeröll, Öland (Schweden). Höhe 10 cm. Links von der Seite, rechts von oben.
c Cosmorhaphe sinuosa (AZPEITIA) (Nereites-Fazies). Flysch (Tiefwasser), Eozän der Karpathen. Aus KSIAZKIEWICZ (1970: Plate 3a).
d Paläodictyon carpathicum und Helminthopsis-Kriechspur (Nereites-Fazies). Flysch (Tiefwasser), Eozän der Karpathen. Aus KSIAZKIEWICZ (1970: Plate 4q).

e Zoophycus circinnatus (BROGNIART); Abdruck des Kiemenorgans eines Wurms. Flysch (Tiefwasser), Italien. Aus PLIČKA (1970: Plate 1b).

Eine frühe und überzeugende Anwendung von Tabelle 13-7 gab SEILACHER (1959): Im Flysch fand er mehr als 80% Pascichnia + Fodinichnia, in der Molasse 60% Repichnia + Cubichnia. Weitere Faziestypen sind die „Glossifungites"-Fazies, Bohrgänge (borings) in mehr oder weniger verfestigten, stabilen Böden und Omissionslagen, sowie die „Scoyenia"-Fazies, unter der man Wirbeltierfährten, Insektenspuren und andere nichtmarine Spuren zusammenfaßt (FREY 1975: 16, auf den auch die folgende Übersicht zurückgeht).

Im flachsten Wasser (intertidal) ist die „Skolithos"-Fazies zuhause. Sie ist durch vertikale Röhren (Skolithos, Abb. 13-43b), Ophiomorpha z. T., d. h. Röhren von Suspensionsfressern und Krebsen) charakterisiert, umfaßt aber auch die steilstehenden, U-förmigen Röhren von Diplokraterion yoyo (Abb. 13-44a). Die Steilstellung ergibt sich aus der Notwendigkeit, auf schnelle Erosion oder Sedimentation zu reagieren (Fluchtspuren). Würmer, Krebse, Echiniden und Mollusken sind die hauptsächlichen Erzeuger. Der Sandpierwurm *Arenicola* ist ein Beispiel aus dem Sandwatt der Nordsee.

Die **seewärts anschließende** „Cruziana"-Fazies enthält nicht nur Ruhespuren (Abb. 13-43a), sondern auch geneigte U-förmige Wühlspuren mit hauptsächlich protrusiven Spreiten (Rhizocorallium, Abb. 13-44b) und geneigten oder horizontalen Formen von Ophiomorpha und Thalassinoides (unregelmäßig-verzweigte, ca. 2–5 cm weite Gänge, in etwas festerem Boden z. B. von Krebsen – *Callianassa* – gebaut). Die Ruhespuren und zum Teil auch die Bauten dienen vor allem dem Sichtschutz. FÜRSICH (1975) unterscheidet eine hochenergetische Diplokraterion-assoziation und eine niedrigenergetische Rhizocorallium-Teichichnus-assoziation (in Lagunen und in tieferem Wasser), Abb. 13-44b.

Unterhalb der Cruziana-Fazies schließt sich – überlappend – die „Zoophycus"-Fazies mit Spuren grasender Tätigkeit und schwach geneigten Spreiten (Abb. 13-43e) an, die z. T. spiralig ins Sediment hineinziehen. Während Zoophycus-Erzeuger in der Kreidezeit in Wassertiefen von wenigen hundert Metern bis 2000 m lebten, verlegten sie ihre Aktivität im Alttertiär in die Tiefsee (2000–4500 m), wie FÜTTERER (1984) am Walfischrücken (SE-Atlantik) feststellte. Bei kleineren Gehalten an organischem Kohlenstoff (unter 2% C_{org}) fand WETZEL (1981: Abb. 26) eine sehr ausgeprägte Korrelation zwischen Zoophycustypen und C_{org}-Gehalt.

Die **lichtlosen Tiefen** der Ozeane gehören zur „Nereïtes"-Spurenfazies. Hier findet man enge

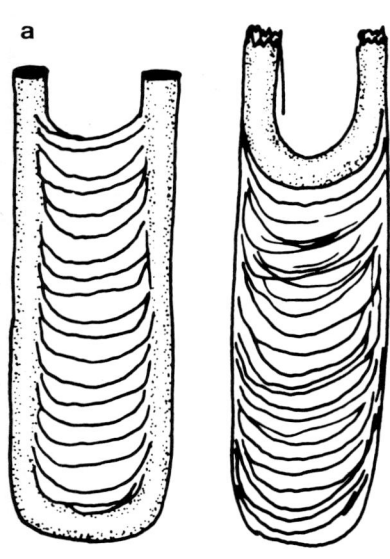
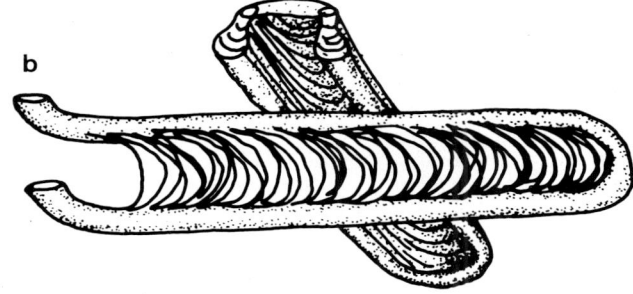

Abb. 13-44. a Diplokraterion(yoyo)-Spreiten, in bewegtem Wasser. Links retrusiv = absteigend (bei Erosion), rechts protrusiv = aufsteigend (bei Sedimentation). Kambrium bis Kreide. Die Bauten sind 3–15 cm breit und 15–60 cm lang. Aus CHAMBERLAIN (1978: Fig. 25, 26).
b Rhizocorallium-Spreiten, in ruhigem Wasser; Fodinichnia; vorn: horizontal, hinten: sich seitwärts verlagernd; Kambrium bis Tertiär. Die Bauten sind 2–5 cm breit, die Röhren 0,5–3 cm. Aus CHAMBERLAIN (1978: Fig. 43, 44).

Mäander (Abb. 13-43c), ebene Doppelspiralen oder die bienenwabenartigen Paläodictyon-Bauten (Abb. 13-43d); s. auch SEILACHER (1967b). Gemeinsam ist allen die wohlorganisierte Abweidung der mageren Tiefseeböden. Wohnröhren in dieser Tiefe heißen „Agrichnia" (EKDALE et al. 1984).

Es ist jedoch darauf hinzuweisen, daß diese Tiefenzonierung nicht unumstritten ist; sie kann nur als grobes Modell betrachtet werden. So reicht nach BYERS (1982) die Zoophycusfazies von oberhalb der Wellenbasis bis in abyssische Tiefen, oder man findet einen Wechsel von Sandsteinen mit Skolithos und Siltsteinen mit Planolites und Chondrites. Auch fand CRIMES (1977) auf einem Tiefseefächer des Eozän Nereïtes zusammen mit Ophiomorpha, Diplokraterion, Rhizocorallium und Thalassinoides.

Für submarine Karbonatsubstrate stellte KENNEDY (1975) die folgende Zonierung auf:

    a. Küstenbereich: Ophiomorpha
    b. Inter-Subtidal: Thalassinoides-Rhizocorallium-Chondrites
    c. Schelf: Thalassinoides-Planolites (s. u.)-Chondrites
    d. Tiefsee: Zoophycus-Teichichnus-Chondrites.

Planolites sind unregelmäßige, verzweigte Röhren bis ca. 2 cm Durchmesser, Teichichnus sind etwa horizontal liegende Freßbauten, die häufig eine protrusive Verlagerung zeigen, Chondrites (Abb. 13-45) sind pflanzenähnliche, verzweigte Freßbauten vorwiegend in Tongesteinen und Mergeln.

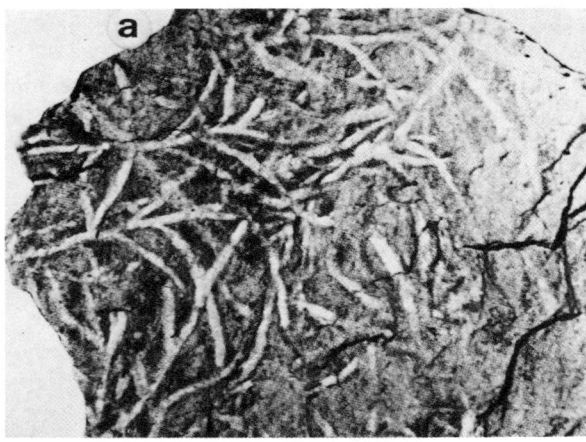
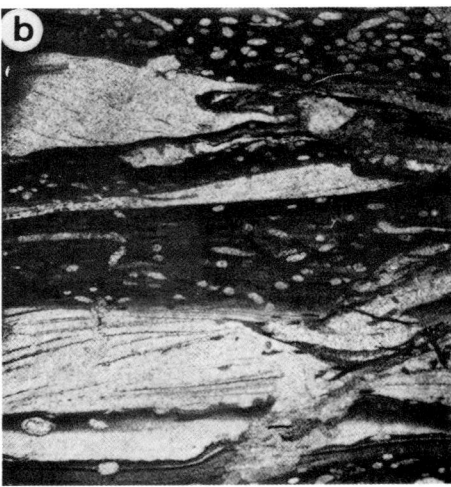

Abb. 13-45. a Chondrites (3-dimensional-verästelte Fraßgänge im Ton; vermutlich tieferes Wasser. Ordovizium bis Holozän; hier Devon. Etwa schichtparallel. Bildhöhe 6,5 cm. Aus CHAMBERLAIN (1978: Fig. 85).
b Chondrites. Kreide (Mesaverde Group). Kernlängsschnitt. Bildhöhe 9 cm. Aus CHAMBERLAIN (1978: Fig. 87).

Der Einfluß des Substrats geht oft Hand in Hand mit dem Einfluß unterschiedlich starker Wasserbewegung. Vertikale Spuren finden sich in bewegtem Wasser und deshalb in gröberem Sediment, seewärts folgen in feinkörnigerem Sediment Zonen mit flacheren Bauten (SEILACHER 1967a; DÖRJES & HERTWECK 1975). Chondriten haben eine relativ große Toleranz gegenüber Sauerstoffmangel (KELTS & ARTHUR 1981: 107). Auch die Schichtdicke ist von Einfluß (Abb. 13-46).

In festem Substrat (Fels, Rifforganismen, hardground, aber auch Kalkschalen) finden sich bohrende Organismen wie der Bohrschwamm *Cliona* (größere Gangsysteme), Blaugrünalgen (Röhrchen von wenigen μm Weite, BROMLEY 1970) oder Pilze (Röhrchen von 1–2 μm Weite). Der Befall durch Blaugrünalgen ist in ruhigem Wasser wesentlich stärker als in bewegtem; auf bewegten

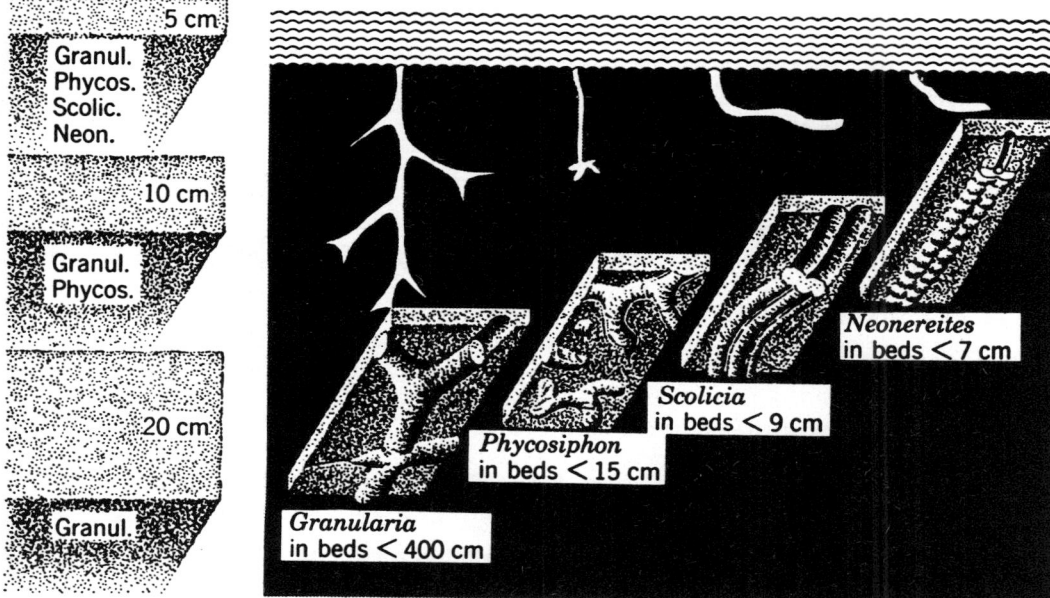

Abb. 13-46 Einfluß der Schichtdicke eines Turbidits auf die Spuren von Lebewesen, die sich durch den Turbidit (schwarz) gruben und an seiner Unterseite ihre Bauten entwickelten. Aus SEILACHER 1964.

Ooiden fand sich nur ein Art: *Hyella caespitosa*. Während dieser Algenbefall, in Karbonatgesteinen bekannt als „micritic envelopes", auf das durchlichtete Flachwasser beschränkt ist, findet sich Pilzbefall noch in 1000 m Tiefe (s. GOLUBIC et al. 1975). Auf hardgrounds, welche ja häufig Omissionsflächen sind (d. h. lange Sedimentationspausen), ist es nach BROMLEY (1975) möglich, an den Spuren zu erkennen, ob sie vor, während oder nach der Omission angelegt wurden. In der Schreibkreide fand BROMLEY (1982) Zoophycus nur auf festem, jedoch nicht erhärtetem Substrat, während sich Thalassinoides substratunabhängig verhielt. Eine bathymetrische Zonierung der Bioerosion in festem Substrat gaben EKDALE et al. (1984: 127).

Ganz allgemein ist die Erhaltungs-Chance von Spuren in der Flachsee um so größer, je tiefer sie sind; oberflächliche Spuren werden schon von geringen Sedimentumlagerungen zerstört (WERNER & WETZEL 1982; WETZEL 1981). Nach CRIMES & CROSSLEY (1980) geben länglich „deformierte" Paläodictyon-Spuren einen Hinweis auf die Richtung der Bodenströmung. Diese verläuft der Richtung parallel, in welcher die Spuren gedehnt erscheinen. Liegt dies senkrecht zur Richtung eines Suspensionsstromes, so kann man auf einen zusätzlichen Konturstrom als Erzeuger schließen.

RHOADS (1975) diskutiert die Beziehungen zwischen der Häufigkeit von Spurenfossilien und Körperfossilien (Versteinerungen) in Abhängigkeit vom Environment wie folgt:

A. Lebensspuren sind selten.
   1. Körperfossilien sind häufig: Hartes oder undurchwühlbares Substrat.
   2. Körperfossilien sind nicht häufig; sie treten lagenweise und mit geringer Diversität auf: Sehr hohe Sedimentationsraten, mit gelegentlichen Umlagerungen.
   3. Laminierte Sedimente mit allochthonen Körperfossilien (durch Stürme oder Suspensionsströme zugeführt): anoxische Bedingungen in tieferem Wasser. Bei Sauerstoffgehalten von $0{,}1-1$ ml/l H_2O fehlen autochthone Körperfossilien, und es gibt nur kleine Spurenfossilien der Zoophycus- und Nereitesfazies.

4. Submarine Dünen in Gezeitenrinnen oder vor Hochenergie-Küsten sind wegen der starken Sedimentumlagerung Lebensspuren-„Wüsten". Auch Körperfossilien sind nicht sehr häufig.
5. Bereiche ohne Lebensspuren und ohne Körperfossilien sind
    a. anoxischer Meeresboden (dann oft laminiert),
    b. der nasse Sandstrand,
    c. Sedimente, in denen alle Biogenspuren diagenetisch zerstört wurden.

B. Lebensspuren sind häufig.
6. Körperfossilien sind häufig. Geringe Wasserbewegung und Sedimentationsrate, gut durchlüftetes Wasser, z. B. auf dem Flachschelf.
7. Noch häufiger sind auf dem Flachschelf spurenreiche Sedimente mit lagig durch Erosion des Sediments oder Umlagerung der Schalen durch Stürme angereicherten Körperfossilien.
8. Benthische Körperfossilien fehlen. Dies ist eine häufige und schwer erklärbare Kombination. Mögliche Ursachen sind von Fall zu Fall
    a. Sauerstoffarmut (wenig über 1 ml/l H_2O, s. o.),
    b. hypersalinares Milieu (s. auch TRUC 1978)
    c. diagenetische Ausmerzung nur der Körperfossilien.

Zusammenfassung

Entwässerungsstrukturen entstehen entweder an der Sedimentoberfläche durch Eintrocknen (Trockenrisse) oder osmotische Entwässerung (Synäreserisse), sie können aber auch im Innern der Sedimente entstehen, wenn die Überlagerung mit neuem Sediment so schnell erfolgt, daß die Kompaktion damit nicht schritthalten kann. Der begrenzende Faktor ist dabei die Durchlässigkeit; sie reicht nicht aus, das Kompaktionswasser schnell genug nach oben zu leiten. Die Porosität bleibt zu groß; das Gesteinsgerüst stützt sich nicht mehr ab und lastet auf dem Porenwasser, so daß der Druck darin den (abweichend vom physikalischen Gebrauch) sogenannten „hydrostatischen" Druck der Wassersäule (10 m = 1 atm) übersteigt. Er wird „überhydrostatisch", und die Porenflüssigkeit versucht, sich gewaltsam einen Weg durch das Sediment nach oben zu bahnen. Die dabei entstehenden Gefüge hängen vom Verdichtungsgrad und von der Zusammensetzung des Sediments ab:

Zusammensetzung		Verdichtungsgrad	
		gering	mäßig
Sand bis Grobsilt		dish-and-pillar	keine Entwäss.-Gefüge
Ton-Sand-Wechsellagerung	mit	keine Entwässerungsgefüge	
	ohne Bioturbation	convolute bedding	Injektionsstrukturen
Feinsilt bis Ton		„Schlammvulkane". Im Innern keine Entwässerungsgefüge sichtbar	

Entwässerungsgefüge im Innern von Sedimenten entstehen demnach vor allem in feinen Wechsellagerungen von Material unterschiedlicher Kompetenz; im convolute bedding sind es oft Feinsande mit Tonbestegen.

Es ist zu vermuten, daß die Injektionsstrukturen feine Haarrisse oder andere vorhandene Diskontinuitäten benutzten und erweiterten. Diese Risse füllten sich von unten mit Material der inkompetenten Phase (z. B. Sand).

Belastungsmarken verdanken ihre Entstehung dem gleichen Mechanismus einer Verstärkung des Entwässerungsdruckes, doch ist hier das überlagernde Sediment spezifisch schwerer als das überlagerte (z. B. Sand mit 45% Porosität über Ton mit 70% Porosität). Auch wird hier die Form der Auflagerungsfläche betrachtet, welche taschenförmige Verbiegungen aufweist.

An der Sedimentoberfläche können durch Auskristallisieren vor allem leichtlöslicher Minerale an Trockenrissen zeltartige Aufbiegungen entstehen („tepees").

Lebensspuren waren in den letzten Jahrzehnten Gegenstand vieler Untersuchungen, weil sie oft detaillierte Hinweise auf das Environment geben. In erster Linie aber reflektieren sie die Bodenbeschaffenheit (Weichböden, Sandböden, hardgrounds u. a.). Auf schnelle Sedimentations- und Erosionsereignisse, wie sie im küstennahen Bereich häufig sind, antwortet die Infauna mit vertikalen Wohnbauten und Fluchtspuren. Ruhespuren, die oft als Versteck dienen, weisen auf durchlichtetes Wasser hin. In tieferem Wasser begegnet die Bodenfauna dem verminderten Nahrungsangebot durch besonders sorgfältiges Abgrasen, wobei geometrische Weidespuren (Pascichnia) entstehen (Nereites-Typ). Andererseits gibt es Lebensspuren wie den Zoophycus-Typ, welche von oberhalb der Wellenbasis bis in abyssische Tiefen von mehreren Kilometern zu finden sind.

13.4 Schichtung

13.4.1 Materialwechsel, Rhythmen, Zyklen

A. Definitionen und Modelle

Die Schichtung gibt sich durch Schichtflächen zu erkennen. Diese sind definiert als die Sedimentoberflächen zur Zeit der Ablagerung und werden im Gestein durch Materialwechsel, Korngrößenwechsel oder eingeregelte blättchenförmige und längliche Partikel angezeigt. In gefalteten Serien ist man nicht selten auf sedimentologische Oben-unten-Kriterien (SHROCK 1948) angewiesen, wie Sohlmarken, Rippelmarken, halb mit Sediment und halb mit Zement gefüllte Fossilkammern („Wasserwaagen", WIECZOREK 1979), Schwerminerale an der Basis von Siltlinsen (ZIMMERLE 1977) und andere Merkmale (REINECK 1978a). Die meisten Sedimentgesteinsserien sind durch Material- oder Korngrößenwechsel gegliedert. Diese sind entweder „azyklisch" (dyszyklisch) oder, wenn sie sich in vergleichbaren Abständen wiederholen, „zyklisch" oder „rhythmisch", je nachdem ob mehrere oder nur zwei Gesteinsarten an der Wechselfolge beteiligt sind (WANLESS & WELLER 1932; FIEGE 1952; BERSIER 1959). Die Unterscheidung von Zyklen und Rhythmen besitzt keine große Bedeutung, da sich viele Rhythmen bei genauer Untersuchung als Zyklen erweisen. Mit beiden Begriffen ist die Erscheinung oder die Zeitperiode der Wechsellagerung angesprochen. Will man die Sedimente ansprechen, so benutzt man die Worte „Rhythmit" (SANDER 1936) beziehungsweise Zyklothem (WANLESS & WELLER 1932).

Rhythmite können durch ein Alternieren zweier Zufuhren entstehen („alternierende Rhythmite") oder dadurch, daß eine gleichbleibende oder sich nur langsam ändernde Zufuhr von einer anderen, kurzperiodisch schwankenden Sedimentation überlagert wird („Überlagerungsrhythmite") oder dadurch, daß aus einem zunächst homogenen Sediment periodisch der Kalk herausgelöst wird („Auflösungsrhythmit"). Ein Sonderfall sind Rhythmite, bei denen eine gleichbleibende Ablagerung durch Sedimentationslücken unterbrochen wird. Eine wichtige Frage ist es, welche der beiden Phasen die Rhythmik „diktiert", also der aktive, kurzperiodische Teil ist.

Dies sei am Beispiel der besonders häufigen Kalk-Mergel-Rhythmite (Abb. 13-47) erläutert. Folgende Modelle sind hier denkbar:

1. Diktator ist der Kalk. Da dieser im Malm und in der Kreide meist organogen ist (Coccolithen, RICKEN & HEMLEBEN 1982) spricht EINSELE (1982b) von „Produktivitätszyklen".

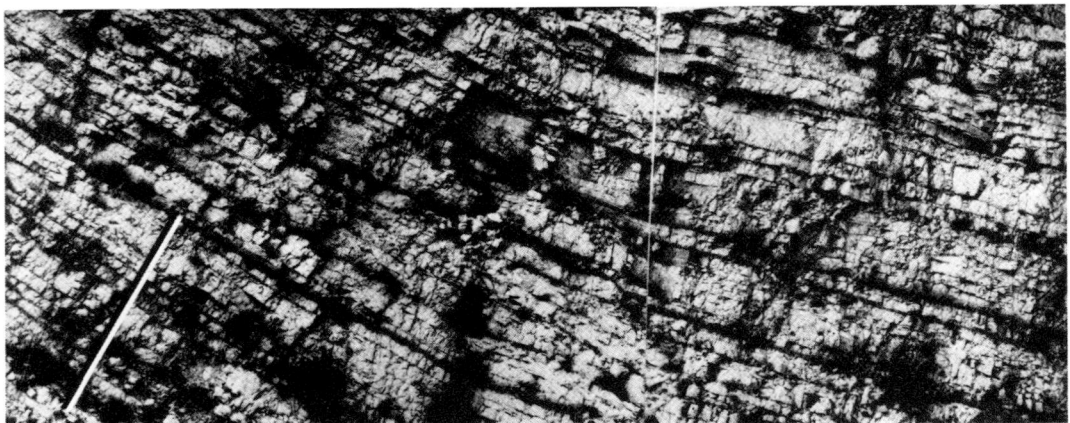

Abb. 13-47. Kalk-Mergel-Wechselfolge der Scaglia Bianca (Cenoman, Turon, Valle de Contessa, Umbrien, Italien). Maßstab 2,5 m. Die Kalke sind als Coccolithen-Globigerinenschlamm in tiefem Wasser abgelagert. Ein übergeordneter Rhythmus ist erkennbar. Aus SCHWARZACHER & FISCHER (1982: Fig. 7).

2. Diktator ist die schwankende Tonzufuhr („Verdünnungszyklen", EINSELE l.c., RICKEN & HEMLEBEN l.c.).

3. Diktator ist zwar der Kalk, aber in negativem Sinne: Es findet eine rhythmische Anlösung desselben statt, z. B. wenn die Sedimentation im Bereich einer rhythmisch schwankenden Calcit-Kompensationstiefe (CCD) stattfindet („Auflösungszyklen", EINSELE l.c.).

1–3 sind im Sinne unserer Darstellung Überlagerungsrhythmite, wenn auch 3 als Auflösungsrhythmit davon abgetrennt werden könnte.

4. Diktatoren sind sowohl der Kalk als auch der Ton; die Kalksedimentation geht zurück (nicht nur relativ!), wenn die Tonzufuhr ansteigt. Dann handelt es sich um einen alternierenden Rhythmit (Beispiel von NOËL 1968 s. S. 844).

5. Eine rein diagenetische Entstehung von Kalk-Tonrhythmiten konnte bisher noch nicht belegt werden und ist auch ganz unwahrscheinlich. Jedoch spielt die Diagenese bei der Ausgestaltung dieser Rhythmite eine wichtige Rolle: Kalk wandert aus den Mergellagen in die Kalklagen (s. S. 368). Entsprechendes gilt für Sand-Feinsilt-Wechsellagerungen: Quarz wandert aus den Silt- in die Sandlagen (s. S. 163 ff. und HECKEL 1983).

Im schwäbischen Weißjura (Abb. 13-48) wurde für das Modell 1 angeführt, daß die absoluten Tongehalte in dünnen und dicken Kalkbänken etwa gleichgroß sind; die letzteren sind demnach prozentual tonärmer. Die Mächtigkeit der Kalkbänke wird demnach von der Intensität der Kalksedimentation bestimmt, und Mergel- und Kalkbänke repräsentieren gleiche Zeitabschnitte; der Tongehalt ist der Zeitmaßstab (SEIBOLD 1952; BAUSCH 1980).

Gegen dieses Modell wurde angeführt, daß der Übergang einer Mergellage mit 75% Kalk in eine Kalkbank mit 90% Kalk, welcher für den Malm beta typisch ist, eine Verdreifachung der Kalkbildung erfordern würde, was von EINSELE (1982b) für unwahrscheinlich gehalten wird. Zwar wäre auch eine plötzliche Änderung der Tonzufuhr wegen der Langsamkeit dieses Transportes unwahrscheinlich, doch erwiesen sich die Kalk/Mergel-Bankgrenzen in Bohrkernen als fließend (RICKEN & HEMLEBEN 1982).

Tongefüllte Lebensspuren im Kalk und kalkgefüllte Spuren im Mergel sprechen gegen einen vorwiegend diagenetischen Charakter der Wechsellagerung (EINSELE 1982b). Sind die Rhythmen geringmächtiger als der Tiefgang der Verwühlung, so kann der Rhythmit bis zur Unkenntlichkeit verwischt werden. Dadurch ist das Vorkommen von Kalk-Mergel-Rhythmiten auf einen engen Bereich von Sedimentationsraten, nämlich 0,5–1 cm/1000 Jahre als untere Grenze und 2–3 cm/1000 Jahre als Obergrenze beschränkt (weil höhere Raten in diesem Environment unrealistisch sind; EINSELE & SEILACHER 1982). Manche Spuren sind an der Kalk-Mergelgrenze abgeschnitten und zeigen – ebenso wie Stylolithen – diagenetische Reduktionen zwischen Kalk- und Mergellagen an (WALTHER 1982; s. auch HALLAM 1964; MEISCHNER 1967; OLDERSHAW & SCOFFIN 1967).

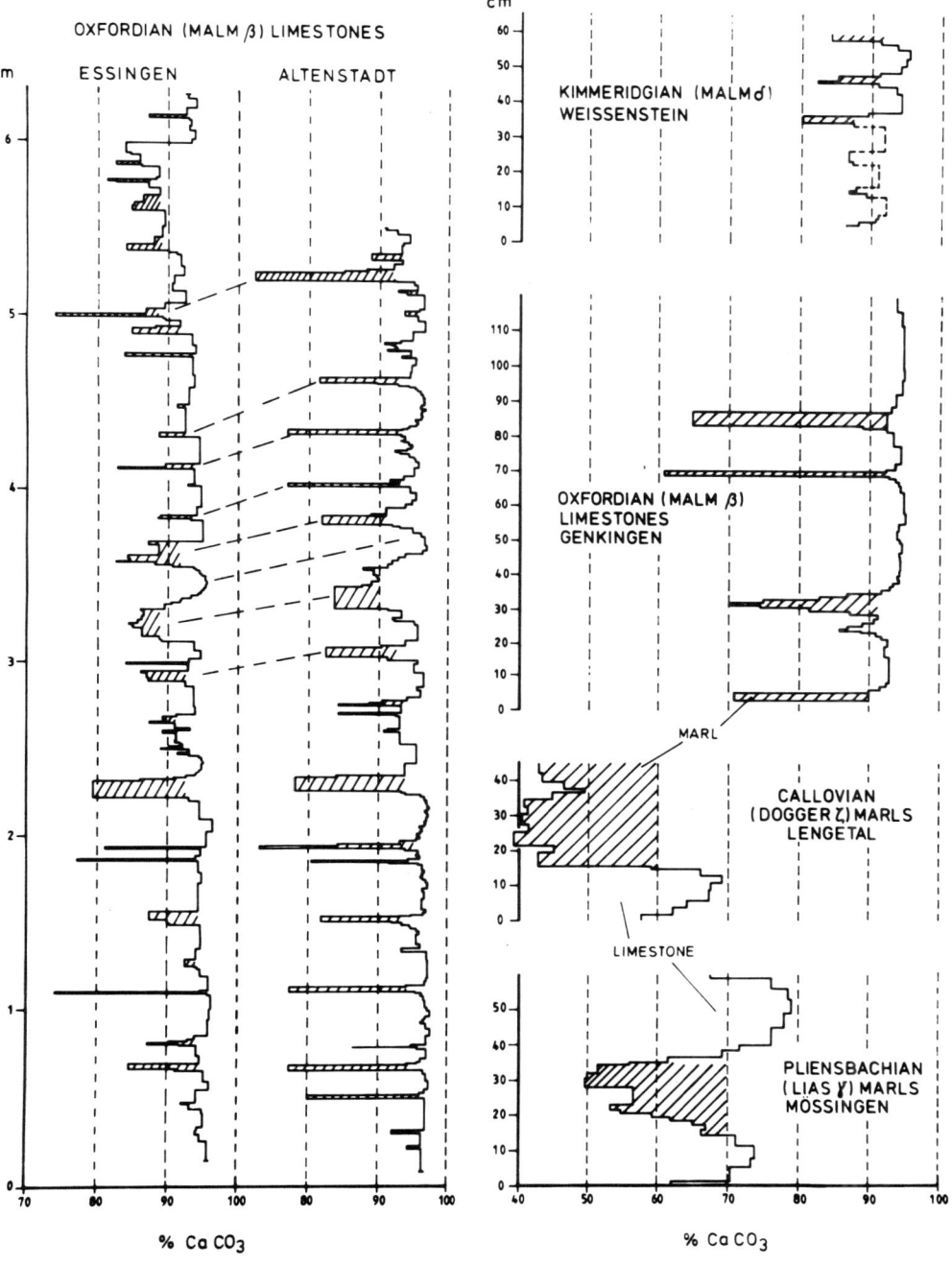

Abb. 13-48. Kalk-Mergel-Wechselfolgen mit verschiedenem Kalkgehalt im Jura SW-Deutschlands. Mergellagen schraffiert. Aus EINSELE (1982b: Fig. 2) nach WEILER (1957).

In anderen Vorkommen dieser Art wurde für das Modell 1 (Kalk als „Diktator") angeführt, daß der absolute Tongehalt in jedem Kalk-Mergel-Paar gleich ist – ähnlich wie es SEIBOLD (l. c.) feststellte –, und daß die $\delta^{18}O$-Werte im Calcit der Kalkbänke höher sind als in demjenigen der Mergellagen, was auf niedrigere Temperaturen, verbunden mit erhöhter Kalkplanktonproduktion, während der Bildung der Kalklagen zurückgeführt wird (Mittelkreide in Oberitalien, DE BOER & WONDERS 1981).

Für Modell 2 sprachen sich EVANS et al. (1977) im Fall liassischer Wechselfolgen von Mergeln und nicht-coccolithischen Kalken aus.

Modell 3, eine rhythmische Kalklösung am Ozeanboden (Abb. 13-49), wird von FLÜGEL & FENNINGER (1966), ARTHUR & FISCHER (1977), BERGER & MAYER (1978), EINSELE (1982b), SCHWARZACHER & FISCHER (1982) und DROXLER et al. (1983; Aragonitauflösung in Kaltzeiten) erwähnt.

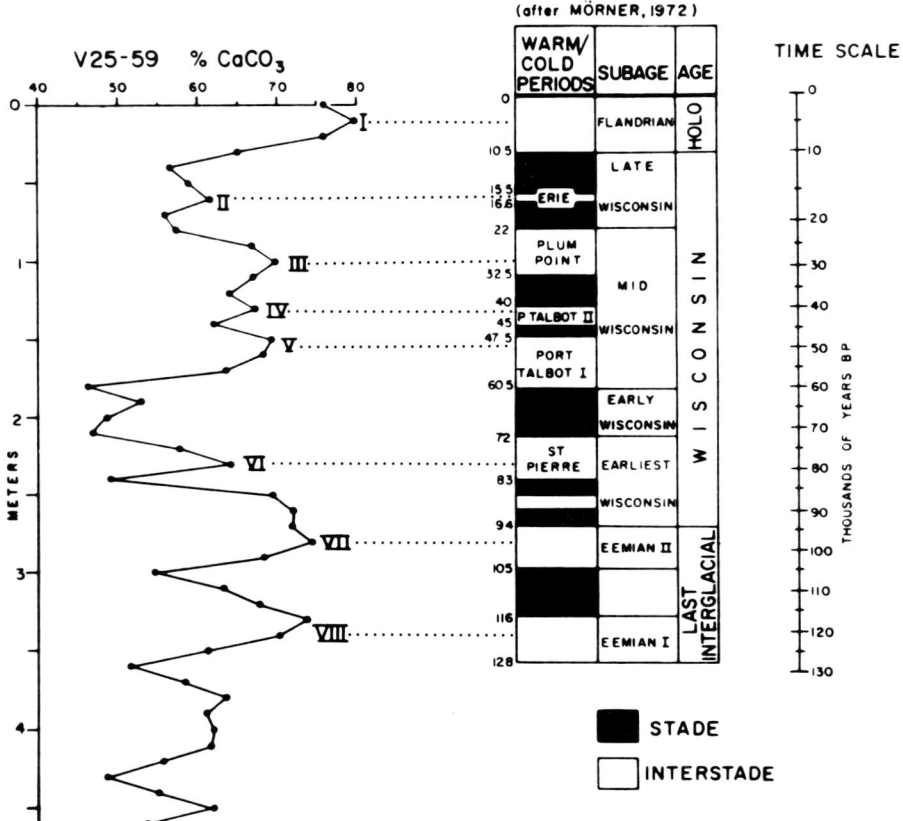

Abb. 13-49. Auflösungsrhythmit aus pleistozänen Tiefseesedimenten des westlichen äquatorialen Atlantik. In Kaltzeiten (dunkel) wurde Kalk am Meeresboden gelöst; die kalkreichen Lagen fallen mit den Warmzeiten (hell) zusammen. Aus EINSELE (1982b: Fig. 9) nach BÉ et al. (1976).

Modell 4 wird von H. FLÜGEL (1968) für triadische Kalke Sloweniens angenommen. NOËL (1968) konnte dieses Modell für Wechselfolgen im Barremium belegen, wo ein Rückgang der Tonzufuhr zu einer explosionsartigen Verstärkung der Nannoconus-Produktion führte, welche sich einer gleichbleibenden Coccolithenproduktion überlagerte und dadurch den Kalkgehalt erhöhte.

Prinzipiell ist festzustellen: Wenn in einer Kalk-Mergel-Wechselfolge fast reine Kalkbänke (bzw. fast reine Tonlagen) auftreten, kann der Kalk (bzw. der Ton) nicht der alleinige Diktator sein (sofern einerseits Turbidite, andererseits starke Diagenese auszuschließen sind), denn dann würde z. B. der

Übergang von 98 zu 99% Kalkgehalt eine Verdoppelung der Kalkzufuhr bzw. der Übergang von 98 zu 99% Tongehalt eine Verdoppelung der Tonzufuhr erfordern, was unwahrscheinlich ist.

Entsprechende „oszillierende" Wechsel z. B. von Feinsilt und Grobsilt oder Silt und Sand im cm-dm-Bereich kennt man aus vielen Environments, beispielsweise aus Flußsedimenten (CONZE 1984) und Deltasedimenten (DE RAAF et al. 1965: Fig. 3 bis 14).

Die Bankung, welche vor allem in Tagesaufschlüssen sowohl in Sandsteinen als auch in Kalksteinen in Erscheinung tritt, erweist sich in Bohrkernen meist als dünne Ton- oder Silteinlagerung, welche das Ende eines Schüttungsvorgangs markiert. Wo diese „Tonlage" erodiert wurde, können zwei Bänke (z. B. zwei Schrägschichtungssets) verschmelzen. Diagenetisch verlieren die Siltlagen Quarz an die Sandsteine, die Mergellagen Kalk an die Kalkbänke, wodurch die Bankung deutlicher wird. Zur Quantifizierung der Bankungsdicke wird in Anlehnung an GRUMBT (1969) eine logarithmische Abstufung vorgeschlagen:

Bis   0,2 cm feinlaminiert, bis   0,63 cm groblaminiert,
bis   2   cm dünnplattig,   bis   6,3 cm dickplattig,
bis   20   cm dünnbankig,   bis   63   cm mittelbankig,
bis 200   cm dickbankig,   darüber massig.

Alternativ kann man, der SHELL-Legende folgend (ANONYMUS 1976),
   mm – Schichtung (1 mm–1 cm)
   cm – Schichtung (1 cm–10 cm)
   dm – Schichtung (10 cm–1 m)
   m – Schichtung (1 m–10 m)

unterscheiden und die Modaldicke (häufigste Dicke) angeben. Bankdicke und Korngröße sind oft positiv korreliert (s. S. 83 und 823).

Zyklotheme können symmetrisch (abcba) oder asymmetrisch (z. B. abc abc) sein. Ein grob einsetzendes, nach oben feiner werdendes, asymmetrisches Zyklothem bezeichnete BRINKMANN (1929) als „Sohlbank", LOMBARD (1956) als „positive Sequenz", im Gegensatz zu „Dachbank" und „negativer Sequenz", bei welchen die Korngröße nach oben zunimmt. Zweckmäßiger sind direkte Angaben wie „Unten-grob-Zyklus", „Oben-grob-Zyklus", entsprechend „fining upward" bzw. „fining downward" (ALLEN 1965a).

Es können sich auch verschiedene Zyklen überlagern. So werden beispielsweise im europäischen Oberkarbon die Kohlezyklen, welche im wesentlichen auf Flußverlagerungen in einer Sumpflandschaft zurückgehen, von eustatisch bedingten Transgressionen (meist ruhige Ingressionen) unterbrochen, welche als marine Tone bis USA und Rußland zu verfolgen sind (RAMSBOTTOM 1979). Daß diese Ingressionssedimente oft gerade die Kohleflöze überlagern, erklärt sich ähnlich wie im Mississippidelta dadurch, daß die Kohlensümpfe infolge ihrer langsamen Sedimentation tiefer liegen und zugleich längere Zeitabschnitte repräsentieren als Flußsedimente gleicher Mächtigkeit.

Da in Zyklothemen der Materialwechsel meist deutlicher ist als in Rhythmiten, Überlagerungszyklotheme also seltener sind, stellt sich hier die Frage nach einem „Diktator" meist nicht.

B. Untersuchungsmethoden und -ziele

Wenn weder Tagesaufschlüsse noch Bohrkerne zur Verfügung stehen, können oft geophysikalische Bohrlochmessungen wichtige Hinweise geben. So würde sich in einer Gammastrahlmessung, die auf das vor allem im Ton angereicherte radioaktive ^{40}K anspricht, das Profil von Abb. 13-54 links als „trichterförmige" Kurve darstellen, weil der Ton nach oben zunimmt, während 13-54 rechts eine „glockenförmige" Kurve ergeben würde. Über eine genetische Deutung solcher Sequenzen läßt sich in günstigen Fällen eine Faziesanalyse durchführen (D. R. ALLEN 1975; ASQUITH 1982; CANT 1984).

In Rhythmiten versucht man, den Typ und ggf. den Diktator festzustellen, wobei die oben am

Kalk-Mergel-Beispiel diskutierten Kriterien benutzt werden können (s. auch EINSELE 1982b). Wichtig ist die Anschliffuntersuchung der Übergänge, möglichst in unverwitterten Bohrkernen, wobei primäre und diagenetische Merkmale zu unterscheiden sind. Weitere Bestimmungsstücke sind die Körper- und Spurenfossilien der beiden Phasen des Rhythmits, sowie die Sauerstoffisotope des Karbonats. Gegebenenfalls sind auch die laterale Veränderung der Fazies und übergeordnete Rhythmen (Abb. 13-47) zu erfassen.

In zyklisch gegliederten Wechselfolgen (Zyklothemen) unterscheidet man mit DUFF & WALTON (1962) je nach Untersuchungsart und Betrachtungsweise

a) Den Modalzyklus, d. h. die häufigste in einer Wechselfolge gefundene Gruppierung von Gesteinstypen. Man ermittelt sie aus der Häufigkeitsverteilung aller vorkommenden Sequenzen oder als denjenigen Zyklus, von welchem die gefundenen Sequenzen am wenigsten abweichen (MARSAL 1967: 36, s. auch PEARN 1965).

b) Den zusammengesetzten Zyklus (composite sequence), eine Kombination aller in einer Wechselfolge gefundenen Gesteinstypen in der am häufigsten gefundenen Reihenfolge. Man gewinnt ihn durch Aneinanderreihung der Phasen nach ihrer größten Übergangshäufigkeit. Zwei Beispiele aus dem Oberkarbon:

Illinois (MARSAL 1967: 39)	Ruhrgebiet (CASSHYAP 1975)
Mariner, kalkiger Tonstein	Tonstein, z. T. marin
Kohle	Kohle
Wurzelboden	Wurzelboden
Siltstein	Siltstein
Sandstein (= Basis)	Sandstein
	Siltstein (= Basis)

c) Den theoretischen Zyklus (Modellzyklus), die aufgrund theoretischer Überlegungen aufgestellte Reihenfolge von Gesteinstypen, mit der man nachher den gefundenen Zyklus (nach a oder b) statistisch vergleichen kann.

Am häufigsten wird der zusammengesetzte Zyklus (b) verwendet. PRESTON & HENDERSON (1965) untersuchten elektrische Bohrlochdiagramme mittels Fourieranalysen auf zyklische Sequenzen. Ähnliche Untersuchungen führten SEIBOLD & WIEGERT (1960) und ANDERSON & KOOPMANS (1963) durch. Weitere statistische Methoden findet man bei DUFF et al. (1967) und SCHWARZACHER (1964, 1975).

Besonders wichtig ist die laterale Veränderung von Faziesfolgen und Zyklen, denn vor allem in terrestrischen und flachmarinen Environments gilt das Walther'sche Prinzip, welches besagt, „daß primär sich nur solche Fazies und Faziesbezirke geologisch überlagern können, die in der Gegenwart nebeneinander zu beobachten sind" (WALTHER 1893/1894: 979). Ein gutes Beispiel hierfür ist der Sebkhazyklus (Sebkha = Salzmarsch) an der Südküste des Persischen Golfes, wo sich in kleinen Grabungen die gleichen Sedimentabfolgen finden, welche küstenwärts aufeinander folgen (Abb. 13-50 A). Art und Größenordnung des lateralen Faziesmusters können wesentlich zur genetischen Deutung der Zyklen beitragen (s. auch READ & DEAN 1976). So ist in den verschiedentlich erwähnten Zyklen des Oberkarbons der Fazieswechsel der Sandsteine am engräumigsten, derjenige der Kohlen weiträumiger und derjenige der marinen Tone und der vulkanischen Aschelagen (Kaolinkohlentonsteine) am weiträumigsten.

Auch die Beziehungen zwischen Zyklenzahl und Gesamtmächtigkeit der Beckenfüllung kann genetische Hinweise geben. In vielen fluviatilen Becken sind beide positiv korreliert (READ & DEAN 1967, 1976; CASSHYAP 1975).

Als Großzyklen oder übergeordnete Zyklen bezeichnet man langwellige Schwankungen, welche die Klein- oder Grundzyklen modulieren. Die Andeutung eines übergeordneten Zyklus erkennt man auf Abb. 13-47 an zyklischen Verstärkungen sowohl der Kalk-, als auch der Mergellagen. In

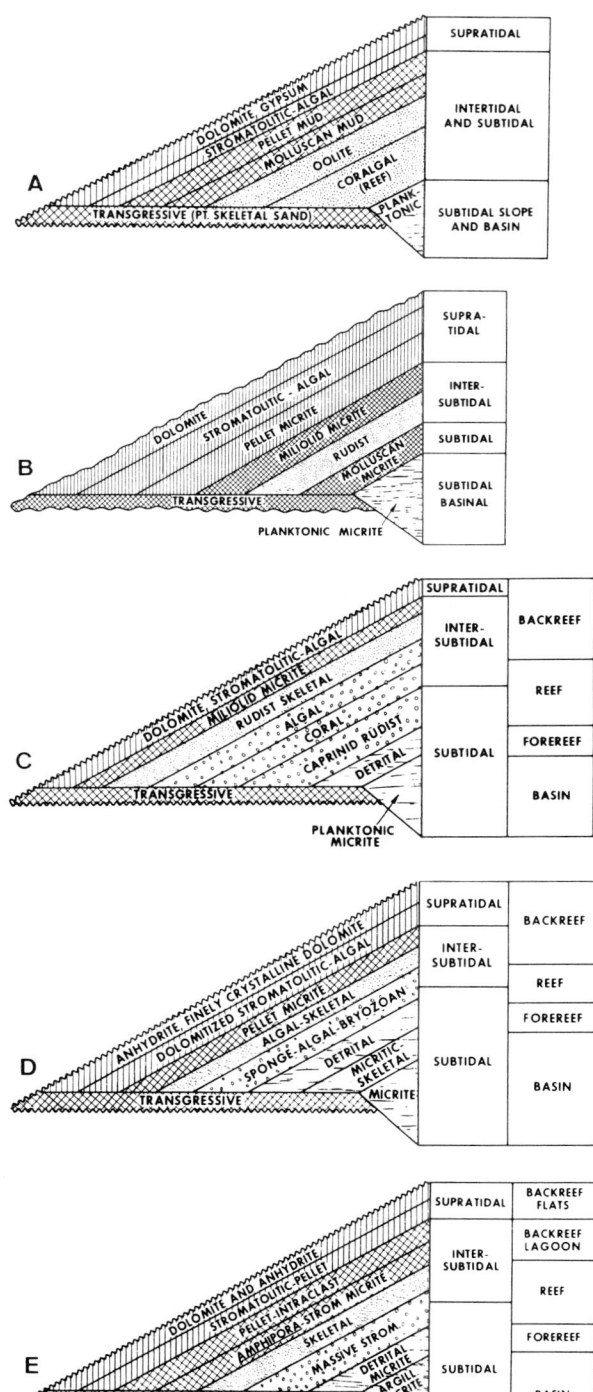

Abb. 13-50. Idealisierte regressive Karbonatzyklen: A = rezent (Persischer Golf), B = Kreide, ohne Riffe, C = Kreide mit Riffen, D = Permischer Riffzyklus, E = Devonischer Riffzyklus. Die Darstellung macht die Walther'sche Regel deutlich: Was rechts übereinanderliegt, folgt links nebeneinander (Rechts ist das Meer, links das Land). Aus COOGAN (1969).

Sandstein-Tonstein-Wechselfolgen nimmt nicht selten die Bankdicke nach oben oder nach unten in Form asymmetrischer Zyklen ab. Parallel dazu nimmt dann häufig auch die Korngröße ab. In der Alpenvorlandsmolasse finden sich regressive Großzyklotheme von über 1000 m Mächtigkeit, in denen unten Mergelsteine, in der Mitte Sandsteine und oben Konglomerate vorherrschen (FÜCHTBAUER 1967a). Von der Golfküste beschrieb LOWMAN (1949) Trans- und Regressions-Großzyklen von 600–4000 m Mächtigkeit aus Tertiär und Quartär. Auch aus fluviatilen Serien, etwa dem Ruhrkarbon, wurden Großzyklen verschiedener Art bekannt (JESSEN 1957; FIEGE 1960). Im ganzen sind Oben-grob- und Oben-dick-Großzyklen (thickening upward) häufiger (OKADA & MATSUMOTO 1969; STEEL et al. 1977; LARSEN & STEEL 1978; STANLEY 1980; SHANMUGAM 1980), doch kommen vor allem in Turbiditfolgen auch die entgegengesetzten Großzyklen vor (RICCI-LUCCHI 1975b; INGERSOLL 1978), wie Abb. 13-51 zeigt.

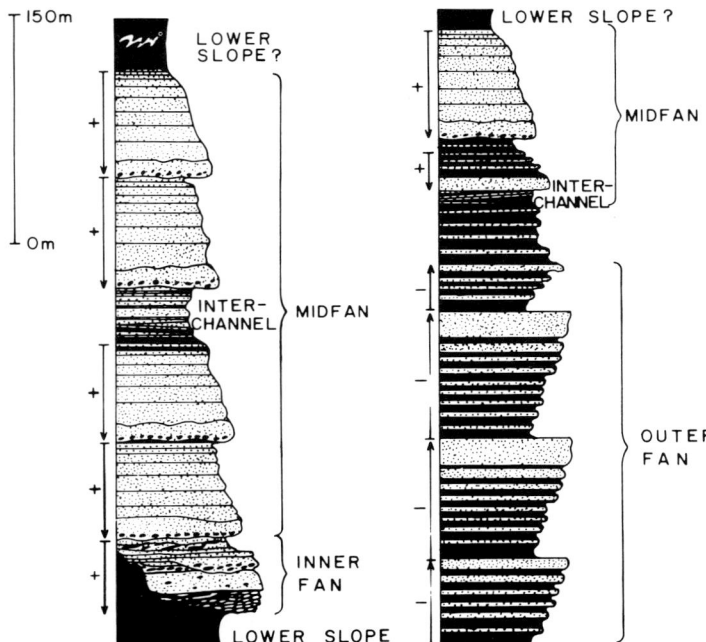

Abb. 13-51. Tiefmarine Schuttfächer der Oberkreide im Great Valley, Kalifornien. Links retrograde Unten-grob-Großzyklen (verbunden mit onlap Transgression; s. Kap. 13.4.2); rechts progradierende Oben-dick- und Oben-grob-Sequenzen (verbunden mit offlap, Regression, da „midfan" flacher ist als „outer fan"). Aus INGERSOLL (1978: Fig. 17).

Die wichtigste Information für eine Deutung von Rhythmen, Zyklen und Großzyklen ist die Zeitdauer derselben. War man hier ursprünglich auf die Auszählung von Warven (= Jahreslagen) mit all ihren Unsicherheiten angewiesen (DE GEER 1912), so ist die Abschätzung der Zyklenlänge heute dank der Verknüpfung der absoluten Zeitskala mit einer verfeinerten Stratigraphie meist kein ernstes Problem mehr.

C. Ursachen (s. auch unter A)

In manchen Fällen ist es möglich, die Ursachen der Zyklen anzugeben. Dies ist vor allem dann der Fall, wenn die Ursachen im Ablagerungsgebiet selbst liegen (z. B. Verlagerung von Flußmäandern, Wanderung von Sandbarren). BEERBOWER (1964) bezeichnete solche Mechanismen als „autozyklisch" und stellte sie den „allozyklischen" Mechanismen gegenüber, welche auf außerhalb des Ablagerungsraumes liegende Ursachen zurückgehen (z. B. eustatische Meeresspiegelschwankungen, Klimaänderungen, Hebungen im Herkunftsgebiet der Sedimente).

Andererseits kann man echt periodische Vorgänge (z. B. den Jahreszyklus) von solchen unterscheiden, welche sich zwar mit einer gewissen Regelmäßigkeit wiederholen, jedoch mit großen zeitlichen Schwankungen. Die ersteren bezeichnen EINSELE & SEILACHER (1982) als „Periodite". Wichtig ist für alle Arten von Zyklen und Rhythmen das Zusammenspiel dieser Einflüsse mit Beckensenkung und Sedimentationsrate (EINSELE 1982a; READ et al. 1986).

Es folgt der Versuch einer systematischen Übersicht der möglichen Ursachen von Rhythmen und Zyklen. Diese werden anschließend an Beispielen erläutert. Die Übersicht erhebt keinen Anspruch auf Vollständigkeit, z. B. fehlen Tages- und Gezeitenzyklen (in günstigen Fällen konserviert).

1. Regelmäßige, astronomisch bedingte Periodizitäten
   a. Jahreszyklus
   b. 11-jähriger Sonnenfleckenzyklus
   c. 21.000 Jahre = Präzession der Erdachse und damit der Äquinoktien.
   d. 41.000 Jahre = Schwankungen der Ekliptikschiefe zwischen 22° und 24,5° (KETTNER 1960).
   e. 100.000 Jahre = Schwankungen der Erdbahn-Exzentrizität
   f. Perioden größerer Länge
2. Unregelmäßige, tektonisch bedingte Periodizitäten
   a. Regionale Hebungen und Senkungen
   b. Plattenbewegungen, Orogenesen u. a.
   c. Veränderungen der Konfiguration von Land und Meer
3. Unregelmäßige, sedimentologisch bedingte Periodizitäten
   a. Flußbettverlagerungen
   b. Deltavorbau und -verlagerung im Küstenbereich und auf dem Tiefseeboden; Barrenverlagerungen
   c. Akkumulationsprozesse
4. Unregelmäßig wiederkehrende Ereignisse (z. T. „events")
   a. Stürme
   b. Erdbeben
   c. Vulkanausbrüche
   d. Meteoriteneinschläge
   e. Biologische Ereignisse
   f. Koinzidenz mehrerer, seltener Ereignisse

Zu 1a: Die Entstehung von Warven ist an bestimmte Bedingungen gebunden. Ideale Warven bilden sich in Seen mit zeitweise geschichtetem Wasserkörper, welche in dieser Periode eine Suspensionszufuhr erhalten (STURM 1979). Dies scheint in späteiszeitlichen Schmelzseen nicht nur des Pleistozäns (DE GEER 1912), sondern auch des Permokarbons in Mittelafrika (HÜBNER 1965) der Fall gewesen zu sein, trifft aber auch für das Schwarze Meer (DEGENS et al. 1978) und viele europäische und nordamerikanische Seen zu, doch besteht z. T. die Gefahr einer Verwechslung mit Nicht-Jahres-Zyklen (LAMBERT & HSÜ 1979). So repräsentieren die etwa 1 mm dicken Diatomitlaminae im dänischen Alttertiär nach PEDERSEN (1981) anoxische „Events", mit einem etwa fünfjährigen Abstand. Im Zürichsee finden sich im oberen Teil der Schichtenfolge echte Warvite, von denen die Tonlagen im Winter, unter zugefrorenem See, die Siltlagen aber im Sommer abgelagert wurden. Vor mehr als 14000 Jahren war der See – wie heute – nicht in jedem Winter zugefroren; die Siltlagen sind dicker und repräsentieren mehrere Jahre (ZHAO et al. 1984, s. auch ASHLEY 1975). Warven können durch periodische Anlösung von kalkigem Sediment entstehen, wie sie im Winter im Oberen See stattfindet (DELL 1973), doch auch im marinen Bereich können sich Warven bilden.

Zu 1b: RICHTER-BERNBURG (1955) glaubt, an Dolomitlamellen im Zechsteinanhydrit sowie an Anhydritlamellen im Steinsalz eine Verstärkung jeder 11. Lamelle gefunden und damit einerseits diese Lamellen als Warven, andererseits den 11-jährigen Sonnenfleckenzyklus nachgewiesen zu haben, s. S. 463.

Zu 1 c: Ein Einfluß der Präzessionsbewegung der Erdachse wurde zuerst von GILBERT (1895) in Betracht gezogen, welcher damit Rhythmen in der Oberkreide von Colorado zu erklären versuchte. Ähnliche Deutungen gaben ARTHUR & FISCHER (1977; Alb bis Paläozän, Umbrien), DE BOER & WONDERS (1981; Kalk-Mergelrhythmen in Alb-Cenoman, s. Abschn. A) und ANDERSON (1982; Perm Delaware Basin). EINSELE (1982b) stellte viele Zyklotheme unter Angabe ihrer Zeitdauer zusammen und diskutierte mögliche Einflüsse auf Klima, CO_2, Vegetation und damit Erosionsintezität (s. auch GARRELS et al. 1975).

Zu 1 d: Dieser Zyklus scheint von geringerer Bedeutung zu sein. Vielleicht ist er für die in Karbonatgesteinen des Gezeitenbereiches so häufigen „Loferite" verantwortlich (FISCHER 1965a), s. Kapitel 14.7.2. 1 c wirkt stärker in niederen, 1 d in höheren Breiten (SARNTHEIN mdl.).

Zu 1 e: Die 100 000 Jahre-Periode ist vielleicht die wichtigste in dieser Gruppe. Sie wurde zuerst von MILANKOVICH (1930, 1941) berechnet und für die Kalt-Warmzeitperiodik in der Eiszeit verantwortlich gemacht. Sie beruht auf der Exzentrizität der Erdumlaufbahn in Verbindung mit einer sich in ihrer Lage verändernden Ekliptikschiefe der Erdachse gegen die Erdbahnebene und läßt sich wie folgt erklären: Wenn im Perihel die Erde der Sonne ihre Südhalbkugel zuwendet, welche wegen der Ozeanvormacht dunkler ist und daher mehr Licht absorbiert, empfängt sie insgesamt mehr Strahlung als wenn die Erde in Sonnennähe dieser die stärker reflektierende Nordhalbkugel zuwendet. HAYS et al. (1976) berechneten diese Einstrahlungs-Unterschiede und brachten sie mit dem Wachsen und Schrumpfen der Eiskappen in Zusammenhang. Diese glazialen Fluktuationen sind nach PITMAN & GOLOVCHENKO (1983) der einzige Mechanismus, der weltweite Meeresspiegelschwankungen von mehr als 10 mm/1000 Jahre erzeugen kann und dabei Größenordnungen von mehr als 100 m erreicht. Der Meeresspiegel schwankte im Pleistozän um 120–140 m (BERGER et al. 1984: 180), s. auch PRELL et al. (1986). OERLEMANS (1980) gibt jedoch zu bedenken, daß ein 100 000 Jahres-Rhythmus auch einer Eiskappen-eigenen Dynamik entspricht, und daß die Erdbahnelemente hier nur auslösend oder allenfalls verstärkend wirken.

Im einzelnen beruhen die z. T. abrupten Klimaänderungen allerdings auf einem komplizierten Zusammenspiel vieler, z. T. voneinander abhängiger Faktoren (BERGER 1982a). So entstanden beispielsweise in den Warmzeiten Karbonat- und Riffplattformen auf dem Schelf, welche nach der Formel $Ca^{++} + 2HCO_3^- \rightleftharpoons CaCO_3 + H_2O + CO_2$ die Exhalation von CO_2 verstärkten. Dieses wurde teils an die Atmosphäre abgegeben, wie an Lufteinschlüssen in Eiskernen festgestellt wurde, teils (verzögert) in der Tiefsee zur Kalklösung verwendet (BERGER 1982b).

SCHWARZACHER & FISCHER (1982) fanden diesen Zyklus in Bündeln von Kalk-Mergel-Wechsellagen (s. Abb. 13-47), und ANDERSON (1982) fand ihn in permischen Evaporiten. Nach RYER (1983) sind für die Kohlebildung in der Kreide von Utah (Abb. 13-53) besonders geeignet die Zeiten der Umkehr zwischen transgressiven und regressiven Phasen, wenn die Faziesgürtel für einige Zeit stationär sind.

Zu 1 f: FISCHER & ARTHUR (1977) glauben, eine Rhythmik von etwa 32 Millionen Jahren in der Diversität pelagischer Lebensgemeinschaften gefunden zu haben. „Polytaxische" Zeiten maximaler Diversität sind mit höheren, einheitlicheren Temperaturen, Meeresspiegelanstieg, kontinuierlicher pelagischer Sedimentation und der Häufigkeit anaerober Verhältnisse verknüpft, während „oligotaxische" (artenarme) Zeiten zusammenfallen mit niedrigeren Temperaturen, fallendem Meeresspiegel, stärkeren räumlichen Temperaturgradienten, intensiveren Strömungssystemen, dem Zurücktreten anaerober Verhältnisse und der Blüte opportunistischer Arten. Die Ursachen für diese Rhythmik sind noch nicht bekannt.

Durch Auszählung von Warven fand ANDERSON (1965) in verschiedenen Formationen Zyklen der Größenordnungen 1 Jahr („1. Ordnung") bis 1 Million Jahre („7. Ordnung"), von denen sich jeweils mehrere überlagerten. Der 6. Ordnung, in welche auch die Glazialzyklen gehören (s. 1 e), wies er die Kohlezyklen der mittleren USA zu.

Zu 2a: Regionale Hebungen und Senkungen können die Sedimentation nicht nur im terrestrischen, sondern auch im marinen Bereich beeinflussen. Da in der Regel selbst über längere Zeit gleichsinnige Bewegungen mit wechselnder Geschwindigkeit oder sogar mit Pausen verlaufen, können hierbei zyklisch oder rhythmisch gegliederte Sedimentfolgen entstehen. Die Bedingung ist, daß ein Schwellenwert bezüglich bestimmter sensibler Faktoren – z. B. das Gefälle zwischen Abtragungs- und Ablagerungsbereich – überschritten wird, sozusagen eine „**sedimentäre Reizschwelle**". Verstärkte Hebung des Abtragungsgebietes kann im fluviatilen Bereich Kornvergröberung, im marinen eine Regression bewirken.

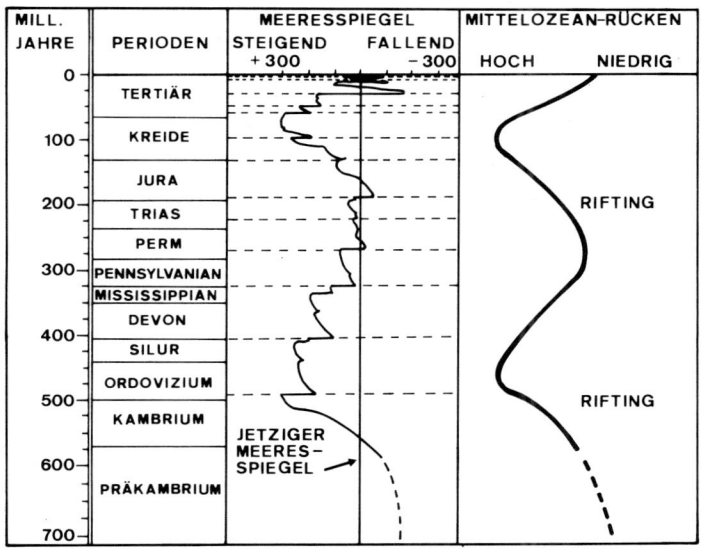

Abb. 13-52. Vergleich der globalen („eustatischen") Meeresspiegelschwankungen (nach VAIL et al. 1977 und VAIL & HARDENBOL 1979) mit dem Volumen der mittelozeanischen Rücken (z. T. nach MACKENZIE & PIGOTT 1981), aus SHANMUGAM & MOIOLA (1982).

Zu 2b: VAIL et al. (1977) haben durch eine weltweite Korrelation der Transgressionen und Regressionen die „eustatischen", d. h. überregionalen Schwankungen des Wasserspiegels der Ozeane ermittelt. Das Ergebnis ist die in Abb. 13-52 dargestellte Kurve. Sie zeigt im rechten Teil die zwei Zyklen 1. Ordnung (Numerierung abweichend von 1 f), welche das ganze Phanerozoikum umfassen. Sie spiegeln zwei Perioden verstärkter Plattenbewegung, von denen die erste zeitlich mit der kaledonisch-varistischen, die zweite mit der alpidischen Orogenese zusammenhängt. Der Zyklenbeginn fällt jeweils mit dem Aufbrechen der Kontinente zu Beginn des Kambriums und in Trias und Jura zusammen (s. STECKLER 1984: 112). Die starken Transgressionen in der mittleren Kreide werden auf die verstärkten Plattenbewegungen bei der Bildung des Südatlantiks durch Auseinanderdriften von Südamerika und Afrika zurückgeführt. Dabei verbreitete sich die Wärmezone beiderseits der mittelatlantischen Schwelle mit ihren Tholeiit-Intrusionen. Da die warmen Gesteine eine etwas geringere Dichte besitzen, hoben sie sich isostatisch heraus, und der Hang der mittelozeanischen Rücken (die „Sclater-Kurve", SCLATER et al. 1971) wurde flacher. Dadurch verringerte sich das Volumen der Ozeanbecken, und der Meeresspiegel stieg. Von PITMAN (1978) wurde diese Bilanz berechnet.

Ohne hier weiter auf diese großtektonischen Vorgänge einzugehen (s. auch S. 858), sei erwähnt, daß zahlreiche sedimentäre Großzyklen mit diesen Meeresspiegelschwankungen in Zusammenhang gebracht werden. Generell sind die Meereshochstände mit Perioden stärkerer chemischer Sedimentation (z. B. Karbonatplattformen), die Tiefstände mit Perioden stärkerer klastischer Sedimentation verbunden (s. BERGER et al. 1984; WORSLEY & NANCE 1983). Nach VAN HOUTEN & PURUCKER (1984) fallen die beiden Hauptepochen der Glaukonitbildung, nämlich an der Kambrium/Ordoviziumgrenze und in der Oberkreide, mit den beiden Meeresspiegelhöchstständen des Phanerozoikums zusammen; Glaukonit (und Phosphorit) sind in der Tat an Perioden geringer klastischer Sedimentation gebunden. Auch die beiden großen Verwitterungszyklen (im mittleren Paläozoikum und im Alttertiär), welche ihrerseits die Bildung mariner Phosphat- und SiO_2-Anreicherungen beeinflußten (s. Kap. 8 und 9), stehen in einem Zusammenhang mit jenen großen Bewegungen des Meeresspiegels (VALETON 1983).

Links in Abb. 13-52 sind Zyklen 2. Ordnung dargestellt, welche die beiden Großzyklen 1. Ordnung überlagern. Sie sind ebenfalls weltweit nachgewiesen, lassen sich jedoch bisher nur vereinzelt mit bestimmten tektonischen Ereignissen in Zusammenhang bringen. VAIL et al. (1977) denken an orogenetische Phasen an einzelnen Subduktionszonen, an die Flutung oder Verlandung von Nebenmeeren oder andere tektonisch bedingte Veränderungen. Beispielsweise bewirkte nach BERGER & WINTERER (1974) die Auffaltung des Himalaya vermutlich eine Meeresspiegelsenkung um 50 m; generell wird die alpidische Faltung mit der Regression seit dem Miozän in Verbindung gebracht (HAMILTON 1968). Die Meeresspiegel-Absenkungen sind übrigens in Abb. 13-52 zu abrupt dargestellt, wie inzwischen durch viele Autoren festgestellt und begründet wurde (VAIL & HARDENBOL 1979; VAIL & TODD 1981; VAIL et al. 1982). WATTS (1982) bezog die Bewegungen der passiven Plattenränder in die Berechnung ein.

Zyklen 3. Ordnung von ca. 1–5 Millionen Jahre Dauer überlagern die o.g. Zyklen 2. Ordnung; auch sie sind z. T. weltweit verbreitet. Vermutlich sind sie in Küstenregionen besonders verbreitet. Abb. 13-53 zeigt ein Beispiel aus der Oberkreide der westlichen, inneren USA (s. auch HANCOCK & KAUFFMAN 1979). VAIL & HARDENBOL (1979) fanden eine ca. 4–6 Millionen Jahre-Zyklizität im Tertiär, und McGHEE & BAYER (im Druck) stellten im deutschen Lias und unteren Dogger eine Zyklizität der gleichen Größenordnung fest, welche in einem Ton-Sand-Wechsel, besser jedoch in einer wechselnden Akkumulationsrate (5–50 mm/1000 Jahre) zum Ausdruck kommt.

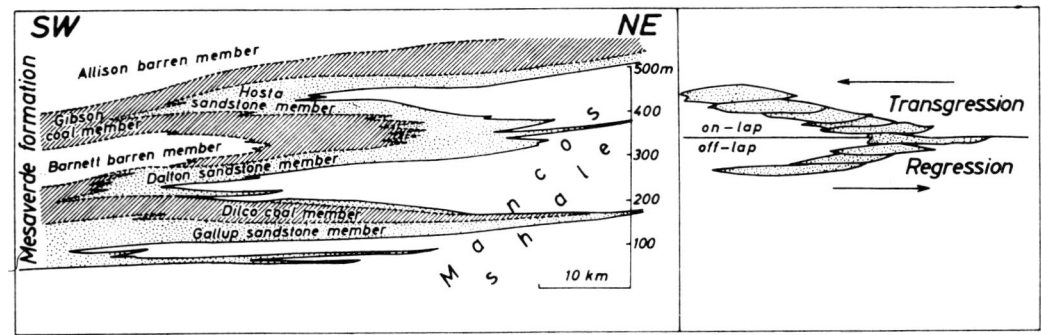

Abb. 13-53. Querschnitt durch die oberkretazische Küstenlinie in New Mexico (umgezeichnet aus MOORE 1949). Die fluviatile bis litorale, vorwiegend aus Sandsteinen aufgebaute „Mesaverde-Formation" verzahnt sich infolge von kleineren Regressionen und Transgressionen mit den dunklen, marinen Mancos-Tonsteinen. Rechts ist das unterschiedliche Übergreifen der Sandsteinkörper schematisch dargestellt (s. auch HOLLENSHEAD & PRITCHARD 1961).

Es ist charakteristisch für viele Zyklen, daß sie nur eine Zeitlang – bei günstigen Bedingungen – in Erscheinung treten, wenn die „sedimentäre Reizschwelle" (s. o.) überschritten wird.

Zu 2c: Die Konfiguration der Ozeane und Kontinente hat erheblichen Einfluß auf die Meeresströmungen und damit nicht nur auf die Sedimentation im Ozean (s. z. B. S. 511) sondern auch auf das Klima (THIEDE & VAN ANDEL 1977; THIEDE 1980). Die dadurch ausgelösten Wirkungen sind allerdings wohl nur in seltenen Fällen zyklisch.

Zu 3a: Flußverlagerungen sind eine der häufigsten Ursachen terrestrischer Zyklen (Abb. 13-54 links). Der abgebildete, in Mäanderflüssen vorherrschende Unten-grob-Zyklus (ALLEN 1965a) läßt sich wie folgt erklären: Bei der Verlagerung eines Flußmäanders (meerwärts) greift die Flußrinne über tonige Überflutungssedimente und erodiert diese zum Teil, bevor sie von Sediment überlagert werden. Solange sich jedoch nur randliche Teile des Flußbetts an unserem Referenzpunkt befinden, kann kein Sediment liegenbleiben, weil es bei der weiteren Verlagerung von zentraleren Teilen der Flußrinne wieder abgeräumt wird. Erst wenn sich diese zentrale Rinne mit der stärksten Strömung an unserem Referenzpunkt befindet, setzt die Sedimentation ein, weil bei weiterer Verlagerung des Flußbetts eine immer schwächere Strömung unseren Punkt erreicht, welche nicht in der Lage ist, die vorher abgelagerten, gröberen Sedimente zu erodieren. Es lagern sich also nun immer feinere Sedimente ab; zunächst die Sandbänke, dann die Überflutungssedimente. In verflochtenen Flüssen (braided rivers) sind die Verhältnisse komplizierter; hier können auch Oben-grob-Sandsteinbänke entstehen (COSTELLO & WALKER 1972).

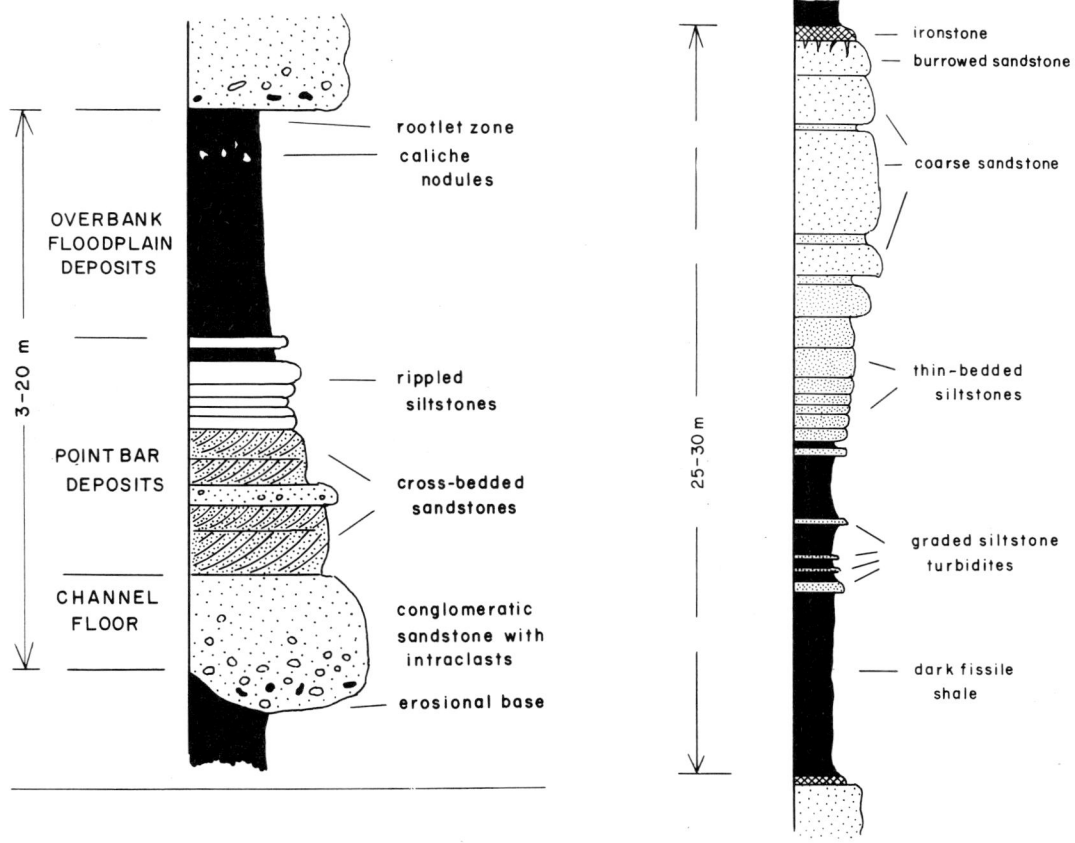

Abb. 13-54. Links ein etwas idealisierter Unten-grob-Zyklus eines Mäanderflusses, rechts ein Oben-grob-Zyklus eines prograderenden (d. h. sich vorbauenden) Deltas des Devons von Pennsylvania, USA. Aus PETTIJOHN (1975: Fig. 15-9 und 15-11), s. auch S. 872 und 897.

Zu 3b: Vor einem wachsenden Flußdelta verringert sich ständig die Wassertiefe, so daß ein regressiver Oben-grob-Zyklus entsteht (Abb. 13-54 rechts). Das Mississippidelta verlagerte sich alle 400–1000 Jahre (FISK 1961). Dies entspräche der Dauer des oberen Zyklusteils in Abb. 13-54. Im unteren Teil steckt sicher ein Vielfaches dieser Zeit, denn diese feinkörnige Sedimentation hält an, bis nach vielen Deltaverlagerungen der Fluß zufällig wieder die gleiche Richtung einschlägt, was beim derzeitigen Mississippidelta in den 4000 Jahren seines Bestehens noch nicht geschehen ist.

Abb. 13-51 zeigt zyklische Entwicklungen in einem turbiditischen Tiefwasserdelta. Zyklotheme können sich auch bei der küstenparallelen Wanderung von Sandbarren bilden.

Zu 3 c: Bei tiefem Meeresspiegelstand, z. B. in Eiszeiten, sammelt sich der terrigene Schutt unmittelbar am Schelfrand. Von Zeit zu Zeit führt dies zu Rutschungen, die in mass flows und schließlich in Suspensionsströme übergehen können. In Kaltzeiten ist die Zyklenfolge mindestens 100 × schneller als in Warmzeiten, in denen ein breiter Schelf den Schutt aufnimmt und verteilt.

Zu 4 a: Auch unperiodische Ereignisse wie Stürme sind in der Lage, rhythmische (zyklische) Ablagerungen zu bilden, da sie in mehr oder weniger regelmäßigen Abständen eine lokale „Reizschwelle" übersteigen und in der Lage sind, Sand aus der Küstenzone auf den küstenferneren Schelf zu verfrachten (s. auch S. 801). EINSELE & SEILACHER (1982) und AIGNER (1982) schlugen für diese Sedimente den Namen „Tempestite" vor.

Andererseits bringen Sturmfluten auch unperiodisch Sediment in den Supratidalbereich (Marsch) und erzeugen dort eine zyklische Sedimentfolge, welche – beispielsweise in den Bahamas – durch Blaugrünalgenmatten laminiert sein kann (HARDIE & GINSBURG 1977).

Zu 4 b: Erdbeben können Rutschungen, debris flows oder Suspensionsströme auslösen. Sind die unter 3c genannten Akkumulationen betroffen, so bewirken die Erdbeben nur eine Verkürzung der Rhythmik, ohne jedoch das Gesamtvolumen der entstehenden Turbiditserie zu beeinflussen; die einzelnen Turbidite (bzw. Debrite) aber werden geringmächtiger. (Zu 2a bestehen Beziehungen).

Zu 4 c: Aus vielen Vulkanen erfolgen in mehr oder weniger regelmäßigen Abständen Eruptionen. Solche Eruptionsserien lassen sich zu Eruptionsepochen von zehn bis zu einigen tausend Jahren Dauer zusammenfassen, welche durch ruhige Zeiten voneinander getrennt sind (FISHER & SCHMINCKE 1984: 348). Auch gibt es Anzeichen für eine periodische Verstärkung vulkanischer Tätigkeit während einiger Abschnitte des Tertiärs und im Quartär (KENNETT & THUNELL 1977).

Zu 4 d: Hier kommen nur Impaktereignisse in Betracht, welche auf der ganzen Erde oder zumindest auf großen Teilen derselben ihre Spuren hinterlassen. Das ist bei einem Durchmesser des Himmelskörpers von etwa 10 km wahrscheinlich. Einschläge von Objekten dieser Größe treffen die Erde nach Berechnungen von SHOEMAKER (1984) im Mittel alle 50 Millionen Jahre. Sie verdampfen beim Auftreffen vollständig; dabei können große Staubmengen entstehen, die das Strahlungsbudget der Erde ändern, oder es entstehen durch die Hitzeentwicklung Stickoxide, welche die Ozonschicht angreifen (TOON 1984) oder HNO_3 bilden. Das letzte Ereignis dieser Art liegt vermutlich 63 Millionen Jahre zurück und markiert die Kreide-Tertiärgrenze mit ihrem Massensterben planktonischer Organismen, mit einer Anreicherung siderophiler Elemente, vor allem Iridium, und mit einem relativen Zurücktreten seltener Erden (HSÜ 1984). Das Szenarium dieses hypothetischen (!) Ereignisses ist zur Zeit Gegenstand weit divergierender Vermutungen, von der Verdunklung des Himmels und Abkühlung bis zur Erwärmung oder Vergiftung der obersten Wasserschichten des Meeres (HSÜ l. c.).

Zu 4 e: Biologische Ereignisse, die mit denen an der Kreide-Tertiärgrenze vergleichbar sind, gab es nach RAUP (1984) im späten Ordovizium, im mittleren Oberdevon (Frasne/Famenne), im späten Perm und in der späten Trias. Solange keine anderen Ursachen bekannt sind, müssen auch rein biologische Ursachen in Betracht gezogen werden. Ein Fluktuieren der organischen Produktivität verursacht nach GARRISON & HONJO (1964) und GARRISON (1967) in Tiefwassersedimenten des alpinen Obermalm eine rhythmische Wechsellagerung von Tonstein und kieseligem Kalkstein, welcher aus Radiolarien und Calpionellen in einer Grundmasse von Coccolithen besteht. Ein anderes Beispiel stammt von WAAGE (1965). Er beschreibt brackisch-marine Siltsteine der Oberkreide, welche rhythmisch im Abstand von 3–5 m Lagen von fossilreichen Kalkkonkretionen enthalten. Jede dieser Lagen enthält nur ganz wenige Arten (Mollusken). Ein rhythmisches Massensterben wird deshalb als Ursache wahrscheinlich gemacht. Hiermit ist gerade in Gebieten wechselnder Salinität zu rechnen.

Zu 4 f: Auch mehrere, für sich allein nicht über der sedimentologischen Reizschwelle liegende seltene Ereignisse treffen statistisch – wenn auch sehr selten – einmal zusammen und können dann als gemeinsame Ursache eines „events" auftreten. Dieses „event" hätte dann ebenfalls die Chance, sich rhythmisch zu wiederholen (GRETENER 1967).

Auf diese Weise mögen viele rhythmisch-zyklische Ereignisse auf mehrere Ursachen zurückge-

Produktion, andererseits abgeschlossene Meeresbecken oder eine auf sonstige Weise behinderte Zirkulation voraussetzen. Die letztere kann die Folge eines Meeresspiegelanstiegs sein (WETZEL 1982).

13.4.2 Seismische Stratigraphie, Transgressionen, Regressionen

Abgesehen von einigen Riesen-Aufschlüssen in der Arktis, erlaubte erst eine verfeinerte Reflexionsseismik die kontinuierliche Erfassung der Struktur größerer Schichtungskörper in lateraler und vertikaler Richtung. So wurde es möglich, Trans- und Regressionen detailliert von Schicht zu Schicht zu verfolgen, sofern diese Flächen die seismischen Signale reflektierten. Ob eine Schichtgrenze als Reflektor wirkt oder akustisch transparent ist, hängt von der Änderung der akustischen Impedanz („Reflektivität"), des Produktes von Intervallgeschwindigkeit und Gesamtdichte (einschließlich Poren), an der betreffenden Schichtgrenze ab. In günstigen Fällen lassen sich sogar

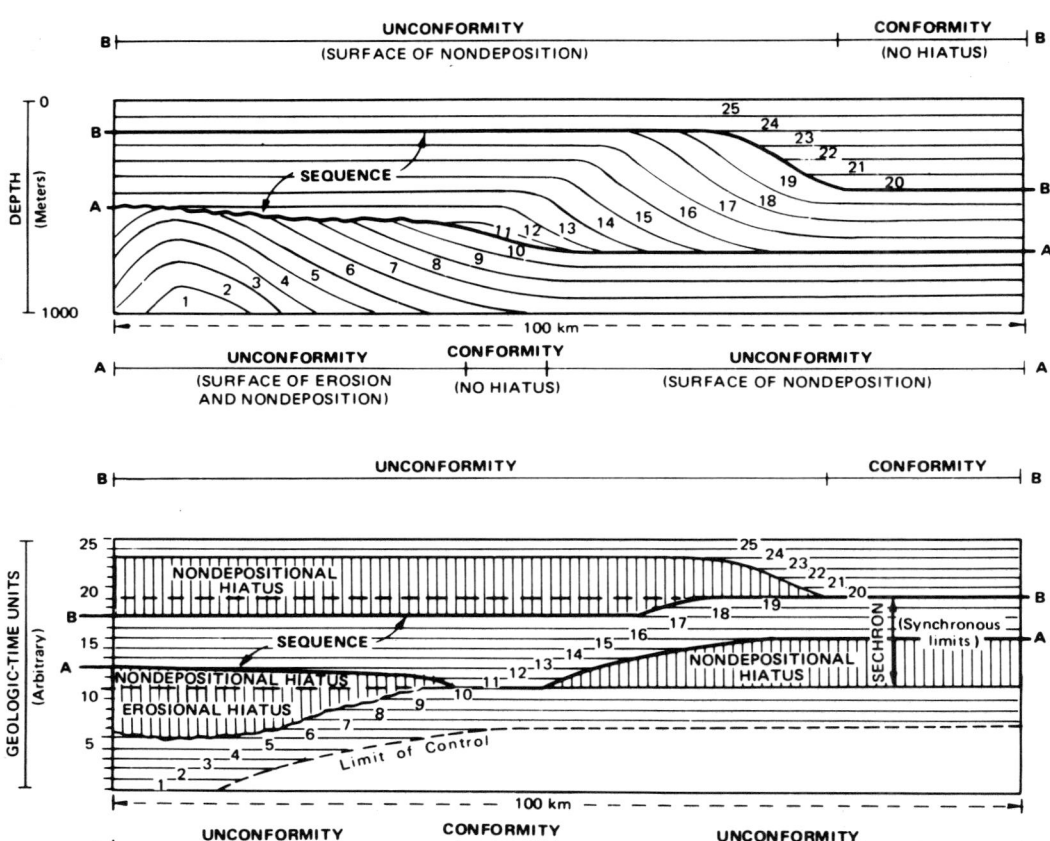

Abb. 13-55. Konzept der Ablagerungssequenz (zwischen A und B), oben mit einem Tiefenmaßstab, unten mit einem Zeitmaßstab als Ordinate. Die Schichten sind fortlaufend numeriert. Konkordante und diskordante Überlagerungen sind gekennzeichnet. Der maximale Zeitumfang einer Sequenz wird als „Sechron" bezeichnet. Aus VAIL et al. (1977: 58).

lithologische Aussagen und Vorstellungen über das Ablagerungsmilieu aus solchen Beobachtungen ableiten (PAYTON 1977; DAVIS 1984). Überraschend war in diesem Zusammenhang die Erfahrung, daß die seismischen Korrelationen chronostratigraphischen, nicht lithostratigraphischen Charakter besitzen. Diese Studien führten bald zu erdumspannenden Betrachtungen und damit zu der Möglichkeit, zwischen lokaltektonisch verursachten und weltweiten, sogenannten „eustatischen" Meeresspiegelschwankungen zu unterscheiden.

Nur ein großes Team, welches in allen Kontinenten über lange seismische Profile verfügte, konnte diese Arbeit bewältigen. Das Verdienst, diese Pionierarbeit geleistet zu haben, kommt der Forschergruppe um P.R. VAIL von der Exxon Production Research Company in Houston/Texas zu (VAIL et al. 1977). Wenn auch das seismische Material nicht freigegeben wurde, so hat sich doch das neue Instrument, die seismische Stratigraphie, bereits vielfach bewährt. Die von dieser Gruppe erarbeitete, detaillierte Zeittafel der globalen Meeresspiegelschwankungen (Abb. 13-52), deren große Züge als gesichert anzusehen sind, war wohl das stimulierendste Ergebnis geologischer Forschung im letzten Jahrzehnt. Die Grundzüge dieser Methode seien daher im folgenden kurz erläutert, wobei von einer Übersetzung der allgemein gebräuchlichen englischen Begriffe abgesehen wird. Die geophysikalischen Grundlagen findet man z.B. bei NEIDELL (1979).

Die kleinste kohärente Schichteinheit im seismischen Profil ist die „Ablagerungssequenz". Sie ist definiert als eine (relativ) konkordante Folge genetisch zusammenhängender Schichten, welche

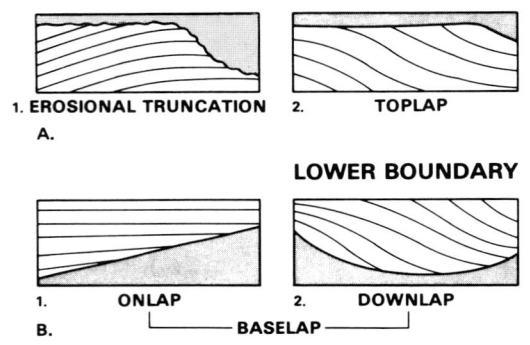

Abb. 13-56. Beziehung der Schichten zu den Grenzen der Ablagerungssequenzen: Erosive Kappung, toplap, onlap und downlap, sowie (nicht dargestellt) erosiv und konkordant. („Onlap" und „downlap" beziehen sich auf die untere Grenzfläche) Aus VAIL et al. (1977: 58).

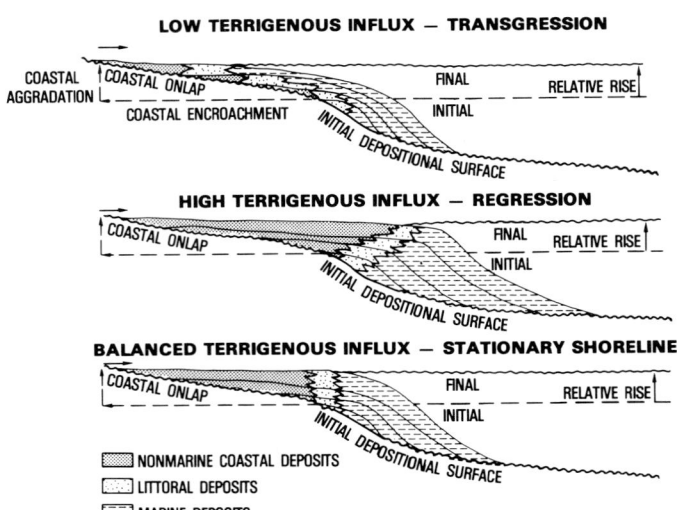

Abb. 13-57. Meeresspiegelhebung. Die terrigene Zufuhr bestimmt, ob es zur Transgression (oben), Regression (Mitte) oder stationären Küstenlinie (unten) kommt (coastal encroachment = Küsten-Übergreifen; coastal aggradation = Küsten-Aufschüttung). Aus VAIL et al. (1977: 66).

oben und unten zumindest stückweise durch Diskordanzen oder Omissionen begrenzt ist (Abb. 13-55). Solche Sequenzen umfassen etwa 1–10 Millionen Jahre und entsprechen damit den Zyklen 3. Ordnung (VAIL et al. l. c.: 83).

Die diskordanten Schichtkontakte an der Ober- oder Untergrenze der Sequenzen bezeichnet man als erosiv, toplap, onlap und downlap (Abb. 13-56), wovon toplap und downlap an foreset-Schüttungen vor Deltas auftreten, während sich onlap vor allem bei Transgressionen einstellt (Abb. 13-57). Es setzt sich aus dem lateralen Übergreifen des Meeres („coastal encroachment") und dem vertikalen Aufbau von Küstensedimenten („coastal aggradation") zusammen. Dabei bestimmt die Stärke der terrigenen Zufuhr, ob es – bei gleichen relativen Meeresspiegelanstiegen – zu einer Transgression (Abb. 13-57, oben), einer stationären Küstenlinie (unten) oder einer Regression (Mitte) kommt. Ein Beispiel für letzteres ist die holländische Westküste, die sich trotz lokaltektonischer Senkung dank der reichlichen Sandzufuhr aus dem Rheindelta vorbaut. Ein Meeresspiegelstillstand gibt sich durch toplap zu erkennen; die Küste wird nur lateral vorgebaut („offlap" ~ toplap; Abb. 13-58). Wird eine stetige Transgression kurzfristig durch eine plötzliche Absenkung des Meeresspiegels unterbrochen, so entsteht das in Abb. 13-59a gezeigte Bild, während in Abb. 13-59b die Verhältnisse für stetige relative Meeresspiegelsenkung dargestellt sind. Sie können auch dadurch

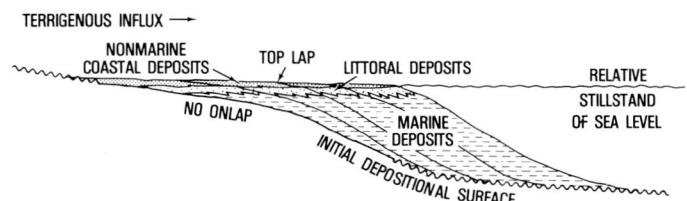

Abb. 13-58. Relativer Meeresspiegelstillstand mit coastal toplap: Durch Küstenanbau kommt es zur Regression. Aus VAIL et al. (1977: 70); s. auch Abb. 13-13 B S. 794.

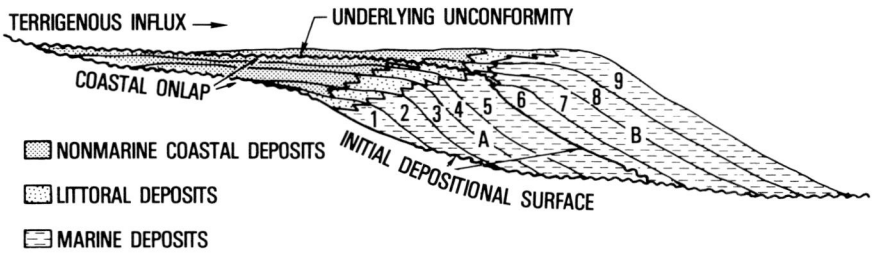

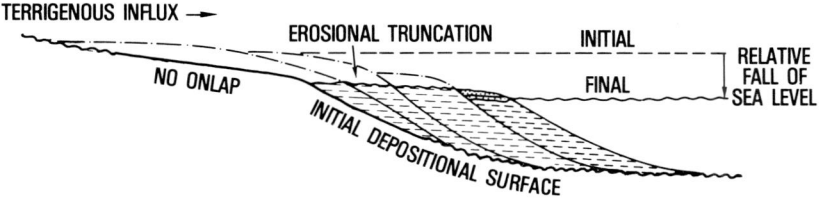

Abb. 13-59. Relative Meeresspiegelsenkung, (a) plötzlich, als kurze Unterbrechung eines (regressiven) Meeresspiegelanstiegs (s. Abb. 13-57 Mitte), (b) stetig; die foresets („clinoform pattern") setzen immer tiefer an. Aus VAIL et al. (1977: 72).

entstehen, daß der Meeresspiegel eustatisch steigt, jedoch von einer lokalen tektonischen Hebung „überholt" wird.

Hinsichtlich der Prozesse am Kontinentalhang bestehen noch unterschiedliche Auffassungen:

Bei	nach VAIL et al. (1977)	nach HAMPSON (1984)
steigendem Meeresspiegel:	Onlap	Onlap
hohem Meeresspiegelstand:	Offlap (progradierende Schelfsedimente)	Kleine lokale Prozesse
sinkendem Meeresspiegel:	Erosion	Akkumulation
	am äußeren Schelf und oberen Hang (dort Progradation)	
tiefem Meeresspiegelstand:		Am oberen Hang Erosion (bei geringer Sedimentzufuhr oder horizontale Deltasedimente

Die Ermittlung von Zeitdauer und Betrag der relativen Meeresspiegelsenkungen ist schwierig, weil die Absenkung oft mit einer Erosion verbunden ist. Damit hängt es zusammen, daß sich die in Abb. 13-52 bei den Zyklen 2. (und 3.) Ordnung dargestellte Tendenz zu schnellen Regressionen und langsameren Transgressionen nicht bestätigt hat, wie bereits VAIL & TODD (1981b) feststellten. Eine weitere Komplikation für die Bilanzierung sind die isostatischen Ausgleichsbewegungen der Schelfränder bei Überflutung sowie bei Entlastung derselben. Schließlich ist vor allem in den ersten Stadien des „rifting", des Aufreißens einer kontinentalen Plattform, mit stetiger Abkühlung zu rechnen, welche eine tektonische Absenkung und damit einen relativen Meeresspiegelanstieg auf den Plattformrändern zur Folge hat (WATTS 1982). Diese thermisch bedingte Subsidenz der passiven Kontinentalränder hat ihr Maximum am Schelfrand. Zur Zeit beträgt sie östlich der USA > 10 mm/1000 J. Entsprechend hohe Absenkungsraten des Meeresspiegels gibt es nur in Eiszeiten (PITMAN & GOLOVCHENKO 1983). Nur in diesen kann demnach bei Regressionen der Meeresspiegel unter den Schelfrand sinken, sofern die Sedimentationsrate gering ist und es sich um alte Ränder (starved margins) handelt, bei denen die maximale Subsidenz seewärts vom Schelfrand liegt (s. auch S. 851).

Abb. 13-60 zeigt eine komplexe Folge von downlap, onlap, Erosion (erosional truncation) und toplap begrenzter Sequenzen aus dem nordwestafrikanischen Kontinentalrand.

Die Kurve der Meeresspiegelschwankungen (Abb. 13-52) wird konstruiert (VAIL et al. 1977: 79), indem anhand der coastal aggradation (Fig. 13-57) die relative Meeresspiegelhebung Schicht für Schicht zusammengesetzt wird, und zwar nur an Stellen, wo die einzelnen onlap-Lagen parallel zueinander verlaufen. Diese Einschränkung eliminiert den Einfluß lokaler, oft beckenwärts zunehmender Subsidenz. Regressionen werden nach Abb. 13-59 ermittelt.

Eine quantitative Erkundung der Meeresspiegelbewegungen erfordert außerdem Kenntnisse über das Environment der einzelnen Sequenzen. In Zeiten globalen hohen Meeresspiegelstandes sind Flachseeablagerungen weitverbreitet; Deltas bauen sich – bei Meeresspiegelstillstand – vor. Umgekehrt treten marine Schelfsedimente bei Meeresspiegel-Tiefständen zurück; statt dessen werden Tiefsee-Schuttfächer häufiger. Seismische Faziesanalysen (VAIL et al. 1977: 117–133; gleiches Buch: 165–275, mit Tabelle auf S. 166/8) verwenden Form (l.c.: 131/3) und Struktur der Sedimentkörper (parallel, subparallel, divergent, verschiedene Arten des Vorbaus in tiefere Becken, chaotisch, sowie reflexionsfrei in Riffen) und materialabhängige seismische Daten. Hinsichtlich der Art der Aufschüttung unterscheidet RICH (1951) „undaform" (auf dem Schelf), „clinoform" (Vorschüttung am Hang) und „fondoform" (auf dem Boden tiefer Meeresbecken).

Besonders charakteristische Punkte der Meeresspiegelkurve sind nach VAIL et al. (1977: 83):

a. die höchste Lage, am Ende der Kreidezeit: 350 m höher als heute (s. S. 851).
b. die tiefste Lage, im Mitteloligozän: 250 m tiefer als heute
c. zu Beginn des Jura und im Zechstein: 150 m tiefer als heute
d. im Obermiozän: 200 m tiefer als heute.

In den übrigen Perioden lag der Meeresspiegel meist höher als heute. Rätselhaft ist bis heute die Entstehung des Oligozän-Tiefstandes; eine Vereisung allein reicht nicht aus.

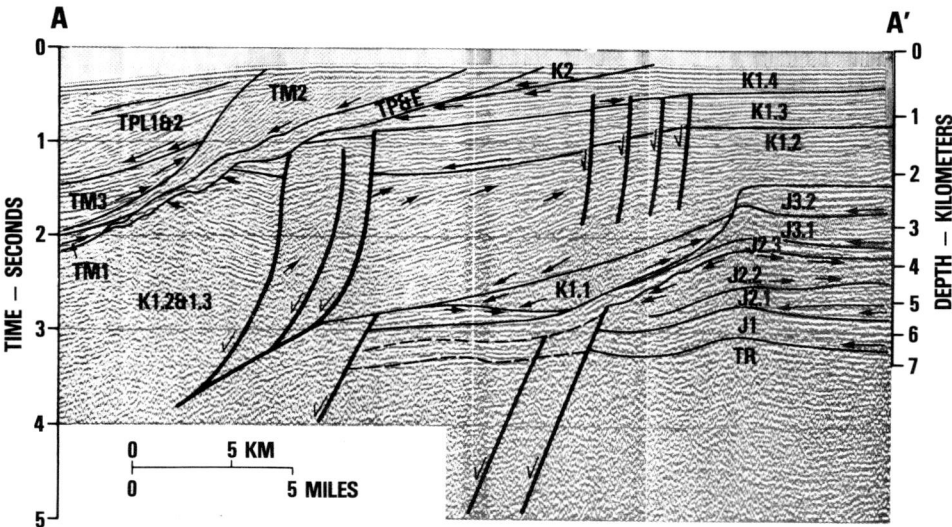

Abb. 13-60. Seismische Stratigraphie im Kontinentalrand NW-Afrikas. Die stratigraphische Deutung der Sequenzgrenzen beruht z. T. auf Bohrprofilen, die sich in diesen Profilschnitt hineinprojizieren ließen. Die Pfeile verdeutlichen die diagnostischen Merkmale der Sequenzen. Das Profil ist 3 × überhöht. TR = Trias, J1 = unterer Jura mit onlap, J2 = mittlerer Jura; Abteilungen 1–3 zeigen downlap mit geringen Winkeln, ebenso J3 = oberer Jura; darin ein Riff-besetzter Karbonat-Schelfrand. Die tiefmarinen Klastika des Valendis (K 1.1) lagern sich vor dem Schelfrand in primär geneigter Lagerung und mit onlap (rechts) und downlap (links) ab. Mächtige Unterkreide-Tonsteine und deltaische Sandsteine mit Abschiebungen überlagern die jurassische Schelfplattform; die Sequenzen K 1.2 = Hauterive bis Unterapt, K 1.3 = Mittel- bis Oberapt und K 1.4 = Alb bis Untercenoman. K 2 = Oberkreide ist durch marine Schelfablagerungen vertreten. Die Kreide-Tertiärgrenze ist eine geneigte Fläche submariner Erosion. TP & E, Paläozän und Eozän, keilen meerwärts aus. TM 1 = Untermiozäne, tiefmarine Tonsedimente, zeigen ein onlap strukturaufwärts. TM 2 und 3 (Mittel- und Obermiozän), sowie TPL 1 & 2 (pliozäne Tonsedimente) zeigen progradierende onlap-Lagerung. K 1.4 – TP & E wurden in der rechten Hälfte des Profils während einer Hebung im Oligozän und Miozän abgetragen (aus VAIL et al. 1977: 61/2). Der schnellen Öffnung des Atlantiks in der Unterkreide entspricht ein schneller Aufbau des Schelfs. Hiermit konnte der Kompaktionsstrom offenbar nicht schritthalten; die dadurch verhinderte Entwässerung erleichterte Abschiebungen.

13.4.3 Akkumulationsraten

Während der Begriff der „Sedimentationsrate" auch vorübergehende Anhäufungen von Sediment umfaßt, wie sie etwa beim Durchziehen einer Wanderdüne oder Sandbank zu beobachten sind, bezieht sich die „Akkumulationsrate" nur auf den konservierten Anteil der Sedimente, welcher langfristig von der Absenkungsrate (der Subsidenz) in dem betreffenden Gebiet abhängt. Um einen Vergleich junger Sedimente mit älteren Sedimentgesteinen zu ermöglichen, müssen vor allem erstere auf porenfreies Gestein umgerechnet werden, unter der Annahme von 45% Ausgangsporosität bei Sanden und etwa 70% bei Ton- und Kalkschlämmen. Eine Nichtbeachtung der meist höheren Porosität jüngerer Schichten täuscht größere Akkumulationsraten der letzteren vor. Da in der Literatur die Akkumulationsraten auf sehr unterschiedliche Weise angegeben werden, was zu einiger Konfusion führt, wird hier der Empfehlung FISCHER's (1969) gefolgt, Akkumulationsraten stets in mm/1000 Jahre (= m/Million Jahre) anzugeben und hierfür die Maßeinheit „Bubnoff" („B") zu verwenden (nach dem deutschen Geologen S. VON BUBNOFF).

Weil die Akkumulationsraten auch Omissionen und Erosionen einschließen (die „Diasteme" BARRELL's, 1917), werden die Raten um so niedriger, je länger die Zeitabschnitte sind, für welche sie ermittelt wurden (Tabelle 13-8), denn die Wahrscheinlichkeit nimmt zu, daß man seltenere, länger dauernde Omissionen oder Erosionen, z. B. den Ausfall von ganzen Formationen, mit erfaßt (REINECK 1960b; FÜCHTBAUER & MÜLLER 1970: 78, 79; SADLER 1981, DOTT 1983):

Tabelle 13-8. Einfluß der betrachteten Zeitspanne auf die Akkumulationsraten (Mittelwerte).

Zeitspanne	Akkumulationsraten (mm/1000 J.)	
	nach SADLER	nach BRIDGE & LEEDER
3 Tage	10^7	10^7
10 Jahre	10^4	10^5
10^4 Jahre	$5 \cdot 10^2$	$5 \cdot 10^2$
10^7 Jahre	10^1	—

(SADLER (1981) stellte alle ihm verfügbaren Werte zusammen, während BRIDGE & LEEDER (1979: Tabelle 1) nur nordamerikanische, fluviatile Sedimente berücksichtigten).

In Flüssen und in der Küstenzone wird jeweils nur ein geringer Teil der Sedimentation zur bleibenden Akkumulation: Deltas verlagern sich; hinsichtlich der Sandschüttung werden sie also von Omissionsbereichen umrahmt. Dünen wandern durch Erosion und versetzte Wiederablagerung. Selbst in Tiefseeablagerungen findet man zahlreiche Omissionen (Hiaten), welche mit Erosionsvorgängen im Gefolge von Glazialperioden oder von Veränderungen der Ozean-Konfiguration zusammenhängen (VAN ANDEL et al. 1975; EHRMANN & THIEDE 1985).

Tabelle 13-9. Einfluß der Tektofazies auf die Akkumulationsraten (im wesentlichen aus SCHWAB (1976: 726); Angaben in Bubnoff, d. h. mm/1000 Jahre).

Tektofazies	(Zahl der Beispiele)	Minimum	Mittel	Maximum
Abyssische Ebenen, kalkfrei	(4)	0,3	0,7	$1^{1)}$
Kalkiges Tiefseebecken	(10)	2	5	$10^{1)2)}$
Hangsedimente vor Oregon			$3-20^{3)}$	
Kratonische Becken	(6)	3	11	24
Miogeosynklinalen	(8)	12	22	31
Tertiäre Bahamaplattform			23	(BLATT et al. 1980: 31)
Kontinentfuß (continental rise)	(3)	15	28	44
Eugeosynklinalen	(5)	29	34	37
Schelfgebiete (continental terraces)	(7)	24	36	57
Tiefseegräben	(4)	1	113	200
Rifttäler und Aulacogene	(11)	71	169	400
Vorlandbecken-Flysch, Molasse	(15)	43	186	927
Mississippidelta			200	(BLATT et al. 1980: 31)
Mittel von Paläozoikum und Mesozoikum			200	(HUDSON 1964)
Mittel, Schwarzes Meer			200	(DEGENS et al. 1978)
„Klassische" Geosynklinalbecken	(10)	30	219	600
Flußsedimente, Kalifornien (Eozän)			500	(JOHNSON 1984)
Untere Süßwassermolasse			550	(FÜCHTB. & MÜLLER 1970)

[1] GLASS & ROSEN 1978, LISITZIN 1972, [2] KRISHNAMURTHY et al. 1979, [3] KULM & SCHEIDEGGER 1979.

Dennoch liegen die beobachtbaren Sedimentationsraten in der Tiefsee nahe bei den Akkumulationsraten fossiler Tiefseesedimente (0,2–3,0 Bubnoff). Es ist hiernach nicht verwunderlich, daß für terrestrische und küstennahe Ablagerungen der Einfluß der betrachteten Zeitspanne größer ist als für küstenfernere Sedimente. Die Vollständigkeit stratigraphischer Sektionen läßt sich direkt ablesen an dem Verhältnis der langfristigen zu den kurzfristigen Akkumulationsraten (SADLER 1981).

Die mittleren Akkumulationsraten auf den Kontinenten liegen nach RONOV et al. (1980: Fig. 3) zwischen 13 und 35 mm/1000 J. In Tab. 13-9 sind die verschiedenen Tektofazies nach zunehmenden mittleren Akkumulationsraten zusammengestellt. Dabei sind nur Werte berücksichtigt, die über Zeitspannen von Jahrmillionen gemittelt wurden (außer den Tiefseesedimenten, s. o.). Eine ähnliche Zusammenstellung bei K. R. WALKER et al. (1983: Fig. 1) stimmt größenordnungsmäßig

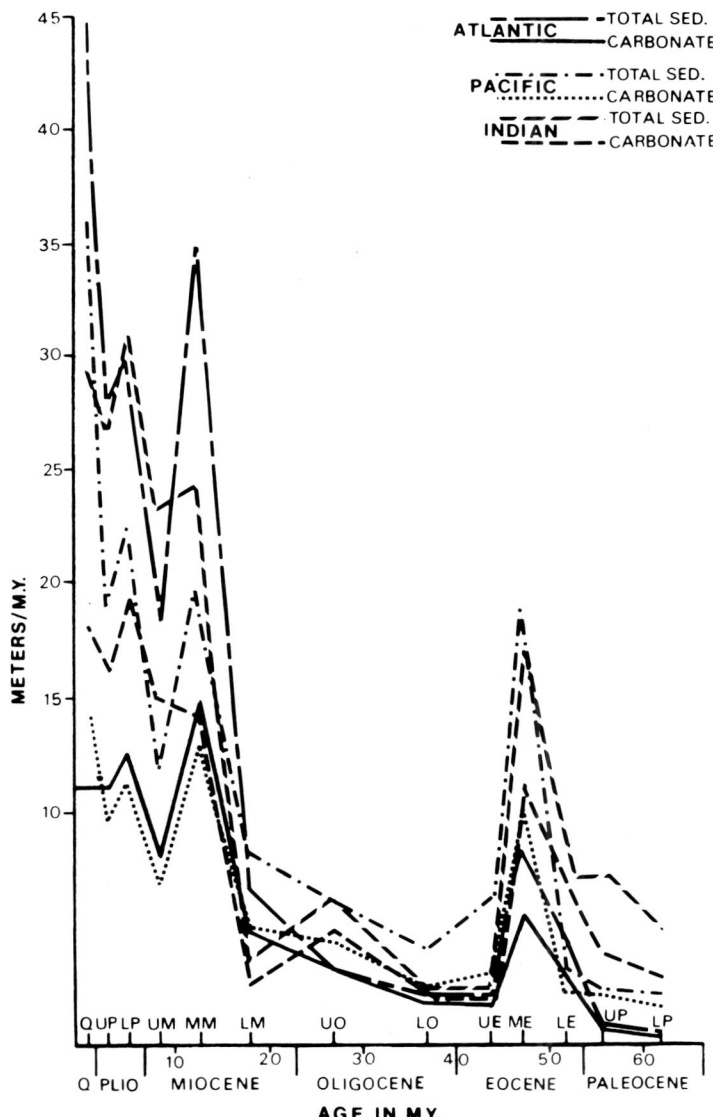

Abb. 13-61. Akkumulationsraten (Gesamtsediment und Karbonat) im Tertiär dreier Ozeane. (Aus DAVIES et al. 1977: Fig. 1.) Auffällig sind die Maxima im Eozän und Miozän, welche mit Zeiten verstärkter lateritischer Verwitterung auf den Kontinenten (VALETON 1983a) und erhöhter Chert-Bildung in den Ozeanen (z. B. im Mittelmiozän, s. S. 512) zusammenfallen.

hiermit überein, wenn man die kurzfristigen, landnahen Sedimentationsraten nicht berücksichtigt. In Tabelle 13-9 wurden nur die rezenten Sedimente (Zeilen 1–3) auf porenfreies Gestein umgerechnet; da es sich bei den übrigen um mehrere 1000 m mächtige Sedimente handelt, ist die (geringe) Korrektur unterblieben.

Abgesehen von diesen Mittelwerten gibt es auch längerfristig Bereiche wesentlich höherer Akkumulationsraten, z. B. im Blattverschiebungsgraben des kalifornischen Ridge Basins $> 10^4$ B über 11 Millionen Jahre, in der Vema Fracture Zone des Atlantik $> 10^3$ B (BLATT et al. 1980: 31) und in der antarktischen Bransfield Strait stellenweise $> 10^3$ B (MEISCHNER, pers. Mitt.); diese Werte sind nicht auf porenfreies Gestein umgerechnet. Die Fracture Zones z. B. des westlichen Atlantik pausen sich in den Sedimentmächtigkeiten deutlich durch (TUCHOLSKE et al. 1982).

Die Hebungen verlaufen im allgemeinen schneller als die durch Senkungen diktierten, langfristigen Akkumulationsraten: Epirogenetische Hebungen liegen bei $0,1-3,7 \cdot 10^3$ B, postglaziale bei $4-9 \cdot 10^3$ B und orogenetische bei $3-75 \cdot 10^3$ B (BLATT et al. 1980: 31).

Manche Akkumulationsraten ändern sich im Laufe der Zeit stark, wie es Abb. 13-61 für Tiefseesedimente des Tertiärs zeigt. Dies gilt auch für das Jungmesozoikum des Nordatlantik (EHRMANN & THIEDE 1985). Als Ursachen sind hier einerseits Klimaschwankungen auf den Kontinenten, andererseits glaziale Meeresspiegelschwankungen mit erhöhter Sedimentzufuhr bei Meeresspiegeltiefständen anzunehmen.

Für die Ermittlung der Sedimentationsraten rezenter Sedimente hat sich das Isotop Pb-210 (Halbwertszeit 22,3 Jahre) bewährt (NITTROUER et al. 1979); Alter bis 40 000 a. können mit ^{14}C, Alter bis 350 T. a. mit $^{234}U/^{230}U$ bestimmt werden. In diesem Bereich sind auch ^{230}Th und ^{231}Pa verwendbar. Über 300 T. a. hinaus führt ^{10}Be (Halbwertszeit 1,5 Mio. a.)

Zusammenfassung

Eine Kalk-Mergel-Rhythmik kann entweder durch wechselnde Kalkbildung oder durch schwankende Tonzufuhr diktiert sein. Nicht in allen Fällen ist diese Alternative zu klären, doch kann die Kalkbildung (bzw. die Tonzufuhr) nicht der alleinige Diktator sein, wenn in dem Rhythmit nahezu reine Kalke (bzw. Tone) vorkommen.

An Zyklen bzw. zyklischen Sedimentfolgen („Zyklothemen") sind mehr als zwei Phasen beteiligt. Manchmal überlagern sich dabei mehrere voneinander unabhängige Ursachen, so im europäischen Oberkarbon Flußverlagerungen, Meeresspiegelschwankungen und Vulkanausbrüche. Art und Größenordnung des lateralen Faziesmusters sind wichtige Bestimmungsstücke bei der genetischen Deutung von Wechselfolgen. Hierbei spielt die Walther'sche Regel eine große Rolle, daß sich nur solche Faziestypen überlagern, welche (auch in der Gegenwart) lateral nebeneinander vorkommen. Ein gutes Beispiel hierfür ist der Sebkha-Zyklus am Persischen Golf (S. 847).

In Großzyklen nimmt oft die Bankdicke und damit einhergehend auch die Korngröße nach oben zu. Bei Kleinzyklen sind dagegen Unten-grob-Zyklen häufiger.

Als Zyklen-Ursachen kann man regelmäßige, astronomisch bedingte Periodizitäten von unregelmäßigen, tektonisch oder sedimentologisch bedingten Periodizitäten unterscheiden, doch wiederholen sich auch unregelmäßige Ereignisse wie Stürme, Erdbeben und vielleicht sogar Einschläge von Himmelskörpern mit einer gewissen Periodik. Der einfachste astronomisch bedingte Zyklus ist der Jahreszeitenzyklus, welcher nur unter günstigen Bedingungen, in Form von „Warven", konserviert wird. Die wichtigste, astronomisch bedingte Periodik ist vielleicht die 100 000-Jahre umfassende Schwankung der Erdbahn-Exzentrizität, welche vermutlich für den Wechsel von Kalt- und Warmzeiten zumindest mitverantwortlich ist.

Die Kurve der weltweiten „eustatischen" Meeresspiegelschwankungen weist für das Phanerozoikum zwei Zyklen 1. Ordnung, zahlreiche Zyklen 2. Ordnung und unzählige, ca. 1–5 Millionen Jahre umfassende Zyklen 3. Ordnung aus.

Diese Kurve ist ein Ergebnis der seismischen Stratigraphie, eines neuen Instrumentes der Geologie, mit dem es z. T. sogar möglich ist, im Vorfeld von Tiefbohrungen fazielle und Milieu-Hinweise zu erhalten. Die Bausteine der seismischen Stratigraphie sind die Ablagerungssequenzen; ein wichtiges Merkmal sind großräumige Änderungen der Schichtlagerung an den Sequenzgrenzen.

Die Akkumulationsrate, d. h. die Sedimentzuwachsgeschwindigkeit, wird vor allem von der tektonischen Subsidenz des Ablagerungsraumes diktiert und ist daher am höchsten in Gebieten orogener Senkung, z. B. in Flysch- oder Molassetrögen. In der Tiefsee reflektiert sie dagegen u. a. klimatische Entwicklungen auf dem Festland sowie Meeresspiegelschwankungen. Die Akkumulationsraten sind um so geringer, je größer die Zeitspannen sind, für welche sie ermittelt wurden, denn mit wachsender Zeitspanne nimmt die Wahrscheinlichkeit zu, seltene und länger dauernde Omissionen und Erosionen mit zu erfassen.

14. Sedimentäre Ablagerungsräume*

(Hans Füchtbauer, Bochum)

Im folgenden Kapitel werden vor allem rezente Environments vorgestellt; hier kann die Entstehung von Sedimentfolgen unmittelbar beobachtet werden, um daraus Regeln zur Deutung fossiler Sedimentgesteine abzuleiten. Diagnostisch wichtige Merkmale werden deshalb hervorgehoben, wobei auch der Aspekt der Erhaltungsfähigkeit berücksichtigt wird. Aus dem fossilen Bereich werden jeweils einige Beispiele beschrieben. Eine erste Übersicht geben für die Kapitel 14.1, 3, 5, 6 und 8 die Faltblätter von Spearing (1974).

14.1 Flüsse

14.1.1 Schwemmfächer (alluvial fans)

An steilen Bergflanken, wie sie z. B. durch Abschiebungen gebildet werden, entwickeln sich oft Schwemmfächer (Blissenbach, 1954; Heward 1978). Ihre auffälligsten Eigenschaften sind (a) die Divergenz (Abb. 14-1), welche zu seitlichem Verschmelzen benachbarter Fächer führen kann, (b) das nach außen abnehmende Gefälle (z. B. von 6 auf 3°), (c) die Korngrößenabnahme (McGowen & Groat 1971) und (d) ein schneller vertikaler und lateraler Fazieswechsel von „mud flows" und „debris flows" zu Sedimenten fließenden Wassers. Im oberen Teil sind die Rinnsale oft eingetieft, während sie sich weiter unten auf der Oberfläche fächerförmig als „sheet flows" ausbreiten. Dies geht darauf zurück, daß geröllführende, proximale, verflochtene Flüsse meist eingetieft sind, während sandführende Flüsse sich bei Hochflut flächenhaft verbreiten (Houseknecht 1981 nach Bluck). An der Grenze dieser beiden Bereiche entstehen aus geröllreichen Strömen „sieve deposits", Kieswälle, welche aus dem nachfließenden Wasser suspendiertes Feinmaterial aussieben, so daß ein bimodales Kiessediment entsteht (Hooke 1967; Bull 1972). Nicht alle Schwemmfächer aber zeigen solch eine deutliche Gliederung (Rachocky 1981).

In semiaridem Klima mit episodischem Starkregen entstehen debris flows, welche zu typischen, relativ steilen Schwemmkegeln führen, da sie nach Trockenfallen wegen des hohen Tongehaltes schwer zu erodieren sind. Unter humiderem Klima verflachen sich die Schwemmfächer (0,01 – 1° wie verflochtene Flüsse, Blatt et al. 1980: 631); der Ton wird hier nicht mehr durch debris flows

Abb. 14-1. Schwemmfächer in der libyschen Wüste am Djofra-Graben (Berge ca. 400 m hoch).

---

* Für zahlreiche Hinweise danke ich Herrn Prof. Dr. H. Kulke

fixiert, sondern in echter Suspension durch Flüsse abtransportiert (COLLINSON 1978). Ältere Schwemmfächer semiarider Gebiete sind meist rötlich gefärbt: Infolge rhythmischer Trocknung und Wiederbefeuchtung verstärkt sich die chemische Verwitterung eisenhaltiger Silikate („red beds", s. S. 874).

Debris flows sind in den Alpen als Muren oder Murgänge bekannt, deren laterale „rigid zones" Dämme bilden, welche die inneren, schneller fließenden Teile kanalisieren.

Die großen, aber kurzen „Nagelfluhfächer", welche sich in der miozänen Oberen Süßwassermolasse unmittelbar nördlich der Alpen bildeten, werden von SCHOLZ (1984) als Schwemmfächer gedeutet. Sie gingen von der damals in Hebung begriffenen „Gefalteten Molasse" am Fuße der Alpen aus und lagerten deren Konglomerate um. Im Gegensatz hierzu stehen die fluviatilen Konglomerate in gleichalten Schichten am Nordrand des Molassetroges mit ihrer Geröllführung über mindestens 200 km Flußlänge (Luftlinie; s. Abb. 3-6 „Miozänmolasse"). Ein weiteres Beispiel bieten die Schwemmfächer- und Playasedimente des Rotliegenden im Saar-Nahe-Becken (STAPF 1982).

In Schwemmfächern mit ihrem schnell abnehmenden Gefälle verringert sich die Geröllgröße hangabwärts stärker als in Flüssen (BLUCK 1964). NILSEN (1982) gab eine reich bebilderte Übersicht über Schwemmfächer. KOCHEL & JOHNSON (1984) verglichen Schwemmfächer verschiedener Klimabereiche.

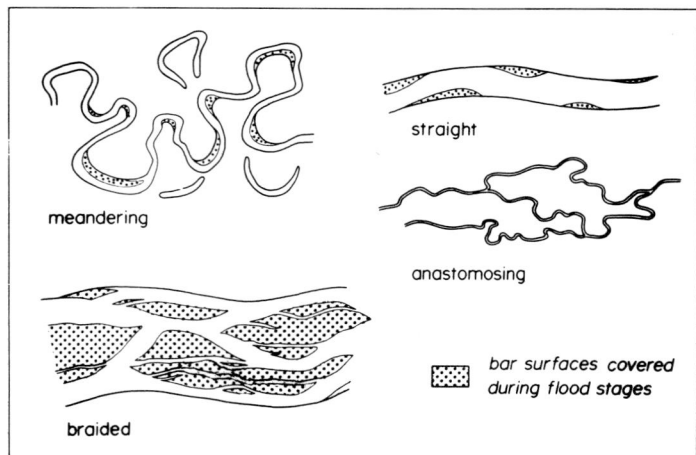

Abb. 14.-2. Die hauptsächlichen Flußtypen. Punktiert: bei Hochwasser überspült (aus MIALL 1977: Fig. 1).

14.1.2 Verflochtene Flüsse (braided oder low sinuosity rivers)

Man unterscheidet gerade, verflochtene, mäandrierende und anastomosierende Flüsse, von denen die verflochtenen und die Mäanderflüsse am häufigsten sind (Abb. 14-2). Welcher Flußtyp sich bildet, hängt vom Gefälle, von der Korngröße der Fracht und von den Änderungen der Wasserführung ab. Ein wichtiges Unterscheidungsmerkmal ist die Sinuosität, welche durch das Verhältnis von Strombettlänge zu Tallänge definiert ist (Abb. 14-3). Da gerade Flüsse selten sind (Ausnahmen vielleicht im Nubischen Sandstein; HARMS in HOUSEKNECHT 1981), werden sie hier nicht näher betrachtet. Viele Flußdeltas haben gerade Mündungsarme. Einige allgemeine Grundlagen und die Transportarten werden auf S. 779 ff. bzw. S. 783 ff. behandelt.

Verflochtene (= verwilderte) Flüsse setzen sich aus einem Bündel breiter, flacher Rinnen zusammen, welche bei Hochwasser überflutete Kies- oder Sandbänke, sowie trockene Inseln umschließen. Es wird fast nur Sand und Kies, d. h. leicht erodierbares Material abgelagert. Bei schwankender Wasserführung, welche für diesen Flußtyp charakteristisch ist (vor allem in ariden und arktischen Gebieten) kommt es daher zu intensiven Umlagerungen. Kieshaufen sedimentieren in den Stromrinnen an Verbreiterungen oder bei fallendem Wasser. Sie vergrößern sich seitlich und stromabwärts zu Bänken, welche die Rinnen verstopfen und aufspalten. In schwächerer Strömung können Sanddünen entstehen, die stromabwärts wandern oder ebenfalls Bänke bilden, zum Teil Kiesbänke ummantelnd.

Mit MIALL (1977) unterscheidet man
a) longitudinale, rautenförmige Kiesbänke, vorwiegend horizontalgeschichtet, mit transversaler Geröll-Orientierung;
b) transversale und diagonale, z. T. zungenförmige, kiesführende Sandbänke, weitgehend unter Wasser, meist planar schräggeschichtet;
c) seitliche Sandbänke in Bereichen geringerer Energie (z.B. Verfüllungen von Totwasserarmen).

Die charakteristischen Merkmale verflochtener Flüsse sind in Tabelle 14-1 zusammengestellt und mit denen der beiden anderen Haupt-Flußtypen verglichen (s. auch OSTERKAMP 1978).

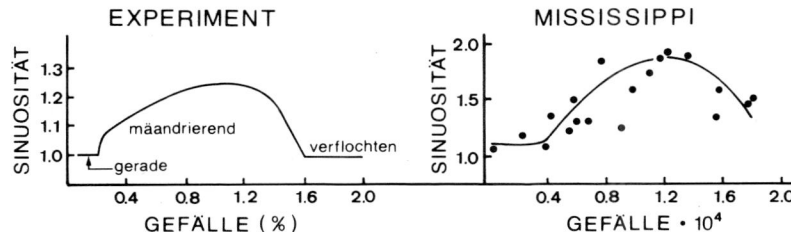

Abb. 14-3. Experimentelle Abhängigkeit der Sinuosität vom Gefälle (links) und entsprechender Geländebefund am Mississippi zwischen Cairo (Illinois) und dem Head of Passes (Louisiana). Beide nach SCHUMM et al. (1972).

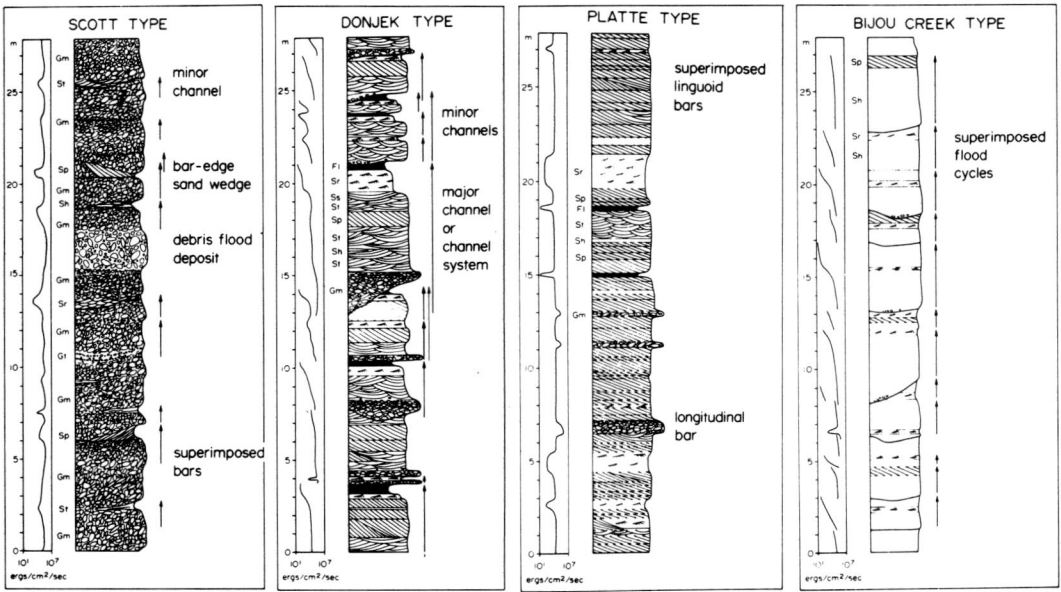

Abb. 14-4. Die vier Typen verflochtener Flüsse nach MIALL (1977: Fig. 12-15): Scott (Scott Glacier outwash river, Alaska), Donjek River (Yukon Territory), Platte River (Colorado-Nebraska) und Bijou Creek (Colorado; ephemer). Die Pfeile bezeichnen die Zyklen. Die Kurven links zeigen Änderungen der Strömung schematisch an. Abkürzungen s. Tafel 14-2.

Tabelle 14-1. Klassifikation von Flußtypen (LEOPOLD et al. 1964; MIALL 1977; SCHUMM 1977)

Name	Verflochtener Fluß	Mäanderfluß	Anastomosierender Fluß
Morphologie	Geflecht von Rinnen	Eine gewundene Rinne	Geflecht von Rinnen
Sinuosität[1]	gering (<1,3–1,5)	hoch (>1,3–1,5)	hoch (>2)
Breite der Bänke und Inseln	etwa wie die Rinnenbreite	—	viel größer als die Rinnenbreite
Flußbett-Verlagerung	häufig und unsystematisch	langsam, stetig und systematisch: Mäander wandern talwärts	sehr gering
Erosives Verhalten	Rinnenverbreiterung	Rinneneinschnitt, Verbreiterung	fehlt. Fluß baut in die Höhe
Breite: Tiefe	>40	10–40	<10
Gefälle	stärker	schwächer	sehr gering
Wasserführung	kurze, heftige Fluten	lange, unausgeprägte Fluten	unausgeprägte Fluten
Charakterisierung der Fracht	viel Bodenfracht	gemischte Fracht	Suspensionsfracht
Bodenfracht-Anteil	>11%	<11%	<3%
Grobsedimente	durchgehende Kiesbänke	einzelne Kieslinsen	kein Kies
Bodenformen	Sand- u. Kiesbänke im Fluß	randliche Sandbänke	langsame Bankbildung
Laterales Faziesprofil	Wechsel von Rinnen u. Bänken	Fluß gesäumt von Dämmen und Überflutungsgebieten	Eine Rinne, seitlich z.T. Bänke und etwas overbank-Silt
Totwasserarme	Füllung unten-grob, wenn Rinnen verlassen werden	Füllung feinkörnig	selten
Gradierung		oft unten-grob	
Schichtung	vorwiegend horizontal, seltener schräg	„longitudinale" („ε") und andere Schrägschichtung	
Mächtigkeit der Sequenzen	selten >3 m	häufig >3 m	
Querprofil (fossil)	± zusammenhängende Sand- und Konglomeratserien	Einzelne, gegeneinander versetzte Sandkörper (FLORES 1983)	ähnlich wie Mäanderflüsse (RUST & LEGUN 1983; SMITH 1983)
Strömungsregime	oberes > unteres	unteres > oberes	unteres

[1] Flußrinnenlänge: Tallänge.

Tabelle 14-2. Lithofazies und Sedimentstrukturen in verflochtenen Flüssen (nach MIALL 1977: Tabelle III; 1978).

Abkürzung	Lithofazies	Sedimentstrukturen	Interpretation
Gm	Kies, ± massig; wenig S-, Si-, T-Linsen	Horizontalschichtung, Dachziegellagerung	longitudinale Bänke, Rinnenböden (lag deposits)
Gms	Kies, mit Matrix	massig	debris flows
Gt	Kies, geschichtet	Dachziegellagerung Breite, flache, trogförmige Schrägschichtung	kleinere Rinnenfüllungen
Gp	Kies, geschichtet	planare Schrägschichtung (Übergänge zu Sp)	Zungenförmige Bänke oder kl. Deltas an Bank-Relikten
St	mittl. bis sehr grober S, z.T. mit Kies	einzelne oder Bündel erosiver trogförmiger Schrägschichtungssets	Dünen (unteres Strömungsregime)
Sp	mittl. bis sehr grober S	einzelne oder Serien großer, planarer Schrägschichtungssets	zungenförmige Bänke, Sandwellen (oberes und unteres Regime)
(Sr)	Sehr feiner bis grober Sand	alle Typen von Rippelmarken, auch „climbing ripples"	Rippeln (unteres Strömungsregime)
Sh	Sehr feiner bis sehr grober Sand, z.T. mit Kies	Horizontalschichtung mit Strömungsstreifung (z.T.)	„planar bed flow" (unt. und ob. Strömungsregime)
(Ss)	feiner bis grober Sand, z.T. mit Kies	Einzelne große trogförmige tonflaserige Schrägschichtungskörper	Füllungen kleiner Rinnen und flacher Kolke
Fl	Sehr feiner Sand mit Silt- und Tonlagen	Rippeln, Flasern, Bioturbation, Häcksel, Caliche	beginnendes Niedrigwasser, overbank deposits
Fm	Silt, Ton	massig, mit Wurzeln und Trockenrissen	Sed.-häute in Kolken von stehendem Wasser

S = Sand, Si = Silt, T = Ton. ( ) = nur in MIALL 1977

In Tabelle 14-2 ist für die verschiedenen Lithofazies und Sedimentstrukturen angegeben, an welchen Stellen eines verflochtenen Flusses sie vorkommen. Gelegentlich findet man dünne Untengrob-Zyklen Gt-Sp/Sh/Sr (BLATT et al. 1980: 641). Die erosive Stapelung der einzelnen Schüttungskörper in einem devonischen Fluß untersuchte exemplarisch ALLEN (1983).

MIALL (1977) reduzierte die Vielfalt verflochtener Flüsse auf vier Grundtypen (Abb. 14-4), nach abnehmender Energie:

1. Scott-Typ. Longitudinale Geröllbänke mit Sandlinsen, welche bei Niedrigwasser durch Füllung von Rinnen und Kolken entstehen.
2. Donjek-Typ. Unten-grob-Zyklen von Kies und Sand, welche durch lateralen Anbau von Bänken oder Zuschüttung von Rinnen entstehen. Sie sind meist weniger als 3 m dick; gestapelt können sie bis zu 60 m mächtig werden und dann ein ganzes Tal füllen. Man findet Dünen in den Rinnen, longitudinale und zungenförmige Bänke, darüber Decksedimente und overbank deposits. Der Donjek-Fluß selbst zeigt verflochtene Flußrinnen in einem mäanderförmig gebogenen Flußtal, dessen Sinuosität 1,74 beträgt.
3. Platte-Typ. Viele zungenförmige Sandbänke und Dünen mit planarer und trogförmiger Schrägschichtung. Keine gut entwickelten Zyklen, wohl wegen des morphologisch ausgeglichenen Profils ohne tiefe Rinnen und „overbank deposits". Beispiele sind der Brahmaputra (COLEMAN 1969), der Gelbe Fluß, die großen sibirischen Ströme und der Niger-Benue (COLLINSON 1978).
4. Bijou Creek-Typ. Horizontal geschichteter Sand; nur gelegentlich planare Schrägschichtung und Rippeln. Es sind Hochwassersedimente, typisch für ephemere Flüsse, die den ganzen Talboden überfluten.

1978 und 1981 fügte MIALL noch den sehr grobkörnigen Trollheim-Typ (alluvial fans, mit debris flows) und den feinkörnigeren Saskatchewan-Typ (mit trogförmiger Schrägschichtung und Intraklasten) hinzu.

Manche Flüsse ähneln proximal den Typen 1 und 2, distal den Typen 3 und 4. Die Tektonik hat einen starken Einfluß auf die Ausgestaltung und den vertikalen Aufbau solcher fluviatiler Serien (NILSEN, ed. 1984). Man erkennt die Ablagerungen verflochtener Flüsse an großen Paketen oder Sets von horizontal- oder schräggeschichteten Konglomeraten oder Sandsteinen, welche durch planare oder nach oben schwach konkave Erosionsflächen begrenzt sind (ALLEN 1983).

Aus dem Jura von New Mexico beschrieb CAMPBELL (1976) einen Sandsteinstapel von 60 m Dicke, mehr als 100 km Breite und ca. 160 km Länge, welcher auf verflochtene Flüsse zurückgeführt wird. Ein besonders charakteristisches Merkmal von „braided rivers" sind nach SELLEY (1978a: 68) Siltsteinlagen, welche von groben Sandsteinen und Konglomeraten eingefaßt sind und als Füllungen verlassener Rinnen gedeutet werden.

Sehr verbreitet sind verflochtene Flüsse in Sander-Ebenen vor Gletschern („glacial outwash areas", z. B. WILLIAMS & RUST 1969; BOOTHROYD & ASHLEY 1975; BLUCK 1979).

Sedimente ephemerer „braided rivers" des semiariden Bereiches erkennt man nach TURNER 1980: 195) an eingelagerten äolischen Sanden, gebogenen Tonscherben, ausgedehnten Schichtfluten mit Horizontalschichtung und an Ton-Infiltrationen (WALKER 1976). Bis zum Silur oder Devon gab es mangels einer durchgehenden Pflanzendecke, welche die Flüsse hätte fixieren können, wahrscheinlich nur verflochtene Flüsse.

Die Abflußrichtung läßt sich ermitteln durch
  a. die Richtung der Korngrößenabnahme
  b. das Einfallen der Schrägschichtung, mit Vorbehalt, da es vor allem bei tafelförmiger Schrägschichtung stark streut (COLLINSON 1978: 56) und senkrecht zum Flußverlauf liegen kann („cross channel bars", CANT & WALKER 1978: 645).
  c. die Längsachsen konglomeratischer und sandiger Rinnenfüllungen
  e. die Längsachsen von longitudinal eingeregelten Klasten
  f. die Strömungsstreifung.

Im gleichen Fluß lassen sich oft hintereinander die Merkmale verflochtener und mäandrierender Flüsse beobachten, in Abhängigkeit von Gefälle (Abb. 14-5 links) und Wassertiefe. Der Übergang erfolgt bei einem Gefälle von

$$S = 0{,}013\, Q^{-0{,}44}, \text{ mit } Q = \text{Abfluß (m}^3\text{/sec),}$$

bei gefülltem Flußbett (bankfull discharge; BRIDGE & DIEMER 1983).

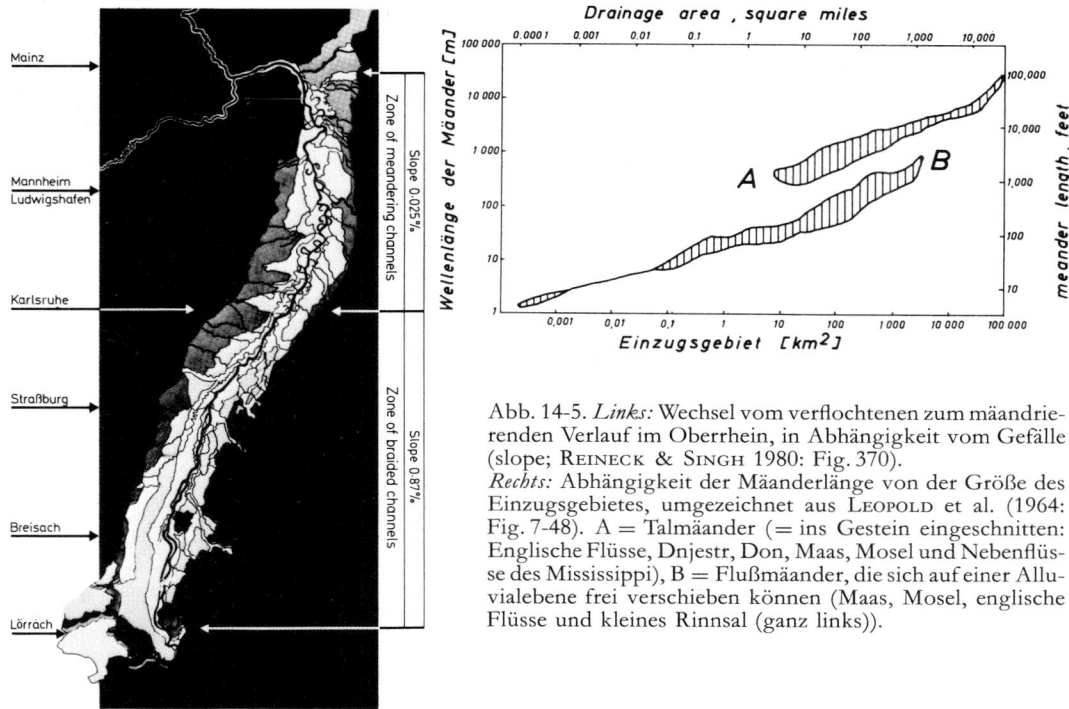

Abb. 14-5. *Links:* Wechsel vom verflochtenen zum mäandrierenden Verlauf im Oberrhein, in Abhängigkeit vom Gefälle (slope; REINECK & SINGH 1980: Fig. 370).
Rechts: Abhängigkeit der Mäanderlänge von der Größe des Einzugsgebietes, umgezeichnet aus LEOPOLD et al. (1964: Fig. 7-48). A = Talmäander (= ins Gestein eingeschnitten: Englische Flüsse, Dnjestr, Don, Maas, Mosel und Nebenflüsse des Mississippi), B = Flußmäander, die sich auf einer Alluvialebene frei verschieben können (Maas, Mosel, englische Flüsse und kleines Rinnsal (ganz links)).

Für die Beziehungen zwischen Flüssen und plattentektonischen Environments stellte MIALL (1981: Tabelle 11) Literaturbeispiele zusammen.

14.1.3 Mäanderflüsse (high sinuosity rivers)

Bei schwächerem Gefälle und höherem Anteil von Feinfracht und Gelöstem (z. B. im feuchttropischen Klimagürtel) bilden sich mäandrierende Flüsse mit nur einer Flußrinne. Am Gleithang, d. h. auf der Innenseite der Flußwindung, entstehen Ufersandbänke (point bars) (Abb. 14-2), während gegenüber, am Prallhang, erodiert wird (Abb. 14-6). Die longitudinale Schrägschichtung der Ufersandbänke, weitgespannte, senkrecht zur Flußrichtung relativ flach einfallende Schichten mit Korngrößerung in Richtung des Einfallens, ist nach ELLIOTT (1983: 10) das beste Kriterium für Mäanderflüsse (s. u. und S. 790). Doch sind die Ufersandbänke meist nicht nur aus longitudinalen Schrägschichten zusammengesetzt. Wenn es sich um freie und nicht um geführte, eingeschnittene Mäander handelt, ist der Fluß von Uferwällen (natural levees) begrenzt, welche sich nach außen in die Aue (den Überflutungsbereich; flood plain) absenken. Diese Einrahmung durch „overbank deposits" von kohäsivem, schwer erodierbarem Silt und Ton stabilisiert den Mäanderfluß im Vergleich zum verflochtenen Fluß. Nach dem Walther'schen Prinzip ist zu erwarten, daß diesem faziellen Nebeneinander auch die vertikale Faziesabfolge entspricht. Nicht nur lateral, sondern auch vertikal begrenzte Sandkörper kennzeichnen demnach das Environment der Mäanderflüsse. Wie sich im Querprofil fossiler Flüsse die Sandrinnen stapeln, ob und wie stark sie sich überlappen, d. h. miteinander direkten Kontakt haben („interconnectedness ratio"), das hängt einerseits von der zeitlichen Verlagerungshäufigkeit („avulsion frequency"), andererseits von der Akkumulationsrate ab (BRIDGE & LEEDER 1979). Für Mäanderflußsedimente des Oligozäns in Spanien errechneten ALLEN &

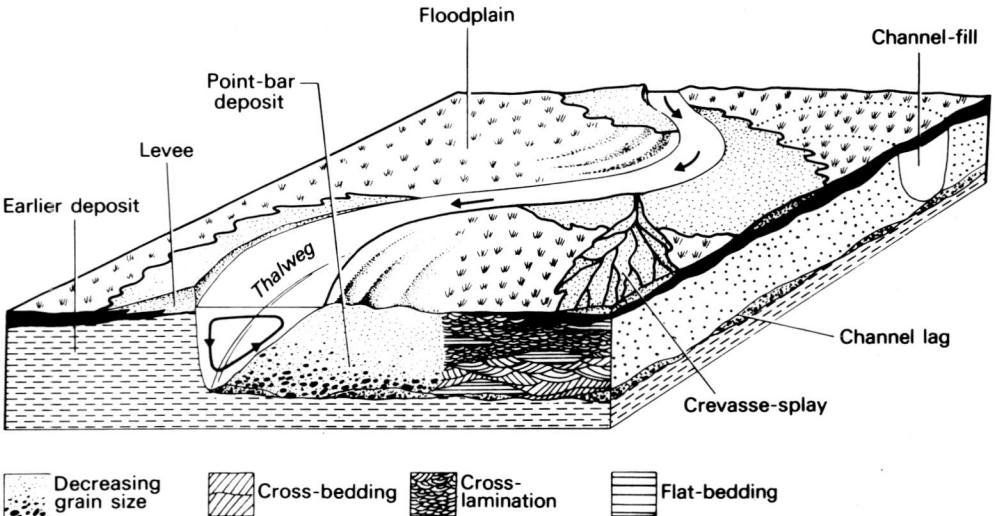

Abb. 14-6. Das klassische „point bar"-Modell für einen Mäanderfluß. Im vorderen Anschnitt der Sandbank (point bar) ist links die Korngrößenabnahme, rechts die Abfolge von Schichtungsarten dargestellt; schwarz sind feine Überschwemmungssedimente. Channel lag = ausgewaschene Grobsedimente in der Rinne. Channel-fill = Füllung einer verlassenen Rinne (aus COLLINSON 1978 nach ALLEN 1964a, 1970).

MATTER (1982) Verlagerungshäufigkeiten von 800–8000 Jahren. Für Fragen der Ölmigration kann dies eine wichtige Eigenschaft sein.

Im Idealzyklus (s. Abb. 13-54 und S. 852f.) folgen über einer Lage groben Restsediments im Rinnentiefsten (channel lag deposit) horizontal geschichtete Sande und Kiese des oberen Strömungsregimes und manchmal (FRIEDMAN & SANDERS 1978: 233) Sedimente mit trogförmiger Schrägschichtung (migrierende Dünen in Sandbänken), welche von feinkörnigeren, zungenförmigen Sandrippeln überlagert und schließlich von „overbank"-Silt abgedeckt werden (Abb. 14-6; s. auch BERNARD et al. 1970; ELLIOTT 1976b). Oft überlagern sich mehrere solche Zyklen. Bei stark fallendem Wasserstand können die Sandbänke zum Teil erodiert und mit einer eintrocknenden Tonschicht bedeckt werden; ein neues Hochwasser „reaktiviert" sie dann (reactivation surfaces). Man kann davon ausgehen, daß die Mächtigkeit eines Idealzyklus etwa der Flußtiefe bei normalem Wasserstand entspricht.

Auf der stromabwärtigen Seite der Sandbänke können sich kleine Sandrücken („scroll bars") bilden, die gegen die Strömung bis zum Kamm der Sandbank wandern und im oberen Teil der Sequenzen ein stromaufwärtiges Einfallen erzeugen (TAYLOR et al. 1971; COLLINSON 1978: 33; NANSON 1980). Die Entstehung bipolarer (und divergenter) Schrägschichtung im Buntsandstein, dessen Ablagerungen einen Übergang von verflochtenen zu Mäanderflüssen dokumentieren, wird von MADER & TEYSSEN (1985: Fig. 15, S. 36) diskutiert.

Wichtiger ist die rinnenwärts, d. h. quer zur Flußrichtung einfallende Gleithangschichtung („longitudinale Schrägschichtung" oder „ε-cross-stratification" von ALLEN (1963), besser nach LEEDER (1982: 199) als „inclined lateral accretion deposits" oder als „large scale, low-angle, lateral accretion crossbeds" umschrieben), welche sich von echter Schrägschichtung oft durch starken Materialwechsel (Sand bis Ton) unterscheidet (Abb. 14-25) und daher vor allem in Flüssen mit stark wechselnder Strömung vorkommt, den Idealzyklus (s. o.) überprägend.

In den Uferdämmen lagern sich mit flachem Einfallen nach außen laminierter Silt und Feinsand (z. T. in „climbing ripples") ab. Diese gehen in die Auelehme über, Überflutungssedimente, welche den Uferdamm-Sedimenten ähneln, jedoch feinkörniger als diese sind und nicht selten Trockenrisse zeigen. Hier können sich aber auch Seen, Sümpfe oder Moore bilden. Die Sedimente dieses und anderer fluviatiler Environments wurden kürzlich von CONZE (1984) klassifiziert.

Extremes Hochwasser, das über den Damm fließt, kann diesen erodieren und zu einem Dammbruch führen. In diesem kann sich Grobfracht ablagern, welche im günstigsten Fall den Dammbruch verschließt. Die Suspensionsfracht breitet sich wie ein Deltafächer in der Aue aus. In die normalen, feinkörnigen „overbank deposits" (= Überflutungen ohne Dammbruch) wird dann ein einzelner Unten-grob-Zyklus von „crevasse splay deposits" eingeschaltet, welcher proximal mit einer Erosion und trogförmiger Schrägschichtung einsetzt und distal in planare Schrägschichtung übergeht; diese wird von Horizontalschichtung überlagert und weiter außen abgelöst (TYLER & ETHRIDGE 1983). Nach oben gehen diese Sande in Silte und Tone über. Die oft gradierten Bänke der Dammbruchsedimente sind Bestandteil der „levee progradation", der deltaartigen Oben-grob-Auffüllung von Überflutungsebenen. Solche Oben-grob-Sequenzen von Silt- bis Feinsandsteinen finden sich auch als Einschaltungen in den feinkörnigen, limnisch-betonten Essener Schichten des Oberkarbons (JANKOWSKI 1986), s. auch S. 892 und 897 sowie FIELDING 1986.

Gelegentlich wird die Oberfläche von Sandbänken durch Stromschnellen-Rinnen zerfurcht, an deren unterem Ende sich Kies und Sand häufen („chute bars"). Bei abnehmendem Wasserstand werden diese hochliegenden Rinnen durch Unten-grob-Sedimente verfüllt (COLLINSON 1978: 34). Das gleiche geschieht mit Totwasserarmen.

Die Flußterrassen vieler rezenter Flüsse sind eine Folge der Eintiefungs- und Aufschüttungsperioden in der Eiszeit und daher in Flußsystemen der geologischen Vergangenheit zumindest in dieser Stärke nicht zu erwarten. Die Eintiefung war vermutlich gegen Ende der Warmzeiten, die Aufschüttung zu Beginn derselben verstärkt. Bei Hochwasser tendieren Mäanderflüsse dazu, ihren Lauf zu begradigen und dabei Mäanderschleifen abzuschneiden (COLLINSON 1978: 35).

Zwischen der Wellenlänge λ des Mäanders und der Breite w der Flußrinne besteht nach LEOPOLD et al. (1964) die nahezu lineare Beziehung

$\lambda = 10{,}9\, w^{1{,}01}$ und, weil die Rinnenbreite mit der mittleren jährlichen Abflußrate Q korreliert ist,

$\lambda = 10{,}6\, Q^{0{,}46}$.

Schließlich hängt die Abflußrate – vergleichbare Niederschlagshöhe vorausgesetzt – mit der Größe des Einzugsgebietes zusammen, welche daher ebenfalls mit der Mäanderlänge korreliert ist (Abb. 14-5 r.). Zwischen Rinnenbreite w und Rinnentiefe h („bankfull channel depth") besteht nach LEEDER (1973) bei Sinuositäten > 1,7 die Beziehung

$w = 6{,}8\, h^{1{,}54}$.

Die Sinuosität P (Flußrinnenlänge: Tallänge) ist mit den Rinnen-Abmessungen nach SCHUMM (1963) durch

$P = 3{,}5 \cdot \frac{w}{h}$ verknüpft.

In fossilen Flußablagerungen lassen sich diese Abmessungen am besten an Totwasserarmen („oxbow lakes"), die mit Feinsediment verfüllt sind, bestimmen. Umgekehrt hinterlassen Mäanderflüsse oft in Siltserien eingelagerte Sandrinnen (FLORES 1983), deren Dicke etwa der Rinnentiefe zur Zeit der Sedimentation entspricht. MOODY-STUART (1966), ELLIOTT (1976b) und andere Autoren benutzen als Rinnentiefe h die Höhe der „longitudinalen Schrägschichtung", als Rinnenbreite w die 1,5-fache horizontale Ausdehnung einer Anlagerungsfläche in jener „Schrägschichtung" (ALLEN 1965b). Erreichen auch in einzelnen Fällen solche sets Mächtigkeiten bis 25 m (MIALL 1981: 40), so sind doch normalerweise die Sandbänke mäandrierender Flüsse aus mehreren sets zusammengesetzt (MIALL l.c.: 22; s. auch ALLEN 1977; BÜRGISSER 1980; BRIDGE & JARVIS 1982; TIETZE 1982 und STEER & ABBOTT 1984). Trotzdem versuchten LORENZ et al. (1985), aus geophysikalischen Bohrlochmessungen über die Höhe der größten vorhandenen Unten-grob-Zyklen der longitudinalen Schrägschichtung, die der Rinnentiefe gleichgesetzt wurde („bankfull channel depth"), Rinnenbreite und Mäanderamplitude zu errechnen (s.o.) und fanden Übereinstimmung mit Berechnungen auf anderem Wege.

SELLEY (1978a: 69) gibt für Mäanderfluß-Sequenzen ein Sand-Ton-Verhältnis von 1 an. Rinnensandsteine zeigen in Bohrungen eine nach oben flacher werdende Schrägschichtung zugleich mit einer Kornverfeinerung (SELLEY l. c.: 70).

Nützliche Kriterien für die Charakterisierung fluviatiler Sedimente sind nach BRIDGE (1985): 1. der Anteil lateraler Akkretion, 2. der Korngrößenunterschied zwischen Rinnenfüllung und lateraler Akkretion und 3. die Varianz der Transportrichtungen. Sie alle nehmen mit der Sinuosität und Mäandertendenz zu. Weitere Hinweise bei COTTER (1978).

14.1.4 Anastomosierende Flüsse

Mit diesem Namen belegte SCHUMM (1968: 1580) relativ permanente Rinnensysteme hoher Sinuosität (Abb. 14-2), welche durch bewachsene, kohäsive Uferbänke stabilisiert und durch Inseln unterteilt sind. Sie sind vor allem aus Südaustralien bekannt. Sie ähneln hinsichtlich ihrer Verflechtung den braided rivers, hinsichtlich der Sinuosität und der Sedimente den Mäanderflüssen (Tabelle 14-1). Sandbänke fehlen oder sind klein; der Übergang der sandigen Rinnenfazies in die sehr ausgeprägten, siltigen Uferdämme ist abrupt (SMITH & SMITH 1980; KING & MARTINI 1983/4; RUST & LEGUN 1983; SMITH 1986). Bevorzugte Bildungsräume sind rasch sinkende Becken, in denen die Flußsedimente vorwiegend nach oben wachsen.

14.1.5 Red Beds
(s. auch S. 33f., 170 und 222f.)

Dieser Begriff bezeichnet klastische, vorwiegend nichtmarine Gesteine mit rötlichem Hämatitpigment. Sie entstehen nach VAN HOUTEN (1973) in der warmen, semiariden oder wechselfeuchten Klimazone. Gerade der Wechsel von Befeuchtung und Eintrocknung scheint wichtig zu sein (WALKER 1967a). Nicht selten sind die Ton- bis Feinsiltsteine stärker gerötet als die Grobsilt- bis Sandsteine, welche entweder primär oder sekundär ärmer an Fe und oft durch Tonminerale grünlich gefärbt sind. Manchmal ist der Fe-Gehalt der roten und grünen Tonlagen etwa gleich und liegt bei 3–4% (SCHLEGELMILCH 1968; MCBRIDE 1974; PETTIJOHN 1975: 275). BRAUNAGEL & STANLEY (1977) jedoch fanden in fluviatilen Rot-Grün-Wechsellagen des Eozäns in Ton- bis Feinsiltsteinen im Mittel 5,09 (rot) bzw. 1,80 (grün) % Fe, in Grobsilt- bis Sandsteinen 2,71 (rot) bzw. 1,35 (grün) % Fe. Am häufigsten waren dort Unten-grob-Zyklen von 0,1 m Mächtigkeit mit nach oben zunehmender Rotfärbung; der Fe-Unterschied wurde teils als primär angesehen, teils wurde aus der unteren, durchlässigeren Lage in reduzierendem Grundwasser das Eisen gelöst. Diese Entfärbung der gröberen Lagen ist auch in anderen Vorkommen häufig (MCPHERSON 1980), z. B. im Buntsandstein.

In Sandsteinen entsteht Rotfärbung (nach WALKER et al. 1978 und TURNER 1980)
  a. durch Verwitterung von Fe-haltigen Mineralen, vor allem von Biotit (VALETON 1953; RIMŠAITE 1957; FÜCHTBAUER 1963a), gegebenenfalls auch von Hornblende (WALKER et al. 1978), Magnetit (VAN HOUTEN 1968) und anderen;
  b. durch authigene Tonmineralbildung, vor allem eines Fe^{3+}-haltigen Mixed layer-Minerals Illit-Montmorillonit;
  c. durch Einspülung von rotem Ton.

In einem 4 m mächtigen Pleistozän-Holozänprofil in New Mexico (Canyon Rojo) nahm die Rotfärbung nach unten zu. Gleichzeitig nahm Hämatit zu und Biotit ab; dabei fand sich im oberen Profilteil vorwiegend unverwitterter Biotit (n = 1,67), während sich nach unten zunehmend verwitterter Biotit (rundlicher Körner, n = 1,57) einstellte. Röntgenographisch fand sich – vielleicht als Verwitterungsprodukt des Biotits – ein Smektit mit dreiwertigem Eisen auf Oktaederpositionen (nach Mößbauer-Untersuchungen).

In Red Beds sind die feinklastischen Gesteine meist intensiver rotgefärbt als die Sandsteine. Es erscheint fraglich, daß hier in jedem Fall eine Insitu-Verwitterung vorliegt. Vielmehr deuten Beobachtungen an Flüssen warmer wechselfeuchter Gebiete, z. B. am Betsiboka in NW-Madagaskar, darauf hin, daß große Mengen roten Tones aus Lateritböden ausgespült und in overbank deposits wieder abgelagert werden können (s. auch VAN HOUTEN 1973). Auch graue Rotliegendsandsteine mit roten Tongeröllen sprechen gegen diagenetische Rotfärbung der letzteren (KOWALCZYK 1983).

In Perm und Trias sind Red Beds besonders häufig, und zwar zwischen 30° nördlich und südlich des Paläoäquators. So sind sowohl die fluviatilen als auch die äolischen Sandsteine des Rotliegenden rötlich gefärbt.

Nach SCHWERTMANN (1971) bildet sich Goethit vor allem in Gegenwart von Humus. Goethit kann sich aus Hämatit bilden, während die umgekehrte Umwandlung selten ist (SCHWERTMANN & FISCHER 1974).

FRANKE & PAUL (1980) beschrieben pelagisch-marine, klastische red beds aus dem Devon, in denen Rotfärbung bei Fe-Gehalten über 2% auftritt. SCHÖNFELD (1979) fand in den marinen Rotmergeln der oberjurassischen Münder Mergel viele Hinweise auf diagenetische Rotfärbung: Sie fehlt in Landnähe, durchquert die chronostratigraphischen Grenzen, zeigt an Störungen Mächtigkeitssprünge und läßt sich wegen des Fehlens von Kaolinit nicht durch Umlagerung lateritischer Böden erklären.

Zusammenfassung

Sichere Einzelkriterien für nichtmarine Entstehung einer Schichtenfolge liefert nur die Paläontologie, wobei auch die Ichnologie Hinweise geben kann. So finden sich vom Devon an Wurzeln in nichtmarinem Environment, während das reichliche Auftreten von Invertebraten-Grabspuren nur im frühen Paläozoikum marine Schichten charakterisiert; später treten vor allem Arthropoden-Grabspuren auch nichtmarin auf (HOUSEKNECHT 1981). Jedoch gibt es sedimentologische Merkmalspaare oder -gruppen, welche ein fluviatiles Environment charakterisieren. Für die Unterscheidung von Konglomeraten verflochtener Flüsse und des Küstenstreifens läßt sich großregional die Richtung der Dachziegellagerung heranziehen, deren Einfallen gegen die Flußrichtung, aber, wenn dort überhaupt nachweisbar, im rechten Winkel zur Längsrichtung des Strandkies-Streifens verläuft. Einzeln eingestreute und schnell auskeilende Kieslagen sowie eine unsaubere Trennung von Sand und Kies sind typisch für Flüsse, desgleichen eine über größere Schichtenfolgen einheitliche Tendenz der Schrägschichtungsrichtung. Spezifischere Merkmale sind in Tabelle 14-1 aufgelistet.

Ein Idealfluß, der mit abnehmendem Gefälle seinen Lauf vom Gebirge zum Meer nimmt, beginnt mit einer schmalen, erosiven Rinne, deponiert dann viel Grobfracht in seinem verflochtenen Oberlauf und findet sich in seinem mäandrierenden Unterlauf von Sandbänken am Gleithang und von feinkörnigen Ufer- und Auesedimenten verhältnismäßig festgelegt.

In semiariden Gebieten mit episodischen Starkregen bilden sich in Gebirgen am Ende der erosiven Rinnen Schwemmfächer (alluvial fans) mit schneller Größenabnahme der Klasten und unterschiedlichen Transportarten, von Schlammströmen über Schichtfluten bis zu verflochtenen Flußrinnen.

Verflochtene Flüsse bilden sich besonders in Gebieten mit stark wechselnden Niederschlägen und viel Schuttanfall. Beim Nachlassen des Hochwassers verstopfen die Rinnen sich selbst mit Kiesbänken und teilen sich. So bildet sich ein unstetes Geflecht flacher Rinnen und oft sandumhüllter Kiesbänke. Das obere Strömungsregime herrscht vor, doch weisen in sandigen Partien unterschiedliche Schrägschichtungsarten auf unteres Strömungsregime hin.

Die Sedimente der Mäanderflüsse reichen von Kieslagen des Strombetts über schräggeschichtete Sande der Ufersandbänke (Gleithangbarren, z. T. „longitudinale Schrägschichtung" mit Siltlinsen) bis zu den „overbank"-Sedimenten der Uferdämme und Auen (Überflutungssedimente). Aus diesem Nebeneinander kann bei der talwärtigen Verlagerung der Mäander gemäß dem Walther'schen Prinzip die vertikale Abfolge eines Unten-grob-Zyklus entstehen. Die Mäanderlänge ist mit der Breite des Flußbetts und mit der Abflußmenge bzw. der Größe des Einzugsgebiets korreliert.

> Die Sinuosität ist in den (relativ tiefen) Mäanderflüssen größer als in den (relativ flachen) verflochtenen Flüssen. Die Ablagerungen der letzteren sind durch mächtige, relativ weit aushaltende Sandstein- und Konglomeratpakete charakterisiert, während in den Sedimenten der Mäanderflüsse Sandsteinkörper mit auskeilenden Kieslagen in feinklastische Serien eingebettet sind.
> Anastomosierende Flüsse ähneln den Mäanderflüssen in ihrer hohen Sinuosität und in der feinkörnigen Fracht, während die verflochtenen Stromrinnen an „braided river" erinnern.
> Red beds, d. h. rötlich gefärbte, vorwiegend nichtmarine klastische Gesteine, entstehen teils durch Insitu-Verwitterung (z. B. Sandsteine, Konglomerate) teils durch Umlagerung verwitterten Materials (z. B. rote Tone und Feinsiltsteine). Die Verwitterung erfolgte in warmem, semiaridem oder wechselfeuchtem Klima. Das Eisen stammt aus Biotit, Hornblende, Pyroxen, Magnetit und anderen Mineralen. Lagenweise Entfärbungen betreffen vor allem die durchlässigeren Partien.

14.2 Seen*

14.2.1 Eigenschaften und Klassifizierung

Seen unterscheiden sich vom Meer unter anderem durch ihren unterschiedlichen Salzgehalt und die starke Abhängigkeit ihrer Sedimente von Umland und Klima. Sie ähneln jedoch dem Meer hinsichtlich der Anordnung der Faziesgürtel. Die Ufer sind meist sandig, vor allem in der Nähe von Deltas. Die Beckenfazies ist im Gegensatz zu den meisten Meeressedimenten oft laminiert, auch sind Turbidite nicht selten. Hydrologisch sind die tieferen Seen durch eine zeitweilige Wasserschichtung charakterisiert. Ein kaltes, nahezu unbewegtes Tiefenwasser, das „Hypolimnion", wird an einer „Metalimnion" genannten Sprungschicht in ca. 10–30 m Tiefe (in kleinen Seen weniger, im Meer > 100 m) überlagert von dem wärmeren und bewegteren „Epilimnion" (HUTCHINSON 1975; WETZEL 1975). Über dieser Temperaturschranke („Thermokline"), an der sich in vielen Seen auch der Gehalt an Gelöstem ändert („Chemokline"; s. z. B. KRUMBEIN & COHEN 1974), können sich feine Suspensionen aus warmen Zuflüssen ausbreiten und über den See verteilen (Abb. 14-7).

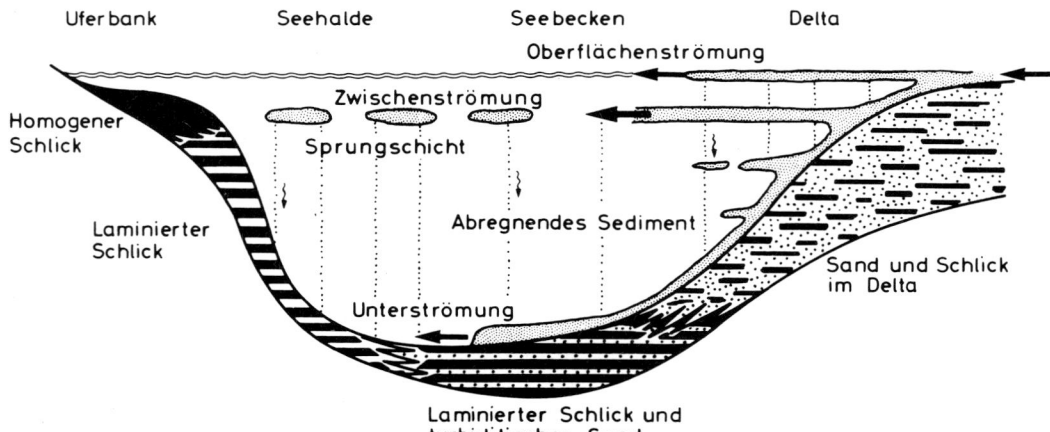

Abb. 14-7. Schema klastischer Sedimentation in oligotrophen Seen mit jährlich auftretender thermischer Sprungschicht. Oberhalb derselben bildet sich verwühlter homogener Schlick, unterhalb derselben laminiertes Sediment (aus REINECK 1984: Abb. 3-1, nach STURM & MATTER 1978: Fig. 10; Brienzersee).

* Für Hinweise danke ich Herrn Dr. B. JANKOWSKI.

Eine Besonderheit von Seen sind die „seiches", Schaukelbewegungen des Seespiegels (und damit auch der Sprungschicht), welche durch ein plötzliches Nachlassen des Windes oder einen plötzlichen Ausgleich von Luftdruckunterschieden über weit auseinanderliegenden Teilen großer Seen hervorgerufen werden und Rippeln erzeugen können (HUTCHINSON 1975: 299 ff., JONES 1972). Die durch sie, meist aber durch Winde entstehenden Strömungen werden „geostrophisch" durch die Corioliskraft auf der Nordhalbkugel nach rechts abgelenkt (wie übrigens auch nördliche Flüsse, z. B. in Rußland) und bilden sogenannte Ekman-Spiralen, welche für die Zirkulation im Epilimnion von Bedeutung sind (COLLINSON 1978: 64).

Im ruhigen Hypolimnion bildet sich in nährstoffreichen Seen ein anaerobes Milieu. Wenn sich jedoch im Winter die Temperatur des Oberflächenwassers auf 4 °C senkt, womit das Dichtemaximum erreicht wird, kann sich die Temperaturschichtung auflösen, und es kommt zu einer Vollzirkulation, die den Sauerstoffhaushalt des Bodenwassers auffüllt. Bei Eindunstung sammelt sich im Hypolimnion das salzige Wasser und fixiert die Wasserschichtung (FRIEDMAN & SANDERS 1978: 244). Andererseits fehlt in tropischen Seen die Wasserschichtung oft ganz, da es keine Temperaturschichtung gibt. Sie haben dann eine unregelmäßige Vollzirkulation. Eine Besonderheit von Seen sind kurzfristige Seespiegelschwankungen, die sich in Transgressionen und Regressionen zu erkennen geben (Abb. 14-8).

Nach ihrer Genese kann man Seen wie folgt einteilen (z. T. nach SLY 1978, s. auch LERMAN 1978):
1. Flußseen. Hierunter lassen sich Tot- oder Altwasserarme (oxbow lakes) und Überschwemmungsseen (DALEY 1973) zusammenfassen. Sie erhalten episodischen Zufluß; der Abfluß erfolgt ins Grundwasser. Ihre Lebensdauer ist kurz; sie werden schnell verfüllt, oft mit nach oben feiner werdenden klastischen Sedimenten (SCHOLZ 1984; SCHÄFER 1986: 279).
2. Glazialseen. Sie entstehen in U-förmigen Gletschertälern zwischen zurückweichenden Gletschern und Endmoränen (Abb. 14-14) und entwickeln sich zu Durchlaufseen mit klastischen Deltas auf der Seite des Zulaufs. Ihre Lebensdauer kann über 10000 Jahre betragen. Bei größeren Seen spielen oft tektonische Vorzeichnungen eine Rolle. Beispiele für diesen Typ sind die Seen am Alpenrand (Bodensee, Genfersee, Brienzer- und Thunersee u. a.) und in Nordamerika. Die Täler können auch durch Bergstürze abgesperrt werden.
3. Lagunen. Sie entstehen, wenn küstenparalleler Sandtransport größere Buchten vom Meer durch eine Nehrung abtrennt. Je nach Klima und Zuflüssen entwickeln sich diese und die folgenden Seen zu Süßwasserseen (Haffs der Ostseeküste) oder Salzseen (Kara Bogaz am Kaspischen Meer). Manche Deltagebiete sind reich an solchen Seen.

Abb. 14-8. Transgressive Seesedimente (helle, feingeschichtete Siltsteine und Mergel, z. T. gipsführend), verzahnt mit dunklen Grobsandsteinen und Konglomeraten eines Schwemmfächers am Osthang der Quebrada del Toro, Ostkordillere NW-Argentiniens (aus SCHWAB & SCHÄFER 1976: Abb. 6).

4. Inlandmeere. Dies sind Meeresarme, die z. B. tektonisch vom Hauptmeer abgeschnitten wurden. In aridem Klima können sich Salinarsedimente in ihnen bilden (z. B. im Zechsteinmeer; s. Kapitel 7). Rezente Beispiele für Inlandmeere sind die brackischen Gewässer des Schwarzen Meeres, des Kaspischen Meeres und des Aralsees. Alle drei wurden vor mehr als 5 Millionen Jahren aus der „Paratethys" gebildet (Hsü & Kelts 1978; Hsü et al. 1984).
5. Epikontinentale Senken. In ihnen bilden sich oft große, flache Seen mit geringer Sedimentmächtigkeit und stark veränderlicher Küstenlinie. Beispiele: Victoriasee, Tschadsee, Eyresee.
6. Grabenseen. Sie sind die tiefsten und dauerhaftesten Seen. Beispiele sind der Baikalsee, der Tanganyika- und der Nyassasee, sowie das Tote Meer. Fossile Beispiele sind die frühmesozoischen Riftgräben des östlichen Nordamerika und die Seen im tertiären Oberrheintal, z. B. der Messelsee (Matthess 1966).
7. Kraterseen. Entweder vulkanisch oder durch Meteoreinschläge entstehen diese relativ kleinen und tiefen Seen ohne wesentlichen Zu- und Abfluß. Je nach Größe können solche Seen 0,1–2,0 Millionen Jahre lang bestehen (Jankowski 1981).
8. Einsturzseen. Sie bilden sich z. B. in verstopften Karsttrichtern oder nach Abschmelzen von Toteislinsen (Pingos).

Für die geologische Anwendung sinnvoller aber ist eine hydrographisch-sedimentologische Typisierung, bei der nicht so sehr die Becken, sondern die Beckenfüllungen betrachtet werden.

A. Durchfluß- und Endseen der humiden Klimazone
1. Vorwiegend klastisch
2. Mergelseen
3. Vorwiegend karbonatisch } „Hartwasserseen"
4. Moorseen

B. Endseen der semiariden und ariden Klimazone
1. Tiefe Eindunstungsseen
2. Playaseen
3. Sebkhaseen } ephemere, d. h. nicht ständige Seen (s. auch S. 493)

Zu A 1. Hierher gehören vor allem die Totwasserarme von Mäanderflüssen. Sie bleiben, wenn überhaupt, nur als wenige Meter mächtige Einschaltungen in fluviatile Sedimente erhalten, z. B. im kohleführenden Karbon. Doch gehört zu A 1 auch das Pliozän der Ridge Basin Group N von Los Angeles, mehr als 9000 m vorwiegend klastische Seesedimente in einem Blattverschiebungsgraben parallel zur San Andreas Fault (Link & Osborne 1978). In einem kleineren Graben im Oligozän von Devonshire sammelten sich kaolinitischer Ton und Silt mit Kohlelagen (Freshney & Fenning 1967). Die East Berlin Fm. in Trias-Jura-Gräben der östlichen USA besteht aus einem Wechsel rötlicher Ton-Silt-Feinsandfolgen sehr flacher, kurzlebiger Flußseen mit grauen bis schwarzen, laminierten Sedimenten eines tieferen Sees mit Fischresten und Rutschungen (Sanders 1968; Hubert et al. 1976; Collinson 1978: 74).

Zu A 2. Enthält das zufließende Wasser viel Ca^{++} und HCO_3^-, so kann es zu einer vorwiegend biochemischen Kalkbildung durch Phytoplankton (CO_2-Entzug), Blaualgen (Onkoide; Schöttle & Müller 1968; Schäfer & Stapf 1978) und gelegentlich durch Characeen kommen. Unter geeigneten morphologischen Bedingungen können auch Algenbioherme entstehen (Riding 1979). Daneben existieren klastische Zuflüsse, die Deltas bilden und das Beckeninnere mit feinklastischen Sedimenten füllen. Beispiele sind der Bodensee (Müller 1971b), der Bielersee (Wright et al. 1980) und der Plattensee (Müller & Wagner 1978), aber auch fast zuflußlose Endseen wie der Laacher See (Bahrig 1985) und der miozäne See des Nördlinger Rieses (Jankowski 1981). Bituminöse Sedimente entstehen zumindest zeitweise im Beckentiefsten vor allem der beiden zuflußarmen Seen, in geringerem Maße aber auch in Bodensee und Bielersee.

Zu A 3. Manche Hartwasserseen erhalten von den Zuflüssen keinen oder wenig Detritus, so der

Attersee im Salzkammergut (SCHRÖDER 1982) und andere kleine Seen in Kalkgebieten, sowie zeitweise in der Vergangenheit das Schwarze Meer und der Zürichsee (Hsü & KELTS 1978: 139). Andere enthalten nur Kalksedimente mit wenigen dünnen Tonlagen, so die aus Oberkreide und Alttertiär beschriebenen, lakustrischen Kalke in Frankreich (FREYTET & PLAZIAT 1982).

Zu A 4. Moorseen enthalten wegen ihres niedrigen pH's praktisch keine Bakterien und sind arm an Gelöstem. Die Ionen werden von Pflanzen aufgenommen oder als Humuskomplexe ausgefällt.

Zu B. Da die Endseen häufig evaporitisch sind, werden sie auch im Kapitel 7 behandelt (s. auch EUGSTER & HARDIE 1978).

Zu B 1. Ein reiner Endsee in einem ariden Gebiet ist das Tote Meer (s. S. 483), in dem die chemische Ausscheidung bis zum Steinsalz reicht. Als „salinar" werden aber schon Gewässer mit mehr als 5‰ Gelöstem bezeichnet (HARDIE et al. 1978). Aus solchen Endseen werden auch Karbonate ausgeschieden, so im Toten Meer und im Tuz Gölü (Türkei; s. u.) Aragonit (NEEV & EMERY 1967; MÜLLER et al. 1972). Auch spezielle Tonminerale wie Sepiolith und Mg-Smektit können sich hier bilden (TRUC 1978; PAPKE 1972: Playa). Viele Seen waren nicht zu jeder Zeit Endseen, d. h. Seen ohne Abfluß oder mit Abfluß ins Grundwasser, so die Grabenseen der Trias in den östlichen USA (Lockatong Fm., VAN HOUTEN 1962, 1965). In deren toniger Beckenfazies wechseln über eine Gesamtmächtigkeit von 1200 m detritisch und chemisch betonte Perioden ab, wobei die letzteren vor allem durch Analcim ($NaAlSi_2O_6 \cdot H_2O$) und einen größeren Dolomitgehalt gekennzeichnet sind.

Rezente Beispiele sind der Tuz Gölü (s. S. 485), der Große Salzsee (Utah) und verschiedene Seen in Kalifornien (EUGSTER & SMITH 1965; JONES 1965). Ein wegen seiner Ölschiefer- und Trona-Vorräte ($Na_2CO_3 \cdot NaHCO_3 \cdot 2H_2O$) wichtiges fossiles Vorkommen ist die eozäne Green River Fm. in Wyoming, Utah und Colorado. Hier sprechen einerseits Trockenrisse und das Vorkommen von Trona für Eintrocknung (EUGSTER & HARDIE 1975), andererseits deuten die relativ schweren C- und O-Isotopenwerte des Dolomits in den 10–30% Kerogen führenden, laminierten Dolomitmergeln auf die Mitwirkung von Methan während einer Seephase hin (KELTS mdl., s. auch SULLIVAN 1985). VANDERSTAPPEN & VERBEEK (1959) fanden in unterkretazischen, roten Playasedimenten des Kongobeckens mehr als 50% Analcim. Dieses Mineral kommt jedoch auch in Sedimenten anderer Seetypen vor, z. B. im Nördlinger Ries (s. unter A 2). Es bildet sich häufig, aber nicht immer (Buntsandstein, FÜCHTBAUER 1967b) aus Glas, in schwach evaporitischem Milieu.

Zu B 2. Als Playas werden flache, von Bergen und Schuttfächern eingefaßte, zeitweise wassergefüllte Becken ohne Oberflächenabfluß in semiariden Gebieten bezeichnet (SELLEY 1976: 270). REEVES (1978) beschränkt die Playas nicht auf Intramontanbecken. Der Zufluß erfolgt großenteils aus dem Grundwasser. Die Sedimente sind tonig, karbonatisch und evaporitisch; am Rand können sie grobklastisch sein (SMOOT 1978; s. u.).

Zu B 3. Sebkhas haben im Gegensatz zu Playas ein flaches Umland (SELLEY 1976). Man findet sie entweder an der Küste (semiarider Gebiete) („Salzmarsch") oder als Inlandsebkha. Die Ablagerungen ähneln den Playasedimenten. Ein großes rezentes Beispiel ist das Becken um den Tschadsee in Westafrika. Dieser versalzt trotz semiariden Klimas nicht, weil stärker konzentriertes Wasser ins Grundwasser abfließt (DIELEMAN & RIDDER 1964: ROCHE 1970). Eine etwas andere Definition verwenden FRIEDMAN & SANDERS (1978: 212f.). Nach ihnen sind Playas von Sebkhas umgeben und häufiger geflutet als diese (s. auch SMOOT 1978; s. u.). In Sebkhas halten sich Sedimentation und Winderosion die Waage; an der Kapillarwasserzone endet die Erosion. Die Entwicklung von kontinentalen Redbeds über Ölschiefer zu Evaporiten diskutiert EUGSTER (1985).

14.2.2 Faziesgürtel und Schichtungstypen

In Mergelseen findet man einen schmalen Küstenstreifen mit grobklastischen Sedimenten. Er geht seewärts in eine Kalkmergel- oder Seekreidezone über (MÜLLER 1971 b; KELTS & Hsü 1978; BAHRIG 1985).

Ganz allgemein bilden sich im Hypolimnion vieler, auch flacher Seen nach EUGSTER & HARDIE (1975) laminierte feinklastisch-karbonatisch-bituminöse Sedimente (Abb. 14-7). Die Laminae sind in der Regel, aber nicht immer (s. JANKOWSKI 1981: 205) Warven, d h. Jahresschichten. So sind im Bodensee die aus einer hellen, kalkigen und einer dunklen, tonig-eisensulfidischen Lage gebildeten Laminae im Mittel 6 mm dick (REINECK 1974a), was nach MÜLLER & GEES (1970) der durchschnittlichen jährlichen Akkumulationsrate im tieferen Seebecken entspricht. Diese Bodensee-laminae zeigen nach REINECK & SINGH (1980: Fig. 366) noch eine feinere Lagenstruktur. Nach KELTS & HSÜ (1978: Fig. 8) setzen sich Warven oft aus einer calcitischen Frühsommerlage, dem Absatz von Diatomeenblüten im Spätsommer und tonig-bituminösen Blaualgenlagen im Spätherbst und Winter zusammen. Nach TESSENOW (1966) liegt das Optimum der Kieselalgenentwicklung zwischen März und Mai. Diese Diatomeen erreichen nach einigen Monaten den Boden eines 100–200 m tiefen Sees. Siderit-führende Warven und Laminae wurden unter anderem aus den Ölschiefern von Messel (IRION 1977), vom Nördlinger Ries (JANKOWSKI 1981: 101) und vom Laacher See (BAHRIG 1985) beschrieben; aus Gyttjen (s. u.) erwähnt letzterer Eisenphosphat (Vivianit; s. auch NRIAGU & DELL 1974). Im Messelsee kommt das Phosphat Messelit vor (MATTHESS 1966).

Im allgemeinen deutet Lamination auf schwaches bis fehlendes Bodenleben infolge Sauerstoffmangels hin, doch kann sie auch in sauerstoffreichem, aber aus anderen Gründen sterilem Beckenwasser entstehen (COHEN 1984). WRIGHT et al. (1980) erwähnen drei Maxima der Schwebstoffsedimentation: 1. Im Frühjahr, mit der Schneeschmelze; 2. im Sommer, durch Diatomeen und biologisch verursachte Kalkfällung; 3. im Spätherbst, bei Abbau der als Schwebstoff-Falle wirkenden Thermokline. Die genannten Autoren bilanzierten für den Bielersee, einen eutrophen Hartwasser-Durchflußsee, die Karbonat- und SiO_2-Sedimentation und stellten fest, daß beide zu 50% detritisch, zu 50% durch Phytoplankton ausgefällt sind.

Aus dem Umland können Schwemmfächer und Deltas in den See vorstoßen. Rutschungen belegen etwas tiefere Becken. Seedeltas zeigen im Gegensatz zu Meeresdeltas i. a. keine Welleneinwirkung (FÖRSTNER et al. 1968). Sie bestehen aus steilen Vorschüttungen (foreset beds) mit schwachen topsets und bottomsets, wenn das einströmende Flußwasser die gleiche Dichte wie das Seewasser besitzt („homopycnical inflow", s. Abb. 14-18, GILBERT 1890) und sich deshalb mit diesem sofort vermischt, dadurch gebremst wird und sein Sediment verliert. Sehr suspensionsreiche Flüsse aber unterströmen in einem „hyperpycnical inflow" das Seewasser (BATES 1953). In den beiden von STURM & MATTER (1972, 1978) untersuchten Alpenseen breitet sich die Suspension normalerweise oberhalb der Thermokline aus (Abb. 14-7), während bei Hochwasser geringmächtige Turbidite und aus Muren vereinzelte mächtigere Turbidite entstehen. Im Genfersee wurden vom einströmenden Rhonewasser tiefe Rinnen in den Beckenboden erodiert (FOREL 1888; HOUBOLT & JONKER 1968). In seitlichen Teilen des Bodenseedeltas fanden FÖRSTNER et al. (1968) schon in 2 m Tiefe gradierte Sand-Silt-Lagen. Im Epilimnion abgelagerte Sedimente können durch Oligochäten (= Würmer; z. B. Tubifex), Muscheln, Fische u. a. verwühlt sein (REINECK 1984: 153).

In evaporitischen Seen wie in der Green River Formation findet sich eine andere Zonierung: Aus randlichen mud flats mit einer Dolomitisierung durch „evaporative pumping" gelangt man in die Ölschieferfazies, welche ihrerseits die zentralen Evaporite umschließt (SURDAM & STANLEY 1979). SMOOT (1978) stellte an diesem Beispiel für „Playaseekomplexe" die folgende laterale Sukzession auf: alluvial fans – ein „sandflat"-Saum, der zungenförmig ins Becken vorstößt – evaporitische „mudflats" – ephemerer See, s. auch S. 478.

14.2.3 Entwicklungsstadien

Limnische Sedimentfolgen lassen oft eine Gliederung erkennen, die auf drei Entwicklungsstadien zurückzuführen ist (JANKOWSKI 1981):

1. Grobklastische Basisschichten, die relativ schnell in die frische Hohlform eingeschüttet werden. Dabei werden unter Kornverfeinerung ein „alluvial fan"- und ein Playastadium durchlaufen. Nach Abdichtung des Untergrundes bildet sich ein zunächst oligotropher See.
2. Feinklastisch-bituminöse Laminitfolge des eutrophen, d. h. nährstoffreichen (Phosphat, Ni-

trat) Seestadiums mit euxinischem, d. h. anoxischem Hypolimnion. Dieses Stadium repräsentiert den größten Teil der Lebensdauer des Sees. Je nach Klima, Abgeschlossenheit und Zufuhren können sich in dieser Phase evaporitische Bedingungen entwickeln (im Nördlinger Ries mit Analcim und Klinoptilolith). Auch bilden sich oft mächtige Diatomite. In tieferen Seen findet man Turbidite und randliche Rutschungen. Die oft schwarzen, sulfid- oder siderithaltigen Sedimente bezeichnet man als Sapropel (Vollfaulschlamm). Bei etwas besserer Durchlüftung (z. B. im Laacher See; BAHRIG 1985) oder im Randbereich anoxischer Seen bildet sich eine braune Gyttja (Halbfaulschlamm) mit Pflanzenresten. Diese enthält nach FABRICIUS (1961) oft kleine kugelförmige Kristallaggregate von Pyrit („Rogenpyrit"). In manchen Seen bildet sich die Gyttja in einem späteren Stadium (Nördlinger Ries, JANKOWSKI 1981: 104). In kühlerem Klima findet nach BAHRIG (1985) die größte Anreicherung organischer Substanz erst in der Phase 3 statt.

3. Fein- bis gröberklastische, nicht laminierte Sedimente mit Spuren einer randlichen Vermoorung. Sie stellen das Endstadium mit Verlandung dar. Endseen werden in dieser Phase oft zu Durchflußseen und süßen aus. Ein solches Stadium fehlt in evaporitischen Seeablagerungen meistens.

Dieses Modell kann auf verschiedene Weise modifiziert sein, bei fast reiner Kalksedimentation z. B. wie folgt: Auf dunkle, dünnbankige Kalke des palustrin (= Sumpf-)fluviatilen Bereiches mit Eintrocknungsspuren folgen helle, massige Kalke des flachlakustrinen (= See) Bereiches, welche von lakustrin-palustrinen Mergeln mit Eintrocknungsspuren überlagert werden. Dies gilt für 10–100 km große Seen in Oberkreide und Alttertiär Südfrankreichs (FREYTET & PLAZIAT 1982: 92).

Viele Seen haben zeitweilig einen Abfluß (TIERCELIN et al. 1982) oder einen erhöhten Wasserstand. Dies spiegelt sich in den Sedimenten auf unterschiedliche Weise wieder, so im Plattensee (Ungarn) durch verringerten Mg-Gehalt im Calcit (MÜLLER & WAGNER 1978), in der triadischen Lockatong Formation der östlichen USA durch einen Wechsel von ca. 5 m mächtigen detritischen Zyklen (Siltsteine mit Wühlspuren und kohligen Lagen) und ca. 3 m mächtigen „chemischen" Zyklen (karbonatische Tonsteine mit Analcim, z. T. brecciiert; VAN HOUTEN 1965). Eintrocknungsspuren spielen eine wichtige Rolle bei der Milieubestimmung.

Limnische Sedimente in tektonisch aktiven Becken gehen oft nach oben und unten in grobklastische Flußsedimente über (COLLINSON 1978: 75). Nicht selten überlagern Seeablagerungen Dünen und konservieren sie dadurch, so im Perm von Wyoming/Colorado (COLLINSON 1978: 79).

Die Akkumulationsraten in Seen liegen oft zwischen 0,3 und 5 mm/Jahr (JANKOWSKI 1981: 206). Bei starker Mitwirkung von Turbiditen können sie viel höher liegen, z. B. im Walensee bei 90 mm/Jahr (LAMBERT & HSÜ 1979: 455), ebenso bei plötzlichen Umstellungen, im Zürichsee zum Beispiel nach Rückzug des Gletschers (110 mm/Jahr, gegenüber vorher 0,4 mm/Jahr; LISTER 1984).

In weiten Grenzen schwankt auch die Lebensdauer der verschiedenen Seen. PICARD & HIGH (1972) geben eine Spanne von 20 000 bis 13 Millionen Jahre (Green River Fm.) an.

Zahlreiche Farbaufnahmen von Seesedimenten findet man bei FOUCH & DEAN (1982). Eine Monographie über Seesedimente stammt von HAKANSON & JANSSON (1983).

Zusammenfassung

Eine einwandfreie Identifizierung fossiler Seesedimente durch ein einziges Merkmal ist allenfalls paläontologisch möglich. Andererseits führt häufig eine Kombination sedimentologischer Merkmale auch zum Ziel (PICARD & HIGH 1972; CLEMMENSEN 1978, u. a.):
1. Die Einbettung der fraglichen Sedimente in Schichten terrestrischen Environments.
2. Warven in der Beckenfazies, z. T. unterbrochen durch Turbidite.
3. Oft bituminöse Beckenfazies (anoxisches Hypolimnion).

4. Schneller lateraler Übergang aus der Beckenfazies in einen schmalen Streifen von klastischer Randfazies – oft über eine karbonatische Zwischenzone.
5. Dementsprechend – nach der Walther'schen Regel – auch schnelle vertikale Faziesübergänge.
6. Kombinierte Schwankungen des Wasserstands und der Salinität.
7. Gegen Salinitätswechsel (Streßsituationen) unempfindliche Organismen, z. B. Blaugrünalgen, Crustaceen, Gastropoden (geringe Diversität).
8. Diatomeen sind lagenweise angereichert und bilden z. T. mehrere Meter dicke Sedimentpakete.
9. Spezifische Minerale (Sepiolith, Mg-Smektit, Analcim, Salinarminerale, z. B. Gips).
10. Oolithe und Algenbioherme in terrestrischer Umgebung.
11. Oft braune, graue und grüne Farben der feinklastischen Sedimente.
12. Synärese- und Trockenrisse, lagenweise angereichert.
13. Verzahnung mit Moorsedimenten.

14.3 Wüsten

Die meisten Wüsten liegen im subtropischen Hochdruckgürtel zwischen 20 und 35° südlicher und nördlicher Breite. Die dort absinkenden Luftmassen erwärmen sich adiabatisch, so daß die relative Luftfeuchtigkeit abnimmt. Die Jahresniederschläge liegen um 100 mm und darunter, die potentielle Evaporationsrate beträgt ein Mehrfaches davon. Neben diesen warmen gibt es auch kalte Wüsten, in den Polargebieten; sie werden hier, da sedimentologisch unbedeutend, nicht betrachtet. Neben dem klassischen Werk von J. WALTHER (1924) sind folgende zusammenfassende Bücher und Arbeiten über Wüsten zu nennen: SOLLE (1966), MCKEE (1966b, 1979), GLENNIE (1970), FOLK (1971), BIGARELLA (1972), I. G. WILSON (1972, 1973), COOKE & WARREN (1973), FRAKES (1979; Paläoklimatologie), BROOKFIELD & AHLBRANDT (1983).

Folgende Wüstenlandschaften lassen sich unterscheiden:

a) Blockwüste (Hamada). Dies sind Deflationsgebiete, in denen die Winderosion nur grobes Blockwerk zurückläßt oder den festen Fels freilegt und sogar darin Depressionen erzeugt, in denen (ephemere) Playaseen oder Oasen entstehen können. Wüstenlack (Oxide von Fe, Mn, Al, K; HOOKE et al. 1969) bildet sich auf Gesteinsoberflächen.

Abb. 14-9. *Links:* Kieslage als Restsediment in der Wüste (Erg Issouane, Algerien; Foto STURM).
Rechts: Adhäsionsrippeln auf einer Schichtfläche des Kambriums im Mississippital. Der Wind kam von rechts (aus DOTT et al. 1986: Fig. 2).

b) Kieswüste (Serir oder Reg). Aus den Ablagerungen von Wadis (d. h. ephemeren Flüssen) oder Schichtfluten ist der Sand oberflächlich ausgeblasen, so daß Fein- und Mittelkies als Restsediment den Boden bedecken (lag deposit, Abb. 14-9 links). Auch entstehen Sedimente mit bimodaler Korngrößenverteilung (Abb. 14-10).

c) Sandwüste (Erg). Sieht man von den Küstendünen ab, denen der Sand vom Strand zugeführt wird, so entstehen Dünenfelder (sand seas) unter folgenden Bedingungen: 1. Es muß Sand verfügbar sein, z. B. aus anstehenden Sandsteinen, 2. es müssen Senken oder andere Hindernisse vorliegen, 3. die Windgeschwindigkeit sollte in diesem Gebiet abnehmen. Im Zentrum der „sand seas" findet man oft Sterndünen (Abb. 14-11) und komplexe Transversaldünen (WALKER & MIDDLETON 1977), in der Außenzone dagegen Sandflächen mit geringem Schichteinfallen oder Horizontalschichtung, sowie mit Rippeln oder Kieslagen, und Wadis (FRYBERGER et al. 1979); auch Barchane kommen dort vor (MAINGUET & CAILLOT 1974). Werden die Dünenfelder z. B. durch Klimaänderung inaktiv, so breiten sich Wadis, Schwemmfächer und mass flows in ihnen aus (TALBOT & WILLIAMS 1979).

d) Playas und Inland-Sebkhas (s. S. 879). Sie bilden sich in den morphologisch tiefsten Teilen der Wüste, z. T. zwischen den Dünen, wo Grundwasser zutage tritt.

e) Schwemmfächer (alluvial fans; s. S. 865 f.). Sie gehören zum Inventar der Wüsten und Halbwüsten und bilden sich bevorzugt in Grabenzonen (Abb. 14-1).

f) Staubsedimente (Löß). Silt und Ton werden aus der Wüste ausgeblasen und allenfalls in ihrer Randzone abgelagert (s. S. 229 f., 888) (YAALON & DAN 1974, LIU et al. 1985). Große Mengen werden auch in den Ozean (SARNTHEIN et al. 1982) oder in weit entfernte Gebiete transportiert.

Die häufigsten Wüstensedimente sind Dünensande. Ihre Korngröße liegt i. a. zwischen 0,1 und 1 mm. Wie im einzelnen im Kapitel 13.1.4 ausgeführt wurde, bilden sich bei geringen Sandmengen (mittlere Sanddicke cm bis m) Barchane bei niedriger und kleine Longitudinaldünen bei höherer Variabilität der Windrichtungen. Stehen größere Sandmengen zur Verfügung, so entstehen Transversaldünen bei niedriger, Sterndünen und große Longitudinaldünen bei höherer Richtungsvariabilität (WASSON & HYDE 1983). Bei letzteren überwiegt oft eine der beiden Richtungen.

Während heute die Longitudinaldünen deutlich vorherrschen, weisen die Sedimentstrukturen äolischer Sandsteine überwiegend die Merkmale transversaler Dünen auf (unimodale Schrägschichtung mit steilem Einfallen und großen sets, BLATT et al. 1980: 643). Dies mag sich durch die meist größere Nettosandablagerung der letzteren erklären. Manchmal wandern auf den Flanken der Longitudinaldünen kammparallel kleinere Transversaldünen und helfen, die unterlagernden Longitudi-

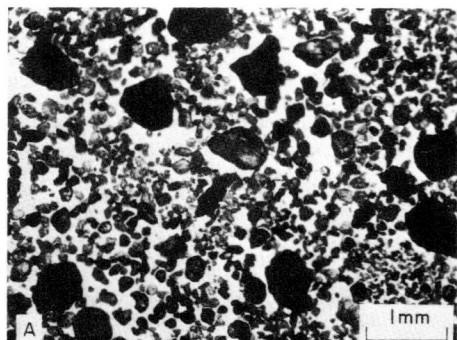 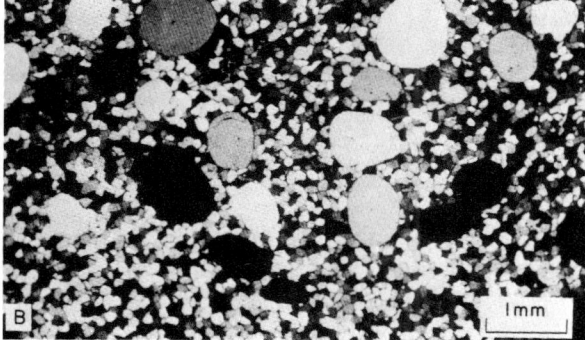

Abb. 14-10. A: Oberflächenschicht einer Kieswüste (Reg; Simpson Desert, Australien), mit Klebestreifen abgehoben.
B: Reg, Lander Sandstone (Ordovizium, Wyoming; polarisiertes Licht). Aus FOLK 1968: A = Fig. 4, B = Fig. 1.

Abb. 14-11. Sterndüne, ca. 40 m hoch, bei Ain-El-Hammam (Libyen).

naldünen zu erkennen (RUBIN & HUNTER 1985). Daß in rezenten Wüsten Dünenfelder überwiegen, in fossilen aber alluvial fans, ist auf die bessere Erhaltungsfähigkeit der letzteren vor allem in tektonischen Senken zurückzuführen. Solche Grabenbildungen sind auch an der Konservierung eines der wirtschaftlich wichtigsten Vorkommens äolischer Sandsteine, der gasführenden Rotliegend-Sandsteine Nordwestdeutschlands und der südwestlichen Nordsee, beteiligt (DRONG et al. 1982).

Dünen und Schrägschichtungssets sind oben abgeschnitten. Im allgemeinen wurden sie an „Reaktivierungsflächen", welche oft in der Windrichtung etwas geneigt sind, von nachfolgenden Dünen überlagert (BROOKFIELD 1977), häufig unter etwas veränderter Windrichtung (Abb. 13-19). Stets aber ist für die Stapelung solcher Schrägschichtungssets letztendlich eine Absenkung erforderlich. Im Detail können sie durch Grundwasseranstieg und Bewuchs fixiert werden. Nicht selten auch schließen Seesedimente oder marine Ingressionen die äolischen Folgen ab. Je nachdem, wieviel Sand jeweils konserviert wird, bilden sich sets bis zu 35 m Dicke (WALKER & MIDDLETON 1977). In den Rotliegend-Sandsteinen beträgt die maximale Mächtigkeit einzelner sets 10 m (DRONG et al. 1982). Dipmetermessungen und Kernbefunde zeigen hier, daß die Schrägschichtung zur Basis der sets hin immer flacher wird. Man gelangt hier in die backflow-Zone (toesets; SELLEY 1978a: Fig. 3.7; PLEIN 1978).

Bei starker Sandzufuhr werden die Dünen von Rippeln überwandert, die auch am Luvhang schräggeschichtete Sandlagen hinterlassen (translatent strata, KOCUREK & DOTT 1981). Diese können inverse Gradierung zeigen. In den Leeschichten wurde im oberen Teil der Düne inverse Gradierung, im mittleren Teil Lamination ohne Gradierung und im unteren Teil normale Gradierung beobachtet (AHLBRANDT & FRYBERGER 1982: Fig. 13). Im Grundwasserbereich kann es bei Erdbebenstößen zu frühdiagenetischen Verfaltungen kommen (HOROWITZ 1981).

In äolischen Sequenzen nimmt die set-Dicke oft nach oben ab (MCKEE 1966b). Typisch sind ferner in solchen Schichtenfolgen Einlagerungen von Wadisedimenten mit tonigen Abschluß-Lagen, die oft Trockenrisse zeigen (GLENNIE 1970: 53; REINECK & SINGH 1980: 220).

Im Rotliegenden Norddeutschlands und der Nordsee wurden bis 500 m Erg-Sedimente mit eingeschalteten Fluß- und Playasedimenten (lakustrische Tone und Evaporite) abgelagert (GLENNIE 1972; PLEIN 1978). In diesen Wechselfolgen haben die äolischen Sandsteine die höchste Porosität und Durchlässigkeit, da sie gröber sind und in ihnen eine frühdiagenetische Zementation i. allg. unterblieb (DRONG et al. 1982). Im Colorado-Plateau aber sind nur die fluviatilen Sandsteine uranhaltig, die besser sortierten äolischen aber nicht (SELLEY 1978a: 88).

In terrestrischen Formationen wie im Buntsandstein geht es oft darum, für einzelne Sandsteinbänke die Frage „äolisch oder fluviatil?" zu beantworten. Hier bietet sich nach TIETZE (mdl.) die Struktur der Feinschichtung am Fuß des Leehangs an, welche in äolischen Dünen aus hangabwärts auskeilenden, gröberen und oft invers gradierten „sandflow"-Lagen besteht, auf denen hangaufwärts auskeilende „grainfall"-Lagen sedimentieren. Mit diesem und anderen Kriterien fanden TIETZE et al. (in Vorbereitung) im Detfurth-Sandstein des Marburger Gebietes einen nordsüdlich verlaufenden Dünenstreifen.

Das sicherste makroskopische Einzelmerkmal für äolischen Transport sind nach DOTT et al.

(1986) die Adhäsionsrippeln, welche auf einer von Kapillarwasser durchfeuchteten Sandoberflächen entstehen, wenn Flugsand daran hängenbleibt (Abb. 14-9 rechts).

In der folgenden Tabelle sind – nach abnehmender Bedeutung geordnet – diejenigen Merkmale aufgelistet, deren kombinierte Anwendung eine Entscheidung im allgemeinen ermöglicht. Wichtig ist daneben stets die laterale und vertikale Fazies-Einbindung.

Tabelle 14-3. Unterscheidung von äolisch und aquatisch abgelagerten Sandsteinen (nach GLENNIE 1970; BIGARELLA 1972; SELLEY 1978a; MADER 1980a; CLEMMENSEN & ABRAHAMSEN 1983 und BUCK 1985).

Merkmale	äolisch	aquatisch
Schrägschichtungssets	groß; tafel- und keilförmig	meist kleiner; oft trogförmig
Mikrolamination	mm-Wechsel von Feinsand (grainfall) u. invers gradierten Mittelsandzungen (grainflow).	grainfall ist selten (Feinsandzungen). Er fehlt in bogigen Schrägschichten (Abb. 13-9a).
Ton- und Siltlagen	selten; dann oft mit Trockenrissen	häufig und in größerer Mächtigkeit
Gerölle	dünne Lagen an der Basis mancher Schrägschichtungssets	häufig, auch innerhalb der sets
Glimmer	selten	vorkommend
Feinkörnige Matrix	fehlend oder sekundär eingespült	oft vorhanden
Kornoberflächen	matt (geringes Relief)	glänzend (größeres Relief)
Verfaltungen am Leehang	in angefeuchteten Lagen	meist fehlend
Einfallen der Schrägschichten	nicht vom Paläogefälle abhängig	vorwiegend parallel zum Paläogefälle
„translatent strata" (übergreifende Lagen)	invers gradiert	normal gradiert
Zyklen	selten	häufig
Lebensspuren	Fährten am Leehang nur aufwärts	Spurenfossilien aller Art
Fossilien (auch Pflanzen)	i. a. fehlend	vorkommend
Regentropfenmarken	vorkommend	fehlend
Sortierung der Sande	manchmal besser	manchmal schlechter
Korngröße	meist 0,1–1 mm	unterschiedlich
Rippelindex (Breite : Höhe)	>15	<15

14.4 Glaziale Ablagerungsräume

14.4.1 Der Bereich des Eises

Auf der Erde gab es mindestens fünf größere Vereisungen:

1. Im frühen Proterozoikum Nordamerikas, vor 2150–2500 Mill. Jahren (CASSHYAP 1968; LINDSEY 1969; YOUNG 1970; PETTIJOHN 1975: 179; MIALL 1985).
2. Im späten Präkambrium Nordeuropas, Grönlands, der USA und Australiens vor ca. 700 Mill. Jahren (READING & WALKER 1966; SPENCER 1971; EDWARDS 1975; BJØRLYKKE et al. 1976; LINK & GOSTIN 1981; für weitere Lit. s. EYLES & MIALL 1984: 36).
3. Im Oberordovizium Nordafrikas, Südafrikas und Südamerikas (BEUF et al. 1971; BENNACEF et al. 1971; LOCK 1973; BIGARELLA 1973).
4. Im Permokarbon des Gondwanakontinents (Südafrika, Südamerika, Indien, Australien. HAMILTON & KRINSLEY 1967; CROWELL & FRAKES 1971; CASSHYAP & QIDWAY 1974; VISSER 1983).
5. Im Jungtertiär und Pleistozän der Südhalbkugel und später auch der Nordhalbkugel (RICH-

Abb. 14-12. Pleistozäner Geschiebemergel (till), aufgeschlossen an der Steilküste bei Montauk Point, Long Island, New York (R. G. LaFleur, aus Friedman & Sanders 1978: Fig. 9-33).

ter 1933; Flint 1957; Woldstedt 1961; Liedtke 1975; s. auch Schwarzbach 1974 und Friedman & Sanders 1978: 268).
Auf Vereisungen weisen folgende Merkmale hin:
  A. Erosive Formen wie U-Täler, Rundhöcker und gekritzte Felsoberflächen oder Geschiebe.
  B. Moränensedimente (Geschiebemergel; engl. till; verfestigt: engl. tillite, deutsch: Tillit; Abb. 3-12 und 14-12; s. Symposium Schlüchter 1979).
  C. Periglazialsedimente (fluviatile Sander, s. u., glaziolakustrische Warventone und glaziomarine Bändertone, letztere beiden z. T. mit „dropstones", Abb. 3-3 und 14-14b).

Man unterscheidet Inlandeis (z. B. die mächtigen Eisschilde der Antarktis oder Grönlands), Talgletscher und Vorlandvergletscherungen am Fuße der Gebirge (z. B. in Alaska). Es gibt ferner kalte und temperierte Gletscher. Erstere findet man in polnahen Gebieten und in manchen Hochgebirgen. Sie besitzen im Gegensatz zu den temperierten Gletschern einen Wärmegradienten mit den tiefsten Temperaturen an der Oberfläche, doch liegt auch die Basis noch unter dem Gefrierpunkt. Diese Gletscher sind folglich unten angefroren und enthalten im basalen Teil viel Schutt (Boulton 1970). Sie bewegen sich durch Scherung. Manche sind am Gletscherende temperiert; Flüsse treten aus ihnen aus. In temperierten Gletschern, z. B. in den Alpen und Westnorwegen, liegt die Temperatur nirgends weit unter 0 °C, so daß an der Basis oft Druckverflüssigung stattfindet. Diese Gletscher rutschen dann über einen Wasserfilm. Der Schutt findet sich hauptsächlich außerhalb des Eises, an der Basis und auf der Oberfläche des Gletschers, in geringen Mengen auch in seinem Innern.

Man unterscheidet in temperierten Gletschern das Nährgebiet, in welchem der Eiszuwachs überwiegt, und das Zehrgebiet, in welchem die Ablation überwiegt. Zwischen beiden liegt die Firngrenze (snow line). Kalte Gletscher verlieren das Eis hauptsächlich durch „Kalben" am Eisschelfrand, z. T. aber auch durch Verdunstung. Nicht nur der Eistransport, auch der Schutttransport ist höher in temperierten als in kalten Gletschern. Erstere führen an ihrer Basis eine Grundmoräne (lodgement till), die von horizontalen Scherflächen durchzogen sein kann, aber nicht muß. Man beobachtet ferner Verrundung und Kritzung der Geschiebe, auch Abscherung der Felsunterlage; die Geschiebe werden longitudinal eingeregelt (Richter 1932). Durch die Scherung können Breccien und flachliegende Falten entstehen. Hierdurch und durch unterschiedliche Materialherkunft entstehen Bändertillite mit einer Millimeter- bis Dezimeter-Farb-, Material- und Korngrößenbänderung. Sie wurden vor allem aus dem Präkambrium beschrieben (EDWARDS 1978), doch findet man sie auch im Pleistozän (DREIMANIS 1976). In Grundmoränen sind nicht selten geschichtete Sand- und Geröllpartien eingeschaltet, die auf sub- oder englaziale Flüsse zurückgehen.

Eingefrorener oder auf der Oberfläche des Gletschers transportierter Schutt sammelt sich unbeansprucht, also auch unverrundet am Gletscherende („ablation" oder „melt-out till", nach Rutschungen „flow till", BOULTON 1970; BOULTON & EYLES 1979). Auch die Seitenmoränen der Zungengletscher sind nicht ganz stationär; der Gletscher nimmt einen Teil ihres Schuttes mit, wie man an den kräftigen Mittelmoränen zwischen zusammenfließenden Gletschern erkennt, welche zumindest einen Teil ihres Schuttes aus den Seitenmoränen erhalten. All diese verschiedenen Schuttströme laufen am Gletscherende zusammen und bilden dort je nach Schmelzverhalten des Gletschers

> bei schnellem Rückzug einen gleichmäßigen Schutteppich,
> bei schrittweisem Rückzug mehrere Endmoränengürtel (Abb. 14-14a).

Die unterschiedlichen Zufuhrarten führen in Endmoränen oft zu einer gewissen Schichtung. Rückt der Gletscher wieder vor, so kann die Endmoräne gestaucht werden, wobei die Schichtung gegen den Gletscher stärker einfällt als talabwärts (LIEDTKE 1975: 21). Wird das Eis in der Gletscherzunge dünner, so kann sich ein Saum von „stagnierendem Eis" bilden, der oben und unten von Endmoränen eingefaßt sein kann (LIEDTKE 1975: 42; BOULTON 1978).

Das Material der Moränen, der Geschiebemergel (till), ist sehr schlecht sortiert; die Korngröße reicht vom Ton bis zu Klasten > 20 cm (MILLS 1977a), wobei der Median in der Grundmoräne oft bei 0,1 mm, in den übrigen Moränen zwischen 0,2 und 20 mm, nach FRIEDMAN & SANDERS (1978) zwischen 0,004 und 0,5 mm liegt (s. Fig. 3-16). Typische Geschiebemergel enthalten 15% < 0,02 mm und 15% > 10 mm (GILLBERG 1965; s. auch GOLDTHWAIT 1971 und DREIMANIS 1979).

Tabelle 14-4. Eigenschaften verschiedener Moränensedimente; modifiziert nach MILLS (1977b), s. auch RICHTER 1959 und DE JONG & RAPPOL 1983.

Moränen	Sortierung (Korngröße)	Rundung	Anteil gekritzter Geschiebe	Einregelung
Grundmoräne	−	+ +	+ + +	+ + l
Rückzugsmoräne	+	+ +	+ + +	+
Seitenmoräne	+ +	+	+ +	+
Ablationsmoräne	+ +	−	−	+ t
Sander	Kgr. + + +	+ + +	−	+

− nicht (bzw. sehr klein), + schwach (bzw. klein), + + mäßig, + + + stark (bzw. groß), l = longitudinal, t = transversal.

Die Grundmoränen gleichen häufig die Morphologie aus; in Senken sind sie verdickt, doch auch um Felshöcker können sie stromlinienförmige Schutthügel, sogenannte „Drumlins", bilden. Die „Oser" (Esker), lange, schwach gewundene, 3–50 m hohe Rücken, entstehen glazifluvial aus Flüssen, die ihren Schutt entweder unter (SHREVE 1985) oder auf temperierten Gletschern ansammeln. Letzteres ist nach LIEDTKE (l. c.: 33) wahrscheinlicher, wenn die Oser mit unveränderter Mächtigkeit über Rücken und Senken des ehemaligen Gletscherbettes verlaufen. Sie bestehen vorwiegend aus ungeschichtetem Kies (SCHEIDEGGER 1970; BANERJEE & MCDONALD 1975). „Kames", unregelmäßige Flecken wohlgeschichteten Sandes mit Kies und Silt, bilden sich auf dem stagnierenden Eis (LIEDTKE l. c.: 34), während „Pingos", Ringwälle mit Seen, nach dem Abschmelzen von Toteislinsen entstehen, von denen vorher der Boden zentrifugal abgeglitten war (s. auch SCHEIDEGGER l. c.).

Die Fließrichtung ehemaliger Gletscher läßt sich rekonstruieren aus der heutigen Morphologie, so aus den länglichen Seen im südlichen Schweden, ferner aus Kratzern auf anstehendem Fels (Gletscherschliffe; in Fließrichtung oft glatter als in der Gegenrichtung), aus der Geschieberegelung (longitudinal) und -herkunft (RICHTER 1932), aus Drumlins (stromlinienförmig im Gletscherfluß) und Osern.

14.4.2 Der Periglazialbereich

Warmzeiten werden an Verlehmungs-, d. h. Entkalkungszonen im Geschiebemergel erkannt, welche eine Bodenbildung anzeigen; in Seen bilden sich dann Seekreide und Kieselgur (Diatomeenschlamm).

Im Vorland der Vergletscherung entstehen Sanderflächen (isländisch „Sandur", Mehrzahl: „Sandar"; engl. „glacial outwash"), auf denen die meist verflochtenen Schmelzwasserflüsse ihre Kies- und Sandfracht abladen. Sander lassen sich von nicht-glazigenen braided river-Ablagerungen durch umgelagerte Blöcke gefrorenen Sediments unterscheiden, die auch fossil noch als verkippte Schollen erkennbar bleiben. Die Schmelzwassersedimente der Sander sind horizontal geschichtet oder trogförmig schräggeschichtet mit starkem Korngrößenwechsel von set zu set. Auch in den schräggeschichteten Lagen kommt Kies vor. Geschiebemergel (till) und Schmelzwassersedimente (glacial outwash) werden im Englischen als „drift" zusammengefaßt. Glaziofluvialen und -lakustrinen Sedimenten ist ein von JOPLING & McDONALD (1975) herausgegebener Symposiumsband gewidmet. In den periglazialen Bereich gehören auch Dauerfrostböden (permafrost), sowie Eiskeile und Strukturböden (Steinringe bzw. am geneigten Hang Streifenmuster, Abb. 14-13).

Abb. 14-13. Periglazialformen Westgrönlands. Links: ca. 80 cm große Steinringe. Rechts: Streifenmuster am Hang. Experimente zur Deutung solcher Strukturen führte DZUŁYNSKI (1963) durch.

Fallwinde trocknen das Sediment in der Sanderebene und blasen Silt und Feinsand aus, welche als gut sortierter, ungeschichteter Löß (SMALLEY 1976) bzw. in Form von Decksanden (z. B. VOSSMER-BÄUMER 1976; RUEGG 1983) weit entfernt wieder abgesetzt werden. Während SMALLEY & SMALLEY (1983) die Verknüpfung von Löß mit glazialen Bedingungen bestätigen (C. TROLL: „Ohne Frost kein Löß") und eine Korngröße von 20–60 µm angeben, nimmt DERBYSHIRE (1983) für den chinesischen Löß, welcher etwas feiner ist (7–30 µm) einen Ursprung als Wüstenstaub an (s. S. 883).

Vor den Gletschern bilden sich oft Seen, besonders zwischen zurückweichenden Gletschern und Endmoränen (Abb. 14-14a). Permanenter sind die Seen in den vom Eis ausgehobelten, übertieften Tälern, z. B. des Alpenvorlandes. Alle diese Seen sind durch Warventone („Bändertone") charakterisiert, die sich zuweilen von See zu See korrelieren lassen (PEACH & PERRIE 1975; SCHLÜCHTER 1979; s. auch S. 880).

Glaziale Ablagerungsräume 889

Abb. 14-14a. Zwei Endmoränen, welche einen See stauen (die hintere wurde durch einen weißen Strich abgegrenzt). Blick vom Gletscher des Qajaussat-kuat-Tales NE Sarqaq (Nûgssuaq-Halbinsel, Westgrönland) gegen die Insel Disko.

14.4.3 Der glaziomarine Bereich

Fließt ein Gletscher ins Meer, so bilden sich unter ihm glaziomarine Moränen, welche oft die Gestalt von Schwemmfächern oder Deltas annehmen und sich von Grundmoränen durch marine Fossilien und das Fehlen einer Geröllregelung unterscheiden (BOLTUNOV 1970). Diese gehen nach außen in geschichteten „till" und schließlich in laminierten Ton mit dropstones über (THOMAS & CONNELL 1985, mit vielen Bildern). Die Laminae sind im brackisch-marinen Bereich weniger scharf begrenzt als die Warven in Süßwasserseen (EDWARDS 1978: 422). Es kommen meterlange dropstones vor (Abb. 14-14b; CROWELL & FRAKES 1971), zuweilen bestehen sie aus till-Klumpen („paratill", DOMACK et al. 1980; „dropstone clusters"; EYLES & MIALL 1984: Fig. 10). Dieser Schutt fällt von Eisschollen oder Eisbergen beim Schmelzen oder – massiert – bei Kippbewegungen von Eisbergen, welche i. allg. durch das explosionsartige Abbrechen und Zerbröseln von großen Eisflanken hervorgerufen werden. Doch können dropstones auch von schwimmender Vegetation befördert worden sein.

Umgelagerte Blöcke gefrorenen Sediments, wie sie aus der Sanderebene erwähnt wurden, fehlen im glaziomarinen Bereich. Dafür schalten sich weiter außen Debrite und Turbidite ein und rufen eine Schichtung hervor (EDWARDS 1978: 429). Glaziomarine Sedimente können 5000 m mächtig werden (Yakataga Formation des

Abb. 14-14b. Verrundeter dropstone, vermutlich von Küsten- oder Flußeis transportiert. Unterperm S. Wasp Head (S. Sydney, Australien; Foto 1986). J. CROWELL als Maßstab.

sands" kann längs der Sandrinnen beträchtlich schwanken (COLEMAN & WRIGHT 1975); sie beträgt im Mississippi bis über 90 m, bei einer Breite von 7,5 km (FISK 1961). Vor der Mündung entsteht eine Barre („distributary mouth bar"); seitlich sind die Mündungsarme von Uferdämmen eingefaßt, die sich seewärts subaquatisch fortsetzen können, besonders in dem weit ausgreifenden „birdfoot"-Delta des Mississippi. Die Mündungsarme haben ein verhältnismäßig niedriges Breiten-Tiefen-Verhältnis (ca. 50 nach OOMKENS 1974). Charakteristisch für „mouth bars" ist ein gutsortierter Feinsand, horizontal- oder schräggeschichtet, der den Oben-grob-Deltazyklus nach oben abschließt (siehe Abschn. C und S. 897).

B. Buchten und Durchbruchsfächer

Die Bereiche zwischen den Mündungsarmen werden infolge langsamerer Sedimentation und stärkerer Kompaktion der tonigen Sedimente zu Depressionen, welche entweder vom Meer her, oder vom Fluß bei Überflutungen und Dammbrüchen mit Feinsediment gefüllt werden. Da dies mehr oder weniger sporadisch geschieht, können sich hier bei geeignetem Klima Sumpfwälder, Sumpfseen oder Moore bilden. In ariden Klimabereichen entstehen Salzmarschen oder gar Dünenfelder. Kleine Durchbruchsfächer finden sich gehäuft nahe am Uferdamm; sie verheilen im Laufe der Zeit, indem sie sich selbst zubauen. Größere Durchbruchsfächer („crevasse splay deposits") haben die Tendenz, sich zu zungenförmigen Subdeltas auszubauen. Daraus resultieren Oben-grob-Sequenzen (ELLIOTT 1974b).

C. Deltaplattform (topset deposits)

Vor den Flußmündungen entwickelt sich teils subaerisch, teils subaquatisch eine Deltaplattform. Subaerisch können sich hier Sümpfe bilden; je schlechter die Drainage, umso höher ist der Anteil organischer Substanz (REINECK & SINGH 1980; 324). Man findet unregelmäßig laminierte, z. T. von Wurzeln durchsetzte Feinsedimente. Im subaquatischen Bereich werden die Flußsande vor den Mündungsarmen von Brandung und küstenparallelen Strömungen umgelagert; dabei wird der Ton ausgewaschen. In den Sandkörpern findet man Schrägschichtung, die gelegentlich überkippt ist („recumbent folds"). Feinsande und Silte enthalten Pflanzenhäcksellagen, Tongerölle, Strömungsrippeln und Wühlspuren, sogar „convolute" bedding. Von zahlreichen Arbeiten über fossile Vorkommen dieses Environments sei hier nur diejenige von J. R. L. ALLEN (1965d) über das Nigerdelta genannt. Bezüglich oberer und unterer Deltaebene s. unter **A**.

D. Deltafront (foreset deposits, in Gilbert-Deltas, s. S. 894)

Die Prodeltasedimente fallen gegen das Becken ein und setzen sich in der Regel aus laminierten Ton-Silt-Folgen zusammen. Diese nehmen seewärts an Mächtigkeit ab (COLEMAN 1976), enthalten häufig Pflanzenhäcksel und sind wegen der hohen Akkumulationsrate nur schwach oder gar nicht verwühlt. Gelegentlich findet man Siltlagen mit Strömungsrippeln oder Gradierung (REINECK & SINGH 1980: 333); bei starker Wasserführung des Flusses können sich Sandlagen bilden.

Baut sich das Delta gegen tiefes Wasser vor, so kann es zu Gleitungen oder Rutschungen kommen, aus denen sich Suspensionsströme entwickeln können (SHEPARD 1963a: 494, 500). Auch Abschiebungsstaffeln können synsedimentär entstehen (growth faults, s. S. 809f., 898). Baut sich das Delta in flaches Wasser vor, wie es in den Epikontinentalmeeren früherer Erdzeitalter die Regel war, dann ist der Unterschied zwischen Deltaplattform und Deltafront geringer, und das Delta dehnt sich lappenförmig ins Becken aus.

Betrachtet man die Neigung der Deltafront großer Flüsse, so nimmt diese vom Senegal über den Sao Francisco, den Ebro, den Nil, die Donau, und den Niger bis zum Mississippi ab. In der gleichen

Deltas und Ästuare   893

Reihenfolge treten Sandstrände vor dem Delta mehr und mehr zurück (COLEMAN 1976). Offensichtlich gibt es eine Relation zwischen Wellenenergie und Hangneigung.

E. Deltafuß (bottomset deposits)

Hier sammelt sich (siltiger) Ton, der eine Farblamination zeigt, wenn er nicht – wie auch etwaige Schalenpflaster – von starker Bioturbation verwühlt ist. Ab und zu schalten sich gradierte Silt- (oder Sand-)lagen ein.

14.5.3 Einflußfaktoren

A. Fluß-, Seegang- und Gezeiten-dominierte Deltas

Deltas bilden sich bei stationärem oder sinkendem Meeresspiegel; gegen schnelle Transgressionen können sie sich nicht durchsetzen. Auch hängt die Ausbildung eines Deltas vom Suspensionsgehalt des Flusses ab. Unter den großen Flüssen bauen diejenigen mit einem Suspensionsgehalt > 170 mg/l ein Delta (Gelber Fluß: 14975 mg/l; Ganges-Brahmaputra (fälschlich als Ästuar bezeichnet): 1799; Nil: 1578; Mississippi: 833; Rhone: 598; Donau: 339; Niger: 229; Orinoco: 196). Demgegenüber besitzen Flüsse mit einem Suspensionsgehalt < 170 mg/l ein Ästuar (Amazonas: 156,2; Kongo: 47,9; Ob: 39,5; Rhein: 6,6; alle Werte aus FRIEDMAN & SANDERS 1978: 276, nach LISITZIN 1972).

Wie stark sich ein Delta entwickelt, hängt aber auch von den Kräften des Meeres ab, von der Brandung und dem küstenparallelen Sandtransport, sowie von den Gezeiten. Ist der Einfluß dieser Kräfte gering, so kann sich ein langgestrecktes „birdfoot"-Delta nach Art des Mississippi bilden (Abb. 14-15). Da sich ein solches Delta von Zeit zu Zeit verlagert, lösen sich konstruktive und destruktive Phasen ab; die verlassenen Deltafächer werden nämlich verhältnismäßig schnell von der

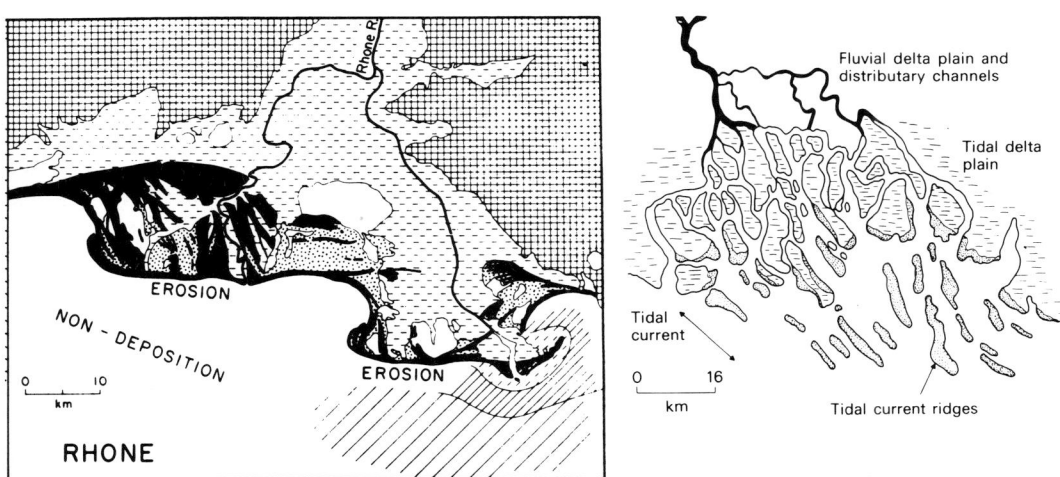

Abb. 14-16. *Links:* Rhonedelta (wellenbeeinflußt, nach KRUIT 1955 und VAN STRAATEN 1959, 1960, aus VAN ANDEL 1967). Horizontalschraffur: Fluß- und Überflutungssedimente; punktiert: Küstensand; schwarz: Strand und Strandwall: schräg unterbrochen schraffiert: Deltaplattform; durchgehend eng schraffiert: foresets; weit schraffiert: bottomsets und Schelftone.
Rechts: Delta im Golf von Papua (gezeitenbeeinflußt, mit Gezeitenstrom-parallelen Sandrücken und einer Gezeitendeltaebene, nach FISHER et al. 1969, aus ELLIOTT 1978: Fig. 6.32).

Brandung zerstört. Starker Wellenschlag erodiert aber auch aktive Mündungsarme und -barren und verlagert deren Sand gegebenenfalls küstenparallel zu Sandbarren (offshore bars), Strandrücken (beach ridges) und Dünen (Abb. 14-16 links; s. auch CURRAY et al. 1969).

Durch großen Tidenhub (> 4 m) werden die Mündungsbarren in senkrecht zur Küstenlinie verlaufende Sandrücken umgeformt; die Buchten werden Watten. Die Mündungsarme verbreitern sich und nehmen den Charakter von Ästuaren an, wie dies am Ganges-Brahmaputra (COLEMAN 1969), am Rhein, am Mahakam (ALLEN et al. 1979) und im Golf von Papua (Abb. 14-16 rechts) zu beobachten ist. Gezeitenbetonte Deltas findet man vor allem in Meeresbuchten, weil sich dort die Tidenwellen aufsteilen (REINECK 1984: 185).

Der Grad der Vorwölbung eines Deltas wird bestimmt von dem Quotienten Abflußmenge : Wellenleistung (beide pro Sekunde und bezogen auf einen Meter Flußbreite bzw. Küstenlänge). Nach WRIGHT & COLEMAN (1973) steigt dieser Quotient mit zunehmender Vorwölbung der Deltas wie folgt: Senegal (keine Vorwölbung): 0,3; Nil: 3,2; Niger: 4,4 (beide schwach vorgewölbt); Ebro 267,8; Donau: 1171; Mississippi (Birdfootdelta): 5477.

Eine Zusammenstellung verschiedener Deltas und der sie formenden Kräfte (Abflußmenge, Wellenenergie, Tidenhub) findet man bei COLEMAN & WRIGHT (1975), während BUSCH (1974) viele Beispiele für die Environment-Analyse mittels geophysikalischer Bohrlochmessungen gibt.

Ein fossiles Beispiel eines Fluß-dominierten Deltas sind die oberkarbonischen Haslingden Flags im Central Pennine Becken (N-England; COLLINSON & BANKS 1975, s. auch ELLIOTT 1978: 133f. und 1976a).

B. Wasser-Dichteunterschiede zwischen Fluß und Sammelbecken

Die Meerwasserdichte von 1,028 g/cm^3 wird durch die Flußsuspension meist nicht aufgewogen. Deshalb neigt das Flußwasser dazu, das Meerwasser als „jet stream" zu überschichten; Auftrieb und Trägheit sind die bestimmenden Faktoren. Dieses Einströmen leichteren Flußwassers heißt „hypopyknisch" (Abb. 14-17 und 18). Hierbei sedimentiert die Suspensionsfracht im wesentlichen erst nach der Vermischung mit dem Meerwasser, welche zur Ausflockung führt:

Mit zunehmendem Salzgehalt schrumpft die Dicke der diffusen elektrischen Doppelschicht auf den Tonmineralblättchen, welche sich aus der negativ geladenen Oberfläche und einer anhaftenden Wolke von Kationen zusammensetzt. Dabei kommen die Blättchen einander nahe und flocken aus, da die kurzreichenden Anziehungskräfte nun überwiegen. Bei weiter steigendem Salzgehalt erhält die Doppelschicht infolge des Kationenangebots eine stark positive Ladung, die einer Ausflockung entgegenwirkt. Letztere ist daher auf den Mischbereich von Süß- und Salzwasser beschränkt. Montmorillonitflocken sind leichter und werden daher weiter getragen als die Flocken der übrigen Tonminerale.

Das hypopyknische Einströmen mit überschichtendem Meerwasser führt zu sehr schwach geneigten Deltafronten, die man kaum als „foresets" bezeichnen kann (meist < 2° nach ELLIOTT 1978: 113). An der Mündung bilden sich eine Barre (distributary mouth bar) und ein Salzwasserkeil, der sich vor allem bei Tidenhochstand in den Mündungsarm hineindrängt, ein Schlammpolster vor sich herschiebend.

Münden Flüsse in Seen, so ist das Flußwasser entweder gleichdicht wie das Seewasser („homopyknisch"), oder, bei hohem Suspensionsgehalt, dichter („hyperpyknisch"; Abb. 14-18).

Bei homopyknischem Einströmen erfolgt unmittelbar vor der Mündung eine turbulente Vermischung, und auch der Feindetritus sedimentiert relativ nah an der Küste. Hier entstehen daher besonders steile Vorschüttschichten (10–20°), sofern die Einmündung in ein tiefes Becken erfolgt. Dieser Deltatyp wird nach der klassischen Bearbeitung der Deltas des eiszeitlichen Lake Bonneville (Vorläufer des Großen Salzsees) und anderer Seen „Gilbert-Delta" genannt (GILBERT 1885, 1890). Bei Hochwasser kommt es aber auch vor dem Mississippi, dessen Fracht zu 98% aus Ton und Silt besteht, zur turbulenten Vermischung von Fluß- und Meerwasser (WRIGHT & COLEMAN 1974).

Bei hyperpyknischem Einströmen fehlen permanente Mündungsbarren; die Grobfracht wandert in Rippeln oder Dünen hangabwärts, die Feinfracht eilt ihr in Suspensionsströmen voraus. Der subaquatische Teil des Deltas wird dadurch stark beckenwärts verschoben.

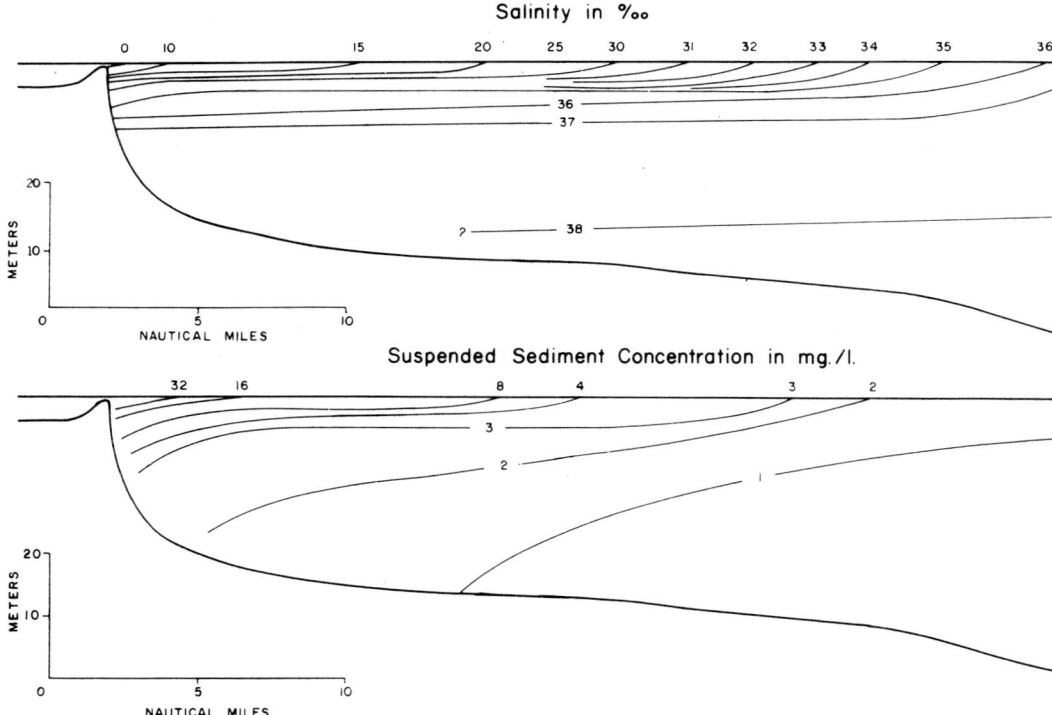

Abb. 14-17. Stark überhöhte Längsprofile durch den Ausfluß des Po ins Adriatische Meer. Sie zeigen die Überschichtung des Meerwassers durch hypopyknisches Flußwasser an der Salinität (oben) und an der Suspensionsfracht (unten). Aus NELSON (1970: Fig. 27).

C. Morphologie des Sammelbeckens

Deltas entwickeln sich in einem flachen Becken anders als in einem tiefen (s. auch 14.5.2 D). Ein hypopyknischer „jet stream" beispielsweise kann sich über einem tiefen Becken besser entwickeln als in einem flachen, in dem die Bodenreibung eine Rolle spielt. Vor tiefen Becken ist die Mündungsbarre schmal, in flachen Becken ist sie breit aufgefächert (COLEMAN 1976), oder es bildet sich eine dreieckige ‚middle ground bar", an welcher sich der Fluß gabelt (WRIGHT 1977). Vor manchen großen Flüssen (Kongo, Ganges-Brahmaputra) wird der größte Teil der Fracht – z. T. nach Zwischenlagerung an der Deltafront – durch Suspensionsströme in die Tiefsee verfrachtet und bildet dort einen Tiefseefächer (CURRAY & MOORE 1971, s. S. 935). Letzteres trifft auch für den Mississippi zu, seitdem die Birdfootdeltas den Schelfrand erreichten. Während heute vor allem Deltas vor tiefen Becken untersucht werden, hat man es in der Geologie häufiger mit flachen Epikontinentalbecken zu tun (MORGAN & SHAVER 1970; P. S. MOORE 1979).

Beispiele sind die Kohlebecken in Illinois und die Yoredale-Serie des Dinant-Namur von N-England, welche sich aus acht etwa 30 m dicken Kalk-Ton-Sandstein-Kohle-Zyklothemen zusammensetzt und einen Deltakomplex darstellt, der sich 8 × gegen eine Karbonat-Plattform vorbaute (SELLEY 1978a: 108f.; ELLIOTT 1974a, 1975).

Nach der tektonischen Situation unterscheiden AUDLEY-CHARLES et al. (1977)
 a. intrakratonische Deltas (Beispiel: Rhein)
 b. „rifted-continental-margin" Deltas (Niger)
 c. Randbecken-Deltas (Irawadi)
 d. Deltas an der Grenze zwischen Kratonen und jungen Faltengebirgen, mit faltenparalleler Drainage (Yukon/Alaska, Ganges-Bahmaputra).

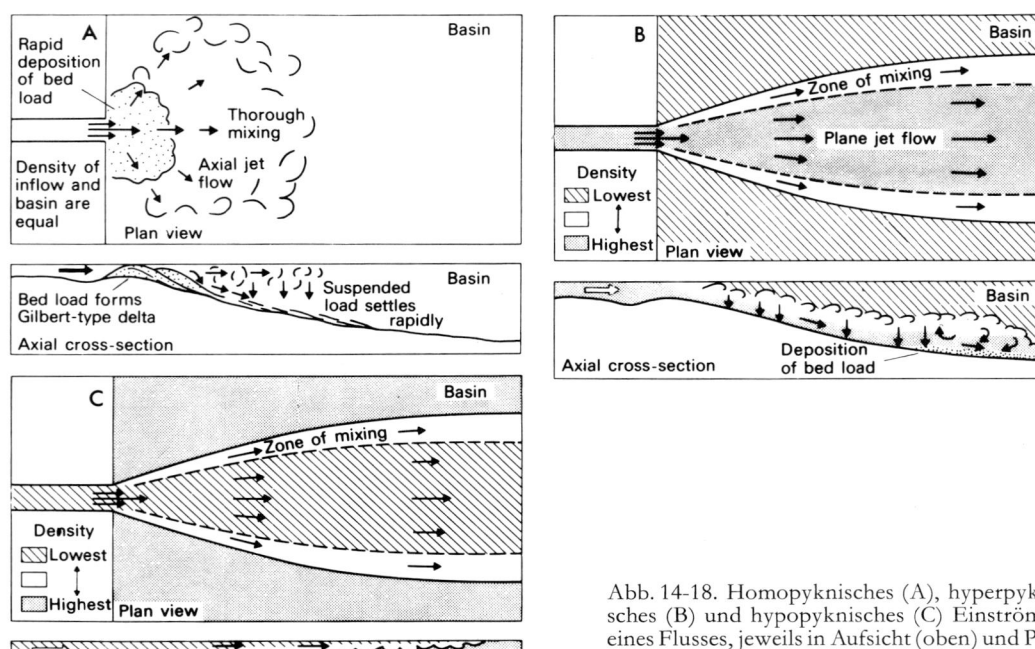

Abb. 14-18. Homopyknisches (A), hyperpyknisches (B) und hypopyknisches (C) Einströmen eines Flusses, jeweils in Aufsicht (oben) und Profil (unten) (von FISHER et al. 1969 nach BATES 1953, aus ELLIOTT 1978: Fig. 6.17).

In schnell sinkenden Becken können sich mächtige Deltafolgen bilden, in die sich auch Turbidite einschalten. Beispiele sind das Westfal der Bideford Group (DE RAAF et al. 1965; ELLIOTT 1976a, b) oder das Kinderscout Grit-Delta, welches sich im Namur des Central Pennine Beckens gegen ein tieferes Becken vorbaute (READING 1964; WALKER 1966; COLLINSON 1969; s. auch BELT 1975). Andererseits bauen sich in stabilen Schelfgebieten oder Epikontinentalbecken die Deltas schnell vor und hinterlassen manchmal nur eine dünne Sedimentschicht (COLEMAN 1976; WURSTER 1964).

14.5.4 Deltasequenzen

Das Delta ist in vielen Flußsystemen der Ort größter Sedimentansammlung; in manchen Fällen aber wird das meiste Sediment im fluviatilen Teil abgelagert und nur eine geringe Menge bis zum Delta transportiert. Beispiele bieten der Buntsandstein, die subalpine Molasse (Abb. 14-19) und die Poebene, in welcher im Quartär bis zu 2000 m fluviatile Sedimente abgelagert wurden (PIERI & GROPPI 1981). Durch Seismik ließen sich die Sandanhäufungen eiszeitlicher Deltas am Schelfrand ermitteln (SUTER & BERRYHILL 1985).

Deltasequenzen, die von marinen Sedimenten unter- und überlagert sind, also im vordersten Teil eines Deltas liegen, bilden meist Oben-grob-Großzyklen, da sie sich gegen ein Sammelbecken vorbauten. Demgegenüber sind die Sequenzen, die von Kohleflözen eingeschlossen sind und deshalb im hinteren Teil, wenn überhaupt noch im Delta liegen, oft Flußrinnenfüllungen mit einer Unten-grob-zyklizität (BLATT et al. 1980: 687). Im einzelnen lassen sich die Sedimentfolgen der Delta-Subenvironments wie folgt charakterisieren:

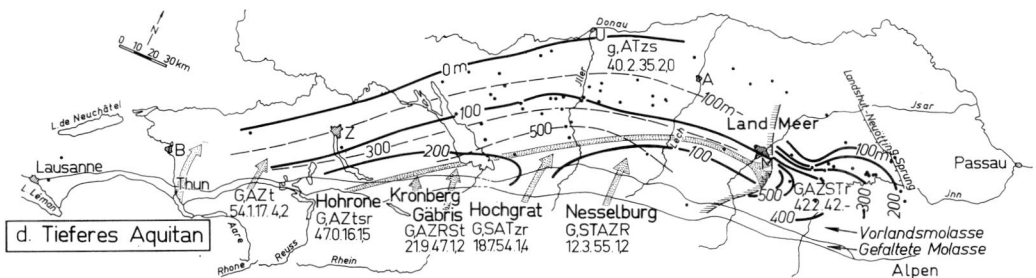

Abb. 14-19. Mächtigkeitsverteilung im Fluß- und im marinen Deltabereich des tertiären Molassebeckens. Die unterbrochenen Linien zeigen die Mergelsteinmächtigkeit, die dicken die Sandsteinmächtigkeit für das tiefere Aquitan. Diese ist zwar im Delta erhöht, aber das Gesamtvolumen ist im Flußbereich größer. Im höheren Aquitan verstärkt sich letztere Tendenz; s. auch Abb. 14-58 D. Punkte = Bohrungen; Pfeile = Schüttungen; Buchstaben = Schwerminerale: A(patit), G(ranat), R(util), S(taurolith), T(urmalin), Z(irkon). Reihenfolge sowie Klein- und Großbuchstaben bezeichnen die Häufigkeit. Untere Zeile: 1. Zahl = Feldspat-, 2. Zahl = Chert-, 3. Zahl = Karbonatgehalt, 4. Zahl = Calcit/Dolomitverhältnis (aus FÜCHTBAUER 1964a, Fig. 14d).

a. Mündungsarme

Sie stellen sich im Querschnitt als Sandlinsen dar, welche infolge der Kompaktion der unterlagernden Tone nach unten durchgebogen sind. Verlagern sich die Mündungsarme, so bleiben Totwasserrinnen zurück, in deren Füllung die Korngröße nach oben von planar schräggeschichteten Sanden zu gerippelten Feinsandsteinen und Siltsteinen abnimmt (ELLIOTT 1978: 126).

b. Fluß-Uferwälle (natural levees)

Oben-grob-Sequenzen entstehen, wenn sich solche Uferwälle über Auelehme, Marschen oder Schlickbuchten vorbauen (Feinsilt-Grobsilt/Feinsand); sie sind oft oben durchwurzelt.

c. Überflutungs-Dammbruch-Sequenzen (crevasse splay deposits)

Tone und Feinsilte der Überflutungs- oder Marsch-Bereiche zwischen den Mündungsarmen, welche z.T. reich an Pflanzenhäcksel sind oder sogar Torf bzw. lignitische Einlagerungen enthalten, werden ab und zu von gröberen, in sich normal gradierten Dammbruchsedimenten überlagert, welche von Feindetrituslagen abgeschlossen werden. Diese Kleinzyklen setzen sich zu einer größeren Oben-grob-Sequenz von ca. 4–10 m Mächtigkeit zusammen. Proximal, in den Durchbruchrinnen selbst, bilden sich 1–4 m mächtige Sandsequenzen mit Reaktivierungsflächen, Tonflasern und Auftauchmerkmalen (ELLIOTT 1978: 125 f).

d. Deltafront-Sequenzen

Dies sind sehr charakteristische Oben-grob-Großzyklen (s. Abb. 13-54 auf S. 853), welche wenige Meter bis einige Zehner von Metern mächtig sein können (z.B. STEEL et al. 1978: Fig. 9). Sie beginnen mit massigen bis schwach gebänderten Tonen und Feinsilten mit Pflanzenhäcksel (Beckentone; bottomsets), welche gelegentlich von dünnen Turbiditlagen unterbrochen werden. Darüber folgen laminierte foreset-Silte, die arm an Wühlspuren sind und von der cm-Wechsellagerung fein-schräggeschichteter Silte und Sande der Mündungsbarre überlagert werden (zahlreiche Kernfotos bilden COLEMAN & PRIOR 1982a, b) ab. In diese schließlich sind die Rinnen der Mündungsarme mit z.T. trogförmiger Schrägschichtung erosiv eingegraben. Abgeschlossen wird diese Sequenz oft durch Tone mit Torflagen, Bodenbildungen oder marine Lagen mit Lebensspuren und ggf. Kalkgehalt, was auf Verlagerung des Mündungsarmes oder gar Aufgabe des Deltas schließen läßt. In Seegang-dominierten Deltas ist der obere, sandige Abschnitt der Sequenz verstärkt (FISHER et al. 1969). Die Sande können seewärts schwach einfallen.

In Dipmeter-logs erkennt man gelegentlich in solchen Sequenzen ein nach oben zunehmendes Einfallen, von horizontalgeschichteten bottomsets zu foresets. SELLEY (1978a: 32) bezeichnet dies als „blaues Motiv" und stellt es dem „roten Motiv" gegenüber, bei welchem das Einfallen im Profil nach unten zunimmt (z. B. in Rinnenfüllungen). Das „grüne Motiv" ist durch gleichbleibendes Einfallen charakterisiert und läßt besonders in gut geschichteten Tongesteinen das regionale, tektonische Einfallen ablesen.

Am Hang mancher Deltas kommt es zu schaufelförmigen Abschiebungen, den sogenannten „growth faults" (s. S. 809 f.), welche mit der Vorschüttung einhergehen und daher beckenwärts jünger werden. Ihr Verwerfungsbetrag ist an der Sedimentoberfläche klein und in der Mitte des Bruches am größten. Nach unten lenkt er in die Schichtung ein und klingt aus. Die damit verbundene Rotation kann zu überkippten Antiklinalen führen („rollovers"), in welchen sich oft Kohlenwasserstoffe sammeln. Beim Bewegungsvorgang scheinen Tone mit Überdruck in der Hangendscholle eine Rolle zu spielen (BRUCE 1973; WEBER & DAUKORU 1975; ELLIOTT 1978: 144). Solche „growth faults" findet man vor allem in sehr mächtigen Deltasequenzen, z. B. im Nigerdelta, welches sich in den letzten 40 Millionen Jahren um 5 km/Mio. a. vorbaute und dabei über 5000 m Sediment akkumulierte. Es wird angenommen, daß diese Anhäufung zu einer Lithosphärendepression führte. Trotzdem wichen die Mündungsarme den Haupt-Sedimentanhäufungen „pendelartig" aus (DAILLY 1976).

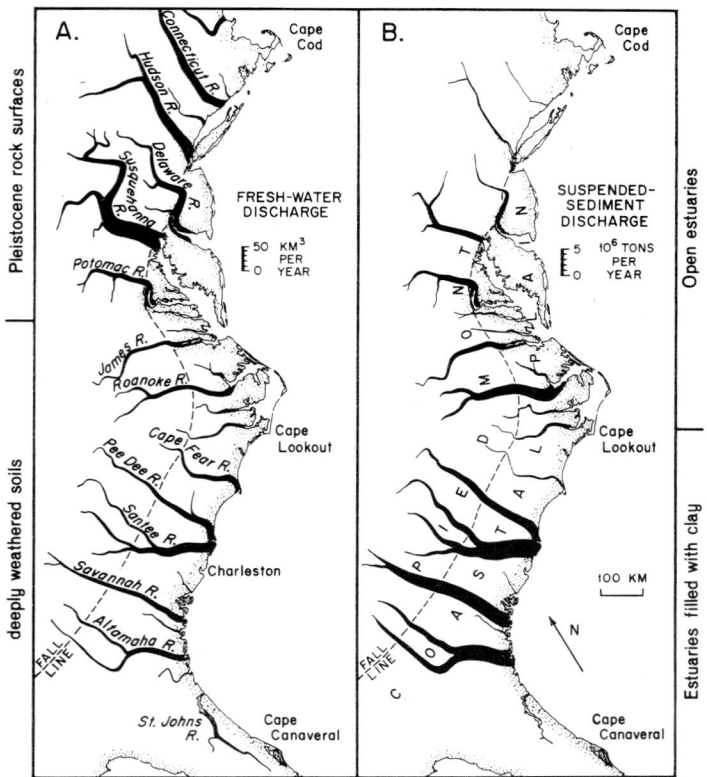

Abb. 14-20. Jährlicher Abfluß (A) und Suspensionstransport (B) in Flüssen an der Ostküste der USA. Ästuare existieren z. T. nur im nördlichen Teil, wo der Suspensionsgehalt infolge glazialer Erosion im Einzugsgebiet geringer ist als im Süden mit seinen tief verwitterten Böden. Unterschiedliche Abfluß- und Suspensionsmengen wurden in A bzw. B durch verschiedene Breite der Flüsse dargestellt (aus MEADE 1969: Fig. 2). Für den nördlichsten Teil s. auch SUMMERHAYES et al. (1985).

14.5.5 Ästuare

Sie bilden sich vor allem an suspensionsarmen (Abb. 14-20) und gezeitenbetonten Flußmündungen (> 3 m Tidenhub); Deltas an solchen Küsten lassen den Übergang zu Ästuaren erkennen (Abb. 14-

16 rechts). Auch begünstigte die Flandrische Transgression am Ende der letzten Eiszeit weltweit die Ausbildung von Ästuaren. Darunter liegen oft weit vorgebaute, heute überflutete Deltas, z. B. vor der Amazonasmündung (NITTROUER et al. 1986).

Das Ästuar endet flußaufwärts dort, wo sich die Gezeiten nicht mehr bemerkbar machen. Unterschiedliche Aspekte der Ästuare werden bei NELSON (1972) behandelt, während IPPEN (1966) speziell die Hydrodynamik und HAYES (1976) die Sand-Akkumulation darstellt.

Das Gironde-Ästuar, in welchem sich Garonne und Dordogne an der französischen Westküste vereinen, soll hier als Beispiel beschrieben werden (JOUANNEAU & LATOUCHE 1981). Das abfließende Wasser wird durch die Corioliskraft ans rechte Ufer gedrängt. Im Rhythmus der Gezeiten (3 m Tidenhub) und in Abhängigkeit von unterschiedlichen Abflußraten verschiebt sich ein Salzwasserkeil am Boden des Ästuars bei geringem Abfluß stromaufwärts, bei starkem Abfluß gegen die Mündung zu. Bis zum Ende dieses Keiles wird Suspension von der See her ins Ästuar hineingetragen, wie anhand der Tonminerale festgestellt werden konnte. Die mittlere Suspensionsfracht beträgt an der Oberfläche 0,1 g/l, am Boden 3 g/l und in der mobilen Schlammsedimentlinse am Ende des Salzwasserkeiles bis zu 350 g/l. Nur in diesem Trübemaximum findet durch Mischung von Süß- und Salzwasser Ausflockung statt (KRANCK 1981; s. auch S. 894). Diese Trübe bleibt jedoch in vielen Ästuaren wie in einem Kreislauf gefangen und ist mit Echolotung oft nicht vom Boden zu unterscheiden.

Subtidale Rinnen vor der Rheinmündung zeigen subholozäne, ca. 2 m mächtige Schrägschichtungskörper des Ebbstroms, wobei sich Spring- und Nipptiden durch dickere bzw. dünnere Sandlagen zu erkennen geben. Auch kleine, gegenläufige Flut-Schrägschichtungssets kommen vor. An Reaktivierungsflächen werden größere Sanddünen durch kleinere, sie überholende Dünen überlagert (VISSER 1980; DE MOWBRAY & VISSER 1984). Solche Schrägschichtungskörper entstanden vermutlich relativ schnell am Ende der flandrischen Transgression in ertrunkenen Flußtälern. Sie werden überlagert von horizontal geschichteten Sanden mit dünnen Tonlagen (TERWINDT 1971a; VAN BEEK & KOSTER 1972; REINECK & SINGH 1980; 317). So ergibt sich insgesamt eine Unten-grob-Sequenz, die eine progradierende Oben-grob-Schelfsequenz erosiv überlagert (GREER 1975).

Fossile Ästuarsequenzen gehen nach unten und oben in Wattensedimente über und enthalten diese gelegentlich auch als Einschaltungen (Linsen- und Flaserschichtung, Sand-Ton-Wechsellagerung; LAUFF 1967). Häufig findet man in Ästuarsedimenten Ostracoden, die hinsichtlich der Salinität besonders tolerant sind.

Zusammenfassung

Deltas sind vorspringende, Ästuare einspringende Küsten an Flußmündungen. Deltas setzen sich aus folgenden Sub-Environments zusammen: A. Mündungsarme mit Uferdämmen und Mündungsbarren, B. Buchten mit Durchbruchfächern, C. Deltaplattform (topset), D. Deltafront (foreset), E. Deltafuß (bottomset). Von C nach E nimmt die Korngröße ab.

Die Deltagestalt hängt vom Zusammenwirken von Fluß, Seegang und Gezeiten ab. Je höher die Flußfracht und je kleiner Seegang und Tidenhub sind, desto stärker baut sich das Delta vor. Flußmündungen ins Meer sind im allgemeinen hypopyknisch; das leichtere Flußwasser überschichtet als „jet stream" das Meerwasser. Einmündungen in Seen verlaufen demgegenüber je nach Suspensionsgehalt des Flusses homopyknisch oder hyperpyknisch. Im ersteren Fall bildet sich eine besonders steile Deltafront („Gilbert-Delta"), während in letzterem Fall oft Suspensionsströme entstehen, vor allem bei der Einmündung in ein relativ tiefes Becken (> 100–200 m).

Deltasequenzen sind infolge des Deltavorbaues oft oben-grob. Weitere charakteristische Merkmale sind
    a. starke Mächtigkeitsanschwellungen längs der Küste
    b. Sandrinnen, die sich stromabwärts verzweigen
    c. intensive Feinschichtung Sand/Silt-Ton in marinen Sedimenten, mit geringer Durchwühlung (foresets)
    d. viel Pflanzenhäcksel.

Da ein Deltavorbau i. allg. nur bei stagnierendem oder sinkendem Meeresspiegel erfolgt, lassen sich Deltastudien auch zur Rekonstruktion eustatischer Meeresspiegelschwankungen verwenden.

14.6 Klastische Küsten und Flachsee

14.6.1 Watten

A. Definitionen und allgemeine Gesetzmäßigkeiten

Der Gezeiten- oder Tidenhub (Mittleres Tideniedrigwasser MTnw bis Mittleres Tidehochwasser MThw) beträgt an offenen Ozeanküsten 0–4 m, kann aber in schmalen Buchten durch Resonanzeffekte bis auf 17 m steigen (Bay of Fundy, Ostkanada). Den zweimal täglich trockenfallenden Bereich nennt man „Watt" (tidal flat; auch „Eulitoral"). Die darüberliegende, bei Sturmfluten teilweise überschwemmte Fläche mit holozänen Sedimenten heißt „Marsch" (Supratidal; auch „Supralitoral"), nach Bewachsung „Groden" und an ariden Küsten „Salzmarsch" (Sebkha). Je nach Tidenhub unterscheidet man mit DAVIES (1964) „mikrotidale" (0–1,8 m), „mesotidale" (1,8–3,6 m) und „makrotidale" (> 3,6 m) Küsten. Oberhalb des MThw bei anlandigem Wind überschwemmte Flächen vor allem in mikrotidalen Gebieten werden als Windwatten bezeichnet. Hier findet man in der Laguna Madre (Texas) ausgedehnte Blaualgenmatten, Ferner spricht man mit REINECK (1978b) ggf. von Flußwatten, Strandwatten, Buchtenwatten, Ästuarwatten (z. B. der Jadebusen) und Rückseitenwatten (z. B. hinter den Düneninseln der Nordsee). „Offene Watten" findet man in makrotidalen Gebieten, in denen sich parallel zur Küste keine Düneninseln bilden können (z. B. zwischen Jade und Eider).

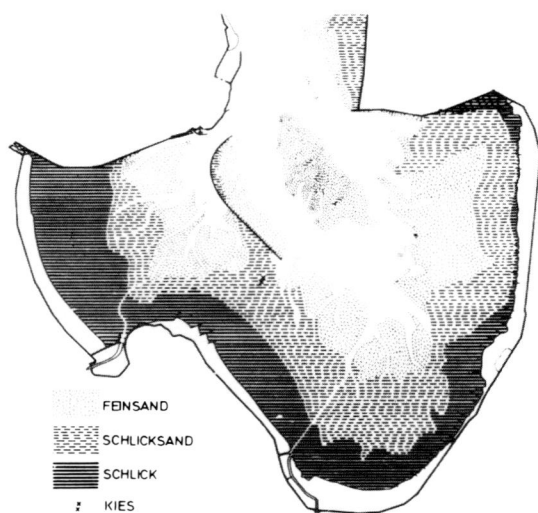

Abb. 14-21. Sedimentverteilung auf den Wattflächen des Jadebusens (nach LINKE 1939). Breite = 17 km.

Während im normalen Küstenprofil die Korngröße seewärts abnimmt, sammeln sich im Watt die feinsten Sedimente landnah (Abb. 14-21). Die höchsten Teile des Watts nämlich werden erst kurz vor Stillstand der Strömung bei auflaufendem Wasser flach überflutet und dementsprechend nur mit feinstem Sediment bedeckt. In den unteren Teilen des Watts hingegen herrscht täglich stärkere Strömung. Außerdem reicht hier die Wassertiefe aus, um einen Wellengang entstehen zu lassen; es lagern sich vorwiegend Sande ab. Die Feinsedimentation ist auch deshalb bei Flut größer als bei Ebbe, weil (paradoxerweise) die mittlere Wassertiefe der jeweils wasserbedeckten Fläche bei Flut kleiner ist als bei Ebbe. Bei letzterer nämlich sind nur die größeren Wattrinnen unter Wasser („Sublitoral"); die mittlere Wassertiefe liegt daher im Meterbereich. Bei hohem Wasserstand aber sind die großen landnahen Wattflächen überflutet, jedoch nur cm- bis dm-tief, so daß die mittlere Wassertiefe insgesamt geringer ist.

Die Fauna des Wattenmeeres ist wegen der wechselnden Salzgehalte (Aussüßung bei Starkregen) artenarm, aber individuenreich und lebt großenteils im Sediment. Suspensionsfresser sind naturgemäß in diesem strömenden, suspensionsreichen Wasser häufig; Kotpillen und -schnüre sind eine typische, wenn auch oft nicht erhaltungsfähige Komponente dieser Sedimente.

B. Zonale Gliederung (Zahlenangaben beziehen sich auf den Jadebusen; REINECK 1978)

1. Supratidalbereich

In unbewachsenen und nicht durchwurzelten Teilen des Supratidals, z. B. am Rand der Insel Mellum, findet man stellenweise Blaualgenmatten, die zu einer Fixierung des Sediments beitragen und eine unregelmäßige Feinschichtung erzeugen. Darunter wachsen im anoxischen Bereich rötliche Schwefelpurpurbakterien, und noch tiefer findet man eine schwarze Lage sulfidabscheidender chemoorganotropher Bakterien (GERDES et al. 1985). Bei Stürmen können Fetzen aus dieser Matte herausgerissen werden, und der nun freiliegende Sand wird gerippelt. Solche Strukturen wurden auch in fossilen Wattsedimenten gefunden (Abb. 14-22).

Abb. 14-22. Blaualgenmatte im oberen Gezeitenbereich; bei einer Sturmflut wurden Fetzen davon herausgerissen, und der nun freiliegende Sand wurde gerippelt. *Links:* Rezent, Insel Mellum (Nordsee); *rechts:* Fossil, Dakotasandstein der Unterkreide bei Denver, Colorado (aus WUNDERLICH 1979, s. auch MCKENZIE 1972).

2. Schlickwatt

Die Mediankorngröße liegt zwischen 40 und 60 µm (s. auch Abb. 14-23), die Porosität maximal bei 70% (FÜCHTBAUER & REINECK 1963). Mit Ausnahme einer mm- bis cm-dicken Oxidationshaut herrscht wegen des hohen organischen Gehalts (5–10%) reduzierendes Milieu. In diesem wird $SO_4^=$ bakteriell, besonders durch *Desulfovibrio desulfuricans*, zu H_2S und $S^=$ abgebaut, und in den obersten Dezimetern wird Eisenmonosulfid, darunter Pyrit ausgefällt, welche dem Sediment eine schwarzgraue Farbe geben. Während längerer Auftauchphasen bilden sich im landnahen Bereich Tonpfützen mit Trockenrissen, welche besonders in Gebieten mit großem Tidenhub durch FeOOH-Krusten fixiert werden können (REINECK 1984: 216). Im Schlickwatt kalter Regionen, unter Küsteneis, treten „Monroes" genannte, kleine Schlammvulkane auf (DIONNE 1973). Die Verwühlung vor allem durch verschiedene Borstenwürmer (Polychäten) führt im Jadebusen zu einer fast 40%-igen Entschichtung des Sediments (REINECK 1978b: 76). Die Oberfläche ist z. T.

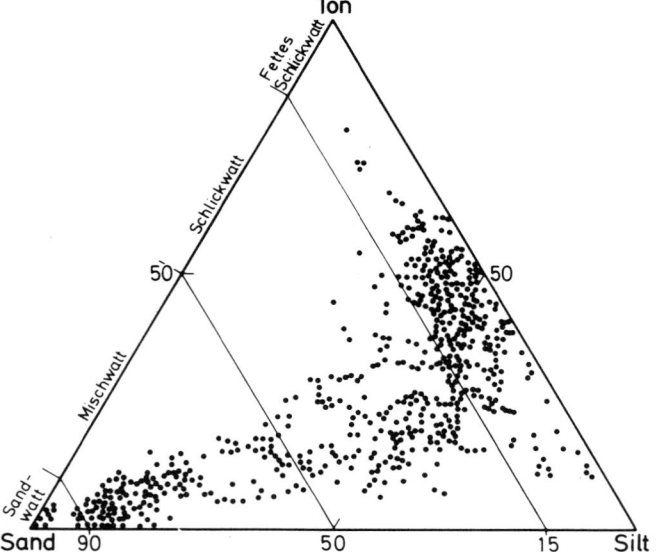

Abb. 14-23. Korngrößenverteilung von Wattsedimenten Ostfrieslands (nach SINDOWSKI 1973, mit Einteilung nach REINECK & SIEFERT 1980, aus REINECK 1984: Abb. 5-22).

Abb. 14-24. Mischwatt, Wechsel von siltflaserigem Feinsand (hell) mit Silt, welcher Feinsand-Flachlinsen enthält. Am Vareler Tief (Jadebusen).

bedeckt von einer bräunlichen Haut von Diatomeen. Priele sind hier wegen der geringen Strömung und der schlechten Erodierbarkeit des Schlicks kaum entwickelt.

3. Mischwatt

Die Mediankorngröße liegt bei 70–90 μm; dabei ist ein enger Wechsel von Silt und z. T. sehr flachen Feinsandlinsen charakteristisch („Flachlinsenschichtung", Abb. 14-24). Dies ist der Bereich der typischen Priele, relativ stark eingeschnittener, dm- bis m-tiefer, mäandrierender Rinnen mit flachem, weichem (hochporösem) Gleithang und steilem, standfesterem Prallhang. Da die Priele vorwiegend durch den Ebbstrom gebildet werden, verlagern sich ihre Mäander meerwärts. Dabei wurden z. B. in dem Wattgebiet hinter Wangerooge in 68 Jahren mehr als 50% der Wattsedimente umgelagert, wie Kartenvergleiche durch REINECK (1958c) zeigten. Rinnenverlagerungen von 100 m im Jahr sind die Regel. Zur Strömungskinematik in Prielen s. BRIDGES & LEEDER (1976). Der Mischwatt-Untergrund besteht demnach großenteils aus Prielsedimenten. Diese setzen sich zusammen aus einem Sohlenpflaster von Muschelschalen, Torf- und Schlickgeröllen, welches überdeckt wird von den „Gleithangschichten", einer Wechsellagerung von Schlick und Feinsand (Abb. 14-24), die mit 10–20° Neigung am Gleithang abgelagert wird (Abb. 14-25) und deshalb manchmal als longitudinale oder epsilon-Schrägschichtung (ALLEN 1963) bezeichnet wird. Es handelt sich dabei jedoch genetisch nicht um Schrägschichtung; dementsprechend findet man in sandigen Gleithangschichten ein Kleinrippelgefüge, dessen Leeblätter parallel zur Priel-Längsrichtung einfallen (REINECK 1958b). Nach dem Ablaufen des Wassers werden die Prielhänge durch kleine Rutschungen ziseliert; die stehenbleibenden „Schlickkämme" (REINECK 1974b) sind, wenn sie erhalten bleiben, Wattkriterien, ebenso wie tonig verfüllte, kleine abgeschnittene Priele (Abb. 14-26; REINECK 1971). Die Verwühlung der Prielsedimente ist wegen ihrer schnellen Ablagerung, und weil sie infolge ihrer schrägen Anlagerung alsbald unter dem Oberflächenbereich stärkster Besiedlung liegen, verhältnismäßig gering. Im Mischwatt leben verschiedene Muscheln und Schlickkrebse.

Abb. 14-25. Schräge Gleithangschichten („longitudinale" oder „epsilon-Schrägschichtung") im Mischwatt des Jadebusens. *Links:* im Priel, *rechts:* am Vareler Tief ausstreichend.

Abb. 14-26. Tonige Füllung einer Wattrinne in der alttertiären Battfjellet Fm. auf dem Nordenskjöldfjellet, Spitzbergen (s. dazu STEEL 1977). „Gutter casts".

4. Sandwatt

Die Mediankorngröße liegt zwischen 80 und 300 µm. Die Priele verbreitern sich hier, werden untypisch und laufen aus. Sie verlagern sich schnell, und an ihrem Boden bewegen sich große Rippeln bzw. Dünen, deren Schrägschichtung alternierend Ebb- und Flutrichtung anzeigt („Stromwechselschichtung" = „Fischgrätenmuster", Abb. 14-27), sofern nicht eine der Strömungen deutlich überwiegt. Wenn beim Wechsel von Ebbe zu Flut die Strömung ruht, kann sich Ton oder Feinsilt als feine Lage absetzen oder als „Flasern" die Sandrippeln drapieren („Flaserschichtung", Abb. 14-24, 28). Die Strömungsspitzen können in den Rinnen 1 m/sec übersteigen. An den Rinnenflanken sammelt sich feineres Sediment als auf den angrenzenden Sandwattflächen. Unter letzteren findet man Schrägschichten unterschiedlichen Einfallens und den suspensionsfiltrierenden Sandpierwurm *Arenicola*, der seine U-förmigen Bauten wegen der häufigen Sandumlagerung vertikal anlegt. Wie die folgende Tabelle zeigt, werden die Sedimentstrukturen im Sandwatt und seinen Rinnen von der Stärke der Strömungen („CUR") und des Wellenganges („WAV") bestimmt (STRO = stark, MED = mittel, WEAK = schwach, STORMDEP = Sturmsand).

Abb. 14-27. Sandwatt mit „Fischgrätenschichtung" (wechselndes Einfallen von Ebb- und Flutschichten); Alttertiär des Nordenskjöldfjellet, Spitzbergen.

Stromwechselschichtung kann auch im fluviatilen Bereich vorkommen: ALAM et al. (1985) beobachteten sie in einem rezenten, anastomosierenden Fluß geringen Gefälles an der Einmündung eines Nebenflusses. Sie entstand, indem eine plötzliche Flut des Hauptflusses den Nebenfluß staute und in ihn einströmte. Auch am stromabwärtigen Ende von Sandbänken kann sie sich bilden.

5. Subtidal

In den größeren, stets wassergefüllten „Wattrinnen" (Baljen und Tiefs, letztere mit Süßwasserzufuhr), in Gezeitendeltas und Ästuaren, sowie in den „Seegats" (tidal inlet channels) zwischen den Düneninseln finden sich große Sandkörper, die oft Stromwechselschichtung mit Betonung der Ebbrichtung, manchmal auch der Flutrichtung (s. KLEIN 1981) zeigen (Tabelle 14-5). Besonders gut dokumentierte Untersuchungen liegen aus dem Rhein-Schelde-Ästuar vor (NIO et al., eds., 1981; NIO et al. 1982). Gelegentlich kommt dort ein Jahresrhythmus vor (KLEIN 1981; VAN DEN BERG 1981), s. Abb. 14-28. Manchmal sind paarweise auftretende Tonlagen (= Hoch- und Niedrigwasser) erhalten.

Fossile Wattensedimente wurden von WUNDERLICH (1970) und REINECK (1983) beschrieben, sowie mit besonders vielen Merkmalen von MCKENZIE (1972). Weitere Beispiele finden sich bei SINGH (1969), STEEL (1977) und in den Symposiumsbänden von GINSBURG (1975) und HOBDAY & ERIKSSON (1977).

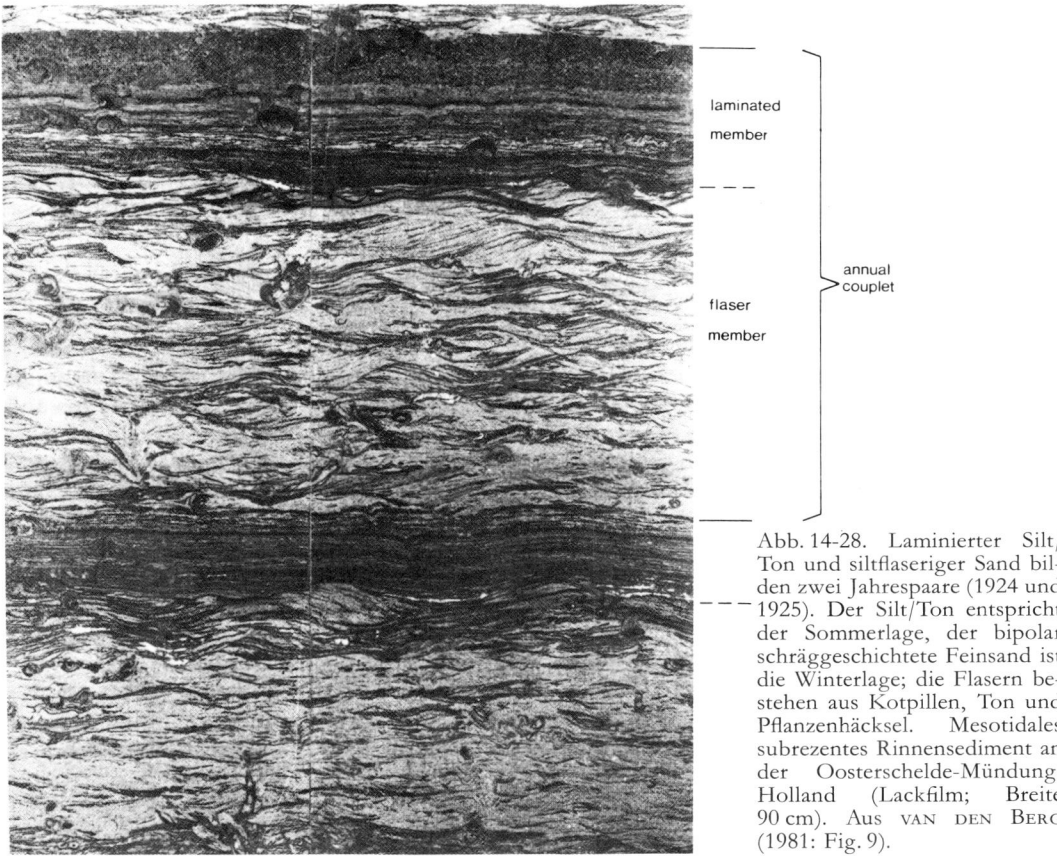

Abb. 14-28. Laminierter Silt/Ton und siltflaseriger Sand bilden zwei Jahrespaare (1924 und 1925). Der Silt/Ton entspricht der Sommerlage, der bipolar schräggeschichtete Feinsand ist die Winterlage; die Flasern bestehen aus Kotpillen, Ton und Pflanzenhäcksel. Mesotidales subrezentes Rinnensediment an der Oosterschelde-Mündung, Holland (Lackfilm; Breite 90 cm). Aus VAN DEN BERG (1981: Fig. 9).

Tabelle 14-5. Sedimentstrukturen und Strömungsgeschwindigkeiten im Sub- und Intertidal der Nordseeküste (nach TERWINDT 1981). Lithofazies-Bezeichnungen siehe vorige Seite!

Lithofazies	Strömung	Korngröße	Sedimentstrukturen
STROCUR	$U_{0,5max} > 0,65/0,7$ ms^{-1}	GS–MS	tafelige u. trogförmige Schrägschichtung
MEDCUR	$U_{0,5max} > 0,45$ ms^{-1}	MS–FS, t	taf. Stromwechselschichtung mit Flasern
WEAKCUR	$U_{0,5max} \leq 0,45$ ms^{-1} (periodisch)	FS–Si, t	linsig, Sand-„Ton"-Wechsel
STROWAV	$U_m > 0,7/1,2$ ms^{-1}	GS–FS	Horizontalschichtung
MEDWAV	$U_m = 0,15–0,7$ ms^{-1}	MS–FS, t	Wellenrippeln, tonflaserig
WEAKWAV	$U_m < 0,2$ m/s^{-1} periodisch $U_{0,5max} < 0,45$ ms^{-1}	FS–Si/T	Wellenrippeln, Linsenschichtung
STORMDEP	starke Turbulenz	MS–FS	Horizontalschichtung

$U_{0,5max}$ = Maximalgeschwindigkeit 0,5 m über dem Boden; U_m = maximale Orbitalgeschwindigkeit am Boden; GS, MS, FS, Si, T, t = Grob-, Mittel-, Feinsand, Silt, Ton, tonig.

parallel antransportiert (OTVOS & PRICE 1979) und als lange, bis 3 m hohe „Chenier"-Rücken auf den Schlick gesetzt. Spätere Rücken bauen sich meerwärts davor (ELLIOTT 1978: 169).

Da Nordamerika in der Westwindzone liegt, gibt es an seiner Westküste eine stete, starke, einem säsonalen Zyklus folgende Dünung (s. Abb. 14-30), während an der Ostküste nur lokal bei Stürmen eine Brandung entsteht. Hiermit steht eine relativ einfache und stabile Küstenmorphologie im Westen und eine buchtenreiche und variable Küste im Osten im Zusammenhang (OWENS 1977: 187).

Zahlreiche Küstenprofile wurden von H.-E. REINECK und seinen Mitarbeitern geologisch und biologisch untersucht. Sie sind zusammenfassend bei REINECK & SINGH (1980: 382 ff.) dargestellt.

B. Gliederung der Küstenzone

1. Küstendünen (coastal sand dunes)

Sie begrenzen den Strand landwärts und beziehen ihren Sand im allgemeinen vom Strand. Dementsprechend ist der Dünensand etwas besser verrundet und gelegentlich etwas feiner als der Strandsand. Die Kornverteilungskurve ist häufig auf der groben Seite abgeschnitten, nicht auf der feinen wie der Sand vom Nassen Strand (GOLDSMITH 1978). Die Entstehung von Küstendünen erfordert eine Windgeschwindigkeit von mehr als 16 km/h (KING 1972: 181). Ihre Schrägschichtung fällt in unterschiedliche Richtungen ein. Ihr geologisches Erhaltungspotential dürfte gering sein. Bei Transgressionen werden sie zu Strandsand umgearbeitet, bei Regressionen z. B. von Flüssen erodiert.

2. Trockener Strand (backshore)

Er reicht vom Dünenfuß, welcher etwa mit der Sturmfluthöhe zusammenfällt, bis zum mittleren Hochwasserstand bzw. (an gezeitenfreien Küsten) bis zum Spülsaum der Wellen. Schwermineralseifen bilden sich hier durch Sturmfluten, doch spielt dabei nach WOOLSEY et al. (1975) auch der Wind eine Rolle. Dieser ist überhaupt der charakteristische Einflußfaktor auf dem Trockenen Strand, wenn auch seine Gebilde kaum erhaltungsfähig sind. Die Schichtung im Trockenen Strand ist vorwiegend horizontal mit einem durch Sturmfluten bedingten, schwachen meerwärtigen Einfallen (REINECK 1984: 238). Die Korngröße ist feiner als am Nassen Strand.

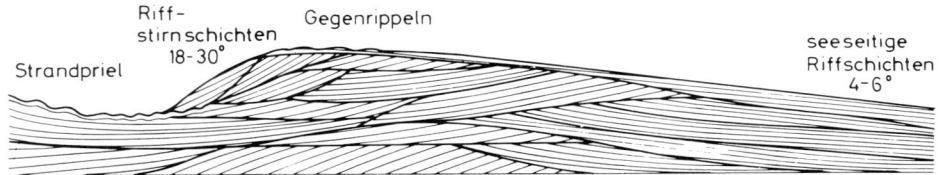

Abb. 14-31. Schematisches Querprofil durch einen Strandwall; das Land ist links (aus REINECK 1984: Abb. 6-7).

3. Nasser Strand (foreshore)

Er reicht von der mittleren Hochwasserlinie bis zur mittleren Niedrigwasserlinie; an gezeitenfreien Küsten ist es der von den Wellen bespülte Bereich über dem Meeresspiegel. An Gezeitenküsten ist er vom Trockenen Strand durch einen Strandwall (berm) getrennt, welcher auch als Strandriff bezeichnet wird (Abb. 14-31). Dieser besteht luvseitig aus einer mit 5–15° gegen das Meer einfallenden „Horizontalschichtung" des oberen Strömungsregimes („beach face", s. REINSON 1984), während leeseitig durch das bei Flut überlaufende Wasser bis 30° steile Vorschüttlagen abgesetzt werden. Hinter dem Wall liegt ein Strandpriel (runnel) mit Strömungs- und/oder Oszilationsrippeln. Der Strandwall wanderte landwärts; meerseitig gliedern sich neue Wälle an. An der mikrotidalen Westküste Mexikos (Costa de Nayarit) wurde auf diese Weise in wenigen Jahrtausenden die Küste um mehr als 10 km vorgebaut (CURRAY & MOORE 1964), s. auch Abb. 13-13 und SPRIGG (1979). Diese „ridge and runnel topography" ist charakteristisch für mäßigen Wellengang an flachen, feinkörnigen Stränden mit reichlicher Sandzufuhr (DAVIS 1971, 1972; ELLIOTT 1978: 147).

Bei Sturm wird der Strandwall planiert, und es bleibt eine meerseitig nur noch mit 2−3° einfallende Horizontalschichtung mit flachliegenden Erosionsflächen übrig (s. unter 2.), die das erhaltungsfähigste Element des Strandes ist (REINECK 1971; DAVIS 1981). Die Laminae sind invers gradiert (HEWARD 1981), bestehen nach DAVIS (1971, 1972) aus feineren, oft durch Schwerminerale dunkel gefärbten, und gröberen hellen Lagen und entstehen in den auslaufenden Wellen (Schwall-Sog; swash-backwash). Rhomboeder- und Zungenrippeln (Abb. 13-12D, C) sind vergängliche Formen im Grenzbereich unteres/oberes Strömungsregime auf den höheren Teilen des Strandwalls.

Der Median liegt am Nordseestrand (auf den Inseln) zwischen 0,2 und 0,3 mm (REINECK 1963), das Feine ist ausgewaschen („abgeschnitten"), doch kann unter speziellen Bedingungen der Grobsand feineren Sand einfangen und bimodal werden (SONU 1972). Die Kornorientierung weist in die Richtung des ablaufenden Wassers (BLATT et al.: 1980: 123). Flache Gerölle können wie auch Schill stellenweise zusammengeschoben und zu Rosetten aufgerichtet sein; das beschrieben RICKETTS & DONALDSON (1979) aus dem Präkambrium. Gute Schichtungsbilder findet man bei BEETS et al. (1981). Nach dem Gefälle des Nassen Strandes kann man mit GUZA & INMAN (1975) und BRYANT (1982) zwischen „reflektiven", steilen Stränden ohne Strandwälle und „dissipativen", flachen Stränden mit Strandwällen unterscheiden, auf denen die Wellen auslaufen.

Den Aufbau von prograierenden, d. h. regressiven Küstensequenzen **ohne** und **mit Strandwällen** beschreiben CLIFTON et al. (1971) bzw. HUNTER et al. (1979).

4. *Vorstrand (Schorre; shore face; oberes Subtidal,* DÖRJES & HERTWECK *1975)*

Er reicht von der mittleren Tideniedrigwasserlinie (bzw. der Wasserlinie) bis herab zur Schönwetter-Wellenbasis; in der anschließenden Übergangszone ist das seewärtige Gefälle des Meeresbodens geringer als im Vorstrandbereich, doch ist der letztere oft durch Sandbänke (bars) gegliedert, welche in Profil und Aufbau dem Strandwall zwischen Trockenem und Nassem Strand ähneln (DAVIDSON-ARNOTT & GREENWOOD 1976). Vor der Küste Oregons laufen diese Sandbänke gegen S schräg von der Küste weg; sie setzen sich aus 5 cm mächtigen, nach S einfallenden Schrägschichtungskörpern zusammen (HUNTER et al. 1979). Über den Sandbänken richten sich die Wellen auf und brechen (breaker bars, GALLOWAY 1976). Die Korngröße ist am Vorstrand geringer als am Nassen Strand und liegt vor den Nordseeinseln bei 0,14−0,18 mm (REINECK 1963). Seewärts der Sandbänke findet man dreidimensionale Rippeln. In der Brandungszone aber herrscht Horizontalschichtung vor, die jedoch bei starker Brandung durch Formen des oberen Strömungsregimes (Antidünen, chute & pools, Rinnen?) modifiziert werden kann. Umgekehrt kommt es an sehr brandungsarmen Küsten zeitweise zur Besiedlung des Vorstrandes; Stürme führen dort zum Alternieren von Horizontalschichtung (z. T. mit Kieslagen an der Basis) und bioturbaten Lagen (HOWARD & REINECK 1972). Normalerweise bilden sich Schalenpflaster nur am Nassen Strand und auf dem unteren Vorstrand.

Schließlich sind noch die ablandigen Ripströmungen (SHEPARD et al. 1941) zu erwähnen, welche an vielen Küsten in regelmäßigem Abstand auftreten, auf dem Meeresboden bis in 30 m Tiefe große planare, seewärts gerichtete Strömungsrippeln erzeugen können (REIMNITZ et al. 1976) und Sand in der Übergangszone ansammeln. Die folgende Tabelle zeigt den Einfluß des Seegangs auf die Tiefenzonierung im Vorstrandbereich.

Tabelle 14-6. Tiefenzonierung des Vorstrandbereiches nach HOWARD & REINECK (1981) und REINECK (1984: 192 und 194)

Seegang	Beispiele	Vorstrand	Übergangszone
stark	Kalifornien	0−9 m	9−18 m
mittel/stark	Ostfriesische Inseln	0−7,5 m	7,5−16 m
schwach	Georgia/USA	0−2 m	2−5 m
sehr schwach	Golf von Mexiko	0−0,5 m	(Schlick)

910 Sedimentäre Ablagerungsräume

14.6.3 Nehrungen, Düneninseln und Lagunen

A. Nehrungen (barrier-beaches)

Sie entstehen durch starken küstenparallelen Sandtransport an mikrotidalen (Tidenhub < 1,8 m) oder gezeitenfreien Küsten und riegeln Meeresbuchten oder Ästuare ganz oder teilweise ab, so daß sich Lagunen bilden. An der südlichen Ostseeküste wandern die Nehrungen unter dem Einfluß der Westwinde gegen Osten und begradigen die Küste. Andere Modelle diskutierte REINSON (1984).

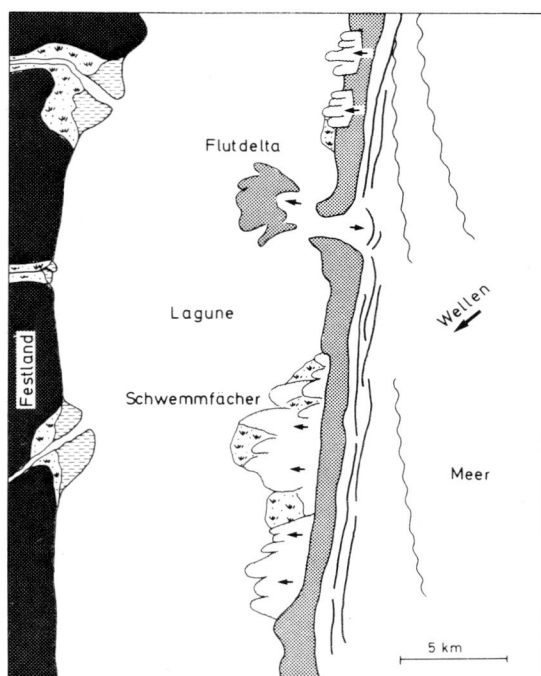 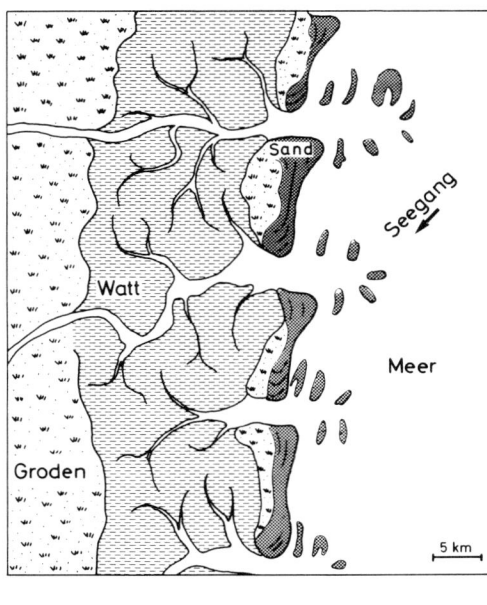

Abb. 14-32. Mikrotidale (links) und mesotidale (rechts) Küste mit Düneninseln und Seegaten; mittlere Seegangsenergie. Links mit Durchbruchs-Schwemmfächern und Flutdelta, rechts mit Watt und Ebbdeltas; Düneninseln hundeknochenartig verdickt (nach HAYES 1979 „drumstick", aus REINECK 1984: Abb. 5-7 und 5-13).

B. Düneninseln (barrier islands) und Seegaten (tidal inlets)

Während man vor mikrotidalen Küsten langgestreckte Düneninseln findet (z. B. am westlichen Golf von Mexiko, sowie an der Nordsee die westfriesischen Inseln und Sylt), sind dieselben an mesotidalen Küsten (Tidenhub 1,8–3,6 m) durch zahlreiche Seegaten unterbrochen und daher kürzer (Abb. 14-32; z. B. die ostfriesischen Inseln). Vor diesen Seegaten findet man Fächer von Sandbänken, die auf komplizierte Weise den küstenparallelen Sandtransport von Insel zu Insel vermitteln (HANISCH 1981; NUMMEDAL & PENLAND 1981). Diese Sandbänke bilden an mikrotidalen Küsten mit hoher Wellenenergie landwärts ausgebogene Flutdeltas, an mesotidalen Küsten mit geringerer Wellenenergie aber seewärts ausgebogene Ebbdeltas (HAYES 1980, s. auch Abb. 14-32). Vor makrotidalen Küsten bilden sich hingegen keine küstenparallelen Düneninseln, sondern Sandbänke senkrecht zur Küste bzw. parallel zum Gezeitenstrom (z. B. zwischen Jade und Eider, im Rhein-Ästuar und in der Bay of Fundy, s. BLATT et al. 1980: Fig. 19-12; Abb. 14-16 rechts). Gut dokumentierte rezente und fossile Beispiele von Düneninseln und Strandprofilen finden sich bei MCCUBBIN (1982).

Zur Entstehung von Düneninseln gibt es keine einheitliche Theorie. Nach SWIFT (1975) bilden sie sich in großer Zahl nur, wenn sich bei Transgressionen Strandwälle von der Küste abspalten. Neben dieser statischen Erklärung gibt es eine andere, die von einer Modifikation und Migration vorhandener Formen während der Transgression ausgeht (OERTEL 1979; RAMPINO & SANDERS 1981; s. auch SCHWARTZ 1973). Am Mississippidelta ist zu beobachten, wie aus submarinen Sandbänken Düneninseln entstehen. Diese werden durch Hurrikane zerstört, können sich danach aber wieder aufbauen (OTVOS 1979).

Düneninseln sind nicht ortsfest. Sie können landwärts (z. B. vor Massachusetts, JONES & CAMERON 1977) oder bei entsprechend vorherrschenden Windrichtungen küstenparallel wandern. Hierbei spielen die Vorgänge an den Seegaten eine große Rolle (s. o.). Da sich die Seegaten an manchen Küsten (Long Island, New York) bis zu 70 m/Jahr verlegen, indem sie sich in eine der angrenzenden Düneninseln hineinfressen, bestimmen diese Vorgänge auch den Aufbau der Inseln (KUMAR & SANDERS 1974). Es kommt hinzu, daß die dabei entstehenden Strukturen ein hohes Erhaltungspotential besitzen, weil die Erosion am Seegat-Rand weit unter den Meeresspiegel greift.

a. An der Basis findet man eine Schill- und Kieslage.
b. Darüber bauen sich oft größere Ebb- und kleinere Flut-Schrägschichtungssets auf, welche mit Silt und Ton drapiert sein können (Abb. 14-28), sowie – bei niedrigem Wasserstand – Horizontalschichtungen des oberen Strömungsregimes.
c. Es folgen mit steilen Schrägschichtungssets hereinwandernde submarine Sande, und den Abschluß bilden
d. die Horizontal- und Schrägschichten des Nassen und Trockenen Strandes (KUMAR & SANDERS 1974; ELLIOTT 1978: 157). D. h. a-c sind marin, nur d ist nicht marin.

Durch solche Profile unterscheiden sich die Düneninseln von dem morphologisch ähnlichen Strandprofil, welches sich entweder – bei Regression – über Flachseesedimenten, oder – bei Transgression – über nichtmarinen Sedimenten aufbaut (Abb. 13-13 und 53). Düneninseln können landwärts über Lagunensedimente oder seewärts über Flachseesedimente wandern, wobei in der Regel Oben-grob-Sequenzen entstehen; oder sie bleiben stationär und bauen sich in-situ durch Sandzufuhr auf (Padre Island, Texas, nach DICKINSON 1971). Schließlich können sie bei schneller Transgression „ertrinken" und werden dann von feinkörnigen Schelfsedimenten zugedeckt (LE FOURNIER 1980; s. auch PILKEY et al. 1981).

C. Lagunen und Schwemmfächer (washover fans)

Hinter Nehrungen und Düneninseln entstehen Lagunen, deren Auffüllung a) durch Flüsse (in Ästuaren), b) durch Seegaten (Flutdeltas, BERELSON & HERON 1985) oder c) bei Sturmfluten über die Düneninseln hinweg durch Schwemmfächer geschieht, welche die Dünen durchbrechen (Abb. 14-32). Diese marinen Schwemmfächer sind nicht mit den terrestrischen (S. 865) zu verwechseln!

An mesotidalen Küsten spielt die Zufuhr durch das Seegat eine große Rolle. Es bilden sich in der Regel Rückseitenwatten (Abb. 14-32), die je nach Strömung sandig (TIETZE 1979) oder – häufiger – feinkörnig sind und die Lagune verfüllen. So sandet die Anse de Kernic an der Nordküste der Bretagne jährlich um 1,8 cm auf (TIETZE 1979).

Auch die Schwemmfächer sind vorwiegend sandig (SCHWARTZ 1982): Es bilden sich im Grundriß zungenförmige, horizontal geschichtete Sandlagen, welche am Außenrand in foresets übergehen. Die letzteren fehlen vor den Flutdeltas (HAYES 1976). Eine Zunahme von Schwemmfächern in Schichtfolgen kann Vorbote einer Transgression sein (REINECK 1984: 238).

Die landnäheren Lagunensedimente sind stark klimaabhängig und können in mikrotidalen, ariden Gebieten, z. B. in der Laguna Madre, W-Texas (RUSNAK 1960) erhöhten Salzgehalt mit zeitweisem Trockenfallen, sowie Blaualgenmatten und Ooide aufweisen. Unter ähnlichen Bedingungen entstand in der Tunis östlich vorgelagerten Bucht „Lac de Tunis" die folgende Holozän-Sequenz von sandigen Silt/Tonsedimenten (THORNTON et al. 1980):

3) 1 m schwarzgraue Lagunensedimente mit viel C_{org}, mehr Ostracoden als Foraminiferen und mit Gastropoden des eutrophen Environments: brackisch bis hypersalinar.
2) 1–5 m olivgraue Sedimente einer offenen marinen Bucht mit mehr Foraminiferen als Ostracoden und mit Korallen und Rotalgen.
1) < 0,5 m graue, arid-kontinentale Sedimente.

Lagunensequenzen der humiden Klimazone enthalten oft Linsen von Torf oder Kohle, welche auf Sumpfbedingungen hindeuten (HORNE et al. 1978). Eine größere Zahl von Lagunen-Arbeiten wurde von CASTAÑARES & PHLEGER (1969) herausgegeben.

14.6.4 Flachsee

Die Flachsee reicht von der Schönwetter-Wellenbasis (2–10 m) bis zur Schelfkante (20–550 m Tiefe). Hier wirken Meeres- und Gezeitenströmungen, in der Übergangszone (mittleres Subtidal) auch Sturmwellen, doch ist es nicht leicht, rezente Bodenformen von Relikten der postglazialen Transgression zu unterscheiden (EMERY 1968). Bedingt durch die Holozäntransgression, finden sich an den heutigen Küsten keine Spuren langanhaltender Regressionen, aus denen man für ältere Flachseesedimente lernen könnte (MOIOLA 1981). Doch weiß man aus den letzteren, daß die sandigen Küstenablagerungen transgressiver Phasen im allgemeinen geringmächtiger als diejenigen regressiver Phasen sind (BOUMA et al. 1982), s. auch Abb. 13-13.

Die Sedimente der heutigen Küste und Flachsee faßt man mit SWIFT (1969 a, b) und SWIFT et al. (1971) in drei Einheiten zusammen:

1. das rezente Sandprisma der Küstenzone (nearshore modern sand prism)
2. die rezente Tonlage der Flachsee (modern shelf mud blanket)
3. die Relikt-Sanddecke der Flachsee (shelf relict sand blanket).

Rezente Tone findet man hauptsächlich um große Flußmündungen (Amazonas, Mississippi, Ganges-Brahmaputra; JOHNSON 1978: 209), auch vor der Elbe, sowie in Einmuldungen des Schelfs. Die Reliktsand- und -kiesdecke ist teils ein unveränderter Rest von Anhäufungen bei niedrigerem Meeresspiegelstand (SHÜTTENHELM 1980; NIO et al. 1981), teils ist sie durch Umlagerungen modifiziert und läßt ursprüngliche Bodenformen nur noch palimpsestartig erkennen.

Dementsprechend ist die Diskussion darüber noch nicht abgeschlossen, ob die bis 40 m hohen, 1–2 km breiten und Zehner von km langen Sandrücken vieler Schelfmeere (s. SWIFT et al. 1972)
    a) ertrunkene Düneninseln sind, oder ob sie
    b) durch heutige Gezeitenströmungen oder Stürme modifizierte Reliktformen darstellen („Gezeitenrücken", s. auch S. 794; KENYON & STRIDE 1970; KENYON et al. 1981), oder ob sie – was jedoch unwahrscheinlich ist –
    c) ganz auf heute wirksame Kräfte zurückgehen.

Diese Rücken verlaufen parallel oder schräg zur Küste und bilden mit der Hauptgezeitenströmung einen Winkel von etwa 20° (KENYON et al. 1981; SWIFT et al. 1981). In der südlichen Nordsee (Abb. 14-33) gibt es sowohl (a) ertrunkene, von Ton verhüllte Düneninseln (in tieferem Wasser; LE FOURNIER 1980), als auch (b) aktive Gezeiten-Sandrücken, welche sich möglicherweise aus Düneninseln entwickeln haben. Bei schwachem Meeresspiegelanstieg aufgewachsene, bei schnellem Anstieg aber ertrunkene Düneninseln beschrieben RAMPINO & SANDERS (1981) von der nordamerikanischen Ostküste. STUBBLEFIELD et al. (1984) halten dort auch eine Entstehung durch Stürme für möglich; die Gezeitenströmungen sind hier zu schwach.

Vor der Ostküste Floridas verlaufen ähnliche Rücken schräg zur Küste und besitzen im Innern ein meerwärtiges Einfallen der Schrägschichtung (MEISBURGER & DUANE 1971). PARKER et al. (1982) beschrieben solche Rücken vom Schelf vor Argentinien. In fossilen Vorkommen sind dieselben manchmal von Kies bedeckt (COTTER 1985). Für Gezeiteneinflüsse in der Flachsee s. auch DE BOER et al. (eds., 1988).

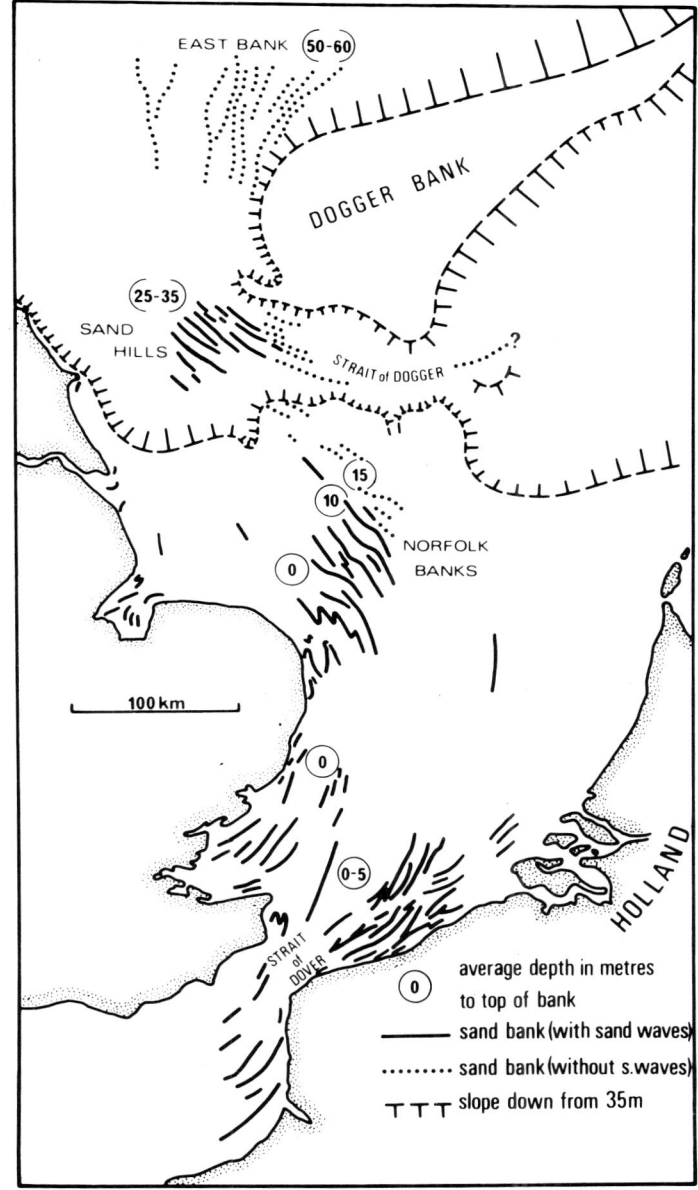

Abb. 14-33. Gezeiten-Sandbänke (tidal sand banks) der südwestlichen Nordsee. Die East Bank-Gruppe im Norden, die Sand Hills und der nördliche Teil der Norfolk Banks werden als inaktiv angesehen, während die von Dünen (sandwaves) bedeckten Rücken noch aktiv sind. Aus KENYON et al. (1981: Fig. 2).

Neben diesen großen Rücken finden sich auf dem Flachseeboden verschiedene kleinere Formen wie Sandwellen (KÖSTER 1974), barchanartige Dünen (BERNÉ et al. 1988), seifartige, sehr flache Sandbänder (sand ribbons, 1,5 km lang, 0,2 km breit, 1 m hoch; KENYON 1970; KENYON & STRIDE 1970; STRIDE 1982), aber auch Erosionsformen wie „Kometenmarken" hinter Hindernissen (WERNER & NEWTON 1975). Auch sind dünne Feinsanddecken und -flecken verbreitet, zwischen denen die groben, unterlagernden Reliktsande zutagetreten (WERNER & WINN 1984). Die Feinsande stammen i. allg. vom Schelf selbst; eine Sandzufuhr vom Land beschränkt sich auf

a. den Schelf vor gezeitenbetonten Deltas, in denen Mündungsbarren fehlen, welche den Sand abfangen könnten (JOHNSON 1978: 209).
b. Sturmsande, die im Bereich der „Übergangszone" (s. u.) Beulenrippeln (hummocky cross-stratification), weiter draußen im feinkörnigen Schelfsediment gradierte Lagen bilden (s. S. 786 f., sowie 800 f.).

In Flachseegebieten mit aktiver (toniger) Sedimentation schließt sich an den unteren Vorstrand eine „Übergangszone" an, das „mittlere Subtidal", welches von der Schönwetter-Wellenbasis bis zur Sturmwellenbasis reicht und je nach örtlichen Verhältnissen zwischen 2 und 20 m Wassertiefe liegt (Tabelle 14-6). Diese Zone ist dadurch charakterisiert, daß in ihr der Anteil von Silt und Ton stark zunimmt. Ferner wechseln darin durchwühlte Lagen mit Beulenrippeln. Die letzteren sind gegen die Küste zu oft teilweise erodiert, so daß eine flachwellige („swaley") Schrägschichtung entsteht.

Die Durchwühlung ereicht in der Übergangszone ihr Maximum (DÖRJES 1971). Deshalb findet man in den Proben nicht selten eine polymodale Korngrößenverteilung (JOHNSON 1978: 221).

Seewärts von der Übergangszone nimmt die Durchwühlung ab und der Tongehalt zu. Dieser Bereich bis zur Schelfkante wird „unteres Subtidal" genannt (DÖRJES & HERTWECK 1975). Nach MENZIES et al. (1973) beträgt die (lebende) Biomasse in Schelfsedimenten 150–500 g/m^2, gegenüber 1 g/m^2 auf dem Tiefseeboden.

Auf Flachseeböden ohne aktive Sedimentation kommt es bei Sandumlagerungen z. T. zur Auswaschung und zur Anreicherung von Schwermineralen (LUDWIG & FIGGE 1979).

14.6.5 Küsten- und Flachseesequenzen

Wir kommen nun zu den Fragen vom Beginn des Kapitels 14.6.2 zurück:
– Wie erkennt man einen Küstenvorbau oder -rückzug im Aufschluß?
– Wie erhaltungsfähig sind diese Sedimente?

Danach sollen einige nichtrezente Beispiele für Küsten- und Flachseesequenzen erwähnt werden.

Im allgemeinen stellt sich ein Küstenvorbau, d. h. eine Regression, durch einen Oben-grob-Großzyklus dar (Abb. 13-13B und -54r.). Regressionen entstehen entweder durch relative Meeresspiegelsenkungen oder durch starke Sandzufuhr (s. S. 856).

Eine solche prograbierende, d. h. regressive Küstensequenz ist wie folgt zusammengesetzt (z. T. nach HEWARD 1981; s. auch TILLMAN & SIEMERS 1984):
7. Feinkörnige, verwühlte Lagunensedimente (in Düneninselsequenzen)
6. Äolische Dünen: Sande mit groben Schrägschichtungssets, stellenweise durchwurzelt.
5. Trockener Strand: Unregelmäßige, z. T. angeschnittene Lamination sowie landwärts, gelegentlich küstenparallel einfallende Schrägschichtung.
4. Nasser Strand: Mit 1 bis > 10° meerwärts einfallende, invers gradierte Lamination mit flachen Diskordanzen und gelegentlichen landwärts einfallenden „Schönwetter"-Schrägschichten eines Strandwalls.
3. Vorstrand: Horizontalschichtung und Schrägschichtung verschiedener Einfallsrichtungen. Nach unten, d. h. meerwärts, zunehmend durchwühlt, dabei Korngröße abnehmend.
2. Übergangszone: Feinsand bis Silt, alternierend stark durchwühlt oder mit „hummocky cross-stratification".
1. Schelf: Silt bis Ton mit Sturmsandlagen; oder Reliktsande der vorangehenden Transgression.

Oben-grob-Sequenzen findet man außer in der regressiven Küstensequenz auch in den Gezeiten-Sandrücken auf dem Schelf (JOHNSON 1978: 246, viele Beispiele).

In Wattsequenzen aber zeigen sich Regressionen durch Unten-grob-Großzyklen an, da landwärts die Korngröße im Watt abnimmt.

Auch Transgressionen bilden im allgemeinen Unten-grob-Sequenzen; die Küstensande werden von der Brandung zu einer dünnen Sandlage reduziert und dann von den zunehmend siltigen Sanden des Vorstrandes überlagert. Es folgt die je nach Wellenenergie größere oder kleinere Übergangszone (Tabelle 14-6) und schließlich das siltig-tonige Schelfsediment. Unten grob ist auch die Standardsequenz von Sturmflutlagen in der Übergangszone. Sie lautet nach AIGNER & REINECK (1982): a) (unten) Aufarbeitungslage mit Schill, b) hummocky cross-stratification, c) Sand mit Wellenrippeln, d) Schlick (Abb. 13-17). Distal geht diese Folge in gradierte Silt-Ton-Rhythmite über, s. auch BOURGEOIS (1980).

Unten-grob-Sequenzen entstehen jedoch auch in Seegaten (tidal inlet channels) und Ästuaren (OOMKENS & TERWINDT 1960); dabei gehen Großrippeln nach oben in Flaser- und Linsenschichtung über.

Erhaltungsfähig sind insbesondere die schwach meerwärts einfallenden Schichten des Nassen Strandes und Vorstrandes sowie der Übergangszone und – bei geeigneten Strömungsverhältnissen – die feinklastischen Sedimente des Schelfs, nicht aber die Schrägschichten des Strandwalls (DAVIS 1981).

Vier Haupttypen von Küstensandkörpern unterscheidet HEWARD (1981: 274) im fossilen Bereich:
   a. Transgressive Schichtsande in Deltabereichen.
   b. Transgressive Schichtsande in deltafreien Bereichen.

Bei anhaltender Senkung und mit ihr schritthaltender Sedimentation können sich bei a) und b) Gürtel größerer Mächtigkeit bilden.

   c. Regressive Schichtsande (10–300 km breit, z. B. Kreide, Wyoming)
   d. Lineare Sandkörper (2–20 km breit).

Aus der Mächtigkeit von Oben-grob-Deltasequenzen ermittelte KLEIN (1974) im spanischen

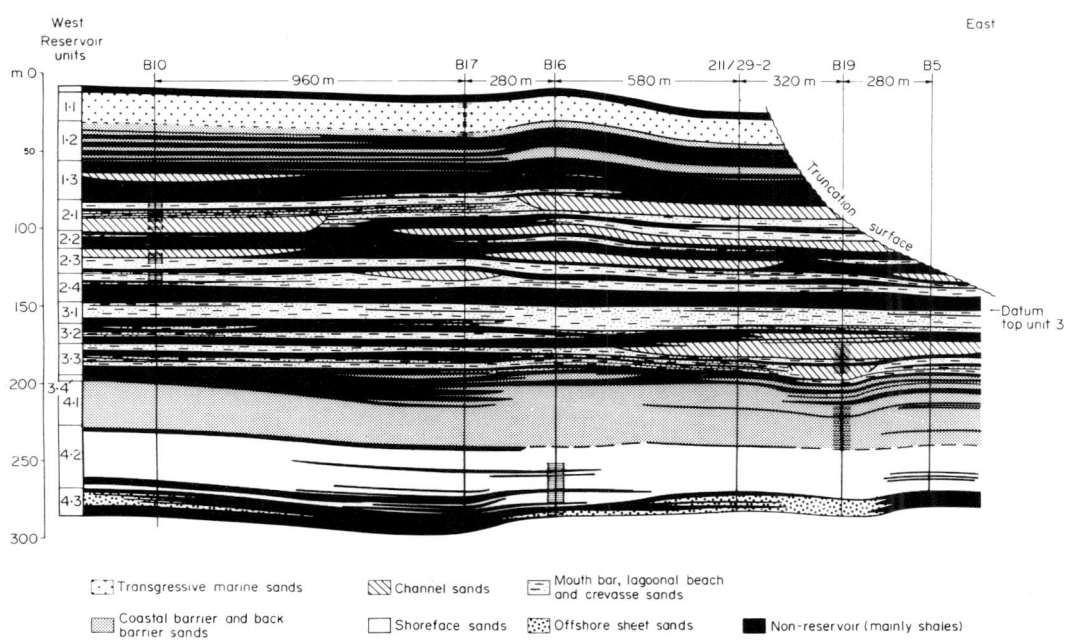

Abb. 14-34. Schnitt durch das Brent-Feld, Mitteljura, nördliche Nordsee. Regressive Sequenz von 4.3 bis 3.1; transgressive Sequenz von 2.4 bis 1.1. Aus JOHNSON & STEWART (1985: Fig. 28).

Oberkarbon an Daten von van de Graaff (1971) Beckentiefen von 45–50 m, erhielt im englischen Karbon 30–90 m Tiefe („Beckendeltas") und im Pennsylvanian sowie in der Kreide der USA 10–24 m Tiefe („kratonische Deltas"). An fossilen Strandwällen maß Klein (l. c.) von deren Basis hinab bis zur Vorstrandbasis (Grobsilt) 2,5–12,1 m „Wassertiefe". Aufgrund von Sellwood's (1972) Bearbeitung des Juras von Bornholm schätzte Leeder (1982: 200) einen Mindest-Tidenhub von 6–8 m zwischen der Salzmarsch und den subtidalen Sandrinnen, in einem Epikontinentalmeer.

Die Sandsteine vieler jurassischer Öl- und Gasfelder der Nordsee lassen sich auf spezielle fluviatile, deltaische und marine Environments zurückführen (Abb. 14-34; Johnson & Stewart 1985). Ein besonders gut aufgeschlossenes System von Trans- und Regressionen findet sich in der Oberkreide Neumexikos (Abb. 13-53; s. auch Tillmann & Siemers 1984).

Fossile Beispiele progradierender Küstensandsequenzen von 7–26 m Mächtigkeit aus Karbon bis Oberkreide finden sich bei Elliott (1978: 165); s. auch Clifton (1981a) und Moslow (1984). Der oberkretazische Gallupsandstein Neumexikos beispielsweise ist diachron, d. h. er schneidet die Zeitflächen, und erstreckt sich über 320 km Länge und 160 km Breite (senkrecht zur Küste).

Fossile Beispiele transgressiver Küstensandsequenzen von 3–4 m Mächtigkeit aus Präkambrium und Silur finden sich bei Elliott (l. c.: 168).

In diesen Küstensandsteinen ist eine schwache meerwärtige Schichtneigung häufig (z. B. Weimer et al. 1982).

Beispiele für Schelf-Sandrücken gibt es in Deutschland im schwäbischen Lias alpha, in welchem Bloos (1976) einen küstenparallelen Feinsandsteinkörper mehr als 50 km vor der damaligen Küste feststellte, sowie vermutlich im unterkretazischen Bentheimer Sandstein des Emslandes, wo bis zu 75 m mächtige, bis 10 km breite und 20–40 km lange Sandrücken aus 1–2 Oben-grob-Sequenzen zusammengesetzt sind (Füchtbauer 1963b: Fig. 24). Nio (1976) beschrieb mehrere Vorkommen von „Sandwellen" aus dem Alttertiär der Pyrenäen, dem Miozän der Alpenvorlandsmolasse und dem Unteren Grünsand der Isle of Wight (s. auch Johnson 1978: 244).

Vermutliche Sturmsandlagen (unten-grob) fanden sich im Paläozoikum hunderte von Kilometern vor der Küste (Moiola 1981).

Zusammenfassung

Eine aktualistische Übertragung der Verhältnisse an heutigen Küsten auf vergangene Erdzeitalter wird erschwert durch zwei Merkmale unserer geologischen Gegenwart (Moiola 1981):
1. Die heutigen Schelfgebiete säumen im allgemeinen Ozeane; epikontinentale Schelfmeere fehlen, mit Ausnahmen (Nordsee).
2. Die heutigen Flachseesedimente sind transgressiv; die Zeit des Meeresspiegelstillstands ist noch zu kurz, als daß sich ein Gleichgewicht hätte einstellen können.

Die Watten zeigen eine Zonierung in das landnahe, von Würmern durchwühlte Schlickwatt, das aus Siltlagen und Feinsandlagen und -linsen aufgebaute Mischwatt, welches von migrierenden Prielen umgelagert und daher von wenig verwühlten, schrägen Gleithangschichten durchsetzt ist, und das Sandwatt mit gelegentlich erhaltener Stromwechselschichtung (Fischgrätenmuster) und Tonflasern als Signalen der Stromumkehr. Das Hauptmerkmal der Wattensedimente ist der Wechsel von Korngröße, Durchwühlung, Rippelarten und Schrägschichtungsrichtungen.

Sandstrände sind flacher und breiter als Kiesstrände. Vom ganzen Formenschatz des Strandes bleibt geologisch meist nur die schwach meerwärtig geneigte Schichtung des Nassen Strandes und des Vorstrandes erhalten. Man findet sie in ausgedehnten, i. allg. 3–25 m mächtigen, schwach diachronen Sandsteinen. In Ablagerungen brandungsarmer Küsten nehmen die unverwühlten Sande des Vorstrandes nur einen geringen Raum ein. Meerwärts schließt sich eine Übergangszone an, in der die Verwühlung ihr Maximum erreicht und nur von den Beulenrippeln starker Stürme mit ihrer „hummocky cross-stratification" unterbrochen wird.

Nehrungen und Düneninseln entstehen durch küstenparallelen Sandtransport, der die Unregelmäßigkeiten des Küstenverlaufs ausgleicht und Lagunen abtrennt. Vor gezeitenfreien oder mikrotidalen Küsten (0–1,8 m Tidenhub) sind die Düneninseln länger als vor mesotidalen Küsten (1,8–3,6 m Tidenhub); vor makrotidalen Küsten bilden sich statt dessen Sandbänke, die parallel zum Gezeitenstrom, d. h. oft senkrecht zur Küste, gestreckt sind. Für die Sedimentstrukturen von Düneninseln spielt deren küstenparallele Wanderung eine beträchtliche Rolle, vor allem infolge der Umlagerungen an den Seegaten (tidal inlets). Die Lagunen dahinter werden durch Flüsse (in Ästuaren), Schwemmfächer und Flutdeltas z. T. unter Bildung von Rückseitenwatten aufgefüllt.

Die sandigen Ablagerungen transgressiver Phasen sind i. allg. geringmächtiger als diejenigen regressiver Phasen. Klastische Flachseesedimente bestehen aus Silt und Ton, doch sind viele heutige Flachseeböden von den Sand-Relikten des postglazialen Meeresspiegelanstiegs bedeckt; fast nur vor großen Flußmündungen und in Einmuldungen der Schelfplattform wird Feinmaterial sedimentiert. Ein wichtiges Element der Flachseeböden sind bis 40 m hohe, langgestreckte Sandrücken, die durch Gezeiten- oder sonstige Strömungen bewegt werden und z. T. aus ertrunkenen Düneninseln hervorgehen. In fossilen Vorkommen sind sie in der Regel oben-grob.

14.7 Karbonatische Küsten und Flachsee

14.7.1 Verbreitung, Material

Es gibt gewisse Parallelen zwischen der Entstehung klastischer und karbonatischer Flachseesedimente, trotz unterschiedlicher Bildungsmechanismen. In beiden nimmt die Korngröße im Strandprofil seewärts, im Wattenprofil landwärts ab. In beiden Sedimentarten nimmt die Sedimentationsrate landwärts zu. Bei klastischen Sedimenten resultiert dies im Küstenprofil aus den mit steigender Wasserbewegung zunehmenden Transportmöglichkeiten, bei karbonatischen Sedimenten fördert die mit abnehmender Wassertiefe zunehmende Temperatur und damit Karbonatübersättigung die anorganische bzw. biogene Karbonatausscheidung. Auf den Bahamas ist nach SCHLAGER (1981) die Karbonatproduktion in Wassertiefen < 10 m etwa doppelt so hoch wie in Wassertiefen > 10 m.

Kalkschlamm entsteht heute vorwiegend durch Zerfall von Grünalgen und durch mechanische und Bio-Erosion von Biogenen, daneben auch anorganisch (? whitings; Zement), letzteres vor allem in früheren Erdzeitaltern. Kalksand besteht aus ± abgerollten Biogenbruchstücken (z. B. Halimeda, Crinoiden), Ooiden, Pillen und anderen Rundkörpern. Schwieriger als in klastischen Gesteinen ist in Karbonatgesteinen oft die Environmentrekonstruktion, wegen deren stärkerer diagenetischer Überprägung, aber die Zusammensetzung und die primären Gefüge sind wesentlich aussagekräftiger. Einen Überblick gibt JAMES (1983a).

Reine Karbonatsedimente kommen fast nur in tropischen Flachmeeren zwischen 30° nördlicher und südlicher Breite vor. Schwach durch Ton verdünnte Kalkschlämme finden sich dort ebenfalls und darüber hinaus in den Ozeanen bis zu einer Tiefe von 4–5000 m. Im Gegensatz zu den klastischen liegen bei den karbonatischen Flachseesedimenten Entstehungs- und Ablagerungsort der Partikel meist nicht weit voneinander entfernt, da die Kalkschalen mariner Lebewesen die wichtigste Quelle sind. Auch in höheren Breiten kommt es gelegentlich zu relativ reinen Kalkschillsedimenten, wo klastische Zufuhren fehlen, so z. B. vor S-Australien (WASS et al. 1970) und W-Irland (LEES & BULLER 1972, s. S. 928).

14.7.2 Watten

A. Rezent

Unregelmäßig laminierte Kalke und Dolomite mit Schrumpfrissen senkrecht und parallel zur Schichtung richteten den Blick auf die Algenmatten im Gezeitenbereich tropischer Meere (BLACK

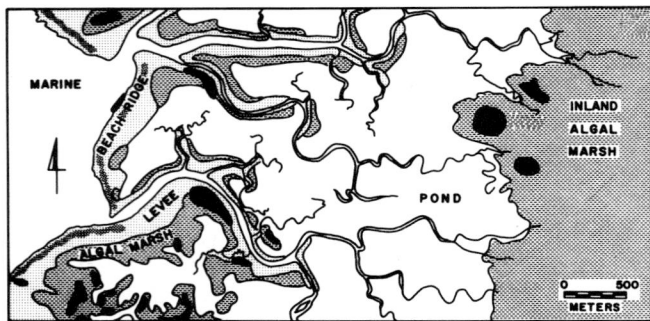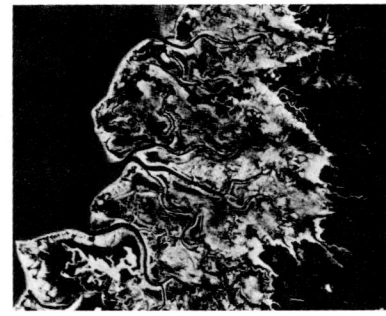

Abb. 14-35. Luftbild und zugehörige Karte des Karbonatwatts NW von Andros (Bahamas). Im Luftbild links der Prielgürtel mit Teichen (ponds), rechts (dunkel) die Inland-Algenmarsh (aus HARDIE 1977: Fig. 6); beach ridge = Strandwall, levee = Uferwall. Schwarze Flecken auf der Karte: Kalkkrusten. Bildhöhe links 2,6 km, rechts 5,2 km.

1933). Eine detaillierte, moderne Beschreibung eines Wattgebietes NW der Insel Andros (Bahamas) ist vor allem L. A. HARDIE (1977) zu verdanken, s. auch HARDIE & GINSBURG (1977) (Abb. 14-35).

Der Tidenhub beträgt hier nur 0,3 m; Hurrikane sind für den Sedimenttransport wichtiger. Trotzdem läßt sich erstaunlicherweise eine deutlich höhensensitive Zonierung beobachten; schon einige Zentimeter Höhenunterschied können das Bild ändern. HARDIE, GARRETT, GINSBURG, BRICKER und WANLESS verwendeten deshalb in ihrer obengenannten Studie zur Charakterisierung der jeweiligen Fazies den – durch Beobachtungen quantifizierten – Zeitanteil (in %), während dessen die betreffende Stelle nicht von Wasser bedeckt ist („exposure index"). Dieser Expositionsindex beträgt an der Mittleren Niedrigwassermarke ca. 25%, an der Mittleren Hochwassermarke ca. 85%.

Der gesamte Peritidalbereich W Andros gliedert sich in drei Gürtel (Abb. 14-35)
    a. das Strandwatt
    b. den Prielgürtel mit Teichen   } (sub-, inter- und supratidal)
    c. die Inland-Algenmarsh (supratidal)

Die Sedimente bestehen nur zum kleineren Teil aus Biogenkörnern; es überwiegen Pillen und Peloide von 30–500 µm Größe und verschiedener Festigkeit und Entstehung. Sie wechseln meist lagenweise mit Kalklutit, zu dessen Entstehung verschiedene Algen beitragen.

In Tabelle 14-7 sind die Sedimentgefüge von den höchsten (supratidalen) bis zu den tiefsten (subtidalen) Standorten aufgelistet.

Der weitaus häufigste Schichtungstyp in diesem Peritidalbereich ist der feinlagige Wechsel von Peloiden und Scytonema-Algenmatten (Abstand 0,5–100 mm) in der Inland-Algenmarsh (Abb. 14-36). Dieser Lagenbau ist weitgehend Sturmschichtung: Bei Sturmfluten wird von der Küste her Kalksand eingespült und bildet Flachlinsen, die Depressionen füllen oder verkümmerte Rippeln darstellen und lateral nur einige cm bis dm aushalten. In den langen Ruhezeiten wird dieses Grobsediment durch Scytonema-Matten, welche viele m weit zu verfolgen sind, fixiert. Sie fangen außerdem feinen Kalkschlamm ein und beginnen zu zementieren („tufa", s. Tabellen-Erläuterungen).

Diese Scytonema-„Palisaden" (Abb. 14-37) sind praktisch auf die Süßwasser-Inlandmarsh des humiden Klimabereiches beschränkt. Der Bewuchs setzt häufig an Trockenrissen ein (wie Abb. 14-40, s. HARDIE l.c.: Fig. 33B). Die Zementation findet man einerseits in trockenliegenden Büscheln, andererseits unter der Oberfläche, in den vermodernden Teilen. Es handelt sich dabei um Mg-Calcit-Zement, der etwa mit dem Meerwasser im Gleichgewicht ist. Demnach hält das Regenwasser zwar die Algen am Leben, kann das Mg/Ca-Verhältnis im Bodenwasser aber nicht ändern. Erhöhte Mg-Gehalte (z. B. $Mg_{0,20}$-Calcit) möchten GEBELEIN & HOFFMAN (1973) durch bevorzugte Mg-Absorption im Schleim der toten Algenfilamente erklären. Ähnliche Palisaden-artige Büschel erkannte HARDIE (l.c.: Fig. 94B) in präkambrischen Stromatolithen.

Tabelle 14-7. Sedimentstrukturen im mikrotidalen Kalkwatt NW Andros (Bahamas), bezogen auf den Expositionsindex (in %), nach HARDIE (1977: Fig. 4, Tabelle 15 und Angaben im Text). Weitere Erläuterungen hinter der Tabelle.

Exposition und Environment	Sedimentstrukturen
> 95 % Supratidal: Top von Rinnenuferwällen und Strandterrassen	Sehr feine, glatte Lamination (durch die Blaualge Schizothrix), ohne Trockenrisse. Gelegentlich Spuren von Oligochäten (Würmer), wenig Schnecken.
ca. 85–95 %	Glatte bis gekräuselte Feinschichtung (durch die Blaualge Scytonema). Dolomitkrusten. Kleine Trockenrisse (1–5 cm Abstand). Krebsbauten
ca. 65–85 % Uferwall-Rückseite und Untere Algenmarsch	Gekräuselte Feinschichtung (s. Abb. 14–40) mit fenestrae (s. u.). Feinlagiger Wechsel von Aragonit-Peloiden (50–150 µm) und Scytonema-„tufa" (s. u.; Abb. 14–36), teilweise mit Trockenrissen von 5–15 cm Abstand und geringer Tiefe. Dabei können flache Intraklasten entstehen (auch im Subtidal!). Nadelkissen-Scytonemazone
> 40 % Rinnenrand und -Rücken	40–90 %: SH-Stromatolithe (vorwiegend Schizothrix). 40–100 %: Schizothrix-dominierte Algenmatten (s. o.) zum Teil tiefe Trockenrisse (s. u.).
< 60 % Teiche	Ungeschichteter, verwühlter Peloidkalk, z. T. mit vielen Schnecken. 10–60 %: Tiefe Trockenrisse („prism cracks"; 20–30 cm Abstand). Polychäten (Würmer); Mangroven z. T.
< 40 %	10–40 %: Alpheus-Gänge von 18–55 mm ∅ (Krebse)
0–80 % Strand	mm-Lamination von Kalksand (vorwiegend fein- bis mittelkörnige Biogene) und Mikrit.
<10 % Subtidal: Rinnen und Vorstrand	Schräggeschichtete, grobkörnige Biogenkalke mit flachen Intraklasten. Callianassa-Gänge (Krebse), Seegras, Grünalgen (Penicillus).

- Schizothrixfäden haben einen Durchmesser von < 5 µm.
- Scytonemafäden haben einen Durchmesser von 10–30 µm.
- „Fenestrae" werden nach TEBBUTT et al. (1965) primäre oder penekontemporäre (d. h. frühest-diagenetische) Poren genannt, die größer als die Zwickelporen sind. Sofern sie länglich sind, liegen sie häufig etwa horizontal – Schichtablösungen (sheet cracks) durch Eintrocknung oder zersetzte Algenmatten, z. T. Gasentwicklung – seltener nahezu vertikal – an Scytonemabüscheln. Ein älterer Ausdruck dafür ist „birdseyes".
- „Stromatactis" wurden demgegenüber größere, in Bioherrnen vorkommende, etwa schichtparallele Hohlräume genannt, deren Boden oft durch internes Sediment geglättet ist.
- LLH = laterally linked hemispheroids (aneinanderhängende Algenkissen, Abb. 14-38 rechts)
- SH = stacked hemispheroids (einzelstehende halbkugelförmige, gestapelte Algenbauten, Abb. 14-38 links)
- „tufa" = Travertin-artig durch schwache Zementation (mikritischen Mg-Calcit) verfestigte Scytonema-Büschel. Sie zeigen gelegentlich eine durch Aragonitzement bienenwabenartig verklebte „Palisadenstruktur" (14-37) und Ansätze von LLH- und SH-Stromatolithen.
- Peloide sind ein genetisch nicht festgelegter Sammelbegriff für etwa isometrische, meist unter 0,2 mm große, kryptokristalline Körner. Sie können auf den Einfluß kokkoider Blaualgen zurückgehen, zum Teil Kotpillen oder kleine Intraklasten sein oder in den Algenmatten durch Mikritisierung von Biogenen und Ooiden gebildet werden und bestehen oft primär aus Aragonit.

Küstennäher, z. B. auf den Uferwällen der Rinnen und auf Rücken in den Rinnen, bilden sich die salzwasserverträglichen, sehr festen und feinlamellierten Schizothrixmatten.

Im Subtidal und im unteren Intertidal hingegen (z. B. in Teichen) ist in diesem normalmarinen Environment Feinschichtung wegen der Wühltätigkeit nicht erhaltungsfähig (Abb. 14-39).

Dies ist anders in der hypersalinaren Shark Bay Westaustraliens mit > 53‰ Salinität und 1–1,5 m

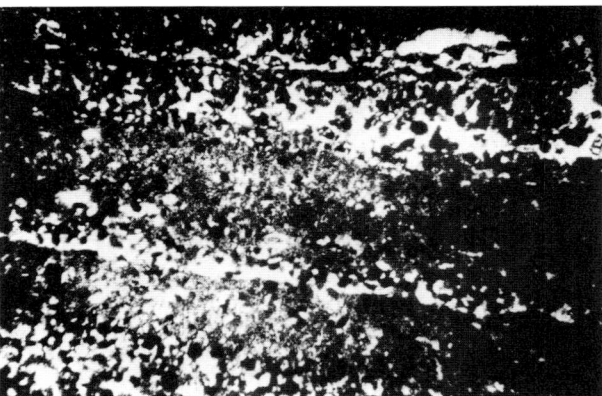

Abb. 14-36. *Links:* Inland-Algenmarsch, NW-Andros (Bahamas) 1 km vom Rinnengürtel entfernt. Hell = Peloidlagen, dunkel = Scytonema-Matten. Links oben (= Top), über und unter dem dunklen Papier zwei palisadenförmige, noch fast lebende Scytonema-Matten; rechts unten = Basis.
Rechts: Wechsel von Peloidlagen und Algenmatten; an letzteren Schichtablösung (sheet cracks; weiß); vertikale Filamentschläuche in den Peloidlagen. Rückseite von Rinnen-Uferwällen (levee backslope). Dünnschliff; Bildhöhe ca. 1,5 mm.

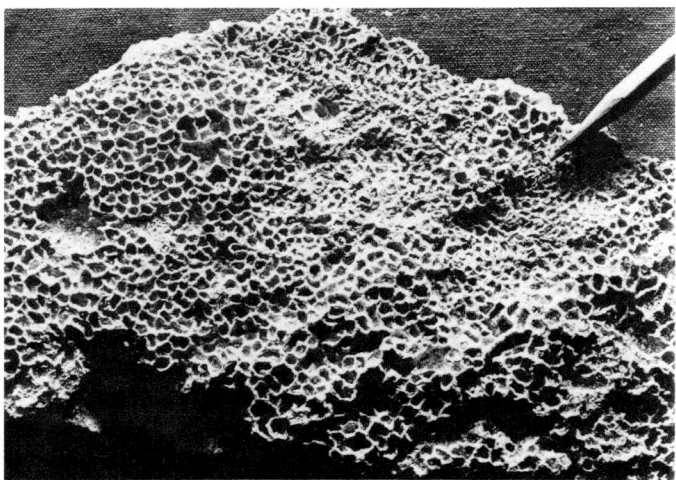

Abb. 14-37. Palisadenstruktur von Scytonema-Blaugrünalgenmatten (aus HARDIE 1977: Fig. 47 B).

Tidenhub im Hamelin Pool (LOGAN et al. 1974; HAGAN & LOGAN 1975). Dort erlaubt das Fehlen von Bodenwühlern eine reiche sub- und intertidale Entwicklung großer keulen- und ellipsenförmiger Stromatolithe, deren Längsachsen senkrecht zur Küste liegen (Abb. 14-38). Sie werden gegen das untere Intertidal höher, während das Algenwachstum im Supratidal durch die starke Evaporation (mit Gipsausscheidung) verhindert wird. LOGAN et al. (1974: 146) unterschieden auf den

Abb. 14-38. *Links:* Rezente Stromatolithe des Intertidals, senkrecht zum Küstenverlauf und zu den auflaufenden Wellen gestreckt; 30 cm hoch, doch noch 60 cm ins Sediment reichend, bedeckt von gekräuselten („pustular") Algenmatten. Unter den hohlen Pusteln verbergen sich fenestrae. Das Meer ist links. Hamelin Pool, Shark Bay (Australien).
Rechts: Ähnliche Stromatolithe aus der Taltheilei Formation, 1.89 Milliarden Jahre alt, Great Slave Lake, NW-Territories (Kanada), dolomitisiert (Fotos: PAUL HOFFMAN, s. auch LOGAN et al. 1974: 173, 192).

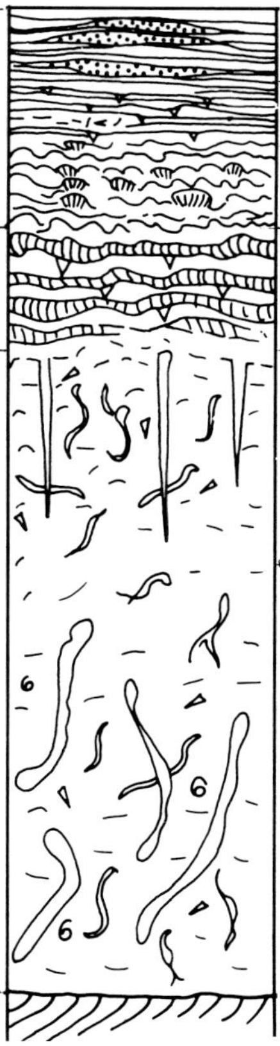

Laminit kappe		durchgehend laminiert, mit Kalksandlinsen	Kamm der Uferwälle (z.T. überspült)
		unterbrochen laminiert (Risse), mit Intraklasten	rückwärtiger Hang, überspült
		krause Lamination mit fenestrae und Krusten	obere Algenmarsch
"tufa" Intervall		Algenlagen ("tufa") und Peloidlagen mit flachen Trockenrissen und Intraklast-Taschen	untere Algenmarsch (Süßwasser)
verwühlte, schichtungslose Lage		verwühltes Peloidsediment mit tiefen Trockenrissen (prism cracks). Polychäten, Gastropoden, Foraminiferen (sehr geringe Diversität)	Watt - Teiche und Rinnenfüllungen
		verwühltes Peloidsediment mit Polychäten- und Krustazeen-Bauten. Mollusken-, Echinodermen- und Coelenteratenreste (mäßige Faunendiversität)	subtidale Flachsee oder Lagune

Abb. 14-39. Hypothetisches Gesamtprofil der Watten um Andros (Bahamas): Regressiver Zyklus, maximal 4 m mächtig, teilweise vergleichbar dem „Loferzyklus" (aus HARDIE 1977: Fig. 67).

Stromatolithen und auf ebenen Flächen sieben Typen von Algenmatten, an deren Zusammensetzung neben Schizothrix und Scytonema unter anderem Lyngbya und die kokkoide Alge Entophysalis beteiligt sind. In solchen Algenmatten werden nach Woods & Brown (1975) Biogenkörner und Ooide in kryptokristalline Aragonitpeloide umgewandelt.

Die Watten des Persischen Golfes sind nach Kendall & Skipwith (1968) zwischen Bahamas und Shark Bay einzuordnen; die Salinität liegt nahe der Trucial Coast bei 40–50‰, der Tidenhub beträgt in den Lagunen < 1 m (Purser & Seibold 1973). Im oberen Intertidal bilden sich Gipskristalle, und supratidal, in der Sebkha, entstehen aus Gips im Sediment Lagen von Anhydritknötchen (s. auch Kapitel 7). Algenmatten sind auf einen schmalen Gürtel im oberen Intertidal beschränkt (Hardie 1977: 114/5) s. Abb. 14-40, 44.

Abb. 14-40. *Links:* Blaugrünalgenmatte („pustular"); weiß = Salz; hinten: Teiche. Abu Dhabi (Oman, Persischer Golf).
Rechts: dito; die Algen haben sich an Trockenrissen angesiedelt, unterlagern jedoch auch die weißen Salzkrusten. Maßstabteilungen: 10 cm (Fotos: Paul Hoffman).

In allen diesen Vorkommen finden sich neben den Peloiden größere Intraklaste, die aus laminiertem Sediment durch Trockenrisse und horizontale „sheet cracks" entstehen und bei Sturmfluten aus dem Verband gerissen und zu Flachgeröllen verrundet werden.

Die rezenten Vorkommen sind nicht älter als 4000 Jahre, da die Sedimentation erst nach der flandrischen Transgression begann. Sie stellen die Verlandungssedimente nach Ende dieser Transgression dar. Die sich daraus ergebende, ca. 4 m mächtige, hypothetische Regressions-Sequenz ist in Abb. 4-39 dargestellt.

Wattrinnen sind hier nicht berücksichtigt, sie würden sich durch Schrägschichtung und Restsedimente an der Basis zu erkennen geben. Wo sie nahezu fehlen, wie in den „passiven" Watten (Tucker 1985) weiter südlich, können sich Süßwasserlinsen bilden, die eine Dolomitisierung nach dem Dorag-Modell ermöglichen (Gebelein et al. 1980).

B. Fossil

Ähnliche Sedimente beschrieb Fischer (1964, 1975) von einer riffbegrenzten Plattform aus der Obertrias der Loferer Steinberge (Tirol). Sie bestehen aus vier Gliedern, die jedoch anders angeordnet sind als in den Bahamas (Abb. 14-41):

D. Anlösung der Sedimentoberfläche, deutet auf Emersion.
C. Ungeschichteter, lagunärer Kalk mit charakteristischen großen Muschelquerschnitten (Megalodonten; „Kuhtritte"), sowie Onkoiden, Dasycladaceen, Foraminiferen, Bryozoen, Gastropoden und Echinodermen, im Mittel 5 m mächtig.

B. Unregelmäßig gebänderter, inter- bis supratidaler Dolomit, im Mittel 0,5 m mächtig. In dieser Phase sind fenestrae (Fenster- oder birdseye-Poren) häufig, mit Zement gefüllte, unregelmäßig geformte, längliche oder flache, dann senkrecht oder parallel zur Schichtung verlaufende Poren (s. o.). FISCHER (1964) gab solchen Gesteinen den Namen „Loferit". Man findet folgende Varietäten:

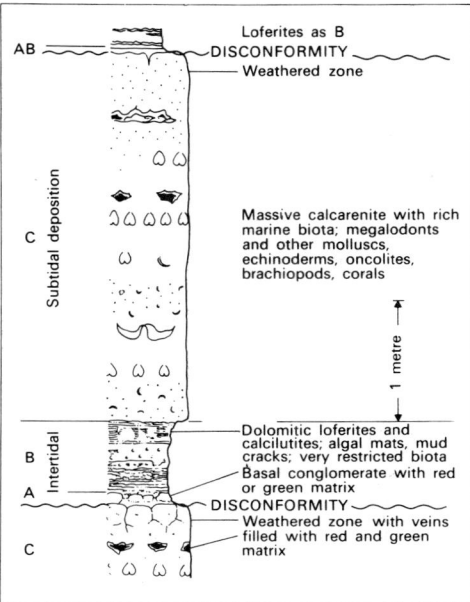

Abb. 14-41. Idealisiertes Lofer-Zyklothem (nach FISCHER 1964, 1975, aus SELLWOOD 1978: Fig. 10.25 A).

1. laminierte Loferite mit einer mm-Bänderung durch Farbe, Struktur (homogen bis peloidisch), wechselnden Dolomitgehalt oder horizontale Schrumpfrisse (sheet cracks), welche letztlich auf Algenmatten zurückgeht. Sie ist im unteren Teil manchmal gekräuselt, im oberen Teil glatt und nicht selten von Schrumpfrissen unterbrochen;
2. massige Loferite mit Krümelstruktur und kleinen Knollen (? calcrete);
3. laminierte und massige Karbonatgesteine ohne fenestrae. Die massigen enthalten eine Fauna eingeschränkten Bildungsmilieus (Ostracoden, Cerithien = Schnecken, kleine Bivalven, Foraminiferen); Intraklasten sind in 1–3 häufig, zum Teil als Dolomitgerölle im Kalk, woraus frühdiagenetische Dolomitisierung folgt.

A. Eine dünne Schicht roter oder grüner kalkiger Tone, oft nur als internes Sediment in C vorhanden. Diese Schicht wird als terrestrischer Boden gedeutet, also wie D in den Auftauchbereich gestellt (Emersion).

Die Sequenz kann als Transgressions- (A-B-C)-Regressionszyklus (C-B fehlt – D-A) gedeutet werden, in dessen regressivem Ast B vielleicht weggelöst wurde. Während diese Folge gegen das offene Meer durch Riffe abgegrenzt wird, geht sie landwärts in den „Ultra-backreef-Bereich" des Hauptdolomits mit verarmter Fauna über (FRUTH & SCHERREIKS 1984). Als Ursache der 40–50000 Jahre umfassenden Zyklen nahm FISCHER (1965a) Meeresspiegelschwankungen von mindestens 5 m an, um die Emersionen zu erklären. In dem Sammelwerk von R. N. GINSBURG (1975) findet man kurze Darstellungen auch der folgenden Vorkommen fossiler Gezeitensedimente.

Die unterdevonische Manlius-Formation im Staate New York (LAPORTE 1967, 1975) gliedert sich wie folgt
c. Supra- (bis Inter-)tidal. Peloidische Kalke mit unregelmäßiger Lamination entweder durch Calcit/Dolomit oder durch bituminöse Bestege. Teilweise ist sie stromatolithisch gewölbt, und nicht selten findet man vertikale und horizontale Schrumpfrisse.

b. Inter- (bis Sub-)tidal. Feine Wechsellagerung von Peloiden/Biogenen mit Lutitlagen. Viel Umlagerung: Intraklasten und kleine Rinnenfüllungen. Onkoide und Stromatolithe.
   a. (Tieferes) Subtidal. Peloidische Kalkwacke (wackestone) mit viel Fossilschutt und Verwühlung.

In der devonischen Pillara-Formation Westaustraliens wechseln nach READ (1974, 1975) Stromatoporen-Biostrome mit intertidalen laminierten oder ungeschichteten Peloidkalken, in denen schichtparallele, röhrenförmige oder unregelmäßig geformte fenestrae eine große Rolle spielen.

Die unterproterozoische Rocknest-Formation der Northwestern Territories (Kanada) besteht nach HOFFMAN (1973, 1975) aus 200 Zyklen von 2–20 m Mächtigkeit, welche jeweils mit dolomitischem Tonstein (vermutlich Flachsee) einsetzen und nach oben mehr und mehr Dolomitoolith- und Algenbänkchen aufnehmen. Darüber folgen massige Dolomite, die im unteren Teil elliptische LLH-Kuppeln enthalten, wie sie heute in gleicher Orientierung im unteren Intertidal der Shark Bay zu finden sind (Abb. 14-38). Diese werden zum Hangenden hin niedriger, so wie in der Shark Bay landwärts, was auf einen regressiven Verlauf deutet. Entsprechend der Formenvielfalt präkambrischer Stromatolithe gibt es auch verästelte, sowie säulige, nach oben verjüngte Formen, sowie Onkolithe. Darüber beginnt transgressiv der nächste dolomitische Tonstein mit flachen Dolomitintraklasten.

Die Dolomite zeigen in diesem Vorkommen drei verschiedene „cryptalgal"-Strukturen (d. h. ohne beweisende Algenschläuche):
   a. Laminierte Stromatolithe
   b. Unlaminierte „Thrombolithe" (AITKEN 1967) mit granulierter Struktur
   c. Loferite, d. h. laminierte oder unlaminierte Bänke mit Fensterporen.

Die oft weite Verbreitung von Karbonatwatten in älteren Formationen ist schwer zu verstehen. So gibt es für die über den ganzen nordamerikanischen Kontinent reichenden Watten des Kambro-Ordoviziums nach GINSBURG (1982) drei Deutungsmöglichkeiten: (a) Sie sind diachron; (b) sie sind durch tiefe Becken gegliedert; (c) es handelt sich um Windwatten.

Zusammenfassend ist festzustellen, daß viele Watt-Merkmale in Karbonatsedimenten denen in klastischen Sedimenten entsprechen. Als spezifische Merkmale kommen hinzu:
   a) fenestrae (Schrumpfporen zum Teil)
   b) frühdiagenetische Dolomitlagen und Intraklasten derselben in einer Kalkmatrix
   c) halbkugelig gewölbte Stromatolithe (Algenmatten gibt es, wenn auch selten, in klastischen Watten ebenfalls).

14.7.3 Karbonatschelfe, rezent

Sie werden häufig als Karbonatplattformen bezeichnet, vor allem bei geringen Wassertiefen. Solche Plattformen sind hier nämlich (vor allem im fossilen Bereich) viel verbreiteter als auf klastischen Schelfen, weil im flachen Wasser eine starke, mit der Absenkung schritthaltende Karbonatproduktion stattfindet. Oft sind die Plattformen durch organische Riffe oder arenitische Bänke eingefaßt. Nach Emersion findet man in humidem Klima Verkarstung, in semiaridem Calcretebildung. Riffe und Calcrete werden im Kapitel 6 behandelt. Die folgende Klassifizierung schließt sich an AHR (1973) an.

A. Offener Schelf

Er ist schwach geneigt und wird vom Schelfrand bei 50–200 m Tiefe begrenzt. Heutige Beispiele findet man westlich von Florida, nördlich von Australien und auf der Campechebank N Yucatan. Die Unterlage der letzteren ist ein bei tiefem Meeresspiegelstand verkarsteter Schelf. Ein eiszeitliches Relikt ist auch der aragonitische Ooidsand mit Peloiden und Intraklasten in 100–200 m Tiefe. Küstenwärts schließt sich Molluskenschill mit zunehmender Verrundung an (LOGAN et al. 1969; GINSBURG & JAMES 1974).

B. Eingefaßter oder geschützter Schelf („rimmed" oder „protected" shelf).

Der Schelfrand liegt in sehr flachem Wasser und wird entweder von organischen Riffen oder Biokalkarenit- und Ooiddünen gebildet. Da beide nicht oder wenig kompaktieren und bei geringer Meeresspiegelsenkung meteorisch zementieren, heben sich diese Randzonen gegenüber den feinkörnigen und stärker kompaktierenden Sedimenten im Innern der Karbonatplattform heraus („Eimerprinzip", KENDALL & SCHLAGER 1981). Vier rezente Beispiele seien im folgenden erläutert.

a. Große Bahamabank

Sie ist von der Küste durch einen tiefen Meeresarm getrennt und zeigt die in Abb. 14-42 rechts dargestellte Faziesverteilung. Gute seismisch gestützte Querprofile dieser Karbonatplattform gaben HINE & NEUMANN (1977), Sie ist im Osten durch die Insel Andros und östlich vorgelagerte Riffe, im Westen und Norden durch Biokalkarenit- und Ooidbänke begrenzt. Die letzteren werden durch auflaufendes Wasser oder Sturmfluten bankwärts getrieben und bilden daher „spillover lobes" (Abb. 14-42 links). Stärkere Stürme werfen die Ooide einzeln ins Innere der Plattform (HARRIS 1979). Solche Ooide in feinkörniger Matrix findet man in vielen Karbonatgesteinen.

Die Plattform liegt im Norden 2 m, im Süden 6 m tief. Ihre Sedimente bestehen im wesentlichen aus Aggregatkörnern und Pillen mit Kalkmatrix und sind durch „Callianassa-Krebsbauten durchsetzt. Grünalgen wie Penicillus und Halimeda liefern den Aragonitschlamm, Foraminiferen, Mollusken und andere den (geringeren) (Mg)-Calcitanteil (STOCKMAN et al. 1967). In ruhigen Plattformteilen entstehen infolge einer frühen, schwachen Zementation verschiedener Rundkörper (z. B. Pillen) sogenannte grapestones (Synonyma: lumps, composite grains), die bis 2,5 mm groß werden. Auf gleiche Weise bilden sich hier größere, flache Intraklasten (PURDY 1963). Der Wellenschlag transportiert von den Plattformrändern Partikel in tieferes Wasser. Solche und andere Vorgänge führten hier in der Vergangenheit zu beträchtlichen Plattform-Erosionen (READ & GROVER 1977; SCHLAGER et al. 1984; FREEMAN-LYNDE & RYAN 1985). Andererseits baut sich die Plattform seit dem Miozän gegen die Tiefsee vor (AUSTIN et al. 1986).

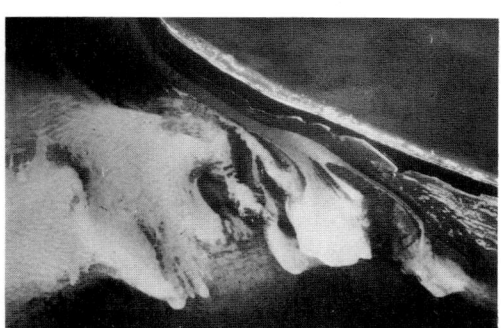
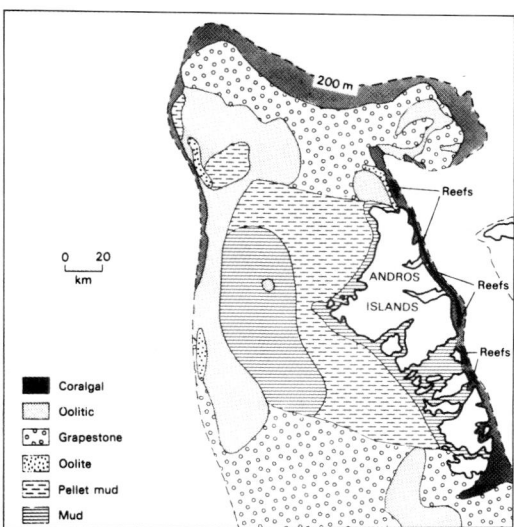

Abb. 14-42. *Rechts:* Sedimentverteilung auf der Großen Bahamabank. Sie ist auf der Windseite (E) durch Riffe und die Insel Andros mit ihrem Wattengürtel, im NW durch die – nicht eingezeichnete – Inselkette der Cays und Ooidbänke eingefaßt (aus PURDY 1963).
Links: Luftaufnahme der Ooiddünen und „-spillover lobes" (Flutdeltas) in der Lagune hinter Cat Cays Island am NW-Rand der Great Bahama Bank. Dunkel im Vordergrund: Seegraswiesen. Wassertiefe überall weniger als 2 m, nur rechts oben, vor der Insel, bis 400 m.

b. Florida Bay

Sie ist von dem pleistozänen Riffkranz der Florida Keys eingefaßt, einer Inselkette, welche durch eine Autostraße verbunden ist. Seewärts ist der rezente Riffgürtel vorgelagert. Zwischen beiden gibt es Riff-Flecken (patch reefs) und vor den Inseln große Seegraswiesen, welche Kalkschlamm fangen (Abb. 14-43) und von kleinen Schnecken und Foraminiferen bewachsen sind. Sie können somit indirekt Sedimentbildner sein. Im Shark Bay (W-Australien) werden solche Schlammrücken 10 m hoch (HAGAN & LOGAN 1975).

Abb. 14-43. Ebbdelta meerwärts der Florida Keys; seitlich davon Seegraswiesen mit eingefangenem Kalkschlamm (Luftaufnahme aus geringer Höhe).

Die sehr flache Florida Bay – zwischen Inselkette und Festland, s. auch Kapitel 6.4.2 – ist mit Kalkschlamm gefüllt, der zu 60% aus Aragonit, zu 34% aus $Mg_{0,14}$-Calcit besteht. Die Sandfraktion setzt sich vor allem aus Mollusken, Foraminiferen und Ostracoden zusammen (MÜLLER & MÜLLER 1967). Diese Lagune ist reich an Schlammrücken und kleinen Inseln, in denen ein durch Seegras und Grünalgen fixierter „mud mound" von einem Kranz feinästiger Korallen (*Porites*) und Rotalgen (*Goniolithon*) umgeben ist (ENOS 1977b; BOSENCE et al. 1985, mit Bilanzen der Karbonatproduktion). Selbst im auftauchenden Kalkschlamm herrscht wegen des hohen organischen Gehaltes schon 1 cm unter der Oberfläche reduzierendes Milieu (Schwarzfärbung). In manchen dieser Inseln findet man Blaualgenlaminite. Die Florida Bay verlandet insgesamt (ENOS & PERKINS 1979). Küste und Inseln sind mit Mangroven bewachsen. Im Supratidal der Florida Keys bildet sich stellenweise Dolomit (SHINN 1968).

c. Guatemala/Honduras und andere klastisch-karbonatische Plattformen.

Ein Schelf von < 2–29 km Breite ist auch hier von einem Riffsaum eingefaßt (PURDY et al. 1975; SELLWOOD 1978: 286). Die Schelflagune wird im Süden 60 m tief. Ihre Sedimente bestehen aus einem relativ Nannoplankton-reichen, pelletierten Kalkschlamm, der auf der Riffseite viel Kalksand von Halimeda, Foraminiferen und Korallen enthält, während er landwärts bis zu 50% Montmorillonit, im Süden auch Sand aufnimmt.

Dies ist demnach eine gemischt klastisch-karbonatische Plattform. Ähnliches gilt für die 100 km breite und bis 50 m tiefe Lagune hinter dem großen Barriere-Riff vor Nordostaustralien (s. SELLWOOD 1978: 284). Im Kleinen läßt sich dieses Muster an der Ostküste Madagaskars studieren, wo ein aus grobem Quarzsand bestehender Strand durch eine ca. 100 m breite Lagune vom Riffgürtel getrennt ist.

Auf dem offenen Schelf westlich von Florida entsteht zur Zeit eine der mächtigsten Karbonatsequenzen, und zwar ein Kalksand aus Molluskenschill, Foraminiferen, Seepocken und Kalkalgen, über den sich bei Regressionen ein feiner Quarzsand legt, aus dem die Küsten Westfloridas bestehen (DOYLE 1982, für weitere gemischte Sequenzen s. KENT 1982).

d. Persischer Golf

In Abb. 14-44 sind die Verhältnisse an der Trucial Coast E. Abu Dhabi dargestellt. Eine Lagune, deren Boden von verwühltem Kalkschlamm mit Pillen, Foraminiferen und Schnecken gebildet

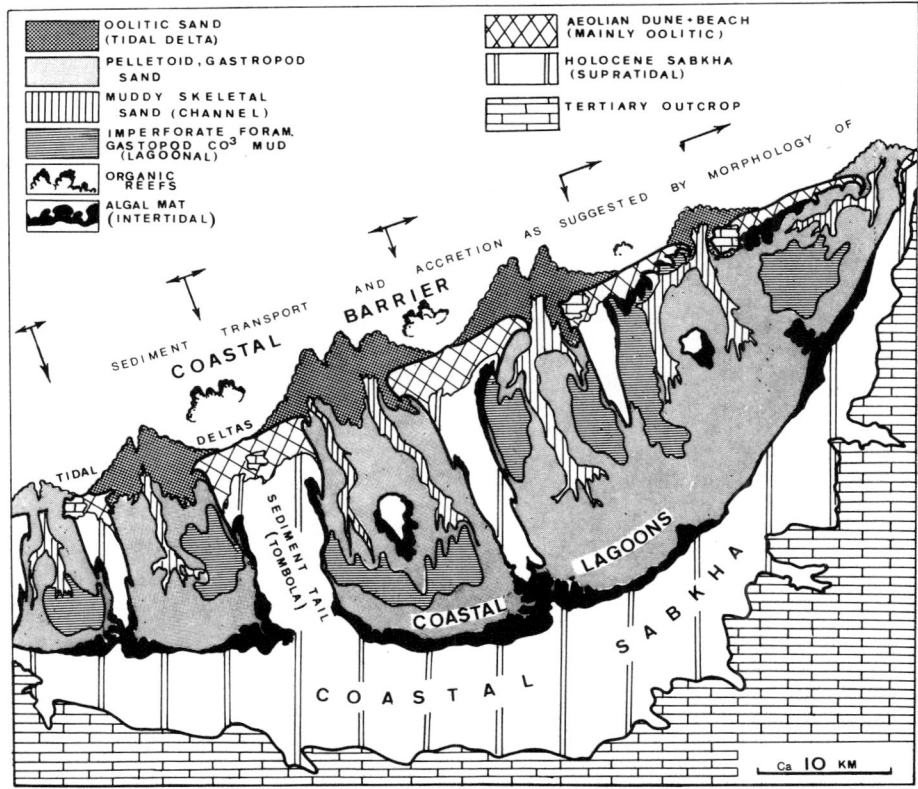

Abb. 14-44. Schematischer Ausschnitt: Küste E. Abu Dhabi (Persischer Golf), mit äolischen Düneninseln um Pleistozän und Tertiärkalke, Riffen vor diesen Inseln, Ooid-Gezeitendeltas zwischen den Inseln und dahinter Lagunen, die gesäumt sind von Blaualgenmatten und einer Salzmarsch (Sebkha; aus PURSER & EVANS 1973).

wird, ist meerwärts von Düneninseln, landwärts von einer Wattfläche mit Blaualgenmatten (Abb. 14-40) begrenzt. Ooide bilden sich außerhalb der Düneninseln, gleichsam als Ebbdeltas. Grünalgen fehlen im Persischen Golf (PURSER & SEIBOLD 1973; WAGNER & VAN DER TOGT 1973).

C. Rampen

Die Südseite des Persischen Golfes ist – abgesehen von den Düneninseln und vereinzelt vorgelagerten Riffen – eine gleichmäßig mit 0,02–0,04° geneigte Karbonatrampe (WAGNER & VAN DER TOGT 1973). SHINN (1969) beschreibt lagenweise verfestigte Oberflächensedimente, wobei – ähnlich wie in „hardgrounds" – verringerte Akkumulationsraten die Verfestigung fördern. Die küstennahen Kalksande sind verrundet und zum Teil zu „compound grains" verbacken. In Wassertiefen über 36 m hingegen findet man ganze Pelecypoden und unverrundeten Schill in einer mergeligen Grundmasse. Diese enthält Tief-Mg-Calcit, welcher als äolischer Staub von den Kalkbergen der umgebenden Festländer hergeleitet wird, und Ton aus dem Euphrat-Tigrisdelta und vom Iran (PILKEY & NOBLE 1967).

D. Höhere Breiten

Auch in Flachmeeren der gemäßigten Klimazone können nahezu reine Karbonatsedimente entstehen, wie LEES et al. (1969), LEES & BULLER (1972), LEES (1975) und BOSENCE (1976) zeigten. In Buchten W von Irland findet sich ein Schlamm mit < 40% Kalk in Form von Foraminiferen- und Molluskenschalen („Foramol"-Fazies von LEES), der seewärts in einen Kalksand mit 80% Kalk übergeht, welcher aus Foraminiferen, Mollusken, Echinodermen, Bryozoen, Ostracoden und Spongien besteht, zuweilen aber reich an Lithothamnien-Onkoiden („Rhodolithen") ist. Demgegenüber ist die „Chlorozoan"-Fazies auf warme tropische Gewässer beschränkt. Sie setzt sich aus Resten von Grünalgen, Korallen, Ooiden, Pillen und Aggregatkörnern zusammen. Bei höherem Salzgehalt fehlen die Korallen (dann „Chloralgal"-Fazies), s. auch SCHLANGER & KONISHI (1975).

In Gesteinen weist das Fehlen von Schelf-Mikriten, von Mikritisierungssäumen und Peloiden auf kühleres Wasser hin. Auch nehmen polwärts Artenzahl und Individuenzahl pro Art ab (LEONARD et al. 1981).

E. Biologische Flachmeerzonierungen

Nach der Zusammenstellung bei LIEBAU (1980) kann man die Flachsee wie folgt gliedern:
 Supralitoral = Spritzwasserbereich (bis + 4 m, an Felsküsten)
 Eulitoral   = Gezeitenbereich
 Inneres Sublitoral = photische Zone im engsten Sinne
 Äußeres Sublitoral = anschließend, bis zum Schelfrand.
a. Der Einflußfaktor „Licht" begrenzt im allgemeinen
 die Grünalgen bei 60–90 m Wassertiefe
 die Stockkorallen bei 60–80 m Wassertiefe
 das produktive Phytal bei 100–120 m Wassertiefe, d. h. bei etwa 1% des an der Oberfläche einfallenden Lichts
 die algensymbiontischen Tiefwasser-Großforaminiferen bei 150 m
 die Rotalgen bei 150–200 m Wassertiefe
 den Diatomeen-Benthos bei 200–ca. 300 m Wassertiefe.
 Die Untergrenze des für das menschliche Auge wahrnehmbaren Tageslichts (die „Beebe-Linie") und auch die Untergrenze augentragender Ostracoden liegt bei 500–600 m Wassertiefe.
b. Der Einflußfaktor „Wasserbewegung" läßt auf Fels drei kritische Tiefen hinsichtlich der Wuchsformen sessiler Tiere unterscheiden: 3, 11 und 35 m. Die Abrollung von Schalen hört schon oberhalb der Sturmwellenbasis auf. Die Obergrenze von Benthos-Ostracoden, welche die Wasserbewegung strikt meiden, liegt entsprechend der unterschiedlichen Küstenenergie in Fjorden bei 5–10 m, im Mittelmeer bei 25 m und in der Biscaya bei 60 m Tiefe. Echiniden wachsen umgekehrt bis hinab zu 65 m Tiefe, in exponierten Bereichen.
c. Ein Einflußfaktor „Ozeanität" schränkt die planktonischen Foraminiferen im Küstenbereich ein.
d. Einflußfaktor Temperatur (s. Abschnitt D!).

14.7.4 Karbonatschelfe, fossil

A. Übersicht

Die in rezenten tropischen Flachmeeren gefundenen Faziesverhältnisse lassen in fossilen Kalksteinen die folgenden Zusammenhänge zwischen Environment und (Mikro-) Fazies erwarten, in lockerer Anlehnung an die neun Fazieszonen von J. L. WILSON (1975: 64, 351), an die 24 Standard-Mikrofaziestypen von E. FLÜGEL (1978: 335 f.) und an READ (1985):

Supratidal humid und intertidal arid/humid: Algen- bzw. „cryptalgal" Laminite mit Peloidlagen und fenestrae

Subtidal, Rinnen: Intraklastkalke

Subtidal, Teiche und Lagunen: Verwühlte, oft artenarme Kalklutite (arid: z. T. nicht verwühlt, mit Stromatolithen)

Schelflagune und offene Plattform: Pillenkalke, Onkolithe, „grapestones", Kalke mit ganzen Schalen; Stromatolithe; tolerante Fauna und Flora (Lamellibranchiaten, Gastropoden, Spongien, Foraminiferen, z. B. Milioliden, Grünalgen z. T.), weniger jedoch Brachiopoden, Echinodermen und Cephalopoden. Seegraswiesen können vom oberen Mesozoikum an eine Rolle bei der Schlamm-Anhäufung spielen. In älteren Formationen wurden die „mud mounds" z. T. von Crinoiden und Bryozoen gestützt.

Plattformrand: Riffkalk oder Biokalkarenite; Schillkalke; coated grains: Onkolithe, Oolithe, Biogenoolithe.

Hang: Riffschutt oder Gesteine wie am Plattformrand, aber matrixführend.

Rampe/Schelf (10–40 m): Knollenkalke, z. T. kieselig; Biogenkalke, matrixführend bis -reich; Sturmsandlagen.

Becken und Tiefschelf: Vor steilen Hängen Turbidite und mass flows im Wechsel mit plattigen Kalken und Mergeln/Tonen; vor Rampen plattige Kalke mit chert, Radiolarien und Filamenten; Biokalksiltit (z. B. Schreibkreide); schillführende oder fossilführende Kalke (wackestones); Spiculit; Mergel und Tone vor allem im Paläozoikum).

B. Sequenzen

Bei konstantem Meeresspiegel bauen sich Karbonatplattformen seewärts vor, an heutigen Küsten u. U. einige km/1000 Jahre. Dabei folgen auf subtidale inter- und supratidale Sedimente; sie bilden eine regressive Sequenz (TUCKER 1985: 154), s. auch Abb. auf S. 847.

Sinkt der Meeresspiegel, so entstehen Sebkhas (arid, mit Meerwasserzutritt), calcretes (semiarid) oder Karstflächen (humid).

Steigt der Meeresspiegel so schnell, daß die Sedimentation damit nicht Schritt halten kann, dann stellt sich auf der Plattform bald die langsamere Sedimentation tieferen Wassers ein, und die Plattform ertrinkt. So ertranken im frühen Holozän bei Meeresspiegelhebungen von 6000–10000 Bubnoff (mm/1000 Jahre) die meisten Riffe, während sie sich im späten Holozän, bei 500–3000 B, wieder erholten und sich die Plattformen wieder vorbauten (SCHLAGER 1981). Hiernach scheint das Wachstumspotential durchschnittlicher Riffe und Karbonatplattformen (TUCKER 1985) bei 500–1000 B zu liegen, ein Wert, der vom Meeresspiegelanstieg nur nach Eiszeiten übertroffen wird. Demgegenüber liegt die Subsidenz neugebildeter Mittelozeanischer Rücken unter 250 B, die normale Beckensubsidenz bei 10–100 B und der Meeresspiegelanstieg durch verstärktes sea floor spreading unter 10 B (SCHLAGER 1981; KENDALL & SCHLAGER 1981); s. S. 351.

Transgressive „events" (COOGAN 1969, s. auch Abb. 13-50), d. h. ruckweise Plattformsenkungen oder Meeresspiegelhebungen, denen regressive Erholungsphasen folgten, scheinen in älteren Sedimenten häufig gewesen zu sein, denn man findet darin vorwiegend regressive, d. h. Oben-flach-Sequenzen (Flachsee-Vorstrand-Watt, s. Abb. 14-45). Das Mächtigkeitsverhältnis Wattsediment:

Flachseesediment nimmt darin küstenwärts zu. In jeder Sequenz baut sich eine neue Kalkplattform vor („seaward progradation", z. B. Watt über Schelflagune, oder Saumriff über Riffschutt).

Transgressive Sequenzen bilden sich nur, wenn der Meeresspiegel über längere Zeit relativ ansteigt, dann aber plötzlich fällt. Dies scheint bei den niederenergetischen Loferitzyklen der alpinen Trias der Fall gewesen zu sein (S. 923). In höherenergetischen Environments greifen Kalksande des Schelfrandes über Lagunensedimente.

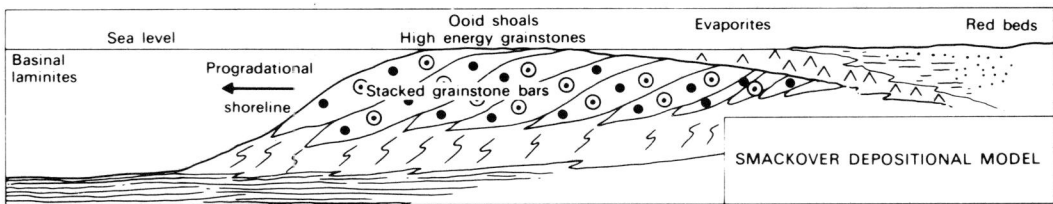

Abb. 14-45. Progradierende Karbonatküste der Smackover Formation (Oxfordium, südliche USA). Regressive Sequenz: Von unten nach oben: Laminierte Mikrite der Beckenfazies, bioturbate wackestones (mit Pillen), voreinandergestapelte grainstone-Barren (Punkte = Pillen und Biogene, Punkte mit Kreisen = Ooide mit Pillen als Kernen), Karbonat-Anhydritfolge, Redbeds z. T. mit Anhydritknollen und -lagen (nach R. C. Vernon aus Sellwood 1978: Fig. 10.29 C).

C. Beispiele

Plattform-Kalke spielen als Erdölspeicher eine beträchtliche Rolle. So gelten die jurassischen Arab A-D-Oolithe und Biokalkarenite des Mittleren Ostens als der Welt reichstes einzelnes Ölvorkommen (Murris 1980). Auch die Smackover-Oolithe des Oxford am Golf von Mexiko, welche auf einem Flachschelf unter aridem Klima abgelagert wurden, beinhalten zahlreiche Öllagerstätten. Viele weitere Beispiele finden sich bei Read (1985).

Sturmsande („Tempestite") sind auch auf Karbonatrampen wichtig. So bilden sie längliche, aus Biogenen bestehende „sheet sand"-Streifen > 100 km vor der oberjurassischen Küste Wyomings und Montanas (Brenner & Davies 1973). Aus dem Silur erwähnen Jones & Dixon (1976) Sturmschillagen mit Intraklasten.

Ein ähnlich verbreitetes Merkmal von Karbonatplattformen sind „hardgrounds", die entweder fazies-selektiv (im Persischen Golf, in den Bahamas und in der Schreibkreide), oder weit ausgedehnt sein können (im Jura Europas und im Devon Kanadas; Fürsich 1979; Kendall & Schlager 1981); s. S. 386 f.

Der Obere Muschelkalk Süddeutschlands zeigt eine laterale Faziesabfolge, die an der südöstlichen Küste mit Sanden beginnt und über einen Flachwassergürtel mit Crinoiden, Ooiden und Schill in die landferneren „Tonplatten" übergeht (Geyer & Gwinner 1968; Aigner 1982). Entsprechend der Walther'schen Regel findet man die Tonplatten (mo 2) auch über dem Trochitenkalk (mo 1). Vor allem in den Tonplatten gibt es Einschaltungen von Tempestiten, gradierten Schill-Intraklastbänken, die Turbiditen ähneln, was ihren Vertikalaufbau und ihre Veränderungen vom proximalen zum distalen Bereich anbelangt (s. auch Mehl 1982). Ähnliche Einschaltungen von Schill-Tempestiten in klastische Sedimentfolgen beschreiben Brett & Baird (1985) aus dem Devon von New York.

Im nordeuropäischen Zechsteinmeer entwickelten sich zu Beginn des 2. Eindampfungszyklus, im Ca2, die folgenden Faziesgürtel:
a) 50–100 km vor der Südküste entstand ein Gürtel frühdiagenetisch dolomitisierter, ca. 30–100 m mächtiger Oo-Onkolithe („Hauptdolomit").
b) Landwärts dieser Untiefenzone bildeten sich 45 m laguläre Anhydrit-Dolomit-Gesteine.
c) Seewärts der Untiefe entstanden am Hang 10–100 m mächtige Kalk- und Dolomitlutite („Stinkkalk").
d) Im Becken, das vermutlich etwas über 300 m tief war, finden sich 2–8 m mächtige Kalke mit bituminösen Siltlaminae („Stinkschiefer", Füchtbauer 1964 b; Sannemann et al. 1978).

Dieses Vorkommen kennzeichnet den Übergang zum evaporitischen Milieu. Mittels der Zusammensetzung frühdiagenetischer Dolomite lassen sich hier feinere Faziesdifferenzierungen vornehmen: Während der Dolomit in dem Oo-Onkolithgürtel des Zechstein 2 stöchiometrisch ist, handelt es sich bei den Onkolithen des Zechstein 1, welcher nach seiner Fossilführung noch normalmarin ist, um einen $Ca_{0,55}$-Dolomit (FÜCHTBAUER 1972). Umgekehrt finden sich am Rande des stärker evaporitischen Zechstein 3-Beckens Dolomite mit einem Mg-Überschuß, welcher sich küstenwärts und gegen ein weniger salinares Randbecken in einen Ca-Überschuß umkehrt (MÖLLER 1985; FÜCHTBAUER l.c.; s. auch BATHURST 1983: 362).

Ein vergleichbares Vorkommen beschrieb KALDI (1984) aus den Lower Magnesian Limestones von Yorkshire. Dort ist der nordsüdlich verlaufende Schelfrand von Ooiden bedeckt, während sich gegen Westen eine Lagune, ein Wattstreifen und eine Sebkha anschließen.

Kambrische Karbonatplattformen wurden von MARKELLO & READ (1981: Oolithe und auf der tieferen Rampe Tempestite), sowie von REES et al. (1976) beschrieben. Hier erstaunen die Ausmaße einer Karbonatplattform, welche mit klastischen Einlagerungen große Teile der USA bedeckte (PRAY 1981).

Zusammenfassung

Flachsee-Kalksedimente mit lutitischer Matrix entstehen heute nur in tropischen Meeren, während Kalkschill auch in gemäßigten Breiten sedimentbildend auftreten kann.

Im Peritidalbereich heutiger warmer Meere ist selbst bei geringem Tidenhub ein deutliches Faziesmuster entwickelt, welches die unterschiedliche Expositionsdauer spiegelt. Im oberen Peritidal überwiegen in humidem Klima Laminite von Blaualgen und Peloiden (Sturmschichten), z. T. mit Fensterporen, in aridem Klima Sebkhas mit Gips und Anhydrit. Im unteren Peritidal findet man ungeschichtete, verwühlte Peloidschlämme (Bahamas) bzw. im ariden Bereich Stromatolithe (Shark Bay) oder Algenlaminite (Persischer Golf).

In der Trias der Tethys sind zyklische Karbonatfolgen von supra- bis intertidalen, meist dolomitischen Algenlaminiten („Loferite") und subtidalen, ungeschichteten Megalodontenkalken weit verbreitet. Peloide sind hier wie in den rezenten Kalkwatten die häufigsten Partikel.

Karbonatschelfe bilden fossil wie rezent entweder offene Schelfe, oder durch Riffe und arenitisch-oolithische Bänke eingefaßte Plattformen, oder schwach geneigte Rampen. Auf den Plattformen entstehen Pillen- und Aggregatkörner-reiche Kalkschlämme, die oft eingespülte Ooide enthalten und meist verwühlt sind. Manche Schelfe sind gemischt klastisch-karbonatisch. Auf den Rampen nimmt mit zunehmender Wassertiefe die Verrundung der Biogene ab und der Pelitgehalt zu.

In Anlehnung an die Rezentbeispiele läßt sich das Environment der Karbonatgesteine aus der Mikrofazies schematisch mit Vorbehalt ablesen. Auf diese Weise können in Karbonatfolgen transgressive und progradierend-regressive Sequenzen erkannt werden, als Resultat der relativen Bewegungen von Kruste und Meeresspiegel. Transgressive „events", gefolgt von progradierend-regressiven, jeweils nach oben flacher werdenden Sequenzen, sind in Karbonatgesteinen häufig.

14.8 Kontinentalhang und Tiefsee
14.8.1 Kontinentalhänge

Außerhalb einer mehr oder weniger ausgeprägten Schelfkante beginnt bei einer mittleren Wassertiefe von 130 m der Kontinentalhang („continental slope"). Seine Neigung liegt zwischen 1° (vor großen Deltas) und > 20° (an großen Abschiebungen) und beträgt im Mittel 4°. Mit 0,5° mittlerer Neigung schließt sich in 1,5–3,5 km Wassertiefe der Kontinentalfuß an („continental rise"). Der Schelf ist im Mittel 75 km breit, der Hang 20–100 km und der Fuß < 600 km (BLATT et al. 1980: 707).

Kontinentalhang und -fuß werden als „Bathyal" bezeichnet; daran schließt sich das „Abyssal" an, welches die Ozeanböden umfaßt, mit Ausnahme der Tiefseegräben, welche als „Hadal" eingestuft

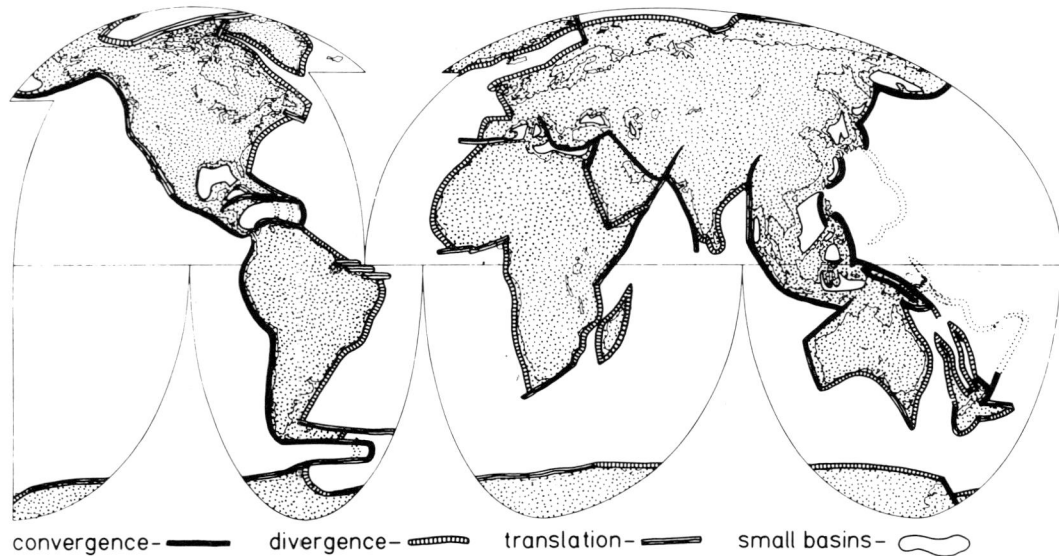

Abb. 14-46. Tektonische Gliederung der Kontinentalränder (aus EMERY 1980: Fig. 1).

werden. Die verschiedenen Untiefenregionen (mittelozeanische Rücken, seamounts und ozeanische Plateaus) sind dem Bathyal zuzurechnen.

Die unterschiedlichen Schelfrandtypen der Erde zeigt Abb. 14-46. Als vorherrschende Typen sind die schmalen „aktiven Ränder" mit Subduktionszonen und die „passiven Ränder" mit breiten, konstruktiven Schelfplattformen anzusehen. Wie die Abschiebungen in den letzteren zeigen, handelt es sich um Divergenzzonen. Passive Kontinentalränder sind wichtige Explorationsobjekte für die Öl- und Gassuche, z. B. vor W-Afrika.

In zahlreichen Symposiumsbänden sind deshalb seismische und geologische Profile durch rezente und frühere Kontinentalränder dargestellt (BURK & DRAKE 1974; CURRAY et al. 1977; STANLEY & KELLING 1978; WATKINS et al. 1979, 1982; EMERY 1980; COOK et al. 1982; STANLEY & MOORE 1983, darin besonders VANNEY & STANLEY; s. auch SHERIDAN 1974). Ein Beispiel zeigt Abb. 14-47. Besonders intensiv wurden die konstruktiven und destruktiven Phasen der NW-afrikanischen Schelfplattform untersucht (SEIBOLD & HINZ 1974; v. RAD et al. 1982; s. auch Abb. 13-60).

Steile Kontinentalhänge sind im allgemeinen erosiv. Sie zeigen Abrißnischen von Gleit- und Rutschmassen (z. T. mass flows), die am Hangfuß Schuttfächer bilden. Auch Suspensionsströme lösen sich vom Schelfrand oder von „mass flows", bewegen sich in Rinnen über den Hang hinab und breiten sich auf dem Ozeanboden in Tiefseefächern aus. Neben den Rinnen fließt Sand über die Schelfkante (spillover sand) und z. T. in Form von grain flows den Hang hinab (MULLINS & NEUMANN 1979). Die feine Trübe bildet „low-velocity low-density turbidity currents". Besonders steile Hänge gehen oft auf Verwerfungen zurück. Sie bilden an der Basis einen Schuttfächer; ein typischer Kontinentalfuß fehlt dann. Beispiele sind die jungen Grabenzonen wie z. B. das Rote Meer. Auch Karbonathänge sind oft steil, besonders vor Riffen. Durch frühe Zementation am Hang kann die Erosion verhindert werden, und es entstehen „bypass slopes" (SCHLAGER & CAMBER 1982). Instabilitäten von Schelfrändern äußern sich

    a) als Abschiebungen mit großen, freiliegenden Verwerfungsflächen, von denen „mass flows" abgehen,

    b) als Verwerfungsstaffeln, an denen Abschiebungen in vielen kleinen Schritten unter gleich-

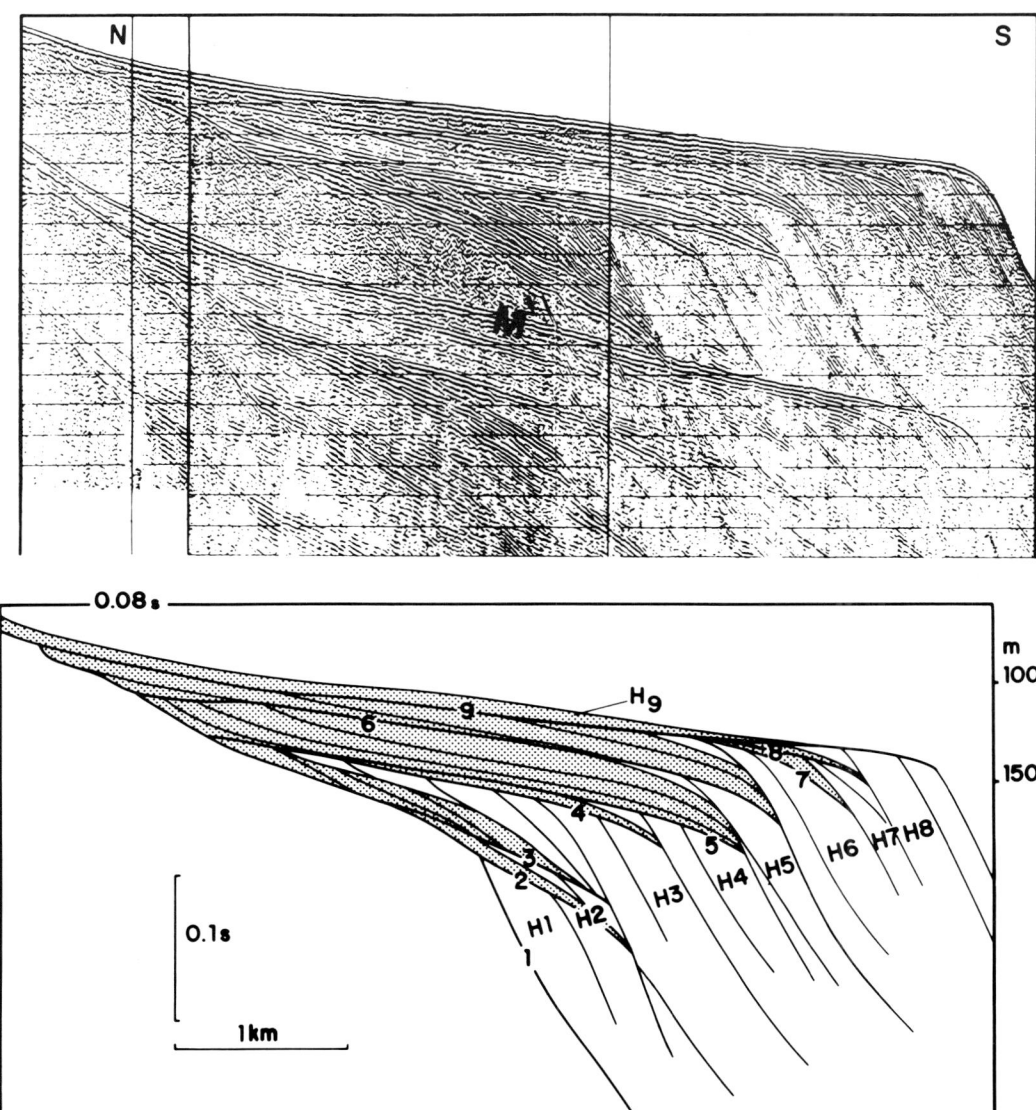

Abb. 14-47. Komplexer progradierender Schelf im Golf von Genua. Air-gun-seismisches Profil; im Schemabild unten: H1–H9 = Sedimentäre Einheiten, welche hohen Meeresspiegelständen entsprechen (H9 = Holozän). 1–9 = Erosionsflächen (1 = ? Messinian, 9 = oberstes Pleistozän). Punktiert sind horizontale, gutgeschichtete Lagen. M = Multiple. Etwa 11 × überhöht (aus MOUGENOT et al. 1983: Fig. 8).

zeitiger Sedimentation erfolgen („growth faults", s. S. 809f., 892, 898 und WINKLER & ED-
WARDS 1983), oder
  c) als Flexuren mit Internbrecciierung der früh zementierten Plattformkalke über Spalten und
  (vermuteten) Abschiebungen im Untergrund (RICHTER & FÜCHTBAUER 1981), s. S. 91.
Flache Kontinentalhänge sind in der Regel progradierend, z. B. vor großen Flußmündungen. Die

Korngröße nimmt hangabwärts ab. Es gibt eine „mud line", jenseits derer mehr als 80% Silt und Ton sedimentieren, während küstenwärts der Sandanteil zunimmt. Diese Linie liegt vor der Ostküste der USA am Hang, zwischen 800 und 1000 m Tiefe, während sie vor dem Mississippi auf dem Schelf liegt, bei weniger als 100 m Tiefe (STANLEY et al. 1983).

Auf den Hängen lagern sich „hemipelagische" Sedimente ab, welche aus terrigenem (Ton, Silt u. a.) und pelagischem Material (Plankton) zusammengesetzt sind (KULM & SCHEIDEGGER 1979). Sie sind geschichtet, zum Teil jedoch bioturbat und durch Rutschungen und deutlich vergente Rutschfalten unterbrochen (COOK et al. 1982), was sich (bei großen Strukturen) in den seismischen Profilen zu erkennen gibt. In progradierenden Hängen findet man bei gut erhaltener Schichtung hangaufwärts auskeilende offlap-Strukturen (= toplap, s. Abb. 13-58, 14-45).

Nach DOYLE et al. (1979) sind die Kontinentalhänge an der nordamerikanischen Antlantikküste nördlich des großen Vorsprungs bei Kap Hatteras mit Silt bedeckt, südlich davon aber im oberen Teil recht sandig, infolge des Floridastroms. Die benthonischen Foraminiferen erlauben in der Oberkreide nach NYONG & OLSSON (1984) eine Unterscheidung des oberen (< 1000 m) und des unteren Bathyals (ca. 1000–2500 m), sowie des Abyssals (dort dominieren agglutinierende Foraminiferen). Die Flanken submariner Rücken außerhalb der Kontinente wurden von KELTS & ARTHUR (1981) und STOW (1984) untersucht.

An der Basis des Kontinentalhanges akkumulieren Rutschmassen, und der Kontinentalfuß besteht im wesentlichen aus Tiefseefächern, welche durch Suspensionsströme gebildet und manchmal von Konturströmen modifiziert werden (STANLEY et al. 1971), s. S. 785.

Eine Besonderheit von karbonatischen Plattformrändern ist der Periplattformschlamm, der auf den häufig relativ flachen Plattformen aufgewühlt und am Hang im Wechsel mit pelagischem Schlamm, mit Rutschungen und Turbiditen abgesetzt wird (SCHLAGER & JAMES 1978).

Die Hangneigung am Rand von Karbonat-Flachwasserplattformen ist steiler ($\sim 25°$ oben–$6°$ unten) als vor klastischen Schelfen ($\sim 3°$), und zwar wegen submariner Zementation und der häufigen Fixierung des Randes durch Riffe (SCHLAGER & CAMBER im Druck). Modelle von Karbonathängen findet man bei MCILREATH & JAMES (1984).

Im oberen Abschnitt vieler Kontinentalhänge findet sich eine Sauerstoffminimumzone. Da hier gute Bedingungen für die Bildung von Erdölmuttergesteinen herrschen, ist die Lage solcher Zonen in der geologischen Vergangenheit interessant (ARTHUR & SCHLANGER 1979). In Zeiten hohen Meeresspiegelstandes, z. B. in der Oberkreide, lag sie auf dem Schelf (JONES 1983). Die Wassertiefe der heutigen O-Minimumzone wird von SEIBOLD & BERGER (1982) zu 250–750 (–1500) m angegeben; im Nordindik schneidet sie den Kontinentalhang bei 150/200–800 m. Sie ist durch dunkle, feinlaminierte, C_{org}-reiche Schlämme charakterisiert, welche außer benthonischen Foraminiferen kein Zoobenthos enthalten („Schwarzschiefer", s. auch S. 224).

Nach THIEDE & VAN ANDEL (1977) wurden in der Unterkreide solche Schlämme in 2500–3000 m Meerestiefe abgelagert, in der Oberkreide bei < 500–2500 m. Es sei jedoch daran erinnert, daß unter besonderen Bedingungen der Korngröße, Akkumulationsrate und C_{org}-Zufuhr auch unter O_2-haltigem Bodenwasser organische Substanz konserviert werden kann. Zeiten der Anreicherung organischer Substanz nicht nur an den Kontinentalhängen, sondern auch in der Tiefsee, wie sie durch Variationen der ozeanischen Zirkulation, biologische Ursachen oder eustatische Meeresspiegelschwankungen verursacht werden können, spiegeln sich – z. B. in der Kreide – in C-Isotopenfluktuationen (SCHOLLE & ARTHUR 1980). Auch in Auftriebsgebieten, wie sie durch ablandige Winde hervorgerufen werden, ist der C_{org}-Gehalt der Sedimente erhöht. Außerdem sind hier Diatomeen und Phosphorit angereichert (THIEDE & SUESS 1983).

Der Wechsel von Kalt- und Warmzeiten wirkt sich an klastischen und an Karbonathängen unterschiedlich aus. Klastisch-terrigenes Material wird bei Meeresspiegelhochständen, im Interglazial, auf dem inneren Schelf deponiert, bei Tiefständen aber zum Schelfrand und über diesen hinweg in die Tiefsee befördert, so daß dort im Glazial wesentlich mehr Turbidite entstehen als im Interglazial (s. z. B. DAMUTH 1977). Umgekehrt wird auf Karbonatplattformen nur während der Meeresspiegelhochstände Sediment produziert, und zwar bis hin zur Schelfkante, von der dann – z. B. in die Tongue of the Ocean (Bahamas) – 6-14× mehr Suspensionsströme abgehen als im Glazial (DROXLER & SCHLAGER 1985).

14.8.2 Klastische submarine Fächer

A. Rezente Fächer

Obwohl es sich hier ausnahmslos um Tiefseefächer handelt, ist es im Hinblick auf fossile Fächer üblich, vorsichtiger von „submarinen Fächern" zu sprechen. Man unterscheidet nach Größe und Form mit Stow (1985):

Fächerdeltas (< 15 km groß)
Radiale Fächer (< 150 km groß)
Längliche Fächer (< 1500 km groß)

Zu den letzteren zählt der größte rezente Tiefseefächer, der 3000 km lange und bis über 10 km mächtige Bengalenfächer (Curray & Moore 1971) mit einer bis 900 m tiefen und 18 km breiten Rinne (Shanmugam et al. 1985), desgleichen der längste einzelne Turbidit, der auf der Hatteras Abyssal Plain östlich der USA gefunden wurde und 500 km lang und 200 km breit ist, bei einer mittleren Dicke von 1 m (Elmore et al. 1979). Hierher sind aber auch die longitudinalen Turbiditfächer vieler Flyschtröge zu stellen. Kurze Darstellungen der untersuchten rezenten und vieler fossiler submariner Fächer findet man in den Geo-Marine Letters 3, No. 2–4, 1983/84.

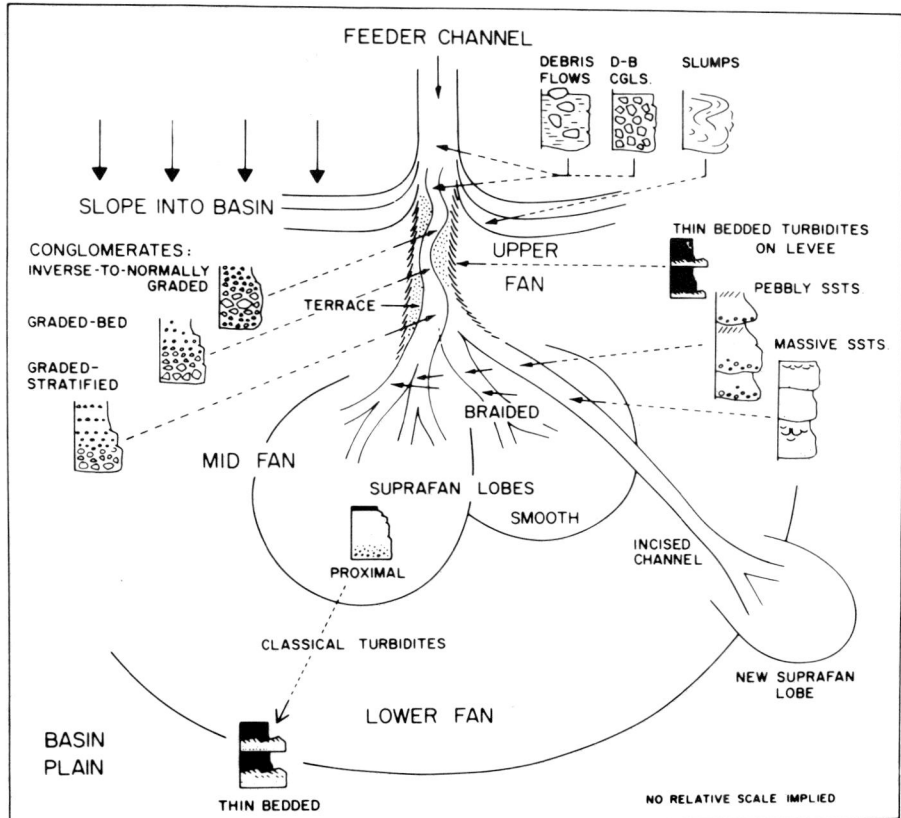

Abb. 14-48. Schema eines submarinen Fächers nach Walker (1978), mit typischen Sequenzen im oberen, mittleren und unteren Fächerabschnitt (D-B CGLS = disorganized-bed conglomerates, SSTS = sandstones).

Mit WALKER (1978, 1984) gliedert man rezente wie fossile submarine Fächer in einen oberen, mittleren und unteren Teil (Abb. 14-48).

Dies soll am Mississippi-Tiefseefächer erläutert werden, der mit Seismik und Tiefseebohrungen (zuletzt durch DSDP Leg 96) genauer untersucht wurde (SCIENTIFIC PARTY 1984, WETZEL 1984 und 1985). Er ist etwa 600 km breit und lang und besitzt noch in 2500 m Meerestiefe eine maximale Dicke von 4,5 km, bei einem maximalen Alter von 1,8 Mill. Jahre. Sein Volumen beträgt etwa 300 000 km^3. Dementsprechend sind die Akkumulationsraten hoch (10 m/1000 Jahre = 10 000 B); sie betrugen in der Eiszeit ein Mehrfaches davon. Dieser Fächer gliedert sich in distaler Richtung wie folgt:

1. Canyon, in 150 m Meerestiefe beginnend
2. Oberer (= innerer) Fächer, eine 300 m tiefe, fast gefüllte Rinne mit seitlichen Dämmen, die nach außen sehr allmählich abfallen und vorwiegend aus Silt/Ton bestehen und in Ausuferungstone übergehen.
3. Mittlerer Fächer, eine mäandrierende, bis 3 km breite Rinne mit ca. 50 m hohen seitlichen Dämmen und feinkörnigen Überflutungssedimenten. Hier kommt es bereits zu Verzweigungen.
4. Unterer (= äußerer) Fächer mit Verzweigungen. Die Suspensionsströme sind hier nicht mehr kanalisiert, sondern breiten sich zungenförmig aus („suprafan lobes").

2) und 3) bestehen zu 95% aus Silt und Ton, während 4) mehr als 50% Sandlagen führt. Diese zunächst widersinnige Korngrößenzunahme stromabwärts betrifft jedoch nur das Gesamtsediment einschließlich der Überflutungsbereiche („overbank deposits"); die Korngröße der Rinnenfüllung und besonders die Maximalkorngröße nehmen stromabwärts natürlich ab. (Es sei angemerkt, daß dieser große, etwa isometrische Fächer (600 × 600 km) in das eingangs genannte STOW'sche Schema nicht gut paßt.)

Der Amazonas-Tiefseefächer bildete sich ganz überwiegend in der Eiszeit (DAMUTH 1977); heute lagern sich 99% der Amazonasschüttung auf dem inneren Schelf ab (MILLIMAN 1979). Die oberen Teile des Fächers (von < 200 bis 3000 m Tiefe) führen fast nur Debrite und Turbidite mit Bouma D-E; erst unter 3000 m Tiefe ist in den Turbiditen die vollständige Bouma-Sequenz ABCDE entwickelt (COUMES & LE FOURNIER 1979). Dies erklärt sich dadurch, daß im oberen und mittleren Fächerbereich die Sandfracht in einer 150 bzw. 50 m tiefen Rinne hinabgleitet und großenteils erst im unteren Fächerbereich liegenbleibt. Der feinkörnige Oberteil der Suspensionsströme aber tritt zum Teil über die Uferdämme, breitet sich über die benachbarten Hänge aus, welche wesentlich tiefer liegen als die Dämme, und bildet dort D-E-Turbidite (DAMUTH & FLOOD 1984).

Auch der Tiefseefächer vor der Mündung des Magdalenenstroms an der Nordküste Südamerikas folgt diesem Muster. In den schon am Hang stark mäandrierenden Rinnen bilden sich grobe Sedimente, seitlich davon feine. Stromabwärts nimmt die Kanalisierung ab und der Sandanteil zu (KOLLA & BUFFLER 1984).

Im Rhone-Tiefseefächer wird die Rinne schon im oberen Fächer häufig durch Rutschmassen verstopft und verlagert sich. In der sea-beam Seismik lassen sich die chaotischen Rinnenfüllungen von den gutgeschichteten Sedimenten der „Uferdämme" unterscheiden, welche seitlich ausdünnen. „Growth faults" treten am Hang und im oberen Fächer auf (DROZ & BELLAICHE 1985).

Hier und in anderen Vorkommen stellen sich die pelagischen Tonlagen „Bouma E" zwischen den einzelnen Turbiditen erst im unteren Fächer ein, wo die Suspensionsströme nicht mehr kanalisiert sind, sondern sich in „suprafan lobes" lappenförmig ausbreiten (SHANMUGAM et al. 1985). In der Rinne nämlich wird das Feinsediment (Bouma E und oft auch D) meist vom nachfolgenden Suspensionsstrom wieder erodiert. Nicht ganz leicht ist es, in den Tonlagen den Turbidit-Teil (Bouma D) von dem pelagischen Teil (Bouma E) zu unterscheiden. O'BRIEN et al. (1980) fanden in E eine bessere schichtparallele Ausrichtung der Tonmineralblättchen (wohl wegen der langsameren Sedimentation) und einen schwachen Farbwechsel. Eindeutiger ist oft der mikropaläontologische Wechsel.

Am Beispiel des Navy Fächers vor Kalifornien analysierten NORMARK et al. (1979) und PIPER & NORMARK (1983) die zeitliche Entwicklung eines Tiefseefächers: Es wurde zunächst eine 400 m breite und 50 m tiefe Rinne angelegt, welche seewärts flacher wurde und in die Sedimentzunge (lobe) des unteren Fächers auslief. Je mehr sich diese durch nachfolgende Suspensionsströme verdickte, desto stärker verfüllte sich auch die proximale Rinne, bis ein stärkerer Suspensionsstrom den Rinnenrand (z. B. in einer Mäanderkurve) durchbrach und eine neue Rinne anlegte. Die alte erhielt von da an nur noch Feinmaterial vom Überlauf benachbarter „aktiver" Rinnen. Die letzteren können aber auch von Sand überfüllt werden und laufen dann Gefahr, von einem stärkeren Suspensionsstrom zum Teil erodiert zu werden („flow stripping"). So kommt es, daß im Navy Fächer an der heutigen Oberfläche die tonigen Turbiditteile 8000, die sandigen (umgelagerten) aber 12 000 Jahre alt sind.

B. Fossile Fächer

Der vertikale Aufbau eines Tiefseefächers an seinen verschiedenen Stellen ist aus dem Rezentbereich nur ungenügend bekannt. In gut aufgeschlossenen Gesteinsfolgen aber, z. B. im Apennin, konnte er sehr detailliert untersucht werden, wobei naturgemäß die genaue Lage innerhalb des Fächers oft unsicher ist. RICCI LUCCHI (1975 b, c) definierte die folgenden Fazies:

A. sand-conglomerate facies: Hauptsächlich in Rinnen.
B. sand facies. Dickbankige, massige, erosive, seitlich auskeilende Sandsteine, z. T. mit „dish structures": In Rinnen vor allem des mittleren Fächers.
C. sand-mud facies (d. h. Sand überwiegt). Proximale Turbidite, vorwiegend im äußeren Fächer.
D. mud-sand facies I. Lateral durchhaltende distale Turbidite, mit Bouma B oder C beginnend; relativ dicke hemipelagische Tonlagen (Bouma E): (Mittlerer und) äußerer Fächer und Becken.
E. mud-sand facies II. Dünne, untypische Turbidite mit dicken Tonlagen: „Overbank deposits" des inneren und mittleren Fächers (d. h. außerhalb der Rinne).
F. chaotic facies. Rutschungen und Debrite: An der Basis des Kontinentalhangs und in Rinnen des inneren Fächers.
G. hemipelagic and pelagic mud facies. Am Hang und im Becken.

In Sequenzen kann die Bankdicke der Turbidite nach oben zu- oder abnehmen oder gleichbleiben. Mit zunehmender Bankdicke nimmt i. allg. auch die Korngröße zu (s. S. 823). Abb. 14-49 zeigt eine Reihe typischer Sequenzen:

– Nach oben zunehmende Bankdicke (Abb. 14-49, 2. Reihe, 3. Profil von links) findet man beim beckenwärtigen Vorbau von Turbiditen in Rinnen oder Fächern. Diesen Sequenztyp findet man bei RICCI LUCCHI's Typen B, C, D und E, d. h. im wesentlichen im distalen Teil der Fächer.
– Nach oben abnehmende Bankdicke (1. Reihe, 1. von links und 4. Reihe, 1. von links) findet man bei der Auffüllung von Rinnen (Typ A, d. h. proximal, s. oben) und, mit großen Toneinschaltungen, im äußeren Fächer bei seitlicher Verlagerung aufeinanderfolgender Suspensionsströme („compensation cycles" von MUTTI & SONNINI 1981). Der sicherste Hinweis auf eine Rinne ist eine erosive Basis.
– Nach oben unveränderte Bankdicke (3. Reihe, 1.–3. von links) findet man in den Uferwällen und in den Sedimenten zwischen den Rinnen, doch auch in besonders tiefen Rinnen mit massigen, z. T. geröllführenden Sandsteinen.

Vor einer schematischen Anwendung dieser Hinweise ist jedoch zu warnen, da sie nur von der Eigendynamik des submarinen Fächers ausgehen, ohne eventuelle Pulse des Lieferbereichs zu berücksichtigen. Auch ist dieses Bild wesentlich zu modifizieren, wenn es sich um langgestreckte Flyschbecken handelt, welche von Suspensionsströmen sowohl in der Längsrichtung als auch quer dazu gefüllt wurden (s. Abb. 14-58 A). Hier weisen die Schüttungen oft eine bemerkenswerte Richtungskonstanz auf (WALKER 1984: 184).

Beispiele hierfür finden sich bei KOPSTEIN (1954), BERNOULLI et al. (1981) und VAN VLIET (1978). Ein durch

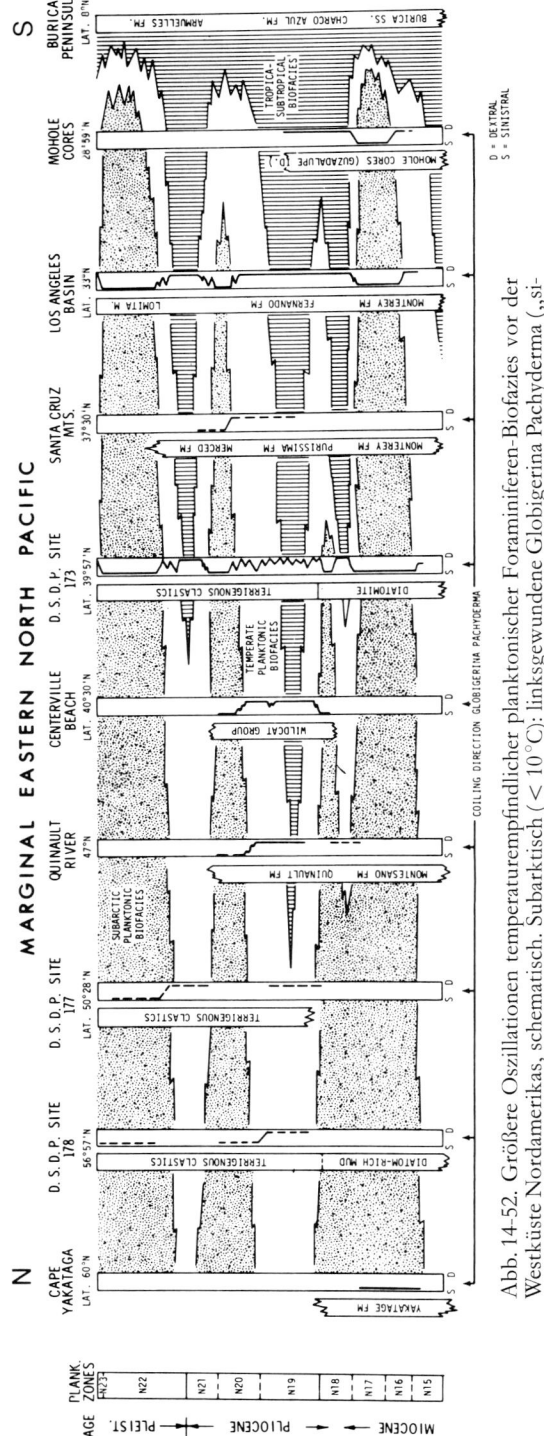

Abb. 14-52. Größere Oszillationen temperaturempfindlicher planktonischer Foraminiferen-Biofazies vor der Westküste Nordamerikas, schematisch. Subarktisch (< 10 °C): linksgewundene Globigerina Pachyderma („sinistral"). Gemäßigt („temperate"; > 15 °C): rechtsgewundene Gl. Pa. („dextral"). Tropisch-subtropisch: > 20°-Isotherme (aus INGLE 1973: Fig. 4).

Daß die Ophiolithe älterer Formationen sehr häufig von Radiolariten überlagert sind, unterscheidet sie von rezenten Vorkommen, in denen die ozeanische Kruste dort, wo sie entsteht, nämlich in den mittelozeanischen Rücken, von Nannoplanktonschlamm überlagert wird. JENKYNS (1978: 348) sieht deshalb rezente Äquivalente eher im Golf von Kalifornien mit seiner starken Kieselschlammbildung. Vielleicht ist aber auch die beispielsweise im Jura flachere CCD für das Fehlen von Nannoplanktonkalken in Verknüpfung mit Ophiolithen verantwortlich, ist doch z. B. im Alttertiär von Barbados diese Verknüpfung gegeben.

Zusammenfassung

Auf den mit etwa 4° geneigten Kontinentalhängen bleibt verhältnismäßig wenig, meist tonigsiltiges Sediment liegen. Im oberen Hangbereich ist oft eine Sauerstoffminimumzone ausgebildet. Demgegenüber können am Kontinentalfuß mächtige Tiefseefächer entstehen, und zwar vor allem in Zeiten niedrigen Meeresspiegelstandes, z. B. in Kaltzeiten. Damals brachten die Flüsse ihr Material bis an den Schelfrand, wie es heute nur noch z. B. am Mississippi- und am Ganges-Brahmaputradelta zu beobachten ist.

Diese submarinen Fächer bestehen aus Turbiditfolgen mit großmaßstäblichen lateralen und vertikalen Differenzierungen. Sie gliedern sich in einen oberen oder inneren Fächer mit tiefer Rinne und hohen seitlichen Dämmen, einen mittleren Fächer mit breiten, mäandrierenden und verzweigten Rinnen und einen unteren oder äußeren, zungenförmig auslaufenden Fächer. Die Korngröße der Rinnenfüllung nimmt in der Transportrichtung der Suspensionsströme ab, der Sandanteil jedoch ist im unteren Fächer am größten, weil weiter oben die feinkörnigen overbank deposits überwiegen; die Hauptmenge des Sandes aber gelangt in den unteren Fächer und bildet dort komplette Bouma-Sequenzen.

Während klastische Schelfplattformen für das Sediment nur Durchgangsstationen sind, entstehen Karbonatsedimente auf den Plattformen selbst, so daß sich karbonatische Tiefseefächer auf die Dauer nur in Zeiten hohen Meeresspiegelstandes bilden können, wenn die Plattformen unter Wasser und daher aktiv sind. Karbonatische Turbidite mit karbonatfreien pelagischen Lagen können eine Sedimentation unterhalb der CCD anzeigen.

Für tiefere Karbonatplattformen (Zehner bis Hunderte von Metern) ist bis in den Jura hinein die Fazies der (roten) Ammonitenkalke typisch. Sie bildeten sich sehr langsam und meist zwischen der ACD und der CCD. Der Karbonatgehalt ist wie in vielen Kalkmergelsteinen knolliglagig angereichert, wobei die Diagenese sedimentären Vorzeichnungen folgt.

Mit zunehmenden Akkumulationsraten werden die Farben der Kalke heller. Dies gilt vor allem für die Schreibkreide, einen weißen, mehr oder weniger porös gebliebenen Kalk mit vielen Coccolithen. Sie beherrscht noch heute die mittleren Tiefen der Ozeane als Globigerinen- und Nannoplanktonschlamm. In tieferem Wasser bildeten sich dunkle, dünnbankige, oft kieselige Kalke, vielleicht z. T. im Bereich von Sauerstoffminimumzonen.

Unterhalb der CCD entstand und entsteht noch heute der „pelagische" rote Tiefseeton. In Gesteinsfolgen ist die Vergesellschaftung mit Ophiolithen (ozeanischer Kruste) und Radiolariten ein Kriterium für dieses Environment. Die fossilen Vorkommen sind meist an Orogene gebunden, also an Bereiche mit stärkeren Bodenbewegungen; sie unterscheiden sich dort von Rezentvorkommen durch lagenweisen Wechsel von Ton mit Radiolariten, welche z. T. turbiditisch sind (s. S. 529).

Eine Merkwürdigkeit ozeanischer Sedimente sind die großen Hiaten, welche sich z. T. auf Erosionsvorgänge beim Einströmen kalter Tiefenwässer von den Polen her zurückführen lassen.

14.9 Tektofazies

Sedimentation kann nur stattfinden, wo die Erdkruste sinkt oder sich vorher gesenkt hat, ist also grundsätzlich tektonisch bedingt, sieht man von der Sedimentation nach eustatischer Überflutung

946   Sedimentäre Ablagerungsräume

ab. Darüber hinaus hängen Beckenunterlage (basement) und -form, Schüttungsmuster und Sedimentationsablauf, ja teilweise sogar die Art der Sedimente von den tektonischen Gegebenheiten ab. Dieser Aspekt wird hier als (sedimentäre) Tektofazies bezeichnet. Zusammenfassend informiert über sedimentäre Becken BALLY (1983).

Senkung ist im allgemeinen eine Folge der Abkühlung ozeanischer Kruste (WATTS 1982, s. S. 858) beziehungsweise der Dehnung kontinentaler Lithosphäre, verbunden mit Abschiebungen und mit passivem Aufstieg heißen Asthenosphärenmaterials. Indem dieses seine Wärme nach oben abgibt, verdickt sich die Lithosphäre wieder, und es erfolgt eine weitere, langsame Absenkung ohne Bruchtektonik (Beispiele: Nordsee, Ägäis; MCKENZIE 1978; s. auch ANGEVINE & TURCOTTE 1981). Durch Sedimentauflast wird die Senkung verstärkt (z. B. WILLIAMS 1981), beispielsweise bei terrestrischen Schwemmkegeln an Grabenrändern (HEWARD 1978; LARSEN & STEEL 1978).

Eine besondere Art von Vertikalbewegungen ist mit dem Begriff der Halokinese (Salzbewegung) verbunden (TRUSHEIM 1957): Unter einer bestimmten Überlagerung verdicken sich Steinsalzschichten lokal zu Salzkissen, aus welchen sich Salzdiapire bilden, die sich infolge ihrer geringen Dichte und ihrer Plastizität einen Weg durch die Schichtenfolge nach oben bahnen. Dabei entstehen seitlich Senken, die sich durch Mächtigkeitszunahmen zu erkennen geben.

Die Senkung und Füllung langgestreckter Tröge und ihre Ausfaltung zu einem Faltengebirge ist Gegenstand des klassischen Geosynklinalkonzepts der Orogenese. STILLE (1940) nannte solche Tröge mit Vulkanismus „Eugeosynklinalen", diejenigen ohne Vulkanismus „Miogeosynklinalen". Es war immer ein Problem dieses Konzepts, daß sich nicht angeben ließ, wo heute solche Geosynklinalen existieren (s. auch Hsü 1973; DOTT 1974; KAY 1974).

Die Erkenntnis, daß Horizontalbewegungen großen Ausmaßes das Grundmotiv der physischen Erdgeschichte sind, ist die Grundlage des Plattentektonik-Konzepts (WEGENER 1922; HESS 1962). In ihm findet sich die Gebirgsbildung als Ablauf verschiedener Vorgänge an den konvergenten Grenzen von Lithosphärenplatten wieder: Eine Platte wird unter die andere geschoben („subduziert"), unter teilweiser Abscherung und Zusammenschuppung ihrer Sedimenthaut zu einem „Akkretionskeil". Man unterscheidet dabei drei Fälle:

1. Kollision von zwei ozeanischen Platten (z. B. in den Inselbögen des westlichen Pazifik): Japantyp.

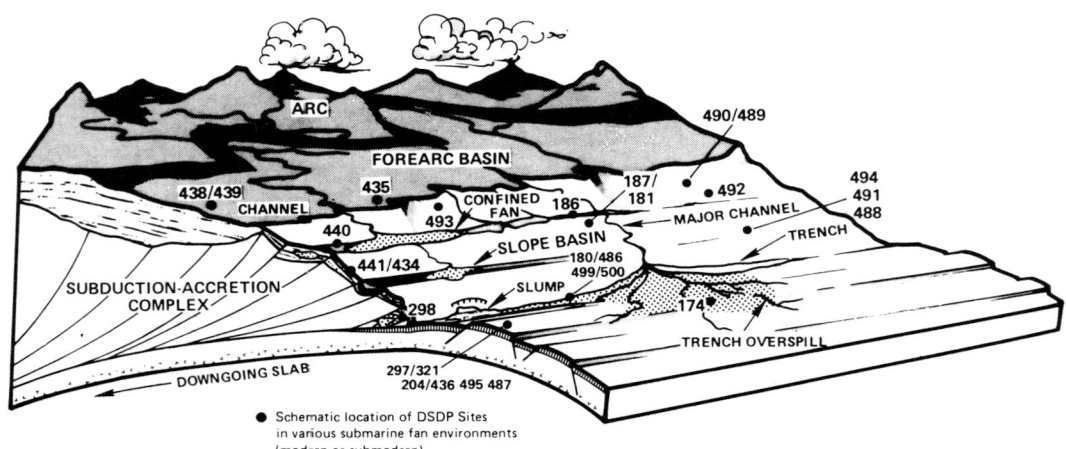

Abb. 14-53. Subduktionsprisma; schematische Zusammenfassung der Ergebnisse zahlreicher Tiefseebohrungen an aktiven Kontinentalrändern (Bohrungsnummern eingetragen; aus KELTS & ARTHUR 1981: Fig. 14). Auf der Ozeanseite des Inselbogens (ARC) bildet sich das FOREARC-Becken. Nach dessen Füllung gelangt durch subaerisch-submarine Rinnen (CHANNEL) Detritus in verschiedene kleine Becken am Hang, sowie in den Tiefseegraben (TRENCH).

2. Kollision einer ozeanischen mit einer kontinentalen Platte (z. B. vor der Westküste von Mittel- und Südamerika; Abb. 14-53): Andentyp.
3. Kollision zweier kontinentaler Platten nach Subduktion eines dazwischenliegenden Ozeanbeckens (fossile Beispiele sind die Alpen und der Himalaya): Himalayatyp.

Von 57 000 km heute aktiver konvergenter Plattengrenzen entfallen nach MOORE (1983) 42% auf den Japantyp, 37% auf den Andentyp und 21% auf den Himalayatyp. Da die Erdoberfläche sich nicht verkleinern kann, muß sich an anderen Stellen neue Kruste bilden, und zwar an den divergenten Plattengrenzen, den „mittelozeanischen Rücken" oder besser „spreading rifts". Weil sich dies alles auf der Oberfläche einer Kugel abspielt, werden aus geometrischen Gründen Blattverschiebungen (strike-slip, transform faults) notwendig.

Kontinentränder an konvergenten Plattengrenzen nennt man „aktiv" (leading oder consuming edge), während Kontinentränder, die nicht mit Plattengrenzen zusammenfallen, „passiv" (trailing edge) heißen. In diesem „Neuen Bild der Erde" liegen die Geosynklinalen bei den Kollisionstypen 1 und 2 (s. o.) an der Plattengrenze, beim Typ 3 kommen die noch nicht subduzierten Reste des Ozeanbeckens und der passive Rand des Kontinents auf der subduzierten Platte hinzu (Abb. 14-54, 6d bzw. 2b). WILSON (1966, 1968) transponierte die Ideen des Geosynklinalkonzepts in den folgenden, nach ihm benannten Zyklus des Plattenkonzepts:

- a. Riftphase: Der Kontinent zerreißt; es entsteht zunächst ein schmaler Graben, dann bildet sich darin eine „spreading zone", eine divergierende Plattengrenze, und damit neue ozeanische Kruste.
- b. Driftphase: Die Kontinentteile wandern auseinander; es entsteht ein mehr oder weniger breiter Ozean zwischen ihnen, flankiert von passiven Kontinenträndern.
- c. Subduktionsphase: An einem der beiden Kontinentränder entwickelt sich im Fall 2 und 3 eine Subduktionszone („Benioffzone"); die Aktivität des spreading centers („ocean rise" in Abb. 14-54 A) nimmt ab oder erlischt, und die beiden Kontinente rücken wieder zusammen. Am passiven Kontinentrand hat sich eine Schelfplattform vorgebaut (2b in Abb. 14-54 A und B). Davor entstehen im tieferen Wasser Rotkalke, dunkelgraue Kalke und Schwarzschiefer und in der Tiefsee Radiolarite und rote Tone, welche mit Ophiolithen (i. allg. Basalte) verknüpft sind (STEINMANN 1925, 1927). All diese Flach- bis Tiefseesedimente können als „Geosynklinalsedimente" oder „Präflysch" bezeichnet werden.
- d. Restozeanphase: Es ist nur noch ein schmaler Meeresarm vorhanden, der von den Seiten oder longitudinal mit terrigenem Schutt gefüllt wird („Flysch", 6d in Abb. 14-54B). Als „Flysch" werden demnach orogene Sedimente bezeichnet, die ausweislich ihrer Sohlmarken und Sedimentstrukturen in tieferem Wasser abgelagert wurden und aus Turbiditen und Debriten mit hemipelagischen Zwischenlagen zusammengesetzt sind (s. dazu auch HSÜ 1970).
- e. Kollisionsphase: Auch der Restozean ist nun im wesentlichen durch Subduktion verschwunden; die Flyschsedimente sind ebenso wie die Flachseesedimente des passiven Kontinentalrandes teils subduziert, teils zu einem Akkretionskeil zusammengeschuppt. Dieser verfaltete und verschuppte „outer arc" bildet eine Verdickung der leichten Kruste und steigt isostatisch auf (6b in Abb. 14-54B).
- f. Postorogene Phase: Das aufgestiegene Orogen wird nach beiden Seiten abgetragen. Diesen meist fluviatil-limnischen bis flachmarinen Ablagerungsschutt bezeichnet man als „Molasse".

Beispiele für Wilson-Zyklen sind der „Iapetus"-Ozean, also der paläozoische Vorläufer des Atlantik, der sich bei der kaledonischen Orogenese im Silur zusammenschob, und das „Tethys"-Meer, welches sich vor allem in der Trias zwischen Europa und Afrika bildete (Riftphase), im Jura ausweitete (Driftphase; WINTERER & BOSELLINI 1981) und sich bei der alpidischen Orogenese, in Kreide und Tertiär, zusammenschob.

Tabelle 14-8. Tektofazies von Gräben (1–4) und Trögen (5–8), weitgehend nach DICKINSON (1979).

Name und Form	Entstehung	Sedimente	Beispiele $\frac{\text{rezent}}{\text{fossil}}$
1a. Kontinentaler Graben; symmetrisch, lang, breit, flach	Krustenverdünnung durch thermo-tektonische Aufwölbung	i.a. flachmarin; randlich sowie oben und unten oft nichtmarin	Oberrhein, Ostafrika, Baikalsee / zentrales Nordseebecken
1b. Embryonaler Ozean, symmetrisch, lang und tief (Graben)	Aufreißen eines Kontinents unter Bildung neuer ozean. Kruste	Evaporite, Laven, Redbeds, dann pelag. Sedimente, Turbidite	Rotes Meer / embryonaler Atlantik
2a. Aulakogen; symmetrisch, tief, Grundriß keilförmig	inaktiver Seitenast eines Riftsystems oder Ozeans	flachmarin, unten evtl. Laven, randlich nichtmarine Schuttfächer	Golf von Suez / Benue-Trog (Nigeria)
2b. Passiver Kontinentrand; asymmetrisch, sehr dick	lateraler Anbau der Flanken des ursprünglichen Grabens	laterale Folge: fluviatil, flachmarin, submarine Fächer	Atlantikküsten / Biscaya
3. Blattverschiebung; unregelmäßig, kurz und tief	Aufreißen, vor allem bei ungeradem Verlauf der Störung, s. Text	terrestr. oder submarine Fächer; bituminöse Seesedimente, Lagergänge	Totes Meer, Golf von Kalifornien / Becken vor Kalifornien
4. Ozeanische Gräben; in spreading centers und volcanic arcs	Aufreißen ozeanischer Kruste und des „orogenen" Vulkangürtels	Vulkanoklastite und Vulkanite, marin (z. T. Turbidite) und nichtmarin	Neue Hebriden; Depression in Nicaragua

Tabelle 14-8. Tektofazies von Gräben (1–4) und Trögen (5–8), weitgehend nach DICKINSON (1979).

Name und Form	Entstehung	Sedimente	Beispiele rezent / fossil
5. backarc basin; langgestreckt und breit	Dehnung kontinentaler Kruste und schwaches sea-floor spreading	fluvio-deltaisch, flach- und tiefmarin	W-Andamanensee südlich Burma / Kreide E der Rocky Mts.
6a. forearc basin; 50–100 km breit, bis 5000 km lang	Trogbildung zwischen Vulkanbogen u. gehobenem Akkretionskeil	von fluvio-deltaischen über Strand- und Flachsee- bis zu Hang- und submarinen Fächer-Sedimenten	vor Peru / Great Valley, Kalifornien
6b. slope basin; 5–30 km breit, 10–60 km lang	durch Relativbewegungen der Akkretionspakete		E von N-Neuseeland / Nias-Insel b. Sumatra
6c. trench; lang, wenige km breit, tief	Subduktionszone	meist Turbidite, Debrite, Ophiolithe, auch Chert, z. T. mélangiert	Sundagraben, Aleuten, kleine Antillen u. a. m. / „Franciscan Mélange"
6d. remnant basin; lang und relativ breit; tief	Restozean kurz vor der Kontinentkollision	Turbidite und hemipelagische Sedimente („Flysch")	Bengalenfächer / viele Flyschbecken
7. peripheral basin; asymmetrisch, flach	nach der Kollision, auf der subduzierten Platte	fluvio-deltaisch	Schelf N Australien / Tertiär, Persischer Golf
8. successor basin; asymmetrisch, flach	postorogen, d.h. nach Faltung und Hebung	fluvio-deltaisch und flach-, selten tiefmarin („Molasse")	Pers. Golf, NE-Seite, Siwalik (Indien) / Alpenmolasse

Während eines Wilson-Zyklus entstehen verschiedene Gräben und Tröge, deren Unterscheidung sedimentologisch von Belang ist, für die aber in der Literatur keine ganz einheitliche Nomenklatur besteht. Die folgende Übersicht versucht, zwischen DICKINSON (1974a, b, 1979) und DICKINSON & SEELY (1979) einerseits, sowie MITCHELL & READING (1978) und READING (1982) andererseits zu vermitteln. Es werden dabei Gräben und Tröge getrennt behandelt, wobei die Numerierung mit derjenigen in Tabelle 14-8, in Abb. 14-54 und in den nachfolgenden Anmerkungen übereinstimmt.

Gräben (rifted settings):
1. Auf dem Kontinent (intracontinental):
   a. mit kontinentaler Unterlage (kontinentaler Graben, intracontinental rift basin)
   b. mit ozeanischer Unterlage (embryonaler Ozean, protoceanic rift)

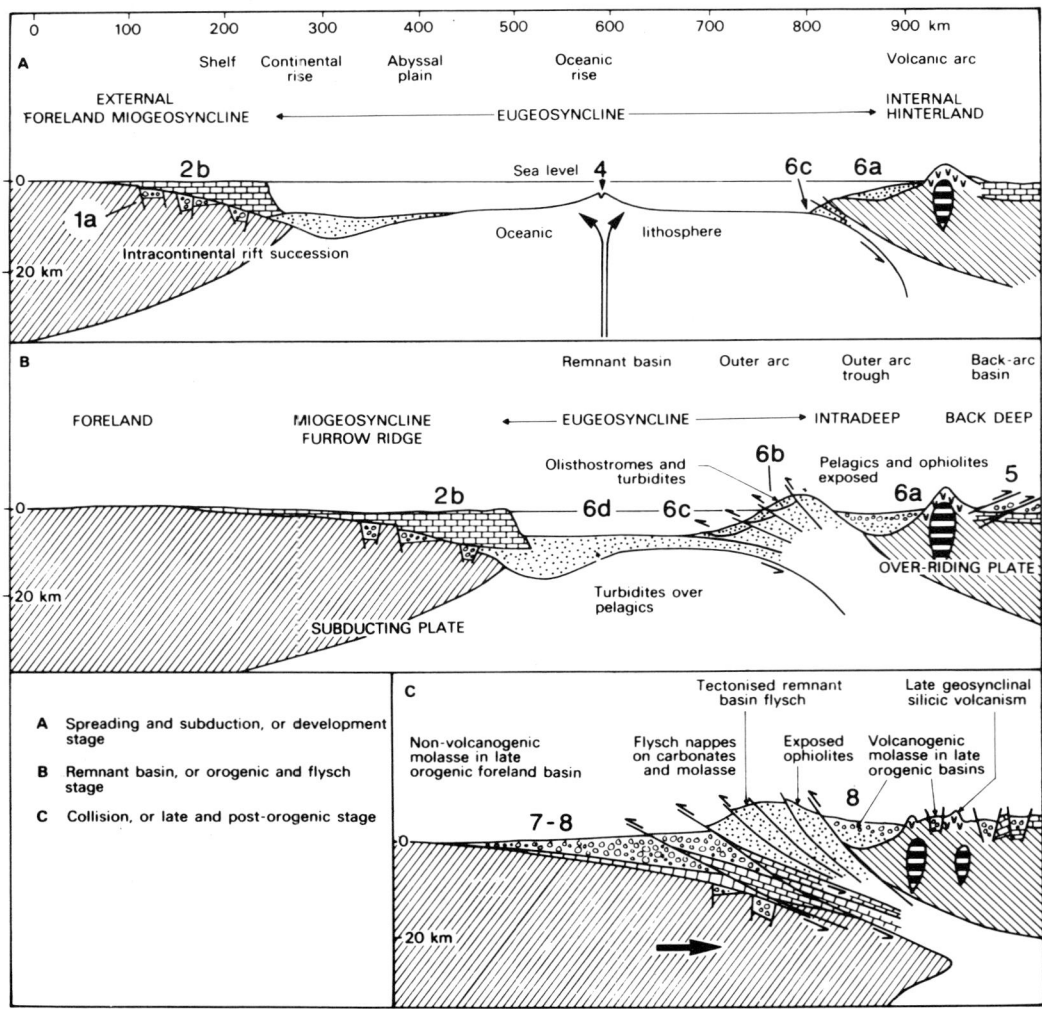

Abb. 14-54. Plattentektonische Interpretation des europäischen Geosynklinalmodells von AUBOUIN (1965) im Sinn des Wilsonzyklus durch MITCHELL & READING (1978: Fig. 14.35). Die eingesetzten Zahlen stimmen mit der Gliederung im vorliegenden Text und in Tabelle 14-8 überein.

2. Zwischen Kontinent und Ozean:
   a. eine Furche (griech. aulax), die vom Kontinentrand mit keilförmigem Grundriß in den Kontinent hineinläuft (Aulakogen, failed rift)
   b. passiver Kontinentrand, ozeanwärts progradierend und von Abschiebungen durchsetzt (Miogeosynklinale, miogeoclinal prism, continental embankment)
3. Auf dem Kontinent oder im Ozean:
   Blatt- oder Seitenverschiebung (strike-slip, transform fault; transtensional oder pull-apart basin)
4. Im Ozean:
   Graben in ozeanischem Inselbogen oder durch backarc spreading (s. u.) hinter ihm entstanden (interarc basin), oder Graben in mittelozeanischem Rücken

Orogene Tröge (orogenic settings)
5. Auf der Rückseite des Orogens, d.h. auf der Kontinentseite des Vulkangürtels bzw. der konkaven Innenseite des Inselbogens:
   backarc basin, auf dem Kontinent auch „retroarc basin"
6. Auf der Vorderseite des Orogens, d.h. außen (ozeanwärts) vor dem Vulkangürtel (im „Subduktionsprisma" oder „-komplex" und davor):
   a. am Hang zwischen Vulkangürtel und Hangknick (forearc basin, outer arc trough)
   b. am Hang zwischen Hangknick und „trench" (slope basin, accretionary basin)
   c. in der Subduktionszone (Tiefseegraben: „trench")
   d. Restozean vor dem „trench" (remnant basin. Flysch, dieser z. T. auch in 5 und 6a–c).
7. Nach der Kontinent-Kollision im Vorland gebildeter Trog: peripheral basin
8. Nach Aufstieg des Orogens zu dessen Seiten gebildeter Trog: successor basin („Molasse", foreland basin).

Erläuterungen (Numerierung wie in Tabelle 14-8 und Abb. 14-54)

1 a. Kontinentaler Graben
Eine Krustenverdünnung als Ursache einer intrakontinentalen Senkung mit Bruchtektonik wurde bereits am Anfang dieses Kapitels erwähnt.

1 b. Embryonaler Ozean
Sobald in kontinentalen Gräben ozeanische Kruste erscheint, sind sie als embryonale Ozeane anzusehen, auch wenn schließlich kein Ozean entsteht (? Rotes Meer). Die Materialzufuhr von den Grabenschultern ist wegen deren Aufbiegung relativ gering; die Gräben werden vorwiegend in der Längsrichtung gefüllt. Beispiele dafür sind der Oberrheintalgraben (Typ 1a) und der Golf von Kalifornien (Typ 1b).

2 a. Aulakogen
Riftsysteme besitzen oft verkümmerte Seitenäste, welche nicht wachsen, auch wenn sich ihr Hauptast zum Ozean weitet. Diese Seitenäste sind ebenfalls von Verwerfungen begrenzt und laufen im Kontinent spitz zusammen. Auf der russischen Plattform wurde für sie der Name „Aulakogen" geprägt (SHATSKY 1955). Hinsichtlich ihrer Unterlage stehen sie zwischen 1a und 1b. Ein gut untersuchtes Beispiel ist der Benue-Trog, welcher vom Golf von Guinea nordöstlich in den afrikanischen Kontinent hineinzieht und gleichzeitig mit dem Aufreißen des Südatlantiks entstanden ist (s. HALLAM 1981: 69). Gefüllt wurde er mit mehr als 10 km Fluß- und Deltasedimenten (einschließlich Nigerdelta) und von submarinen Fächern. Solche Aulakogene gibt es seit dem Präkambrium; sie zeigen häufig Einengungstektonik (BURKE & DEWEY 1973; HOFFMAN et al. 1974).

2 b. Passiver Kontinentrand
Wenn sich aus dem embryonalen ein wirklicher Ozean entwickelt, werden auf beiden Seiten kontinentale Plattformen vorgebaut, wobei sich im Großen das Bild dachziegelförmig meerwärts geneig-

ter Schichtpakete ergibt. So schiebt sich ein Schelf über abgesunkene, verdünnte kontinentale und z. T. auch über ozeanische Kruste vor, welche dadurch eingedellt wird (Nigerdelta, Nordküste des Golf von Mexiko). Diese Absenkung wird begleitet von Flexuren (WATTS & RYAN 1976; WATTS 1982) und Abschiebungen (growth faults), über denen in früh verfestigten Karbonatplattformen Internbreccien und mass flows entstehen können (FÜCHTBAUER & RICHTER 1983 b).

Die Sedimentation beginnt mit (a) einer vorozeanischen Phase von Redbeds, Evaporiten und Laven (s. Tabelle 14-8, 1 b), auf welche (b) eine basale klastische Phase folgt. Darüber baut sich dann (c) aus Ton, Silt und Karbonat, sowie bei Meerestiefständen aus terrestrischen Sedimenten der Schelf auf. Die „protozeanischen" Evaporite können durch Belastung mobil werden und Salzstöcke bilden (Golf von Mexiko; Gabun; Cuanza-Becken, Angola). Dieser Kontinent-Vorbau kann 12 km (Nigerdelta), ja 18 km mächtig werden (Nordrand des Golfs von Mexiko, BLATT et al. 1980: 712).

Meerwärtige Kippbewegungen, wie sie vor allem in der Frühphase als dipping reflectors in der Seismik bekannt sind, kommen auch später vor (z. B. links oben in Abb. 13-60) und äußern sich z. B. vor NW-Afrika als pelagische Überlagerung von Flachseekalken im oberen Jura (STEIGER & JANSA 1984).

Bei Kontinent-Kontinent-Kollisionen werden in passiven Kontinenträndern die listrischen Störungen des Riftstadiums gegenläufig reaktiviert (COHEN 1982, WÄCHTER 1987).

3. Blattverschiebung

Eine Seitenverschiebung, welche im Kartenbild eine gerade Linie bildet, kann keinen Graben erzeugen. Ist die Verwerfungsfläche jedoch unregelmäßig, z. B. aus gestaffelten („en-echelon") Störungen zusammengesetzt, so entstehen, da diese Blattverschiebungen i. allg. längere Zeit tätig sind, klaffende Spalten (pull-apart holes; Abb. 14-55 rechts).

Diese können zu schmalen, tiefen Gräben aufreißen, besonders wenn ein zusätzlicher Vektor die beiden Schollen voneinander entfernt (transtension). Umgekehrt entstehen Einengungen mit gestaffelten Stauchfalten (wrench folds), wenn ein zusätzlicher Vektor die Schollen gegeneinander bewegt (transpression), aber auch vor dem Aufreißen normaler Blattverschiebungen. Die dabei entstehenden Mulden können mit Sediment gefüllt werden. Alle diese Bewegungen sind geeignet, ein Mosaik von Schollen unterschiedlicher Höhenlage zu schaffen, insbesondere wenn die Blattverschiebung auch eine Vertikalkomponente besitzt (s. z. B. STEEL 1976).

Blattverschiebungen (transform faults) verlaufen in Ozeanbecken senkrecht zu den divergenten Plattengrenzen, den mittelozeanischen Rücken. Auf den Kontinenten ist das bekannteste Beispiel die San Andreas Fault in

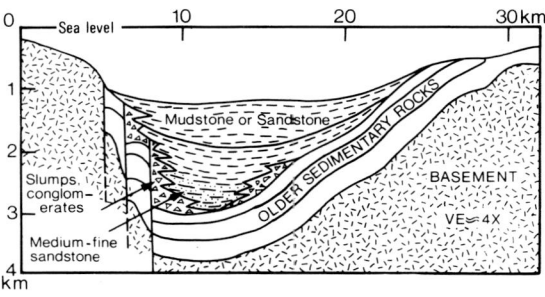 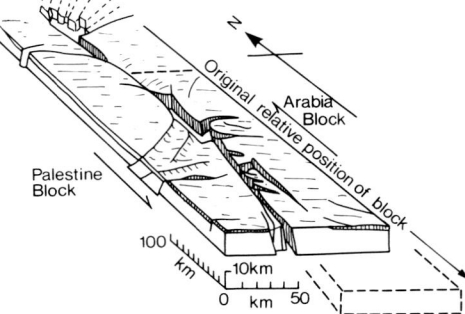

Abb. 14-55. Blattverschiebungsgräben (strike-slip basins).
Links: Vor der Küste von S-Kalifornien, gefüllt mit mass flows und submarinen Fächern; synsedimentäre Bruchtektonik (4× überhöht, nach HOWELL et al. 1980, aus READING 1982: Fig. 28).
Rechts: Das Tote Meer, eine sinistrale Blattverschiebung an einer versetzten Verwerfung. Dabei entstand eine Depression, die wegen des ariden Klimas und wegen ihres jungen Alters noch nicht gefüllt wurde (nach QUENNELL 1958, aus READING 1982. Fig. 30). Die ursprüngliche Position des rechten Blocks ist gestrichelt eingezeichnet.

Kalifornien (CROWELL 1974). Ein besonders spektakuläres pull-apart basin in dieser Zone ist das Ridge Basin mit der > 10 km mächtigen, im Pliozän entstandenen Violin-Breccie, welche quer zum Beckenrand nur 1 km weit reicht (MITCHELL & READING 1978: Fig. 14.25). Die Sedimente in solchen Becken können fluviatil bis tiefmarin sein mit Akkumulationsraten von 1000 B (READING 1982: 336). Jedoch mögen sich auch einige alpine Flysch-Serien in pull-apart-Becken gebildet haben (HOMEWOOD & CARON 1983). Auch der Oberrheingraben besitzt eine „linkshändige" Seitenverschiebungs-Komponente (entgegen dem Uhrzeigersinn) von 20–30 km (ILLIES 1965), wesentlich stärker noch das Tote Meer (Abb. 14-55 rechts, s. auch GARFUNKEL 1978) und die Becken vor der kalifornischen Küste mit ihren mächtigen Sedimentfüllungen (Abb. 14-55 links).

READING (1980) definierte einen „strike-slip cycle", vergleichbar mit dem Wilsonzyklus: Transtension – Beckenfüllung – Transpression. Dieser führt zu engbegrenzten Faltenzonen ohne Subduktion. Ein Beispiel ist vielleicht das „Orogen" Westspitzbergens. Bei der Transpression können Mélange-artige Strukturen entstehen (SALEEBY 1979; ROBERTSON & WOODCOCK 1980). Fazielle Kriterien für Blattverschiebungs-Environments sind (nach MITCHELL & READING 1978: 471 und SPEKSNIJDER 1985):

a. enger lateraler Wechsel von Sedimentation und Abtragung
b. enger lateraler Fazieswechsel, bei z. T. großen Mächtigkeiten einer Fazies
c. lateraler Versatz paläogeographischer Muster (z. B. Trennung eines Schuttfächers von seinem Liefergebiet)
d. zyklische Oben- und Unten-grob-Sequenzen und Diskordanzen
e. Zerrungs- und Pressungstektonik nebeneinander
f. wenig oder keine Metamorphose
g. nur gelegentlich Vulkanismus
h. Internbreccien und dadurch verursachte debris flows (WÄCHTER 1987).

4. Ozeanische Gräben

a. Als intraarc und interarc basins werden Becken bezeichnet, die sich innerhalb eines Vulkangürtels oder Inselbogens bzw. zwischen solchen Bögen bildeten, als Grabenbrüche oder durch spreading. Verwandtschaft besteht zu 1b, wenn nicht die Füllung einen Inselbogen anzeigt (vulkanoklastische Sedimente, montmorillonitische Tone, Staub und biogener Schlamm). Die Vulkanite sind kaliarme Basalte und Andesite.
b. Die „Riftgräben" im mittelatlantischen Rücken (rift valleys in spreading centers) sind nach VAN ANDEL & KOMAR (1969) mit feinkörnigen Kalkturbiditen gefüllt. In älteren Sedimenten wird man solche Riftsedimente an der Basis pelagischer Folgen suchen, wo dieselben in Subduktionszonen gewandert und mit Akkretionskeilen herausgehoben sind.

5. Backarc basin

Es entsteht entweder durch Verdickung und Absenkung kontinentaler Kruste oder auf ozeanischer Kruste hinter Inselbögen (Japanisches Meer), gelegentlich auch durch seafloor spreading. Sie sind schwer von interarc basins zu unterscheiden (4) und werden mit diesen zu den „backarc areas" zusammengefaßt. Ihre Sedimente sind vielgestaltig, sofern Festlandseinfluß besteht; auf der Seite des Vulkangürtels ist in der Regel dessen Einfluß deutlich. Der Vulkangürtel führt auf Kontinenten kalireiche Dazite, Andesite und rhyolithische Ignimbrite.

6a. Forearc basin

Es entsteht hinter dem Akkretionskeil (Abb. 14-53), welcher sich aus abgescherten Sedimenten der subduzierten Platte bildet. Bei dessen meerwärtigem Anbau schiebt sich auch das Becken über den Keil vor. Auch auf der Seite des Vulkangürtels dehnt es sich bei dessen Rückverlagerung aus, oft durch Abschiebungen von ihm getrennt. So können forearc-Sequenzen im vorderen (ozeanwärtigen) Bereich auf Ophiolithen liegen und synsedimentäre Pressung/Faltung zeigen, während im hinteren Teil Zerrungsstrukturen vorherrschen (s. auch LEGGETT 1982).

Ein typisches forearc-Vorkommen ist die jungmesozoische Great Valley-Füllung (Kalifornien) zwischen dem „Franciscan" Subduktionskomplex und dem Sierra Nevada-Batholithgürtel im Osten. Die Füllung besteht aus einem von Osten geschütteten vulkanoklastischen Tiefseefächer (INGERSOLL 1979). Vor Sumatra bildeten sich seit dem Oligozän 4 km forearc-Sedimente mit einer Rate von 150 B (READING 1982: 331). Ein rezentes Beispiel ist das forearc basin vor der Küste Perus, welches meerwärts durch einen Akkretionsrücken begrenzt ist (MOBERLY & COULBOURN 1980).

Die Sedimente sind meist klastisch und immatur, wie die meisten Sedimente in orogenen Trögen. CROOK (1974) fand in Sanden und Sandsteinen von aktiven Rändern des Inselbogentyps < 15% Quarz, von solchen des Andentyps 15–65% Quarz und von passiven Kontinenträndern > 65% Quarz.

6b. Slope basin

Die Hangbecken bilden sich in Unebenheiten des aktiven Kontinentalhanges, welche oft durch den Vorgang der Akkretion bedingt sind (DICKINSON & SEELY 1979), s. Abb. 14-53. Dementsprechend sind diese Becken kleiner als die forearc-Becken. Sie werden durch die Tektonik in den Subduktionskomplex einbezogen, wenn auch nicht in Form von isoklinaler Faltung und Mélangierung wie der Akkretionskeil und die tieferen trench-Sedimente. Slope basins sind verhältnismäßig schmal, wie die in Tab. 14-8 genannten Zahlen aus den Becken östlich der Nordinsel von Neuseeland zeigen (LEWIS 1980).

Ihr Sediment besteht aus Debriten, Turbiditen, hemipelagischem Schlamm und Tuff und kann einige km dick werden. Da in dem neuseeländischen Beispiel im Quartär die Senkung mit maximal 1500 B, die Hebung angrenzender Rücken aber mit 1700 B erfolgte, kommen für 1 Million Jahre 3 km Höhenunterschied und fast synsedimentäre Neigungen bis zu 30° zustande. Über längere Zeiten sind Akkumulationsraten von 200 B (kompaktiert) in solchen Becken normal (READING 1982).

6c. Trench

Die Tiefseetröge der Subduktions- oder „Benioffzonen" sind ein Environment nicht der Anhäufung, sondern vielmehr des Durchgangs von Sediment. Die vorhandene Mächtigkeit hängt jeweils von der Geschwindigkeit der Subduktion und der – u. a. klimatisch bedingten – Materialzufuhr ab (READING 1982). So können einerseits fast 11 km tiefe, „magere" Tiefseerinnen entstehen, andererseits findet man auf der Südseite der Poebene eine aktive Verschluckungszone an der Erdoberfläche (REUTTER et al. 1980). Dazwischen gibt es alle Übergänge (Oregon, kleine Antillen; MITCHELL & READING 1978: 455). Mehr als 1000 m Sediment aber findet man in heute aktiven trench-Zonen selten. Dieses ist flyschartig und besteht vornehmlich aus longitudinal zugeführten Turbiditen, enthält aber auch Debrite und hemipelagischen Ton sowie Tuff. Wegen der geringen Mächtigkeit ist dies jedoch nicht der typische Entstehungsort flyschartiger Geosynklinalsedimente (v. HUENE 1974; MITCHELL & READING 1978). Nach Beendigung der Subduktion aber kann der schmale Trog aufgefüllt werden. Die Unterlage ist ophiolithisch. Durch Subduktion geraten die Gesteine schließlich unter die Bedingungen einer Hochdruck-Niedertemperatur-Metamorphose („Blauschieferfazies"; Glaukophan).

Abb. 14-56. Mélange Boudins und -Phacoide mit Dehnungs-Scherrissen, oben und unten begrenzt von Kompressions-Schergefügen. Franciscan Mélange (Kreide bis Alttertiär; aus Hsü 1974: Fig. 2).

Durch Scherung entsteht dabei eine „Mélange" genannte tektonische Breccie mit linsenförmigen („phakoidischen") Klasten in einer stark zerscherten, meist feinkörnigen Grundmasse (Abb. 14-56; GREENLY 1919). Es gibt jedoch auch fast unversehrt subduzierte oder nur isoklinal verfaltete Sedimentpakete. Da der kontinentwärtige Hang oft übersteilt ist ($> 4°$), können von dort z. T. km-große Rutschmassen in den Rachen der Subduktion gelangen, so möglicherweise die 20 km lange Insel Hydra südlich des Peloponnes (RICHTER & FÜCHTBAUER 1981: 485). Ebenso können – nach Subduktion des gesamten ozeanischen Beckens – Teile des ursprünglich gegenüberliegenden passiven Kontinentrandes obduziert, zerbrochen (z. B. Kalkplattformen) und mélangiert werden. Solche großen, meist in feinkörniger Grundmasse schwimmenden Klasten sind typisch für das Landschaftsbild der Mélange (Abb. 14-57).

Abb. 14-57. Franciscan mélange, Ring Mts. N von San Francisco, typische Geländebilder. Der Fels mit den vielen Menschen ist ein Harzburgit mit Lawsonit und zeigt Blauschiefermetamorphose.

Besonders bekannt ist die „Franciscan Mélange" in und nördlich von San Francisco (HSÜ 1968, 1971). Sie besteht aus Blöcken von Grünstein, Chert, Serpentinit, Blauschiefer (Abb. 14-57), Eklogit und Grauwacke von Kreide- bis Alttertiäralter in einer tonigen Matrix mit Fossilien von Tithon- bis Valendisalter (oberer Jura – untere Kreide). Dieses Altersverhältnis von Klasten und Matrix ist nur in Mélanges anzutreffen. Durch sukzessive, ozeanwärtige Verlegung der landwärts einfallenden Subduktionsfläche verbreiterte sich die Mélangezone. In den Anden, wo jene Fläche bei gleichem Einfallen landwärts wanderte, fehlt hingegen eine Mélange (HSÜ 1974).

Welche Parameter sind für eine Mélange signifikant? Tektonische Merkmale sind die Richtung der Foliation (durch die „separation arc technique" bestimmbar; MOORE & WHEELER 1978), sowie die Richtung der vorwiegenden Längsorientierung und das Längen/Breitenverhältnis der verschiedenen Klasten, sowie die Faltentypen. Sedimentologische Merkmale sind Anteil, Größe und Zusammensetzung der Klasten und die Zusammensetzung der Grundmasse, sowie das großmaßstäbliche Verteilungsmuster der Gesteinstypen unter den Klasten und Grundmassen. Das gegenseitige Festigkeitsverhältnis der Gesteinstypen zur Zeit ihrer Mélangierung spiegelt sich in ihrer Verteilung auf Klasten und Matrix wider. So bildet z. B. in dem Paar „Flachwasserkalk-Ophiolith" der letztere die Matrix, in dem Paar „Roter Ton-Ophiolith" aber die Klasten (B. SEDAT, mdl.). G. F. MOORE (1979) fand in einer indonesischen Mélange im Durchschnitt 91,5% Klasten, 5% Matrix und 3,5% Zement. Dies ist nur bei plastischem Verhalten der Klasten möglich.

Tabelle 14-9 zeigt die Unterschiede von Mélange und Olisthostrom. Für erstere ist eine tektonische Pressung mit Scherung erforderlich, während der Ausdruck „Olisthostrom" ein Synonym von „Debrit", dem Produkt eines debris flow ist und insofern eigentlich entbehrlich wäre. HSÜ (1974: 331) unterscheidet eine „sedimentäre Mélange", welche vorgeformte Klasten enthält, also ein mélangiertes Olisthostrom ist (LÜTKE 1978), von der rein tektonisch entstandenen „Mélange". Wenn nicht geklärt werden kann, ob es sich um eine Mélange oder ein Olisthostrom handelt (z. B. bei geringer Beanspruchung eines Olisthostroms), schlägt HSÜ (1974) die alte

Tabelle 14-9. Vergleich von „Mélange" und „Olisthostrom" (nach Hsü 1974).

	Mélange	Olisthostrom
Zusammensetzung	Blöcke sehr verschiedener Größe (bis km) und uneinheitlicher Herkunft (darunter oft Ophiolithe) in unterschiedlicher, manchmal älterer Matrix.	Blöcke sehr verschiedener Größe (bis km) meist einheitlicher Herkunft in meist sandig-toniger, gleichalter oder jüngerer Matrix.
Gefüge	stark zerschert; ungeschichtet	nicht zerschert; ungeschichtet
Beziehungen zur Schichtenfolge	keine. Mélanges sind an Scherzonen gebundene, riesenhafte tektonische Breccien.	Normale Einlagerung. Olisthostrome sind z. T. riesenhafte sedimentäre Breccien.
Vorkommen	In größeren Scherungs- (oder Überschiebungs)zonen; oft an konvergierenden Plattengrenzen.	In tiefen Sedimentbecken mit steilen Hängen, oft in orogenen Trögen.
Entstehung	Unter einer Überlagerung von Hunderten bis Tausenden von Metern wurden die z. T. erst kurz zuvor gebildeten Sedimente zerschert und dabei mit anderem Material vermischt. Dies ist fast nur an einer Verschluckungszone (Benioff-Zone) vorstellbar.	Durch sedimentäre Prozesse zerbrochene Massen rutschen subaquatisch in einen vorgeformten Trog und werden dann von anderen Sedimenten überlagert.

Bezeichnung „Wildflysch" vor, während er wie Silver & Beutner (1980) und andere eine monomikte Mélange ohne exotische Klasten als „broken formation" bezeichnet.

Die schon von Steinmann (1925, 1927) erkannte und als Tiefseefazies gedeutete Trinität Ophiolith – Radiolarit – roter Tiefseeton ist sicher in vielen Fällen ebenso eine Mélange wie die in Griechenland verbreitete „Diabas-Hornstein-Tuffitformation".

Bei der Subduktion wird die Sedimentbedeckung der ozeanischen Platte oft zumindest teilweise abgeschabt und aufgeschuppt zu einem verfalteten oder zerscherten, ja z. T. mélangierten Akkretionskeil. In manchen Benioffzonen wird jedoch alles Material subduziert und dabei außerdem noch die Unterseite des aktiven Kontinenthanges erodiert. Die Bedingungen hierfür diskutierte v. Huene (1986); Sedimentzufuhr, Subduktionsrate und Morphologie des Tiefseebodens spielen dabei eine Rolle. Nach etwa 5 Mill. Jahren wachsen Akkretionskeile i. allg. nicht mehr (Moore 1983); es wird dann nur noch subduziert, oder die Benioffzone wird verlegt. So entstehen oft Scharen von Subduktionsflächen, die unten in eine flachere „décollement"-Fläche einmünden. Die mächtigsten zur Zeit subduzierten Sedimentpakete findet man W Burma, wo eine mehr als 5 km dicke Partie des Bengalfächers subduziert wird (Moore et al. 1980). Durch schubweise Subduktion können in trench-Sedimenten Oben-grob-Sequenzen entstehen (Okada & Matsumoto 1975, s. auch unter 8).

Besondere, oft unübersichtliche Verhältnisse herrschen bei Kontinent-Kontinent-Kollisionen (Alpen, Himalaya; s. Milnes 1978). Auch das mitteleuropäische Varistikum widersetzt sich einem einfachen Subduktionsmodell. Im unterkarbonischen Flyschbecken („Kulm") muß nach Sadler (1983: 141) die Wassertiefe 500 m nicht überschritten haben. Es war vermutlich ein epikontinentales Becken ohne ozeanische Kruste. Eine dachziegelförmig nach SE einfallende Schuppung (imbricate thrusting) ohne Subduktionszone unter dem Rheinischen Schiefergebirge ist nach Weber & Behr (1983) auf eine Unterschiebung des Mantelanteils der Lithosphäre zurückzuführen, wobei der Krustenanteil abgeschuppt wurde. Das eigentliche ozeanische Becken befand sich wahrscheinlich südlich der „Mitteldeutschen Kristallinschwelle", im Saxothuringicum.

6d. Remnant basin

Die Restozeane sind das Haupt-Flyschenvironment. Mit „Flysch" werden orogene Sedimentfolgen bezeichnet, die im wesentlichen aus Turbiditen zusammengesetzt sind (s. oben, Punkt d). Die Turbidite des heutigen Atlantikrandes gehören nicht hierzu, im Gegensatz zum Bengalen-Tiefseefächer, der gegen Osten subduziert wird und sich seit 55 Mill. Jahren mit einer Akkumulationsrate von 20–100 B aufbaut (Reading 1982: 324). Die unmittelbar folgende Einbeziehung ins Orogen ist eine Voraussetzung für die Einstufung als Flysch. Sie ist für Restozeane erfüllt. Der Flysch überlagert hier pelagische Tone, welche der ozeanischen Kruste aufgelagert sind. Bei der Subduktion werden die Flyschsandsteinfolgen an den hochporösen pelagischen Tonen abgestreift und dem Akkretionskeil einverleibt, während die ozeanische Kruste subduziert wird. Echter Flysch wird nach alldem nicht lang vor der Faltung abgelagert (ca. 20–60 Mill. Jahre), im varistischen Orogen im Unterkarbon, im alpidischen in Oberkreide und Alttertiär. Dies ist nach laufenden Untersuchungen (EICHENTOPF 1987) die Zeitspanne, in welcher die Verfestigung von Grauwacken stattfindet, was sich auf den Faltungsstil auswirkt.

7. Peripheral basin

Nach der Kontinent-Kollision bilden sich über den gefüllten Restbecken und über den obduzierten Sedimenten des passiven Kontinentrandes periphere Becken mit vorwiegend Flachseesedimenten. Als Beispiel wird das Tertiär des Persischen Golfes angesehen, welches sich über und an den mesozoischen passiven Kontinentrand der Arabischen Halbinsel legte, nachdem dieser an den „Zagros suture belt" des Iran obduziert war. Die Deformation war dabei nicht sehr stark, jedoch für die großen Ölansammlungen dieser Region optimal (DICKINSON 1979: 46/7). Ein anderes Beispiel mögen die relativ alpenfernen, eozänen bis unteroligozänen Sandsteine und Kalke des „autochthonen Helvetikums" unter der ostbayerischen Molasse sein, auch sie z. T. ölgefüllt.

Kollisionen und auch andere Stadien der Orogenese vollziehen sich längs des Orogens häufig diachron, so daß z. B. an einer Stelle noch das Stadium 6 d, an einer anderen schon 7 herrscht.

8. Successor basin

Die Folgebecken sind das Environment der „Molasse", also des Abtragungsschutts eines Orogens. Sie bilden sich nach Beendigung der Subduktion und isostatischer Heraushebung des Subduktionskomplexes mit Vulkan- und Batholithgürtel, sowie gegebenenfalls nach dem Abgleiten von Decken und Falten gegen das Vorland, werden aber von späten Bewegungen noch erfaßt (z. B. das Ruhrkarbon und die Alpenvorlandsmolasse, LEMCKE 1984). Man findet Molasse auf beiden Seiten eines Orogens; die Andenmolasse ist allerdings aus klimatischen Gründen auf das Hinterland (Amazonasbecken) beschränkt.

In den Alpen fand die Kollision vermutlich zu Beginn des Oligozäns statt (MILNES 1978). Anschließend begannen die großen, vorwiegend fluviatilen und flachmarinen Molasseschüttungen. Die Alpenmolasse ist im ganzen auf der Vorderseite älter (Oligozän bis Miozän) als auf der Rückseite, in der Poebene, in welcher sie bis ins Pleistozän reicht. Junge Bewegungen vor allem vom Apennin aus, welche bis ins Pliozän reichten (PIERI & GROPPI 1981), erschweren hier die tektofazielle Einordnung. Das Miozän ist turbiditisch ausgebildet und als Flysch einzustufen, da es unter den Apennin subduziert wird.

Die deutsche Alpenvorlandsmolasse enthält im Westen im Unteroligozän („Deutenhauser Schichten"), im Osten im Mittel- bis Oberoligozän zeitweise Turbidite (LEMCKE 1984: 377), die bereits den Dolomit der Nördlichen-Kalkalpen-Decken in ihrer Sandfraktion enthalten (FÜCHTBAUER 1964a). Sie sind damit postorogen und deshalb zur Molasse zu stellen (Abb. 14-58 B). Ähnliche turbiditische Molassesedimente gibt es im Namur B am Nordrand des Rheinischen Schiefergebirges. Im Namur C finden sich dann zunächst Flachseesedimente, später kohleführende Flußsedimente, und damit typische Molasse.

Oben-grob-Megazyklen scheinen für Molassebecken charakteristisch zu sein. Sie gehen auf postorogene Pulse zurück (FÜCHTBAUER 1967a, EISBACHER et al. 1974). Im nördlichen Alpenvorland kam es mehrmals zur Umkehr der Paläodrainagerichtung (Abb. 14-58 C, D), was jedoch nicht nur in dieser Tektofazies vorkommt. Man beobachtet es auch in Blattverschiebungsgräben (TAYLOR et al. 1984) und im fluviatilen Epikontinentalbereich, so im Keuper Mitteleuropas.

Tabelle 14-8. (S. 948/9) bildet die **Zusammenfassung** dieses Kapitels.

958 Tektofazies

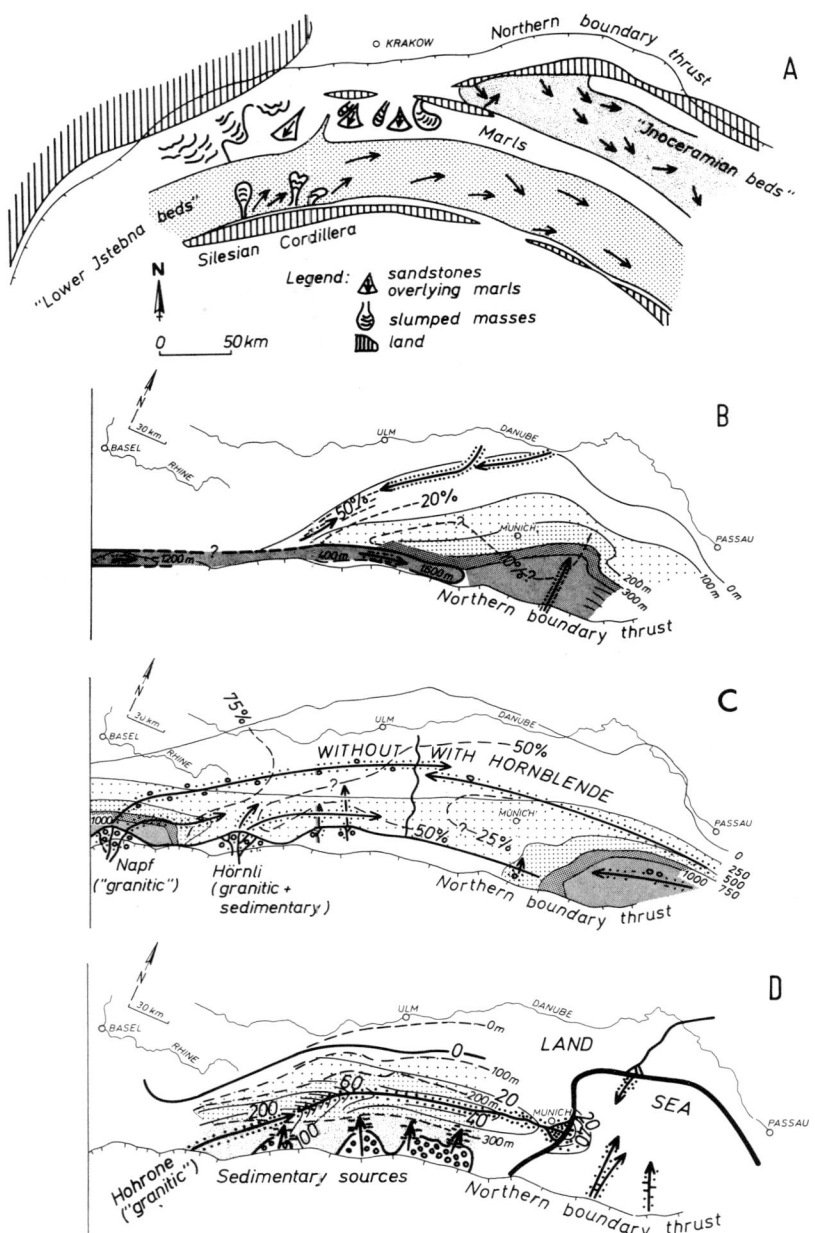

Abb. 14-58.
Fortsetzung
der Legende
s. S. 95.

Abb. 14-58. Flysch- und Molassebecken.
A. Obersenonflysch der polnischen Karpathen (nach DZUŁYŃSKI & WALTON 1965, Fig. 164). Die „Inoceramian beds" sind Kalksandsteinturbidite mit sedimentärem Liefergebiet, die „Lower Istebna beds" haben ein kristallines Liefergebiet. Sie bestehen aus Wechsellagerungen von polymikten Konglomeraten („Fluxoturbiditen") mit feldspatführenden Grobsandsteinen; die (pelagischen) dunklen Siltlagen spielen eine untergeordnete Rolle. Die Pfeile geben die Richtung der Suspensionsströme aufgrund von Sohlmarken (flute casts, groove casts) an. Nicht

14.10 Beckenstudien und Stoffbilanzen

14.10.1 Beckenstudien

Das sedimentäre Environment ist nur einer der vielen Bausteine für das Gesamtmodell eines Sedimentbeckens. Die Entwicklung eines quantitativen Beckenmodells aber wird mehr und mehr zum Hauptziel der angewandten Sedimentologie, ob es sich dabei nun um die Öl-, Gas- oder Kohleexploration, die Mineralprospektion oder eine hydrogeologische Bestandsaufnahme handelt. Wenn auch die Sedimentologie dabei der „rote Faden" ist, so geht doch in eine Beckenstudie eine Vielzahl geologischer Teilaspekte ein:

1. Art, Abfolge und Ausmaß der tektonischen Krustenbewegungen, welche das betreffende Becken formen und während seiner Füllung absenken.
2. Die eustatischen Bewegungen des Meeresspiegels während dieser Zeit.
3. Die Auffüllung des Beckens mit Sedimenten.
   a. Die laterale und vertikale Abfolge sedimentärer Environments und ihre klimatischen Ursachen.
   b. Die Akkumulationsraten und ihre räumlich-zeitlichen Veränderungen, sowie Omissionen (Kapitel 13.4.3).
   c. Das durch Environment, Akkumulationsrate und Liefergebiete bedingte räumliche Faziesmuster und die Gliederung in lithostratigraphische Einheiten, z.T. unter Anwendung der seismischen Stratigraphie (Kapitel 13.4.2).
4. Die Diagenese der Sedimente und ihr Einfluß auf den Porenraum, sowie ihre vertikalen (und lateralen) Unterschiede.
   a. Die mechanische Diagenese (Kompaktion)
   b. Die chemische Diagenese der Sedimente einschließlich der Kohle, sowie der Porenwässer und der flüssigen und gasförmigen Kohlenwasserstoffe.
   c. Die Migration von Porenwässern, mineralisierenden Lösungen und Kohlenwasserstoffen.
5. Der Wärmefluß von der Unterkruste bis zur Erdoberfläche und seine zeitlichen Veränderungen.

Die besondere Schwierigkeit von Beckenstudien liegt darin
   a. daß sie quantitativ sein müssen
   b. daß in ihnen praktisch jeder der obengenannten Teilaspekte mit jedem anderen verknüpft werden muß. Hierbei wird z.T. die Methode des Computervergleichs mit Simulationsmodellen verwendet.

Die Bedeutung solcher Studien bringt es mit sich, daß sie im allgemeinen nicht publiziert werden, da sie zu den wertvollsten Errungenschaften der Öl- oder Erzprospektionsgesellschaften gehören.

◄──

eingezeichnet sind eingeschaltete Kalksandstein-Turbidite; sie stammen von Suspensionsströmen, die von N ins Becken kamen und gegen W flossen.
B. „Untere Meeresmolasse": Deutenhausener und Tonmergelschichten (Mitteloligozän). Die ersteren zeigen Turbiditmerkmale; die Tonmergelschichten des Rupel aber füllen das Becken auf, so daß die nachfolgenden Bausteinschichten ein brackisches Becken von nur wenigen Metern Wassertiefe vorfinden. Vom N her wird etwas Quarzsand eingeschüttet.
B–C. An den Schüttungspfeilen ist die Petrographie durch konventionelle Signaturen vermerkt (Konglomerate, Sandsteine, (Sand)mergelsteine). Dünne, durchgezogene Linien = Mächtigkeit, unterbrochene Linien = prozentualer Anteil von Sandsteinen (und Konglomeraten). Die Darstellungen fußen auf Schwer- und Leichtmineraluntersuchungen an Bohr- und Oberflächenproben, die Isopachen auch auf elektrischen Bohrlochdiagrammen (FÜCHTBAUER 1967a).
C. Obere Meeresmolasse (Mittelmiozän). Die gegenläufigen Transportrichtungen der durch das Fehlen bzw. Vorhandensein von Hornblende charakterisierten Schüttungen sind möglicherweise auf Gezeitenströmungen zurückzuführen.
D. Untere Süßwassermolasse (Oberes Chatt; im wesentlichen nach FÜCHTBAUER 1964a, Fig. 14b, modifiziert). Hier geben die durchgehenden Linien die Sandsteinmächtigkeit, die unterbrochenen Linien die Mergelsteinmächtigkeit an.

Man wird andererseits davon ausgehen müssen, daß es nach jeder Richtung vollkommene Beckenstudien bisher noch gar nicht gibt. Ansätze oder Teilaspekte finden sich bei SHARP & DOMENICO (1976), MCKENZIE (1978), STECKLER & WATTS (1978), YÜKLER et al. (1978), CONYBEARE (1979), DEMAISON (1981), MURRIS (1981), SLUIJK & NEDERLOF (1981), WELTE & YÜKLER (1981), RITTER (1986) und im Geol. Rdsch.-Band der Geol. Ver.-Tagung 1988 in Jülich.

14.10.2 Stoffbilanzen und -kreisläufe

An verschiedenen Stellen dieses Buches wurden Stoffbilanzen und -kreisläufe behandelt. Ähnlich wie bei den Beckenmodellen geht es auch hier um quantitative Erhebungen, sei es

a. der Materialfluß (partikulär und gelöst) von den Kontinenten in die Ozeane,
b. der Materialaustausch zwischen Ozean und ozeanischer Kruste durch Wässer, welche im Bereich der mittelozeanischen Rücken eindringen und erhitzt sowie chemisch beladen an den „black smokers" wieder ausströmen,
c. die biologischen Kreisläufe, welche sich – oft verzögernd – in die anorganischen Kreisläufe einschalten,
d. die großen Meeresströmungen, ihre Wechselwirkungen mit der Atmosphäre, ihre Abhängigkeit von Klima und Kontinentkonfigurationen, sowie ihr Sedimenttransport. Auch hier geht es nicht nur um die Quantifizierung heutiger Ströme, sondern auch um ihre Veränderungen in der Erdgeschichte.
e. Endlich sind hier auch die säkularen Klimaschwankungen zu erwähnen. Nur bei Kenntnis des sedimentologisch-geochemisch und paläontologisch ermittelten Paläoklimas speziell der letzten Jahrmillionen lassen sich begründete Zukunftsprognosen formulieren.

Geochemische und isotopengeochemische Methoden spielen bei der Erforschung solcher Kreisläufe und Bilanzen, aber auch anderer sedimentologischer Probleme eine zunehmende Rolle. Auch hier ist die Datenverarbeitung zu einem unumgänglichen Rüstzeug der Forschung geworden. Doch dürfen darüber die älteren Methoden der Sedimentologie und Sedimentpetrographie nicht in Vergessenheit geraten, welche an das Können des einzelnen Forschers mindestens so hohe Ansprüche stellen: Die Geländebeobachtung und das Mikroskop.

Literatur und Autorenverzeichnis

ABBOTT, B. M. (1973): Terminology of stromatoporoid shapes. J. Paleont., **47**: 805–806. [289]
– (1976): Origin and evolution of bioherms in Wenlock limestone (Silurian) of Shropshire, England. – Amer. Assoc. Petrol. Geol. Bull., **60**: 2117–2127. [355]
ABBOTT, P. L. (1974): Calcitization of Edwards Group dolomites in the Balcones Fault Zone aquifer, south-central Texas. – Geology, **2**: 359–362. [418]
ABBOTT, P. L. & PETERSON, G. L. (1978): Effects of abrasion durability on conglomerate clast populations: Examples from Cretaceous and Eocene conglomerates of the San Diego area, California. – J. Sediment. Petrol., **48**: 31–42. [81]
ABED, A. M. & SCHNEIDER, W. (1980): A general aspect in the genesis of nodular limestones documented by the Upper Cretaceous limestones of Jordan. – Sedim. Geol., **26**: 329–335. [394]
ABRAMOVIC, YU. M. & NACAEV, YU. A. (1960): Authigenic fluorite in Kungurian deposits of the Permian Preurals. Dokl. Akad. Nauk SSSR, **135**: 414–415 (Engl. Übers. S. 1288–1289). [472]
ACKER, K. L. & RISK, M. J. (1985): Substrate destruction and sediment production by the boring sponge Cliona caribbaea on Grand Cayman Island. – J. Sed. Petrol., **55**: 705–711. [345]
ACKERMANN, E. (1951): Geröllton. – Geol. Rdsch., **39**: 237–239. [72]
– (1955): Zur Unterscheidung glazialer und postglazialer Fließerden. – Geol. Rdsch., **43**: 328–341. [812]
ADACHI, M., YAMAMOTO, K. & SUGISAKI, R. (1986): Hydrothermal chert and associated siliceous rocks from the northern Pacific: Their geological significance as indication of ocean ridge activity. – Sedim. Geol., **47**: 125–148. [530]
ADAIR (zit.) [596]
ADAMS, A. E. (1980): Calcrete profiles in the Eyam Limestone (Carboniferous) of Derbyshire: petrology and regional significance. – Sedimentology, **27**: 651–660. [361]
ADAMS, A. E., MACKENZIE, W. S. & GUILFORD, C. (1984): Atlas of Sedimentary Rocks under the Microscope. Longman, Harlow (Essex), 104. [338]
ADAMS, J. E. (1944): Upper Permian Ochoa Series of Delaware Basin western Texas and SE New Mexico. – Bull. Amer. Assoc. Petrol. Geol. **28**: 1596–1625. [451]
– (1953): Non-reef limestone reservoirs. – Bull. Amer. Assoc. Petrol. Geol., **37**: 2566–2569. [430]
ADAMS, J. E. & FRENZEL, H. N. (1950): Capitan barrier reef, Texas and New Mexico. – J. Geol., **58**: 289–312. [829]
ADAMS, J. E. & RHODES, M. L. (1960): Dolomitization by seepage refluxion. – Bull. Amer. Assoc. Petrol. Geol., **44**: 1912–1920. [411, 451]
ADEY, W. H. & MACINTYRE, I. G. (1973): Crustose coralline algae: a reevaluation in the geological sciences. – Geol. Soc. Am. Bull. **84**: 883–904. [274]
AGARD et al. (zit.) [604, 605]
AGER, D. V. (1963): Principles of Paleoecology. – McGraw Hill, 370 S. [352]
AGHAJARI, H. (1984): Sedimentpetrographische Untersuchungen an kontinentalen Sedimenten des jüngeren Känozoikums im Rio Toro-Keilgraben der Ostkordillere Nordwestargentiniens. – Diss. Mainz. [816]
AHLBRANDT, T. S. & FRYBERGER, S. G. (1982): Introduction to eolian deposits. – In SCHOLLE, P. A. & SPEARING, D. (eds.): Sandstone Depositional Environments. – Amer. Assoc. Petrol. Geol. Mem. **31**: 11–47. [816, 884]
AHR, W. M. (1973): The carbonate ramp – an alternative to the shelf model. – Gulf Coast Assoc. Geol. Soc. Trans., **23**: 221–225. [924]
AHR, W. M. & STANTON, R. J., Jr. (1973): The sedimentologic and paleoecologic significance of Lithotrya, a rock-boring barnacle. – J. Sed. Petrol., **43**: 20–23. [345]
AIGNER, T. (1982): Calcareous tempestites: Storm-dominated stratification in Upper Muschelkalk limestones (Middle Trias, SW-Germany): In EINSELE, G. & SEILACHER, A. (eds.): Cyclic and Event Stratification. – Springer-Verlag Berlin, Heidelberg, New York, 180–198. [786, 801, 854, 930]
– (1985): Storm Depositional Systems. Dynamic Stratigraphy in Modern and Ancient Shallow-Marine Sequences. – Lecture Notes in Earth Sciences **3**: 174 S., Springer, Berlin. [346]
AIGNER, T. & REINECK, H.-E. (1982): Proximity trends in modern storm sands from the Helgoland Bight (North Sea) and their implications for basin analysis. – Senckenbergiana Marit., **14**: 183–215. [801, 915]
AISSAOUI, D. M. & PURSER, B. H. (1983): Nature and origins of internal sediments in Jurassic limestones of Burgundy (France) and Fnoud (Algeria). – Sedimentology, **30**: 273–283. [353]

AITKEN, J. D. (1967): Classification and environmental significance of cryptalgal limestones and dolomites, with illustrations from the Cambrian and Ordovician of Southwestern Alberta. – J. Sediment. Petrol., **37**: 1163–1178. [260, 264, 924]

ALAM, M. M., CROOK, K. A. W. & TAYLOR, G. (1985): Fluvial herring-bone-cross-stratification in a modern tributary mouth bar, Coonamble, New South Wales, Australia. – Sedimentology, **32**: 235–244. [904]

AL-BASSAM, K. S., AL-DAHAN, A. A. & JAMEL, A. K. (1983): Campanian – Maastrichtian Phosphorites of Iraq. Petrology, Geochemistry and Genesis. – Mineral. Deposita **18**, 2 A: 215–234. [561]

ALBRECHT, K. & FURTAK, H. (1965): Die tektonische Verformung der Fossilien in der Faltenmolasse Oberbayerns zwischen Ammer und Leitzach. – Geol. Mitt., **5**: 227–248, Aachen. [154]

ALER, R. C. (1978): Experimental studies of changes produced by deposit feeders on pore water, sediment, and overlying water chemistry. – Amer. J. Sci., **278**: 1185–1234. [6]

ALEVA, G. J. J. (1965): The buried bauxite deposit of Onverwacht, Surinam, South America. – Geol. Mijnbouw, **44**: 45–58. [52]

– (1983): Suggestions for a Systematic Structural and Textural Description of Lateritic Rocks. – In MELFI, A. J. & CARVALHO, A. (1983) (eds.): Lateritization Processes; Sao Paulo, Brazil; 443–454. [40, 48]

ALEXANDERSSON, T. (1969): Recent littoral and sublittoral high-Mg-calcite lithification in the Mediterranean. – Sedimentology, **12**: 47–61. [385]

– (1972a): Mediterranean beachrock cementation: marine precipitation of Mg-calcite. – In STANLEY, D. J. (ed.): The Mediterranean Sea. – Dowden, Hutchinson & Ross, Stroudsburg, Pa, 203–223. [345, 384]

– (1972b): Intragranular growth of marine aragonite and Mg-calcite: Evidence of precipitation from supersaturated seawater. – J. Sediment. Petrol., **42**: 441–460. [341]

– (1972c): Micritization of carbonate particles: Processes of precipitation and dissolution in modern shallow-marine sediments. – Bull. Geol. Inst. Univ. Uppsala, New Ser., **3**, 7: 201–236. [388]

– (1974): Carbonate cementation in coralline algal nodules in the Skagerrak, North Sea: Biochemical precipitation in undersaturated waters. – J. Sed. Petrol., **44**: 7–26. [236, 253, 278, 345, 385, 389]

– (1975): Etch patterns on calcareous sediment grains: petrographic evidence of marine dissolution of carbonate minerals. – Science, **189**, 4.7.1975: 47–48. [388, 941]

– (1978): Distribution of submarine cements in a modern Caribbean fringing reef, Baleta Point, Panama. – Discussion, and Reply by MACKINTYRE. – J. Sediment. Petrol., **48**: 665–670. [341, 386]

– (1979): Marine maceration of skeletal carbonates in the Skagerrak, North Sea. – Sedimentology, **26**: 845–852. [340]

AL-GAILANI, M. B. & ALA, M. A. (1984): Effects of epidiagenesis on characteristics of rocks beneath concealed unconformities in England and the Western Desert, Iraq. – J. Petrol. Geol., **7**: 189–212. [433]

AL-HASHIMI, W. S. (1977): Recent carbonate cementation from seawater in some weathered dolostones, Northumberland, England. – J. Sediment. Petrol., **47**: 1375–1391. [417]

ALLAN, J. R. & MATTHEWS, R. K. (1977): Carbon and oxygen isotopes as diagenetic and stratigraphic tools: surface and subsurface data, Barbados, W. Indies. – Geology, **5**: 16–20. [381]

ALLEMANN, F., CATALANO, R., FARES, F. & REMANE, J. (1971): Standard calpionellid zonation (Upper Tithonian – Valanginian) of the Western Mediterranean province. – Proc. II. Planktonic Conference, Roma 1970: 1337–1340. [288]

ALLEN, D. R. (1975): Identification of sediments – their depositional environment and degree of compaction – from well logs. – In CHILINGARIAN, G. V. & WOLF, K. H. (eds.): Compaction of Coarse-Grained Sediments, I., Elsevier Publ. Co. New York, 349–402. [845]

ALLEN, G. P., LAURIER, D. & THOUVENIN, J. (1979): Étude sédimentologique du delta de la Mahakam. – Notes et Mémoirs, 15, Comp. Franç. Pétroles, Paris, 7–156. [894]

ALLEN, J. A. (1963): Ecology and functional morphology of molluscs. – In BARNES, H. (ed.): Oceanogr. Marine Biol. Ann. Rev., vol. **1**: 253–288. [301]

ALLEN, J. R. L. (1963): The classification of cross-stratified units, with notes on their origin. – Sedimentology, **2**: 93–114. [790, 872, 903]

– (1964a): Studies in fluviatile sedimentation: Six cyclothems from the Lower Old Red Sandstone, Anglo-Welsh Basin. – Sedimentology, **3**: 163–198. [145, 872]

– (1964b): Primary current lineation in the Lower Old Red Sandstone (Devonian), Anglo-Welsh basin. – Sedimentology, **3**: 89–108. [145]

– (1965a): Fining upwards cycles in alluvial successions. – Liverpool and Manchester Geol. J., **4**: 229–246. [845, 852]

– (1965b): A review of the origin and characteristics of recent alluvial sediments. – Sedimentology, **5**: 89–191. [873]

– (1965c): The sedimentation and paleogeography of the Old Red Sandstone of Anglesey, North Wales. – Proc. Yorkshire Geol. Soc., **35**: 139–135. [Kap. 14.1.5]

– (1965d): Late Quaternary Niger delta and adjacent areas: sedimentary environments and lithofacies. – Amer. Assoc. Petrol. Geol. Bull., **49**: 547–600. [892]

– (1966): On bed forms and palaeocurrents. – Sedimentology, **6**: 153–190. [145]

– (1968): Current Ripples, Their Relation to Patterns of Water and Sediment Motion. – North-Holland Publ. Comp., Amsterdam, 433 S. [790, 792]

– (1970): A quantitative model of grain size and sedimentary structures in lateral deposits. – Geol. J., **7**: 129–146, London. [872]

- (1971): Transverse erosional marks of mud and rock: their physical basis and geologic significance. Sed. Geol., **5**: 167–385.
- (1977): The plan shape of current ripples in relation to flow conditions. – Sedimentology, **24**: 53–62. [783, 873]
- (1982): Sedimentary Structures, their Character and Physical Basis, Vol. I, II. – Elsevier, Amsterdam, Oxford, New York, 593 und 663 S. [81, 82, 779, 787, 789, 792, 795, 796, 801, 803–805, 807, 814, 824]
- (1983): Studies in fluviatile sedimentation: Bars, bar-complexes and sandstone sheets (low-sinuosity braided streams) in the Brownstones (L. Devonian), Welsh Borders. – Sed. Geol., **33**: 237–293. [870]
- (1985): Experiments in Physical Sedimentology. – G. Allen & Unwin, London, 63 S. [781]
- (1986): Pedogenic calcretes in the Old Red Sandstone facies (Late Silurian – Early Carboniferous) of the Anglo-Welsh area, southern Britain. – In WRIGHT, V. P. (ed.): Paleosols, their Recognition and Interpretation. – Blackwell Sci. Publ., Oxford, 58–86. [356, 360]
- ALLEN, J. R. L. & LEEDER, M. R. (1980): Criteria for the instability of upper-stage plane beds. – Sedimentology, **27**: 209–217. [782]
- ALLEN, P. (1972): Wealden detrital tourmaline: implications for north-western Europe. – J. Geol. Soc. Lond., **128**: 273–294. [125]
- ALLEN, PH. A. (1980): Origin of Devonian inverse to normally graded conglomerates. – Internat. Assoc. Sedimentologists, 1st Europ. Mtg., Bochum, Abstr., 39–41. [83]
- ALLEN, PH. A. & MATTER, A. (1982): Oligocene meandering stream sedimentation in the eastern Ebro Basin, Spain. – Ecl. geol. Helv., **75**: 33–49. [872]
- ALLEY, N. F. (1977): Age and origin of laterite and silcrete duricrust and their relationship to episodic tectonism in the mid-north of South Australia. – J. Geol. Soc. S. Aust. **24**: 107–116. [319]
- ALLMANN, R. & CROCKET, J. H. (1974): Gold. – In WEDEPOHL, K. H. (ed.): Handbook of Geochemistry. II/5, 79, Springer, Berlin–Heidelberg–New York. [627]
- ALMON, W. R. (1978): Sandstone diagensis: Applications to exploration and exploitation. In AAPG: Clastic diagenesis – Its relation to hydrocarbon reservoir quality and hydrocarbon entrapment School, Boulder, Colorado, June 5–9, 1978. [177]
- ALMON, W. R. & DAVIES, D. K. (1979): Regional diagenetic trends in the Lower Cretaceous Muddy Sandstone, Powder River basin. – In SCHOLLE, P. A. & SCHLUGER, P. R. (eds.): Aspects of Diagenesis. – Soc. Econ. Paleont. Mineral. Spec. Publ. **26**: 379–400. [173]
- ALMON, W. R., FULLERTON, B. & DAVIES, D. K. (1976): Pore space reduction in Cretaceous sandstones through chemical precipitation of clay minerals. – J. Sediment. Petrol., **46**: 89–96. [160, 172, 175, 176]
- ALMON, W. R. & TILLMAN, R. W. (1977): Diagenesis in Frontier Formation, Spearhead Ranch Field, Wyoming. – Amer. Assoc. Petrol. Geol. Bull. **61**: 759–760 (Abs.). [177]
- ALPERN, B. (1969): Le pouvoir réflecteur. – Ann. Soc. Geol. Nord **89**: 143–166, Lille. [684]
- (1981): Pour une classification synthetique universelle des combustibles solides. – Bull. Centres Rech. Explor. – Prod. Elf-Aquitaine, **5**, 2: 271–290, Pau. [696]
- ALPERN, B. & LEMOS DE SOUSA, M. J. (1970): Sur le pouvoir réflectant de la vitrinite et de la fusinite des houilles. – C. R. Acad. Sc. France **271**: 956–959, Paris. [719]
- ALPERN, B. & TEICHMÜLLER, M. (1971): Classification et corrélation des constituants de la Vitrinite (Houilles) et de l'Huminite (Lignites). – C. R. Acad. Sc. Fr. **272**, série D 16): 775–778. [701]
- AL-SHAIEB, Z. & SHELTON, J. W. (1981): Migration of hydrocarbons and secondary porosity in sandstones. – Amer. Assoc. Petrol. Geol. Bull., **65**: 2433–2436. [156]
- ALTSCHULER, Z. S. (1980): The Geochemistry of Trace Elements in Marine Phosphorites. Part I: Characteristic Abundances and Enrichment. – In BENTOR, Y. K. (ed.): Marine Phosphorites – geochemistry, occurrence, genesis. – Soc. Econ, Paleont. Mineral. Spec. Publ. **29**, 19–30. [561, 564]
- ALTSCHULER, Z. S., CATHCART, J. B., YOUNG, E. J. (1964): The Geology and Geochemistry of the Bone Valley Formation and its phosphate deposits, West Central Florida. – A Guidebook for Field Trip No. 6, Geological Society of America Convention. [562]
- ALVAREZ, W., ENGELDER, T. & GEISER, P. A. (1978): Classification of solution cleavage in pelagic limestones. – Geology, **6**: 263–266. [370]
- AMIEUX, P. (1982): La cathodoluminescence: méthode d'étude sédimentologique des carbonates. – Bull. Centres Rech. Explor. Prod. Elf-Aquitaine **6**: 437–483. [244]
- AMMOSOV, I. I., EREMIN, I. V., SUKHENKO, S. F. & OSHURKOVA, L. S. (1957): Kalkulation der Koksofenbeschickung auf der Grundlage der petrographischen Charakteristik der Kohlen (in rrussisch). – Koks i Khim. **12**, 9–12. [726]
- AMSTUTZ, G. C. (1959): Syngenese und Epigenese in Petrographie und Lagerstättenkunde. – Schweiz. Miner. Petrogr. Mitt., **39**: 1–84. [572]
- (ed.) (1964): Sedimentology and ore genesis. – Develop. Sedimentol., vol. **2**, 184 pp., Elsevier, Amsterdam – London – New York. [Kap. 10]
- AMSTUTZ, G. C., EL GORESY, A., FRENZEL, G., KLUTH, C., MOH, G., WAUSCHKUHN, A. & ZIMMERMANN, R. A. (1982): Ore genesis. The state of the Art. – 804 pp., Springer, Berlin – Heidelberg – New York. [571]
- ANAGNOSTOU, C. (1987): Sedimentpetrographische Untersuchungen im mittleren und oberen Dogger Süddeutschlands. – Bochumer geol. geotechn. Arb., **25**: 291 S. [416]
- (mdl. Mitt.). [115]
- ANDALIB, F. (1970): Mineralogisch-geochemische Untersuchungen der aragonitischen Fossilien aus dem Dogger alpha (Opalinuston) in Württemberg. – Arb. Geol. Paläont. Inst. Univ. Stuttgart, N. F. **62**: 65 S. [372]

Andel, Tj. H., van (1950): Provenance, transport and deposition of Rhine sediments. − (Diss.) H. Veenman & Zonen, Wageningen, 129 pp. [123, 124, 126]
− (1964): Recent marine sediments of Gulf of California. − In van Andel, Tj. H. & Shor, G. G., Jr. (eds.): Marine Geology of the Gulf of California. − Amer. Assoc. Petrol. Geol. Mem. **3**: 216−310. [509]
− (1967): The Orinoco delta. − J. Sediment. Petrol., **37**: 297−310. [893, 907]
− (1975): Mesozoic/Cenozoic calcite compensation depth and the global distribution of calcareous sediments. − Earth planet. Sci. Lett., **26**: 187−194. [528]
Andel, Tj. H. van, Heath, G. R. & Moore, T. C., Jr. (1975): Cenozoic history and paleoceanography of the central equatorial Pacific Ocean. − Geol. Soc. Amer. Mem. 143, 134 S. [941]
Andel, Tj. H., van & Komar, P. D. (1969): Ponded sediments of the Mid-Atlantic Ridge between 22° and 23° North latitude. − Geol. Soc. Amer. Bull., **80**: 1163−1190. [819, 953]
Andel, Tj. H. van & Postma, H. (1954): Recent sediments of the Gulf of Paria. Reports of the Orinoco Shelf Expedition. − Verh. Kon. Nederl. Akad. Wetensch., Afd. Natuurk. 1, 20, No. 5, North-Holland, Amsterdam, **1**, 245 pp. [139]
Andel, Tj. H. van, Wiggers, A. J. & Maarleveld, G. (1954): Roundness and shape of marine gravels from Urk (Netherlands), a comparison of several methods of investigation. − J. Sediment. Petrol., **24**: 100−116. [81]
Anderson, E. M. (1951): The dynamics of faulting and dyke formation with applications to Britain. − Oliver and Boyd, Edinburgh, 206 pp. [830]
Anderson, J. B. (1975): Factors controlling $CaCO_3$ dissolution in the Weddell Sea from foraminiferal distribution patterns. − Mar. Geol., **19**: 315−332. [941]
Anderson, J. B., Brake, C., Domack, E., Singer, J. & Wright, R. (1982): Sediment dynamics on the Antarctic continental shelf. − 11th Internat. Congr. Sedimentol., Hamilton, Abstr., 93. [807]
Anderson, M. T. (1981): Effects of geopressure on diagenesis in interbedded shale − sandstone sequences of Gulf Coast drill holes. − Geol. Soc. Amer. Abstr. & Progr., 396. [156]
Anderson, R. Y. (1965): Varve calibration of stratification. − In „Symposium on cyclic sedimentation". Kansas Geol. Surv. Bull., **169**: 1−20. [850]
− (1982): Orbital and climatic control of Permian evaporite deposition, Delaware Basin, Texas and New Mexico. − Geol. Soc. Amer. Abstr. & Progr. **14**, 7: 432−433. [850]
Anderson, R. Y. & Koopmans, L. H. (1963): Harmonic analyses of varve time series. − J. Geophys. Res., **68**: 877−893. [846]
Andreasen, F., Brandt, G. & Clemmensen, L. (1982): Unusual types of backflow structures in Danish meltwater deposits. − IAS 3rd Eur. Mtg., Copenhagen, Abstr., 1−4. [788]
Angel, B. R., Cuttler, A. H., Richards, K. S. & Vincent, W. E. J. (1977): Synthetic kaolinites doped with Fe^{2+}- and Fe^{3+}-ions. − Clays and clay minerals, **25**: 381−383. [26]
Angermund (mdl. Mitt.) [502, 504, 505]
Angevine, C. L. & Turcotte, D. L. (1981): Thermal subsidence and compaction in sedimentary basins: application to Baltimore Canyon Trough. − Amer. Assoc. Petrol. Geol. Bull., **65**: 219−225. [946]
Angino, E. E. & Billings, G. K. (eds.) (1969): Geochemistry of Subsurface Brines. − Special Issue, Chem. Geol., **4**, No ½: 5−370. [7]
Anketell, J. M., Cegła, J. & Dzułyński, S. (1970): On the deformational structures in systems with reversed density gradients. − Ann. Soc. Geol. Pologne, **40**: 3−29. [831]
Anketell, J. M. & Dzułyński, S. (1968): Transverse deformational patterns in instable sediments. − Ann. Soc. Geol. Pologne, **38**: 412−416. [831]
Anonymus (1971): Massive Danian limestone key to Ekofisk success. − World Oil, May 1971, 51−52. [339]
− (1976): Standard Legend. Exploration and Production Departments. − Shell Internat. Petroleum Maatschappij B. V., The Hague. [845]
Ansell, A. D. & Nair, N. B. (1969): A comparative study of bivalves which bore mainly by mechanical means. − Am. Zoologist, **9**: 851−868. [345]
Anthony, R. S. (1977): Iron-rich rhythmically laminated sediments in Lake of the Clouds, northeastern Minnesota. − Limnol. Oceanogr. **22**: 45−54. [239]
Appel, D. (1981): Petrographie und Genese der Sandsteine des Unter- und Mittelräts im nördlichen Harzvorland (Ostniedersachsen). − Mitt. geol. Inst. Univ. Hannover, **20**, 133 S. [123]
Aqrawi, A. A. M. (1987): Carbonate and clay mineralogy of surface sediments of Khor Abdulla and Khor Al-Umaya, NW Arabian Gulf. − Vortrag, Confer. Quatern. Sed., Arab. Gulf & Mesoptam. Region, Kuwait, Febr. 1987. [385]
Arbey, F. (1980): Les formes de la silice et l'indification des évaporites dans les formations silifiés. − Bull. Cent. Rech. Explor.-Prod. Elf-Aquitaine **4**, 1: 309−365; Pau. [519]
Armon, J. W. & McCann, S. B. (1977): Longshore sediment transport and a sediment budget for the Malpeque barrier system, southern gulf of St. Lawrence. − Canad. J. Earth Sci., **14**: 2429−2439. [785]
Arnold, J. M. & Arnold, K. O. (1969): Some aspects of hole-boring predation by Octopus vulgaris. − Am. Zoologist, **9**: 991−996. [345]
Arnott, H. J. & Pautard, F. G. E. (1971): Calcification in plants. − In Schraer, H. (ed.): Biological Calcification: Cellular and Molecular Aspects. − 375−446, New York (Appleton-Century-Crofts). [257, 258]
Aronson, J. L. & Hower, J. (1976): Mechanism of burial metamorphism of argillaceous sediment: 2. Radiogenic argon evidence. Geol. Soc. Amer. Bull., **87**: 725−744. [211]

ARTHUR, M. A. & FISCHER, A. G. (1977): Upper Cretaceous − Paleocene magnetic stratigraphy at Gubbio, Italy. I. Lithostratigraphy and sedimentology. − Geol. Soc. Amer. Bull. **88**: 367−371. [844, 850]
ARTHUR, M. A. & JENKYNS, H. C. (1981): Phosphorites and paleoceanography. − Oceanologica Acta, Proceedings 26th International Geological Congress, Geology of oceans symposium, 83−96, Paris. [554, 558]
ARTHUR, M. A. & RAD, U. VON (1979): Early Neogene base-of-slope sediment at Site 397, DSDP Leg 47 A: Sequential evolution of gravitative mass transport processes and redeposition along the northwest African passive margin. − In: U. v. RAD, W. B. F. RYAN et al. (eds.): Init. Reports DSDP, **47**, 1: 603−639. [816]
ARTHUR, M. A. & SCHLANGER, S. O. (1979): Cretaceous „Oceanic Anoxic Events" as causal factors in development of reef-reservoired giant oil fields. − Amer. Assoc. Petrol. Geol. Bull., **63**: 870−885. [357, 934]
ASHLEY, G. M. (1975): Rhythmic sedimentation in glacial Lake Hitchcock, Massachusetts, Connecticut. − In JOPLING, A. V. & MCDONALD, B. C. (eds.): Glaciofluvial and Glaciolacustrine Sedimentation. − Soc. Econ. Paleont. Mineral. Spec. Publ. **23**: 304−320. [849]
ASHLEY, G. M., SOUTHARD, J. B. & BOOTHROYD, J. C. (1982): Deposition of climbing-ripple beds: a flume simulation. − Sedimentology, **29**: 67−79. [788]
ASQUITH, G. B. (1982): Basic Well Log Analysis for Geologists. − Amer. Assoc. Petrol. Geol., Methods in Exploration Series, 216 S. [845]
ASSERETO, R. & FOLK, R. L. (1976): Brick-like texture and radial rays in Triassic pisolites of Lombardy, Italy: a clue to distinguish ancient aragonitic pisolites. − Sed. Geol., **16**: 205−222. [386]
ASSERETO, R. L. A. M. & KENDALL, C. G. ST. C. (1977): Nature, origin and classification of peritidal tepee structures and related breccias. − Sedimentology, **24**: 153−210. [89, 90, 384, 829]
ATHY, L. F. (1930): Density, porosity and compaction of sedimentary rocks. − Amer. Assoc. Petrol. Geol. Bull., **14**: 1−24. [206]
Atlas für Angewandte Steinkohlenpetrographie (1951): Hrsg.: Deutsche Kohlenbergbau-Leitung in Verbindung mit dem Amt für Bodenforschung. − Verlag Glückauf GmbH, Essen, 329 pp. [Kap. 11]
AUBERT, D. (1978): Brèches „spéléotectoniques" du Crétacé jurassien. − Bull. Soc. vaudoise Sci. nat. **74**, 2: 97−113. [92]
AUBOUIN, J. (1965): Geosynclines. − Developments in Geotectonics, Elsevier, Amsterdam, 335 S. [950]
AUDLEY-CHARLES, M. G., CURRAY, J. R. & EVANS, G. (1977): Location of major deltas. − Geology, **5**: 341−344. [895]
AUSTIN, J. A., Jr., SCHLAGER, W., PALMER, A. A. et al. (1986): Site 626: Straits of Florida. Proc. Init. Repts. (Pt.A), ODP, **101**, 49−81. [925]
AUZEL, M. & CAILLEUX, A. (1949): Silicifications nord-sahariennes. − Bul. Soc. Géol. Fr. Sér. 5, **19**: 553−559. [zu Kap. 8.3.2]
AVALIANI et al. (zit.) [607]
AWRAMIK, S. M. (1976): Gunflint stromatolites: microfossil distribution in relation to stromatolite morphology. − In WALTER, M. R. (ed.), Stromatolites. − Developments in Sedimentology **20**: 311−320. Elsevier Sci. Publ. Co. Amsterdam, Oxford, New York. [525]
− (1982): The Pre-Phanerozoic fossil record. − In HOLLAND, H. D. & SCHIDLOWSKI, M. (eds.): Mineral Deposits and the Evolution of the Biosphere. − Dahlem-Konferenzen, 67−81; Springer-Verlag Berlin, Heidelberg, New York. [260, 525]
AYALON, A. (1976): The mineralogy of detrital sediments along the western coast of Gulf of Elat. − J. Sediment. Petrol., **46**: 743−752. [170, 176]

BAAS-BECKING, L. G. M. & GALLIHER, E. W. (1931): Wall structure and mineralisation in coralline algae. − J. Phys. Chem. **35**: 467−479; Ithaca. [277]
BACELLE, L. & BOSELLINI, A. (1965): Diagrammi per la stima visiva della composizione percentuale nelle rocce sedimentarie. − Ann. Univ. Ferrara, N. S., Sez. IX, Sci. Geol. Paleont. **1**: 59−62; Ferrara. [240]
BACHMANN, G. H. (1973): Die karbonatischen Bestandteile des oberen Muschelkalkes (Mittlere Trias) in Südwestdeutschland und ihre Diagenese. − Arb. Inst. Geol. Paläont. Univ. Stuttgart, N. F. **68**: 1−99; Stuttgart. [297, 341]
− (1979): Bioherme der Muschel Placunopsis ostracina v. Schlotheim und ihre Diagenese. − N. Jb. Geol. Paläont. Abh., **158**: 381−407; Stuttgart. [304, 356]
BACHMANN, G. H. & JACOBSHAGEN, V. (1974): Zur Fazies und Entstehung der Hallstätter Kalke von Epidauros (Anis bis Karn; Argolis, Griechenland). − Z. dt. geol. Ges. **125**: 195−223; Hannover. [308]
BADIOZAMANI, K. (1973): The Dorag dolomitization model. − Application to the Middle Ordovician of Wisconsin. − J. Sediment. Petrol., **43**: 965−984. [410, 411]
− (1976): Reply to discussion of the Dorag dolomitization model. − J. Sediment. Petrol., **46**: 256−258. [410]
BADIOZAMANI, K., MACKENZIE, F. T. & THORSTENSON, D. C. (1977): Experimental carbonate cementation: Salinity, temperature and vadose-phreatic effects. − J. Sediment. Petrol., **47**: 529−542. [382, 384]
BÄCKER, H. & RICHTER, H. (1973): Die rezente hydrothermal-sedimentäre Lagerstätte Atlantis-II-Tief im Roten Meer. − Geol. Rdsch., **62**: 697−741; Stuttgart. [573−576]
BAGNOLD, R. A. (1941): The physics of blown sand and desert dunes. − Methuen, London, 265 pp. [135, 802, 805]
− (1946): Motion of waves in shallow water. − Roy. Soc. London, Proc., Ser. A, **187**: 1−16. [797, 799]

– (1953): The surface movement of blown sand in relation to meteorology. – In: Desert Research (UNESCO Sympos.), Jerusalem, 89–96. [805]
– (1954): Experiments on a gravity-free dispersion of large solid spheres in a Newtonian fluid under shear. – Proc. Roy. Soc. London, A **225**: 49–63. [816]
– (1966): An approach to the sediment transport problem from general physics. – U. S. Geol. Survey, Prof. Pap. 422-I, 37 p. [782]
– (1973): The nature of saltation and of „bed load" transport in water. – Proc. Roy. Soc., A, **332**: 473–504; London. [782]
BAGNOLD, R. A. & BARNDORFF-NIELSEN, O. (1980): The pattern of natural size distributions. – Sedimentology, **27**: 199–207. [134]
BAHRIG, B. (1985): Sedimentation und Diagenese im Laacher Seebecken. – Bochumer Geol. Geotechn. Arb., **19**, 231 S. [237, 239, 390, 878–881]
BAHRIG, B. & CONZE, R. (1986): Siderit als Tracer frühdiagenetischer Prozesse. – 1. Treffen deutschsprachiger Sedimentologen 7./8. 3. 1986 Freiburg, Tagungsband, 8–11. [246, 248, 395]
BAHRIG, B., RICHTER, D. K. & RIEDEL, D. (1988): Stabile Isotope und Sr als Tracer in Schalen der limnisch-brackischen Muschel *Dreissena polymorpha*. – N. Jb. Geol. Paläont. Mh., 1988: 197–209. [304, 305]
BAILEY, R. H. & NEWMAN, W. A. (1978): Origin and significance of cylindrical sedimentary structures from the Boston Bay Group, Massachusetts. – Amer. J. Sci., **278**: 703–714. [831]
BAILEY, S. W. (1980): Structure of Layer Silicates. – In BRINDLEY, G. W. & BROWN, G. (eds.): Crystal structures of clay minerals and their X-ray identification, Mineralogical Society, London, Monogr. N° 5, 1–124. [190]
BAKER, P. A. & BURNS, S. J. (1985): Occurrence and formation of dolomite in organic-rich continental margin sediments. – Amer. Assoc. Petrol. Geol. Bull., **69**: 1917–1930. [414]
BAKER, P. A. & KASTNER, M. (1981): Constraints on the formation of sedimentary dolomite. – Science, **213**: 214–216. [414]
BALASZ, R. J. & VRIES KLEIN, G, DE (1972): Roundness-mineralogical relations of some intertidal sands. – J. Sediment. Petrol., **42**: 425–433. [143]
BALL, M. M. (1967): Carbonate sand bodies of Florida and the Bahamas. – J. Sediment. Petrol., **37**: 556–591. [335]
BALLANCE, P. F. (1964): Streaked-out mud ripples below Miocene turbidites, Puriri Formation, New Zealand. – J. Sediment. Petrol., **34**: 91–101. [146]
BALLY, A. W. (1983): Structural Styles and the Evolution of Sedimentary Basins. – AAPG Short Course, SEG Ann. Convent, 198 S. [946]
BALSAM, W. L. (1983): Carbonate dissolution on the Muir seamount (western North Atlantic): Interglacial/glacial changes. – J. Sediment. Petrol., **53**: 719–731. [941]
BALTUCK, M. (1982): Provenance and distribution of Tethyan pelagic and hemipelagic siliceous sediments, Pindos Mountains, Greece. – Sediment. Geol., **31**: 63–88. [528]
BALZER, W. & WEFER, G. (1981): Dissolution of carbonate minerals in a subtropical shallow water environment. – Mar. Chem., **10**: 545–558. [366]
BANDEL, K. (1974): Deep-water limestones from the Devonian-Carboniferous of the Carnic Alps, Austria. – In Hsü, K. J. & Jenkyns, H. C. (eds.): Pelagic Sediments: on Land and under the Sea. – Internat. Assoc. Sedimentol. Spec. Publ. **1**: 93–115. [939]
– (1977): Die Herausbildung der Schraubenschicht bei Pteropoden. – Biomineralisation, **9**: 73–85; Mainz. [310, 311]
– (1982): Morphologie und Bildung der frühontogenetischen Gehäuse bei conchiferen Mollusken. – Facies **7**: 1–197; Erlangen. [308]
BANDEL, K. & DULLO, W.-CHR. (1985): Biogene Schalenumwandlung an subfossilen, pelagischen Gastropoden des Roten Meeres. – N. Jb. Geol. Paläont. Mh., **1985**: 321–328. [389]
BANDEL, K. & HEMLEBEN, CHR. (1975). Anorganisches Kristallwachstum bei lebenden Mollusken. – Paläont. Z., **49**: 298–320; Stuttgart. [301, 372]
BANDEL, K. & KEUPP, H. (1985): Analoge Mineralisationen bei Mollusken und kalkigen Dinoflagellaten-Zysten. – N. Jb. Geol. Paläont. Mh., **1985**: 65–86; Stuttgart. [281]
BANDEL, K. & WEITSCHAT, W. (1984): Analyse und Bewertung der Farberhaltung im Gehäuse einer jurassischen Gastropode Nordwestdeutschlands. – N. Jb. Geol. Paläont. Mh., **1984**: 327–340. [307]
BANDY, O. L. (1954): Aragonite tests among the foraminifera. – J. Sed. Petrol., **24**: 60–61. [287]
– (1964): General correlation of foraminiferal structure with environment. – In IMBRIE, J. & NEWELL, N. (eds.): Approaches to paleoecology. – Wiley & Sons, 75–90. [282]
BANDY, O. L. & ARNAL, R. E. (1960): Concepts of foraminiferal paleoecology. – Bull. Amer. Assoc. Petrol. Geol. **44**: 1921–1932. [282]
BANERJEE, D. M. (1971): Precambrian Stromatolitic Phosphorites of Udaipur, Rajasthan, India. – Geol. Soc. of America, Bull. **82**: 2319–2330. [554, 562]
BANERJEE, D. M., KHAN, M. W. Y., SRIVASTAVA, N. & SAIGAL, G. C. (1982): Precambrian Phosphorites in the Bijawar Rocks of Hirapur-Bassia Areas, Sagar District, Madhya Pradesh, India. – Mineral. Deposita **17**, 3: 349–362. [559]
BANERJEE, I. (1964): Size-roundness relation in the Barakar sandstones of the South Karanpura Coalfield, India. – Sedimentology, **3**: 22–28. [143]

BANERJEE, I. & MCDONALD, B. C. (1975): Nature of esker sedimentation. – In JOPLING, V. & MCDONALD, B. C. (eds.): Glaciofluvial and Glaciolacustrine Sedimentation. – Soc. Econ. Paleont. Mineral. Spec. Publ. **23**: 132–154. [887]

BANNER, F. T. & WOOD, G. V. (1964): Recrystallization in microfossiliferous limestones. – Geol. J., **4**: 21–34. [391]

BARDOSSY, G. (1963): Die Entwicklung der Bauxitgeologie seit 1950. – Symp. Bauxites, Zagreb 1963; **1**: 31–50. [48, 50]

– (1982): Karst bauxites. – Elsevier: 441 p. [46, 47, 68]

BARIA, L. R. (1977): Desiccation features and the reconstruction of paleosalinities. – J. Sediment. Petrol., **47**: 908–914. [829]

BARKER, C. (1972): Aquathermal pressuring: Role of temperature in development of abnormal-pressure zones. – Amer. Assoc. Petrol. Geol. Bull., **56**: 2068–2071. [207]

BARKER, D. S. (1983): Igneous rocks. – 417 pp.; Prentice-Hall, Inc., Englewood Cliffs, New York. [731]

BARNES, D. J. (1970): Coral skeletons: An explanation of their growth and structure. – Science **170**: 1305–1308. [293]

BARNES, H. L. (1979): Solubilities of ore minerals. – In BARNES, H. L. (ed.): Geochemistry of hydrothermal ore deposits. – 2nd ed., 404–460, Wiley, New York. [650]

BARRELL, J. (1917): Rhythms and the measurement of geologic time. – Geol. Soc. Amer. Bull., **28**: 745–904. [859]

BARRETT, P. J. (1980): The shape of rock particles, a critical review. – Sedimentology, **27**: 291–303. [79]

BARRETT, T. J. (1982): Stratigraphy and sedimentology of Jurassic bedded chert overlying ophiolites in the North Apennines, Italy. – Sedimentology, **29**: 353–373. [529]

BARRETTO, H. T. & SUMMERHAYES, C. P. (1975): Oceanography and suspended matter off northeastern Brasil. – J. Sediment. Petrol., **45**: 822–833. [199]

BARRON, J. A. & KELLER, G. (1982): Widespread Miocene deep-sea hiatuses: Coincidence with periods of global cooling. – Geology, **10**: 577–581. [943]

BARROWS, K. J. (1980): Zeolitization of Miocene volcaniclastic rocks, southern Desatoya Mountains, Nevada. – Geol. Soc. Amer. Bull. I, **91**: 199–210. [175]

BARTENSTEIN, H., TEICHMÜLLER, M. & TEICHMÜLLER, R. (1971): Die Umwandlung der organischen Substanz im Dach des Bramscher Massivs. – Fortschr. Geol. Rheinld. u. Westf. **18**: 501–538; Krefeld. [729, 730]

BARTHEL, F., DAHLKAMP, F. J., FUCHS, H. & GATZWEILER, R. (1986): Kernenergierohstoffe. – In BENDER, F. (Hrsg.): Angew. Geowissensch., Bd. IV: 268–298; Stuttgart (Enke). [612, 615]

BARTHEL & HAHN (zit.) [615]

BARTHEL, K. W. (1970): On the deposition of the Solnhofen lithographic limestone (Lower Tithonian, Bavaria, Germany). – N. Jb. Geol. Paläont., Abh., **135**: 1–18. [530]

– (1974): Black pebbles, fossil and recent, on and near coral islands. – Proc. II. Int. Coral Reef Sympos., **2**: 395–399; Brisbane. [395]

BASKIN, Y. (1956): A study of authigenic feldspars. – J. Geol., **64**: 132–155. [422]

BASSETT, H. (1954): Silification of rocks by surface waters. – Amer. J. Sci. **252**: 733–735. [516]

BASSOULLET, J. P., BERNIER, P., DELOFFRE, R., GENOT, P., JAFFREZO, M., POIGNANT, A. F. & SEGONZAC, G. (1977): Classification Criteria of Fossil Dasycladales. – In FLÜGEL, E. (ed.): Fossil Algae. – 154–166, Springer, Berlin-Heidelberg. [269]

BASU, A. (1976): Petrology of Holocene fluvial sand derived from plutonic source rocks: Implications to paleoclimatic interpretation. – J. Sediment. Petrol., **46**: 694–709. [101]

BASU, A., YOUNG, S. W., SUTTNER, L. J., JAMES, W. C. & MACK, G. H. (1975): Re-evaluation of the use of undulatory extinction and polycrystallinity in detrital quartz for provenance interpretation. – J. Sediment. Petrol., **45**: 873–882. [105, 106]

BATE, R. H. & EAST, B. A. (1972): The structure of the ostracode carapace. – Lethaia **5**: 177–194; Oslo. [313]

BATEMAN 1958 (zit.) [625]

BATES, CH. C. (1953): Rational theory of delta formation. – Amer. Assoc. Petrol. Geol. Bull., **37**: 2119–2162. [880, 896]

BATHURST, R. G. C. (1958): Diagenetic fabrics in some British Dinantian limestones. – Liverpool and Manchester Geol. J., **2**, Pt. 1; 11–36. [95, 378]

– (1959): Diagenesis in Mississippian calcilutites and pseudobreccias. – J. Sediment. Petrol., **29**: 365–376. [95]

– (1964): The replacement of aragonite by calcite in the molluscan shell wall. – In IMBRIE, NEWELL (ed.): Approaches to Paleoecology. – Wiley and Sons, 357–376. [391]

– (1966): Boring algae, micrite envelopes and lithification of molluscan biosparites. – Geol. J. **5**: 15–32. [267, 326, 345, 388]

– (1967): Depth indicators in sedimentary carbonates. – Marine Geol., **5**: 447–471. [334]

– (1971; 1975): Carbonate Sediments and their diagenesis. – Devel. in Sedimentol. **12**, 620 S., 2. ed. 658 S. Elsevier, Amsterdam, London, New York. [254, 263, 272, 315, 317, 319, 337, 339, 341, 342, 367, 371, 372, 374, 378, 384, 385, 387, 389]

– (1980a): Stromatactis-origin related to submarine-cemented crusts in Paleozoic mud mounds. – Geology, **8**: 131–134. [353]

– (1980b): Deep crustal diagenesis in limestones. – Rev. Inst. Investig. Geolog. Univ. Barcelona, **34**: 89–100. [364, 366, 371]

- (1982): Genesis of stromatactis cavities between submarine crusts in Palaeozoic carbonate mud buildups. – J. Geol. Soc. London, **139**: 165–181. [353]
- (1983): Early diagenesis of carbonate sediments. – In PARKER, A. & SELLWOOD, B. W. (eds.): Sediment Diagenesis. – NATO ASI Ser. C, **115**: 349–377, D. Reidel, Dordrecht. [931]

BATIZA, R., FORNARI, D. J., VANKO, D. A., LONSDALE, P. (1984): Craters, calderas and hyaloclastites on young Pacific seamounts. – J. Geophys. Res., **89**: 8371–8390. [767]

BATURIN, G. N. (1972): Marine Geology. Phosphorus in interstitial waters of sediments of the southeastern Atlantic. – Oceanology. Acad. Sci. U.S.S.R., U.S.A. **12**, 6: 849–855. [548]
- (1974): Nouvelles données sur les concrétions de phosphate du Quaternaire supérieur du plateau continental du S. W. africain. – Trad. B.R.G.M. No. 5472 de Okeanologya S.S.S.R., **14**, 6: 1040–1044. [543]
- (1978): Phosphorites. – Acad. Sciences U.S.S.R., Moscou, 231 p. [543, 551, 552]

BATURIN, G. N., BLISKOVSKIY, V. Z. & MINEYEV, D. A. (1972): Rare earth in phosphorite samples from the ocean floor. – Doklady Akad. Nauk. S.S.S.R., **207**, 4: 954–957. Earth Sci. Sec. U.S.A., 208–211. [561]

BATURIN, G. N., SHUMENKO, S. I., DUBINCHUK, V. T. (1977): Coccolithophorids in Phosphorites from Seamounts in the Northwest Pacific. – Oceanology, **17**: 55–57. [Kap. 9]

BAUSCH, W. M. (1963a): Der Obere Malm an der unteren Altmühl, nebst einer Studie über das Riff-Problem. – Erlanger Geol. Abh., **49**, 38 S. [268]
- (1963b): Geologisches Erscheinungsbild eines Dolomitisierungsprozesses. – Geol. Bl. NO-Bayern, **13**, 2: 89–92. [412, 413]
- (1968): Clay content and calcite crystal size of limestones. – Sedimentology, **10**: 71–75. [368, 370, 391]
- (1980): Tonmineralprovinzen in Malmkalken. – Erlanger Forsch. B, Naturwiss. u. Medizin, **8**, 78 S. [425, 842]

BAUSCH, W. M. & WIONTZEK, H. (1961): Petrographische Untersuchungen am Hauptdolomit von Rehden. – Erdöl u. Kohle etc., **14**: 686–692. [428]

BAXTER, J. W. (1960): Calcisphaera from the Salem (Mississippian) Limestone in southwestern Illinois. – J. Paleont., **34**: 1153–1157. [281]

BAYER, H., NIELSEN, H. & SCHACHNER, D. (1970): Schwefelisotopenverhältnisse in Sulfiden aus Lagerstätten der Nordeifel im Raum Aachen – Stolberg und Maubach – Mechernich. – N. Jb. Miner. Abh. **113**, 3: 251–273; Stuttgart. [655]

BÉ, A. W. H., DAMUTH, J. E., LOTT, L. & FREE, R. (1976): Late Quaternary climatic record in western equatorial Atlantic sediment. – In CLINE, R. M. & HAYS, J. D. (eds.): Investigation of Late Quaternary Paleoceanography and Paleoclimatology. – Geol. Soc. Amer. Memoir **145**: 165–200. [844]

BEACH, A. & KING, M. (1978): Discussion on pressure solution. – Jb. Geol. Soc. London, **135**: 649–651. [163]

BEALES, F. W. (1958): Ancient sediments of bahaman type. – Bull. Amer. Assoc. Petrol. Geol., **42**: 1845–1880. [325, 341]

BEARD, D. C. & WEYL, P. K. (1973): Influence of texture on porosity and permeability of unconsolidated sand. – Amer. Assoc. Petrol. Geol. Bull., **57**: 349–369. [152]

BEAUVAIS, A. (1984): Concentrations manganésifères latéritiques. Etude pétrologique de deux gîtes sur roches sédimentaires précambriennes. Gisements de Moanda/Gabon et d'Azul/Brésil. – Thésis Univers. Poitiers; 156 p. [60]

BEAUVAIS, A., A. MELFI, D. NAHON & J. J. TRESCASES (1987): Pédologie du gisement latéritique manganifère d'Azul, Brésil. – Mineral. Deposita , **22**: 124–134. [60]

BEBOUT, D., DAVIES, G., MOORE, C. H., SCHOLLE, P. A. & WARDLAW, N. C. (1979): Geology of Carbonate Porosity. – AAPG Continuing Education Course Note Series, 11, 1979, 247 S. [433]

BECHER, J. W. & MOORE, C. H. (1976): The Walker Creek field: A Smackover diagenetic trap. – Trans. Gulf Coast Assoc. Geol. Societies, **26**: 34–56 (Wiedergedruckt in BEBOUT et al. 1979, s. voriges Zitat). [433]

BECHER, S. (1914): Über die Benutzung des Polarisationsmikroskops zur morphologischen Analyse des Echinodermenskeletts. – Zool. Jb. Jena (Anat.) **38**: 211–252; Jena. [315]

BECHSTÄDT, T. (1974): Sind Stromatactis und radiaxial-fibröser Calcit Faziesindikatoren? – N. Jb. Geol. Pal. Mh., **1974**: 643–663. [353]
- (1975): Zyklische Sedimentation im erzführenden Wettersteinkalk von Bleiberg-Kreuth (Kärnten, Österreich). – N. Jb. Geol. Paläont. Abh., **149**: 73–95. [395, 662]
- (1978): Faziesanalyse permischer und triadischer Sedimente des Drauzuges als Hinweis auf eine großräumige Lateralverschiebung innerhalb des Ostalpins. – Jb. Geol. Bundesanst. Wien, **121**: 1–121. [662]
- (1983): Scoyenia-Ichnofacies within karstic internal red beds of a barite mine, SW Sardinia. – N. Jb. Geol. Paläontol. Mh. **1983**: 705–712; Stuttgart. [675]

BECKER, G. (1976): Ostracoden. – Zentralblatt II, **1976**, 5/6: 418–421; Stuttgart. [312]

BEEK, J. L. VAN & KOSTER, E. A. (1972): Fluvial and estuarine sediments exposed along the Oude Maas (The Netherlands). – Sedimentology, **19**: 237–256. [899]

BEERBOWER, J. R. (1964): Cyclothems and cyclic depositional mechanisms in alluvial plain sedimentation. – In MERRIAM, D. F. (ed.): Symposium on Cyclic Sedimentation. – Kansas Geol. Surv. Bull., **169**, 1: 31–42. [848]

BEETS, D. J., ROEP, TH. B. & DE JONG, J. (1981): Sedimentary sequences of the subrecent North Sea coast of the Western Netherlands near Alkmaar. – In NIO, S.-D., SHÜTTENHELM, R. T. E. & VAN WEERING, TJ. C. E. (eds.): Holocene Marine Sedimentation in the North Sea Basin. – Internat. Assoc. Sedimentologists, Spec. Publ. **5**: 133–145. [909]

BEHR, H. J., HESS, H., OEHLSCHLEGEL, G. & LINDENBERG, H. G. (1979): Die Quarzmineralisation vom Typ Suttrop am N-Rand des rechtsrheinischen Schiefergebirges. – Aufschluß, Sonderbd. **29**: 205–231, Heidelberg. [421]
BEHRENS, E. W. & LAND, L. S. (1972): Subtidal Holocene dolomite, Baffin Bay, Texas. – J. Sediment. Petrol., **42**: 155–161. [414]
BEHRENS, M. (1977): Zur Stereometrie von Geröllen. – Mitt. Geol.-Pal. Inst. Univ. Hamburg, **47**: 1–124. [78, 81, 82]
BEIERSDORF, H. (1969): Druckspannungsindizien in Karbonatgesteinen Süd-Niedersachsens, Ost-Westfalens und Nord-Hessens. – Geol. Mitt., **8**: 217–262; Aachen. [370]
BEIERSDORF, H., GUNDLACH, H., HEYE, D., MARCHIG, V., MEYER, H. & SCHNIER, C. (1982): „Heated" bottom water and associated Mn-Fe-oxide crusts from the Clarion fracture zone southeast of Hawaii. – In FANNING, K. A. & MANHEIM, F. T. (eds.): The dynamic environment of the ocean floor. – 502 pp., Lexington Books, Lexington/Mass.-Toronto. [583]
BEIERSDORF, H., KUDRASS, H.-R. & STACKELBERG, W. VON (1980): Placer deposits of ilmenite and zircon on the Zambesi Shelf. – Geol. Jb., **D 36**: 5–85. [124]
BEIN, A. & FÜTTERER, D. (1977): Texture and composition of continental shelf to rise sediments off the northwestern coast of Africa: an indication for downslope tansportation. – „Meteor"-Forsch.-Ergeb. C, **27**: 46–74. [786]
BEIN, A. & WEILER, Y. (1976): The Cretaceous Talme Yafe Formation: a contour current shaped sedimentary prism of calcareous detritus at the continental margin of the Arabian Craton. – Sedimentology, **23**: 511–532. [785]
BEISSNER, H. (1985): Geochemie und Mineralogie lateritischer Verwitterungsdecken des Jospl.ateaus, Nigeria. – Diplomarb. Hamburg; 155 S. [Kap. 2]
BELAYOUNI, H. & TRICHET, J. (1979): Contribution à la connaissance de la matière organique du bassin de Gafsa. – Coll. internat., 6.–7. 11. 1979, Géologie comparée des gisements de phosphates et de pétrole. Documents du BRGM, **24**; Paris. [560]
BELLAMY, J. (1977): Subsurface expansion megapolygons in Upper Jurassic dolostone (Kimmeridge, U. K.). – J. Sediment. Petrol., **47**: 973–978. [834]
BELT, E. S. (1975): Scottish Carboniferous cyclothem patterns and their paleoenvironmental significance. – In BROUSSARD, M. L. (ed.): Deltas, Models for Exploration. – Houston Geol. Soc., 427–449. [896]
BENDA, L. & BRANDES, H. (1974): Die Kieselgur-Lagerstätten Niedersachsens I. Verbreitung, Alter und Genese. – Geol. Jb., **A 21**: 3–85. [513]
BENDA, L. & WINDHEUSER, H. (1979): Ein quartäres Kieselgur-Vorkommen am Kunkskopf im Vulkangebiet der Osteifel. – Z. dt. Geol. Ges., **130**: 263–271. [513]
BENDER, M. L., LORENS, R. B. & WILLIAMS, D. F. (1975): Sodium, magnesium, and strontium in the tests of planktonic foraminifera. – Micropaleontology, **21**: 448–459; New York. [252]
BENEO, E. (1956): Accumuli terziari da risedimentazione (olistostroma) nell'Apennino centrale e frane sottomarine. – Boll. Serv. Geol., Italia, **78**: 291–321. [813]
BENNACEF, A., BEUF, S., BIJU-DUVAL, B., DE CHARPAL, O., GARIEL, O. & ROGNON, P. (1971): Examples of cratonic sedimentation: Lower Paleozoic of Algerian Sahara. – Amer. Assoc. Petrol. Geol. Bull., **55**: 2225–2245. [885]
BENNEKOM, A. J. VAN & VAN DER GAAST, S. J. (1976): Possible clay structures in frustules of living diatoms. – Geochim. Cosmochim. Acta, **40**: 1149–1152. [504, 539]
BENNETTS, K. P. (1965): The flint clay deposits of the area between Pretoria and Belfast, Transvaal. – Bull. geol. Surv. Div. Un. S. Afr., **45**. [56]
BENTOR, Y. K. (1961): Some geochemical aspects of the Dead Sea and the question of its age. Geochim. Cosmochim. Acta, **25**: 239–260. [476, 480]
– (1980): Marine Phosphorites. – Geochemistry, occurrence, genesis. – The Unsolved Problems. – In BENTOR, Y. K. (ed.): Marine Phosphorites – geochemistry, occurrence, genesis. – Soc. Econ. Paleont. Mineral. Spec. Publ. **29**: 3–18. [543]
BERELSON, W. M. & HERON, S. D., Jr. (1985): Correlations between Holocene flood tidal delta and barrier island inlet fill sequences: Back Sound – Shackleford Banks, North Carolina. – Sedimentology, **32**: 215–222. [911]
BERG, G. (1944): Vergleichende Petrographie oolithischer Eisenerze. – Reichsamt Bodenforsch., Arch. Lagerstättenforsch., **76**, 128 pp. [334]
BERG, J. H. VAN DEN (1981): Rhythmic seasonal layering in a mesotidal channel fill sequence, Oosterschelde Mouth, the Netherlands. – In NIO, S.-D., SHÜTTENHELM, R. T. E. & VAN WEERING, TJ. C. E. (eds.): Holocene Marine Sedimentation in the North Sea Basin. – Internat. Assoc. Sedimentologists, Spec. Publ. **5**: 147–159. [904, 905]
BERG, L. S. (1964): Loess as a product of weathering and soil formation. – I.P.S.T. Jerusalem, 205 pp. [231]
BERGE, G. (1962): Discoloration of the sea due to Coccolithus huxleyi bloom. – Sarsia, **6**: 27–40. [279]
BERGER, A. (1968): Zur Geochemie und Lagerstättenkunde des Mangan. – Clausthaler Hefte z. Lagerstättenk. & Geochemie, **7**, 216 pp.; Berlin-Stuttgart. [61]
BERGER, W. H. (1968a): Planktonic foraminifera: selective solution and paleoclimatic interpretation. – Deep Sea Res., **15**: 31–34. [511]
– (1968b): Radiolarian skeletons: Solution at depth. – Science, **159**: 1237–1238. [941]
– (1969): Ecologic patterns of living planktonic foraminifera. – Deep-Sea Res. **16**: 1–24. [282]
– (1970): Planktonic foraminifera: Differential production and expatriation off Baja California. – Limnol. Oceanog. **15**: 183–204. [282]
– (1974): Deep-sea sedimentation. – In BURK, C. A. & DRAKE, CH. L. (eds.): The Geology of Continental Margins. – 213–241; Springer, Berlin, Heidelberg, New York. [942]

- (1978): Deep-sea carbonate: pteropod distribution and the aragonite compensation depth. – Deep-Sea Research, **25**: 447–452; London. [345, 941]
- (1979): Stable isotopes in foraminifera. In: Foraminiferal Ecology and Paleoecology. - SEPM Short Course No. **6**: 156–198, Houston, Texas. [257]
- (1981): Paleoceanography: The deep-sea record. – In EMILIANI, C. (ed.): The Oceanic Lithosphere. – The Sea, **7**: 1437–1519. J. Wiley & Sons, New York et al. [941]
- (1982a): Deep-sea stratigraphy: Cenozoic climate steps and the search for chemo-climatic feedback. – In EINSELE, G. & SEILACHER, A. (eds.): Cyclic and Event Stratification. 121–157; Springer-Verlag Berlin, Heidelberg, New York. [850]
- (1982b): Deglacial CO_2 buildup: constraints on the coral-reef model. – Palaeogeogr., Palaeoclimat., Palaeoecol., **40**: 235–253. [850]
- (1982c): Increase of carbon dioxide in the atmosphere during deglaciation: the coral reef hypothesis. – Naturwissenschaften, **69**, 87. [942]

BERGER, W. H., ET AL. (1984): Short-term changes affecting atmosphere, oceans, and sediments during the Phanerozoic. Group Report. – In HOLLAND, H. D. & TRENDALL, A. F. (eds.): Patterns of Change in Earth Evolution. – Dahlemkonferenzen, 171–205; Springer-Verlag Berlin, Heidelberg, New York, Tokyo. [850, 851]

BERGER, W. H. & MAYER, C. A. (1978): Deep-sea carbonates: Acoustic reflectors and lysocline fluctuations. – Geology, **6**: 11–15. [844]

BERGER, W. H. & WINTERER, E. L. (1974): Plate stratigraphy and the fluctuating carbonate line. – In HSÜ, K. J. & JENKYNS, H. C. (eds.): Pelagic Sediments: on Land and under the Sea. – Internat. Assoc. Sedimentol. Spec. Publ. **1**: 11–48. [852, 941]

BERGQUIST, H. R. & COBBAN, W. A. (1957): Mollusks of the Cretaceons. – In: Paleoecology. – Geol. Soc. Amer. Memoir, **61**: 871–884. [304, 309]

BERGT, W. (1905): Radiolarienführende Kieselschiefer im „Kambrium" von Tharandt in Sachsen. – Centralbl. Min., Geol. und Paläont., **13**: 411–413. [528]

BERK, W. VAN (1987): Hydrochemische Stoffumsetzungen in einem Grundwasserleiter – beeinflußt durch eine Steinkohlenbergehalde. – Besond. Mitt. z. Deutsch. Gewässerkundl. Jahrb., Nr. 49, 175 S., Düsseldorf. [3, 239]

BERK, W. VAN., HELM, R. & RICHTER, D. K. (1982): Rezente und neogene Magnesium-Karbonat-Pedocretes in Serpentiniten bei Loutraki (Griechenland). – Nachr. dt. geol. Ges., **27**: 26–27. [419]

BERKNER, L. V. & MARSHALL, L. C. (1965): On the origin and rise of oxygen-concentration in the earth's atmosphere. – J. Atm. Sci., May 1965: 225–261. [260]

BERNARD, A. J. (1973): Metallogenic processes of intra-karstic sedimentation. – In AMSTUTZ, G. C. & BERNAUER, A. J. (eds.): Ores in sediments, 43–57; Springer, Berlin. [658]

BERNARD, H. A., MAJOR, C. F., Jr., PARROTT, B. S. & LEBLANC, R. J., SR. (1970): Recent sediments of southeast Texas. – A field guide to the Brazos alluvial and deltaic plains and the Galveston barrier island complex. – Austin, Texas, Bur. Econ. Geol. Guidebook **11**, 16 S. [872]

BERNAUER, F. (1935, 1939): Rezente Erzbildung auf der Insel Vulcano. I. Teil. – N. Jb. Miner. Beil.-Bd. **69**: 60–91 (1935), II. Teil: N. Jb. Miner. Beil.-Bd. **75**: 54–71 (1939); Stuttgart. [569]

BERNÉ, S., AUFFERT, J.-P. & WALKER, P. (1988): Internal structure of subtidal sandwaves revealed by high-resolution seismic reflection. – Sedimentology, **35**: 5–20. [913]

BERNER, R. A. (1968): Rate of concretion growth. – Geochim. Cosmochim. Acta, **32**: 477–483. [393]
- (1970): Behavior during weathering, sedimentation and diagenesis. – In WEDEPOHL, K. (Hrsg.): Handbook of Geochemistry: 26(iron)-G., Berlin usw. (Springer). [588–590, 603]
- (1971a): Principles of Chemical Sedimentology. – 240 S.; McGraw Hill Book Co., New York et al. [233, 339, 395]
- (1971b): Bacterial processes effecting the precipitation of calcium carbonate in sediments. In BRICKER, O. P. (ed.), Carbonate Cements. – The Johns Hopkins Univ. Stud. in Geol., 19, 247–251, Baltimore. [234]
- (1981): A new geochemical classification of sedimentary environments. – J. Sediment. Petrol., **51**: 359–365. [239, 425]
- (1981a): Authigenic mineral formation resulting from organic matter decomposition in modern sediments. – Fortschr. Miner., **59**: 117–135. [4]
- (mdl. Mitt.) [366]

BERNER, R. A., BALDWIN, T. & HOLDREN, G. R., Jr. (1979): Authigenic iron sulfides as paleosalinity indicators. – J. Sediment. Petrol., **49**: 1345–1350. [202]

BERNER, R. A., BARRON, E. J. (1984): Comments on the BLAG Model: Factors affecting atmospheric CO_2 and temperature over the past 100 million years. – Amer. J. Sci., **284**: 1183–1192. [503]

BERNER, R. A. & HOLDREN, G. R., Jr. (1977): Mechanism of feldspar weathering: some observational evidence. – Geology **5**: 369–372. [24]

BERNER, R. A. & RAISWELL, R. (1984): C/S method for distinguishing freshwater from marine sedimentary rocks. – Geology, **12**: 365–368. [202]

BERNER, R. A., WESTRICH, J. T., GRABER, R., SMITH, J. & MARTENS, C. S. (1978): Inhibition of aragonite precipitation from supersaturated seawater: A laboratory and field study. – Amer. J. Sci., **278**: 816–837. [385]

BERNOULLI, D., BICHSEL, M., BOLLI, H. M., HÄRING, M. O., HOCHULI, P. A. & KLEBOTH, P. (1981): The Missaglia Megabed, a catastrophic deposit in the Upper Coetaceous Bergamo Flysch, northern Italy. – Ecl. geol. Helvet., **74**: 421–442. [818, 937, 939]

BERNOULLI, D., GARRISON, R. E. & MCKENZIE, J. (1978): Petrology, isotope geochemistry, and origin of dolomite and limestone associated with basaltic breccia, Hole 373A, Tyrrhenian Bassin. – In HSÜ, K., MONTADERT, L., et al., Init. Repts DSDP **42**, 1: 541–558. [414]

BERNOULLI, D. & JENKYNS, H. C. (1974): Alpine, Mediterranean, and Central Atlantic Mesozoic facies in relation to the early evolution of the Tethys. – In DOTT, R. H. & SHAVER, R. H. (eds.): Modern and Ancient Geosynclinal Sedimentation. – Soc. Econ. Paleont. Mineral. Spec. Publ. **19**: 129–160. [940]

BERNOULLI, D. & MCKENZIE, J. (1981): Hardground formation in the Hellenic trench penesaline to hypersaline marine carbonate diagenesis. – In DERCOURT, J. (ed.): Programme HEAT, Campagne Submersible, Les Fossés Helléniques. – Publ. CNEXO, Résult. Campagnes à la Mer, **23**: 197–213. [386]

BERNOULLI, D. & MÉLIÈRES, F. (1978): Dolomitization in early Pliocene pelagic limestones, Site 374, Ionian abyssal plain. – In HSÜ, K., MONTADERT, L. et al., Init. Repts. DSDP **42**, 1: 621–633. [414]

BERNOULLI, D. & WAGNER, C. W. (1971): Subaerial diagenesis and fossil caliche deposits in the Calcare Massiccio Formation (Lower Jurassic, Central Apennines, Italy). – N. Jb. Geol. Paläont. Abh., **138**: 135–149. [360]

BERRY, F. A. F. (1969): Relative factors influencing membrane filtration effects in geologic environments. – Chemical Geology, **4**: 295–302. [209]

BERRY, F. A. F. & KHARAKA, Y. K. (1981): Origins of abnormally-high fluid-pressure systems in California. – Geol. Soc. Amer. Abstracts & Programs, **13**, 7, 409. [7]

BERSIER, A. (1959): Séquences détritiques et divagations fluviales. – Eclog. geol. Helvet., **51**: 854–893. [841]

BERTHELIN, J., SADIO, S., GU ILLET, B. & ROUILLER, J. (1983): Altération Expérimentale de Minéraux Argileux Di– Et Trioctaédriques dans un Podzol et dans un sol Brun Acide. – Sci. Géol. Mém., Strasbourg, **71**: 13–23. [26]

BERTHOIS, L. & PORTIER, J. (1956): Recherches expérimentales sur le mode d'usure des graviers. – C. R. séanc. Acad. Sci., **243**: 1778–1781. [79]

– – (1957): Recherches expérimentales sur le façonnement des graviers de quartz. – C. R. séanc. Acad. Sci., **244**: 362–364. [79]

BERTINI, G., BRUNI, P. & PRINCIPI, G. (1975): Recent advances on the olistostromes and other brecciated deposits in the Northern Apennines (Italy). – IXth Internat. Congr. Sedimentol., Nice, Theme **4**: 7–20. [813]

BESENECKER, H., v. DANIELS, C. H., HOFMANN, W., HÖHNDORF, A., KNABE, W. & KUSTER, H. (1981): Horizontbeständige Schwermineralanreicherungen in pliozänen Sanden des niedersächsischen Küstenraums. – Geol. Jb., **D 49**: 1–23. [124]

BEST, M. G. (1982): Igneous and metamorphic petrology. – 630 pp.; Freeman and Co., San Francisco. [731]

BEUF, S., BIJU-DUVAL, B., CHARPAL, O. DE, ROGNON, P., GARIEL, O. & BENNACEF, A. (1971): Les Grès du Paléozoique Inférieur au Sahara. – Éd. Technip, Sci. Techn. du Pétrole, No. 18, 464 S. [885]

BEYTH (mdl. Mitt.) [484]

BHATIA, M. R. & TAYLOR, S. R. (1981): Trace-element geochemistry and sedimentary provinces: A study from the Tasman geosyncline, Australia. – Chem. Geol., **33**: 115–125. [103]

BIDDLE, K. T. (1983): Girvanella Oncoids from Middle to Upper Triassic Allochthonous Boulders of the Dolomite Alps, Northern Italy. – In PERYT, T. M. (ed.): Coated Grains. – S. 390–397, Berlin-Heidelberg (Springer). [269]

BIELFELD, K. & WINKHAUS, G. (1983): Aluminiumverbindungen. – In WINNACKER & KÜCHLER (Hrsg.): Chemische Technologie, Bd. III Anorganische Technologie I: 1–14. – Carl Hanser-Verlag, München, Wien. [49]

BIERMANN, M. (1983): Zur Mineralogie, Geochemie und Genese des Karstbauxites (B_3-Horizont) an der Grenze Unter-Oberkreide in Mittelgriechenland. – Diss. Univ. Hamburg, 134 S. [54]

BIGARELLA, J. J. (1972): Eolian environments: their characteristics, recognition and importance. – In RIGBY, J. K. & HAMBLIN, W. K. (eds.): Recognition of Ancient Sedimentary Environments. – Soc. Econ. Paleont. Mineral. Spec. Publ., **16**: 12–62. [882, 885]

– (1973): Paleocurrents and the problem of continental drift. – Geol. Rundsch., **62**: 447–477. [885]

BILIBINA (zit.) [606]

BIRCH, G. F. (1979a): The nature and origin of mixed apatite/glauconite pellets from the continental shelf off South Africa. – Mar. Geol., **29**: 313–334. [115, 885]

– (1979b): Phosphatic rocks on the western margin of South Africa. – J. Sediment. Petrol., **49**: 93–110. [554]

BIRD, E. C. F. (1969): Coasts. – 246 S.; The M. I. T. Press, Massachusetts Inst. Technol., Cambridge, Mass. & London, Engld. [796]

BIRD, K. H. & JORDAN, C. F. (1977): Lisburne Group (Mississippian and Pennsylvanian), potential major hydrocarbon objective of Arctic Slope, Alaska. – Amer. Assoc. Petrol. Geol. Bull., **61**: 1493–1512. [417]

BIRKELAND, P. W. (1974): Pedology, Weathering and Geomorphological Research. – 285 pp.; Oxford University Press, New York. [19]

BISCAYE, P. E. (1965): Mineralogy and sedimentation of recent deep-sea clay in the Atlantic Ocean and adjacent seas and oceans. – Geol. Soc. Amer. Bull., **76**: 803–832. [198]

BISCAYE, P. E., KOLLA, V. & TUREKIAN, K. K. (1976): Distribution of calcium carbonate in subsurface sediments of the Atlantic Ocean. – J. Geophys. Res., **81**: 2595–2603. [941]

BISCHOF, F. (1864): Die Steinsalzwerke bei Stassfurt. – Pfeffer-Verlag, Halle, 2. Aufl. 1875, 70 S. [449, 451]

BISCHOF, G. (1855): Lehrbuch der Chemie und physischen Geologie. – 3 Bände, 2000 S. [449]

BISCHOFF, J. L. & SAYLES, F. L. (1972): Pore fluid and mineralogical studies of recent marine sediments: Bauer Depression of East Pacific Rise. – J. Sediment. Petrol., **41**: 711–724. [541]

BISCHOFF (zit.) [575]

BISSELL, H. J. (1959): Silica in sediments of the Upper Paleozoic of the Cordilleran area. – In: Silica in sediments. – Soc. Econ. Paleont. Min. Spec. Publ., **7**: 150–185. [391]

BISSELL, H. J. & CHILINGARIAN, G. V. (1975): Subsidence. – In CHILINGARIAN, G. V. & WOLF, K. H. (eds.): Compaction of Coarse-grained Sediments, I. – Devel. in Sedimentology 18 A: 167–245; Elsevier, Amsterdam. [156]
BJØRLYKKE, A. & SANGSTER, D. F. (1981): An overview of sandstone lead deposits and their relation to red-bed copper and carbonate-hosted lead-zinc deposits. – Econ. Geol. 75th Ann. Vol., 178–213, Lancaster, Pa. [651, 657]
BJØRLYKKE, K. (1979): Cementation of Sandstones. Diskussion, mit Antworten von LAND & DUTTON und von BOLES & FRANKS. – J. Sediment. Petrol., 49: 1358–1362. [162, 165]
BJØRLYKKE, K., ELVSBORG, A. & HOY, T. (1976): Late Precambrian sedimentation in the central sparagmite basin of south Norway. – Norsk Geol. Tidsskrift, 56: 233–290. [72, 885]
BLACK, M. (1933): The algal sediments of Andros Island, Bahamas. – Phil. Trans. Roy. Soc. London, Ser. B, 222: 165–192. [262, 917/8]
BLACK, M. & BARNES, B. (1959): The structure of coccoliths from the English chalk. – Geol. Mag., 96: 322–327. [287]
BLACKMON, P. D. & TODD, R. (1959): Mineralogy of some foraminifera as related to their classification and ecology. – J. Paleont., 33, 1–15. [252, 284, 287]
BLAKE, D. F., KOCURKO, M. J. & PEACOR, D. R. (1982): Crystallochemistry of Holocene magnesian calcite cements from the Gulfcoast of Louisiana. – Geol. Soc. Amer. Abstr. & Progr. 14, 7, 445. [398]
BLAKE, D. F., PEACOR, D. R. & WILKINSON, B. H. (1982): The sequence and mechanism of low – temperature dolomite formation: Calcian dolomites in a Pennsylvanian echinoderm. – J. Sediment. Petrol., 52: 59–70. [237]
BLAKE, S. (1984): Volatile oversaturation during the evolution of silicic magma chambers as an eruption trigger. – J. Volcanol. Geotherm. Res., 89: 8237–8244. [738]
BLANCHE, J. B. & WHITAKER, J. H. McD. (1978): Diagenesis of part of the Brent Sand Formation (Middle Jurassic) of the Northern North Sea Basin. – J. geol. Soc. Lond., 135: 73–82. [156, 180]
BLATT, H. (1959): Effect of size and genetic quartz type on sphericity and form of beach sediments, northern New Jersey. – J. Sediment. Petrol., 29: 197–206. [79]
– (1963): Selective destruction of undulatory quartz in sedimentary environments. – GSA etc. Joint Meet., Houston, Abstr., GSA Spec. Pap No. 73, 118–119. [106]
– (1979): Diagenetic processes in sandstones. – In SCHOLLE, P. A. & SCHLUGER, P. R. (eds.): Aspects of Diagenesis. – Soc. Econ. Pal. Mineral., Spec. Pub. 26: 141–157. [7]
– (1982): Sedimentary Petrology. – 564 S.; W. H. Freeman Co., San Francisco. [112, 114, 115]
BLATT, H. & CHRISTIE, J. M. (1963): Undulatory extinction in quartz of igneous and metamorphic rocks and its significance in provenance studies of sedimentary rocks. – J. Sediment. Petrol., 33: 559–579. [106]
BLATT, H., MIDDLETON, G. V. & MURRAY, R. C. (1980): Origin of Sedimentary Rocks. – 2nd ed. 782 S.; Prentice-Hall, Inc., Englewood Cliffs, New Jersey.
[3, 4, 9, 13, 104, 105, 107, 75, 81, 82, 103, 104, 113–115, 122, 123, 125, 133, 145, 146, 151, 152, 167, 168, 172, 234, 351, 357, 363, 540, 779–781, 784, 785, 787, 789, 812, 814, 816, 818, 819, 860, 862, 865, 870, 883, 896, 909, 910, 931, 952]
BLATT, H. & SCHULTZ, D. J. (1976): Size distribution in mudrocks. – Sedimentology, 23: 857–866. [192, 228]
BLATT, H. & SUTHERLAND, B. (1969): Intrastratal solution of nonopaque heavy minerals in shales. – J. Sediment. Petrol., 39: 591–600. [127]
BLATTER, C. L., ROBERSON, H. E. & THOMPSON, G. R. (1973): Regularly interstratified chlorite-dioctahedral smectite in dike-intruded shales, Montana. – Clays & Clay Miner., 21: 207–212. [190]
BLESS, M. J. M., PAPROTH, E. & WOLF, M. (1981): Interdependence of Basin Development and Coal Formation in the West European Carboniferous. – Bull. Centres Rech. Explor.-Prod. Elf-Aquitaine 5, 2: 535–553, Pau. [729]
BLIND, W. (1969): Die systematische Stellung der Tentakuliten. – Palaeontographica A 133: 101–145. [310]
– (1975): Über die Entstehung und Funktion der Lobenlinie bei Ammonoideen. – Paläont. Z., 49: 254–267; Stuttgart. [309]
BLISSENBACH, E. (1954): Geology of alluvial fans in semiarid regions. – Bull. Geol. Soc. Amer. 65: 175–190. [71, 80, 865]
– (1957): Die jungtertiäre Grobschotterschüttung im Osten des bayerischen Molassetroges. – Beih. Geol. Jb., 26: 9–48. [75]
BLODGETT, R. B., BOUCOT, A. J. & KOCH, W. F., II (im Druck): New occurrences of color patterns in Devonian articulate brachiopods. – J. Paleont., 62, 1, 1988. [298]
BLOME, C. D. & ALBERT, N. R. (1985): Carbonate concretions: An ideal sedimentary host for microfossils. – Geology, 13: 212–215. [393]
BLONDEL, F. (1955): Les types de gisements de fer. – Chron. Mines coloniales, 23, 231: 226–246; Paris. [596]
BLOOS, G. (1976): Untersuchungen über Bau und Entstehung der feinkörnigen Sandsteine des Schwarzen Jura α (Hettangium u. tiefstes Sinemurium) im schwäbischen Sedimentationsbereich. – Arb. Inst. Geol. Pal. Univ. Stuttgart, N.F. 71: 1–269.
BLOUNT, D. N. & MOORE, C. H., Jr. (1969): Depositional and non-depositional carbonate breccias, Chiantla Quadrangle, Guatemala. – Geol. Soc. Amer. Bull., 80: 429–442. [84, 85, 89, 95]
BLUCK, B. J. (1964): Sedimentation of an alluvial fan in Southern Nevada. – J. Sediment. Petrol., 34: 395–400. [866]
– (1967): Sedimentation of gravel beaches: examples from South Wales. – J. Sediment. Petrol., 37: 128–156. [82]
– (1969): Particle rounding in beach gravel. – Geol. Mag., 106, 1–14. [80, 81]
– (1974): Structure and directional properties of some valley sandur deposits in southern Iceland. – Sedimentology, 21: 533–554. [81]

– (1979): Structure of coarse – grained braided stream alluvium. – Trans. Roy. Soc. Edinburgh, **70**: 181–221. [870]
– (zit.) [865]
BOARDMAN, R. S. & CHEETHAM, A. H. (1969): Skeletal growth, intracolony variation, and evolution in Bryozoa. – J. Paleont. **43**: 205–233. [295]
BOCCALETTI, M. & MICHELI, P. (1968): Analisi statistica dell'orientamento dei granuli in una torbidite della Marnoso-arenacea (Appennino Settentrionale). – Boll. Soc. Geol. Ital., **87**: 65–82. [146]
BOCK, W. (1973): Sedimente und Konkretionen im mittleren Lias Nordwestdeutschlands. – Z. Deutsch. Geol. Ges., **124**: 379–397. [395]
BODINE (Disk. Bem.) [421]
BODOU, P. (1976): L'importance des joints stylolithiques dans la compaction des carbonates. – Bull. Centr. Rech. Pau-SNPA, **10**: 627–644. [370]
BOENIGK, W. (1983): Schwermineralanalyse. – 158 S.; Enke-Verlag, Stuttgart. [126]
BOER, P. L., DE (1979): Convolute lamination in modern sands of the estuary of the Oosterschelde, the Netherlands, formed as a result of entrapped air. – Sedimentology, **26**: 283–294. [152, 833]
BOER, P. L., DE, GELDER, A. VAN & NIO, S. D. (eds.) (1988): Tide-influenced Sedimentary Environments and Facies. – D. Reidel, Dordrecht, Boston, Lancaster, Tokyo, 530 S. [906, 912]
BOER, P. L., DE & WONDERS, A. A. H. (1981): Milankovitch parameters and bedding rhythms in Umbrian Middle Cretaceous pelagic sediments. – Internat. Assoc. Sedimentol. 2nd Europ. Mtg., Bologna, Abstr., 10–13. [844, 850]
BOER, R. B., DE (1977): On the thermodynamics of pressure solution – interaction between chemical and mechanical forces. – Geochim. Cosmochim. Acta, **41**: 249–256. [163, 371]
BOERSMA, A. (1978): Foraminifera. – In HAQ, B. U. & BOERSMA, A. (ed.): Introduction to marine micropaleontology. – 19–77, New York (Elsevier). [285]
BOERSMA, J. R. (1970): Distinguishing features of wave-ripple cross-stratification and morphology. – Doctoral Thesis. Univ. Utrecht, 65 S. [800]
BOGAARD, P. V. D. & SCHMINCKE, H.-U. (1984): The eruptive center of the late Quaternary Laacher See Tephra. – Geol. Rundsch., **73**: 935–982. [757]
– – (1985): Laacher See Tephra: A widespread isochronous late Quaternary tephra layer in central and northern Europe. – Geol. Soc. Amer. Bull., **96**: 1554–1571. [747, 749]
– – (1988a): Heavy mineral composition of Laacher See Tephra, (in Vorbereitung). [749]
– – (1988b): Tephralagen der Osteifel als quartäre Zeitmarken – Geowissenschaften (März 1988). [749]
BOGÁRDI, J. (1974): Sediment transport in alluvial streams. – 826 S.; Akadémiai Kiadó, Budapest. [780]
BOGDANOV (zit.) [606]
BØGGILD, O. B. (1912): The deposits of the sea-bottom. – Report of Danish Oceanographical Expeditions, 1908–1910, to the Mediterranean etc., Vol. 1, pt. 3: 255–269. [414]
– (1930): The shell structure of the mollusks. – Kgl. Danske Videnskab. Selsk. Skr., Naturvidensk. mathem. Afd., 9. Raekke, II. 2., 258–325, Kopenhagen. [251, 254, 290, 294, 298, 301, 309, 312]
BOGOCH, R. & COOK, P. (1974): Calcite cementation of a Quaternary conglomerate in southern Sinai. – J. Sediment. Petrol., **44**: 917–920. [168]
BOICHARD, R., BUROLLET, P. F., LAMBERT, B. & VILLAIN, J.-M. (1985): La plateforme carbonatée du Pater Noster, Est de Kalmantan (Indonésie). Étude sédimentologique et écologique. – Total, Comp. Franç. Pétroles, Paris, Notes et Mémoirs N° 20, 101 S. [425]
BOKMAN, J. (1952): Clastic quartz particles as indices of provenance. – J. Sediment. Petrol., **22**: 17–24. [141]
BOLES, J. R. & FRANKS, S. G. (1979): Clay diagenesis in Wilcox sandstones of southwest Texas: Implications of smectite diagenesis on sandstone cementation. – J. Sediment. Petrol., **49**: 55–70. Diskussion dazu: BJØRLYKKE (1979), s. dort! [167, 174, 180]
BOLGER, R. G. & WEITZ, J. H. (1952): Problems of Clay and Laterite Genesis. – 81–93. Am. Inst. Min. Metall. Engrs. New York. [56]
BOLES, J. R. & WISE, W. S. (1978): Nature and origin of deep-sea clinoptilolite. – In SAND, L. B. & MUMPTON, F. A. (eds.): Natural Zeolites: Occurrence, Properties, Use, 235–243. – Pergamon Press, Oxford. [776]
BOLLI, H. M. (1966): Zonation of Cretaceous to Pliocene marine sediments based on planktonic Foraminifera. – Boll. Inform. Ass. Venezolana Geol. Min. Petrol. **9**, 1: 3–32, Caracas. [282]
BOLLI, H. M., SAUNDERS, J. B. & PERCH-NIELSEN, K. (ed.) (1985): Plankton stratigraphy. – 1032 S., Cambridge (Cambridge University Press). [282]
BOLTUNOV, V. A. (1970): Certain earmarks distinguishing glacial and moraine-like glaciamarine sediments, as in Spitsbergen. – Internat. Geol. Rev., **12**: 204–211. [889]
BONATTI, E. (1975): Metallogenesis at ocean spreading centers. – Annual. Rev. Earth Planet. Sci., **3**: 401–431. [579]
– (zit.) [579]
BONATTI, E., GUERSTEIN-HONNOREZ, B. & HONNOREZ, J. (1976): Copper-iron sulfide mineralizations from the equatorial Mid-Atlantic Ridge. – Econ. Geol. **71**: 1515–1525. [576, 578, 579]
BONI, M. & AMSTUTZ, G. C. (1982): The Permo-Triassic paleokarst ores of Southwest Sardinia (Iglesiente-Sulcis). – In AMSTUTZ et al. (Hrsg.): Ore Genesis, the State of the Art. – SGA-Spec. Publ. **2**: 73–82, Berlin usw. (Springer). [674, 675]

BONI, M. & KÖPPEL, V. (1985): Ore-lead isotope pattern from the Iglesiente-Sulcis area (SW Sardinia) and the problem of remobilization of metals. − Mineral. Deposita, **21**: 185−193. [671]
BOOTHROYD, J.C. & ASHLEY, G.M. (1975): Processes, bar morphology, and structures on braided outwash fans, northeastern Gulf of Alaska. − In JOPLING, A.V. & MCDONALD, B.C. (eds.): Glaciofluvial and Glaciolacustrine Sedimentation. − Soc. Econ. Paleont. Mineral. Spec. Publ. **23**: 193−222. [870]
BORAK, B. & FRIEDMAN, G.M. (1981): Textures of sandstones and carbonate rocks in the world's deepest wells (in excess of 30,000 ft. or 9.1 km): Anadarko Basin, Oklahoma. − Sediment. Geol., **29**: 133−151. [182, 390]
BORCH, C., VON DER (1965): The distribution and preliminary geochemistry of modern carbonate sediments of the Coorong area, South Australia. − Geochim. Cosmochim. Acta, **29**: 781−799. [408, 419]
− (1976): Stratigraphy and formation of Holocene dolomitic deposits of the Coorong area, South Australia. − J. Sediment. Petrol., **46**: 952−966. [407, 408]
BORCHERT, H. (1940): Die Salzlagerstätten des deutschen Zechsteins.-Arch. Lagerstättenforsch., **67**, 196 S. [441]
− (1952): Die Bildungsbedingungen mariner Eisenerzlagerstätten. − Chemie Erde, **16**: 49−74, Jena. [592, 600]
− (1959): Ozeane Salzlagerstätten. − 237 S.; Gebr. Bornträger, Berlin. [436, 440, 441, 444]
− (1960): Genesis of marine sedimentary iron ores. − Trans. Instn. Min. Metall., **69**: B 261−B 279 and B 530−B 539; London. [596, 600]
− (1978): Lagerstättenkunde des Mangans. − 160 S.; Essen (Glückauf). [604]
BORG, G. (1986): Facetted garnets formed by etching. Examples from sandstones of Late Triassic age, South Germany. − Sedimentology, **33**: 141−146. [120, 126]
BORNHOLD, B.D. & MILLIMAN, J.D. (1973): Generic and environmental control of carbonate mineralogy in serpulid (Polychaete) tubes. − J. Geol., **81**: 363−373, Chicago. [252, 300, 301]
BORZA, K. (1969): Die Mikrofazies und Mikrofossilien des Oberjuras und der Unterkreide der Klippenzone der Westkarpaten. − 301 S., 88 Taf., Slowak. Akad. Wiss. Bratislawa. [316]
BOSELLINI, A. (1967): Erosione intercotidale presso la foce del Reno (Mare Adriatico).− Ann. Univ. Ferrara, N.S., Sez. IX, **IV**: 77−89. [111]
BOSELLINI, A. & GINSBURG, R.N. (1971): Form and internal structure of recent algal nodules (rhodolites) from Bermuda. − J. Geol. **79**: 669−682; Chicago. [269, 275]
BOSELLINI, A. & ROSSI, D. (1974): Triassic carbonate buildups of the Dolomites, Northern Italy. − In LAPORTE, L.F. (ed.): Reefs in Time and Space. − Soc. Econ. Paleont. Mineral. Spec. Publ. **18**: 209−233. [356]
BOSELLINI, A. & WINTERER, E.L (1975): Pelagic limestone and radiolarite of the Tethyan Mesozoic. A genetic model. − Geology, **3**: 279−282. [529, 941]
BOSENCE, D.W.J. (1976): Ecological studies on two unattaches coralline algae from Western Ireland. − Palaeontology, **19**: 365−395. [928]
− (1983a): Description and Classification of Rhodoliths (Rhodoids, Rhodolites). − In PERYT, T.M. (ed.): Coated Grains. − 217−224; Berlin-Heidelberg (Springer). [275]
− (1983b): The Occurrence and Ecology of Recent Rhodoliths − A Review. − In PERYT, T.M. (ed.): Coated Grains. − 225−242; Berlin-Heidelberg (Springer). [275]
− (1985): The „Coralligène" of the Mediterranean − a Recent Analog of Tertiary Coralline Algal Limestones. − In: TOOMEY, D.F. & NITECKI, M.H. (ed.): Paleoalgology. − 216−225; Berlin-Heidelberg (Springer). [274]
BOSENCE, D.W.J. & PEDLEY, H.M. (1982): Sedimentology and palaeoecology of a Miocene coralline algal biostrome from the Maltese Islands. − Pal. Pal. Pal. **38**: 9−43. [356]
BOSENCE, D.W.J., ROWLANDS, R.J. & QUINE, M.L. (1985): Sedimentology and budget of a Recent carbonate mound, Florida Keys. − Sedimentology, **32**: 317−343. [926]
BOSTIK, N.H., CASHMAN, S.M., MCCULLOH, T.H. & WADDEL, C.T. (1979): Gradients of vitrinite reflectance and present temperature in the Los Angeles and Ventura Basins, California. − In OLTZ, D.F. (ed.): Low temperature metamorphism of kerogen and clay minerals, a symposium in geochemistry; Pacific Section, S.E.P.M. S. 65−96; Los Angeles, Ca. [720]
BOSTRÖM, K., WIBORG, L. & INGR:, J. (1982): Geochemistry and origin of ferromanganese concretions in the Gulf of Bothnia. − Marine Geol., **50**: 1−24. [583]
BOSTRÖM, K. (zit.) [581, 582]
BOTTINGA, Y., KUDO, A. & WEILL, D. (1966): Some observations on oscillatory zoning and crystallization of magmatic plagioclase. − Amer. Min., **51**: 792−806. [114]
BOTTKE, H. (1981): Lagerstättenkunde des Eisens. − 202 S.; Essen (Glückauf). [596, 601, 602]
BOTTKE, H. u. 7 Koautoren (1969): Die marin-sedimentären Eisenerze in Nordwestdeutschland. − In: Sammelwerk Deutsche Eisenerzlagerstätten, 2: Eisenerze im Deckgebirge, H. 1. − Beih. geol. Jb., **79**; 391 S.; Hannover. [599, 600]
BOTZ, R.W. & VON DER BORCH, C.C. (1984): Stable isotope study of carbonate sediments form the Coorong area, South Australia. − Sedimentology, **31**: 837−849. [408]
BOUJO, A. (1976): Contribution à l'étude géologique du gisement de phosphate crétacé-éocène de Ganntour (Maroc occidental). − Sci. Géol. Bull. **43**, 227 p. et thèse d'Etat, Universitaire de Strasbourg, 1972. [552, 560]
BOULADON, J. & PICOT, P. (1968): Sur les minéralisations en cuivre des ophiolites de Corse, des Alpes françaises et de Ligurie. − Bull., BRGM, **2**, II, 1: 23−41; Paris. [642]
BOULANGÉ, B. (1983): Les formations bauxitiques latéritiques de Côte d'Ivoire. Les faciès, leur transformation, leur distribution et l'évolution du modèle. − Thèse, Paris: 341 pp. [30, 42, 43, 44]
BOULTON, G.S. (1970): On the origin and transport of englacial debris in Svalbard glaciers. − J. Glaciol., **9**: 213−229. [886, 887]

– (1978): Boulder shapes and grain-size distributions of debris as indicators of transport paths through a glacier and till genesis. – Sedimentology, **25**: 773–799. [887]
BOULTON, G. S. & EYLES, N. (1979): Sedimentation by valley glaciers; a model and genetic classification. – In SCHLÜCHTER, CH., (ed.): Moraines and Varves. – Proc. INQUA Sympos. Zürich 1978, 11–23; Balkema, Rotterdam. [887]
BOUMA, A. H. (1962): Sedimentology of some flysch deposits. A graphic approach to facies interpretation. – 168 S., Elsevier Publ. Co., Amsterdam. [146, 818, 820]
– (1972a): Fossil contourites in Lower Niesenflysch, Switzerland. – J. Sediment. Petrol., **42**: 917–921. [785]
– (1972b): Recent and ancient turbidites and contourites. – Gulf Coast Assoc. Geol. Soc. Trans., **22**: 205–221. [785, 813]
– (1973a): Contourites in Niesenflysch, Switzerland. – Ecl. geol. Helv., **66**: 315–323. [785]
– (1973b): Leveed-channel deposits, turbidites, and contourites in deeper part of Gulf of Mexico. – Trans. Gulf Coast Assoc. Geol. Soc., 23rd. Ann. Conv., XXIII: 368–376. [785]
– (1979): Continental slopes. – In DOYLE, L. J. & PILKEY, O. H., Jr. (eds.): Geology of Continental Slopes. – Soc. Econ. Paleont. Mineral. Spec. Publ. **27**: 1–15. [812]
BOUMA, A. H., BERRYHILL, H. L., BRENNER, R. L. & KNEBEL, H. J. (1982): Continental shelf and epicontinental seaways. – In SCHOLLE, P. A. & SPEARING, D (eds.): Sandstone Depositional Environments. - Amer. Assoc. Petrol. Geol. Mem. **31**: 281–327. [912]
BOUMA, A. H. & BROUWER, A. (eds.) (1964): Turbidites. Devel. in Sedimentology, 3, 264 S.; Elsevier, Amsterdam. [818]
BOUMA, A. H. & HOLLISTER, C. D. (1973): Deep ocean basin sedimentation. – In: Turbidites and Deep Water Sedimentation, SEPM Short course, Anaheim, 79–118. [822]
BOUMA, A. H. & PLUENNEKE, J. L. (1975): Structural and textural characteristics of debrites from the Philippine Sea. – In KARIG, D. E., INGLE, J. C., Jr., et al. (eds.), Initial Reports DSDP, **31**: 497–505. [814]
BOURGEOIS, J. (1980): A transgressive shelf sequence exhibiting hummocky stratification: The Cape Sebastian sandstone (Upper Cretaceous), southwestern Oregon. – J. Sediment. Petrol., **50**: 681–702. [915]
BOURQUE, P.-A. & GIGNAC, H. (1983): Sponge-constructed stromatactis mud mounds, Silurian of Gaspé, Québec. – J. Sediment. Petrol., **53**: 521–532. [353, 355]
BOURROUILH-LE JAN, F. (1973): Les dolomies et leurs genèses. – Bull. Centre Rech. Pau – SNPA, **7**: 111–135. [410, 411]
– (1980): Hydrologie des nappes d'eau superficielles de l'île Andros, Bahama. Dolomitisation et diagenèse de plaine d'estran en climat tropical humide. – Bull. Centr. Rech. Elf – Aquitaine, SNPA, **4**: 661–707. [410]
BOUSCARY (1966): Les minéraux de métamorphisme du Trias de Bédeilhac (Ariège). – Soc. hist. nat. Toulouse Bull., **102**: 285–291. [425]
BOWMAN, M. B. J. (1983): The Genesis of Algal Nodule Limestones from the Upper Carboniferous (San Emiliano Formation) of N. W. Spain. – In PERYT, T. M. (ed.): Coated Grains. 409–423; Berlin-Heidelberg (Springer). [269]
BOWSHER, A. L. (1957): Gastropods of the Paleozoic. – In: Paleoecology. – Geol. Soc. Amer. Memoir. **67**: 821–826. [307]
BOYER, B. W. (1972): Grain accretion and related phenomena in unconsolidated surface sediments of the Florida reef tract. – J. Sediment. Petrol., **42**: 205–210. [385]
BOYER, P. S., GUINESS, E. A., LYNCH-BLOSSE, M. A. & STOLZMAN, R. A. (1977): Greensand fecal pellets from New Jersey. – J. Sediment. Petrol., **47**: 267–280. [115]
BRAARUD, T. (1954): Coccolith morphology and taxonomic position of Hymenomonas roseola Stein and Syracosphaera carterae Braarud & Fagerland. – Nytt Mag. Bot., **3**: 1–4. [279]
BRADLEY, J. S. (1975): Abnormal formation pressure. – Amer. Assoc. Petrol. Geol. Bull., **59**: 957–973. [207, 208]
BRADLEY, W. C. & MEARS, A. I. (1980): Calculations of flows needed to transport coarse fraction of Boulder Creek alluvium at Boulder, Colorado: Summary. – Geol. Soc. Amer. Bull., Pt. I, **91**: 135–138. [75]
BRADLEY, W. H. (1929): Algal reefs and oölites of the Green River Formation. – U. S. Geol. Surv., Prof. Pap., **154**: 203–233. [264]
– (1964): Geology of the Green River Formation and associated rocks in southwestern Wyoming and adjacent parts of Colorado and Utah. – U. S. Geol. Surv. Prof. Pap., **496-A**, 86 S. [490]
BRAITSCH, O. (1962): Entstehung und Stoffbestand der Salzlagerstätten. – In: Mineralogie und Petrographie in Einzeldarstellungen, Bd. III, 232 S.; Springer Verlag, Berlin, Göttingen, Heidelberg. [436, 440, 441, 443–446, 462, 464, 468, 472]
BRAITSCH, O. & HERRMANN, A. G. (1963): Zur Geochemie des Broms in salinaren Sedimenten. Teil I: Experimentelle Bestimmung der Br-Verteilung in verschiedenen natürlichen Salzsystemen. – Geochim. Cosmochim. Acta, **27**: 361–391. [468]
BRAMLETTE, M. N. (1941): The stability of minerals in sandstone. – J. Sediment. Petrol., **11**: 32–36. [127]
– (1946): The Monterey formation of California and the origin of its siliceous rocks. – U. S. Geol. Surv., Prof. Pap., **212**: 1–55. [394, 526]
BRAMLETTE, M. N. & MARTINI, E. (1964): The great change in calcareous nannoplankton fossils between the Maestrichtian and Danian. – Micropaleontology **10**: 291–322; New York. [278, 281]
BRAND, U. (1981): Mineralogy and chemistry of the lower Pennsylvanian Kendrick fauna, eastern Kentucky. 1. Trace elements. – Chem. Geol. **32**: 1–16; Amsterdam. [254, 298]

BRAND, U. & VEIZER, J. (1980a): Chemical diagenesis of a multicomponent carbonate system. – 1: Trace elements. – J. Sediment. Petrol., **50**, 1219–1236 [383]
– – (1980b): Stabilization of a carbonate system: Equilibrium or disequilibrium process. – Internat. Assoc. Sedimentologists 1st Europ. Mtg., Bochum, Abstr., 164–166 [365, 401]
– – (1981): Chemical diagenesis of a multicomponent carbonate system – 2: Stable isotopes. – J. Sediment. Petrol., **51**: 987–997. [293]
BRANDT, R. T., GROSS, G. A., GRUSS, H., SEMENENKO, N. P. & DORR, J. V. N. (1972): Problems of nomenclature for banded ferruginous-cherty sedimentary rocks and their metamorphic equivalents. – Econ. Geol., **67**: 682–684; Lancaster, Pa. [592]
BRANTLEY, S. L. et al. (1984): Geochemistry of a modern marine evaporite: Bocana de Virrila, Peru. – Journ. Sed. Pet., **54**: 447–462. [446, 448, 449]
BRASIER, M. D. (1980): Microfossils. – 193 S.; London (Allen & Unwin). [282–287, 312]
BRATTSTRÖM, H. (1941): Studien über die Echinodermen des Gebietes zwischen Skagerrak und Ostsee, besonders des Öresundes usw. – Undersökn över Öresund **27**; Lund. [314]
BRAUCKMANN, F. J. (1984): Hochdiagenese im Muschelkalk der Massive von Bramsche und Vlotho. – Bochumer Geol. Geotechn. Arb., **14**, 195 S. [167, 212, 215, 389, 390, 421–424]
BRAUCKMANN, F. J. & FÜCHTBAUER, H. (1983): Alterations of Cretaceous siltstones and sandstones near basalt contacts (Nûgssuaq, Greenland). – Sed. Geol., **35**: 193–213. [167]
BRAUN, E., V. (1953): Geologische und sedimentpetrographische Untersuchungen im Hochrheingebiet zwischen Zurzach und Eglisau. – Eclog. Geol. Helvet., **46**: 143–170. [143]
BRAUNAGEL, L. H. & STANLEY, K. O. (1977): Origin of variegated redbeds in the Cathedral Bluffs Tongue of the Wasatch Formation (Eocene), Wyoming. – J. Sediment. Petrol., **47**: 1201–1219. [874]
BREDDIN, H. (1930): Die Milchquarzgänge des Rheinischen Schiefergebirges, eine Nebenerscheinung der Druckschieferung. – Geol. Rdsch., **21**: 367–388. [165]
BREDEHOEFT, J. D. & HANSHAW, B. B. (1968): On the maintenance of anomalous fluid pressures: I. thick sedimentary sequences. – Geol. Soc. Amer. Bull., **79**: 1097–1106. [207]
BREHLER, B. (1951): Über das Verhalten gepreßter Kristalle in ihrer Lösung. – N. Jb. Miner. Mh., 110–131. [163]
BRELIE, G. VON DER & WOLF, M. (1981a): Zur Petrographie und Palynologie heller und dunkler Schichten im rheinischen Hauptbraunkohlenflöz. – Fortschr. Geol. Rheinld. u. Westf. **29**: 95–163; Krefeld. [711]
– – (1981b): „Sequoia" und Sciadopitys in den Braunkohlenmooren der Niederrheinischen Bucht. – Fortschr. Geol. Rheinld. u. Westf. **29**: 177–19·; Krefeld. [711]
BRENCHLEY, P. J. (1969): Origin of matrix in greywackes, Berwyn Hills, North Wales. – J. Sediment. Petrol., **39**: 1297–1301. [99]
BRENCHLEY, P. J. & NEWALL, G. (1977): The significance of contorted bedding in upper Ordovician sediments of the Oslo region, Norway. – J. Sediment. Petrol., **47**: 819–833. [833]
BRENNEKE, J. C. (1977): A comparison of the stable oxygen and carbon isotope composition of Early Cretaceous and Late Jurassic carbonates from DSDP sites 105 and 367. – Init. Reports DSDP, **41**: 937–956. [368]
BRENNER, K. (1976): Ammoniten-Gehäuse als Anzeiger von Palaeoströmungen. – N. Jb. Geol. Paläont. Abh., **151**: 101–118; Stuttgart. [308]
BRENNER, P. (1976): Ostracoden und Charophyten des spanischen Wealden. – Palaeontographica A, **152**: 113–201, Stuttgart. [312]
BRENNER, R. L. & DAVIES, D. K. (1973): Storm-generated coquinoid sandstone: Genesis of high energy marine sediments from the Upper Jurassic of Wyoming and Montana. – Geol. Soc. Amer. Bull., **84**: 1685–1698. [930]
BRENNINKMEYER, B. M. (1976): Sand fountains in the surf zone. – In DAVIS, R. A., Jr. & ETHINGTON, R. L. (eds.): Beach and Nearshore Sedimentation. – Soc. Econ. Paleont. Mineral. Spec. Publ. **24**: 69–91. [786]
BRETT, C. E. & BAIRD, G. C. (1985): Carbonate – shale cycles in the Middle Devonian of New York: An evaluation of models for the origin of limestones in terrigenous shelf sequences. – Geology, **13**: 324–327. [930]
BRETZ, J. H. & HORBERG, L. (1949): Caliche in southeastern New Mexico. – J. Geol., **57**: 491–511. [360]
BREUNINGER, R. H. (1976): Palaeoaplysina (hydrozoan?) carbonate buildups from Upper Paleozoic of Idaho. – Amer. Assoc. Petrol. Geol. Bull., **60**: 534–607. [356]
BREWER, R. (1964): Fabric and Mineral Analysis of Soils. – 469 p.; Wiley, New York. [40, 519]
BREWER, R. & SLEEMAN, J. R. (1964): Glaebules: their definition, classification and interpretation. – J. Soil Sci., **15**: 66–78. [360]
BREWSTER, N. A. (1980): Cenozoic biogenic silica sedimentation in the Antarctic Ocean. – Geol. Soc. Amer. Bull., I, **91**: 337–347. [512]
BREY, G. & SCHMINCKE, H.-U. (1980): Origin and diagenesis of the Roque Nublo Breccia, Gran Canaria (Canary Islands): petrology of Roque Nublo Volcanics, II. – Bull. Volcanol., **43**: 15–33. [774, 775]
BREYER, J. A. & BART, H. A. (1978): The composition of fluvial sands in a temperate semiarid region. – J. Sediment. Petrol., **48**: 1311–1320. [143]
BRICKER, O. P. (zit.) [918]
BRIDGE, J. S. (1985): Paleochannel patterns inferred from alluvial deposits: a critical evaluation. – J. Sediment. Petrol., **55**: 579–589. [874]
BRIDGE, J. S. & DIEMER, J. A. (1983): Quantitative interpretation of an evolving ancient river system. – Sedimentology, **30**: 599–623. [870]

BRIDGE, J. S. & JARVIS, J. (1982): The dynamics of a river bend: a study in flow and sedimentary processes. – Sedimentology, **29**: 499–541. [783, 873]

BRIDGE, J. S. & LEEDER, M. R. (1979): A simulation model of alluvial stratigraphy. – Sedimentology, **26**: 617–644. [860, 871]

BRIDGES, E. M. & BULL, P. A. (1983): The role of silica in the formation of compact and indurated horizons in the soils of South Wales. – Proc. Inter. Soil Micromorphology Symposium 1983: 605–613. [516]

BRIDGES, P. H. & LEEDER, M. R. (1976): Sedimentary model for intertidal mudflat channels, with examples from the Solway Firth, Scotland. – Sedimentology, **23**: 533–552. [903]

BRIGGS, G. & CLINE, L. M. (1967): Paleocurrents and source areas of late Paleozoic sediments of the Ouachita Mountains, Southeastern Oklahoma. – J. Sediment. Petrol., **37**: 985–1000. [819]

BRIGO, L., KOSTELKA, L., OMENETTO, P., SCHNEIDER, H.-J., SCHROLL, E., SCHULZ, O. & STRUCL, I. (1977): Comparative reflections on four Alpine Pb-Zn deposits. – In KLEMM, D. D. & SCHNEIDER, H.-J. (eds.): Time- and Stratabound Ore Deposits. – 273–293; Springer, Berlin-Heidelberg. [660, 661, 663, 677]

BRINDLEY, G. W. (1956): Allevardite, a swelling double-layer mica mineral. – Am. Mineralogist **41**: 91–103. [190]

BRINDLEY, G. W. & BROWN, G. (eds.) (1984): Crystal Structures of Clay Minerals and their X-Ray Identification. – 494 pp.; Mineralogical Society, London. [13]

BRINKMANN, R. (1929): Statistisch-biostratigraphische Untersuchungen an mitteljurassischen Ammoniten. – Abh. Ges. Wiss. Göttingen, math.-phys. Kl. [N.F.], **13**, H. 3. [845]

– (1955): Gerichtete Gefüge in klastischen Sedimenten. – Geol. Rdsch., **43**: 562–568. [82]

– (1964): Lehrbuch der Allgemeinen Geologie. – Bd. 1, 520 S.; Enke, Stuttgart. [479]

BRINKMANN, R., JONGMANS, A. G., MIEDEMA, R. & MAASKANT, P. (1973): Clay decomposition in seasonally wet, acid soils: micromorphological, chemical and mineralogical evidence from individual argillans. – Geoderma **10**: 259–270. [28]

BRIX, M. R. (1981): Schwermineralanalyse und andere sedimentologische Untersuchungen als Beitrag zur Rekonstruktion der strukturellen Entwicklung des westlichen Hohen Atlas/Marokko. – Diss. Univ. Bonn. 247 S. [121, 126, 127]

BROBST, D. A. (1984): The geological framework of barite resources. – Trans. Instn. Min. Metall., **93**: A 123–A 130; London. [672]

BROECKER, W. A. (1974): Chemical Oceanography. – 214 S.; Harcourt, Brace, Jovanovich, New York. [941]

BROECKER, W. S. & TAKAHASHI, T. (1966): Calcium carbonate precipitation on the Bahama banks. – J. Geophys. Res., **71**: 1575–1602. [339]

BROEK, J. M. M., VAN DER & WAALS, L., VAN DER (1967): The late Tertiary peneplain of South Limburg (The Netherlands): silicification and fossil soils; a geological and pedological investigation. – Geol. Mijn. **45**: 318–332. [517]

BRÖNNIMANN, P. (1955): Microfossils incertae sedis from the Upper Jurassic and Lower Cretaceous of Cuba. – Micropal. **1**: 28–51, New York. [281, 316]

BRÖNNIMANN, P. & NORTON, P. (1960): On the classification of fossil fecal pellets and description of new forms from Cuba, Guatemala and Libya. – Eclog. geol. Helvet., **53**: 832–842. [324]

BROGNIART, A. (1826): L'arkose, caractères minéralogiques et histoire géognostique de cette roche. – Ann. sci. nat., **8**: 113–163. [99]

BROMLEY, R. G. (1965): Studies in the lithology and conditions of sedimentation of the chalk rock and comparable horizons. – Thesis, Univ. London, unpubl., 355 S., zit. nach BATHURST 1971: 382. [388]

– (1967): Some observations on burrows of thalassinidean crustacea in chalk hardgrounds. – Q. Jl. Geol. Soc. Lond., **123**: 157–182. [541]

– (1970): Borings as trace fossils and Entobia cretacea Portlock, as an example. – In CRIMES, T. P. & HARPER, J. C. (eds.): Trace Fossils. – Liverpool Geol. Soc., Seel House Press. Liverpool, 49–90. [838]

– (1975): Trace fossils at omission surfaces. – In FREY, R. W. (ed.): The Study of Trace Fossils. – 399–428; Springer-Verlag, Berlin, Heidelberg, New York. [839]

– (1982): Ichnofabric and early diagenesis. Examples from Upper Cretaceous chalk, Denmark. – Geol. Soc. Amer. Abstr. & Progr., **14**, 7: 452. [839]

BROMLEY, R. G. & EKDALE, A. A. (1984): Trace fossil preservation in flint in the European chalk. – J. Paleont., **58**: 298–311. [540]

BROOKFIELD, M. E. (1977): The origin of bounding surfaces in ancient aeolian sandstones. – Sedimentology, **24**: 303–330. [884]

BROOKFIELD, M. E. & AHLBRANDT, T. S. eds. (1983): Eolian Sediments and Processes. – Devel. in Sedimentology **38**, 660 S.; Elsevier, Amsterdam, Oxford, New York, Tokyo. [882]

BROUSSARD, M. L. (ed., 1975): Deltas, Models for Exploration. – Houston Geol. Soc., 555 S. [890]

BROWN, A. C. (1971): Zoning in the White Pine copper deposit, Ontonagon County, Michigan. – Econ. Geol., **66**: 543–573; Lancaster, Pa. [634]

– (1978): Stratiform copper deposits. Evidence for their post-sedimentary origin. – Miner. sci. engng., **10**: 172–181; Johannesburg. [630]

BROWN, G. (1961): The x-ray identification and crystal structure of clay minerals. – 544 S.; London (Miner. Soc.). [242]

BROWN, H. R., TAYLOR, G. H. & COOK, A. C. (1964): Prediction of coke strength from the rank and petrographic composition of Australian coals. – Fuel **43**, 1: 43–54; London. [726]

BROWN, J. S. (ed.) (1967): Genesis of stratiform lead-zinc-barite-fluorite deposits. − Econ. Geol. Monogr., **3**, 382 pp. [658]
BROWN, K. L. (1986): Gold deposition from geothermal discharges in New Zealand. − Econ. Geol., **81**: 979−983. [580]
BROWN, P. R. (1969): Compàction of fine-grained ferrigenous and carbonate sediments − a review. − Bull. Can. Pet. Geol., **17**: 486−495. [206]
− (1972): Incipient metamorphic fabrics in some mud-supported carbonate rocks. − J. Sediment. Petrol., **42**: 841−847. [390]
BRUCE, C. H. (1973): Pressured shale and related sediment deformation: mechanism for development of regional contemporaneous faults. − Amer. Assoc. Petrol. Geol. Bull., **57**: 878−886. [208, 898]
BRÜMMER, G. & LICHTFUSS, R. (1978): Phosphatgehalte und -bindungsformen in den Sedimenten von Elbe, Trave, Eider und Schwentine. − Naturwissenschaften **65**: 527−531; Springer. [566]
BRUNNACKER, K. (1965): Die Entstehung der Münchener Schotterfläche zwischen München und Moosburg. − Geol. Bavarica, **55**: 341−359. [78]
BRYANT, E. (1982): Behavior of grain size characteristics on reflective and dissipative foreshores, Broken Bay, Australia. − J. Sediment. Petrol., **52**: 431−450. [786, 909]
BUBB, J. N. & HATLELID, W. G. (1978): Seismic stratigraphy and global changes of sea level, Part 10: Seismic recognition of carbonate buildups. − Amer. Assoc. Petrol. Geol. Bull., **62**: 772−791. [352]
BUBENICEK, L. (1964): Étude sédimentologique du minerai de fer oolithique de Lorraine. − In AMSTUTZ, G. C. (Hrsg.): Sedimentology and ore genesis: 113−122; Amsterdam (Elsevier). [599]
BUCHHOLZ, P. (1986): Der ostbayerische Lithothamnienkalk − Sedimentation und Paläogeographie. − 1. Treffen deutschsprachiger Sedimentologen, Tagungsband, 26−29, Freiburg. [277]
BUCK, S. G. (1985): Sand-flow cross strata in tidal sands of the Lower Greensand (Early Cretaceous), southern England. − J. Sediment. Petrol., **55**: 895−906. [885]
BUDAI, J. M., LOHMANN, K. C. & OWEN, R. M. (1984): Burial dedolomite in the Mississippian Madison Limestone, Wyoming and Utah thrust belt. − J. Sediment. Petrol., **54**: 276−288. [418]
BUDD, D. A. & PERKINS, R. D. (1980): Bathymetric zonation and paleoecological significance of microborings in Puerto Rican shelf and slope sediments. − J. Sediment. Petrol., **50**: 881−904. [388]
BÜRGISSER, H. M. (1980): Zur mittelmiozänen Sedimentation im nordalpinen Molassebecken: Das „Appenzellergranit"-Leitniveau des Hörnli-Schuttfächers (Obere Süßwassermolasse, Nordostschweiz). − Mitt. geol. Inst. ETH, Univ. Zürich, N. F. **232**, 196 S. [73, 74, 86, 783, 873]
BUGGISCH, W. & FLÜGEL, E. (1980): Die Trogkofel-Schichten der Karnischen Alpen. − Verbreitung, geologische Situation und Geländebefund. − Carinthia II, 36. Sonderheft (Hrsg.: E. FLÜGEL), Klagenfurt, 13−50. [91]
BUGGISCH, W. & WEBERS, G. F. (1982): Zur Fazies der Karbonatgesteine in den Ellsworth Mountains (Paläozoikum, Westantarktis). − Facies **7**: 199−228; Erlangen. [312]
BUISONJÉ, P. H., DE (1974): Neogene and Quaternary Geology of Aruba, Curaçao and Bonaire. − Uitgaven „Natuurwetenschappelijke studiekring voor Suriname en de Nederlandse Antillen". Utrecht No. 78. [565, 566]
BULL, P. A., CULVER, S. J. & GARDNER, R. (1980): Chattermark trails as paleoenvironmental indicators. − Geology, **8**: 318−322. [144]
BULL, W. B. (1972): Recognition of alluvial-fan deposits in the stratigraphic record. − In DOTT, R. H., Jr. & SHAVER, R. H. (eds.): Modern and Ancient Geosynclinal Sedimentation. − Soc. Econ. Paleont. Mineral. Spec. Publ. **19**: 290−303. [865]
BULLEN, S. B. & SIBLEY, D. F. (1984): Dolomite selectivity and mimic replacement. − Geology, **12**: 655−658.[404]
BULLER, A. T. & MCMANUS, J. (1972): Simple metric sedimentary statistics used to recognize different environments. − Sedimentology, **18**: 1−21. [138]
BURCHETTE, T. P. (1981): European Devonian reefs: a review of current concepts and models. − In TOOMEY, D. F. (ed.): European Fossil Reef Models. − Soc. Econ. Paleont. Mineral. Spec. Publ., **30**: 85−142. [356]
BURCKLE, L. (1978): Marine diatoms. − In HAQ & BOERSMA, Introduction to Marine Micropaleontology. − 245−266; Elsevier, New York. [505]
BURGER, H. (1976): Log-normal interpolation in grain size analysis. − Sedimentology, **23**: 395−405. [131]
BURGER, H. & SKALA, W. (1973): Ein Monte-Carlo-Verfahren zur Bestimmung der Korngrößenverteilung klastischer Sedimente aus Dünnschliffen. − N. Jb. Geol. Paläont. Abh., **144**: 24−49. [130]
BURGER, K. (1971): Stratigraphie, Petrographie und Fazies der Kaolin-Kohlentonsteine des höheren Westfals im Ruhrkarbon. − Compte Rendu, 7. Congr. Int. Stratigr. Geol. Carbonifère, Krefeld, II: 211−251. [218]
− (1980): Kaolin-Kohlentonsteine im flözführenden Oberkarbon des Niederrheinisch-Westfälischen Steinkohlenreviers. − Geol. Rundsch., **69**: 488−531. [777]
BURGH, J., VAN DER (1973): Hölzer der Niederrheinischen Braunkohlenformation, 2. Hölzer der Braunkohlengruben „Maria Theresia" zu Herzogenrath, „Zukunft West" zu Eschweiler und „Victor" (Zülpich Mitte) zu Zülpich. Nebst einer systematisch-anatomischen Bearbeitung der Gattung *Pinus L.* − Rev. Palaeobot. Palynol. **15**: 73−275. [711]
BURK, C. A. & DRAKE, CH. L., eds. (1974): The Geology of Continental Margins. − 1009 S.; Springer, Berlin, Heidelberg, New York. [932]
BURKE, K. & DEWEY, J. F. (1973): Plume-generated triple junctions: key indicators in applying plate tectonics to old rocks. − J. Geol., **81**: 406−433. [951]
BURKE, W. H., DENISON, R. E., HETHERINGTON, E. A., KOEPNICK, R. B., NELSON, H. F. & OTTO, J. B. (1982): Variation of seawater $^{87}Sr/^{86}Sr$ throughout Phanerozoic time. − Geology, **10**: 516−519. [248]

BURLEY, S. D. (1984): Patterns of diagenesis in the Sherwood sandstone group (Triassic), United Kingdom. – Clay Minerals, **19**: 403–440. [182]

BURLEY, S. D., KANTOROWICZ, J. D. & WAUGH, B. (1985): Clastic diagenesis. – In BRENCHLEY, P. J. & WILLIAMS, B. P. J. (eds.): Sedimentology, Recent Developments and Applied Aspects. – Geol. Soc. London, 189–225.[184]

BURNE, R. V. (1970): The origin and significance of sand volcanoes in the Bude Formation, Cornwall. – Sedimentology, **15**: 211–228. [830]

BURNE, R. V., BAULD, J. & DE DECKER, P. (1980): Saline lake charophytes and their geological significance. – J. Sed. Petrol. **50**: 281–293; Tulsa. [254, 272, 274]

BURNETT, W. C. (1974): Phosphorite deposits from the sea floor off Peru and Chile: radiochemical and geochemical investigations concerning their origin. – HIG 74-3, Hawaii Institute of Geophysics, University of Hawaii. [549, 551, 552, 562]

– (1977): Geochemistry and origin of phosphorite deposits from off Peru and Chile. – Geol. Soc. Amer. Bull., **88**: 813–823. [549, 552]

– (1980): Oceanic phosphate deposits. – Proceedings of the Fertilizer Raw Material Resources Workshop. August 20–24, 1979. East West Center, Honolulu, Hawaii. [552]

BURNETT, W. C. & OAS, T. G. (1978): Environment of deposition of marine phosphate deposits off Peru and Chile. – In COOK, P. J. & J. H. SHERGOLD (eds.): Proterozoic-Cambrian Phosphorites. – Symposium Proj. 156 of UNESCO-IUGS, Canberra/Australia, 54–56. [552]

BURNETT, W. C. & SHELDON, R. P. (eds.) (1979): Report on the marine phosphatic sediment workshop, Februar 1979, Eastwest Resource Systems Institute, 65 S. [552]

BURNHAM, C. W. (1979): The importance of volatile constituents. – In YODER, H. S., Jr. (ed.): The Evolution of Igneous Rocks, 439–482. – Princeton Univ. Press, Princeton, N. J. [738]

BURNS, L. K. & ETHRIDGE, F. G. (1979): Petrology and diagenetic effects of lithic sandstones: Paleocene and Eocene Umpqua Formation, Southwest Oregon. – In SCHOLLE, P. A. & SCHLUGER, P. R. (eds.): Aspects of Diagenesis. – Soc. Econ. Paleontol. Mineral. Spec. Publ. **26**: 307–317. [181]

BUROLLET, P. F. & OUDIN, J.-P. (1980): Paléocène et Eocène en Tunisie – Pétrole et phosphates. – Coll. internat. 6–7 nov. 1979, Géologie comparée des gisements de phosphates et de pétrole. Documents du BRGM, **24**, no. 116, Paris. [560]

BURRE, O. (1930): Das Oberoligozän und die Quarzitlagerstätten unmittelbar östlich des Siebengebirges. – Arch. Lagerstättenforschung, **47**, 69 p. [515]

BURRUSS, R. C. (1981): Hydrocarbon fluid inclusions in studies of sedimentary diagenesis. – In HOLLISTER, L. S. & CRAWFORD, M. L. (eds.): MAC Short Course in Fluid Inclusions: Applications to Petrology. Toronto, 138–156. [382]

BURRUSS, R. C., CERCONE, K. R. & HARRIS, P. M. (1985): Timing of hydrocarbon migration: evidenced from fluid inclusions in calcite cements, tectonics and burial history. – In SCHNEIDERMANN, N. & HARRIS, P. M. (eds.): Carbonate Cements. – Soc. Econ. Paleont. Mineral. Spec. Publ. **36**: 277–289. [387]

BURST, J. F. (1958a): „Glauconite" pellets: their mineral nature and applications to stratigraphic interpretations. – Amer. Assoc. Petrol. Geol. Bull., **42**: 310–327. [219]

– (1958b): Mineral heterogeneity in glauconite pellets. – Amer. Miner., **43**: 481–497. [219]

– (1965): Subaqueously formed shrinkage cracks in clay. – J. Sediment. Petrol., **35**: 348–353. [829]

– (1969): Diagenesis of Gulf Coast clayey sediments and its possible relationship to petroleum migration. – Amer. Assoc. Petrol. Geol. Bull., **53**: 73–93. [211]

– (1976): Argillaceous sediment dewatering. – In DONATH, F. A. (ed.): Annual review of earth and planetary sciences, Annual Reviews, Palo Alto, Cal., **4**: 293–318. [211]

BURTON, E. A. & WALTER, L. M. (1987): Relative precipitation rates of aragonite and Mg calcite from seawater: Temperature or carbonate ion control? – Geology, **15**: 111–114. [236]

BUSCH, D. A. (1974): Stratigraphic Traps in Sandstones – Exploration Techniques. – Amer. Assoc. Petrol. Geol. Mem. **21**, 174 S. [890, 894]

– (1975): Influence of growth faulting on sedimentation and prospect evaluation. – Amer. Assoc. Petrol. Geol. Bull., **59**: 217–230. [810]

BUSCHE, D. (1980): On the origin of the Msāk Mallat ad Hamādat Mānghīnī escarpment. – In SALEM, M. J. & BUSREWIL, M. T. (eds.): Geology of Libya, vol. III: 837–848; Academic Press. [514, 516, 519]

– (1983): Silcrete in der zentralen Sahara (Murzuk-Becken, Djado-Plateau und Kaouar, Süd-Libyen und Nord-Niger). – Z. Geomorphologie, NF Suppl. **48**: 35–49. [516]

BUSENBERG, E. & CLEMENCY, CH. V. (1976): The dissolution kinetics of feldspar at 25 °C and 1 atm. CO_2 partial pressure. – Geochim. Cosmochim. Acta, **40**: 41–49. [22]

BUSH, P. R. (1987): The formation of magnesite in the coastal plain sediments of Abu Dhabi, United Arab Emirates. – Conf. Quatern. Sed. Arab. Gulf and Mesopotam. Reg., 7.–12.2.87, Kuwait. [419]

BUSHINSKI, G. I. (1964): On shallow water origin of phosphorite sediments. – Developments in Sedimentology, 1, 62–70; Elsevier, Amsterdam. [543, 547]

– (1966): The origin of marine phosphates. – Lith. and Min. Res., **3**: 292–311. [554]

BUTLER, G. P. (1965): Early diagenesis in the Recent sediments of the Trucial coast of the Persian Gulf. – M. Sc. Thesis, University of London, 162 p. [493]

– (1969): Modern evaporite deposition and geochemistry of coexisting brines, the sabkha Trucial Coast, Arabian Gulf. – Jour. Sed. Petrol., **59**: 70–89. [493, 497]

– (1973): Strontium geochemistry of modern and ancient calcium sulfate minerals. – In B. H. PURSER (ed.): The Persian Gulf, 423–452; Springer-Verlag. [470]
BUTT, C. R. M. & SMITH, R. E. (eds.) (1980): Conceptual models in exploration geochemistry, 4. – Developments in economic geology 13, special publ. 8; Australia; 275 pp [66, 68]
BUTTON, A. (1973): Algal stromatolites of the early Proterozoic Wolkberg group, Transvaal sequence. – J. Sediment. Petrol., **43**: 160–167. [260]
BYERS, CH. W. (1982): Geological significance of marine biogenic sedimentary structures. – In MCCALL, P. L. & TEVESZ, M. J. S. (eds.): Animal-Sediment Relations. The Biogenic Alteration of Sediments. – 221–256; Plenum Press, New York, London. [838]

CADOT, H. M., SCHMUS, W. R. VAN & KAESLER, R. L. (1972): Magnesium in calcite of marine Ostracoda. – Bull. Geol. Soc. Am., **83**: 3519–3522; New York. [252, 313]
CAILLEUX, A. (1942): Les actions éoliens périglaciaires en Europe. – Mém. Soc. Géol. France, n. s. **21**, 46: 1–176. [143]
– (1943): Distinction des sables marins et fluviatiles. – Bull. Soc. Géol. France, 5e Sér., **13**: 125–138. [143]
– (1945): Distinction des galets marins et fluviatiles. – Bull. Soc. Géol. France, 5e Sér., **15**: 375–404. [79–81]
– (1952): Morphoskopische Analyse der Geschiebe und Sandkörner und ihre Bedeutung für die Paläoklimatologie. – Geol. Rdsch., **40**: 11–19. [143]
– (1961): Application à la Géographie des Méthodes d'Étude des Sables et des Galets. – Centro Pesquisas Geograf. Brasil, Univ. de Brasil, Rio de Janeiro, 151 pp. [79]
CAILLEUX, A. & TRICART, J. (1959): Initiation à l'étude des sables et des galets. – T. I–III. Paris (Centre Documentat. Univ.). [143]
CAILLIÈRE, S. (1962): Boehmite et diaspore ferrifères dans une bauxite de Péreille. – Compt. Rend., **254**: 137–139. [32]
CAIN, J. D. B. (1968): Aspects of the depositional environment and palaeoecology of crinoidal limestones. – Scott. J. Geol. **4**: 191–208. [315]
CAINE, N. (1972): Air photo analysis of blockfield fabric in Talus Valley, Tasmania. – J. Sediment. Petrol., **42**: 33–48. [82]
CALLAHAN, W. H. (1964): Paleophysiographic premises for prospecting for strata-bound base metal deposits in carbonate rocks. – Proceedings CENTO Symposium Min. Geol. Base Metals, 191–248, Ankara. [665]
– (1967): Some spatial and temporal aspects of the localization of Mississippi Valley-Appalachian type ore deposits. – In BROWN, J. S. (ed.): Genesis of stratiform lead-zinc-barite-fluorite deposits. – Econ. Geol. Monograph **3**: 14–17. [665]
CALVERT, S. E. (1964): Factors affecting the distribution of laminated diatomaceous sediments in the Gulf of California. – In VAN ANDEL, TJ. H. & SHOR, G. G. (eds.): Marine geology of the Gulf of California: 311–330. – Amer. Assoc. Petrol. Geologists Memoir. **3**, 408 pp. [509, 511]
– (1966a): Accumulation of diatomaceous silica in the sediments of the Gulf of California. – Geol. Soc. Amer. Bull., **77**: 569–594. [509, 511]
– (1966b): Origin of diatom-rich, varved sediments from the Gulf of California. – J. Geol., **74**: 546–565. [509, 511]
– (1974): Deposition and diagenesis of silica in marine sediments. – In HSÜ, K. J. & JENKYNS, H. C. (eds.): Pelagic Sediments: on Land and under the Sea. – Internat. Assoc. Sedimentol. Spec. Publ. **1**: 273–299. [6, 510, 512]
CALVET, F. & JULIÀ, R. (1983): Pisoids in the caliche profiles of Tarragona (N. E. Spain). – In PERYT, T. M. (ed.): Coated Grains. – 456–473; Springer, Berlin, Heidelberg, New York, Tokyo. [360, 361]
CAMPBELL, A. S. & FYFE, W. S. (1965): Analcite-albite equilibria. – Amer. J. Sci., **263**: 807–816. [168]
CAMPBELL, A. S. & SCHWERTMANN, U. (1984): Iron oxide mineralogy of placic horizons. – J. Soil Sci. **35**: 569–582. [37]
CAMPBELL, C. V. (1966): Truncated wave-ripple laminae. – J. Sediment. Petrol., **36**: 825–828. [800]
– (1976): Reservoir geometry of a fluvial sheet sandstone. – Amer. Assoc. Petrol. Geol. Bull., **60**: 1009–1020. [870]
CANT, D. J. (1980): Storm-dominated shallow marine sediments of the Arisaig Group (Silurian-Devonian) of Nova Scotia. – Canad. J. Earth Sci., **17**: 120–131. [801]
– (1984): Subsurface facies analysis. – In WALKER, R. G. (ed.): Facies Models. – Geosci. Canada, Reprint Ser. 1, 297–310. [845]
CANT, D. J. & WALKER, R. G. (1978): Fluvial processes and facies sequences in the sandy braided South Saskatchewan River, Canada. – Sedimentology, **25**: 625–648. [870]
CAPDECOMME, L. (1952): Etude minéralogique des gîtes de phosphates alumineux de la région de Thiès (Sénégal). – Congrès Géol. Intern. Alger – 1952, fasc. XI: 103–107. [545]
CAPDECOMME, L. & ORLIAC, M. (1967): Sur les caractères chimiques et thermiques des phosphates alumineux de la région de Thiès (Sénégal). – Colloque international sur les phosphates minéraux solides. Toulouse 16–20 mai 1967, **2**: 45–55. [545]
CARBALLO, J. D., LAND, L. S. & MISER, D. E. (1987): Holocene dolomitization of supratidal sediments by active tidal pumping, Sugarloaf Key, Florida. – J. Sediment. Petrol., **57**: 153–165. [406, 412, 413]
CAREY, S. N. & SIGURDSSON, H. (1980): The Roseau Ash: deep-sea tephra deposits from a major eruption on Dominica, Lesser Antilles Arc. – J. Volcanol. Geotherm. Res., **7**: 67–86. [770, 771]

– – (1982): Influence of particle aggregation on deposition of distal tephra from the May 18, 1980, eruption of Mount St. Helens Volcano. – J. Geophys. Res., **87**: 7061–7072. [748]
CAREY, S. N. & SPARKS, R. S. J. (1986): Quantitative models of the fallout and dispersal of tephra-fall from volcanic eruption columns. – Bull. Volcanol., **48**: 109–126. [745, 746]
CARLISLE, D. (1963): Pillow breccias and their aquagene tuffs, Quadra Island, British Columbia. – J. Geol., **71**: 48–71. [767]
CARLISLE, D. (1978): Characteristics and Origins of uranium-bearing calcretes in Western Australia and South West Africa. – 10. International congress on sedimentology; Abstracts, Vol. I, 119. [63]
CARLSON, L. & SCHWERTMANN, U. (1981): Natural ferrihydrites in surface deposits from Finland and their association with silica. – Geochim. et Cosomochim. Acta, **45**: 421–429. [37]
CARLSON, W. D. (1983): The polymorphs of $CaCO_3$ and the aragonite – calcite transformation. – Reviews in Mineralogy **11**, 191–225. [235]
CAROZZI, A. (1953a): Pétrographie des roches sédimentaires. – 250 pp.; F. Rouge & Cie S. A., Lausanne. [342, 424]
– (1953b): Données micrographiques sur le crétacé supérieur helvétique. – Bull. Inst. Nat. Genevois, **76**: 1–76. [424]
– (1960): Microscopic sedimentary petrography. – 485 pp.; Wiley & Sons, New York, London. [162, 168, 170, 324, 334, 466]
CAROZZI, A. V. & TEXTORIS, D. A. (1963): Les Stromatactis des récifs siluriens de l'Indiana sont des Bryozoaires. – Arch. Sci., Genève, Ed. Soc. Phys., Hist. Nat., **16**: 188–192. [353]
CARPENTER, A. B. (1980): The chemistry of dolomite formation I: The stability of dolomite. – In ZENGER, D. H., DUNHAM, J. B. & ETHINGTON, R. L. (eds.): Concepts and Models of Dolomitization. – Soc. Econ. Paleont. Mineral. Spec. Publ., **28**: 111–121. [406]
CARRANDA, A. & MERENDA, L. (1976): Landslide inventory in northern Calabria, southern Italy. – Geol. Soc. Amer. Bull., **87**: 1153–1162. [810]
CARRIGY, M. A. & MELLON, G. B. (1964): Authigenic clay mineral cements in Cretaceous and Tertiary sandstones of Alberta. – J. Sediment. Petrol., **34**: 461–472. [172]
CARRIKER, M. R. (1969): Excavation of bore holes by the gastropod Urosalpinx: an analysis by light and scanning electron microscopy. – Am. Zoologist, **9**: 917–933. [345]
CARROLL, D. (1970): Clay minerals in the Arctic Ocean sea-floor sediments. – J. Sed. Petrol., **40**: 814–821. [198]
CARSON, M. A. (1971): The mechanics of erosion. – Pion, London. [781]
CARTER, J. G. (1980): Environmental and Biological Controls of Bivalve Shell Mineralogy and Microstructure. – In RHOADS, D. C. & LUTZ, R. A. (eds.): Skeletal Growth of Aquatic Organisms. Biological Records of Environmental Change. – Topics in Geobiology, **1**, 69–113. [301–304]
CARTER, N. L., CHRISTIE, J. M. & GRIGGS, D. T. (1964): Experimental deformation and recrystallization of quartz. – J. Geol., **72**: 687–733. [107]
CARTER, R. M. (1975): A discussion and classification of subaqueous mass-transport with particular application to grain-flow, slurry-flow, and fluxoturbidites. – Earth-Sci. Rev., **11**: 145–177. [813, 817]
CAS, R. (1979): Mass-flow arenites from a Paleozoic interarc basin, New South Wales, Australia: Mode and environment of emplacement. – J. Sediment. Petrol., **49**: 29–44. [812, 823]
CASSA, J.-P., GARCIA PALACIOS, M. DE C., FRITZ, B. & TARDY, Y. (1981): Diagenesis of sandstone reservoirs as shown by petrographical and geochemical analysis of oil bearing formations in the Gabon basin. – Bull. Centr. Rech. Elf-Aquitaine, SNPA, **5**: 113–135. [182]
CASEY, R. (1960): A Lower Cretaceous gastropod with fossilized intestines. – Palaeontol., **2**: 270–276. [324]
CASSAN, J.-P. & LUCAS, J. (1966): La diagenèse des grès argileux d'Hassi-Messaoud (Sahara): Silicification et dickitisation. – Bull. Serv. Carte géol. Als. Lorr., **19**: 241–253. Strasbourg. [156, 180]
CASSHYAP, S. M. (1968): Huronian stratigraphy and paleocurrent analysis in the Espanola – Willisville area, Sudbury District, Ontario, Canada. – J. Sediment. Petrol., **38**: 920–942. [885]
– (1975): Cyclic characteristics of coal-bearing sediments in the Bochumer Formation (Westphal A 2) Ruhrgebiet, Germany. – Sedimentology, **22**: 237–255. [846]
CASSHYAP, S. M. & KHAN, Z. A. (1982): Paleohydrology of Permian Gondwana streams in Bokaro basin, Bihar. – J. Geol. Soc. India, **23**: 419–430. [785]
CASSHYAP, S. M. & QIDWAI, H. A. (1974): Glacial sedimentation of Late Paleozoic Talchir diamictite, Pench Valley Coalfield, Central India. – Geol. Soc. Amer. Bull., **85**: 749–760. [885]
CASTAÑARES, A. A. & PHLEGER, F. B. (eds.) (1969): Coastal Lagoons, a symposium. – Univ. Nac. Autonom. México, 686 S. [912]
CASTON, V. D. D. (1977): Quaternary deposits of the central North Sea: 1. A new isopachyte map of the Quaternary of the North Sea. – Rep. Inst. Geol. Sci., **77**, 11: 1–8. [890]
CĂTALOV, G. A. (1983): Triassic Oncoids from Central Balkanides (Bulgaria). – In PERYT, T. M. (ed.): Coated Grains. – S. 398–408; Berlin-Heidelberg (Springer). [269]
ČATALOV, G. (1970): Authigene albites in the Triassic carbonate rocks (Teteven-anticlinorium). – C. R. Acad. bulgare des Sciences, **23**: 1275–1278. [424]
CAVAROC, V. V., Jr. & FERM, J. C. (1968): Siliceous spiculites as shoreline indicators in deltaic sequences. – Geol. Soc. Amer. Bull., **79**: 263–272. [530]
CAYEUX, L. (1906): Structure et Origine des Grès du Tertiaire parisien. – Imprimerie Nationale, Paris. [515]

– (1929): Les roche sédimentaires de France, roches siliceuses. – Mém. carte géol. dét. France, **23**, 774 pp.; Paris. [74, 162, 527, 530, 531]
– (1931): Introduction à l'étude pétrographique des roches sédimentaires. – Mém. Carte Géol. dét. France, Texte: 524 pp., Atlas: 56 Taf. [297, 303, 309]
– (1935): Roches carbonatées. – In: Les Roches Sédimentaires de France. – 463 pp.; Masson et Cie., Paris. [287, 293, 341, 361, 540]
– (1939-1941-1950): Les phosphates de chaux sédimentaires de France, T. I, II et III. – Etude des gîtes minéraux de la France. Serv. Carte géol. Fr . [543]
CAZOULAT (zit.) [615]
CECILE, M. P. & CAMPBELL, F. H. A. (1978): Regressive stromatolite reefs and associated facies, middle Goulburn Group (Lower Proterozoic) in Kilohigok Basin, N. W. T., an example of environmental control of stromatolite forms. – Bull. Canad. Petrol. Geol., **26**: 237–267. [354]
CERCONE, K. R. (1982): Diagenetic and thermal history of Niagaran pinnacle reefs in Northwest Michigan. – Geol. Soc. Amer. Abstr. & Prog., **14**, 7: 461. [382]
CHAFETZ, H. S. (1986): Marine peloids: a product of bacterially induced precipitation of calcite. – J. Sediment. Petrol., **56**: 812–817. [341, 342]
CHAFETZ, H. S. & BUTLER, J. C. (1980): Petrology of recent caliche pisolites, spherulites, and speleothem deposits from central Texas. – Sedimentology, **27**: 497–518. [362]
CHAFETZ, H. S., WILKINSON, B. H. & LOVE, K. M. (1985): Morphology and composition of non-marine carbonate cements in near-surface settings. – In SCHNEIDERMANN, N. & HARRIS, P. M. (eds.): Carbonate Cements. – Soc. Econ. Paleont. Mineral. Spec. Publ. **36**: 337–347. [381–383]
CHAKRABARTI, A. (1977): Polymodal composition of beach sands from the east coast of India. – J. Sediment. Petrol., **47**: 634–641. [135, 139]
CHAMBERLAIN, C. K. (1978): Recognition of trace fossils in cores. – In BASAN, P. B. (ed.): Trace Fossil Concepts. – SEPM Short Course No. 5. Oklahoma City, 119–166. [837, 838]
CHAPMAN, R. E. (1974): Clay diapirism and overthrust faulting. – Geol. Soc. Amer. Bull., **85**: 1597–1602. [208]
CHATTERJEE, N. D. (1966): On the widespread occurrence of oxidized chlorites in the Pennine zone of the western Italian Alps. – Beitr. Miner. Petrol., **12**: 325–339. [115]
– (1973): Low-temperature compatibility relations of the assemblage quartz-paragonite and the thermodynamic status of the phase rectorite. – Contr. Miner. Petrol., **42**: 259–271. [183]
CHAVE, K. E. (1952): A solid solution between calcite and dolomite. – J. Geol. **60**: 190–192; Chicago. [242]
– (1954a): Aspects of the biogeochemistry of magnesium. – 1. Calcareous marine organisms. – J. Geol. **62**: 266–283; Chicago. [251–253, 278, 288, 295, 301, 313, 314, 316, 318, 319]
– (1954b): Aspects of the biogeochemistry of magnesium. – 2. Calcareous sediments and rocks. – J. Geol., **62**: 587–599; Chicago. [wie 1954a]
– (1960): Evidence on history of sea water from chemistry of deeper subsurface waters of ancient basins. – Bull. Amer. Assoc. Petrol. Geologists, **44**: 357–370. [345]
– (1964): Skeletal durability and preservation. – In IMBRIE & NEWELL (eds.): Approaches to paleoecology, 377–387, Wiley, New York. [345]
CHAVE, K. E., DEFFEYES, K. S., WEYL, P. K., GARRELS, R. M. & THOMPSON, M. E. (1962): Observations on the solubility of skeletal carbonates in aqueous solutions. – Science, **137**, No. 3523: 33–34. [235, 237, 401]
CHAVE, K. E. & WHEELER, B. D., Jr. (1965): Mineralogic Changes during Growth in the Red Alga, Clathromorphum compactum. – Science, **147**, S. 621, Washington. [252, 278]
CHENEY, T. M., MCCLELLAN, G. H. & MONTGOMERY, E. S. (1979): Sechura Phosphate Deposits, Their Stratigraphy, Origin and Composition. – Econ. Geol., **74**: 232–259. [561]
CHEN KEZAO & BOWLER, J. M. (1986): Late Pleistocene evolution of salt lakes in the Qaidam Basin, Qinghai Province, China. – Palaeogeogr., Palaeoclimatol., Palaeoecol., **54**: 87–104. [487, 488]
CHILINGAR, G. V. (1956): Dedolomitization: A review. – Bull. Amer. Assoc. Petrol. Geol., **40**: 762–764. [417]
– (1964): Relationship between porosity, permeability and grain size distribution of sands and sandstones. – In VAN STRAATEN, L. M. J. U. (ed.): Deltaic and Shallow Marine Deposits, I: 71–75. Elsevier. [151]
CHILINGARIAN, G. V., SAWABINI, C. T. & RIEKE, H. H. (1973): Effect of compaction on chemistry of solutions expelled from montmorillonite clay saturated in sea water. – Sedimentology, **20**: 391–398. [209]
CHILINGARIAN, G. V. & WOLF, K. H. (1976): Compaction of Coarse-grained Sediments, II – Devel. in Sedimentology 18 B, 808 S.; Elsevier, Amsterdam. [154]
CHIPPING, D. H. (1972): Sedimentary structure and environment of some thick sandstone beds of turbidite type. – J. Sediment. Petrol., **42**: 587–595. [822]
CHOLLEY, A. (1943): Recherches sur les surfaces d'érosion et la morphologie de la région parisienne. – Annales de Géog. **52**: 1–19, 81–97, 161–189. [517]
CHOQUETTE, P. W. & PRAY, L. C. (1970): Geologic nomenclature and classification of porosity in sedimentary carbonates. – Amer. Assoc. Petrol. Geol. Bull., **54**: 207–250. [147, 427, 433]
CHOQUETTE, P. W. & STEINEN, R. P. (1980): Mississippian non-supratidal dolomite, Ste. Genevieve Limestone, Illinois Basin: evidence for mixed-water dolomitization. – In ZENGER, D. H., DUNHAM, J. B. & ETHINGTON, R. L. (eds.): Concepts and Models of Dolomitization. – Soc. Econ. Paleont. Mineral. Spec. Publ. **28**: 163–196. [411]
– – (1985): Mississippian oolite and non-supratidal dolomite reservoirs in the Ste. Genevieve Formation, North Bridgeport Field, Illinois Basin. – In ROEHL, P. O. & CHOQUETTE, P. W. (eds.): Carbonate Petroleum Reservoirs. – 209–225; Springer-Verlag, New York, Berlin, Heidelberg, Tokyo. [429]

CHOQUETTE, P. W. & TRAUT, J. D. (1963): Pennsylvanian carbonate reservoirs, Ismay Field, Utah and Colorado. – In: Shelf Carbonates of the Paradox Basin. – Four Corners Geol. Soc., Field Conf., 4th, 157–184. [428]

CHOQUETTE, PH. W. & TRUSELL, F. C. (1978): A procedure for making the Titan-yellow stain for Mg-calcite permanent. – J. Sed. Petrol. **48**: 639–641; Tulsa. [241]

CHOUGH, S. & HESSE, R. (1976): Submarine meandering talweg and turbidity currents flowing for 4,000 km in the Northwest Atlantic Mid-Ocean Channel, Labrador Sea. – Geology, **4**: 529–533. [819, 820]

CHOWDHURI, A. N. (1982): Diagenetic modification of Lower Jurassic gas reservoirs, western Sverdrup Basin, Arctic Canada. – 11th Internat. Congr. Sedimentol., Hamilton, Abstr., 121. [156, 180]

CHOWNS, T. M. & ELKINS, J. E. (1974): The origin of quartz geodes and cauliflower cherts through the silicification of anhydrite nodules. – J. Sediment. Petrol., **44**: 885–903. [542]

CHRIST, C. L. & HOSTETLER, P. B. (1970): Studies in the system MgO—SiO_2—CO_2—H_2O (II). The activity product constant of magnesite. – Amer. J. Sci., **268**: 439–453. [419]

CHRISTENSEN, W. & LARSEN, G. (1960): Tungsandsforekomster i Danmark. – Danm. Geol. Unders. III. Rae. Nr. 33, 62 S. [124]

CHRISTIE, J. M. & ARDELL, A. J. (1974): Substructures of deformation lamellae in quartz. – Geology, **2**: 405–408. [107]

CHRISTOPH, H. J. (1965): Untersuchungen an den Kohlen und Carbargiliten des Döhlener Beckens mit besonderer Berücksichtigung der radioaktive Substanzen enthaltenden Kohlen. – Freib. Forschungsh. **C 184**: 122 S.; Leipzig. [721]

CHUKHROV, F. V., ZUYAGIN, F. A., ERMILOVA, B. B. & GORSHKOV, A. J. (1972): New data on iron oxides in the weathering zone. – Proc. Intern. Clay Conf. Madrid **1**: 333–342. [33]

CHUVASHOV, B. I. (1983): Permian reefs of the Urals. – Facies **8**: 191–212; Erlangen. [269]

CISSARZ, A. (1923): Mineralogisch-mikroskopische Untersuchung der Erze und Nebengesteine des Roteisensteinlagers der Grube Maria bei Braunfeld a. d. Lahn. – Mitt. Kaiser-Wilhelm-Inst. Eisenforsch., **5**: 109–126; Düsseldorf. [596]

CITA, M. B., MACCAGNI, A. & PIROVANO, G. (1982): Tsunami as triggering mechanism of homogenites recorded in areas of the eastern Mediterranean characterized by the „cobblestone topography". – In SAXOV, S. & NIEUWENHUIS, J. K. (eds.): Marine Slides and other Mass Movements. – Nato Conf. Ser. IV, Vol. 6: 233–260; Plenum Press, New York, London. [824]

CLARIDGE, G. G. C. & CAMPBELL, I. B. (1968): Origin of nitrate deposits. – Nature, **217**: 428–430. [492]

CLARK, A. M. (1957): Crinoids. – In HEDGPETH, J. W. (ed.): Ecology. – Geol. Soc. Amer., Mem., **67**: 1183–1185. [316]

CLARK, D. N. (1980): The diagenesis of Zechstein carbonate sediments. – In FÜCHTBAUER, H. & PERYT, T. (eds.): The Zechstein Basin with Emphasis on Carbonate Sequences. – Contrib. to Sedimentology, **9**: 167–203; Stuttgart. [418–420]

CLARK, D. N. & SHEARMAN, D. J. (1980): Replacement anhydrite in limestones and the recognition of moulds and pseudomorphs: a review. – Rev. Inst. Invest. Geol. Dip. Provinc. Univ. Barcelona, **34**: 161–186. [420]

CLARK, G. R., II. & LUTZ, R. A. (1980): Pyritization in the shells of living bivalves. – Geology, **8**: 268–271. [425]

CLARK, I. (1977): ROKE, a computer program for nonlinear least-squares decomposition of mixtures of distributions. – Computers and Geosciences, **3**: 245–256. [134]

CLARKE, A. H., Jr. (1962): Annotated list and bibliography of the abyssal marine molluscs of the world. – Nat. Mus. Canada Bull. **181**, 142 pp. [310]

CLARKE, F. W. (1924): Data of Geochemistry. – 5th ed. U. S. Geol. Surv. Bull. **770**, 841 S. [476]

CLARKE, F. W. & WHEELER, W. C. (1917): The inorganic constitutents of marine invertebrates. – U. S. Geol. Surv. Profess. Papers. **102**, 56 S.; Washington. [251, 252]

– – (1922): The inorganic constitutents of marine invertebrates. – U. S. Geol. Surv. Profess. Papers, **124**, 62 S.; Washington. [251–253, 318]

CLAUS, G. (1936): Schwermineralien aus kristallinen Gesteinen des Gebietes zwischen Passau und Cham. – N. Jb. Miner., **71** A: 1–58. [122]

CLAYPOOL, G. E. et al. (1980): The age curves of sulfur and oxygen isotopes in marine sulfates and their mutual interpretation. – Chemical Geology, **28**: 199–261. [473, 474]

CLAYPOOL, G. E. & KAPLAN, I. R. (1974): The origin and distribution of methane in marine sediments. – In KAPLAN, I. R. (ed.): Natural Gases in Marine Sediments. – Plenum Publ. Corpor., New York, 99–139. [6]

CLAYPOOL, G. E., LOOVE, A. H. & MAUGHAN, E. R. (1978): Organic geochemistry, incipient metamorphism and oil generation in black shale members of Phosphoria formation, Western Interior, United States. – Amer. Ass. Petrol. Geol. Bull., **62**: 98–120. [543]

CLEMMENSEN, L. B. (1978): Lacustrine facies and stromatolites from the Middle Triassic of East Greenland. – J. Sediment. Petrol., **48**: 1111–1128. [881]

CLEMMENSEN, L. B. & ABRAHAMSEN, K. (1983): Aeolian stratification and facies association in desert sediments, Arran basin (Permian), Scotland. – Sedimentology, **30**: 311–339. [802, 885]

CLEMMEY, H. (1978): A Proterozoic lacustrine interlude from the Zambian Copperbelt. – In MATTER, A. & TUCKER, M. E. (eds.): Modern and Ancient Lake Sediments. – Internat. Assoc. Sedimentologists Spec. Publ. **2**: 259–278. [807, 830]

CLIFTON, H. E. (1971): Orientation of empty pelecypod shells and shell fragments in quiet water. – J. Sed. Petrol., **41**: 671–682. [346]

– (1973): Pebble segregation and bed lenticularity in wave-worked versus alluvial gravel. – Sedimentology, **20**: 173–187. [83]
– (1981a): Progradational sequences in Miocene shoreline deposits, southeastern Caliente Range, California. – J. Sediment. Petrol., **51**: 165–184. [916]
– (1981b): Sandstone-conglomerate couplets in Paleocene submarine canyon fill. – Geol. Soc. Amer. Abstr. & Progr. **13**, 7, 427. [83]
– (1982): Sedimentation units in conglomeratic grainflow deposits, Point Lobos, California. – 11th Internat. Congr. Sedimentology, Hamilton, Abstr., 54–55. [817]
CLIFTON, H. E., HUNTER, R. E. & PHILLIPS, R. L. (1971): Depositional structures and processes in the non-barred high-energy nearshore. – J. Sediment. Petrol., **41**: 651–670. [909]
CLOOS, H. (1938): Primäre Richtungen in Sedimenten der rheinischen Geosynkline. – Geol. Rdsch., **29**: 357–367. [145]
CLOUD, P. E., Jr. (1942): Notes on Stromatolites. – Amer. J. Sci., **240**: 363–379. [265]
– (1962): Environment of calcium carbonate deposition west of Andros Island, Bahamas. – U. S. Geol. Surv. Prof. Pap., **350**, 1–138. [339, 374]
– (1968): Atmospheric and hydrospheric evolution on the primitive earth. – Science, **160**: 729–736. [262]
CLOUD, P. (1976): Beginnings of biospheric evolution and their biochemical consequences. – Paleobiology, **2**: 351–387. [525]
CLOUD, P. E., Jr. & SEMIKHATOV, M. A. (1969): Proterozoic stromatolite zonation. – Amer. J. Sci., **267**: 1017–1061. [262]
CODY, R. D. (1971): Adsorption and reliability of trace elements as environment indicators of shales. – J. Sediment. Petrol., **41**: 461–471. [218]
COHEN, A. D. & SPACKMAN, W. (1972): Methods in Peat Petrology and their Application to Reconstruction of Paleoenvironments. – Bull. Geol. Soc. America **83**: 129–142; New York. [689]
– – (1977): Phytogenetic organic sediments and sedimentary environments in the Everglades-mangrove complex. – Palaeontographica Abt. B, **162**: 71–114; Stuttgart. [689]
– – (1980): Phytogenetic organic sediments and sedimentary environments in the Everglades-mangrove complex of Florida. – Part III. The alteration of plant material in peats and the origin of coal macerals. – Palaeontographica Abt. B, **172**: 125–149; Stuttgart. [689]
COHEN, A. S. (1984): Effect of zoobenthic standing crop on laminae preservation in tropical lake sediment, Lake Turkana, East Africa. – J. Paleont., **58**: 499–510. [880]
COHEN, C. R. (1982): Model for a passive to active continental margin transition: implications for hydrocarbon exploration. – Bull. Amer. Assoc. Petrol. Geol., **66**: 708–718. [952]
COLACICCHI, R. (1959): Dicchi sedimentari del Flysch oligomio cenico della Sicilia Nord-orientale. – Ecl. geol. Helvet., **51**: 901–916. [830]
COLBURN, I. P. (1968): Grain fabrics in turbidite sandstone beds and their relationship to sole mark trends on the same beds. – J. Sediment. Petrol., **38**: 146–158. [146]
COLDEWEY, W. G. (1976) – Hydrogeologie, Hydrochemie und Wasserwirtschaft im mittleren Emschergebiet. – Mitt. Westfäl. Berggewerkschaftskasse, Bochum, **38**, 143 S. [2, 9]
COLE, R. D. & PICARD, M. D. (1981): Sulfur-isotope variations in marginal lacustrine rocks of the Green River Formation, Colorado and Utah. – In F. G. ETHRIDGE & R. M. FLORES (Hrsg.): Recent and Ancient Nonmarine depositional Environments Models for exploration. – Spec. Publ. Soc. Econ. Paleont. Mineral., **31**: 261–275. [460]
COLE, W. S. (1957): Foraminifera of the Cenozoic. – In: Paleoecology. – Geol. Soc. Amer. Memoir **67,2**: 757–762. [282]
COLELLA, A. & ZUFFA, G. G. (1984): Turbidite megabeds and debris flow deposits in the Albidona Formation (Early Oligocene – Early Miocene, Southern Apennines, Italy). – 5eme Congres Europ. Sédimentologie, Marseille, 116–117. [819]
COLEMAN, J. M. (1969): Brahmaputra River: channel processes and sedimentation. – Sed. Geol., **3**: 129–239. [870]
– (1976): Deltas: Processes of deposition and models for exploration. – Continuing Educ. Publ. Co., Champaign, IL., 102 S. [892–896]
COLEMAN, J. M. & GAGLIANO, S. M. (1965): Sedimentary structures: Mississippi river deltaic plain. – In MIDDLETON, G. V. (ed.): Primary Sedimentary Structures and their Hydrodynamic Interpretation. – Soc. Econ. Paleont. Mineral. Spec. Publ. **12**: 133–148. [890]
COLEMAN, J. M. & PRIOR (1982a): Deltaic environments of deposition. – In SCHOLLE, P. A. & SPEARING, D. (eds.): Sandstone Depositional Environments. – Amer. Assoc. Petrol. Geol. Mem. **31**: 139–178. [897]
– – (1982b): Deltaic Sand Bodies. – AAPG Short Course No. 15, 171 S. [897]
COLEMAN, J. M. & WRIGHT, L. D. (1975): Modern river deltas: variability of processes and sand bodies. – In BROUSSARD, M. L. (ed.); Deltas. Models for Exploration. – Houston Geol. Soc., 99–149. [892, 894]
COLINVAUX, L. H., WILBER, K. M. & WATABE, N. (1965): Tropical marine algae: growth in laboratory culture. – J. Phycol. **1**: 69–78. [271]
COLLAY, H. (1976): Classification and exploration guide for Kuroko-type deposits based on occurrences in Fiji. – Trans. Instn. Min. Metall., Sect. B, **85**: 190–199. [641]
COLLEY, H. & DAVIES, P. (1967): Ferroan and non-ferroan calcite cements in Pleistocene-Recent carbonates from the New Hebrides. – J. Sediment. Petrol., **39**: 554–558. [398]

COLLINSON, J. D. (1969): The sedimentology of the Grindslow Shales and the Kinderscout Grit: a deltaic complex in the Namurian of northern England. – J. Sediment. Petrol., **39**: 194–221. [896]
– (1970): Bedforms of the Tana-River, Norway. – Geogr. Ann., **52 A**: 31–56. [793]
– (1978): Alluvial sediments. – In READING, H. G. (ed.): Sedimentary environments and facies. – Blackwell Sci. Publ. Oxford etc., 15–60. [866, 870, 872, 873, 877, 878, 881]
COLLINSON, J. D. & BANKS, N. L. (1975): The Haslingden Flags (Namurian G_1) of south-east Lancashire: barfinger sands in the Pennine basin. – Proc. Yorksh. geol. Soc., **40**: 431–458. [894]
COLLINSON, J. D. & THOMPSON, D. B. (1982): Sedimentary Structures. – 194 S.; G. Allen & Unwin, London, Boston, Sydney. [790, 810, 829, 831/3]
COLOM, G. (1948): Fossil tintinnids: loricated Infusoria of the order of the Oligotricha. – J. Paleont., **22**: 233–263. [288]
COLTER, V. S. & EBBERN, J. (1978): The petrography and reservoir properties of some Triassic sandstones of the Northern Irish Sea Basin. – Jb. geol. Soc. Lond., **135**: 57–62. [175]
CONAGHAN, P. J., MOUNTJOY, E. W., EDGECOMBE, D. R., TALENT, J. A. & OWEN, D. E. (1976): Nubrigyn algal reefs (Devonian), eastern Australia: Allochthonous blocks and megabreccias. – Geol. Soc. Amer. Bull., **87**: 515–530. [86, 352, 356, 813]
CONGER, P. S. (1942): Accumulation of diatomaceous deposits. – J. Sediment. Petrol., **12**: 55–66. [513]
CONIL, R. & LYS, M. (1964): Materiaux pour l'étude micropaléontologique du Dinantien de la Belgique et de la France (Avesnois). Parties 1–2. Algues et Foraminifères. – Mem. Inst. Géol. Univ. Louvain, **23**: 1–296. [281]
CONLEY, C. D. (1977): Origin of distorted ooliths and pisoliths. – J. Sediment. Petrol., **47**: 554–564. [335]
CONLEY, R. F. & BUNDY, W. M. (1958): Mechanism of gypsification. – Geochim. Cosmochim. Acta, **15**: 57–72. [443]
CONNELL, J. H. (1978): Diversity in tropical rain forests and coral reefs. – Science, **199**: 1302–1310. [351]
CONOLLY, J. R. (1965): The occurrence of polycrystallinity and undulatory extinction in quartz in sandstones. – J. Sediment. Petrol., **35**: 116–135. [107]
CONOLLY, J. R. & EWING, M. (1966): Modern graded beds and turbidity currents: Case history. – Amer. Assoc. Petrol. Geol. Bull., **50**: 608–609. [137]
CONYBEARE, C. E. B. (1949): Stylolites in pre-Cambrian quartzite. – J. Geol., **57**: 83–85. [370]
– (1979): Lithostratigraphic Analysis of Sedimentary Basins. – 555 S.; Academic Press, New York, London, Toronto, Sydney, San Francisco. [960]
CONZE, R. (1984): Sedimentologische Typisierung der feinklastischen Gesteine des Ruhrkarbons. – Fortschr. Geol. Rheinld. u. Westf., **32**: 187–230; Krefeld. [788, 845, 872]
COOGAN, A. H. (1969): Recent and ancient carbonate cyclic sequences. – West Texas Geol. Soc. Sympos. on Cyclic Sedimentation, 1967: 5–16. [847, 929]
COOK, D. J., RANDAZZO, A. F. & SPRINKLE, C. L. (1985): Authigenic fluorite in dolomitic rocks of the Floridan aquifer. – Geology, **13**: 390–391, sowie Comment v. BODINE. – Geology, **14**: 189–190. [421]
COOK, H. E. (1979): Ancient continental slope sequences and their value in understanding modern slope development. – In DOYLE, L. J. & PILKEY, O. H. (eds.): Geology of Continental Slopes. – Soc. Econ. Paleont. Mineral. Spec. Publ. **27**: 287–305. [91, 941]
COOK, H. E. & EGBERT, R. M. (1983): Diagenesis of deep-sea carbonates. – In LARSEN, G. & CHILINGAR, G. V. (eds.): Diagenesis in Sediments and Sedimentary Rocks, 2, Devel. in Sedimentol. 25 B: 213–288. Elsevier, Amsterdam, Oxford, New York. [386]
COOK, H. E., FIELD, M. E. & GARDNER, J. V. (1982): Characteristics of sediments on modern and ancient continental slopes. – In SCHOLLE, P. A. & SPEARING, D. (eds.): Sandstone Depositional Environments. – Amer. Assoc. Petrol. Geol. Mem. **31**: 329–364. [932, 934]
COOK, H. E., MCDANIEL, P. N., MOUNTJOY, E. W. & PRAY, L. C. (1972): Allochthonous carbonate debris flows at Devonian bank („reef") margins, Alberta, Canada. – Bull. Canad. Petrol. Geol., **20**, 439–497. [71, 813]
COOK, H. E. & MULLINS, H. T. (1983): Basin margin environment. – In SCHOLLE, P. A., BEBOUT, D. G. & MOORE, C. H. (eds.): Carbonate Depositional Environments. – Amer. Assoc. Petrol. Geol. Mem. **33**: 540–617. [941]
COOK, P. J. (1976): Sedimentary Phosphate Deposits. – Handbook of strata-bound and stratiform ore deposits, chapter 11: 505–535; Elsevier, Amsterdam. [543, 566]
COOK, P. J. & MCELHINNY, M. W. (1979): A Reevaluation of the Spatial and Temporal Distribution of Sedimentary Phosphate Deposits in the Light of Plate Tectonics. – Econ. Geol., **74**: 315–330. [543, 555, 557]
COOK, P. J. & SHERGOLD, J. H. (1979): Proterozoic–Cambrian Phosphorites. – First International Field Workshop and Seminar held in Australia, August 1978 – Project 156 UNESCO-IUGS. The Australian National University, Bureau of Mineral Resources, Canberra. [558]
COOKE, C. W. (1957a): Echinoids. – In HEDGPETH, J. W. (ed.): Ecology. – Geol. Soc. Amer. Memoir **67**, 1: 1191–1192.
– (1957b): Echinoids of the Post-Paleozoic. – In LADD, H. S. (ed.): Paleoecology. – Geol. Soc. Amer. Memoir **67**, 2: 981–982. für 1957a und b: [317]
COOKE, R. U. & WARREN, A. (1973): Geomorphology in deserts. – Berkeley, Univ. California Press, 374 S. [882]
COOMBS, D. S. (1954): The nature and alteration of some Triassic sediments from Southland, New Zealand. – Royal Soc. New Zealand Trans., **82**: 65–109. [175, 778]
– (1960): Lower grade mineral facies in New-Zealand. – Report Intern. Geol. Congr., 21st Session, Part XIII: 339–351; Copenhagen. [722]
– (1961): Some recent work on the lower grades of metamorphism. – Austr. Journ. Sci. **24**: 203–215. [722]

DAHANAYAKE, K. & KRUMBEIN, W. E. (1985): Microbial structures in oolitic iron formations. – Miner. Deposita, **21**: 85–94; Heidelberg. [593, 600, 601]
DAHLKAMP, F. J. (1978): Classification of uranium deposits. – Miner. Deposita, **13**: 83–104; Berlin usw. [610, 612, 615]
– (1979a): Uranlagerstätten. – In: Gmelin Handbuch der anorganischen Chemie, Uran A 1: 280 S.; Berlin usw. (Springer). [609, 610, 612, 614, 615]
– (1979b): Die zeit- und schichtgebundenen Lagerstättenbildungen des Uran in der Erdgeschichte. – Schriftenr. GDMB, **33**: 79–100; Clausthal-Zellerfeld. [609, 610, 612, 615]
DAILLY, G. C. (1976): Pendulum effect and Niger delta prolific belt. – Amer. Assoc. Petrol. Geol. Bull., **60**: 1543–1575. [898]
DALEY, B. (1971): Diapiric and other deformational structures in an Oligocene argillaceous limestone. – Sed. Geol., **6**: 29–51. [830]
– (1973): Fluvio-lacustrine cyclothems from the Oligocene of Hampshire. – Geol. Mag., **110**: 235–242. [877]
DALINGWATER, J. E. (1973): Trilobite cuticle microstructure and composition. – Paleont. **16**: 827–839; London. [311]
– (1975a): Further observations on eurypterid cuticles. – Fossils and Strata, **4**: 271–279. [314]
– (1975b): SEM observations on the cuticles of some decapod crustaceans. – Zool. J. Linn. Soc., **56**: 327–330. [314]
DALRYMPLE, G. B. & LAMPHERE, M. A. (1969): Potassium-Argon Dating. – 258 pp.; Freemann, London. [221]
DALRYMPLE, R. W. (1979): Wave-induced liquefaction: a modern example from the Bay of Fundy. – Sedimentology, **26**: 835–844. [794, 812, 833]
– (1984): Morphology and internal structure of sandwaves in the Bay of Fundy. – Sedimentology, **31**: 365–382. [794]
DALRYMPLE, R. W., KNIGHT, R. J. & LAMBIASE, J. J. (1978): Bedforms and their hydraulic stability relationships in a tidal environment, Bay of Fundy, Canada. – Nature, **275**: 100–104. [789]
DALY, R. A. (1936): Origin of submarine „canyons". – Amer. J. Sci, 5th ser., **31**: 401–420. [818]
DAMOUR, A. (1852): Note sur la composition des millepores et de quelque corallinées. – Acad. sci. Paris, Comptes Rendus, **32**: 253–255; Paris. [253]
DAMUTH, J. E. (1977): Late Quaternary sedimentation in the western equatorial Atlantic. – Sedimentology, **26**: 825–834. [934, 936]
– (1979): Migrating sediment waves created by turbidity currents in the northern South China Basin. – Geology, **7**: 520–523. [785]
DAMUTH, J. E. & EMBLEY, R. W. (1979): Upslope flow of turbidity currents on the northwest flank of the Ceará Rise: western Equatorial Atlantic. – Sedimentology, **26**: 825–834. [819]
– – (1981): Mass-transport processes on Amazon cone: Western equatorial Atlantic. – Amer. Assoc. Petrol. Geol. Bull., **65**: 629–643. [816]
DAMUTH, J. E. & FLOOD, R. D. (1984): Morphology, sedimentation processes, and growth pattern of the Amazon deep-sea fan. – Geo-Marine Letters (Springer-Verlag), **3**: 109–117. [936]
DANA, J. D. (1851): On coral reefs and islands. – Amer. J. Sci., Ser II, **11**: 357–372. [384]
DANGEARD, L. et al. (1964): Figures et structures observées au cours du tassement des vases sous l'eau. – C. R. Acad. Sci. Paris. **258**: 5935–5938. [830]
D'ANGLEJAN, B. F. (1967): Origin of marine phosphorites off Baja California, Mexico. – Marine Geology, **5**: 15–44. [548]
D'ANS, J. (1933): Die Lösungsgleichgewichte der Systeme der Salze ozeanischer Salzablagerungen. – 254 S.; Kali-Forschungsanstalt, Berlin. Verl. Ges. f. Ackerbau. [441]
– (1947): Über die Bildung und Umbildung der Kalisalzlagerstätten. – Naturwissenschaften, **34**: 295–301. [441]
D'ANS, J. & KÜHN, R. (1940) Über den Bromgehalt von Salzgesteinen der Kalisalzlagerstätten. – Kali, **34**: 43–46, 59–64, 77–83. [441, 444, 468]
DAPPLES, E. C. (1967a): Diagenesis of sandstones. – In LARSEN, G. & CHILINGAR, G. V. (eds.): Diagenesis in Sediments. – 91–125. Devel. in Sedimentology **8**, Elsevier, Amsterdam u. s. w. [177]
– (1967b): Silica as an agent in diagenesis. – In LARSEN, G. & CHILINGAR, G. V. (ed.): Diagenesis in Sediments, 323–342. Devel. in Sedimentology **8**, Elsevier Publ. Co. [541]
DAPPLES, E. C. & ROMINGER, J. F. (1945): Orientation analysis of fine-grained clastic sediments: A report of progress. – J. Geol., **53**: 246–261. [146]
DARBY, D. A. (1982): Provenance of late Pleistocene coastal sands using trace elements in detrital Ilmenite. – Geol. Soc. Amer. Abstr. & Progr. **14**, 7: 472. [123]
DARRAGH, P. J., GASKIN, A. J. & SANDERS, J. V. (1976): Opals. – Sci. Am., **234**, 4: 84–95; New York. [523]
DARWIN, C. (1837): On certain areas of elevation and subsidence in the Pacific and Indian oceans, as deduced from the study of coral formations. – Proc. Geol. Soc. London, **2**: 552–554. [350]
DAVID, P. & VOGE, J. (1969): Propagation of Waves. – 329 S.; Pergamon Press, Oxford etc. [796]
DAVID, T. W. E. (1950): The geology of the Commonwealth of Australia, vol. 1. – 747 pp. Edward Arnold Co., London. [530]
DAVIDSON-ARNOTT, R. G. D. & GREENWOOD, B. (1974): Bedforms and structures associated with bar topography in the shallow-water wave environment, Kouchibouguac Bay, New Brunswick, Canada. – J. Sediment. Petrol., **44**: 698–704. [795]

– – (1976): Facies relationships on a barred coast, Kouchibouguac Bay, New Brunswick, Canada. – In DAVIS, R. A., Jr. & ETHINGTON, R. L. (eds.): Beach and Nearshore sedimentation. – Soc. Econ. Paleont. Mineral. Spec. Publ., **24**: 149–168. [909]

DAVIES, D. K., ALMON, W. R., BONIS, S. B. & HUNTER, B. E. (1979): Deposition and diagenesis of Tertiary – Holocene volcaniclastics, Guatemala. – In SCHOLLE, P. A. & SCHLUGER, P. R. (eds.): Aspects of Diagenesis. – Soc. Econ. Paleont. Mineral. Spec. Publ., **26**: 281–306. [175, 181]

DAVIES, G. R. (1970): Carbonate bank sedimentation, eastern Shark Bay, Western Australia. – Amer. Assoc. Petrol. Geol., Memoir, **13**: 85–168. [328]

– (ed.) (1975): Devonian Reef complexes of Canada. – Canad. Soc. Petrol. Geol., Reprint ser. 1, I, 229 S., II, 246 S. [433]

– (1977a): Former magnesian calcite and aragonite submarine cements in upper Paleozoic reefs of the Canadian Arctic: a summary. – Geology, **5**: 11–15; Boulder/Colorado. [255, 381, 398]

– (1977b): Turbidites, debris sheets, and truncation structures in Upper Paleozoic deep-water carbonates of the Sverdrup Basin, Arctic Archipelago. – In COOK, H. E. & ENOS, P. (eds.): Deep-Water Carbonate Environments. – Soc. Econ. Paleont. Mineral. Spec. Publ., **25**: 221–247. [939]

DAVIES, J. L. (1964): A morphogenic approach to world shorelines. – Z. Geomorph. N. F., **8**: 27–42. [900]

DAVIES, I. C. & WALKER, R. G. (1974): Transport and deposition of resedimented conglomerates: The Cap Enrage formation, Cambro-Ordovician, Gaspé, Quebec. – J. Sediment. Petrol., **44**: 1200–1216. [83]

DAVIES, P. J. & KINSEY, D. W. (1973): Organic and inorganic factors in Recent beach rock formation, Heron Island, Great Barrier Reef. – J. Sediment. Petrol., **43**: 59–81. [384]

DAVIES, P. J. & MARTIN, K. (1976): Radial aragonite ooids, Lizard Island, Great Barrier Reef, Queensland, Australia. – Geology, **4**: 120–122. [329]

DAVIES, T. A. & GORSLINE, D. S. (1976): Oceanic sediments and sedimentary processes. – In RILEY, J. P. & CHESTER, R. (eds.): Chemical Oceanography, 2. Ed., **5**: 1–80; Academic Press, London. [943]

DAVIES, T. A., HAY, W. W., SOUTHAM, J. R. & WORSLEY, T. R. (1977): Estimates of Cenozoic oceanic sedimentation rates. – Science, **197**: 53–55. [861]

DAVIES, T. A. & SUPKO, P. R. (1973): Oceanic sediments and their diagenesis: Some examples from deep-sea drilling. – J. Sediment. Petrol., **43**: 381–390. [414]

DAVIES, T. R. H. & TINKER, C. C. (1984): Fundamental characteristics of stream meanders. – Geol. Soc. Amer. Bull., **95**: 505–512. [784]

DAVIS, J. C. & SAMPSON, R. J. (1973): Statistics and data analysis in geology. – 550 S., J. Wiley & Sons, New York. [123]

DAVIS, R. A., Jr. (ed.) (1971): Coastal Sedimentary Environments. – 420 S., Springer, New York, Heidelberg, Berlin. [909]

– (1972): Comparison of ridge and runnel systems in tidal and non-tidal environments. – J. Sediment. Petrol., **42**: 413–421. [909]

– (1981): Littoral processes. – In DOTT, R. H. & BYERS, C. W. (conveners): SEPM research conference on modern shelf and ancient cratonic sedimentation – the orthoquartzite-carbonate suite revisited. – J. Sediment. Petrol., **51**: 340–341. [909, 915]

DAVIS, R. A., Jr. & ETHINGTON, R. L. (eds.) (1976): Beach and Nearshore Sedimentation. – Soc. Econ. Paleont. Mineral. Spec. Publ. **24**, 187 S. [907]

DAVIS, T. L. (1984): Seismic-stratigraphic facies models. – In WALKER, R. G. (ed.): Facies Models. – Geosci. Canada, Reprint Ser. 1, 311–317. [856]

DAWSON, E. Y. (1966): Marine botany: an introduction. – 371 S.; New York (Holt-Rinehart-Winston). [258]

DEAN, W. E., GARDNER, J. V., JANSA, L. F., ČEPEK, P. & SEIBOLD, E. (1978): Cyclic sedimentation along the continental margin of northwest Africa. – In LANCELOT, Y. et al.: Initial Repts. Deep Sea Drilling Project, **41**: 965–986. [941]

DEBRENNE, F. (1964): Archaeocyatha. Contribution à l'étude des faunes cambriennes du Maroc, de Sardaigne et de France. – Notes et Mem. Serv. Geol. du Maroc, **179**, vol. 1 et 2. [288]

DEENY, D. E. (1987): Central Irish geology/metallogeny: A lower Carboniferous rifting-related exhalative catastrophy? – Miner. Deposita, **22**: 116–123. [668]

DEER, W. A., HOWIE, R. A. & ZUSSMAN, J. (1963): Rockforming minerals. 5 Vol. – Longmans, Green & Co.; London. [12]

DEFFEYES, K. S., LUCIA, F. J. & WEYL, P. K. (1965): Dolomitization of Recent and Plio-Pleistocene sediments by marine evaporite waters on Bonaire, Netherlands Antilles. – In PRAY, L. C. & MURRAY, R. C. (eds.): Dolomitization and Limestone Diagenesis. – Soc. Econ. Paleont. Mineral. Spec. Publ., **13**: 71–88. [411]

DEFLANDRE, G. (1947): Calciodinellum nov. gen., premier représentant d'une famille nouvelle de Dinoflagellés fossiles à thèque calcaire. – C. r. hebd. Séanc. Acad. Sci., **224**: 1781–1782; Paris. [281]

– (1948): Les Calciodinellidés Dinoflagellés fossiles à thèque calcaire. – Botaniste, **34**: 191–219; Caen. [281]

DEGENS, E. T., DEUSER, W. G. & HAEDRICH, R. L. (1969): Molecular structure and composition of fish otoliths. – Marine Biol., **2**: 102–113. [320]

DEGENS, E. T. & ITTEKKOT, V. (1984): A new look at clay-organic interactions. – Mitt. Geol. Paläont. Inst. Univ. Hamburg, **56**: 229–248. [199]

DEGENS, E. T. & ROSS, D. A. (eds.) (1969): Hot Brines and Recent Heavy Metal Deposits in the Red Sea. – 600 pp., Springer, New York-Heidelberg-Berlin. [320, 573–575]

– – (1974): The Black Sea – geology, chemistry and biology. – Amer. Assoc. Petroleum Geol. Memoir **20**, 633 pp. [225]
DEGENS, E. T., STOFFERS, P., GOLUBIĆ, S. & DICKMAN, M. D. (1978): Varve chronology: estimated rates of sedimentation in the Black Sea deep basin. – In ROSS, D. A. & NEPROCHNOV, Y. P. et al. (eds.): Initial Rep. Deep Sea Drilling Proj., **42**, 2: 499–508. [849, 860]
DELISLE, G. (1980): Berechnungen zur raumzeitlichen Entwicklung des Temperaturfeldes um ein Endlager für mittel- und hochaktive Abfälle in einer Salzformation. – Z. dt. geol. Ges., **131**: 461–482. [446]
DELL, C. I. (1973): A special mechanism for varve formation in a glacial lake. – J. Sediment. Petrol., **43**: 838–840. [849]
DELMAS, M. R. (1974): L'étude de la diagenèse des sédiments carbonatés par l'utilisation des plaques ultra-minces. – Bull. Centr. Rech. Pau-SNPA, **8**: 95–109. [370]
– (1975): La formation et l'évolution des micrites et dolomicrites. – Bull. Centre Rech. Pau-SNPA, **9**: 77–97. [339]
DELOFFRE, R. & GÉNOT, P. (1982): Determination generique des Dasycladales du Cenozoique a l'actuel. – Symp. Int. Algues Fossiles. Bull. Cent. Rech. Explor.-Prod. Elf-Aquitaine, **4**: 545–556. [269]
DELVIGNE, J. (1983): Micromorphology of the alteration and weathering of pyroxenes in the Koua Bocca ultramafic intrusion, Ivory Coast, western Africa. – CNRS-Colloquium: Petrology of weathering and soils. Paris: Vol. **2**: 57–73. [25]
DELVIGNE, J., BISDOM, E. B. A., SLEEMAN, J. & STOOPS, G. (1979): Olivines, their pseudomorphs and secondary products. – Pedology, **29**: 247–309; Gent. [25]
DEMAISON, G. (1981): The generative basin concept. – In DEMAISON, G. & MURRIS, R. J. (eds.): Petroleum Geochemistry and Basin Evaluation. – Amer. Assoc. Petrol. Geol. Mem., **35**: 1–14. [960]
DENGLER, A. T. & WILDE, P. (1983): Turbidity currents generated by hurricane Iwa. – Geol. Soc. Amer. Abstr. & Progr., **15**, 556. [819]
DERBYSHIRE, E. (1983): Origin and characteristics of some Chinese loess at two locations in China. – In BROOKFIELD, M. E. & AHLBRANDT, T. S. (eds.): Eolian Sediments and Processes. – Devel. in Sedimentology **38**: 69–90. Elsevier, Amsterdam, Oxford, New York, Tokyo. [888]
DERKMANN, K. & KLEMM, D. D. (1977): Strata-bound kies-ore deposits in ophiolitic rocks of the „Tauernfenster" (Eastern Alps, Austria/Italy). – In KLEMM, D. D. & SCHNEIDER, H.-J. (Hrsg.): Time- and strata-bound ore deposits – A. MAUCHER – Festschrift: 305–313; Berlin u. s. w. (Springer). [643]
DEUBEL, F. (1929): Erläuterungen zur Geologischen Karte von Preußen und benachbarten deutschen Ländern, Lieferung 301: 1–139. Blatt Gräfenthal, Preuß. Geol. L. A. Berlin. [71]
DEUTLOFF, O., TEUCHMÜLLER, M., TEICHMÜLLER, R. & WOLF, M. (1980): Inkohlungsuntersuchungen im Mesozoikum des Massivs von Vlotho (Niedersächsisches Tektogen). – N. Jb. Geol. Paläont. Mh., **1980**: 321–341; Stuttgart. [729]
DEWALL, H. W. (1928): Geol.-bio. Studie über die Kieselgurlager der Lüneburger Heide. – Jb. Preuss. Geol. Landesanst., **49**: 641–684. [513]
DICKEY, P. A. (1969): Increasing concentration of subsurface brines with depth. – Chemical Geol., **4**: 361–370. [208]
– (1976): Abnormal formation pressure: Discussion. – Amer. Assoc. Petrol. Geol. Bull., **60**: 1124–1128. [7, 154, 156]
DICKINSON, G. (1953): Reservoir pressures in Gulf Coast Louisiana. – Amer. Assoc. Petrol. Geol. Bull., **37**: 410–432. [206]
DICKINSON, K. A. (1971): Grain size distribution and the depositional history of northern Padre Island, Texas. – U. S. Geol. Surv. Prof. Pap., **750 C**: 1–6. [911]
DICKINSON, W. R. (1970): Interpreting detrital modes of graywacke and arkose. – J. Sediment. Petrol., **40**: 695–707. [99]
– (1974a): Plate tectonics and sedimentation. – In DICKINSON, W. R. (ed.): Tectonics and Sedimentation. – Soc. Econ. Paleont. Mineral. Spec. Publ., **22**: 1–27. [950]
– (1974b): Subduction and oil migration. – Geology, **2**: 421–424. [950]
– (1979): Plate tectonics and hydrocarbon accumulation. – AAPG continuing Educ. Course Note Ser. No. 1: 1–62. [948–950, 957]
DICKINSON, W. R., BEARD, L. S., BRAKENRIDGE, G. R., ERJAVEC, J. L., FERGUSON, R. C., INMAN, K. F., KNEPP, R. A., LINDBERG, F. A., RYBERG, P. T (1983): Provenance of North American Phanerozoic sandstones in relation to tectonic setting. – Geol. Soc. Amer. Bull., **94**: 222–235. [102]
DICKINSON, W. R., HELMOLD, K. P. & STEIN, J. A. (1979): Mesozoic sandstones in central Oregon. – J. Sediment. Petrol., **49**: 501–516. [101, 110]
DICKINSON, W. R., OJAKANGAS, R. W. & STEWART, R. J. (1969): Burial metamorphism of the Late Mesozoic Great Valley Sequence, Cache Creek, California. – Geol. Soc. Amer. Bull., **80**: 519–526. [167]
DICKINSON, W. R. & SEELY, D. R. (1979): Structure and stratigraphy of forearc regions. – Amer. Assoc. Petrol. Geol. Bull., **63**: 2–31. [950, 954]
DICKINSON, W. R. & VALLONI, R. (1980): Plate tectonics and provenance of sands in modern ocean basins. – Geology, **8**: 82–86. [102]
DICKINSON, W. W. (1984): Oxygen isotope evidence for calcite equilibration in sandstones, Green River Basin, Wyoming. – Geol. Soc. Amer. Abstr. & Progr., **16**, 6: 488. [149]

DICKSON, J. A. D. (1966): Carbonate identification and genesis as revealed by staining. – J. Sediment. Petrol., **36**: 491–505; Tulsa. [241]

DICKSON, J. A. D. & COLEMAN, M. L. (1980): changes in carbon and oxygen isotope composition during limestone diagenesis. – Sedimentology, **27**: 107–118. [381, 387]

DIDYK, B. M., SIMONEIT, B. R. T., BRASSELL, S. C. & EGLINGTON, G. (1978): Organic geochemical indicators of paleoenvironmental conditions of sedimentation. – Nature, **272**: 216–222. [225]

DIELEMAN, P. J. & RIDDER, N. A. DE. (1964): Studies of salt and water movement in the Bol Guini Polder, Chad Republic. – Int. Inst. for Land Reclamation and Improvement, Wageningen Bull., **5**: 1–40. [879]

DIERSCHE, V. (1980): Die Radiolarite des Oberjura im Mittelabschnitt der Nördlichen Kalkalpen. – Geotekt. Forsch., **58**, 217 S. [528, 529]

DIESSEL, C. F. K. (1985): A modified Schapiro-Gray System for the calculation of coke stabilities for Bulli coal. – Pers. Mitteilung. [701]

DIESSEL, C. F. K. & OFFLER, R. (1975): Change in physical properties of coalified and graphitised phytoclasts with grade of metamorphism. – N. Jb. Miner. Mh., **1975**: 11–26; 8 Stuttgart. [722]

DIETRICH, G. & KALLE, K. (1965): Allgemeine Meereskunde. – 2. Aufl., 492 S.; Gebr. Borntraeger, Berlin-Stuttgart. [785, 796, 798]

DIETRICH, P. G. (1981): Die Porenwässer rezenter und subrezenter Sedimente – eine Übersicht. – Freiberger Forschungsh. C 358, 148 S. [5, 6]

DIETZ, V. (1973): Experiments on the influence of transport on shape and roundness of heavy minerals. – Contrib. to Sedimentol., **1**: 69–102; Stuttgart. [122, 125]

DILKS, A. & GRAHAM, S. C. (1985): Quantitative mineralogical characterization of sandstones by back-scattered electron image analysis. – J. Sediment. Petrol., **55**: 347–355. [113]

DILL, H. (1985): Die Vererzung am Westrand der Böhmischen Masse. – Geol. Jb., **D 73**: 461 S.; Hannover. [643, 647]

DILLER, J. S. (1890): Sandstone dikes. – Bull. Geol. Soc. Amer., **1**: 411–442. [830]

DILLO, H.-G. (1960): Sandwanderungen in Tideflüssen. – Mitt. Franzius Inst. Grund–Wasserbau, T. H. Hannover, **17**: 135–253. [793]

DIMROTH, E. (1978): Cherty iron formation. In FAIRBRIDGE, R. W. & BOURGEOIS, J. (eds.): The Encyclopedia of Sedimentology. – Dowden, Hutchinson & Ross Inc., Stroudsburg, Pennsylv., 124–125. [524, 525]

DIN 22020: Mikroskopische Untersuchungen an Steinkohle, Koks und Bricketts. – Entwurf April 1981. [Kap. 11]

DIONNE, J.-C. (1973): Monroes: a type of so-called mud volcanoes in tidal flats. – J. Sediment. Petrol., **43**: 848–856. [901]

DIXON, J. B. & WEED, S. B. (eds.) (1977): Minerals in Soil Environments. – Soil Science Society of America, Madison, Wisconsin, USA; 948 pp. [13]

DOBKINS, J. E. & FOLK, R. L. (1970): Shape development on Tahiti-Nui. – J. Sediment. Petrol., **40**: 1167–1203. [79]

DODD, J. R. (1965): Environmental control of strontium and magnesium in Mytilus. – Geochim. Cosmochim. Acta, **29**: 383–398; London. [252, 305]

– (1967): Magnesium and strontium in calcareous skeletons: A review. – J. Paleont., **41**: 1313–1329. [251]

DODGE, C. F. (1965): Genesis of an upper Cretaceous offshore bar near Arlington, Texas. – J. Sediment. Petrol., **35**: 22–44. [146]

DOE, T. W. & DOTT, R. H., Jr. (1980): Genetic significance of deformed cross bedding – with examples from the Navajo and Weber sandstones of Utah. – J. Sediment. Petrol., **50**: 793–812. [833]

DOEGLAS, D. J. (1946): Interpretation of the results of mechanical analyses. – J. Sediment. Petrol., **16**: 19–40. [134]

– (1950): De interpretatie van Korrelgrootteanalysen I–V. – Verh. Geol. Mijnb. Gen., Geol. Ser., **15**: 247–328. [139]

– (1962): The structure of sedimentary deposits of braided rivers. – Sedimentology, **1**: 167–190. [81, 82]

– (1968): Grain-size indices, classification and environment. – Sedimentology, **10**: 83–100. [128, 129, 138]

DÖRJES (1971): Der Golf von Gaeta (Tyrrhenisches Meer) IV. Das Makrobenthos und seine küstenparallele Zonierung. – Senckenbergiana marit., **3**: 203–246. [914]

DÖRJES, J. & HERTWECK, G. (1975): Recent biocenoses and ichnocenoses in shallow-water marine environments. – In FREY, R. W. (ed.): The Study of Trace Fossils, 460–490: Springer, Berlin, Heidelberg, New York. [838, 909, 914]

DOMACK, E. W., ANDERSON, J. B. & KURTZ, D. D. (1980): Clast shape as an indicator of transport and depositional mechanisms in glacial marine sediments: George V Continental Shelf, Antarctica. – J. Sediment. Petrol., **50**: 813–820. [889]

DONEGAN, D. & SCHRADER, H. (1981): Modern analogues of the Miocene diatomaceous Monterey Shale of California: Evidence from sedimentologic and micropaleontologic study. – In GARRISON, R. E. DOUGLAS, R. G. (eds.): The Monterey Formation and Related Siliceous Rocks of California. – 149–157.; Soc. Econ. Paleont. Mineral., Spec. Section. [528]

DONNELLY, T. W. (1982): Worldwide continental denudation and climatic deterioration during the late Tertiary: Evidence from deep-sea sediments. – Geology, **10**: 451–454. [942]

DONNER, J. & NORD, A. G. (1985): Carbon and oxygen stable isotope values in shells of Mytilus edulis and Modiolus

modiolus from Holocene raised beaches at the outer coast of the Varanger peninsula, North Norway. – Pal. Pal. Pal., 56: 35–50. [305]

Donovan, R. N. & Foster, R. J. (1972): Subaqueous shrinkage cracks from the Caithness Flagstone series (Middle Devonian) of northeast Scotland. – J. Sediment. Petrol. 42: 309–317. [830]

Donovan, T. J., Forgey, P. L. & Roberts, A. A. (1979): Aeromagnetic detection of diagenetic magnetite over oil fields. – Amer. Assoc. Petrol Geol. Bull., 63: 245–248. [170]

Donovan, T. J., Friedman, I. & Gleason, J. D. (1974): Recognition of petroleum-bearing traps by unusual isotopic compositions of carbonate-cemented surface rocks. – Geology, 2: 351–354. [169]

Dorobek, S. L. (1987): Petrography, Geochemistry, and Origin of Burial Diagenetic Facies, Siluro-Devonian Helderberg Group (Carbonate Rocks), Central Appalachians. – A. A. P. G. Bull., 71: 492–514. [244]

Dort, W., Jr. & Dort, D. S. (1970): Low temperature origin of sodium sulfate deposits, particularly in Antarctica. – In Rau, J. L. & Dellwig, L. F. (eds.): Third Sympos. Salt, Cleveland, Northern Ohio Geol. Soc., 1: 181–203. [479]

Dott, R. H., Jr. (1973): Paleocurrent analysis of trough cross stratification. – J. Sediment. Petrol., 43: 779–783. [792]

– (1974): The geosynclinal concept. – In Dott, R. H., Jr. & Shaver, R. H. (eds.): Modern and Ancient Geosynclinal Sedimentation. – Soc. Econ. Paleont. Mineral. Spec. Publ., 19: 1–13. [946]

– (1983): Episodic sedimentation – how normal is average? How rare is rare? Does it matter? – J. Sediment. Petrol., 53: 5–23. [801, 860]

Dott, R. H., Jr. & Bourgeois, J. (1982): Hummocky stratification: Significance of its variable bedding sequences. – Geol. Soc. Amer. Bull., 93: 663–680. [800, 801]

Dott, R. H., Jr., Byers, C. W., Fielder, G. W., Stenzel, S. R. & Winfree, K. F. (1986): Aeolian to marine transition in Cambro-Ordovician cratonic shelf sandstones of the northern Mississippi valley, U. S. A. – Sedimentology, 33: 345–367. [882, 884/5]

Douglas, R. G. & Savin, S. M. (1975): Oxygen and carbon isotope analyses of Tertiary and Cretaceous microfossils from Shatsky Rise and other sites in the North Pacific. – In Larson, R. L., Moberly, R. et al. (eds.): Init. Rep. Deep Sea Drill. Proj., 32: 509–521; Washington. [534]

Doyle, L. J., Pilkey, O. H. & Woo, C. C. (1979): Sedimentation on the eastern United States continental slope. – In Doyle, L. J. & Pilkey, O. H. (eds.): Geology of Continental Slopes. – Soc. Econ. Paleont. Mineral. Spec. Publ., 27: 119–129. [934]

Dragstan, O. (1985): Review of Tethyan Mesozoic Algae of Romania. – In Toomey, D. F. & Nitecki, M. H. (ed.): Paleoalgology. Contemporary Research and Applications. – 101–161; Berlin-Heidelberg (Springer). [262]

Dravis, J. J. (1979): The sedimentology and diagenesis of the Upper Cretaceous Austin Chalk Formation, South Texas and Northern New Mexico. – Unpubl. PhD thesis, Rice University, Houston, Texas, 513 S. [367]

Dravis, J. J. & Yurewicz, D. A. (1985): Enhanced carbonate petrography using fluorescence microscopy. – J. Sediment. Petrol., 55: 795–804. [375, 380, 406]

Dreimanis, A. (1976): Tills: their origin and properties. – In Legget, R. F. (ed.): Glacial Till. – Royal Soc. Can. Spec. Publ., 12: 11–49. [887]

– (1979): The problems of waterlain tills. – In Schluchter, C. (ed.): Moraines and Varves. – 167–178; Balkema, Rotterdam. [887]

Drever, J. I. (1974): Geochemical model for the origin of Precambrian banded iron formations. – Geol. Soc. Amer. Bull., 85: 1099–1106. [525]

– (ed.) (1985): The Chemistry of Weathering. – NATO ASI Series C: Mathematical and Physical Sciences, 149, 324 S. [13]

Driscol, E. G. (1967): Experimental field study of shell abrasion. – J. Sed. Petrol., 37: 1117–1123. [345]

Drong, H. J. (1959): Zur Petrographie des Rotliegend-Eruptivs der Bohrung Weyhausen Z 1. – Geol. Rdsch., 48: 55–65. [110]

– (1965): Die Schwerminerale des Dogger beta und ihre diagenetischen Veränderungen. – Vortr., Dt. miner. Ges., Hannover. [128]

– (1979): Diagenetische Veränderungen in den Rotliegend-Sandsteinen im NW-Deutschen Becken. – Geol. Rundschau, 68: 1172–1183. [156, 174, 176]

Drong, H. J., Plein, E., Sannemann, D., Schuepbach, M. & Zimdars, J. (1982): Der Schneverdingen-Sandstein des Rotliegenden – eine äolische Sedimentfüllung alter Grabenstrukturen. – Z. dt. geol. Ges., 133: 699–725. [159, 884]

Dronkert, H. (1985): Evaporite Models and Sedimentology of Messinian and Recent Evaporites. – GUA Papers of Geology, Series 1, 24, 283 S. [449, 453, 470]

Droxler, A. W. & Schlager, W. (1985): Glacial versus interglacial sedimentation rates and turbidite frequency in the Bahamas. – Geology, 13: 799–802. [934]

Droxler, A. W., Schlager, W. & Whallon, C. C. (1983): Quaternary aragonite cycles and oxygen-isotope record in Bahamian carbonate ooze. – Geology, 11: 235–239. [844]

Droz, L. & Bellaiche (1985): Rhone deep-sea fan: Morphostructure and growth pattern. – Amer. Assoc. Petrol. Geol. Bull., 69: 460–479. [936]

Drummond, J. M. (1964): An appraisal of fracture porosity. – Bull. Canad. Petr. Geol., 12: 226–245. [430]

Dryssen, D. & Hallberg, R. (1979): Anoxic sediment reactions – a comparison between box experiments and a reducing fjord investigation. – Chem. Geol. 24: 151–159. [239]

Duda, L. E. & Pitman, J. K. (1981): Preliminary pore structure analysis of tight sandstones using computer-processed photomicrographs. – Abstr., Amer. Assoc. Petrol. Geol. Bull., **65**: 558–559. [150]

Dudich, E. (1931): Systematische und biologische Untersuchungen über die Kalkeinlagerungen des Crustaceenpanzers in polarisiertem Licht. – Zoologica **30**: 154 pp.; Stuttgart. [314]

Duerden, J. E. (1902): Boring algae as agents in the disintegration of corals. – Bull. Am. Mus. Nat. Hist., **16**: 323–332. [345]

Dürkoop, A., Richter, D. K. & Stritzke, R. (1986): Fazies, Alter und Korrelation der triadischen Rotkalke von Epidauros, Adhami und Hydra (Griechenland). – Facies **14**: 105–150; Erlangen. [308, 388, 422]

Duff, P. McL. D., Hallam, A. & Walton, E. K. (1967): Cyclic Sedimentation. – Dev. in Sedimentology, **10**, 280 pp.; Elsevier, Amsterdam. [846]

Duff, P. McL. D. & Walton, E. K. (1962): Statistical basis for cyclothems: A quantitative study of the sedimentary succession in the East Pennine Coalfield. – Sedimentology, **1**, 235–255. [846]

Duke, W. L. (1982): Hummocky cross-stratification, tropical hurricanes, and intense winter storms. – Geol. Soc. Amer. Abstr. & Progr., **14**, 7: 478. [801]

– (1985): Hummocky cross-stratification, tropical hurricanes, and intense winter storms. – Sedimentology, **32**: 167–194. [801]

Dullo, W.-C. (1982): Zur Diagenese aragonitischer Strukturen am Beispiel rezenter und pleistozäner Korallenriffe des Roten Meeres. – Natur u. Mensch, Naturhistor. Ges. Nürnberg, 109–115. [372]

– (1983): Fossildiagenese im miozänen Leitha-Kalk der Paratethys von Österreich: Ein Beispiel für Faunenverschiebungen durch Diageneseunterschiede. – Facies, **8**: 1–112; Erlangen. [277, 307, 346, 372]

Dumitrica, P. (1970): Cryptocephalic and cryptothoracic Nassellaria in some Mesozoic deposits of Romania. – Rev. Roum. Geol. Geophys. Geogr. – Ser. de Geologie, **14**, 1: 45–124; Bukarest. [507]

Duncan, J. R. & Kulm, L. D. (1970): Mineralogy, provenance, and dispersal history of late Quaternary deep-sea sands in Cascadia basin and Blanco fracture zone off Oregon. – J. Sediment. Petrol., **40**: 874–887. [99]

Dunham, R. J. (1962): Classification of carbonate rocks according to depositional texture. – In Ham, W. E. (ed.): Classification of carbonate rocks. – Amer. Assoc. Petrol. Geol. Memoir, **1**: 108–121. [337]

– (1969): Vadose pisolite in the Capitan Reef (Permian), New Mexico and Texas. – In Friedman, G. M. (ed.): Depositional Environments in Carbonate Rocks. – Soc. Econ. Paleont. Mineral. Spec. Publ. **14**: 182–191. [362]

Dunkel, E. (Foto) [378]

Dunlop, J. S. R. & Groves, D. I. (1978): Archean evaporitic sulfates from the North Pole barite deposits, Pilbara Block, Western Australia. – Econ. Geol., **73**: 1390–1391; Lancaster, Pa. [673]

Dunning, F. W., Mykura, W. & Slater, D. (Hrsg.) (1982): Mineral deposits of Europe, 2. Southeast Europe. – 304 S., London (Instn. Min. Metallurg. & Miner. Soc.). [606]

Dunnington, H. V. (1954): Stylolite development post-dates rock induration. – J. Sediment. Petrol., **24**: 27–49. [371]

– (1958): Generation, migration, accumulation, and dissipation of oil in Northern Iraq. – In Weeks, L. G. (ed.): Habitat of Oil. – Amer. Assoc. Petrol. Geol., 1194–1251. [433]

– (1967): Aspects of diagenesis and shape change in stylolitic limestone reservoirs. – World Petrol. Congr., Proc., 7th, Mexico, **2**: 339–352. [370]

Dunoyer de Segonzac, G. (1969): Les minéraux argileux dans la diagenèse; passage au métamorphism. – Mém. Serv. Carte géol. Als. Lorr., **29**, 320 S. [182]

– (1970): The transformation of clay minerals during diagenesis and low-grade metamorphism: a review. – Sedimentology, **15**: 281–346. [209, 211, 212]

Dunoyer de Segonzac, G., Ferrero, J. & Kubler, B. (1968): Sur la cristallinité de l'illite dans la diagenèse et l'anchimetamorphisme. – Sedimentology, **10**: 121–136. [211]

Durand, B. (1975): Indices optiques, potentiel pétrolier et histoire thermique de sédiments. – In Alpern, B. (ed.): Petrographie e la Matière Organique des Sédiments, Relations avec la Paléotempérature et le Potentiel Pétrolier. – Éd. centr. Nat. Recherche Sci., Paris, 205–215. [728]

Durand, M. (1975): Nature des colorations violettes et vertes de certains grès triasiques. – C. R. Acad. Sci. Paris, **280**: 2737–2739. [170]

Dury, G. H. (1969): Hydraulic geometry. – In Chorley, R. J. (ed.): Introduction to Fluvial Processes. – Univ. Paperback **407**: 146–156; Methuen & Co, London. [783]

Dury, G. H. & Habermann, G. M. (1978): Australian silcretes and Northern-Hemisphere correlatives. – In Langford-Smith, T. (ed.): Silcrete in Australia. – Univ. of New England Press, Australia, 223–259. [516, 517]

Dutta, P. K. (1981): Early authigenetic clay minerals in sandstones as paleoclimatic indicators. – Geol. Soc. Amer. Abstr. & Progr., **13**, 7: 443. [173]

– (1983): In search of the origin of cement in siliciclastic sandstones: An isotopic approach. – Geol. Soc. Amer. Abstr. & Progr., **15**: 564. [173]

Dutta, P. K. & Suttner, L. J. (1986): Alluvial sandstone composition and paleoclimate, II. Authigenic mineralogy. – J. Sediment. Petrol., **56**: 346–358. [173]

Dutton, A. R. (1981): Mass transport through hydrogeologic facies in the unsaturated zone. – Geol. Soc. Amer. Abstr. & Progr., 443. [173]

Dutton, S. P. & Land, L. S. (1985): Meteoric burial diagenesis of Pennsylvanian arkosic sandstones, southwestern Anadarko Basin, Texas. – Amer. Assoc. Petrol. Geol. Bull., **69**: 22–38. [160]

Dżulyński, S. (1963): Polygonal structures in experiments and their bearing upon some periglacial phenomena. – Bull. Acad. Polonaise des Sciences, **11**: 145–150. [888]

Dżułyński, S. & Kotlarczyk, J. (1962): On load-casted ripples. – Ann. Soc. Geol. Pologne, **32**: 148–159. [834]
Dżułyński, S. & Sanders, J. E. (1959): Bottom marks on firm lutite substratum underlying turbidite beds (Abstr.). – Bull. Geol. Soc. Amer., **70**, 1594. [827]
Dżułyński, S. & Sass-Gustkiewicz, M. (1985): Hydrothermal karst phenomena as a factor in the formation of Mississippi Valley-Type deposits. – In Wolf, K. H. (ed.): Handbook of strata-bound and stratiform ore deposits. Vol. **13**: 391–439. [668]
Dżułyński, S. & Smith, A. J. (1963): Convolute lamination, its origin, preservation, and directional significance. – J. Sediment. Petrol., **33**: 616–627. [833]
Dżułyński, S. & Walton, E. K. (1965): Sedimentary features of flysch and greywackes. – Dev. in Sedimentology, **7**, 274 pp.; Elsevier Publ. Co., Amsterdam. [818, 819, 824–827, 830, 958]

Eardley, A. J. (1938): Sediments of the Great Salt Lake, Utah. – Bull. Amer. Assoc. Petrol. Geol., **22**: 1305–1411. [324]
– (1962): Gypsum dunes and evaporite history of the Great Salt Lake desert. – Utah Geol. and Mineral. Surv., Spec. Stud., **2**: 1–27. [260, 264, 482]
Earley, J. W., Brindley, G. W., McVeagh, W. J. & van den Heuvel, R. C. (1956): A regularly interstratified montmorillonite-chlorite. – Am. Miner., **41**: 258–267. [190]
Ebanks, W. J. Jr., Bubb, J. N. & Stanvac, P. T. (1975): Holocene carbonate sedimentation, Malecumbe Keys tidal bank, South Florida. – J. Sediment. Petrol., **45**: 422–439. [341]
ECE (1988): International Codification System for medium and high rank coals. – Economy Commission for Europe, United Nations, New York. [696]
Echle, W. & Gussone, R. (1985): Das Trias-Dreieck der Nordeifel und seine Erzvorkommen. – Fortschr. Miner. **63**, Beih. 2: 25–38; Stuttgart. [654, 655]
Echterhoff, H. & Mackowsky, M.-Th. (1960): Untersuchungen über die Vorgänge im Koksofen. – Glückauf, **69**: 618–626. [726]
Eckhardt, F. E. W. (1985): Solubilization, Transport, and Deposition of Mineral Cations by Microorganisms – Efficient Rock Weathering Agents. – in Drever, J. J. (ed.): The chemistry of weathering. – NATO ASI Series C, Vol. 149: 161–174. [17]
Eckhardt, F. J. (1958): Über Chlorite in Sedimenten. – Geol. Jb., **75**: 437–474. [211]
Econ. Geol. (1973): Precambrian iron-formations of the world. – Econ. Geol., **68**: 913–1179; Lancaster, Pa. [591]
Edelman, C. H. (1933): Petrologische provincies in het Nederlandse Kwartair. – Diss. Amsterdam. [124]
Edmond, J. M., Damm, K. L. von, McDuff, R. E. & Measures, C. I. (1982): Chemistry of hot springs on the East Pacific Rise and their effluent dispersal. – Nature, **297**: 187–191. [4, 5, 512]
Edmond, J. M., Measures, C., McDuff, R. E., Chan, L. H., Collier, R., Grant, B., Gordon, L. I. & Corliss, J. B. (1979): Ridge crest hydrothermal activity and the balances of the major and minor elements in the ocean: the Galapagos data. – Earth & Planetary Sci. Letters, **46**: 1–18. [512]
Edwards, M. B. (1975): Glacial retreat sedimentation in the Smalfjord Formation, Late Precambrian, North Norway. – Sedimentology, **22**: 75–94. [885]
– (1976): Growth faults in Upper Triassic deltaic sediments, Svalbard. – Amer. Assoc. Petrol. Geol. Bull., **60**: 341–355. [809, 810]
– (1978): Glacial environments. – In Reading, H. G. (ed.): Sedimentary Environments and Facies. – Blackwell Sci. Publ., Oxford, London, Edinburgh, Melbourne, 416–438. [71, 887, 889, 890]
– (1981a): Diagenetic and sedimentologic explanation for high seismic velocity and low porosity in Mesozoic-Tertiary sediments, Svalbard region: Discussion. – Amer. Assoc. Petrol. Geol. Bull., **65**: 2437–2440 (mit Entgegnung von Elverhoi). [163]
– (1981b): Upper Wilcox Rosita delta system of South Texas: Growth-faulted shelf-edge deltas. – Amer. Assoc. Petrol. Geol. Bull., **65**: 54–73. [810]
Edzwald, J. K. & O'Melia, C. R. (1975): Clay distributions in Recent estuarine sediments. – Clays Clay Minerals, **23**: 39–44. [201]
Eganov, E. A. (1979): The role of cyclic sedimentation in the formation of phosphorite deposits. – In Cook, P. J. & Shergold, J. H. (ed.): Proterozoic-Cambrian Phosphorites-Symposium; Proj. 156 of UNESCO-IUGS, Canberra/Australia. 22–26. [559, 560]
Eggleton, R. A. (1984): Formation of iddingsite rims on olivine: a transmission electron microscope study. – Clays and Clay Minerals; **32**: 1–11. [24, 25]
Eggleton, R. A. & Keller, J. (1982): The palagonitization of limburgite glass – a TEM study. – N. Jb. Miner. Mh. **1982**: 289–311. [24, 774]
Eggleton, R. A. & Bailey, S. W. (1967): Structural aspects of dioctahedral chlorite. – Am. Miner., **52**: 673–689. [190]
Ehrenberg, C. G. (1936): Über mikroskopische neue Charaktere der erdigen und derben Mineralien. – Annln. Phys., **39**: 101–106. [278]
Ehrenberg, H., Pilger, A., Schlöder, F., Goebel, E. & Wild, K. (1954): Das Schwefelkies-Zinkblende-Schwerspatlager von Meggen (Westfalen). – Monogr. dt. Blei-Zink-Erzlagerst., 7: – Beih. geol. Jb., **12**: 352 S.; Hannover. [673]
Ehrlich, R. & Weinberg, B. (1970): An exact method for characterization of grain shape. – J. Sediment. Petrol., **40**: 205–212. [141]

EHRMANN, W. U. & THIEDE, J. (1985): History of Mesozoic and Cenozoic sediment fluxes to the North Atlantic Ocean. – Contrib. to Sedimentology **15**, 109 S.; Schweizerbart, Stuttgart. [860, 862, 942, 943]
EICHENTOPF, H. (1987): Die Verformung von Sedimenten unterschiedlichen Lithifizierungsgrades im östlichen Rheinischen Schiefergebirge vor und während der Faltung. – Bochumer geol. geotechn. Arb., **26**, 234 S. [370, 539, 957]
EICHLER, J. (1967): Das physikalisch-chemische Milieu bei der Verwitterung von Itabiriten in Minas Gerais/Brasilien. – Chem. d. Erde, **26**: 119–132. [58]
– (1976): Origin of the Precambrian banded iron-formations. – In WOLF, K. H. (Hrsg.): Handbook of strata-bound and stratiform ore deposits. – **7**: 157–201; Amsterdam usw. (Elsevier). [592, 594, 596, 598]
EINSELE, G. (1960): Schrägschichtung im Raumbild und einfache Bestimmung der Schüttungsrichtung. – N. Jb. Geol. Paläont., Mh., 546–559. [792]
– (1963): „Convolute bedding" und ähnliche Sedimentstrukturen im rheinischen Oberdevon und anderen Ablagerungen. – N. Jb. Geol. Paläont., Abh., **116**: 162–198. [831, 833]
– (1977): Range, velocity, and material flux of compaction flow in growing sedimentary sequences. – Sedimentology, **24**: 639–655. [4]
– (1982): Mass physical properties of Pliocene to Quaternary sediments in the Gulf of California. – Deep Sea Drilling Project Leg 64. (vol. 64), 529–542. [537]
– (1982a): General remarks about the nature, occurrence, and recognition of cyclic sequences (periodites). – In EINSELE, G. & SEILACHER, A. (eds.): Cyclic and Event Stratification, 3–7. – Springer-Verlag Berlin, Heidelberg, New York. [849]
– (1982b): Limestone-marl cycles (periodites): Diagnosis, significance, causes – a review. – In EINSELE, G. & SEILACHER, A. (eds.): Cyclic and Event Stratification, 8–53. Springer-Verlag Berlin, Heidelberg, New York. [841–844, 846, 849, 850]
– (1983): Mechanismus und Tiefgang der Verwitterung bei mesozoischen Ton- und Mergelgesteinen. – Z. dt. geol. Ges., **134**: 289–315. [14, 15]
– (mdl. Mitt.) [366]
EINSELE, G. & KELTS, K. (1982): Pliocene and Quaternary mud turbidites in the Gulf of California: Sedimentology, mass physical properties and significance. – In CURRAY, J. R., MOORE, D. G., et al. (eds.): Initial Reports of DSDP, **64**, 2: 511–528. [153, 820, 824]
EINSELE, G. & RAD, U. v. (1979): Facies and paleoenvironment of Lower Cretaceous sediments at DSDP Site 397 and in the Aaiun basin (Northwest Africa). – In v. RAD, U., RYAN, W. B. F., et al.: Initial Rep. Deep Sea Drill. Proj., **47**, 1: 559–577. [239]
EINSELE, G. & SEILACHER, A. (1982): Paleogeographic significance of tempestites and periodites. – In EINSELE, G. & SEILACHER, A. (eds.): Cyclic and Event Stratification. 531–536. – Springer-Verlag Berlin, Heidelberg, New York. [786, 801, 842, 849, 854]
EISBACHER, G. H. (1970): Contemporaneous faulting and clastic intrusions in the Quirke Lake Group, Elliot Lake, Ontario. – Canad. J. Earth. Sci., **7**: 215–225. [830]
EISBACHER, G. H., CARRIGY, M. A. & CAMPBELL, R. B. (1974): Paleodrainage pattern and late-orogenic basins of the Canadian Cordillera. – In DICKINSON, W. R. (ed.): Tectonics and Sedimentation. – Soc. Econ. Paleont. Mineral. Spec. Publ., **22**: 143–166. [957]
EISMA, D., MOOK, W. G. & DAS, H. A. (1976): Shell characteristics, isotopic composition and trace element contents of some euryhaline molluscs as indicators of salinity. – Palaeogeogr., Palaeoclimatol., Palaeoecol., **19**: 39–62, Amsterdam. [305]
EKDALE, A. A., BROMLEY, R. G. & PEMBERTON, S. G. (1984): Ichnology. Trace Fossils in Sedimentology and Stratigraphy. – SEPM Short Course No. 15, 317 S. [838, 839]
Elf-Aquitaine (1975, 1977): Essai de Caractérisation Sédimentologique des Dépôts Carbonatés. 1) Eléments d'analyse (1975), 2) Eléments d'interprétation (1977). – Elf-Aquitaine, Centr. Rech. Boussens et Pau, 173 bzw. 231 S. [338]
ELLIOTT, G. F. (1962): More microproblematica from the Middle East. – Micropaleontology, **8**: 29–44. [324]
– (1973): A Miocene solenoporoid alga showing reproductive structures. – Palaeontology **16**: 223–230. [277]
ELLIOTT, R. E. (1965): A classification of subaqueous sedimentary structures based on rheological and kinematical parameters. – Sedimentology, **5**: 193–209. [788, 830]
ELLIOTT, T. (1974a): Abandonment facies of high-constructive lobate deltas, with an example from the Yoredale Series. – Proc. Geol. Ass., **85**: 359–365. [895]
– (1974b): Interdistributary bay sequences and their genesis. – Sedimentology, **21**: 611–622. [892]
– (1975): The sedimentary history of a delta lobe from a Yoredale (Carboniferous) cyclothem. – Proc. Yorksh. geol. Soc., **40**: 505–536. [895]
– (1976a): Upper Carboniferous sedimentary cycles produced by river-dominated, elongate deltas. – J. Geol. Soc. (Lond.), **132**: 199–208. [896]
– (1976b): The morphology, magnitude and regime of a Carboniferous fluvial-distributary channel. – J. Sediment. Petrol., **46**: 70–76. [872, 873, 896]
– (1978): Deltas. – In READING, H. G. (ed.): Sedimentary Environments and Facies, 97–142. – Blackwell Sci. Publ. [893, 894, 896–898, 908, 909, 911, 916]
– (1983): Facies, sequences and sand-bodies of the principal clastic depositional environments. – In PARKER, A. & SELLWOOD, B. W. (eds.): Sediment Diagenesis. – NATO ASI Series C, **115**: 1–56; D. Reidel, Dordrecht. [871]

ELLIOTT, T. & LADIPO, K. O. (1981): Syn-sedimentary gravity slides (growth faults) in the Coal Measures of South Wales. – Nature, **291**: 220–222. [810]
ELLIS, A. J. (1959): The solubility of calcite in carbon dioxide solutions. – Amer. J. Sci., **257**: 354–365. [233]
– (1963): The solubility of calcite in sodium chloride solutions at high temperatures. – Amer. J. Sci., **261**: 259–267. [233]
ELLOY, R. (1977): Un exemple de roche carbonatée réservoir: Les récifs du Dévonien moyen du Nord de l'Alberta (Canada). – In: Essai de Caracterisation Sédimentologique des Dépôts Carbonatés, 2: 158–180. – Elf-Aquitaine, Centr. Rech. Boussens et Pau. [355]
ELMORE, R. D., DUNN, W. & PECK, C. (1985): Absolute dating of dedolomitization by means of paleomagnetic techniques. – Geology, **13**: 558–561. [417]
ELMORE, R. D., PILKEY, O. H., CLEARY, W. J. & CURRAN, H. A. (1979): Black Shell turbidite, Hatteras abyssal plain, western Atlantic Ocean. – Geol. Soc. Amer. Bull., **90**: 1165–1176. [819, 935]
EL-SHAHAT, A. & WEST, I. (1983): Early and late lithification of aragonitic bivalve beds in the Purbeck formation (Upper Jurassic – Lower Cretaceous) of southern England. – Sed. Geol., **35**: 15–41. [372]
EL-SHARKAWI, M. A. & AL-AWADI, S. A. (1982): Alteration products of glauconite in Burgan oil field, Kuwait. – J. Sediment. Petrol., **52**: 999–1002. [170]
ELVERHØI, A. & BJØRLYKKE, K. (1978): Sandstone diagenesis. – Mesozoic rocks from southern Spitzbergen. – Norsk Polarinstitutt Årbok 1977: 145–157; Oslo. [163]
EMBLEY, R. W. (1976): New evidence for occurrence of debris flow deposits in the deep sea. – Geology, **4**: 371–374. [816]
– (1980): The role of mass transport in the distribution and character of deep-ocean sediments with special reference to the North Atlantic. – Marine Geol., **38**: 23–50. [816]
– (1982): Anatomy of some Atlantic margin sediment slides and some comments on ages and mechanisms. – In SAXOV, S. & NIEUWENHUIS, J. K. (eds.): Marine Slides and other Mass Movements. – Nato Conf. Ser. IV, Vol. 6: 189–213; Plenum Press. – New York, London. [810, 812]
EMBRY, A. F. & KLOVAN, J. E. (1972): Absolute water depth limits of Late Devonian paleoecological zones. – Geol. Rundsch., **61**: 672–686. [337, 351]
EMERY, D., DICKSON, J. A. D. & SMALLEY, P. C. (1987): The strontium isotopic composition and origin of burial cements in the Lincolnshire Limestone (Bajocian) of central Lincolnshire, England. – Sedimentology, **34**: 795–806. [248]
EMERY, K. O. (1968): Relict sediments on continental shelves of the world. – Amer. Assoc. Petrol. Geol. Bull., **52**: 445–464. [912]
– (1978): Grain size in laminae of beach sand. – J. Sediment. Petrol., **48**: 1203–1212. [135]
– (1980): Continental margins – classification and petroleum prospects. – Amer. Assoc. Petrol. Geol. Bull., **64**: 297–315. [932]
EMERY, K. O., LEPPLE, F., TONER, L., UCHUPI, E., RIOUX, R. H., POPLE, W. & HULBURT, E. M. (1974): Suspended matter and other properties of surface waters of the northeastern Atlantic Ocean. – J. Sediment. Petrol., **44**: 1087–1110. [199]
EMERY, K. O. & MILLIMAN, J. D. (1978): Suspended matter in surface waters: Influence of river discharge and of upwelling. – Sedimentology, **25**: 125–140. [201]
EMERY, K. O. & NOAKES, L. C. (1968): Economic placer deposits of the continental shelf. – Econ. Commiss. Asia Far East, CCOP techn. Bull. **1**: 95–111; Tokyo. [584, 587, 588]
EMERY, K. O. & TRACEY, J. I., Jr. & LADD, H. S. (1954): Geology of Bikini and nearby atolls. – Geol. Surv. Prof. Pap., **260-A**, 265 pp. [282]
EMILIANI, C. (1955): Pleistocene temperatures. – J. Geol. **63**: 538–578. [248]
– (1966): Paleotemperature analysis of Caribbean cores P 6304-8 and P 6304-9 and a generalized temperature curve for the past 425000 years. – J. Geol., **74**: 109–126. [257]
– (1970): Pleistocene temperatures. – Science **168**: 822–825. [257]
– (1978): The causes of the ice ages. – Earth Planet. Sci. Lett. **37**: 349–352. [248]
ENGEL, W. (1970): Die Nummuliten-Breccien im Flyschbecken von Ajdovščina in Slowenien als Beispiel karbonatischer Turbidite. – Verh. Geol. B.-A.; Wien, **4**: 570–582. [821]
– (1974): Sedimentologische Untersuchungen im Flysch des Beckens von Ajdovščina (Slowenien). – Göttinger Arb. Geol. Paläont., **16**, 65 S. [823]
ENGELEN, O. D. VON (1930): Type form of faceted and striated glacial pebbles. – Amer. J. Sci., Ser. 5, **19**: 9–16. [81]
ENGELHARDT, W. v. (1937): Über die Schwermineralsande der Ostseeküste zwischen Warnemünde und Darßer Ort und ihre Bildung durch die Brandung. – Zeitschr. Angew. Mineral., **1**: 30–59. [123]
– (1940): Die Unterscheidung wasser- und windsortierter Sande auf Grund der Korngrößenverteilung ihrer leichten und schweren Gemengteile. – Chemie der Erde, **12**: 445–465. [123]
– (1960): Der Porenraum der Sedimente. – 207 S.; Springer-Verlag Berlin, Göttingen, Heidelberg. [7–9, 150, 172, 428, 430, 446]
– (1973): Sedimentpetrologie, Teil III: Die Bildung von Sedimenten und Sedimentgesteinen. – Schweizerbart, Stuttgart; 378 pp. [1, 6, 8, 11, 13, 117, 162, 170, 203, 209, 233, 371, 392, 779, 780, 782, 796]
ENGELHARDT, W. v., FÜCHTBAUER, H. & GOLDSCHMIDT, H. (1955): Einige Ergebnisse der quantitativen Röntgenanalyse feinkörniger Sedimente. – Geol. Rundsch., **43**: 572–577. [115]

ENGELHARDT, W. V. & PITTER, H. (1951): Über die Zusammenhänge zwischen Porosität, Permeabilität und Korngröße bei Sanden und Sandsteinen. – Heidelb. Beitr. Mineral. Petrogr., **2**: 477–491. [150, 152]

ENGELUND, F. & FREDSØE, J. (1974): Transition from dunes to plane bed in alluvial channels. – Lyngby Tech. Univ. Denmark, Inst. Hydrodyn. Hydraul. Eng. Ser., Pap. 4. [780]

ENOS, P. (1977a): Flow regimes in debris flows. – Sedimentology, **24**: 133–142. [814]

– (1977b): Holocene sediment accumulation of the South Florida shelf margin. – Geol. Soc. Amer. Mem. **147**: 1–130. [926]

ENOS, P. & PERKINS, R. D. (1977): Quaternary Sedimentation in South Florida. – Geol. Soc. Amer. Mem. **147**, 198 S. [341]

– – (1979): Evolution of Florida Bay from island stratigraphy. – Geol. Soc. Amer. Bull., I, **90**: 59–83. [340, 926]

EPSTEIN, A. G., EPSTEIN, J. B. & HARRIS, L. D. (1977): Conodont color alteration – An index to organic metamorphism. – U. S. Geol. Surv. Prof. Pap. **995**, 27 S. [551]

EPSTEIN, S., BUCHSBAUM, R., LOWENSTAM, H. A. & UREY, H. C. (1953): Revised carbonate water isotopic temperature scale. – Geol. Soc. Am. Bull. **64**: 1315–1326. [247]

EPSTEIN, S. & MAYEDA, T. (1953): Variation of O^{18} content of waters from natural sources. – Geochim. Cosmochim. Acta **4**: 213–224. [247]

EPSTEIN, S. A. & FRIEDMAN, G. M. (1982): Processes controlling precipitation of carbonate cement and dissolution of silica in reef and near-reef setting. – Sediment. Geol., **33**: 157–172. [235]

ERBEN, H. K. (1972): Über die Bildung und das Wachstum von Perlmutt. – Biomineral. Res. Rep., **4**: 16–46. [235, 249]

ERBEN, H. K., FLAJS, G. & SIEHL, A. (1969): Die frühontogenetische Entwicklung der Schalenstruktur ectocochleater Cephalopoden. – Palaeontographica Abt. A, **132**: 1–54; Stuttgart. [309]

ERHART, H. (1956): La genèse des sols en tant que phénomène geologique. 90 S., Masson, Paris. [45]

– (1965): La témoignage paléoclimatique de quelques formations paléopédiques dans leur rapport avec la sédimentologie. – Geol. Rdsch., **54**: 15–24. [45]

ERICKSEN, G. E. (1961): Rhyolite tuff, a source of the salts of Northern Chile. – Geol. Surv. Res., Short Pap. Geol. and Hydrol. Sci., Art. 147–292, Washington. [492]

ERIKSSON, K. A. (1977): Tidal flat and subtidal sedimentation in the 2250 M. Y. Malmani dolomite, Transvaal, South Africa. – Sediment. Geol., **18**: 223–244. [73]

ERIKSSON, S. C. & SEN, G. (1982): Local and regional controls on secondary porosity in Upper Morrow Sandstones, Anadarko Basin. – 11th Internat. Congr. Sedimentol., Hamilton, Abstr., 120. [176]

ERISMANN, TH., HEUBERGER, H. & PREUSS, E. (1977): Der Bimsstein von Köfels (Tirol), ein Bergsturz-„Friktionit". – Tschermaks Min. Petr. Mitt., **24**: 67–119. [809]

ERNST, G. (1964): Zur Stratigraphie und Petrographie des Santon und Campan von Lägerdorf (Südwestholstein). – Z. dt. geol. Ges., **114**: 575–582. [540]

ESTEBAN, M. (1974): Caliche textures and „Microcodium". – Bull. Soc. Geol. It. **92**: 105–125. [271]

– (1976): Vadose pisolite and caliche. – Amer. Assoc. Petrol. Geol. Bull., **60**: 2048–2057. [362]

ESTEBAN, M. & PRAY, L. C. (1983): Pisoids and pisolite facies (Permian), Guadalupe Mountains, New Mexico and West Texas. – In PERYT, T. M. (ed.): Coated Grains. – Springer, Berlin, Heidelberg, New York, Tokyo, 503–537. [362]

ESWARAN, H. (1972): Morphology of allophane, imogolite and halloysite. – Clay Minerals **9**: 281–285. [24]

ESWARAN, H. & STOOPS, G. (1979): Surface textures of quartz in tropical soils. – Soil Sci. Soc. of America Journal **43**, 2: 420–424. [21]

ESWARAN, H., STOOPS, G. & SYS, C. (1977): The micromorphology of gibbsite forms in soils. – J. Soil Sci., **28**: 136–143. [30]

EUGSTER, H. P. (1967): Hydrous sodium silicates from Lake Magadi, Kenya: Precursors of bedded chert. – Science, **157**: 1177–1180. [523]

– (1969): Inorganic bedded cherts from Magadi area, Kenya. – Contr. Min. Petrol., **22**, 1–31. [523–525]

– (1985): Oil shales, evaporites and ore deposits. – Geochim. Cosmochim. Acta, **49**: 619–635. [879]

EUGSTER, H. P. & CHOU, I-MING (1973): The depositional environment of Precambrian banded iron-formations. – Econ. Geol., **68**: 1144–1168. [523–525]

EUGSTER, H. P. & HARDIE, L. A. (1975): Sedimentation in an ancient playa-lake complex: the Wilkins Peak member of the Green River Formation of Wyoming. – Bull. Geol. Soc. Am., **86**: 319–334. [408, 478, 490, 879, 880]

– – (1978): Saline Lakes. – In LERMAN, A. B. (ed.): Lakes – Chemistry, Geology, Physics. 237–293. – Springer, New York, Heidelberg, Berlin. [423, 437, 480–482, 484, 490, 491, 897]

EUGSTER, H. P., HARVIE, C. E. & WEARE, J. H. (1980): Mineral equilibria in a six component seawater system, Na–K–Mg–Ca–SO_4–Cl–H_2O at 25 °C. – Geochim. Cosmochim Acta **44**: 1335–1347. [441–444]

EUGSTER, H. P. & JONES, B. F. (1979): Behavior of major solutes during closed-basin brine evolution. – Amer. Jour. Sci., **279**: 609–631. [Kap. 7]

EUGSTER, H. P. & MAGLIONE, G. (1979): Brines and evaporites of the Lake Chad basin, Africa. – Geochim. Cosmochim. Acta **43**: 973–981. [Kap. 7]

EUGSTER, H. P. & SMITH, G. I. (1965): Mineral equilibria in the Searles Lake evaporites, California. – J. Petrol., **6**: 473–522. [483, 879]

EUGSTER, H. P. & SURDAM, R. C. (1973): Depositional environment of the Green River Formation of Wyoming: A preliminary report. – Geol. Soc. Am. Bull., **84**: 1115–1120. [491]

EVAMY, B. D. & SHEARMAN, D. ¯. (1962): The application of chemical staining techniques to the study of diagenesis in limestones. – Proc. Geol. Soc. London **1599**, 102; London. [241]
EVANS, A. M. (1987): An introduction to ore geology. – 2. Aufl., 358 S., Oxford usw. (Blackwell). [586, 640]
EVANS, D. L. (1981): Lateritization as a possible contribution to gold placers. – Eng. Mining. Jour., **182**, 8: 86–91. [625]
EVANS, G. & SHEARMAN, D. J. (1964): Recent celestine from the sediments of the Trucial coast of the Persian Gulf. – Nature, **202**, No. 4930: 385–386. [420]
EVANS, I., KENDALL, CHR. G. ST. C. & BUTLER, J. C. (1977): Genesis of Liassic shallow and deep water rhythms, Central High Atlas Mountains, Marocco. – J. Sediment. Petrol., **47**: 120–128. [844]
EVERHARDT (zit.) [614]
EWERS, W. E. & MORRIS, R. C. (1981): Studies of the Dales Gorge member of the Brockman iron formation, Western Australia. – Econ. Geol., **76**: 1929–1953; Lancaster, Pa. [595]
EYLES, N. & CLARK, B. M. (1985): Gravity-induced soft-sediment deformation in glaciomarine sequences of the Upper Proterozoic Port Askaig Formation, Scotland. – Sedimentology, **32**: 789–814. [830]
EYLES, N., EYLES, C. H. & MIALL, A. D. (1983): Lithofacies types and vertical profile models; an alternative approach to the description and environmental interpretation of glacial diamict and diamictite sequences. – Sedimentology, **30**: 393–410. [71]
EYLES, N. & MIALL, A. D. (1984): Glacial facies. – In WALKER, R. G. (ed.): Facies Models, 2nd Ed., Geosci. Canada, Reprint Ser. 1: 15–38. [885, 889, 890]
EYNON, G. & WALKER, R. G. (1974): Facies relationships in Pleistocene outwash gravels, southern Ontario: a model for bar growth in braided rivers. – Sedimentology, **21**: 43–70. [75, 135]

FABRICIUS, F. (1961): Die Strukturen des „Rogenpyrits" (Kössener Schichten, Rhät) als Beitrag zum Problem der „vererzten Bakterien". – Geol. Rundsch., **51**: 647–657. [881]
FABRICIUS, F. H. (1966): Beckensedimentation und Riffbildung an der Wende Trias/Jura in den bayerisch-tiroler Kalkalpen. – Internat. Sediment. Petrogr. Ser., 143 S., Brill, Leiden. [304, 315, 320, 540]
– (1972): Phytogenese mariner Ooide und „Grapestones" und strukturelle Abgrenzung der Ooide von natürlichen und künstlichen Sphäroiden. – Habil.-Schr., Techn. Univ. München, 190 S., 33 Tafeln. [334]
– (1977): Origin of marine ooids and grapestones. – Contrib. to Sedimentol. **7**, 113 S., Schweizerbart, Stuttgart. [328]
– (Dünnschliffe) [289, 316, 326, 342, 376]
FABRICIUS, F. H. & KLINGELE, H. (1970): Ultrastrukturen von Ooiden und Oolithen: Zur Genese und Diagenese quartärer Flachwasserkarbonate des Mittelmeeres. – Verh. Geol. Bundesanst. Jg. 1970: 594–617. [328, 334]
FAHEY, J. J. & MROSE, M. E. (1962): Saline minerals of the Green River Formation. – U. S. Geol. Surv. Prof. Pap., **405**, 50 pp. [490]
FAIRBRIDGE, R. W. (1950): Recent and pleistocene coral reefs of Australia. – J. Geol., **58**: 330–401. [372]
– (1978): Breccias, sedimentary. – In: FAIRBRIDGE, R. W. & BOURGEOIS, J. (eds.): The Encyclopedia of Sedimentology, 84–86; Stroudsburg, Pennsylvania (Dowden, Hutchinson & Ross). [90]
FAIRCHILD, I. J. (1978): Sedimentation and post-depositional history of the Dalradian Bonahaven Formation of Islay. – Ph. D. Thesis, Nottingham University (U. K.), Nottingham. [243, 244]
– (1983): Chemical controls of cathodoluminescence of natural dolomites and calcites: new data and review. – Sedimentology **30**: 579–583; Oxford. [243]
FALK, F., ELLENBERG, J., GRUMBT, E., LÜTZNER, H. & LUDWIG, A. O. (1979): Zur Sedimentation des Rotliegenden im Nordteil der Saale-Senke – Hallesche bis Hornburger Schichten. – Hallesches Jb. f. Geowiss., **4**: 3–22. [829]
FALKE, H. (1966): Zur Geochemie der Schichten der Kreuznacher Gruppe im Saar-Nahegebiet. – Geol. Rdsch., **55**: 59–77. [132]
– (1972): the continental Permian in North and South Germany. – In FALKE, H. (ed.): Rotliegend Essays in European Lower Permian, 43–113; Brill, Leiden. [223]
– (1976): Problems of the continental Permian in the Federal Republic of Germany. – In FALKE, H. (ed.): the Continental Permian in Central, West and South Europe, 38–52; Reidel, Dordrecht. [223]
FARINACCI, A. (1964): Microorganismi dei calcari „Maiolica" e „Scaglia" osservati al microscopio elettronico (nannoconi e coccolithophoridi). – Boll. Soc. Paleont. Ital., **3**: 172–181. [281]
– (1968): La tessitura della micrite nel calcare „Carniola" del Lias medio. – Accad. Naz. Lincei, Red. Cl. Sci. Fis. Mat. Naturali, Fasc. 2, Ser. 8, **44**: 284–289; Rom. [278, 280, 342]
– (1969–1983): Catalogue of calcareous nannofossils. – Vol. I–XI, Rom. [280]
– (Foto, Dünnschliff) [280, 286]
FARINACCI, A. & SIRNA, G. (1959): Livelli a Saccocoma nel Malm dell'Umbria e della Sicilia. – Boll. Soc. Geol. Ital. **79**: 1–23; Rom. [316]
FASTABEND, H. & RUYTER, J. L. (1959): Untersuchungen über die Bläheigenschaften von Marschtonen. – Tonindustrie-Ztg., **83**: 532–535; (Goslar). [228]
FAUPL, P. & MILLER, CH. (1977): Über das Auftreten von Kaersutit als Schwermineral in den Roßfeldschichten (Unterkreide) der Nördlichen Kalkalpen. – Anz. der math.-naturw. Kl., Österr. Akad. Wiss., Nr. 8: 156–160. [119, 121]
FAY, M. (1982): Die marinen Sande des nordwestdeutschen Paläogens: Schwerminerale, Liefergebiete, Verbreitung, Gliederungsmöglichkeiten. – Berliner geowiss. Abh. (A) **38**: 55–144. [123]

- (1983): Ein Beitrag zur Sedimentologie und Paläogeographie mesozoischer Sandsteine und Sande am Südwestrand der Böhmischen Masse – mit besonderer Berücksichtigung der tieferen Oberkreide. – Habil.-Schrift, T. U. Berlin, 116 S. [123, 135]
FAY, M. & DIERSCHE, V. (1975): First evidence of red algal spores in Upper Jurassic carbonate sediments of southern Germany and the Austro-Bavarian Alps. – N. Jb. Geol. Paläont. Mh., **1975**: 586–592. [281]
FAY, M. & GRÖSCHKE, M. (1982): Die Mitteljura-Sandsteine in Niederbayern – Lithologie, Stratigraphie, Paläogeographie. – N. Jb. Geol. Pal. Abh., **163**: 23–48. [123]
FEAZEL, C. T., KEANY, J. & PETERSON, R. M. (1985): Cretaceous and Tertiary chalk of the Ekofisk Field area, Central North Sea. – In ROEHL, P. O. & CHOQUETTE, P. W. (eds.): Carbonate Petroleum Reservoirs, 497–507. – Springer-Verlag, New York, Berlin, Heidelberg, Tokyo. [433]
FEAZEL, C. T. & SCHATZINGER, R. A. (1985): Prevention of carbonate cementation in petroleum reservoirs. – In SCHNEIDERMANN, N. & HARRIS, P. M. (eds.): Carbonate Cements. – Soc. Econ. Paleont. Mineral. Spec. Publ. **36**: 97–106. [367, 433]
FEENSTRA, A. (1985): metamorphism of Bauxites on Naxos, Greece. – Geologica Ultraiectina; **39**, 206 pp.; Utrecht. [32]
FEIGL, F. (1958): Spot Test in Inorganic Analysis. – 5th enlarged and revised Engl. Ed., 600 S., Amsterdam (Elsevier).
FENNINGER, A. (1968): Das Kalzitgefüge der sparitischen Kalke des Plassen (Tithonium, Nördliche Kalkalpen, Oberösterreich). – Sedimentology, **10**: 273–291. [391]
FENNINGER, A. & FLAJS, G. (1974): Zur Mikrostruktur rezenter und fossiler Hydrozoa. – Biomineralisation, Forschungsberichte, **7**: 69–99. [290]
– – (Foto) [294, 296]
FENTON, C. L. & FENTON, M. A. (1957): Paleoecology of the Precambrian of Northwestern North America. – Geol. Soc. Amer. Memoir, **61**, 2: 103–116. [258]
FERGUSON, J. (1981): Formation of diagenetic alteration zones by leaking reservoir hydrocarbons over three oil fields in Oklahoma. – AAPG-SEPM Ann. Conv., Abstr. [170]
– (Hrsg.) (1984): Proterozoic unconformity and stratabound uranium deposits. – IAEA-TecDoc 315, 338 S.; Wien. [612]
FIEGE, K. (1952): Sedimentationszyklen und Epirogenese. – Z. dt. geol. Ges., **103**: 17–22. [841]
– (1960): Typologie und Entstehung der Sedimentationszyklen des Karbons, besonders der NW-europäischen Saumtiefe. – Quatrième Congr. Avanc. études de stratigr. et géol. du Carbonif., Heerlen 1958, T. I: 175–186. [848]
FIELD, M. E., GARDNER, J. V., JENNINGS, A. E. & EDWARDS, B. D. (1982): Earthquake-induced sediment failures on a 0,25° slope, Klamath River delta, California. – Geology, **10**: 542–546. [810]
FIELDING, C. R. (1986): Fluvial channel and overbank deposits from the Westphalian of the Durham Coalfield, NE-England. – Sedimentology, **33**: 119–140. [873]
FINCH & BARTHEL (zit.) [615]
FINCH, W. I. & DAVIS, J. F. (Hrsg.) (1985): Geological environments of sandstone-type uranium deposits. – IAEA-TecDoc-328: 408 S.; Wien. [614, 615]
FINCKH, A. E. (1904): Biology of the reef-forming organisms at Funafuti Atoll. – In The Atoll of Funafuti. Borings into a coral reef and the results, 125–150. – Roy. Soc. London. [279]
FINKELSTEIN, N. P. & HANCOCK, R. D. (1974): A new approach to the chemistry of gold. – Gold Bull., **7**, 3: 72–77, Johannesburg. [627, 629]
FISCHER, A. G. (1964): Sea-level oscillations in Triassic lagoonal limestones, Northern Alps (Abstr.). – Ann. GSA & Assoc. Soc. Joint Meet., Miami Beach, Program, 61. [265, 830, 922, 923]
– (1965a): The Lofer cyclothems of the Alpine Triassic. – In MERRIAM, D. F. (ed.): Symposium on cyclic sedimentation. – Kansas Geol. Surv. Bull., **169**: 107–149. [90, 265, 828, 829, 850, 923]
– (1965b): Fossils, early life, and atmospheric history. – Proc. Nat. Acad. Sci., **53**: 1205–1215. [262]
– (1969): Geological time-distance rates: the Bubnoff unit. – Geol. Soc. Amer. Bull., **80**: 549–552. [859]
– (1975): Tidal deposits, Dachstein Limestone of the Northern Alpine Triassic. – In GINSBURG, R. N. (ed.): Tidal Deposits, 235–242. – Springer-Verlag Berlin, Heidelberg, New York. [923]
– (Foto) [280]
FISCHER, A. G. & ARTHUR, M. A. (1977): Secular variations in the pelagic realm. – In COOK, H. E. & ENOS, P. (eds.): Deep-Water Carbonate Environments. – Soc. Econ. Paleont. Mineral. Spec. Publ. 25: 19–50. [555, 850]
FISCHER, A. G. & FINLEY, R., Jr. (1949): Microstructure of some Pennsylvanian nautiloids. – Geol. Soc. Amer. Bull., **60**, 1887. [309]
FISCHER, A. G. & GARRISON, R. E. (1967): Carbonate lithification on the sea floor. – J. Geol., **75**: 488–496. [388]
FISCHER, A. G. & HONJO, S. & GARRISON, R. E. (1967): Electron micrographs of limestones and their nannofossils. – Monogr. in Geol. and Paleontol. 1, Princeton Univ. Press, 141 pp. [382, 390]
FISCHER, H. (1987): Excess K-Ar ages of glauconite from the Upper Marine Molasse and evidence for glauconitization of mica. – Geol. Rundsch., **76**: 885–902. [220]
FISCHER, W. R. & SCHWERTMANN, U. (1975): The formation of hematite from amorphous iron (III) hydroxide. – Clays and Clay Min., **23**: 33–37. [28, 223]
FISHER, R. S. (1981): Diagenetic history of Eocene Wilcox sandstones, South-Central Texas. – Geol. Soc. Amer. Abstr. Progr. 1981, 452. [180]
FISHER, R. V. (1966): Rocks composed of volcanic fragments. – Earth-Sci. Rev., **1**: 287–298. [732]
– (1968): Puu Hou littoral cones, Hawaii. – Geol. Rundsch., **57**: 837–864. [769]

FISHER, R. V. & SCHMINCKE, H.-U. (1984): Pyroclastic rocks. – 472 pp.; Springer, Berlin Heidelberg, New York, Tokyo. [134, 731, 738, 746, 758, 760, 777, 854]
FISHER, R. V. & WATERS, A. C. (1970): Base surge bed forms in maar volcanoes. – Amer. J. Sci., **268**: 157–180. [762]
FISHER, R. V., SMITH, A. L. & ROOBOL, M. J. (1980): Destruction of St. Pierre, Martinique by ash cloud surges, May 8 and 20, 1902. – Geology, **8**: 472–476. [757]
FISHER, W. L., BROWN, L. F., SCOTT, A. J. & MCGOWEN, J. H. (1969): Delta systems in the exploration for oil and gas. – Bur. econ. Geol. Univ. Texas, Austin, 78 S. [890, 893, 896, 897]
FISK, H. N. (1961): Bar-finger sands of Mississippi delta. – In: Geometry of sandstone bodies. – Amer. Assoc. Petrol. Geol., 29–52. [853, 890, 892]
FISK, H. N., MCFARLAN, E., Jr., KOLB, C. R. & WILBERT, L. J., Jr. (1954): Sedimentary framework of the modern Mississippi delta. – J. Sediment. Petrol., **24**: 76–99. [890]
FISKE, R. S. (1963): Subaqueous pyroclastic flows in the Ohanapecosh Formation, Washington. – Geol. Soc. Amer. Bull., **74**: 391–406. [769]
FISKE, R. S. & MATSUDA, T. (1964): Submarine equivalents of the ash flows in the Tokiwa Formation, Japan. – Amer. J. Sci., **262**: 76–106. [769, 771]
FITZPATRICK, R. W. (1978): Occurrence and properties of iron and titanium oxides in soils along the eastern seabord of South Africa. – Ph. D. thesis. University of Natal, 203 pp. [37]
FITZPATRICK, R. W., LEROUX, J. & SCHWERTMANN, U. (1978): Amorphous and crystalline titanium and iron-titanium oxides in synthetic preparations, at near ambient conditions and in soil clays. – Clay and Clay Min. **26**: 189–201. [38]
FITZPATRICK, R. W. & SCHWERTMANN, U. (1982): Al-substituted Goethite – an indicator of pedogenic and other weathering environments in South Africa. – Geoderma, **27**: 335–347; Amsterdam. [32, 37]
FLAJS, G. (1977a): Die Ultrastrukturen des Kalkalgenskelettes. – Palaeontogr. B, **160**: 69–128; Stuttgart. [252, 277]
– (1977b): Skeletal Structures of Some Calcifying Algae. – In FLÜGEL, E. (ed.): Fossil Algae. – S. 225–231, Berlin-Heidelberg (Springer-Verlag). [252, 276, 277]
FLEET, A. J. & COLEMAN, M. (1980): The nature and genesis for deep-sea carbonate nodules from DSDP site 503, eastern equatorial Pacific. – Geol. Soc. Amer. Abstr. & Progr., **12**, 427. [394]
FLEHMIG, W. (1977): The synthesis of feldspars at temperatures between 0–80 °C, their ordering behaviour and twinning. – Contrib. Mineral. Petrol., **65**: 1–9. [422]
FLEHMIG, W. & MENSCHEL, G. (1971): Cookeit als Lithiumträger in Sandsteinen des unteren Zechsteins von Nordhessen. – Fortschr. Mineral., **49**, Beih. 1: 96–97. [173]
FLEMMING, B. W. (1983): Dynamics of large transverse bedforms on the Southeast African continental shelf. – 11th Internat. Congr. Sedimentol., Hamilton, Abstr., 73. [794]
– (1988): Process and pattern of sediment mixing in a microtidal coastal lagoon along the west coast of South Africa. – In BOER, P. L. DE, GELDER, A. VAN & NIO, S. D. (eds.): Tide-influenced Sedimentary Environments and Facies. – 275–288, D. Reidel, Dordrecht etc. [139]
FLICOTEAUX, R. (1982): Genèse des phosphates alumineux du Sénégal occidental, étapes et guides de l'altération. – C.N.R.S., Mémoire **67**, 229 p. [545, 562]
FLICOTEAUX, R., NAHON, D. & PAQUET, H. (1977): Genèse des phosphates alumineux à partir des sédiments argilo-phosphatés du Tertiaire de LAM-LAM (Sénégal). Suite minéralogique. Permanence et changements de structures. – Sci. Géol. Bull. **30**, 3: 153–174. [545, 562]
FLINT, R. F. (1957): Glacial and Pleistocene Geology. – 553 S.; Wiley & Sons, New York. [886]
FLÖRKE, O. W. (1955): Strukturanomalien bei Tridymit und Cristobalit. – Ber. dt. keram. Ges., **10**: 217–223. [501]
– (1962): Untersuchungen an amorphem und mikrokristallinem SiO_2. – Chemie der Erde, **22**: 91–110. [504]
– (pers. Mitt.) [372, 504]
FLÖRKE, O. W., HOLLMANN, R., V. RAD, U. & RÖSCH, H. (1976): Intergrowth and twinning in opal-CT lepispheres. – Contrib. Mineral. Petrol., **58**: 235–242. [501]
FLÖRKE, O. W., JONES, J. B. & SEGNIT, E. R. (1975): Opal-CT crystals. – N. Jb. Miner. Mh. **1975**: 369–377. [537]
FLÖRKE, O. W., KÖHLER-HERBERTZ, B., LANGER, K. & TÖNGES, I. (1982): Water in microcrystalline quartz of volcanic origin: agates. – Contrib. Mineral. Petrol., **80**: 324–333. [502]
FLORES, R. M. (1983): Basin facies analysis of coal-rich Tertiary fluvial deposits, northern Powder River Basin, Montana and Wyoming. – In COLLINSON, J. D. & LEWIN, J. (eds.): Modern and Ancient Fluvial Systems. – Internat. Assoc. Sedimentol. Spec. Publ. **6**: 501–515. [868, 873]
FLÜGEL, E. (1966): Algen aus dem Perm der Karnischen Alpen. – Carinthia II, Sonderheft **25**, 76 S.; Klagenfurt. [269, 281]
– (1967): Elektronenmikroskopische Untersuchungen an mikritischen Kalken. – Geol. Rundsch., **56**: 341–358. [339]
– (1975): Kalkalgen aus Riffkomplexen der alpin-mediterranen Obertrias. – Verh. Geol. Bundesanst. **1974**: 297–346; Wien. [269]
– (1977a): Environmental Models for Upper Paleozoic Benthic Calcareous Algal Communities. – In FLÜGEL, E. (ed.): Fossil Algae. – S. 314–343; Berlin-Heidelberg (Springer). [269]
– (1977b): Fossil Algae. Recent Results and Developments. – 375 S.; Springer, Berlin etc. [262, 265]
– (1978): Mikrofazielle Untersuchungsmethoden von Kalken. – 454 S.; Springer, Berlin, Heidelberg, New York. [240, 268, 281, 320, 325, 326, 338, 340, 347, 348, 357, 384, 388, 929, 941]

- (1981 a): Paleoecology and facies of Upper Triassic Reefs in the Northern Calcareous Alps. – In TOOMEY, D. F. (ed.): European Fossil Reef Models. Soc. Econ. Paleont. Mineral. Spec. Publ. **30**: 291–359. [291]
- (1981 b): „Tubiphyten" aus dem fränkischen Malm. – Geol. Bl. NO-Bayern, **31**, 1/4: 126–142; Erlangen. [282]
- (1982 a): Evolution of Triassic reefs: Current concepts and problems. – Facies, **6**: 297–328; Erlangen. [356]
- (1982 b): Microfacies Analysis of Limestones. – 633 S.; Berlin-Heidelberg (Springer-Verlag). [338]
- (1985): Diversity and Environments of Permian and Triassic Dasycladacean Algae. – In TOOMEY, D. F. & NITECKI, M. H. (ed.): Paleoalgology. – 344–351; Berlin-Heidelberg (Springer). [269, 271]

FLÜGEL, E. & FLÜGEL-KAHLER, E. (1963): Mikrofazielle und geochemische Gliederung eines obertriadischen Riffes der nördlichen Kalkalpen (Sauwand bei Gußwerk, Steiermark, Österreich). – Mitt. Mus. f. Bergbau etc. am Landesmus. „Joanneum", Graz, **24**, 128 pp. [282]
– – (1980): Algen aus den Kalken der Trogkofel-Schichten der Karnischen Alpen. – Die Trogkofel-Stufe im Unterperm der Karnischen Alpen. – Carinthia II, Sonderheft **36**: 113–182; Klagenfurt. [269]

FLÜGEL, E., FRANZ, H. E. & OTT, W. F. (1968): Review of electron microscope studies of limestones. – In MÜLLER, G. & FRIEDMAN, G. M. (eds.): Recent Developments in Carbonate Sedimentology in Central Europe. – 85–97; Springer, Berlin, Heidelberg, New York. [339, 374]

FLÜGEL, E. & HÖTZL, H. (1971): Foraminiferen, Calcisphaeren und Kalkalgen aus dem Schwelmer Kalk (Givet) von Letmathe im Sauerland. – N. Jb. Geol. Paläont. Abh. **137**: 358–395. [281]

FLÜGEL, E. & KEUPP, H. (1979): Coccolithen-Diagenese in Malm-Kalken (Solnhofen/Frankenalb, Oberalm/Salzburg). – Geol. Rundsch., **68**: 876–893. [366, 390]

FLÜGEL, E., KOCHANSKY-DEVIDÉ, V. & RAMOVŠ, A. (1984): A Middle Permian Calcisponge/Algal/Cement Reef: Straža near Bled, Slovenia. – Facies, **10**: 179–256; Erlangen. [356]

FLÜGEL, E. & STEIGER, T. (1981): An Upper Jurassic sponge-algal buildup from the northern Frankenalb, West Germany. – In TOOMEY, D. F. (ed.): European Fossil Reef Models. – Soc. Econ. Paleont. Mineral. Spec. Publ. **30**: 371–397. [290, 356]

FLÜGEL, E. & WOLF, K. H. (1969): „Sphaerocodien" (Algen) aus dem Devon von Deutschland, Marokko und Australien. – N. Jb. Geol. Paläont. Mh., **1969**: 88–103; Stuttgart. [269]

FLÜGEL, H. & FENNINGER, A. (1966): Die Lithogenese der Oberalmer Schichten und der mikritischen Plassen-Kalke (Tithonium, Nördliche Kalkalpen). – N. Jb. Geol. Paläont. Abh., **123**: 249–280. [844]

FLÜGEL, H. W. (1968): Some notes on the insoluble residues in limestones. – In FRIEDMAN, G. M. & MÜLLER, G. (eds.): Recent Developments in Carbonate Sedimentology in Central Europe, 46–54. – Springer-Verlag, Berlin, Heidelberg, New York. [844]
- (1975): Skelettentwicklung, Ontogenie und Funktionsmorphologie rugoser Korallen. – Paläont. Z., **49**: 407–431. [293]

FÖLSTER, H., MEYER, B. & KALK, E. (1962): Parabraunerden aus primär carbonathaltigem Würmlöß in Niedersachsen. II. Profilbilanz der zweiten Folge bodengenetischer Teilprozesse: Tonbildung, Tonverlagerung, Gefügeverdichtung, Tonumwandlung. – Z. Pflanzenernähr., Düngung, Bodenkunde, **100**: 1–12. [26]

FÖRSTNER, U., MÜLLER, G. & REINECK, H.-E. (1968): Sedimente und Sedimentgefüge des Rheindeltas im Bodensee. – N. Jb. Mineral., Abh., **109**: 33–62. [880]

FOLK, R. L. (1951): Stages of textural maturity in sedimentary rocks. – J. Sediment. Petrol., **21**: 127–130. [98]
- (1954): The distinction between grain size and mineral composition in sedimentary-rock nomenclature. – J. Geol., **62**: 344–359. [99]
- (1959): Practical petrographic classification of limestones. – Bull. Amer. Assoc. Petrol. Geol., **43**: 1–38. [325, 337, 338, 342, 391, 546]
- (1960): Petrography and origin of the Tuscarora, Rose Hill, and Keefer Formations, Lower and Middle Silurian of eastern West Virginia. – J. Sediment. Petrol., **30**: 1–58. [143, 162]
- (1962): Spectral subdivision of limestone types. – In HAM, W. E. (ed.): Classification of carbonate rocks. – Amer. Assoc. Petrol. Geol. Memoir, **1**: 62–84. [338]
- (1965 a): On the earliest recognition of coprolites. – J. Sediment. Petrol., **35**: 272–273. [325]
- (1965 b): Some aspects of recrystallization in ancient limestones. – In PRAY, L. C. & MURRAY, R. C. (eds.): Dolomitization and limestone diagenesis. – SEPM Spec. Publ., **13**: 14–48; Tulsa. [271, 337, 339, 372, 374]
- (1965 c): Petrology of sedimentary rocks. – 159 S.; Austin, Tex., Hemphills. [Kap. 4]
- (1966): A review of grain-size parameters. – Sedimentology, **6**: 73–93. [137]
- (1968): Bimodal supermature sandstones: product of the desert floor. – 23. Internat. Geol. Congr., Prag. Proc., sec. 8, 9–32. [139, 883]
- (1971): Longitudinal dunes of the northwestern edge of the Simpson Desert, Northern Territory, Australia; I. Geomorphology and grain size relationships. – Sedimentology, **16**: 5–54. [806, 882]
- (1973): Carbonate petrography in the post-Sorbian age. – In GINSBURG, R. N. (ed.): Evolving Concepts in Sedimentology, 118–158; The Johns Hopkins Univ. Press, Baltimore. [381]
- (1974 a): Petrology of Sedimentary Rocks. – 182 pp., Hemphill, Austin, Tex. [136]
- (1974 b): The natural history of crystalline calcium carbonate: effect of magnesium content and salinity. – J. Sediment. Petrol., **44**: 40–53. [391]
- (1975): Glacial deposits identified by chattermark trails in detrital garnets – Geology, **3**: 473–475. [144]
- (1976): Reddening of desert sandstones: Simpson Desert, N. T., Australia. – J. Sediment. Petrol., **46**: 604–615. [170]
- (1977): Reply to LEEDER (on bedform theory). – Sedimentology, **24**: 864–874. [787, 803]

Folk, R. L. & Chafetz, H. S. (1983): Pisoliths (pisoids) in Quaternary travertines of Tivoli, Italy. – In Peryt, T. M. (ed.): Coated Grains. – 475–487; Springer, Berlin, Heidelberg, New York, Tokyo. [362]

Folk, R. L. & Land, L. S. (1975): Mg/Ca ratio and salinity: Two controls over crystallization of dolomite. – Amer. Assoc. Petrol. Geol. Bull., **59**: 60–68. [404]

Folk, R. L. & McBride, E. (1976): The Caballos Novaculite revisited: Pt. I: Origin of novaculite members. – J. Sediment. Petrol., **46**: 659–669. [91, 530, 537]

– – (1978): Radiolarites and their relation to subjacent „Oceanic Crust" in Liguria, Italy. – J. Sediment. Petrol., **48**: 1069–1102. [529]

Folk, R. L. & Pittman, J. S. (1971): Length-slow chalcedony: a new testament for vanished evaporites. – J. Sediment. Petrol., **41**: 1045–1058. [502, 519, 542]

Folk, R. L. & Siedlecka, A. (1974): The „schizohaline" environment: its sedimentary and diagenetic fabrics as exemplified by Late Paleozoic rocks of Bear Island, Svalbard. – Sediment. Geol., **11**: 1–15. [384, 410]

Folk, R. L. & Ward, W. (1957): Brazos River bar: a study in the significance of grain size parameters. - J. Sediment. Petrol., **27**: 3–26. [135–139]

Fondeur, C. (1964): Étude pétrographique détaillée d'un grès a structure en feuillets. – Rev. Inst. Franç. Pétrole, **19**: 901–920. [175]

Force, E. R. (1980): The provenance of rutile. – J. Sediment. Petrol., **50**: 485–488. [121]

Forche, F. (1935): Stratigraphie und Paläogeographie des Buntsandsteins im Umkreis der Vogesen. – Mitt. Geol. Staatsinst. Hamburg, **15**: 15–55. [77, 137]

Forel, F.-A. (1888): Le ravin sous-lacustrine du Rhône. – Bull. Soc. Vaudoise Sci. Nat., **23**, 96: 85–107. [880]

Fornari, D. J., Malahoff, A., Heezen, B. C. (1979a): Visual observations of the volcanic micromorphology of Tortuga, Lorraine and Tutu seamounts; and petrology and chemistry of ridge and seamount features in and around the Panama Basin. – Mar. Geol., **31**: 1–30. [766]

Fornari, D. J., Moore, J. G., Calk, L. (1979b): A large submarine sand rubble flow on Kilauea volcano, Hawaii. – J. Volcanol. Geotherm. Res., **5**: 239–256. [766]

Foslie, M. H. (1984): The Norwegian forms of Lithothamnion. – D. Kgl. Norske Vidensk. Selske Skr. **2**: 1–203. [275]

Foster, J. B. & Whalen, H. E. (1966): Estimation of formation pressures from electrical surveys – offshore Louisiana. – J. Petrol. Technology, **18**: 165–171. [206]

Fothergill, C. A. (1955): The cementation of oil reservoir sands and its origin. – Proc. 4th World Petrol. Congr., Sect. I: 300–312. [165, 168]

Fouch, T. D. & Dean, W. E. (1982): Lacustrine and associated clastic depositional environments. – In Scholle, P. A. & Spearing, D. (eds.): Sandstone Depositional Environments. – Amer. Assoc. Petrol. Geol. Mem. **31**: 87–114. [881]

Fournier, R. O., White, D. E. & Truesdell, A. H. (1974): Geochemical indicators of subsurface temperature; Pt. 1, Basic assumptions. – U. S. Geo. Survey Jour. Research, **2**: 259–262. [9]

Fowler, M. L. & Dodd, J. R. (1969): Magnesium and strontium variation within echinoid skeletons (abstr.). – Program. Ann. Meeting Geol. Soc. Am. S. E. Section, 24–25. [319]

Fox, J. E., Lambert, P. W. & Pitman, J. K. (1981): Depositional environments and reservoir properties of sandstones of Lower Cretaceous Nanushuk and Upper Cretaceous Colville Groups, Umiat test well 11, National Petroleum Reserve, Alaska. Abstr. – Amer. Assoc. Petrol. Geol. Bull., **65**: 926. [155, 175]

Fox, J. S. (1984): Besshi-type volcanogenic sulphide deposits, a review. – CIM Bull., **77**, 864: 57–68; Montreal. [641, 643]

Frakes, L. A. (1979): Climates throughout Geologic Time. – 310 S.; Elsevier, Amsterdam u. s. w. [882]

Francis, J. R. D. (1973): Experiments on the motion of solitary grains along the bed of a water-stream. – Proc. Roy. Soc., A, **332**: 443–471; London [782]

Frank, J. R. (1981): Dedolomitization in the Taum Sauk Limestone (Upper Cambrian), Southeast Missouri. – J. Sed. Petrol. **51**: 7–18; Tulsa. [243]

Frank, J. R., Carpenter, A. B. & Oglesby, T. W. (1982): Cathodoluminescence and composition of calcite cement in the Taum Sauk Limestone (Upper Cambrian), Southeast Missouri. – J. Sed. Petrol. **52**: 631–638; Tulsa. [243]

Frank, M. H. & Lohmann, K. C. (1982): Cathodoluminescent and isotopic analysis of diagenetically altered dolomite, Bonneterre Formation, Southeast Missouri. – Geol. Soc. Amer. Abstr. & Progr., **14**, 7: 491. [417]

Franke, W. (1973): Fazies, Bau und Entwicklungsgeschichte des Iberger Riffes (Mitteldevon bis Unterkarbon III, NW-Harz, W-Deutschland). – Geol. Jb. **A 11**, 127 S. [355]

Franke, W. & Paul, J. (1980): Pelagic red beds in the Devonian of Germany, deposition and diagenesis. – Sediment. Geol., **25**: 231–256. [223, 875]

– – (1982): Über den Ursprung der Rotfärbung in Sedimentgesteinen aus der Bohrung Schwarzbachtal 1. – Senckenbergiana lethaea, **63**: 285–292. [170]

Franklin, J. M., Lydon, J. W. & Sangster, D. F. (1981): Volcanic-associated massive sulfide deposits. – Econ. Geol., 75th Anniv. Vol.: 485–627, Lancaster, Pa. [637, 639, 640]

Franks, P. C. (1969): Nature, origin and significance of cone-in-cone structures in the Kiowa formation (Early Cretaceous), north-central Kansas. – J. Sediment. Petrol., **39**: 1438–1454. [393]

Franks, S. G. & Forester, R. W. (1984): Relationships among secondary porosity, pore-fluid chemistry and carbon dioxide, Texas Gulf Coast. – In McDonald, D. A. & Surdam, R. C. (eds.): Clastic Diagenesis. – Amer. Assoc. Petrol. Geol. Mem. **37**: 63–79. [156]

FRANTZEN, W. (1888): Untersuchungen über die Gliederung des unteren Muschelkalkes in einem Theile von Thüringen und Hessen und über die Natur der Oolithkörner in diesen Gebirgsschichten. – Jb. K. Preuss. Geol. Landesanst. Berlin **1887**: 1–93. [335]

FRECHEN, J. (1976): Siebengebirge am Rhein, Laacher Vulkangebiet, Maargebiet der Westeifel, vulkanologisch petrographische Exkursionen, 3. Aufl. – Sammlg. Geol. Führer, **56**, 195 pp.; Gebr. Borntraeger, Berlin, Stuttgart. [764]

FREELAND, G. L., STANLEY, D. J., SWIFT, D. J. P. & LAMBERT, D. N. (1981): The Hudson Shelf valley: its role in shelf sediment transport. – In NITTROUER, C. A. (ed.): Sedimentary Dynamics of Continental Shelves. – Devel. in Sedimentology **32**: 399–427; Elsevier, Amsterdam, Oxford, New York. [799]

FREEMAN-LYNDE, R. P. & RYAN, W. B. F. (1985): Erosional modification of Bahama Escarpment. – Geol. Soc. Amer. Bull., **96**: 481–494. [925]

FREISE, F. W. (1931): The transportation of gold by organic underground solutions. – Econ. Geol., **26**: 421–431. [627]

FRENTZEN, K. (1932): Paläobiologisches über die Korallenvorkommen im oberen Weißen Jura bei Nattheim, O.-A.-Heidenheim. – Bad. Geol. Abh., **4**: 43–57. [293]

FRESHNEY, E. C. & FENNING, P. J. (1967): The Petrockstow Basin. – Proc. Ussher Soc., **1**: 278–280. [878]

FREUNDT, A. & SCHMINCKE, H.-U. (1986): Generation and emplacement of pyroclastic flows at Laacher See Volcano (E. Eifel, Germany). – Bull. Volcanol., **48**: 39–59. [753, 756]

FREY, M. & HUNZIKER, C. (1973): Progressive niedriggradige Metamorphose glaukonitführender Horizonte in den helvetischen Alpen. – Contr. Miner. Petr., **39**: 185–218. [183]

FREY, M. & NIGGLI, E. (1971): Illit-Kristallinität, Mineralfazien und Inkohlungsgrad. – Schweiz. Miner. Petr. Mitt., **51**: 229–234. [182]

FREY, M., TEICHMÜLLER, M., TEICHMÜLLER, R., MULLIS, J., KUNZI, B., BREITSCHMID, A., GRUNER, U. & SCHWIZER, B. (1980): Very low-grade metamorphism in the external parts of the Central Alps: Illite crystallinity, coal rank and fluid inclusion data. – Eclogae Geol. Helv., **73**: 173–203. [215, 729]

FREY, R. W. (1973): Concepts in the study of biogenic sedimentary structures. – J. Sediment. Petrol., **43**: 6–19.
– (1975): The realm of ichnology, its strength and limitations. – In FREY, R. W. (ed.): The Study of Trace Fossils, 13–38. – Springer-Verlag Berlin, Heidelberg, New York. [835, 837]

FREYBERG, B. VON (1926): Die Tertiärquarzite Mitteldeutschlands. – 242 p.; Verlag Ferd. Enke, Stuttgart. [166, 515, 517, 521]

FREYTET, P. & PLAZIAT, J.-C. (1982): Continental Carbonate Sedimentation and Pedogenesis. – Late Cretaceous and Early Tertiary of Southern France. – Contrib. to Sedimentol. **12**, 213 S.; Schweizerbart, Stuttgart. [362, 879, 881]

FRICKE, H. (1983): Tauchfahrt zur Grenze des Korallenwachstums. Experimente in der Dämmerungszone des Roten Meeres. – Forschung.-Mitteilgn. DFG 1/83, 25–28. [292]

FRICKE, H. W. & SCHUHMACHER, H. (1983): The depth limits of Red Sea stony corals: an ecophysiological problem. – Mar. Ecology, **4**: 163–194. [350]

FRIEDENSBURG, F. (1953): Gold. – In FRIEDENSBURG, F. (ed.): Die Metallischen Rohstoffe. 3, 234 pp.; Enke, Stuttg. [627]

FRIEDMAN, G. M. (1958): Determination of sieve-size distribution from thin-section data for sedimentary petrological studies. – J. Geol., **66**: 394–416. [130]
– (1959): Identification of carbonate minerals by staining methods. – J. Sed. Petrol. **29**: 87–97; Tulsa. [241]
– (1961): Distinction between dune, beach, and river sands from their textural characteristics. – J. Sediment. Petrol., **31**: 514–529. [138]
– (1962): On sorting, sorting coefficients, and the lognormality of the grain-size distribution of sandstones. – J. Geol., **70**: 737–753. [136, 138]
– (1964): Early diagenesis and lithification in carbonate sediments. – J. Sediment. Petrol., **34**: 777–813. [255, 298, 326, 333, 345, 374, 399, 401, 411, 414]
– (1965a): Terminology of crystallization textures and fabrics in sedimentary rocks. – J. Sediment. Petrol., **35**: 643–655. [404]
– (1965b): On the origin of aragonite in the Dead Sea. – Isr. J. Earth Sci., **14**: 79–85. [340]
– (1971): Staining. – In CARVER, R. E. (ed.): Procedures in sedimentary petrology. – 511–530; New York (John Wiley & Sons). [241]
– (1975): The making and unmaking of limestones or the downs and ups of porosity. – J. Sediment. Petrol., **45**: 379–398. [354, 386]
– (1979): Differences in size distributions of populations of particles among sands of various origins. – Sedimentology, **26**: 3–32. [138]
– (1980): Dolomite is an evaporite mineral: evidence from the rock record and from sea-marginal ponds of the Red Sea. – In ZENGER, D. H., DUNHAM, J. B. & ETHINGTON, R. L. (eds.): Concepts and Models of Dolomitization. – Soc. Econ. Paleont. Mineral. Spec. Publ., **28**: 69–80. [412]
– (1983): Reefs and porosity: Examples from the Indonesian Archipelago. – SEAPEX Proceedings, VI: 35–40. [354, 386]
– (1985): The problem of submarine cement in classifying reefrock: an experience in frustration. – In SCHNEIDERMANN, N. & HARRIS, P. M. (eds.): Carbonate Cements. – Soc. Econ. Paleont. Mineral. Spec. Publ., **36**: 117–121. [386]
– (mdl. Mitt.) [325]

Friedman, G. M., Amiel, A. J. & Schneidermann, N. (1974): Submarine cementation in reefs: example from the Red Sea. – J. Sediment. Petrol., **44**: 816–825. [386]

Friedman, G. M., Fabricand, B. P., Imbimbo, E. S., Brey, M. E. & Sanders, J. E. (1968): Chemical changes in interstitial waters from continental shelf sediments. – J. Sediment. Petrol., **38**: 1313–1319. [239]

Friedman, G. M. & Gavish, E. (1971): Mediterranean and Red Sea (Gulf of Aqaba) beachrocks. – In Bricker, O. P. (ed.): Carbonate Cements. – The Johns Hopkins Studies in Geology No. 19: 13–16; The Johns Hopkins Press, Baltimore, London. [384]

Friedman, G. M. & Reeckmann, S. A. (1980): Deep burial diagenesis of carbonates in the world's deepest wells. – Geol. Soc. Amer. Abstr. & Progr. **12**, 7: 429/430. [434]

Friedman, G. M. & Sanders, J. E. (1967): Origin and occurrence of dolostones. In Chilingar, G. V., Bissell, H. J. & Fairbridge, R. W. (eds.): Carbonate Rocks, Origin, Occurrence and Classification. – Devel. in Sedimentology, **9 A**: 267–348, Elsevier, Amsterdam. [411]

– – (1978): Principles of Sedimentology. – 792 S.; J. Wiley & Sons, New York, Sta. Barbara, Chichester, Brisbane, Toronto.
[122, 123, 125, 129, 135, 168, 169, 364, 386, 417, 423, 503, 783, 790, 797, 802, 809, 818, 824, 872, 877, 879, 886, 887, 893]

Friedrich, G., Genkin, A. D., Naldrett, A. J., Ridge, J. D., Sillitoe, R. H. & Vokes, F. M. (Hrsg.) (1986): Geology and metallogeny of copper deposits. – Soc. Geol. appl. Miner. Depos., spec. Publ., **4**, 592 S., Berlin usw. (Springer). [631, 632, 634, 636]

Friedrich, G., Kunzendorf, H. & Plüger, W. L. (1974): Geochemical investigation of deep sea manganese nodules from the Pacific on board R/V Valdivia. An application of the EDX-technique. – IDOE Conference Paper, Honolulu/Hawaii: 31–43, Honolulu. [582]

Friese, F. W. (1931): Untersuchungen von Mineralen auf Abnutzbarkeit bei Verfrachtung im Wasser. – Min. Petr. Mitt., N. S., **41**: 1–7. [125]

Friis, H. (1974): Weathered heavy-mineral associations from the young-Tertiary deposits of Jutland, Denmark. – Sed. Geol., **12**: 199–213. [127]

– (1978): Heavy-mineral variability in Miocene marine sediments in Denmark: A combined effect of weathering and reworking. – Sediment. Geol., **21**: 169–188. [127]

Fripp, R. E. P. (1976): Strata-bound gold deposits in Archaean banded iron-formation, Rhodesia. – Econ. Geol. **71**: 58–75. [617, 618]

Fritsch, F. E. (1956): The structure and reproduction of the algae. – Cambridge Univ. Press, 2 Bde. [260]

Fritz, B. (1981): Etude Thermodynamique et Modèlisation des Réactions Hydrothermales et Diagénétiques. – Sci. Géol. Mém., Strasbourg; **65**, 197 pp. [26]

– (1985): Multicomponent Solid Solutions for Clay Minerals and Computer Modeling of Weathering Processes. – In Drever, J. J. (ed.): The chemistry of weathering. – NATO ASI Series C, **149**: 19–34. [16, 26]

Fritz, G. K. (1958): Schwammstotzen, Tuberolithe und Schuttbreccien im Weißen Jura der Schwäbischen Alb. – Arb. Geol. Pal. Inst. T. H. Stuttgart, N. F., **13**, 118 pp. [282, 290]

Fritz, P. (1966): Zur Genese von Dolomit und zuckerkörnigem Kalk im Weißen Jura der Schwäbischen Alb (Württemberg). – Mikroskopische Untersuchungen und Isotopenanalysen. – Arb. Geol. Pal. Inst. T. H. Stuttgart, N. F., Nr. 50, 104 pp. [417]

Fritz, P. & Fontes, J. Ch. (ed.) (1980): Handbook of Environmental Isotope Geochemistry, 1. The Terrestrial Environment, A. – 545 pp.; Amsterdam (Elsevier). [248]

– – (1986): Handbook of Environmental Isotope Geochemistry, 2. The Terrestrial Environment, B. – 557 pp.; Amsterdam (Elsevier). [248]

Fritz, S. J. & Marine, J. W. (1983): Experimental support for a predictive osmotic model of clay membranes. – Geochim Cosmochim. Acta, **47**: 1515–1522. [207]

Froelich, P. N., Bender, M. L., Heath, G. R., DeV. Klein, P. (1982): The marine phosphorus cycle. – Am. J. Sci., **282**: 474–511. [549]

Frost, H., Sontag, E., Süss, M. & Ciesielski, R. (1976): Die Bedeutung der Kohlenpetrologie für die Veredelung von Weichbraunkohlen. – Neue Bergbautechnik **6**, 7: 481–488; Berlin. [727]

Frost, J. G. (1974): Subtidal algal stromatolites from the Florida backreef environment. – J. Sediment. Petrol., **44**: 532–537. [263]

Frost, S. H., Weiss, M. P. & Saunders, J. B. (1977): Reefs and Related Carbonates – Ecology and Sedimentology. – Amer. Assoc. Petrol. Geol., Studies in Geology, **4**, 421 S. [354]

Frostick, L. E. & Reid, I. (1980): Sorting mechanisms in coarse-grained alluvial sediments: fresh evidence from a basalt plateau gravel, Kenya. – J. geol. Soc. London, **137**: 431–441. [76]

Fruth, I. & Scherreiks, R. (1982): Hauptdolomit (Norian)-stratigraphy, paleogeography and diagenesis. – Sed. Geol., **32**: 195–231. [414]

– – (1984): Hauptdolomit – sedimentary and paleogeographic models (Norian, Northern Calcareous Alps). – Geol. Rundsch., **73**: 305–319. [923]

Fryberger, S. G., Ahlbrandt, T. S. & Andrews, S. (1979): Origin, sedimentary features and significance of low-angle eolian „sand-sheet" deposits. Great Sand Dunes National Monument and vicinity, Colorado. – J. Sediment. Petrol., **49**: 733–746. [883]

Fryberger, S. G., Al-Sari, A. M., Clisham, T. J., Rizvi, S. A. R. & Al-Hinai, K. G. (1984): Wind sedimentation in the Jafurah sand sea, Saudi Arabia. – Sedimentology, **31**: 413–431. [805]

Fryberger, S. G. & Schenk, C. (1981): Wind sedimentation tunnel experiments on the origins of aeolian strata. – Sedimentology, **28**: 805–821. [802]

FRYDL, P. & STEARN, C. W. (1978): Rate of bioerosion by parrotfish in Barbados reef environments. – J. Sediment. Petrol., **48**: 1149–1158. [340]
FRYE, J. C. & SWINEFORD, A. (1946): Silicified rock in the Ogallala Formation. – State Geol. Surv. Kansas Bull., **64**, 2: 33–76. [162]
FUCHS, Y. (1978): Sur un exemple de relation entre une minéralisation baritique et un milieu à évaporites. Le gîte de Pessens (Aveyron). – Scis. Terre, **22**: 127–146; Nancy. [673]
FÜCHTBAUER, H. (1948): Einige Beobachtungen an authigenen Albiten. – Schweizer. Miner. Petr. Mitt., **28**: 709–716. [422, 424]
– (1950): Die nichtkarbonatischen Bestandteile des Göttinger Muschelkalkes mit besonderer Berücksichtigung der Mineralneubildungen. – Heidelberg. Beitr. Miner. Petrogr., **2**: 235–254. [421, 423]
– (1954): Eine sedimentpetrographische Grenze in der oberen Süßwassermolasse des Alpenvorlandes. – N. Jb. Geol. Paläont., Mh., **1954**: 337–347. [75]
– (1956): Zur Entstehung und Optik authigener Feldspäte. – N. Jb. Miner., Mh., **1956**: 9–23. [423, 424]
– (1958a): Die petrographische Unterscheidung der Zechsteindolomite im Emsland durch ihren Säurerückstand. – Erdöl u. Kohle, **11**: 689–693. [391, 472]
– (1958b): Die Schüttungen im Chatt und Aquitan der deutschen Alpenvorlandsmolasse. – Ecl. geol. Helvet., **51**: 928–941. [137]
– (1959): Zur Nomenklatur der Sedimentgesteine. – Erdöl u. Kohle, **12**: 605–613. [98–100, 136, 186, 192]
– (1961): Zur Quarzneubildung in Erdöllagerstätten. – Erdöl und Kohle etc., **14**: 169–173. [152, 177]
– (1963a): Zum Einfluß des Ablagerungsmilieus auf die Farbe von Biotiten und Turmalinen. – Fortschr. Geol. Rheinl.-Westfl., **10**: 331–336. [115, 121, 874]
– (1963b): Paleogeography and reservoir properties of the Lower Cretaceous „Bentheim Sandstone". – 6th World Petrol. Congr., Frankfurt, Excurs. Guide Book I: 42–43. [916]
– (1964a): Sedimentpetrographische Untersuchungen in der älteren Molasse nördlich der Alpen. – Eclog. geol. Helv., **57**: 157–298. [106, 110, 120, 122, 123, 125, 127, 141, 192, 326, 340, 407, 897, 957, 959]
– (1964b): Fazies, Porosität und Gasinhalt der Karbonatgesteine des norddeutschen Zechsteins. – Z. dt. geol. Ges., **114**: 484–531. [391, 393, 403, 418, 679, 680, 930]
– (1967a): Die Sandsteine in der Molasse nördlich der Alpen. – Geol. Rdsch., **56**: 266–300. [76, 102, 125, 848, 957, 959]
– (1967b): Der Einfluß des Ablagerungsmilieus auf die Sandstein-Diagenese im Mittleren Buntsandstein. – Sediment. Geol., **1**: 159–179. [114, 158, 159, 161, 163, 168, 170, 175, 177, 181, 423, 879]
– (1967c): Influence of different types of diagenesis on sandstone porosity. – 7th World Petrol. Congr., Mexico, Vol. 2: 353–369. [143, 149, 153]
– (1972): Influence of salinity on carbonate rocks in the Zechstein formation. – In: Geology of Saline Deposits. – Proc. Hanover Sympos. 1968 (Earth Sciences, 7, Unesco) 23–31. [403, 412, 423, 931]
– (1974a): Some problems of diagenesis in sandstones. – Bull. Centre Rech. Pau-SNPA, **8**: 391–403. [164]
– (1974b): Zur Diagenese fluviatiler Sandsteine. – Geol. Rundsch. **63**: 904–925. [176–178, 181]
– (1978): Zur Herkunft des Quarzzements. Abschätzung der Quarzauflösung in Silt- und Sandsteinen. – Geol. Rundsch., **67**: 991–1008. [164–166, 394, 425]
– (1979): Die Sandsteindiagenese im Spiegel der neueren Literatur. – Geol. Rundsch., **68**: 1125–1151. [157, 162, 164, 174]
– (1980a): Composition and diagenesis of a stromatolitic bryozoan bioherm in the Zechstein 1 (northwestern Germany). – In FÜCHTBAUER, H. & PERYT, T. (eds.): The Zechstein Basin with Emphasis on Carbonate Sequences. – Contrib. to Sedimentology, **9**: 233–257; Stuttgart. [296, 348, 356, 406, 418, 420]
– (1980b): Experimental precipitation of ferroan calcites. – Internat. Assoc. Sedimentol. 1st. Europ. Mtg., Bochum, Abstr., 170–171. [235, 238]
– (1983): Facies controls on sandstone diagenesis. – In PARKER, A. & SELLWOOD, B. W. (eds.): Sediment Diagenesis. – NATO ASI Series C, **115**: 269–288, D. Reidel, Dordrecht. [177]
– et al. (1977): Tertiary lake sediments of the Ries, research borehole Nördlingen 1973 – a summary. – Geol. Bavarica, **75**: 13–19. [408]
FÜCHTBAUER, H. & ELROD, J. M. (1971): Different sources contributing to a beach sand, southeastern Bornholm (Denmark). – Sedimentology, **17**: 69–79. [143]
FÜCHTBAUER, H. & GOLDSCHMIDT, H. (1959): Die Tonminerale der Zechsteinformation. – Beitr. Miner. Petrogr., **6**: 320–345. [425]
– – (1963): Beobachtungen zur Tonmineral-Diagenese. – Internat. Clay Conf., Stockholm. Pergamon Press, Vol. 1, 99–111. [393]
– – (1964): Aragonitische Lumachellen im bituminösen Wealden des Emslandes. – Beitr. Miner. Petrogr., **10**: 184–197. [254, 307, 372, 393]
– – (1965): Beziehungen zwischen Calciumgehalt und Bildungsbedingungen der Dolomite. – Geol. Rdsch., **55**: 29–40. [405]
FÜCHTBAUER, H. & HARDIE, L. A. (1976): Experimentally determined homogeneous distribution coefficients for precipitated magnesian calcites: Application to marine carbonate cements. – Geol. Soc. Amer., Abstr. & Program, **8**, 6: 877. [253]
– – (1980): Comparison of experimental and natural magnesian calcites. – Internat. Assoc. Sedimentol. 1st. Europ. Mtg., Bochum, Abstr., 167–169. [236, 254]

FÜCHTBAUER, H. & LEGGEWIE, R. (1984): Korngrößenbeziehungen zwischen Silt- und Sandsteinen. – N. Jb. Geol. Paläont. Abh., **167**: 133–161. [137, 141, 185]
FÜCHTBAUER, H., LEGGEWIE, R., GOCKELN, C., HEINEMANN, CHR. & SCHRÖDER, P. (1982): Methoden der Quarzuntersuchung, angewandt auf mesozoische und pleistozäne Sandsteine und Sande. – N. Jb. Geol. Paläont. Mh., **1982**: 193–210. [105, 106]
FÜCHTBAUER, H. & MÜLLER, G. (1970): Sedimente und Sedimentgesteine. 1. Auflage des vorliegenden Werkes. – 726 S.; E. Schweizerbart, Stuttgart. [4, 513, 860]
– – (1977): Sedimente und Sedimentgesteine. – Sedimentpetrologie, Teil II, 3. Aufl., 784 pp.; Schweizerbart, Stuttgart. [194–197, 220]
FÜCHTBAUER, H. & PERYT, T. (1980): The Zechstein Basin with Emphasis to Carbonate Sequences. Contr. Sedimentology, **9**, 328 pp.; Schweizerbart, Stuttgart. [456]
FÜCHTBAUER, H. & REINECK, H.-E. (1963): Porosität und Verdichtung rezenter, mariner Sedimente. – Sedimentology, **2**: 294–306. [152, 153, 901]
FÜCHTBAUER, H. & RICHTER, D. K. (1975): Undulose Extinction in carbonate petrography. – IX. Internat. Congr. Sedimentology, Nice, 8 S. [406]
– – (1983a): Relations between submarine fissures, internal breccias and mass flows during Triassic and earlier rifting periods. – Geol. Rundsch., **72**: 53–66. [91, 94]
– – (1983b): Carbonate internal breccias: A source of mass flows at early geosynclinal plattform margins in Greece. – In STANLEY, D. J. & MOORE, G. T. (eds.): The Shelfbreak: Critical Interface on Continental Margins. – Soc. Econ. Paleontol. Mineral. Spec. Publ., **33**: 207–215. [88, 816, 952]
FÜCHTBAUER, H. & RIEDEL, D. (1979): Zirkon- und Quarzvarietäten in Kaolin-Kohlentonsteinen der Bochumer Schichten (Westfal A) des Ruhrkarbons. – Glückauf-Forschungshefte, **40**, 3: 130–132. [122]
FÜCHTBAUER, H. & TISLJAR, J. (1975): Peritidal cycles in the Lower Cretaceous of Istria (Yugoslavia). – Sediment. Geol., **14**: 219–233. [90, 325, 326]
FÜHRBÖTER, A. (1980): Strombänke (Großriffel) und Dünen als Stabilisierungsformen. – Mitt. Lichtweiß-Inst. f. Wasserbau, T. U. Braunschweig, **67**. [782]
FÜRSICH, F. T. (1975): Trace fossils as environmental indicators in the Corallian of England and Normandy. Lethaia, **8**: 151–172. [837]
– (1979): Genesis, environments, and ecology of Jurassic hardgrounds. – Jb. Geol. Paläont. Abh., **158**: 1–63. [386, 930]
FÜTTERER, D. (1977): Die Feinfraktion (Silt) in marinen Sedimenten des ariden Klimabereichs: Quantitative Analysenmethoden, Herkunft und Verbreitung. – Habil.-Schr., Fachber. Math.-Nat., Univ. Kiel, 246 S. [340]
– (1980): Sedimentation am NW-afrikanischen Kontinentalrand: Quantitative Zusammensetzung und Verteilung der Siltfraktion in den Oberflächensedimenten. – „Meteor" Forsch.-Ergebn., C, **33**: 15–60. [340]
FÜTTERER, D. K. (1974): Significance of the boring sponge Cliona for the origin of fine grained material of carbonate sediments. – J. Sed. Petrol. **44**: 79–84. [345, 346]
– (1976): Kalkige Dinoflagellaten („Calciodinelloideae") und die systematische Stellung der Thoracosphaeroideae. – N. Jb. Geol. Paläont., **151**: 119–141. [281]
– (1984): Bioturbation and trace fossils in deep sea sediments of the Walvis Ridge, southeastern Atlantic, Leg 74. – In MOORE, T. C., Jr., RABINOWITZ, P. D. et al., Initial Reports of the Deep Sea Drilling Project, **74**: 543–555. [837]
FULLER, A. O. (1961): Size distribution characteristics of shallow marine sands from the Cape of Good Hope, South Africa. – J. Sediment. Petrol., **31**: 256–261. [134]
FUTTERER, E. (1978): Untersuchungen über die Sink- und Transportgeschwindigkeit biogener Hartteile. – N. Jb. Geol. Paläont. Abh., **155**: 318–359. [82]
– (1982): Experiments on the distinction of wave and current influenced shell accumulations. – In EINSELE, G. & SEILACHER, A. (eds.): Cyclic and Event Stratification. – 175–179.; Springer, Berlin, Heidelberg, New York. [82]
FUZESY, A. (1982): Potash in Saskatchewan. – Sask. Geol. Surv. Rep., **181**, 44 S. [460]

GAARDER, K. R. & MARKALI, J. (1956): On the Coccolithophorid Crystallolithus hyalinus n. gen., n. sp. – Nytt. Mag. Bot., **5**: 1–5. [280]
GADOW, S. & REINECK, H.-E. (1969): Ablandiger Sandtransport bei Sturmfluten. – Senckenbergiana marit., **1**: 63–78. [786, 801]
GAERTNER, H. R. VON & SCHELLMANN, W. (1963): Neue Eisenerzlagerstätten auf der Welt. Lateritische Eisenerzlagerstätten. – Umschau: 73–76. [59]
– – (1965): Rezente Sedimente im Küstenbereich der Halbinsel Kaloum, Guinea. – Tscherm. miner. petrogr. Mitt., **10**: 349–367, Wien. [590]
GAIDA, K. H., RÜHL, W. & ZIMMERLE, W. (1973): Rasterelektronmikroskopische Untersuchungen des Porenraumes von Sandsteinen. – Erdöl-Erdgas-Zeitschr., **9**: 336–343. [152]
GALAT, D. L. & JACOBSEN, R. L. (1985): Recurrent aragonite precipitation in saline-alkaline Pyramid Lake, Nevada. – Arch. Hydrobiol., **105**: 137–159; Stuttgart. [339, 340]
GALLOWAY, W. E. (1974): Deposition and diagenetic alteration of sandstone in northeast Pacific arc-related basins: Implications for graywacke genesis. – Geol. Soc. Amer. Bull., **85**: 379–390. [175, 181]
– (1976): Sediments and stratigraphic framework of the Copper River fan-delta, Alaska. – J. Sediment. Petrol., **46**: 726–737. [909]

- (1979): Diagenetic control of reservoir quality in arc-derived sandstones: Implications for petroleum exploration. – In SCHOLLE, P. A. & SCHLUGER, P. R. (eds.): Aspects of Diagenesis. – Soc. Econ. Paleont. Mineral. Spec. Publ. 26: 251–262. [155, 175, 181]
- (1984): Hydrogeologic regimes of sandstone diagenesis. – In MCDONALD, D. A. & SURDAM, R. C. (eds.): Clastic Diagenesis. – Amer. Assoc. Petrol. Geol. Mem. 37: 3–13. [7]

GALLOWAY, W. E. & HOBDAY, D. K. (1983): Terrigenous Clastic Depositional Systems. – 423 S.; Springer, New York, Berlin, Heidelberg, Tokyo. [890]

GANSSEN, G. & LUTZE, G. F. (1982): The aragonite compensation depth at the northeastern Atlantic continental margin. – „Meteor" Forsch.-Ergebn., C 36: 57–59. [941]

GARDNER, L. R. (1980): Mobilization of Al and Ti during weathering. Isovolumetric geochemical evidence. – Chemical Geol., 30: 151–165. [30]
- (1983): Models for Incongruent Feldspar Dissolution. – Sci. Géol. Mém., Strasbourg, 71: 55–62. [22, 23]

GARFUNKEL, Z. (1978): The Negev: regional synthesis of sedimentary basins. – 10th Int. Congr. Sediment. Guidebook Pt. 1: 35–110. [953]

GARLICK, W. G. (1981): Sabkhas, slumping and compaction at Mufulira, Zambia. – Econ. Geol., 76: 1817–1847; Lancaster, Pa. [634]
- (1982): Erosion of the folded copper-rich arenite filling of a rolled-up algal mat, Mufulira, Zambia. – Econ. Geol., 77: 1934–1939; Lancaster, Pa. [634]

GARRELS, R. M. & CHRIST, C. L. (1965): Solutions, Minerals and Equilibria. – 450 pp.; Harper & Row, New York, Evanston & London. [22, 26]

GARRELS, R. M. & MACKENZIE, F. T. (1971): Evolution of sedimentary rocks. – 397 pp.; W. W. Norton and Co., Inc., New York. [731]
– – (1972): A quantitative model for the sedimentary rock cycle. – Mar. Chem., 1: 27–41; Elsevier.

GARRELS, R. M., MACKENZIE, F. T. & HUNT, C. (1975): Chemical cycles and the global environment. – 206 S.; Kaufmann, Los Altos. [850]

GARRELS, R. M., PERRY, E. A. & MACKENZIE, F. T. (1973): Genesis of Precambrian iron-formations and the development of atmospheric oxygen. – Econ. Geol., 68: 1173–1179; Lancaster, Pa. [593]

GARRETT (zit.) [918]

GARRIDO, J. & BLANCO, J. (1947): Structure cristalline des piquants d'oursin. – C. R. Acad. Sci. Paris 224: 485; Paris. [315]

GARRISON, R. E. (1967): Pelagic limestones of the Oberalm Beds (Upper Jurassic – Lower Cretaceous), Austrian Alps. – Bull. Canadian Petrol. Geol., 15: 21–49. [854]
- (1974): Radiolarian cherts, pelagic limestones, and igneous rocks in eugeosynclinal assemblages. – In HSÜ, K.-J. & JENKYNS, H. C. (eds.): Pelagic Sediments: on Land and under the Sea. – Internat. Assoc. Sedimentologists Spec. Pub., 1: 367–399. [528, 529]
- (1981): Diagenesis of oceanic carbonate sediments: a review of the DSDP perspective. – In WARME, J. E., DOUGLAS, R. G. & WINTERER, E. L. (eds.): The Deep Sea Drilling Project: A Decade of Progress. – Soc. Econ. Paleont. Mineral. Spec. Publ. 32: 181–207. [366, 387]

GARRISON, R. E. & FISCHER, A. G. (1969): Deep-water limestones and radiolarites of the Alpine Jurassic. – In FRIEDMAN, G. M. (ed.): Depositional Environments in Carbonate Rocks. – Soc. Econ. Paleont. Mineral. Spec. Publ., 14: 20–56. [309, 528]

GARRISON, R. E., GLENN, C. R., SNAVELY, P. D. III & MANSOUR, S. E. A. (1979): Sedimentology and origin of Upper Cretaceous phosphorite deposits at Abu Tartur, Western Desert, Egypt. – Ann. Geol. Surv. Egypt, 9: 261–281. [Kap. 9]

GARRISON, R. E. & HONJO, S. (1964): Late Jurassic-early Cretaceous pelagic sedimentation, western Salzburg province, Austria. – Abstr., Ann. GSA & Assoc. Soc. Joint Meet., Miami Beach, Program, 70. [854]

GARRISON, R. E. & KENNEDY, W. J. (1977): Origin of solution seams and flaser structures in the Upper Cretaceous chalks of southern England. - Sed. Geol. 19: 107–137. [368, 370, 371]

GARRISON, R. E., LUTERNAUER, J. L., GRILL, E. V., MACDONALD, R. D. & MURRAY, J. W. (1969): Early diagenetic cementation of recent sands. Fraser River delta, British Columbia. – Sedimentology, 12: 27–46. [168]

GASCHE, E. (1956): Über die Entstehung der Mumien und übrigen Kalkknollen aus dem Sequan des Berner Jura. – In ZIEGLER, P. A.: Geologische Beschreibung des Blattes Courtelary (Berner Jura) und zur Stratigraphie des Séquanien im zentralen Schweizer Jura. – Beitr. Geol. Karte d. Schweiz, N. F. 102, 3 S. [267]

GASIEWICZ, A., GERDES, G. & KRUMBEIN, W. E. (1987): The peritidal sabkha type stromatolites of the Platy Dolomite (Ca3) of the Leba elevation (northern Poland). – In PERYT, T. M. (Hrsg.): The Zechstein Facies in Europe. – Lecture Notes in Earth Sciences, 10: 253–272; Springer-Verlag, Berlin Heidelberg. [500]

GASSER, W. (1967): Erste Resultate über die Verteilung von Schwermineralen in verschiedenen Flyschkomplexen der Schweiz. – Geol. Rundsch., 56: 300–308. [121, 125]

GASTUCHE, M. C., BROWN, G. & MORTLAND, M. M. (1967): Mixed magnesium-aluminium hydroxides. I. Preparation and characterization of compounds formed in dialyzed systems. Clay Miner. 7: 177–192. [32]

GATZWEILER, R. (1979): Marginale Uranlagerstätten und ihre Gewinnung. – In FRIEDRICH, G. (Hrsg.): Niedrigprozentige Erzvorkommen als potentielle Lagerstätten. – Schriftenr. GDMB, 35: 139–168; Clausthal-Zellerfeld. [613]

GAURI, K. L. & KALTERHERBERG, J. (1966): Sedimentstrukturen aus den niederrheinischen Braunkohlenschichten des Miozäns. – Sedimentology, 6: 115–133. [146]

GAUTIER, D. L. (1979): Preliminary report of authigenic, euhedral tourmaline crystals in a productive gas reservoir of the Tiger Ridge field, North-Central Montana. – J. Sediment. Petrol., **49**: 911–916. [121]
– (1982): Siderite concretions: indicators of early diagenesis in the Gammon Shale (Cretaceous). – J. Sediment. Petrol., **52**: 859–871. [394]
– (1984): Relationship of organic matter and mineral diagenesis. – Report of the 1983 SEPM Research Conference. – J. Sediment. Petrol., **54**: 1028–1032. [156]
GAUTIER, D. L. & CLAYPOOL, G. E. (1984): Interpretation of methanic diagenesis in ancient sediments by analogy with processes in modern diagenetic environments. – In MCDONALD, D. A. & SURDAM, R. C. (eds.): Clastic Diagenesis. – Amer. Assoc. Petrol. Geol. Mem., **37**: 111–123. [394]
GAVISH, E. & FRIEDMAN, G. M. (1973): Quantitative analysis of calcite and Mg-calcite by X-ray diffraction: effect of grinding on peak height and peak area. – Sedimentology **20**: 437–444; Oxford. [242]
GAY, P., Jr. (1962): Origen, distribucion y movimiento de las arenas eolicas en el area de Yauca a Palpa. – Bol. Soc. Geol. Peru, **37**: 37–58. [804, 805]
GEBELEIN, C. D. (1969): Distribution, morphology, and accretion rate of Recent subtidal algal stromatolites, Bermuda. – J. Sediment. Petrol., **39**: 49–69. [263–265]
GEBELEIN, C. D. & HOFFMAN, P. (1969): Algal origin of dolomite in interlaminated limestone-dolomite sedimentary rocks. – In BRICKER et al. (ed.): Carbonate Cements. – Bermuda Biol. Station, Spec. Publ., **3**: 226–235. [262]
– – (1973): Algal origin of dolomite laminations in stromatolitic limestone. – J. Sediment. Petrol., **43**: 603–613. [918]
GEBELEIN, C. D., STEINEN, R. P., GARRETT, P., HOFFMAN, E. J., QUEEN, J. M. & PLUMMER, L. N. (1980): Subsurface dolomitization beneath the tidal flats of central West Andros Island, Bahamas. – In ZENGER, D. A., DUNHAM, J. B. & ETHINGTON, R. L. (eds.): Concepts and Models of Dolomitization. – Soc. Econ. Paleont. Mineral., Spec. Publ., **28**: 31–49. [402, 410, 922]
GEER, G. DE (1912): A geochronology of the last 12000 years. – Congr. Internat. Géol., Sess. 11, C. R., 241–258. [848, 849]
GEES, R. A. (1965): Moment measures in relation to the depositional environment of sands. – Eclog. Geol. Helvet., **58**: 209–213. [138]
GEHLEN, K. V. (1985) (Hrsg.): German geological correlation programm; part C: stratabound sulfide ore deposits in Central Europe. – Geol. Jb., **D 70**, 262 S.; Hannover. [656]
GEHLEN, K. V. & HARDER, H. (1956): Zur Genese der kretazischen Eisenerze von Auerbach (Oberpfalz). – Heidelberger Beitr. Miner. Petrogr., **5**: 118–138; Würzburg. [603]
GEHLEN, K. V. & NIELSEN, H. (1985): Sulfur isotopes and the formation of strata-bound lead-bearing Triassic sandstones in Northeastern Bavaria. – Geol. Jb., **D 70**: 213–223; Hannover. [656]
GEISLER-CUSSEY, D. (1987): Middle Muschelkalk evaporitic deposits in Eastern Paris Basin. – In PERYT, T. M. (Hrsg.): Evaporite Basins. Lecture Notes in Earth Sciences, **13**: 89–121; Springer-Verlag, Berlin, Heidelberg. [500]
GENGE, E., Jr. (1958): Ein Beitrag zur Stratigraphie der südlichen Klippendecke im Gebiet Spillgerten-Seehorn (Berner Oberland). – Eclogae Geol. Helv., **51**: 151–211. [92]
GENOT, P. (1985): Calcification in Fossil Neomereae (Dasycladales). – In TOOMEY, D. F. & NITECKI, M. H. (ed.): Paleoalgology. – 264–273; Berlin – Heidelberg. [269]
GEOGHEGAN, M. J. & BRIAN, R. C. (1948): Aggregate formation in soil. 1. Influence of some bacterial polysaccharides on the binding of soil particles. – Biochem. J. **43**: 5–13. [28]
GEORGE, T. N. (1957): Limestones and dolomites. – Sci. Progr., **45**: 95–103. [287]
GERDES, G., KRUMBEIN, W. E. & REINECK, H.-E. (1985): Verbreitung und aktuogeologische Bedeutung mariner mikrobieller Matten im Gezeitenbereich der Nordsee. – Facies **12**: 75–96; Erlangen. [265, 901]
GERHARD, L. C. (1985): Porosity development in the Mississippian pisolitic limestone of the Mission Canyon Formation, Glenburn Field, Williston Basin, North Dacota. – In ROEHL, P. O. & CHOQUETTE, P. W. (eds.): Carbonate Petroleum Reservoirs. – 193–205; Springer-Verlag, New York, Berlin, Heidelberg, Tokyo. [359]
GERLACH, T. M. & GRAEBER, E. J. (1985): Volatile budget of Kilauea volcano. – Nature, **313**: 213–217. [737]
GERMANN, K. (1969): Reworked dolomite crusts in the Wettersteinkalk (Ladinian, Alpine Triassic) as indicators of early supratidal dolomitization and lithification. – Sedimentology, **12**: 257–277. [662]
– (1971a): Mangan-Eisen-führende Knollen und Krusten in jurassichen Rotkalken der Nördlichen Kalkalpen. – N. Jb. Geol. Paläont. Mh. **1971**: 133–156. [583]
– (1971b): Calcite and dolomite fibrous cements („Groboolith") in reef rocks of the Wettersteinkalk (Ladinian, Middle Trias), Northern Limestone Alps, Bavaria and Tyrol. – In BRICKER, O. P. (ed.): Carbonate Cements. – The Johns Hopkins Studies in Geology, 19: 185–188; The Johns Hopkins Press, Baltimore, London. [386]
– (1972): Verbreitung und Entstehung manganreicher Gesteine im Jura der nördlichen Kalkalpen. – Tschermaks miner. petrogr. Mitt., **17**: 123–150; Wien. [609]
GERMANN, K., BOCK, W. D. & SCHRÖTER, T. (1984): Facies development of Upper Cretaceous phosphorites in Egypt: sedimentological and geochemical aspects. – In: KLITZSCH, E., SAID, R. & SCHRANK, E. (eds.): SFB 69: Results of the special research project Arid Areas, Period 1981–1984. – Berliner Geowiss. Abh., A, **50**: 354–362. [554, 561]
GERSONDE, R. & WEFER, G. (1987): Sedimentation of biogenic siliceous particles in Antarctic waters from the Atlantic sector. – Marine Micropaleontology, **11**: 311–332. [511]
GEYER, O. F. (1962): Über Schwammgesteine (Spongiolith, Tuberolith, Spiculit und Gaizit). – In HERMANN-ALDINGER-Festschr., Stuttgart, 51–59. [530]

GEYER, O. F. & GWINNER, M. P. (1968): Einführung in die Geologie Baden-Württembergs. – 228 S.; Schweizerbart, Stuttgart. [221, 930]
GIBBS, R. J. (1967): The geochemistry of the Amazon River system: Part I. the factors that control the salinity and the composition and concentration of the suspended solids. – Geol. Soc. Amer. Bull., **78**, 10: 1203–1232. [199, 200]
– (1977): Clay mineral segregation in the marine environment. – J. Sediment. Petrol., **47**: 237–243. [199, 200]
– (1983): Coagulation rates of clay minerals and natural sediments. – J. Sediment. Petrol., **53**: 1193–1203. [201]
– (1985): Settling velocity, diameter, and density for flocs of illite, kaolinite, and montmorillonite. – J. Sediment. Petrol., **55**: 65–68. [201]
GIESKES, J. M. (1975): Chemistry of interstitial waters of marine sediments. – Ann. Rev. Earth & Planetary Sci., 433–453. [5]
– (1981): Deep-sea drilling interstitial water studies: Implications for chemical alteration of the oceanic crust, layers I and II. – In WARME et al. (eds.): The Deep Sea Drilling Project: A Decade of Progress. – Soc. Econ. Paleontol. Mineralog. Spec. Publ., **32**: 149–167. [5]
GIESKES, J. M., LAWRENCE, J. R. & GALLEISKY, G. (1978): Interstitial water studies, Leg 38. – Initial Rep. Deep See Drilling Proj., Supplem. 40, **38–41**: 121–133. [5, 6]
GIESKES, J. M., NEVSKY, B. & CHAIN, A. (1981): Interstitial water studies, Leg 63. – In YEATS, R. D., HAQ, B. U. et al. (eds.): Init. Repts. DSDP, 63, Washington, 623–629. [5]
GIGNOUX, M. (1926): Géologie stratigraphique. – 588 pp.; Masson, Paris. [304]
GILBERT, G. K. (1885): The topographic features of lake shores. – U. S. Geol. Surv. Ann. Rept., **5**: 75–123. [894]
– (1890): Lake Bonneville. – Monogr. U. S. Geol. Surv., **1**, 438 S. [880, 894]
– (1895): Sedimentary measurement of geologic time. – J. Geol., **3**: 121–127. [850]
– (1914): The transportation of debris by running water. – U. S. Geol. Surv. Prof. Pap., **86**, 263 S. [795]
GILES, M. R. & MARSHALL, J. D. (1986): Constraints on the development of secondary porosity in the subsurface: re-evaluation of processes. – Mar. and Petrol. Geol., **3**: 243–255. [158]
GILKES, R. J. & SUDDHIPRAKARN, A. (1979a): Biotite alteration in deeply weathered granite. I. Morphological, mineralogical and chemical properties. – Clay & Clay Minerals, **27**: 349–360. [28]
– – (1979b): Biotite alteration in deeply weathered granite. II. The oriented growth of secondary minerals. – Clays & Clay Minerals, **27**: 361–367. [28]
GILL, W. D. & KUENEN, P. H. (1958): Sand volcanoes on slumps in the Carboniferous of County Clare, Ireland. – Quart. J. Geol. Soc. London, **113**: 441–460. [830]
GILLBERG, M. (1965): A statistical study of till from Sweden. – Geol. Fören. Förhandl., **87**: 84–108. [887]
GILLOT, J. E. (1971): Mineralogy of Leda clay. – Can. Miner., **10**: 797–811. [226]
GILLULY, J., WATERS, A. C. & WOODFORD, A. O. (1968): Principles of Geology. – 3rd. Ed. 687 S.; W. H. Freeman & Co., San Francisco & London. [786]
GILMAN, R. A. & METZGER, W. J. (1967): Cone-in-cone concretions from western New York. – J. Sediment. Petrol., **37**: 87–95. [392]
GINSBURG, R. N. (1957): Early diagenesis and lithification of shallow-water carbonate sediments in South Florida. – In LEBLANC, R. J. & BREEDING, J. G. (eds.): Regional Aspects of Carbonate Deposition. – Soc. Econ. Pal. Miner. Spec. Publ., **5**: 80–100. [324]
– (1960): Ancient analogues of recent stromatolites. – Internat. Geol. Congr., Copenhagen, Part XXII: 26–35. [265]
– (ed.) (1975): Tidal Deposits. – A casebook of recent examples and fossil counterparts. – 428 S.; Springer, Berlin, Heidelberg, New York. [904, 923]
– (1982): Actualistic depositional models for the Great American Bank (Cambro-Ordovician). – 11th Internat. Congr. Sedimentol., Hamilton, Abstr., 114. [924]
– (zit.) [918]
GINSBURG, R. N., HARDIE, L. A., BRICKER, O. P., GARRETT, P. & WANLESS, H. R. (1977): Exposure index: a quantitative approach to defining position within the tidal zone. – In HARDIE, L. A. (ed.): Sedimentation on the Modern Carbonate Tidal Flats of Northwest Andros Island, Bahamas. – Johns Hopkins Univ. Studies in Geol., **22**: 7–11. [829]
GINSBURG, R. N. & JAMES, N. P. (1974): Holocene carbonate sediments of continental shelves. – In BURK, C. A. & DRAKE, C. L. (eds.): The Geology of Continental Margins. – 137–155; Springer, Berlin, Heidelberg, New York. [924]
– – (1976): Submarine botryoidal aragonite in Holocene reef limestones, Belize. – Geology, **4**: 431–436. [386]
GINSBURG, R. N., MARSZALEK, D. S. & SCHNEIDERMANN, N. (1971): Ultrastructure of carbonate cements in a Holocene algal reef of Bermuda. – J. Sediment. Petrol., **41**: 472–482. [236]
GINSBURG, R. N. & SCHLAGER, W. (1980): Carbonates. – Geotimes, Febr. 1980: 15–16. [340, 357]
GINSBURG, R. N. & SCHROEDER, J. H. (1973): Growth and submarine fossilization of algal cup reefs, Bermuda. – Sedimentology, **20**: 575–614. [236, 253, 357]
GINSBURG, R. N. & SHINN, E. A. (1964): Distribution of the reef-building community in Florida and the Bahamas. – Bull. Amer. Assoc. Petrol. Geol., **48**, (Abstr.) 527. [350]
GIORDANO, T. H. & BARNES, H. L. (1981): Lead transport in Mississippi Valley-type ore solutions. – Econ. Geol., **76**: 2200–2211. [650, 669]
GIOVANOLI, I. R. & PERSEIL, E. A. (1983): Étude comparative des lithiophorites de synthèse et des lithiophorites de la zone d'oxidation des gisements ferro-manganésifères – p. 87. – CNRS-Colloquium: Petrology of weathering and soils. Paris: 4–7, 1983. [25]

GIVEN, P. H., CRONAUER, D. C., SPACKMAN, W., LOVELL, H. L., DAVIS, A. & BISWAS, B. (1975): Dependence of coal liquefaction behaviour on coal characteristics. – Fuel. **54**: 34–49; Guildford. [727]

GIVEN, R. K. & LOHMANN, K. C. (1982): Isotopic and petrographic evidence of shallow meteoric and deep phreatic diagenesis of the massive and foreslope facies of the Upper Permian Reef Complex of West Texas. – Geol. Soc. Amer. Abstr. & Progr. **14**, 7: 497. [387]

GIVEN, R. K. & WILKINSON, B. H. (1985): Kinetic control of morphology, composition, and mineralogy of abiotic sedimentary carbonates. – J. Sediment. Petrol., **55**: 109–119. [237]

GIZE, A. P. & BARNES, H. L. (1987): The Organic Geochemistry of Two Mississippi Valley-Type Lead-Zinc Deposits. – Econ. Geol., **82**: 457–470. [669]

GJELBERG, J., JOHANNESSEN, E. & STEEL, R. (1980): Middle Carboniferous sedimentation on Bear Island and Spitsbergen –Tectonic, climatic and sea level effects. – Internat. Assoc. Sedimentologists 1st Europ. Mtg., Bochum, Abstr., 117–120. [83]

GLASS, B. P. & ROSEN, L. J. (1978): Sedimentation rates, deep-sea. – In FAIRBRIDGE, R. W. & BOURGEOIS, J. (eds.): The Encyclopedia of Sedimentology. Dowden, Hutchinson & Ross Inc., Stroudsburg, Pennsylvania. [860]

GLAZEK, J. & RADWANSKI, A. (1968): Determination of brittle stars in thin sections. – Bull. Acad. Polon. Sci., Ser. Sci. Geol. geogr. **16**; Warschau. [320]

GLENNIE, K. W. (1970): Desert Sedimentary Environments. – 222 S.; Elsevier Publ. Co., Amsterdam, London, New York. [802, 882, 884, 885]

– (1972): Permian Rotliegendes of northwestern Europe interpreted in light of modern desert sedimentation studies. – Amer. Assoc. Petrol. Geol. Bull., **56**: 1048–1071. [807, 884]

GLENNIE, K. W. & BULLER, A. T. (1983): The Permian Weissliegend of NW Europe: The partial deformation of aeolian dune sands caused by the Zechstein transgression. – Sed. Geol., **35**: 43–81. [834]

GLENNIE, K. W., MUDD, G. C. & NAGTEGAAL, P. J. C. (1978): Depositional environment and diagenesis of Permian Rotliegendes sandstones in Leman Bank and Sole Pit areas of the UK southern North Sea. – J. geol. Soc. Lond., **135**, 25–34. [156, 173, 175, 176, 179, 180, 188]

GLOPPEN, T. G. & STEEL, R. J. (1981): The deposits, internal structure and geometry in six alluvial fan-fan delta bodies (Devonian-Norway) – A study in the significance of bedding sequence in conglomerates. – In ETHRIDGE, F. G. & FLORES, R. M. (eds.): Recent and Ancient Nonmarine Depositional Environments: Models for Exploration. – Soc. Econ. Paleontol. Mineralog. Spec. Publ., **31**: 49–69. [816]

Glossary of Geology (1980): 2. Aufl.: 751 S., Falls Church, Va. (Amer. geol. Inst.). [637]

GLOVER, E. D. & PRAY, L. C. (1971): High-magnesium calcite and aragonite cementation within modern subtidal sediment grains. – In BRICKER, O. P. (ed.): Carbonate cements. – Johns Hopkins Stud. in Geol., **19**: 80–87, Johns Hopkins Press, Baltimore, Md. [385]

GLOVER, J. E. (1963): Studies in the diagenesis of some Western Australian sedimentary rocks. – J. Roy. Soc. Austral., **46**: 33–56. [168]

GLYNN, P. W. (1971): Pacific coral reefs of Panama: Structure, distribution and predators (Abstr.). – Progr., VIII Internat. Sediment. Congr., Heidelberg, 36. [351]

GNACCOLINI, M. (1981): A fan-delta depositional model from the Oligocene of Southern Piedmont. – Internat. Assoc. Sedimentologists 2nd Europ. Mtg., Bologna, Abstr., 75–78. [824]

GÖHNER, D. (1980): „Covel dell' Angiolono" – ein mittelliassisches *Lithiotis* – Schlammbioherm auf der Hochebene von Lavarone (Provinz Trento, Norditalien). – N. Jb. Geol. Pal. Mh., **1980**: 600–619. [356]

GÖKDAĞ, H. (1974): Sedimentpetrographische und isotopenchemische (O^{18}, C^{13}) Untersuchungen im Dachsteinkalk (Obernor-Rät) der Nördlichen Kalkalpen. – Diss. Univ. Marburg, 156 S. [413]

GÖRLER, K. (1975): The determination of former mudflow-directions in olistostromes. – IXth Internat. Congr. Sedimentol., Nice, Theme 4: 163–169. [813]

GÖTTLICH, K. (Hrsg.) (1980): Moor- und Torfkunde. 2. Aufl., 338 S., 155 Abb., 30 Tab., 2 Taf. – Schweizerbart, Stuttgart. [688]

GOLDBERY, R. (1979): Sedimentology of the Lower Jurassic flint clay-bearing Mishhor formation, Makhtesh Ramon, Israel. – Sedimentology, **26**: 229–251; Amsterdam. [56]

GOLDEN, D. C., BOWEN, L. H., WEED, S. B. & BIGHAM, J. M. (1979): Mössbauer studies of synthetic and soil-occurring aluminium-substituted goethites. – Soil Sci. Soc. Amer. J., **43**: 802–808. [37]

GOLDFARB et al. (zit.) [645]

GOLDHAMMER, R. K. & ELMORE, R. D. (1984): Paleosols capping regressive carbonate cycles in the Pennsylvanian Black Prince Limestone, Arizona. – J. Sediment. Petrol., **54**: 1124–1137. [357]

GOLDICH, S. S. (1934): Authigenic feldspar in sandstones of southeastern Minnesota. – J. Sediment. Petrol., **4**: 89–95.

– (1938): A study in rock weathering. – J. Geol., **46**: 17–23. [12, 168]

GOLDMAN, M. I. (1952): Deformation, metamorphism, and mineralization in gypsum-anhydrite caprocks of sulfur salt dome in Louisiana. – Geol. Soc. America, Mem., **50**: 1–169. [466]

GOLDRING, R. & BRIDGES, P. (1973): Sublittoral sheet sandstones. – J. Sediment. Petrol., **43**: 736–747. [801]

GOLDSCHMIDT, V. M. (1937): The principles of distribution of chemical elements in minerals and rocks. – J. Chem. Soc. **139**: 655–675. [16, 17]

GOLDSCHMIDT, V. M. & PETERS, O. (1932): Zur Geochemie des Bors, Teil I und II. – Nachr. Ges. Wiss. Göttingen, Math. Physikal. Kl., 402–407, 528–545. [218]

GOLDSMITH, J. R. (1953): A "simplexity principle" and its relation to "ease" of crystallization. – J. Geol., **61**: 439–451. [403]

Goldsmith, J. R. & Graf, D. L. (1958): Structural and compositional variations in some natural dolomites. – J. Geol. 66: 678–693; Chicago. [242, 402]

Goldsmith, J. R., Graf, D. L. & Heard, H. C. (1961): Lattice constants of the calcium-magnesium carbonates. – Amer. Miner. 46: 453–457; Washington. [242]

Goldsmith, J. R., Graf, D. L. & Joensuu, O. I. (1955): The occurrence of magnesian calcites in nature. – Geochim. Cosmochim. Acta, 7: 212–230; London. [242]

Goldsmith, J. R. & Heard, H. C. (1961): Subsolidus phase relations in the system $CaCO_3$—$MgCO_3$. – J. Geol., 69: 45–74. [402]

Goldsmith, J. R. & Laves, F. (1954): The microcline-sanidine stability relations. – Geochim. Cosmochim. Acta, 5: 1–19. [114, 423]

Goldsmith, V. (1978): Coastal dunes. – In Davies, R. A., Jr. (ed.): Coastal Sedimentary Environments, 171–235. – Springer, New York, Heidelberg, Berlin. [908]

Goldstein, A. (1959): Cherts and novaculites of Ouachita facies. – In Ireland, H. A. (ed.): Silica in Sediments. – Soc. Econ. Paleont. Min. Spec. Pub., 7: 135–149. [511, 530]

Goldthwait, R. P. (1971): Till, a symposium. – 402 S.; Ohio State Univ. Press. [887]

Golubic, S. (1969): Distribution, taxonomy and boring patterns of marine endolithic algae. – Am. Zoologist, 9: 747–751. [345]

Golubic, S., Perkins, R. D. & Lukas, K. J. (1975): Boring microorganisms and microborings in carbonate substrates. – In Frey, R. W. (ed.): The Study of Trace Fossils, 229–259. – Springer-Verlag, Berlin, Heidelberg, New York. [839]

Golubić, S. & Schneider, J. (1979): Carbonate dissolution. – In Trudinger, P. A. & Swaine, D. J. (eds.): Biogeochemical Cycling of Mineral-Forming Elements. – Studies in Environmental Science 3: 107–129; Elsevier, Amsterdam, Oxford, New York. [234]

Gomberg, D. N. & Bonatti, E. (1970): High-magnesian calcite: leaching of magnesium in the deep sea. – Science, 168: 1451–1453. [237, 399, 401]

Goodel, H. G. (1965): The marine Geology of the Southern Ocean. – Contr. 11, 196 S.; Sedimentol. Res. Lab., Florida State Univ. [539]

Goodman, B. A. & Wilson, M. J. (1976): A Mössbauer study of the weathering of hornblende. – Clay Min., 11: 153–163. [18]

Goodman, D. K. (1986): Dinoflagellate cysts in ancient and modern sediments. – In Taylor, F. J. R. (ed.): The Biology of Dinoflagellates. – Botanical Monographs, 21, 960 S.; Oxford (Blackwell). [281]

Goodwin, A. M. (1956): Facies relation in the Gunflint iron formation. – Econ. Geol., 51: 565–595. [594]

Gordon, M., Tracey, J. I. & Ellies, M. W. (1958): Geology of the Arkansas bauxite region. – U. S. Geol. Surv., Profess. Papers, 299: 268 p. [52]

Goreau, T. F. (1959): The physiology of skeleton formation in corals. I. A method for measuring the rate of calcium deposition under different conditions. – Biol. Bull., 116: 59–75. [293, 351]

– (1963): Calcium carbonate deposition by coralline algae and corals in relation to their roles as reef builders. – Ann. N. Y. Acad. Sci., 109: 127–167. [293]

Goreau, T. F. & Hartman, W. D. (1963): Boring sponges as controlling factors in the formation and maintenance of coral reefs. – In Mechanics of hard tissue destruction. – Amer. Assoc. Adv., Sci., Publ., 75: 25–54. [291]

Goreau, T. F. & Land, L. S. (1974): Fore-reef morphology and depositional processes, North Jamaica. – In Laporte, L. F. (ed.): Reefs in Time and Space. – Soc. Econ. Paleont. Mineral. Spec. Publ., 18: 77–89. [351]

Gorsline, D. S. (1978): Anatomy of margin basins. – J. Sediment. Petrol., 48: 1055–1068. [810]

Gotthardt, R. (1962): Geologie des Dornaper Massenkalkes. – Diss. T. H. Aachen, 107 pp. [416]

Gotthardt, R. & Piccard, K. (1965): Anreicherungen von Schwermineralien an den Küsten Schleswig-Holsteins. – Geol. Mitteilungen, 4: 249–272; Aachen. [124]

Goudie, A. S. (1972): The chemistry of world calcrete deposits. – J. Geol., 80: 449–463. [357]

– (1973): Duricrusts in tropical and subtropical landscapes. – Clarendon Press, Oxford, 173 p. [359, 515]

Goudie, A. S. & Pye, K. (eds.) (1983): Chemical Sediments and Geomorphology: Precipitates and Residua in the near Surface Environment. – 439 pp.; Academic Press, London. [68, 515]

Goudie, A. S. & Watson, A. (1981): The shape of desert sand dune grains. – J. Arid Environments, 4: 185–190. [143]

Gouy (1917): Ann. Phy., Bd. 7, 129 p. [19, 20]

Govean, F. M. & Garrison, R. E. (1981): Significance of laminated and massive diatomites in the upper part of the Monterey Formation, California. – In Garrison, R. E. & Douglas, R. G. (eds.): The Monterey Formation and related siliceous rocks of California. – Soc. Econ. Paleont. Mineral., Pacif. Section, 181–198. [526, 528]

Graaff, F. R. van de (1972): Fluvial-deltaic facies of the Castlegate sandstone (Cretaceous), east-central Utah. – J. Sediment. Petrol., 42: 558–571. [138]

Graaff, W. J. E. van de (1971): Three Upper Carboniferous limestone-rich, high destructive delta systems with submarine fan deposits, Cantabrian Mountains, Spain. – Leidse Geol. Meded., 46: 157–235. [916]

– (1980): Silcrete in western Australia – geomorphological setting and genesis. – Internat. Assoc. Sedimentologists 1st Europ. Mtg., Bochum, Abstr., 144–146. [516]

– (1983): Silcrete in western Australia: geomorphological settings, textures, and their genetic implications. – In Wilson (ed.): Residual deposits. – Geol. Soc. London, Spec. publ., 11: 159–166. [516, 519]

Graaff, W. J. E. van de, Crowe, R. W. A., Bunting, J. A. & Jackson, M. J. (1977): Relict early Cainozoic drainages in arid Western Australia. – Z. Geomorph. 21: 379–400. [516]

GRABAU, A. W. (1913): Principles of Stratigraphy, Bd. 1 u. 2. – Neuausg. 1960, 1185 pp.; Dover Publications Inc., New York. [308, 317, 337]
GRACE, J., GROTHAUS, B. T. & EHRLICH, R. (1978): Size frequency distributions taken from within sand laminae. – J. Sediment. Petrol., **48**: 1193–1202. [135, 139]
GRAETSCH, H. (1985): Struktur, Gefüge und Eigenschaften von Chalzedon und Opal-C in brasilianischen Achat-Geoden. – Diss. Univ. Bochum, 143 S. [502, 504, 536, 537]
GRAF, D. L. (1982): Chemical osmosis, reverse chemical osmosis, and the origin of subsurface brines. – Geochim. Cosmochim. Acta, **46**: 1431–1448. [8]
GRAF, W. H. (1971): Hydraulics of Sediment Transport. – 513 S.; McGraw Hill Book Co., New York usw. [779]
GRAHAM, ST. A., INGERSOLL, R. V. & DICKINSON, W. R. (1976): Common provenance for lithic grains in Carboniferous sandstones from Ouachita Mountains and Black Warrior Basin. – J. Sediment. Petrol., **46**: 620–632. [112]
GRAMANN, F. (1962): Schwamm-Rhaxen und Schwamm-Gesteine (Spongiolithe, Spiculite) aus dem Oxford NW-Deutschland. – Geol. Jb., **80**: 213–220. [509, 530]
GRANDJEAN, G., GRÉGOIRE, C. & LUTTS, A. (1964): On the mineral components and the remnants of organic structures in shells of fossil molluscs. – Acad. Roy. Belgique Bull., **50**: 562–595. [Kap. 6]
GRANDSTAFF, D. E. (1978): Changes in surface area and morphology and the mechanism of forsterite dissolution. – Geochim. Cosmochim. Acta, **42**: 1899–1901. [25]
GRAVENOR, C. P. (1979): The nature of the Late Paleozoic glaciation in Gondwana as determined from an analysis of garnets and other heavy minerals. – Canad. J. Earth Sci., **16**: 1137–1153. [144]
– (1985): Chattermarked garnets found in soil profiles and beach environments. – Sedimentology, **32**: 295–306. [144]
GREAVES-WALKER, A. F. (1939): The origin, mineralogy and distribution of the refractory clays of the United States. – No. Carol. Engr. Exp. Sta. Bull. 19 Raleigh, No. Car. 87 p. [56]
GREENLAND, L. P., ROSE, W. J. & STOKES, J. B. (1985): An estimate of gas emissions and magmatic gas content from Kilauea volcano. – Geochim. Cosmochim. Acta, **49**: 125–129. [737]
GREELEY, R. & IVERSEN, J. D. (1985): Wind as a Geological Process on Earth, Mars, Venus and Titan. – 333 S.; Cambridge Univ. Press. [803]
GREENLY, E. (1919): The Geology of Angelsey. – 980 pp.; Great Britain Geol. Surv. Mem. [955]
GREENSMITH, J. T. (1963): Clastic quartz, provenance and sedimentation. – Nature, **4865**: 345–347. [106]
– (1978): Petrology of the Sedimentary Rocks, 6th edition. – 241 S.; G. Allen & Unwin/Th. Murby, Boston, Sydney. [337]
GREER, S. A. (1975): Estuaries of the Georgia Coast, U. S. A.: Sedimentology and Biology. III. Sand body geometry and sedimentary facies at the estuary-marine transition zone, Ossabaw Sound, Georgia: A stratigraphic model. – Senckenbergiana marit., **7**: 105–135. [899]
GREGG, J. M. (1983): On the formation and origin of saddle dolomite – discussion. – J. Sediment. Petrol., **53**, 1025–1033. [406]
GREGG, J. M. & HAGNI, R. D. (1987): Irregular cathodoluminescent banding in late dolomite cements: Evidence for complex faceting and metalliferous brines. – Geol. Soc. Amer. Bull. **98**: 86–91; Boulder. [244, 406]
GREGG, J. M. & SIBLEY, D. F. (1983): A genetically useful classification system for dolomite crystal textures. – Geol. Soc. Amer. Abstr. & Progr., **15**, 586. [405]
– – (1984): Epigenetic dolomitization and the origin of xenotopic dolomite texture. – J. Sediment. Petrol., **54**: 908–931. [405]
GREGORY, K. J. & CULLINGFORD, R. A. (1974): Lateral variations in pebble shape in northwest Yorkshire. – Sediment. Geol., **12**: 237–248. [80]
GREILING, L. (1960): Die Grenze Gotlandium/Devon in Lyditfazies (bayerische Entwicklung des Frankenwaldes). – Geol. Rundsch., **49**: 389–412. [530]
GRETENER, P. E. (1967): Significance of the rare event in geology. – Amer. Assoc. Petrol. Geol. Bull., **51**: 2197–2206. [854]
– (1969): Fluid pressure in porous media, its importance in geology – a review. – Canadian Petrol. Geol. Bull., **17**: 255–295. [156, 208]
GRIFFIN, G. M. (1962): Regional clay-mineral facies – products of weathering intensity and current distribution in the northeastern Gulf of Mexico. – Geol. Soc. Amer. Bull., **73**: 737–767. [201]
GRIFFIN, J. J., WINDOM, H. & GOLDBERG, E. D. (1968): The distribution of clay minerals in the world ocean. – Deep-Sea Res., **15**: 433–459. [198]
GRIGGS, A. B. (1945): Chromite-bearing sands of the southern part of the coast of Oregon. – Bull. U. S. Geol. Surv., **945 E**: 113–150. [124]
GRIM, R. E. (1968): Clay Mineralogy. – 2. ed., 596 p.; McGraw Hill Publ. Comp. Ltd., London. [186]
GRIM, R. E. & GÜVEN, N. (1978): Bentonites: Geology, Mineralogy, Properties and Use. – Developm. Sedim., **24**, 256 pp.; Elsevier, Amsterdam. [225, 226, 777]
GRIM, R. E., DIETZ, R. S. & BRADLEY, W. F. (1949): Clay mineral composition of some sediments of the Pacific Ocean off the California Coast and the Gulf of California. – Geol. Soc. Amer. Bull., **60**: 1785–1808. [201]
GRIMM, W.-D. (1973): Stepwise heavy mineral weathering in the Residual Quartz Gravel, Bavarian Molasse (Germany). – Contr. Sedimentol., **1**: 103–125; Schweizerbart, Stuttgart. [116]
GRIMSDALE, T. F. & VAN MORKHOVEN, F. P. C. M. (1955): The ratio between pelagic and benthonic foraminifera as a means of estimating depth of deposition of sedimentary rocks. – World Petrol. Congr. Proc., 4th., Rome, **1/D**, 4: 473–491. [282]

GRIPP, K. (1954): Kritik und Beitrag zur Frage der Entstehung der Kreide-Feuersteine. – Geol. Rdsch., **42**: 248–262. [540]
GROOT, K. DE (1967): Experimental dedolomitization. – J. Sediment. Petrol., **37**: 1216–1220. [417]
GROSS, G. A. (1965): Geology of iron deposits in Canada, 1. General Geology and evaluation of iron deposits. – Geol. Surv. Canada, Econ. Geol. Rep., **22**, 181 S.; Ottawa. [594]
– (1980): A classification of iron formations based on depositional environments. – Can. Miner., **18**: 215–222; Toronto. [590]
– (1983): Tectonic systems and the deposition of iron-formations. – Precambr. Res., **20**: 171–187; Amsterdam. [591]
GROSSMAN, E. T. & KU, T. L. (1981): Aragonite-water isotopic paleotemperature scale based on the benthic foraminifera Hoeglundia elegans. – Geol. Soc. Am. Abstr. with Program 13, S. 464. [247]
Groupe Elf-Aquitaine (1975): Catalogue des algues Dasycladacées du Jurassique et du Crétace. – 2 Bde., Centre de recherche de Boussens. [269]
GROVER, G., Jr. & READ, J. F. (1978): Fenestral and associated vadose diagenetic fabrics of tidal flat carbonates, Middle Ordovician New Market Limestone, Southwestern Virginia. – J. Sediment. Petrol., **48**: 453–473. [384, 828]
– – (1983): Paleoaquifer and deep burial related cements defined by regional cathodoluminescent patterns, Middle Ordovician carbonates, Virginia. – A.A.P.G. Bull. **67**: 1275–1303. [243]
GRUBER & MERRIL (zit.) [644]
GRÜNHAGEN (mdl. Mitt.) [541]
GRUMBT, E. (1966): Schichtungstypen, Marken und synsedimentäre Deformationsgefüge im Buntsandstein Südthüringens. – Ber. dt. Ges. geol. Wiss. A, **11**: 217–234, Berlin. [145, 795, 824]
– (1969): Beziehungen zwischen Korngröße, Schichtung, Materialbestand und anderen sedimentologischen Merkmalen in feinklastischen Sedimenten. - Geologie, **18**: 151–167. [845]
GRUNAU, H. R. (1965): Radiolarian cherts and associated rocks in space and time. – Eclog. Geol. Helv., **58**: 157–208. [528/9]
GRUSS, H. (1967): Itabiritische Eisenerze in Minas Gerais, Brasilien. – Stahl & Eisen, **87**: 1202–1209. [58]
GRUSS & THIENHAUS (zit.) [599, 600]
GRUSZCZYK, H. (1967): The genesis of the Silesian-Cracow deposits of lead-zinc ores. – In BROWN, J. S. (ed.): Genesis of stratiform lead-zinc-barite-fluorite deposits. – Econ. Geol. Monogr., **3**: 169–177. [658, 668]
GÜVEN, N., HOWER, W. F. & DAVIES, D. K. (1980): Nature of authigenic illites in sandstone reservoirs. – J. Sediment. Petrol., **50**: 761–766. [172, 173]
GUILBERT, J. M. & PARK, C. F., Jr. (1986): The Geology of Ore Deposits. – 985 pp.; W. H. Freeman & Co., New York. [571, 590, 596, 616–618, 620, 622, 623, 669, 670]
GULBRANDSEN, R. A. (1966): Chemical composition of phosphorites of the Phosphoria formation. – Geochim. Cosmochim. Acta, **30**: 769–778. [562]
GULBRANDSEN, R. A. & ROBERSON, E. F. (1973): Inorganic phosphorus in seawater. – Environmental Phosphorus Handbook: S. 117–140. – J. Wiley, New York. [547]
GUNATILAKA, A. (1976): Thallophyte boring and micritization within skeletal sands from Connemara, western Ireland. – J. Sediment. Petrol., **46**: 548–554. [388, 389]
GUNN, R. H. & GALLOWAY, R. W. (1978): Silcretes in South-Central Queensland. – In LANGFORD-SMITH, T. (ed.): Silcrete in Australia, 51–71; Univ. of New England Press, Australia. [516]
GUSTAFSON, L. G. & WILLIAMS, N. (1981): Sediment-hosted stratiform deposits of copper, lead, and zinc. – Econ. Geol. 75th Anniv. Vol., 139–178, Lancaster, Pa. [635, 641, 646, 657]
GUSTAVSON, T. C. (1978): Bed forms and stratification types of modern gravel meander lobes, Nueces River, Texas. – Sedimentology, **25**: 401–426. [75, 82, 784]
GUZA, R. T. & INMAN, D. L. (1975): Edge waves and beach cusps. – J. Geophys. Res., **80**: 2997–3012. [909]
GWINNER, M. P. (1961): Subaquatische Gleitungen und resedimentäre Breccien im Weißen Jura der Schwäbischen Alb (Württemberg). – Z. dt. geol. Ges., **113**: 571–590. [91]
– (1976): Origin of the Upper Jurassic Limestones of the Swabian Alb (Southwest Germany). – Contr. Sedimentology **5**, 75 S.; Stuttgart. [290, 356]
GYGI, R. A. (1981): Oolitic iron formation: marine or not marine. – Eclog. geol. Helv., **74**: 233–254; Basel. [601]

HABICHT, K. (1945): Geologische Untersuchungen im südlichen sanktgallisch-appenzellischen Molassegebiet. – Beitr. Geol. Kte. d. Schweiz N.F., 83. Lfg., 166 S. [74]
HACQUEBARD, P. A. (1972): The Carboniferous of Eastern Canada. – C. R. 7ième Congr. Int. Stratigr. Geol. Carbonif. Krefeld 1971, Bd. 1: 69–90; Krefeld. [730]
HACQUEBARD, P. A. & DONALDSON, J. R. (1974): Rank Studies of Coals in the Rocky Mountains and Inner Foothills Belt Canada. – Geol. Soc. of America, Spec. Pap., **153**: 75–94; Boulder, Colorado. [725]
HADDING, A. (1950): Silurian reefs of Gotland. – J. Geol., **58**: 402–409. [355]
– (1959): Silurian algal limestones of Gotland. – Lunds Univ. Årsskr. N.F., Avd. 2, **56**, Nr. 7, 26 pp. [355]
HÄNEL, R. (mdl. Mitt.). [9]
HÄRTEL, G., PETER, S. & TUNN, W. (1980): Über die Acidität wässriger Lösungen der Chloride des Natriums, Calciums und Magnesiums in Anwesenheit von Kohlendioxid bei hohen Drücken. – Erdöl-Erdgas-Zeitschrift, **96**: 92–97. [9]

HAGAN, G. M. & LOGAN, B. W. (1975): Prograding tidal-flat sequences, Hutchinson Embayment, Shark Bay, Western Australia. – In GINSBURG, R N. (ed.): Tidal Deposits, 61–139. – Springer, Berlin etc. [920, 926]
HAGDORN, H. (1978): Muschel/Krinoiden-Bioherme im Oberen Muschelkalk (mo1, Anis) von Crailsheim und Schwäbisch Hall (Südwestdeutschland). – N. Jb. Geol. Paläont. Abh., **156**: 31–86; Stuttgart. [316, 356]
HAGEMANN, H. W. & HOLLERBACH, A. (1980): Spektalfluorimetrische Analysen von Sediment-Extrakten. – Erdöl und Kohle **33**, 12: 577; Leinfelden-Echterdingen. [728]
HAGEN, P. & STREIF, H. (1986): Erzseifen. – In BENDER, F. (ed.): Angewandte Geowissenschaften, Bd. IV: 78–85. – F. Enke, Stuttgart. [584, 586]
HAGGERTY, J. A. (1983): Marine vs. freshwater diagenesis of Tertiary carbonates from Pacific seamounts in the Line Islands chain. – Geol. Soc. Amer. Abstr. & Progr., **15**, 589. [386]
HAGN, H. (1976): Neue Beobachtungen an Geröllen aus den Bayerischen Alpen und ihrem Vorland (Oberkreide, Alt- und Jungtertiär). – Mitt. Bayer. Staatssamml. Paläont. hist. Geol. **16**: 113–133; München. [314]
HAHN, H. H. & STUMM, W. W. (1970): The role of coagulation in natural waters. – Am. J. Sci., **268**: 354–368. [200]
HAHNE, C., KIRCHMAYER, M. & OTTEMANN, J. (1968): Höhlenperlen (Cave Pearls), besonders aus Bergwerken des Ruhrgebietes. Modellfälle zum Studium diagenetischer Vorgänge an Einzelooiden. – N. Jb. Geol. Paläont. Abh. **130**: 1–46. [332]
HÅKANSSON, E., BROMLEY, R. & PERCH-NIELSEN, K. (1974): Maastrichtian chalk of north-west Europe – a pelagic shelf sediment. – In Hsü, K. J. & JENKYNS, H. C. (eds.): Pelagic Sediments: on Land and under the Sea. – Internat. Assoc. Sedimentol. Spec. Publ. 1: 211–233. [940]
HAKANSON, L. & JANSSON, M. (1983): Principles of Lake Sedimentology. – 316 S., Springer, Berlin, Heidelberg, New York, Tokyo. [881]
HALBACH, P. (1974): Vergleich stofflicher Eigenschaften limnischer und mariner Manganknollen. – Erzmetall **27**: 161–168; Stuttgart. [581, 583, 584]
– (zit. auf S. 147 und 152f. in WALTHER 1984b) [613]
HALBACH, P., REHM, E. & STOLL, M.-L. (1980): Submarine Verwitterung vulkanischer Aschen und Kieselschlämme aus dem Zentralpazifik. – Fortschr. Miner., **58**, Beih. 1: 43–44. [539]
HALLAM, A. (1964): Origin of the limestone-shale rhythm in the Blue Lias of England: a composite theory. – J. Geol., **72**: 157–169. [842]
– (ed.) (1967): Depth Indicators in Marine Sedimentary Environments. – Marine Geol. (Spec. Issue), 5, 329–556. [511]
– (1969): A pyritized limestone hardground in the Lower Jurassic of Dorset (England). – Sedimentology, **12**: 231–240. [386]
– (1980): Black shales. – J. Geol. Soc. London, **137**: 123–124. [224]
– (1981): Facies interpretation and the stratigraphic record. – 291 S.; W. H. Freeman & Co., Oxford and San Francisco. [386, 951]
HALLAM, A. & O'HARA, M. J. (1962): Aragonitic fossils in the Lower Carboniferous of Scotland. – Nature, **4838**: 273–274. [254, 309, 372]
HALLBAUER, D. K. & VON GEHLEN, K. (1983): The Witwatersrand pyrites and metamorphism. – Miner. Magazine **47**: 473–479. [620, 623, 624]
HALLEY, R. B., PIERSON, B. J. & SCHLAGER, W. (1984): Alternative diagenetic models for Cretaceous talus deposits, DSDP Project site 536, Gulf of Mexico. – In BUFFLER, R. T. & SCHLAGER, W. et al. (eds.): Init. Repts. Deep Sea Drilling Project, **77**: 397–408. [941]
HAM, H. H. (1966): New charts help estimate formation pressures. – Oil Gas J., **64**: 58–63. [206]
HAMBLIN, A. P. & WALKER, R. G. (1979): Storm-dominated shallow marine deposits: the Fernie-Kootenay (Jurassic) transition, southern Rocky Mountains. – Canad. J. Earth Sci., **16**: 1673–1690. [801]
HAMILTON, E. L. (1976): Variations of density and porosity with depth in deep-sea sediments. – J. Sediment. Petrol., **46**: 280–300. [206, 207, 366, 434, 537]
HAMILTON, E. L. & BACHMAN, R. T. (1982): Sound velocity and related properties of marine sediments. – J. Acoust. Soc. Amer., **72**: 1891–1904. [151]
HAMILTON, W. (1968): Cenozoic climatic change and its cause. – In: Meteorological Monographs, **8**, 30: 128–133; Amer. Meteorol. Soc., Boston [852]
HAMILTON, W. & KRINSLEY, D. (1967): Upper Paleozoic glacial deposits of South Africa and Southern Australia. – Geol. Soc. Amer. Bull., **78**: 783–800. [885]
HAMMERBECK, E. C. I. (1970): On the genesis of lead-zinc and fluorspar deposits in the southwestern Marico district, Transvaal. – South Africa geol. Surv. Annals, **8**: 102–110, Pretoria. [681]
HAMMOND, T. M. & COLLINS, M. B. (1979): On the threshold of transport of sand-sized sediment under the combined influence of unidirectional and oscillatory flow. – Sedimentology, **26**: 795–812. [800]
HAMPSON, J. C. (1984): Pleistocene depositional sequences on the continental slope off New Jersey. – Master's Thesis, Univ. of Rhode Island, Kingston, 103 S. [858]
HAMPTON, J. S. (1958): Chemical analysis of holothurian sclerites. – Nature **181**: 1608–1609. [320]
HAMPTON, M. A. (1972): The role of subaqueous debris flow in generating turbidity currents. – J. Sediment. Petrol., **42**: 775–793. [812, 814, 818, 819]
– (1975): Competence of fine-grained debris flows. – J. Sediment. Petrol., **45**: 834–844. [92, 814, 815, 816]
– (1979): Buoyancy in debris flows. – J. Sediment. Petrol., 49: 753–758. [815]

HANCOCK, J. M. & KAUFFMAN, E. G. (1979): The great transgressions of the Late Cretaceous. – J. Geol. Soc. Lond., **136**: 175–186. [852]
HANCOCK, N. J. (1978): Possible causes of Rotliegend sandstone diagenesis in northern West Germany. – Jb. Geol. Soc. Lond., **135**: 35–40. [162, 170, 174, 180]
HAND, B. M. (1974): Supercritical flow in density currents. – J. Sediment. Petrol., **44**: 637–648. [795]
HANDFORD, C. R., KENDALL, A. C., PREZBINOWSKI, D. R., DUNHAM, J. B. & LOGAN, B. W. (1984): Salina-margin tepees, pisoliths, and aragonite cements, Lake MacLeod, Western Australia: Their significance in interpreting ancient analogs. – Geology, **12**: 523–527. [384]
HANDIN, J. & HAGER, R. V. (1957): Experimental deformation of sedimentary rocks under confining pressure. – Bull. Amer. Assoc. Petrol. Geol., **41**, 1–50, (and **42**, 2897–2934). [430]
HANISCH, J. (1981): Sand transport in the tidal inlet between Wangerooge and Spiekeroog (W. Germany). – In NIO, S.-D., SCHÜTTENHELM, R. T. E. & VAN WEERING, TJ. C. E. (eds.): Holocene Marine Sedimentation in the North Sea Basin. – Internat. Assoc. Sedimentologists Spec. Publ., **5**: 175–185. [910]
HANNA, S. A. (1969): The formation of longitudinal sand dunes by large helical eddies in the atmosphere. – J. Appl. Meteorology, **8**: 874–883. [805]
HANOR, J. S. (1978): Precipitation of beachrock cements: mixing of marine and meteoric waters vs. CO_2-degassing. – J. Sediment. Petrol., **48**: 489–501. [384]
HANSHAW, B. B. & COPLEN, T. B. (1973): Ultrafiltration by a compacted clay membrane; II-Sodium ion exclusion at various ionic strengths. – Geochim. Cosmochim. Acta, **37**: 2311–2327. [209]
HAQ, B. U. & BOERSMA, A. (1979): Introduction to Marine Micropaleontology. – 376 S., Elsevier, Amsterdam, New York, Oxford. [507]
HAQ, B. U. & LOHMANN, G. P. (1975): Early Cenozoic calcareous nannoplankton biogeography of the Atlantic Ocean. – Woods Hole Oceanographic Institution, Techn. Rep., WHOI-75-45, SS. 157; Woods Hole. [281]
HARDER, H. (1961): Einbau von Bor in detritische Tonminerale. – Geochim. Cosmochim. Acta, **21**: 284–294. [218]
– (1964): To what extent is boron a marine index element? – Geochemistry, **1**: 105–112. [218]
– (1965): Experimente zur „Ausfällung" der Kieselsäure. – Geochim. Cosmochim. Acta, **29**: 429–442. [503]
HARDER, H. & FLEHMIG, W. (1970): Quarzsynthese bei tiefen Temperaturen. – Geochim. Cosmochim. Acta, **34**: 295–305. [162]
HARDIE, L. A. (1964): Gypsum-anhydrite equilibrium at 1 atmosphere pressure. – Abstr. GSA Meet. Miami. [443]
– (1977): Algal structures in cemented crusts and their environmental significance. – In HARDIE, L. A. (ed.): Sedimentation on the Modern Carbonate Tidal Flats of Northwest Andros Island, Bahamas. – The Johns Hopkins University Studies in Geology, **22**: 159–177; The Johns Hopkins University Press, Baltimore-London. [262, 263, 265, 402, 918–921]
– (ed.) (1977): Sedimentation on the Modern Carbonate Tidal Flats of Northwest Andros Island, Bahamas. – The Johns Hopkins Univ. Studies in Geology, **22**, 202 S.; Baltimore. [918, 922]
– (1984): Evaporites: marine or non-marine? – Amer. Jour. Sci., **284**: 193–240. [436–438]
– (1987): Dolomitization: A critical view of some current views. – J. Sediment. Petrol., **57**: 166–183. [406, 410, 413]
HARDIE, L. A. & EUGSTER, H. P. (1970): The evolution of closed-basin brines. – Mineral. Soc. Amer. Spec. Pap. **3**: 273–290. [2, 437]
HARDIE, L. A. & GINSBURG, R. N. (1977): Layering: The origin and environmental significance of lamination and thin bedding. – In HARDIE, L. A. (ed.): Sedimentation on the Modern Carbonate Tidal Flats of Northwest Andros Island, Bahamas. – The Johns Hopkins University Studies in Geology, No. **22**: 50–123; The Johns Hopkins University Press, Baltimore-London. [260, 264, 265, 854, 918]
HARDIE, L. A., SMOOT, J. P. & EUGSTER, H. P. (1978): Saline lakes and their deposits: a sedimentological approach. – In MATTER, A. & TUCKER, M. E. (eds.): Modern and Ancient Lake Sediments. – Internat. Assoc. Sedimentol., Spec. Publ., **2**: 7–41. [437, 477, 479, 879]
HARLAND, W. B., HEROD, K. N. & KRINSLEY, D. H. (1966): The definition and identification of tills and tillites. – Earth Sci. Rev., **2**: 225–256. [71, 72]
HARMS, J. C. (1975): Stratification produced by migrating bed forms. – Soc. Econ. Paleont. Mineral. Short Course, **2**: 45–61. [791]
– (zit.). [866]
HARMS, J. C., SOUTHARD, J. B., SPEARING, D. R. & WALKER, R. G. (1975): Depositional environments as interpreted from primary sedimentary structures and stratification sequences. – Soc. Econ. Paleont. Mineral. Short Course **2**, 161 S. [74, 800]
HARMS, J. C., SOUTHARD, J. B. & WALKER, R. G. (1982): Structures and sequences in clastic rocks. – Soc. Econ. Paleont. Mineral. Short Course Lecture Notes No. **9**, 249 S. [781, 787, 789, 790, 797, 799, 800]
HARPER, H. E., Jr. & KNOLL, A. H. (1975): Silica, diatoms, and Cenozoic radiolarian evolution. – Geology, **3**: 175–177. [509, 510]
HARRASSOWITZ, H. (1926): Laterit. – Fortschr. Geol. Palaeontol. **4**, 14: 253–566. [47]
HARRELL, J. & BLATT, H. (1978): Polycrystallinity: Effect on the durability of detrital quartz. J. Sediment. Petrol. **48**: 25–30. [112]
HARRELL, J. A. & ERIKSSON, K. A. (1979): Empirical conversion equations for thin-section and sieve derived size distribution parameters. – J. Sediment. Petrol., **49**: 273–280. [130]

HARRINGTON, H. J. (1959): General Description of Trilobita. – Treatise on Invertebrate Paleontology, Part O, Arthropoda I: 38–117, Univ. of Kansas Press and Geol. Soc. Amer. [311]
HARRIS, A. G. (1979): Conodont color alteration, an organo-mineral metamorphic index, and its application to Appalachian basin geology. – In SCHOLLE, P. A. & SCHLUGER, P. R. (eds.): Aspects of Diagenesis. – Soc. Econ. Paleont. Mineral. Spec. Publ. **26**: 3–16. [183]
HARRIS, H. J. H., CARTWRIGHT, K. & TORII, T. (1979): Dynamic chemical equilibrium in a polar desert pond; a sensitive index of meteorological cycles. – Science, **204**: 301–303. [479]
HARRIS, P. M. (1979): Facies anatomy and diagenesis of a Bahamian ooid shoal. – Sedimenta, 7, Comparat. Sedim. Laborat., Univ. of Miami. [925]
– (ed.) (1983): Carbonate Buildups – a Core Workshop. – SEPM Core Workshop No. 4, 593 S. [354]
HARRIS, P. M., KENDALL, C. G. ST. C. & LERCHE, J. (1985): Carbonate Cementation: A brief review. – In SCHNEIDERMANN, N. & HARRIS, P. M. (eds.): Carbonate Cements. – Soc. Econ. Paleont. Mineral. Spec. Publ., **36**: 79–95. [384, 385]
HARRISON, R. S. & STEINEN, R. P. (1978): Subaerial crusts, caliche profiles, and breccia horizons: Comparison of some Holocene and Mississippian exposure surfaces, Barbados and Kentucky. – Geol. Soc. Amer. Bull., **89**: 385–396. [361]
HARRISON, W. E., HESSE, R. & GIESKES, J. M. (1982): Relationship between sedimentary facies and interstitial water chemistry of slope, trench, and Cocos plate sites from the Middle America trench transect, active margin off Guatemala, Deep Sea Drilling Project Leg 67. – In AUBOUIN, J., VON HUENE, R., et al. – Init. Repts Deep Sea Drill. Proj., **67**: 603–614. [6]
HART, G. F., PIENAAR, R. N. & CAVENEY, R. (1966): An aragonitic coccolith from South Africa. – S. African J. Sci. **61**: 425–426. [279]
HARTKOPF, CH. & STAPF, K. R. G. (1984): Sedimentologie des Unteren Meeressandes (Rupelium, Tertiär) an Inselstränden im W-Teil des Mainzer Beckens (SW-Deutschland). – Mitt. Pollichia, **71**: 5–106; Bad Dürkheim/Pfalz. [79]
HARTMAN, W. D. (1957): Ecological niche differentiation in the boring sponges (Clionidae). – Evolution, **11**: 294–297. [345]
HARTMAN, W. D. & GOREAU, T. F. (1970a): Jamaican corralline sponges: their morphology, ecology and fossil relatives. – Symposia, Zool. Soc. London **25**: 205–243. [288, 289]
– – (1970b): A new Pacific sponge: Homeomorph or descendent of the tabulate „corals"? – Geol. Soc. Am., Ann. Meeting (abstr.), S. 570. [288, 289]
– – (1975): A pacific tabulate sponge, living representative of a new order of sclerosponges. – Postilla **167**, 21 S., New Haven. [289]
HARTMAN, W. D., WENDT, J. W. & WIEDENMAYER, F. (1980): Living and fossil sponges. – Sedimenta **8**, 274 S., Miami. [289]
HARVIE, C. E. et al. (1980): Evaporation of sea water: calculated mineral sequences. – Science, **208**: 498–500. [444, 445]
HARVIE, C. E., EUGSTER, H. P. & WEARE, J. H. (1982): Mineral equilibria in the six-component seawater system, Na—K—Mg—Ca—SO_4—Cl—H_2O at 25 °C. II: Compositions of the saturated solutions. – Geochim. et Cosmochim. Acta, **46**: 1603–1618. [444]
HARVIE, C. E. & WEARE, J. H. (1980): The prediction of mineral solubilities in natural waters: the Na—K—Mg—Ca—Cl—SO_4—H_2O system from zero to high concentration at 25°C. – Geochim. Cosmochim. Acta, **44**: 981–997. [444, 445]
HAWKINS, P. J. (1978): Relationship between diagenesis, porosity reduction, and oil emplacement in late Carboniferous sandstone reservoirs, Bothamsall Oilfield, E. Midlands. – J. of the geol. Soc. Lond., **135**: 7–24. [175]
HAWLE, H., KRATOCHVIL, H., SCHMIED, H. & WIESENEDER, H. (1967): Reservoir geology of the carbonate oil and gas reservoir of the Vienna Basin. – 7th World Petrol. Congr., Mexico, Panel Disc. 3. [430]
HAY, R. L. (1966): Zeolites and zeolitic reactions in sedimentary rocks. – Geol. Soc. Amer. Spec. Pap., **85**, 130 pp. [168, 175, 423, 425, 490, 776]
HAY, R. L. & IIJIMA, A. (1968a): Nature and origin of palagonite tuffs of the Honolulu Group on Oahu, Hawaii. – Geol. Soc. Amer. Mem., **116**: 331–376. [774]
– – (1968b): Petrology of palagonite tuffs of Koko Crater, Oahu, Hawaii. – Contrib. Mineral. Petrol., **17**: 141–154. [774]
HAY, R. L. & MOIOLA, R. J. (1963a): Authigenic silicate minerals in Searles Lake, California. – Sedimentology, **2**: 312–332. [168, 423]
– – (1963b): Authigenic silicate minerals in three desert lakes of eastern California. – Geol. Soc. Amer., Progr. Ann. Meet., p. 76a. [168]
HAY, R. L. & WIGGINS, B. (1980): Pellets, ooids, sepiolite and silica in three calcretes of the southwestern United States. – Sedimentology, **27**: 559–576. [360, 362]
HAYASE, I. (1961): Gamma irradiation effect on quartz. (I) A mineralogical and geological application. – Kyoto Univ., Inst. Chem. Res., **39**: 133–137. [105]
HAYASHI, H. & OINUMA, K. (1964): Aluminian chlorite from Kamikita mine, Japan. – Clay Sci., **2**: 22–30. [190]
HAYES, J. B. (1973): Petrology of indurated sandstones, Leg 18, Deep Sea Drilling Project. – In KULM, L. D., V. HUENE, R., et al. (eds.): Initial Reports, DSDP, **18**: 915–924. [158, 181]
– (1978): Sandstone diagenesis – recent advances and unsolved problems. – In AAPG: Clastic diagenesis – Its relation

to hydrocarbon reservoirs quality and hydrocarbon entrapment School, Boulder, Colorado, June 5–9, 1978. [174, 175]
– (1979): Sandstone diagenesis – The hole truth. – In SCHOLLE, P. A. & SCHLUGER, P. R. (eds.): Aspects of Diagenesis. – Soc. Econ. Paleont. Mineral. Spec. Publ., **26**: 127–139. [154]
HAYES, M. O. (1967): Hurricanes as geological agents: case studies of hurricane Carla, 1961, and Cindy, 1963. – Rep. Inv., **61**, 54 S.; The Univ. of Texas, Austin, Bureau of Econ. Geol. [801]
– (1976): Morphology of sand accumulation in estuaries: an introduction to the symposium. – In GRONIN, L. E. (ed.): Estuarine Research, II, Geology and Engineering, 3–22; Academic Press, London. [899, 911]
– (1979): Barrier island morphology as a function of tidal and wave regime. – In LEATHERMAN, S. (ed.): Barrier Islands, 1–27, Academic Press, London. [910]
– (1980): General morphology and sediment patterns in tidal inlets. – Sed. Geol., **26**: 139–156. [910]
HAYS, J. D., IMBRIE, J. & SHACKLETON, N. J. (1976): Variations in the earth's orbit: Pacemaker of the ice ages. – Science, **194**: 1121–1132. [850]
HEALD, M. T. (1952): Origin of chert in the Helderberg limestone of West Virginia. – Geol. Soc. Amer. Bull., **63**, 1261]
– (1955): Stylolites in sandstones. – J. Geol., **63**: 101–114. [162, 165, 540]
– (1956a): Cementation of Simpson and St. Peter sandstones in parts of Oklahoma, Arkansas, and Missouri. – J. Geol., **64**: 16–30. [158, 162]
– (1956b): Cementation of Triassic arkoses in Connecticut and Massachusetts. – Bull. Geol. Soc. Amer., **67**: 1133–1154. [168]
– (1959): Significance of stylolites in permeable sandstones. – J. Sediment. Petrol., **29**: 251–253. [165]
HEALD, M. T. & BAKER, G. F. (1977): Diagenesis of the Mt. Simon and Rose Run sandstones in western West Virginia and southern Ohio. – J. Sediment. Petrol., **47**: 66–77. [173, 177]
HEALD, M. T. & RENTON, J. J. (1966): Experimental study of sandstone cementation. – J. Sediment. Petrol., **36**: 977–991. [162]
HEATH, G. R. & DYMOND, J. (1973): Interstitial silica in deep-sea sediments from the North Pacific. – Geology, **1**: 181–184. [6]
HEATON, T. H. E. & SHEPPARD, H. M. F. (1977): Hydrogen and oxygen isotope evidence for sea-water-hydrothermal alteration and ore deposition, Troodos complex, Cyprus – In: Volcanic processes in ore genesis. – Geol. Soc. London, spec. publ., **7**: 42–57; London. [639, 642]
HECHT, F. E. (1935): Grundzüge der chemischen Fossilisation. – In: Erdölmuttersubstanz, Brennstoff-Geol., **10**: 95–120; Enke/Stuttgart. [324]
HECKEL, P. H. (1974): Carbonate buildups in the geologic record: a review. – In LAPORTE, L. F. (ed.): Reefs in Time and Space. – Soc. Econ. Paleont. Mineral. Spec. Publ., **18**: 90–155. [354]
– (1977): Origin of phosphatic black shale facies in Pennsylvanian cyclothems of mid-continent North America. – Bull. Amer. Assoc. Petrol. Geol., **61**: 1045–1061. [555]
– (1983): Diagenetic model for carbonate rocks in midcontinent Pennsylvanian eustatic cyclothems. – J. Sediment. Petrol., **53**: 733–759. [842]
HEDBERG, H. D. (1936): Gravitational compaction of clays and shales. – Am. j. Sci., 5th Ser., **231**: 241–287. [206]
– (1974): Relation of methane generation to undercompacted shales, shale diapirs, and mud volcanoes. – Amer. Assoc. Petrol. Geol. Bull., **58**: 661–673. [207]
HEDENQUIST (zit.). [580]
HEDLEY, R. H. & ADAMS, C. G. (ed.) (1974–1978): Foraminifera. – Vol. I, 276 S., 1974; Vol. II, 265 S., 1976; Vol. III, 290 S., 1978; Academic Press London, New York. [282]
HEEZEN, B. C. (1956): The origin of submarine canyons. – Sci. Amer., **195**: 36–41. [818]
– (ed.) (1977): Influence of abyssal circulation on sedimentary accumulation in space and time. – Developments in Sedimentology **23**, 215 pp.; Elsevier, Amsterdam etc. s. auch: Mar. Geol., **23**, (1977). [201]
HEEZEN, B. C. & DRAKE, C. L. (1964): Grand Banks slump. – Amer. Assoc. Petrol. Geol. Bull., **48**: 221–233. [810, 819]
HEEZEN, B. C. & EWING, M. (1952): Turbidity currents and submarine slumps, and the 1929 Grand Banks earthquake. – Amer. J. Sci., **250**: 849–873. [810, 818]
HEEZEN, B. C. & HOLLISTER, C. D. (1971): The Face of the Deep. – 659 S., New York. Oxford Univ. Press, London, Toronto. [810, 820]
HEIM, ALB. (1882): Der Bergsturz von Elm. – Z. deutsch. geol. Ges., **34**: 74–115. [809]
– (1921): Geologie der Schweiz. – Bd. 2, 1, 476 S.; Leipzig, Tauchnitz Verl. [92]
– (1932): Bergsturz und Menschenleben. – Viertelj.-Schr. Naturf. Ges. Zürich, **77**, 218 S. [86, 809]
HEIM, ARN. (1916): Monographie der Churfirsten-Mattstock-Gruppe. III. Stratigraphie der Untern Kreide und des Juras; Lithogenesis. – Beitr. geol. Karte Schweiz, N. F., **20**: 369–573. [265, 268]
HEIM, D. (1974): Über die Feldspäte im Germanischen Buntsandstein, ihre Korngrößenabhängigkeit, Verbreitung und paläogeographische Bedeutung. – Geol. Rundsch., **63**: 943–970. [114]
HEIN, J. R., SCHOLL, D. W., BARRON, A., JONES, M. G. & MILLER, J. (1978): Diagenesis of late Cenozoic diatomaceous deposits and formation of the bottom simulating reflector in the southern Bering Sea. – Sedimentology, **25**: 155–181. [504, 532, 533, 535, 537, 539]
HEIN, U. F. (1986): Zur Geochemie des Fluors im Nebengestein und Spurenelementfraktionierung in Fluoriten der kalkalpinen Pb—Zn-Lagerstätten. – Berliner Geowiss. Abh., A **81**, 119 pp.; D. Reimer, Berlin. [677–679]
(Foto). [623]

HEINEMANN, C. & FÜCHTBAUER, H. (1982): Insoluble residues of the fine-grained sediments from the trench transect south of Guatemala, Deep Sea Drilling Project Leg 67. – In AUBOIN, J., VON HUENE, R., et al. (eds.): Init. Repts. DSDP, **67**: 497–506. [504, 819]
HEKINIAN et al. (zit.). [577, 579]
HELGESON, H. C. (1971): Kinetics of mass transfer among silicates and aqueous solutions. – Geochim. et Cosmochim. Acta, **35**: 421–469. [24]
– (1974): Chemical interaction of feldspars and aqueous solution. – In MACKENZIE, W. S. & ZUSSMAN, J. (eds.): The Feldspars, 184–217. – Manchester Univ. Press. [422]
HELING, D. (1963): Zur Petrographie des Stubensandsteins. – Diss. Univ. Tübingen, 56 pp. [168, 181]
– (1965): Zur Petrographie des Schilfsandsteins. – Beitr. Miner. Petrogr., **11**: 272–296. [168, 175, 181]
– (1978): Diagenesis of illite in argillaceous sediments of the Rhinegraben. – Clay Minerals, **13**: 211–220. [210]
HELM, R. (1985a): Mineralogy and diagenesis of slope sediments offshore Guatemala and Costa Rica, Deep Sea Drilling Project Leg 84. – In VON HUENE, R., AUBOUIN, J., et al. (eds.): Init. Repts. DSDP, **84**: 571–594. [6, 414, 533, 539]
– (1985b): Mineralogy and geochemistry of the weathered serpentinites, Deep Sea Drilling Project Leg 84. – In v. HUENE, R., AUBOUIN, J., et al., Init. Repts. Deep Sea Drill. Proj., **84**: 595–607. [414]
–(mdl. Mitt.). [414]
HELMBOLD, R. (1952): Beitrag zur Petrographie der Tanner Grauwacken. – Beitr. Miner. Petrogr., **3**: 253–288. [102, 110, 113]
HELMOLD, K. P., FONTANA, D. & LOUCKS, R. G. (in press): Diagenetic provinces of the Verrucano Lombardo and Val Gardena sandstones (Permian), Southern Alps, Italy. – Rendiconti Soc. Mineralog. Italiana. [416]
HELMOLD, K. P. & KAMP, P. C. VAN DE (1984): Diagenetic mineralogy and controls on albitization and laumontite formation in Paleogene arkoses, Santa Ynez Mountains, California. – In MCDONALD, D. A. & SURDAM, R. C. (eds.): Clastic Diagenesis. – Amer. Assoc. Petrol. Geol. Mem. **37**: 239–276. [168]
HENDERSON, G., ROSENKRANTZ, A. & SCHIENER, E. J. (1976): Cretaceous-Tertiary sedimentary rocks of West Greenland. – In ESCHER, A. & WATT, W. S. (eds.), Geology of Greenland, Geol. Surv. Greenland, Copenhagen, 603 S. [809]
HENDRY, H. E. & STAUFFER, M. R. (1975): Penecontemporaneous recumbent folds in trough cross-bedding of Pleistocene sands in Saskatchewan, Canada. – J. Sediment. Petrol., **45**: 932–943. [833]
HENLEY, R. W., HEDENQUIST, J. W. & ROBERTS, P. J. (1986): Guide to the Active Epithermal (Geothermal) Systems and Precious Metal Deposits of New Zealand. – Monograph Ser. Miner. Dep. **26**, 211 pp.; Gebr. Borntraeger, Berlin-Stuttgart. [580]
HENNINGSEN, D. (1961): Untersuchungen über Stoffbestand und Paläogeographie der Gießener Grauwacke. – Geol. Rdsch., **51**: 600–626. [102, 110]
HENRICH, R. & WEFER, G. (1986): Dissolution of biogenic carbonates: Effects of skeletal structure. – Mar. Geol., **71**: 341–362. [345]
HERAK, M., KOCHANSKY-DEVIDÉ. V. & GUŠIĆ, I. (1977): The Development of the Dasyclad Algae through the Ages. – In FLÜGEL, E. (ed.): Fossil Algae, 143–153; Berlin-Heidelberg (Springer). [269]
HERBILLON, A. J., MESTDAGH, M. M., VIELVOYE, L. & DEROUANGE, E. G. (1976): Iron in kaolinite from tropical soils. – Clay Minerals, **11**: 201–219. [26]
HERBILLON, A. J. & TRAN VINH AN, J. (1969): Heterogeneity in silicon-iron-mixed hydroxides. – J. Soil Sci., **20**: 223–235. [21]
HERFORTH, A. (1985): Neogen und Quartär der südlichen Perachora-Halbinsel bei Korinth (Griechenland). – Diss. Univ. Bochum, 133 S., Bochum. [304, 375, 378, 386, 390]
HERFORTH, A. & RICHTER, D. K. (1979): Eine pleistozäne tektonische Treppe mit marinen Terrassensedimenten auf der Perachorahalbinsel bei Korinth (Griechenland). – N. Jb. Geol. Paläont. Abh., **159**: 1–13. [399]
HERING, O. H. & ZIMMERLE, W. (1963): Simple method of distinguishing zircon, monazite, and xenotime. – J. Sediment. Petrol., **33**: 472–473. [120, 121]
HERITIER, F. E., LOSSEL, P. & WAHNE, E. (1979): Frigg Field – large submarine-fan trap in lower Eocene rocks of North Sea. – Amer. Assoc. Petrol. Geol. Bull., **63**: 1999–2020. [939]
HERRMANN, A. (1956): Der Zechstein am südwestlichen Harzrand (seine Stratigraphie, Fazies, Paläogeographie und Tektonik). – Geol. Jb., **72**: 1–72. [Kap. 7]
HERTWECK, G. (1972): Georgia coastal region, Sapelo Island, U. S. A.: Sedimentology and biology. V, Distribution and environmental significance of Lebensspuren and in-situ skeletal remains. – Senckenbergiana marit., **4**: 125–167. [344]
HESEMANN, J. (1939): Diluvialstratigraphische Geschiebeuntersuchungen zwischen Elbe und Rhein. – Abh. naturwiss. Ver. Bremen, **31**: 247–285. [73]
– (1975): Kristalline Geschiebe der nordischen Vereisungen. – 267 S., Geol. Landesamt Nordrh.-Westf., Krefeld. [73]
HESS, H. H. (1962): History of ocean basins. – In ENGEL, A. E. J., JAMES, H. L. & LEONARD, B. F. (eds.): Petrologic Studies: a volume in honor of A. F. BUDDINGTON. – Geol. Soc. Amer. Bull., 660 S., 599–620. [946]
HESSE, E. (1900): Die Mikrostructur der fossilen Echinoideenstacheln und deren systematische Bedeutung. – N. Jb. Min. Geol. Paläont. Beil. – Bd. XIII: 185–264; Stuttgart. [318]
HESSE, R. (1965): Herkunft und Transport der Sedimente im bayerischen Flyschtrog. – Z. dt. geol. Ges., **116**: 403–426. [137]

– (1972): Lithostratigraphie, Petrographie und Entstehungsbedingungen des bayerischen Flysches: Unterkreide. – Geol. Bavarica, **66**: 148–222. [820]
– (1975): Turbiditic and non-turbiditic mudstone of Cretaceous flysch sections of the East Alps and other basins. – Sedimentology, **22**: 387–416. [942]
– (1976): Einige ungewöhnliche sekundäre Sedimentstrukturen im lakustrinen Unterkarbon Neuschottlands (Kanada) und ihre Deutung als Erdbebenanzeiger. – Ecl. geol. Helv., **69**, 1: 196–201. [830]
– (1986): Diagenesis # 11. Early diagenetic pore water/sediment interaction: Modern offshore basins. – Geosci. Canada, **13**: 165–196. [5, 366]
– (in Vorber.): Selective and reversible carbonate-silica replacements in Lower Cretaceous turbidites of East Alps. [541]
HESSE, R. & BUTT, A. (1976): Paleobathymetry of Cretaceous turbidite basins of the East Alps relative to the calcite compensation level. – J. Geol., **34**: 505–533. [939]
HESSE, R. & HARRISON, W. E. (1981): Gas hydrates (clathrates) causing pore-water freshening and oxygen isotope fractionation in deepwater sedimentary sections of terrigenous continental margins. – Earth Planet. Sci Lett., **55**: 453–462 (s. auch Init. Repts DSDP 67). [5]
HESSE, R. & OGUNYOMI, O. (1980): Präorogene Versenkungstiefe und Orogenese als Diagenesefaktoren für altpaläozoische Kontinentalrandbildungen der Nördlichen Appalachen in Quebec, Kanada. – Geol. Rdsch. **69**, 2: 546–566; Stuttgart. [729]
HESSE, R. & READING, H. G. (1978): Subaqueous clastic fissure eruptions and other examples of sedimentary transposition in the lacustrine Horton Bluff Formation (Mississippian), Nova Scotia, Canada. – In MATTER, A. & TUCKER, M. E. (eds.): Modern and Ancient Lake Sediments. – Internat. Assoc. Sedimentologists Spec. Publ. **2**: 241–257. [830]
HESSEL, J. F. G. (1826): Einfluß des organischen Körpers auf den unorganischen. – Verlag J. C. Krieger u. Co., Marburg. [314, 317]
HEWARD, A. P. (1978): Alluvial fan and lacustrine sediments from the Stephanian A und B (La Magdalena, Ciñera-Matallana and Sabero) coalfields, northern Spain. – Sedimentology, **25**: 451–488. [865, 946]
– (1981): A review of wave-dominated clastic shoreline deposits. – Earth-Sci. Rev., **17**: 223–276. [909, 914, 915]
HEYL, A. V. (1968): Minor epigenetic, diagenetic, and syngenetic sulfide, fluorite, and barite occurrences in the central United States. – Econ. Geol., **63**: 585–592. [664]
HEYL, A. V., DELEVEAUX, M. H., ZARTMAN, R. E. & BROCK, M. R. (1966): Isotopic study of galenas from the upper Mississippi Valley, the Illinois-Kentucky, and some Appalachian Valley mineral districts. – Econ. Geol., **61**: 933–961. [671]
HIGGINS, M. W. (1971): Cataclastic Rocks. – U. S. Geol. Surv. Prof. Pap., **687**, 97 S. [109]
HILL, P. P., AKSU, A. E. & PIPER, D. J. W. (1982): The deposition of thin bedded subaqueous debris flow deposits. – In SAXOV, S. & NIEUWENHUIS, J. K. (eds.): Marine Slides and other Mass Movements. – Nato Conf. Ser. IV, Vol. 6, 273–287; Plenum Press, New York, London. [808, 816]
HILLER, K. (1964): Über die Bank- und Schwammfazies des Weißen Jura der Schwäbischen Alb (Württemberg). – Arb. Geol.-Pal. Inst. T. H. Stuttgart, N. F. **40**, 190 S. [268]
HILTERMANN, H. (1963): Erkennung fossiler Brackwassersedimente unter besonderer Berücksichtigung der Foraminiferen. – Fortschr. Geol. Rheinl.-Westf., **10**: 49–52; Krefeld. [282]
HILTMANN, W. (1976): Pollenanalytische Untersuchungen im Rheinischen Hauptbraunkohlenflöz der Tagebaue Frechen und Fortuna unter besonderer Berücksichtigung der makropetrographischen Ausbildung der Kohle. – Diss. RWTH Aachen, 162 S. [711]
HINE, A. C. (1979): Mechanisms of berm development and resulting beach growth along a barrier spit complex. – Sedimentology, **26**: 333–351. [795]
HINE, A. C. & NEUMANN, A. C. (1977): Shallow carbonate-bank-margin growth and structure, Little Bahama Bank, Bahamas. – Amer. Assoc. Petrol. Geol. Bull., **61**: 376–406. [925]
HINKLEY, D. N. (1963): Variability in „crystallinity" values among the kaoline deposits of the coastal plain of Georgia and South Carolina. – Clays and Clay Minerals, **11**: 229–235. [26]
HISCOTT, R. N. (1979 a): Clastic sills and dikes associated with deep-water sandstones, Tourelle Formation, Ordovician, Quebec. – J. Sediment. Petrol., **49**: 1–10. [830]
– (1979 b): Provenance of Ordovician deep-water sandstones, Tourelle Formation, Quebec, and implications for initiation of Taconic orogeny. – Canad. J. Earth Sci., **15**: 1579–1597. [125]
HISCOTT, R. N. & MIDDLETON, G. V. (1979): Depositional mechanics of thick-bedded sandstones at the base of a submarine slope, Tourelle Formation (Lower Ordovician), Quebec, Canada. – In DOYLE, L. J. & PILKEY, O. H., Jr. (eds.): Geology of Continental Slopes, Soc. Econ. Paleont. Mineral., Spec. Publ., **27**: 307–326. [780]
– – (1980): Fabric of coarse deep-water sandstones, Tourelle Formation, Quebec, Canada. – J. Sediment. Petrol., **50**: 703–722. [146]
HOBBS, B. E., MEANS, W. D. & WILLIAMS, P. F. (1976): An Outline of Structural Geology. – 571 S.; Wiley Internat. [109]
HOBDAY, D. K. & BANKS, N. L. (1971): A coarse-grained pocket beach complex, Tanafjord (Norway). – Sedimentology, **16**: 129–134. [82]
HOBDAY, D. K. & ERIKSSON, K. A. (eds.) (1977): Tidal Sedimentation, with particular reference to South African examples. – Sed. Geol., **18**: 1–287. [904]
HOEFS, J. (1980): Stable Isotope Geochemistry. – 208 S.; Berlin, Springer-Verlag. [244, 246, 248, 573]

HOEFS, J., DEMOVIČ, R. & WEDEPOHL, K. H. (1970): Kohlenstoff- und Sauerstoff-Isotopenuntersuchungen an Karbonatkonkretionen und umgebendem Gestein. – Contr. Mineral. Petrol., **27**: 66–79. [395]
HÖLDER, H. (1961): Das Gefüge eines Placunopsis-Riffs aus dem Hauptmuschelkalk. – Jber. u. Mitt. oberrh. geol. Ver., N. F., **43**: 41–48. [304]
HOEPPENER, R. (1956): Zum Problem der Bruchbildung, Schieferung und Faltung. – Geol. Rdsch., **45**: 247–283. [165]
HOEPPENER, R., BRIX, M. & VOLLBRECHT, A. (1983): Some aspects on the origin of fold-type fabrics – theory, experiments and field applications. – Geol. Rdsch., **72**: 1167–1196. [166]
HÖVERMANN, J. & POSER, H. (1951): Morphometrische und morphologische Schotteranalysen. – Proc. 3rd. Internat. Congr. of Sedimentology, Groningen-Wageningen, 135–156. [80]
HOFFMAN, P. (1967): Algal stromatolites: use in stratigraphic correlation and paleo-current determination. – Science, **157**: 1043–1045. [262]
– (1973): Evolution of an early Proterozoic continental margin – The Coronation geosyncline and associated aulacogens of the northwestern Canadian Shield. – Phil. Trans. Roy. Soc. London Ser. A **273**: 547–581. [924]
– (1974): Shallow and deepwater stromatolites in lower Proterozoic platform-to-basin facies change, Great Slave Lake, Canada. – Bull. Am. Assoc. Petrol. Geologists, **58**: 856–867. [262, 265, 335, 355]
– (1975): Shoaling-upward shale-to-dolomite cycles in the Rocknest Formation (Lower Proterozoic), Northwest Territories, Canada. – In GINSBURG, R. N. (ed.): Tidal Deposits. – 257–265; Springer, Berlin, Heidelberg, New York. [924]
– (Fotos). [921, 922]
HOFFMAN, P., DEWEY, J. F. & BURKE, K. (1974): Aulacogens and their genetic relation to geosynclines, with a Proterozoic example from Great Slave Lake, Canada. – In DOTT, R. H. & SHAVER, R. H. (eds.): Modern and Ancient Geosynclinal Sedimentation. – Soc. Econ. Paleont. Mineral. Spec. Publ., **19**: 38–55. [951]
HOFFMAN, P., LOGAN, B. W. & GEBELEIN, C. W. (1971): Recent stromatolites and loferites, Shark Bay, Western Australia (Abstr.). – Progr., VIII Internat. Sediment. Congr. Heidelberg, **42**. [264]
HOFFMANN, E. (1933): Neue Erkenntnisse über die Vorgänge der Flözbildung. – Der Bergbau **1933**, 7: 1–6; Gelsenkirchen. [708]
HOFMANN, H. J. (1969): Stromatolites from the Proterozoic Animikie and Sibley groups: Geol. Surv. Can., Pap., **68–69**, 77 S. [525]
– (1973): Stromatolites: Characteristics and Utility. – Earth-Science Reviews, **9**: 339–373. [265]
HOFMANN, F. (1960): Materialherkunft, Transport und Sedimentation im schweizerischen Molassebecken. Jb. St.-gall. naturwiss. Ges., **76**: 1–28. [125]
HOGG, S. E. (1982): Sheetfloods, sheetwash, sheetflow, or...? – Earth Sci. Rev., **18**: 59–76. [784]
HOHL, R. (1957): Zur Entstehung unserer Tertiärquarzitlagerstätten. – Silikattechnik, **8**: 368–372; DDR. [162]
HOLDAWAY, M. J. (1972): Thermal stability of Al—Fe epidote as a function of f_{O_2} and Fe content. – Contr. Mineral. Petrol., **37**: 307–340. [122]
HOLDREN, G. R. (1983): The composition of early formed aluminosilicate precipitates: results from simulated feldspar dissolution studies. – Sci. Géol. Mém., **71**: 75–84, Strasbourg. [22, 24]
HOLEMAN, J. N. (1968): The sediment yield of major rivers of the world. – Water Res., **4**: 737–747. [199]
HOLLAND, H. D. (1972): The geologic history of sea water – an attempt to solve the problem. – Geochim. Cosmochim. Acta, **36**: 637–651. [3]
– (1973): The oceans: a possible source of iron in iron-formations. – Econ. Geol., **68**: 1169–1172. [549, 596]
– (1978): The Chemistry of the Atmosphere and Oceans. – 351 S.; Wiley Intersci., New York. [512]
– (1981): River Transport to the Oceans. – In EMILIANI, C. (ed.): The Oceanic Lithosphere. – The Sea, **7**: 763–800; J. Wiley & Sons, New York usw. [2]
– (1984): The chemical evolution of the atmosphere and oceans. – 582 p.; Princeton Series in Geochemistry, Princeton University Press, Princeton, N. J. [440, 474]
HOLLENSHEAD, C. T. & PRITCHARD, R. L. (1961): Geometry of producing Mesaverde sandstones, San Juan Basin. – In: Geometry of sandstone bodies, J. A. PETERSON and J. C. OSMOND (ed). – Amer. Assoc. Petrol. Geol., Tulsa, 98–118. [852]
HOLLER, H. (1936): Die Tektonik der Bleiberger Lagerstätte. – Carinthia II, Sonderh. 7: 1–52, Klagenfurt. [660]
HOLLINGWORTH, N. T. J. & TUCKER, M. E. (1987): The Upper Permian (Zechstein) Tunstall Reef of North East England: palaeoecology and early diagenesis. – In PERYT, T. M. (Hrsg.): The Zechstein Facies in Europe. Lecture Notes in Earth Sciences, **10**: 23–50, Springer-Verlag, Berlin, Heidelberg. [500]
HOLLISTER, C. D., NOWELL, A. R. M. & JUMARS, P. A. (1984): Die bewegte Tiefsee. – Spektrum der Wissenschaft, Mai 1984: 84–96. [785]
HOLSER, W. T. (1961): Unpubl. rep., California Res. Corp. [443]
– (1966): Diagenetic polyhalite in recent salt from Baja California. – Amer. Mineral., **51**: 99–109. [448, 468]
– (1977): Catastrophic chemical events in the history of the ocean. – Nature, **267**: 403–407. [474]
– (1979): Mineralogy of evaporites. – In BURNS, R. G. (Hrsg.): Marine Minerals. Rev. Mineral., **6**: 211–294. [455]
HOMEWOOD, P. & CARON, C. (1983): Flysch of the western Alps. – In HSÜ, K. J. (ed.): Mountain Building Processes, 159–168, Academic Press, New York. [953]
HOMRIGHAUSEN, R. (1979): Petrographische Untersuchungen an sandigen Gesteinen der Hörre-Zone (Rheinisches Schiefergebirge, Oberdevon-Unterkarbon. – Geol. Abh. Hessen, **79**, 84 S. [99, 100, 112, 119]

HONJI, H., KANEKO, A. & MATSUNAGA, N. (1980): Flows above oscillatory ripples. – Sedimentology, **27**: 225–229. [799]
HONJO, S. (1969): Study of fine grained carbonate matrix: Sedimentation and diagenesis of „micrite". – Spec. Paper Paleont. Soc. Japan **14**: 67–82; Tokyo. [278]
– (1976): Coccoliths production, transportation and sedimentation. – Mar. Micropaleontology, **1**: 65–79. [941]
HONJO, S. & FISCHER, A. G. (1964): Fossil coccoliths in limestone examined by electron microscopy. – Science, **144**, 1620: 837–839. [280]
HONJO, S., FISCHER, A. G. & GARRISON, R. (1965): Geopetal pyrite in fine-grained limestones. – J. Sediment. Petrol., **35**: 480–488. [420]
HONJO, S., MANGANINI, S. J. & POPPE, L. J. (1982): Sedimentation of lithogenic particles in the deep ocean. – Mar. Geol., **50**: 199–220. [199]
HOOK, J. E., GOLUBIC, S. & MILLIMAN, J. D. (1984): Micritic cement in microborings is not necessarily a shallow-water indicator. – J. Sed. Petrol., **54**: 425–431. [345]
HOOKE, R. LE B. (1967): Processes on arid region alluvial fans. – J. Geol., **75**: 438–460. [865]
HOOKE, R. LE B., YANG, H.-Y. & WEIBLEN, P. W. (1969): Desert varnish: a electron probe study. – J. Geol., **77**: 275–288. [882]
HOPPE, G. (1962a): Petrogenetisch auswertbare morphologische Erscheinungen an akzessorischen Zirkonen. – N. Jb. Miner., Abh., **98**: 35–50. [122]
– (1962b): Die Formen des akzessorischen Apatits. – Ber. geol. Ges. DDR, **7**: 233–239. [119]
– (1966a): Zirkone aus Granuliten. – Ber. dt. Ges. Geol. Wiss. **B 11**: 47–81. [122]
– (1966b): Nachweis der pyroklastischen Entstehung der Kohlentonsteine von Oelnitz (Sachsen). – Ber. dt. Ges. Geol. Wiss. **B 11**: 215–222. [122]
HORN, D. (1965): Diagenese und Porosität des Dogger-beta-Hauptsandsteines in den Ölfeldern Plön-Ost und Preetz. – Erdöl u. Kohle, **18**: 249–255. [173, 177]
HORN, D. R., EWING, J. I. & EWING, M. (1972): Graded-bed sequences emplaced by turbidity currents north of 20° in the Pacific, Atlantic and Mediterranean. – Sedimentology, **18**: 247–275. [818]
HORN, D. R., EWING, M., HORN, B. M. & DE LACH, M. N. (1971): Turbidites of the Hatteras and Sohn abyssal plains, western North Atlantic. – Marine Geol., **11**: 287–323. [819, 822, 942]
HORNE, J. C., FERM, J. C., CARUCCIO, F. T. & BAGANZ, B. P. (1978): Depositional models in coal exploration and mine planning in the Appalachian region. – Bull. Amer. Assoc. Petrol. Geol., **62**: 2379–2411. [891, 912]
HORODYSKI, R. J. (1977): Lyngbya mats at Laguna Mormona, Baja California, Mexico: a comparison with Proterozoic stromatolites. – J. Sed. Pet., **47**: 1305–1320. [446]
HOROWITZ, A. S. & POTTER, P. E. (1971): Introductory petrography of fossils. – 302 S.; Berlin-Heidelberg-New York (Springer-Verlag). [298, 299, 310]
HOROWITZ, D. K. (1981): Eolian processes. – In DOTT, R. H. & BYERS, C. W. (conveners), SEPM research conference on modern shelf and ancient cratonic sedimentation – the orthoquartzite-carbonate suite revisited. – J. Sediment. Petrol., **51**: 336–337. [884]
HOSOI, H. (1963): First migration of petroleum in Akita and Yamagata Prefectures. – Jap. Assoc. Mineralogists, Petrologists, Econ. Geologists J., **49**: 43–55; **49**: 101–114. [206]
HOSS, H. (1957): Untersuchungen über die Petrographie kulmischer Kieselschiefer. – Beitr. zur Min. und Petrogr., **6**: 59–88. [529]
HOUAREAU, C. (1974): Silicifications – authigenèse – diagenèse carbonatée, argileuse et sulfatée. – Bull. Centre Rech Pau – SNPA, **8**: 405–431. [176, 181]
HOUBOLT, J. J. H. C. (1968): Recent sediments in the southern bight of the North Sea: Geol. en Mijnbouw, **47**: 245–273. [794]
HOUBOLT, J. J. H. C. & JONKER, J. B. M. (1968): Recent sediments in the eastern part of the Lake of Geneve (Lac Léman). – Geol. Mijnbouw, **47**: 131–148. [880]
HOUGHTON, H. F. (1982): Composition of granitic alluvium in different climatic and geomorphic regimes. – 11th Internat. Congr. Sedimentol., Hamilton, Abstr., 83. [114]
HOUSENKNECHT, D. W. (1981): Fluvial processes. In DOTT, R. H. & BYERS, C. W. (conveners): SEPM research conference on modern shelf and ancient cratonic sedimentation – the orthoquartzite – carbonate suite revisited. – J. Sediment. Petrol., **51**: 334–336. [865, 866, 875]
HOUTEN, F. B. VAN (1960): Composition of Upper Triassic Lockatong argillite, west-central New Jersey. – J. Geol., **68**: 666–669. [490]
– (1962): Cyclic sedimentation and the origin of analcime-rich Upper Triassic Lockatong Formation, west-central New Jersey and adjacent Pennsylvania. – Amer. J. Sci., **260**: 561–576. [168, 879]
– (1965): Cyclic lacustrine sedimentation, Upper Triassic Lockatong formation, Central New Jersey and adjacent Pennsylvania. – In MERRIAM, D. F. (ed.): Symposium on cyclic sedimentation. – Kansas Geol. Surv. Bull., **169**: 497–531. [168, 830, 879, 881]
– (1968): Iron oxides in red beds. – Geol. Soc. Amer. Bull., **79**: 399–416. [874]
– (1972): Iron and clay in tropical savanna alluvium, Northern Columbia: A contribution to the origin of red beds. – Geol. Soc. Amer. Bull., **83**: 2761–2772. [222]
– (1973): Origin of red beds: A review – 1961–1972. – Annual Review of Earth and Planetary Sci., **1**: 39–61. [222, 874, 875]

Houten, F. B. van & Bhattacharyya, D. B. (1982): Phanerozoic oolitic ironstones, geologic record and facies model. – Ann. Rev. Earth planet. Sci., **10**: 441–457; Palo Alto (Ann. Revs. Inc.).. [598, 599]

Houten, F. B. van & Purucker, M. E. (1984): Glauconitic peloids and chamositic ooids – favorable factors, constraints, and problems. – Earth Sci. Rev., **20**: 211–243. [851]

Hovland, M., Talbot, M. R., Qvale, H., Olaussen, S. & Aasberg, L. (1987): Methane-related carbonate cements in pockmarks of the North Sea – J. Sediment. Petrol., **57**: 881–892. [385]

Howard, A. D., Morton, J. B., Gad-El-Hak, M. & Pierce, D. (1978): Sand transport model of barchan dune equilibrium. – Sedimentology, **25**: 307–338. [805]

Howard, J. D. & Lohrengel, C. F., II (1969): Large non-tectonic structures from Upper Cretaceous rocks of Utah. – J. Sediment. Petrol., **39**: 1032–1039. [834]

Howard, J. D. & Reineck, H.-E. (1972): Georgia coastal region, Sapelo Island, U. S. A.; Sedimentology and biology; VII, Conclusions. – Senckenberg. Maritima, **4**: 217–222. [909]

– – (1981): Depositional facies of high-energy beach-to-offshore sequence: Comparison with low-energy sequence. – Amer. Assoc. Petrol. Geol. Bull., **85**: 807–830. [909]

Howard, P. F. & Hough, M. J. (1979): On the Geochemistry and Origin of the DTee, Wonarah, and Sherrin Creek Phosphorite Deposits of the Georgina Basin, Northern Australia. – Econ. Geol. **74**: 260–284. [559]

Howell, B. F. (1962): Worms. – In Moore, R. C. (ed.): Treatise on Invertebrate Paleontology, Part W-Miscellanea, W 144–W 177. [298]

Howell, D. G., Crouch, J. K., Greene, H. G., McCulloch, D. S. & Vedder, J. G. (1980): Basin development along the late Mesozoic and Cainozoic California margin: a plate tectonic margin of subduction, oblique subduction and transform tectonics. – In Ballance, P. F. & Reading, H. G. (eds.): Sedimentation in Oblique-slip Mobile Zones. – Internat. Assoc. Sedimentol. Spec. Publ. **4**: 43–62. [952]

Howell, D. G. & Normark, W. R. (1982): Sedimentology of submarine fans. – In Scholle, P. A. & Spearing, D. (eds.): Sandstone Depositional Environments. – Amer. Assoc. Petrol. Geol. Mem. **31**: 365–404. [818, 823, 939]

Howells, M. F., Leveridge, B. E., Addison, R., Evens, C. D. R. & Nutt, M. J. C. (1979): The Capel Curig volcanic formation, Snowdonia, North Wales; variations in ash-flow tuffs related to emplacement environment. – In: The Caledonides of the British Isles. – Geol. Soc. London, 611–618. [771]

Hower, J. (1961): Some factors concerning the nature and origin of glauconite. – Amer. Mineral., **46**: 313–334. [219]

– (1966): Order of mixed-layering in illite/montmorillonites. – Clays and Clay Minerals, **15**: 63–74. [190]

– (1981): The influence of mineral diagenetic reaction on the pore water chemistry of shale. – Geol. Soc. Amer. Abstr. Progr. 1981, 477. [156]

Hower, J., Eslinger, E. U., Hower, M. E. & Perry, E. A. (1976): Mechanism of burial metamorphism of argillaceous sediment: 1. Mineralogical and chemical evidence. – Geol. Soc. Amer. Bull., **87**: 725–737. [167, 209–211]

Howie, R. A. & Broadhurst, F. M. (1958): X-ray data for dolomite and ankerite. – Amer. Miner. **43**: 1210–1214; Washington. [242]

Hozmo, P. (1983): Das unterschiedliche Härteverhalten biogener und anorganischer Calcitkristalle. – Bochumer geol. u. geotechn. Arb., **10**: 1–100; Bochum. [315, 319, 345]

Hsü, K. J. (1959): Flute- and groove-casts in the pre-Alpine flysch, Switzerland. – Amer. J. Sci., **257**: 529–536, [827]

– (1968): Principles of mélanges and their bearing on the Franciscan-Knoxville paradox. – Geol. Soc. Amer. Bull., **79**: 1063–1074. [955]

– (1970): The meaning of the word flysch – a short historical search. – In Lajoie, J. (ed.): Flysch Sedimentology in North America. – Geol. Soc. Canada Spec. Pap., **7**: 1–11. [947]

– (1971): Franciscan mélanges as a model for eugeosynclinal sedimentation and underthrusting tectonics. – J. Geophys. Res., **76**: 1162–1170. [955]

– (1973): The Odyssey of geosyncline. – In Ginsburg, R. N. (ed.): Evolving Concepts in Sedimentology, 66–92. – The Johns Hopkins Univ. Press, Baltimore. [946]

– (1974): Mélanges and their distinction from olistostromes. – In Dott, R. H. & Shaver, R. H. (ed.): Modern and ancient geosynclinal sedimentation. – Soc. Econ. Pal. Min. Spec. Pub., **19**: 321–333. [954–956]

– (1975): Catastrophic debris streams (sturzstroms) generated by rockfalls. – Geol. Soc. Amer., Bull., **86**: 129–140. [809]

– (1977): Studies of Ventura Field, California, II: Lithology, compaction, and permeability of sands. – Amer. Assoc. Petrol. Geol. Bull., **61**: 169–191. [151]

– (1982): Origin of saline giants: a critical review after the discovery of the Mediterranean evaporite. – Earth Sci. Rev., **8**: 371–396. [453]

– (1983, 1984): Neptunian dikes and their relation to hydrodynamic circulation of submarine hydrothermal systems. – Geology, **11**: 455–457 and **12**: 252–253. [5, 92]

– (1984): Geochemical markers of impacts and their effects on environments. – In Holland, H. D. & Trendall, A. F. (eds.): Patterns of Change in Earth Evolution. Dahlem Konferenzen, 63–74. – Springer-Verlag Berlin, Heidelberg, New York, Tokyo. [854]

Hsü, K. J. & Kelts, K. (1978): Late Neogene chemical sedimentation in the Black Sea. – In Matter, A. & Tucker, M. E. (eds.): Modern and Ancient Lake Sediments. – Internat. Assoc. Sedimentol. Spec. Publ., **2**: 129–145. [878, 879]

Hsü, K. J., Kelts, K. & Giovanoli, F. (1984): Quaternary geology of the Lake Zürich region. – In Hsü, K. J. &

Kelts, K. R. (eds.): Quaternary Geology of Lake Zürich: An Interdisciplinary Investigation by Deep Lake Drilling. – Contr. Sedimentology 13: 187–203; Schweizerbart, Stuttgart. [878]
Hsü, K. J., Montadert, L. et al. (1978): Initial Reports of the Deep Sea Drilling Project, 42, Part 1, US Government Printing Office, Washington, D. C. [453]
Hsü, K. J., Ryan, W. B. F. & Schreiber, B. C. (1973): Petrology of a halite sample from hole 134 Balearic abyssal plain, 708–712. – In Ryan, Hsü et al. (Hrsg.): Init. Rep. DSDP XIII, US. Govn. Pr. Off. Wash. DC. [453]
Hsü, K. J. & Siegenthaler, Ch. (1969): Preliminary experiments on hydrodynamic movement induced by evaporation and their bearing on dolomite problem. – Sedimentology, 12: 11–25. [411, 494]
Hsü, P. H. (1964): Adsorption of phosphate by aluminium and iron in soils. – Soil Sci. Soc, Am. Proc, 28: 474–478. [29]
– (1977): Aluminium Hydroxides and Oxyhydroxides. – In Dixon, J. B. & Weed, S. B.: Minerals in Soil Environments. – Soil Sci. Soc. of Amer., Madison, Wisconsin, USA, 99–143. [29, 30]
Hsü, P. H. & Bates, T. F. (1964): Formation of X-ray amorphous and crystalline aluminium hydroxides. – Mineral. Mag., 33: 749–768. [30]
Huang, W. H. & Keller, W. D. (1973): New stability diagram of some phyllosilicates in the SiO_2—Al_2O_3—K_2O—H_2O-system. – Clays and Clay Min., 21: 331–336. [26]
Huber, St. (1987): Drucklösungserscheinungen in Karbonaten des Oxford 1 und Kimmeridge 1 der Bohrung TB-3 Saulgau (Oberschwaben). – Facies, 17: 109–120. [369]
Hubert, J. F. (1977): Paleosol caliche in the New Haven Arkose, Connecticut: Record of semiaridity in Late Triassic – Early Jurassic Time. – Geology, 5: 302–304. [358]
Hubert, J. F. & Reed, A. A. (1978): Red-bed diagenesis in the East Berlin Formation, Newark Group, Connecticut Valley. – J. Sediment. Petrol., 48: 175–184. [170]
Hubert, J. F., Reed, A. A. & Carey, P. J. (1976): Paleogeography of the East Berlin Formation, Newark Group, Connecticut Valley. – Amer. J. Sci., 276: 1183–1207. [878]
Huck, G. & Karweil, J. (1962): Probleme und Ergebnisse der künstlichen Inkohlung im Bereich der Steinkohlen. – Fortschr. Geol. Rheinl.-Westf., 3: 717–724. [719]
Hucke, K. (1967): Einführung in die Geschiebeforschung (Sedimentärgeschiebe). – Nederlandse Geol. Veren., Oldenzaal, 132 S., 50 Taf. [73]
Huckenholz, H. G. (1959): Sedimentpetrographische Untersuchungen an Gesteinen der Tanner Grauwacke. – Beitr. Miner. Petrogr., 6: 261–298. [102, 110]
– (1963a): Der gegenwärtige Stand in der Sandsteinklassifikation. – Fortschr. Miner., 40: 151–192. [97, 99]
– (1963b): Mineral composition and texture in greywackes from the Harz Mountains (Germany) and in arkoses from the Auvergne (France). – J. Sediment. Petrol., 33: 914–918. [97, 99, 113]
Hudson, J. D. (1962): Pseudo-pleochroitic calcite in recrystallized shell-limestones. – Geol. Mag., 99: 492–500. [254, 372]
– (1963): The recognition of salinity-controlled mollusc assemblages in the great Estuarine Series (Middle Jurassic) of the Inner Hebrides. – Palaeontology, 6: 318–326. [304]
– (1964): Sedimentation rates in relation to the Phanerozoic time-scale. – Quart. J. Geol. Soc. London, 37–42. [860]
– (1967): Speculations on the depth relations of calcium carbonate solution in Recent and ancient seas. – Mar. Geol., 5: 473–480. [287, 367, 940]
– (1975a): Carbonate minerals and sediments (an essay review). – Geol. Mag., 112: 527–531. [403]
– (1975b): Carbon isotopes and limestone cement. – Geology, 3: 19–22. [381, 387]
– (1977): Stable isotopes and limestone lithifications. – J. Geol. Soc. London 133: 637–660. [247, 364]
– (1978): Concretions, isotopes, and the diagenetic history of the Oxford Clay (Jurassic) of central England. – Sedimentology, 25: 339–370. [393, 395, 421]
– (1985): Growth Rate and Carbonate Production in Halimeda opuntia: Marquesas Keys, Florida. – In Toomey, D. F. & Nitecki, M. H.: Paleoalgology, 257–263; Berlin-Heidelberg (Springer). [271]
Hübner, H. (1965): Permokarbonische glazigene und periglaziale Ablagerungen aus dem zentralen Teil des Kongobeckens. – Stockholm Contrib. Geol., 13, 5: 39–61. [808, 849]
Hüggenberg, H. & Füchtbauer, H. (1988): Clay minerals and their diagenesis in carbonate-rich sediments (Leg 101, Sites 626 and 627). – In Austin, J. A., Jr., Schlager, W., et al.: Proc. ODP Init. Repts. (Pt. B), 101: College Station, Tx (Ocean Drilling Program) (im Druck). [414]
Hügi, Th. (1945): Gesteinsbildend wichtige Karbonate und deren Nachweis mittels Färbemethoden. – Schweiz. Min. Petr. Mitt. 25: 114–140. [241]
Huene, R. von (1974): Modern trench sediments. – In Burk, C. A. & Drake, C. L. (eds.): The Geology of Continental Margins. – 207–211; Springer, New York etc. [954]
– (1986): To accrete or not accrete, that is the question. – Geol. Rdsch. 75: 1–15. [956]
Hüser, M. (1982): Die Feldspatgehalte quartärzeitlicher Sande Niedersachsens. – Mitt. geol. Inst. Univ. Hannover, 81 S. [114]
Hüttner, R. (1969): Bunte Trümmermassen im Suevit. – Geol. Bavarica, 61: 142–200. [89]
Hughes, J. C. (1980): Crystallinity of kaoline minerals and their weathering sequence in some soils from Nigeria, Brazil and Colombia. – Geoderma, 80: 317–325. [26]
Hughes, J. C. & Brown, G. (1979): A crystallinity index for soil kaolinites and its relation to parent rock, climate and soil maturity. – J. Soil. Sci., 30: 557–563. [26]

HUGHES CLARKE, M.W. & KEIJ, A.J. (1973): Organisms as producers of carbonate sediment and indicators of environment in the southern Persian Gulf. – In PURSER, B.H. (ed.): The Persian Gulf, 33–56. – Springer, Berlin, Heidelberg, New York. [388]
HUMBERT, F.L. (1968): Selection and wear of pebbles on gravel beaches. – Diss. Groningen, 144 pp. [79]
HUMBERT, L. & BERTRAND, R. (1982): Effets de la température (T) et de las pression (P) sur la recristallisation des calcaires micritiques. – XIth. Internat. Congr. Sedimentol., Hamilton, Canada, Abstr., 157–158. [390]
HUNGER, R. (1957): Makro- und mikropetrographische Flözcharakteristik der Braunkohle des Bornaer Reviers. – Freiberger Forschungsh. C 37: 7-21; Berlin. [725]
HUNT, J.M. (1979): Petroleum geochemistry and geology. – 617 pp.; Freeman, San Francisco. [224]
HUNTER, I.G. (1977): Sediment production by *Diadema antillarum* on a Barbados fringing reef. – Proceed. 3rd Intern. Coral Reef Symp. (Miami), 105–109. [354]
HUNTER, R.E. (1977): Basic types of stratification in small eolian dunes. – Sedimentology, 24: 361–387. [802]
HUNTER, R.E., CLIFTON, H.E. & PHILLIPS, R.L. (1979): Depositional processes, sedimentary structures, and predicted vertical sequences in barred nearshore systems, southern Oregon coast. – J. Sediment. Petrol., 49: 711–726. [909]
HUNZIKER, J.C., FREY, M., CLAUER, N., DALLMEYER, R.D., FRIEDRICHSEN, H., FLEHMIG, W., HOCHSTRASSER, K., ROGGWILER, P. & SCHWANDER, H. (1986): Evolution of illite to muscovite: mineralogical and isotope data from the Glarus Alps, Switzerland. – Contrib. Mineral. Petrol., 92: 157–180. [216]
HURD, D.C. (1973): Interactions of biogenic opal sediment and seawater in the central equatorial Pacific. – Geochim. Cosmochim. Acta, 37: 2257–2282. [511]
HURD, D.C. & THEYER, F. (1977): Changes in the physical and chemical properties of biogenic silica from the Central Equatorial Pacific: Part II. Refractive index, density, and water content of acid-cleaned samples. – Amer. J. Sci., 277: 1168–1202. [501, 504]
HURFORD, A.J., FITCH, F.J. & CLARKE, A. (1984): Resolution of the age structure of the detrital zircon populations of two Lower Cretaceous sandstones from the Weald of England by fission track dating. – Geol. Mag., 121: 269–277. [125]
HUTCHINSON, C.S. (1983): Economic deposits and their tectonic setting. – 365 S.; London (Macmillan Press). [590, 633, 639, 643, 675]
HUTCHINSON, G.E. (1950): The Biogeochemistry of Vertebrate excretion. – Amer. Mus. Nat. Hist. Bull. 96, 554 pp. [563]
– (1957): A treatise of limnology. Vol. I: Geography, Physics, and Chemistry, 1015 p. – John Wiley & Sons, Inc., New York. [476]
– (1975): A Treatise on Limnology. Vol. 1: Geography, Physics and Chemistry. – 2 Bde., 1015 S. – Nachdruck v. 1957, J. Wiley & Sons, New York, London, Sydney, Toronto. [876, 877]
HUTCHINSON, R.W. (1973): Volcanogenic sulfide deposits and their metallogenic significance. – Econ. Geol., 68: 1223–1246, Lancaster, Pa. [638]
HUTTON, C.O. (1950): Studies of heavy detrital minerals. – Geol. Soc. Amer. Bull., 61: 635–716. [123]
HUTTON, J.T., TWIDALE, C.R. & MILNES, A.R. (1978): Characteristics and origin of some Australian silcretes. – In LANGFORD-SMITH, T. (ed.): Silcrete in Australia, 19–40. – Univ. of New England Press, Australia. [521]
HUTTON, J.T., TWIDALE, C.R. MILNES, A.R. & ROSSER, H. (1972): Composition and genesis of silcretes and silcrete skins from the Beda Valley, southern Arcoona Plateau, South Australia. – J. Geol. Soc. Austral., 19: 31–39. [514, 521, 523]
HYNE, N.J., LAIDIG, L.W. & COOPER, W.A. (1979): Prodelta sedimentation on lacustrine delta by clay mineral flocculation. – J. Sediment. Petrol., 49: 1209–1216. [201]

IBBEKEN, H. (1970): Das ligurische Tongriano, eine resedimentierte Molasse des Nordapennin. – Beih. geol. Jb. 93, 139 S. [815]
– (1983): Jointed source rock and fluvial gravels controlled by Rosin's law: a grain-size study in Calabria, South Italy. – J. Sediment. Petrol., 53: 1213–1231. [134]
ICSOBA-Traveaux, 1–18, Zagreb/Jugoslawien: 1. ICSOBA-Symposium (1963), Zagreb, 1: 1–293, 2: 1–222, 3: 1–166. – 2. ICSOBA-Symposium (1969), Budapest/Ungarn. – 3. ICSOBA-Symposium (1973), Nice/France, 732 pp. – 4. ICSOBA-Symposium (1983), Kingston/Jamaika, 328 pp. [68]
IIJIMA, A. (1972): J. Fac. Sci. Tokyo Univ. 18, 325 p. [56]
– (1975): Effect of pore water to clinoptilolite – analcime – albite reaction series. – J. Facult. Sci., Univ. Tokyo, Sec. II, 19, 133–147. [424]
– (1978): Geological occurrences of zeolites in marine environments. – In SAND, L.B & MUMPTON, F.A. (eds.): Natural Zeolites: Occurrence, Properties, Use. 175–198. – Pergamon Press, Oxford. [776]
IIJIMA, A. & HAY, R.L. (1968): Analcime composition in tuffs of the Green River Formation of Wyoming. – Amer. Min., 53: 184–200. [423]
IIJIMA, A., HEIN, J.R. & SIEVER, R. (eds.) (1983): Siliceous Deposits in the Pacific Region. – Devel. in Sedimentology, 36, 472 S.; Elsevier, Amsterdam, Oxford, New York. [505]
IIJIMA, A., KAKUWA, Y., YAMAZAKI, K. & YANAGIMOTO, Y. (1978): Shallow-sea, organic origin of the Triassic bedded chert in central Japan. – J. of the Faculty of Sci., Univ. of Tokyo, Sec. II, Vol. XIX, 5: 369–400. [529]
IIJIMA, A. & TADA, R. (1981): Silica diagenesis of Neogene diatomaceous and volcaniclastic sediments in northern Japan. – Sedimentology, 28: 185–200. [504, 535]

IIJIMA, A. & UTADA, M. (1966): Zeolites in sedimentary rocks, with reference to the depositional environments and zonal distribution. – Sedimentology, 7: 327–357. [168]
– – (1983): Recent developments in sedimentology of siliceous deposits in Japan. – In IIJIMA, A., HEIN, J. R. & SIEVER, R. (eds.): Siliceous Deposits in the Pacific Region. – Devel. in Sedimentology, 36: 45–64; Elsevier, Amsterdam, Oxford, New York. [529]
ILDEFONSE, P. (1980): Mineral facies developed by weathering of a meta-gabbro, Loire Atlantique (France). – Geoderma, 24: 257–273. [25]
– (1983): Altération prémétéorique et météorique des olivines du basalte de Belbex (Cantal, France). – Sci. Géol. Mém., 72: 69–79; Strasbourg. [25]
ILLIES, H. (1949): Die Schrägschichtung in fluviatilen und litoralen Sedimenten, ihre Ursachen, Messung und Auswertung. – Mitt. Geol. Staatsinst. Hamburg, 19: 89–109. [790]
– (1965): Bauplan und Baugeschichte des Oberrheingrabens. – Oberrhein. Geol. Abh., 14: 1–54. [953]
ILLING, L. V. (1954): Bahaman calcareous sands. – Bull. Amer. Assoc. Petrol. Geol., 38: 1–95. [324, 326, 328, 334, 385]
ILLING, L. V., WELLS, A. J. & TAYLOR, J. C. M. (1965): Penecontemporary dolomite in the Persian Gulf. – In PRAY, L. C. & MURRAY, R. C. (eds.): Dolomitization and limestone diagenesis. – SEPM Spec. Publ., 13: 89–111. [411]
ILLING, V. (1959): Deposition and diagenesis of some Upper Paleozoic carbonate sediments in Western Canada. – 5th World Petrol. Congr. New York, Proc. 1, 2: 23–50. [573]
IMBRIE, J. & BUCHANAN, H. (1965): Sedimentary structures in modern carbonate sands of the Bahamas. – In MIDDLETON, G. V. (ed.): Primary sedimentary structures and their hydrodynamic interpretation. – SEPM Spec. Publ., 12: 149–172. [790]
IMBRIE, J. & PURDY, E. G. (1962): Classification of modern Bahamian carbonate sediments. – In HAM, W. E. (ed.): Classification of Carbonate Rocks – a Symposium. – Amer. Assoc. Petrol. Geol. Mem. 1: 253–272. [123]
INGERSOLL, R. V. (1974): Surface textures of first cycle quartz sand grains. – J. Sed. Petrol., 44: 151–157. [144]
– (1978): Submarine fan facies of the Upper Cretaceous Great Valley Sequence, Northern and Central California. – Sediment. Geol., 21: 205–230. [848]
– (1979): Evolution of the Late Cretaceous forearc basin, northern and central California. – Geol. Soc. Amer. Bull., 90, I: 813–826. [953]
INGERSOLL, R. V., BULLARD, T. F., FORD, R. L., GRIMM, J. P., PICKLE, J. D & SARES, S. W. (1984): The effect of grain size on detrital modes: A test of the Gazzi-Dickinson point-counting method. – J. Sediment. Petrol., 54: 103–116. [98]
INGLE, J. C., Jr. (1966): The Movement of Beach Sand. An Analysis Using Fluorescent Grains. – Devel. in Sedimentology 5, 221 S., Elsevier Publ. Co., Amsterdam, London, New York. [785]
– (1973): Summary comments on Neogene biostratigraphy, physical stratigraphy, and paleo-oceanography in the marginal northeastern Pacific Ocean. – In KULM, L. D. & VON HUENE, R. et al., Initial Repts. Deep Sea Drilling Project, 18: 949–960. [944]
– (1981): Origin of Neogene diatomites around the north Pacific rim. – In GARRISON, R. E. & DOUGLAS, R. G. (eds.): The Monterey Formation and Related Siliceous Rocks of California. – Soc. Econ. Paleont. Mineral., Pacif. Section, 159–179. [526]
INMAN, D. L. (1952): Measures for describing the size distribution of sediments. – J. Sediment. Petrol., 22: 125–145. [135, 136]
Internationales Lexikon für Kohlenpetrologie (1963): Hersg.: Internat. Kommission für Kohlenpetrologe 2. Ausg. 1963. 1st supplement 1971, 2nd Supplement 1975. – Centre nat. rech. sci., Paris. [685, 723]
IPPEN, A. T. (ed.) (1966): Estuary and coastline hydrodynamics. – 744 S.; McGraw Hill, New York, etc. [899]
IRION, G. (1970): Mineralogisch-sedimentpetrographische und geochemische Untersuchungen am Tuz Gölü (Salzsee), Türkei. – Chemie der Erde, 29: 163–189. [486]
– (1977): Der eozäne See von Messel. – Natur u. Museum, 107: 213–218. [239, 880]
IRION, G. & MÜLLER, G. (1968): Huntite, dolomite, magnesite, and polyhalite of Recent age from Tuz Gölü („Salt Lake"), Turkey. – Nature, 220: 1309–1310. [486]
IRWIN, H., CURTIS, C. & COLEMAN, M. (1977): Isotopic evidence for source of diagenetic carbonates formed during burial of organic-rich sediments. – Nature 269: 209–213; London. [248]
IRWIN, H. & HURST, A. (1983): Applications of geochemistry to sandstone reservoir studies. – In BROOKS, J. (ed.): Petroleum Geochemistry and Exploration of Europe, 127–146; Blackwell, London. [169]
ISAACS, C. M. (1981): Porosity reduction during diagenesis of the Monterey Formation, Santa Barbara coastal area, California. – In GARRISON, R. E. & DOUGLAS, R. G. (eds.): The Monterey Formation and related siliceous rocks of California, 257–271. – Soc. Econ. Paleont. Mineral, Pacif. Section. [538]
– (1982): Influence of rock composition on kinetics of silica phase changes in the Monterey Formation, Santa Barbara area, California. – Geology, 10: 304–308. [536, 537]
ISAACS, C. M., PISCIOTTO, K. A. & GARRISON, R. E. (1983): Facies and diagenesis of the Miocene Monterey formation, California: A summary. – In IIJIMA, A., HEIN, J. R. & SIEVER, R. (eds.): Siliceous Deposits in the Pacific Region. – Devel. in Sedimentology, 36: 247–282; Elsevier, Amsterdam, Oxford, New York. [504]
IVERSON, R. M. (1985): A constitutive equation for mass-movement behavior. – J. Geol., 93: 143–160. [813]
JACKA, A. D. (1974): Replacement of fossils by length-slow chalcedony and associated dolomitization. – J. Sediment. Petrol., 44: 421–427. [502, 541]

– (1981): Observations on the replacement of carbonates by sulfates. – Geol. Soc. Amer. A. & P., **13**, 7: 479. [419]
JACKA, A. D. & BRAND, J. P. (1977): Biofacies and development and differential occlusion of porosity in a Lower Cretaceous (Edwards) reef. – J. Sediment. Petrol., **47**: 366–381. [382]
JACKSON, M. L. (1965): Clay transformation in soil genesis during the Quaternary. – Soil Sci., **99**: 15–22. [26]
JACKSON, S. A. & BEALES, F. W. (1967): An aspect of sedimentary evolution: The concentration of Mississippi Valley-type ores during late stages of diagenesis. – Bull. Canad. Petroleum Geol., **15**: 383–433. [664]
JACOB, H. (1961): Die petrographische Bestimmung des Xylitgehalts in Weichbraunkohlen. – Geol. Jb. **79**: 145–172; Hannover. [695, 725]
– (zit. auf S. 167 in WALTHER 1984b) [613]
JACOBI, R. D. (1976): Sediment slides on the northwestern continental margin of Africa. – Mar. Geol., **22**: 157–173. [812]
JACOBS, M. B. (1978): Red clay. – In: FAIRBRIDGE, R. & BOURGEOIS, J. (eds.): The Encyclopedia of Sedimentology, 612; Dowden, Hutchinson & Ross, Stroudsburg, Pa. [223]
JÄNECKE, E. (1923): Die Entstehung der deutschen Kalisalzlager. – 2. Ausg.; Braunschweig, Fr. Vieweg. [441]
– (1929): Die Entstehung der Salzlagerstätten. – In DOELTER, C. & LEITMEIER, H. (Hrsg.): Handbuch der Mineralchemie, **4**, T. 2: 1250–1296. [441]
JAIN, A. K. (1981): Stratigraphy, petrography and paleogeography of the Late Paleozoic diamictites of the Lesser Himalaya. – Sediment. Geol., **30**: 43–78. [71]
JAKOBSSON, S. P. (1978): Environmental factors controlling the palagonitization of the Surtsey tephra, Iceland. – Bull. Geol. Soc. Denmark Sp. Issue, **27**: 91–105. [774]
JAKOBSSON, S. P. & MOORE, J. G. (1986): Hydrothermal minerals and alteration rates at Surtsey volcano (Iceland). – Geol. Soc. Am. Bull., **97**: 648–659. [774, 775]
JAMES, H. E. & HOUTEN, F. B. VAN (1979): Miocene goethitic and chamositic oolites, northeastern Colombia. – Sedimentology, **26**: 125–133. [115]
JAMES, H. L. (1954): Sedimentary facies of iron formation. – Econ. Geol., **49**: 235–293. [525, 590, 592–594]
– (1955): Zones of regional metamorphism in the Precambrian of Northern Michigan. – Geol. Soc. Amer. Bull., **66**: 1455–1488. [536]
– (1966): Chemical composition and occurrence of iron-bearing minerals of sedimentary rocks, and composition, distribution, and geochemistry of ironstones and iron-formations. – Geol. Surv. Prof. Pap., **440-W**, 61 S.; Washington, D. C. [590, 598]
JAMES, H. L. & TRENDALL, A. F. (1982): Banded iron formation: Distribution in time and paleoenvironmental significance. – In HOLLAND, H. D. & SCHIDLOWSKI, M. (eds.): Mineral Deposits and the Evolution of the Biosphere. – Dahlem Konferenzen, 199–218; Springer-Verlag, Berlin, Heidelberg, New York. [525]
JAMES, N. P. (1972): Holocene and Pleistocene calcareous crust (caliche) profiles: criteria for subaerial exposure. – J. Sediment. Petrol., **42**: 817–836. [360]
– (1982): The dawn of metazoan reefs. – Internat. Assoc. Sedimentol. 11. Congress, Hamilton, Abstr., 113. [355]
– (1983a): Depositional models for carbonate rocks. – In PARKER, A. & SELLWOOD, B. W. (1983): Sediment Diagenesis. – NATO ASI Series C, **115**: 289–348; D. Reidel, Dordrecht. [354, 917]
– (1983b): Reef environment. – In SCHOLLE, P. A., BEBOUT, D. G. & MOORE, C. H. (eds.): Carbonate Depositional Environments. – Amer. Assoc. Petrol. Geol. Mem. **33**: 345–462. [348]
– (1984): Reefs. – In WALKER, R. G. (ed.): Facies Models, 2nd Edition. – Geosci. Canada Reprint Ser. 1: 229–244. [350, 351, 354]
JAMES, N. P. & GINSBURG, R. N. (1979): The Seaward Margin of Belize Barrier and Atoll Reefs. – Internat. Assoc. Sedimentol. Spec. Publ. **3**, 191 S. [341, 350, 386]
JAMES, N. P., GINSBURG, R. N., MARSZALEK, D. S. & CHOQUETTE, P. W. (1976): Facies and fabric specificity of early subsea cements in shallow Belize (British Honduras) reefs. – J. Sediment. Petrol., **46**: 523–544. [378, 385]
JAMES, N. P. & KOBLUK, D. R. (1978): Lower Cambrian patch reefs and associated sediments, southern Labrador, Canada. – Sedimentology, **25**: 1–32. [355]
JANGOUX, M. (ed.) (1980): Echinoderms: Present and Past. – Proceedings of the European Colloquium on Echinoderms, Bruxelles, 3–8 September 1979, 428 S.; Rotterdam (A. A. Balkema). [315]
JANKOWSKI, B. (1981): Die Geschichte der Sedimentation im Nördlinger Ries und Randecker Maar. – Bochumer geol. u. geotechn. Arb., **6**, 315 S.; Bochum. [264, 878, 880, 881]
– (1986): The sedimentological evolution of the northwest-german coal basin. – Symposium „Controls of Upper Carboniferous Sedimentation, North-West Europe", Univ. of Keele, U. K., Abstract. [873]
JANKOWSKY, W. (1955): Schichtenfolge, Sedimentation und Tektonik im Unterdevon des Rheintales in der Gegend von Unkel-Remagen. – Geol. Rdsch., **44**: 59–86. [830]
JANSA, L. F. & FISCHBUCH, N. R. (1974): Evolution of a Middle and Upper Devonian sequence from a clastic coastal plain – deltaic complex into overlying carbonate reef complexes and banks, Sturgeion-Mitsue area, Alberta. – Geol. Surv. Canada, Bull., **234**, 105 S. [180]
JARITZ, W. (1980): Einige Aspekte der Entwicklungsgeschichte der nordwestdeutschen Salzstöcke. – Z. dt. geol. Ges., **131**: 387–408. [8]
JEHN, P. J. & YOUNG, L. M. (1976): Depositional environments of the Pitkin formation, Northern Arkansas. – J. Sediment. Petrol., **46**: 377–386. [530]
JENIK, A. J. & LERBEKMO, J. F. (1968): Facies and geometry of Swan Hills Reef Member of Beaverhill Lake Formation (Upper Devonian), Goose River Field, Alberta, Canada. – Amer. Assoc. Petrol. Geol. Bull., **52**: 21–56. [355]

JENKINS, J. A. & WILLIAMS, D. F. (1984): Nile water as a cause of eastern Mediterranean sapropel formation: evidence for and against. – Mar. Micropaleontol., 9: 521–534. [942]
JENKYNS, H. C. (1971): Speculations on the genesis of crinoidal limestones in the Tethyan Jurassic. – Geol. Rdsch. 60: 471–488, Stuttgart. [316]
– (1974): Origin of red nodular limestones (Ammonitico Rosso, Knollenkalke) in the Mediterranean Jurassic: a diagenetic model. – In HSÜ, K. J. & JENKYNS, H. C. (eds.): Pelagic Sediments: on Land and under the Sea. – Internat. Assoc. Sedimentol. Spec. Publ. 1: 249–271. [395]
– (1978): Pelagic environments. – In READING, H. G. (ed.): Sedimentary Environments and Facies, 314–371. – Blackwell Sci. Publ., Oxford, London, Edinburgh, Melbourne. [940, 943, 945]
JENYON, M. K. & TAYLOR, J. C. M. (1987): Dissolution effects and reef-like features in the Zechstein across the Mid North Sea High. – In PERYT, T. M. (Hrsg.): The Zechstein Facies in Europe. – Lecture Notes in Earth Sciences, 10: 51–75; Springer-Verlag, Berlin, Heidelberg. [500]
JESSEN, W. (1954): Frühdiagenetische und spätere Veränderungen der Sedimente des Ruhrkarbons. – Geol. Jb., 69: 195–206. [239]
– (1957): Besondere sedimentologische Erkenntnisse aus dem Westfal B und C im Schacht Graf Bismarck 10. – Geol. Jb., 74: 400–446. [848]
JINDRICH, V. (1983): Structure and diagenesis of recent algal-foraminifer reefs, Fernando de Noronha, Brazil. – J. Sediment. Petrol., 53: 449–459. [357]
JIRÁNEK, J. (1982): A rapid X-ray method of assessing the structural state of monoclinic K-felspars. – Lithos, 15: 85–87; Oslo. [423]
JOCKWER, N. (1980): Die thermische Kristallwasserfreisetzung des Carnallits in Abhängigkeit von der absoluten Luftfeuchtigkeit. – Kali und Steinsalz, 8: 55–58. [445]
JOHANNES, W. (1970): Zur Entstehung von Magnesitvorkommen. – N. Jb. Mineral. Abh., 113: 277–325. [419]
JOHANSSON, C. E. (1976): Structural studies of frictional sediments. – Geografiska Annaler. 58 A: 201–300. [81, 82, 146]
JOHNSON, A. M. (1970): Physical Processes in Geology. – 577 S.; Freeman, Cooper & Co, San Francisco. [814]
JOHNSON, H. D. (1977): Sedimentation and water escape structures in some late Precambrian shallow marine sandstones from Finnmark, North Norway. – Sedimentology, 24: 389–411. [833]
– (1978): Shallow siliciclastic seas. – In READING, H. G. (ed.): Sedimentary Environments and Facies, S. 207–258, Blackwell Sci. Publ., Oxford. [912, 914, 916]
JOHNSON, H. D. & STEWART, D. J. (1985): Role of clastic sedimentology in the exploration and production of oil and gas in the North Sea. – In BRENCHLEY, P. J. & WILLIAMS, B. P. J. (eds.): Sedimentology. Recent Developments and Applied Aspects, 249–310. Publ. for The Geol. Soc. by Blackwell Sci. Publ., Oxford etc. [915, 916]
JOHNSON, J. H. (1951): An introduction to the study of organic limestones. – Quart. Colorado School of Mines, 46, 2, 195 S. [282, 294]
– (1961): Limestone-building algae and algal limestones – Colorado School of Mines, 297 pp.; Golden. [255, 262, 269, 272, 277]
– (1966): A review of the Cambrian algae. – Colorado School Mines Quart. 61, 162 S. [269]
JOHNSON, M. A., KENYON, N. H., BELDERSON, R. H. & STRIDE, A. H. (1982): Sand transport. – In STRIDE, A. H. (ed.): Offshore Tidal Sands, Processes and Deposits, 58–94. – Chapman & Hall, London, New York. [794]
JOHNSON, N. M., DRISCOLL, CH. T., EATON, J. S., LIKENS, G. E. & MCDOWELL, W. H. (1981): Acid rain dissolved aluminium and chemical weathering at the Hubbard Brook experimental forest, New Hampshire. – Geochim. Cosmochim. Acta, 45: 1421–1437. [30]
JOHNSON, R. H. (1920): The cementation process in sandstone. – Bull. Amer. Assoc. Petrol. Geol., 4: 33–35. [162]
JOHNSON, S. Y. (1984): Cyclic fluvial sedimentation in a rapidly subsiding basin, northwest Washington. – Sed. Geol., 38: 361–391. [860]
JOHNSON, T. C., CARLSON, T. W. & EVANS, J. E. (1980): Contourites in Lake Superior. – Geology, 8: 437–441. [785]
JONAS, E. C. & MCBRIDE, E. F. (1976): Diagenesis of sandstone and shale: Application to exploration for hydrocarbons. – Continuing Education Program, Dept. Geol. Sci., Univ. of Texas, Austin, Publ. No. 1, 165 S. (auch AAPG Clastic Diagenesis School, June 5–9, Boulder, Colorado, 1978). [156]
JONES, B. & DIXON, O. A. (1976): Storm deposits in the Read Bay Formation (Upper Silurian), Somerset Island, Arctic Canada (An application of Markov chain analysis). – J. Sediment. Petrol., 46: 393–401. [930]
JONES, B. F. (1965): The hydrology and mineralogy of Deep Springs Lake, Inyo County, California. – U. S. Geol. Surv. Prof. Pap., 502-A, 56 pp. [485, 879]
– (1966): Geochemical evolution of closed basin water in the western Great Basin. – In RAU, J. L. (Hrsg.): Second Sympos. Salt, Cleveland: Northern Ohio Geol. Soc., 1: 181–200. [485]
JONES, B. F., EUGSTER, H. P. & RETTIG, S. L. (1977): Hydrochemistry of the Lake Magadi Basin, Kenya. – Geochim. Cosmochim. Acta, 41: 53–72. [523]
JONES, B. F., RETTIG, S. L. & EUGSTER, H. P. (1967): Silica in alkaline brines. – Science, 158, 1310. [523]
JONES, B. G. (1972): Bidirectional current ripple marks in an Upper Devonian internal drainage basin. – J. Sediment. Petrol., 42: 135–140. [877]
JONES, D. J. (1956): Introduction to microfossils. – 406 pp.; Harper Brs., New York. [282]
JONES, H. A. & DAVIES, P. J. (1979): Preliminary studies of offshore placer deposits, eastern Australia. – Mar. Geol., 30: 243–268. [124]

JONES, J. B. & FITZGERALD, M. J. (1984): Extensive volcanism associated with the separation of Australia and Antarctica. – Science, **226**: 346–348. [539]
– – (im Druck): Silica-rich layering at Blanche Point, South Australia. – Austral. J. Earth Sci. [512, 539]
JONES, J. B. & SEGNIT, E. R. (1966): The occurrence and formation of opal at Coober Pedy and Andamooka. – Austral. J. Sci., **29**: 129–133. [523]
– – (1971): The nature of opal. 1. Nomenclature and constituent phases. – J. Geol. Soc. Australia, **18**: 57–68. [501]
JONES, J. R. & CAMERON, B. (1977): Landward migration of barrier island sands under stable sea level conditions: Plum Island, Massachusetts. – J. Sediment. Petrol., **47**: 1475–1483. [911]
JONES, R. W. (1983): Organic matter characteristics near the shelf-slope boundary. – In STANLEY, D. J. & MOORE, G. T. (eds.): The Shelfbreak: Critical Interface on Continental Margins. – Soc. Econ. Paleont. Mineral. Spec. Publ., **33**: 391–405. [934]
JONES, W. C. & JAMES, D. W. F. (1969): An investigation of some calcareous sponge spicules by means of electron probe microanalysis. – Micron **1**: 34–39. [288]
JONES, W. C. & JENKINS, D. A. (1970): Calcareous sponge spicules: a study of magnesian calcites. – Calc. Tiss. Res., **4**: 314–329. [288]
JONG, MAT G. G. DE & RAPPOL, M. (1983): Ice-marginal debris-flow deposits in western Allgäu, southern West Germany. – Boreas, **12**: 57–70; Oslo. [887]
JONGERIUS, A. & RUTHERFORD, G. K. (eds.) (1979): Glossary of soil micromorphology. – Pudoc, Wageningen, 138 p. [40]
JOPE, H. M. (1965): Composition of brachiopod shell. – In MOORE, R. C. (ed.): Treatise on Invertebrate Paleontology, H. Brachiopoda, 1: 156–164. – Geol. Soc. Am. and Kansas press, Lawrence, Kans. [298]
JOPLING, A. V. & WALKER, R. G. (1968): Morphology and origin of ripple-drift cross-lamination, with examples from the Pleistocene of Massachusetts. – J. Sediment. Petrol., **38**: 971–984. [788]
JOPLING, A. V. & MCDONALD, B. C. (eds.) (1975): Glaciofluvial and Glaciolacustrine Sedimentation. – Soc. Econ. Paleont. Mineral. Spec. Publ., **23**, 320 S. [888]
JORDAN, C. F., Jr., CONNALLY, T. C., Jr. & VEST, H. A. (1985): Middle Cretaceous carbonates of the Mishrif Formation, Fateh Field, offshore Dubai, U. A. E. – In ROEHL, P. O. & CHOQUETTE, P. W. (eds.): Carbonate Petroleum Reservoirs. 427–442. – Springer Verlag, New York, Berlin, Heidelberg, Tokyo. [433]
JORDAN, H. & KOCH, J. (1975): Inkohlungsuntersuchungen im Unterkarbon des Nordwestharzes. – Geol. Jb. **A 29**: 33–43; Hannover. [729]
JORDAN, R. & STAHL, W. (1970): Isotopische Paläotemperatur-Bestimmungen an jurassischen Ammoniten und grundsätzliche Voraussetzungen für diese Methode. – Geol. Jb., **89**: 33–62. [372]
JORDAN, W. M. (1964): Prevalence of sand-dune types in the Sahara desert. – Ann. GSA & Assoc. Soc. Joint. Meet., Miami Beach, Program, 104–105. [806]
JØRGENSEN, N. O. (1976): Recent high magnesian calcite/aragonite cementation of beach and submarine sediments from Denmark. – J. Sediment. Petrol., **46**: 940–951. [382, 385, 390]
– (1986): Geochemistry, diagenesis and nannofacies of chalk in the North Sea Central Graben. – Sed. Geol., **48**: 267–294. [280, 367]
JOUANNEAU, J. M. & LATOUCHE, C. (1981): The Gironde Estuary. – Contrib. to Sedimentology, **10**, 115 S.; Stuttgart (Schweizerbart). [899]
JUDSON, S. (1968): Erosion of the land, or what's happening to our continents? Amer. Scientist, **56**: 356–374. [199]
JÜNGST, H. (1934): Zur geologischen Bedeutung der Synärese. Ein Beitrag zur Entwässerung der Kolloide im werdenden Gestein. – Geol. Rdsch., **25**: 312–325. [829]
JURASKY, K. A. (1936): Deutschlands Braunkohlen und ihre Entstehung. Deutscher Boden, **2**. *165 S.; Gebrüder Borntraeger, Berlin.* [710]
JUX, U. (1957): Die Riffe Gotlands und ihre angrenzenden Sedimentationsräume. – Contrib. Geol. I, 4: 41–90; Stockholm. [355]

KACHHOLZ, K.-D. (1982): Statistische Bearbeitung von Probendaten aus Vorstrandbereichen sandiger Brandungsküsten mit verschiedener Intensität der Energieumwandlung. – Diss. Univ. Kiel, 381 S. [136]
KÄMPF, N. & SCHWERTMANN, U. (1982): Goethite and hematite in a climosequence in southern Brazil and their application in classification of kaolinitic soils. – Geoderma, **29**: 27–29. [35]
KAEMPFE, F. (1958): Zur Frage des Blähtons. – Zement, Kalk, Gips, **11**: 437–442; Wiesbaden. [228]
KAHLE, C. F. (1977): Origin of subaerial Holocene calcareous crusts: role of algae, fungi and sparmicritisation. – Sedimentology, **24**: 413–435. [359, 388, 389]
KAHLER, F. (1974): Fusuliniden aus Tien-schan und Tibet. Mit Gedanken zur Geschichte der Fusuliniden-Meere im Perm. – Rep. Sci. Exp. North-Western Prov. China, Sven Hedin Sino-Swedish Exped. Publ., **52**, 148 S.; Stockholm. [285]
KAISER, E. (ed.) (1926): Die Diamantenwüste Südwest-Afrikas. – 2 vols., Reimer, Berlin. [515]
KAISER, W. R. (1984): Predicting reservoir quality and diagenetic history in the Frio Formation (Oligocene) of Texas. – In MCDONALD, D. A. & SURDAM, R. C. (eds.): Clastic Diagenesis. – Amer. Assoc. Petrol. Geol. Mem. **37**: 195–215. [174]
KALDI, J. (1980): The origin of nodular structures in the Lower Magnesian Limestone (Permian) of Yorkshire,

England. – In Füchtbauer, H. & Peryt, T. (eds.): The Zechstein Basin with Emphasis on Carbonate Sequences. – Contrib. to Sedimentology, **9**: 45–60; Stuttgart. [395]
Kaldi, J. & Gidman, J. (1982): Early diagenetic dolomite cements: Examples from the Permian Lower Magnesian Limestone of England and the Pleistocene carbonates of the Bahamas. – J. Sediment. Petrol., **52**: 1073–1085. [411]
Kaley, M. E. & Hanson, R. F. (1955): Laumontite and leonhardite cement in Miocene sandstone from a well in San Joaquin Valley, California. – Amer. Miner., **40**: 923–925. [183]
Kalkowsky, E. (1901): Die Verkieselung der Gesteine in der nördlichen Kalahari. – Sitz.-Ber. u. Abh. d. Nat. Ges. Isis, Dresden. [514]
– (1908): Oolith und Stromatolith im norddeutschen Buntsandstein. – Z. dt. geol. Ges., **60**: 68–125. [260, 264, 327, 332]
Kalpakis, G. (1979): La sédimentation phosphatée au sommet du Crétacé dans la zone du Parnasse-Kiona. – Ann. Geol. des Pays Helléniques, **46**: 758–795. [560]
Kalterherberg, J. (1956): Über Anlagerungsgefüge in grobklastischen Sedimenten. – N. Jb. Geol. Paläont., Abh., **104**: 30–57. [81, 82]
– (1968): Beziehungen zwischen Korngrößenzusammensetzung und Porenvolumen in einigen vorbelasteten Schichten. – Fortschr. Geol. Rheinld.-Westf., **15**: 167–180. [153]
Kamp, P. C. van der, Leake, B. E. & Senior, A. (1976): The petrography and geochemistry of some Californian arkoses with application to identifying gneisses of metasedimentary origin. – J. Geol., **84**: 195–212. [103]
Kamptner, E. (1927): Beitrag zur Kenntnis adriatischer Coccolithophoriden. – Arch. Protistenk., **58**: 173–184; Jena. [281]
– (1954): Untersuchungen über den Feinbau der Coccolithen. – Arch. Protistenk., **100**: 1–90; Jena. [278]
Kaneps, A. G. (1979): Gulf Stream: velocity fluctuations during the late Cenozoic. – Science, **204**: 297–301. [785]
Kann, E. (1941): Krustensteine in Seen. Eine vergleichende Übersicht. – Arch. Hydrobiol. **37**: 504–532. [267]
Kantorowicz, J. D. (1984): The nature, origin and distribution of authigenic clay minerals from Middle Jurassic Ravenscar and Brent Group sandstones. – Clay Minerals, **19**: 359–375. [177]
– (1985): The petrology and diagenesis of Middle Jurassic clastic sediments, Ravenscar Group, Yorkshire. – Sedimentology, **32**: 833–853. [179, 182]
Karcz, I. (1964): Grain growth fabrics in the Cambrian dolomites of Skye. – Nature, **204**, 4963: 1080–1081. [391]
Karpova, G. V. (1969): Clay mineral postsedimentary ranks in terrigeneous rocks. – Sedimentology, **13**: 5–20. [183]
Karweil, J. (1956): Die Metamorphose der Kohlen vom Standpunkt der physikalischen Chemie. – Z. dt. geol. Ges., **107**: 132–139. [719]
Kasakov & Sokolova (1950): Cit. in Abramovic & Nacaev, 1960. [472]
Kashik, S. A. (1965): Replacement of quartz by calcite in sedimentary rocks. – Geochemistry International, **2**: 133–138. [168]
Kastner, M. (1971): Authigenic feldspars in carbonate rocks. – Amer. Miner., **56**: 1403–1442. [422, 423]
– (1981): Authigenic silicates in deep-sea sediments: formation and diagenesis. – In Emiliani, C. (ed.): The Oceanic Lithosphere. – The Sea, **7**: 915–980; Wiley-Interscience Publ., New York. [421, 423, 502–505, 509, 511, 513, 532–534, 536, 537, 539, 776]
– (1983): Origin of dolomite and its spatial and chronological distribution – a new insight. – Amer. Assoc. Petrol. Geol. Bull., **67**, 2156. [414]
– (mdl. Mitt. 1986). [395]
Kastner, M. & Baker, P. A. (1982): A new insight into the origin of sedimentary dolomite. – Yearbook Sci & Technol., McGraw Hill (im Druck), s. auch Science, **213**: 214–216, 1981. [403]
Kastner, M. & Gieskes, J. M. (1976): Interstitial water profiles and sites of diagenetic reactions, Leg 35, DSDP, Bellingshausen Abyssal Plain. – Earth Planet. Sci. Lett. **33**: 11–20. [5]
Kastner, M., Keene, J. B. & Gieskes, J. M. (1977): Diagenesis of siliceous oozes. I. Chemical controls on the rate of opal-A to opal-CT transformation – an experimental study. – Geochim. Cosmochim. Acta, **41**: 1041–1059. [537]
Kastner, M. & Siever, R. (1979): Low temperature feldspars in sedimentary rocks. – Amer. J. Sci., **279**: 435–479. [423]
Kastner, M. & Stonecipher, S. A. (1978): Zeolites in pelagic sediments of the Atlantic, Pacific, and Indian Oceans. In Sand, L. B. & Mumpton, F. A. (eds.): Natural Zeolites, Occurrence, Properties, Use, 199–220. – Pergamon Press, Oxford usw. [539]
Kato, M. (1963): Fine skeletal structures in Rugosa. – J. Fac. Sci. Hokkaido Univ., Ser. 4, Geol. Miner., **11**: 571–630; Hokkaido. [293]
Katz, A. (1968): Calcian dolomites and dedolomitisation. – Nature, **217**: 439–440. [418]
Katzung, G. (1961): Die Geröllführung des Lederschiefers (Ordovizium) an der SE-Flanke des Schwarzburger Sattels (Thüringen). – Geologie, **10**: 778–802; Berlin. [71]
Kauffman, E. G. (1979): Cretaceous. – In Robinson, R. A. & Teichert, C. (eds.): Treatise on Invertebrate Paleontology, Part A, Introduction, 418–487. [555]
Kaufman, A., Broecker, W. S., Ku, T. L. & Thurber, D. L. (1971): The status of U-series methods of mollusk dating. – Geochim. Cosmochim. Acta, **35**: 1115–1183. [294]

Kay, M. (1974): Geosynclines, flysch, and mélanges. – In Dott, R. H., Jr. & Shaver, R. H. (eds.): Modern and Ancient Geosynclinal Sedimentation. – Soc. Econ. Paleont. Mineral. Spec. Publ., **19**: 377–380. [946]

Kaye, C. A. (1959): Shoreline features and Quaternary shoreline changes in Puerto Rico. – U. S. Geol. Surv., Prof. Pap., **317-B**. [353]

Kazakov, A. V. (1937): The phosphorite facies and the genesis of phosphorites. – In: Geological Investigations of Agricultural Ores. – Trans. Sci. Inst. Fertilizers and Insecto-Fungicides, 142, 17th Sess. Int. Geol. Congr., Leningrad, 95–113. [547, 549]

Kazakov, A. V., Tikhomirova, M. M. & Plotnikova, V. I. (1959): The system of carbonate equilibria. – Internat. Geol. Rev., **1**: 1–39. [413]

Kazmierczak, J. (1975): Colonial Volvocales (Chlorophyta) from the Upper Devonian of Poland and their paleogeographical significance. – Acta Palaeont. Polon., **20**: 73–85. [281]

– (1979): Sclerosponge nature of chaetetids evidenced by spiculated Chaetetopsis favrei (Deninger, 1906) from the Barremian of Crimea. – N. Jb. Geol. Paläont. Mh., **1979**: 97–108, Stuttgart. [289]

– (1981): Evidences for Cyanophyte origin of Stromatoporoids. – In Monty, Cl. (ed.): Phanerozoic Stromatolites, 230–241. – Berlin-Heidelberg (Springer-Verlag). [289]

Keany, J., Ledbetter, M., Watkins, N. & Huang, T.-C. (1976): Diachronous deposition of ice-rafted debris in sub-Antarctic deep-sea sediments. – Geol. Soc. Amer. Bull., **87**: 873–882. [807]

Keen, M. C. (1977): Ostracod assemblages and the depositional environments of the Headon, Osborne and Bembridge Beds (upper Eocene) of the Hampshire Basin. – Palaeontology **20**: 405–446. [312]

Keene, J. B. (1976): The distribution, mineralogy, and petrography of biogenic and authigenic silica from the Pacific Basin. – Ph. D. thesis, Univ. Calif. San Diego, Scripps Inst. Ocean., 264 S.
[90, 501, 502, 504, 510, 512, 533, 536–538, 541]

Kehrer, P. (1972): Zur Geologie der Itabirite in der südlichen Serra do Espinhaço (Minas Gerais, Brasilien). – Geol. Rdsch., **61**: 216–248; Stuttgart. [594]

Keith, M. L., Anderson, G. M. & Eichler, R. (1964): Carbon and oxygen isotopic composition of mollusk shells from marine and freshwater environments. – Geochim. Cosmochim. Acta **28**: 1757–1786. [305, 306]

Keller, G. (in Vorber.): Water content and wet bulk density – core 532 A. DSDP, Leg 75. [366]

Keller, G. & Barron, J. A. (1983): Paleoceanographic implications of Miocene deep-sea hiatuses. – Geol. Soc. Amer. Bull., **94**: 590–613. [526, 943]

Keller, W. D. (1952): Analcime in the Popo Agie member of the Chugwater formation. – J. Sediment. Petrol., **22**: 70–82. [168]

– (1970): Environmental aspects of clay minerals. – J. Sediment. Petrol., **40**: 788–854. [187, 201, 217, 218]

– (1978a): Classification of kaolins exemplified by their textures in scan electron micrographs. – Clays and Clay Minerals, **26**, 1: 1–20. [26]

– (1978b): Kaolinization of feldspar as displayed in scanning electron micrographs. – Geophys. **6**: 184–188. [26]

– (1981): The Sedimentology of flintclay. – J. Sed. Petr. **51**: 233–244. [26, 56]

Keller, W. D. & Haenni, R. P. (1978): Effects of micro-sized mixtures of kaolin minerals on properties of kaolinites. – Clays and Clay Minerals, **26**, 6: 384–396. [56]

Keller, W. D. & Stevens, R. P. (1983): Physical Arrangement of High-Alumina Clay Types in a Missouri Clay Deposit and Implications for their Genesis. – Clays and Clay Minerals, **31**, 6: 422–434. [56]

Keller, W. D., Viele, G. W. & Johnson, C. H. (1977): Texture of Arkansas novaculite indicates thermally induced metamorphism. – J. Sediment. Petrol., **47**: 834–843. [530]

Keller, W. D., Westcott, J. F. & Bledsoe, A. O. (1954): The origin of Missouri fire clays. – Proc. 2nd Conf. Nat. Acad. Sci. – Nat. Res. Coun. Publ., **327**: 7–46. [48, 56]

Keller, W. E. & Littlefield, R. F. (1950): Inclusions in the quartz of igneous and metamorphic rocks. – J. Sediment. Petrol., **20**: 74–84. [105]

Kelley, K. K., Southard, J. C. & Anderson, C. T. (1941): Thermodynamic properties of gypsum and its dehydration products. – U. S. Bur. Mines Tech. pap., **625**, 73 pp. [443]

Kelling, G. & Mullin, P. R. (1975): Graded limestones and limestone-quartzite couplets: Possible storm-deposits from the Moroccan Carboniferous. – Sediment. Geol., **13**: 161–190. [801]

Kelts, K. (pers. Mitt.). [879]

Kelts, K. & Arthur, M. A. (1981): Turbidites after ten years of deep-sea drilling – wringing out the mop? – In Warme, J. E., Douglas, R. G. & Winterer, E. L. (eds.): The Deep Sea Drilling Project: A Decade of Progress. – Soc. Econ. Paleont. Mineral. Spec. Publ., **32**: 91–127. [820, 821, 838, 934, 946]

Kelts, K. & Hsü, K. J. (1978): Freshwater carbonate sedimentation. – In Lerman, A. (ed.): Lakes. Chemistry, Geology, Physics, 295–323. – Springer, New York, Heidelberg, Berlin. [879, 880]

Kelts, K. & McKenzie, J. A. (1975): Cretaceous volcanogenic sediments from the Line Island chain: diagenesis and formation of K-feldspar. – In Schlanger, S. D. et al. (eds.): Init. Repts. Deep Sea Drill. Proj., **33**: 789–803. [423]

– – (1982): Diagenetic dolomite formation in Quaternary anoxic diatomaceous muds of DSDP Leg 64, Gulf of California. – In Curray, J. R., Moore, D. G. et al., Init. Repts. DSDP, **64**: 595–609. [6, 414]

Kempe, S., Khoo, F. & Gürleyik, Y. (1978): Hydrography of Lake Van and its drainage area. – In Degens, E. T. & Kurtman, F. (eds.): The Geology of Lake Van. – The Min. Research and Explor. Inst. of Turkey, **169**: 30–44. [234]

Kemper, E. & Koch, R. (1982): Die Aragonit-Erhaltung und ihre Bedeutung für die dunklen Tonsteine des späten Apt und frühen Alb. – Geol. Jb., **A 65**: 259–271. [372]

KEMPER, E. & SCHMITZ, H. H. (1981): Glendonite – Indikatoren des polarmarinen Ablagerungsmilieus. – Geol. Rdsch., **70**: 759–773. [890]

KENDALL, A. C. (1977): Fascicular-optic calcite: a replacement of bundled acicular carbonate cements. – J. Sediment. Petrol., **47**: 1056–1062. [382]

– (1979a): 13. Continental and supratidal (Sabkha) evaporites. – In: WALKER, R. G. (ed.): Facies Models, Geoscience Canada, Reprint Series, 145–157. [452, 453]

– (1979b): 14. Subaqueous evaporites. – In: WALKER, R. G. (ed.): Facies Models, Geoscience Canada, Reprint Series, 159–174. In der 2. Aufl. (1984) sind 1979a und b zusammengefaßt: S. 259–296. [452, 453]

– (1985): Radiaxial fibrous calcite: A reappraisal. – In SCHNEIDERMANN, N. & HARRIS, P. M. (eds.): Carbonate Cements. – Soc. Econ. Paleont. Mineral. Spec. Publ., **36**: 59–77. [378]

KENDALL, A. C. & WALTERS, K. L. (1978): The age of metasomatic anhydrite in Mississippian reservoir carbonates, southeastern Saskatchewan. – Canad. J. Earth Sci., **15**: 424–430. [419]

KENDALL, C. G. ST. C. & SCHLAGER, W. (1981): Carbonates and relative changes in sea level. – Mar. Geol., **44**: 181–212. [383, 925, 929, 930]

KENDALL, C. G. ST. C. & SKIPWITH, P. A. d'E. (1968): Recent algal mats of a Persian Gulf lagoon. – J. Sediment. Petrol., **38**: 1040–1058. [263, 922]

KENNEDY, G. C. (1959): Phase relations in the system Al_2O_8—H_2O at high temperatures and pressures. – Am. J. Sci., **257**: 563–573. [30]

KENNEDY, J. F. (1963): The mechanics of dunes and antidunes in erodible-bed channels. – J. Fluid Mech., **16**: 521–544. [780]

KENNEDY, W. J. (1969): The correlation of the Lower Chalk of south-east England. – Proc. Geologist's Assoc. Engl., **80**: 459–551. [367, 940]

– (1975): Trace fossils in carbonate rocks. – In FREY, R. W. (ed.): The Study of Trace Fossils. 377–398. – Springer-Verlag, Berlin, Heidelberg, New York. [838]

KENNEDY, W. J. & GARRISON, R. E. (1975): Morphology and genesis of nodular chalks and hardgrounds in the Upper Cretaceaous of Southern England. – Sedimentology, **22**: 311–386. [386, 394, 395]

KENNEDY, W. J. & HALL, A. (1967): The influence of organic matter on the preservation of aragonite in fossils. – Proc. Geol. Soc. London, **1643**: 253–255. [372]

KENNEDY, W. J. & JUIGNET, P. (1974): Carbonate banks and slump beds in the Upper Cretaceous (Upper Turonian – Santonian) of Haute Normandie, France. – Sedimentology, **21**: 1–42. [541]

KENNEDY, W. J., TAYLOR, J. D. & HALL, A. (1969): Environmental and biological controls on bivalve shell mineralogy. – Biol. Rev., **44**: 499–530. [304]

KENNETT, J. P. (1982): Marine Geology. – Prentice-Hall Intern., London, **15**, 813 pp. [749]

KENNETT, J. P. & THUNELL, R. C. (1977): On explosive Cenozoic volcanism and climatic implications. – Science, **196**: 1231–1234. [854]

KENT, D. M. (1982): A spatial classification of mixed carbonate-siliciclastic depositional assemblages. – 11th Internat. Congr. Sedimentol., Hamilton, Abstr., 109. [927]

KENT, P. E. (1966): The transport mechanism in catastrophic rock falls. – J. Geol., **74**: 79–83. [809]

KENYON, N. H. (1970): Sand ribbons of European tidal seas. – Mar. Geol., **9**: 25–39. [794, 913]

KENYON, N. H., BELDERSON, R. H., STRIDE, A. H. & JOHNSON, M. A. (1981): Offshore tidal sand-banks as indicators of net sand transport and as potential deposits. – In NIO, S.-D., SCHÜTTENHELM, R. T. E. & VAN WEERING, TJ. C. E. (eds.): Holocene Marine Sedimentation in the North Sea Basin. – Internat. Assoc. Sedimentologists, Spec. Publ., **5**: 257–268. [912, 913]

KENYON, N. H. & STRIDE, A. H. (1970): The tide-swept continental shelf sediments between the Shetland Isles and France. – Sedimentology, **14**: 159–173. [912, 913]

KEREN, R. (1982): Effect of exchangeable ions and ionic strength on boron adsorption by montmorillonite and illite. – Clays and Clay Minerals, **30**: 341–346. [218]

KERKMANN, K. (1969): Riffe und Algenbänke im Zechstein von Thüringen. – Freiberger Forschungshefte C **252**, Paläont.: 1–85, Leipzig. [296, 356]

KERN, H. & FRANKE, J.-H. (1980): Thermische Stabilität von Carnallit unter Lagerstättenbedingungen. – Glückauf-Forschungshefte, **41**: 252–255. [445]

KERSEY, D. G. & HSÜ, K. J. (1976): Energy relations and density current flows: an experimental investigation. – Sedimentology, **23**: 761–790. [819]

KESSLER, L. G., II (1978): Diagenetic sequence in ancient sandstones deposited under desert climatic conditions. – J. Geol. Soc. London, **135**, 41–49. [170, 176, 180]

KESSLER, L. G. & MOORHOUSE, K. (1984): Depositional processes and fluid mechanics of Upper Jurassic conglomerate accumulations, British North Sea. – In KOSTER, E. H. & STEEL, R. J. (eds.): Sedimentology of Gravels and Conglomerates. – Canad. Soc. Petrol. Geol., Mem. **10**: 383–397. [815]

KETTEL, D. (1983): The East Groningen Massif – Detection of an Intrusive Body by Means of Coalification. – Geologie en Mijnbouw, **62**: 203–210; s'Gravenhage. [729]

KETTNER, R. (1960): Allgemeine Geologie. – VEB Deutscher Verlag der Wiss., Berlin, 361 S. [849]

KEULEGAN, G. H. (1957): Thirteenth progress report on model laws for density currents. An experimental study of the motion of saline water from locks into freshwater channels. – U. S. Natl. Bureau Stand. Rept. 5168. [819]

KEUPP, H. (1981): Die kalkigen Dinoflagellaten-Zysten der borealen Unter-Kreide (Unter-Hauterivium bis Unter-Albium). – Facies **5**: 1–190, Erlangen. [281]

– (1984): Revision der kalkigen Dinoflagellaten-Zysten G. DEFLANDRES, 1948. – Paläont. Z. **58**: 9–31. [281]
– (Fotos). [272, 279, 506, 508]
– (mdl. Mitt.). [511, 528, 541]
KEYS, J. R. (1979): Distribution of salts in the McMurdo region with analyses from the saline discharge area at the terminus of Taylor Glacier. – Geol. Dep., Victoria University of Wellington, N. Z., 14, Antarct. Data Ser. No. 8. [492]
– (1979): The saline discharge at the terminus of Taylor Glacier. – Antarct. J. US, **14**: 82–85. [492]
KEYS, J. R. & WILLIAMS, K. (1981): Origin of crystalline, cold desert salts in the McMurdo region, Antarctica. – Geochim. Cosmochim. Acta, **45**: 2299–2309. [492]
KHALAF, F. I. & GHARIB, I. M. (1985): Roundness parameters of quartz grains of Recent aeolian sand deposits in Kuwait. – Sed. Geol., **45**: 147–158. [143]
KHARAKA, Y. K. & BARNES, I. (1973): Solmneq: Solution-mineral equilibrium computations. – U. S. Geol. Survey Computer Cont., Natl. Tech. Inf. Rept. PB-215-899, 82 S. [9]
KHARAKA, Y. F. & BERRY, F. A. F. (1973): Simultaneous flow of water and solutes through geological membranes; I – Experimental investigation. – Geochim. Cosmochim. Acta, **37**: 2577–2603. [208]
– – (1976): The influence of geological membranes on the geochemistry of subsurface waters from Eocene sediments at Kettleman North Dome, California. – An example of Effluent-type waters. – In CADEK, J. & PACEST, T. (eds.): Proc. Internat. Sympos. Water-Rock Interaction, Prague, 268–277. [8]
KHOO, F. T. H. (1979): Zur Genese der Feuersteine, Ton- und Mergellagen der Oberkreide Nordwestdeutschlands. – Diss. Univ. Hamburg, 130 S. [539, 540]
KIM, D.-C., MURLI, M. H. & SCHLANGER, S. O. (1985): The role of diagenesis in the development of physical properties of deep-sea carbonate sediments. – Mar. Geol., **69**: 69–91. [366]
KIMURA, T. (1967): Thickness distribution of sandstone and shale beds of the southern part of the Shimanto group in central Japan. 7th Internat. Sedimentol. Congr., prepr. [820]
KING, C. A. M. (1972): Beaches and Coasts. – 570 S.; Edw. Arnold, London. [796, 908]
KING, R. H. (1947): Sedimentation in the Permian Castile Sea. – Bull. Amer. Assoc. Petrol., Geol., **31**: 470–477. [451]
KING, W. A. & MARTINI, I. P. (1983/84): Morphology and recent sediments of the lower anastomosing reaches of the Attawapiskat river, James Bay, Ontario, Canada. – Sed. Geol., **37**: 295–320. [874]
KINSMAN, D. J. J. (1964): Reef coral tolerance of high temperatures and salinities. – Nature **202**: 1280–1282. [292]
– (1966): Gypsum and anhydrite of recent age, Trucial Coast, Persian Gulf. – In RAU, J. L. (Hrsg.): Second Symposium on Salt. V. I., Northern Ohio Geol. Soc., Cleveland, Ohio, 302–326. [443, 493]
– (1969): Modes of formation, sedimentary associations, and diagnostic features of shallow-water and supratidal evaporites. – Amer. Assoc. Petrol., Geol., **53**: 830–840. [493]
KINSMAN, D. J. J. & HOLLAND, H. D. (1969): The co-precipitation of cations with $CaCO_3$. IV. The co-precipitation of Sr^{2+} with aragonite between 16° and 96°C. – Geochim. Cosmochim. Acta, **33**: 1–17. [373]
KIRANEK zit. [114]
KIRSCH, H. & HALLBAUER, D. (1960): Autigene Albite in Sandsteinen des Ruhrkarbons. – N. Jb. Miner., Mh., **1960**: 248–257. [168]
KISCH, H. J. (1969): Coal-Rank and burial-metamorphic mineral facies. – Advanc. in Organ. Geochem. 1968, Pergamon Press, Oxford, 1969, 407–425. [183]
– (1974): Anthracite and Meta-Anthracite Coal Ranks associated with „Anchimetamorphism" and „Very-Low-Stage" metamorphism. I–III. – Proc. Koninkl. Nederl. Akademie van Wetenschappen, Series B, **77**, 2: 81–118; Amsterdam. [722]
– (1980): Illite crystallinity and coal rank associated with lowest-grade metamorphism of the Taveyanne greywacke in the Helvetic zone of the Swiss Alps. – Ecl. geol. Helvet., **73**: 753–777. [183]
– (1983): Mineralogy and petrology of burial diagenesis (burial metamorphism) and incipient metamorphism in clastic rocks. – Literature published since 1976. – In LARSEN, G. & CHILINGAR, G. V. (eds.): Diagenesis in sediments and sedimentary rocks, 2, Developments in Sedimentology 25 B, 513–541. – Elsevier, Amsterdam etc. [209]
KISVARSANYI, G. (1977): The role of the Precambrian igneous basement in the formation of the stratabound lead-zinc-copper deposits in southeast Missouri. – Econ. Geol., **72**: 435–442, Lancaster, Pa. [665, 666]
KITTLEMAN, L. R., Jr. (1964): Application of Rosin's distribution to size-frequency analysis of clastic rocks. – J. Sediment. Petrol., **34**: 483–502. [134]
KLÄHN, H. (1928): Die Genese lakustrer Dolomite und Kieselausscheidungen (Fall Garbenteich bei Giessen) und ihre Übertragung auf die Entstehung mariner Dolomite und Kieselausscheidungen. – N. Jb. Min. etc., Beil. **61** B: 243–316. [407]
KLAPPA, C. F. (1978): Biolithogenesis of Microcodium: elucidation. – Sedimentology **25**: 489–522; Oxford. [271, 362]
– (1980): Rhizoliths in terrestrial carbonates: Classification, recognition, genesis and significance. – Sedimentology, **27**: 613–629. [269, 361]
– (1983): A process-response model for the formation of pedogenic calcretes. – In WILSON, R. C. L. (ed.): Residual Deposits: Surface Related Weathering Processes and Materials. – Geol. Soc. London, Blackwell Sci. Publ., Oxford, 211–220. [358, 360, 361]
KLAU, W. & LARGE, D. E. (1980): Submarine exhalative Cu-Pb-Zn deposits – a discussion of their classification and metallogenesis. – Geol. Jb., D **40**: 13–58; Hannover. [638, 640, 643, 645]

KLEIN, G. DE V. (1963): Analysis and review of sandstone classifications in the North American geological literature. – Geol. Soc. Amer. Bull., **74**: 555–576. [97]
– (1965): Dynamic significance of primary structures in the Middle Jurassic Great Oolite series, Southern England. – In MIDDLETON, G. V. (ed.): Primary sedimentary structures and their hydrodynamic interpretation. SEPM Spec. Publ., **12**: 173–191. [827]
– (1974): Estimating water depth from analysis of barrier island and deltaic sedimentary sequences. – Geology, **2**: 409–412. [915, 916]
– (1981): Tidal processes. – In DOTT, R. H. & BYERS, C. W. (conveners): SEPM research conference on modern shelf and ancient cratonic sedimentation – the orthoquartzite-carbonate suite revisited. – J. Sediment. Petrol., **51**: 337–340. [904]
– (1984): Relative rates of tectonic uplift as determined from episodic turbidite deposition in marine basins. – Geology, **12**: 48–50. [818, 820]
KLEMM, D. D. (1979): A biogenic model of the formation of the banded iron formation in the Transvaal Supergroup/South Africa. – Mineral. Deposita, **14**: 381–385. [525]
KLEMM, D. D. & v. SCHWARZENBERG, T. (1977): Die Bleierzvorkommen am Rande des Oberpfälzer Waldes. – Erzmetall, **30**: 531–536; Stuttgart. [656]
KLING, S. A. (1979): Vertical distribution of polycystine radiolarians in the central North Pacific. – Marine Micropaleont., **4**: 295–318; Amsterdam. [507]
KLINKENBERG, L. J. (1951): Analogy between diffusion and electrical conductivity in porous rocks. – Geol. Soc. Amer. Bull., **62**: 559–564. [387]
KLOVAN, J. E. (1964): Facies analysis of the Redwater reef complex, Alberta, Canada. – Bull. canad. Petrol. Geol., **12**: 1–100. [355]
KLÜPFEL, W. (1916): Zur Kenntnis des Lothringer Bathonien. – Geol. Rdsch., **7**: 1–29. [344]
KNAUTH, L. P. (1979): A model for the origin of chert in limestones. – Geology, **7**: 274–277. [540]
KNAUTH, L. P. & EPSTEIN, S. (1976): Hydrogen and oxygen isotope ratios in nodular and bedded cherts. – Geochim. Cosmochim. Acta, **40**: 1095–1108. [540]
KNIGHT, C. L. (1957): Ore genesis – the source-bed concept. – Econ. Geol., **52**: 808–817. [573, 616]
– (Hrsg.) (1975): Economic geology of Australia and Papua New Guinea, 1. Metals. – Monogr. Ser. Austral. IMM, **5**, 1126 S.; Parkville, Vict., Australien. [596]
KNIGHTSON, A. D. (1980): Longitudinal changes in size and sorting of stream-bed material in four English rivers. – Geol. Soc. Amer. Bull., I, **91**: 55–62. [76]
KNOKE, R. (1966): Untersuchungen zur Diagenese an Kalkkonkretionen und umgebenden Tonschiefern. – Contr. Mineral. Petrol., **12**: 139–167. [165]
KNOX, G. J. (1977): Caliche profile formation, Saldanha Bay (South Africa). – Sedimentology, **24**: 657–674. [359, 360]
KOBLUK, D. R. & RISK, M. J. (1977a): Calcification of exposed filaments of endolithic algae, micrite envelope formation and sediment production. – J. Sed. Petrol. **47**: 517–528; Tulsa. [267, 388]
– – (1977b): Micritization and carbonate-grain binding by endolithic algae. – Amer. Assoc. Petrol. Geol. Bull., **61**: 1069–1082. [267]
KOCH, E. & BLISSENBACH, E. (1960): Die gefalteten oberkretazisch-tertiären Rotschichten im Mittel-Ucayali-Gebiet, Ostperu. – Geol. Jb., Beih., **43**, 103 pp. [106, 143]
KOCH, J. (1966): Untersuchungen an jungpleistozänen Schieferkohlen aus dem Alpenvorland der Schweiz und Deutschlands mit Vergleichsuntersuchungen an holozänen Torfen. – Diss. Math.-Nat. Fak. RWTH Aachen, 186 S. [689]
KOCH, J. & ARNEMANN, H. (1975): Die Inkohlung in Gesteinen des Rhät und Lias im südlichen Nordwestdeutschland. – Geol. Jb. A **29**: 45–55; Hannover. [729]
KOCH, R. & ROTHE, P. (1985): Recent meteoric diagenesis of Miocene Mg-calcite (Hydrobia Beds, Mainz Basin, Germany). – Facies, **13**: 271–286; Erlangen. [397]
KOCHEL, R. C. & JOHNSON, R. A. (1984): Geomorphology and sedimentology of humid-temperate alluvial fans, Central Virginia. – In KOSTER, E. H. & STEEL, R. J. (eds.): Sedimentology of Gravels and Conglomerates. – Canad. Soc. Petrol. Geol., Mem. **10**: 109–122. [866]
KOCUREK, G. & DOTT, R. H., Jr. (1981): Distinctions and uses of stratification types in the interpretation of eolian sand. – J. Sediment. Petrol., **51**: 579–595. [802, 884]
KOCURKO, M. J. (1979): Dolomitization by spray-zone brine seepage, San Andres, Colombia. – J. Sediment. Petrol., **49**: 209–214. [411]
KÖHLER, E. (1931): Über die Entstehung von Schaumspat und Dolomit. – Chemie d. Erde, **6**: 257–268. [383]
KÖPPEL, V. & SCHROLL, E. (1985): Herkunft des Pb der triassischen Pb-Zn-Vererzungen in den Ost- und Südalpen. – Arch. f. Lagerst. forsch., Geol. B.-A., **6**: 215–222; Wien. [671]
KÖPPEL, V. (Diagramm). [670]
KÖSTER, E. (1964): Granulometrische und morphometrische Meßmethoden an Mineralkörnern, Steinen und sonstigen Stoffen. – F. Enke-Verlag, Stuttgart, 336 pp. [78, 79, 82]
KÖSTER, H. M. (1974): Ein Beitrag zur Geologie und Entstehung der Oberpfälzischen Kaolin-Feldspat-Lagerstätten. – Geol. Rdsch., **63**: 655–689. [115]
– (1980): Kaolin deposits of Eastern Bavaria and the Rheinische Schiefergebirge. – Geol. Jb., D, **39**: 7–24. [56]
KÖSTER, R. (1974): Geologie des Seegrundes vor den Nordfriesischen Inseln Sylt und Amrum. – Meyniana, **24**: 27–41; Kiel. [787]

Kohler, E. E. (1977): Zum Stand der Glaukonitforschung – eine Bibliographie. – Zbl. Geol. Paläont., Teil I: 974–1017. [219]
Kohler, E. E. & Köster, H. M. (1976): Zur Mineralogie, Kristallchemie und Geochemie kretazischer Glaukonite – Clay Minerals **11**: 273–302. [219, 220]
– – (1982): Mineralogy and Chemistry of Glauconites from Northwest Germany and Southeast Holland. – Geol. Jb. D **52**: 89–100. [219]
Kohlmeyer, J. (1969): The role of marine fungi in the penetration of calcareous substrates. – Am. Zoologist, **9**: 741–746. [345]
Kokelaar, V. (1983): The mechanism of Surtseyan volcanism. – J. Geol. Soc. London, **140**: 939–944. [769]
– (1986): Magma-water interactions in subaqueous and emergent basaltic volcanism. – Bull. Volcanol., **48**: 275–289. [769]
Kolb, Ch. R. & van Lopik, J. R. (1966): Depositional environments of the Mississippi River delta plain – Southeastern Louisiana. – In Shirley, M. L. (ed.): Deltas in their Geologic Framework. – Houston Geol. Soc., 17–61. [891]
Kolbe, H. (1962): Die Eisenerzkolke im Neokom-Eisenerzgebiet Salzgitter. – Mitt. geol. Staatsinst. Hamburg, **31**: 276–308; Hamburg. [601, 602]
– (1970): Zur Entstehung und Charakteristik mesozoischer marin-sedimentärer Eisenerze im östlichen Niedersachsen. – Clausthaler H. Lagerstättenkde., **9**: 161–184, Berlin, Stuttgart. [602]
Kolla, V. & Buffler, R. T. (1984): Morphologic, acoustic, and sedimentologic characteristics of the Magdalena Fan. – Geo-Marine Letters **3**: 85–91 (Springer-Verlag). [936]
Kolodny, Y. (1969): Petrology of siliceous rocks in the Mishash Formation (Negev, Israel). – J. Sediment. Petrol., **39**: 165–175. [90]
– (1981): Phosphorites. – In Emiliani, C. (ed.): The Oceanic Lithosphere, The Sea, 7: 981–1023. – J. Wiley & Sons, New York etc. [549]
Kolodny, Y. & Epstein, S. (1976): Stable isotope geochemistry of deep sea cherts. – Geochim. Cosmochim. Acta, **40**: 1195–1209. [533]
Kolodny, Y., Taraboulos, A. & Frieslander, U. (1980): Participation of fresh water in chert diagenesis: evidence from oxygen isotopes and boron α-track mapping. – Sedimentology, **27**: 305–316. [537]
Kolosov, A. S., Pustyl'nikov, A. M. & Fedin, V. P. (1974): Precipitation of glauberite and conditions of glauberite-bearing sediments in Kara Bogaz Gol. – Akad. Nauk SSSR, Dokl., Earth Sci., **219**: 1456–1460, transl. A. G. I. **219**: 184–186. [484, 485]
Komar, P. D. (1971): Hydraulic jumps in turbidity currents. – Geol. Soc. Amer. Bull., **82**: 1477–1488. [819]
– (1975): Nearshore currents: generation by obliquely incident waves and longshore variations in breaker height. – In Hails, J. & Carr, A. (eds.): Nearshore Sediment Dynamics and Sedimentation, 17–45. – J. Wiley & Sons, London, New York, Sydney, Toronto. [786]
– (1976): Evaluation of wave-generated longshore current velocities and sand transport rates on beaches. – In Davis, R. A., Jr. & Ethington, R. L. (eds.): Beach and Nearshore Sedimentation. – Soc. Econ. Pallont. Mineral., Spec. Publ., **24**: 48–53. [785]
– (1977): Selective longshore transport rates of different grain-size fractions within a beach. – J. Sediment. Petrol., **47**: 1444–1453. [785]
Komar, P. D. & Miller, M. C. (1975): The initiation of oscillatory ripple marks and the development of plane-bed at high shear stresses under waves. – J. Sediment. Petrol., **45**: 697–703. [782]
Konta, J. (1984): Clay substance in the geological history of the earth. – Acta Universitatis Carolinae-Geologica, **1**: 19–54; Prag. [56]
Koopmann, B. (1980a): Quantitative determination of silt sized biogenic silica in Atlantic deep-sea sediments. – Internat. Assoc. Sedimentologists 1st Europ. Mtg., Bochum, Abstr., 30–33. [509]
– (1980b): Characteristics and interpretation of aeolomarine loess deposits in the subtropical Northeast Atlantic. – Internat. Assoc. Sedimentol., 1st. Europ. Mtg., Bochum, Abstr., 96–100. [802]
Kopstein, F. P. H. W. (1954): Graded bedding of the Harlech Dome. – Diss. Univ. Groningen, 97 pp. [81, 146, 937]
Korn, J. (1927): Die wichtigsten Leitgeschiebe der nordischen kristallinen Gesteine im norddeutschen Flachlande. – Preuß. Geol. L. A. Berlin, 64 S. mit 48 farbigen Gesteinsbildern und 8 Karten. [73]
Kornicker, L. S. & Purdy, E. G. (1957): A bahaman faecal-pellet sediment. – J. Sediment. Petrol., **27**: 126–128. [324]
Koschinski, G. (1979): Mikrostrukturelle und mikrothermometrische Untersuchungen an Quarzmineralisationen aus dem östlichen Rheinischen Schiefergebirge. – Diss. Göttingen, 146 S. [107]
Koslowski, W. (1983): Zur Geologie der südlichen Lahnberge bei Marburg unter besonderer Berücksichtigung der Sedimentationsverhältnisse im Unteren Buntsandstein. – Dipl. Arb. Geol. Inst. Marburg, 121 S. [406]
Kossovskaja, A. G., Drits, V. A. & Alexandrova, V. A. (1965): Trioctahedral mica in sedimentary rocks. – Proc. Intern. Clay Conf., Stockholm, 1963, **2**: 147–169. [174]
Kossovskaja, A. G. & Shutov, V. D. (1957): Minéraux authigenes principaux, et leur diagnose dans les lames minces. – In: Méthodes d'étude des roches sédimentaires. Übersetz. aus dem Russ. in Annales du serv. d'inform. géol., No. 35, 1958, 180–210. [183]
– – (1958): Zonality in the structure of terrigene deposits in platform and geosynclinal regions. – Eclog. geol. Helvet., **51**: 656–666. [172]
– – (1961): The correlation of zones of regional epigenesis and metagenesis in terrigenous and volcanic rocks. – Dokl., Akad. Nauk SSSR, Earth Sci., Sec., **139**: 677–700, 1961: **139**: 732–736, 1963 (Transl.). [182]

– – (1963): Facies of regional epi- and metagenesis. – Iswestija A. N. SSSR, ser. geol. 1963, no. 7, 3–18, engl.: Internat. geol. Rev., 7, 1965, 1157–1167. [174, 175, 182, 722]
– – (1970): Main aspects of the epigenesis problem. – Sedimentology, **15**: 11–40. [182, 211, 722]
KOTZLOW, A. (1978): Some relation between uranium and phosphate of nodular phosphorites of the Russian platform. – Intern. Geol. Review, **20**, 1: 93–95. [561]
KOWALCZYK, G. (1983): Das Rotliegende zwischen Taunus und Spessart. – Geol. Abh. Hessen, **84**, 99 S. [875]
KOZUR, H. (1984): Perm. – In TRÖGER, K.-A. (Hrsg.): Abriß der Historischen Geologie, 270–306. – Akademie Verlag, Berlin-Ost. [456]
KRÄMER, F. (1961): Sediment-Untersuchungen im Mittleren Buntsandstein (sm) Süd-Niedersachsens. – Diss. Frankfurt 182 pp. [104]
KRÄUTNER, H. G. (1977): Hydrothermal-sedimentary iron ores related to submarin volcanic rises: the Theliuc-Ghelar type as a carbonatic equivalent of the Lahn-Dill type. – In KLEMM, D. D. & SCHNEIDER, H.-J.: Time- and stratabound ore deposits (A. Maucher-Festschrift): 232–253, Berlin usw. (Springer). [597]
KRÁLÍK, J. (1977): Zircons from the coal-bearing Carboniferous of the Ostrava-Karviná district and their relationship to volcanism. – Casopis min. geol., **22**: 359–371. [122]
KRANCK, K. (1975): Sediment deposition from flocculated suspensions. – Sedimentology, **22**: 111–123. [201]
– (1981): Particulate matter grain-size characteristics and flocculation in a partially mixed estuary. – Sedimentology, **28**: 107–114. [899]
KRAUME, E., DAHLGRÜN, F., RAMDOHR, P. & WILKE, A. (1955): Die Erzlager des Rammelsberges bei Goslar. – Monogr. dt. Blei-Zink-Erzlagerst., **4**. – Beih. geol. Jb., **18**, 394 S.; Hannover. [637, 646, 673]
KRAUSE, F. F. & OLDERSHAW, A. E. (1979): Submarine carbonate breccia beds – a depositional model for two-layer sediment gravity flows from the Sekwi Formation (Lower Cambrian, Mackenzie Mountains, Northwest Territories, Canada). – Canad. J. Earth Sci., **16**: 189–199. [941]
KRAUSKOPF, K. B. (1956): Dissolution and precipitation of silica at low temperatures. – Geochim. Cosmochim. Acta, **10**: 1–26. [503]
– (1967): Introduction to Geochemistry. – McGraw Hill Book Co. New York. 721 S. [6, 503]
KREBS, W. (1972): Facies and development of the Meggen Reef (Devonian, West Germany). – Geol. Rundsch., **61**: 647–671. [355]
– (1974): Devonian carbonate complexes of central Europe. – In LAPORTE, L. F. (ed.): Reefs in Time and Space. – Soc. Econ. Paleont. Mineral., **18**: 155–208. [355, 356]
– (1976): Geology of Reefs. – Canad. Soc. Petrol. Geol. Seminar, Febr. 25–27, 1976, Calgary, 77 S., 77 Fig., 16 Tab. [351, 355]
– (1981): The geology of the Meggen ore deposit. – In WOLF, K. H. (Hrsg.): Handbook of strata-bound and stratiform ore deposits, **9**: 509–549; Amsterdam. [647]
KRENDELEV et al. (zit.). [631]
KRETZSCHMAR, M. (1982): Fossile Pilze in Eisen-Stromatolithen von Warstein (Rheinisches Schiefergebirge). – Facies, **7**: 237–260; Erlangen. [523]
– (Fotos). [524]
KRINSLEY, D. H., BISCAYE, P. E. & TUREKIAN, K. K. (1973): Argentine basin sediment sources as indicated by quartz surface textures. – J. Sediment. Petrol., **43**: 251–257. [144]
KRINSLEY, D. H. & DONAHUE, J. (1968): Environmental interpretation of sand grain surface textures by electron microscopy. – Geol. Soc. Amer. Bull., **79**: 743–748. [143]
KRINSLEY, D. H. & DOORNKAMP, J. C. (1973): Atlas of quartz sand surface textures. – 91 S., Cambridge Univ. Press, London. [144, 145, 890]
KRISHNAMURTHY, R. V., LAL, D., SOMAYAJULU, B. L. K. & BERGER, W. H. (1979): Radiometric studies of box cores from the Ontong-Java Plateau. – Proc. Indian Acad. Sci., 88 A, II: 273–283. [860]
KRISTAN-TOLLMANN, E. (1970): Die Osteocrinusfazies, ein Leithorizont von Schwebcrinoiden im Oberladin-Unterkarn der Tethys. – Erdöl und Kohle **23**: 781–789; Hamburg. [316]
KROLL, H. & RIBBE, P. H. (1979): Determinative diagrams for Al—Si order in plagioclases. – Am. Geophys. Union Trans., **60**: 415–416. [114]
KROM, M. D. & SHOLKOVITZ, E. R. (1978): On the association of iron and manganese with organic matter in anoxic marine pore water. – Geochim. Cosmochim. Acta, **42**: 607–611. [6]
KRÜGER, P. (1962): Über ein Vorkommen von syngenetisch-sedimentärem Fluorit im Plattendolomit des Geraer Beckens. – Bergakademie, **11**: 742–750. [472, 676, 680]
KRÜGER, P. & OSSENKOPF, W. (1969): Zur Kenntnis des sedimentären Fluorits im Plattendolomit von Caaschwitz, Bezirk Gera. – Z. angew. Geol., **15**: 414–420. [680]
KRUIT, C. (1955): Sediments of the Rhone delta, 1. Grain size and microfauna. – Kon. Ned. Geol. Mijnb. Gen. Verh., **15**: 357–499. [893]
KRUIT, C. & MANDL, G. (1973): Sedimentary „squeeze structures" indicative of paleoslope in the Upper Cretaceous flysch basin of the Southern Pyrenees. – Primer coloquio Estratigr. Paleogeogr. del Cretac. de España, Bellaterra-Tremp, 93–101. [834]
KRUMBEIN, W. (1963): Über Riffbildung von Placunopsis ostracina im Muschelkalk von Tiefenstockheim bei Marktbreit in Unterfranken. – Abh. Naturw. Ver. Würzburg, **4**: 1–15. [304]
KRUMBEIN, W. C. (1936): Application of logarithmic moments to size frequency distributions of sediments. – J. Sediment. Petrol., **6**: 35–47. [134]

– (1937): Sediments and exponential curves. – J. Geol., **45**: 577–601. [137]
– (1940): Flood gravel of San Gabriel Canyon, California. – Geol. Soc. Amer. Bull., **51**: 639–676. [82]
– (1941): Measurement and geologic significance of shape and roundness of sedimentary particles – J. Sediment. Petrol., **11**: 64–72. [79, 80]
KRUMBEIN, W. E. (1968): Geomicrobiology and geochemistry of the ‚nari lime crust‘ (Israel). – In MÜLLER, G. & FRIEDMAN, G. M. (eds.): Recent Developments in Carbonate Sedimentology in Central Europe, 138–147. – Springer, Berlin, Heidelberg, New York. [359]
– (ed.) (1978): Environmental Biogeochemistry and Geomicrobiology. Vol. 1: The Aquatic Environment. – 294 S., Ann. Arbor Science Publ. Inc.. [344]
– (1979a): Calcification by bacteria and algae. – In TRUDINGER, P. A. & SWAINE, D. J. (eds.): Biogeochemical Cycling of Mineral-Forming Elements. – Studies in Environmental Science **3**: 47–68. – Elsevier Sci. Publ. Co., Amsterdam, Oxford, New York. [340]
– (1979b): Photolithotrophic and chemoorganotrophic activity of bacteria and algae as related to beachrock formation and degradation (Gulf of Aqaba, Sinai). – Geomicrobial Journal, **1**: 139–203, New York. [384]
– (ed.) (1983): Microbial Geochemistry. – 330 S.; Blackwell Scientific Publications, Oxford. [344]
KRUMBEIN, W. E. & COHEN, Y. (1974): Biogene, klastische und evaporitische Sedimentation in einem mesothermen, monomiktischen ufernahen See (Golf von Aqaba). – Geol. Rdsch., **63**: 1035–1065. [876]
KRYNINE, P. D. (1940): Petrology and genesis of the Third Bradford Sand. – Pennsylv. State College Bull., **29**, 132 S. [112, 115]
– (1943): Diastrophism and the evolution of sedimentary rocks. – Distinguished Lecture, Amer. Assoc. Petrol. Geol., April–June, 1943, private circul., 12 pp. [101]
– (1946a): Microscopic morphology of quartz types. – Proc. 2nd. Panamer. Congr. Min. Eng. Geol., Petropolis, Vol. III, 35–49. [104]
– (1946b): The tourmaline group in sediments. – J. Geol., **54**: 65–87. [121]
KSIĄŻKIEWICZ, M. (1970): Observations on the ichnofauna of the Polish Carpathians. – In CRIMES, T. P. & HARPER, J. C. (eds.): Trace Fossils, 283–322. – Liverpool Geol. Soc., Seel House Press, Liverpool. [836]
KU, T. L. (1976): The uranium-series methods of age determinations. – Annual Reviews of Earth and Planetary Sciences, **4**: 347–380. [294]
KUBIENA, W. L. (1967): Die Mikromorphometrische Bodenanalyse. – 169 S., Enke, Stuttgart. [40]
KUCHA, H. & WIECZOREK, A. (1984): Sulfide-carbonate relationships in the Navan(Tara)Pb-Zn deposit, Ireland. – Miner. Deposita, **19**: 208–216. [668, 670]
KÜBLER, B. (1964): Les argiles, indicateurs de metamorphisme. – Rev. Inst. Franç. Pétrole, **19**: 1093–1112. [212]
– (1966): La cristallinité de l'illite et les zones tout à fait superieures du metamorphisme. – In: Colloque sur les Étages tectoniques, 105–122. – Univ. Neuchâtel Baconnière, Neuchâtel. [212]
– (1967): Anchimétamorphisme et schistosité. – Bull. Centre Rech. Pau-SNPA, **1**, 2: 259–278. [182]
– (1969): Cristallinity of illite. Detection of metamorphism in some frontal parts of the Alps. (Abstract). – Deutsche Mineral. Ges., Ref. Vortr. 47. Jahrestagung (Bern, September 1969): 29–30. [722]
KÜHN, R. (1950): Die Mikroskopie der Kalisalze; 1. Teil: Untersuchungsmethoden und Mineralien. – Hrsg. von der Kaliforschungsstelle, Empelde (Hannover). [466]
– (1950/51): Nachexkursion im Kaliwerk Hattorf, Philippsthal – als Beitrag zur Kenntnis der Petrographie des Werra-Kaligebietes. – Fortschr. Miner., **29/30**: 101–114. [466]
– (1955): Über den Bromgehalt von Salzgesteinen, insbesondere die quantitative Ableitung des Bromgehaltes nichtprimärer Hartsalze oder Sylvinite aus Carnallit. – Kali u. Steinsalz, **1**, 9: 3–16. [468]
– (1957): Führung durch das Kalibergwerk Neuhof-Ellers, obere Sohle, nebst einigen Beiträgen zur Petrographie des Werra-Fulda-Kalireviers. – Fortschr. Miner., **35**: 60–81. [466]
– (1968): Geochemistry of the German potash deposits. – Geol. Soc. Amer., Spec. Pap., **88**: 427–504. [468, 469]
KUENEN, PH. H. (1950): Marine Geology. – Wiley, New York, 568 pp.. [513]
– (1953): Graded bedding with observations on Lower Paleozoic rocks of Britain. – Verh. Koninkl. Ned. Akad. Wetensch. Amsterdam, Afd. Nat., **20**: 1–47. [818, 820, 833]
– (1956): Experimental abrasion of pebbles. 2. rolling by current. – J. Geol., **64**: 336–368. [79, 80]
– (1960a): Experimental abrasion of sand grains. – Internat. Geol. Congr. XXI, Norden, Pt. X: 50–53. [143]
– (1960b): Experimental abrasion: 4. Eolian action. – J. Geol., **68**: 427–449. [143]
– (1964a): Experimental abrasion: 5. Surf action. – Sedimentology, **3**: 29–43. [79, 80, 81]
– (1964b): Deep-sea sands and ancient turbidites. – In: Turbidites. – Dev. in Sedimentol., **3**: 3–33; Elsevier, Amsterdam. [820, 821]
– (1965): Value of experiments in geology. – Geol. en Mijnb., **44**: 22–36. [830, 834]
– (1966): Light thrown on general problems by the Roumanian results. – Sedimentology, **7**: 323–326. [819]
– (1969): Origin of quartz silt. – J. Sediment. Petrol., **39**: 1631–1633. [229]
– (pers. Mitt.). [822]
KUENEN, PH. H. & HUMBERT, F. L. (1964): Bibliography of turbidity currents and turbidites. – In: Turbidites. – Dev. in Sedimentol., **3**: 222–246; Elsevier, Amsterdam. [818]
KUENEN, PH. H. & MIGLIORINI, C. I. (1950): Turbidity currents as a cause of graded bedding. – J. Geol., **58**: 91–127. [818]
KÜPER, H. (pers. Mitt.). [115]
KÜRMANN, H., RICHTER, D. K. & HOZMAN, P. (1986): Ursachen und Auswirkungen der erhöhten Bruchfestigkeit

frischen Echiniden-Calcits. – 1. Treffen deutschsprachiger Sedimentologen 7./8.3.1986, Tagungsband, 66–69; Freiburg. [315]
KÜRSTEN, M. (1960): Zur Frage der Geröllorientierung in Flußläufen. – Geol. Rdsch., **49**: 498–501. [81, 82]
KUGLER, R. L. (1982): Diagenesis in an Andean foreland basin: Controls on reservoir quality of Jurassic and Cretaceous sandstones, Neuquen Basin, West-Central Argentina. – 11th Internat. Congr. Sedimentol., Hamilton, Abstr., 120. [99, 154, 175]
– (1983): Regional diagenetic variations, Middle Jurassic to Lower Cretaceous sandstone and shale, Neuquen Basin, West-central Argentina. – Geol. Soc. Amer. Abstr. & Progr., **15**, 619. [167]
KUHLMANN, W. & KUHNIGK, B. (1981): Ein Algorhythmus des Levenberg-Marquardt-Verfahrens mit Schriftweitenoptimierung zur Parameterschätzung nichtlinearer Eingleichungsmodelle. – Arb. Inst. f. Statistik u. Ökonometrie, Univ. Kiel, Nr. 13. [134]
KUKAL, Z. (1980): The sedimentology of Devonian and Lower Carboniferous deposits in the western part of the Nízky Jeseník Mountains, Czechoslovakia. – Sbornik geol. Věd; geologi, 131–208; Prag. [183]
KUKUK, P. & W. (zit.). [711]
KULBICKI, G. (1956): Constitution et genèse des sédiments argileux siderolithiques et lacustre du Nord de l'Aquitaine. – Sc. Terre **4**, 1–2: 5–105. [516]
KULICK, J. & PAUL, J. (Hrsg.) (1987a): Zechsteinsalinare und Bohrkernausstellungen. – Int. Symp. Zechstein 87, Exkf. I, 173 S.; Wiesbaden. [500]
– – (Hrsg.) (1987b): Zechsteinaufschlüsse in der Hessischen Senke und am westlichen Harzrand. – Int. Symp. Zechstein 87, Exkf. II, 310 S.; Wiesbaden. [500]
KULKE, H. (1969): Petrographie und Diagenese des Stubensandsteines (mittlerer Keuper) aus Tiefbohrungen im Raum Memmingen (Bayern). – Contr. Mineral. Petrol., **20**: 135–163. [173, 181]
– (1976): Diagenese, beginnende Metamorphose und Mineralneubildungen der Karbonat-, Ton- und Sandsteinfolge im Trias-Salz des Diapirs Rocher de Sel de Djelfa (Algerien). – Geol. Jb. D **19**: 1–73. [119]
– (1978): Tektonik und Petrographie einer Salinarformation am Beispiel der Trias des Atlassystems (NW-Afrika). – Geotekton. Forschgn., **55**: 1–158. [422, 425]
KULM, L. D. & SCHEIDEGGER, K. F. (1979): Quaternary sedimentation on the tectonically active Oregon continental slope. – In DOYLE, L. J. & PILKEY, O. H., Jr. (eds.): Geology of Continental Slopes. – Soc. Econ. Paleont. Mineral. Spec. Publ., **27**: 247–263. [860, 934]
KUMAR, N. & SANDERS, J. E. (1974): Inlet sequence: a vertical succession of sedimentary structures and textures created by the lateral migration of tidal inlets. – Sedimentology, **21**: 491–532. [911]
KUNTZE, H., NIEMANN, J., ROESCHMANN, G. & SCHWERTFEGER, G. (1981): Bodenkunde. – UTB 1106, 407 p.; Ulmer, Stuttgart. [13]
KURILENKO, V. V. & FROLOVSKII, E. E. (1982): Hydrogeochemical and hydrodynamic regime of intercrystalline subsurface brines of the Kurguzul Inlet (in Russian). – In YANSHIN, A. L. & ZHARKOV, M. A. (Hrsg.): New Data on the Geology and Geochemistry of Subsurface Waters and of Economic Deposits in Evaporite Basins, **2**: 67–72; Izd. Nauka, Novosibirsk. [485]
KURODA (zit.). [645]
KURTZ, R. (1970): Zusammenhang zwischen dem mikropetrographischen Aufbau der Weichbraunkohlen und ihrer Brikettierbarkeit. – Diss. Aachen. 242 S., 71 Abb., 57 Tab., 9 Taf., 52 Anlagen. [726]
– (1981): Eigenschaften der rheinischen Braunkohle und ihre Beurteilung als Roh- und Brennstoff. – Fortschr. Geol. Rheinld. u. Westf. **29**: 381–425; Krefeld. [726]
KURZE, M. (1981): Zum Problem der Entstehung von Wellenstreifen und Querplattung im Muschelkalk. – Z. Geol. Wiss. Berlin, **9**: 489–499. [834]
KURZE, M., LOBST, R., MATHÉ, G. (1980): Zur Problematik der Unterscheidung von Ortho- und Paragneisen im Erzgebirge. – Zeitschr. Angew. Geol. **26**: 63–73; Berlin-Ost. [122]
KURZE, M. & NECKE, G. (1979): Horizontalstylolithen als regionalgeologische Druckspannungsindizien. – Z. geol. Wiss., **7**: 633–639; Berlin. [370]
KURZE, M. & ROTH, W. (1977): Die Schwermineralführung des Buntsandsteins im Südteil der DDR als ein Klimaindiz. – Freiberger Forschungsh., C **323**: 37–46; Leipzig. [126]
KUTZNER, R. (1965): Veränderungen in der petrographischen Zusammensetzung von Flözen auf weite horizontale Erstreckung, eine kritische Untersuchung der Möglichkeiten und Grenzen der Kohlenpetrographie als Hilfsmittel zur weiträumigen Flözgleichstellung. – Diss. Bergakademie Clausthal, 127 S., 42 Abb., 12 Tab., 26 Anlagen. [724]
KYLE, J. R. (1981): Geology of the Pine Point lead-zinc district. – In WOLF, K. H. (ed.): Handbook of strata-bound and stratiform ore deposits. **9**: 643–741; Elsevier, Amsterdam-Oxford-New York. [668]

LA BERGE, G. L. (1973): Possible biological origin of Precambrian iron-formations. – Econ. Geol., **68**: 1098–1109; Lancaster, Pa. [525, 594]
LA FLEUR, R. G. (zit.). [886]
LAGACHE, M. (1976): New data on the kinetics of the dissolution of alkali feldspars at 200 °C in CO_2-charged water. – Geochim. Cosmochim. Acta, **40**: 157–161. [24]
LAGERHEIM, G. (1902): Untersuchungen über fossile Algen, I & II. – Geol. För. Stockh. Förh. **24**: 475–500 [281]
LAHANN, R. W. (1978): A chemical model for calcite crystal growth and morphology control. – J. Sediment. Petrol., **48**: 337–344. [381]

- (1980): Smectite diagenesis and sandstone cement: The effect of reaction temperature. – J. Sediment. Petrol., **50**: 755–760. [149, 174]
LAJOIE, J. (ed.) (1970): Flysch Sedimentology in North America. – Geol. Assoc. Canada Spec. Pap., **7**. [818]
LALOU (zit.). [577, 579, 582, 583]
LAMBERT, A. & HSÜ, K. J. (1979): Non-annual cycles of varve-like sedimentation in Walensee, Switzerland. – Sedimentology, **26**: 453–461. [849, 881]
LAMBERT-AIKHIONBARE, D. O. (1982): Relationship between diagenesis and pore fluid chemistry in Niger delta oil-bearing sands. – J. Petrol. Geol., **4**, 3: 287–298. [160]
LAMING, D. J. C. (1966): Imbrication, paleocurrents and other sedimentary features in the Lower New Red Sandstone, Devonshire, England. – J. Sediment. Petrol., **36**: 940–959. [81]
LAMPLUGH, G. W. (1902): Calcrete. – Geol. Mag. **9**: 75. [357, 514]
- (1907): The geology of the Zambesi Basin around the Batoka Gorge (Rhodesia). – Q. J. Geol. Soc. London, **63**, 162–216. [514, 515]
LANCASTER, N. (1982): Interpretation of grain size distribution of Namib desert dune sands. – 11th Internat. Congr. Sedimentol., Hamilton, Abstr., 82. [135]
LANCELOT, Y. (1973): Chert and silica diagenesis in sediments from the central Pacific. – In WINTERER, E. L., EWING, J. I., et al. (eds.): Initial Rep. Deep Sea Drilling Proj., **17**: 377–405; Washington. [512]
LAND, L. S. (1966): Diagenesis of metastable skeletal carbonates. – Thesis, Marine Sci. Center, Lehigh Univ., Bethlehem, Pa., 141 pp. [399]
- (1971): Submarine lithification of Jamaican reefs. – In BRICKER, O. P. (ed.): Carbonate Cements. – The Johns Hopkins Studies in Geology No. 19: The Johns Hopkins Press, Baltimore, London. [386]
- (1973a): Contemporaneous dolomitization of middle Pleistocene reefs by meteoric water, north Jamaica. – Bull. Mar. Sci. Gulf Caribb., **23**: 64–92. [410]
- (1973b): Holocene meteoric dolomitization of Pleistocene limestones, North Jamaica. – Sedimentology, **20**: 411–424. [410]
- (1980): The isotopic and trace element geochemistry of dolomite: the state of the art. – In ZENGER, D. H., DUNHAM, J. B. & ETHINGTON, R. L. (eds.): Concepts and Models of Dolomitization. – Soc. Econ. Paleont. Mineral. Spec. Publ. **28**: 87–110. [246, 406, 412]
- (1984): Frio sandstone diagenesis, Texas Gulf Coast: A regional isotopic study. – In MCDONALD, D. A. & SURDAM, R. C. (eds.): Clastic Diagenesis. – Amer. Assoc. Petrol. Geol. Mem., **37**: 47–62. [115, 159, 167]
LAND, L. S., BEHRENS, E. W. & FRISHMAN, S. A. (1979): The ooids of Baffin Bay, Texas. – J. Sediment. Petrol., **49**: 1269–1278. [329, 332]
LAND, L. S. & DUTTON, S. P. (1978): Cementation of a Pennsylvanian deltaic sandstone: Isotopic data. – J. Sediment. Petrol., **48**: 1167–1176, Diskussion dazu: BJØRLYKKE (1979). [111, 159, 180]
LAND, L. S. & GOREAU, F. T. (1970): Submarine lithification of Jamaican reefs. – J. Sed. Petrol., **40**: 457–462. [236, 253]
LAND, L. S. & MACKENZIE, F. T. & GOULD, S. J. (1967): Pleistocene history of Bermuda. – Geol. Soc. Amer. Bull., **78**: 993–1006; New York. [345]
LAND, L. S. & MILLIKEN, K. L. (1981): Feldspar diagenesis in the Frio Formation, Brazoria County, Texas Gulf Coast. – Geology, **9**: 314–318. [167]
LAND, L. S. & PETERSON, S. J. (1978): Diagenesis of a Pennsylvanian deltaic sandstone. – 10th Internat. Congr. Sedimentology, Abstr. I, 368. [180]
LAND, L. S., SALEM, M. R. I. & MORROW, D. W. (1975): Paleohydrology of ancient dolomites: geochemical evidence. – Amer. Assoc. Petrol. Geol. Bull., **59**: 1602–1625. [410, 411, 414]
LANDGRAF, K.-F. (1972): Untersuchungen zur Struktur und zum Chemismus einiger Dolomite aus paläozoischen Sedimentgesteinen im Gebiet der DDR. – Ber. dtsch. Ges. Geol. Wiss., B **16**: 131–137. [403]
LANG, A. H., GRIFFITH, J. W. & STEACY, H. R. (1962): Canadian deposits of uranium and thorium. – Geol. Surv. Canada, Econ. Geol. Ser., **16** (2. Aufl.): 324 S., Ottawa. [611]
LANG, H. D. (1975): Secondary rutile deposits in Sierra Leone. – In: Natural Resources and Development, 59–68. – Inst. Wiss. Zus.-arb. f. Bodensaast. f. Bodenforsch. [124]
LANGBEIN, R. (1964): Petrographische Strukturen von Anhydrit-Faziestypen. – Geologie, **13**: 46–59. [465, 466]
- (1968): Zur Petrologie des Anhydrits. – Chemie der Erde, **27**: 1–38. [465, 466]
- (1970): Zur Petrologie des Thüringer Buntsandsteins. – Geologie, **19**, Beih. 68, 131 S.; Berlin. [114, 181]
- (1973): Über die petrographischen Strukturen akzessorischen Anhydrits, sowie Geochemie und Mechanismen seiner Bildung. – Chemie der Erde, **32**: 45–79. [420]
- (1986): Pelagic limestones from the Paleozoic in eastern Thuringia. – Vortr., 7th Reg. Mtg. IAS, Krakow. [414]
- (1987): The Zechstein sulphates: The state of the art. – In PERYT, T. M. (Hrsg.): The Zechstein Facies in Europe. – Lecture Notes in Earth Sciences, **10**: 143–188; Springer-Verlag, Berlin, Heidelberg. [500]
LANGBEIN, R., BERGHOLZ, U., BOHATSCHEK, H.-P. & SEIM, R. (1977): Karbonatische Konkretionen in Tongesteinen als Anzeiger für den Diageneseablauf. – Z. angew. Geol., **23**: 285–291. [394]
LANGBEIN, R., KRAŠENNINIKOV, G. F. & PAPKE, W. (1983): Zur Diagenese matrixführender Sandsteine am Beispiel des Karbons im Donez-Becken. – Chemie der Erde, **42**: 83–104. [168, 181]
LANGBEIN, R., LANDGRAF, K.-F. & MILBRODT, E. (1984): Calciumüberschüsse im Dolomit als Indikator des Sedimentationsmilieus in devonischen Karbonatgesteinen. – Chem. Erde, **43**: 217–227. [403]
LANGBEIN, R. & MEINEL, G. (1985): Zur Petrologie des Thüringer Tentakulitenknollenkalkes (Devon). – Hall. Jb. f. Geowiss., **10**: 55–69. [394]

LANGE, H. (1982): Distribution of chlorite and kaolinite in eastern Atlantic sediments off North Africa. – Sedimentology, **29**: 427–431. [199]
LANGENBERG, J. H. & DE ROEVER, W. P. (1955): Pumpellyite, a widespread detrital mineral in Quaternary deposits of the Netherlands. – Geol. en Mijnb., **17**, 163 ff. [121]
LANGER, K. & FLÖRKE, O. W. (1974): Near infrared absorption spectra (4000–9000 cm^{-1}) of opals and the role of „water" in these $SiO_4 \cdot n\ H_2O$ minerals. – Fortschr. Mineral., **52**: 17–51. [501, 502]
LANGFORD-SMITH, T. (ed.) (1978): Silcretes in Australia. – Univ. New England/Australia. [515, 516]
LANGFORD-SMITH, T. & WATTS, S. H. (1978): The significance of coexisting siliceous and ferruginous weathering products at select Australian localities. – In LANGFORD-SMITH, T. (ed.): Silcrete in Australia, 143–165. – Univ. of New England Press, Australia. [517]
LANGMUIR, D. (1971): Particle size effect on the reaction goethite = hematite + water. – Am. J. Sci., **271**: 147–156. [35]
– (1972): Correction: Particle size effect on the reaction goethite = hematite + water. – Am. J. Sci., **272**, 972. [35]
LANIZ, R. V., STEVENS, R. E. & NORMAN, M. N. (1964): Staining of plagioclase feldspar and other minerals. – U. S. Geol. Surv. Prof. Paper 501-B, B 152–B 153. [113]
LAPORTE, L. (1967): Carbonate deposition near mean sea-level and resultant facies mosaic: Manlius Formation (Lower Devonian) of New York State. – Amer. Assoc. Petrol. Geol. Bull., **51**: 73–101. [923]
– (ed.) (1974): Reefs in Time and Space. – Soc. Econ. Paleont. Mineral. Spec. Publ., **18**, 256 S. [354]
– (1975): Carbonate tidal flat deposits of the early Devonian Manlius Formation of New York State. – In GINSBURG, R. N. (ed.): Tidal Deposits, 243–250. – Springer, Berlin, Heidelberg, New York. [923]
LARGE, D., SCHAEFFER, R. & HÖHNDORF, A. (1983): Lead isotope data from selected galena occurrences in the North Eifel and North Sauerland, Germany. – Mineral. Deposita, **18**: 235–243, Berlin. [655]
LARGE, D. E. (1980): Geological parameters associated with sediment-hosted, submarin exhalative Pb—Zn deposits: an empirical model for mineral exploration. – Geol. Jb., D **40**: 59–129; Hannover. [639, 641, 673]
LARSEN, V. & STEEL, R. J. (1978): The sedimentary history of a debris-flow dominated, Devonian alluvial fan – a study of textural inversion. – Sedimentology, **25**: 37–59. [71, 83, 815, 848, 946]
LARTER, R. C. L., BOYCE, A. J. & RUSSEL, M. J. (1981): Hydrothermal pyrite chimneys from the Ballynoe baryte deposit, Silvermines, County Tipperary, Ireland. – Mineral. Deposita, **16**: 309–318; Berlin usw. [673]
LASCHET, C. (1984): On the origin of cherts. – Facies, **10**: 257–290, Erlangen. [502]
LASEMI, Z. & SANDBERG, P. (1984): Transformation of aragonite-dominated lime muds to microcrystalline limestones. – Geology, **12**: 420–423. [372, 374]
Lateritization Processes (1979): 1. Symposium Trivandrum/Indien, und
– (1982): 2. Symposium, Sao Paulo/Brasilien. – MELFI, A. J. & CARVALHO, A. (eds.): Lateritization Processes, Inst. Astron. Geofis. Univ. Sao Paulo, 590 pp. [68]
LAUBENFELS, M. W. DE (1955): Porifera. In: Treatise on invertebrate paleontology. – Geol. Soc. Am. Part E: 21–112. [288]
LAUDON, L. R. (1957): Crinoids. – In LADD (ed.): Paleoecology. – Geol. Soc. Amer. Memoir, **67**: 961–971. [316]
LAUFF, G. H. (ed.) (1967): Estuaries. – Amer. Assoc. Advancem. Sci, Publ. **83**, 757 S.; Washington. [899]
LAWSON, A. C. (1925): The petrographic designation of alluvial fan formations. – Univ. Calif. Publ., Dept. Geol. Sci., **7**: 325–334. [70, 86]
LAWSON, D. S., HURD, D. C. & PANKRATZ, H. S. (1978): Silica dissolution rates of decomposing phytoplankton assemblages at various temperatures. – Amer. J. Sci., **278**: 1373–1393. [533]
LE BLANC, R. J. (1975): Significant studies of modern and ancient deltaic sediments. – In BROUSSARD, M. L. (ed.): Deltas, Models for Exploration, 13–85. – Houston Geol. Soc. [890]
LECKIE, D. A. & WALKER, R. G. (1982): Storm- and tide-dominated shorelines in Cretaceous Moosebar-Lower Gates interval – outcrop equivalents of deep basin gas trap in western Canada. – Amer. Assoc. Petrol. Geol. Bull., **66**: 138–157. [801]
LECOMPTE, M. (1970): Die Riffe im Devon der Ardennen und ihre Bildungsbedingungen. – Geologica et Palaeontologica, **4**: 25–71; Marburg. [351, 355]
LEE, J. H., AHN, J. H. & PEACOR, D. R. (1985): Textures in layered silicates: Progressive changes through diagenesis and low-temperature metamorphism. – J. Sediment. Petrol., **55**: 532–540. [174]
LEE, M. & ARONSON, J. L. (1983): K/Ar geochronology of diagenetic illite of the Permian Rotliegendes sandstone, North Sea. – Geol. Soc. Amer. Abstr. & Progr., **15**, 626. [160]
LEE, M. & SAVIN, S. M. (1983): Oxygen isotope geochemistry of diagenetic cements in the Permian Rotliegendes formation, North Sea. – Geol. Soc. Amer. Abstr. & Progr., **15**, 625. [160]
LEEDER, M. R. (1973): Fluviatile fining-upwards cycles and the magnitude of palaeochannels. – Geol. Mag. **110**: 265–276. [873]
– (1977): Discussion: FOLK's bedform theory. – Sedimentology, **24**: 863–874. [787, 803]
– (1980): On the stability of lower stage plane beds and the absence of current ripples in coarse sands. – J. geol. Soc. London, **137**: 423–429. [795]
– (1982): Sedimentology, Process and Product. – 344 S.; G. Allen & Unwin, London, Boston, Sydney.
[779–782, 785–787, 789, 790, 797, 799, 803, 872, 916]
LEES, A. (1964): The structure and origin of the Waulsortian (Lower Carboniferous) „reefs" of west-central Eire. – Phil. Trans. Roy. Soc. London, Ser. B, **740**: 485–531. [353, 356]
– (1975): Possible influence of salinity and temperature on modern shelf carbonate sedimentation. – Mar. Geol., **19**: 159–198. [928]

LEES, A. & BULLER, A. T. (1972): Modern temperate water and warm water shelf carbonate sediments contrasted. – Mar. Geol., **13**: M 67–M 73. [917, 928]
LEES, A., BULLER, A. T. & SCOTT, J. (1969): Marine Carbonate Sedimentation Processes, Connemara, Ireland. – Reading Univ. Geol. Rep., **2**, 64 S. [928]
LEES, A., HALLET, V. & HIBO, D. & MILLER, J. (1985): Facies variation in Waulsortian buildups, Pt. 1 & 2. – Geol. J., **20**: 133–180. [356]
LEES, A., NOEL, B. & BOUW, P. (1977): The Waulsortian „reefs" of Belgium: a progress report. – Mém. Inst. géol. Univ. Louvain, **29**: 289–315. [356]
LEEUWEN, P. v. & GRAF, J. L. (1987): The Urucum-Mutun iron and manganese deposits, Matto Grosse do Sul, Brazil, and Sta. Cruz, Bolivia. – Geol. Mijnbouw **65**: 327–343; Dordrecht. [608]
LE FOURNIER, J. (1980): Modern analogue of transgressive sand bodies off eastern English Channel. – Bull. Centr. Rech. Elf-Aquitaine, **4**: 99–118. [911, 912]
LEGGETT, J. K. (ed.) (1982): Trench-Forearc Geology. – Geol. Soc. London Spec. Publ., **10**. [953]
LEGGEWIE, R., FÜCHTBAUER, H. & EL-NAJJAR, R. (1977): Zur Bilanz des Buntsandsteinbeckens (Korngrößenverteilung und Gesteinsbruchstücke). – Geol. Rdsch., **66**: 551–577. [112, 137]
LEHMANN, U. & HILLMER, G. (1980): Wirbellose Tiere der Vorzeit. Leitfaden der systematischen Paläontologie. – 340 S., Stuttgart (Enke). [297, 305]
LEHR, J. R., MCCLELLAN, G. H., SMITH, J. P. & FRAZIER, A. W. (1967): Characterization of apatites in commercial phosphate rocks. – In Colloque International sur les phosphates minéraux solides; Toulouse, 16–20, 1967, 2, 29–44. [544, 545]
LEINE, L. (1968): Rauhwackes in the Betic cordilleras, Spain. – Diss. Univ. Amsterdam, 112 pp. [89, 417]
LEINFELDER, R. R. (1985): Cyanophyte Calcification Morphotypes and Depositional Environments (Alenquer Oncolite, Upper Kimmeridgium?, Portugal). – Facies **12**: 253–274; Erlangen. [268]
LEITH, S. K. (1903): Mesabi iron-bearing district of Minnesota. – US geol. Surv. Monogr., **43**, 316 S.; Washington. [592]
LELONG, F., TARDY, Y., GRANDIN, G., TRESCASES, J. J. & BOULANGÉ, B. (1976): Pedogenesis, Chemical Weathering and Processes of Formation of some Supergene Ore Deposits. – In WOLFF, K. H. (ed.) (1976): Handbook of Strata-Bound and Stratiform Ore Deposits, **3**: 93–173; Elsevier, Amsterdam. [68]
LEMCKE, K. (1972): Die Lagerung der jüngsten Molasse im nördlichen Alpenvorland. – Bull. Ver. Schweiz. Petrol. – Geol. u. Ing., **39**: 29–41. [7]
– (1973): Zur nachpermischen Geschichte des nördlichen Alpenvorlandes. – Geol. Bavarica, **69**: 5–48. [149]
– (1977): Erdölgeologisch wichtige Vorgänge in der Geschichte des süddeutschen Alpenvorlandes. – Erdöl-Erdgas-Zeitschr., **93**: 50–56. [9]
– (1984): Geologische Vorgänge in den Alpen ab Obereozän im Spiegel vor allem der deutschen Molasse. – Geol. Rdsch., **73**: 371–397. [125, 957]
LEMCKE, K., ENGELHARDT, W. v. & FÜCHTBAUER, H. (1953): Geologische und sedimentpetrographische Untersuchungen im Westteil der ungefalteten Molasse des süddeutschen Alpenvorlandes. – Beih. Geol. Jb., **11**, 110 pp. [75, 117, 125, 126]
LEMCKE, K. & TUNN, W. (1956): Tiefenwasser in der süddeutschen Molasse und in ihrer verkarsteten Malmunterlage. – Bull. Ver. Schweiz. Petrol.-Geol. u. -Ing., **23**, 64: 35–56. [9]
LENGWEILER, H., BUSER, W., FEITKNECHT, W. (1961): Die Ermittlung der Löslichkeit von Eisen III-Hydroxiden mit ^{59}Fe. – Helv. Chim. Acta, **44**: 796–811. [34]
LEONARD, J. E., CAMERON, B., PILKEY, O. K. & FRIEDMAN, G. M. (1981): Evaluation of cold-water carbonates as a possible paleoclimatic indicator. – Sed. Geol., **28**: 1–28. [236, 928]
LEOPOLD, L. B. & MADDOCK, T., Jr. (1953): The hydraulic geometry of stream channels and some physiographic implications. – U. S. Geol. Surv. Prof. Pap., **252**, 57 S. [780, 783]
LEOPOLD, L. B. & WOLMAN, M. G. (1957): River channel patterns: braided, meandering, and straight. – U. S. Geol. Surv. Prof. Pap., **282**-B, S. 35–85. [784]
LEOPOLD, L. B., WOLMAN, M. G. & MILLER, J. P. (1964): Fluvial processes in geomorphology. – 522 pp.; W. H. Freeman Co., San Francisco and London. [137, 868, 871, 873]
LERBEKMO, J. F. & PLATT, R. L. (1962): Promotion of pressure-solution of silica in sandstones. – J. Sediment. Petrol., **32**: 514–519. [162]
LERMAN, A. (ed.) (1978): Lakes. Chemistry, Geology, Physics. – 363 S.; Springer, New York, Heidelberg, Berlin. [877]
LERSCH, J. (1973): Prospektion und geol. Untersuchung lateritischer Nickellagerstätten am Beispiel Barro/Alto, Brasilien. – Z. d. geol. Ges. **124**: 135–148. [516]
LEUCHS, W. (1985): Beziehungen zwischen Verquarzung und Dolomitisierung der devonischen Riffkalke von Dornap bei Wuppertal. – N. Jb. Geol. Paläont. Mh. **1985**: 129–152. [355, 403, 416–418, 421]
– (mdl. Mitt.). [378, 404]
LEVANDOWSKI, D. W., KALEY, M. E., SILVERMAN, S. R. & SMALLEY, R. G. (1973): Cementation in Lyons Sandstone and its role in oil accumulation, Denver basin, Colorado. – Amer. Assoc. Petrol. Geol. Bull., **57**: 2217–2244. [170, 177, 180]
LEVINSON, S. A. (1951): Thin Sections of Paleozoic Ostracoda and their bearing on Taxonomy and Morphology. – J. Paleont. **25**: 553–560. [313]
LEWIS, D. G. & SCHWERTMANN, U. (1979): The influence of aluminium on the formation of iron oxides. IV. The influence of [Al], [OH] and temperature. – Clays and Clay Minerals, **27**: 195–200. [36]

Lewis, D. W., Laird, M. G. & Powell, R. D. (1980): Debris flow deposits of early Miocene age, Deadman Stream, Marlborough, New Zealand. – Sed. Geol., **27**: 83–118. [814]

Lewis, J. B., Axelsen, F., Goodbody, I., Page, C. & Chislett, G. (1969): Comparative growth rates of some reef corals in the Caribbean. – McGill Univ. Marine Sciences Manuscript, Report **10**, 26 S. [293]

Lewis, K. B. (1980): Quaternary sedimentation on the Hikurangi oblique-subduction and transform margin, New Zealand. – In Ballance, P. F. & Reading, H. G. (eds.): Sedimentation in Oblique-slip Mobile Zones. – Internat. Assoc. Sedimentol. Spec. Publ., **4**: 171–189. [954]

Liboriussen, J. (1975): A study of gravel fabric. – Sed. Geol., **14**: 235–251. [82]

Liebau, A. (1980): Paläobathymetrie und Ökofaktoren: Flachmeerzonierungen. – N. Jb. Geol. Paläont. Abh., **160**: 173–216. [928]

Liedtke, H. (1975): Die nordischen Vereisungen in Mitteleuropa. – Forsch. z. deutsch. Landeskunde. 204, 160 S.; Bundesforschgs.-anst. f. Landeskde. u. Raumordnung; Bonn-Bad Godesberg. [886, 887]

Lighty, R. G. (1985): Preservation of internal reef porosity and diagenetic sealing of submerged early Holocene barrier reef, southeast Florida shelf. – In Schneidermann, N. & Harris, P. M. (eds.): Carbonate Cements. – Soc. Econ. Paleont. Mineral. Spec. Publ. **36**: 123–151. [341, 351, 385]

Linck, G. & Jung, H. (1935): Grundriß der Mineralogie und Petrographie. – 290 S.; G. Fischer; Jena. [529]

Lindblom, S. (1982): Fluid inclusion studies of the Laisvall sandstone lead-zinc deposit, Sweden. – Medd. fr. Stockholms Universitets Geol. Inst. No. 252, 171 pp.; Stockholm. [651, 652]

Lindenberg, H. G. (1967): Gehäuse aus Sand bei einzelligen Tieren. – Natur und Museum **97**: 244–258; Frankfurt a. M. [284]

Lindholm, R. C. (1969): Detrital dolomite in Onondaga Limestone (Middle Devonian) of New York: its implications to the „Dolomite Question". – Amer. Assoc. Petrol. Geol. Bull., **53**: 1035–1042. [407]

– (1974): Fabric and chemistry of pore filling calcite in septarian veins: models for limestone cementation. – J. Sediment. Petrol., **44**: 428–440. [381]

Lindholm, R. C. & Finkelman, R. B. (1972): Calcite staining: Semiquantitative determination of ferrous iron. – J. Sediment. Petrol. **42**: 239–242; Tulsa. [241]

Lindholm, R. C., Hazlett, J. M. & Fagin, S. W. (1979): Petrology of Triassic-Jurassic conglomerates in the Culpeper basin, Virginia. – J. Sediment. Petrol., **49**: 1245–1262. [78]

Lindsey, D. A. (1969): Glacial sedimentology of the Precambrian Gowganda Formation, Ontario, Canada. – Geol. Soc. Amer. Bull., **80**: 1685–1702. [885]

Lindström, M. (1963): Sedimentary folds and the development of limestone in an early Ordovician sea. – Sedimentology, **2**: 243–276. [386, 387]

Link, M. H. & Osborne, R. H. (1978): Lacustrine facies in the Pliocene Ridge Basin Group: Ridge Basin, California. – In Matter, A. & Tucker, M. E. (eds.): Modern and Ancient Lake Sediments. – Internat. Assoc. Sedimentol., Spec. Publ. **2**: 169–187. [878]

Link, P. K. & Gostin, V. A. (1981): Facies and paleogeography of Sturtian glacial strata (Late Precambrian), South Australia. – Amer. J. Sci., **281**: 353–374. [885]

Linke, O. (1939): Die Biota des Jadebusens. – Helgoländer Wiss. Meeresuntersuch., **1**: 201–348. [900]

Linz, E. & Müller, G. (1981): Isotopen-geochemische Untersuchungen an Mollusken-Schalen verschiedener Seen Mitteleuropas. – Tschermaks Min. Petr. Mitt., **29**: 55–65. [305]

Lippert (zit.). [596]

Lippmann, F. (1955): Ton, Geoden und Minerale des Barrême von Hoheneggelsen. – Geol. Rdsch., **43**: 475–503. [394, 395]

– (1956): Clay minerals from the Röt member of the Triassic near Göttingen, Germany. – J. Sediment. Petrol., **26**: 125–139. [190]

– (1973): Sedimentary carbonate minerals. – Monogr. Ser. of Theoret. and Experim. Studies, **6**, 228 pp.; Springer, Berlin, Heidelberg, New York. [235, 372, 402–404, 414, 418]

– (1979a): Stabilitätsbeziehungen der Tonminerale. – N. Jb. Miner. Abh., **136**: 287–309. [217, 422]

– (1979b): Der gegenwärtige Stand des Dolomitproblems. – Bull. Museum d'Hist. Natur., Belgrade, Sér A, Livre **34**: 65–79. [403]

– (1982): The thermodynamic status of clay minerals. – In van Olphen, H. & Veniale, F. (eds.): International Clay Conference 1981, Develop. Sediment. **35**: 475–485.; Elsevier, Amsterdam etc. [217]

Lippmann, F. & Rothfuss, H. (1980): Tonminerale in Taveyannaz-Sandsteinen. – Schweiz. mineral. petrogr. Mitt., **60**: 1–29. [168, 175, 183]

Lippmann, F. & Savaşçin, M. Y. (1969): Mineralogische Untersuchungen an Lösungsrückständen eines württembergischen Keupergipsvorkommens. – Tschermaks Miner. Petrogr. Mitt., **13**: 165–190. [421, 423]

Lipps, J. H. (1970): Plankton evolution. – Evolution, **24**: 1–21. [255]

Lisitzin, A. P. (1960): Bottom sediments of the eastern Antarctic and southern Indian Oceans. – Deep-Sea Res., **7**: 89–99. [530]

– (1972): Sedimentation in the World Ocean (Rodolfo, K. S., ed.). – Soc. Econ. Paleontol. Mineralog. Spec. Pub., **17**, 218 S. [198, 509, 511, 860, 893]

Lister, G. S. (1984): Deglaciation of the Lake Zürich area: A model based on the sedimentological record. – In Hsü, K. J. & Kelts, K. R. (eds.): Quaternary Geology of the Lake Zürich: An Interdisciplinary Investigation by Deep Lake Drilling. – Contr. Sedimentology, **13**: 177–185; Schweizerbart, Stuttgart. [881]

Littler, M. M. (1973): The population and community structure of Hawaiian fringing reef crustose Corallinaceae. – J. Experiment. Mar. Biol. Ecol. **11**: 103–120. [274]

Liu Tungsheng et al. (1985): Loess and the environment. − 251 S., Beijing. [883]
Livingstone, D. A. (1963): Chemical composition of rivers and lakes. − In Fleischer, M. (ed.): Data of Geochemistry, 6th ed. Geol. Surv. Prof. Pap., **440-G**, 64 p. [1, 3, 476]
Ljunggren, P. & Meyer, H. C. (1964): The copper mineralization in the Corocoro basin, Bolivia. − Econ. Geol., **59**: 110−125; Lancaster, Pa. [636]
Lochman, C. (1949): Paleoecology of the Cambrian in Montana and Wyoming. − Nat. Res. Council. Comm. on Treat. of Mar. Ecol., Paleoecol., Ann. Rept. 1948−1949: 31−71. [311]
− (1957): Paleoecology of the Cambrian in Montana and Wyoming. − In Ludd, H. S. (ed.), Paleoecology. − Geol. Soc. Amer. Mem. **67**: 117−162. [219]
Lock, B. E. (1973): The Ordovician ice age in South Africa. − Geol. Mag., **110**: 372−376. [885]
Locker, S. (1967): Die Sphaeren der Oberkreide und die sogenannte Orbulinaritfazies. − Geologie, **16**: 850−859, Berlin. [281]
Loeblich, A. R. & Tappan, H. (1964): Sarcodina, chiefly „thecamoebians" and Foraminiferida. − In Moore, R. C.: Treatise on invertebrate paleontology, Pt. C, Protista 2: C1−900; Lawrence (Univ. Kansas Press). [282, 284]
Löffler, H. & Danielopol, D. (eds.) (1977): Aspects of Ecology and Zoogeography of Recent and Fossil Ostracoda. − 521 pp., W. Junk, The Hague. [312]
Logan, B. W. (1961): Cryptozoon and associated stromatolites from the Recent, Shark Bay, Western Australia. − J. Geol., **69**: 517−533. [262]
− (1974): Inventory of diagenesis in Holocene − Recent Carbonate Sediments, Shark Bay, Western Australia. − In Logan, et al. (ed.): Evolution and diagenesis of Quaternary carbonate sequences, Shark Bay, Western Australia. − Amer. Assoc. Petrol. Geol., Memoir. **22**: 195−249. [385, 419, 828]
Logan, B. W., Davies, G. R., Read, J. F. & Cebulski, D. E. (1970): Sedimentary environments of Shark Bay, western Australia. − Amer. Assoc. Petrol. Geol. Mem., **13**: 1−97. [496]
Logan, B. W., Harding, J. L., Ahr, W. M., Williams, J. D. & Snead, R. G. (1969): Carbonate sediments and reefs, Yucatan Shelf, Mexico. − Am. Assoc. Petrol. Geologists, Mem. **11**: 1−198; Tulsa. [278, 328, 385, 924]
Logan, B. W., Hoffman, P. & Gebelein, C. D. (1974): Algal Mats, Cryptalgal Fabrics, and Structures, Hamelin Pool, Western Australia. − In Logan et al. (ed.): Evolution and diagenesis of Quaternary carbonate sequences, Shark Bay, Western Australia. − Amer. Assoc. Petrol. Geol., Memoir **22**: 140−194. [262, 264, 920, 921]
Logan, B. W., Rezak, R. & Ginsburg, R. N. (1964): Classification and environmental significance of algal stromatolites. − J. Geol., **72**: 68−83. [261−263, 265, 268]
Logan, B. W. & Semeniuk, V. (1976): Dynamic metamorphism; Processes and products in Devonian carbonate rocks, Canning Basin, Western Australia. − Geol. Soc. Austral. Spec. Publ., **6**, 138 S. [90, 369]
Lohmann, H. (1909): Die Gehäuse und Gallertblasen der Appendicularien und ihre Bedeutung für die Erforschung des Lebens im Meer. − Verh. Dt. Zool. Ges., **19**: 200−239. [278]
Lohmann, K. C. & Meyers, W. J. (1977): Microdolomite inclusions in cloudy prismatic calcites: a proposed criterion for former high-magnesium calcites. − J. Sed. Petrol., **47**: 1078−1088; Tulsa. [255, 398]
Lohse, H.-H. (1957): Erfahrungen bei der röntgenographischen Identifizierung semisalinarer und nichtsalinarer Minerale der Salzlagerstätten. − Diss. Univ. Kiel. [425]
Lombard, A. (1956): Géologie sédimentaire. Les séries marines. − 722 pp.; Masson et Cie., Paris; Vaillant-Carmanne, S. A., Liège. [845]
Lombard, A. & Monteyne, R. (1952): Calcisphères dans le Frasnien de Bois de Villers (Namur). − Bull. Soc. Belg. Géol. Paléont. Hydrol., **61**: 13−25. [281]
Long, J. V. P. & Agrell, S. O. (1965): The cathodo luminescence of minerals in thin section. − Mineral. Magaz. **34**: 318−326; London. [243]
Longman, M. W. (1977): Factors controlling the formation of microspar in the Bromide Formation. − J. Sediment. Petrol., **47**: 347−350. [391]
− (1980): Carbonate diagenetic textures from nearsurface diagenetic environments. − Amer. Assoc. Petrol. Geol. Bull., **64**: 461−487. [382, 383]
Longman, M. W., Fertal, T. G. & Glennie, J. S. (1983): Origin and geometry of Red River dolomite reservoirs, Western Williston Basin. − Amer. Assoc. Petrol. Geol. Bull., **67**: 744−771. [413]
Longstaffe, F. J. (1984): The role of meteoric water in diagenesis of shallow sandstones: Stable isotope studies of the Milk River aquifer and gas pool, southeastern Alberta. − In McDonald, D. A. & Surdam, R. C. (eds.): Clastic Diagenesis. − Amer. Assoc. Petrol. Geol. Mem. **37**: 81−98. [7]
Loreau, J. P. (1982): Non diagenetic evolution of depositional mineralogy of shallow marine carbonate sediments during geological time: Initial results of the Bathurst-Loreau inquiry (1978). − 11th Internat. Congr. Sedimentol., Abstr., 167. [385]
Loreau, J.-P. & Purser, B. H. (1973): Distribution and ultrastructure of Holocene ooids in the Persian Gulf. − In Purser, B. H. (ed.): The Persian Gulf, 279−328. − Springer, Berlin, Heidelberg, New York. [328, 329, 334]
Lorens, R. B. & Bender, M. L. (1980): The impact of solution chemistry on Mytilus edulis calcite and aragonite. − Geochim. Cosmochim. Acta **44**: 1265−1278; London. [252, 254, 305]
Lorenz, J. C., Heinze, D. M., Clark, J. A. & Searls, C. A. (1985): Determination of width of meander-belt sandstone reservoirs from vertical downhole data, Mesaverde Group, Piceance Creek Basin, Colorado. − Amer. Assoc. Petrol. Geol. Bull., **69**: 710−721. [873]
Lorenz, V. (1974a): On the formation of maars. − Bull. Volcanol., **37**: 183−204. [764]
− (1974b): Vesiculated tuffs and associated features. − Sedimentology, **21**: 273−291. [761]

– (1986): On the growth of maars and diatremes and its relevance to the formation of tuff rings. – Bull. Volcanol., **48**: 265–274. [764]
LORENZ, V. & BÜCHEL, G. (1980): Zur Vulkanologie der Maare und Schlackenkegel der Westeifel. – Mitt. Pollichia, **68**: 29–100. [764]
LOSKE, W. P. (1985): Die Zirkonvarietätenanalyse als Beitrag zur Ermittlung von Sedimentschüttungen im Ebbe-Sattel (Unterdevon, Rheinisches Schiefergebirge). – N. Jb. Geol. Paläont. Abh., **170**: 385–417. [122]
LOTZE, F. (1957): Steinsalz und Kalisalze. – 2. Ausg., Bd. 1, 466 S.; Gebr. Borntraeger, Berlin. [436, 440, 479, 480]
LOUGHNAN, F. C. (1969): Chemical weathering of the silicate minerals. – 154 pp.; Elsevier, New York usw.[Kap.2]
– (1978): Flintclays, Tonsteins and The Kaolinite Clayrock Facies. – Clay Minerals (1970), **13**: 387–400. [56]
LOVELL, J. P. B. (1972): Diagenetic origin of graywacke matrix minerals: A discussion, mit Erwiderung von WHETTEN & HAWKINS. – Sedimentology, **19**: 141–146. [99, 154, 175]
LOWE, D. R. (1975): Water escape structures in coarse-grained sediments. – Sedimentology, **22**: 157–204. [831]
– (1976a): Subaqueous liquefied and fluidized sediment flows and their deposits. – Sedimentology, **23**: 285–308. [810, 818]
– (1976b): Grain flow and grain flow deposits. – J. Sediment. Petrol., **46**, 188–199. [816]
– (1980): Stromatolites 3,400 M. Y. old from the Archean of Western Australia. – Nature **284**: 441–443. [260]
– (1982): Sediment gravity flows: II. Depositional models with special reference to the deposits of high-density turbidity currents. – J. Sediment. Petrol., **52**: 279–297. [812, 818, 820]
LOWE, D. R. & LOPICCOLO, R. D. (1974): The characteristics and origins of dish and pillar structures. – J. Sediment. Petrol., **44**: 484–501. [831]
LOWENSTAM, H. A. (1949): Biostratigraphie Studies. Niagaran inter-reef formations, Northeastern Illinois. – Ill. State Mus. Sci. Pap., **IV**: 1–146. [317, 540]
– (1950): Niagaran reefs of the Great Lakes area. – J. Geol., **58**, 4: 430–487. [353, 355]
– (1954a): Factors affecting the aragonite: calcite ratios in carbonate-secreting marine organisms. – J. Geol., **62**: 284–322; Chicago. [251, 252, 254, 295, 296, 301, 305, 306, 385]
– (1954b): Environmental relations of modification compositions of certain carbonate secreting marine invertebrates. – Proc. Natl. Acad. Sci. **40**: 39–48. [251, 252, 254, 306]
– (1961): Mineralogy, O^{18}/O^{16}-ratios, and strontium and magnesium contents of recent and fossil brachiopods and their bearing on history of the oceans. – J. Geol., **69**: 241–260; Chicago. [298]
– (1963): Biologic problems relating to the composition and diagenesis of sediments. – In DONNELLY, T. W. (ed.): The Earth Sciences – Problems and Progress in Current Research, 137–195. – Univ. Chicago Press, Chicago. [251, 254, 293, 298, 312, 320]
– (1964a): Coexisting calcites and aragonites from skeletal carbonates of marine organisms and their strontium and magnesium contents. – In MIYAKE, Y. & KOYAMA, T. (eds.): Recent researches in the fields of hydrosphere, atmosphere and nuclear geochemistry, 373–404; Tokio, Maruzen Co. Ltd. [291, 314]
– (1964b): Sr/Ca ratio of skeletal aragonites. – In: Isotopic and cosmic chemistry, p. 114–132; Amsterdam (North Holland Publ. Co.). [254]
– (1978): Geochemical aspects of paleoecology. – In LAPEDES, D. N. (ed.): McGraw-Hill Encyclopedia of the Geological Sciences. – S. 585–587, New York. [301]
– (1981): Minerals Formed by Organisms. – Science, **211**: 1126–1131. [249, 250, 251, 255]
LOWENSTAM, H. A. & MARGULIS, L. (1980): Evolutionary prerequisites for early Phanerozoic calcareous skeletons. – Biosystems, **12**: 27–41. [255]
LOWMAN, S. W. (1949): Sedimentary facies in Gulf Coast. – Bull. Amer. Assoc. Petrol. Geol., **33**: 1939–1997. [848]
LOWRIGHT, R., WILLIAMS, E. G. & DACHILLE, F. (1972): An analysis of factors controlling deviations in hydraulic equivalence in some modern sands. – J. Sediment. Petrol., **42**: 635–645. [123]
LOWRIGHT, R. H. (1973): Environmental determination using hydraulic equivalence studies. – J. Sediment. Petrol., **43**: 1143–1147. [123]
LOWRY, W. D. & DE RUDDER, R. D. (1966): Stylolites in Antietam sandstone, Hellgate Canyon, Rockbridge County, Virginia. – Ann. GSA Southeastern Sect. Meet., Athens, Progr., 33. [162]
LOZANO, J. A. & HAYS, J. D. (1976): Relationship of radiolarian assemblages to sediment types and physical oceanography in the Atlantic and western Indian Ocean sectors of the Antarctic Ocean. – In: CLINE, R. M. & HAYS, J. D. (eds.): Investigation of Late Quaternary Paleoceanography and Paleoclimatology. – Geol. Soc. Amer. Mem. **145**: 375–391. [509]
LUCIA, F. J. (1962): Diagenesis of crinoidal sediment. – J. Sediment. Petrol., **32**: 848–865. [368]
– (1972): Recognition of evaporite – carbonate shoreline sedimentation. – In RIGBY, J. K. & HAMBLIN, R. K. (eds.): Recognition of Ancient Sedimentary Environments. – Soc. Econ. Paleont. Mineral., Spec. Publ., **16**: 160–191. [90]
LUDBROOK, N. H. (1960): Scaphopoda. – In: Treatise on Invertebrate Paleontology, Part I, Mollusca 1: 37–41, Univ. of Kansas Press and Geol. Soc. Amer. [310]
LUDWICK, J. C. (1972): Migration of tidal sand waves in Chesapeake Bay entrance. – In SWIFT, D. J. P., DUANE, D. B. & PILKEY, O. H. (eds.): Shelf Sediment Transport: Process and Pattern, 377–410. – Dowden, Hutchinson & Ross Inc., Stroudsburg, Penns. [794]
LUDWIG, G. (1955): Neue Ergebnisse der Schwermineral- und Kornanalyse im Oberkarbon und Rotliegenden des südlichen und östlichen Harzvorlandes. – Beih. Z. Geol. Nr. 14, 76 pp. [124]

– (1962): Beziehungen zwischen Metallgehalten und Paläogeographie des Grauen Hardegsen-Tones (Mittlerer Buntsandstein) im niedersächsischen Bergland. – Geol. Jb., **79**: 537–550; Hannover. [634]
LUDWIG, G. & FIGGE, K. (1979): Schwermineralvorkommen und Sandverteilung in der Deutschen Bucht. – Geol. Jb., D **32**: 23–68. [124, 914]
LUDWIG, V. (1968): Zur Lithologie des „Kulms" bei Erbendorf/Oberpfalz (Bayern). – N. Jb. Geol. Paläont. Mh., **1968**: 407–412. [127]
LÜBBEN, H. (1969): Grundgegebenheiten für Planung und Ablauf der Förderung aus den emsländischen Valendis-Lagerstätten. – Erdöl u. Kohle, **22**: 373–377. [152]
LÜTKE, F. (1976): Sedimentologische und geochemische Untersuchungen zur Genese der Flözfazies im Harz (Givet und Oberdevon). – Z. dt. geol. Ges., **127**: 499–508. [785]
– (1978): Grundzüge der faziellen und paläogeographischen Entwicklung im südlichen Unter- und Mittelharz. – Senckenbergiana Lethaea, **58**: 473–513. [955]
LÜTTIG, G. (1954): Alt- und mittelpleistozäne Eisrandlagen zwischen Harz und Weser. – Geol. Jb., **70**: 43–125. [73, 82]
– (1958): Methodische Fragen der Geschiebeforschung. – Geol. Jb., **75**: 361–418. [73]
– (1962a): The shape of pebbles in the continental, fluviatile and marine facies. – Internat. Assoc. Sci. Hydrol., Publ. **59**: 252–258. [79]
– (1962b): Geröllmorphometrie des Zechsteinkonglomerats im Schacht Rossenray 1. – Fortschr. Geol. Rheinl.-Westf., **6**: 385–390. [79]
– (1964a): Zur Geröllmorphometrie von Transgressionskonglomeraten. – In: Dev. in Sedimentol., Vol. 1, Deltaic and Shallow Marine Sediments, 253–256, Elsevier. [79]
– (1964b): Die Aufgaben des Geschiebeforschers und des Geschiebesammlers. – Lauenburg. Heimat, Ratzeburg, **45**: 6–26. [73]
LÜTZNER, H. & RENTZSCH, J. (1975): Sedimentation und Metallogenie in einem intermontanen Becken der varistischen Molasse. – Z. geol. Wiss., **3**: 1473–1490; Berlin. [634]
LUMSDEN, D. N. & CHIMAHUSKY, J. S. (1980): Relationship between dolomite nonstoichiometry and carbonate facies parameters. – In ZENGER, D. H., DUNHAM, J. B. & ETHINGTON, R. L. (eds.): Concepts and Models of Dolomitization. – Soc. Econ. Paleont. Mineral. Spec. Publ., **28**: 123–137. [403]
LYELL, C. H. (1855): A manual of elementary geology. – 5th edn., London, 655 S. [327]

MACDONALD, D. I. M. & TANNER, P. W. G. (1983): Sediment dispersal patterns in part of a deformed Mesozoic back-arc basin on South Georgia, South Atlantic. – J. Sediment. Petrol., **53**: 83–104. [819]
MAC DONALD, E. H. (1983): Alluvial mining, the geology, technology and economics of placers. – 508 pp.; Chapman & Hall, London. [586, 588]
MACDONALD, G. A. (1972): Volcanoes. – 1–510; Prentice-Hall, Inc., Englewood Cliffs, N. Y. [760]
MACHEL, H.-G. (1983): Facies and diagenesis of some Nisku buildups and associated strata, Upper Devonian, Alberta, Canada. – In HARRIS, P. M. (ed.): Carbonate Buildups – A Core Workshop. – SEPM Core Workshop No. 4, Dallas, April 16–17, 144–181. [420]
– (1985): Cathodoluminescence in Calcite and Dolomite and its Chemical Interpretation. – Geoscience Canada **12**: 139–147. [244]
MAC ILVAINE, J. C. & ROSS, D. A. (1979): Sedimentary processes on the continental slope of New-England. – J. Sediment. Petrol., **49**: 563–574. [810]
MACINTYRE, I. G. (1977): Distribution of submarine cements in a modern Caribbean fringing reef, Galeta Point, Panama. – J. Sediment. Petrol., **47**: 503–516. [341, 385, 386]
– (1978): Reply: Distribution of submarine cements in a modern Caribbean fringing reef, Galeta Point, Panama. – J. Sediment. Petrol., **48**: 669–670. [386]
– (1985): Submarine cements – the peloidal question. – In SCHNEIDERMANN, N. & HARRIS, P. M. (eds.): Carbonate Cements. – Soc. Econ. Paleont. Mineral. Spec. Publ., **36**: 109–116. [341]
MACINTYRE, I. G. & GLYNN, P. W. (1976): Evolution of modern Caribbean fringing reef, Galeta Point, Panamá. – Amer. Assoc. Petrol. Geol. Bull., **60**: 1054–1072. [357, 385]
MACINTYRE, I. G. & PILKEY, O. H. (1969): Tropical reef corals: tolerance to low temperatures on the North Carolina continental shelf. – Science **166**: 374–375. [292]
MACINTYRE, I. G. & TOWE, K. M. (1976): Skeletal Calcite in Living Scleractinian Corals: Microboring Fillings, Not Primary Skeletal Deposits. – Science **193**: 701–702. [346]
MACK, G. H. (1978): The survivability of labile light-mineral grains in fluvial, aeolian and littoral marine environments: the Permian Cutler and Cedar Mesa Formations, Moab, Utah. – Sedimentology, **25**: 587–604. [102]
MACKAY, G. H., ATTWOOD, D. H., GAULTON, R. J. & GEORGE, A. M. (1985): The cyclic occurrence of Brown Coal Lithotypes. – SEC, Res. Develop. Dep. Rep. No. SO/85/93, Project No. 256, 9 S.; Melbourne, Victoria (Austr.). [711]
MACKENZIE, F. T. & GARRELS, R. M. (1966): Chemical mass balance between rivers and oceans. – Amer. J. Sci., **264**: 507–525. [512]
MACKENZIE, F. T. & PIGOTT, J. D. (1981): Tectonic controls of Phanerozoic sedimentary rock cycling. – J. Geol. Soc. London, **138**: 183–196. [237, 248, 257, 336, 851]
MACKIE, W. (1896): The sands and sandstones of Eastern Moray. – Trans. Edingburgh Geol. Soc., **7**: 148–172. [105]

MACKOWSKY, M.-TH. (1955): Der Sedimentationsrhythmus der Kohlenflöze. – N. Jb. Geol. Paläont., Mh., **1955**: 438–449. [706, 710]
– (1969): Die Veränderungen in der Maceralkonzeption in den letzten 15 Jahren. – Brennstoff-Chemie, **50**, 5: 17–21. [725]
MACKOWSKY, M.-TH. & HOFFMANN, E. (1960): Die rohstofflichen Eigenschaften der deutschen Steinkohlen in ihrer Bedeutung für die Aufbereitung. – Dt. Steinkohlenbergbau **4**: 32–54; Essen, Glückauf. [725]
MACKOWSKY, M.-TH. & SIMONIS, W. (1969): Die Kennzeichnung von Kokskohlen für die mathematische Beschreibung der Hochtemperaturverkokung im Horizontalkammerofen bei Schüttbetrieb durch die Ergebnisse mikroskopischer Analysen. – Glückauf Forschungsh., **30**: 25–38. [725, 726]
MACQUEEN, R. W., GHENT, E. D. & DAVIES, G. R. (1974): Magnesium distribution in living and fossil specimens of the echinoid Peronella lesueuri AGASSIZ, Shark Bay, Western Australia. – J. Sed. Petrol., **44**: 60–69; Tulsa. [252]
MADER, D. (1978): Turmalinauthigenese im Buntsandstein von Oberbettingen (Westeifel). – N. Jb. Miner. Mh., **1978**: 233–240. [170]
– (1980a): Paläowindrichtungen und Paläoströmungsrichtungen im Mittleren Buntsandstein der Westeifel. – Geol. Rundsch., **69**: 922–942. [120, 885]
– (1980b): Authigener Rutil im Buntsandstein der Westeifel. – N. Jb. Miner. Mh., **1980**: 97–108. [121]
– (1980c): Turmalinauthigenese in Bröckelbänken aus dem Oberen Buntsandstein der nördlichen Trierer Bucht (Westeifel). – Aufschluß, **31**: 249–256. [170]
MADER, D. & TEYSSEN, T. (1985): Paleoenvironmental interpretation of fluvial red beds by statistical analysis of palaeocurrent data: examples from the Buntsandstein (Lower Triassic) of the Eifel and Bavaria in the German Basin (Middle Europe). – Sed. Geol., **41**: 1–74. [872]
MÄDLER, K. (1952): Charophyten aus dem nordwestdeutschen Kimmeridge. – Geol. Jb. **67**: 1–46; Hannover. [274]
– (1955): Zur Taxionomie der tertiären Charophyten. – Geol. Jb. **70**: 265–328; Hannover. [274]
MÄDLER, K. & STAESCHE, U. (1979): Fossile Charophyten aus dem Känozoikum (Tertiär und Quartär) der Türkei (Känozoikum und Braunkohlen der Türkei, 19.). – Geol. Jb., B, **33**: 81–157; Hannover. [274]
MÄGDEFRAU, K. (1968): Paläobiologie der Pflanzen. – 4. neubearb. Aufl., 549 S.; Gustav Fischer Verlag, Stuttgart. [711]
MÄRKEL, K., KUBANEK, F. & WILLGALLIS, A. (1971): Polykristalliner Calcit bei Seeigeln. – Z. Zellforsch. **119**: 355–377; Berlin. [315]
MÄRKEL, K. & MAIER, R. (1967): Beobachtungen an lochbewohnenden Seeigeln. – Natur und Museum **97**: 233–243; Frankfurt a. M. [345]
MAGARA, K. (1968): Compaction and migration of fluids in Miocene mudstone, Nagaoka Plain, Japan. – Amer. Assoc. Petrol. Geol. Bull., **52**: 2466–2501. [206]
– (1975): Reevaluation of montmorillonite dehydration as cause of abnormal pressure and hydrocarbon migration. – Amer. Assoc. Petrol. Geol. Bull., **59**: 292–302. [7, 208, 211]
MAGARITZ, M. (1974): Lithification of chalky limestone: A case study in Senonian rocks from Israel. – J. Sediment. Petrol., **44**: 947–954. [381]
– (1975): Sparitization of a pelleted limestone: A case history of carbon and oxygen isotopic composition. – J. Sediment. Petrol., **45**: 599–603. [381]
MAGARITZ, M., GAVISH, E., BAKLER, N. & KAFRI, U. (1979): Carbon and oxygen isotope composition – Indicators of cementation environment in Recent, Holocene, and Pleistocene sediments along the coast of Israel. – J. Sediment. Petrol., **49**: 401–412. [384]
MAIKLEM, W. R., BEBOUT, D. G. & GLAISTER, R. P. (1969): Classification of anhydrite – a practical approach. – Bull. Canad. Petrol. Geol., **17**: 194–233. [466]
MAINGUET, M. & CAILLOT, Y. (1974): Air photo study of typology and interrelations between the texture and structure of dune patterns in the Fachi-Bilma Erg, Sahara. – Z. Geomorph., Suppl. **20**: 62–68. [883]
MAJEWSKE, O. P. (1969): Recognition of invertebrate fossil fragments in rocks and thin sections. – Intern. Sed. Petrograph. Ser. **13**, 101 S., Leiden (Brill). [295, 303, 310, 311, 313]
MAKHARADZE, A. I. & IKOSHVILI, D. V. (1970): Barite at the Chiatura manganese deposit. – Doklady Acad. Sci. USSR, Earth Sci. Sect., **190**, 1–6: 182–183, Amer. geol. Inst., Washington, D.C. [607]
MAKRUTZKI, W. (1982): Die Gesteinsbruchstücke der Devon-Sandsteine in der Bohrung Schwarzbachtal 1. – Senckenbergiana lethaea, **63**: 97–110. [112]
MAKSIMOVIĆ, Z. & PANTÓ, GY. (1983): Mineralogy of Yttrium and Lanthanide Elements in Karstic Bauxite Deposits. – Traveaux ICSOBA (1983) Zagreb, **18**: 191–200. [25]
MAKSIMOVIĆ, Z. & ROALDSET, E. (1976): Lanthanide elements in some Mediterranean karstic bauxite deposits. – Traveaux ICSOBA (1963) Zagreb, **13**: 199–220. [25]
MALAN, S. P. (1964): Stromatolites and other algal structures at Mufulira, Northern Rhodesia. – Econ. Geol., **59**: 397–415; Lancaster, Pa. [634]
MALDONADO, H. & STANLEY, D. J. (1981): Clay mineral distribution patterns as influenced by depositional processes in the southeastern Levantine Sea. – Sedimentology, **28**: 21–32. [201]
MALOUTA, D. N., GORSLINE, D. S. & THORNTEN, S. E. (1981): Process and rates of recent (Holocene) basin filling in an active transform margin: Santa Monica Basin, California continental Borderland. – J. Sediment. Petrol., **51**: 1077–1096. [819]
MANCEAU, A. & CALAS, G. (1983): Crystallochemistry of secondary nickeliferous minerals resulting from the alteration

of Nouvelle-Calédonie peridotites. p. 90. – CNRS-Colloquium: Petrology of weathering and soils. Paris 1983. [25]

MANGE-RAJETZKY, M. A. & OBERHÄNSLI, R. (1986): Detrital pumpellyite in the peri-alpine molasse. – J. Sediment. Petrol., **56**: 112–122. [121]

MANHEIM, F. T. (1976a): Interstitial waters of marine sediments. – In RILEY, J. P. & CHESTER, R. (eds.): Chemical Oceanography, 2nd ed., **6**: 115–196; Academic Press. [3, 5, 6, 8]

– (1976b): Studies on marine interstitial waters with special reference to marine drilling. – In CADEK, J. & PACES, T. (eds.): Proc. Internat. Sympos. Water-Rock Interaction, Prague, 278–288. [5]

– (zit.). [574]

MANHEIM, F. T. & HORN, M. K. (1968): Composition of deeper subsurface waters along the atlantic continental margin. – Southeastern Geology, **9**: 215–236; Durham, N. Carolina. [8]

MANHEIM, F. T., PRATT, R. M. & MCFARLIN, P. F. (1980): Composition and origin of phosphorite deposits of the Blake Plateau. – In BENTOR, Y. K. (ed.): Marine Phosphorites – geochemistry, occurrence, genesis. – Soc. Econ. Paleont. Mineral. Spec. Publ., **29**: 117–137. [552]

MANHEIM, F. T., ROWE, G. T. & JIPA, D. (1975): Marine phosphorite formation off Peru. – J. Sediment. Petrol., **45**: 243–251. [554]

MANHEIM, F. T. & SAYLES, F. L. (1974): Composition and origin of interstitial waters of marine sediments, based on deep sea drill cores. – In GOLDBERG, E. D. (ed.), The Sea, **5**, Marine Chemistry, 527–568, J. Wiley & Sons. [5]

MANKER, J. P. & PONDER, R. D. (1978): Quartz grain surface features from fluvial environments of northeastern Georgia. – J. Sediment. Petrol., **48**: 1227–1232. [145]

MANN, A. W. (1976): Genesis of calcrete uranium deposits. – 25th Internat. Geol. Congress, Exc. guide No 41 C: 39–41; Sydney, Australia. [63]

– (1984): Mobility of gold and silver in lateritic weathering profiles: Some observations from Western Australia. – Econ. Geol., **79**: 38–49. [625–628]

MANNING, R. B. & KUMPF, H. E. (1959): Preliminary investigation of the fecal pellets of certain invertebrates of the South Florida area. – Bull. Mar. Sci. of the Gulf and Caribbean, **9**: 291–309. [324]

MANTEN, A. A. (1962): Korallengestalten als Kennzeichen des Milieus. – Geol. Rdsch. **51**: 665–671. [289]

– (1966): Note on the formation of stylolites. – Geol. en Mijnb., **45**: 269–274. [370]

– (1971): Silurian Reefs of Gotland. – Devel. Sediment., **13**, 539 S.; Elsevier, Amsterdam. [355]

MANZE, U. & RICHTER, D. K. (1979): Die Veränderung des C^{13}/C^{12}-Verhältnisses in Seeigelcoronen bei der Umwandlung von Mg-Calcit in Calcit unter meteorisch-vadosen Bedingungen. – N. Jb. Geol. Paläont. Abh. **158**: 334–345; Stuttgart. [319, 399]

MARCHAL, M. & OHNENSTETTER, D. (1984): Examples of exploitations of the OPHRA data bank; metallogenic implications. – In ROYER, J. J. (Hrsg.): Computers in earth sciences for natural resources characterization: 19–46, Nancy. [642]

MARCHIG, V. & RÖSCH, H. (1982): Formation of clay minerals during early diagenesis of a calcareous ooze. – Sedim. Geol., **34**: 283–299. [511, 539]

MARGOLIS, S. V. & KRINSLEY, D. H. (1974): Processes of formation and environmental occurrence of microfeatures on detrital quartz grains. – Am. J. Sci., **274**: 449–464. [144]

MARINER, R. H. & SURDAM, R. C. (1970): Alkalinity and formation of zeolites in saline alkaline lakes. – Science, **270**, 3961: 977–979. [539, 776]

MARKELLO, J. R. & READ, J. F. (1981): Carbonate ramp-to-deeper shale shelf transitions of an Upper Cambrian intrashelf basin, Nolichucky Formation, Southwest Virginia Appalachians. – Sedimentology, **28**: 573–597. [931]

MARSAL, D. (1967): Statistische Methoden für Erdwissenschaftler. – 152 pp.; Schweizerbart, Stuttgart. [131, 134, 161, 846]

MARSCHNER, H. (1968): Ca—Mg-distribution in carbonates from the Lower Keuper in NW-Germany. – In MÜLLER, G. & FRIEDMAN, G. M. (eds.): Recent Developments in Carbonate Sedimentology in Central Europe, 128–135. – Springer, Berlin, Heidelberg, New York, s. auch Diss. Univ. Hamburg 1966, 137 S. [403]

MARSHALL, D. J. (1978): Suggested standards for the reporting of cathodoluminescence results. – J. Sed. Petrol. **48**: 651–653; Tulsa. [244]

MARSHALL, J. F. & DAVIES, P. J. (1975): High-magnesium calcite ooids from the Great Barrier Reef. – J. Sediment. Petrol., **45**: 285–291. [331]

MARSHALL, P. (1935): Acid rocks of the Taupo-Rotorua volcanic district. – Trans. Roy. Soc. N. Z., **64**: 323–366. [751]

MARSHALL, T. R., AMOS, B. J. & STEPHENSEN, D. (1983): Base metal concentrations in kaolinized and silicified lavas of the Central Burma volcanics. – In WILSON (ed.): Residual Deposits. – Geol. Soc. London, Spec. Publ., **11**: 59–68. [516]

MARSHALL, W. L. (1980): Amorphous silica solubilities. I. Behavior in aqueous sodium nitrate solutions, 25–300°C, 0–6 molal. – Geochim. Cosmochim. Acta, **44**: 907–913. [21]

MARSHALL, W. L. & WARAKOMSKI, J. M. (1980): Amorphous silica solubilities – II. Effect of aqueous salt solutions at 25°C. – Geochim. Cosmochim. Acta, **44**: 915–924. [504]

MARSZALEK, D. S. (1975): Calcisphere ultrastructure and skeletal aragonite from the alga *Acetabularia antillana*. – J. Sed. Petrol. **45**: 266–271; Tulsa. [269, 281, 340]

MARTENS, C. S. & HARRISS, R. (1970): Inhibition of apatite precipitation in the marine environment by magnesium ions. – Geochim. Cosmochim. Acta, **34**: 621–625. [551]

MARTIN, G. D., WILKINSON, B. H. & LOHMANN, K. C. (1986): The role of skeletal porosity in aragonite neomorphism – Strombus and Montastrea from the Pleistocene Key Largo Limestone, Florida. – J. Sediment. Petrol., **56**: 194–203. [375]

MARTIN, H. & ZEEGERS, H. (1969): Cathodo-luminescence et distribution du manganese dans les calcaires et dolomies du Tournaisien Supérieur au sud de Dinant (Belgique). – C. R. Acad. Sc., Paris, série D, vol. **269**: 1922–1924. [243]

MARTIN, J. M., ORTEGA HUERTAS, M. & TORRES-RUÍZ, J. (1984): Genesis and evolution of strontium deposits of the Granada Basin (Southeastern Spain): evidence of diagenetic replacement of a stromatolite belt. – Sed. Geol., **39**: 281–298 (auch M. & O. H., field excursion; Geochem. of the Earth Surface and Processes of Mineral Formation, Granada, March 1986, 17 p.). [472]

MARTIN, J. M., TORRES-RUIZ, J. & FONTBOTÉ, L. (1987): Facies control of strata-bound ore deposits in carbonate rocks: The F-(Pb-Zn) deposits in the Alpine Triassic of the Alpujárrides, southern Spain. – Miner. Deposita, **22**: 216–226. [668]

MARTIN, R. F. (1969): The hydrothermal synthesis of low albite. – Contr. Mineral. Petrol., **23**: 323–339. [424]

MARTINI, E. (1970): Standard Palaeogene calcareous nannoplankton zonation. – Nature, **226**: 560–561. [280]

MARTINI, E. & WORSLEY, T. (1970): Standard Neogene calcareous nannoplankton zonation. – Nature, **225**: 289–290. [280]

MARTINI, J. E. J. (1976): The fluorite deposits in the dolomite series of the Marico district, Transvaal, South Africa. – Econ. Geol., **71**: 625–635. [676, 680, 681]

MASCH, L. & PREUSS, E. (1977): Das Vorkommen des Hyalomylonits von Langtang, Himalaya (Nepal). – N. Jb. Miner. Abh., **129**: 292–311. [809]

MASLOV, V. P. (1956): Fossil calcareous algae of the USSR (Russ.). – Akad. Nauk. SSSR, Trudy Inst. Geol., **160**, 361 S.; Moskau. [265]

MASON, B. & MOORE, C. B. (1982): Principles of Geochemistry. – 340 p.; John Wiley & Sons, Inc. [54]

MASON, C. C. & FOLK, R. L. (1958): Differentation of beach, dune, and aeolian flat environments by size analysis, Mustang Island, Texas. – J. Sediment. Petrol., **28**: 211–226. [138]

MASSARI, F. (1978): High-constructive coarse-textured delta systems, Tortonian, Southern Alps. Evidence of lateral deposits in delta slope channels. – Mem. Soc. Geol. Ital., **18**: 93–124. [790]

– (1981): Giant bedforms in Messinian distributary channels (Southern Alps, Italy). – Internat. Assoc. Sedimentologists 2nd Europ. Mtg., Bologna, Abstr., 104–107. [81–83]

– (1983): Oncoids and Stromatolites in the Rosso Ammonitico Sequences (Middle-Upper Jurassic) of the Venetian Alps, Italy. – In PERYT, T. M. (ed.): Coated Grains, 358–366. – Berlin-Heidelberg (Springer). [269]

MASSARI, F. & DIENI, I. (1983): Pelagic Oncoids and Ooids in the Middle-Upper Jurassic of Eastern Sardinia. – In PERYT, T. M. (ed.): Coated Grains, 367–376. – Berlin-Heidelberg (Springer). [269]

MASSON, P. H. (1955): An occurrence of gypsum in Southwest Texas. – J. Sediment. Petrol., **25**: 72–77. [446]

MASTER, D. J. DE (1981): The supply and accumulation of silica in the marine environment. – Geochim. Cosmochim. Acta, **45**: 1715–1732. [512]

MASTERS, B. A. (1977): Mesozoic Planktonic Foraminifera. – In RAMSAY, A. T. S. (ed.): Oceanic Micropalaeontology, **1**: 301–731; London-New York-San Francisco (Academic Press). [282]

MATHER, P. M. (1976): Computational methods of multivariate analysis in physical geography. – 532 S.; London-New York-Sydney-Toronto. [123]

MATSUBAYA, O., SAKAI, H., TORII, T., BURTON, H. & KERRY, K. (1979): Antarctic saline lakes – stable isotopic ratios, chemical compositions and evolution. – Geochim. Cosmochim. Acta, **43**: 7–25. [479]

MATSUMOTO, R. & IIJIMA, A. (1981): Origin and diagenetic evolution of Ca-Mg-Fe carbonates in some coalfields of Japan. – Sedimentology, **28**: 239–259. [168, 240]

MATTAVELLI, L. & TONNA, M. (1967): Osservazioni petrografiche su processi diagenetici in alcune facies carbonate mesozoichi italiane. – R. C. Soc. Miner. Ital., **XXIII**, 245–273. [418]

MATTER, A. (1967): Tidal flat deposits in the Ordovician of western Maryland. – J. Sediment. Petrol., **37**, 601–609. [73]

MATTER, A., DOUGLAS, R. G. & PERCH-NIELSEN, K. (1975): Fossil preservation, geochemistry and diagenesis of pelagic carbonates from Shatsky Rise, northwest Pacific. – Init. Reports DSDP, **32**: 891–922. [366]

MATTER, A. & GARDNER, J. V. (1975): Carbonate diagenesis at site 308 Koko Guyot. – In LARSON, R. L., MOBERLY, R. et al., Init. Repts. Deep Sea Drill. Proj., **32**: 521–535. [376, 381]

MATTER, A. & RAMSEYER, K. (1985): Cathodoluminescence microscopy as a tool for provenance studies of sandstones. – In ZUFFA, G. G. (ed.): Provenance of Arenites, 191–211. – D. Reidel, Publ. Co., Dordrecht. [105]

MATTES, B. W. & MOUNTJOY, E. W. (1980): Burial dolomitization of the Upper Devonian Miette buildup, Jasper National Park, Alberta. – In ZENGER, D. H., DUNHAM, J. B. & ETHINGTON, R. L. (eds.): Concepts and Models of Dolomitization. – Soc. Econ. Paleont. Mineral. Spec. Publ., **28**: 259–297. [416, 417]

MATTHESS, G. (1966): Zur Geologie des Ölschiefervorkommens von Messel bei Darmstadt. – Abh. hess. L.-Anst. f. Bodenforschung, **51**, 87 S.; Wiesbaden. [878, 880]

– (1973): Lehrbuch der Hydrogeologie, Bd. 2: Die Beschaffenheit des Grundwassers. – 324 S.; Borntraeger, Berlin, Stuttgart. [1, 2, 3]

MATTHEWS, R. K. (1968): Carbonate diagenesis: equilibration of sedimentary mineralogy to the subaerial environment; Coral cap of Barbados, West Indies. – J. Sediment. Petrol., **38**: 1110–1119. [399]

MATTIAT, B. (1960): Beitrag zur Petrographie der Oberharzer Kulmgrauwacke. – Beitr. Miner. Petrogr., **7**: 242–280. [102, 110]

MATZNER, CH. (1986): Die Zlambach-Schichten (Rhät) in den Nördlichen Kalkalpen: Eine Plattform-Hang-Beckenentwicklung mit allochthoner Karbonatsedimentation. – Facies **14**: 1–104; Erlangen. [294]

MAUCHER, A. (1954): Zur „alpinen Metallogenese" in den bayerischen Kalkalpen zwischen Loisach und Salzach. – Tscherm. miner. petrogr. Mitt., N. F. **4**: 454–463. [572, 658, 660]

MAUCHER, A. & SCHNEIDER, H.-J. (1967): The Alpine lead-zinc ores. – In BROWN, J. S. (ed.): Genesis of stratiform lead-zinc-barite-fluorite deposits. – Econ. Geol. Monograph **3**: 71–89. [658, 662]

MAUGHAN, E. K. (1979): Relation of phosphorite, organic carbon and hydrocarbons in the Permian phosphoria formation (western U. S. A.). – Coll. internat., 6–7 nov. 1979, Géologie comparée des gisements de phosphates et de pétrole. – Documents du BRGM, **24**: 63–91, Paris. [559, 561]

MAUREL, P. (1962): Sur la présence d'albite dans le Permien supérieur des environs de Saint-Affrique (Aveyron) et de Lodève (Hérault). – C. R. Acad. Sci., Paris, **254**: 3003–3005. [168]

MAURER, H. (1982): Oberflächentexturen an Schwermineralkörnern aus der Unteren Süßwassermolasse (Chattien) der Westschweiz. – Ecl. geol. Helv., **75**: 23–31. [120]

MAUSFELD, S. & ZANKL, H. (1987): Sedimentology and facies development of the Stassfurt Main Dolomite in some wells of the South Oldenburg region (Weser-Ems area, NW-Germany). – In PERYT, T. M. (Hrsg.): The Zechstein Facies in Europe. Lecture Notes in Earth Sciences, **10**: 123–141; Springer-Verlag, Berlin, Heidelberg. [500]

MAXWELL, J. C. (1964): Influence of depth, temperature, and geologic age on porosity of quartzose sandstone. – Bull. Amer. Assoc. Petrol. Geol., **48**: 697–709. [153, 155]

MAY, H. M., HELMKE, P. A. & JACKSON, M. L. (1979): Gibbsite solubility and thermodynamic properties of hydroxyaluminium ions in aqueous solution at 25 °C. – Geochim. Cosmochim. Acta, **43**: 861–868. [30]

MAYER, F. K. & WEINECK, E. (1932): Die Verbreitung des Kalziumkarbonates im Tierreich unter besonderer Berücksichtigung der Wirbellosen. – Jena, Z. Med. u. Naturwiss., **66**: 199–222. [251]

MAYER, G. (1956): Kotpillen als Füllmasse in Hoernesien und weitere Kotpillenvorkommen im Kraichgauer Hauptmuschelkalk. – N. Jb. Geol. Paläont., Mh., **12**: 531–535. [324]

MAYNARD, J. B. (1982): Composition of feldspars in modern deep-sea sands related to tectonic setting. – 11th Internat. Congr. Sedimentol., Hamilton, Abstr., 84. [102]

– (1983): Geochemistry of sedimentary ore deposits. – 305 pp., Springer, New York, Heidelberg, Berlin. [571, 576, 578, 581, 590, 595, 596, 600, 633, 635, 648, 657]

MAZZULLO, J. M. & EHRLICH, R. (1983): Grain-shape variation in the St. Peter sandstone: A record of eolian and fluvial sedimentation of an early Paleozoic cratonic sheet sand. – J. Sediment. Petrol., **53**: 105–119. [143]

MAZZULLO, S. J. (1981): Facies and burial diagenesis of a carbonate reservoir: Chapman Deep (Atoka) Field, Delaware Basin, Texas. – Amer. Assoc. Petrol. Geol. Bull., **65**: 850–865. [372]

MAZZULLO, S. J. & CYS, J. M. (1979): Marine aragonite sea-floor growths and cements in Permian phylloid algal mounds, Sacramento mountains, New Mexico. – J. Sediment. Petrol., **49**: 917–936. [386]

MCALESTER, A. L. (1968): The history of life. – 151 S.; Englewood Cliffs, N. J., Prentice-Hall. [255]

MCBIRNEY, A. (1985): Igneous Petrology. – 509 pp.; Freeman & Cooper, San Francisco. [731]

MCBRIDE, E. F. (1962): Flysch and associated beds of the Martinsburg formation (Ordovician), Central Appalachians. – J. Sediment. Petrol., **32**: 39–91. [146]

– (1963): A classification of common sandstones. – J. Sediment. Petrol., **33**: 664–669. [100]

– (1966): Sedimentary petrology and history of the Haymond Formation (Pennsylvanian), Marathon Basin, Texas. – Texas Bur. Econ. Geol. Rept. Inv., **57**, 101 S. [819]

– (1970): Stratigraphy and origin of Maravillas Formation (Upper Ordovician), West Texas. – Amer. Assoc. Petrol. Geol., **54**: 1719–1745. [529, 530]

– (1974): Significance of color in red, green, purple, olive, brown, and gray beds of Difunta Group, northeastern Mexico. – J. Sediment. Petrol., **44**: 760–773. [170, 874]

MCBRIDE, E. F. & FOLK, R. L. (1977): The Caballos Novaculite revisited: Pt. II: Chert and shale members and synthesis. – J. Sediment. Petrol., **47**: 1261–1286. [530]

– – (1979): Features and origin of Italian Jurassic radiolarites deposited on continental crust. – J. Sediment. Petrol., **49**: 837–868. [529, 537]

MCBRIDE, E. F. & KIMBERLY, J. E. (1963): Sedimentology of Smithwick shale (Pennsylvanian), eastern Llano region, Texas. – Bull. Amer. Assoc. Petrol. Geol., **47**: 1840–1854. [146]

MCBRIDE, E. F., LINDEMANN, W. L. & FREEMAN, P. S. (1968): Lithology and petrology of the Gueydan (Catahoula) formation in South Texas. – Bureau Econ. Geol. Univ. Texas, Rep. of Investig., **63**, 122 pp. [830]

MCBRIDE, E. F. & THOMSON, A. (1970): The Caballos Novaculite, Marathon region, Texas. – Geol. Soc. Amer. Spec. Pap., **122**, 129 S. [530]

MCBRIDE, E. F. & YEAKEL, L. S. (1963): Relationship between parting lineation and rock fabric. – J. Sediment. Petrol., **33**: 779–782. [145, 795]

MCCAVE, I. N. (1971): Sand waves in the North Sea off the coast of Holland. – Mar. Geol., **10**: 199–225. [794]

– (1972): Transport and escape of fine-grained sediment from shelf areas. – In SWIFT, D. J. P., DUANE, D. B. & PILKEY, O. H. (eds.): Shelf Sediment Transport: Process and Pattern, 225–248. – Dowden, Hutchinson & Ross Inc., Stroudsburg, Penns. [782, 786]

– (1978): Grain-size trends and transport along beaches: Example from eastern England. – Mar. Geol., **28**: M 43–M 51. [786]

– (1979): Tidal currents at the North Hinder lightship, southern North Sea: Flow directions and turbulence in relation to maintenance of sand banks. – Mar. Geol., **31**: 101–114. [794]

– (1982): Marine transgression of tidal regions with sand banks: a sedimentary model. – 11th Internat. Congr. Sedimentol., Hamilton, Abstr., 90. [794]

McCoy, F. W. & Sancetta, C. (1985): North Pacific Sediments. – In Nairn, A. E., Stehli, F. G. & Uyeda, S. (eds.): The Ocean Basins and Margins, **7 A**: 1–64; The Pacific Ocean. – Plenum Press, New York. [750]

McCrea, J. M. (1950): On the isotopic chemistry of carbonates and a paleotemperature scale. – J. Chem. Phys. **18**: 849–857. [244]

McCubbin, D. G. (1982): Barrier-island and strand-plain facies. – In Scholle, P. A. & Spearing, D. (eds.): Sandstone Depositional Environments. – Amer. Assoc. Petrol. Geol. Mem. **31**: 247–279. [910]

McDonald, D. A., Surdam, R. C. (eds.) (1984): Clastic Diagenesis. – Amer. Assoc. Petrol. Geol. Mem., 37, 434 S. [156]

McDonald, G. J. F. (1953): Anhydrite-gypsum equilibrium relations. – Am. J., Sc., **251**: 884–898. [443]

McDowell, J. P. (1957): The sedimentary petrology of the Mississagi Quartzite in the Blind River area. – Ontario Dept. Mines, Geol. Cir., No. 6, 31 pp. [137]

McDuff, R. E. & Gieskes, J. M. (1976): Calcium and magnesium profiles in DSDP interstitial waters: Diffusion or reaction?. – Earth Planet. Sci. Lett., **33**: 1–10. [5]

McGhee, G. R., Jr. (1982): Ecological structure of the Frasnian-Famennian mass extinction in the Appalachian marine biota. – Geol. Soc. Amer. Abstr. & Progr. **14**, 7, 561. [352]

McGhee, G. R. & Bayer, U. (im Druck): The local signature of sea-level changes. – In Bayer, U. & Seilacher, A. (eds.): Evolutionary and Sedimentary Cycles. – Springer-Verlag Berlin, Heidelberg, New York, Tokyo (in press). [852]

McGowen, J. H. & Groat, C. G. (1971): Van Horn Sandstone, West Texas: an alluvial fan model for mineral exploration. Report of Investigations, 72, 57 S.; Bureau of Economic Geol., Univ. of Texas, Austin. [71, 865]

McHargue, T. R. & Price, R. C. (1982): Dolomite from clay in argillaceous or shale-associated marine carbonates. – J. Sediment. Petrol., **52**: 873–886. Mit Disk. von M. Narkiewicz; J. S. P., **53**: 1353–1355. [416]

McIlreath, I. A. (1977): Accumulation of a Middle Cambrian, deep-water limestone debris apron adjacent to a vertical, submarine carbonate escarpment, Southern Rocky Mountains, Canada. – In Cook, H. E. & Enos, P. (eds.): Deep-Water Carbonate Environments. – Soc. Econ. Paleont. Mineral. Spec. Pub., **25**: 113–124. [820]

McIlreath, I. A. & James, N. P. (1984): Carbonate slopes. – In Walker, R. G. (ed.): Facies Models. Geoscience Canada (Geol. Assoc. Can.), 245–257. [934, 941]

McIver, N. L. (1961): Upper Devonian marine sedimentation in the Central Appalachians. – Ph. D. diss., Johns Hopkins Univ., 530 pp. [146]

McKee, E. D. (1966a): Significance of climbing-ripple structure. – U. S. Geol. Surv. Prof. Pap., **550**: 94–103. [788]

– (1966 b): Structures of dunes at White Sands National Monument, New Mexico (and comparison with structures of dunes from other selected areas). – Sedimentology, **7**: 1–69. [803, 882, 884]

– (1979): Sedimentary structures in dunes. – In McKee, E. D. (ed.): A Study of Global Sand Seas. – U. S. Geol. Surv. Prof. Pap., **1052**: 84–113. [803, 805, 806, 882]

– (ed.) (1979): A Study of Global Sand Seas. – U. S. Geol. Surv. Prof. Pap. 1052, 429 S. [803]

McKee, E. D. & Gutschick, R. C. (1969): History of Redwall Limestone of northern Arizona. – Geol. Soc. Amer., Mem., **144**: 1–726. [325]

McKee, E. D. & Sterrett, T. S. (1961): Laboratory experiments on form and structure of longshore bars and beaches. In Peterson, J. A. & Osmond, J. C. (eds.): Geometry of Sandstone Bodies. – Amer. Assoc. Petrol. Geol., 13–28. [795]

McKee, E. D. & Tibbits, G. C., Jr. (1964): Primary structures of a sief dune and associated deposits in Libya. – J. Sediment. Petrol., **34**: 5–17. [805]

McKee, E. D. & Weir, G. W. (1953): Terminology for stratification and cross-stratification in sedimentary rocks. – Geol. Soc. Amer. Bull., **64**: 381–390. [790]

McKelvey, V. E. (1967): Phosphate deposits, Contribution to economic geology. – Geol. Surv. Bull. USA, 1252-D. [543, 548, 563]

– (1973): Abundance and Distribution of Phosphorus in the Lithosphere. – In: Environmental Phosphorus Handbook, 13–31. J. Wiley & Sons, New York. [543]

McKelvey, W. E., Swanson, R. W. & Sheldon, R. P. (1953): The Permian phosphorite deposits of western United States. – Congr. géol. internat. Alger 1952, Sect. XI, fasc. XI. Origine des Gisements de Phosphates de Chaux: 45–64. [559]

McKenzie, D. (1978): Some remarks on the development of sedimentary basins. – Earth and Planet. Sci. Lett., **40**: 25–32. [946, 960]

McKenzie, D. B. (1972): Tidal sand flat deposits in Lower Cretaceous Dakota Group near Denver, Colorado. – Mountain Geol., **9**: 269–277. [901, 904]

McKenzie, J. A. (1981): Holocene dolomitization of calcium carbonate sediments from the coastal sabkhas of Abu Dhabi, U. A. E.: a stable isotope study. – J. Geol., **89**: 185–198. [403]

McKenzie, J. A., Hsü, K. J. & Schneider, J. F. (1980): Movement of subsurface waters under the sabkha, Abu Dhabi, U. A. E., and its relation to evaporative dolomite genesis. – In Zenger, D. H., Dunham, J. B. & Ethington, R. L. (eds.): Concepts and Models of Dolomitization. – Soc. Econ. Paleont. Mineral. Spec. Publ., **28**: 11–30. [411, 412]

McKyes, E., Sethi, A. & Yong, R. N. (1974): Amorphous coatings on particles of sensitive clay soils. – Clays and Clay Minerals, **22**: 427–433. [21]

McLaren, D. J. (1982): Frasnian-Famennian extinctions. – Geol. Soc. Amer. Spec. Pap. **190**: 477–484. [352]
McLean, H. (1979): Sandstone petrology: Upper Jurassic Naknek formation of the Alaska peninsula and coeval rocks on the Bering shelf. – J. Sediment. Petrol., **49**: 1263–1268. [103]
McPherson, J. G. (1980): Genesis of variegated redbeds in the fluvial Aztec siltstone (Late Devonian), Southern Victoria Land, Antarctica. – Sed. Geol., **27**: 119–142. [874]
McRae, S. G. (1972): Glauconite. – Earth-Sci. Rev., **8**: 397–440. [219, 220]
Meade, R. H. (1966): Factors influencing the early stages of compaction of clays and sands. – review. – J. Sediment. Petrol., **36**: 1085–1101. [204, 206]
– (1969): Landward transport of bottom sediments in estuaries of the Atlantic coastal plain. – J. Sediment. Petrol., **39**: 222–234. [898]
– (1982): Sources, sinks, and storage of river sediments in the Atlantic drainage of the United States. – J. Geol., **90**: 235–252. [199]
Meade, R. H., Nordin, C. F., Jr., Curtis, W. F., Costarodrigues, F. M. & Douale, C. M. (1979): Sediment loads in the Amazon River. – Nature, **278**: 161–163. [199]
Meade, R. H., Sachs, P. L., Manheim, F. T., Hathaway, J. C. & Spencer, D. W. (1975): Sources of suspended matter in waters of the Middle Atlantic Bight. – J. Sediment. Petrol., **45**: 171–188. [201]
Meder, H. G. (1966): Über die Berechnung der Durchlässigkeit von Sandsteinen aus Porosität und Korngrößenverteilung. – Erdöl und Kohle etc., **19**: 626–634. [150]
Meer Mohr, C. G. v. d. (1977): Field trip to the salinas of Bonaire. – Field Guide, 8th Caribb. Geol. Conf., Curaçao, 76–87. [235]
Mehl, J. (1982): Die Tempestit-Fazies im Oberen Muschelkalk Südbadens. – Jb. geol. L.-A. Baden-Württ., **24**: 91–109. [930]
Meier, R. (1977): Turbidite und Olisthostrome – Sedimentationsphänomene des Werra-Sulfats (Zechstein 1) am Osthang der Eichsfeld-Schwelle im Gebiet des Südharzes. – Veröff. Zentralinst. Physik d. Erde, **50**, 45 S.; Potsdam. [816, 820]
Meisburger, E. P. & Duane, D. B. (1971): Geomorphology and sediments of the inner continental shelf Palm Beach to Cape Kennedy, Florida. – Tech. Memo U. S. Army Coastal Engng. Centre, **34**, 111 S. [912]
Meischner, D. (1967): Paläokologische Untersuchungen an gebankten Kalken. Ein Diskussions-Beitrag. – Geol. Fören. Stockholm Förh. **89**: 465–469. [842]
– (pers. Mitt.). [862]
Meischner, D. & Meischner, U. (1977): Bermuda south shore reef morphology. – Proc. 3rd Internat. Coral Reef Sympos., Rosenstiel School of Mar. and Atmosph. Sci., Miami, 243–250. [357]
Meischner, K.-D. (1964): Allodapische Kalke, Turbidite in riffnahen Sedimentations-Becken. – In Bouma, A. H. & Brouwer, A. (eds.): Turbidites. – Dev. in Sedimentol., **3**: 156–191; Elsevier, Amsterdam. [284, 291]
Meixner, H. (1953): Neue türkische Boratlagerstätten. – Berg- und Hüttenmänn. Mschr., **98**: 86–92. [489]
Melfi, A. J., Trescases, J.-J. & Barros de Oliveira, S. M. (1979): Les „Latérites" nickélifères du Brésil. – Cah. O. R. S. T. O. M. sér. Géol., **11**, 1, 1979–1980: 15–42. [516]
– – – (1981): Nickeliferous ‚Laterites' of Brazil. – In: Laterisation Processes. Proceedings of the Internat. Seminar on Laterisation Processes, Trivandrum, India, Dec. 1979: 140–184. [61, 62]
Melguen, M. (1978): Facies evolution, carbonate dissolution cycles in sediments from the eastern South Atlantic (DSDP Leg 40) since the early Cretaceous. – In Bolli, H. M. et al., Initial Repts. Deep Sea Drilling Project, **40**: 981–1024. [941]
Mellon, G. B. (1964): Discriminatory analysis of calcite- and silicate-cemented phases of the Mountain-Park sandstone. – J. Geol., **72**: 786–809. [175]
– (1967): Stratigraphy and petrology of the Lower Cretaceous Blairmore and Mannville groups, Alberta foothills and plains. – Res. Counc. Alberta, Bull., **21**, 270 pp. [175]
Mel'nik, Y. P. (1982): Precambrian banded iron-formations. – Development in Precambrian geology, **9**, 310 S., Amsterdam (Elsevier). [503, 524, 593]
Melson, W. G. & Thompson, G. (1973): Glassy abyssal basalts, Atlantic sea floor near St. Paul's Rock: Petrography and composition of secondary clay minerals. – Geol. Soc. Amer. Bull., **84**: 703–716. [5]
Mempel, G. (1968): Blähtone. – In Bentz, A. (Hrsg.): Lehrbuch der angewandten Geologie, Bd. II, Teil I: 1297–1299; Enke, Stuttgart. [228]
Mendelovici, E. S. Yariv, S. & Villalba, R. (1979): Iron-bearing kaolinite in Venezuelan laterites: I. Infrared spectroscopy and chemical dissolution evidence. – Clay Min., **14**: 323–331. [26]
Mensink, H., Bahrig, B. & Mergelsberg, W. (1984): Die Entwicklung der Gastropoden im miozänen See des Steinheimer Beckens (Süddeutschland). – Palaeontographica A, **183**: 1–63. [306]
Mensink, H. & Schudack, M. (1982): Caliche, Bodenbildungen und die paläogeographische Entwicklung an der Wende mariner Jura/Wealden in der westlichen Sierra de los Cameros (Spanien). – N. Jb. Geol. Paläont., Abh., **163**: 49–80. [361]
Menyesch, W. (1978): Zur Petrographie und Diagenese der oberkarbonischen Sandsteine des Ruhrgebietes. – Diss. Univ. Bochum, 146 S. [176, 180]
Menzies, R. J., George, R. Y. & Rowe, G. T. (1973): Abyssal Environment and Ecology of the World Oceans. – 488 S.; John Wiley, New York. [914]
Mergelsberg, W. (mdl. Mitt.). [86]
Mergner, J. (Foto). [276]

MERO, J. L. (1965): The mineral ressources of the sea. – 312 pp.; Elsevier Publ. Comp., Amsterdam. [581]
MESOLELLA, K. J. (1967): Zonation of uplifted Pleistocene coral reefs on Barbados, West Indies. – Science, **156**: 638–640. [351]
Metallgesellschaft (ed.) (1975): Manganknollen – Metalle aus dem Meer. – Metallg., Mitt. aus den Arbeitsbereichen, **18**, 87 pp.; Frankfurt/Main. [581, 584]
MEYBECK, M. (1980): Pathways of major elements from land to ocean through rivers. – In MARTIN, J.-M., BURTON, J. D. & EISMA, D. (eds.): River Inputs to Ocean Systems. – UNER, IOC, SCOR Workshop Proc., 18–30 [503]
MEYER, M. & SAAGER, R. (1985): The gold content of some Archaean rocks and their possible relationship to epigenetic gold-quartz vein deposits. – Mineral. Deposita, **20**: 284–289. [617, 618]
MEYER, R. (1976): Continental sedimentation, soil genesis and marine transgression in the basal beds of the Cretaceous in the east of the Paris Basin. – Sedimentology, **23**: 235–253. [144]
– (1981): Rôle de la paléoaltération, de la paléopédogenèse et de la diagenèse précoce au cours d'élaboration de series continentales. – Thèse Univ. Nancy I: 275 S.; Nancy. [357, 359, 362]
MEYER, R. K. F. (1974): Stratigraphie und Fazies des Frankendolomits (Malm); 2. Teil: Mittlere Frankenalb. – Erlanger Geol. Abh. **96**, 34 S. [540]
– (1977): Mikrofazies im Übergangsbereich von der Schwammfazies zur Korallen-Spongiomorphiden-Fazies im Malm (Kimmeridge-Tithon) von Regensburg bis Kelheim. – Geol. Jb. **A 37**: 33–69. [356]
MEYERS, W. J. (1974): Carbonate cement stratigraphy of the Lake Valley (Mississippian) Sacramento Mountains, New Mexico. – J. Sediment. Petrol. **44**: 837–861; Tulsa. [243, 244, 383]
– (1977): Chertification in the Mississippian Lake Valley Formation, Sacramento Mountains, New Mexico. – Sedimentology, **24**: 75–105. [537]
– (1978): Carbonate cements: their regional distribution and interpretation in Mississippian limestones of southwestern New Mexico. – Sedimentology **25**: 371–400; Oxford. [244, 383]
MEYERS, W. J. & HILL, B. E. (1983): Quantitative studies of compaction in Mississippian skeletal limestones, New Mexico. – J. Sediment. Petrol., **53**: 231–242. [367]
MEYERS, W. J. & LOHMANN, K. C. (1978): Microdolomite-rich synachsial cements: proposed meteoric-marine mixing zone phreatic cements from Mississippian limestones, New Mexico. – J. Sediment. Petrol., **48**: 475–488. [398]
– – (1980): Geochemistry of regionally extensive calcite zones in Mississippian skeletal limestones, New Mexico. – AAPG-SEPM Abstr. & Progr., Ann. Mtg., 91. [383]
– – (1985): Isotope geochemistry of regionally extensive calcite cement zones and marine components in Mississippian limestones, New Mexico. – In SCHNEIDERMANN, N. & HARRIS, P. M. (eds.): Carbonate Cements. – Soc. Econ. Paleont. Mineral. Spec. Publ., **36**: 223–239. [381, 383]
MIALL, A. D. (1977): A review of the braided-river depositional environment. – Earth-Sci. Rev., **13**: 1–62. [866–870]
– (1978, ed.): Fluvial Sedimentology. – Canad. Soc. Petrol. Geol., Mem. **5**, 859 S. [869, 870]
– (1981): Analysis of Fluvial Depositional Systems. – AAPG Education Course Note Ser. **20**, 75 S. [870, 871, 873]
– (1983): Glaciomarine sedimentation in the Gowganda Formation (Huronian), Northern Ontario. – J. Sediment. Petrol., **53**: 477–491. [81]
– (1985): Sedimentation on an early Proterozoic continental margin under glacial influence: the Gowganda Formation (Huronian), Elliot Lake area, Ontatio, Canada. – Sedimentology, **32**: 763–788. [885]
MICHEL, D. (1987): Concentration of gold in in situ laterites from Mato Grosso. – Mineral. Deposita, **22**: 185–189. [626, 628]
MICHEELSEN, H. (1966): The structure of dark flint from Stevns, Denmark. – Meddr. dansk geol. Foren., **16**: 285–368. [540]
MICHELSON, P. C. & DOTT, R. H., Jr. (1973): Orientation analysis of trough cross stratification in Upper Cambrian sandstones of Western Wisconsin. – J. Sediment. Petrol., **43**: 784–794. [792]
MIDDLETON, G. V. (1962): Size and sphericity of quartz grains in two turbidite formations. – J. Sediment. Petrol., **32**: 725–742. [81]
– (1966, 1967): Experiments on density and turbidity currents, I, II, III. – Canad. J. Earth Sci., **3**: 523–546, 627–637, **4**: 475–505. [819, 822]
– (1967): The orientation of concavo-convex particles deposited from experimental turbidity currents. – J. Sed. Petrol., **37**: 229–232. [346]
– (1970): Experimental studies related to problems of flysch sedimentation, – In LAJOIE, J. (ed.): Flysch Sedimentology in North America. – Geol. Assoc. Canada Spec. Pap., **7**: 253–272. [816, 822]
– (1972): Albite of secondary origin in Charny sandstones, Quebec. – J. Sediment. Petrol., **42**: 341–349. [113, 167]
– (1976): Hydraulic interpretation of sand size distributions. – J. Geol., **84**, 405–426. [139, 783]
– (1977): Introduction – Progress in hydraulic interpretation of sedimentary structures. – S. E. P. M. Reprint Series 3 „Sedimentary Processes": Hydraulic Interpretation of Primary Sedimentary Structures, 1–15. [779]
MIDDLETON, G. V. & BOUMA, A. H. (eds.) (1973): Turbidites and Deep-Water Sedimentation. – Soc. Econ. Paleont. Mineral. Pacific Sec. Short Course Lecture Notes, Anaheim, 157 S. [818]
MIDDLETON, G. V. & HAMPTON, M. A. (1973): Sediment gravity flows: mechanics of flow and deposition, Part I. – In MIDDLETON, G. V. & BOUMA, A. H. (eds.): Turbidites and Deep-water Sedimentation. – Soc. Econ. Paleont. Mineral. Pacific Section, Short-Course Lecture Notes, 1–38. [811]

MIESSNER (mdl. Mitt.). [429]
MIKHAILOV, B. M. (1977): Evolution of hypergene ore genesis in earth's history. – In: Problems of modern lithology and sedimentary deposits, Novosibirsk (Izd. Nauka), 176–184. [46, 47]
MILANKOVITCH, M. (1930): Mathematische Klimalehre und astronomische Theorie der Klimaschwankungen. – Handbuch der Klimatologie, Bd. 1 A, 176 S. – Gebr. Borntraeger, Berlin. [850]
– (1941): Kanon der Erdbestrahlung und seine Anwendung auf das Eiszeitenproblem. – 484 S.; Königl. Serbische Akad., Beograd. [850]
MILLER, A. R., DEGENS, E. T., HATHAWAY, J. C., MANHEIM, F. T., MCFARLIN, P. F., POCKLINGTON, R. & JOKELA, A. (1966): Hot brines and recent iron deposits in deeps of the Red Sea. – Geochim. Cosmochim. Acta, 30: 341–359; Oxford-London-New York-Paris. [573]
MILLER, M. F., EKDALE, A. A. & PICARD, M. D. (eds.) (1984): Trace Fossils and Paleoenvironments: Marine Carbonate, Marginal Marine Terrigenous and Continental Terrigenous Settings. – J. Paleont., 58: 283–597. [834]
MILLIKEN, K. L. (1979): The silicified evaporite syndrome – two aspects of silicification history of former evaporite nodules from southern Kentucky and northern Tennessee. – J. Sediment. Petrol., 49: 245–256. [541]
MILLIKEN, K. L., LAND, L. S. & LOUCKS, R. G. (1981): History of burial diagenesis determined from isotopic geochemistry, Frio Formation, Brazoria County, Texas. – Amer. Assoc. Petrol. Geol. Bull., 65: 1397–1413. [159, 181]
MILLIMAN, J. D. (1972): Atlantic continental shelf and slope of the United States. Petrology of the sand fraction – northern New Jersey to southern Florida. – U. S. Geol. Surv. Profess. Paper 529-J, 40 pp. [314]
– (1974): Marine Carbonates. – Recent Sedimentary Carbonates, Part 1, 375 S., Berlin-Heidelberg-New York (Springer-Verlag). [236, 246, 250–253, 274, 279, 291, 293, 307, 310, 318, 345, 385, 386, 389]
– (1979): Morphology and structure of Amazon upper continental margin. – Amer. Assoc. Petrol. Geol. Bull., 63: 934–950. [936]
MILLIMAN, J. D. & BARRETTO, H. T. (1975): Relict magnesian calcite oolite and subsidence of the Amazon shelf. – Sedimentology, 22: 137–145. [331]
MILLIMAN, J. D. & BORNHOLD, B. D. (1973): Peak height versus peak intensity analysis of x-ray diffraction data. – Sedimentology, 20: 445–448; Oxford. [242]
MILLIMAN, J. D., GASTNER M. & MÜLLER, J. (1971): Utilization of Magnesium in Coralline Algae. – Geol. Soc. Amer. Bull., 82: 573–580; New York. [252, 278]
MILLIMAN, J. D. & MÜLLER, J. (1973): Precipitation and lithification of magnesian calcite in the deep-sea sediments of the eastern Mediterranean Sea. – Sedimentology, 20: 29–46; Oxford. [236, 253, 386]
MILLIMAN, J. D. & SUMMERHAYES, C. P. (1975): Upper continental margin sedimentation off Brazil. – Contrib. to Sediment., 4, 175 S., Schweizerbart, Stuttgart. [124]
MILLIMAN, J. D., SUMMERHAYES, C. P. & BARRETTO, H. T. (1975): Oceanography and suspended matter off the Amazon river February–March 1973. – J. Sediment. Petrol., 45: 189–206. [201]
MILLOT, G. (1960): Silice, silex, silicifications et croissance des cristaux. – Bull. Serv. Carte géol. Als. Lorr., 13, 4: 129–146. [514, 515]
– (1963): Géologie des argiles. – 499 pp.; Masson, Paris. [26, 30, 66]
– (1970): Geology of Clays. – 429 S.; Springer, New York, Heidelberg, Berlin. [187, 211, 512]
MILLOT, G. & BONIFAS, M. (1955): Transformations isovolumétriques dans les phénomènes de latérisation et de bauxitisation. – Bull. Serv. Carte Géol. Alsace-Lorraine, Strasbourg 8: 3–10. [44]
MILLOT, G., PAQUET, H. & RUELLAN, A. (1969): Néoformation de l'attapulgite dans les sols à carapace calcaire de la Basse Moulouya (Maroc oriental). – C. R. Acad. Sci., Paris, 268-D: 2771–2774. [409]
MILLS, H. H. (1977a): Textural characteristics of drift from some representative Cordilleran glaciers. – Geol. Soc. Amer. Bull., 88: 1135–1143. [887]
– (1977b): Differentiation of Glacier environments by sediment characteristics: Athabasca Glacier, Alberta, Canada. – J. Sediment. Petrol., 47: 728–737. [887]
– (1979): Downstream rounding of pebbles – A quantitative review. – J. Sediment. Petrol., 49: 295–302. [80]
MILLS, P. C. (1983): Genesis and diagnostic value of soft-sediment deformation structures – a review. – Sed. Geol., 35: 83–104. [828]
MILNE, J. (1897): Sub-oceanic changes. – Geogr. Jour., 10: 129–146, 259–289. [818]
MILNER, H. B. (1962): Sedimentary Petrography. – G. Allen & Unwin Ltd., London, 715 pp. [122]
MILNES, A. G. (1978): Structural zones and continental collision, Central Alps. – Tectonophysics, 47: 369–392. [956, 957]
MILNES, A. R. (1983): Silification in Cainozoic landscapes of arid Australia. – In NAHON, D. & NOACK (eds.): Pédologie des altérations et des sols, Vol. II. – CNSR – Sciences géol., Mem. 72, Paris. [516, 519]
MILTON, CH., CHAO, E. C. T., FAHEY, J. J. & MROSE, M. E. (1960): Silicate mineralogy of the Green River formation of Wyoming, Utah, and Colorado. – 21. Internat. geol. Congr., Norden., Pt. XXI, 171–184. [424]
MILTON, CH. & EUGSTER, H. P. (1959): Mineral assemblages of the Green River Formation. – In ABELSON, P. H. (ed.): Researches in Geochemistry, 118–150: John Wiley & Sons, Inc., New York. [490]
MIMRAN, Y. (1977): Chalk deformation and large-scale migration of calcium carbonate. – Sedimentology, 24: 333–360. [367]
– (1985): Tectonically controlled freshwater carbonate cementation in chalk. – In SCHNEIDERMANN, N. & HARRIS, P. M. (eds.): Carbonate Cements. – Soc. Econ. Paleont. Mineral. Spec. Publ., 36: 371–379. [367]
MIRSAL, I. & ZANKL, H. (1979): Petrography and geochemistry of carbonate void-filling cements in fossil reefs. – Geol. Rdsch., 68: 920–951. [387]

– – (1985): Some phenomenological aspects of carbonate geochemistry. The control effect of transition metals. – Geol. Rdsch., **74**: 367–377. [414]
MITCHELL, A. H. G. & READING, H. G. (1978): Sedimentation and tectonics. – In READING, H. G. (ed.): Sedimentary Environments and Facies, 439–476. – Blackwell Sci. Publ., Oxford, London, Edinburgh, Melbourne. [950, 953, 954]
MITCHELL, G. D., DAVIS, A. & SPACKMAN, W. (1977): A petrographic classification of solid residues derived from the hydrogenation of bituminous coals. – In ELLINGTON, R. T. (ed.): Liquid Fuels from Coal: 255–270; Academic Press New York, San Francisco, London. [727]
MITTERER, R. M. (1972): Calcified proteins in the sedimentary environment. – Advances in Organ. Geochem., 1971, Proc. V. Internat. Meet. Organ. Geochem., Hannover, Germany; Pergamon Press, 441–451. [235, 249, 334]
MITTERER, R. M. & CUNNINGHAM, R., Jr. (1985): The interaction of natural organic matter with grain surfaces: implications for calcium carbonate precipitation. – In SCHNEIDERMANN, N. & HARRIS, P. M. (eds.): Carbonate Cements. – Soc. Econ. Paleont. Mineral. Spec. Publ. **36**: 17–31. [235]
MIZUTANI, S. (1957): Permian sandstones in the Mugi area, Gifu Prefecture, Japan. – J. Earth Sci., Nagoya Univ., **5**: 135–151. [102]
– (1959): Clastic plagioclase in Permian graywacke from the Mugi area, Gifu Prefecture, Japan. – J. Earth Sci., Nagoya Univ., **7**: 108–136. [113]
– (1970): Silica minerals in the early stage of diagenesis. – Sedimentology, **15**: 419–436. [536]
– (1983): Duration of chemical diagenesis. – J. Earth Sci. Nagoya Univ., **31**: 17–35. [538]
MOBERLY, R., Jr. (1968): Composition of magnesian calcites of algae and pelecypods by electron microprobe analysis. – Sedimentology, **11**: 61–82; Amsterdam. [252, 278]
– (1973): Rapid chamber-filling growth of marine aragonite and Mg-calcite. – J. Sediment. Petrol., **43**: 634–635. [385]
MOBERLY, R. & COULBOURN, G. L. (1980): Growth of fore-arc basins, coastal Peru and adjacent Ecuador and Chile. – Summary, Conference Brit. Sedimentol. Res. Group, 25 (s. auch Geol. Soc. London Spec. Publ. 10), publiziert in LEGGETT (ed.) 1982 (s. dort). [953]
MÖLLER, H. (1985): Petrographie und Fazies des Plattendolomits (Leine-Karbonat, Ca3) im hessischen Zechstein-Becken. – Bochumer geol. geotechn. Arb., **20**, 255 S. [413, 931]
MÖLLER, P., DULSKI, P. & SCHNEIDER, H.-J. (1983): Interpretation of Ga and Ge content in sphalerite from the Triassic Pb-Zn deposits of the Alps. – In SCHNEIDER, H.-J. (ed.): Mineral deposits of the Alps and of the Alpine epoch in Europe. – Spec. Publ. SGA, **3**: 213–222; Springer Berlin-Heidelberg-New York-Tokyo. [671]
MÖLLER, P. & KUBANEK, F. (1976): Role of magnesium in nucleation processes of calcite, aragonite and dolomite. – N. Jb. Miner. Abh., **126**: 199–220. [235]
MÖLLER, P. & PAREKH, P. P. (1975): Influence of magnesium on the ion-activity product of calcium and carbonate dissolved in seawater: a new approach. – Marine Chemistry, **3**: 63–77. [234]
MÖLLER, P. & RAJAGOPALAN, G. (1975): Precipitation kinetics of $CaCO_3$ in presence of Mg^{2+} ions. – Zschr. Physik. Chemie N. F., **94**: 297–314. [235]
MÖLLER, P., SCHULZ, S. & JACOB, K. H. (1980): Formation of fluorite in sedimentary basins. – Chem. Geol., **30**: 97–117. [679, 680]
MOINE et al. (zit.). [634]
MOIOLA, R. J. (1981): Shallow shelf processes: siliciclastics. – In DOTT, R. H. & BYERS, C. W. (conveners): SEPM research conference on modern shelf and ancient cratonic sedimentation – the orthoquartzite-carbonate suite revisited. – J. Sediment. Petrol., **51**: 341–343. [912, 916]
MOIOLA, R. J. & WEISER, D. (1968): Textural parameters: an evaluation. – J. Sediment. Petrol., **38**: 45–53. [138]
MOLNÁR, B., SZÓNOKY, M. & KOVÁCS, S. (1980): Diagenetic and lithification processes of recent hypersaline dolomites on the Danube-Tisza interfluve. – Acta Min.-Petr., Szeged, **24/2**: 315–337; Ungarn. [408]
MOLNIA, B. F. (ed.) (1983): Glacial-Marine Sedimentation. – 844 S.; Plenum Press, New York, London. [890]
MONCURE, G. K., LAHANN, R. W. & SIEBERT, R. M. (1984): Origin of secondary porosity and cement distribution in a sandstone/shale sequence from the Frio Formation (Oligocene). – In MCDONALD, D. A. & SURDAM, R. C. (eds.): Clastic Diagenesis. – Amer. Assoc. Petrol. Geol. Mem., **37**: 151–161. [156]
MONTY, C. L. V. (1967): Distribution and structure of recent stromatolitic algal mats, Eastern Andros Island, Bahamas. – Ann. Soc. Géol. Belg., **90**: 55–99. [260, 262, 263, 265, 342]
– (1971): An autoecological approach of intertidal and deep water stromatolites. – Ann. Soc. Géol. Belg., **94**: 265–276. [260, 262]
– (1972): Recent algal stromatolitic deposits, Andros Island, Bahamas, preliminary report. – Geol. Rdsch., **61**: 742–783. [263, 265]
– (1973): Precambrian background and phanerozoic history of stromatolitic communities, an overview. – Ann. Soc. Geol. Belgique **96**: 585–624; Bruxelles. [265]
– (ed.) (1981a): Phanerozoic stromatolites. – 249 S.; Springer-Verlag, Berlin-Heidelberg-New York. [265, 289]
– (1981b): Spongiostromate vs. porostromate stromatolites and oncolites. – In MONTY, C. L. V. (ed.): Phanerozoic stromatolites. – 1–4; Berlin-Heidelberg-New York (Springer). [262, 265]
MONTY, C. L. V. & MAS, J. R. (1981): Lower Cretaceous (Wealdian) blue-green algal deposits of the Province of Valencia, Eastern Spain. – In MONTY, C. L. V. (ed.): Phanerozoic stromatolites. Case histories. – S. 209–229; Berlin-Heidelberg (Springer). [268]
MONTY, C. L. V., ROUCHY, J. M., MAURIN, A., BERNET-ROLLANDE, M. C. & PERTHUISOT, J. P. (1987): Reef-stromatoli-

tes-evaporites facies relationships from Middle Miocene examples of the Gulf of Suez and the Red Sea. – In PERYT, T. M. (Hrsg.): Evaporite Basins. Lecture Notes in Earth Sciences, **13**: 133–188; Springer-Verlag, Berlin, Heidelberg. [500]

MOODY-STUART, M. (1966): High and low-sinuosity stream deposits with examples from the Devonian of Spitsbergen. – J. Sediment. Petrol., **36**: 1102–1107. [873]

MOORE, C. H. (1973): Intertidal carbonate cementation. Grand Cayman, West Indies. – J. Sediment. Petrol., **43**: 591–602. [384]

– (1985): Upper Jurassic subsurface cements: a case history. – In SCHNEIDERMANN, N. & HARRIS, P. M. (eds.): Carbonate Cements. – Soc. Econ. Paleont. Mineral. Spec. Publ. **36**: 291–308. [381–383]

MOORE, C. H. & DRUCKMAN, Y. (1981): Burial diagenesis and porosity evolution, Upper Jurassic Smackover, Arkansas and Louisiana. – Bull. Amer. Assoc. Petrol. Geol., **65**: 597–628. [382]

MOORE, D. & BOCK, W. D. (mdl. Mitt.). [324]

MOORE, D. G. (1969): Reflection Profiling Studies of the California Continental Borderland: Structure and Quaternary Turbidite Basins. – Geol. Soc. Amer. Spec. Pap., **107**: 142 S. [786]

MOORE, D. G., CURRAY, J. R. & EINSELE, G. (1982): Salado-Vinorama submarine slide and turbidity current off the southeast tip of Baja California. – In CURRAY, J. R., MOORE, D. G., et al. (eds.): Initial Reports DSDP, **64**: 1071–1082, Pt. 2, Washington. [812]

MOORE, G. F. (1979): Petrography of subduction zone sandstones from Nias Island, Indonesia. – J. Sediment. Petrol., **49**: 71–84. [955]

MOORE, G. F., CURRAY, J. R., MOORE, D. G. & KARIG, D. E. (1980): Variation in fore-arc structures along the Sunda Arc, eastern Indian Ocean. – Summary, Conference Brit. Sedimentol. Res. Group, 25–26 (s. auch Geol. Soc. London Spec. Publ. 10), publiziert in LEGGETT (ed.) 1982 (s. dort). [956]

MOORE, G. W. (1983): Structural dynamics of the shelf-slope boundary at active subduction zones. – In STANLEY, D. J. & MOORE, G. T. (eds.): The Shelfbreak: Critical Interface on Continental Margins. – Soc. Econ. Paleont. Mineral. Spec. Publ., **33**: 97–105. [947, 956]

MOORE, H. B. (1933): The faecal pellets of the Anomura. – Proc. Roy. Soc. Edinburgh, **52**: 296–308. [324]

– (1939): Faecal pellets in relation to marine deposits. – In: Recent marine sediments, ed. by P. D. TRASK, 516–524. [324, 551]

MOORE, J. C. & WHEELER, R. L. (1978): Structural fabric of a mélange, Kodiak Islands, Alaska. – Amer. J. Sci., **278**: 739–765. [955]

MOORE, J. G. (1966): Rate of palagonitization of submarine basalt adjacent to Hawaii. – U. S. Geol. Survey Prof. Paper, **550-D**: 163–171. [774]

– (1967): Base surge in recent volcanic eruptions. – Bull. Volcanol., **30**: 337–363. [762]

– (1985): Structure and eruptive mechanisms at Surtsey volcano, Iceland. – Geol. Mag., **122**: 649–661. [769]

MOORE, J. G. & AULT, W. V. (1965): Historic littoral cones in Hawaii. – Pacific Sci. **19**: 3–11. [769]

MOORE, J. G. & MELSON, W. G. (1969): Nuees ardentes of the 1968 eruption of Mayon Volcano, Philippines. – Bull. Volcanol., **33**: 600–620. [759]

MOORE, J. G. & PECK, D. L. (1962): Accretionary lapilli in volcanic rocks of the western continental United States. – J. Geol., **70**: 182–194. [747]

MOORE, J. G. & SCHILLING, J. G. (1973): Vesicles, water, and sulfur in Reykjanes Ridge basalts. – Contr. Mineral. Petrol., **41**: 105–118. [768]

MOORE, J. G., BATCHELDER, J. N. & CUNNINGHAM, C. G. (1977): CO_2-filled vesicles in mid-ocean basalt. – J. Volcanol. Geotherm. Res., **2**: 309–327. [768]

MOORE, J. G., NAKAMURA, K. & ALCARAZ, A. (1966): The 1965 eruption of Taal Volcano. – Science, **151**: 955–960. [760]

MOORE, P. S. (1979): Deltaic sedimentation – Cambrian of South Australia. – J. Sediment. Petrol., **49**: 1229–1244. [895]

MOORE, R. C. (1949): Meaning of facies. – In LONGWELL, C. R. (ed.): Sedimentary Facies in Geologic History. – Geol. Soc. Amer. Mem., **39**: 1–34. [852]

MOOS, A. v. (1935): Sedimentpetrographische Untersuchungen an Molassesandsteinen. – Schweiz. Miner. Petr. Mitt., **15**: 170–265. [122]

MORAD, S. & ALDAHAN, A. A. (1982): Authigenesis of titanium minerals in two Proterozoic sedimentary rocks from southern and central Sweden. – J. Sediment. Petrol., **52**: 1295–1305. [119, 121]

MORET, L. (1940): Rôle probable des Holothuries dans la genèse de certains sédiments calcaires. – C. R. somm. Soc. géol. France, **5**, 10: 11–12. [324]

MORGAN, J. P. & SHAVER, R. H. (eds.) (1970): Deltaic Sedimentation, Modern and Ancient. – Soc. Econ. Paleont. Mineral. Spec. Publ., **15**, 312 S. [890, 895]

MORISAWA, M. (1968): Streams, their dynamics and morphology. – 175 S.; McGraw Hill, New York, et al. [780, 783]

MORKHOVEN, F. P. C. M. VAN, BERGGREN, W. A. & EDWARDS, A. S. (1986): Cenozoic Cosmopolitan Deep-Water Benthic Foraminifera. – Bull. Centr. Rech. Explor.-Prod. Elf-Aquitaine Mém. **11**, 450 S. [282]

MORLOT, A. v. (1847): Über den Dolomit und seine künstliche Darstellung aus Kalkstein. – Haidinger Naturwiss. Abh., **1**, 305. [417]

MORRIS, R. C., PROCTOR, K. E. & KOCH, M. R. (1979): Petrology and diagenesis of deep-water sandstones, Ouachita Mountains, Arkansas and Oklahoma. – In SCHOLLE, P. A. & SCHLUGER, P. R. (eds.): Aspects of Diagenesis. – Soc. Econ. Paleont. Mineral. Spec. Publ., **26**: 263–279. [173, 177]

Morrow, D. W. (1972): An injection structure in a Permian limestone, northern British Columbia. – J. Sediment. Petrol., **42**: 230–235. [830]
– (1978): Dolomitization of Lower Paleozoic burrow-fillings. – J. Sediment. Petrol., **48**: 295–306. [403]
Morrow, D. W., Krouse, H. R., Ghent, E. D., Taylor, G. C. & Dawson, K. R. (1978): A hypothesis concerning the origin of barite in Devonian carbonate rocks of northeastern British Columbia. – Canad. J. Earth Sci., **15**: 1391–1406. [421]
Morse, J. W. & Berner, R. A. (1972): Dissolution kinetics of calcium carbonate in seawater: II. A kinetic origin for the lysocline. – Amer. J. Sci., **272**: 840–851. [234]
– – (1979): Chemistry of calcium carbonate in the deep oceans. – In Jenne, E. A. (ed.): Chemical Modeling in Aqueous Systems. – Amer. Chem. Soc. Symposium Ser. **93**: 499–535. [941]
Morton, A. C. (1984): Stability of detrital heavy minerals in Tertiary sandstones from the North Sea Basin. – Clay Minerals, **19**: 287–308. [127, 156]
– (1985a): A new approach to provenance studies: electron microprobe analysis of detrital garnets from Middle Jurassic sandstones of the northern North Sea. – Sedimentology, **32**: 553–566. [120]
– (1985b): Heavy minerals in provenance studies. – In Zuffa, G. G. (ed.): Provenance of Arenites. – 249–277; D. Reidel Publ. Co. Dordrecht. [125]
Morton, R. A. (1972): Clay mineralogy of Holocene and Pleistocene Sediments, Guadalupe Delta of Texas. – J. Sediment. Petrol., **42**: 85–88. [201]
– (1981): Formation of storm deposits by wind-forced currents in the Gulf of Mexico and the North Sea. – In Nio, S.-D., Shüttenhelm, R. T. E. & van Weering, Tj. C. E. (eds.): Holocene Marine Sedimentation in the North Sea Basin. – Internat. Assoc. Sedimentologists, Spec. Publ., **5**: 385–396. [786]
Mosebach, R. (1954): Auswertung und Darstellung von Kornanalysen und Anwendung ihrer Ergebnisse auf petrologische Fragen. – Geologie, **3**: 413–440. [131]
Moslow, T. F. (1984): Depositional Models of Shelf and Shoreline Sandstones. – AAPG Contin. Educ. Course Note Ser. **27**: 102 S. [916]
Moss, A. J. (1962): The physical nature of common sandy and pebbly deposits, Part I. – Amer. J. Sci., **260**: 337–373. [135, 138]
Moss, A. J. & Green, P. (1976): Sand and silt grains: Predetermination of their formation and properties by microfractures in quartz. – J. Geol. Soc. Australia, **22**: 485–495. [144]
Mosser, C. (1983): Eléments traces des argiles: des marqueurs. – Clay minerals, **18**: 139–152. [218]
Mostler, H. (1971): Ophiurenskelettelemente (äußere Skelettanhänge) aus der alpinen Trias. – Geol. Paläont. Mitt. Innsbruck **1**, 9: 1–35; Innsbruck. [320]
– (1972): Die stratigraphische Bedeutung von Crinoiden-, Echiniden- und Ophiuren-Skelettelementen in triassischen Karbonatgesteinen. – Mitt. Ges. Geol. Bergbaustud., **21**: 711–728; Innsbruck. [320]
Mottl, M. J. & Holland, H. D. (1975): Basalt-sea water interaction, sea-floor spreading, and the dolomite problem. (Abstract). – Amer. Geophys. Union Trans., **56**, 1074. [385]
Mou, D. C. & Brenner, R. L. (1982): Control of reservoir properties of Tensleep sandstone by depositional and diagenetic facies: Lost Soldier field, Wyoming. – J. Sediment. Petrol., **52**: 367–381. [175, 180]
Mougenot, D., Boillot, G. & Rehault, J.-P. (1983): Prograding shelfbreak types on passive continental margins: some european examples. – In Stanley, D. J. & Moore, G. T. (eds.): The Shelfbreak: Critical Interface on Continental Margins. – Soc. Econ. Paleont. Mineral. Spec. Publ., **33**: 61–77. [933]
Moulin, M. P. (1983): Les accidents siliceux dans les calcaires lacustres du Castrais et de l'Albigeois. – Bull. Soc. Géol. France, **25**, 1: 51–56. [516]
Mount, J. F. (1982): Storm-surge-ebb origin of hummocky cross-stratified units of the Andrews Mountain Member, Campito Formation (Lower Cambrian), White-Inyo mountains, eastern California. – J. Sediment. Petrol., **52**: 941–958. [800]
Mountain, E. D. (1980): Grahamstown peneplain. – Trans. Geol. Soc. S. Afr., **83**: 47–53. [516]
Mountjoy, E. W. (1980): Some questions about the development of Upper Devonian carbonate buildups (reefs), western Canada. – Bull. Canad. Petrol. Geol., **28**: 315–344. [355]
Mountjoy, E. W. & Riding, R. (1981): Foreslope stromatoporoid-renalcid bioherm with evidence of early cementation, Devonian ancient wall reef complex, Rocky Mountains. – Sedimentology, **28**: 299–319. [353, 355]
Moussa, M. T. (1977): Bioclastic sediment gravity flow and submarine sliding in the Juana Diaz Formation, Southwestern Puerto Rico. – J. Sediment. Petrol., **47**: 593–599. [812]
Mowbray, T. de & Visser, M. J. (1984): Reactivation surfaces in subtidal channel deposits, Oosterschelde, Southwest Netherlands. – J. Sediment. Petrol., **54**: 811–824. [899]
Mrakovich, J. V., Ehrlich, R. & Weinberg, B. (1976): New techniques for stratigraphic analysis and correlation – Fourier grain shape analysis, Louisiana offshore Pliocene. – J. Sediment. Petrol., **46**: 226–233. [141]
Mrazek, H. (1965): Zur Verteilung der Turmalin-Farbvarietäten unter limnischen Ablagerungsbedingungen. – Geologie, **14**: 1274–1276; Berlin. [121]
Müller, A. H. (1950): Stratonomische Untersuchungen im oberen Muschelkalk des Thüringer Beckens. – Geologica, **4**, 74 pp.; Akademie-Verlag Berlin. [298]
– (1957): Lehrbuch der Paläozoologie, Bd. I. Allgemeine Grundlagen. – 322 pp.; VEB Gustav Fischer Verlag, Jena. [82]
– (1963): Lehrbuch der Paläozoologie. Bd. II/1 Protozoa-Mollusca 1. – 2. Aufl., 574 S.; Jena. [288, 290, 298, 316, 509]

- (1964): Die präkambrische Lebewelt. Erscheinungen und Probleme. – Biol. Rdsch., **2**, 2: 53–67. [258]
- (1966): Lehrbuch der Paläozoologie. Band III, Vertebraten, Teil 1. – 638 S.; Jena. [320]
- (1978): Lehrbuch der Paläozoologie. Band II – Invertebraten, Teil 3 = Arthropoda 2 – Hemichordata. – 2. Aufl., 748 S.; Jena. [319, 320]

MUELLER, G. (1960): The theory of formation of Chilean nitrate deposits through „capillary concentration". – XXI. Internat. Geol. Congr., **1**: 76–86; Kopenhagen. [492]

MÜLLER, GERMAN (1961): Vorläufige Mitteilung über ein neues dioktaedrisches Phyllosilikat der Chlorit-Gruppe. – N. Jb. Miner., Mh. **1961**: 112–120. [190]
- (1962): Zur Geochemie des Strontiums in ozeanen Evaporiten unter besonderer Berücksichtigung der sedimentären Coelestinlagerstätten von Hemmelte-West (Süd-Oldenburg). – Geologie, **11**, Beih. 35: 1–90. [420, 469–471]
- (1963): Zur Kenntnis dioktaedrischer Vierschicht-Phyllosilikate (Sudoit-Reihe der Sudoit-Chlorit-Gruppe). – Proc. Int. Clay Conf. 1963 Stockholm, Vol. I, 121–130; Pergamon Press, London. [190]
- (1965): Ergebnisse einjähriger systematischer Untersuchungen über die Hydrochemie von Alpen- und Seerhein (mit Einzeluntersuchungen an weiteren Bodensee-Zuflüssen). – Fortschr. der Wasserchemie, Akad.-Verlag, Berlin (Ost), 33–99. [1]
- (1966): Die Sedimentbildung im Bodensee. – Naturwiss., **53**: 237–247. [267, 340, 513]
- (1967): Diagenesis in argillaceous sediments. – In LARSEN, G. & CHILINGAR, G. U. (eds.): Diagenesis in sediments, Developments in Sedimentology **8**: 127–178; Elsevier, Amsterdam. [204, 211–213]
- (1970): Petrology of the Cliff Limestone (Holocene), North Bimini, Bahamas. – N. Jb. Miner. Mh., **1970**: 507–523. [380, 384]
- (1971a): Gravitational cement: An indicator for the vadose zone of the subaerial environment. – In BRICKER, O. P. (ed.): Carbonate Cements. – Johns Hopkins Stud. in Geol., **19**: 301–302; Baltimore, Md. [378]
- (1971b): Sediments of Lake Constance. – In: Sedimentology of parts of Central Europe. Guidebook. VIII. Internat. Sedimentol. Congr., Heidelberg, 237–252. [878, 879]
- (mdl. Mitt.). [98]

MÜLLER, G. & FÖRSTNER, U. (1968): Sedimenttransport im Mündungsgebiet des Alpenrheins. – Geol. Rdsch., **58**: 229–259. [185]

MÜLLER, G. & GEES, R. A. (1970): Distribution and thickness of Quaternary sediments in the Lake Constance basin. – Sed. Geol., **4**: 81–87. [880]

MÜLLER, G. & IRION, G. (1969): „Salt-Biscuits" – a special growth structure of NaCl in salt sediments of the Tuz Gölü („Salt Lake"), Turkey. – J. Sediment. Petrol., **39**: 1604–1607. [486]

MÜLLER, G., IRION, G. & FÖRSTNER, U. (1972): Formation and Diagenesis of Inorganic Ca-Mg Carbonates in the Lacustrine Environment. – Naturwissenschaften, **59**: 158–164. [234, 237, 408, 419, 481, 879]

MÜLLER, G. & MÜLLER, J. (1967): Mineralogisch-sedimentpetrographische und chemische Untersuchungen an einem Bank-Sediment (Cross-Bank) der Florida Bay, USA. – N. Jb. Miner. Abh., **106**: 257–286. [339, 374, 926]

MÜLLER, G. & OTI, M. (1981): The occurrence of calcified planktonic green algae in freshwater carbonates. – Sedimentology **28**: 897–902; Oxford. [281]

MÜLLER, G. & PUCHELT, H. (1961): Die Bildung von Cölestin ($SrSO_4$) aus Meerwasser. – Naturwissenschaften, **48**: 301–302. [470]

MÜLLER, G. & WAGNER, F. (1978): Holocene carbonate evolution in Lake Balaton (Hungary); a response to climate and impact of man. – In MATTER, A. & TUCKER, M. E. (eds.): Modern and Ancient Lake Sediments. – Internat. Assoc. Sedimentol. Spec. Publ., **2**: 57–81. [878, 881]

MÜLLER, HEINZ (1958): Die Petrographie der Röt-Muschelkalkgrenzschichten bei Steudnitz nördlich Jena. – Chemie d. Erde, **19**: 391–435. [424]

MÜLLER, HERB. (1981): Die Optimierung des Explorationsprogrammes aufgrund eines geologischen Konzeptes für die Entwicklung der Uranlagerstätte in der Lichtentaler Senke. – Diss. TU Berlin, 186 S.; Berlin. [615]

MÜLLER, J. & FABRICIUS, F. (1974): Magnesian-calcite nodules in the Ionian deep sea: an actualistic model for the formation of some nodular limestones. – In Hsü, K. J. & JENKYNS, H. C. (eds.): Pelagic Sediments: on Land and under the Sea. – Internat. Assoc. Sedimentol. Spec. Publ., **1**: 235–247. [386, 395]

MÜLLER, M. J. & NEGENDANK, F. W. (1974): Untersuchung von Schwermineralien in Moselsedimenten. – Geol. Rdsch., 63: 998–1035. [123]

MÜLLER, P. J. & SUESS, E. (1977): Interaction of organic compounds with calcium carbonate – III. Amino acid composition of sorbed layers. – Geochim. Cosmochim. Acta, **41**: 941–949. [366]

MÜLLER-JUNGBLUTH, W. V. & TOSCHEK, P. H. (1969): Karbonatsedimentologische Arbeitsgrundlagen. – Veröff. Univ. Innsbruck **8**, Alpenkundl. Studien 4, 32 S.; Innsbruck. [264]

MÜNZBERGER, E. (1958): Die Coccolithen der Rügenschen Schreibkreide. – Dipl.-Arb. Univ. Greifswald, 127 S. [279]

MUIR, M., LOCK, D. & VON DER BORCH, C.C. (1980): The Coorong model for penecontemporaneous dolomite formation in the Middle Proterozoic McArthur Group, Northern Territory, Australia. – In ZENGER, D. H., DUNHAM, J. B. & ETHINGTON, R. L. (eds.): Concepts and Models of Dolomitization. – Soc. Econ. Paleont. Mineral. Spec. Publ., **28**: 51–67. [408, 409, 410]

MUIR, M. D. (1987): Facies models for Australian Precambrian evaporites. – In PERYT, T. M. (Hrsg.): Evaporite Basins. Lecture Notes in Earth Sciences, **13**: 5–21; Springer-Verlag, Berlin, Heidelberg. [500]

MULLER-FENGA, R. (1952): Contribution à l'étude de la géologie, de la pétrographie et des resources hydrauliques et minérales du Fezzan. – Thèse, Sci., Nancy et Mém. 12, Ann. Minér. et Géol., **12**, Thunis, 1954. [523]

Mullins, H. T. & Cook, H. E. (1986): Carbonate apron models: alternatives to the submarine fan model for paleoenvironmental analysis and hydrocarbon exploration. − Sed. Geol., **48**: 37−79. [941]
Mullins, H. T. & Neumann, A. C. (1979): Deep carbonate bank margin structure and sedimentation in the northern Bahamas. − In Doyle, L. J. & Pilkey, O. H. (eds.): Geology of Continental Slopes. − Soc. Econ. Paleont. Mineral. Spec. Publ., **27**: 165−192. [387, 932]
Mullins, H. T., Neumann, A. C., Wilbur, R. J. & Boardman, M. R. (1980): Nodular carbonate sediment on Bahamian slope: Possible precursors to nodular limestones. − J. Sediment. Petrol., **50**: 117−132. [293]
Mullins, H. T., Newton, C. R., Heath, K. C. & Buren, H. M. van (1980): Deep-water coral mounds north of Little Bahama Bank. − Geol. Soc. Amer. Abstr. & Progr. **12**, 488. [395]
− − − − (1981): Modern deep-water coral mounds north of Little Bahama Bank; criteria for recognition of deep-water coral bioherms in the rock record. − J. Sediment. Petrol., **51**: 999−1013. [357]
Multer, H. G. & Hoffmeister, J. E. (1968): Subaerial laminated crusts of the Florida Keys. − Geol. Soc. Amer. Bull., **79**: 183−192. [360]
Mundry, E. (1972): On the resolution of mixed frequency distributions into normal components. − Math. Geol., **4**: 55−60. [134]
Murata, K. J., Friedman, Irv. & Gleason, J. D. (1977): Oxygen isotope relations between diagenetic silica minerals in Monterey Shale, Temblor Range, California. − Amer. J. Sci., **277**: 259−272. [533, 535]
Murata, K. J. & Norman, B. (1976): An index of crystallinity for quartz. − Amer. J. Sci., **276**: 1120−1130. [502]
Muravyov, V. I. (1970): Formation of carbonate cement in clastic rocks. − Sedimentology, **15**: 139−145. [168]
Murray, J. (1889): On marine deposits in the Indian, Southern and Antarctic Ocean. − Edinburgh. [530]
Murray, J. & Irvine, R. (1889): On silica and the siliceous remains of modern organisms in modern seas. − Roy. Soc. Edinburgh Proc., **18**: 229−250. [530]
Murray, M. & Condie, K. C. (1973): Post-Ordovician to early Mesozoic history of the eastern Klamath subprovince, Northern California. − J. Sediment. Petrol., **43**: 505−515. [101]
Murray, R. C. (1960): Origin of porosity in carbonate rocks. − J. Sediment. Petrol., **30**: 59−84. [430]
− (1964): Preservation of primary structures and fabrics in dolomite. − In: Approaches to paleoecology, 388−403; Wiley & Sons. [465]
− (1984): Checkerboard chalcedony in a paleosilcrete. − Geol. Soc. Amer. Abstr. & Progr., **16**, 6: 605. [502, 517]
Murris, R. J. (1980): Middle East: Stratigraphic evolution and oil habitat. − Amer. Assoc. Petrol. Geol. Bull., **64**: 597−618. [433, 930]
− (1981): Middle East: Stratigraphic evolution and oil habitat. − In Demaison, G. & Murris, R. J. (eds.): Petroleum Geochemistry and Basin Evaluation. − Amer. Assoc. Petrol. Geol. Mem., **35**: 353−372. [960]
Mutti, E. & Nilsen, T. H. (1981): Significance of intraformational rip-up clasts in deep-sea fan deposits. − Internat. Assoc. Sedimentologists 2nd Europ. Mtg., Bologna, Abstr., 117−119. [73]
Mutti, E. & Sonnini, M. (1981): Compensation cycles: a diagnostic feature of turbidite sandstone lobes. − IAS 2nd Europ. Reg. Mtg., Bologna, Abstr., 120−123. [937]

Nadeau, P. H., Tait, J. M., McHardy, W. J. & Wilson, M. J. (1984): Interstratified XRD-characteristics of physical mixtures of elementary clay particles. − Clay Minerals, **19**: 67−76. [210]
Nadeau, P. H., Wilson, M. J., McHardy, W. J. & Tait, J. M. (1984): Interparticle diffraction: A new concept for interstratified clays. − Clay Minerals, **19**: 757−769. [190]
Nägele, E. (1962): Zur Petrographie und Entstehung des Albsteins. − N. Jb. Geol. Paläont., Abh., **115**: 44−120. [360]
Naeser, C. W. (1979): Thermal history of sedimentary basins: Fission-track dating of subsurface rocks. − In Scholle, P. A. & Schluger, P. R. (eds.): Aspects of Diagenesis. − Soc. Econ. Paleontol. Mineral. Spec. Publ. **26**: 109−112. [149]
Naeser, C. W., Briggs, N. D., Obradovich, J. D. & Izett, G. A. (1981): Geochronology of Quaternary tephra deposits. − In Self, S. & Sparks, R. S. J. (eds.): Tephra Studies, 13−47. − D. Reidel Publ. Co., Dordrecht, Holland. [Kap. 12]
Naeser, N. D. (1984): Thermal history determined by fission-track dating for three sedimentary basins in California and Wyoming. − Geol. Soc. Amer. Abstr. & Progr., **16**, 6, 607. [149]
Nagle, J. S. (1967): Wave and current orientation of shells. − J. Sediment. Petrol., **37**: 1124−1138. [82]
Nagtegaal, P. J. C. (1969): Microtextures in recent and fossil caliche. − Leidse Geol. Meded., **42**: 131−142; Leiden. [362]
− (1978): Sandstone-framework instability as a function of burial diagenesis. − Jl. geol. Soc. London, **135**: 101−105. [155, 174, 175, 180]
− (1979): Relationship of facies and reservoir quality in Rotliegendes desert sandstones, southern North Sea region. − J. Petrol. Geol., **2**, 2: 145−158. [159, 162, 173]
Nahon, D. (1979): Cuirasses silicieuse ou silcretes nickélifères dans les profiles d'alterations de roches ultrabasiques de Côte d'Ivoire. Rôle des épigénies. − Sci. géol. Bull. **32**, 4: 189−197; Strasbourg. [516]
− (1983): Caractérisation des microsystèmes d'altération géochimiques dans les concentrations supergènes manganésifères sur protores métamorphiques. − Coll. A.T.P. „Géochimie-Métallogénie" CNRS, BONAS, 188−292. [60]
Nahon, D., Beauvais, A. & Trescases, J.-J. (1985): Manganese concentration through chemical weathering of metamorphic rocks under lateritic conditions. − In Drever, J. I. (ed.): The chemistry of weathering. − NATO ASI Series C, **149**: 277−292. [60]

Nahon, D., Colin, F. & Tardy, Y. (1982): Formation and distributionof Mg, Fe, Mn-smectites in the first stages of the lateritic weathering of forsterite and tephroite. – Clay Min., **17**: 339–348. [24–26]

Nahon, D. & Noack, Y. (ed.) (1983): Pédologie des altérations et des sols, Vol. I–III CNRS – Sciences géol., Mem., **72**; Paris. [13]

Nahon, D. & Trompette, R. (1982): Origin of siltstones: Glacial grinding versus-weathering. – Sedimentology, **29**: 25–36. [229]

Naidu, A. S., Burrell, D. C. & Hood, D. W. (1971): Clay mineral composition and geologic significance of some Beaufort Sea sediments. – J. Sediment. Petrol., **41**: 691–694. [198]

Nanson, G. C. (1980): Point bar and floodplain formation of the meandering Beatton River, northeastern British Columbia, Canada. – Sedimentology, **27**: 3–29. [872]

Narasimhan, T. N., Houston, W. N. & Nur, A. M. (1980): The role of pore pressure in deformation in geologic processes. – Geology, **8**: 349–351. [7]

Narbonne, G. M. & Dixon, O. A. (1984): Upper Silurian lithistid sponge reefs on Somerset Island, Arctic Canada. – Sedimentology, **31**: 25–50. [355]

Nardin, T. R., Hein, F. J., Gorsline, D. S. & Edwards, B. D. (1979): A review of mass movement processes, sediment and acoustic characteristics, and contrasts in slope and base-of-slope systems versus canyon-fan-basin floor systems. – In Doyle, L. J. & Pilkey, O. H., Jr. (eds.): Geology of Continental Slopes. – Soc. Econ. Paleont. Mineral. Spec. Publ., **27**: 61–73. [86, 811]

Narkiewicz, M. (1983): Dolomite from clay in argillaceous or shale-associated marine carbonates – discussion. – J. Sediment. Petrol., **53**: 1353–1354. [414]

Nash, A. J. & Pittman, E. D. (1975): Ferro-magnesian calcite cement in sandstones. – J. Sediment. Petrol., **45**: 258–265. [168]

Nash, J. T., Granger, H. C. & Adams, S. S. (1981): Geology and concepts of genesis of important types of uranium deposits. – Econ. Geol., 75th Anniversary vol.: 63–116; Lancaster, Pa. [610]

Nassr, M. N. & Ehrlich, R. (1983): Contrasting patterns of diagenesis in Cambrian and Carboniferous Nubia facies. – Geol. Soc. Amer. Abstr. & Progr., 15, 650. [165]

Nathan, Y. & Lucas, J. (1976): Expériences sur la précipitation directe de l'apatite dans l'eau de mer: implication dans la genèse des phosphorites. – Chem. Geol., **18**: 181–186. [551]

Nathan, Y., Shiloni, Y., Roded, R., Gal, J. & Deutsch, Y. (1979): The geochemistry of the northern and central Negev phosphorites. – Geol. Surv. Israel Bull., **73**, 41 pp. [545]

Natland, M. L. (1933): The temperature- and depth-distribution of some recent and fossil foraminifera in the southern California region. – Scripps Inst. Oceanogr. Bull., Tech. ser., **3**: 225–230. [282]

– (1957): Paleoecology of west coast Tertiary sediments. – In: Paleoecology. – Geol. Soc. Amer. Memoir, **67**, 2: 543–572. [301]

Naylor, M. A. (1980): The origin of inverse grading in muddy debris flow deposits. – a review. – J. Sediment. Petrol., **50**: 1111–1116. [815]

Neev, D. (1963): Recent precipitation of calcium salts in the Dead Sea. – Res. Counc. Israel Bull., 11-G: 153–154. [340]

Neev, D. & Emery, K. O. (1967): The Dead Sea. Depositional processes and environments of evaporites. – Geol. Surv. Israel Bull., **41**, 147 pp. [483, 484, 879]

Negendank, J. F. W., Irion, G. & Linden, J. (1982): Ein eozänes Maar bei Eckfeld nordöstlich Manderscheid (SW-Eifel). – Mainzer Geowiss. Mitt. **11**: 157–172. [239]

Neidell, N. S. (1979): Stratigraphic Modeling and Interpretation: Geophysical Principles and Techniques. – AAPG Educat. Course Note Ser. No. 13, 141 S. [856]

Neiheisel, J. & Weaver, C. E. (1967): Transport and deposition of clay minerals, southeastern United States. – J. Sediment. Petrol., **37**: 1084–1116. [201]

Nelsen, J. E., Jr. & Ginsburg, R. N. (1986): Calcium carbonate production by epibionts on Thalassia in Florida Bay. – J. Sediment. Petrol., **56**: 622–628. [341]

Nelson, B. W. (1960): Clay minerals of the bottom sediments, Rappahannock River, Virginia. – Clays Clay Minerals, **7**: 135–147. [202]

– (1970): Hydrography, sediment dispersal, and recent historical development of the Po river delta, Italy. – In Morgan, J. P. (ed.): Deltaic Sedimentation, Modern and Ancient. – Soc. Econ. Paleont. Mineral. Spec. Publ., **15**: 152–184. [895]

– (ed.) (1972): Environmental Framework of Coastal Plain Estuaries. – Geol. Soc. Amer. Mem., **133**, 619 S. [899]

Nelson, C. H. (1982): Modern shallow-water graded sand layers from storm surges, Bering shelf: A mimic of Bouma sequences and turbidite systems. – J. Sediment. Petrol., **52**: 537–545. [786, 801]

Nelson, C. H. & Kulm, V. (1973): Submarine fans and channels. – In Middleton, G. V. & Bouma, A. H. (eds.): Turbidites and Deep-water Sedimentation. – Soc. Econ. Paleont. Mineral. Pacif. Sect. Short Course Lect. Notes, 39–78. [939]

Nelson, C. H., Mutti, E. & Ricci Lucchi, F. (1975): Comparison of proximal and distal thin-bedded turbidites with current-winnowed deep-sea sands. – IXth Internat. Congr. Sedimentol., Nice, **5**: 317–324. [823]

Nelson, C. H. & Nilsen, T. H. (1974): Depositional trends of modern and ancient deep-sea fans. – In Dott, R. H., Jr. & Shaver, R. H. (eds.): Modern and Ancient Geosynclinal Sedimentation. – Soc. Econ. Paleont. Mineral. Spec. Publ., **19**: 69–91. [939]

Nelson, C. S. & Lawrence, M. F. (1984): Methane-derived high-Mg calcite submarine cement in Holocene nodules from the Fraser Delta, British Columbia, Canada. − Sedimentology, **31**: 645−654. [385, 395]

Nelson, H. F. (1959): Deposition and alteration of the Edwards limestone, central Texas. − In Lozo, F. E. (ed.): Symposium on Edwards Limestone in central Texas. − Texas Univ. Pub. 5905: 21−95. [357]

Nelson, H. W. & Niggli, E. (1950): Röntgenologisch onderzoek van de ondoorzichtige zware fractie van enkele nederlandse zanden. − Proc. Kon. Nederl. Akad. Wetensch., **53**: 1240−1246. [122]

Nemec, W., Porebski, S. J. & Steel, R. J. (1980): Texture and structure of resedimented conglomerates: examples from Książ Formation (Famennian-Tournaisian), southwestern Poland. − Sedimentology, **27**: 519−538. [83, 817, 824]

Nemec, W. & Steel, R. J. (1984): Alluvial and coastal conglomerates: their significant features and some comments on gravelly mass-flow deposits. − In Koster, E. H. & Steel, R. J. (eds): Sedimentology of Gravels and Conglomerates. − Canad. Soc. Petrol. Geol. Mem., **10**: 1−31. [83, 815]

Nemec, W., Steel, R. J., Porebski, S. J. & Spinnangr, Å. (1984): Domba conglomerate, Devonian, Norway: process and lateral variability in a mass flow-dominated, lacustrine fan-delta. − In Koster, E. H. & Steel, R. J. (eds.): Sedimentology of Gravels and Conglomerates. - Canad. Soc. Petrol. Geol., Mem. **10**: 295−320. [82]

Nemecz, E. & Varju, G. (1967): Relationship between „flintclay" and bauxite formation in the Pilis Mountains. − Acad. Sci. Hung., **11**: 453−473. [56]

Nentwich, F. W., Yole, R. W. & Bushell, T. J. (1982): Diagenetic features of Paleogene sandstones, Beaufort-Mac Kenzie Basin, Northwest Territories, Canada. − 11th Internat. Congr. Sedimentol., Hamilton, Abstr., 121. [159, 181]

Nestler, H. (1965): Die Rekonstruktion des Lebensraumes der Rügener Schreibkreide-Fauna (Unter-Maastricht) mit Hilfe der Paläoökologie. − Geologie, Beih. **49**, 147 pp. [287, 940]

Neugebauer, J. (1974a): Zur Diagenese der Schreibkreide und ihrer Fossilien. − 136 S., Habil.-Schr. Univ. Tübingen. [287]

− (1974b): Some aspects of cementation in chalk. − In Hsü, K. J. & Jenkyns, K. C. (eds.): Pelagic Sediments: on Land and under the Sea. − Internat. Assoc. Sedimentol. Spec. Publ., **1**: 149−176. [6, 287, 366, 387, 390]

− (1975): Fossil-Diagenese in der Schreibkreide. Coccolithen. − N. Jb. Geol. Paläont. Mh., **1975**: 489−502. [339, 340, 380, 387]

− (1978): Micritization of crinoids by diagenetic dissolution. − Sedimentology, **25**: 267−283; Oxford. [255]

− (1979): Drei Probleme der Echinodermendiagenese: Innere Zementation, Mikroporenbildung und der Übergang von Magnesiumcalcit zu Calcit. − Geol. Rdsch. **68**: 856−875; Stuttgart. [315, 378, 381]

Neuhaus, A. (1940): Über die Erzführung des Kupfermergels der Haaseler und der Gröditzer Mulde in Schlesien (nebst Beitrag zur Frage der „vererzten Bakterien"). − Z. angew. Miner., **2**: 1−40. [425]

Neuhaus, A. & Heide, H. (1965): Hydrothermaluntersuchungen im System Al_2O_3−H_2O. 1.) Zustandsgrenzen und Stabilitätsverhältnisse von Boehmit, Diaspor und Korund im Druckbereich 50 bar. − Ber. deutsch. Keram. Ges., **42**: 167−184. [30]

Neumann, A. C. (1966): Observations on coastal erosion in Bermuda and measurements of the boring rate of the sponge, Cliona lampa. − Limnol. & Oceanogr., **11**: 92−108. [345]

− (1981): Waulsortian mounds and Lithoherms compared. − AAPG-SEPM Ann. Conv., Abstr. [357]

Neumann, A. C., Kofoed, J. W. & Keller, G. H. (1977): Lithoherms in the Straits of Florida. − Geology, **5**: 4−11. [357]

Neumann, A. C. & Land, L. S. (1975): Lime mud deposition and calcareous algae in the Bight of Abaco, Bahamas: A budget. − J. Sed. Petrol. **45**: 763−786; Tulsa. [271, 340]

Neumann, A. G., Gebelein, C. D. & Scoffing, T. P. (1970): The composition, structure and erodability of subtidal mats, Abaco, Bahamas. − J. Sediment. Petrol., **40**: 274−297. [263]

Neumann, G. (1968): Ocean Currents. − 352 S.; Elsevier, Amsterdam, London, New York. [785]

Neuser, R. D. & Richter, D. K. (1986): Kathodolumineszenz-Untersuchungen an Zementsequenzen mesozoischer Partikelkalke des Weserberglandes. − 1. Treffen deutschsprachiger Sedimentologen 7./8. 3. 1986, Tagungsband, 79−82; Freiburg. [244, 376, 381, 383]

Neuser, R. D., Richter, D. K. & Vollbrecht, A. (1988): Ist die Quarz-Kathodolumineszenz signifikant zur Bestimmung von Liefergebieten in der Sandsteinpetrographie? − Bochumer geol. u. geotechn. Arb. **29**: 137−138.[105]

Neuser, R. D., Simon, M. & Richter, D. K. (1982): Die „neogenen" und quartären Großzyklen im Bereich des Kanals von Korinth (Griechenland). − Bochumer geol. u. geotechn. Arb., **8**: 53−145; Bochum. [264, 272, 274, 310, 318, 333, 377, 388, 399]

Neuy-Stolz, G. (1958): Zur Flora der Niederrheinischen Bucht während der Hauptflözbildung unter besonderer Berücksichtigung der Pollen- und Pilzreste in den hellen Schichten. − Fortschr. Geol. Rheinld. u. Westf. **2**: 503−525; Krefeld. [703]

Neville, A. C. & Berg, C. W. (1971): Cuticle ultrastructure of a Jurassic Crustacean (Eryma stricklandi). − Paleontology **14**: 201−205. [314]

Newell, N. D. (1956): Geological reconnaissance of the Raroia (Kon Tiki) Atoll, Tuamotu Archipelago. − Bull. Am. Mus. Natl. Hist., **109**: 315−372. [345]

Newell, N. D., Purdy, E. G. & Imbrie, J. (1960): Bahamian oölitic sand. − J. Geol., **68**: 481−497. [328]

Newell, N. D., Rigby, J. K., Fischer, A. G., Whiteman, A. J., Hickox, J. E. & Bradley, J. S. (1953): The Permian Reef Complex of the Guadalupe Mountains Region, Texas and New Mexico. − 236 S.; Freeman, San Francisco. [288, 356, 391, 540, 541]

NEWMAN, W. A., ZULLO, V. A. & WITHERS, T. H. (1969): Cirripedia. – In MOORE, R. C. (ed.): Treatise on Invertebrate Paleontology, Part R/1: 206–295; Univ. of Kansas Press and Geol. Soc. Amer. [314]
NEWTON, R. S. & WERNER, F. (1972): Transitional-size ripple marks in Kiel Bay (Baltic Sea). – Meyniana, **22**: 89–94, Kiel. [787]
NG, N. (1983): Optical microscopy of carbonaceous solid residues from coal hydrogenation – a classification. – J. Microscopy **132**, 3: 289–296. [727]
NIA, R. (1968): Geologische, petrographische, geochemische Untersuchungen zum Problem der Boehmit-Diasporgenese in griechischen Oberkreidebauxiten der Parnass-Kiona-Zone. – Diss. Univ. Hamburg, 133 pp. [32]
NICHOLS, D. (1959): Changes in the chalk heart-urchin Micraster interpreted in relation to living forms. – Phil. Trans. Royal Soc., ser. B. **242**: 347–437; London. [317]
NICHOLS, K. M. & SILBERLING, J. (1980): Eogenetic dolomitization in the pre-Tertiary of the Great Basin. – In ZENGER, D. H., DUNHAM, J. B. & ETHINGTON, R. L. (eds.): Concepts and Models of Dolomitization. – Soc. Econ. Paleont. Mineral. Spec. Publ., **28**: 237–246. [416]
NICKEL, E. (1973): Experimental dissolution of light and heavy minerals in comparison with weathering and intrastratal solution. – Contr. Sedimentol., **1**: 1–68; Schweizerbart, Stuttgart. [126]
– (1978): The present status of cathode luminescence as a tool in sedimentology. – Minerals Sci. Engng., **10**: 73–100. [105]
– (1983): Environmental Significance of Freshwater Oncoids, Eocene Guarga Formation, Southern Pyrenees, Spain. – In PERYT, T. M. (ed.): Coated Grains, S. 308–329; Berlin-Heidelberg (Springer). [268]
NICOLAS, J., HIERONYMUS, B. & KOTSCHOUBEY, B. (1969): C. R. Acad. Sci. Paris, **268**, 2862. [56]
NICOLS, D. (1967): Some characteristics of cold-water marine pelecypods. – J. Paleont., **41**: 1330–1340. [304]
NIEDERMAYR, G., SCHERIAU-NIEDERMAYR, E. & BERAN, A. (1979): Diagenetisch gebildeter Magnesit und Dolomit in den Grödener Schichten des Dobratsch im Gailtal, Kärnten–Österreich. – Geol. Rdsch., **68**: 979–995. [419]
NIEDERMAYR, G., SCHERIAU-NIEDERMAYR, E., BERAN, A. & SEEMANN, R. (1981): Magnesit im Perm und Skyth der Ostalpen und seine petrogenetische Bedeutung. – Verh. Geol. B.-A., 109–131. [419]
NIEHOFF, W. (1958): Die primär gerichteten Sedimentstrukturen, insbesondere die Schrägschichtung im Koblenzquarzit am Mittelrhein. – Geol. Rdsch., **47**: 252–321. [790]
NIELSEN, H. (1967): Sulfur isotopes in the Rhinegraben evaporite sulfates. – The Rhinegraben Progress Report 1967: 27–29. [474]
NILSEN, T. H. (1968): The relationship of sedimentation to tectonics in the Solund Devonian district of southwestern Norway. – Norges Geol. Undersøkelse, **259**, 108 S. [82]
– (1982): Alluvial fan deposits. – In SCHOLLE, P. A. & SPEARING, D. (eds.): Sandstone Depositional Environments. – Amer. Assoc. Petrol. Geol. Mem., **31**: 49–86. [866]
– (1983): The Hilt bed, a compound seismoturbidite in the Upper Cretaceous Hornbrook Formation, Oregon and California. – Geol. Soc. Amer. Abstr. & Progr., **15**, 653. [819]
– (ed.) (1984): Fluvial Sedimentation and Related Tectonic Framework, Western North America. – Spec. Issue, Sed. Geol., **38**: 1–523. [870]
NILSEN, T. H., BARTOW, J. A., STUMP, E. & LINK, M. H. (1977): New occurrences of disk structure in the stratigraphic record. – J. Sediment. Petrol., **47**: 1299–1304. [831]
NILSEN, T. H., WALKER, R. G. & NORMARK, W. R. (1980): Modern and ancient submarine fans: discussion and replies. – Amer. Assoc. Petrol. Geol. Bull., **64**: 1094–1113. [823]
NIO, S.-D. (1976): Marine transgressions as a factor in the formation of sandwave complexes. – Geol. Mijnb., **55**: 18–40. [916]
NIO, S. D., MOWBRAY, T. DE, SIEGENTHALER, C., VISSER, M. J. & YANG, C. S. (1982): Some diagnostic criteria for clastic subtidal deposits and their application to the calculation of paleo-tidal ranges and flow velocities. – 11th Internat. Congr. Sedimentol., Hamilton, Abstr., 169. [904]
NIO, S.-D., SHÜTTENHELM, R. T. E. & VAN WEERING, TJ. C. E. (eds.) (1981): Holocene Marine Sedimentation in the North Sea Basin. – Internat. Assoc. Sedimentologists, Spec. Publ., **5**, 515 S. [904]
NISBET, E. G. & PRICE, I. (1974): Siliceous turbidites: bedded cherts as redeposited, ocean ridge-derived sediments. – In HSÜ, K. J. & JENKYNS, H. C. (eds.): Pelagic sediments: on Land and under the Sea. – Internat. Assoc. Sedimentologists Spec. Pub. **1**: 351–366. [529]
NISSEN, H.-U. (1963): Röntgengefügeanalyse am Kalzit von Echinodermenskeletten. – N. Jb. Geol. Paläont. Abh. **117**: 230–234; Stuttgart. [314, 315]
– (1969): Crystal orientation and plate structure in echinoid skeletal units. – Science **166**: 1150–1152; Washington. [315]
NISSENBAUM, A., PRESLEY, B. J. & KAPLAN, I. R. (1972): Early diagenesis in a reducing fjord, Saanich Inlet, British Columbia. I: Chemical and isotopic changes in major components of interstitial water. – Geochim. Cosmochim. Acta **36**: 1007–1027. [239]
NITHACK, J. (1974): Gefügekundliche Untersuchungen an grobklastischen Sedimenten mit Hilfe terrestrisch-photogrammetrischer Methoden. – Diss. Univ. München, 105 S. [74]
NITTROUER, C. A., KUEHL, S. A., DEMASTER, D. J. & KOWSMANN, R. O. (1986): The detaic nature of Amazon shelf sedimentation. – Geol. Soc. Amer. Bull., **97**: 444–458. [899]
NITTROUER, C. A., STERNBERG, R. W., CARPENTER, R. & BENNETT, J. T. (1979): The use of Pb-210 geochronology as a sedimentological tool: Application to the Washington continental shelf. – Mar. Geol., **31**: 297–316. [862]
NOBBE, H. (Dünnschliff). [376]

NOCKOLDS, S. R. (1954): Average chemical compositions of some igneous rocks. – Bull. Geol. Soc. Am., **65**: 1007–1032. [543]
NOËL, D. (1968): Nature et genèse des alternances de marnes et de calcaires du Barrémien supérieur d'Angles (Fosse vocontienne, Basses-Alpes). – C. R. Acad. Sc. Paris, **266**: 1223–1225. [842, 844]
NOLTE, A. (mdl. Mitt.). [529]
NORDSTROM, D. K. (1982): The effect of sulphate on aluminium concentrations in natural waters; some stability relations in the system Al_2O_3—SO_3—H_2O at 298 K. – Geochim. Cosmochim. Acta, **46**: 681–692. [30, 32]
NORMARCK, W. R. & DICKSON, F. H. (1976): Man-made turbidity currents in Lake Superior. – Sedimentology, **23**: 815–831. [819]
NORMARK, W. R. & PIPER, D. J. W. & HESS, G. R. (1979): Distributary channels, sand lobes and mesotopography of Navy submarine fan, California Borderlands, with applications to ancient fan sediments. – Sedimentology, **26**: 749–774. [937]
NCTHOLT, A. I. G. (1978): Proterozoic and Cambrian Phosphorites. – Inaugural Field Workshop and Seminar in Australia, Min. Mag. Nov. 1978. [559]
NRIAGU, J. O. & DELL, C. J. (1974): Diagenetic formation of iron phosphates in Recent lake sediments. – Amer. Min., **59**: 934–946. [880]
NUMMEDAL, D. & PENLAND, S. (1981): Sediment dispersal in Norderneyer Seegat, West Germany, – In NIO, S.-D., SHÜTTENHELM, R. T. E. & VAN WEERING, TJ. C. E. (eds.): Holocene Marine Sedimentation in the North Sea Basin. – Internat. Assoc. Sedimentologists Spec. Publ., **5**: 187–210. [910]
NYONG, E. E. & OLSSON, R. K. (1984): A Paleoslope model of Campanian to Lower Maestrichtian foraminifera in the North American basin and adjacent continental margin. – Marine Micropaleontol., **8**: 437–477. [934]

OBERHAUSER, R. (1960): Foraminiferen und Mikrofossilien „incertae sedis" der ladinischen und karnischen Stufe der Trias aus den Ostalpen und aus Persien. – Jb. Geol. B. A. Wien, Sonderbd. **5**: 5–46; Wien. [282]
OBRADOVIĆ, J. (1980): Diagenetic processes in some pyroclastic rocks. – Internat. Assoc. Sedimentologists 1st Europ. Mtg., Bochum, Abstr., 260–262. [175]
O'BRIEN, N. R. & BURRELL, D. C. (1970): Mineralogy and distribution of clay size sediment in Glacier Bay, Alaska. – J. Sediment. Petrol., **40**: 650–655. [198, 202]
O'BRIEN, N. R., NAKAZAWA, K. & TOKUHASHI, S. (1980): Use of clay fabric to distinguish turbiditic and hemipelagic siltstones and silts. – Sedimentology, **27**: 47–61. [936]
OCAMB, R. D. (1961): Growth faults of southern Louisiana. – Gulf Coast Assoc. Geol. Socs. Trans., **11**: 139–175. [809]
OCHSENIUS, C. (1877): Die Bildung der Steinsalzlager und ihrer Mutterlaugensalze. – 172 S.; C. E. M. Pfeffer, Halle. [449–451, 453]
ODIN, G. S. & LETOLLE, R. (1980): Glauconitization and phosphatization environments: a tentative comparison. – In BENTOR, Y. K. (ed.): Marine Phosphorites – Geochemistry, Occurrence, Genesis. – Soc. Econ. Paleont. Mineral. Spec. Pub. **29**: 227–237. [115, 561]
ODIN, G. S. & MATTER, A. (1981): De glauconiarium origine. – Sedimentology, **28**: 611–641. [115, 219, 220]
ODOM, I. E., DOE, T. W. & DOTT, R. H., Jr. (1976): Nature of feldspar-grain size relations in some quartz-rich sandstones. – J. Sediment. Petrol., **46**: 862–870. [114]
ODOM, I. E., WILLAND, T. N. & LASSIN, R. J. (1979): Paragenesis of diagenetic minerals in the St. Peter sandstone (Ordovician), Wisconsin and Illinois. – In SCHOLLE, P. A. & SCHLUGER, P. R. (eds.): Aspects of Diagenesis. – Soc. Econ. Paleont. Mineral. Spec. Publ., **26**: 425–443. [180]
OECD (1983): Uranium; resources, production and demand. – OECD and IAEA joint Rep., 348 S.; Paris. [609, 610]
OERLEMANS, J. (1980): Model experiments on the 100.000-yr glacial cycle. – Nature, **287**: 430–432. [850]
OERTEL, G. & CURTIS, C. D. (1972): Clay-ironstone concretion preserving fabrics due to progressive compaction. – Geol. Soc. Amer. Bull., **83**: 2597–2606. [393]
OERTEL, G. F. (1979): Barrier island development during the Holocene recession, SE United States. – In LEATHERMAN, S. P. (ed.): Barrier Island, 273–290. – Academic Press, New York. [911]
ÖZERLER, M. (Foto) [150]
OGLIANI, F. (1981): Transgressive-regressive phases in the proximal part of a fan delta system, early Pliocene, Intrapenninic Basin, Bologna. – Internat. Assoc. Sedimentologists 2nd Europ. Mtg., Bologna, Abstr., 126–129. [83]
OGNIBEN, L. (1954): La Regola di Mottura di orientazione del gesso. – Period. Miner., **23**: 53–72. [465]
– (1955): Inverse graded bedding in primary gypsum of chemical deposition. – J. Sediment. Petrol., **25**: 273–281. [465]
– (1957a): Secondary gypsum of the sulphur series, Sicily, and the so-called integration. – J. Sediment. Petrol., **27**: 64–79. [465, 466]
– (1957b): Petrografia della serie solfifera siciliana e considerazioni geologiche relative. – Mem. Descrit. Carta Geol. Ital., **33**, 275. [465]
OGUNYOMI, O., MARTIN, R. F. & HESSE, R. (1981): Albite of secondary origin in Charny sandstones, Québec: A reevaluation. – J. Sediment. Petrol., **51**: 597–606. [167]
OHLE, E. L. (1985): Breccias in Mississippi Valley-Type deposits. – Econ. Geol. **80**: 1736–1752. [667]
OHMOTO, H. & SKINNER, B. J. (Hrsg.) (1983): The Kuroko and related volcanogenic massive sulfide deposits. – Monogr. Econ. Geol., **3**, 604 S.; Lancaster, Pa. [639, 641, 644, 645]

OHSE, W., MATTHESS, G. & PEKDEGER, A. (1985): Equilibrium and disequilibrium between pore waters and minerals in the weathering environments. – In DREVER, J. J. (ed.): The chemistry of weathering. – NATO ASI Series C, **149**: 211–230. [16]

OKADA, H. (1971): Classification of sandstone: Analysis and proposal. – J. Geol., **79**: 509–525. [99, 143]

OKADA, H. & MATSUMOTO, T. (1969): Cyclic sedimentation in a part of the Cretaceous sequence of the Yezo Geosyncline, Hokkaido. – J. Geol. Soc. Japan, **75**: 311–328. [848]

– – (1975): Coarsening-upward cyclic sedimentation in eugeosynclinal belts and its tectonic significance. – 9th Internat. Congr. Sedimentol., Nice, theme 4: 269–274. [956]

OKAMOTO, G., TAKESHI, O. & KATSUMI, G. (1957): Properties of silica in water. – Geochim. Cosmochim. Acta, **12**: 123–132. [30, 503]

OLAUSSEN, S. (1981): Formation of celestite in the Wenlock, Oslo region Norway – evidence for evaporitic depositional environments. – J. Sediment. Petrol., **51**: 37–46. [420]

OLDERSHAW, A. E. (1968): Electron-microscopic examination of Namurian bedded cherts, North Wales (Great Britain). – Sedimentology, **10**: 255–272. [537]

OLDERSHAW, A. E. & SCOFFIN, T. P. (1967): The source of ferroan and non-ferroan calcite cements in the Halkin and Wenlock limestones. – Geol. J., **5**: 309–320. [842]

OLIVEIRA, DE, N. P. (1980): Mineralogie und Geochemie der phosphatführenden Laterite von Itacupim und Trauira, Nordbrasilien. – Diss., Erlangen-Nürnberg, 149 p. [562]

OLPHEN, H. VAN (1963): An introduction to clay colloid chemistry. – 301 pp.; Wiley & Sons, New York etc. [199]

OLSEN, S. (1944): Danish Charophyta: chorological, ecological, and biological investigations. – Kongel. Danske Vid. Selsk., Bot. Skr. **3**: 1–240; Kopenhagen. [274]

OMENETTO, P. & VAILATI, G. (1977): Ricerche geominerarie nel settore centrale del distretto a Pb, Zn, fluorite e barite di Gorno (Lombardia). – L'Indus. Miner., **28**: 2–44; Faenza. [660]

ONIONS, D. & MIDDLETON, G. V. (1968): Dimensional grain orientation of Ordovician turbidite greywackes. – J. Sediment. Petrol., **38**: 164–174. [146]

OOMKENS, E. (1966): Environmental significance of sand dikes. – Sedimentology, **7**: 145–148. [829]

– (1974): Lithofacies relations in the Late Quaternary Niger delta complex. – Sedimentology, **21**: 195–222. [892]

OOMKENS, E. & TERWINDT, H. H. (1960): Inshore estuarine sediments in the Haringvliet (Netherlands). – Geol. Mijnbouw, **39**: 701–710. [915]

ORFORD, J. D. & WHALLEY, W. B. (1983): The use of fractal dimension to quantify the morphology of irregular-shaped particles. – Sedimentology, **30**: 655–668. [142]

ORI, G. G., RICCI LUCCHI, F. & MASSARI, F. (1981): Examples of fossil transverse ribs in Upper Miocene deltaic conglomerates, Vittorio Veneto area, Southern Alps. – Internat. Assoc. Sedimentologists 2nd Europ. Mtg., Bologna, Abstr., 141. [82, 83]

ORR, E. D. & FOLK, R. L. (1985): Chattermarked garnets found in soil profiles and beach environments – a discussion. – Sedimentology, **32**: 307–308. [144]

ORTLAM, D. (1974): Inhalt und Bedeutung fossiler Bodenkomplexe in Perm und Trias von Mitteleuropa. – Geol. Rdsch., **63**: 850–884.

OSBURN, R. C. (1957): Marine Bryozoa. – In: Ecology. – Geol. Soc. Amer. Mem. **67**, 1: 1109–1112. [294]

OSTERKAMP, W. R. (1978): Gradient, discharge, and particle-size relations of alluvial channels in Kansas, with observations on braiding. – Amer. J. Sci., **278**: 1253–1268. [867]

OSZCZEPALSKI, S. & RYDZEWSKI, A. (1987): Palaeogeography and sedimentary model of the Kupferschiefer in Poland. – In PERYT, T. M. (Hrsg.): The Zechstein Facies in Europe. Lecture Notes in Earth Sciences, **10**: 189–205; Springer-Verlag, Berlin, Heidelberg. [500]

OTI, M. & MÜLLER, G. (1979): Recent ooids from different environments. – Erdöl, Kohle, Erdgas, Petrochem., **32**: 107–115. [329]

– – (1985): Textural and Mineralogical Changes in Coralline Algae during Meteoric Diagenesis: An Experimental Approach. – N. Jb. Miner. Abh., **151**: 163–195. [277]

OTT, E. (1967a): Dasycladaceen (Kalkalgen) aus der nordalpinen Obertrias. – Mitt. Bayer. Staatsslg. Paläont. hist. Geol. **7**: 205–226; München. [269]

– (1967b): Segmentierte Kalkschwämme (Sphinctozoa) aus der alpinen Mitteltrias und ihre Bedeutung als Riffbildner im Wettersteinkalk. – Bayer. Akad. Wiss., Math. Naturwiss. Kl., H. **131**: 1–96. [288, 289]

– (1972): Die Kalkalgen-Chronologie der alpinen Mitteltrias in Angleichung an die Ammoniten-Chronologie. – N. Jb. Geol. Paläont. Abh. **141**: 81–115; Stuttgart. [269]

– (Dünnschliff) [271]

OTTE, C., Jr. & PARKS, J. M., Jr. (1963): Fabric studies of Virgil and Wolfcamp bioherms, New Mexico. – J. Geol., **71**: 380–396. [353]

OTTENJANN, K. (1980): Spektrale Fluoreszenz-Mikrophotometrie von Kohlen und Ölschiefern. – Leitz-Mitt. Wiss. u. Techn. **7**, 8: 262–272; Wetzlar. [717, 723]

– (1982): Verbesserungen bei der mikroskop-photometrischen Fluoreszenzmessung an Kohlenmaceralen. – Zeiss-Information **26**, 93: 40–46; Oberkochen. [718, 723]

OTTENJANN, K., TEICHMÜLLER, M. & WOLF, M. (1974): Spektrale Fluoreszenz-Messungen an Sporiniten mit Auflicht-Anregung, eine mikroskopische Methode zur Bestimmung des Inkohlungsgrades gering inkohlter Kohlen. – Fortschr. Geol. Rheinld. u. Westf. **24**: 1–36; Krefeld. [698]

OTTENJANN, K., WOLF, M. & WOLFF-FISCHER, E. (1982): Das Fluoreszenzverhalten der Vitrinite zur Kennzeichnung der Kokungseigenschaften von Steinkohlen. – Glückauf-Forschungshefte **43**, 4: 173–179; Essen. [717, 723]

OTTER, G. W. (1932): Rock-burrowing echinoids. – Biol. Rev., **7**: 89–107. [345]

OTVOS, E. G. (1979): Barrier island evolution and history of migration. North central Gulf Coast. – In LEATHERMAN, S. P. (ed.): Barrier Islands. Academic Press, New York, 291–319. [911]

OTVOS, E. G., Jr. & PRICE, W. A. (1979): Problems of chenier genesis and terminology – an overview. – Mar. Geol., **31**: 251–263. [908]

OVERBECK, F. (1975): Botanisch-geologische Moorkunde. 719 S., 263 Abb., 38 Tab. – Karl Wachholtz-Verlag Neumünster. [688]

OWENS, E. H. (1977): Temporal variations in beach and nearshore dynamics. – J. Sediment. Petrol., **47**: 168–190. [908]

OWENS, J. P. & MINARD, J. P. (1960): Some characteristics of glauconite from the coastal plain formation of New Jersey. – U. S. Geol. Survey, Prof. Pap., **400** B: 430–432. [219]

PACKHAM, G. H. & CROOK, K. A. W. (1960): The principle of diagenetic facies and some of its implications. – J. Geol., **68**: 392–407. [175]

PADGETT, G., EHRLICH, R. & MOODY, M. (1977): Submarine debris flow deposits in an extensional setting – Upper Devonian of western Morocco. – J. Sediment. Petrol., **47**: 811–818. [816]

PAGEL, M. & PERINON, J. (1986): Un modèle de formation de gisements d'uranium dans les shales noirs continentaux. – Sci. Géol., Bull., **39**: 277–292; Strasbourg. [615]

PANAYIOTOU, A. (Hrsg.) (1980): Ophiolites. – Proc. int. Ophiolites Symp. Cyprus 1979: 781 S.; Nikosia. [641]

PANKOW, H. (1971): Algenflora der Ostsee. I. Benthos. – 419 S.; Jena (Fischer-Verlag). [274]

PANNEKOEK, A. J. (1965): Shallow-water and deep-water evaporite deposition. – Amer. Jour. Sci., **263**: 284–285. [453]

PANTIN, H. M. (1979): Interaction between velocity and effective density in turbidity flow: Phase-plane analysis, with criteria for autosuspension. – Mar. Geol., **31**: 59–99. [819]

PAOLO, D. J. DE (1986): Detailed record of the Neogene Sr isotopic evolution of seawater from DSDP Site 590 B. – Geology, **14**: 103–106. [3]

PAPENFUSS (1976): Bildung sekundärer Mg-Chlorite. – Z. Pflanzenernährung Bodenk., 1976: 3–6. [28]

PAPKE, K. G. (1972): A sepiolite-rich playa deposit in southern Nevada. – Clays and Clay Minerals, **20**: 211–215. [879]

PAPP, A. (1963): Das Verhalten neogener Molluskenfaunen bei verschiedenen Salzgehalten. – Fortschr. Geol. Rheinld. – Westf., **10**: 35–47. [304]

PAPROTH, E. (1976): Zur Folge und Entwicklung der Tröge und Vortiefen im Gebiet des Rheinischen Schiefergebirges und seiner Vorländer, vom Gedinne (Unter-Devon) bis zum Namur (Silesium). – Nova Acta Leopoldina, N. F. **45**, 224: 45–58; Halle/Saale. [729]

PAPROTH, E. & WOLF, M. (1973): Zur paläogeographischen Deutung der Inkohlung im Devon und Karbon des nördlichen Rheinischen Schiefergebirges. – N. Jb. Geol. Paläont. Mh. **1973**: 469–493; Stuttgart. [729]

PAPROTH, E. & ZIMMERLE, W. (1980): Stratigraphic position, petrography and depositional environment of phosphorites from the Federal Republik of Germany. – Meded Rijks Geol. Dienst **32**: 81–95, Maastricht. [556]

PARK, CH. F., Jr. & MAC DIARMID, R. A. (1964): Ore deposits. – 475 pp.; Freeman & Co., San Francisco-London. [620, 621]

PARK, D. E. & CRONEIS, C. (1969): Origin of Caballos and Arkansas Novaculite Formations. – Amer. Ass. Petrol. Geol. Bull., **53**: 94–111. [529, 530]

PARK, R. K. & DISTEFANO, M. P. (1982): Marcasite – an uncommonly common associate of carbonate sequences. – 11th Internat. Congr. Sedimentol., Hamilton, Abstr., 123. [425]

PARK, W. C. & SCHOT, E. H. (1968): Stylolites: Their nature and origin. – J. Sediment. Petrol., **38**: 175–191. [370]

PARKASH, B., SHARMA, R. P. & ROY, A. K. (1980): The Siwalik Group (Molasse) – sediments shed by collision of continental plates. – Sed. Geol., **25**: 127–159. [112]

PARKE, M. & ADAMS, I. (1960): The motile (Crystallolithus hyalinus GAARDER & MARKALI) and nonmotile phases in the life history of Coccolithus pelagicus (WALLICH) SCHILLER. – Mar. Biol. Assoc. U. K. J., **39**: 263–274. [280]

PARKER, G., LANFREDI, N. W. & SWIFT, D. J. P. (1982): Seafloor response to flow in a southern hemisphere sand-ridge field: Argentine inner shelf. – Sed. Geol., **33**: 195–216. [912]

PARKER, R. H. (1959): Macro-invertebrate assemblages of Central Texas coastal bays and Laguna Madre. – Bull. Amer. Assoc. Petrol. Geol., **43**: 2100–2166. [304]

PARKER, R. J. (1975): The petrology and origin of some glauconitic and glauco-conglomeratic phosphorites from the South-African continental margin. – J. Sediment. Petrol., **45**: 230–242. [554]

PARKER, R. J. & SIESSER, W. G. (1972): Petrology and origin of some phosphorites from the South-African continental margin. – J. Sediment. Petrol., **42**: 434–440. [554]

PARKINSON, D. (1964): Problematic fabrics in the Carboniferous reef limestone of Dovedale. – Mercian Geol., Nottingham, **1**: 49–59. [353]

PARKS, J. M., LAGAS, P. J., CABLE, M. A., BECKER, R. D., MICHELSON, S. I., LENSCH, C., EVENSON, E. B. (1982): Florida Bay carbonate mud banks: possible additional factor in mode of deposition exemplified by Ramshorn Spit. – Geol. Soc. Amer. Abstr. & Progr., **14**, 7, 583. [340]

Parnell, J. (1983): Ancient duricrusts and related rocks in perspective: a contribution from the Old Red Sandstone. – In Wilson, R. C. L. (ed.): Residual Deposits: Surface Related Weathering Processes and Materials, 197–209; Oxford (Blackwell Scientific Publications). [359]

Parry, W. T. & Reeves, C. C. (1966): Lacustrine glauconitic mica from pluvial Lake Mound, Lynn and Terry counties, Texas. – Amer. Mineral., **51**: 229–235. [219]

Parry, W. T., Reeves, C. C., Jr. & Leach, J. W. (1970): Oxygen and carbon isotopic composition of West Texas Lake carbonates. – Geochim. Cosmochim. Acta **34**: 825–830; London. [246]

Passega, R. (1957): Texture as characteristic of clastic deposition. – Amer. Assoc. Petrol. Geol. Bull., **41**: 1952–1984. [138]

– (1972): Sediment sorting related to basin mobility and environment. – Amer. Assoc. Petrol. Geol. Bull., **56**: 2440–2450. [138, 139]

Patnaik, P. (Foto) [424]

Patriquin, D. G. (1972): Carbonate mud production by epibionts on Thalassia: an estimate based on leaf growth rate data. – J. Sediment. Petrol., **42**: 687–689. [341]

Patteisky, K., Teichmüller, M. & Teichmüller, R. (1962): Das Inkohlungsbild des Steinkohlengebirges an Rhein und Ruhr, dargestellt im Niveau von Flöz Sonnenschein. – Fortschr. Geol. Rheinld. u. Westf. 3, 2: 687–700; Krefeld. [729, 730]

Patterson, R. J. & Kinsman, D. J. J. (1982): Formation of diagenetic dolomite in coastal sabkha along Arabian (Persian) Gulf. – Amer. Assoc. Petrol. Geol. Bull., **66**: 28–43. [412]

Patzelt, W. J. (1964): Lithologische und paläogeographische Untersuchungen im Unteren Keuper Süddeutschlands. – Erlanger Geol. Abh., **52**, 30 pp. [105]

Payton, C. E. (ed.) (1977): Seismic Stratigraphy – Applications to Hydrocarbon Exploration. – Amer. Assoc. Petrol. Geol., Memoir **26**, 516 S. [856]

Peach, P. A. & Perrie, L. A. (1975): Grain-size distribution within glacial varves. – Geology, **3**: 43–46. [888]

Pearce, J. A., Lippard, S. J. & Roberts, S. (1984): Characteristics and tectonic significance of supra-subduction zone ophiolithes. – In Kokelaar, B. P. & Howells, M. F. (Hrsg.): Marginal basin geology, 77–94; Oxford (Blackwell Sci. Publ.). [642]

Pearn, W. C. (1965): Finding the ideal cyclothem. – In: Symposium on cyclic sedimentation. – Kansas Geol. Surv. Bull., **169**: 399–413. [846]

Pedersen, G. K. (1981): Anoxic events during sedimentation of a Palaeogene diatomite in Denmark. – Sedimentology, **28**: 487–504. [512, 528, 849]

Pedersen, G. K. & Andersen, P. R. (1980): Depositional environments, diagenetic history and source areas of some Bunter Sandstones in northern Jutland. – Danm. geol. Unders., Årborg 1979, 69–93. [99, 181]

Pedersen, G. K. & Surlyk, F. (1977): Dish structures in Eocene volcanic ash layers, Denmark. – Sedimentology, **24**: 581–590. [831]

Pelletier, B. (1983): Localisation du nickel dans les minerais garniéritiques de Nouvelle Calédonie, p. 88. – CNRS-Colloquium: Petrology of weathering and soils, Paris. [25]

Pelletier, B. R. (1958): Pocono paleocurrents in Pennsylvania and Maryland. – Bull. Geol. Soc. Amer., **69**: 1033–1064. [77, 137]

Pena, F. & Torrent, J. (1984): Relationships between phosphate sorption and iron oxides in Alfisols from a river terrace sequence of Mediterranean Spain. – Geoderma, **33**: 265–282. [36]

Perel'man, A. J. (1967): Geochemistry of Epigenesis. – 266 pp.; Plenum Press, New York. [66, 67]

Pérès, J. M. & De Vèze, L. (1964): Océanographie biologique et biologie marine. Tome 2. La vie pélagique. – Presses Univ. de France, Paris. [550]

Perrodon, A. & Slansky, M. (eds.) (1979): Géologie comparée des gisements de phosphates et de pétrole. – Colloque international, Orléans, 5–7 nov. 1979, du BRGM, **24**, Paris. [559]

Perry, E. & Hower, J. (1970): Burial diagenesis in Gulf Coast pelitic sediments. – Clays Clay Minerals, **18**: 165–177. [163, 210]

Perry, E. A. (1974): Diagenesis and the K-Ar dating of shales and clay minerals. – Bull. Geol. Soc. Amer., **85**: 827–830. [211]

Perry, E. A., Gieskes, J. M. & Lawrence, J. R. (1976): Sediment-water interaction, Site 149, Deep Sea Drilling Project (Venezuela Basin). – In Čadek, J. & Pačes, T. (eds.): Proceed. Internat. Sympos. Water-Rock Interaction. Geol. Survey, Prague, 293–301. [5]

Perseil, E. A. & Grandin, G. (1983): Alteration des grenats de minerais maganifères à gangue siliceuse d'Afrique de l'ouest. p. 85. – CNRS-Colloquium: Petrology of weathering and soils, Paris. [25]

– – (1985): Altération supergène des protores à grenats manganésifères dans quelques gisements d'Afrique de l'Ouest. – Mineral. Deposita, **20**: 211–219. [60]

Peryt, T. M. (1975): Significance of Stromatolites for the Environmental Interpretation of the Buntsandstein (Lower Triassic) Rocks. – Geol. Rdsch., **64**: 143–158; Stuttgart. [264]

– (1977): Environmental significance of foraminiferal-algal oncolites. – In Flügel, E. (ed.): Fossil Algae, S. 61–65; Berlin (Springer). [269]

– (1980): Structure of „Sphaerocodium Koken: Wagner", a Girvanella oncoid from the Upper Muschelkalk (Middle Triassic) of Württemberg, SW Germany. – N. Jb. Geol. Paläont. Mh., **1980**: 293–302; Stuttgart. [269]

– (1981): Phanerozoic Oncoids – an Overview. – Facies **4**: 197–214; Erlangen. [265, 268, 269]

– (1983a): Classification of Coated Grains. – In Peryt, T. M. (ed.): Coated Grains, S. 3–6; Berlin-Heidelberg (Springer). [268]

– (1983b): Vadoids. – In PERYT, T.M. (ed.): Coated Grains, 437–449; Springer, Berlin, Heidelberg, u. s. w. [360, 361]
– (1987a): The Zechstein (Upper Permian) Main Dolomite deposits of the Leba elevation, northern Poland: diagenesis. – In PERYT, T.M. (Hrsg.): The Zechstein Facies in Europe. Lecture Notes in Earth Sciences, **10**: 225–252; Springer-Verlag, Berlin, Heidelberg. [500]
– (Hrsg.) (1987b): The Zechstein Facies in Europe. – Lecture Notes in Earth Sciences, **10**, 272 S.; Springer-Verlag, Berlin, Heidelberg. [500]
– (Hrsg.) (1987c): Evaporite Basins. – Lecture Notes in Earth Sciences, **13**, 188 S.; Springer-Verlag, Berlin, Heidelberg. [500]
PESCHEL, G. & LANGBEIN, R. (1975): Zur Objektivierung des synoptischen Vergleichs der Korngrößenverteilung von Sedimenten. – Z. angew. Geol., **21**: 274–279; Berlin-Ost. [138]
PETERS, W.C. (1958): Geologic characteristics of fluorspar deposits in the western United States. – Econ. Geol., **53**: 663–668. [472]
PETERSON, D.W. (1976): Processes of volcanic island growth, Kilauea volcano, Hawaii, 1969–1973. – In FERRAN, O.G. (ed.): Proc., Andean and Antarctic Volcanology Problems. IAVCEI. Sp. Series, 172–189. [769]
PETERSON, G.L. (1968): Flow structures in sandstone dikes. – Sed. Geol., **2**: 177–190. [830]
PETERSON, M.N.A. (1966): Calcite: rates of dissolution in a vertical profile in the central Pacific. – Science, **154**: 1542–1544. [345]
PETERSON, M.N.A. & VON DER BORCH, C.C. (1965): Chert: Modern inorganic deposition in a carbonate-precipitating locality. – Science, **149**: 1501–1503. [526]
PETRASCHECK, W.E. (1954): Die Eisenerz- und Nickellagerstätten von Lokris in Ostgriechenland. – Inst. Geol. Subsurf. Research, Athen: 83–115. [63]
PETTA, T.J. & GERHARD, L.C. (1977): Marine grass banks – a possible explanation for carbonate lenses, Tepee zone, Pierre Shale (Cretaceous), Colorado. – J. Sediment. Petrol., **47**: 1018–1026 (s. auch Disk. von BRETSKY, J.S.P. **48**, 999). [341]
PETTIJOHN, F.J. (1957): Sedimentary Rocks. – 718 pp.; Harper & Broth., New York. [77, 79–82, 98, 101, 137, 141, 325, 369, 371]
– (1960): Some contributions of sedimentology to tectonic analysis. – Internat. Geol. Congr. XXI, Norden, Pt. XVIII, 446–454. [75]
– (1963): Chemical composition of sandstones – excluding carbonate and volcanic sands: data of geochemistry. – U.S. Geol. Surv. Prof. Pap., **440**-S, 21 pp. [103]
– (1975): Sedimentary Rocks, 3rd ed. – 628 S.; Harper & Row, Publ., New York, Evanston, San Francisco, London. [69, 71–74, 79, 80, 82, 85, 99, 114, 125, 127, 131, 134, 137, 141, 143, 162, 369, 392, 393, 807, 833, 834, 853, 874, 885]
PETTIJOHN, F.J. & LUNDAHL, A.C. (1943): Shape and roundness of Lake Erie beach sands. J. Sediment. Petrol., **13**: 69–78. [79, 141]
PETTIJOHN, F.J. & POTTER, P.E. (1964): Atlas and glossary of sedimentary structures. – 370 pp.; Springer, Berlin, Göttingen, Heidelberg, New York. [790, 793, 827]
PETTIJOHN, F.J., POTTER, P.E. & SIEVER, R. (1972): Sand and Sandstone. – 618 pp.; Springer, New York, Heidelberg, Berlin. [113, 830]
PETZING, J. & CHESTER, R. (1979): Authigenic marine zeolites and their relationship to global volcanism. – Mar. Geol., **29**: 253–271. [539]
PFLUG, H.D. (1978a): Früheste, bisher bekannte Lebewesen: Isuasphaera isua n. gen. n. spec. aus der Isua-Serie von Grönland (ca. 3800 Mio. J.). – Oberhess. Naturwiss. Z. **44**: 131–145. [260]
– (1978b): Yeast-like microfossils detected in oldest sediments of the Earth. – Naturwissenschaften **65**: 611–615. [260]
– (1979): Combined structural and chemical analysis of 3,800-Myr-old microfossils. – Nature **280**: 483–486. [260]
– (1980): Anzeichen photosynthetischer Pigmente in ältesten Lebensresten. – Oberhess. Naturwiss. Z. **45**: 133–140. [260]
PHILIPP, W., DRONG, H.J., FÜCHTBAUER, H., HADDENHORST, H.-G. & JANKOWSKY, W. (1963): The history of migration in the Gifhorn trough (NW-Germany). – Sixth World Oil Congr., Sect. I, Pap. 19, PD 2, 457–481. (Auf deutsch: Erdöl u. Kohle, **16**: 456–468). [154]
PHILLIPS, G.N., GROVES, D.I. & MARTYN, J.E. (1984): An epigenetic origin for Archaean banded iron-formation-hosted gold deposits. – Econ. Geol., **79**: 162–171. [618]
PHLEGER, F.B., Jr. (1951): Displaced foraminifera faunas in turbidity currents. – Soc. Econ. Pal. Miner. Spec. Publ., **2**: 66–75. [284]
– (1960): Ecology and distribution of recent foraminifera. – 297 pp.; Baltimore. [282]
– (1964): Foraminiferal ecology and marine geology. – Mar. Geol. **1**: 16–43. [282]
– (1969): A modern evaporite deposit in Mexico. – Bull. Amer. Assoc. Petrol. Geol., **53**: 824–829. [446, 447]
PIA, J. VON (1920): Die Siphonae verticillatae vom Karbon bis zur Kreide. – Abhandl. Zool. Bot. Ges. **11**: 1–263. [269]
– (1926): Pflanzen als Gesteinsbildner. – 355 S.; Berlin (Borntraeger). [260]
– (1927): Thallophyta. – In HIRMER, Handbuch der Paläobotanik, **1**: 31–136; München-Berlin. [262, 265, 277]
– (1928): Die Anpassungsformen der Kalkalgen. – Palaeobiologica, **I**: 211–224, Wien/Leipzig. [275]
– (1933): Die rezenten Kalksteine. – Z. Krist. etc., B. Miner., Petrogr. Mitt., Erg. Bd., 1–418. [265]
– (1942): Übersicht über die fossilen Kalkalgen und die geologischen Ergebnisse ihrer Untersuchung. – Mitt. alpenländ. geol. Ver., **33**: 11–34. [269]

PICARD, M. D. & HIGH, L. R., Jr. (1972): Criteria for recognizing lacustrine rocks. – In RIGBY, J. K. & HAMBLIN, W. K. (eds.): Recognition of ancient sedimentary environments. – Soc. Econ. Paleont. Mineral. Spec. Publ., **16**: 108–145. [881]

– – (1973): Sedimentary Structures of Ephemeral Streams. – Devel. in Sedimentology, **17**, 223 S.; Elsevier, Amsterdam. [795, 829]

PICKEL, W. (1937): Stratigraphie und Sedimentanalyse des Kulms an der Edertalsperre. – Z. dt. geol. Ges., **89**, Abh. A., 233–280. [137]

PICKERING, K. T. & HISCOTT, R. N. (1984): Contained (reflected) turbidity currents, Middle Ordovician Cloridorme Formation, Gaspé Peninsula, Quebec. – 5ème Congr. Europ. Sédimentologic, Marseille, Abstr., 356. [819]

PIERCE, J. W. (1969): Sediment budget along a barrier island chain. – Sed. Geol., **3**: 5–16. [794]

PIERI, M. & GROPPI, G. (1981): Subsurface geological structure of the Po plain, Italy. – Agip-Public. 414, del Progr. Finalizzato Geodinamica; 13 S. [896, 957]

PIERRE, C. et al. (1981): Sédimentation et diagenèse dans trois lagunes évaporitiques de basse California (Mexique). Données géochimiques et isotopiques sur les sédiments et les saumures intersticielles. – Science de la terre. [446]

– (1982): Teneurs en isotopes stables (^{18}O, ^2H, ^{13}C, ^{34}S) et conditions de genèse des évaporites marines: Application à quelques milieux actuels et au Messinien de la Méditerranée. – Thesis Univ. Paris Sud, Orsay, no. 2587, 7 may, 280 p. [446]

PIERRE, C., ORTLIEB, L. & PERSON, A. (1984): Supratidal evaporitic dolomite at Ojo de Liebre Lagoon: mineralogical and isotopic arguments for primary crystallization. – J. Sediment. Petrol., **54**: 1049–1061. [411]

PIERSON, B. J. (1981): The control of cathodoluminescence in dolomite by iron and manganese. – Sedimentology **28**: 601–610; Oxford. [243, 244]

PIERSON, B. J. & SHINN, E. A. (1985): Cement distribution and carbonate mineral stabilization in Pleistocene limestones of Hogsty Reef, Bahamas. – In SCHNEIDERMANN, N. & HARRIS, P. M. (eds.): Carbonate Cements. – Soc. Econ. Paleont. Mineral. Spec. Publ., **36**: 153–168. [375, 383, 386]

PIGOTT, J. D. & MACKENZIE, F. T. (1979): Phanerozoic ooid diagenesis: A signature of paleo-ocean and -atmospheric chemistry. – Geol. Soc. Amer. Ann. Mtg. Abstr. & Progr., 495–496. [235, 256]

PILKEY, O. H., BLACKWELDER, B. W., KNEBEL, H. J. & AYERS, M. W. (1981): The Georgia Embayment continental shelf: Stratigraphy of a submergence. – Geol. Soc. Amer. Bull., I, **92**: 52–63. [911]

PILKEY, O. H. & HOWER, J. (1960): The effect of environment on the concentration of skeletal magnesium and strontium in Dendraster. – J. Geol., **68**: 203–216; Chicago. [253, 254, 318]

PILKEY, O. H., LOCKER, S. D. & CLEARY, W. J. (1980): Comparison of sand-layer geometry on flat floors of 10 modern depositional basins. – Amer. Assoc. Petrol. Geol. Bull., **64**: 841–856. [820]

PILKEY, O. H. & NOBLE, D. (1967): Carbonate and clay mineralogy of the Persian Gulf. – Deep-sea Research, **13**: 1–16. [928]

PILLER, H. (1951): Über den Schwermineralgehalt von anstehendem und verwittertem Brockengranit nördlich St. Andreasberg. – Heidelb. Beitr. Miner. Petrogr., **2**: 523–537. [122, 126]

PIMM, A. C., GARRISON, R. E. & BOYCE, R. E. (1971): Sedimentology synthesis: Lithology, chemistry and physical properties of sediments in the north-western Pacific Ocean. – In FISCHER, A. G. et al. (ed.): Initial Reports, Deep Sea Drilling Project, Vol. VI, Washington (U. S. Governm. Print Off.), 1131–1252. [536]

PINET, P. R. & POPENOE, P. (1985): A scenario of Mesozoic-Cenozoic ocean circulation over the Blake Plateau and its environs. – Geol. Soc. Amer. Bull., **96**: 618–638. [939]

PINGITORE, N. E., Jr. (1976): Vadose and phreatic diagenesis: Processes, products and their recognition in corals. – J. Sediment. Petrol., **46**: 985–1006. [382]

– (1978): The behavior of Zn^{2+} and Mn^{2+} during carbonate diagenesis: Theory and applications. – J. Sediment. Petrol., **48**: 799–814. [365]

PIPER, D. J. W. & NORMARK, W. R. (1983): Turbidite depositional patterns and flow characteristics, Navy submarine fan, California Borderlands. – Sedimentology, **30**: 681–694. [819, 937]

PIRLET, H. (1972): La „Grande Brèche" Viséenne est un olisthostrome; son role dans la constitution du géosynclinal Varisque en Belgique. – Ann. Soc. Géol. Belg., **95**, I: 53–134. [816]

PISCIOTTO, K. A. (1981): Diagenetic trends in the siliceous facies of the Monterey Shale in the Santa Maria region, California. – Sedimentology, **28**: 547–571. [504]

PISCIOTTO, K. A. & GARRISON, R. E. (1981): Lithofacies and depositional environments of the Monterey Formation, California. – In GARRISON, R. E. & DOUGLAS, R. G. (eds.): The Monterey Formation and Related Siliceous Rocks of California. – Soc. Econ. Paleont. Mineral., Pacif. Section, 97–122. [512, 526, 553]

PISCIOTTO, K. A. & MAHONEY, J. J. (1981): Isotopic survey of diagenetic carbonates, Deep Sea Drilling Project Leg 63. – In YEATS, R. S., HAQ, B. U. et al. (eds.): Init. Repts. DSDP, 63, Washington (U. S. Govt. Printing Office), 595–609. [6, 414]

PISIAS, N. G. (1976): Late Quaternary sediment of the Panama Basin: Sedimentation rates, periodicities, and controls of carbonate and opal accumulation. – In CLINE, R. M. & HAYS, J. D. (eds.): Investigation of Late Quaternary Paleoceanography and Paleoclimatology. – Geol. Soc. Amer. Mem. **145**: 375–391. [512]

PITMAN, J. K., FOUCH, T. D. & GOLDHABER, M. B. (1982): Depositional setting and diagenetic evolution of some Tertiary unconventional reservoir rocks, Uinta Basin, Utah. – Amer. Assoc. Petrol. Geol. Bull. **66**: 1581–1596. [181]

PITMAN, W. C., III (1978): The relationship between eustacy and stratigraphic sequences of passive margins. – Geol. Soc. Amer. Bull., **89**: 1389–1403. [851]

PITMAN, W.C., III & GOLOVCHENKO, X. (1983): The effect of sealevel change on the shelfedge and slope of passive margins. – In STANLEY, D. J. & MOORE, G. T. (eds.): The Shelfbreak: Critical Interface on Continental Margins. – Soc. Econ. Paleont. Mineral. Spec. Publ., **33**: 41–58. [850, 858]
PITTMAN, E. D. (1963): Use of zoned plagioclase as an indicator of provenance. – J. Sediment. Petrol., **33**: 380–386. [114]
– (1969): Destruction of plagioclase twins by stream transport. – J. Sediment. Petrol., **39**: 1432–1437. [114]
– (1970): Plagioclase feldspar as an indicator of provenance in sedimentary rocks. – J. Sediment. Petrol., **40**: 591–598. [113]
– (1972): Diagenesis of quartz in sandstones as revealed by scanning electron microscopy. – J. Sediment. Petrol., **42**: 507–519. [161]
– (1979): Porosity, diagenesis and productive capability of sandstone reservoirs. – In SCHOLLE, P. A. & SCHLUGER, P. R. (eds.): Aspects of Diagenesis. – Soc. Econ. Paleont. Mineral. Spec. Publ., **26**: 159–173. [167]
– (1981): Effect of fault-related granulation on porosity and permeability of quartz sandstones, Simpson Group (Ordovician), Oklahoma. – Amer. Assoc. Petrol. Geol. Bull., **65**, 2381–2387. [153]
PLAS, L. VAN DER & TOBI, A. C. (1965): A chart for judging the reliability of point counting results. – Amer. J. Sci., **263**: 87–90. [117]
PLAYFORD, P. E. (1980): Devonian „Great Barrier Reef" of Canning Basin, Western Australia. – Amer. Assoc. Petrol. Geol. Bull., **64**: 814–840. [385]
PLAYFORD, P. E. & COCKBAIN, A. E. (1969): Algal stromatolites; deepwater forms in the Devonian of Western Australia. – Science, **165**: 1008–1010. [262]
PLEIN, E. (1978): Rotliegend-Ablagerungen im Norddeutschen Becken. – Z. dt. Geol. Ges., **129**: 71–97. [884]
PLESSMANN, W. (1961): Strömungsmarken in klastischen Sedimenten und ihre geologische Auswertung. Untersuchungsergebnisse im Oberharzer Kulm und im westalpinen Flyschbecken von San Remo. – Geol. Jb., **78**: 503–566. [81, 824]
– (1964): Gesteinslösung, ein Hauptfaktor beim Schieferungsprozeß. – Geol. Mitt., Aachen, **4**: 69–82. [165]
– (1972): Horizontal-Stylolithen im französisch-schweizerischen Tafel- und Faltenjura und ihre Einpassung in den regionalen Rahmen. – Geol. Rundsch., **61**: 332–347. [370]
PLIČKA, M. (1970): Zoophycos and similar fossils. – In CRIMES, T. P. & HARPER, J. C. (eds.), Trace Fossils. – Liverpool Geol. Soc., Seel House Press, Liverpool, 361–370. [836]
PLÜGER, W. L., FRIEDRICH, G. & STOFFERS, P. (1985): Environmental controls on the formation of deep-sea ferromanganese concretions. – In GERMANN, K. (ed.): Geochemical aspects of ore formation in recent and fossil sedimentary environments. – Monograph Ser. Miner. Dep. **25**: 31–52; Gebr. Bornträger, Berlin-Stuttgart. [582, 583]
PLUIJM, B. A. VAN DER (1984): Mica beards in three slates: Morphology, formation and bearing on the strain history. – Geol. Rdsch., **73**: 1037–1053. [183]
PLUMLEY, W. J. (1948): Black Hills terrace gravels: a study in sediment transport. – J. Geol., **56**: 526–577. [75, 77, 80]
PLUMMER, L. N. & BACK, W. (1980): The mass balance approach: Application to interpreting the chemical evolution of hydrologic systems. – Amer. J. Sci., **280**: 130–142. [417]
PLUMMER, L.N., BLAIR, F. J. & TRUESDELL, A. H. (1976 revised 1978): WATEQ-F – A FORTRAN IV Version of WATEQ, a computer program for calculating chemical equilibrium of natural waters. – U. S. Geol. Surv. Water-Resources Investigations 76-13, Washington 1978. [9, 16]
PLUMSTEAD, E. P. (1966): The story of South Africa's coal. – Optima **16**: 187–202: Johannesburg. [688, 711]
POBEGUIN, TH. (1954): Contribution a l'étude des carbonates de calcium. Précipitation du calcaire par les vegetaux. Comparaison avec le monde animal. – Ann. des Soc. Nat. Bot., Ser. **11**: 29–109. [269, 293]
POHL, W. (1986): Comparative metallogeny of siderite deposits. – Österr. Akad. Wiss., Schriftenr. erdwiss. Komm., **8**: 271–296; Wien. [604]
POKORNY, V. (1958): Grundzüge der zoologischen Mikropaläontologie, I, 582 pp.; II, 453 pp.; VEB Dtsch. Verlag d. Wiss., Berlin. [282, 284, 288, 507]
POLDERVAART, A. (1950): Statistical studies of zircon as a criterion in granitization. – Nature, **165**: 574–575. [122]
POLŠAK, A. (1979): Stratigraphy and paleogeography of the Senonian biolithitic complex at Donje Orešje (Mt. Medvednica, North Croatica). – Acta Geologica IX/6: 193–231; Zagreb. [356]
– (1981): Upper Cretaceous biolithitic complexes in a subduction zone: examples from the inner Dinarides, Yugoslavia. – In TOOMEY, D. F. (ed.): European Fossil Reef Models. – Soc. Econ. Paleont. Mineral. Spec. Publ., **30**: 447–472. [356]
POLUZZI, A. & SARTORI, R. (1973): Carbonate mineralogy of some Bryozoa from Talbot Shoal. – Ann. Museo Geol. Bolognia, Ser. 2a, **39**: 11–15; Bologna. [295]
POMEROL, C. (1965): Les sables de l'Eocène supérieur (Lédien et Bartonien) des bassins de Paris et de Bruxelles. – Mem. Exp. Carte Géol. Det. Fr. 214. [125]
POPP, B. N. & WILKINSON, B. H. (1982): Holocene lacustrine ooids from Pyramid Lake, Nevada. – In PERYT, T. M. (ed.): Coated Grains, 142–153. – Springer, Berlin, Heidelberg, New York, Tokyo. [332]
POREBSKI, S. (1984): Clast size and bed thickness trends in resedimented conglomerates: example from a Devonian fan-delta succession, southwest Poland. – In KOSTER, E. H. & STEEL, R. J. (eds.): Sedimentology of Gravels and Conglomerates. – Canad. Soc. Petrol. Geol., Mem., **10**: 399–411. [815]
PORRENGA, D. H. (1965): Chamosite in recent sediments of Niger and Orinoco deltas. – Geol. Mijnb., **44**: 400–403, s'Gravenhage. [590]

– (1966): Clay minerals in recent sediments of the Niger delta. – Clays Clay Minerals, **16**: 221–223.
[199, 200, 219–221]
– (zit.) [590]
PORTER, K. G. (1980): Zooplankton fecal pellets: Clues to the origin of phosphate and kerogen in fossil fuel and phosphate deposits. – Geol. Soc. Amer. Abstr. & Progr. **12**, 7, 502. [543, 551]
PORTER, K. W. & WEIMER, R. J. (1982): Diagenetic sequence related to structural history and petroleum accumulation: Spindle Field, Colorado. – Amer. Assoc. Petrol. Geol. Bull., **66**: 2543–2560. [111, 156, 180]
POSER, H. & HÖVERMANN, J. (1951): Untersuchungen zur pleistozänen Harzvergletscherung. Abh. Braunschw. Wiss. Ges., **3**: 61–115. [82]
– – (1952): Beiträge zur morphometrischen und morphologischen Schotteranalyse. – Abh. Braunschw. Wiss. Ges., **4**: 12–36. [82]
POSNJAK, E. (1940): Deposition of calcium sulfate from seawater. – Amer. J. Sci., **238**: 559–568. [443]
POSTMA, D. (1981): Formation of siderite and vivianite and the porewater composition of a Recent bog sediment in Denmark. – Chem. Geol., **31**: 225–244. [239]
– (1982): Pyrite and siderite formation in brackish and freshwater swamp sediments. – Amer. J. Sci., **282**: 1151–1183. [239]
POSTMA, G. (1984a): Slumps and their deposits in fan delta front and slope. – Geology, **12**: 27–30. [810, 815, 818]
– (1984b): The significance of pebbly mudstones in submarine canyons. – 5ème Congr. Europ. Sédimentologie, Marseille, Abstr., 365. [815]
POSTMA, G., KLEINSPEHN, K. L. & NEMEC, W. (1984): Outsized clasts in high-density turbidity currents: a mechanism for their transport. – 5éme Congr. Europ. Sédimentologie, Marseille, Abstr., 366–367. [817]
POSTMA, H. (1967): Sediment transport and sedimentation in the estuarine environment. – In LAUFF, G. H. (ed.): Estuaries. – Amer. Assoc. Advances, Sci., Publ. **38**: 158–179. [782]
POTONIE, R., JACOB, H. & REHNELT, K. (1972): Zustand des Blattgrüns in Böden, Saproliten, Torfen und sonstigen Kaustobiolithen. – Fortschr. Geol. Rheinld. Westf., **21**: 151–174, Krefeld. [690]
POTONIE, R., REHNELT, K., STACH, E. & WOLF, M. (1970): Zustand der Sporen in den Kohlen „Sporinit". – Fortschr. Geol. Rheinld. u. Westf. **17**: 461–498; Krefeld. [690, 698]
POTTER, P. E. (1955): The petrology and origin of the Lafayette gravel, pt. I, mineralogy and petrology. – J. Geol., **63**: 1–38. [137]
– (1984): South American modern beach sand and plate tectonics. – Nature, **311**, 5987: 645–648. [103]
POTTER, P. E. & MAST, R. F. (1963): Sedimentary structures, sand shape fabrics, and permeability. I. – J. Geol., **71**: 441–471. [146]
POTTER, P. E. & PETTIJOHN, F. J. (1963): Paleocurrents and basin analysis. – 296 pp.; Springer, Berlin, Göttingen, Heidelberg. [80, 82, 145, 146, 790, 824, 827, 830, 833]
POTTER, P. E. & SCHEIDEGGER, A. E. (1966): Bed thickness and grain size: graded beds. – Sedimentology, **7**: 233–240. [823]
POURAY & ZISERMAN (zit.) [674]
POWEL, T. G., COOK, P. J. & MCKIRDY, D. N. (1975): Organic geochemistry of phosphorites: relevance to petroleum genesis. – AAPG Bull. **59**: 618–632. [543]
POWERS, M. C. (1953): A new roundness scale for sedimentary particles. – J. Sediment. Petrol., **23**: 117–119. [142]
– (1967): Fluid-release mechanism in compacting marine mudrocks and their importance in oil exploration. – Amer. Assoc. Petrol. Geol. Bull., **51**: 1240–1254. [156]
PRATJE, O. (1924): Korallenbänke in tiefem und kühlem Wasser. – Centralbl. Mineral. Geol., **1924**: 410–415. [293]
PRATT, B. R. (1982a): Stromatolitic framework of carbonate mud-mounds. – J. Sediment. Petrol., **52**: 1203–1227. [348, 353]
– (1982b): Limestone response to stress: pressure solution and dolomitization – Discussion and examples of compaction in carbonate sediments. – J. Sediment. Petrol., **52**: 323–334. [367]
– (1984): Epiphyton and Renalcis – diagenetic microfossils from calcification of coccoid blue-green algae. – J. Sediment. Petrol., **54**: 948–971. [262]
PRATT, B. R. & JAMES, N. P. (1982): Cryptalgal-metazoan bioherms of early Ordovician age in the St. George Group, western Newfoundland. – Sedimentology, **29**: 543–569. [355]
PRAY, L. C. (1958): Fenestrate bryozoan core facies, Mississippian bioherms, southwestern United States. – J. Sediment. Petrol., **28**: 261–273. [296, 353]
– (1964): Limestone clastic dikes in Mississippian bioherms, New Mexico. – Geol. Soc. Amer. Ann. Meet., Miami, Progr., 154–155. [830]
– (1981): Shelf processes: carbonates. – In DOTT, R. H. & BYERS, C. W. (conveners): SEPM research conference on modern shelf and ancient cratonic sedimentation – the orthoquartzite-carbonate suite revisited. – J. Sediment. Petrol., **51**: 343–344. [931]
PREAT, A., COEN-AUBERT, M., MAMET, B. & TOURNEUR, F. (1984): Sedimentologie et paleoecologie de trois niveaux recifaux du Givetien inferieur de Resteigne (Bord sud du Bassin de Dinant, Belgique). – Bull. Soc. belge Geol., **93**: 227–240. [348]
PRELL, W. L., IMBRIE, J., MARTINSON, D. G., MORLEY, J. J., PISIAS, N. G., SHACKLETON, N. J. & STREETER, H. F.

(1986): Grafic correlation of oxygen isotope stratigraphy application to the late Quaternary. – Paleoceanogr. 1/2, 137–162; Washington. [850]
PRENANT, M. (1925): Contributions à l'étude cytologique du calcaire. II. Sur les conditions de formation des spicules chez les Didemnides. – Bull. Biol. Franc. et Belg. **59**: 403–425. [320]
PRESTON, F.W. & HENDERSON, J.H. (1965): Fourier series characterization of cyclic sediments for stratigraphic correlation. – In: Symposium on cyclic sedimentation. – Kansas Geol. Surv. Bull., **169**: 415–425. [846]
PRETORIUS, D.A. (1981): Gold and uranium in quartz-pebble conglomerates. – Econ. Geol. 75th Anniv. Vol.: 117–138. [610, 620, 622–625, 628]
PREZBINDOWSKI, D.R. (1985): Burial cementation – is it important? A case study, Stuart City Trend, South Central Texas. – In SCHNEIDERMANN, N. & HARRIS, P.M. (eds.): Carbonate Cements. – Soc. Econ. Paleont. Mineral. Spec. Publ., **36**: 241–264. [378, 383, 386, 397]
PRIAN, J.P. (1980): Caractérisation des paléo-environments des phosphorites cambriennes du versant septentrional de la Montagne Noire (Sud du Massif Central, France). – In: Géologie comparée des gisements de phosphate et de pétrole, Mémoire BRGM No. 116. [554]
PRICE, I. (1977): Deposition and derivation of clastic carbonates on a Mesozoic continental margin, Othris, Greece. – Sedimentology, **24**: 529–546. [812]
PRICE, N.B. & CALVERT, S.E. (1978): The geochemistry of phosphorites from the Namibian shelf. – Chemical Geology, **23**: 151–170. [552]
PRIGOGINE, I., NICOLIS, G. & BABLOYANTZ, A. (1972): Thermodynamics of evolution. I. – Physics Today, Nov. 1972: 23–28. [249]
PRIOR, D.B. & COLEMAN, J.M. (1982): Active slides and flows in underconsolidated marine sediments on the slopes of the Mississippi Delta. – In SAXOV, S. & NIEUWENHUIS, J.K. (eds.): Marine Slides and other Mass Movements. – Nato Conf. Ser. IV, **6**: 21–49; Plenum Press, New York, London. [810, 812, 816]
PROSHLYAKOV, B.K. (1960): Reservoir properties of rocks as a function of their depth and lithology. – Geol. Neft, Gaza, **4**, 12: 24–29, Assoc. Techn. Services Transl. RJ 3421. [156, 206]
PROSPERO, J.M. & CARLSON, T.N. (1972): Vertical and aerial distribution of Saharan dust over the western equatorial North Atlantic Ocean. – J. Geophys. Res., **77**: 5255–5265. [199]
PROUST, D. (1982): Supergene alteration of metamorphic chlorite in an amphibolite from Massif Central, France. – Clay Min., **17**: 159–173. [26]
PRYOR, W.A. (1973): Permeability-porosity patterns and variations in some Holocene sand bodies. – Amer. Assoc. Petrol. Geol. Bull., **57**: 162–189. [152]
PUCHELT, H. (1967): Zur Geochemie des Bariums im exogenen Zyklus. – Sitzungsber. Heidelb. Akad. Wiss., Math.-nat. Kl., Abh. 4: 85–205; Heidelberg. [672, 673, 675]
– (1971): Barium 56-B-O. – In WEDEPOHL, K.H. (Hrsg.): Handbook of Geochemistry. – Berlin usw. (Springer). [672]
– (1972): Barium: abundance in natural waters. – In WEDEPOHL, K.H. (ed.): Handbook of Geochemistry, Chapter 56: 11–17. – Springer, Berlin. [421]
PUCHELT, H. & MÜLLER, G. (1964): Mineralogisch-geochemische Untersuchungen an Coelestobaryt mit sedimentärem Gefüge. – In AMSTUTZ, G.C. (Hrsg.): Sedimentology and ore genesis, 143–156; Amsterdam (Elsev.). [673]
PUCHELT, H., SCHOCK, H.H. & SCHROLL, E. (1973): Rezente marine Eisenerze auf Santorin, Griechenland, I. Geochemie, Entstehung, Mineralogie. – Geol. Rdsch., **62**: 786–803. [239]
PÜMPIN, V.F. (1965): Riffsedimentologische Untersuchungen im Rauracien von St. Ursanne und Umgebung (Zentraler Schweizer Jura). – Eclog. geol. Helvet. **58**: 799–876. [267]
PUPIN, J.P. & TURCO, G. (1975): Typologie du zircon accessoire dans les roches plutoniques dioritiques, granitiques et syenitiques. Facteurs essentiels déterminant les variations typologiques – Pétr., **1**: 139–155. [122]
PURDY, E.G. (1963): Recent calcium carbonate facies of the Great Bahama Bank. – J. Geol., **71**; I: 334–355, II: 472–497. [324, 326, 925]
– (1968): Carbonate diagenesis: an environmental survey. – Geologica Romana, **8**: 183–228; Rom. [236, 253]
– (1974): Reef configurations: Cause and effect. – In LAPORTE, L.F. (ed.): Reefs in Time and Space. – Soc. Econ. Paleont. Mineral. Spec. Publ., **18**: 9–76. [350, 351]
PURDY, E.G. & IMBRIE, J. (1964): Carbonate sediments, Great Bahama Bank. – Geol. Soc. Amer. Convent. Miami, Guidebook Field Trip 2: 1–58. [335]
PURDY, E.G., PUSEY, W.C., III & WANTLAND, K.F. (1975): Continental Shelf of Belize – Regional shelf attributes. – Studies in Geology 2 – Belize Shelf – Carbonate Sediments, Clastic Sediments and Ecology. – Amer. Assoc. Petrol. Geol., 1–52. [927]
PURSER, B.H. (1969): Syn-sedimentary marine lithification of Middle Jurassic limestones in the Paris Basin. – Sedimentology, **12**: 205–230. [378, 383, 386]
– (1985): Coastal Evaporite Systems. – In FRIEDMAN, G.M. & KRUMBEIN, W.E. (eds.): Hypersaline Ecosystems, 72–102; Springer Verlag, Berlin, Heidelberg, New York. [493–498]
PURSER, B.H. & EVANS, G. (1973): Regional sedimentation along the Trucial Coast, SE Persian Gulf. – In: PURSER, B.H. (ed.): The Persian Gulf. – Springer, Berlin, Heidelberg, New York, 211–231. [927]
PURSER, B.H. & SEIBOLD, E. (1973): The principal environmental factors influencing Holocene sedimentation and diagenesis in the Persian Gulf. – In PURSER, B.H. (ed.): The Persian Gulf, 1–9.; Springer, Berlin, Heidelberg, New York. [922, 928]
PUTZER, H. (1976): Metallogenetische Provinzen in Südamerika. – 316 S., Stuttgart (Schweizerbart). [615, 625]

Pye, K. & Sperling, C. H. B. (1983): Experimental investigation of silt formation by static breakage processes: the effect of temperature, moisture and salt on quartz dune sand and granitic regolith. – Sedimentology, **30**: 49–62. [229]

Pytkowicz, R. M. (1973): Calcium carbonate retention in supersaturated seawater. – Amer. J. Sci., **273**: 515–522. [234]

Quade, H. (1970): Der Bildungsraum und die genetische Problematik der vulkano-sedimentären Eisenerze. – Clausthaler H., **9**: 27–65, Berlin, Stuttgart. [597]
– (1976): Genetic problems and environmental features of volcano-sedimentary iron-ore deposits of the Lahn-Dill-Type. – In Wolf, K. H. (Hrsg.): Handbook of strata-bound and stratiform ore deposits, **7**: 255–294; Amsterdam. [596, 597]
– (pers. Mitt.) [592, 593]

Quennell, A. M. (1958): the structural and geomorphic evolution of the Dead Sea Rift. – Quart. J. geol. Soc. Lond., **114**: 1–24. [952]

Quester, H. (1964): Petrographie des erdgashöffigen Hauptdolomits im Zechstein 2 zwischen Weser und Ems. – Z. dt. geol. Ges., **1/4**: 461–483. [265, 420, 428, 432]

Qiu Dongzhou (1987): Sedimentary models of gypsum-bearing clastic rocks and prospects for associated hydrocarbons west of the Tarim Basin (China) in Miocene. – In Peryt, T. M. (Hrsg.): Evaporite Basins. – Lecture Notes in Earth Sciences, **13**: 123–132, Springer-Verlag, Berlin, Heidelberg. [500]

Quigley, R. M. (1980): Geology, Mineralogy and Geochemistry of Canadian soft soils: a geotechnical perspective. – Can. Geotech. J., **17**: 261–285. [226]

Raaben, M. E. (1969): Columnar stromatolites and late Precambrian stratigraphy. – Am. Jour. Sci., **267**, 1: 1–18. [262]

Raaf, J. F. M. de, Reading, H. G. & Walker, R. G. (1965): Cyclic sedimentation in the Lower Westphalian of North Devon, England. – Sedimentology, **4**: 1–52. [845, 896]

Raam, A. (1968): Petrology and diagenesis of Broughton sandstone (Permian), Kiama district, New South Wales. – J. Sediment. Petrol., **38**: 319–331. [183]

Rabitz, A. (1966): Die marinen Horizonte des flözführenden Ruhrkarbons. – Fortschr. Geol. Rheinld. u. Westf. **13**, 1: 243–296; Krefeld. [724]

Rachocky, A. (1981): Alluvial Fans. – 161 S.; J. Wiley & Sons, Chichester, New York, Brisbane, Toronto. [865]

Racki, G. (1982): Ecology of the primitive charophyte algae; a critical review. – N. Jb. Geol. Paläont. Abh. **162**: 388–399; Stuttgart. [274]

Racki, G. & Racki, M. (1981): Ecology of the Devonian charophyte algae from the Holy Cross Mts. – Acta Geol. Pol. **31**: 313–322; Warschau. [274]

Rad, U. von (1970): Comparison between „magnetic" and sedimentary fabric in graded and cross-laminated sand layers, Southern California. – Geol. Rdsch., **60**: 331–354. [146]
– (1974): Great Meteor and Josephine Seamounts (eastern North Atlantic): Composition and origin of bioclastic sands, carbonate and pyroclastic rocks. – „Meteor" Forsch.-Ergebnisse, Reihe C, **19**: 1–61; Berlin-Stuttgart. [345]
– (1979): SiO$_2$-Diagenese in Tiefseesedimenten. – Geol. Rdsch., **68**: 1025–1036. [535]

Rad, U. von, Hinz, K., Sarnthein, M. & Seibold, E. (eds.) (1982): Geology of the Northwest African Continental Margin. – 703 S.; Springer, Berlin, Heidelberg, New York. [932]

Rad, U. von & Rösch, H. (1974): Petrography and diagenesis of deep-sea cherts from the central Atlantic. – Internat. Assoc. Sedimentol. Spec. Publ., **1**: 327–347. [504]

Radke, B. M. & Mathis, R. L. (1980): On the formation and occurrence of saddle dolomite, J. Sediment. Petrol., **50**: 1149–1168. [406]

Radwanski, A. & Szulczewski, M. (1966): Jurassic stromatolites of the Villany Mountains (Southern Hungary). – Ann. Univ. Sci. Budapest Rolando Eötvös, Sect. Geol. **9**: 87–107; Budapest. [265]

Rainone, M., Nanni, T., Ori, G. G. & Ricci Lucchi, F. (1981): A prograding gravel beach in Pleistocene fan delta deposits south of Ancona, Italy. – Internat. Assoc. Sedimentologists 2nd Europ. Mtg., Bologna, Abstr., 155–156. [83]

Raiswell, R. (1971): The growth of Cambrian and Liassic concretions. – Sedimentology, **17**: 147–171. [392–394]

Ramdohr, P. (1928): Über den Mineralbestand und die Strukturen der Erze des Rammelsberges. – N. Jb. Miner. Beil.-Bd. **57** A: 1013–1068; Stuttgart. [569, 646]
– (1953): Mineralbestand, Strukturen und Genesis der Rammelsberg Lagerstätte. – Geol. Jb. **67**: 115–242; Hannover. [569]
– (1955): Neue Beobachtungen an Erzen des Witwatersrandes in Südafrika und ihre genetische Deutung. – Abh. Deutsch. Akad. Wiss. Berlin, Kl. Math. Allgem. Naturwiss. **1955**, 5: 1–43; Berlin. [610, 623, 625]
– (1975): Die Erzmineralien und ihre Verwachsungen. – (4. Aufl.) 1277 pp., Akademie Verl., Berlin (DDR). [622]
– (zit.) [637]

Ramli, N. & Crook, K. A. W. (1978): Early Permian depositional environments, southern Sydney Basin. – APEA J., **18**: 70–76. [890]

Rammler, E. & Marvan, D. (1962): Zur Kenntnis der Brikettiereigenschaften der Braunkohle. XXIV. Brikettversu-

che mit extrahierter und nichtextrahierter Königsauer Kohle auf der Versuchsstrangpresse. – Freiberger Forschungsh. **A 261**: 59–75; Berlin. [727]
RAMPINO, M. R. & SANDERS, J. E. (1981): Evolution of the barrier islands of southern Long Island, New York. – Sedimentology, **28**: 37–47. [911, 912]
RAMSAY, A. T. S. (1973): A history of organic siliceous sediments in oceans. – In HUGHES, N. F. (ed.): Organisms and Continents through Geologic Time. – Spec. Pap. Palaeontol., **12**: 199–234. [511]
– (ed.) (1977): Oceanic Micropalaeontology. – Vol. 1 + 2, 1453 S., London, New York, San Francisco (Academic Press). [282]
RAMSBOTTOM, W. H. C. (1979): Rates of transgression and regression in the Carboniferous of NW Europe. – J. geol. Soc. Lond., **136**: 147–153. [845]
RANCHIN, G. (1963): Gisément de phosphate de chaux sédimentaire du Djebel Onk (Algérie). – Rapport inédit., Société d'Etudes et de Réalisations minières et industrielles (S.E.R.M.I.) Paris. [552]
RANDAZZO, A. F. & HICKEY, E. W. (1978): Dolomitization in the Floridan aquifer. – Amer. J. Sci., **278**: 1177–1184. [411]
RAO, C. P. (1981): Cementation in cold-water bryozoan sand, Tasmania, Australia. – Mar. Geol., **40**: M 23–M 33. [385]
RAO, C. P. & GREEN, D. C. (1982): Oxygen and carbon isotopes of early Permian cold-water carbonates, Tasmania, Australia. – J. Sediment. Petrol., **52**: 1111–1125. [890]
RATEJEW, M. A., GORBUMOVA, Z. N., LISITSYN, A. P. & NOSOV, G. L. (1969): The distribution of clay minerals in the oceans. – Sedimentology, **13**: 21–43. [194–198]
RAUDKIVI, A. J. (1982): Grundlagen des Sedimenttransports. – 255 S.; Springer, Berlin, Heidelberg, New York. [779]
RAUP, D. M. (1966a): Crystallographic data for echinoid coronal plates. – J. Paleontol. **40**: 555–568; Tulsa. [317]
– (1966b): The endoskeleton (of the echinoderm). – In BOOLOOTIAN, R. A. (ed.): Physiology of Echinodermata, 379–395; Interscience New York/N. Y.; New York. [317]
– (1976): Species diversity in the Phanerozoic: A tabulation. – Paleobiology, **2**: 279–288. [255, 256]
– (1984): Evolutionary radiations and extinctions. – In HOLLAND, H. D. & TRENDALL, A. F. (eds.): Patterns of Change in Earth Evolution. Dahlem Konferenzen, 5–14; Springer-Verlag Berlin, Heidelberg, New York, Tokyo. [854]
RAUPACH, F. v. (1952): Die rezente Sedimentation im Schwarzen Meer, im Kaspi und im Aral und ihre Gesetzmäßigkeiten. – Geologie, **1**: 78–132. [413]
RAUPACH, M. (1963): Solubility of simple aluminium compounds expected in soils, I–III. – Australian J. Soils Res. **1**, 1: 28–35, 36–45, 46–54. [29, 30]
– (1983): Soil solution and silicate clay mineral reactions. – In Soils: an Australian viewpoint. – CSIRO, Melbourne: 386–400. Academic Press, London. [516]
RAUTMAN, C. A. & DOTT, R. H., Jr. (1977): Dish structures formed by fluid escape in Jurassic shallow marine sandstones. – J. Sediment. Petrol., **47**, 101–106. [831]
RAY, P. K. (1976): Structure and sedimentological history of the overbank deposits of a Mississippi river point bar. – J. Sediment. Petrol., **46**: 788–801. [833]
READ, J. F. (1974): Carbonate bank and wave-built platform sedimentation, Edel Province, Shark Bay, Western Australia. – Amer. Assoc. Petrol. Geol. Mem., **22**: 1–60. [924]
– (1975): Tidal-flat facies in carbonate cycles, Pillara Formation (Devonian), Canning Basin, Western Australia. – In GINSBURG, R. N. (ed.): Tidal Deposits, 251–256. – Springer, Berlin, Heidelberg, New York. [924]
– (1976): Calcretes and their distinction from stromatolites. – In WALTER, M. R. (ed.): Stromatolites. – Develop. in Sed. **20**: 55–71; Amsterdam-Oxford-New York (Elsevier). [265]
– (1985): Carbonate platform facies models. – Amer. Assoc. Petrol. Geol. Bull., **69**: 1–21. [929, 930]
READ, J. F., GROTZINGER, J. P., BOVA, J. A. & KOERSCHNER, W. F. (1986): Models for generation of carbonate cycles. – Geology, **14**: 107–110. [849]
READ, J. F. & GROVER, G. A., Jr. (1977): Scalloped and planar erosion surfaces, Middle Ordovician limestones, Virginia: Analogues of Holocene exposed karst or tidal rock platforms. – J. Sediment. Petrol., **47**: 956–972. [925]
READ, W. A. & DEAN, J. M. (1967): A quantitative study of a sequence of coal-bearing cycles in the Namurian of Central Scotland, 1. – Sedimentology, **9**: 137–156. [846]
– – (1976): Cycles and subsidence: their relationship in different sedimentary and tectonic environments in the Scottish Carboniferous. – Sedimentology, **23**: 107–120. [846]
READING, H. G. (1964): A review of the factors affecting the sedimentation of the Millstone Grit (Namurian) in the Central Pennines. – In VAN STRAATEN, L. M. J. U. (ed.): Deltaic and Shallow Marine Deposits. – Devel. in Sedimentol., **1**: 26–34; Elsevier, Amsterdam. [896]
– (1980): Characteristics and recognition of strike-slip fault systems. – In BALLANCE, P. F. & READING, H. G. (eds.): Sedimentation in Oblique-slip Mobile Zones. – Internat. Assoc. Sedimentol. Spec. Publ., **4**: 7–26. [953]
– (1982): Sedimentary basins and global tectonics. – Proc. Geol. Ass., **93**: 321–350. [950, 952–954, 956]
READING, H. G. & WALKER, R. G. (1966): Sedimentation of Eocambrian tillites and associated sediments in Finmark, Northern Norway. – Palaeogeogr. Palaeoclimatol. Palaeoecol., **2**: 177–212. [885]
REDWINE, L. (1981): Hypothesis combining dilation, natural hydraulic fracturing, and dolomitization to explain petroleum reservoirs in Monterey Shale, Santa Maria area, California. – In GARRISON, R. E. & DOUGLAS, R. G. (eds.): The Monterey Formation and Related Siliceous Rocks of California. – Spec. Pub. Pacific. Sect. Soc. Econ. Paleontol. Mineralogists, p. 221–248. [91]

REEDER, R. J. (1983): Carbonates: Mineralogy and Chemistry. – Reviews in Mineralogy, **11**, 394 pp.; Mineralogical Soc. Amer. [240]
REEDER, R. J. & BARBER, D. J. (1982): Lattice defects in saddle dolomites: an explanation for crystal distortion. – Geol. Soc. Amer. Abstr. & Progr., **14**, 7, 597. [406]
REEDER, R. J. & GRAMS, J. C. (1987): Sector zoning in calcite cement crystals: Implications for trace element distribution in carbonates. – Geochim. cosmochim. Acta, **51**: 187–194. [244]
REEDER, R. J., PROSKY, J. L. & MEYERS, W. J. (1984): Correlation of crystal growth defects with cathodoluminescent zoning in calcian dolomite crystals. – Geol. Soc. Amer. Abstr. & Progr., **16**, 6: 631–632. [406]
REES, A. I. (1965): The use of anisotropy of magnetic susceptibility in the estimation of sedimentary fabric. – Sedimentology, **4**: 257–271. [146]
REES, M. N., BRADY, M. J., ROWELL, A. J. (1976): Depositional environments of the Upper Cambrian Johns Wash Limestone (House Range, Utah). – J. Sediment. Petrol., **46**: 38–47. [931]
REEVES, C. C., Jr. (1968): Introduction to paleolimnology. – Dev. in Sedimentology, **11**, 228 pp.; Elsevier, Amsterdam, London, New York. [489]
– (1976): Caliche. Origin, Classification, Morphology and Uses. – 233 S.; Estacado Books, Lubbock, Texas. [357, 358, 362]
– (1978): Economic significance of playa lake deposits. – In MATTER, A. & TUCKER, M. E. (eds.): Modern and Ancient Lake Sediments. – Internat. Assoc. Sedimentol., Spec. Publ. 2: 279–290. [879]
REICHENBACH, H., GRAF V. & RICH, C. J. (1968): Preparation of dioctahedral vermiculites from muscovite and subsequent exchange properties. – IXth Internat. Congr. Soil Sci., Adelaide, **1**: 709–719. [26]
REIFF, W. (1978): Monomict movement breccias; an indicator of meteoric impact. – Meteoritics, **13**: 605–609; Phoenix (Arizona). [95]
– (Foto) [88]
REIMNITZ, E. & MARSHALL, N. F. (1965): Effects of the Alaska earthquake and tsunami on Recent deltaic sediments. – J. Geophys. Res., **70**: 2363–2376. [830]
REIMNITZ, E., TOIMIL, L. J., SHEPARD, F. P. & GUTIÉRREZ-ESTRADA, M. (1976): Possible rip current origin for bottom ripple zones to 30-m depth. – Geology, **4**: 395–400. [909]
REINECK, H.-E. (1958a): Kastengreifer und Lotröhre „Schnepfe", Geräte zur Entnahme ungestörter, orientierter Meeresgrundproben. – Senckenbergiana Lethaea, **39**: 42–48, 54–56. [787]
– (1958b): Longitudinale Schrägschichtung im Watt. – Geol. Rdsch., **47**: 73–82. [790, 903]
– (1960a): Über die Entstehung von Linsen- und Flaserschichten. – Abh. dt. Akad. Wiss. Berlin, **III**, H. 1, 369–374. [906]
– (1960b): Über Zeitlücken in rezenten Flachsee-Sedimenten. – Geol. Rdsch., **49**: 149–161. [860]
– (1961): Sedimentbewegungen an Kleinrippeln im Watt. – Senckenbergiana Lethaea, **42**: 51–61. [788]
– (1963): Sedimentgefüge im Bereich der südlichen Nordsee. – Abh. senckenberg. naturforsch. Ges., **505**, 138 S. [790, 794, 795, 834, 909]
– (1971): Der Küstensand. – Natur & Museum (Senckenberg), **101**: 45–60. [903, 909]
– (1974a): Schichtgefüge der Ablagerungen im tieferen Seebecken des Bodensees. – Senckenbergiana marit., **6**: 47–63. [880]
– (1974b): Schlickkämme. – Senckenbergiana marit., **6**: 145–147. [903]
– (1978a): Geopetale Kriterien im Lupenbereich. – Senckenbergiana marit., **10**: 31–37. [841]
– (Hrsg.) (1978b): Das Watt. Ablagerungs- und Lebensraum. – 2. Aufl. Kramer, Frankfurt/Main, 185 S. [900–902]
– (1983): Sind die Klerfer Schichten Wattenablagerungen? – Natur & Museum (Senckenberg), **113**: 24–28. [904]
– (1984): Aktuogeologie klastischer Sedimente. – 348 S.; Waldemar Klein, Frankfurt. [876, 880, 894, 901, 902, 906, 903, 909, 910]
– (mdl. Mitt. und Foto) [356, 793]
REINECK, H.-E. & DÖRJES, J. (1976): Geologisch-biologische Untersuchungen an Geröllstränden und -vorständen der Costa Brava, Mittelmeer. – Senckenbergiana marit., **8**: 111–153; Frankfurt. [79]
REINECK, H.-E., GUTMANN, W. F. & HERTWECK, G. (1967): Das Schlickgebiet südlich Helgoland als Beispiel rezenter Schelfablagerungen. – Senckenbergiana Lethaea, **48**: 219–275. [786]
REINECK, H.-E. & SIEFERT, W. (1980): Faktoren der Schlickbildung im Sahlenburger und Neuwerker Watt. – Die Küste, **35**: 26–51. [902]
REINECK, H.-E. & SINGH, I. B. (1980): Depositional Sedimentary Environments, with Reference to Terrigenous Clastics. – Berlin, Heidelberg, New York. 2nd edition, 549 S.; Springer. [152, 780, 785, 787, 790, 794, 795, 797, 800, 801, 803, 807, 824, 830, 834, 871, 880, 884, 892, 899, 908]
REINECK, H. E. & WUNDERLICH, F. (1968a): Zur Unterscheidung von asymmetrischen Oszillationsrippeln und Strömungsrippeln. – Senckenbergiana Lethaea, **49**: 321–345. [800]
– – (1968b): Classification and origin of flaser and lenticular bedding. – Sedimentology, **11**: 99–104. [793]
REINHARDT, P. (1972): Coccolithen. Kalkiges Plankton seit Jahrmillionen. – Die neue Brehm-Bücherei, 453: 1–99; Wittenberg (A. Ziemsen Verlag). [278]
REINSON, G. E. (1984): Barrier-island and associated strand-plain systems. – In WALKER, R. G. (ed.): Facies Models, 2nd edit., Geoscience Canada, Reprint Ser. 1: 119–140. [908, 910]
REINSON, G. E. & ROSEN, P. S. (1982): Preservation of ice-formed features in a subarctic sandy beach sequence: geologic implications. – J. Sediment. Petrol., **52**: 463–471. [834]

REITNER (mdl. Mitt.) [289]
RENGASAMY, P., SARMA, V. A. K. & KRISHNA MURTI, G. S. R. (1975): Quantitative mineralogical analysis of soil clays containing amorphous materials: A modification of the Alexiades and Jackson procedure. – Clays and Clay Min., **23**: 78–80. [21]
REMANE, A. (1958): Ökologie des Brackwassers. – In REMANE, A. & SCHLIEPER, C.: Die Biologie des Brackwassers. – Die Binnengewässer **22**: 1–216; Stuttgart. [314]
– (1963): Biologische Kriterien zur Unterscheidung von Süß- und Salzwassersedimenten. – Fortschr. Geol. Rheinld.-Westf., **10**: 9–34. [304]
REMANE, A., STORCH, V. & WELSCH, U. (1980): Systematische Zoologie. – 682 S.; Stuttgart-New York (Gustav Fischer Verlag). [292, 310]
REMANE, J. (1974): Les Calpionelles. – Cours de IIIe cycle en science de la terre, Paléontologie, Université de Genève, partie II, 58 pp., Genf. [288]
– (1978): Calpionellids. – In HAQ, B. U. & BOERSMA, A. (ed.): Introduction to marine micropaleontology, 161–170; New York (Elsevier). [288]
RENFRO, A. R. (1974): Genesis of evaporite-associated stratiform metalliferous deposits – a sabkha process. – Econ. Geol., **69**: 33–45; Lancaster, Pa. [633]
RENNER, T. (1985): Schichtsilikate und Karbonate als Faziesindikatoren in den synsedimentär-exhalativen Lagerstätten Rammelsberg, Meggen und Eisen. – Z. dt. geol. Ges., **137**: 253–285; Hannover. [646]
RENTZSCH, J. (1981): Mineralogical-geochemical prospection methods in the Central European copper belt. – Erzmetall, **34**: 492–495; Weinheim. [632]
RENTZSCH, J. & KNITZSCHKE, G. (1968): Die Erzmineralparagenesen des Kupferschiefers und ihre regionale Verbreitung. – Freiberger Forschungsh., **C 231**: 189–211, Leipzig. [632]
RETALLACK, G. J. (1986): The fossil record of soils. – In WRIGHT, V. P. (ed.): Paleosols, 1–57. – Blackwell Sci. Publ., Oxford et al. [359]
REUTTER, K.-J., GIESE, P. & CLOSS, H. (1980): Lithospheric split in the descending plate: observation from the Northern Apennines. – Tectonophysics, **64**: Letter section T 1–T 9. [954]
REVELLE, R. & FAIRBRIDGE, R. (1957): Carbonates and Carbon Dioxide. – In: Ecology. – Geol. Soc. Amer. Memoir, **67**, 1: 239–296. [252, 293]
REX, R. W. (1966): Authigenic kaolinite and mica as evidence for phase equilibria at low temperature. – Clays and Clay Minerals, **13**: 95–104. [188]
REYNOLDS, R. C. (1980): Interstratified clay minerals. – In BRINDLEY, G. W. & BROWN, G. (eds.): Crystal structures of clay minerals and their X-ray identification. – Mineralog. Soc., London, 249–304. [190]
REZAK, R. (1959): New Silurian Dasycladaceae from the southwestern United States. – Quart. Colorado School of Mines **54**: 113–129. [269]
– (1971): Reproduction and growth rates. – In GINSBURG, R., REZAK, R. & WRAY, J. L. (eds.): Geology of Calcareous Algae (Notes for a Short Course). – Comparative Sediment. Lab. Univ. Miami, 3.1–3.8; Miami. [269]
RHOADS, D. C. (1975): The paleontological and environmental significance of trace fossils. – In FREY, R. W. (ed.): The Study of Trace Fossils, 147–160. – Springer-Verlag, Berlin, Heidelberg, New York. [839]
RICCI LUCCHI, F. (1969): Composizione e morfometria di un conglomerato risedimentato nel flysch miocenico romagnolo. – Giorn. di Geol., Am. Mus. Geol. Bologna, Ser. 2a, **36**: 1–47. [819]
– (1970): Sedimentografia, Atlante fotografico delle strutture primarie dei sedimenti. – 288 S.; Zanichelli, Bologna. [825–827]
– (1975a): Sediment dispersal in turbidite basins: Examples from the Miocene of Northern Apennines. – IXth. Internat. Congr. Sedimentol., theme 5, 347–352. [819]
– (1975b): Depositional cycles in two turbidite formations of northern Apennines (Italy). – J. Sediment. Petrol., **45**: 3–43. [848, 937]
– (1975c): Miocene paleogeography and basin analysis in the periadriatic Apennines. – In SQUIRES, C. H. (ed.): Geology of Italy, Vol. II: 129–236; Earth Sci. Soc. Libyan Arab. Rep., Tripoli. [818, 819, 937]
RICCI LUCCHI, F. & VALMORI, E. (1980): Basin-wide turbidites in a Miocene, over-supplied deep-sea plain: a geometrical analysis. – Sedimentology, **27**: 241–270. [820]
RICE, M. K. (1969): Possible boring structures of sipunculids. – Am. Zoologist, **9**: 803–812. [345]
RICH, J. L. (1951): Three critical environments of deposition and criteria for recognition of rocks deposited in each of them. – Geol. Soc. Amer. Bull., **62**: 1–20. [858]
RICHARDSON, R. W. & SCHENK, CH. J. (1985): Recognition of anhydrite dissolution – a cause of secondary porosity in two petroleum reservoirs. – Amer. Assoc. Petrol. Geol. Bull., **69**, 301 (Abstr.). [432]
RICHARDSON, W. A. (1919): On the origin of septarian structure. – Min. Mag., **18**: 327–338. [394]
RICHTER, D. K. (1971): Fazies- und Diagenesehinweise durch Einschlüsse in authigenen Quarzen. – N. Jb. Geol. Paläont., Mh., **1971**: 604–622. [88, 412]
– (1972): Authigenic quartz preserving skeletal material. – Sedimentology, **19**: 211–218; Oxford. [255, 290, 293, 294, 298, 397]
– (1974a): Zur subaerischen Diagenese von Echinidenskeletten und das relative Alter pleistozäner Karbonatterrassen bei Korinth (Griechenland). – N. Jb. Geol. Paläont. Abh., **146**: 51–77; Stuttgart. [242, 252, 319]
– (1974b): Entstehung und Diagenese der devonischen und permotriassischen Dolomite in der Eifel. – Contr. Sedimentology, **2**: 1–101; Stuttgart. [255, 398, 407, 418, 421, 423]
– (1976): Gravitativer Meniskuszement in einem holozänen Oolith bei Neapolis (Süd-Peloponnes, Griechenland). – N. Jb. Geol. Paläont. Abh., **151**: 192–223. [378, 384]

Robert, M., Razzaghe, M. K., Vincente, M. A. & Veneau, G. (1979): Rôle du facteur biochimique dans l'altération des minéraux silicatés. – Science de Sol-Bull. de l' A.F.E.S. no. 2–3: 153–174. [17, 18, 26]

Robert, P. (1971): Étude pétrographique des matière organiques insolubles par la mesure de leur pouvoir réflecteur. Contribution a l'exploration pétrolière et a la connaissance de bassins sedimentaires. – Rev. de l'Institut Français des Petrole **26**, 2: 105–135. [729]

Roberts, D. G., Montadert, L. & Searle, R. C. (1979): The Western Rockall Plateau: Stratigraphy and structural evolution. – In Montadert, L., Roberts, D. G. et al. (eds.): Init. Reports Deep Sea Drill. Proj., **48**: 1061–1088; Washington. [942]

Roberts, H. H., Cratsley, D. W. & Whelan, T. (1976): Stability of Mississippi delta sediments as evaluated by analysis of structural features in sediment borings. – Offshore Tech. Conf. Paper No. OTC 2425. [810]

Roberts, H. H. & Whelan, T., III (1975): Methane-derived carbonate cements in barrier and beach sands of a subtropical delta complex. – Geochim. Cosmochim. Acta, **39**: 1085–1089. [169]

Robertson, A. H. F. (1977): The origin and diagenesis of cherts from Cyprus. – Sedimentology, **24**: 11–30. [537, 541]

Robertson, A. H. F. & Woodcock, N. H. (1980): Strike-slip related sedimentation in the Antalya Complex, SW Turkey. – In Ballance, P. F. & Reading, H. G. (ed.): Sedimentation in Oblique-slip Mobile Zones. – Internat. Assoc. Sedimentol. Spec. Publ., **4**: 127–145. [953]

Robertson, R. (1970): Review of the predators and parasites of stony corals, with special reference to symbiotic prosobranch gastropods. - Pacific. Sci., **24**: 43–54. [345]

Roche, M. A. (1970): Evaluation des pertes du Lac Tshad par abandon superficiel et infiltrations marginales. – Cah. ORSTROM Sér. Géol., **11**: 67–80. [879]

Rodine, J. D. & Johnson, A. M. (1976): The ability of debris, heavily freighted with coarse materials, to flow on gentle slopes. – Sedimentology, **23**: 213–234. [812]

Rodriguez-Clemente, R. & Hidalgo-Lopez, A. (1985): Physical conditions in alunite precipitation as a secondary mineral. – In Drever, J. J. (ed.): The chemistry of weathering. NATO ASI Series C, **149**: 121–142. [32]

Roedder, E. (1979): Fluid inclusion evidence on the environments of sedimentary diagenesis, a review. – In Scholle, P. A. & Schluger, P. R. (eds.): Aspects of Diagenesis. – Soc. Econ. Paleont. Mineral., Spec. Pub. **26**: 89–107. [160, 382]

Roehl, P. O. (1967): Stony Mountain (Ordovician) and Interlake (Silurian) facies analogs of Recent low-energy marine and subaerial carbonates, Bahamas. – Amer. Assoc. Petrol. Geol. Bull., **51**: 1979–2032. [73]

– (1981): Dilation brecciation – a proposed mechanism of fracturing, petroleum expulsion and dolomitization in the Monterey formation, California. – In Garrison, R. E. & Douglas, R. G. (eds.): The Monterey Formation and Related Siliceous Rocks of California: Spec. Pub. Pacific Sect. Soc. Econ. Paleontol. Mineralogists, p. 285–315. [91]

Roehl, P. O. & Choquette, P. W. (1985): Introduction. – In Roehl, P. O. & Choquette, P. W. (eds.): Carbonate Petroleum Reservoirs, 1–15; Springer-Verlag, New York, Berlin, Heidelberg, Tokyo. [432, 433]

Römmelt-Doll, J. (1986): Die Ostrakoden der neogenen und pleistozänen Schichten des Isthmus von Korinth. – Diss. Univ. Bochum, 142 S., 7 Taf.; Bochum. [312]

Roethe, G. (1975): Silikatische Kupferlagerstätten in Nordchile. – Geol. Rdsch., **64**: 421–456; Stuttgart. [636]

Rogers, J. J. W., Krueger, W. C. & Krog, M. (1963): Sizes of naturally abraded materials. – J. Sediment. Petrol., **33**: 628–632. [229]

Rohrlich, V., Price, N. B. & Calvert, S. E. (1969): Chamosite in the Recent sediments of Loch Etive, Scotland. – J. Sediment. Petrol., **39**: 624–631. [115]

Roll, A. (1974): Langfristige Reduktion der Mächtigkeit von Sedimentgesteinen und ihre Auswirkung – eine Übersicht. – Geol. Jb. **A 14**, 76 S. [152]

Rona, P. A. (1978): Criteria for recognition of hydrothermal mineral deposits in oceanic crust. – Econ. Geol. **73**: 135–160. [576]

Rona, P. A., Boström, K., Laubier, L. & Smith, K. L., Jr. (eds.) (1983): Hydrothermal Processes at Seafloor Spreading Centers. – 796 pp.; Plenum Press, New York-London. [576, 577, 579, 581–583]

Ronov, A. B. (1964): Common tendencies in the evolution of the earth's crust, ocean, and atmosphere. – Geochem. Internat., **4**: 713–737. [525]

Ronov, A. B., Khain, V. E., Balukhovsky, A. N. & Seslavinsky, K. B. (1980): Quantitative analysis of Phanerozoic sedimentation. – Sed. Geol., **25**: 311–325. [861]

Ronov, A. B. & Khlebnikova, Z. V. (1957): Chemical composition of the main genetic types of clays. – Geokhimiya, **6**: 449–469. [187]

Rooney, W. S. & Perkins, R. D. (1972): Distribution and geologic significance of microboring organisms within sediments of the Arlington Reef complex, Australia. – Bull. Geol. Soc. Am., **83**: 1139–1150. [345]

Rose, A. W. (1976): The effect of cuprous chloride complexes in the origin of red-bed copper and related deposits. – Econ. Geol., **71**: 1036–1048, Lancaster, Pa. [630]

Rose, A. W., Hawkes, H. E. & Webb, J. S. (1979): Geochemistry in Mineral Exploration. – Sec. ed., Acad. Press, London, 657 pp. [13, 20, 68]

Rose, G. (1865): Über die Kristallform des Albits von dem Roc Tourné und von Bonhomme in Savoyen und des Albits im allgemeinen. - Poggend. Ann. Phys. Chem., **125**: 457–468 (ref.: Z. dtsch. geol. Ges., **17** (1865): 434–435). [424]

Rose, P. R. (1972): Edwards group, surface and subsurface, central Texas. – Rept. Invest. 74, 198 S.; Bur. Econ. Geology, Univ. of Texas. [357]

Rosenberg, F. (1984): Geochemie und Mineralogie lateritischer Nickel- und Eisenerze in Lokris und auf Euböa, Griechenland. – Diss., Univ. Hamburg, 169 S. [62, 63, 68, 516]

Rosenfeld, M. A. (1949): Some aspects of porosity and cementation. – Prod. month., **13**: 39–42. [152, 160]

Rosenquist, I. T. (1977): A general theory for quick clay properties. – Proc. third European Clay Conf., Oslo, 215–228. [226]

Roser, B. P. & Korsch, R. J. (1986): Determination of tectonic setting of sandstone-mudstone suites using SiO_2 content and K_2O/Na_2O ratio. – J. Geol., **94**: 635–650. [102]

Ross, C. S. & Smith, R. L. (1961): Ash-flow tuffs: their origin, geologic relations and identification. – U. S. Geol. Survey Prof. Paper, **366**, 77 pp. [751]

Rothe, P. & Hoefs, J. (1977): Isotopen-geochemische Untersuchungen an Karbonaten der Ries-See-Sedimente der Forschungsbohrung Nördlingen 1973. – Geologica Bavar. **75**: 59–66; München. [246]

Rottgardt, D. (1952): Mikropaläontologisch wichtige Bestandteile recenter brackischer Sedimente an den Küsten Schleswig-Holsteins. – Meyniana (Kiel), **1**: 169–228; Kiel. [282]

Rottmann, C. J. F. (1973): Surf zone shape changes in quartz grains on Pocket beaches, Cape Arago, Oregon. – J. Sediment. Petrol., **43**: 188–199. [141, 143]

Rouchy, J. M., Laumondais, A. & Groessens, E. (1987): The Lower Carboniferous (Visean) evaporites in northern France and Belgium: depositional, diagenetic and deformational guides to reconstruct a disrupted evaporitic basin. – In Peryt, T. M. (Hrsg.): Evaporite Basins. – Lecture Notes in Earth Sciences, **13**: 31–67; Springer-Verlag, Berlin, Heidelberg. [500]

Round, F. E. (1975): Biologie der Algen. – 342 S.; Stuttgart (Thieme). [274]

Routhier, P. (1963): Les gisements métallifères. – 1282 S. (2 Bde.) Paris (Masson & Cie.). [603]

Rowell, H. C. (1981): Diatom biostratigraphy of the Monterey Formation, Palos Verdes Hills, California. – In Garrison, R. E. & Douglas, R. G. (eds.): the Monterey Formation and related siliceous rocks of California. – Soc. Econ. Paleont. Mineral., Pacif. Section, 55–70. [526]

Roy, S. (1981): Manganese deposits. – 458 S., London usw. (Academic Press). [604]

Rubin, D. M. & Hunter, R. E. (1985): Why deposits of longitudinal dunes are rarely recognized in the geologic record. – Sedimentology, **32**: 147–157. [884]

Ruchin, L. B. (1958): Grundzüge der Lithologie. Lehre von den Sedimentgesteinen. – Akademie Verlag, Berlin, 806 S. (Übers. aus dem Russischen von A. Schüller). [81, 82, 441]

Rucker, J. B. & Carver, R. E. (1969): A survey of the carbonate mineralogy of cheilostome Bryozoa. – J. Paleontol., **43**: 791–799; Tulsa. [252, 295]

Ruddiman, W. F. (1977): Late Quaternary deposition of ice-rafted sand in the subpolar North Atlantic (lat 40° to 65° N). – Geol. Soc. Amer. Bull., **88**: 1813–1827. [807]

Rudert, M. & Müller, G. (1982): Experimentelle Untersuchungen über den Einfluß wichtiger Parameter (Hydrochemie, Temperatur, Versuchsanordnung, Aufwuchs-Unterlage) auf die Bildung technischer Carbonat-Inkrustationen („Kesselstein"). – Chemiker-Zeitg., **106**: 191–209. [233, 235]

Rudwick, M. J. S. (1965): Ecology and paleoecology – Brachiopoda. – In Moore, R. C. (ed.): Treatise on invertebrate paleontology, part H, 199–214. – Geol. Soc. Amer. [297, 345]

Rücklin, H. (1938): Strömungs-Marken im Unteren Muschelkalk des Saarlandes. – Senckenbergiana leth., **20**: 94–114. [824]

– (1955): Das Holzer Konglomerat im Saarkarbon. – Geol. Jb., **70**: 435–510. [77, 78]

Ruegg, G. H. J. (1983): Periglacial eolian evenly laminated sandy deposits in the Late Pleistocene of NW Europe, a facies unrecorded in modern sedimentological handbooks. – In Brookfield, M. E. & Ahlbrandt, T. S.. (eds.): Eolian Sediments and Processes. – Devel. in Sedientology, **38**: 455–482; Elsevier, Amsterdam, Oxford, New York, Tokyo. [888]

Ruhrmann, G. (1971a): Riff-ferne Sedimentation unterdevonischer Krinoidenkalke im Kantabrischen Gebirge (Spanien). – N. Jb. Geol. Paläont., Mh., **1971**: 231–248; Stuttgart. [317]

– (1971b): Riff-nahe Sedimentation paläozoischer Krinoiden-Fragmente. – N. Jb. Geol. Paläont., Abh., **138**: 56–100; Stuttgart. [317]

Rumpel, D. A. (1985): Successive aeolian saltation: studies of idealized collisions. – Sedimentology, **32**: 267–280. [802]

Rupke, N. A. (1975): Deposition of fine-grained sediments in the abyssal environments of the Algero Balearic Basin, western Mediterranean Sea. – Sedimentology, **22**: 95–109. [198]

– (1976): Large-scale slumping in a flysch basin, southwestern Pyrenees. – J. Geol. Soc. London, **132**: 121–130. [812]

– (1978): Deep clastic seas. – Chapter 12 in Reading, H. G. (ed.): Sedimentary Environments and Facies, 372–415; Blackwell Sci. Publ., Oxford etc. [818, 820]

Rupke, N. A. & Stanley, D. J. (1974): Distinctive properties of turbiditic and hemipelagic mud layers in the Algero-Balearic basin, western Mediterranean Sea. – Smithsonian Contrib. Earth Sci., **13**: 1–40. [819]

Rusnak, G. A. (1957): The orientation of sand grains under condition of „unidirectional" fluid flow. 1. Theory and experiment. – J. Geol., **65**: 384–409. [146]

– (1960): Some observations of recent oolites. – J. Sediment. Petrol., **30**: 471–480. [332, 334, 911]

Rusnak, G. A. & Nesteroff, W. (1964): Modern turbidites: terrigenous abyssal plain versus bioclastic basin. – In Miller, R. L. (ed.): Papers in marine geology, Shepard Comm.-Vol. – New York, Macmillan, 488–507. [820]

Russel, M. J., Solomon, M. & Walshe, J. L. (1981): The genesis of sediment-hosted, exhalative zinc-lead deposits. – Miner. Deposita, **16**: 113–127; Berlin usw. [641, 647]

Russell, R. D. (1936): The size distribution of minerals in Mississippi river sands. – J. Sediment. Petrol., **6**: 125–142. [126]

Russell, R. J. (1968): Where most grains of very coarse sand and fine gravel are deposited. – Sedimentology, **11**: 31–38. [137]

Rust, B. R. (1972): Pebble orientation in fluvial sediments. – J. Sediment. Petrol., **42**: 384–388. [81]

Rust, B R. & Legun, A. S. (1983): Modern anastomosing-fluvial deposits in arid Central Australia, and a Carboniferous analogue in New Brunswick, Canada. – In Collinson, J. D. & Lewin, J. (eds.): Modern and Ancient Fluvial Systems. – Internat. Assoc. Sedimentol. Spec. Publ. **6**: 385–392. [868, 874]

Rutte, E. (1955): Süßwasserkalke und Kalkalgenbildungen in der chattischen Unteren Süßwassermolasse von Hoppetenzell nördlich Stockach/Baden. – Geol. Jb. **69**: 517–536. [267]

– (1958): Kalkkrusten in Spanien. – N. Jb. Geol. Paläont., Abh., **106**: 52–138. [360]

Rutten, M. G. (1962): The geological aspects of the origin of life on earth. 146 S.; Amsterdam (Elsevier). [258]

Ryer, T. A. (1983): Transgressive-regressive cycles and the occurrence of coal in some Upper Cretaceous strata of Utah. – Geology, **11**: 207–210. [850]

Ryer, T. A. & Langer, A. W. (1980): Thickness change involved in the peat-to-coal transformation for a bituminous coal of Cretaceous age in Central Utah. – Sedimentary Petrology **50**: 987–992. [716]

Saager, R. (1981): Geochemical studies on the origin of the detrital pyrites in the conglomerates of the Witwatersrand goldfields, South Africa. – Geol. Surv. (USA) Prof. Paper **1161-L**: 10–17; Washington (D. C.). [620, 623, 624, 628]

– (1982): Die primäre Herkunft des Goldes in epigenetischen Goldlagerstätten. – Fortschr. Miner. **60**, 2: 235–258. [616–618, 620]

– (1986): Goldlagerstätten: Geologie, Geochemie und Metallogenese. – In Walther, H. W. (ed.): Edelmetalle. – GDMB-Heft **44**: 3–22; VCH Verl. Ges., Weinheim. [516, 620–622]

Sackett, W. & Arrhenius, G. (1962): Distribution of aluminum species in the hydrosphere. – I. Aluminum in the ocean. – Geochim. Cosmochim. Acta, **26**: 955–968. [3]

Sadler, P. M. (1981): Sediment accumulation rates and the completeness of stratigraphic sections. – J. Geol., **89**: 569–584. [860, 861]

– (1982): Bed-thickness and grain size of turbidites. – Sedimentology, **29**: 37–51. [822, 823]

– (1983): Depositional models for the Carboniferous Flysch of the Eastern Rheinisches Schiefergebirge. – In Martin, H. & Eder, F. W. (eds.): Intracontinental Fold Belts, 125–143; Springer, Berlin, Heidelberg. [939, 956]

Sagoe, K.-M. O. & Visher, G. S. (1977): Population breaks in grain-size distributions of sand. – A theoretical model. – J. Sediment. Petrol., **47**: 285–310. [138]

Sagri, M. (1979): Upper Cretaceous carbonate turbidites of the Alps and Apennines deposited below the calcite compensation level. – J. Sediment. Petrol., **49**: 23–28. [939]

Sahu, B. K. (1964a): Depositional mechanisms from the size analysis of clastic sediments. – J. Sediment. Petrol., **34**: 73–83. [138]

– (1964b): Significance of the size-distribution statistics in the interpretation of depositional environments. – Res. Bull., N. S., Panjab Univ., **15**, III–IV: 213–219. [138]

Saidova, K. M. (1967): Sediment stratigraphy and paleogeography of the Pacific Ocean by benthonic Foraminifera during the Quaternary. – Progress in Oceanography, **4**: 143–151. [283]

Saito, T. & Bé, A. W. H. (1967): Palaeontology of deep-sea deposits. – In Runcorn, S. K. (ed.): International Dictionary of Geophysics, **2**: 1143–1156, Pergamon Press (Oxford). [310]

Salameh, E. & Schneider, W. (1980): Silica geodes in Upper Cretaceous dolomites, Jordan. Influence of calcareous skeletal debris in early diagenetic precipitation of silica. – N. Jb. Geol. Paläont. Mh., **1980**: 185–192. [540]

Saleeby, J. (1979): Kaweah serpentinite mélange, southwest Sierra Nevada foothills, California. – Geol. Soc. Amer. I, **90**: 29–46. [953]

Sallenger, A. H. (1979): Inverse grading and hydraulic equivalence in grain-flow deposits. – J. Sediment. Petrol., **49**: 553–562. [816]

Saller, A. H. (1984): Petrologic and geochemical constraints on the origin of subsurface dolomite, Enewetak Atoll: An example of dolomitization by normal seawater. – Geology, **12**: 217–220. [416]

Salomons, W. & Mook, W. G. (1986): Isotope geochemistry of carbonates in the weathering zone. – In Fritz, P. & Fontes, J. Ch. (eds.): Handbook of Environmental Isotope Geochemistry. Vol. **2**, The Terrestrial Environment, B, 239–269; Amsterdam (Elsevier). [246]

Salter, D. L. & West, I. M. (1965): Calciostrontianite in the basal Purbeck beds of Durlston Head, Dorset. – Min. Mag., **35**: 146–150. [421]

Samama, J. C. (1976): Comparative review of the copper-lead sandstone-type deposits. – In Wolf, K. H. (ed.): Handbook of Strata-bound and Stratiform Ore Deposits. **6**: 1–20; Elsevier, Amsterdam. [652–654]

– (Hrsg.) (1980): Les paléosurfaces et leur métallogenèse. – Mém. BRGM, **104**: 413 S., Orléans. [674]

Samoilow (1958): (cit. in Ruchin 1958, s. o.). [635]

Samonov & Posharitsky (zit.)

Sancetta, C. (1981): Diatoms in sediments as shelf-slope indicators. – AAPG-SEPM Ann. Conv., Abstr. [506]

Sandberg, P. A. (1971): Scanning electron microscopy of cheilostome bryozoan skeletons; techniques and preliminary observations. – Micropaleontology, **17**: 129–151; New York. [295]

– (1975a): Bryozoan diagenesis: bearing on the nature of the original skeleton of rugose corals. – J. Paleont., **49**: 587–606. [254, 255]

- (1975b): New interpretations of Great Salt Lake ooids and of ancient non-skeletal carbonate mineralogy: Sedimentology, **22**: 497–537. [254, 255]
- (1977): Ultrastructure, Mineralogy, and Development of Bryozoan Skeletons. – In WOOLLACOTT, R. M. & ZIMMER, R. L. (eds.): Biology of Bryozoans, 143–181; Academic Press, New York. [295]
- (1982): Ancient aragonite cements and the overworked modern analogue. – 11th Internat. Congr. Sedimentol., Abstr., 114–115. [385]
- (1983): An oscillating trend in Phanerozoic non-skeletal carbonate mineralogy. – Nature, **305**: 19–22. [333, 336]
- (1985): Aragonite cements and their occurrence in ancient limestones. – In SCHNEIDERMANN, N. & HARRIS, P. M. (eds.): Carbonate Cements. – Soc. Econ. Paleont. Mineral. Spec. Publ., **36**: 33–57. [378, 382, 385, 386]
SANDBERG, P. A. & HUDSON, J. D. (1983): Aragonite relic preservation in Jurassic calcite-replaced bivalves. – Sedimentology, **30**: 879–892. [372, 373]
SANDBERG, P. A., SCHNEIDERMANN, N. & WUNDER, S. J. (1973): Aragonitic Ultrastructural Relics in Calcite-replaced Pleistocene Skeletons. – Nature Physical Science, **245**: 133–134. [254]
SANDER, B. (1936): Beiträge zur Kenntnis der Anlagerungsgefüge. – Tscherm. Miner. Petr. Mitt., **48**: 27–139, 141–209. [841]
SANDERS, J. E. (1968): Stratigraphy and primary sedimentary structures of fine-grained, well-bedded strata, inferred lake deposits, Upper Triassic, Central and Southern Connecticut. – In DE V. KLEIN, G. (ed.): Late Paleozoic and Mesozoic Sedimentation, Northeastern North America. – Geol. Soc. Amer. Spec. Pap., **106**: 265–305. [878]
SANDERSON, D. J. & DONOVAN, R. N. (1974): The vertical packing of shells and stones on some recent beaches. – J. Sediment. Petrol., **44**: 680–688. [82]
SANDERSON, I. D. (1974): Sedimentary structures and their environmental significance in the Navajo Sandstone, San Rafael Swell, Utah. – Brigham Young Univ. Geol. Studies, **21**: 215–246. [807]
SANGSTER, D. F. (1976): Carbonate-hosted lead-zinc deposits. – In WOLF, K. H. (ed.): Handbook of strata-bound and stratiform ore deposits. – Band 6: 447–456; Elsevier, Amsterdam-Oxford-New York. [658]
- (Hrsg.) (1983): Sediment-hosted stratiform lead-zinc deposits. – Short Course Handb. miner. Assoc. Canada, **9**, 309 S.; Victoria, B. C. [641, 646]
SANNEMANN, D., ZIMDARS, J. & PLEIN, E. (1978): Der basale Zechstein (A 2–T 1) zwischen Weser und Ems. – Z. dt. geol. Ges., **129**: 33–69. [458, 459, 930]
SARAZIN, G., ILDEVONSE, PH. & MULLER, J. P. (1982): Controle de la solubilité du fer et de l'aluminium en milieu ferrallitique. – Geochim. Cosmochim. Acta, **46**: 1267–1279. [30]
SARJEANT, W. A. S. (1974): Fossil and living dinoflagellates. – 182 S.; London-New York (Academic Press). [281]
SARNA-WOJCICKI, A. M., MORRISON, S. D., MEYER, C. E. & HILLHOUSE, J. W. (1987): Correlation of upper Cenozoic tephra layers between sediments of the western United States and eastern Pacific Ocean and comparison with biostratigraphic and magnetostratigraphic age data. – Geol. Soc. Amer. Bull., **98**: 207–223. [749]
SARNTHEIN, M. (1980): Das Paläoklima Nordafrikas der letzten 25 Millionen Jahre – dokumentiert in Tiefsee-Sedimenten. – Veröff. Joachim Jungius-Ges. Wiss. Hamburg, **44**: 47–76. [802]
- (pers. Mitt.) [850]
SARNTHEIN, M. & DIESTER-HAASS, L. (1977): Eolian-sand turbidites. – J. Sediment. Petrol., **47**: 868–890. [822]
SARNTHEIN, M., THIEDE, J., PFLAUMANN, U., ERLENKEUSER, H., FÜTTERER, D., KOOPMANN, B., LANGE, H. & SEIBOLD, E. (1982): 24. Atmospheric and oceanic circulation patterns off northwest Africa during the past 25 million years. – In V. RAD, U., HINZ, K., SARNTHEIN, M. & SEIBOLD, E. (eds.): Geology of the Northwest African Continental Margin, 545–604. – Springer, Berlin, Heidelberg, New York. [883, 942]
SARNTHEIN, M. & WALGER, E. (1973): Classification of modern marl sediments in the Persian Gulf by factor analysis. – In PURSER, B. H. (ed.): The Persian Gulf, 81–97; Springer, Berlin, Heidelberg, New York. [340]
– – (1974): Der äolische Sandstrom aus der W-Sahara zur Atlantikküste. – Geol. Rdsch., **63**: 1065–1087. [806]
SASS, E. & KATZ, A. (1982): The origin of platform dolomites: New evidence. – Amer. J. Sci., **282**: 1184–1213. [413]
SASSI, S. (1974): La sédimentation phosphatée au Paléocène dans le Sud et le Centre-Ouest de la Tunisie. – Thèse Doctorat des Sciences, Université Paris-Sud (Orsay). [552, 553]
SAUDRAY, Y. & BOUFFANDEAU, M. (1958): Sur la composition chimique du systeme tegumentaire du quelques Bryozoaires. – Bull. Inst. Oceanog. Monaco, **1119**: 1–13; Monaco. [252, 295]
SAVKEVICH, S. S. (1969): Variation in sandstone porosity in lithogenesis (as related to the prediction of secondary porous oil and gas reservoirs). – Dokl. Akad. Nauk SSSR, **184**, 2: 433–436. [156]
SAWKINS, F. J. (1976): Massive sulphide deposits in relation to geotectonics. – In STRONG, D. F. (Hrsg.): Metallogeny and plate tectonics. – Geol. Assoc. Canada, spec. Pap., **14**: 221–240; Montreal. [638, 643, 646]
- (1984): Metal deposits in relation to plate tectonics. – Minerals and rocks, **17**, 325 S.; Berlin usw. (Springer). [640, 643, 645, 647]
SAYLES, F. L. & MANHEIM, F. T. (1975): Interstitial solutions and diagenesis in deeply buried marine sediments: results from the Deep Sea Drilling Project. – Geochim. Cosmochim. Acta, **39**: 103–127. [5]
SCHACHNER, D. (1961): Blei-Zinkerz-Lagerstätten im Buntsandstein der Triasmulde Maubach-Mechernich-Kall. – Aufschluß, Sonderheft Eifel, 43–49; Heidelberg. [654]
SCHÄFER, A. (1986): Die Sedimente des Oberkarbons und Unterrotliegenden im Saar-Nahe-Becken. – Mainzer geowiss. Mitt., **15**: 239–365. [877]
SCHÄFER, A. & SCHWAB, K. (1975): Schlammströme in den Anden – Sedimentation in der Quebrada del Toro, Ostkordillere, NW-Argentinien. – Natur u. Museum, **105**: 305–311; Frankfurt. [815]

SCHÄFER, A. & STAPF, K. R. G. (1978): Permian Saar-Nahe Basin and Recent Lake Constance (Germany): two environments of lacustrine algal carbonates. − In MATTER, A. & TUCKER, M. E. (eds.): Modern and Ancient Lake Sediments. − Internat. Assoc. Sedimentol. Spec. Publ., **2**: 83−107. [268, 878]
SCHÄFER, K. (1969): Vergleichs-Schaubilder zur Bestimmung des Allochemgehalts bioklastischer Karbonatgesteine. − N. Jb. Geol. Paläont. Mh., **1969**: 173−184; Stuttgart. [240]
SCHÄFER, W. (1956): Wirkungen der Benthos-Organismen auf den jungen Schichtverband. − Senckenbergiana, **37**: 183−263. [344, 834]
SCHAEFFER, R. (1980): Vulkanogen-sedimentäre Manganerzlager im Unterkarbon bei Laisa (Dillmulde, Rheinisches Schiefergebirge). − Geol. Jb. Hessen, **108**: 151−170; Wiesbaden. [598, 606]
− (1984): Die postvariszische Mineralisation im nordöstlichen Rheinischen Schiefergebirge. − Braunschweig. geol.-paläont. Diss., **3**, 206 S.; Braunschweig. [675]
SCHAFER, C. T. & PELLETIER, B. R. (1976): First international symposium on benthonic foraminifera of continental margins. − Spec. Publs. Marit. Sediments, no. 1, 2 vols. [284]
SCHALK, M. (1938): A textural study of the outer beach of Cape Cod, Massachusetts. − J. Sediment. Petrol., **8**: 41−54. [137]
SCHAPIRO, N., GRAY, R. J. & EUSNER, G. R. (1961): Recent developments in coal petrography. − Proc. Blast Furnace, Coke Oven and Raw Materials Committee **20**: 89−112. [726]
SCHEFFER, F. & SCHACHTSCHABEL, P. (1984): Lehrbuch der Bodenkunde, 11. Aufl., neubearbeitet von: SCHACHTSCHABEL, P., BLUME, H.-P., HARTGE, K. H. & SCHWERTMANN, U. − Ferdinand Enke Verlag Stuttgart, 442 p. [11, 13]
SCHEIDEGGER, A. E. (1970): Theoretical Geomorphology. − 2nd. Ed., 435 S.; Springer, Berlin, Heidelberg, New York. [783, 784, 887]
SCHEIDIG, A. (1934): Der Löß und seine geotechnischen Eigenschaften. − 233 pp.; Steinkopff, Dresden, Leipzig. [230]
SCHEIDT, G. (1988): Ausbildung und Verteilung des dispersen organischen Materials im Ruhrkarbon. − Bochumer geol. geotechn. Arb. **28**, 210 S. [193]
SCHEINFELD, R. A. & ADAMS, J. K. (1980): Implication of clay-provenance studies in two Georgia estuaries − discussion. − J. Sediment. Petrol., **50**: 993−1014. [202]
SCHELLMANN, W. (1966): Sekundäre Bildung von Chamosit aus Goethit. − Erzmetall, **19**: 302−305; Stuttgart. [590, 600]
− (1967): Ooide aus dem 30 Å-Tonmineral Montmorillonit-Aluminiumchlorit im Eisenerz der Grube Porta bei Minden. − Proc. Int. Clay Conf. 1966, Vol II: 53−63; Jerusalem. [116]
− (1969): Die Bildungsbedingungen sedimentärer Chamosit- und Hämatit-Eisenerze am Beispiel der Lagerstätte Echte. − N. Jb. Miner., Abh., **111**: 1−31; Stuttgart. [600]
− (1971): Über Beziehungen lateritischer Eisen-, Nickel-, Aluminium- und Manganerze zu ihren Ausgangsgesteinen. − Mineral. Deposita, **6**: 275−291. [60]
− (1983): Geochemical Principles of Lateritic Nickel Ore Formation. − In MELFI, A. J. & CARVALHO, A. (eds.): Lateritization Processes, 119−135; Sao Paulo, Brazil. [38]
SCHENK, C. J. (1981): Porosity and textural characteristics of eolian stratification. − AAPG-SEPM Ann. Conv., Abstr. [152]
SCHENK, C. J. & RICHARDSON, R. W. (1985): Recognition of interstitial anhydrite dissolution: a cause of secondary porosity, San Andres Limestone, New Mexico, and Upper Minnelusa Formation, Wyoming. − Amer. Assoc. Petrol. Geol. Bull., **69**: 1064−1076. [156]
SCHENK, P. E. (1970): Regional variation of the flysch-like Meguma group (Lower Paleozoic) of Nova Scotia, compared to recent sedimentation off the Scotian shelf. − In LAJOIE, J. (ed.): Flysch sedimentology in North America. − Geol. Assoc. Canada Spec. Paper, **7**: 127−153. [939]
SCHERER, M. (1974): Submarine recrystallization of a coral skeleton in a Holocene Bahamian reef. − Geology, **2**: 499−500. [373]
− (1977): Preservation, alteration and multiple cementation of aragonitic skeletons from the Cassian beds (U. Triassic, Southern Alps): Petrographic and geochemical evidence. − N. Jb. Geol. Paläont. Abh., **154**: 213−262. [372]
SCHERER, M. & WENDT, J. (1978): Diagenese oberpermischer Kalkschwämme aus Patch-Reefs des Djebel Tebaga (S-Tunesien). − N. Jb. Geol. Paläont. Abh., **157**: 196−202; Stuttgart. [289]
SCHERMERHORN, L. J. G. & STANTON, W. I. (1963): Tilloids in the West Congo geosyncline. − Quart. Jour. Geol. Soc. London, **119**: 201−241. [72]
SCHERP, A. (1963): Die Petrographie der paläozoischen Sandsteine in der Bohrung Münsterland 1 und ihre Diagenese in Abhängigkeit von der Teufe. − Fortschr. Geol. Rheinl.-Westfl., **11**: 251−282, Krefeld. [180, 214]
SCHERP, A. & GRABERT, H. (1983): Unterdevonische Schmelztuffe im rechtsrheinischen Schiefergebirge. − N. Jb. Geol. Pal. Mh., **1983**: 47−58. [771]
SCHERREIKS, R. (1970): Coelestin-Versteinerungen im Hauptdolomit der östlichen Lechtaler Alpen. − Naturwissenschaften, **57**: 353−354. [420]
SCHIDLOWSKI, M. (1971): Probleme der atmosphärischen Evolution im Präkambrium. − Geol. Rdsch. **60**: 1351−1384. [260]
− (1977): ? Proc. 2nd ISSOL Conf., Kyoto. [260]
SCHIDLOWSKI, M., APPEL, P. W. U., EICHMANN, R. & JUNGE, C. E. (1979): Carbon isotope geochemistry of the 3.7×10^9 myr. old Isua sediments, West Greenland: Implications for the Archaean carbon and oxygen cycles. − Geochim. Cosmochim. Acta **43**: 189−199. [260]

SCHIDLOWSKI, M. & RITZKOWSKI, S. (1972): Magnetitkügelchen aus dem hessischen Tertiär. Ein Beitrag zur Frage der „kosmischen Kügelchen". – N. Jb. Geol. Paläont., Mh., **1972**: 170–182. [123]
SCHIEMENZ, S. (1960): Fazies und Paläogeographie der Subalpinen Molasse zwischen Bodensee und Isar. – Beih. geol. Jb., **38**, 119 S. [77, 78, 82]
SCHILLER, H. J. (1980): Röntgenographische Texturuntersuchungen an feinkörnigen Sedimenten unterschiedlicher Kompaktion. – Bochumer geol. u. geotechn. Arb., **4**, 108 S. [192]
SCHINDEWOLF, O. H. (1928): Über Farbstreifen bei Amaltheus (Paltopleuroceras) spinatus (BRUG.). – Paläont. Z., **10**: 136–143. [307, 372]
SCHINDLER, P., MICHAELIS, W. & FEITKNECHT, W. (1963): Löslichkeitsprodukte von Metalloxiden und -hydroxiden: die Löslichkeit gealterter Eisen (III) Hydroxidfällungen. – Helv. Chim. Acta, **46**: 444–449. [34]
SCHLAGER, W. (1969): Das Zusammenwirken von Sedimentation und Bruchtektonik in den triadischen Hallstätterkalken der Ostalpen. – Geol. Rdsch., **59**: 289–308. [92]
– (1974): Preservation of cephalopod skeletons and carbonate dissolution on ancient Tethyan sea floors. – In Hsü, K. J. & JENKYNS, H. C. (eds.): Pelagic Sediments; on Land and under the Sea. – Internat. Assoc. Sedimentol., Spec. Publ., **1**: 49–70. [939]
– (1980): Mesozoic calciturbidites in deep sea drilling project hole 416 A. Recognition of a drowned carbonate platform. – In LANCELOT, Y. & WINTERER, E. L. (eds.): Init. Repts. Deep Sea Drill. Proj., **50**: 733–749. [351, 367, 939]
– (1981): The paradox of drowned reefs and carbonate platforms. – Geol. Soc. Amer. Bull., Pt. I, **92**: 197–211. [351, 352, 917, 929]
SCHLAGER, W., AUSTIN, J. A., Jr., CORSO, W., MCNULTY, C. L., FLÜGEL, E., RENZ, O. & STEINMETZ, J. C. (1984): Early Cretaceous platform re-entrant and escarpment erosion in the Bahamas. – Geology, **12**: 147–150. [925]
SCHLAGER, W. & BOLZ, H. (1977): Clastic accumulation of sulphate evaporites in deep water. – J. Sediment. Petrol., **47**: 600–609. [820]
SCHLAGER, W. & CAMBER, O. (1982): Depositional, erosional and by-pass slopes on carbonate platforms. – 11th Internat. Congr. Sedimentol., Hamilton, Abstr., 179. [932]
– – (im Druck): Submarine slope angles, seismic unconformities and limestone escarpments. – Geol. Soc. Amer. Bull. [934]
SCHLAGER, W. & CHERMAK, A. (1979): Sediment facies of platform-basin transition, Tongue of the Ocean, Bahamas. – In DOYLE, L. J. & PILKEY, O. H. (eds.): Geology of Continental Slopes. – Soc. Econ. Paleont. Mineral. Spec. Publ., **27**: 193–208. [941]
SCHLAGER, W. & JAMES, N. P. (1978): Low-magnesian calcite limestones forming at the deep-sea floor, Tongue of the Ocean, Bahamas. – Sedimentology, **25**: 675–702. [236, 237, 381, 386, 401, 934]
SCHLAGER, W. & SCHLAGER, M. (1973): Clastic sediments associated with radiolarites (Tauglboden-Schichten, Upper Jurassic, Eastern Alps). – Sedimentology, **20**: 65–89. [816]
SCHLANGER, S. O. (1963): Subsurface geology of Eniwetok Atoll. – U. S. geol. Surv. prof. pap., **260**-BB: 991–1066. [372]
SCHLANGER, S. O. & DOUGLAS, R. G. (1974): The pelagic ooze-chalk-limestone transition and its implications for marine stratigraphy. – In Hsü, K. J. & JENKYNS, H. C. (eds.): Pelagic Sediments on Land and under the Sea. – Internat. Assoc. Sedimentologists, Spec. Publ., **1**: 117–148. [366, 390]
SCHLANGER, S. O. & KONISHI, K. (1975): The geographic boundary between the Coral-Algal and the Bryozoan-Algal limestone facies: a paleolatitude indicator. – IXth Internat. Congr. Sedimentol., Nice, theme 1: 187–190. [928]
SCHLEE, J. (1957): Upland gravels of southern Maryland. – Bull. Geol. Soc. Amer., **68**: 1371–1410. [137]
SCHLEE, J. E., UCHUPI, E. & TRUMBULL, J. V. A. (1965): Statistical parameters of Cape Cod beach and eolian sands. – U.S. Geol. Surv. Prof. Pap. **501**-D: 118–122. [130, 138]
SCHLEGELMILCH, V. (1968): Rotfärbungen im Thüringer Schiefergebirge. – Geologie, **17**, 136–155. [874]
SCHLÜCHTER, CH. (ed.) (1979): Moraines and Varves; Origin, genesis, classification. – Proc. INQUA Sympos. Zürich 1978, 441 S.; A. A. Balkema, Rotterdam. [886, 888]
SCHMALZ, R. F. (1965): Brucite in carbonate secreted by the red alga Goniolithon sp. – Science, **149**: 993–996; Washington. [278]
– (1969): Deep-water evaporite deposition: a genetic model. – Bull. Am. Ass. Petrol. Geol., **53**: 798–823. [453, 454, 457, 461, 477]
– (1970): Environment of marine evaporite deposition. – Miner. Ind., **35**: 1–7. [455]
SCHMALZ, R. F. & CHAVE, K. E. (1963): Calcium carbonate: factors affecting saturation in ocean waters off Bermuda. – Science, **139**, 1206–1207. [401]
SCHMID, D. (1981): Zur Bleiführung in der Mittleren Trias der Oberpfalz. – Erzmetall, **34**: 652–658; Stuttgart. [655/6]
SCHMID, R. (1981): Descriptive nomenclature and classification of pyroclastic deposits and fragments. – Recomm. IUGS Subcommission Systematics Igneous Rocks. – Geology, **9**: 41–43. [734, 735]
SCHMIDT, H. (1981): Regionale Verteilung der Weltbergbaugebiete und der Weltvorräte mineralischer Rohstoffe. – Bundesanstalt Geowiss. & Rohstoffe, Jan. 1982; Hannover. [59]
SCHMIDT et al. (zit.) [632]
SCHMIDT, V. (1961): Petrographische und fazielle Untersuchungen an Karbonatgesteinen des Oberkimmeridge und des Oberen Malm 1 in Südoldenburg. – Diss. Kiel, 287 pp. [368]
– (1965): Facies, diagenesis, and related reservoir properties in the Gigas beds (Upper Jurassic), Northwestern Ger-

many. – In PRAY, L. C. & MURRAY, R. C. (eds.): Dolomitization and limestone diagenesis. – SEPM Spec. Publ., **13**: 124–168. [374, 425]
– (1977): Inorganic and organic growth and subsequent diagenesis in the Permian Capitan reef complex, Guadalupe Mountains, New York. – SEPM Field Conference Guidebook, Publ., **77**, 16: 93–132. [296]
SCHMIDT, V. & MCDONALD, D. A. (1979a): The role of secondary porosity in the course of sandstone diagenesis. – In SCHOLLE, P. A. & SCHLUGER, P. R. (eds.): Aspects of Diagenesis. – Soc. Econ. Paleont. Mineral. Spec. Publ., **26**: 175–207. [156, 158, 159]
– – (1979b): Texture and recognition of secondary porosity in sandstones. – In SCHOLLE, P. A. & SCHLUGER, P. R. (eds.): Aspects of Diagenesis. – Soc. Econ. Paleont. Mineral. Spec. Publ., **26**: 209–225. [147, 156, 182]
SCHMIDT, V., MCDONALD, D. A. & MCILREATH, I. A. (1980): Growth and diagenesis of Middle Devonian Keg River cementation reefs, Rainbow Field, Alberta. – In HALLEY, R. B. & LOUCKS, R. G. (eds.): Carbonate Reservoir Rocks. – Soc. Econ. Paleont. Mineral., Core Workshop 1: 43–64. [353]
SCHMIDT, W. J. (1924): Die Bausteine des Tierkörpers in polarisiertem Licht. – 528 S.; Bonn (Friedrich Cohen). [320]
SCHMIDT-EFFING, R. (1980): Radiolarien der Mittelkreide aus dem Santa Elena-Massiv von Costa Rica. – N. Jb. Geol. Paläont., Abh., **160**: 241–257. [507]
SCHMINCKE, H.-U. (1967a): Fused tuff and peperites in south-central Washington. – Geol. Soc. Amer. Bull., **78**: 319–330. [733]
– (1967b): Graded lahars in the type section of the Ellensburg Formation, south-central Washington. – J. Sed. Petrol., **37**: 438–448. [758]
– (1970): Base Surge-Ablagerungen des Laacher See-Vulkans. – Aufschluß, **21**: 350–364. [764]
– (1977): Phreatomagmatische Phasen in quartären Vulkanen der Osteifel. – Geol. Jb., **39 A**: 3–45. [761, 764]
– (1981): Ash from vitric muds in deep sea cores from the Mariana Trough and fore-arc regions (South Philippine Sea) (sites: 453, 454, 455, 458, 459). – In HUSSONG, D. M., UYEDA, S. et al. (eds.): Init. Rpts. Deep Sea Drilling Proj. **60**: 473–481. [504, 744, 748]
– (1986): Vulkanismus. – 164 pp.; Wiss. Buchgesellschaft, Darmstadt. [731, 737, 741]
SCHMINCKE, H.-U. & SUNKEL, G. (1987): Submarine Carboniferous volcanism at Herborn-Seelbach (Lahn-Dill area). – Geol. Rdsch., (eingereicht). [767]
SCHMINCKE, H.-U., FISHER, R. V. & WATERS, A. C. (1973): Antidune and chute and pool structures in base surge deposits of the Laacher See area, Germany. – Sedimentology, **20**: 553–574. [762]
SCHMINCKE, H.-U., BEDNARZ, U., RAUTENSCHLEIN, U. (1988): Pillow, sheet flow and breccia volcanoes and volcano-tectonic hydrothermal cycles in the Extrusive Series of the NW-Troodos ophiolite. – In MALPAS, J., MOORES, E., PANAYOTOU, A. & XENOPHOUTOS, C. (Hrsg.): Proc. Troodos Ophiolite Sympos. Nicosia (im Druck). [768]
SCHMITT, C. T. & BOARDMAN, M. R. (1984): Lithification of deep-sea periplatform sediments controlled by sea level. – Geol. Soc. Amer. Abstr. & Progr., 16, 6, 647.
SCHMOKER, J. W. (1984): Empirical relation between carbonate porosity and thermal maturity: An approach to regional porosity prediction. – Amer. Assoc. Petrol. Geol. Bull. **68**, 11: 1697–1703. [434]
SCHMOKER, J. W. & HALLEY, R. B. (1982): Carbonate Porosity versus depth: a predictable relation for South Florida. – Amer. Assoc. Petrol. Geol. Bull., **66**: 2561–2570. [364, 434]
SCHMOKER, J. W., KRYSTINIK, K. B. & HALLEY, R. B. (1985): Selected characteristics of limestone and dolomite reservoirs in the United States. – Amer. Assoc. Petrol. Geol. Bull., **69**: 733–741. [417]
SCHNEIDER, H. E. (1959): Die Quarzkornrundung als Mittel zur Unterscheidung des saarländischen Oberkarbons von seinem oberrotliegenden Deckgebirge. – Ann. Univ. Sarav., Naturw.-Sci., **8**, 3/4, Saarbrücken, 213–218. [143]
SCHNEIDER, H. E. & CAILLEUX, A. (1959): Signification géomorphologique des formes des grains de sables des Etats-Unis. – Z. Geomorph., N. F., **3**: 114–125. [143]
SCHNEIDER, H.-J. (1954): Die sedimentäre Bildung von Flußspat im Oberen Wettersteinkalk der Nördlichen Kalkalpen. – Abh. Bayer. Akad. Wiss., math.-naturwiss. Kl., **66**, 37 pp., München. [660, 662, 676]
– (1964): Facies differentiation and controlling factors for the depositional lead-zinc concentration in the Ladinian geosyncline of the Eastern Alps. – In AMSTUTZ, G. C. (ed.): Sedimentology and ore genesis. – Develop. Sedimentol., **2**: 29–45; Elsevier, Amsterdam-London-New York. [658–661, 663]
– (1975): Geochemische Prozesse der Lagerstättenbildung in Sedimenten. – In WALTHER, H. W. (ed.): Geochemie der Lagerstättenbildung und -Prospektion. – Schriften GDMB, **28**: 119–131; Clausthal-Zellerfeld. [570]
– (1986a): Das geochemische Verhalten von Gold bei der Lagerstättenbildung. – In WALTHER, H. W. (ed.): Edelmetalle. – Schriften GDMB, **44**: 27–36; VCH Verl. Ges., Weinheim. [616, 618, 629]
– (1986b): Lead-zinc ore deposits of the German Alps. – In DUNNING, F. W. & EVANS, A. M. (eds.): Mineral deposits of Europe. Vol. 3 Central Europe, 264–268, The Institution of Mining and Metallurgy, The Mineralogical Society, London. [663]
SCHNEIDER, H.-J., MÖLLER, P. & PAREKH, P. P. (1975): Rare earth elements distribution in fluorites and carbonate sediments of the East-Alpine Mid-Triassic sequences in the Nördliche Kalkalpen. – Mineral. Deposita, **10**: 330–344. [678, 679]
SCHNEIDER, H.-J. & WALDVOGEL, F. (1964): Sedimentäre Eisenerze und Faziesdifferenzierung im oberen Wettersteinkalk. – Erl. geol. Kt. Bayern, 1 : 25000, Bl. 8430 Füssen: 101–150; München. [601]
SCHNEIDER, J. (1976): Biological and inorganic factors in the destruction of limestone coasts. – Contr. Sedimentology, **6**, 112 pp. [234, 345]
– (1977): Carbonate Construction and Decomposition by Epilithic and Endolithic Micro-organisms in Salt- and Freshwater. – In FLÜGEL, E. (ed.): Fossil Algae, 248–260; Berlin-Heidelberg (Springer Verlag). [345]

SCHNEIDER, J., SCHRÖDER, H. G. & LE CAMPION-ALSUMARD, TH. (1983): Algal Micro-Reefs – Coated Grains from Freshwater Environments. – In PERYT, T. M. (ed.): Coated Grains, 284–298; Berlin-Heidelberg (Springer). [266]
SCHNEIDER, WERNER (1977): Diagenese devonischer Karbonatkomplexe Mitteleuropas. – Geol. Jb., **D 21**, 107 S. [421]
SCHNEIDER, W. (Welzow, DDR) (1978): Zu einigen Gesetzmäßigkeiten der faziellen Entwicklung im 2. Lausitzer Flöz. – Z. angew. Geol. **24**, 3: 125–130; Berlin. [711]
SCHNEIDERHÖHN, H. (1923): Chalkographische Untersuchung des Mansfelder Kupferschiefers. – N. Jb. Miner., Geol., Paläont., B. **47**: 1–38. [425]
– (1941): Lehrbuch der Erzlagerstättenkunde, 1. – 858 S.; Jena (Fischer). [596]
– (1962): Erzlagerstätten. – 4. Aufl., 371 pp.; G. Fischer, Stuttgart. [571, 637]
SCHNEIDERHÖHN, P. (1954): Eine vergleichende Studie über Methoden zur quantitativen Bestimmung von Abrundung und Form an Sandkörnern (im Hinblick auf die Verwendbarkeit an Dünnschliffen). – Heidelb. Beitr. Miner. Petrogr., **4**: 172–191. [141]
SCHNITZER, M. & KHAN, S. U. (1978): Soil organic matter. – 327 pp.; Elsevier, Amsterdam. [18]
SCHNITZER, W. A. (1957): Die Quarzkornfarbe als Hilfsmittel für die stratigraphische und paläogeographische Erforschung sandiger Sedimente. – Erlanger Geol. Abh., **23**, 13 pp. [104]
– (1977): Die Quarzkornfarben-Methoden und ihre Bedeutung für die stratigraphische und paläogeographische Erforschung psammitischer Sedimente. Natürliche Quarzkornfarben und Bestrahlungsfarben. – Erlanger Geol. Abh., **103**, 28 S. [104, 105]
– (1979): Die Bestrahlungsmethode (Gamma-Bestrahlung von detritischem Quarz) und ihre Einsatzmöglichkeit in klastischen Sedimenten. – Jber. Mitt. oberrhein. geol. Ver., N. F. **61**: 347–366. [105]
SCHNITZER, W. A. & BAUSCH, W. (1974): Ein neuer Aragonit-Fundort bei Erlangen und die Genese der fränkischen Aragonit-Vorkommen. – Geol. Bl. NO-Bayern, **24**: 260–270. [383]
SCHNÜTGEN, A. & SPÄTH, H. (1983): Mikromorphologische Sprengung von Quarzkörnern durch Fe-Verbindungen in tropischen Böden. – Z. Geomorph. N. F., **48**: 17–34. [15]
SCHOELL, M. (mdl. Mitt.) [248]
SCHÖNE-WARNEFELD, G. & DAHM, H. (1962): Tutenmergel im Ruhrkarbon. – Fortschr. Geol. Rheinld. Westf., **3**: 643–646. [392]
SCHÖNER, H. (1960): Über die Verteilung und Neubildung der nichtkarbonatischen Mineralkomponenten der Oberkreide aus der Umgebung von Hannover. – Beitr. Miner., Petrogr., **7**: 76–103. [424]
SCHÖNFELD, M. (1979): Stratigraphische, paläogeographische und tektonische Untersuchungen im Oberen Malm des Deisters, Osterwaldes und Süntels (NW-Deutschland). – Clausthaler Geol. Abh., **35**, 270 S. [875]
SCHÖTTLE, M. & MÜLLER, G. (1968): Recent carbonate sedimentation in the Gnadensee (Lake Constance), Germany. In MÜLLER, G. & FRIEDMAN, G. (eds.): Recent Developments in Carbonate Sedimentology in Central Europe. – Springer, New York, 148–156. [265, 878]
SCHOFIELD, K. & ADAMS, A. E. (1986): Burial dolomitization of the Woo Dale Limestone Formation (Lower Carboniferous), Derbyshire, England. – Sedimentology, **33**: 207–219. [416]
SCHOKLITSCH, A. (1930): Der Wasserbau, Bd. 1. – 484 pp.; Springer, Wien. [137]
SCHOLLE, P. A. (1971): Diagenesis of deep-water carbonate turbidites, Upper Cretaceous Monte Antola flysch, Northern Apennines, Italy. – J. Sediment. Petrol., **41**: 233–250. [417]
– (1974): Diagenesis of Upper Cretaceous chalks from England, Northern Ireland, and the North Sea. – In HSÜ, K. J. & JENKYNS, H. C. (eds.): Pelagic Sediments on Land and under the Sea. – Internat. Assoc. Sedimentologists, Spec. Publ. **1**: 177–210. [367, 940]
– (1977): Chalk diagenesis and its relation to petroleum exploration: Oil from chalks, a modern miracle? – Amer. Assoc. Petrol. Geol. Bull., **61**: 982–1009. [367]
– (1978): A Color Illustrated Guide to Carbonate Rock Constituents, Textures, Cements, and Porosities. – Amer. Assoc. Petrol. Geol. Mem. **27**, 241 S. [338]
– (1979): A color illustrated guide to constituents, textures, cements and porosities of sandstones and associated rocks. – Amer. Assoc. Petrol. Geol. Mem., **28**, 201 S. [176]
SCHOLLE, P. A. & ARTHUR, M. A. (1980): Carbon isotope fluctuations in Cretaceous pelagic limestones: Potential stratigraphic and petroleum exploration tool. – Amer. Assoc. Petrol. Geol., Bull., **64**: 67–87. [934]
SCHOLLE, P. A., ARTHUR, M. A. & EKDALE, A. A. (1983): Pelagic environment. – In SCHOLLE, P. A., BEBOUT, D. G. & MOORE, C. H. (eds.): Carbonate Depositional Environments. – Amer. Assoc. Petrol. Geol. Mem., **33**: 620–691. [367, 941]
SCHOLLE, P. A. & HALLEY, R. B. (1985): Burial diagenesis: out of sight, out of mind! – In SCHNEIDERMANN, N. & HARRIS, P. M. (eds.): Carbonate Cements. – Soc. Econ. Paleont. Mineral. Spec. Publ., **36**: 309–334. [387]
SCHOLLE, P. A. & KINSMAN, D. J. J. (1974): Aragonitic and high-Mg calcite caliche from the Persian Gulf – a modern analog for the Permian of Texas and New Mexico. – J. Sed. Petrol. **44**: 904–916; Tulsa. [246, 362]
SCHOLTEN, J. J. (1972): Beach Rock. A literature study with special reference to the recent literature. – Zbl. Geol. Paläont., Teil 1, **71**: 655–672; Stuttgart. [384]
SCHOLZ, H. (1984): Beiträge zur Sedimentologie und Lithostratigraphie der südwestbayerischen Miozänmolasse. – Habil.-Schrift, T. U. München, 174 S. [394, 866, 877]
SCHOLZ, R. W. (1970): Zur Sedimentologie und Kompaktion der Schreibkreide von Lägerdorf in SW-Holstein. – Diss. Univ. Hamburg, 45 S. [339, 539]

SCHOO, J. H. (1922): Zur Diagenese der Alpinen Kreide. – Diss. Zürich, 92 S. [369]
SCHOONMAKER, J. E. (1981): Magnesian calcite-seawater reactions: Solubility and recrystallization behavior. – 264 S.; Dissertation, Northwestern University, Evanston/Illinois. [237, 336, 345, 400]
SCHOPF, J. W. & WALTER, M. R. (1983): Archean microfossils: New evidence of ancient microbes. – In SCHOPF, J. W. (ed.): Earth's Earliest Biosphere: Its Origin and Evolution. – 214–239 S., Princeton Univ. Press. [525]
SCHOPF, J. W. et al. (1980): Oldest fossils found. – Geotimes, Sept. 1980: 28–30. [525]
SCHOPF, T. J. M. (1980): Paleooceanography. – 341 S.; Harvard Univ. Press. [436]
SCHOPF, TH. J. & MANHEIM, F. T. (1967): Chemical composition of ectoprocta (Bryozoa). – J. Paleont. 41: 1197–1225. [295]
SCHORR, M. & KOCH, R. (1985): Fazieszonierung eines oberjurassischen Algen-Schwamm-Bioherms (Herrlingen, Schwäbische Alb). – Facies, 13: 227–270. [356]
SCHOTT, J. & BERNER, R. A. (1985): Dissolution mechanisms of pyroxenes and olivines during weathering. – In DREVER, J. J. (ed.): The chemistry of weathering. – NATO ASI Series C, 149: 35–54. [24]
SCHOTT, J., BERNER, R. A. & SJÖBERG, E. L. (1981): Mechanism of pyroxene and amphibole weathering – I. Experimental studies of iron-free minerals. – Geochim. Cosmochim. Acta, 45, 11: 2123–2135. [24]
SCHOTT, M. (1983): Sedimentation und Diagenese einer absinkenden Karbonatplattform: Rhät und Lias des Brümstein-Auerbach-Gebietes, Bayerische Kalkalpen. – Facies, 9: 1–60. [385]
SCHRADER, H.-J. & SCHUETTE, G. (1981): Marine diatoms. – In EMILIANI, C. (ed.): The Sea, 7: 1179–1232; Wiley, New York. [505]
SCHRAMM, M. W. (1963): Oölites and algal aggregates of the West Spring Creek formation (Ordovician), Arbuckle Mountains, Oklahoma. – Oklah. Geol. Notes 23: 152–162. [267]
SCHRAUZER, G. H., STRAMPAD, N., HUI, L. N. & PALMER, M. R. (1983): Nitrogen photoreduction on desert sands under sterile conditions. – Proc. Natl. Acad. Sci. USA, 80: 3873–3876. [492]
SCHREIBER, B. C. (1986): Arid Shorelines and Evaporites. – In READING, H. G. (ed.): Sedimentary Environments and Facies. – 2nd ed., 189–228; Blackwell Scientific Publications, Oxford, London. [458, 479, 498]
SCHREIBER, B. C. & HSÜ, K. J. (1980): Evaporites. – In HOBSON, G. O. (ed.): Developments in Petroleum Geology, 87–138. [484]
SCHRÖCKE, H. (1986): Die Entstehung der endogenen Erzlagerstätten. – 878 pp.; Walter de Gruyter, Berlin-New York. [649, 650]
SCHRÖDER, H. G. (1982): Biogene benthische Entkalkung als Beitrag zur Genese limnischer Sedimente. Beispiel: Attersee (Salzkammergut; Oberösterreich). – Diss. Univ. Göttingen, 179 S. [879]
SCHROEDER, J. H. (1972): Fabrics and sequences of submarine carbonate cements in Holocene Bermuda cup reefs. – Geol. Rdsch. 61: 708–730; Stuttgart. [278, 386]
– (1973): Submarine and vadose cements in Pleistocene Bermuda reef rock. – Sed. Geol., 10: 179–204. [372, 373]
– (1979): Carbonate diagenesis in Quaternary beachrock of Uyombo, Kenya: sequences of processes and coexistence of heterogenic products. – Geol. Rdsch., 68: 894–919. [384, 385, 401]
SCHROEDER, J. H., DWORNIK, E. J. & PAPIKE, J. J. (1969): Primary protodolomite in echinoid skeletons. – Bull. Geol. Soc. Amer., 80: 1613–1616; New York. [252, 319]
SCHROEDER, J. H. & ZANKL, H. (1974): Dynamic reef formation: a sedimentological concept based on studies of Recent Bermuda and Bahama reefs. – Proc. 2nd. Internat. Coral Reef Sympos., 2: 413–428; Brisbane. [354]
SCHUDACK, M. (1986): Die Grenzschichten mariner Jura/Wealden in den Nordwestlichen Iberischen Ketten und angrenzenden Gebieten (Spanien). Mit einer systematischen Bearbeitung der Charophyten-Flora. – Diss. Univ. Bochum, 255 S.; Bochum. [274]
SCHUHMACHER, H. (1976): Korallenriffe, ihre Verbreitung, Tierwelt und Ökologie. – 275 S.; BLV Verlagsgesellsch. München, Bern, Wien. [292, 350]
SCHUHMACHER, H. & PLEWKA, M. (1981): Mechanical Resistance of Reefbuilders Through Time. – Oecologia 49: 279–282. [345]
SCHULTHEIS, N. H. & MOUNTJOY, E. W. (1978): Cadomin conglomerate of western Alberta – A result of early Cretaceous uplift of the Main Ranges. – Bull. Canad. Petrol. Geol., 26: 297–342. [76]
SCHULZ, O. (1955): Montangeologische Aufnahme des Pb-Zn-Grubenrevieres Vomperloch, Karwendelgebirge, Tirol. – Berg- u. Hüttenmänn. Mh., 100: 259–269; Leoben. [660]
– (1964): Lead-zinc deposits in the Calcareous Alps as an example of submarin-hydrothermal formation of mineral deposits. – In AMSTUTZ, G. C. (ed.): Sedimentology and ore genesis. – Develop. Sedimentol., 2: 47–52; Elsevier, Amsterdam-London-New York. [658, 659]
– (1966): Sedimentäre Barytgefüge im Wettersteinkalk der Gailtaler Alpen. – Tschermaks min. petr. Mitt. 12, 1: 1–16. [421]
SCHULZ, O. & SCHROLL, E. (1977): Die Pb-Zn-Lagerstätte Bleiberg-Kreuth. – Verh. Geol. Bundesanst. 3: 375–386; Wien. [660, 663]
SCHULZ, S. (1980): Verteilung und Genese von Fluorit im Hauptdolomit Norddeutschlands. – Berliner Geowiss. Abh. A, 23, 86 S. [421]
SCHULZE, D. G. (1981): Identification of soil iron oxide minerals by differential X-ray diffraction. – Soil Sci. Soc. Am. J., 45: 437–440. [33]
SCHUMACHER, R. (1988): Aschenaggregate in vulkaniklastischen Transportsystemen. – Diss. Ruhr Univers. Bochum, 147 S. [748]
SCHUMACHER, R. & SCHMINCKE, H.-U. (1988): Overbank facies of ignimbrites at Laacher See (Germany). – Bull. Volcanol., 50 (im Druck). [757]

SCHUMANN, H. (1941): Zur Korngestalt der Quarze in Sanden. – Chemie d. Erde, **14**: 131–151. [141]
SCHUMM, S. A. (1963): Sinuosity of alluvial rivers on the Great Plains. – Geol. Soc. Amer. Bull., **74**: 1089–1100. [873]
– (1968): Speculatious concerning paleohydrologic controls of terrestrial sedimentation. – Geol. Soc. Amer. Bull., **79**: 1573–1588. [874]
– (1972): Fluvial paleochannels. – In: RIGBY, J. K. & HAMBLIN, W. K. (eds): Recognition of Ancient Sedimentary Environments. – Soc. Econ. Paleont. Mineral. Spec. Publ., **16**: 98–107. [785]
– (1977): The Fluvial System. – 338 S.; Wiley & Sons, New York. [868]
SCHUMM, S. A., KHAN, H. R., WINKLEY, B. R. & ROBBINS, L. G. (1972): Variability of river patterns. – Nature Phys. Sci., **237**: 75–76. [867]
SCHURAVLEVA, Z. A. (1964) (russ.): Riphean and lower cambrian oncolithes and catagraphes of Siberia and their stratigraphic importance. – Akad. Nauk SSSR, Geolog. Instit., Trudy, **114**: 1–73. [262, 265]
SCHUTOW, W. D. & MURAWJEW, W. I. (1964): O prirode autigennich albitow karbonatnich porod (Authigene Albite in Karbonatgesteinen). – Sapiski Wsesojusnogo Miner. Obsch., **93**: 318–328. [425]
SCHWAB, F. L. (1975): Framework mineralogy and chemical composition of continental margin-type sandstone. – Geology, **3**: 487–490. [104]
– (1976): Modern and ancient sedimentary basins: Comparative accumulation rates. – Geology, **4**: 723–727. [860]
SCHWAB, K. & SCHÄFER, A. (1976): Sedimentation und Tektonik im mittleren Abschnitt des Rio Toro in der Ostkordillere NW-Argentiniens. – Geol. Rdsch., **65**: 175–194. [877]
SCHWAB, R. G. & DE OLIVEIRA, N. P. (1981): Zur Rolle des Phosphors bei lateritischer Verwitterung (The influence of phosphorus during lateritic weathering. – Zbl. Geol. Pal., Teil I, H. 3/4: 419–436, Stuttgart. [562]
SCHWARTZ, M. L. (1973): Barrier Islands. – 451 S.; Dowden, Hutchinson & Ross, Stroudsburg. [911]
SCHWARTZ, R. K. (1982): Bedforms and stratification characteristics of some modern small-scale washover sand bodies. – Sedimentology, **29**: 835–850. [911]
SCHWARZ, A. (1928): Die Natur des culmischen Kieselschiefers. – Abh. senckenb. naturf. Ges., **41**, Lfg. 4: 191–241. [529, 530]
– (1929): Untersuchungen über die Bildungsweise von sedimentären, festen Kieselsäuregesteinen nichtklastischen Ursprungs. – Senckenbergiana, **11**: 159–192; Frankfurt. [540]
SCHWARZ, H. U. (1970): Zur Sedimentologie und Fazies des Unteren Muschelkalkes in Südwestdeutschland und angrenzenden Gebieten. – Diss. Univ. Tübingen, 267 S. [834]
– (1975): Sedimentary structures and facies analysis of shallow marine carbonates (Lower Muschelkalk, Middle Triassic, southwestern Germany). – Contributions Sedimentol., **3**: 1–100. [834]
– (1977): Sedimentationszyklen und stratigraphisch-fazielle Probleme der Randfazies des Unteren Muschelkalkes (Kernbohrung Mersch/Luxemburg). – Geol. Rdsch., **66**: 34–61. [419]
– (1982): Subaqueous Slope Failures – Experiments and Modern Occurrences. – Contrib. Sedimentol., **11**, 116 S.; Schweizerbart, Stuttgart. [785, 810, 812]
SCHWARZACHER, W. (1951): Grain orientation in sands and sandstones. – J. Sediment. Petrol., **21**: 162–172. [146]
– (1961): Petrology and structure of some Lower Carboniferous reefs in northwestern Ireland. – Bull. Amer. Assoc. Petrol. Geol., **45**: 1481–1503. [353]
– (1964): An application of statistical time-series analysis of a limestone-shale sequence. – J. Geol., **72**: 195–213. [846]
– (1975): Sedimentation models and quantitative stratigraphy. – Developm. Sedimentology, **19**, 382 S.; Elsevier, Amsterdam. [846]
SCHWARZACHER, W. & FISCHER, A. G. (1982): Limestone-shale bedding and perturbatious of the earth's orbit. – In EINSELE, G. & SEILACHER, A. (eds.): Cyclic and Event Stratification, 72–95; Springer-Verlag, Berlin, Heidelberg, New York. [842, 844, 850]
SCHWARZBACH, M. (1974): Das Klima der Vorzeit. – 3. Aufl., 380 S.; Enke, Stuttgart. [886]
SCHWARZKOPF, T. (mdl. Mitt.). [417]
SCHWERTMANN, U. (1969): Die Bildung von Eisenoxidmineralen. – Fortschr. Min., **46**: 274–285. [223]
– (1971): Transformation of hematite to goethite in soils. – Nature, **232**, 5313: 624–625. [875]
– (1976): Die Verwitterung mafischer Chlorite. – Z. Pflanzenern. Bodenk. **139**: 27–36. [26, 28]
– (1984): In SCHEFFER & SCHACHTSCHABEL: Lehrbuch der Bodenkunde. – 12. Aufl.; Enke, Stuttg. (s. dort!).
– (1985): The Effect of Pedogenic Environments on Iron Oxide Minerals. – Adv. in Soil Science, **1**: 172–200; New York. [34–36]
SCHWERTMANN, U. & FISCHER, W. R. (1974): Natural „amorphous" ferric hydroxide. – Geoderma, **10**: 237–247. [170, 875]
SCHWERTMANN, U. & TAYLOR, R. M. (1977): Iron oxides. – In DIXON, J. B. & WEED, S. B. (eds.): Minerals in soil environments, 145–179; Soil Sci. Soc. Am., Madison, Wis., USA. [33]
Scientific Party Leg 96 (1984): Challenger drills Mississippi Fan. – Geotimes, July 1984: 15–18. [936]
SCLATER, J. G., ANDERSON, R. N. & BELL, M. L. (1971): Elevation of ridges and evolution of the central eastern Pacific. – J. geophys. Res., **76**: 7888–7915. [851, 941]
SCOFFIN, T. P. (1971): The conditions of growth of the Wenlock reefs of Shropshire (England). – Sedimentology **17**: 173–219. [296]
SCOFFIN, T. P., ALEXANDERSSON, E. T., BOWES, G. E., CLOCKIE, J. J., FARROW, G. F. & MILLIMAN, J. D. (1980): Recent, temperate, sub-photic carbonate sedimentation, Rockall Bank, Northeast Atlantic. – J. Sed. Petrol., **50**: 331–356. [293]

SCOLARI, G. & LILLE, R. (1973): Nomenclature et classification des roches sédimentaires (Roches détritiques terrigènes et roches carbonatées). – Bull. B.R.G.M., 2me sér, Sec. IV: 57–132; Paris. [338]

SCOTT, G. (1940): Paleoecological factors controlling the distribution and mode of life of Cretaceous ammonoids in the Texas area. – J. Paleont., **14**: 199–233. [309]

SCOTT, K.M. (1966): Sedimentology and dispersal pattern of a Cretaceous flysch sequence, Patagonian Andes, Southern Chile. – Amer. Assoc. Petrol. Geol. Bull., **50**: 72–107. [146]

SCOTT, R.W. (1979): Depositional model of early Cretaceous coral-algal-rudist reefs, Arizona. – Amer. Assoc. Petrol. Geol. Bull., **63**: 1108–1127. [353]

SCOTT et al. (zit.) [643]

SEARS, S.O. (1980): Porcelaneous cement in Upper Miocene sandstone reservoir rocks, offshore California: Origin and effect on fluid flow properties. – Geol. Soc. Amer. Abstr. & Progr., **12**, 7: 519. [162]

– (1984): Porcelaneous cement and microporosity in California Miocene turbidites – origin and effect on reservoir properties. – J. Sediment. Petrol., **54**: 159–169. [162]

SEARS, S.O. & LUCIA, F.J. (1979): Reef-growth model for Silurian pinnacle reefs, northern Michigan reef trend. – Geology, **7**: 299–302. [355]

– – (1980): Dolomitization of Northern Michigan Niagara reefs by brine refluxion and freshwater/seawater mixing. In ZENGER, D.H., DUNHAM, J.B. & ETHINGTON, R.L. (eds.): Concepts and Models of Dolomitization. – Soc. Econ. Paleont. Mineral. Spec. Publ., **28**: 215–235. [411, 413, 417]

SEDAT, B. (in Vorber.) und pers. Mitt. [156, 237, 955]

Sedimentary Petrology Seminar (1964): Gravel fabric in Wolf Run. – Sedimentology, **4**: 273–283. [82]

SEEMANN, U. (1979): Diagenetically formed interstitial clay minerals as a factor in Rotliegend sandstone reservoir quality in the Dutch sector of the North Sea. – J. Petrol. Geol., **1**, 3: 55–62. [173, 174]

SEGNIT, E.R., STEVENS, T.J. & JONES, J.B. (1965): The role of water in opal. – J. Geol. Soc. Austral., **12**: 211–226. [501]

SEIBOLD, E. (1952): Chemische Untersuchungen zur Bankung im unteren Malm Schwabens. – N. Jb. Geol. Paläont., Abh., **95**: 337–370. [842, 844]

– (1955): Beobachtungen zur Tätigkeit von Bohrmuscheln. – N. Jb. Geol. Paläont. Abh. **6**: 248–251; Stuttgart. [345]

– (1963): Geological investigation of near-shore sand-transport. – In: Progress in Oceanography, vol. 1 (ed. M. SEARS), Pergamon Press, Oxford, 1–70. [136, 137, 141, 146, 786]

– (1964): Organogene Bestandteile der marinen Sedimente. – In BRINKMANN (Red.): Lehrbuch der allgemeinen Geologie, Bd. I: 357–406; Enke, Stuttgart. [296, 306]

– (1973): Rezente submarine Metallogenese. – Geol. Rdsch. **62**: 641–684. [581]

– (1974): Der Meeresboden. Ergebnisse und Probleme der Meeresgeologie. – 183 S.; Springer-Verlag, Berlin, Heidelberg, New York. [123]

SEIBOLD, E. & BERGER, W.H. (1982): The Sea Floor. An Introduction to Marine Geology. – 288 S.; Springer, Berlin, Heidelberg, New York. [934, 941, 942]

SEIBOLD, E. & HINZ, K. (1974): Continental slope construction and destruction. – In BURK, C.A. & DRAKE, C.L. (eds.): Geology of Continental Margins, 179–196; Springer-Verlag, New York. [810, 932]

SEIBOLD, E. & WIEGERT, R. (1960): Untersuchungen des zeitlichen Ablaufs der Sedimentation im Malo Jezero (Mljet, Adria) auf Periodizitäten. – Z. Geophys., **26**: 87–104. [846]

SEILACHER, A. (1959): Zur ökologischen Charakteristik von Flysch und Molasse. – Eclog. Geol. Helvet., **51**: 1062–1078. [837]

– (1960): Strömungsanzeichen im Hunsrückschiefer. – Notizbl. hess. Landesamt Bodenf. Wiesbaden, **88**: 88–106. [82]

– (1963): Umlagerung und Rolltransport von Cephalopoden-Gehäusen. – N. Jb. Geol. Pal. Mh., **1963**: 593–615; Stuttgart. [308]

– (1964): Biogenic sedimentary structures. – In IMBRIE, J. & NEWELL, N. (eds.): Approaches to paleoecology, 296–316; J. Wiley & Sons, New York. [311, 835, 839]

– (1967a): Bathymetry of trace fossils. – Mar. Geol., **5**: 413–428. [838]

– (1967b): Tektonischer, sedimentologischer oder biologischer Flysch? – Geol. Rdsch., **56**: 189–200. [838]

– (1973): Biostratinomy: The sedimentology of biologically standardized particles. – In GINSBURG, R.N. (ed.): Evolving Concepts in Sedimentology, 159–177; Baltimore (John Hopkins Univ. Press). [317]

– (1982): Distinctive features of sandy tempestites. – In EINSELE, G. & SEILACHER, A. (eds.): Cyclic and Event Stratification, 333–349; Springer-Verlag Berlin, Heidelberg, New York. [786, 801]

– (mdl. Mitt.) [288, 317]

SELLEY, R.C. (1976): An Introduction to Sedimentology. – 408 S.; Academic Press, London, New York, San Fr. [879]

– (1978a): Ancient Sedimentary Environments and their sub-surface diagnosis. – 287 S.; Science Paperback, Chapman and Hall, London. [356, 870, 874, 884, 885, 895, 897]

– (1978b): Porosity gradients in North Sea oil-bearing sandstones. – J. Geol. Soc., **135**: 119–132; London. [154, 155]

– (1979): Dipmeter and log motifs in North Sea submarine-fan sands. – Amer. Assoc. Petrol. Geol. Bull., **63**: 905–917. [939]

SELLWOOD, B.W. (1971): The genesis of some sideritic beds in the Yorkshire Lias (England). – J. Sediment. Petrol., **41**: 854–858. [239]

– (1972): Tidal flat sedimentation in the Lower Jurassic of Bornholm, Denmark. – Palaeogeogr. Palaeoclimat. Palaeoecol., **11**: 93–106. [916]
– (1978): Carbonate environments. – In READING, H. G. (ed.): Sedimentary Environments and Facies, 259–313; Blackwell Sci. Publ., Oxford, London, Edinburgh, Melbourne. [357, 923, 927, 930]
SELLWOOD, B. W. & PARKER, A. (1978): Observations on diagenesis in North-Sea reservoir sandstones. – J. geol. Soc. Lond., **135**: 133–135. [162]
SENGUPTA, S. (1966): Studies on orientation and imbrications of pebbles with respect to cross-stratification. – J. Sediment. Petrol., **36**: 362–369. [82]
SENIOR, B. R. (1979): Mineralogy and chemistry of weathered and parent sedimentary rocks in Southwest Queensland. – B. M. R. J. Austral. Geol. and Geophys. **4**: 111–124. [521]
SENIOR, B. R. & SENIOR, D. A. (1972): Silcrete in southwest Queensland. – Bull. B. M. R. Geol. Geophys. Aus. **125**: 23–28. [517]
SÉNOWBARI-DARYAN, B. (1980): Fazielle und paläontologische Untersuchungen in oberrhätischen Riffen (Feichtenstein- und Gruberriff bei Hintersee, Salzburg, Nördliche Kalkalpen). – Facies **3**: 1–237; Erlangen. [282]
SEREBRYAKOV, S. N. & SEMIKHATOV, M. A. (1974): Riphean and Recent stromatolites: A comparison. – Am. J. Sci., **274**: 556–574. [265]
SESTINI, G. (1968): Notes on the internal structure of the major Macigno olistostrome (Oligocene, Modena and Tuscany Apennines). – Bull. Soc. Geol. Ital., **87**: 51–63. [815]
SESTINI, G. & PRANZINI, G. (1965): Correlation of sedimentary fabric and sole marks as current indicators in turbidites. – J. Sediment. Petrol., **35**: 100–108. [146]
SEYFRIED, H. (1980): Über die Bildungsbereiche mediterraner Jurasedimente am Beispiel der Betischen Kordillere (Südost-Spanien). – Geol. Rdsch., **69**: 149–178. [395]
SHACKLETON, N. J. & OPDYKE, N. D. (1973): Oxygen isotope and palaeomagnetic stratigraphy of equatorial Pacific core V 28–238: oxygen isotope temperatures and ice volume on a 10^5 year and 10^6 year scale. – Quaternary Research, **3**: 39–55. [248, 257]
SHANMUGAM, G. (1980): Rhythms in deep sea, fine-grained turbidite and debris-flow sequences, Middle Ordovician, eastern Tennessee. – Sedimentology, **27**: 419–432. [848]
– (1985): Significance of secondary porosity in interpreting sandstone composition. – Amer. Assoc. Petrol. Geol. Bull., **69**: 378–384. [156, 158]
SHANMUGAM, G., DAMUTH, J. E. & MOIOLA, R. J. (1985): Is the turbidite facies association scheme valid for interpreting ancient submarine fan environments? – Geology, **13**: 234–237. [935, 936]
SHANMUGAM, G. & MOIOLA, R. J. (1982): Eustatic control of turbidites and winnowed turbidites. – Geology, **10**: 231–235. [851, 939]
SHANNON, P. M. (1978): The petrology of some Lower Palaeozoic greywackes from southeast Ireland: A clue to the origin of the matrix. – J. Sediment. Petrol., **48**: 1185–1192. [99]
SHARP, J. M., Jr. & DOMENICO, P. A. (1976): Energy transport in thick sequences of compacting sediment. – Geol. Soc. Amer. Bull., **87**: 390–400. [960]
SHATSKY, N. S. (1955): On the origin of the Pachelma trough. – Byull. Mosk. Obshchestva Lyubiteley Prirody, Otd. Geol., **5**: 5–26. [951]
SHAVER, R. H. (1977): Silurian reef geometry – new dimensions to explore. – J. Sediment. Petrol., **47**: 1409–1424. [355]
SHAW, D. B. & WEAVER, C. E. (1965): The mineral composition of shales. – J. Sediment. Petrol., **35**: 213–222. [187]
SHAW, J. & KELLERHALS, R. (1977): Paleohydraulic interpretation of antidune bedforms with applications to antidunes in gravel. – J. Sediment. Petrol., **47**: 257–266. [795]
SHEA, J. H. (1974): Deficiencies of clastic particles of certain sizes. – J. Sediment. Petrol., **44**: 985–1003. [139]
SHEARMAN, D. J. (1963): Demonstration of recent anhydrite, gypsum, dolomite, and halite from the coastal flats of the Arabian shore of the Persian Gulf. – Proc. Geol. Soc. London, **1607**: 63–64. [493]
– (1966): Origin of marine evaporites by diagenesis. – Trans. Inst. Min. Metall. B., **75**: 208–215. [493, 497]
– (1978): Evaporites of coastal sabkhas. – In DEAN, W. E. & SCHREIBER, B. C. (eds.): Marine Evaporites. – Soc. Econ. Paleon. Mineral. Short course, **4**: 6–42; Tulsa, Oklahoma. [498]
– (1980): Sebkha facies evaporites. – In: Evaporite Deposits. – Editions Technip, Paris, publ. 19: 96–109. [498, 499]
– (1983): Syndepositional and late diagenetic alteration of primary gypsum to anhydrite. – Sixth Internat. Symposium on Salt, Vol. I: 41–50; Salt Institute. [466]
SHEEHAN, P. M. (1985): Reefs are not so different – They follow the evolutionary pattern of level-bottom communities. – Geology, **13**: 46–49. [352]
SHELDON, R. P. (1964): Paleolatitudinal and paleogeographic distribution of phosphorite. – U. S. Geol. Survey prof. paper **501** C: 106–113. [543]
– (1980): Episodicity of phosphate deposition and deep ocean circulation – A hypothesis. – In BENTOR, Y. K. (ed.): Marine Phosphorites – geochemistry, occurrence, genesis. – Soc. Econ. Paleont. Mineral. Spec. Publ., **29**: 239–247. [557, 558]
SHELTON, J. W. (1962): Shale compaction in a section of Cretaceous Dakota Sandstone, northwestern North Dakota. – J. Sediment. Petrol., **32**: 873–877. [830]
SHELTON, J. W., BURMAN, H. R. & NOBLE, R. L. (1974): Directional features in braided-meandering-stream deposits, Cimarron river, north-central Oklahoma. – J. Sediment. Petrol., **44**: 1114–1117. [145]

Shelton, J. W., Mack, D. E. (1970): Grain orientation in determination of paleocurrents. – Amer. Assoc. Petrol. Geol. Bull., **54**: 1108–1119. [146]
Shepard, F. P. (1950): Beach cycles in southern California. – U. S. Army, Corps of Engineers, Beach Erosion Board, Tech. Memo. **20**, 26 S. [907]
– (1963a): Submarine Canyons. – In Hill, M. N. (ed.): The Sea, Vol. III: 480–506; Wiley, New York. [892]
– (1963b): Submarine Geology, 2nd ed., 557 S.; Harper & Row, New York, Evanston, London. [142]
– (1973): Submarine Geology. – 3rd ed., 517 S.; Harper & Row, New York. [812]
Shepard, F. P., Emery, K. O. & La Fond, E. C. (1941): Rip currents: a process of geological importance. – J. Geol., **49**: 337–369. [909]
Shepard, L. E., Bryant, W. R. & Chiou, W. A. (1981): Geotechnical properties of Middle America trench sediments, Deep Sea Drilling Project Leg 66. – In Watkins, J. S., Moore, J. C. et al.: Init. Repts. DSDP, **66**: 475–504; Washington (U. S. Govt. Printing Office). [207]
Shepherd, J. B. & Sigurdsson, H. (1982): Mechanism of the 1979 explosive eruption of Soufriere Volcano, St. Vincent. – J. Volcanol. Geotherm. Res., **13**: 119–130. [740]
Sheppard, R. A. & Gude, A. J., 3d (1969): Diagenesis of tuffs in the Barstow Formation, Mud Hills, San Bernardino County, California. – U. S. Geol. Surv. Prof. Pap., **634**, 35 S. [423, 539]
Sheridan, M. F. & Wohletz, K. H. (1983): Hydrovolcanism: basic considerations and review. – J. Volcanol. Geotherm. Res., **17**: 1–29. [740]
Sheridan, R. E. (1974): Atlantic continental margin of North America. – In Burke, C. A. & Drake, C. L. (eds.): The Geology of Continental Margins, 391–407; Springer, New York. [932]
Shibaoka, M. (1981): Behaviour of vitrinite macerals in some organic solvents in the autoclave. – Fuel **60**: 240–246; Guildford. [727]
– (1982): Behaviour of huminite macerals from Victorian brown coal in tetralin in autoclaves at temperatures of 300–380 °C. – Fuel **61**: 265–270; Guildford. [727]
Shibaoka, M., Russell, N. J. & Bodily, D. M. (1982): Coal liquefaction model: microscopic examinations of solids from metal halide catalysed coal hydrogenation experiments. – Fuel **61**: 201–203; Guildford. [727]
Shibaoka, M., Ueda, S. & Russell, N. J. (1980): Some aspects of the behaviour of tin (II) chloride during coal hydrogenation in the absence of a solvent. – Fuel **59**: 11–18; Guildford. [727]
Shiki, T., Yamasaki, T. & Hisatomi, K. (1982): Features of grain-size distribution and mineral composition of turbiditic sediments from the Middle America trench off Guatemala. – In Auboin, J., von Huene, R. et al. (eds.): Init. Repts. DSDP, **67**: 537–543. [819]
Shiley, R. H., Konopka, K. L., Hinckley, C. C., Smith, G. V., Twardowska, H. & Saporoschenko, M. (1982): Effect of some metal chlorides on the transformation of pyrite to pyrrhotite. – Illinois Mineral Notes **83**; 12 S.; Champaign, Illinois. [727]
Shimoyama, T. & Iijima, A. (1976): Influence of temperature on coalification of Tertiary coal in Japan – Summary. – In Halbouty, M. T., Maher, J. C. & Lian, H. M. (eds.): circum-Pacific Energy and Mineral Resources, Amer. Assoc. Petrol. Geol. Mem., **25**: 98–103. [183]
Shinn, E. A. (1968): Selective dolomitization of recent sedimentary structures. – J. Sediment. Petrol., **38**: 612–616. [926]
– (1969): Submarine lithification of Holocene carbonate sediments in the Persian Gulf. – Sedimentology, **12**: 109–144. [236, 384, 385, 387, 411, 928]
Shinn, E. A., Ginsburg, R. N. & Lloyd, R. M. (1965): Recent supratidal dolomite from Andros Island, Bahamas. – In Pray, L. C. & Murray, R. C. (eds.): Dolomitization and limestone diagenesis. – SEPM Spec. Pupl., **13**: 112–123. [410, 411]
Shinn, E. A., Halley, R. B., Hudson, J. H. & Lidz, B. H. (1977): Limestone compaction: an enigma. – Geology, **5**: 21–24. [366]
Shinn, E. A. & Robbin, D. M. (1983): Mechanical and chemical compaction in fine-grained shallow-water limestones. – J. Sediment. Petrol., **53**: 595–618. [369]
Shinn, E. A. & Steinen, R. P., Lidz, B. H. & Halley, R. B. (1985): Bahamian whitings – no fish story. – Amer. Assoc. Petrol. Geol. Bull., **69**, 307 (Abstr.). [339]
Shirley, M. L. & Ragsdale, J. A. (eds.) (1966): Deltas in their geologic framework. – 251 S.; Houston geol. Soc. [890]
Shoemaker, E. M. (1984): Large body impacts through geologic time. – In Holland, H. D. & Trendall, A. F. (eds.): Patterns of Change in Earth Evolution. Dahlem Konferenzen, 15–40; Springer-Verlag Berlin, Heidelberg, New York, Tokyo. [854]
Shoji, R. & Folk, R. L. (1964): Surface morphology of some limestone types as revealed by electron microscope. – J. Sediment. Petrol., **34**: 144–155. [328]
Shreve, R. L. (1985): Esker characteristics in terms of glacier physics, Katahdin esker system, Maine. – Geol. Soc. Amer. Bull., **96**: 639–646. [887]
Shrock, R. R. (1948): Sequence in layered rocks. – 507 pp.; McGraw-Hill Book Co. [824, 841]
Shüttenhelm, R. T. E. (1980): The superficial geology of the Dutch sector of the North Sea. – Mar. Geol., **34**: M 27–M 37. [912]
Shukri, M. N. & El-Ayouti, M. K. (1954): The mineralogy of Eocene and later sediments in the Angabia area – Cairo-Suez district. – Bull. Fac. Sci. Cairo Univ., **32**: 47–61. [125]
Sibley, D. F. (1980): Climatic control of dolomitization, Seroe Domi Formation (Pliocene), Bonaire, N. A. – In

Zenger, D. H., Dunham, J. B. & Ethington, R. L. (eds.): Concepts and Models of Dolomitization. – Soc. Econ. Paleont. Mineral. Spec. Publ., **28**: 247–258. [410, 411]
– (1982): The origin of common dolomite fabrics: clues from the Pliocene. – J. Sediment. Petrol., **52**: 1087–1100. [404]
Sibley, D. F. & Blatt, H. (1976): Intergranular pressure solution and cementation of the Tuscarora orthoquartzite. – J. Sediment. Petrol., **46**: 881–896. [162]
Sibley, D. F. & Murray, R. C. (1972): Marine diagenesis of carbonate sediment, Bonaire, Netherlands Antilles. – J. Sediment. Petrol., **42**: 168–178. [389]
Siedlecka, A. (1972): Length-slow chalcedony and relicts of sulphates – evidences of evaporitic environments in the Upper Carboniferous and Permian beds of Bear Island, Svalbard. – J. Sediment. Petrol., **42**: 812–816. [502]
Siegel, F. R. (1960): The effect of strontium on the aragonite-calcite ratios of Pleistocene corals. – J. Sediment. Petrol., **30**: 297–304. [373]
Siegers, A. & Renger, F. E. (1985): Gold mining in Brasil. – Erzmetall, **38**: 351–358, Weinheim. [625]
Siehl, A. & Thein, J. (1978): Geochemische Trends in der Minette (Jura, Luxemburg/Lothringen). – Geol. Rdsch., **67**: 1052–1077; Stuttgart. [601]
Siemers, C. T. (1976): Sedimentology of the Rocktown channel sandstone, upper part of the Dakota Formation (Cretaceous), Central Kansas. – J. Sediment. Petrol., **46**: 97–123. [139]
Siemers, Ch., Tillman, R. W. & Williamson, Ch. R. (eds.) (1981): Deep-Water Clastic Sediments. – A Core Workshop. 416 S. [939]
Siever, R. (1959): Petrology and geochemistry of silica cementation in some Pennsylvanian sandstones. – In Ireland, H. A. (ed.): Silica in Sediments. – Soc. Econ. Paleont. Mineral., Spec. Publ., **7**: 55–79. [365]
– (1962): Silica solubility, 0°–200°C, and the diagenesis of siliceous sediments. – J. Geol., **70**: 127–150. [540]
– (1979): Plate-tectonic controls on diagenesis. – J. Geol., **87**: 127–155. [149]
Siever, R. & Woodford, N. (1979): Dissolution kinetics and the weathering of mafic minerals. – Geochim. Cosmochim. Acta, **43**: 717–724. [18]
Siffert, B. (1962): Quelques réactions de la silice en solution. La formation des argiles. – Mem. Serv. Carte géol. Alsace-Lorraine, **21**. [21]
Sigl, W. (1973): Der Golf von Manfredonia (südliche Adria). I. Die fazielle Differenzierung der Sedimente. – Senckenbergiana marit., **5**: 3–49; Frankfurt a. M. [292]
Sigleo, A. C. (1979): Geochemistry of silicified wood and associated sediments, Petrified Forest National Park, Arizona. – Chem. Geol., **26**: 151–163. [542]
Sigurdsson, H., Sparks, R. S. J., Carey, S. N. & Huang, T. C. (1980): Volcanogenic sedimentation in the Lesser Antilles Arc. – J. Geol., **88**: 523–540. [750, 770, 771]
Silver, E. A. & Beutner, E. C. (1980): Melanges. – Geology, **8**: 32–34. [956]
Simkiss, K. (1964): Variation in the crystallization form of calcium carbonate from artificial seawater. – Nature, **201**: 492–493. [385]
Simms, M. A. & Hardie, L. A. (1983): Reflux of seawater as a dolomitizing mass transfer process on carbonate banks. – Geol. Soc. Amer. Abstr. & Progr., **15**, 688. [413]
Simon (pers. Mitt.). [603]
Simone, L. (1981): Ooids: a review. – Earth Sci. Rev., **16**: 319–355. [332]
Simons, D. B. (1971): River and canal morphology. – In Shen, H. W. (ed.): River Mechanics, Vol. II: 20-1 bis 20-60. – Verlag H. W. Shen, Fort Collins, Colorado, USA. [780, 788]
Simons, D. B. & Richardson, E. V. (1963): Forms of bed roughness in alluvial channels. – Transact. Amer. Soc. Civil Engineers, **128**: 284–302. [783]
– – (1966): Resistance to flow in alluvial channels. – U. S. Geol. Surv. Prof. Pap., 422-J, 61 S. [780]
Simpson, G. S. (1976): Evidence of overgrowths on, and solution of, detrital garnets. – J. Sediment. Petrol., **46**: 689–693. [120]
Simpson, T. & Volgani, B. (1981): Silicon and Siliceous Structures in Biological Systems. – 587 S.; Springer, Berlin. [505]
Sindowski, K.-H. (1957): Die synoptische Methode des Kornkurven-Vergleiches zur Ausdeutung fossiler Sedimentationsräume. – Geol. Jb., **73**: 235–275. [139]
– (1973): Das ostfriesische Küstengebiet. – Sammlung geol. Führer, **57**, 162 S.; Borntraeger, Berlin, Stuttgart. [902]
Singer, A. (1978): The nature of basalt weathering in Israel. – Soil Sci., **125**: 217–225. [25, 26]
– (1979): Palygorskite in Sediments: Detrital, Diagenetic or Neoformed – a Critical Review. – Geol. Rdsch. **68**: 996–1008. [221]
Singer, A. & Galan, E. (eds.) (1984): Palygorskite-Sepiolite: Occurrence, Genesis and Uses. – Develop. in Sediment. **37**: 352 pp., Elsevier, Amsterdam, Oxford, New York, Tokyo. [221]
Singer, A. & Müller, G. (1983): Diagenesis in argillaceous sediments. – In Larsen, G. & Chilingar, G. V. (eds.): Diagenesis in sediments and sedimentary rocks, 2. – Develop. in Sediment. **25** B: 115–212; Elsevier, Amsterdam etc. [203, 210]
Singer, A. & Navrot, J. (1970): Diffusion rings in altered basalt. – Chem. Geol., **6**: 31–41; Amsterdam. [25]
Singh, I. B. (1969): Primary sedimentary structures in Precambrian quartzites of Telemark, southern Norway, and their environmental significance. – Norsk Geol. Tidsskr., **49**: 1–31. [904]
Sippel, R. F. (1968): Sandstone petrology, evidence from luminescence petrography. – J. Sediment. Petrol., **38**: 530–554. [105]

– (1971): Quartz grain orientation – (The photometric method). – J. Sediment. Petrol., **41**: 38–59. [146]
SKALL, H. (1975): The paleoenvironment of the Pine Point lead-zinc district. – Econ. Geol. **70**: 22–47. [668]
SKELTON, P. W. (1976): Functional morphology of the Hippuritidae. – Lethaia, **9**: 83–100. [304]
SKIPPER, K. & BHATTACHARJEE, S. B. (1978): Backset bedding in turbidites: a further example from the Cloridorme Formation (Middle Ordovician), Gaspé, Quebec. – J. Sediment. Petrol., **48**: 193–202. [795]
SLANSKY, M. (1979): Proposal for nomenclature and classification of sedimentary phosphates. – In COOK, P. J. & SHERGOLD, J. H. (eds.): Proterozoic-Cambrian Phosphorites-Symposium Proj. 156 of UNESCO-IUGS, Canberra/Australia, 60–63. [543, 546]
– (1980): Géologie des phosphates sédimentaires. – Mém. BRGM **114**, 94 p. [543, 546, 551, 555, 556, 561]
SLANSKY, M., CAMEZ, TH. & MILLOT, G. (1959): Sédimentation argileuse et phosphatée in Dahomey. – Bull. Soc. Geol. France (7), Tome I: 150–155. [552]
SLATER, D. & HIGHLEY, D. E. (1977): The iron ore deposits in the United Kingdom of Great Britain and Northern Ireland. – In WALTHER, H. W. & ZITZMANN, A. (Hrsg.): The iron ore deposits of Europe and adjacent areas, **1**: 393–409; Hannover. [604]
SLUIJK, D. & NEDERLOF, M. H. (1981): Worldwide geological experience as a systematic basis for prospect appraisal. – In DEMAISON, G. & MURRIS, R. J. (eds.): Petroleum Geochemistry and Basin Evaluation. – Amer. Assoc. Petrol. Geol. Mem. **35**: 15–26. [960]
SLY, P. G. (1978): Sedimentary processes in lakes. – In LERMAN, A. (ed.): Lakes, Chemistry, Geology, Physics, 65–89; Springer, New York, Heidelberg, Berlin. [877]
SMALE, D. (1973): Silcretes and associated silica diagenesis in southern Africa and Australia. – Jour. Sed. Petrology **43**: 1077–1089. [515]
SMALLEY, I. J. (1966): the properties of glacial loess and the formation of loess deposits. – J. Sediment Petrol., **36**: 669–676. [229]
– (1971): „In-situ"-theories of loess formation and the significance of the calcium-carbonate content of loess. – Earth Sci. Reviews, **7**: 67–85. [229–231]
– (1976): Loess Lithology and Genesis. – 429 S.; Dowden, Hutchinson & Ross, Stroudsburg, USA. [888]
SMALLEY, I. J., FORDHAM, C. J. & CALLANDER, P. F. (1984): Towards a general model of quick clay development. – Sedimentology, **31**: 595–596. [226]
SMALLEY, I. J. & SMALLEY, V. (1983): Loess material and loess deposits: formation, distribution and consequences. – In BROOKFIELD, M. E. & AHLBRANDT, T. S. (eds.): Eolian Sediments and Processes. – Devel. in Sediment. **38**: 51–68; Elsevier, Amsterdam, Oxford, New York, Tokyo. [229, 888]
SMETACEK, V. S. (im Druck): Role of sinking in diatom life-history cycles: ecological, evolutionary and geological significance. – Marine Biology, **75**; Springer-Verlag, Heidelberg. [511]
SMIRNOW, V. J. (1977a): Factor of time in formation of strata-bound ore deposits. – In KLEMM, D. D. & SCHNEIDER, H. J. (eds.): Time- and strata-bound ore deposits, 3–18; Springer, Berlin-Heidelberg-New York. [Kap. 10]
– (1977b): Ore deposits of the USSR. – Bd. **2**, 424 S.; London usw. (Pitman). [635]
SMITH, D. B. (1971): Observations on the Magnesian Limestone reefs of north-western Durham. – Bull. Geol. Surv. Gr. Brit., **15**: 71–84. [356]
– (1974a): Origin of tepees in Upper Permian shelf carbonate rocks of Guadalupe Mountains, New Mexico. – Amer. Assoc. Petrol. Geol. Bull., **58**: 63–70. [829]
– (1974b): Permian. – In RAYNER, D. H. & HEMINGWAY, J. E. (eds.): The Geology and Mineral Resources of Yorkshire, 115–144. [458]
– (1980): (a) The shelf-edge reef of the middle Magnesian Limestone (English Zechstein Cycle 1) of northeastern England – a summary. (b) The evolution of the English Zechstein basin. – In FÜCHTBAUER, H. & PERYT, T. (eds.): The Zechstein Basin. – Contributions Sediment., **9**: 3–5, 7–34; Stuttgart. [458]
– (1981): The Magnesian Limestone (Upper Permian) reef complex of northeastern England. In TOOMEY, D. F. (eds.): European Fossil Reef Models. – SEPM Spec. Publ., **30**: 161–186. [296]
SMITH, D. G. (1983): Anastomosed fluvial deposits: modern examples from Western Canada. – In COLLINSON, J. D. & LEWIN, J. (eds.): Modern and Ancient Fluvial Systems. – Internat. Assoc. Sedimentol. Spec. Publ., **6**: 155–168. [868]
– (1986): Anastomosing river deposits, sedimentation rates and basin subsidence, Magdalena River, northwestern Colombia, South America. – Sed. Geol., **46**: 177–196. [874]
SMITH, D. G. & SMITH, N. D. (1980): Sedimentation in an anastomosed river system: examples from alluvial valleys near Banff, Alberta. – J. Sediment. Petrol., **50**: 157–164. [874]
SMITH, G. I. (1969): Subsurface stratigraphy and geochemistry of late Quaternary evaporites, Searles Lake, California. – U. S. Geol. Survey Prof. Paper. [491]
SMITH, J. V. (1974): Feldspar Minerals. – Vol 1: 627 S., Vol. 2: 690 S.; Springer, Berlin, Heidelberg, New York. [114]
SMITH, N. D. (1972a): Flume experiments on the durability of mud clasts. – J. Sediment. Petrol., **42**: 378–383. [77]
– (1972b): Some sedimentological aspects of planar cross-stratification in a sandy braided river. – J. Sediment. Petrol., **42**: 624–634. [795]
SMITH, R. L. (1960): Ash flows. – Geol. Soc. Amer. Bull., **71**: 795–842. [751]
SMOOT, J. P. (1978): Origin of the carbonate sediments in the Wilkins Peak Member of the lacustrine Green River Formation (Eocene), Wyoming, U. S. A. – In MATTER, A. & TUCKER, M. E. (eds.): Modern and Ancient Lake Sediments. – Internat. Assoc. Sedimentol. Spec. Publ. **2**: 109–127. [879, 880]

SMYERS, N. B. & PETERSON, G. L. (1971): Sandstone dikes and sills in the Moreno Shale, Panochettills, California. – Geol. Soc. Amer. Bull., **82**: 3201–3208. [830]

SNEED, E. D. & FOLK, R. L. (1958): Pebbles in the Lower Colorado River, Texas, a study in particle morphogenesis. – J. Geol., **66**: 114–150. [79]

SOBICH, P. (1984): The sedimentary facies of the Kreuznach Beds (Uppermost Rotliegend) in the Saar area (SW-Germany). – 5ème Congr. Europ. Sédimentologie, Marseille, Abstr., 408. [132]

SOLIMAN, G. N. (1969): Ecological aspects of some coral-boring gastropods and bivalves of the northwestern Red Sea. – Am. Zoologist, **9**: 887–894. [345]

SOLLE, G. (1966): Rezente und fossile Wüste. – Notizbl. Hess. L. A. Bodenforsch., **94**: 54–121. [882]

SOMMER, F. (1978): Diagenesis of Jurassic sandstones in the Viking Graben. – Jl. Geol. Soc. Lond., **135**: 63–67. [175]

SOMMER, S. E. (1972a): Cathodoluminescence of carbonates. I. Characterization of cathodoluminescence from carbonate solid solutions. – Chem. Geol. **9**: 257–273; Amsterdam. [243]

– (1972b): Cathodoluminescence of carbonates. II. Geological applications. – Chem. Geol. **9**: 275–284; Amsterdam. [243]

SØNDERHOLM, M. (1987): Facies and geochemical aspects of the Dolomite-Anhydrite Transition Zone (Zechstein 1–2) in the Batum 13-well, northern Jutland, Denmark: a key to the evolution of the Norwegian-Danish Basin. – In PERYT, T. M. (Hrsg.): The Zechstein Facies in Europe. – Lecture Notes in Earth Sciences, **10**: 93–122; Springer-Verlag, Berlin, Heidelberg. [500]

SONNENFELD, P. (1984): Brines and evaporites. – 613 pp.; Academic Press, Inc., Orlando, San Diego, New York. [435, 436, 445, 455, 460, 472, 476, 485]

SONTAG, E. & SÜSS, M. (1969): Beispiele petrologischer Untersuchungen zur Klärung rohstoffabhängiger verfahrenstechnischer Probleme der Braunkohlenveredelung. – Bergbautechnik **19**, 5: 255–260; 7: 376–381; Leipzig. [725]

SONU, C. J. (1972): Bimodal composition and cyclic characteristics of beach sediment in continuously changing profiles. – J. Sediment. Petrol., **42**: 852–857. [909]

SORAUF, J. E. (1977): Microstructure and magnesium content in Lophophyllidium from the Lower Pennsylvanian of Kentucky. – J. Paleont. **51**: 150–160; Tulsa. [293]

SORBY, H. C. (1856): On the physical geography of the Old Red Sandstone of the central district of Scotland. – New Philos. J., New Ser. 3, Edinburgh, 112–122. [145]

– (1861): On the organic origin of the so-called „crystalloids" of the Chalk. – Ann. Mag. Nat. Hist., ser. 3, **8**: 193–200. [278]

– (1879): Structure and origin of limestones. (Anniversary address of the president.) – Proc. Geol. Soc. London, **35**: 56–95. [327, 328, 363, 371]

SOREM, R. K. (1982): Volcanic ash clusters: tephra rafts and scavengers. – J. Volcanol. Geotherm. Res., **13**: 63–71. [748]

SOREM, R. K. & CAMERON, E. N. (1960): Manganese Oxides and Associated Minerals of the Nsuta Manganese Deposits, Ghana, West Africa. – Economic Geology, **55**: 278–310. [60]

SOUDRY, D. & CHAMPETIER, Y. (1983): Microbial processes in the Negev phosphorites (southern Israel). – Sedimentol. **30**: 411–423. [550, 558]

SOULE, J. D. & SOULE, D. F. (1969): Systematics and biogeography of burrowing bryozoans. – Am. Zoologist, **9**: 791–802. [345]

SOULIÉ-MÄRSCHE, I. (1979): Etude comparée de gyrogonites de charophytes actuelles et fossiles et phylogénie des genres actuels. – Thèse Montpellier, 320 S. [274]

SOUTAR, A., JOHNSON, S. R. & BAUMGARTNER, T. R. (1981): In search of modern depositional analogs to the Monterey Formation. – In GARRISON, R. E. & DOUGLAS, R. G. (eds.): The Monterey Formation and Related Siliceous Rocks of California, 123–147; Soc. Econ. Paleont. Mineral., Pacif. Section. [528]

SOUTHARD, J. B. & HARMS, J. C. (1972): Sequence of bedforms and stratification in silts, based on flume experiments. – Amer. Assoc. Petrol. Geol. Bull., **56**: 654–655. [788]

SPAETH, C. (1971): Aragonitische und calcitische Primärstrukturen im Schalenbau eines Belemniten aus der englischen Unterkreide. – Paläont. Z., **45**: 33–40; Stuttgart. [309]

– (1973): Weitere Untersuchungen der Primär- und Fremdstrukturen in calcitischen und aragonitischen Schalenlagen englischer Unterkreide-Belemniten. – Paläont. Z., **47**: 163–174; Stuttgart. [309]

– (1975): Zur Frage der Schwimmverhältnisse bei Belemniten in Abhängigkeit vom Primärgefüge der Hartteile. – Paläont. Z., **49**: 321–331; Stuttgart. [248, 309]

SPARKS, R. J. S. (1978): The dynamics of bubble formation and growth in magmas: A review and analysis. – J. Volcanol. Geotherm. Res., **3**: 1–37. [737]

– (1986): The dimensions and dynamics of eruption columns. – Bull. Volcanol., **48**: 3–15. [739, 745]

SPARKS, R. J. S. & WALKER, G. P. L. (1977): The significance of vitric-enriched air-fall ashes associated with crystal-enriched ignimbrites. – J. Volcanol. Geotherm. Res., **2**: 329–341. [757]

SPARKS, R. J. S. & WILSON, L. (1976): A model for the formation of ignimbrite by gravitational column collapse. – J. Geol. Soc. London, **132**: 441–451. [756]

SPARKS, R. J. S., SELF, S. & WALKER, G. P. L. (1973): Products of ignimbrite eruption. – Geology, **1**: 115–118. [753]

SPEARING, D. R. (1974): Summary sheets of sedimentary deposits MC-8. 7 Faltblätter: (1) Alluvial Fan, (2) Alluvial

Valley, (3) Eolian Sand, (4) Regressive Shoreline Sand, (5) Barrier Island, (6) Tidal Sand, (7) Turbidity Current. – Geol. Soc. Amer. [865]

SPECHT, R. W. & BRENNER, R. L. (1979): Storm-wave genesis of bioclastic carbonates in Upper Jurassic epicontinental mudstones, East-Central Wyoming. – J. Sediment. Petrol., **49**: 1307–1322. [801]

SPECZIK, S., SKOWRONEK, C., FRIEDRICH, G., DIEDEL, R., SCHUMACHER, C. & SCHMIDT, F.-P. (1986): The environment of generation of some base metal Zechstein occurrences in Central Europe. – Acta geol. polon., **36**: 1–35; Warszawa. [633]

SPEKSNIJDER, A. (1985): Anatomy of a strike-slip fault controlled sedimentary basin, Permian of the southern Pyrenees, Spain. – Sed. Geol., **44**: 179–223. [953]

SPENCER, A. M. (1971): Late Precambrian glaciation in Scotland. – Mem. Geol. Soc. London, **6**. [885]

SPENCER, R. J. & EUGSTER, H. P. (1981): Mineralogy and pore fluid geochemistry of Great Salt Lake, Utah. – AAPG-SEPM Ann. Conv., Abstr. [237]

SPERLING, H. (1986): Das Neue Lager der Blei-Zink-Erzlagerstätte Rammelsberg. – Geol. Jb., **D 85**, 177 S.; Hannover. [646]

SPOSITO, G. (1985): Chemical models of weathering in soils. – In DREVER, J. J. (ed.): The chemistry of weathering. – NATO ASI Series C, **149**: 1–18. [16]

SPRIGG, R. C. (1979): Stranded and submerged sea-beach systems of southeast South Australia and the aeolian desert cycle. – Sed. Geol., **22**: 53–96. [806, 908]

SPRY, A. (1969): Metamorphic Textures. – 350 S.; Pergamon Press, Oxford. [109]

SQUIRES, D. F. (1962): Corals at the mouth of the Rewa River, Viti Levu, Fiji. – Nature, **195**: 361–362. [292]

STABLEIN, N. K., III & DAPPLES, E. C. (1977): Feldspars of the Tunnel City Group (Cambrian), Western Wisconsin. – J. Sediment. Petrol., **47**: 1512–1538. [168]

STACEY, J. S. & KRAMERS, J. D. (1975): Approximation of terrestrial lead isotope evolution by a two stage model. – Earth Planet. Sc. Lett., **26**: 207–221. [671]

STACH, E. (1954): Der Crassidurit, ein Hilfsmittel zur Flözgleichstellung im Ruhrgebiet. – Geol. Jb. **69**: 207–238; Hannover. [724]

– (1958): Radioaktive Inkohlung. – Brennstoff-Chemie **39**, 21/22: 329–331; Essen. [721]

– (1964): Zur Untersuchung des Sporinits in Kohlen-Anschliffen. – Fortschr. Geol. Rheinld. u. Westf. **12**: 403–420; Krefeld. [698]

– (1966): Der Resinit und seine biochemische Inkohlung. – Fortschr. Geol. Rheinld. u. Westf. **13**, 2: 921–968; Krefeld. [699]

– (1968): Die Untersuchung von Kohlenlagerstätten. – In: Lehrbuch der Angewandten Geologie, BENTZ, A. & MARTINI, H. J. (Hersg.), Bd. **2**, Tl. 1: Geowissenschaftliche Methoden. – F. Enke, Stuttgart, 421–562. [724]

STACH, E. & ALPERN, B. (1966): Inertodetrinit, Makrinit und Mikrinit. – Fortschr. Geol. Rheinld. u. Westf. **13**, 2: 969–980; Krefeld. [702]

STACH, E. & DEPIREUX, J. (1965): Künstliche radioaktive Inkohlung. – Brennstoff-Chemie **46**, 1: 7–13; Essen. [721]

STACH, E., MACKOWSKY, M.-TH., TEICHMÜLLER, M., TAYLOR, G. H., CHANDRA, D. & TEICHMÜLLER, R. (1982): Stach's Textbook of Coal Petrology, 3. Aufl., 535 S., 6 Taf., 204 Abb., 49 Tab., Gebr. Borntraeger, Berlin, Stuttgart. [684–686, 716, 722, 723, 726]

STACH, E. & PICKHARDT, W. (1964): Tertiäre und karbonische Pilzreste (Sklerotinit). – Fortschr. Geol. Rheinld. u. Westf. **12**: 377–392; Krefeld. [703]

STACKELBERG, U. VON (1979): Sedimentation, hiatuses and development of manganese nodules (Valdivia Ste VA-13/2, Northern Central Pacific). – In BISCHOFF, J. L. & PIPER, D. Z. (eds.): Marine Geology and Oceanography of the Central Pacific Manganese Nodule Province, 559–586; Plenum Press, New York. [539]

STADLER, G. (1963): Petrographie und Diagenese der oberkarbonischen Tonsteine in der Bohrung Münsterland 1. – Fortschr. Geol. Rheinl. Westf., **11**: 283–292. [211, 214]

– (1971): Die Vererzung im Bereich des Bramscher Massivs und seiner Umgebung. – Fortschr.-Geol. Rheinld. Westf., **18**: 439–500; Krefeld. [603]

STALDER, P. J. (1973): Influence of crystallographic habit and aggregate structure of authigenic clay minerals on sandstone permeability. – Geol. Mijnbouw., **52**: 217–220. [172]

STANLEY, D. J. (1969): Sedimentation in slope and base-of-slope environments. – In: The New Concepts of Continental Margin Sedimentation. – Amer. Geol. Inst., Washington, D. C., DJS 8: 1–25. [820]

– (1975): Submarine canyon and slope sedimentation (Gres d'Annot) in the French Maritime Alps. – IXme Congr. Internat. de Sedimentologie, Nice, 129 S. [813]

– (1980): The Saint-Antonin Conglomerate in the Maritime Alps: A model for coarse sedimentation on a submarine slope. – Smithsonian Contrib. Marine Sci, No. 5, 25 S. [848]

– (1981): Unifites: structureless muds of gravity-flow origin in Mediterranean basins. – Geo-Marine Letters, **1**: 77–83; Dowden, Inc. [824]

– (1983): Parallel laminated deep-sea muds and coupled gravity flow – Hemipelagic settling in the Mediterranean. – Smithsonian Contrib. Mar. Sci., **19**, 19 S. [820, 824]

STANLEY, D. J., ADDY, S. K. & BEHRENS, E. W. (1983): The mudline: Variability of its position relative to shelfbreak. – In STANLEY, D. J. & MOORE, G. T. (eds.): The Shelfbreak: Critical Interface on Continental Margins. – Soc. Econ. Paleont. Mineral. Spec. Publ., **33**: 279–298. [934]

STANLEY, D. J. & KELLING, G. (eds.) (1978): Sedimentation in Submarine Canyons, Fans, and Trenches. – 395 S., Dowden, Hutchinson & Ross, Stroudsburg, Pa. [932]

STANLEY, D. J. & MOORE, G. T. (eds.) (1983): The Shelfbreak: Critical Interface on Continental Margins. – Soc. Econ. Paleont. Mineral. Spec. Publ., **33**, 467 S. [932]
STANLEY, D. J., SHENG, H. & PEDRAZA, C. P. (1971): Lower continental rise east of the middle atlantic states: Predominant sediment dispersal perpendicular to isobaths. – Geol. Soc. Amer. Bull., **82**: 1831–1840. [934]
STANLEY, D. J., REHAULT, J.-P. & STUCKENRATH, R. (1980): Turbid-layer bypassing model: The Corsican trough, northwestern Mediterranean. – Mar. Geol., **37**: 19–40. [822]
STANLEY, D. J. & SWIFT, D. J. P. (eds.) (1976): Marine Sediment Transport and Environmental Management. – J. Wiley & Sons, New York. [786]
STANLEY, D. J., SWIFT, D. J. P., SILVERBERG, N., JAMES, N. P. & SUTTON, R. G. (1972): Late Quaternary progradation and sand spillover on the outer continental margin off Nova Scotia, Southeast Canada. – Smithsonian Contrib. Earth Sci, **8**, 88 S.; Washington. [786]
STANLEY, K. O. (1974): Morphology and hydraulic significance of climbing ripples with superimposed micro-ripple-drift cross-lamination in Lower Quaternary lake silts, Nebraska. – J. Sediment. Petrol., **44**: 472–483. [788]
STANLEY, K. O. & BENSON, L. V. (1979): Early diagenesis of High Plains Tertiary vitric and arcosic sandstone, Wyoming and Nebraska. – In SCHOLLE, P. A. & SCHLUGER, P. R. (eds.): Aspects of Diagenesis. – Soc. Econ. Paleont. Mineral. Spec. Publ., **26**: 401–423. [175]
STANTON, R. J., Jr. (1966): The solution brecciation process. – Geol. Soc. Amer. Bull., **77**: 843–848. [88]
STAPF, K. R. G. (1982): Schwemmfächer- und Playa-Sedimente im Ober-Rotliegenden des Saar-Nahe-Beckens (Permokarbon, SW-Deutschland). Ein Überblick über Faziesanalyse und Faziesmodell. – Mitt. Pollichia, **70**: 7–64; Bad Dürkheim/Pfalz. [866]
STAUDIGEL, H. & HART, S. R. (1983): Alteration of basaltic glass: mechanisms and significance for the oceanic crust-seawater budget. – Geochim. Cosmochim. Acta, **47**: 337–350. [775]
STAUDIGEL, H. & SCHMINCKE, H.-U. (1984): The Pliocene Seamount Series of La Palma (Canary Islands). – J. Geophys. Res., **89**: 11195–11215. [766]
STAUFFER, K. W. (1962): Quantitative petrographic study of Paleozoic carbonate rocks, Caballo mountains, New Mexico. – J. Sediment. Petrol., **32**: 357–396. [391]
STAUFFER, M. R., HAJNAL, Z. & GENDZWILL, D. J. (1976): Rhomboidal lattice structure: a common feature on sandy beaches. – Canad. J. Earth Sci., **13**: 1667–1677. [793]
STAUFFER, P. H. (1967): Grain-flow deposits and their implications, Santa Ynez Mountains, California. – J. Sediment. Petrol., **37**: 487–508. [817]
STEARN, C. (1966): The microstructure of stromatoporoids. – Palaeontology **9**: 74–124. [290]
STEARNS, C. W. & SCOFFIN, T. P. (1977): Carbonate budget of a fringing reef, Barbados. – Proceed. 3rd Intern. Coral Reef Symp. (Miami), 471–476. [354]
STECKLER, M. (1984): Changes in sea level. – In HOLLAND, H. D. & TRENDALL, A. F. (eds.): Patterns of Change in Earth Evolution. Dahlem Konferenzen, 103–121; Springer-Verlag Berlin, Heidelberg, New York, Tokyo. [851]
STECKLER, M. S. & WATTS, A. B. (1978): Subsidence of the Atlantic-type continental margin off New York. – Earth and Planet. Sci. Lett., **41**: 1–13. [960]
STEEL, R. J. (1974): New Red Sandstones floodplain and piedmont sedimentation in the Hebridean Province, Scotland. – J. Sediment. Petrol., **44**: 336–357. [83]
– (1976): Devonian basins of Western Norway – Sedimentary response to tectonism and to varying tectonic context. – Tectonophysics, **36**: 207–224. [952]
– (1977): Observations on some Cretaceous and Tertiary sandstone bodies in Nordenskiöld Land, Svalbard. – Norsk Polarinstit. Årbok 1976: 43–68. [903, 904]
STEEL, R. J., GJELBERG, J. & HAARR, G. (1978): Helvetiafjellet Formation (Barremian) at Festningen, Spitsbergen – a field guide. – Norsk Polarinstitutt Årbok 1977: 111–128, Oslo. [897]
STEEL, R. J. & GLOPPEN, T. G. (1980): Late Caledonian (Devonian) basin formation, western Norway: signs of strike-slip tectonics during infilling. – In READING, H. G. & BALLANCE, P. F. (eds.): Sedimentation in Oblique-Slip Mobile Zones. – Internat. Assoc. Sedimentologists Spec. Publ., **4**: 79–103. [816]
STEEL, R. J., MAEHLE, S., NILSEN, H., RØE, S. L. & SPINNANGR, Å. (1977): Coarsening-upward cycles in the alluvium of Hornelen Basin (Devonian) Norway: Sedimentary response to tectonic events. – Geol. Soc. Amer. Bull., **88**: 1124–1134. [848]
STEEL, R. J. & THOMPSON, D. B. (1983): Structures and textures in Triassic braided stream conglomerates („Bunter' Pebble Beds") in the Sherwood Sandstone Group, North Staffordshire, England. – Sedimentology, **30**: 341–367. [75, 83]
STEER, B. L. & ABBOTT, P. L. (1984): Paleohydrology of the Eocene Ballena gravels, San Diego county, California. – Sed. Geol., **38**: 181–216. [783, 873]
STEHLI, F. G. (1956): Shell mineralogy in Paleozoic invertebrates. – Science, **123**: 1031–1032. [254, 293, 309, 312, 372]
STEHLI, F. G. & HOWER, J. (1961): Mineralogy and early diagenesis of carbonate sediments. – J. Sed. Petrol., **31**: 358–371. [345]
STEIDTMANN, J. R. & HAYWOOD, H. C. (1982): Settling velocities of quartz and tourmaline in eolian sandstone strata. – J. Sediment. Petrol., **52**: 395–399. [123]
STEIGER, T. (1981): Kalkturbidite im Oberjura der Nördlichen Kalkalpen (Barmsteinkalke, Salzburg, Österreich). – Facies, **4**: 215–348; Erlangen. [90]
STEIGER, T. & JANSA, L. F. (1984): Jurassic limestones of the seaward edge of the Mazagan carbonate platform,

northwest african continental margin, Morocco. – In HINZ, K. & WINTERER, E. L. et al., Init. Repts. Deep Sea Drilling Project, 79: 449–491. [952]

STEIN, C. L. & KIRKPATRICK, R. J. (1976): Experimental porcelanite recrystallization kinetics: A nucleation and growth model. – J. Sediment. Petrol., **46**: 430–435. [536]

STEIN, R. (1984): Zur neogenen Klimaentwicklung in Nordwest-Afrika und Paläo-Ozeanographie im Nordost-Atlantik. – Berichte-Reports, Geol.-Paläont. Inst. Univ. Kiel, **4**, 210 S. [943]

STEINBERG, M. (1981): Biosiliceous sedimentation, radiolarite periods and silica budget fluctuations. – Oceanologica Acta, Proc. 26th Geol. Congr., Geol. of Oceans Sympos., Paris, 149–154. [512]

STEINEN, R. P. (1978): On the diagenesis of lime mud: scanning electron microscopic observations of subsurface material from Barbados, W. I. – J. Sediment. Petrol., **48**: 1139–1148. [374]

STEINEN, R. P. & MATTHEWS, R. K. (1973): Phreatic vs. vadose diagenesis: stratigraphy and mineralogy of a cored borehole on Barbados, W. I. – J. Sediment. Petrol., **43**: 1012–1020. [373, 374]

STEINITZ, G. (1981): Enigmatic chert structures in the Senonian cherts of Israel. – Isr. Geol. Surv., Bull., **75**: 1–46. [537]

STEINMANN, G. (1925): Gibt es fossile Tiefseeablagerungen von erdgeschichtlicher Bedeutung? – Geol. Rdsch., **16**: 435–468. [528, 947, 956]

– (1927): Die ophiolithischen Zonen in den mediterranen Kettengebirgen. – C. R. Intern. geol. Congr., **14**, Madrid, Vol. 2: 637–667. [947, 956]

STEMMERIK, L. (1987): Cyclic carbonate and sulphate from the Upper Permian Karstryggen Formation, East Greenland. – In PERYT, T. M. (Hrsg.): The Zechstein Facies in Europe. – Lecture Notes in Earth Sci., **10**: 5–22; Springer-Verlag, Berlin, Heidelberg. [500]

STEPHENSON, L. P. (1977): Porosity dependence on temperature: Limits on maximum possible effect. – Amer. Assoc. Petrol. Geol. Bull., **61**: 407–415. [155]

STERN, O. (1924): Z. Elektrochemie, **33**, 508 ff. [19, 20]

STERNBACH, C. A. & FRIEDMAN, G. M. (1984): Ferroan carbonates formed at depth require porosity well-log corrections: Hunton Group, Deep Anadarko Basin (Upper Ordovician to Lower Devonian of Oklahoma and Texas). – Transact. Southwest Section AAPG, 167–173. [416]

STERNBACH, Ch. A., FRIEDMAN, G. M. & Northeastern Science Foundation (1986): Dolomites formed under conditions of deep burial: Hunton Group carbonate rocks (Upper Ordovician to Lower Devonian) in the deep Anadarko Basin of Oklahoma and Texas. – Carbonates and Evaporites, **1**: 69–73; Troy, N. Y. [416]

STERNBERG, H. (1875): Untersuchungen über Längen- und Querprofile geschiebeführender Flüsse. – Z. Bauwesen, **25**: 483–506. [76]

STETS, J. & WURSTER, P. (1977): Kann aus Anschnittlinearen von Schrägschichtungskörpern die Fließrichtung fotogeologisch direkt bestimmt werden? – N. Jb. Geol. Paläont. Mh., **1977**: 433–446. [792]

STEVENSON, F. J. & ARDAKANJ, M. S. (1973): In MORTVENDT (1973): Micronutrients in agriculture. – Soil Sci. Soc. America, Inc. Madison Wisc. [18]

STEWART, F. H. (1949): The petrology of the evaporites of the Eskdale no. 2 boring, east Yorkshire, I The lower evaporite bed. – Miner. Mag., **28**: 621–675. [466]

– (1951 a): The petrology of the evaporites of the Eskdale no. 2 boring, east Yorkshire, II. The middle evaporite bed. – Miner. Mag., **29**: 445–475. [466]

– (1951 b): The petrology of the evaporites of the Eskdale no. 2 boring, east Yorkshire, III. The upper evaporite bed. – Miner. Mag., **29**: 557–572. [466]

– (1954): Permian evaporites and associated rocks in Texas and New Mexico compared with those of northern England. – Proc. Yorkshire Geol. Soc., **29**: 185–235. [466]

– (1956): Replacements involving early carnallite in the potassium-bearing evaporites of Yorkshire. – Miner. Mag., **31**: 127–135. [466]

– (1963a): Marine evaporites. Chapt. Y. Data of Geochem., Geol. Surv. Prof. Pap., **440-Y**, 52 pp. [445]

– (1963b): The Permian lower evaporites of Fordon in Yorkshire. – Proc. Yorkshire Geol. Soc., **34**: 1–44. [466]

– (1965): The mineralogy of the British Permian evaporites. – Miner. Mag., **34**: 460–470. [466]

STEWART, R. J. (1978): Neogene volcaniclastic sediments from Atka Basin, Aleutian Ridge. – Amer. Assoc. Petrol. Geol. Bull., **62**: 87–97. [939]

STEYN, J. G. D. & SMITH, W. (1977): Coal Petrography in the Evaluation of South African Coals. – Coal, Gold and Base Minerals, **25**, 9: 107–117; Johannesburg (S. A.). [726]

STIEFEL, J. (1957): Ein Beitrag zur Gliederung der oberen Süßwassermolasse in Niederbayern. – Beih. Geol. Jb., **26**: 201–259. [75, 76]

STILLE, H. (1940): Einführung in den Bau Amerikas. – 717 S.; Borntraeger, Berlin. [946]

STIRN, A. (1964): Kalktuffvorkommen und Kalktufftypen der Schwäbischen Alb. – Abh. Karst- u. Höhlenkde, E, H. 1, 91 pp. [265, 363]

STOCKDALE, P. B. (1926): The stratigraphic significance of solution in rocks. – J. Geol., **34**: 399–414. [369, 371]

STOCKMAN, K. W., GINSBURG, R. N. & SHINN, E. A. (1967): The production of lime mud by algae in South Florida. – J. Sediment. Petrol., **37**: 633–648. [340, 341, 925]

STÖFFLER, D., KNÖLL, H.-D., MAERZ, U. (1979): Terrestrial and lunar impact breccias and the classification of lunar highland rocks. – In MERRILL, R. B. (ed.): Proc. Lunar Planet. Sci. Conf. 10th.; p. 639–675; Pergamon Press, New York. [95]

STÖRR, M. (1967): Die nichtkarbonatischen mineralischen Bestandteile der weißen Schreibkreide von Jasmund auf Rügen. – Ber. deutsch. Ges. geol. Wiss., A, Berlin, **12**, 5: 549–555. [539]

– (1983): Die Kaolinlagerstätten der Deutschen Demokratischen Republik. – Schriftenr. Geol. Wiss., **18**: 1–226; Akademie Verlag, Berlin. [56]
STOFFERS, P. & MÜLLER, G. (1972): Clay mineralogy of Black Sea sediments. – Sedimentology, **18**: 113–122. [201]
STOFFERS, P. & ROSS, D. A. (1979): Late Pleistocene and Holocene sedimentation in the Persian Gulf – Gulf of Oman. – Sed. Geol., **23**: 181–208. [407]
STOFFYN-EGLI, P. (1982): Dissolved aluminium in interstitial waters of recent terrigenous marine sediments from the North Atlantic Ocean. – Geochim. Cosmochim. Acta, **46**: 1345–1352. [6]
STOLL, M.-L. (1980): Einfluß der Frühdiagenese und Halmyrolyse auf den Mineralbestand pelagischer Sedimente aus dem Zentralpazifik. – Dipl.-Arb. Techn. Univ. Clausthal, 189 S. [539]
STOLL-STEFFAN, M.-L. (1987): Sedimentpetrographische Untersuchungen der Lias alpha- und Rhätsandsteine im westlichen Deutschen Alpenvorland. – Bochumer geol. geotechn. Arb., **24**, 188 S. [156, 157, 172]
STORCH, L. & SIKORA, W. (1976): Transformations of micas in the process of kaolinitization of granites and gneisses. – Clays and Clay Minerals, **24**: 156–162. [26]
STORZ, M. (1926): Zur Petrogenesis der sekundären Kieselgesteine in der südlichen Namib. – In KAISER, E. (ed.): Die Diamantenwüste Südwest-Afrikas, **2**: 254–282; Berlin, Reimer. [515]
– (1928): Die sekundäre authigene Kieselsäure in ihrer petrogenetisch-geologischen Bedeutung. I. Teil: Verwitterung und authigene Kieselsäure führende Gesteine. – Monogr. z. Geol. u. Paläont., Ser. II, H. 4: 1–138; Borntraeger, Berlin. []
– (1931): Die sekundäre authigene Kieselsäure in ihrer petrogenetisch-geologischen Bedeutung. II. Teil: Die Einwirkung der sekundären authigenen Kieselsäure auf vorhandene Gesteine (Einkieselung und Verkieselung). – Monogr. z. Geol. u. Paläont., Ser. II, H. 5: 139–479; Berlin. [502, 541]
STOUT, J. L. (1964): Pore geometry as related to carbonate stratigraphic traps. – Amer. Assoc. Petrol. Geol. Bull., **48**: 329–337. [428]
STOW, D. A. V. (1979): Distinguishing between fine-grained turbidites and contourites on the Nova Scotian deep water margin. – Sedimentology, **26**: 371–387. [822]
– (1984): Cretaceous to Recent submarine fans in the SE Angola Basin. – In HAY, W. W. & SIBUET, J. C. et al. (eds.): Init. Rep. Deep Sea Drill. Proj., **75**: 771–784. [934]
– (1985): Deep-sea clastics: where are we and where are we going? – In BRENCHLEY, P. J. & WILLIAMS, B. P. J. (eds.): Sedimentology, Recent Developments and Applied Aspects, 67–93; The Geol. Soc., Blackwell Sci. Publ., Oxford etc. [819, 935, 936, 938]
– (1986): Deep clastic seas. – In READING, H. G. (ed.): Sedimentary Environments and Facies. – 2nd edition, 399–444; Blackwell Sci. Publ., Oxford. [890]
STOW, D. A. V. & BOWEN, A. (1980): A physical model for the transport and sorting of fine-grained sediment by turbidity currents. – Sedimentology, **27**: 31–46. [820]
STRAATEN, L. M. J. U. VAN (1948): Note on the occurrence of authigenic feldspar in nonmetamorphic sediments. – Amer. J. Sci., **246**: 569–572. [421]
– (1954): Composition and structure of recent marine sediments in the Netherlands. – Leidse geol. Meded., **19**, 110 pp. [830]
– (1959): Littoral and submarine morphology of the Rhône delta. – In RUSSELL, R. J. (ed.): Proc. 2nd Coastal Geograph. Conf., Baton Rouge (Nat. Acad. Sci., Nat. Research Council) 233–264. [893]
– (1960): Some recent advances in the study of deltaic sedimentation. – Liverpool & Manchester Geol. J., Centenary Issue, **2**, 3: 411–442. [893]
STRACK, D. & STAPF, K. R. G. (1980): Ist der Kreuznacher Sandstein des Rotliegenden äolisch oder fluviatil entstanden? – Geol. Rdsch., **69**: 892–921. [132]
STRAKHOV, N. M. (1956): Die Typen des Sedimentationsprozesses und die Formationen der Sedimentgesteine. – Izvestija AN SSSR, ser. geol., **8**: 42–49 (russ.). [473]
– (1970): Principles of Lithogenesis. – Vol. 3, 577 p.; Plenum Publishing Corporation, New York. [484]
STRAKHOV, N. M. & ZWETKOV, A. I. (1946): Paragenese der Karbonate in den Ablagerungen der Salzwasserlagunen. – Soc. Nat. Moskau (russ.). [413]
STRASSER, A. (1984): Black-pebble occurrence and genesis in Holocene carbonate sediments (Florida Keys, Bahamas, and Tunisia). – J. Sediment. Petrol., **54**: 1097–1109. [395]
STRAUCH, F. (1966): Sedimentgänge von Tjörnes (Nord-Island) und ihre geologische Bedeutung. – N. Jb. Geol. Paläont., Abh., **124**: 259–288. [830]
STRIBRNY, B. (1985): The conglomerate-hosted Repparfjord copper ore deposit, Finnmark, Norway. – Monogr. Ser. Miner. Deposits. **24**: 75 S.; Stuttgart. [635]
– (1987): Die Kupfererzlagerstätte Marsberg, Rheinisches Schiefergebirge, Bundesrepublik Deutschland, Rückblick und Stand der Forschung. – Erzmetall, **40**: 423–427, Weinheim. [643]
STRIDE, A. H. (ed.) (1982): Offshore Tidal Sands. Processes and deposits. – 222 S.; Chapman & Hall, London, New York. [913]
STRONG, A. E. & EADIE, B. J. (1978): Satellite observations of calcium carbonate precipitations in the Great Lakes. – Limnol. Oceanogr., **23**: 877–887. [340]
STRUCL, I. (1974): Die Entstehungsbedingungen der Karbonatgesteine und Blei-Zinkvererzungen in den Anisschichten von Topla. – Geologija, **17**: 383–397; Ljubljana. [664]
– (1984): Geological and geochemical characteristics of ore and host rock of lead-zinc ores of the Mezica ore deposit. – Geologia, **27**: 289–327; Ljubljana. [663]

STUBBINGS, H. G. (1937): Pteropoda. – John Murray Exped. Rept., **5**, 2: 15–33. [310]
STUBBLEFIELD, W. L., MCGRAIL, D. W. & KERSEY, D. G. (1984): Recognition of transgressive and post-transgressive sand ridges on the New Jersey continental shelf: reply. – In TILLMAN, R. W. & SIEMERS, Ch. T. (eds.): Siliciclastic Shelf Sediments. – Soc. Econ. Paleont. Mineral. Spec. Publ., **34**: 37–41 (und 1–36). [912]
STUCKI, J. W., GOODMAN, B. A. & SCHWERTMANN, U. (eds.) (1985): Iron in Soils and Clay Minerals. – A Nato Advanced Study Institute of Fe. – Bad Winsheim, Germany, July 1–13, 1985. [33]
STUEBER, A. M., PUSHKAR, P. & HETHERINGTON, E. A. (1984): A strontium isotopic study of Smackover brines and associated solids, Southern Arkansas. – Geochim. Cosmochim. Acta, **48**: 1637–1649. [248]
STUMM, W., FURRER, G., WIELAND, E. & ZINDER, B. (1985): The effects of complex-forming ligands on the dissolution of oxides and aluminosilicates. – In DREVER, J. J. (eds.): The chemistry of weathering. – NATO ASI Series C, **149**: 55–74. [18]
STUMM, W. & MORGAN, J. J. (1970): Aquatic Chemistry. – 583 S.; Wiley – Interscience, New York, London, Sydney, Toronto. [2, 182, 239, 417]
STUMPFL, E. (1958): Erzmikroskopische Untersuchungen an Schwermineralien in Sanden. – Geol. Jb., **73**: 685–724. [123]
STURM, M. (Fotos). [817, 882]
STURM, M. (1979): Origin and composition of clastic varves. – Proc. INQUA Sympos. Genesis & Lithol. of Quatern. Depos., Zurich, 281–285; A. A. BALKEMA, Rotterdam. [849]
STURM, M. & MATTER, A. (1972): Sedimente und Sedimentationsvorgänge im Thunersee. – Ecl. geol Helv., **65**: 563–590. [880]
– – (1978): Turbidites and varves in Lake Brienz (Switzerland): deposition of clastic detritus by density currents. – In MATTER, A. & TUCKER, M. E. (eds.): Modern and Ancient Lake Sediments. – Internat. Assoc. Sedimentol., Spec. Publ., **2**: 147–168. [820, 876, 880]
STURMFELS, E. (1943): Das Kalisalzlager von Buggingen (Südbaden). – N. Jb. Miner. Abh. Beil., **78 A** 131–216. [461]
SUDO, T. (1954): Long spacings at about 30 Å confirmed certain clays from Japan. – Clay Miner. Bull., **2**: 193–203. [190]
SUESS, E. (1970): Interaction of organic compounds with calcium carbonate. I. Association phenomena and geochemical implications. – Geochim. Cosmochim. Acta, **34**: 157–168. [234]
– (1976): Porenlösungen mariner Sedimente – Ihre chemische Zusammensetzung als Ausdruck frühdiagenetischer Vorgänge. – Habil.-Schrift, Univ. Kiel, 179 S. [4]
SUESS, E., BALZER, W., HESSE, K.-F., MÜLLER, P. J., UNGERER, C. A. & WEFER, G. (1982): Calcium carbonate hexahydrate from organic-rich sediments of the Antarctic shelf: Precursors of glendonites. – Science, **216**: 1128–1131. [890]
SUESS, E. & THIEDE, J. (eds.) (1983): Coastal Upwelling: Its Sediment Record, Part I & II. – Nato Conf. Ser. IV Marine Sci., 10 A & B, 604 & 610 S.; New York. [785]
SÜSS, M. (1976): Einfluß der Braunkohlenqualität auf den BHT-Koks. – Neue Bergbautechnik **6**, 7: 488–491; Berlin. [727]
– (1981): Fortschritte in der Rohstoffbewertung. – Wiss.-Techn. Kolloquium „25 Jahre Brennstoffinstitut Freiberg", S. 71–87; Freiberg. [727]
SÜSS, M. & GLÄSER, L. (1963): Kohleschrumpfung – eine neue Methode der Kohlenqualitätskennzeichnung. – Bergbautechnik **13**, 12: 641–643; Leipzig. [725]
SÜSS, M. & SONTAG, E. (1960): Petrologische Untersuchung des Bitterfelder Braunkohlenvorkommens im Bereich der Tagebaue Holzweißig und Goitsche. – Freiberger Forschungsh. **A 160**: 5–39; Berlin. [725]
SUGAWARA (1963): Cit. in WEDEPOHL (1966). [476]
SUJKOWSKI, Zb. L. (1958): Diagenesis. – Amer. Assoc. Petrol. Geol. Bull., **42**: 2692–2717. [540]
SULLIVAN, R. (1985): Origin of lacustrine rocks of Wilkins Peak Member, Wyoming. – Amer. Assoc. Petrol. Geol. Bull., **69**: 913–922. [879]
SUMMERFIELD, M. A. (1981): Nature and occurrence of silcrete, southern Cape Province, South Africa. – School of Geography, University of Oxford Research Pap. No. 28. [516]
– (1982): Distribution, nature and probable genesis of silcrete in arid and semi-arid southern Africa. – In YAALON, D. H. (ed.): Aridic Soils and Geomorphic Processes. – Catena Suppl. **1**: 37–65. [517, 518]
– (1983a): Silcretes. – In GOUDIE, A. S. & PYE, K. (eds.): Chemical sediments and Geomorphology: Precipitates and Residual in the near Surface Environment. – Academic Press, London. [514, 516, 519–522]
– (1983b): Petrography and diagenesis of silcrete from the Kalahari basin and Cape coastal zone, Southern Africa. – J. Sediment. Petrol., **53**: 895–909. [516, 517]
SUMMERFIELD, M. A. & WHALLEY, W. B. (1980): Petrographic investigation of sarsens (Cenozoic silcretes) from southern England. – Geol. Mijn. **59**: 145–153. [515, 517]
SUMMERHAYES, C. P., ELLIS, J. P. & STOFFERS, P. (1985): Estuaries as sinks for sediment and industrial waste – a case history from the Massachusetts coast. – Contrib. Sedimentology, **14**, 52 S.; Schweizerbart-Verlag, Stuttgart. [898]
SUN, DAPENG (1974): Origin of Recent potash deposits in a certain lake in China (in chinese). – Ti Ch'in Hua Hsueh, **4**: 230–248. [487, 489]
– (1981): On origins of potash deposits in continental potash-bearing basins. – Kexue Tongbao, **26**: 815–819. [487]

Sunamura, T. (1984): Quantitative predictions of beach-face slopes. – Geol. Soc. Amer. Bull., **95**: 242–245. [907]
Sundborg, Å. (1956): The river Klarälven, a study of fluvial processes. – Geogr. Ann., **38**: 127–316. [782]
Supko, P. R. (1977): Subsurface dolomites, San Salvador, Bahamas. – J. Sediment. Petrol., **47**: 1063–1077. [413]
Surdam, R. C., Boese, S. W. & Crossey, L. J. (1984): The chemistry of secondary porosity. – In McDonald, D. A. & Surdam, R. C. (eds.): Clastic Diagenesis. – Amer. Assoc. Petrol. Geol. Mem. **37**: 127–149. [156]
Surdam, R. C. & Boles, J. R. (1979): Diagenesis of volcanic sandstones. – In Scholle, P. A. & Schluger, P. R. (eds.): Aspects of Diagenesis. – Soc. Econ. Paleont. Mineral. Spec. Pub., **26**: 227–242. [168, 175, 425]
Surdam, R. C., Eugster, H. P. & Mariner, R. H. (1972): Magadi-type chert in Jurassic and Eocene to Pleistocene rocks, Wyoming. – Geol. Soc. Amer. Bull., **83**: 2261–2266. [524]
Surdam, R. C. & Hall, C. A., Jr. (1984): Stratigraphic, tectonic, thermal and diagenetic histories of the Monterey Formation, Pismo and Huasna Basin, California. – Soc. Econ. Pal. Min., **1984**: 8–20. [776]
Surdam, R. C. & Sheppard, R. A. (1978): Zeolites in saline, alkaline lake deposits. – In Sand, L. B. & Mumpton, F. A. (eds.): Natural Zeolites: Occurrence, Properties, Use, 145–174; Pergamon Press, Oxford. [776]
Surdam, R. C. & Stanley, K. O. (1979): Lacustrine sedimentation during the culminating phase of Eocene Lake Gosiute, Wyoming (Green River Formation). – Geol. Soc. Amer. Bull., I, **90**: 93–110. [880]
Surlyk, F. (1984): Fan-delta to submarine fan conglomerates of the Volgian-Valanginian Wollaston Forland Group, East Greenland. – In Koster, E. H. & Steel, R. J. (eds.): Sedimentology of Gravels and Conglomerates. – Canad. Soc. Petrol. Geol. Mem., **10**: 359–382. [939]
– (1987): Slope and deep shelf gully sandstones, Upper Jurassic, East Greenland. – Amer. Assoc. Petrol. Geol. Bull., **71**: 464–475. [939]
Susura et al. (zit.). [636]
Suter, J. R. & Berryhill, H. L., Jr. (1985): Late Quaternary shelf-margin deltas, northwest Gulf of Mexico. – Amer. Assoc. Petrol. Geol. Bull., **69**: 77–91. [896]
Suttner, L. J. & Basu, A. (1977): Structural state of detrital alkali feldspars. – Sedimentology, **24**: 63–74. [113]
Suttner, L. J. & Dutta, P. K. (1982): Early diagenesis in arkose and paleoclimate. – 11th Internat. Congr. Sedimentology, Hamilton, Abstr., 186–187. [176]
Sutton, R. G., Lewis, T. L. & Woodrow, D. L. (1974): Sand dispersal in eastern and southern Lake Ontario. – J. Sediment. Petrol., **44**: 705–715. [786]
Sverdrup, H. U., Johnson, M. W. & Fleming, R. H. (1942): The oceans, their physics, chemistry and general biology. – 1087 p.; Prentice Hall, New York. [441]
Swain, F. M., Kornicker, L. A. & Lunndin, R. F. (eds.) (1975): Biology and Paleobiology of Ostracods. – Bull. Amer. Paleont., **65**: 687 pp. [312]
Swan, B. (1974): Measures of particle roundness: a note. – J. Sediment. Petrol., **44**: 572–577. [141]
Swanson, H. E., Fuyat, R. K. & Ugrinic, G. M. (1954): Standard x-ray diffraction powder patterns. Data for 34 inorganic substances. – National bureau of standards circular **539**, vol. III: 1–73; Washington. [242, 293]
Swarbrick, R. E. & Naylor, M. A. (1980): The Kathikas mélange, SW Cyprus: late Cretaceous submarine debris flows. – Sedimentology, **27**: 63–78. [813]
Swart, P. K. & Coleman, M. L. (1980): Isotopic data for scleractinian corals explain their palaeotemperature uncertainties. – Nature, **283**, 5747: 557–559. [382]
Swett, K. (1968): Authigenic feldspars and cherts resulting from dolomitization of illitic limestones: a hypothesis. – J. Sediment. Petrol., **38**: 128–135. [423]
Swift, D. J. P. (1969a): Inner Shelf sedimentation: Processes and products. – In Stanley, D. J. (ed.): The new concepts of continental margin sedimentation. – AGI short course lect. notes, no. 4, 46 pp. [794, 912]
– (1969b): Outer Shelf sedimentation: Processes and products. – Ibid., no. 5, 25 pp. [912]
– (1975): Barrier-island genesis: evidence from the central Atlantic shelf, eastern U. S. A. – Sed. Geol., **14**: 1–43. [795, 911]
Swift, D. J. P., Duane, D. B. & Pilkey, O. H. (1972): Shelf Sediment Transport: Process and Pattern. – 656 S.; Dowden, Hutchinson & Ross, Inc., Stroudsburg, Penns. [786, 912]
Swift, D. J. P., Figueiredo, A. G., Jr., Freeland, G. L. & Oertel, G. F. (1983): Hummocky cross-stratification and megaripples: a geological double standard. – J. Sediment. Petrol., **53**: 1295–1317. [801]
Swift, D. J. P., Niedoroda, A. W., Vincent, C. E. & Hopkins, T. S. (1982): Sand transport on the shoreface. – 11th Internat. Congr. Sedimentol., Hamilton, Abstr., 102. [797]
Swift, D. J. P., Stanley, D. J. & Curray, J. R. (1971): Relict sediments on continental shelves: a reconsideration. – J. Geol., **79**: 322–346. [912]
Swift, D. J. P., Young, R. A., Clarke, T. L. Vincent, C. E., Niedoroda, A. & Lesht, B. (1981): Sediment transport in the Middle Atlantic Bight of North America: synopsis of recent observations. – In Nio, S.-D., Shüttenhelm, R. T. E. & van Weering, Tj. C. E. (eds.): Holocene Marine Sedimentation in the North Sea Basin. – Internat. Assoc. Sedimentologists, Spec. Publ., **5**: 361–383. [912]
Swihart, G. H., Moore, P. B. & Callis, E. L. (1986): Boron isotopic composition of marine and nonmarine evaporite borates. – Geochim. Cosmochim. Acta, **50**: 1297–1301. [474]
Swineford, A. & Frye, J. C. (1951): Petrography of the Peoria loess in Kansas. – J. Geol., **59**: 306–322. [137]
Sztuka, F. (1985): Zur Genese oberflächennaher Wässer im Hamburger Raum – Untersuchungen in der ungesättigten Zone am Beispiel ausgewählter Profiltypen. – Dissertation Hamburg (unveröffentl.), 127 S. u. Anhang. [26]

TABAT, W. (1978): Sedimentologische Untersuchungen des Seegrundes westlich von Amrum, Nordsee. – Meyniana, **30**: 77–87; Kiel. [138]
– (1979): Sedimentologische Verteilungsmuster in der Nordsee. – Meyniana, **31**: 83–124; Kiel. [139]
TADA, R. & IIJIMA, A. (1983): Petrology and diagenetic changes of Neogene siliceous rocks in northern Japan. – J. Sediment. Petrol., **53**: 911–930. [538]
TAIRA, A. & SCHOLLE, P. A. (1979a): Origin of bimodal sands in some modern environments. – J. Sediment. Petrol., **49**: 777–786. [139]
– – (1979b): Discrimination of depositional environments using settling tube data. – J. Sediment. Petrol., **49**: 787–800. [137, 138]
TAKAHASHI, K. & HONJO, S. (1981): Vertical flux of radiolaria etc. – Micropaleont., **27**: 140–190; New York. [507]
TALBOT, M. R. & WILLIAMS, M. A. J. (1979): Cyclic alluvial fan sedimentation on the flanks of fixed dunes, Janjari, Central Niger. – Catena, **6**: 43–62. [883]
TALMA, A. S. & NETTERBERG, F. (1983): Stable isotope abundances in calcretes. – In WILSON, R. C. L. (ed.): Residual Deposits: Surface Related Weathering Processes and Materials. – Geol. Soc. London, Blackwell Sci. Publ.; Oxford. [362]
TANGEN, K., BRAND, L. E., BLACKWELDER, P. L. & GUILLARD, R. R. L. (1982): Thoracosphaera heimii (LOHMANN) KAMPTNER is a dinophyte: observations on its morphology and life cycle. – Marine Micropaleontology, **7**: 193–212; Amsterdam. [281]
TANNER, W. F. (1959): Sample components obtained by the method of differences. – J. Sediment. Petrol., **29**: 408–411. [134]
– (1982): The sorting process: Inferences from granulometry. – 11th Internat. Congr. Sedimentol.; Hamilton, Abstr., 82. [139]
TAPPAN, H. (1980): The Paleobiology of Plant Protists. – 1028 S.; San Francisco (W. H. Freeman and Company). [274, 278–231, 505, 507]
TAPPAN, H. & LOEBLICH, A. R., Jr. (1968): Lorica composition of modern and fossil Tintinnida (ciliate Protozoa), systematics, geologic distribution, and some new Tertiary taxa. – J. Paleont., **42**: 1378–1394. [288]
TARDY, Y. (1969): Géochîmie des Altérations. Études des Arènes et des Eaux de quelques Masifs Cristallins d'Europe et d'Afrique. – Thèse Doc. Fac. Sci. Strasb., Mém. Serv. Carte Géol. Alsace-Lorraine, **31**, 199 pp. [16, 66–68]
– (1971): Characterisation of the principal weathering types by the geochemistry of waters from some European and African crystalline massives. – Chemical Geology **7**: 253–271; Elsev. Publ. Comp. [516]
– (mdl. Mitt.). [409]
TARDY, Y., BOUCQUIER, G., PAQUET, H. & MILLOT, G. (1973): Formation of clay from granite and its distribution in relation to climate and topography. – Geoderma, **10**: 271–284. [26]
TARDY, Y. & NAHON, D. (1985): Geochemistry of laterites, stability of Al-goethite, Al-hematite, and Fe^{3+}-kaolinite in bauxites and ferricretes: an approach to the mechanism of concretion formation. – Amer. J. Sci. 285: 865–903. [16, 26, 30]
TARDY, Y., PAQUET, H. & MILLOT, G. (1970): Trois modes de genèse des montmorillonites dans les altérations et les sols. – Bull. Gr. fr. Argiles, **22**: 69–77. [26]
TARR, W. A. (1932): Cone-in-cone. – In TWENHOFEL, W. H.: Treatise on Sedimentation, 716–733; Ballière, Tindall & Cox, London. [392]
TASCH, K. H. (1960): Die Möglichkeiten der Flözgleichstellung unter Zuhilfenahme von Flözbildungsdiagrammen. – Bergbau-Rdsch., **12**: 153–157, Bochum. [724]
TASSÉ, N. & HESSE, R. (1984): Origin and significance of complex authigenic carbonates in Cretaceous black shales of the Western Alps. – J. Sediment. Petrol., **54**: 1012–1027. [239]
TAUPITZ, K. C. (1954): Über Sedimentation, Diagenese, Metamorphose, Magmatismus und die Entstehung der Erzlagerstätten. – Chemie d. Erde, **17**: 104–164. [Kap. 10]
– (1967): Textures in some stratiform lead-zinc deposits. – In BROWN, J. S. (ed.): Genesis of stratiform lead-zinc-barite-fluorite deposits. – Econ. Geol. Monogr., **3**: 90–107, Lancaster, Pa. [658]
TAVERA, E. & ALEXANDRI, R. (1972): Molango manganese deposits, Hidalgo, Mexico. – Acta miner. petrogr., **20**: 387–388, Szeged. [609]
TAVERNER-SMITH, R. & WILLIAMS, F. R. S. (1971): The secretion and structure of the skeleton of living and fossil Bryozoa. – Phil. Trans. Roy. Soc. London 264, No. 859: 97–159. [295]
TAYLOR, G., CROOK, K. A. W. & WOODYER, K. D. (1971): Upstream-dipping foreset cross-stratification: Origin and implications for paleoslope analyses. – J. Sediment. Petrol., **41**: 578–581. [872]
TAYLOR, J. C. M. (1978): Control of diagenesis by depositional environment within a fluvial sandstone sequence in the northern North Sea Basin. – J. geol. Soc. Lond., **135**: 83–91. [177]
TAYLOR, J. C. M. & ILLING, L. V. (1969): Holocene intertidal calcium carbonate cementation, Qatar, Persian Gulf. – Sedimentology, **12**: 69–107; Amsterdam. [236, 253, 373, 378, 384, 388]
TAYLOR, J. D. (1973): The structural evolution of the bivalve shell. – Palaeontology, **16**: 519–534. [301, 305]
TAYLOR, J. D., KENNEDY, W. J. & HALL, A. (1969): The shell structure and mineralogy of the Bivalvia. Introduction. Nuculacea-Trigonacea. – Bull. Br. Mus. nat. Hist. Zool. suppl., **3**: 1–125. [301]
TAYLOR, J. M. (1950): Pore space reduction in sandstones. – Amer. Assoc. Petrol. Geol. Bull., **34**: 701–716. [161]
TAYLOR, K. S. & FAURE, G. (1981): Provenance dates and feldspar fractionation in glacial deposits from North America and Antarctica. – Geol. Soc. Amer. Abstr. Progr. 1981, 564. [114]

TAYLOR, R. M. & SCHWERTMANN, U. (1974): Maghemite in soils and its origin II. Maghemite syntheses at ambient temperature and pH 7. – Clay Min., **10**: 299–310. [37]
– – (1978): The influence of aluminium on iron oxides. Part I. The influence of Al on Fe-oxide formation from the Fe(II) system. – Clays and Clay Minerals, **26**: 373–383. [37]
TAYLOR, S. B., FRASER, G. T., ROBERTS, J. W. & JOHNSON, S. Y. (1984): Reversals of paleo-drainage patterns in Eocene Swauk Basin, Washington. – Geol. Soc. Amer. Abstr. & Progr., **16**, 6, 674. [957]
TAZAKI, K. (1979): Scanning electron microscopic study of imogolite formation from plagioclase. – Clays and Clay Min., **27**: 209–212. [24]
TEBBUTT, G. E., CONLEY, C. D. & BOYD, D. W. (1965): Lithogenesis of a distinctive carbonate rock fabric. – Wyoming Geol. Survey, Contributions to Geology, **4**: 1–13. [264, 919]
TEICHERT, C. (1958): Cold- and deep-water coral banks. – Am. Assoc. Petrol. Geologists Bull. **42**: 1064–1082. [293]
TEICHMÜLLER, M. (1950): Zum petrographischen Aufbau und Werdegang der Weichbraunkohle. – Geol. Jb. **64**: 429–488; Hannover/Celle. [710]
– (1958): Rekonstruktionen verschiedener Moortypen des Hauptflözes der niederrheinischen Braunkohle. – Fortschr. Geol. Rheinld. u. Westf. **2**: 599–612; Krefeld. [710]
– (1961): Beobachtungen bei einem Torfbrand. – Geol. Jb. **78**: 653–660; Hannover. [710]
– (1968): Zur Petrographie und Diagenese eines fast 200 m mächtigen Torfprofils (mit Übergängen zur Weichbraunkohle?) im Quartär von Phillippi (Mazedonien). – Geol. Mitt. **8**: 65–110; Aachen. [690, 714]
– (1970): Bestimmung des Inkohlungsgrades von kohligen Einschlüssen in Sedimenten des Oberrheingrabens – ein Hilfsmittel bei der Klärung geothermischer Fragen. – In LARSEN, G. & CHILINGAR, G. V. (eds.): Diagenesis in Sediments. – Develop. in Sediment. **25 A**: 207–246; Elsevier, Amsterdam etc. [193]
– (1973): Zur Petrographie und Genese von Naturkoksen im Flöz Präsident/Helene der Zeche Friedrich Heinrich bei Kamp-Lintfort (Linker Niedrrhein). – Geol. Mitt. **12**: 219–254; Aachen. [721]
– (1974): Über neue Macerale der Liptinit-Gruppe und die Entstehung von Micrinit. – Fortschr. Geol. Rheinld. u. Westf. **24**: 37–64; Krefeld. [700, 704]
– (zit.). [686]
TEICHMÜLLER, M. & OTTENJANN, K. (1977): Liptinite und lipoide Stoffe in einem Erdölmuttergestein. – Erdöl und Kohle **30**, 9: 387–398; Leinfelden-Echterdingen. [700, 728]
TEICHMÜLLER, M. & TEICHMÜLLER, R. (1948): Das Inkohlungsbild des Niedersächsischen Wealden-Beckens. – Z. deutsch. geol. Ges. **100**: 498–517; Stuttgart. [720]
– – (1958): Inkohlungsuntersuchungen und deren Nutzanwendung. – Geologie en Mijnbouw, N. S. **20**, 2: 41–66. [721]
– – (1966): Die Inkohlung im saar-lothringer Karbon, verglichen mit der im Ruhrkarbon. – Z. deutsch. geol. Ges. **117**: 243–279; Hannover. [720]
– – (1967): Diagenesis of coal (coalification). – In LARSEN, G. & CHILINGAR, G. V. (eds.): Dev. in Sedimentology, **8**: 391–415; Elsevier Publ. Co., Amsterdam, London, New York. [719]
TEICHMÜLLER, M., TEICHMÜLLER, R. & BARTENSTEIN, H. (1984): Inkohlung und Erdgas – eine neue Inkohlungskarte der Karbon-Oberfläche in Nordwestdeutschland. – Fortschr. Geol. Rheinld. u. Westf. **32**: 11–34; Krefeld. [730]
TEICHMÜLLER, M., TEICHMÜLLER, R. & WEBER, K. (1979): Inkohlung und Illit-Kristallinität. Vergleichende Untersuchungen im Mesozoikum und Paläozoikum von Westfalen. – Fortschr. Geol. Rheinld. u. Westf. **27**: 201–276; Krefeld. [182, 214–216, 728]
TEICHMÜLLER, M. & WOLF, M. (1977): Application of fluorescence microscopy in coal petrology and oil exploration. – J. of Microscopy **109**, 1: 49–73; London. [728]
TEICHMÜLLER, R. (1952): Zur Metamorphose der Kohle. – C. R. 3ème Congr. Stratigr. Géol. Carbonifère, **2**: 615–623; Heerlen. [721]
– (1955): Sedimentation und Setzung im Ruhrkarbon. – N. Jb. Geol. Paläontol., Mh., **1955**: 145–168; Stuttgart. [716]
TEIGLER, D. J. & TOWE, K. M. (1975): Microstructure and composition of the trilobite exoskeleton. – Fossils and Strata **4**: 137–149; Oslo. [311, 314]
TEISSEYRE, A. K. (1976): Pebble fabric in braided stream deposits with examples from recent and „frozen" Carboniferous channels (Intrasudetic basin, Central Sudetes). – Geologica Sudetica, **10**: 7–56. [81]
TEN HAVE, T. & HEIJNEN, W. (1985): Cathodoluminescence activation and zonation in carbonate rocks: an experimental approach. – Geologie en Mijnbouw **64**: 297–310; Dordrecht. [243, 244]
TEN HAVE, T., HEIJNEN, W. & NICKEL, E. (1982): Alterations in guano phosphates and Mio-Pliocene carbonates of table mountain Santa Barbara, Curaçao. – Sed. Geol., **31**: 141–165. [565, 566]
TEODOROVICH, G. I. (1961): On the origin of sedimentary dolomites. – Internat. Geol. Rev., **3**, 5: 373–384. [413]
TERMIER, H. & TERMIER, G. (1963): Erosion and Sedimentation. – 433 S.; Van Nostrand Co., London etc. [274]
TERWINDT, J. H. J. (1971a): Lithofacies of inshore estuarine and tidal-inlet deposits. – Geol. Mijnbouw, **50**: 515–526. [899]
– (1971b): Sand waves in the southern bight of the North Sea. – Mar. Geol., **10**: 51–67. [794]
– (1981): Origin and sequences of sedimentary structures in inshore mesotidal deposits of the North Sea. – In NIO, S.-D., SHÜTTENHELM, R. T. E. & VAN WEERING, TJ. C. E. (eds.): Holocene Marine Sedimentation in the North Sea Basin. – Internat. Assoc. Sedimentologists, Spec. Publ., **5**: 4–26. [905, 906]

TERWINDT, J. H. J. & BREUSERS, H. N. C. (1972): Experiments on the origin of flaser, lenticular and sand-clay alternating bedding. − Sedimentology, **19**: 85−98. [793]
TESSENOW, U. (1966): Untersuchungen zum Kieselsäuregehalt der Binnengewässer. − Arch. Hydrobiol., Suppl. **32**: 1−136; Stuttgart. [880]
TEWARI, R. S. (1980): Lithofacies, sedimentary petrology and paleogeography of Gondwana lithic-fill of Giridih and adjoining coalfields, Bihar. − PhD-Thesis, Aligarh Muslim Univ., Aligarh, India, 226 p. [82]
THACKER, J. L. & ANDERSON, K. H. (1977): The geologic setting of the southeast Missouri lead district − regional geologic history, structure, and stratigraphy. − Econ. Geol. **72**: 339−348. [665]
THALMANN, F. (1979): Zur Eisenspatvererzung in der nördlichen Grauwackenzone am Beispiel des Erzbergs bei Eisenerz und Radmer, Bucheck. − Verh. geol. Bundesanst., **1978**: 479−489; Wien. [603]
THEIN, J. & RAD, U. (1987): Silica diagenesis in continental rise and slope sediments off eastern North America (Sites 603 and 605, Leg 93; Sites 612 and 613, Leg 95). − In POAG, C. W., WATTS, A. B., et al.: Init. Repts. DSDP, **95**: 501−525. [535]
THENG, B. K. G. (1979): Formation and properties of clay-polymere complexes. − Develop. Soil Science **9**, 362 pp.; Elsevier, Amsterdam, Oxford, New York. [13, 29]
THIEDE, J. (1980): Paleo-oceanography, margin stratigraphy and paleophysiography of the Tertiary North Atlantic and Norwegian − Greenland Sea. − Philos. Transact. Royal Soc., London, **A 294**: 177−185. [852]
− (1983): Skeletal plankton and nekton in upwelling water masses off northwestern South America and Northwest Africa. − In SUESS, E. & THIEDE, J. (eds.): Coastal Upwelling, 183−207; Pt. A, Plenum Publ. Corp., New York. [509]
THIEDE, J. & ANDEL, T. H. VAN (1977): The paleoenvironment of anaerobic sediments in the late Mesozoic South Atlantic Ocean. − Earth. Planet. Sci. Lett., **33**: 301−309. [852, 934]
THIEDE, J. & SUESS, E. (1983): Sedimentary record of ancient coastal upwelling. − Episodes, **1983**, 2: 15−18. [934]
THIEL, G. A. (1940): The relative resistance to abrasion of mineral grains of sand size. − J. Sediment. Petrol., **10**: 102−124. [125, 143]
THIEL, R. (1963): Zum System α-Fe OOH − α-AlOOH. − Z. Anorg. Allgem. Chemie, **326**: 70−78. [37]
THIENHAUS, R. (1967): Montangeologische Probleme lateritischer Manganerz-Lagerstätten. − Mineral. Deposita, **2**: 253−270. [60]
THIRY, M. (1978): Silicification des sediments sablo-argileux de L'Ypresien du Sud-est du Bassin du Paris: genèse et evolution des dalles quartzitique et silcrètes. − Bull. Bur. Récherches Géol. Miner. Sér. 2, Sect. 1, No. 1: 19−64. [516, 521]
− (1981): Sédimentation continentale et altérations associées: calcitisation, ferruginisations et silicifications. Les Argiles plastiques du Sparnacien du Bassin de Paris. − Sc. Géol. Mém., **64**, 173 p. [516]
THODE, H. G., et al. (1961): Sulfur isotope geochemistry. − Geochim. Cosmochim. Acta, **26**: 159−174. [473]
THODE, H. G. & MONSTER, J. (1965): Sulfur-isotope geochemistry of petroleum, evaporites, and ancient seas. − In YOUNG & GALLEY (eds.): Fluids in subsurface environments. − AAPG. Memoir, **4**: 367−377. [474]
THOMAS, G. S. P. & CONNELL, R. J. (1985): Iceberg drop, dump, and grounding structures from Pleistocene glaciolacustrine sediments, Scotland. − J. Sediment. Petrol., **55**: 243−249. [889]
THOMAS, J. B. (1978): Diagenetic sequences in low-permeability argillaceous sandstones. − Jb. geol. Soc. Lond., **135**: 93−99. [175]
THOMPSON, G. & BOWEN, V. T. (1969): Analyses of coccolith ooze from the deep tropical Atlantic. − J. Marine Res. **27**: 32−38. [279]
THOMSON, A. (1959): Pressure solution and porosity. − In IRELAND, H. A. (ed.): Silica in sediments. − S.E.P.M. Spec. Publ., No. 7: 92−110. [162, 163]
THOMSON, P. W. (1952): Die Sukzession der Pflanzenvereine und Moortypen im Hauptflöz der rheinischen Braunkohle mit einer Übersicht über die Vegetationsentwicklung im Tertiär Mitteleuropas. − In RÜBEL, E., LÜDI, W.: Bericht geobotanisches Forschungsinstitut RÜBEL für 1951, S. 81−87; Zürich. [688, 710]
− (1956): Die Braunkohlenmoore des jüngeren Tertiärs und ihre Ablagerungen. − Geol. Rdsch. **45**: 62−70; Stuttgart. [710]
THORARINSSON, S. (1954): The eruption of Hekla, 1947−1948. The tephra-fall from Hekla on March 29, 1947. − Mus. Nat. Hist. Soc. Sci. Island, Reykjavik, 68 pp. [137]
− (1981): Tephra studies and tephrochronology: A historical review with special reference to Iceland. − In SELF, S. & SPARKS, R. J. S. (eds.): Tephra Studies, 1−12; D. Reidel Publ. Co., Dordrecht, Holland. [732, 748]
THORNTON, S. E., PILKEY, O. H., DOYLE, L. J. & WHALING, P. J. (1980): Holocene evolution of a coastal lagoon, Lake of Tunis, Tunisia. − Sedimentology, **27**: 79−91. [912]
THORNTON, S. E., PILKEY, O. H. & LYNTS, G. W. (1978): A lagoonal crustose coralline algal micro-ridge: Bahiret El Bibane, Tunisia. − J. Sed. Petrol. **48**: 743−750; Tulsa [274]
THORSTENSON, D. C., MACKENZIE, F. T. & RISTVET, B. L. (1972): Experimental vadose and phreatic cementation of skeletal carbonate sand. − J. Sediment. Petrol., **42**: 162−167. [384]
THRAILKILL, J. (1976): Speleothems. − In WALTER, M. R. (ed.): Stromatolites. − Develop. Sed. **20**: 73−86; Amsterdam-Oxford-New York (Elsevier). [265]
THUM, I. & NABHOLZ, W. (1972): Zur Sedimentologie und Metamorphose der penninischen Flysch- und Schieferabfolgen im Gebiet Prättigau-Lenzerheide-Oberhalbstein. − Beitr. Geol. Kte. Schweiz, N. F., 144. Lfg., 55 S. [183]
TIERCELIN, J.-J., PERINET, G., LE FOURNIER, J., BIEDA, S. & ROBERT, P. (1982): Lacs du rift est-africain, exemples de

transition eaux douces-eaux salées: le lac Bogoria, rift Gregory, Kenya. – Mém. Soc. géol. France, N. S., **144**: 217–230. [881]

TIETZE, K.-W. (1979): Dynamik und Sedimenthaushalt einer Gezeitenlagune an der Nordküste der Bretagne. – Habil. Schrift, Marburg, 170 S. [911]

– (1982): Zur Geometrie einiger Flüsse im Mittleren Buntsandstein (Trias). – Geol. Rdsch., **71**: 813–828. [783, 873]

TILLMANN, H. (1986): Neue Erkenntnisse zur Landschaftsgeschichte des Cenoman in Ostbayern und zur Frage der altcenomanen Meeresingression. – Erlanger geol. Abh., **113**: 137–152; Erlangen. [603]

TILLMAN, R. W. & ALMON, W. R. (1979): Diagenesis of Frontier Formation offshore bar sandstones, Spearhead Ranch Field, Wyoming. – In SCHOLLE, P. A. & SCHLUGER, P. R. (eds.): Aspects of Diagenesis. – Soc. Econ. Paleont. Mineral. Spec. Publ., **26**: 337–378. [173, 175, 180]

TILLMAN, R. W. & SIEMERS, Ch. T. (eds.) (1984): Siliciclastic Shelf Sediments. – Soc. Econ. Paleont. Mineral. Spec. Publ., **34**, 268 S. [914, 916]

TIMOFEEV, P. P., RENNGARTEN, N. V. & BOGOLYUBOVA, L. J. (1978): Lithology and clay mineralogy of the sediments from Site 336, DSDP Leg 38. – Initial Rep. Deep Sea Drilling Proj., Supplem. to Vol. 38–41: 9–19. [6]

TING, T. C. (1977): Microscopical investigation of the transformation (diagenesis) from peat to lignite. – J. Microscopy, **109**, 1: 75–83; London. [716]

TINIAKOS, L. (1978): Transportdifferentiation von Korngrößenspektren klastischer Sedimentgesteine aus der Westküste Schleswig-Holsteins. – Diss. Univ. Kiel, 349 S. [139]

TISSOT, B. (1979): Effects on prolific petroleum source rocks and major coal deposits caused by sea-level changes. – Nature **277**: 463–465. [557]

TISSOT, B., DURAND, B., ESPITALIE, J. & COMBAY, A. (1974): Influence of nature and diagenesis of organic matter in formation of petroleum. – Amer. Assoc. Petrol. Geol. Bull., **58**: 499–506. [156]

TISSOT, B. P. & WELTE, D. H. (1978): Petroleum Formation and Occurrence. – 2. Aufl. 1984, 536 S.; Springer-Verlag Berlin, Heidelberg, New York. [715, 727–729]

TISTL, M. (1985): Die Goldlagerstätten der nördlichen Cordillera Real/Bolivien und ihr geologischer Rahmen. – Berliner Geowiss. Abh., Reihe A **65**, 102 pp.; D. Reimer, Berlin-West. [628]

TODD, T. W. (1968): Paleoclimatology and the relative stability of feldspar minerals under atmospheric conditions. – J. Sediment. Petrol., **38**: 832–844. [115]

TOMKEIEFF, S. I. (1927): Proc. Geol. Assoc., **38**: 518–547. [393]

TOOMEY, D. F. (1957): Giant Scaphopod Fragment from the Lower Strawn (Pennsylvanian) of North-Central Texas. – J. Paleont. **31**: 457–461. [310]

– (1974): Algally coated grains from the Leavenworth limestone (M. Pennsylvanian, Midcontinent Region, USA). – N. Jb. Geol. Paläont. Mh., **1974**: 175–191; Stuttgart. [269]

– (ed.) (1981): European Fossil Reef Models. – Soc. Econ. Paleont. Mineral. Spec. Publ., **30**, 546 S. [354, 355]

– (1985): Dasyclad Algae Within Permian (Leonard) Cyclic Shelf Carbonates („Abo"), Northern Midland Basin, West Texas. – In TOOMEY, D. F. & NITECKI, M. H. (ed.): Paleoalgology, 315–329; Berlin-Heidelberg. [269]

TOON, O. B. (1984): Sudden changes in atmospheric composition and climate. – In HOLLAND, H. D. & TRENDALL, A. F. (eds.): Patterns of Change in Earth Evolution. Dahlem Konferenzen, 41–61; Springer-Verlag, Berlin, Heidelberg, New York, Tokyo. [854]

TOPKAYA, M. (1950): Recherches sur les silicates authigènes dans les roches sédimentaires. – Bull. Lab. de Géol., Min., Geophys. et du Musée géol., Lausanne, **97**: 1–132. [424]

TORII, T. & OSSAKA, J. (1965): Antarcticite: A new mineral, calcium chloride hexahydrate, discovered in Antarctica. – Science, **149**: 975–977. [479]

TORKAR, K. & KRISCHNER, H. (1963): Über die Eigenschaften reiner Aluminiumhydroxide und Oxide, erhalten mit hydrothermalen Darstellungsmethoden. – Symp. ICSOBA Bauxite, Zagreb **1963**: 25–35. [30]

TORRANCE, J. K. (1983): Towards a general model of quick clay development. – Sedimentology, **30**: 547–556. [226, 227]

TORRENT, J. R., GUZMANN, R. & PARRA, M. A. (1982): Influence of relative humidity on the crystallization of Fe (III) Oxides from ferrihydrite. – Clays and Clay Minerals, **30**: 337–340. [35]

TORRES RUIZ, J. (1983): Genesis and evolution of the Marquesado and adjacent iron ore deposits, Spain. – Econ. Geol., **78**: 1657–1673; Lancaster, Pa. [604]

TOURTELOT, E. B. & VINE, J. D. (1976): Copper deposits in sedimentary and volcanogenic rocks. – Geol. Surv. prof. Pap., **907 C**: 34 S.; Washington, D. C. [633, 635]

TOURTELOT, H. A. (1979): Black shale – its deposition and diagenesis. – Clays and Clay Minerals, **27**: 313–321. [225]

TOWE, K. M. (1967): Echinoderm Calcite: Single Crystal or Polycrystalline Aggregate. – Science **157**: 1048–1050; Washington. [315]

– (1978): Do trilobites have a typical arthropod cuticle? – Paleontology, **21**: 459–461. [311]

TOWE, K. M. & BRADLEY, W. F. (1967): Mineralogical constitution of colloidal hydrous ferric oxides. – J. Colloid. Interface Sci., **24**: 384–392. [33]

TOWE, K. M. & HEMLEBEN, Ch. (1976): Diagenesis of magnesian calcite: evidence from miliolacean foraminifera. – Geology, **4**: 337–339; Boulder/Colorado. [255]

TRASK, P. D. (1932): Origin and environment of source sediments of petroleum. – Houston, Gulf Publ. Co., 323 pp. [135–138]

TRAUTH, N. (1983): Trois précurseurs de l'étude d'altération superficielle des roches sédimentaires: Dieulafait, Fleury, Brainikov. – Bull. Soc. géol. France, **25**, 1: 7–10. [517]

TRAUTNITZ, H.-M. (1980): Zirkonstratigraphie nach vergleichender morphologischer Analyse und statistischen Rechenverfahren. – dargestellt am Beispiel klastischer Gesteine im Harz. – Diss. Erlangen, 159 S., und Sed. Geol., in Vorbereitg. [122]

TREFETHEN, J. M. & Dow, R. L. (1960): Some features of modern beach sediments. – J. Sediment. Petrol., **30**: 589–602. [73]

TRENDALL, A. F. (1968): Three great basins of Precambrian banded iron formation deposition: A systematic comparison. – Geol. Soc. Amer. Bull., **79**: 1527–1544. [524]

TRENDALL, A. F. & BLOCKLEY, J. G. (1970): The iron formations of the Precambrian Hamersley Group, Western Australia. – West. Austral. Geol. Surv. Bull. **119**, 366 S. [524]

TRENDALL, A. F. & MORRIS, R. C. (Hrsg.) (1983): Iron-formation: facts and problems. – Developments in Precambrian geology, **6**: 558 S.; Amsterdam usw. (Elsevier). [591]

TRESCASES, J. J. (1979): Rempacement progressif des silicates par les hydroxides de fer et de nickel dans les profiles d'altération tropicale des roches ultrabasiques. Accumulation résiduelle et épigénie. – Sciences géol. Bull. **32**, fasc. 4: 181–188; Strasbourg. [25, 61]

TRESCASES, J. J. & DE OLIVEIRA, S. M. B. (1978): Alteração dos serpentinitos de Morro do Niquel (M. G.), Brasil. – XXX. Congr. Brasileiro de Geol., Recife. Brazil. Vol. 4: 1655–1670. [61]

TREVENA, A. S. & NASH, W. P. (1981): An electron microprobe study of detrital feldspar. – J. Sediment. Petrol., **51**: 137–150. [114]

TRIBUTH, H. (1971): Die tonmineralogische Zusammensetzung eines „Gewöhnlichen Tschernosems" bei Novo-Moskovsk/Ukraine. – Gießener Abh. Z. Agrar- und Wirtschaftsforschung des europäischen Ostens, **56**: 27–45. [26]

– (1976): Die Umwandlung der glimmerartigen Schichtsilikate zu aufweitbaren Dreischicht-Tonmineralen. – Z. Pflanzenernährung Bodenk.: 7–25. [26]

TRICART, J. (1951): Études sur le façonnement des galets marins. – Proc. 3. Internat. Congr. Sedimentol., Groningen-Wageningen, 245–255. [79]

TRICHET, J. (1971): Recent aragonite deposition on algal substrates during blue-green algae decomposition. Role of organic substrates. – Progr., VIII Internat. Sediment. Congr., Heidelberg, 103 (Abstr.). [235, 249]

TRIPLEHORN, D. M. (1966): Morphology, internal structure and origin of glauconite pellets. – Sedimentology, **6**: 247–266. [219]

TRÖGER, W. E. (1967): Optische Bestimmung der gesteinsbildenden Minerale. Teil 2. Textband. – E. Schweizerbart, Stuttgart, 822 pp. [115]

TROLL, C. (zit.). [888]

TRUC, G. (1978): Lacustrine sedimentation in an evaporitic environment: The Ludian (Palaeogene) of the Mormoiron basin, southeastern France. – In MATTER, A. & TUCKER, M. E. (eds.): Modern and Ancient Lake Sediments. – Internat. Assoc. Sedimentologists Spec. Publ., **2**: 189–203. [840, 879]

TRUC, G., TRIAT, J.-M., SASSI, S., PAQUET, H. & MILLOT, G. (1987): Caractères généraux de l'épigénie carbonatée de surface, par altération météorique liée à la pédogenèse, et par altération sous couverture liée à la diagenèse. – Excursion guidebook, 8th. Reg. Mtg. I.A.S., Tunis, 100–107. [409]

TRUDINGER, P. A. (1979): Microbiological controls on phosphate accumulation. – In COOK, P. J. & SHERGOLD, J. H. (eds.): Proterozoic-Cambrian Phosphorites-Symposium Proj. 156 of UNESCO-IUGS, Canberra/Australia, 87–92. [550]

TRÜMPY, R. (1960): Paleotectonic evolution of the central and western Alps. – Bull. Geol. Soc. Amer., **71**: 843–908. [528]

TRUESDELL, A. H. & BLAIR, F. J. (1974): WATEQ, a Computer Program for Calculating Chemical Equilibria of Natural Waters. – Jour. Res. U. S. Geol. Survey, **2**, 2: 233–248; Washington. [16]

TRUESDELL, A. H. & JONES, B. F. (1969): Ion association in natural brines. – Chem. Geol., **4**: 51–62. [1]

– – (1973): WATEQ, a computer program for calculating chemical equilibria on natural waters. – Nat. Tech. Info. Serv., P. B. 220464. [9]

TRURNIT, P. (1967): Morphologie und Entstehung von Druck-Lösungserscheinungen während der Diagenese. – Diss. Heidelberg, 195 + 264 pp., Sed. Geol., **2**: 89–114 (engl.). [370, 371]

– (1968): Analysis of pressure solution contacts and classification of pressure solution phenomena. – In MÜLLER, G. & FRIEDMAN, G. M. (eds.): Recent Developments in Carbonate Sedimentology in Central Europe, 75–84; Springer, Berlin. [391]

TRURNIT, P. & AMSTUTZ, G. C. (1979): Die Bedeutung des Rückstandes von Druck-Lösungsvorgängen für stratigraphische Abfolgen, Wechsellagerung und Lagerstättenbildung. – Geol. Rdsch., **68**: 1107–1124. [166]

TRUSHEIM, F. (1957): Über Halokinese und ihre Bedeutung für die strukturelle Entwicklung Nordwestdeutschlands. – Z. deutsch. geol. Ges., **109**: 111–151. [946]

TRUSWELL, J. F. & ERIKSSON, K. A. (1973): Stromatolitic associations and their paleo-environmental significance: A reappraisal of a Lower Proterozoic locality from the northern Cape Province, South Africa. – Sed. Geol., **10**: 1–23. [265]

TSIEN, H. H. (1974): Paleoecology of Middle Devonian and Frasnian in Belgium. – Internat. Symp. on Namur, 12 (Ministry of Economic Affairs, Brussels), 53 S. [355]

TSOAR, H. (1982): Internal structure and surface geometry of longitudinal (Seif) dunes. – J. Sediment. Petrol., **52**: 823–831. [805]

TUCHOLKE, B. E., HOUTZ, R. E. & LUDWIG, W. J. (1982): Sediment thickness and depth to basement in western North Atlantic ocean basin. – Amer. Assoc. Petrol. Geol. Bull., **66**: 1384–1395. [862]
TUCKER, M. E. (1974): Sedimentology of Palaeozoic pelagic limestones: the Devonian Griotte (Southern France) and Cephalopodenkalk (Germany). – In Hsü, K. J. & JENKYNS, H. C. (eds.): Pelagic Sediments: on Land and under the Sea. – Internat. Assoc. Sedimentol. Spec. Publ., **1**: 71–92. [939, 942]
– (1982): Precambrian dolomites: petrographic and isotopic evidence that they differ from Phanerozoic dolomites. – Geology, **10**: 7–12. [414]
– (1984): Calcitic, aragonitic and mixed calcitic-aragonitic ooids from the mid-Proterozoic Belt Supergroup, Montana. – Sedimentology, **31**: 627–644. [332, 333, 335, 385]
– (1985): Shallow-Marine carbonate facies and facies models. – In BRENCHLEY, P. J. & WILLIAMS, B. P. J. (eds.): Sedimentology. Recent Developments and Applied Aspects, 147–169; The Geol. Soc., Blackwell Sci. Publ., Oxford. [351, 922, 929]
– (ed.) (1987): Techniques in sedimentology. – 350 p., Oxford (Blackwell). [240]
TUCKER, R. W. & VACHER, H. L. (1980): Effectiveness of discriminating beach, dune, and river sands by moments and the cumulative weight percentages. – J. Sediment. Petrol., **50**: 165–172. [138]
TUFAR, W., GUNDLACH, H. & MARCHIG, V. (1985): Ore Paragenesis of recent sulfide formations from the East Pacific Rise. – In GERMANN, K. (ed.): Geochemical aspects of ore formation in recent and fossil sedimentary environments. – Monograph. Ser. Miner. Dep., **25**: 75–93; Gebr. Borntraeger, Berlin-Stuttgart. [578]
TUNBRIDGE, I. P. (1984): Facies model for a sandy ephemeral stream and clay playa complex; the Middle Devonian Trentishoe Formation of North Devon, U. K. – Sedimentology, **31**: 697–715. [807]
TUREKIAN, K. K. & WEDEPOHL, K. H. (1961): Distribution of elements in some major units of the earth's crust. – Geol. Soc. Amer. Bull., **72**: 175–191. [224]
TURMEL, R. J. & SWANSON, R. G. (1976): The development of Rodriguez Bank, a Holocene mudbank in the Florida Reef Tract. – J. Sediment. Petrol., **46**: 497–518. [340, 357]
TURNER, F. J. (1968): Metamorphic petrology: mineralogical and field aspects. – 403 S.; McGraw-Hill Book Comp., New York. [722]
TURNER, P. (1980): Continental Red Beds. – Devel. in Sedimentology **29**, 562 S.; Elsevier Sci. Publ. Co. Amsterdam, Oxford, New York. [870, 874]
TURNER, P. & ARCHER, R. (1977): The role of biotite in the diagenesis of red beds from the Devonian of northern Scotland. – Sed. Geol., **19**: 241–251. [170]
TWENHOFEL, W. H. (1950): Principles of sedimentation. – 673 S.; McGraw-Hill. [288, 297, 304]
TYLER, N. & ETHRIDGE, F. G. (1983): Depositional setting of the Salt Wash member of the Morrison formation, Southwest Colorado. – J. Sediment. Petrol., **53**: 67–82. [873]

ULRICH, J. (1973): Die Verbreitung submariner Riesen- und Großrippeln in der Deutschen Bucht. – Erg.-H. Deutsch. Hydrogr. Z. (B) **14**: 1–31. [794]
UNESCO (Hrsg.) (1984): Mémoire explicatif de la carte métallogénique de l'Europe et des pays limitrophes, 1 : 2 500 000, 1. Synthèses par zone rédactionelle. – UNESCO, Sci. Terre, **17**: 560 S.; Paris. [604–606]
UNGER, H. J. & NIEMEYER, A. (1985a): Die Bentonite in Ostniederbayern – Entstehung, Lagerung, Verbreitung. – Geol. Jb., **D 71**: 3–58. [226]
– – (1985b): Bentonitlagerstätten zwischen Mainburg und Landshut und ihre zeitliche Einstufung. – Geol. Jb., **D 71**: 59–93. [226]
URBAN, H. & STRIBRNY, B. (1986): The geology and genesis of the iron and manganese deposits of the Urucum district, Mato Grosso do Sul, Brazil. – Zbl. Geol. Paläont. Tl. 1, **1985**: 1515–1527; Stuttgart. [608]
URBAN, H., STRIBRNY, B., ANANIADIS, A., SCHNEIDER, G. & SCHRECK, P. (1984): Die Eisen- und Manganerzlager des Urucum-Distriktes, Brasilien; abschließende Ergebnisse. – Proj. ltg. Rohstofforsch. KFA Jülich, Statusber., **1984**: 207–230; Jülich. [607]
USDOWSKI, E., HOEFS, J. & MENSCHEL, G. (1979): Relationship between ^{13}C and ^{18}O fractionation and changes in major element composition in a recent calcite-depositing spring – a model of chemical variations with inorganic $CaCO_3$ precipitation. – Earth and Planetary Sci. Letters, **42**: 267–276. [363]
USDOWSKI, H.-E. (1962): Die Entstehung der kalkoolithischen Fazies des norddeutschen Unteren Buntsandsteins. – Beitr. Miner. Petrogr., **8**: 141–179. [327, 332]
– (1967): Die Genese von Dolomit in Sedimenten. – 95 S.; Springer, Berlin, Heidelberg, New York. [402, 416]
USIGLIO, J. (1849): Anylse de l'eau de la Méditerranée sur les côtes de France. – Ann. Chemie, **27**: 92–107; 172–191. [441, 451]
UTADA, M. (1971): Zeolitic zoning of the Neogene pyroclastic rocks in Japan. – Scientif. Pap. College Gen. Educat., Univ. Tokyo, **21**: 189–221. [775]
UTINOMI, H. (1953): Coral-dwelling organisms as destructive agents of corals. – Proc. 7th Pacific Sci. Congr., **4**: 533–536. [345]

VACHARD, D. & TELLEZ-GIRON, C. (1978): Espines de Brachiopodes reticulacriacea dans les microfacies du Paléozoique supérieur. – Rev. Inst. Mexicano Petrol., **10**, 2: 16–30; Mexico. [298]
VAHLBRUCH, R. (Probe). [369]
VAIL, P. R. & HARDENBOL, J. (1979): Sea-level changes during the Tertiary. – Oceanus, **22**: 71–79. [851, 852]

VAIL, P. R., HARDENBOL, J. & TODD, R. G. (1982): Jurassic unconformities and global sea-level changes from seismic and biostratigraphy. – Houston Geol. Soc. Bull. (Sept.), 3–4. [852]
VAIL, P. R., MITCHUM, R. M., Jr., TODD, R. G., WIDMIER, J. M., THOMPSON, S., III, SANGREE, J. B., BUBB, J. N. & HATLELID, W. G. (1977): Seismic stratigraphy and global changes of sea level, Part 1–11. – In PAYTON, C. E. (ed.): Seismic Stratigraphy – Applications to Hydrocarbon Exploration. – Amer. Assoc. Petrol. Geol. Mem., **26**: 49–212. [851, 852, 855–859]
VAIL, P. R. & TODD, R. G. (1981a): Northern North Sea Jurassic inconformities, chronostratigraphy and sea-level changes from seismic stratigraphy. – In: Petroleum Geology of the Continental Shelf of North-west Europe, 216–235; Heyden & Son, Ltd., London. [852]
– – (1981b): Cause of Northern North Sea Jurassic inconformities. – AAPG-SEPM Ann. Conv., Abstr. [852, 858]
VALETON, I. (1953): Petrographie des süddeutschen Hauptbuntsandsteins. – Heidelberger Beitr. Miner. Petrogr., **3**: 335–379. [119, 170, 175, 874]
– (1955a): Beziehungen zwischen petrographischer Beschaffenheit, Gestalt und Rundungsgrad einiger Flußgerölle. – Petermanns Geograph. Mitt. 1955, **1**: 13–17. [78, 79]
– (1955b): Veränderungen an Zirkon und Turmalin in Buntsandstein und Keuper. – Heidelb. Beitr. Miner. Petrogr., **5**: 100–104. [170]
– (1957): Lateritische Verwitterungsböden zur Zeit der jungkimmerischen Gebirgsbildung im nördlichen Harzvorland. – Geol. Jb., **73**: 149–164; Hannover. [15]
– (1965): Faziesprobleme in südfranzösischen Bauxitlagerstätten. – Beitr. Min. Petr., **11**: 217–246. [55]
– (1966): Laterale Faziesdifferenzierung Laterit-Bauxit und deren Beziehung zum Paläorelief in Gujarat/Indien. – Académie Yougoslave des Sciences et des Arts; Extrait des Travaux, No. 2: 50–82; Zagreb. [30, 51, 52]
– (1967): Ein Lateritprofil auf klastischen Sedimenten des Mittelmiozäns von Neyveli (Madras State/Indien). – Contr. Mineral. and Petrol. **14**: 163–175. [15, 22]
– (1968): Zur Petrographie der Bauxitlagerstätten auf der „Charnockite-Suite" im Salem-Distrikt und in den Nilgiri-Hills, Südindien. – Mineral. Deposita, **3**: 34–47. [22]
– (1971): Tubular fossils in the bauxites and the underlying sediments of Surinam and Guyana. – Geologie en Mijnbouw **50**: 733–741. [22]
– (1972): Bauxites. Developments in Soil Sciences I, 226 p., Elsevier Publ. Comp. Amsterdam, London, New York. [30, 68]
– (1973): Considerations for the Description and Nomenclature of Bauxite. – ICSOBA 9 1973: 105–107; Zagreb. [50]
– (1979): Lateritic paleosols with a silcrete layer on the ultrabasic massif of Yubdo in Ethiopia. – UNESCO – An internat. Symp. on Metallogeny of mafic and ultramafic complexes, **1**: 395–432; Athens. [516]
– (1983a): Klimaperioden lateritischer Verwitterung und ihr Abbild in den synchronen Sedimentationsräumen. – Z. deutsch. geol. Ges., **134**, 2: 413–452. [45, 46, 51, 512, 528, 852, 861]
– (1983): Palaeoenvironment of lateritic bauxites with vertical and lateral differentiation. – In WILSON, C. (ed.): Residual deposits. – Geol. Soc. Spec. Publ., **11**: 77–90; London. [32, 46, 51]
– (mdl. Mitt.). [513]
– (Probe). [279]
VALETON, I. & ABDUL-RAZZAK, A. (1973): The glauconite of the Middle Miocene (Hemmoor-Sufe) from Vechta (North Germany). – N. Jb. Miner. Mh. **1973**: 289–312. [561]
– – (1974): Der Glaukonit aus dem Essener Grünsand (Cenoman-Krc$_{2-3}$) in Essen. – Mitt. Geol.-Paläont. Inst. Univ. Hamburg, **43**: 85–97. [115]
VALETON, I., ABDUL-RAZZAK, A. & KLUSSMANN, D. (1982): Mineralogy and Geochemistry of Glauconite Pellets from Cretaceous Sediments in Northwest Germany. – Geol. Jb. **D 52**: 5–93. [219, 220]
VALETON, I., BIERMANN, M., RECHE, R. & ROSENBERG, F. (1987): Genesis of nickel laterites and bauxites in Greece during the Jurassic and Cretaceous and their relation to ultrabasic parent rocks. – Ore Geology Rev., **2**: 359–404. Elsevier, Amsterdam. [48, 66, 68]
VALETON, I. & KHOO, F. (1976): Petrographie und Geochemie des schwarzen Schlickes in der Außenalster. – Mitt. Geol.-Paläont. Inst. Univ. Hamburg, Sonderband Alster, 139–171. [566]
VALETON, I., STÜTZE, B. & GOLDBERY, R. A. (1983): Geochemical and mineralogical investigations of the Lower Jurassic flint clay-bearing Mishhor and Ardon formations, Makhtesh Ramon, Israel. – Sed. Geol. **35**: 105–152. [56, 57]
VALLERON, M. M., DULAU, N., POURZAHED, P. & SAUGIN, T. (1983): Calcitisation et opalitisations dans l'Eocène du Sud-Est de la France; Comparaison avec des facies analogues d'Alsace de Touraine. – Bull. Soc. géol. France **25**, 1: 11–18. [516]
VALLONI, R. & MAYNARD, J. B. (1981): Detrital modes of recent deep-sea sands and their relation to tectonic setting: a first approximation. – Sedimentology, **28**: 75–83. [102]
VANDERSTAPPEN, R. & VERBEEK, T. (1959): Présence d'analcime d'origine sédimentaire dans le Mésozoïque du bassin du Congo. – Bull. Soc. belge de Géol., Pal., Hydrol., **68**: 417–421. [879]
VANNEY, J.-R. & STANLEY, D. J. (1983): Shelfbreak physiography: An overview. – In STANLEY, D. J. & MOORE, G. T. (eds.): The Shelfbreak: Critical Interface on Continental Margins. – Soc. Econ. Paleont. Mineral. Spec. Publ., **33**: 1–24. [932]
VANOSSI, M. (1964): Il problema delle septarie. – Atti dell'Inst.-Geol. Univ. Pavia, **15**: 32–88. [394]

Van't Hoff, J. H. (1912): Untersuchungen über die Bildungsverhältnisse der ozeanen Salzablagerungen. – Hrsg.: Precht & Cohen. Akad. Verl. Ges., Leipzig, 374 S. [441, 444]
Varentsov, I. M. & Grasselly, G. (Hrsg.) (1980): Geology and geochemistry of manganese. 1. General problems. – 463 S., 2. Manganese deposits on continents. – 513 S., 3. Manganese on the bottom of recent basins. – 357 S., IAGOD-Commiss. on Manganese; Budapest (Akadémiai Kiadó). [606, 607]
Varentsov & Rakhmanov (zit.). [606, 607]
Varnes, D. J. (1958): Landslide types and processes. – In Eckel, E. B. (ed.): Landslides and Engineering Practice. – Highway Res. Board, Spec. Rep., **29**: 20–47. [809]
Vatan, A. (1950): General aspects of sedimentation in the geological basins of France. – J. Sediment. Petrol., **20**: 65–73. [125]
Veizer, J. (1974): Chemical Diagenesis of Belemnite Shells and Possible Consequences for Paleotemperature Determinations. – N. Jb. Geol. Paläont. Abh., **147**: 91–111; Stuttgart. [248, 309]
– (1978): Simulation of limestone diagenesis – a model based on strontium depletion: Discussion. – Canad. J. Earth Sci., **15**: 1683–1685. [365, 374, 401]
– (1983): Trace elements and isotopes in sedimentary carbonates. – In Reeder, R. J. (ed.): Carbonates: Mineralogy and Chemistry. Reviews in Mineralogy, **11**: 265–299. [245, 248]
– (im Druck): Strontium isotopes in seawater through time. – Annual Review of Earth and Planet. Sci., Palo Alto/Calif. [248]
Veizer, J. & Hoefs, J. (1976): The nature of O^{18}/O^{16} and C^{13}/C^{12} secular trends in sedimentary carbonate rocks. – Geochim. Cosmochim. Acta **40**: 1387–1395. [248]
Veizer, J., Holser, W. T. & Wilgus, C. K. (1980): Correlation of $^{13}C/^{12}C$ and $^{34}S/^{32}S$ secular variations. – Geochim. Cosmochim. Acta, **44**: 579–587. [248, 257]
Veizer, J., Lemieux, J., Brian, J., Gibling, M. & Savelle, J. (1978): Paleosalinity and dolomitization of a Lower Paleozoic carbonate sequence; Somerset and Prince of Wales Islands, Arctic, Canada. – Can. J. Earth Sci., **15**: 1448–1461. [413]
Veizer, J. & Wendt, J. (1976): Mineralogy and chemical composition of Recent and fossil skeletons of calcareous sponges. – N. Jb. Geol. Paläont. Mh., **1976**: 558–573; Stuttgart. [289]
Velbel, M. A. (1984): Natural weathering mechanisms of almandine garnet. – Geology, **12**: 631–634. [126]
– (1985): Mineralogically mature sandstones in accretionary prisms. – J. Sediment. Petrol., **55**: 685–690. [112]
Velde, B. (1965): Experimental determination of muscovite polymorph stabilities. – Am. Mineralogist, **50**: 436–449. [189]
– (1983): Diagenetic reactions in clays. – In Parker, A. & Sellwood, B. W. (eds.): Sediment Diagenesis. – NATO ASI Ser C, **115**: 215–268; D. Reidel Publ. Co., Dordrecht. [203]
Velde, B. & Hower, J. (1963): Petrological significance of illite polymorphism in Paleozoic sedimentary rocks. – Am. Mineralogist, **48**: 1239–1254. [189]
Venkarathnam, K. E. & Biscaye, P. E. (1973): Deep-sea zeolites: variations in space and time in the sediments of the Indian Ocean. – Mar. Geol., **15**: M 11–M 17. [539]
Vernon, R. C. (Abb.). [930]
Videtich, P. E. (1985): Electron microprobe study of Mg distribution in Recent Mg calcites and recrystallized equivalents from the Pleistocene and Tertiary. – J. Sediment. Petrol., **55**: 421–429. [235]
Vieillard, P. (1978): Géochimie des phosphates. Etude thermodynamique. Application à la genèse et à l'altération des apatites. – CNRS, Mémoire **51**, 181 p. [545]
Viljoen, R. P., Saager, R. & Viljoen, M. J. (1970): Some thoughts on the origin and processes responsible for the concentration of gold in the early Precambrian of Southern Africa. – Mineral. Deposita **5**: 164–180. [624]
Vincent, P. (1986): Differentiation of modern beach and coastal dune sands – a logistic regression approach using the parameters of the hyperbolic function. – Sed. Geol., **49**: 167–176. [134]
Vine, J. D. & Tourtelot, E. B. (1970): Geochemistry of black shale deposits – a summary report. – Econ. Geol., **65**: 253–272. [224]
Vinogradov, A. P. (1953): The elementary chemical composition of marine organisms. – Sears Found. Marine Res., Mem. II, 647 S. [320]
Visher, G. S. (1969): Grain size distributions and depositional processes. – J. Sediment. Petrol., **39**: 1074–1106. [135, 138, 139, 783]
Visser, H. (1986): Lösungsbrekzien und Zyklen in der Carniolas-Formation (Wende Trias/Jura) der westlichen Iberischen Ketten, Spanien. – Bochumer geol. geotechn. Arb., **22**: 141 S. [88, 121, 412, 417]
Visser, J. N. J. (1983): Glacial-marine sedimentation in the Late Paleozoic Karroo Basin, Southern Africa. – In Molnia, B. F. (ed.): Glacial-marine Sedimentation, 667–702; Plenum Press, New York. [885]
Visser, J. N. J. & Hall, H. J. (1985): Boulder beds in the glaciogenic Permo-Carboniferous Dwyka Formation in South Africa. – Sedimentology, **32**: 281–294. [71]
Visser, M. J. (1980): Neap-spring cycles reflected in Holocene subtidal large-scale bedform deposits: A preliminary note. – Geology, **8**: 543–546. [899]
Vita-Finzi, C. & Smalley, J. J. (1970): Origin of quartz silt: Comments on a note by Ph. H. Kuenen. – J. Sediment. Petrol., **40**: 1367–1368. [229]
Vlek, P. L. G., Blom, Th. J. M., Beer, J. & Lindsay, W. L. (1974): Determination of the solubility product of various iron hydroxides and jarosite by the chelation method. – Soil Sci. Amer. Proc., **38**: 429–432. [34, 39]
Vletter, R. De (1955): How Cuban nickel ore was formed. A lesson in laterite genesis. – Engineer. Mining J., **156**: 84–87. [61]

VLIET, A. VAN (1978): Early Tertiary deepwater fans of Guipuzcoa, Northern Spain. – In STANLEY, D. J. & KELLING, G. (eds.): Sedimentation in Submarine Canyons, Fans and Trenches. 190–209; Dowden, Hutchinson & Ross, Stroudsburg, Pa. [937]

VOGT, W. (1970): Der makropetrographische Flözaufbau in den Tagebauen Frechen, Fortuna und Indar des niederrheinischen Braunkohlenreviers unter besonderer Berücksichtigung der Brikettiereigenschaften der Lithotypen. – Diss. RWTH Aachen, 167 S. [725]

VOIGHT, B. (ed.) (1978): Rockslides and Avalanches. Part I: Natural Phenomena. – Devel. in Geotechnical Engineering, **14 A**, 833 S.; Elsevier, Amsterdam. [812]

VOIGT, E. (1929): Die Lithogenese der Flach- und Tiefwassersedimente des jüngeren Oberkreidemeeres. – Jb. Hall. Verb. z. Erforsch. d. mitteldeutsch. Bodenschätze, N. F., **8**: 1–138. [287, 324, 940]

– (1959): Die ökologische Bedeutung der Hartgründe („Hardgrounds") in der oberen Kreide. – Paläontol. Z., **33**: 129–147. [386]

– (1962): Frühdiagenetische Deformation der turonen Plänerkalke bei Halle/Westf. als Folge einer Großgleitung unter besonderer Berücksichtigung des Phacoid-Problems. – Mitt. Geol. Staatsinst. Hamburg, **31**: 146–275. [92, 939]

– (1968): Über Hiatus-Konkretionen (dargestellt an Beispielen aus dem Lias). – Geol. Rdsch., **58**: 281–296. [395]

– (1977): Neue Daten über die submarine Großgleitung turoner Gesteine im Teutoburger Wald bei Halle/Westf. – Z. dtsch. geol. Ges., **128**: 57–79. [810]

– (1979): Wann haben sich die Feuersteine gebildet? – Nachr. Akad. Wiss. Göttingen, II. Mathem.-Physik. Klasse, Jg. 1979 Nr. 6: 75–127. [540]

VOIGT, E. & HÄNTZSCHEL, W. (1964): Gradierte Schichtung in der Oberkreide Westfalens. – Fortschr. Geol. Rheinld. Westf., **7**: 495–548, Krefeld. [281]

VOLL, G. (1969): Klastische Mineralien aus den Sedimentserien der Schottischen Highlands und ihr Schicksal bei aufsteigender Regional- und Kontaktmetamorphose. – Habil.-Schrift, T. U. Berlin, 206 S. [107, 109, 110, 113, 164, 165]

VOLLBRECHT, A. (1981): Tektogenetische Entwicklung der Münchberger Gneismasse (Quarzkorngefüge-Untersuchungen und Mikrothermometrie an Flüssigkeitseinschlüssen). – Göttinger Arb. Geol. Paläont., **24**, 122 S. [109]

– (mdl. Mitt.). [107, 109]

VORTISCH, W. (1977): Halbquantitative, röntgendiffraktometrische Schwermineralanalyse glazialer Ablagerungen SO-Schonens (Schweden). – Boreas, **6**: 286–301; Marburg. [123]

VOSSMERBÄUMER, H. (1976): Granulometrie quartärer äolischer Sande in Mitteleuropa. – ein Überblick. – Z. Geomorph. N. F., **20**: 78–96. [888]

WAAGE, K. M. (1965): Origin of repeated fossiliferous concretion layers in the Fox Hills formation. – In MERRIAM, D. F. (ed.): Symposium on cyclic sedimentation. – Kansas Geol. Surv. Bull., **169**: 541–563. [854]

WADA, H. & OKADA, H. (1982): Nature and origin of deep-sea carbonate nodules collected from the Japan Trench. – In WATKINS, J. S. & DRAKE, C. L. (eds.): Studies on Continental Margin Geology. – Amer. Assoc. Petrol. Geol. Mem., **34**: 661–672. [394]

WADELL, H. (1935): Volume, shape and roundness of quartz particles. – J. Geol., **43**: 250–280. [141]

WÄCHTER, J. (1987): Jurassische Massflow- und Internbreccien und ihr sedimentär-tektonisches Umfeld im mittleren Abschnitt der Nördlichen Kalkalpen. – Bochumer geol. geotechn. Arb., **27**, 239 S. [91, 378, 813, 814, 816, 952, 953]

– (Foto). [813]

WAGNER, C. W. & VAN DER TOGT, C. (1973): Holocene sediment types and their distribution in the Southern Persian Gulf. – In PURSER, B. H. (ed.): The Persian Gulf, 123–155; Springer, Berlin, Heidelberg, New York. [928]

WAGNER, G. (1926): Das deutsche Salz. – Aus der Heimat, **39**: 137–156. [450, 451]

WAGNER, G. H. (1964): Kleintektonische Untersuchungen im Gebiet des Nördlinger Rieses. – Geol. Jb., **81**: 519–600. [370]

WALCHER, E. H. (1986): Geologisch-lagerstättenkundliche Untersuchungen am Zeitäquivalent (Lagerhorizont) der Lagerstätte Rammelsberg. – Diss. Clausthal, 84 S.; Clausthal-Zellerfeld. [646, 647]

WALDE, D. H. G., O'CONNOR, E. & LEONARDOS, O. H. (1984): The upper Proterozoic banded iron-manganese formation (BIMF) in SW Brazil and SE Bolivia: a model for periglacial ore deposition. – Tag. h. 9. geowiss. Lateinamerika-Koll.: 177, Marburg. [608]

WALGER, E. (1962): Die Korngrößenverteilung von Einzellagen sandiger Sedimente und ihre genetische Bedeutung. – Geol. Rdsch., **51**: 494–507. [134–136]

– (1965): Zur Darstellung von Korngrößenverteilungen. – Geol. Rdsch., **54**: 976–1002. [129, 131]

– (1982): SFB 95 „Wechselwirkung Meer-Meeresboden". – Christiana Albertina, (n. F.) **16**, 133–159; Kiel. [6, 782]

WALJASCHKO, M. G. (1958): Die wichtigsten geochemischen Parameter für die Bildung der Kalisalzlagerstätten. – Freiberger Forschungsh., **A 213**: 197–235. [436, 440, 441]

WALKER, G. P. L. (1971): Grain-size characteristics of pyroclastic deposits. – J. Geol., **79**: 696–714. [746]

– (1973): Explosive volcanic eruptions – a new classification scheme. – Geol. Rdsch., **62**: 431–466. [744, 746]

WALKER, G. P. L. & CROASDALE, R. (1972): Characteristics of some basaltic pyroclastics. – Bull. Volcanol., **35**: 303–317. [761]

Walker, G. P. L. & Wilson, C. J. N. & Frogatt, P. C. (1981): An ignimbrite veneer deposit: the trail-marker of a pyroclastic flow. − J. Volcanol. Geotherm. Res., **9**: 409−421. [757]
Walker, K. R. & Alberstadt, L. P. (1975): Ecological succession as an aspect of structure in fossil communities. − Paleobiology, **1**: 238−257. [348]
Walker, K. R., Shanmugam, G. & Ruppel, S. C. (1983): A model for carbonate to terrigenous clastic sequences. − Geol. Soc. Amer. Bull., **94**: 700−712. [861]
Walker, R. G. (1966): Shale Grit and Grindslow Shales: transition from turbidite to shallow water sediments in the Upper Carboniferous of northern England. − J. Sediment. Petrol., **36**: 90−114. [896]
− (1970): Review of the geometry and facies organization of turbidites and turbidite-bearing basins. − In Lajoie, J. (ed.): Flysch Sedimentology in North America. − Geol. Assoc. Canada Spec. Pap., **7**: 219−251. [822]
− (1971): Nondeltaic depositional environments in the Catskill clastic wedge (Upper Devonian of central Pennsylvania). − Bull. Geol. Soc. Amer., **82**: 1305−1326. [224]
− (1975a): Conglomerate: sedimentary structures and facies models. − SEPM Short Course No. 2, Ch. 7: 133−161. [783]
− (1975b): generalized facies models for resedimented conglomerates of turbidite associations. − Geol. Soc. Amer. Bull., **86**: 737−748. [81, 82, 823]
− (1978): Deep-water sandstone facies and ancient submarine fans: Models for exploration for stratigraphic traps. − Amer. Assoc. Petrol. Geol. Bull., **62**: 932−966. [819, 935, 936]
− (1984): Turbidites and associated coarse clastic deposits. − In Walker, R. G. (ed.): Facies Models. − Geoscience Canada, Reprint Ser. 1: 171−188. [936, 937]
Walker, R. G. & Middleton, G. V. (1977): Eolian sands. − Geoscience Canada, **4**: 182−190. [883, 884]
Walker, R. G. & Mutti, E. (1973): Turbidite facies and facies associations. − In Middleton, G. V. & Bouma, A. H. (eds.): Turbidites and Deep Water Sedimentation. − Pacif. Section, Soc. Econ. Paleont. Mineral., Short Course (Anaheim), 119−157. [819, 823, 939]
Walker, T. R. (1967a): Formation of red beds in modern and ancient deserts. − Bull. Geol. Soc. Amer., **78**: 353−368. [170, 175, 222, 874]
− (1967b): Color of recent sediments in tropical Mexico: A contribution to the origin of red beds. − Geol. Soc. Amer. Bull., **78**: 917−920. [170, 175, 222]
− (1976): Diagenetic origin of continental red beds. − In Falke, H. (ed.): The Continental Permian in Central, West and South Europe. − NATO Adv. Study Inst. Ser. C, Math. Phys. Sci., 240−282; Reidel, Dordrecht, Holland. [99, 175, 870]
− (1984): Diagenetic albitization of potassium feldspar in arkosic sandstones. − J. Sediment. Petrol., **54**: 3−16. [167]
Walker, T. R. & Harms, J. C. (1972): Eolian origin of flagstone beds, Lyons Sandstone (Permian), type area, Boulder County, Colorado. − Mountain Geol., **9**: 279−288. [807]
Walker, T. R. & Honea, R. M. (1969): Iron content of modern deposits in the Sonoran Desert: A contribution to the origin of red beds. − Geol. Soc. Amer. Bull., **80**: 535−544. [222, 223]
Walker, T. R., Waugh, B. & Crone, A. J. (1978): Diagenesis in first-cycle desert alluvium of Cenozoic age, southwestern United States and northwestern Mexico. − Geol. Soc. Amer. Bull., **89**: 19−32. [99, 874]
Wall, D. & Dale, B. (1968): Quaternary calcareous dinoflagellates (Calciodinellideae) and their natural affinities. − J. Paleontol. **42**: 1395−1408. [281]
Wall, D., Guillard, R. R. L., Dale, B., Swift, E. & Watabe, N. (1970): Calcitic resting cysts in Peridinium trochoideum (Stein) Lemmermann, an autotrophic marine dinoflagellate. − Phycologia **9**: 151−156. [281]
Wallace, C. A. (1976): Diagenetic replacement of feldspar by quartz in the Uinta Mountain group, Utah, and its geochemical implications. − J. Sediment. Petrol., **46**: 847−861. [163]
Wallace, M. W. (1987): The role of internal erosion and sedimentation in the formation of stromatactis mudstones and associated lithologies. − J. Sediment. Petrol., **57**: 695−700. [353]
Walls, R. A. & Burrowes, G. (1985): The role of cementation in the diagenetic history of Devonian reefs, Western Canada. − In Schneidermann, N. & Harris, P. M. (eds.): Carbonate Cements. − Soc. Econ. Paleont. Mineral. Spec. Publ., **36**: 185−220. [355, 371, 383, 387, 429]
Walls, R. A., Mountjoy, E. W. & Fritz, P. (1979): Isotopic composition and diagenetic history of carbonate cements in Devonian Golden Spike reef, Alberta, Canada. − Geol. Soc. Amer. Bull., I, **90**: 963−982. [381]
Walter, L. M. (1985): Relative reactivity of skeletal carbonates during dissolution: implications for diagenesis. − In Schneidermann, N. & Harris, P. M. (eds.): Carbonate Cements. − Soc. Econ. Paleont. Mineral. Spec. Publ., **36**: 3−16. [373]
Walter, L. M. & Morse, J. W. (1981): A re-evaluation of the effect of dissolved phosphate on the dissolution kinetics of aragonite and calcite in seawater. − Geol. Soc. Amer. Abstr. & Progr., **13**, 7, 575. [372]
−− (1984): A re-evaluation of magnesian calcite stabilities. − Geochim. Cosmochim. Acta, **48**: 1059−1069. [235]
Walter, M. R. (ed.) (1976a): Stromatolites. − Developments Sed. **20**, 790 S., Amsterdam-Oxford-New York (Elsevier). [265]
− (1976b): Geyserites of Yellowstone National Park: an example of abiogenic „stromatolites". − In Walter, M. R. (ed.): Stromatolites. − Developments Sed. **20**: 87−112; Amsterdam-Oxford-New York (Elsevier). [265]
Walter, M. R., Bauld, J. & Brock, T. D. (1972): Siliceous algal and bacterial stromatolites in hot spring and geyser effluents of Yellowstone National Park. − Science, **178**: 402−405. [523]
Walter, M. R., Buick, R. & Dunlop, J. S. R. (1980): Stromatolites 3.4−3.5 billion years old from the North Pole area, Pilbara Block, Western Australia. − Nature **284**: 443−445. [260]

WALTHER, H. W. (1982): Zur Bildung von Erz- und Minerallagerstätten in der Trias von Mitteleuropa. – Geol. Rdsch., **71**: 835–855; Stuttgart. [636]
– (1984a): Criteria on syngenesis and epigenesis of lead-zinc ores in Triassic sandstones in Germany. – In WAUSCHKUHN, A. et al. (eds.): Syngenesis and Epigenesis in the Formation of Mineral Deposits, 212–220; Springer, Berlin-Heidelberg. [655]
– (Hrsg.) (1984b): Postvaristische Gangmineralisation in Mitteleuropa. – Schriftenr. GDMB, **41**: 425 S.; Weinheim. [613]
WALTHER, H. W. und Koautoren (1986a): Federal Republic of Germany. – In DUNNING, F. W. & EVANS, A. M. (Hrsg.): Mineral deposits of Europe, **3**: 173–299; London. [596]
– und Koautoren (1986b): Lagerstätten der Metallrohstoffe. – In BENDER, F. (Hrsg.): Angewandte Geowissenschaften, **4**: 1–160; Stuttgart (Enke). [639, 644]
WALTHER, H. W., SCHMIDT, H. & KAMPHAUSEN, D. G. (1985): Eisen. – In GOCHT, W. (Hrsg.): Handbuch der Metallmärkte. – 2. Aufl., 30–70, Berlin usw. (Springer). [590]
WALTHER, J. (1893/94): Einleitung in die Geologie als historische Wissenschaft. – 3 Bde., 1055 S.; Fischer-Verlag, Jena. (Würdigungen bei GRUMBT, Z. Geol. Wiss. Berlin, 3, 1975: 1255–1263 und MIDDLETON, Geol. Soc. Amer. Bull., **84**, 1973: 979–988). [846]
– (1903): Die Entstehung von Salz und Gips durch topographische und klimatische Ursachen. – Centr. Bl. Mineral., 211–217. [451]
– (1912): Das Gesetz der Wüstenbildung in Gegenwart und Vergangenheit. – Chemische Sedimente, 2. Ausg., 239–251; Leipzig. [451]
– (1915): Laterit in West Australia. – Z. Dtsch. geol. Ges. **67**: 113–140. [515]
– (1924): Das Gesetz der Wüstenbildung in Gegenwart und Vorzeit. – 4. Aufl., 421 S.; Quelle & Meyer, Leipzig. [882]
WALTHER, J. V. & HELGESON, H. C. (1977): Calculation of the thermodynamic properties of aqueous silica and the solubility of quartz and its polymorphs at high pressures and temperatures. – Amer. J. Sci., **277**: 1315–1351. [503]
WALTHER, M. (1982): A contribution to the origin of limestone-shale sequences. – In EINSELE, G. & SEILACHER, A. (eds.): Cyclic and Event Stratification, 113–120; Springer-Verlag Berlin, Heidelberg, New York. [842]
WANLESS, H. R. & WELLER, J. M. (1932): Correlation and extent of Pennsylvanian cyclothems. – Bull. Geol. Soc. Amer., **43**: 1003–1016. [841]
WANLESS, H. R. Jr. (1979): Limestone response to stress: pressure solution and dolomitization. – J. Sediment. Petrol., **49**: 437–462. [368, 370, 371]
– (1983): Burial diagenesis in limestones. – In PARKER, A. & SELLWOOD, B. W. (eds.): Sediment Diagenesis. – NATO ASI Ser. C, **115**: D. Reidel, Publ. Co. Dordrecht. [416]
– (zit.). [918]
WARD, P. & STANLEY, K. O. (1982): The Haslam Formation: a late Santonian – early Campanian forearc basin deposit in the insular belt of southwestern British Columbia and adjacent Washington. – J. Sediment. Petrol., **52**: 975–990. [102]
WARD, W. C. & HALLEY, R. B. (1985): Dolomitization in a mixing zone of near-seawater composition, late Pleistocene, northeastern Yucatán peninsula. – J. Sediment. Petrol., **55**: 407–420. [411]
WARDLAW, N., OLDERSHAW, A. & STOUT, M. (1978): Transformation of aragonite to calcite in a marine gasteropode. – Can. Journ. Earth Sci., **15**: 1861–1866; Ottawa. [254, 374, 375]
WARNE, J. (1962): A quick field or laboratory staining scheme for the differentiation of the major carbonate minerals. – J. Sed. Petrol. **32**: 29–38; Tulsa. [241]
WARREN, G. (1974): Simplified form of the FOLK-WARD skewness parameter. – J. Sediment. Petrol., **44**, 259. [135]
WARREN, J. K. & ERIKSSON, K. A. (1982): A palaeohydrologic model for early Proterozoic dolomitization and silicification in the Malmani dolomite, South Africa. – Geol. Soc. Amer. Abstr. & Progr. **14**, 7: 642. [411]
WASKOWIAK, R. (1962): Geochemische Untersuchungen an rezenten Molluskenschalen mariner Herkunft. – Freiberger Forschungsh. **136**: 1–155. [306]
WASS, R. E., CONOLLY, J. R. & MACKINTYRE, R. J. (1970): Bryozoan carbonate sand continuous along southern Australia. – Mar. Geol., **9**: 63–73. [917]
WASSON, R. J. (1977): Last-glacial alluvial fan sedimentation in the Lower Derwent Valley, Tasmania. – Sedimentology, **24**: 781–799. [71]
WASSON, R. J. & HYDE, R. (1983): Factors determining desert dune types. – Nature, **304**, No. 5924: 337–339. [883]
WATKINS, D. J. & KRAFT, L. M. (1978): Stability of continental shelf and slope off Louisiana and Texas: geotechnical aspects. – In BOUMA, A. H., MOORE, G. T. & COLEMAN, J. M. (eds.): Framework, Facies and Oil-trapping Characteristics of the Upper Continental Margin. Tulsa, Okla.: AAPG Studies in Geology, no. 7: 267–286. [812]
WATKINS, J. S. & DRAKE, C. L. (eds.) (1982): Studies in Continental Margin Geology. – Amer. Assoc. Petrol. Geol. Mem., **34**, 801 S. [932]
WATKINS, J. S., MONTADERT, L. & DICKERSON, P. W. (eds.) (1979): Geological and Geophysical Investigations of Continental Margins. – Amer. Assoc. Petrol. Geol. Mem., **29**, 472 S. [932]
WATTENBERG, H. (1936): Kohlensäure und Kalziumkarbonat im Meere. – Fortschr. Miner. Kristallogr., **20**: 168–195. [233]
– (1937): Die Bedeutung anorganischer Faktoren bei der Ablagerung von Kalziumkarbonat im Meere. – Geol. Meere u. Binnengewäss. Bd. **1**: 237–259. [233]

WATTS, A. B. (1982): Tectonic subsidence, flexure and global changes of sea level. – Nature, 297: 469–474.
[91, 852, 858, 946, 952]
WATTS, A. B. & RYAN, W. B. F. (1976): Flexure of the lithosphere and continental margins basins. – Tectonophysics, **36**: 25–44. [952]
WATTS, N. L. (1978): Displacive calcite: Evidence from recent and ancient calcretes. – Geology, **6**: 699–703. [361]
– (1980): Quaternary pedogenic calcretes from the Kalahari (southern Africa): mineralogy, genesis and diagenesis. – Sedimentology, **27**: 661–686. [357, 362, 521]
WATTS, S. H. (1977): Major element geochemistry of silcrete from a portion of inland Australia. – Geochim. et Cosmochim. Acta **41**: 1164–1167. [522]
– (1978): A petrographic study of silcrete from inland Australia. – J. Sed. Petrology **48**: 987–994. [517]
WAUGH, B. (1978): Authigenic K-feldspar in British Permo-Triassic sandstones. – Jb. geol. Soc. Lond., **135**: 51–56.
[176]
WEAVER, C. E. (1958): The effects and geologic significance of potassium „fixation" by expandable clay minerals derived from muscovite, biotite, chlorite and volcanic material. – Amer. Mineral., **43**: 839–861. [210]
– (1960): Possible uses of clay minerals in search for oil. – Clays and clay minerals, **8**: 214–227. [212]
– (1967): Potassium, illite and the ocean. – Geochim. Cosmochim. Acta, **31**: 2181–2196. [202]
WEAVER, C. E. & BECK, K. C. (1971): Clay-water diagenesis during burial: How mud becomes gneiss. – Geol. Soc. Amer. Spec. pap., **134**, 96 pp. [203]
WEAVER, C. E. & POLLARD, L. D. (1973): the chemistry of clay minerals. – 213 pp.; Elsevier, New York etc. [187]
WEBER, J. N. (1969): The incorporation of magnesium into the skeletal calcites of echinoderms. – Amer. J. Sci., **267**: 537–566; New Haven. [252, 315, 319]
– (1973): Temperature dependence of magnesium in echinoid and asteroid skeletal calcite: A reinterpretation of its significance. – J. Geol., **81**: 543–556; Chicago. [252, 319]
WEBER, J. N. & KAUFMAN, J. W. (1965): Brucite in the calcareous alga Goniolithon. – Science **149**: 996–997; Washington. [278]
WEBER, J. N. & RAUP, D. M. (1966): Fractionation of the stable isotopes of carbon and oxygen in marine calcareous organisms – the Echinoidea, Part I. Variation of C^{13} and O^{18} content within individuals. – Geochim. Cosmochim. Acta, **30**: 681–703; London. [319]
– – (1968): Comparison of C^{13}/C^{12} and O^{18}/O^{16} in the skeletal calcite of recent and fossil echinoids. – J. Paleontol. **42**: 37–50; Tulsa. [319]
WEBER, K. (1972): Notes on determination of illite crystallinity. – N. Jb. Min., Mh., **1972**: 267–276. [212]
WEBER, K. & BEHR, H.-J. (1983): Geodynamic interpretation of the Mid-European Variscides. – In MARTIN, H. & EDER, F. W. (eds.): Intracontinental Fold Belts. Case Studies in the Variscan Belt of Europe and the Damara Belt in Namibia, 427–469; Springer, Berlin, Heidelberg, New York, Tokyo. [956]
WEBER, K. J. & DAUKORU, E. (1975): Petroleum geology of the Niger delta. – Proc. 9th World Petrol. Congr. Tokyo, **2**: 209–221; London: Applied Science. [810, 898]
WEDEPOHL, K. H. (1966): Die Geochemie der Gewässer. – Naturwiss., **53**: 352–357. [476]
– (1969a): Handbook of Geochemistry. – Springer, Berlin-Heidelberg-New York. [12]
– (1969b): Die Zusammensetzung des Meerwassers und seine Geschichte. – Frühjahrstg. der DGG, Hannover, Mai 1969. [476]
– (1973): 29 Copper-I,K. – In WEDEPOHL, K. H. (ed.): Handbook of Geochemistry. – Berlin usw. (Springer).
[630, 636, 648]
– (1975): Manganese 25-B-O. – In WEDEPOHL, K. H. (ed.): Handbook of Geochemistry. – Berlin usw. (Springer).
[608]
– (1979): Geochemische Aspekte der Diagenese von marinen Ton- und Karbonatsedimenten. – Geol. Rdsch., **68**: 833–847. [5]
– (1980): The geochemistry of the Kupferschiefer bed in Central Europe. – In JANKOVIC, S. & SILLITOE, R. H. (Hrsg.): European copper deposits. – SGA, spec. Publ., **1**: 129–135. [630]
WEFER, G. (1980): Carbonate production by algae Halimeda, Penicillus and Padina. – Nature, **285**: 323–324; London.
[271, 340]
– (1983): Die Verteilung stabiler Sauerstoff- und Kohlenstoff-Isotope in Kalkschalen mariner Organismen – Grundlage einer isotopischen Paläokologie. – Habilitationsschrift Univ. Kiel, 151 S. [245]
WEFER, G. & BERGER, W. H. (1981): Stable isotope composition of benthic calcareous algae. – J. Sed. Petrol. **51**: 459–465; Tulsa. [278]
WEFERS, K. (1967): Phasenbeziehung im System Al_2O_3—Fe_2O_3—H_2O. – Erzmetall, **20**: 13–19, 71–75. [32]
WEGENER, A. (1922): Die Entstehung der Kontinente und Ozeane. – 3. Aufl., 144 S.; Friedr. Vieweg & Sohn, Braunschweig. (1. Aufl. 1915). [946]
WEGGEN, J. (1984): Mineralogie und Geochemie der Verwitterungszonen auf Itabiriten, Eisernes Viereck, Minas Gerais (vorläufige Ergebnisse). – Univers. Hamburg, Geologisch-Paläontologisches Institut und Museum, In: Statusbericht 1984, Mineralische Rohstoffe/BMFT, 231–246, Bonn. [58]
WEGNER, Th. (1926): Geologie Westfalens. – 500 pp.; Schöningh, Paderborn. [287]
WEILER, H. (1957): Untersuchungen zur Frage der Kalk-Mergel-Sedimentation im Jura Schwabens. – Diss. Univ. Tübingen, 57 S. [368, 843]
WEIMER, R. J., HOWARD, J. D. & LINDSAY, D. R. (1982): Tidal flats and associated tidal channels. – In SCHOLLE, P. A. & SPEARING, D. (eds.): Sandstone Depositional Environments. – Amer. Assoc. Petrol. Geol. Mem., **31**: 191–245.
[916]

Weiss, M. P. (1954): Feldspathized shales from Minnesota. − J. Sediment. Petrol., **24**: 270−274. [423]
Welch, J. R. (1977): Petrology and development of algal banks in the Millersville limestone member (Bond Formation, Upper Pennsylvanian) of the Illinois Basin. − J. Sediment. Petrol., **47**: 351−365. [356]
Wellendorf, W. & Krinsley, D. (1980): The relation between the crystallography of quartz and upturned aeolian cleavage plates. − Sedimentology, **27**: 447−454. [144]
Weller, J. M. (1959): Compaction of sediments. − Amer. Assoc. Petrol. Geol. Bull., **43**: 273−310. [206]
Wells, J. W. (1942): Supposed color-marking in Ordovician trilobites from Ohio. − Amer. J. Sci., **240**: 710−713. [312]
− (1957a): Coral Reefs. − In Hedgpeth, J. W. (ed.): Ecology. − Geol. Soc. Amer. Memoir, **67**, 1: 609−631. [291, 351]
− (1957b): Corals. − In Hedgpeth, J. W. (ed.): Ecology. − Geol. Soc. Amer. Memoir, **67**, 1: 1087−1104. [291]
− (1963): Coral growth and geochronometry. − Nature **197**: 948−950. [293]
Welsch, W. (1984): Bergstürze durch Erdbeben. − Geowiss. in unserer Zeit, **2**: 201−207, Verl. Chemie, Weinheim. [809]
Welte, D. H. & Yükler, M. A. (1981): Petroleum origin and accumulation in basin evolution. − A quantitative model. − Amer. Assoc. Petrol. Geol. Bull., **65**: 1387−1396. [960]
Wendt, J. (1969): Foraminiferen-„Riffe" im karnischen Hallstätter Kalk des Feuerkogels (Steiermark/Österreich). − Paläont. Z. **43**: 177−193. [282]
− (1973): Cephalopod accumulations in the Middle Triassic Hallstatt-Limestone of Jugoslavia and Greece. − N. Jb. Geol. Paläont. Mh., **1973**: 624−640. [308]
− (1975): Aragonitische Stromatoporen aus der alpinen Obertrias. − N. Jb. Geol. Paläont. Abh., **150**: 111−125; Stuttgart. [290]
− (1977): Aragonite in Permian reefs. − Nature **267**: 335−337. [288, 289]
Wendt, J. & Aigner, T. (1985): Facies patterns and depositional environments of Palaeozoic cephalopod limestones. − Sed. Geol., **44**: 263−300. [939, 940]
Wenk, H. R. & Zenger, D. H. (1983): Sequential basal faults in Devonian dolomite, Nopah Range, Death Valley area, California. − Science, **222**: 502−504. [404]
Wenk, H.-R. & Zhang, F. (1985): Coherent transformations in calcian dolomites. − Geology, **13**: 457−460. [402]
Wenrich, K. J. (1985): Mineralization of breccia pipes in northern Arizona. − Econ. Geol., **80**: 1722−1735; Lancaster, Pa. [615, 636]
Wentworth, C. K. (1922): A scale of grade and class terms for classifying sediments. − J. Geol., **30**: 377−392. [74, 79, 128, 185]
Wermund, E. G. (1961): Glauconite in early Tertiary sediments of Gulf Coast Province. − Amer. Assoc. Petrol. Geol. Bull., **45**: 1667−1696. [219]
Werner, D. (1975): Probleme der Geothermik am Beispiel des Rheingrabens. − Diss. Univ. Karlsruhe. [9]
Werner, E. (1961): Zu Verkittungsvorgängen an Psammiten. − Geol. Rdsch., **51**: 507−517. [168]
Werner, F., Arntz, W. E. & Tauchgruppe Kiel (1974): Sedimentologie und Ökologie eines ruhenden Riesenrippelfeldes. − Meyniana, **26**: 39−62; Kiel. [787, 794]
Werner, F. & Newton, R. S. (1975): The pattern of large-scale bed forms in the Langeland Belt (Baltic Sea). − Mar. Geol., **19**: 29−59. [913]
Werner, F. & Wetzel, A. (1982): Interpretation of biogenic structures in oceanic sediments. − Bull. Inst. Géol. Bassin d'Aquitaine, Bordeaux, **31**: 275−288. [839]
Werner, F. & Winn, K. (1984): Verteilungsmuster von Grob- und Feinsanden in der Deutschen Bucht: Rezent oder Relikt? − Geotagung 1984, Hamburg, Kurzfassungen, 173−174. [913]
West, C. D. (1937): Note on the crystallography of the echinoderm skeleton. − J. Paleont. **11**: 458−459; Tulsa. [317]
West, I. M. (1964): Evaporite diagenesis in the Lower Purbeck Beds of Dorset. − Proc. Yorkshire Geol. Soc., **34**: 315−330. [465]
Westgate, J. A. & Gorton, M. P. (1981): Correlation techniques in tephra studies. − In Self, S. & Sparks, R. J. S. (eds.): Tephra Studies, 73−94; − D. Reidel Publ. Co., Dordrecht, Holland. [749]
Wetzel, A. (1980): Bioturbation in Late-Quaternary deep-sea sediments off NW-Africa. − Internat. Assoc. Sedimentologists 1st Europ. Mtg., Bochum, Abstr., 56−58. [834]
− (1981): Ökologische und stratigraphische Bedeutung biogener Gefüge in quartären Sedimenten am NW-afrikanischen Kontinentalrand. − „Meteor" Forsch. Ergebnisse, **C 34**: 1−47. [834, 839]
− (1982): Cyclic and dyscyclic black shale formation. − In Einsele, G. & Seilacher, A. (eds.): Cyclic and Event Stratification, 431−455; Springer-Verlag Berlin, Heidelberg, New York. [855]
− (1984): Der Schlüssel liegt beim Mississippi-Fan. Canyons in der Tiefsee. − Forschung, Mitt. DFG, 3/84: 9−10. [936]
− (1985): Sedimentary characteristics of the Mississippi fan. − Terra Cognita, **5**: 91. [936]
Wetzel, R. G. (1975): Limnology. − 743 S.; Saunders, Philadelphia, London, Toronto. [876]
Wetzel, W. (1923): Sedimentpetrographie. − Fortschr. Min. Krist. Petrogr., **8**: 101−198. [324]
− (1961): Die Hypothese der kapillaren Konzentration und die geologischen Realitäten der chilenischen Nitrat-Lagerstätten. − Chemie d. Erde, **21**: 203−209. [492]
Wetzenstein, W. (1974): Sedimentpetrographische Untersuchungen an limnischen Magnesit-Huntitlagerstätten im Plio-Pleistozän des Serviabeckens/Nordgriechenland. − N. Jb. Geol. Paläont. Mh., **1974**: 625−642. [419]

WEYL, P. K. (1959): Pressure solution and the force of crystallization – a phenomenological theory. – J. Geophys. Res., 64: 2001–2025. [163, 371]
– (1967): The solution behavior of carbonate materials in sea water. – Studies in tropical Oceanogr., Univ. Miami, 5: 178–228. [235, 334]
WHEELER, W. H. & TEXTORIS, D. A. (1978): Triassic limestone and chert of playa origin in North Carolina. – J. Sediment. Petrol., 48: 765–776. [526]
WHELAN, T., III & ROBERTS, H. H. (1973): Carbon isotope composition of diagenetic carbonate nodules from freshwater swamp sediments. – J. Sediment. Petrol., 43: 54–58. [395]
WHETTEN, J. T. & HAWKINS, J. W., Jr. (1970): Diagenetic origin of graywacke matrix minerals. – Sedimentology, 15: 347–361. [99, 154, 175, 772]
WHETTEN, J. T., KELLEY, J. C. & HANSON, L. G. (1969): Characteristics of Columbia River sediment and sediment transport. – J. Sediment. Petrol., 39: 1149–1166. [103]
WHITE, D. (1935): Metamorphism of organic sediments and derived oils. – Bull. Amer. Assoc. Petrol. Geol. 18: 589–617; Tulsa. [728]
WHITE, D. E. (1965): Saline waters of sedimentary rocks. – In YOUNG, A. & GALLEY, J. E. (eds.): Fluids in Subsurface Environments. – Amer. Assoc. Petrol. Geol. Mem., 4: 342–366. [9]
WHITE, J. L. (1950): Transformation of illite into montmorillonite. – Soil Sci. Soc. Amer. Proc., 15: 129–133. [26]
WHITE, S. (1973): Deformation lamellae in naturally deformed quartz. – Nature phys. Sci., 245: 26–28. [107]
WHITE, W. A. (1961): Colloid phenomena in sedimentation of argillaceous rocks. – J. Sediment. Petrol., 31: 560–570. [829]
WHITMARSH, R. B., WESER, O. E. et al. (1974): Initial Reports of the Deep Sea Drilling Project. – V. 23, Washington, U. S. Govt. Printing Office, 1180 p. [206]
WHITNEY, M. I. (1978): The role of vorticity in developing lineation by wind erosion. – Geol. Soc. Amer. Bull., 89: 1–18. [805]
WIECZOREK, J. (1979): Geopetal structures as indicators of top and bottom. – Ann. Soc. Géol. Pologne, XLIX, 215–221. [841]
WIEDENMAYER, F. (1963): Obere Trias bis mittlerer Lias zwischen Saltrio und Tremona (Lombardische Alpen). Die Wechselbeziehungen zwischen Stratigraphie, Sedimentologie und syngenetischer Tektonik. – Ecl. geol. Helv., 56: 529–640. [92]
WIEDICKE, M. (1987): Biostratigraphie, Mikrofazies und Diagenese tertiärer Karbonate aus dem Südchinesischen Meer (Dangerous Grounds – Palawan, Philippinen). – Facies 16: 195–302; Erlangen. [381]
WIESENEDER, H. (1962): Sedimentologische und sedimentpetrographische Beobachtungen im Profil Pazin-Poljice. – Verh. geol. Bundesanst. Wien, H. 2: 235–238. [82]
WIESENEDER, H. & MAURER, I. (1958): Ursachen der räumlichen und zeitlichen Änderung des Mineralbestandes der Sedimente des Wiener Beckens. – Eclog. Geol. Helvet., 51: 1155–1172. [127]
WIGLEY, T. M. L. & PLUMMER, L. N. (1976): Mixing of carbonate waters. – Geochim. Cosmochim. Acta, 40: 989–995. [384]
WILKINSON, B. H. (1979): Biomineralization, paleoceanography, and the evolution of calcareous marine organisms. – Geology, 7: 524–527. [255]
– (1982): Cyclic cratonic carbonates and Phanerozoic calcite seas. – J. Geol. Education, 30: 189–203; Washington. [255, 329]
WILKINSON, B. H., BUCZYNSKI, Chr. & OWEN, R. M. (1984): Chemical control of carbonate phases: implications from Upper Pennsylvanian calcite-aragonite ooids of southeastern Kansas. – J. Sediment. Petrol. 54: 932–947. [335]
WILKINSON, B. H., CARROL, A. R. & OWEN, R. M. (1983): Temporal variation in the abundance and mineralogy of Phanerozoic oolites: Records of cyclic changes in atmospheric-hydrospheric chemistry. – Geol. Soc. Amer., Abstracts with Programs, 1983 Annual Meeting, 718. [256]
WILKINSON, B. H. & LANDING, E. (1978): „Eggshell diagenesis" and primary radial fabric in calcite ooids. – J. Sediment. Petrol., 48: 1129–1138. [335]
WILKINSON, B. H., POPP, B. N. & OWEN, R. M. (1980): Nearshore ooid formation in a modern temperate region marl lake. – J. Geol., 88: 697–704. [332]
WILKINSON, B. H., SMITH, A. L. & LOHMANN, K. C. (1985): Sparry calcite marine cement in Upper Jurassic limestones of southeastern Wyoming. – In SCHNEIDERMANN, N. & HARRIS, P. M. (eds.): Carbonate Cements. – Soc. Econ. Paleont. Mineral. Spec. Publ., 36: 169–184. [383]
WILLIAMS, A. (1956): The calcareous shell of the Brachiopoda and its importance to their classification. – Biol. Rev., 31, 3: 243–287. [298]
WILLIAMS, C. A. (1981): The evolution of sedimentary basins, news and views. – Nature, 292, 802. [946]
WILLIAMS, C. E. & McARDLE, P. (1978): Ireland. – In BOWIE, H. U., KVALHEIM, A. & HASLAM, H. W. (Hrsg.): Mineral deposits of Europe, vol. 1: Northwest Europe: 319–345, London (Instn. Min. Metall. & Miner. Soc.). [673]
WILLIAMS, D. F., MOORE, W. S. & FILLON, R. H. (1982): Role of glacial Arctic Ocean ice sheets in Pleistocene oxygen isotope and sea level records. – Earth Planet. Sci. Lett. 56: 157–166. [248]
WILLIAMS, E. G., BERGENBACK, R. E., FALLA, W. S. & UDAGAWA, S. (1968): Origin of some Pennsylvanian underclays in western Pennsylvania. – J. of Sedimentary Petrology, 38, 4: 1179–1193. [56]
WILLIAMS, E. G. & SLINGERLAND, R. (1982): Application of hydraulic equivalence to the interpretation of arkoses and related rocks. – 11th Internat. Congr. Sedimentol., Hamilton, Abstr., 83. [114]

WILLIAMS, G. D. (1966): Origin of shale-pebble conglomerate. – Amer. Assoc. Petrol. Geol. Bull., **50**: 573–577. [73]
WILLIAMS, H. & McBIRNEY, A. (1979): Volcanology. – 391 pp.; Freeman, Cooper and Co., San Francisco. [731]
WILLIAMS, H. & TURNER, F. J. & GILBERT, C. M. (1982): Petrography: An introduction to the study of rocks in thin section. – 2nd ed., 1–626; W. H. Freeman and Co., San Francisco. [731]
WILLIAMS, L. A. & CREAR, D. A. (1985): Silica diagenesis, II. General mechanisms. – J. Sediment. Petrol., **55**: 312–321. [537]
WILLIAMS, L. A., PARKS, G. A. & CREAR, D. A. (1985): Silica diagenesis, I. Solubility controls. – J. Sediment. Petrol., **55**: 301–311. [537]
WILLIAMS, P. B. & KEMP, P. H. (1971): Initiation of ripples on flat sediment beds. – J. Hydraul. Div. A. S. C. E. **97**: 505–522. [782]
WILLIAMS, P. F. & RUST, B. R. (1969): The sedimentology of a braided river. – J. Sediment. Petrol., **39**: 649–679. [870]
WILLIAMSON, W. C. (1880): On the organization of the fossil plants of the coal-measures, Pt. 10. – Roy. Soc. London, Philos. Trans., **17**: 493–539. [281]
WILLMANN, R. (1981): Evolution, Systematik und stratigraphische Bedeutung der neogenen Süßwassergastropoden von Rhodos und Kos/Ägäis. – Palaeontographica A **174**: 10–235. [305]
WILSON, A. F. (1983): The significance of non-hydrothermal transport of gold, and the accretion of large gold nuggets in laterite and other weathering profiles in Australia. – Spec. Publ. Geol. Soc. S. Afr., **7**: 229–234; Johannesburg. [625, 628]
WILSON, C. J. N. (1980): The role of fluidization in the emplacement of pyroclastic flows: an experimental approach. – J. Volcanol. Geotherm. Res., **8**: 231–249. [757]
– (1984): The role of fluidization in the emplacement of pyroclastic flows, 2: experimental results and their interpretation. – J. Volcanol. Geotherm. Res., **20**: 55–84. [757]
– (1985): The Taupo Eruption, New Zealand, II. The Taupo Ignimbrite. – Phil. Trans. R. Soc. Lond., A **314**: 229–310. [757]
WILSON, C. J. N. & WALKER, G. P. L. (1982): Ignimbrite depositional facies: the anatomy of a pyroclastic flow. – J. Geol. Soc. London, **139**: 581–592. [753]
– – (1985): The Taupo Eruption, New Zealand, I. General Aspects. – Phil. Trans. R. Soc. Lond., A **314**: 199–228. [757]
WILSON, C. W., Jr. & STEARNS, R. G. (1968): Geology of the Wells Creek Structure. – Tennessee Div. Geol. Bull., **68**, 236 S. [95]
WILSON, H. H. (1977): „Frozen-in" hydrocarbon accumulations or diagenetic traps – exploration targets. – Amer. Assoc. Petrol. Geol. Bull., **61**: 483–491. [156]
WILSON, I. G. (1972): Aeolian bedforms – their development and origins. – Sedimentology, **19**: 173–210. [803, 806, 807, 882]
– (1973): Ergs. – Sed. Geol., **10**, 77–106. [805, 882]
WILSON, J. L. (1975): Carbonate Facies in Geologic History. – 471 S.; Springer-Verlag, Berlin, Heidelberg, New York. [347, 348, 354–356, 929]
– (1982): Variations in the carbonate facies spectrum. – Internat. Assoc. Sedimentol. 11. Congress, Hamilton, Abstr., 113. [356]
WILSON, J. T. (1966): Did the Atlantic close and then re-open? – Nature, **211**: 676–681. [947]
– (1968): Static or mobile earth: the current scientific revolution. – Proc. amer. philos. Soc., **112**: 309–320. [947]
WILSON, L. (1980): Relationships between pressures, volatile content and ejecta velocity in three types of volcanic eruptions. – J. Volcanol. Geotherm. Res., **8**: 297–313. [738]
WILSON, L. & HEAD, J. W., III (1981): Ascent and eruption of basaltic magma on the earth and moon. – J. Geophys. Res., **86**: 2971–3001. [741]
WILSON, L., SPARKS, R. J. S. & WALKER, G. P. L. (1980): Explosive volcanic eruptions, IV. The control of magma properties and conduit geometry on eruption column behaviour. – Geophys. J. Roy. Astron. Soc., **63**: 117–148. [756]
WILSON, L., SPARKS, R. J. S., HUANG, T. C. & WATKINS, N. D. (1978): The control of volcanic column eruption heights by eruption energetics and dynamics. – J. Geophys. Res., **83**: 1829–1836. [739, 745]
WILSON, M. D. & PITTMAN, E. D. (1977): Authigenic clays in sandstones: Recognition and influence on reservoir properties and paleoenvironmental analysis. – J. Sediment. Petrol., **47**: 3–31. [170]
WILSON, M. J. & NADEAU, P. H. (1985): interstratified clay minerals and weathering processes. – In DREVER, J. J. (ed.): The chemistry of weathering. NATO ASI Series C, **149**: 97–118. [28]
WILSON, M. J., RUSSELL, J. D., TAIT, J. M., CLARK, D. R., FRASER, A. R. & STEPHEN, I. (1981): A swelling hermatite/layer silicate complex in weathered granite. – Clay Min., **16**: 261–278. [28]
WILSON, R. C. L. (1968): Carbonate facies variation within the Osmington oolite series in southern England. – Palaeogeogr., Palaeoclimatol., Palaeoecol., **4**: 89–123. [335]
– (1983) (ed.): Residual Deposits: Surface Related Weathering Processes and Materials. – Geol. Soc. London, spec. publ., **11**, 258 pp. [68, 515]
WIMMENAUER, W. (1985): Petrographie der magmatischen und metamorphen Gesteine. – 382 pp.; Enke, Stuttgart. [731]
WINDOM, H. L. (1975): Eolian contributions to marine sediments. – J. Sediment. Petrol., **45**: 520–529. [198]

WINKLER, Ch. D. & EDWARDS, M. B. (1983): Unstable progradational clastic shelf margins. – In STANLEY, D. J. & MOORE, G. T. (eds.): The Shelfbreak: Critical Interface on Continental Margins. – Soc. Econ. Paleont. Mineral. Spec. Publ., **33**: 139–157. [933]
WINKLER, H. G. F. (1967): Die Genese der metamorphen Gesteine. – 2. Aufl., 237 pp.; Springer. [722]
– (1970): Abolition of metamorphic facies, introduction of four divisions of metamorphic stage, and of a classification based on isogrades in common rocks. – N. Jb. Miner., Mh., **1970**: 189–248. [182]
WINLAND, H. D. (1971): Non-skeletal deposition of high-Mg calcite in the marine environment and its role in the retention of textures. – In BRICKER, O. P. (ed.): Carbonate Cements. – John Hopkins Univ. Studies in Geology, **19**: 278–284; Baltimore. [241]
WINLAND, H. D. & MATTHEWS, R. K. (1974): Origin and significance of grapestone, Bahama Islands. – J. Sediment. Petrol., **44**: 921–927. [385]
WINN, R. D., Jr. & DOTT, R. H., Jr. (1977): Large-scale traction-produced structures in deep-water fan-channel conglomerates in southern Chile. – Geology, **5**: 41–44. [81, 83]
– – (1979): Deep-water fan-channel conglomerates of Late Cretaceous age, southern Chile. – Sedimentology, **26**: 203–228. [82]
WINNOCK, E. (1979): Les dépôts de l'Eocène inférieur au Nord de l'Afrique. Aperçu paléogéographique de l'ensemble. – Coll. internat., 6–7 nov. 1979, Géologie comparée des gisements de phosphates et de pétrole. Documents du BRGM, **24**, Paris. [560]
WINTER, A., STOCKWELL, D. & HARGRAVES, P. E. (1986): Tintinnid agglutination of coccoliths: a selective or random process? – Mar. Micropaleontol. **10**: 375–379; Amsterdam. [287]
WINTER, G. (1979): Anorganische Pigmente: Disperse Festkörper mit technisch verwertbaren optischen und magnetischen Eigenschaften. – Fortschr. Miner., **57**: 172–202. [170]
WINTER, J. (1981): Exakte tephro-stratigraphische Korrelation mit morphologisch differenzierten Zirkonpopulationen (Grenzbereich Unter-/Mitteldevon, Eifel-Ardennen). – N. Jb. Geol. Pal. Abh. **162**: 1–56. [122, 749]
WINTERER, E. L. & BOSELLINI, A. (1981): Subsidence and sedimentation on Jurassic passive continental margin, Southern Alps, Italy. – Amer. Assoc. Petrol. Geol. Bull., **65**: 394–421. [947]
WISE, S. W., Jr. & KELTS, K. R. (1972): Inferred diagenetic history of a weakly silicified deep sea chalk. – Trans. Gulf Coast Assoc. Geol. Soc., **22**: 177–203. [390]
WISE, S. W., Jr. & WEAVER, F. M. (1974): Chertification of oceanic sediments. – Int. Assoc. Sediment. Spec. Pub., **1**: 301–326. [511]
WITTHUHN, W. (1968): Schalensubstanz und Schalenstruktur der Gattung Bolivina ORB. (Foram.) aus dem Mittleren Lias Nordwestdeutschlands. – Beih. Ber. naturhist. Ges., **5**, KELLER-Festschr., Hannover: 445–455. [287]
WOHLETZ, K. H. (1983): Mechanism of hydrovolcanic pyroclast formation: grain size, scanning microscopy, and experimental studies. – J. Volcanol. Geotherm. Res., **17**: 31–63. [740]
WOHLFEIL, K. (1982): Verbreitung, Herkunft und Bedeutung der Psephite des Seegebietes zwischen den Färöer und Island. – „Meteor" Forsch.-Ergebn., C, **36**: 31–56. [71]
WOLDSTEDT, P. (1955): Norddeutschland und angrenzende Gebiete im Eiszeitalter. – K. F. Koehler, Stuttgart, 467 pp. [73]
– (1961): Das Eiszeitalter. – Bd. 1, 374 S., Enke, Stuttgart. [886]
WOLETZ, G. (1963): Charakteristische Abfolgen der Schwermineralgehalte in Kreide- und Alttertiär-Schichten der nördlichen Ostalpen. – Jb. geol. Bundesanst. Wien, **106**: 89–119. [121]
– (1967): Schwermineralvergesellschaftungen aus ostalpinen Sedimentationsbecken der Kreidezeit. – Geol. Rdsch., **56**: 308–320. [121]
WOLF, K. H. (1965a): „Grain-diminution" of algal colonies to micrite. – J. Sediment. Petrol., **35**: 420–427. [354, 389]
– (1965b): Littoral environment indicated by open-space structures in algal limestones. – Palaeogeogr., Palaeoclimat., Palaeoecol., **1**: 183–223. [353]
– (1971): Texture and compositional transitional stages between various lithic grain types. – J. Sediment. Petrol., **41**: 328–332. [110]
– (ed.) (1976–1986): Handbook of strata-bound and stratiform ore deposits. – Bd. 1–14, Elsevier, Amsterdam-Oxford-New York. [572]
WOLF, MANFR. (1968): Die chilenischen Salpeterlagerstätten – Bemerkungen zu ihrer Genese. – Bergakademie, **20**: 459–463. [492]
WOLF, MONIKA (1966): Observations pétrographiques sur les schistes boghead d'Autun (Saône-et-Loire). – Sci. Terre **11**, 1: 7–18; Nancy. [721]
– (1969): Ein Inkohlungsprofil durch das Flözleere nördlich von Meschede. – Erdöl und Kohle **22**, 4: 185–187; Hamburg. [729]
– (1972): Beziehungen zwischen Inkohlung und Geotektonik im nördlichen Rheinischen Schiefergebirge. – N. Jb. Geol. Paläont. Abh., **141**, 2: 222–257; Stuttgart. [729]
– (1975): Über die Beziehungen zwischen Illit- Kristallinität und Inkohlung. – N. Jb. Geol. Paläont. Mh., **1975**: 437–447; Stuttgart. [216, 721]
WOLF, M. & WOLFF-FISCHER, E. (1984): Alginit in Humuskohlen karbonischen Alters und sein Einfluß auf die optischen Eigenschaften des begleitenden Vitrinits. – Glückauf-Forschungsh. **45**, 5: 243–246; Essen. [700]
WOLF, T. (1878): Der Cotopaxi und seine letzte Eruption am 26. Juni 1877. – N. Jb. Min. Geol., 113–167. [751]
WOLFE, M. J. (1968): Lithification of a carbonate mud: Senonian chalk in Northern Ireland. – Sed. Geol., **2**: 263–290. [339, 367]

Wolff, M. (Foto.). [272]
Wollast, R. (1967): Kinetics of the alteration of K-feldspar in buffered solutions at low temperature. – Geochim. et Cosmochim. Acta, **31**: 635–648. Zitiert und verarbeitet in Helgeson 1971. [24]
– (1974): The silica problem. – In Goldberg, E. D. (ed.): The Sea, Vol. **5**: 359–392; Wiley-Interscience, New York. [511, 512]
Wollast, R. & Chou, L. (1985): Kinetic study of the dissolution of albite with a continuous flow-through fluidized bed reactor. – In Drever, J. J. (ed.): The chemistry of weathering. – NATO ASI Series C, **149**: 75–98. [24]
Wolter, R. & Schneider, H.-J. (1988): Genetical significance of saline relics in carbonate host rocks of Alpine Pb-Zn deposits. – In Friedrich, G. & Herzig, P. M. (eds.): Base Metal Sulfide Deposits. – Spec. Publ. SGA, **5**: 121–131; Springer, Berlin-Heidelberg. [669]
Wood, C. A. (1980): Morphometric evolution of cinder cones. – J. Volcanol. Geotherm. Res., **7**: 387–414. [741]
Wood, J. R. & Hewett, T. A. (1984): Reservoir diagenesis and convective fluid flow. – In McDonald, D. A. & Surdam, R. C. (eds.): Clastic Diagenesis. – Amer. Assoc. Petrol. Geol. Mem., **37**: 99–110. [149]
Wood, J. R. & Surdam, R. C. (1979): Application of convective-diffusion models to diagenetic processes. – In Scholle, P. A. & Schluger, P. R. (eds.): Aspects of Diagenesis. – Soc. Econ. Paleont. Mineral. Spec. Publ., **26**: 243–250. [149]
Wood, M. W. & Shaw, H. F. (1976): The geochemistry of celestites from the Yate area near Bristol (U. K.). – Chem. Geol., **17**: 179–193. [421]
Woodley, J. D. et al. (1982): Hurricane Allen's impact on Jamaican coral reefs. – Science, **214**: 749–755. [351]
Woods, P. J. & Brown, R. G. (1975): Carbonate sedimentation in an arid zone tidal flat, Nilemah Embayment, Shark Bay, Western Australia. – In Ginsburg, R. N. (ed.): Tidal Deposits, 223–234; Springer, Berlin, Heidelberg, New York. [922]
Woodsend, A. (1984): Dredging for gold in the Yukon. – Min. Mag. **8**: 92–97. [628]
Woolnough, W. G. (1927): The duricrust of Australia. – J. Proc. R. Soc. N.S.W. **61**: 24–53. [515]
Woolsey, J. R., Henry, V. J. & Hunt, J. L. (1975): Backshore heavy-mineral concentration on Sapelo Island, Georgia. – J. Sediment. Petrol., **45**: 280–284. [908]
Wopfner, H. (1978): Silcretes of northern South Australia and adjacent regions. – In Langford-Smith, T.: Silcretes in Australia, 93–141; Univ. of New England Press, Australia. [90, 514–517, 519, 521]
– (1983a): Environment of silcrete formation: a comparison of examples from Australia and the Cologne Embayment, West Germany. – In Wilson, M. J. (ed.): Residual deposits. – Geol. Soc. London, Spec. Publ., **11**: 151–158. [516, 517]
– (1983b): Kaolinisation and the formation of silicified wood on late Jurassic Gondwana surface. – In Wilson, M. J. (ed.): Residual deposits. – Geol. Soc. London, Spec. Publ., **11**: 27–32. [542]
Woronick, R. E. & Land, L. S. (1985): Late burial diagenesis, Lower Cretaceous Pearsall and Lower Glen Rose Formations, South Texas. – In Schneidermann, N. & Harris, P. M. (eds.): Carbonate Cements. – Soc. Econ. Paleont. Mineral. Spec. Publ., **36**: 265–275. [381, 383, 387]
Worsley, T. R. & Davies, T. A. (1979): Cenozoic sedimentation in the Pacific Ocean: steps toward a quantitative evaluation. – J. Sediment. Petrol., **49**: 1131–1146. [942]
Worsley, T. R. & Nance, D. (1983): Sea level, tectonic cycles and carbonate deposition. – Geol. Soc. Amer. Abstr. & Progr., 723. [851]
Wray, J. L. (1971): Ecology and geologic distribution. – In Ginsburg, R., Rezak, R. & Wray, J. L. (eds.): Geology of Calcareous Algae (Notes for a Short Course). – Comparative Sediment. Lab. Univ. Miami, 5.1–5.6, Miami. [258, 269]
– (1977): Calcareous algae. – Developments in Palaeontology and Stratigraphy, **4**, 185 S.; Elsevier, Amsterdam-Oxford-New York. [257, 258, 262, 269–272, 274, 275, 277]
– (1978): Calcareous algae. – In Haq, B. U. & Boersma, A. (eds.): Introduction to Marine Micropaleontology, 171–187; Elsevier, New York. [258, 259]
Wrede, V. (1981): Die Aufschlüsse im Querschlag von der Zeche Königsborn bei Unna im Feld Monopol III, mit einem Beitrag zur Stratigraphie der tiefsten Sprockhöveler Schichten (Namur C). – Z. dtsch. geol. Ges. **132**: 83–93; Hannover. [724]
Wright, E. P. (1978): Geological studies in the northern Kalahari. – Geographical Jour. **144**: 235–249. [516]
Wright, L. D. (1977): Sediment transport and deposition at river mouths: a synthesis. – Bull. geol. soc. Amer., **88**: 857–868. [895]
Wright, L. D. & Coleman, J. M. (1973): Variations in morphology of major river deltas as function of ocean wave and river discharge regimes. – Amer. Assoc. Petrol. Geol. Bull., **57**: 370–398. [894]
– – (1974): Mississippi River mouth processes: effluent dynamics and morphologic development. – J. Geol., **82**: 751–778. [894]
Wright, R. F., Matter, A., Schweingruber, M. & Siegenthaler, U. (1980): Sedimentation in Lake Biel, an eutrophic, hard-water lake in northwestern Switzerland. – Schweiz. Z. Hydrol., **42**: 101–126. [878, 880]
Wright, T. L. (1968): X-ray and optical study of alkali feldspar. II. An X-ray method for determining the composition and structural state from measurement of 2Θ values for three reflexions. – Amer. Min., **53**: 88–104. (s. auch Sibley, D. F., J. Sed. Petr. **48**, 984). [423]
Wright, V. P. (1983): Morphogenesis of Oncoids in the Lower Carboniferous Llanelly Formation of South Wales. – In Peryt, T. M. (ed.): Coated Grains, S. 424–434; Berlin-Heidelberg (Springer). [269]
Wu Yinglin & Yan Yangji (1987): Depositional models of Lower and Middle Triassic evaporites in the Upper

Yangtze area, China. – In PERYT, T. M. (Hrsg.): Evaporite Basins. – Lecture Notes in Earth Sciences, **13**: 69–88; Springer-Verlag, Berlin, Heidelberg. [500]
WÜRDEMANN, H. (1962): Petrographische Untersuchungen an sedimentären Eisenerzen des Dogger-beta von Staffhorst-Schwaförden bei Nienburg/Weser. – Diss. Hamburg, 106 S.; Hamburg. [600]
WUNDERLICH, F. (1967): Die Entstehung von „convolute bedding" an Platenrändern. – Senckenb. lethaea, **48**: 345–349, Frankfurt. [833]
– (1970): Genesis and environment of the „Nellenköpfchenschichten" (lower Emsian, Rhenian Devon) at locus typicus in comparison with modern coastal environment of the German Bay. – J. Sediment. Petrol., **40**: 102–130. [904]
– (1972): Georgia coastal region, Sapelo Island, U. S. A., Sedimentology and Biology III, beach dynamics and beach development. – Senckenbergiana marit., **4**: 47–79. [795]
– (1979): Die Insel Mellum (südliche Nordsee). Dynamische Prozesse und Sedimentgefüge. I. Südwatt, Übergangszone und Hochfläche. – Senckenberg. marit., **11**: 59–113. [901]
WURM, D. (1982): Mikrofazies, Paläontologie und Palökologie der Dachsteinriffkalke (Nor) des Gosaukammes, Österreich. – Facies **6**: 203–296; Erlangen. [270, 356, 433]
WURSTER, P. (1964): Geologie des Schilfsandsteins. – Mitt. Geol. Staatsinst. Hamburg, **33**, 140 pp. [790, 896]

XI XIAOSONG (1987): Characteristic and environments of Sinian evaporite in southern Sichuan, China. – In PERYT, T. M. (Hrsg.): Evaporite Basins. – Lecture Notes in Earth Sciences, **13**: 23–29; Springer-Verlag, Berlin, Heidelberg. [500]

YAALON, D. H. (1962): Mineral composition of the average shale. – Clay Minerals Bull., **5**: 31–36. [187]
YAALON, D. H. & DAN, J. (1974): Accumulation and distribution of loess-derived deposits in the semi-desert fringe areas of Israel. – Z. Geomorph. N. F., Suppl., **20**: 91–105. [883]
YAALON, D. H. & SINGER, S. (1974): Vertical variation in strength and porosity of calcrete (nari) on chalk, Shefela, Israel and interpretation of its origin. – J. Sediment. Petrol. **44**: 1016–1023. [358]
YAGISHITA, K. & MORRIS, R. C. (1979): Microfabrics of a recumbent fold in cross-bedded sandstones. – Geol. Mag., **116**: 105–116. [833]
YALIN, M. S. (1972): Mechanics of Sediment Transport. – 290 S.; Pergamon Press, Oxford etc. [779]
YARIV, S. & CROSS, H. (1979): Geochemistry of colloid systems. – 450 S.; Springer, Berlin, Heidelberg, New York. [13]
YÉBENES, A. (1973): Estudio petrológico y geoquímico de las „Carniolas des Cretácico Superior" de la Serranía de Cuenca. – Dipl. Arb., Univ. Complutense de Madrid, 9 S. [88]
YONGE, C. M. (1957): Symbiosis. – In HEDGPETH, J. W. (ed.): Ecology. – Geol. Soc. Amer. Memoir, **67**, 1: 429–442. [292]
– (1958): Ecology and physiology of reef-building corals. – In BUZZATI-TRAVERSO, A. A. (ed.): Perspectives in marine biology, 117–135; Berkeley (Univ. Calif. Press). [292]
– (1963): The biology of coral reefs. – Advan. Marine Biol. **1**: 209–260. [292]
YORATH, C. J., BORNHOLD, B. D. & THOMSON, R. E. (1979): Oscillation ripples on the northeast Pacific continental shelf. – Mar. Geol., **31**: 45–58. [799]
YOUNG, F. G. & RAHMANI, R. A. (1974): Bioturbation structures in clastic rocks. – In SHAWA, M. S. (ed.): Use of Sedimentary Structures for Recognition of Clastic Environments. – Canad. Soc. Petrol. Geol., 41–52. [834]
YOUNG, G. M. (1970): An extensive early Proterozoic glaciation in North America? – Palaeogeogr. Palaeoclimat. Palaeoecol., **7**: 85–101. [885]
– (1976): Iron-formation and glaciogenic rocks of the Rapitan group, Northwest Territories, Canada. – Precambr. Res., **3**: 137–158; Amsterdam. [591, 594]
YOUNG, J. H., Jr. DE, SUTPHIN, D. M. & CANNON, W. F. (1984): International strategic minerals inventory summary – manganese. – US geol. Surv., Circ. **930**-A, 22 S.; Alexandria, Va. [604]
YOUNG, R. A. (1975): Some aspects of crystal structural modeling of biological apatites. – In Physico-chimie et crystallographie des apatites d'intérêt biologique. Centre Nat. Rech. Sci. (C.N.R.S.) Paris, 21–40. [544]
YOUNG, S. W. (1976): Petrographic textures of detrital polycrystalline quartz as an aid to interpreting crystalline source rocks. – J. Sediment. Petrol., **46**: 595–603. [107]
YÜKLER, M. A., CORNFORD, C. & WELTE, D. (1978): Simulation of geologic, hydrodynamic and thermodynamic development of a sedimentary basin. – A quantitative approach. – KFA/EOG-Report No. 500 278, 35 S. [960]
YURKOVA, R. M. (1970): Comparison of postsedimentary alteration of oil-, gas- and water-bearing rocks. – Sedimentology, **15**: 53–68. [127]
YUSUF, N. el-D. (1980): Magnesium und Strontium in Foraminiferen-Schalen als Anzeiger für Paläosalinität. – N. Jb. Geol. Paläont. Mh., **1980**: 373–382; Stuttgart. [287]

ZANKE, U. (1982): Grundlagen der Sedimentbewegung. – 402 S; Springer-Verlag, Berlin, Heidelberg, New York. [782]
ZANKL, H. (1969a): Der Hohe Göll. Aufbau und Lebensbild eines Dachsteinkalk-Riffes in der Obertrias der nördlichen Kalkalpen. – Abh. Senckenb. naturf. Ges. **519**: 1–123. [288, 352, 356]
– (1969b): Structural and textural evidence of early lithification in fine-grained carbonate rocks. – Sedimentology, **12**: 241–256. [366, 368, 383, 386]

— (Foto) [327]
ZANKL, H. & SCHROEDER, J. H. (1972): Interaction of genetic processes in Holocene reefs off North Eleuthera Island, Bahamas. — Geol. Rdsch., **61**: 520—541. [353]
ZANTOP, H. (1981): Trace elements in volcanogenic manganese oxides and iron oxides: the San Francisco manganese deposit, Jalisco, Mexico. — Econ. Geol., **76**: 545—555; Lancaster, Pa. [605]
ZAPFE, H. (1936): Die Erhaltungsmöglichkeit des Aragonit im Fossilisationsprozeß, untersucht mit Hilfe des Reagens von FEIGL und LEITMEIER. — Anz. Akad. Wiss. Wien, **73**, 11: 110—111. [372]
ZELLER, E. J. & WRAY, J. (1956): Factors influencing precipitation of calcium carbonate. — Amer. Assoc. Petrol. Geol. Bull., **40**: 140—152. [253]
ZEN, E-AN. (1965): Solubility measurements in the system $CaSO_4$—$NaCl$—H_2O at 35°, 50° and 70° and one atmosphere pressure. — J. Petrol., **6**: 124—164. [443]
ZENGER, D. H. (1972a): Significance of supratidal dolomitization in the geologic record. — Geol. Soc. Amer. Bull., **83**: 1—12. [413]
— (1972b): Dolomitization and uniformitarianism. — J. Geol. Education, **20**: 107—124. [413]
— (1979): Primary textures in dolostones and recrystallized limestones: A technique for their microscopic study. — J. Sediment. Petrol., **49**: 677—678. [404]
— (1983): Burial dolomitization in the Lost Burro Formation (Devonian), east-central California, and the significance of late diagenetic dolomitization. — Geology, **11**: 519—522. [416]
ZHAO, X. F., Hsü, K. J. & KELTS, K. R. (1984): Varves and other laminated sediments of Zübo. — In Hsü, K. J. & KELTS, K. R. (eds.): Quaternary Geology of Lake Zürich: An Interdisciplinary Investigation by Deep-Lake Drilling. — Contrib. Sedimentol., **13**: 161—176; Schweizerbart, Stuttgart. [849]
ZIEGLAR, D. L. & SPOTTS, J. H. (1978): Reservoir and source-bed history of Great Valley, California. — Amer. Assoc. Petrol. Geol. Bull., **62**: 813—826. [154]
ZIEGLER, B. (1967): Ammoniten-Ökologie am Beispiel des Oberjura. — Geol. Rdsch., **56**: 439—464. [304]
— (1983): Einführung in die Paläobiologie. Teil 2. Spezielle Paläontologie (Protisten-Mollusken). — 409 S.; Stuttgart, Schweizerbart. [288, 301, 305, 308, 310]
ZIEHEN, W. (1980, 1981): Forschungen über Osteokollen I, II. — Mainzer Naturw. Archiv, **18**: 1—70, **19**: 1—53. [361]
ZIEHR, H., MATZKE, K., OTT, G. & VOULTSIDES, V. (1980): Ein stratiformes Fluoritvorkommen im Zechsteindolomit bei Eschwege und Sontra in Hessen. — Geol. Rdsch. **69**: 325—348. [680]
ZIEHR, H. (Dünnschliff) [680]
ZIELINSKI, R. A. (1982): The mobility of uranium and other elements during alteration of rhyolitic ash to montmorillonite: A case study in the Troublesome Formation, Colorado. — Chem. Geol., **35**: 185—204. [773, 776, 777]
ZIES, E. G. (1929): The Valley of Ten Thousand Smokes. — Contrib. Techn. Papers, vol. I, no. **4**, 79 pp.; Washington. [580]
ZIJLSTRA, H. J. P. (in Vorber.): Early diagenetic silicon precipitation and subsequent quartz concretion growth in Late Cretaceous chalk of the Maastrichtian type locality. [541]
ZIMDARS, J. (1958): Über Korn-Oberflächen von Sanden. Eine kritische Betrachtung der morphoskopischen Quarzkornanalyse. — Diss. Univ. Tübingen, 92 pp. [143]
ZIMMERLE, W. (1963): Zur Petrographie und Diagenese des Dogger-beta-Hauptsandsteins im Erdölfeld Plön-Ost. — Erdöl u. Kohle, **16**: 9—16. [114, 119]
— (1972): Sind detritische Zirkone rötlicher Farbe auch in Mitteleuropa Indikatoren für präkambrische Liefergebiete? — Geol. Rdsch., **61**: 116—139. [122]
— (1973): Fossil heavy mineral concentrations. — Geol. Rdsch., **62**: 536—548. [124]
— (1976): Die Tiefbohrung Saar 1. Petrographische Beschreibung und Deutung der erbohrten Schichten. — Geol. Jb. **A 27**: 91—305. [113, 120, 122, 161, 183]
— (1977): Ein neues Oben- und Unten-Kriterium im Dünnschliffbereich. — Z. dtsch. geol. Ges., **128**: 217—219. [841]
— (1982a): Authigenic growth of fibrous sericite into detrital quartz. — Estudios geol., **38**: 361—365. [163]
— (1982b): Sedimentologische Dünnschliff-Analyse der dunklen Tonsteine von Ober-Apt und Unter-Alb (Niedersächsisches Becken). — Geol. Jb., **A 65**: 63—109. [539]
ZIMMERMANN, L. (1980): Ein neues Formenelement im litoralen Benthos des Mittelmeerraumes: Die Klein-Atolle („Boiler"-Riffe) bei Phalasarna/Westkreta. — Berliner Geogr. Stud. **7**: 135—153; Berlin. [274]
ZIMMERMANN, R. A. (1969): Sediment-ore-structure relations in barite and associated ores and sediments in the Upper Mississippi Valley lead-zinc district near Shullsburg, Wisconsin. — Mineral. Deposita, **4**: 248—259; Berlin usw. [675]
ZINGG, Th. (1935): Beitrag zur Schotteranalyse. — Schweiz. miner. petr. Mitt., **15**: 39—140. [78]
ZINKERNAGEL, U. (1978): Cathodoluminescence of quartz and its application to sandstone petrology. — Contrib. Sedimentol., **8**, 69 S.; Stuttgart. [105]
— (1980): Framework alterations in sandstones in the course of diagenesis. (Cathodoluminescence studies). — Internat. Assoc. Sedimentol. 1st Europ. Mtg., Bochum, Abstr., 21—22. [153]
— (mdl. Mitt.) [168]
ZISERMAN, A. (1980): Les gisements de Chaillac (Indre). — 26. Congr. géol. intern., Gisements franç., **E 3**, 46 S.; Orléans (BRGM). [674]
ZORN, H. (1976): Über den Lebensraum fossiler Wirtelalgen in der Trias der Alpen. — Naturwissenschaften **63**: 426—429. [269]

ZÜLLIG, H. (1956): Sedimente als Ausdruck des Zustandes eines Gewässers. – Schweiz. Z. Hydrol., **18**: 5–143. [513]
ZUFFARDI, P. (1976): Karst and economic mineral deposits. – In WOLF, K. H. (Hrsg.): Handbook of strata-bound and stratiform ore deposits, **3**: 175–212; Amsterdam (Elsevier). [674]
ZUMPE, H. H. (1964): The detection of phosphatization in calcareous sediments – a fluorescence method. – J. Sediment. Petrol., **34**: 691–692. [325]

Nachtrag zum Literaturverzeichnis

HAY, R. L. (1963): Stratigraphy and zeolitic diagenesis of the John Day Formation of Oregon. – Univ. Calif. Publ. Geol. Sci. **42**: 199–262. [775]
IIJIMA, A. & HARADA, K. (1968): Authigenic zeolites in palagonite tuffs on Oahu, Hawaii.– Amer. Mineral. **54**: 182–197. [775]
MOORE, J. G., PHILLIPS, R. L., GRIGG, R. W., PETERSON, D. W. & SWANSON, D. A. (1973): Flow of lava into the sea 1969–1971, Kilauea Volcano, Hawaii. – Geol. Soc. Amer. Bull. **84**: 537–546. [769]
ROSS, C. S. (1955): Provenance of pyroclastic materials. – Geol. Soc. Amer. Bull. **66**: 427–434. [778]
SMITH, R. L. (1960a): Ash flows. – Geol. Soc. Amer. Bull. **71**: 795–842. [751]
– (1960b): Zones and zonal variations in welded ash flows. – U. S. Geol. Survey Prof. Paper **354-F**: 149–159. [751, 753, 755]
ZIELINSKI, R. A. (1980): Stability of glass in the geologic environment: some evidence from studies of natural silicate glasses. – Nucl. Technology, **15**: 197–200. [773]

Sachverzeichnis

(**fett** = Hauptbehandlung, Kapitelüberschriften z. T.; *kursiv* = mit Abbildung)

Abflußrichtung 870
– rate 873
Abnutzung (Gerölle) 75 ff.
Abplattung 79
Abscheidungsfolge (Evaporite) 441
Abu Dhabi *494* ff.
Abyssal 931
abyssische Ebenen 942
Acanthaster (Seestern) 351
Acetabularia (Grünalge) **269**, 281, 340
Acicularia (Grünalge) *259*
Acropora (Hexakoralle) 292 f., 350 f.
Adhäsionsrippeln 882
Adsorptionskapazität 20
Ägirin 490
äolisch/aquatisch (Unterscheidung) 885
Ästuare **898** f.
Agaricia (Koralle) 351
Agglomerat 742
Agglutinat (Agglutinierung) 742, 744
aggrading crystallisation *271*, *333*, 374, **390**
Aggregatkörner 326
Agrichnia 838
Akkretionskeil *946*
Akkumulationsraten 859 ff., *940*, 942
Aklé (Dünen) *803* f.
Alabamina (Foraminifere) *283*
Albedo 942
Alcyonaria (Oktokorallen) 293
Algen (Kalk-) **258** ff.
– matten, s. Blaualgenmatten
–, phylloide 348, *354*
Alginit *696*, **699** f., 707
Allenit (= Pentahydrit) 439
Allit 47, 49
allochems 338
alloclasts 326
Allogromia (Foraminifere) *283*
allozyklische Mechanismen 848
alluvial fans (Schwemmfächer) **865** f., 891
Alphanothese (Blaualge) 340
Altersbestimmungen 160, 221
Altwasserarme (oxbow lakes) 877
Alucretes 44, *50* f.
Aluminisation 28

Aluminium im Porenwasser 6
Aluminiumverbindungen 29 ff.
Amazonas-Delta 899
– Schwebfracht *200*
– Tiefseefächer 936
Ammonia (Foraminifere) *283*
Ammoniten (Cephalopoden) *307* ff.
amorphe Kieselsäure 21, 501, 503 f.
Amphipora (Stromatopore) 289, 356
Amphiroa (Rotalge) 259, *274* f., 345
Amphistegina (Foraminifere) *283*, 287, 400
Analcim 168, 423, 490 f., 775, 879, 881
anastomosierende Flüsse *866*, 868, **874**
Anchicodium (Grünalge) 271
Anchimetamorphose, Sandsteine 182 f.
–, Silt- und Tonsteine 211 ff., *215*, 722
Anfärbung von Karbonaten 240 f.
Anhydrit 412, *419* f., 439, *443* f., *457* ff., *463* ff., *496* f., 499
– -Gesteine 465 f.
– -Turbidit *458* f.
– wall (Zechstein) *458*, 464
– zement in Sandsteinen 169 f.
Anomia (Muschel) *302*
Anreicherung der Elemente (Verwitterung) 66 ff.
Antarcticit 439
Anthozoen (Korallen) *292* ff.
Anthrazit **684**, 720, *722*
Antidünen *762*, *780* f., 789, **795**
Antigorit 191
Anwachssäume s. Zement
Apatit in Phosphatgesteinen 544, 546, 550, 554 ff.
Aphthitalit (Glaserit) 439, 464
apron (= Schuttschürze) 941
Aptychen 309
Arab Formation (Jura, Saudi-Arabien) 930
arabische Halbinsel 328 f., 334, 339, 411 ff., 419, 433, 443, *494* ff., *922*, *927*
Aragonit 235 ff.
– in Biogenen *250*, *272*
– /Calcit in der Erdgeschichte 255 f., *335* f., 385
– -Calcit-Umwandlung **372** ff., *400*
– -Kompensationstiefe (ACD) 309, *939*, 941
– /Mg-Calcit-Verbreitung *385* f.
arc *946*

Archaeocyathiden 288, *354* f.
Archaeolithophyllum (Rotalge) *259*, 269
Arctica (Muschel) *305*
Arenicola (Wurm) *835* ff., 904
Arenit 130
Arkose 99 ff.
Armleuchtergewächse = Charophyten
Aromatisierung 715
Arthropoden *311* ff.
Asche 733 f.
Aschenfall, -strom *744*, 747, 752 f.
Aschenlagen, marin *749* f.
Astarte (Muschel) 304
Asterias (Seestern) 314
Asteriden (Seesterne) 319 f.
astronomische Periodizitäten 849 ff.
Atoll 350
Attapulgit = Palygorskit 192, **221**, 552 f.
Attrinit *692* f., *709*, 726
Aue (= Flußaue, flood plain) 871 f.
Auf-Karst-Laterit 48
Aufstiegsgeschwindigkeit (Lava) 741
Auftriebsgebiete 201, *548* ff.
Augelith 545
Aulakogen 951
Ausflockung von Tonen 199 ff.
Austern 304, 357
authigene Feldspäte in Kalken 421 ff., 490 f.
– Pyrite in Kalken 425
– Quarze in Kalken 421
– Schwerminerale in Kalken 119, 121, 425
– Tonminerale in Kalken 425
autozyklische Mechanismen 848
Autunit 613
Avicula (Muschel) 304
avulsion frequency
  (= Verlagerungshäufigkeit) 871 f.
Azidolyse 18

backarc basin 953
backflow-zone (an Dünen) 884
back-reef 350
backshore (= Trockener Strand) 908
backwash 786
Bänderton 888
Bärlappgewächse 711
Bärtchenbildung in Sandsteinen 183
bafflestone 338
Bahama-Plattform *328* ff., 334, 374, 388, 410 ff., *918* ff., **925**
Bakterien 169, 258 ff., 265, 362, 384, 901
– desulfurizierende 4, 9, 169, 901
Balanus (Arthropode) *314*, 357
ball-and-pillow-Struktur 834
Banded Iron Formation (BIF) 57 ff., 524 f., **590** ff., 617 f.
Bankungsdicke 83, *823*, **845**, 937
Barbados 374
Barbatia (Muschel) *304*
Barchan (= Sicheldüne) 803 ff.
barfinger sand (= Mündungsarm-Sand) 891 f.

Barre 787, 795
Barren-Theorie (Evaporite) *449* ff.
barrier bar/beach (= Nehrung) 910
– island (= Düneninsel) *910* f.
Baryt-Erze 672 ff.
– in Karbonatgesteinen 421
Barytocölestin 169 f.
Barytzement in Sandsteinen 170
Base Surge (s. auch Surgeablagerungen) 747
Bassanit (= Halbhydrat) 439, 443
Bathyal 931
Bathysiphon (Foraminifere) *283*
Bauxit 22, *41* ff., **48** ff.
– auf Charnockit 55
– auf Karst 54 f.
–, Klassifikation *50*
– -Profile *43*, *50* ff.
–, Verbreitung auf der Erde *45* ff.
–, Weltvorräte 49
beach face (am Nassen Strand) 908
Beachrock 377, **384**, 401
Beckenstudien 959 f.
Beckentypen (tektofazielle) 951 ff.
Beebe-Linie 928
Beidellit 25, 191
Belastungsdruck (Versenkungstiefe) *153*, *206*
Belastungsmarken (= load marks) *833* f.
Belemniten (Cephalopoden) *307* ff.
Bengalenfächer 935
Benioffzone 947, **954**
Bentheimer Sandstein (Valendis) *140*, 152, 916
Bentonit 225 f., **777** f.
Bergsturz 809, 811
berm (= Strandwall) 908
Bermuda 340, *376*, 399
Bestimmungsschlüssel für Kalkpartikel 320 ff.
Beulenrippel (hummocky cross-
  stratification) **800** f., 914 f.
Bevocastria (Blaualge) 262
Biancone 940
BIF s. Banded Iron Formation
Bijou Creek-Typ (braided river) *867*, 870
bimodale Korngrößenverteilung *76, 133*, **139**, *883*
Bimsstein 733, *735*, *753* ff.
bindstone 338
Bingham plastics *779* f., 813
Biocoenose 344 f.
Bioerosion 345
Biogene 249 ff.
–, Mineralzusammensetzung 249 ff.
Bioherme *347* ff.
Bio-Karst 345
Biokalk-arenit 337, **342** f.
– mikrit 342
– rudit *342* f.
– siltit *342* f.
Biolithit *342* f.
Biostasie 45
Biostrome *347* ff.
Bioturbation 834 ff.
birdfoot delta 892 f.

birdseyes (fenestra-Poren) 429
Bischofit 439, 464
Bitumengehalt und Brikettierung 726
Bituminit 700
black smokers *576*ff., 960
Blähtone 227 f.
Blasen, vulkanische 737
Blasensand 152, 834
Blast-Ablagerungen *763*
Blattverschiebungen 952 f.
Blau(grün)algen **258**ff., *347*ff., *354*ff., *388*f., *409*f., 525, 838, *901*
– matten *901*, **918**ff., *922*, 924, *927*f.
Blauschieferfazies 954 f.
Bleiglanz 637, 649
Blei-Isotope 670 f.
Blei-Zink-Erze 648 ff.
Blind River *610*f., 625
Blocklehm 71
Blöcke, pyroklastische *732*ff.
Bloedit (= Astrakanit) 439, 464
Bocana de Virrila (Peru) *448* f.
Boden-bildung 11
– formen, subaquatische *781*
– fracht (bedload) *783*
– körper (in Salzlaugen) 444
– rauhigkeit 780 f., *783*
– suspension *783*
Bodensee *267*f., *877*f., 880
Bödenkorallen (Tabulata) 294
Böhmit 29 f., 32, 46, 51, 53 f.
Böschungswinkel (Sand, Kies) 788
Bogenstruktur *702*
Bogheadkohle 707 f.
Bohrorganismen 345 f.
Bolivina (Foraminifere) *283*
Bomben (vulkanische) 734
– breccie *742*
– fragmentbreccie *742*
Bonaire (kleine Antillen) 411
Bonebed 560
Boracit *467*
Borgehalt von Tonen 218
Bor in Evaporiten 472, 474, 489
Borax 439, 491
Bornit 631
Botryococcus (Alge) 699
botryoidal lumps 326
bottomsets 880
Bouma-Sequenz (in Turbiditen) *821*
bounce marks (= Prallmarken) *826* f.
boundstone 337
Bradleyit 545
Brachiopoden (Armfüßer) **297** f., *415*
braided river (verflochtener Fluß) 866 ff.
Bramscher Massiv 720, 729
Brandfusit 710
Brandschiefer 706
Brandung 796, 908 f.
Brannerit 610
Brasilien *58, 62*

Brauneisen 590
Braunit 604
Braunkohle 690 ff.
Braunkohlenmoore und -Wälder 710 f.
Braunkohle/Steinkohle 696
Braunkohlen, U-haltig 613
Bravoit 654
Breccien 84 ff.
–, Ablagerungs- 85 ff.
–, fore reef- 86
–, Hangrutsch- 744
–, Hangschutt-, Bergsturz- 86, *88*
–, Impakt- 95
–, Intern-, Spalten- *90*ff., 933
–, Kollaps- *667*, 681
–, Lösungs-, Schrumpfungs- **88**ff., 360
–, mass flow- *86*ff.
–, Pseudo- 95 f.
–, Scherungs- *92*ff.
– -Schlote 615 f.
–, Seitenverschiebungen als Ursache 91
–, Stylo- 90
Brecciierung von Lavaströmen 768
Brent-Feld (Jura, Nordsee) *915*
Brikettierung 726
broken formation 956
Brom-Methode *468*f.
brush marks (= Quastenmarken) 827
Bryoide (= Bryozoen-Onkoide) 269
Bryozoen **294**ff., *354, 399*
Bubnoff (1 B = 1 mm/1000 a) 859, *940*
Bulimina (Foraminifere) *283*
Bullaugenmuster *455*, 477, 479, 485
Buntsandstein 9, *137, 140, 158*ff., *163*f., *167*ff., *178*, 181, *652*, 884
Burkeit 439, 485, 491
bypass slopes 932
Bythoceratina (blinder Ostracode) 312

Cadmiumerz 649
Calamiten (Schachtelhalme) 711
Calcare maiolica *280*
Calceola (Tetrakoralle) 293
Calcifolium (Grünalge) 271
Calcisphären 278, **281**
Calcit 235 ff.
– -Kompensationstiefe (CCD) 400, **941**, 945
–, Löslichkeit 233
–, Röntgenreflexe 242
Calcrete (= Caliche) *357*ff.
– -Breccie 89
– -Orgeln *359*f.
Caliche (= Calcrete) *357*ff.
Callianassa (Krebsgänge) 837
Calliostoma (Schnecke) *307*
Calothrix (Blaualge) 268
Cannelkohle 707 f.
capillary concentration 411 f.
Carbominerit 706
Cardium (Herzmuschel) *305*
Carnallit 439, 446, 462, 464, *467*f., 489

Carnotit 613
Carterina (Foraminifere) 287
Cassidulina (Foraminifere) *283*
catena 11
catenary out of phase-Rippel *792*
Cayeuxia (Blaualge) *259*, 262
CCD s. Calcit-Kompensationstiefe
Cellulose 685, 688, 714, 716
Cephalopoden (= Kopffüsser) *307* ff.
– Kalk *939* f.
Ceratiten (Cephalopoden) 307
Chaetetiden (Kalkschwämme) 288 f.
Chalcedon 502
Chalkopyrit (= Kupferkies) 631, 637
Chalkosin 631
Chalmasia (Grünalge) 269
Chamosit *220* f., 589
channel lag deposits 872
Charophyceen (= Characeen; Armleuchteralgen) **272** ff., 878
Chemnitzia (Schnecke) 307
Chemokline 876
cheniers 794, 908
Chert 110, **502**
– -Maxima in der Erdgeschichte 512
Chertoid 110
chevron marks (= Fiedermarken) *826*
chicken wire-Anhydrit *496* f.
Chlorinität 440 f.
Chlorit **189** f., *197*
–, Al-reich 28
– in Sandsteinen 115 f., *171*
– in Ozeansedimenten *197*
– -Ooide 115 f.
Chloroide (= Grünalgen-Onkoide) 268
Chlorophyllinit 690
Chondrites (Spuren) 835, 838
Chrysokoll 636
Chrysotil 191
Chute-and-pool Strukturen 762, 795
chute bars 873
Cibicides (Foraminifere) *283*
Cidaris (Seeigel) 318
Cirripedier (Arthropoden) 314
Cladocora (Koralle) 292, 294
Cladocoropsis (Stromatopore) 289
Cladophorites (Grünalge) *347*
Clarain (= Halbglanzkohle) 707
Clarit *698*, **705**, 710
Clarke-Werte *68*
Clathrat ($CH_4 \cdot 6H_2O$) 6, 414
climbing ripples *787* f., *790* f., *826*, 833, 872
– translatent strata 802
Clinochlor 191
clinoform (= Vorschüttung) *857* f.
Cliona (Kalkschwamm) 291, 340, *345* f., 838
Clymenien (Cephalopoden) 307
Clypeina (Grünalge) *259*, 269
CO_2-Abspaltung 714
–, Dissoziationsstufen 234
–, Isotope 248

coastal sand dunes (= Küstendünen) 908
coarse tail grading (= flyschartige Gradierung) 822
coated grains (Onkoide, Ooide) 265, 268
Coccolithen **278** ff., 287
Codiaceen (Schlauchalgen) 271 f.
Coelenteraten (= Hohltiere) 291 ff.
Cölestinzement in Evaporiten 439, *469* ff.
– in Karbonatgesteinen *405*, 420 f.
– in Sandsteinen 170
Coffinit 610
Colemanit 439
Collenia (Blaualgen) 261, 263
Collinit 701
composite grains 326
Conceptaceln *275* ff.
Concertina (in Calcretes) 361
cone-in-cone (= Nagelkalke) *392* f.
connate water 7
Conodonten 323, 551
– farbe 183
convolute bedding *826*, 828, **831** ff., 892
Cookeit **173**, 190
Coorong-Lagune (S-Australien) *408* f.
coquina 342
Corallina (Rotalge) *259*, *274* f., 277
Corallinaceen (Rotalgen) 274 ff.
Corallium (Oktokoralle) 293
Corbula (Muschel) 305
Cordaiten 711
Corioliskraft 785, 877
Coronadit 604
Corpocollinit *691*, 699, *701*
Corpohuminit *691*, 693 f., 699
Corrensit *171*, 176, 211
Cortex *41* f., 44
Cosmorhaphe 836
Crandallit 545
Crassisporen 724
Creseis (Pteropode) 310
Cretes (Calcrete, Ferricrete, Alucrete, Silcrete, Gipscrete) 44
crevasse splay deposits (Dammbruchsedimente) 873, 892, 897
Crinoiden (Seelilien) **315** ff., 356
Cristobalit 225, *501*
cross channel bars 870
Crustaceen (Arthropoden) 311 ff.
Cruziana-Fazies *835* ff.
cryptalgal structures 260 ff., 924, 929
Cryptocoelina (Kalkschwamm) 289
Cryptozoon (Blaualgen) 261, 263
Crystallaria *358*, 361 f.
Cubichnia 835
Cuneiphycus (Rotalge) *259*
Curacao (Karibik) *564* ff.
Cutinit *698*, *701*
Cyanobakterien (= Cyanophyten) 258 ff.
Cyanoide (= Blaualgenonkoide) 268
Cyanophyten (= Cyanophyceen) **258** ff., *347*, *354*
Cyclammina (Foraminifere) *283*

Cyclocrinus (Grünalge)   *259*
Cymopolia (Grünalge)   *259*
Cyrenen (Muscheln)   *302*

Dachbankzyklus (oben grob)   845
Dachziegellagerung (imbrication)   81, 146
Dahllit   544
Dammbruchsedimente (= crevasse splay deposits)   873, 892, 897
Darcy-Beziehung   150
Dasycladaceen (Wirtelalgen)   **269**ff., 356, *405*
Dauerfrostboden (Permafrost)   888
debris flow   811 ff.
Debrit (= debris flow-Sediment)   813
décollement   956
Dedolomit   417 f.
Deep Springs Lake   *485*
Deferrifikation   48
Deflation   882
Dekapoden (Arthropoden)   314
Dekarboxylierung   156, 169
Delta und Ästuar   890 ff.
– ebene   891
–, Einflußfaktoren   893 ff.
– frontsediment (foreset)   892 ff., **897**
– fußsediment (bottomset)   893
– plattformsediment (topset)   892
– -Sequenzen   896 ff., *915* f.
Dendraster (Seeigel)   318
Densinit   *692* f., 709, 726
Dentalium (Scaphopode)   *310*
desiccation cracks (Trockenrisse)   828
Desilifikation   48
Desmoceras (Ammonit)   309
Desmocollinit   *696, 698*, **701**
Desulfovibrio desulfuricans   4
Detritus   186
Dezementation   156 f.
Diabas-Hornstein-Tuffitserien   943, 956
diachron   70, *794*
Diadema (Seeigel)   318 f.
Diagenese-Konserven   394
– /Metamorphose-Grenzbereich   182 f.
– -Stufen, Karbonate   *399* ff.
– –, Sandsteine   177 ff., 182
– und Kohlenwasserstoffexploration   147 f.
– – Tektofazies   149
– – von Evaporiten   445 f.
– – Karbonatgesteinen, allochemisch   397 ff.
– – –, isochemisch   364 ff.
– – Opal   532 ff.
– – organischer Substanz   *214* f.
– – Sandsteinen   147 ff.
– – Ton- und Siltsteinen   203 f.
Diamiktit (= Parakonglomerat)   71 f.
Diaspor   29 f., *31* f., 46, 51, 53 f.
Diastem   859
Diatomeen   *505* f., *509* ff., *532*, 550, 902
Diatomite   526, 528
Dichothrix (Blaualge)   268
Dickit   156, **188**

Diffusion/Konvektion   148, 165
Diktator in Rhythmiten   841 f., 844 f.
Dinoflagellaten-Zysten   278, **281**, 507, 550
Diplokraterion   *837*
Diplopora (Grünalge)   *259, 270*
Diploria (Koralle)   351
Dipmeter-Messungen   897 f.
Discorbis (Foraminifere)   *283*
dish-and-pillar-Struktur   811, 817, 828, **830** f.
Dispersionsfächer   746 f.
dispersiver Druck (in grain flows)   816
dissipative Küsten   786
distribution grading (= matrixfreie Gradierung)   822
Dogger-beta-Sandstein (Niedersachsen)   *128, 133, 140, 150, 153* ff., *164* f.
Dolcrete   *357* ff.
Dolomit   *402* ff.
–, aszendent   *416*
–, Ca-Überschuß   403, *405*
–, chemische Bildungsbereiche   *404*
–, deszendent   *405*
–, Entstehung (Übersicht)   407
–, Gleichgewichte   402
–, Interkristallinporen   *430*
–, kontinental   *407* ff., 485
–, Kriterium   402
–, Mg-Herkunft   416 f.
–, Mg-Überschuß   403
–, Mischwasser-("Dorag")   410 f., 422
–, organisch   6, 409, 414
–, peritidal-evaporitisch   *411* ff.
–, Sattel-   405 f., 412
–, spätdiagenetisch   414 ff.
–, submarin   414
–, undulös   *406*
– -Zement   406, 411
–, zuckerkörnig   429
– -Zyklen   *405, 409, 412*
Domichnia   *835*
Donbassit   190
Donjek-Typ (braided river)   *867*, 870
Doppelschichten, elektrische   **19**, 199, 205
Dopplerit   695, 713
downlap   856 ff.
Draa (Sterndüne)   *806* f.
draped lamination   788
Dreissena (Muschel)   304 f.
drift (Glazialsedimente)   888
Driftphase   947
Dropstone   *71* f., 807, **889**
Druck, hydrostatischer   7
–, lithostatischer   7
–, überhydrostatischer   7 f., 205, **207** f.
Drucklösung   161 ff., 371
Druckverflüssigung   886
Drumlin   887 f.
drumstick   *910*
Dünen, 2D/3D   *781, 787, 789*
–, Einfluß der Strömungsgeschwindigkeit   *780*, 790

- insel (barrier island) *794, 910*f.
- sand *138*f.
- (Wasser) *781*, 786ff.
- (Wind) 135, *138*, 802ff.
Dünung 796, 908
Dunham-Nomenklatur 337f.
Durain (= Mattkohle) 707
Durchbruchsfächer (crevasse splay deposits) 892
Durchlässigkeit, Sandsteine 150ff., *172*f.
Durchlässigkeit/Porosität in Karbonatgesteinen *427*ff.
Duricrust 44, 357
Durit *703*, **705**

Ebbdelta *910, 926*
Echiniden (= Seeigel) *315*, **317**ff., *399*ff.
Echinocardium (Seeigel) *317*f.
Echinocyamus pusillus 314, *317*f., *399*ff.
Echinodermen (= Stachelhäuter) 314ff.
Edukt **572**, 616
Edwards Limestone 357
Eifelvulkanismus *741, 743*, 764
Eimerprinzip (eingefaßter Schelf) 925
Eindampfungsabschnitte 441ff.
Einengungsstrukturen 834
Einkieselung *162*
Einregelung in die Strömung 81f., 145f.
Einschlüsse, feste 105, *422*
−, flüssige und gasförmige 105, **160**
Eiserner Hut *64*, 619, 627
Eisenerze, Weltförderung 59
Eisen-Lagerstätten 588ff.
− − auf Karst 60
− -Mangankrusten 939
− -Minerale als Milieuindikatoren 33ff.
− oolithe 594ff.
− -Reicherze, supergene 57ff.
− verbindungen, Löslichkeit *34*
− −, Neubildungen 33f.
Eisernes Viereck (Brasilien) *58*f.
Eiskeile 888
Eistransport 807
Eiszeiten 885
Ekliptikschiefe 849
Ekman-Spiralen 877
− -Transport 785
Ekofisk *367*, 433
elektrische Doppelschichten 19, 199
Elementarsortierung *136*
Elfenbeinküste, Bauxit *43*f.
Elk Point-Evaporite (Devon) *457*, **460**f.
Elphidium (Foraminifere) *283*, 287
Eluvation (Auswaschung) 41
Emersion 923
Emiliana (Coccolith) 279
Endichnia *835*
Endlagerung in Salzgesteinen 445f.
Endmoräne *889*
enfacial junction *353*, 391
en-echelon (= gestaffelt) 952
Entgasungskanäle (Lapilliröhren) *753*

Entlastung 13
Entophysalis (coccoide Blaualge) 264, 342
Entwässerungsstrukturen 828ff.
Eogenese 147, 182
Eolianit (= Äolianit = Windsediment)
Epibionten 340f.
Epichnia *835*
Epifauna 340, 344
epiklastische Ablagerungen 731
Epilimnion 876, 880
Epimastopora (Grünalge) *259*
Epiphyton (Blaualge) 262, 355
Epitaxie 28
Epsilon-Schrägschichtung
 (= Gleithangschichtung) *872*f.
Epsomit 439
Erdgasbildung 728
Erdölfenster 728
Erdölprospektion 727
Erg (Sandwüste) 883
Erhärtung von Kalkschlamm 366
Erosionsgeschwindigkeit *784*
Eruptionssäule *738*f., **745**ff., *756*
Erzbildung, rezent *573*f.
Erzlagerstätten 569ff.
− genetischer Überblick *570*
Erzlagerstättentypen, sedimentäre:
 Algoma (Fe) *593*f.
 Besshi (Kieserz) 638ff., **642**f.
 Bleiberg (Pb, Zn) *658*ff.
 Diskordanz (U) *612*f.
 Hüggel (Fe) 603
 Kuroko (Kieserz) 638ff., **644**f., 673
 Lahn-Dill (Fe) *596*ff.
 Laisvall (Pb, Zn) *650*ff.
 Lothringen (Fe) *598*ff.
 Manganknollen (rezent) 581ff.
 Minette (Fe) 599
 Mississippi Valley (Pb, Zn) 664ff.
 Noranda (Kieserz) 638f., **645**
 Peine-Ilsede (Fe) 601
 Priasov (Fe) 593
 Rammelsberg (Kieserz) 638ff., **646**f., 673
 Rapitan (Fe) 594, 607
 Rollfront (U) *614*f.
 Rotes Meer (rezent) *573*ff.
 Seifen (placers; rezent) 123f., **584**ff.
 Stapel (U) *614*f.
 Superior (Fe) *594*f.
 Taupo (rezent) 580
 Witwatersrand (Au) 619ff.
 Zypern (Kieserz) 638ff., **642**
Esker (= Oser) 887f.
Etheria (Muschel) *305*
Eugeosynklinale 950
Eugonophyllum (Grünalge) *259*, 271
euhedral (= idiomorph) 404
eustatische Meeresspiegelschwankungen *557*, 729, *851, 856*ff.
euxinische Fazies (Schwarzschiefer) 224f., *454*, 457

evaporative pumping **411**f., *494*
Evaporite 435ff.
– aus Grundwasser 491f.
–, Bildungsbereiche 436
–, fossile *455ff.*
–, Gefüge 462ff.
–, Geochemie 467ff.
–, Mineralien 438f.
–, Modellvorstellungen 449ff.
–, nichtmarine 475ff.
–, Nomenklatur 461f.
–, Petrographie 461ff.
–, Polargebiete 479
–, rezente marine 446ff.
–, Sebkha- *493*ff.
–, Zyklen *457*
events 351
Exinit 685
Exogyra (Muschel) 304
exotic ore bodies 64
Exsudatinit 700
Exsudationskalke (= Calcrete)
Extraklasten 326
Exzentrizität der Erdbahn 849f.

Fächer, submariner 935ff.
Färbemethoden, Karbonate 240f.
Fallablagerungen, pyroklastische 740ff.
Fall-/Fließablagerungen *746*
Fallout *747*
Faltbarkeit klastischer Gesteine 166
fan deltas 890f.
Fanglomerat 70, 86
Farbpigmente erhalten 372
Farne 711
Faserkohle (Fusain) 694, **707**
Faserquarz *502*
Faulschlamm (= Sapropel) 224
Favositen (Korallen) 294
Favreina (Kotpille) 325
Fayalit 593
Fe-Calcit **237**ff., 398
Feinschichtung (Lamination) *463*, 845, 849, 880
Feldspäte in Sandsteinen 113ff.
Feldspatbildung in Evaporiten 490f.
– in Karbonatgesteinen 421ff.
– in Sandsteinen 167f., 183
fenestrae 264, 919, 924
Fermentation 169
ferrallitisches Residualgestein (Bauxit) 46f., **48**ff.
Ferricrete 44, 49ff., 357
Ferrihydrit 33ff.
Fersiallit 47, 55ff.
fetch (= Wirklänge des Seegangs) 797f.
Feuerstein 502, 539ff.
fiamme (geplättete Bimse) *754*ff.
Fiedermarken (chevron marks) *826*
„Filamente" (planktonische Muscheln) **304**, 940
filziges Gefüge (Anhydrit) 466
fireclay 55
Firngrenze (snow line) 886

Fischgrätenmuster (Stromwechselschichtung) *904*
Fissurella (Schnecke) 306
Fitting 84ff.
Flachlinsenschichtung 902
Flachmoor 688
Flachsee, karbonatische 917, **924**ff.
–, klastische 912ff.
– -Sequenzen 914ff.
– -Zonierung, biologisch 928
Flagellaten (Geißeltierchen) 506f.
flame structures 833
flandrische Transgression 357
Flaserschichtung 793, 904
Flexuren 933
Fließablagerungen, pyroklastische, subaerische *751ff.*
Fließeinheit, pyroklastische 753
Fließgrenze (yield strength) *779*f.
Flint (= Feuerstein) 502, 539ff.
Flintclay (ein Kaolinitgestein) *31*, 53, **56**f.
floatstone 337
Flockung von Tonmineralen 199ff.
Flöz-bildung (Kohle) 709
– gleichstellung 709
– mächtigkeit 709
flood plain (= Flußaue) 870f.
Florida Bay und Keys *339, 352,* 373, 411ff.
Fluchtspuren 835
Flüsse (s. auch unter „Fluß") 783ff., **865**ff.
Flüssigkeitseinschlüsse 160
fluidized flow 811, **818**
Fluorapatit 544
Fluoreszenzmikroskopie *375, 380, 382, 406,* 685f., 692, 697, 699f., 716ff., 723, 728
Fluorit-Erze 674, **676**ff.
– in Evaporiten 472f.
– in Karbonatgesteinen 421
Fluß, anastomosierender 874
–, gerader 866
–, mäandrierender 784f., **871**ff.
–, verflochtener 784f., **866**ff.
–, -/mäandrierender (Übergang) 870f.
– aue (= flood plain) 871f.
– sand *138*f.
– terrassen 873
– typen *866*, 868f.
– -Uferwall (natural levee) 897
– wässer, Zusammensetzung *1*f., 476
Flußspat (= Fluorit)
Flutdelta *910*f.
flute casts (= Ausgüsse v. flute marks) 824f.
– marks (= Kolkmarken) 824ff.
Fluxoturbidit 813
Flysch 947, 951, 956f., *958*
Fodinichnia 835
Folk-Nomenklatur 338
fondoform (Sedimentation am Beckenboden) 858
Foraminiferen **282**ff., *354*
–, Schalenstruktur *284*ff.
–, Temperaturabhängigkeit *283, 944*
forearc basin *946*, 953

fore-reef 350
foresets *856* f., 880, 892, 894
foreshore (= Nasser Strand) *908* f.
Formationswasser 7 ff.
Fossil-Kalke 342 ff.
− Kammern 427
Fragmentierung 738 f., *746, 765* f.
framestone 338
Franciscan Fm., Mélange *953* ff.
Frankolith *544* f., 550
„freezing" von debris flows 814
Freßbauten 835
Frostsprengung 14
Froude-Zahl 780
Frühdiagenese, Karbonatgesteine 364
Frutexites (Blaualge) 262
Fugichnia 835
Fusain (= Faserkohle) 707
Fusinit, Fusit *701* f.
− isierung 685
Fusulinen (Foraminiferen) 282, *285*

Galápagos-Rift 576
Galenit (Bleiglanz) 637, 649
Gallupsandstein (Kreide) 916
Gammastrahlmessung 845
Gasabspaltung, Kohle 715, *720*, 728
Gase, magmatische 736 f.
Gashydrat (Clathrat) 6, 414
Gasschubsäule *738* f.
Gastropoden (Schnecken) *305* ff.
Gaylussit 439, 485, 491
Gefüge von Böden und
  Verwitterungsprofilen *40* ff.
Gelinit *693* f., 709, 726
gel-like textures 51 f.
Gelocollinit 701
Geoden 361
geostrophische Strömung 877
Geosynklinalen (Eu-, Mio-) 946, *950*
gerader Fluß 866
Geröll-Gestalt *78* f.
− -Größe 73 ff.
− -Orientierung 81 f.
− -Rundung *79* ff.
− ton 72
Gerüstbildner (im Riff) 349
− binder (im Riff) 349
Geschiebe 73, 886 f.
− lehm und -mergel 71, 887
Gesteinsbruchstücke *100* ff., **107** ff., *155*
Gesteinslockerung 13 ff.
Gezeiten-Sandbänke *912* f.
− -Zyklen 849
Ghawar (Ölfeld, Saudi Arabien) 433
Giant Oil Fields 357, **433**
Gibbsit 24, 26, 28, *29* ff., *31*, 41 ff., 46, 51, 53
Gilbert-Typ Delta *894, 896*
Gips 412, 419 f., 439, 443, 465 f., 484 f., 489, 494
− /Anhydrit-Gleichgewicht *443* f.
− -Gesteine 465 f.

Gironde-Ästuar 899
Girvanella (Blaualge) *259*, 262, 269
glacial outwash areas 870
Glaebule 42, 360
Glanzbraunkohle 696 ff.
Glanzkohle (= Vitrain) 707
Glas, felsisches 775 f.
−, vulkanisches, Alteration 773 ff.
− scherben *733* f., *754* f.
Glauberit 439, 464, 492
Glauconia (Schnecke) 306
Glaukonit 115, 188 f., 191, **218** ff.
glaziale Ablagerungsräume 885 ff.
glaziomariner Bereich 889
Gleithangschichtung (= longitudinale Schräg-
  schichtung = Epsilon-Schrägschichtung) 872,
  903
Gleittreppen und -stauchungen 834
Gleitung (slide) 809, 811
Glendonit 890
Gletscher, kalte und temperierte 886
− schliff 888
Glimmer 188 f.
− in Sandsteinen 115 f.
Globigerina (Foraminifere) *283*, 944
Globigerinenschlamm 278, 282
Globoquadrina (Foraminifere) *283*
Globorotalia (Foraminifere) *282* f.
Globotruncanenkalk 282, 286
Glockenmotiv (Gammastrahlmessung) 845
Glomar Challenger (Bohrschiff) 942
Glomerula (Serpulide) 298
Glossifungites-Fazies 837
Glossopteriden 711
Glutlawine 739, 752 f., 756 f.
Glutwolkenablagerungen 744, 757
Goethit/Hämatit **33** ff., 170, 589, 875
Gold, Mobilität 627 ff.
„Goldene Meile" 625
„Golden Lane" (Ölfelder, Mexiko) 357
Goldlagerstätten 616 ff.
Gondite *60*, 607
Gondwana-Kohlen 711
Goniatiten (Cephalopoden) 307
Goniolithon (Rotalge) *259*, 277, 357, 926
Gorgonia (Oktokoralle) 293
Gradierung, coarse tail (flyschartig) 83
Gräben 950 ff.
grainfall (Düne) 802, 884
grain flow 811 f., **816** f.
grainstone 337
Grand Banks-Erdbeben 810
Granularia 835, 839
granulierter Kalk *341* f.
Granulierung von Lavaströmen 768
grapestones 326, 384, 929
Graphit 684
Gras 362
Grauwacke *99* ff.
Greenalith 593
Green River Formation *490* f., *879* ff.

greenstone belts   593, 617, 625 f., 638, 645
Grenzschichtdicke   780
Griotte (Cephalopodenkalk)   939
Grönland   *888* f., 939
groove casts (= Ausgüsse v. groove marks)   *824* f.
groove marks (= Schleifmarken)   *824* ff.
groove & spur (im Riff)   *349*
Großer Salzsee   264, 328 f., *331*, 480, *482*, 876
Großrippelschichtung   790
growth fault   *809* f., 892, 898, 933, 936
Grünalgen   **269** ff.
Grünerit   593
Grundmasse   99
Grundwasser   1 ff.
Gryphaea (Muschel)   304
Guano   *563* ff.
Guatemala-Honduras-Schelf   927
Gümbelina (Foraminifere)   282
Gujerat (Indien), Lateritprofile   *51* ff.
gutter cast   903
Guyots (= seamounts)   941
Gymnodinium (Zooxanthelle)   292
Gymnospermen   711
Gypcrete   357 f.
Gyttja (= Halbfaulschlamm)   710, 880 f.

Hadal   931
Hämatit   *33* ff., 170, 222 f., **589** ff.
Haff (= Lagune)   795
Haftwasser   152
Haken   795
Hakenschlagen am Hang   812
Halbglanzkohle (= Clarain)   707
Halbwertsbreite von Illit   *212*, 215
Halimeda (Grünalge)   *259, 271* f., 340, 348, 373
Haliotis (Schnecke)   306
Halit (= Steinsalz)   439, *467, 486*
Halloysit   191
Halmyrolyse   11, 147
Halokinese (Salzbewegung)   946
Halysitidae (Tabulata)   294
Hamada (= Blockwüste)   882
Hamersley Range (Australien)   595
Hangrutschbreccien   744
Hanksit   439, 491
Hantkenina (Foraminifere)   282
Haplophragmoides (Foraminifere)   *283*
Hartgrund (= hardground)   386 f., 930, 940
Hartsalz   462
Haselgebirge   461
Hedstroemia (Blaualge)   *259*, 262
hemipelagische Sedimente   934
Herkunftsindex   98
Heterocentrotus (Seeigel)   318
Heterocorallia   293
Heteroporella (Grünalge)   *270*
Hexactinellidae (Kieselschwämme)   290
Hexagonaria (Tetrakoralle)   293
Hexahydrit (Sakiit)   439
Hexakorallen (Scleractinia)   *293* f.
Hiatella (Muschel)   305

Hiatus   *855, 859* f.
high sinuosity river (~ Maänderfluß)   785, **871** ff.
Hippodiplosia (Bryozoe)   296
Histogramm   *131* ff.
Hjulström-Sundborg-Diagramm   *782*
Hochdruckgürtel, subtropischer   882
Hochmoor   688
Höhlenperlen   330, 332, 363
Hollandit   604
Holothurien (= Seegurken)   *319* f.
Homogenit (feinkörniger Turbidit)   824
homopyknisches Einströmen   880, 894, *896*
Homotremidae (Foraminiferen)   287, 357
Horizontalschichtung   *780* ff., 783, 789, **795**
Horizontalstylolithen   370
Hormosina (Foraminifere)   *283*
Hornsteinknollen   539 ff.
Hornsteinplattenkalk   942
Hüpfmarken (= skip marks)   827
Hufeisenwülste   824, 827
Humifizierung   685, 688, 713
Humine   713
Huminit   685, 726
Huminsäuren   688, 713
hummocky cross-stratification
  (= Beulenrippeln)   **800** f., 914 f.
Humocollinit   693 ff.
Humodetrinit   692, 710
Humotelinit   691 f., 710
Humuskohlen, Lithotypen   707
–, Macerale   696 ff.
Huntit   438
Hurrikan   801, 812
Hyaloklastit   *765* ff.
Hydration   16 f.
hydraulic jump   781, 819
hydraulic piston corer   741
Hydrierung der Kohle   727
Hydroides (Serpulide)   *300*
Hydroklasten   *732* f., 739
hydroklastische Ablagerungen   759 ff.
Hydrolyse   16 f.
Hydrosphäre   1 ff.
Hydroxylapatit   544
Hydrozoen   291
Hyella (Blaualge)   839
hyperpyknisches Einströmen   880, 894, *896*
Hypichnia   835
hypidiomorph (= teil-idiomorph)
Hypolimnion   876 f.
hypopyknisches Einströmen   894 ff.

Iapetus   947
idiomorph   404
idiotopischer Dolomit   404
Ignimbrit   744, **751** ff.
Illit   **188** f., *191*, 195
– in Ozeansedimenten   *194*
– in Sandsteinen   *171*
– kristallinität   182, **212**, 215
– – /Vitrinitreflexion   *721* f.

Illuvation (= Einwaschung) 41
Ilmenit 589
Imogolith-Fasern 24
impact marks (Stoßmarken) 827
Impaktereignisse 854
Impedanz 855
Inertit 705
Inertinit **686, 701**, 710
Inertodetrinit *696, 702,* **704**
Injektionsstrukturen *828*ff.
Inkohlung 685, **712**ff.
–, biochemische Phase 712ff.
–, geochemische Phase 714ff.
– /Temperatur 720
–, Übersicht 684
– und Gasabgabe 715
– und Tektonik 720f., 729f.
Inkohlungssprung, zweiter 717
Inozoa (Kalkschwämme) 288
Insolation 13
interconnectedness ratio 871
internes Sediment *353,* 391
intraformationäre Breccien und Konglomerate *72*f.
Intraklasten *325*f.
Intraklast-Konglomerat 73
intrastratal solution 125ff.
Ionen-aktivitätsprodukt, CaCO$_3$ 233
– austausch 19, 26f.
– filtration 8, 208f.
– paarbildung 4
– potential 16f.
– sonde 387
Iridium 854
Isotopenmessungen an Kalken 244ff.
Isua-Serie (Grönland) 525
Itabirit (BIF) 57ff., 592
Ivanovia (Grünalge) 271

Jabiluka 613
Jadebusen *900*, 903
Jamaika 410
Jania (Rotalge) *259*
Jarosit 545
Jaspilit (BIF) 592
jet stream 894f.

Kainit 439, 464
Kalisalpeter (= Nitrokalit) 439
Kalkalgen 258ff.
–, Verbreitung *257*ff.
Kalk-auflösung 234
– ausfällung 234
– ausscheidung in Pflanzen *257*
–, Fossil- 342
–, granulierter *341*f.
–, Konsistenz 366
– -Kruste *358*ff.
– -Mergel-Wechselfolgen 370f., *842*ff.
– -Nomenklatur 337f.
–, pelagischer *939*ff.

–, Porosität *366*ff.
– sand 337
– schlamm 339
– schwämme **288**ff., *354*, 356
– sinter 363
– tuff 363
Kames 887
Kandite 187f.
Kaolinit 26, *31, 40*ff., **188**f., 191f.
–, Diagenese 211, 217
– gesteine 55ff.
– –, umgelagerte 56f.
– in Ozeansedimenten *195*, 201
– in Sandsteinen *171*
Kaolinkohlentonsteine 218, 772, **777**f.
Kaolin-Lagerstätten 56
Kapillardruckkurven *429*ff.
Kara Bogaz Gol (Kaspi) 413, 480, **484**f.
Karbon (Illinois; England) 894f.
Karbonate, Färbemethoden 240f.
–, Kathodolumineszenz **243**f., 255, *380*f., 383, 386
–, Lichtbrechung 239
–, Röntgendiagnostik 239, *242*f., *401*
–, stabile Isotope 169, **244**ff., 256f., 278, 305, 362, 375, 381 ff.
Karbonat-plattformen **924**ff., 929, 939ff.
– rampen 928
– schelfe 924f.
– –, höhere Breiten 928
– –, Mikrofazies 929
– –, Sequenzen 929f.
– system 233ff.
– zemente 376ff.
– – in Sandsteinen 156f., 168f.
Karstbauxite 54f.
Kathodolumineszenz von Feldspäten 421f.
– von Karbonaten **243**f., 255, *380*f., 383, 386
– von Quarz **105**, 153
Kationenaustausch, Tonminerale 27
Kegelfazies 744
Keimbildung, heterogene 339
–, homogene 339
Kenyait 523
Kernit 439
Kerogentypen *727*ff.
Kiesel-gur 513
– knollen 393
– schiefer 529
– sedimente, Diagenese *532*ff.
– –, Porosität *537*f.
– schwämme 290f., 356, *507*ff., *532*
Kieserit 439, 446, 462, 464, 468
Kieserzlager 637f.
kinetisches Sieb 816
Kirkuk-Ölfeld 433
Kleinrippelschichtung 790
Klimabeeinflussung durch Vulkaneruptionen 749
Klimaschwankungen 45f., 557, *944*, 960
Klinoptilolith 226, *532*, **539**, 776, 881
Knochen 543, 560

Knollenkalk   368, 370, 939
Knollenriff   *347*f.
Kohle   683ff.
–, Bildungsraum   709ff.
–, detritische   695f.
–, fusitische   695f.
–, Mikroskopie   685
–, Minerale   704f.
–, mineralreiche   695f.
–, xylitische   695f.
– zyklen   845f.
Kohlendioxid, Dissoziationsstufen   234
Kohleneisenstein   603
Kohlenstoffisotope   169, **244**ff., 256f., 278, 362, 375, 381f., 385, 399, 410, 414, 557
Koks   821f.
Kolkmarken (= flute marks)   *824*ff.
Kollision   946f., 956
kolloidchemische Reaktionen   18
Kollophan, Kollophanit   546
Kometenmarken   913
Kommensalismus   344
Kompaktion von Kalken   366ff.
– von Sanden   147, 152ff.
– von Tonen   204ff.
Kompaktionswasser   7
Komplexbildung, organische   17
Kondensation, chemische   715, 728
–, sedimentäre   940
kongruente Auflösung   23
Konglomerate   69f.
– Abnutzung der Gerölle   75ff.
– Bankdicke und Geröllgröße   83
–, fluviatile/marine   83
– Gestalt der Gerölle   78f.
– Größe der Gerölle   73ff.
– Orientierung der Gerölle   81f.
–, Ortho-; Para-   69ff.
–, polymikte; oligomikte   70
–, Rundung der Gerölle   69ff.
–, Schichtung   82f.
–, Transportsortierung   75ff.
–, Weich-   69ff.
–, Zusammensetzung   73
Konkretionen   43, 165, *358*ff., **392**ff.
Kontaktstärke   161
kontinentale Wässer, Chemie   476
Kontinentalfuß (rise)   931
– hang (slope)   931ff.
– ränder (Gliederung)   *932*, 947, **951**f.
Konturit   822
Konvektionszellen (Ozeanboden)   5, *578*
Konzentrationsfaktor (Eindampfung)   442
Koprolithe   325, 551, 553
Korallen (Anthozoen)   **292**ff., *349, 351*f., *354*, 356
–, Wachstumsraten   292f., 351
Korinth, Isthmus von   *111, 265*f., *274*f., 277, *294*f., 318, *333, 376*ff., *399*ff., 411
Korkgewebe   691
Kornform   141ff.
– gestalt   141

– größe, Benennung   *128*ff.
– –, Darstellung   *130*ff.
– –, Milieumerkmal   *137*ff.
– oberfläche   *143*ff.
– orientierung   *145*f.
– rundung   *141*ff.
– transporte   **779**ff., *782*
– verteilung, bimodal   *76, 133,* **139**, *883*
Korund   32, 47
kosmischer Staub   942
Kotballen   941
– pillen, s. auch Pillen   *324*f.
– –, Sinkgeschwindigkeit   **324**f., *782*
Kraterfazies   744
Kreide-Tertiärgrenze   854
Kreuznacher Sandstein, Korngrößen   *132*
Kriechspuren   *835*
Kristallgrößen   337
Krümelkalk   *341*f.
Krustenkalk   *357*ff.
Kryptoquarz   502
Küsten, karbonatische   917ff.
–, klastische   900ff.
– dünen (coastal sand dunes)   908
– profil   906ff.
– –, dissipativ/reflektiv   786
– sequenzen, karbonatische   *921, 930*
– –, klastische   914ff.
Kugelpackung, dichteste   152
Kulm (Unterkarbon)   956
Kupferlagerstätten   629ff.
Kupferschiefer (Zechstein)   225, 457, **630**ff.
Kurtosis (Steilheit)   134f., **137**
Kutikel (= Blattoberhaut)   714
Kutnahorit   608

Laacher See   *747*ff., *752, 757,* 878, 880f.
Längsdünen   *805*f.
lag deposit (= Restsediment)   872, *882*f.
Lagune   *910*ff.
Lahar   744, **758**f.
lakustrin   881
Lamellibranchiaten (= Muscheln)   304f.
laminare Strömung   780
Lamination   *463*, 849, 880
Landau, Ölfeld   9
Langbeinit   439, 462, 464
Lapilli   *732*ff., *743*
–, akkretionäre   747
– -Breccien   734
– tuffe   734
Laterit   47ff.
–, Au-führend   625ff.
– -derived facies (LDF)   47f., *57*
–, Fe-, Mn-   57f.
–, Ni-   61f.
Laugentypen   436ff.
–, Entwicklung, nicht marin   481ff.
Laumontit   183
Lebensspuren   834f.
–, Kompaktion   366

Leewalze *787*
Leichtminerale in Sandsteinen   102 ff.
Leonhardit   439
Leonit   439, 464
Lepidokrokit   36
Leptoseris (Koralle)   292
Lignin   685, 688, **713** f., 716
Limnaeen (Schnecken)   307
Limonit   590
Lindener Mark (Mn-Erztyp)   *61*
Lingula (Brachiopode)   298
linguoid ripples = Zungenrippeln   *793*
Linien-anhydrit   *463*
– salz   *463*
Linsenschichtung   793
Liptit   705
Liptinit   **685, 697**, 707, 710
Liptodetrinit   700
liquefied flow   811 f., **818**
listrische (schaufelförmige) Abschiebung   809
Litharenit   *100*
Lithiotis (Muschel)   356
Lithistida (Kieselschwämme)   290
lithoherm   357
Lithoklasten   326, *732* f.
–, akzessorische   732
–, komagmatische Vulkanite   732
Lithophyllum (Rotalge)   259, 274, *276*, 399 f.
Lithoporella (Rotalge)   *259, 261*, 264, 274
Lithothamnium (Rotalge)   259, 274, 277, 350, 357, 399 f.
Lithotypen   687
Littorina (Schnecke)   *296*, 306
load balls   834
– marks (= Belastungsmarken)   *833*
Lockatong Fm. (Trias)   881
locomorphes Stadium   177
Löß   **229** ff., 883, 888
Lösungsfracht   783
Lösungsschlieren   368 f.
Loewerit   439, 492
Loferit   265, *921*, **923**, 930
Lognormalverteilung   133
Longitudinaldüne   *805* f.
longitudinale Schrägschichtung
   (= Gleithangschichtung)   871 ff., *903*
Lophelia (Koralle)   293
Loughlinit   491
low sinuosity rivers (~ braided)   785, **866** ff.
Lumachelle   342
Lussatit, Lussatin   501
Lutit   130
Lydit (= Kieselschiefer)   529
Lyngbya (Blaualge)   263
Lysokline   941
Lytechinus (Seeigel)   319
Lytoceras (Ammonit)   309

Maare   762 ff.
Macerale   684
– der Braunkohle   686, **690** ff.
– der Huminitgruppe   689
– der Steinkohle   697 ff.
Macrinit   *693* f., **702** ff.
Mäanderflüsse   *866*, 868, **871** ff.
Mäanderlänge   871, 873
Magadiit   523, *525*
Magma-Wasser-Interaktion   739 f.
Magnesit   418 f.
Magnetit   **589** ff., 593
– -Bändererz   593
Malakon (rotbrauner Zirkon)   122
Mangan-Knollen   *581* ff.
– Lagerstätten   60 f., **604** ff.
– Reicherze, supergene   60 f.
Manganit   605
Manlius Fm. (Devon)   923
Markasit   637
Masseneruptionsraten   745
Massenextinktionen   351 f.
mass flow   811 ff.
Materialwechsel   841 ff.
Matrix   69, *74*, 99, **139** ff., 173, **337** f.
Matrizen, organische   235
Mattbraunkohle   **694** ff., 716
Mattkohle (= Durain)   707
Maturität von Sandsteinen   98, 158
Maubach   654 f.
McAdams Fm. (Eozän)   8
Mean (= Mittelwert)   *131*, **134**
Mechernich   654 f.
Mediandurchmesser   *131*, **134**
Meeresspiegelschwankungen, eustatische   557, 729, *851*, **856** ff.
Meeresströmungen   785 ff.
Meerwasserzusammensetzung   3, 256, **440** f., 476
Megalodonten (Muscheln)   *922* f.
Mélange   954 ff.
Melanopsiden (Schnecken)   305
Melnikowit   637
Melobesioidea (Rotalgen)   *259, 274* f., 277
Membranen (Tonminerale)   209
Mercierella (Serpulide)   *300*
Mesogenese   147, 182
Mesophyllum (Rotalge)   *259*
Messel   880
Metabentonit   226
Metalimnion   876
Metasomatose-Plasma   44
meteorische Karbonatdiagenese   382 f.
meteorischer Bereich   *365*
meteorisches Wasser   7
Methan   381 f., 385, 414
– abspaltung   714
– bildung, bakteriell   6
– –, thermisch   169
Mg-abnahme im Porenwasser   *5* f.
Mg-Calcit   235 f.
– – in Biogenen   *252* ff., *277*
– – Umwandlung in Calcit   312, **397** ff.
Mg-Hydratation   403
– -memory   386, 397

Micrinit 703 f.
micritic envelopes 377, **388** f., 839
Microcodium (Problematicum) 271, *358*, 362
Microcoleus (Blaualge) 264
Microlithotypen 687, **705** f.
middle ground bar 895
Migration von Kohlenwasserstoffen 208
Mikrit 337 f.
– in Biohermen 353
Mikritisierung 341, 359, 386, **388** f.
Mikritzement *341*, 377 f., 386
Mikrodolomit 255, 316, 365, **397** f.
Mikroproblematika 281
Mikroquarz 502
mikrostalaktitischer Zement *378* ff.
Miliolidae (Foraminiferen) *283, 405*
Milleporina (Hydrozoe) 291, 357
Millisit 545
Minas Gerais (Brasilien) *58*
Mineralisierung 687
Minimum-Transport-Konzept 802
Minnesotait 593
Minrecordit 668, 670
Minus-Zement-Porosität 152, 160 f.
Mirabilit 439, 443, 484
Mischwatt *902* f.
Mississippi, Sandkorngröße *137*
– -Delta *891* f.
– -Tiefseefächer 936
Mittelmeer 453, 455
Mixed Layer-Minerale 190
– – Smektit-Illit *171*, 190, **210**
mixed-load channels 785
Mizzia (Grünalge) *259*
Mobilität der Elemente bei der Verwitterung 66 f.
Modalwert *131*, **135**
modified grain flow 814 ff.
Molasse, Alpenvorland- *75* ff., 124 f., *140, 143*, 340, *429*, 866, *897, 957* f.
molds (= Partikellösungsporen) *430* f.
Mollusken 301 ff.
–, Schalenbau *301* ff.
Momente (Kornverteilung) 134
Monetit 546
Montastrea (Koralle) 351, 373, 375
Monterey Fm. (Miozän) 526, 528, *536, 538*
Montmorillonit **189**, 191, *200*, 225 f., *553*, 894
– in Ozeansedimenten *197*
– in Sandsteinen *171*
Moor 710 f.
Moränen 887, *889*
– schutt (till) 71, 86
– sedimente 887
mottled texture (in Calcretes) 361
mouth bar (= Mündungsbarre) 892
mud cracks (= Schrumpfrisse) 828
– flow 811, 814, 816
– line 934
– mound 926, 929
– rocks (= Ton/Siltsteine) 228 ff.
– stone 337

Mündungsarme 891, *897*
Mündungsgeschwindigkeit (Eruption) 738
Mumienkalk 267
Mure 866
Muschelkalk 930
Muscheln *302* f., **304** f.
Mya (Muschel) 301, *305*
Mytilus (Muschel) *296, 304* f.

Nachinkohlung 729
Nagelfluh (Konglomerat) 69 f., 866
Nagelkalk (= Tutenmergel = cone-in-cone) *392* f.
Nahcolith 439, 490 f.
Nakrit 188
Nannoconus 280
Nannoplankton 278
– schlamm 366
Nari (= Calcrete) *358*
Nasser Strand (= foreshore) *908* f.
Natrit (= Soda) 439
Natronsalpeter (= Nitronatrit) 439
natural levee (= Flußuferwall) 897
Nauru (Pazifik) 563
Nautiloideen (Cephalopoden) *307* f.
Nehrung (= barrier beach) 795, 910
Neotrigonia (Muschel) *303*
Neptunea (Schnecke) 306
Neomeris (Grünalge) *259*
Nereites-Fazies 835, 837
Nerita (Schnecke) 306
Netzleisten 829
Neubildungen von Al-Verbindungen 29 ff.
– – Feldspäten **421** ff., 490 f.
– – Fe-Verbindungen 33 ff.
– – Pyrit 425
– – Quarz 421
– – Schichtsilikaten 25 ff., 425
– – Sulfiden & Sulfaten 38 f.
– – Ti- und Mn-Oxiden 38
– – Turmalin 425
Newton'sche/nicht-Newton'sche Flüssigkeiten 779
Nickel-Lagerstätten auf Karst 63
– -Laterite 61 f.
– -Reicherze, supergene *62*
Niedermoor 688
Nigerdelta *200, 220*, 898
Nikopol 606 f.
Niob, lateritische Lagerstätte 63
Nitrokalit (= Kalisalpeter) 439
Nitronatrit (= Natronsalpeter) 439
Nodules *41* ff., *360* f.
Nördlinger Ries 878, 880 f.
Nontronit 25
Nordsee *913, 915*, 939
Normalverteilung (Korngröße) 132
Novaculit 530
Nowakien (Tentaculitiden) 310
Nucula(na) (Muschel) *305*
Nuggets (Gold) 616
Nukleation (= Keimbildung) 339
Nummuliten (Foraminiferen) *282* f., 286

Oberfläche, innere 152
–, spezifische 150, **152**
Oberflächen-Ladung 19 ff.
– wasser **1** ff.
Oberkarbon, NW-Deutschland *153, 155, 163,* 166, 180
oblate/prolate index 79
offlap 857 f.
Ojo de Liebre-Lagune (Mexiko) *446* ff.
Oktokorallen 293
Öl, diagenesehemmend 156, 160, 175 ff., 372
Ölschiefer (s. auch Schwarzschiefer) 224 f.
Ölspeicher, karbonatische, Porentypen 432 f.
Oligosteginen (Calcisphären) 281, *343*
oligotroph 688
Olisthostrom 815, 955 f.
Omission 859 f.
Onkoide, Onkolithe 260 f., **265** ff., 327, *428, 431,* 878
onlap 856 ff.
Ooidbeutel 334
– dünen *328, 925*
Ooide, Oolithe 327 ff., *375, 406, 428, 431*
–, Aragonit- *328* ff.
–, Calcit- 331 f.
–, cerebroid *327*, 334
–, distorted *335*
–, Entstehung 334
–, Halbmond- 335
–, Hiatus- 335
–, Mg-Calcit- 331 f.
–, sekundäre *332* f.
–, umgelagerte *326*
oomoldic porosity *333*
opake Minerale 122 f.
Opal-A, -C, -CT **501** f., **504**, *553*
– -AN und -AG *502*
– bildende Organismen *505* ff.
– -CT, Ordnungsgrad *535*
–, Edel- *523*
Ophicalcit 943
Ophiolithkomplexe 943, 954 ff.
Ophiomorpha 837 f.
Ophiuren (Schlangensterne) 319 f.
Orbitalbewegung (Wellen) 796
Orbitoidae (Foraminiferen) 286
Orbulina (Foraminifere) 282
organische Diagenese 169, 712 ff.
– Säuren, Glimmerauflösung 17
– Substanz in Flüssen 3
organischer Kohlenstoff 551 ff., *557*, 934
Orthis (Brachiopode) 297
Orthoceren (Cephalopoden) 308
Orthokonglomerat 69 f.
Ortonella (Blaualge) *259*, 262, 269
Osagia (Blaualge) 262
Oscillatoria (Blaualge) *264*
Oser (= Esker) 887 f.
Osmose 8, 207, 209, 829
Osteocrinus (Schwebcrinoide) 316
Osteokollen (= umkrustete Wurzeln) 361

Ostracoden (= Muschelkrebse) *312* f.
Ostrea (Muschel) 301, *305*
Oszillations- (= Wellen-)Rippel 797 ff.
Otolith (= Gehörstein) 320
Ottonosia (Blaualge) 262
overbank deposit (= Überflutungssediment) 872, 936
overturned cross-bedding 831
Ovulites (Grünalge) *259*
oxbow lake (= Altwasserarm) 877
Oxidation (Verwitterungsbereich) 18
Ozean, embryonaler 951
– boden, Sedimente *943*
– –, Tonminerale *194* ff.
– –, Wasserdurchsatz 4 f.
ozeanische Gräben 953

packstone 337
Palaeoastraea (Koralle) 294
Paläoaplysina (? Hydrozoe) *352*, 356
Paläoboden (= paleosoil) 45
Paläodictyon *835* f., *838* f.
Palaeoporella (Grünalge) 271
Palagonit 773 ff.
palustrin 881
Palygorskit (= Attapulgit) 192, **221**, 362, 409
Pandermit 439
Panopea (Muschel) *305*
Parabeldüne 803
Paracentrotus (Seeigel) *318*
Parachaetetes (Rotalge) *259*
Parakonglomerat 69, **71** f.
Parasitismus 344
Paratillit 71 f.
Partikelkalke 249 ff., *324* ff., **337** f.
parting lineation 795
Pascichnia 835
patch reef (= Fleckenriff) 350, 357
Patella (Schnecke) 306 f.
pebbly mudstone 72, 816
Pechblende (= kollomorphes UO_2) 613, 623
Pecten (Muschel) 301, *305*
Pedocretes 357 ff.
Pedoden 361
Pegmatitanhydrit *465* f.
pelagische Sedimente *942* f.
Pelecypoda (= Muscheln) 304 f.
Pelit 130
Peloide **325**, 360, *919* f.
Penicillus (Grünalge) *271*, 340 f.
Pennin 191
Periglazialbereich 888 ff.
peripheral basin 957
Periodizitäten 849 ff.
Perlmutterschicht 301, *303*, 305, *307*, 372
Persischer Golf 328 f., 334, 339, 411 ff., *922, 927*
pH-Abhängigkeit, $CO_2 - HCO_3 - CO_3$ 2
–, Formationswässer 9
–, Meerwasser 3, 6
–, Sediment 6
Phacoid *93*, 810

Phacotus (Grünalge) 281
Phillipsit 491, 539, 776
Phi-Skala *129*, 131 ff.
Pholadomya (Muschel) *304* f.
Pholas (Muschel) 305
Phormidium (Blaualge) 268
Phoscrete 562
Phosphat-bildung in der Erdgeschichte *555* ff.
– – biogene 323, 546
– -Faziesassoziationen 554 f.
– gesteine 543 ff.
– –, Chemismus 562 f.
– –, Spurenelemente 561, 564
– –, terrestrische 561
– –, Verwitterungsanreicherung 561 ff.
– isierung 552 ff.
– -Konkretionen 552 f.
– -Kruste 940
–, Nutzung 566
– -Umlagerung 554
– und Umwelt 566 f.
Phosphatit 546
Phosphor im Meerwasser *547* ff.
– – Porenwasser 548 f., 551
Phosphorminerale 544 ff.
Phosphorit 546
Phosphosiderit 545
phreatisch 365
phreatische Eruption 739, 760
phreatomagmatische Eruption 740, 760
Phylloceras (Ammonit) 309
phyllomorphes Stadium (Diagenese) 177
Phyllosilikate in Sandsteinen 115 f.
Pila-Typ (Algen) *699* f.
pile-of-brick-texture *465* f.
Pillara Fm. (Devon) 924
Pillen (= Kotpillen) *324* f.
Pillow (= Lavaschlauch) *765* f.
– breccie *765* f.
Pilze *344* ff., 359, 362, **388**, *524*, 691, 838
Pinctada (Muschel) 303
Pine Point 667 f.
Pingo 887
Pinna (Muschel) *302* f., *305*
Pinnakelriffe 355
pipes 811
Piranha-Effekt 420
Pirssonit 439, 491
Pisoid, Pisolith, *40* ff., 327, 360 ff.
Pithonella (Calcisphäre) *342* f.
placer (Seife) 123 f., **584** ff.
Placunopsis (Muschel) 304, 356
Plänerkalk 287, 940
Planolites 838
Planorben (Schnecken) 306
Plasma (= Matrix) 32, *41*, **43** f.
Platten-grenzen *577*
– – ränder 947
Plattensee (Ungarn) 881
Plattentektonik 946 ff.
Platte-Typ (braided river) *867*, 870

Platydon (Molluske) 301
Playa 409 f., 876
– seekomplex *478*, 880
Plinianische Ablagerungen 744 ff.
Plinthit (Kaolingestein) 55
Po-Delta *895*
point bar (= Flußufersandbank) *871* f.
Pollen (s. auch Sporinit) 685, 714
polygenetischer Boden 45
Polygon 829
Polyhalit 439, 464, *467* f.
Polymerisation 715, 728
polymiktes Konglomerat 70
Pomatoceros (Serpulide) *298* ff.
Porentypen, Karbonatgesteine *427* ff.
– –, Ölfelder 432 f.
Porenwasser **1** ff., *402*
–, Bewegung im Sediment 4
– druck, hydrostatisch 7
– –, lithostatisch 7
– –, überhydrostatisch 7 f., 148 f.
–, Formationswasser 7 ff.
–, Salinität 7 f., *208* f.
–, submarin 4 ff.
Porenweiten *405*, **429** ff.
Porites (Koralle) 357, 926
Poromya (Muschel) 305
Porosität in der Verwitterung 41 ff.
–, Kalke: Kalklutite *366* ff., 370
– –: Partikelkalke *405*, **427** ff.
–, Sandsteine *150* ff.
–, sekundäre: Kalke *429* ff., 433 f.
– –: Sandsteine **156** ff., 182
–, Silt- und Tonsteine *204* ff.
– und Faltung 153 f.
– von Lockersedimenten 434
Porostromata (Blaualgen) *261* ff.
Porzellanit 502
Posidonienschiefer (Lias) 225, 278
Posidonomya (Muschel) 304
Praemytilus (Muschel) 305
Präzession der Erdachse 849 f.
Prallmarken (= bounce marks) *826* f.
Prehnit 183
Prismenschicht 301, *303* ff., *307*
prod marks (= Stechmarken) *826* f.
Produktivitätszyklen 841
Propeamussium (Muschel) *305*
„Protodolomit" 402
Protoerze (protore) 572
Protore (= Ausgangsgesteine, parent rocks) 47, 60
Protula (Serpulide) 298
Proximalität von Turbiditen *822* f.
Psammit 130
Psammosphaera (Foraminifere) 284
Psephit 130
Pseudoantiklinalen (Calcrete) 360
Pseudomatrix 99, 139, 772
pseudonodule 834
Pseudosparit 337

Psilomelan 607
Pteria (Muschel) *305*
Pteridospermen, -phyten 711
Pteropoden (= Flügelschnecken) *310*f., 941
ptygmatische Falten 829f.
pull-apart basin *952*f.
Pulleniatina (Foraminifere) *283*
Pumpellyit 183
Purpurea (Schnecke) 306
Pyramidendüne (= Sterndüne) *806*f.
Pyrit 183, 425, 637
– framboide *420*, 425
– geröIle 623
Pyroklasten, essentiell (= juvenil) *732*f.
pyroklastische Breccie *742*
– Gesteine 731 ff.
– –, Einteilungsprinzipien 731 f.
pyroklastischer Strom 752
Pyrolusit 605
Pyrophyllit 183
Pyrrhotin 637

Qaidam-See (China) *487*ff.
Quartile *132, 136*
Quarz, authigen 421
Quarz-Anlösung *164, 362*
– -Deformationsbänder *108*f.
– Deformationslamellen (= Böhm'sche Streifung) *108*f.
– -Diagenese *161*ff.
– , Einschlüsse 105
– , Farbe 104f.
– , felsitische Grundmasse (Chertoid) 110
– , Helminthstruktur (Chloriteinschlüsse) 109
– , Kathodolumineszenz *105*f.
– – in Karbonatgesteinen *421*f.
– – in Sandsteinen *104*ff.
– kornsprengung 15
– , Löslichkeit *503*
– , Neoblastengefüge *108*ff.
– , Neukeimbildung *108*ff.
– , Porphyrquarze 110
– sandstein *100*
– , Sauerstoffisotope 159
– , Subkornbildung *107*f.
– -„Uhr" 159
– -Undulosität *105*f.
– -Verdrängung 165
Quarzin 502
Quarzit 162
Quastenmarken (= brush marks) 827
Quebrada del Toro (Argentinien) *877*
Quellkalk (Sinterkalk) 363
Quenstedtoceras (Ammonit) *308*
Querdünen (Wind) *803*ff.
Querplattung 834
Quicksand 818
Quickton 226f.
Quinqueloculina (Foraminifere) *283*f., 286

Radiolarien **507**f., **509**ff., 532
Radiolarit **527**ff., *943*, 945
– -Turbidit 529
random reflectance Rr 684, 696, **726**
Rann von Cutch (Indien) 480
Raseneisenerz 603
Rauhigkeit 780f., 783
Rauhwacke 418
Reaktivierungsflächen 793, *803*, 872, 884
recumbent folds 831, 892
Red Beds (Rotsedimente) 170, **222**ff., 866, 874f.
redoxomorphes Stadium 177
Reduktion im Verwitterungsbereich 13
Redwater-Ölfeld (Kanada) 433
reflective coast 786
Reflexion, Vitrinit- 684, 717ff., *721*f.
Reg (= Kieswüste) 883
Regentropfenmarken 885
Regression 852, **855**f.
Reife, kompositionelle 98
–, strukturelle 98
– grad (Kohlenwasserstoffe) 728
Reinschia-Typ (Algen) 699
Reizschwelle, sedimentäre 851f., 854
Rekristallisation 390
Rektorit 190
remnant basin (= Restbecken) 956f.
Renalcis (Blaualge) *259*, 262, 353, 355
Reophax (Foraminifere) *283*
Repichnia 835
Residual-breccien 41
– gesteine 40ff.
Resinit *693, 698*, 710
Restozean 947
Restschicht 24
Restsediment (lag deposit) 872, *882*f.
Reynolds-Zahl 780
Rhabdammina (Foraminifere) *283*
Rhabdoporella (Grünalge) *259*
Rhapydionina (Foraminifere) *286*
Rhexistasie 45
Rhipidolith 191
Rhizocorallium *837*f.
Rhizokonkretion *358*
Rhizolith 361
Rhodoid (= Rotalgenonkoid) 268, 275, 277
Rhomboederrippel *792*f.
Rhonedelta *893*
Rhourd-Draa (Sterndüne) 807
Rhynchonelliden (Brachiopoden) 298
Rhythmen, Ursachen *849*ff.
Rhythmite 841 f.
rib-and-furrow *792*
Riebeckit 490, 593
Riecke'sches Prinzip 371
Riedmoor 710f.
Riffe, Alpen 356
–, Andros (Bahamas) 292
–, Barriere- 350
–, Belgien *349*, 351, *353*
–, Bewohner 349

Sachverzeichnis 1135

–, Bioherme   *348* ff.
–, biologische Aspekte   350 ff.
–, Capitan-   355 f.
–, Flecken-   350, 357
–, Gefügeaspekte   352 ff.
–, Kanada   355
–, Knollen-   *347* f.
–, Pinnakel-   355
–, Plattform-   350
–, Sand-   348
–, Saum-   350
–, Schutt   349
–, statigraphische Verbreitung   354 ff.
–, Typen   *347* ff.
–, Zementation   385 f.
rifting   *851*, 858, **946** ff.
Rift-graben   953
– phase   947
– zone, Erzbildung   576 ff.
rigid plug   *814* ff.
Rillenmarken (= Schleifmarken)   **824** ff.
Ringstrukturen-Lagerstätten   63
Rinnen-breite   873
– tiefe (= bankfull channel depth)   783, 873
Rippel, ansteigend (climbing ripple; ripple drift bedding)   787 f., *790* f., *826*, 833
Rippel/Düne-Abgrenzung, Wasser   787
– – –, Wind   803
–, Einfluß der Strömungsgeschwindigkeit   *780*, 790
– formen   789, 791, *793, 797, 799*
– index   787 ff.
– -Kammverlauf   *791* f., *793, 797*
–, Mega- (= Groß-)   787 ff.
–, Strömungs-   *781* f., *786* ff.
– Symmetrieindex   787 ff.
–, Wanderungsgeschwindigkeit   793
–, Wellen-   797 ff.
ripple drift bedding (= ansteigende Rippeln; climbing ripples)   787 f., *790* f., *826*, 833
Ripströmung (= Brandungsrückströmung)   786, 909
Risse in Calcretes   361
Rivularia (Blaualge)   258, *261*, 264, 268
Rocknest Fm. (Proterozoikum)   924
Röhren in Calcretes   361
Röntgenreflexe, Karbonate   *239, 242* f., *401*
Rogenpyrit   *420*, 881
Rogenstein   *327*
Rollfracht   783
Rollmarken   308, 827
rollovers   898
Rosin-Rammler-Sperling-Kornverteilung   *134*
Rotaliidae (Foraminiferen)   *283*, 286 f.
roter Tiefseeton (brown clay)   942
Rotes Meer, Erzschlämme   *573* ff.
Rotfärbung von Sandsteinen   874
Rothpletzella (Alge)   269
Rotliegendes   *107*, 110, 160, 166, *173* f., *179* f., 884
Rotsedimente (= Red Beds)   222 ff., 874 f.
Rudisten (Muscheln)   *354*, **356** f.

Rudit   130
rudstone   338
Rugosa (= Tetrakorallen)   293
Ruhespuren   *835*
Rundkörper   *324* ff.
Rundung, Kies   79; Sand   141
Rundungszahl, Breccien   84
runnel (= Strandpriel)   908
Runzelbänderung, Chert   502
Rutschung (slump)   809 ff.

Saccocoma (Schwebcrinoide)   316
Salär (= salary)   435
salinar   879
Salinität   440
Salpeterlagerstätten   491 f.
saltation carpet   825 f.
Salton-See (Kalifornien)   480
Salz-abscheidung, Meerwasser   441 ff.
– ausblühungen   15
– folgen   457 f.
– gesteine (= Evaporite)   **435** ff., *466* f.
– halo im Porenwasser   8
– marsch   879, 900
– minerale   438 f.
– see-Modelle   476
– seen, fossile   489 ff.
– – , rezente   483 ff.
– sprengung   14
–, stabilität   *483*
– stöcke (= Salzdiapire)   8, 946
Salzgitter-erz   *601* f.
Sammelbecken   895 f., 959
Sammelkristallisation   *389* ff.
– /Zementation   391
Sander (= glacial outwash)   870, 888 f.
Sanderit   439
Sand-bänder (sand ribbons)   794, 913
– barren   794 f.
– flow (an Dünen)   802, 884
– gänge (sand dikes)   828, 830
– lagergänge (sand sills)   828, 830
– rücken, Flachsee   794, *912* f., 916
– sea   883
– steine, Anwachssäume   *154*, **158** f.
– –, Benennung   97 ff.
– –, Diagenese   147 ff.
– – – -Abfolgen   177 ff.
– – – /Metamorphose   182 f.
– –, Herkunftsindex   98
– –, Korngröße   129 ff.
– –, Maturität (= Reife)   98, 158
– –, Spurenelemente   103
– –, Tektofazies-Einfluß   101 ff., 174
– –, Versenkungsgeschichte   *179*
– –, Zement, Altersbestimmung   160
– – –, Ausscheidungsfolge   *158* ff.
– – –, Flüssigkeitseinschlüsse   160
– – –/Ablagerungsmilieu   176 f.
– –, Zusammensetzung, chemisch   103
– – –, mineralogisch   97 ff.

- /Ton-Verhältnis 874
- uhrstrukturen (Dolomit) 415
- vulkane 830
- watt 904
- wellen 787, 794
Saponit 25, 191
Saprolith 49 ff., 55
Sapropel (= Vollfaulschlamm) 881
- kohle 707 f.
Saskatchewan-Typ (braided river) 870
Saturationsschelf (Evaporation) *451*
Sauerstoffisotope im Chert 533
- im Karbonat 169, **244 ff.**, 256 f., 278, 305, 362, 381 ff., 387, 399, 406, 410, 414
- im Quarz 159
- in der Atmosphäre 596
Sauerstoff-Minimumzone 526, *551*, 553, 934
Scaphopoden *299*, **310**
Schachbrett-Chalcedon 502
Schachtelhalme (= Calamiten) 711
Schalen-Orientierung 346
- pflaster 346
Schichtflut 784
Schichtlücke (Hiatus) *855*, *859 f.*
Schichtsilikate, Neubildung 25 ff.
-, Verwitterung 25 ff.
Schichtstrombreccie 743
Schichtung 841 ff.
Schiefe (= skewness) 132, 134, **135 ff.**
Schillkalk *342 ff.*
Schizoporella (Bryozoe) *296*
schizohalin 384, **410 f.**
Schizothrix (Blaualge) 260, *262 ff.*, 268, 919
Schlacken-breccie *743*
- kegel *741*
Schlamm-Bioherm *347 f.*
- fänger 353
- strom, vulkanischer (= Lahar) 758 f.
- turbidit 821 f.
- vulkan 840
Schlangensterne (= Ophiuren) 319 f.
Schleifmarken (= groove marks) *824 ff.*
Schlick-geröll 73
- kämme 903
- watt 901 f.
Schlot (vulkanischer) 738 f.
Schluff = Silt (2–63 μm)
Schmelzwassersedimente (glacial outwash) 878
Schnecken (= Gastropoden) *305 ff.*
Schnegglisteine (Onkoide) 265
Schoenit (= Picromerit) 439
Schorre (= Vorstrand; shore face) 909
Schotter 69
Schrägschichtungs-Sets 788, 791, 884
- typen *790 f.*
Schreibkreide *278 f.*, 287, 339, 433, 940
Schrumpfrisse 828 ff.
Schuppenbaum 711
Schuppenmarken *826*
Schutt 69
- fächer, submarin *848*, **935 ff.**

- kranz um Riffe 348 f., 352
- /Schlammstromablagerungen *744*
- schürze (= apron) 941
Schwadensalz *462* f.
Schwämme, Kalk- **288 ff.**, 354
-, Kiesel- 290 f.
Schwall (= swash) 909
Schwarzschiefer 224 f., 854, 934, *940*
Schwebfracht (Flüsse) *199 ff.*, 783
Schwefelisotope 248, **473 f.**
Schwemmfächer, marin (= washover fan) *910 f.*
-, subaerisch (= alluvial fan) *864 f.*
Schwerminerale, authigen 119 ff., 170
- in Sandsteinen *116 ff.*
-, intrastratal solution 127 f.
- in Tuffen 749
-, opak 122 f.
-, Seifen 123 f., 908
-, Stabilität **125 ff.**
-, Vorkommen & Anwendung 123 f., *897*
Scaphopoden *299*, **310**
Sclater-Kurve 851
Scleractinia (= Hexakorallen) *293 f.*
Sclerospongien (Kalkschwämme) 288 f.
Sclerotinit *691*, **702 ff.**, 710
Scolithos-Fazies *835 ff.*
Scott-Typ (braided river) *867*, 870
Scoyenia-Fazies 837
Scytonema (Blaualge) 260, 262 f., 268, *918 ff.*
Searlesit 439, 491
Searles Lake (Kalifornien) *482*, **491**
Sebkha 879
- -Evaporite *493 ff.*
sechron 855
sedimentär-diagenetische Strukturen 828 ff.
sedimentäre Reizschwelle 851 f., 854
Sedimentationsrate 859 ff.
sediment gravity flow 817
sedimentpetrologische Provinzen 124
Sedimentstrukturen 779 ff.
See-Erz (bog ore) 603
Seegang, quantitativ 798
-, Wirklänge (= fetch) 797 f.
Seegat (= tidal inlet) 904, *910 f.*, 915
Seegras 353, *926*
Seegurken (= Holothurien) *319 f.*
Seeigel (= Echiniden) *315*, **317 ff.**, *395 ff.*
Seelilien (= Crinoiden) *315 ff.*
Seen 876 ff.
-, Entwicklungsstadien 880 f.
-, Salz- 476 ff.
-, Wasseranalysen *1*
seepage refluxion 411, 413, 451
Seesterne (= Asteriden) 319 f.
seiches 877
Seif (= Längsdüne) *805*
Seifen (placers) 123 f., **584 ff.**
seismische Stratigraphie 855 ff.
Selenit 466
Seltene Erden 103, *679, 777*
Semifusi(ni)t 701 f.

Senkung 946
Sepiolith **192**, 362, 482, *551*ff., 879
Septarien 360, **394**
Sequenz, Ablagerungs- *855*ff.
Serir (= Kieswüste) 883
Serpentin *40*
Serpuliden *298*ff., 357
Sertella (Bryozoe) *296*, 399
Sets (Schrägschichtung) 788
Shark Bay (Australien) 328, *919*
sheet flow 865
shore face (= Schorre, Vorstrand) 909
Shortit 439, 490
Siallit 47 f.
Siberiella (Grünalge) *259*
Sicheldüne (= Barchan) *803*ff.
Siderastrea (Koralle) 351
Siderit **237**ff., 395, 589, 603
sieve deposits 865
Sigmoidalklüftung 834
Silcrete *62*, **514**ff.
–, Chemie 521 ff.
–, Gefüge 519 ff.
–, Verbreitung 515 ff.
Sillar 752
Silte & Siltsteine 228 ff.
simplexity principle (Dolomit) 403
Sinterkalk (= tufa) 363
Sinuosität von Flüssen 785, 866, 873
SiO_2-Bilanz *509*ff., *557*, *861*
– in Flüssen *503*
– im Meerwasser 6
– im Porenwasser 6
–, Löslichkeit 6, *21*, *503*
– -Modifikationen *501*ff., *504*
– -Zufuhr vom Land 512
– – aus der ozeanischen Kruste 512
skip marks (= Hüpfmarken) 827
slide (= Gleitung) 809
slideflow (= slide debris flow) 814
slope basin 946, 954
slump (= Rutschung) *809*ff.
Smackover-Oolith (Jura) *375*, 433, *930*
Smektit 25, **189**ff., *197*, 225 f.
– -Diagenese 156, 165, **209**ff.
– in Sandsteinen *171*
Soda (= Natrit) 439
Sog (= backwash) 909
Sohlbankzyklus (unten-grob) 845
Sohlmarken *824*ff.
Solemya (Muschel) 305
Solenopora (Rotalge) *259*
Somphospongia (Blaualge) 262
Sortierung *132* f., **135** f.
Sparit 337 f.
Spätdiagenese, Karbonate 364
Sphaerocodium (Blaualge) *259, 262*
Sphäroid 361 f.
Sphalerit (Zinkblende) 637, 649
sphericity index 79
spheroidal structures („SS", Blaualgen) 265

Sphinctozoa (Kalkschwämme) 288
Spiculit *530* f.
spillover lobes *925*
Spiriferina (Brachiopode) *297*
Spirobranchus (Serpulide) *300*
Spirorbis (Serpulide) 298, *300*
Spisula (Muschel) 304
Spitzbergen *810*, 903 f.
Spongien (Schwämme) *288*ff.
Spongiomorphe 356
Spongiostromata (Blaualgen) 262
Sporen (s. auch Sporinit) 685, 714
Sporinit 690, *696*ff., *702*, *707*
Spreitungsdruck 13
Sprudelstein 363
Spurenelemente, marines Porenwasser 6
–, Schwarzschiefer 224
–, sedimentäre Fe- und Mn-Oxide 20
Spurenfossilien *835*ff.
Stabilität gegen Verwitterung *12*
Stabilitätsreihe von Karbonaten 345
Stalagmiten, Stalaktiten 363
Standardabweichung 134
stationärer Zustand (= steady state) 365
Staubsedimente 198 ff., 883
Stauchfalten (= wrench folds) 952
steady state (= stationärer Zustand) 365
Stechmarken (= prod marks) *826* f.
Steinkohle **696**ff., 716
Steinkohlenmoore und -wälder 711
Steinkohle, U-haltig 613
Steinringe (periglazial) *888*
Steinsalz 435 ff.
– zement in Sandsteinen 170
Stenosemella (Tintinnide) *287*
Sterndüne (= Draa) *806* f., *884*
Stern'sche Schicht 20
Stillwasserbioherm *348* f., 357
Stilpnomelan 183, 593
Stoffbilanzen, -Kreisläufe 960
Stokes'sche Beziehung 782
Stoßmarken (= impact marks) 827
Strand, dissipativ/reflektiv 909
– priel (= runnel) *908*
– sand *138* f.
– wall (= berm) 795, *908* f.
Streifenmuster (periglazial) *888*
Streßsituationen 882
strike-slip-cycle 953
Stringocephalus (Brachiopode) *297*
Strömungen, Meer 785 ff.
Strömungs-geschwindigkeit 783, 790, 796
– regime, oberes/unteres **780** f., 795, 821
– streifung (= current lineation) *145*, 795
– trennung 781
Stromatactis *348* f., *353*, 355 f., 429, *919*
Stromatolith **260**ff., *409* f., *525*, *921*, *924*
Stromatoporen **288**ff., *349*, *354*ff.
strombolianische Ablagerungen 741 ff.
Strombus (Schnecke) 254, 306, 375
Stromwechselschichtung *904*

Strophomena (Brachiopode)   298
Strontium   243, *251*, 254, 293, 365 ff., **373** f., 382 f., 385, *399, 405*, 410, **420** f., **469** ff.
– isotope   3, 248, 381
Strukturböden (periglazial)   *888*
Struvit   546
Sturmsandlagen   801, 914
Sturzstrom (= Bergsturz)   809
Stylasterina (Hydrozoe)   291
Styliolinen (Tentaculitiden)   310 f.
Stylolithen in Kalken   *368* ff., **370** f., 387
– in Sandsteinen   *163*, **165** f.
Subarkose, Subgrauwacke   101
Subduktionszonen   **946** ff., 956
–, Erzbildung   580
Suberin(it)   *690* f., 714
submarine Bomben- & Lapillibreccie   767
– Tuffe   764 ff.
– –, umgelagert und epiklastisch   771 f.
Subrosion   8
Subsidenz = Senkung   946
Subtidal   **904** ff., 909
successor basin   957
Sudoit (Al-Chlorit)   173, 176 f., 190 f.
Sulamerikano-Fläche   62
Sulfat-Reduktion   4 f., 169, 394
– wall   *458*, 464
Summenkurve (cumulative curve)   131 ff.
Sumpfwald   710 f.
sun cracks (= Trockenrisse)   828
supergen   61, 66
supergene Lagerstätten   47 ff.
suprafan lobes   936
Supratidal, karbonatisch   917 ff.
–, klastisch   900 ff.
Surge   751
– -Ablagerungen   751 f., 757
Suspensionsfracht (suspended load)   783
Suspensionsstrom (turbidity current)   811, 815, **818** ff.
swaley cross-stratification   801, 914
swash (= auflaufende Welle)   786
swelling index   726
Sylvin   439, 446, 462, 464, 467
Symbiose   344, 350
Synäreserisse   828 ff.
Syngenit   439
syntaxial enlargement   391
System, offen/geschlossen   365

Tabulata (= Bödenkorallen)   294
Tachhydrit   439, 464
Taconit (BIF)   592
Talk   482
Tannin   685, 714
Taphocoenose   344 f.
Tasmales-Typ (Algen)   699
Tegula (Schnecke)   306
Teichichnus   837 f.
Tektofazies   174, 860, **945** f.
–, Übersicht   948 f.

Telinit   *698*, **701**
Teller- & Pfeilerstrukturen (dish & pillar)   *830* f.
Telocollinit   *698*, 701
Telogenese   147, 182
– -Poren   182, 433
Temblor Fm. (Miozän)   8
Tempestit (= Sturmsandlage)   **801**, 854, 930
Tentaculitiden   310 f.
Tepees   89, *409*, **828** f.
Tephra   732 f.
– ablagerungen, submarin   764 ff.
– – – umgelagert/epiklastisch   771 f.
Tephrochronologie   741, **748** f.
Terebratuliden (Brachiopoden)   298
Tethys   947
– geosynklinale   560
Tetrakorallen (Rugosa)   293
Textinit   *691*, 710
Textularia (Foraminifere)   *283, 285*
Thalassinoides   837 f.
Thalweg   *882*
Thanatocoenose   344
Thenardit   439, 485, 491 f., 890
thermobarisches Wasser   7
Thermodiagenese von Salzen   495 f.
Thermokline   876, 880
Thermonatrit   439
Thiobacillus ferroxidans   625 f., 628
thixotrop (= pseudoplastisch)   *779* f.
Thoracosphaera (Calcisphäre)   278, **280** f.
Thracia (Muschel)   305
Thrombolith (Blaualgen)   261, 264, 924
Thucholith   610, **622** f.
tidal inlet channels (= Seegats)   904
– sand banks   *910* f.
Tidenhub   900
Tiefseebioherme   357
Tiefseefächer   935 ff.
–, Amazonas-   936
–, Apennin-   937
–, Bengalen-   935, 956
–, Magdalenenstrom-   936
–, Mississippi-   936
–, Navy- (Kalifornien)   937
–, Rhone-   936
– -Sequenzen   *938*
Tiefseegraben (= trench)   946, **954** ff.
Tiefseesedimente   935 ff.
till, Tillit, Paratillit   71 f.
Tilloide   72
Ti-Mn-Oxidbildungen   38
Tintinniden   *287* f.
Tondiapire   208
Toneisenstein (Siderit)   239
Tongerölle   72 f.
Tonminerale   186 ff.
–, Aggregatbildung   29
– als feste Flüssigkeiten   26
– auf dem Festland   202
–, Diagenese   203 ff., *213*
– in küstennahen Sedimenten   199 ff.

– in ozeanischen Sedimenten *194* ff.
–, Kationenaustausch 27
–, Neubildungen in Karbonatgesteinen 425
–, – in Sandsteinen *171* ff.
–, Spurenelemente 218
–, Stabilität 217 f.
–, Übersicht (Tabelle) 191
– und Environment 217
– Verwitterung und Neubildung 25 ff.
Ton- und Siltsteine, Benennung 185 f.
– – –, Diagenese 203 ff., *213*
– – –, organische Bestandteile 193
– – –, Zusammensetzung 186 ff.
tool marks *825* ff.
toplap 856 ff.
topset *856* f., 880
Torbernit 613
Torf 687 ff.
–, Entwässerung 714
–, Mikroskopie 688 f.
– moose (Sphagnales) 688
– mudden 688
– und Kohle, Abgrenzung 683, 690
– – –, Nomenklatur 683 ff.
Tortuosität 152
Tosudit 173, 190
Totes Meer 437, 480, **482** f., 878 f., *952*
trabekuläre Wandstruktur (Korallen) 293 f.
traction carpet 802
Tränentropfenmuster **455**, 461, 477
Transfer-Plasma 42 ff.
Transformation Aragonit-Calcit 372 ff.
Transgression *852*, **855** ff.
translatent strata (übergreifende Lagen) 885
Transport-beanspruchung 75 ff., 79, 143 ff.
– Kraft 76, 780
– rate 784
– sortierung (Gerölle) 75 f.
– vorgänge 779 ff.
Transpositionsstrukturen 830
transtension/transpression 952
Transversaldünen 803 ff.
transverse scour marks 824
Traß 752
Travertin 362 f.
trench (= Tiefseegraben) *946*, **954** ff.
Trichtermotiv (Gammastrahlmessung) 845
Tridymit 501
Trigonia (Muschel) 305
Trilobiten *311* f.
– -Ruhespur *836*
Triloculina (Foraminifere) 283
Trimacerit *696*, **706**
Trinocladus (Grünalge) *259*
Trochammina (Foraminifere) 283
Trochitenkalk 316
Trockener Strand (backshore) 908
Trockenrisse **828** f., 831
Trollheim-Typ (braided river) 870
Trona 439, 490
Tropfsteine 363

Trümmererze *601* ff.
Tsunami 812
Tubiphytes (Alge) 291, *353* f., 356
Tubipora (Oktokoralle) 293
Türkis 545
tufa (= Sinterkalk) 363, 918 f., *921*
Tuff (= überwiegend verfestigte vulkanische Asche) 734
–, Glas-, Kristall-, lithischer *732* ff.
– breccie *732*, 734
– ringe 762 ff.
Tujamonit 613
Tunicaten 320
Turbidite **820** ff., 881
– in Kalt- und Warmzeiten 934
–, Schlamm- 821 f.
turbidity current (Suspensionsstrom) 811, **818** ff.
– –, high density high velocity 819 f.
– –, low – low – 786, 820 ff., 824, 932
turbid layers 786
turbulente Strömung 780 f.
Turmalin, authigen 121, *422*, 425
Tuz Gölü (Türkei) *485* f., 879

Udotea (Grünalge) 340
Überflutungs-bereich (= Flußaue, flood plain) *871* f.
– sedimente (= overbank deposits) 872
Übergangshäufigkeit 846
Ufer-sandbank (= point bar) *871* f. } in
– wall (= natural levee) *871* f. } Flüssen
Ulexit 439, 492
Ulminit *691* f., *709* f., 726
Umbra 943
undaform (Flachschelfsedimentation) 858
Undulosität von Karbonaten *406*
– von Quarz *105* ff.
Unifit (= feinkörniger Turbidit) 824
Unio (Muschel) *303*, 305
Uran-führende Calcretes 63
– in Braunkohle 613
– in Steinkohle 613
– lagerstätten 609 ff.
–, lateritische Lagerstätten 63
Uraninit 610 ff.
Uranophan 614
Uranothorit 610
Uvigerina (Foraminifere) *283*

Vadoid (= Pedocrete-Onkoid) 269, 361
vados 365
van der Waals-Anziehungskräfte 200
Van Gölü (Türkei) 234
van Krevelen-Diagramm 715
Vanthoffit 439
veneer deposit 757
vents 576
Venus (Muschel) 305
Verdünnungszyklus
  (= Überlagerungsrhythmit) 842

Vereisungsperioden 885
verflochtener Fluß (= braided river) 866 ff.
Vergelungsgrad 725 f.
verkieseltes Holz 542
Verkieselung 514 ff., 539 ff.
Verkohlung 712
Verkokung 725 f.
Verlagerungshäufigkeit von Flüssen (= avulsion frequency) 871 f.
Verlehmungs-(= Entkalkungs-)zonen 888
Vermetiden (Schnecken) 299, 306, 357
Vermiculit 190 f.
Vermiliopsis (Serpulide) 300
Vermiporella (Grünalge) 259
Verrundung 79 ff., 141 ff.
verschweißter Tuff (= welded tuff) 752
Verschweißungstemperatur 754
Versenkungsdiagenese, Kalke **387**, 401
–, Sande (= Mesogenese) **147** ff.
Versenkungstiefe 151, *153* f., *206*
Vertebraten 320, 543, 560
Verteilungskurve (= frequency curve) 131 ff.
vertical flushing 9
Vertorfung 712 f.
Verwitterung 11 ff.
–, chemische 16 ff.
– in Raum und Zeit 45 ff.
–, mechanische 13 ff.
– von Feldspäten 22 ff.
– von mafischen Mineralen 24 f.
– von Schichtsilikaten 25 ff.
– von Schwermineralen 116, *126*
– von SiO$_2$-Mineralen 21 f.
Verwitterungs-lagerstätten, in-situ und umgelagert (LDF) 47
– profile *14*
– reicherze 58
Vesikulargefüge *41*
Viertelwertsbreite (Mg-Calcite) 401
viskoplastischer debris flow 813 f.
Vitaleffekt 245, *252* ff.
Vitrain (= Glanzkohle) 707
Vitrinertit *704*, **706**
Vitrinit **685** f., *696*, *704*
– reflexion 182, *214*, 684, *717* ff., *721* f.
Vitrit 705, 710
–, Molekularstruktur 719
Vitrodetrinit 701
Vivianit 546
Viviparen (Schnecken) 305
void ratio 150
Vollzirkulation 877
Vorschüttschichten (foreset beds) 880, 892, 894
Vorstrand (= Schorre, shore face) 909
vugs (= Gesteinslösungsporen) *431* f.
vulkaniklastische Sedimente 733
– Stromablagerungen 769 ff.
vulkanische Ozeaninseln 769 ff.
vulkanisches Glas, Alteration 511 f., **773**
– –, Lichtbrechung 748 f.
– –, SiO$_2$-Gehalt 748 f.

wackestone 337
Wahrscheinlichkeitsnetz (Korngröße) 133
Wald 710
Wallfazies 744
Walther's Prinzip 408, 846, 882
Warven (tone) 848 f., 880, 886, 888
wash load 783
washout 70
washover fan (= Schwemmfächer) *910* f.
Wasserbewegung, oszillierend 806 ff.
–, strömend 783 ff.
Wasser, effluent 8
–, Kompaktions- 7
–, meteorisches 7
–, thermobarisches 7
Wasserwaagen *353*, 391, 841
WATEQ-Komputerprogramm 9
Watten, karbonatische 917 ff.
–, klastische 900 ff.
–, kriterien 906
Wattrinnen *904* f.
Waulsortian bioherms 356 f.
Wavellit 545
Wechselfolgen 841 ff.
Wechsellagerungsminerale (mixed layer) **190**, 218, 226
Weichbraunkohle **694** ff., 716
Weichgerölle, Weichkonglomerat *72* f.
Weidespuren *835*
weitergewachsene Quarze 154, **158** ff.
Wellen-energie 786
– geschwindigkeit 797 f.
– rippeltypen 799
– /Strömungsrippel-Vergleich *797*
Whisker 172, 360, *379* f., 384
white smokers *576* ff., 673
whitings *339* f.
Whitlockit 546
Wildflysch 956
Wilson-Zyklus **947**, *950*
Windkanter 79
Windtransport 802 ff.
Witwatersrand 610, *619* ff.
Wohnbauten *835*
Wollsackverwitterung 12
wrench folds (= Stauchfalten) 952
Wühlgefüge, Gestaltungs- 834 ff.
–, Verformungs- 834
Wüsten 882 ff.
– lack 882
Wurzelboden 846
Wurzelquerschnitt 691

Xenolith 732
xenomorph **405**, *418*
Xiphogorgia (Oktokoralle) 293
Xylit 695

Zähne 543
Zechstein 9, *267, 295* f., 403, *405* f., 412 f., 420, *422* ff., *428, 431*, 444 f., *450* ff., **455** ff., 474, 930 f.

Zeilleria (Brachiopode) 297
Zellenkalk 417 f.
Zementationszone in
   Verwitterungslagerstätten 64 f.
Zemente in Kalken 337 f., *375*, **376** ff.
– – – Einkristall- (= Rim-) 378
– – – Geopetal- *378* f.
– – – Hundezahn- 378
– – – im Riff 385 f.
– – – im Tiefwasser 386 f.
– – – Meniskus- *378* f.
– – – mikrostalaktitisch *378* ff.
– – – radiaxial-faserig 378
– – –, Stratigraphie *381* ff.
– – –, Tropfen- 380
– – –, Whisker- *379* f., 384
– in Sandsteinen 158 ff.
– – –, Einflüsse 174 ff.
– – –, Quarz 161 ff.
– – –, Tonminerale 172 ff.
– – – übrige Minerale 167 ff.
Zeolithbildung aus vulkanischem Glas 168, 774 ff.
– in der Tiefsee 539
– in evaporitischen Seen 168, 423, 490 f., 879
– in Sandsteinen 168
– metamorph 183, 722
Zerkleinerung von Biogenen 345
Zinkblende 637, 649
Zinn-Seifen 587
Zirfaea (Molluske) 301
Zoantharia (Korallen) 293 ff.
Zoophycus-Fazies *835* ff.
Zooxanthellen (symbiont. Algen) **292** f., 350
Zürichsee 849, 879, 881
Zungenrippel *792* f.
Zurundung *80*
Zyklothem 845 ff.
Zyklus, Groß- (übergeordneter) 846
–, Modal- 846
–, regressiver *847*
–, unten/oben grob *848, 853*
–, Ursachen 849 ff.
–, zusammengesetzter 846